I0292563

RECUEIL

DES

DÉPÊCHES TÉLÉGRAPHIQUES

REPRODUITES PAR LA PHOTOGRAPHIE

et adressées à **PARIS** au moyen de

PIGEONS-VOYAGEURS

PENDANT L'INVESTISSEMENT DE LA CAPITALE

TOME I

TOURS — BORDEAUX

1870-1871

RECUEIL

DES

DÉPÊCHES TÉLÉGRAPHIQUES

REPRODUITES PAR LA PHOTOGRAPHIE

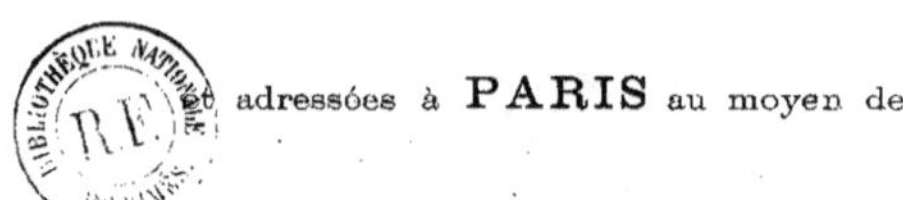

et adressées à **PARIS** au moyen de

PIGEONS-VOYAGEURS

PENDANT L'INVESTISSEMENT DE LA CAPITALE

TOME II

TOURS — BORDEAUX

1870-1871

RECUEIL

DES

DÉPÊCHES TÉLÉGRAPHIQUES

REPRODUITES PAR LA PHOTOGRAPHIE

adressées à **PARIS** au moyen de

PIGEONS-VOYAGEURS

PENDANT L'INVESTISSEMENT DE LA CAPITALE

TOME III

TOURS — BORDEAUX

1870-1871

RECUEIL

DES

DÉPÊCHES TÉLÉGRAPHIQUES

REPRODUITES PAR LA PHOTOGRAPHIE

et adressées à **PARIS** au moyen de

PIGEONS-VOYAGEURS

PENDANT L'INVESTISSEMENT DE LA CAPITALE

TOME IV

TOURS — BORDEAUX

1870-1871

RECUEIL

DES

DÉPÊCHES TÉLÉGRAPHIQUES

REPRODUITES PAR LA PHOTOGRAPHIE

et adressées à **PARIS** au moyen de

PIGEONS-VOYAGEURS

PENDANT L'INVESTISSEMENT DE LA CAPITALE

TOME V

TOURS — BORDEAUX

1870-1871

RECUEIL

DES

DEPECHES TÉLÉGRAPHIQUES

REPRODUITES PAR LA PHOTOGRAPHIE

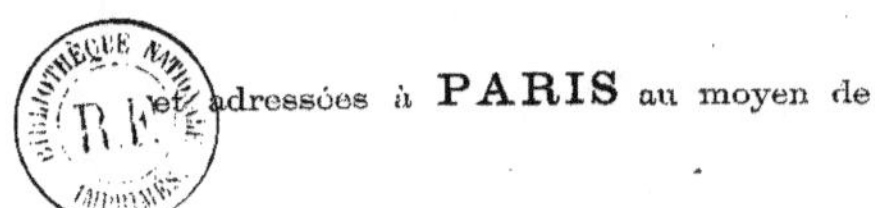

et adressées à **PARIS** au moyen de

PIGEONS-VOYAGEURS

PENDANT L'INVESTISSEMENT DE LA CAPITALE

TOME VI

TOURS — BORDEAUX

1870-1871

RÉPUBLIQUE FRANÇAISE

DÉPARTEMENT DE L'INTÉRIEUR

Sous le ministère de M. LÉON GAMBETTA

M. François Frédéric STÉENACKERS
étant DIRECTEUR GÉNÉRAL des Télégraphes et des Postes

Du 27 Septembre 1870 au 1er Février 1871, pendant l'investissement de Paris par les troupes allemandes

Les communications télégraphiques entre la France et Paris étaient interrompues; il y fut suppléé autant que possible par des pigeons-voyageurs chargés du port des dépêches. Exclusivement consacrés au service officiel, les messagers ne portaient d'abord que des dépêches écrites à la main sur du papier pelure en plusieurs exemplaires. Presque aussitôt M. BARRESWIL, chimiste, proposa de substituer la photographie à ce travail manuel, ce qui permit en même temps de réduire encore la finesse de l'écriture. Les premières épreuves furent obtenues sur le papier employé ordinairement en photographie, d'abord sur une face, puis après sur les deux faces de l'épreuve. M. GABRIEL BLAISE, photographe à Tours, était chargé de ce travail sous la direction de M. CHARLES DE **LAFOLLYE**, inspecteur des Télégraphes d'Indre-et-Loire.

La possibilité de faire arriver à Paris un assez grand nombre de dépêches suggéra au DIRECTEUR GÉNÉRAL la pensée de mettre ce mode de communication au service du public, et un décret de la Délégation du Gouvernement de la Défense Nationale daté de Tours, le 8 novembre 1870, institua ce nouveau service qui fut confié à M. DE **LAFOLLYE**, pour la partie technique et administrative et à M. GEORGES **BLAY**, pour le départ des messagers.

Le besoin d'insérer dans chaque épreuve le plus grand nombre possible de dépêches conduisit à les faire imprimer préalablement par MM. MAME, à Tours, et par M. DE LANEFRANQUE, à Bordeaux, en caractères typographiques dont la reproduction photographique est beaucoup plus correcte que celle de l'écriture manuelle.

Les premières dépêches parvenues à Paris y produisirent un profond sentiment de satisfaction, et, pour y répondre, Messieurs E. PICARD, ministre des finances et RAMPONT, Directeur de l'Administration des Postes envoyèrent en province par un aérostat MM. DAGRON, photographe, et FERNIQUE, Ingénieur Civil, qui devaient centraliser ce service et réduire les images photographiques à l'état microscopique sur des pellicules transparentes. Mais la méthode opératoire que M. DAGRON devait employer exigeait trop de soins délicats pour réussir suffisamment bien dans un laboratoire improvisé.

Rentrant dans le sentiment plus pratique de la question, M. DE **LAFOLLYE** proposa de revenir à la réduction directe et à la multiplication ordinaire des épreuves, en utilisant d'ailleurs une préparation photographique particulière que paraissait seul posséder M. DAGRON. Le temps employé ainsi en tâtonnements s'était augmenté des délais nécessaires pour l'installation d'un laboratoire à Tours, son déplacement et sa réinstallation à Bordeaux, de sorte que ce n'est effectivement que le 15 décembre 1870 que M. DAGRON put commencer ses opérations suivant la nouvelle méthode adoptée.

Néanmoins depuis le 8 novembre 1870, date de l'ouverture du service privé jusqu'au 1er février 1871, date de sa clôture, les bureaux des Télégraphes et des Postes ont reçu en dépôt 95,642 dépêches privées. Ce nombre comprend 30,000 dépêches-réponses et 1,370 dépêches-mandats réglementées par un décret du Gouvernement Central du 12 novembre 1870. La taxe perçue sur le pied de *cinquante centimes* par mot jusqu'au 8 janvier et de *vingt centimes* ensuite pour les dépêches ordinaires; au prix de *un franc* par dépêche réponse et moyennant *trois francs* par dépêche-mandat s'est élevée à 429,968 francs 70 centimes, dont 336,677 francs 50 centimes, pour l'année 1870.

Les pellicules, au moment de leur expédition, étaient roulées sous la forme d'un cylindre de quatre centimètres de longueur et insérées dans un tuyau de plume dont on perçait les extrémités pour y passer un fil de soie ciré au moyen duquel on l'attachait fortement à une des maîtresse plumes de la queue des messagers.

Les volées de pigeons lancés étaient ordinairement de six courriers, quelquefois de plus, mais jamais de moins que trois. Chacun portait dans un seul tube à peu près les mêmes dépêches.

Pendant la période de la photographie sur papier, un pigeon portait ordinairement avec les dépêches officielles, trois ou quatre épreuves privées de quatre pages de typographie contenant ensemble environ 2,400 dépêches. Quand la reproduction a pu être faite sur des pellicules transparentes, chaque pellicule a contenu, suivant la pureté des types, un groupe de neuf ou de seize pages, c'est-à-dire, en moyenne, 2,100 dépêches, et indépendamment d'un nombre moyen de cinq pellicules officielles, chaque tube de plume contenait un peu plus de onze pellicules, c'est-à-dire, 22,000 à 23,000 dépêches. Ce chiffre s'est quelque fois élevé jusqu'à plus de 40,000.

Cette quantité considérable de transmissions portées par un seul pigeon, a permis de renouveler les envois un nombre de fois d'autant plus grand que l'arrivée des messagers était plus incertaine, et que les accusés de réception venus de Paris, par ballons montés, n'étaient pas toujours explicites. C'est ainsi que la plupart des pellicules photographiques ont été expédiées sur dix-neuf pigeons différents et que pendant le mois de janvier seul, plusieurs pellicules ont été envoyées de trente-trois à trente-sept fois.

Les originaux des dépêches officielles copiées par la photographie ont été détruits, mais leurs reproductions ont été réunies en un recueil suivi des épreuves comprenant les dépêches privées.

Ces dernières ont été imprimées en caractères typographiques sur une seule face du papier, pour être mieux copiées par la photographie et aussi, sauf pour les premières pages, sur deux faces, pour former un petit nombre de recueils in-folio, comprenant un volume pour la première série, cinq volumes pour la seconde série, et un total de 580 pages.

Bordeaux, le 3 février 1871.
L'Inspecteur des Télégraphes,
DE LAFOLLYE.

N. B. — M. ALPHONSE **FEILLET**, chargé spécialement des autres parties du service postal extraordinaire, adressera aux Ministres de l'Intérieur et des Finances un rapport historique sur l'ensemble des divers moyens de communications employés pendant l'investissement de Paris et au nombre desquels l'usage de la photographie et des pigeons-voyageurs figure comme un des plus importants.

Bordeaux. — 30 novembre 1870.

Jeanne Defaure, rue du bac, 140. Paris. père, mère, frère bien portants. — Defaure, née peyrounin. | Demilly, rue monsieur, 11. santé parfaite. Bordeaux. |

Orléans. — Boinvilliers, 23, chaussée d'antin. tous vont bien, à mavaleix et à cerdon. — Ganneva. | Gauran, rue université, 88. reçu lettre, bien portant, armée loire. — Henry. | Legras, 70, rue saint-lazare. tous vont bien à tours et cerdon. — Gandeva. | Marie Gauthier, rue saint-martin, 219. va bien. — Henry. | Bourau, maison Claparède, st-denis, seine. portons bien, reçu lettres, pas souffert, avons argent. |

Beaupréau. — Paul Fourchy, 44, fabert, paris. tous bien ici. gautrèche, 22 novembre. — Fourchy. | Delapalme, 10, castiglione, paris. nous allons tous bien. 22 novembre, londres, brompton road, 241, south west. — Delapalme. |

Auxerre. — Ladeuze, 18, quatre-septembre. reçu trois lettres, deux maria, priez brocheton ou mahieu donner argent jean. — Pauchet. | Rozière, rivoli, 15. bien portant, reçu lettre, 20. — de Madière, 12. | Soulaine, télégraphe, ministère marine. bien portants, 6 lettres reçues. — Soulaine. | Dupont, 25, Franklin. monéteau, bonne santé, attendons prussiens, auxerre défendra énergiquement. |

Orléans. — Barral, 56, rue de rennes, paris. 20 novembre, allons très-bien, écrire hôtel londres, yverdon (suisse). — Jeanne Itleaud. | Becker, rivoli, 68. lettre reçue, 4 novembre, portons bien. | Perrot, turbigo, 22. lettre bordeaux, naissance garçon, femme, enfants, famille bien portants, réponse. — Laroche. | Besson, aux gobelins. tous bien portants. — Maudet. | Kieffer, boulevard saint-michel, 16, paris. commission à pierre rechercher partout julia pour m'écrire blois, 5e ambulance. — Menières. |

Fernex. — Ehrler, 51, ponthieu, paris. genève, hôtel suisse, chez georges, que je voudrais te voir ! courage, allons bien, reçu lettres. — Pauline. | Desouches, 40, avenue champs-élysées. habitons genève, hôtel suisse, depuis un mois, santés bonnes, embrassons toi, dari père, reçu lettres. — Mathilde. |

Arras. — Laroche, 66, bonaparte. marguerite, laroche, duveluy, platel, dubois, wartelle, bien, marie te protége. — Antoine. | Lugagne, 27, école-médecine. sainte-anne mortellement inquiète, écris. | Moch, 11, enghien. jules, edmond, prisonniers giessen, bien portants, attends femme, enfants carlsruhe quand paris délivré. — Brunot. | Supérieure compassion, saint-denis. tout pas-de-calais bien, même chocques. — Sainte-Anne. | Bonnet, garde état major, génie, 14e corps, armée Neuilly. portons bien, première alerte filons. — Marie. |

Vimoutiers. — Lepeuple, 50, moscou. prieuré, maman ici, tous bien. Coessin. |

Chablis. — Laurent-Pichat, université, 39. chablis, 21. allons bien, famille croquelois bien, montfort le 11. — Rosine. |

Arbois. — Jouvenot Victor, vincennes, conducteur auxilicire. bruard, jouvenot, santé, prussiens point, besoin argent, demander suty. quai célestin, 58, reçu lettre jouvenot. — Brody. |

Aire-sur-l'Adour. — Lhuillier, 120, champs-élysées. toutes parfaite santé. — Berthe. |

Nevers. — Delphine Beaure, dix-décembre, 1. échappé de saint-cyr, allons tous bien. — Edouard. |

Londinières. — Albert Lebon, 50e ligne, mobile seine-inférieure. santé bonne, dernière lettre 15 octobre, inquiets, réponse. — Lebon. |

La Rochelle. — Parché, rue rivoli, 122. recherches pour corps jules, fais toutes mes affaires, fais-toi connaître des concierges, réponds. — ve Delacour. |

Essai. — Debarberey, paris, jean-goujon. tous bien. — Hélène. |

Lyon. — Bonnot, boulevard filles-du-calvaire, 8. marguerite morte, prévenez désiré, écrire cornecerf, 23, lyon. tranquille, bonne santé, reçois nouvelles. — Hélène. |

Arras. — Mancel, 47, flandre. sabine, paul, moi, bien portants. — Edouard. |

Sommières. — M. Lefebure, notaire, 77, aboukir. prière toucher terme basilewski, donner argent rue blanche, montmartre, selon besoin. — Saussine. |

Villefranche. — Mlle Bernard, ferme-des-mathurins, 38. fais payer pension si besoin, voir davaine, réponds. — Bernard, saint-julien. |

Saint-Quentin. — Tilliette, aboukir, 60. Gabriel prisonnier, bonne santé, réponse. — Bocquillon. |

Bagnères-de-Bigorre. — Edouard Harté, école polytechnique. mère, jeanne, marraine, bagnères jusque janvier. tous bien, bon courage, recevons, écrivons lettres. — Harlé |

Orthez. — Vernes, pasteur, batignolles. Heureuse délivrance, mère, lucie, bien. — Félicie. |

Gensac. — Auloyer, saint-dominique-saint-germain, 190. émile prisonnier, santé. — Gensac. |

Saint-Jean-d'Angély. — Roussel, 25, boulevard malesherbes, 24. thaïs, marguerite, georges, alix, maxime, raoul, laure, orion, guardia très-bien, jouville intact. |

Bourges. — Jarre, rue pyramides, 2. plouha, bourges, soupize, partout santés bonnes. — Gabriel Jarre. |

Lyon. — Dormeuil, vivienne. merci des trois lettres, écrivez souvent, je vais bien, amitiés sincères, vœux ardents, vous revoir tous bientôt. — Mousset. |

Toulon. — Charmolue, rue de sèvres, 94, paris. tous trois embrassons, brunet adjudant au 4e régiment d'infanterie de marine, toulon, réponse. — Anaïs. |

Lorient. — Bretel, lieutenant vaisseau, bicêtre, louise, auguste, moi, parfaitement, embrassons. — Louise Bretel. |

Herbignac. — Cado, tour-médicis, 13. général divisionnaire exempte de mobile étudiants ayant seize inscriptions, empruntez chez aveline, notaire, rue vaugirard. — Cado. |

St-Valery-sur-Somme. — Guyot, 9, boissy-d'anglas, paris. femme morte avec testament, agir, appeler Jean. — Ravin. |

Château-Chinon. — Montillot, télégraphe central, santé bonne, reçu lettres. — Désirée. |

Pont-sur-Seine. — Rivial, avenue rappe, 5. portons bien, ansault inquiète. — Rivial. | Garssenat, mobile aube, emprunter quinze, rendrai. — Delatour. |

Nogent-sur-Seine. — Ramus, garde mobile de l'aube, 1er bataillon, 7e compagnie, tous bien, aucun malheur. — Ramus, nogent, 20 novembre. |

Bordeaux. — Labois, 167, faubourg st-martin. reçu quatre lettres, santé mauvaise, ennui et chagrin, quatorze lettres parties. — Labois, hôtel de l'espérance, bordeaux. |

Chatellerault. — Mme Chauveau, 10, longchamps, chaillot. usez de tout chez moi, buvez mon vin. — Laglaine. |

Lyon. — 174, rue lafayette. tout va bien, avons fait deux millions affaires depuis blocus. — Loiseau. |

Doue-la-Fontaine. — Fournal, 19, grammont. tous bien vésinet, aussi guironis. — Doué.

Auch. — Coriolis, grenelle-st-germain, 123. reçu deux lettres, merci, jules engagé carcassonne, allons bien, invoquons Dieu. — Karl. |

Coulanges. — 20 novembre. Callebaut, 105, boulevard sébastopol. notre père décédé ce matin. — Poulin. |

Macon. — Boucaut, 9, château-d'eau. recevons lettres, allons bien. — Lambert. |

Riom. — Pillieux, 62, bac. lecer bien portant, prisonnier bonn. — Grenet. |

St-Malo. — Michau, enfer, 47. bonne santé, prudence, confiance, affection. — Marguerite. |

Beaumont-Hague. — Dr Saingermain, 20, Pépinière. nantais et nous bien t'embrassons, adresse omonville la rogue, par cherbourg. — Sainguermain père. |

Cabourg. — Alix, 24, assas. tous bien. — Alix. |

Valognes. — Durand, scipion, 18. portons tous bien. — Edouard |

Bourg-sur-Gironde. — Mérindol, grenelle-st-germain, 82. habitons bourg-sur-gironde. portons bien mère faiblement. Pas de lettres depuis 5 novembre — Amélie. |

Brionne. — Adolphe Adam, croix-des-petits-champs, 3. reçu tes deux lettres brionne, écris plus souvent, sera grande consolation. Beaucoup confitures chez nous, mangez-les. — Armand Adam. | Edmond Adam, boulevard poissonnière, 23. ai reçu lettre 26 octobre, donne-moi moyens réfuter calomnie du cuistre Dalloz concernant motifs ta démission. — Armand Adam. | Edmond Adam, boulevard poissonnière, 23. avais déjà avant ta lettre vu ministre, fait demande que conseilles, attends impatient Bernay trop lente réponse. — Armand Adam. —Potier, 6, des deux-portes-saint-jean. berthe, brionne, gustave thieux, 2 novembre, écrivons souvent. | Bardin, rue halles, 28. ta mère ici, recevons tes lettres, courage, espoir, embrassons. — Pesteur. |

Roubaix. — Dormeuil, 4, vivienne. tous en bonne santé à roubaix. albert lemaire aussi. — Jenny. | Dorival, boulevard bonne-nouvelle, 28, paris. secourez Mme blanc, boulevard ornano, 28. dorival, bureau habitent roubaix, lettres parviennent. — Bureau, hospice roubaix. | Lévy, enghien, 8, paris. allons tous bien, recevons lettres de la famille. soyez sans inquiétude, frère pas partis. — Elisa Adrienne. | Grimonprez, 15, cléry. dépêche deuxième. maman, famille bien, reçu lettres, dernière datée dix-sept. avons écrit par tous moyens. Grimonprez. |

Poitiers. — Lascoux, 86, Université. tous parfaite santé, je reçois lettres. — Aimée. | Lasché, avenue trudanie, 45. sommes à poitiers bien portants. — Lasché. | Préville, passage saumon, 50. toutes bien portantes. Poitiers. | Delbergue, rue provence, 8. neuville tous bien portants. pas envahis, reçu de vos lettres. soyez tranquilles, Dieu vous sauve. — Berthellemy. | Billault, 150, rivoli. allons tous bien, recevons vos lettres. — Léontine. | Chantelat, officier ordonnance général maltat, charenton. chantelat mère malade, prière écrire à chaulvin, bonjour affectueux. — Chaulvin, poste restante. | Didot, 56, Jacob. enfants, père bien portants louviers, près supérieure. didot chanday, cousines saint-omer. trouville lucien, nous bien. — Louveau. | Lieutenant Gélineau, boulevard prince-eugène, 38. tous bien, recevons lettres. — Gélineau. |

Cambrai. — Devès, 3, laffitte. bien portants à cambrai et carnières, edmond prisonnier à bonn, amitiés à m. cresson. — Ernest. | Pau, Doissel, 70, chaillot, bien portant à Cambrai, je commande cannoniers, chalendar prisonnier à Bonn, Lamortinière à acchen, — Ernest. | Guinet, Sentier, 33, pas envahi. Court, nous bonne santé, argent suffit, plusieurs maisons envoyés marchandises en Belgique, caves disposées. —Crinon. |

Trouvile. — Germain, 19, saint-hippolyte, passy-paris. bonne santé. pau, le mans, trouville. maman légèrement enrhumée. — Germain. | François, 150, rue lafayette. toutes santés bonnes, recevons lettres, soigne-toi bien.—Marie, Caroline. | Valpinçon, 22, taitbout, paris. amitiés pour tous, Jules, Flavie, Lucile comprise. ici tout bien, écrivez.— H. Valpinçon. | Terrillon, quai mégisserie, 20. trouville, 24 novembre, bonne santé, recevons tes lettres. — Terrillon. | Pavie, cité pigale, 4. Reçu deux lettres, vais bien, écrivez-moi trouville | Hudde, mont-thabor, 24. santé bonne, nouvelles saint-martin, parents bien portants.— Emilie. | Hauttement, 28e régiment de marche, 9e chasseurs, saint-denis. allons parfaitement, reçu dernières lettres, écris souvent, oncle Gustave mort. | Lequesne, 5, châteaubriand. tous bien, écrire trouville. — Lequesne. | Grunstadt, 12, rue richer. toujours à trouville, même maison, bonne santé, recevons lettres. — Grunstadt. | Houdard, 132, rue montmartre, Paris. tous ici bien portants, pays tranquille. 24. — femme Houdard. | Pronnier, quai voltaire, 23. trouville, tous bonne santé, recevons lettres, écrivez plus souvent.—Poret. | Duval, val-de-grâce, hôpital. trouville, 24 novembre. nouvelles reçues, réunies, bien portant, besoin de rien.— Chedeville. | Dunand, rue Popincourt, 27. trouville, 24 novembre. enfants bonnes nouvelles, bien portantes. adresse rue hôpital, 40, bruxelles. — Chedeville. | Mannheim, école polytechnique. bonnes nouvelles de bruxelles, tous bonne santé trouville, 7, rue paris. embrassons Nelly.— Charles. | trouville. Annequin, 18, échiquier. Harding, Londres, famille bien. reçu dépêches. — Balleroy. | Chatard, 42, de luxembourg. Equer, Rhode, Dupouët vont bien trouville.—Chatard. | Fermé, sainte-anne, 51 bis. santé bonne, restons trouville, argent pas besoin, nulle inquiétude. | Tripier, astorg, 25. Jeanne et moi parfaitement, attendons ta photographie. — Eugénie. | Leclerc, 88, rue saint-martin. allons bien confortablement, avons argent. Poirier, Noyon, Châteauvillain, Giberie vont bien. recevons tes lettres. — Marie. | Germain, 32, échiquior. Montessuy couvert Gimmig, Gassier renouvellera warrants, affaire Charbonne suivie, vendu à Londres Roubaix seize balles gréges.— Germain. |

Cambrai. — Peynaud, 12, tournon. donnez-moi des nouvelles, je vais bien. — C. Peynaud. |

Morlaix. — Sapinaud, matignon, 18, maurice armée charette, loire, bien, joseph bien. — Pennelé. | Kergoat Yves, mobile morlaix, caserne penthièvre. courage, sommes bien. — Marie. | Daumesnil, banque france. sommes heureuses au guerrand, saubade, 5, rue horloge, rennes, bien. — Léonie. |

Civray. — Serph, capitaine 36e mobile, 2e bataillon, paris, angremy, ruffec, civray, niort, très-bien. lettres reçues, courage, confiance. levée masse. — Guiman. |

Saintes. — Besnard, 28, rue saint-quentin, paris. quatrième pigeon. maman, moi, tous bien portants, hôtel messageries, saintes, (charente-inférieure). — Amélie. |

Carcassonne. — Borde, 63, taitbout, 29 novembre. tous bien. laffitte parti octobre. arron bien. villenauxe respecté. bonnes nouvelles montucu, prévenir patrice. —Borde. |

Agen. — Seelweger, asile vincennes. léon prisonnier münster. — Elisa. | Danglade, 23 cirque, paris. tous bonne santé, pays calme. enfants externes lycée agen. tous trois chez fraichinet, 29 novembre. — — Danglade. |

Navarrens. — Moity, 85, rue legendre, batignolles, santé bonne, enfants très-bien, père avec nous, recevons lettres. — Meurine. |

Mauléon. — Rifaut, 37, avenue la motte-piquet. tous très-bien, reçois lettres, manque toi. — Reisant. |

Angoulême. — Mahyer, rue grenelle-saint-germain, 102, paris. lettres reçues, santé. trélat angoulême octobre, louis mayenne, marcel léonce loire. lettres, dépêches, tendresses. — Piet. | Lunel, route d'orléans, 93. sommes angoulême bien portantes, avons reçu un seul mandat, rien myers. théophile prisonnier coblentz. — lunel. | Guignard, 7, rue charlot. tous parfaitement. léon payera. invitation opporto si péril un jour. reçu 1,008. espoir Dieu. — Liane. |

Orléans. — Gauthier, 219, rue saint-martin. capitaine. — Gautier. | Gontault, rue billault, 19, paris. bonne santé, écrivez-nous. — Desorgeries. | Leblond, rue rennes, 84. tous bien. — Melin. | Hollard, 13, boulevard saint-michel. tous bien, propriétés épargnées, lettres reçues. — Hollard. | Nicolas, saints-pères, 81. suis à Orléans depuis 4 octobre, santé excellente. — Marthe. | Debrou, rue jacob, 20. reçu lettres, tous ici et bien portants. Witold prisonnier, bien portant. — Debrou. | Entreaigues, place saint-michel, 2. nous allons tous bien à chaumont. — Bertrand. | Bollée sergent, 5e du 3e bataillon mobile loiret. santé bonne, toutes lettres parvenues, rien arrivé fâcheux. — Bollee. | Bugier, boulevard reuilly, 37. mère, garçon bien, réponse Orléans. — Bugier. | Mantin, boulevard saint-martin, 14, georges, louis, eugène, santé parfaite. cercottes, quartier général 15 corps. — Georges. | Maupré, rue odéon, 22. eugène et famille vont bien. — Maupré. | Desforts, bonaparte, 12. restées orléans., bonne santé, aussi joseph, belgique. henri nouvelles fondjouan. ballon apporté lettre 14 novembre. — Fontaine. | Levavasseur, quai hôtel-de-ville, 66, paris. donnez vos nouvelles ici, nous portons tous bien, écrivez par ballon. — Leclerc. | Edouard Cons, boulevard bourdon, 13, hôtel provence. nous allons tous bien, nous t'embrassons. — ta mère Cons. | Dunand, rue labruyère, 21. allons tous bien, reçu lettre du 14 orléans. — Frot. | Veyrat, rue château-

Landernau. — Roux, 84, sébastopol. plusieurs lettres de vous, de blanche, point félix, sommes très-bien. albert gai, chaudement. — Borelly. |

St-Maixent. — Gouéry, 36, chemin-vert. nous sommes à saint-meixent evec henriette, portons bien. — Élisa. | Sarault, télégraphe, ministère intérieur, réponds, comment envoyer boîte, santé parfaite. — Flavie. |

Offranville. — Mme Berteaux, 29, avenue des champs-élysées. georges, hélène, aimée, parfaite santé ainsi que georges, henri radou et la famille miromesnil. — Aimée Cazier. |

Sables-d'Olonne. — Raffard, Haussman, 135. lucien bien portant, prisonnier Bonn, Wilhenonnem strass 10, auguste envoie argent. —Pettel. | Vincent, paix, 12. santés très-bonnes, toutes lettres reçues, saint-andré, espoir. — Vincent. |

Rennes. — Pellechet, 30. blanche, sûrement tous bien, andré collége, jeanne, marie, tapissent, louise parle. — Adeline. | Léveillé, chef cabinet, directeur télégraphe, pour grivard. familles grivard, macé, ceillier très-bien, recevons vos lettres. — Adèle Grivart. | Doussault, 4, bruxelles. lettres reçues, jules commande canonnière flambant. — Constance. | Grison, 2, faubourg st-antoine, 3e dépêche; sophie, thérèse, Rennes, langrune, angély, berck, bien. | Manceou, reçu, charles 6, — Giraud. | Chevé, 36, verrerie, 3e dépêche; reçu journaux, lettres baudry, santés bonnes, écrivez tous. — Méquignon. | Général trochu. tous bien, inquiétudes diminuées, lettre arthur aujourd'hui. — Brunet. | Fourchault, 12, bleue, 5, nemours, rennes. tous bonne santé, paps plessis semailles, constance grandchamps. — Pauline. | Tiret, capitaine, ministère guerre. famille bien, mes gendres, pas partis, reçus lettres et journaux. — Tiret. | Loysel, 20, quai louvre. sommes tous bien. — Anna | Pierard, directeur ouest, paris. sommes à Rennes depuis 23 novembre, exploitation à partir du mans, mezidon, serquigny, oissel — Mayer. |

Vannes. — M. Prioul, télégraphe intérieur. vincent prisonnier à neuwied, reçu bonnes nouvelles. sommes inquiets de joseph, lui dire écrire souvent. — Joubioux. |

Le Puy. — Laporte, sentier, 29. allons bien, recevons tes lettres. — Emma. |

Rouen. — Paumier, faubourg poissonnière, 150. nos deux familles bien. — Paumier. |

Bourges. — Desprès, 3, rue boursault, batignolles. oui, oui, oui, oui. — P.-D. | Villesbrest, télégraphe passy, rue latour, 54. vais bien, reçois vos lettres, courage. — Fondville. | Avignon, rue monge, 10. santé bonne; impatient recevoir nouvelles. dire soleil affaires bien. — Avignon. |

St-James. — Mme Baron, rue rainouard, 72. reçu lettres, portons tous bien, pensons à vous. personne blessé. espoir, amitiés, rue David. — Canisy. |

Brest. — M. David, 105, grenelle-saint-germain. allons bien, besoin de rien, bonnes nouvelles du berry. — David. |

Quimper. — Dubern, 11, rue milan. saulaie, jenfrat, tous bien, reçois lettres ballons. dites Vernon écrire. — Cambourg. | Cambourg, capitaine, 4e compagnie, 5e bataillon finistère. jenny, élise, enfants théodora, félicie bien. dites vernon écrire ballons. — Cambourg. | capitaine Atteleyn, 9, rue saint-stanislas, paris. vais bien, effection. — Amy Atteleyn. |

Bordeaux. — 30 novembre 1870.

d'eau, 31. portons bien, envoyez argent à mᵉ Fessard, rue la clef, 4. écrivez-nous. — M. Rabourdin. | Breton, rue nonnains-d'hyères, 8. donnez par let- tres nouvelles de Micard et Viarmé. — Nicard. | Mᵉ Echasson, 52, faubourg st-martin. me porte bien. — Aimé. | Martin, quci grands-augustins, 27. allons bien, tous vous embrassons. amitiés à tous, saint-martin, hautefeuille, courage, confiance. — Fessard. | Flamet, lieutenant, 6ᵉ regiment de marche. portons bien orléans, Jeumont écris. — Ernest. | madame Brohan, 224, rivoli. vu paul, suzanne, bonne santé mons, 15 novembre. on croit pierre en italie. — Benoit. |

Dieppe. — Tacussel, rue bonaparte. 47. ecrivez-moi souvent. — Bancelin. | Paillard, 19, rue suresne. nos corps sont ici, nos âmes avec vous, soyez prudent, reste à Dieppe, soixante lettres. — Ernestine. | Anceau, rue st-martin, 136, paris. tous bien portants à eu, lille, masnières, gaubertin, bray. — Anceau. | Delalain, 20, conde. dieppe bien portants, argent janvier, huet. evian, leon alfred, hyère. — Valentine. | M. Debelle, rue du chaume, 5. julien, moi bonne sante, reçu argent havre, bon poste. — C. Debelle, 9, grande rue dieppe. | Vanin, 17, quai voltaire. charlotte, mathildeenfants, nous bien, lettres parviennent. — Moreau, dieppe, hôtel royal. | Joanti, jean-jacques-rousseau, 23. famille bien portante, bien installee et entouree, lettres reçues, enfants apprennent anglais. caroline bien, mois devastee. — Legal. | Manceaux, 9, boulevard malesherbes. bien portants, reçu argent. — Deville, dieppe. | Defremicourt, 8, boulevard des capucines. famille bonne sante, cent pièces ete, commises pour amerique, prends argent chez Bertèche. — Defremicourt. | Duplessis, 71, rue monceau. toutes bien, clothilde aussi, lettre marguerite 20, tous tranquilles, pas prussiens, demenagees, sommes bien. — Emma. | Turquet, avocat, rue sainte-anne, 50. puys, 25 novembre, enfants bonne sante, lettre malmaison inseree journal, mille baisers. — Marguerite. | Berard rue pigale, 20. tous bien portants, cecile bien, montpellier, bureau restant. — Berard. | Muller, 12, malher. allons bien, ecrivez 9, quai henri IV, dieppe. — Emma. | Cremery, lieutenant fort Issy. cremery, père arques, 25 novembre. | mlle Laurent, cherche-midi, 84. bonne sante dieppe, calais, reçu lettre 25 novembre. — Morice-Deboile. | Davançon, 45, douai. novembre, mathieu, millard, montaviol, davançon, bonne sante, vu eugène echappe metz, reçu lettres, communiquer familles. — Davançon, dieppe. | Badenier, 10, baizance. tout va bien. — badenier. | Coppinger, 5, billault. dieppe, 25 novembre, tous bien, mère sœurs, charles brighton. — Emmanuel. | Mayeur, bellechasse, 12. merci cœur, protegez maison, amities. — Debilnave. | Gagne, rue vivienne, 22. bien portants, reçu 4 et 16 novembre. — Gagne. | Beeckman, club rue royale. chers enfants, ecrivez, foule lettres arrivent, presque rien vous, impossible rentrer pour Fernand, embrasse. — Mère. | Turquet, ste-anne, 50. tous santes, lettres publiees, souscriptions mitrailleuses, patriotisme reveille, superieurs inertes. — Lebon. | Messioux, 10, rue juge, grenelle. allons bien, ecrivez donc. — Martigny. | Collet, mairie montmartre, paris. allons bien, ecrivez donc. — Martigny. |

Havre. — Gautier-bouchard, parc royal, 16. tous bien portants, havre, 23 novembre. — Levainville. | Gros, 37, taitbout. 23, tous les gros, rieders, monods, parents et allies kerns, chatoneys seutters bien. wesserling intact. — Monod. | Gastambide, 33, cardinal-fesch. excellentes nouvelles adrienne et compagnie jusque 21 novembre. Ici chacun bien. — Delaroche. | Larocque, 56, rue de la victoire. Tasso a fait faillite, paie moitié, dites solde son compte. Affaires, marchentparfaitement, soyez tranquille. — Larocque. | Rothschild, paris, bruxelles, Theron bien portant, famille Vanderhem bien, tous Gustave parfaite santé lettre Paris 19 reçue. — Gustave Troteux. | Mongruet 12 rue argout, paris Léon, Camille, Marie chez nous depuis 20 septembre, santé parfaite. — charcley. | Michaud, 53 rue hauteville. Mᵉ Michaud avec nous. famille entière bien portante. — Calou. | Badoulleau, 20, hauteville, Paris, Beunes septembre expoliés. famille bonne santé, partie Pau aujourd'hui versé 5000 fr. Levillain. — Loudin Capron. | Moitessier Call, 6, rue louvre, paris, deux cents barriques invendues, au-aut débarquement trois cents pour Menier Ango, voyageur attendu. — Moitessier. | Moitessier Call, 6, rue louvre, paris, 450, havre, 500 nanteset 300 résumés chez Engelhardt. — Moitessier. | M. N. Guesnier, 18, rivoli. Tous au havre, portons bien, reçu presque toutes lettres, tous embrassons. 23 novembre. — Raimbert. | Breton, 6, faubourg poissonnière, familles Ormoy, Bluche, Glatigny, havre, bordeaux, le mans, péronne, londres, vont bien, Gilbert aussi, écrit cinq lettres. — Oursel.

— Saint-Malo. — Aubert Picard, 16, Bertrand. Pense toujours à toi, espoir de réunion prochaine, bonne santé, grande tristesse. — Camille. | Leveillé, aux télégraphes, toutes trois parties villers, courage amitié, Poul aide-major francs-tireurs, indre-et-loire. — Vuagneux. | Dupuids, 34, bac. Sommes tous bien, Gustave aussi. — Potenié, saint-malo. | Burquoy, 81, Université. Danjan, Aubin, Burquoy tous bien, comment vont maitresses? bonnes nouvelles Duvergey, Jassureaux, demande nouvelles Frédéric, Palmyre. — Louise. | Larsonneur, officier franc-tireurs du général Ducrot, toute la famille bonne santé, Alfred, Louis partent. — Larsonneur. | Migniat, fort Ivry, régiment Brest, famille bien. — Miniat. | Block, 47, Lepelletier, payez rien pour moi, suis étranger, preuves consulat espagne, bon espoir, tous bien, écrivez. — Arosa. | Maurice Colas, 26ᵉ régiment mobiles, 5ᵉ bataillon, 7ᵉ compagnie. Boisson, Maurice, Paumier, Henry, Coolet, toutes familles st.-servant biet, — Maurice. | Mᵉ. Lacasse, boulevard maleshesherbes, 40, colonie dessard, santé parfoite, manquons rien, température douce, bonne nouvelle Brunoy, villeneuve. — Malaizé. | Vernier, 93, lafayette, saint-servan, ille vilaine, portons bien, pas besoin Binoche, informe Ferdinand, amis, lettres Machon presque bonne. — Rousseau. | Barré médecin, germain-pillon, 12, écris tous les jours, bien triste loin je t'embrasse. — Franchot. | Guillory Isidore, mobile st.-malo, famille entière perfaitement, Georges aussi. — Guillory. | Mazure, garde mobile, 5ᵉ bataillon, toute la famille se porte bien. — Mazure.

Bordeaux. — Héraud, quai Hôtel-de-ville, 74. Famille parfaitement, embrasse. — Belzaguy. | Potier, rue Boulogne, 1. Reçu lettre 15, moi, tous, Bailly, Poupinel, Rey bien portants. — Potier. | Conin, sébastopol, 60. nous, père, Conin, Mathilde, Destouches, tous bien, reçu lettres. — Vazide. | Levé, rue passy, 77. tous en bonne santé. — Levé. | Gronfier, git-le-cœur, 61. écrire par ballon monté, bordeaux, poste restante. — Frioud. | Bujac, ministère guerre. tous bien, Emile, lieutenant Poitiers. — Bujac. | M. Travot, 1, avenue reine-hortense. tous bien, 30, ballons reçues. — Clotilde. — Lamontagne, 5, thérèse. Bordeaux pas nouvelles, seuls depuis deux mois avec Lemaire-Darru. — Grellon. — Roullier, passage verdeau. deuxième dépêche. écris, recevons lettres, santé bonne, grand espoir, à bientôt, ferai deuxième versement, embrassons. — femme Roullier. | Weyland, st-andré-des-arts, 33. seconde dépêche pigeon. bébé, moi très-bien, reçu toutes tes lettres, dames Dequevauvillers bien. — Mathilde. | Dorca Ayulo, boulevard strasbourg, 24. chargé pour vous sur souveraine vins, prunes, savons, absinthe; ai-je bien fait? — Civrac. | Seseau, faubourg poissonnière, 39. reçu vos lettres, Gaston avise aux blés golconde, échantillon magnifique, famille Seseau bien portante. — Civrac. | Fray, rue tour-d'auvergne, 41. pouvoir général pour mes intérêts, voyez frère, maisons, appartements, vendez chevaux, portons tous bien, merci. — Dobbé. | Laborne, 22, place Vosges. santé bonne, recevons quelques lettres, chouzy tranquille amitiés. — Laborne. | Berr, rue bondy, 66, nouvelle journellement rio, bruxelles, paris, Sophie chez son père, grands, petits, bien portants. — Adolpe. | Lavau, godot-mauroi, 10. reçu lettres, écrit plusieurs, tous bien, Charles pensionnaire. — Lavau. | Pelletier, 18, boulevard sébastopol. traites non négociées, Gorgeot versé 7,000 fr. esprit général bon, avons confiance. — Johns. | Halne, jeoffroy-marie, 3. enfants, moi, bien, reçu toute lettre, dernière 19, Fanny supplie voir maison, écrire Ismain. — Emma. | Vᵉ Letellier, rue royale-honoré, 11. Henri rouen, Joseph lyon, jeunes Cursay, Plassac, Mélanie, Isabelle bordeaux, tous très-bien. Hérande. | Sarrette, 50, boulevard temple. suis bien portante, impatiente rentrer, bordeaux tranquille, faux bruits, cousin Charles écrit dimanche, tous bien. — Augustine. | Couturier, 46. douai. toutes très-bien à bordeaux. — Aimée Couturié. | Aubert, rue pétersbourg, 40. lettres reçues, allons tous bien. scholasticat envahi Garibaldi, oblats dispertés, Ladet, Ferrand mort, souvenirs tous. — Favre. | Chimènes, notre-dame-lorette, 42, lettres reçues plaisir, santé bonne, Ernest pas mieux, écris souvent. — Chimènes. | Couturier, 44, grande armée. reçu lettres, suis bien portant, famille aussi. — Henry. | Tanneveau, 11, rue grange-batelière. tous parfaite santé, ville tranquille, amitiés. — Eulalie. | Destrilhes, vieille-du-temple, 21. trente-deux lettres échangées, deuxième dépêche, moi, tous santé très-bonne. — Alphonse. | Lombard, 4. rue abbesses, paris-montmartre. allons tous bien, reçu tes lettres, bien heureuse avoir de tes nouvelles. — Pauline Lombard. | Pascal, passage petites-écuries. tous santé parfaite eauze, reçu lettres et remises. — Badd. | Philippe Archdeacon, 8, rue anjou-st-honoré, nous tes enfants, Lucie, ses enfants bien portants, écris-moi, mère qui t'aime. — Archdeacon. | Deroy, 58, amelot, tous quatre, famille Poumaroux bien portants, reçu quantité lettres, deux portraits, aînés externes lycée, envoyons embrassements. — Léontine. | Malabar, 16, boulevard montmartre. troisième dépêche par pigeon. tous bien, Quiqui magnifique, manque rien, accord. reçu cinq lettres ballon. — Malabar. | Couve, 21, rue Turgot. reçu lettres, tous bien, rien saillaut, baisers, 25 novembre. — Alice. | Demons, intendant, rue tt-florentin, 17, tous bien, touché solde, dépêche pigeon neuf, reçu lettre 20. — Mathilde. | Romainville, chaussée-d'antin, 8. bonne santé, reçu vos lettres, prenez Deéourcelle. — Lambert. | Brugnon, rue st-florentin, 14. allons bien, sommes bordeaux, rue rolland, 18. — Couturier. | Raoux, 7, boulevard ornano. tous bien, pas reçu lettre depuis 18. — Pastissie. | Jougla, rue temple, 59, allons bien, donnez nouvelles. — Çallet. | Toury, boulevard temple, 17. allons bien, voyez Alexandre, embrassons. — Legrand. | Legrand, fg faubourg Poissonnière, 61. allons bien, maman Legrand aussi, embrassons. — Legrand. | Helbronner, 174, rue lafayette, paris. nous portons bien. — Helbronner. | Murray, 42, rue jeûneurs. toute la famille bien à manchester, reçu dernière 5 courant. courage — Kenric, chez Mann. — mlle Louise Salomon, rue michaudière, 6. Fernand et moi bien portants. — Salomon. | Richemont, belle-chasse, 44. Fernand, Armand, Vigourenx prisonniers munster, Fourens parfaitement. — Arthur. | Pasteur, 54. boulevard Hausman. portez chaque mois à domestiques, chez Surell, Huyot, Matthieu, 100 fr., avancés par Midi, écrivez. — Huyot. | Rodrigues, 17, rue d'antin, Blanche accouchée 20, garçon, mère très-bien, pauvre Désirée très-malade. — Rodrigues. | Rodrigues, 106, rue Amsterdam. Blanche accouchée 20 garçon, mère très-bien, malheur, Désirée morte 21, prévenir Numas. — Molina, 16, rue Condillac. | Folgavez, 42, varennes. toul bien portants, Aarie trompée, attend toujours. — Thioullet. | Bie, assurances soleil. vos dernières 5 et 19 novembre, avons télégraphié 16, comment. où vivez-vous? santés excellentes. — Bocandé. | Daniel, télégraphe. familles vont bien, reçu lettres, transmettez Tronchet affection, espoir. — Alfred Paul. | Beurnaux, garde, caserne lobau, 6ᵉ compagnie. bordeaux, reçu toutes lettres, écris bordeaux poste restante. — Marguerite. | Maillères, rue abbatucci, 13, Gaston prisonnier altona, Léopold avec Clémence aix-chapelle, sans blessures, tous à bordeaux bien. — Castega. | Durand, 92, rue bac. questions posées inconnues. 29 au 16 pas lettres. — Durand. | Constant Halphen, 81, rue taitbout. vos lettres reçues jusques 14, Bertha et enfants genève tous parfaite santé, bon courage. — Alexandre. | directeur france, 14, grammont. deuxième par pigeon. reçu vos lettres, sinistres rarissimes insignifiants, rentrées satisfaisantes, fonds sûreté selon instructions. — Delmas. | Lévy, faubourg montmartre. santé parfaite, Emile armée loire, quelques lettres manquent, Maurette partira paris ouvert, t'ci écrit souvent. — Lévy. | Debbeld, 41, échiquier. couvertures vendues 8 fr., autorisez vendre lard 150, riz trop cher. — Cahuzac. | Murray, 42, jeûneurs. famille manchester bien, lettre 5 novembre reçue. Kenric chez Mann, courage. — Gaillard, bordeaux. |

Rouen. — Mann, rue charette, 102. porte bien. rouen. — Mann. | Constant, boulevard magenta, 1. nous portons bien, répondez. — Adèle. | Drouart, 34, rue penthièvre, paris. avons reçu lettres allons bien, bientôt embrasserons. — Chapin. | Pouchet, rue magnan, 4. toutes santés bonnes, resterons rouen. ennuyée. — Pouchet. | Pommeyrac, rue labruyère, 22. Alfred prisonnier. — Lapierre. | Laveissière, 58. verrerie, vendu moitié saumons, havre cinquante-quatre, cinquante tonnes zinc brest, payé traite Sims 5 octobre. — Laveissière. | Birbeni, 4, vigny. billet boite cent francs. verrerie pour toi, réponse calorifère parfois. — Victorine. | Lefranc, 4, astorg. depuis 13 octobre sans nouvelles, écrivez plus souvent, demandez Tenré si mes deux acceptations sont payées. — Honigswarter. | Simon, 12, Pernelle, Jeannette, Emma et tous parents bien, nous recevons souvent vos lettres, prière passer chez mon concierge. — Morel. | Carteron, 7, boulevard ornano. écris premier bataillon, deuxième compagnie oise, écouis (eure). — Ferdinand. | Gambier, sergent 6ᵉ compagnie, 5ᵉ bataillon, 50ᵉ régiment mobile, Paris. Lettres reçues tous bien portants Eugène Martinique t'embrassons. — Gambier. | Roger, 22, château-landon. Nous allons bien, Léon, Léontine, jenny, Mantes aussi, Amaury très-mal. — Larget. | Chartier, 6, rue rougemont, paris, mère, julia, moi. enfants tous bien portants, Rouen toujours — Marie Chartier. |

St-Malo. — Tranchemer, 5e bataillon, 5e compagnie Rosny. Portons bien. — Tranchemer. | M. de Châteauvillars, rue fontaine-st-georges, 34. bébé et moi portons bien. — veuve Letellier st-malo. | Chesnot, mobile st-malo, Rosny. porte bien, écris. — Chesnot. | Potrel, 40, croix-petit-champs. nous, Berrus et Georges parfaitement, écris tous les jours. — Jeanne, st-Malo. | Perthuis, curial, 5, villette. Berthe Chartres; Pulchérie, Marie, Marthe st-malo, Mettrie, 3; écris, recevons lettres; tous bien. — Perthuis. | madame Pijon, 46, turbigo. famille Deschambeaux, lot, à st-servan, bonne santé, recevons vos lettres. Correspondons avec Gustave, Gaston — Deschambeaux. Robineau, 78, lafayette. allons tous parfaitement, Turpin aussi. vingt-quatre novembre. — Jouault-Robineau. | Flottat, 46, rue bondy. nouvelles Tandon, sergent garde mobile, 14ᵉ bataillon, 2ᵉ compagnie, 6ᵉ escouade, fort aubervilliers. — Grondard, st-malo. | Anquetil, 10, avenue trudaine. bien, ai argent. demander nouvelles Houduce chez villemorin, grainetier, quai mégisserie, 4. — Anquetil. | Alexandre Legros, ministère finances, douanes, tarif. bonne santé. — ta mère, Hélène. | Anglas, penthièvre, 34. Marie, votre maman, Mme Anglas vont très-bien, ayez donc courage. — Bergis. |

Saint-Symphorien-de-Lay. — Flandre, lieutenant artillerie, fort charenton. Nous bien, Metz bien. — Flandre. |

Assingeaux. — Outin, chapelle, 76, Amélie, Maurice Issingeaux. bonne santé. — Outin. |

Montbrison. — Tardif, rue école-médecine, 76. fillettes bien, maman pas mal. — Antoinette. |

Saint-Étienne. — Hugues banquier. Oui, oui, peu, 7,614 45. — Maras. | Acoulon, 8, rue de bucy. chez Degraix, reçu lettres jusque 19. Christian à Corcelles, allons bien; dites à Doré. — Mathurel. |

Villeneuve-sur-Lot. — Mallat, Taranne, 11, Villeneuve novembre. seconde dépêche. lettres reçues, santés excellentes. — Marie. |

Agen. — Pinet, 44, paradis-poissonnière. bonnes nouvelles Niort, oncle chez Mascard, envoie votre lettre Toulouse. — Rouget. | Trille, saint-Honoré, 217. enfants et famille Mariton Agen bien portants, nous aussi. — Bergès. |

Nérac. — Douillet, 44, ruetiquetonne. célibataires bientôt. Ernest ici, bien portant, nous aussi. — Ricaut. |

Sillé le Gme. — F. Chevet, palais-royal, paris. Chemiré, 27 novembre. tous ici bien portants, ta famille Granville, avons ta lettre du 13. — Marie Chevet. |

Bressuire. — Rondenay, 28, Delambre, bien portantes. — Anna. | M. Gaudron, rue neuve-st-augustin, 51, paris-seine. la femille va bien, reçu vos lettres. — Balquet. |

Agen. — Latour marin, fort montrouge. rien reçu, très-inquiets, écris-nous. — Latour. | Parent, 19, rue aubert. santés bonnes, sommes à Agen, hôtel Barron, donne nouvelles Paul, Alfred. — Cottan-Parent. | Villemin, rue rennes, 65. sois rassuré, écrit déjà par pigeons, reçu tes lettres, tous bonne santé. donne nouvelles Fernand. — Villemin. |

Arcachon. — Ternoy, quai bethune, 22. aucunes nouvelles, donner détails, nous bien. — Durègne, Arcachon. | Mantion, gare nord. cher papa, Lucie superbe, Emile décoré, lettres vivifiantes arrivent trop courtes, Arrohnson, Turcas bien, t'embrassons. — Sophie. | Bechet, rue de monceau, 23, paris. Enfants et tous bien saint-quentin, sedan aussi, communiquons. — Dutour. | Schnapper, 94, saint-lazare. contrariée par reçu dépêche disant allons bien, rien besoin, inquiète, écrivez. — Lise. | Herbault, 12, port-mahon. père, mère, enfants, moi parfaitement. recevons vos lettres. écrivons souvent, confortablement installés. Théodore mort 16 septembre. — Marie. | Joffrin, 63, Taitbout. oncle oblige rester arcachon, villa buffon, souffrante, italie rétablirait complétement, reçu argent, province excellente. — Adolphine. | Poitevin, 22, Moineaux. 10 novembre, télégramme 26, réponse 19, santé bonne, 27, réponse 15. — Poitevin. | Dumont, pont-de-lodi, 3. Gervais frères bien Weisbaden, préviens mère, prévenir B bas famille rochelle, reprocher vilfrid pas écrire, chien baisers. — Marguerite. | M. de Viana, 58, rue de varenne, paris. allons bien, toujours arcachon, pasplace à pau, écrire souvent, amitié. — Mouy. | Ravel, 77, Blanche. Idée compagnie guère rendait folle. Pasfaux amour-propre, rien inutile. J'embrasse mon kiki blessé. — Mady. |

Tours. — Huart, 10, chauchat. familles huart, blanc, musnier, chardon, trunier, larsonnier, grand-george, toutes bien portantes, habitent saint-servant. — Chauviteau. | Sonrel, observatoire, dames brieu bien, donner nouvelles amis. — Marié, tours. | Bourcellier, petits-hôtels, 3. vais bien, parents aussi, reçu lettre, écrire. — Ducret. | M. Michel, boulevard italiens, 27. nous allons tous bien. — Janșe. | Delamartinière, 35, amsterdam. allons bien, recevons lettres. — Marié. | Deschamps, polonsseau, 33. porte bien, reçu lettres. — Deschamps. | Thiboust, ministère finances. famille adolphe ici, aubry, avenue d'antin, 1, bonnes santés, rapports ministre pigeons, 5, 17 novembre. — Deroussy. | Chaperon, boulevard Haussmann, 98. vu lavallée, tous bien, nantes; kleitz ordonne fracturer buffet, armoire, provisions. — Albert. | Philipon, 20, rue bergère, paris. mère, enfants bonne santé, reçu toutes vos lettres, nous sommes aigle, hôtel victoria. — Philipon. | Rigaux, rue luxembourg, 10. santé bonne, suis nommé officier légion d'honneur, décret 19, donne-moi nouvelles par ballon. — Rigaux. | Laroncière, ministère marine. tout bien, 20 novembre, évreux, cracouville. — Clémentine. | Casalis, passy, franklin, 21, Dieu vous garde, enfants, adultes, tous en santés, remercions pour lettres, embrassons tendrement, prions beaucoup. — Bourgeois. |

---

1. Pour copie conforme :
l'Inspecteur,

Bordeaux. — 30 novembre 1870.

sauvé luxembourg, bigot vu mulet, tours moi bien. — Lesprés. | Trévise, rue Morny, 134. juste loiret, frignet coblentz, trévise, marie tantes allons bien, reçu toutes lettres, manbourg, 20 novembre. — Nancy. | Mallet, 64, caumartin. reçu lettres, restons folkestone, anna partie shadau, gabrielle, enfants bien, santés bonnes. — Baronne mallet, 14 nov. | Friedel, boulevard st-michel.60.mère,enfants,parents strasbourg, mulhouse, vont bien, reçu toutes lettres, mille tendresses.—Emilie. | Brian, 6, louis-le-grand. cressonnières vont bien. ont reçu votre lettre ballon, écrivez-moi.— Fuzien. | Pasteur Zipperlin, 8, darcet, batignolles. réunis arlesheim près bâle. Dieu abrége triste séparation! — Jules Bonnel. | Alphonse Rothschild, Laffitte. t'envoie mille baisers et espère te voir bientôt.—Bettina. | Blanchard, général division,corps Vinoy,marie nie pigeons, moi crois tous bien portants, bébé superbe.—Ancillon. | Mr Saint-Joseph, royale-saint-honoré, 14. léopold parfaite santé, écrit 14 novembre, prisonnier dusseldorf, 18 louis en strass. — Emeric. | Daveluy, étampes, à Daveluy, 33, Hauteville. bonnes nouvelles, amiens, grandville, sables; aimé 43e ligne, ludovic angleterre. edgard normandie — Daveluy. | Alphonse Rothschild, Laffitte pensons toujours à toi et t'embrassons tendrement. madame worms, sa fille comme nous à merveille. — Laure. | Madame Montbrison, 113, boulevard haussmann. tous bien à cangé, montbrison hollande, strasbourg, marianne à merveille, a six dents.—Maurice. | Gonler, rue st-honoré, 364. vu auguste, reparti gien, 52e marche, provisions bourdon, clé propriétaire, répondre bordeaux, gare —Gonter. | Bourdin, rue temple, 102. marie et christine, bordeaux, rue st-françois, 42, bonne santé, reçoivent vos lettres.— Bramet. | Delcroix, 21, rue enghien. enfants, moi bien portants, tous t'embrassent, marseille — Delcroix. | Morane, 10, rue banquier. enfants, antoinette moi bonne santé, mille baisers, tours 24 — Morane. | De Saint-Vidal, rue richelieu, 87. avons reçu lettres, allons tous bien. vous embrassons tendrement. — Francis. | Delaibre, marine, paris. famille bien, toujours lorient.— Andry. | Montandon, 71, rue amsterdam, paris. tes lettres beaucoup plaisir, santé bonne mais anxieuse, secours les malheureux, souhaits amitiés tous. — Montandon. |

Toulouse. — Madame Lolliot, 2, chaussée-muette, passy-paris. passé lieutenant 13e artillerie, toulouse, commande batterie montagne, nouvelles enfant bonnes, marche. — Lolliot. | M. Deville, rue geoffroy-lasnier, 30, paris. santé labadens, fayard prisonnier dusseldorf, amitiés. | Gervoy, 26, rue bourgogne, paris. tous bien, embrassons. — Combettes. |

Calais. — Dognin, villa réunion, route versailles, 112, auteuil, paris. portons tous bien, reçu tes lettres. —Renard. | Jamp, 9, place des petits-pères, paris. pas lettres de vous depuis deux mois, écrivez par ballon-poste. — Copertoke, londres. |

Laval. — Faure, rue ménars, 6-23 novembre. faure, solliers arrivés laval, bon voyage, écris comme alphonse, allons tous bien. — Léonie. | Delorme, passage saunier, 18, laval, 21 novembre. santés bonnes, aucune lettre toi depuis 6 novembre, soigne-toi. — Louise. |

Poitiers. — Papin, flandres, 87. adèle décédée variole, venez si pouvez, victorine bien portante. — Ducreux. | Darcy, postes-feuillantines. fougeroux, maurice, sa mère, tous bien, poitiers. |

Besançon — Fernier, mobile, 6e compagnie, 6e bataillon, seine. tous en santé, henri à paris, clémentine ici. — Fernier. | Mélard, saint-lazare, 104, mère bien, nous aussi, écris toujours. — Rousselot. | Rohart, quai jemmapes, 40. merci, allons bien, amitiés pour tous. Rousselot. |

Bordeaux. — Tenet, inspecteur trains, gare est. reçu nouvelles une fois, 3 octobre, rien depuis, écris vite, souvent, tous bien portants. — Tenet. | Jeanne Defaure, rue du bac, 140, paris. père, mère, frère bien portants. — Defaure, née Peyrounin. | Demilly, rue monsieur, 11. santé parfaite, bordeaux. |

Nantes.— C. Mégard, paix, 5. chers maris sommes à nantes bien portantes, recevons lettres, prêtes à partir tours ou paris. | M. Lafissse, rue de Rome, 23. nantes chez Émile, allons bien. Raymond à hambourg, madame Halgan à mons. — Lafisse. | Gaiffe, 40, saint-andré-des-arts. lyon argent reçu, Édouard orléans, tous bien portants, enfants gentils. Gaston, parents bien. Lefebvre, famille bien. | Lebidois, rue deux-boules, 3, paris. Nous sommes bien. Ernest exempt, mettez ballon monté, écrivez papier fin. — Lebidois. | Douault, 10, lavoisier, paris. tous bien, Elie revenu fatigue.— Athénaïs. | Nourtier, domaine municipal, préfecture paris. Souché, versaillais, santé. Maurice toulouse. vois Marguerite, mandat reçu. launay, mondétour, cernés. Albert écrire. — Nourtier. | Durville, rue taitbout, 27, paris. reçu lettres, répondu à dépêche-réponse. nantes tranquille et énergique. courage, bonne santé.— Royer. | Gamard, choiseul, 16. reçu quelques lettres, Marie avec nous, bien portants, garçons externat. *Quid* affaire Chevron. — Gamard, santeuil, 4, nantes. | Meslier, du sentier, 19. 26 novembre. reçu nombreuses lettres. Poulain, Meslier, tous bien. affaires bonnes. remercier Azam. Ernest engagé poudres. | Arnous, capitaine 37e mobiles, famille. mère, sœur, bien. nantes, 26. | Marion, 28e mobiles Loire-Inférieure. 1er bataillon. bien portants, magasin bien, Francis mobilisé, nantes tranquille, courage, espoir. — veuve Marion. | Baranger, lieutenant mobiles, mont Valérien. lettres reçues, santé excellente. — Baranger. | Silz, petites-écuries, paris. tous bonne santé, reçu pas toutes lettres ballon, écrit Bernard, mère bien portante, Fernand m'écrire.— Clémence. | Monluc, rue Pigale, 59. reçu lettres du 18 courant, tout notre monde bien. Juarès écrit, dit rien. — Labruère. | Darioud, boulevard saint-michel, 4. les deux familles bien portantes, petits enfants superbes. Albert écrire de suite. courage, embrassements. — Darioud. | Gaudron, blanche, 12. portonsebien toutes. Léon, Bauquin aussi pas nouvelles gérmignonville depuis fin octobre, recevons lettres souvent, continuez. — Gaudron. | Barbet, bouevard malesherbes, 17. reçu, inutile. Barbet, Ollivry Hoschedé, Flore, Aurélie, Cresson. Grassal blessé, revenu bien. en marche, lettres reçues. | M. Varau, gare d'orléans. santé bonne, bonne réponse oncle Auguste. | Nicolas, rue paradis-poissonnière, 22, paris. vin 1870 qualité supérieure, 25 fr. logé, soutiré noël, faudrait payer immédiatement moitié. — Pergehne. | Marx, 48, boulevard sébastopol. reçu lettres, répondu, santé bonne. Armand soldat, espère entrer intendance. trouvons temps long. mille baisers. — Georgette. | Gautier, rue cardinal-fesch, 33, tous bien. parents roussel ici. — Gautier. | Sesmaisons, rue iéna, 5. tous bien, recevons lettres. — Marguerite. | Bornigal, ministère marine. lettre reçue, sommes bien. — Léonide. | Duboisguéhenneuc, artillerie mobile nantaise, villette. tous bien, demande urgent, rue des postes. Bertinau bien. — Rosa. | Clerc, rue amsterdam, 21, paris. 2e dépêche. partout famille bien, metz, namur, mayence aussi, 26 novembre. — Laroche. | Clogenson Tronchet, 19. installés bien nantes. — Valérie | Dhaisne, 47. rue galilée. santé bonne, famille bien. courrier colonie arrivé nantes, appris avec plaisir vous êtes en bonne santé — Dhaisne. |

Châteauroux. — Bailly, aide-major, val-de-grâce oui, oui, oui, non. | Lebas, rue grange-batelière, 14. enfants bonne santé bruère. — Guérin. | Delmy, chef escadrons, caserne célestins. bien portants. — Justine. | Edon, quai celestins, 6. tout bien. — Duchesne. | Saint-Cyran, 34, godot-mauroi. portons tous bien, reçu lettres ballon. — Laure |

Nantes. — Directeur général tabacs, paris nantes fabrique scaferlatis troupe ouest. ordre augmenter pour dépôt grenoble, fait cartouche chassepôt, bon ordre partout. | Montfort, ambulance curé saint-eustache, paris. famille bien, reçoit lettres, léon major, jules capitaine génie, paris armée bretagne, 24 novembre. — Garet. | Bourdin, rue du temple. 102. donnez adresse Marie. — Arnoud. | Debais, rue saint-antoine, 110. santé bonne, écrivez —Arnoud. | Loichemolle, saint-sabin, 68. reçu lettres 16, 18, très-attendues, tous santé bonne, vif désir revoir nantes. | Achille Houffet, 6, boulevard prince-eugène. santé très-bonne, grand ennui ne pas avoir reçu de mandat ni carte. — Jenny Houffet. | Longueville, 15, casimir-périer. tous bien, 3 dernières lettres reçues 25, pas accouchée. — Lalaurencie. | Drouet, cherche-midi, 72. recevons lettres, nantes, nevers, bien portants. — Cléry-Trébuchet. | Géraud, 34, boulevard des batignolles. bonne santé. toujours ensemble, lettres reçues, amitiés. — des Chapelles. | Bardin, 37, rue aboukir. reçu lettres, excepté celle carte, porte bien, nouvelles nangis, troyes 12 novembre, bonnes. — Dupont. | Champouillon, 34, avenue d'antin. santés parfaites, bien installées, recevons nouvelles. — Mathilde. | Grouvelle, 28, mont-thabor. portons bien chez pauline, reçu 1155, avoir papiers, embrassons — Céline. |

Trouville. — Fontenelle, 46, lafayette. trouville, bonne santé. — Fontenelle. | François, 150, rue lafayette. santés bonnes, recevons lettres, soigne-toi bien. — Marie. | Escudier, 7, rue d'enghien. soignez-vous, recevons lettres, santés bonnes, trouville. — Gracien. | Madame Bouillé, 52, rue courcelles. trois enfants, rien manque, jacques destampes, trouver bien. — Descroix. | Paumier, saint-guillaume, 27. tous bien ici, mathilde revenue. albert à rouen avec mère. | Guillet, 18, saint-hippolyte, passy trouville. bien portants, recevons lettres. — Camille. | M. Collin, 29, boulevard clichy, paris. ne laissez rien sortir de mon appartement, réponse. — Natier. | Drouet, 14, faubourg poissonnière. tous bien prévenir devray, 37, taitbout. — Honoré. |

Rouen. — Sanzay, 41, laval. oui, oui, oui. non, portons bien, tranquilles, avons écrit souvent. — Lemire. | Warren. capitaine artillerie, 28, rue charles laffite, neuilly. nous allons tous bien, lettres arrivées, bonnes nouvelles des parents, félicitations. — Lacroix. | Duval, 14, navarrin. santés bonnes, reçu lettres, répondu. | Akar, 45, croix-des-petits-champs. bien portants, léontine, père reims. bonnes nouvelles bar, nancy, gaston, écrivez, nathalie aussi, nouvelles carrance mère. — Carrance. | Bouchon, 150, lafayette. tous bonne santé, hélène aussi, tranquilles ici, reçu vos lettres, 24 novembre. — Bouchon. | M. Charrins, avocat général cour de cassation, boulevard saint-michel, 5. madame, mademoiselle charrins vont très-bien, toujours à rouen, lettres reçues régulièrement. | M. Abry, parme, 3. une fille, mère enfant portent bien, deux fois annoncé argent, rien reçu. | Hubert, rue poncelet, 18, ternes. recevons tes lettres, nous sommes bien portants biennay. — Hubert. | Philbert, boulevard saint-michel, 95, paris. donne nouvelles d'alfred et ferdinand, nous inquiets, famille bien portante. — Dubois. | Bellanger, boulevard magenta, 89. pas de vos nouvelles, inquiet, remis 8,000 francs à huet daliphard, lettre par ballon. — Guilmin. | Séguin, rue argout, 36, paris. dieppe, rouen tous bien, dire durney, vallemare reçu lettres, 24 novembre. — Tignet. | Voitellier, 20, condamine, batignolles. courage, allons bien, mais reverrai-je petit? — Voitellier. | Lohan, mobile rennais. tous bien, quillio, brieuc, rouen, auguste lieutenant avec kératry, aimé, capitaine sédentaire, moi lieutenant. — Francisque | Kauffmann, 43, Taitbout. tous bien, recevons lettres, albert chasseurs, auch, tranquilles. — Legendre. | Rétaud, quai grenelle, 25. tous bien, recevons lettres, huile cave, albert chasseurs, auch, dondez nouvellespanet.— Legendre. | Bellest, Quidet, rue montfaucon, 6. oui, oui, oui, quatrièmement non. — Bellest. | Raine, mobile, 6e compagnie, bataillon elbeuf, paris. reçu lettres, allons bien. — Raine. | Etard, poste restante. demande argent. — Chartier jeune. |

Menetou-Salon. — 24 novembre. comte Greffulhe, 10, Astorg, paris. santés bonnes. — Félicie. |

St-Lambert-du-Lattay. — Malfille, 42, rue dunkerque. dire à denis santés bonnes, garantir livres, actes, minutes. écrivez-nous. — St-Lambert. |

Tarbes. — Mirambeau, place victoires, 4, allons parfaitement, dernière lettre datée 20 novembre. — Mirambecu. |

Montjean. — Guasco, 27, Luci. tranquillité, santé, espérance, donnez nouvelles ballons, irénée, charles. — Heusschen. |

Lubersac. — Ageult, 30, avenue montaigne. ageult, chabrillan, masins, pin, braux, prisonniers, parents tous bien. — Pisanceo. |

Romorentin. — Bellenger, 16, luxembourg. marcy-pons, allons très-bien, tes lettres reçues, répondues, juges pontoise, henri belgique, vont bien, Dumoutier mort. — Bellenger. |

Sablé-sur-Sarthe. — Mathieu, Assas, 40. garçon du 17, bonne santé. — Elisa. |

Dax. — Mme Laferrière, 16, rue ulm. en garnison dax, (landes), bonne santé. — Alphonse. | Carayon, 11, rue royale, paris. henri à rouen bien portant, famille aussi, albéric, louis armée de loire, joseph lyon. — Geoffroy.—

St-Quentin. — Picard. lafayette, 103. immédiatement des nouvelles de Jules et vous. — Morin. |

St-Benoist-du-Sault. — Delavaud, rue Turenne, 45. lettre andré metz, 10 novembre, prisonnier, sain, sauf, 25 novembre. — Delavaud.

Bayeux. — Biesta, caumartin, 48. jeanne moi allons bien, prends courage, pensons toujours Paris, aucun danger ici. — Marie. | Lesénécal, fontaine-molière, 39. sommes bayeux bien portants, recevons lettres, louise viendra dimanche, charles colonel fait campagne, sécurité parfaite. — Marie. | Foy, 18, bayard. lettre reçue. préviens jeanne beaumont, 19 pauvre isabelle, fernand plus dreux, tous bien. — Marie. | Joffroy, coq-héron, 6. tous bien portants, arromanches, saint-pair, reçu cinq lettres ballon, merci. — Cordier. | Verneaux, boulevard sébastopol, 76. tous bien portants, bordeaux, creil, arromanches. — Cordier. | Caillebotte, lisbonne, 15. sommes à bayeux bien portants, recevons vos lettres.—Amanda. | Legroux, 12, enghien. portons bien, recevons lettres. | E. Saulnier, avenue d'antin, 3. tous bien, familles bien, lettres reçues. — Marie. | Président Bonjean, 2, tournon, 24 novembre. santés parfaites, propriétés intactes, études reprises, reçu correspondance complète jusqu'au 6. — Bonjean. | Dosseur, taranne, 21. alfred ici, toutes santés excellentes, edmond, ledieu, braga, durasse, bien portants, tendresses. — Alix. |

St-Valery-sur-Somme. — Dusard, 18, quai du louvre. santé bonne, je reçois tes lettres, courageuse, mais impatiente, manque de rien. — Dusert. | Debrosse, 17, roquépine. tous santé, avons argent saint-valéry. — Lorenzo. | Hanet, tour-d'auvergne, 40. tous bonne santé, avons argent, recevons lettres. — Hanet. | Emile Fourchy, 5, quai malaquais. reçu toutes tes lettres, mais pas carte, prévenu st-nazaire, amitiés. — Alphonse Richard. | Samson, 12, rue d'auteuil. santé bonne, j'écris chaque jour, reçois tes lettres, j'attends avec anxiété. — Emilie.—

Poitiers. — Bourdier, 13, valois-palais-royal. rené, castres, officier, content, vu pichot, portons bien. | Godchaux, 10, douane. allons bien, reçu vos lettres, adolphe ici, flora pas accouchée. — Auguste. | Fitay, 21, petites-écuries. pas reçu dépêche, gustave très-malade. — Chartier. | Camberuon Brey, 7, ternes. alfred bien ulm, nous bien. — Bonneville. | Bontemps, louvois, 4. reçu tes lettres, tous bonne santé. — Bontemps, Poitiers. |

Douai. — Blache, médecin. ai écrit mort fauvelle, 23 octobre, allons bien, et vous. — Gresy. | Watelle, 12, faubourg saint-martin. vais parfaitement. lettres reçues. — Watelle, Douai. | Tilliet, 17, aumale. allons tous parfaitement, reçu lettres, fanny pas accouchée. — Tillet. | Lemaire, chef bureau, chemin fer nord. arcachon, douai, tous très-bien. pays tranquille, reçu tes lettres. — Baudin. | Saulnier, monsieur-le-prince. 2, lettre carcassonne le 6, eugénie et enfants bien portants, nous aussi, recevons votre lettre. — Gosselin. |

Caen. — Dubrisay, 6, marengo. santé excellente, reçois lettres, lougmine ici, voyage aix impossible, st rouen pris, pars rennes. — Marie. | Saint-Clair, caserne pompiers. château-d'eau. portons bien, pierre saint clair malade, ernest sans nouvelles. — Lefresne. | M. Brun, 205, saint-honoré. parties hambourg. — Depierres. | Gaignœux, 13, lafayette. famille entière va bien, léon reçu 8 lettres, moi aucune, prière répondre caen carmélites. — Guillet. | Bertheaume, 8, rue greffulhe. tous parfaite santé. — Bertheaume. | Directeur nationale, incendie. situation générale bonne, interdiction payer rentiers. sinistres annoncés 17,000 francs, puis-je autoriser renouvellements? — Pinard. | Robert, rue bergère, 21. léon bien portant, prisonnier wiesbaden. — Nanine. | Dupont, 19, jacob. oui, non, non, oui. — Dupont. | Lapostolet, rue oblin. 1 médiocre, 2 oui, 3 difficilement, 4 blancs, 5 soixante, 6 sept, 7 activement, 8 formidable. — Rivière. | Lapostolet, rue oblin. 9 considérable, 10 oui, ferai pour votre compte tous achats que vous voudrez, attends instructions. — Rivière. |

Bordeaux. — M. Caban, st-arnaud, 6, paris. sommes très-bien, bizy rien eu, reçu photographie. — C. Caban. | Devitray, Gaillon, 23. tous bordeaux bien portants, vu desmartis. — Emilie. | Lafuge, place hôtel-ville, 9. santés bonnes, reçu mandat, maurice externe, point reçu cartes. inquiets sur marius. deuxième. — Octavie. | Girard, rue riquet, 43. 1er novembre, reçu bonnes nouvelles dijon, avons offert hospitalité bordeaux, refusé, cherchons nouvelles, te télégraphieront. — Firniss. | Klipsch, 10, paix. rien nouveau dans famille, tous bonne santé. reçu nouvelles 19 novembre, avons confiance, ayez patience. — Klipsch. | Meyer, 9, jussienne. ton père ici, bonne santé, nous aussi. pas clefs, arthur toutes armoires, glace non payées. — Nattan. | Alfred Colas, 3, rue université. retour bordeaux, commerce, santé bonne, reçu lettres. — Léonie. | Flachat, rue st-lazare, 89. en santé réunis bordeaux, attendons dreux évacué pour retourner. — Vigneau. | Leduc, rue la rochefoucault, 28. bonne santé, orléans vrai, courage. — Cormier. | M. Roissy, 64, bellechasse. nous, robert, paul, bretagne, normandie, jersey parfaitement recevons vos lettres. — Kergaradec. bordeaux, 26 novembre. | Favier, 3, hauteville, paris. répondu correspondances tout en ordre, santé bonne — Maliano. | Marguerite, 50, rivoli, paris. grellon reçu bonnes nouvelles, votre famille à malvau amboise, écris à madame, soyez sans inquiétudes. — Lagrolet. | Lebreton, 82, richelieu. questions du 19: oui, oui, non, oui. — Lebreton. | Hément, rue Rochechouart, 56. tous bonne santé, reçu, échangé tes lettres. édouard lieutenant dusseldorf. — Leblaye. | Marcq, mazarine, 5. bordeaux, nogent, néauphle, duvivier, santés bonnes, écrivez. — Trouillet. | Boyer, 60, rue provence. vais bien, reçu argent kann, ne possède plus que onze cents francs, vois rarement planté. — Verdereau. | Tripier, 6, louis-le-grand, paris. reçu tes lettres, continue, allons bien, prie nephtali payer ma taxe d'absence. — Mayrargues. | Mayrargues-Legrand, 60, provence, paris. tous très-bien, santerre aussi, les cormon pau, paie mairie ma taxe d'absence. — Mayragues | M. Caut, 15, rue auber..santé et nouvelles du chili bonnes. — Caut. | Wattebled, 4, boulevard-batignolles. santé bonne, reçu lettres, andré parle toi. — Aïda, vingt-six. | Garnot, lepelletier, 18. tous bonne santé, arrivées bordeaux directement depuis un mois, dreux directement depuis deux. bonne santé versailles. | Fajole, 21, faubourg montmartre, paris. bien portants, habillés, inutile, tranquilles. — Paul. | Dangien, rue pierre-levée, 16. faites-moi parvenir deux mille fr., | Denoyez, rue Dieu, 9, bordeaux. aucune dépêche reçue. — Denoyez. |

Londres. — Madame Rainaud, 25, rue ponthieu, paris. émilien et nous en angleterre, bord de la mer, santé excellente, réponds par ballon au tréport. | M. Smythe, 10, avenue marbeuf, champs-élysées, paris par tours. reçu lettres, toujours bien. — Jane Smythe. | M. Gérard, boulevard malesherbes, 29.

Bordeaux. — 30 novembre 1870.

vendez un autrichien. vous rendre au quatre péruvien argent femme, écrire ballon. — Moynier, Nebber, Allonis, Lee Kent, Angleterre. | Léon Lebloud, 56, quai de l'hôtel-de-ville, paris. comment allez-vous, écrivez par pigeons à tours. — Rosalie. | Smythe, église-marbœuf, paris. désire nos nouvelles, nous portons bien. — Pilter, Stokesley. | Madame Jules Holleoal, 8, rue mont-thabor, paris. bonne santé, six lettres reçues, parlez de clamart. — Hannals-Baylis. | Alfred Vautherin, hôtel bade, rue Helder, 6, paris. nous sommes toujours à guernesey en bonne santé, sois sans aucune inquiétude. — Lemmer. | Madame Brébant, hôtel de rouen, 16, rue notre-dame-des-victoires, paris. tout va bien avec nous, avec marie et clémentine, tous enfants en bonne santé, vos lettres reçues. — Louisa. | Sébastien Bellone, 28, rue drouot, paris. couvrez mes huiles novembre, mieux, écrivez londres queens hôtel, qu'avez fait sur octobre. — Cohn. | Achille Piquard, 4, passage petits-vères, paris. couvrez huiles octobre, livrez potier, le lellée, baité, écrivez Londres, qu'avez fait sur octobre. — Cohn. | Boussod, 72, rue d'amsterdam, paris, 22 novembre. toujours bien, les amis aussi. — Boussod. | Madame Wallef, 52, rue laugier, aux ternes-paris. londres, le 23 novembre. la petite bec se porte très-bien, écrivez toujours. — Janny Grahame. | J. Sauvrin, 123, galerie valois, palais-royal, paris. jersey, lundi. cher cousin, charmés de recevoir tes lettres, tous bien, lizzie revenue de londres mieux. — Clément. | Madame Whiting, 44, rue de verneuil, paris. henri à la goutte, trois enfants vont bien, henri en affaires avec peek. — Wandsworth, 23 novembre. | Auguste de Gas, 28, rue de la victoire, paris. nouvelle orléans dispose des fonds remis, donnez-nous instruction. réclamez chez fould deux cent mille francs. — Lazard. | Madame Rivet, boulevard de montrouge, au coin de la rue de la faille, 57, maison aury, paris. vient à londres, 7, antin place, donne des nouvelles. — R. Charton. | Brayer, rue lafayette, 96, paris. firmin va bien, envoyez vos nouvelles par ballon ou télégraphe à cornely, marklane, numero 36, londres. | Menier, rue sainte-croix-bretonnerie, paris.

La Chataigneraie. — Genay, 17, quai voltaire. chataigneraie, santés bonnes, nouvelle 19 reçue. — Genay. |

Bélabre. — M. Ch. Millet, 24. avenue du maine. tout parfaitement, 27 novembre. — C. Millet. |

Neuilly-en-Thelle. — Aviot, 85, rue saint-martin. santés bonnes, écrivez. — Sellier. |

Aix-en-provence. — M. Boissieu, 176, rivoli. bébé superbe, tes lettres reçues, espérance prochain retour, tendresses, sentons ton isolement, courage, à bientôt. — Thérèse. |

Deauville. — Beylard, 16, rue montalivet, paris. lailler mère à deauville, alexandre à Bruxelles, tout monde parfaite santé. — Beylard. |

Montbard. — Duboys, 14, turbigo. terminer différées, lombards, demander comparution. — Bréon-Guérard. |

Besançon. — Docteur Champouillon, 13, rue cherche-midi, paris. durnes par ornans, doubs, sœur, georges, depuis 15 octobre, charles dijon, allons bien. — Lucile. |

Mormant. — Mormant, 20 novembre, 31, Pionié-Rollin. famille à puys, moi ici, allons bien, vous et alfred écrivez-nous. — Coutrot. |

Falaise. — Bourgeois, 57, rue vanves. tous parents vont bien, veulent nouvelles vous chaque fois ballon part, écrivez, ferons parvenir. — Amélie Piot. |

Dol-de-Bretagne. — Renan, 7, Martignac. tous bien, enfants parfaitement, reçu lettres. — Aline. |

Riom. — Guasco, buci, 27, lettres reçues, tout et tous très-bien. — Guasco, About. |

Grand-Camp. — Menager, du couedic, 27. reçu lettre. — André. |

St-Malo-de-la-Lande. — Asselin, 2, rue casimir-delavigne. nous allons tous parfaitement, quelques lettres nous parviennent. — Meslier. |

Cusset. — Blancher, brigadier, 13e artillerie, 17e batterie, 14e corps, 2e division. Malles, 25. santés bonnes, tristes. lettres point. Emma Mailly |

St-Fargeau. — Callebaut, cent cinq Sébastopol, reçu lettre dix-huit, Lucie Bruges, père décédé vingt, Poulin, St-Fargeau, 26 novembre. |

Toulouse. — Carré, chef état-major, 14e corps 3e division, boulogne. lavalade. allons bien, nouvelles metz, bonnes. Caroline. |

Roanne. — Michaud, boulevard magenta, 76. femme même. Gorges indisposé, famille chrétien, Anaïs, genève, dernière correspondance venue 20 novembre. — Michaud. |

Blanquefort. — Jameson, 38, rue de provence. tous parfaitement, mère aussi. — Félicie. |

Coutances. — M. Frachon, rue martignac, 3. santé parfaite, père ici, reçois lettres, ferdinand, prisonnier à Neuss. maurice guéri reparti. — Anna Frachon. | Meunier, 12, St-Sulpice. ouvrier serrurier, bureau acajou, clefs, provisions jambons, mansarde, santé bonne. — Meunier, Auch. |

Poitiers. — Desprez ministère, travaux publics, famille martignac, bien. recevons lettres, dites tendresses, remerciments. |

St-Servan. — Hatin, neuve-petits-champs, 77. tous bien portants, lettres reçues généralement installés pour hiver, maison cassagne. — Hatin. |

Sully-s.-Loire. — Greder, 45, neuve-petits-champs, reçu lettres adolphe, petite fille, tous bien portant, londres chamon, attendons nouvelles, mille baisers, jules parle. — Périer. |

Sury-le-Comtal. — Humann, 2, rue royale, george bien bonn. jean bien hambourg, raoul bien rastadt. tante royer, bien. allons parfaitement, amitiés. — Alice. |

Ponthierry. — Mme Courtois, 82, rue des tournelles. soyez tranquilles. tous bien portants. pays calme. ernest revenu. — Girardot. |

Le Blanc. — Millon, 3, rue champagny. jartraux, allons bien, bonnes nouvelles de chambly, nemours, orléans, esches. — Millon. |

Fontainebleau. — Gigot, faubourg poissonnière 123. capitaine brulin, prisonnier, magdeburg va bien. — Lebureau. |

Perigueux. — Huard, 60, rue de provence, paris. elise ecrit, reunion fribourg, parfaite sante. — Leonie, perigueux, 29 septembre. | Pectey, 129, Richard-Lenoir. donnez vite nouvelles maman, tous deux bonne sante, mais si bien inquiet. perigueux, 4, rue Sebastopol. — Louise. | M. Laporte, boulevard henri IV (bastille) paris. tous en sante, ecris-moi, prête argent à mère, paul. — Hamon, perigueux, hôtel univers. | Credit agricole, paris, 783, 210. le necessaire, couvert correspondants. depôts rembourses, situation sans embarras. — Bonnet. | Gand, Boneparte, 42. melanie ernest portent bien, habitent Anvers chez Wilmotte, nous perigueux. — Lucile Rochefonteine. | M. Gusteve Delay, 29, rue de conde paris. allons bien, reçu lettres. — S. Delay. |

Lorient. — Deveux, rue bourdaloue, 1. nous ellons bien, jules à toulon, ecris per ballon monte. — Angibouet. | Lembert, medecin, fort bicêtre. rohu toulon, bien. — Lucie. | delengle, officier ordonnence general trochu, louvre. bien portants, elbert cepitcine france, 41e de merche. — Delangle. | Leroy-Etiolles, 50, londres. toutes sentes bonnes, leon armee loire, te mère morte ici. — Louise. | Berton, croix-petits-champs, 25. tous bonne sante, reçu argent, stephen lettres, envoyez gezettes, mandats poste lorient. — Bertois. | Mniszeh, six, daru. sommes lorien, charles cepiteine loire. — Legctinerie. | Richard, capiteine, 31e mobile suresnes. envoye depêche hôtel-dieu, toujours bien, portrcit reçu, desirons vivement retour, embressons. — Merie Richerd. | Decouesnongle, commissaire flottille, ministère marine. enfants bien, grand-père mort, mère denûment, valentin mort, quinper bien. — Dorsay. | Sollier, cherche-midi, 28. tous bien, travaille bien pension lehir, 26 novembre. — Nadine. | Guieysse, 6 rue jessaint. tous toujours parfaitement, reçu lettres. — Guieysse. |

Tours. — M. Guibert, boulevard haussmann, 55. santé bonne, Alphonse, ambulance tours. | Elliker, boulevard poissonnière, 14. reste, denger, tous bien. Beaulieu, 28 novembre. | Dumaine, st-martin, 201. bien. Gautier ici, bonnes nouvelles chartrettes. | lieutenant Edelerdski, 8e bataillon mobile seine. votre mère bien, toujours bruxelles, inquiète, écrivez lui. — Fries. | Fries, 19, marignan. reçue lettres, envoyez cartes, réponses par ballon. Auguste parti armée de la loire. écrivez tours. famille toute bien. — Sophie. | Dosseur, taranne, 21. envoyez cinq cents francs tours. — Pse auvergne. 9, arsenal. | André Mnisrech, 6, deru. sommes à bruxelles, 4, rue spa, reçu vos lettres, allons bien. — Mnisreeh. | Fazy, ambulance chaptel. tous bien, réunis foëcy. — Fazy. | Piquent, rue clichy, 7. thiroes, tanlay, bien, écrivez par ballon, Joseph, Arnould, Marc, Boinot, boulevard béranger, 60, tours. | Laroncière, marine tout bien 25 novembre evreux, cracouville. — Clémentine. | Becuvisage, 52, boulevard malesherbes. norwick, 24 novembre. enfents parfaite santé, heureux, chérissant papa. Hugonius, Willets, Peuline, Emilie, parfaitement. — Lafaulotte. | Boulay, 37, sentier. lettres reçues, santés bonnes, je correspond avec mère, Mathilde bien portante, voyez Laurent bonnes nouvelles, courage. — Chazotte. | Belle, 180, boulevard haussmann. demeurons ensemble chez morterol. Pierre, moi, pertons bien. attends nouvelles. embrasse toi, Emile. — Emilie. | Auclcir, 48, berry. confortable, bon médecin, toujours vomissements. attendens Bebey. prends confitures buffet 91. embressons beaucoup. — Berthe. | Jouanest, forge royale, 23. bonne santé, bordecux, poste restante. — Jeuanest. | Justine; 7, faubourg-montmartre. demander argent nécessaire. Calnet suis couche trois semaines guéri, compliments amis. — Ferdinand. | Garros, rue bleue; 2. tous à tours. écrivez. | Courras, boulevard batignolles, 58. Lemercier envoie dépêche. Blenche bien portante, nous également. avisez Thirion, bonnes nouvelles Edouard. — Poncin. | Dugit, prouveires 8. snctés bonnes. lettres reçues. — Dugit. | commendant Hartung, ministère guerre. prière donner nouvelles de Lafeuillade, lieutenant dragons détaché près général Trochu. — Lustrac, ministère guerre, tours. | Delamarre, 73, notre-dame-des-champs. ignorons pour Georges. Roger prisonnier. bien portant, pau aussi. — Houssay. | Lacoin, 36, bac. tous bien. recevons lettres, répondons. — Guita. | Sapia, 10, cirque. enfants bien, argent touché, lettres reçues colonel brest nouvelles souvent, Castellane pesth pas nouvelles. — Achard. | Droz, 82, assas. santés bonnes si Forret quitter lengeais, partir agen bretagne humide. — Droz. | Louvet, 28, bergère. santé bonne, baby charmant, lettres reçues. — Poitiers. | Danonville, 4, place wagram. Crux à rennes avec nous. allons bien. lettres arrivent villebreton bien. — Marthe. | Bailleul, 8, place clichy batignolles. portons toutes bien. — Bailleul-James. | Wolff, 22, rochechouart, 29. santés parfaites Bernard travaille. reçu argent, lettres. prends jambons chez Weiss, demandez nouvelles Dellove. — Marguerite. |

Fould, 24, saint-marc. installée boulogne, excellente santé. Mathilde enfants parfaite santé. suivant conseil, Paul perti Menton avec parents. — Palmyre. | Forget, 19, larochefoucault. donnez vos nouvelles. — P.se Auvergne. tours, 9, arsenal. | Hottinguer, 24, plcce vendôme. bonnes nouvelles des cousins, allons tous bien. reçu vos lettres, écrivez à maman. — Louise. | madame André, 27, rue londres. tous bien à foëcy, folkestone, cangé. ménage Arthur aussi. votre mère bien à Pau. — Maurice. | André, rue scribe, 13. tous très-bien à boulogne, cangé et foëcy. — Maurice. | Druner, école-des-mines. Mary vois souvent votre frère Genine. tout va bien, espérons. — May. | Domery, 52, laffitte. nôtres parfaitement, nouvelles fréquentes, lettres reçues toutes, Ardon bien. — Achard. | Labour, 9, Taitbout. Lebreuie tranquille bien, Adèie Majac reviendra bientôt, elle Lealey Lemoges bien. — Louise. | Martin, mairie troisième. bien, anvers, place commune, 2. Henriette, bien famille Simonet. — Martin. | Marquerin, st-mesmin. Porcher, école turgot. Bareswill mort, espère vous saufs. — Morin. | Dréo, garnier-pagès. moi bien. — Anna. | Hugot, boulanger, auteuil. reçu lettres Villemot, allez chez moi payer contributions. — Herbaut. | Lillie, 41, échiquier. voir Berger chez moi, dites famille parfaitement, chalet bordeaux. — Jackson. | Lillie, 41, échiquier. famille bien, toujours genève, moi tours hôtel univers, succès pour notre affaire, écrivez, dites Lennie. — Meay. | Deyny, 11, grenetet. votre famille bien, toujours dieppe. — Meay. | Bersier, 5, ville-l'évêque. votre femille bien Jersey, espérons. — Meay. | Rollet, 70, mouffetard. conjurer plaintes, renvoyer règlement sceaux, Rosine chercher argent Thery, 16. Bertin, Poirée, rompre silence, tranquillisez. — Hordé. | Leblond, 1, michodière. malade, pas pu venir informer conservatoire, église, cours. — Savard. | Desaugier, 153, faubourg-poissonnière. Duval, Desaugier, Ely, Archmibaud, Ory, parfaitement, reçoivent lettres, Baby vif. — Desaugier. | Dubuc, 82, Moromenil. reçu lettres, merci, allons bien. — Perrot. | Martner, 9, condé. Camille parfaitement, décoré, prisonnier Mayence. — Lapié. | Vigoureux, 5, pont-de-lodi. recevons lettres Henri, Marie. moi parfaitement, recevons lettres, continuez écrire. — Vigoureux. | Turquel, saintonge. veillez maison. Fanchette, Couders, saufs. — Morin. | Labeyrie, 25, tronchet. tout va bien à poutagron. — Louise. | Baizeau, docteur, 14e corps. allons bien, Masse aussi, embrassons tendrement. — Marie. | Achard, 22, choiseul. tours tous trois bien, bonnes nouvelles marseille, tes lettres reçues. — Achard. | Rognon, rue saint-guillaume, 29. femme, enfants, très-bien. — Dubos. | Crépon, place vendôme, 24, paris. santés excellentes. installées près Londres, 29, aubyns Road Tepper Norvood Surrey. — Crépon. | Monsieur Herbinger, avenue motte-piquet, 13. Paul bien portant, Georges vu, tous nôtres sains saufs. — comtesse Montlivault, tours. | Ducholet, médecin, rue verrerie, 2, paris. tous sont bien. — Taillefert. | Durand, 144, morny. sans nouvelles depuis 5 novembre, ecrivez ballon. — Charles. | Fremy, 19, place vendôme. Paul Léon toujours ici, bonne santé, attendent destination. — Delacour. | Devergés, 18, duphot. Ernest, lieutenant-colonel. Berthe, enfants Dusseldorf, mère, enfants, moi Duhamel, accouchée garçon, tous parfaitement. — Noémi. villemort, 20. | ambassade anglaise. madame Claremont et famille bien portants, à tout prix ravitaillez couvent, famille de nièce tous bien. — Lyons. | Alphonse Mallet, rue anjou, 37, paris. tous bien. arcachon, jouy, folkestone, recevons vos lettres. restons encore ici. avertir passy. — Hélène. | Khevenhuller, ambassade autriche. sachez si Anatole Apremont, officier mobile, 4e compagnie, 1er bataillon, marne, va bien. — Metternich. | Mangin, 6, rue rovigo. reçois lettres exactement, notre fils pension. — pour Mangin : Gouin. | Hentsch, 20, rue lepelletier. votre femme et vos enfants sont en bonne santé à cerpigny, suisse. — Rothschild. | Cailliate, hôtel louvre. famille bien, ai récépissé vingt-huit mille livres. avoine russie vingt-trois schellings, envoyer autre argent. — Pavy. | Rothschild, laffitte. payé Powel quatre cent cinquante mille francs, crédit Leviel huit mille livres. Léoni rien payé, excusez-le. — Rothschild. |

Tours. — Capitaine Prudent, aux invalides. Isabelle, Marsonnay, famille bien portante. — Blanriez. | Robit, 32, bernardins. Prière nouvelles de Bularoski, 34, boulevard batignolles. — Allix. | Monsieur Navelet, rue richelieu, 8. Allons tous bien, Henry, Amable, Ernest avec nous. — Cécile. | Travers, 22, rue saint-martin. Tous bien portants, maison pas pillée. — Masson. | Maurin. cardinal-lemoine, 34, envoyez Jacob, pour tourner machloe billets, nouvelles Seunders londres, Paul très malade, blessure grave tête. — Thuillier, | Moutard Martin, rue echelle, 5, cinquième, Granville, Dinard santés parfaites, température douce, donner avis peu, grandville, 24. — Montardin. — Alphonse Rothschild, laffitte, consolidés 93, on tâche de vous expédier les 6710, obligations. — Rothschild. | Clsartier, 16, rue dragon, tous vont bien ici, Marguerite beaucoup mieux, tousse encore, Edouard à lyon, bien aussi occupé. — Chartier. | Bacot, taitbout, 80. Richelieu, angers, chinon, charolles, raymond, santés excellentes, Joseph pas gourme, André marche, sept dents, mille tendresses. — Bacot. | Barday, rue meslay, 17, bonne santé, tous ici, madame Barbay décédée 6, octobre, j'ai écrit trois lettres, recevons vôtres. — Dupont. | Chartier, 16, rue dragon, bonnes nouvelles de caen trye, émélie, clermont blois, boulogne, féccmp, Jules rentré chessy. — Chartier Pampron. | Goüin, constructeur, batignolles, suspendons travaux volgc, pour obtenir cautionnement cent mille, négocions reprise probable, situations factures payées intégralement. — Lemaire. | Coriolis, lieutenant vaisseau, septième secteur, femme enfants vont bien. — Ronbet. | Chanu, 3, rue malesherbes. Roger vendome tous bien. — Beaudesson. | Horteloup, 3, aumale. Morizot, rouen si danger, viendra arachon, Charlotte, Marie Berthons, enfents, nous très bien, reçu lettre vingt. — Merie. | Boilairre, boulevart st.-germain. 10. Georges, Armantine, Octavie familles bien, tours 28 novembre. — Nau. | Baron Schwarz, paris, 21, rue lafitte. je vaus recammande les effets du baron Van Siviten, 10 rue royale. — Mettereich. | Maniel, 37 chabrol. Allons bien, recevons tes lettres, Jean major alais. — Maniel. | Madame Geynet, 225, st.-dominique st.-germein. Votre mari bien portant, décoré. — Yiel. | Prinvault, 145 boulevard st.-michel. Je reçois tes lettres merci, écris mɪsi ainsi, Minart, poste restante, tours. — Prinvault, | Grivot Maire, bercy. Vu élections, mille félicitations. — Larquet-de-Moulis. | Labasse, gadot-de-mcuroy, 40. Allons tous bien. — Ambroisine. | Mademoiselle Delonchamp, rue sèvres, 38. Reçu ta lettre du 14, as tu besoin argent, passer chez moi, donner nouvelles. — Delonchamp. | Lustreman, regatd, 12. Reçu lettres, vais bien, ecrivez pau, — Gratry. | Say, labruyère, 45. Colonie chevreux, parfaitement, recevons lettres, enfants Leopol, arcachon, bien. — chevreux. | Pelletier, 46 evenue gabriel. Santes parfaite, moral bas, tous aimablet, Juigne blesse, recevons lettres irregulièrement, Kigny bien. — Dussmmerard. | Auburtin, 18, rue bonaparte. Elisabeth parfaitement bien gracieuse sait lire, marraine seconde mère, plus migraine, reçu lettres. — Bouillaud. | Breant, rue germain pillon, 4. Alcee Panafrier moi bien portants, nouvelles parents, Klein et maison par lettre bellon, delegation finances. — Colleau. | Crepon. place vendome, 24. Santes excellentes, quitte douvres instales à upper novwood près londres, envoye plusieurs depêches. — Crepon. | Desnoiresterres, 17 lancry. Un mois hospitalite Durandecu, Jules nous bien, Louise Herils conge logement. — Antoinette. | Neron, 17 lancry. Faucon autorise prendre provision. clef cave cuisine, famille nous parfaite sante, reçu carte du 18. — Aline. | Rothschild, lafitte. Femilles laure excellente sante, Didier ecrira rien, Georges donnez marge dublin cent trente cinq, cent cinquante. — Fustave Troteux. | Rathschild, lafitte. Bruxelles rherou bien portant, famille vanderhem bien tous, Gustave parfaite sante, lettre paris dix neuf reçue. — Gustave Troteux. | Bonnaire, rue colysee, 3, paris. Novembre, lettre cinquième reçue, sante bonne, rien de nouveau, embrasse. — Mahon. | Foy, 18 rue bayard. Jeanne Fernand, 23 novembre, bien. — Menon. | Turner, rue boulevard, 16, batignolles. Portons bien, pensée avec vous, lettres reçues contente, embrassons tous, 28 novembre. — Cornelia. | Maisonneuve, rue laffite, 49. Tous vont bien, ecris à tours. — Maisonneuve. | Marquise Villeneuve Trans. Bonnes nouvelles dijon, ecrirai de brasses. — Marie. |

 Pour copie conforme :

L'inspecteur,

Bordeaux. — 30 novembre 1870.

Abbé Gramidon, 50, vaugirard. souvenirs respectueux, donnez nouvelles, retraite, tours par ballon.— Ancillon. | Société générale paris. tirage décembre emprunt chemins hongrois aura lieu pesth en présence consul français et commissaire du gouvernement.— Metternich. | Baron Schwarz, 21, Laffitte. veuillez sauvegarder objets d'art de marquise du blaisel, rue st-lazard — Metternich. | Garnier, 84, amelot. avons envoyé dépêche, tous réunis viviez, santés parfaites, bonnes nouvelles, édouard capitaine état-major, vous embrassons. — Berthe. | Goupy, 13, chapon, sommes viviez deux mois, santés excellentes, avons déjà envoyé dépêche, pas ennui, nouvelles souvent, mille baisers. — Marie. | Dentu, 158, rivoli. demande hériant quinze cents, tierolivier, mère vaillante. | Lacroix, 136, boulevard clichy. suis londres. sophie toulouse, bonne santé, ressources, vous embrassons. — Jenny. | Madame Ganot, 8, carrefour odéon. trois cent soixante francs, chez asselin. — Ganot. | Doliveaux, 40, rue saint-georges. tous laferrière chez viardon, bonne santé, courage, réunis bientôt, reçu lettre 19 novembre — Doliveaux. | Ruel, 110, avenue orléans, montrouge. marie et tous très-bien. — Ruel. | Vassem, 11, rue stanislas. rome, angers, chaville, metz intacts, ambulance libérée à tournay, cent francs pour patronage. — Bertrand. | Madame Poulin, 17, rue montyon. jambe mieux, pas mécontent. — Demetz. | Demoreuille, 4, chérubini. frère ici, femme à morlaix, santés bonnes. — Demetz. | De Sayne, affaires étrangères. tous partout très-bien — Jeanne. | De Witt, 10, billaut. bonnes nouvelles de tous lisieux, madame royan roubaix.— Sorel | Vaufretanel, 16, marignart. tous bien. — Vaufretanel. | Marsac, 23, place dauphine. presque toutes lettres reçues, allons bien, j'ai répondu à première carte. — Claire. | Méremoert, 8, ménars. mère amélie gavard, nos familles, amis en parfaite santé, enfants superbes, moi bien, tendresses — Marie. | Guyot, 53, bac. père georges, marguerite antoine santés bonnes, georges ordonnance général lefort bayonne, affection.— Lucile. | Bergeron, 2, paradis-poissonnière. famille clermont-ferrand depuis six semaines très-bien. — Maubernard. | Galon, sous-lieutenant 4e artillerie. élodie toulouse, écrivez, inquiets. — Berruer. | Duprez, 13, turgot. lettres reçues, santés bonnes, venez sitôt possible. | Alluaume, 3, martel. nouvelles, merci, écrivez souvent, impatiente. embrassons. — Clémence. — Santé bonne, juliette gentille, ennuyons beaucoup, inquiète, mille baisers. — Marguerite. | Rouillard, 80, strasbourg. moi retour ferté, tout va bien. — Rouillard. | Bachez, 131, boulevard saint-germain. bonnes santés, écrire à angers. | Dieulefoy, 16, caumartin. courage, allons tous bien. — Marcel. | Hériant, 27, grammont. rimelmorin, mille odentu, mille atessier, poisson continuera report, mère courageuse. | Savary, 205, rue saint-honoré. reçu huit lettres, santé bonne, chagrin pour vous. — Savary. | Moquet, ministère guerre. ribes major 3e. vos fils prisonniers bien portants; mouzon décoré, principal, bayonne. — Mouret. |

Bordeaux. — 1 décembre 1870.

Moustier, grenelle-st-germain. sommes tranquilles, laforest chez parents, guy chabot, lettre 19, toutes reçues, parents avary. — Antonie. | Lelasseur, 8, roquepine. tous en bonne sante. — Octavie. | Tirlet, luxembourg, 51. installes 34, trois-piliers, poitiers. — Perignon. | Guerin, 6, demours (ternes). santes excellentes, lettres reçues, tranquillite. — Guerin. | Tichthal, 98, neuve-mathurins. marie, marguerite bizards bien, williae. nice. moi bourbaki, tours, 19e corps bien, marie, — d'Eichtal. | Dejean, 12, sts-pères. bonnes nouvelles de tous, reçu lettres. — Marie. | Foissac, place madeleine, 13. bien portants, 64, rue saint-jacques, bruges. — Damme. | Beauvais, 17, quai volteire. payer domestiques. — Marchlewska. | Maret, rue passy, 47, paris. tours depuis octobre. rue st-louis 4. reçu ballons septembre, novembre, carte, sante. — Geraudon. | conseiller Dufour, 61, rue d'anjou. moulins, 28 novembre, bien portente, courage, cher louis, baisers, reçu quarante lettres ballon. — Berthe. | Jamesan, 38, provence. rabert et tous en bonne sante à breillcn, ta mère bien aussi. — Celine. | Senechal, meslay, 8. tous bonne sante chez taute, maison sauvee, hôtel, titres brûles, albert soldat, lettres reçues. — Blandin. | mademoiselle virginie Taupin, rue rennequin, thernes, impasse roux, 12. j'aspire au moment de te revoir, ecris-moi done. — Henri. | Hubert, 11, boulevard saint-germain. pas nouvelles depuis 5 novembre. — Hubert. | Michel Hoine, 22, rue bergère, grand hôtel pau. allons tous bien, hoine, enfant sapia bien, 29. — Aujames. | Paultre, miromesnil, 50. reçois 29, lettres sante gueret. très-bien portantes, berri, tranquille. — Mure. | Clery, amsterdam, 65. gueret bien, louis prisonnier cologne, jules armee nord, femme bordeaux, parents bien. — Boyer. | Saint-Brisson, 6, universite. guy et les vôtres vont toujours bien. — Achard. | Deriel, 23, chaussee-d'Antin. reçu vos lettres, merci, ecrivez. — Camille. | M. Vidalenc, boulevard beaumarchais, 5, paris. tous trois bonne sante, madame delbart aussi, recevons nouvelles, habitons aurias, leon travaille. — Vidalenc. | La Force, 123, champs-elysees. sommes en bonne sante, merci votre lettre du 18, des tendresses. — Bertrand. | Pinard, 14, bergère. reçu lettres, plusieurs tombees lignes prussiennes, nos santes très-bonnes, pensons à vous, courage, mille tendresses. — Pinard. |

Tarbes. — Thillac, gare nord. que fait Lamontine? reponse. — Dasté. | sante bonne, vacciner Auguste. tarbes.— Eugenie Michaud, 7, rue douai. | directeur general tabacs. declarations cent quarante, soixante-dix hectares. delegation appointements septembre-octobre manque, novembre reçue tours-châteauroux. — Poignaux. | directeur general tabacs. même personnel. troisième, deuxième occupes mobiles. annexe mugron evacuer decembre ou louer deux mille francs — Poignaux. |

Albi. — albi, le 27 novembre 1870. Gambaro, 3, perdonnet. oui, oui, oui, oui. — Blumendahl. | albi, le 27 novembre 1870. Blumendahl, capitaine, 136e regiment, courbevoie. recevons lettres. — Blumendahl. | alby, 27 novembre 1870. Calmels, assas, 31. oui, oui, oui, oui. — Calmels. | albi, 27 novembre. Testas, geoffroy-lasnier, 23 bis. oui, oui, oui. |

Saint-valery-en-caux. — Delaruelle, 60, de la verrerie. portons tous bien, ecris-moi plus souvent. saint-valery-en-caux. | Gainville, douanier du hâvre, caserne château-d'eau. rien de toi depuis trois octobre, tous bien, ecris vite. | Rispal, avenue saint-ouen, 105. Marthe, moi, bien portantes, argent reçu. — Rispal, saint-valery-en-caux. | Guillemin, 106, vieille-du-temple. sante bonne, toujours saint-valery, ecris. — Yvon, 26 novembre. |

Pau. — Grette, messageries victoire, paris. dépêches reçues pau, plusieurs envoyees, affaires et santes sans incidents, vœux affectueux. — Behic. | Ollive, bleue, 3, paris. ecrire de suite nouvelles de vous et Henri, bonnes ou mauvaises, où est-il? — Pucey. | Desmarest, laffitte, 7. quatrième telegramme. Morlot, Renouard, Damontpallied, Desmarest, Naty, Alfred, parfaitement.— Laure. |

Londres. — Voisin, 16, rue seguier, paris. les enfants vont bien. — Blache, lamotte, street, 5. | 25. Chérie, voilà onzième (du seize), vient d'arriver. Dante va bien, envoie baisers, tous prient..... — R.-M. Beard. | Laure et Pilter, 68, quai Jemmapes. reçu lettre, 19. bien, merci. — Pilter, derby. |

Orleans. — Gounot, rue de londres, 56. Camille et enfants lausanne, vont bien, nous orleans. — Sainjon. | Anthoine, capitaine mobiles loiret, 4e bataillon, paris. reçu lettres, verger intact. — Thersile. |

Vannes.—Giquel, cite talma, 5. deuxième. tous bien, remercions Potain. — Giquel. | vannes, 26 novembre. monsieur Paul Vibert, 28, boulevard sebastopol. tous en bonne sante.— Caroline Vibert. | Levois, 8, rue chateaudun. Marie un fils, vont bien, nourrit, toutes reçues ici, argent reçu suffisant, bonne sante generale.— Magdelaine. |

Bayonne. — Devitry, 8, place bourse, paris. Carrère fête-dieu demande annulation, lettre 3 octobre, et continuation de sa police. répondez. — Lagravère. | Laborde-Noguez, brigadier 2e dragons marche. tous bien, félicite fourrier, lettres ballon monté arrivent. — Amédée. | Javain, rue regard, 1. sainte-eulalie contrees tranquilles, père, mère, sœur parfaitement portants. — Dubarel. Bayonne, 28. |

Bourges.— Maggi. croix-bretonnerie 26. paris. j'ecris au credit industriel vous remettre mille francs. — de Laumière. — president credit industriel, victoire, 72, paris. payez sur n. 3275. mille francs à Paul Maggi, croix-bretonnerie, 26. — de Laumière. | madame Leale. 128, rue saint-lazare, paris. tous à bourges, bien portants. — Régnauld. |

Dax.—Marthe Dupourf, hôpital militaire saint-martin. reçu lettres, tous parents bien.—Adolphe. | Demeaux, rue richer, 26. santes bonnes, reçu toutes lettres, dernières rumigny du 5 bonnes. — Louise. |

Langon. — à monsieur Eugène Simon, poste restante, paris. nos santés bonnes, toujours saint-macaire, courage, patience. — Alice Schmidt. | à monsieur Édouard Hébert, paris, 43, boulevard sébastopol. donne de tes nouvelles, sommes très-inquiètes.— Alice Lafourcade. |

La Couronne. — David-Mennet, 29, rue du sentier. Longeville-Roullet, santé parfaite. — David. | Bousquet, 101, boulevard italie. glacière-paris. Longeville-Roullet santé parfaite. — Bousquet. |

Marseille. — Fedon, caire, 12. Eugène bien, Piglin nièvre, reçu lettres. retirer rue écoles caisses 2, 5, 1.—Barbarroux. | Dreyfus, boulevard malesherbes, 66. famille va bien, écris souvent, hôtel europe, rome détails sur toi, amis Sophie.— Gustave. |

Blois.— Daudin, 1, boulevard mazas. enfants bien, conduits Poitiers chez Midolles, crainte prussiens. — Raveneau. | Leroy, vanneau, 40. bonne santé, blois tranquille. — Lerègle. |

Niort.—Gimaud, magenta, 46. Leo s'est battu epinal, est officier à la loire, va bien nous aussi.— V. Marteau. | D'aubigne, 54 verneuil. Suis capitaine ayant eu rhumatismee gueri, vais partir pour camp larochelle, aucune nouvelle des amis.—Talionneau.

Lezignan.—Cause, quai saint michel, 23, paris, non, oui, non, oui.—A. L. | Gautier 35 rue de vaugirard, oui, oui, non, oui.—L. J.

Tulle.— Hermann, 90 richelieu, paris. Merci, sante bonne, courage. — Boussioux. | Fruchard, 20 rue sentier, paris. Courage pauvre ami, notre pierr à succombe le quatorze, inflamation entrailles, suis desesperee ecris.

Angoulême.—Monsieur Persil pasquier 34, paris sommes avec Laden angoulême ecrire.— Persil. | Peuleve Gustave, recollets 27. Portons tous bien, Peuleve aussi, recris angoulême, st.-roch 87, par carte reponse.—Arthur Peuleve.

Toulouse.—Mas, polytechnique, portent tous bien. | Lebaudy, 73 boulevard haussmann, toulouse, 26, sante parfaite, Gustave à bruxelles.—Amicie.

Beaune.—Deblic, 12 rue chauchat, 26, novembre, tous bien, partout tranquilles, embrasse.— Marguerite. | Jaquesson, 84 rue assas, à beaune, amities, ecrivez.—Philosophoff.

Nevers. — Monsieur Sereville, cite gaillard, 6, paris, portons. frère prisonnier gorlitz, sante bonne, famille Marcy ici, Auguste armee. (general)— Sereville. | Janvier, rue des cartes, 27, sante bonne, papa aussi, lettres reçues, merci ecrit souvent.— Adrienne Balastre. | Portier, rue cadet, 7, toujours à nevers, allons bien, que bonne maman, ecrive avec detail.—Henri.

Dieppe.—Faust, marais st.-martin, 66, bien portantes, rassuree, monsieur Guyot reçu lettres, malles pas besoin, argent donne pour enfants.— Elise. | Leclerc, rue baudin, 20, paris. toujours à dieppe rue du haut pas, 4, tous en bonne sante.— Ducrocq. | Roux, 1, madame. Bien cinq dieppe recevons.

Leblanc. — Page, 8, vantadour. Lettres reçues, ici bien, je part mobilisé.—Page. | Tenain, 40 blanche écris, nous, ici bien. — Serezier. | Capitaine, Luuyt, 82 miromenil. Envoie lettres par même bureau, Moranville siennes arrivent, je reçois rien, très inquiète.—Delphine.

Etretat. — Amory, boulevard poissonnière, 21. Recevons lettres, bonne santé. — Plantevignes. | Boussot, 72 amsterdam. Famille Boussod bien portante en angleterre, étretrt, 26 novembre. — Nallée. | Monsieur, Lemoine, boulevard haussmann, 109. Nous sommes à étretat nous allons bien.— Elina.

Tours.— Me. Thévenin, 18, ancienne comédie. Rien de voué depuis longtemps, ou est Jules? prière écrire plus souvent, bonne santé, courage. —Personne, chef du bureau de la correspondance intérieur. (Postes) | Me. Fontaine passage alma, 20, gros-cailloux. Cher amie père, mari vont bien, bientôt retour, amitié famille, t'embrasse. — Fontaine., gardien de bureau. (Postes) | M. Rozes, rue Fondary, 22. Tours, portons bien, écrivez postes préfecture par ballon, vous embrassons. — Bruneau, gardien de bureau. (postes) | Rouland Gouverneur, banque. Tous ceux qui vous aiment ont santé excellente, et même résidence, vos novelles parviennent.—Gustave. | Gautreau, malesherbes, 48. Reçois lettres paquets Marguerite bien, coutons clous dentition François, tousse Henry, Conlie, Delbruc, Lachambre bien. — Lapouellec. | Jules Fériy. Famills Schukemberger va bien à royat, reçoit lettres envoie dépêches. — Schutzemberger. | Delannoy, 36, taitbout. François prisonnier, Neuwied | Rodier, 19, place madeleine. Ludovic et deux enfants bien. nantes, 3, rue sauteuil.—Feillet. | Paton, à la bourse, anxieux santés mère fils, comptons sur vous. — Riesener. | Morel, 79, rue lafayette. Toutes bien.—Riesener. | Boutet, sorbonne. Bien portants, enfants Guérinet Antole icem, Félicie argent notaire, préviens Leroy. soigne toi bien, embrassons tendrement. —Victoire. | Docteur Lagneau, 38, chaussé d'antin. Tous bruges, bonne santé, reçu argent, René enrolé dunkerque, Adrien bonnes nouvelles. — Marie. | Forceville, jeuneurs, 23. Villepoucher, bordeaux, toute la boillantais, Marcotte, Legentil, Hubert à poitiers, Droz mère fille fils Rousseau. — Pauline. | Forceville jeuneurs, 23. Tous bien portants à blois chez Henry, bonnes nouvelles, aux ou Valentine à wiesbaden. — Pauline. | Berthelot, 57 Bt.-St.-michel. Frère rentré tours per étretat bien, bordeaux enfants aussi.—Ball. | Logeard, 1 turbigo. Portons tous bien, reçu lettre 16 novembre, envoies pas mandats, touché seulement quatre, avons crédits l'etroyat.—Henri. |

Valogne. — Lefrapper, vaugirard, 98. henri, moi sommes bien, henri au collége valognes, adresser chez belle, rue religieuses. — Maugers. | Bussière, rue de luxembourg, 22. père, mère, à saulgeot. vont bien, tes lettres arrivent. — Henri. |

Niort. — M. Yard, albouy prolongé, 2. gaston, rhumatisme, hôpital bourg (ain). portons bien. — barrelle Debureau. | Sandeau, institut, sœur bien. |

Lyon-Terreaux. — Lauwereyns, rue chappe, 18, montmartre. envoie deuxième dépêche donnez nouvelles. — Muraour. | Dumas, 3, st-martin, famille va bien, reçu lettres.—Ringuet. |

Gien. — Caron, 12, matignon. reçu lettre 20 novembre, espoir, confiance Dieu, allons bien. — Honorine. | Goudouin, quai voltaire, 7. père et frère bien portants à Gien. bonnes nouvelles des absents. — Geoffroy. |

Angoulême. — Joubert, 9, drouot. Anna souffrante, louise, ferdinand, savouré, pierre, maisons versailles, bien remerciez, devrez, bonvard. — Salleron. | M. Prudhomme, Condé, 30. installés 5, angoulême. albert, valence, écrivez. — Persil. |

Argence. — Dauge, martel, 11. croissanville, tous bien portants, 2e dépêches. maman besoin argent. — Fanny. | Heuschen, 19, scribe. croissanville, bien portante, reçu lettres. — Dauge. |

Dinan. — Cosme Satgé, 52, faubourg st-honoré. envoyé 3 pigeons, attends ballon. — Montparnasse. | M. Chenal, 19, rue d'antin. Dinan, santés bonnes, lettres reçues. — Louise. |

Toulouse.—Crotel, 20, neuve-des-petits-champs. bonne santé, dernière lettre, 4 novembre. — Crotel. | Pichard, 26, blancs manteaux. adressez vos nouvelles à réné, lycée, toulouse.—Corneau. |

Moulins-st-allier. — Édouard Jarry, 18, rue de la ferme mathurins. tous bien portants, 26, novembre. — Marie. |

Luc-st-Mer. — Pinon, jean-jacques-rousseau, 19. borgers aucune nouvelle, magasin, depuis 18 septembre. | Gaulon, 49, neuve-st-augustin. santé bonne, argent suffisant, ma fille, écris, Mme moreau. — Elbœuf. |

Coubert. — Serouge, rue temple, 26. inquiets, tous bien portants. — Chaumet. | Tailleur, rue roquette, 90. inquiets, bien portants grisy.—Roux. |

St-Valery-en-Caux. — Guerard, 23, pentièvre, 25 novembre. tous bien, oui, toujours. — Marguerite. | Delafrémoire, 92, maubeuge. portons bien, reçu lettres. — St-Valery. |

Vire. — Peyronney, capitaine génie, vincennes. lettres reçues, prière continuez, charles souvent malade, arthur encore l'aigle, vie bien, tous les tiens bien, inquiétude, main, grand espoir. — Roger. | Mme Brunet, 10, mazagran. plaisance. bonne santé, embrassons. |

Bourg-st-Gironde. — Brunet, avenue percier, 8. souvenir affectueux, ce 26. — Amélie. | Mme Clément, hôtel des monnaies. tendre et profonde sympathie. — Amélie. |

Biarrits. — Bernard, laffitte, 44. portons bien, donne nouvelles. — Louise. | Dupont peltier, 31. biarrits, toutes bonnes santés, besoin de rien. |

Blaye. — Richefeu, boulevard montparnasse, 140. toutes ensemble, bonne santé, chez eymery, blaye, reçu argent. — Louise. | Guyot, 9, rue boissy d'anglas. bonne santé, reçu argent, lauffray dampmartin, préviens famille, chez eymery, blaye. — Clémentine. |

Baguères-de-Bigorre. — Petit, boulevard pere re, 110. ai écrit sept lettres. dépêche le 13, par pigeon. répondu oui aux quatre questions. — Jules. | Huber, rue berlin, 38. petits enfants, tous bien. — Robine. |

Château-Gonthier. — Abbé Débréon, labaume, L. bréon, blossac, bien, frères, erfut bien. — Bréon. | Bellanger, monthcbor, 27, paris. bébé, tous, santé excellente, marie attend, lettres reçues, armée loire, considérable, excellente. prussiens dans sarthe. — Gernigon. |

Dole-du-Jura. — Robert, aide-major, 13e corps, 2e division. allons bien. — Robert. |

Grenade-sur-Garonne. — Jordy, adjudant-major gendarmerie à pied. nous allons bien. — Hortense. |

Châtellerault. — Amiral Laroncière, ministère marine. nouvelles des tiens, vont bien, chez cousine, avaient tes nouvelles du 8, crocouville intact, muirons. — Chatelliers. |

Bordeaux. — 1 décembre 1870.

Fernex. — Paul de St-Victor, 6, fustenberg. amis genève, mieux, inquiets, attendons nouvelles. — Jeanne. |

Divonne. — Vidart, lieutenant 40e mobiles, 3e bataillon 4e compagnie, gentilly-paris. allons tous bien, écrivez souvent tous deux, reçu quelques lettres. — Vidart.

Libourne. — Vucquerel, 31, réaumur. sommes vayres gironde avec famille masteau, portons tous bien, suffisamment argent, prévenir fayet. papa retourné l'île adam. — Vucquerel. |

Flers-de-l'Orne. — Roussel, boulevard Neuilly, 111. écrire flers, poste restante. portons bien. — Roussel. |

Fumel. — Administrateurs Vienne. 9, pigalle. fourneau marche très-bien, tuyaux bien, coussinets assez bien. placement encore assuré pour cinq mois. — Virloy. |

Annecy. — M. Chucherat, lieutenant artillerie, 6e secteur. bastion 63, auteuil. toujours annecy. santés bonnes, argent demandé miquel. — Chucherat. |

Beaumarchés. — Martin, 77, richelieu. écrivez-moi. — A. Boussés de Fourcaud. |

Monaco. — Bressant, 1, capucins-saint-jacques. lettres reçues, nous bien, vois perroud, bercy, 151, écris nouvelles, france a bon courage. — Moireau. |

Morlaix. — Mansais, 171, faubourg martin. tous audifred morlaix bien portants également, nous troyes, chaumont, continuez écrire, espinas substitut. |

Quimper. — Lambert, 87, rue lafayette. bien portants, avons lettres 19 novembre, pas reçu cartes. — Amiel. |

Bordeaux. — Halbronn, 47, passage panoramas. tous bien, reçois tes lettres, gustave afrique, écrit strasbourg pas répondu, halbronn, famille delamotte, maurice bien. |

Saint-Sever. — Jules Thirion, rue du faubourg poissonnière 177. mère, moi ici, albert, femme montaigne portons tous bien, embrassons. — Lucie Thirion. |

Meunetou-Salon. — Comte Greffulhe, 10, astorg, paris. santés bonnes, menetou, 28 novembre. — Félicie. |

Aix-en-provence. — Damamm, 1, rue hasard. émile prisonnier, faire visite rue montaigne, 11, lajolais pour martiny. — Rose. |

Condat-en-Feniers. — Monguyon, avenue malakoff, 126. bonne santé, reçu argent angoulême, rien à ranvier, nouvelles des trois. — Monguyon Clara. |

Dôle-du-Jura. — De Circourt, 17, milan. réné cologne décoré, nous rejoindre si veut, allons bien. — Circourt. |

Lyons-la-forêt. — M. Sangnier, 12, rue fortin, paris. à londres, treignac, fleury, flibeaucourt bonne santé et tranquillité, 25 novembre. — A. Sangnier. |

Bain-en-Bretagne. — Froc, 4, michodière. tous très-bien. — Perrin. |

Les Andelys. — Bezançon, 78, boulevard saint-germain. tous santé bonne, pas carte reçue. — Bonnand. |

St-Quentin. — Vernier, quai st-bernard, paris. désormais n'acceptez aucun rachat sur nous et n'achetez rien. — Robert de Massy. |

Fougères. — Bouinais, 10 *bis*, boulevard bonne-nouvelle. tous bien, fougères, magne. reçu argent, pas besoin. embrassons. — Adélaïde. |

Cholet. — Sapinaud, matignon, 18. barbinière, 27 novembre. maurice, joseph, bien portants, si malades irais les soigner. maurice volontaire ouest. — Sapinaud. |

Ardres-en-Calais. — Boislecomte, 148, boulevard haussmann. oui aux quatre questions. — Lonjon. |

Aire-sur-l'Adour. Tavernier, 155, rue st-honoré. tous bien, t'embrassons. — Aire, Edouard. |

Plaisance-du-Gers. — M. Dupuy. rue rome, 52. suis plaisance inquiète, pas nouvelles. écris. — Auguste. |

Mascara (Algérie). — Nicolas, rue mornay, 5. tous portons bien. — Pierret. |

Aix-les-Bains (Savoie). — Augier, 95, boulevard beaumarchais. me porte bien, suis aix-les-bains (savoie), maison chapuis, avec père, mère. écris moi ici. — Marie. |

Madame de Milhau, 23, rue de rome, paris. lettre reçue, portons bien. |

St-Parres-les-Vauddes. — Prat Jacquinet, mobile aube, 2e compagnie, 3e bataillon. femme santé bonne. donne nouvelles. |

Chatellerault. — Colart, rue vaugirard, 21. tous vont bien. reçois vos lettres. — Louise. |

Auray. — Commandant Kerret, état-major, 5e secteur. tous bien, vais rentrer hennebout, biré prisonnier, enfants thévenard très-bien. hugues parti. — Isabelle. |

Magnac-Laval. — Chartier-Gouvion, st cyr. 42. portons bien, reçu mandats, avoine 30, sarazin 24, augmentera. — Genesteix. |

Loudun. — Baudrillart, 10, odéon, paris. loudun amérique tous bien. clotilde accouchée garçon. | Sary. |

La Rochelle. — Godineau. carrefour-observatoire, 1. Iraisse très-mal, pas espoir. reçu mille francs. famille bien. — Noella. |

Theillay. — Rialle, 214, rue st-antoine. Chalumeau, novembre. tous bien portants, reçu lettres. — Rialle. |

Chablis. — Laurent-Pichat, université 39. Chablis, 26. nous allons tous bien. — Rosine. |

Fécamp. — Maurice Lepelletier, 38, chaussée-d'antin. lettres reçues, remerciments, baisers. — Emma. | M. Jourde, directeur *Siècle*. fécamp, rouen, tous bien portants. — Baudot. |

Villers-Bretonneux. — Tillier, lieutenant mobile, somme, 3e bataillon. bien tours. — Delplanque. | Tugot, quai saint-michel, 27. bien portant après petite victoire, amiens. — Tugot. |

Berck. — Preinig, rue lévis, 83. tous berck, bonne santé, écrivez souvent. — Aline. | Pontécoulant, affaires étrangères. recevons lettres, allons bien, affreusement inquiets, berck. — Marie. |

Azille. — Teissonnière, 10, port bercy. cours dix, douze premiers; cinq, sept derniers. — Sanches. | Allain, rue legendre, 90. tous bien portants, écrivez par ballon, azille. — Allain. |

Sancergues. — Paultre, miromesnil, 50. sancergues, 27, santés très-bonnes, pays tranquille. — Ernestine. | Canuet, 5, cambacérès. nous, tellier, julia parfaitement, françois instructeur. — Lucie. |

Chemillé. — Seguin, 236. rue saint-antoine. allons bien irène, liége, écrivez, écrivez. — Berthe. | Saint-Marc, 28, rue navarrin. père bien, juilly, 20 novembre, écrivez. — Rousseau. |

Saint-Omer. — M. Réal, rue aboukir, 50. reçu mandat, rien nouveau, allons tous bien. — Réal. | Chambert, capitaine, division maussion. dames esquer. es, alfred prisonnier neuwied, lemerle rejoindra, tous bien, écrivez ballon monté, vœux vous estève. — Morin. |

Saint-Servan. — Demierie, 17, truffaut, batignolles. portons bien. — Frazer. | Robinot, 52, amsterdam, paris. ernest rennes, travail passable. marie, rené, nina, famille bien; organise armées secourir paris avec sorties. — Robinot. |

Flers-de-l'Orne. — Lallemant, duphot-saint-honoré, 2. santés parfaites, flers (orne). — Zélie. | Dominel, neuve-des-petits-champs, 48. eugénie, félix, marguerite vont bien, confesse-toi, récris-moi. — Eugénie. |

Lubersac. — Guy-Lubersac, fort bicêtre. allons tous bien, raoul près alençon, écris souvent, content ta lettre du 17 novembre. — Lubersac. | Bouillé, 52, rue courcelles. lettre joséphine, enfants parfaitement, 28 novembre. — Aline. |

Elbeuf. — Duquesne, rue duperre, 7. tous bien portants, courage, à bientôt, demande argent à Charles. — E. Dumont. | Charles Dumont, 8, rue vivienne. veuillez envoyer à papa, rue duperre, mille francs, merci. — E. Dumont. |

Moulins-s.-Allier. — Olive, boulevard mazas. santes bonnes, andre lycee, content, premier thème grec, reçois tes lettres irregulièrement. — Olive. | Pickard, rue pont-aux-choux, 17. ecris poste restante, moulins (allier), sommes là avec dahenuline, albert afrique, portons parfaitement. — Elisa. | Girma, rue batignolles, 11. portons bien, reçois tes lettres, reçu billet. — Marie. |

St-Pierre-l.-Calais. — Hudiart, gît-le-cœur, 4. donnez nouvelles ballon, inquiets. — Aimee | Rougemont, faubourg st-denis, 24. portons bien, recevons lettres. — Berthelot. |

Biarrits. — de Milhau, rome, 21. merci, amis, confiance, courage. rêve fonctions, retires biarrits, cordialités. — Charles-Hortense. | Messenet, rue malesherbes, 18. famille reunie biarrits, prevenir armingaud. |

Chatelaudren. — Quelen, lieutenent mobile, 5e bataillon côtes-du nord, rue royale, 20. tous bien, paul erfurt, reçu lettre, continuez, details, embrasse. — Quelen. | Descars, rue gay-lussac, 8. tous bien, henri prisonnier, mère decedee après deux attaques, restons kerdaniel. |

Commentry. — Flachat, avenue coq quatre, rue saint-lazare 89, paris. oui, non, oui, onze oui, difficile, non, oui. — Mony. | Glachant, place vendôme 16, paris. depart très-imprudent, pas necessaire, suffisons à tout, bonne sante. — Mony. |

La Châtre. — Proust, la harpe, 59, tous bien portants. — Leffauit. | Thieblin, garencière, 4. henri bonn bien, merceron, silas, destitues, tous bien restent. — Lachâtre. |

Tourcoing. — Coutant, rue de seine, 13, paris. santé parfaite, reçu trente-cinq lettres, maman, sœurs, venues lokeren, courage, baisers, télégraphierons prochainement. — Achille. | Boyveau, rue de seine, 13, paris. santé bonne, bébé grossit, albert pau, antoine bergues, reçu dix-sept lettres, écris-moi. — Pauline. |

Pont-de-Veyle. — Delahante, rue d'antin, pour Fernand, 26 novembre. santés bonnes, trenquilles, recevons tes lettres, frédéric capitaine lyon, georges chez lui. — Berthe. | Labouge, 1, rue humbolds, paris. chez vitet, bellefontaine roll (canton vaud, suisse). eugène pas mieux, recevons tes lettres. — Labouige. |

Blois. — Blau, seine, 24. blois tranquille, tous lettres reçues. — Amélie. | Desroches, 9, havre. deuxième dépêche, bonne santé, partons bazas, embrassons. — Henriette. | Musson, chaillot, 64. blois tous bien, léon dusseldorf. — Lapérouse. |

Quinper. — Vousclaud, capitaine douanes, magasins réunis. sommes quimper depuis 6 octobre. resterons, prosper mort 5 novembre, lettres reçues, portons bien. — Vousclaud. | Kergos, mobile finistère, 23e régiment, 5e bataillon. tous bien, recevons lettres, louis dépôt. | Hulot, 6, rue casimir périer. santés parfaites clermont, saintonge, lorraine, quimper, lettres reçues. novembre. — Marie. |

Trouville. — general Dupouët, 14, lepelletier. vont bien Equer, Chatard, Rhode trouville. — Dupouet. | Delahaye, st-honore. 108. sante bonne. vous tourmentee, reponds. — Madeleine. | Escudier, 7, rue d'enghien. soigne-toi bien, recevons lettres, santes bonnes. — Ve Escudier. |

Bethune. — Amillet, avenue ternes, 55. tous bonne sante. enfants sages. sois tranquille. si danger, Louise emmènera tous belgique chez amis. — Outrebon. | Dioux, rue du sentier. 29. vos lettres arrivent, courage, confiance, amitie. je cherche votre frère. Aline, Henri, moi, bien. — Gosse. | Rouge, st-jacques, 161. bonnes nouvelles d'Aline. bebe engraisse. — Cornelie, 25 novembre. |

Portrieux. — Buron, rue madame, 1. lettres reçues, sante bonne. — Buron. | Perussis, université, 30, paris. bien, Rodolphe liège. Duhameau, hambourg. — Eugenie. | M. Farlanlo, 45, quai de bercy. tous bonne sante. Plait, Paul aussi. lucenay, papa bien. argent reçu. — Alix Jurlauld. |

Limoges. — Bauzil, boulevard haussmann, 118. un mois sans nouvelles. consulte Bail, Bravay, limoges, poste restante. — Bauzil. | Carpentier, rue villedo, 6. reçu lettres, vais bien, rue d'argent 21, bruxelles, impatiente vous revoir. — Denise Beaucaire. | Frederic prisonnier, Ernest, Henri, tous bien. — Dupre. |

Granville. — Desrousseaux, d'alger, 9. granville, Alice tous parfaitement. troisième dépêche. — Desrousseaux. | Renaud, 147, rennes, vos parents bien, ecrivez Ranjard granville. — Ranjard. | Camusat, 155, faubourg poissonnière. partout allons bien, écrivez toujours. — Jenny. | Mo 1, 68, victoire. vont bien toutes. reçu trois cents francs. — Ve Noris. |

Yport. — Gorgeu, rue de seine, 41. cinquante francs. Emile pour tante Virginie: rapporter reçu. — Himely. | Madame Frois, 29, faubourg poissonnière, paris. yport. santé, avons argent. tous fête papa. — Corriol. | M. Fernier, 56, rue de bellechasse. yport tous, santé. — Emmeline. | M. Alphonse de Neuville, 35, boulevard du temple. tous bien portants. rien argent, lettres. courage, espoir. mille baisers, je t'aime. — Neuville. |

Grenoble. — Ernst, berlin, 4, Masson. Eugénie, Marie, coblentz, Fournier, 6e artillerie grenoble. | Duboys, ingénieur, 3, fleurus. allons bien. restons. Lacombe, Félix au Puy. — Netty. | Lamare, cambacérès, 21. santés parfaites. grossesse erreur. état normal revenu. Bonne mieux. René superbe, travaille. réponses oui non, rien oui. |

Lyon. — Amet, fort montrouge. parents habitent ems. Gustave montpellier. Adèle fribourg. moi lyon. bien portants tous. | Conti, courty, 1. Léon, Gaston, famille bien. Jules souffrant. — Jules. | Korabieniez, 12, rue ecluse. Raphael sain, prisonnier erfurt. — Ziembicki. | Delarochenegly, rue du regard, 15. reçu lettres. bonnes nouvelles, toutes maisons. Gabrielle lalouvesc. Fourvière, ambulance. santés. courage excellents. Arthaud bien. — Caroline. |

Périgueux. — Paul Dupont, 41, rue j.-j. rousseau. union, santé, gaiete parfaites, vendre récoltes 2,500, pas vu dameron, carré, périgueux tranquille. — Lugeon. | Beron Vielcastel, rue bourgogne, 17. tous bien, coppet, broglie, chérigny, siorac, écrivez encore, donnez-nous nouvelles doudan, amitiés. — Marie. | D. Jugin, 2, rue favart, paris. allons bien, recevons lettres, londres, newyork. manque amadis noirs fixe, liseré assez brillantés, 1/2 agneau. — Mathilde. | Dubois, 49, rue lancry. aujourd'hui 28, ai reçu 3e bon, espoir, courage. — Marie. |

Tours. — Colinet-Dâage, st-lazare, 69. tous bien portants, joseph aussi, étretat. — Colinet-Dâage. | Mesdemoiselles Fesquet. 70, champs-élysées. reçu lettres, mélanie plaisir, portons bien, tendresses famille, eugène, et santé pour tous. — Muller. | Moissenet. école des mines, 27 novembre, lettres reçues, portons bien, jeanne superbe. prenez patience, morineau afrique, beugnot bien. — Ve Moissenet. | Grundeler, 46, paradis-poissonnière. en tout 65.000 francs ordre bureau échéances novembre reportées février. allons bien. — Hillivuyt.

Dinard. — Vallerand, 11, rue louis-le-grand. merci, reçu 8, trop, rendrai seule dinard, malade, chagrin, aime. | Daumesnil, 51, rue lepelletier. tous bien portants, maman avec nous à Dinard, bons baisers, pas reçu lettres depuis vingt jours. | Delacondamine, Paris, chanoinesse, 19. Gabriel bien portant à cologne, renée, fernand, mathilde, enfants, tous bien. — Daffry. | Dutard, 79, rivoli. reçu lettres du 13, alice 14. allons bien, boissy, bouchet aussi. | Decagny, 158, rivoli. dinard, pau, sallesource, étretat, santé, impôt général, oui, absent, 70 ans. non remerciements, baudelot. — Borniche. |

Douai. — M. Sorlin, 33, passage Vérododat, paris. sortons bien tous trois, douai. — Louise. — Andry, galilée, 42, paris. suis douai avec élise après séjour péronne, portons toutes bien, reçu triste lettre 20 novembre. — André. | M. Depavant, rue tivoli, paris. campeau tranquille, perdre grand'père, reçois lettres, écris toujours, bien portants, vous embrasse. — Gabrielle. | Gallé, bac, 22. nous portons bien, donne adresse Laverne, lui écrirons si n'ai pas lettre de lui. — A. Cuillier. | Cousart, neuve-coquenard, 20. reçois souvent nouvelles de charles, va très-bien, dernière lettre de vous, premier courant écrivez. — Cousart. |

Calais, 39, meslay. parfaite santé, encore calais, 4e dépêche. — Lion. | Baillot, 18, burq-montmartre. allons bien, mille baisers, calais, 393, rue mer. — Marie. | Vauparys, rue écluse, 15, batignolles. portons bien. | Barrois, rue grenéta, 47, paris. portons bien. | Jean, faubourg saint-martin, 167. suis sans nouvelles d'henri depuis 28 septembre, rassure-moi, écris-moi souvent par ballons. — Jean. |

Avranches. — Duparc, chef bureau administration tabacs. lemarié dix jours malade, décédé 22 novembre, scellés apposés 24, servantes attendant vos ordres. — Abraham. | Mauréau, directeur imprimerie nationale. sommes avranches, rue afficher, cécile, enfants jersey, 13 clarence road. toutes bonne santé. — André. | Chevalier, 61, quai grenelle. tous parfaite santé. — Chevalier. | Alphand, 9, hôtel ville. chevalier et tous bien portants, au parc. lettre emmanuel hambourg. — Alphand. | Mme Marquis, 6, larochefoucauld. enfants, abbé, sydonie, très-bien, surveille, pas inquiétude, tout bien, nouvelles 16, hier. — Lesénéchal. |

Louviers. — Cabanon, 21, odéon, 25 novembre. lamitie, tréport. bien portante. — Dibon. | Deshairs, 7, grenelle-saint-germain. merci de vos soins, veuillez continuer, Louviers, 25 novembre. — Defontenay. | Azambre, st-antoine, 212. santé bonne, autres renseignements interdits. — Bibas. | Bricard, tiquetonne, 23. Robertsau, 21, adolphe, bonnes nouvelles, émile également, nos santés excellentes, espérons bientôt revoir, vois colombel, amitiés. — édouard. | Caumont, 57, écurie-d'artois. triste nouvelles reçue, courage, compte sur moi, louviers, 25 novembre. — Defontenay. |

Lille. — Vallée, 10, lavandières-opportune. reçu lettre alphonse et les vôtres 13 et 21 octobre, portons bien; fives 24 novembre. — Vallée. | Normand, 159, rue université. fives, deuxième dépêche, reçu lettres jusque 19 novembre, portons bien, joseph famille aussi, clarisse ici. — Henriette. | Dubuisson, 159, rue université. fives, deuxième dépêche; lettre jules, tous bonne santé, reçu tes lettres, prends précautions, écris boulogne. — Clarisse. | M. Prévost, 3, gréneta. lettres parviennent, santé bonne, je suis l'aumône occupée, peu dégats, jument sauvée, mathilde marche. — Prévost. | Brouard, 52, rue lemercier, batignoles, paris. santé bonne, reçu lettres adresse Lille. — Vrignault. | Allard, 96, rue rivoli. paris. suivant lettre du 23, madame et les cinq enfants enfants vont très-bien. — Porion. | Gautier, 2, bouloi, paris. bien portants tous lille, bonnes nouvelles félx, cologne. — Marie, Clémentine. | Loustau, gare nord, paris. mère, parents vont bien en belgique, à gand, rue aux vaches, 26. Moi toujours lille. — Georges. | Couche, gare nord, paris. avez-vous reçu dépêche, prière répondre lessens, jemmapes, lille; dites à père allons bien. — Marie Alquié. | Bornette, 31, rue bourdonnais. piétro santé, réponse ballon. — Clair. |

---

3. Pour copie conforme :
l'Inspecteur,

Bordeaux. 1 décembre 1870.

Dinan. — Herpin, 5e bataillon d'ile-et-vilaine. famille bien. | Lemercier, 43, batignolles. clémence, victorine. enfants portons bien dinan. — Thierry. | Chevalier, 112, rue provence. bien portants, installés à dinan, écrire ici, prévenir lamirault-rocher. — Chevalier. | Tollu, saint-anne, 69, lettre concernant grand'mère tollu perdue, récrivez, bien portants, deuxième dépêche. — Dallemagne. | Fessard, 21, amsterdam, paris. tous bien ici, charles semonches bien, émile metz, blessé guéri. — Quoniam. | Madame Gaudais, 6, place vintimille, paris. prière auguste écrire par ballon. — Robert. | Petit, 10, mogador. Paris. bien portant, bonnes nouvelles fournier, prévenez morize qui verra tollu pour argent, écrivez. — Hailey, dinan. | Debrise, 10, la chapelle. voir bailly, vaché pouvant recevoir huit mille francs solde, emprunter à tous prix, rembourserai guerre finie. — A. Trézel. | Bailly, architecte, 72, clichy. vaché pouvant recevoir, voir debrise, emprunter, payer huit mille francs solde, rembourserai guerre finie (réponse). — A. Trézel. | Pique, 31, buisson-saint-louis. portons bien, rue horloge, chez mademoiselle maillard, dinan, dinan, côtes-du-nord. — L. Pique. |

Rennes. — Minoret, 10, rivoli. rennes, 26 novembre, tous bonne santé, recevrus lettres. — Minoret. — Legorrec, fort Ivry. étiennes, pongerards, montignys, anna, familles bien ; maurice gentil, édouard lieutenant parti, calme ici, espoir. — Anna. | Jean, 1, amboise. 26 novembre, tous sommes bien. — Jean. | M. Dheudecourt, chez le gouverneur de paris. père éteint doucement, nous courageuses unies, rien louis, jean, 26 novembre. — Geneviève. | Melnotte, 5, rue mazagran. joséphine, parents bien portants, rennes, embrasse bien. | Prudhomme, 9, victoria, tous bien, enfants, frère, sœur, viguier, nicollet, noiriel, invitez rouaut mareau écrire. — Oberthur. | Petit, 18, champs-élysées. porte bien ; lettres reçues, rennes, hôtel france. | De Fresne, 15, bellechasse. tous bien portants, 5, horloge rennes, léonie, blanche, berthe bien aussi. — Saubade. | M. Pâris, 30, rue verneuil paris. maman étonnante, heureuse des lettres, do à vannes succès, adèle baronnerie bien et ériau. - Marie. | Eblé, 9, cherche-midi, paris. marais bien portant, compris saint-aubin, étienne, bachelier, huit lettres reçues par ballons. — Nannine. |

Saint-Malô. — Madame Juillers, 24, delambre. aucune nouvelle, inquiète, tous bien portants, réponse poste restante, saint-malô. — Cumming. | Coffin, 8, neuve-capucines. pas lettres depuis un mois, en désire tous les deux jours, bien portants, marnes, pillet. — Dubois. | Blot, 39, victoire. bonne santé, halle légumes, 5, arrivés 20 septembre, pas reçu dixième lettre, rené travaille, combinaisons défendues. — Blot. | Questroy, 8, rue mail. bonnes santés, andré superbe, reçois lettres, ai argent, dire patrelle, cécile, clémentine, enfants tous bien. — Questroy. | Dervilley, 27, st-lazare. saint-malô, santés bonnes, volvic, dire bouland. | Lesage, 147, rue rennes. tous bien. | Lavenas, 24, gravilliers. portons bien, lettres reçues, écrit lettres. — Claire. | Perrand, 28, port de bercy. paris. me porte bien, reçois tes lettres, à saint-malô, besoin de rien. | M. Baudelot, 136, rue rivoli. cécile, paul, adrienne, juliette, lucien superbes santés, recevons lettres, parents baudelot bonnes nouvelles. — Baudelot. | Bachelier-Dinard. sistières parfaites santés, désiré ici, lansaille jersey. — Bachelier. | Chesnay. capitaine 111e ligne, port-à-l'anglais, paris. bien portantes, reçu 300 francs seulement. — Anna. | Villers, mobile, fort rosny. tous bien. — Villers. |

Le Havre. — Lecoq, hauteville, 25. chardon, écrivez. reçois lettres havre parfaitement. — Fermepin. | Janssen, 21, labat. embrasse papa, maman, bonne maman. — Antoinette. | Ernest Blémont, 35, rue poissonnière. allons tous bien, écris plus souvent. — Blémont. | Crosnier, 39, meriay. allons bien dieppe tous bonne santé, reçu livres. — Crosnier. | Delmas, joubert 10. portons bien, recevons lettres. édouard parti. — Delmas. | Leclercq, place bourse, 8. nous allons bien, recevons lettres. — Leclercq. | Horevitze, 22, clauzel. santés excellentes, jacques superbe, va collége. Recevons souvent lettres, assez argent. connaissance ici nauttoier. prenez provisions. maurice. moyse, mathilde clef chez schloss. — F. Mayer, 26 novembre. | Lucy, 6, amsterdam. allons bien, reçu huit lettres, dernière du sept. logeons huit prussiens st-germain. es-tu sergent. — Lucy. | Directeur général tabacs, paris. les trois chargements huffer, prix en charge. — Bellecourbe — Thomas, rue preuilly, 23, paris. loges chez charles, tous bien portants. reçu lettres jusque numéro 17, perdues quatre. heureux de vous savoir bonne santé. baisers à vous et cousine. espérons à bientôt où émile. — Messier. | M. Depelchin, rue honoré-chevallier, 4, paris. oui, oui, oui, oui. | Collarot sous-lieutenant, 5e compagnie, 2e bataillon, 138e ligne. la boissière. reçu lettres du 19. félicitations, santés bonnes. écris grand'mère. — A. Collard. |

Lyon. — Bernheim, 20, sentier. tous bien portants. enfants travaillent, petits ont excellente mine, nouvelles dents. toutes lettres reçues. revoyance prochaine. — Anna. | Belle, rue crussol, 12. 2e dépêche, portons tous bien, reçois lettres régulièrement. si lyon était investi irions toulouse. embrassons. — Caroline. | Dulae, 65, hauteville, 28 novembre. lettres reçues. écrit souvent depuis septembre. santés parfaites. lyon tranquille intérieur extérieur. Dubac. | Basset, 11, rue mansart. papa, maman, jab, andrée lyon, tous bien portants. jab courageuse, lyon sans danger. | Burdean-Lille de Londres, faubourg montmartre, paris. reçu lettre, portons bien. ferdinand armée loire, bonne nouvelle. auguste engagé grenoble. — Greppa. | Gravillon, rue université, 27, paris. armand-gabrielle richard quitté moguencius, bien portants sont villefranche, vialadieu; paul valence, pas reçu carte, | Teillard, commandant 3e spahis vincennes. avons tes nouvelles 19. pierre cerné. belfort bien portant. tous bonne santé. organisons secours. — François. | Audibert, rue tournon 8. lettres reçues, bonnes nouvelles, récentes de metz, lille, saint-aubin. Henri prisonnier. tranquillisez-vous. vais-bien. — Gilbrin. | Gouverneur, banque france. monet mort, suis à Lyon, gouverneur à bordeaux, caisse Strasbourg pleine séquestrée, caisses metz, mulhouse vides. - Gilbrin. | Noel, 4, avenue ste-marie. paris-montrouge. lyon, 7, rue st-joseph allez boulev., trouverez dans cuisine clé, cave prendrez provisions. répondez. — Magnan. | Malfroy capitaine, 2e d'artillerie, passy. tes lettres nous parviennent. bonne santé à grenoble, lyon, mulatière. avons écrit souvent. — Bernard. | Hermann, rue alger, 10. bonne santé. manufacture lyon. — Hermann. | Chatagnon, artillerie mobile, rhône. Bussillot. avenue ségur, 2, prêtera argent. sans nouvelles, inquiets. — Chatagnon. | Verdeil, rue martel, 4. sans réponses, désirons nouvelles, envoyons aussi Velay nos meilleures amitiés. tous bien lausanne. — Bouchols. | Louvre mobile, ain, lacroix, laval, tous bien portants, père, mère. lyon, sœurs, enfants, genève avec tante, marie, cousines varax. — Aimée. | Rocoffort, capitaine, 3e bataillon mobiles de l'ain. enfants tous, allons bien. tendresses. — Charlotte. |

Bordeaux. — Vial, ministre marine. lettres reçues. tous bonne santé. dire aux crespy. — Vial. | Durand, 61, provence. supplie, fidèle comme moi, ne me oublie, pas reçu mandat. bordeaux, bureau restant. — Marie. | Maupâté, 14, quai-gare. envoyé dépêche onze. caroline, clotilde, moi, enfants, léognan, maman, antoinette, mercier, fay, jargeau évacués. dépôt, sécurité. | Delaseiglière, jacob, 17. allons bien. bordeaux très-sage. dorlond bien. albert révoqué. aie courage, bon espoir, embrassons. — Anna. | Nicolas Laradis, poissonnière, 22. nos quatre familles vont bien. étienne né 20 septembre est beau, je nourris, suis rétablie. — Nicolas. | Roux, 14, avenue reine-hortense. adrienne inquiète, jamais lettres écrivez. | Fiault, rue lille, 20. raches, cros bien. léontine clermont bien. étienne nogent bien. vos lettres reçues. — Alix. | Dupont, 31, lepelletier. mère, fille biarritz bonne santé. habitons charmant. lettres perdues avant 19. borny, bureau restant bordeaux. — Artigues. | Chrétien, quai billy, 54. es-tu vivant. cours tourny, 34. | Louise, marchant monnaie. ouvrez secrétaire, vendez couverts. — Marchant. | Beauregard, 55, saints-pères, allons tous bien. envoyé 17 septembre mandat assurance. — Godard. | Isabelle, 80, taibout. prière donner nouvelles gaston. famille lemaire, hôtel nantes, bordeaux. | Feller, 46, abbesses montmartre chez descoins, 61, cours tourny, bordeaux, vais bien. envoyez nouvelles. — Felber. | Doermer, veuve bossuet, 22. hôtel picolet, bordeaux. — Doermer. | Maupâté, 14, quai gare. correspondons félix. personne pillé. familles entières santé. assez argent. reçu second mandat. premier égaré. delouche marie. | Borne, palais luxembourg. reçu lettres. heureuses aies nouvelles. portons bien. — Borne. | Durand, 55, cherche-midi. toujours parfaitement ravitaillés. cécile fille 9, lèvera 1er. couche très-heureuse. sommes courageux. bonnes fêtes, embrassements. — Durand. | Boissier, rue rome 68. guibal délogé vérole vendredi. maman aussi mal. adolphe, jules exempts. écrivez. — Sarrazin. |

Bordeaux. — Parguez, 50, neuve petits-champs. allons parfaitement, bien installés Quimper, place mesclauaguen. reçu lettres. mille tendresses. — Rosa. | Madame Evrard, 21, Drouot. sommes à montreux, canton vaud, suisse, maison Filet en bonne santé. ton père, — Stolz. | Bethmeut, 9, écuries-artois. tous bien paris. nous pau pour quelques jours, Dumil en Berry. — Bethmeut. | général Malcor, 12, miromesnil. nous, cousines, marseille, toulon, Coche, Dehérain bien. Alfred lycée pau. Léon occupé bayonne. Adèle parfaitement. — Malcor. | Fagniez, 216, rivoli. tours, villers, arras, pau. tous bien. nommé sous-chef. recevons lettres. — Léon. | Guilhermoz, 44, notre-dame des victoires. tous santé parfaite pau, maison Plauté. installation bonne ; amis voisins ; attendons événements grande impatience. espérons, courage. — Thérèse. | Mourier, instruction publique. filles, parents bien portants brest. — Silvy. | Taillandier, instruction publique. excellentes nouvelles famille à dumesnil, Magnabal resbecq, Graziani, Ollendon. — Silvy. | Tardif, 28, cherche-midi. tous bien portants, pays tranquille. reçu trente lettres. — Tardif. | Mourgue, 75, anjou-st-honoré. bientôt nouvelles directes havane. Charles prendre aucun parti maintenant. désire reprendre parole si modifications demandées. — Lucile. | Mourgue, 75, anjou-st-honoré. Mehün Pillevuyt, mesdemoiselles Mourgue bien. madame Mourgue guéret. Louis battu à orléans est sauf, Albert éclaireurs cher. — Lucile |

Londres. — M. Shompson, 26, rue feydeau, paris. écris-moi cher édouard ! émile prospère. — Louisa Shompson. | Constant van Ouwenhuysen, rue joubert, 11, paris. quatre lettres et effets bien reçus, attendrons vos ordres, préservez celui-ci. — Cawston, londres. | M. F. Levrat, 16, rue jacob, paris. tout le monde va bien. — Henriette, londres. | Kastor, 11, bergère, paris. dites aron santés très-bonnes, envoyez écritures et balance septembre, plusieurs extraits par différents ballons. — Kastor. | Gaudet frères, 11, rue des petites-écuries, paris. position plutôt meilleure que pire ; pas encore associé, madame jolivet et enfants sont à dion avec famille. — Jules Gaudet. | M. Paulet, 52, rue de rennes, paris. 18 novembre. je t'embrasse, mon mari, Dieu te garde, amitiés. — Meuseuet Paulet. | Willems, 33, rue joubert, paris. donnez vos nouvelles et de mon appartement par ballon monté à bradber, bruxelles. — Wetterhan. | Pellet, rue Aumale, 10, paris. faites écrire à helbert par quatre ballons sur lombard, rentes autrichien depuis 20 septembre. — Léopold. | Jay, 10, rue meslay, paris. honfleur, 15 septembre, toutes bien, ici de même, élise doit soumettre à vos ordres. — Belmann. | Madame de Sérionne, 4, rue Gluck, paris. sommes bien inquietes, comment vas tu ? nous allons bien et sommes à dudley house, nous t'embrassons. — L. de Sérionne. | Madame Bénédic, 20, rue francs-bourgeois, paris. écris plus souvent londres, ai bonnes nouvelles blâmont, boulay metz, tout le monde va bien, affaires passables. — Bénédic. |

Londres. — Tellier, boulevard hausmann, 132. françois, seize, encre instructeur tarbes. ne manque de rien, bonne santé lemoine, nous aussi, leçons. — Tellier. | Burthon, maison Ochs, 100, boulevard sébastopol, paris. reçu lettre 17 novembre, prie ballin vous remettre 2,000 francs. — Ochs. | MM. Emile Brelay et compagnie, paris. vos quatre lettres reçues, affaire antérieurement arrangé par lamb entremise forbes et compagnie, négociants honorables. pour l'oriental bank corporation. — | Berteaux, rue vieille-du-temple, 24, paris. bien portant, écrivez par ballon, dînes bertolini, hôtel leicester square, londres. | Fervieux. rue hauteville, 26, paris. écrivez par ballon monté, adresse charingcross hôtel, londres ; faites versement sur emprunt. — Max Getz. | Eugène Trousseville, 38 bis, rue vivienne, paris. sans vos nouvelles, écrivez par ballon, si besoin argent demandez bohn. — Roth. Mme Plate, 310, rue de Charenton. paris. 25 novembre, réponses oui, 2e oui, 3e oui, 4e lucerne (suisse, pense donner congé chappuis, compliments. — G. Plate. | Josse, rue charonne, 163. bonne santé, lettres reçues. — Jeanne. | comtesse de Kostaing, 34. rue godot. reçois lettre du 16, contente avoir nouvelles, tous bien portants, amitiés, 25. — Mesnil-Marigny. | Loit, caumartin, 68, paris. prendra 100 francs, crédit industriel, remettra 40 francs à dessout, tournelles, 8, répondre par ballon. — du Mesnil-Marigny, 35, fitz-roy street, londres. | M. Rémon, 6, rue murillo. parc monceau, paris. prignot, rémon ensemble londres, tous bien portants, écrivez, 24, oakley street. — Chelsea. | Molteni, 62, rue château-d'eau. nous londres, houllier, creta, dupuis France, allons tous bien, 4 lettres reçues, dernières 3 novembre. — marguerite Molteni. | Marion fils, 14, cité bergère, paris. donnez nouvelles loyer 16, impôts sur absents, détails particuliers intérêts. — Marion. | Stiébel, 195, faubourg saint-honoré, paris. nous nous portons bien, heureuse reçu lettre du 16, compliments. mm. stiébel, 49, highbury new-park. — Charlotte. | A. C. Saint-Marc, 18, rue d'hauteville, paris. reçois vos lettres, vous ai écrit, malles reçues, compliments à m. offroy, françois restera paris. — A. C. Saint-Marc. | M. Jackson, 164, rue de grenelle-saint-germain, paris. liverpool. vos enfants tous bien portants, reçue deux lettres. — Marianne Davison. | Bunel, 99, rue richelieu, paris. reçu 4e lettre, ouvrez cave, prenez pour vous vin et huile, amitiés de tous. — Vallet. | Adèle Kirschenbilder, 5, rue alboni, paris. santé bonne, que simon te donne 50 francs, apporterai des vivres. — Charles. | M. Troublée, 4, rue rossini, paris. en bonne santé, je t'aime, je recevoir tes lettres, pas de mariage, je retournerai à paris. — C. Dubois. | Walter Cooper, 5, rue de la banque, paris. viens si tu peux, je paierai. — Guillaume Cooper. | Quinet, 32, rue de bondy. donnez vite nouvelles madame Bergmann, qu'elle écrive aussi, jules inquiet, écrivez chaque ballon. — Richard. | Fould, cie, paris. sakakini insiste vivement que autorisez hambro lui payer moitié encaissements égyptiens moins 30,000 livres, sa dette. — Théodore. | Fould, cie, paris. reçu lettres sauf celle 19 octobre, diverses commissions, faites vingt, cinq, quarante, treize, onze, douze, demi. — Théodore. | Ernest Delarue, maison lebaudy, rue de flandres, paris. nous recevons tes lettres, antoinette écrit souvent, elle, thérésia et moi allons bien. — E. Delarue, aldershot. | M. Crépon, 24, place vendôme. santés excellentes, reçu lettres, envoyé 6 dépêches. — Crépon. | M. Tilloy, 24, boulevard sébastopol, paris. lilly, marie, comfortable, romford. —

Londres. — Herlet, 70, rue neuve-des-petits-champs, paris. Clara, tout votre monde va bien. — Jane, 27 novembre. | Albert Beau, 60, boulevard sébastopol, paris. comment allez-vous tous ? ma famille s'inquiète beaucoup. réponds immédiatement. — Landt, s. se delin. | Sourdis, 13, rue laffitte, paris. 26 novembre. sommes tous très-bien brighton, envoyons dépêches tous les jours. — Sourdis. | Bertin, 48, saint-lazare, paris. marcel toujours parfaitement, pense à vous, recevons lettres ballons, Roye bien, sommes brighton ventnor villas. — Sargenton. | Keating, rue abbatucci, 11, paris. tous bien, reçu lettre quinze, bien contente, écrirai Maurice, donnez adresse Hoguet, argent pour elle. — Keating. | Labougrie, 8, rue pavée, paris. lettres reçues, tous bien portants. — L. Finot. | Monsieur Féan, 95, rue neuve-petits-champs, paris. nous allons tous bien, recevons vos lettres, soyez sans inquiétude. — Henriette. | Navarro, 19, avenue iéna, paris. quatrième. reçu cinq lettres, dernière datée 11. tout bien ici. si besoin argent demandez Burat mon compte. | Courot, 5, rue de cléry, paris. recevons lettres, portons bien, emprunté argent, écrivons toujours. 32, markham square chelsea, londres. — Anastasie Courot. | madame Boucher, n. 6, rue de calais, paris. lettres par ballon reçues, santé bonne. avec ce télégramme écris à Dufour pour de l'argent. — Ruais. | Vandendriesche, 45, rue de la victoire, paris. répondu lettre vingt jeudi, tout bien ici. dis chez Offroy Gaston Chardin prisonnier, bien portant à erfurt. — A. Vandendriesche. | Hinstin, 38, rue d'aboukir, paris. Adolphe sain sauf Hambourg. Caroline, Jeanne, Ida, genève, parfait. — Ernest. | monsieur Barral, 66, rue de rennes, paris. père adoré reçois tes lettres, écris souvent, tendres baisers pour tous. — Jacques Barral. | Berly, 60, rue chaussée-d'antin, paris. expédité trois envois. Lemaitre hôtel grande-bretagne, cannes, alpes-maritimes. — Richard. | Valès, 213, rue saint-martin, paris. tous bien portants, écris-nous souvent. — Valès. | monsieur Allen, 10, rue de greffulhe, paris. vos lettres toutes reçues, nous tous bien portants, soignez-vous bien. — G.-F. Allen. | Edwin Childs, grand hôtel louvois, paris. cinq lettres reçues, et tous bien. — Childs, london. | Jules Thourin, 35, rue lecourbe, paris. santé bonne, écrivez-moi panton hotel, panton street, à londres, où nous sommes. 26 novembre. — Prudence. | Charles Simon, 24, rue albony, paris. donnez argent Adèle, écrivez ballon, reviendrai aussitôt pourrai, vendez armes vincennes. — Charles. | Bernard, 92, richelieu, paris. traite Eich fin octobre payée ici, tous bien, dernière de toi 5 novembre. — Bernard. | Louis Domingues, 22, rue cassette, paris. reçu deux lettres, Constantin ici, tous bien. — Constantin. | monsieur Guy, quai valmy, 29, paris. santés excellentes, nous supportons bien l'exil, bon courage. prie Justine de m'écrire, mille baisers. — Eugénie Guy. | monsieur Grange, 22, rue de bondy, paris. prière de me donner de suite des nouvelles de Louis. — Eugénie Guy, 11, gloster place hyde park, Londres. | Fieron, 88, rue Université, paris. nous sommes bien, mariage Alice 17 décembre, je t'aime, quatre lettres reçues. |

Bordeaux. — 1 décembre 1870.

Augusta Javal, rue anjou-saint-honoré, 4, paris. enfants, petits-enfants, sœurs, vont bien à arés, lille, vienne, leipzig. — Czermak | Boussod, rue d'amsterdam, 72, paris. 26 novembre. nous sommes allés à magnifique concert. — Boussod. | Edmond Odier, 36, rue lafayette, paris. 26 novembre. tous très-bien, pas de rhumes, très-bonnes nouvelles de genève. — Marie Odier. | Buss erre, 9, rue beaujon, paris. 26 novembre. tous bien à londres, Henri bien chez Cécile, reçois votre lettre du 11. — Jenny Bussierre. | Thomas Adams et compagnie, nottingham, à Thomas Adams et compagnie, 39, rue d'aboukir, paris. envoyez factures, commissions Bradford, numéros un et cinq. | Charlier, 40, paradis-poissonnière, paris. écrivez londres Fesser Uhthoff, demandez Senn, Ernest bonne santé chez sa mère Seefelden. — Wagenman. | Pirds, 11, rue presbourg, champs-élysées, paris. excellentes nouvelles Jacquinot. enfants gais, joyeux, bien portants. — Casablanca, shirteen, sutherland place, londres. | 26 novembre. Eugène Pector, place vintimille. 5. reçu pour vous lettre de madame Pector, tous se portent bien. — Novella. | monsieur Carvès, 18, boulevard saint-martin, paris. santés bonnes, six lettres reçues depuis 17 septembre, écrivez souvent, bon espoir, bons souvenirs à tous. — Emma Loreau, 25 novembre. | Bachoux, 12, boulevard sébastopol, paris. toutes bien portantes, londres, 46, upper-baker street. fabrique beau travail depuis octobre. — Cora. | Poix, rue lisbonne, 19, paris. écrit sept fois, reçu uniquement lettre 16, enfants beaux. parents, moi, bien portants. — Lecomte. | Dukas, 10, coquillière, paris. deuxième dépêche. allons tous bien, possédons ta lettre 20 novembre. — Dukas. | Charles Léon, 32, rue sentier, paris. reçu seulement une lettre 20 novembre, tous bien portants, écris longs détails financiers. — Léon. | Jesson, 3 rue Tronchet. très-inquiet, sans nouvelles, écrivez journellement. — William. | londres, 26 novembre. parfaite santé, reçois lettres. nouvelles Eugène, sain sauf, pense toi. — A. Germain. monsieur Paul Germain, 16, rond-point des champs-élysées, paris.

Rendu, rue naples, 68, paris. livandière, 26 novembre. justine vallot, parfaitement. — Combe. | Desjardins, 30, rue condé, paris. nous allons bien, paul bien portant wiesbaden, ta candidature depuis longtemps acceptée, jenny corse. — Desjardins. | Lacombe, 10, taranne. correspondons blondin, lacombe, chevreuse, tous valides. chauds vêtements faits, lettres st-germain parfaites, achille noninquiété. — Marguerite | Bonnechose, 122, st-dominique. excellente santé tous, léon lutzelhausen, edouard, famille clermont-ferrand, rassurez rau, saintlieux, léo, pauvre arthur. — Marie, trouville. | Dupan, 18, godot. allons bien. — Arthur. | madame Spontini, 13, mail. allons tous bien, vous embrassons, reçu lettre 14 novembre. — Erard. | Amiot, bac, 90. toujours agy, tranquilles, enfants état parfait, bonnes santés, familles agy bayeux, alfred dosseur ici. — Comoy. | Montégut, hôtel louvre. santés excellentes, recevons vos lettres, reçu mille francs, maman reçu deux cents, versailles bien. — Fontaine. | Berthe, 76, colbert. tours, baden, limmermann, dolfus bien. — dolfus, 45, chabrol. | Boutemard, avoué, st-hyacinte-st-honoré. boutet distribué argent peycam, veiller, delorme, ministère commerce, Tours. | Frémy, 19, place vendôme. paul parti aujourd'hui 30 armée loire, officier ordonnance bourbaki. — Delacour. | veuve Pépin, lauriston, 47. santé bonne, espère bientôt vous revoir, sous-lieutenant barei avec moi. — Levy. | Quinchez, 1e bataillon mobiles morbihan, suresnes. bien ici, écris. — Dufilhol. | Fould, notaire, paris. palmyre, mathilde, enfants, berthe parfaite santé, mathilde partie menton avec gunsburgs, resterons boulogne, si nécessité bruxelles. — Palmyre. | Monnier, capitaine artillerie, fort noisy. tous bien, lettres reçues. — Emma. | Lazard, 24, rue arcade, Paris. alexandre, lucie, enfants, parfaite santé londres, rassurez fould, ducas, abraham sur leurs familles. — Oulman. | Masnony, ministère guerre. madame bien libourne, jean-jacques-rousseau, 98, reçois lettres, souvenir dévoué. — Poitet-Lebrun. | Schochner, 14, banque. sommes bâle depuis octobre parfaitement, reçu cinq lettres, henri aussi, dernière 29 octobre. | Labouchere, grand-hôtel. aime tant recevoir lettres, écris encore, prends bien garde toi, ta mère. — Cranford. | Labouchère, grand-hôtel. félicitations robinson dit vos lettres immense succès, tout bien à holinwood, françoise mariée. — Cranford. | Delair, fourrier. 90e de ligne. inquiète, attends lettre 1, rue constantine, tours. nouvelles auteuil. — Camille. | Duseuil, 136, faubourg st-honoré. lieutenant lelasseux à bonn, général aussi, deux cents francs envoyés, chercherai pour frère. — Aline. | Muel, capitaine, bataillon forestier hydrotérapique, auteuil. tous bien, écris par par cécile, hyères restante, préviens albert. — Muel. | Fould, 3, rossini. excellente santé, reçu lettre 7 novembre, entourés famille, amis, bébés superbes, amitiés, tendresses. — Suzette. Delport, 62, râpée. alfred, jeanne darche, enfants tous bien portants, 15, douane, inquiète, vivres. — Eudoxie. | Naempfen, 33, joubert. alger, vu antoine guerri, sommes tous bien, recevons lettres, écrivons. — Kaempfen. | Urbain, 3, regard. tous parfaitement installés, bien montreux, émile, élisabeth ici, partent prochainement, recevons lettres. — Louise. | Mailly, 95, sèvres. 29 laignes, gigny, clermont bien. — Mailly. | Mendes. 31, chateaudun. enfants, 157, paix, boulogne. toute famille bien. — Barnet. | Giroult, 16, coquillière. juvigny, sourdeval parfaitement, recevons lettres. — Giroult. | Drouot, Etienne, Emmanuel, Rozat, Meugy, Constant, rue lazare, 53, paris. bruxelle, baudimant, pitting, nini, octave, paul, déjà bien portants. — Ladoucette. | Bricoque, 50, faubourg poissonnière. madame bricoque, ses fils bien tours, adèle, enfants, marguerite bien brighton. — Saroyer. | Herrick, 50, haussmann. votre famille bien toujours londres, je reste tours, lettres reçues, crédit parfait selon dépêche new-york. — May. |

Tours. — Hovelacque, rue fléchier, 2. allons bien, recevons tes lettres. Emile ete voir mère à lille, tous bien. — Anna. | Canapville, 10, boulevard denain, bonne sante, lettre 7 novembre. ville levrier, petites delices genève, suisse, embrassements. — Canapville. | Despauls, castellane, 8. avons toujours eu excellente sante, reçu tes lettres, pays tranquille, Delarbre bien. — Laure. | Rogier, lafayette, 12 santes bonnes. — Rogier. | Avenet, 3, de la bourse. deuxième depêche. reçu lettres, ecrire castle will south, Molton bonne affaire. esperons. — Dubs. | Duprez, turgot, 13. portons bien, Caroline mieux, prevenir Pauline major ici. decrets bien; parmain detruit, valmondois intact. — Amedee. | Resbecq, ministère instruction publique. allons tous bien, Leonce poitiers. — Marie. | Leduc, 28, rue larochefoucauld. allons bien, Berthe aussi, pas nouvelles depuis trois semaines. | Dietrich, employe poste, administration centrale. Paul prisonnier hambourg, va bien. Mathilde à renens près lausanne. |

Nantes. — M. Bureau, passage chausson, 9, à paris. faites ouvrir ma cave. prenez tout. — Arnaud. | Sanoner, rivoli, 130. reçu lettre 19. famille en bonne sante, mille amities à tous. — Sanoner. | Peaucellier, 20, boulevard malesherbes. Mari bien portant, bien traite à coblentz. — Lebeguigun. | Lebeau, ministère marine. reçu 30 lettres, parents, amis, bien portents. | Destable, ecuries d'artois, 22, paris. tous bien ici, lorient. Gaston, Henri, prisonniers, pas blesses. fortes armes nord, normendie, loire. — Girardot. | Merlin, notaire le monnyer nantes. dobree, 16. santes excellentes. lettres reçues. | Roquet, 94, rue hauteville. parents toujours souffrants, Maria bien pension. reçois lettre rarement. avons ecris souvent. espoir et confience. — Bodin. | Rivière, universite, 16. sommes nantes et santeuil bien portants, courageux, enfants travaillent. bordelais bien. huile, cave maman. troyens partis. — Marie. | Marchant 8, stearnaud. exploitations nantes, nice, bien. lyon mediocre. obligations payees. — Tesle. | Caillaud, 41, rue st-georges, paris. recevons lettres, merci. Eloi parti. Geoffroy prisonnier prusse communiquez. allons bien. — Legallais. |

Perigueux. — Demanest, 27, rue Berlin. tous bien portents. perigueux, rue sebastopol, 4. reçu lettres. nouvelles à Pastey. — Demanest. | Perrot, 3, rue seguier, paris. trois enfants, parents, santes parfaites, nous aussi. — Henriette. | Montagut, colonel, place vendôme, à l'etat major. reçu lettres, sante excellente. — Montagut. | Cailar, 16, rue oberkamp. pas de nouvelles. ecrivez hôtel de france, perigueux avec virginie et enfants. — Cailar. | Fierens, 5, lancry. bonne sante, ecrivez. perigueux, 5, rue magne. — Claire aly. | Grignon, rue amelot, 34 bis. perigueux Elisa, Henri portent bien. aucune nouvelle de toi. — Henri. |

Arcachon. — Michelez, rue sèvres, 159. vingt-six novembre. Michelez arcachon, Bergeron montauban. santes parfaites, recevons vos lettres. — Michelez. | Pereire, 88, boulevard malesherbes. tous parfaitement carte depêche, reponse 13 reçue après celle 18. — Suzanne. | Laroche, 17, aumale. tous trois bien. tendresses. ecris souvent. Armande, Marie, Felix. | Bacour, 53, orient plaisance. bonne sante. reçu dix lettres. dernière du 4 novembre. ecris. — Antoinette. | Henry Pereire, faubourg saint-honore. Georges ici. Casi tours, parfaitement. familles Rhone bretagne vendee, Didiot, Herbault, Malapert, Piquemot aix-la-chapelle, parfaitement. — Écile. |

Chateauroux. — Benjamin, d'hauteville, 37. tous bien portants. — Max. | Leroux, abbé-groult, 4, grenelle paris. Constant coblentz, bonne sante. — Boucher. | Chavaroche, chemin-vert, 111. reçois vos lettres, travaille, bien portant. — Roussillon. | M. Depoinctes, cirque, 9, paris. allons bien à châteauroux près cornuau depuis deux mois, sœurs chez Leonce. — Depoinctes. | Lataille, mobile indre. santes parfaites. ecris par besmes. rien depuis septembre. — Lataille. | Vaudrey, saussaies, 14. Sejeune père mort. prevenir fils. — Romlinger. | Levylier, anjou-st-honore, 4. tous très-bien nancy, metz, châteauroux. Edouerd prisonnier gorlitz. — Prosper. |

Poitiers. — Mouton, 119, faubourg st-antoine. Paule, fille, santes parfaites. — Chapuis. | Laboutetière, anjou-st-honore, 76. enfants, moi, portons bien. — Louise, poitiers, 2, feuillans. | Darcy, receveur postes paris. bonne fête Sosthènes, Maurice bras casse cheval, gueri. conge. Fougeroux, Lataille bien. | Pavie, grammont, 13. tous parfaitement poitiers, 28. — Dolomie, rue ecossais. | Trouessart, place theâtre français, 3. tous bien; reçu toutes lettres, oui aux huit questions. — Cecile. | Alleaume, 33, turenne. envoyons trois cents ecrivez Gueriteau, quinze piliers. poitiers. |

St-Brieuc. — Lavilleon, lieutenant mobile côtes-du nord auteuil. pas nouvelles, ici bien, Paul camp, Paul capitaine. Arsène, Felicie partent, lettre si possible. | comtesse Kergariou, 84, rue sèvres, paris. Paul bien à erfurth, ecrit souvent, amis et famille parfaitement, pays calme. — Treveneuc. | Lecoz, mobile, bataillon st-brieuc. famille bien, neveu Victor archiviste. — Lecoz. | | Pradal, telegraphe, haudriettes. tous bonne sante. — Aristide. |

Plaisance, 3, boulevard malesherbes. tout va bien, gisley venu, armand chef bataillon, saumur. | Mouillefarine, 7, ventadour. assez bien, père petite congestion sur yeux. caen. — Mouillefarine. | Cruet, 13, sévigné. caroline, enfants bien, grandissent, raisins, confitures, beurre, prets partir, nouvelles dantzlingers, bon espoir, courage, ami. — E. Cruet. | Fould, 24, st-marc. installée boulogne. excellente santé, mathilde, enfants parfaite santé. suivant conseil, paul partie, menton avec parents. — Palmyre. | Petitpont, enghien, 21. berthe, paul, père, mère, bruxelles, hôtel calais, gustave, normandie, édouard, bergerac, sœurs épernay, ernestine, st-servan, parfaitement. | Landau, 2, rue compiègne. allons tous bien. avons écrit six lettres, reçu vôtres. léon, chez parents, tachez écrire. — Emma. | Antoine may, 19, Dieu. possédons lettre dix-neuf. léonie-oscar théodore, max, nous parents, toute famille, parfaite santé, écrivez. — George. | Hollander, 8, provence. Mme Roguon, enfants vont bien, donner nouvelles, lyon, alger. — Roguon Ely. | Lippmann, 59, feuillantines. reçumes vos lettres inclusivement 15 et 16 courant. vos enfants vont parfaitement, nous également. continuez écrire. — Léo. | Gustave dupont, vingt-cinq petits hôtels, honorine, eugénie, enfants, janie dreyfus, parfaitement, sommes biarritz, recevons lettres, lunéville bien. — Crémieux. | Weisveiller, reçu lettres sauf, numéros 14, 34, 49, 54, 57, jusque 61. envoyez copies. — Goldschmidt. | Zellweger, 29, rue provence, heureusement arrivé, me rends londres où nombreuses importantes remises arrivées pour notre compte. — de Week. | Lacoste, ministere finances. arthur cornilliet, hérault, botté père, thiboust, écrivez-nous. Adolphe ici, famille thiboust, normandie, radoult, bonnes santés. — Radoult. | Baillière, boulevard st-germain, 106. aline, brazil, lorilleux, santés bonnes. bruxelles, 144, rue trône. — Danner. | Delabéraudière, boulevard, haussmann, 64, à tours, bien portants. — Charlotte. | Nicolas, paradis-poissonnière, 22, suis rétablie, étienne né 20 septembre, beau, nourris, fillettes bien portantes, céleste, clémence, louise, enfants aussi. — Nicolas. | Nicolas, paradis-poissonnière, 22. louise loué chalet, plus chaud, bonnes nouvelles, pierre, 17 octobre, familles clisson, bonne santé. — Nicolas. | Décori, boulevard strasbourg, 10. santé bonne amitiés. provisoirement médecin au 60e de marche, lyon. Caresme. | Deschanel, boulevard, montparnasse, 82, adélina, un garçon, tous bien, travaux continuent. — Fix. | Delachapelle, boulevard port-royal, 83. allons tous bien. — Delachapelle. | Lefranc, avenue saxe, 56. arrivé tours. bien portant. — Lefranc | Guizot, 14, Lillault. jean, 9 octobre, deux jours convulsions, reçu lettre 20 novembre. tous louise, jacques mon bien, embrassons. — Claire. | Chaninel, place, victoire, 2. mère, vos sœurs claudé vont bien. — Chaninel, tours. | Sommier, 20, arcade, mère bien, poitiers avec amis, reçois lettres, moi pau, avec enfants, mari, père. — Anna | Petit, 6, Mantthabor, reçu lettre, tout approuvé remerciments. — Couder | Horcholle, 33, vital, passy, famille santé parfaite, envoyons argent. — Couder. | Meyer, 362, rue st-honoré, alarmés, jamais lettre, écrivez longuement, rue louvain 9. bruxelles, même recommandation associé weismann. — Mayer. | Bojano, 44, cardinal fech, paris, bojano tous bien, 4, royal terrace dorset, weymouth, mère frasquita, pau, reymond fougère. — Alvarès. | Savreux, rue belleville, 145. chère mère, écrivez par ballon, sommes chagrins, inquiets, vous embrassons. — Savreux. | Mayer, 17, rue béranger. nous allons bien. — Jules. | Dubost, 87, boulevard neuilly kraous, bonne santé, donnez vos nouvelles. — Aline. | Dodier, 21, rue Baudin. suis à pornic. va voir M. thomas, famille bien. — Marie. | Froment meurice, 372, st-honoré. moi, marianne, trois enfants, tous santé parfaite. groult, lorrard, richard, cambefort, malher, bien portants. — Berthe. | Derbanne, 5, place bourse, toutes bonne santé, james prisonnier non blessé, reçu lettre dix-neuf, brackley, suis bien heureuse. — Léonie. | Supinaud, 18, rue matignon. chère amie, vais bien, blanche aussi, joseph pas blessé, écrivez à trégul cerny apportera. Supinaud. | Lévy, 6, rue montmartre. familles isidore albert, bonne santé, reçoivent vos lettres. — Rosalie émilie. | Pallu, 63, taitbout, avez dû recevoir 2 dépêches, et une desrotours. arthur bien portant à limoges. — Bruzons. | M. Chauvin, avoué, st-anne, 18. tous santé parfaite. les tiens à royan, vont bien, courage. — Louise. | Claudon, 1, place jussien. suis tours avec gustave, espérons aboutir pour vins. allons tous bien, Mme paule installée ici. — Claudon. | Peupin, cours marigny, 4, vincennes (seine). trois lettres reçues. santé assez bonne, écris souvent, anger, rue jean bodin, 8. — Sophie. | Robineau, 2, place voltaire. tous bien : havre, tours, montauban, marseille, nimes, talcy. reçu lettres annonçant dépêches. enfants suffisamment vêtus. — Hélène. | Mille, rue moncey, 18. famille à lille. santés parfaites. Decroix aussi, daniel lycée. | Henry, faubourg temple, 125, est-elle rentrée chez moi, écrivez, dorier, blois. |

Plouha. — Bertrand, rivoli, 82. recevons lettres, écrivons télégraphions constamment Plouha, Bain, Brault, Thoumas parfaitement. — Gabrielle Rhoné. | marquis Boisgelin, 106, st-dominique. nous allons tous bien. Alexandre aussi. rien à st-fargeau. — Isabelle. |

Dinan. — Arthur, 23, richer, paris. reçu lettres vos familles à dinan. tous vont bien. vendu baie noire onze cents, noire à molettes impossible, chevaux bien. logez quatre officiers mobiles. écris souvent, 24 novembre. — Belloz. |

Grenoble. — Gros, colonel brezin, 11. reçu seize lettres. tous bien. grenoble tranquille. Virginie parle. Jules Picot ici. Joseph st-marcellin. — Narcisse. | Batisti, capitaine 3e chasseurs pied, quatorzième corps. donnez nouvelles et Eugène. — Chaperon. | André, boulevard st-Michel, 145. Inquiète bonne santé. soignez-vous. allez chez moi, cabinet noir, prendre tricot laine. vous vêtir. — Bertrand. |

Château-renault. — Foucher, aboukir 67. portons bien, reçu lettres. Camus pau, nouvelles Martin, Georges, (yonne) ennemis près Montoire vendôme, écrivez. — Foucher. | Fournier, docteur, st-arault, 1. tous très-bien, enfants parfaitement. pas le moindre accident, très-vrai, encore à campagne. — Guerry. |

Menetou-Salon. — comte Greffulhe, 10, astorg, paris. mennetou, 26 novembre. santés bonnes. — Félicie. |

Périers. — Guinet, 39, boulevard batignolles. Paulina sedon. Novaben, Merfannitou; vous embrassons. — Hélène. |

Toulouse. — Chalmel, faubourg st-martin, 71, paris. Thérèse tous. partout bien. reçu mandat. — Boissié. | Directeur général tabacs, paris. produit hebdomadaire trente mille guerre. six mille poudre B, vingt-quatre mille poudre M, quantité fabriquée fin novembre deux cent vingt mille. Ripault expédie Bourdaine, tout marche bien. Hagron lieutenant, Joulin mission depuis trois octobre. — Laville. |

Narbonne. — Lamothe, rue Pauquet, 22, paris. tous bien, frères prisonniers mais bien. narbonne tranquille. — Marie. |

Eguzon. — 28 nov. Doucet, 7, quai voltaire. Marie, Mathilde, Cadarsac vont bien. reçu lettons. sommes confiants. voyez mon frère. — L. Legrand. |

Argenton-sur-Creuse. — Madame Monseuto, 4, pont louis-philippe, paris. très-inquiets, écrivez de suite par ballon. — Mousautp, argenton. |

Mont-de-Marsan. — Victor Lefranc, helder, 12. tous bien chez vous et ici. Monclar révoqué. — Dufrayet. |

4 Pour copie conforme :

L'inspecteur,

Bordeaux. — 1 décembre 1870.

La Couronne. — Langlet, quai bourbon 31. santé parfaite. envoyez deux mille francs. écrivez plus souvent. |

Guitres. — Obissier, rue perle, 14, paris. tes lettres reçues, père mort. familles Guitres, fontbouillant bien. noces Claru, toi ici. — Antoinette Herminie. |

Marennes. — Penaud, visconti, paris. Henri vivant. bien portant, prisonnier Mayence. — Auquin |

La Roche-Chalais. — Broca, lycée charlemagne. toute famille bien. Emile sergent, 28. |

Castelnau-de-Montratier. — Pericr, rue grammont, 1. Pierre lycée cahors, bien. |

Figeac. — Bourdon, rue montmartre, 160. reçu dix lettres, portons bien, bon espoir. interroge Marcuard sur sort de trois traites Schroder. — Bourdon. |

L'Isle-Jourdain. — Desbordes, ministère finances. tous bien. — Emma, deuxième. |

Brioude. — Tardieu, 6, tournon. allons bien. reçois vos lettres. — Tardieu. |

Cambrai. — Bruneau, petite rue st-antoine, 6 santés bonnes, argent poste, attends instructions patience. — Bruneau. |

Gabarret. — Clément, monnaie, paris. partageons douleur. Eugène, Aix, Lagranges, bien. — Herz.

Riom. — Delarocque, balzac, 5. Félix forteresse ehrenbreistein, coblentz. lettres reçues pour vous. écrivez riom. — Delarocque. |

Nice. — Gasson, trésorerie. 3e division, premier corps Vinoy, paris. Amica triste, pas lettres. écrire par allezard, alger. — Pecoud. |

Cluis. — Breuillaud, notaire, st-martin, 333. Claire rétablie, tous bien. — Vergne. |

Castillon-sur-Dordogne. — Leviel, trois, hauteville. lettres reçues, tous bien. — Durand. |

Cayeux. — Labbé, boulevard malesherbes, 56. Redis; tous bien cayeux, noirmoutiers. Sara fille, tendresses, courage. — Léonie. |

Luceuay-l'évêque, — Jarland, port de bercy, 46. tous parents lucenay, Quai vont parfaitement. |

Montjean. — Hamon, boulevard courcelles, 76. tous bien. — Hamon. |

Bordeaux — 29 novembre 1870.

Saint-Malo.— Dousault, 4, bruxelles. mère passablement, nous bien. — Martel. | Gilbert, 5e marche, vincennes. reçu une lettre, santés bonnes, écrit. — Gicquelais. | Letestu, 53, avenue wagram. tous bien. — Letestu. | Pesseau, 22, cavé. tous parfaite santé, reçu trois lettres. — Henry. | Huard, 10, rue chauchat. saint-servant tous parfaitement bien, avoir aucune inquiétude. — Blanche. | Danlion, 92, dominique-st-germain. écrit pigeon 11, reçu lettre 20, tout bien, vous embrasse. — Victorine. | Dargent, 26, charlot. famille lebourlier se porte bien, enfants partis en savoie, recevons lettres. — Lebourlier. | Madame Jules Simon, ministère. prière prévenir balli, familles potrel, berrus, foucher parfaitement bien saint-malo. — Jeanne. | Bellamy, 72, truffault, batignolles. reçu lettres, trois mandats, tous bien. — Francine. | Croiset, 63, feuillantines. félix, tante, chesneau, saint-père, santé, liberté, eugène viroflay, bien sophie, nous bien, va chez francis, gallois. — Lampérierre. | Reinvillier, 23, provence. tous bonne santé, élisabeth tout reçu, merci; chevrier chagrin, pas lettres, thibout écrire souvent, denné londres. — Elisabeth. | Michau, 47, rue d'enfer. six, heureuse télégrammes arrivés, prudence quittant paris, frère néglige écrire. afflige père, pensées sérieuses, embrassons marguerite. | Derotrou, 51, quai bourbon. ici bien. claire, amélie, edme saunier, alfred, denise bien, recevons lettres, remy débarqué marche.— Pauline. | Mesdemoiselles Haragne, 20, tournon. portons bien. écrivez nouvelles, monsieur curé, vôtres, tristesses, absence prolongée.— Thierrée. | Vio Bonato, 26, rue montholon. envoie souvenirs affectueux, reçu lettre par ballon, écrit souvent, admiration et amitié.— Emilie. | Lucas Sully, 1, bibliothèque. souvenirs affectueux, admiration, inquiète de vos nouvelles depuis le 7. — Emilie. | Deloison, 12, rue vosges. tous bonne santé, embrassons, prudence quittant paris. — Florentine. |

St-Brieuc. — M. Conor, rueil. nous sommes tous bien. dis françois.--Aline | Gayffier-Forêts, ministère finances. santé parfaite, bibi grande fille très-bien, accueil parfait, vie calme tranquille, espérons réunion prochaine. — Camus. | Camus, 6, condorcet, Paris. santé parfaite pour tous, charles entré en élémentaires, genoux très-bien, enfants très-grandis. — Camus. | Courson, 38, monceaux. paris. santé parfaite pour tous. robert, paul prisonniers, un à munich, élisabeth guérie, famille saint-quay.- Harscouet | Prima, capitaine 1er bataillon, douanes. tous bien, prison un an, chevalier malade, prête argent. — Julie. | Lefébure, 25, boulevard malesherbes. loignon, thelier, lefébure, renouard, coiffier saint-brieuc, lefébure. gland, clémentine, geneviève, henri jersey, santés parfaites. | Geslin, 45, rue daubenton, paris. maman, jules, albert, yves, ernest, cécile, moi, les charles, foucaud tous très-bien. — Anne. | Mocquard, 5, paix. tous bien, reçu lettres, espoir, courage. — Louise. | Bournichon, 15, rue londres. écrit herbault, envoyé le 10 dépêche télégraphique, reçu et renvoyé deux cartes, santé parfaite, brieuc. — Bournichon | Ziélinski, 5, paix. ces dames eauze, madame tourné malade. — Mocquard. | Monsieur Tavernier, 14, rue du cherche-midi. nous allons bien, si besoin d'argent demande au notaire. — Madame Tavernier, saint-brieuc. | Emile Durand, 90. faubourg poissonnière. tous bien, maman madrid, irma, fanny chez léon, zéphirin dunkerque, gustave, adjudant, prisonnier coblentz. — Louise. |

Bordeaux. — Gerau, 36, rue Baudin. bien portants, marie dents, marche, inquiète, un mois sans lettres. — Albertine. | Toscan, 61, faubourg poissonnière. bien portants, quitté campagne, recevons lettres. — Maubourguet. | Lemaire, avoué, 25, bergère. sommes à bordeaux, hôtel nantes, attendons nouvelles promptement. — Lemaire. | Made de La Rochefoucaud, 6, boulvard invalides, paris. reçu lettre, allons bien, guy collége bordeaux.—Euphrosine. | Lestonnat, 265, faub. antoine. raymond gai, tous bien. | Lucaille, 15, castellane. marguerite hôtel commerce saint-omer. — Legrand. | Baron, 49, laffitte. allons tous bien, loulou aussi, adrien prisonnier (ambès).—Clémentine. | Augrand, 32, rue du temple. georges arrivé, bonnes santés, louise seule ne reçoit pas lettres bordeaux, 18 jean-jacques-rousseau. | Guyon, docteur, 4, saint-florent n. excellentes santés, ville tranquille, courageuses. — Rodier-Guyon. | Monsieur de Béthune, 71, rue lille. Paris. arcachon, 27 novembre, guy collége bordeaux, béthancour. bien, blanche prisonnière ambulance dreux.— Euphrosine. | Prager, 4, turbigo. henri forte santé, commence parler, grandit, portons tous bien malgré impatience, tante sophie cent, hermance fille. — Berthe. |

Caen. — Haudebourt, aux minimes. nous sommes bien à caen. — Haudebourt | Choppin, 15, monthabor. georges caen intendance va parfaitement, famille aussi, recevons lettres. — Fleury. | Chenu, 43. lombards. croissanville, bien portants, inquiets de vous, reçu lettres, si prussiens avancent toulouse besoin argent, te nos doux.— Himnès. | Lesénécal, 30, fontaine-molière. allons tous bien, affectueux souvenir. — Marie. | Biesta, 48, caumartin. allons bien. mes fils courage, bon souvenir. — Marie. | 50, neuve-petits-champs. tous bonne santé, accouchée fille, valen jeunes bien. — Emilie. | Gautier, 121, rue saint-lazarre, paris. portons bien tous, bébé charmant, donnez nouvelles de paul descostils. — Lecreps. | Henschen, 67, place d'Eylau. croissanville love bien portante, reçu chères lettres, espère retour. — Lacroix. | Duprey, 1, madame duprey, gaucher, gamme, lachelier bien portants, argent suffisant, lettres reçues. — Duprey. | Albert, 55, rue asnières, paris. chez guillot, allons bien, suis allé meaux, retournerai, tout est bien, tante bonne santé. — Marie. |

Le Havre. — Laserve, pagevin, 1. portons bien, recevons vos lettres. | Clerget, 49, rue rochechouard. bonne santé tous, pas lettre depuis 29 octobre. — Marie. | Levesque, 8, concorde, paris. reçu quatre lettres, rouen calme. havre fortifié, patriotique, équipe mobiles. tirailleurs garibaldiens. avons confiance bien. — Levesque. | Renholm, 3. monsigny. prie evrard agent, 83, richelieu compter trois cents francs à renholm contre quittance. — Brostrom. | Nathan, 78, blancs-manteaux. portons tous bien, est à dunkerque aussi, jacques bêche bonne santé. — Jules. | Joffroy, 28, bergère. lettres 14 18 reçues, achetez seulement obligations dépôts rouen, marseille, bordeaux, envoi prêt au havre. — Ingenohl. | Favre, 26, bnifault. dépêches confirmées, santés excellentes, sortir paris précaution, 14, sery, havre. — Favre. | Radou, 25, rue cail, bonne santé, merci. — Charles. | Sloper, 12, route de versailles au euil - paris. écrivez-moi chez munroe. c'est en s, lance londres par ballon, demandez argent mercke... — James. |

Dives. — Droz, martyrs, 13. portons bien, cabourg. albert porte bien montéliniart, 25 novembre. | Fitz gerald, 8, faubourg montmartre. santés parfaites, recevons tes lettres heureusement, | Mourgue, 75, anjou. seule oulgate, laure arcachon, maurice mobilisé, élise silencieuse, santés parfaites. — Léonie. | Coulmann, 30, taitbout. seule houlgate quittant arcachon ou laure est parfaitement, maurice mobilisé, santés excellentes. — Léonie. | Mme Bouley, quai béthune, 14. ernest va bien, pas d'inquiétude, parti à bayeux secrétaire du commandant. — Leremois. | M. Janosse, 14, rue léonie. écrivez-moi, supplie hôtel léremois dives. — Bépois. | Ternisien, 334, rue st-honoré. santé générale parfaite, reçu nouvelles, photographies avec bonheur, bons baisers pour tous, manquons de rien. — Ternisien. | M. Cavalier, ministère des finances, paris. Je vais bien. |

Rennes. — Legorrec. fort ivry. tous parfaitement, maurice grandit, ici calme, espoir. — Anna. | Fartounaux, lavoisier. 10. reçu lettres 19, tournée indéfinie, nantais, louise celles, roger huisseau, loiret, nous rennes, tous bien. — Marie. | Lefranc, 6, cossonnerie. autorisation signer pour moi quittances. vous écris par ballon, 5e lettre. réformé conscription, aujourd'hui avez droit. — Guillemiaot. | vicomte Marcillac, rue Iéna. 5. bien contente de lettre, tout va bien rennes, desnerie, angers. bertrand à charrette bien. — Marcillac. | Bouvret, 84, st-lazare. allons bien, reçois lettres, paul lycée. — Céline. | Fauvage. 30, boulevard montparnasse. valide, occupé, riche, heureux. féval dîner quotidien, lettres tiennes et martho souvent. — Fauvage, rennes novembre. | Caraman, 30, gay lussac. suis rennes chez goyon bien portante. prévenir Ernest, bonnes nouvelles metz. — Jeanne-Marie. | Campenon, 5, scribe. marie, paul, pierre, denise hermance bonnes, andré collégien. santés excellentes, lettres reçues, rennes. galerie méret, 2. — Campenon. |

Orléans.- Mareau, lieutenant caserne cité. tous bien portants, famille restée orléans. — Mareau. | Quentin, rue albouy, 19, paris. oui, retour orléans, vont bien. rien, non boisville près voves va bien. — Thélia. | Boudard, rue ouest 79. je suis à orléans, reçu tes onze lettres, tous vont bien. — Marguerite. | Paul jarry, hôtel ville. oncle edmond décédé 10 novembre. tous orléans, portons bien, envahis 11 octobre, delivrés 10 bataille coulmiers — Causse. | M. Desmarest, rue rivoli, 69. paris. santé parfaite à orléans. — Clémentine. | Beudant, cherche-midi, 31. tous bien, enfants magnifiques. 27 novembre. — Desmassy. | Levé, 2, rue du cirque. poitiers bien, j'écris ton père chaque fois, gabriel prisonnier cologne bien, montcet ignore. — Peltier. |

Dinard. — Charles Pillet, 10, grange-batelière. 25, reçois lettres laurence, dépêche arrivée, oncle ici, albert prisonnier, georges parle, allons tous parfaitement. — Pillet. | Guilloteaux, 8, rue drouot. toutes bien, parents guilloteaux aussi, pas reçu londres; recevons vos lettres. 25 novembre. — Hélène Dinard. | Courtois, rue clichy, 42. allons bien, reçu lettres, vialar sauvé Metz, toulouse chez sœur, juliette saint-néxant dordogne, père rien, embrassons. | Hollier, 12. feutrier, paris-montmartre. deuxième dépêche, allons bien toujours, dinard. remis à vermanton, reçois lettres 23 novembre. — Henriette. | trouillard, fort romainville. 5e compagnie, marin. familles trouillard bien. | Pareur, mobile, 5e bataillon ille-et-vilaine. familles pareur, bellanger bien, réponse. — Rosny. | Deshays, aboukir, 10. Céline à orléans bien portante, enfants aussi. — Louise. |

Villers-s.-Mer. — Corday, joubert, 12. bien portants, six semaines sans lettres, hier cartes, écrivez tous les jours villers. — Mathilde. | Oberlin, 50 faisanderie. 2e dépêche, bien portante à villers. — Mathilde. | Cherrier, 11, cherche-midi. villers bien, leon cassation poitiers. — Alice. | Roche, 3, grammont. reçu lettres, séjour satisfaisant, bébé avancé, douze dents, réclamons lettres détaillées gallois, parents. — Celine. | Buquet, 15, buci. tous bien portants, lettres reçues. villers. — Marie. | Durenne. 30, verrerie. servants, ernestine, élisabeth, delchets, tous bien nice. villers. — Accoyer. | Carpentier, 17, boulevard malesherbes. villers bien portants, manque rien. — Boudet. |

Lorient. — Léonardon, faubourg poissonnière, 70. portons bien, recevons lettres. — Clémence. | Debadier. 101, rue st-denis, paris. tout va bien. — Emilie. | Layrle, treilhard, 9, parfaitement. — Layrle, | Guieysse, lieutenant, 6e compagnie, premier bataillon forestier, boileau, 12, auteuil. Pas de nouvelles de toi depuis 2 octobre, écris-nous. — Guieysse. | Dupuy de Lome, comité défense. bonnes nouvelles lacrau, hyacinthe armée loire, prévenir docteur déclat, famille ici. — Bréger. | Lemoina, 12, richer. nous allons bien, un bon baiser. — Hélène. | Grassi, université, 69. portons bien, père lorient. — Grassi. |

Parthenay. — Vaissières, capitaine 113e ligne, 3e division, 2e armée. portons tous très-bien, embrassons. — Antonine Vaissière. | Emile Leroux, 50, marais-st-martin. chevrel, tous bien, argent assez, six lettres, espoir. bientôt, amitiés. parthenay. — Leroy. | Bayan chez boreau, bayan, cherche-midi. 72. — Bayan. |

Mayenne. — Odile Leterme, 140, rue st-martin. paris. écris-moi souvent, reçois tes lettres, tous bonne santé. — Clémence. | Launois, 9. rue monge, paris. tous bien, tante mortagne. — Marie. | David, 26, rue lamartine. allons bien, province marche, souvenir, affection. — Largilie. |

Montauban. — Sallerin, 162, faubourg st-martin. montauban 26 novembre, tous bien portants, recevant lettres. — Sallerin. | Dechavannes, 111, saint-charles, paris-grenelle. accouchée heureusement 13 octobre fille. allons tous bien, émile aussi, tes lettres rares. — Marthe. | Bénazé, méhul 1, 3 bénazé, 4 hérold, mère aussi, durier, martial, rochefort, mercadier, tous bien. — Pescheloche. |

Fontenay-le-Comte. — Sabouraud, rue Dominique, 47. tous et arthur allons bien, arthur à cologne. | Guilloneau, 26, bréda, paris, reçu 5 lettres adresse 2, écris néanmoins. — Bardet. | Ribeaucourt, 74, rue sèvres, paris. reçu 6 lettres, confiance. | Bardet.

Yport. — M. Boyer, 15, rue bonaparte, paris. donne-moi vos nouvelles, tout est bien ici, amitiés, boulevard haussmann. — Julien. | Mme Guiffrey, rue d hauteville, 1, paris. envoyer nouvelles. Yport. | M. Haumont, rue Gauthey, 29, batignolles, Yport, 25 novembre. santé bonne. — Haumont. |

Riom. — Gautier, rue du temple, 20, riom et grandcamp. tous bien, lille refuse filets, envoyer à macquet ordre supérieur, répondre carte. — Gauthier. | Jarrin, 57, charlot. 2e dépêche, recevons vos lettres, allons bien, albert bien arrivé, 26 novembre. — Félicie. | Lemaire, trévise, 28. cécile, enfants, arcachon, nous riom, tous bien, lettres arrivent. — Delatouche. |

Pont-audemer. — Foubert, 87, rue du bac. reçu lettre, paul franc-tireur. allons bien. — Baudart. | Dubois, cossonnerie, 3. famille delphine effrayée à tort. octobre, angers. vu gablot semaine passée, santés bonnes, 25 novembre. — Eugénie. | Fernet, rue d'enghien. 36. parents, amis, santés, tranquillité parfaite. — P. Fernet. |

Laval. — Riché, 150, rivoli. tous bien. Alexandre vulaines, fillette bien. — Riché. |

Guerche de Bretagne. — Chaumet, fourrier 3e du 3e mobile, ille-et-vilaine, Jory, bien portants. demande argent Clouet, passage petits-pères, 2. |

Grasse. — Madame Féraud, rue belle-chasse, 34, paris. reçu lettre Féraud prisonnier hambourg bonne santé. — Roustan. |

Amboise. — allons bien, manquons rien. Champion Pujol, 47, Lachapelle. |

Picquigny. — Madame Legris, rue de verneuil, 28. paris. reçois vos lettres, en correspondance avec Jules, bien portant à erfurth. |

Passetot-la-Mauconduit. — Simonnet, 13, soy. tous très-bien, recevons lettres. — Chaîne. |

Meung-sur-Beuvron. — Charles Alliot, bréa, 17. écris donc. — Alliot. |

Coulommiers. — Coulommiers, 14 novembre. Simon, 16, rue du marché, paris-passy. je vais bien. — Simon. |

Trun. — Vincent, rue sentier 26. reçu toutes vos lettres. répondu quatre fois. Lebreton mort. toute notre autre famille très-bien. — Peltereau. |

La Rochelle. — Jancourt, rue latour 91, paris-passy. porte bien, manque rien, carte renvoyée, enquête service, Auguste embrasse tous deux. — Jancourt. |

Revel. — Saint-Allary, capitaine d'habillement 50e de ligne, caserne de la nouvelle-france, paris. santés parfaites, — St-Allary. |

Agen. — Bernis, capitaine artillerie, troisième division, quatorzième corps, boulogne. famille va bien. écris. — Charles. |

Marmande. — Delaubier, 7, rue st-benoit, paris. tous très-bien. — Delaubier. |

Caudéran. — Auguste Limosin, 13, neuve-des-martyrs. ne vous oublie pas, soyez sans inquiétude, embrasse Berthe et Gaston, écrivez souvent à caudéran (gironde).— Léon. |

Cahors. — Mercie, rue turenne, 41. tous bien, Gagnerie mort, démarches arrivées. — Alexandrine. |

Cordes. — Jumel-Perrodil, 14, monsieur-le-prince. allons parfaitement, recevons vos lettres, tous chez parents, avons courage, enfants travaillent.—Jumel-Perrodil.

Melle-s.-Béronne.— Cail, 52, boulevard malesherbes. santés bonnes, chevaux aussi, tranquillité parfaite, mille affections de tous. — Thérèse. |

Auvillars. — Monbrison, 113, boulevard haussmann, paris. bonne santé saintroch. amsterdam, Cangé, Eugène. aucune nouvelle de vous, suis inquiète — Amélie. |

Joué (de Touraine). — Müller, boulevard beau-

Bordeaux. — 29 novembre 1870.

marchais, 72. recevons lettres, santés bonnes, prendre argent Deschamps, nouvelles Duquesne. |

Parentis-en-Born. — Norès, victoire, 47. toutes bien portantes, bien à poms, falourdes commencées, pas occupé argent, écris à Léon, moi irai. — Norès. |

Passais-la-Conception. — Martin, 230, faubourg st-denis. tous en bonne santé, manque rien. — Martin. |

Peyrehorade. — Silva, 90, lafayette. tous santé parfaite. Georges sevré, marche. Gaston parfaitement, recevons souvent lettres, embrassons. — Silva. |

Beaumont de Lomagne. — Ruby, 21, rue antin. beaumont tous bien, portez nouvelles, reçu dix lettres Albert, six Joseph, pouvez donner vin. — Soubiès. |

Rabastens. — Prouho, lieutenant, 7e mobiles, 3e bataillon. 2e armée, division Mattа. recevons lettres, allons tous bien, avons courage. 27 novembre. — Abdon Prouho. |

Richelieu. — Comment allez-vous? ici bonne santé, réponse très-désirée. — Armand Joly, paris, rue lamartine, 26. |

Dieppe. — Madame Renaldy, 13, rue vavin. vais bien. reçois tes lettres. — Augustine. | Mlle Grimaud, 41, boulevard montparnasse. écrivez-moi. mille baisers. — Augustine. | Petit, 43, rambuteau. toujours à dieppe. — Guéprated. | Turquet, avocat, rue st-anne, 50, paris. puys 25 novembre. enfants bonne santé. lettre malmaison inséré journal. mille baisers. — Marguerite. | Mme Radou, 4, rue marengo. georges, henri magnifiques. tout le monde parfaite santé, toujours à miromeuil. — Ozenne. | Poupin, 241, faubourg st-honoré. santé excellente, 60 lettres reçues. — Poupin. |

Rouen. — Michel, avenue saint-maude, 102. recevons vos lettres. nous allons bien. — Michel. | Garnier, 117, boulevard saint-michel. mille amitiés. écrivez rouen. mouvement. — Doucerain. | Decaux, 32, faubourg poissonnière. rouen ju itt , non. bien toutes. | Vidal, officier 4e marine, paris. Troussel, mobile, 50e régiment, 4e bataillon, 7e compagnie. écris, recevons lettres. tous bien. prend argent. toi malade. 25 novembre. — Guignery. | Moussat, 73, rue cardinal-lemoine, paris. sommes tous bonne santé. écrivez donc par ballon. voyez maman roudet. amitiés. — Moussat. |

Cabourg. — Caulier, cambacérès, 4. tous parfaitement. recevons lettres. | Geoffroy, 133, faubourg poissonnière. reçu lettres. portons bien. — Leroy. | Lafargue, 24, grange-batelière. inquiets. écrivez. — Cabourg. | Cottenet, ministère guerre. santé excellente. — Cottenet. | Renard, 13, université. argent reçus, fould inutile. portons bien. | Salmon, amelot, 95. Cabourg, manneville, rouen, chartier, lettres reçues, bonne santés. |

Etretat. — Gaume, 7, dupuytren. tous parfaitement étretat. mertian, lichsteutein prisonniers bien. recevons vos lettres. — Roussel. | Martel, 38, croix-petits-champs. bonne santé, pas froid. j'ai robe, 6 obligations, 40 lettres. pas allé au hâvre, 25 novembre. — Martel. | Conret, 4, chaussée-d'antin. martini boulogne, boussod twikenham. tous bien portants. schmidt, étretat, 25. | Landelle, quai voltaire, 21. tous bien sécurité, enfants travaillent, besoin rien. prévenez egger, deichthial, lebret bien, georges coblentz. — Landelle. |

Elbeuf. — Hesse, 27, sébastopol. rené ici — Delbos. | Buffault, bac, 94. allons tous parfaitement, 25 novembre. reçu lettre edgard 19. souhaitons meilleure santé. écrivez. — Chennevière. | Charles Lavoisey, rue colbert, 2. famille en bonne santé, rentrée de lorient. Elbeuf, 25 novembre. — Léontine Lavoisez. | Mme Ropiquet, rue turbigo, 3. as-tu reçu mes trois lettres. écris-moi. — Ropiquet. |

Bayonne. — Flûry-Hérard, 372, rue st-honoré, paris. tous bien. mère, biarritz, père, 15 novembre, nouvelles excellentes. tous angleterre 22, parfaitement. — Laure. | Blacque, 19, grammont. trois fils chez eux, ferdinand environ, aglaé jacquemart sûreté, marthe bien. sommes belay. vos lettres reçues. — Sophie. | Blacque, 19, rue grammont. allons tous bien. paul revenu, neveux engagés. vignal satisfait, londres bonnes nouvelles, artilleurs prisonniers. — Cécile. | Deichthal, rue neuve-mathurins. moi, gustave, mari, begards, pasteur, étretat, quatre tantes, georges, charles, léon prisonnier, tous bien. — Henriette Quesnel. |

Duras. — Pelletier, 18, sébastopol, paris. santés bonnes. dépêche le neuf. eugène pau, jules près paris. attendez, prudence, confiance, espérez. baisers. — Pauline. | Seurin, 143, rue st-antoine, paris. tous bonne santé. juliette couvent, henry école, rené gentil, tante à nantes. baisers. — Henriette. | Bronne, 29, joubert, paris. gustave marche bavarde. tous bien, Liège, loudéac également. depuis 24 octobre, seize lettres. baisers. — Marie. |

Bayeux. — Lalande, 15, madaure. frère mort. père, mère, enfants, jouarre, tous bien. — Caroline. | Ferdinand Saintagnon, turin, 38. allons bien, recevons lettres. courage, espoir, certitude. 25 novembre. — Cortevin-Couverl. | Amiot, inspecteur télégraphique, bac, 90. enfants état parfait. santés bonnes, toutes familles agy, bayeux, alfred dosseurs ici. — Comoy. |

St.-lo. — M, Boussot, rue amsterdam, 72. Avons santé, courage, vos lettres. — Boussot. | Comtesse Milhau, 58, chaussée d'antin, Reçu lettres pressé, continuez, avec vous, 24 novembre. — Segault. | Emile Thomas, 6, rue havre. Inquiètes, tous reçoivent lettres, donnez souvent nouvelles, sommes installés st.-lo, écrivez préfecture. | Laubespine, chef escadron. |

Melun. — mr. Camery, rue St. denis. 287, Mère moi, femme bonne santé, rien fâcheux. — C. Camery. | Famille Duclos, bestiaux bien, Lissy maman, Marolles arrache bettraves. — Duclos, 9, st.-paul. | Rabourdin, 38, quai voltaire. Sommes tous petit-bourg, allons bien, écrire évrichateau. |

Granville. — Fouen, 47, flandres-villette. Allons bien, inquiète, écrivez, granville (manche). | Biénery. | Berthеault, 257, st.-honoré. Granville, 25, toujours bonnes nouvelles ici et de montataire, reçu lettres du 19, mille tendresses. — De Thomassin. | monsieur Michot, rue de flandre, 119. 7 glocester street Jersey, excellente santé. — Maria. | Breton, 19, d'aumale, vendez cheval, chèvre. — Lefèbre. |

LeMans. — vicomte Daru, 356, st.-honoré, portons bien, besoin de rien. — Pauline. | Chevrel, jarente, 4, paris, santées parfaite, Berthe une dent, mans tranquile. | Martinlandelle, 115, grande rue chapelle, paris, tous bien portants, Beauvais aussi, reçu lettres, mandat envoyé neuf lettres, amitiés à tous. — Martinlandelle. |

Clermont-ferrand. — mr. Fouché, boulevard mazas, 86, paris, Fouché bien portant, à coblentz avec Colin. — m. Collin. | Jadot, 23, rue chateaulandon, famille bonne santé, Claire Louise rentrées chez elles. — Jacob, clermond, rue des gras, 8. | Dreion, boulevard haussman, 141, sommes tous clermond, priez Marnet écrire, portons bien, tranquilles. — Elisabeth. |

Vichy. — Garnier, 17, boulevard st.-michel, paris, reçu huit lettres, y compris celle du 19, Bachelier, santé. — Garnier. | Guillemot, 2, calais, écris moi par ballon monté. — Sansat. | Garnier, boulevard st.-michel, 117, paris, voir bourgeois lieutenant (mobile marne), quatrième compagnie premier bataillon, (auteuil) écrire nouvelles de lui. — Garnier. |

Lisieux. — Benjamin, grande armée, 73, chamberlin argent pour vous, contribution extraordinaire inexigible. parti avant guerre impossible rentrer, voir Judicis. — Garnier à dusseldorf. | Klein, 50, faubourg poissonnière, bien portante, reçois lettres, suis lisieux, écrivez poste restante. embrasse bien. | Parigau, 72, rue rome, allons bien, écrivez ballon. — Cordier, lisieux. | Lieutenant de vaisseau Brunet ministère marine, paris, tous bien portants, pays tranquille. — Brunet. | Paquier, 94, rue chateau d'eau, bien portante, reçois lettres, allez habiter chez moi, embrasse tous. — Clémentine. |

Burcy-lévy. — Tould, 129, faubourg st.-honoré, bonnes nouvelles, jersay boulogne isidor et clermond, hottinger vrai antibes, quand Eude partira. — Thuret. |

Brest. — Deminiac, rue richer, 43, as tu reçu provisions avant siége et lettres depuis, Basset arrivé, Claire ma tante, t'embrassons. — Deminiac. |

Avignon. — Jules Crausaz, boulevard mazas, 86, allons tous bien, écris souvent. — Saint-martin. |

Loches. — Préville, 7, rue bruxelles. tous bien. — PréVille. |

Laneuville-en-hez. — Frécourt, rue montmartre, 26. toujours neuville. bien portant. — Hardivillier. |

Marseilles. — Achard drouot, 20, delord inspecteur et quelques agents sont mobilisés, mesures prises avec Leblanc, sinistres connus peu importants. — Michel. |

Bordeaux. — 27 novembre 1870.

Caen. — 24 novembre, m. Second, 165, rue s.-Honoré, Paris, gouvernement, armées, familles vont bien, courage, à bientôt. — Maucomble. | M. Hédouin desbordes, valmore, 40, passy-paris. portons bien. espérons. — Hédouin. | Verroust, 49, neuve-st-augustin, paris. allons tous bien. — Verroust. | Marlieu, chef préfecture police paris. restés benouville, bien portants, reçu toutes lettres. | Silvain, 77, faubourg saint-martin. Vais bien, david, 102, rivoli, remettre à 500. — Silvain. | Levavasseur, rennes, 68. allons bien, lettres reçues, écrire souvent. Levavasseur. | Planquette, 59, rue blanche. vais bien. toujours à caen, reçois tes lettres, soigne-toi, courage. — Léouise. | Maurice, 15, boulevard-poissonnière. disponible 4,000, banque Refuse. vais bien. vente civile nulle. — Silvain. | Jozon, rue coquillère, 27. femme, enfants, charles, marie, neveux, nièces, parents, bonne santé. — Anica. | Fourquet, 29, rue des lombards. portons bien. toujours caen. — richard. | Gambiez, 3, boulevard capucine, paris. santés bonnes, allons au secours, envoie 10 francs par semaine, courtin, 229, boulevard voltaire. — Bouet. |

Rochefort-sur-Mer. — Vignolle, faubourg honoré, 136. par pigeons précédents, louis, horace, gaston, prisonniers. — Ernest. | Hemme, rue sentier, 11. reçu lettre 21, porte bien. — Constance. | Kelland, capitaine, fort romainville, damesbruxelles. — Ballanger. | Commandant Lefort, fort rosny. 2e dépêche, tous bien, partout lettres reçues, enfants professeurs, besoin rien, avons courage. |

Yport. — Gorgen, 41, rue de seine. paie appointements toujours, je vais écrire clients, envoyé argent alençon, st-valéry. préviens les maris. — Julien. | Mme Dranehi, 91, boulevard haussmann. soyez tranquille, colis en sûreté, souvenirs boyer, lucien, legrand, mayrargues-jacques, embrasse conin. — Lemaire. | Borrel, 24, rue-monsieur-le-prince. reçu vos lettres, diot prisonnier, fait capitaine, décoré, bien portant, allons tous bien, amitiés, toi, maman. — Anna. | Gorgen, 41, rue de seine. enfants charmants, parlent beaucoup de papa, travaillent bien, baron, raccommoder stores, lucie, installation, temps supportable, extérieures bonnes. — Adèle. | Frois, 29, faubourg poissonnière, paris. Yport. allons bien. — Corriol. | Maurice-Lepelletier, chaussée-d'antin, 38, paris. tous bonne santé. — Rougemont. | M. Bourgain, 56, rue paradis-poissonnière. allons bien, gustave aussi, aux dalles. — Metzinger. |

Saint-Malo. — Cholet, lieutenant mobile, saint-malo, paris. famille entière parfaitement, écris. — Bertrand. | Martin, sergent, 5e bataillon ille-et-vilaine, rosny. familles hovius, martin, lemoine, dauguet, horé, falvande, griétin, parfaitement portants. — Martin. | Houitte-Lachaise, adjudant-major, 26e batataillon, rosny. père, mère, frère, oncle bien, embrassent. bébé, édouard, moi bien, désire revoir misel, familles mobiles bien. — Angélique. | Crétu, caporal, 7e ce, 7e bataillon, mobiles neuilly. houllier, baillot, à granville, nous à dinard, félix ou jules, continuer argent, aucune nouvelle. — Gabriel Crétu. | M. Laurens, 27, mail. secourez domestique, passy, ici tous bien, santé, courage, espérez. — Bonnefous. | Paul Roche, avoué, loyers pas touchés, agir persuasion, obtenir argent locataires, adresses maisons vendremer, payer impositions, intérêts échus, espoir. — Guy. | Auber, 1 françois 1er. santés toujours excellentes, déjà télégraphié, gilles à bagnols, voyage fructueux, guensly avoir déposé 220,000. — Liza. | M. Normand, 68. boulevard beaumarchais. allons tous bien, recevons lettres, restons st-malo. — Louise.

Dieppe. — Rouot, richelieu, 89. hyppolite écrit, barthe, blessure légère, août prisonnier allemagne. — Petit. | Vée, 21, vieille-du-temple. tous très-bonne santé. — Guy. | Luchet, 96, turenne, paris. dieppe, 24 novembre, santé bonne, recevons lettres, reçu argent, pas 13 novembre, glande diminuée, embrassements. — Luchet. | Lyon, place vendôme, 21. nous sommes à portsmouth, westfield house, depuis un mois, bien portants tous, recevons tes lettres. — Léonie. | M. Robine, 11, rue hauteville, paris. dieppe, tous bien portants. — veuve Robine. | Dubief, valentin, entrepôt vins, dieppe, 24 novembre. allons bien, valentin, valle aussi. — Dubief. |

Calais. — Docteur Sarazin, porte-maillot, paris. tous à strasbourg, propriétés intactes, santés bonnes, expédié plusieurs dépêches, écris par calais. — Adolphe. | Delsart, faubourg poissonnière, 128, paris. tous bien, jules bachelier, paul grandi, rose pension, content, 18, embrassements. — E. Delsart. | Lavervre, 20, rue mail, paris, lettre gustave, 19 (loiret). tous bien portants, t'embrassons. — Lavervre. | Désiles-Bénard, 18, rue papillon. santés parfaites, reçu lettres. — Constance. | Champ-Rigot, 20, rue des bourdonnais, paris. tes enfants vont bien, sois rassurée. — Salembier. | Kresser, 48, rue provence. reçu lettres, excepté 7 novembre, maintenons ordres emprunts, payez acceptations renard et pecquet, santés bonnes. — Benard. | Kresser, 48, rue provence. maintenons ordres fonciers, dépassez limite 800, si vous et parguez jugez utile. — Sacem. | Moch, 11, rue enghien, paris. vos lettres au commandant interceptées en allemagne, adressez à théodore sanche, bruxelles, les expédiera. — Brunot. | Dumont, 41, sentier. toutes bien portantes, recevons lettres, patron ici, nous t'embrassons. — Marie. |

Le Havre. — Docteur Hérard, rue grange batelière, 24. havre, dinard, bonne santé, grande tranquillité, reçoit lettres, forgues, famille entière et fils bien. — Hérard. | Fouchet, 7, faubourg poissonnière. vais bien, reçois lettres. — Anna. | Mangin, 42, berri. toutes bien, theix aussi. — Lucy. | Pauillac, 20, hauteville. traite remise pour encaissement, banquiers londres qui créditeront sans notre garantie. — Perquer. |

Le Havre. — Mme Crussaire, 27, rue d'ulm, paris. léonie va bien, nous aussi inquiets, toi, famille, écris. — Berkley. | Mas, 38, bondy. cauville, fin novembre, tous bonne santé. — Lenétrel. | Selleron, 1, place boëldieu. reçu hier carte, répondu immédiatement, bonnes nouvelles des gros, amitiés. — Valentine. | Mullot, paris, 4, papillon. 1,000 tonneaux, 43 francs 100 kilog. — Germain. | F. Gamain, mouthlon, 11, paris. havre, famille, bonne santé. | Quillet, roi de sicile, 10, paris. portons tous bien. voir henri, écrire — Quillet. | Lemaitre, coquillère, 40, reçu 23 lettres du 16, deux précédentes interceptée, tous bien portants. — Lemaitre. | Lafond, union des ports, erreur, clermont transmet seulement réponses laconiques sur cartes venues de Paris. nous marchons assez bien. — Millet. |

Elbeuf. — Pastor, 3, cité trévise. Zoé Betty maintenant bruxelles, Georges encore afrique, ils vont tous bien, ma mère à dieppe. — Lagny. | Fovard, boulevart haussmann, 94. familles bien portantes, 24 novembre, lettres reçues. — Fouard. | Cohué, sébastopol, 82. reçu lettre 5 novembre, allons bien. voyez sœur Regnaud, rue du dragon, 13. 24 novembre. — Leroux. |

Châtellerault. — Bretonneau-Brosser, 6, Marengo. tous bonne santé, Charles externe châtellerault, reçu tes lettres. — Victorine. | Barbaroux, 5, rue geoffroy-marie. papa, maman, Valery lonjumeau. Fosse, Mérinville, enfants, moi, Jenny, ta famille, Dufanlin, tous bien portants. — Barbaroux. | reçu beaucoup lettres, portons bien, embrassons. — Lavallée, 3, castellane. |

Arras. — Fouquart, 24, salneuve. père Hardy mort, atelier marche. | Hunebelle, 138, Lourcine. envoyé deux dépêches, tous bien, maman calme, Victor travaille, Louis sage, Lolotte bien, arras tranquille. | Laroche, bonaparte, 72. lettre reçue, portons bien, Ferdinand commandant coulmiers, Henri artillerie lyon, Alfred décoré dusseldorf, Emile lieutenant rouen. |

Arras. — Rivet, 156, faubourg st-martin. allons bien, enfants aussi, embrassons, reçu lettres. — Augustine. | Pennequin, 48, laffitte. Denisart, Pissotte, Davaine, bien. arras, blangy, louez, travaillent. | Fressou, 54, saint-lazare. allons bien, reçu lettres. — veuve Fresson. |

Saint-Benoît-du-Sault. — Peureau, notre-dame-des-champs, 60. tous bien portants. — Gabrielle. | Besaucèle, chef d'escadrons d'état-major, fort de bicêtre. bien portants tous, garde scapulaire. — Cécile. | Beaufort, ministère marine. famille Mainclef caen parfaitement. — Beaufort. |

Vierzon. — André, 27, londres. tous bien, maman foëcy, pau, folkestone, crassier, arcachon, larouy. — Neuflize. |

La Couronne. — Topinard, 420, rue saint-honoré. Ernest, Eugène, Murgé tranquilles, tous santé moral excellents, courage. — Topinard, roullet 26 novembre. |

Lalinde. — Fumouze, 76, faubourg saint-denis, paris. santés parfaites. 26 novembre. — Fumouze. |

Pont-Audemer. — Mermilliod, sébastopol, 24. parfaitement tranquilles, bien portants, dépêche envoyée 9. 24 novembre. — Juliette. |

Saint-lambert-du-lattay. — Massignon, boulevard sébastopol, 16. Marie prospère, Charles voir papa Grasse, bien portants. |

Bellac. — Terneau, rue isly, 3. allons toutes très-bien, reçois tes lettres, donne nouvelles. Claude, Adèle, inquiètes. nouvelles de Félix. — Terneau. |

Quillan. — Aglaé Guingois, 25, abbatucci, paris. sommes belvianes fin septembre, payez impôt, écrivez. — Messagué. |

Tarascon-s.-Rhône. — Directeur phénix. Rousseau, ancien notaire, mort, selon ses désirs écrit, Camman, successeur, sollicite son agence. qui assurance Rousseau? — Camman. |

Albi. — 23 novembre 70. madame veuve Vivien, cité de la mairie, 3, paris-montmartre. mère, je me porte bien et vous embrasse tous. — Vivien. |

5 Pour copie conforme :

L'inspecteur,

Bordeaux. — 1 décembre 1870.

Vierzon.—Nous portons bien, reçu lettres, courage, Pérrard, boulevard de la gare.—Mélina.—

Brest.—Zédé, St. honoré, 374, Tous bien, recevons vos nouvelles, Charles chef bataillon décoré. —Blanche.

Roanne.—Mr. Cartier, 9, boulevard italiens. Habite roanne avec famille bonne santé, reçu lettres heureux savoir bien portants.—Cartier, père.

Vierzon.—Vaillant, 43, madame. Quatre oui, inquiète pour toi.—Vaillant.

Crève-cœur.— Mr. A. Bertin recette principale des postes, paris. Nouvelles s'il vous-plait, des gendarmes Piero, Harlay (crevecœur) Boucher Leger Dupont. (ompiègne) 3e, corps armée, familles inquiètes.—Marlay.

Bourgan-besse—Astuin, richelieu, 83. Recevons lettres, santés bonnes, alger bien, embrassons. — Astuin. |

St. Lô.—Bourot, rue st.-vincent-de-paul, 3. Portons tous bien, Louise va couvent, Hélène marche, seize dents, treize lettres deux cartes.—Bourot. |

Blaye.—Laurent, paris françois 1e 12. Ile verte. 28 novembre. Les enfants et nous parfaite santé. | Colonel, Reille. creteil seine. Tous bien, bonnes nouvelles frères, enverrai dépêches souvent, reçois tes lettres.—Geneviève. |

Albi.—Magnabal, ministère instruction publique. Santé bonne, mandat non reçu.—Caroline. |

Gien.—Bailly, 19, arbre-sec, 27 novembre tous réunis, bonne santé.—Julie. |

Sourdeval. — Babin, rue St.-martin, 181. Je me porte bien, sans accident, ta mère, veuve Badbin. —Périers. |

Lyon-Terreaux.— Pulliat, 28, boulevard poissonnière. Reçu lettre 18, votre famille amis et nous tous bonne santé amitiés bien vives.— Routier. |

Bordeaux. — 27 novembre 1870.

Thouarcé. — Conin, boulevard sébastopol, 60. paris. nouvelles reçues. Conin, Labbé, Herpin, Gilbert, Onillon, bien. — Conin. thouarcé, novembre. |

Conches-les-mines. — monsieur Courcy, 38, monceau. tous bien Mardor. 17 novembre. |

Auch. — de Batz, capitaine état-major, 14e corps. Bordeaux ici, allons tous bien.— Batz. |

Auxerre. — Durand, ambulance Hamelin. bien portants.— Durand. |

Le mas d'adgenais. — Beaufils, bac, 42. céton, cambrai, mas, bien partout. |

Montjean. — Heusschen, Eylau, 67. six lettres reçues 25, ouvrier 150. — Heusschen. |

Saint-Malo. — Dégieux, amsterdam, 50. santés bonnes, ta mère à st-gobain. — Angéline. | Geffroy, abel, 5e compagnie, 5e bataillon, 26e marche, parents, amis très-bien. — Geffroy. | Lainé théodore, garde mobile, st-malo, 5e bataillon, 5e compagnie, tous bien. — Lainé. | M. Villeplaine, 15, rue bruxelle, ne me vend rien. — Villeplaine. | Paul Ramond, bruxelles, 15, reçu neuf lettres de toi, olympe à tours. santés parfaites.—Ramond. | Kraft, lieutenant, 37e marche, 2e bastion, 6e compagnie vincennes. bonne santé, courage, espérance. — Huon. | Aubry, 33, jeûneurs. santés bonnes, 2e dépêche nouvelle. pauline, avons argent. — Julienne. St-Malo. | Duparc, caumartin, 58. robe, chambre, armoire, nathalie recevons, lettres. — Duparc. |

Étretat. — Sauvaget, 61, rennes, enfants parfaitement, argent, pays libre. — Ebeling. | M. Mévil, rue clichy, 21. étretat, tous bien, andré superbe. — Marie. | Morel, 2, bailleul. félix parfaitement, prisonnier, écrivez étretat. — Ebeling. | Cochard, 38, turin. enfants moi parfaitement. zulma, étretat. | Maupassant, 30, drouot. santés bonnes, guy, intendance, rouen, quelque espoir. | Touët, 27, rue blanche. famille santé bonne. | Uchard, chaussée-d'antin, 23. vais bien, famille beaugrand, Fontenilliat aussi. — Mario. |

St-Valery-en-Caux. — Caplain, 28. michel lecomte, portons tous bien. pays tranquille. bougier procure argent. bonne maîtresse françuis. triaud avec moi. — Caplain. | Delarue moslay, 25. portons tous très-bien, 24 novembre. — Delarue. | Daclin, 29, tronchet. recevons lettres, portons bien. st-valery-en-caux, 24 novembre. | Vallombreuse, 6. rue du louvre. portons bien, recevons lettres, 24 novembre. | général Montfort luxembourg. louis wiesbaden, convalescent, simon, bruxelles, convalescent. — Jauville. | Morpurgo, 18, miroménil. recevons lettres, portons bien toujours, saint-valery, courage. — Thérèse. | Hamel, 39, amsterdam. portons bien, cousines reparties benjamin, corbeil, reçois lettres, st-valery. — Hamel. |

Amiens. — Deheidin, 48, rue st-lazare, paris. santés parfaites, amiens, havre : vivons tranquilles, confiants. — Heurtaux. | Senart, grenelle saint-germain, 69 mère, sœur, abbé chimay, autres reims. allons bien. élisa, garçon bien. envoie nouvelles des marnais. — Mathilde Senart. — Édouard domont, rue d'aboukir, 6, paris. famille santé bonne, reçu lettres, donnez souvent nouvelles léonce. — Bouchez. | Bernard (émile), 12, rue victoire. cagny, 15 novembre. suis ici parfaitement. tout va bien, courage.—Marie Bernard. | Huguet, 32, notre-dame-des-victoires. santé bonne, succursale bien, aucune affaire, caisse 1000. — Petitjean. |

Bordeaux. — Delahur, 37, rue lille, sois sans inquiétude, nous sommes tous bien, t'embrassons. — Nathalie. — Halbronn, 47, passage panoramas. tous bonne santé, reçois tes lettres.— Halbronn. | Flachat, 89, st-lazare. réunis bordeaux, santé parfaite. — Vigneau. | Vacherie, 4, rue pont-neuf. paris, vingt jours sans nouvelles, écrivez-nous, sommes bien et embrassons. — Alida. | Dufour, 7, plaine terne, reçu lettres, écrivons souvent, santés bonnes, bordeaux, poste-restante. — Naquet. |

Angers. — A. Franck, r. richelieu, 92, paris, tous bien portants. — Frank. | Porée, 20, boulevard strasbourg, santé bonne, tranquillité, grande espérance. — Lemaître. | Leprevost, stanislas, 11, rome, angers, amiens, chaville, metz, intacts, ambulance libérée à tournay, hellot, angers. ginet, guichard, soldat ici. — Darbois. | Bouisson, rue lille, 37, ervy bien, père mère avec lucy bien, quessy bien, enfants arcachon. | Pannier, palais-royal, paris. nous, salançon bien, nouvelles à morel, manquons rien, sept lettres reçues, salançon, 2, roger bien, angers. | Riant, rue berlin, 36, petitvalent, lasalle bien, paulant suisse, pierre, prisonnier, joseph très-bon pour paris. partout bien portants. — Mignon. |

Granville. — Nottin, boulevard poissonnière, 23, octave prusse, bien portants, edmond metz, coulommiers aussi. — Strotz. | Philippe, échiquier, 45, paris. tous, 15, granville, parfaite santé.—Laure. | Duparc, 22, rue de la chaise, 24 novembre., M. lemarlé malade, noemi part pour avranches. — Duparc. | Gire et aubry, rue cassette, 23, toujours granville, bien portants, recevons lettres paris.— Eugénie. | Menuisier, quai bourbon, 19. familles dumont, cappé rocher, bonne santé. dumont prisonnier, morel bien, émile cappé, devaux, vitry bien. — Dumont. | Bréville, lascases, 10. lettres reçues, santés parfaites. sécurité granville. — Bréville. |

Villers-sur-mer. — Erlanger, 8, rue des vosges, 2e dépêche, parfaite santé, villers, 24. — Constantin. | Salle, boulevard haussmann, 39, sommes toujours villers, tous bien portants, tranquilles, recevons lettres, victor souffrant, inquiet, étude, écrire. — Mathilde. | Abbé seigneur, rue vigny, 1. colonie bien, donnez nouvelle, et de louis merci, souffrez-vous faim? villers, 24 novembre. — Fravi:le. | Leroy, boulevard st-michel, 35, recevons vos lettres. allons bien charles, armand, cécile, albert aussi, toujours à villers.—Leroy. | Lelou, petits hôtels, 9. tous bonne santé, écrivez souvent, 24 novembre. — Delaistre. | Bourgeois, 55, aboukir. portons très-bien, reçois lettres dernière datée 18, ai argent, sauret raimon bien portants, 24 novembre. — Amélie. |

Tours. — Courras, 12, grange-batelière. reçu sept lettres. envoyé dépêche, tous parfaitement, Emilie, Catherine mortes phlébite, pris bonne cuisinière informe Echman famille bien. — Rouillard. | Perdrigeon 178, rue montmartre. envoyé dix lettres. achète journal assiégé si paris. | Rouvroy, 84. boulevard rochechouart. pas lettre depuis 25 octobre sommes bonne santé. attendons lettre. embrassons tous. — Courtois. | Castries. 23. place vendôme. reçu vos lettres, quitte pas tournay, arriverai paris aussitôt portes ouvertes en voiture. — Rouvroy. | Castries, 23, place vendôme. ai écrit chaque jour, espère dépêche arrivera, ai hâte vous revoir. — Rouvroy. | Godey, 113, faubourg-poissonnière. ostende, parfaite santé, père souffrant chez frère. mère bien, échangeons lettre. | Luys, 13, mail. excellentes nouvelles. famille Julien, parents luys. | Ernest admirable. établissements prospèrent. — Jean. | Perdrigeon, 178, montmartre. bruxelles. allons bien toutes, désolée, emploie tous moyens inutilement. écrit Gerbaut, envoyé pigeon, duchesse aussi avec nouvelles. |

Pau. — Reynier. cherche-midi, 55. recevons lettres en voulons de tiellement, mangez provisions tivoli. Tiellement donnera clefs cave, fruitier, armoire, salon. — Léonie. | Morlot, laffitte, 7. Saint-cricq laity honfleur. Deffan bien, fillette deux dents. Bertyane parle souvent vous. Graud, Laure moi embrassons. — Amélie. | Jozon, coquillère 25. paris. tous bien portants à pau. recevons lettres. — Camille Jozon. | Chassinat, administration postes paris. Faye la haye six hoogstraat, reçu argent. Mathilde à pau, santés bonnes vendée aussi. — Marie Chassinat. |

Orléans. — Durand, bergère, 12. orléans, portons parfaitement. sans nouvelles depuis trois. — Céline. | Janvier, platre, 18. allons bien. recevons dernière du 16. — Neveu. | Bertaux, 97, avenue clichy attaché à l'armée de la loire. blessure complètement guérie. porte bien. — Albert Bertaux. | Bonnamy, 83, richelieu. Adrien arrivé 21 septembre, mauvais voyage. va mieux, nous aussi. envoyez argent obligée emprunter. | Poussielgue, rue cassette, 27. Fanny, Louise à lorient. Céline à orléans, tous bien portants. — Ballard. | Marguerite C., poste restante. sain et sauf. reçu deux lettres. mille baisers. — Renaud, 16e corps, orléans. |

Arcachon. — Bourgeois, rue des écouffes, 25. santés excellentes. coxalgie très-bien. sommes arcachon parfaitement. reçu cinq mille Baligand quarante lettres. — Bourgeois. | Tavernier, rue neuve capucines, 20. arcachon bien portants, écris — Paul, Charles. | Theuvin 59, rue petites-écuries. Clémence accouchée garçon, toutes santés parfaites, nous recevons vos lettres, arcachon 25 novembre. —Dallée-Moquet. | Milliot 10, grange-batelière. santé. climat, habitants excellents. recevons lettres arcachon. — Péan. | Colliard. faubourg poissonnière, 59. arcachon, manquons de rien. toujours toutes santés parfaites, pas reçu questions, inquiète oncle. écrire Prélier. — Jenny. | Boissonnas 81. taitbout. tous très-bien, aussi Georges malgré nouvel abcès. Dire Alfred enfants Laure et Ile verte, colombier évadé. |

Lyon. — Lemarquis, dragon, 15. voyage tenté, arrivée impossible, espérons, courage. — Lemarquis. | Mme Agnez, rue rollin, paris. répondez à Kropff poste restante. lyon. | Sautter, st-georges. 1. enfants genève avec Cordes appartement rue Granges, Laure, Marmex tous bien, Lucy morte mardi, pauvre Louis. — Fernand. | Collet. 7, duras. tous bien. Mathilde bébés châteauvert, veulent rester. indiquer cas invasion si partir. recevons quelques lettes. tendresses. — Henri. |

Vannes. — Dumas, 41, rue colysée. Claudine, nous, bien. écrit Lucile. — Theurey. | Chesnay, boulevard magenta 85. Elise tous bien, ordonnance Clémence vannes. | Simonean, corps législatif, couvent père éternel. confortablement, chaudement. — Marie Augusta. | Fouquet. chirurgien-major, 5e bataillon mobile morbihan (suresnes). 26 novembre. prévenir Caradec, Peyron, Fraboulet, Kayser, (Bassac, claret-lina), famille bien. — Fouquet. | Jeanne Zisseps, 9, richepance. oncle aix-la-chapelle. tous bien portants. — Marie. |

Valenciennes. — Branche, hauteville 89, paris. vais bien, théophile aussi, écris-moi de suite. | Gravis, commandant 115e ligne, 14e corps, paris. porte très-bien. reçu lettres, espoir, courage, embrasse tendrement. — Zulina Gravis. | Legrand, rue provence 60, paris. tous bonne santé valenciennes, recevons lettres. Auguste écritures, garnison valenciennes, famille gervaise bonne santé. | Canu. | Delhaye 18. rue st-fiacre paris. reçu lettres, expédions Brett, fabriquons doucement, manquons argent, santés bonnes, écrivons Beuvrages, répondez souvent, tranquilles. — Delame. |

Morlaix. — Delestre à directeur général tabacs, paris. depuis blocus service marche régulièrement, fabrication cartouches chassepot. tabacs évacués en sûreté, constructions ralenties. | M. Cléry, cassette 33. tous bien. — Célinie toulouse. | Laurent 22, racine. tous bien, Joseph Borda, — Lebozec. |

Guérande. — Blainvilliers 117, grenelle-saint-germain. trois lettres, douleur calmée, santés ordinaires, vie avec vous, Carbonnier orléans, bien. comment vont amis, séminaire tous. | Pollant, commandant mobile, mont valérien. tous bien, Bissin belgique, écris souvent, recevons lettres, parents guérandais bien, pensons, prions toi bataillon, embrassons. | Rousseau, rue singer 40, paris-passy. guérande avec grand-père, grand-mère, allons tous bien. reçois toutes tes lettres. — Victoire. |

Angers. — Delaporte, rue geoffroy-st-hilaire, 34. Albert et famille bien. — Gallard. | Merveilleux-du-Vignaux 42, grenelle-st-germain. Angers, 26 novembre. toutes santés bonnes. Paul, armée, Edith poitiers, Marthe, Bijoie démissionnaires remplacés. courage. — Charles. | Riche, monnaie. santés bonnes. André sevré, angers tranquille. |

Angoulême. — Planchon, cambacérès, 5. santés parfaites, rue d'arc 8, angoulême. — Amélie. | Mallet, faubourg montmartre 4, 26 novembre. lettres reçues. tous parfaitement portants. — Perrain. | Sapincourt, sergent-major mobile aisne, premier bataillon, deuxième compagnie. écrire angoulême, 3, notre-dame, 22. |

Orléans. — Bizot, rue lebouteux 15. allons tous bien. écrivez, communiquez David. — Fauconnier. | Levé 2, rue du cirque. tante poitiers tous bien. — Peltier. | Philippe, rue douai 5. père toujours darvoy, portons bien, inquiète, encore rien reçu. reçois farine pour toi. — Marchon. |

Coubert. — Lorcet, lafayette 185. bien portant. — A. Lorcet. | Madame Legras, écoles 15. ferme, bonne santé. Charles lettre 20 octobre, rien depuis. écrivez. — E. Legras. | Meyer, latran, 5. Urner va bien, Bonfils futs flegmes. réponse. |

Lille. — Neut, boulevard eugène 114, paris. Marie pension ici avec Adèle, Georges collége cassel, toutes santés bonnes, tout bien. — Neut. Rapy, desbordes-valmore, 23. lettres reçues, toutes santés parfaites. bien tournay. — Pauline. | Couche, gare nord. Madame Auguste Alquié morte premier octobre, annoncez jugez opportun surveillez, rassurez sur ses filles Lille. — Lessens-Alquié. |

Louviers. — Paumier, 3, caumartin. louviers, rouen, blois, bien portants. reçu lettres, prévenir Prévost, réponse. — Anna. | Dumanoir, 120, champs-élysées. portons tous bien, Mathilde cannes, attendons courageusement, Dieu aide mère, fils. — Dumanoir. | Mourier, 2 ter, passage stemarie. fillette bien portante cabanon Dibon aussi. — Dibon. |

Cabourg. — Tarri, faubourg st-denis, 141. cabourg, bien portants. recevons lettres, novembre. | Second, 165, st-honoré. cabourg bien portants. recevons lettres. — Second. | Dubrisay, 6, marengo. cabourg. santé excellente. voyage aix impossible. si rouen pris, retraite rennes. — Songuinime. |

Dinard. — Millerand, 9, jussienne. bien portants tous, manquons rien. — Millerand. | Charles Pillet, 10, grange-batelière, 24 novembre. Albert prisonnier, Paderborn, westphalie dernière lettre toi sept, allons parfaitement, envoyé déjà dépêche. embrassons. | Legrand, rue richelieu 92. tous bonne santé. nous vous embrassons. — Legrand Hérard. |

Bordeaux. — 28 novembre 1870.

Tours. — Rhenis, 14, maubeuge. reçu toutes tes lettres, sommes bien, déjà envoyé dépêche, chère mère se porte bien, compliments tous. — Engenheimer. | Chatelain, 78, hauteville. mettez drapeaux, appartement, bureau, fabricants travaillent-ils? préparez vite quatre collections échantillons printemps, comme habitude. — Robert. | Chatelain, 78, hauteville. mettez drapeaux, appartement, bureau, fabricants travaillent-ils? préparez vite quatre collections échantillons printemps, comme habitude. — Robert. | Becq, rue d'argenson, 1. parents, enfants à Ramecourt, santé parfaite. — Becq. | Ferdinand Gauthier, lavoisier, 23. tristes, bien portants à bruxelles, hôtel de la poste, berck bien, lettres reçues, continuez écrire. — Tourneur. | Chocat, 17, bassano. reçu lettres, portons tous bien, besoin rien. — Gosselin. | Joseph Halphen, 6, lepelletier. 24 novembre. santés toutes bonnes, 29, montagne herbes potagères bruxelles, lettres très-rares. — Augustine. | Montagut, colonel, place vendôme. reçu lettres, santés excellentes. — Chavoix, ministère guerre. | Joly, corps législatif. tous parfaitement 27, chaudement, sûrement rue paris, 5 mandats reçus, pas premier, argent fin janvier. — Louise. | Jacquotreneaux, 3, martignac. tendres remerciments vous grand'mère, écrivez encore. — Chevalier. |

Bourges. — Jarre, rue pyramides, 2. lettres reçues, fernand inspecte nantes, stéphane, sans combat, habite gien, plouha et partout santés parfaites. — Jarre. | Chertier, capitaine bataillon mobiles, indre, 64e régiment marche, paris. allons tous bien, sans nouvelles de vous depuis 24 octobre. — Chertier. |

Villefranche-de-Rouergue. — Néquun, amsterdam, 40. habitons villefranche (aveyron), maison cau, allons bien, emmeline aussi. |

Poitiers. — M. Muller, 16, rue montaigne. portons bien, colonel, prisonnier weissenfels, près leipzig, reçu lettres 15, 20, amitiés à tous. — Reboul. |

Châlon-sur-Saône.— Serrand, rue saint-arnault, 9, paris. extinction de voix comme déjà arrivé envoyez ordonnance. — Guy, châlon-sur-saône. |

Sully-sur-Loire. — Bigorne, rue médicis, 1, paris. sully. worting, villiers, garçon né. vont bien. bonne espérance! — Pandevant. |

Besançon. — Meissas, boulevard saint-germain. 81, donnez congé appartement caron avant janvier, tous bien portants roche, jules prisonnier hambourg. — Amédée Caron. | Charles Savoye, 6, boulevard sébastopol. saint-aubin et besançon santé bonne, reçu vos lettres, dernière 5 novembre,

Bordeaux. — 28 novembre 1870.

bon espoir. — Savoye. |

Saint-Florent-sur-Cher. — Porchat, gay-lussac, 26. allons tous bien, henri, émile actuellement à gien, tranquilles ici, espérance revoir bientôt. — Trémeau. |

Bénévent. — Joly, 15, rue saint-sulpice. santé bonne, courage, espoir. — Paline. |

Villedieu. — Tellie, grande-truanderie, 3. tous bien portants, villedieu (indre). — L. Tellié |

Châteauroux. — Létang, chaillot, 39. pas accouchée, charles famille bien, reçu 50. — Létang. | Alexandre, faubourg poissonnière, 4. pelbois venu chercher marie, châteauroux, senlis, santés bonnes, provinces marchent, courage — Druon. | Abbé Noël fl indre, 101, la villette. châteauroux, écrivez-moi. — Marie. |

Aixe-sur-Vienne. — Loméno, 15, royécollard, paris. tous allons bien. — Laborderie |

La Châtre. — Maupois, 56, rue ville de l', belleville. maupois, deveau. demay bien portants, la châtre, écrivez. recevons lettres. — Maupois. | Ogier, boulevard temple, 11. Jules bien portant, reçu et répondu 5 lettre, écrivez par tous les ballons. — Quantin |

Guéret. — Mauger, solferino, 7. montagnes pittoresques, si danger, gagnerons pau, sois prudent, anxiété, enfants embrassent, colombe, longaunay, vois gayffier, tixier, inquiet. |

Limoges. — Dubois, 2, impasse mazagran, paris. portons bien, tranquille. | Leclerc, 123, saint-jacques, paris. santés, tranquillité parfaites, écrivez, affections. — Boyer, |

Martel. — M. Adam, rue nollet, 19, paris. tous en bonne santé, le tres reçues, préviens eugène, henri. — Flavie Adam. |

Tallenay. — Trémeau, sous-lieutenant 13e dragons, saint-denis. bigny 21, tous bien, henri à gien. si besoin chez thelier ou bar. — Trémeau. |

Moirans de l'Isère. — Guillebaud, capitaine mobile, 4e bataillon, seine-et-marne. souvenir affectueux, bernard, julie, enfants. — Puteaux. |

La Souterraine. — Potard, 27, boulevard des italiens. allons tous bien. |

Tours. — Lascoux, 85, université. bonnes nouvelles de tous. — Aimée. | West, 39, neuve-des-mathurins. femme, filles, domestiques tous très-bien. courtepée guéri, lieutenant décoré, prisonnier visité houpeurt, situation relativement satisfaisante. — Jules. | Duloc le, 37, lepelletier, paris. essayé tous moyens, émile, enfants, parents très-bien, père, trois rois (bâle), lettre bien plaisir — Marie. |

Saintes. — Aiguillé, ministère marine, bonnes nouvelles. — Félix. | Monsoreau, 54, mazarine, tante morte, père, mère, frères, enfants portent bien. |

La souterraine — Douane, 85, boulevard port-royal. santés bonnes, enfants travaillent. | Pradeau, 51, boulevard beaumarchais, paris. portons bien, courage — Mathilde. |

Rouen. — Périer, 9, boulevard denain, paris. tous en bonne santé. — Périer. | Léon Collin, mobile, 3, rue michodière, paris. familles royer, morice bonne santé, demande nouvelle morice, collin par ballon. — Royer. |

Abbeville. — Brandon, 77, amsterdam. ai reçu vos deux lettres, merci. — Solluoffre. | Madame Dufens, 4, d argenson. allons bien, ferdinand proposé croix, quittait pomard 19, réglé compte georges, transmettre à savarin. — d'Orval. |

Montauban. — Rayroux, 4, rue thorigny. tous bien partout, fournissez quarante francs mobile lheureux. — Rayroux. | Lheureux-Lammerville, mobile seine-inférieure, premiers bataillon compagnie, famille bien, toucher quarante francs rayroux, rue thorigny, 4. — Casimir. |

Guéret. — Dutheil de la rochère, adjudant-major, fort de vanves, paris. troisième dépêche. douze lettres reçues, allons tous bien, vos trois cousins prisonniers. — Gaillard. | Carnot, 89, mac-mahon. tous bien portants, espoir. — Richemont. |

Saintes. — Vernier, 12, quai célestins. lettres reçues, bonne santé, 26 septembre, grosse madeleine, pissot, mignot ici, embrassons tous, famille lefèbre aussi. | Danis fils, 13, médicis, paris. vais bien, ai reçu lettres, au revoir. — Marie. |

Bourgueil. — Rigault, 228, faubourg saint-honoré. rigault bonne santé, chez menanteau. — Chinon. | Coquet de la Réale. écrire moquet port-boulet. |

Luc-sur-mer. — Louis Geffroin, 54 bis, lancry, paris. bien portants, reçu lettres, embrassons tous, écrivez souvent, informer familles coulon, bertel. — Eléonore. | Hellé, 7, grands-augustins. portons bien, reçu de vos lettres, étienne, darliat, baillan. — Caranjat. |

Etretat. — M. Baugrand, 19, rue de la paix. étretat, 23 novembre. nous allons bien tous les six, marie aussi. — céline. | Brémard, boulevard haussmann, 41. allons tous bien, recevons lettres. — Etretat. |

Valognes. — Leclerc, grande-rue, auteuil. santés de tous constamment parfaites. — Galleman. | Baillod, intendant. paris. portons bien, tournebut, 21 novembre. — Baillod. |

Fécamp. — Cotard, 8, montesquieu. santés parfaites, laure courageuse, marthe ravissante, reçu lettres, avons écrit souvent, même par pigeon. — Marchand. | Blanquet, 34, faubourg saint-martin omer bien, fils exempts, rouen bien, E pas parti, dieppe fils engagé, fécamp bonne santé, entreprise marche, dire thorel famille bien portante. — Leborgne. |

Trouville-sur-mer. — Escudier, 7, rue d'enghien. bonnes santés, recevons lettres. — Caroline. | François, 150, rue lafayette. très-bonnes santés, recevons lettres. — Marie. |

Rennes. — Duval, 37, boulevard saint-michel. marcelle, tous très-bien, recevons lettres. — Duval. | Lecreux, 8, rue faisanderie, paris. portons bien, dire aux amis. rennes, 24 novembre. — Langlois. |

Pontarlier. — Madame Bey prévient son mari Bey, chef d'escadron, 22e artillerie, paris, elle va bien, dôle, 24 novembre. — Joséphine. | Léon Richard, 152, rue temple, paris. donnez nouvelles, dites clutract reçu ses lettres, attends continuation avec impatience. — Chevalley. |

Dinard. — M. Calame, 15, rue l'arcade. bien portants à dinard, bonnes nouvelles meaux du 6 novembre. 23 novembre. — Calame. | Baudox de Mony, 52, anjou-saint-honoré. fernand pas blessé prisonnier darmstadt, ai écrit. — Victor. |

Flers-de-l'Orne. — Marienval, 356, rue saint-denis. portons bien. — Gogly, flers (orne), poste restante. | Genty, 31, boulevard bonnes-nouvelles. pas nouvelles depuis 25 octobre, ni docteur personne, inquiet. — Gogly, flers (orne), poste restante. |

Dieppe. — Isambert, 4, naples. bruxelles seules comme ici, dieppe bien portants. — Thivier. | Faust, 66, marais-saint-martin. oui. — Cloüet. |

Pézénas. — Mathieu, 71, quai de bercy. adressez-moi montant vin par bons poste. — Barthès. | Saunier et Duchêne, 22, quai bercy. adressez-moi montant vins vendus par bons poste. — Barthès. |

Saint-Jean-d'Angély. — Crédit agricole, paris. bonne position relativement, valeurs chez vous font défaut et peuvent nous faire éprouver des pertes sérieuses. — Duport. | Monnoyeur, 31, rue penthièvre. sommes bien, reçu malles, lettres, belle-mère décédée aurait fait italie testament faveur enfants. — Laure. |

Chinon. — Anatole Martin, 24, rue richer. bonne santé, reçu trois cents. — Louise. | Poulaine, 43, nollet, batignolles. donne argent eugène, renaud. — Habert. |

La Rochelle. — Dumesnil, 24, boulevard saint-michel. octavie, hélène, louis, ruchet, fromenin, laguerre, petite hélène, albrect, mathilde, clément, nous trois parfaitement. — Dumesnil. | Dumesnil, 24, boulevard saint-michel. enfants, moi admirablement, écris chaque jour, un mois rien, bouleversée, dames plusieurs lettres chaque ballon. — Dumesnil. | Bossère, 14, magnan. cécile fécamp, jules bordeaux, lettres victor, tous bien portants. — Bossère. | Fenaud, 25, viscomti. henri bien, prusse ville inconnue, sitôt nouvelle savoir. — Mercier. |

Lyon-Terreaux. — Alliée, simon-le-franc. reçu nouvelle, regrets immenses, bonne santé ici, grand espoir, courage, amitiés. — Cagnoud. | Pulliat, 28, boulevard poissonnière. santé bonne ainsi que votre famille. — Routier. |

Blois. — Lavoreille-Truffaut, 28, batignolles enfants blois, Maurice cologne, Octave dusseldorf, vont parfaitement, demandent lettres ballons. | mademoiselle Malroy, rue d'anjou-saint-honoré, 18. reçu lettres, tous bien. Léon dusseldorf, Lapérouse blois, Robert dax. — Soubeyran. |

Amboise. — Servain, fêtes-belleville. tous réunis, bonne santé. — Mangeont, amboise. | Berruer, boulevard clichy, 41. santé parfaite, nouvelles Adrien. — Jacquet. |

Chalonnes. — major Chesneau, caserne nouvelle-france. tous bien, reçois lettres. — Aurélie Chesneau. | Varigault, rue magnan, 23. prends courage, santés bonnes, lettres de toi et colonie reçues. — Varigault. |

Veules. — Godfernaux, laffitte, 5. santé bonne, lettres reçues, aller Largillière, provisions Morel. voir Forest, boucher, rue drouot. Cappeau lettre. — Joletlery. | Bouland, 22, saints-pères. nous allons tous bien, brouillée avec Mélingue, Hébert 250, Palmire 300, désargentée, t'attentrai, Pol a professeur. — Irma Bouland. |

Les Riceys. — Dubois, boulevard saint-germain, 10. Thorin, Richard, portons tous bien. | docteur Korabiewicz, paris-batignolles. Raphael prisonnier — Gaëtan. |

Vannes. — monsieur Rataud, rue feuillantines, 100. nous allons bien — Rataud. | vannes, 25 novembre. Perrot, 5, rue bleue. très-bien. — Perrot. |

Roubaix. — Rozan, boulevard michel, 13, paris. santé parfaite, reçu lettres, layette prête. — Dupire. | Tellier, 99, route versailles, auteuil-paris. portons bien. Albert, Arthur toujours ici, soldats, grand courage. — Tellier père. |

Saint-Fargeau. — Chouppe, rue d'ulm, 38. allons bien. — Chouppe. | Godeau, rue Drouot, 9. reçu lettre 16, nous allons bien, grand-père décédé. 25 novembre. — Godeau. |

Vimoutiers. — Guillet, avenue victoria, 8. santés bonnes, vimoutiers, rennes, tréport, nantes, vendez cheval. | Arbelot, 20, rue vivienne. nous allons biens, Albert secrétaire du général. — Marie. |

Pont-levêque. — Henri Morette, architecte, garde national sédentaire, 7e bataillon, 3e compagnie, paris. femme, tante delaplanche, tous santé parfaite. | Chamatte, taranne, 7, paris. lettres reçues, santés bonnes, antoine soldat, non prussiens, tous embrassons toi. pont-évêque, 24 novembre. — Eugénie. |

Béthune. — directeur général tabacs, paris. contrée libre, service continue, tours assuré dépenses novembre, reste tiers tabacs, évacuation assurée, prépare livraisons. — Briez. | Halloy, buffon, 23. chaufambre, cagnat, quatre, béthune, ensemble bien. |

Chalonnes. — Guérin, rue demours, 6, ternes. santés excellentes, lettres reçues, tranquillité. — veuve Guérin. | Gontaillier, 22, folie-méricourt. bien. — Gailard. |

Charroux. — Bourdier-Fayolle, mobile vienne, 2e bataillon. cher fils, portons bien, demande argent crépay, nouvelles mairat, écris souvent. embrassons. | Malapest, rue jacob, 29. famille, santé bonne, marc, variole, guéri, privas. — Chevrier. |

Amiens. — Dambrun, 13, cléry. allons tous bien, mère toujours malade, reçu 12 lettres, lettre oncle, 10 octobre, allaient bien. — Noel. |

Dôle-du-Jura. — Gustave Lefebvre, rue la villette, 53. allons bien, écrivez-nous. — Malpas. |

Eguzon. — Barthon, 8, mondovi. chezeau, cransac sont bien, lettres reçues. — Barthon. 25 novembre. |

Saint-Lô. — Girette, 19, quai bourbon. tous bien portants, recevons toutes tes lettres, manquons de rien, reçu argent marseille. — Victorine, 24 novembre. |

Lille. — Raffard, ministère finances. tous bien portants, georges ici, antoine à londres. si argent manquait, j'en enverrais. — Chéron. |

Neuville-aux-Bois. — Mme Moineville, 118, boulevard prince-eugène. santé parfaite, reçu onze lettres ballons, mille baisers, courage.. près pithiviers, 26 novembre. — Moineville, capitaine. |

Cayeux-s.-Mer. — Maître, cité gaillard, 6, paris. restons toujours à Cayeux en bonne santé, recevons toutes lettres, marie grandie, engraissée, tendresses. — Louise. |

Mérin. — Nauton, 10, avenue d'eylau, paris. santés bonnes, écrire agen poste restante, reçois lettres, ai envoyé deux dépêches. — Charlotte Nauton. |

Pavilly. — Charpentier, 24. thévenot. tous Barentin bonne santé, Félix Lefébure frère et cousin bonnes nouvelles, établissement marche plein. — Charpentier. |

Chantilly. — Antoine, rue bergère, 28, suite nouvelles, frère. — Louise. |

Rennes. — Chalamel, 37, boulevard magenta, tous en excellente santé. — Fanny Tutot. |

St.-servant. — Jollivet, rue rennes, guillaume prisonnier va bien. — Fleury. |

St. pierre-les-calais. — Renault, cherche midi, 23, quatre lettres reçues, sommes bonne santé, remercimens affectueux, écris toujours, bon courage. — Crèvecœur. |

Neuily-en-thelle. — Guyot, boissy-d-anglas, 9, Blaye, Neuilly bien, écrivez. — Guyot. |

Falaise. — madame Delonbrune, 51, rue ste. anne, paris, santé parfaite partout, enfants externes travaillent, lettres reçues, continuez, 24 novembre. — Maria. |

Putanges. — Dechezelles, 123, rue de lille, moi mes enfants tous allons bien, aux rotours, famille de beauvais bien, lettres reçues. — Félicie. |

Somain. — Mio, commis au personnel postes, allons tous bien, soigne toi, rembourserons emprunts. — Mio. |

St. georges-de-reintembault. — Ménard, st. lazare, 128, st. Laurent bonne santé. — Menard Gallais. |

St. valéry-en-caux. — St. Gemié, 23, penthièvre, tous bien, Richarb Hambourg. — Ingouville. |

Barneville-sur-mer. — Gustave Poiret, 27, boulevard sébastopol, paris, toutes six très bonne santé reçu aujourd'hui lettre du 19. — Cécile Poiret. |

Chateaurauroux. — Jeau, avenue clichy, 28, écris Cavallé. |

Lubersac. — Comtesse Bouillié, 52, rue courcelles paris, reçois 25 novembre, exéllentes nouvelles vos enfants. — Aline. |

Treignac. — Lachaud, 11, rue bonaparte. allons bien, merci pour félix, tendresses. — Thérèse. |

Saint-Valery. — valery, 23 novembre. allons bien, embrassons tendrement. — Roulher. | Falco, 93, taitbout. tous bien, aucune nouvelle importante, envoyez prix marchandises londres, vendez cheval. — Olivetti. |

Montreuil-sur-Mer. — Mme Pellecourt, boulevard saint-michel, 129. bellecourt et nous bien portants. — Charles. | Bardin, 37, aboukir. reçu lettres sauf 12, portons bien. — Bourgeois. |

Totes. — Joinville, 6, rue clichy. fumechon, portons bien, rien nouveau, lettres reçues. |

Lisieux. — De St-Vincent. capitaine du génie, fort vanves. tous bien portants, tranquille. — Madeleine. |

Lannion. — Dubreuil, 109, boulevard sébastopol. tous bien. — Claire. |

Mareuil-sur-Lay. — Cornu, capitaine 35e mobile. tous bien, recevons lettres, bébé ravissant, confiance. — Hermine. |

Le Mans. — M. Lecharpentier, 13, faubourg montmartre. reçue mandats, tous bonne santé. ne t'inquiète pas, reçu lettre tennesoa. — Anna. |

St-Pierre-les-Calais — Guérin, 10, dunkerque. famille, mélanie, paul très-bien, reçoivent lettres. |

Sancergues. — Paultre, miromesnil, 50, sancergues 25. excellentes santés, pays tranquille. — Ernestine. |

Montbazon. — Coulon, caserne mouffetard, montbazon, santé parfaite, reçu argent. — Julien. |

Avignon. — Guérin, 6, hélène-batignolles, paris. confirme bonnes nouvelles, léon antibes, georges prisonnier nancy, claire, épône, reçu lettres de tous. — kaeppelin. |

Ruffec. — Desjardins, 126, assas. parfait, presque oui, bonne, exactement bien. — Desjardins. |

Caudéran. — Francfort, hauteville, 1. ta famille Metz nous a écrit, ils sont bien portants, nous tous bien portants, nous tous également. — Gustave |

La Palisse. — Amiral Chabannes, 5, gréfulhe. allons bien. albert miquette aussi. — Marie. |

Lisieux. — Servian, 128, rue Lafayette. avons nouvelles 17, tous bien portants, vos fils bien, vignal havre vos valeurs bordeaux, lamaud-cortès. — Desfontnelles. |

Biarrits. — Dreyfus-Scheyer, 2, chaussée-d'antin. henri, isabelle, parents, janie, dupont, tréfousse, vont parfaitement. |

Henneront. — Ségond, pétersbourg, 2, patience, ami, fortune réparera, caroline priés Dieu 30 octobre, tous bien, supplie reste paris. — Ségond. |

Annecy. — Eusèbe besançon, 182, rivoli, envoyer maintenant lettres annecy (savoie). — Emile. |

Feenex. — Cullard, 1er secteur, quartier-général. prortons bieu, écrivez poste restante genève. — Pauline. |

Bergues. — Duhamel, 33, boulevard malesherbes, paris. Camille heureusement accouchée 7, garçon, arthur, lucie, louise, cauchoi, nord tranquille, courage. — Ernest. |

Tourcoing. — Dupont, aboukir, 6. lettre 16 novembre, reçu hier, avons nouvelles satisfaisantes, crévecœur, O R malade, rétabli, son fils décédé, amitiés. — Flipo. |

Cléré. — Beaugé, avenue victoria, 24. chers enfants, je vais bien, votre mère, réponse. — Beaugé. |

St-Aignan-sur-Cher. — Mollard, castellane, 6, paris. portons bien, aller mairie, annuler patente maçonnerie. rassurer scion, lettres mathilde de tous reçues. santé. — Huy. |

Portrieux. — Baras, richelieu, 83. santé parfaite. reçu argent. écrivons quotidiennement. inquiétude parents. — Baras. |

---

6. Pour copie conforme :

l'Inspecteur,

Bordeaux — 28 novembre 1870.

Londres. — Brantes, 98, chaillot. Woodvale, 25 novembre. allons parfaitement. mère, sœurs ici. courtanvaux florissant. recevons vos lettres, tous papiers arrivés. — Louise. | M. Duché, 16, boulevard de sébastopol, paris. reçu lettres 15, 17 novembre, nous portons tous bien. nouvelles générales bonnes. avons bon espoir. — Claude Duché. | Miles Dufraisse, 42, rue abbatucci, paris, par tours. deux lettres reçues. nos santés excellentes. — Mary A. H. Mansfeld. | Hermann, 229, faubourg saint-honoré, paris. familles lapra. pombal très-bien, marie hermann aussi. mauricette, 7 octobre. lettres arrivent, ernest rien. amitiés. — Blanche Lapra. | Mme Rouilly, 21, rue du grand-prieuré, paris. l'amitié et la sympathie. tous bien. vos lettres sont reçues. 24 novembre. — Braintrel. | M. Antoine May, 43, rue des petites-écuries, paris. toutes lettres reçues, dernière 19 novembre. santé parfaite. bonne lettres New-York. bonjour créhange, godard, anchier. — Léonie-Oscar-Théodor. | Emile Lewy, 32, rue taitbout, paris. écrivez bientôt à manchester. nous portons bien.-Dehn. |

Domfront. — Gripon, 47, luxembourg. mari, enfants, moi, toujours lonlay, bonne santé. carpentier, jersey, vont bien; fécamp aussi. courage. — Emilie. |

Lusignan. — Dumoulin, 12, rue saint-ferdinand, paris-ternes. bien portant. henri pensionnaire. satisfaction. — Dumoulin. |

Cinq-Mars. — Fourier, 3, passage laferrière. santé bonne, lettre henri septembre, bonnes nouvelles. pékin, ministère novembre. — Champigny. |

Basset, 13, saints-pères. bourgueil, avranches, émile, marraine, tous bien. nouvelles victor. embrassons tous. |

Vernon. — M. Orcibal, boulevard st-michel, 26. oui. — Ricard. |

Mormant. — Batan, 4, rue compiègne, paris. reçu lettre du 5. santé tous parfaite. travaux culture finis. attirail complet. — E. Baton. |

Monpont-sur-l'Isle. — Chenaillier, 89, rue turbigo. santé excellente. nouvelles montereau, nemours bonnes. embrassons. — Marie. |

Montrichard. — Delamontagne, 9, jules césar. écrire immédiatement, inquiètes. — Dhoruin. |

Estaires. — Monasse, rue battoir-neuf. santé. attachement. reçues. — Henniton. |

Montmoreau. — M. Levé. 12, léonie. bien. écrivez. merci. — Geynet. |

Jarzé. — Rastibonne, haussmann, 86. venez si pouvez. — Lavary. |

Vendeuvre-sur-Barse. — Guilhaumou, sergent mobile aube, 2e bataillon, vendeuvrois parents bien portants. reçu lettres novembre. jules incendié. tous intacts, juliette, lézignau. — Guilhaumou Javelle. |

Contres. — Bertrand, théâtre variété, paris. embrassons tous, santés bonnes, julia et sa famille aussi, lettres parvenues. — ve Bertrand. |

Hesdin. — Habite hesdin t'y attends, lucie marche, allons bien, reçu lettres. — Louise. |

Grenoble. — Pernet, saint-guillaume, 29, écris, fau, grenoble. |

Limoges. — Mme du hamel, ferme des mathurins, 34, paris. suis limoges, bonne santé, soigne-toi, viens, mille baisers, attends nouvelles avec impatience. |

Quievrain. — Klotz, 2, place des victoires. reçu lettres. santés, félicitations amitiés, baisers. — Klotz. |

Beaupréau. — Paul Fourchy, 44, fabert, paris. reçu lettres, 19 novembre, envoyé déjà 2 dépêches tous très-bien, gautrèche, 25 novembre. — Fourchy.

Louhans. — M. de Poligny, lieutenant mobile, côte-d'or, bataillon Beaune, paris. Valentine accouchée fils, va bien ainsi que tous, mille amitiés. — Gaston. |

Frontignan. — Barras, rue st-honoré, 41. santé bonne, très-bons courriers guayaquil, sanchez réclame charles, sauf conduit pour venir frontignan. — Poudavigne. |

Tourcoing. — Millot, oudinot, 5, tout va bien. — Millot. |

Cherbourg. — Devinck, st-honoré, 175, bonnes nouvelles, lechesne famille, demas famille, armand louise enfants, marchon, fouret, bernard partis, santé parfaite. — Émilie. |

Verton. — Devilliers, 51, rue luxembourg, paris. maurice moi bien portants, recevons lettres, humidité berck. argent pour deux mois encore. — Piquefeu, berck. |

Laumes. — Quillot, rue lyon, 1, paris. parents, venarey, semur, frangey, pouilly vont bien, camille chirurgien mobilisés, semur. alphonse mobile semur. — Meurgey. |

Loches. — Baronnet, 165, boulevard hôpital, bonne santé, tous famille, baronnet aussi habitons loches, rentrons orléans lundi. — Benoit. |

Dax. — Lescot, paris, 8, rue pyramide, lescot, lelasseux, bonne santé. — Marie lescot, Dax. |

Arc-et-Senans. — Meissas, boulevard st-germain, 81, tous bien portants, donne congé pour amédée, rue Cassette. roche, 22 novembre. — Meissas. |

Louviers. — Hemmet, rue desbordes-valmore, 11, passy-paris. famille hemmet-tourasse, huet-gibert, parfaite santé, 22 novembre. — Huet. |

Doué-la-fontaine. — Thomas, paris, 9 cléry. allons bien, Doué-la-Fontaine. |

Bayonne. — Lazard, 28, échiquier, paris. sommes parfaitement, maman étretat bien portante, alexandre, londres avec enfants, silvain salomon arrivé, bonnes nouvelles sanfrancisco. — Hélène |

Granville. — Docteur moutard-martin, 5, rue échelle, paris, quatrième, granville Dinard, santés parfaites, température douce, donner avis sur pau, granville, 24. — Moutard-Martin. |

Londres. — Bezinge, 151, rue lafayette, paris. six semaines sans nouvelles, reçois lettre madame Lapeyrouse, voyez-là immédiatement, fournissez-lui le nécessaire hebdomadairement, écrivez-moi. — Lapeyrouse. | Jourdain, 27, rue des jeuneurs, paris. reçu lettres, désolé, embrasse mère, travail continu, Emilie boulogne, revient demain, écrivez. — Salmson, dean street, 63. | madame Robin, 137, avenue wagram, paris. dites Duquesne suis arrivé hôtel langham bonne santé, écrivez vos nouvelles, Dieu vous garde. — Eustis. | monsieur Davet, 11, rue de milan, paris. nous sommes bien, lettre du 12 manque, cochenille et café vendus. — Ventura, londres, 24 novembre. | Ventura Marco del Pont, 11, rue de milan, paris. payez de suite cent cinquante livres sterling à Samuel Ugarte, 48, rue monsieur-le-prince. — Gibbs Ellijos. | Samuel de Ugarte, 48, rue monsieur-le-prince, paris. allez de suite chez Marco pour toucher cent cinquante livres sterling. — Gibbs Ellijos. | A. Seillière, 58, rue de provence, paris. lettres 16 19 novembre sont arrivées, commande indigotière est télégraphiée à calcutta. londres, 24 novembre. — Wattenbach Heilgers. | Nestor Freitt, 27, rue d'enghien, faubourg poissonnière, paris. famille Rousselle à kehl, Kastner à bâle, Freitt à sudeley, Cottin à londres, tous bien. — A. Freitt. | Hopkinson, 46, rue de provence, paris. Finlay sortir immédiatement, ouvrir mon bureau, prendre dossier italiens, apporter ou expédier, votre famille bien portante. — Harding. | E. de la Neufville, rue de bruxelles, n. 3, paris. reçu trois lettres, dernière 19 novembre, sommes préparés pour affaires, tâchez apporter argent ou crédits. — ornely. | Randon, 7, rue de douai, paris. nous allons bien, reçois tes lettres, argenterie à monsieur D..., envoie carte clermont, écris amiens. — A. Randon. | Dreyfus, 24, rue lepelletier, paris. reçu lettre 16 novembre et précédentes, Huth ont versé cinq cents livres à votre crédit. imperial bank. | Lambert, 47, rue luxembourg, paris. maman, sœurs, Gaussan, bonne santé, nous aussi. — Gessler, 31, old broad street, londres. | Uriarte, 26, rue beaujon, paris. reçu vos lettres, famille bien portante, resterais londres, écrivez. — Candamo, 14, belgrave square, londres. | Fould, paris. mission Sakakini accomplie, ordonnez Hambro, lui payer sa moitié moins trois quarts million, papa mort, famille bien. — Théodore. | Revenaz, 5, rue d'antin, paris. reçu lettres, Gustave et tous allons très-bien. — Fastré, londres, 24 novembre. | paris, marsollier, 7, chez madame Louveau, madame Loyson. plusieurs lettres Ventadour. écrivez londres pall mall east. — Joséph ne de Luveite |

Londres — Monsieur Weber, 41, rue de tour-d'auvergne, Paris. tous vivants, Lisa ici. | monsieur Brion, 48, rue basse-du-rempart, paris. santés parfaites Bailly-Arromanches chevaux, madame Beau mis Arromanches, que faire? — Brion, londres, 24 novembre. | Goffart, 36, rue Godot, paris. reçu lettres. Alfred, votre famille. allons tous bien. — Bley. londres, 24 novembre. | Sourdis, 13, rue laffitte, paris. sommes très-bien brighton, télégraphiâmes plusieurs fois paris. — Sourdis. 24 novembre. | Javal, 46, boulevard magenta, paris. cinquième télégramme. tous bien, reçu lettre 17. quelle quantité de fromage acheter? — Mosely, brighton. | Cohen, 83, rue maubeuge, paris. quatrième télégramme. tous bien, reçu lettres 16 et 20, écrivez journellement. — Mosely, Cohen, Auscher, brighton. | monsieur Hamot, 8, rue bayard, paris. bonne santé, reçu par ballons douze lettres. — Hamot. | mademoiselle Lons. 290, rue saint-honore, paris. tout va bien, bonnes nouvelles d'Edmond, Pauline lucrativement occupée à croydon, les garçons au collége. — C. Collinet, brighton. | madame Ehrmann, 43, rue traversière, paris. comment vas-tu? réponds par ballon poste restante. — Letellier. | madame Ehrmann, 165, rue charenton, paris. comment vas-tu? réponds par ballon poste restante. — Letellier. | N. Dreyfus aîné, paris. lettres reçues, cuirs presque vendus, produit huit mille, êtes créditeur environ quatre mille quatre cents. — Frédéric Hush et compagnie. | Ettlinger, 103, rue du temple, paris. tous tes parents, les miens, Triefus, nous tous excellente santé. livres arrivés, reçu vingt lettres, vérité exacte. — Caroline. | Levy, 4, boulevard du temple paris. Jeanne, Pauline, André, Marthe, Berthe, sa fille. Anaïs, famille Hesse, bordeaux, santés excellentes, vos lettres arrivent. — Aron. | Chas, Fournier, 5, place des victoires, paris. dix-neuf autres reçues, pas douze. ventes cent mille francs, reçu douze cents livres. Doyle Douglas voyage. — Mackenzie. | général Vandermeere, rue fontaine, 28, paris. tâchez écrire par ballon, très-chers amis. quelles souffrances! — Katherine Baily. | monsieur Bertrand, avenue d'eylau, 162, paris. toute la famille est en bonne santé. — Arnould. | Rohaut, 1, rue de la banque, paris. oui, oui. non, non. — Désiré. | veuve Levy, 23, rue charlot, paris. Bernard, Mathilde, enfants, Offenbach, se portent bien. — Jacob. | monsieur Perken, 168, palais-royal, paris. j'ai reçu matin ta troisième lettre, nous allons bien, sans nouvelles de bourgogne, écris plus souvent. — E. Perken. | Mazewski, 5, rue bayard, paris. lettre ballon reçue, congédiez appartement Haussmann, aucune nouvelle Lapré quoique lettres arrivent, Dieu vous protége, vous embrassons. — Maximilien. | docteur Semelaigne, rue colysée-paris, 46. tous bien portants Emile, Louise ici — M. Semelaigne, richmond. | Adolphe d'Eichthal, 98, rue neuve-des-mathurins, paris. Louis à lille, Maria se porte bien, leur avons fait fonds. — Robert Heath. | Amyot, 8, rue de la paix, paris. Georges, Lize, Fredy, maison, bien. Ferdinand, orléans. — Amyot, longmans. | Skepper, 58, rue hauteville, paris. Emélie, tous vont bien. — Bateman. | Onfray, rue saint-martin, 329, paris. sommes à londres, tous bien portants, sois tranquille sur tout, recevons tes lettres. — Ismérie. | Bamberger, 87, rue turbigo, paris. moi, Paul, portons bien. reçu la lettre 24 novembre. — Bamberger. | Montaudon, Leuba et compagnie, 9, rue bergère, paris. soyez sans inquiétudes sur vos affaires. Montaudon de Rio est ici, tout marche régulièrement. — Imthurn, 24 novembre. |

DÉPÊCHES-MANDATS.

N. 231. — St-Amand-Tallande, 150. — me Martinet à m. martinet, 68, rue de malte. — 293,66. | n. 232. — Breuil, 263. — me Pitat à m. Claudius Pitat, rue du faubourg-st-denis, 200. — 200 fr. | n. 233. — Orléans, 373. — m. Turquet à madame veuve Chauvin, 132, rue amelot. — 300 fr. | n. 234 Le Havre, 371. — me Henri à me veuve Latour, 4, rue faubourg-montmartre. — 200 fr. | n. 235. — Ambert, 67. — m. Dessaidaye à m. Dely, 4, rue hanovre. — 100 fr. | n. 236. — Grand-Couronne, 16. — m. Groult à m. de St-Valfranc, capitaine 3e compagnie du 4e bataillon des gardes mobiles de la seine-inférieure. — 20 fr. | n. 237. — Grand-Couronne, 17. — m. Broussier à m. de St-Vulfranc, capitaine 3e compagnie du 4e bataillon des gardes mobiles de la seine-inférieure. — 20 fr. | n. 238. — Aix-en-Provence, 263. — m. Alexis à m. Paul Alexis, 25, rue cardinal-lemoine, — 140 f. | n. 239. — Aix-en-Provence, 299. — mlle Bayoun à madame veuve Damamm, 1, rue du hasard. — 25 fr. | n. 240. — Toulon, 268. — m. Debres à m. Daniel, 38, rue notre-dame-des-victoires. — 200 f. | Total : 1498 fr. 66 c. |

N. 241. — Toulon, 115. — m. Mahieu à m. Mahieu, 10, rue du faubourg, st-antoine. — 200 fr. | n. 242. — Toulon, 400. — m. Treglia à m. Delaury, 22, rue meslay. — 300 fr. | n. 243. — Toulon, 241. — m. Gensollen à m. Hauvel, 40, rue Echiquier. — 100 fr. | n. 244. — St-Médard-de-Guizières, 141. m. de Lacrompe à mlle Léonie Dezeimeris, 18, rue de l'arrivée. — 40 fr. | n. 245. — Vire, 218. — m. Lemazurier à me Vincent, 53, rue de rivoli. — 100 f. | n. 246. — Barentin, 80. — m. Mellanger à m. Gustave Mellanger, garde mobile au 50e régiment de mobile, 4e bataillon. première compagnie. — 100 f. | n. 247. — Bonneville, 214. — me Nicolet à m. Nicolet Victor, aide major au 13e de ligne, 4e bataillon. — 300 fr. | n. 248. — Decize, 230. — m. Barbot à m. Barbot Auguste, garde national, 48, rue de rivoli. — 200 fr. | n. 249. — Quimper, 109. — m. Bézard à m. Bezard, volontaire 69e de ligne, 4e bataillon, 1re compagnie ou hôtel d'ornano, 32, rue poulet. — 100 fr. | n. 250. — Lorient, 9. — m. Turquan à m. Turquan, 2e d'infanterie de marine, fort de bicêtre. — 20 fr. | Total : 1420 fr. |

N. 251. — Arbois, 334. — mlle Huguenin à Alphonse Morin, garde mobile du canton de coulommiers, 38e régiment de marche, courbevoie. — 100 fr. | n. 252. — Arras, 308. — Plomguette à Calvaire, ancien avoué, 6, rue des enfants rouges, près du square du temple. — 50 fr. | n. 253. — poitiers, 82. — Pichot à Lecointre. attaché au ministère des affaires étrangères, hôtel de Bedfort, rue de l'arcade. — 300 fr. | n. 254. | Poitiers, 83. — Pichot à me Bourdin de la Cotte, 65, avenue de clichy-batignolles. — 100 fr. | n. 255. — Blidah, 278. — Renaudot à me Renaudot, 48, boulevard du temple. — 200 fr. | n. 256. — Chalons-sur-Saône, 263. — m. Witsenhausen à Léon Witsenhausen, 6. rue de marseille près du château-d'eau. — 293 f. 86 c. | n. 257. — Lyon-Brotteaux, 87. — Moniau à Moniau, 2e pontonniers mobile du rhône, caserne malakoff. — 50 fr. | n. 258. — Biarritz, 41. — madame Sourigues à Leroy, 42, rue poissonnière. — 200 fr. | n. 259. — Autun, 153. — Abord à Henri Abord, sous-lieutenant au 13e régiment de marche. — 100 fr. | n. 260. — Les Rosiers-sur-Loire, 75. — Biby à Biby Prin, petit monrouge, avenue d'orléans. — 40 fr. | Total : 1433 fr. 86 c. |

N. 261. — Marseille, cours du chapitre, 128. — me Arnaud à Arnaud, soldat 80e de ligne, 11e régiment de marche, ambulance menier, rue ste-croix-de-la-bretonnerie, 37. — 30 fr. | n. 262. — Beziers, 107. — Delhon à Delhon, sergent major, 7e compagnie, 1er bataillon mobile de l'hérault. — 100 fr. | n. 263. — Roche-sur-Ion, 48. — Sicot à Léon Sicot, caporal 35e régiment de mobile, septième compagnie. — 100 fr. | n. 264. — Blois, 183. — Porcher à Porcher, 52, avenue d'italie. — 100 f. | n. 265. — Lorient, 163. — de Waresquel à madame Martineau, 6, rue du théâtre montmartre. — 115 fr. 64. | n. 266. — Le Puyon-Velay, 153. — Vergeza à me Céline Lasalie, 158, rue rivoli. — 100 fr. | n. 267. — Le Puy-en-Velay, 133. — Benoit à madame Denise Laurence, place des gueldres, 16, st-denis. — 300 fr. | n. 268. — Montpellier, 275. — me Rouvière à Rouladou, garde mobile 45e de marche, 3e bataillon, 1re compagnie. — 20 fr. | n. 269. — Montpellier, 280. — me loisel à Mme Bersillon Imerie chez m. loisel, 82, boulevard batignolles. — 20 fr. | n. 270. — Niort, 251. — Fleury à Georges Fleury, 15, quai Valmy. — 30 fr. — Total : 1115 fr. 64 c. |

N. 271. — Montpellier, 313. — Chamayou à Chamayou André, sergent au 45e de marche, 3e bataillon 4e compagnie. — 300 fr. | n. 272. — Bordeaux, 30. — Gunther à me Mariette lesmire, 19, rue duphot. — 200 fr. | n. 273. — Bordeaux, 46. — me Petit à me Nadolski, 16, rue de la vieille-estrapade. — 100 fr. | n. 274. — Bordeaux, 55. — Corris à Alphonse Corris, 12, rue cadet. — 300 fr. | n. 275. — Marseille cours du chapitre, 35. — Girard à Girard, 35, de la rochefoucault. — 25 fr. | n. 276. — Marseille, cours du chapitre, 36. — Toulouse à Toulouse, 35, de la rochefoucault. — 20 fr. | n. 277. — Marseille, cours du chapitre, 34. — Drougnon à Drougnon, 42, rue de maubeuge. — 50 fr. | n. 278. Plouha, 287. — Veuve Guézon, Charles caporal mobile, 2e compagnie, 5e bataillon côtes du nord, point du jour. — 30 fr. | n. 279. — Morlaix, 321. — Renaut à mlle Barrateaud, 80, rue faubourg poissonnière. — 300 fr. | n. 280. — Besançon, 197. — Coulet à me Calame, 9, rue geoffroy langeoin. — 100 fr. | Total : 1425 fr. |

N. 281. — Brest, 110 — Chalon à m. Chalon, 11, rue cherche midi. — 300 fr. | n. 282. — Leconquet, 280 — Tissier à Tissier, 7 rue de calais, belleville. — 100 fr. | n. 283. — Brignais, 105 — d'Hiré à me. d'Hiré, 5 rue montorgueil. — 20 fr. | n. 284 — St. Omer 329 — Moreau à me. Royer, 18 rue crozatier. — 200 fr. | n. 285. — St. Omer 328 — Moreau à me. Royer, 18 rue crozatier. — 300 fr. | n. 286 — Grenoble 278 — Jassemin à me. Dufoisg, 43 rue clet, gros cailloux. — 300 fr. | n. 287 — Vichy, 152 — de Sansal à Mme Sidonie Guillemot, 2 rue de calais. — 300 fr. | n. 288 — Fécamp, 58 — Gourdon à Gourdon, 132 rue du bac. — 20 fr. | n. 289 — Havre, 56 — Lechaut à mlle. Lechaut, 37 rue du couëdic, montrouge. — 50 fr. | n. 290 — Havre, 282 — m. Mouttet à Pierre Mouttet, 15e bon. chasseurs à pied, 3e escouade, vincennes. — 40 fr. | Total : 1630 fr. |

N. 291 — Havre, 35 — Granson à me. de Confevron, 137 boulevard magenta. — 200 fr. | n. 292 — Havre, 44 — Chemasse à Filon, rue guy-la-hosse, 15. — 300 fr. | n. 293 — Havre 47 — Hamelet à me Lemaitre, 99 rue oberkampf. — 200 fr. | n. 294 — Havre, 46 — Mulot à me. Huot, 111, rue de crimée. — 20 fr. | n. 295, — Havre, 41. — Vernias à mlle. Vernias, 141, rue de rennes. — 30, fr. | n, 296. — Havre, 37. — Dupaguis à Lhote, 7, rue de provence. — 43, fr. 20c. | n. 297. — Moulins-allier, 165 — Pillaudin à Pillaudin, 13e, section d'ouvriers d'administration, caserne babylonne. — 50, fr. | n. 298. — Pont-aux-moines, 55. — Vanneau à Vanneau, garde mobile du loiret, 3e bataillon, 6e compagnie. — 40, fr. | n. 299. — Pont-aux-moines, 57. — me. Lecointe à Lecointe, garde mobile du loiret, 3e bataillon, 5e compagnie. — 30, fr. | n. 300. — Lisieux, 339. — me Paqmir à Klein, 50, faubourg poissonnière. — 100, fr. | Total : 1013, fr. 20. |

Le Comptable,

DÉPÊCHES - MANDATS.

N. 301. — Brest, 263. — Chalon à me. Chalon, 11 cherche midi. — 300, fr. | n. 302. — Brest, 195. — Durlos à Bassière, paris. — 100, fr. | n. 303. — Rouen, 192. — melle. Cécile à Cécile Nicolas garde mobile au 50e régiment de marche, 4e bataillon, 3e compagnie fort vincennes. — 50, fr. | n. 304. — Rouen 366. — Quemin à Cauchois Emile, 39, r. de Reuilly, fg antoine. — 50 f. | n. 305. — Rouen, 371. — Fic-pari, à me de Byran, 14 rue de breda. — 200, fr. | n. 306 — Quimpert, 100. — me Malinjon à Camus, 22 rue Custine. — 250. fr. | n. 307. — Lorient, 354. — me Guieysse à Guieysse lieutenant, 6e compagnie 1e bataillon, forestiers. — 100, fr. | n. 308. — Pont-aux-moines, 55. — Boitard à Boitard, garde mobile du loiret, 3e bataillon, 6e compagnie. — 40, fr. | n. 309. — Biarrits, 7. — me de Montfort à me veuve Poupard, 55 rue clignancourt. — 300, fr. | n. 310. — Rouen, 317. — Fourmillon à Mme Fourmillon, 10 rue pouillet, batignolles. — 100, fr. | Total : 1400, fr. |

N. 311. — Rouen, 342. — Patry à me veuve Larpenteur, 3 rue de sèvres. — 100, fr. | n. 312. — Rouen, 133. — Leprince à Leprince Romain, garde mobile au 50e régiment de marche, 4e bataillon 7e compagnie. — 40, fr. | n. 313. — Rouen, 155 — abbé Delestre à Paul Delestre, au 50e de marche, garde mobile. — 50, fr. | n. 314. — Dieppe, 187. — Arnoul à me veuve Sory, 48 grande rue batignolles. — 200, fr. | n. 315. — Bordeaux, 379. — me Kergomard à Jules Kergomard, 1 rue lemercier. — 100, fr. | n. 316. — Bordeaux, 384. — Benedit à Philippe Petit, 2 rue drouot. — 300, fr. | n. 317. — Aix-en-provence, 198. — de Peranon à Pons, 80 rue trufau batignolles. — 150, fr. | n. 318. — Aire-sur-l'adour, 117. — veuve Sorbets à Charles Sorbets, rue turbigo. — 10 ', fr. | n. 319. — Lyon, 115. — Nicolas à Louis Bergairol, 14 rue durantin. — 100, fr. | n. 320. — Lyon, 110. Charles — Desprès à Léon Desprès, 19 rue buffaut. — 300, fr. | Total : 1440, fr. |

N. 321. — Lyon, 103. — Desprès à Léon desprès, 19, rue Buffaut. — 100 fr. | n. 322. — Lyon, 151. — Périaux à madame veuve Périaux, 14, rue ravignan montmartre. — 200 fr. | n. 323. — Lyon, 81. — Belin à Belin César, 40, avenue suffren. — 100 fr. | n. 324. — Lyon, 57. — Lacomte à m. Jung, 2, rue de provence. — 200 fr. | n. 325. — Lyon, 169. — Piaton à Julien Brelin, artilleur garde mobile rhône, bastion 59. — 200 fr. | n. 326. — Le Mans, 162. — madame Briand à Flais, passage du génie, 3, faubourg st-antoine. — 20 fr. | n. 327. — Besançon, 258. — Tissot à madame Tissot, 6, rue monge. — 100 fr. | n. 328. — Brest, 34. — madame de Grainville à de Grainville, 1, rue descombes. — 200 fr. | n. 329. — Vannes, 153. — madame Michon à madame Pradier, 16, boulevard de charonne. — 100 fr. | n. 330. — Cléres, 57. — madame Mutel à Arthur Viveron, caporal garde mobile d'elbeuf, 3e bataillon, 5e compagnie. — 100 fr. | Total : 1,520 fr.

N. 331. — Blois, 106. — madame Ribbrol à Ribbrol, hôtel st-georges, 10, rue racine. — 100 fr. | n. 332. — Mortain, 162. — Lecrecq à Lecrecq, employé postes, administration centrale, service étranger. — 100 fr. | n. 333. — Angers, 63. — Bertin à madame Bertin mère, rue de la jussienne. — 300 fr. | n. 334. — Pau, 131. — Delaporte à Lefèvre, rue abbé groult, 14, Vaugirard. — 100 fr. | n. 335. — Grenoble, 74. — Borel à Ragis Octave, 33 place maubert. — 300 fr. | n. 336. — Grenoble, 383. — madame David à David, 84, rue de la chapelle. — 25 fr. | n. 338. — Vendôme, 298. — de St-Vigor à veuve Pierard, 3, boulevard magenta. — 100 fr. | n. 339. — Evreux, 348. — madame Senechal à Senechal Claire. — 50 fr. | n. 340. — Nantes, 132. — Chenard à Cazes Alexis, 20, rue coquillière. — 300 fr. | Total : 1,675 fr.

N. 341. — Nantes, 148. — madame Thibaud à mademoiselle Thibaud, 3, cité trévise. — 200 fr. | n. 342. — Nantes, 133. — Chenard à Cazes Alexis. 20, rue coquillière. — 300 fr. | n. 343. — Bozel, 123. — Brun à Brun fils, à l'hôpital lariboisière, 13, salle st-vincent-de-paul. — 20 fr. | n. 344. — Saintes, 82. — me perrineaud à Prévost Henri, rue fontaine-st-georges, 13. — 300 fr. | n. 345. — Dol Bretagne, 104. — Lamouroux à me Prin, 11, rue des poiriers. — 25 fr. | n. 346. — Lyon Guillotière, 127. — mademoiselle Miguet à Miguet Victor, soldat au 87e, caserne st-denis. — 15 fr. | n. 347. — Issoudun, 159. — Etave à Etave, caporal garde mobile de l'indre, 1e bataillon, 7e compagnie, caserne napoléon. — 30 fr. | n. 348. — Nantes, 189. — Doré à Baurain, agent d'affaires, 28, chaussée d'antin. — 293 fr. 86. | n. 349. — Nantes, 184. — Boulanger à madame Boulanger, 5, passage lepic. — 100 fr. | n. 350. — La Trinité, 112. — Piechegru à madame piechegru. 7, rue st-lazare. — 60 fr. | Total : 1,543 fr. 86.

N. 351. — Elbeuf, 2. — Desert à H. Desert, sergent-fourrier, garde mobile, seine-inférieure, 3e bataillon, 7e compagnie. — 100 fr. | n. 352. — Mézières, 90. — Crépy à Crépy, rue d'amsterdam, 25. — 300 fr. | n. 353. — Auxerre, 287. — Pauchet à Jean Seberechts, 2, boulevard Arago. — 200 fr. | n. 354. — St-Aignan-sur-Cher, 113. — Andral à Boutin, concierge, 91, rue st-lazare. — 300 fr. | n. 355. — Grenoble, 100. — Rey à Rey Alphonse, rue jean baussire, 11. — 100 fr. | n. 356. — Gorron, 280. — Joubert à Théophile Péau, chez me Durand, 5, avenue victor. — 300 fr. | n. 357. — St-Pol-sur-Ternois, 163. — me Lefèvre, à Delacombe, 23, rue d'antin. — 300 fr. | n. 358. — St-Sœens, 31. — Mme Des Saints à Pesquet, garde forestier, au fort d'auteuil. — 10 fr. | n. 359. — Boulogne-sur-Mer, 59. — De Montmorency à Constant Letourneur, 123, rue st-dominique-st-germain. — 300 fr. | n. 360. — Boulogne-sur-Mer, 58. — De Montmorency à mlle Spiling, 27, rue de sèvres. — 100 fr. | Total : 2,210 fr. |

N. 361. — Tours, 170. — Henry à me Henry, 118, rue d'aboukir. — 100 fr. | n. 362. — Tours, 178. — Agence Havas à me muller, 23, rue chargarron. — 200 fr. | n. 363. — Tours, 151. — Cote à me Cote, 68, rue du bac. — 200 fr. | Tours, 139. — Vincent notaire à de Savignon, 34, rue fontaine. — 200 fr. | n. 365. — Tours, 97. Lambert à me Beaufils, 47, rue truffault-batignolles. — 125. | n. 366. — Tours, 240. — Nord au général Dinitry-Tatistcheff, 32, rue montaigue. — 300 fr. | n. 367. — Tours, 241. — Nord au général Dinitry-Tatistcheff, 32, rue montaigue. — 300 fr. | n. 368. — Tours, 242. — Nord au général Dinitry-Tatistcheff, 32, rue montaigue. — 300 fr. | n. 369. — Tours, 243. — Nord au général Dinitry-Tatistcheff, 22, rue montaigne. — 300 fr. | n. 370. — Tours, 244. — Nord au général Dinitry-Tatistcheff, 22, rue montaigne. — 300 fr. | Total : 2,325 fr. |

N. 371. — Tours, 245. Nord au général Dinitry-Tatistcheff, 22, rue montaigue. — 300 fr. | n. 372. — Tours, 246. — Nord au général Dinitry-Tatistcheff, 22, rue montaigue. — 300 fr. | n. 373. — Tours, 268. — Robert à Robert Léon, garde mobile de seine et-marne, 4e bataillon, 3e compagnie. — 15 fr. | n. 374. — Tours, 269. — Le directeur général des télégraphes et postes à Joseph Montrénil, 106, rue richelieu. — 300 fr. | n. 375. — Tours, 263. — Nourisson à Baudin, 11, rue d'angeau-auteuil. — 50 fr. | n. 376. — Tours, 254. — M. Ricaille à veuve Ricaille, chez m. Caillet, 67, rue st-honoré. — 50 fr. | n. 377. — Tours, 252. — Laingrain à Augouard, 6, rue des vosges. — 300 fr. | n. 378. — Marseille. 54. — Artaud, 28, rue st-sébastien. — 200 fr | n. 379. — Havre, 168. — Lacroix à Lacroix l'abbé, faubourg poissonnière, 126. — 50 fr. | n. 380. — Argentan, 64. — M. Roller à Bosquin, 79, rue de vanvres-paisance, pour Emile Airlin. | 20 fr. | Total : 1,585 fr. |

N. 381. — Morlaix, 39. — Bourgeois à m. le baron de la Cour, 13, rue ponthieu. — 300 fr. | N. 382. — Bourg-en-Bresse, 121. — Lapierre à m. Léon Lapierre, 19, rue de la Sourdière. — 20 fr. | N. 383. — Billom, 1. — Me Fumet à Annet Fume, au 32e de marche, 1er bataillon, 7e compagnie. — 30 fr. | N. 384. — Lavaur, 147. — D'Uston à Custon Auguste, sous-lieutenant garde mobile, 7e régiment, 3e bataillon, 6e compagnie. — 200 fr. | n. 385. — Lavaur 150. — De Pydemare à de Pydemare, employé des postes, rue d'amsterdam. — 200 fr. | n. 386. — Blain, 37. — Josse à m. Gauthier Jacques, soldat au 28e de ligne, 2e bataillon, 5e compagnie. — 15 fr. | n. 387. — Lyon, 80. — Dertiaz à Dertiaz, rue de courcelles, 1re batterie du rhône. — 80 fr. | n. 388. — Nantes, 59. — Malat à m. Olivier du Brulais, 16, faubourg st-denis. — 100 fr. | n. 389. — Issoire, 45. — Lassaigne à Brolle, 19, cherche midi. — 80 fr. | n. 390. — Landivisiau, 59. — Paul Lecomte à de St-Martin, 36, boulevard sébastopol, pour m. Lecomte, rue beaubourg, 40. — 100 fr. | Total : 1,125 fr. |

N. 391. — Béziers, 164. — de la Hitte à m. le colonel Bruils. — 300 fr. | n. 392. — Le Dorat, 261. — Guérinet à m. Guérinet, rue de la goutte-d'or, la chapelle. — 100 fr. | n. 393. — Mâcon, 53. — Berry à Philibert-Marie Frappier, 2e bataillon mobile ain. — 20 fr. | n. 394. — Auch, 22. — général Dupleix à m. Chenu-Dupleix, 3, rue de l'annonciation. — 200 fr. | n. 395. — Barentin, 88. — veuve Hautot à Alfred Hautot, garde mobile, 50e régiment de marche, 4e bataillon, 1re compagnie, de la seine-inférieure. — 10 fr. | n. 396. — Médéah, 68. — Lafonc à Haunel, ingénieur civil, 40, rue de l'échiquier. — 200 fr. | n. 397. — Caen, 82. — m. Decostils à Collet-Descostils, 46, rue jacob. — 100 fr. | n. 398. — Caen, 66. — Torbier à me Sirot, avenue des termes. — 95 fr. 80. | n. 399. — Caen, 67. — Torbier à mlle Gillet, 4, rue lamaude, batignolles. — 95 fr. 80. | n. 400. — Caen, 41. — Bonel à Bonel, 15, rue de strasbourg. — 100 fr. | Total 1,221 fr. 60. |

N. 401. — Saramon, 175. — Ader à Ader Charles, étudiant en médecine, 173, boulevard de port-royal. — 200 fr. | n. 402. — Montbrison, 190. — de Meaux à m. Fiquenel, 44, rue de sèvres. — 20 fr. | n. 403. — Marseille, 31. — m. Lombard à mlle Lemoine, 7, rue d'argenteuil. — 100 fr. | n. 404. — Marseille, 39. — Jullien à Jullien, 35, rue condorcet. — 194 fr. 85. | n. 405. — Givet, 198. — Génard à Joseph Génard, au 6e d'artillerie, 3e batterie, 13e corps d'armée. — 12 fr. | n. 406. — La Rochelle, 25. — Bonvalot à me Bonvalot, 15, quai valin, maison gauthier. — 300 fr. | n. 407. — La Rochelle, 26. — Bonvalot à me Blanche, 15, quai valin, maison gauthier. — 300 fr. | n. 408. — Brest, 74. — Chalon à me Chalon, 11, che chemidi. — 300 fr. | n. 409. — Uzel près l'Oust. — Tilly à Tilly Prosper, sergent, 6e compagnie, 4e bataillon, gardes mobiles côtes-du-nord, courbevoie. — 30 fr. | n. 410. — Alger, 327. Sinsolas à Sinsolas, typographe, 11, rue breda. — 20 fr. | Total 1,476 fr. 85. |

N. 411. — Alger, 312. — m. Honorez à Honorez, infanterie de marine, fort de noisy. — 20 fr. | n. 412. — Alger, 304 — m. Panchioni à Panchioni, rue de la charbonnière ou de la victoire. — 100 fr. | n. 413. — Alençon, 58. — Mauger à mlle Jouasel, 21, rue de seine. — 100 fr. | n. 414. — Alençon, 62. — Chesnel à Chesnel, chez Schœffer, 3, rue oberkampf. — 100 fr. | n. 415. — Tulle, 202. — Dumond à Duval François, employé de la compagnie des omnibus, 21, rue cardinal lemoine — 200 fr. | n. 416. — Auxerre, 230. — Durand à Durand, infirmier de visite, ambulance de la rue hamelin, passy. — 100 fr. | n. 417. — Saint-Lô, 103. — Bosq à m. Bouffar, 7, rue d'albouy. — 100 fr. | n. 418. — Poitiers, 20. — Fannier à Bernard, 59, rue vieille-du-Temple. — 300 fr. | n. 419. — Lorient, 312. — du Bouëtrez à Favin-Lévêque, sergent à la 2e compagnie, 1er bataillon du 31e de marche, suresnes. — 200 fr. | n. 420. — Lorient, 336. — de Beaufond à de Beaufond, 31, bellechasse. — 50 fr. | Total 1,270 fr. |

N. 421. — Lorient, 311. — du Bouëtrez à du Bouëtrez, lieutenant à la 7e compagnie du 1er bataillon du 31e de marche, suresnes. — 300 fr. | n. 422 — Gien, 43. — Godefroy à me Godefroy, 27, rue du faubourg-st-jacques. — 300 fr. | n. 423. Salins, 33. — mlle de Lurion à de Lurion. 5, rue de varennes. — 200 fr. | n. 424. — Bayonne, 113. — m. Ladame à me Matern, boulevaard beaumarchais. — 300 fr. | n. 425. — Bayonne, 112. — m. Ladame à me Matern, boulevard beaumarchais. — 300 fr. | n. 426. — Bayonne, 111, m. Ladame à me Matern, boulevard beaumarchais. — 300 fr. | n. 427. — Vendôme, 105. — Hérard à me Hérard Virginie, 130, rue de la roquette. — 60 fr. | n. 428. — Poitiers, 204. — Touchard à me Tirel, 7, boulevard ornano. — 200 fr. | n. 429. — Figeac, 37. — m. Mignotte à me Nitis, 17, rue de bretagne. — 20 fr. | n. 430. — Brest, 155. — Mareschal à m. Gérard, 14, rue mayer. — 150 fr. | Total : 2,130 fr. |

N. 431. — Poitiers, 183. — m. Timont à Paul Timont-David, avocat, 36, boulevard malhesherbes. — 200 fr. | N. 432. — Poitiers, 185. — Vannier à me Bernard, 59, rue vieille-du-temple. — 300 fr. | N. 433. — Dieppe, 290. — me Wavrechin à me Dugast, 77, rue de vincennes, montreuil-sous-bois. — 100 fr. | N. 434. — Lille, 200. — Schulzé à Schulzé, 7, rue dombasle, vaugirard. — 300 fr. | N. 435. — Saint-Omer, 130. — me du Monnecoix à du Monnecoix, 103, rue du bac. — 300 fr. | N. 436. — Agde, 106. — Guilhaumat à Albert Guilhaumat, garde mobile de l'hérault, 1re compagnie, 1er bataillon. — 200 fr. | N. 437. — Montélimar, 102. — Gode à me Dorléans, 37, rue des écouffes. — 200 fr. | N. 438. — Villers-sur-mer. — Delmas à mlle Joubert, 22, rue du marché-saint-honoré. — 180 fr. | N. 439. — Havre, 203. — Dupaquier à Lhôte, 7, rue de provence. — 290 fr. 19. | N. 440. — Havre, 208. — Caylus à me Chepy, rue de vaugirard, 4 — 30 fr. | Total 2,100 fr. 19. |

Le Comptable,

Bordeaux. — 1 décembre 1870.

Tulle. — Briquet, rue godot-mauroy, 17. donnez nouvelles, employer tous moyens, santé bonne, pas oublier père. — Vigne. |

Montfort-sur-Meu. — A. Juynet, sergent-major, 3e compagnie, 2e bataillon ille-et-vilaine, paris. mère, sœur bien, reçoivent nouvelles, continuer écrire, amitiés. — Juynet. |

Honfleur. — Gagnière, 9, rue lepelletier. allons bien, lettres reçues, charles venu, emmené sa femme, moulin intact. — Florat. |

Bernay. — Descoustures, avocat-général. allons très-bien. — Raoul. |

Sablé. — Dampt, 116, mac-mahon. vais bien, reçois lettres, écris berneval. — Dampt. | Fitz-James, pasquet. 9. jacques, boulogne. prisonnier, robert, vierzon canonne, françois, lorie. charles, landrecie, paul henri blessés. tous partout bien. — Fitzjames. | Vernois, 23, lombards. portons bien, voir bachelier, répondre. — Vernois. |

Saint-Lô. — Girette, 19, quai bourbon. sommes tous bien portants, toujours à agneaux, recevons tes lettres, manquons de rien, reçu marseille. — Victorine. |

Saint-Sever. — Tarbe, 3, boudreau. mère bruxelles, moi st-sever (landes). toutes deux malheureuses ton silence, écris vite, mange vache poules. — Andryane. |

Alais. — Ledoux, sébastopol, 46. parents dieppe, edmond alais avec famille, tous bien, courage, france debout. — Ledoux. | Maniel, 37. chabrol. sans nouvelles depuis 26 octobre, dites ce que faites, allons bien, alais 28. — Maniel. | Coulomb, nonains-d'hyères, 13. portons bien, partons pas, Richard. |

Caen. — Caro, rue thénard, 9. santés parfaites. — thérèse. | Renouard, d'aguesseau, 9. famille entière va bien, habite arcachon, villa éloïsa, a reçu plusieurs lettres de vous. — Larivierre. | Clémence Bertauld, rue Berlin, 16. nous allons bien, 27 novembre. — Amélie. |

Saint-Malo. — Tugot, rue bleue, 25. reçu lettres, santé bonne, écrire souvent, inquiète, mère, pauline. — Glandaz. |

Lisieux. — Lefebvre, rue française, 3. nous restons à la boissière, écris par ballon monté. — Lefebvre. | Anthime, maison leleux, 203, rue saint-martin. sans nouvelles mon fils depuis 7 octobre, inquiète, prie instamment léon, écrire souvent. — Germain-Mesnier. |

Roubaix. — Huot, 45, lafayette. Mme Wattelier, fils sauvés, bonne santé, chasseur tours, franc-tireur ici. Wattinne | Dorchies, rue lafayette, 150. allons bien, huart aussi, roubaix tranquille, faisons tentes militaires, laurenge aussi. — Ferlié. |

Sables-d'Olonne. — M. Petitdidier, 47, rue labruyère. 28 novembre, nous allons bien, écrivez-nous, sans nouvelles de vous depuis 3 courant. — Petitdidier. | Salsac, avocat, turbigo, 38, paris. santé bonne. nourrice arrêtée, famille bien portante, aînée alban partis, les sables tranquilles, amitiés. — Camille. | Cordier, rue paul-lelong, 13. recevons tes lettres, santé bonne, écris rue sous-préfecture, 40, sables-d'olonne, un baiser. — Fanny. |

Perpignan. — m. Farines, avenue breteuil, 60, paris. vos lettres arrivent, désireuse voir fin captivité; bonne santé tous casenova, affections. — A. Joubert. |

Belarbe. — Boulin, hôtel invalides. embrassons rechercher malle roulage, rue turenne. — Damasse, bélâbre indre. |

St-Hippolyte. — Amédée Durand, 10, r. abbaye, paris. reçu vos chères lettres, merci. tendresses aux Fain. regrette être loin. allons bien. — Louise.

Caen. — Lantin, boulevard poissonnière. prenez administration postes, questionnaire que joindrez première. avons lettre 19. que fait Maurice? portons bien. — Lantin. | Prévost, 134, boulevard haussmann. espoir, Fernand santé relativement bonne. adoration. — Jeanne. | président Bonjean, 2, tournon. santés parfaites, propriétés toutes intactes, 24 novembre. études brillamment reprises. reçu quarante lettres. confiance! — Bonjean. | Desprez, 6, place bourse. Desprez-landais. parfaitement bien. toujours à caen. — Désprez. | Passet, 55, neuve-petits-champs. santés bonnes, reçois lettres, pars demain pour londres. — Aline, 29 novembre. | Dargent, 149, rue st-dominique. dire Picard, Maguin, Georges, 17, grange-batelière. Elchingen, avenue antin, Maris, Ney, vatry francfort, mein. — Cornet. | Dargent, 149, rue st-dominique. enfants, parents vont bien. Charlotte partie francfort mein. Picard, Emile bonne santé. dire Picard. — Cornet. | Bournet verron, 83, rue st-honoré, toujours caen, reçu lettres. répondu carte, embrassons, Euphémie angleterre. Jaunes coblentz, Albert bordeaux, tous bien. — Bournet-verron. | Toscan, 68, faubourg-poissonnière. santés bonnes, mandats reçus. — Hannequand. | Perrier, rue madame, 9. oui. — Potel. | La Beguinière, 1, regard. Adrien, René, Catherine, Louise, tous bien. — Léon. |

Dozulé. — Féumry, marché st-honoré, 11. reçu lettres, envoyez nouvelles Marie, que fait marché. — Hofmann. |

St-Aubin. — Degores, 70, bonaparte. bien portants, tranquilles, st-aubin. — Marie. |

Delivrande. — Geffrotin, 54 bis de lancry. Arthur delivrande. — Aimée. |

7 Pour copie conforme :

L'inspecteur,

Bordeaux, 1 décembre 1870.

Cannes. — général Mellinet, école militaire. troisième dépêche, aucune lettre depuis 6 novembre. allons bien, famille nantes aussi, envoyons affectueuses amitiés. — Dagault. | Dupont, rue havre, 4. famille entière ouest, centre, midi, bien portante. — Cournont. | Dusommerard, hôtel cluny, Mérimée mort 23 septembre. lettre Cécile, enfants bien portants. — Courmeux. | Vincent, neuve-st-augustin, 30, reçu lettres, santé parfaite, oncle, frère, armée loire.. — Maurel. |

Elbeuf. — Marc Klotz, passage saunier. reçu vos chères bonnes nouvelles. sommes tous en bonne santé, les fils en campagne. — Beer. | Gigot, 11, quai voltaire. santés bonnes. elbeuf tranquille. écrivez Emile avignon. — Gigot. | Lévy, 105, rue st-lazare. nous allons bien. — Halbronn, Ferdinand. |

Rochefort. — Dreyfus, 162, faubourg st-martin. lettres reçues, sommes bien, attaché construction artillerie. — Dreyfus. | Guillemot, caisse consignation, rue lille. Frédéric Koch, commandant, prisonnier wisbaden. — Bergier. |

Lyon. — Batilliat, 15, laval. Jeanne rentrée lyon, écrivez. — Guichon. | Hirsch, rue notre-dame-des-champs, 55. reçu lettres 14, 16, pas compris questions. excellent espoir, santés parfaites, vois ... Lucie ici. — Joseph. | Gauchet, boulevard strasbourg, 24, paris. reçu lettre 17, nous vous admirons, nous allons tous bien. — Gauchet. | Couchoud, mobile rhône, 1re batterie artillerie, paris. reçu avec plaisir lettre, me porte bien. je t'embrasse. — Jenny. | Maret, rue lille, 23. allons tous bien, irons albertville si urgent, lyon tranquille, Henri, Louis, embrassent, affaire Jeanne. — Marie. | Vauconsant, aumaire, 3. toujours lyon chez amis comme comprends, vais bien, envoyé dépêche onze, Anna, Blanche écrivent. embrasse. — Marie Vauconsant. | Martin, 95, boulevard st-michel, paris. lettres parvenues, tous deux à lyon revenant d'aix, Rembiélinski toujours souffrant. écrivez. — Dignoscyo, rue terne. |

Abbeville. — Retaux, 6, furstenberg 9 maria accouchée garçon, fut souffrante, tous bien. — Retaux. | Bernier, 10, boulevard denain. rapports, bruxelles, charleroi, compiégne, tous bonne santé, recevons lettres ballons ici, pas ennemis, renseignements bergère. — Estelle. |

Alençon. — Bauny, 7, rue harpe. théophore prisonnier à neuburg, bavière, pas blessé. — Barberousse. |

Maubeuge. — Delebecque, 4, rue malesherbes. merci de votre lettre, allons très-bien. mère est avec nous, pensons bien à vous. — Wissocq. |

Saint-Valéry-sur-somme. — Daucourt, 33, rue tournefort. famille va bien, eugène colonel afrique. — Edmée. | Roullier, 46, de la victoire. allons bien, pontavert aussi, espoir. confiance. st-valéry, 26 novembre. — Roullier. |

Trouville. — Saglier, 12, rue d'enghien. tous bien avec cochet trouville, 15 bonsecourt, reçu lettres. — Léonie. | Dubois, 49, rue enghien, supprimez paiements loyers, amendes, appointements grégoire, jardinier, cuisinière, nécessaire réduire frais, liquider, relations alsace perdues. — Rieffel. | Dubois, 49, rue enghien, reçu lettres, allons bien, alsaciens aussi, vendez volailles toutes, encaissez coupons, dénoncez baux, magasin, appartement. — Rieffel. | M. Girette, 19, quai bourbon, paris. reçu lettres, tous bonne santé saint-lô, trouville. 26 novembre. — Souffla. | Bonhomme, rue saint-antoine, 110, paris. portons parfaitement, seuls deauville, pau, constantin approvisionnent complétement, recevons tes lettres. — Bonhomme. | Mabelle, 87, avenue montaigne. inquiets, pas lettres de toi depuis trois octobre, autres familles en ont 20 novembre. — Mabelle, trouville. | Gondouin, 22, boulevard poissonnière, reçois lettres, paul, louise Wiesbaden, tous très-bien. trouville, 25 novembre. — Marie. | Demarle, 129, rue montmartre. santé bonne, recevons lettres de vous et d'ernest. — Sibire. | Frère libanos, ambulance, 66, raynouard, passy. chernoviz, magniol, prenpain trouville, calla nantes, hugé villers, bien portants. 25 novembre. — Julie. | Chernoviz, 24, raynouard, passy. chernoviz, magniol, prenpain trouville, calla nantes, hugé villers, bien portants. 26 novembre. — Julie. |

Eu. — Martin, 3, saint-fiacre. bonne santé, eu poste restante, amitiés. — Léon. | Madame Baure, 3 bourdaloue. tous à eu, 6, rue sainte anne, allons bien, besoin de rien. — Louis. | François, 4, cité gaillard, paris. rozoy en santé parfaite, lettres reçues, envoyez rensignements sur maison mayer. — Fernagu.

Saint-Flour. — Brunel, 256, rue saint-honoré. allons tous bien, pauline aussi, bon espoir. — Brunel. | Molumar, 9, rue nationale, paris. recevons lettres, castanier ici, bien portants. — Dufour. |

Roanne. — Cunit, mobile seine, 7e bataillon, 6e compagnie. reçu huit lettres, allons tous bien, province est au secours de paris. — Berthon. |

Orléans. — Comte d'Hauterive, 37, rue joubert. donne nouvelles par ballon. — D'Hauterive. | Hall, 37, rue pigalle. toutal très-mal, mère assez bien. argent très-peu. — Toutal. | Darcy, 91, feuillantines. recevons lettres ballons, argenton, marie, madeleine, delataille, delagenesté, Delovin, virginie châteauneuf bien, écrivez décembre. — Delataille. | M. Chauvel, 358, rue saint-honoré. debore pont-audemer, bonne santé. — Bertrand. | Leroux, 50, marais du temple, paris. bonne santé, nul danger, nouvelles d'amélie. — Chevrel. | Madame Hutet, 50, rue moscou. donner nouvelles vite. — Prévost. |

Vichy. — Wallace, 3, taitbout. donnez nouvelles de vous, georges ballon monté, vichy restant. — Lamotte. | Serionne, 18, ferme-des-mathurins. donnez vos nouvelles wilhem maison, ballon monté. — Lamotte. | Dreux, 14, grammont. donne-moi tes nouvelles bigottini, duprat remy, ballon monté, vichy restant. — Lamotte. | Chauvet, 3, passage ferme-saint-lazare. amitiés, santé bonne, prière rassurer herpé, 1er bataillon, montrouge. vichy. — Herpé. | René Duhamel, sous-lieutenant, 4e bataillon, 26e régiment marche. paris. envoyez nouvelles, en manquons depuis longtemps, santé parfaite, amitiés. — Noémi. | Charles Doillot, 14, la plaine ternes. allons bien, accouchée fille, vichy ambulance. — Amélie. |

Grenoble. — Satre, 34, buci. père mère, santé bonne. — Satre. | M. Champollion, 28, rue joubert. alice accouchée, va très-bien, c'est une belle fille. — Vif Champollion. | Dethorey, chef escadron artillerie, neuilly-sur-seine. vais bien, reçois lettres. — Sophie. | Vessillier, 1, rue lille. caisse amortissement. reçu lettres, journaux, alfred officier, tous allons bien, prévenir gustave, prenez courage. — Vessillier. |

Segré. — Duc fitz-james, 36, cours-la-reine, paris. Lirons et fitz-james, bien. — Marguerite. |

Lyon. — Destouches, ministère finances, reçu lettres, portons bien. lyon, thonon. — Gauthier. | Dechatellenot, 43, meslay, edwige à st-léger, tous bien. — Antide. | M. Auxerre, rue Larochefoucault. 24. reçu quatre lettres merci, lyon, tout va bien, espérons. — kitton. | Creton, passage saulnier, 19. chagrin être sans nouvelles de vous, gens et affaires vont bien ici. — Francez. | Lignerolles, rue victoire, 85. vos diverses lettres font grand plaisir, continuez, vais bien, amitiés à courageux amis. — Moutier. | Gaffez, place bourse, 6. reçu lettre dix-sept, fait nécessaire remettez trois cents francs à mère Séris. vais bien. — Moutier. | Dutrieux, 12, boulevard st-martin écris à Thoult, 27, castle street, leicester, square, london. — Dutrieux. | Truchy, 41, rue ours paris. vu du dix mille, reçu vos lettres cent lettres province répondu lyon tranquil. — Barjot, Belfort, Olivier. |

Digne. — Cotte, médecin major, 121e ligne. bien portantes, gustave, parents aussi, soigne toi, écris, caresses, revoir, bonjour, colonel, famille Sosthène. — Cotte. | Renoux employé télégraphe, bureau, place du trône, paris, reçu quatre lettres. allons tous bien. — Chaspoul. |

Domfront. — Girardot, st-jacques, 174, domfront calme. tous santé excellente, donner nouvelles henriette, gourgues bien, domicile Domfront, confiance, courage, mille amitiés. Barbedienne. |

Toulon. — Monin, médecin marine, fort bicêtre. tous bonne santé, lange ici, amy mieux. — marie |

Vienne. — Richard bérenger, quai voltaire, 29. mêmes bonnes nouvelles, tantes londres, en relations avec pasteur église française, lyon, Vienne, tranquilles. — Ronjat. | Zimmermann, usine létrange saint-denis, allons bien, david prêta deux cents, aide plus, pascal donnera deux cents, reçu deux billets. — Zulma. |

Auxerre. — Duchayla, 25, rue montaigne, 28, auxerre, tous bien, lettres reçues. — Lander.

Le Mans. — Lechevalier, 61, rue richelieu, mère jeanne, st-malo, chez pilastre, tous santé pleins espoir, manquant rien, vous aimant. — Lechevalier. |

Alençon. — Laumaillier, 3, turbigo, madeleine, tous bien. — Alençon. Gauguin. | Landet, notaire, boulevard st-michel, ta famille va bien. — Jules. |

Niort. — André, faubourg saint-martin, 185. bien heureuse, ruban et patte endommagée, allons tous biens. oncle charles convalescent, castre ici, pas accouchée. — André. | Negre ain. 84, saint-dominique, antoinette, douze dents, alexandrine superbe, sommes vaccinées, papa reparti, jardinier nous garde. auguste, orléans. amitiés. — Henriette. | M. Vatolan, place victoires, 8, écrivez-nous, hôtel de la gare à niort. — Lechevallier. | Loustau, gare nord, sommes grand, rue aux vaches, 26, st-valery, trop froid, georges lille, allons tous parfaitement. — Cécile Loustau. |

Mont-de-Marsan. — Durand sorbonne, reçois ballons. préviens arthur oncle tous bien. — Rousselot.

Valence. — Planchon, horlogerie Philippe, palais-royal. tous bien, lettres reçues. — Louis. |

Valréas. — monsieur Bionne, officier marine, fort rosny, paris. merci lettre, santé bonne, pensons à vous, tout bien, Bariols recevrez lettre. — Gilles. |

Montélimar. — Marichy, louis-philippe, 24. allons bien, Madeleine fille, Adrien prisonnier, Tony mort, écris. — Brunot. |

Saint-Donat. — Lefellie, rue orléans-saint-honoré, paris. écrivez, remettez espèces, besoin Bayard. mon neveu fourrier, 2e bataillon, 6e compagnie mobiles drôme, paris. — Chalbert. |

Vallon. — Delorme-Talon, rue drouot. 24. Sophie guérie, Henri constantine, moi bien, lettres reçues. — Louise. |

Tournon. — Després, ministère travaux publics. tournon tous très-bien. Robert engagé légion ouest, content. — Després. | Lemaître, 50, avenue bosquet. tous bonne santé, lettres reçues. — Lemaître |

Rouen. — Cauvin, boulevard sébastopol, 50. prière envoyer nouvelles sur vous tous chez Thuillier frères, rue crosne, rouen. — Loussel. | Moëssard, rue aumelot, 145, paris. Moëssard, dusseldorf. santé bonne. — Fabulet. |

Lille. — Beaucaire, 60, aboukir, paris. sommes bien portants, Georges pension, pars bordeaux affaires. — Raynal. | Raynal, 30 bis, bergère, paris. allons bien, compris mère David (Raynal), passage Lucien, Coralie, lunéville. Joseph part bordeaux. lettres reçues. — Clémence. |

Segré. — madame Madeleine, 26, rue sentier. écrivez par ballon. allons bien. — Richaud. | madame Gomel, 12, rue des moulins. mille remercîments, amitiés, allons bien. — Richaud. |

Evreux. — Barneville 51, rue rome. paris. tous bien portants. — Mahey-Barneville. | Deloynes, 31, avenue antin, paris. tous bien, Aubin tranquille, Baillehache bien. — Gabrielle. |

Cognac. — Brouner, instituteur, batignolles, rue lecomte, 6. Paul prisonnier erfurt, santé bonne. — Fouchet. | Mars, 38, labruyère. tous bien excepté sœur estomac. Henriot premier collége, Raoul officier prisonnier, Dumonts bien. — Bourgogne. |

Rouen. — Laudry, 122, bac. oui, oui, oui, oui. toute famille au havre, voyez mon bureau et donnez-moi nouvelles. — Lanne. |

Clers. — Lacharrière, rue saint-jacques, 254. famille parfaite santé. — Delalonde. |

Constantine. — A. Juge, rue Béranger, 7, paris. nous nous portons bien, réponds-moi à constantine (algérie). — Juge. |

Marseille. — Marc Bey, 2e artillerie, mobiles rhône. famille bien, t'embrasse. — Aline Bey. |

Marseille. — Girettre, messageries. bonnes nouvelles de votre famille du 15. — Coullet. | Guillois, éperon, 10. souvenirs. — Coullet. | Bloc, 15, place abbesse. tous bonne santé. — Estier. |

Le Mans. — M. Ponmer, quai célestins, 6. pommer en bonne santé chez sa sœur à manheim, reçoit vos lettres par moi. — Sergent. |

Sillé-le-Guillaume. — Levrard, capitaine artillerie marine, fort montrouge, paris. un mot de vous. — Coutelje. | Esdin, rue david, 19, batignolles, paris. me porte bien, désire de vous revoir. — Esdin. |

Avignon. — Hellot, rue boulogne, 1. tous bien. — Thomas. | Hellot, rue boulogne, 1. tous bien. — Thomas. |

Villers.s.-Mer. Dardelle, 48, rue basse-rempart. écrivez-moi villers. — Basseville. | Seigneur, rue vigny, 1. rassurez-nous sur maurice, sur louis, mobile, 6e bataillon, 8e compagnie. décembre villers. — Bedel. | Durand, rue bac, 92. cor, perrot, Lieu, reçu lettres bordeaux, famille bien, dire dreyfus. — G. Perrot. |

St-Etienne. — Musso, lieutenant, 23e régiment marche. 14e corps armée. tout va bien, reçois tes nouvelles, suis heureux. tout à toi. — Palluy. | Fourneyron, rue st-georges. lettres reçues. crozet, dulac vont bien. — Guittard. | Hersent, 13, rue richer. arrivé bonne santé, écrivez chez sébastien dupont lyon. — Partridge. | Dorian, ministre. vos enfants, nous tous bien portants à unieux, reçu vos lettres, pascal envoient amitiés. — Holtzer. | Lonchampt, 2 ter, passage ste-marie-st-germain. marthe encore lons-le-saunier, moi juge st-étienne, reçu lettres des 15 et 17, pensons, prions Jules. — Lonchampt. |

Libourne. — Gerder, 40, rue chabrol, paris. santé parfaite, pas froid. nicolas tout, vos lettres, mais retard. alphonse stettin, achille erfurt. — Bouveret. |

Vichy. — Chauvin, 53, richard-lenoir. retirer salon chaîne, bijoux, garder, boire vin, vendre servir argent. — Verdier de Pennery. | Liot, saint-benoit, 5. santé bonne vichy, demande nouvelles. — Delaperche. | Dubuisson, 40, rambuteau. mourante, cartes inqualifiables, lettres quotidiennes ballons. — Famille. | Poletnich, 110, faubourg st-honoré. vichy, allons toutes bien, christiane superbe gentille, reçois lettres, demande argent. — Polethnich. | Vignon, 6, seine. louise bien, accouchera fin janvier seulement, prisonniers bernault, moreau, biochetay, bruneau, nous bien, communiquez lebrun. — F. Vignon. |

Agen. — Commandant Garreau, direction huitième secteur, paris. tous parents santé parfaite, reçu treize lettres. agen tranquille, delpech maire, adeline arrivée. — Amélie. |

Bayonne. — M. Pelouze, 5, rue cambacérès, paris. tous bien portants. — Marie. |

Fontenay-le-Comte. — Delacourtie, 1, rue hautefeuille, paris. madame delacourtie à trouville, assez argent, écrit à chardin. — Guilhaumont, sous-préfet. |

Grenoble. — Choisne, rue provence, 59. employé tous moyens correspondance, reçu exactement lettres, remercîments sincères, affaires actives. londres négocié suisse. — Gaillard. | Choisne, rue provence, 59. pool ici fournit secondes sur new-york. elliott paiera sûrement 15 janvier chez Morley. — Gaillard. | Directeur nationale incendie, rue grammont, paris. sinistres assez nombreux, mais peu importants. tout marche assez régulièrement, reçu lettre. — de Kilmaine. |

Oloron. — Louis, rue rivoli, 33. les ibry, lacaze, armand bien portants. habitent oloron, gouriet pau, irma reims, tes lettres reçues. — Carrère. | Cosson, place dauphine, 28. bordeaux, épône tous bien, suis intérimaire, recette oloron (pyrénées). — Galiment. |

Niort. — Gingembre, boulevard strasbourg, 59. reçu lettres, savez enfin sommes niort, bien installés. très-bonne santé, lucien parle, temps long. — Gingembre. | May, 6, avenue montaigne. lettres du 10, santé parfaite, bébé marche. — Tissaro. | M. Desavignac, condorcet, 23. portons bien, silence inquiétant. — Desavignac. |

Chefboutonne. — Jousseaume, avenue parmentier, 2, paris, du quatre pas nouvelles, tous inquiets. — Clémence. |

Toulouse. — Barrois, capitaine, chez gouverneur louvre, tous bien, frères ici. Eugène loire, Léonie embrasse. — Barrois. | Romain, boulevard beaumarchais, 105, vos lettres 17, 19 reçues, mille baisers pour vous quatres. — Romain. | Gilles, boulevard italiens, 27, belle-mère décédée, fin octobre, écrire Toulouse, 9 boulevard arcole, dire Mathorel, 110, rue rivoli. — Clémentine. |

Bordeaux-chartron. — Salleron, pavée-au-marais, 24 paris, reçu lettres communiquées Biosse, écrivez 308 regent street, londres, ou sommes avec Krug. — Jacquesson. | Salleron, pavée au marais, 24, bordeaux tranquille, écrit partout, sans réponse. — Biosse. |

Melle. — Chanhomme, faubourg st.-martin 52, comment va. — Naudeau. |

Quimperlé. — Roubaud, 4 rue de lille, paris allons bien, reçu 7 lettres écris. — Alix. | capitaine Mauduit, 3e bataillon finistère, paris, allons bien. reçu deux lettres, écrivez souvent. — Marthe. |

Dax. — novembre, Lacoin, université, 3 tous bien remercions Auguste, rouen Albert, orléans battu vaillamment plusieurs fois, Henry, Jentil courage. — Emma. |

Pornic. — Lamoureux, 8 quai de gesvres, pornic 29 novembre, tous très bien, georges travaille, toi imprudent, — Nelly. | Petit, 8 rue lamartine, bien portantes, inquiètes, écrivez souvent Pornic, donnez taitbout. — Petit. | Cousin, 43 rue rocher, santé parfaite, climat excellent, Casino reçu huit mandats, Delahaye bien, Ernest travaille avec Herbette, embrassons. — Cousin. | Groult, 12 rue sainte appoline, soyez sans inquiétude, nantes, pornic, santés excellentes. Berthe. |

Brives. — Godchau, croix-des-petits-champs, 33 paris, enfants magnifiques santé parfaite, reçois vos lettres. — Louys. |

Montauband. — monsieur Bazin, ménars, 8, Granès tous bien, recevons lettres. — Mathilde. — Caffignal, hotel colonies pérou rue lafayette, 47, famille santé bonne. reçois nouvelles tous les mois, alger écrire arnac. — Coffignal. |

Pont-audemer, Henry Leboucher, cinquantième mobile quatrième bataillon, Bardout notaire fournira argent, prévenu, santé parfaite. — Verger. | Bardout, 31 rue lepelletier, mon neveu Leboucher mobile demandera argent, donne, Identité constatée. — Verger. |

Nogent-sur-sarthe. — duc Reggio, rue bourgogne, 41, paris, parents, amis bien Regio Laval tous

Bordeaux. — 1 décembre 1870.

Caroline, Victorine, Malicorne, Madère arrivés, dire Vatry.—Porron. |

Cosne.—monsieur Quillier, quai de l'hotel de ville 64, paris santés bonnes, pas de prussiens, écrivez nous souvent.—Quillier. | Vogüé, rue bourgogne, 37, peseau, 28 novembre, tous bien portants, Comarind aussi, quatrième dépêche pigeons, vous tendons les bras.—Vogüé. |

St.-Amand — Hubert, rue drouot, 18 tous bonne santé —Cardon. |

Auch. — madame Lespiau rue paradis poissonnière, 38, faire ouvrir placard près lit chambre Douau, Renouveler reconnaissances Michalet chaîne et montre.—Douau. |

Landerneau. — général Charmel, rue joubert, paris, Gaston bonne santé.— Marie, landerneau. |

Montauban.—Vessière, rue neuve St.-augustin, 47, premier décembre marchons toujours très bien, soyez sans inquiétude. bonne santé partout. — Floure is. |

Cholet.—Delapalme, 10 castiglione, reçois souvent lettres Charlotte tous bien ici pareillement.—Fourchy. |

Pornic. — Touret, 108, richelieu. allons tous parfaitement, parents aussi, st-denis reste nantes. — Januv. | Froment-Meurice, 43. rue d'anjou-st-honoré. tous bien — Berthe. | Dupré, missions-st-germain, 39. santé bonne, pornic (loire-inférieure, congé vincennes. | Dupré. |

Châtellerault. — Menuel, 41. Wagram. portons bien. recevons lettres — Menuel. | Sueur, d, christine. vendez be tre, outés. — Nivert. |

Castres. — Edouard Vincent, officier 7e régiment mobiles, créteil. allons bien, inquiets sur ton compte, donne nouvelles par pigeons. — Vincent. | Cumenge, 40, vivienne, paris. santé parfaite, tranquille, préviens denterf, sa mère très-bien. — Irma. |

Quimper. — Dehaut, faubourg st-denis, 147. santé bonne, recevons lettres. — Fougeray. | Dufeigna, capitaine mobile finistère. 5e bataillon, 1re compagnie. famille bien, paul ici, écrivons souvent, dernier ballon, lettre hervé, kerguélen. — Dufeigna.

Toulon. — Gregoire, 23, douai. soyez tranquilles, allons très-bien. — Claire-Henriette. | Mihière, officier comptable, fort vincennes. tous bien, marschal, peyruc, pellerrin, tata aussi, recevons vos lettres, vous aimons et embrassons. — Solange. | Peyrus, scribe, 1. isabelle, léonce, moi, bien, merci, lettres, henry, nice, soucis de vous. — Marie | Daniel, notre-dame-des-victoires, 38. envoi argent par poste impossible, santé famille parfaite. — Debres. | Peyruc, 1, rue scribe. reçu des lettres aujourd'hui, ai envoyé plusieurs dépêches depuis le 12, écris souvent, santé parfaite. — mathilde. | Juvenot, rue écluses-saint-martin, 23. reste-t-il traces maladie, répondez ballon. — Drouillard. |

Brignolles. — Martinaud, lieutenant-colonel 35e, paris. heureusement accouchée garçon. — Dupuis. | Foltser, condorcet, 3, paris. reçu deux lettres. toute famille bonne santé, eugénie pas nouvelles, écrivez richert, mail, 5, genève. — Richert. |

Bayeux. — Lenchantin, 43, hauteville. bonnes nouvelles angleterre, votre mère, moi, bien. embrassez rodolphe. — Adalbert. | Bouley, 5, lions-st-paul. portons bien, inquiet, vois carbillet, écris ballon. Maumene. | Mme Fournier. nollet, 95. vais bien, maintenant arromanches, calvados, lettres arrivent toutes. — Rime. | Duchemin, 14, franklin, passy. reçu 3 lettres, merci, portons bien, amitiés, écrivez port-bessin, (calvados). — Deroche. | Président Bonjean, 2, tournon. désolée, aucune dépêche parvenue, expédié 6, sécurité, santés parfaites, entourage providentiel, orgeville intact hier. tendresses. — Bonjeau. |

marseille. — Caudy, 18, rue royale. santé parfaite, écris. — Louise. | Péronnet, sainte-perrine, auteuil. nous allons bien, et toi. — Gustave. | Lamy, major, 34e bataillon, clichy. portons bien, besoin rien, embrassons. — Anna. | marbot, 18, st-placide. allons tous bien, recevons lettres, que Fillieux écrive. — Salomon. | Trèves, 26, rue du sentier. lettres reçues, vais bien. — Trèves. | Emy, michaudière, 18, journaux exagération, allons bien. — Baudouin. | Emile Broeg, 26, grange-batelière. sommes sans nouvelles, fortuné michélis depuis le 7, pourquoi, répondez immédiatement par tous les ballons. — Chailan. | Bonnaud, 55, cardinal fesch. paris. ne vendez point absinthe au-dessous de 40 francs. plus cours époque, livraison pipes. — Prat. | Henri Oddo, tour-d'auvergne, 11, édourad officier guérilla orient, vosges, eugène guérilia espagnole. fourrier, orléans, bientôt argent. — Sabine Oddo. | Nessim Samama, chaillot, 105. reçu lettre moïse, se portent tous bien. reçoivent vos lettres, tranquillisez-vous sur eux. — Sauveur Samama. | Henri de Castro, 31. lafayette, paris. constantinople 23 novembre, reçu vos lettres, nathalie, amélie, toute famille bonne santé. — Elie Castro. |

Dax. — Pélissier, 36, rue du sentier. francis engagé 8e chasseur cheval, garnison tarbes, bien portant. — Jonier. |

Lisieux. — M. Brécheux, 3, rue provence. tous parfaite santé. reçu lettres. lisieux non envahi. — Amélie Brécheux. | Loysel, rue des moulins, 15. suzanne plus mal, ses trois médecins ont peu d'espoir. tous deux allons bien. — Laisney. | Albert Liouville, ministère des finances. suzanne décédée presque subitement le 25 octobre. prévenez Loysel avec ménagement. répondez-moi. — Laisney. |

Cannes. — Boissaye, comptoir d'escompte. réunie à camille, cannes. tous bien. — Boissaye. |

Brives. — Godchau, croix petits-champs, 33, paris. main guérie, santé parfaite. reçois vos lettres. — Louys. |

Chambéry. — Tournès, 76, charlot. après sedan, armée loire. le 11 nommé capitaine dépôt. repars dimanche. écris chambéry. émile capitaine keratry. — Tournès. |

Annecy. — Parsenal, capitaine, 119e de ligne. tous parfaitement. j'écris aussi alphonse. — Charlotte. |

St-Julien. — Favalleli, rue d'assas, 54, paris. écrivez-moi vite. détails, dites edmond, louise fournier, un fils. — Charlotte. | Cottinet, chaussée-d'antin, 22, paris. allons tous bien. louise à un fils. — Benjamin. |

Sancerre. — Dansse-Lepelletier. viens sitôt libre. sancerre réponse. — Louise. |

Loches. — Mézières, professeur, boulevard st-michel. mettez tout en œuvre pour donner nouvelles. voyez leflo. — Paillart. | Lacharrière, médecin. institution des sourds-muets, rue saint-jacques. journaux disent succombé, point de lettres. écrivez sans relâche. voyez leflo. — Paillart |

Toulouse. — Delpech, aumônier, 2e armée. santé de tous bonne. envoyé 6 lettres. toulouse tranquille. — Stombeline. | De Planet Dufresnoy, 3, passy. tous bien portants. georges blessé, convalescent périgueux. reçu lettre. envoyée 8. — Thérèse. | Martin, sergent, 4e compagnie, 2e bataillon, mobile hérault. inquiet, écris-nous. — Isidore. | Payen, boulevard st-germain, 13. recevons lettres. enfants jamais malades. province toujours tranquille. oscar tarbes edmond mobilisé. maman toujours bordeaux. — Payen. | Fay, st-dominique, 21. reçu lettre. a toulouse en bonne santé, boulevard napoléon, 18, fais philosophie. — Paul. | Ritt, rue berlin, 14, paris. 1er décembre. sommes bien, avons vos lettres. mille tendresses. |

Eu. — Brouardel, 12, écuries-d'artois. allons bien à eu. amitiés. — Brouardel. |

Vire. — Haye, rue belleville, 17. familles vire, bénibocage, larocheguyon, bonne santé. réponse. — Haye. | Guilbert, rue monsieur-le-prince, 4. tous bien. reçu 13 lettres. édouard, léon convalescents. vire, émile banquier, vire, boyards passay. — Guilbert. |

St-Pierre-sur-Dives. — Aumont, 10, boulevard, bonne-nouvelle. thiéville tous bien. — Aumont. |

Clermont-l'Hérault. — Boussin, faubourg poissonnière, 46, paris. prenons grande part à votre malheur. plaignons madame bardout. soyez résignés pour elle. — Lugagne. |

Rennes. — Lory, 35, saint-pétersbourg. écris à henner par ballons. — Bathilde. | Commandant Dulezerseul, commandant le 1er bataillon mobiles d'ille-et-vilaine, à ivry, paris. nous allons tous bien. — Marie. | Merché, archiviste cour des comptes. prière donner nouvelles paris, belleville, écrire plusieurs fois ballon. rennes, 19, rue chicogné. — Surville. | Fauque, 21, bouloy. Sirot bien portants, inquiets, écrivez. rennes, 6, quai saint-yves. — Sirot. | Gaibrun, 63, turenne. famille bien, général hambourg, exportation angleterre défendue. quantité troupes, grand espoir, mon ballon étude tours. — Miniac. | Labourdonnaye, officier, 3e bataillon ille-et-vilaine. tous bien, bréon aussi, reçu lettres, dernière 16 novembre. — Labourdonnaye | Bloch, 3, chaume. santé bonne, depuis un mois pas lettre, inquiète. — Claire. | Denis, lieutenant 4e compagnie, 2e bataillon mobiles ille-et-vilaine, paris. tous bien, tes dernières nouvelles 2 novembre, antoine en congé. — Denis. | Grooters, 117, rue montmartre. nous portons tous bien, je reçois quelques lettres de vous, continuez nouvelles, alexandre maison intacte. — Grooters. | Léveillé, télégraphes. famille Léveillé bien, informer barbe lor, sergent 3e bataillon mobiles ille-vilaine, sa famille bourgeoy, lécuyer, ploger bien. — Léveillé. | Desessars, 18, françois 1er. bien portants, rennes, 5, rue lafayette, au tré besoin de rien. — Lachapelle. | Charpiot, 14, chauveau-lagarde. mad dupré, nous bonne santé, donnez argent morin, jeannette meunier concierge rue Marseille.— Walet. | Lanjamet, sergent mobiles rennes, ivry, paris. tous bien, pensons bien à toi, embrassons, écris souvent, pas nouvelles depuis 2 novembre. — Lanjamet. | Roussigné, 89, rue saint-lazare. tous bien portants, recevons lettres. — Marie. | Masson, 107, rue grenelle-saint-germain. mille amitiés, reçu lettres, écrivez à rennes, rue des trente. — Louise. | Sauvage, 11, chaussée-muette. passy. amitiés affectueuses, merci des lettres, la colonie va bien. — Louise. | Hellot, 45, chaussée-d'antin. tous bien portants. dupattel aussi, heureuses savoir dépêche parvenue, dire alexandre écrire. gaston caporal landerneau. — Louise. | Tesu, 29, madame. 30 octobre, jules santé parfaite, écrire à j de b. prisonnier de guerre, capitaine, mayence, poste restante. — Bricon. | Friedberg, 20, poulletier. charles, ernest prisonniers bien portants darmstadt. — Moizard. | Cally, 6, rue de l'aiguillerie. famille cally. picart, héloin, laverne, alexandre gallé, bien portants, embrassements, lettres reçues, écrit souvent. — Picart. | Vrignault, 49, rue des batignoles. louise, rené parfaitement. — Vrignault. | Mancel, 16, place vendôme. seule mieux, vite argent, pas crédit, reçois lettres. rennes, hôtel jullien. — Mancel. |

Angoulême. — Havard. 5, nicolas-flamel. grande nouvelle, vive inquiétude, pensons père, travaille bien, cinq lettres reçues, lettres dépêches envoyées, baisers. — George. | Romand, 53, boulevard invalides. reçu lettre ici, arcachon bien, georges parfaitement, assurez près mourier position charlemagne, vivent paris, trochu. — Edmond. |

Rouen. — Ameline, grenelle-st-Germain. 89. debout. — Ameline. | Théron, rue duphot, 18. Henriette bruxelles, boulevard botanique 29, demande longues lettres, tous bien portants, clermont aussi. — Fréret. | Lenud, rue st-martin, 4. deuxième dépêche, allons tous bien, nous travaillons. petite fille superbe santé. Ernest reste pour fourniture. — Pauline | Renaud, scribe, 7. famille porte bien, voir Marie. — Bourgeois. | Ollive, 8, bleue. merci pour lettre du 30, santés de tous bonnes ici, quatrième dépêche envoyée pigeon, 4 décembre. — Chouillou. | Maucourt, 2, tournon. rouen tranquille, reçoit lettres. — Demaen. |

Lussac. — Tiberghien Ackermann, grange-batelière, 12. merci des deux lettres, bien portants, attendons impatiemment délivrance paris. viendrez après vous remettre à Lussac. — Sévérac. |

Brives. — Devaux, beaumarchais. 68, paris 28 lettres, tous bien portants, Georges envoyé portrait, heure sa démission, nourrit Jacques. — Ernestine. | Dejean, rue Navarin, 21. bien, Alfred régiment carcassonne. — Jenny. | Salvandy, 30, rue cassette. toujours bien partout. — Rivet. |

Tulle. — m. Tallois, 14, rue filles-du-calvaire. moi, Camille, Albert, Maurice allons bien, ai argent. reçois tes lettres. — Céline.—

Aubusson. — Maujan, rue flandre 119. portons bien. pas ennemis étonné, tu reçois pas nouvelles Maximin va école, à bientôt, embrassons. — Maujan. |

Pau. — pau 4 décembre, Béhier, 10, antin, bonne santé, inquiète, pourquoi aucune lettre d'Augustin. — Madeleine. | Guillaume, neuve-st-augustin, 47. pas inquiétude, tous bien. rien ne manque. reçu dix lettres, écrit cinq lettres, carte 27, envoyée; courage. — Z. Dabadie. | Palézieux, provence, 46. inquiète de votre santé, donnez des nouvelles. enverrez coupons marseille, moi et bébés bonne santé. — Palézieux. | Ploix. taranne, 10. santé générale parfaite. Alice rhumatisme pied, guérie. André. Robert superbes. — Lemesle. | Léger, 4, rue de tournon. santés bonnes. enfants travaillent. Marie catéchisme, piano. écrivons quotidiennement. envoyons fréquentes dépêches, habitants montreux bien. — Leger. | Paris, m. Legendre, boulevard beaumarchais, 50. allons bien, recevons lettres, espérons, t'embrassons.—Louis. | général Renault, deuxième armée paris. faites donner vos nouvelles à Elise et à pau, hôtel france. — Seydour. | Nassieu. employé télégraphe, paris. moi reçu deux lettres, parents trois, famille bien. courage, délivrance approche. — Nassieu. | Pepin Lehalleur, 14, castiglione. bien portants. oncles ici pau. — Jeanne. | Prieur, 17, bergère. remise trente mille francs sur banque coloniale du trente un août est-elle payée? réponse. — Merillon. | madame Boullon, trente-un, saint-georges, paris. tous bien pau. — Boullon. | Monteaux, boulevard montmartre, paris. habitons pau, prenez provisions placard antichambre hortense bien, chargement parvenu, madame Blanquet arrivée Jaudus bien. — Benjamin. | m. Janin, rue st-lazare, 86. bien portants, mère à pau, Henri volontaire au 3e chasseurs à cheval, dépôt tarbes. — Janin. | Renaut, 62, neuve-petits-champs. pas une lettre de bureau depuis septembre. écrivez deux fois semaine hyères détails, affaires. publiez journal. — Delorme. |

Maubeuge. — Drevet, rue d'angoulême du-temple, 25, paris. sommes avec madame Drevet maubeuge, vos enfants angleterre. tous bonne santé, courage, patience. — Horrie. |

Bayonne. — madame Pedrotta, 24, rue truffault, paris. écris donc, tous bonne santé. — Marie. |

Toulouse. — Pottecher, 56, chopinette. nous sommes par ces bonnes nouvelles tourmentées de toi, écris nous de suite si tu peux. — Deuzet. | m. Manon, rue varennes, 28, paris. tous bonne santé. — Manon. | Loreau, 77, rue st-lazare, paris. mère, fils, nous parfaites santés, nous écrivons souvent genève. reçu samedi carte Bonnet. — Loreau. | Loreau, 77, rue st-lazare. un fils 8 octobre. Léné à nourrice, relevée en quinze jours. — Loreau. | Vanderberghe, 162, rivoli, paris. allons tous bien, reçu tes lettres, dépêches envoyées déjà. Blanche fils, nouvelles Eugénie 21 octobre. — Vanderberghe. | Sarassin, 37, rue château-d'eau. sommes à bruxelles rue étuve, 41. nous, Léopold, bien portants. lettres reçues. — Picard. |

Le Mans. — gouverneur crédit agricole, 19, neuve-des-capucines. agence bonne situation, détails plus tard, valeurs, registres déménagés. recouvrements insignifiants, prorogations paralysent remboursements. gagné procès lacoste, dont faillite interjette appel poitiers. — Richard. |

Dieppe. — Helbronner, 7, rue aumale. tous parfaitement, ton père aussi, emploie tous moyens pour mettre Achille intendance ou bureaux guerre. — Saintpaul. | Gosset, sergent-major, 50e régiment, seine-inférieure, 4e bataillon, 7 compagnie, paris. tous en bonne santé, écrivez — Lannoy. | Quinier, 31, vieux-colombier. mortellement inquiets, écris ballons. — Viollat. | Lebon, rue de Chabrol, 30. cinquième dépêche. tous très-bien portants, ton père à dieppe. — Aline. | Ronot, richelieu, 89, paris. Berthe écrit, Hippolyte prisonnier, bonne santé. — Petit, dieppe. | madame Berteaux, 29, avenue champs-élysées. Georges, Hélène, Aimée, Georges, Henri, tout le monde parfaite santé miromesnil. — Aimée Cazier. | Anxionnaz, 13, rue bondy. suis toujours dieppe, vas bien, écrivez plus souvent, prévenez ma sœur. — Auschütz. | monsieur Desfontaines, 25, boulevard bonne-nouvelle. santés bonnes. dieppe : détails sur familles, maisons. concierges, domestique. — Desfontaines. | Gibelin, rue sorbonne, 18. tous santé parfaite. — Gibelin. |

Elbeuf. — Heumann, 24, des écoles. reçu nouvelles Amédée Coblence, santé, tendresses. — May. | Defrémicourt, mobile, 3e bataillon, seine-inférieure, 7e compagnie. ta dernière lettre 4 novembre, écris, fabrique famille bien, argent Berteche. — Defrémicourt. |

Rochefort. — Millon, 10, saussaies. tous bien royan. — Millon. |

Grasse. — Morgand, capitaine, 7e régiment marche, premier bataillon. inquiet, réponse. — Morgand. |

Antibes. — Saint-Hilaire, rue bréda, 15, paris. allons bien, lettre Jules prisonnier. — lablanchetais. | Garnier, 8, rue braque. faites emballer, portez chez vous potiches grandes chimères de salon et boudoir éléphant, cuivres lerolles. — Desgranges. |

Nice. — Durenne, 30, verrerie. reçu lettre aix et autres. tous nice bonne santé, calme parfait, ressources assurées, ton père bruxelles. — Durenne. | Méja, bons-enfants, 24. votre Paul, rives, lyon, nice. tous bien, tranquillité partout. — Aubert. | Sabatier, 35, reine-hortense, paris. sommes à nice 17, promenade anglais, bonne santé, reçu vingt lettres novembre. — Hélène Sabatier. | Autier, 28, rue drouot, paris. reçu lettre 19, rachetez découvert, tous en bonne santé — Bellone. — monsieur Drouet, chaussée-d'antin, 12, paris. répondu à votre lettre : non. reçu lettre, santé bonne, bientôt à nice. — Rivoir. | Masson, grenelle-saint-germain, 101. prenez nos provisions, demandez nos clefs à Merlin, concierge Charlon donnera adresse. — Malleval. | Quillet-Saintange, commandant mobiles melun. prière donner nouvelles capitaine lambert. — lambert. | Chabaud, 22, boulevard beaumarchais. santés bonnes, reçois souvent lettres, arrivée nice 10 novembre. hôtel Jullien, 30, Pastorelli. — Chabaud. | Cavalier, 71, rue monceau. sommes nice, reçu lettres, allons bien. — Berthe. | Girard, ferme-mathurins, 20. père, mère bonne santé, demandent nouvelles, mille amitiés, cher fils, nice juillet. — Girard. |

8. Pour copie conforme :

l'Inspecteur,

Bordeaux. — 1 décembre 1870.

Nice. — Burat, miromenil, 81, paris. nous arrivons bien portants à nice, quai midi. monceau inquiète, mais encore tranquille. — Burat. |

Granville. — Eugène Nosilles, 6, passage saulnier. Henri travaille, souhaite fête mère, famille santé parfaite, température supportable, granville paisible. — Céline. | Delahaye, richer, 50. familles Delahaye, Dumez, Haussmann, santé excellente. — Delahaye. | Virey, 142, rennes. santés bonnes, troisième pigeons, écrivez, quinze jours sans nouvelles, embrassons tous Esther. — Debonfeuille. | Tétedoux, 85, rue martyrs. aucune nouvelle, reçu gaz octobre seulement, tous allons bien. — Tétedoux. | Bouley, 65, monceau. recevons lettres, bien portants à limoges. reçois-tu loyers? vends cheval, garde meilleur. — Bouley, jersey, poste restante. | Bouley, 65, monceau. ici depuis 23 septembre, tous bien portants, bien installés, pas froid, manquons pas argent. — Bouley, jersey. | Bauguies, 7, peu hièvre. Dernière louviers, Maurice pétersbourg, Arthur rouen. — Marguerite. |

Mont-de-Marsan. — Martelet, blanche, 62. mère, filles bien. — Marie. |

Vire — Gallet, 217, rue saint-honoré. santés excellentes, Paul graverie, pays calme. recevous lettres. — Collas Pillet. |

Tarbes. — madame Ravaisson, au louvre. bien portants tarbes, écrivez nouvelles et si mon mari est mobile. — Marie Poussielgue. | Fauré. 45, des missions, santé, espoir. albert à bourges. — Fauré. | de Raucourt, commandant 2e bataillon douane, rue malte, 64. tous bien. Jean magnifique. — Marguerite. |

Toulouse. — Maurice Chaulin, 15, chaussée-d'antin. allons bien. reçu lettres. — Hippolyte Clarens. | Edouard de Lissès, 17, rue raynouard, passy. donnez nouvelles vous voici, mon adresse chez Foucaud, st-juéry, près alby. tarn. — Emilie. | Chandelet, 6, thévenot, paris. bonne santé, lettres reçues, nous toulouse, parents pontoise. — Chandelet. | Godefroy, 85, charlot, paris. bien inquiète, empruntez je rendrai, demandez protection, Bonvalet aime, embrasse. — Nina. | Gustave Houdart, rue drouot, 4. donnez nouvelles à père hôtel faucon, lausanne suisse et chez Destrem rue pomme, toulouse. — Nouguier. | Moussu, tronchet, 29, troisième dépêche, tous bien, bon espoir. — Pauline Moussu. | madame Dindy, 7, avenue villars recevons lettres, occupés de vous, affections. — Givelet. |

Hendaye — Delahaute, 3, rue antin, paris. tranquillité. baisse sur crainte résiliation contrats. Moret remplacera Figuerola. il désire vous voir ici. — Cabezas. | Delahaute, 3, rue antin, paris. Aoste accepte couronne, ministère cherche argent coupon. un nos amis londres arrivera pour cela. — Cabezas. |

Coutances. — Vatel, 13, richer, paris. bien, embrassons tous. — Vatel. | Rapilly, quai malaquais, 5. Amélie, Pauline, nous portons, sommes bien. | Rihouet, 42. ferme-des-mathurins. recevons lettres, coutances, trouville, Madeleine bien. Georges lycée, Louise charmante, courage. — Rihouet |

Bayeux. — Benoist, laffitte, 43. bayeux. Arnal bonne santé. prévenir Camille. Léon Bachelier. — Léonie. | Robert. 16, rue notre-dame-des-victoires. tous bonne santé, bayeux, route de port. — Soufflot. | Petit, palais-royal, ville amiens. châtillon. Arromanches bien portant, inquiet, écrivez. — Peret. | Lehodey, 48. basse du rempart. Arromanches, londres tous bonne santé. Prieur écrive. — Bailly. |

Bacqueville. — Crespy, garde génie, fort vincennes, pour Cauchois. dire Bourel parents bonne santé, demandent lettre de même les vôtres vus. — Bourel. |

Tréport. — Fortier, banque france. votre mère va bien. — Charles. | Lefort, 130, rue faubourg-poissonnière. bien portants, embrassons Léon, donner Dogimont cent francs, Schmidt soixante, récrivez. — Lecoq. | Gaucheron, 5, rue ferme-mathurins. allons bien, sommes tréport. — Nigon. |

Dieppe. — Jeuch, 10, rue montholon. santés bonnes, dieppe toujours tranquille jeuch, Lecomte, Heuzey, 28 novembre. | Hallez, rue florentin. bonnes santés, tendresses. — Hallez. | Goudchaux, 16. rue banque, envoie carte, excellentes nouvelles Edmond. — Rosalie. | Defrémicourt, rue des martyrs, 46, apprenons indirectement Irénée malade. nous écrire immédiatement. prendre argent chez Berteche. — Defrémicourt. | madame Blondel, st-périne, auteuil. bien portants. — Céline. dieppe, 27, aguado. | Renard, boulevard italiens, 2. prudence, fils pochaine, attendre pour venir. routes pas sûres, santés bonnes, dieppe tranquille. — Caroline, Ernestine. | Jean Watt, 15, gare ivry. inquiétude, envoie lettres. — Malvina. | Champré, 74, notre-dame-des-champs. oui, lettres bien, envoie cartes, sept élèves. — Claire. | Buquet, faubourg saint-denis, 208. tous santé, Bourgeois déménagé. — J. Bourgeois. | Dufour, 47, rue taitbout. reçu lettres, santé bonne. — Dufour, dieppe. | Mailly, rue rivoli, 222. prière donner nouvelles Gaspard, éclaireurs Franchetti. — Dauvet. | m. Robine, faubourg montmartre, 77. reçu que 300. Vivier prêté six, Jeanne vaccinée. tous bonne santé. | Dieppe, veuve Robinet. | Donnaud, 12. rue entrepôt. bien portantes, reçu argent, dire sauvage, aussi dépêche. — Laugier. | Courot, 5, cléry. tous bien portants londres. — Courot. | Biencourt, 67, saint-dominique. dieppe tous bien portants. — Valentine. | Normand, 39, notre-dame-de-lorette. enfants superbes collége, Gustave sain, prisonnier hambourg, reçu six lettres. halle aux blés un dieppe Franziska. — Franziska Normand. | Joseph Lusson, rue laval 21, trois lettres Lucien, toi rien depuis 30 septembre. écris donc trois fois semaine. — Lusson. | Brisset. 4, rue du phot. sommes tourmentés avoir pas nouvelles. écrivez-moi à elbeuf. rue royale, immédiatement. — Huet. | De Belleyme, paris, rue royale Auguste bien portant hambourg. — Dumas. |

Perpignan. — Mouchel, 10, commines. salue tous, chevalier envahi, suis caporal d'armement, adieu. — Olivier. |

Limoges. — Dorat, commandant d'artillerie 1er corps 2e armée. tous bien. — Léonie. | Mme Paupe, babylone, 68. jules, papa, brie, victor soldat. tous bien, avons nouvelles, écrivez, julie, alfred aussi. — Boucreux. |

St-Pierre-d'Oléron. — M. Pinet. 7, rue savoie, paris. allons bien, vous ai envoyé lettres et depêches. — Marie. |

La Ciotat. — Mme Buisson, rue malord. 27, gros caillou. lettre antoine, prisonnier mayence, santé bonne, toute famille parfaite santé. — Buisse. |

Cognac. — Thomas, rue bleue, 17. famille fierfort et dagonet bien portantes, inquiètes, écrivez souvent à cognac, transmettrai nouvelles à condé. — Leclerc. | Lecoq, rue pont-de-lodi, 6. 3e dépêche, sans nouvelles depuis un mois, pourquoi? inquiets, écrivez. — Bonniot. |

Libourne. — Lataste, rue de la sorbonne, hôtel rollin. reçu lettre, sommes bien louise aussi. — Lataste. | Doucet, 21, rue de la paix cadarsac, santés parfaites. — Mathilde. |

Angoulême. — Courtaud, hôtel Louvre. portons tous bien. reçu argent blazer. — Boucheron. |

Le Blanc. — Grognet-Dujin, 226, rue grenelle-st-germain aucune lettre, désespérés, écrivez chaque ballon. voir briffaud, fera parvenir, pas sortir. — Lemaire. | Mader, 3. rue béranger, paris. merci, approuve tout, confions Xavier à Dieu. henriette, tous bonne santé, dire caroline écrire. — Tellot.

Vendôme. — Trannoy, 162, st-dominique-st-germain. bien portant, suis sous-lieutenant, vais orléans. — Louis. |

Arcachon. — Mathias, rue dunkerque. emma, anna installées séparément. lettres 20, émile décoré, de cœur avec vous. chacune santé exceptionnelle ment bonne. — Petit. |

Alençon. — Daguin. 5, geoffroy-marie. santés bonnes, soignons marcel fortement rhumatisé, alençon, 3 décembre. — Louise. |

Saint-Sever. — Lefranc, 12, helder. tout, brans, marsan, belay, arcachon bien, reçu lettre 30, donnez nouvelles david. — Elvige. |

Saint-Jean-de-Luz. — Malleval, 8, rue Jeuneurs. tous bien portants, célina à Pontoise. — Domage. | Bache, état-major. 9e secteur. santés bonnes, avons argent. lettres reçues. — Louis. |

Nîmes. — Norberg, beaux-arts, 5 allons bien, travaillons beaucoup, maison conservée, catalogue aussi, — Norberg. |

Lodève. — Directeur de la nationale, incendie, rue grammont, 13, paris. demande autorisation, renouvellement, police 7,116. — Brun. |

Larochelle. — Daudin, boulevard beaumarchais, 45. nous ferté rivière, boscher, édiève, bonne santé, gibier, montres ici, jeanne, henri poitiers. valery engagé. — Gibier. | Lecaron, rue d'argout, 37. famille lécarron gellé, bonne santé, reçoit vos lettres, habite maintenant bruxelles, rue stassart, 69, belgique. — Daudin. |

Annecy. — Collot, 5, blanche, paris. embrassons toi, tante, charles. sommes genève. bergues bien portants. — Eugénie. | Tissier, rue richer, 1. moi, louise, théodore, léon. allons parfaitement, sœur, mère aussi. demey mort, héritons, pas le dire. — Hélène. | Michelant, 12, boulevard beaumarchais. reçu six lettres ballon. bronchite depuis octobre. vu médecin, santé meilleure. serais heureuse sans inquiétude. — P. Guillet. | Barron, rue richelieu, 112, paris. reçu trois lettres, merci, bien portante, espérance en Dieu pour délivrance prochaine. mille amitiés. — Victorine. |

Sables-d'Olonne. — Maraine, 81, boulevard st-michel. tous bien sables d'olonne. donnez encore nouvelles de tous. — Racle. | Roullot, rue berlin, 16. tous bien, sables-d'olonne. donnez bonnes nouvelles. nogent à mellanville, étienne. — Ponthieu. |

Issoudun. — Hutin, avenue d'italie, 124. tout va bien. — Hutin. | Coudereau, rue montmartre, 18. famille coudereau, lienne loevski. allons tous bien, charles edgard orléans, armée loire. embrassons. — Veuve Coudereau. |

La Bouille. — Bonneval, 43, luxembourg. soqnence, deauville, raoul, luçay bien, dis chantal. — Mère. |

Riom. — Gaubert, boulevard denain, 8. envoyé lettres télégrammes. vu orléans, capitaine françois avec coquard. prends provisions, caves, granges. embrasse, espoir. — Gaubert. | De la Roque, 5, balzac. prisonnier ehrnbreitstein, inquiets. écrivez ballon monté, transmettrons. — De la Roque. |

St-André. — Grand faubourg poissonnière, 14, paris. reçu six lettres. allons bien. — Bancilhon. |

Trouville-s.-Mer. — Ronseray, 19, ruelille. tous bien portants, vie calme, lettres reçues. embrassons. — zénobie. | Georges Marchand, 3, saussaies. vais bien, toujours à vasouy. — Marchand. | Mme Jolly, rue val-de-grâce, 9. vive sympathie et prières. courage, confiance. inquiets de vous, sans nouvelles longtemps. allons bien. — Caroline. |

Lons-le-Saulnier. — Mérat, st-pétersbourg, 49. besson. salgret, andré, neuchatel, chantepie, lons-le-saulnier bien. manquons rien, recevons lettres, emprunt non payé. manque titre. — Mérat. |

Trouville. — Risser, 19, rue moscou. reçois nouvelles. embrasse-vous adélaïde. triste écrivez. trouville, rue bon-secours, 24. — Lamare. — Larribe, 23. rue st-lazare. reçu nouvelles, bien portante. écrivez trouville, rue bon-secours, 24. — Lamare. | Piège, rue montmartre, 146. bénerville, 30 novembre. merci. approuve tout, allons bien. écrivez. — Deleuze. | Chauchat, 66, basse du rempart. trouville, famille bien. émile charlotte ensemble. escorpain bien malgré invasion. — Marie. | Delaunay, 8, rue favart. bonne santé rhumatisme mieux. trouville, 23, rue paris. — Delaunay. | Glandaz, boulevard madeleine, 9. santés parfaites, mahler aussi. recevons lettres, écrivez. trouville, 30 novembre. — Marie. | Vingtain, 37, taitbout. ta femme est accouchée lundi très-heureusement un garçon. vont parfaitement, enfants aussi. trouville, 30 novembre. — Charles. | Badin, richelieu, 112. avons écris souvent. dites à thibaut, à cécile, aux concierges, d'écrire une fois par semaine. — Lançon. | Plocque, 41, rue st-georges. santé parfaite, confort. correspondons trouville. lettres reçues. london 12 york setreet, portman square, 30 novembre. — Plocque. | Delaunay. 33, rue joubert. neaufles, beauregard vont bien. mina fille, fernand delaunay. écrivez, on reçoit lettres. très-inquiets. — Guesnier. | Mabille, 87, avenue montaigne. reçu lettre marie, 6 novembre. inquiets. pas voir ton écriture, écris tous les jours. — Mabille Trouville. | Jametel, vivienne, 53. suis bruxelles, avenue louise, 100. tous parfaite santé, recevons lettres. parmentier très-obligeant laure tréport. — Jametel. | Jodon, boulevard italiens, 34, tous bien, trouville. faut-il quitter turner, nous demande. persan va bien. amitiés tous. — Jodon Chardin. |

Millau. — Wertheim, 24, richer. reçu deux lettres bielefeld carlsruhe, demandaient renseignements usine, avoir répondu manque argent, usine arrêtée, écrivez-moi. — Schaefer. | Schaefer, de la glacière, 109. tous nous portons bien, françois toujours millau. si forcé partir, vous télégraphiera. écrivez-nous plus souvent. — Schaefer. |

Grostheil. — Doinet, 4, richer, paris. lettres suivent toutes deux négrier, 27 septembre, nouvelles bonnes. — Deshayes.. |

Ferney. — Bapst, 17, neuve-st-augustin, paris. resterons genève ernestine st-raphael (var). tous et sophie vont bien, vous embrassons. — Gabrielle. | Collot, montorgueil, 27. bonne santé tous, nouvelles breurey 4 octobre, reçu lettre bursier. on nous a prêté argent wiscemane. — Dorschied. | Violet, 36, rue tronchet, paris. allons parfaitement, raisonnables, jeanne dit papa, connaît portrait, bonnes nouvelles père, dire bouglé écrire. — Marie. | Casthélaz, croix-Bretonnerie, 19. lettres reçues, partout parfaite santé, charles chez rochette, tante guédin morte, ami amédique, zétter fabrique beaucoup. — Escuyer. | M. Bathier, 144, boulevard magenta. portons bien toutes quatre, reçu lettres. villa levrier, genève. — Bathier. | M. Canapville, 10, boulevard denain. portons bien quatre, recevons lettres, villa levrier genève, embrassons toi, bon papa. — Louise Canapville. |

Gex. — Charles Regard, 3e bataillon mobile ain. sommes bien, écris. — Victor. | Regard. télégraphiste, rue lille, 50. famille, amis tous bien. — Albert. | Elvire, 41, rue laffitte. donnez nouvelles manheimer, hôtel paix, genève. — Manheimer. |

Mézières. — Chevalier, quai grenelle, 61. nouzon jamais envahi, travail arrêté, atelier intact, urgence, envoyer argent par banque charleroi, situation difficile. — Bossin. |

Rouen. — Charles Bloch, mazagran, 18. nous et enfants parfaits. — Léopold Schvob. | Lethuillier, charlot, 56. portons tous bien, écrivez-nous. — — Lemonnier. | Coene, enfer, 94. portons tous bien, écrivez-nous. — de Coene. |

Grenoble. Chaper, malesherbes, 29. tous parents, amis, très-bien. cécile magimels, ambergasse aussi, réunis à grenoble tranquilles, recevons tes lettres. — Chaper. | Nau, 35, sentier. immense joie. remerciments montreuil. embrassons tous. — Armande. | Coriolis, rue grenelle-st-germain, 123. tencin, béziers, grenoble, tous bien, pensons beaucoup à vous. — Alfred. | Nugues, 48, Fabert. roger chez vous depuis deux mois. préviens père, tous vont bien, fanny aussi, compliments famille. — Blanc.

Dax. — Frantzen, rivoli, 94. écrivez par ballon, nouvelles de monsieur, madame vigier, nous inquiets. — Ballat, hôtel europe, dax (landes). | Lacoin, 33, bac. auguste espiègle, philippe loire, vrai soldat. — Guita. |

Domfront. — Bigot, 41, rue bourgogne, paris. allons bien. — Bigot. |

Granville. — Gay, vieilles-haudriettes, 6. tous bonne santé. schlossmacher bien portantes à cedrey. léontine fils, alexandre prisonnier, prusse. — Brochard. | Hoffsmith, chaussée-antin, 49. toutes bien granville avec protais, reçu lettres, écrit souvent, communiquez parents, bourbon, bourg bien. — Dehcaulme. | Paquet, 34, gay-lussac. reçu lettres. allons tous parfaitement, courage. — Anna. | Niquevert, avoué. granville. — Delle. | Lebon, drouot, 11. rien ne souffre nulle part, sauf certaines recettes, en baisse. — Pochon. | Lebon, drouot, 11. avons nouvelles chartres, service va bien. laisney, raillard, hallier partis, remplacés, bruneval, gruintgens appelés, remplacements, prévus. — Pochon. | Lebon, drouot, 11. dirige granville, rapports continuels avec longuère, rennes poste restante, communiquant encore avec usines, sauf chartres occupé. — Pochon. |

Nîmes. — Pagezy, lieutenant mobile hérault, pantin. bonne fête, vœux ardents, tous bien. — Clausonne. | Chevalier, tireurs ville paris, 4e du 2. reçue, tous bien, embrassons. — Chevalier. | Bailly, christine, 5. vincent, paul pernet, évêché mayence. marie collége prieuré, parents, amis allons tous bien. — Emmanuel. | Marie, sacré-cœur, couvent assomption, paris-auteuil. suis bien triste, pas nouvelles de vous, assomption va bien, pas mariée. — Blanche. | Jouve, dessinateur, 39, Chapon. ta mère morte. — Azan. | Blanc, 14, quai béthune. vaunage six à sept, montagne sept à huit, vieux cinq à sept, futailles vingt-huit. — Benezet. | Richard, 3, montagne-ste-geneviève. recevons tes lettres, allons tous bien, désolés de ne pouvoir rien pour toi. écris souvent. — Louise, octave. |

Le Vigan. — Lapeyrouse, varennes, 77. reçois lettre 13. bonne santé, charles exempt, rené resté, tessan, dufau, joseph, sicard mobilisés. — Lajudie. |

Angers. — Bourgoing, 25, astorg. chèques face opéra paix, montrez télégramme cent francs pour larivière, reçu. écrivez. — allaintargé, préfet bordeaux. | Charpentier, 47, boulevard sébastopol. sommes angers chez mourgault, tous bonne santé, ai envoyé dépêche 22, reçois lettres. — Clémence. | Barbier, louis-le-grand, 3. 3e dépêche, tous trois bonne santé, appris victoire paris, courage! espoir! bailly vont bien, million tendresses. — Léonie. | Marconnay, 50. basse-du-rempart. aucune nouvelle de toi, inquiet, écris angers, vais bien, vous attends, embrasse. — Alfred. | Lelièvre, n.-d.-des champs, 35, paris. familles autour de nous vont bien, lettres ballon reçues partout, rien ici. — Lebiez. |

Montpellier. — Madame Boerio, 26, bertrand. oscar général, eulalie bien, tristan prisonnier cassel, écrivez montpellier, tendresses. — Ernest. |

Azille. — Nicolas, 22, paradis-poissonnière. impossible traiter limite, vins premiers douze, derniers six trois-six cinquante-deux, cherche traiter mieux. — Sanches. |

Le Neubourg. — Lamboy, 156, faubourg poissonnière. santés bonnes, vexin réquisitionné, andelys défendus, département envahi gisors à breteuil, mesures défensives prises, tout espoir. — Lamboy. |

Valenciennes. — Cadol, 12, jacob. portons bien à bruxelles, rue toulouse, 34. — Berthe Cadol. |

Marle. — Perrot, 21, jacob, paris. sommes à ta-

Bordeaux. — 1 décembre 1870.

vaux, santé parfaite. — Hingray. |

Dunkerque. — Larivière, 1, rue labruyère. quitte tréport, à dunkerque hier, bonne santé chez capelle. — Larivière. |

Lille. — Moch, 11, rue enghien, paris. Edmond après séjour giessen, habitons carlshure, reçu vos neuf lettres, envoyez lettre par belgique. — Moch. | Cullier, 53, rue malesherbes, paris. souvenirs affectueux, évadé, commandant 17e chasseur, douai officier légion d'honneur, donnez nouvelles charles courtines. — Jacob. | Delattre, 51, st-lazare, reçu argent, comment va être lille, cassiége, ostende, mme soulie ici, allons bien, réponse. — Delattre. | Tournier, 42, assas, famille, enfants très-bien, manquent rien. — Henri. | Georges Guéroult, 59, amsterdam. quitté tréport, toutes bien. — Marthe. |

Blanc. — Pilloue, 38, grenelle-saint-germain. edmond prisonnier hambourg, lui, nous bien portants. — De Parseval. |

Clairac. — Madame de Bellomage, 34, rue montparnasse. par toulouse reçu bonnes nouvelles d'émile de dusseldorf. | De Ferray. |

Bourges. — M. Bourradon, boulevard michel, 83 bonnes nouvelles de henri par delatte, tous deux prisonniers. bourges, 3 décembre. — Jullien. | Madame Lokroy, 30, rue billault. adolphe ne pouvant correspondre avec vous, prend bourges pour intermédiaire, faites de même. — Jullien. |

Bayonne. — Jourcier, chef ministère finances. santés excellantes, seconde dépêche. — Laroche. | Sée, 17, bleue. santés parfaites. — Rodrigues. |

Oloron. — Gossein, 37, boulevard victor-hugo. télégraphié souvent, allons bien, oloron, serans, calais, trouville. — Caillau. | Champonnois, 8, rue jussienne. oncle craignant prussiens, suis à oloron, santés bonnes. — Maria. |

Arcachon. — Lance, 15, treilhard. ouvrir cave vin, allons bien, familles bachimont et colombel aussi. — Lance. | Naples, 13, treilhard. reçu ta lettre, prévenu mère comme tu demandais, à toi. — Millet. | Ravel, 77, blanche. arcachon villa buffon, quelles courtes lettres! comme c'est mal! quels reproches sanglants si pouviez voir. — Mady. | Torchon, 19, rue jacob. merci, feularde, père, femme, guéret mère, sœur, gros garçon, tous bien portants, espoir. — Caire. | Pitrat, 74, faubourg saint-martin. bonne santé, écrivez donc poste restante arcachon. — Caire. | Madame Berson, 49, faubourg poissonnière. tous bonne santé. — Ernest. | Pelleray, 17, croix-des-petits-champs. lettres reçues, écrivez encore, santé bonne, famille palyart aussi. — Pelleray. | Guillemet, 18, rue duphot. merci, bien portant à arcachon, écris. — Dejouy. |

Agen. — J. Villemin, professeur, val-de-grâce. reçu tes lettres, écrit déjà par pigeon, sois sans inquiétude, tous bien portants. — Villemin. |

Haguetmau. — Ducournau, pharmacien, 176. rue saint-honoré. sommes bien, courage. — Adrien. |

Tours. — Martin, pagevin, 3. santé bonne, loches, tours. — Martin. | Maillefer, rue hâvre, 10. saint-malô, ta mère, moi, allons bien, écris souvent. — Maillefer. | Ferry, mairie neuvième. portons parfaitement, embrassons, georges, jules. parents saintoin aussi. — Ambroise. | Godart, rue chaptal, 32, paris. ta femme, rue bouffard, 45, bordeaux, heureux accouchement; ton père, cours lavienville, 15, moulins. — Maurice. | Delarbre, marine. votre famille bien portante, familles duplomb, hourbeyre aussi, avisez duplomb, reynauld, amitiés à l'artillerie. desvignes, lacour, rigaux. | Grimpel, 97, haussmann. thaïs, alix, maxime, marguerite, georges, raoul, orion très-bien, recevons lettres, 3 décembre. — Alix. | Duplessy, bac, 93. santés excellentes à tours et port. — Charles. | Fichau, 7, greffuhle. rien nouveau bureau, foucault ici, écris. — Sirouy. | Fries, 19, marignan. reçu lettre ballon, auguste parti orléans, angéline, marguerite tous bien. — Sophie. | Delanauze, colonel, 16e dragons, vincennes. bonne santé à lescaut, écrivez toujours. — Blanche. | Deboirouvray, rue bruxelles, 21, pour colonel Delanauze. tout va bien à lescaut, écrivez toujours. — Blanche. | madame Allain, 10, rue Dieu. bonnes nouvelles dourdan, tous bien. — Marie. | Bouriat, 10, grenelle-saint-germain. toute famille bonne santé, félix resté mans, moi réfugiée saint-servan. — Bouriat. | Istace, 58, victoire. famille bien portante a reçu toutes lettres, sainclair vont bien | baron Soubeyran, place vendôme. faites savoir à eugène que, malgré sa lettre du 18, jules veut le voir. — Amparo. | Fiévet, 26, saint-dominique. santé bonne, lettres pas affranchies me parviennent pas. — Clémence. | Délacandrie, 16, pépinière. resterons jersey, bien, entourées, reçois lettres, santés bonnes. — Blanche. | Mlle Elisa, rue boulogne, 21. bien portants, informez si gauthier reçu dépêches, inquiets, écrivez par ballons, comment allez tous. — Davelouis. | Mme Kakosky, 29, trois-bornes. kakosky, signé capitulation libre, bien portant chez sa mère (côte-d'or), croyait vous y trouver. — Chigi. | Théodore Dévès, 4, rue bouloi. favier, dévès à st-médard depuis 1er octobre, toutes familles bonne santé. — Henri Franck. | Heymann, 12, chauchat. schloss. schayé, cornély, ganneron, worthing, tous enfants très-bien. athenaïs, marie, enfants bien. télégrammes nombreux. — Schloss. | Heymann, chauchat, 12. schloss, enfants, ganneron, schayé, athenaïs, marie, enfants, londres, très-bien, ont envoyé déjà beaucoup télégrammes. — Schloss. Worthing. | Péan, 124, boulevard haussmann. tous bien, donne adresse david, mamon villers, vincent. — Marie. | Bersier, 5, rue villelévêque. 28 novembre, tous bien jersey, bonnes nouvelles jenny et tous, reçu lettres, amis dévoués. — Henriette. | Deschamps, 31, haussmann. besoin nomenclature, prix, quantités, beaucoup autres affaires ici. mais présence ou crédit banque, urgents. — Viteau. | Nogued, 180, faubourg saint-denis. attends réponse à lettres et dépêches, ai communication avec bruxelles, besoin échantillons armes, zaoué marseille. — Viteau. | Bellegarde, 40 berlin. tours, santés parfaites, camille dusseldorf, arthur altona. flandin éteinte. — Marguerite. | Lemoine, lieutenant, 5e bataillon, 26e régiment mobiles, paris. familles très-bien, écris souvent, navires bien arrivés, ventes passables. — Lemoine. | Binder, 33, rue de Courcelles. décembre, sables et tours bonnes santés, famille demonjay, 31, neuve-st-augustin, sables, alice aucun besoin argent. | Mamony, ministère guerre. inquiet de mon frère, donnez nouvelles à lyon, famille entière bien. — Luuyt. | commandant delacornillière aux invalides. stanislas, sain, sauf hambourg. — Raphaël. | Magnier, 6, rue du louvre, paris. enfants santés toujours très-bonnes, breil, 3 décembre. — Blondel. | comtesse Nadaillac, 13, rue Raynouard, passy. merci nouvelles, vais bien, écrit souvent à tous, édouard, frédéric, meilleurs vœux. — Bartholdi. | Ministre, affaires étrangères. à bientôt. — Coulon-Reitlinger. | d'Anglade, affaires étrangères. femme, mère, enfants, tous bien à agen. — Chaudordy. | Pognon, 101, boulevard haussmann. femme, fille à granville. — Coulon. | Michel, 7, cadet. père, sœur à bordeaux. — Coulon. | Talendier, 6, chaptal. père, mère à lessay. — Coulon. | Hendlé, affaires étrangères. famille va bien, boulogne. — Coulon. | Renault, 76, rue de la victoire. femme à avranches. — Coulon. | madame Wugk, 22, rue Lacondamine louisa parfaitement bien, veuillez vous charger de mon appartement, montrez ceci à mon propriétaire. — Montbrun. | madame Bailly, 7, rond-point, champs-élysées. journal dit propriétaires assurer maison, incendie, siége, assurez miennes, voyez notaire, avoué. — Duberbret, gand (belgique). | Grivot, rue université, 38. grenoble, nous portons tous bien. — Lavollée. | Roché, capitaine, 42e ligne, paris. famille bien portante, pas souffert pendant envahissement de pont, sens, rien ici. — Louis. | Metivié, 23, rue buffon. santés parfaites, reçu 22 lettres, aucune depuis 6 novembre — H. Brun. | Devismes, rue varenne, 21. nantes, valognes, saint-germainlangot, où suis, bonne santé, tranquillité, bertrand prisonnier, alonce engagé, jean artilleur. — Jobal. | Amé, ministère finances. edgard boulogne, tous bien. — Roy. | Senneville, jacob, 3. lagrasse, lille, tous bien. — Roy. | Laborie, pré-aux-clercs, 9. tous parfaitement, galichon clermont. — Emilie. | Delamotte, petites-écuries, 56. donnez nouvelles de rue rougemont, souillac. — Soulery. | Dolivier, caumartin, 23. poitiers, famille bien, écrit hôtel bordeaux, tours. — Maisonobe | Ducros, cardinal-fesch, 2. arrive à tours prendre service militaire, envoyer certificat constatant aptitude et honorabilité. — Lebrun. | Depaul, 46, jacob. renvoyez antoine, payez gages jusque 1er janvier, vendez le cheval, allons tous bien. — Delamarre. | Viart, rue affre, 10, chapelle. toujours lyons, toujours bien. — Clara. | Corbin, rue lafayette, 78, trouville, tous bien portants, reçu 60 lettres. — Adrienne. | Louis Berthoud, rue richer, 15, paris. allons tous bien à soimbacour et fleurier, reçu 10 lettres, mille amitiés. — George Berthoud. | Chatonay, boulevard haussmann, 115. nous allons toujours bien, les garçons travaillent, nous sommes calmes, soyez sans inquiétudes, tendres baisers. — Chatonay. | Alphonse Duvernoy, 15, faubourg poissonnière paris. votre famille va très-bien. — Léo. | Dancourt, 16, rue jean-goujon, paris. bonnes santés partout, donnez nouvelles de vous, charles, etc. — De ouet. | madame Janssen, rue labat, 21. beau voyage, porte bien, port marseille. faire part académie. — Janssen. | Loze, 12, petites-écuries, paris. écrivez tours, boule-d'or. — Bourgain. | Chesnier, saint-dominique, 190, paris. écrivez madame étienne. restante folkstone. — Gustave. | Dubois, 36, rue bourgogne. reçu lettres, merci, écrivez souvent. — Minart. | Philippon, 20, rue bergère. sommes en bonne santé, reçu lettres, sommes hôtel victoria, aigle. — Philippon. | Jousset-Olet, furstemberg. norberg strasbourg se charge principaux registres receveurs, percepteurs, familles bernard, meunier, laforest parfaitement. — Monniot. | Lamy, royale-saint-honoré, 10. suis bruxelles, avec camille, avenue louise, 100. tous bien, préviens ernest. Lamy. bonnes santés, amitiés. — Emile. | Jouanneaux, 6, régis. anselme, grand'mère, bonne santé, richelieu. — Chauvigné. | Bossareille, état-major 1re division. mère va bien, victor angers, tes lettres tardivement, impossible pour les nôtres. — Chauvigné, capitaine. | Jametel, 53, rue vivienne. suis bruxelles, 100, avenue louise; laure tréport, lamy ici, tous bien, recevons lettres, parmentier obligeant. — Jametel. | général Blanchard, gare montparnasse. allons bien, enfants gosselin, périgueux, bien portants, gover nommé commandant, que Dieu vous protège. — Larmoyer. | Gérant, 21, rue béranger. pas autre malheur que interruption des travaux. — Berthault. | Desporte, 8, rue favart. tous très-bien, félix, amitiés, espoir. — Chauvin. | docteur Navenne, 171, université. madame et famille parfaite santé, amitiés, quignard. — Chauvin. | M. Dedrême, place sulpice, 8, paris. ne pars pas, allons bien. — Dedrême. |

Saint-Servan. — Dufrayer, anjou-saint-honoré, 17. remets deux cents faubourg-poissonnière, Volante va bien, nous aussi. — Franchot. |

Draguignan — Bonnefons, lepelletier, 8. paris. sinistres sans importance, service régulier. — Guérin. |

Beuzeval. — Félix Kuhn, 41, tour-d'auvergne. sommes beuzeval, allons bien, mandat reçu. — Valérie. |

Alençon. — Roger, boulevard courcelles, 116, ternes. — enfants, tous, bonnes santés. reçu lettres. alençon Barre — Aspasie. |

Gournay. — Duhamel. notre-dame-des-victoires, 14. — bien portant. — Duhamel |

Rouen. — Lecoq, 140, rue saint-martin deux Faré, enfants, bonne, bien portants à rouen enfants pension, recevons lettres, Maurice collége loches. — Faré. | Ducastel, 4, avenue parmentier. impossible envoyer pouvoir, rien craindre ni faire, écris longuement sur gazette des absents, allons bien. — Ducastel. | comtesse Villermont, billault, 10. enfants tous bien saint-roch, sans nouvelles de vous depuis 15 octobre, très-inquiet, écrivez-nous. — Villermont. | Babut, chaussée-d'antin, 51. reçu votre lettre bruxelles, donnez-moi nouvelles madame Villermont dont privé, suis rouen pour nos affaires. — Villermont. | Miramon, rue sarazin, 3, montrouge. santé parfaite, réponse. — Pébaqué. | Daubignosc, 3. clotaire. Emile prisonnier neuwied, tous bien portants, écris. — Daubignosc. |

Tréport. — Dablin, royale-saint-honoré, 19. familles Morinet, Valluet, Garnier, santés parfaites. enfants magnifiques, Maurice dent. — Valluet. | Haussonville, rue saint-dominique, 109. article pris, avec ballon américains apportent numéro, vais republier immédiatement. — Chevallier, york house. | Coulbaux, 24, marbeuf passage 16. reçois tes lettres, seule depuis un mois, lettres tante, je pars attigny. — Henriette. |

Fécamp. — Boulingre, 5, bleue. santé généralement bonne, partons demain pour meaux, adresser lettres à fécamp poste restante, enverra à meaux. — Clémence. | Dalleré, montorgueil, 61. écrit vingt lettres, aucune réponse. — Adon. |

Saumur. — Prévôst, boulevard madeleine, 19. arrive saumur 14 novembre, mère malade, reçu deux lettres, écris orléans. — Vilneau. |

Saint-Malo. — Musnier, 80, taitbout. tous bien saint-servan, écris donc, dernière lettre octobre, Hector réussi, silence. — Musnier. | Labouret, 93, saint-lazare. heureusement accouchée le 30 fille, Christian mieux, tous bien. — Rodier. | monsieur Kergariou, 16, rue montaigne. tous bien, Guillaume armée loire réserve, Marie lorient. — Kergariou. |

Rouen. — Raffy, rue taranne, 19. tous bien portants et pleins d'espoir, soyez de même chers enfants. — Raffy. | Mathias, 18, dunkerque. tes lettres arrivent bien, santé excellente partout. — Mathias. | gouvernement défense nationale. normandie se lève unie, courageuse, forte, pour briser barrière, écraser ennemis! pour comité central rouen: Eug. Vienot. | de Saint-Jean, cadet, 16. forces défensives et offensives sont organisées, nous marchons énergie, confiance. informer amis, parents. — Eugène Vienot. | Aubié, turbigo, 2. votre fille va parfaitement wilt, écrivez par ballon. — Matenas. | Mélandri, rue labat, 26, montmartre. santé parfaite. — Naudin. | Petit, rue aubervilliers, 24. Camille rouen avec Jean, porte bien, parents retournés lisy, lettres reçues. — Camille Petit. | madame Byran, 14, rue bréda. parfaite santé rouen. — Albert. |

Villers-sur-mer. — Laugier, saint-lazare, 76. tous bien villers, Maurice bien chez Nottin coulommiers. — Cuvillon. | Balutet, 66, quai de la gare. bien portantes villers, recevons lettres, envoie argent bons poste. — Adèle. |

Bohain. — Macaigne, bouloi, 8. reçu lettres, portons bien bohain. — Macaigne. |

Honfleur. — Négrier, 114, prince-eugène. Louis lieutenant, écrivez-moi honfleur. — Fhury. — Georges Marchand, 3, saussaies. allons bien, reçois nouvelles Vasouy. — Marchand. |

Le Puy. — Videhen-Cadichine, richard-lenoir, 93. (loire). joigny évacué, tous bien, répondez maman, baisers. — Charles. | Gatellier, capitaine, 3e bataillon mobiles saône-et-loire, villejuif. sommes mas, allons bien, lettres reçues, espérance. — Marthe. |

Brest. — docteur Reynaud, ministère marine, paris. famille bien, Auguste débarqué. — Lauvergne. | Lormier, enseigne vaisseau, paris, ambulance sénat. reçu lettres, détails sur santé, tous bien. — Lormier. | Sassary, rue moscou, 31. sans nouvelles, inquiète, tous bien. — Sassary. | amiral Pâris, saussaies, 14. Prouhet commande flotille loire, emmène Armand. Léon lisbonne, tous bien. — Dodin. | Blanchard, 6, caire. revenu brest. famille Félix retournée bar, Henry prisonnier, toutes familles bien portantes, avons reçu lettres Achille. — Camille. | madame Delaroche, 97, saint-dominique. envoie brest carte, réponse, allons bien. — Mathilde. | Debrousse, marigny, 13. supplie donner vos nouvelles et celles Hubert. — Delaunay. |

Sainte-Geneviève. — madame Vandard, Thorigny, 4. pas nouvelles, écrivez souvent. — F. Alablanche. |

Aumale. — Camier, chez Major, boursault, 69. femme, enfant, parents bien portants aumale. — Marie. |

Avignon. — Ducos, avenue d'italie, 75. Zoé, Jeanne, santés parfaites, jamais été malades. avignon paisible, parents bien portants, embrassements — Zoé. | Perussis, université, 30, paris. Rodolphe bien portant. — Perussis. |

Brest. — Hunebelle, 23, université. venons recevoir bonnes nouvelles grand'mère, partirait avec Agathe belgique si arras était menacé. — Hortense Hunebelle | Hunebelle, gay-lussac, 26. enfants au lycée, proviseur satisfait, conduite, travail. mais pas illusion, Hunebelle retard latin. — Hunebelle. |

Tours. — Joret, 19, marché honoré. manoir hacqueville très-bonne santé. Laurence bébé très-bien, tête toujours, mange, Paul arrivera prochainement. — Joret. | Petau, 69. raynouard-passy. Ludovic hambourg, Marguerite, Cécile, Petitjean, Cottreaux, granville. tous bien portants. — Nelson. | Gay, vieilles-haudriettes. 6. granville tous bien portants, oui argent, bonnes nouvelles Bonnefous Foster. Vicarino suisse. — Brochard. | Benjamin, 14, échiquier. très-tourmentées vous tous Alfred et autres. Léonie, Léobolti, écrire ballon granville poste restante, mille baisers. — Jonas. | de Goer. boulevard poissonnière 12. reçu chaque ballon, argent de cambrai, santés bonnes partout. Edmond belgique avec Léonie — Laboulaye. | Loubert, saint-denis. famille Jules Denfert va bien. Aline, Berthe, Paul embrassent Alexandre — Aline. | Garnier, 21, boulevard malesherbes. Amédée avec nous, tous bien portants. — Emilie. |

Flers. — Merli, boissy-d'anglas, 14. recevons lettres, portons bien. — Merli. |

Boussac. — Delavalme. 15, chaussée-d'antin, paris. Geneviève à jersey, bonnes nouvelles, allons bien, sommes à Lacourcelle. — Delmanches. |

Guéret. — Hermand, boulevard malesherbes, 79. Georges décédé novembre. — Delavallade. |

Aveyron. — Laporte, caplat, 4, paris. santé bonne, écris vite. — Laporte. |

Rodez. — Delamour, hôpital lourcine. reçu lettres, portons, aîné pas venu prussiens, voir lancien, 6, rue Jussienne. — Ducatte. |

Sains. — Egée, tournon, 29, paris. père et tous bien. aucun prussien, maman ici, lettres reçues, argent assez. Nini morte. — Gibou. |

St-Quentin. — Lanvin, rue d'enghien, 43, paris. bien portants, reçu lettres. — Lanvin. |

9 Pour copie conforme :

L'inspecteur,

Bordeaux. — 1 décembre 1870.

Bourges. — Grisier, rue bertin-poirée, 9. Paul, cobleutz, Gustave cologne bien. réponses, — Tézénas. | Delaplaigne, lafayette, 130. tous bien portants, tranquilles. dernièrement écrivis Millier. — Gillebert Dhercourt. | Martin, capitaine forestier. familles forestiers cher, bien portantes. Roux, Aubrun accouchées heureusement. — Desjobert. |

Elbeuf. — Fasquel, 68, clerc. famille Léopold bien partout. — Martin. | Moreau, st-honoré, 108. écrivez immédiatement, souvent. — Moreau. |

Alençon. — Bourdon, rue pigale 26. vos lettres reçues, répondues souvent. santés bonnes. Antoine, Ancelin prisonniers bonn, pays tranquille, — Beaudoin. | Deschesnes, ministère finances. tous bien. Georges aussi. — Deschesnes. | Laumaillier, 3, turbigo, Madeleine, tous bien.— Gauguin. alençon. | Rhe ehner, rue st-guillaume, 21, paris. non reçu carte, partout bien. — Marie. | mlle Legzungeux, rue de courcelles, 33. santé mauvaise. reçu lettres, embrasse tous, réponse.— Legang nous.—

Vire. — Duluc, avenue orléans, 101. vire tranquille, portons tous bien, donnez nouvelles. — Ernestine Duluc. | Ozenne, rue doudeauville, 19, chapelle. bonne santé, un fils St-Pol. — Céline. | Moisy, 26, rue stéphenson chapelle. bonne santé, nous partons pour londres. — Augustine. |

Mainberguer, — mayenne, 23, larochefoucauld. reçu vos nombreuses lettres. allone tous bien, nos strasbourgeois aussi. graffenstadt intact, 28 novembre. — Mannberguer. |

Argentan. — Terrillion, 4, avenue bel-air, trône picpus. reçu deux lettres, écrivez-moi. — Deslandes. |

Audierne. — Desessarts, 18, rue françois Ier. andré reunis bien. — Déléeluse. |

Quimper. — Roussin, fort bicêtre. tous bien, lettres reçues, armand superbe. — Souvestre. |

Landerneau. — Fénelon, 1, quai d'orsay, paris. mère malade, attaque paralysie. — Fénelon. | Picquenard, 70, condorcet, paris. reçu lettres, appris malheur, désolées, tous bien. — Maria. |

Périgueux. — Lachaize, 153, route de versailles, paris-auteuil. bonne santé. — Lachaize. |

Laval. — Madame veuve thibault, 6, rue du pont louis-philippe. ma santé est très-bonne, ne soyez pas inquiète. — P. de Troussier. | M. Dupré, 6, carrefour de l'observatoire, paris. reçu lettres à laval avec madame émile chez chapelet fabricant, bien portantes. — Zélie. | Venot, 8, rue vézelai. allons tous bien, laval tranquille, dernière lettre datée 19, patience. — Berthe. |

Morlaix. — Hallé, 30, saint-dominique. habitons moralix, vois athanase, rentes, réponse poste restante. — Reudu. | Malouet, 6, bellechasse, paris. bien, théodore mieux, écrivons souvent. — Louisa. |

Paimpol. — Chabaud, officier, 9e secteur. nous et brestois parfaite santé. — Chabaud. |

Saint-Brieuc. — Herpe, sergent 62e mobile. Paris Auteuil, tous bien. écris-nous. — Herpe. |

Cherbourg. — Heinbach, 5, rue joinville, la villette. santé bonne, argent encore. — Chaussard. |

Vitré. — Trochu, gouverneur. parfaitement portants partout, reçu lettres ballon hier, bien contente. — Brunet. |

Roubaix. — Aubry, 35, faubourg poissonnière. tous bien portants, demeurons, 84, chaussée warre, bruxelles, georges, armée loire, 14e artillerie. — Félix. |

Avranches. — Loisy, 7, mézières. jules va bien, nous aussi. — P. Loisy. | M. Chaillet, 43, rue richer, paris. ma santé est parfaite, résignation, espoir en Dieu, tout à toi. — Sarah. |

Dozulé. — Feumry, 11 marché saint-honoré. Reçu lettre, envoyez nouvelles marie, que fait marché. — Hofmann. |

Rive-de-Gier. — David, 12, boulevard magenta. payez coupons obligations numéro six, dividende nul, assailly vont tous bien, fabriquons canons reffye. — Petin-Gaudot. |

Étretat. — Lazard, 28, l'échiquier. bayonne, londres vont bien. — Maman, étretat. |

Mâcon. — Lavilléon, capitaine 3e bataillon mobiles ain. reçu souvent tes lettres, ta famille va bien, alfred prisonnier. 1er décembre. — Adolphe. |

Le Mans. — Maréchal, 30, rue saint-marc. cheron, 52, rue montparnasse. les deux familles vont bien, reçu lettre, touché argent. — Maréchal. |

Evian-les-Bains. — Treillet, 1, scribe. bonne santé, recevons lettres. — Gilberte. | Conte, 4, rue naples. trouveras combustible caves mère sophie, ambassadeur, préférons rester évian, proximité nouvelles, vie économique, reçu argent. — Victoire. | Testu, 29, rue madame. santé excellente, reçu vos lettres, prévenir lecourtois flamet, écrire par ballon, espoir, courage amitiés. — Massin. | Tixier, 288, rue saint-honoré. trois à évian, six à perzigny, bien, reçu mandat, deux lettres. — Pauline. | Delalain, 20, condé. (cinquième télégramme.) familles, léon, alfred à hyères, boullé, lagarde. huet, bien, reçu vos derniers télégrammes. — Huet. |

Flers. — Dubois, 36, bourgogne, Rosnay ni maltraité, ni réquisitionné, pas encore nouvelles personnelles, nous allons bien et vous. — Schnetz. |

Alençon. — M. Baleste, rue Bellechasse, 35. nos santés parfaites, courage. — Baleste. | Chevrel, rue mazagran, 10, échappé, metz, prisonnier, un peu malade, sans inquiétude, Henri, Alençon. |

Aix. — Mme Rigal, st-honoré, 229. sommes tous bien. — Thoranie. | Leduc simon-le-franc, 8. reçu lettres ballon, correspondance Mme leduc, travaille trois jours semaine, fais affaire, marseille, comptant. — Valère. |

Clairac. — M. Coquerel, 22, boulevard batignolles, oncle mispoulet paralysé, parle de toi. nous bien. — Aline. |

Argenton. — Raux, bac, 90. allons bien, je travaille, sommes tranquilles. — Georges. |

Vitré. — Berthois, sergent, septième compagnie 3e bataillon, mobile, ille-et-vilaine. tous bien, paul sergent, camp coulie, albert bachelier. — Berthois. |

Fécamp. — Pinard, 5, rue conservatoire, paris. famille bien portante, londres, bien triste de votre santé, vous dit mille tendresses, confiance. — Dubois. | Lévy, cours miracles, 6. tourmentés réponse. — Ernestine.—

Pauillac. — de Larose, rue greffulhe, 8. recevons lettres, santés bonnes, ernest même état, eudoxe bien portant, prisonnier hambourg. — Cora. |

Domfront. — M. Bigot, rue bourgogne, 41. allons bien, Bigot, Domfront. |

Saint-Quentin. — Mme Targat, ménars, 8. écrivez-moi, à st-quentin, santé bonne. — Jenny. |

Cadillac. — Mercier, faubourg saint-martin, 158. nous nous portons tous bien en belgique, et à paillet, canton de cadillac, gironde, mercier. |

Tréport. — Durand, 31, cordelières st-marcel, Thomas Durand à londres, tous bien, couplet. |

Saint-Brieuc. — Vuillaume, 12, rue louvois, enfants et moi boscq, tous bien, léonce à cherré reçu trois lettres, 26 novembre. — Suzanne. — Gerbaut, poissonnière, 10, besoin argent prières, envoyer mandats poste st-brieuc, trois mois bureau. — Contencin. | Valmont cardinal Fesch, 59, paris, bien tous, argent reçu, large. |

Caen. — Bonjean, lieutenant, 2, tournon, paris. correspondance avec meilleurs amis. keilh offert hospitalité, itinéraire, passeport, frères, leçons particulières, courage, tendresses, ineffables. — Bonjean. | Quillon, 240, vaugirard, paris. tous ici bonne santé, courage. — Fernand. | Bénard, Castellane, 8. tous et baron, lion, bien portants, besoin rie, henri chercher louise, repartis. bon espoir, voir piteaux. — Bénard. | Plon, garancière, 10, parfaites santés, caen, ai écrit par voies indiquées. — Plon. | Trahand, rue Turenne, 114. Gibon exige comptant pour livrer ferblanc nantes. versez trente mille chez Delport, prévenir gibon. — Sainofest. | Sommer, 6, place bourse. écrivez-moi, souvent détails bureau. louis Irma, écrire, tous bien caen. Desprez. |

Le Mans. — Mme Henry, 31, rue argenteuil, santé bonne, suis provisoirement le mans. — Henry. |

Altberville. — Henry, pharmacien, hôpitaux, de tournelle, tous bien — Cécile. |

Saint-Malo. — Rogelin, 13, rue poissonnière, Rogelin aubey, bien portants, 65, doroad jersey. — Rogelin. | Voisin, 16, rue séguier, Paris. enfants vont bien embrassent maman. — Blach | Samson, 74, bonaparte, où est louis? nouvelles autorise emprunt 1500 fr. si besoin, priez mon propriétaire cautionner. — comtesse Landal. |

Chambéry. — Mme Auclair, vont bien, sont à Périgueux. pinsard, rue petites écuries, 55. — P. Vivian. |

Uzes. — Hunolstein, 125, grenelle. uzès, cirgues, bosuit, tous bien, pays tranquilles. Richard, chatillon bien, recevons lettres. — Hunolstein. |

Agen. — Nanton, 10, avenue d'eylau, tous en bonnes santé, sommes agen, hôtel baron, donnez de suite de vos nouvelles. — Charlotte. |

St-Martin. — Marchal, rue d'enfer, 79, tous bien. | Gaucherel. |

Saintes. — Larnac, 9, université, paris, tes enfants et nous tous bien, Auguste à damstardt. — Pisani. |

Caen. — Lange, feydeau, 5, tous plein santé, Lavauteire. — Pellerin. | Martineau, entrepot, vins, Jossier, Pinta, Martineau allons bien, fait vacciner manquons rien, recevons lettres, vient nous chercher. — Martineau. | Roze, 47, rue chateaud'eau, portons parfaitement, hotel paris, bein. — Roze. | Delagneau, 60, marais-saint-martin, reçu lettre Léonie, donnez nouvelles précises sur mon père immédiatement. — Charles. | Laignou, 73 rue victoire, parties à arcachon près bordeau. — Jacquemart. | Huillard, 2 chanoinesse, allons tous bien-marseille aussi recevons lettres. — Toutain. | Durand, 50, rue neuve-des-petits-champs, tous bonne santé, accouchée 12, fille, embrassons famille. — Emilie. | Debrimont, 31, université, moi et famille très bien, Jeanne et famille aussi. — Marie. | Ernestine Martin, abattucci, 59. allons bien, reçu lettre. — Henry. | Debourmont, fort romainville, allons bien tous, Henry orléans lieutenant. — Marie. | Cebron, 47, blanche, reçu lettres exactement surtout celle, 30, heureuse nouvelle position émile, sommes toujours caen, marie moi bien. — Cebron. |

La délivrande. — Sanguinetti, 147, prince-eugène, St.-aubin-sur-mer, bien portants. — Cauvves. |

La rochelle. — mr Guébhard, rue papillon, 7. Janin prisonnier coblenz. — Reyniers. | Godélier, val grâce famille bien, Fée genève. — Garreau. | Baudry, rue neuve des-petits-champs, 50, lettres reçues tous santés parfaites. — Baudry et Guillemot. | Guillemot, 43, rue jean-jacques-rousseau, lettres reçues tous santés parfaites. — Guillemot Cornay et Baudry. | monsieur Proust 13 rue de l'arcade, paris, après maladie santé meilleure, très inquiète, écrit plusieurs fois. — H. Barthelemy. | Barneville. rue rome, 51, reçu votre lettre, bonnes nouvelles récentes Moriaucourt. — Chasles. |

St. martin-de-ré, Delbart, rue cabanis, 1, tous toujours bonne santé. — Juliette. | Lacroix, boulevard beaumarchais, 76, allons bien, patience. — Blanche. |

Royan. — Ziégel, 34, tour d'auvergne, royan marie tout et phalsbourg bonne santé, amitiés parents amis deuxième dépêche. — Marie. |

St. Jean-de-Luz. Léonie, rue saint-hippolyte, 43, écrivez par ballon. — Bétolaud, st. jean-de-luz, (Basses-pyrénées.) |

Bordeaux. — Couturié, 46 douai, nous allons très bien. — Aimée. | Drevet paradis-poissonnière, 58, Berthe bien chez beau père. — C. Raffard. | Cardozo, entrepot tabac, rue luxembourg, nouvelles Henry heureusement arrivé sydney, tous bien pau bayonne. — Virgile. Léon. | Dreyfus Scheyer, 2 chaussée antin, santé parfaite biarritz, recevons tes lettres, avons argent, havre lunéville bien. — Isabelle. | L. Durutthy, boulevard des capucines, 6, paris, tous bien avec espoir de nous revoir bientôt. — F. Durruthy. | Feyeu, lomdards, 33, votre sœur va bien, écrivez nous. — Rigault. | madame Petit, 33, vanneau, paris, très inpuiète mon père envoyez nouvelles si possible. Gustave bien prisonnier brême, nous bien. — Niox. | Rambour, verrerie. 73, enfants très bien, embrassent Charles douze dents, vois souvent. Labadie pas lettre inquiet Jules, attend nouvelles. — Théry. | Vallé, paradis poissonnière, 56, bien portante Anna aussi mille baisers. — Marie. | Laporte, Coquenard, 30, reçu par Lucie Valentine sombernon, bien, Georges superbe, moi inquiet. pas nouvelles voir Michel, écrire vite. — Laporte. | Fumouze, boulevard magenta, 89, paris nos santés parfaites, Germaine admirable, victor bien, trois décembre. — Fumouze. | Orv, 16, meslay, reçu ta lettre, bonne nouvelles Isabelle, amitiés à tous. écrivez détails, questionnez. — Flament. | Weyland, rue st. andré arts, 38, bébé moi bien, reçu toutes tes lettres, 3e dépêche pigeon, dames Dequevauviller va bien. — Mathilde. | Bernheim, marché saint-honoré, 11, écrivez, moi ne pouvant. — Bernheim. |

Vendôme. — Rousseau, ingénieur plau, possoz, 1, Passy, allons tous bien. — Rousseau. |

Rouen-Central. — Amaury, 4, valois, palais-royal. léontine une petite fille, tous vont bien. — Large. | Henri Renouard, 47, victoire. tous bien portants à gouffern. georges blanchard vivant en allemagne, lettres reçues. — Charles. | Coulon, haussmann, 101. prélevez. vais bien. — Blanche. | Chartier, 6, rue rougemont, paris. confirme dépêches, votre famille toujours à rouen bien portante, enfants surtout. — Chapin. | Drouart, 34, rue penthièvre, paris. confirme dépêches, reçu lettres, allons tous bien, embrassez famille. — Chapin. | Rommetin, 18, rue neuve-capucines, paris. santé bonne. voyez lisa. écrivez. — Moret-Vallée. |

Tréport. — Bocher, rue Varennes, 55. reçu bonnes nouvelles emmanuel. belle-fille aix-la-chapelle. — Chevallier. | Bocher, rue varennes, 55. infante amélie montpensier morte, fièvre typhoïde. tous autres bien ici, séville ailleurs. — Chevallier. | Devilliers, 51, rue luxembourg. sommes chez merlin à tréport. — Picquefeu. |

Caen. — Gibert, 240, st-jacques. bébés, moi, allons bien, caen. édouard, capitaine francs-tireurs. — Desestre. | Vaugeois, 29, lepelletier. vaugeois, duval tous bien et tranquilles. victoire, ducrot annonce délivrance prochaine, loire aidera, ouest aussi. — Albert. |

Vire. — Portait, 27, fleurus. pour gaston santés bonnes, envoie nouvelles quotidiennes. voulez-vous argent? quel bastion, succès loire. — Gaudin. |

Evreux. — Defrémicourt, 3, ferme-mathurin, paris. tous vont bien. écrivez. — Colombel. |

St-Brieuc. — Guilmoto, fourrier, 62e mobile, auteuil, paris. ange, alphonse, prisonniers. yves, orléans. hérault passablement. — Veuve Leverger. |

Orléans. — Robillard, hôpital militaire vincennes. santé parfaite, pharmacien chef armée loire. reçu vos nouvelles. — Robillard. | Bernard, hôpital gros caillou. santé parfaite. orléans chez jathiaud. — Bernard. |

Menton. — Fould, 24, saint-marc. heureusement arrivées menton avec parents. quitté bouloy maman 13 novembre. enfants, moi excellente santé. — Mathilde. |

Pornic. — Laverne, gare Est. payez mes contributions pour éviter poursuite. réponse aérostatique. — Collardeau. | Paulian, rue abbattucci, 42. tous bien. renvoyé votre carte. mangez loyers. — Passy. | Froment-Meurice, 372, rue st-honoré. toutes nos santés parfaites. — Berthe. |

Clermont-Ferrand. — Savoye, rue montmartre, 146. tous turin, santés bonnes. écrire clemont. — Cougnard. | Duport, st-sabin, 64. mère, sœur, bonne santé à ferbrugg, cortenberg, bruxelles. — Leduc. | Boulloche, 4, greffulhe. amitiés, arrêté connu, efforts inutiles, rentrer septembre. informé administrateur. vu roy. justifications différées retour. écrivez clermont-ferrand. — Gerbault. | Hugot, boulevard malesherbes, 20. donne promptement vos nouvelles aux trésorières. — Mége. | M. Lecaron, rue d'argout. toute votre famille à Bruxelles en bonne santé. — Dougez. | Bouchon, 25, université-blanche. garçon santé parfaite nous aussi. renard ici, mangez ânesses. — Céline. | Clerget, 47, lepic, paris. prenez monnotaire. argent maman vous. habitez appartement, payez taxe, engagez argenterie, exige lettres détaillées. — Vielhomme. | Cagnat, 100, avenue clichy, paris. prenez argent chez notaire, habitez appartement, payez taxe, écrivez, détaillée. souffrants, enverrai provisions possible. — Vielhomme. | Pillivuyt, 46, paradis-poissonnière, paris. tous bien, bonnes nouvelles. lucien à méhun, recevons lettres. écrivez. — Lilha. | vacossin, 362, st-honoré, paris. georges, neuwied, henry, londres, cabourg, liége, vont bien. reçu lettres, écrivez. — Borgnet. | Piquard, 97, st-lazare, paris. bien portants Worthing. parents achille mulhouse, cornélie, enfants Worthing, excellents sclops. reçu lettres, écrivez. — Schagé. | Max, 7, bondy. portons bien, recevons lettres. — Alberti. | Fuld, 5, cléry. allons bien, albert aussi. enverrai argent hirsch. recevons lettres. — Irma. | De-St-Paul, avenue gabriel, 42, champs-élysées, paris. bonnes nouvelles des tiens à salvanet et lausanne. toutes nos amitiés. — Suisay. | Piquard, 97, rue st-lazare. familles schayé, schloss, cornely et enfants excellente santé. reçu lettres jusque 20 novembre. — Cornely. | Bondonneau, 10, boulevard montmartre. femmes, enfants, état parfait. lettres reçues. — Morillonnet. |

Vendôme. — Mercier, 39, boulevard sébastopol. enfants vendôme, tous bonne santé. — Berger. |

Foix. — Gruin, rue bercy, 22. suis foix, première compagnie, bien portant, réponse. — Pascal. |

Tours. — Michau, 81, boulevard st-michel. bonnes nouvelles de tous les nôtres, des familles Chassinat, Lebreton, Besnier, Cottinet, Tournier, Jal, Perrin, Dulocle (opéra), Pelletan, Maurice capitaine intact. accorde subsides Letourneur. — Libon. | Magnien. administration postes. reçu communication votre lettre Guillebert, rien directement de Jules ni grand'maman. inquiétude. écrivez-nous. — Personne. | Desenne, chef postes. Maunin Laval, poste restante, famille Babeau bien boulogne. Cayeux trop froid pour mère. Boscher bien cayeux. — Ansault. | Lageard, 1, turbigo. devions déménager 15 octobre. voyez nos propriétaires faubourg martin et lingerie 8. déménagez-nous au besoin. — Rabuteau. |

Cahors. — Hubin, turenne, 14, santés parfaites. donnez nouvelles indiquant versements, dites Bagréau envoyer comptes, cahors 30. — Loysel. |

Gramat. — Mericé, 41. rue turenne. tous bonne santé, félicite, Albert vous conjure trouver pareille combinaison pour Charles. — Ch. Mericé. |

Evian-les-Bains. — Boulenger, rue vertbois. accouchée. Charles parfaitement, Louis marche. bonnes nouvelles Hautin, père 30 octobre. Félix prisonnier, reçois tes lettres. — Thérèse. | Girod, 18, provence. allons tous bien, écrire longuement, installation chaude, bonnes nouvelles londres et dieppe. Elly écrire directement. — Elisa. | Conte, 4, rue naples. parle pas contre Albert devant camarades, pourrait causer ennui, as maintenant

Bordeaux, 1 décembre 1870.

preuve accusations étaient injustes. — Victoire. | Lambert, 15, rue centre. sommes evian, Albert de tours envoie lettres varsovie où tous bien. pourquoi Jules répond pas? — Sophie. |

Alençon. — Blard, hôtel windsor, rue rivoli. tout bien. lettres reçues. — Anna. | Badoureau, 35, rue sommerard, aucune nouvelles de mon mari. écris-moi immédiatement poste restante. — Bourtin. |

Limoges. — Guyot, pont-neuf, 3. soigne-toi, nous bien, pensées. — Léonide. | madame D'juin, boulevard montparnasse, 117. inquiet, écris-moi. Ludovic. | m. le curé Borel, rue geoffroy-lasnier, 24. je supplie de m'écrire détails sur ma pension, merci d'avance. — Roche.

Domfront. — Cotard, 8, montesquieu, paris. bonne santé, nouvelles Henri, maison. - Larivière. |

Mézières. — Genty, martyrs, 66. sommes inquiets, comment allez-vous. — Mesmin. | Claude Lafontaine, sébastopol, 131. versez à jurion sarrasin 1,000 francs maximum, tous bonne santé. — Prévost. | Chevalier, quai grenelle, 61. nouzon jamais envahi, travail arrêté, atelier intact, urgence envoyer argent par banque, charleroi, situation difficile. — Bossin. |

Saint-Etienne. — Charles, 30, des bons-enfants. arrive de Montélimart, georges va bien, nous aussi. — Marx. |

Brives. — Lecerf, rue payol, 29. reçu lettres lecerf, maria, louise, du 20 — Lami. | Bosredon, 41, francs-bourgeois. louise nourrice, filles parfaitement, seuy pazayac, brives bien, spéculation 100 kilog.. 3 cachets, paul maintenu. — Bosredon. |

Aniane. — Durand, sorbonne, 15, paris. émile bien reçu ses lettres, coblentz, nous tous bonne santé, écris souvent, recevons tes lettres. — Durand. |

Montpellier.—Dubrueil. docteur, rue Taranne. 6, paris, nous allons bien, montpellier 29 novembre. — Ernest Dubreuil. | Mauguin, 80, taitbout, paris. tous en bonne santé, affaires en bonne situation, concours désiré très-réel. — Joret. | Labaty, Foussier, 51, caserne nicolaï. allons bien. — Camille, | Lhomme, 7, cadet. santé bonne, écrivez souvent forestier. — Montferrier. | Jouvencel, 71, ste-anne. oui, oui, oui. — Jouvenel. | Meignen, 77, rivoli. meignen bien. secret décès fournier, confie intérêts, testament, pas inventaire, scellés coffre seulement, notaire. — ve Bardou. | Dadhémar, sergent, 3e bataillon mobiles hérault, pantin. répondu, reçois lettres de réné. envoie 300, partagez écris, allons bien. — Dadhémar. | Debilly, 105, boulevard haussmann. prends provisions, armoire, antichambre, et deux jambons aillenrs, chez moi. — Charles. | Alicot, 1, vigny. tous toujours parfaitement, ville calme. — Bonnaric-Berard. | Bouschet, fourrier, 45e mobile, pantin. reçu lettre, 15 novembre, demande argent, durand n'épargne rien, allons bien, rassure montvaillant. — Bouschet. | Jeanjean, boulevard prince eugène, 124. tous parfaite santé, allègre, claparède, matte, piquet, vidal également. — Jeanjean. | Detampes, boulevard haussmann. 56, paris. louis gonzague ici, suzanne à pierres, loge troupes françaises, tous bien. — Despous. |

Mme Choquet, 198, rivoli, paris. reçu 2 lettres, santés bonnes, inquiète. — Armande. |

Le Havre. — Hardon, avenue impératrice, 56. sommes à Jersey. tous bonne santé, enfants travaillent. — Pauline-Eugénie. | Silvestre, rue blanche, 10. famille bien, henri travaille parfaitement, adresser post-office, douvres. — Wouters. | Paumier, saint-guillaume, 27. cher édouard, tous bien portant, recevons vos lettres, vous embrassons. — Lafaurie. | Labrunie, 54, rambuteau, paris. sommes bien, reçu lettres. — Fournier. | Jeanti, 31, francs-bourgeois. le 26 novembre, Mmes Jeanti, delachaussée, nelly, henriette, bien portantes, marian, villa addiscombe road croydon. — Calon. | Michaud, 53, hauteville. naissance fille, Mme michaud avec nous. — Calon. | Proviseur, lycée corneille, paris. demoiselle bizot, bien portante dans famille de macar, bruxelles. — Nomy. |

Morteau. — Robert, 18, saint-sulpice, paris. tous bien portants, besançon tranquille. — Henri. |

SERVICES ET AUTORISATIONS

Bordeaux.— M. Monet, 2, rue strasbourg. mimi, louise, charles à nantes, 31, rue scribe, reçoivent lettres, bournier voudrait nouvelles mère. — J. Destréguil. | Matagrin, lieutenant mobile aube. écris-nous donc, adresse tes lettres bordeaux, dis gustave tous les siens rentrés à troyes, allons tous bien ici et troyes. — René. | Chambareaud, intérieur, paris. nous portons tous bien. — Elie Chambaraud. | Pironneau, caporal au 4e bataillon de la garde nationale mobile d'ille-et-vilaine, à paris. vous êtes nommé substitut à pontivy, envoyez à M. le garde des sceaux votre serment par écrit. | M. Perard, 3, rolliné. bonne santé à béthune, le 9 décembre demonjay, tous excellente santé aussi, aussi la colonie d'houlgat transférée à jersey, ceci pour ferdinand duval, espoir et amitiés. — Paul Duré. | M. Pierret, inspecteur général télégraphe. je vous envoie avec mes vives amitiés et celles de bonnivard, les nouvelles suivantes de m. richau : enfants carteron très-bien, marie toujours ici, reçu de niort, de valroger m'ont écrit. vont très-bien. — Paul Dupré.— Mlle Peyux, 34, rue penthièvre. merci de votre lettre, si attendue et si intéressante, récidivez, bonnes nouvelles de tous les miens, à nantes (les mères), en suisse (mon oncle), ma femme à saint-jean-d'angély, moi, ici, albert pognon à oppeln (silésie), auguste à paderborn (wesphalie), en très-bonne santé tous les deux, courage, espoir, vive amitié. — Paul Dupré. | Bar, directeur tramission télégraph., 103. grenelle, pour legay, 57, neuve-mathurins. toutes réunies à vanne, santés parfaites, dépêches, argent reçu suffisant, marie nourrit joseph legay, amitiés de dupré. Bonnivard. | De la Celle, inspecteur personnel télégraphes. breuil, nanigny, fontyr, puyguillon, bonne santé. 14 décembre, florentine de la celle. p.. c. c. avec amitié. — Bonnivard. | Léonard, 64, chaussée-d'antin. boulogne, lettres reçues, allons parfaitement. — Ettling. | Marc, 60, richelieu, Rémis, lettre à la poste. attends réponse, tombé près vitry-le-français coole, beaucoup peine nous tirer d'affaire, suis bordeaux. — Dagron. | Ferdinand, maison giroux. tombé lignes prussiennes coole, près vitry-le-français, beaucoup peine tirer d'affaire, suis bordeaux, civilités colonel carcenac, remerciments. | Hugé, 66, neuve-des-petits-champs. tombé chez les prussiens, beaucoup peine nous tirer d'affaire, écrivez-moi bordeaux, amitiés tout le monde. | Madame Vailhoux, 36, rue de la butte chaumont. Magu, henriette, bibi à quinéville, bien portants, louis toujours en algérie, amitiés, séraphin, célina bordeaux. p. c. c. — Bonnivard. |

Metzger, 35, rocher. tous bien, espérons entrer paris bientôt, courage. — Alph. Fridblatt, mission télégraphique, grand quartier général armée de la loire. | Assi, 10, charbonniers-saint-antoine. paris. recevons bonne nouvelle, serons bientôt paris, espoir, courage. tous bonne santé. — Bitteau, mission télégraphique, armée de la loire. | Madame Javel-Lafosse, 20, rue michodière, paris. j'espère vous embrasser bientôt. — Charles, télégraphe, armée loire. | Madame Guillemet, 16, bourtibourg. toujours bien, ai reçu tes lettres, va chez marlin pour argent, parents de renwez bien. — Guillemet. | Rolland, 9, françois-miron. bien portants, use de tout chez moi, reçu ta lettre du 4. écris, courage, amitiés à tous. — Rolland. | Verdun, sous-chef postes. lingamerie bien, ai écrit chamarande par exprès, entreposeur amboise mort variole, garçon giron mort. — André. | Charles Babon, 19, quai malaquais. rien reçu de votre famille ni de la mienne, je suis très-inquiet. Laublin. | Logeard, 1, turbigo. devions déménager 15 octobre, voyez nos propriétaires, 8, faubourg martin et lingerie, 8, déménagez-nous au besoin. — Rabuteau. | Coutéry, administration postes. votre père très-inquiet demande nouvelles, écrivez-nous, compliments, trippier et collegués. — Maupin. | Petitjean, 31, provence. familles à granville parfaitement, noblecourt, robillard aussi. — Crémieux. | Cottinet, 22, chaussée-d'antin. charlotte, émile, louise et son fils, luce, familles michau. desèvres, guerton, 30, champs-élysées, about, galla, perrin, dulocle, ch. gide, barbier, duchatelet, clairin, 62, rome. trélat-muller, amis jal, forgues, 2, tournon, crémieux de wiesbaden, 38, moscou, tous bien. — Libon. | Michau, 81, boulevard saint-michel. délégation à bordeaux, mère fatiguée restée tours, autres parents partout bien, familles alfred michau, chassinat, besnier, cottinet, tournier, jal, gide, pelletan, fils cochin tous bien. — A. Libon. | Lignier, boulevard st-michel, 137, bertrand et famille, bien portants, vu le 14 novembre. — Fernique. | Fernique, 29, vieux-colombier. reçu lettres 14, 15, 18 novembre, suis bordeaux bien portant, rue nauville, 61. vu tausin, bazas, nous bien, marcilly, saint-yves de baecque, nous bonne santé. — Fernique. |

Bordeaux, — 1 décembre 1870.

Honfleur. — Houillié, rue david, 39, batignolles. nous portons bien, victoire décédée envoyez nouvelles, lettres arrivent. — Euphémie. | Houlié, 39. davy batignolles. jules bien portant, prisonnier allemagne. — Euphémie. | Mongeon, 48, boulevard temple. bonne santé, pas besoin argent. — Prud'homme. | Obert, 28, rue amelot. sommes honfleur, bien portants, sans nouvelles depuis un mois, édouard prend leçons, envoie argent suite. — Obert |

Isigny. — Terra, facteur, halle beurre. paris ouvert, facteurs vendraient-ils beurre salé? réponse urgente. — Aricie Enault. |

Issoire.— M. Lelasseur, 8, roquépine, paris. tous bien partout à langlade, à mantes, provinces tranquilles, joseph maire, tendresses. — Valentine. |

Saint-Nazaire. — Pourrieux, chirurgien, mont-valérien. sommes tous bien portants, tes lettres font grand plaisir, continue à écrire, courage et espoir. — E. Pourieux. | Paul Richard, ambulance grand-hôtel. recevons bonnes nouvelles, bien heureuses, espoir courage, patience, à bientôt, tendres baisers. — Marie, Zoé Richard. |

Doué. — Pinchedez, 18, lepelletier. bonnes nouvelles dagand, donnez des vôtres. — Taureau. |

Aumale. — Sergeaut, 45, de la butte chaumont. tous santé parfaite. écris, recevons vos lettres. — Octavie Sergeant. |

Périers. — Robert, biot, 16, batignolles. portons bien, écrivons souvent, informez mathilde, écrivez, recevons lettres. — Dufay, Robert. |

Castres. — Eugène Rouanet, sergent, 7e régiment mobiles, 2e bataillon, 2e compagnie, paris. envoyé par poste 200 francs, bonne santé ici. — Rouanet.—

Lyon. — Revol, toullié, 3. Toutes bien portantes, lettres reçues, vous tourmentez pas, tout va bien. — Pelletier. | Hauser, malher, 6, paris. vais bien, bataillon auxiliaire génie, lyon. — Hauser. | Rognon, rue provence, 8. agnès, enfants, nous tous très-bien. — Monneret. | Lachard, 2, place victoires. sans nouvelles depuis le 6. sommes inquiets, écrivez plus souvent, vendu 60 pièces à divers. — Lachard. | Delorme, 2, rue école-de-médecine. demandez chez berteaux-radou, rue aboukir, ou louvet (vivienne), 300 francs, montrez photographie. — Piotet. |

Tours. — Bonassier, administration centrale. famille havre va bien, suis attaché inspection avec 800 francs, reçu 200 administration, marquizeau. prêté 100. — Bonassier. | Lemire, administration centrale. fernande, marie, herment, famille, amis bien, maison marche, fais drapeau brodé. — Fernande. | Fabre, chef station, 103, grenelle. madame dorlodot accouchée d'une fille 30 septembre dernier, mère, enfant bien portants. — M. Dorlodot. | Gobert, 86, rue blanche. allons bien, donne nouvelles oncle, 74, rue bondy. donne sur terme argent émilie, écrivez ballon. — Radou. | Michau, 1, rue louvre. votre famille est en bonne santé, reçu des nouvelles aujourd'hui 6 décembre de châtellerault. — Ribeyre. | Schirmer, sous-lieutenant, caserne célestins. tous bonne santé, frantz, kembs, louis armée loire, écris-moi ballon, rue cognées, 9, tours — Vilac. | madame Nadal, 93, rue de lévis, batignolles. soyez sans inquiétude, bonne santé à tours, courage, je reçois lettres, continuez. — A. Nadal. |

Poitiers. — Rossignol, médecin chef, invalides. rechercher, émile pascault, zouave, 1er bataillon, 7e compagnie, 1re escouade, dernières nouvelles saint-denis, 20 septembre. — Pascault. | Raveau, 6e compagnie, mobile vienne. tous bien, ai vu georges bien à neuvile, près orléans. — Raveau. | Joséphine, rue rambuteau, 6 écrivez à poitiers, transports auxiliaires de armée, imprimerie dupré. voyez bréard. — Carré. | Leclerc, aboukir, 7. recevons lettres, santés bonnes, écrivez. — Emilie. |

Arles.—Directeur nationale incendie, 14, grammont, paris. autorisez renouvellement polices numéros 7113 et 5767 pour mêmes capitaux, mêmes risques. — Izac aîné. |

Clamecy. — Ebeling, 53, condorcet. bien portant à nogent, enfants, 200, rue de brabant, bruxelles. sois sans inquiétude. — Ebeling. |

Lyon. — Wies, pontonnniers mobile rhône, place pereyre. paris. lettres arrivées. santés bonnes. portes argent dans ceinture, demander à piegay boulot, Wies. | Armandy. puissonnière, paris. avons reçu toutes lettres, 17 novembre, continuez, vendons quelques balles, prix raisonnables, rentrées assez bonnes. — Armand. | Durand. architecte, beudant. 10. mère inquiete, écris. — veuve Durand. | Villate, commandant artillerie, courbevoie. portons bien. lycée pas licencié, taupins lyonnais employés à électricité. — Lucien. | Truchon, boulevard strasbourg. 60. nouvelles lyon, louise splendide, appétit superbe, tous bien. — Villard. | Mauduit, 2, galerie orléans. palais-royal. suis chez durand. — Mauduit. | Jaillandier, rue de savoie, 9, paris. je vous réponds, encore affirmativement de m'assurer contre bombardement. — Ferrari. | Jordan, 64, rue rennes. 2e dépêche, allons tous parfaitement, recevons tes lettres, prends provisions noémi. — Isabelle | Joanny, mobile hérault, rosny. allons tous bien. — Joanny à lyon. | Achard, rue drouot, 20. reçu lettres septembre. un sinistre réglé, cinq mille francs, petits sinistres quatre cents francs réglés. — Fusy. | Desgrand, rue lyon, 69, paris. cécile va bien. — Desgrand. |

Cherbourg. — Mortier, 13, helder. allons bien, as-tu reçu cartes et dépêches, je t'aime seule cherbourg, hotel de l'amirauté. — Mortier. | Dorléans 38. boulevard bonne-nouvelle. reçu lettres. pas prussiens, papa, maman, alphonse, émilie bonne santé, courage. Cherbourg. — Tournay, | Thomas, 35, champs-élysées, paris. reçu ta lettre, zoé, clémence, alexis, moi, bien portants cherbourg, georges carantan, amitiés, courage. — Thomas. | M. Ledoux, 10, rue Louvois, paris. avons reçu tes lettres, portons parfaitement tous, nous t'embrassons. cherbourg, 29 novembre. — Pauline. | Esnault, lieutenant vaisseau. fort romainville. santés bonnes, argent reçu, pas besoin. — Esnault. |

Flamanville. — M. Courtois, 20, rue st-jean, paris-batignolles. tous, tante, cousine, ferraris, wolf, bien portants, recevons tes lettres. — Rousseau, flamanville, 29. |

Thiers. — Nervo, 88. st-lazare. paris. tous bien, mère ici, léon engagé, dépôt castres, reçu argent, anselme mort. 29 novembre. — Lucie. |

Lyon-Perrache. — Hamoir. st-fiacre, 17. écrivez hôtel russie. genève, allons bien. — Levert. |

Angoulême. — Cony, galerie vivienne, 4. pas lettre. inquiet, vous tous. auguste, santé bonne ici. — Cony. | Prat, rue montmartre. 122. portons tous bien, anatole sergent ici. écris. — Prat. |

Les Sables d'Olonne. — Gérard, 3, béranger, paris. suis sables olonne avec claire. allons bien. — Gérard. |

Trouville-s.-Mer.— Vernes, st-lazare, 23. suis à trouville, tous bien ici. — Mathilde, 29 novembre. — Henry, archives banque de france. trouville, envoyer argent havre. — Henry. | Michel, 333, rue st-martin. obligerait madame deharambure, surveiller maison rue Meslay, 40, concierge mort, mon mari ignore. — Deharambure. | Autheribes, 2. du cirque. bayvet, béranger, trouville, belin, brel, santés parfaites, loyers reçus, combien déposé, grant écrira ballon. — Bayvet, 29 novembre. | Claudine. boulevard strasbourg, 2. écrivez sur congé, allez chez hertaut. — Dupond. | Joly, corps législatif. donner argent alfred, famille, amis parfaitement georges bien aube. charles duverdy ici. — Gréterin. | Frémaux, rue de monceau. trouville, tous excellente santé. — Frémaux. Fouquet. | Mabille. 87. avenue montaigne. écris tous les jours. sommes inquiets, pas lettres toi depuis octobre, autres écrivent journellement. — Mabille. | Delabry, 33, st-dominique-st-germain. trouville santés parfaites, enfants progrès, écrivez davantage, aulnois bien. — Amélie. | St-hilaire, 31, verneuil, trouville, sables bien. embrasse amédée, adresse drouot, renvoyez françois. — Elisabeth. | Desportes, favart, 6. lettre annoncée, non reçue, remerciments. — Pontalis. | Old. england, paris. send account weekly receipts and expenditure since shut out paris. — Reid. |

Fougères.— madame Trochu, hôtel gouverneur paris. santés bonnes. grande confiance publique. premier décembre, ballon signalé fougères, belle-isle. vœux de tous. — Charles. |

Billom. — Lesourt, rue lille, 45. allons bien, pas froid, recevons lettres, mille baisers. — Léonie. |

Boislez. — général Suzanne, las-cazes. merci, chère laure affection pour tous, charles amiens, sans nouvelles. — Fanny. |

Mayenne. — Hamon, vaugirard, 50. paris. allons bien. germain nerveux, inquiétude. reçu vos lettres, georges mobile, moi exempt. prévenez legendre. — Faucon. |

Antorine. — Bertaux, st-merry, 9. bertaux, jossec, guillaume, hervé bien portants armée loire, leglœrnec mort maladie, prévenir godard, écrire tours. — Albert. |

St-Valery-en-Caux.— Tisserant, 76 ou 82, boulevard st-germain, paris. combien envoyer pour renouvellement 19 octobre, réponse ballon. — Girault, st-valery-en-caux. |

Vannes. — M. Beuzon, rue feuillantines, 100. troisième dépêche. nous allons bien, nous recevons vos lettres. — Rataud. |

Evreux. — Defrémicourt, 3, ferme-mathurins. tous vont bien, écrivez. — Colombel. | Dubosq, 93, boulevard sébastopol, paris. cinquième dépêche. écrit temps bruxelles. parents, enfants, bien. pays tranquille, pas inquiétude, écrit souvent. — Recdellet. |

Bernay.— Driou, 23, mail. espoir. — Louise. |

Veules. — Axenfeld, 21, godot-mauroi. avancer deux cents à Dalleng, trente Jean Goujon pour Durand, recommander écrire souvent, allons parfaitement. — Henry. |

10. Pour copie conforme :

l'Inspecteur,

Bordeaux. — 1 décembre 1870.

Nevers. — Favard, 18, rue aguesseau. bonheur! pouvons exprimer vif désir de t'embrasser, ici bonne santé, toutes pensées pour toi. — Dubourg. |

Le hâvre. — Hecht frères, 34, rue château-d'eau, paris. père, Emilie, les enfants sont à bruxelles en bonne santé. — Hecht. | monsieur hichard, 1, rue de boulogne, paris. j'ai écrit souvent, Paul va très-bien. — Souchon. | Berteaux, 10, rue aboukir. reçu lettre, opération approuvée, réponse oui aux quatre questions. — Orbelin. | Fovard, boulevard haussmann, 94. faites remettre 300 francs Georges Duval, 115e infanterie ligne, 3e corps. familles bien. — Armand Alleaume. | Petit frères, 21, rue feydeau, paris. suis assigné par Kochlieb pour recevoir suif, donnez instructions. — Leguillon. | Martini, 17, rue strasbourg, paris reçu lettres, cinquième manque. Jules ici, Parmen ier resté magdebourg. tous bien, tâcherons écrire ambassade. — Stouse. | Mas, 38, rue bondy, paris. Cauville fin novembre, tous bonne santé, reçu quinze lettres ballon, amitiés. — Lenétrel. | Moitessier, rue louvre, 6, paris. Ango arrivé, consignons sucre nantes, vente ici impossible. disponible londres, nantes, hâvre, million quart. — Haentjens. | Bosselin, 4, place bourse, paris. sans directeur, fonds pour famille, bonne santé, depuis trois reçu quinze vingt, réponse, espérance. — Lefort. | Bartaumieux, architecte, 3, rue de rigny, paris. donnez vos nouvelles à Perignon hâvre. — Perignon. | Francillon, 7, enghien. hâvre tous bien portants. — Anna. | Defly, 44, rue verneuil. tous bien. vas maison neuilly, rue madame, ferme tout, prends clefs. écris bureau marine hâvre. — Louis. | Simon, boulevard poissonnière, 20. vais bien, Alfred parti pour fleury-sur-andelle. — Maurice. | Caspar, rue gambey, 7. immédiatement dire concierge, 161, saint-dominique, garder logement. donnez nouvelles Walter. réponse. — Hauriot, 8, dicquemare, hâvre. | Monod, 5, des écuries-d'artois. 28 novembre. trois enfants parfaitement et nous tous. — Julien. | Lebaudy, rue flandre. sucres valent cinquante-cinq les 88 degrés. opère suivant ton opinion, qui est mienne. — Gustave. | Lebaudy, rue flandre. reçu lettres jusque 18 courant, versements Gilles Marcuard effectués, continuer envoyer argent londres et non nantes. — Gustave. |

Villefranche. — Vincens, 24, avenue gabriel, paris. consultez pour protêt effet vingt-trois mille, allons tous bien. — Cibiel. |

Rodez. — Jules Guebin, 23, rue desbordes-valmore, paris-passy. reçu mandat, tous bonne santé 1er décembre, troisième dépêche. — Marguerite. |

Clermont-Ferrand. — Virot, rue paix. habitons chez Thorne, bonne santé, Léon pension, ne voyons personne, argent nulle part, je perds patience. — Léon. | Arthur Mallet, 37, anjou-honoré. merci lettre 18 novembre, santés bonnes, sommes schaden depuis 18, ta mère folkestone. — Anna. | Panessot, Cuvillier, télégraphistes, central. inquiétude mortelle! écrivez! — Panessot, Ledieu, port, 12, clermont-ferrand. | Montruffet, rue argenson. tous bonne santé, argent suffisant. — Emmeline. | Roggero, truffaut, 18 bien portant, aucune nouvelle reçue, écris. clermont-ferrand. — Roggero. | Schayé, rue lepelletier, 24. nous portons parfaitement tous quatre, avons bonheur recevoir vos lettres, écrivons souvent, profitons toutes occasions. — Schayé. | Cail, 56, boulevard malesherbes, paris. nous portons tous bien. avons reçu lettres ballon, essayons tous moyens envoyer nouvelles, espérons. — Halot. | monsieur Eugène de Ligondès, 66, avenue des ternes. nous nous portons bien. — Sophie. | Halphen, 9, taitbout. santés parfaites, confortablement installée avec Léon no cité genève 24, écris entremise Paul et Alexandre. — Bertha Halphen. | Halphen, 9, taitbout. entourée affectueusement parents Vitta et amis, enfants travaillent, garçons externes lycée, excellentes nouvelles Batailley. — Bertha Halphen. | Deville, rue lyon, 3. mère bien portante à genève, aucun besoin, bonnes nouvelles Albert du 18 novembre. — Thibault. | Germain, 80, saints-pères. tous bien portants Marie comprise, reçu tes trois lettres, rien de batignolles. — Collard. | Legay, neuve-mathurins, 57. préférerions Durousset, craindre affaire maintenant. habitons vannes, tous bonne santé, Marie nourrit fils. — Legay. | Brunswick, 21, rue buffault. Arthur, sergent, 79e ligne, prisonnier guerre thorn prusse, 4e compagnie, 16e détachement. — Léon. | Hart, 61, rivoli. bonne santé, écrivez poste restante fribourg (suisse), prévenez Bouhey, lettres reçues, donnez nouvelles Emile clermont. — Legras, 23, rue saint-genis. |

Thiers. — Cook, 16, rue demours, ternes, paris. nous allons parfaitement, reçu dix-huit lettres, Henri à aigle, Samuel ici. — Hélène. | Weil, 4, hauteville, paris. nièce Betzy a reçu 23 novembre lettre Zoé de metz, santé tous bonne. — Dubois. |

Mortain. — Cartier, boulevard sébastopol, 86, paris. Henri attend ici votre consentement pour engagement dans francs-tireurs, enfants bien portants. — Cartier. |

Arcachon. — Block, 91, boulevard sébastopol. parfaite santé tous, prendre 700 fin année doit Jacquemin. — Block. | Gadala, 26, boulevard sébastopol. allons toutes bien, ecéma figure plus fort, demande avis Labbé, encore arcachon, variole bordeaux, amitiés. — Gadala. | Delincé, rue erfurth, 1. reçu lettres, bien portants, amitiés. — Raçon. | Taverne, 64, lazare. bonne santé, arcachon. — Taverne. | comte Saint-Aignan, rue de lille, 63. tous bonne santé ici Bargemon, Saint-Aignan, Gravenchon. — Périgord. | Macalister, 9, monsigny. Georges, famille, allons bien. dire Oudart écrire Moreau. — Céline. |

Flers. — Sanson, 3, cossonnerie. recevons vos lettres, portons bien tous, confiance. — Prunier. |

Cannes. — Garrigues, 8, rue duras. bien à cannes, écrivez. — Lafond. | Simon, 9, mulhouse. Henri officier armée nord, reçu vos cartes. pourquoi pas lettres comme Hivert? santé meilleure, écrivez cannes. — Theodore. |

Neuilly-le-Réal. — M. Plotet, rue vingt-neuf juillet, 3, paris. personne malade, reste oui? — Tizon. |

Aix. — Giraldi, capitaine, 22e régiment marche. reçu lettres, portons bien. — Marie. | Deronseray, 19, lille. houlgate et ici tous bien, émile bien à coblentz sans blessures. — Eugène. | Buer, de lille, 2, paris. portons bien, envoie enfin quelque nouvelle. — Cancelade. | Bonato, 26, montholon. prie docteur donner madame daninos ce qu'elle peut avoir besoin jusque mon retour. — Daninos. | Hollander, 8, provence. prière envoyer chez moi, 70, lafayette, et donner ce qu'on a besoin. — Daninos. | madame daninos, 70, lafayette. depuis 13 octobre absence de vos lettres, suis à livourne très-inquiet, écrivez de suite. — Clément. | madame Daninos, 70, lafayette. pour tout besoin adressez-vous soit à bonato, ou Hollander, rue provence, 8. — Clément. | Besenval. penthièvre, 26. portons bien, suis aix. — Dampmartin. |

Avignon. — Grenaille, michel-le-comte, 22. suis prisonnier posen prusse. santé parfaite, mille baisers. — Lalanne. | Gragnon, chaussée-d'antin, 22. oui, oui, non, oui. — Manen. |

Abbeville. — Duparc, martel. 3. écris-nous, allons bien. — Marcille. | Lemire, télégraphe. famille, abbeville, amiens, domart bien, maison marche, fais drapeau brodé. — Fernande. |

Moulins. — Lelarge, boulevard mazas, 30. xavier calais, correspondons charmante, affections. — Marthe. | Boudant, rue flandre, paris. aussitôt débloqués venez tous deux. — Charvot. |

Saint-Quentin. — Bralley, boulevard prince-eugène, 71, paris. à saint-quentin bien portants. — Bralley. |

Fourmies. — Léon Legrand, 92, richelieu, paris. donne nouvelles d'Elisa, allons bien, ainsi que famille lécuyer, tétard, niel à fourmies. — Legrand. |

Dunkerque. — Jeanson, ministère guerre. 4 réponses oui. — Anna. | Darblay, 14, rue chartres, batignolles. parfaitement chez longain dunkerque. — Bourgeois. |

Denain. — Fouquet, rue tivoli, 3, paris. santés parfaites, bonnes nouvelles parents victor, 20, frère eugène prisonnier, tante marie installée trouville. — Amélie. |

Lille. — David, 1, rue saints-pères. merci, tous bien. — Emile. | Darnouville, rivoli, 36, paris. julie accouchée fille, baptisée germaine, parrain charles, marraine sophie, auguste sevré, nourrice gardée, tout bien. — Lahousse. | Watier, bijoutier, rue saint-honoré, 231. florentin battu amiens pas blessé, édouard mans, tous bonne santé, amitiés. — Alphonse. | Ravasse, 4, rue abbeville, paris. tous santé parfaite, bébé adorable, écris-nous. — Boutmy. | Dessenneville, 3, jacob. lille, lagrasse, laval, santés excellentes, largement argent. — Caroline. | Crepin, élève ingénieur, rue grenelle-st-germain, 59, paris. tous en bonne santé. — Christian. |

Dieppe. Pezet, rue valois, 37. reçu lettres, très-contentes, bonne santé et bon courage. — Pezet. | général Renault, 2e corps, ducrot. félicitations victoire. regrets blessure. nouvelles vite. — Debilmare. | Viguié, 16, argout. pourquoi silence, tourmentée affreusement, santés bonnes, amitiés, juliette toujours dieppe. | Crémery, lieutenant, fort issy. crémery père, arques, claire, albert vont parfaitement, 2 décembre. — Crémery. | Henzey, quai mégisserie, 8. toujours dieppe tranquille, tous bien portants. — Henzey. | Gosselin, 3, rue échelle. tous bonne santé, villa dieppe. — Bussy. | Brossier, rue martyrs, 21. donnez-nous nouvelles de suite. — Thomas. |

Fécamp. — Séchan, rue larochefoucauld, 20, paris. famille entière bonne santé, avons lettres et bonnes nouvelles yport. — Georges. |

Lille. — Hémard, 28, rue baudin, paris. confirme télégrammes précédents concernant argent. écris-moi ici. prendre patience, serai paris aussitôt possible. — Cungnier. |

Pastia. — Decori, regrattier 2. santé bonne, 20 lettres envoyées, deuxième dépêche. enfants collége. — Decori. |

Le Mans. — Plaix, 3, castiglione, ministère. Quatre restent seuls hauteville, parents housset, Paul erfurth. Chardon grand, cinq Oudinet banque mans, biens. — Denise. |

Bolbec. — Nadar, aréonaute. merci de vos trois lettres, établissements travaillent toujours. avons confiance et allons tous bien, continuez écrire. — Eugène. |

Digne. — Falcon de Cimier, 128, grenelle-st-germain. recevons lettres, sommes bien, Ernest bien montcient, — Sophie. |

Le Mans. — Garnier, rue de la visitation, 10. santé bonne, nouvelles rares. écris souvent. — Zelmire Garnier. | m. Cherouvrier, rue tombe-issoire, 82, paris-montrouge, reçu lettres, santé bonne, toujours au mans. — A. Cherouvrier. | Providence, grammont. sinistres, affaires, insignifiants, mans. — Blin. |

Lyon-Central. — général Trochu. merci! avez sauvé la france. vive la république; officiers 3e et 14e bataillons garde nationale de lyon. — Fleury. | Auguste Bonin, artilleur mobile, 2e batterie. bastion 60, passy. famille bien, te prive de rien. lyon va bien. — Bonin. | Caron, 21, martel. santé bonne, lettres reçues. — Quesnet. | Gouin, rue vaugirard 41. reçu lettres, portons bien. écris-nous. nos lettres pas arrivées. — Gouin. | Huillier, notaire, rue grammont. allons bien ici, donnez-nous de vos nouvelles. — Siaten. |

Bollène. — Pradelle, administrateur polytechnique santés bonnes, pays tranquille, Paul lieutenant, Marianne ciel. — Pellegrin. |

Valence. — Blache, st-honoré, 114, santé bonne, besoin rien, reçois lettres. — Blache. | Gaches, lafayette, 189. Léon wiesbaden bien portant. — Gaches (lunel).

Mende. — Laurens-Charpal ou Bonnefoy, chasseurs vincennes, 15e bataillon, 9e compagnie, vincennes. pas nouvelles vous, portons bien tous. — Charpal. |

Evian-les-Bains. — Vidal, 67, rivoli. lettres reçues, portons bien. nouvelles Toto. — Burgh. | Prétet, 54, lévis. bonjour à tous. réponse. — Sophie. | Delaperche, rue grenelle-st-germain, 132. tous à Evian. santés parfaites, reçu lettres, tendresses à père. prévenir amis, nargerie. — Delaperche. | Douciet, rue petit-thouars, cité boufflers 12. donnez des nouvelles de la maison et de mon neveu. — Franche, évian. |

Limoges. — Grus, rue turenne, 78. allons bien, oncle, tante Pauline à pouilly, bien portants. — Marie. | Maupou, faubourg st-denis, 27. je vais bien, où sont mes parents? écrivez-moi. — Marie Becque. | Lavergnolle, rue cléry, 13. allons tous bien, bonnes nouvelles Emile. Paul superbe. Jeanne marche, douze dents, Chartier souffrant. — Marie. | Huguet, 32, notre-dame-des-victoires, bien, non rien. — Girault. | Champagnac, 14, mogador. tes nouvelles arrivent, rendent heureuse, allons bien. — Noémie. | Crédit agricole, paris. 1334, 110, 40. rentrées difficiles, jusqu'ici sans craintes sérieuses. — Roux. | Durandelaye, 81, saints-pères. allons tous bien. Paul cavalerie auch, recevons lettres. — Dubreuil. |

Issoudun. — Grenouillet, sous-lieutenant mobiles indre, paris. reçu toutes lettres, mère mieux pas prussiens, département tranquille, armée loire forte, espérance. pruniers. — Grenouillet. |

Saint-Etienne. — Blanc, chirurgien, mobile drôme. écris, allons bien, oncle mort. — Antoni. | Comte, infirmier militaire, val-de-grâce. portons tous bien, armée loire belle, marche bien, espérons. — Comte. |

St-Servan. — Leseigneur, ministère marine. mère, sœurs, enfants, moi, toutes bien portantes. bonnes nouvelles mans, Verneuil et frères prisonniers neuwied. — Leseigneur. |

St-Malo. — Roux, 12, rue rochambeau. suis à st-malo. écrivez-nous, madame Vidal. hôtel franklin. discrétion, courage. — Arnoux. |

Rennes. — Eugène Veuillot, rue saints-pères, 10, paris, santés très-bonnes, tous réunis, Pierre pas collége, mais travaille régulièrement, sages. — Louise. | Debriche, 10, isly. toujours massaye, santés parfaites. mère blois bien. Henri leçons Letort Pilet. confiance en Dieu, bon espoir. — Louise. | Baude, 13, royale-st-honoré. maman wiesbaden, Edouard normandie. Duparc, Albert bien, suis à massaye, tous bien, reçu vos lettres. — Marie Morlière. | Duhamel, lieutenant 5e compagnie, 26e marche, ille-vilaine. sommes tous bien. Guy engagé, dames Morlaincourt ici. — Duhamel. | Nepveu, quai st-michel, 13. reçu ballons, santés soutenues. — Théry, 30. | de Pioger, lieutenant 3e bataillon, mobile ille-vilaine. famille compagne tous bien. mère inquiète, écrivez, dernière lettre six. Barbedor 20. — Barbedor. | Moron, amelot, 14. écrivez donc par ballon, Jacquemard aussi. — Nizerolle, boulevard strasbourg, rennes. | Schiffmacher, 4e bataillon mobile ille-et-vilaine. tous bien, appris décoration. — Marie. | Pinart, 5 bis, martel. tous parfaitement 30. Elisabeth ondoyée, bonne nourrice, reçois toutes vos lettres, dernière 21, bordeaux. — Pauline. | Mensier, gare est. bien portants tous, Henry, demoulin aix-la-chapelle, bonne santé. Virginie. fils, bien portants. — Fanny Mensier. | Dubarle, 174, boulevard haussmann, paris. quatrième, Sennelier gros garçon, enfants marly, Achille très-bien. — Dubarle. | Petibon, rue des martyrs, 10. sans nouvelle depuis 20 octobre, nous portons bien, — Petibon. | Decalan, commandant 5e bataillon mobile finistère. parfaitement portants à rennes et quimper, Albert capitaine, battu près Chartres, bien portant. — Decalan. | m. Lautru, 2, rue jean goujon, paris, octobre reçue novembre rien, inquiète, réponse pareille. — Eugénie Lautru. |

Carcassonne. — Saulnier, 2, rue monsieur-le-prince. quatrième à carcassonne allons bien toutes, reçu vingt lettres. — Saulnier. |

Nîmes. — Léon, charenton, 216. tous bonne santé, reçu deux lettres — Léon. | Flaxland, 9, rue thévenot, paris. avons reçu lettre. allons tous bien. donnez vos nouvelles. — Pallier. |

Campagnan. — Guipon, rue montmartre, 76, paris. allons bien, rien Déchaume. — Joséphine. |

Perpignan. — Masquilier, rue jean latier, 7. affaire réglée, partons tous, courage. — Passama. | St-Martin, lieutenant 4e compagnie, 1er bataillon 139e de ligne, fort charenton. maman se porte bien. toute famille aussi. — St-Martin. |

Le Mans. — Richard, anjou-st-honoré, 78. Fieffé bonne santé, billet reçu. — Fieffé. | Barbier, 128, faubourg poissonnière. Fieffé lettre reçue, cousine pour Debras, bonne santé, pas besoin argent. — Fieffé. |

Rennes. — Pennequin, 48, laffitte. 7, gaëtan parti officier. georges employé mairie, bonne. pas encore, oui. — Debray. | Cresson, préfet police. familles cathrein, pellochet, frémard, moreau, bien, rennes, turin, pau. — Pellechet. | M. René Lemintier, garde mobile, 9, rue loncier, paris. depuis 20 jours rien de toi, parents bien, embrassent. — Lemintier. | Lafont, 46, amsterdam. laure, marie marthe, tous enfants bonne santé, alfred prisonnier, écrivez-moi rennes. — Jules. | Dufrenois, rue mail, 5, rennes, bonne santé, reçois lettres. — Dufrenois, | M. Huillard, chanoinesse, 2, merci, merci, continue tes lettres, louise accouchée, garçon nous nous, portons bien, belair, 17. — Delagroue. | Antheaume, 26, rue st-quentin. tourmenté, réponse, 9, ruelle palestine. rennes. — Vast. | Ogerdias, 30, rue provence, santé bonne, tout va bien. — Ogerdias. | Weil, 53, boulevard sébastopol. cécile et fils vont parfaitement. — Weil. | Kestel, 10, rue copenhague. famille audra bonne santé peut pas conserver, venance paiera au retour, lui laisse chambre, réponse. — audra. | Veron lieutenant, 2e compagnie, 2e bataillon, marins brest, fort bicêtre. paris. portons bien tous, ligugé également, inquiétudes pour eugène. — Veron. | Burty, 76, assas. reçu lettres, mère, sœur, sauvés rennes, tous bien. — Burty. | Desgodets, boulevard st-germain, 81, rennes, 21 novembre, louise gros garçon, tous bonne santé. — Abel. | Vernière, boulevard st-michel, 75. Vulpian, vernière, georges, très-bonne santé, recevons lettres rennes. donner congé manhès. — Vernière. | Vanlee, 20, lepelletier. famille vanlee amsterdam, welling, enfant, famille portent bien, reçu lettre 20 novembre. — Maurice. |

St-Servan. — Brizard, 17, st-fiacre. inquiète, écrivez, — Violette. |

Tourcoing. — Derenancourt, 32, lafontaine, auteuil. courage, reçu toutes vos lettres, tourcoing tranquille, santés excellentes, pierre, lycée lille, henri, répétitions latin. — Wattel. |

Vendôme. — Brueyre, 8, louvre, paris. baby. tous bien portants, vendôme. — Léonie. |

Trouville-sur-mer. — Aguesse, 15, rue du caire. donnez chaque semaine par ballons, nouvelles détaillées, surtout de passy, ricard, charleroi, belgique. — Ricard. | Chancourtois, 10, rue de l'université. trouville, creuse, bien bon courage, grand espoir. — Thenard. | Chauchat, 7, rue boudreau. trouville. tous bien portants, recevons lettres, restons ici, adrienne, corbin, tous bien, père alexan-

Bordeaux. — 1 décembre 1870.

drine écrire. — Marie. |

Avranches.—Girard, 99, boulevard magenta. lafléche malade mieux, enfants bien, nourris toujours amelie, vous embrassons tous, auguste bien. — B. St-Germain. | Leroy, 46, paradis-poissonnière. nous portons bien. — Leroy. | Chardin, 64, boulevard haussmann, paris. toujours avranches, parents, enfants, georges, moi, santés parfaites, moral bon, recevons vos lettres. — Chardin. | Lefebvre, rue du sentier, 10, paris. frank engagé volontaire, 20 octobre, lieutenant mobilisé manche, sommes à avranches. — Leharivei. |

Lannion. — Sudre, hôtel des monnaies, paris. sommes à lannion tous bien portants, donnez-vos nouvelles. — Michel. |

Saint-Servan. — Georges, pauvre jacques, place château-d'eau. écrivez st-servan, 9, bas sablons, avons nouvelles martin, lui écris. pas nouvelles ernest. — Lascret. | Josat, médecin, 5, ventadour. reçu céline, émile écrive. tous bien. — Varangot. | Covlet, mobile, goujon, 233, st-honoré. paumier, henry, cazeau, peloin bien. anna toujours bien, affaires satisfaisantes, plusieurs lettres parties. — Huelin. |

Lons-le-Saulnier. — May, provence, 51. reçu lettre du 15, rien depuis 29, ici, milan, sarrebourg, ély, allons bien, vous embrassons tous. — Oppenheimer. |

Chateauroux.—Delarozière, 26 monthabor, hatons chateauroux en santé et sécurité manquent lettres huitième à onzième inclusivement, veux-tu poursuivions hyver.—Delarozerie

La Châtre.—Duguet, lieutenant artillerie bastion, 31, famille santé, courage, écrire. — Duguet. | Delacou, rue école médecine, 38, toute famille bonne santé, écris nous.—Delacou. |

Bayonne.—madame Richard bérenger, 2, beaune, tantes et enfants continuent être toujours bien. —Nogaret. | Simon I Lazard, 28 échiquier, reste à paris, suis courageuse Léonce guéri, Edmond pas encore appelé, tous parfaitement, André superbe. —Hélène | Bassaget, pagevin, 48, lettre crédit, Lledo. Valiente. Llorente, Alfaro, Granados, Texidor.— Sainz. | Gatine, 8, allons tous parfaitement, demandons lettres fréquentes, trente novembre.—Jenny. |

Fauville.—Dubois, rue faubourg st.-honoré, 47, paris, bonne nouvelle de votre famille vous écrit sans cesse vous dis mille tendresses. — Dubois. |

Chateau-gontier.—Gault, boulevard malesherbes 16, santé parfaite, collège piano satisfaisant. — Bouchar. |

St. Nazaire. — Compagnie transatlantique, rue paris, servi e mensuel, trafic faible, subvention, septembre encaissée ici, octobre novembre sur encaissés. —Goyetche. |

Le mans. — Picard ministre, familles liouville (Hyères) Régnier, toussaint, Colin, Bixio, Vavin, Paulinier, Hérard, Laboulbène, Ruau, Guyon, Cresson, Vulpian, Alling, Voisin, Henry. | Muller, 29, rue douai, paris, toujours mans attendrai suis malade, ai argent, reçu tes lettres, écrit stenakers pas répondu.—Muller. |

Bayonne.—Rodrigues, 106 richelieu, cinquième dépêche, tous parfaitement, mille baiser, grand espoir. — Arthur. | Félicie Baudenon, martyrs 5, écris poste restante bayonne.—Petit. |

Lyon-perrache. — m. Clet, rue furstenberg, 8, paris, lyon tranquille, provisoirement notre maison ambulance, donnez nouvelles, confiance en succès prochain —de Vaux. |

Oullins. — Meurisse, avenue tourville, 18, Henri prisonnier cologne. — Grept. | Aubry concierge, 214 rue charenton, faire clef, entrez dans mon logement, prenez confitures, écrivez souvent sommes inquiets.—Roudot. ateliers oullins. | Hallopeau administration gaz, tous bien adresse lyon écrivez journellement. —Hallopeau. | madame de Cerea, 12 bellechasse Cailut franc tireur jura va bien réponse dôle.—Cailut. |

Gannat. — Routy, rue roule, 16, avez argent, payez imposition gaz, déposez comptoir escompte écrivez ballon monté.—Simon, chez Grange. veusat aigueperse. |

Gueret.—Rigaud, boulevard magenta, 170, portons tous très bien content. — Antoine Rigaud. |

Vannes.—Levois, 8 rue chateaudun, toutes réunis vannes, santés parfaites, Marie accouchée garçon, nourrit argent suffisant.—Magdelaine. |

Nice. — Sabatier, 35 reine hortense, sommes à nice, 17 promenade anglais, bonnes santés, rien perdu, reçu vingt lettres.—Hélène Sabatier.—Périer 24 marignan, paris, bonnes novelles marie, marguerite descours, famille bouteau. munet, moi bien souvenirs gillet, reçu lettres.— Perrie. | Gunzburg grube bien arrivé boulogne parti pétersbourg familles dinin fould, oulman sont boulogne, nous mathilde enfants menton parfaite santé, 27 promenade des anglais. — Gunzburg. | Chapte, rue baudin, 13, enfant superbe, léonie toujours malade —Vernert. | madame Ducoudray, boulevard malesherbes, 77, tente tous moyens correspondance continue, aller bien reste nice. — Ducoudray. | Camille boulevard haussmann, 73, paris, vais bien écrivez nice. — François. | Durand, 10, faubourg montmartre, reçu toutes vos lettres, nous portons bien, merci faites savoir nouvelles à charles luys. —Castelain. |

Constantine.—Crédit foncier, paris, emprunteurs demandent réalisation de prêts signés, puis-je employer fonds importants encaissé? ici par société algérienne.—Decoulanges. |

Alger.—Debs, guénégaud, 11, sans lettres susini depuis septembre, prière donner nouvelles.—Delacroix. | Panchioni, nationnal charbonnière, 32, victoil, 72 paris, comment va santé, nous bonne reçu thérèse, succès dernière lettre écris.—Panchioni. |

Marseille. — Pauchou, flandres 223, paris, tous bien.—Pauchon. |

Vienne.—Constant Dufeux, baulevard st. michel, 64, paris, orcel quenin bien, courage france gouvernement font prodiges pour secourir paris.—

Le havre.—Lebaudy, rue flandre, reçu jusqu'au 18 courant, versement gilles marcuard, effectués continuez envoyer argent londres et non nantes. —Gustave. | Lebaudy, rue flandre, sucres valent cinquante cinq les 88 degrés, j'opère suivant ton opinion qui est mienne.—Gustave. | Michaud, 53, hauteville, madame michaud avec nous, toute famille bonne santé, — Calon. | Goyard, boulevard prince eugène, 65, paris, donnez donc de vos nouvelles.—Raverat. | général Neigre, 4 rue vivienne, sans lettres de vous, écrivez ballons, lettres arrivent, tous bien. — Soniat, kensington square, 25, londres. | Gastambide, 34 cardinal fesch adrienne continue, parfaitement southampton trente novembre.—Delaroche. | madame Lahure, 171 grenelle st-germain Edmond arrivé havre bien portant prisonnier parole informer ployer.—Lahure. |

Montluçon. — Bergerat fréderic, st-sauveur, 25, fais savoir de tes nouvelles. — Bergerat. |

St-Pierre-sur-Dives. — Mme Pié, labruyères, 42-44. paris. aidez ami, rendrai. — Philippe. |

Rouen. — F. Duval, rue de navarin, 13, paris. cécile et famille vont bien, habite flers. — Langlois. |

Arles. — Troupel, rue londres, 34, paris. a barbegal depuis 24 septembre. — Anselme. |

Domfront. — Decaen, 63, provence, paris. tous bien. recevons lettres. donne nouvelles rue le. ic. — Decaen. |

Vendôme. — Laguarigue, lieutenant artillerie marine, fort est. allons bien, ta mère. — Laguarigue. |

Châteauroux. — Boutet, rue gaillou, 20. lycée de châteauroux transformé en ambulance. vu tous bien à valençay. bonne lettre de maurice. — Emile. | Faucon, rue grands-augustins, 17, paris. reçu vos lettres, merci. si besoin argent demandez m linari. — Bede. |

Nantes-Central. — Gros taitbout marie rentrée strasbourg, mère, frère bâle. reçu lettres. — Grün. |

St-Amand-Mont-Rond. — Parent, monsieur-le-Prince, 31. santé bonne, reçu lettres. — Louise | Marche, 41, rue caire. écris chez Bocquet. rue des bas-chemins, angers. claude la fontaine dois remettre mille, demandez par banquier. — Marche. |

Granville. — Moulin, boulevard magenta, 99. lucie même position. tous granville, recevons lettres. — Cailus. | Navières, faubourg poissonnière. 40. famille santé excellente. draveyron aussi, marie résignation admirable. écris.—Louise. | Hardon. 56, avenue impératrice, paris. jersey, portons bien, pauline aussi. enfants travaillent, adolphe écris, courquetaine préservé, berton, famille bien. — Hardon. | Lafond. place bourse, 4, paris. caisse cinq mille, pertes néant, affaires minimes. — Mulot. | Avice, phlipeaux, 26, moi, granville hôtel marchands. — Avice. | Dubot, 18, rue des dames-batignolles. alice, odette bien. anne sevrée et bien. coquerie pas vendue ni louée. — Lizoles. |

Leberton, harpe, 49, paris. tous santé parfaite. reçu lettres. — Marie. |

Béziers. — Maréchal, capitaine, forestier, auteuil. tous parfaitement. — Alice. | Gufflet, 21, latour-maubourg. tous parfaitement, 30 novembre. — Honorine. |

Balleroy. — Gouret, 208, rue st-martin. reçu trois lettres, donnez nouvelles de lavignac. — Menseing, Planquery. |

Gex. — Mme Marquis, 44, vivienne. reçu lettre du 16. écris-moi souvent. tes enfants tous parfaitement. pensons beaucoup à vous. — Edmée. |

Bourg. — Herpin, 58, rue provence. paris. genève tous bien, faroy bien. écrivez souvent, silence cruel, ai essayé tous moyens paris. — Demas. | Bourgoin et Duchesne, avenue napoléon, numéro 4. écrivez-moi souvent à bourg-préfecture. — Benoist. |

Rouen-Préfecture. — Leroy, 27, faubourg st-martin. bonnes nouvelles de charles et de dieppe. — Piguerel. |

Roanne — Pinson, quai béthune, 22, paris. santé parfaite, reçu journal, lettres. sois prudent, vous embrasse tout cœur. — Pinson. |

Angers. — Saint-Mars, 100, bagnolet. habitons angers. écrivez. — Savart. | Tresse, 182, rivoli. tous bien, reçu lettres, répondu, merci. écrivez angers. — Beulé. | Duparc, 4, st-hyacinthe-st-honoré. santés parfaites. écrire angers. hôtel faisan. — Angèle. | Bailly, boulevard bonne-nouvelle, 19. tous bien, vous embrassons. espoir. — Bailly. | Fouinat. 170, quai jemmapes. arrêtez inventaire ardoiserie le 30 novembre. — Larrivière. | Vaney, écuries-artois, 23. argent assez, tous bien. fais-tu sorties, dis vérité. reçu lettres. — Lucie. | Landmann, 27, larochefoucauld. ton père bien, intimité frempel. espoir. — Alice. | Hérard, bouloi, 21. enfants, parents, tous bien. espoir. — Gendron. | Bréham, 7, scheffer, passy. santé excellente, familles lemoine. laflèche aussi. argent assez, recevons lettres. baisers. — Bréham. | Joly, Neuve-capucines, 21. allons bien. angers, hôtel londres, papa avec nous. — Berthe. | Ligeron, faubourg st-germain, 73. pour charles-villeneuve-la-garenne. lettres reçu, tous bien, bichon adorable. — Eugénie Caroline. | Melot, bureau central télégraphique, paris. famille cachard santé bonne, bébé magnifique, père resté, monestier remplacé, lure pas nouvelles. embrassons. — Lalande. | Chereau, rocroy, 21. tous bien, avons courage. — Chereau. | Lelavandier léon. 11e artillerie dépôt, 2e pièce, école militaire. pas lettre toi depuis deux mois. allons bien. écris. — Houdin. |

Limoges. — St-Paul, 1, cirque. salvanet, argent suffisant, vu berthe, installée lausanne, envoyé procuration par légation suisse, bien portants, recevons lettres. — Joséphine. | Bricard, tiquetonne, 23, paris. allons tous bien, paul cavalerie auch, recevons lettres. — Dubreuil. | Duval, 8, st-françois-xavier. familles krantz et vangenis en bonne santé, reçoivent vos lettres. — Soulié. |

Nevers. — Félix mornecove, 103, rue bac. suis préfecture nevers avec enfants, georges mieux, été très-malade, répondez nevers préfecture. — Augustine Bertholdi. | Courot, notaire, 6, place saint-michel. 3e dépêche, toutes santés parfaites, victoires sous paris connues, anastasie écrit londres. santés excellentes. — Meillet. |

Vire. — Devaux, rue grenier st-lazare, 8, lettres reçues. bien portants, écris souvent. — fen Devaux. |

Clermont. — Bonnefond, chaussée-d'antin, 43, champgoubert. 26 novembre, allons tous parfaitement. — Amélie |

Tonnay. — Baury, 194, rivoli. bonne santé lettres reçues, fidélie arrivée. — Baury. |

Auray. — Langlois, rue petites-écuries, 52, allons bien, malheureuses être loin, hôtes excellents pour nous, abusons hospitalité. — Langlois. |

Lyon. — Crédit lyonnais, boulevard capucines, 6, paris. tout va bien, lyon et decazeville, aucune inquiétude de nos côtés. — Letourneur. | Bayard, grange-aux-belles, 37. santé bonne. reçu lettres, nouvelles bayard, boucher. — Bayard. | Joseph Billitzer, 17, rue de londres, paris. tous bien portants, aussi ailleurs, ton père.—Billitzer. | Girard, 24, bons enfants, tous contents, reçus lettres, st-genis. — Girard. |

Balleroy. — Gouret, 208, rue st-martin. dites boulevard haussmann que ne recevant pas nouvelles. vous demande qu'il reste statu quo.—Menseing. |

Clermont-Ferrand. — Moulinet, rue béarn, 6. bien portant, lettres reçues, écrivez clermont-ferrand. — Chenet. | Lemaitre, 11, beautreillis. santé bonne, écris-moi à clermont, vendez obligations. — Lemaitre. | Mazzio, rue lyon, 3. sommes à clermont-ferrand, reçu carte, amitiés. — Dessallien. | Verdier, rue montmartre. 125, 2e dépêche, santé, affaires bonnes, votre mère va bien. ménagez-vous pour nous, écrivez-nous. — Torrilhon. | Adelina Martin, rue Baudin, 16. notre bureau est à clermont-ferrand, prière écrire. — Dessallien. | Labbe, 12e ambulance. allons bien, écrivez.—Labbe. | M. Gricourt, 34, st-roch. allons bien, très-tranquilles, écrire aux ogonnières par bracieux. — Bernard. | Francis roux, 29, rue huchette, paris. toute famille porte bien. — Eugénie. | Masson, place école-médecine, 17. Mme masson, sa mère, ses enfants bonne santé. pau, rue préfecture, tous bien, chassagne, lyon. — Girardin. | Dufour, 103, rue richelieu. vendu opéra flotow à schott et à bock. davisson a obtenu délai de deux mois. — Laussedat. | Dufour, 103, rue richelieu. votre associé à bruxelles. enfants à londres, frère liége, tous bien portants sans manquer argent. — Laussedat. | Romain, 6, rue st-claude. allons tous bien, romain, hesbert aussi, embrassons jean, laeken bruxelles. | Gilbert, 61, cherche-midi. écris par ballon. — Louise. | Pognon, 50, neuve-des-petits-champs. familles pognon, letourneur, bardon, moutard, martin. parfaitement, toujours granville, reçoivent lettres, anna à clermont, vont bien. — Pognon. | Royer, 12, filles du calvaire. santé bonne, nouvelles henriette, vont bien, pas besoin argent, dagrin vont bien. porlieux (côtes-du-nord). — Jocquet-Lacarrière. | Malé, rue dauphine, 26. écrivez souvent, clermont, gare, renseignements, marie, maison, payez contributions. — Lenau. | Mme Rouart, 149, oberkampf. chère amie, reçu votre lettre, sommes à clermont-ferrand bien portants, vous embrassons tous. — Marie Jousselin. | Vidal. 19, laffitte. envoie carte, inquiète, santé bonne. — Vidal. | Marcheix, 6, castiglione, oui, oui, oui, oui. — Marcheix. | Nachmann, rue montmartre, 29. famille isaac boumell, existence sauve, santé bonne, maison peu endommagée. — Wolf. | Yvose, 17, neuve-popincourt. confirme dépêche du 10, matériel complet, suffit difficilement, 400 prolonges livrées. — Renout. | Durenne, 45, chaussée d'antin. correau près vevey, parfaite santé, manquons de rien. recevons lettres, père bruxelles, ernestine nice avec famille. — Durenne. |

Bayeux. — Atger, 34, rue laffitte. amitiés à tous, suis à bayeux intérimaire, bon courage. — Petit. |

Saintes. — Madame Dumont, 31. avenue trudaine. santé parfaite, laporte, henriot également. — Malus. | Besnard, 28, rue saint-quentin, paris. 3 décembre, cinquième pigeon. maman, moi tous bien portants, hôtel messageries, saintes (charente-inférieure). — Amélie. |

Montpellier. — Leblanc, fruitière, 15, lévéque. remplis seulement occupations, pense exilée, pas promenades éloignées, anna couvent, nous pauline, imprudent provisions. — Piquet. | Ferrier, 38, croix-des-petits-champs. enfants mill et nous bien. louis chez banquier, enfants lycée, logés appartement particulier, lettres parviennent. — Terrier. | Mill, 20, neuve-des-capucines. enfants bien portants, visite monbazin. permettre enfants venir avec nous montpellier, joie pour tous, amitiés, réponse. — Ferrier. | Chaussande, 7, annonciation, passy. adrien bien, schleswig duché schleswig, nous bien. — Farjon. | Joret, 80, taitbout, paris. faites venir montpellier sitôt possible loude, goupillon avec documents, affaires et état détaillé caisse. — Joret. |

Quimper. — Dehaut, 147, faubourg saint-denis. nous bien, recevons lettres. — Dehaut. |

Sablé. — Bonnaire, 5, rue meslay. santés bonnes, tranquilles, confiantes, même lieu, reçu lettres, marthe bien, garçon. — Marie. |

Saint-Servan. — Cointet, 59, boulevard strasbourg. monier. chambine, hefty, cointet, tous bien, bonnes nouvelles jumiéges. — Marie. |

Redon. — Lizars, 128, lafayette. limoux, santé bonne, ici affaires médiocres, famille siry venue, étienne capitaine, partirai bientôt pour limoux. troisième. — Vesian. |

Oloron. — Steenhaut, 80, avenue saint-mandé, paris. reçu tes lettres, ma santé parfaite. — Betzy. |

Pau. — Persil, 34, pasquier. arrivées pau 10 octobre, bien, recevons lettres, henri, charles, prisonniers cologne, louise versailles, eberty ici, écrire. — Agathe. | Manuel, 7, anjou-saint-honoré. bonne santé, pau, 26, rue nouvelle-halle. — Hermel. | Badoulleau, 20, hauteville. quitté étretat 23 novembre, arrivons ici seulement 2 déc. tous bonne santé, famille ernest également. — Levillain. | Meslier, rue sentier. donnez nouvelles pau, hôtel france, allons bien.— Meslier. | Plisson-Abbadie, 13, rue banque, paris. sans nouvelles, tous bien, écris.— Jules Pisson-Abbadie. | Rouget, 7, rue louis-le-grand. paris. 2 décembre, allons tous bien, pau, mans, trouville, maman gros rhume, savons grande nouvelle. — Rouget. | Delafoy, 15, jacob. bonnes santés, prière informer parents, amis, donne-nous leurs nouvelles et frédéric par cor. — César Jolly. | M. Pierret, 8, rue turin. pau, santés bonnes, écrivez souvent. — Flandin. |

Brest. — Jules Viel, 159, rue du temple, paris. tous bien, envoi argent impossible poste, reçois pas mère, contrariée.—Veuve Robert. | Ferrier, 33, quai valmy. dire simore remettre deux cent cinquante, pille, 280, saint-jacques. — Pille, 11, traverse. |

11 Pour copie conforme :

L'inspecteur,

Bordeaux. — 1 décembre 1870.

Saumur. — Chabot, 17, boulevard madeleine, paris. bien portants, héritier superbe, jeanne relevée, voir moustiers, desessarts, hadot. — Gérard. |

Hyeres. — Levesque, 21, bons enfants. antoine, trainel, jean bien, reçois toutes lettres, tranquilles. — Levesque. |

Blois. — Lemaire, 60, boulevard prince-eugène. sois bien tranquille, tous parfaitemen portants, blois, thérèse aubin, tendresses. — Cécile. | Bataillér, 38, écuries artois. bonne santé, inquiète, écris. — Batailler. | Pougnet, 58, vaugirard. allons bien. — Pougnet. |

Castel-Jaloux. — Dandrieu, commis écritures, 2e section, quai billy, paris. ici et agen bien portants, achille sorti metz est à tours. | Dandrieu. |

Marmande. — Bertaut, 1, rue lille. tous bien portants, rené chaque jour plus fort et intelligent, liégeois décoré, marmande, hôtel centre. — Blancard. |

Béziers. — Farjas, rue damiette. écrivez béziers, rouvière, 33, rue gare. — Martin. | Brossard, 20, saint-martin. veuillez donner nouvelles fernand, inquiets. — Rougé. |

Montauban. — Couve, 18, rue montmartre. tous bien, suis montauban. 2 décembre, baisers. — Alice.

Lisieux. — Denechau, ministère finances. votre mère très-inquiète, tous bien, écrire immédiatement et souvent. — Cambray. | Corvée, 42, bac. enfantsvont parfaitement, lettres arrivent, amitiés. — Corvée. |

Ferney. — Motte, 61, rue victoire. motte, bouillerie bien, reçu trente lettres, écrivez quotidiennement, genève, payelle bien. — Motte. | Gauthier, notaire, 217, saint-honoré familles marquis, gauthier, cresson, labrie, Corrard, danloux, ladurie, vaingtain vont parfaitement, donnez nouvelles paul lemasle. — Paccard. |

Clermont-Ferrand. — Martinet, 11, rue auber, paris. reçues lettres ciney, portons tous bien, lili, moi continuons étude, embrassons toi mère. — André, Marguerite. | Maret, rue tronchet, 31, maison duval. portons bien tous, pierre mort. | Darel, ministère finances, paris. famille porte bien, bébé garçon, reçu lettres, écrivez-nous succursale clermont, prévenez familles michel, masse. — Ermel. | Hussenot, 1, rue mail. flers, 24 novembre. couriot, hussenot, gallet, gibau, vaillant parfaite santé. — Couriot. | Fournier, 14 cléry. reçu lettre 14, courage, succès, jules prisonnier erfurth, bien, ainsi que nous, montfort toujours ici. — Sarazin. | Mallet-Pichon, impasse, bertaud, 14 écrire de suite. — Pichon. | Jules Aron, boulevard saint-martin, 39. chers enfants reçu vos lettres, sommes bien portants, bruxelles, rue léopold, 15. — Sara. | Dervieux, rue tour-auvergne, 17. envoyez nouvelles par ballon plus tôt possible, dognin, cannon-street, londres. 46. — Getz. | Delaperrière, boulevard st-germain, 246. sommes à st-gervais, allons bien. — Irène. | Fuld cléry. reçu lettres, madame fuld va bien, familles bourgeois, mienne bien. — Ossaye. | Samazan, 38, rue bourdonnais, paris. vos lettres parviennent, affaires restreintes, recouvrements impossibles, sinistres peu importants, correspondance active, situation difficile. — Douladoure. | Turet, 15, rue temple. heureux de vos nouvelles, avons tous grand espoir, noté commission, dites garnier mécontent silence. — Quinette. |

Tours. — Saintignon, postes, cléry. bonnes nouvelles d'albert, tout va toujours bien, rien de toi depuis six semaines, écris-nous. — Franquin. | Sagansan, postes. famille bien à aucamville, madame guérie de variole, dites voirin : madame sivet à blois, famille à chézy, bien. — Ansault. | Marlin, 55, gravilliers, les vôtres et moi bien, vous prie remettre argent ma femme si besoin, patience et confiance. — Guillemet. | Girette, messageries maritimes. services réduits marchent régulièrement, recettes appauvries, 30 navires désarmés, bonnes nouvelles du Président et madame girette. — Dupin. | Vilmorin, 39, bac. pandelon tous bien, chevilly aussi. — Louise | Valette, corps législatif. familles poudra, joly, greterin parfaitement, 30. — chevalier. | Hérold, ministère justice. préparez housset, saint-ay tous, tout bien, mais profonde affliction, jeudi, notre henri au ciel, méningite. — Gabrielle. | Joly, corps législatif. amitiés, rené trouville bien, moi aussi boruges, payer loyers, contributions, souvenirs jacquotreneaux. — Puille. | Colmet-d'Aage, 69, saint-lazare. tous bien portants, enfants travaillent avec professeur, étretat. — Colmet-d'Aage. | Chevillotte, 41, victoire. ta mère bien, tous bien. — Eugénie. | Lemoinne, 109, boulevard haussmann. tous bien dieppe, étretat, tes lettres reçues. — Kate. |

Nantes. — Duroster, état-major général Maudhuy, 2e division, 1er corps, 2e armée. lettres reçues, femme, enfants, famille bien. 3 décembre. — Augebault. | Petit, capitaine génie, rue lascases, 19 bonne santé, maule, grignon, suis grand jouan, tous santé excellente, reçu lettres. — Marie Silvestre. | Bonamy, fleurus, 3. naissance Jeanne, tous bien. — Edouard. | Hurlier, 47, rue trévise, paris. coupons et obligations sorties à fait encaisser, agence par tiers, douze, oui complétement partout. — Dromel. | Comptoir escompte. paris. suite borie d hier, vendu depuis 5,000 obligations à 55, ex-coupon ; six, rien. — Dromel. | Boissaye, 27, chaussée-d'antin, paris. numéro sept, 2,175 obligations ; huit, 360,000 livres. — Dromel. | Borie, 90, rue d'assas, paris. numéro neuf, 120,000 livres ; dix et onze, société à payé, hurlier finit. — Dromel. | Maurel, rivoli, 140, paris. oui, lettres reçues, fais affaires, pas marchandises, voyagé pour acheter clermont et londres, bon espoir. — de Nèvrezé. | docteur du Souchay, 20, rue chaptal. du Souchay, guibert, avénier, tous bien. — Charlotte. | Roilleaud, sergent-major, 28e marche, 1re comp., 3e bat. fort mont-valérien. bien portants partout lettres, malle. — Souris. | Fourneau rue bouloi, 24. sommes bien, inquiets de vous, pas de lettres. — Lafargue. | René Duché, 4, rue mogador. tous bien portants, recevons vos lettres, écrivez tous les jours, tranquillité parfaite, nouvelles clémentine. — Adeline. | Jacque, sergent, 8e bataillon, mobile seine. toi, marie, beaucé, lucien, léon, écrivez. - Jacque, croisic (loire-inférieure). | Allotte, rue turin, 33. alfred à altona bien, ai envoyé argent. — Mattat. | Vandenberghe, boulevard voltaire, 42. nous, londres, ninie, tous bien. alfred garçon 8 octobre. — Thérèse. | Brun, rue des jeûneurs, 27. ronno, anna bien. — Marie | Richer, 15, rue cerisaie. tous bien portants, enfants charmants. — Patte. | Benou, 11, taranne. santés excellentes. — Leroy. | Worms-Lœwy, 28, jacob, paris. mathilde accouchée, 12 novembre, gros garçon, tous bien portants, recevons vos lettres, écrivez souvent. — Rosalie. | Frayez, boulevard haussmann, 60. allons bien, maurice externe, reçu lettres, 2,300 fr., merci, espoir, tendres baisers. — Frayez. | Chaperon, 98, boulevard haussmann. tous bien, vu albert bien, marguerite aussi, saunac bien poitiers. Lavallée. | Lafisse, rue rome, 23. reçu lettre directe, raymond hambourg, frédéric gien, mélanie ici, halgan mons, liesta trouville, tous bien. — Lafisse. | madame Favier, chaussée-d'antin, 68, paris. tous bien portants. — Favier. | Marchand, rue douai, 12. louise accouchée heureusement, enfants, parents bien portants. — Clarisse. — madame Camille Groult, 12, rue sainte-appoline, paris. ai écrit souvent disant que vos enfants sont en parfaite santé. — veuve Groult. | Lelasseur, 8, rue roquépine, paris. tous bien, albéric avec nous pas appelé, tendresses. — Octavie. | Ponthus, 7, boulevard sebastopol, paris. bien installés en suisse, lyon, nantes, bonnes santés, amitiés, ma famille, amis, provisions, retour. — Gsell. |

Paimbœuf. — Amaury Anne, basquet, 11. bien. — Elodie. |

Angoulême. — Bruneau, rue paix, 23. nombreuses lettres reçues, ressources suffisantes, santés bonnes, installation convenable. — Charpentier. | Lambert, 174, rivoli. hôtel postes, santés excellentes, léon pas sevré, bonnes nouvelles oncle, dautel périgueux, bientôt. — Louise. | Lacour, 26, duphot, paris. envoyez de vos nouvelles par ballon monté. — Cauchois. |

St-Jean-d'Angély. — Lesourd, 16, billaut. bien portant, quittés mâcon, habitons borderies, moi valeurs. — Joséphine. | M. Roussel, 25, boulevard malesherbes. tous parfaite santé, georges grandi, savons heureuses nouvelles, espérons fin prochaine épreuve, 3 décembre. — Marguerite. | Griffon, palais élysée. jules, tercelet prisonniers vont bien, jules aix-chapelle, ici santés bonnes, dufay bien, recevons vos lettres. — Hélène. |

Mirambeau. — Henry, pharmacien-major, val-de-grâce. pleinesche reçu mandat, bonne santé. — Amélie. |

Tarbes. — Wernert, intendance, paris. courage, à bientôt, gabrielle bien, dents, dit papa, écris. — Wernert. |

Jarnac. — Boischevalier, 21, rue suresnes. paul reformé, santés excellentes, particulièrement la mienne, reçu vos lettres, suis inquiète, mais confiante. — Lacroix. | Blin, 105, beaubourg. tous bien. — Charlotte. | Brazier, oberkampf, 1. jarnac bonne santé, écrivez. — Parain. |

Chinon. — Monéro, 10, quai louvre, paris. appris triste nouvelle 18 octobre, répondu plusieurs fois par poste et pigeons, allons bien. — Sergent. |

Angers. — Bégin, rue fabert, 42. tous bien, lettres reçues, Désiré prusse. — Morel. | Lenepveu, quai d'orsay, 1. tous bien portants, vous embrassons. — Joséphine Lenepveu. | Cullier, 33, rue malesherbes. santés bonnes, Massenet bayonne, Lacroix bretagne. — Julia. | de Cambourg, rue milan, 11. vos enfants se portent bien. — de Cambourg. |

Bordeaux. — Dollfus, 4, paix, paris. directeur télégraphié souvent, frêts sortie mensuelle nuls, entrées belles avec armes, darien naufragé, écris saintléon. — Vial. | Flury-Hérard, 372, st.-honoré. enfants et moi à londres, santé bonne, nouvelles de ton père bonnes. — Adèle | Labouret, 98, rue victoire. Charles me charge vous dire famille portion bretagne, portion touraine, bonne santé. — Beylard. | baronne Soubeyran, 19, place vendôme, paris. santés bonnes ici et à morthemer, tendresses. — Sainte-Aulaire. | Lessage, avenue victoria, 7. sommes bordeaux, portons bien. — Verneau. | Alphandery, 17, rue maubeuge. Blanche, enfant, famille, bien. Rabbin Lazare vu Edmond après capitulation, bien. — Rodrigues. | Chaligny, 12, chaussée-antin. inquiet sur santés Cottinet, Mina, Marcel. — Desèvre. | Lassert, bureau strasbourg gare. nouvelles immédiates. — Lassert. | Barre, monnaie. les vôtres réunis tous quatre en bonne santé. beaucoup lettres reçues, dernière du 18 novembre. — Marcotte. | Marcotte, monnaie. Edmond revenant de tours prisonnier ehrenbrensten près coblentz, bien ailleurs, Maxime londres Iselin, dis clément regrets. — Marcotte. | Courras, 20, rue rossini. reçu toutes vos lettres et celles de la plata, tout va bien, bonne santé. — Mensignac. | Deligny, 16, jean-goujon. famille bien, payez pension Fumal, aviser Gil augmenter crédit nécessaire, mère réclame lettres fréquentes. — Deligny. | Helbronner, 4, rue papillon. excellente santé, bonnes nouvelles. | Helbronner. | Laurent, rue luxembourg, 5. six semaines chez Amélie, tranquilles, sans besoin, bonne santé. — Marlet. | Clayette, passage jouffroy. habitons bordeaux, 27, rue huguerie. — Amélie. | Jeantaud, 135, rue temple. donnez nouvelles Edmond, de la maison allez voir mon appartement cenon près bordeaux. — Moingiord. | Fray, 41, tour-d'auvergne. si chevaux ne sont pas vendus attendre un nouvel avis, madame Marre ici. — Dobbé. | Drouillard, 4, rue rome. comment êtes-vous ? suis désolée ! — Drouillard. | Villeneuve, 113, boulevard haussmann. tous à lacq en bonne santé. — Apolline. | Vandenberghe, 162, rue rivoli, paris. vos dames, enfants, vont parfaitement. madame Loreau accouchée garçon à genève, mère, enfant, bien. | Cuzol. | Duchateau, rue daru, 15. bien portant, pars landrecies. — Duchateau. | Visitation, rue vaugirard, 110. Rosalie bien Brioude, écrivez. — Forestier. | Fuzon, rue legendre, 99, batignoles. Rosalie, Ernest, très bien. — Julie. | Madame Taverne, 73, rue victoire, paris. merci pour la lettre, ici tous bien, Augustine en famille à arcachon. — Labrouche. | Badin, 21, rue vivienne, paris. compagnie, belle situation. — Despujols, 32, rue de lerme, bordeaux. | Salmon, rue amelot, 96. Auguste, Edouard, Salmon, Fleurimont, Cabourg, Lamy, Gustave Poëy, Manneville, Chartier, rouen. lettres reçues, bonnes santés. — Carré. | Habrias, mulhouse, 6, paris. reçu lettres, Jules tarbes, André typhoïde. — Julia. | Pellis, 28, sentier, paris. tous bien, reçu nombreuses lettres, amitiés à Justin. — Sambuc. | Delpech, bac, 128. lettres reçues, tout va bien, statu quo en orient. — Rousseille Cazenave. | Marinoni, 67, vaugirard. londres, 28 novembre. recevons lettres, portons bien, Frédéric arrivé. embrassons toi, Désiré, toute famille. — Cassigneul. | Aron, 35, boulevard bonne-nouvelle. reçois nouvelles Clémentine Lévy genève, famille tous santé. — Prevost, 16, allées tourny. | Boussod, 72, rue amsterdam. 3 décembre sommes tous bien. — Boussod. | Trébuchet, 12, place dauphine. commencement novembre tous vôtres bien, Victor et fille arrivés heureusement. — Maire. | D.r Fournier, rue saint-arnaud, n. 1. enfants vont bien, tous bien. — Fournier. | Weil, 8, rue magnan. lettres reçues, bien portants. bordeaux, 252, rue sainte-catherine. — Weil. | louis Vignes, capitaine de frégate, ministère de la guerre, paris. lettres parviennent, emploie moyens donner miennes, virou tous bien. — Julie, 3, rue du couvent. | mademoiselle Ancelin, 72, rue assas. reçu vos lettres, laure, moi. bonne santé. pensons bien à vous, écrivez toujours bordeaux. — Zoé. | laborne, 22, place vosges. santé bonne, anxiété, écrivez. — laborne. | Prévost, rue vingt-neuf-juillet, 7. veuillez payer Bedel, père remboursera en arrivant, inquiète. — Fleury. | Roussel, 80, faubourg-saint-antoine. santé bonne, Charlot grandi, enfants travaillent bien. — Roussel. | Clayette, passage jouffroy. lévy, faubourg montmartre, prêté mille francs, rendre son mari. écrire bordeaux, 27, rue huguerie. — Amélie Clayette. | Farine, mobile, 4e bataillon, issy, fort. inquiets, réponds. — Farine. | levy, 10, faubourg-montmartre. Ernest envoyé deux mille, prêté mille madame Clayette, prévenir mari. écrit bordeaux, ballon arrivé sans lettre. — levy. |

loudun. — monsieur Delasteyrie, 33, miroménil. reçu lettre 30, écris lagrange pour louis, sommes loudun Hennecart, écrivez là, bonnes nouvelles partout. — Alexandre. | Hautier, 27, châteaudun, paris. tous bien, bientôt vaccinée, reçu lettres. — Berthe. |

Saint-Malo. — Villiquier, boulevard italie, 126, paris. famille entière bien, chacun respectivement chez soi — lorgeril. |

Rennes. — monsieur Robinot, 52, amsterdam, paris. tous bien, pleins d'espérance, Ernest travail médiocre. — Demalty. | lebon, 11, Drouot. suis rennes, poste restante. rapports continuels avec usines, moins chartres, occupé. recettes passables, rien en souffrance. — longuère. | leruth, 5, chapon. familles leruth, lemaire, chauvin, tous en bonne santé, renvoyé les trois cartes poste, reçu beaucoup lettres. — leruth. | mathoul, 3, impasse enfant-jésus. nous nous portons bien, avons reçu vos missives. — massonnet. | commandant leméritier, 4e bataillon ille-et-vilaine. toutes bien. rassurez Ivan, Guy. attendons nouvelles, anxiété. — Berthe, rennes 2 décembre. | monsieur halévy, 31, rue rochefoucauld, paris. famille halévy va bien à étretat, Théodore Berger prisonnier à rastadt, Harcourt bien. — Paradol. | Sainte-Marie, boulevard montmartre, 16, paris. prière, instante, nouvelles personnelles. — Bodin. | Guibourgé, boulevard saint-michel, 61. bonne santé. rennes, faubourg Dantrain, 15. — D. Guibourgé. |

Auxerre. — lorin, employé, avenue du maine, 32. oui, oui. non, oui. — lorin. |

loches. — lacharrière, médecin institution sourds-muets, rue saint-jacques. douloureuse nouvelle arrivée, caroline et renée courageuses, merci. — Paillart. |

Saint-malo. — Bouley, 65, rue monceau. à Jersey tous bien portants, avons argent, recevons lettres. montélimart, servan. très-bien. — Brémard | Bellamy, 41, rue auteuil. allons toutes bien. — Bellamy. |

Falaise. — Regnaud, 21, hauteville. cartes non reçues, réponse douze fois oui, retiens sœur laurence, recette haugazeau vont bien. — Isabelle Regnaud. |

Granville. — Baulot, 187, rue temple. louise bonne santé. — lambert. | Theroulde, 60, rue neuve-saint-augustin. répondre par plusieurs ballons si puis vendre iodure, dire prix. — martin. |

SERVICES ET AUTORISATIONS

Bordeaux. — Père Ratisbonne, 61, rue notre-dame des champs. toutes vos filles bien, docteur cretoni à Worthing, bien. vos lettres reçues. — Ephiphane. | Falateuf, 8, rue conservatoire. hortense, enfants partis nice, 1er novembre, henri mâcon, tous bien, risquons rien. attendons lettre. — Toufflin. | Raymond, 19, boulevard sébastopol, paris. alfred, sous-préfet joigny, allons tous bien, donner nouvelles à raoul. saint-fargeau, le 9 décembre. — Lacour. | Comte de Coutard, directeur manutention, paris. la famille decourt se porte bien, vous fais ses amitiés. — Decourt. | madame Fleury-Blaise, chez marchand de vins, 1, rue jacob, paris. je suis à ris-orangis, je me porte bien. — Blaise. | Fontaine, 20, passage alma. je suis à bordeaux, santé parfaite, famille ternisien bonne santé, amitié père mère, t'embrasse. — Fontaine. | Augé, 10, rue de lyon. père, fils, oncle. tante bordeaux. tous bien portants, nouvelles de laurens bonnes, écris ballon. — Chatelain. | May, 19, dieu. septième dépêche. reçu lettre 24 léonie manchester, may pithiviers, tous chers bien portants, 5 décembre. — George. | Modelor, 1, berry. habitez mon appartement si vous voulez, mes banquiers aidant, agissez librement pour sauvegarder mes intérêts. — Jourdonet. | Léveillé, télégraphes. famille bien. écrivez souvent, bouinais, dépôt carcassonne, dire à aurillon opéra : famille mauduit bien, reçu lettres. — Léveillé. | Berger, 6, ménars, paris. brigton, 7 décembre, marcel parfaitement, vous oublie pas, lise bonnes nouvelles, havre très-bien. — Bertin. — Votre famille va très-bien, albert l'a rejointe, amitiés vives. — Paul Dupré. | Radou, cité riverin, rue bondy. sommes à bordeaux, tous trois bonne santé, écrivez ballon, reçu lettres, écris bruxelles. — Henri. | Delattre, station centrale. oisement, poissy, lenoël prussiens, ernest mobilisé, bien. — Martin. | Daniel, commis principal, 103, grenelle. enfants, famille très-bien, armand au bot. — De Monistrol. | Gouin, 4, cambacérès. reçu lettre du 3, merci, embrasse georges, jules bien, vous ai envoyé dix dépêches. — Eugène. | Hamelin, 15, saint-benoit. vont bien à pouilly, les ai vu, reçoivent vos lettres. — Richebourg. | Rampont, directeur postes. annoncez vous prie

SERVICES ET AUTORISATIONS

officiellement heureuse arrivée, écrivez-moi bordeaux. — Barry. | Réganhac, 9, carrefour odéon. tante toulouse, 5, merlane, vous adresse marquise blocqueville, 9, malaquais, écrivez ballons.—Charros. | Delaunay, administration postes. loué, vire excellente santé, sécurité complète, reçu lettres, comment va mon père, passage désir, faubourg saint-denis. — Chantenay. | Legrand, caisse ministère finances. chabert, lelu, bordeaux, remettez ordre chabert si possible, cent francs dugué pour rue feuillantines. — Foucault. | Léon Ginisty, administration centrale des postes. mon appartement, rue nicolo, 25, passy, est-il respecté? — Dursens. | Caël, inspecteur télégraphe. sommes bordeaux bien portants, écris par ballon, hôtel lambert, andré jamais malade, reçu argent de saint-lô. — Marie. |

Bordeaux, 2 décembre 1870.

Tours. — De Noue, rue saint-Placide, 31. ludovic, lieutenant colonel, 10e corps bien. | Récappé, passage ste-marie-du-bac. nouvelles quinchez, si blessé porter chez un ami. — Quinchez. | Maudoux, 34. petites-écuries. eugénie ici, tous santé, demeurons bruxelles, 21, concorde, père 43. Ruysbroscht, adèle, cours robert.- Juliette. | Courtois, 11, moncey. bien, 2 lettres reçues. écrivez davantage vîmes six fois. — Werhy. | Jametel, 53, vivienne. lamy, moi, avenue louise, 100, bruxelles, tous bien, recevons lettres laure tréport. — Jametel. | Lamy, 10, royale. camille, moi bruxelles, 100, avenue louise, prévenir ernest justine. tous bien. — Lamy. | Destors, 13, laffite. sommes ostende, eugène nanteuil, louise dieppe, adèle, avranches bien. reçu lettres. — Destors. | Boissieu, 176, rivoli. santés parfaites, bébé superbe. bientôt. — Thérèse. | Mangin, 18, tourville. courage, henri bien, hambourg lui écris, tous bien. ai lettres. — Antonia. | Leduc, 28, larochefoucauld. berthe a garçon, tous bien, reçu lettres, remercions cartes, — Leduc. | Courville, 104, grenelle-st-germain. toujours montreux, mère mieux, intellectuellement baisse, manque rien, écrivons souvent. — Paulmier. | Bressand, 3, vizelay. bien vite rue martyrs porter 500 francs. lafayette argent, reçu lettres, adresse bouffet. — Bigot. | Fould, 24, st-marc. moi, enfants, parents parfaitement partout. lausanne, menton quitte boulogne, maman 13 novembre. — Mathilde. | Pontonnier, 3, Italiens. maurice, loué tous bien. — Jzoard. | Tripier, 6, louis-le-grand. reçu lettres, coppet, victor, auguste bien, moi souffrante. remerciments, compliments affectueux de tous, désirons lettres. — Cromber. | Levot, 36, st-marc. toujours à Worthing. temps santé bien, enfants schloss charmants, worthing, schagé londres. — Schagé. | Hachette, 22, st-michel. bébé gourmand, remis te ressemble, reprends mes forces, bien soignée maman, contente. | Boersch, officier, fort charenton. tous bien, reçu trois lettres, amitiés de tous. — Ta mère. | Chabrol, 8, montpensier. Pierre capitaine mobile bien. — Chabrol. | Cathelineau, 20, st-fiacre. père nantes, sables vaas bien. — Leturgeon. | Bosse, 46, échiquier. 11e lettre, supplions envoyer chères nouvelles ballon monté. — Baudouin. | Goffart, 36, godot-maurol. alfred sauf, dames bien dire trochu, enfants bibesco bien. — Sabatier. |

Tours. — Leseine, quai grands-augustins, 25. bonne santé. — Butin. | Heredia, 10, rue say. bonne santé, écrivez, reçu aucune lettre, argent clémence, espoir. — Heredia. | Levot, 97, st-lazare. schayé, schloss, enfants bien, beau temps, parents sont bien à mulhouse, baisers. Worthing, 30 novembre. | Marcuard, André et compagnie. payez quinze cents francs à balletta, chez a. luria et compagnie. — Schall. | Thors, 32, boulevard haussmann. avons écrit plusieurs fois, possédons vos lettres jusque 20 novembre. autrichiens sept cent soixante-dix. — Henri. | Moncorps, 40, berlin. donnez-moi nouvelles bureau restant tours. — Combaluzier. | Chaïe-Fontaine, rue legendre, 73, paris. bonne santé, écrivez ballon. — Chaïé-Fontaine. | Blacour, quai d'orléans, 32, paris. porte bien, écrivez ballon. — Chaïé-Fontaine. | Comte Flavigny, rue saussaies. gustave bien 20 novembre, bernard dépôt chasseur auch, raymond idem libourne, louis protégé, tous bien. — Marguerite. | Decori. avocat, 2, le regrattier. madame decori bastia hôtel almerigo, enfants au lycée, tous bien portants, écrivez ballon, inquiets. — Peretti. tours. | Seydoux-siébert, 23, paradis-poissonnière. recevons lettre 17. tous bien, tranquilles, travail, continue. faisons teindre. — Seydoux-Siébert. | Biedcharreton, 16, place hâvre. santé excellente, frank superbe, argent en quantité. adresse, 4, rue parchemin, bruxelles, rien d'auguste — Gustave. | M. Moitessier, 42, rue d'anjou-st-honoré. tous bien, enfants et nièces, reçu deux morceaux traite. troupeau en sûreté. — Inès. | Pillant, 87, boulevard malesherbes. lois bien bordeaux, éruption passée. — Rosalie. | Meignan, 40, bac. jacques lieutenant armée loire, avons tes nouvelles du 15, allons bien, embrassons, écris davantage. — Josèphe. | Boullay, marignan, 11. réunis, bien portants, étienne bien. — Gustave-Edouard. | Dubois, rue st-honoré, 365. tous bien, reçu lettres. marie mêmes nouvelles thiboust, aubry avenue antin.— Roussy. | Levoger, 107, rue st-martin. tes enfants ta famille, bonne santé. — Fanny. | Voisin, 31, faubourg poissonnière. nous allons bien tous. — veuve Vanier. |

Autun. — Monard, capitaine. 4e bataillon mobiles côte-d'or, allons tous bien, jules décoré, capitaine armée loire, 30 novembre. — Etienne. |

Rouen. — Picard, rue notre-dame des-champs, 115. eugénie claire, tous vont bien. rouen, 30 novembre. | Fleury, officier, 50e mobile. lettre 9 novembre reçue, fais devoir, confiance, courage, portons bien. — Fleury. | Oudinot, rue grande-chaumière, 6. reçu portrait, lettres. allons bien. — Lenepveu. | G. Leroy, 11e artillerie, fort vincennes. famille leroy va bien. | Moutier, sergent-fourrier 5e compagnie, 5e bataillon, 51e marche. mademoiselle moutier, à scrignac, par huelgoat (finistère), chez mademoiselle piton. — A. Catelin. | Lebarbier, boulevard montparnasse, 150. émile rouen, aline nice, santés parfaites, prévenir alfred. écrivez. | Duriez, 55, monsieur-le-prince. tous bonnes santés ici et à Jersey. — Louise. | mademoiselle Ledannois, 19, passage petites-écuries, paris. depuis investissement, deux lettres seulement, inquiet, écrivez longuement chaque ballon. — Pavy. | Bottentuit bertrand, 82, rivoli. allons tous bien, vos bretons aussi, espoir, courage. — Bottentuit. |

Vif. — Dumoulin, intendant chez matel, rue université, 48. allons tous bien, reçois lettres, écrivez toujours. — Louise Dumoulin. |

Port-en-bessin. — mademoiselle Chapel, 16, rue neuve-bossuet, paris. santés bonnes, amis absents aussi, écris toujours. — Billon. |

St-Valery-en-Caux. — Morpurgo, miromesnil, 18. feras-tu sorties hors paris, rassure-nous. recevons lettres régulièrement. envoyons dépêches, les reçois-tu? — Morpurgo. |

Lyon. — Kaempfen, 32, rue joubert, paris. reçu vos quatre lettres, votre mère et nous allons bien. — Mathevon. | Beau, rue mechain, 7. ami vivez, je veux, il le faut, pardon, à ce prix je vous aime. — Pauline. | Fays, lieutenant mobile rhône, auteuil. familles vachier, fays, monteilhet, lecuyer vont bien, lyon tranquille. communiquez à chacun à Passy. | Evans, quai voltaire, 3. merci de votre lettre lettre, donnez-moi de vos nouvelles, mes amitiés. — Ducoin. | Chavigny, cherche-midi. 57. donnez-moi donc de vos nouvelles par le plus prochain ballon. — Jullien. |

Tours. — Lachaud, boulevard magenta, 143, paris. reçu lettres, tous bonne santé, écris. — Sicard. |

Châtellerault. — Rolland, tour d'Auvergne, 14. reçu lettres six, châtellerault, hôtel univers, manquant argent, pris obligation, révision, réformé.— Rolland. | M. Deniau Peltier, 107, st-Lazare, paris. allons tous très-bien. — Dufour. | Larochethulon, capitaine, mont-valérien, 4e dépêche, nous allons bien, bonnes nouvelles fernand, pas lettres de vous depuis, 13 novembre, écrivez. — Marie. | Jean klein, 28e régiment marche, st-denis. vos parents vont bien, nous aussi, écrivez-moi. — comtesse de la Rochethulon. |

Le Mans. — princesse Bibesco, rue marignan, 18, enfants très-bien, frères aussi. — Geneviève. |

Le Mans. — Fort, 51, boulevard saint-michel. je viens de Laon, vais poitiers pour rester. grand-père mort bonnes affaires, ton affectionnée. — Mary. |

Montmorillon. — Laprade, cité trévise, 14. portons bien, reçu lettres. — Isabelle. |

Poitiers. — M. Anglés, rue demours, 11. bonnes santés, poitiers et picardie. — Anglès. | Dagullier cité malesherbes, 6 bis. femme à genève, tous bien portants, adresse-moi tes lettres. — Dagallier. | Sommier, rue arcade, 20. vais bien, argent suffisant, ai écrit à barante. — Sommier. | Roussel 82, rue guyot. tous bien portants, charbonnière épargné. — Roussel. | Habrioux, sergent mobile, vienne, 36e marche. avenue neuilly, mère guérie, tout bien. — Barbault. | Lévy, 21, trévise. sans exception tous très-bien. — Lévy. | maréchal, passage saulnier, 25, voir père, pas rejoint votre mère est à laval, moi à poitiers, éperon, 1. — Girard. | Delâtre, état-major, gouverneur. allons bien, reçu avec joie, lettre 30, envoyé cinq pigeons, désespérées soient pas arrivées, tendresses. — Marguerite. | Desalvert, capitaine état-major, rue clichy, 60. envoyé cinq dépêches, et lundi mandat poste 300 fr., écris immédiatement. — Desalvert. | de Carnières, 4, avenue trudaine. bien portants, venu à poitiers, présider cours de cassation. maubeuge tranquille, écris là et ici. — de Carnières. | amiral du Quilio, commandant 5e secteur. sans nouvelles de Salvert, inquiétude extrême prière écrire, rue beaume, 13, poitiers. — de Ferré. |

Le Blanc. — Alfred masson, 107, rue grenelle-st-germain. depuis deux mois sans nouvelles d'Alphonse, veuillez m'en envoyer. — Lunyt. |

Niort. — Picon, 13, sentier. allons bien, pas nouvelles 11 novembre, inquiet pour tous famille, abzac limoges, raymond milon, limours épargné. — Picon. | Leblanc, 19, faubourg poissonnière. allons bien, trouville bien, reçu lettre, crainte, aime marché. — Louise. | Franqueville, paris, faubourg poissonnière, 25. tous bien portants, enfants superbes, baisers à tous, écris souvent, dernière lettre, 15 novembre. — Mathilde. | Dresch, faubourg st-antoine, 267. écrire avenue, paris, 35, niort, dresch, delvigne, alfred bien. — Dresch. |

Sauveterre. — M. Hayet, rue des petites-écuries, 45, paris. enfants se portent parfaitement, nul souci à leur sujet, nous vous désirons santé. — Emperauge. |

Vire. — Goujet, 17, quai napoléon, vire santés bonnes édièves reparties, hutant mort.—Goujet. |

Vallerangue. — Sévérac, 16, rue amelot, paris. tous allons bien, alphonse, reste foyer, françois prisonnier, va bien, donne nouvelles moi famille. — Sévérac. |

Nimes. — Deselle, avenue villars, 5. grenoble, nelly, sophie parfaitement souvenirs. — Roussel. |

Cognac. — Riffault, rue coquillière, 20. lettres parvenues, joseph, une dent. Elodie. | Germain, 15, rue des moulins, 3 décembre, santés parfaites, reçu lettres, amitiés. — Julia. | Blainvilliers, lille, 62. merci, amitiés voisins. — Gustave. |

Libourne. — J. Vallat, 62, rue st-lazare. santé parfaite, temps long, aime toujours, il vit. — M. Vallat. | Varinot, rue trévise, 18. portons bien toutes. femme Varinot. |

La chatre.—Dorat, doudeauville, 35, pour remettre reçu lettres, récrivez, compliments.—Marguerite. | Lepinte, 6 de seine sommes bonne santé à la chatre, dernière d'Emile d'atée du 15 nouvelles très bonnes, oui.—Thérèse. |

Sully.—mademoiselle Duhameau, 59 rue clichy Eugène prisonnier hambourg bien.—Charles. |

Blaye.—Guérin, rue neuve mathurins, 57, toutes chez eymery blaye, bonne sante. |

LesAndelys.—Hédiard, 26 rue du mail, famille hernu bien portante andelys.—Moignet. |

Lemans. — Torey, rue tronchet, 2, paris, reçu lettres tous bien santé raphael bonne gauche mieux romois riceys bien, courage confiance.—Torey. |

Couches-les-mines.— monsieur Courcy, 38, rue monceau, toujours tous bien mardor reçu votre lettre du seize, vingt sept novembre. |

Béziers. — Tarret capitaine, hautes-bruyères, tout tous allons bien.—Mandeville. |

Arras.— Desboves, lycée bonaparte, oui, oui, oui, oui. | Rembert, 136, faubourg poissonnière, louis hambourg.—Eugène. |

Marguerie, lille, 37, habitons dinan reçu lettre de fils prisonnier hambourg hotel belvédère santé parfaite, répondu proposé argent.— Bertin. | Jouvenel, 11 miromesnil, tous en santé, nommé capitaine état major gien.—Raoul. | Jusserand, ministère guerre. lettres arrivent. écrire constamment, santés excellentes, tendresses.— Brassac, Décembre. | Rouet, rue scribe, 13, santés bonnes recevons lettres chaque courrier continuez écrire dites fauvel écrire alléon.— Rouet, constantinople, 20 novembre. | Villabert, colonel rue bruxelle tous parfaitement tranquille trois lettres. — Villabert. | Kermadec, lieutenant quatrième bataillon, 29e mobile finistère tous parfaitement. — Kermadec | Duchesne, 190 st-dominique, vous supplier troisième fois envoyez journeaux et lettres autres reçoivent.—Laurentie. | Gérard, 20 berlin, reçois lettre arles, tous bien nous aussi, pense à vous désire vous lire. Henry. | Boinod, 52 basse rempart, hoigret correspondance bien, savons succès paris anxiété résultat tous bien.—Lucile. | Rouquairol 15 aumale, aujourd'hui bonnes nouvelles delphine, andré reçu bachelier caen, nous bien.—Lucile. | Disdéri, boulevard italiens, 8, paris, combien indemnité pour autoriser fabriquer votre plastron brévété pendant deux mois. — Fillemin, rue harpe tours. | Philippon, 26 st-Joseph, reçu lettres Julien octavie tous bien, soyez rassurés manquons rien tout bien. — Philipion. | Ruel, 110 avenue orléans montrouge, marie, maman tous très bien reçu lettre du treize. —Eugène. | Victor Delacombe, officier ordonnance de amiral Dechaillé, 75 route d'italie, paris, tous les vôtres vont bien, envoyé nombreuses dépêches —Faucheux. | madame de la gournerie, 86 rue de sèvres aux ambulances paris, tous bien dites à victor, envoyé vingt dépêches. — Marie. | monsieur de la Combe, 75 avenue d'italie. paris, ai écrit dépêches au moins vingt. tous bien. — Marie. | Bignon, receveur postes rue montaigne. 26 paris, santés bonnes, lettres reçues. - Bignon. | Carayon 11 rue royale, clémentine fait dire henri à rouen, louis, roger, albéric armée loire tous et famille vont bien. | Oricourt, trente quatre rue saint roch, allons bien, très tranquilles, écrire augonnieres bracieux recevons lettres ballon.—Bernard. |

Gélis. avenue tourville, 10. votre fille, max, enfants faivre vont bien. | Mégessier, 28, rue pigalle. merci, précieux bulletins, vœux ardents, chers absents. ici récentes épreuves, protection divine, bonne nouvelles lille. — Jaubert. | Mindblec, 28, rue monsieur-le-prince. reçu lettres, merci, santé bonne. espérons meilleurs jours.—Saint-Simon. | chauchard, rue université, 86. trouville. honfleur, creuse bien, alzire dit frédéric, mouzard, 1er bataillon, 7e compagnie aube, argent, nouvelles. — Renault. | Mme Gaudin. rue abatucci, 50. auray, morbihan, allons bien, 2 décembre. — Delangle. | Tripier, astorg, 25. tous parfaitement, recevons lettres eugénie.—Yvert, 4, rue de londres. inquiets, vos nouvelles vite, nogent délivré. succès partout.— Caillé. | Piogez, martyrs, 24. famille delamaze à Amélie. marie malade, guibout, raoux, guibert, arnal, ledieu, lafaulotte, villerose, claybrooke. bonne santé. — Piogey. | Muret, place théâtre-français, 4. succès, espoir. noyen tranquille, envoi argent impossible, dire oncle, lettre charles partie, santés bonnes, tours 3. | Boudon, 6, place bourse. jeanne parfaitement, tous bien. — Joséphine. | Fichtal, 98, neuve-mathurin, paris. dernier ballon, 20, enlever peu provisions, 52, dieppe, maria bien. villiam nice, louis bourbaki. — Delarue. | Boucher, chaussée-du-maine, 42. santés bonnes, écris si mobilisé. ferons provisions, aussitôt nouvelles, dames enverrai, rien, st-léger. ami, embrassons tendrement. | baronne Dereuthel, 107, rue faubourg st-honoré. veille sur vos enfants à boulogne, tous, votre famille bruxelles, bonne santé. — baronne salomon Rothschild. | Georges Piget, 93, boulevard beaumarchais. privés nouvelles, moi, georges, indiana inquiets, as-tu reçu 1.000 francs gustave, réponds. — Eugénie Pietoch. | Roth, 26, rue du sentier. vos parents, nos amis en alsace vont bien. vos parents pas incendiés. — John. | baronne James Rothschild. ma fille et moi allons bien, pensons à vous. — baronne Salomon Rothschild. | Hermant, vineuse, 37, passy-paris. écris par tous ballons. — Paquet. | Rendu, 34, rue madame. henri bien portant, 25 novembre, chirurgien de bataillon douaneirs mobilisés avesnes.— Billecoq. | Drouin, ste-croix-bretonnerie. reçu lettres ballon envoyées nice, où tout très-bien, confirme 3 pigeons, 25, 27, 1er. — Bruzon. | Boullay, 11, marignan. allons tous bien, vu boullay, reçu sa lettre 29. — Boullay. | Duverger, chaussée-d'antin, 64. famille entière bien portante, compris hébert, méline ici bien. titres enfermés caisse, demande nouvelles élisabeth. — Legé. | Esnault, 34, cléry. berthe, sa fille jeanne très-bien, idem colons près tours. — Motheron. | Giraud, fer-à-moulin, 46. marie, élisa, ferdinand, luçois, santé excellente, écrivez. — Marie Giraud. | De Bourges, 11 bis, passage ste-marie-du-bac. suis parfaitement avec henri jersey, reçu réponse adrien, bonnes nouvelles, blois allemagne. — Anna. | St-André, presbytère st-augustin. anna, henri parfaitement bien avec nous, jersey reçu ta réponse, message Viard bonnes nouvelles, blois allemagne. — Adam. | Fiévet, chemin de fer est. allons bien, reçu lettre 15, donnez 200 francs bourcier, 102, boulevard chapelle. — Beguin. | Bédoille, 32, boulevard haussmann. lundi à pau. écrire poste restante, famille royan bien, bettinger. trouville, 3 décembre. — Bédoille. | Rothschild, 23, laffitte. lucie, aline, juliette et moi parfaite santé, laure, enfants, famille aussi. prières, vœux. — Cécile Rothschild. | Gery, cité bergère. charles fait-il du service, est apte plus qu'aucun, et inutile à paris, londres novembre. — Marion. | Gery, cité bergère. santé bonnes, donnez détails, impôts absents, loyer 16, semestre, crédit foncier, béguinot, justine marteau, magasin, londres. — Marion. | Anspach, 38, st-georges. lucie, aline, juliette et moi parfaite santé, laure, enfant et toute famille aussi, prières, vœux. — Cécile Rothschild. | Debussy, Villars, 7. céline, fille, facilement, 28. moi tours, tous bien, avallon, vitry compris, camille coblentz avec louise. — Debussy.

---

12 Pour copie conforme :

L'inspecteur,

Bordeaux. — 2 décembre 1870.

Londres. — Barre, monnaie. quai conti, paris. réunis tous quatre, santé bonne, beaucoup lettres reçues, dernière du 18 novembre. — Joséphine Barre. | madame Dailly, rue pigalle. 2, paris. lettres expédiées. aucune réponse. bonnes nouvelles et Leclerc. — Amédée. saint-hélier, jersey, angleterre, poste restante. | m. Godeay, 20, rue des écoles, paris. vous pouvez compter sur nous pour votre loyer, réponse, concierge a l'adresse. — Beverley Robiuson. | Bertrand, boulevard st-denis, 3, paris. santés excellentes, courage. espérance. faites-vous revacciner. reçu bonnes nouvelles de Testard, Verberie. nous t'embrassons.—Bertrand. Aubin, boulevard haussmann, hirty seoen. parissommes à londres tous bien portants. nouvelles Maurice bonnes. Bucquoi st-malo bien. — Aubin. Millet, 21, rue provence. paris. donnez souvent de vos nouvelles et des amis. reçu votre lettre après six semaines, exécution impossible. — Penha. — Bonneau, 17, rue grange-batelière, paris. donnez donc de vos nouvelles et des amis. reçu ta carte. adresse poste restante londres. — Penha. | london Hoffenbach Seven, quai valmy, paris. tous bien portants. — Hoffenbach. | m. Riggs, 3, rue d'albe, paris tout le monde va bien à londres. adressez chez Morgan. — Rosalie. | londres, 29 novembre. Lucien Laulhe, cléry. 96, paris. nous attendons instructions destination Zora qui arrivera bientôt. — Bell. | m. Dubois, 47, faubourg st-honoré, paris. toutes nos santés bonnes, enfants bien, recevous lettres, espérons santé meilleure. courage, tendresses. — Dubois. | Page, 14, rue saint-florentin, paris. reçu quelques lettres. mangez volailles, prenez vin. donnez Bruneis concierges, vous maître absolu. — Lawrence. | Drevet, 25, rue d'angoulême-du-temple, paris. tes lettres reçues, santés bonnes, mère à maubeuge. donne nouvelles Chalmers, 30 bis, rue bergère. — P. Drevet. | Dupeire. Graetzer Hermann, 21, rue échiquier, paris. retenez chevreaux glacés et mats et répondez. — Graetzer. | madame Rousseau, 4, petite rue saint-antoine' paris, nous allons bien, pas froid. — Athénaïs Rousseau. | madame Straus. 60, rue Caumartin, paris. très-inquiet, donnez nouvelles par ballon. prière soignez-vous bien. Ancens, hôtel aldergate street london. — Straus. | Lavy. 7, rue du mail, paris. crédit aux premières maisons seulement, autres comptant. achetez des rentes à cinquante quatre pour tout argent disponible. — Lavy. | 29 novembre. Scloss, 38, rue de l'entrepôt paris. Emma Hugo chez leur frère. lettres adressées à londres parviennent. eux famille londres parfaite santé. — Joseph. | m. Péan, 95, rue neuve-petits-champs, paris. adresser lettres, 11, grovehill terrace grove lane cambervell, allons bien.—Henriette. | m. Hostein, 19, boulevard sébastopol, paris. oui, Marie avec nous, remets mille francs aux Miroy. Boucicault impossible. — Victor Miroy. | Jules Rousseaux. 3 bis, rue des rosiers. paris. tous bien, affaires médiocres. donnez-nous nouvelles des vôtres. — Fevez, londres. Abel Goubaur, 14, avenue trudaine, paris. | londres, 28 novembre. tes lettres vues, père et mère vont assez bien. j'assiste père. — Beeton. | m. Jay. 120, boulevard magenta, paris. donnez de vos nouvelles par ballon monté, portons tous bien. inquiet pour vous, avez vu m, Marin. — L. Paret. | manchester, 28 novembre. Charles Loervengard, 17, rue cadet, paris. avons reçu vos lettres, sommes tous très-bien. nouvelles famille entière excellentes. — Carlo. | Helbronner, 5, rue d'aumale, paris. Hermanie est à dieppe. notre santé excellente et Achille. — Helbronner, londres. | Antoine May, 46, rue des petites-écuries, paris. lettres 17, 19 novembre reçues; bien heureuse. Oscar bonté même. excellentes nouvelles parents, amis. — Léonie, Oscar. Théodore, manchester, 28 novembre. | m. Félix Mathias, gare du chemin de fer du nord, paris. Emma, Anna installations séparées, excellentes ville gand. Emma solide. allons tous bien. | mlle Joly, 15, passage saulmer, paris. Miot va bien. Emily boyling. | madame Lacroix, 43, rue lamartine, paris. désolé, sans nouvelles deux mois, rentrerai quand possible. — J. C. de Witte. | m. Bourely. 7. chaussée-d'antin, paris. santés bonnes, toujours chez Carphe. reçu lettres, carte. — Bourrely. | m. Crépan. 24, place vendôme, paris. santés excellentes, envoyé sept dépêches, reçu lettres. — crépan. | Kohu, Reinach et ce, paris. Italia Velzi, Milan réclament leurs cent-cinquante obligations ottomanes. plusieurs de vos remises restées impayées. — Vambro. | Kohu Reinach et ce, paris. toutes vos lettres jusque 15 arrivées, excepté 8 novembre. County versé neuf mille livres india Rubber expédiés. — Vambro. | Vernes et ce, paris. vos lettoes jusque 17 novembre arrivées, excepté deux. tout marche en ordre. quelques petites remises impayées.—Vambro. | Pillet Will et ce, paris. reçu de différentes de vos amis diverses remises. rien en suspens. tout marche en ordre jusqu'ici. — Vambro. | Ledent, 68, faubourg poissonnière, paris. traites en mains de Smith, attendons fonds de lima ou paris. — Charles. |

M. Albert Lebreton, rue castiglione. paris. merci pour quatre lettres reçues par ballon, écrivez bientôt. nos amitiés à tous. — m. E. Benson, thorn villa, old trafford, manchester. | Saulner, 12, canchat, paris tous bien. — Goodger. | Cavel, rue clichy, 62, paris. twickenham tous bien portants, donne Edmond ce qu'il besoin qu'il écrive. reçu tes le tres. — Cavel. | Joseph Michel, 12, rue st-roch, paris. Joseph se porte bien, écrivez.—Alfred Jacques, glocester. | Delapalme, 10. rue castiglione, paris. santés parfaites, bien installés, reçu tes lettres. — Delapalme, 241, brompton road, londres. | madame Gondolo, 53, boulevard strasbourg, paris. dix-huitième lettre sans réponise, écris journellement, trois ballon. three east ind a avenue, london. | Doistau, quai valmy, 29, par huitième, écris-moi journellement j'en ai besoin. que fait maman, Henry, Marie, Piston. amitiés. — ta mère. | Victor, 4, rue lepelletier, paris. santé passable, si avez besoin voyez Joseph, acceptation échue remise par manhemer en compte. — Moiana. | m. Léopold Lefébure, 18, rue de dunkerque, chemin de fer du nord, paris. tous bien blackheath lanark, lettres parvenues. | A. Sapia, 10, rue du cirque, paris. lettres reçues, encaissement impossible, sans effets. — B. Berend. | Bayvet, paris, rue conservatoire. nous portons bien, désirons vos nouvelles et d'Albert. — madame Bayvet. 15, earls terrace kensington, london. | madame Offen, chez madame Robert, 6, rue des moines les batignolles. paris. obtenez cinq livres à être repayer. — Henry Boursin. | Ballin, faubourg poissonnière, paris, vos lettres inclusive 17 reçues. abstenez vendre versements, n'avons rien payé Rothschild, écrivez régulièrement londres. — Alfred. | madame Goldber, huit, boulevard capucines, paris. demeure chez toi, portons bien, maison finie, recevons lettres, espérons voir bientôt tante chérie. — Goldber. | m. Ronnetin, 194, faubourg st-martin, paris. tous bonne santé. — H. L. Duclos. | Drexel Harjes et ce. 3, rue scribe, paris. envoyez cinq cents francs à mes domestiques, avenue d'iéna, 76. — N. H. Stewart. | Lalande, 5, rue st-marc, paris. répondez par ballon si effets à Neuilly sont en sûreté. Lang, weisses ross. — Vienna. |

Tours. — Meignan, rue du bac, 40, paris. aucune lettre mise rue st-dominique ne parvient. — Meignan. | Boisrouvray, 21. bruxelles. reçu lettres. Marie Fanny travaillent, Alfred magnifique, parle. Marthe charmante, frères Champeirau bien, Lucie, Virginie enceintes. — Dosch. | Boisrouvray, 21, rue bruxelles. demeurons près fribourg, parfaitement installés, Fanny, Jeanne guéries, arrivées tienzen, Clara marche admirablement. Charles collége. — Dosch. | Fould, st-marc, 24. nouvelles par ballon monté à veuve Girault. — Chambray, indre-loire. | Lougeois, place vendôme, 23. toute la famille bonne santé à cherbourg. — Colleau. | Laugée, 15 bis, boulevard lannes. travail lucratif, santé excellente, Clotilde bruxelles' entrée académie, reçu quatre lettres ballon. — Langée. | Trianou, martyrs, 38, nouvelles votre mère courmont raynal, valleraud, guilhermy etc., par ballon monté à Colleau. — Délégation finances. | Bréaut, germain-pilon, 4. troisième letrre reçue, nouvelles parents klein et maison. — Colleau. | madame Jacon, rue jacob, 52. tous en bonne santé, donnez-moi nouvelles de Gassmann, 106, tranchée tours. — Eichoff. | Hautier, lemercier, 82. nouvelles par ballon, voir Palfraide, rue maître-albert, 8. — Dizel. | Haisteault, 11, daubenton me porte bien, reçois lettres. écris chez Rondeau, suis mobilisé. — Hasteault, tours. Bréaut, germain-pilon, 4. quatrième payer Amable, Ollet, Boucherat sur réserve. — Colleau. | Berge, faubourg saint-honoré, 240. septième dépêche. habitons royan, charente inférieure. bien portants. père aussi. reçu trente lettres. — Berge. | Page, châteaudun, 44. habitons royan, charente inférieure depuis deux mois. accouchée garçon, tous bien portants. prévenir Berge reçu lettres.— Page. | Vildieu, rue lyon, 43. deuxième dépêche, portons tous bien.—Thibault. | Duparc, 18, godot. sommes boulogne tous bien.— Guaitor. | Lacoste, avenue choisy, 195. bien portants, écris-moi, bordeaux. — Moncœur. | Lenferna, état-major 2e armée. confiance en Dieu. embrassons. — Lenferna. | Delamotte, 49, hauteville, paris. Nathalie. enfant bien. — Duboy. | m. Tournon, 103, morny. bien. — Marie. | de Witt, 10, billaut. rien dispositions pays meilleures, travaillons, 30 novembre.— Guizot. | Jagerschmidt, 22, godot-mauroy. Avril bréda, saint gall suisse, famille Massel étretat, parfaitement, demandons nouvelles Riems Brossier. — Lucy. | Faillet, 50, ste-anne. Theron enfants bien chez Philippon, reçoit lettres Arthur, réponses perdues, famille clermont parfaitement. écrivez. — Versigny. | Combray. 13, pagevin. tous parfaitement, recevons lettres, répondons, Antoine maire, irons tournai, espoir, embrassons. — Combray. | Vacosini, 302. st-honoré. Georges Neuwiel, Henry londres, Cabourg liége bien, reçu letires. — Borgnet. | Joson, 53, boulevard saint-martin. envoyez dix mille tours. rampe tranchée, 45, réponses duplicatas ballons. —Pirer. | Leturc, 66. batignolles. fontenay toutes parfaitement, fils aussi, bonnes nouvelles Guyon, écrivez pour eux, enverrai lettres. | Delaville, 8, blanche. Breuil, Adèle parfaitement, enfants sages, lettre 19 reçue, tout bien, embrassons, nouvelles Cathus bonnes. — Marie. | général Susane, guerre. affectueux respect Joseph Lair secrétaire Gambetta. | Bardout, 31, lepelletier. famille Bardout, Marguerite tous bien, lettres reçues. | Labour, taitbout, 9. bébé sevré, Adèle bien, sommes nayac depuis deux mois, mère, sœur, Breuil Pouchin bien. | Souflet, 11, passage opéra. lettres reçues, affaires, santés bonnes, exigez Georges approvisionnez, affection foi, revoir. — Melly. | Vidalin, 21, burbet-de-jouy, tous parfaitement tulle. — Vidalin. | Dauche, 12, peronnet. Anna bien. gère maisons avec Demanche. — Borde. | Pellet, 19, sébastopol. tous parfaitement, attaché cabinet Gambetta, courage. — Emion. | Lesourd, 34, bac, tous parfaitement. — Berthe. | Melnotte, 5, mazagran. Joséphine. parents bien rennes, lettres reçues Duré dernière embrasse, envoi portraits. | comte Clermont-Tonnerre. ministère guerre, paris. reçu lettre du 20 et presque toutes autres. remercions souvenir. allons tous bien. — Villeneuve. | Fourcy, 21, tournon. grand'mère, enfants, vraiment parfaitement. Jacques aussi. Charles lit couramment, Pauline ravissante, Gabriel magnifique, reçu lettres avranches. — Nathalie. |

Londres. — Charles julien, garde national, domicilié avant le siége, 110, avenue de neuilly-sur-seine, paris. chère sœur, êtes-vous encore en vie, écrivez-nous. — A Greaven, 41, stephens-green. Dublin. | Mme Bousquet, rue des écoles, 18, paris. reçu tes lettres, heury bien portant Saujon, garder domestique tant que possible, ici santés bonnes. — Vallés. | Mme Brébaut, hôtel de rouen, 13, rue notre-dame-des-victoires, paris. nous marie et clémentine sommes bien, rien de nouveau depuis votre départ, lettres reçues.—Louisa. | Tupin, 25, dauvilliers, paris. sommes à jersey, 58, pembroke terrace, santé générale parfaite, recevons lettres souvent. — Tupin. | Me Chapoteaut, rue saint-père, 30, paris. allons bien, paul.—Ducrot.— Mlle Solon, 10, mouton-duvernez, paris, montrouge. suis parfaitement chez minton, écrivez, solon, 13 lawrence street stoke, up treny. — Staffordshire. | M. Bourely, 7, chaussée-d'antin, paris. allons tous bien, encore chez carpue, reçois tes lettres. — Bourely. | Delacour, 88, boulevard st-germain. adressez lettres, Reynard lower norwood, surrey, tous bien.—Delacour. | Henri hugon, 9, rue paul lelong, paris. jersey, vais bien reçu trois bons, un payé, à vous mes pensées, soyez pas inquiet. Martinie. | J. Levois, 8, rue cardinal fesch, paris. tenons remise sur rothschild londres pas payée manque votre endossement, chauvin mort, 17 octobre, maladie cœur. — Steinthal. | Barrier, quai d'orsay, 1, paris. bonne santé, ennui londres, 78, westbourne-terrace. — Barrier. | Barbaroux, rue de poitiers, 5, paris. bonne santé pas besoin argent, ne rien faire, londres, 50, buckinghbam, palace road, pimlico. — Marion. | Levy, 128, rue vielle du temple, paris. porte bien tous. blumberg litris. jamais lettre, adèle donne adresse deixemer, marchandises vendu, arcachon bien, coûte cher. — cerf. | Bianchi, 102, rue richelieu, paris. Mme bianchi et ses enfants bonne santé sont à remalard. — Salmon. | Marion, 14, cité bergère, paris. reçu plis 12, 13, ce matin nouvelles du brésil. guibout va bien, amitiés à tous. — Geoges Bishop, 28 novembre. | Rigaud, rue fortin, 12, paris. allons parfaitement, fleury également, recevons lettres, jacqueline arrivera fin janvier, écrivez, londres, 30 novembre. — Rigaud. | Plocque, 41, rue saint-georges, paris. Santés parfaites, lettres reçues, correspondons, hélène, londres, 12, rue yorck portmansq, novembre. — Plocque. | Lebaudy, 19, rue flandre, paris. faut-il vendre ou garder souscription cinquante mille livres emprunt morgan. cours est au pair. — Lebaudy. | Lebaudy, 19, rue flandre, paris. bonne santé partout m'écrire en triple, hagdom londres, waedemon bruxelles, et macqueron valenciennes. — Gustave. | Lebaudy, 19, rue flandre, paris. reçu lettres jusque 18, versements gille marcuard effectués, envoyer capitaux londres, rien à nantes. — Gustave. | Lebaudy, 19, rue flandre, paris. reçu lettres jusque 18 courant, acheté beaucoup de sucre, 55 les quatre-vingt-huit. — Gustave. | M. Saint-Alary, 8, rue caumartin, paris. reçu lettre, écris-moi bien. — Eugénie. | M. Després, 13, rue lemercier, batignolles, paris. reçu lettres, vais bien. ouremes liverville, vont bien, écris. Mme Aubry, londres. M. Leopold hager, rue biot, 18, paris. hodgson a reçu quatre lettres, madame accepte emprunt est à l'hôtel-des-salines.— Bix. | Vernes et Cie, paris. londres, 28 novembre. merci des journaux. remboursons monod paiement trouville. ouvrez nouveau crédit faveur Mme Guynemer. — Morris Prévost. | M. Davet, 11, rue de milan, paris. legrand a-t-il versé compte syndicat, chemins de fer. londres, 28 novembre. — Ventura. | M. Soulard, rue tour-d'auvergne, 2, paris. mère maurice réné jules, tous très-bien, attendons vos nouvelles ne recevant rien. — Flavie. | Auguste joltrois, rue breda, 30, paris. tous en santé bischwillier reims, écris-moi par ballon, kleins, hôtel londres, comment vous allez tous. — Joltrois. | Koechlin, faubourg poissonnière, 28, paris. aucune nouvelles, inquiétude, écrivez siége, bonnes aussi, chaque ballon. — Vanhagendoren. | Henault, 51, avenue d'italie, paris. lettres reçues, écris, prends mon appartement avec provisions. — Hévault. | M. Pinard, 5, rue conservatoire, paris. toutes nos santés bonnes, enfants bien, reçu lettres du 17, espérons santé meilleure, courage, tendresses, londres, 29 novembre. — Pinard. | Fourgassié, 75, rue de rome batignolles, paris. habitons argyll road, high street, kensington, londres, tous bien.—Soulié. | Hernsheim, rue bleue, 16, paris. père, mère, sœur, bonne santé. — Graetzer. | David fernand, 13, hauteville, paris. écrivez par ballon, londres, 14, guilford street, tous reçoivent des lettres, excepté moi. — Bernhard Bing. | Pétry, turbigo, 12. paris. heureuse santé, ouvrage douze. fossell terrace. londres. | M. Péan, 95, rue neuve-petits-champs, paris. allons tous bien, fraîches nouvelles, aveyron, berthe inquiète, que son mari la rassure. — Henriette. | M. Dupuis, rue favart deux, paris. reçu vos lettres à londres, l'argent est prêt, amitiés à tous. — John Reed, buckingham-street, 7. | Moys, 103, rue d'aboukir, paris. nous tous allons parfaitement jules genève, tes lettres arrivent envoyé argent, fanny caisse œufs, cabinet toilette, maman. — Pauline. | Lévy, 113, boulevard sébastopol, paris. Tes parents, les miens, nous tous excellente santé, tes lettres arrivent, céline inquiète, aline maurice écrivent pas. — Rosine. | Aronsohn hemardinquer, faubourg saint-martin, 33, paris. mathilde tes parents habitent bâle, tous excellente santé, lucie m'écrire, enverrai lettres, momenheim, nous allons parfaitement. — Ettlinger. | P. Sciama, faubourg poissonnière, 61, paris. andré marthe, jeanne, berthe et sa fille parfaite santé. — Aron. | M. Toyate, ambassade britannique, paris. beelford gardens, dimanche. necoborough ici avec lettre. walter, mère tous bien. — Mary linn Togate. | Delacroix, chef bureau intérieur, place bauvau, paris. santé bonne, leçons, si possible garde appartement, mange viande fraîche à tout prix. | Creton, 19, passage saulnier. paris. eugénie, deux mois familles, greder henon, bien portantes, faisons rentrer argent, lyon, bonnes affaires, écrivez, prévenez parents. — Greder. | Greder, 65, rue hauteville, paris. nous allons bien, famille chamon aussi, adèle à deux mois reçu neuf lettres, prévenez creton. — Greder. | Mme Lapeyrouse, 72, avenue du roi de rome, paris. reçu lettre, vois immédiatement bezinge, il te fournira le nécessaire pour mon compte, montre lui ceci, écris. — Lapeyrouse. | Hubert, 62, rue richelieu, paris. sommes londres, 4, ledbury road, notting hill. portons tous bien, reçu lettres ballon. — Morel. | Emilie, notre-dame-des-champs, 61, paris. Recevons vos lettres, colonies bien, delphine à bapaume, azarias décédée 14 octobre, bernard résigné, caroline bonne santé. — Louise. |

Tours. — Templier, 24, boulevart saint-michel. colonie pau bien, feillet, chef poste extraordinaire tours. — Hachette. | Monod, 5, écuries-d'artois. 23 novembre, enfants parfaitement et tous nôtres hors paris comprenant ambulances, millets, nous recevons lettres. — Jullien. | Pinard, 5, rue conservatoire. recevous lettres bien tristes santé papa, nos santés bonnes, enfants très-bien toujours, hôtel alexandre. — Dubois. | Pinard, 5, rue conservatoire. bien physiquement, pensons à vous, courage, confiance, essayé tous moyens pour envoyer lettres, mille tendresses. — Dubois. | Brochet, 89, saint-honoré. 1-oui. 2-non, 3-non. 4-oui. | Marie-Pauline, 101, reuilly. reçu lettre saint-vincent, hyères toutes bien, souvenir affectueux. — Elisabeth. | Sutter, 9, conservatoire. confirme lettres avec argent, envoyez nouvelles lamarque, ministère intérieur, tours. — Lamarque. | Desfontaines, 78 bis, varenne. portons tous bien, sommes anvers, 12. van-dyck, embrassons, avons beaucoup argent. — Desfontaines. | Ernest Blignières,

Bordeaux. — 2 décembre 1870.

80, rue grenelle-saint-germain. hennebont, tout le monde bien. — Peltier | Aubry, 12, rocher. partage votre chagrin, comment ta mère ? vila, voche, maléon bien. — Carlier, 6, rapin, tours. | Laroncière, ministère marine. tout bien évreux, cracouville, 30 novembre. — Clémentine. | Mathée, 4, sainte-thérèse. henri instructeur dépôt moulins, moi intendance, santé excellente. — Jules. | Straus, sergent mobile, 4e compagnie, 9e bataillon, fort vanves. allons, bien, vous embrassons, sans nouvelles depuis un mois, écrivez. — Helbronner. | Arthur Mallet, 37, anjou-honoré. merci, lettre 18 novembre, santés bonnes, sommes schadau depuis 18, ta mère folkestone. — Anna. | Mathieu, 15, rougemont. tous en santé parfaite à spa. — Marie. | Desprez, 6, place bourse. desprez, landais, tous bien caen. — Desprez. | Drouin, 21, sainte-croix-bretonnerie. ni.e santé bonne, enfants contents, lycée bon, maison jardin, cousin midi londres, tout très-bien. — Bruzon. | Galezowski, 6, mogador. Rochelle, charentes, argen reçu, courage kruk. — Luniewski. | Bignon, 9, lyon. santés, courage, argent, écrivez, ernest pensées, eugène poitiers travaille. — Bignon. | Poinsot, 1, solférino. famille poinsot à Aix, bonnes santés, reçoivent lettres. — Jouaust. | Général Blanchard, montparnasse. félicitations, bravissimo général fils va bien. — Quinemont. | Emiliano Lopez, 11, boulevard malesherbes. tous en bonne santé, resterons en angleterre, procès remis, adresse sandringham, halll, palais de cristal. | Lhéraule, 8, las-cases. votre mère en poitou, va bien, valentine andré aussi, frère aussi, mille amitiés. — Longuerue. | Boinod, 52, basse-rempart. Tours bien tous, chantourelle mans bien, bonnes nouvelles maisons de saint-germain. — Lucile. | Chauchat, 121, haussmann. trouville tous bien, recevons lettres, correspondons avec famille. — Marie Chauchat. | Marisy, 51, londres. allons bien, louis tranquille, écris-nous à arcachon. — Marisy. | Hardy, 13, taitbout. clara, alice, pauline, marie, enfants bien portants, reçoivent lettres, écrire villa vannetzel à pau. 1er décembre. — Hardy. | Vial, 1, bourdaloue. recevons lettres, mère bien portante. cent-dix pièces vin, amitiés dreux, lémonon, rafarin, bescherelle, à bientôt. — Gouzay. | Baradère, 49, lille. tous bien saint-gabriel. — Antoinette. | me Ballot, 11 bis, st-arnaud. tous vont bien, bonaparte. âme, cœur avec vous. — L. sw. Belloc. | Loyer, 6. lettres reçues, nous trois bourgeade, aurillac, laborée, santés excellentes. — Marie. | Chénegros, 310, charenton. me porte bien, écris-moi par ballon. — Antoine. | Duval, 4, neuve-fontaine-st-georges. louise en sûreté vitré, près rennes, tous bien portants. — Henri Duval. | Denisane, 10, chauchat. allons bien, reçu traites, pensons vous. — Denisane. | Paul Drut, 12, chauchat. ta mère sans lettre depuis six semaines très-inquiète, écris par ballon monté. — Lécuyer aîné. | Glaizot, 14, billault. prévenir immédiatement général leflô, son fils bien portant prisonnier altona, écrit bretagne. — Franz. | Herbette, 48, saint-georges. santés bonnes, habitons dax, mille tendresses. — Mathilde. | Capitaine Brimont, ministère guerre, paris. antoine et famille parfaite santé, à ostende, y écrire. hermine, jean, roger vont parfaitement. — Thérèse. | Vertamy, banque france. breuil, périer, vertamy à bruges, emmery à septfontaines tous bien. 26 novembre, reçu vos lettres. — Soucy. | De Mourgues, 136, boulevard haussmann. rébutinière portons bien, récrivez. — Rousseau. | Albert Leroy, palais législatif. aucune nouvelle depuis septembre. santé excellente. orléans, écrire vérité : troisième ambulance, deuxième division, 15e corps. — Blet. | Tholon, capitaine 3e compagnie mobiles de saint-malo. tous bien, reçu six lettre, écrivons continuellement, mille amitiés, écris souvent. — Tholon. | madame Sapia, 10, rue cirque. tous bien, écrivez ballon, dernière lettre 18 septembre, où enfants ? pris part chagrins. — Alvarès. | madame Benoît, 91, champs-élysées, paris. allons tous bien, reçu lettres dire rancy, 4, vienne, écrire ballon miss aussi. — Valentine. | Herpin, 56, provence. herpin mas vernet, tous bien, hiver genève labauche. | Moreau, 98, rue la victoire. guéritande, tous excellente santé, bonnes nouvelles générales. — Marie. | Vilbort, 6, lavoisier. famille bruxelles santé, reçu lettres, donne nouvelles, tante duhring, 76, pompe, passy, argent chez sellweger. — Grisar. | Dupuis, 16, laval. tous bonne santé, ministère guerre où suis employé, comme tu sais, fais grandes choses. — Fernand, tours, 3, psalette. | Mallet, 37, anjou-saint-honoré. reçu nouvelles 18, santés excellentes, dernières nouvelle sony, du 6, bonnes, russe remis argent. — Gabielle. | Friedel, 60, boulevard michel, paris. allons tous bien, papa, maman friedel aussi. bauzet, peugeot, rodolphe, isaac bien, restons vernex. — Emilie. | Ruzé, 15, bernardins. santé bonne, écris. — Ruzé. | Auclair, 48, berry. berthe, petite fille, tous bien. — Dugenet. | Rolland, 24. quai béthune. tous bonne santé, chez chamard à valençay (indre). | Delorme, 85, rue richelieu. tes père, mère, marie tous à amiens, rue constantine, bonne santé. — Delorme. | Toussaint Bancks, 16, place vendôme. approuve votre lettre 5 octobre, tout va bien ici. — Banks. | Moreau, 54, truffault. sommes tours, allons bien, embrassons. — Bretonneau. | Delaunay, 8, rue favart. enfants vont admirablement, delaunay père souffrant. — Clary. | Mallet, 37, anjou. merci lettre 18, arrivés schadan 18, tous bien. mère folkestone, cécile montpellier. — Anna. | Dailly, 69, pigalle. bellanger lausanne non bruxelles, amélie coutances non grosse, gisors saufs, trois villers prisonniers aix-la-chapelle. Bellanger. |

Aix-les-Bains. — Broutta, 8, dragon. très-bien, aix, pas inquiet, rien besoin. — Delpech. | Poinsot, 1, solferino, paris. aix, tous bonnes santés, j'ai reçu 50 lettres ballons, déménagé, économie. — Emma. | Bazault, 49, rue courcelles. toutes bien portantes, aix, recevons lettres, adrien bien, loiret, artillerie. — Sydonie. | Portier, 3, place jussieu. santés excellentes, tous en sûreté. reçu argent, vos lettres parviennent, wartel à varâtre va bien. — Charles. | Thiébaut. 144, faubourg st-denis. nous aix, notta, versailles, tous bien, reçu 600 seulement, avons encore argent, mais craignons avenir. |

Vannes. — Blancard Ginisty, 7, rue vaugirard, paris. santés excellentes, georges sevré, 12 dents, merci portrait, envoie argent, tous vous embrassent. — Léonie. | M. Lange. 42, rue notre-dame-des-victoires, bureaux du *National*. santé bonne, écrivez vannes. — Kydoux. |

Etretat. — Chaudé. rue condé, 14. allons tous bien, recevons lettres, étretat. — Chaudé. | monsieur Chouët, 3, boulogne. tous bien portants, sisaulge aussi, étretat, 28 novembre. — Chouët. |

Hédé. — M. Delacombe, 75, avenue d'italie, paris. tous bien, pays calme, reçoit lettre de vous souvent, baby bien. — Marie. |

La Rochelle. — Marix, rue laffitte, 17. depuis septembre la rochelle, bureau restant, tourmentée pour toi, les tiens et miens, sœur. — eugénie. | Pasquier. rue aux ours, 1. pouvoir donner nouvelles meloche, famille la rochelle. | Morlund, rue louvois, 2. tous bonne santé, léopold part. — Bareau. |

Chablis. — Laurent-Chivat, université, 39. prussiens venus, nous partis, prussiens partis, nous revenus, tous bien portants, 28 novembre, chablis. — Rosine. |

Plouha. — Jarre. rue pyramides, 2. nous tous province, stéphane, albert, labbé, élizabeth parfaitement. écrivons, télégraphions constamment. recevons lettres. avons courage. — Sara. |

Mortagne-sur-Huîne. — Christine Nyström, 52, dames. batignolles. santé ordinaire, écris ballon. — Jarry. |

Saint-Malo. — Bachelard, 24, rue cherche-midi. ami, allez-vous mieux ? prières, espérances, bientôt revoir, amitiés jean, à toi misel et angélique. | Potrel, 48, croix-des-petits-champs. 7e dépêche, tous parfaitement, 46 lettres, 33 cartes. — Jeanne. | Gardel, 2, caroline, batignolles. nous trois dinard, bien portants, sans lettres, molteni vont bien, si, robert reçu dépêche ? amitiés. — Crétu. | Maillefer, rue havre. 10. st-malo, 1er décembre, ta mère, moi allons bien, écris. — Maillefer. | Albert Froment, 20e mobile, 3e bataillon, tous bien, reçu lettre. |

Avranches. Desplanques-Cormier, tronchet, 11, écrivez souvent, avranches. — Cormier. | Gibert, 104, faubourg poissonnière. moral, physique excellents. recevons lettres, manquons de rien. jenny gibert avranches, 30 novembre.

Janzy. — Guéné baptiste, mobile, 4e bataillon rennes, 3e compagnie. mère, frères bien. lettres reçues. — Guéné. |

Maubourget. — M. Solvet. 7e mairie, paris. écrivez. courage, amitiés. — Fourtet. |

St-Brieuc. — Lecoz, mobile, bataillon st-brieuc. famille bien, neveu né, écris. embrassons. | Hallu, paris, 15, avenue ségur. amélie ici, toutes bien portantes. — Hallu. |

Portrieux. — Fariaulo, 46, quai bercy. santé bonne, lettres, argent reçus. — Alix. |

Dinan. — Messager, 5, rue tronchet. reçu lettre du 13 novembre. allons bien, écris à dinan (côtes-du-nord), place saint-sauveur. — Messager. |

Hyères. — Dessoignes, université, 25. tous bien hyères. — Marthe. |

Mâcon. — Guigniant, quai conti, 5. tous bien mâcon, lyon, Nay. écrivez à aubert par ballon. |

Guincamp. — Devillier, avenue clichi, 23. — Kerdaniel-chatelladreu (côtes-du-nord). suis ici bien. comment êtes-vous. — Bienvenu. |

Domfront. — Bigot, 41, rue bourgogne. allons bien domfront, décembre. — Bigot. |

Montcontour-de-Bretagne. — Fromentin, rue aubriot, 3. keiser, tous bien, dire villeaubreil. —

Nantes. — Audouard, 26, rue mouthabor. russie renonce traité de crimée, angleterre, autriche, italie, turquie, protestent réponse, pétersbourg attendue. — Clipperton. | Audouard, 26, rue mouthabor. bien. armée loire, très-forte grande bataille attendue incessamment. espoir réussir, tout ouest armé. — Clipperton. | Bouland 63, st-lazare. tous ici, moi depuis peu. bonne santé, 3e lettre. écrivez, 17, voltaire. nantes, 28 novembre. — Jolly. | Viard, mayran, 6. tous bien portants. nantes, esprit-des-lois, 1. — Céline. | Champouillon, 31, avenue d'antin. mathilde, enfants, marie, abel bien, tous à nantes, recevons nouvelles. strasbourg et tarbes bien. | Desforges, rue hauteville, 1. enfants trouville, becquet, namur, émile caen, eugène, châteaudun sont bien. — Langlois. | Gamard. 16, choiseul. santés parfaites, lettres régulièrement, nantes tranquille. — Rivière. | Potier, 45, richelieu, paris. nantes deux mois, lepère malade huit semaines, pas d'espoir, berteau bien, ferté bien. — Potier. | Gounod, rue condé, 20. répondu lepileur quatre oui, louis arthenay va bien. — Langlois. | Darblay, rue louvre, farines sarthe manquent, rayon 68 à 70 les 159, stock faible appartenant spéculateurs. expédions deux dépêches. — Blanchard. | Darblay, rue louvre. froments basse loire, côte vendée 23, pont-rousseau, ancenis 22,75, les 80 nantes. achats livres impossibles. — Blanchard-Donaud. | Menier, croix-bretonnerie, 37. famille menier bonne santé sables. — Leroux. | Peigné, sergent, 3e bataillon, 3e compagnie, loire-inférieure. reçu lettre, 10. tous bien, très-calme, confiance, courage. — Beigné. | Auguste Vaufreland, rue marignan, 16, paris. tous bien portants. — Pauline. | Maulouin, artillerie mobile, nantes, la villette, paris. famille, amis bien, excepté père, toujours catarrhe, raoul ici, léon, paul ensemble. courage, répondez. | Leroy, 119. rue st-maur. sommes chez voruz, nantes. | Lauzières, blanche, 27, nantes bien portants. — Marthe. | Ghisdal, rue gayglussac, 44 paris. Mme ghisdal, hôtel boule-d'or, nantes. va bien, vie trop dure chez fille. reçu lettres. | Ridoux-Singer, 3, bis, paris-passy. couëron, près nantes. bardin parfaitement. écrivez-nous. prévenez thirion, tavernier, chabbert, familles parfaitement. | Joigneaux, rue 4 septembre, 31. allons bien, reçu argent annoncé, besoin 200 fr., auguste toujours préfecture. partis nantes, florence. | Hebert, officier ordonnance, 9e secteur, avenue italie. 75. santé excellente, parfaite résidence, reçu 20 lettres, jument gardée, 3e dépêche — Hebert. | Mme Longueville, casimir-périer, 15. beau garçon, 27. bien tous deux. — Sincéran. | Vial, avenue tourville, 6. recevons tes lettres, avons argent, santé parfaite, enfants travaillent, embrassent père. nantes, rue scribe, 4. — Vial. | Huard, 28e mobile, 1er bataillon, 4e compagnie. famille bien. édouard, wiesbaden, lucien, castres, barreau loire. tardiveau bien, affaires bonnes. — Huard. | Bouts, boulevard sébastopol, 81. bonne santé, avons argent, recevons lettres charles cuteau. embrassons famille. — H. Vial, rue scribe, 4 nantes. | Genet, boulevard malesherbes, 87. reçu argent, santé très-bonne, enfants et moi t'embrassons, tranquillise-toi, donne nouvelles d'enfants. — Clara. | Pergeline, 5, cardinal-fesch, paris. père nantes bien, georges armée bretagne, albert loire. courage, espoir, armées formidables marchent paris. — Pergeline. | De Wolbock, officier, la muette, passy-paris. enfants bien, aucun événement, souvenir. 28 novembre. — Macceri. |

Toulon-sur-mer. — Lore, port montrouge, santé parfaite, père malade, Baptistin malade hopital, langres claude marche, vu paris embrassons. — Henriette. | Carvés, lieutenant de vaisseau port montrouge arcueil. Julie moi parents allons bien embrassons. — Angèle. |

Azay-le-rideau. — Michaud, 93, boulevard st-michel, quatrième dépêche, allons bien, viens plustôt possible, prudence. — Michaud. |

Gaillac. — Cassau, capitaine mobile tarn, allons bien, écris vite souvent. — Marie. |

Treignac. — monsieur Sangnier, 39 rue de varenne, tous allons bien, recevons lettres, écrivons par tous moyens Fleury calme tendres baisers. — Thérèse. |

Tours. — Drouin, ste-croix-de-la-bretonnerie, 21, dégradation peut moi étienne soignons touts, Rigaulh écrit curé question revenir que faire, écrit aucune réponse. — Bossual.

Gex. — Hentseh, lepelletier 20, tous parfaitement nous amélie, auguste recevons lettres portraits jusqu'au 20, immense soulagement correspondance mirabaud, vernet parfaitement. — Adèle. |

Lorient. — Pierre, sergent major 1er bt, pierre, juien, tillet, gersaul, javelot, carfort, boy, gautier, souzy, leconte bien recevons. — Julien | vice amiral Labrousse, grenelle st-germain, 59, paris, bien portants taanquilles, écrit vingt lettres, reçu neuf. — Deschiens, vingt neuf novembre. — Dubouetiez, mobile lorient, suresne, famille parfaitement émile toulon, avertir lévêque mère morte en septembre. — Dubouetiez. | Déclat, taitbout 80, simons Faviers, Huins, Brégers, Dupuys, Déclat bien, préviens Dupuy-de-lôme sommes Huin lorient. — Déclat. | Chuzel, caserne rue blanche, paris, en bonne santé, j'attends avec impatience les événements pour réunir à toi, soigne toi. — Marie. |

Clairvaux. — Louault, halle-cuir, santeuil, santé bonne, suis exempt service — de la Vieuville. |

Bordeaux. — 3 décembre 1870.

Salon. — capitaine Leborgne, fort vanves. lettres reçues, santé parfaite, louis travaille, neveu laflèche. — Clara. |

Saint-Servan. — Hervillard, 80, beaubourg. familles hervillard-gaudry, parfaite santé, saint-servan. | Coqueret, 21, richelieu, paris. drouineau, nogent, saint-servan, bar réunis bien, dite bourdaloue, paul collége, fernand occupé, malle retrouvée. — Drouineau. | Jodon, boulevard italien, 34. 1er décembre, priere envoyer autant argent possible à saint-malo. — veuve Gautier. |

Loches. — Massin, rue saint-quentin, 28. nous ici. ta famille, amélie, saintes, hôtel messageries charente-inférieure. — Girault. | Désaubliaux, 41, dauphine. santés bonnes, votre paul ici, lejeune mort. — Tétard. |

Loudéac. — Le Moign, capitaine mobiles, côtes-du-nord, 4e bataillon, 62e régiment. votre famille inquiète demande de vos nouvelles. — Martin. | Piot, 15. bleue, paris. tous bien. salmon capitaine dusseldorf, jane, chamdines insignifiant. |

Bagnères-de-bigorre. — Deshayes, boulevard italiens, 27. envoyé forestière, portons tous bien, albert aussi. — Deshayes. |

Lavoute-Chilhac. — Claude. lieutenant, 126e ligne, 14e corps. six lettres reçues, satisfaction, continuer. — Claude. |

Fernex. — Lesieur, boulevard magenta, 146. attendons lettres depuis 40 jours. — Lesieur. |

Caudéran. — Emile Bernard, 117, vieille-du-temple. rosa, aline, enfants bien, jules parle, santé parfaite, famille hayman, bernard bien. — Gustave. |

Amiens. — Guillemin, boulevard st-germain, 35. tout va bien, patience. |

Annecy. — Gilson. saints-pères, 17, pour marcel. allons bien, adresse chavigné, haras annecy. — Adrienne. |

Vannes. — mlle Bénech. tournon, 14, paris. écrire ballon, tous bien, informer frères, chez thiéblin, garancière, 4. — Bayle. | Grangez, 15, boulevard invalides. édouard bien portant aix-la-chapelle, adrien jésuites, cécile couvent externes, bien portants. — Roche-Poncié, 15, douve-du-port, vannes. |

Mâcon. — Boullay, béthune, 36. santé bonne, prussiens dijon, reçu argent, ta mère. — Boullay. |

Chinon. — Bergaigne, boulevard saint-germain, 70. médiocre santé, reste 200 francs, difficile avoir argent. — Rose. |

Nyons. — Lonchampt, la rochefoucauld, 24. allons bien. recevons vos lettres. — Lonchampt. |

Lillers. — Achille Fanien, chabrol, 32. entreprises militaires, cuirs rares, gustave malade, expéditoins diverses colonies, travail continue, situation financière bonne. — Ovide Fanien. |

Fontenay-le-Comte. — Sabouraud. lieutenant, 35e mobile vendée. olivier toujours sans nouvelles, écrire immédiatement, mettre timbre-poste sur lettre. |

Lyon-Terreaux — Alliaud, rue bondy, 46. mère, femmes, enfants, famille tous bien, prévenir guivet son père mort, clémentine montluel, stéphanie bourg. — Cartaz. | David, 10, rue poissonnière. oui, oui, oui, oui. — David. | Bouchard, médecin, 16, commines. ai lettres 19 novembre, allons tous bien, lyon fort. — Bouchard. | Salles, rivoli, 63. père bien, charles à erfurth comme officier, affaires passables. — Salles. | Ricard, maréchal-logis, 2e compagnie pontonniers, garde-mobile rhône. allons bien, lyon tranquille, munis toi bien d'argent chez gourdin. — Ricard. | David, 10, rue poissonnière, paris. oui, oui, oui, oui, oui, non, oui, brandeis commet filés. — Allardon. | Niclot, 55, rue temple. tout va bien. pas buthenau, mais autres. — Bellefonds. |

13 Pour copie conforme :

L'inspecteur,

Bordeaux. — 1 décembre 1870.

Angoulême. — Desjardins, condé, 30, paris. 5, valence bien, angoulême, avertir royer. — Persil. | Basely-Andrin, 243, prince-eugène. santés bonnes, père aussi. — Chariol. |

Sancerre. — Chailloux, rue fabert, 22. donnez immédiatement aux Noyer nouvelles de Gressin, rue jacob, 27.—Gressin. |

Creuzot. — Troublé, 4, rossini. santés bonnes. parents, Anna, Anet, Betzy, Claire, enfants, quimperlé. Zélie, clermont-ferrand. dames Legay, vannes.—Hurel. |

Bagnères-de-Bigorre. — madame Hoëg, cité gaillard, 9, paris. — Ecrire par ballon toujours bagnères-bigorre, poste restante.—Berthier. | Gélibert, rue enfer, 47. tous bien, Léopeld lieutenant.—Gélibert. |

La Flèche.— Lair, caire, 6. hippolyte décédé 29 novembre, écrivez.—henriette. | Michel, bleue, 12. santés bonnes, recevons lettres. Louise, enfants, hortense, neveux, bien.—Moch. |

Blois. — haincque, maternité, paris. tous bien. —Baudry. |

Charville. — Cléry, ingénieur, rue amsterdam, 65, paris. Louis non blessé, capitaine, prisonnier cologne. |

Saint-Quentin. — Choquart, 182, rivoli. famille bonne santé.— Demarnet. |

Sainte-foy-l'argentière. — L. Buty, médecin, bastion 25. dernière lettre 20 octobre, inquiets, tous bien. — E. Buty. | Laffiteau, vivienne, 37. Loreilhe, Laffiteau, Paul Brocca, Charlemagne, tous bien.— Brocca, 1, saint-pères, paris. Charlemagne, Broca, Loreilhe, bien. nouvelles enfant Boutin.— Augustine, 30 novembre. |

Rabastens-s.-Tarn.— Bellomaire, 32, rue montparnasse, paris. Elie prisonnier dusseldorf, capitaine, bien portant, trois fois ordre du jour de l'armée. - O'Byrne. | baron d'André, rue du centre-beaujon, 17. craignons dépêches aux enfants avoir manqué. sommes tous bien portants, courageux, calmes, leur communiquer. 30 novembre. —Abdon Proutier. |

Oloron-sainte-marie. — Suarez, richer, 1. cinq cent mille cher Darther disposer suivant besoin. tous bien, vos enfants aussi. Eugène marié. — Daguerre. |

Foix. — Truelle, 20, rue arcade, paris. mariée aujourd'hui 29, précédente dépêche annonçait. tendres souvenirs, recevons vos lettres. — Alice. |

Caussade. — Millory, 4, astorg. pouvez signer quittances, écrivez par ballon, prévenez Bazin Mathilde ici, allons bien.—Chalret. |

Le hâvre. — Davillier, 20, vendôme. reçois lettres. plus argent, envoyez traite papier pour en avoir. si quittons hâvre frascati, irons nice.— Marie. | Roydeville, 6, royale-saint-honoré. reçois lettres hâvre frascati, portons tous bien, économe, pense à toi, t'embrasse, absence longue. — Blanche. | directeur général tabac, paris. les trois chargements Huffer pris en charge.—Bellecombe. | Voise, monthabord, 8. hâvre hôtel frascati, toutes bien portantes, écris-nous, recevons lettres par ballon, t'embrassons.—Blanche, Berthe, Marie. | Carin, 127, boulevard haussmann. santé bonne, écrit lettres, moyens indiqués, reçu visite Masson, famille partie. — Carin Nina, mare, 10, hâvre. | Antoine, rue neuve-petits-champs, 45, paris. famille, Juliette, bien. reçois lettres régulièrement. — Bertran. | Champollion, 28, Joubert. envoie trois cents francs, tous bien, Georges Bourbaki, général Loverdo personnel Tours.—Amélie. |

Auch.— Mallet frères, anjou-saint-honoré, 37. autorisez correspondant bordeaux solder trois traites Maurice, répoose auch.—veuve Ernest Colin. | Husson, marignan, 14, oncle Sylvestre mort, Chastel réglera, habitons auch.—Husson. |

Biarrits. — Marquez, consulat espagne. sommes tons bien biarrits, villa constance, recevons vos lettres. — Vicenta, | Mathoul, 47, victoire. comptez 100 francs par mois, bayau 70, boursault, batignolles.—Bonnet. | Gratiot docteur, milan, 8. biarritz reçu, santé bonne, courage. — Lefèvre. | Bayot, 70, boursault, batignolles. allez susini, 23, chaussée-d'antin, veux nouvelles, demandez partout, allez bureau bonnet recevoir. — Clotilde. |

Orthez. — Mlle Castel, rue dulong, 42. sacrifice jardin, provision charbon, sauve meubles, tableaux, vais bien, reçu lettres, écrivez toujours. — Grebert. |

Blois. — Gallard, rue du hac, 40. paul jacques bien, famille aussi, 10, appollonie, blois. | Loiseau, 105, lauriston. sommes très-inquiets, écris suite premier ballon, vois paul. — Loiseau. | Payeur cavalerie, 17e corps, courage. — Me bernard, 28, Sts-pères. |

Pont-Audemer. — Jouan, boulevard magenta, 92. tout va bien ici. — Lecé. |

Ferté st-Aubin. — Allouin, pharmacien, 15, boulevard ternes. tous à ferté. portons bien, réné charmant, dites edmond, écrivez. — Fromont. |

Sables-d'Olonne. — Honoré, 6, boulevard poissonnière, paris. réponse, santé bonne, sables (vendée). — Horace. | Poisson, 17, helder, paris. nous allons bien, reçu 7 lettres, sables (vendée). — Elise. |

Avignon. — Canuet, 5, cambacérès, lettre ballon plaisir, avignon, correspondances sancergues. femme, enfants très-bien, courage, espoir, province, délivrer prochainement. — Poncet. | Mounier, tournon, 14. sommes à avignon. — Henriette. | Crédit agricole, paris. avons réalisé 1,000 qu'envoyons bordeaux, bientôt encore autant, prorogations paralysent beaucoup recouvrements, daumas toujours ici. — Paget. |

Auray. — Charier mobile vannes, suresnes aucune nouvelle, eugène, famille bien. — Leroux. | Conan, vaguemestre mobile morbihan. paris, joseph loire, famille bien. — Conan. |

Lille. — Crédit agricole, paris. payer 500 francs mon débit à schulzé, 7, dombasle, vaugirard. — Boittelle. | Schulzé, 7, dombasle. vaugirard, paris. allez réclamer 500 francs versés crédit agricole, — Schulzé. | Wagner, 145, boulevard magenta. papa, tous allons bien, bébé progresse, recevons lettres, anna, marie travaillent, si ennemi vient, bruxelles. — Boire. | Boydelatour, rue grammont, 13. paris. reçu toutes lettres, situation bonne, service régulier, 15,000 francs de sinistres, adresse lille. — Vrignault. | Ploche. gare est, paris. marguerite, moi allons bien. — Cléonise. | Cheilus, état-major garde nationale. reçu tes lettres, mère, caillet, godet, normanderie, eugène méru, moi bruxelles, tous bonne santé. — Cheilus. | Wagner. boulevard magenta, 145, paris. sanlieu, salbris, blacques, dorp vont bien, cardieu, montauban, cardin prisonniers à cologne, voyez debize. — Boire. | Mme Pergent, rue richelieu, 41, paris. mari, fils, nous santé, écrivez pour pergent. — Deschange, |

Lormes. — Ferry, 372, rue honoré. envoyez nouvelles, lormes. — Soubens. |

Riom. — Directeur général tabacs. tous employés présents, 260 ouvrières, bon approvisionnement, service régulier, cartouches remplaceront peut-être cigares. — Ay. |

St-Dier-d'Auvergne. — M. Costilhes, médecin, cité bergère. paris. reçu lettre 28 novembre, portons tous bien. — Costilhes. |

Arès. — Javal anjou. santés parfaites, partout, reçu nouvelles, demandez bézian lieutenant, 2e bataillon douanes, vinsac chef, pièce rosny, 1er bataillon. — Pauline. |

Le Croisic. — Levesque, 26, grange-batelière. écrivez par tous ballons, rien reçu. — Hocédé. |

Beaugency. — Ulry, contrôleur postes, trésorier 17e corps, 1re division. écris. — Adolphe. |

La Commanderie. — Champ Louis, 8, boulevard tour-maubourg, lettres nombreuses reçues, répondues, pas messagers. andré, bataillon réuni, 10e régiment loire, ta mère, graveron, bien. |

La Roche-Canillac. — Hémar, faubourg poissonnière, 52. tous parfaite santé, écris à maman, tendres amitiés. — Hémar. |

Le Havre. — Murat, 74, avenue mac-mahon, paris. allons bien, recevons vos lettres, vous ai envoyé lettres, dépêches, embrassons vous, gaston. — Ida. |

Decize. — Catherinet, 74, rue notre-dame-de-nazareth, paris. j'ai fait écrire à genève, attendons et espérons. — Schaerff. |

Les Riceys. — Pinel, *Journal officiel*. famille bonne santé, pays tranquille. — Pinel. |

Plaisance-du-Gers. — Daran, rambuteau, 10. plaisance, cherbourg, tout excellent. |

Quimper. — Chamaillard, 4e compagnie, 5e bataillon, garde mobile finistère. tous bien, ne pensons qu'à te revoir. |

Vernantes. — comte Dhulst, rue grenelle, 75. orléans, salesnes, urbain, bien, combien vendre chevaux, henri, reçu 4 lettres, 30 novembre. — Cambray. |

La Flèche. — Maignien, bergère, 22. tous bien, henri, jules prisonnier. — Bastien. | Massé, saint-honoré, 189. santé parfaite, reçois lettres, si prussiens viennent, irons brest. | Grollier, londres, 13. santés bonnes, lettre angleterre, prussiens répoussés de sarthe, penses à nous. | Loustau, gare du nord. santés parfaites, sommes gand, rue aux vaches, 26, écris. — Cécile. | Poyet, trévise, 36. bonne santé, carte répondue. |

Lille. — Rapy, labruyère, 42. pauline, enfants, parents, santé parfaite. — Beke. | Salmon, jouy, 11. faire savoir, justin, louis, lannoy, baisieux. gaurain, tournay. vont bien. — A. Guary. | Directeur général tabacs, paris. service assuré, approvisionnements suffisants, rien inquiétant, étudions évacuation éventuelle, vu eugène bien portant, parti tours. — Gerbet. | Courtines, 57, petites-écuries. suis lille, rue saint-andré, charles, ernest armée active, ignorons où sont, sœurs bien. — Alice. |

Doué-la-Fontaine. — Mme Cauchy, tournon, 12, paris. lettres reçues, tout va bien ici, prenez vin provisions, chez nous. — Amédée. |

Villers-sur-Mer. — Onimus, 9, rue lille, paris. bonnes nouvelles, émilie colmar, envoyez-nous lettres pour alsace, enverrons, trouverez adresse chez cranney. — Scheffter. |

Airaines. — Fissot, tour-d'auvergne, 4. lettres reçues, santé bonne, prussiens pas, écris souvent. |

Vernon. — Millet, 111, rue montmartre. nous allons tous parfaitement. — Roycourt. |

Broglie. — Provost, boulevard beaumarchais, 55. albert coblentz avec mon fils, paul breslau, tous deux bien portants. — Broglie. |

Guise. — Rampont, directeur-général, postes. cabourg, duché mieux, bohéries libre, santé parfaites, établissement marche, prévenir plauche, merci. 25 novembre. — Lafon. |

Oisemont. — Barbier, rue passy, 7. toujours tranquilles oisemont, reçu toutes lettres, écris toujours, dis à félicie, embrassons tous. — Aurélie. |

Thouarcé. — Mme de Cambourg, 11, rue milan, paris. la saulaie 29 novembre. tous bien. — Saint-Pierre. |

Menetou-Salon. — comte Greffulhe, 10, astorg, paris. menetou, 29 novembre, toutes santés bonnes. — Félicie. |

La Souterraine. — Bétoland, verneuil, 33, paris. tous bien. — Maria. |

St-Lambert-du-Lattay. — Dulong-Massignon, 7, havre. avons santé, argent, leçons reçu lettres, pays tranquille. | Leborne, 1, oblin. donnez nouvelles personnelles commerciales. — Héricourt. |

Serres. — Dulongpray, brigadier des chasseurs de l'ex-garde, escorte du général vinoy. tous aux chambons bien portants, prends argent chez perraud, réponds. — Itier. |

Ambert. — Fuzon, rue legendre, 99. rosalie, maria, bonne santé. — Julie. |

Sablé-st-Sarthe. — Juigné, 30, comtesse biron, avenue latour-maubourg, paris. Juigné, larochefoucauld, luynes castellane, dieppe, lalorie, angevins, parfaitement, tendresses. — Mouzie. | Salles, aboukir, 39. santé parfaite, sablé, embrassons. — Blanche. | Noury, neuve-st-augustin, 58. tous bonne santé, reçu lettres, craint ennemi. — Noury. |

Montaigu (Vendée). — Peyrol, 21, hautefeuille, montaigu (vendée). lettres reçues, allons bien, bien rosa. |

La Côte st André. — M. Dorot, 60, rue richelieu. la côte, 2e dépêche, 27 novembre. tous, santés parfaites, je reçois tes lettres. — Virginie. |

Argenton. — Gallot, lieutenant, régiment forestier, auteuil. tous bien portants, édouard émilien, mobilisés, partis résolus, inquiétude, bon espoir, 26 novembre. — Lavallée. |

Sablé-s.-Sarthe — Baratte, rue albouy, 24, paris. père occupé, mère, tantes très-raisonnables, marie très-satisfaite, lettres, malle reçues. mauchien bien. — Rosa. |

Quimper. — Mme Petit, boulevart voltaire, 99, paris. santé bonne, reçois lettres, merci. — Busson. | Dupuis, cabinet finances. tous bien quimper. recommandons manuscrits. — Godefroy. | Favrin-Parguez, 50. rue neuve-petits-champs. rosa, marie, alice, gaston, henri vont parfaitement. bien installés, quimper, place mesclavaguen, reçoivent vos lettres, 30 novembre. | M. Léveillé, 37, rue caumartin, paris. petite parfaitement, houdan avec oncle, nous quimper finistère (sacré cœur).— A. Le Guay. | M. Henry Gourcuff, 87, richelieu. mère, sœur, marguerite, carné rodellec, yvonne, gustave trémandon bien, pérénon, 27 novembre. — Henriette. |

Pont-de-Buis.—Directeur général, tabacs, paris. faisons pour chassepot mille kilos poudre fabrication rapide tonnes seulement. nommons provisoirement maître poudrier adjoint.—Pont-de-Buis. | directeur général, tabacs, paris. fabriquons jour et nuit poudre B. faisons cartouches, divers fusils rayés pour intérieur crédit spécial. — Pont-de-Buis. |

Fourchambault. — Cajat, st-dominique-st-germain, 10. bien portants, cinq lettres, ballon. |

Thouars. — Bain, anjou-st-honoré, 56, thouars, saumur, douleur, santé. |

Le Mesle-s.-Sarthe. — Daru, scribe, 1. reçu votre lettre, famille entière va bien, mareuil compris. henry, bruno sains et saufs après coulmiers. — Salverte. |

St-Omer. — M. Froussard, 10, rue castellane. familles froussard, devergie bien portantes, saint-omer, hôtel commerce, 26 novembre. | Normand, rue ste-marie, 5, grenelle. santé bonne, reçu lettres, écris souvent. | M. Devorges, 148, boulevard haussmann, paris. pour henry, suis à tilques, santés excellentes, amiens libre. — Mathilde, 26 novembre. | Directeur général tabacs. rien saillant, aucune interruption, bourdaine manquera janvier, délégation tours persistant ajourner marché, fabriquerai guerre bois blanc. — Biffe. |

Vendôme. — Youf, vivienne, 21. réunis vendôme, bonne santé, reçois lettres, courage ami. — Youf.—

Sablé-s.-Sarthe. — Delamazelière, richepanse, 9. tremblay, vauvenargue bien, reçoivent lettres, arthur loire, robert prisonnier. — Yvonne. | Duchesse Dadeauville, varenne, paris. marie charles. yolande, stanislas, sablé, juigné, lalorie dieppe parfaitement, paul, henri blessés légèrement. — Sosthénes. |

Longué. — Desazilly, capitaine artillerie, boulevard vaugirard, 117. henri, anna, eugène bien, berthe mieux. — Eugène. |

Le Havre. — Caillebotte, 7e bataillon, 6e compagnie, garde mobile, paris. allons bien. — Caillebotte, havre, 26. | Brault, 105, st-lazare, paris. santé bonne, enfants travaillent, robert, marguerite, nonante sept, sloane street, bonne santé, écris souvent. — Brault, londres. | Cuvillier, 16, louis-le-grand. allons bien, louise, paul pension, reçois lettres, envoyé deux dépêches, amitiés, parents, pauline, siens vont bien. — Cuvillier. |

Bordeaux. — Dupleix, rue lebon, 15, chez m. henriquet, ternes, paris, père n'est plus, t'attendons première sortie, cinquante francs. — Ducasse. |

Dinard. — Lechevalier, 61, richelieu. jeanne, mère bien à dinard, chez pilastre, avoué, écrivez. — Lechevalier. | Brachet, 48, anjou st-honoré. merci lettres, marguerité bien, demande nouvelles. — Nathalie. | Boisbluche, 27, aboukir, paris. reçu lettres tiennes, constant, allons bien.— Léon Lefort. | Brélay, 34, rue hauteville. toutes bien, pas froid, sur cinquante-quatre lettres, manque six. — Edith, dinard, 27 novembre. | bonfillout, notre-dame-des-victoires, 32. demandez argent trépagne ou berthon, assas, 90, ajournez souscription chambre. — Daupeley. |

Bordeaux. — Chalmel, faubourg st-martin, 71. thérèse chateaudun, toulouse tous bien, maison duclos brûlée, maison neuve criblée, charles pillé. — G. Chalmel. | Ducrocq, vivienne, 22. deux lettres, père bien, enfants aussi, joseph ici, impatients te revoir. — Ducrocq. | Stevins, 12, laval. toute votre famille va bien. — Brame. | madame désiré, 46, victoire. demandez argent à m. prevost. — Brame. | Vois fourrière, 2e dépêche, reçois lettres, vais bien, embrassements. — Alice. | Hébrard, journal temps. habitons grisolles, allons tons bien, embrassements. — Nelly. | Eugénie, 18, laffitte. envoyez nouvelles tante bordeaux, bureau restant. — Froissé. | Phénix, assurances, paris. envoyez donc pouvoirs à david administrateur, autrement impossible rien faire dans agences. tous bien portants, communiquez declercq. | Girard, 3, milan, envoyez nouvelles bordeaux, bureau restant. — Guichard. | docteur Landry, 122, bac. oui, oui, oui, oui. | Coquillot, 9, buffault. reçu lettres, prévenez lechat. — Demagny. | Durand, rue geoffroy-langevin, 7. bonne santé, écrivez. — Delbarre. | Gondelin, 26, crozatier. santé parfaite, bonne maman études dubosq. — Valentine. | Nissou, lithographe, quai jemmapes. reçu lettre, répondu oui, bonne santé à st-jean, courage, espoir. — Trousset. | moreau, grenier-st-lazare, 7. envoyez nouvelles huguenin, mouilleron, poste restante nice. — Mussard. | Huguenin, mazarine, 52. envoyez nouvelles poste restante nice. — Mussard. |

Beaumarchés. — Duroziez, déchargeurs, 11. nouvelles de tous, nous assez bien. — Boussés. |

Molliens-Vidame. — Gabriel Moreau, 77, boulevard st-germain. vos parents vont bien, adressez-moi lettres pour eux à Molliens-Vidame (somme). — Magnier. |

La-Roche-Chalais. — Louvet, rataud, 11. 30 novembre. tous bien chez léonce, la-roche-chalais. congé décembre où malle et montre. écris souvent. — Hélène. |

Moulins-sur-Allier. — Ennemond, 29, decrousaz, tournon, 2. bien avec léon, bueils, laval. — Decrousaz. | Laporte, religieuse, hôpital cochin. tous bien portants. — Eugène Laporte. | Lerible, cité martignac, 5. allons tous bien, réponds à moulins. — Lerible. |

Sées. — Mme Descures, 86, boulevard haussmann. toutes familles bien, pas envahies, peu menacées, lettres reçues. — Fosselouvière, auxais. |

Belley. — Henry, 96, rue la-mare, paris. tous bien portants, reçu huit lettres. avez besoin, argent, demanez galoffre. — Bouvet. | Julliard, 17, rue lemercier-batignolles, paris. ouvrez cave, prenez beurre, saucissons, 25 bouteilles au con-

Bordeaux. — 1 décembre 1870.

cierge. — Potel. | Jourdain, rue université, 12, paris. reçu lettre, bonheur, merci, payé impôts. — Bénard. |

Gabarret. — Clément, monnaie, paris. eugène, aix, charles, milton, lagranges tous bien. partageons douleur. — Maria. |

Avignon. — Directeur nationale incendie, 13, grammont, paris. demandons renouvellement pur simple polices. docks vauclusens échéant mois prochain. — Desandré. | Directeur nationale, incendie, 13, grammont, paris. agents présents, service régulier, six sinistres réglés, ensemble 61,000 francs. — Varlet. |

La-Ferté-Macé. — Turenne, 100, bac, paris. 29 novembre. tous bien, reçu lettres. espoir, tendresses, léo gabrielle. — Marie Gabrielle. | Madame Grenet, rue lille, 4. écris, saint-maurice par ballon. — Antoine. |

Lyon. — Bourceret, alger, 12. santés bonnes, alfred mobile depuis le 25. habitons marcilly. reçu lettre du 19, victor, pau. | Sautter, saint georges, 1, paris. enfants, parents, grand'parents lyon, suisse, auguste bien. — Cordes. | De Parseval, capitaine, 119e de ligne. merci vos chères lettres, lyon tranquille, santés parfaites, fontaines, mâcon, voerles. ceci 2e dépêche, 29 novembre. — Decroso. | Stemler, 15, rue de la paix. lettre reçue, demander, 7, rue réaumur, succursale, mairie vincennes, nouvelles capitaine duclot. — Lassaigne. | De Lavilleon, capitaine, 3e bataillon, ain. vouerle, lyon tous bien, reçu lettres. amitiés keroile, pogniau. lyon tranquille. embrassons tout cœur. prions toujours. — Anaïs. | Villedey, garde mobile, rue du faubourg st-germain, 41. parents mobiles bien portants. gouttenoirs mâcon. demandez argent lavessière, campionnel. marie cotolendy morte. henri prisonnier, ignore malheur. charles sathonay. marguerite lyon. oncle goutte. | Michel Desgarets, lieutenant, 40e régiment mobiles, ain, 4e bataillon. tous très-bien, beron, foublin, ars. lyon tranquille. adrien ici. — Xavier. | Sommer passage saumon, paris. pour Goux capitaine marie-toulon, ermine, vesoul, auguste neuwiède prusse, tous portants. prussien vesoul. ermine tranquille lyon solide, uni. | Schacre-Porro, 32, gay-lussac. écris-moi lyon poste. j'envoie argent philippi. revoir toi et paul. | Mme Weil, 13, rue dauphine. tous bien portants. — Auguste Garibaldien. | Bossion, 8, conservatoire. 14 novembre, georges bien portant, gibert bien portant. — Laffitte, Lyon. | Luuyt, 82, rue miromenil. on va bien partout. pas nouvelles de toi. — Luuyt. | De Parceval, capitaine, au 116e de ligne. lyon, vouerle, fontaines bien. reçu lettres, amitiés, henri, alphonse. — Rey. |

Limoges. — Planès, rue université, 65. alfred prisonnier. gœrlitz santé bonne. — Jenny. | Hadengue, 22, rue royale. reçu huit lettres, santé bonne. — Henriette. | Dutailly, prouvaires, 3. georges, hambourg, santé parfaite. j'ai envoyé argent. — Villemaine. |

St-Valery-sur-Somme. — Moutardmartin, 5, échelle, paris, 26 novembre. bonnes santés à st-valery et granville. amitiés. — Caventau. | Figuera, 38, rochechouart, paris. adèle bordeaux, nous valery. tous bien portants, inquiets de coche, mine castuera va bien. — Manuel. |

Bayeux. — Garzon, 27, rue laffitte, arromanches santé bonne. — Garzon. | Taillandier, 34, cléry. caroline, fanny, marie, moi avons santé, argent, reçu lettres. — Clémence Arromanches. | Saulnier, avenue d'antin, 3. tous bien, donnez détails personnels nouvelles de parents caroline. volsi vous offre argent chez notaire. — Marie. |

Grenoble. — Pellat, panthéon. conseiller préfecture grenoble, vais bien. — Adolphe. | Malfroy, capitaine, 16e batterie, 2e artillerie, passy. avenue empereur, 142. portons bien, recevons lettres, cœurs à toi. — Clara Malfray. |

Saint-amans-soult.—capitaine Guitaud, mobiles côtes-d'or, 4e bataillon, montreuil-sous-bois. je vais parfaitement, maman Geneviève enfants aussi, bonnes nouvelles parents et sœurs. — Louise. |

Rouen. — Rocher, 20, rue Odéon. Georges parfaite santé darmstadt.—Dubosc. |

Janzé.— Rabot des Portes, chef de bataillon, 16e marche, levallois-perret. bien, longueurs, Louis bonn, baisers.— Maria. |

Vernon.— Daubié, 38, rue échiquier, paris. nous sommes Vernon, tous bonne santé, écris souvent. — Elisa. 25 novembre. | Cordonnier, 167, temple, paris. oui, oui, oui, oui.— Marais. |

Besançon.—Chalandre, rue saint-roch, 25. pères, mères, enfants, usines, habitations, bien, très-bien.— Chalandre. |

Roubaix. — Dorival, 28, boulevard bonne-nouvelle, paris. Roubaix deux mois, lettres reçues excepté Layard, instructions suivies, teignez tout. —Raoul. |

Amiens.—monsieur Vorges, affaires étrangères, paris. allons tous bien, votre père frère aussi. Mathilde à tilques, Albéric à vannes, amiens tranquille. | Petit, rue Vanneau, 33. santés parfaites, pas Prussiens —Convert. |

Avallon.— Belgrand, boulevard saint-germain, 106. allons tous bien. sommes avallon, y resterons. lucile coadreu wiesbaden. 30 novembre. — Belgrand. |

Bierné. — leloir, 21, boulevard batignolles. — vais très-bien, frères partis.— leloir. |

caudebec. — Giraud, st-dominique-st-germain, 179. allons bien.— Aimée. |

Orléans.—Chévrier, téhéran, 11 bis. restée, partis saintonge.— Adèle. 30 novembre.— Joannard, boulevard ménilmontant, paris. allons bien, écrivez.— Paul Guichard. | Mallét, grenier-st-lazare, 4. nous nous portons bien, donnez de vos nouvelles.— Bletery. | monsieur Gsell, rue st-sébastien, 43, paris. bonne santé orléans, pas besoin argent, enfants travaillent. — Adèle, 29 novembre. | Jagou, 102, richelieu. maman revenue bordière conserve courage et santé, Ernest encore vulcain, partirai prochainement mobilisé nevers. — léon. | Bizemont, 14, rue de la victoire. famille bien. arthur, charles, bien, henri à toulon. envoie à georges. — Ernestine. orléans, 29 novembre. | Ratouis, brochaut, 5, orléans, souillac, châteauroux, châteaudun vont bien. | Bocquet, contentieux chemin fer Est. tous à sains bien portants, | Proust, boulangers, 22, paris, allons bien tous. — Alphonse. | Pezard, 128 bis, rue assas. allons bien.—charlotte. orléans, 29 novembre. |

Moissac. — hanoyé, rue marcadet, 31. portons bien, donne par ballons successifs détails, exemption garde nationale, courage.— hanoyé. |

St-Séverin.— comte, rue bagnolet, 185, charonne. Saint-Paul, Berduis, Alfred, bien portants. — Marie. | Feydy, voie-verte, Moutrouge, 75. santé parfaite, écris souvent, prends patience. — Adélita. |

loches.— Faré, rue quatre-septembre, magasin paix. Maurice ici, nous portons bien tous.— Faré. | lacharrière, médecin, institution sourds-muets, rue st-jacques, paris. nous allons bien, écrivez toujours.—caroline. |

Pamiers. — Deschards, 9 grenelle-st-germain, Elizabeth va parfaitement sevrée 4 dents, léon armée loire marguerite avec arthur wiesbaden.— Deschars. |

Aurillac.—Teyssier, rue st-lazare 93, paris, marie a beau garçon aucune nouvelle de forge depuis départ, faites écrire directeur.—Lagoutte. |

Aarcachon.—Bourgeois, 25 des écouffes, santés excellentes, coxalgie parfaitement plus doulenrs reçu cinq mille baligand, quarante lettres très bien arcachon.—Bourgeois. |

Guéret.—docteur Jabin ambulance, rue de bondy santé bonne reçu quatre lettres, merci.— Descly-eiser. |

Gannat.—Barreau, rue écoles, 40, barreau, Kerris tavernier bien, lucien isolé espoir. — Tavernier. |

St. valery-en-caux. — Norgeot, 17 roquepine, santés bonnes, pas prussiens, parents jamais satisfaits, constantine bonne nouvelles, louise henri morte. — Norgeot. | Emile Monteaux, 72 palais-royal, envoie argent demarion par poste, st-valery en-caux suis mieux.—Emile chevroton. | Morpurgo, miroménil, 18, reçois-tu dépêches, santés excellentes reçu argent arcachon.— Thérèse. | guillemin, vielle-du-temple, 106, santé bonne, reçu nouvelles du mans écris.—Yvon. |

Lisieux.—Baulry, las-cases 19, tous bien fernand sept octobre, amédée dusseldorf, mère parents bien coulommiers, écrivez leur. | Guizot, 53, Boulevart malesherbes, surveillez appartement lagorce, tous parfaitement, écrivez. — Gabrielle, val-richer, 27. |

Cabourg. — Puché, rue petits-pères, nouvelles reçues paris, informez familles écrivez bonne santé, novembre.—Duché. | Dancla, 13 passage saulnier, bonne santé.—Dancla. |

Courseuiles-s-mer. — Vautiers, rue rivoli, 120, paris, tous bien portants recevons tes lettres, alfred parti lieutenant orbec, marie résignée, ponchy bien famille aussi, jules petite fille, fanet parti, édouard leçons martin, amitiés de tous comment va douleur, manges-tu chez chas.— Julia. |

Fontenay-le-comte.— Nuller, 56 londres, bonne santé, tante édouard habitent reignac. — Audé. | Gallois, 31 rue bourdonnais, bonnes nouvelles guyon, écris moi pour eux faire parvenir lettres. — Chambine, |

Lyon-terreaux - Muzeau, c. 124e, reçu lettre rien à saint-bonnet Eugène décoré, tous bien.—Louise. | Bosson, 35 neuve des petits champs, nœma douville sont ici bonne santé, espérez. — Balmont. | Lacarrier rue entrepôt votre famille bonnes nouvelles reçoi votre lettre, deux premières question, oui, autres, non, écrire à boux.—Bailly. | Dupont, 1, lune, louis londres, chapiron moi bonne santé. —Blanc. | Ferra, médecin major 113e, dames embrassées, ici toujours bien. — Ferra. | Jallade, 16, vivienne tout et tous vont bien, essaye voir albert. —Jallade. | Picard, 10, jeuneurs tranquillisez nous par ballon —Cerf. |

Foulletourte.— Edivards, rue cuvier, labrière, santés excellentes, bien triste nouvelles.—Metz. |

Loriol.—monsieur Duval, 189 rue st-honoré, allons parfaitement tous fougères bien, ernest avignon, lettre reçue, deuxième dépêche envoyée. | Duval, (loriol).

Dun-le-roy.— Marchetti, aboukir 118, ne payez rien, verrai médecin retour santés bonnes, lettres reçues prenez cinq cents, lehideux écrivez, (dun-le-roy),—Thary. |

Mortagne-s-huine.—Lorenzo, passage stanislas, 1, lieutenant chasseurs 6e, armée loire était reprise orléans reçut lettre sœur.—Julien. |

Néris. — Husson, boulevard magenta, 46, paris, remerciments, trois lettres reçues, embrassements affections, courage, nous prions trois santés bonnes.—Eugène, Lasson. |

Bauvais.— docteur Franco, boulevard madeleine, 19, dernières globules envoyées, cure réussissent toujours, finies, malade depuis envoyer globules ou ordonnance. — Dubray, (beauvais). |

Argentan.—schwartr, 4 place vosges, 27 novembte, argentan, santés bonnes, recevons lettres, envoyé dépêches, congé calion —Mathilde. | Desplaces, boulevard haussman, 52, sommes argentan, bien portant.—Gueche. |

Les Andelys. — Berly, 41, rue victoire, paris. lemaître à cannes, hôtel bretagne. clémence andelys, tous bonne santé. — Boulanger. |

Chinon. — Henri Bacot, soldat, 1er corps, général Vinoy. mandat poste cinquante francs, argent envoyé par lafaulotte, ta mère t'embrasse. — Bacot. |

Rennes. — Greset, chez Thiébault, 23, boulevard temple. avons lettres, portons bien, thiébault, vallée confiance et courage. — Greset. |

Etaples.— M. Desfossés, 31, rue vivienne, paris. sommes à étaples, portons bien. — Chablé. | Lecordier, 8, rue saint-martin. famille bien portante, armandine travaille avec ernest. — De Sède. |

La Rochelle. — Buloz, 17, rue bonaparte. reçois nouvelles. enfants superbes, laure, tous bien, sécurité, bonne installation. — Marie. |

Périgueux. — Dulau, 37, jean-goujon. pierre, moi bien portants, bérenger superbe, décoré, félicité sur champ de bataille. deux pigeons déjà envoyés, tendresses. — Nattes. | Lafon, paris. pergolèse. allons bien, périgueux. — Lafont. |

Auxerre. —Cotteau, 4, sedaine, paris. tous bien, non envahis, prévenir devaux. 27 novembre. — Cotteau. | Blot, 17, cléry. lettre eugénie meulan satisfaisante chocat, allons bien tous, prussiens dans environs, espoir les battre, employés soldats. — Cerceuil. | Fanon, 92, chaillot, paris. veuillez remettre cent francs par mois depuis novembre à madame cinglant mère, 35, seine, rembourserai. — Larupelle. |

Saint-Valéry-sur-somme.— M. Sanson, 19, boulevard bonne-nouvelle. allons tous bien, écrivez. — Marie Sanson. |

Briouze-saint-Gervais. — Cosandier, 13, cannettes, portons bien. — Clémentine. |

Lens. — Bollaert, 14, chanoinesse. reçu trois missives, santé famille excellente. — Edouard. |

Bayonne. — Petit, 53, magenta. banque bayonne, famille tous bien. — Charlotte. | Sescau, 10, place vendôme. madame, garçons, marie, bébé bien à biarritz, famille schmolle très-bien chez moi; reçu vos lettres. — Plantié. | Duverdier, 20, rue dantin, paris. reçu lettre 15, tous bien, adèle et paul venus ici bien, jules bien. — Duverdier. |

Sancerre. — Lasablière, 29, rue de monceau. on a reçu tes lettres. Lanniron, périgord, berry vont bien, écris-moi souvent. — Pommereau. |

Rochefort-sur-Mer. — Doinet, 4, richer. lettres reçues, négrier santés bonnes. | Faureau, petit-carreau, 1. oui, oui, oui, oui. 29 novembre. — Bacq. — M. Dedionne, 9, boulevard palais. tous bien, recevons lettres, lacondamine sauf, coudein, commandant saint-ouen, camarade alfred pour robert. — Lucie. |

Saint-Jean-de-Luz. — Gentien, 8, rue drouot. allons bien, léon, émile également. léonce ici, bédinière visitée, vin, fourrage emportés, syr faibles réquisitions.—Gentien. | Lannes, 16, grange-batelière. Déjà expédié télégrammes, carte, lettres, reçu siennes, trois familles très-bien, province arrivera, courage. — Rempon. |

Blois — Jules Dandin, 1, boulevard mazas. enfants poitiers, parfaite santé. — Hatie. | Laforest, crédit mobilier, paris. Blois, nous portons bien, avertir frère. — Choque. |

Suze-sur-sarthe. — Picot, 49, rue glacière. reçu vos lettres, notre monde va bien. adolphine à châlons chez son père. suze sans prussiens. |

Sennecy. — madame de Vatry, 20, rue notre-dame-de-lorette, paris. sennecy, 27 novembre. bonne santé, excepté léontine, pleurésie légère. — Virey. |

La Châtaigneraie. — madame Thomas, 15, rue du centre, paris. courageux, bonne santé tous, souvent recevons lettres, baisers pour tous. — Thomas. |

Beausset. — Dupuy de Lôme, 374, rue saint-honoré. recevons lettres, pays tranquille, santés bonnes. — Claire. |

Anse. — M. Loron, 5, rue de lyon. allons bien, recevons lettres, joséphine toujours anse, écris, louis adjoint. — Lucie Genairon. |

Pamiers. — Chevalier, turbigo, 17. tous bien, Edouard aussi, lettres reçues, vois Pologne. — Léger. |

Auvillars. — Monbrison, 38, provence. reçu nouvelle grade, lettre du 16, envoyé photographies sans carton dans tes deux uniformes. — Amélie. | Monbrison, 38, provence. bonnes nouvelles. ta mère, sœurs, Marianne, beaucoup lettres perdues, donnez chacun nouvelles de tous.— Amélie. |

Bayeux. — Jablet, boulevard magenta, 37, enfants, moi, portons bien. 22 octobre, grand, petits fourneaux marchaient. nous bonne santé. — Jablet-Bricqueville. | M. Garzon, 27, laffitte. | Horcholle, ministère finances, Arthur londres, réunis Signard arromanches, avons santé, argent, lettres. — Marie. |

Calais. — Bernaud, 13, notre-dame-victoires, paris. Mareschal, Perrin londres depuis septembre. reçu vos lettres, sans nouvelles Dechanet. Lisle bien. — Bernaud. | Vertamy, paris, banque de france. tous à bruges, parfaitement.—Alexandre. | Andréani, officier guides, vincennes. trois lettres chargées, arcachon aucune réponse, écrivez arcachon depuis longtemps argent manque. dublin rien. — Andréani. | Rataillaud, banque, 8. mairie calais, santé bonne. Clément aussi, travaille bien. — Leclert. | de Foucault, administration postes. famille bien. prussiens pas. — de Foucault. | Louis, 91, victoire. Anatole à Calais, attend nouvelles de montferrier. | Rameau, inspecteur finance. poste restante, paris. lettres reçues, pense bien à vous, courage, pensons au retour, oubliez pas ami. — Abraham. | Saget, 368, rue saint-honoré, paris. vous envoie excellentes nouvelles du général et frère. prévenez Hector allons bien. — Bouruet. | Bouruet, 22, des moineaux. quittons douvres pour jersey, scarlatine, en angleterre, bébé superbe, manquons rien. Jersey bureau restant. — Eléonore. | Sallet, 19, quai voltaire, paris. tous bien portants, Charles douai. — Sallet. | Baillon, 1, rue cardinal-lemoine, paris. santé bonne. Emile reims, va bien, siens aussi. — Baillon. | Langée, 15, boulevard lannes, passy. bonnes nouvelles bruxelles, bonne santé. beaucoup ouvrage, lettres manquent ce mois, t'embrassons. — Dicey. |

Auvillars. — Meynard, 42, rue anjou. on dit Georges malade, écrivez détails, pas une lettre de lui. bien saintroch. — A. Monbrison. | madame Monbrison, cambacérès, 11. bonnes nouvelles du 24, père. sœur, fille de strasbourg, donnez nouvelles George, sommes inquiets. — Amélie. |

Mortagne-sur-Huine. — Mader, rue béranger, 3. vais bien, grand'mère aussi, quinze lettres reçues. — Henriette Mader. | Verdrie, française, 3, paris. tous bien. — Lebard. |

Graulhet. — Morel, rue de bagnolet, 185. paris. naissance dans 4 mois. Louis parti hier. écris fabrique chevaux. — Morel. |

Abbeville. — Rodicq, 5e batterie artillerie, fort aubervilliers. portons bien, écrire souvent, reçois lettres cousin, écrit Asueur. — Adèle. |

Cambrai. —Jacob, richelieu, 60. sommes à cambrai chez Fabre, les Reverchon gand, hôtel-poste. tes fille, Marguerite, tous bien portants. préviens Gallois, Paul, madame Leclerc. — Hautefeuille-Josseau. |

Clisson. — Tourasse, st-marc, 6. quatrième dépêche, 30 novembre. tous parfaites santés clisson, sécurité complète. — Henimet. |

Montrichard. — Cintrat, bac, 144. famille. santés bonnes, tranquille. — Dubois. |

---

14. Pour copie conforme :

l'Inspecteur,

Bordeaux, 2 décembre 1870.

Morlaix. — Horner, 36, varenne. allons bien, recevons lettres. — Banès, 29 novembre. | docteur Moulin, 34, rue seine. Lelarge mort. Laure morte. — Olive. |

Saint-Donat. — d'Hageue, capitaine, 6e compagnie, 2e bataillon, st-donnat, tous bien portants. paris. — d'Hageue. |

Lyons-la-Forêt. — Vauzy, 18, rue argenteuil, paris. porte bien, chasseur-éclaireur Meunier, 1re compagnie. — Guilmet, 28 novembre. |

Cérilly. — Bignon, 16, boulevard italiens, paris. enfants bien, mère toujours même, Maisonneuve mort, rien extraordinaire ici, Dousset maire, célibataires partent. — Bignon. |

Montélimart. — madame Moris-Chevet, 30. nommé major 3e hussards, chambéry. confiance, espoir. — Moris. |

Les Rosiers-sur-Loire. — Babut, chaussée antin, 51, paris. allons tous bien, écris souvent. — Marie Babut. |

Montjean. — Soubeyran, place vendôme. malgré lettre, Jules veut voir Eugène. — Amparo. |

Bonneville. — Bonneville, rue cléry, 16, paris. plusieurs fois ai écrit, reçu vos lettres du 17 novembre cluny allons bien tous, embrassons vous tous, espérons. — Bonneville. |

Annonay. — Chambost, rue patay, 44. tous bien. — Chambost. | Mlle Vérilhac, ambulance chaptal. nos six soldats vont bien, nous aussi. — Vérilhac Liénard. |

La Pointe-st-Sulpice. — Vincent, 7e mobile, 3e bataillon, 4e compagnie (créteil). tous bien. écris souvent. — Vincent. | Bousquet, rue victoire 80. tous bien, écris. — Firmin Lacoste. |

Montauban. — Faye, rue nicolo, 26. bonnes nouvelles reçues de votre femme et enfants. — Bartet. | Tamiset, st-jacques, 179. suis à montauban, Léon dusseldorf, — Lapérouse. |

Hyères — Delongueil, bayard, 12. Adèle, Léontine. Marguerite, Geneviève, Jeanne, Evrards, cloviss maciets, Gibourets. Debruyns, Dufours, Panhard garçon bien. Elisa faible. — Panhares. | Panhard, breda, 13. garçon. hyères, Intchauspés Landormys allons bien. — Panhard. |

Le Havre. — Paul Petit. lieutenant, 2e bataillon mobile de seine-marne, Paris. tous bonne santé ostende, rue longue, 51, trente novembre. |

Granville. — Gire, 23, cassette. toujours bien portants granville, espérons rester, maman saint-quentin. connaissances ici, acide phémique sur vous. — Eugénie. |

Bellegarde-sur-Valserine. — Ferrari, 11, rue écuries-artois, paris, 28 novembre. tous bien. — Henriette. |

Mayenne. — madame Weismuler, 15, magnan. mayenne, seconde dépêche, écrivez ici. — Vacheron, procureur. |

St-Brieuc. — Tavernier, rue cherche-midi. 14. tous bien, lettres reçues, beurre rue choiseuil, si tu as besoin argent potier. Maurice externe. — — Jeanne. | Deleuze, 33, rue lamartine. vu léon, fourrier volontaires ouest, ex-pontificaux, le mans. Zéphirin actuellement dunkerque. moi st-brieuc. — Irma. | Paul Foucaud, cité d'antin, paris. première dépêche disait. tous bien, recevons lettres, écrivons, frère reste, Jules geslin bien. — Hortense. | Lelièvre, rue ste-placide, 50, paris. amies bretagne et ailleurs bien, lettres réciproques. amies rentrées strasbourg, lettre reçue, bien. — Catherine. | Ferrand, 3, richelieu. tous bien, Jules yeux malades, reçu argent, reçois tes lettres, écris souvent, ennuyons; amitiés. — Marie. |

Lyon-les-Terreaux. — Chéret, angoulême-du-temple, 66. reçu lettres, douleur extrême, pas parler cet envoi ici. — Virginie. | Servant, neuve-fontaine, 12. allons bien. reçu, écris lettres, Emile bien, loiret. — Servant. | Laroully. 31, petites-écuries. arrivé lyon. donnez nouvelles ici et argent chez moi, rue mansard. — Paradis. |

Lyon-les-Terreaux. — Jarriant, enclos vernes, 96. reçu lettres du 17 et 20. tous trois nous portons bien. — alais. | Bressolles, lieutenant 4e zouaves. famille, amis bonne santé. Aubin, général commandant chef lyon. Eugène officier chasseurs auxonne. Eugénie avec moi. — Aubin. | Goguet, st-jacques. 295. reçu lettres, portons bien, rencontre Louis lyon, reparti amérique, donnez nouvelles Harmois, Maillard, institut Dunoyer. — Boucher. |

Villers-sur-Mer. — Bergeron, 2, paradis-poissonnière. recevez sentiments très-reconnaissants. Aline parfaite santé, faut-il reprendre potion? prière de répondre, villers. — Amélie Bourgeois. | Deroissy, 64, bellechasse. ici tous bien, et vous? — Paris. |

La Rochelle. — Lafaulotte, 60, caumartin. larochelle, vendredi. bon voyage, bonne installation, tous bien; rien nouveau famille, alice heureusement accouchée fille. — Marie. | Barbentane, 12, latour-maubourg. allons bien, andré aussi, écrivez st-jean. gaume, Gustave, toi plus souvent. — Charlotte. |

Macon. — Poulat, 41, rue lyon. préoccupés de vous, oncle souffrant, venez tous aussitôt possible. — Gardon. |

Orléans. — Hamon, moniteur, paris. Aucun accident. santé ordinaire. — Emilie Hamon. |

Annecy. — Saussais, 83, rue château-d'eau. annecy très-bien sous tous rapports. — Brochet. |

Sancergues. — Paultre. miroménil, 50. sancergues, lamarche tranquilles. santés excellentes. — Ernestine. |

Briare. — Harlé, rue bruxelles, 40. décembre, Beaudésert, famille partout bien. Albert rochefort. Horace non blessé erfurth. Fernand arras. communiquer. — A. Bouffé. |

Hyères. — Boudard, rue lafayette, 75 nous hyères, traversé bordeaux, tous bien, préviens Pèghaire, Louise, gros garçon. — Vasseur. |

Frontignan. — Rivière, garde mobile, bac, 102. tout bien. — Rivière. |

Rive-de-gier. — David, boulevard magenta, 12. recevons lettres, tous excellente santé. Lucien quitté brest pour armée nord. attendons nouvelles, 2 décembre. — Louise. |

Vichy. — M. Guilleminot, bouloi, 10. reçu une lettre, perdu père, prières souvenirs. — Caroline. | cherbourg. — monsieur Oscar Chagot, boulevard haussmann, 55. à cherbourg. toutes bonne santé, Marthe leçons, bonnes nouvelles d'orléans. — chagot. | Peignot, boulevard montrouge, femmes, enfants, bonne santé. embrassent tous. — Henri. | madame Rapatel, 32, cardinet. tous bien, courage, tendresses. — Albert. | Nathan, 25, grands-augustins. santé bonne, espérance bientôt, reçu lettre. enfants, famille, ma pensée, embrasse. — Nathan. | cherbourg, 26 novembre. Dufilho, 6, rue chaptal. lettres reçues, santés excellentes, éducation enfants continuant. Mémé, Rousse, pau. séparation insupportable. — Corinne. | Da, neuve-des-petits-champs, 62. écris à lisbonne, Henri à londres. bien portant. Vigier demande autorisation pour Henri venir à cherbourg. — Vigier. | monsieur Chardin, capitaine, 82e, 18e marche, paris. mère, tous, bien. écrire cherbourg. — Bodot. | Desglayeux, varenne, 24. Mathilde reçu votre lettre, tous bien portants, Léopold à lalande, Atalante désarmée, nouvelles récentes Marie, patience. — Defayolle. | Guériot, 40, verneuil. tous parfaitement, collége, Camille repartie, Louis crécy, château dieppe, Vendrest bien, cartes impossible. — Guériot. |

Boulogne-sur-mer. — Mati, 43, meslay. écris-nous, portons bien. — Mati. | Sourdis, 13, rue laffitte. Sommes tous très-bien à brighton, t'envoyons dépêches tous les jours. 25 novembre. — Sourdis. | Hervieu, 27, boulevard italiens. Hervieu, Potard, Déhu, Boutard, boulogne-mer, 27, neuve-chaussée. bonne santé, recevons lettres. — Hervieu. | Lévy, 6, rue montmartre. sommes boulogne, santé excellente. — Rosalie, Emilie. | huret, 24, avenue ch.-élysées, paris. famille santé parfaite Bel, travaille peu, Alfred aras, henri Richard guéri, mille baisers. — huret. | monsieur hoschedé, 35, rue poissonnière. tous bonne santé, sommes boulogne, recevons lettres. — hoschedé, rue pot-d'étain, 17. | monsieur herpin, 54, rue provence. tout va bien, donnez Deboudé notre caissier argent qu'il vous demandera. — Dreyfus frères. | Dreyfus, 21, boulevard haussmann. londres, 25 novembre. tout va bien, demandez argent nécessaire au directeur société générale. — Dreyfus. | Rousseau, rue neuve-capucines, 22. Baby admirablement, provisions, salon couloir serrurier, espoir. — Michaud. | Marquis, 11, rue gaillon. tous trois bien. Ambert, Berthe, Georges, Virginie, bien. projet arcachon, nice, monaco. aix bien. — Marquis. | Sergent, rue lamandé, 24, batignolles. allons bien à boulogne. Raoul quitté ambulance, mobilisé à marseille. non. reçois tes lettres. — charlotte. | Bar, 6, avenue matignon. bons souvenirs. — Otrante. | Tamisier, lavoisier, 22. bonne santé, écris boulogne. — hugues. | Payen, 9, rue cléry, paris. santés bonnes, recevons vos lettres, habitons bruxelles maison madame Voss, Victorine anvers. — Payen. | Ledat, 52, avenue montaigne. bien portants boulogne hôtel commerce, Georges aussi, retourné Weasenham, écrit souvent, reçu lettres, attend autres. — Keller. | Rondeaux, 62, rue hauteville. parents, nous, Fanny, Rose, Delabarre, toutes parfaitement, recevons lettres, traites, affections, baisers, Boucard demande lettres. — charlotte. | chabrier, avenue reine-hortense, 5. restés boulogne, bonne santé, cartes réponses difficiles. — Ernest. | Guiche, 5, rue neuve-des-petits-champs. si possible viens, Etaphes santé bonne. — Guiche. | Barre, boulevard haussmann, 32 bis. allons bien, reçu lettres. — Barre. | Marion, 14, cité bergère. reçu plis dix-neuf, parents et amis tous bien ici, affaires excellentes, salutations affectueuses. — George Bishop. |

Grenoble. — Devèze, colonel, noisy. reçu neuf lettres, vifs compliments, enfin justice, santés bonnes partout, hippolyte mobile, embrun aucun Prussien. — Père, Octavie. | Vuibert, boulevard italiens, 6. avons livré trois cents Lauvergnat, vu Howell, reçu commandes, ventes Amérique mille douzaines, bientôt partiront. — Jouvin. | Bally, rue glacière, 156. famille va bien, reçu lettres, henri revenu, entré génie. — Bally. | choisne, rue provence, 59. reçu presque toutes lettres. santé, affaires, vont bien. employé tous moyens correspondre avec vous. — gaillard. | Daru, st-dominique, 50. fils armée loire 15e corps, bien portant, a écrit hier. — Saintesuzanne. | Miroude, 51, grande-rue, passy. allons bien. — Marguerite. | Deselle, 5, avenue villars. 27 novembre. grenoble calme. nous, tante, allons bien. trente-six lettres reçues. | général Chabaud-Latour, 29, boulevard malesherbes. famille bien portante sans exception, thauvenay, grenoble, nîmes. — Giroud. | Loubet, 30, boulangers. tous bien portants. — Marie. |

Tours. — Dansre, lepelletier. oui pour tout. — Louise. |

châteauroux. — berger, 2, caumartin, paris. bonnes santés, merci, écris, patience. — Dupuytrem. | Schaeffner, 5, abbatucci, paris. allons bien, écrivez, voyez Pénicaud. — Dupuytrem. | Gardès, rue labat, 9. envoie argent. — Marie. |

Valençay. — Ingrin, boulevard beaumarchais, 87. vu charles, alice, allaient bien. tous bien portants à villentrois. Joseph cultive beaurepaire. — Emile |

Tunis. — Neisim Scemama, rue chaillot, 105. commission portée, votre lettre 6 courant remplie, flottant 23 3/8, coupons pas encore assurés, sera payé échéance, dans tous cas n'y aura que retard quelques semaines, changement titres retardé cause siége paris. — Salomon Attal. |

Revel. — de Terson, avenue st-ouen, 105, paris. tante morte, tous allons bien, pays calme, Gaston armée Loire bien, Laure enfants ici. — Isidore. |

Cette. — Coulon, mobiles hérault, 3e compagnie, 3e bataillon, pantin. tous bien portants, attendons lettre. — Coulon. |

Lombez. — Resseguier, grenelle-saint-germain, 86. all right. sommes sauveterre, Charles aussi, mère pau, Arthur avec Charette-Saintenac loire. — Henry. |

Condom. — Directeur providence, 12, grammont, paris. primo: onze soixante mille. secondo: dix. vingt-cinq mille. dont recours pour deux mille. — Carrière. | Directeur providence, 12, grammont, paris. tertio: un, neuf cents. quarto: vingt-deux mille cinq cents chez directeurs. quinto: satisfaisant. — Carrière. |

Perpignan. — monsieur Nabona, lieutenant de vaisseau, mont-valérien, paris. inquiète à ton sujet, tes lettres rares, bonne santé, ici, affections. — Mathilde. | monsieur Taranne, cassette, 33. mères, enfants, sœur, vont bien. — Taranne, perpignan. |

Alby. — Derrouch, rue enghien, 22. reçu votre lettre. toulouse, alby, allons bien. courage, écrivez. — Henri. |

Carcassonne. — Girbelle, place victoires, 10. payez absolument rien, ménagez ressources, emprunts inutiles, allons bien, écrivez. — Jules. | Saulnier, 2, rue monsieur-le-prince. troisième. carcassonne depuis six semaines, toutes bien portantes. bonne santé papa, Edmond, frères. Georges prisonnier. — Saulnier. |

Pau. — Perrin, sentier, 45. dis Arthur, Louis, Gustave, Thérèse, moi, pau. Lucie, londres. Blanche, calais. bonnes santés, lettres reçues partout. Revenaz. | monsieur Grillet, 17, boulevard des italiens. reçu lettres, avais préparé jambons conserves, écris madame Cartry Cabourg, engage venir à Pau. — Bussy. | Domange, boulevard voltaire, 74. santé bonne, envoyez argent. — Scellos. | Janzé, 18, matignon. donnez nouvelles Pau ballon. — Roubin. | Rondeaux, 28, rue la victoire. habitons pau, bien portants, bonnes nouvelles Céline, à votre volonté pour nos affaires, merci. — Salelles. | directeur crédit lyonnais. prévenir Mathon son beau-frère, Achille Morel, mort petite vérole. Gustave bien portant à soissons. — Salelles. | Aubert, rue auber, 3. écrivez-moi à pau hôtel france, prévenez Bojano que sa mère est à pau. — Lavoignat. | Odier, 4, paix. lettres reçues 28, tous bien, yaya superbe, Philippe leçons maman Joly. — Georges. | madame Sage, 9, chaptal. sommes à pau, avons reçu lettres, santé bonne. — Ferlat. | Michelat, 24, rue chaise. Ménaus, Henriette Michelat, Bichat, pau. Lescot, Roger, allemagne. Georges, tarascon. tous bien portants. — Ménaus. | madame Thayer, 19, rue st-dominique. sommes pau attendant fin, lettres arrivent, écrivez souvent, allons bien, écrit par messager. Béarn. | Saint-Joseph, 25, françois-premier. allons bien, Léopold dusseldorf très-bien, sanit inutile, oui bons, reçois vos lettres, tendresses. — Jeanne. | Olivier, gare nord domaines. prière envoyer renseignements enghien. pau. — Domenech. | Belloc, 78, rue courcelles. envoyé dépêche hier. moi, enfants, bien avec Domenech pau. donner argent leur cuisinière, 172, haussmann. — O. Célina. | Cossé, boulevard haussmann, 58. nous sommes tous en très-bonne santé. — Sanson. | Huet, 5, regard. bien portants à pau. écrivez. — Bourgoin. | Casalinas, avenue friedland, 15. Vivimos en pau. rue notre-dame, 9. Escribir aqui. — Cirat. | Castaing, rue beauregard, 8. allons bien, passez sentier, poulains bien, écrivez pau hôtel France. — Meslier. | Cottereau, boulevard sébastopol, 54. Ne mets plus lettres hôtel de ville, bonne santé, tous ici. — Marie Cottereau. | Daunay, 86, rue dassas. 30 novembre. santé parfaite. en sûreté à pau, répondre poste restante, recevons vos lettres. — Daunay. | Teyssier, 93, saint-lazare, paris. merci lettres, allons bien, jamais reçu nouvelles bureau depuis septembre, partons hyères 5 décembre, courage. — Delorme. |

DÉPÊCHES - MANDATS.

N. 441. — Le Mans, 89 — Poncet à Mochet, 180, rue st-Martin. — 10 fr. | n. 442. — Morlaix. 160. Bourgeois à Fernand Pinchon, garde mobile du finistère, 1er bataillon, 1re compagnie. — 300 fr. | n. 443. — Bordeaux, 106. — Celsin à me de Garay, rue Hte-Lebas. — 300 fr. | n. 444. — Paimpol, 107. — me le Troadec, à sylvestre le baron, sergent-fourrier du 171e de ligne de la garde nationale, 2e compagnie, 13, rue des martyrs. — 20 fr. | n. 445. — Rennes, 92. — Clément à me Millet, 9 rue du château d'eau. — 100 fr. | n. 446. — boulogne-s-mer. 247. — mlle Coulon à Benoit coulon, 1, rue beuvet-vaugirard. — 20 fr. | n. 447. — boulogne-sur-mer. 277. — me Gérard à me Lichigarey, 19, impasse moulinet, maison Blanche. — 20 fr. | n. 448. — boulogne-sur-mer, 285. — Dorlencourt à Dorlencourt, chez bardin et bourgeois, 4 rue de cléry. — 300 fr. | n. 449. — Rouen, 30. — martin à me martin, 19, rue bridaine-batignolles. — 200 f. | n. 450. — Charleville, 208. — Launoy à launoy, employé des postes aux Périodiques. — 100 fr. | Total: 1,370 fr. |

N. 451. — Montpellier, 58. me Loisel à mlle Bersillon chez me loisel, 82, boulevard batignolles — 25 fr. | n. 452. — Autun, 230. — me Demommerot à demommerot philippe, 77. avenue wagram. — 100 fr. | n. 453. — Béziers, 116. — Blanquier à émilien martin, 2, rue isoré-montmartre — 200 f. | n. 454. — limoges, 36. — Decool à Decool, 89, rue de rennes. — 100 fr. | n. 455. — Combourg, 139. — Horvais à horvais françois, garde mobile, 26e de ligne, 1re compagnie, 5e bataillon. — 12 fr. | n. 456. — Aubigny en artois. 139. — Delombre à me morel, propriétaire, 11 rue caumartin. — 300 fr. | n. 457. — limoges, 160. — me Plantau à plantau, 11, place de la bourse. — 100 fr. | n. 458. limoges, 197. — veuve dulac à dulac, représentant de fabrique, 110, faub. st-denis. — 200 fr. | n. 459. — limoges, 192. — Joly à charles joly, 10, rue ponthieu. — 100 fr. | n. 460. — montpelier. 51. — me de Christal à camille de christal, au 1er régiment garde mobile, 2e compagnie, 3e bataillon. — 50 fr. | Total: 1,187. |

N. 461. — montpellier, 50. — mlle Daniel à me daniel, 38, rue notre-dame-des-victoires. — 100 fr. | n. 462. — montpellier, 48. — Jouvan à constant, garde mobile au 45e régiment de marche, 7e compagnie, 3e bataillon — 100 fr. | n. 463. — montpellier, 256. — me Gouneaud à Arzieu Fulcrand. au 45e garde mobile, 2e bataillon, 5e compagnie. — 20 fr. | n. 464. — montpellier, 255. — Gouneaud à gouneaud camille. au 45e garde mobile, 2e bataillon, 5e compagnie. — 25 fr. | n. 465. — montpellier, 253. — Fulcrand à fulcrand louis, au 45e garde mobile. 2e bataillon, 5e compagnie. — 40 fr. | n. 466. — montpellier, 252. — Perette à perette gabriel, au 45e garde mobile, 2e bataillon, 5e compagnie. — 50 fr. | n. 467. — montpellier, 251. — Perette à perette edmond. au 45e garde mobile 2e bataillon, 5e compagnie. — 40 fr | n. 468. — montpellier, 250. — Henric à paul henric, au 45e garde mobile, 2e bataillon, 5e compagnie. — 25 fr. | n. 469. montpellier, 249. — Limoges à limoges, au 45e garde mobile, 2e bataillon, 5e compagnie. — 50 fr. | n. 470. — montpellier, 39. — Bertin à raoul bertin, chez me Lepelletier. banquier, 72, rue provence. — 100 fr. | Total: 550 fr. |

Le Comptable.

DÉPÊCHES-MANDATS.

N. 471. — Montpellier, 37. — me de Pina à emmanuel de pina, 7, rue de l'arcade. — 50 fr. | n. 472. — montélimar, 159. — me Marchefeld à jacquemin godard, 269, rue vaugirard. — 30 fr. | n. 473. — Arcachon, 192. — Mauriac à me Juliette Dupont, 12, rue neuve-saint-georges. — 100 fr. | n. 474. — Châtellerault, 91. — Gaudeau à Dousset, au 1er bataillon, 2e compagnie, 36 mobile. — 20 fr. | n. 475. — châtellerault, 90. — Godeau à Dubois, garde mobile, au 36e, 1er bataillon, 2e compagnie. — 20 fr. | n. 476. — châtellerault, 90. — Godeau à guérin, au 36e mobile, 1er bataillon, 2e compagnie. — 20 fr. | n. 477. — Bordeaux, 366. — Jourdan à lucile Bignon, 13, rue poulet-montmartre. — 50 fr. | n. 478. — Lyon-Terreaux, 54. — Guvrard à joannes giraud, 2e compagnie, 1re brigade pontonniers, garde mobile du rhône, bastion 52-54, porte-maillot. — 200 fr. | n. 479. — Lyon-terreaux, 61. — Thurel à thurel, mobile du rhône, 2e batterie d'artillerie 4e pièce, passy. — 20 fr. | n. 480. — Toulouse, 27. — de Montcabrié à de montcabrié, 3, rue montcabrié. — 200 fr. | Total : 710 fr. |

N. 481. — Constantine, 237. — Leroy à Marin, rue des francs-bourgeois au Marais. 50 fr | n. 482. — constantine, 218. — me charles à charles Veilley, garde mobile, 4e compagnie, 2e bataillon, boulvard clichy. — 50 fr. | n. 483. — constantine, 217. — Veilley à durand, 52, boulevard lachapelle. 50 f. | n. 484. — Nantes, 62. — me du Boisguelheuneuc à du Boisguelheuneuc, brigadier dans l'artillerie nantaise. — 100 fr. | n. 485. — saint-pagoire, 25. — Leignadier à leignadier marie, garde mobile au 43e de marche, 2e bataillon, 5e compagnie. — 25 f. | n. 486. — montauban, 64. — baduel à me dauvilliers claire, 7, rue de calais. — 100 fr. | n. 487. — aix-les-bains, 147. — marie à fraucard antoine, 19, rue vavin. — 300 fr. | n. 488. — bordeaux, 205. — montaudac à mlle alexandrine bizens, 20, rue navarin. — 300 fr. | n. 489. — Noyons, 276. — Brun à brun, employé des postes. — 50 fr. | n. 490. — Sury-le-contal, 22. — Jordan à camile jordan, rue gabriel, 18, montmartre. — 50 fr. | Total : 1,045 fr. |

N. 491. — Pélussin, 143. — mlle Gillet à gillet eugène, boulevard prince-eugène 221, cité guénot, 22. — 30 fr. | n. 492. — Le Caylor, 10. — Rouquette à rouquette. lieutenant garde mobile au 45e de ligne, 2e bataillon, 4e compagnie. — 100 fr. | n. 493. — Montpellier, 196. — Doladelle à dolladelle, sergent-major, 5e compagnie, 3e bataillon. 43e de marche. — 50 fr. | n. 494. — montpellier, 197. — Colombié à colombié, sergent, 7e compagnie, 3e bataillon, 45e de marche. — 50 fr. | n. 495. montpellier, 198. — Roucher à joseph roucher, garde mobile de l'hérault, 45e de marche, 3e bataillon. 4e compagnie. — 50 fr. | n. 496. — Limoges, 211. — Lebon à Dulac, 110, faubourg saint-denis. — 300 fr. | n. 497. — Lyon guillotière, 1 Clerc à clerc, boulevard sébastopol 61. — 50 fr. | n. 498. — Limoges, 210, de Cressac à m. ou madame de cressac, rue laborde, 4. — 200 fr. | n. 499. — Perpignan, 29, courty à courty paul, 26, rue des écoles. — 100 fr. | n. 500. — Villefranche de Rouergue, 91, viguier à viguier charles, instituteur massin, rue des minimes, 12. — 50 fr. | total : 1,000 fr.

n. 501. — Abbeville, 141, Jonquelle à jonquelle, garde mobile, 1er bataillon de la Somme, 5e compagnie. — 50 fr. | n. 502. — Plancouet, 295, mademoiselle de courville à de courville, sous-lieutenant au 20e régiment de mobile, 7e compagr., côtes du nord. — 100 fr. | n. 503. — Lyon-Terreaux, 51, moyne à mademoiselle Boissonneux, 29 bis, rue monge. — 300 fr. | n. 504. — Lyon-Terreaux, 41, tollen à Henry Robert jean, garde mobile, artillerie, rhône, bastion 59, passy. — 60 fr. | n. 505. — Saint-étienne, 12. — me Louison à louison, au 38e de marche. 3e bataillon, 1e compagnie, fort de nogent. — 10 fr. | n. 506. — Bordeaux, 22. — baudet à me baudet, 202, faubourg saint-denis. — 100 fr. | n. 507. — Combourg, 136. Gouillaud à Costard, garde mobile, 5e compagnie, 5e bataillon, 26 régiment. — 15 fr. | n. 508. Regny, 276. — me martet à mlle marguerite leudoff, 169, rue du temple. — 200 fr. | n. 509. — Tain, 127, François à paul françois, sergent au 2e bataillon, 6e compagnie, des mobiles Drôme. — 50 fr. | n. 510. — Le Puy-en-velay, 200. — Vergezac à me céline lassalle 158, rue de rivoli. — 200 fr. | Total 1,085. |

N. 511. — Alais, 28. — Bechard à bechard marell, à la suite du 9e régiment de marche, 4e bataillon du 54e, à la redoute de la Bruyère. — 10 fr. | n. 512. Lyon-terreaux, 74. — Lambert à hyppolite dubuisson, 2e batterie d'artillerie mobiles, Passy. — 200 fr. | n. 513. — lyon-terreaux, 94. — mlle Dune à Louis antoine, 29e de ligne caserne de la nouvelle France. — 40 fr. | n. 514. — Largentière, 260. — Sorin à sorin louis, 15, rue Royer-Collard. — 300 fr. | n. 515. — angoulême, 151. — Daumont à me daumont, 19, quai malaquais. — 45 fr. | n. 516. — Romans, 236. — veuve Brignat à Meunier dit Valette, garde mobile, 2e bataillon, 1re compagnie, drôme. — 20 fr. | n. 517. — Romans, 238. — Clairfond à clairfond, garde mobile, 2e bataillon, 1re compagnie, drôme. — 20 fr. | n. 518. — Romans, 237. — Lacroix à ste-marie frédéric, garde mobile, 2e bataillon, 1re compagnie, drôme, — 20 fr. | n. 519. — Nantes, 93. — Hertin à Piguel, 39, rue saint-georges. — 50 f. | n. 520 — Nantes, 81. — Bricaud à bricaud toussaint, 98e formant régiment de marche, 1re compagnie, 3e bataillon. — 30 fr. | Total : 735 fr. |

N. 521. — Nantes, 72. — Boucher à me boucher, 4 faubourg-poissonnière. — 200 fr. | n. 522. — nantes, 82. Greslier à Lardet, mobile, 28e ligne, 1er bataillon 7e compagnie. — 30 fr. | n. 523. — nantes, 35. — Berthault à berthault julien, 28e régiment de marche, 7e compagnie, 2e bataillon, zouave, saint-denis. — 100 fr. | n. 524. — nantes, 31. — Simon à mlle aimé sertey, chez me bertaud, photographe, 47. rue rodier. — 200 fr. | n. 525. — nantes, 25. — Guesdon à mlle M. Lemoine, 7 rue d'Argenteuil. — 100 fr. | n. 526. — nantes, 97. — Maisonneuve à me Désigné de Trêves, née de Brue, chez me delâtre, 61, rue montmartre. — 300 fr. | N. 527. — Nantes, 96. — Maisonneuve à madame Designé de trêves, née de Brue, chez monsieur Delatre, rue montmartre, 61. — 300 fr. | n. 528. — Nantes, 94. — bernard à jean-marie bernard, 28e régiment garde mobile, 1er bataillon, 7e compagnie. — 20 fr. | n. 529. — nantes, 93. — bodin à bodin joseph, 2e batterie d'artillerie, loire-inférieure. — 20 fr. | n. 530. — nantes, 83. — me marin à jacques gregoire, 24e de marche, 4e bat., 2e c., camp de boulogne. — 15 fr. — total : 1,285 fr. |

n. 531. — nantes, 81. — ve brard à brard pierre, 29e régiment garde mobile, 1er bataillon, 7e compagnie. — 50 fr. | n. 532. — nantes, 80. — gourby à gourby jean, 28e régiment garde mobile, 1er bataillon, 7e comp. — 50 fr. | n. 533. — nantes, 78. — chainaud à chainaud jean-marie, 28e ligne, 1er bataillon, 7e compagnie. — 20 fr. | n. 534. — lyon-terreaux, 90. — satin à mademoiselle galin, 68, rue ménilmontant. — 100 fr. | n. 535. — Bédarieux, 59. — bourrel à henry bourrel, au 119e de ligne, 3e bataillon, 4e compagnie. — 30 fr. | n. 536. — bédarieux, 55. — cros à benjamin cros, mobile de l'hérault, 45e régiment, 2e bat., 5e comp. — 100 fr. | n. 537. — lucenay-les-aix, 62. — me turbat à me guesne, 131, rue du bac. — 50 fr. | n. 538. — scavignac-les-églises, 72. — me froidefond à mlle froidefond, employée à la ville de londres, 16 et 18, rue du faubourg montmartre. — 50 fr. | n. 539. — riaillé, 30. — dupuis à dupuis auguste-jacques, à la 2e section d'ouvriers manutention, 34, quai de billy. — 40 fr. | n. 540. — nimes, 28. — madame josselin à mlle augé pour mlle laurence, 267, faubourg saint martin. — 200 fr. | total : 690 fr.

n. 541. — nimes, 46 — bayle et compagnie à félix maigre, 76, rue miromenil. — 300 fr. | n. 542. — lyon, 78. — franchelly à me franchelly, 3, rue des rosiers montmartre. — 300 fr. | n. 543. — saint sébastien, 57. — m. Sheppers à scheppers frédéric 8e bat., 2e cie., garde nationale 66, rue de vouille, — 50 fr. | n. 544. — fontenay-le-comte, 81. — Chabot à chabot de péchebrun, lieutenant à la 8e compagnie, 1er bataillon mobile de la vendée. — 300 fr. | n. 545. — Lyon-les-brotteaux, 271. — Cherblanc à georges Haine 91, rue blanche — 100 fr. | n. 546 — moulins-sur-allier 145 — me Chaumy à me Raguet chez le docteur ulmamis, 20, rue du luxembourg. — 120 fr. | n. 547. — Hâvre 276. — Boxhern à me Canard, 20, rue fontaine-george. — 200 fr. | n. 548. — Hâvre 272. — Viandier à Recoursé gustave, 111, boulevard du prince eugène. — 300 fr. | n. 549. — Caen, 64. — me Valette à Videaud de Pommerai, 42, rue dunkerque. — 90 fr. | n. 550. — lorient, 336. — Turquan à turquan au 2e infanterie de marine, 2e bataillon de marche, fort de bicêtre. — 40 fr, | total : 1800 fr.

Le Comptable,

Bordeaux. — 2 décembre 1870.

Toulouse. — Dieulafoy, 16, caumartin. maman bien, marcel parti avec jeanne mission guerre. — Davin. | Mesnel, 128, rue du bac. écrivez nouvelles, boulevard napoléon, 79, toulouse. — Henri. | Fournier, 20, blancs-manteaux. envoie nouvelles maman garnier et famille, 79, boulevard napoléon, toulouse. — Veuve Labbé. | Jougla, 10, latran. confiance, délivrance, amitiés, noulet, dire capgrand. cité trévise écrire, larembergue demande nouvelles, sers, 32, hautefeuille. — Jougla. | Lasvignes, génie, fort aubervillers. allons tous bien, toulouse très-calme, unis mêmes pensée, espoir, confiance, crains rien pour nous. — Marie. | Mourgues, 7. cité d'antin. sommes toulouse, bonne santé, alexandre malade blois, londres bonne santé. — Sophie. | Durègne, 100, truffaut, batignoles. tous bien portants, recevons lettres. — Durègne. | Pillet, 10, grange-batelière. ami, femme, enfants vont très-bien, frère avec eux, albert providentiellement protégé, prisonnier westphalie, ici tranquillité. — Dubois. | M. Loir, 7, guénégaud. pays tranquille, santé bonne, mais grande tristesse, inquiétude sur mon père, continuez écrire souvent. — Loir. | Dangely, 17, enfer. santé excellente, lettres reçues, écrire séminaire toulouse, tranquille avec directeur sire. — Dangely. | Morat, capitaine artillerie, saint-denis. santés parfaites, toulouse toujours tranquille. — Lucy. | Masclet, 9, rue hasard. t'écris régulièrement, écris-moi par ballon. — Chaubard | Verrier, sous-lieutenant artillerie marine, fort double-couronne. tous bien, envoie nouvelles, numérote quatre questions. — Verrier. | Quatrefages, professeur jardin-des-plantes. mère, armand et tous bien portants ici, ville toujours tranquille, faisons possible pour te donner nouvelles. — Peyre. | madame Besnard, 15, rue linné. léon va bien, reçoit tes lettres et les désire beaucoup. — Besnard. | M. Charles, 80, rue assas. enfants granville bonne santé, offert argent, hospitalité, comptez sur moi. — Delavigne. |

Montagnac. — Molènes, 200, rue antoine, allons bien, lettres reçues. — Jeanne. |

Périgueux. — madame Contzen, 17, rue helder. écrivez périgueux, rue pourradier. — Guyon. | Bouclier, 11, boulevard strasbourg. bonne santé. — Bouclier-Carré. |

Libourne. — Chalendar, 14, rue mayet. fils edmond prisonnier, bonn bien portant. — Eugène chaperon. |

Mézières. — Herbulot, 17, not.-dame-de-lorette. Clara malade vingt jours, morte à bouillon 6 octobre, famille va bien, revenir aussitôt possible. Gustave Herbulot. | Mottin, employé télégraphe. enfants jacquet chez nous, allons tous bien. — Mottin. |

Montmorillon. — Ducloux, 9, boissy-d'anglas, paris. peux, 29 novembre. santé générale excellente, pays tranquille, jenny bien, pau tous bien. — Victorine. |

Saint-Satur. — Raimbault, 21, rue des saints-pères. satur, 28, novembre portons tous bien. — Bacot. |

Landerneau. — Dumas, 58, rue singer, paris-poissy. santés bonnes, lucile aussi, appris décoration, tendresses. — Claudie. |

Agen. — M. de Lafitte, 28, rue université. maman et moi, santé excellente. — G. de Lafitte |

Espalion. — Marcilhacy-Estieu, 11, conservatoire, paris. lucile maurice ici, tous excellente santé, manquons rien, écrivez, beaucoup détails vrais. — Marcilhacy-Estieu. |

La Cavalerie. — Terrieu, 112e ligne, paris. lettres reçues, mère ici, allons bien, ramond blessé, colonel albin prisonnier, réponse immédiate. — Evelina. |

Villefranche. — Darcel, 24, avenue gabriel, paris. amis et famille, allons tous bien, parlez-nous de papa, désirons avoir détails. — Marguerite.

Saint-Geniez — Gayrard, 222, faubourg saint-honoré, paris. toutes santés parfaites, raymond, deux professeurs, hôtes charmants. — Gayrard. |

Bagnères-de-Luchon. — Spont, 7, pavée, marais. tous bonne santé. — Maria. |

Blois. — Lestelle, capitaine génie, fort bicêtre. Blois, charles metz, valentine dieppe, allons tous bien. — Marie. | Landrin, lancry, 56. jeanne et moi portons bien, n'avons besoin de rien, recevons lettres. — A Landrin. | Emonin, rue bourtibourg, 12. bracieux, portons tous bien, lettres reçues. — femme Emonin. | Chardon, rue champ-de-mars, 12. nous portons bien. — Leclerc. |

Boussac. — Bourgoin, faubourg saint-martin, 151, paris. nouvelles immédiates de père à gendre. — Moulin. |

Aubusson. — Assolant, condorcet, 47. enfants, moi, famille chabassière bien portants, barbier chez groleron, camille est sous-préfet, recevons lettres, article reproduit. — Emma. | Champagnac, 14, mogador. tous bien portants, reçu lettre 19, venaucourt sous-préfet aubusson. — Thoumelier. |

Guéret. — Fontaine, rue chevalleret, 4. prière donner nouvelles chezeaud, femme inquiète, enfants bonne santé, réponse. — femme Chezeaud. |

Arcachon. — Poirrier, 23, rue hauteville. recevons lettres, santés bonnes, reçu lettre suisse, ton père va bien, arcachon. — Marie. | Bonnet, 102, faubourg poissonnière. enfants bien, travaillent, recevons lettres, apparence trompeuses, courage, profonde affection, édouard inspecteur guerre, tours. — Léontine. | Anatole Dubois, employé télégraphique ministère intérieure. vas-tu bien, réponds. — Dubois, arcachon. | Mallet, 8, rue berlin. bonnes nouvelles eugène, tous bien. — Bevan. | Oscar Mendes, 15, rue monsigny, paris. sommes arcachon bien portants, envois-moi 5,000 francs mandat poste, enfants travaillent. — Achille. | Valentin, 78, miromesnil. malades toutes deux partons pour nice, reçois lettres, écris souvent, reçu argent, pense à moi. — Manvoy. | Georges Manceau, 6, rue saint-arnauld. pars pour nice, malade, impossible rester arcachon, embrasse famille. bien triste. écrire poste restante. — Risser. |

Montluçon. — Bazin, lieutenant, 1er chasseurs, vincennes. reçu lettres, notre santé parfaite, écris toujours, eugénie, enfants t'embrassent, courage, au revoir. — Victor. |

Hendaye. — Bienipo[illegible]ada, 4, rue hauteville. reçue lettre 16. sommes bien, désirons vous voir, associés, oncle, donnerons nouvelles sentenat si recevons. — Cándida. |

Orléans. — De Lapresle, télégraphe, saint-sulpice. nous bien orléans, émile typhoïde, adalbert foix (somme). — de Lapresle. | Claudon, place royale, 4. théodore et louis à royan, propriété intacte, poncin, ménard et nous allons bien, paul ici. — Boehm. | Jutteau, boulevard magenta, 87, paris. donnez nouvelles par ballon. — Rivière. | Mlle Coimille, 19, richelieu. bien portants à beaugency. — Seybert. | Pagnod, quai de la rapée, 6. blessé jambe gauche, hôpital patay (loiret). — Watrin, sous-lieutenant. | Thévin, rue st-denis, 96. bien ici, confiance. — Thauvin. | Cumming, cardinal-fesch, 25, paris. écrivez ballons, sans nouvelles depuis investissement. — Rivierre. | madame Delapierre, 65, rue du chemin de fer, paris mont-rouge. je suis à orléans, vais bien, écris poste restante. — Delapierre |

Saint-Yrieix. — Roy, 26, bayard. reçu ta lettre 17. j'habite saint-Yrieix, sommes tous bonne santé. — Roy. |

Agen. — Bocquet, rue abatucci, 11. bonne santé, inquiets dupré. — Pastel. |

Dax. — Henri. Dumont, négociant, 6, rue vivienne. renseignements sur Poymiro, 14e régiment marche, 53e ligne, 4e bataillon, 4e compagnie. compliments. — Coustalot. |

Bourges. — madame Hardy, 69, grenelle-saint-germain, quatrième. santés parfaites. — Camusat. | Destureaux, 171, lafayette, paris. berry santés parfaites, berthe complètement remise. orléans, marseille, caen bonnes nouvelles, benjamin, raoul bien portants. — Destureaux. |

Bayonne. — Sebert, 45, saint-andré-des-arts. 3e dépêche, marguerite pas enceinte, toutes très-bonne santé, installées biarritz châlet artéon, recevons vos lettres. — Sebert. | Jousselin, faubourg poissonnière, 35. lucy, jousselin bayonne, tous bien. — Jousselin. |

Blaye. — Bérard, capitaine, 113e ligne, paris. santé bonne, suis gonthier. — Elise. |

Périgueux. — Bruslon, 67, meslay. non, oui, 3e, 6e, 88e marche, bien. — Bruslon. |

Millau. — Veuve Buscarlet et Malo, turbigo, 19. reçues vos lettres qui nous font plaisir, allons tous bien, réponse si reçu. |

Gua. — Souguières, 33, linné. famille va bien, larode aussi, achille ici revoqué, félix, georges bien, prisonniers cologne. — Miquel. |

Villefranche. — Souhart, rue Charles V, 10. santés parfaites recevons lettres. — Souhart. |

Rodez. — Madame Leblanc, 44, rue de provence, paris. nous allons bien. — Lefèvre. | Jules Guébin, 23, rue desborde-valmore, paris-passy. georgette intelligente, parfaite santé, moi bien remise, vaillante, choyée, 29 novembre. — Marguerite. |

Châteauroux. — Migné, rue monge, 37, paris. je me porte bien. — veuve Migné. | Delorme, rue seine, 6. si absent au concierge. inquiets, sans nouvelles, écrivez. — Amédée Berton, châteauroux. |

Saint-Jean-Pied-de-port. — Harispe, boulevard malesherbes, 68. adrien, grossesse splendides, famille entière parfaitement, tous calmes lacarre, achille mobilisé, suis courageuse, confiante, reçois lettres. — Berthe. |

Tarbes. — Pauilhac, hauteville, 20. tous bien. — Edmée. | Pouydebat, 4, rue richer. champagne, belgique, famille, moi bien portants, reçois lettres, écrivez plus détails. — Louise. | Giraud, rue vieilles-haudriettes, 5 bis. écrivez souvent, courage. — Marie. | Poussielgue, 21, rue vaugirard. bien portants, laurent prisonnier, instruire alexandre, fouquières, franco, écris toujours détails sur toi, bon courage. — Marie. |

15 Pour copie conforme :

L'inspecteur,

Bordeaux. — 2 décembre 1870.

Vendôme. — Watin. 7, avenue d'antin. dabrin, thérèse ici. allons bien, bonnes nouvelles, raoul, félix, alexis paul, aucune guyot. — Normand. |

Tours. — Maurel, rue férou, 8. sans nouvelles, envoie dépêche par ballon à maurel, intendant du camp à toulouse. — Maurel. | Gondoire, 66, rue Vaugirard. bien tous, marguerite suisse, triste, gustave lille. — Céline. | Lan, 12, aubert. mandout mieux réussi. espérais, tous services assurés, bourgogne excepté. — Didier. | Legrand, 60, provence. c'est 6 à 4, 25, estime 48 ou 45, pour double. — Edmond. | Boyer, 15, bonaparte. pas tourmenter, vivons avec maurice, manquons rien, pas reçu carte. embrassons tous, envoie nouvelles paul. — Boyer. | Niot, rue d'anjou-st-honoré, 63. écris par ballon, boulevard heurteloup, 22. tours. — Thérèse. | Boissay, 31, rue labruyère. lettres reçues, demandez 100 francs toupriant chez joseph, alfred ici, raoul officier, soigner appartement. — Marie. | Tétot rue rennes, 76. hua, louise, marguerite vont bien, courage, limoges, 26 novembre. — Marguerite. | Delazaire, gentilly, 11. tous bonne santé, écrivez-nous. — Moisy. | Bertrand, boulevard st-denis, 3. paris. aujourd'hui dépêches et cartes à tous, parle d'émile tetart, bonnes santés. — Caroline. | Balleyguier, rue vanneau, 54. ma chère éliza décédée, odalie et enfants bien. — Brun. | Tissot, 8. rue milan. donnez par ballon nouvelles maman. — Monillon. | Christofle, rue bondy. sommes bruxelles, vellerville, laa, neveux bien, hugues paul, bien coblentz, reçu lettres argent, savons dépêche arrivée. — Deribes. | Daguin, rue geoffroy-marie, 5. louise bonne santé à couche, duperche, oncle alphonse, marcel rhumatisme guéri, retourné bataillon. — Cury. | Duchâlet, 69, varenne. toutes personnes mentionnées dans vos lettres bien, notamment petits enfants, montalivet nice, bonnes nouvelles lagrange. — Modave. | Duchâtel, 69, varenne. enfants libi. berck, picot, reverdeaux, Vatelle, montigny, bien, masson malade, famille bien, deux fils prisonniers. — Fauchiot. | Vallevand, 40, jeûneurs. tous bien portants, pas vu ennemi, travaillons activement pour roubaix, londres, amérique, bonjour de boutet. — Wallerand. | Jousset-Clet, rue furstenberg, dépêches reçues, norberg à strasbourg, enverrai principaux registres, receveurs, percepteurs, famille bernard-meunier. laforest parfaitement. — Monniot. | Reclus, 94, rue feuillantines. ste-foy, fillettes rougeole, bien. — Fanny. | Broca, 1, saints-pères. tous broca en bonne santé, à ste-foy depuis, 23 septembre. — Follin. | Mme Salvandy, 30, rue cassette. louise. tous parfaite santé, 27 novembre. — Octavie. | Villeneuve, 41, université, paris. raymond ici, excellentes nouvelles, nathalie dijon. — Beaumont. | Delapalme, 18, castiglione. allons bien, 24 novembre, brompton road 241 delapalme, enfants sapia bien. — Aujames. | montreuil, 2, trézel. henri prisonnier erfurt. — Guilland. | Allendorff, 28, richelieu. famille karpelès depuis dimanche hambourg, nous bruxelles, santé excellente, écrivez journellement. — Allendorff. | Mme Mannheim, école polytechnique. sois tranquille, mère bien, frère mieux, espoir de guérison. — Parent. | Daveluy, rue hauteville, 53. amiens, boves bien portants : xavier, nouvelles rares, femme aux sables, 24 novembre. — Daveluy. | Ceppi, 19, rue marignan. merci pour vos lettres, envoyez vos nouvelles, celles de cerruti et de la maison. — Nigra. | Aron, 21, tour-d'auvergne. écris-moi à tours. — Aron. | Grieger, 33 joubert. donnez-moi de vos nouvelles et de louise. — Casimir. | Mallet, anjou, 37. anna schadan, tous bien. — Mallet. | Bixio, 26, jacob. allons tous bien, veillons sur émile prisonnier. embrasse minon et famille, sarah, enfants bien. — Adèle. | Henri, 35, faubourg honoré. Pau, bayonne, bordeaux, arcachon tres-bien. donnez-moi nouvelles grieger, suis absolument étranger emprunt. — Casimir. | Guilhiermoz, 44, notre-dame-des-victoires. tous parfaitement à Pau, berthe très-bien, superbe famille bedoille parfaitement, envoyez lettre crédit arevédo pau. — Thérèse. | Charpantier, rue maubeuge, 8. dis à launay écrire chaque jour par ballon ou écris touche loyers. — Cartier. | Vacossin, 362, st-honoré, georges prisonnier allemagne, bien portant, henri bien angleterre. donne nouvelle rivoli. — Cartier. | Foy, miromesnil, 31. sommes désespérées, tous cherigny. jeanne fernand bien. — Trubert. | Guilbert, 53, crozatier, bonne santé, écrire tours. — Guilbert. | Rousselet, rivoli, 142. santé, écrire tours. — Papillon. | Arthur benda, 21, rue maignan, reçu lettre me benda, toute famille va bien, anna, enfants à furth, embrassent tous. — Brottier. | Vanderoliet, 47, rue clichy-passy. heureuse, santé parfaite, reçois lettres, chez grenier, grand, compagnes bien, ayez aucune inquiétude. — Vanderoliet. | Levot, 97, st-lazare. schayé, schloss, cornely bien. emma retourne elbeuf demain, baisers grand'mères et enfants. — Gouin. | Martini, 62, provence. martini et la maison vont bien, lecouteux sait où sont clefs, huile, bois, vin en cave. — Eugène. | Pinard, 14, bergère. reçu lettres, plusieurs tombées lignes prussiennes, nos santés très-bonnes, pensons à vous, courage, mille tendresses. — Pinard. | Rothschild, laffitte. chargements coton, plomb, sucre arrivés. — Troteux. | Hollander, 8, provence. 23 novembre, tous parfaite santé, reçu lettres, ai écrit 7 fois par pigeons. — Victorine. | Henrotte, cauchat, 10. nous sommes tous réunis à liége en très-bonne santé, reçu vos lettres, nous vous embrassons. — Hubert. | Fould, 24, saint-marc. installée boulogne, excellente santé, mathilde, enfants parfaite santé, suivant conseil, paul partie menton avec parents. — Palmyre. | Dugied, 101, saint-lazare. auguste fourrier montauban, arnaud pau, santés bonnes, reçois toutes lettres, bornier pas nouvelles. — Boucher. | Dugied, 101, st-lazare. si guenneteau besoin argent donne 100 francs. — Boucher. | Angot, 21, gay-lussac. curry, zeller, reçus mandats, familles angot, aderer vont bien, alfred, zeller, professeurs. — Blanchard. | maulme, 49, rue condorcet, reçu lettre, amitiés de tours. — Blanchard. | Jauffret, 58, larochefoucauld. tout va bien, ai fait millions affaires. — Vandenbrouck. | Sublet, 21, rue bourtibourg. nous t'attendons à tours. — Sublet. | Breton, librairie hachette. trois enfants très-bien, guillaume content, mina retournée allemagne, me georgés accouchée, mère, fils bien. — Chauvin. | Donon, 2, place opéra. excellentes nouvelles de madame et famille, sabatier nice très-bien, saulnier bien. — Chauvin. | Morlaincourt, 12, rue havre. toutes très-bien, theix également. — Gabrielle. | Mme Fayolle, 69, avenue joséphine. inpulet, une seule lettre depuis investissement, bon espoir. — Cordhomme. | Sauvage, rue vivienne, 16. lettres reçues, tous bien portants. — Geoffroy. | Faucheur, rue aumaire, 4, paris-charonne. pour ta fête nous sommes en bonne santé, toujours à tours, courage. — Thellie. | Chocardelle, 9, chaptal. joséphine bien, henri volontaire à lille. — Tourneaux. | Vatry, place st-georges. daizie de même, madère, tous réunis villandry. pour martin, oui, oui, non, oui, soyer ici. — Hainguerlot. | Duchesne, rivoli, 232. eugène arrivé dernièrement, habitons tours, mais adressez toujours lettres ancenis, donnez-nouvelles escribe mère. — Constance-isabelle. | Perret, 63, rue abatucci. nous sommes toujours très-tranquillement sistière, santé de tous excellente. enfants superbes, recevons vos nouvelles. — Aucher. | Mme Albert pour rozey, 33, rue grenelle-st-germain. reçu 26, lettre 8, écris plus souvent, santés bonnes. — Nixon. | Belot, 6, taranne. oncle parfaitement, nous aussi, écrivez. — Louise. | Comtesse Dubois, 46, luxembourg. vont bien, brèche, moynes, jules, vacossins, verniers, maury. — Blanche. | M. Lafisse. rue rome, paris. nantes, chez émile, allons tous bien, raymond à hambourg. mr Halgan à mons. — Constance. | Weber, 51, cardinal fesch. recevons lettres, allons tous parfaitement, maman comprise, famille moussette. goldsmith bien, mais sans lettres, écrivez-lui. — Nancy. | Moitessier, 10, grange-batelière. ce sera pour 15 février, santés excellentes, reçois vos lettres, si quitte tours irai bordeaux. — Marie. | Feuillet, 73, neuve-mathurins. babon bonne santé, bonnes nouvelles paul, nous bien, confiance, embrassons. — Lucy. | de Hercé, directeur assurances générales. plusieurs agents appelés, faut-il faire organisation provisoire, payer rentes, encaisser primes, tours. — Bouénard. | Gouvenot, st-honoré, 165. à avallon et ici tous bien. — Bernier. | Forterre, 14, passage jouffroi. donne des nouvelles et d'édouard, rue férou, adressées maurel intendant du camp toulouse. — Maurel. | Daru, 50, st-dominique. 24 novembre, bruno, dursus, pierre, vont bien, nous bien à chiffrevast. — Daru. | Roth, strasbourg, 26, rue sentier, paris. lettres reçues, vos parents vont bien, pas en incendie, parents boden, miens heureux. — Sohr. | M, Fresson, 54, rue st-lazare. reçu tes lettres, allons tous bien, ton frère. — Fresson. | Chéron, 37, argout. toutes bonne santé, à boisney, reçoivent vos lettres. — Michel. | Caillot, faubourg st-martin, 167, paris. anaïs, tous bien partout, usine marche, hubert-mongin sauf villefranche, edmond fille. garçons externes. — Caillot. Gontier, 41, richelieu. gontier fils, bonne santé. va rejoindre père bien portant coblentz. — Giloux. | Mme Roger, rue du four, 32. santé bonne, inquiétude mortelle. — Taillandier. | Hochedel, rue lecourbe, 110. bonjour, porte bien, embrasse tout le monde, retour bruxelles. — Hochedel. | Mme achille, rue st-antoine, 51. reçu seulement lettre delpeux, grand plaisir, suis maintenant tours bien portant, écrit de suite. — Chalmel. | Fuld, cléry, 5. reçu dépêche bruxelles, tout bien, albert aussi, pension payée, lorch francfort, compliments carmouche. — Isidore. | M. Labouillerie, 105, rue lille. tous vont bien, rechue. — Adèle. | Baron Soubeyran, place vendôme. faites savoir à eugène que malgré sa lettre du 18, jules veut le voir. — Amparo. | Farcinet, ministère intérieur. me farcinet va bien, toujours à bursledon, prenez de nos provisions, donnerez nouvelles, maison et chien. — Doyer. | Ledieu, rue tournon, 8. votre femme, nouvelle promenade, 3, à bruges, santés excellentes. — Duplesy. | Perreau, 132, rivoli. moi, marie, supplisson, grandjean, émélie, enfants allons parfaitement, reste argent, émélie reçu argent par berthe, granville. — Perreau. | Nigéville, rue poulet, 8, paris-montmartre. capitaine au ministère guerre, tours, décoré 14, communiquez avenue villars, 9. — Simon. | Worms, 16, rue halevy. mathilde, constance, emma avec tous les enfants, salomon, tous bien. — Alphonse. | Monthiers, 134, faubourg st-honoré. santés excellentes à tous, recevons régulièrement tes lettres, manquons de rien, envoie moi ton portrait. — Lucile. | Lachesnais, 59, grenelle. mère, femme sœhnée supplient pas risquer ballon, souvent pris. — Sœhnée. | Depoix, 19, rue lisbonne, paris. nous et enfants bien portants, eugène étranger. — Ludovic. | Lhéman, cours la reine, 32. écrivez à tours par ballon chez delaferté, veillez rue amsterdam. — Debez. | Puységur, 30, rue lille antoinette et enfants bien portants, maurice, erhard, labaume à dusseldorf bien portants. — Armand. | Stern, 58, cardinal fesch. confirme dépêche 14 novembre, priant payer 1,000 francs pavesi, 29, rue turin, — Balduino. | Marinoni, rue vaugirard, paris. préparez machine réaction, francs 9,000 pour expédier rome sans délai, répondez. — Obliegbt. | Gauvain, 59, rue hauteville, paris. sommes tous bien portants, acclimatés belgique, manquons de rien, lettres reçues. — Gauvain. | Pauline Froge. écuries-d'artois, 40. Donnez nouvelles par même voie, zassetzky hôtel victoria florence. | morsaline, cour petites-écuries. recevons lettres, celles buénos-ayres, bonne santé, tranquilles. — morsaline. | Besnier, rue rivoli, 104. donne nouvelles de toi et des tiens par ballons, ambulance saint-étienne, tours. — Lecacheur. | Fuld, 5, cléry. dites hauser que kaster, gans vont parfaitement. — Isidore. | Cahen, faubourg st-martin, 179. tous rue abatoir, caen, santé excellente, papa sans nouvelles alfred, pourquoi? reçois toutes tes lettres. — Hortense. | Delatremblais, boulevard haussmann, 62. bien portante, sans nouvelles depuis le 5, adresse lettre à poitiers, amitiés de tours. — Clémentine. | Sublet, 21, rue bourtibourg. déchire lettre, pense 1er décembre, embrassons. — Sublet. | Cusco, 8, rossini. envoyez-moi vos nouvelles à Reading (angleterre). — Julia. | Solacroup, 8, rue londres. bonnes nouvelles libos, exploitons jusqu'à vendôme, mans, orléans, tous bonne santé. — Lemercier. |

Rotschild, 19, laffitte. alphonse bien londres, nathaniel bien, san remo. — Crémieu. | Fould, 24, st-marc. famille bien portante boulogne, mathilde a troisième fille, va bien, menton, levis, sylvain bien boulogne. — Crémieu. | Morize, 46, moscou. familles morize, sagendo, alaine, dupré, barbe, sarbouille portent bien, chaumes tranquilles, recevons vos lettres, écrivez. — Morize. | Gourcy, capitaine mobile, 51e marche. bûsme, anna, thérèse, luz, tous bien. — Léonce, 30 novembre. | Bessie, 99, boulevard sébastopol. lina accouchée fils, bien portants tous, communiquez famille. — Marchand. | Mans, 3, passage saulnier. besoin savoir solde comptes courants, clients montant nos échéances paris. — Trapman, londres. | Seillère, paris. lettre roquai reçue, son épouse excellente santé à deauville, pierrepont marche, nous alimentons tout. — Lemme. | Oppenhein, 17, rue de londres. remettez madame pratt, 6, rue isly deux cents fr. — Herrmann Oppenhein. | Weill, 4, hauteville. je corresponds avec zoé, bien portants, écrivez, recevons vos lettres. — Betzy Marchand. | Gaume, 1, rue rigny, paris. santé bonne, reçois lettres ballons, embrasse tous. — Ferreira. | Ferdinand Gauthier, 23, lavoisier. tristes, bien portants bruxelles, hôtel poste berck, lettres reçues, continuez écrire. — Tourneur. | Leconte, 21, rue bruxelles. santé bonne, reçois lettres ballon, amitiés tous. — Ferreira. | Vinot, 7, quai malaquais. sommes bruxelles. hôtel grand-miroir, bien portants, vous embrassons, attendons lettres. — Eugène. | Pillet, Will, paris. garderons argent, conviendrons intérêts associés bien, de warru accouchée fils, convalescente, finances européennes satisfaisantes. — Lemme. | Frémond, avenue victoire, 9. nous, marcillère, savons dépêche reçue, santés bonnes, olivier, jésuites, poitiers, octave prisonnier, jules, commandant mobilisés. — Charlotte. Wenger, rue richepance, 13, paris. tous tranquilles et sains à strasbourg, recevons lettres ballon, continuez d'écrire par calais. — Wenger. | Néel, 6, rue du perche. santé parfaite, reçu lettres trop courtes. — Néel, tours. | Leleu, rue notre-dame-nazareth, 37. tous bien portants. — Costes. | Pelarbre, marine. lorient, tours bien, lettres reçues, godineau, chambry, pasquier, cercelet, prisonnier. — Godefroy. | Chapron, 60, provence, paris. suis malade bruxelles, 47, rue neuve, envoie Judith peut avoir sauf-conduit étant anglaise. — Olivier. — Agophian, 44, lafayette, paris. prière payer cara trois cents mensuels, dites crédit payer acceptations, ayant déposé fonds succursale marseillaise. — Aghion. | Rahou, capitaine, 116e marche, 2e corps. bonne nouvelle famille, orléans, lamblin, nicolas avancement, pense à toi, prie toujours. — Clarisse. | Place berlin, 40. élisa décédée 29 octobre. eugène présent, maintenant blidah, premier chasseurs afrique, ai écrit six fois. — Flandin. | Couvreur, 10, quai marne, paris-villette. toujours parfaite santé, cavé aussi, enfants travaillent, professeur cinquième lycée mons. recevons lettres vous. — Marie. | Reyneau 29 marignan. allons tous bien genève, chemin bains, 14, plainpalais. — Reynaud. | général Daudel. brigade dexéa. tous parfaitement portants suze. — Antoinette. | Brice, 6, caire. inquiète, réponds par ballon. — Clémentine. | Jeanselme, 7, harlay. tous santé parfaite, garçons collége, travail excellent, pensées vers toi. — Amélie. | Rambour, 73, verrerie. trois enfants, santé superbe. — Jeanselme. | Chevalier, rue d'anjou-st-honoré, 48. donnez vite congé pommereux, répondre, bénédictions pour vos soins. — Magnoncour. | Debray 48, rue d'anjou-st-honoré. positeaux, santés bonnes, tranquillité, blanche ici, souffrons et vivons pour toi. — Gabriel. | Halphen, drouot, 18. reçu lettres, télégraphié souvent, portons bien bruxelles, écris rue joseph, deux, 90, préviens joseph. — Henriette. | Meyer, 41, boulevard batignolles, paris. écris par chaque ballon, suis chez dormoy, ingénieur tours, adresse par banquier mille francs. — Meyer. | Liouville, ministère finances. avertissement nécessaire, un mois, une personne sachant rencontrée tuerait. elle gagnant lisieux, maison vide tuerait. — Senard. | Liouville, ministère finances. avertissement nécessaire, tous condamnés au silence absolu qui tue anna, comment écrire sans nommer suzanne. — Senard. | Liouville, ministère finances. votre lettre prouve dépêches perdues. déjà supposé, répétition envoyée, avertissez doucement, deux visites même jour. — Senard. | Demauche, condé, 5. tous parfaitement nohan, tours, forgeais, beaulieu, vos lettres reçues gulièrement. — Demauche. | Hachette, boulevard st-germain, 79. reçu lettres, 11, 15 bordeaux, exécuterai confiance, courage, bébé tours bien. schmacker toujours agen. — Touchard. | Dufrayer, ministère finances. envoyé trois rapports les 5, 11, 17, grandes difficultés. vie laborieuse. — Abel. | Mathias, rue dunkerque. santé installation des vôtres excellentes à grand. tous sans exception bien, anna aussi grand, lettres arrivent. — Mathias. | Bernard, 10, bac. je vais bien, ai vu Jeanne rouen, andré lisieux bien portants, écrivez-moi ici chez régner. — Coulombeix. | Coppeaux, 6, rue malesherbes, tous lucien bien, fille chez gréhau, magnitot, hospice louviers, donnez nouvelles léon, alfred, recevons lettres. — Tourville. | Husson, lille, 23. tours nointel bonne santé, donnez nouvelles vous guillemot. — Bonnefont. | Bonneau, 16, place havre. toujours tourville, bonne santé. coulommiers aussi, recevons lettres. — Marie. | Gustave Ducel, 26, faubourg poissonnière. reçu lettre 19, tous partout bonne santé, irons paris après lettre. — Ducel, pocé, 26. | Eugène, chez Reitlinger, passage violet. donnez nouvelles pour bureau et appartements hôtel bellevue bruxelles. — Alfred Reitlinger. | Denouille, luxembourg, 5. merci, portent bien, fêté catherine. — Miquel. | Beugnot, ministère guerre. suis en normandie. fils superbe, reçois lettres irrégulièrement, tendres vœux. — Octavie, 24 novembre. | Biétry, 123, rue lafayette, portons tous bien lettres 14 et 15 manquent, prendre provisions maison. — Aubry. | mademoiselle Wild, rue chateaubriand 5. vais seul rhodez, titres perdus, prévenir banque. — Duval. | Rifaud, 130, faubourg poissonnière. sans lettres de vous, aîné reçu quatorze reprendre mes fourrures. bonne santé tours. — Barroilhet. | Cochin, grenelle, 86, paris. santé excellente, attaché bourbaki, attendons destination, arrivons de Lille, embrasse tous. — Denys. | M. Salvandy, rue cassette, 30. tout très-bien. — Rivet. | M. de Paris, 23, rue varenne. allons bien, recevons vos lettres, embrassons papa. — Guillemette. | Meuburger, maison Rothschild. votre mère habite bruxelles, hôtel grand-miroir avec ma femme, va bien, reçois vos lettres. — Liebmann.

Bordeaux. — 3 décembre 1870.

| Tafforin, 28, rue pigalle. excellent médecin qui m'a radicalement guéri, n'ai plus rien à craindre. — Arthur. | Arnal, 66, rue st-lazare. tous bien portants. — Caze. | M. Baron, rue st-blaise, 65, paris, 20e arrondissement. cher père, sommes tous à tours en bonne santé, prends courage. | Pavillet, 10, place péreire. écrivez je vous en prie des nouvelles de roland à bellevue par joué, tours. — Heimendalh. | Declerc, 17, billault. tous bonne santé, garçons lycée angoulême. david bordeaux hôtel marin, reçu argent castres. — Isabelle, farges. | Noël, 11, rue montaigne. madame noël et son fils bien portants à bruxelles, 7, philippe-le-bon. — Geofroy. |

Gontier, médecin, 364, st-honoré. votre fils bien portant la rochelle, bonjour à tous. — Geofroy. | Julie Lesage, 20, boissy-anglas. donnez nouvelles, passez rue bac, répondez lettre 16 septembre, inquiète silence, remerciez gagelin, bien. — Clermont. | Desforts, 12, bonaparte. clotilde aux forts, tantes et cousin à orléans, nous vaulx, tous bien, henri aucun danger. — Fontaine. | madame chabaud, 29, boulevard malesherbes. allons tous très-bien, enfants sont à berne, avons écrit souvent. — Clémentine. | Roussel. rue colbert, 4. allons bien, reçu dernières dépêches, 19 merci, continuez. — Hoche. | Caillet, 95, neuve-des-petits-champs. allons bien, sans nouvelles, inquiet, besoin d'argent, s'adresser à étienne, leblanc, roussel, réponds. — Hoche. | Moisant, 89, moines. bonnes nouvelles radepont — Thaoud. | Bacourt, 3, passage laferrière. reçois lettres, ne doutez pas, pense à vous, en vain dépêches, bonnes nouvelles chine rochechouart revient. — Marie. | Haas, 51, avenue montaigne. reçu lettre, envoyé dépêche, chagrin extrême avoir quitté paris, joie immense lorsque nous reverrons charlot. — Marie. | Louvencourt, 13, rue ponthieu. reçu lettre, envoyé dépêche trouville froid fièvre, irai tours si possible loger. pense constamment vous. — Marie. | Portier, ministère marine. santé parfaite londres reçu lettre. — J. Portier. | Couesnongle, commissaire flottille, ministère marine. famille, enfants bien, places, notes bonnes, reçu lettres, notes payées, bretagne tranquille. — Goësbriand. | Prisse, finances. tous bien douai, lorient, garçon st-jean, lydie ici. — Mancel. | Cosmes, boulevard voltaire. marie, marcel, mélanie, enfants tous bien. — Noyon. | Zäppfel, marine. alphonse bien portant, maubourguet, oncle ici, capitaine, faucon souvenir. — Michaux. | Michaux, hôtel de ville. reçu lettre, marie, mère, enfants vont bien. écris cheval. — Michaux. | Brière, condorcet, 44. inquiète; écrire par ballon à moi arcachon. — Julia. | Desfossez, 18, amsterdam. lettres reçues, bien portants, courage, écrivez toujours. — Gréhan. | Cloris, impasse planchette st-martin. demande nouvelles vous, nouvelles ernest. — Thauvin. | Viollet, condé, 24. gustave aucune nouvelle, poêles posés. toute famille paul viollet parfaite santé. — Adèle Viollet. | Viollet, rue condé, 24. lettres reçues fréquemment. jousset, viollet, enfants parfaitement portants, jouant beaucoup. tranquilles sous tous les rapports. — Adèle Viollet. | Portales, 15, monsigny. lettre du 19 seule arrivée. joseph engagé, couru grands dangers, courage et confiance. tous bien. — Portales. | Viollet, condé, 24. holleaux lambert, rentrés laon, augustine femme barre, famille jablonski, les celines, meunières tous bien portants. — Adèle Viollet. — Directeurs comptoir d'escompte. reçois avis tours, vendre titres, empêcher ministère guerre renouveler soixante jours, réponse dois faire. — Maigrot. | Latour, 51, notre-dame-lorrette. bonne santé, marraine aussi. — Raymond. | Dumay, ministère intérieur. merci pour lettre, félicite nomination, tout va bien, espérez. — Latour. | Dhubert, 110, richelieu. demande nouvelles société, répondre aulan sault (vaucluse). — Daulan. Besson, rivoli, 172. reçu, tous bien, oncle ici, continuez écrire. — Chamorin. | Enne, odéon, 14. bien portants, reçu tes lettres, viteau ostende, courage, espoir, écris-nous. — Enne. | Gaston Sauvage, 16, rue vivienne. je pars pour bordeaux, écrire poste restante, pas d'argent. — Léonie. | Enfant jésus, impasse vigne. lemaistre et femme bonne santé tours. — Lemaistre. | Eugène Martin, 124, boulevard magenta. deuxième, léon reparti, tous bien. — Martin. | Bacot, 12, laffitte. jenny, charles vont bien, crédit dix louis chez arthur. économise, argent rare, écris souvent. — Bacot. | Guenneteau, 340, st-jacques. écris-moi si besoin argent, dugied prévenu, donnera cent fr. — Boucher. | Bonafoue, 62, rochefoucault. lettres reçues, santés bonnes. — Enne. | Stuber, 21, clauzel. lettres par minaux, bonnes, tranquille, union. — C. Gelly. | A. Coudriel. boulevard neuilly, 97. bien portants, embrassons tous. répondez. — Alice, tours, rue fauvelle, 1. | A. Roblot, 44, rue laffitte. reçu lettre, georges tarbes, maréchal logis. famille, beuzeval tous bien portants, amitiés. augure bien. — Bignon. | Hendlé, ministère affaires étrangères. toute votre famille va parfaitement. — Leven. | Barboux, rue rivoli, 94. tous vont bien. — Henri Barboux, tours. | Huot, commandant, fort issy. saulzé parfaitement. — Camille. | Gouraud, 48, sts-pères. henri fortifié, françoise cinq dents, tous santés parfaites. crolley, semichon, certes belle, delamarre aussi, prévenez depaul. — Jenny. | madame lacasse, boulevard malesherbes, 40. tous parfaite santé dinard, climat doux. — Baudelot-Bachelier. | Lacarrière, 10, rue chauchat. tous parfaite santé dinard, climat doux. — Hubert. | Colazé, 7, braque. reçu lettre, écrit sablé. — A. Sacrot. | Eichthal, 98, neuve-des-mathurins. étretat confortable, reçu vos lettres. georges coblentz. louis récemment avec bourbaki maria aux bezards. — Roque. | mademoiselle Moreau, 66, faubourg st-martin. fouiller profondément sous deux touffes (éphémères) près berceau, emporter cachettes, santés bonnes. — Taillandier. | mademoiselle henriette de St-Roman, 47, rue condorcet, paris. je me porte bien, écris-moi par ballon. — Henri. | M. Erréquita, rue de douai, 42, paris. pas lettre maurice depuis 5 novembre, enfants bonne santé. — Toussenel, arcachon. | d'Alheim, rue demours, 81, paris. enfants tous bien, vos lettres reçues, argent kieff deux fois, parents bien. — Poltoratyck. | Lemercier, rue rennes, 91. même situation, arcachon, vire, tours, grand père étampes va bien. — Lemercier. | Travers, boulevard malesherbes, 74. familles dieppe, péronne, boulogne, trouville, santés parfaites, reçu lettres jusqu'au 19, répondu cartes. — Robert. | Rauquairol, 17, rue d'aumale. deauville, santé travail bons, bachelier nouvelles, vervins, versailles. — Rouquairol. | M. Cornu, rue cléry, 25. à bruxelles ainsi qu'à tours, tout ton monde bien, fernand va au collége. — Corneau. |

Montfort-s.-disle. — Brissac, 45, varenne, paris. caroline enfants à crépan sont bien. nous aussi brumare et querilly donne nouvelles chez moi. — henri. |

Roanne. — directeur compagnie france, rue grammont, 14. touché 45,000 fr. réglé sinistres 26,000 fr. — fourmy. | mme duverger, rue babylone, 50. tous trois bien. comment ma mère vous et coupri. écrivez bureau restant lyon. — fourmy. | Plon, rue vivienne, 22, nouvelles 20 octob. allons bien inquiets claudius écrivez. — plon. |

Beauvais. — Jungfleisch faub. saint-antoine, 27. recevons lettres tous, villers bien henri avec clément hambourg bien. — Tourneur. |

Semur-en-auxois. — daquin, 90, rue de rennes. thomas va bien. — wendel. — Odonnell, 5, rue luxembourg. allons bien, hay pillé henri prisonnier robert bombardé écrivez souvent. — wendel. | Semur, 28. bruzard commandant, 24, rue des petites écuries. tous bonne santé, aucun prussien. — bruzard. | Lady tufton, place saint-georges. recevons tes lettres, pas celles albert. thérèse remise accident, 22 sept. tous bien portants. — méchain. |

Chatellerault. — colart, rue vaugirard, 21. portons tous bien. reçois vos lettres, 30 novembre. — louise. |

Asfeld. — Boyer, rue de l'université, 5, paris. donnez nouvelles à Asfeld. — Pichelin. |

Vichy. — Minerd, arc-de-triomphe, 28. nous portons tous bien. vu gustave, reparti vichy. — grand. |

Montargis. — Destrez, 15, rue pigalle. kinen vous paiera 2,000 fr. payez domestique amsterdam, françois, 25, rue astorg. — baron triqueti |

Pouilly-s.-loire. — Hubert, Polonceau, 2, votre monde va bien. — langellé. |

Chatillon-s.-loire — legrand, avenue lacuée, 26, paris. clara, chatillon, santé bonne. écris souvent. | concierge, 8, rue baudin, paris. envoyez-moi nouvelles de Picart. — veuve Picart. |

Biarritz. — Farcy, 2, saint-martin. biarritz, maison lassus, bonne santé. reçu lettres. — Petit. | Reboul, 15, rue banque. bien portants, capitaine mort, communiquez mage, annoncez delvaux, 22, boulevard clichy, mère avec nous. — Ramon. |

Pau. — Mitjans, 12, rue l'élysée, paris. enfants très-bien, écris-nous. recevons lettres, affectueux souvenirs. — Riera. |

Arcachon. — Martinaud, 18, rue hauteville. inquiet, écrivez, poste restante, arcachon. — Piault. | Jozwik, 167, faubourg st-martin. portons tous bien, amis aussi. — Jozwik Gustave. | Lemaire, 28, rue trévise. santés splendides, température, installation délicieuses, créoles partis, pellerin invite. communications, sécurité incertaines. j'attends, arcachon. — Cécile. | Milbot, grange-batelière. santés parfaites, arcachon. — Péan. | Tronson, 229, rue st-denis. inquiet, écrivez poste restante, arcachon. — P ault, père. |

Nay. — Junquet, rue du mail, 7, paris. nous sommes bien, reçu tes lettres. charles pension dupont, travaille bien, écris souvent. — Junquet. |

Roubaix. — Pennel, rue du temple, 163. pas nouvelles depuis octobre. j'attends. — Pennel. |

Cholet. — Chesnel, feuillantines, 63. emmanuel pris révision, raymond solesmes. tous bien portants. — Emmanuel. | Vigier, 26, oberkampf. enfants vont bien. — Dathy. |

Loudun. — Franck, 107, turenne. tous va bien. — Howard. | Hennecart, 41, neuve-mathurins. tante morte; bonnes nouvelles ici et de combreux. — Hennecart. |

Chinon. — Blacher, rue levis, 87, paris-batignolles. nous nous portons bien. — Blacher. |

Mâcon. — Conti, rue courty, 1. portons tous bien, mâcon tranquille. — Léon. | Chambard, rue jacob, 43, paris. santés bonnes, lettres henri reçues. eugène afrique. coste. |

Pontarlier. — Bouvelet, 1, rue louvre, paris. allons parfaitement, reçu lettres 19, avons nouvelles, théodore prisonnier, breslau. donne nouvelles oncle. — Bouvelet. |

La-Ferté-Macé. — Hercé, 87, richelieu. valemus, ennemi repoussé rousselière. — Marie. |

Le Hâvre. — Collet, 85, cardinal-lemoine. reçu deux lettres, merci. pauvert, alfred, collet bonne santé, toujours espoir. — Esbran. | Henri Desprez, 6, place de la bourse, paris. desprez, landais parfaitement bien, toujours à caen. — Cauvin. | Posth, avenue victoria, 11, paris. ida, enfants, famille tous bien portants. — Lefebvre | St-Aignan, 63, rue lille. 29 novembre. nous portons tous bien, pierre à merville, emmanuel, capitaine mobilisé au hâvre. — Lillers. | Vicomte Luppé, 1, rue du mail. bonnes santés, jeanne bruxelles, mère st-martin, maurice allemagne. — Paul. | Tricot, flandre, 47, paris. tous santé parfaite, léon, marie avec moi hâvre. recevons lettres. — Tricot. | Mounier-Bergron, rue savoie, 6. pas nouvelles eugène, donne-m'en si possible. — Beaufils. | Rothschild, rue laffitte, paris. à bruxelles et jouy, sommes toutes et tous parfaite santé. — Gustave Trotem. | Fayard, 33, rivoli. tous ici, bonne santé, maman paralysée. — Blanche. | Lafontaine, aboukir, 48, paris. santé bonne, écris par ballon. — Auzon. | Thorailler, 13, place château-d'eau, tous bien à étretat. — Thérèse. | Mitchell, 101, avenue eylau. tous bien chez boulanger, chatelet, chatelineau, belgique. écrivez. — Georgina Gaston. | Hartmann, rue sentier, 32. armée loire débute bien, pensons secourra bientôt paris. courage, écrivez. — Dennis. | Auguste, 9, rue baudin, paris. ordres exécutés en partie. baggins 50, ficelle 243, madras fenton 65, toile brabant rien. — Dupuy, 1, place louis-philippe. — Pichard. 80, sébastopol, paris. marie accouchée fille, tout monde bien. — Libert. | Larocque, 56, rue de la victoire. traites novembre payées, affaires tisset réglées, gommes laques vendues, caoutchouc trente-quatre-demi. — Larocque. | Larocque, 56, rue de la victoire. nos traites sont acceptées chez bieber, toutes les traites sur la banque payées. — Larocque. | Larocque, 56, rue de la victoire. cacao 6,000,23, récolte petite finie, avons 1,500 seulement. — Larocque. | Larocque, 56, rue de la victoire. assurés marchandises au hâvre. liquidation caoutchouc marche lentement. tout le fernamby réalisé. — Larocque. | Larocque, 56, rue de la victoire. sommes tous en bonne santé, ainsi que costar, ses fils et poird. ludovina morte. — Larocque. | Rothschild, rue laffite. chargements coton, plomb arrivés, sucre parti. — Luennet, Goteuil. | Chaumont, 3, cambacérès. santés bonnes, réponds hâvre, rue dicquemare, 30. — Gramont. | Seurat, rue buffaut, 8. sommes bitterne, près southampton, bien portants. bonnes nouvelles châtel, albert à chagny, reçu lettres ballon. — Claire. |

Saumur. — M. Motet, 161, rue charonne. allons très-bien, recevons lettres. embrassons. — Mortet. | Camus, turbigo, 44. portons bien. — Camus. |

Sablé. — Noury, 58, neuve-st-augustin. tous bonne santé, reçu lettres, craint ennemi. — Noury. |

Lille. — Couche, gare nord. dessins, anvers, laversine arrivés tardivement. ponts américains économiques achevés, prêts à partir. allons tous bien. — Boucher. | Rostand, chaussée antin, 66. reçu tes lettres, nous portons tous bien, licktlin ici ne manquons de rien. — Elisa. | Champoiseau, grammont, 19. envoyez numéros des 50 autrichiens levés 15, 30 avril, expédiés 15 juillet, crédit nord. — Kiever. |

Bordeaux. — 2 décembre 1870

Auch. — Maire, 11e arrondissement, chef cabinet, préfet gers, j'obéis ici à la loi militaire. protéger mon domicile, 96, boulevard beaumarchais. — Armand. | Grivot, maire bercy. réformé causes physiques. ai accepté, suivre mon nanier préfet donnant mon concours, patrie. démentez bruits calomnieux désertion. — Armand. | Simon, 1, rue pontoise. toutes bien portantes, 6, rue st-joseph, auch, recevons vos lettres manquons de rien. — Amélie. | Jeanjean, 47, quai bercy. écrivez-moi, si voulez acheter marchandises prévoyant hausse. — Armand. | Barreau, 24, quai bercy. suivez contentieux suspendez affaires. vos lettres régulièrement reçues, réponses envoyées. Armand. |

Vichy. — Devailly, 18, hauteville, vichy, marie enceinte, bien portante, bouillié trompeur, nouvelles, vous, lelaire dasset, valete. — Palyart, Perrot. | Courtois, 21, caumartin. santés excellentes, vichy, manquons rien, lionel posen. — Marie. | Milleblond, sébastopol, 33. envoyer argent poste. — Joseph. | Polinich, 116, faubourg st-honoré, santés bonnes, mettre oui, dernière question demande argent, christiane superbe. embrassons tous. — Polinich. | Tambour, avocat, 1, boulevard st-michel. ta mère, tes filles vont bien. — Perrot. | Darcq, 176, boulevard haussmann. santés bonnes, lettre du 20, ton père voudrait lettre, gaston mobilisé, orléans. tendresses. — Darcq. Mme Duboys, 26, rue clichy. paul groslay. famille ernest, vichy. bouillat rigny, bien portants, écrivez. — Duboys. |

Marmande — Bertaut, 1, rue lille. tous parfaite santé, marmande, hôtel centre. — Marie. |

Poitiers. — Carpentier, taitbout, 64. partout bien, marie aussi toujours moulins. — quérisson. | Noël, 9, faubourg poissonnière. toujours à poitiers depuis deux mois. bien portants, reçu vos lettres du 19 novembre. — Noël. — Grindelle, four-st-germain, 36. reçu lettre de martner, prisonnier à breme. très-bien portant, écris-moi par ballon. — Marcellin. | Souheyran, place vendôme, 870-300-150. position bonne, nombreuses valeurs prorogées par décrets, coupons fonciers impayés, mauvais effets. — Bréchard. | Talmy, rue clichy, 72, réponse immédiatement, rue orléans, 9, poitiers. — Choisel. | Chedeville, rivoli, 178. bonne santé, hôtel france. — Poitiers. | de Salvert, état-major, 5e secteur. envoyé hier mandat poste, 300 fr. réclame, très-inquiets, écris immédiatement. — de Salvert. |

Thiers. — Malmenayde, rue rambuteau, 30. reçu lettres, dernière, 17 novembre. famille thinet depuis quinzaine, santés bonnes, inquiets, écrivez souvent. — Malmenayde-Fénérol. | Dufour-Chabrol, 48, boulevard beaumarchais. orient me dufour, tréport famille eugène, boulogne marie, Mme vesque, bien. vesque très-malade. — Dufour. | Guillemot, 27, écoles. reçu onze lettres, famille bonne santé, aïeule parfaitement, thiers tranquille. — Mélanie. |

Evian-les-Bains. — M. Bleumstem, rue pauquet, 15, donnez-moi de vos nouvelles, bleumstein, evian-les-bains, maison joudon. | Conte, 4, rue naples. alfred bien. écris affectueusement albert, fait son possible, profité chaque moyen, tes accusations injustes. tendresses. — Victoire. |

Revel. — de Peslouan, commandant 3e bataillon, tarn. famille amis, pays, bien. voulez-vous argent à revel avec enfants. — Laure. |

St-Jean-Pied-de-Port. — Etchevérry, rue cambacérès, 29. bien salha lacarre-baptiste guéri. raoul presque avec caroline, bruxelles. columbry, fille. pensons toujours vous. — Augustine. | Emil levy, 131, boulevard haussmann, sommes ossès. tous bonne santé. recevons lettres souvent, amitiés. — Clementine. |

Largentière. — Sorin royer-collard, 15. portons bien, reboul debermond avanceront, argent rien menager. — Sorin. |

Villeneuve. — Débarruel abbaye, 8, paris. herman, commandant mobile, ain henri alger. allons tous parfaitement. — Debarruel. |

Valence. — François, médecin, parc artillerie, tuileries. santés bonnes, argent inutile. — François. |

Djelfa. — veuve Desruelles, rue assas, 70. donner nouvelles par ballons, djelfa, algérie. — Desruelles. | Bonnefond, comptable, fort vanves. donnez nouvelles famille. — Vincenti. |

---

16 Pour copie conforme :

L'inspecteur,

Bordeaux. — 1 décembre 1870.

Marseille-centrale.—Tedesco, 14 bis, boulevard poissonnière. napoli avec angelo ici tous bien. — Joseph | Blanc, 18, rue claude-vellefeaux. pas reçu carte, moi filles portons bien. — Blanc. | Gillibert taitbout, 8. gabriel, louise, nouvelles famille joseph santé parfaite tous. — Natalie | Schmidt, chemin vert impasse maurice, 8. prévenir mère, suis bien portant, reviens afrique, vais armée de loire. — Schambion. | Bloc, 15, place des abbesses. tous bien. troisième dépêche depuis vingt jours courage et confiance absolue en la république.— Ustier. | Cassigneul, 61, rue lafayettte. famille bien portante, londres. nous aussi, petit imprimé, lyon. amitiés quesnot. famille portalis, heureuse carnavan — Eckert. | Deleuze, rue monier, 4. sans nouvelles depuis septembre, biens. péronnet, rue barthélemy, 31. | Julliany, rue hauteville, 69, paris. tous bien, reçu lettres jusqu'au 19. félix sans blessure, prisonnier, goerlitz. — Mathilde. | Maquet, 24, place vendôme, charles, tante moi, tous bien portants. nous avons écrit deux fois semaine. marseille très-tranquille. — Poittevin. | Maquet, 24, place vendôme, avons reçu vos lettres. correspondance active avec enfants, étudient anglais. manquet de rien, bien portants. — Poittevin. | Barnéoud scribe, 1. depuis deux mois sans lettre, existez-vous, écrivez par ballon, besoin avoir nouvelles. — Telleune. | Lemoine, boulevard st-michel, 47. à marseille tranquille, tous bien. —Lemoine. | Bachereau, 21, breda. reverchon, bonne santé, sergent-major, 4e compagnie 2e bataillon, 29 régiment marche, saint-lyé, loiret. — Laurette. | Laurette, rue montyon 4. nous allons bien. — Laurette. | Guize, commandant artillerie, armée réserve, bien heureux de nomination, et que Dieu te protége pour te revoir bientôt. — J. Aubert. | Pilletwill, banquier, écri quatre fois pigeons, puis par lauriston. reçu lettre 11, renvoyé carte. tous bien, ville tranquille. — Emile. | Séran, faubourg-st-honoré, 133. portons bien, reçu lettres, suis hôtel provence depuis longtemps, vois souvent velten, t'écris toujours. — Séran. | Deborne, hôtel bade. reçu lettres, vous ai déjà écrit et télégraphié. tout va bien, restez. ne courrez aucun risque. M. ch de possel, 107, cours bonaparte. — Possel. | Coste, rue de vienne, 6. allons tous bien. — Marie. |

Tours. — Baudry. saints-pères, 15. visitez appartements malakoff, invitez élisa écrire, viguier, 10, colbert, tours. | Rétif, 22, rue vintimille. toute votre famille bonne santé à boulogne. — Thiébert. | madame Duneau, 20, boulevard vaugirard. reçois bonnes nouvelles de capitaine duneau bien portant cologne, écrivez duneau prisonnier français cologne. — Lesourd. | Huguet, hauteville, 72. encouragées, dépêches arrivent, désirons réunion, fanny supplie henri pas engager, marie envoie baisers. — Ligué. | Duseuil, 136, faubourg saint-honoré. bonne santé, châtillon, voulaines aussi. — Doazan. | Blanchard, grenelle-saint-germain, 96. tous houlgate bien, enfants travaillent, yeux bien. — Bonnet, Delarochevernet. | De Vorges, affaires étrangères. bonnes nouvelles d'amiens, tous bonne santé.— Delarochevernet. | Desayve, affaires étrangères. caen, tous, partout très-bien. - Jeanne. | Mollard, affaires étrangères. famille bien, projets inexécutables, faites écrire par pigeons. — Sorel | madame Denoue, 3, rue regard. élizabeth, armand et enfants à dusseldorf, moi lieutenant-colonel 16e corps, écrivez toujours. — Ludovic. | Sciama, hauteville, 40. questions oui, 100, 100, 169, 60,000, reçu 100 cap liquidés, famille affaires all right. — Rochery. | Malingié, 48, avenue d'orléans, paris-montrouge. madrolle, pontlevoy, tous bien, jenny très-bien. — Caroline. | Denonvilliers, 8, rue lancry, paris. madrolle, bien, thor, tous très-bien. — Gabrielle. | Wocher, 28, rue l'entrepôt, paris. madrolle. tous bien. — Gabrielle. | Parguez, 50, rue neuve des-petits-champs. allons tous parfaitement, bien installés à quimper, place mesclanguen, recevons vos lettres, envoyons mille tendresses. — Rosa. | Pottecher, 20, bruxelles. dezet, place saint-michel, toulouse; moi poste restante, londres; santé, aisance, tendresses. — Lefresne. | Schloss, 86, boulevard sébastopol. recevons lettre, parfaite santé, quatre enfants très-bien, soyez tranquilles, sans inquiétude, courage, grand espoir. Schloss. | Michelant, gare orléans. charger sur wagons le grand pont à machines. — Croizé. | Bojano, 43, faubourg saint-honoré. deux reçu un, deux, sommes chez nous, genions, flora prêté, envoyez bon lesant. — Livia. | Cléry, rue d'amsterdam, 65. familles krantz, vaugeois, cléry, bonne santé, reçoivent lettres. — de Vassart. | Vavin, rue saint-honoré, 370. marthe accouchée, enfant morte, se remet bien, tous bien, répondre montaigut. — Duboys. | Edmond Cahen, 3, rue hauteville. alfred à genève, gustave prisonnier allemagne, se porte bien, ainsi que toute famille. — Cahen. | Octave Picquenon, employé télégraphe, 62, rue du four-saint-germain. recevons de vos nouvelle, portons tous bien. — Picquenon. | Broca, 1, saints-pères, paris. tous brocas en bonne santé à sainte-foy depuis 23 septembre, brocas charlemagne bien. — Follin. | Baillière, hautefeuille, 19. reçu deux lettres, mère biarritz, gernier, paul, chevalier, vacteur tous bien, madame émile à bruxelles. — Bailly. | M. Vernier, 3, rue havre. moi, marguerite, étienne, très-bien à pau, parents bien à souleaux. — Marie. | Pognon, 50, rue neuve-petits-champs, familles pognon, letourneur, bardon, moutard-martin parfaitement, toujours granville. reçoivent lettres. — Pognon. | De Beaufort, pour Simon, ministère marine. sommes à oyron bien portants, saumur aussi, pas prussiens héronnière, recevons tes lettres. — Gabrielle. | Deblignières, grenelle-saint-germain, 80. bathennebont tous bien. — Demonistrol. | Fries, 19, rue marignan. bonnes nouvelles de tous, écrivez tours, mille tendresses. — Sophie. | Chevallier, chaussée d'antin, 31. enchanté nouvelle, bien, écrivez, sœur aussi. — Marie. | Fould, 21, bergère. enfants heureux contents, folie te tourmenter — Amélie. | Grivet, école-médecine, 96, toute ta famille bien, écris. — Louise. | Giot, 37, ours. sommes toutes, tous bien portants, savons perte cruelle, marie courageuse. — Louise. | Bérard, avenue raphaël, 36. enfants bien, jules bruxelles, arthur armée, ernest décoré. — Auvray. | Gerard, sous-lieutenant, infanterie marine, fort rosny. reçu votre lettre, forcé attendre communications rétablies. — Paul de Richemont. | général Appert. londres, 25 novembre, enfants, émile ici, tous bien, basie aussi, excellentes nouvelles de tous à évian. — Herman. | Plicque, rue laugier. reçu lettres, portons bien, souhaitons courage, bébé parle, écris lettre ballon, questionne, repondrai par oui, non. — Clotilde. | Arrighi, 41, richelieu. reçu lettre gatienne, 1er décembre, toute famille bonne santé, contente pour dimanches passés avec anthelme. — Emile. | Mayrargues, 60, provence. sans nouvelles fernand cormon depuis le 10 octobre. — Jenny. | Mayrargues, 60, provence. femme, fille, famille cormon à pau, 23, rue gassies, bonne santé, sauf cormon chute grave. — Jenny. | Boyer, 15, bonaparte. reçue lettre bordeaux, tous bonne santé, embrassons tous, envoyé dépêche edmond, reçu lettre charles. — Emile. | Laminette, hôtel Warwick-Pagevin. reçu tes nouvelles, famille entière bien. — Laminette. | Fidière, aumale, 10. donne congé par huissier appartement avant fin décembre, ou réduction 8,000 minimum, allons bien. — Fidière. Brault, saint-lazare, 105. tous bien. ai écrit par tous moyens, reçois lettres irrégulièrement, écris toujours, enfants travaillent. — Brault. | Dragicsevics. 92, grenelle-saint-germain. recevons deux, auxerre variole, restante tours, affections. — Dragicsevics. |

Gestin, ministère marine. famille bien. — Maxime. | Deville, 47, rue madame. premier. tous bien, bretagne, poissonnière. — Laure. | Charles Hommey, 6. hanovre, paris. allons bien. — Félix Hommey. | Faucher, 8, rue parme. paris. bien portant, voyage accidenté, reçu mission aéronautique importante, tiendrai promesse par prochain courrier certitude. — Bunelle. | Deconchy, officier ordonnance général Blanchard, vauvres. chéri embrassons cœur, supplie sois prudent, pensons à vous sans cesse. quatrième dépêche. — Isabelle. | Tranchant, 51, rue bellechasse. santés excellentes, mère avec nous, acquisition impossible absent, possible présent, alexandrine amitiés. — Emile. | Guillaume, 8, rue greffulhe. bien portants, maurice capitaine, écris souvent guillaume, souvenirs amitiés à toi, parents, and et marie.—Emile. | Charles Lefebvre, 5, rue bréa, paris. donnez nouvelles, nôtres bonnes.— Sorsum. | Cessac, 101, feuillantines alphonse est venu avec frère, tous santé excellente. — Gardarein. | Masson, 17, place école médecine. masson, poullain, enfants bonne santé, pau, 10, rue préfecture, tous bien, chassagne lyon.— Masson. | Poullain, 28, place st-georges. tendresses de poullain, masson enfants, bonne santé. pau, 10, rue préfecture. paule sevrée. — Masson. | Procureur général nommé par Doriau, avez autorisé partir, tours consacrer congé commission armement, crémieux prolonge congé continuer mission. — Thomas. | Lafaye, avenue tilleuls. Sara bien, pays pas envahi. — Thiont. | Berger, 6. coquillière. dîné saumur dimanche, berthe accouchée garçon, tous bien. — Briard. | Tombesco, 422, saint-honoré. correspond avec votre famille, tous bonne santé. — Briard. | Husny Bey, ambassade ottomane. reçu successivement lettres, continuez écrire souvent. — Djémil. | Huguet, 32, notre-dame-des-victoires. oui, oui, non, cent-quatre-vingt-dix — Pacthod. | Hayem, 5, hauteville, paris. reçu lettres, familles hayem, taz, parfaite santé, édouard placé intendance tours. — Hayem. | Véronique, 30, taitbout. tous en bonne santé twickenham, montpellier, gray, tours.— Véronique. | Périllieux, 50, avenue saxe. noyers préservé, propriétés bon état. argent inutiel, amitiés. — Pollenod. | mademoiselle Doulcet, 107, rue de grenelle. tous bien, caroline infiniment mieux. 28 novembre — Marie. | Obermayer, 15, taitbout, paris. allons bien, attendons lettres dieppe, communiqez shuler. — Kulp. | Gugenheim, 16, taitbout, paris. recevons lettres. bonne santé, bébé deux dents, demeurons bruxelles, 2, parchemin. — Cattala. | D'Ax, capitaine 7e régiment mobile, paris. mère, frères vont bien, reçoivent tes lettres. — Caroline. | Inspecteur Hudot. fécamp tous excellente santé, recevons lettres exactement, pensons beaucoup à vous et désirons réunion prochaine. — Boulanger. |

Maës, 32, rue rovigo. mères châteauroux, marie albi, nous dieppe santés parfaites, recevons lettres.— Lucie. | Flosville, 9, belrespiro. mesdames flosville, morel, 25, rue verte, mons, belgique. vont bien, reçoivent lettres m. morel Isneauville. — Thuot. | Depressensé, 58, rue de clichy. victor ici très-bien, repart armée loire. — Depressensé. | Perrot, 22, bellefond. bien elbeuf. — Louise. | M. Crépon, 24, place vendôme. santés excellentes, quitté douvres. installés près londres, tupper-norwood, surrey, envoyé plusieurs dépêches. — Crépon. | Masson, 95, blanche. bien elbeuf. — Gabrielle. | Dubuc, 26, petites-écuries. lettres reçues elbeuf, rouen sans cartes, bien. — Dubuc. | Fovard, 91, haussmann. familles bien, lettres reçues. | Heine, 22, bergère. regrette pas nouvelles nous. écris deux fois jour, sommes bien, bijou parle toujours papa. — Amélie. | Biencourt, saint-dominique. mère, valentine, enfants bonne santé dieppe. — Natalie. | Heine, 22, bergère. amélie, enfants pau bien dito adolphe. embrasse — Amélie. | Mallmann, cour petites-écuries. possédons lettres importantes, arrangement siébert approuvé, payons rothschild londres, cateau possède couverture toutes acceptations. — Mallmann. | Lasson, 12, faubourg saint-martin. rambaud filles moi, mademoiselle excellente santé westbourne house 7 morland road croydon, reçu lettres. — Marie. | Damour, 10, ferme-des-mathurins. lettres reçues, vous envoyons argent pour domestiques, concierge. tous bien tours, folembray.—Damour. | M. Piolat, 73, faubourg saint-honoré, paris. reçu vos nouvelles, comte bonne santé, saluts et vœux, grégoire recommande instamment siens. — Essacoff. | Rouillot, tailleur, 78, martyrs. edmond guéri, tous bien. — Ducrot. | Robert, 20, rue chaligny. tout va bien, répondez ballon bureau madelaine.—Sensier. | Moreau, 3, rue malesherbes. mère moreau décédée, vu auguste, écrivez souvent, tous bien portants. — Gontier. | Denouille, 5, luxembourg. Maman très-bien, adèle grandit, grossit, pense à papa, tous toujours parfaite santé, tranquillité, embrassons tendrement. — Laure. | Chalabre, 87. bac. beaumont mort, lamothe, karminy, 30. bien. morlière, solar prisonniers. resterai tours, neveu bureaux guerre, alphonse écrire. — Paul. | Bosse, 14, royale. malade buxelles, 47, rue neuve, rassurer mère, judith étant anglaise peut venir avec sauf-conduit. — Ollivie. | Souty, 9, rue petites-écuries. elbeuf, recevons vos lettres par ballon, allons bien, écrivez souvent. — Bertrand. | Lassale, 25, louis-le-grand Déménagez, payez augeron-larue, donnez nouvelles enfants eugénie, mangez confitures, pâtes vieugué, baudrais libourne, marie bien. — Vieugué. | Dugléré, café anglais sommes pauillac en santé, courage.—Delhomme. | Mounier, 5, boissy-d'anglas. santé bonne, édouard tarbes va bien. —Mounier. | Espivent, lieutenant 22e mobile, mont-valérien. quarante trente reçues, bélébat, théophile, hermitière, carbell, deniécourt bien, enfants metz, louis officier ordonnance. — Villesboinet. | Roux, 14, avenue reine hortense. reçu bonne nouvelles nathalie. maurice lonclas tué 18 août jaumont, émile bien stuttgart. — Mame. | Dosch, 19, rue grammont. vais bien, j'attends, je marche, envoie consultation belin pour accoucheur, lucie va bien. — Anna. | Ferrier, 5, échelle. tous bonne santé montpellier, recevons lettres, louis chez banquier, famille baleine ici — Ferrier. | Duret, 171, saint-martin. amélia montpellier, tous bonne santé. argent reçu, aucun besoin. — Ferrier. | Emaltte, 61, boursault, batignolles. héloïse et julia vont bien, reçoivent vos lettres, courage. — Georges. | Chonski, 12, joubert. adolphe bien portant, nous aussi mondon. amitiés. — Saint-Priest. | Melonzay, 64, beaumarchais. tous inquiets, écrivez, affections. — Nelly, mondon. | Rognet, 6, cretet. mondon inquiète, écrivez. — Nelly. | Mauroir, 13, biragne. femme, lucien parfaitement à grancamp, nous tous mondon parfaitement, écrivez. — Suzanne. | Beze, 13, laffite. tous bien mondon, hippolyte liége, honfleur parfaitement, prévenir colin sont ici. écrivez — Brun. | Gaullier, 28, rue suresne. paris. lettres reçues, restés tous chaumont, bien portants — Hervau. | Maurice Chaulin, 15, chaussée-d'antin. allons bien, reçu seize lettres — Emma Clarens. | Drouin, ste-croix bretonnerie. santé bonne, habitons maison jardin cousin midi, lycée bon, enfants contents, reçois tes lettres. — A. Drouin. | Farcinet, ministère intérieur. georgina, à burlesdon, va bien. ai déjà envoyé deux dépêches, cookes, merci pour assurance contre bombardement. — Doyer | Herpin, 56, provence. borgeaud, denière, brolemann, premsel à londres. satisfaits de position générale et activité dreyfus, compliments affectueux. — Streitlerg. | Soltykoff, 23, boulevard malesherbes. santé bonne, argent suffit, fersen payé campagne, reçois tes lettres, t'embrasse tendrement. — Soltikoff. | Herpin, 56, provence. reçu lettre 17, allons tous bien, hiver à genève, t'écrivis souvent. — Luce Herpin. | Rochut, 52, rue provence. santés parfaites, sans crainte, dire debray tout bien positeaux, argent très-suffisant, écrire longuement. — Raymond. | Oudry, rue michel-ange. troisième dépêche. lettres chéron, frémy, alphonse reçues avec bonheur fin novembre, confiance, santé, embrassements à tous. — Oudry. | Geoffroy, 55, rue cuvier. tous bien portants, étienne charmant, habitons vault, tout tranquille, reçois lettres. — Marthe. | Pussin, 83, rue morny. tous bien portants petites-dalles, recevons lettres, écrivons souvent. 30 novembre. — Pepa. | Vingtain, 37, taitbout. ta femme accouchée très-heureusement un garçon, tous deux vont très-bien. trouville, 28 novembre. — Chasles. |

SERVICES ET AUTORISATIONS

Bordeaux. — Ruzé, bernardins, 15. Gustave santé bonne, famille Godefroid aussi, écris sur papier à lettre, reçu tes cartes.— Cribiez. | Taschereau, bibliothèque nationale. suis bordeaux metteur en pages pigeons, vos amis tours vont bien, souhaits. — Quantin. | Peuvrel, turbigo, 3. inquiet, nouvelles.— Peuvrel (Liberté). | Ponge, rue du Jour, 8. porte bien, fils parfaite santé. père, mère, bien portants. frère, mobile — Ponge. | Moret, 19, rue du champ-de-mars. prière donner par ballon nouvelles du ménage, meubles. amitiés à tous, avons bien passé siége strasbourg. — V. Mocles, employé télégraphe, bureau central, bordeaux. | Beaujard, sous-chef, administration postes. votre famille bordeaux bien, dites rue perdonnet Fernand et moi bonne santé, compliments affectueux. — Balavoin. | Filippi, colonel état-major général, 1er corps, 2e armée. frère de marseille et toute votre famille en bonne santé.— Forestier. | Magnien, administration postes. reçu votre bonne lettre. toujours rien directement Jules depuis fort longtemps. où? et que fait-il? — Personne. | Cottinau, lyon, 55. reçu lettres du 6, madame Edouard et fille bien portantes, demandez nouvelles de Boussagol par Antoine —Durandeau. | monsieur Zaccone, administration centrale postes. je vais bien, suis à délégation des postes. écris-moi souvent. 17 décembre —André Zaccone. | Bié, châteaudun, 44. quatrième télégramme. tous santé parfaite. — Bocandé. | monsieur Léon Pillaut, boulevard malesherbes, 87. hospitalité charmante et la plus affectueuse de nos amis de bordeaux. Louis est parfaitement bien. Germaine ne pense qu'à son père et sa grand'mère, et la mère vous envoie ses tendresses d'exilée — Rosalie.— P. S. ton fils est superbe et babille déjà. vive amitié.— Paul Dupré. | Madre, 35, boulevard des invalides. tous bien à pornic, moi à bordeaux. courage, espoir, amitiés. — Dalloz. | Bourdilliat, 13, quai voltaire. tous bien. famille Plunkett, Pamar. moniteur, va bien. envoyez par ballons aussi petit-moniteur et petite-presse. n'imprimez que d'un seul côté, autrement illisible. espoir, courage, amitiés.—Dalloz. |

Bordeaux. — 2 décembre 1870.

Bordeaux. — madame Poirier, 54, rue nollet, paris. vais bien, notre famille aussi, souhaits pour ton bonheur. — Henriette. | Daru, 50, st.-dominique. Bruno bien portant le 7 après combats, conduite héroïque, proposé lieutenant. Dursus, Thérèse Chiffrevast, champagne bien. — Daru. | régiment Forestier. Gaudet, lieutenant, rue boileau, 12, auteuil. reçu 14 lettres. père, mère Benoît, Louise, vont bien. Claude cerné belfort, Villié tranquille. | Flury-Herard, 372, st-honoré. veuillez autoriser Droche, Robin, marseille, me payer quatorze cents francs. — Tiran. | Alexandre, 47, victoire. excellentes. blanchisserie, Henriette, Elisabeth à rastadt, bonnes. Laurent (Achen), Guérins, Poussielgue, Mathilde, Mahu, bonnes. prévenir Poussielgue.—Marie. |

Bordeaux. — 2 décembre 1870.

Marseille. — Nessim Semana, 105, chaillot. reçu votre lettre 20 courant, on dit coupon tunisien sera exactement payé. tous bien. — Lumbroso. — | Gueit, rue mauconseil, 27. le blocus ayant empêché de présenter echéances, veuillez dire si nos débiteurs paieront sur déclaration. — Vassal. | Huillard, 72, beaumarchais. bon souvenir, allons tous bien. attendons vos nouvelles détaillées. — Cécile. | Enkserdjis, 5, rue paix, paris. toute votre famille réunie à constantinople va bien, avez quarante mille francs à marseille. — Campredon. | Bloc, 15, place abbesse. tous bien. prière de remplacer ballon poste par extrait divers, vive la république. — Estier. | Chalamel, 37, croix-bretonnerie. reçu lettre quinze. recevrai volontiers autres nouvelles. — Court. | Sourdillon, 55, richard-lenoir. suis rome, reçu lettres, vendez huile, dites Marie dire madame reçu sa lettre. — Rossi. | Maupoint, colonel 121e ligne, paris. reçu lettre, allons bien. — Maupoint. | Hamot, 9, rue bayard, paris. tous bien portants. — Hamot. | Audibert, anjou-st-honoré. 18. vingt-huit novembre. troisième dépêche, santé toujours parfaite, marseille très-tranquille, demande instructions pour acheter obligations. — Clémence. | Plisson, 96, rivoli, paris. tous bien portants, reçu lettres, marseille. — Reybaud. | Hément, 56, rochechouart, paris. Alphonse lyon, famille saint-rémy, petit journal paraît lyon, bordeaux, caen, envoie 15 ballons poste. — Cadet | Eydin, rue du bac, 48. santé tous bonne, reçu lettres. — Eydin. | directeur compagnie france, rue grammont. confirme dépêche du 14 novembre, toujours pas de sinistres. encaissé cinquante mille francs, — d'Otémar. | Morel fatre, palais louvre, paris. allons tous bien, vous aimons toujours, écrivez encore — Parroul. | Vayan rue d'enghien, 8, paris. nous allons bien, reçu tes lettres. — Vayan. | Lapostolet frères, certeux. réclamez gares bercy ou batignolles, 60. sept balles haricots marquées L. kilogrammes six mille sept cent. — Laugier. | Lapostolet frères, certeux. haricots adressés commissaires subsistances cherbourg, partis de marseille 23 août par train 116.— Laugier. | Lapostolet frères et certeux. partis dans wagon J. cinquante neuf mille cent soixante douze, vendez-les après pesage. — Félix Laugier. | Abel Provenchier, 8, boulevard montmartre intermédiaire crédit foncier. assurez deux cent mille francs maison boulevard italie, annulez bail bouvet. — Châteauneuf. | docteur Potain, 112, rue grenelle-saint-germain. affections, écrivez marseille poste restante. — Jouau. | Hesse. sébastopol, 41. désirons nouvelles maman, famille, surveillez appartement Brach, sans nouvelles dijon. — Elias. | Riottot, paris. bonne, toutes alexandrie. deux versés. — Moure. | Beauguillot, 83, rue blanche, paris. oui tous bien. — Delaleu. | Roux, 13, rue trévise. paris. suis en parfaite santé et ta mère également, reçu tes lettres, marseille tranquille. — Emile Roux. | Stassin: rue louvois, 2. suis chez Léon, tous bien. — Stassin. | Duplessy, rue sèvres. 31. santé parfaite, reçu 9 lettres, écris dix fois, quitterai pas marseille, journaux très-exagérés. — E. Fabre. | M. Schuller, st-sabin pelée. 3. reçu 4 lettres, écrit 6, tous bien portants, bien arrivés. écris toujours, embrassons bien. — Schuler. | Moitessier Cail, 6, rue louvre. vendu sucres A trente-neuf. B trente-sept, C trente-cinq. — Bergasse | Moitessier Cail, 6, rue louvre. blés odessa, vingt-un francs vingt-cinq, pologne, vingt un nonante hectolitre. — Bergasse. | Hoskier, 42, notre-dame-victoires, vos enfants londres tous bien. marseille tranquille, allons bien. intendance refuse recevoir avoines. — Bergasse. | Circourt, 17, rue milan annoncer Lucien mort 18 août, administré Metz, Abel reparti. René prisonnier. allons bien. — Couturier. | Girette, messageries. lettres reçues, amitiés collègues Vasseur Tranchant. — Coullet. | Ladrange, fort bicêtre. lettre reçue, amitiés famille. — Coullet. | Julien, rue st-roch, 1. santés parfaites, lettres reçues. nous t'embrassons. — Julien. | Sarah Nathau, 4, rue de clichy. Maurice donné l'argent. — Belline. | Mallet, 51, boulevard de la villette. reçu lettres, sauf celle du 14 avec carte. tous bien, vous embrassons. — Pauline Mallet. | Simian, 38, notre-dame-lorette. reçu plusieurs tes lettres. Marguerite et tous santé parfaite, Albert, gabriel à lyon, moi réformé. — Simian. | Garnot 9, clary, madame ici, tous bien. — Martignon. | Lesseps, 9, clary. travaux un peu ralentis, navires tirant six quatre vingt passent maintenant, transit se maintient et progressera. — Martignon. | Deschamps, 27, dames batignolles. reçu lettres, tous bien, recommande Céline à Léon. — Fontane. | Barthélemy, 20, saint-guillaume. reçu lettres. sommes bien exempt mobilisation. — Dauzats. | Jullivny, 62, boulevard strasbourg, paris. avignon, marseille, santé parfaite. surtout Mathilde. Félix sauf, prisonnier goerliz, fonds abondants placés Angleterre. — Julliany. | Chertier, 7, Férou. marseille tranquille première dépêche de moi. santé bonne. — Chortier. | Michel, 3, rue guichard, passy. enfants à bale, soyez sans inquiétude. — Oppermann. | Picard, 79, rue de la victoire. écrivez moi Hesse marseille, ajoutez nouvelles Albert. — Edouard Cahen | Desachy, 61, st-placide. Bon del blovitz, santés bonnes. reçu 4 lettres, — Zeneide. | Lapostolet, 3, oblin, oui. 500, oui, 1600, peu 34, point, tranquillissime. faux. oui. non, importante, admirablement. lettre céréales perdue. — Puget. | Lapostolet, 3, oblin. tranquillité, union partout, si approvisionnements paris bons, sauvés. riz calmes gênes, augmenterons, précautionnez. arrivages légumes nuls. — Puget. |

Rouen-central. — Billault, rue gracieuse, 51. portons bien. satisfaits affaires commerciales, donnez nouvelles et cours suifs stock, Fernand, armée loire. — Merlin. | Demorzier, 20, sainte-croix-bretonnerie. argent manque pour chevaux. — Rosliv, 80, lafayette | Ollive, 3, bleue. pourquoi derniers apprend e malheur arrivé mon oncle. deux mois bientôt, chacun connaît ici, demandons confirmation. — Sophie. | Gresland, cardinal-lemoine, 1. reçu sept lettres, Gresland rejoint famille. vendez suifs, envoyez liste débiteurs. — Gaillard. | Jules guichard, 10, rue copenhague. bonne santé, reçu lettres, peu danger voir prussiens. bien triste. — Pouchet. | Massieu, rue st-lazare, 76, recevons lettres, merci tante, frères chéris, correspondance journalière rouen. fontenay, santé et moral excellents. — Duverger. |

Nantes. — Ermelier, rue rome, 46. rien reçu depuis le 1er, nouvelles de rue rovigo de madame Herviaux, nantes, hôtel france. — Soubeyran. | Chantereau Borione, moscou. 39. tous bonne santé, recevons lettres, envoyé recommandation Guépin à Caubet, 48, tiquetone. — Trotreau-Leconte. | m. Fovard, 94, boulevard haussmann. madame Delva malade, renvoyer cuisinière, remettre clefs concierge. — Wolff, 7, rue dubois, nantes. | Simon, 9, rue turbigo. tous parfaite santé. avons vos lettres, Jacob à marseille, reçoit excellents courriers amérique. avons espoir. — Frédéric. | madame Dubout, 60, verneuil. Albert malade. allez chez concierge, demandez vins, provisions buffet, salle manger, répondre poste restante nantes. — Dericard. | M. Hervé, 48, rue taitbout. comment allez-vous? très-inquiète, répondre poste restante nantes. — De Ricard. | M. l'abbé Michaud, église magdeleine. comment allez-vous? très-inquiète, répondre poste restante nantes. — De Ricard. | Thibeaud, cité trévise, 3. perdu nouvel enfant, famille bien, Chevrier bien. — Thibaud. | 14e corps, 116e régiment, Delachaise, capitaine adjudant-major au 38e. portons parfaitement, Ernest nantes, écris nantes. - Merson. | Raymond, 38, rue clichy. lettres arrivent, donnez nouvelles. amitiés. — Adeline. | Quicherat, 9, casimir-delavigne. amitiés, lettres parviennent. donnez nouvelles, toujours breteseche. — Eugénie. | Fillol. aumônier villejuif. parfaitement. — A. Lemaire. | Rodier, 19, place madeleine, paris. tous bien portants nantes, 3, santeuil. | Demeufre. | Moitessier Cail, louvre, paris. cinq cent cinquante disponibles, tout vendu sauf barriques bairgaux dont arbitrage défavorable. poursuivons nullité sentence. Haentjens. | Donon, 17, malesherbes. 28 nov. tous bien à laroche, suis à nantes. — Eugénie. | Alfred Lefebvre, 5e 1er mobiles nantes, mont valérien, accuser réception. — Lefebvre. | Lefebvre, 5e 1er mobile nantes, mont valérien. vu Emile Simon père convenu, user crédit Simon fils, prends suivant besoin. — Aimée Lefebvre. | Hess, 53, vivienne. bonnes nouvelles madame. Hess et enfants. — Leroy. | Souchais, 28, naillet. nous tous bien, situation bonne. — Ferdinand. | Calla, rue marronniers passy, paris. 28 novembre. familles Calla, rue Félix, 14, nantes. chernovir, magniol, trouville santés bonnes. — Calla. | madame Lefèvre. rue de verneuil, 23. nous allons tous très-bien. A. Lefèvre. | Collin, rue casimir-périer, 21. tous bonne santé, faites service 3 décembre, amitiés. — Collin. | Lavocat, 37, quai tournelles. tous bien portants, recevons lettres. — Millet. | Valois, 11, garancière. expédier nantes poste restante, fonds disponibles. — Ansart. | Pannier, 3, rue boulogne. demandes Fabre impossible servir. a pas reçu dernière remise galbrun. — Guérin. | Guyon, 1, st-florentin, paris. tous parfaitement, tranquillité, maison vendue. bocage. — Guyon. | Vanderberghe, boulevard voltaire, 42. tous valides. Adolphe libre, souffrant bruxelles. — Thérèse. | Réveillère, avenue morland, 10. famille bien. pas nouvelle. inquiet. — Réveillère. | Hamon, boulevard courcelles, 76. lettre reçu, famille bien, mère bien. — Lebreton-Brun. | Touzard, rue saint-georges, 18. tous parfaitement, tes lettres reçues. Amanda, bayeux, parfaitement. — Laure. | Peytel, notre-dame-lorette, 39. porte bien, reçois lettres. — Marie Peytel. | Marion, rue château-d'eau. maison assurances générales, mobilier phénix, usine nationale. — Turgan. | Marion, rue château-d'eau, 54. donne pouvoir Marion architecte me représenter pour sinistre ma maison, 7, boulevard d'auteuil, boulogne. — Turgan. | Dumont, 41. luxembourg. aucune nouvelle, écrivez-moi, direction artillerie nantes. — Turgan | Zimmer, fenélon, 11. dernières nouvelles 9 octobre, écrivez immédiatement famille, bien partout. — Vauvert. | Molinier, 220, faubourg st-denis. deuxième pigeon, nantes, rue lafontaine. bien assez argent, reçois lettres. — Molinier. | St-Quentin, 28, mobile 1er bataillon, 4e compagnie mont valérien. saint-quentin. Simon bien, Jean, César exemptés. st-quentin. |

Nantes-Central. — Mlle Marchand. rue enfer, 25. tante au ciel. — Laure. | Camille Groult, st-appoline, 12. porte très-bien, et les trois enfants toujours très-bien. écris beaucoup de lettres. — Veuve Groult. | Rabache, commandant 2e batterie mobile. loire-inférieure. porte flandre. bastion 29. famille bien, reçu trois mandats meubles, nantes. écrit scaramauga. — Rabache | Journé, 6, rue marengo. nous, louise, enfants, ceux marthe, santés bonnes, anselme aussi, au 15 courant, depuis sans nouvelles. — Bocquet. — Albert, faubourg poissonnière, 27. famille bien, lettres reçues, frères partis. — Albert. | Le Roy, 53, rue vivienne. fernand, gaston, suzanne bien portants. — Léonie. | Benon, 11, taranne. tous trois parfaite santé. — Léonie. | Marchand, rue douai, 12. louise accouchée fille, tout parfaitement bien — Laure-Lebasteur, rue londres, 13. bonne santé, emprunter langlois. — Henri. | Brown, boulevard, bonne-nouvelle, 25. clémentine habite auvray, allons tous bien, mille tendresses et affections. — Besnard. | Fruchard, 34, douai. père, frère, moi allons bien. — Fruchard. | Alexandre, moineaux, 22. bonne santé, dire émile, marguerite morte. — Sermoise. | Général Vinoy. tous très-bien. trois semaines sans lettres, reçu une aujourd'hui. — Vinoy. | Paris, rue amsterdam. surgères état-major, renaud. famille bien. — Surgères. | Paris, montreuil. guinebauld, commandant. 4e mobile vendée. familles bien. — Guinebauld. | Neugelic, vivienne. 2, bis. nantes, parc. vendée tous bien. — Eulalie. | Leblanc, 41, avenue wagram. échappé prussiens, dirige à nantes sous ordres reffye. ateliers beauséjour. famille avec moi bien portante. — Fleuret. | Ladmirault, 28e mobile. loire-inférieure, 3e du premier, paris. voilà 2e dépêche. tout bien chez nous, georges travaille division. — Ladmirault. | Cordier, ministère marine. cordier, baudry, amélie, robert, eugénie, granville bien portants. — Marolles. | Mme Dargère, pergolèse, 48. remettre immédiatement 350 fr. à branche avoné, avenue victoria, 14, pour madame chenel. — Chenel. | M. De Lucy, avenue malakoff, 137. marguerite, pierre, brigitte, 24 novembre, et nous bien portants. — Cheuel. | Douillard, rue assas, 11. 6e lettre reçu hier, nous tous bien. — Siffait. | Réquédat, 35, godot-mauroy, paris. tous nantes bonnes santés. esther, neuville, aleux, oncle, monaco parfaitement écrire. souvent martin Eu. — Réquédat. | Béraud, capitaine 28e marche, mont-valérien. tous bien tranquilles. — Saillant. | Boulanger-Lesur, 19, boulevard montmartre. ta famille très-bien. — Claire. | Gaudin, 50, abattucci. 4 lettres successivement parties, annonçant perte de votre bonne mère, et bonne santé des autres affections. — Lagiraudais. | Boiscourbeau, 28e mobiles. 1er, 3e mont-valérien. famille tous bien. joseph joussemet prisonnier, familles d'amis bien. nantes calme, confiance. — Boiscourbeau. | Lelièvre, 35, notre-dame-des-champs. vos lettres reçues. familles faivre, gleyzal, michel, peton, baille, rouget, moucet, ginoux, mi nne bien, desfontaines préservée. — Bizet. | Mme Despréaux, 11, ferme-mathurins. ferdinand nantes, victor embarqué, lucie, enfants bien. prévenez père dufougerais famille bien. lettres reçues, amitiés. — Dufougerais. | Descottes, 71. grenelle-st-germain. lettre reçue, écrit juillet, cœur toujours dévoué. prévenez père dufougerais famille bien. ouest calme, henri bien. — Dufougerais. | Baligois, sergent 28e mobile, 1er, 1re mont-valérien. parents bien, reçu lettres. — Cartier. | Docteur Saingermain, 20, pépinière. tes parents nous bien. — Louise. |

Bougie — Durville, ministère finances. suis inquiet envoie, nouvelles. boujie. — Martin. |

St-étienne. — Bousquet, 12 isly, tous bien embrassons tous. — Clara. | Pansu, croix des petits champs, 23, tous bien, envoyez famille quand pourrez. — Rey. | Courras, grange batelière, 12, familles montchanin, guinard. jozan, madame castel accouchée garçon tous vont bien, bordeaux bonne nouvelles. — Chéry. |

Rodez. — Clausel, provence 7. allons bien, Henri étienne, xavier autun, moi rodez, courage, provinces agissent vigoureusement. — Coussergues. |

St-benoit-du-sault. — St-benoit, 30 novembre, santé bonne, A. huard, capitaine cuirassier, recevons lettres, amitiés docteur passant, rue grenelle 39. — Sophie. |

Argenton-s-creuse. — Delaperrière, 50 rue bellechase, nouvelles par lyon, bien portantes toutes trois, nouvelles chartres, 2 janville, 7 novembre. Argenton-sur-creuse. |

Chateauneuf-s-cher. — Picoud, montorgueil, 55, tous bien. — Thory. |

Villers-s-mer. — Leroy, rue rivoli 178, albert cécile alphonse, famille portent bien recevons vos lettres famille tricoche bien — H. Leroy. | Duseuil 136 faubourg st-honoré, 27 novembre, toute colonie, frères martineau. Bouillé parfaitement bouvreuil homélie merci, abbé inquiets domestique fraville. — Pauline élizabeth. | Tellier, 11 écuries-d'artois, reçu lettres, tous bien, robert admissible engagé, prend provision cave, armoire, salle. clefs bureau, 27 novembre. — Edina | Erlanger, 8, rue des vosges troisième dépêche recevons vos nouvelles émilie sevrée le 24, tous parfaite santé, villers 27. — Constantin. |

Etretat. — Doudement, flandrin 11. reçu lettres, tous bien portants, écris doudement | Brasseur, 47 taitbout, etretat bonne santé argent, embrassons. — Brasseur. |

Le temple-s-lot. — Aubert, conservatoire, pas pu rentrer, désolé, arriverai aussitot possible. — Bax. |

Arques. — monsieur Edard, 26 rue du dragon, paris. affaires nulles. fabrication arrêtée, barroques expédiées, santé bonne, province marche, espoir. — Ed. Versmheset. |

Berlaimont. — Préseau, rennes 123, bureau hâvre. — Claire. |

St-lo. — Boucley, 13. tournon, reçu lettre novembre aucun changement tribunal, deux collègues amis. | Granger. rue luxembourg, vente bonne finie. lisette vendue. grossier réformé, paul mobilisé, caisse 22,000 donné nouvelles à lyon. — Onfroy. |

Luc-s-mer — Aimé girard école polytechnique, langrune, 27 novembre, allons toujours bien, père supporte bien. — Girard. | Bourse, vosges 18, langrune. 27 novembre. allons tous bien, sommes tranquilles, nourrice restée, joseph parti artillerie chevaux vendus. — Berthe. |

Romorantin. — Emile Jacquet, 60e ligne 1e bon. avons tes nouvelles, portons bien. — Jacquet, | Limozin, 16 petits-hotels, lettres. mandat arrivés, marseille romorantin bien portants, sois tranquille enfants bien gais, 30. — Ernestine. |

Alençon. — Davourt, 119 boulevard prince-eugène. portons bien, tout bien vendu, edmond capitaine. |

Martigues. — Iourde, directeur siècle, chauchat 14, tous à carry santé excellente, recevons tes lettres, écrivons chaque jour, t'embrassons tous. — Anais. |

Beaurepaire en bresse. — capitaine Villaret joyeuse, 1 rue vantadour. paris, allons bien reçois lettres, antoinette marche. — Villaret joyeuse. |

La charité. — Tiron, 183 rivoli, tous bien. — Esther. |

Tonnerre. — Etienne, boulevard bonne nouvelle, 25, parents tous bien portants. — Etienne. | Desvernay, 14 rue de beaune, maman tous bien portants écrivez à tonnerre. — Hippolyte. | Marquis télégraphe central salles-paris, suis tanlay, vais bien parents aussi. — Léonie. | Diolé, grange-batelière, 11 santé bonne, recevons lettre, eu ennemis logés 10 sans dégât. — Diolé. | Lecestre, 27 rue trezel paris batignolles, tous très bien. — Eliza, serrigny, 27 novembre. | monsieur Ripert, rue ramey 31, paris montmartre. petite fille tout bien. — Pauline, serrigny, 27 novembre. |

Ruffec. — René, 70, madame. reçu 3e lettre. Joseph blessé, appeler ozanam. santé bonne. écris milano, spiga, 8, Malinari. — Lehaut. 1er décembre. |

Navarreux. — Perrine. rue d'auteuil, 12, auteuil-paris. évadé! suis navarreux (basses-pyrénées), attends nouvelles — Godefroy. |

Roanne. — Faroux, boulevard poissonnière, 14. reçu lettres, sommes roanne tournus bonne santé. que devient Thiry et appartement Duris? — Caroline. | monsieur Nicolas, 82, rue amelot, paris. reçu toutes lettres ballon, nouvelles Alphonse Goll Voilin, santés bonnes, enfants sages. — femme Nicolas. |

Gien. — Hugot, 55, rue cherche-midi. prisonnier, santé, fourrier, vais bien. — Hugot. |

17. Pour copie conforme:

l'Inspecteur,

Bordeaux — 4 décembre 1870.

Issoire.—Alfred Marret, 16, vivienne. allons tous bien, Gabriel également.—Marret. |

Rennes. — madame Balincourt, 21, écuries-artois. Balincourt, Dulphé, bien, prisonniers hambourg. donnez nouvelles, amitiés, bien portante. — Augustine Bouchon. breil. | Dulphé, 18, miromesnil. Georges, Balincourt, Richard, bien, prisonniers hambourg. Guibert, Richemont, Hautefort, Pierrebourg, bien. Roger, lieutenant, bien, armée loire. — Marie. | Guivet, rue pont-neuf, 15. Victor, rhumatisme, metz. Léon, armée loire. tout va bien rennes, troyes, brienon, béziers. prévenez Albert. — Couturat. | commandant Dudezerseul, commandant le 1er bataillon de mobiles d'ille-et-vilaine à ivry. nous allons tous bien. — Marie. | monsieur Prosper Courteau, hôtel louvre, rivoli. santé, situation bonne, reçu déclaration. — Durand. | Brisac, enghien, 11. sans lettres depuis un mois, écrivez. — Zoé. | Vulpian, soufflot, 24. mesdames Vulpian, Vernière, Georges, très-bonne santé. attendons bébé fin décembre, recevons lettres. — Vulpian. | Pierard, directeur ouest, paris. exploitons à partir du mans, couches, oissel. posez questions numérotées, nous répondrons.—Mayer. | Alexandre Brossault, rue st-antoine, 111, paris. santés, affaires, bonnes. reçu douze lettres. achetez outils, boucles toutes sortes étamées vernies. —Pinard. | de Farcy, 14e régiment d'artillerie, 17e batterie, réserve du 14e corps. demandons instamment nouvelles, tous bien ici, t'embrassons. — de Farcy. |

St-Malo. — Malaizé, petites-écuries, 44. santés parfaites, filles leçons, beau temps, hâvre bonnes nouvelles, reçu argent Kersanté, donner 100 fr. Hottier. — Malaizé. | Fribourg, 43, turbigo. ici Oppenheim, tous bien, renvoyer Adèle, lettres reçues.—Segnitz. |

Orléans. — Gallet, 217, rue saint-honoré, paris. santé excellente, recevons lettres.— Gallet, Roycourt, Collas, Pillet. |

Roanne. — Derville, référendaire, 34. théâtre grenelle. courage. cambrai, roanne, parfaitement. — Chapuis. | Chapuis, 25, saint-sauveur. courage, roanne bien.—Chapuis. |

Caen.—Claude Brand, 2, tournon. Louise, Julie, florissantes. semailles faites orgeville, comptes reçus, dépensé trois mille 1er novembre, provisions considérables. — Brand. | Dauriac, 7, rue ventadour. caen chez Lesueur, bien portants. enfants lycée. — Adèle. | docteur Verrier, 13, rue bonaparte, paris. santé bonne, reçu mandat, attendre projet. — Lepage, 13, bernières, caen. | Baillod, intendant, 2e corps armée, paris. très-inquiet de Paul Descostils, 46, rue jacob. faire recherches, réponse à caen. — Descostils. | monsieur Roblin, 17, moscou. toujours à caen, bien portante. mère, sœur, à nantes. recevons tes lettres.— E Roblin. | Raoux, 41, martyrs. famille entière bosviel, barjac, bonne santé. reçu argent, manquons rien. —Raoux. | Caron, cherche-midi, 33. sommes luc, maison Beauval. donnez nouvelles. amitiés. — Langlois. | Nicolas, 18, maronniers-passy. dix jours sans nouvelles, tous bonne santé, vu Ver bien, argent Pouchet. 1er décembre. — Nicolas. |

Cambrai. — Beaufils, 42, bac. serrurier ouvrir armoire. beurre pour Hippolyte, Alexandre, Pierre. —Defremery. |

Valenciennes.— monsieur Egard-Gemez, paris, sorbonne, 10. pas de tes nouvelles, écrit ta tante. — Leduc. |

Dunkerque. — Lemaitre, casimir-delavigne, 1. nos lettres sans doute point parvenues, écris à dunkerque —Letrésor. |

Blois. — Ducoux, 23, rue montparnasse. joseph décédé aujourd'hui, mesdames courtin, hallaire arrivées. — Limosin. | Lacaux, 38, bis, boulevard beaumarchais. merci, adolphe. nous allons vers vous, envoyez-moi signature romaine et sa mère. — Lecanu. |

Vire. — Varin, 127, boulevard haussmann. madame varin et enfants bien, reçoivent vos lettres, remis trois mille francs, tous vous embrassent. — Masson. | Debains, 4, rue bochard-de-saron. reçois lettres, merci. province debout, espoir, courage, allons bien, voyez petit, travaux continuent doucement. — Gellerat. | Rouger, 26, rue sévigné. vire, 1, rue capucins. bonne santé, reçu six lettres, donner nouvelles santé, fabrique marchandises. — Rouger. |

Morteau. — Monnier, 72, saint-louis-en-l'isle, paris. santés bonnes, recevons vos lettres. — Eudoxie. | Perronne, officier état-major, élysée, paris. reçu tes lettres, perdu grand'-mère, santés bonnes, père à besançon, maria ici. — Perronne. |

Saint-James. — Docteur Ménard, 128, saint-lazare. saint-laurent, empêchez aucune installation, gardez ma clef. — Quénéhen. |

Chatellerault. — Fradin, sous-lieutenant 36e de marche, paris. lettres de paris arrivent toutes, marcel, poussard, écrivent souvent, écris-nous.— Fradin. |

Ancenis. — Dyanville, 26, luxembourg. genou appartement charles, nouvelles diverses, mère santé passable, autres bonnes, henri bonne, ada, grangues, tillet réquisitionné. — Dyanville. | Chauveau, 14, place vendôme. sommes grand, patis bien portants, — Chauveau. |

Nantes. — Desgrandchamps, 12, rue billettes. nous allons bien, delphine aussi, jeanne deux dents. — Desgranchamps. |

Nantes-Central. — M. Choppy, état-major, 6, secteur. deux mois fortuné pas écrit. — Paillet. | Villers, lieutenant 18e régiment de marche, 14e corps. neumayer écrira. va, 8, rue ménars chez mérembert cousine neumayer, gaston sédentaire. — Villers. | Toulmouche, 70, rue notre-dame-des-champs, paris. tous très-bien, vos lettres reçues. — Foucault. | Mathieu, 25, condorcet. de grâce écrivez-nous. — Jomeau. | madame Vernet, 2, impasse saint-sébastien, paris. santé parfaite, inquiète depuis un mois, pas nouvelles, écrire, besoin, tarin, courage. — Adèle. | Larrey, 35, rue lyon. nous portons bien, bon courage, écris-nous toujours. — Achille Larrey. | Guyon, 4, saint-florentin, paris. tous parfaitement portants, tranquillité, espoir.— Guyon. | Lambert, 47, rue lille. tous très-bien, stanislas ici. — Joséphine. | Delachaume, 7, boulevard malesherbes. suis à nantes avec famille delachaume, tous bonne santé. — Léonie. | Ferdinand michel, 2e batterie, artillerie mobiles nantes, paris-villette. sans nouvelles en donner promptement, ici tous bien, delonaé aussi. — Michel. | Gonzague Chevalier, sergent 1-elan, 2e marche, mont-valérien. parents amis, turbel, forget bien, lettres reçues, prions, attendons impatiemment nouvelle. — Chevalier père. | Sallier, capitaine mobiles ille-et-vilaine, 3e bataillon, 3e compagnie. lettres reçues, familles bien, yves vannes, sois tranquille. — Adèle. | Poirier, 4, drouot. famille bonne santé. — Touchais. | Durant, 75, gravillers. georges et nous très-bien, nouvelle vous 2 novembre. 1er décembre. — Brunet, hôtel ouest nantes. |

Limoux. — Rouquette, 15, geoffroy-marie. famille bien, léon lyon bien. — Rouquette. |

Quimperlé. — Eugène Saunier, 2, place opéra. tous bien, toi toujours. 1er décembre. — Antoinette. |

Chateaulin. — Lebellec, Prosper, ministère marine, paris. parfaitement. — Lebellec. |

Lesneven.— Trevise, 134, rue morny. reçu commission par ernest, reparti de suite le croyons dans son pays, envoyez son adresse. — Jules. |

Hazebrouck. — Plancke, 17, cléry. inquiétude, écrire détails ménage Alexandrine Ulmay, Prudent chauffer magasin, remuer marchandises, humidité nuisible, Chapel écrire Bailleux. — Alidor. |

Armentières.—Dubot, rue sorbonne, 2. Messine, oui, non, oui. portons bien. marie, enfants, à lagorgue, petite vérole, péronne. parents restés. — Amélie. |

Douai.—Plon, rue ventadour, 6, paris. opposition à toute vente Malet avant entente verbale.—Eglée Lefèvre. | Vannaisse, 50, rue violet. allons bien, ferme espoir malgré difficultés, on agit, écris. — Henri. |

Lille.— Mariage, 4, cloître-st-merry, paris. vos familles bonne santé. prière envoyer 200 francs Méert, 48, rue compans, belleville. — Liénard. | Aimé Mariage, 23, lombards. votre femme, vos enfants, bruxelles. tout le monde, à lille et bruxelles, en bonne santé. — Liénard. | Libersalle-Deriencourt, thorigny, 8. confirme précédentes dépêches. contesterai ventes inférieures cent vint-cinq. cours moyen européen. communiquez Way Mariage. — Lefèvre. | Derreumaux, 52, boulevard ornano. Juste, prisonnier ulm.—Joseph. | Epstein, 51, avenue montaigne, paris. tous les vôtres bien portants. Joseph, Simon, Cécile aussi. varsovie, 20 novembre.— Jean Epstein. | Epstein, 51, avenue montaigne, paris. reçu chemin belge, Mathieu lettres ballon, nous portons bien. bruxelles, 22, boulevard waterloo.— Maillard. | Poussin, 6, brunet. bien portant. pour argent toi et Albert, voir Lancestre, 23, avenue roquette, ou Bablin. réponse ballon.—Kalmus. | Ammann, 19, cail. très-affligé, pas nouvelles depuis 20 septembre. écrivez petite lettre ballon, poste restante, luxembourg grand-duché. — Ammann. | Mayer-Levy, 93, marais-st-martin. tous en bonne santé, avons reçu lettres jusqu'au 10 septembre. — Amélie Mayer-Levy. | Nérot, 153, boulevard magenta. Sophie bonne santé, sage, travaille. — gallan. |

Roubaix.— Adeline, 13, turbigo. recevoir généralement tes lettres, j'écris souvent, vais bien, partirai garnison bientôt.—Charles. |

Fécamp.— Cloquet, boulevard palais, 5. Albert montpellier, va bien, nous aussi.—Alice. |

Mortain.— Leroy, rue des moines, 17, batignolles. nous nous portons tous très-bien, recevons tes lettres, pensons beaucoup à toi.—Leroy. |

loches. — Duboy, 11, thérèse, paris. bien portants.—Duboy. |

Etretat. — madame cazier, neuve-des-mathurins, 63. courage, patience. étretat. |

St-Aubin.— Degorce, 70, bonaparte. bien portants tranquilles, st-aubin.—Marie. | M. Ruprich, 10, assas, paris. tous en parfaite santé, reçois lettres de paris, tranquilles ici, argent reçu. st-aubin.—Ruprich. |

Albi.—bellomayre, 32, rue montparnasse. bonnes nouvelles. Elie prisonnier dusseldorf. Pauline, famille, bien portants. nous aussi. dis Jacques.—Freissinet. | Nationale incendie, grammont, 13, paris. agents présents, fonds rentrent, sinistres ensemble quarante mille francs, procès perpignan gagné, situation bonne.—guillaud. |

Menton. — goffart, 36, rue godot-mauroy. tous bien portants. Eugénie chez Tallois, bruxelles. Alfred, prisonnier hambourg.— King. | Poute, 28, boulevard bonne-nouvelle. sommes menton, portons tous bien, pas de nouvelles de toi depuis le 8, écris ici. — Poute. | lesieur, lafayette, 132. allons bien, recevons lettres courtes, écris longuement. as-tu provisions? léon santé, eugène caporal, oncle afrique.— Aline. |

Loches. — Brouard, boulevard st-michel, 49. famille loches, Bachelier.—Maxime. |

Narbonne. — Py, chez Villacèque, rue pont-louis-philippe, 9, paris. santés excellentes, affaires commerciales même position, Emilien mobilisé non encore parti.—Py. |

Saint-Palais. — monsieur Gley, quai billy, 34, paris. pas de nouvelles de monsieur Foucher depuis un mois. par prière écrivez-moi. — Foucher. |

Loches. — Fontès, rue bouloy, 17. lettre du 15 reçue, santés bonnes, positions administratives maintenues.—Fontès. |

Elbeuf. — Picard, 97, st-lazare. reçu lettres 17, 20. envoie télégramme chaque jour, enfants bien, attends portraits.—Schayé. |

Figeac. — Dervillé, quai jemmapes, 164. barbier mort, suis stéphane, paris attends nouvelles. pas reçu carte lécuyer. — Dervillé. |

Cahors. — Bouisseren, 67, rue verrerie. Enfants espalion bonne santé. — Sainsèbe. | Lhuillier, 120, champs-élysées. envoyez procuration pour toucher fonds à tours, courage, armée loire va marcher sur paris. — Sainsèbe. | Dufour, rond point des champs-élysées, 12. joseph, victoire, léonie, lisette, édouard, emma, cahors. léon, anna, enfants, vivier, tous bien portants. — Dufour. | Directeur général tabacs, paris. déclarations dépassent contingent ordinaire. réclamé contingent et prix à délégué ministre finances, tours. service marche. — Dorsan. | Directeur général tabacs, paris. soldats français occupent magasin, cahors. réquisitionné toiles emballages pour paillasses, utilisé services, gares inspecteur strasbourg. — Dorsan. |

Honfleur. — Billing, ministère affaires étrangères. allons bien, reçois nouvelles. vasouy.— Marchand. |

Mâcon. — Senaillet, rue des lions-st-paul, 9. mâcon, 31 octobre, mes fils, mère et enfants vont bien. — Clair. | Lalouette, capitaine, 117e. 25 octobre, mâcon. santés bonnes, trois merins, orléans saufs. victor prisonnier, thérèse mariée. — Betoy. | Puche, rue duhelder, 12, paris. recevons lettres cluny, nouveaux impôts, maisons poissonniers et bochartsarron, veuillez payer entendre avec bertin. — Caraud. | Boisaux, faubourg poissonnière, 9. allons bien, reçu quatre lettres, embrassons. — Marguerite. |

Quimper. — Dehaut, 147, faubourg st-denis. tous bien, recevons lettres. — Debaut. |

Auray. — Pelletier, 8, tournon. mère, marie, madeleine vont bien, en sécurité à verneuil, nous bien. Dubois. | Langlois, rue petites écuries, 52. allons bien, recevons lettres, tristes loin de vous, cinquième dépêche. — Langlois. |

Quimperlé. — Mercier, rennes, 62. tous bien. — Charles. | Toussard charlot, 31. très-bien. — Toussard. | Bignault charlot, 31. écrivez, baptiste. — Toussard. |

Sées. — Berruyer, neuve-des-martyrs, 13. par pigeons. octave, tous bien, reçu argent. — Estelle. |

Albi. — Freissinet bellechasse, 31. mère famille bien, donne détails, vois paliés avec étienne, familles bien. bellomaire décoré, jules avec charrète. — Freissinet. |

Amiens. — Rousseau, rue regard, 7. sans nouvelles de vous. écrivez par ballon. bien portants. rien ici. — Rousseau. | Mme Fain, rue st-denis, 313, paris. félicité, blois, tous bien. — Cécile. | Boussod, 72, amsterdam. 26 novembre. nous allons toujours bien. — Boussod. |

Blois. — Bailly, boulevard st-martin, 41. que devient gabriel. — Mélian. | Devilliers, boulevard pereire, 108, famille toujours à st-gervais, santés bonnes, recevons tes lettres et écrivons souvent. — Devilliers. | Hittorff, 63, st-lazare. avons reçu triste nouvelle, partageons votre affliction. — Cartier. |

Rochefort. — Belfond, 46, rue bondy. avons professeur ta mère, santé parfaite. — Belfond. | Leps avenue ternes, 45. lettres reçues, adolphe, prusse, tous bien. — Eugénie. | Hallat, commandant, 305, vaugirard. mère décédée, reçu lettres, sommes bien. — Emma. |

Royan. — Denormandie, boulevard haussmann, 96. bonnets denormandie, élisabeth mariette à royan. bonne santé, charles à toulon. — Denormandie. | Claudon, entrepôt vins, sommes à royan informez lecerf reçu lettre, boehm ambert intact, appris décès m. henry, condoléances.— Théodore louise. |

La Rochelle. — Boutard, avenue malakoff, 11. envoyez nouvelles à digoin, voulez-vous argent, suis capitaine mobile. — Boutard. | mlle Lafargue, 17, avenue friedland, louis va bien, prisonnier mayence. — André. | Sarrau, rue arsenal, 9. lettre 10 reçue confiance questionne. — Sarrau. |

Tréport. — Charpentier, 76, boulevard sébastopol. bien, mandat du 15 seulement, ai assez — Charpentier. | Sassenay, 1, rue de vigny, paris. allons bien, normandie tranquille, recevons vos lettres. — Sassenay. | Halevy, 31, rue larochefoucauld. les vôtres sont à étretat bien portants. — Carles. | Fortier, banque france. nous allons bien, écrivez souvent, recevons lettres. — Carles. | Bardet, 18, rue st-pères. allons bien, écrivez souvent, recevons lettres. — Carles. | Jourdan, 10, commines. donnez nouvelles, henri jeoffroy garde national, st-mandé, santés bonnes.— Jourdan. | Debacker, 18, paix. tous bien, amitiés —Louise. |

Gournay. — Bouvaist, rue richelieu, 62, paris. tous bien portants, recevons lettres, écrivez toujours, rassurez mon père. — Prévost. |

Neufchâtel. — Janzé, rue martignon, 18, paris. tout va bien. — Bloche. |

Ancenis. — Gaillard, jeûneurs, 29. novembre 28, gros garçon, mère et enfant supérieurement bien, ondoyé, vos lettres reçues. — Lefèvre. |

Nantes. — Arnous, 51. rue neuve-st-augustin. reçu lettres, henri revenu, maison entière, bien, amis bien. — Emilie. |

Viviez. — Garnier, 84, amelot. jeanne, marie, viviez puis deux mois, santés parfaites, édouard capitaine état-major. — Berthe. | Garnier, 84, amelot, paris. tous viviez puis deux mois, santés parfaites, usines sardaigne, marchent bien. — Berthe. | Gouin, cambacérès, 4. transféré viviez aveyron. reçois vos lettres, compliments chabrol, vous embrasse. santé parfaite. — Jules. |

Aurillac.— Bessières, faubourg antoine, 105. santé parfaite, oncle ici. rien laubmeyer, fille chagrin, détails commerce, sept lettres, regrets être parties. — Bessières. | Andrieu, 217, faubourg st-martin. allons tous bien, adressez lettres reilhac. — Lapauze. | Marc. rue d'allemagne, 137. tout le monde va bien, écrivez souvent. — Best. |

Tarbes. — Pujo, rocroy, 23. paris. bien, frère prisonnier schleswig, estelle bien. justin partira toulouse. — Pujo. | madame Androu. lancry, 47. lettres reçues, louis parti, santés bonnes. — Barbier. |

Nice. — mademoiselle michel, hôtel nord, rue de bourgogne. demander argent de ma part au général trochu. — Michel. | Durenne, 20, verrerie. tous nice, bonne santé, embrassons. — Elisabeth. | madame Boisgéant, 26, poncelet, ternes, paris. reçu lettres jannes, 4, 5, écrivez nice très-calme, santé bonne, pensée constante.— Alexandrine. | de Magniau, 68, faubourg st-honoré. donnez nouvelles à nice, inquiétudes affreuses du silence prolongé, santé bonne, souvenir. — Carles. |

Cannes. — Jouault, boulevard voltaire, 256. à cannes, bien portante. — Rabasse. | Coulbeaut, grammont, 28. pas reçu lettre à questions, tous bien portants, lamy en normandie. — Coulbeaut. |

Niort. — André, faubourg st-martin, 186. vais bien, pas accouchée, avenue limoges, 20. — Coralie André. | Debaissun, faubourg st-martin, 186. familles lassou, alphonse, andré, ruffin, david, vont bien. — Lasson. | Escudier, rue d'enghien, 7. caroline, marie, enfants, moi bonne santé. — Louise. | Jumelle, 123, rue st-denis. inquiétudes terme maillard, priez dénier écrire résultat, voyez jerdinier, jeanne, écrivez détails intérieurs, alphonse doucement. — Grieu. | Jumelle, 123, rue

Bordeaux. — 4 décembre 1870.

st-denis. santés bonnes, parfaitement installés, henriette attend, accoucheur convenable, nourrice prévenue. henri externe lycée, lucie couvent. — Jumelle. | fluard, rue blanche, 7. inquiet, finance empêche mobilisation, parler propriétaire miromesnil, éviter deux loyers, montaigne 17, concierge fera déménagement. — Russon. |

Cognac. — Duret, 20, rue neuve-des-capucines. lettres reçues, tous bien, nos cœurs avec vous. — Duret. | Méley, 30, missions, paris. sommes inquiets, écrivez par ballon. — Barraud. | Chambelaux, montorgueil, 69. tous bien, albert mort variole. — Morillaud. | Petit, st-placide, 58. t'embrassons bien, bonne santé, rien craindre. — Mathilde, Pauline. |

Orthez. — Hébrard, st-denis, 90. bonne santé, provisions, espoir. — Hébrard. | Christofle, 62, rue bondy. tous bien laû, dieppe, villerville. famille durand laû, maurice st-omer, jules châteaudun. rousseau, hugues coblentz. — Deribes |

Cahors. — M. Perboyre, 43, boulevard st-germain. nous nous portons tous bien. — Félicie Perboyre. | Cayla, collége rollin. oui aux quatre questions. — Céline. | M. Girardel, 24, rue greuze, Passy. bien portants, laure pension, argent reçu, rosine marche, parle, dors. reçu nouvelles. — Dunand. | Richard, rue carmes, 6, paris. recevons lettres, portons bien, tendresses, prières. — Richard. |

Bayonne. — Carvaillo, échiquier, 39. reçu lettres, santé parfaite. — Mélanie. | Léonce Suares, 5 bis, lamartine. bien, aristide bayonne. — Alphonse. | Bernheim, 11, rue marché-st-honoré. papa toujours parfaitement bien, nous aussi, avons envoyé dépêches, recevons vos lettres. — Zélia. |

Agen. — Margorie, 23, sèvres. santés excellentes, donne nouvelles, amis appartements. — Gustave. | Bergor, 6, ménars. mères, enfants, bien portants, lettres reçues, léonie, moi ensemble appartement près celui ta mère, albert rouen. — Mathilde. | Gastebois, artillerie mont-valérien. gabriel, albert, armée loire, bien portants, ignorance complète sort emmanuel, toute famille bien. — Gastebois. |

Rochefort. — Chailloux, médecin, fort montmartre. 27 novembre, toujours bien, dulong, guerre. — Chailloux. | Sereo, rue bonaparte, 55. reçu aujourd'hui 27 nouvelles, écris souvent, tous bien. — Marie. | May, 51, provence. suis bien. 15 jours sans nouvelles, hier bonnes lettres, néglige rien pour écrire, rochefort, 27. — Emma. |

Poitiers. — Domage, 19, rue faubourg st-honoré. Parquet à bruxelles, tous bien portant. — Marsault. | M. Delacour, rue st-louis-en-l'île, 90. vous avez une fille, santé bonne, écrire à bayonne, 19, port-neuf. — Pallu. | Noel, 9, faubourg-poissonnière. toujours à Poitiers bien portants, sans nouvelles de vous depuis 4 novembre, noel, 5, rue du souci. — Noel. | De Soubeyran, place vendôme, 19. tous en bonne santé. — De Beauchamp. |

Eu. — Arthur Peyre, 238, rivoli. allons tous bien, recevons lettres. — Peyre. | Edouard smith, champs-élysées, 122. épidémie, crotoy, venus tréport, maison leprêtre, chagrin, pas reçu lettre depuis 27 octobre, écrivez souvent. — Delablanchère. | Laffitte, 21, meslay, paris. les lettres reçues, santé bonne, mondrepuis, 10 novembre, enfants et parents tranquilles, Vosseler ici. — Céline. | Blanadet, 9, biot. argent, alquier, pascal, pasquier, daurée, perret, passage vendôme. — Blanadet. | Verrall, avenue trudaine. reçu lettres, ici tranquillité, santé parfaite. — Varrall. | Périnet, 17, jeûneurs. ault, allons bien, recevons lettres, albert va bien. — Gravelin. |

Villedieu. — Cholet, 36, clerc, envoie nouvelles. — Cholet. | Monrocq, 3, suger. maman toujours villedieu, malade, ennuyée. — Marie. |

Riom. — M. Pagès, université 75. nous allons bien, perriers, desrousseaux, frémisset, pierrefitte aussi, embrasse laure, vous. — C. Pagès. | Mauzat-Laroche, ministère justice, luxembourg, 36. bonne santé de tous et famille, vive impatience, amitiés sincères. — H. Goyon. |

Elbeuf. — Millot, faubourg st-martin, 91. tous cinq santé excellente, pas envahis. — Bonpain. | Lemaître, garde nationale, 37e bataillon, 16e compagnie, vernes, faraday, tous elbeuf, bonne santé, pas prussiens, réponse. — Lemaître. | Biais, bonaparte, 84. accident définitif fin octobre, parfaitement remise, santés bonnes. — Berthe. | Mlle Rossignol, pernelle, 1. vais bien, patience, bientôt, elbeuf, 25 novembre. — Mention. | Ve Deramé, rue notre-dame-des-victoires, 16. santé bonne, reçois vos lettres, envoyez nouvelles de père. — Brazier. | Blot, sous-officier génie volontaire, amandiers, 103, ménilmontant. bien portant tous, pas inquiétés, merci. — Marie. |

Saint-Lo. — Leduc, 31, bourdonnais. envoie-moi dépêche par pigeon, nouvelles de toi et denis aucune depuis septembre. — Ingouf. | Nillot, 91, faubourg st-martin. allons tous bien, prussiens pas à elbeuf. — Bonpain. | M. Guesnet, rue furstemberg, 6. père, mère, tous santé bonne, recevons lettres. — Guesnet. | Mme Tétard, boulevard magenta, 91. santé bonne, bordeaux, lamotte, réponse. — Tétard. |

Pont-Audemer. — Lejard, rue rataud, 11. tous bien, reçu 10 lettres, pays tranquille. — Isabelle. | Lassimonne, 11, avenue malakoff. bonne santé, reçu espèces, harou quittée, moi pont-audemer. — Lassimonne. | Lemarié, 82, faubourg st-martin. télégraphiez opinion, bœufs salés levêque, dépouille, nature, salage, possibilité conserver, prix, échauffure garantie, paiement, livrables, délivrance. — Verger. | Cubois, cossonnerie, 3. famille entière santé bone, manquons rien, sommes tranquilles, lettres reçues, donnons nouvelles, angers, 25 novembre. — Aurélie. |

Lisieux. — M. Séraphin, 164, faubourg st-martin. toute la famille bonne santé, maison bottegrenet, lisieux, petite fille 2 mois. — Séraphin. | Perrelli, 81, saints-pères. lettres égarées, expliquez fabrication, allons bien, travaillons tranquillement. — Anna. |

Tours. — Madame Demussy, 11, rue garancière. famille entière bien, lettres arrivent. — Demussy, Brest. | Zédé, ingénieur, 8, rue des saints-pères. brest bien portant, charles, chef bataillon, décoré, marseille, pauline bien, santé bonne. — Zédé. | Berard, 20, rue pigalle. tous bien montpellier, bonnes études. — Cécile, | Delatremblais, boulevard haussmann, 62. à poitiers bien portante, reçu lettres du 19, viger, enfants mercier bien portants. — Clémentine. | Liouville, ministère finances. espoir que dépêches enfin reçues et mission douloureuse remplie, merci, écrivez quand possible, henri genève parfaitement. — Senard. | Brandon, 77, amsterdam. sommes très-bien portants wiesbaden, écrivez longuement par gand lettres fermées, tendresses. — Jules. | Crémieux, 38, moscou. excellentes nouvelles de votre fils et famille réunie wiesbaden. — Casimir. | comtesse Kératry, 87, taitbout. ai résigné hier mon commandement, vais bordeaux, émilie, tous amis vont bien, 30 novembre. — émile. | madame Colombier, 97, rue saint-lazare. merci pour ta lettre, écris poste restante à pau, je t'embrasse. — Bureau. | Collet-Meygret, 15, rue douai. mesdames collet vont bien, je leur ai envoyé argent, écrivez-moi à pau. — Bureau. | Vanverseen, 16, place vendôme. kératry démissionnaire, moi aussi, je vais pau avec mathilde, reçois vos lettres, amitiés tous. — Bureau. | Onfroy, directeur nationale, 13, grammont. agent tours paie tous rentiers de mon rayon, rien ne souffre. — Rideau. | Bonnard, magenta, 104. tous bien portants, adresse, oswald frères, bâle. — Elise. | Vanwesemael, 36, dauphine, paris. reçu 1 lettre, répondu, plus deux pigeons, triste, travail, embrasse rosalie, jules, lisbeth, 1er décembre. — Dolly. | Dufrayer, ministère finances. frédéric a écrit trois fois, écrivons, fils rolland, aîné bien. — Ernest. | M. Devès, 4, rue bouloi. favier, devès à saint-médard depuis 1er octobre, toutes familles bonne santé. — J. Devès. | Ganay, capitaine dragons, 45, jean-goujon. bonne heureusement accouchée petite charlotte, prions Dieu pour vous, heureux vous savoir capitaine. — Ernest. | Hollander, 8, rue provence. 29 novembre, tous parfaite santé, votre dernière lettre datée 20, envoyé 10 dépêches. — Victorine. | Sublet, 21, rue bourtibourg. avons vêtements chaud, vu mesdach, laissé argent, embrassons. — Sublet. | Cohn, 5, rue bergère. reçus lettres 21 octobre, 15 novembre, allons, siegfried aussi, écrivez par chaque ballon. — Cohn. | Bal, 8, place bourse. genève trop froid, suis menton avec famille aleesandri, alice accouchée garçon, guillot, fleury, edmond bien. — George. | Guillard, 7, rue boule-rouge. genève trop froid, sommes à menton pension camous, donne argent françois si besoin. — Noémi. | Hussenot, 1, mail. couriot, hussenot, enfants vaillant, santé parfaite. — Couriot. | Bourgeois, 55, aboukir. frères bodineau camp sathonay, santé bonne, souvent nouvelles pas ballot. — Virginie Joigny. | M. Elloy, 28, rue luxembourg, paris. toussat 30 novembre, allons bien, agar, edmond aussi, recevons vos lettres. — Marie Elloy. | Bourlier, rue lallier, 8. tours, 1er décembre, époux bourlier bonne santé, rue saint-lazare, 10. — Bourlier. | Charles Beyland, 16, montalivet, paris. santé bonne, demeure à tours, écrivez toujours poste restante, reçu lettre du 28 octobre. — Barton. | Debange, capitaine artillerie saint-thomas d'aquin. bonnes nouvelles mathilde, edmond à sleswig, père bathilde à guéret, brèche tous bien. — Noémi. | Sémichon, 125, rue rome, oui, oui, oui, oui, payer impositions, erneste écrire. — Bourgoin. | Iches, cassette, 21. santé, économies, bonnes, courage, donne nouvelles souvent, reçu tes lettres. — Charles Iches. | Lauterbach, scribe, 5. enfants pension bruxelles bien portants, sans nouvelles depuis 4 novembre. — Otterbourg. | Pagelle, concierge, 55, rue de la verrerie. donner des nouvelles de maison par ballon, prévenir m. chapon de tout. — Chabrefy. | Vandervliet, 47, rue clichy. heureuse, santé parfaite, reçois lettres, compagnes bien, chez grenier, gand. | Garand, 5, cité boufflers. valand bien portant, réponse ballon monté. — Valand. | André, gare orléans-ceinture. guérin, reiter, à tours, bien portants, amitiés à mlle berthe, réponse par ballon. — Stéphane. | Tiroffet, 29, bonaparte. tous bien portants, pas besoin argent, remercions suzette, corne remis 500 francs, pas écrit perriquet. — Charles. | Levot, 36, saint-marc. sommes bien worthing, schlofs, moi, ménage commun, écris piquard mulhouse, reçois réponses, nathan bien, schayé. — Scoumanne. | Mesnard, 17, rue université. santés bonnes, dire à bethmont et casenave. — Pelouze. | Lers, 17, rue université. eugène, auguste, maurice parfaitement prusse, edmond loire, marie lagrange, cirey. — Louise. | Auburtin, 18, rue bonaparte. angoulême santé parfaite. — Desplanques. | Labour, 9, rue taitbout. les breuil parfaite santé, adèle et baby aussi, halphen bonnes nouvelles et à genève. — Marie. | Hutin, 4, aumale. poste remettra argent, écrivez-moi tours, hôtel bordeaux, deux fois semaine par ballons, envoyez carte, réponse. — Cochery. | Hervel, 9, alger. allons très-bien, esclans, poch biarritz, niort, versailles, louise marche. — Marie. | Dervieux, 26, hauteville. sans nouvelles depuis septembre, très-inquiet, écrivez par ballon, adresse doynin, cannons-street, londres. — Getz. | Sciama, 40, hauteville. prière aller voir dervieux, sans nouvelles, très-inquiets, écrivez adresse doynin, cannons-street, londres. — Getz. | Baudreuil, 40, cherche-midi. émile interné neustadt eberwalde par berlin. laure avec lui, enfants chez romanet, tout le monde bien. — Charles. | Troué, 12, grange-batelière. allons tous bien, donnez note commission crane, dites roudillon que madame va bien. — Gillier. | Defaucompret, ministère finances. enfants et moi bien portants à gand avec girard. — Prévost. | Dumoustier, rue marché-saint-honoré, 4. tous bien, père dit espérez. — Dumoustier. | Champigny, rue clichy, 30. félix très-bien clermont. — Champigny. | Sarret, 15, boulevard tour-maubourg. santés parfaites, doigt guéri, pas sevrée, marcel prisonnier, bien portant, pas blessé. — Camille. | Soupault, châteaudun, 27. tous bien portants, recevons lettres, avons argent, confortablement genève, robert studieux collége, dis hervé, corrard genève. — Louise. | Davaux, 20, rue verneuil. père et sœur bien portants. — Pigeard. |

SERVICES ET AUTORISATIONS

Bordeaux. — Resbecq, ministère instruction publique. allons tous bien, recevons lettres. 21 déc. — marie. | m. Bacque, 25, rue dastorg, paris. bien portante agnès ta mère aussi toujours angleterre Brighton post office. — coralie. | Babeau. — postes. — familles babeau, desverger bien boulogne. — cayeux trop froid pour mère roscher bien cayeux. sœur Puissant bien brighton. — ansault. | Saintignon. — postes. — rue cléry. pas de nouvelles de toi depuis 2 mois. très-inquiet. albert capitaine. 20 déc. — franquin. | decourcelle, lafayette, 103. bonnes nouvelles jusqu'à décembre de Thiéry, Beaumont, Landragin, Hurlez. écrivez nous. bordeaux. — Gouget. | Veuve bourard, st-denis, 248. adèle étienne leurs enfants bien dax. écrivez souvent vous embrassent tous, courage mère et famille — étienne. | Lemaître, rivoli, 59. languennerie bien, petit giroux mort, barrois bien prisonnier munster. martial familles bosviel, joos bien reçoit lettres. — andré. | Rolland, 9, françois-miron. quinze jours sans nouvelles. inquiet, bonne santé, courage, écris, prends tout chez moi. amitiés à tous. — Rolland. | Gigoux, 24, saint-guillaume. bonnes nouvelles orléans beaune depuis un mois. voyez supérieure sœur saint Joseph, rue ulm, donnez nouvelles. — maupin. |

Bordeaux. — de thury. reçois lettre de horsham sussex du 28 novembre. mme de thury et fillette très-bien portantes. reçoivent vos lettres, manquent de rien, ont reçu 300 fr. de charles. vous pouvez remettre 300 fr. mademoiselle doudet, hôtel des états-unis, rue antin, dont sœur chez dodson, remboursera. souvenirs à tante magna. courage et espoir. amitiés. — Matagrin. | mme nancy, 31, rue d'enfer, paris. mon père mort. thérèse à angers, moi à tours, bon courage. — armand nancy. | baudéan, contributions indirectes, 111, rue du bac. allons tous bien, écris plus tôt possible, gabrielle, dabatou artillerie marine. 4 déc. — baudéan. | villemon, dethierry, micholot, 213, rue saint martin. séraphin, célina tetin tours bonne santé. écrivez-leur par ballon. labarre prisonnier posen. — bénac. | Léon savin soldat 33e ligne 8e du 2e grande caserne saint-denis. très-inquiet, écris par ballon, t'embrasse. — théophile savin. |

Rouen. — Baudoui, 26, vivienne. vernou, jules vives, guyou, baudoui bonnes santés. — Braille. | M. Hérelle, 45, douai. 8e dépêche, cartes comprises, ignorons reçues. allons bien, rien manque, tendresses. — Hérelle. |

Tréport. — Comte Foy, rue bayard. tous bien, fernand dirigé mans, maire barbevile, moi beaumont. savons malheur, érivons chérigny. — Jeanne. | Charpentier, 76, boulevard sébastopol. allons bien, clémence, enfants. — Charpentier. |

Le Havre. — Baronne James Rothschild, paris. baronne salomon et sa fille bonne santé, à boulogne, 28 novembre. — Troteuil. | Mme Lahure, 171, grenelle-st-germain. edmond prisonnier lafère après capitulation, si manque argent empruntez madame ploger. — Paul. | Lucie, cours la reine, 14. écrivez toujours ballon havre. — Tarral. | Simon, boulevard poissonnière, 20. pourquoi jamais écrire. alfred bien, reçu nouvelles, moi ici provisoirement, vais bien. — Maurice, 4, place de la comédie. | Thiboumery, 11, rue beaux-arts. tous bien, haricots, cuisine, étagère, louise. — Acher. | Gautier-Bouchard, parc-royal, 16. tous bien portants hâvre, 1er décembre. — Levainville. | Devès, 4, rue bouloi, paris. adolphe jules, bayonnaise arrivés liverpool, bordeaux 5,000, minerai, 140 quinquina, 4 valeurs. — Kopstadt. |

Tours. — Ampliation. — Steenakers à Mercadier. — M. Thiers demande 10 boîtes de digitale avec une copie de l'ordonnance à faire prendre chez mialhe, pharmacien, 8, rue favart. faites le nécessaire et adressez par ballon à m. thiers à bordeaux. | Emile Coulon, 25, rue d'enfer. suis tours, vu emma, famille bolle st-nazaire. tous bien, bébé superbe, écrivez st-nazaire. baisers — Albert. | Lavison, fort noisy-le-sec. pars pour armée de l'est, toujours tres-bonne nouvelle de marseille. — Charles Capdeville. | Mme Favier, chaussée-d'antin, 68, paris. reçois toutes tes lettres, vais bien, enfants, famille aussi, manque de rien. — Favier. | Mme Zappa, impasse royer-collard. bonnes nouvelles du cher chalonnais, qui espère venir vous chercher bientôt. patience, courage, espoir. — Personne. | Bigorne, 1, médicis. confirme dépêche précédente. toutes bien à Worthing, soyez tranquille, dites fernand, moi bonne santé. inquiétude ennemi, — Balavoine. | Bignon, receveur postes, 26, montaigne. votre famille va bien, mon appartement rue nicolo, numéro 25, est-il respecté. — Dursens. | Rolland, 9, françois-miron, rien reçu de toi par derniers ballons. comment allez vous. patience, courage, amitiés à tous, écris. — Rolland. | Verdun, sous-chef postes. laugannerie bien, ai écrit chamarande par exprès ferai connaître, réponse entreposeur amboise mort variole. — André. | Régauhac, 9, carrefour-odéon. tante toulouse, merlane, 5, envoie adresse, marquise blocqueville, 9, malaquais. nouvelles joseph, georges et tous. — Charros. |

Limoges. — Tétot, 130, université, 2 décembre. souterraine, louise, marguerite bonne santé. espérons. — Marguerite. | Lallier, 30, raynouard, passy. chambéry, orléans, sables, coulommiers, limoges vont bien, voyez bouju. — Thézard. |

Médéah. — Havel, ingénieur, 40, échiquier, paris. voir bolincourt, commandant spahis vincennes, charge te remettre 200 fr. — Lafont. |

Lyon. — Vuaflart, agent change. donnez vos nouvelles à monon, arnal et zimmern, bruxelles. — Genevet. | Hadaniard, 14, rue bleue. donnez nouvelles de ma maison à lyon. — Cosentini. | Gustave Sautser, 15, rue banque. berthe et moi allons parfaitement bien, sommes bien entourées, je reçois tes lettres. — Renée. | Poisson, agent change. payez bertin 1,800 fr. recevons vos nouvelles avec plaisir. — Genevet. | Bertin, agent change. recevez poisson 1,800 fr. recevrais vos nouvelles avec plaisir. — Genevet. |

Bernay. — Picard, 56, boulevard st-michel. santés bonnes. — Marie. |

Paimbœuf. — Pasteau, navarin, 20. ambulances loire, famille plessis marcil paimbœuf, tous bien, reconnaissant fleury remettre 500 fr. — Raymond. |

18 Pour copie conforme :

L'inspecteur,

Bordeaux. — 5 décembre 1870.

Nantes. — Fraisse, joubert, 5, paris. proscrit à nantes, fils partis, biscuits rien perdu, rien gagné, pourrais marché légumes indications. — Anatole. | Vacossin, rue st-honoré, 362, paris. georges coblentz, henri londres, bonnet cabourg. — Championnière Brains | Championnière, boulevard st-andré, 3, paris. tous bien portants. — Mondet-Brains | Mme Smit, 16. rue barouillère, paris. 3 excelleents courriers chine, achille prisonnier, santés ici bonnes, madame loins scarlatine, convalescence. — Marie, | Pinard, 5, rue conservatoire, paris. londres, reçu quelques lettres, santé tous excellente, pensons à vous, courage, mille tendresses. — Emilie Pinard | Comptoir Escompte, paris. numéro 1, livres un million. 2, neuf cent mille livres. 3, deux cent mille livres. — Dromel. | Boissaye, 27. chaussée-d'autin, paris. dont 48.000 non acceptés, paris. 4, 75, mille livres. déficit probable. — Dromel. | Borie, 92, rue dassas, paris. 20,000 livres, 5, 332,000 livres. suite demain, même ordre. — Dromel. | Calla, rue marronniers-passy, paris. familles calla, rue félix, 14, nantes, chernoviz, magniol, trouville santés bonnes. 2 décembre. — Calla. | Jules Goûin, mobile, 5e, 1er, 28e. famille bien, édouard reçu. — Goûin. | Gouverneur Invalides. louis aix-la-chapelle, écrivons, albert écrit pas, ignorons résidence. — Martimprey. | Guinand-Godot, mauroi, 18. bonne santé. lettres reçues, marie jersey. — Martimprey. | Sarradin, Scribe, 11. paschal ici, tous bien. — Sarradin. | Lecaron, 35, rue dargout, paris. famille gellé chez brullé, bruxelles, tous bien portants. — Milliat. | Chevalier, 10, rue blanche. portons tous parfaitement bien. — Chevalier, hôtel gironde, nantes. | Leviel, 12, bleue. caen tous bonne santé. — Leviel. | Collin, 15, rue quincampoix. enfants retifs, tous très-bien. lenique, fernand armée bretagne. — Latz. | Cornic, comptoir escompte, paris. installées à nantes, maman souvent indisposée, autres bonne santé, enfants au lycée, petite martinet décédée.-Huot. |

Cherbourg. — Dufilho, 6, sébastopol, chebourg, 30 novembre. lettres reçues, santés bonnes, manquons de rien, laffitte parti et arrivé, séparation pénible. — Corinne. | Nay, rue victoire, 74. partons pour brest rejoindre escadre. allons tous bien, sans nouvelles depuis 6 novembre. amitiés. — Elisabeth. | Charles, Levis, 42. avoine restées rouen, circonstances causèrent 4,000 fr. frais. intendance achète ici, donnez-moi ordres.-Laloës. |

Vernoux. — Delavèze, magenta, 47, donne nouvlele de riou, 61e régiment, 1re compagnie, fort aubervillers congé. embrassons. — Delavèze. |

Tournon. — Paul Francon, sergent mobile drôme, 2e bataillon, 6e compagnie. reçu lettre, plaisir. tous bien, écris. — Francon. |

Valence. — Mélot, rue bertrand, 8, paris. santés bonnes, palais aussi, cécile marche. — Mélot. |

Bayonne. — Gil, 6, boulevard capucines, paris. allons bien, bonnes nouvelles, barcelonne, pensons, prions beaucoup pour vous. — Pepita. |

Granville. — Pingrez, 13, rue amsterdam, paris. trafic ordinaire faible, reprendrait promptement, trois bateaux dieppe par semaine, soyez tranquille sur service. — Coutin. | Carré, 3, rue amsterdam. A réponse optimiste, diminution totale recettes, 38e à 44e semaine, moitié. remerciez lecordier. — De Thomassin. | Fessard, 13, rue amsterdam. granville, 30 novembre. limites, évreux, gaillon, laibemans. quelques dégâts assez importants, avons argent suffisant. — Protais. | Bisson-Christophe, 15, rue amsterdam. granville, 30 novembre. charles, andré. fils ribail, famille protais bien portants. granville par prudence. — Protais. | Gay, vieilles-haudriettes, 6. tous bien portants, schlossmacher, chaussée louvain, bruxelles. tous bonne santé léontine, fils, alexandre prisonnier prusse. — Brochard. | Desfaudes, 12, boulevard montmartre, paris. vais bien, mathilde aussi, attendons nouvelles plus tôt possible. — Desfaudes. | Lessertisseux, 13, cardinal-lemoine. tous parfaite santé mille baisers. — Lessertisseux. |

Grasse. — Mme Retienne, 104, st-martin. répondez enfin. seillans par bargemon (var). parlez nous maisons et jacob. voyez Elvire. — De Lorgues. | Suzor, boulevard sébastopol 58. lettres reçues. donne argent maman ou bonne si besoin, Pavart dieppe enfants Suzor bonne santé. — Dubaut. |

Nice. — Munet, sous-lieutenant, 4e bataillon, mobile de ain. paris. Blanche, moi, nice, aimons Paul. bien avec Abel. Henri sétif. — Honorine. | Zeiller, boulevard st-michel 89. Laure, Paul à baccarat vont bien. pouvons correspondre, nous à nice, hôtel pteimel. lyon tranquille. — Guibal. | Closmadeuc, 39, rue amsterdam. tous bien. — Weber. | Frédéric, rue provence, 59, paris, reçu vos lettres, écrivez nouvelles de chez moi champs-élysées — Cerrito, nice, pension suisse. | Domard, juifs, 19 envoyez-moi acte naissance Adrienne Malleval, 30 juin, 1830, marais st-martin. — Sauvalle. | Duchesne, 26, rue richer. reçu lettre, merci, écrivez encore. dites à jean m'écrire. — Ve Rousseau. | Delaroche. 11, rue buffon. amitiés, genou mieux, reçu cinq lettres, donne-nous nouvelles de chez ma tante. — Duparcq. | Leclerc, 7, rue riboutté. très-inquiets. écrivez par ballon nice, hôtel étrangers. — Rousseau. | Jules Martin, 26. rue richer. écrivez par ballon vos nouvelles à tous, de notre maison et domiciles. amitiés. — Olivier. | Olivier. 1, rue lille. reçu lettre. écris plus souvent, allons bien. havre aussi, bon espoir. à bientôt, amitiés. — Olivier. | Saintomer, 13, quai st-michel. nice, allons bien. — Camuset. | Cambon, 2e pontonniers. lyon. écris-nous nice. hôtel empereurs. allons bien. — Cambon. | Falconnet, 31, rue lafayette. reçu dix huit télégrammes deux fois, vous annonçant remises nessim par gadban, adressez lettre nice. — Camondo. |

Villerville. — m. Langlois, rue de rennes, 104. santés bonnes, lettre reçue, écrivez-nous villerville. — Loiz. |

St-Lo. — Plasse, 16, cours-des-dames, paris. bon pour pouvoir gérer intérimairement compagnie chaufournière ouest, la représenter judiciairement pendant investissement paris. — Lucien Renard. | Emile Thomas, 6, havre. recevons quatrième lettre, habitons st-lo, Lucie mieux. avons déjà télégraphié. écrivez souvent. Laubèspine, chef escadron. |

Lyon-central. — Després. buffaut. 19, renseignements Henry, 51e ligne. — Després. | Rogniat, boulevard haussmann, 146. merci de vos lettres, vous seul me renseignez. mes vœux pour que vous soyez épargné. — Beaumont. | Gouraud, sts-pères, 48. nouvelles supplie Delacour, rue rochefoucault 62. sa mère recommande. — Delacour, genève, mont blanc, 17. | Delacour, rochefoucault, 62. de grâce, nouvelles à mère qui aime tant. — Delacour, genève, mont blanc. 17. | Devuiyst. faubourg montmartre, 6. hôtel milan, lyon, chez Mongruel. — Florentine. | Martin Paschoud, 168, rivoli. Lucy mieux qu'hiver dernier, parents Adélaïde, lili, enfants bien. Maurice ambulance orléans, Hedwig lausanne. — Gustave. | Martin Paschoud, 168, rivoli. enfants bien, ai marié Armand oullins sont heureux en algérie. reçu votre lettre 20 courant. — Gustave. | Thorel, 7, rue singer, passy. tous bonne santé, reçu sept vos lettres, avons finances amérique. amitiés toute votre famille. — Tresca. | Thorel, 7, rue singer, passy. Soret draguignan va bien, donnez argent Clugnet, 7e chasseurs vincennes, amitiés conservatoire, Vincent, Pauline. — Tresca. |

Boulogne-sur-mer. — Leroy. 4, rue illy. toujours bien. — Eugénie. | capitaine Baude, 16e bataillon garde mobile, aubervilliers, paris. sommes bien. — Marie. | Fourny. 95, rue neuve-petits-champs, paris. beaucoup ennuis pendant couche, pas nourrice, idée maman craint santé quoique bonne. — Fourny. | Coster, 17, cardinal-fesch. paris. santés parfaites, continué ventes, pas crédits scabreux, aucun achat, rentrées régulièrement, nouvelles jusque dix-huit. — Guillaume. | Buffet, 1, boulevard du temple, paris allons bien. boulogne, 85, grande rue. — Marguerite. | duc de rivière, 121, rue st-dominique. quatrième dépêche tout culembert bien. — Solages. | Duparc. paris, godot, 18. Clara, Marie avec moi. Julie, enfants à saint-quirin. — Guaita. | Bailly, rue christine, 5. tous parfaitement, Vincent prusse, Paul ici, courtenay lettres. — Surcy. | Ambroise Thomas, 5, st-georges. boulogne, Marguerite villers, bonne santé, reçu lettres. — Thomas. | Dépinois, 46, boulevard magenta. boulogne, bonne santé. reçu lettres. — Thomas. |

Redon. — Seilhère, banquier. reçu lettre du 16. vous prie acquitter mes traites dont vous n auriez pas avis. — Simon. | Durbec, 27, condamine. Inquiètes, écrivez, sommes bien. — Cuzon. |

La Haye-du-Puits. — Volbet, bonaparte, 80, paris. lettres reçues, bien portants, maman inquiète. nourriture suffisante, point froid, bien soigner. argent delisle. — Lecluze. |

Boulogne-sur-mer. — Héricé, rue parc-royal 22. Héricé, Legouay. Bouillère. bardon, bonne santé, recevons lettres. — Dehu. | Damase, avenue reine-hortense, 16. allons bien. reçu lettre 19 octobre, écrivez chaque dimanche, parler Lacroix, suresnes. — Fournier. | Spillmann, place école 1, chez Bichelberger, paris. Eugène bien metz, mère bien, écris 29 montagne, herbes potagères bruxelles — Meybach. | Bouilhet, 56, rue boudy, mères, enfants bien villerville, nouvelles paris 18 novembre, dieppe travers. familles boulogne bien. — Hélène Biollay. | Marquis, 11, rue gaillon. troisième dépêche, tous trois bien. Ambert, Berthe, Georges, famille bien, projet nice, monaco, aix bien. — Marquis. | Coster, 17, cardinal-fesch. santés parfaites, continué ventes. pas crédits scabreux, aucun achat. rentrées régulièrement, nouvelles dix-huit. — Guillaume. | Hadamard, bleue, 14. parfaite santé, enfants charmants. — Bruhl. | Alese Léon, sentier, 32. parents bonne santé bayonne. — Cahen. | Levy, 12, chauchat. Schloss, Schayé, genneron enfants bien portants à worthing, Athénaïs, Marie, enfants londres très-bien, mille baisers. — Schloss. | Delagarde' 64, boulevard malesherbes. allons bien, Brinquant aussi, ensemble hôtel nord enfants superbes santés, tâchons prendre courage, difficile. tendresses. — Hélène. | Périllieux. avenue saxe, 50. amiens pris, quitté toutes crotoy, boulogne provisoirement, bonne santé. — Batel Blazy. | Dreyfus, 21, boulevard haussmann, paris. londres, 25 novembre, tout va bien, demandez argent nécessaire au directeur société générale. — Dreyfus. | M. Herpin, 54, rue provence, paris. tout va bien, donnez Déboudé notre caissier, argent qu'il vous demandera. — Dreyfus frères. |

Villerville. — Bouilhet, rue bondy, 56. tous bien, dernière lettre 18 novembre, reçue 26, avons argent, deslys villerville. — Saintine. |

Pont-Audemer. — Husson, 18, meslay. lettres reçues, adèle impatiente chez marguerite, écrire. — Emile. |

Marquise-Ville. — Jacquette, 313, rue saint-denis. tous bien, mère fervacques aussi, dubois mort octobre. |

Mézières. — Jurion Sarazin, 14, rue riche, ménilmontant. allons bien, embrassons, vas comptoir claude, comme actionnaire, demander 500 fr., rembourserai charleville. — Sarazin. | Octave Lefèvre, avenue bosquet, 34. suis près notre mère à charleville, allons bien tous deux, reçu lettres, 26 novembre. — Albert. |

Rocroi. — Charlier, 37, rue caire, paris. pas prussiens flaignes, lettres reçues, santés bonnes. — Charlier. |

Elbeuf. — Mégard, rivoli, 58. 1re non, 2e non, 3e oui, 4e oui. — Claude. | Corbel, 21, bouloi. vivement heureux de vos nouvelles, allons bien. — Alfred. |

Boulogne-sur-Mer. Lévy, chauchat, 12. schloss, schayé, genneron, enfants très-bien à worthing, télégrammes tous les jours, athénaïs, nattan, enfants bien. — Schloss. | Herpin, 18, rue miromesnil, paris. londres, 26 novembre, chambre sénat péruviens approuvent notre contrat, immense majorité, tous bien. — Alfred. | Pérou, 13, saint-lazare. santé bonne, lelubez aussi, boulogne tranquille. — Pérou. | Coster, 17, châteaudun. santés parfaites, continué ventes, pas crédits scabreux, aucun achat, rentrées régulièrement, nouvelles jusque 18. — Guillaume. | Marie Gaillard, 18, place laborde. dépensez mon argent, forcez cave, hugues bien portantes. — Bertin. | Maugras, 21, sept-voies, panthéon. tous bien, écrivez-moi à drumsill. — Bond. | Béjot, agent de change, rue richelieu. mettez inscriptions nominatives, joshua walter macgeough. — Bond. | Deridder, 51, chaussé-antin. félicitations capitaine, reçu nouvelles mère, sœurs par dupuich, amis bonne santé. écrivez philippart-quenon. — Mors. | Letourneur, concierge, saint-dominique-saint-germain, 123. tous bien, vais dadizeele, fille à kerdaniel, recevrez poste 300 francs. — Montmorency. | Mlle Spiring, 27, rue de sèvres, paris. vous envoie 300 francs, allons à dadizeele, écrivez-moi là. — princesse Montmorency. | Labouillerie, 105, lille, paris. reçois lettre, ma mère, vont tous bien, très-tranquilles, amitiés bien vives. — Gonzague. | Pannier, rue dunkerque, 18. santés bonnes, vendu obligations, recevons lettres, hermitage intact, eugène travaille. — Pannier. |

Fécamp. — Pinard, 5, rue conservatoire, paris. famille bonne santé espère que vous allez mieux, toutes avec vous de cœur, courage. — Dubois. | Boital, rue martel, 17. merci mon ludger, tous sommes bien. — Delangle. |

Gaillefontaine. — madame Griffé, faubourg saint-denis, 155. allons bien, écrivez. — Griffé, (Formerie). |

Bourges. — Delagarde, laffitte, 8. achetez au 15, 25 mobilier français. — Geneau. |

Issoire. — Guimbal, albouy, 9. fillette, nous bien. — Guimbal. |

Rouen. — Nicole, 24. drouot. donnez nouvelles affaires et famille par ballon, remettez 200 francs angèle girouis, 38, saint-sévérin. — Laune. |

La Rochelle. — Chasles, institut, bac. passage ste-marie, 3. 2e dépêche, toujours à la rochelle, mahey, barneville en santé à nonancourt. — Chasles. | Nicquevert, rivoli, 118, paris. émilie, fillettes bien, maison colas, granville, allons bien, larochelle. | Theurier, place rousse, 31. châtillon, montluçon, bressolles, ormes bien, autre nièce. — theurier. | Giraud-Teulon, 18, ste-anne. reçu tes 2 lettres, portons tous bien, écris-nous. — Elisa. | Perin, 2, picot, passy. reçu aujourd hui bonnes nouvelles amélie, pas inquiétude, sommes tous bien. — Léonie. |

St-Martin-de-Ré. — Bronner, rue leconte, batignolles. paul bien portant. erfurt. — Delbart. |

Le Puy. — Thomas, ministère finances, 3e pigeon, léon rouen congé, tiburce évadé londres, remercier cornélie, correspondance départements, tous marchent paris, espoir. — Octave. |

Châtellerault. — Gallet, 34, dragon, paris. tous bien portants, paul très-gentil. reçu lettres, nous écrivons souvent, châtellerault. 30 déc. — Gallet. |

Pont-Audemer. — Mermilliod, sébastopol, 24. allons tous bien. soyez sans inquiétude, 29 novembre. — Juliette, |

Cosne. — Conseiller Dufour, 61, rue d'anjou-saint-honoré. bien portante, baisers, moulins, 20 novembre. — Berthe.

Pontarlier. — Bouvelet, 1, rue louvre, paris. allons parfaitement, reçu lettre 19, avons nouvelles théodore, prisonnier breslau, donne nouvelles oncle. — Bouevlet. | Mongenot, boulevard magenta, 37. ernest mort 17 octobre, nous allons tous bien. — Sophie. |

Chambéry. — Costa, rue varenne, 51. albert, jules. arthur armée loire, josselin, henry mobilisés chambéry, famille entière ici, tous bien. — Costa. | Loverdo, cherche-midi, 13. henri général bordeaux, georges, tous bien. — Bonardi. |

Avignon. — Four d'enghien, 49. lettres reçues, allons bien, gustave toulon, ladriade, rien d'auguste, puichery ici, légumes dans buffet. — émelie. | Fabignon, neuve-des-petits-champs. 55. tous bien. — Marie. |

Aix-les-Bains. — M. Guichard, 11 bis, rue chanez, paris-auteuil. aix, savoie, 187, rue bains. allons bien, communiquer à julien. — Alice. |

Mazamet — Cambefort, rue des bourdonnais, 14, paris. recevons tes lettres, dardié ici, emmanuel doit. — Dardié. | Castella, montreuil, paris. allons tous bien, écris souvent. — Louise Garric. | Sabatié, mobile 7e régiment, 2e bataillon, paris. grand'père mort. famille bien, pays tranquille, recevons lettres, établissement marche bien. — Sabatié. |

Riom. — Oligier, avenue saxe 37. inquiète, écrire tout ballon, user porc, volailles. — Léonie. | Desaix, rue st-dominique-st-germain, 116 recevons vos lettres, sommes tous quatre bien portants, hippolyte. lieutenant-colonel mobiles armée loire. — Desaix. | Deberdt, rue bonaparte, 72 bis. tous bien portants à poperinghe. — Ventre. |

Poitiers. — Tissier, 35, rue poissonnière. sommes poitiers, 12, porchaire, hélène tous bien, léontine idem. notre adresse à victor et autres. — Duchaussoy. | Belleyme, 6, royale-st-honoré. courage auguste parfaitement hambourg, argent envoyé, trois enfants superbes, ambroise dépôt, bonnes nouvelles ici mille baisers. — Coutat. | Dupont, rue st-anne, 65. léon nommé capitaine, armée loire, allons tous bien. — Alexandrine | Messelière, sergent 20e mobile, 1er bataillon 3e compagnie, présents absents bien, paul armée loire, martel colonel mobilisés. — Messelière. |

Agen. — Pascal, passage petites-écuries, reçu lettre quinze, santé partout, reçu noriega trente mille piastres, larrabide dix, saladrigas cinq havanne tranquille. — Baud. |

Montauban. — Leduc, 27, rue mail. recevons lettres, berthe bien, jacques ondoyé, amat parti, fillettes, cornut bien, envoyé six dépêches. — Amat. | Hyenne, capitaine, 9e chasseurs vincennes, allons bien, recevons billets. — Marie |

Saint-Flour. — M. Hardy, rue neuve-petits-champs, 76, paris. envoyé par ballon, monté nouvelles de veuve chefdotel à chefdotel lazariste. — st-flour. |

Aurillac. — Valentin, rue prêtres-st-germain-lauxerrois. allons bien, lettres reçues, écris. — Gabrielle. |

Montluçon. — Hardouin, 35, rue st-Placide fille thérèse. tous bien. — Fraissé. |

Moulins. — Malet, intendant première armée, 1re division, moulins. santé parfaite. — Valentine. |

Docteur Damaschino, 23, rue taranne, paris. merci tous bien, payez. — docteur Pruner. | Nesbitt, 12, barouillère. santés bonnes, argent, oui. — Estelle. |

Marquise. — Demonts, 8, place concorde. marquise, tous très-bien, charlot, armée est. — Jenny. |

Quimper. — Dehaut, 147, faubourg-st-denis. tous bien, recevons lettres. — Dehaut. |

Rouen-st-Sever. — Fontaine, 18, échiquier, famille bonne santé, inquiets, donnez nouvelles. — harel. | guillouard, 13, échiquier. femme, enfants famille amis parfaite santé, arthur. raoul dufour, henri mobilisés en campagne province active espoir. — Rivière. |

Dieppe. — Paillard, 19, rue surenne. reçu lettres, brave cœur, gaie vaillant dans le danger, prudence, cheval très-malade. dieppe tranquille.

Bordeaux. — 5 décembre 1870

— Ernestine. | Papillon, 10, st-ferdinand ternes. vendez ou donnez bijou avant épuisement fourrages, amitiés. — Gaigneau. | Biencourt, 67, saint-dominique. partons pour dadnizel, belgique. — Valentine. | Lefevre, 4, rue st-fiacre, paris. allons bien, bonnes nouvelles d'hombliéres et cambron. Lefevre. | Comte de gourcuff, 14, rovigo. santés toujours bonnes, valmé aussi. dernière lettre reçue du 20 novembre, dieppe 1er décembre. — Mathilde. | Valentin dubief, entrepôt vins, dieppe 1er décembre. santés bonnes. finances suffisent encore. numérotez lettres, détaillez davantage. espoir faible. — Valentin Dubief. |

Coutances. — Prihouet, 42, ferme des mathurins. bon baiser. — Jeanne |

Saint-Flour. — Larochenégly, rue regard, 15, paris. reçu tes lettres, allons tous bien. — Zélie |

Alençon. — Balossier, 137, faubourg-st-martin. tout monde va bien, écrivez. — Ganivet. |

Bourganeuf. — Brousse, place odéon, 5. planchon, substitut châteauroux, Mme angoulême d arc, 8, barrère meslay, 3, mère, italie, tous, tout bien. — Brousse. |

Gramat. — Mercié, 41, rue turenne. seconde dépêche, portons tous parfaitement, recevons toutes vos lettres, attendons impatiemment vous embrasser. — Mercié. | Cazin, rue enfer, 54. arrivés cahors, santé. — Jeanne. | Vidal, commandant, fort montrouge. reçu treize lettres, envoyé dépêche, réponse, tante ici, santés bonnes partout, vous aimons, courage, vôtre. — Stéphanie. |

Fécamp. — Florentin, 13, rue canettes. informez ortolan, jollivet, ministère, titres sûreté fécamp, ferdinand bien. — Ribaud. | Alfred Dubois, rue faubourg st-honoré, 47, paris. famille bonne santé tous, pensons bien à vous, lettres parviennent, amitiés. — Dubois. |

Tréport. — Huard. chauchat, 10. huard. deluynes, cazalis, tous bien. — Huard. | Devilliers, 51, rue luxembourg. maurice, toi, tréport, merlin. — Picquefeu. |

Gournay. — Guillotte, rue des moulins, 12. bonne santé. — Guillotte. | Pillon, rue jouy, 7. parents bien portants. — Pillon. |

Rouen. — veuve Cohen, 50, rue tour-d'auvergne. léonce trouville, alphonse, montpellier décoré, portons bien, écris-nous. — Maurice. | mademoiselle Désire, 24, seine, paris. nouvelles de mes filles à grand quevilly, rouen, chez mme de lachastre. — Redois. | Fargue, 30, rue geoffroy-lasnier. amélie, lucie, louise, familles vont bien. recevons lettres. — Fargue. | Brissac, 45, varenne, paris. caroline à crépan où tous bien, aussi à quevilly et brumare, accuse réception, détails. — Louise. | Coriolis, 123, grenelle, paris. merci, gravanchon et nous bien, biencourt, dadizelle, sainte-maure, dinar bien. admirons vous tous, répondez. — Sidonie. | M. Capelle, 22 bis rue chaptal, paris. nous nous portons bien. — Eug. Capelle. | Bourdely, martyrs, 18, paris. portons tous bien, nulle inquietude. — Delarue. | Messener, grazotier, sept. place république, 4, rouen. — Hugot. | Zacharie, chateaudun, 44. blanche bonne santé, rouen, hôtel paris. — Zacharie. | Jules Baudu, lieutenant 50e régiment mobile. toute famille baudu bien portante. — Houlette. |

Yvetot. — Bossière-Desport, rue entrepôt, 7. lettre reçue, allons bien, payez levêque treize mille neuf cent soixante-quinnze francs. — Drouet. |

Le Havre. — Barbin, 28, barbet-Jouy. reçu six lettres, edgard mobilisé évreux, emma stuttgard, tous bien. — Chegaray. | Marquis, rue vivienne, 44. tranquillisez-vous, vu vos enfants avec abbé en parfaite santé. — Berard. | Hollande, 51, rue charenton. tous bonne santé, écris-moi, 9, caledonia, place st-hélier, jersey. reçu lettre ernest 19. — Hollande. | Gros, 37, taitbout. bâle 11 novembre, parents kern, charles et élisa parfaitement. — Monod. | Houel, rue école-médecine, 15, paris. allons bien, recevons lettres. — Eyriès. | Lepaute, boulevard haussmann, 34. — reçu lettres, parfaitement portants, jacques artillerie mans. — Lepaute. | Hunter, 25, quai voltaire, paris. votre mère, peter et famille vont bien. moi aussi, reçu votre remise. — Jessie, Gordon Hunter. | Franche, 77, boulevard richard-lenoir. famille bonne santé, perdu mère. — Huet. | Paravey, 44, rue petites-écuries. allons tous bien, aucune nouvelle reçue depuis toussaint, louis brest, fauconnet tué, communique à paul. — Paravey. | Mascré, 4, quai célestins, paris. allons bien, sans lettres depuis 5, dites parmentie écrire, madame romagnié décédée. — Ledoux, 97 rue d'orléans. |

Charlieu. — Charnay, vanneau, 52. allons bien, écris. — Charnay. |

Fourmies. — Niel, 27, rue mail, paris. julienne, zoé, leurs enfants, famille lécuyer bien portants à fourmies, écrivez souvent, recevons lettres. — Debrun. |

Douai. — Dupuy, rue pauquet, 40. armand bien portant, prisonnier Ems. — Vannaisse. |

Dunkerque. — Massins, 11, cherche-midi henry lorient, jules capitaine brême, tous bien portants. — Aldert. | Convert, ministère finances. santés parfaites, gabriel collége, reste. — Convert. | Tromée, rue chemin fer nord, 4. santé tous bonne, reçu lettres, dernière 25 octobre. — Julia. |

Valenciennes. — madame Rembert, faubourg poissonnière, 136. louis va bien, prisonnier hambourg. — Devilly. | Bretant, rue des juifs, 17. vais bien, télégraphiez. — Podevin. | Petitjean, rue bruxelles, 13. bien portants, lettres reçues. — Dufont. | Boutarel, 18, rue de l'arcade. laure toujours à trouville complètement guérie, enfants santé parfaite, pas prussiens. — Duquesne. |

Lille. — Barbotte, 38, rue temple. bien portants, reste bazay, rue gare lille, nouvelle suis inquiets. — Trentelivres. | Dalichoux, rue Seine, 35. écrivez-moi souvent à lille. — Dalichoux. | Faucher, 13 bréda. lettres reçues espoir, santé rétablie, allons bien. — Vincent, 35, rue esquermoise, lille. | Paquet, boulevard filles-Calvaire, 2. tous bien portants. pas reçu lettre depuis 27 octobre. — Paquet. | Compagnie soleil, 41, chateaudun. soultzener ordonne recueillir fonds agences, acheter obligations ou rentes et lui envoyer titres. répondez-moi. — Lesaut. | Senet, 24, rue rambuteau. confrères reçoivent par ballons ordres livrables près siége, envoyez. — Verstraete. | Pelletier, 46. avenue gabriel. ai fait une maladie grave, vais bien, suis bien triste, voudrais être à Paris. — Maurice, orcq. |

Alençon. — Leschesnes, lille, 37. deschesnes parties rennes avec édouard, rue ste-mélanie, desglajeux bien, restée alençon. — Deschesnes. |

Vannes. — Goret, rue lepic, 45. heureux tous, reçu lettre 19, trouvé professeur, bon hotel, pays tranquille, embrassons, écris souvent. — Goret. Beaufrère, 14, passage saulnier. kerolan, sicaud. santé parfaite, vannes, morbiban. prévenir. — Kerolan. |

Clérmont-l'Hérault. — Bouissin, 46, faubourg poissonnière. reçûmes hier mort ferdinand, pauvre gabrielle, douleur universellement partagée ici. — Olivia. |

Clermont-Ferrand. — Normand, 7, rosiers, marais. allons bien, madeleine toujours pense papa, reçois lettres avec maria à billom, ballard rejoindra. — Normand. | Hallé, 106, rue bac. tristement coupé, partout santé bonne, léontine fille, soignez mon appartement, répondez, clermont, rue savaron — Nourrisson. | Jourdain, 21, rue luxembourg. tristement coupé, dites cela mignet, simon, soignez-moi université, institut. répondez, clermont, rue savaron. — Nourrisson. | Salneuve, 23, bergère, tous et tout bien, reçu lettres, écrit douze, outre cinq dépêches pigeons, gallet chagrin. — Salneuve. | Laroche, 10, louis-le-grand. parents, amis, tous bonne santé. — Blatin. | Fauber, 20, rue marché, passy. reçu, va bien, travaux repris. — Falateuf. | Laborie, 18, quai béthune. allons tous bien, clermont-ferrand, 5, place michel-hospital. — Alexandre. | Chanteloup, 30, lille. reçu six lettres par ballons, marié vont bien, tous à clermont, 21, hôtel-Dieu, pauline guérie. — Marié. | Lamu, 85, boulevard prince-eugène. allons bien, donzy fère aussi, installation commode, aurai bon médecin nourrice. — Jeanne. — Hamard, 56, boulevard haussmann. femme accouchée fille, mère enfant bien, écrivez trouville. — Sauret. | Rozat, 75, rue saint-lazare. votre famille bien aux sables, charles prisonnier munster, octave cologne, marin hachette bien. — Bertin. | Lemaire, 236, rue vaugirard. moi clermont, marie vichy avec guédon, aucune nouvelle papa, écris par ballon. — Bertin. | Paulet, 24, rue bonaparte. reçu lettre 13, eugène franc-tireur. — Marie. | Gasson, trésorier 13e corps, 3e division. tous parfaitement. habalue, dire grillant. — Aurélie. | Bayle, 11, rue alger. reçu matin huit lettres ensemble, allons bien, besoin rien, bon espoir. alfred choussy mort. — Castel. | Hinslin, 38, aboukir. adolphe hambourg content, ida avec moi, 33, saint-jean, gustave lyon, tous bien. — Caroline. | Hinstin, 38, aboukir. jeanne, paul chez parents, tous bien, lettre charles 7 novembre. ernest, adolphe satisfaits. — Caroline. | Cassigneul, 61, lafayette. recevons lettres, portons tous bien, espérance revoir bientôt, embrassons toi, papa, lary, famille maurice. — Cassigneul. | Cassigneul, 61, lafayette. reçu lettre eckert, bien portant. frédéric revenu londres, revu chez lorilleux bruxelles, souvenir mignonne, maria. — Cassigneul. | Bellom, 111, rue rennes. enfants parfaitement, parents dunkerque bien. — Boullé. |

Sables. — Marin, 2, Singer. reçu mandat, tous très-bien, louise forte envoie souvent petits mandats, bonnes nouvelles famille. 30 novembre. — Marin. | Fournier, 14, rue berlin. santé excellente, nouvelles max, recevons vos lettres, argent manque pas, jenty très obligeant, courage. — Casis. | Rémery, 11, marché saint-honoré. lettres 20 octobre parvenues, santés passables, prévenez achille chevallier, écrivez sables, vendée, poste. — Rémery, Bergès, Gauthier. | Cary, 22, boulevard beaumarchais. cary, labbe, astier bien portants, mandat reçu. — Cary. | madame Delaneufville, 3, rue bruxelles. reçu lettre charbon dans chambre louée au teinturier et cave, huile, cabinet près anglaises. — Isabelle. | madame Defossa, 4, place wagram. pas de vos nouvelles depuis un mois, inquietz, écrivez. — Isabelle. | Hachette, boulevard haussmann, 109. famille bien sables-d'olonne. — Hachette. |

La Palisse. — Delagrye, 101, rue du bac. allons parfaitement, barais sans nouvelles. — Eugénie. |

Saint-Etienne. — Urbanowski, 83, boulevard saint-honoré, paris. allons bien, reçu quatre lettres, sans nouvelles versailles. — Othon. | Meynier, 47, taitbout. bonne nouvelles de raoul, décoré, prisonnier à aix-la-chapelle, aussi de votre femme et de clara. — Marin. | Mesnager, fort double-couronne, bureau télégraphique saint-Denis. suis à tranchardière, reçu lettres, impatiente d'autres, vais bien. ta mère. — Mesnager. | Duché, 17, banque. parents en bonne santé, nous aussi, province, prend courage, levée en masse, bon espoir, adieu. — Bertholon. | Roguier, 11, rue martel. écrivez-moi. — Berthon. | Juif, 20, bonaparte. pauvres amis. pleurons tous trois avec vous. — Morellet. |

Montpellier. — Gont, 8, quai mégisserie. santés parfaites, enfant travaillent. — Antoinette. | Reverchon, 79, hauteville. bonne santé avec albert, reçois vos lettres, arthur prisonnier, settin bonne santé, sans vêtements. — Désiré. | Guillaume Bousquet, mobile l'hérault, porte bien. — Bousquet. | Bégis, capitaine 138e ligne, fort nogent. sommes montpellier, 27, rue maguelone. reçu vos trois lettres, bébé bien. — Angèle. | Lepot, lieutenant 117e infanterie, division susbielle. félicitations, cambrai, lille, vaux théophile tous bonne santé, madeleine délicieuse, confiance. — Barbon. | Garanger, 47, boulevard prince eugène. recevons lettres, nouvelles mignan, amélie par georges, vont bien. — Garanger. | Deroux, sergent 47e mobile hérault, pantin. adrien lieutenant, perdu tante amélie, Quillargues maman, permutez armée active avec grade. — Deroux. | Salles, 207, rue saint-honoré, paris. femme, fils bien, nous bien. — Dispot. | Lamy, 4, thérèse. bonnes nouvelles calais, havre, écris, legros, nevet, montpellier. | Meignen, 77, rivoli, chez bert. bonne santé, recevons, partirai aussitôt possible. — M. Meignen. | Balestries, mobile montpellier, pantin. 29 novembre, lettres jusque 16, mère, sœur, frères, familles trape, hamelin, sylvestre, borne parfaitement. — Balestries. | Legingois, 53, port bercy. tous bien portants, reçu lettres, merci dévouement de tous, nommé commissaire armement aude, travaille beaucoup. — Allain. | Portalès, 16, michel-le-comte. six avons eu petite-vérole, victor, pamphile pas partis, nièce élize morte, famille porte bien. — Giber. | Granier, chirurgien 45e régiment marche paris. nous et parents mobiles allons bien. emprunte argent séran, donne détails sur mobiles. — Granier. | Lepaulmier, 41, rue la victoire. écrivez souvent, lettres arrivent bien, robert à orléans, andré charmant, fort marche seul, courage, amitiés. — Valentine. | madame thayer, 10, rue saint-dominique. nous quatre bien montpellier, hôtel bonnet. arrivons bruxelles, reçu lettres, maurice mobile, tendresses. — Elise. | Grasset, commandant, montsouris. familles bien portantes, jules lycée, albert travaille, charles bien portant, tous montpellier. reçu lettres ballon, amitiés. — julie. | Faulquier, 12, rue bellechasse. confirme télégramme 9 pigeon. tous bonnes santés, aujourd'hui excellentes nouvelles du général, villodève marche parfaitement. — Brun. |

Uzès. — Boutis, 10, le courbe sui suzès, santé parfaite. — Marie. | galard, 7, chaix, uzès magnas widerville bien. — élisabeth. |

Nimes. — Brabant, 20, banque. hausse, tombés quarante remontés disponible décembre, cinquante-deux, premiers soixante, courage, arrivons. — Giran. | Chassaret, officier ordonnance général lecomte, 14e corps. allons bien. — Chassaret. | Paulrain, 25, drouot. habitons nimes, tous santé parfaite. — Poiret. |

Angoulême. — Courtin, 13, rue université. santé bonne, position bonne, envoyé dépêche, embrassons, famille augmentée. — Chaminade. | Martin, 2, avenue Friedland. ai déjà écrit, allons bien, reçois tes lettres. — Marie. | Mattard, 13, rue poissonnière. allons tous bien. — Octavie. | Morin, 65, rue de sèvres, paris. comment sont vos santés et dumont, plusieurs lettres sans réponse, écrivez rue tison-dargence. — Bertrand. | Auburtin, 18, bonaparte. Bergeron montpellier, santé de tous excellente. — Avond. | Rousset, 29, rue neuve-saint-merry, paris. bien portants, coudre tous les agendas, rubans non collés, mettre renseignements après vente faite. — Rousset. | Cristenay, 53, bac. bien portants, pas besoin argent, reçu 28 lettres par ballons, vous embrassons tendrement. angoulême 30 novembre. — Cornélia. | Oudot, 2, rue crébillon. bien portants, écrivez. angoulême, 5, rampe aguesseau. — Demanne. | M. E. Guichard, 7, rue charlot. payez mon loyer, merci de lettre, tous bien ici, mes amitiés. — C. Mattat. |

Bayonne. — Cremnitz, 40, caire. reçu ta lettre 4, et maurice 19 octobre, bonnes nouvelles de tout le monde. — Mirtil. | Moreau, chef musique, 42e ligne, 13e corps armée, gare montparnasse, paris. tous très-bien, enfants bordeaux, recevons lettres. — Moreau. | Guillot, intendant, ministère guerre. bayonne, officier ordonnance général lefort, marguerite ici, laurent mon soldat, portons bien, cheval vendu remonte. — Guillot. | Bernheim, montmartre, 161. Cremnitz écrit, reçu lettres, 6, 17 courant, santé, affaires bonnes. — Darrigol. | Gaminde, 102, rue richelieu, tes lettres arrivées, dernière 20, notre santé bonne, enfants pensent beaucoup à toi. — Evarista. | Soubiran, 2, place prince-eugène. reçu vos lettres, très-contents, inquiets marius paresseuse, nous bien portants, bayonne avec dupuy. — Holzbacher. | Dupouey, 40 bis, faubourg poissonnière. santé bonne, confirme susini 33,000 nouveau, 58,000 piastres, avertissez moisson, écrivez souvent. — Holzbacher. |

Bayonne. — Lebeuf, des écoles, 32. reçu tes lettres, tous bien portants, jules exempté, charles au hâvre, gouzy, gustave prisonniers. — Lebeuf. | Picard, 203, rue saint-honoré, santé bonne, reçu 13 lettres. — Blum. | Larroze, 250, saint-martin. reçu 5 lettres, merci, courage, espérons paris délivré prochainement, sympathies. — Artéon. |

Bourg. — Delaboulaye, lieutenant, 40e régiment. mobile ain. portons tous bien, plus reçu lettres depuis un mois, frères hambourg, bien portants. — Delaboulaye. | Hudellet, chirurgien, mobiles ain, paris. personne malade, quinson morte. — Hudellet | Dumousseau, faubourg saint-honoré, 34. famille, victor, nicolas, bien portants. — Francisque. |

Moulins. Jolly, 44, chaussée-d'antin. allons bien. — Michaud. |

Brives. — Langlade, 3, rue saint-joseph. santés parfaites bourgeade, borie, baptiste, écris johannot, salvandy. — Sophie. | Marbeau, 8, rue montalivet. tous bien portants. — Rivet. | Lapôtre, rue bréda, 23. inquiète sur vous, écrivez-moi. — R. Gobert. |

Gannat. — Toquard, faubourg martin, 78. reçu carte, allons bien, naissance fille, prenez provisions cave, paul reçu lettres architecte. — Grange. |

Solesmes. — Paunetier Caillau, avenue clichy, 69. reçu lettre 20 novembre, papa, eugénie, maria, famille, allons tous très-bien. Cailliau. |

Clamecy. — Collet, 7 duras. tous bien portants, restons tranquilles, lettres reçues. — Collet. |

La Seyne. — Hennebert, brézin, 11. santés bonnes, versailles néant, médéa bien. — Hennebert. |

Poitiers. — Champeaux, boulevard temple, 2 bis. baisers, louis moselle, louise tendres baisers gustave, satisfaction, votre mère, maison religieuse. — Emilie. | Elizabeth Noubel, rue bourgogne, 67. quatorze lettres reçues, santés assez bonnes, poitiers, poste restante. — Olympe. | Thirault, 22, choiseuil. congé réforme, démarche inutile, famille bien portante. — A. Thirault. | Blanchard, rue dames, 10. antoinette ici. — Blanchard. |

Châteaulin. — Bougette, lieutenant, 1er régiment gendarmerie, neuilly-seine. familles quimperlé, châteaulin bien. — Chevreuil. |

Salins. — Hugues, fourrier, 22e artillerie, 11e batterie, coubevoie, paris. peinés, charles espérons, victor sergent, gustave ici, santés bonnes, tranquilles, courage. — Hugues. |

Tarare. — Dénoyel, 27, rue des jeûneurs. famille brun, dénoyel vont bien. anna chez lange, louis avignon. soyez sans inquiétude. — Brun. |

---

19. Pour copie conforme :

l'Inspecteur.

Bordeaux. — 6 décembre 1870.

Saint-Malo. — Lejeune, 83, rue temple, par lettres andelys, familles bien, écrivez-moi. — Fanny. | Robineau, 78, lafayette. allons tous parfaitement, manquons rien, température douce, désirons rentrer, marie redoute février ici. 28 novembre. — Robineau-Jouault. | Hautat, bondy, 46. tous bien, recevons lettres. sommes inquiets, tandon, 14e bataillon, maman bien, communiquez carrey, henri détaché orléans. — Gronderd. | Aubert Picard, 16, rue bertrand. bonne santé, 3e dépêche, personnelle triste, anniversaire, espérons prompte réunion, pensée tout à toi. — Camille. |

Clermont-Ferrand. — Dellestable, grénétat, 9. neuvic, clermont, redon, bourgeois, torillion, allons bien, recevons lettres. — Dellestable. | Gilles, 18, rue mazagran. allons bien, courage, embrassons. — Gilles. | Tardif, 19, bourgogne. clermont santé, adrienne caen, aubergenville bien, écrire davantage. — Tardif. | Jung, 2, rue provence. je donne autorisation retirer argent caisse d'épargne. victor viendra, berthe jung. — Cebazat, clermont. | Benoist, 54. verneuil. mario à troyes avec ses enfants en bonne santé. — Nicolas. | Duguin, rue victoire, 90. bonne santé à varigney, nous habitons lausanne avec louise, reçu lettres. — Nelly. | Nicolas, 33, assas. Dieu a gardé tous les nôtres, ta mère va bien. — Nicolas. | Charles, 30, rue bons-enfants. georges était à montélimart 16 novembre, lui ai envoyé 200 francs, tous bien portants. — Degeorge. | Lehelloco. 60, neuve-saint-augustin. allons bien, recevons lettres, courage. — Albert. | Hovelacque, rue fléchier. anna écrit 75 fois, tous bien à verey. — Elisa Clermont. |

Longeon. — Vila, rue blanche, 91, paris. tous bien, reçu traite par mandat. — Vila. |

Bordeaux. — E. Maas, banque, 15. vacance, compte sur notre parole, vous verrai après siége. — Schoengrun. | Puissan, 48, taitbout. recevons tes lettres, maman aussi, santés parfaites. james, prisonnier sans blessures. moulinet intact, resterons, bordeaux. — Marie Louise. | Arquier, rue debelleyme, 6, paris. inquiétude sur vous. tous bien portants. — E. Arquier. | Carron, lieutenant colonel, neuilly. tous bien, reçu lettres ballon, armand fernand bien münster. — Alice. | Achard, 20, drouot. assurons cinquante mille francs, indigos, entrepôt saint-remy au trimestre partir 8 décembre. — Tardieu. | M. Crémieux, 2, rue billault, paris. nous allons bien, 18, rue de grassi. — Anaïs Crémieux. | Mme Lecointe, rue chaptal, 27, prière reconnaissante à Dieu : pensée d'espoir à toi, chérie première bonne journée! tendresses. — Chodron. | Thouvenel, 13, bleue. allons bien. — Pichon. | Paumelle, 49, laffitte. donnez nouvelles, affaires cautionnement et binot de villiers. — Foriel. | Lemaitre, 47, laffitte. donnez nouvelles des bureaux et appartement. — Foriel. | Piquard, 97, saint-lazare. vivons confortablement, northing ménage commun schloss, emma partie, enfants parfaitement, correspondons avec mulhouse, parents bien. — Schayé. | Leuret, boulevard beaumarchais, 87, bordeaux, nantes, 17. bonne santé, donner adresse streicher. — Courtin. | Wall, 90, rue richelieu. heureux des nouvelles parisiennes, famille merveilleusement bien et heureuse. — Wall. | Marie galilée, notre-dame-des-victoires, 23. reçu lettres, écrivez rue roland, 18, bordeaux, amitiés. courage, 18, rue rolland. — Couturier. | Planhol, rue st-dominique-st-germain, 32. paris. ne tremblez plus, rapport unanimement favorable. hôtel des princes. — Nollent. | Bouteiller-crampon, rue vivienne, 17, paris. prévenez crampon, j'attends hôtel des princes. rapport unanimement favorable. — Nollent. | Laurent, maison cordier, rue richelieu, 108. attends toujours lettres, bordeaux poste restante. — Cordier. | Febvre, rue blanche, 7. souvent bonnes nouvelles montbard, écris souvent par ballons, bordeaux poste restante, tous bien portants. — Cordier. | Thérèse magiaty, rue des écoles, 26. pas accouchée, tous bien, écris souvent par ballons, bordeaux poste restante. — Cordier. | Paul de lorza, rue fossés-st-jacques, 26, paris. amanda très-mal. — André. | Henry, 35, faubourg-st-honoré. coupons fernand payés octobre, jacques approuve commission modeste pour réserves cavaglion, londres schillings. pressons camondo. — Emile. | Espés, rue taitbout, 43. pour continuer travaux, faut crédit cent mille sur madrid ou bordeaux, informez merckeur, reçois lettres. — Max. | Bénédit, rue chaussée-dantin, 12. tous bien portants, écris-nous. — Bénédit. | Sarrat, rue delabruyère, 17, paris. oui, oui, oui, oui. — Sarrat. | Hardy, grenelle-st-germain, 69. recevons lettres. santés parfaites. — Camuzat. | Pillaut, rue bac, 34. écris nouvelles, fontaine, rue temple, 8, bordeaux. | Navier, 6, favart. blessé, forçant lignes ennemies pour entrer, paris. convalescent ici, chargé mission gouvernement, nommé colonel, recommencerai bientôt. — Dollfus. | Hernsheim, 16, bleue. malgré silence écrivons, tous bien, reçu lettre strasbourg, parents parfaite santé, écrivez un rolland, bordeaux. — Lange. | Henry, faubourg-st-honoré, 35. lévy, bordeaux, vu amélie, calmer bocquet, coupons fernand, tous payés en octobre, famille bien. — Emile. | Henry, faubourg-st-honoré, 35. jacques approuve commission modeste pour réserves. cavaglion londres pour cession schillings, pressons camondo avec stewart. — Emile. | Camille, 21, rue piat, paris. reçu deux lettres, allons tous bien. — Colin. | Nicolas, rue marronniers, 10, passy, paris. martinique, 56. — Colin. |

Pau. — Nondet, 20, passage-petites-écuries. écrivez ballon, 10, marea pau. — Courtois. | Ray, 14, pré-aux-clercs. prenez combustible, cave, bertho. tous bien. — Gournot. | Monneron, boulevard saint-michel, 56. mulhouse calme, famille bien, neveux orléans. frère armée loire nombreuse. espoir, henriette à pau. | Dulac, 74, rue boulets, sommes à pau. bonne santé. tout va bien pour le mieux. — Dulac. | Dulys, 11, rue de savoie. paris. Elise bien, rien adolphe. — Ferou. | Talamon, 64, rue richelieu, paris. installés pau, tous en bonne santé, bonnes nouvelles de chalmaison frères, toute la famille. — Eugénie. | Boucher, neuve-petits-champs, 95. edmond nous chaulin clarens, bien portants, héricy intact. recevons lettres. — Dinet. | Mme Firino, rue mozart. 28, passy. avons prié bertaux, curé montmartre, vous envoyer cent francs. si retard, allez-y. — Ollélaprune. | Robert, 120, dassas. allons toutes parfaitement, alexandrine aussi. — Letellier. | marquise Villeneuve, 41. université. bonne lettre dijon du 26. tous bien soignent blessés, sixte relâché. — Saint-Leine. | Delafoy, 15, jacob. allons bien. nouvelles satisfaisantes de milly, poisereau jusqu'au 20. adelaïde, elisa, pornic, maison e'che'est, pau. — Delafoy. |

Buffet, hôtel de ville, signifier hortus résiliation, bail avant 1er janvier. — Buffet. | Sommier, 22, rue arcade. mère amis bien. poitiers. enfants moi bien, pau. écris vite nouvelles poste restante. — Leroux. | Laguerre, 15, boulevard poissonnière. lettres reçues, donnez argent, indispensable aux gens mon fils. payer contribution. hôtel france. — JLeroux. | Tirlet, 51, luxembourg, pau, hôtel frnace. santé pas mal, recevons lettres, écrivez, alfred, tours. — Benoist. |

Montpellier. — Dreyssé, capitaine fort briche, saint-denis. 1er décembre, allons tous parfaitement. plus reçu tes lettres depuis 6 novembre. — — Elise. | Lisbonne, rivoli, 26. père, tous bien portants, alphonse toulon, donne nouvelles gabriel et jules, toujours préfet, jules ici. — Lisbonne. | Cardonnet, 13e section, ouvrier militaire, administration, caserne babylone. famille, léontine bien, donne nouvelles par tous moyens possibles, courage, confiance. — Cardonnet. | Bonnaric, 2, louis-le-grand. ai dit 3 oui, vais bien. — Bonnaric. | M. Martin, 11, rue fayenne. tous bien portants, e. galibert, ferme. — Galibert. | Dubost, rue tronchet, 29. général bien portant, prisonnier cologne. — Favie corrcnson. | Lionnet, 17, rue moscou. tous ici, tante amitiés, écrivez. — Marine. | Général Paturel, 2e armée, 1er corps. pas nouvelles depuis six, allons bien, père plus maire. — Paturel. | Daumas, rue gît-le-cœur, 11. voir faculté note, 2e doctorat. — Landré. | Paul Privat, 3e bataillon mobiles hérault, paris. réclame poste 200 francs remis aujourd'hui, tous bien, gustave, michel ici. — Privat. |

Lyon. — Person, 3, chauchat. santés assez bonnes. moore arrivé, avez 11,000 livres chez baring, dernier ballon reçu 7 novembre, klein. | Mège, boulevard neuilly, 115. recevons tes lettres, allons bien, alfred aussi, prends argent nécessaire. gaudriot, je rembourserai, lyon tranquille. — Mége. | Duboc, 15, quai grenelle. tout va bien. — Duboc. | Jean, claude, blanc, 1re compagnie pontonniers rhône, 16e régiment, faire suivre, nous nous portons tous bien, voisins aussi. — Jean Blanc. | Banvion, rue Carnot, 3, paris. nous portons tous bien. — Jules. | Berlioz, dufrénoy, 17, passy-paris. lyon tranquille, algérie parfaitement calme aussi, compté 1,500 à rey, merci pour vos lettres. — Joannon. | Gautier, rue temple, 20. campionnet, santés bonnes, gueugnon tranquille, forge marche, simon réformé, émile prisonnier stuttgard, nièces carouge, embrassons. — Antoinette. | Euler, 42, rue mauconseil. tous bien portant, eugène ici convalescent, nous embrassons, écris plus souvent. — Jules. | commandant Barry, ministère guerre, paris. malade vérole, mieux, ennui, pensée paris. — Pauline. | Bouillier, ulm, 45, paris. pauline restée, simandre, tous bien 18, victor nièvre, bien 14 novembre, gaston exempté, famille bien. — Bouillier. | Caton, geoffroy-marie, 6. bonne santé, lyon tranquille. — Barde. | Girard, 17, bouloi. st-genis, 28 novembre, tous bien portants, rispaud, émile, robellet prisonniers, lyon tranquille. — Girard. | Truchy, 41, ours, paris. santés bonnes, renvoyé victor, encaissé arles, montassut fait filé bride argent. — Olivier. | Garde, 6, boulevard capucines. allons tous bien, étienne réformé. — Garde. | Robert, 16, rue banque, paris. lyon a vendu, travaille peu, notre marchandise à londres, stanford vend beaucoup, manque procuration. — Ciclot. | Collet, lieutenant 126e ligne, paris. ta mère et tous en bonne santé, t'embrassons. reçus 2 lettres, écris souvent. — Guichard. | Nettre, rue lafayette, 73. Bichette très-bien, première dent, mutine, plus neufchâtel froid, est annecy. confortablement 1er hôtel angleterre. — Céline. | Fleury, mézières, 6. tous bien, stéphane orléans ambulance, aimé prisonnier dresde, camille, louverne, grand espoir, lettre reçue. — Fleury. | Hément, 56, rochechouart. 4e dépêche, tous santé bonne, *Petit Journal* paraît lyon, caen, bordeaux, recevons tes lettres. | Alphonse Millaud. Germain, chez loudes boulevard haussmann, 121. cher enfant, recevons tes lettres, allons bien. anna aussi, écris souvent. — Germain. | Dambuyant, rue sulpice, 38, paris. reçu ta lettre 18, mariette garçon, portons bien, lyon rien. — A. Esprit. | Mme Goudchaux, 3. greffulhe. nous allons bien, avons espoir. — Goudchaux. | Nettre, rue lafayette, 73. allons tous bien, reçu vos lettres, contents, bon accueil beiraud, frûle vous aime bien, tranquilles. — Céline. |

Aubeterre-sur-Drône. — Spenner, rue de lille, 49. nadelin bien. — Spenner. |

Poitiers. — Sommier, rue arcade, 20. poitiers, allons bien. charbonnière intacte. — Sommier. | Leloir, rue taranne. allons bien, inquiets de vous, envoyez dépêche réponse. — Malibran. | Vidal, 112, neuve-des-mathurins. reçu lettres. rassurée, porte bien, félix marseille, voudrais embrasser bientôt, adresse poitiers, 4, magenta. pigeon vole. — Vidal. | Pamart, 13, rue missions. avec bébé tante, poitiers. 4, magenta. paul armée loire, voudrais embrasser tous. — Antoinette. | Chossard, rue caire, 41. inquiets de votre position, donnez nouvelles, écris à mon oncle, sans réponse. — Mérieux. | Delarue, boulevard magenta, 130. tous poitiers, portons bien, envoie aujourd'hui poste 300 francs, répondez, donnez nouvelles famille renault. — Mérieux. | Guittard, 70, rapée. allons bien avec ponet, pas intention quitter poitiers, recevons lettres, réponds pas par cartes, crainte confusion. — Guittard. | Ollier, 157, boulevard montparnasse. allons bien, motheau pillé par bavarois, écris poste restante poitiers. — Ollier. | Directeur nationale incendie, 13 grammont. reçu toutes vos lettres, sinistres réglés 10,000, reste va bien, résidence poitiers. — Ollier. | Weil, château-d'eau, 25. allons bien, alphonse envoyé argent. manquent rien. — Béla. |

Bordeaux. — Levicomte, 4, ponthieu. lettres reçues. Destor, nous, bien portants. — Renaud. | Rollin, 12, vivienne. Grégoire demandera attestation congé directeur. si insuffisante, payez Louise, Marguerite. Chalonnes, Crépon, tous bien. — Renaud. | Doué, 29, bonaparte. tous bien, courage. — Renaud. | Henget, vivienne, 2. merci! chevalier, tous bien. — Harmant. | Mondaud Jules, rue dauphine, 23, paris. ton père très-mal. — Mondaud. | Henry Péreire, faubourg-st-honoré, 35. diné hier Arcachon, tous bien, Gobert travaille avec moi, amitiés. — Henri Léon. | Duclerc, st-georges, 39. vu hier Bayonne madame Duclerc, enfants. neveu revenu metz. tous parfaite santé. — Henry Léon. | Remondon, 22, rue batignolles. Lelarge, grésillon, arrivés bordeaux. demandent nouvelles famille, maisons, paris, asnières. — grésillon. | Remondon, 22, rue batignolles. portons bien, douleurs inquiète, attends nouvelles Paul Delassaux écrive, embrasse. — Julie Remondon. | monsieur Bare, rue lemercier, 48, batignolles. voir hôtel ville-londres, faubourg-montmartre, 16. savoir devenu fils Raffaillac, mère désolée. — Bard. | Marot, passy. reçu lettres, santé bonne, grands armements, courage. — Marot. | Nicolson, 131, champs-élysées. bordeaux pasteur Pozzi, Charles ravi d'école Well, donner congé Dulud, reçu lettres. — Fournier. | Bernard, faubourg-st-denis, 55. lettres reçues, bien portants. 252, rue ste-catherine, bordeaux. — bernard. | Dimbault, faubourg-poissonnière, 61. Marie cours catéchisme, piano. Henriette adorée. grandissent. Fu est part sous-lieutenant. Lefèvre bien dieppe, hôtel paris. — Laure. | honoré cabrol, 7e compagnie, 2e bataillon mobiles tarn. familles bordeaux, Mazamet, bien portantes. gustave mobilisé bordeaux, écris, adieu, courage. — Cabrol. | Espaignet, 48, rue rochefoucauld. portons bien, j'ai tes lettres. — L. Espaignet. | Marmiesse Adrien, boulevard mazas, 94. enfants, belle-mère, aux Junies. toute famille, père, bien portants. courage, espoir. — Auguste Marmiesse. | Darru, rue douai, 14. lettres 18, 20, reçues. Renard, gustave, fontainebleau. Paul, mobilisé, tours. Toscan Maubourguet, bien. — Darru. | Avril, quai gare, 26. écrivez bordeaux, hôtel bayonne. — Landes. | Alexandre, rue angoulême-temple, 16. donne nouvelles bordeaux, hôtel bayonne. — landes. | Boy, 34, château-d'eau. reçu nouvelles septembre, octobre, novembre. santés bonnes. reçu du nord cent quarante colis expédiés aux clients. — hadengue. | gérard, 19, baudin. reçu seulement lettre 19 novembre, bien portant, entendez-vous toujours avec Emile, écrivez quand même. — Nantich. | Verrat, 14, baudin. écris-nous bordeaux, 19, turenne. tous bien portants. — Dellorier. | lange, 105, boulevard malesherbes. oui, oui, non, oui. si cuisinière veut partir paie contre reçu, reprends ses clefs. — lange. | gaston Sauvage, 16, vivienne. Jean arrivé bordeaux, apporte argent, merci. — léonie. | boussod, 72, rue amsterdam. 30 novembre. allons tous bien. — boussod. | monsieur d'hauteville, commandant 11e régiment marche, 2e brigade, 2e division, 13e corps, paris. nous portons bien, écris plus souvent. — louise. | Meunié, 22, labruyère. habitons avec père. bonnes santés, lettres reçues, donnez argent Francinne. — Paul. | Alphandéry, 17, rue maubeuge. Blanche, enfant, famille, bien. lettre Armand Mustapha, bien. — henry. | Couturié, 46, rue douai. toutes bonne santé, reçu toutes tes lettres. — Aimée. | Audresset, 87, aboukir. confirme dépêche. achetez châles, mérinos et pièces écosse autant que pourrez. réponse ballon. artilleur bordeaux. — Audresset. | gaillard, 6, passage laferrière. bruxelles, hôtel empereur. allons tous bien; familles Testel, Martin, Bourget, Renmont, Hardy aussi, pau. — gaillard. | Laurent, 8, martel. allons bien. Louise sevrée, a six dents argent suffisamment, avons vu Ventre, Pingeon arrivé. — Thérèse. | Derancourt, 64. rue malte. Marguerite, Jean, très-bien, aussi bordeaux. reçu lettres. — Derancourt. | Pelletier, 18, boulevard sébastopol, paris. reçois de fleury lucet six mille francs, porte johns total quatorze. — gorgeot. | Ouwenhuysen, 11. joubert. 26 novembre. bien portant. ventes, rente, maintenues. bon courage. — Wertheim. | fourquet, paris. bonne santé, reçu vos lettres, versez 200 fr. garçon Werner. — fourquet. | Malbec. 15, passage favorites-vaugirard. Valeo, suis villeneuve-ducasse, inquiète, écrivez. — hortense. | Vaissière. rue fermé-mathurins, 24. santés excellentes. Thérèse grandit, travaille beaucoup. toutes logées chez tante excellente, tristement occupées vous. — Vaissière. | lousteau, gare nord. à gand. rue aux vaches, 26. Valery trop froid, georges lille, allons tous parfaitement. — cécile lousteau. | hackenberger, 182, rivoli. bien madrid, reçu lettres jusqu'au 15, donne-moi nouvelles oncle. — belanger. | Néron, enseigne vaisseau, batterie montmartre. santé bonne, lettres ballon reçues Pelletier ici. — Alice. | Tanneveau, 11, rue grange-batelière. recevons lettres, espère bientôt réunis, santé parfaite, pense continuellement à tous, amitiés sincères. — Eulalie. | Cuvillier, 16. paix. Walkins, londres, demande quatre barriques lafite, deux larose, deux pichon. soixante huit achetés. quels numéros expédier? — Muller. | chambaraud, boulevard st-germain, 54. inquiet, voyez maison cordier, richelieu blanche amitiés, réponse. — Boc, quai chartrons, 85. | Travot, 21, Marignan. tous parfaitement, écris, reçu ta lettre 25. — Mortier. | Chasteigner-Sergent, rue alger, 13. arrivés bordeaux, bonne santé. — Chasteigner. | monsieur Levicomte, rue ponthieu, 4. pensées, sentiments, cousine, courage, espoir. — Destor. | Caen, 31, rue maubeuge. bien portants, inquiets pas recevoir lettres. écris, baisers. — Silva. | Lucien Bernard, caporal, fort vincennes. reçu ta lettre, bien portants, ta mère : Bernard. | Maas, 15, rue banque. agent bordeaux décédé. je propose mon parent Léon : aptitude, relations famille. pouvant servir compagnie. — Auguste Furtado. | Rivière, boulevard denain, 7. souvenir bordeaux, bureau restant. — Guichard. | Aimable, tirailleurs seine. écris chaque ballon, sommes inquiets. — Aimable, 12, rue du jardin-public, bordeaux. | M. Cayelle, rue notre-dame-de-lorette, 11. la mère morte, réponse. — A. Sudre. | Larreguy, rue st-dominique-st-germain, 33. bordeaux tous bien, inquiets de vous. — Galos. | Charles Saint, 4, rue pont-neuf. tous bonne santé, bordeaux tranquille. — Saint. | Larcher, 26, rue notre-dame-des-victoires. reçu lettres, courage, bientôt, tous bien. — Barreaud. | Person, 3, rue chauchat. tout bien, Arthur bien. 25. — Buhan, 123, rue lagrange. | Peinte, employé postes, laval, 5. maman décédée subitement, congestion cérébrale, 21 octobre. écrivez-nous. — Louise Crouzet, 9, facultés, bordeaux. | Peyrot, abbattucci, 66, paris. tous bonne santé. Dieu confiance. — Badimon. | Alphonse Aubry, 33, rue Jeuneurs. famille Seiler, Paul, Emile, moi, bonne

Bordeaux. — 6 décembre 1870.

santé. Edouard, Tours. écris 61, rue Judaïque. — Marie. | Péan, 2, choiseul. santés bonnes, lettres reçues, gardez droits au conservatoire. — Castaignet. | M. Orlhac, 83, rue lafayette, paris. vos enfants et nous parfaite santé, avons reçu toutes vos lettres. — Chimène, 11, cours tourny. | Rothschild, 33, rue faubourg-st-honoré. paris. tout va très-bien à Molton. — Galos. | Lefèvre, libraire, poitevins. tous bonne santé, recevons lettres, prenons patience. — Lefèvre. | di ecteur france, 14, grammont. Veuillez autoriser échéances décembre, impossible de vous en fournir détail, réponse. — Eug. Charpentier. | Emile Henry, 35, faubourg-st-honoré. Toute famille bien, Alice guérie, Henriette bien, Eugène madrid, écrit Camondo, envoyé lettre Stewart. — Emile. | Rammel, 16, rue choiseul. Veuillez remettre mille francs pour moi à M. Léon Gibert. — Camille Blanc. | Léon gibert, 5, rue luxembourg. Rammel remettra mille, donne indispensable et veille Maubeuge, écris souvent restant bordeaux. — Camille. | gourgues, rue turbigo, 10. Mariten, pris unier hambourg, bien portant. — Croizet. | monsieur Joncières, castiglione, 10. bien portantes bordeaux chez Détroyat, lettres ballon toutes reçues, gabrielle aussi, continuez, Paul sauf schleifmühl. — Jenny. | Auclair, rue de berry, 43. madame Auclair accouchée heureusement d une fille. — Morterol. | Rhozevil, vaudeville. nouvelles, santés, maisons. — Haroman. | Veroudachi, 62, provence. reçu volé, attendez-moi. — Honorine André. |

Nîmes. — Ortiou, cléry, 34. santés parfaites. lettres parviennent. pas communications versailles, guion dict toujours montoire, temps long, que amies écrivent. — Léonie. | Laussu, major 29e, caserne nouvelle france. portons bien, nîmes. — Hélène. |

Quimper. — Chazal. banque france. écris Girard, avenue ternes, 33. son Ernest fatigué, bien ici, sommes bien, écrivez maire quimper. — Bernard. |

Quimperlé. — M. Lebosec, capitaine. hôpital val de grâce, paris. Bien, enfants aussi. — Lebozec. |

Castres. — Roger, capitaine 1er éclaireurs cheval. parfaitement portants écris plus souvent. — Mathilde. | Guibaud, officier marine, fort rosny. bonnes nouvelles. Albiac Duvernay. — Albiac. |

Auray. — Bidaux, du dauphin, 8. santés bonnes, mais craintes réelles reçu argent, lettres dernières 13. inquiètes. — Bidaux. |

Montluçon. — Verne, 42, des dames-batignolles. Félix bien portant erfurth. — Courtois. |

Lyon. — Stern, passage panoramas, 47. portons bien, reçu lettres. Amélie ignorons adresse, porte bien. — Lambert. | Granger, chez Colas, 5. lacépède. paris. prions Boissaye compter à Granger, mobile, cent francs, rembourserai mulhouse. — Goutette Royé Vial. | Rodière, pagevin. 40. bientôt province grand secours, plutôt que tu penses. — Mazuyer. | Mme Alinquant, boulevard magenta paris. Louis, moi bien portants, emprunte argent le rendre. Emile prisonnier à liége. — Nathalie. | Rondonneau, 71, rue seine. bonne santé ici, tranquillité, lyon pas menacé, souhaitons santé, résignation, victoire, 28 novembre. — Dubost. | Marchant, directeur eaux, rue st-arnaud. exploitation ordinaire, rentrées difficiles, argent suffisant. oui communication Pesle, payé coupon novembre, 28 novembre. — Dubost. | Chanel, 40, aboukir, paris. parents, amis, tous vont bien, courage, espoir. — Chanel. | Ruel, rivoli 54. toute la famille en bonne santé. lyon tranquille, sans inquiétudes pour nous. j irai à marseille. — Ruel. | Ponthus, avocat, 7, boulevard sébastopol. toute votre famille suisse. lyon va bien. bonne installation, argent envoyé. tranquillité parfaite partout. — Sabran. | Chas-Fournier, place victoires. deuxième dépêche, reçu cinq lettres pas votre douze, londres 15, répondu 14. affaires quatre-vingt mille. — Chaumartin. | La Caudrie, 16, rue pépinière. rien de mon frère depuis 9 octobre. donnez nouvelles, famille entière va bien. — Luuyt. | Faidy, sous-officier pontonniers du rhône, recevons aucune lettre, écris plus souvent, visite madame Charnal, allons bien. — Faidy. | Bouret, 23. rue visconti. enfants toujours en suisse avec grand'père. nous deux lyon. tous allons bien. et vous ? — Bruneau. | Durand, 3, sentier, paris. allons bien, très-inquiète. donne nouvelles détaillées. — Tavernier. | Pillard, 45. rue réaumur, paris. nous allons bien, écris plus souvent. — Hélène Hébrard. |

Bayonne. — Einstein, hôtel invalides, paris. tous très-bien. Marie magnifique, Louis mobile à lyon, gustave sédentaire, nouvelles de dijon, bonnes. — Théophile. |

La Ciotat. — Sieye, rue monge, 2. santé excellente, mère avec nous, Auguste toujours aux messageries, rentes mixtes touchées, lettres reçues, 35. — Portal. |

Cette. — Jubé, rue londres. 4, reçu vos lettres, allons bien. — Doumet. | Rose, boulevard st-michel, 7. remerciements pour vous. mille baisers pour mes enfants. — Falgueirettes. |

Blaye. — Desazilly, capitaine artillerie, montparnasse, paris. Berthe mieux. appétit, sommeil, bons. Maurice châteaudun, Eudoxe hambourg, tous bien, embrassons. — Berthe. |

Lourdes. | Arnault, 133, rue de la tour. Caroline. Sophie argelis bien. — Queruel. |

Béziers. — Lautier, 21. rue jussieu, paris. bien portants, Daniel passé ici. acheté 600 hecto. causses 20. aramons 10. peu pipes. — Lautier. |

Orange. — Roy, rue drouot, 18, paris. ai envoyé dépêches, allons parfaitement, sommes st-marcel, garçons jésuites avignon. Thérèse couvent nimes. — Roy. |

Carpent. — Alphandéry, rue joubert, 7. reçu plusieurs lettres, en avons envoyé. santé à tous bonne, Marguerite bien. — Lunel. |

Avignon. — Pigoreau. rue jardinet. familles Alphonse, Harmand, Pigoreau réunies, bonne santé. — Pigoreau. | Delacombie, rue rivoli, 79. allons bien. Auguste ici. Marie rejoint Eusèbe prisonnier magdebourg. Ludovic armée loire, Caillot riondel prisonniers. — Irène. |

Niort. — Boullon, 31, rue st-georges. pas nouvelles directes Charles; mais après renseignements sûrs, espérons. Thérèse énorme. — Baraunon. | Vernois, j.-j.-rousseau, 19. ne viens pas par ballon, tante Tiphaine décédée 13 octobre ici, depuis un mois, santés bonnes. — Vernois. | Mondoré, 4, boulevard st-martin. portons bien, reçu lettres. — Veynard. | Tonnet 5, constantinople. tous bien portants boisrateau, Louis, Alcide, armée loire. nouvelles Emile, algérie calme. — Félicie. | Dabzac, rue chaptal, 25. partons limoges, Adolphe Sablé, Ludovic, Raymond à milan. portons tous bien, Elise fresnay. — Léonore. |

Loury. — Marquerie. jacob, 9. suis lieutenant-colonel, embrasse tous trois, voulez-vous mandat argent, écrivez orléans. — Charles. |

Orléans. — Nicolas, sts-pères, 81. possède lettre vingt. ceci troisième télégramme. suis orléanaise depuis 4 octobre. santés excellentes. comment vont Duperray ? — Marthe. | Duméril, rue cuvier, 13. prévenir Duval, Paul prisonnier hambourg. Ernest commandant jauvry bien portants loiret, — Criès. | Chicoineau, gretta, 4. paris. recevons tes lettres, tous allons bien, avons grande entreprise équipement avec Compoint, écris chaque ballon. — Chicoineau. | Fricon, lieutenant 13e dragons, clichy-la-garenne, paris. Moi, bien aux geschelières, dames, Emerie à st-cyram, châtillon-sur-indre. — Fricon. | Courtin, rue passy, 97. allons tous bien, rien de vous depuis 4 novembre — Courtin. | Collomb, place dauphine, 24. papa, maman bien. — Oberlé. |

Loudun. — vicomte Clerc, sous-caissier ministère finances. tous bien portants, Laroche bruxelles, mme Ardoin décédée. recevons lettres. — Mennechart, 28 novembre. | Badiola, rue de l université 123. reçu lettres loudun. — Badiola. | Bégé, 11. rue richepanse. bien portants lamotte-lauroy. reçu nouvelles, mme Ardoin décédée, annoncer baronne rejeune, couvent rue regard. — Berthe. |

Arcachon. — Ferdinand Silva. 4. faubourg montmartre. nous bien, va loger chez moi pour enfants. ai 10 jours titre emprunt saint-valery — Victor Silva. | Lunel, 10, rue montholon, paris. Oscar après conseil mobile. il est couché chez nous inflammation, pas lourd quels chagrins. — Lunel. | Bonel, mobile seine, 9e bataillon, 4e compagnie fort vanves. Laure écrire à périgueux, poste restante, amitiés, inquiétudes. — Loubel. | Zuylen, 9, rue montaigne. votre famille très-bien à notre départ. — Baudin. | Ravel, 77, blanche. souhaite tristement anniversaire. quelle revanche quand serons réunis ! seule consolation lettres affectueuses, détaillées. villa hoffon arcachon. — Mady. | Mathias, gare nord. sais par lousteau tu as reçu dépêche, tous santé extraordinaire, Emma infatigable, jamais malade, Emilie engraisse. — Emma. | Rey, boulevard sébastopol, 26. Veyrac. Labbé. enfants, maman. moi, Delâtre, Dagallier, bonne santé, pluie, manquons rien, espère revoir bientôt. — Rey. | Lainné, 52, rue douai à paris. troisième dépêche. tous bien portants, ta neuvième lettre manque. amitiés. Gustave ici. — Lainné, arcachon. | Delpeuch, médecin, rue d'argout, 61. famille va bien, mère assez bien. vous embrassons. — Delpeuch. | Dolfus, 88, neuve-des-mathurins. Maurice engagé. sergent garde-mobile calvados à bayeux. Jeanne va bien, temps splendide à arcachon. — Dolfus. |

Aix. — Marquis, place estrapade, paris. tous bien à aix, boulogne. ambert, granville. — Marquis. | Arnaud, lieutenant 9e lanciers, vincennes. tous bien. remercions m. Mignet. — Arnaud. |

Aubigny-ville. — Cottet, rue réaumur, 37. inquiets comment portez. — Rougeyron. |

Béziers. — Urbain Bertrand, mobile, 1er bataillon hérault. 3e compagnie, rosny. Ulysse, Maillac, maraussaimay, toutes familles vont bien, recevons lettres. — Balamau-Bertrand. |

Nevers. — Delboup, régiment forestiers. toutes familles bien. toutes lettres reçues. — de Pons. | Santerne, montrouge, 11. daguerre, donnez nouvelles nevers, chez Robin, plâtrier. — Marie Debranville. |

Moulins. — Girondeau, rue picpus, 10. portons tons bien tous trois. aussi famille Maurenest. — Girondeau. | Salomon, 7, boulevard sébastopol. allons bien, ayez confiance, donne oncle Adolphe paie patente moulins trois ans. — Hesse. | Salomon, 34, boulevard sébastopol. allons bien, eaux-bonnes effet prodigieux, sommes installées appartement Louise, moi, parlez Lucien. — Schill. | Pagès, 23, rue jacob. entières familles Pagès et Bellaigue vont bien. — Jahan. | Laurens, st-honoré, 350. encore sonys, quoique mobilisé. désirerais nouvelles vous et école — Max. |

Saumur, 9 nov. — Blachez, 131. boulevard st-germain. santés parfaites. partons pour angers. — Blachez | Darblay, rivoli. 156. recevons 28 lettre 15 novembre, blés recherchés vingt-deux, vingt-trois, augmenteront baisseront suivant éventualités. — Ratouis. | Darblay, rivoli, 156. ferions au mieux mettant magasin, trouverons pas vendeurs à livrer, faudrait-il louer sacs pour livraisons. — Ratouis. | Daguin, 253, boulevard voltaire. bonne santé. reçu lettres. — Daguin, saumur. | Poulain, 25. vieille-temple. tous bien, occupez-vous maison, payez imposition, portier, Gustave va bien à bonn. — Steinheil. | Berger, 6, coquillère. Berthe accouchée garçon, bien, oncle Alluaume mort. — Balzeau. | Turbert. 168, rue temple. envoyé dépêche 16, reçu carte 27, renvoyé immédiatement. portons tous bien. embrassons dur, envoie argent. — Turbert. | Mlle Cathan, rue montmartre, 176. supplie envoyer immédiatement nouvelles détaillées de ma femme chez Beaudoux quantité lettres envoyées vainement. — Yzouf |

Quimper, 1er déc. — Dehaut, faubourg st-denis, 147, paris. tous bien, recevons lettres. — Fougeroy. |

Brest, 1er déc. — Ferrier, quai valmy, 33. chez Simore, vins 250 fr. mlle Pille, rue st-jacques, 280. — Pille, rue traverse 11, brest. |

Brest, 1er déc. — Hunebelle, 26, gay-lussac. donne répétitions latin, philosophie Edouard, autrement ne pourrait présenter en mai. Charles va pension, excellent élève. — Hunebelle. | Berger, beautreillis 12. habitons brest lycée, portons bien. prévenez Eugénie reçu lettres, écrivez. — Estienne. |

Dinard, 1er déc. — Lacarrière, 6, rue béranger. tous parfaite santé, avons argent, recevons lettres. — Marie. |

Laval, 1er déc. — Bureau, 49, hauteville. mère voulu laval. ai suivi, chevaux vendus. Félix soldat, reçu seulement lettres ballon, colonie bonne santé. — Georgette. |

Avranches, 30 nov. — Leroy, 20, plaine ternes. nous bien, toi ? pas lettre octobre. avons rentré. — E. Leroy. | M. Thery, boulevard de neuilly, 103, batignolles, paris, tous bien, envoyez nouvelles enfants, nounou. — Thérèse |

St-Malo, 1er déc. — Jameson, 38, rue provence. Céline, Robert, moi, sommes très-bien. — Jameson, dinard. |

Bessé, 30 nov. — comte Odon de Montesquiou, 1, boulevard latour-maubourg. prussiens passés saint-calais sans venir ici, sommes tous courtanvaux, portons bien, recevons vos lettres. embrasse tendrement. Marie. |

Domfront, 1er déc. — Walleu, 1, taitbout paris. portons bien, recevons tes lettres. amitiés. — Malferre. |

Parentis en Born. — Savain, rue du regard, 1, paris. santés parfaites, contrée paisible, menant bon maire, reçu carte, lettres, jules armée loire. — Benard. |

Beauvoir-s.-Mer. — Meda, commandant, 126e régiment. fontordine, décembre. tous bien portants, georges hambourg, badereau paris, lettres reçues, tend esses, espoir. — Berthe. |

Nogent. — Labrouste, bac, 35. étienne, louise, marie, enfants vont bien. nogent, 28 novembre. Etien e Labrouste. |

Roanne. — Directeur Providence, grammont, 12. corresponds avec cent directions : lyon, marseille, bordeaux comprises ; recettes de ces dernières versées banque France ; affaires difficiles. — Tachon | Directeur Providence, grammont, 12 quatorze. peu importants, 22,000. entre mes mains : 11.000, assez satisfaisant. — Tachon | Directeur Providence, grammont, 12. recouvrements lents, un procès sans importance, service marchant bien, pracros sous mes ordres, polices, quittances, souches épuisées. — Tachon. | Directeur Providence, grammont, 12. trente-sept, 136,000 francs ; vingt-trois, 43,000 ; divers recours à exercer. — Tachon. |

Villefranche-s.-Saône. — Blanc, quai béthune, 14. allons bien, peut absenter, ordre magasin soutirer, non expédier, empêche platard couche magasin. — Blanc. |

Nontron. — Denis, 8, rue de Tournon. grande joie, mais inquiétude, donne des nouvelles, ici bien. — Gillot-Letang. |

Laigle. — Beltante, rue molière, 35, paris. tout le monde va bien perpignan et mayenne, mouchel à lyon du 23 courant. — Bertrand. |

Les Vans. — Raizon, sous-intendant, valois, 3. tous bien, anaïs enterré objets, rester vaus genève, papa donne, que faire pour ces trois choses ? |

Guéret. — Peyroulx, pharmacien, 225, rue saint-martin. allons bien, recevons lettres thévenot, moreau, peyroulx, amitiés. |

Saint-Brieuc. — Tournié, 5, ferme-mathurins, paris. bonnes santés toutes, 4e dépêche, thérèse très-bien, inquiètes pour vous, parfaitement chez tante. — Tournié. | M. Danguy, rue port-mahon, 6. mère prie madame frélat donner argent — Danguy. | madame Frélat, hospice salpêtrière. chère cousine, donnez argent sosthène, reconnaissante amitié. — Danguy. |

Redon. — Villepin, 54, jacob, paris. georges dirigé lille bonne santé, alphonse, oran, 2e zouave, enchanté, espoir. — Glapion. |

Montauban. — Bartet, rue taranne, 20. tous trois bonne santé montauban. — Bartet. |

Saint-genis-Pouilly. — Lancel, 7, quai valmy. paris. demeurons barillet, suisse. — Wells. |

Orthez, 1er déc. — M. de Baure, rue lille, 75. nous, cousins bien, reçu tes lettres, voudrions envoyer provisions, courage, Dieu aidera. — Baure. | Favrin, 26, caumartin. empêchez vente obligation ville, payez, argent ici, enverrai sitôt dégagé, réponse. — Pinson. |

Blois, 1er déc. — Barberon, quai voltaire, 17. parents à outarville bien portants. — Frédéric. | général martimprey, gouverneur des invalides. louis, lieutenant, à aix-la-chapelle bien portant, nous aussi. — Didier. |

La Palisse, 30 nov. — capitaine Chabannes, état-major général, 15e corps. allons bien tous, jacques, geneviève hemcen, albert loire. — Antoinette. | Clausel, rue provence, 7. tous bien portants, grand espoir, bert, 30 novembre. — Isidore. |

La Roche-s.-Yon, 1er déc. — général Ducrot, lieutenant-colonel désendré, 1er zouaves, interné magdebourg, se recommande bienveillance du général, être compris dans échange prisonniers. — Désandré. |

Nogent-s.-Seine, 18 nov. — Vignole, lieutenant, 1er bataillon, mobiles de l'aube, paris. tous réunis bien portants, maison épargnée, nogent, 18 novembre — Vignolle. | madame Bourotte, 5, rue des moines, paris. je vais très-bien, reçu lettres du 4. nogent, 18 novembre. — Bourote. |

Caen, 30 nov. — madame de Lamazelière, 9, richepance, paris. parents tremblay, albert, arthur, prunelé castries, armée loire, allaient bien, tendre union. — Séguier. | madame Costa, 9, richepance, paris. marthe, félicie chambéry, marguerite vauvenargues, tous bien, christine caen, alfred sauf orléans tendre reconnaissance. — Castries. | Bruna, truffaut, 39. bien inquiet, écrire à caen, si besoin argent demander bellecroix. — Cormier. | Roublot, rue pavée au-marais, paris. pas nouvelle depuis octobre, allons tous bien, inquiets, écrivez. caen, 29 novembre. — Samson. |

Marseille, 29 nov. — Joly, corps-législatif. 2e dépêche, trouville toujours bien portant, savons que tu as bonnes nouvelles. allons bien, t'embrassons, courage. — Théodore. | Barquin, rue Lourmel, 73. santé parfaite. mobilisons. — Espent. | Blanc, 18, rue claude-vellefeaux. moi, filles portons bien. marseille calme. reçu carte. — Blanc. | Aubanel, rue provence, 3. lettres reçues, allons bien ici, constantinople, halin revenu londres, voudrait étienne. envoie fatma, hortense caire. — Nelly. | Michelis, grange-batelière, 23. reçu toutes lettres, heureuse savoir bonne santé, sommes bien, ne t'expose pas enfant, t'en prie. | Boudry, 30, rue lévis. donnez nouvelles de tous. — Capèle. |

---

20 Pour copie conforme :

L'inspecteur,

Bordeaux. — 7 décembre 1870.

Pacy-sur-Eure. — Poulin, château-d'eau, 42, 28 novembre. tous bien. — Besnard. |

Avignon. — Carpentin, 67, lafayette. lardier pas partir, marie écrire souvent. — Berlaudier. |

Châteauneuf-la-Forêt. — Simon, st-lazare, 54. marthe beaucoup mieux.

Nimes. — Cabanis, capitaine 1re division, 2e brigade, 18e régiment marche. allons bien, inquiets, réponse. — Durand. | Séraphin, rue st-joseph, 3. voyez brelay, hauteville pour conseils. écrivez. — Sabran, nimes. | Dehan, rue neuve-coquenard, 23, bis. porte bien, reçois, lettres, écris souvent. — Philomène. |

Coutances. — Dailly, rue pigalle, 30 novembre. gisors, villers tous bien. — Amélie. | Lehoussel, rue auber. habitons avec bize coutances. 500 pourquoi. | Capet, rue verrerie, 61. allons bien ici et ciotat. — Chagot. |

Montbard. — Parent, rue st-andré des arts, 31. bien tous, emma ici tranquille, carte renvoyée. — Daugauthin. |

Martigues. — Jourde, directeur siècle, chauchat, 14. tous à carry, santé parfaite, tout très-tranquille, fermiers terminé, troupeau rentré, mille tendresses. — Anaïs. |

Tarascon-sur-Rhône. — Bucheret, impasse du maine, 6, paris. nouvelles thuillier par ballon, famille désolée. — Veuve Boyer, quai rhône, 6, tarascon. |

La Couronne. — Maupaté, quai gare d'ivry, 14. donnez à laurent argent selon besoins, moi très, très-mécontent de son silence. — Laroche. |

Laval. — Brochant, bac, 101. reçu lettre, portons bien, écris longuement. — Coustou. | Berthet, boulevard latourmaubourg, 60. reçu vos lettres, nos santés bonnes, ménage grimoin ici, écrivez nouvelles gustave, laval, 1er décembre. — Noailles, |

Rennes. — Eblé, cherche-midi, 9. étienne bachelier, tous bien portants, 8 lettres reçues. — Maurice. | Amiral de Langle, commandant secteur. famille de kermel toute bien, prière communiquer à charles. — Kermel. | Cantigny, 54, rue d'enghien, paris. allons bien, reçu lettres, écrivez souvent, luneville va bien, embrassez parents, fournier ici. — Charlotte. |

Lorient. — Trévaux, boulevard clichy, 87. portons bien, lettres reçues cinq, envoyées onze. lorient, hôtel france. — Trévaux. | Laroque, levert-belleville, 9. georges, mari bien portants, prisonniers neuwied, près coblentz. espoir. — Touboulic. | Hoskier, 39, berlin. merci lettre, tous, tieus, miens vont bien, lorient. — Anatole. | Baron, rue petites-écuries, 10. refuse absolument payer 180 fr. — Desbrochers. |

Mende. — Bioche, taranne, 10. alphonsine ici avec quatre enfants, santés parfaites partout. comment vont philbert et charpal. — Lefranc. |

Decize. — Catherinet, 74, rue notre-dame-de-nazareth, paris. émile prisonnier à erfurt bien portant sans blessure. envoyé argent. — Schaerff. | Tamin, rue st-lazare, 55. partirai capitaine mobilisés, edmond me remplacera, nous travaillons toujours. tout va bien, à bientôt espérons. — Varbour. |

Neuvic-sur-l'Isle. — Bosviel, richelieu, 60. vu hier ta famille, parfaite santé. — Bosviel. |

St-Malo. — Surcouf, capitaine mobile, bataillon guingamp. tous bien aujourd'hui. reçu lettres, sans cartes, t'embrasse. — Elisabeth. | Cumming, cardinal-fesch, 25. reçu ta lettre, rivierre orléans, atelier marche toujours tranquille. avons le nécessaire. poste restante st-malo. — Cumming. | Deloison, rue vosges, 12. laure retour, brie, nous, adrien, belin, briard bonne santé. — Florentine. | Mme Leducq, place-st-andré-des-arts, 22, paris. avons lettres, tous bien, leducq prisonnier. — Léon Vaillant. | Dargent. charlote, 26 Humbert, marie, savoie vont bien, nous aussi lebourlier. | Feurgard, armaillé, 21 (ternes). mères, enfants santé excellente. — Adeline Chlorine. |

Pontorson. — Lemaire, 28 trévise. déjà écrit pigeon, reçu 7 lettres, va passablement. minon adrien bien, pense beaucoup à toi. — Gibert Pontarson. |

Avranches. — Cadiat, 30, bonaparte. bien avranches, reçois lettres, écrivez, soignez marie lavalley. | Nodler, dreyfus, scheyer, 2, chaussée-d'antin. santé bonne, écris, recevons, autorise emprunt scheyer ou roussel. | Nodler. |

Moulins-la-Marche. — Ranchon, 132, rue lafayette. mères, anna, marcel tous bien, reçu cartes. gasselin, 17, rue soufflot, 27 novembre — Louvière. |

Margaux. — Chaix-d'Est-Ange, 86, rue neuve-des-Mathurins. allons bien margaux. — Jeanne. |

Figeac, 1er déc. — Mme Belfleur, paris, rue provence, 74. reçu cinq lettres ballon, dont celle du 12 novembre. merci, santés bonnes. — Maupas. |

Chambly, 26 nov. — Millon Champagny, 3. recevons vos lettres. jartraux, nemours, chambly bonne santé.

Laval, 29 nov. — Hocdé, rue château-landon, 24. santé excellente, pas nouvelles, inquiétude. — Hocdé. | Colonel, commandant fort issy. marguerite, ernest bien portants. lettres reçues, alfred ici. partis pour portrieux, côtes-du-nord, poste restante. — De Montguers. | Riché, 150, rivoli. père, mère, moi laval. alexandre, vulaines, jenny. mauléon tous bien portants. batignolles, cave beurre huile. — Louise Riché. |

Orange, 30 nov. — Millet, rue université, 48. allons bien, pensons à vous, toujours seconde dépêche. avez vous argent, confiance. écrivez souvent. — Millet. |

Verneuil-sur-avre, 29 novembre. — Journault, rue clichy, 60. cherbourg, fécamp, courteilles tous bien. espoir. 30 novembre. — Pinelli. |

Nice, 30 nov. — Duvivier, cité gaillard, 4, paris. malheur vrai sœur nice prendre un pot beurre, cave lille bien refermer, alexandre engagé. — Flachéron. | Gilardin, 6, cirque. paul préservé, prisonnier coblentz, hyacinthe. moi, marguerite, nice pension milliet. lyon, bugey tranquilles, ernest, tous bien. — Clémentine. |

Le Beausset, 30 nov. — Dupuy de Lôme, rue st-honoré, 374. erau, 30 novembre. sans lettres georges depuis 15 octobre, pays très-tranquille, espérons succès. |

Excideuil, 2 déc. — Dumas, 51, taitbout. santés bonnes, reçu lettre 6 novembre. écris souvent, lettres arrivent, mange tous les poulets, payé impôt. | Parrot, séguier, 3. santés parfaites, paul 6 dents, études régulières, achats divers. hiver vive impatience de nous revoir tous. — Parrot. |

Amboise, 3 déc. — Soudée, 50, rivoli. thomas, grellou, soudée, marguerite à amboise, mans, morlaix tous bien, recevons lettres, donne nouvelles mellion. — Cécile Soudée. |

Montbazon, 3 déc. — Pierson, michel-le-comte, 12, montbazon. reçu lettres, allons bien, albert aussi. |

Riom, 2 décembre. — Donnaud, rue cassette, 9. allons bien écrire chez pirel notaire riom. — Donnaud. |

Le Mans, 3 décembre. — Touzelin, castiglione, 8. famille bien portante, nouvelles province bonnes. — Gaumé. | Martuilaudelle, 115, grande rue-chapelle, paris. tous bonne santé, maurice vous embrasse, pas nouvelles maman, ne pars pas. ennuyons beaucoup. — Martinlandelle. | Desmarest, maire, 9e arrondissement, 5, scribe. moi, enfants excellente santé, rennes galerie meret 2. avons argent, lettres reçues. — Marie Campenon. | Fauveau, assas, 58. deux maris, georges nous ensemble, mans bien portantes. illiers, maintenon nouvelles rares. estelle, léonce bonne santé. — Elodie. | Duchayla, boulevard malesherbes, 72. va écrire halgan, stéphanie. mans tranquille. — Eglé. | M. Paquy, des jeuneurs, 48. sauvage, coquin, marquise a pris de force 4,000 marchandises pour son retour. — Hamel. | Julliot, écouffes, 5. portons bien, inquiets, adressez procuration affaire adam. — Goulette. |

Coulommiers. — Martigny Regnier, quai marne, 18. vivez-vous, ignore? écrivez lettres détaillées souvent, coulommiers par provins ballon monté recevrai — Gastellier |

Azay-le-Rideau. — Roy. 18. rue Drouot. sommes st-marcel, santés excellentes, garçons jésuites avignon, thérèse, couvent nimes, cousins armée loire. — Roy. |

Morlaix. Drouillard, rue de rome, 4, paris. laurence et entourage bien portants, munie d'argent, transmis trois lettres, 29 novembre. — Angélique. |

Châtelaudren. — Kergariou, rue royale, 19. aline, alphonse, tous bien, paul erfurt, merci, lettres, détails, occupée de tous, pays tranquille. — Quelen. |

Derval. — Sapinaud allait très-bien 26 novembre. d'aubermesnil, cécile, zoé, louis, edmond très-bien, écrivez, vicomtesse sapinaud, 18, matignon. — Emma. |

Fougères. — Lefèvre, provence. paris. sigaux, lefèvre, fougères, bonne santé, — Amélie. Lefèvre. |

Saint-Brieuc. — Delépine, rue truffaut, 28, batignolles-paris. tous st-brieuc, santés parfaites, recevons lettres, carte perdue, écrit tracy, félicité garçon. — Delépine. | Hotelet, rue st-jacques, 161. Beau, st-brieuc, audrain. | Roman, invalides, 56. Wiesbaden, bretagne, abbé, cousin bien. |

Argentan. — Guitry, palais-royal, 139. bien portants, bien ennuyée. — Soffrey. |

Dinan. — Liasse, 7, mayran. reçu lettres novembre, 3, 15 détails insuffisants, Vallet, corps bien portant, âme souffrante, grand désir revenir. | Billon. 30, rovigo. écrit 5 lettres pas réponse, inquiète, savoir, absolument écrire ballon. — Désirée Billon. | Calame, 15, rue l'arcade. santés excellentes, bonnes nouvelles, gastine, barry, moreau et goujon veillent belle-mère, 28 novembre. — Calame. |

Le Mans, 29 nov. — falret, rue du bac 114. santé meilleure, père mort. | Mlle de Kock, boulevard st-martin, 8. frère congé. bonne santé. — Marcueil. | Nicolay, rue lille. 80, paris. tous bien portants, envoie dépêche, réponse. — Nicolay Montfotr. | Mans, 29 novembre, stainville, capitaine gendarmerie sablonville, santés bonnes, dernière lettre datée 15, nancy, santés bonnes. | Pinot, faubourg du temple, 84. bonne santé, écris-nous, — Pinot. | Mme Hermet, 13, rue bouchardon, paris. donnez-nous de vos nouvelles, santé bonne, rue beauverger, 29, mans. — Hermet. |

Lamballe, 30 nov. — Lagatinais, officier mobile, côtes-du-nord, auteuil attente, tous bien, pensons toi, courage, — Marie. |

Portrieux. 29 nov. — Gorre, 7, beaumarchais. allons tous bien. — Abel. | Dagrin, garde mobile, 18e bataillon, 3e compagnie, st-denis. allons tous bien. — Dagrin. |

Laval, 30 nov. — Duc Reggio. 44, rue bourgogne. sommes laval tranquilles, tous bonne santé. charles travaille laflèche, classe pas appelée, recevons lettres. — Reggio. |

Janzé, 30 nov. — Dauvers, paris, rue arcade, 14. lettres reçues, bonne santé. — Ernestine. | Roux, rue assas, 2. tous bien portants, reçue lettres. — Augustine. |

Auxerre, 29 nov. — Pourain, boulevard montparnasse, 119. reçu tes lettres, portons bien. — Pourain. | Riollet, 26, monge. julie fille, louise garçon, mère enfants joigny, villiers, auxerre bien. — Perreau. |

Trévoux 30 nov. — Smith, 4e bataillon mobiles ain. allons bien, écrivez de suite. — Smith. |

Rodez, 1er déc. — Souquières, st-victor, 33. reçu lettres, georges prisonnier cologne, sérieys hambourg, vais ordinaire, berthe, rodez. — quizard |

Guéret, 1er déc. — Gallois, nicolas-flammelle, 3. gallois, binder, videcoq, au tréport, bonnes santés. |

Granville, 28 nov. — Joset, champs-élysées, 154. donnez congé appartement passy. — Dauda. | Luparc, rue de la chaise, 22. m. lemarié, mort douce et pieuse, 22 novembre, scellés mis, parents tous bien. — Luparc. | Docteur moutard-martin, 5, rue échelle, paris. 7e, granville, dinard, tous parfaitement, jersey si nécessité, prendre précautions, courage, granville, 28. — Moutard-Martin. | Gateau, grand mont de piété, granville, bien portants, reçois lettres, babin, thiébaut, tournay, bien portants. — Chambriard. | Larchez, institut, toujours la même. — d'Audu. |

Fécamp, 28 nov. — Canda, faubourg st-martin, 141. portons très-bien. — Canda. | Radi, soufflot, 23. prendre chez moi toutes provisions, écrire. — Radi. |

Le Havre, 28 nov. — Frédéric Reserdeaux, st-lazare, 68. bien portante, reçu toutes lettres, pense bien à vous, havre, hôtel frascati. — Marie. | Schaique, 214, rue st-antoine. lettre reçue. cher père! portons bien. havre. | Devraigne, 52, boulevard ornano. havre, espalion, marie bien, léonie garçon. — Phillips. | Sisley, 41, nollet, batignolles. marcuard, andré, payer alfred, sisley, autres impayés, 1,800 francs, — Sisley. | Dreyfus, 41, boulevard magenta, paris. recevons lettres, madame, enfants, blankenberghe santé générale, mère rajeunie, jeanne magnifique, recevons lettres, — Léopold. | Chollet, 43, rue ste-anne. allons tous bien, reçu 5 lettres, rien depuis 3 semaines, récrivez vite. — Chollet. | Ferrère, rue laffitte, 1. cher cousin, votre femme, enfants vont bien, toujours à boulogne, ici tous bien, vous embrassons. — Jeanne. | Laiter, 218, rivoli, paris. tous bien portants, aussi ciotat, reynaud ici, recevons vos lettres, provinces organisées marchent. — Brostrom. |

Romans. — Lucien Grongeon, mobile drôme, paris. parents, frère aîné, amis va bien, reçu trois lettres, répondu deux, souvenir de tous, écrivez. — Jules Pinet. |

Valognes. — Beugnot, ministère guerre. 30 novembre. comment douloureux reproches? sixième dépêche, santés bonnes, puisque méfiance imméritée quitterai normandie selon événements. — Octavie. | Docteur Huber-Valleroux, 27, madame. familles hubert, poncet parfaitement. |

Amboise. — Hanin, 74, folie méricourt. tous bien portants. — Hanin. | Busson, 34, lancry. allons bien, bébé aussi, resté près nous, faire partir si danger. reçu deux lettres seulement, écrivez. — Lair. | Lanoue, 19, mouton-duvernet. gustave amboise, portons bien, réponse. |

Rouen. — Conty, 28, cléry, paris. caserné rouen, vais bien, reçois lettres, grand père assez bien. | Godemont, 32, boulevard clichy. jeanne charmante, mère, tante bien. | Klein, broderies, passage vivienne, paris. informez madame klein neuilly suis rouen, santé bonne, position importante, courage. — Mathieu. | Desward, 3, tronchet, paris. tous bonne santé rouen. courage, écrivez souvent, soignez-vous, affections profondes. — Firino. | Daussy, 11, rivoli. bien, argent impossible, henri emprunte bagneux. — Duchêne. | Marcotte, 16, tour, passy. pleure jours nuits, envoie argent. rouen. café bourse, rue jacques-lelieur. — Caroline. | Blanche Michel, 36, rue château-landon, paris. voyez drouot, granara prévenu remettra trois cents francs, donnerez reçu, georges va bien. — Delafosse. | Granara, hôtel russie, rue drouot, paris. obligez-moi remettre à madame blanche, contre reçu, trois cents francs. — Gustave Lemaître. | Favré, 57, boulevard montparnasse, paris. oui aux sables. — Du Trembrey. |

Toulouse. — Lambert, 25, rue richelieu. toulouse, 3, rue de la balance. — Désirée. | Ferré, 41, saint-georges. bien portant, donnez air vêtements, middérigh père toulouse. | Lebaudy, boulevard haussmann, 73. famille parfaitement portante. 1er. — Amicie. | Hubert, 14, rue de la victoire, paris. bordures droite cachemire, huit à quinze centimètres, chambre coucher six croquées. — Hartweck. | Hubert, 14, rue de la victoire, paris. châles carré, choisir plus beau, mettre ouvrage tout nouveau traitement. — Hartweck. | Hubert, 14, rue de la victoire, paris. continuez travailler, faite fonds plein cachemire petit moyen, quelques avec rosaces. — Hartweck. |

Bayeux, 28 nov. — Lemarchand, pharmacien, 55, avenue joséphine. santé, bayeux, 8, gambette. — Palmyre Lemarchand. | Sauvage, 28, enghien. écrivez bayeux. | Lamazou, vicaire madeleine, paris. très-reconnaissant, rembourserai avances pour mon frère. — Trémolet, sulpicien. | Poget, 3, banque. parfaite santé tous, arromanches, confortablement, climat chaud, recevons lettres, bonnes nouvelles père, oncle. — Lagarde. | Olivier, 9, joubert. reçu trois lettres, envoyé trois, portons bien, pas prussiens. — Jenny. | Boisard, chez sibère, 48, provence. félix prisonnier, pas blessé, portons bien. — Ollivier. |

Bordeaux, 24 déc. — Dussert, 50, moscou. frères sauvés, sans blessures, charles hambourg, léon dietz. mère, famille bien portants, bourotte, collière, oscar aussi. — Marchand. | Bisé, 16, lamotte-piquet. pommet tous parfaitement, ducroquet aussi, adrienne souffrante sans danger, petite louise morte, prévenir eugène, rien cornet. — Michel. | Kergonard, 1, lemercier. tous parfaitement bordeaux, fanny magali, jeanne sainte-foy, paul, andré orthez. — Pauline. | Multedo, 22 jacob. bonne fête année maman, alfred, père prions, embrassons, multiplions dépêches, bien, ilerousse tranquille. — Lucy. | Eude, 2, mulhouse. bien, écrire libourne restante, vin, confitures, neuilly clefs jalain — Baudrais. | Houdant, 20, st-placide. armandine accouchée fille, tous bien. | Mollot, 20, grands-augustins. charles chartres, alice et tous les enfants saint-brieuc bien, des condoléances. — Haton. | Calmon, 37, abbatucci. sœur, frère bien bordeaux, adressez lettres nottin, michel balentin, topin tous bien, comtesse roger humann bien. — Félicie. |

Grasse. — Legros, boulevard eugène, 30, paris. écris par premier ballon. — Roure, grasse, 28 novembre. |

Lavaur. — Faure, lieutenant-colonel. 7e mobile. Isidore bien saxe, tous bien, lavaur pays tranquille. |

gex. — Deville. 47, madame, paris. tous bien chevry, georges tranquille recey. Jeanne, Blanche, enfants, Bourboulon, bien. — Cécile. |

Castres-s.-l'agout. — Roussel, capitaine génie. fort rosny, paris. maman, Marie, nous tous, bien castres. — Estelle. |

Clermont-Ferrand. — Seligmann, 44, rue richer, paris. santés excellentes, Jane superbe, Bacharach prisonnier valide. — Henry. | David Troullier, 29, sentier. longeville, santés parfaites. — David Troullier, Leclerc. | Dietz, 11, rue château-d'eau. bonnes nouvelles de Beaucourt, famille alsace intacte. Eugène, Edgard prisonniers ici octobre. réception lettres intermittentes. — Adèle. | Leman, rue trézel, 41, batignolles. adresser lettres place st-pierre, 25. lettres reçues. — Clémence. | de gourcuff, richelieu, 87. reçu instructions compagnie. sinistres ordinaires. circonscription organisée, marche bien; mais attends mobilisation prochaine. — Delaître. | Teyras de grandval, fourrier mobiles puy-de-dôme, paris. allons bien, écris détails, nouvelles des autres, leurs parents bien. — Teyras. 1er décembre. | monsieur Lavalette, rue

Bordeaux — 7 décembre 1870.

roquépine, 18. allons bien, rue des notaires, 1, clermont. écris longuement. Hinacourt, Malzy, bien.—Lavalette. |

montrésor, 29 novembre. — lamartine, 7, rue montaigne. reçu votre lettre, écrivez souvent par ballon monté, tous bien ici.—Despaignes. |

Monistroc-s.-loire, 29 nov. — gavoty. faubourg-poissonnière, 25. reçu deux lettres avec plaisir, tous bien portants, avons confiance.—Néron. |

givors, 28 nov. — Vigne, mobiles rhône, 2e pontonniers. quatre oui. — Fumat. | Vigne, mobiles rhône, 2e pontonniers. non, trois oui.—Payre. |

lyon-terreaux, 20 nov.—chanudet, 15, palestro, paris. tous bonne santé. reçu hier lettre, mandat. — chanudet. | Adolphe Vernes, 29, taitbout. remerciements lettres 6, 14. tranquillité matérielle persistante, lucie revenue. communiquez gilardin bonnes coblentz, nice, lyon.— Cazenove. | Ernest Blocq, 80, boulevard sébastopol, paris. reçu tes lettres renvoyées strasbourg, toute ta famille va très-bien.—françois. | Michelot, officier administration, ambulance vincennes. reçu lettre du 8, santé bonne, merci. soignez-vous. — Rose. | Clavel, 40, jeuneurs. donnez-nous nouvellez lyon. | Marie gunet. |

Bannalec, 29 nov.— guiaud, boulevard clichy, 11. reçu les bonnes lettres. tous bien portants, le dire à Pierre et à madame Touchard. — Bernier. |

La capelle-en-thiérache, 26 nov. — monsieur Cordier, gendarme compagnie Aisne, caserne bonaparte, paris. En bonne santé et embrassons.

Avranches, 26 nov. — Lebreton, laval, 15. bien, partir prochainement. | Seguin, 3, canivet. santé passable.—Moutviron. | Fould, notaire, rue saint-marc. Donnez immédiatement congé mon appartement à Chasseloup-Laubat, afin que bail finisse juillet prochain. réponse.— Bouteloup. | Paillard, 83, boulevard sébastopol, paris. tous bien portants avranches. — Desvaux. | Labric, 22, varenne. Labric, Cresson, Viviez, Jersey, Thy, Lailler, Gohier, très-bien.—Labric. |

Toulouse, 30 nov. — Toussaint, 3, faubourg st-honoré. Frentz, Casimir, saufs wiesbaden. affreusement inquiète fils, cherchez-le, écrivez-moi. — Amélie. | Lebaudy, 73, boulevard haussmann. santé parfaite. — Amicie. | madame Adolphe, 21, bouloi, paris. écrivez toujours. demandez un peu argent à Cotard, rue charonne, 102. — Roussel. | Delarbre, avenue roi-de-rome, 10, paris. sortez-nous inquiétude. — Tanzi. | Orsel, 150, lafayette, paris. enfants bien à tours. assistées si besoin. nous chez Bertrand. sympathie Vincent. écrivez, lettres parviennent.—Rocher. |

Nantes, 30 nov.—monsieur du Chatelier. officier mobile, mont-valérien. tous bien, Emmanuel carcassonne, nantes tranquille. — du Châtelier. | Cerceau, villiers, 18. femme nantes, santé bonne. | Bouts. faubourg-poisonnière, 62. Nous nous portons bien. Edouard, Emile aussi. tes enfants te disent à bientôt.— Hortense. | Vial, avenue tourville, 6. bonne santé, avons argent, recevons lettres nantes.— Marie. | Mesnard, commandant art. loire-inférieure. Armand revenu, tous bien, vingt-huit lettres écrites.— céline. | Legros, 13, monge, paris. nantes chez lancelot, bains calvaire, bien portant, lettres reçues. — E. garnier. | Sourget-Saillant, artillerie loire-inférieure, 1re batterie. donnez nouvelles, si besoin argent demandez. — Sourget. | Reffé Auguste, 28e mobiles, 1er bataillon, 4e compagnie. famille Reffé bonne santé, écris-nous, lettres arrivent. | Mercier, 3, argenson, paris. Souché et Nantes, santés excellentes. Edmond gentil. Nourtier, Boniteau, vont bien. Dis Albert nous écrire. — Mercier. | Delaporte, 23, ste-anne, paris. Retrouvé maman Nantes, poste restante. Blanquet à cayeux, parents las-combes, allons bien. — Delaporte. 30 novembre. | Albert Lemasne, garde mobile Nantes, 1er bataillon, mont-valérien. bonne santé tous, frères partis, tante ici, affaires bonnes.— Mère. 30 novembre. | madame Longueville, 15, casimir-périer. accouchée beau garçon 27, tous bien. — Sincéran. | Bouché, 5, charlot, marais. Donnez nouvelles par ballon, nos santés bonnes, produisons beaucoup, prévenez Lafaulotte, cousin amitiés.— Duquénel. | Cousin, 53, bac. beaucoup de mal, santés bonnes, production journalière million, prévenez Bouché. — Duquénel. | Gagnage, 5, charlot, marais. Remerciement des nouvelles, tous bien portants, amitiés.— Duquénel. | Lafaulotte, 36, godot-mauroy. Donne nouvelles ballon, nos santés bonnes, fournitures importantes, donne argent boulevard st-martin, préviens Bouché.—Duquénel. | Chaudé, 14, condé. Votre famille étretat, écrit vous prévenir être en bonne santé, amitiés.— Duquénel. | Marie Buffière, 17, boulevard st-martin. Nos santés bonnes, donnez nouvelles ballon, j'envoie 300, demandez argent Lafaulotte.—Duquenel. |

SERVICES ET AUTORISATIONS

Bordeaux, 24 déc.— Bianchi, rue richelieu, 102. mme bianchi et enfants bien portants à alençon.— Salmon. | Delaunay, adm. postes. — loué, vibe, excellente santé, reçu lettres, comment va mon père, passage du désir, faubourg saint-denis. — Chantenay. | général Foy, état major trochu. écrivez-moi ministère guerre bordeaux. marie à Pau. suis presque guéri.— Bastard. | Mme paurelle 155, boulevard haussmann. écrivez-moi au ministère de la guerre, bordeaux. serai bientôt guéri. — Bastard. | mme guillemet, 16, bourtibourg. reçois tes lettres, vais bien, parents renwez-rimogne bien. demande argent martin si besoin. — guillemet, | Lageard, 1, turbigo. devions déménager, 15 octob. voyez nos propriétaires, faubourg martin et lingerie, 8. déménagez-nous au besoin. — Rabuteau. | m. bouquet, 63, rue des saints-pères. votre fils est prisonnier chez le curé de lagny et se porte bien. il a été pris à champigny recueillant des blessés français. transmis d'office. le chef du service. — de Lafollye. | Mme bézier, 21 lamartine. léon, ballon tombé norwége, est arrivé bordeaux sous peu de jours à Paris vous embrasse.— Bézier. | Petiet, école centrale. vu cauvet bordeaux. inspecteur général des camps. les deux familles très-bien. — Fernique. | Fernique, vieux colombier, 29. vu tante, sœurs très-bien bazas. leras et enfants, oncle charles et femme ici bien portants. reçu lettres 13, 15, 18, 30 novemb., courage, écris souvent. embrasse tous. dis à d'almeida, 29, bonaparte, reçu une lettre. — Fernique. | Tirot, grene le-saint-germain, 100. demandez à ducloux, notaire, rue boissy d'anglas, 500 fr pour impôts et autres besoins.— Glais Bizoin. | Mme Loiseau, rue des beaux-arts, 12. dire à françois de la part de mme ratel : toute ta famille bien portante, écris-nous. mlle ratel m'écrit d'angers, boulevard des lices, 9.— de Lafollye. | Charles Beaurepaire, capitaine mobile, rue verneuil, 31. Pauline beaurepaire reçoit vos lettres. emmanuel henri mort. — de Lafollye. | Zaccone, administrat. centrale postes.— suis bien portant, écris-moi à délégation postes où je suis attaché. — André Zaccone. | Lelièvre médecin, 16, geoffroy-marie, paris. suis à Bordeaux. pars demain pour suivre armée loire. père tué par prussiens.— de boulard. | Mme Castel 12, rue de tournon. Je vous ai télégraphié 4 ou 5 fois sans succès, paraît-il, serais-je plus heureux. ma tante est toujours à neufchâtel, ils ont reçu toutes vos lettres, vont très-bien et se désespèrent de ne rien pouvoir vous faire parvenir par moi. nous sommes tous en bonne santé. — paul dupré. | Geoffroy, 133, faubourg poissonnière. 5e dépêche, portons bien tous. reçu lettres. ai écrit souvent. — Leroi. | Heuzé, boulevard grenelle, 122. bordeaux santé parfaite. passer postes toucher 200 fr. estelle se soigne bien, dangereux, baisers.- Fontaine. | Réganhac, 9, carrefour odéon. votre tante toulouse, rue merlane, 5, vous adresse. marquise blocqueville, 9, quai malaquais, écrivez ballons.— Charros. | Montagut, état-major. place vendôme. familles montagut, chavoix lafaye, parrot sallefranque vont parfaitement. — Labrouche. | chaumont. 15, casimir périer. abel bien, tierci badot bien, à bientôt.— chaumont. | Féry, suger, 13, paris. forcé partir londres, garibaldiens, rencontré Beaudouin tours, réquisition compositeur, parti bordeaux, bonne santé. — E. Féry. | Lainé, 12, saint-denis. envoyez nouvelles santé de tous. Georges surtout. nous bien. 23, permentade. — Albert Blanquet. | Walter, 29, rue bouchardot. paris. très-inquiet donner nouvelles. ai renvoyé à léon papiers suisses soir de mon départ paris. les avez-vous? bien portant. écrivez ballon journal liberté bordeaux.— Walter. | bouquet, 8, rue saint martin, paris. reçu lettre, 20. vais bien. espère vous revoir tous santé bonne. Prions, confiance, embrasse. — Lanefranque. | m. Bouquet, 63, rue des saints pères, votre fils est prisonnier chez le curé de lagny. et se porte bien. il a été pris à champigny, recueillant des blessés français. transmis d'office. — le chef du service de Lafollye. | Bloc, 15, place des abbesses, paris montmartre. tous en bonne santé. — Estier. | Alfred Bordet, capitaine, 10e régiment, garde mobile, côtes d'or, 2e bat., 5e comp., allons tous bien.— Louis bordet. | Castries, 23, place vendôme, paris, dites à edmond, adelo conduite exemplaire, arriverai paris sitôt blocus levé importe comment, tendresses.— Courtois. | Alauzet juge, place batignolles, 22 et mme leger, rue du port-mahon, 6, sorbé laurence, réunis oloron, bonne santé, reçu lettres. — Laurence. |

Bordeaux, 7 décembre 1870.

Montargis, 29 nov. — Ferré, 3, rue université. bien tous. — Ferré. | Lefebvre, 27, avenue marigny. tous bien, écris plus longuement. —Claire. |

Bourbon-Lancy, 28 nov. — Basseleure, rue constance, 8, montmartre. reçu lettre du 4, santé bonne. — Anna. |

Blaye, 29 nov. — Luppé, 29, barbet-de-jouy, paris. allons bien. — Caroline, blaye. | Mariton, 8, passage des beaux-arts, montmartre. bonne santé chez eymery, blaye. — Clémentine. |

Angoulême, 28 nov. — Sédillot, secrétaire, collége de france. manuel, lieutenant, décoré, intact. répondre major tachard, angoulême. | Léon Saintville, lafayette, 88. nous allons bien, très-inquiets. dernière lettre 2 novembre, écris plus souvent en datant. — Saintville. |

Châlon-s.-Saône, 28 nov. — Cuenot, 80, bonaparte. Portons bien, rien à châlon. |

Vernon, 28 nov. — M. Barbetmassin, rue berlin, 19. mère, fille chez madame kuppens. pecq, province hainaut, belgique, defert tous bien. — Bisson. |

Besançon, 28 nov. — M. Paliard, rue jacob, 48, paris. que faites vous. albin aussi? nous bien portants, attendant vos nouvelles par ballon. — Faucompré. | Remquet, 19, fossés-saint-jacques. tous bien, non assiégés, nouvelles 20. — Chotard. |

Narbonne, 29 nov. — Boyes, capitaine zouaves, courbevoie. allons tous bien. | Cabanes, 191, rue saint-honoré, paris. santés bonnes, recevons lettres, envoyez carte dépêche. — Lajourdie |

Brioude, 28 nov. — Chamtron, 39, rue tombe-issoire. nous portons très-bien, manquons de rien, recevons lettres, habitons brioude, ne t'inquiette pas. — Virginie. |

Marignagne, 30 nov. — Aude, place st-georges, paris. santé, rémusat, tranquille, machine, personne, impatience, beaucoup. — Louise. |

Colembelt, 24 nov. — duc de Rivière, 121, rue saint-dominiqus. tous bien, reçu lettre du 20. — Solages. |

La Flèche, 28 nov. — Hecquet, colonel, 20e de marche santés bonnes, émile commandant, louis capitaine. | Bernard, 68, boulevard haussmann. santés bonnes, lettre de télégramme reçue. — Laurent. | Hérault, jeûneurs, 1. santé bonne, georges mort orléans. — Bouvier. |

Chambéry, 28 nov. — Dubois, martel, 12, paris. je préférerais lettre autorisant banquier remettre à schille seulement que Man lat poste, allons tous bien. — Marie. |

Montreuil-s.-Mer, 26 nov. — Rosamel, lieutenant vaisseau, flottille seine, auteuil. allons tous bien, henry aussi, prisonnier, amand toujours ici, recevons vos lettres, amitiés. — Cécile |

Noirmoutiers, 27 nov. — Boussod, 72, rue amsterdam, paris. adèle et enfants très-bien, ont reçu beaucoup de vos lettres, ont courage, patience. — Adèle. | Berthier, place madeleine, 30, paris. tous très-bien avec éléonore à noirmoutiers, les petits prospèrent, argent reçu, lettres arrivées. — Eugénie. | Rhoné, 7e bataillon, 9e compagnie, 1re chambrée, chasseurs de vincennes, château vincennes, paris. tous bien noirmoutiers, écris-moi longuement. — Eugénie. | Labbé, 55, boulevard malesherbes, paris. tous bien à noirmoutiers avec éléonore, plouha, arcachon, cayeux, pau, angers, fère. — Edith. |

Vern, 28 nov. — Géromini, gendarme, 1er bataillon, 2e compagnie. vern, géromine va bien. |

Avallon, 28 nov. — Dornau, 43, rue monceau. tous bien, frantz gien, fraissynaud hambourg. |

Coulanges-s.-Yonne, 28 nov. — Prudot, capitaine forestiers, paris-auteuil. la charité, mailly-château bien, camille, payeur armée est. — Prudot Louis. | Lequin, place madeleine, 2. jules est-il guéri? — Boudin, merry-sur-Yonne. |

Moulins-s.-Allier, 28 nov. — capitaine Fadat, boulevard capucines, paris pas nouvelle, bonne santé, répondre. — Fadat. |

Bressuire, 28 nov. — Arminot, capitaine au 113e de ligne, issy. reçois lettres, très-bonne santé, mille baisers, léon niort. — Léontine arminot. |

Moulins-en-Gilbert, 27 nov. — Gardier, boulevard du temple, 17. suis trop inquiète, écrivez à laplanche. — Marguerite. |

Brantôme, 29 nov. — Desgranges, télégraphe-central, paris. tous bien, ma ie pense à toi. — Desgranges. |

Vendeuvre-de-Poitou, 28 nov. — Paul Blesson, 3, rue chaussée-d'antin. sommes inquiets, mais bien portants. donne nouvelles de vous tous, madame henri, boulangerie. — Constant. |

Narbonne, 4 déc. — Lambert-Sainte-Croix, rue luxembourg, paris. charlet revenu de chartres. dorville, morphy, gaussan bien portants, berte mieux reçu argent. — Gessler. | Lambert-Sainte-Croix, rue luxembourg, paris. arrivée gaussan 2 octobre, godard mort subitement, 1er octobre. luisa, bébé, frélon bonne santé. — Gessler. | Lambert-Sainte-Croix, rue luxembourg, paris. bonnes nouvelles alexandre, nicolas, peyre bien. — Gessler. |

Blois, 6, déc. — Rousseau, 18, drouot. bien portantes, georges ici peu blessé, donne nouvelles eugène. — Léonie. | Porcher, avenue italie, 52. père mort 7 octobre, allons bien, bonne nouvelle paule, écrivez. | Docteur Huvet, milan, 24. prière donner nouvelles raoul, extrême inquiétude blois. — Cordier. |

Périgueux, 7 déc. — Bonnet, avocat, 4, rue monge. tous bien portants. — Bonnet. | madame Hugues, 27, boulevard beaumarchais, paris. écris par ballon, périgueux, hôtel univers.— Hamon. |

Divonne, 2 déc. — Bourdillon, 4, turin. suis bien genève. — Bourdillon. |

Longué, 4 déc. — Aviragnet, foubourg denis, 132. enfants magnifiques, écrivez ballon, inquiet. — Moreau. |

Semur-en-Auxois, 2 déc. — Chevillotte, 41, victoire. santés bonnes, pas envahis.— Chevillotte. |

Oissel-s.-Seine, 30 nov. — De Luynes, rue de vaugirard, 80. santés parfaites oissel, tréport. — De Luynes. |

Châlon-s.-Saône, 5 déc. — Schmoll, turenne, 132. content savoir vous bonne santé, reçu dépêche berthe, lettres reçues, pense à vous, embrasse capitaine, berthe. — Schmoll.

Trie-s.-Baise, 6 déc. — Brandão, boulevard capucines. sommes bien portants, reçu seulement lettres 19, 29, donnez nouvelles ballons, dites mercierécrire. — Laffitte. |

Fougères, 5 déc. — Lefèvre, 96, provence. tous à fougères bien portants, lefèvre. — Amélie. |

Mayenne. 5 déc. — Lunois, rue monge, 9, paris. tous bien, écrivez-moi. — Marie. |

Cendray, 4 déc. — Lavocat, quai de la tournelle. de grâce des nouvelles de mes fils, m'attends aux plus grands malheurs. — Anna. |

Angoulême, 4 déc. — Gineys, rue villejust, 30. ai reçu tes lettres, tous bonne santé, reçu nouvelles charles, vont bien, pas nouvelles benjamin. — Honorine. |

Alençon, 5 déc. — Turenne, 100, bac. allons bien, tranquilles, rien manque, reçois toutes lettres. tous, partout tranquilles, courtomer. — Gabrielle. |

Angers, 6 déc. — Closson, rue jacob, 23. mauvais lait de nourrice, rendu marthe malade, maintenant bien portante. — Piquenot. | Saint-Maurice, 4, vienne. charlotte, papa, maman, tes enfants bien à troyes. — Henry. |

Tours, 2 déc.—Flesch, affaires étrangères. tous bien. — Hélène veivey. | Simonet, 29, taitbout. famille simonet va bien, timothée, sergent-major. — Marie. | Mme Evrard, 21, drouot. lettres 1119 reçues, montreux, canton vaud. suisse, maison pilet, bonne santé. joly à trouville. — Stolz. | Bronne, 29, joubert. bonne santé à duras, liége, bruxelles, bébé marche, soyez tranquille, reçu lettres, écrivez souvent. — Bronne. | Krantz, avenue breteuil, 29, paris. familles krantz, vaugeois, bonne santé, reçoivent lettres. souvenir des miens. — Poncin. | Lépinard, rue notre-dame-nazareth, 26. tours, issoire bien, reçoivent lettres. — Rivière. | Fievet, chemin fer est. reçu lettre, portons bien, les lefebvre ici. espérons beaucoup, jules, leçons assidûment, inquiète votre santé. — Fievet. | Fauredesplas, rue luxembourg, 29. calme, santés bonnes, henri, narbonne. — Faure. | Bourcier, 102, boulevard chapelle. santé bonne, inquiétude, sans nouvelle depuis 5 novembre, tout à vous. — Beguin. | Monigue, anjou-st-honoré. même situation politique, havane, ouragan 7, 8, octobre, grands désastres, matanzas espérance, affaires, sucre, bonnes. — Lucile. | Faler, mobile, 17e bataillon, fort saint-denis. reçu lettre du 20, envoyée boulogne, tous heureux, bien portants, t'embrassons. — Cornélie. | Ricourt, 34, rue de londres. lettre de lille, parents bien portants, nous aussi. amitiés à tous, écrivez-nous. — Desrues. | Hoschedé, 35, rue poissonnière. tous bonne santé, recevons lettres à boulogne, 17, pot d'étain, boulogne-mer. — Hoschedé. | Ladmirault, beaumarchais, 40. habitons dinan, tous bien portants, lettres reçues. prévenir chevalier, rocher. — Chauvin | Dorey, quai voltaire, 5. bien portants. rencontré juteau. tours, 5, constantin, 2 décembre. —Delahaye. | veuve Lavancier, 35, rue Larochefoucault, paris. bonne santé, donnez-moi nouvelles, poste restante, tours. — Jules. | Deseilligny, 14, rue clichy. jeanne, camille, marie bien, adrienne intelligente, élise sans toux barbeau, havre, reçu lettres, ernestine ici. — Pauline. | Barbet-massin, berlin, 19. santés bonnes, chez Mme kuppens-pecq, belgique (hainaut), depuis 4 octobre, lettres reçues. — Berthe. |

21. Pour copie conforme :

l'Inspecteur,

Bordeaux. — 8 décembre 1870.

Tours. — Mayet, pharmacien. st-marc. lusignan, issoudun, santés excellentes, lettres reçues. — Mayet. | Poisson, 16, keppler. avons reçu nouvelles de vous indirectement. savons marthe, remise et allez tous bien, à vous cœur. — Barbier. | Simon, notaire, richelieu, 85. tours, fougères. amoy, vont bien. 2 décembre. — Félix. | marquis vivienne, 44. habitons dinan, visité abbé, enfants vont parfaitement. prévenir rocher, famille réhabitait st-dyé novembre, tous bien. — Bertin. | Daru, st-honoré, 356. ballon partant, écrirai, moi miens, allons bien, écrivez, faites plaisir, armée loire vaillante, espoir, vous cœur. — Barbier. | Poisson, 16, keppler. allons bien, sommes en ville, écrivez-moi, longuement à tours. thérèse fillettes vont bien, vous cœur. — Barbier. | Baillehache, 139, grenelle. marcel bien, à bade ou driburg, westphalie, nous tous bien. — Anatole. | Dutrieux, 12, boulevard saint-martin. écrivez-moi, 27, castle street leicester square londres. — Shoult. | Daru, st-honoré, 356. reçu bonnes nouvelles, frère et famille par m. remusat, bonnes nouvelles bruno par dumarlioy et officien. — Barbier. | Legouvelle, saint-denis, sévérac, décembre. tous bien portants, lettres reçues. — Marie. | Valette, armurier, fort nogent. santé parfaite, martial prisonnier, reçois lettres, écrire. — Tulle. | Mazoyer administration, postes. femme, fille à lamotte, pères, parents etivey, léonce, famille darey, tous bien, vu léonce commis, orléans. — Jounaux. | Cavaré, boulevard poissonnière, 27. Fargia, enfants bonne santé. — Gauvry. | Gros, ste-cécile, 8. tous bien, robert, dans midi, suite armée est, wesserling tranquille, travaille, souvent visites ennemies, réquisitions aucune. — Marguerite. | général Villiers, paris, rue suresnes, 7. réunis bordeaux, où je commande division, informez georges. — Foltz. | Piolene, 3, palais-bourbon. lettres reçues, ormeaux bien, écrivant journellement, tous moyens. — Bacqueline. | David, 92, richelieu, sommes tous bien. reçu bonnes nouvelles, édouard-émile à rome, maman et tous envoyons amitiés, espérons. — Henriette. | Gouin, 4, cambacérès. confiance et courage où est georges, tous bien ici et à viviez. — Eugène. | Alphonse rothschild, laffitte. portons tous très-bien, attendons de tes nouvelles, mille tendresses. — Laurie. | Rothschild frères, laffitte. payez taxes demandées par gouvernement. — Julia masters. | boydelatour, grammont, 13. tous bien, bonneval, reçu argent, mais en détresse, montrerollin, mort, vignes, produit huit cents francs. Georges. | Hollandes, 8, provence. chers enfants, tous quatre passablement bien, enfants bien, mère toujours souffrante, élise bien, sœur delahaye mieux. — Vannod. | Blanc, rue chaussée-dantin, 15. allons bien, édouard, thérèse aussi. — David. | Boydelatour, grammont, 13. ernest arrivé chez augusta. — Georges. | Béchet, 23, rue monceau, paris. enfants bien, saint-quentin, sedan aussi, reçu quatre lettres de vous, bastie une, courage. — Dufour. | Tissier, 1, rue richer. nous allons parfaitement. — Hélène. | Letang, rocher, 18. enfants et marie bien portants, sommes atleux, mère chagrine, écrit souvent. | Mongrolle perdonnet, 2. mongrolle, godbert, bonfils selles, hippolyte fait semence tous bonne santé. — Mongrolle. | Lavollée, ministère. affaires étrangères. vais bien. — Lavollée. | Maigret, 3, boulevard capucines. reçu quatre lettres aujourd'hui, 28 novembre. écrivons par voie indiquée. allons tous bien. — Maigret. | Chauffert, 43, labruyère. céligny, prangins parfaitement, reçu toutes lettres, 20 novembre, entourage bien. — Elisa. | Vernes, banquier. arrivé heureusement le 13, vu enfants. guex le 16, tous santé resplendissante, être sans inquiétude, besoin télégraphierais. — Pittet. | Piquard, 97, saint lazare. portons bien. maman, anna ici, reçu dix télégrammes, reçu lettres angleterre. adressez lettres, kleine, cigne, bale. — Piquard. | M. Piot, 117, saint-lazare, mailhat, tous bonne santé. reçu vingt-trois lettres de toi. embrassons tous. — Emma. | Dalier, 12 bis, avenue tourville, reçu lettre datée huit, allons bien, bonnes nouvelles, dieppe. embrassons. tours, 2 décembre. — Alexandrine. | Champeau, 38, reine-hortense. tous bien, reçu vingt lettres, tristes nouvelles, bruxelles, berthe morte, prévenir qui droit albin, ici tendresses. — Clémentine. | Domin, maison lefebvre, 108, saint-lazare. bien roanne écris, reçu lettres ivry, gourdelle, embrassons. — Domin. | Meynot, capitaine génie, 2, rossini. allons bien, es-tu avec frebault? que fais-tu? détail. — Thérèse. | Cazelles, 16, rivoli. sommes bien, liége, savons malade très-inquiets, envoie vite nouvelles. — Clémence. | Laleu greffulhe, 12. famille, pays bien, novembre, sans lettres. | Adour, 31, rue trévise. bagnères, bien portants papa, bonne santé sainty. — Adour. |

Montjean. — Chevalier, 28, rochefoucauld. clémentine montjean, prévenir charles, parfaite santé. georges ambulance 9e corps, yères, seine-oise, prévenir général pour échange. |

Argentan. — Hennequin, 77, rue butte-chaumont. inquiet, écrire. — Wagniard. | Lapotaire, rue st-denis, 381. toutes bien portantes, tes lettres reçues. |

Donzy. — Marotte, quai austerlitz, 9. paris. mère, enfants portent bien à lépau, reçu vos lettres, continuez écrire donzy. votre mère. — Marotte. |

Marseille. — Directeur général tabacs, paris. les deux livraisons huffer prises en charge. — Pradines, 30 novembre. |

Château-Renault. — Cornin, 6, centre. porte bien château-renault. madame angoulême, vendre chevaux restes service. — Cornin. |

Auxerre. — Desnoyers, 103, bac. santés parfaites. tonnerre occupé, aucun mal, bonnes nouvelles de tous. — Berthe Desnoyers. |

Marseille. — Fournier, montparnasse, 57, paris. m. roux père mort, les autres bonne santé. vos nouvelles impatiemment, émile lieutenant, marseille calme. — Fournier. |

Courseulles-s.-Mér. — madame Saivres, thévenot. 1. sans nouvelles, inquiète, écrivez. — Scherwin |

Limours. — madame Lavenne, avenue d'orléans, 8. bonne santé. réponse limours. — femme Lavenne. |

Clermont-Ferrand. — Hecht frères, 34, rue château-d'eau. votre père. émilie, les enfants sont à bruxelles, bonne santé. — Bideau. | Lafontaine, quai mégisserie, 16, paris. mère, belle-mère, marie, enfants bien, impatientée, émile jamais lettre, tous en ont. — Marie Martinet. | M. Bojceno. 48, faubourg st-honoré. désiré bon sur lesaut de lille, charles bien, claire, mère à pau, adolphe cassel. — Livia. | abbé Riche, 50, rue vaugirard. combes inquiets. clermont-ferrand. | Hardouin, 12, auber. dernière lettre 29 octobre, tout va bien sauf bourgogne maltraitée, basset prisonnier, darcy envahi. — Didier. | Besson, 26, rue cadet. nos familles, celle renault-aubry, celle jean, affaires afrique, tout bien, écrivez. — Laden. |

Villefranche-de-Rouergue. — Castelbou, béranger. 81. tous bien, rien casimir, rols, émilien, gendre destitués. louis graves étudions code, point judicature, ravailhe supérieur. — Druilhe. |

Les Andelys. — Clostres. francs-bourgeois, 36, paris. mille amitiés. donnez mes chevaux à la patrie. congédiez michel, donnez congé des écuries. — Charles Garnier. |

Toulouse. — Lebaudy, 73. boulevard haussmann. famille parfaitement portante. — Amicie. |

Hédé. — Grignon, fourier, 4e bataillon ille-et-villaine, ivry. familles grignon. deslandes, brettier, Derrain. Buan bien faire savoir. - Grignon. |

Lyon. — Directeur lyon à directeur général tabacs paris. aucun désordre dans personnel. feuilles reçues d'alsace, savoie évacuées, fabrication continue. approvisionnements, matières premières et fabriqués réduits, fabriqué scaferlati pour armée avec non marchandes, vignettes ordinaires, timbre spécial. — Girard. |

Chartres. — Picot, 54, rue pigalle, paris vos deux enfants ont eu scarlatine bénigne le 14. guéris, se lèvent. — Marie, 23 décembre.

Bazoches-du-Morvand, 2 déc. Fouret, maison hachette. allons bien, bonnes nouvelles d'Edmond, — J. Leroy. |

Rive-de-Gier, 2 déc. — madame Caplen. boulevard prince-eugène, 57. avons reçu vos lettres, portons tous bien, amitiés. — Artel. | madame montigny. rivoli, 28. portons bien sans exception, avons reçu vos letres, vous écrivons souvent, amitiés. — Emma Arbel. |

Toulon-s. mer, 4 déc. — Vauréal, avenue montaigne, 51. suis avec gabriel, tous bien. — Angèle. | Collas, place vendôme, 12. gabriel officier mobilisé ici, angèle arrivée. — Michel. |

Limoges, 3 déc. — Providence, 12. grammont, paris. sinistres rares couvert, affaires calmes neuf cents. — Laure. | Lezand, capitaine mobile aube. reçu lettre boulogne, limoges, la courcelle très-bien, albert lacourcelle avec famille, alphonse capitaine, recommandations intimes, recueillez tendresses. — Lezand. | Plumert, 9, aboukir. limoges toutes bien portantes, recevons tes lettres. — Maria. |

Totes, 2 déc. — Blétry, 105, haussmann, paris belévent, bonne santé, donnez nouvelles. — His.

Lesneven. 29 nov. — Louis Jauque, rue entrepôt. 4, derrière caserne prince-eugène, paris. ta mère a beaucoup courage. famille tous bien. — Julien Jauque. |

Carentan, 28 nov. — Lamorinière, vivienne, 34. carentan, santés parfaites fin novembre. |

St-Fargeau, 30 nov. — godot. 9, drouot. allons bien tous, grand père décédé. — Marie. | Frémy, place vendôme, 19, paris au 25 septembre. paul allait bien, attends nouvelles que vous adresserez aussitôt, embrassements. — Couillaut. |

Vierzon, 1e décembre. — Fazy, 2, place Wagram, paris. troisième dépêche, tous bien foëcy, recevons lettres. — Seyrig. | André, 27, londres. tout continue bien. — André. |

La Souterraine, 3 déc. — Hua, 81, rue des sts-pères. squterraine, tous bien portants. |

Château-Chinon, 1e déc. — Chatellenot, rue meslay, 43. santés bonnes, edwige st-léger, charles pension. — Fauron. |

Sennecey, 1e déc. — André barbier, rue monge. 6, paris. allons tous bien, recevons tes lettres, grand'maman morte attaque. uous t'embrassons. — Anaïs. |

Mauteuge, 30 nov. — Jahiet, 42. boulevard magenta, paris. allons tous bien, familles jahiet, gorand aussi. marchons encore un félix un paul. — Lamotte. |

Pont-s.-Seine, 18 nov. — Dyochet, parmentier, 2. frédéric bien portant. — Dyochet. | Casimir Férier, 76. galilée. 18 novembre, allons bien, thérèse, louis aussi, dernière lettre reçue datée 5, écris souvent. — Pierre, |

St-Malo, 28, nov. — Marteau, gay-lussac, 3. berrus. georges potrel bien, alfred école. — Berrus. | Branche, 14, avenue victoria. désolées, perdu m. moret, jeanne parfaitement, partons pau, poste restante, prévenus pieuret, danguillecourt. — Moret. | Delacour, 65, rue montmartre. tous bien, recevons lettres louis, écrivez ballon. — Berrus. | M. Aubry, 1, place boïeldieu. avons marie trois lettres, suzanne deux ennuyons, voudrions rentrer, portons bien, pensons vous, écrivez. — Descamps. | Doublet, 7, rousselet. sommes à st-malo, allons bien. ernest m'écrit, va bien ai, reçu vos lettres. — Isabelle. | Michau, 47, rue d'enfer. septième. affection venise surpassée, gaston écrire, vaccinée, embrassons toi. mère. tante. frère. — Marguerite. | Perrigault, 26e mobile. toutes familles cancale bien portantes. — Fortin. |

Nantes, 2 déc. — Champouillon, 35. avenue d'antin, santés parfaites, recevons nouvelles strasbourg, tarbes, caen, bien. — Mathilde. | Clogenson, beaumarchais, 46. bon voyage par bretagne, installées nantes, mère beaune. — Valérie. | madame duval, bons-enfants, 10. écrit plusieurs fois. reçu lettres, porte bien, reste sédentaire nantes, espoir, pensées affections. tout à vous. | Veuillot, 10, sts-pères. ici depuis bientôt deux mois, 10,000 tours intacts, service des bendes refait. — Aubineau. | Beeteaux, 10, rue aboukir, paris. le père éteint hier 1e décembre à 4 heures, prévenir jules, tous bien portants. — Potier. | Regnauld, quai tournelle, 47. tous très-bien, eugène collége fontenay. — Regnauld. | Guyon, agent bourse, paris. envoyez suite donnée affaire 3,000, rente depuis trois mois mois. — Delaburthe. |

Marseille, 30 nov. — Dédéyan, 12, cité trévise. plusieurs lettres parents envoyées entremise Paillard, reçu vos lettres, parents affaire tout va bien. — Ghiutékian. | Blanc, turbigo, 38. tous quatre marseille. bonne santé, écris. — Marguerite. | Pilletwill, banquier. renvoyé carte annotée et télégraphié le 27, reçu votre 9. heureux savoir tous bien comme nous. — Emile. | Cohen, 88, maubeuge. maman, Esther, enfants, Benjamin, Mosely, Louise, Félix, moi, enfants tous bien marseille très-tranquille. — Garsin. | Clerc Urbain, rue chaussée-d'antin, 22. Donnez nouvelles par ballon. portons bien, marseille province tranquilles. communiquez Clerc père, Cahuyac, gay. — Grandval. |

Rouen, 26 nov. — Leneveu, passy, 26, singer. sommes rouen, chez Cousin, meslay, rue martinville, 76. bien portants, t'embrassons. — Lemercier. | Debure, assas, 44. 26 novembre. reçu votre lettre, logeons france hôtel, rouen, allons bien, avons bonnes nouvelles de st-paen, — Strochlin | Mme Perrée, 3, rue bourdaloue, paris. 1re oui, à rouen; 2e non, 3e oui, 4e oui. - Ve Charles jeune. | Cesselin, avoué rue Radziwill. toute la famille va bien, sauf ma femme toujours souffrante. tranquillité parfaite. — Cesselin. | Gireaudeau, rue des jeûneurs. votre mère, vos enfants, bonne santé. — Ravenez. | Beclut, élève médecin. pitié. famille Beclut va bien. envoie lettre par ballon chez Dutot Beffroy, 34, rouen, fera parvenir. | Frère, 1, rotonde-du-temple. recevons vos lettres et allons bien. — Cécile. |

Châteauneuf-sur-Sarthe, 28 nov. — st-louis-en-l'île, 64. famille bonne santé. Albert exempt. vu Joseph, collége angers. — Désnoës. |

Comines, 28 nov. — Pector. 5, place vintimille. cinquième télegramme, Désiré grandit, huitième version, Laure gentille, travaille. Paul comines, parents bien portants, baisers. — Pector. |

Lille, 28 nov. — Leclercq, 19, richer. avons santé, argent. — Léocadie. |

St-malo, 27 nov. — Fariot, 59, rue pigalle, paris. santés bonnes, pas besoin d'argent, courage. — S. Fariot. | Vocsol, 41, auteuil. toutes bien portantes, reçu un mandat. — Elisa. | Civiale, 2, rue tour-des-dames. avons essayé chacune differents moyens faire parvenir nouvelles puisque ceci réussit profitons immédiatement, bien 27. — Pauline. | Millettes, chaussée-d'antin, 7. tous bien, tarbes également, recevons lettres. — Louise. | Dambrun, commandant génie. allons bien. — Hortense. | Huttinet, beaux-arts, 9. Duclos santé bonne. | Pinsard, jeûneurs, 46. Louise, messageries périgueux, toutes bien; nous bonne santé, inquiet si nécessaire fait banque, réponse, voir Victor. — Pinsard, | Rouxel, 10, bertrand. Louis bien, réponse pour lui envoyer. — Lequéri. | Lachesnais, 24, cherche-midi. donnes 200 fr. Folen. autant Chauchy. reçu nouvelles maladies, souhaits pour guérison, prières. — Misel Angélique. | Rufel, st-méry, 14. beurre vaut ici vingt sous première. dites moi si faut acheter pour vous, réponse premier ballon. — Jourdan. |

Amboise, 29 nov. — Héricé, 12, parc-royal. tous ensemble bonne santé, brighton, 19, saint michaels place. Chenard toujours caen. santés bonnes, recevons lettres. — Hélène. | Germer, baillière, 17, école médecine. enfants bonne santé, Madeleine apprend anglais. Raymond demande père. Ecris plus souvent. tous à brighton. — Legouay. | Legouay, 5, christine. envoyé dépêche 9, brighton. tous bien portants. recevons lettres, maman sort chaque jour, enfants apprennent anglais. — Legouay. |

La Palisse, 29 nov. — Rantian, ancien représentant peuple, 17. laffite. adresse moi immédiatement. de source influente recommandation pour combes, préfet allier et crémieux. — Frédétat. |

Quimper, 30 nov. — M. Farguez, 50. rue neuve-des-petits-champs. nous allons tous parfaitement, quimper, 20 nov. — Rosa. |

Tours. — Dufour, crozatier, 35. un mois sans lettre, inquiète de toi, réponse. A. Hersen, gare de tours. — Ernestine. | Mercier, avenue Montaigne, 75. Barberey, nous bien. recevons lettres. Robert écrivez détails alençon. — Mercier. |

Etretat, 29 nov. — M. Rodrigues, 106, richelieu paris. père, toutes mes pensées pour toi. mille baisers, courage. — Jenny. | Isbert, 22, la bruyère. portons bien. — Isbert, hôtel paix, étretat. | Halévy, rue larochefoucault, 31. tous étretat excellente santé. Alfred, Jacques aussi. — Halévy. |

Marseille, 28 nov. — Maurel, 63, rivoli clefs cave dans armoire glace Marie. faites ouvrir, recevrez poste trois cents francs. Edouard, Gabriel vivants. — Ernest. | Mme Debon, rue boulets, 61, faubourg st-antoine. poste remettra trois cents francs, Louise moi portons bien. écrivez. — Rivière. | Achard, drouot, 20. lettres reçues. repris mission. Delord mobilisé. réglements personnels treize mille. recours deux à régler cinq. — Leblanc. | Achard, drouot, 20. Jessé arrivé 30 octobre. refuse indemnité, veut discuter quantum demande provision sur compte inspection. — Michel. | Achard, drouot, 20. confirme dépêche 25. lettres reçues, sauf dernière. sinistres proportions favorables, leblanc arrivé 23 septembre. — Michel. | Maraval, rue magnan, 17. remets successivement Rolland, reçus encaissables. six vides louerai, quincaillier leidet entendront précheurs impayés. prescrivez — Caliel. | M. Lazard, rue beaux-arts, 8. Marguerite, moi, toujours gravement malades. envois reçus insuffisants, penser terme entier. position terrible. — Calimard. | directeur général tabacs. Silz rien livré, acheté seulement octante mille salpêtre à septante, faudrait payer davantage. consulté tours inutilement. — Faucher. | Alphonse Rolland, ministère finances, direction générale contributions directes. reçu lettres 16, 20. famille bonne santé. embrasse fils et fille. — Rolland. | Lavello, 11, paradis poissonnière. santé bonne, inquiets sur vous. — Serio. |

Châteauneuf-sur-Charente, 30 nov. — M. Lemoine, 9, rue duphot, paris. portons tous bien. — Bruneau. |

Granville, 29 nov. — Tranchaut, st-honoré, 253. Léon, Marie, Léontine, Thérèse, Roger famille bonne santé, écrivez. — Céline. | Grolleau, 41, boulevard haussmann. nous nous portons tous parfaitement. Marie grande, forte, nous vous embrassons tous, surtout Paul. — Grolleau. |

St-Quentin. 29 nov. — Laurendeau, rue chartres, 1, batignolles. allons bien, répondez. — Moureau. |

Elbeuf, 1er déc. — Enault, quatravaux, stéphenson, 24, paris-chapelle. bonne santé, écrire chez moi. — Barbé. |

Douai, 29 nov. — Dheursel, 73, boulevart haussmann, paris. vais bien, suis à gœulzin. écris. — Marie. |

Dol-de-Bretagne, 27 nov. — Nédélec, 82. pompe

Bordeaux. — 8 décembre 1870

passy. bonne, résignée, treize, incertain, espoir. — Eugénie Nédélec. |

Ajaccio, 26 nov. — Mme Walter, cassette, 63. André, Louise, grand'père tous en deuil, réunis ajaccio vont bien. — Tenneson. |

Arras, 26 nov. — Bécourt, 15, bonne-nouvelle. allemands près amiens, mère souffrante. | Navier, 6, favart. avons écrit souvent. allons bien, Dolfus également. — Marmottau. | Petit, boulevard pereire, 110. cartes renvoyées. département, amis, famille bien. |

Plouay, 28 nov. — Pluvié, garde mobile, 51e régiment, suresnes, paris. tous bien, bretagne tranquille, célibataires vingt quarante partis, reçois lettres. — Pluvié. |

Muzillac, 28 nov. — Jaloux, boulevard montparnasse, 155. famille, amis de strasbourg bien, lettre 1er octobre, Auguste Baud. — Manduit, suresnes. |

Guer, 27 nov. — M. des Dodières, rue richelieu, 31. nous sommes bien, Emile parti dans éclaireurs, mille francs disponible chez Billot. — Marie de Lambert, |

Châtellreault, 28 nov. — Dufanlin, 33, rue bergère. dépêches perdues. Dufanlin sains, gallois brighton, Magnier molliens, Foloppe allemagne, Desroseau, Barbaroux, parfaites santés. — Dufanlin. | Gossin, boulevard st-andré, 2. Louis, coblentz, Théodore lieutenant, Eugène réformé, Julie Martha trélon, Luisa enfant. santés bonnes, lettres reçues. — Elisa. | capitaine Larochethulon, mont valérien. troisième dépêche. nous allons très-bien, Fernand armée ouest. inquiète, mais courageuse, espoir, tendresses. donnez nouvelles. — Marie. | Ladoucette, officier d'ordonnauce du général d'Argentelle, au luxembourg, paris. bonnes nouvelles de parents, rien de Fernand, tendresses. — Marie. |

Pont-de-Vaux, 27 nov. — général Wolff, jean-goujon, 8. vous embrasse, santés bonnes, soyez ainsi, province s'organise ferme, reçu vôtre du 20. — de Gripière, 27 novembre. |

Rochefort-sur-Mer, 30 nov. — Cabrol, boulevard voltaire, 55. portons tous bien, habitons rochefort. — Elzélina. |

Angers, 30 nov. — Mlle Mignon, rue notre-dame-des-champs, 29. reçu lettres, santés bonnes, dieppe, lasalle, fontenoy, angers, en paix, écrit souvent. — Mignon. | Simon, 17, caumartin. tous bien. angers hôtel anjou, Arthur restera calais. — Belleval. |

Arcachon. — Mallet, 37, anjou-honoré. tous bien arcachon, folkestone Anna arrivée schaden. — Lucile. |

Lucenay-les-Aix. 28 nov. — Deschonen, 108, rue lafayette. andré parfaitement, reçu toutes tes lettres. |

Clermont-Ferrand, 28 nov. — Fould, 24, saint-marc. toute votre famille bonne santé. |

Morlaix, 27 nov. — Cosnard, 29, rue legendre, batignolles. roscoff, allons bien, jules travaille avec professeur. — Garlain, | Cadour, 4e bataillon, mobile finistère. cadour jaouen, plouekaden, tous bien, lettres jaouen reçu, cadour, pas nouvelles, écris, ambroise cadour, courage. | Mansais, 171, faubourg martin. tous bien morlaix, reçu lettre 19, écrivez, surveillez pièce vin, rien saillant. — Audifred. | Albert Nansot. 12, place bastille. reçu dernière lettre, portons bien, séparation vivement regrettée. — Thérèse Thein. |

Aurillac, 28 nov. — Pierret, 72, rue d'amsterdam. bien portants, recevons tes lettres à Lascelle. — Eugénie. | Dilhac, avocat, 34, boulevard italiens. prière carbonnat prêter argent à neveu carbonnat, rue saints-pères, 59. faire prévenir. |

Abbeville, 26 nov. — Lamarle, 22. quatre oui. — Lamarle. |

Arras, 25 nov. — Coindet, hôpital saint-martin. accouchée heureusement 9 octobre, albert bien. | Sidler, 3, joinville, villette. oui, morte, non. oui, — Piffaretti. | Vézet, 25, vivienne. inquiets, donne nouvelles immédiatement. — Briez. | Bergaigne, 70, boulevard saint-germain. mère bien portante. tranquille, gaie. |

Honfleur, 26 nov. — Chamouillet, 414, rue saint-honoré. caen, allons bien, reçu argent. — Marie. | Auguste Camus, 2, barbette. tous bien. — Laure. | madame Valtha, 149, rue montmartre. bobin prisonnier. — Tesnière. |

Castelnaudary. — Achard, 20, rue drouot. lettres reçues, mission tarbes remplie, encaissements très-difficiles, trois sinistres réglés, trois en règlement. — Delord. |

Meximieux, 29 nov. — M. Delachapelle, commandant mobiles ain, paris. allons bien, recevons lettres marie, richard, cortot. |

Trévoux, 29 nov. — Dupont, 24, molière. tous bonne santé, écrivez. — Lagarde. |

Castres-Gironde, 30 nov. — Troussel, 139, lafayette. malheur affreux, lucie fausse couche décédée 16 novembre, laisser ignorer félix, sa mère reste nice. — Tétard. | Tétard, 91, boulevard magenta. bien portants beautiran, enfants travaillent, georges mayence, albert partira prochainement. — Tétard. |

Vannes, 30 nov. — Moudollot, 94, rue château-d'eau. tous bien portants, à vannes, hôtel de france, argent par friquet. — Marie Moudollot. | De Laigue, ministère justice. vannes, place marché seigle, tous très-bien. — Marie. |

La Rochelle, 1er décembre. — Bataillard, 41, notre-dame-des-champs. tous londres, santés toujours parfaites, andré travaille, huit lettres reçues, pas argent. — Manby. |

Toulouse, 29 nov. — Farochon, 80, rue vanneau, paris. condoléances, confiance, opiniâtreté, vive gambetta, espère devenir artilleur, écrivez, leclerc aussi, toulouse, rue boulbonne. — Pichan. | Forbes, 35, rue sèvres. santés bonnes, lettres reçues. — Forbes. | Lebaudy, 73, boulevard haussmann. famille entière parfaitement portante. — Amicie. | Darnaud, capitaine, commandant château villetaneuse. lettres reçues, dernières du 19, plusieurs capturées, explique mieux position, bien ici confiance! — Darnaud. | Culliéret, 140, rue bac. etienne ravary bien bruxelles, sommes tranquilles, portons bien, lettres reçues. — Georges. |

Châtellerault, 29 nov. — Varlet, 62, richelieu. reçois lettres, hyppolite commandant 37e, streicher chatellerault, santés excellentes, auxi également. — Marie. |

Gien, 28, nov. — Belhotte, 30, bonaparte. toute, tous bien, rien depuis 3 novembre, répondu 11, espérez. — Clétie. | M. Mianville, 22, grenelle-saint-germain. restées ici, santés bonnes, brûlons vous revoir, henri va bien. — Mianville. |

Sauveterre-de-Guyenne, 28 nov. — Vieilcastel, 44, ponthieu. hourtique va bien, reçu lettres et répondu, écris souvent. |

Berck, 26 nov. — Tiby, 37. université. allons bien, écrivez. — Jeanne. |

Angers, 28 nov. — Daireaux, 50, paradis-poissonnière. tranquilles angers, jacques bien, reçu courriers geoffroy, bonnes nouvelles versailles. trois bécourt bien. — Marie. | Fauveau, 123, sèvres. avoir renvoyé sitôt mandat avec lettre, voir mairie, vavasseur recovra bons, écrivez. — Fauveau, angers. | Durand, 5, avenue victoire. tous bien, dire émile. — Marie. | Huzar, 27, saint-dominique. saintonge, raoul, enfants, moi parfaitement, ai argent. — Laure. |

St-Quentin, 26 nov. — Lhéritier, boulevard magenta, 50. bien portants. sans nouvelles, écris par ballon. — Lhéritier. | Michel, rue martyrs, 13, reçue 25, récrivez, Ici. urcel, anisy, marguerite bonne santé, tranquilles, malvina, fille 8 octobre. — Mareuse. | Dezeaux, 18, sentier paris. adèle et fille bonne santé, vendhuile. — Bénard. |

Cordes, 29 nov. Jumel Perrodil, 14, monsieur-le-prince. tous parfaitement chez parents, cordes tranquille. — Jumel Perrodil. |

Lorient, 28 nov. — Coriobé, sergent ministère marine. tous bien, fille. — Colobé. | Bonnefont, mogador, 3. marie accouchée fin octobre, allons bien. — Bonnafont. | Dekarbre, ministère marine. horace, barbes, delavau parfaitement, neuwied, amiral parti, fernand tours, truault, henri, nous lorient bien, ressources, merci. — Thérésa. | Poussielgue, rue cassette, 27. arrivées lorient bien portantes, nouvelles du 19, père, mère orléans, théo mort. — Poussielgue. | Collet, 34, rue douai. je garde les deux appartements, aucun congé, paierai tout retour, écrire ballon bordeaux. — Barbancey. |

Roubaix, 26 nov. Dorival, bonne nouvelle, paris. Jusque 11 croisures, 30 p. 0/0 grenats, restant violets, azulines, modes, ponceau, qualités supérieures, toutes noires. — Bureau. | Cossé, sentier, 32. enfants pau. santé bonne, poynter 75,000 opdecoul 25. guyot 20, elloy 4. — Verlais. |

Biarrits, 29 nov. — Vauréal, 51, avenue montaigne. tous très-bien, angèle chez michel. — Charles. | Moncharville, provence, 40. bonne santé, dieppe aussi, biarrits, place mairie. — Eudoxie. |

Joincy. 28 nov. A M. Adenot, officier ordonnance général courty, 3e division 2e corps, boulogne, près paris. allons bien, pas envahis, questions non reçues, 2e dépêche. — Adenot. |

Loudun, 30 nov. — Lefay, 128, achetées 50. complétera à 55, anjou 1869, impossible moins 38 à 40. bien portants, bruneau, entrepôt de vins. — Bruneau. |

Mâcon, 29 nov, — Deschamps, quai béthune, 14. allons bien, recevons lettres. — Jacquier. |

Gabourg, 29 nov. Collin, rivoli, 90. bonne santé, lettres reçues. — Constance. | Wormser, 14, notre-dame-lorette. dénoncer effets bourgadier, portons bien, écrivez. — Wormser. |

Chinon, 28 nov. — Célérier, entrepôt vins. tous bien portants. — Célérier. | Garnier, quai béthune, 32, paris. depuis investissement aucune nouvelles charpentier, donnez m'en et vôtres, chinon, maison gilliet, indre-et-Loire. — Leblanc. |

Montbron, 30 nov. — Barret, faubourg-st-denis, 105, paris. reçu lettre datée 15 novembre, nous portons tous bien. — Everhard. |

Crémieux, 27 nov. — Dussourd. rue faubourg st-denis, 61. Neveux, fany suisse bien, — Prémillieux. |

Gombronde, 27 nov. — Laurent, 15, lille. burons, laurents bien, arthur. — Siegburg. |

Cany, 29 nov. — Riancey, 31, rue turin. courcy, riancey réunis à bertheauville, bien. — Marguerite. |

Beauvais, 28 nov. — colonel Danzel, mobiles somme, nous t'embrassons Warluis. — Marie. |

Riom, 29 nov. — Nigon, capitaine 29e, francis, moi allons bien, monséléon bien. — Julien. | Lafontaine, rue blancs-manteaux, 40. oui, oui, oui, oui, bonnes nouvelles me lafontaine, maison va, travaille. — Froucental. |

Roche-sur-Yon, 38 nov. — Decazes, st-dominique, 181. père et moi bien, 30 novembre. — Decazes. |

Yport, 27 nov. — M. Meyer, 33, rue grange-aux-belles, paris. allons tous bien, 29 novembre, yport. — Meyerle, Dieterle. | Borde, 63, rue taitbout, paris. donnez-moi des nouvelles de votre fils. — Gorgeu. | M. sebert, 45, rue st-andré-des-arts. envoyez trimestre octobre, yport. — Mosneron St-Preux. |

Marseille, 26 nov. — Flury-Hérard, 372, st-honoré. veuillez autoriser droche robin, marseille me payer 1,400 francs. — Tiran. |

Loudun, 28 nov. — Baudrillart, 10, odéon, paris. clémence, tous bien, andré superbe, enfants travaillent, manquons rien, loudun non menacé, recevons quelques lettres. — Say. |

Nice, 3 déc. — Permangle, 14, castiglione. sommes à nice bien, lebeaud aussi. — Permangle. |

Blois, 5 déc. — Montion, 2, condé. reçu lettres, santé bonne, tous blois — Milois. |

Bédarieux, 3 déc. — Henry Vernazobres, lieutenant mobile hérault, paris. compte à cros, benjamin du poujol 200 fr., plus si besoin est. — Charles Rouvière. |

Blaye, 5 déc. — Luppé, 29, barbet déjouy, paris. allons bien. — Lagrange. |

Saint-Florentin, 2 déc. — Alepée, 13, rue ancienne-comédie, paris. santés bonnes, reçu lettre du 14 alépée. — Jullien. |

Lorient, 5 nov. — Mlle Viel, cité-fleurs, 27, paris-batignolles. reçu lettre 2 décembre. porte bien, écrivez souvent, bonjour aux frères. — Viel. | Trévaux, ministère finances, mouvement fonds. je t'aime, pense à moi, courage. — Marguerite Gauthier, Lorient. | Jullien, officier, 31e régiment de marche. ninie souffrante, L. bien, pauline bien. écrivez. — Maho. | Perdrizet, chaussée-d'antin, 38, pour Fouque mobile. tristes, sans nouvelles, demande argent à nestancourt, marignan 15 ou à cottin. — Fouque. | Masse, capitaine d'artillerie, fort est st-denis. femme, famille bien. nouvelles chevillon, brumetz bien. A. Masse. |

St-Malô, 5 déc. — Picard, 55, rue vaugirard. bien, santés bonnes, lettres irrégulières, parents, amis bien. — Picard. |

Chambéry, 2 déc. — Théobald, bailleul, 6. je vous embrasse. — Joseph. | Aviat, ambulances st-andré. portons bien, recevons lettres. — Caroline. |

Niort, 4 déc. — Castre, Dieu, 10. portons bien, manquons rien, reçu 17 lettres. — Castre, niort (deux-sèvres), poste restante.

Granville, 5 déc. — Bazille, 130, oberkampf. bonne santé, inquiétude. écrire windsor road, 16, jersey. lettres parviennent. — Sophie. | M. Tourte, 65, rue rivoli. ennui, froid granville, parti limay, allons bien. — Tourte. | Busnout, chopinette, 40. granville, hôtel-marchands, portons bien, travaillons. — Busnout. | Gelle, rue christine, 3. souvenir affectueux à tous. profond ennui. — Gilbert. |

Quimper, 4 déc. — Favrin, 178. boulevard haussmann. rosa, marie, alice, gaston, henri vont parfaitement. — Quimper. |

Biarritz, 6 décembre. — André, architecte, fontaine st-georges, 21. tous bien portants biarritz, danton, blanche bonnes nouvelles. — Laure. |

Tarbes, 2 déc. — Patin, 9, rue de savoie. nouvelles, inquiète. — Gilbert. |

Bordeaux, 6 déc. — Rasetti, 110, rue richelieu, paris. bonne santé, tous reçu 5 mandats. — Rasetti. | Duget, prouvaires, 8. santés bonnes. reçues | Santos, 21, rue bergère, paris. miguel, munoz vous demande 5,000 fr. ou crédit pour aller londres 6 mois. — Yrigoyen. | Molina, 31, cotte. santé parfaite. — Ferdinand. | M. Dorca, 37, boulevard strasbourg. écris vite lemonnins pour affaires. ayulo parti liverpool dindabure, de la francfort. tous bien. — Hortense. |

Loches, le 6 déc. — Baronnet, 165, boulevard l'hôpital. habitons toujours loches, bonne santé, réponse si possible poste restante. Benoit. |

Riom, 5 déc. — Ancelin Roulhion, 20 quai béthune. jules prisonnier bonn. écrit, va bien. donnez nouvelles, transmettrai amitiés. — Chassaing Riom. | Pinchon, 3, bridaine. reçu lettre, carte, rien depuis. écris-moi à riom par longues lettres. santé excellente, sois tranquille. — Louis. |

Les Echelles, 2 déc. — Mme Mollard, avenue Wagram, 44. donnes-moi des nouvelles. — Mollard, bureau restant, échelles (savoie).

Auray, 4 déc. — Langlois, rue des petites-écuries, 52. allons bien, malheureuses loin de vous. étienne, nogent vont bien, 7e dépêche. — Langlois. |

Crocq, 6 déc. — Comte Delaredorte, 31, faubourg st-honoré. deauville bien, maurice madère.

Besançon, 2 déc. — Charles Savoye, 6, boulevard sébastopol. St-aubin, montbéliard, besançon, santé générale, reçu lettres, 13, 16, 20 novembre. — Louise Villars. | Ribeaucourt, 58, rue laffitte, paris. aucune blessure, capitaine francs-tireurs neuilly, écrivez besançon poste restante. vous aime toute âme. — Belleval. |

Savenay, 4 déc. — Pesnel, 6e compagnie, 2e bataillon, commandant larcinty, mont-valérien. inquiets, écris. — Berschand. |

Marseille, 4 déc. — Duval, rue bac, 42. mère est morte. prépare charles doucement. bonnes nouvelles province, écrirai dès communications libres. — Frédéric. | Frémy, place vendôme, 19. paul bien portant, pût quitter metz, est à nevers. — Lemarquant. | Directeur général tabacs. les 2 livraisons huffer prises en charge. — Pradines, 30 novembre. |

Angers, le 5 déc. — Lhermiteau-Périer, 16, rue vivienne. tous bien portants. informez mézières, duportail, claudin. bonne espérance. aucune lettre du jardinier? pourquoi. — Lhermiteau. |

Nantes, 5 déc. — Directeur général tabacs, paris. nantes expédié entrepôts demandant impériales, conchas, londresflor, londres avec vignettes modifiées. écrit pour alimenter autres dépôts. | Directeur général tabacs, paris. Nantes, reçu chargements octobre, novembre cigares. expertisé septembre, octobre triage effectué, cigares recevables, rien encore feuilles. |

St-Etienne, 3 déc. — Mme Leroy, 37, rue st-georges. santés excellentes, reçu 18 lettres ballon. allez prendre argent chez lamy. — Blanc. |

Corse, 3 déc. — Reynaud, directeur écoleponts, rue st-pères. sans nouvelles bay depuis 6 semaines, donnez lui argent, qu'il écrive par toutes voies. — Vevsy. |

Tulle, 4 déc. — Deloche, 34. université. allons tous bien, étude vendue, gustave sous préfet, trévoux part mardi. |

Vannes, 5 déc. — Loyer, berlin, 38. sommes tous bonne santé. — Dobelin. | Picard, rue nicolaï, 29, paris. tous bien portants, quitté granville sans lettres. écrivez poste restante vannes, indiquez votre bataillon. — Picard. | Boureau, mazagran, 9. vannes tous parfaitement. — Boureau. | Pedron, douanes, ministère, finances. famille bien. | Odelin, 5, avenue victoria. allons tous bien gabriel interne sage. recevons lettres. |

Vichy, 3 déc. — Bourgeois, lieutenant mobile marne, 4e compagnie, 1er bataillon viaduc auteuil, paris. retournés à suippes, adresser lettres émile senard, élisa. — Garnier. |

Morlaix, 3 déc. — Mansais, faubourh st-martin, 71, paris. familles audiffred, espinas bien morlaix. paul jules titul reçue lettre 30. quittances, loyers, armoire, cabinet. — Audiffred. | Corbon, maire 15e arrondissement, paris. dites père, allons toutes quatre très-bien. — Marie Steinheil, Morlaix trois décembre. |

St-Malô. — Froment, 5, rue racine. adrienne, eugène, collet, germain, clolus. froment parfaitement, hervé finance. amitiés, merci lettre. — Froment, Adrian.

Lucenay-les-Aix, 5 déc. Mme Delhaye, rue serge, 2. adolphe frère, moi tous bien lucenay. — Adèle. |

---

22 Pour copie conforme :

L'inspecteur,

Bordeaux. — 9 décembre 1870.

Tours, 2 déc. — Havas, paris. envoyez par ballon éléments pour établissement comptes, conditions, abonnements; répétez mêmes nouvelles plusieurs ballons, envoyez coupures journaux. — Emard. | Havas, paris. vaillant donne mère argent nécessaire, envoyez nouvelles famille chaque ballon; laffite, martin, famille mazon tous bonne santé. — Emard. | Emard, boulevard invalides, 12, paris. tous bien portant, écrivez chaque ballon vos nouvelles, demande vaillant argent que auras besoin. — Emard. | Aumont, 33, avenue ternes. tendresses toi, famille. — Caroline. | Paumier, saint-guillaume, 27. tous bien à trouville, pas froid. — Marie. | Templier, boulevard saint-Michel, 24. colonie bien portante, toutes vaccinées, travaillons beaucoup, bonnes nouvelles albert. Martin Didier. | Mlle Fournier, 65, caumartin. tous bien, donnez nouvelles de vous et de rue godot. — Anatole. | Berthier, 25, rocher. santé tous bonne, écrivez, dites breteau écrire. — Lambert. | Félix Lucas, ingénieur travaux publics. bonnes santés, guéronière, daniel dents. — Bérengère. | Hauteserve, 9, rue monceau. alice, odette, anne, therouide bien à granville. — Lizoles. | Gouin, 4, cambacérès. sans nouvelles de vous depuis 19, Jules va bien, nous aussi, embrasse georges. — Eugène. | Renouard, 9, aguesseau. familles ricot, renouard arcachon, santés parfaites. — Ricot. | baronne Rothschild, lafitte. écrivez-moi à nice, télégraphierai souvent, tendresses pour james et toi, souvenirs aux frères, caroline mieux. — Charlotte. | Mgr Bauer, 12, saint-florentin, madrid. reçu lettres pauline jusque 19, attendons nouvelles avec angoisses; ida, enfants bien portants. — Ignace. | M. Detaille, 19, rue de grammont. nous allons tous bien, avons assez argent, habitons place saint-joseph, 18, ostende. — Detaille. | Forimal, 55, boulevard sébastopol. échappé strasbourg, habite bruxelles, 38, rue malines, écrivez-moi, puis être utile. — Falck. | Dinah Félix, 21, faubourg poissonnière. lettres reçues, santés excellentes, gabriel, bataillon marins, commandant sibour armée loire, mille tendresses. — Alexandre Waleski. | Billing, ministère affaires étrangères. lettres reçues, mesdames billing, waleska bruxelles, jeanne accouchera commencement janvier, tous bien portants, mille tendresses. — Waleski. | Jellwéger, 29, provence. donne pas avis pour moment débiteurs, mais expose situation aux amis, conseil frogen, familles bonne santé. — Weck. | Audéoud, guet, paris. Avez-vous payé 4,000, suivant ma lettre, au conseil évangélique, 10, avenue bercier. — Perdonnet. | Lapparent, tilsitt, 3. reçu lettres 18, 19, continuez en santé. 25 novembre, lacassine. — Lucie. | Delaharpe, 25, rue baudin. grieux, laforgue, jourdan, nous tous bien, recevons lettres, amélie partie beaucoup mieux. — Amédée. | Hannotin, 22, brézin, montrouge, paris. mère, enfants vont bien, écris par ballon. — Bridier. | Gustave Rothschild, laffitte. lucie, aline, julie, moi, laure, enfants, toute famille élisa parfaitement bonne santé. — Cécile Rotschild. | Levot, 97, saint-lazare. worthing décembre. schayé, schloss, cornély, enfants bien portants, corresponds avec parents mulhouse bien. — Schayé. | Drouin, ste-croix-bretonnerie. santé assez bonne, le reste va aussi bien que possible. — Jolivard. | Havem, 36 ou 38, sentier. famille bayem, famille klotz et fils, lu... vont bien, envoient leurs amitiés. — Hans. | Chenou, isly, 5. girard, debled, bingre, raquin. santés bonnes, lettres reçues, amitiés. | Zellweger, 29, provence. weck arrive avec portefeuille 100,000 francs, arranges sherman, va londres soigner affaires, zellweger malade, mais mieux. | Papillon, ourcine, 24. victor cordier, officier, 52e marche. provins santé bonne. | Bernutz, 10, saints-pères, paris. pensons à vous. prière écrire. — Bridier. | Pannier, palais-royal, paris. tous bien, manquons rien, dire morel. — Angers. | Baratte. 2, rue guénégaud. moi, amélie bonne santé, reçois tes lettres, genève très-bien. — Baratte. | Morane, 10, rue banquier. bébés, antoinette, alexandrine, moi bonne santé, baisers, tours, 5 décembre. — Morane. | Crémieux, rue ponthieu, 49 tes fils bien quitté lafère, engagés 21e ligne, cambrai. — Ernestine. | Deligne, 91, rue honoré famille deligne toujours chez blouet, tous bien portant, recevons tes lettres. — Deligne. | madame Cotte, 68, bac. remis pour toi poste 200 francs. — Cotte, bordeaux. | Husson, bonaparte, 51. Jacquemot, hamauger bien, reçu lettres, bonne santé, amitié, à tous. | Lavertujon, gouvernement, paris. prière envoyer immédiatement à mon fils, républicain dévoué, 3, quai terrasses, tours, chaleureuse recommandation pour Gambetta. — Pozzi. | Delapalme, 10, castiglione. santés parfaites, bien installés, reçu tes lettres, brompton road, 241, enfants sapia, biens. — Aujames. | Mathioly, garde national, 39e bataillon, 3e compagnie, auteuil. allons bien, écrivez-nous. — Nully. | Vissa, rue d'enghien, 39, paris. reçue lettre chabris, partons toutes 10 décembre pour sully, parfaite santé, 3e dépêche. — Pauline Vissa. | Redelsperger, 37, boulevard malesherbes, santé parfaite, maman ici, enfants mosneron bien, lettres reçues jusqu'au 24 novembre. — Redelsperger. | Baude, 214, rivoli, Paris. edgard tué coulmiers, paul bien. | Martel, 38, croix-petits-champs! tous bonne santé, plombières réussi, alfred charmant, reçu 50 lettres, faites vous vacciner. décembre. — Martel. | Gravier, rue richer, 46. santé excellente, reçu lettre d'alfred, suis nommé sous-préfet castelnaudary, écrivez-moi souvent. — Emile Cotelle. | Garnier, 84, amelot. sommes toutes viviez bonne santé depuis deux mois, trois dépêches envoyées, édouard capitaine. — Berthe. | Boissonnas, 87, taitbout. georges inflammations nouvelles, immobilisé depuis 8 octobre, pas danger, appétit, sommeil excellents, aînés travaillent, tous bien. — Lucie. | Auclair, 48, berri. vais bien, belle petite, baisé de ta Berthe. | Belleyne, 6, royale. recu lettre auguste, bonne santé, prisonnier hambourg. — Esnault. | comte Demontblanc, 8, tivoli. suis triste, sans nouvelles, écris un mot sur ta santé. — comtesse Demontblanc. | Petitjean, provence, 31. robillard va bien, écrire lettre ouverte, hopital, caserne coislin, metz; bonne santé ici, noblecourt aussi. — Delmas, granville. | Rich, lieutenant, compagnie forestiers, vanvres, division blanchard. portons bien tous. — Rich. | Versigny, conseiller état. lettres reçues, désespérée, envoyé deux dépêches pigeons, parfaitement hochereau, rue marteau, ai argent, gray investi. — Marie. | Sapia, 10, cirque. louis, jeanne parfaitement, antoine aussi, reçu nouvelles, merci, comptez sur moi, dromery bien. — Achard. | Labour, 9, taitbout. lebreuil bien, adèle, bébé aussi, envoyons amitiés fernand, paul vidal, lettres reçues, roger, tours, bien. — Louise. | Perrenoud. 41, jean-jacques-rousseau. famille perrenoud-jeanson, père, mère, françois bien, sœur doucement. — Perrenoud. — Thomassin, 5, cirque. bonne fête, courage. — Lamulatière. | Bertin, 15, conti. emmanuel, ludovic, paula, donné, marthe, lenoir ici, tous bien. — Louise. | Raspail, 14, temple tous trois, parfaitement, ucle chez docteur xavier, santé normandie, reçue 19e lettre. — Raspail. | Petit, 18, élysées. bien rennes, hôtel france, dernière lettre reçue 7. | Martinet, 2, mignon. madame claude martinet, loulleux, marié bruxelles bien, marie impatientée, émile jamais écrire, lettres arrivent autres. — Marie. | Penoyer, 8, louvois. petite fille souffre dentition, fièvre nuit, tête chaude, rechignée, mieux, fonctions bonnes, prend dernier paquet. — Leponnelle. | Debeleyme, 6, royale. auguste hambourg bien portant, soyez sans inquiétude. — Achard. | Trente Biencourt, saint-dominique, 67. dieppe, lalorie, sablé, juigné, rochecotte, gandinière, cauroy parfaitement; henri, paul blessés guérissent. — Juigné. | Dammartin, 82, boulevard saint-germain. santés excellentes, gray aussi, reçois lettres, reste cinq cent et titres. — Dammartin. | Toussaint, 19, godot-mauroy. bonnes nouvelles maman, mathilde jarny, tous excellentes santés, marcel six dents. — Toussaint. |

Terreaux, 3 décembre. — Millet, 21, rue provence. donnez londres de vos nouvelles et amis, suis très-inquiet, province bonnes nouvelles, organisation. — Penha. | Bonneau, 17, grange-batelière. donne londres de tes nouvelles et amis, très-inquiet. — Penha, 74, baker street. | Deschamps, 25, drouot. filles chez moi, santé parfaite, personne parti sauf Joanny florence, pensons souvent paris attendant délivrance. — Hippolyte. | Deschamps, 25, drouot. donnez nouvelles Caillot, Pichau, Chéreau. payez personne. florence, montebello, 23. — Joanny. | Deschamps, 25, drouot. femme malade, pas emmené filles restées hippolyte, santés bonnes, neuf lettres reçues, gestion parfaite. — Joanny. | Broise, 17, richelieu, paris. deuxième dépêche. reçu dix lettres ballon, allons bien. installés 9, constantine, lyon. bonnes nouvelles sedan. — Bretouville. | Halphen, 9, taitbout. radieuse! heureuses nouvelles, prions Dieu continuation succès, aucune nouvelle toi depuis 17, santés parfaites. — Bertha. |

Etretat, 4 décembre. — Lafosse, 8, linné. toujours étretat, écrivez-moi, Landelle bien. — Lafosse. | Braun, 71, miromesnil. Etretat, 4 décembre. parents Braun tous bien, Albert prisonnier. — Lacroix. | Rousselet, 18, rue poissonnière. reçu second mandat, tous bien Detraz, revenus madame Brion, enfants bien. — Alexandrine. | Riffard, 9, rousselet. lettres reçues, écrivez. — Riffard. |

Dinan, 5 décembre. — Vallet, boulevard Magenta, 154. Je vais bien. décembre. | Bullot, 60, boulevard haussmann. réunis, bien portants, reçu trois lettres, inquiets de vous tous. voir amis Duval, Panchet. — Dreux. dinan. | Coriolis, 123, rue grenelle. télégrammes arrivent-ils? avons reçu lettre du 15, sommes à dinan, écrivez seule consolation. — Corinne. |

Caen, 5 décembre. — Guérin, 11, mazarine, paris. provisoire lisieux, cinq lettres répondu, bonne santé. — Raviot. caen, 5 décembre. | Massienne, 14, rue beaune. Amette bien. Chevalier, Joseph, bien. maison Mandres épargnée. Hyacinthe part mobilisé décembre. renseignements locataire Laffitte. — Duquesnel. | Duquesnel, 14, rue beaune. avons écrit Fournier, chevaux Montigny. Ladan surveille colonie, Paul bien, Hyacinthe part 20 décembre. — Duquesnel. | Perthuis, 29, université, paris. Tous parfaitement st-gabriel. | Supérieure, 20 notre-dame-des-champs, paris. reçu vos lettres, bonne santé. — Sœur Anastasie. | Delettrez, 11, enghien. tous bonne santé. panne 1, 15 fondue, 400 kilogrammes. fourrage trop cher. Marthe gentille, grandie, pas sevrée. | Robert, 21, rue bergère, paris. Léon bien portant, prisonnier Wiesbaden. Dupont écrire à Signol. — Nanine. |

Morlaix, 5 décembre. — Silliau, sergent, 23e mobiles, 4e bataillon, 2e compagnie. prends argent chez Juclier, donne aux amis et Henry, sommes bien. — Silliau |

Quimper, 6 décembre. — Mahérault, 49, laffitte. allons tous bien, reçu lettres, Raoul travaille, tendresses. — Emile. | Jacob, 12, de jouy. avons répondu quatre oui, Lorient aussi, avons lettre du 30, soigne et arme-toi bien. — Maurice. | Neuhaus, 19, boulevard montmartre, paris. nous sommes en bonne santé à quimper, recevons tes lettres. | Roussin, fort noisy. tous bien. — Roussin. |

Terreaux, 5 décembre. — Lecoffre, 90, bonaparte. allons bien, reçu écris lettres quinze, Emile bien loiret. — Servant. | société générale. provence effet dix-sept cents francs naples pas payé. — Rolland | Dhostel, 107, boulevard sébastopol. santés excellentes, enfants très-bien portants, bien installées, manquons de rien. — Dhostel. | Arlès-Dufour, conservatoire. bonnes nouvelles Hedwig et enfants leipsic, recevons ta lettre du 1er, écrivons Simon, allons tous bien. — Arlès. | Adam, boulevard poissonnière, 23. Lambert poste restante, Sainthilier jersey, tous bien portants, argent pour trois mois. — Arlès. | Roche, pont-neuf, 24. tous bien portants, Claire nourrit gros garçon, avons confiance et espoir. — Damour. |

Laval, 5 décembre. — monsieur Escalier, lieutenant, ambulance théâtre-français, paris. bien portants, votre famille aussi, écrivez souvent, recevons lettres, envoyez cartes réponse. — Voegelé. |

St-Servan, 5 décembre. — capitaine Surcouf, 2e bataillon mobiles côtes-du-nord. inquiète chez Robert savoir hôpital, bébé charmant bien st-servan, Eugène calais, embrassons. — Elisabeth Surcouf. | Briau, 16, geoffroy-Marie. inquiets, pas nouvelles depuis 17. — Marie. | Darras, rue croix-petits-champs, paris. moi, famille, allons bien. — Darras. |

Redon, 5 décembre. — Rouy, concierge, st-jacques, 157. rien reçu depuis octobre, indisposé. — Angelot redon, bretagne. | Lehard, boulevard beaumarchais, 18, paris. bonne santé. — Pouchet, redon, ille-et-vilaine, grand'rue, 55. |

Montbard, 1er décembre. — Mazoyer, 26, guay-lussac. bonne santés étivey, st-rémy. — Royer, 1er décembre. | Cornu, 14, bergère. Palmire toulouse reçois nouvelles de tous, allons bien, Ninie morte 1er octobre, préparez Martinet. — Jacoillot, décembre. | Montgolfied, 30, palestro. deuxième dépêche. bonne santé générale, remercions lettres reçues, Rose quatrième fils genève, Chais décédé. — Montgolfié, décembre. |

Beaumont-de-Lomagne, 5 décembre. — Ruby, 21, rue antin. allons tous bien, Picou décidera avec Ballot pour le mieux au marché. — Soubies. |

Nice, 2 décembre. — monsieur Carraud, 44, rue de douai. tous nice, enfants bonne santé, recevons lettres. Nohau, Pauline, vont bien. baisers. — Zoé. |

Guéret, 5 décembre. — Durand Anatole, acacias, 8, ternes. paris. ballon 14 reçu, rassurés, santé parfaite, nous t'attendrons, écris souvent. — femme Durand. | Droz, 3, pont-neuf, paris. santé excellente, ennui, regrets, espoir, amitiés à tous, Dieu vous conserve, mille baisers. — M. Droz. | Gavault, 91, nollet, batignolles. tous bien portants. Emile, Berthe, enfants, installés alger. — Vollant. |

Pontarlier, 2 décembre. — Muret, 13, richer, paris. reçu lettres, tous bien. vive République! — Clément. | Robinot, 52, amsterdam paris. merci, tous bien, donne nouvelles à maman, bon courage. — Angèle. |

La Caillère, 4 décembre. — Lavrignais, 7, miromesnil. Henri lorient, Mathilde bois-chevalier. — Lavoûte. | Bruzon, 35e mobiles, 1re du 2e, arcueil. reçu lettres, bonne santé, écris caillère et oncle. — Bruzon. |

Oloron-ste-marie, 5 décembre. — Broca, route d'orléans, 31, paris. tous bien portants. — Broca. | Cazaux Michel, rue christine, 10, paris. tous bien portants. — Cazaux. |

Aix-les-Bains, 3 décembre. — Rameau, inspecteur finances, poste restante, paris. allons bien. bonnes nouvelles père, Paul. Hippolyte. — Joséphine, 2 décembre, aix-les-bains (savoie), poste restante. |

St-malo, 4 décembre. — Petit, 16, condé. parfaite santé, reçu lettres, argent. — Petit. | Cumming, 25, châteaudun. reçu lettres, bien portants, ateliers toujours travaillé, Rivierre pas quitté, manquons de rien, réponse st-malo. — Cumming. | madame Juillerat, 24, delambre. sans nouvelle, très-inquiète, sommes à st-malo bien portants, réponse poste restante. — Cumming. | Michau, 47, rue d'enfer. huitième. tout dire, mets ceinture flanelle, brest nous bonne santé. embrasse toi, père, Gaston, tous. — marguerite. |

Cogolin, 3 décembre. — madame Fouet, 55, rue vivienne, paris. merci, amitiés, écrivez. — Pisan. |

Richelieu, 4 décembre. — Hantonne, 40, rue lacroix. tous ici, allons bien. Georges richelieu, échappé metz. — Richard. |

moissac, 4 décembre. — Demauy, 61, st-pérès. courage, pensons vous. — Céline. |

Fontenay-le-comte, 5 décembre. — magny, 10, rue st-placide. troisième dépêche. santé bonne, rien clermont. — magny. | Forest, 19, rue michel-le-comte. nos santés excellentes. — Sophie Forest, 5 décembre. | Gabriel Fillon, 1er bataillon, 35e mobiles. allons bien, embrassons. — Fillon |

Pau, 2 décembre. — Desmarest, 7, laffitte. Tous pau, honfleur, bien. argent suffisant, enfants embrassent. comment Guiraudon? |

Tarbes, 5 décembre. — Sœur Larré, 14, rue lune. sommes bien, confiance. — Larré. |

Biarrits, 5 décembre. — Janic, 6, bleue. Sophie, Anna Dreyfus, Munk, Dupont, Tréfousse biarrits, sont parfaitement. — Sophie. |

Ruffec, 5 décembre. — Cail, 52, boulevard malesherbes. vingtième message. santé bonne, reçu plusieurs lettres, tranquillité parfaite, famille bruxelles va bien, affections. — Thérèse. |

Bagnères-de-Bigorre, 5 décembre. — Cazalas, passage ste-marie-du-bac, 11 bis. santés bonnes, enfants travaillent, Louis tableau honneur, ambulance faïencerie, voudrais vous voir, bonjour Abel. — Cazalas. |

Yzerres, 4 décembre. — Aubin, 8, louvre. partout bien. chanoine cologne bien. — Pénot. |

bordeaux, 2 décembre. — Deschamps, 25, drouot. reçu votre lettre merci, Johanny reçoit les vôtres, nous embrassons tous languillard, vos filles bonne santé. — Poupinel. |

bordeaux, 4 décembre. — blouet, 104, richelieu. Eugène resté à martinique sur frégate magicienne. tous bien. adresser nouvelles bordeaux, poste restante, à madame Huertas. | m. Caban, 6, st-arnaud, paris. reçu lettres, tous bien, bizy sauvé, Georges pas convulsion. — Caban. | Préville, 72, rue montmartre. santés excellentes. — Préville, bordeaux, rue st-sernin, 38. | montier, 15, boulevard poissonnière. Brunet nantes, Herbet vitré, Halloi eau lyon, boisgontier, montier, tous bonne santé. écrivez plus souvent. — Emilie montier. | bezançon, 78, boulevard st-germain. Paul et famille bonne santé andelys. — lecouturier. | mayrargues-legrand, 60, provence. mayrargues santerre bien. Jenny bébé pour meilleur climat à pau, 23, rue champ-gassies. — mayrargues. | Guyot, 3, pont-neuf, paris. sommes bien portants, nouvelles maman bonnes. claudine, louis, faites au mieux. embrassons grand'mère et vous. — Pinto. | Edmond Rothschild, 19, laffitte. tous les vôtres parfaitement, ai nouvelles par Arthur, tout va bien, à bientôt espère. — mayrargues. | Roujet, 75, notre-dame-des-champs, paris. tous bien portants, ayez confiance. — Privat. | madame Ordioni, 1, figuier. écris tours, bureau restant. — Cyprien. | Gros, 37, taitbout. lettres reçues, désirs exécutés immédiatement. — Heydecker. |

Castres-gironde, 3 décembre. — Youf, 137, boulevard st-michel. santés bonnes. lettres, cartes reçues, répondu. mettre vin bouteilles, argent Joseph, payez contributions. ramoner calorifère, cheminée cuisine. — Youf. |

Alençon, 4 décembre. — Bégué, 6, croisades, plaisance. tout pour le mieux, sois tranquille. — Joséphine. | machenry, 18, royale-st-honoré. santés bonnes, douze dents, ennui supporté, oncle rentré, maisons intactes, pays natal idem, Bruant bien. —

Tulle, 3 décembre. — Dubart, 12, rue du regard. lechêne a vu christophe à bonne. portons tous

Bordeaux. — 9 décembre 1870.

bien. — lestourgie. |

louviers, 3 décembre. — lefebvre, 27, londres. père, enfants, Pretavoinc, Denière, Callou, excellente santé, gisors, tous bien. — Dibon. décembre. |

Doullens, 2 décembre. — Jadelot, 1, rue lille. moral, santés excellents. Doullens inoccupé. — Jadelot. |

Pézenas, 3 décembre. — Congras - Bernard, hôtel mars-normandie, rue croissant, paris. famille porte bien, reste, viens pas en ballon, réponds. — Congras Octavie. |

DÉPÊCHES - MANDATS.

n. 551. — Bourbon lancy, 158. — mme merle à mme de busseleure, 8, rue constance-montmartre. — 100 fr. | n. 552. — Rennes, 68. — de rengervé à de rengervé augustin, sous-lieut. à la 7e comp. du 2e bat. de mobile d'ille-et-vilaine. — 100 fr. | n. 553. — Rennes, 35. — Gicquel à m. ou mlle gicquel, 113, boul. d'italie. — 100 fr. | n. 554. — rennes, 64. — liger à guyou eugène, 15, passage picquay. — 300 fr. | n. 555. — castelmoron-sur-lot. — bourges à mlle poiteau augustine, 3, léonie labruyère. — 100 fr. | n. 556. — Francesca, 253. — Lacapère à lacapère auguste, 25, rue Jacob. — 100 fr. | n. 557. — Francesca, 254. — nogués à nogués hermann, garde mobile, 8e comp., 1er bat., isle-saint-denis. — 30 fr. | n. 558. — Auxerre, 111. — tuloup à tuloup alexandre, au 112e de ligne, 3e bat. 4e comp., près le moulin saquet. — 30 fr. | n. 559. — Mende, 256. — mme Arnault à L. Arnault, employé du télégraphe. — 100 fr. | n. 560. — Mayenne, 36. — mlle goupil à mme goupil, 63, rue de vaugirard. — 300 fr. | total : 1,260. |

n. 561. — Roubaix, 45. — Lesguillon à Lesguillon, 4, rue rougemont. — 30 fr. | n. 562. — marseille chapitre 73. — servel à victor sénes, 12, rue chauchat. — 300 fr. | n. 563. — Charleville, 219. — Sarazin à Junon sarazin, 14, rue riché ménilmontant. — 200 fr. | n. 564. — Tours, 308. — Directeur général télégraphes et postes à mme Erkinam, 20, rue legendre. — 100 fr. | n. 565. — Alger, 400. — mme philippe à Susigny, 255, rue saint-honoré. — 50 fr. | n. 566. — Bayeux, 2. — dosseur à mme guerrinot, 14, carrefour de l'odéon. — 200 fr. | n. 567. Laissac, 260. — Laur à evrard, 14, rue de la nation montmartre. — 200 fr. | n. 568. — Rochefort-sur-mer, 93. — mme clemenceau à mme jobey de ligney 189, rue st-jacques. — 175 fr. | n. 569. — Bayeux, 42 — mme allard à m. ou mme allard, 10, rue du foin. — 100 fr. | n. 570. — lyon-terreaux, 15, chaleyer à chaleyer jacques-henri, 98e de ligne, 4e compag., 23e marche. — 25 fr. | total : 1,380 fr. |

n. 571. — Plouer, 135. — Burgot à ernest burgot, garde mobile, côtes-du-nord. — 50 fr. | n. 572. — Roanne, 25. — Foujal à foujal, aux mobiles du rhône, 2e compagnie de pontonniers, 148, avenue malakoff. — 200 fr. | n. 573. — Romans, 265. — Berthou à turpin adolphe, garde mobile, 2e bataillon, 1re comp. de la drôme. — 20 fr. | n. 574. — Lons-le-saunier, 208. — Jousserandot à mlle jousserandot élisa, 25, rue vannoy. — 100 fr. | n. 575. — Givet, 30. — Fesler à mme Copin, 64 bis, rue duloug-batignolles. — 150 fr. | n. 576. — Cadillac, 26. — mothes à mothes, 23, rue bourg-tibour ou détaché dans un des forts. — 30 fr. | n. 577. — Bordeaux, 44. — Celses à mme de garay, 1, rue hippolyte-lebas. — 200 fr. | n. 578. — Rennes, 27. — mme doudel à charpentier, 38, boulevard beaumarchais. — 50 fr. | n. 579. — Hâvre, 252. — montagne à mme conau, 126, boulevard prince-eugène. — 100 fr. | n. 580. — Hâvre, 244. — France à mme france, 51, rue clignancourt. — 100 fr. | total : 1,000 fr. |

n. 581. — Bordeaux, 187. — souchat à souchat, 58, boulevard magenta. — 300 fr. | n. 582. — morlaix, 107. — bourgeois à E. de la cour, 13, rue de ponthieu, garde national. — 300 fr. | n. 583. — givors, 110. — mme ve peruaut à pernaut, 1re comp. du rhône, pontonniers. — 20 fr. | n. 584. — saint-étienne, 61. — mlle gauthier à roux, 47, rue saint-dominique-saint-germain. — 194 fr. 80. | n. 585. — plancoët, 299. — Berest l. berest, sergent major, 1er bataillon, 7e compagnie, mobile côtes-du-nord, 30e régiment. — 100 fr. | n. 586. — Montpellier, 15. — Jean à madame marsal, 128, rue amelot, chez m. romau. — 300 fr. | n. 587. — montpellier, 87. — Eydoux à laumen eydoux, 27, rue d'argout. — 100 fr. | n. 588. — Cambrai, 267. — leroy à mademoiselle philomène, cuisinière, chez le colonel Leroy, 30, rue billaut, quartier champs-élysées. — 100 fr. | n. 589. — Cambrai, 246. — ménangoy à Jules saget, 105, boulevard haussmann. — 200 fr. | n. 590. — Boulogne-sur-mer, 204. — quinette à madame Couchy, 228, rue de vaugirard. — 20 fr. | total : 1,634 fr. 80. |

N. 591. — Poitiers, 321. — Mallet à mallet, hôtel cailleux en face la gare du nord. — 100 fr. | n. 592. — Villefranche-de-Lauragais, 37. — me Fagot à georges fagot, 22, rue richer. — 100 fr. | n. 593. — Bergues me vaudewynckel à vaudewynckel, propriétaire, 77, boulevard-st-germain. — 300 fr. | n. 594. — Verneuil-st-avre, 52. — Groseil à groseil, rue nouvelle-des-martyrs, 6. — 300 fr. | n. 595 — Mâcon, 300. — Chalot à chalot, joseph caporal, 3e compagnie, 5e bataillon, 13e de marche, pantin. — 100 fr. | n. 596. — Angoulême, 66. — me grangé à grangé, 1, rue du dragon. — 100 fr. | n. 597. — Angers, 8. — Cogueret à Guillaut, 154, boulevard du prince eugène. — 100 fr. | n. 598. — Loudéac, 45. — Viet à humbert, 60, rue dunkerque — 100 fr. | n. 599. — Carhaix, 140. — Mlle Huibou à huibou, caporal au 23e régiment de la garde mobile, 3e bataillon, 1re compagnie, caserne napoléon. — 20 fr. | n. 600. — Fontenay-le-comte, 239. — Auger à fleurisson, 1er bataillon, 4e compagnie vendée, 35e mobile. — 50 fr. | Total : 1,270 fr. |

N. 601. — Fontenay-le-comte, 244. — Chabot à chabot, lieutenant mobile vendée, 1er bataillon, 8e compagnie, 35e régiment, ambulance lazaristes. — 300 fr. | n. 602. — Dole, 174. — Cattaud à andré cattaud, rue croix-petits-champs, hôtel globe — 100 fr. | n. 603. — Marseille, 55. — me Roumieu à benjamin morse, passage laferrière, 10 B. — 300 fr. | n. 604. — Lorient, 317. — Renoult à renoult françois, étudiant en pharmacie, 25, rue ursulines. — 300 fr. | n. 605. — Morlaix, 133. — Morel à auguste morel, 6, rue durantin prolongée montmartre. — 100 fr. | n. 606. — Condé-sur-noireau, 21. — Bonnaud à armand bonnaud, sergent au 31e de marche, 1re compagnie, 2e bataillon. — 100 fr. | n. 607. — Marseille, 56. — Chailan à michelis, 26, rue grange-batelière. — 90 fr. | n. 608. — marseille, 55. — Chailan à michelis, 26, rue grange-batelière. — 300 fr. | n. 609. — Marseille, 21. — Faure à rambaud, soldat au 28e de ligne, 3e bataillon, 4e compagnie, 13e de marche au château d'issy. — 25 fr. | n. 610. — Vinay, 179. — Sordoillet, à hachin, 12, rue de braque. — 300 fr. | Total : 1,915 fr. |

N. 611. — Vinay, 180. — Sordouillet à carré, rue meslay, 7. — 300 fr. | n. 612. — Marseille, 214. — Gaudin à berny émile, 11, rue joubert. — 100 fr. | 613. — Auxerre, 142. — Barat à barat, 12e bataillon de chasseurs. — 40 fr. | n. 614. — Carcassonne, 9. — Bouché à me de beaufort, 39, rue taitbout. — 100 fr. | n. 615. — Perpignan, 50. — codine à me potier virginie, 76, boulevard de strasbourg. — 100 fr. | n. 616. — Perpignan, 44. — Brousse à brousse seiguer au 138e ligne de marche, montreuil — 200 fr. | n. 617. — Pau, 290. — Toutin à me armantine françois, 15, rue rochechouard. — 50 fr. | n. 618. — Montpellier, 357. — Mlle Wiese à Hanq facteur, 28, boulevard cardinal lemoine. — 150 fr. | n. 619. — Brest, 20. — Callé à me lejeune doudeville, 155, rue de rennes. — 300 fr. | n. 620 — Bonnétable, 44, pannard à me pannard, 165, boulevard du prince eugène. — 300 fr. | Total : 1,640. fr. |

N. 621. — Marseille, 80. — Seruel à victor senès, 12, rue chauchat. — 300 fr. | n. 622. — Pamiers, 314. — maison à jules, maison 114, faubourg poissonnière. — 200 fr. | n. 623. — Castelsarrasin, 63. — Ressayre à la communauté de filles de charité. — 80 fr. | n. 624. — Morlaix, 146. — De la barre à G. de la barre, sergent au 24e mobiles, 4e bataillon, 3e compagnie. — 200 fr. | n. 625. — Morlaix, 148. — mlle Dyèvre à dyèvre, mobile parisien, 161, rue saint-jacques. — 100 fr. | n. 626. — Issoudun, 172. — Compain à compain, garde mobile, 1er bataillon, 7e compagnie, caserne napoléon. — 20 fr. | n. 627. — Issoudun, 171. — Lebouc à lebouc, garde mobile, 1er bataillon, 7e compagnie, caserne napoléon. — 30 fr. | n. 628. — Lyon brotteaux, 43. — Brosse à brosse, garde mobile du rhône, 2e pontonniers, 4e brigade. — 30 fr. | n. 629. — Mousempron libas, 196. — Andrieu à barse, photographe, 7, rue saint-lazare. — 100 fr. | n. 630. — Nice, 278. — Gignoux à gignoux, rue de charenton. — 150 fr. | Total : 1,210 fr. |

n. 631. — avignon, 132. — Roux à Frédéric Roux, 60, rue pigale. — 100 fr. | n. 632. — Aix-les-Bains, 162. — Mme Desmarchais à Noel Achille, 9, rue des missions. — 50 fr. | n. 633. — cannes, 280. — Morel à Bouvard, 1re batterie d'artillerie mobiles rhône. — 200 fr. | n. 634. — poitiers, 256. — mlle de Waresguiel à de Cumont, compagnie des postes, bureau 27. — 100 fr. | n. 635. — Ténez, 35. — Lemoine à Mme Brennemann, 22, rue nollet. — 300 fr. | n. 636. — lille, 245. — Legrand à Mme Henriette Leclerey, 40, boulevard malesherbes. — 200 fr. | n. 637. — clermont-ferrand, 309. — Fréling à Mme Fréling, 16, rue crozatier. — 300 fr. | n. 638. — clermont-ferrand, 20. — Henriette à Mme Henriette, 10, boulevard de Reuilly. — 100 fr. | n. 639. — clermont-ferrand, 9. — Losa à veuve Giboz, 76, rue des poissonniers. — 100 fr. | n. 640. — clermont-ferrand, 21. — Poirson à mlle Victorine Godefroy, 1, passage hébert. — 50 fr. — Total, 1,500 fr.

n. 641. — aix-les-bains, 167. — Marc à Francard Antoine, 19, rue vavin. — 300 fr. | n. 642. — aix-les-bains, 191. — Marc à Francard Antoine, 19, rue vavin. — 300 fr. | n. 643. — bordeaux, 303. — Casset à Henri Jacsont, sergent au 13e régiment mobiles saône-et-loire, 1er bataillon, 4e compagnie. — 50 fr. | n. 644. — lyon, 16. — Bourcier à Jules Bourcier, 20, cité-des-fleurs, batignolles. — 100 fr. | n. 645. — lyon. — Rivière à Rivière Antoine, rue st-polycarpe, mobiles rhône, 2e compagnie pontonniers, avenue malakof. — 100 fr. | n. 646. — Bayonne, 19. — Ladame à Mme Materu, 68, boulevard beaumarchais. — 300 fr. | n. 647. — Bayonne, 20. — Ladame à Mme Matern, 68, boulevard beaumarchais. — 300 fr. | n. 648. — Grenoble, 4. — Trumeau à Allemand, 58, boulevard de strasbourg. — 300 fr. | n. 649. — Grenoble, 27. — Borel à Ragis Octave, rentier, 33, place mauber. — 300 fr. | n. 650. — st-claude-du-jura, 111. — Gauthier à Gauthier, docteur en médecine, 122, rue haxe-belleville. — 200 fr. — Total, 2,250 fr.

n. 651. — Toulon, 20. — Nougues à Nougues, 51, rue clignancourt. — 300 fr. | n. 652. — bourganeuf, 1. — Brousse à Paul Brousse, 5, place de l'odéon. 150 fr. | n. 653. — Coudrieu, 111. — Bajard à Bajard Etienne, soldat à la 2e batterie, gardes mobiles rhône — 25 fr. | n. 654. — aix en provence, 34. — Béraud à Mme Marquezy, née Béraud, sa fille, 52, rue turbigot. — 200 fr. | n. 655. — hâvre, 298. — Mme Clerget à Clerget, 49, rue rochechouard. — 100 fr. | n. 656. — livarot, 12. — Jacquette à Jacquette, garde mobile, 6e bataillon de la seine, 4e compagnie. — 10 fr. | n. 657. — st-étienne, 23. — Menelas à Henri Nicolhs, soldat hôtel des invalides, bureau de l'infirmerie. — 200 fr. | n. 658. — st-étienne, 75. — Schrameck à Schrameck Isaac, 77, faubourg-st-martin. — 100 fr. | n. 659. — st-étienne, 72. — Michel à Valadier Antoine, 1, rue cardinet, batignolles. — 300 fr. | n. 660. — cherbourg, 10. — veuve Villegrin à Vieq Alfred, hôtel des invalides. — 50 fr. — Total, 1,435 fr.

n. 661. — cherbourg, 15. — Neupiéce à mlle Besnard, 19, rue de sèvres. — 191 fr. 85 c. | n. 662. — clermont-ferrand, 46. — Rousseau à Mme Rousseau A., 197, rue st-antoine. — 200 fr. | n. 663. — clermont-ferrand, 72. — Guénaux à Guénaux, 98, rue miromesnil. — 200 fr. | n. 664. — clermont-ferrand, 63. — Mme Lecomte à Mme Dumey, 57, boulevard montparnasse. — 50 fr. | n. 665. — la rochelle, 202. — Joliet à Mme Joliet, 22, rue pontieu. — 300 fr. | n. 666. — st-lô, 64 — Renard et compagnie à Victor Plasse, 7, rue des petits-hôtels. — 300 fr. | n. 667. — Plancoet, 8. — Mme Leloup à Albert Leloup, sergent au 20e de la mobile, 1er bataillon, 7e compagnie, côtes-du-nord. — 50 fr. | n. 668. — royan, 160. — Morel à Mme Louise Morel, 29, rue boissy-d'anglas. — 200 fr. | n. 669. — saintes, 238. — Magusana à Mme Léonie Louvard, boulevard rochechouard. — 100 fr. | n. 670. — lyon-terreaux, 92. — Renvoisé à Renvoisé Emile, mobiles du rhône, 2e batterie d'artillerie, passy. — 100 fr. — Total, 1,694 fr. 85 c.

N. 671. — Charolles, 24. — me Dechiselle à nicolas ducerf, soldat au 13e régiment mobiles, 3e bataillon, 5e compagnie, ambulance, 10 et 22, rue trévise. — 50 fr. | n. 672. — Châlon-sur-Saône, 224. — Bothias à me beuret, 164, rue montmartre. — 25 fr. | n. 673. — Guéret, 22. — me Foucault à serrazin, xavier, 28, rue monge. — 100 fr. | n. 674. — Lyon-Terreaux, 2. — Perret à gilbert perret, 1re batterie d'artillerie rhône. — 50 fr. | n. 675. — Caen, 74. — Marc à me dumesnil, 4, rue des innocents. — 80 fr. | n. 676. — Lorient, 299. — Lebrun à lebrun, mobile du morbihan, 7e compagnie, corps du général ducrot, division belmore. — 100 fr. | n. 677. — Lyon-Vaise, 18. — Coste à coste, mobile du rhône, 2e batterie. — 100 fr. | n. 678. — Charroux, 14. — Cluzeau à cluzeau, jules, garde mobile de la vienne, 1re compagnie, 2e bataillon, avenue wagram au dépôt campemenyt. — 150 fr. | n. 679. — Limoges, 165. — Goujoux à pierre goujoux, soldat au 3e du génie, 18e compagnie, fort de vanves. — 20 fr. | n. 680. — Lauzerte, 36. — Pons à alban pons, commis à la recette principale des postes volontaires, 2e compagnie, 111e bataillon. — 100 fr. | Total : 775 fr. |

N. 681. — Cherbourg, 97. — Le Marguand et compe à goupil, hubert, négociant, 45, rue d'aboukir. — 300 fr. | n. 682. — Plouer, 152. — Renault à remy-renault, garde mobile côtes-du-nord, 1er bataillon, 3e compagnie, 20e régiment, camp de wagram. — 50 fr. | n. 683. — Bourg-du-Pénge, 135. — Belle à joseph belle, garde mobile drôme, 2e bataillon, 1re compagnie. — 20 fr. | n. 684. — Blois, 235. — Bernard à me bernard, 22, rue saint-pérés. — 300 fr. | n. 685. — Blois, 220. — Martin à me martin, 34, boulevard de clichy. — 200 fr. | n. 686. — Montpellier, 25. — Deroux à deroux, sergent au 45e mobile de l'hérault. — 100 fr. | n. 687. — Montpellier, 26. — Cassan à me cassan, 27, rue magnan. — 300 fr. | n. 688. — Montpellier, 29. — Nevet à louis nevet, chez aragon, 11, cité voron, boul. clichy. — 300 fr | n. 689. — montpellier, 28. — made de Serres, capitaine au 45e garde mobile de l'hérault, 3e bataillon, 7e compagnie. — 100 fr. | n. 690. — Alger, 249. — Chapuis à guerriguière, 35, rue gay-lussac. — 100 fr. | Total : 1,770 fr. |

N. 691. — Alger, 214. — Nelson à bourgeois, 12, rue d'ulm. — 100 fr. | n. 692. — Fougères, 56. — Cordier à me mainecourt, 7, rue malbranche. — 200 fr. | n. 693. — Bône, 75. — Bonnette à bonnette, 20, rue des bernardins. — 50 fr. | n. 694. — Vatan, 124. — Guignard à paul fouchez, 5, rue neuve-dejean. — 95 fr. 84. | n. 695. — clermont-ferrand, 34. — Marmier à marmier, 32, rue pasquier. — 20 fr. | n. 696. — Mortain, 90. — Taborel à alexandre taborel, pharmacien, 115, rue saint-honoré. — 300 fr. | n. 697. — Moulins-sur-Allier, 147. — macary à me macary, 21 bis, boulevard mazas. — 200 fr | n. 698. — Clermont-Ferrand, 41. — chenet à me moulinet, 6, rue de béarn. — 100 fr. | n. 699. — Havre, 314. — Humbert et Noël à porthaux, 40, rue ramé. — 100 fr. | n. 700. — Bayeux, 17. — Mlle Adoue à me davallon, chez me henriette magnée, 47, rue richelieu. — 96 fr. | Total : 1,261 fr. 84 c. |

N. 701. — Vire, 11. — de Larturière, lieutenant d'artillerie, division d'hugues à avron. — 100 fr. | n. 702. — Lyon, 47. — Mad. Knecht à knecht, artillerie mobile du rhône, 1re compagnie pontonniers. — 100 fr. | n. 703. — Mâcon, 39. — Lacourt à louis lacourt, mobile de l'ain, 2e bataillon, 1re compagnie. — 20 fr. | n. 704. — Mâcon, 40. — Grandger à jean grandger, mobile de l'ain, 2e bat., 1re compag. — 20 fr. | n. 705. — Saint-Sorlin, 90. — me Gérentet à gérentet, 8, rue castiglione. — 300 fr. | n. 706. — Rennes, 91. — Damourette à damourette, 49, rue chaussée-d'antin. — 100 fr. | n. 707. — Havre, 345. — Mousset à me bardol, 59, rue turenne. — 100 fr. | n. 708. — Bourg, 67. — Julliéron, claude, à julliéron, claude, mobile de l'ain, 3e bataillon, 1re compagnie. — 20 fr. | n. 709. — Brest, 86. — Châlon à me châlon, 11, rue du cherche-midi. — 300 fr. | n. 710. — Brest, 78. — François à françois, sergent-major au 1er bataillon de mobiles du finistère, au fort de rosny. — 300 fr. — Total : 1,360 fr. |

N. 711. — Brest, 79. — François à eugène françois, sergent-major 1er bataillon mobiles finistère, fort de rosny. — 200 fr. | n. 712. — Lorient, 64. — Mad. Delubre à lagarde, 934, rue des abbesses-montmartre. — 100 fr. | n. 713. — Varades, 185. — me Vincent à louis vincent, 4, rue fauvet, batignolles. — 20 fr. | n. 714. — Lyon, 59. — Ve Dumont à ve carra, chez m. barquet, rue de lyon. — 40 fr. | n. 715. — Lyon, 88. — Mme Rave à m. rave, 2e section d'infirmiers à l'hôpital vincennes. — 50 fr. | n. 716. — Rennes, 98. — mad. de la Hardrouyère à de la hardrouyère, caporal, 4e bataillon, 6e compagnie, régiment mobiles d'ille-et-vilaine. — 200 fr. | n. 717. — Plancoet, 5. — Devier à Devier, charles, sergent à la 7e compagnie, 1er bataillon du 20e mobiles côtes-du-nord. — 100 fr. | n. 718. — Marseille, 1. — Coulon à me ve coulon, 4, avenue millaud. — 100 fr. | n. 719. — Marseille, 2. — Durey à Vidalnek, 108, rue de charenton, pour m. Durey. — 25 fr. | n. 720. — Montélimar, 300. — Cousin à me cousin, marguerite, 4, passage st-dominique. — 300 fr. | Total : 1,135 fr. |

N. 721. — Montélimar, 1. — Cousin, jean, soldat au 75e de ligne, à me Cousin Marguerite, 4, passage st-dominique. — 300 fr. | n. 722. Montélimar, 2. — Cousin, jean, soldat au 74e de ligne, à me Cousin, Marguerite, 4, passage st-dominique. — 300 fr. | n. 723. — Cherbourg, 69. — Gendron à Gendron, 21 rue brézin. — 200 fr. | n. 724. — Arles-s.-Rhône, 67. — Lieutaud justin à Laffon, 14, rue de tilsitt. — 300 fr. | n. 725. — Valenciennes, 395. — Lanselle louis à Lanselle siméon, soldat 1er train d'artillerie, 1e compagnie, 1e peloton, avenue de ségur. — 20 fr. | n. 726. — Alger, 278. — Susini à Susini, 265, rue st-Honoré. — 100 fr. | n. 727. — Alger, 275. — Hérail à Féraud, 54, rue de bellechasse. — 300 fr. | n. 728. — Alger, 318. — Chapuis à Chapuis, 33, rue de tournon. — 200 fr. | n. 729. — Mâcon, 285. — Maire à Delaporte, 54, faubourg du temple. — 200 fr. | n. 730. — Gréasque, 105. — Buron à Michel Dieudonné, au 68e de ligne, 17e de marche, 3e bataillon, 1e compagnie. — 20 fr. | Total : 1,940 fr.

Le Comptable,

 Pour copie conforme :

L'inspecteur,

DÉPÊCHES - MANDATS.

N. 731. — Cliou, 136. — ve Mazerolles à Ernest Audas, 82, rue rambuteau. — 30 fr. | n. 732. — Calais, 7. — Picquet à me Hamilton, 23, rue Lesueur. — 50 fr. | n. 733. — St-Brieuc, 347. — Lemoine à Lemoine. 4, rue stockholm. — 100 fr. | n. 734. — Roubaix, 28. — Lesguillou à jules Lesguillou. 4, rue rougemont. — 25 fr. | n. 735. — Libourne, 119. — Guillier à Guillier émile, 117e de ligne, 3e compagnie, 1e bataillon, ambulance des pères jésuites, 391, rue de vaugirard. — 20 fr. | n. 736. — St-Martin-de-Londres, 3. — Carrié à Carrié théodore, 45e régiment de marche, garde mobile de l'hérault, pantin. — 20 fr. | n. 737. — Annonay, 69. — Vemoyne à me Rosa Verleye, 8, rue monge. — 300 fr. | n. 738. — Ancenis, 96. — Boulanger à me Boulanger, 5, passage lepic. — 100 fr. | n. 739. — Mâcon. 25. — Rey à Rey félix, garde mobile, 5e compagnie, 5e bataillon, 8e régiment de ligne. — 50 fr. | n. 740. — St-Julien, 114. — me Dubray à Thierry, 57, rue caumartin. — 100 fr. | Total : 795 fr.

N. 741. — Laigle, 200. — Lelièvre à célestin Lelièvre, 6, rue linnée. — 100 fr. | n. 742. — Plouer, 148. — me ve Nicolas à Augustin Nicolas, garde mobile, 20e régiment. 1e bataillon, 3e compagnie, côtes-du-nord, au camp de wagram, place courcelles. — 20 fr. | n. 743. — Plouer, 147. — Pierre Nicolas à Joseph Nicolas. garde mobile côtes-du-nord, 20e régiment. 1e bataillon, 3e compagnie. au camp de wagram, place courcelles. — 20 fr. | n. 744. — Toulon, 10. — Thouron à me Lafond, 132, boulevard de vaugirard. — 300 fr. | n. 745. — Toulon, 11. — Thouron à me Lafond, 132, boulevard de vaugirard. — 188 fr. 71 c. | n. 746. — Vigeac, 174. — Audral à Audral léon, hôtel du mont-blanc, rue de seine. — 300 fr. | n. 747. — Nantes, 96. — Peti'eau à Petibeau, 70, boulevard prince-eugène. — 100 fr. | n. 748. — Nantes, 98. — Bertin à Jean-Marie Boisrivaud, 28e régiment, 1e bataillon, 5e compagnie, 1e demi-section. — 30 fr. | n. 749. — Nantes, 99. Boubier à Georges Batiot, garde mobile vendéen, caporal au 3e bataillon, 6e compagnie du 35e régiment. — 200 fr. | n. 750. — Limoges, 21. — Pouliot à me Mathilde Dyuin, 117, boulevard montparnasse. — 50 fr. | Total : 1,308 fr. 71 c.

N. 751. — Loudéac, 66. — Lebel à Filliol, rue des lavandières-ste-opportune, 10 pour Olive. — 50 fr. | n. 752. — Nantes, 30. — Lambin à Cosset. chez m. Bancherel. 5, granderue, passy. — 150 fr. | n. 753. — Nantes, 70. — Vincent à Jean-Marie Chesneau, 28e régiment de garde mobile, 1e bataillon, 7e compagnie. — 20 fr. | n. 754. — Nantes, 67. — Doré à Clouet, 28e régiment de mobile, 1e bataillon, 7e compagnie. — 30 fr. | n. 755. — Nantes, 69. Vincent à Jean-Marie Goisbeau, mobile loire-inférieure, 2e batterie. — 20 fr. | n. 756. — Charolles, 13. — me Dumazer, à Dumazer, négociant, 21, rue jeûneurs. — 300 fr. | n. 757. — Cusset, 85. — Duchon à François Radot, 183, rue de Vaugirard. — 300 fr. | n. 758. — Charleville, 262. — du Moiron à me du Moiron. 42, rue du luxembourg. — 300 fr. | n. 759. — Bordeaux, 88. — Bezier à me Bezier. 21, rue lamartine. — 300 fr. | n. 760. — Constantine, 338. — Muignet à Guilminot, 3, rue cadet. — 100 fr. | Total : 1,570 fr.

N. 761. — Boulogne-sur-Mer, 192. — Evrard à me Sibra, 1. rue chérubini. — 200 fr. | n. 762. — Béziers, 260. — Devic à Raymond Devic, mobile de l'hérault, fort rosny. — 50 fr. | n. 763. — Romans, 19. — Reynaud à Reynaud, garde mobile, 2e bataillon, 5e compagnie, de la drôme. — 40 fr. | n. 764. — Romans, 18. Brunel à Brunel Joseph, garde mobile. 2e bataillon, 5e compagnie, de la drôme. — 40 fr. | n. 765. — Autun, 200. — Guinard à Philippe Demontmerot, 77, avenue de wagram. — 300 fr. | n. 766. — Romans, 40. — Saraillon à Tanchon Antoine, garde mobile, 2e bataillon, 1re compagnie, drôme. — 40 fr. | n. 767. Romans, 41. — Berger à Berger Eugène, garde mobile, 2e bataillon, 1re compagnie, drôme. — 40 fr. | n. 768. — Montpellier, 82. — me Saussin à m. ou me Boyer. 45, rue blanche. — 200 fr. | n. 769. — Montpellier, 84. mlle Saussin à me Magnin, rue durantin prolongée. — 300 fr. | n. 770. — Montpellier, 83. — mlle Saussin à mlle Ligonnet, 45, rue de belleville. — 300 fr. | Total : 1,510 fr. |

N. 771. — Montpellier, 86. — mlle Saussin à me Pinette, 7, rue durantin prolongée, montmartre. — 200 fr. | n. 772. — Montpellier, 85. — mlle Saussin à mlle Grospellier, 2, rue neuve-bourg-l'abbé. — 300 fr. — n. 773. — Montpellier, 81. — me veuve Saussin à m. ou me Lansou, 53, rue blanche. — 300 fr. | n. 774. — Romans, 71. — Seyvet à Chevalier Alexandre, caporal, 2e bataillon, 5e compagnie, mobile drôme. — 100 fr. | n. 775. — Pontrieux, 181. — Pasquiou à Riou Yves, garde mobile côtes-du-nord, 2e bataillon. — 300 fr. | n. 776. — Saint-Etienne, 6. — Girard à Julien François, 1re section d'infirmiers, hôpital gros-caillou. — 200 fr. | n. 777. — Saint-Etienne, 44. Roland à Roland, 6, rue des acacias, montmartre. — 100 fr. | n. 778. — Saint-Etienne, 96. — Staron à Baron Eugène, 177, rue du faubourg-st-martin. — 300 fr. | n. 779. — Châlon-sur-Saône, 280. — madame Luguenot à Luguenot, 9, rue monsieur-le-prince. — 25 fr. | n. 780. — Douai, 316. — Coppin à Desclée, 10, rue des acacias, montmartre. — 110 fr. | Total : 1,935 fr. |

N. 781. — Nice, 365. — Garnier à me Daubigny, 61, rue truffaut. — 50 fr. | n. 782. — Grenoble, 241. — Roux à me Altairac, 154, rue de rennes. — 194 fr. 80. | n. 783. — Lannion, 97. — mlle Pellerin à Pellerin Paul, rue saint-fiacre. 4. — 50 fr. | n. 784. — Caen, 12. — mlle Lecœur à Lecœur Robert, bureau des expéditions banlieue, gare saint-lazare. — 300 fr. | n. 785. — Flers-de-l'Orne, 284. — me Dominel à Dominel, avocat, 48, rue neuve-petits-champs. — 300 fr. | n. 786. — Brest, 392. — Bellamy à mlle Anna Brunel, 23, rue de l'église, passy. — 200 fr. | n. 787. — Brest, 377. me Caron à Jules Caron, 11, rue des deux-gares. — 50 fr. | n. 788. — Lyon, 324. — Ravy à me Ravy, 19, rue Sommerat. — 300 fr. | n. 789. Annonay, 242. — Sauzeat à Sauzeat, 1, place sorbonne. — 100 fr. n. 790. — Lyon, 6. — Bernard à Bernard, 41, quai bourbon. — 100 fr. | Total : 1,644 fr. 80 c. |

N. 791. — Brest, 125. — Legouraut à Legouraut, sergent mobile finistère, 4e compagnie, 5e bataillon. — 100 fr. | n. 792. — Boulogne-sur-Mer, 354. — Hacquet à me Varnemunde, 3, passage vaucansson. — 100 fr. | n. 793. — Clermont de l'Hérault, 110. — Rabejac à Rabejac Auguste, soldat, 5e compagnie, 2e bataillon, 45e régiment. | mobile — 20 fr. | n. 794. — Périgueux, 238. — Bilmer à me ve Beyrel, 123, boulevard hôpital. — 200 fr. | n. 795. — Ham, 125. — Foucart à me Victorine Foucart, 189, rue faubourg st-martin. — 30 fr. | n. 796. — Caen, 67. — Cormier à me Bruma, 39, rue truffaut. — 90 fr. | n. 797. — Maubeuge, 201. — Maingot à me Maingot, 109, rue marcadet-montmartre. — 200 fr. | n. 798. — Mortain, 97. — Veuve Taborel à Alexandre Taborel, 115, rue st-honoré. — 300 fr. | n. 799. — Auxerre, 274. — Lécole à Juffni Victor, 128, rue cherche-midi. — 100 fr. | n. 800. — Troyes, 130. — Pastiot à Gustave Pastiot, garde mobile de l'aube, 3e bataillon, 8e compagnie. — 50 fr. | Total : 1,190. |

N. 801. — Coucy-le-Château, 4. — Me Jumaucourt à Louis Jumaucourt, employé des postes, 4, place de la bourse. — 150 fr. | n. 802. — Bordeaux, 89. — Ferranty à me Ferranty, 29, cours de vincennes. — 300 fr. | n. 803. — Bordeaux, 62. — Mlle Jurquet à me Jurquet, 179, faubourg saint-martin. — 20 fr. | n. 804. — Bordeaux, 57. — Marchand à me Louise Eyssenbranot, chez M. Charchand, 11, quai conti. — 100 fr. | n. 805. — Somain, 192. — Mio à Mio Louis, commis au personnel de l'administration des postes. — 200 fr. | n. 806. — Cambrai, 49. — Borgnon à Fournier Alexandre, 65, rue boursault. — 150 fr. | n. 807. — Brest, 145. — Veuve Viel à M. Jules Viel, 159, rue du temple. — 200 fr. | n. 808. — Lille, place st-martin, 284. — Bucquet à Bucquet Eugène, rue riquet, impasse biziaux, 8, chapelle st-denis. — 100 fr. | n. 809. — Tours, 147. — Me Hubert à Hubert, interne des hôpitaux, 13, boulevard saint-germain. — 100 fr. | n. 810. — Douai, 72. — Godard à Godard, professeur de sciences, 8, boulevard beaumarchais. — 100 fr. | Total : 1,420. |

N. 811. — Pau, 24. — Laffou à me Laffou, 78, rue lecourbe-vaugirard. — 200 fr. | n. 812. — Guincamp, 322. — Jouanny à Guérin Vaguemestre, 20e régiment de marche, 2e bataillon, 5e compagnie mobiles, côtes-du-nord, rue campère. — 200 fr. | n. 813. — St-Omer, 19. — Me Foulon à Mme veuve Salavy, 21, rue lepic. — 60 fr. | n. 814. — Lille, 144. — Bornier à Thiébault avoué, 31, rue du faubourg montmartre. — 100 fr. | n. 815. — Lille, 68. — Me Lieuhard à Lieuhard, 16, rue tour-d'auvergne. — 300 fr. | n. 816. — Limoges, 91. — Me Roche à Roche, 136, chaussée du maine-montrouge. — 20 fr. | n. 817. — Chatellerault, 1. — Enain à Enain, 36e régiment marche, 1er bataillon, 2e compagnie. — 20 fr. | n. 818. — Lorient, 148. — Adal à Le Bouar, garde mobile au 31e régiment morbihan, 1er bataillon, 6e compagnie. — 30 fr. | n. 819. — Arbois, 119. — Mlle Huguenin à Alphonse Morin, garde mobile de Coulommiers, au 38e de marche courbevoie. — 25 fr. | n. 820. — Caen, 28. — Darlu à me Becker, 61, rue cherche-midi. — 200 fr. | Total : 1,155. |

Le Comptable,

SERVICES ET AUTORISATIONS

Bordeaux, 26 déc. — Tessier, surveillant télégraphe, je suis à bordeaux et je compte rentrer à tours dans huit jours. écris-moi au télégraphe de tours. je suis inquiète. — ermance tessier. | Mercadier délégué du télégraphe. familles moutier, troost, piel, vautior, mignot bien. — moutier. | chaumette, 25, rue du champ-de-mars. reçu délicieuse lettre de mme monplot bien portante, courtenay tranquille. écrivez chaligny, rue bouffard, 36, bordeaux. | Malbec, 15. passage favorites, vaugirard. hortense à villeneuve chez ducasse, bien portante, triste, manque nouvelles vous. écrivez régulièrement. — edmond villeneuve. | Ledieu, 8, tournon. bonnes nouvelles de noémi. tous bien nouvelle promenade, 3, bruges. abbeville bien. — ansault. | Fichau, 7, greffulhe. dolet, foucault, bordeaux. félicitations, bons souhaits. écrivez, correspondance avec allélix, delaporte, vont bien, rien de beauvais. — foucault. | dupont, 18, boulevard gare. bruneau, dupont vont bien vous embrassent, écrivez par ballon, direction générale, postes bordeaux. | m. delacour, 88, boulevard st-germain. tous bien. — louise delacour. | Landrin, 15, rue madrid, nous nous portons bien. - Landrin. | Houschoète, inspecteur ministère finances paris tous bien portants. augustine et toi prendre chez hyacinthe, vin, huile, confitures. toi robe drap. — bon. | rose, boulevard poissonnière, 10. plus d'espoir pour camille, hyacinthe prisonnier, vous embrassons. écris toujours. — victorine. | Etchevery, 29, cambacérès. raoul, caroline bruxelles, cercelet wiesbaden, augustine, louis tous bien demande régularisation congé, baptiste ici. — adèle. | serph lieutenant mobiles vienne. tous vont bien, écris. — Serph. | Leblanc, faubour-poissonnière, 19. moi enfants bien niort. — Louise. | Champeaux, 2 bis. boulev. du temple, arrivées bordeaux, 23, quand revoir? baisers. — Louise. | Bousquet, 33, malesherbes. tous parfaitement parents amis, camille, maurice superbes. ambulance montanceix tendresses. périgueux. — Bousquet. | Barthez, 14, duphot. vu christine, enfants parfaitement, panné bien chez billiet tous bousquet bien, périgueux. — bousquet. | Paoli, 96, maubeuge, télégraphié deux fois, ai écrit aussi. père très-mal, autres bien donnez congé, avenue trudame. | de baudel, administ. postes, votre mère inquiète. demande vos nouvelles. toute votre famille va bien. écrivez par ballon. — Rolland. | Pange, rue du jour, 8. porte bien fils bonne santé, père porte bien. je t'embrasse. — ponge. | Joseph Michelier, 13, rue castellane. dites que mère écrive, portons toujours bien, oncle, tante toujours à bordeaux. embrassons tous. — Chatelain. | Bresson, 89, provence. suis en bonne santé, espère bientôt vous revoir. admiration générale pour parisiens. courage toujours, amitiés. — Pierrat. | Panier, 109, place lafayette, allons tous bien. toutes lettres reçues. — Panier. | Bournichon, 15, londres, saint-brieuc, parfaitement. — bournichon. | capitaine villaret de joyeuse, 1, rue ventadour. allons bien, bonnes nouvelles versailles. marie montigny, hippolyte reçu sacrements. tendresses courage. — zoé. |

Bordeaux. — 10 décembre 1870.

Tours. — Hennelle, 52, fontaine, pas nouvelles depuis 10 sept. pourquoi! embrassons tous; bonne santé. — St. Albin. | Delore, faubourg martin 74, paris, allons tous bien, propriétaire revient. quittons maison allons 30 albany villas, cliftonville luckie partis. — Martin. | Hemery, 11 mansart, sommes bien notre fils aussi bonnes nouvelles martinique. — Edmée. | m. Barrat, 13 rue calais paris officier ordonnance de bourbaki depuis deux mois dites aux amis salut, allons bien. — Espinasse. | Wolbec, 11 rue du mail paris, joséphine minie toute parfait., bruxelles lettres, argent reçus, charles bien picard portal bien. — Aline. | Lan, 12 auber, bourbonnais très bien darcy mortet coingt souffrance sérieuse ai pas de gêne reçu quatre lettres ballons. — Didier. | Dollfus, 88 neuve mathurins, laure enfants à arcachon maurice à vire avec mobiles, philippe charles sur loire, edmond bordeaux. — Dollfus. | Bocher, 55 vareunes, tous réunis aix-la-chappele santés parfaites. — Marie. | m. Dubosq 93 bld. sébastopol, bonne santé avons reçu lettres avons fait tentatives pour donner nouvelles enfants habitués acclimatés. — Reydellet. | Carlhia, sentier 26, instructions pas reçues aix alors venu montreux, strasbourgeois vont bien vu maman rien détruit voyons dietz. — Carlhia. | capitaine roussel (fort-rosny) vos lettres reçues famille retournée à castres va bien écrivez. — fontenelle. | Flury Hérard, 372 rue st-honoré, paris reçu lettres jusqu'au 5 courant, sommes à lausanne bonne nouvelles de tous, tendresse. — Théophile. | Androuet, 14 boulevard invalide paris, inquiet sans nouvelles, écrivez par ballon, sommes à lausanne tendresse à tous. — Théophile. | Paoli, 96 maubeuge, sommes aignan père plus souffrant malheureux autres bien, recevons lettres pas toutes. — Lebaudy. | Delgrand, 103 boulevard saint germain, 28 novembre, allons tous bien toujours avallon y resterons — Félicie. | Lecointe, moscou 31, lamorville excellentes nouvelles courage. — Charles. | Dreyfus. 50 aboukir, paris, émile brigadier montélimart, palmyre gand salomon décoré moi tours, allons tous bien répondez chez frank. — Eugène. | Herpin, 36 provence, visité diverses agences situation parait normale sauf toulouse, armand arrêté détournement évalués cent cinquante mille. — Denion dupin. | madame Joliet, 4 treilhard, henri, marthe, georges bien portants, tours. — Mourre. | Lecomte 21 rue bruxelles, troisième dépêche, écrivez-moi ai clef bureau prière laisser appartement comme 18 aout. — Eugénie. | Mallet, 17 médicis, bonne santé inquiets pour vous, écrivez par chaque ballon. — gallord. | Mallet. 24 boulevard malesherbes, reçu lettres, tous bien, charles premier octobre, blessure résorbtion purulente. marthe onze, dissenterie sans souffrances. — Martell. | Moissou, 22 caumartin, Weber pescatore, famille courcier parfaitement, Raimond bon travailleur, répond lettre papa andryane bien bon espoir camille. — Adèle. | Saux jean goujon, 39, marie avec georges genève tous bien, marguerite superbe, restée ségur, bonnes nouvelles versailles. — Catherine. | Nareillac, 5 iéna, souvenir à tous écrivez ballon. — Marguerite | Arlenspach, 69 hauteville, reçu huit lettres ballon, communique avec correspondants, envoyez supplément déclaration Diehl parents mulhouse bien, beurre expédié. — Stehelin. | Boyard, rue cherche midi 11, léon va bien. ne demande rien, reçoit vos lettres, allons bien, beau père gravement malade. — Guyot. | Tillancourt, 28 Bourgogne, allons bien, reçu lettres touhay et ballons touhay reparti paris, nantes, basse du château 14 nantes. — Meilhau. | Leromain, balzac 4, allons bien, reçu lettres toucha. concierge pas arrivé. — Noémi. | Moure, 42 marbeuf, donner nouvelles 14, basse du chateau nantes. — Meilhan. | Meilhan, 4 balzac. allons bien, reçu lettres, adresser lettres basse du chateau 14 nantes. — Noémi. | Bertaut, rue lille 1, tous très bien, marmande hotel centre, Clémentine blancard, donne moi nouvelles alexis anjou saint honoré. — Nicolle. | Geoffroy, 55 cuvier. Geoffroy bien portont au vault. — Marthe. | Rastier. rue madame 10, lettres reçues continuez partout santé bonne. — Clotilde. | Pereire, faubourg st honoré 35, recevez trois dépêches formant une de madrid assemblez par numéros. — Polack. | Perreire, faubourg st-honoré 35, économie importante, gaz réalisée par eugène qui visitera aussi mines réunion, recette nord seize million. — Polack. | Perreire, faubourg st-honoré 35. six cents, discutons avec londres, vente douze mille cinq cents obligation ferme, et douze mille. — Polack. | Pereire, faubourg st-honoré 35, cinq cents actions a cent quatre vingt dix, encaisse modeste quatre millions. — Polack. | Deléobardy, rue santé neuf, charles afrique ravi tous santé parfaite, alexandrine morte, écrire toujours vignaud. — Marguerite. | me saliba, 205 rue st-honoré, antonio bien avec américain nice. — Roque. | m Sabatier, 35 avenue reine hortense, madame demoiselles à nice en bonne santé. — Roque. | Payen, 77e de ligne fort nogent-s-marne 8e corps, familles payen à lyon très-bien, louise zoé garçons. — Payen. | Leleu, 9 rue des petits hotels paris, allons tous bien recevons vos lettres. — Amélie. | Desauches. 40 avenue champs élysées, paris, embrassons tendrement, allons bien à genève hotel suisse depuis un mois, recevons lettres. — Mathilde. | Viel, hospice saint-louis pavillon gabriel, embrassons tendrement, allons bien prends patience soigne toi bien-Glassier. Helbronner r. aumale, 7 toujours à dieppe tous parfaitement. — Hermance. | Jousset-clet furstenberg, mille ordres service drôme, rhône, gard, loiret, cher mayenne, cinq cents basses alpes, corrèze, allier, ardèche, cher. Monniot. | Bethmont, écuries-artois femme, enfants, tante, enfants, rené, femme vont bien nous aussi. — Wilson. | Ouachée, 17 quai conti, santé excellente, lettres reçues ballon, pays tranquille, si événement arrivait partirions en espagne, pensons à vous. — Ouachée. | Desétangs, 131 rue montmartre, paris, madame planchard va bien reçu votre lettre ballon, pas quitté châtres. — Rossignol. | Lemay, grande rue batignolles, 56, familles lemay, lecomte. ringhard, antoine, laures. — Legogne. | Chabrié, marine, envoyez ministre, tarif solde pour année prochaine. — Mancel. | Bérard. 80 grenelle st-germain, femme enfants tous bonne santé. — Crémieux. | madame Bonnaud, 206 rue de grenelle st-germain, paris. nous portons bien quand possible venez, lettres reçues. — Murray. | Albert chez Demagnez, quai orléans 14 paris, mai-

Bordeaux, 10 décembre 1870.

son nogent respectée, catherine bien portante. santés bonnes, mille baisers à tous. — Aglaé. — Allard, 96 rue rivoli, paris, sommes tous bien, tes lettres reçues, ceci ma vingtième, achètes journal des assiégés, baisers. — Louise. | Bry, rue poulet 28, bonjour tous courage. beurre à la maison, dire chez vincent frédéric et cabourg. bonnes nouvelles. — Duset. | Bonnis, 18, rue montmartre, paris, bien portantes, 4e dépêches. — Mangin. | Villevielle, 26 michel comte, paris, tous bien portants. continuez — Villevielle. | paris 22 vivienne, monsier Raimon, Père même état, allons tous bien, Bourgeois Gaugnat aussi. — Pinault. | Moreau 29 rue londres, grands petits santé excellente reçu vos lettres, dubourg, meunier chartrousse bien vaquières dusseldorff arromanches, 30. — Galls. | Aignan, 20, rue aumale, reçu lettres berthe, Stettin charles hambourg, caroline, moi arromanches, tous Hart laborde tous bien. écris. — Aignan. | Langlois, boulevard du temple, 17, bonne santé, amitiés lechevalier thierry motteau, mesnager Josèphe. lettres arrivent, écrivez souvent. arromanches trente. — Duffer. | Thierry, hauteville 25, tous bonne santé écris lettres arrivent, arromanches trente. — Augustine. | Larochenégly, 15 rue regard, lalouvese état général lyon idem, cornet reçu lettres avez vous les nôtres. — Gabrielle marie. | madame Lamy, 9 rue fenoux, vaugirard, santé très bonne, reçois tes lettres trop courtes, vous embrasse tous, 2 décembre. — Lamy. | Ducrest, 40 rue de verneuil, bien donnez congé dubost prisonnier. — Ducrest. | Schlossmacher, rue Béranger 19, cent trente six, chaussée louvain bruxelles bonne santé alexandre, prisonnier léontine fils correspondance madame schlossmacher. — Delahaye. | Poggiale, rue soufflot 22, tours 2 décembre, santé excellente — Poggiale. | Beugnot, ministère guerre vingt huit novembre fils superbe sommes normandie père paye reçois lettres rarement 5e dépêche porte, tendresses. — Octavie. | Carameau, 39 gay-lussac panges bien à pange fils prisonniers mathilde, antonin parfaitement attends gustave retournerons châlet jeanne marie rennes. — Gabrielle. | Rohaut avenue taillebourg, reçu lettres bonne santé bon vivre température douce avons argent garçons externes morlaix trente novembre. — Alexandre. | Delapalme, 15 chaussée d'antin, tous à jersey, allons parfaitement perdu joseph dix neuf novembre, papa souffrant versailles suis désolée. — Marie. | Marchand, secrétaire payeur mobile ille et villaine, martigué ordinaire, commerce heureux, hélène coutelière, tous parents mobiles vivent. — Hamard. | Rotours, casette 36, félicie et enfants chez marie bien portants reçoivent lettres ernest à bientôt. — Thomas. | Joseph vincent, rue poncelet, 22 thernes ayez soin de mon père. — Henri. | Vénot, payenne 4 vos enfants familles amis vont bien prenez nos combustibles provisions écrivez souvent donnez nouvelles sauvageot georget. — Lemaitre. | Laboulaye, taitbout 34, tous bien leupé aix la chappelle mère saint martin thomas famille bonn mlle roger morte. — Paul. | Fernand bertera, rue londres 44, tous malines seuls malheureux vingt quatre ballons gabrielle triste marie bonne courage espérance. — Marie. | Janvry, douai 45 tout bien, darcet fou nier. dire maman bonnes, nouvelles sylvain, reçu lettres. — Abel. | Cresson, préfet police famille renault aubry va bien à avranches, a argent rien de béfort depuis fin septembre. — Abel. | Sirouy 23 fleurus reçu letttres cinq, treize, quinze, vingt neuf, dames barbier cauchepin valentin enfant northpeat latourette bien portants. — sirouy. | Aron, joubert 30 famille bien portante mortreux reçoit lettres. — Grenier. | Edourad portier, ministère marine tous parfaite sante londres. — Julia portier. |

Ferté-Macé, 28 nov. — Bachelot, 61, rue l'arcade. allons bien, nouvelles. — Morsan, bagnoles, orne. |

Pontarlier, 30 nov. — Chevillotte, 15, trézel, batignolles. ta femme, enfant bien. — Beauquier, pontarlier. | Forest, 116, faubourg saint-honoré. sommes bien portants chez président pourny, pontarlier. bonnes nouvelles de mézières, gray, beaune, écrivez. — Boissaux. | Berthoud, 15, richer, paris. allons bien, maman mourante, avertir morel, donnez nouvelles de mes affaires, écris souvent. — Ducommun. | Salomon, 10, bertin-poirée. joseph prisonnier, jules commandant, nous bien. — Salomon. |

Lille, 30 nov. — Rapy, 23, desbordes-valmore. pauline, famille santé parfaite. — Pauline. |

Gevrey-Chambertin, 28 nov. — Corbabon, rue des saussaies, 8. rien de toi depuis un mois à gevrey bien portants, mille baisers, dieu garde. — Corbabon. |

Neuvy-sur-Loire, 2 déc. — Garros, avocat, 20, boulevard denis. requis soldat, renvoyé maladie de cœur. pays envahi, passerez chez moi, écrivez nouvelles. chéreau, nauvy-sur-loire (nièvre). |

Marseille, 1er déc. — Achard, 20, drouot. leblanc parti régulariser position agents mobilisés. quittances quatrième trimestre envoyées aux agences non pourvues avant investissement. — Michel. |

Moulins-la-marche, 1er déc. — Ranchou, 134, rue lafayette. anna, marcel, tous bien louvière, donne trente francs jean. |

Marseille, 2 déc. — Flury-Hérard. mon fils fournit 1,500 fr. à emmanuel fontaine. prière autoriser banquier ici payer traite. — Henri Guys, 88, dragon. |

Aix-les-Bains, 29 nov. — Benoit-Champy, 8, rue milan, paris. habitons tous quatre aix-les-bains depuis deux mois, excellente santé. — Marie. | Merlin 227, boulevard saint-germain. paul rhumatisa, guéri, bonne maladissime, delchet ravitailla. |

Voiron, 1er déc. — Clet, 8, furstenberg. jousset jersey, invitation françois dominicains, lettres charles courtes, écrire comme autrefois, allons tous bien. — Loforest, meunier. |

Apt, 1er déc. — Serveille, 13, place scipion. paris délivre mandats. — Serveille. |

Caen, 29 nov. — Gasquet, 8, rue des boulangers. couvent bon-sauveur caen. — Vivier. | madame Baradin, 49, rue lille, paris. tous bien. — Saint-Gabriel. | Rousseau, 7, suger. caen, tout va bien. — Sénéchal. | mad. Leveiqueur, 16, grammont. bien portante, triste de passer sans vous 80 ans, eugène, laure, louise, mad. carrey bien. — Grondard. | Taillard, 10, d'aumale. caen, reçu lettre, bonne santé. — Madeleine. |

Tonnerre, 1er déc. — Houcke, 160, rue saint-martin, paris. tonnerre tous bien portants. — Houcke. |

Tarare, 30 nov. — Hartmann, 13, cléry. lettres reçues, allons bien mulhouse, aussi sœur accouchée, avons fait quelques affaires amérique. matagrin, amitiés, courage. — Dumoitiez. |

Alençon, 28 nov. — Cabaret frères, flandre. famille bien, vous depuis 12, salaisons 8,000 kil. — Gaumerais. | Barberey, 17, jean-goujon. hélène, mercier, guibourg, defaverie bien, écrivez détails alençon. — Barberey. | Collignon, usine cail. 2e dépêche, famille bien portante alençon. t'embrassons. reçu dernières lettres. — Léonie. |

Aix-en-Provence, 2 déc. — Aubriot, 58, rue rome. tous bien, papa juge paix istres, près aix. maurice collége, bonnes notes. aix, hôtel princes. — aubriot. |

Buironfosse. — Compain, 23, michel-le-comte. erloy tranquille. ernest militaire cambrai, santé bonne. — Robiquet. |

Châteauroux, 3 déc. — Bimont, 13, beaumarchais. bonnes santés, daguet mort, nestor ici. châteauroux. — Marie. |

Valenciennes, 27 nov. — Blondeau, 73, saint-dominique, paris. fête adolphe, élise strasbourg, tous bien, déménageons père. bouboulein souffrants, maison commercy pillée, besoin rien. — Odot. |

Saintes, 1er déc. — Abel Lefèvre, 84, rivoli. apprenons affreuse nouvelle, consternés, à toi, argent toi 26 septembre. grosse fille, engagé mobilisé, embrassons maman. | Billénia, 48, avenue montaigne. oui, non, non, non. — Charles. | Mignot, 2, rue vosges (bastille). Pessot, mignot, vernier bien portants, lefèvre mobilisé, eugène armée loire. — Saintes. |

Moulins-en-Gilbert, 1er déc. — Wymbs, 46, rue luxembourg. moynes, tous bien, reçu lettres. |

Sancerre. — Gressin, 27, rue jacob. cher henri, reçu lettre du 12 novembre. — Gressin. |

Bourgueil, 1er déc. — Basset, 21, boulevard haussmann. bourgueil, avranches, émile, marraine, tous bien, nouvelles jules. |

Plouha. — Saint-Laurent, 13, avenue victoria. nous tous province, albert, élisabeth parfaitement, écrivons. télégraphions constamment, recevons lettres. — Fanny. |

Plouaret. — messieurs Leclerc, 29, cassette. tous parfaitement 19 novembre, fille, lettres arrivent, andré, adrien saint-brieuc, courage, argent assez. — Leclerc. |

Dax, 3 déc. — Lescot, rue des pyramides, 8. familles Lescot, Lelasseu, Parissot santé parfaite (fête) dax-landes. — Marie. |

Cerizy-la-Salle, 4 déc. — Clément, aide-commissaire ministère marine, paris. vais bien, nos familles aussi. |

Arcachon, 4 déc. — Bourgeois, 25, des écouffes. sommes arcachon parfaitement, santés excellentes, coxalgie parfaitement, reçu cinq mille baligand quarante lettres, dixième dépêche. — Bourgeois. | Mozetti, 80, boulevard malesherbes. dire à Saint-Arnaud lettres reçues, dépêches pigeons envoyées, tendresses, courage, vous embrasse. — Maréchale. |

Vitré. — Herbert, 12, thévenot. tous bien portants vitré bretagne avec Berthault. habité conlie deux mois ensemble. reçois tes lettres. — Agathe Herbet. |

Brioude, 4 déc. — Privat Deschanel, boulevard montparnasse, 82, paris. avez gros garçon, mère, aîné, cadet, Delcourt, grand'mère, grand'père, tout va bien, | Daime. |

Riom, 4 déc. — Coulbeau, boulevard strasbourg 72, tous bien. — Armand. |

Lisieux, 3 déc. — Marquet, rue tournelles, 33. portons bien, donne nouvelles. — Marquet. |

Rennes, 4 déc. — Pingeon, 17, quai malaquais. santés bonnes, marne sans communications, dirigerai quand possible, parlez de Arthur, Xavier, Laurent. — Pingeon. | de Fresne, bellechasse, 15. bien portants, horloge cinq à rennes. — Saubade |

Toulouse, 5 déc. — Tessier, rue coquillière, 10, paris. bien portants, courage. — Tessier. |

St-Brieuc, 4 déc. — Gaudu, mobile, bataillon saint-brieuc. famille bien. Jules mobilisé, lieutenant au mans. |

Lannion, 4 déc. — Petiton, 18, notre-dame-de-lorette. bien portantes, bébé janvier, halgan bien mons. — Marie. | Diet, rue jacob, 33, paris. toujours très-bien, je reçois tes lettres, t'ai renvoyé la dépêche. réponse. — Diet. |

Arcachon, 3 déc. — Malapert, 51, labruyère. Pereire herbault. chouchou parfaitement, bonnes nouvelles martinique. — Rosine. |

Valognes, 4 déc. — Leclerc, grande rue, 41, auteuil. toutes santés parfaites. — Gallemand. |

Granville, 4 déc. — Mme Hérard, 26, rue grange-batelière, paris. correspondance suivie dinard. lettre 1er décembre. santé parfaite, granville aussi. amitiés. — Moutard-Martin. | Valasse, rue neuve-bossuet, 30. Jeanne, moi bien, écrire, reçois lettres. — Zoé Grobert. |

Tours. — Peyronny, vincennes. tout très-bien, gendre désolé d'apprendre maladie, prie bien Dieu courage, confiance, bien aimé, reçu exactement lettre. — Marie. | Samuel, 35, rue croix-des-petits-champs, paris. sommes envahis, allons bien, avons bonnes nouvelles tes enfants, leur adresse, madame Péter la neuveville, près neufchâtel. — Samuel. | Delarode, rue greffulhe, 8. troisième dépêche. Ernest même état, santés excellentes. Eudoxe bien portant, prisonnier hambourg, recevons quelques lettres. — Cora. | Lamy, d'assas, 104. allons bien (tristement), trois Moyse prisonniers. Georges mobilisé, département envahi moins arrondissement vervins. — Lamy. | M. le docteur Millard, rue de rivoli, 162, à paris. très-souffrante. mlle Victoire toujours pareille, reçu les lettres journal 30 novembre, joie. prussiens ici depuis le 8. — Amélie Millard. | M. le docteur Millard, rue de rivoli, 162, à paris. lettres reçues de votre mère, et répondues, joie de recevoir des lettres, troyes épidémie considérable. Bégand bien. — Amélie Millard. | M. Albert Degris, 3e bataillon, 7e compagnie garde mobile de l'aube. aucune nouvelle toi. réponds ballon, mère va bien, inquiète. — Mauchauffée. | Mme Argentin, rue de malte, 15 paris. vais bien, soyez tranquilles. Henri parti va bien. — Argentin. | Confour, 35, place saint-opportune, paris. expédié toulon seulement. fabrique marche | Emile Robin, banque de france, bureau des livres, paris. lettres reçues. sœurs revenues, allons tous bien. — Robin. |

Verneuil-sur-Avre, 3 déc. — Mazewsky, crédit foncier. malade, envoyer sur mon compte, mille francs à verneuil-sur-avre. — Lapagerie. | Loiseau, 44, rue poissonnière. portons bien, reçu envoi. — Amande. |

Quimper, 3 déc. — Parquez, 50, neuve-des-petits-champs. nous allons toujours parfaitement. — Rosa. | Calan, cour comptes, paris. inquiet, sans lettre depuis toussaint. — Calan. |

Fontenay-le-comte, 4 déc. — Bory, capitaine 35e mobile, 1er bataillon. reçu nouvelles, portons bien. t'embrassons. |

Toulon-sur-mer, 30 nov. — Courmont, 32, arcade. santé passable. répondu lettres reçues. Eugénie, enfants sont-ils bien. — Godinot. | Marchant, 8, rue saint-amand, exploitation fonctionne régulièrement, rentrées satisfaisantes. avances en caisse, communiquons avec l'esle. — Charles Grisel. | Peyrmo, 1, rue scribe. — cinquième dépêche. désolée de vous savoir sans nouvelles, allons bien. tonton mieux, répondu cartes. tendresses. — Mathilde. | Walbec, maître armurier, fort bicêtre. reçu argent, portons bien. écris souvent. reste chez papa. — Walbec. | Loro, fort montrouge. bonne santé, inquiétude pour vous, Fantairde envie voir revenir, embrassons. — Roustan. |

Le Havre, 1er déc. — Gaffez, 6, place bourse. reçu lettre argent envoyé st-brieuc. deux familles Gaffez, Léniau parfaite santé 1er décembre. — Léger. |

Fernex, 3 déc. — MM. Rothschild frères, 23, rue laffitte, paris. donné ordre télégraphique Roblot vous remettre somme à ma disposition. — Albacet. | Roblot, 44, rue laffitte, paris. vous prie de remettre maison Rothschild. somme à ma disposition. — Albacet. |

Lorris, 3 déc. — Durimont, du cirque, 21, paris. portons bien, rien d'Albert, pas prussien. |

Aire-sur-l'Adour, 3 déc. — Martin-Debains, 14, rue abbaye, paris. inquiétudes mortelles. santés bonnes, embrassons tous. | Debains. |

St-Lo, 3 déc. — Mme Dalembert, boulevard temple, 10. en bonne santé. Maria, Henri, Adolphe, st-lo, | Batardy, 37, rue trévise. quatre décembre. Cailleux gravement malade, tante Morin morte. recevons tes lettres, attendrons ici, famille bien. — Louise. | Paris, jean-goujon, 26. 4 décembre santé bonne, reçu lettres du 30 octobre, répondu au 19 novembre. — Gilbert. |

Montendre, 3 déc. — M. Denis, rue bleue, 14, paris. portons bien. — P. Denis. |

Pau, 4 déc. — Trousselle, 25, boulevard bonne-nouvelle. tous bien, Olivier travaille, paresseux. va douze chauchat prendre nouvelles Paul Drut, envoyer Faroux, embrassements. — Marie. | Hardoin, 10, pré-aux-clercs. Emilie, Lucie, enfants, parents, parfaitement. |

Cherbourg. — Jean Héclat, lieutenant 4e bataillon, 50e régiment marche, paris. reçois vos lettres. écris votre famille, portons bien, courage. — Leclerc. |

Périgueux, 3 déc. — Lacout, faubourg st-honoré, 191. santés parfaites. avons reçu lettres, périgueux. — Lacout. | Grand, 60, boulevard beaumarchais. tous périgueux bien installés, santé parfaite, Jules travaille, Alice gentille, travaille. reçu lettre 30. — L. Grand. |

Bourges, 4 déc. — Hersent, 13, rue richer. imprudent Antoine rentrer, tuteur permettre caser enfant, confort occupation sous coupe hollins, chez neveux célibataires. — Cécile. |

La Délivrande, 2 déc. — Chandenier, 27, tour-d'auvergne. magès, papa, maman, moi, randon, allons tous bien. — Chandenier. | Monneau, aumale, 19. reconnaissant, allons bien. — Datessen. | Hadrot, aboukir, 14, toujours lyon. bien portants, écrivez. — Hadrot. | Leloir, 146, rue montmartre. brasseur, nous tous allons bien, motte bien genève. — Randon. |

Elbeuf. — Boutteville rue des feuillantines, 65. tous en bonne santé avons reçu lettre du 3 novembre, écrivez à domfront (orne). — Anna. |

Belvès, 30 nov. — M. Dejean, saints-pères, 12. bonnes santés, reçois lettres, merci, désire nouvelles bérillon, céline, amitiés. — Marie. |

Crocq, 30 nov. — comte de la Redorte, 31, faubourg saint-honoré, paris. tous crocq. beau père mieux, louis darmstadt, Léopold dusseldorf. — Valentine. |

Aire-s.-Lalys, 3 déc. — Lhuillier, 120, champs-élysées. tous parfaite santé. — Berthe. |

Avranches, 29 nov. — Albert Grimault, neuve-capucines, 22. toujours avranches, recevons lettres, allons bien. | madame Marquis, 6, rue la rochefoucauld. enfants parfaitement, abbé toujours avec nous. — Sidonie. | M. Montjoye, rue saint-paul, 43, paris. santé passable, arrivé avranches, boulevard sud, maison salmon, espoir, courage, 29, embrasse tous. — Lanaurol. |

Saint-Quentin, 30 nov. — Douen, 5, rue beaux-arts. tous à saint-quentin, santés bonnes, recevons tes lettres, écris ici. — Sophie. | Jamais, 13, cléry, paris. santé frères alfred et charcutier, nous aussi, dumoitiez, sans nouvelles de vous depuis 30 octobre. — Mondini. |

Bazas, 3 déc. — M. Desroches, 9, hâvre. sommes arrivés bazas, famille bien portante, écrivez-nous ici. — Henriette. |

Limoges, 1er déc. — Mousnier, moscou, 31. georges est-il blessé, dis moi la vérité, soigne toi bien avec mon georges, embrassons. — Mousnier. | Mousnier, moscou, 31. recevons lettres, tous bien portants, marguerite dents, dis papa, nouvelles parents, amis, georges est-il blessé, soigne toi. — Mousnier. |

Nevers. — Bautel, rue saint-arnaud, 1. toutes bonne santé, plagny tranquille, maman mussy, cousins guy prisonniers, prends 1,000 francs launoy. — Marie. |

Vimoutiers. — Gaildraud, 43, bac, paris. nous portons tous bien, avons reçu tes lettres, écris nous souvent. — Esther, Vallambray. |

Beaumont-le-Roger, 28 nov. — tous réunis beaumont, bonnes santés, toutes lettres arrivées, alerte prussiens conches, maintenant tranquilles, embrassons. — Ernestine. |

---

24. Pour copie conforme :

l'Inspecteur,

Bordeaux. — 11 décembre 1870

Châteauroux, 1er déc. — Boisseau, lieutenant, parcs équipages militaires, célestins. enfants bonne santé, vous capitaine. — Hocq. |

La Châtre, 3 déc. — Duplomb, sainte-placide, 56. santé parfaite. — Emilie Duplomb. | Hy, 1, christine. bien portants. — Duplomb. |

Allassac, 3 déc. — Lacarrière, chauchat, 10. garavet, allons bien. — Lacarrière. |

Coutances, 2 déc. — Chaillet, richer, 43. santé parfaite, pense à toi, constamment seule depuis six semaines régnéville, parents rennes, cœur à louis. — Sarah. | Dupont, 82, oberkampf. bonne santé, inquiétude, écrire windsor-road, 16, jersey, lettres parviennent. — Sophie. |

Troarn, 2 déc. — Delaplanche, bellefond, 10. victoire, moi bien. — Chauvel. |

Trouville-s.-Mer, 28 nov. — Danlouse-Dumesnil, londres, 52. louise a un garçon, elle, enfant vont bien. 28 novembre. — Danlouse-Dumesnil. | Moreau, 17, bonaparte. bien, reçu lettre. — Lepère. | Stanowich, 17, martel. santés bonnes — Lepère. | D'André, 12, rue de parme. santés bonnes, reçois vos lettres. — Delaval. | Ferolle, 10, avenue villars, paris. recevons pas lettre, inquiète, écrivez. — Céline. | Rhodé, 10, boulevard bonne-nouvelle. chatard, équer, duponel vont bien trouville. — Rhodé. | Reignard, rue helder, 9. bordeaux, mortagne, trouville où suis, tous bonnes santés, recevons vos lettres. — Reignard. | Roydeville, royale, 6. tous bien trouville. — Montebello. | François, 150, rue lafayette. santés bonnes, recevons lettres. — Marie. | Borda, 12, rue matignon. même état, patiente, bien soignée, je visite souvent. — Bauzamy. | Deviers, 9, boulevard malesherbes. ces dames bien portantes chez perrier à londres. — Bauzamy. | Trouillet, 5, rue paradis-poissonnière. portons bien, reçu lettres, écrivez. — Loviot. |

Lille, 27 nov. — Desquibes, rousselet, 17, paris. évadés, lille, décoré, bien portants. — Valentine, Charles. |

Chinon, 1er déc. — Célérier, entrepôt vins à chinon bien portants. — Marie. | Ruteau, boulevard prince-eugène, 3. tous ensemble, heureux. — Bigot. |

Loches, 1er déc. — Baronnet, 165, boulevard hôpital. orléans envoie pas message pigeon, dépôt pas trop souffert, fortes réquisitions, bonne santé benoît barthélemy. — Barthélemy.—

Saint-Chamond, 30 nov. — Marre, 77, rambuteau, paris. très-reconnaissants recevoir encore lettre, vous en avons aussi adressées, envoyez cartes, oui, non. — Brun. |

Honfleur, 29 nov. — Thierry, 25, Hauteville. hâvre, mère inquiète. maison bonne, portons bien, confiance, viendras juger. — Thierry. |

Briouze-St-Gervais, 28 nov. Leménager, 1, coqhéron. portons tous bien. — Leménager. |

Ecouché, 28 nov. — Charles Leboucher, cujas, 19. santés bonnes, envoie moi carte, réponse. — Victorine Ressant. |

Villiers-sur-mer, 4 déc. — Nayrolles, 17, jeuneurs villiers, bien portants, reçu argent, roubaix. — Nayrolles. |

Evreux, 5 déc. — Borville, 43, petites écuries, paris. recevons lettres, allons bien, ennemi menace. — Borville. |

Biarritz, 4 déc. — comte Wolodkoqicz, 33, boulevard malesherbes, à biarritz, chez marguerite, depuis 1er décembre, pas logement, bien bordeaux. santés bonnes, reçu lettres. |

Angoulême, 5 déc.—Sainte-Croix, rue martyrs, 85. santé excellente, camille souvent premier. — Emile. | Pecquet, faubourg antoine, 108. donnez nouvelles de tous. — Moreau. |

Lille, 2 déc.—Bellardel, 40, fontaine-st-georges, paris. dixième fois écris, reçu tes lettres, octobre, garde nationale, santé moyenne. embrasse tous. — Bellardel. | Mme stintzy, rue vivier, 11, paris. stintzy, bonne santé, chez Hardy, 91. | Liégeard, 41, rue st-placide, paris. sophie, filles, boulogne, bonne santé, également pourrain. anna avec moi, lille, suis lieutenant colonel. |

Gap, 4 déc. — Hervieux vintimille, 14. bonjour, dire leroy, neuve-fénélon, 3, écrire savine capitaine mobilisé st-firmin, hautes-alpes.—Savine. |

Mâcon, 3 déc. — Mme Roure, 18, rue de Varennes. santés bonnes, fribourg, écrivez poste restante. — Bidault. |

Bordeaux. 5 déc. — Doulcet, godot-mauroy, 36, paris. réunis à bordeaux, où je commande division, écrire davantage. — Foltz. | Garnot lepeletier, 18. bien portants, embrassons fort, pas reçu lettre, crédit, aucher, teysonnière, prêté argent. sauver moumonne, pantouffles, table. — louise. | Lamy, royale st-honoré, 10. pense à vous, toujours, mais désespère, armée loire, marche à délivrance. — Victorine. | Sée, 6, malesherbes. envoyé dépêche pigeon fin novembre, demandant recette, vire, calvados, subitement vacante. serai complétement satisfait. attends réponse. — Auguste. | Halphen, 6, lepelletier. sur vous traite quatre cents, albert riojaneiro, où toucher bordeaux, poste restante.— veuve Barge. | Piot, 32, bondy. empêcher vente. veuve barge, asnières. réponse bordeaux, poste restante. | Roussel, 28, rollin. allons bien, résidence bordeaux, quai monnaie, 12, reçu ta lettre du 30 novembre. — Roussel. | Boyer, 60, rue provence. la santé est bonne, j'aurai bientôt besoin argent, m'ennuie beaucoup très-triste. — Verdereau. |

Parentis-en-Born, 4 déc. — Norès-victoire 47. bien à poms, portons bien, exploitation marche. — Norès. |

Essai, 4 déc. — Debarberey jean-goujon, santé, tranquillité. — Matignon. |

Marennes, 5 déc. — Gablin, ministère marine, tous bonne santé, reçu lettres, merci. — Chaneloup. | Brantes, 98, chaillot, reçu lettre louise, tous bien. — louise chaneloup. |

Arras, 2 déc. — Bar, rue et hôtel de beaune. famille, auguste échappé père. 2 décembre. — Amédée. |

Coutances, 3 déc. — Decorbie, 20, mazagran. coutances tranquille, moi bien portant, inquiet, nouvelle paris aucune, écrivez donc ballons, saluez tous. — Charles. |

Cahors, 1 déc. — Dufour, rue courcelles, 11. tous bien portants, tes parents ici. anna, léon, enfants vivier, bonnes santés. cahors, 1er décembre. — Léonie. |

Poitiers, 2 déc. — Delaplane, racine, 30. bonnes nouvelles, gaston parti, lyon, courage. — Compagré. | Préville, passage saumon. enfants partis malgré moi, Bordeaux. — Pasquier. |

Bourbon-lancy, 4 déc. — Dépée, vosges, 5. santés bonnes. lettres, mandats, reçus. désirons nouvelles, louis. — Lucie. |

Besançon, 2 déc. — Cléry, hôtel du levant, paris. père, mère, femme, enfants bien portants, à besançon, reçu tes lettres, anne, félix bien. — Cléry. | Cléry, hôtel du levant, paris. si blessé marie fait dire boulevard invalides, 33, ambulance, bénédictions et tendresses de tous. |

Rochefort-s-mer, 5 déc. — Delage, arbre-sec, 21. portons tous bien, inquiets de toi. décembre. — Delage. |

Dinan, 4 déc. — Rabon, avenue-victoria, 12. portons bien, recevons lettres. Jabay. | Jacquemin, hôtel st-séverin, rue saint-séverin. lettres reçues, portons bien, mille baisers. — Jacquemin. |

Beaune, 1 déc. — Verynette, 9, boulevard, palais. portants, tranquilles. louise ambérrieux, léaglienne, lyon, mère élisabeth, divonne, blic, poncet, cyrot, ragon, noiron, affre.— Vergnette. |

Moretbailly, boulevard magenta, 12. tous et marie bien. 1er décembre. |

Caen, 4 déc. — Buisine, 98, rue montmartre, paris. Buisine, flamant, ladurée, abel, tous caen. bien portants, reçoivent lettres, avons envoyé pigeon et cartes. |

Poitiers, 5 déc. — Bosviel, richelieu, 60. sommes cinq constitués en comité, poitiers, déposant pourvois pour tous. — Mimerel. | Delamartinière, chaussée-dumaine, 112, reçue. — Vonneuil. | Labarte, 2, drouot. reçu henri, es-tu remis. deux mille, bruges misery bien, santé passable. laumonier rien. poitiers. — Sophie. | Kauffmann, 78. faubourg, st-denis. vieux, assez bien, jeunes très-bien, trois dents. — Beauvais. | Pavie, grammont, 13. tous bien, poitiers, rue écossais, 5 décembre.— Dolomie. | Soumain, rue jeûneurs, 42, enfants, bonne santé, reçu 3 numéros. — Collinet. | Vaudeul, 12, rond-point champs-élysées. plusieurs dépêches envoyées, mère avec nous, poitiers, santés passables, angéline radepont, quatre lettres de vous. — Clémence. |

Avignon, 3 déc. — Calon, 53, hauteville. payez 150 fr. par mois, villedeuil. — Foule. |

Chablis, 1er déc. — Leloir, jacob, 1. familles leloir popelin à angers, roux à charolles, beaujeau à chablis, tous bien portants, tranquilles. |

Lyon, 30 nov. — Boussod, 72, amsterdam. twikenham, tous bien. 26 novembre. — Boussod. | Arlés-Dufour, conservatoire. hedwig avec élise, part pour léipsig, lucy, cellerier, maurier, auguste, délide, nous tous bien. — Arlés. | Stock, saint-denis, 261. allons tous bien, eugène, châteaudun, reçu argent, onze lettres.— Maureau. | Lizot, chemin vert, 117. accouchée aujourd'hui 30, fille, tous bonne santé, reçu lettre 8 novembre. — Bardey. | Berger, 52, rue vaugirard, paris. quatrième fille, théodore prisonnier, rastade, philippe ambulance normandie. berger levrault, strasbourg vont bien. — Jackson |

Mortagne-s-huine, 30 nov.—me Jacob, rivoli, 57. bien portants, attendons nouvelles depuis six semaines, embrassements. — Metivier. | Cadot germain pillon, 13, montmartre. bien portants. — Elodie. | Honoré, boulevard poissonnière, 6, paris. oscar, sables olonnes, palais, 10, alice chaulnes, alexis, civita, thomas, marseille, bellemois, mortagnais, bien. — Ragaine. |

Buxière-la-Grue, 30 nov. — Gadala, banque, 15, gadala, veyrac, rey, l'abbé enfants vont bien, ont reçu vos lettres, moi aussi, bon courage. — Rondeleux. |

Saint-Aignan-s-Cher. — Rivon, rue de béarn, 7. père mort. — Gerbaultrivon. |

Savigné. — Campion, 41, vieille-temple, paris. sans nouvelles, paul, écrivez par ballon. — Mortier. |

Plouha. — marquis Boisgelin, 106, st-dominique. bien portants, alexandre aussi, fargeau calme, voisins bien, reçu lettres, bourzac. boisgelin, 30 novembre. — Boisgelin.

Honfleur, 28 novembre. — Arachequesne, 31 bis, faubourg-montmartre, paris. tous les enfants ici vont très bien et vous embrassent, ainsi que nous. — Enault. |

Mesle-s.-Sarthe, 28 novembre. — Delaunay, garde national, 39e bataillon, 4e compagnie, auteuil. paris. écrivez, reçois lettres, santé bonne.— Delaunay. |

Louviers, 27 novembre. — Babilot, 9, avenue lamotte-piquet. allons tous bien. — Guibert. | Charles Barrot, 5e bataillon, 1re compagnie, mobiles loiret. santé bonne, écrit souvent. — Barreau. |

Mamers, 29 novembre. — Molliard, à ste-barbe, paris. Paul vit, prisonnier metz. — Ledue. | Terrier, 40, avenue joséphine, paris. Terrier, donnez nouvelles de Pasquet si possible. — Pasquet. mamers. |

Nontron, 1er décembre — Bellom, 111, rue rennes. parents, dunkerque, hôtel chapeau-rouge, sont en bonne santé, ainsi que Maurice, Gabrielle, tante Tranchart.—Paulhiac. |

Mayenne, 29 novembre.—Camus Alfred, 31, rue d'enfer. tout va bien.—Marie. |

Lannion, 29 novembre. — Dubreuil, 109, boulevard sébastopol. bien, Auray prêté.— Claire. |

Brest, 29 novembre. — Legall, 2e maître, fort noisy-le-sec. inquiète, nouvelles.—Mélanie Ledey. | Lejeune, 36, ponthieu. cinquième. tous bien, aînées chez Elisa demi-pension succursale, suis chez papa, je donne leçons Amélie. — Céline. | Vavin, 7, boulevard st-michel, paris. Jules à bourges, nous à brest, reçu lettre. — Vavin. | Cacataire, sergent-fourrier, fort ivry. famille bien, pas reçu mandat.— Marguerite Cacataire. | Humel, fusilier, batterie st-ouen. reçu ta lettre, nous sommes tous bien. — veuve Humel. | Moinery, 18, cloitre-merry. tous bien, besoin rien. — Lucile. |

Le Mans, 4 décembre. — madame Louis Pascal, 7, rue cadet. donnez nouvelles par premier ballon. adressez banque de france, au mans. — Langoit. |

St-Lô, 28 novembre. — monsieur Simon, 9, square-clary. tous santé parfaite, Charles mort, Albert au mans. | monsieur Batardy, 37, rue trévise. recevons tes lettres, Cailleux malade. maman, Louise, Amécourt. toute famille bonne santé, Marines intact.— Louise. |

Cateau. — Seydoux-Siebert, 23, paradis-poissonnière. envoyez numéros couleurs 12 caisses mérinos 1591|1602 huth valparaiso, Vial ici. — Seydoux, le cateau. |

Beaune, 30 novembre. — Billiet, 48, rue lancry. envoyez nouvelles d'Emile, rien reçu depuis deux mois, très-inquiets, ici santé comme autrefois. — Laureau. |

La Rochelle, 3 décembre. — Dumesnil, directeur ministère instruction publique. tous très-bien, recevons vos lettres, soyez tranquilles, Hélène ici, moins heureux, écris-nous. — Marie. |

Fontenay-le-Comte, 7 décembre. — Morisson, 61, rue rivoli. — parfaite santé, reçu lettres exactement, Roy reçu deux caisses. — Morisson. |

Bordeaux. — Gravier, 46, richer. parents bien, suis nommé sous-préfet castelnaudary, donner congé 31 délai légal. — Emile Cotelle. | monsieur Tournon, 103, rue morny. bon courage. — Marie. | madame Ravary, 54, rue sèvres, paris. donnez nouvelles Saulien. — Merandon. | Huet, 31, rue notre-dame nazareth, paris. bonne santé.— Ferté. | Frayssines, 13, angoulême. dernière reçue aujourd'hui, contents, tous bien portants.—Guiraud. | Dorot, 60, richelieu. familles Hubert, Vincent, Pierron, Salomon, demoiselles Dorival, Marie, moi, tous parfaites santés. Tranquille ici, reçois lettres. — Virginie. | Grondin, 50, rue pyat, paris-belleville. Auguste Chabirand (Herbiers), mobile (vendée), est-il blessé? répondre aussitôt. — Chabirand | Boudiquet, 110, quai jemmape. donnez nouvelles, dire Debize mère morte, Hirson non envahies, portons bien. — Elise. | madame Saint-Georges, 17, grange-batelière. Eugène bonne santé francfort.— Marguerite. | Demons, intendant, 17, st-florentin. troisième dépêche. reçu délégations, tous bien. — Mathilde Demons. | Lebreton, 78, richelieu. santés parfaites, Laborde aussi. François bonnes nouvelles. — Gabrielle. | Fagniez, 216, rivoli. tous bien bordeaux, bonnes nouvelles Marcelle, adressez lettres ministère. — Fagniez. | Dubois, 54, turenne. tous réunis. bonne santé, écrire bordeaux ministère intérieur. — Bouteron. | Joly, corps législatif. tous parfaitement trouville 10 décembre, mille tendresses, courage. — Louise. | Fourcy, 21, tournon. tous parfaitement avranches 10 décembre, Pauline une dent. — Nathalie. | Jacquotrenault, 3, martignac. famille Frœlicher parfaitement cabourg, dire Sauty Delavigne bien. — Caroline. | Laurent Pichat, 39, université. allons bien, pas de prussiens, pas nouvelles amiens depuis 23. — Rosine. chablis, 9 décembre. | Simoneau, corps législatif. couvent père-éternel vannes bien portantes, pas bobasses, familles Jeannel parfaitement. — Augusta. | Todros, 6, boulevard capucines. tous bonne santé bordeaux. écrivez souvent sainte-thérèse, 4. — Marx. | Aubert, 2, thénard. quatrième dépêche. Charles hambourg, Tournet Georges, sous-lieutenants, brême. tous parfaitement bordeaux, 8, cours jardin-public. — Bichourd. | Peyroulx, pharmacien, 225, rue st-martin. allons bien, recevons lettres, amitiés. — Peyroulx. | Souhart, 10, rue charles-cinq. Sylvain ici, santés parfaites, avons lettres.— marie. | Tillinac, 111, sébastopol. familles chablis, limousin bien portantes. dernière lettre 4 novembre, écrire souvent, voir Pichat.—Cécile. 9 décembre. | Benaré, 1, rue mehul. santés bonnes, avons nouvelles, donner adresse de Paul. — Dufau. | Boischevalier, 21, suresne. tous Laguionie, Larsonnier bien. parfaitement remise. Georges sauf Bocham. — Boischevalier. | Jauvelle, 67, cherche-midi. Lucien, René Sauvetat bien. écrivez bordeaux. — Abel. | Ducamp, 17, rue boulogne. tous réunis à bruxelles, tous bien portants.—Ducamp. | baudoin, 53, pascal. Jenning bon pour moi, reçu L. 100 métropolitain L. 100.— f. baudoin. | larrieu, 123, st-dominique. Saintcricq très-bien, reçois lettres, écris, Joseph mort metz. — Julie. | Guérin, 11, rue mazarine. reçu dernière lettre, avons santé, écrivez souvent.—Piaget. | Posth, 11, avenue victoria. nourrice engagée, reçois souvent tes lettres, pas besoin argent. — Ida. | Posth, 11, avenue victoria. saint-jean depuis huit semaines, bon air, pas maladies, pas accouchée, tous bien, moi surtout. — Ida. | monsieur baudouin, 53, pascal. suis peruweltz, trois semaines quitté angleterre, fièvre enfant, Jeanne bien, un mois warren, très-mal après. | Polge, 5, douai. Charles malade typhoïde, famille bien, bonnes nouvelles lyon, reçois lettres. 54.50, 55,50. — Polge. | Pillaut, 87, boulevard malesherbes. Aronsohn bien, nous bordeaux bien.— Rosalie. | Gatigny, 11, miromesnil. affreusement tourmentée, donnez nouvelles Adalbert villeseptier.— Jeanne. | Duval, 8, rossini. tous six parfaitement pocé. Goupil, Buffet, Gatine aussi. maurice travaille. recevons lettres. — jenny, louise. biarritz, 11 décembre. | lecoindre, maison claparède, st-denis, seine, paris. Pitre prisonnier bien. — lecoindre. | Scribe-Wegmuller, 26, châteaudun. famille réunie, va bien.—levaye. | Dreo, hôtel de ville. Anna écrit souvent, tous bien. Et Prosper? |

Toulouse, 1er décembre. — Fabart, rue fénélon-3, paris. lettre reçue, santé bonne, prosper remettra ce que aura besoin. — Busquet. | Directeur manufacture, directeur général tabacs, paris. entente complète, préfet, ouvriers calmes, confiants, travail prolongé, entrepôts satisfaits, envoyez tabacs feuilles. — Beschu. |

Nantes, 1er déc. | Joyau-Lareinty. mont valérien. sommes bien, recevons lettres, les fonctions? — Joyau. | Lefebvre, 18, pont-aux-choux. reçu argent, demande lettre émile. — Robert. | Hervouet, mobile. 28e régiment, 1er bataillon, 5e compagnie. allons bien, affaires marchent, si tu manque argent demande fournisseurs, répondons. — Hervouet. | Dieudonné, rue missions, 21, paris. portons bien, pas reçu lettres, écrivez par ballons, comment portez et autres nouvelles à nantes. | Lagournerie, st-michel, 77. havane rien encore, change trop élevé, tes enfants, nous bien, dire à pinsonnière. — Eugène. | Veuillot, 10, sts-pères. dulac ici depuis semaine, chantre depuis un mois : tirage 10,000, rastoul vacances, nantes, 1er décembre. — Aubineau. | Rougeot, trudaine, 31, femme, enfants, parents, nantes, cosne, angleterre, famille heugel bien. — Amélie. | Chevalier, 10. rue blanche, paris. portons tous très-bien, chevalier, hôtel gironde à nantes. | Jobert, rue Odéon, 18. estienne, péan. jobert nantes, santés excellentes, lettres parvenues. |

Paramé, 22 nov. — Gauthier, 14, place havre. santé excellente, aussi gauthier (st-servan) evrard (londres), enfants gais, travaillent, lettres reçues,

Bordeaux — 11 décembre 1870.

installation parfaite. — Lalouël. | Ponchet, 1, rue hautefeuille, paris. bien, écrivez plus souvent. — Chanu. | chanu, 72, boulevard st-germain, paris. bien, écrivez souvent.— Louisa. |

Clermont-Ferrand. — Wimy, choiseuil, 16, rentrés clermont, 4 octobre, madeleine bonne santé, parents aussi, flagny, bertrand, grou, boulogne bien, eschel aussi. |

Villenauxe, 25 nov. — Lignon, rue dunkerque, 42. lignon, villegruis 13 octobre, va bien, reçoit lettres, mobilier bon état, 25 novembre. — Lignon. |

Yport, 28 nov. — Mlle aurélie Guillermet, 350, rue st-jacques. Yport, santé, souhaite fête. — Ménard. | Borrel, 22, rue de monsieur-le-prince, paris. je prends bien part à ton chagrin, sois courageux, écris-nous, tout le monde va parfaitement amitiés. — Gorgent. |

Dives. Martner, 9, condé, paris. Beuzeval, camille bien portant, décoré, prisonnier à Brême. |

Cany, 28 nov. — Ory, 16, meslay. santés parfaites, bébé aussi, 30 novembre. — Isabelle. |

Goderville, 28 nov. — Gervais, boulevard st-michel, 87. nous portons tous bien et sommes tranquilles. — Gervais. |

Montivilliers, 29 nov.— St-Senach, rue demours. marguerite et enfants vont bien, mère, — Tôt. |

Arcachon, 2 déc. — Lucas, rue sèvres, 161. michelez, lucas, bergeron, desouches, fanvage, marthe, bébé parfaitement, evoyez adresse argent pas reçu.— Lucas. | Lainé, rue de la victoire, 93. santé excellente, alfred, moi.— Lainé. |

Avignon, 29 nov. — Eyssautier, direction assurance la centrale. donne nouvelles, veuve eyssautier-lautard, avignon. |

Toulon-sur-mer, 29 nov. — Aubent, employé ministère marine, direction comptabilité générale, bureau comptabilité centrale des fonds, paris. portons bien, bonne nouvelle maurice, reçu tes lettres. | Merlin, commissaire fort rosny. alexandrine accouchée très-heureusement garçon, tous bien portants, pas reçu délégation. — Louis. |

Saint-Servan, 29 nov. — Courteau, 53, boulevard saint-michel. portons bien, reçu nouvelles.— Courteau. | Badenier, 38, meslay, paris. saint-servan, bucquet, bonfils, pe.di réunis ici bien portants, argent reçu. — Bonfils. | M. Petit, 13, rue de londres. assez bien portante, reçois vos lettres, écrivez souvent, voudrais nouvelles de fabre. — Lecampion. | mad. Huot, 53, rue turenne, paris. Beignon décédé 15 novembre. — Alphonsine. |

Combourg, 30 déc. — Collas, 2, boulevard morland. tranquilles, tous bien, rené stettin. — Collas. |

Gien, 30 nov. — Cléry, 19, neuve-coquenard. alfred, nous santé, confiance. — Joly. |

Cholet, 1er déc.— Duvelle, 16, pont-aux-choux. naissance paul, santé tous. — Huré. |

Portrieux, 29 nov. — Docteur Raymond, 2, rue billault. santé bonne. — Marie. |

Dinard, 29 nov. — Linzeler, 15, boulevard madeleine. santés toujours bonnes, vos lettres bien arrivées, laurent argent. — Bonpaix. | Barrias, 31, rue de bruxelles. courage, confiance quand même, soignez-vous, sommes fortes, nous reverrons. — Hélène, dinard. | Gasselin, 16, rue prony, paris-batignolles. bonne santé, sympathie brogha. — Gasselin. |

Elbeuf, 28 nov. — Alphonse Teurquetil, mobile elbeuf, 3e bataillon, 4e compagnie. sommes bien portants, écris-nous, fait écrire, louis beaucousin même compagnie. — Teurquetil. |

Ecos, 28 nov. — Ridel, sergent-major, 7e compagnie, 7e bataillon mobiles parisiens, neuilly. lettres reçues jusque fin octobre, santés parfaites, espoir, courage, embrassements. — Ridel. |

Senlis, 25 nov. — Mangin, 12, guénégaud. habite hesdin, t'y attends, reçu lettres, lucie marche. allons bien. — Louise. |

Saint-Quentin, 27 nov.— Legru, 123, boulevard magenta. déplore silence, toutes fabriques marchent, serez obligé prendre vingt millions betteraves pour mareil. — Legru. | Legru, 125, boulevard magenta. dehaitre, senart, deviolaine, raboissot consultés, réunis, sont d'avis de fabriquer, rien n'est pris mareil. — Legru. | Leroy, 74, roche-houart. comment vas-tu et théophile? — Louis. |

Rennes, 28 nov. — De Fresne. 15, bellechasse. tous bien portants, 5, horloge, rennes, faites réparer fuite georget couvreur, lions saint-paul. — Saubade. | mad. Morisseau, 6, rue monthabor. bien reconnaissante, geneviève parfaite sœur, délicieuse, soutien, consolation, tendresses tous. — Alice. | monsieur Dablin, 205, rue saint-honoré. j'ai nouvelles de villiers, armand à voisins, nous nous portons tous bien. | mad. Thavenet, cité lafontaine, batignelles. envoyer chercher trois cents francs, raphaël prévenu, contre ce billet.— Lyon. | Laroche, 22, anjou-saint-honoré. bien portante, 5, horloge, rennes. — Stéphanie. | Docteur Lyon, impasse mazagran. mère ici bien, comment toi, maurice? prépare trois cents francs, batignolles, thavenet, cité lafontaine. — Lyon. | Godinot, capitaine 11e batterie, 21e régiment artillerie, charenton, santés parfaites, tes lettres arrivent, rennes tranquille, jeanne ravissante. — Elisa. | Marius Sinoir, étudiant médecine, 54, assas. nous sommes bien, reçu quatre lettres ballon.— Sinoir. | Fessard, 22, rue béranger, paris. sans nouvelles depuis deux mois, répondez par ballon, 5, rue de clisson, rennes. — Fessard. |

La Jonchère, 1er déc. — m. Mignon, 151, rue oberkampf. familles mignon et rouart vont très-bien. — H. Rouart. |

La Barre-en-Ouche, 27 nov. — Denouille, épicier, caumartin. reçu lettre hier, allons bien. — Ferdinand. |

Rennes, 29 nov.— François, 51, boulevard montparnasse. rennes, 40, rue saint-georges. — François. | Auguste Deshayes, ministère finances. tous bien. | Colonel Morlaincourt, élysée, paris. tous très-bien rennes. — Emma. | mad. Kleiser, 35, rue des écoles. emprunte raimond, 59, faubourg martin ou vincent, pas vendre épingle, écrire monton. — Pommerol. | Lesur, 7, place madeleine. tous excellente santé, geneviève superbe, pas besoin argent.— Lesur. | Buchet, 17, roquette, château, famille bonne santé, reçoit lettres, amitiés. — Labaume. |

Londres. — Rev. Dr Smyth, 10, avenue marbeuf, paris. quatre lettres reçues, aussi deux de mademoiselle sparks. dépensez cinquante livres pour pauvres anglais, mille remerciments. — Gardiner. aurora cottage. sidmouth. | Klotz, 2, place des victoires, paris. louise, lucien. famille hayem excellente santé, embrassons tous, parfaitement installés bruxelles, télégraphions présente par eugène à brighton. — Louise Klotz. | Mme Brébant, hôtel de rouen, 13. rue notre-dame-des-victoires, paris. enveloppe reçue 2 décembre, nous écrirons, tout va bien avec marie, clémentine, papa et nous tous. — Louise | m. Baudot, 27, rue des bourdonnais, paris. envoyez nouvelles de mon mari, lettre du 17 reçue, tout va bien ici. — F. Landolphe. | m. Badel, rue rossini, 3. envoyez à levêque, tonnelier, rue monthyon, deux cents francs destinés au remplaçant de mon fils. — Marilliet. | me Parent, 4, beaux-arts, paris. garçons non blessés. breslau, prusse. | Mirabaud-Paccard, rue taitbout, paris. 3 décembre. moré encaissé effets, semail aussi sauf johnston pas endossé marcuard. tous très-bien. genève aussi. — Morris Prevost. | Manceaux, boulevard malesherbes, 9. paris. georges est-il avec division laroncière sortie sur longjumeau 30 novembre, réponse par ballon. — Manceaux. | eugène janin, 3, rue st-hippolyte, passy-paris. 4e télégramme 3 décembre. besoin de rien, allons bien, courage, santé, amitiés, famille, amis. — Janin. | madame Thierry d'Orley, rue caumartin, 28. paris. munroë et compagnie, payez à madame thierry d'orley mille francs. — bon, munroë et comp. — Fheldou-Liavett, 3 décembre. | Albert Durand, 5, rue conservatoire, paris. moreau calais, douvré chancepoix, jeanne six dents, toutes santés bonnes. — Durand. | mm. Belloc frères, 78, rue de courcelles, paris. m. hippolyte est parti le 10 novembre. — Darthez frères. | Casanovas, 8, rue de la paix, paris. chères enfants se portent bien, sont pourvues de tout, reçu vos lettres, nous aussi, comptez sur nous. | m. Guilleri, 11, rue st-anastase, paris. tous bien, reçu trois lettres, courage, amis. — A. Pepin, 139, blackfriars road, london. | m. Fabry, 25, rue faubourg-st-honoré, paris. 3 décembre, nous allons tous bien, retournerons demeurer londres 15 décembre. — Fabry. | Cottin, 15, rue labeaume, paris. santé excellentes. trouville le même. olliffe à côté. — Cottin, 97. sloane street, london. | m. Fabry, 25, faubourg st-honoré. paris. nos santés excellentes, reçu verdun bonnes nouvelles votre père, eugénie bien. — Fabry. | madame Muley, rue laffitte, 36, paris. chère amie, j'ai reçu votre lettre, nous nous portons bien, Dieu vous bénisse. — Hamilton. | Flaxland, 9, rue thévenot. recevons tes lettres, louise, alfred, allamagny vont bien. fritz, lobstein tranquilles, duquesnoy prisonnier à dusseldorf. — Flaxland. | Buron-Faverol, attaché à l'état-major du général ducrot, paris. lettres reçues, avons écrit souvent, charmés de votre promotion, sûreté. meilleurs vœux, vous tenons un bon souvenir. — Seymour. | Skepper, rue hauteville, 58, paris. lettres reçues, émilie. toute famille bien. — Bateman. | madame Dalleux, 1, rue d'autancourt, paris. bonne santé, ressources suffisantes. — Pinet à londres, 15, ryders court, leicester square. | Moinay, 24, avenue friedland, paris, reçu lettre de pierre, mabel ici, porte bien. — Lulli. | D. Rheins, rue maubeuge, 14, paris. sommes tous bien portants, avons pas lettre depuis 9 novembre, attendons nouvelles, compliments. Gugenheinder. | Adrien Coppinger, rue billaut, 5, paris. épouse, trois filles avec Charles parfaitement bien ici. trente-huit lettres reçues. — Hutchison, norfock-hood, 7, brighton. | Hinstin, 38, rue d'aboukir, paris. adolphe sain et sauf hambourg. trois sœurs genève parfait. — Ernest. | Tellier, rue mazagran, 22. envoyez nouvelles sur vous tous. — Marie Loussel. | Weil, 15, rue trévise, paris. accouchée 17 octobre fille, portons tous bien. — Delphine. | Brioude, 7. rue d'enghien, paris. bien portant, reçu vos lettres colonies avec cinq mille sterling, prudent de payer emprunt. — Benson. | De Chauny, 8, rue sentier, paris. toute chose vendue, argent sauf, espère que vous et autres sont heureux, répondez. — Phillips. | m. belliant, 4, passage des beaux-arts, montmartre, paris. tout le monde va bien. — A. Shrives. | m. Belville, rue marivaux, 11, paris. reçu lettres, heureux de celle du 24, bien portants. — Eugénie, londres chez sainton, 71, glowcester place. | madame des Roseaux, 8. rue d'assas, paris. olivier, nous vivants, chercher paul, inquiètes, aucune lettre depuis 15 octobre. supplier écrire. — me de St-André, 71, limerston street chelsea, londres. | m. Albert Langlet, 72, boulevard malesherbes, paris. écrivez pour chez vous, léontine m'a écrit, tous bien. 3 décembre. — miss Martin, st-marys street, monmouth, angleterre. |

Bolbec, 28 nov. — m. Prat, 35, boissy-d'anglas, paris. victorine, marie, arthur dusseldorf bien, moi aussi, odet ankylosé, scipion vivant. — Clémence. |

Saulieu, 30 nov. — m. Félix Rathelot, boulevard port-royal, 20. madame laurent va très-mal. venez dès que possible, prompte réponse. — Lavergne. |

Orléans, 1er déc. — capitaine Demorogues, rue marignan, 3. paris. sois tranquille sur nous, bonnes nouvelles marcelle romanet chez mésenge. — Debeauregard. orléans. | Louise Scheffolen, bouteur e. 10. bonne santé. — Cabrol. | Cotard, coin rue. nouvelle larivière, bonne santé. — Cabrol. | Robin, daumale, 11. nombreuses dépêches envoyées, fils muets, inquiétude. nouvelles famille, louise accouchée garçon, jules sauf prisonnier bavière, réponse. — Laroche. | Crédit agricole treizé, néant, huit. — Chapusot. |

Annonay, 29 nov. — Montgolfier, 18. rue seine, paris. oui, oui, manquent numéros 3, 7, bonne.— R. Montgolfier. | Luquet, fort noisy. tous nos parents bien. — Franck. | Bonrepos, capitaine mobiles ain, fort bicêtre. suis au colombier, reçu lettre 18, bien. — Félix. |

Sassetot, 28 oct. — Marchand, grand-chantier, 6. province arrive détails sur toi, petites dalles. — marchand. |

Vernon, 27 nov.— m. dementque, rue d'amsterdam, 81. me porte bien, suis à vernon, marie et enfants à caen, eugène va bien.— Pauline. |

Eguzon, 23 déc.— général trochu, paris. familles laidet, barthon et faivre père, bien.—

La châtre, 1 déc.— Favre, 69, rue rivoli, nohan tous bien. |

Binic, 28 nov.— augé, 12, rue neuve-capucines. enfants parents moi portent bien ennui beaucoup craint pour toi maladies, dangers, écrit toujours — Augé. |

Lyon-terreaux, 30 nov.— Vacalud, 17, rambuteau. toute famille va bien. anna guérie.— Maria. | Bertrand, 30, taitbout. oui. — Marie. | Halphen, 111, boulevard empereur, passy-paris. Jules parfaitement portant. gai, content. travaille sérieusement, externe lycée. donne entière satisfaction amitiés. — Bertha. | Halphen, 9, taitbout, paris. santés parfaites, moral ferme, entourage excellent. tes lettres répandant joie parviennent tardivement, écris entremise, bruxelles. — Bertha. | Joseph Maillot, artificier, 1re compagnie, pontonnier, rhône, bastion 48, passez chez Offroy, banquier, ordre vous compter 100 fr. — Garcin. |

Mauvezin, 30 nov.— Pulliat, 28, boulevard-poissonnière. tous réunis, bien portants. — Claverie-Pulliat. | Laborde, interne lariboisière, paris. ta famille, nous bien portants. — Cuzol. |

Brest, 30 nov.— Convento saint-georges, 35, batignolles. donnez ballons nouvelles, vous et maisons brest. colbert, 6. — Convento. | Zédé, 374, st-honoré, tous bien, recevons vos lettres, charles chef bataillon décoré. — blanche. |

Angoulême, 1 déc. — Bousquet. 101, boulevard italie. glacière. Longeville, Roullet tous bien. — Bousquet | David-Mennet, 29, rue sentier, Longeville, Roullet tous bien. — David. |

Beaune, 30 nov.— Delahaye. 12, rue chauchat, tous bien, tous tranquilles. Hermine, garçon né 4 nov. vont parfaitement, recevons lettres. — Marguerite. | Piron, commandant artil. vincennes. santé bonne. ici tranquilles, amitiés. — A. Piron. | Serrand, 9, saint-arnault. demandent nouvelles de Sénard, Rateau bien portants, René-Serrand, Chaussivert-Sénard. — Poncet. |

Biarrits, 2 déc. — Santos, 21, rue bergère, bien reconnaissant, reçues 25, cent livres Ponce, sacrifier vieux cheval, puis le petit — Talderon. | Santos, 21, rue bergère, si convenable prêter grands ambulances contents s'ils sortaient avec convoi étranger, lettres reçues. — Talderon. | Quillet, 4, marché saint-honoré, santés bonnes, lettres reçues.— Quillet. |

Fourchambault, 30 nov. — Dubarry, sous-lieutenant génie, bastion 61, paris. santé bonne, écris-moi au domaine. |

Saint-Jean-d'angely, 1 déc. — Chevrier, 13, téhévau louley, allons tous bien — Vuitry. |

Saint-servan, 28 nov.— Brémard, 128, boulevard haussmann. allons tous bien, argent inutile. — Brémard. |

Brionne, 28 nov. — Jules Chéron, 37, rue d'argout. toutes en bonne santé, recevons tes lettres. — Boisney. | Jules Bastide, 13, boulevard courcelles. allons bien. t'inquiète pas. |

St-Germain-Lembron, 28 nov. — Foucher, rue provence. 44. santé ordinaire, reçu lettes. — Donelle. |

Valenciennes, 25 nov. — Grandmange, quai anjou, 7. tous bien portants. — Henriette. |

Trouville, 27 nov. — Berenger, rue berlin, 16, trouville. bonne santé. — Bernard. | François, 150, rue lafayette. santés bonnes, recevons lettres, soignez-vous bien. marie. — Caroline. | Reverseaux, 2, fléchier. bonne santé, bonnes nouvelles, parentan, tranquillité parfaite, trouville. — Camille. | Desmazières, 123. rue grenelle-saint-germain. bonnes nouvelles raoul après combat, villers-bretonneux, sommes tous bien, reçus lettres 20, amitiés. — Marguerite. |

Vitré. — Berthois, st-lazare, 87. tous bien, bretonnières, delly guérie, jersey. — Berthois. | Legorrec, capitaine fort ivry, famille legorrec, vitré, rennes bien. |

Mâcon, 27 nov. — Leguey, lieutenant régiment gendarmerie pied. portons bien, tristes nouvelles, pas régulièrement. — Leguey. | Plumet, facteur, pagevin, 14. desnoyers-plumet, jouzy, renaud portent bien, pas envahis, auguste st-étienne, marie enceinte 3 mois, écrivez. — Plumet. |

Château-la-Vallière. — Moreau, hôtel nantes, d'argout. envoie nouvelles, veux-tu argent, — Ve barbé. |

Balaye, 28 nov. — Mabille, rue labat, 18, paris. reçu nouvelles bien portant. — Mabille. | Vignes, capitaine de frégate, ministère marine. au viron bien portants, tous très-calmes, amitiés. — Vignes. |

Pont-de-vaux, 28 nov. — Mme Jeannet, vaugirard, 41. allons bien, tout à vous de cœur, 12 lettres reçues, 27 novembre. — Battur. | Herbet, 2e bataillon mobiles ain. santé parfaite, hippolyte ici, bonjour cordial, 28 novembre, famille martin va bien. — Herbet. |

Dax, 28 nov. — Rousseau, st-lazare, 28. mécontente, sans nouvelles, maisons st-lazare, poissonnière, répondez dax (landes), veuve seuget. — Sibert. | Kiesel, lieutenant de vaisseau, fort rosny. famille à menton, alpes maritimes, suis aveugle cataracte, bien triste, adresser lettres dax, (landes). — Ve Seuget. |

Buxy. — Laurent, médecin, racine, 17. isidore soldat grenoble, marie, tante savoie, prussiens point, portons bien. | De Verdière, chaise, 24. jully, 27 novembre, jully normandie, recquiginés, poitiers, tous bien, lettres reçues, courage, espoir. — Elisabeth-Joséphine, |

Guéret, 28 nov. — M. Lavillatte, rue des sts-pères, 27. nous allons bien. — Henriette. |

Loches. — Duverger, école droit, paris. allons bien — Louise. |

Tenez, 23 nov. — Mme Brennemann, rue nollet, 22. désirons vos nouvelles. — Jules |

Nice, 26 nov. — Chef état-major, 2e secteur, 79, rue haxo, belleville. alice rennes, sœurs rochebrune, vignau, nous nice, tous bien, tendresses. — Alexandre. |

Ploermel, 26 nov. — Jules simon, ministre, prévenez alphonse guérin qu'on est bien au fresne, en corse, frédéric capitaine, hyppolyte reformé.— Guérin. |

Lavardac, 27 nov. — Nimes, paris, rue champagny, 5. tous bien portants, pensons constamment à toi écris souvent. Nimes. |

Laroche-Canillac, 27 nov. — Hémar, 52, faubourg poissonnière. tous parfaite santé, laroche recevons vos lettres, écrivez tous souvent. — Hémar. |

25 Pour copie conforme:

L'inspecteur,

Bordeaux. — 8 décembre 1870.

Castres, 27 nov. — Valens, fabert, 32. bien. — Auguste Valens. |

Ayres-s.-la-Lis, 25 nov. — Marcou, rue écoles, 48. aucune indisposition, georges bruxelles, paul, marie, travaillent, sages, contents, migraines, rhumes inconnus. — Vigoureux. |

Trun, 27 nov. — Rousselin, 46, rue amsterdam. lebreton mort, prière conserver appartement pour madame, non envahis, portons tous bien. avertir saintvel. — Peltereau. |

Bagnères-de-Bigorre, 4 déc. — Blanche, berton, 1, passy-paris. ai répondu à votre lettre, redonnez-moi nouvelles. jouissons bonne santé, belle grossesse. — Saint-Léon. | Leblanc, banque de france, caisse principale. bien portants, recevons lettres, voir poupinel (clesch), 31, assas. écris. — Adeline. |

Vic-en-Bigorre, 4 déc. — Forasté, 9 bis, pigalle. aucune nouvelle de brandeis depuis 11 novembre, envoyé pigeon 14 sans réponse. avez vous loué appartement. — Lacan. |

Bayonne. — Capitaine, 3e bataillon, 4e compagnie mobile, seine-inférieure. prière m'écrire état de mon fils henry mélion. — Mélion, chez teinturier, bayonne. |

Tours, 6 déc. — Mme Picot, 34, rue pigalle. enfants chez marie, bonnes nouvelles. — Adélaïde. |

Fernex, 5 déc. — MM. Delon, 51, châteaudun. tous bien portants, inquiets de vos nouvelles, couvrez vous corps flanelle, évitez refroidissements, humidité pieds. — Delon. | Béraud, petite-st-antoine, 2. portons bien, habillez chaudement. pas reçu première fécamp. amitiés. — Belloncle. |

Avranches, 4 déc. — Albert Grimault, neuve-capucines, 22. déjà envoyé dépêches. toujours avranches, allons bien. |

Goderville, 4 déc. — Beaugrand, 10, royale. étretat tous bien, reçu vos lettres, donnez nouvelles robert. — Julien. | Maillet, rue saint-lazare, 112. monancourt bonne santé. — Emma. |

Flers-de-l'Orne. — Gévelot, clichy, 10. lettres, madame reçues, allons bien, dieu-ramond aussi. enverrons provisions aussitôt sécurité. occupe beaucoup ouvriers halouze. — Darigault. |

Montigny-sur-Aube, 30 nov. — M. Bordet, rue monceau, 71, paris. nous allons bien, sommes à veuxchaulles. — Ta mère, 30 nov. |

Clermont-Ferrand. — Gardel, 2, caroline, paris-batignolles. gabriel, dinart, nous clermont-ferrand. penserons bien. gaston, clauzel bien, dix ballons, répondu pigeons. — Crétu. | Beau, boulevard sébastopol, 60. à jersey depuis 2 mois bien portants. | Marsaud, secrétaire général, banque france. prière très-instante prendre nouvelles précises, cabasson fils, au plus tôt réponse. — Cabasson. | Jules Thirion, 117, faubourg poissonnière. revenus sevey. grand-hôtel mère, grand'mère, normandie bien portants. — Albert. | Jodot, rue chateaulandon, 23. prendre bonne proposée teisonnière, famille bonne santé envahie, maman souffrante, valette non envahi, réquisitions seulement — Jodot. | Desprez, 130, université. carte renvoyée, paul premier dissertation latine, professeur philosophie, rondelet faculté, piano. argent reçu, santé bonne, félix bien. |

Moulins, 5 déc. — Daumas, bourdonnais, paris. tous bonne santé. — Gueston. |

Buzière-la-Grue, 3 déc. — Pastey, boulevard strasbourg, 35. reçu lettre 10 novembre, continuez. dites deschamps bonnes nouvelles mère, allons bien. — Rondeleux.

Castelnaudan, 5 déc. — Metyé, petites-écuries, 55. tous bien, jules partira contrée paisible, titres reçus.

Limoges, 6 déc. — Mayer, avenue victoria, 1, paris. tous réunis limoges, bonne santé, petite fille aussi. | Boulestin, tailleur, 59e ligne, nouvelle france, tous deux bien portants. — Boulestin. | Massieu, st lazare, 76. comment allez vous? sommes tous bien. — Osmont. |

Morlaix, 5 déc. — Steinheil, 85, cherche-midi, paris. allons toutes parfaitement. — Marie, morlaix, 5 décembre. | Docteur Legris, 23e régiment, 3e compagnie, 4e bataillon, paris. pellin, mobile, blessé ou mort. réponse, pellin, morlaix. — Laucher. | Mme Bazin, neuve-st-méry, 35, paris. chercher eugène, blessé ou mort. — Laucher. |

Vichy, 5 déc. — Gautrot, 80, turenne. vos filles bien, correspondons chaque semaine. — Philibert. |

Châlon-sur-Saône, 2 déc. — Desserteaux, rue vavin, 50. louise, enfants châlon. familles desserteaux, langron, simonin bonne santé. — Desserteaux. |

Lorient, 6 déc. — Leroy, étiolles, 50, londres. santés bonnes, fournier, pierre aussi. — Etiolles. — Guleysse, 6, rue jessanit. parfaitement toujours reçu lettres. espérons. — Guleysse. | Mme Paucellier, boulevard malesherbes, 20 à 30. paucellier prisonnier en prusse, officiel supposé à cologne. — Antoine. | Fournier, commandant fort bicêtre. tous bien, guyesse, raoul, recevons lettres, expédions dépêches.— Amiral Fournier. | Plonquet, lieutenant d'artillerie de marine, ambulance marine. apprenons blessé, écris immédiatement ton état et détails. — Plonquet. | Bergouz, st-honoré, 346. toutes bien, recevons vos lettres. — Bergouz. | Aulin, ministère marine. décembre, tous bien, rené erfurt, ernest solférino, jahde rien, famille ragiot bien, henri montpellier, merdrain inquiets. — Ragiot. | Earoque, rue le-vert-belleville, 9. troisième dépêche. georges, mari bien portants, prisonniers neuwied, près coblentz. — Touboulic. | Malmanche, artilleur fort labuche. familles malmanche, durand bien. henry écris, emprunte argent commandant. — Malmanche. | Marsille, lieutenant, 31e régiment de marche. reçu lettres à névo, sommes bien. écris souvent. — Marsille. |

Béthune, 2 dé. — De Bremoy, télégraphe, gare paris, orléans. tous bien, cambrin, écris.

Aumale, 30 nov. — Baroux, jean-jacques-rousseau, 51. reçu lettres, 12 octobre, 26 septembre, 18 et 20 novembre. bonnes santés, pas de prussiens. — Baroux. |

Clermont-Ferrand, 4 déc. — Konigswarter, chaussée d'antin, 60, paris. possédons tes lettres, inclus 18, portons tous bien, ainsi que fils belmontet, hambourg. — Frédérique. | Maignien Fould, bergère, 22. louise écrit, tous bien, excellentes nouvelles, père, jules, henri, léon famille. recevons lettres, manquons rien. — Warnery. |

Grand-Camp, 4 déc. — Duboë, 4, aubriot. santés parfaites, pas froid, recevons lettres, grand-camp. — Dausser. |

Tournon-st-Martin, 5 déc. — Moranville, boulevard villette, 201. henri travaille, maria, tous b.e.i, lettres arrivent. — Letellier. |

le mans, 28 novembre. — Pichon, bijoutier, 10, panoramas. Emile, parents, moi, santé parfaite.— Pichon. | brebion, 5, vingt-neuf-juillet. mère, moi, bonne santé. famille Petithomme, Guyon, aussi. troisième dépêche. — brebion. le mans. | Delahégue, 87, roussin, vaugirard, paris. reçu lettre, allons bien. — Nourry. | mademoiselle Patrauld, 87, prince-eugène. santés bonnes, reçu lettres, venez quand pourrez. — Cordelet. | Arcanger, 17, rue séguier. mans. Portons tous bien.— Arcanger. | de lajoukaire, villafodor, passy-paris. dunkerque, hâvre, le mans. bonne santé, confiance. — Coiznet. | lair, mairie st-sulpice. santés bonnes. Première dépêche est-elle parvenue? — c. lair. mans, 28 novembre. |

Napoléonville, 29 novembre. | monsieur lagillardaie, 8, rue constantinople, paris. hennebont deux familles bien, lettre 12 manque, vive affection.— céline lagillardaie. |

Clisson, 27 novembre.— monsieur Picard, 18, rue ste-anne. allons tous bien, recevons lettres.— Villetard. 26 novembre. | gibert, 10, charles-cinq. santés parfaites, clisson arcachon. manquons de rien, grande sécurité. — gibert. | Tourasse, 6, st-marc. santés parfaites. clisson arcachon. bonnes nouvelles poissy, pornic.— Tourasse. | Dubois, 2, moncey. parents Albert, collègues châteaudun, bien. encaisse suffisant. |

lyon, 28 novembre. — boyriven, 37, lepelletier. allons tous bien, seconde dépêche, étranger commande reps, Oriez vend beaucoup, lyon tranquille.— boyriven. | Nicolas, mobiles lyon, 2e batterie, passy. tous excellente santé, Valère afrique, écris plus souvent.—Nicolas. | million, 27, guénégaud. allons tous bien, recevons régulièrement lettres, habitons quincié, nommé maire, tranquillité complète. — million. | lyon, Offroy, banquier. comptez à Joseph Maillot, artificier, 1re compagnie pontonniers rhône, bastion 48, faire suite, 100 fr. — victor garcin. | Hayem-Klotz, 5, place victoires. famille bruxelles, charles, amélie, montpellier. bien portants, amitié. — berthet. | Raimon, 22, vivienne, paris. difficile remplir commissions. cinquante mille francs affaires leclair, lionnet. divers fabricants lyon, st-étienne, peu difficultés.—bredou. | marix, 3, papin. avons reçu lettre du 20, portons tous bien, moi seul à lyon. —gustave. | Rochat, 2e d'artillerie, 1re batterie principale. tous bonne santé, inquiets, écris-nous. —Rochat. | lompré, 46, petites-écuries. porte bien, pars palerme 8 décembre.—lompré. |

les sables-d'olonnes. — Deslandes, 20, quai mégisserie, paris. vais bien. suis aux sables-d'olonnes. — marie. 29 novembre. | Rolland, 30, rue raynouard, paris. tous bien. Charles coulommiers. ici, alger, chambéry, orléans, limoges, st-étienne, ai tes lettres.—marie. |

Ambert, 28 novembre. — gastinne, 39, avenue antin. 21 reçu lettres gacé bruxelles, toutes bien, renette argentan souffrante. — gastinne. | Armilhon, 7. st-andré-des-arts. 15 novembre dernière lettre, courage. — armilhon. | Marquis, rue gaillon. trois dépêches sans réponse, reçu quatre lettres en novembre, allons tous parfaitement, gustave prisonnier hambourg. antony, camille, dans ambulance. bonnes nouvelles de boulogne, aix, arcachon, rouen. courage, espoir. enfants travaillent bien. — boudaille. ambert, 28 novembre. |

Chaource, 26 novembre. — Munier, caporal mobile, 2e bataillon, 8e compagnie, paris. toucher chez madame Denonvillier cent francs. — Isambert. bagneux-la-fosse. |

Annonay, 27 novembre.—Bourget, sainte-barbe. annonay bien, nouvelles bureau seguin.— Paul. | Charlon, 110, boulevard rochechouart. tranquillité, santés parfaites, reçu vos lettres, Auguste à gex dépôt.— Charlon. |

Morlaix, 28 novembre.— Rouilly, 11, boulevard temple. Emma morlaix toujours bien. — Rouilly. | Fanost, 17, passage saulnier, paris. voyez si quelque chose à faire à mes maisons et faites faire comme ordinairement. — Audiffred. | Bouriat, 20, rue grenelle-germain, paris. tous parfaitement bien et tranquilles, recevons lettres. — Lhuillier. |

La roche-sur-yon, 27 novembre. — monsieur Moriceau, 14, quai gesores, paris. vais bien, suis en vendée, prussiens près mans, un mois sans vos nouvelles. — Marie. | Jacquesson, 49, hauteville. famille Jacquesson napoléon-vendée chez Demaussion, santé bonne. | Cullerier, 20, rue harlay-palais, paris. portons parfaitement, recevons lettres, six embrassons. — Clara. roche-sur-yon, vendée. | Buet, lieutenant, 35e marche, paris. santé parfaite, nouvelles arrivent, province élan marche, délivrance prochaine, luttez, vaincrons, écraserons, baisers.—Gourauc. | Blay, télégraphe, fort nogent. Emmanuel guérit. lorient pas nouvelles 2 novembre, inquiets. Martin souvent écrire, inquiétude. Rocher, femme morte. — Rocher. |

St-jean-d'angély, 29 novembre. — Roussel, 25, boulevard malesherbes. Marguerite, Georges, Thaïs, Alice, Maxime, Guardia très-bien. Georges grandi, embelli. pensons absents. 29. |

Tulle, 28 novembre.—Borie, comptoir escompte, paris. mère, moi, enfants, très-bien. nourrice et fils mis en nourrice, bien. voudrions nouvelles Thérèse. — Marguerite. | monsieur Deléval, colonel, mont-valérien. santé parfaite, reçu 16 lettres, très-reconnaissante, fait part à Borie, sœur va bien.—Marie. |

Granville, 27 novembre. — Peigney, 42, rue des écoles. famille Chevet, granville, va bien.—Rosine Peigney. | monsieur Malbos, 10, minimes. donne tes nouvelles, souffrante.— Alberte. |

St-Servan, 27 novembre. — Louise Janvier, 43, trévise. mon pauvre mari mort subitement. avertissez Gravier Alexandre, Roux Frédéric. Jules est bien st-mâlo. — Delphine. | Blanc, 80, taitbout. tous bien portants, billets reçus. pourquoi aucune lettre toi? — Blanc. st-servan, 27 novembre. | Corbel, sergent-major, mobiles côtes-du-nord, auteuil-paris. parents tous bien. bon espoir. — C. Corbel, Derrien Jh., Portrieux. | Frignet, 2, penthièvre. nouvelles Dard 8 novembre, hambourg intact, manque rien, sait notre adresse. nous bien reçu vos lettres.— Christine. |

Poix-de-la-somme.—Dubosq, 2 bis, rue vivienne, paris. Portons tous parfaitement, Poix jamais prussiens. — Jurnel et Gaudain. | St-sulpice-les-feuilles. Joyeux, commis aux écritures, 2e section d'ouvriers militaires d'administration, fort mont-valérien. santés bonnes, lettres reçues.— Marie. |

Preuilly, 28 nov. — Arthuys, 6, rue vieux-colombier, paris. santé bonne, pontbaudry tranquille, reçu lettres, envoyez cartes. — Arthuys. |

Fontrevault, 27 nov. — Marquis, 44, trévise, paris. tous remercient de tes deux lettres, sommes bonne santé, contents pour daniel dont reçu lettres. — Pouquet. |

Mer, 28 nov.— Angeline Filliatre, 56, rue mazarine, paris allons bien, point envahie. — Filliatre. |

Auzances, 28 nov. — Depoux, 16, passage petites-écuries. tante plousat revient semaine, chezy afrique, emmenuel. armand armée de la loire, walter rien. allons bien tous. — Villebessey. |

Mehun, 28 nov. — Chenest, éclaireur à cheval, 7, royale, paris. oui, non, oui, demander loyer bianchi pour toi. — Chenest. |

Prissac. — A. Vergniajoux, au ministère de la marine. ta mère va bien. — Elie. |

Châteaudun, 27 nov. — Chedeville, rue baillet, paris. ami, portons bien, ennuyées, regrettons quittées paris, charles gentil. reçu lettres, embrassons. — C. Chedeville. |

Beaumont-de-Lomagne, 28 nov. — m. Oger, 75, rue lafayette. allons biens, oncle à nantes, bagages, toutes lettres reçues, t'embrassons. — Auguste Oger. |

Pouancé, 27 nov. — m. Lherbette, 33, rue quatre-septembre. père pas tranquille, mais mieux, pouancé tranquille, reçu nouvelles maurice, joseph hargicourt, mathilde, alice. — Marie. |

Wormhoudt, 24 nov. — Bourdaloue, 2, boulevard saint-andré. wormhout, bourges, nogent non envahis, bonnes santés. — Dissard. |

Gevray-Chambertin, 25 nov. — Hély-d'Oissel, 70, rue chaillot. habitons brochon, bonne santé, prussiens rendent poste irrégulière, recevons pourtant vos lettres, écrivez plus longuement. — Darcy. |

Revel, 27 nov. — Maissiat, 60, des tournelles, paris. tous portent bien, bram embrassent. |

Bléneau, 27 nov. — Haussonville, 109, saint-dominique. tous bien, frères aussi.— Harcourt. |

Melun, 25 nov. — Mangin, 18, avenue tourville. mangin prisonnier hambourg, bien portant. |

Saintes, 28 nov. — Clapisson, 15, faubourg poissonnière. lucien sauvé. |

Lavaur, 27 nov. — Bressolles, lieutenant 4e zouaves, courbevoie, paris. aubin général en chef lyon, eugène officier 14e chasseurs auxonne. famille bonne santé. — Bressoles. |

Langeac, 27 nov. — Bergeront, 25, rue rocroy. santé bonne, reçois lettres, pas cartes, deuxième dépêche. — Colin. |

Montrichard, 28 nov. — Parceint, 35, francs-bourgeois. tous bonne santé. |

Montignac, 27 nov. — Lasablière, 29, monceau, hermine, enfants, floiracs, oncle bien portants. périgord, bretagne pas inquiétés. — Marthe. |

Saint-Aignan-sur-Cher, 28 nov. — De Soye, 4, rue de la bourse. bien portant, non encore envahi. — Gat de Soye. |

Venge, 26 nov. — mad. Feraud, 64, bellechasse. mon frère vit prisonnier à hambourg-sur-elbe, écrivez-lui, écrivez-moi par ballon. — Féraud. |

Melun, 23 nov. — Lemercier, 61, rue d'enfer. tous bien portants. — Payen-Delport. |

Loos, 15 nov. — Emile Senart, 69, rue grenelle-saint-germain. chimay, recevons tes lettres. écrivons par tous moyens. allons bien, alexandre à reims. — Elise Senart. |

Sus-Saint-Léger, 25 nov. — Coriolis, lieutenant, vaugirard. lettres notre vie, 15 et 19 ensemble, cauroy sur santés bonnes, mathilde offre Dieu angoisses, espérons. — Marie. |

Morlaix, 26 nov. — Bergerat, rue échiquier. tous bien portants, mon père mieux, préviens mamais, audiffred, morlaix bien, écris. — Espinas. |

Le lude, 29 nov. — Brunet, 31, rue Bourdonnais. Blanche accouchée garçon 5 octobre. mère, enfants, famille très-bien. Achille mort. |

Auvillars, 29 nov. — Monbrison, 113, boulevard haussmann, paris. Amélie, enfants bien saintroch, monbrison. écrivez souvent. lettres perdues, aucune arrivée, inquiétude mortelle. — Julia. |

Grenade-sur-ladour. — Durrieu, 97, rue saint-lazare. nouvelles appartement Nicod. envoyé cartes un, trois, partout oui. Louis exempté, candidat, Vacquez part foix. — Gabrielle. | Durrieu, 97, rue saint-lazare. Vacquez part foix. Alfred limoges, Louis exempté, futur candidat. on pense à toi, consulte Lefranc. — Gabrielle. |

Bourdeilles, 29 nov. — Déricquehem, 10, rue demours. les ternes, paris. enfants à figeac, bien portants. — Dethan. |

Ecommoy, 29 nov. — Babuty, saint-placide, 31. portons bien. — Sarah. |

Lelude, 28 nov. — Mme Dusommerard, hôtel cluny. enfants belgique très-bien. Juigné blessé bras. — Talhouët. | Gourdin, sentier, 33, tous très bien lude. — Clémence. | Kerteux, 14, rue taitbout, paris. Wilhelmine et famille santé très-bonne. Alodie et René également, avons reçu lettres. |

Villefranche-sur-Saône, 28 nov. Ponthus, boulevard sébastopol, 7. tout va bien giniel, soyez tranquille, les vôtres auront tout nécessaire. — Terrel. |

St-André-de-Cubzac, 29 nov. — Navier, 24, enghien. joues roses, embrasse père. espoir. — Louise, |

Givors, 28 nov. — Pitras, maréchal logis, 2e pontonniers mobile rhône. novembre. familles bien, Eliza confiance, tes amis bien. — Boiron. |

Vichy, 28 nov. — M. Loiseau, 26, vieille-du-temple. sans nouvelles. écrivez. — Mosnier. |

Lannion, 26 nov. — Petiton, 18, notre-dame-de-lorette. bien portantes, bébé janvier.—Marie. |

Dieppe, 27 nov. — Lebon, rue de chabrol, 30. envoie quatrième dépêche, reçu photographie, lettres 20, répondu carte, tous bien portants. — Aline, dieppe, 27. | Choulex, 11, monceau, paris. dieppe exil, portons bien, écrivez. — Castille. | Vée, 24, vieille-du-temple. tous très-bien dieppe. — Guy, |

Trévoux, 28 nov.— Tournère, mobile ain, 4e ba-

Bordeaux. — 8 décembre 1870.

taillon. recevons lettres, portons bien. — Tournère. | Richard, poulet, 35. Albert prisonnier mayence porte bien.— Trévoux. | Carret Armand, officier mobile ain, 4e bataillon, allons bien, saint-didier aussi, reçu 7 lettres. écris souvent, embrassons, 28 nov. — Carret. |

Agen, 28 nov. — M. Bergognié, duphot, 15. Paul à aix, femme, filles partent demain par suisse. mère, sœur, restent ici, tout bien. — Evariste. | Léontine Lehec, 70, rue marc, belleville. écrivez souvent bruxelles. voyez valet empruntera lépaulle. — Laurent. |

St-Chamon, 28 nov. — Richard, 3, montagne-ste-geneviève. Lina bordeaux, Louise st-maximin, Octave italie, soixante teinturiers, reçu lettre-journal, allons tous bien.—Ennemond Richard. |

Tonneins. — Gemähling, rue du boulevard batignolles. famille Tonneins bien portante. — Gemähling. |

Rodez, 28 nov. — Bernadat, rue provence, 60, paris. Rodez, portons bien, presque plus argent. Henri lycée, employé moyens donner nos nouvelles. — Jenny Baradat. |

Veyre, 28 nov. — Cavaré, boulevard poissonnière, 27. Louise, Marie pargia seauvetat, santé parfaite, nouvelles reçues ballon, donner lehodey sabattier, dire castelbon écrire. — Gabriel. |

Gex, 27 nov. — Hentsch, 20, lepelletier. Céligny parfaitement, hier cérémonie funèbre mme Louis Sautier. enfants bien soignés, profonde sympathie, dernière lettre huit, amitiés. — Adèle. |

Dives, 27 nov. — Pacault, rue aubigné, 2. passer deux cents francs cousin Juncas. sergent 1re compagnie, 1er bataillon mobile autun, 13e régiment. — Bouvin. |

Privas. — Cointin. capitaine 137e ligne, vincennes. suis forte, portons bien, embrassons. — Cointin. |

Montauban, 30 nov. — Martin, boulevard saint-michel, 93, tous bien, Louis loire. — Aure. |

Blaye, 30 nov. — Luppé, 29, barbet-de-jouy, paris. tranquille, allons bien, manque rien. — Luppé. |

Aubourguet, 29 nov. — M. Trotot, 45, rue labruyère, paris. — Louise bien portante, Lucien, leçons travaille splendide. Alice superbe, quinze dents, Madeleine gaie, magnifique, grand'mère bien. — Lasserre. | M. Trotot, 45, rue labruyère, paris. Louise, Marguerite, Gardiennet, grandissent bien portantes. langres parfaitement, temps magnifique, ne manquons de rien. Alice parle joufflu. — Lasserre. |

Douai, 26 nov. — Tourillon, 11, rue sedaine. sans nouvelles. inquiète, vais bien, mille baisers. — Marcelline. | M. Montbel, 114e ligne, montrouge. allons bien, reçu tes lettres. — Marie. |

Agen, 30 nov. — Muringer, 17, custine, montmartre. sommes chez Caillau, bien portants. — Justine. |

Toulouse, 30 nov. — Quincy, officier 2e cuirassier marche, paris. nouvelles vite, malheureuse, souviens-toi du passé, courage, devoir. | Proviseur, lycée st-louis. où est Rives, professeur. — Rives, rue couteliers, 50, toulouse. |

SERVICES ET AUTORISATIONS

Bordeaux, 28 déc. — le docteur de wecker, avenue d'antin, paris, reçu voitures, chevaux en bon état, nous sommes tous en bonne santé. écrivez-moi si vous pouvez, nous vous remercions bien. — Léon Gambetta. | docteur Martin, 5, cardinal fesch, paris. allotte bien portant, époque capitulation prévenir, 33, rue turin. familles bien. écrire tours.— Estienne. | Fernique, 29, vieux colombier reçu 3 lettres, suis tours. content chez marcilly, avoué, courage, amitiés, tausin tous bien. écrire souvent.— Fernique. | Vallète, 8, garancière, tous bien tours. Léon prisonnier, léon vallète, armée est. Emile mobilisé, moi employé télégraphe. écrivez ballon. — Berland. | m. de la Celle, sous-chef du personnel. toute la famille et moi très-bien. mimi très-belle, Arnoul au mans, Louis échappé de metz général, ma tante Jeanne dusseldorf gaston afrique charles cudhémar pas parti cumalle mézière. — Blanche. | madame victorine dumail, rue tanger, 31 bis, villette. inquiets, portons bien, écris. — Gendron-Reuillier. | de réganhac, 9, carrefour odéon. votre famille vous recommande lettres ballons, elle cherche correspondant pécuniaire vous transmettrai résultats immédiatement. — Charros. | augé, rue de lyon, 10, dites que nous sommes tous deux à tours, oncle, tante bordeaux, tous bien portant.— Chatelain. | chassinat, hôtel des postes, oncle de madem. vaudrey, mort, elle et cousines bien, femme docteur besnier, à bruxelles, hôtel de suède, bien, carlinhos mort, Halgan, 55, neuve mathurins, mère, femme et enfants à mons, bien, bonnes nouvelles des familles Chassinat, alfred besnier, de briche percepteur, du Locle opéra, Retif-Rendu-Loyer finances, Félix Mathias, de gand. — Libon. | Zaccone, 21, faubourg poissonnière, je suis à tours à la délégation des postes, je suis bien portant. — André Zaccone. | Hudot, inspecteur, nouvelles données itérativement, Beaumont, Bar-le-duc, tristes, exploités, ruinés par passages incessants. Tours énergique vous attend impatiemment. affection. — Ungérer. | Sambourg, sous-inspecteur télégraphes, Marie, Jeanne, familles parfaitement bien, Marie. Jeanne chez oncle Félix. wascat bien Céline partira. — Sambourg. |

Bordeaux. — 8 décembre 1870.

Couëron, 8 déc. — Coudray, 13, rue d'enghien. reçu lettres. allons bien, écrivez. — Bontoux. | Gay, 27, faubourg-poissonnière. reçu lettre Lucile, ferai mon possible. écrivez. — Bontoux. | Parlier, 24, rue richer. reçois lettres. famille, amis, affaires vont bien, écrivez affaires. — Bontoux. |

Bordeaux, 1er déc. — Lopez, 27, rue decamps, passy, famille bien, reçu tes lettres, dernières 30 octobre. nouvelles tes échéances payées. — Herran. | Dunoyer, vaugirard, 49. bordeaux. berne santés bonnes. Charles sevré, appointements conservés. lettres reçues, dernière 18, désolés état mère. — Isabelle. | Gustave Dupuch, 4, claude-vellefaut. avons reçu vos nouvelles, portons tous bien, espérons vous voir bientôt. — Camille Dupuch. | Monteau, boulevard montmartre, 17. Osiris malade. Benjamin bien, écrivez souvent brighton. — Moyse. | Maingard, laffitte, 11. tous bien. emprunt est payé ici. — Maingard. | Kasetti, 110, richelieu, bordeaux poste restante, bonne santé. reçu quatre mandats. — Kasetti. | Demudre, 205, st-antoine. soignez mes intérêts pendant absence. malade à brighton, voyez parisot chez moreau, agent change. — Osiris. | Mallet, 20, rambuteau. sans nouvelles de vous depuis 28 septembre, en désirons vivement. nous sommes très-bien.—Larrateguy. |

Tonnay-Charente, 8 déc. — capitaine Chapotin, paris, fort aubervilliers, artillerie. reçues cinq. bien. — Vion. |

Boussac, 8 déc. — Desfosses, rivoli, 126, paris. reçu lettres. écrivez souvent. allons bien. — Maria. |

Bordeaux, 8 déc.—Van-Brock 13, rue labruyère, paris, santé bonne. inquiets, écrivez par tous ballons. — Suzanne-Hyppolite. | Francfort, 1, rue hauteville, paris. santé bonne. Suzanne inquiète vois sa mère, écris longuement à Gustave.— Sara à caudéran. | Piécland, rue école-médecine, 41, paris. tous bien, Thimothée, chirurgien mobilisé. Alfred ici, libre. | Duvicq, capitaine, 4e compagnie, 9e ligne, 2e bataillon, 5e régiment marche, vincennes, prière envoyer nouvelles Bernard Duvicq. — Duvicq, 38, minimes, bordeaux. | M. Albertini, 83 bis, boulevard malesherbes, madame et trois enfants bonne santé londres, 11, conduit street, régent-street. — H. Dorca. | Santos, 21, rue bergère, paris. duplicata. agirai suivant lettre 11 octobre. Tornos réclame papiers. en a absolument besoin. — Yrigoyen. | Hammong, 102, oberkampf. donne moi nouvelles de Charles, très-inquiète. — Elisa. | Foy, 21, rocroy. Emmanuel prisonnier glogau, non blessé. m'occupe sûremeet. — Meudes. | Deraymond, 4, anjou-st-honoré. tous bien portants. grande anxiété sur vous. georges à valence, mère moins triste.—Deraymond. | Maurice, ambulance rue vivienne, 30. sois confiant, suis bien, et me fais un bonheur de ton retour,-Anaïs. | Tallou, 18. verrage. bordeaux, nogent Neauphle, santés bonnes, recevons lettres, Trouillet déjà écrit. — Duvivier. | Hirsch, 55, rue montmartre. portons bien. reçu vos lettres, répondu, écrivez-nous, bionville rien. — Léontine Ducas. | Perrot, turbigo, 22. recevons peu lettres, pas d'Albert, mettez donc ballon monté, septième dépêche, tous bonne santé, Georges vacciné, | Durand, 53, cherche-midi. reçu lettres du 4. merci. nous, Poëncet bonne santé. heureuse couche. fille, Charles collége, travaille. — Durand | Barbier, st-hyppolite, 47, passy. famille Chain, bonne santé. répondez. — Chain. | Fenaille, 51, temple, paris. avons fait bons mois octobre, novembre, manquons essence, écrit havre, anvers, paierons comptant, banquier débiteur. — Verrier. |

Maillezais, 7 déc. — M, Lambert de Morel, 73, rue varenne. Zoé, Adolphe poitiers, tous bien. Thérèse pas accouchée, va bien. donnez nouvelles votre mère y pense toujours. — Léopoldine, maillezais (vendée). |

Vannes, 8 déc. — Olivier, prêtres-st-germain-l'auxerrois, 18, paris. Jules ici. tous bien. | M. Gidoin, 22, neuve-petits-champs. 8 décembre. tous à vannes, morbihan, bien portants, recevons lettres, écrivez. — Claire Gidoin. | Alaine, lamothe-piquet, 11, paris. deux mois sans nouvelles, très-inquiets, écrivez-nous à vannes, morbihan, rue noé, 7. — Colin. | Vacherie, lieutenant 31e régiment de marche, garde mobile morbihan. sommes bien, écris. — Constance Vacherie. |

Auray, 8 déc. — Langlois, rue des petites-écuries. allons bien. malheureuses être loin de vous, souffrons du froid, huitième dépêche. — Langlois. |

Poitiers, 8 déc. — Vidal, neuve-des-mathurins, 112. envoie mandat poste trois cents, besoin pressant. as-tu première dépêche? — Vidal, 4, magenta, poitiers. | Lenoir, temple, 187. Clotilde bien. georges placé siècle, Edmond prisonnier. | Charton, mobile 36e, 1er bataillon, 6e compagnie, maisons-alfort. demander argent Malécot, petite-villette, 190, allemagne, restaurant Dagorno. | Destouches, médecin, richer, 43. comment vas-tu, et mad. Alfred, nos santés bonnes. — Hourticolon. | Georges Augé, capitaine, boulevard malesherbes, 43. tous en bonne santé. — V. Augé. | Touchard, 27. rue petites-écuries informons argent ornano, écrivez libourne, bureau restant. — Touchard. |

Angers, 8 déc. — Blachez, 131, boulevard saint-germain. angers, allons bien, dernière lettre toi 20, inquiète. | Mme Legris, rue de verneuil, 38, paris. tous bien portants, Jules à erfurth, nous écrivons. sois sans inquiétude. — Legris. |

Clisson, 8 déc. — Arrighé, richelieu, 43. familles Clisson, corse, parfaite santé, corse tranquille. confiance. millette écrive à mége et marguerite. — Arrighé. | Gibert, charles-cinq, 10. santés parfaites clisson, sécurité complète, sixième dépêche 8 décembre. — Gibert. |

Allones, 10 déc. — André, 16, montpensier. allons tous parfaitement, recevons lettres, dernière 3. prendre provisions maison. tous baisers, nouvelles à lesage, arsène, louise. |

Chalonnes, 7 déc. — Fleury, 130, rue montmartre. bien portants, reçu deux lettres. courage, écris 6 décembre. — Henri. | Chesneau, major 59e. tous bien au fourneau. — Aurélie. |

Saintes, 8 déc. — Thérin, 29, turin. Saintes, tous bonne santé. — Berthe Thérin. |

Loches, 8 déc. — Porte, 3, rue château. heureux. — Duron. |

St-Séverin, 8 déc. — Lotz, rivoli, 134. tous bonne santé, usines marchent, nouvelles saint-dié, tous vivants. Marthe prépare nouveau neveu. — Henry. |

Ribérac, 8 déc. — Bourdon, 30, échiquier. lettres reçues, dernière 5 décembre. tous bien. Berthe bruxelles, Cécile st-servan, où Marie? merci 4 novembre. — mère. |

St-Nazaire-sur-Loire, 8 déc. — M. de Boussineau, fourrier 1re compagnie, 3e bataillon, 28e régiment marche, mont-valérien. satisfaite savoir bien portant, impatiente bonheur revoir, embrasse cordialement. |

Monsempron-libos, 7 déc. — Solacroup, 8, rue londres. Louise toujours bien, pas inquiète. 22 lettres, pays tranquille. Solacroup, Dagoty bien, st-étienne. — Solacroup. |

Saintes, 8 déc. — Abadie Charles, gendarmerie pied, 1er bataillon, 2e compagnie. Virginie accouchée, bien. — Victor. |

Sées, 27 nov. — Garnot, caumartin, 57. par pigeons. reçu 45, bonne santé sées. — Alix. |

Argenton, 28 nov. — Renouard, 47, rue de la victoire. tous très-bien portants, gouffern georges prisonniers allemagne recevons vos lettres. — Marie. |

Lannion, 27 nov. Collart, banque de france, paris. madame collart est à caen, 1, rue jean romain. |

Putanges, 27 nov. — Pallu, rue taitbout, 52. marie, mariette, moi, tous bien portants, sécurité au rotours, pas nouvelles arthur depuis 1er octobre. — Louise. |

Chalonnes, 27 nov. — Varigault, 23, rue magnan. inquiets, envoie questions et dépêche, réponse. tous bien. — Varigault. | Rousseau, quai bourbon, 15. santé excellente, tranquillité parfaite, lettres reçues. — Rousseau. |

St-Lambert-du-Lattay, 30 nov. — Robillard, 13, monsigny. bonnes nouvelles bruxelles. bébé avec dames reçoivent lettres. — Chiloret. | Rostaine, rue saint-martin, 139. allons bien, écrivez encore ballon. — Chiloret. |

Romorantin, 28 nov. — Prudhomme, 39, lepic. portons bien, ennuyée, reçu toutes lettres. — Prudhomme. |

Mortagne, 25 nov. — M. Fabre, procureur-général, cassation. solliciterais position secrétaire chef parquet cassation; invoquerais services paternels et deux ans substitut. profond respect. — Joseph de Bretagne. |

Feurs, 27 nov. — M. Favrin, 26, rue caumartin, paris. écrit huit lettres, reçu lettre explicative, toutes les autres, merci, un peu souffrante. — Julie. |

Binic, 26 nov. — Girardin, 43, richelieu, paris. allons tous bien, ai employé tous moyens donner nouvelles, dernière dépêche le 15. |

Château-Renault, 29 nov. — Ernest Brincard, 4, castellane. tous santé parfaite. — Brincard. |

Guingamp, 26 nov. — Joubaire, magenta, 143, paris. les deux familles bien, abondance ici, ouest en marche. — Joubaire. |

Chablis, 26 nov. — Falateuf, 8, rue conservatoire, paris. tout très-bien, serrigny.—Falateuf. |

Beauvais, 25 nov. — Hérouart, rue arrivée, 20. allons bien. — Hérouart. |

Amboise, 28 nov.— Dutilleuil, ministère finances, Bellinglise pas prussiens, santés bonnes, chaumont occupé, plus nouvelles, ici, châteauroux, arcachon, lantheuil bien, transmets natalis. — Dutilleul. |

Morlaix, 26 nov. — Chenet, assas, 53. alfred va bien, prisonnier. — Courtaut. | Talle, directeur, riboissière, paris. santé, courage, espoir, reçu mandat. — Blum. |

Rabastens-s.-Tarn, 28 nov. — Bouquès, lieutenant, 7e mobile, division matta allons tous bien, recevons tes lettres, écris toujours, prouho vont bien. — Auguste Rouquès. | Trégan Armand, caporal, 7e mobile, montreuil-sous-bois. argent dandré, rue centre, 17, prouha fera connaître, recevons lettres, allons bien, prouha, rauquet aussi. — Trégan. |

Mirepoix, 27 nov. Baudrit, rue saint-maur-popincourt, 88, paris. paillard, rue fougères, 18, rennes. — Aline. |

Louviers, 26 nov. — Fournier, 67, caumartin. huit lettres reçues, bien portants. — Letellier. Glutron, 1, grammont, paris. tous bien portants. — Glutron. | Feugère, vienne, 4, paris. mère à louviers, bien partout, castel compris. — Anatole | Fleury, 56, tournelles. reçu lettres jules, tante aussi. — Fleury. | Lefebvre, londres, 27. père. enfants à merveille, gisors, tous bien portants. 26 novembre. — Dibon. |

Nantes, 29 nov. — Trébuchet, saint-placide, 36. lacaussade, nantes, parfaitement. — Drouet-Cléry. | M. Lebreton, 6, castiglione, paris. sans nouvelles 30 octobre. — Delion. | Ferapié, 1er bataillon, 1re compagnie, mobile loire inférieure. 66 jours sans nouvelles, en donnez par ballon. — femme Ferapié. | Normandau, cité bergère, faubourg monmartre, 9. bien portantes. | Clemansin, mont-valérien. tous bien, georges travaille. — Clemansin. | Cot, 22, crozatier, paris. cinq francs. 28, rue fosse, nantes. — Cot. | Lecour, 1er bataillon, mobiles loire-inférieure, mont-valérien. henri bien, vu feu nogent. santés bonnes. — Lecour. | Plouviez, 8, place bourse, paris. maman inquiète de paul, fais nécessaire pour assurer viande, portons tous bien. — Collin. | Destouches, richer, 43, paris. tous bien, reçois pas lettres, employer papier pelure. — Destouches. Aubron, 30, notre-dame-victoires, paris. sommes bien tous, t'embrassons, amitiés chez contour, gevelot. nantes, 29 novembre. — Léontine. | Clément Thomas, boulevard sébastopol, 80. portons tous bien, chez veuve castadère, boulevard sébastopol, 7, nantes. — Marie Thomas. | Tripier, boulevard hôpital, 113, paris. non, nous portons tous bien, eugène avec nous, mes parents bien, adresse st-étienne-de-montluc. — femme Tripier. | lieutenant Lamotte, bataillon Pellan, mont-valérien. bretesche, carheil, tous tranquilles avec anne, lettres reçues, alfred commandant, maurice lieutenant, partent prochainement. — Charles. | général de Valdan, corps Vinoy. reçu 2 lettres, nantes, pension gilfot, rue gommier, charles, marie bonne santé, embrassons. attendons lettres.— Gabrielle. | Lagournerie, boulevard michel, 77. enfants, famille parfaitement, havane ouragan, machine cassée, traite plus tard. eugène campagne. | Kervenoel, sous-intendant, 13e corps. partout calme, familles, enfants parfaitement, donne nouvelles, recevons vos lettres. |

Rouen, 27 nov. — Aron, 14, grammont. tous bien. emprunt reste paris, strasbourg bien. — Aron, dieppe | Boissaye, sentier, paris. manchester piqués tous vendus 4 p. 100 profit, italiens paient, encaisse 2,000 livres. bonne santé. — Moussat. | Boissaye, sentier, paris. affaires rouen, septembre 53,000, octobre 40, novembre 60, plupart militaires chemises et 100 centimètres. — Moussat. | Boissaye, sentier, paris. remises courant 30,000, nos traites sur divers 20,000, négociées lavotte prével, encaisse 5,000. — Moussat. |

---

26. Pour copie conforme :

l'Inspecteur,

Bordeaux. — 9 décembre 1870

Rouen. — 27 novembre. —

Boissaye, sentier, paris. excepté lyon toutes fournitures militaires expédiées, avons stock 3,000 pièces, laissons pour compte 1,000 lemarchand.-Moussat. | Boissaye, sentier, paris. voulez-vous 1,000 prével 100 centimètres 75 centimes en remplacement 1,000 lemarchand pas livrés, amitiés. — Moussat. | Vast, 16, bruxelles. raoul, infanterie, 57e marche, 3e bataillon, 5e, lyon ; portons bien. | Frémy, place vendôme, 19. paul échappé metz, sous-lieutenant, ordonnance de bourbaki, partis ensemble pour nevers. — Louise Heuzé. | Gonse, 107, grenelle-saint-germain. santé et moral parfaits, grande confiance, partagez-la, mille baisers. — Clémentine. |

Arcachon, 29 nov. — Harteloup, 3, aumale. bruxelles, morizot, berthons, nous très-bien, marcel vacciné, beau temps, baisers. — Jeanne. | Montis, 19, oberkampf. prends argent, amis delvaille père ici payera, écris. — Montet. | Tenneson, 13, faubourg montmartre. anna, enfants bien pourvus, nous tous bien, écrivez pau, 4, passage bonado, envoyez détail échéances impayées. — Tenneson. |

Le Mans, 29 nov. — veuve Grimaud, rue bridaine, 19. suis poste au mans. — Doré. | David, rue lamartine, 26. tout va bien, madame guéranger aussi. — Jolliver. | madame Julliame, faubourg st-honoré, 52, paris. Je commande comme général division 21e corps. lucile, clémence et louise santé parfaite. — Jaurès. | Mahieu, boulevard montmartre, 10. henri, nini vont bien. écris-moi, rue d'iéna, 57, au mans. — F. Dieudonné. | Paquy, des jeûneurs, 48. sauvage coquin, marquise pris de force, 4,000 marchandises pour retour, abstenez-vous. — Hamel, mans. | Desains, 78, rue d'assas, paris. demoiselles, dames à quentin depuis 3 octobre, fils bien. — Charault. |

Draguignan. — Leterme, rue clausel, 23. grande inquiétude, donner nouvelles. — Lefevre | me Filhon, rue pasquier, 4, paris. vais bien, aix aussi, envoie cœur, pensées, vœux, embrasse tendrement. — Berlier. |

Châteauroux, 30 nov.— Besnier, administrateur postes, paris. carlinhos, mort 11 novembre à dieppe, demeurons bruxelles, hôtel suède. tous bonne santé, bébé parfaitement. — Marguerite. | Adam, 25, godot-de-mauroy. perdu mon père, henri mobile gien. si besoin recourez à besnier, santés bonnes. — Adam. | Chabrely, 48, m. le prince. léon metz, viendra.— Chabrely. | Decaix, 3, rue rovigo. anvers, toulon. edmond, valenciennes tous bien. ognon, amérique, bien. reçu lettre 18, pour berthe, châteauroux, — Martin. | directeur général tabacs, paris. lettre 7584 parvenue, composition 1871 non. tours communique affaires pour avis. embranchement, voie ferrée construit. — Letixeraut. | Dupressoir, faubourg denis, 108, donne nouvelles châteauroux, vais bien, si besoin argent, vois compagnie. — Dupressoir. | Serré say, 8. porte bien, reçu trois lettres, continuez écrire. — Robert. | Amand grammont, 14, sinistre barataud, limoges, réglé onze mille nouveaux, onze mille encaissements, quinze repris, service besnard mobilisé. — Dupressoir. |

Albi, 29 nov. — Magnabal, ministère instruction publique. tous bien, mandat recu. — Caroline. | Castelnau, grande poste. parfaite santé tous, habitons alby, lices sud, gaston lycéen, enfants pension, delteil, favier, puel excellents. — Irma Castelnau. |

Bordeaux, 30 nov. — Perrot turbigot, 22. jules prisonnier, bavière, bien portants. georges né, tous bien portants. Bordeaux. | Ivernois, 4, anjou-st-honoré. tous portent bien affligés, georges au camp, prévenez famille, rava répon, tête mieux. avons papiers recommandés. — Raoul. | Marce, 116, faubourg poissonnière. santé satisfaisante, voyez grenier, puis maison. donnez nouvelles par prochain ballon. caudéran, bordeaux. — Mathias. | Francfort. hauteville, 1. tous bien portants, attendons nouvelles. caudéran, bordeaux.—Gustave. | Marcuard, 31, lafayette. crédit kausler, trente-huit mille annulé, sitôt possible envoyez-nous extrait compte chez vous. caudéran, bordeaux.—Mathias. | Agard, 12, enghien. nouvelles havane satisfaisantes, dernière date 5 novembre. change toujours élève. — Mathias. | Plouard, 22, lepelletier. prévenez zelliveger, mirabaud, hersent que j'ai des remises pour eux.— Heydecker. | Hersent, 13, richer. envoyé cent mille, 23, septembre. Heydecker. | Nattan, 16, grammont. marie, sa mère, enfants portent à merveille, daizy facilement dents climat, bon, envoyé nouvelles reçoivent votres.— Berthe. | Lafon, rue lafayette, 75. allons tous parfaitement. 30 novembre. — Emma. | Jeanti, 5, rue francs-bourgeois. reçu dépêche nelly. elles vont bien, sont : marian, villa, addiscombe, rond Croztion. allons bien aussi. — Clémentine. | Ivernois, 4, anjou-st-honoré. je vous supplie, laissez-moi m'engager avec georges lieutenant. de grâce refusez-pas, réponse immédiate. — Raoul. | m. Vivier, rue jean-beausire, 19. reçu lettre, bonne santé, commerce nul. confiance, succès armes, écrivez souvent, mille baisers. — Preudhomme. | messageries maritimes. faites payer trois cents francs à daul. rue saulger 39, st-denis, passage buenos, après payé pour famille. — Quéquet. | Deherpe ourcq, 86. toutes lettres reçues bordeaux, relations avec renouil, manquons de rien, bonne santé. — Deherpe. | Pastoureau, officier ordonnance, général ducrot, paris. tous bien portants. sans nouvelles de toi, écris par ballons montés.—Pastoureau. | Lesage, richelieu, 110. bordeaux, caroline, francine, louise, théodore, lolita, guillemet, tous bien. | me bernard, 13, rue n.-dame-de-lorette, paris. bordeaux, avec marie, reçu nouvelles, paris, amiens.-Granier. | Bourget, reims, 6. lettres reçues, bordeaux, bonne santé, envoie carte. | Bizets, 22, donay. bien portants.— Halévy. | Lebreton, 82, richelieu. tous bien portants, bonnes nouvelles, rouen. — le Breton. |

Tours, 1er déc. — Perrin, opéra. émile extrêmement bien, tous air excellent, charles, rennes, georges parti seul intendance, laval, écris toi. — Louise. | Barriol, 10, cloître-st-jacques. nouveau décret : employés postes, exemptés service. justifiez nomination. — Alexandrine. | sénéchal, rue plaine 7, ternes. dames thiebeau bien, londres, jermyn street, 119. jeanne bolbec, écrivez souvent, journaux, raoul, reçus. — Sénéchal. | Delamarre, 73, notre-dame-des-champs. pau bien, ici bien, roger prisonnier, bien. ignorons georges. — Houssay. | Hubault, 13, bonaparte. tous, allons bien. — Houssay-Sophie. | Darieux, 6, rue louvre. tout ton monde à jersey, bien, sophie ici, tous bien.— Houssay. | Depaul, 40, jacob. écrivez nouvelles, amédée dominique françois bien ici. — Marie. | Gelis, 8, mondovi. antoinette marie, parfaitement, old halace, mayfield, sussex, ferrus, dubois, courteilles, chauvet, st-martin, tous bien. — Certes. |

Bourges, 30 nov. — Hersent, 13, rue richer. tout bien partout, envoie antoine télégramme anniversaire. dites mère compter sur moi. dharmenon, famille bien. — Cécile. |

Angers, 27 nov. — comte Chabot, cité vindé, 6, reçu nouvelles, famille partout bien. |

Bourgueil, 29 nov. — Allain, st-georges, 28, paris, père mort, 23 octobre. |

Caen, 28 nov. — Benard, 14, boulevard poissonnière. abdel, lyon, 45e régiment marche. eda alnwich. santés bonnes, lettres reçues. — Julie. | Angot, 37, turbigo. santé, vêtus, provisions, jean, ambrosine, bailli, ernestine, bien. — L. Bailli. | Garat, 5, rue du hasard. nouvelles jules, bonne santé, prisonnier à bonn, fais dire à Maria. | m. garnier, 23, paradis-poissonnière. paris. recevons lettres, portons bien. — garnier, st-aubin, calvados. | Mlle Gensoul, rue cherche midi, 66, paris. chercher argent, chez jozon. — Boucault. |

Hyères, 27 nov. — Léon borel, turin, 13. bien portants, hyères, var, poste restante, provisions chez nous, empruntes. — Borel. | Dautremont singer, 16, passy. bonne santé, écris nouvelles, hyères. — Fernand. |

Comines, 25 nov. — Pector, 5, place vintimille, quatrième télégramme. tous bien portants, enfants lycée. argent novella, cuvelier désolés. recevons lettres. fête, baisers. — Pector. |

Gacé, 25 nov. — Quesné, 88, rue varennes, paris. santés bonnes partout. plus communications recevons encore lettres, maison orléans modérément pillé. — Caroline. |

Ambert, 27 nov. — Chardon castiglione, enregistrement, femme, enfants vont bien, sont gand basse, 22, belgique. versailles, bonne santé. — Chardon. | Planterose, taitbout, 80. tous bien, courage prière, aussitôt passage libre, rentrer, paris. — Julie. |

Poitiers, 29 nov. — Petit aubercamph, 106. portons bien, donnez nouvelles, poitiers. — Petit. | Labarte, 2, Drouot, cinq lettres, henry, trois mandats, manque cent, pas lettres, 32, 34, santé passable, amitiés. — Sophie. | Gravelle, 68, fondary grenelle. donnez nouvelles par ballon, albert vous maria appartement. canard, 15, piliers, poitiers. |

Guisery, 28 nov. — Itasse, rue bruxelles, 40. Dieu loué ! reçu lettre du 19. tous allons bien, courage, prions pour vous cordialement.—sœur Marie-Louise. |

Belleville-sur-Saône, 27 nov. — Nicolas. paradis-poissonnière. possession 3 lettres, répondu, rien acheté, bagnols, 40, 42, grave, 48, 50, nos environs 65, 70, enfutés. — Cabut. |

Yport, 27 nov. — Gorgeu, seine, 12. fête nicolas, constance, tous bien portants. — Gorgeu. |

Rouen, 27 nov. — Bielev, 3, rue bonaparte. élisa bien portante, inquiète de vous, écrivez-moi souvent par ballons. — Hérubel. |

Alençon. — Castel, 12, tournon. rothau tranquille, va bien, ici aussi, reçu 6 lettres, envoyé 9, alençon, 27. | Beauvert, 7, martignac, carlo alger, enfants brieux, allons bien, alençon menacé, donnez nouvelles à falret, aidez francis, courage. — Marie. |

Vayrac, 28 nov. — Mavidal, corps législatif. familles bonne santé, poudra aussi, lettres novembre arrivées, répondu oui, tout va bien, heureux de vos nouvelles. — Froment. | Maza, avoué ste-anne, bétaille bien, guyon, chéronnet périgueux, neveux, châteaudun sans combat, sophie, laborie rigaud bien, reçu lettres ballons. — Maza. |

Limoges, 29 nov. — Londe, rue st-honoré. affaires couvrent frais, magasins, adrien, loisy, fermées, casimir, adrien engagés. — Beurnisson. | Lozand, capitaine mobile aube, gare lyon. question oui. reçu toutes lettres, limoges, alphonse, lacourcelle bien, albert, lacourcelle avec famille, recommandations intimes recueillez. — Lozand. | Coste, aboukir, 3. bien portants, victor loire. — Coste. |

Angers, 29 nov. — Senonnes à senonnes, rue taitbout, 80, paris, nous allons bien. |

Noirmoutiers, 28 nov. — Berthier, place madeleine, 30, paris. tous très-bien avec éléonore à noirmoutiers, argent reçu, lettres arrivées. — Eugénie. |

La Ferté-Macé, 27 nov. — Thioust, folie-méricourt, 34. sommes bien, avons provisions, recevons lettres. — Duguet. |

Dinan, 27 nov. — Rocher, rue jacob, 30. tous installés à dinan, famille, revenue à st-dié. tous bien portants, prévenir maurice. — Bertin. | Levannier, caporal, 20e régiment, 1er bataillon, 2e compagnie, mobiles côtes-du-nord. sommes tous très-bien, recevons lettres, écris souvent. — Levannier. | M. de Permangle, 14, castiglione, dinan, lettres arrivent, paul nice, santés parfaites, grados, merci ami. — Ségaux. |

Le Havre, 27 nov.—Mme Cercelet, palais élysée. alfred bien, prisonnier à wiesbaden. — Pellot. |

Rochefort, 29 nov. — Vignaud, mobile morbihan, 5e bataillon 7e compagnie. 30 novembre, écris, recevons lettres, famille bien, jules lieutenant mobilisé camp conlie. — Mathilde. |

Plouha, 27 nov. — Kéravel, 27. Chauvy, rue pyramides. 2. nous et province parfaitement, recevons vos lettres, écrivons, télégraphions constamment. élisabeth bien. — Alice. |

Saint-Brieuc, 27 nov. — Doucet, sergent mobile, 5e compagnie, 6e bataillon, bobigny-romainville. tous bien, reçu lettre 13, écrivez souvent.—Chambert. | Rond-point bergère, Desaisy, commandant bataillon loudéac. lettres reçues, toutes trois bien portantes, st-brieuc. — Faustine. |

Brest, 26 nov. — Dabancourt, avenue st-ouen, 101. bonne santé, assez argent. reçu lettres, dire edmond écrire. — Léontine. | Hennery, 11, mansart. superbe garçon né le 19, edmée bien, lettres fréquentes émile, tous bien portants, tout calme ici.—Francine. | Defonbonne, maubeuge, 81, élisa bien, ardeur. — Rémy. |

Laval, 26 nov. — Gonsalve, 4, odéon, paris. reçu 13 lettres, bien portant, laval. | Emile Wolff, 22, rue batignolles, paris-batignolles. sois tranquille, bien portantes, serions en sûreté, reçois lettres, courage, confiance, embrasse. — Isaure. | Montpezat, capitaine canonnière, bercy. tous bien, pas prussiens ici, nous restons tous, tourelles ici, albéric à orléans pas blessé. — Ida. | Séguin, 16, avenue cimetière montmartre. allons tous bien, laval. — Séguin. |

Aurillac, 27 nov. — Allizon, bellechasse, 35. santés parfaites, tous aurillac, siméon mobilisé drôme, saillard, franck prisonniers. — Vaissière. |

St-Léonard, 26 nov. — Mme Rocherand, 33, st-placide. tous bien, jenny mieux, lettres reçues. |

Agen, 28 nov. — Huguet, banquier, notre-dame-des-victoires. oui, bien, ajournées 2,000. — Dufor. |

Villefranche-de-Relves, 28 nov. — Lamarque, godot-de-mauroy, 1. oui, quatre questions. — Lamarque. |

Ciron, 28 nov. — Olivier Bondy, rue montalivet, 7, paris. tous bien, lionel à auxerre, reçu 20 lettres, envoyé 12 et 2 pigeons. — Boude. |

Bain-de-Bretagne, 25 nov. — Bertrand, rivoli, 82. Guérin, artilleur mobile, mans, léon ici. trouvé professeur, bertrand, guérin, alexandre bien, recevons lettres. — Lucie. |

Digoin, 28 nov. — Ve Durand, 5. faubourg poissonnière. allons bien, recevons tes lettres, continues-les détaillées, donne nouvelles chérut, châlons, munier aubry. — Fontenoy. | Gatellier, capitaine mobiles saône loire, choiseuil, 28. marthe, pierre au mas, tous bien, reçu lettres, tranquilles, Dieu te garde. | Esther. |

Mortagne-sur-Huine, 25 nov. — Pelletier chez simon, vide-gousset, 4. bien portants, oui. — Pelletier. |

Mautendu, 30 nov. — Touzet, 102, rue bercy, paris. inquiète, reçu une lettre, écris longuement. — Touzet. |

Clermont-Ferrand, 27 nov. — Tardieu, 364. rue st-honoré. sous-officier à montauban, va bien. | Mayer-Rheims, 12, rue jeûneurs. madame, enfants sont, 15, rue léopold, bruxelles. — Wolf. | Berr, 66, bondy. boulogne, blanche fille annoncer hersent famille entière, santé parfaite, lucie cours robert — Mayer. | Berr, 66, bondy. demeurons, 17, petite rue écuyer, avec alexandre schlesinger, recevons lettres paris, francfort, bone, gondrecourt, poitiers, nancy. — Mayer. | Forest, 116, faubourg saint-honoré. henri mort 20 septembre, autres bien portants, réfugiés pontarlier 20 octobre — Le Bleu. | Berr, 66, bondy. enfants, familles, ernest, ida bien, écris maurice schuster. reçu lettres 14, 18 novembre. envoyé deux dépêches. — sophie. |

Rouilly-sur-Loire, 26 nov.— Dauine, 21, mongo. troisième, bien bien, non, félix bien. — Cécile. |

Loches, 28 nov. — Gasté, 51, boulevard prince-eugène. oui, oui. oui, oui, difficultés. — Mahoudeau. |

Lyon, 26 nov.— Pailleux, mairie 4e, rivoli, paris. famille bonne santé. — Pailleux. |

Elbeuf, 26 nov.— Chamerot, 13, jardinet. santé, reçu lettres. — Massy. |

Pont-Audemer. — Desperrins, 91, rennes. six lettres reçues, six envoyées, henri rapatrié régiment, tous bien portants, résignés sauf ennui séparés. — Capelle. |

Passais-la-conception, 27 nov. — Courteille, 6, mazagran, porte saint-denis. grande inquiétude de toi, réponse aussitôt, nous bonne santé. — Armande Courteille. |

Hautefort, 29 nov. — Mercier-Lacombe, 1, rue royale. allons toutes bien, restons lachaboulie, mille tendresses. — Mercier-Lacombe. |

Guérande, 28 nov. — Coffin, 1, soufflot, paris. parents restés, châteaudun, dijonnais tous bien. — Amélie, poliguen (loire-inférieure). |

Le Croisic, 28 nov. — Jaquet, 7, avenue reine-hortense. merci, reçu questions, première oui, seconde oui, aurait encombré, troisième non, quatrième non, pas besoin. — Saint-Martin. |

Lyon-les-Terreaux, 26 nov. — Desnoyers, 57, cuvier. santés bonnes, chez nous avons peu soufferts, sans nouvelle de vous depuis un mois. — Mertzdorff. |

Valognes, 26 nov. — Guyot, 13, rue drouot. tous bonne santé, raymond bien, poitiers bien, arthur tué. — Alice Belny. |

Decize, 26 nov. — Renodier, 2, rue mazagran. marie saint-étienne bien pas accouchée, maman anaïs genève, eulalie a garçon, reste bien. — Eugène. |

Maubeuge, 25 nov. — Mariage, 4, cloître saint-merry, paris. les enfants, moi, sœurs, frère famille, eudes arrivée bruxelles, tous excellente santé, moineville capitaine sauf. — Pauline. |

Le Havre, 25 nov. — Directeur général tabacs, paris. magasin évacué, requis pour troupes; tabacs commerce isolés. manufacture, travail ordinaire, scaferlaté réduit, peut marcher janvier. commandé emballages pour évacuer, tabacs, fais le possible en fabrication. ingénieur parti armée, arnouts, proposés mobilisés. adjudication cédra manquée. — Bellecombe. |

Aurillac, 30 nov. — madame de la Blanchardière, 15, rue du regard. merci, mille tendresses. nous allons tous bien. — Devismes. | M. Damas-Hinard, 9, rue portalès. merci, souvenirs, aurillac. — Devismes. | Albert, 74, rue temple. père, mère se portent bien, détail sur positions de la maison. — Albert. |

Agen, 29 nov. — Maury, 10, rue linné. tous bien, marius alger, schoemacker, agen, attend nouvelles defodon. — Maury. |

Luc-sur-Mer, 29 nov. — Jouault, 338, saint-honoré. papa, grand'-mère, oncle, baisers, commence lire, sœur parle, santés excellentes, reçois lettres. — Frédéric. | Lindet, 9, boulevard saint-michel. bien portants tous, langrune garçons travaillent ici avec professeur, tranquilles, manquons rien. — Lindet. |

Dax, 29 nov. — Berthon, capitaine artillerie, bastion auteuil. tous bien portants, lettres reçues, compliments famille, darrigan sans nouvelles, voir saint-dominique, 30. — Berthon. |

Dieppe, 29 nov. — madame Thouvenel, 8, rue saintonge. donnez nouvelles par ballon, impositions, loyers. — Debladis, 22, rue aguado, dieppe. | madame Berthé, 12, procession prolongée. combien avez-vous argent ? je vais bien, répondez par ballon. — Adèle, 22, rue aguado, dieppe. | Dagnan, costantini, 76, saint-lazare, paris. tous en donne santé, amitiés, dieppe. 29 nov. Dagnan. |

Menetou-Salon, 30 nov. — comte Greffulhe, 10,

Bordeaux. — 9 décembre 1870.

astorg, paris. toutes santés bonnes. — Félicie. |

Pau, 30 nov.— Vavasseur, 96, boulevard, prince-eugène. nous bien, peu lettres toi, amélie fille, vacciner léon, émile mort orléans. pau. — Vavasseur. |

Rouen, 29 nov. — Maupassant, 37, rue pigalle. tous bien, guy intendance rouen. | Directeur Urbaine, 8, lepelletier. reçu lettres ballon, sinistres douze mille, fixez plein risques soumis autorisation, autorisez paiements petits sinistres. — Chevassus. | M, Blanche-Berton, passy. blanche chez perreau, londres très-bonne santé, hénouville rouen, quesnay vont bien. — Lemazurier. | Daubré, 38, échiquier, paris. A vernon, tous bonne santé.— Elisa. | Pariset à Revel, infirmier mazas, paris. nous à rouen, portons bien, reçu lettre george. 2 novembre, marthe 19. | Péra, 8, cité bergère tous bonne santé, écris par ballon. — Lebossé. | François, 2, rue caroline, batignolles. gustave prisonnier, valide. | Albert Pinchon, 4e régiment artillerie, détaché fort vanves. comment vas-tu? demander argent à affmer, madame venue ici. — Pinchon. |

Aigurande-sur-Bouzane, 30 nov. — Chancourtois, 10, rue université. tous bien, braudière. — Clerget. |

Angoulême, 8 déc. — Lapeyre, major, 111e ligne, division maudhuy. reçu lettres, bonne santé. — Lapeyre. | Mequer, phares, trocadéro. paul, moi, bonne santé, t embrasse. — Augustine. |

Vars, 8 déc. — Romier, 5, rue bonaparte. allons bien, embrassons tous, 8. — Suzanne. |

Hennebont, 8 déc. — capitaine Tréveneuc, ministère guerre, paris. pommoria très-bien, nous aussi, suis à lannouan maintemant, allot venu. — Tréveneuc. |

Nantes, 8 déc. — Meslier, rue sentier, 19. poulain, meslier tous bien. | Debaulny, rue tascazes, 19, mère, femme, enfants bien, sois tranquille, amédée dusseldorf, albert hambourg, fernand mort, recevons tes lettres. — Paul. | Chevalier, 27, blanche. famille entière bien, 4e dépêche, nantes. — Marthe. | Delalande, 10, aubriot. reçu aujourd'hui 9e lettre, portons bien. | Barbeyrac, général Faron, 26, rue michel-bizot, paris. écris ballon branféré, muzillac, mère tourmentée, un mois sans nouvelles. — de la Serrie. | Vial, avenue tourville, 6. reçu lettre du 6 adressée nantes poste, manque pas écrire chaque ballon, tous parfaite santé. — Marie. | Crimail, capitaine 5e bataillon, mobile seine-et-oise recevons lettres, sommes bien, écris père, mère, ernest. — Caroline. | Richeski, 23, rue anjou. sigismund fort occupé installation distillerie, près milan, devant marcher décembre, étudie nouvelle combinaison affaire sucre. — Clipperton. | Richeski, 23, rue anjou. comtess bolognia sigismund, milan, via umberto, 17, parfaite santé, ne manquant rien, ai télégraphié audouard. — Clipperton. |

Bayonne-St-Esprit, 1er déc. — Flûry-Hérard, 372e rue saint-honoré, paris. tous bien, bonnes nouvelles angleterre 22, père 18 excellentes, nourriture suffisante. — Laure. |

Dôle-du-Jura, 30 nov. — Drot, lieutenant, gardes-forestiers, lycée louis-le-grand. santés bonnes, dôle épargné. — Drot. |

Annecy, 28 nov. | Charles Lemaire, rue violet, 54, grenelle, paris. santé excellente, climat doux, rien ne nous manque, soyez sans inquiétude. — Henri. |

Lorient, 30 nov. — Rathier, 58, chaussée-antin. portons bien, sommes lorient. — Sophie. | Jullien, 31e mobile, suresnes. sœur bien, affaires bonnes. — James. | Bouchet, faubourg antoine, 210. inquiète, écrivez. — Joséphine. | Mniszech, 6, daru. souvenirs fête, charles distingué loire, écrivez lorient. — Isabelle. | madame Paucellier, boulevard malesherbes, 20 à 30. reçu lettre, informerai. — Antoine. | Pigache, 43, aboukir. lettres reçues, père angleterre, gautier sur loire, sœur, moi lorient, si forçées londres, nicol's, amitiés. — Pigache. | Branville, 74, oberkampf. toutes santés bonnes, louisette superbe. — Zoé. |

Toulon-s.-Mer, 28 nov. — Nicolas, paradis-poissonnière, 22, paris. montagnes 50, solliés 50, 60, bandols 10, impossible mieux, solliés médiocres, allons la montagne. — Juquet. | docteur Bérenger, hôpital val-de-grâce. santé excellente, prête à partir. — Hélène. | Gassmann, rue montmartre, 111, paris. armand, nos familles, léontine, bonne santé, argent inutile. — Gassmann. |

Beaune, 28 nov. — Mauguin, 39, paradis-poissonnière. toute famille bonne santé, nul danger, ernest, neisse, andré montauban. — L. Chevignard. — Marey-Monge, sergent, 1er bataillon, mobile côte-d'or, portons bien. — Marey-Monge. | madame Herrenscmidt, 10, boulevard magenta. enfants ici santés, sécurité parfaite. parfaite. — Steer. | Emile Bussière, mobile côte-d'or, 1er bataillon. portons bien, demande argent aux clients. — Bussière. | Serrand, saint-arnauld, 9. réné, cyrots-greselys, cisseys, bacheys, girards, vergnettes, josserands, lenoirs, huvelins, ragons, affres montoys bien, pas envahis. — Poncet. |

Dôle-du-Jura, 29 nov. — Delahaye, 38, verneuil, paris. tous bien. — Anna. |

Puy-Laurens, 29 nov. — M. de Paleville, chef de bataillon au 35e régiment de marche, saint-denis près paris. point nouvelles depuis 26 octobre, allons bien. — E. de Palevile. |

Elbeuf, 29 nov. — Quatravaux, stephenson, 24, chapelle, paris. adrien malade, appris par lettre delphine, prévenir sporck, tous portent bien, écrire chaque ballon. — Enoult. |

Autun, 29 nov. — Tupinier, interne hôpital antoine. allons tous bien, reçu lettres. — Corot. |

Nice, 28 nov. — Kergolay, 23, st-dominique. frères combattu dreux sains, saufs, deniécourt, mérona sans prussiens. tous bien, nous nice, tendresses. — Marie. | Saintandéol, 8, ménars, paris. santés parfaites. — Gustave. |

Louviers, 28 nov. — Taubin, avenue maine, 24. portons bien, ritouret blessé légérement. — Taubin. |

Lons-le-Saulnier, 29 nov. — M. Champy, châteaudun, 41. reçu tes lettres, nous allons tous bien, paul, céline à gouille. — Champy. | M. Champy, chateaudun, 41. pauline et madame D. restées à orléans pendant occupation, bonne santé. amitiés à joseph. — Champy. |

Châlon-sur-Saône, 29 nov. — Lefaure, rue la paix, 10. édouard parti mobilisé, avertissez. — Paul Dauphin. | Menand, 7, lacuée. allons tou bien. | Bussierre, rue luxembourg, 22. tous saulgeot bien portants, tes lettres reçues. — Caroline. |

Orléans, 30 nov. — Capperau, capitaine, fort noisy-le-sec, paris. lettres parviennent. écris. — Marie. | Maynard de Franc, officier de mobile, 11, rue courcelles, paris. allons bien, courage, confiance, ami. et grand maman? — Ta mère. | Deshayes, aboukir, 10. allons bien, écris orléans. — Céline. | Marchon, boulevard temple, 42. danoy monde portent bien. inquiète père, écrire toujours, théophile rien. veillez qui soit soigné. — Marchon. | Carpentier, faubourg st-denis, 23. parlez émile. — Louise. | Delmas, notre-dame-des-champs, 31. toutes restées santés bonnes, choses serrées. — Montbel. | Buzonnière, adjudant-major, 131e ligne, redoute laboissière lettre 20 reçue, santé bonne, moi orléans, edgard capitaine garde nationale montevray. — Buzonnière. |

Bayonne, 30 nov. — M. Georges Veisnz, avenue percier, 10, paris. sophie en santé, reçu lettres blanc. — Vidal.

Besançon, 29 nov. — Fayet, cap. état-major général, 2e armée. sois tranquille, embrassons, prions. | Ferry, verrerie 18. reçu lettre du 19, portons tous bien, inquiets seulement, famille siccard aussi. voilà notre seule douleur. — Boucirot | Martin, rue chemin-vert, 36. lettres reçues, répondu. — Boullet. | Ducat, médecin, rue compans, belleville-paris. famille ducat va bien | Meissas, boulevard st-germain, 81. tous bien portants, donne congé officiel cassette, quatrième question, partie. — Roche. | Bardon, manutention mont-valérien. moi, ernestine, famille portant bien, reçois lettres. rené armée loire, 4e régiment marche, — Femme Bardon. |

Niort, 30 nov.— Goisin, clisson, 8. pas lettres trois mois, répondez. — C. A. |

Noizay, 30 nov. — Gourdin, cloitre-honoré. mienne 10, pigeon, tienne 16 reçues, portons bien, famille get 10 jours noizay, partis rochelle. donnez nouvelles. — Gourdin. |

Figeac, 29 nov. — Juge, chez Sémelaigne, avenue madrid-neuilly. camille, alice, jeanne bien portantes, demandent nouvelles. laval bien, embrassons. — Mignotte. |

Evron, 28 nov. — Tirard, boulevard sébastopol, 117. reçu tes lettres, tous bien portants, ferdinand en amérique. faisons képis feutre. — Tirard. |

Excideuil, 5 déc. — Pouquet, 27, neuve-petits-champs. santés parfaites, albert aussi. confiance. — Pouquet. |

Courseulles-sur-Mer. — Grignon, 2, duphot. familles jura bonne santé, sauf. hélas, joseph amputé, mort 26 septembre, hôpital villeneuve-st-georges. — E. Grignon. |

Lorient, 3 décembre. — Sévelinges, ministère finances. santés parfaites, envoie argent. — Paul. | amiral Labrousse, 59, grenelle-saint-germain, paris. tous tranquilles, bien portants.— Besné. 3 décembre. | Cardonne, ministère marine. famille très-bien, sans nouvelles de toi depuis octobre, écris.—Cardonne. |

Rennes, 2 décembre. — madame de la Gournerie, aux ambulances des oiseaux, 86, rue de sèvres, paris. dites à Victor tous bien. — Marie. | monsieur Delacombe, état-major, amiral Chaillé, 75, avenue italie, paris. tous bien, pays calme, grand-père avec nous. — Marie. | madame Martner, 9, rue condé, paris. nouvelles Camille prisonnier brême : sain, sauf. — Vautreux. | de Fresne, 15, bellechasse. tous cinq horloge rennes. bonnes nouvelles de Léonie, Blanche, Berthe, Sabine, Marcel. comment sont Taldeo, Pierre? — Saubade. | Chalamel, 37, boulevard magenta. santés bonnes, deuxième question : oui. — Tutot. |

Biarrits, 3 décembre.— Blacque, 19, grammont. toutes belay. parents, amis, bien portants. écrivons tous les jours Vignal londres, Paul bretagne. — Cécile. |

La charité-sur-loire, 30 novembre. — madame Legrand, 6, rougemont. Legrand, père, fils, associés. Nusse, Broquin, Hervé, Mans, se portent bien.— Emile. |

St-Sorlin, 30 novembre. — Chambray, 15, sascaze. tous bien, Francisque armée loire, Claire castres.— Melchior. |

Bellac, 1er décembre. — Terneau, 3, d'isly. allons toutes très-bien, reçois tes lettres. — Terneau. |

St-Germain-Lembron, 30 novembre. — Cusson, arcueil, 8e ambulance. tous bien, argent chez Plivard-Labelonye, Choussy part, Alfred tué. — Cusson. |

Dinard, 30 novembre. — Tardu, 42, prince-eugène. portons bien, ne pas envoyer argent, moulin Rantigny existe, Constance va bien, embrassons Millot.— Tardu. | Charles Pillet, 10, grange-batelière. Albert prisonnier, Laure à beauvais. Marguerite, Georges, Dubois, Louise, Alice, Levasseur, tous santé parfaite. — Pillet. | Amélie Vigoureux, 2, université. habitons dinard (ille-et-vilaine), écrivez par tous ballons montés. — Vigoureux. |

Cayeux-s.-mer, 28 novembre. — monsieur Pepin-Lehalleur, 56, rue st-lazare. cayeux, londres, anvers, rennes, montreux, santés bonnes, tendresses, courage, confiance. |

Blain, 30 novembre.—Revelière, 50, rue vanves. santés excellentes. — Revelière. blain, 30 novembre. |

Coulans, 30 novembre. — Rendu, 68, naples, paris. Justine, Vallot, bien. reçu lettres.—Combe. livaudière, 29 novembre. |

Vichy, 30 novembre. — Legrand, 74, hauteville. oncle à dieppe, lettres toutes reçues, tous bien portants.— Priestley. |

Flers-de-l'Orne, 24 novembre. — Laurent, françois-premier, 12, paris. enfants bien portants île-verte, toute famille bien. — Schnitz. | Bittot, 36, orillon. par premier ballon nouvelles de tous sur journal-poste (70 bondy). — Jacquemart, chez Jouguet, messei (orne). |

St-pierre-lès-calais, 29 novembre. — Tabourier, 55, rue vivienne. Restés à couronne tous. Lefort, Lemarquant vont bien, pas inquiétés. prévenir Laporte, Charles Favrain.—Carroz. |

Tulle, 1er décembre. — Borie, comptoir escompte, paris. Nous allons très-bien, hôtel notre-dame. Voudrions nouvelles Thérèse. C'est la quatrième dépêche.— Marguerite. |

Trouville, 30 novembre. — Brunel, 256, rue st-honoré. Pauline bien, sommes tranquilles, suite détail sur Caurrigant, amitié. — Parent. | Not, splendide-hôtel, paris. portons tous bien, recevons vos lettres. — Garen. trouville. | Nouette, 35, rue lepelletier. nous allons parfaitement, les enfants sont superbes de santé, nous t'embrassons. — Louise. blonville, 30. | capitaine Simonin, château muette, passy-paris. restée trouville, tous bien, reçu lettres. — Louise Simonin. | François, 150, rue lafayette. santés bonnes. prends légumes, volaille boulogne, mère autorise. — Marie. | Bonvallet, 19, jean-jacques-rousseau. bien portants, Carentan aussi. trouville tranquille, lettres. — Delamotte. |

Lorient, 1er décembre. — de Mortain, 12, faubourg-poissonnière. reçu tes deux lettres, à lorient momentanément, écris-moi rue comédie 64. — de Mortain. | Eon, sergent, 4e compagnie, mobiles morbihan, suresne. familles Carfort, Boy, Gasse, Ambroise, Lepontois, Bernardières, Nayel, bien. lettres reçues, écrivez. — Eon. | Pierre, sergent-major, 6e compagnie, 1er bataillon, 31e régiment, garde mobiles suresnes. reçu lettres, courage. — Marie. | Duzan, commandant artillerie, briche. Elise, Berthe, bien. — Parfaite. | Passez, 9, ferme-des-mathurins. tous santé parfaite, père bien, Charreton aussi, reçois lettres.— girardin. lorient. | Frère, 15, rue charlot. tous parfaitement, Esprit bretagne énergique. — Gulaysse. | capitaine Tréveneuc, ministère guerre. sommes tous bien portants, rien changé à Placamen, pays tranquille, envoyé plusieurs dépêches. — Tréveneuc. |

Fontenay-le-Comte, 3 déc. — Regnault, tunelle. tous bien, eugène collége, barbe, masselin, sauvés. — Regnault. |

Ancizan, 2 déc. — Fourcade frères, amelot. mettez en sûreté mobilier resté à fontenay, famille arrouy va bien. — Fourcade. |

Berck, 30 nov. — m. Bertrand, 54, verneuil. santés bonnes, lettres reçues. — Bertrand. |

Fernex, 28 nov. — Belnot, quatre-septembre, 24. reçu vos lettres, inquiète de toi et de tous, jeanne, moi bien, vous embrassons. — Anne. | Klein, 93, rue lafayette, paris. santé bonne genève, pension plaegel. — Rose Potel. | Samuel, rue temple, 54. edmond avec nous, mandat reçu, portons tous bien, donnez nouvelles grands parents. Mélanie-Julie. | Quiédeville, 34, châteaudun. allons tous bien. — Quiédeville. | Aron, 108, boulevard sébastopol. tous bonne santé, prévenir masse. charles, abraham vont bien. — Valérie. | Aron, meslay, 44. tous bonne santé. — Adèle. | Allix, 178, rivoli, paris. sommes toutes très-bien, céline vienne, goldeneu lamm hôtel. — Eudoxie, genève flaegel. | Pérouse, quai orfèvres, 6. allons tous bien, tante et rené à lyon. notre adresse genève, montbrillant, 26. — Morin-Latour. | Gerbe, 19, église, passy-paris. tous santé parfaite, papa bahain décédé.— Gerbe. | Charles d'Hauterive, 37, oubert. milletendresses, genève. — Emma. | Hagnoer, 35, aoukir. bonnes santés, ne t'inquiètes pas, oppenheim, david ici, bien portants. — Adèle, genève, hôtel suisse. | Deville, 39, lyon. moi, albert bonnes santés. | Tamiset, 179, rue st-jacques. allons bien, savons décès, viens quand possible, fais publier paris. — Buret. | Rischoffsheim, paris. reçu lettre 18 novembre, heureux savoir bien portants, prie prendre mesures protégeant appartement, oncle écrit affaires. — Frédéric. | Henri Dansse, 20, Lepelletier, paris. sommes bien, reçu lettres, nouvelles de grand'maman. — Dansse. | Vignolle, 136, faubourg st-honoré. Horace à bonn, louis à magdebourg, santés parfaites, genève. — Paul. | Marie Plum, clichy, 23. reçu vos lettres, répondu sœur, nièces bonne santé chez cleaver, frère, écrivez-moi, anxieux. — Raby. | Picot, interne, hôtel-dieu. tous bien, vernier aussi, henri porrentruy, louis infirmier bretagne, théodore marié, vu chatoney bien, reçu toutes lettres. |

Brest, 29 nov. — m. Vandier, 39, rue amsterdam. notre santé est parfaite, marcel travaille bien. tout notre monde martiniquais va bien. courage. — Vandier. | Dalmas, 14, rue castellane. santé bonne, reçu lettres, faire écrire edmond. — Dalmas. Viton, 1, casimir-périer. vos parents vont bien, mon père désire savoir si son appartement est inoccupé, intact, répondre brest. — Brodin. | Jagou, 102, richelieu, paris. tous bien, haman, léon retournés labordière, moi toujours brest, reçu régulièrement tes lettres. — Ernest. |

Biarrits, 1e déc. — madame Poupard, rue clignancourt, 55. envoie trois cents francs aujourd'hui ton adresse, attendons vos nouvelles avec impatience. — Marie. |

Tonnerre, 29 nov. — Campenon, rue de sèvres, 149, paris. portons bien, vu ennemi trois fois, calme. — Campenon. | Escalier, 1, rue chartres, batignolles. inquiets, donnez donc nouvelles. — Colin-Prévot. | Ewig, 30, rue taitbout. étonné rareté nouvelles, écrire souvent. — Colin-Prévot. | m. Ulysse, malade. rue monge, 8, paris. prends courage, Dieu veillera sur toi, bientôt, espérons-le, nous pourrons nous embrasser. amédée prisonnier erfurth. — Mollard, Troyes. | Lézaud, capitaine mobile aube, 1e bataillon, 2e compagnie, 59e régiment. santé, tranquillité parfaite malgré occupation, cœur désolé, sans nouvelles depuis quinzaine, tendresses, Dieu te ramène. — St-Maurice. | Bornet, rue charenton, 151. — Gaston bien portant. — Barleg. |

Cambray, 29 nov. — Dhailly, boulevard magenta, 118. reçu lettres, répondu toujours. bien portants, inquiets, ici tranquilles, pensons toujours alfred. — Mère. | Maroger, 60, aboukir. familles héliodore, bertry, pas prussiens département, remuez marchandises, tourmenté, reçu seulement 17 novembre, écrivez souvent. — Poulain. |

Compiégne, 29 nov. — Lafont, 31, rue berlin. étonné silence tollin, veux absolument continuer reports affaires laissées, dégage sa responsabilité engagement confrères. — Lagarde. | Renou, richelieu, 101. santés bonnes, écrivez. — Arthur. |

Parthenay, 3 déc. — Fontange, rue sèvres, 11. santés bonnes, parthenay (deux-sèvres). — Fontange. |

27 Pour copie conforme:

L'inspecteur,

Bordeaux. — 10 décembre 1870.

Morlaix, 2 déc. — madame Surbled; 31, boulevard bonne-nouvelle, paris. georges, tous très-bien, comptez sur moi. — Le Bris. | Mansais, faubourg martin, 171, paris. familles audiffred, espinas bien morlaix, quittances loyers, armoire, cabinet, réparations fanost, reçu lettre 19. — Audiffred. |

Angoulême, 3 déc. — Hillairet, 43, caumartin. portons bien, reçu lettres, andré lycée, rien louise. — Marie. | Bouchet, rue madame, 53. paul a cinq deuts. | David-Mennet, 29, sentier. longeville roullet, santé parfaite. — David. | Onfroy, 13, grammont. longeville, santé parfaite, louis aucun malaise. — Bousquet. | Bousquet, 101, boulevard italie, glacière. longeville, santé parfaite, louis aucun malaise. — Bousquet. |

Poitiers, 3 déc. — Pothier, arcade, 14. écrivez-moi. — Bruyères. | madame Bapst, choiseuil, 20. possède 8 lettres de toi. — Marie, éperon, 10, poitiers. | Ayrault, cléry, 10. cécile morte typhoïde, dire germa préparer alphonse, seulement, en cas départ soudain, poitiers. — Boffinet. | madame Okénédy, lécluse, 24. martignac bien portants, merci, recevons lettres. | Martignac, 36e mobiles vienne, 3e bataillon. bien portants, recevons lettres, en Dieu. | Mimerel, rue st-martin, 203. donne nouvelles colonel. — Mimerel, à poitiers. | Delournat, boulevard temple, 2 bis. allons bien, baisers, quatrième dépêche. — Louise, poitiers. | Louvet, 26, rue bergère. sixième dépêche, bien portants, rassurée par lettre 30. |

Saintes. — Burand, notre-dame-de-lorette, 6. allons tous parfaitement, argent reçu. — Noël. |

Mont-de-Marsan. — Darrasse, simon-le-franc, 21. tous parfaitement. élise repartie, maurice andelys. — Darrasse. |

DÉPÊCHES - MANDATS.

N. 821. — Caen, 84. — Cormier à me bruneaud, 39, rue truffaut. — 60 fr | n. 822. — Caen, 68. — Donat à Donat, 15, rue st-flacre. — 50 fr. | n. 823. — Caen, 33. — Hadin à m. ou me Béchet, 54, rue de lancry. — 100 fr. | n. 824. Landévan, 53. — Mlle Kneur à jacob-mathurin, garde mobile, 2e bataillon, 4e compagnie, 3e régiment morbihan, suresne. — 50 fr. | n. 825, — Arcachon, 49. — maurne à me juliette dupont, 12 et 14, rue fontaine-saint-georges. — 300 fr. | n. 826. — Vichy, 196, — Colin à me colin. 8, rue chaligny. — 100 fr. | n. 827. — Landévan, 52. — mlle Kneur à jacob mathurin, garde mobile, 2e bataillon, 4e compagnie, 31e régiment morbihan suresne. — 50 fr. | n. 858. — Luçon, 106. — Pacault à muret, 3, rue de pontoise. — 10 fr. | n. 829. — Cherbourg. 19. — Nathan à me Nathan, 25, rue grands-augustins. — 225 fr. | n. 830. Saint-Etienne, 24. — Ve Côte à me de cambacérès, 36, rue godot-de-mauroy. — 139 fr. 10 c. | Total : 1,084 fr. 10 c.

N. 831. — Saint-Etienne, 23. — Ve Côte à Mme de cambacérès, 36. rue godot-de-mauroy. — 300 fr. | n. 832. — Marseille, 62. — Bougdanoff à agap fzourzinoff, 69, rue hauteville. — 300 fr. | n. 833. — Evreux. 393. — m. Vacher à kamingant, 15, rue blondel, quartier st-denis. — 20 fr. | n. 834. — Alençon, 239. — me Alaterre à alaterre, garde forestier. 1er ou 2e bataillon auteuil. — 50 fr. | n. 835. — Brest. 189. — me ve Viel à charles viel, soldat au 3e régiment de marine, 3e bataillon de marche, 4e compagnie, camp de romainville. — 10 fr. | n. 836. Toulouse, 59. — deCasteran à casteran, 6, rue clément. — 200 fr. | n. 837. — Toulouse, 58. — de Casteran à de casteran, 6, rue clement. — 200 fr. | n 838. — St-Thibéry, 86. — Combescure à combescure pierre, au 45e régiment mobiles, 3e bataillon, 3e compagnie, à aubervilliers. — 20 fr. | n. 839. — Cherbourg, 92. — Garnier à me garnier, 6, rue de l'arrivée. — 300 fr. | n. 840. — Bordeaux, 48. — Cochery, à me hutin, 4, rue d'aumale. — 300 fr. | Total : 1,700 fr.

N. 841. — Sathonay, — 124. Bély à bély, mobile 40e régiment, 3e bataillon, — 20 fr. | n. 842. — Sathonay, 123. — Blély à clool, mobile de l'ain, 40e régiment, 4e bataillon. — 20 fr. | n. 833. — Roubaix, 22. — Callom d'istria à m. angéli guérin, 3, rue jean-robert, paris, la chapelle. — 100 fr. | n. 844. — Charleville, 307. — M. Parent à parent libensceler, 146, avenue des champs-élysées. — 100 fr. | n. 845. — Rennes, 4. — Vincent à me morsant, 15, rue l'écluse batignolles. — 200 fr. | n. 846. — Rennes, 5. — mollard à me d'amigo, 11, rue caroline batignolles. — 200 fr. | n. 847. Rennes, 75. — Suroille à alliez, 16, rue de lancry. — 100 fr. | n. 848. — St-Quentin, 87. — Jatte à m. réplumiaz, 140, boulevard magenta. — 300 fr. | n. 849. — Boulogne-sur-mer, 27. — de Retz à salentin, 45, rue de grenelle-st-germain. — 300 fr. | n. 850. — Nantes, 94. — Rogé à hyppolyte rogé, maréchal-des-logis chef, artillerie de la loire-inférieure, 2e batterie, villette. — 50 fr. | total : 1,3.0 fr. |

N. 851. — Nantes, 58. — me labreuil à xavier labreuil mobile de la loire inférieure, 1er bataillon 2e compagnie au mont valérien. — 50 fr. | n. 852. — angers, 40. — Maumon dupuis à de la barre, 24, rue sabert. — 100 fr. | n. 853. — Bouchain, 77. — Daix, notaire à docteur alfred pisset, 10, rue royale st-honoré. — 100 fr. | n. 854. — Dinan, 124. — hutin à ch, lapierre, employé des postes. — 200 fr. | n. 855. — Bayonne, 15. | me Muraton à muraton, 17, rue dupéré. — 100 fr. | n. 856. — Cambrai, 54. — Minangoy à lamendin edmond, 52, avenue montaigne. — 200 fr. | n. 857. — Alençon, 287. — mauger à Mlle jouatel, 21, rue de seine. — 125 fr. | n. 858. — cambrai, 250. — roche à lambert, 35, rue truffaut. — 300 fr. | n. 859. — Bayeux, 35. — Basley à basley, alexandre, 19, rue brochaut batignolles. — 300 fr. | n. 860. — berlaimont, 161. — de colnet à mlle masson, 4, rue d'arnaillié. — 150 fr. | Total : 1625 fr. |

N. 861. — Nantes, 30. — me sorine à baptiste sorine, 1re bataillon 2e compagnie, garde mobile, mont-valérien. — 50 fr. | n. 862. — montauban, 11. — gineste à gineste daniel, surnuméraire à la recette principale des postes. — 200 fr. | n. 863. — bordeaux, 78. — keenan à mlle eugénie barbet, 12, cité des plantes, rue ste-eugénie, montrouge. — 100 fr. | n. 864. — st-père-en-retz, 131. — fouché à fouché julien au 28e de marche, ambulance des dames de st-joseph, 17, rue de monceau. — 20 fr. | n. 865. — lyon terreaux, 30. — me duviollay à duviollay, 1er bataillon d'artillerie, rhône mobiles — 150 fr. | n. 866. — nantes, 2. — chesnard à me gendron, 57, rue dauphine. — 100 fr. | n. 867. — nantes, 88. — mlle deniaud à deniaud félix, caporal, 28e régiment de mobile, 1er bataillon, 7e compagnie, mont-valérien. — 30 fr. | n. 868. — nantes, 86. — simon à e. simon, bataillon larguthie, 4e compagnie, mont-valérien. — 40 fr. | n. 869. — lyon guillotière, 10. — fier à fier jean antoine, 1er bataillon d'artillerie, rhône. — 20 fr. | n. 870. — cherbourg, 73. — pasquette à mlle denin, 28, rue pigalle. — 200 fr. | Total : 910 fr. |

N. 871. — st-lô, 23. — renard et compagnie à victor,, place 7, rue des petits hôtels. — 300 fr. | n. 872. — puy-en-velay, 368. — verzegal à me céline lassalle, 158, rue rivoli. — 150 fr. | n. 873. — havre, 10. — langer à lecoq, 17, rue bonaparte. — 300 fr. | n. 874. — puy-en-velay, 371. — me delaroche à delaroche, sergent-major, 144e, bataillon, 1re compagnie, chez contal, 50, rue larochefoucauld. — 150 fr. | n. 875. — Loches, 84. — me brémond à charles brémond, 37, rue des jeuneurs. — 50 fr. | n. 876. — Lanmeur, 45. — soridan à nahé, 23e de la garde mobile, 4e bataillon, 2e compagnie. — 100 fr. | n. 877. — Dieppe, 288. — savoye à me vesier, 8, rue charlot les termes. — 300 fr. | n. 878. — Mèze, 27. — laussel à laussel, garde mobile de l'hérault. — 40 fr. | n. 879. — ganges, 34, sauvet à antonin sauvet, caporal fourrier, 45e régiment marche mobile de l'hérault. 3e bataillon, 5e compagnie, rosny-sur-bois. — 30 fr. | n. 880. — oran, 246. — Dessaulier à mlle augustine besson, 8, rue monge. — 300 fr. | Total : 1720 fr. |

N. 881. — Bellegarde-s.-Valserine, 170. — Tanet, sous-inspecteur des douanes, à Mes Leste, passage saint-dominique, 27. — 200 fr. | n. 882. — Bordeaux, 66. — Mallet à Demaire, agent-d'affaires, 1 bis, rue cadet. — 150 fr. | n. 883. — Clermont-Ferrand, 93. — Veillard à Vladimir Kracmer, 69, rue hauteville. — 300 fr. | n. 884. — Clermont-Ferrand, 94. — Veillard à Kracmer, 2, rue rocroi. — 300 fr. | n. 885. — Clermond-Ferrand, 95. — Veillerd à me Kysse, 2, rue rocroi. — 300 fr. | n. 886. — Lille, 130. — mlle Delesalle à me Starck de Tracy, 130, grande rue de la chapelle à la chapelle. — 50 fr. | n. 887. — Besse-en-Chandesse, 92. — mlle Maisonneuve à Elie Percepied, soldat au 37e régiment de marche, 2e bataillon, 2e compagnie, à vincennes. — 50 fr. | n. 888. — Lyon, 96. — me Morel à Morel, artillerie mobile du rhône, 1re batterie, 4e pièce. — 200 fr | n. 889. — Lyon, 10. — Bathias à me Beuret, 164 rue montmartre. — 20 fr. | n. 890. — Ganges, 45. me Jovy à Louis Jovy, garde mobile au 45e régiment, 3e bataillon, 6e compagnie, à aubervilliers. — 20 fr. | Totat : 1,590 fr. |

N. 891. — Caen, 75. — Foucher à Edmond Foucher, 10, rue poissonnière. — 300 fr. | n. 892. — Belleville-s.-Saône, 83. — Bordeaux à Mouterneau, mobile rhône, 1re batterie d'artillerie. — 40 fr. | n. 893. — Belleville-s.-Saône, 84. — Bordeaux à Bordeaux, mobile du rhône, 1re batterie d'artillerie d'artillerie. — 40 fr. | n. 894. — Le Mans, 51. — Besnard à Besnard, rue louvain, 7 ou 9, belleville. — 300 fr. | n. 895. — Le Mans, 50. — Besnard à Besnard, 22 ou 23, rue des saints-pères. — 300 fr. | n. 896. — Les Cabannes, 119. — Caralp à Eloquemin, directeur d'assurance sur la vie. — 26 fr. 82. | n. 897. — Grenoble, 209. — Rivail à Bertet Alphonse, chez Machuron, 11, rue st-gille, marais. — 300 fr. | n. 898. — Bordeaux, 56. — Brustes à Albert Brustes, fourrier, 124e de ligne, 2e bataillon, 1re compagnie, charenton. — 20 fr. | n. 899. — Bordeaux, 62. — me Lesclidi à Richard Lesclide, 18, rue martyrs. — 100 fr. | n. 900. — Montpellier, 67. — ve Villedieu à Auguste Villedieu, garde mobile, 45e de marche, 3e bataillon, 4e compagnie, camp de saint-maur. — 100 fr. | Total : 1,526 fr. 82. |

N. 901. — Olonzac, 141. — Ferrand à Ferrand, garde mobile de l'hérault, 1er bataillon, 7e compagnie. — 140 fr. | n. 902. — Toulon, 92. — Geusolles à Mauvel, 40, rue de l'échiquier. — 200 fr. n. 903. — Lyon, 58. — Brun à Louis Rainaud, garde mobile de lyon, fort de passy, bastion 59, 2e batterie. — 200 fr. | n. 904. — Lyon, 57. — Brun à Claude Brun, garde mobile de lyon, fort de passy, bastion 59. 2e batterie, 3e pièce. — 200 fr. | n. 905. — Lyon, 86. — me Dime à Jean Tranchard, 2e batterie d'artillerie du rhône, avenue raphaël, bastion 61, à passy. — 50 fr. | n. 906. — Lyon, 41. — me Lecuyer à m. Lecuyer, bastion 58, 2e batterie artillerie du rhône, à passy. — 50 fr. | n. 907. — Cambrai, 44. — mlle Facon Clébé de Combai à me Wiard Facon, 23, boulevard du temple. — 300 fr. | n. 903. — Ganges, 41. — me Nouzeran à Nouzeran, mobile de l'Hérault, 45e régiment, 3e bataillon, 5e compagnie, aubervilliers. — 20 fr. | n. 909. — Béthune, 19. — Leturgre, notaire, à me Daly Camille, épouse Loy, 88 bis, rue notre-dame-des-champs. — 300 fr. | n, 910. — Calais, 82. — de Guisclin à mlle Rosalie Mallet, 1, rue de valenciennes. — 100 fr. | Total : 1,560 fr. |

N. 911. — Guines-en-Calaisis, 77. — Me Hennequin à Alfred Hennequin, sergent au 37e de marche vincennes. — 100 fr. | n. 912. — Le Poire-saint-Napoléon, 17. — Philippeau à Philippeau Jacques, mobile au 35e régiment, 6e compagnie, 3e bataillon. — 20 fr. — n. 913. — Le Poire-saint-Napoléon, 18. — Philippeau à Philippeau jean, garde mobile au 35e régiment, 6e compagnie, 3e bataillon. — 20 fr. | n. 914. — Rouen, 3. — Me Launoir à Queval, 52, rue notre-dame-de-lorette. — 150 fr. | n. 915. — Rouen, 2. — Me Launois à Queval, pour m. Henri Duchesne, 52, rue notre-dame-de-lorette. — 100 fr. | n. 916. — Rouen, 400. — Mullot à Guillaut Henri, employé du chemin de fer, paris, lyon, méditerranée, 27, rue de reuilly. — 100 fr. | n. 917. — Rouen, 267. — Me Dumont à Henri Couturier, garde mobile de paris, 16e bataillon, 7e compagnie. — 20 fr. | n. 918. Rouen, 385. — Me Dumont à Couturier Louis, 17, cité henry belleville. — 20 fr. | n. 919. — Luc-sur-mer, 150. — Prunier à Divaret, 24, rue de fleurus. — 100 fr. | Bayeux, 7. — Gravereau à Gravereau volontaire, corps vinoy, 14e de marche. — 15 fr. | Total : 645 fr. |

N. 921. — Alger, 45. — Déglise à Déglise, 5, rue blanche, cité gaillard. — 200 fr. | n. 922. — Saint-Pol-saint-Ternoise, 122. — Lefebvre à De la Combe, 23, rue d'antin. — 300 fr. | n. 923. — Bain-de-Bretagne, 260. — Delnin à Emile Delnin, fourrier à la 1re compagnie, 3e bataillon, 26e de marche d'ille-et-vilaine. — 100 fr. | n. 924. — Cambrai, 92. — De Cazabianca à Béal Jean, 16, rue marignan. — 100 fr. | n. 925. — Lille, 59. — Laurent Roux à Ferrary, 11, turbigo. — 300 fr. | n. 926. — Lille, 84. — Mme veuve Lecoq à mlle Marie Polliard, rue barbeau, 13, faubourg du temple. — 50 fr. | n. 927. — Fourmiès, 69. — Guillemin à Guillemin Charles, employé des postes, rue j.-j.-rousseau. — 200 fr. | n. 928. — Limoges, 33. — Dafraineux à Alfred Dulac, 110, faubourg st-denis. — 150 fr. | n. 929. — St-Père-en-Retz, 125. — Angebaud à Angebaud Amable, sergent au 28e régiment de marche, 2e bataillon, 3e compagnie au mont-valérien. — 50 fr. | n. 930. — Tours, 277. — De Cardone à mlle de Cardone, 23, rue de fleurus. — 120 fr. | Total : 1,570. |

N. 931. — Lyon, 2. — Prosper Félix à Collard François, 4e bataillon, 5e compagnie des mobiles de l'ain. — 50 fr. | n. 932. — Lyon, 11. — Massoneux à Davier Pétrus, 2e batterie d'artillerie mobile du rhône, passy. — 10 fr. | n. 933. — Lyon, 76. — Villetant à Pion, 4, bis, rue pierre-levée. — 100 fr. | n. 934. — Lyon, 78. — mlle Moine à Monnoyeur, 2e batterie d'artillerie du rhône, bastion numéro 50. — 200 fr. | n. 935. — Maromme, 22. — Latour à Hémond, 15, rue buyard. — 50 fr. | n 936. — Plancoet, 286. — mlle Rapert à Benjamin Rapert, lieutenant de la garde mobile banaqué, avenue wagram. — 200 fr. | n. 937. — Nantes, 41. — Gerbaud à Gerbaud Pierre-Marie, 28e régiment de garde mobile, 1er bataillon, 7e compagnie. — 25 fr. | n. 938. — Hyères, 122. — De Belcastel à Ferlus Raymond, 46, rue gracieuse. — 300 fr. | n. 939. — St-Thibery, 130. — Martin Henri à Martin Justinien, garde mobile, chez Me Ve Cail, 69, rue de la pompe. — 100 fr. | n. 940. — Romans, 17. — Eybert à Eybert Victor, garde mobile de la drôme, 2e bataillon, 5e compagnie, 65e régiment de marche à courbevoie. — 15 fr. | Total : 1,050 fr. |

Bordeaux. 10 décembre 1870.

Fécamp, 30 nov. — Lafaulotte, 31, malesherbes, pleurons avec vous. — Gayaut. |

Rouen, 30 nov. — Leblond, 58, boul. magenta, Rouen Fécamp tous bien portants. Georges bonne santé Darmstadt. — Leblond. |

Arcachon, 1er déc. — Leroy, 4 tournon. tendres souvenirs, courage. — St-Arnaud. | Brossard, quai orléans, 10. tous bien. aucun besoin, ennuie pas. — Brossard. | Bourgeois, 25, des écouffes. santés excellentes, coxalgie parfaitement, toujours arcachon, climat délicieux, soleil, reçu cinq mille baligand quarante lettres. — Bourgeois. |

Chalonnes, 3 déc. — Labarraque, boulevard stasbourg, 35. Widmer, normandie, sedan bien, oncle prisonnier. Edouard se bat. — Ladebat. |

Guéret, 3 déc. — Droz, rue vaugirard, 75. allons bien. — Lacombe. |

Niort, 3 déc. — Collin, 7, mondovi. reçu lettre du 8. allons bien. — Collin. | Ozil, 10, rue constantinople, paris. mobilier est assuré par nationale. informer assurerai usine normandie quinze cent mille combien coûterait. — Mercier. |

— Beziers, 2 déc. — Champreux, rue vezelri, 5. mère bien. lettres reçues. toulouse fort tranquille, espérons en paris et loire. bonne santé partout. — Vernazobres. |

Monsempron-libos, 30 nov. — Planteroze, montreuil, seine. allons bien. approuve tout, continue. — Mabille. |

Ribérac, 1er déc. — Bricard, 23, tiquetonne. Edouard, Mathilde ribérac, Jules bruxelles, Charles st-servan. tous parfaite santé. — Eulalie. |

Dieppe, 29 nov. — Goignau, faubourg st-honoré, 168. santés bonnes. écrivez toujours, dieppe tranquille, Cornélize colonel. | Mme Reiset, boulevard haussmann, 155. écorchebœuf, allons tous bien, Louis aussi. — Marie. | directeur général tabacs. feuilles et fabriques évacuées sur lille, dunkerque, nantes, morlaix. fabrication cigares toujours maintenue, scaferlati par intermittence. — Chenou. |

Mont-de-Marsan, 1er déc. — Renaud, rue de lille, 123. reçu lettres, sommes bien. — Xaintrailles. |

Rabastens-sur-Tarn. — Heu, richelieu, 15. donne nouvelles, notre famille va bien. — Julie.

Castelnaudary, 1er déc. — Germain, avenue lamotte-piquet, 17. tous bien. moi mobilisé toulouse, Antoine coblentz, solier, barrièretrone. — Charles. |

Dinan, 28 nov. — Paris, Arthus, 23, rue richer. nous sommes à dinan depuis deux mois en assez bonne santé. — Alix, Amélie, Arthus. | Bourgeois, rue fondary, 63, paris-grenelle. écris souvent par ballon monté dinan, côtes-du-nord, poste restante, voir mon frère, portons bien. — Taillon. | Messager, rue tronchet, 5. reçu lettres. bonne santé. nouvelles de tous à dinan (côtes-du-nord), place saint-sauveur. — Messager. |

St-Malo, 2 déc. — Dambrun, commandant génie. Maucourant prisonnier coblentz, allons bien. — Hortense. | Hébert, 41, boulevard sébastopol. bien 2 décembre. — Alice Civial Horner. | Meunié, cherche-midi, 17. santés excellentes, enfants bien portants, bien installés, reçu lacroix, recevons lettres. dire Branche avoué Jane parfaitement. — Meunié. |

Besançon. — Maingault, 18, rue arcade. seconde dépêche, femme, enfants, parents très-bien, propriétés intactes, lettres, fêtes et autres réunies besançon. — Maingault. | Doillau, rue lyon, 61. Paul belfort, tous bien. — Céline. | Berlinier, 11, rue madame, paris. heureux, reçu lettre, me porte bien, donnez souvent nouvelles, embrasse. — Bernard. | Lévy, 6, rue montmartre, paris. Heureuse reçu lettre, porte bien, demandez Ferdinand titre. Bernard retiré banque. embrasse. — Bernard. | Picard, turenne, 34. très-inquiet. sans nouvelles toi Emile et vos familles. manque pas écrire. dis si voulez argent. — Picard. | Montargis, 21, neuve-des-petits-champs, paris. avons reçu lettres, portons bien, donnez souvent nouvelles et détails sur tous. compliments Jules tours. — Louise. | Mayer, 17, béranger, paris. avons reçu lettres, portons bien, déjà envoyé dépêche. sommes revenus besançon, donnez souvent nouvelles. embrasse. — Louise. |

Mâcon, 30 nov. — Granjon, officier 40e mobile. familles Granjon, Dortu bien. recevons lettres Charles Peutot. écris ton grade régiment. — Granjon. |

St-Etienne-des-geoires. — Friol, 37, rue missions. porte bien. t'autorise prendre argent à

Bordeaux — 10 décembre 1870.

caisse épargne pour loyer. — de Friol. |

Croissanville. — Heuschen, 19, scribe. Croissanoille. love bien portante, constant souvenir. — Lacroix. |

Calais, 30 nov. — Sergeant, 170, st-dominique. tous bien. envoyons deux cents francs, dont cent pour Besnard. — Caizac.

Cabourg, 1er déc. — Izard, médecin, vincennes. prévenez Hippolyte argent assez. santés bonnes. — Marie. | Dupairieux, boulevard st-michel, 71. santés parfaites. Pauline grande. — Jacquemin. |

Ambert, 1er déc. — Marquis, avoué, rue gaillon. troisième dépêche pigeons. état sanitaire de colonie parfait. Gustave prisonnier hambourg. Claude armée loire. bonnes nouvelles boulogne. aix, arcachon, rouen. prenez aliments, combustibles, rue mogador chez Avit, Percheron, Delorme. comment vont familles Thierry, Malouit? — Boudaille. |

Beauvais, 30 nov. — Demontendre, grenelle-st-germain, 60. famille pense beaucoup vous, vous écrit plusieurs fois. Louis guéri demande échange prisonniers. écrivez souvent beauvais. — Detorcy. |

St-Etienne, 30 nov. — Miguet, 14, aumale. familles vont bien. confiance. — Claire. |

Grenoble, 30 nov. — Saint-Paul, avenue gabriel, 42. tous cinq bien. lausanne, mère, sœur Salvanet bien portantes. recevons lettres. merci, amitiés, — Berthe. | Miribel, lieutenant-colonel artillerie. 14e corps. tous bien. lettres Hollander arrivent, non les vôtres. Adrien, lieutenant-colonel armée loire. — Henriette. | commandant Faverot près général Ducrot, seconde armée. — félicitations. touchés affectueuses attentions. comptons sur amitié. tous cinq bien lausanne. — Berthe. |

Châlons-sur-Saône, 30 nov. — Broussois, dupuytren, 4. allons tous bien, prenez vos appointements entiers. — Aniéré. | Champonnois, 8, jussienne. soyez tranquilles. allons tous bien. enfants aussi. — Champonnois. | Pégard, 44, barbet-de-jouy. bonne santé châlons, reçu lettres. — Pegard. Debray, jacob, 37. tous bien, Charles armée loire point. — Aniéré. | Viollette, michodière, 2. santés bonnes. reçu lettres. — Jules. |

La suze-sur-sarthe, 29 novembre. — Pilletwill, 12, moncey. allons tous bien. prière de faire payer par Berceon droits de succession avant 15 décembre. — Lanjuinais. |

Alençon, 30 novembre. — Brunet, bourdonnais, paris. Laf gaspille argent reçu lui, sans lui tout bien. — Lemoine. | Besnard, 28, rue st-quentin. tous bien portants. Amélie, hôtel messageries, saintes. mères verneuil, autres alençon. Henri, moi, attendons révision. — Besnard. | Bianchi, 7, royale-st.-honoré. nous sommes à alençon, santé parfaite, reçois tes lettres, écrirai tous les trois jours, en sécurité. — Mathilde. |

Pau, 2 décembre. — Renouard, 7, rue suresne. toutes santés excellentes, enfants sages, grandes espérances. — Eugénie. | Michel Heine, 22, rue bergère, paris. tous bien grand-hôtel pau, lettres reçues. Amélie, Armand, bien. — Amélie. |

Nantes, 3 décembre. — Cléry, 72, cherche-midi. vite vos nouvelles, à bientôt. nantes, nevers, morlaix, bien portants. — Droñet, Trébuchet. | monsieur Schlosser, 79, rue ménilmontant. lettres consolent, merci, malheureuse, souffre, Paul bien, maître. — Louise. | Tréboul, 38, boulevard sébastopol, paris. nantes bonne santé argent, Doerschuck aussi orléans, nouvelles Villy saverne, écrivez souvent Bodin. — C. Tréboul. | Paris, 5, feydeau. closmadeuc. — Clotilde. | Bardin, passage delorme. portons tous bien. — Croquet, père. nantes, 7, boulevard sébastopol. | Clément Thomas, 80, boulevard sébastopol. portons tous bien, troisième dépêche par pigeon. — Marie Thomas. nantes, 7, boulevard sébastopol. | Veuillot, 10, saint-pères. Rimbaud, 268, st-jacques. donnez pour Emile, voyez concierge cherche-midi, avancez fonds si besoin pour contributions. — Aubineau. nantes. | Veuillot, 10, saints-pères. Desquers refuse argent Leschenaux. envoyez trois cents francs passage fougeat, 10, grenelle. ménageons monde. — Aubineau. nantes, 4. | Dewismes, mont-valérien. six lettres reçues. — Valemus Olivier. | Berthier, 25, rue luxembourg, paris. capital augmenté, famille va bien. Jules au mans, Alphonse, Emile, besançon, vont bien. — veuve Berthier. |

Brest, 2 décembre. — Léon Auguste, sergent, 3e compagnie, 1er bataillon, 23e régiment mobiles finistère. écris, nous recevons. tous bien. - Léon. |

St-pierre-le-moutier, 30 novembre. — Grandjean, 40, billaud. Jules prisonnier erfurt. — Grenet. |

Etel, 1 déc. — Desangles, 29, tronchet. trois, cinq, vingt, dix. Reçu deux. Marchons bien. |

Châtillon-sur-Loing, 30 novembre. — Lehelloco, 60, neuve-st-augustin, paris. merci nouvelles René, pas lettres lui, écrivez chenevières, allons bien, Marie m'écrit. — Rosa. |

Clermont-Ferrand, 30 novembre. — Lehideux, 16, rue banque, paris. famille chez Rivet, tous bien, avis Salvan ly. — Lespinas. | Clairin, 62, rue rome. santé parfaite, Escandes aussi. recevons lettres. — Villeneuve. | Martinet, 2, rue mignon, paris. ta mère, Marie, Maxime, bruxelles, portent bien, mécontentes, jamais lettres, attends réponse impatiemment. — Marie Martinet. | directeur nationale, 13, grammont. générale paie sinistres jusque cinq mille, demande même autorisation. — Dezobry. | Vernier, 3, du hâvre. moi, enfants, bien à pau, souleaux tranquille parents bien. — marie. |

Vernaison, 29 novembre. — Borel, 11, rue martel, paris. reçu lettres, nous bien portants, Camille très-malade. Chambon, Celse, Lagier, Chatron, bien portants. — Targe. |

Pau, 29 novembre. — Ménager, 18, oberkamph. avec Dumas voir bail Trévise, Norbert autorisé remettre argent monsieur tavernier trévise, prière répondre de suite. — Barré. | Fabreguettes, 23, faubourg-st-denis. nous portons bien, Amélie accouchée fille. — Morra, place grammont, pau. | Bouissin, 46, faubourg-poissonnière. douleur, regrets, deuil, larmes avec vous. Quel malheur, chère Gabrielle! Souffrons cruellement être loin de vous. — Barré. | monsieur Vernier, 3, rue du hâvre. moi, enfants, à pau. vos parents, Blanche, Maury, deux fils Dauribeau, bien. — Marie. | Boutté, 51, st-placide. familles bien portantes, Dernis lycée demi-pensionnaires, recevons lettres et six cents francs appartement. — Boutté. pau. | Tollu, 69, rue ste-anne. vendez valeurs, payez gages. ménage, deux cents, à l'ambulance. — Valence. pau. | Daunay, 83, rue d'assas. tous bonne santé, Angèle variole rétablie, arrivés pau 8 novembre, reçu vos lettres. — Billard. 28 novembre. | Douniol, 29, tournon. envoyer par banquier mille francs pau. — Gratry. | Lustreman, 12, regard. reçois lettres pau, vais bien, voir Douniol, oui province. — Gratry. |

Privas, 29 novembre. — Sainjulien, 5, greffulhe. allons bien, embrassons à nouveau. — Hélène. privas. |

Avignon, 30 novembre. — Grandoal, 42, grenelle-st-germain. femmes bien portantes lucerne avec argent, lettres reçues, quatrième dépêche avignon. — Reiset. |

Nogent-sur-seine, 23 novembre — Olive, 3, villa-montmorency, auteuil. vingt-deux. nogent tranquille, santés bonnes, lettres reçues. — Henriette Olive. |

Rugles, 28 novembre. — Nouvel, 13, quai de la tournelle. oui aux questions. — Nouvel. |

Dinan, 30 novembre. — madame Pognon, 29, penthièvre, paris. Auguste Paderborn, Albert Oppeln, bien portants. — Mottet. | Davy, fourrier, 1er bataillon, 3e compagnie, mobiles côtes-du-nord, courcelles, paris. tous bien, recevons lettres. — Renée. | monsieur Perraut, 6, vavin. réformé, assez bien. — Perraut. dinan | Rendu, lieutenant vaisseau, fort montrouge. sommes bien, reçois lettres, suis courageuse. — Marie. |

Avallon, 29 nov. — Leproux, sébastopol 93. nous nous portons bien. — Berthe. | Granville, 1er déc. — Normand, 26 place vendome, enfant bonne santé moi chagrin désespoir avec emma jersay 26 windsor road reçu tes lettres. — Souplet. | Barreau 125 turenne bonne santé avec ernestine écrire windsor road 16, jersey. — Perrin. | Poupart 2 vielles haudriettes, bonne santé grande inquiétude écrire windsord road 16 jersey. — Perrin. | Perrin 2 grand chantier, toutes bonne santé chagrin avec ernestine reçois lettres écrire windsor road 16 jersey. — Perrin. | Perrin 12 portefoin, bonne santé reçois lettre écrire windsord road 16 jersey. — Perrin. |

st. Malo 30 nov. — Portefin 1 rue pernelle, recevons lettres allons très bien, bonnes nouvelles brunoy villeneuve. — Labouret. | Bouland, clauzel 9, lerat intérêts envoyez. | Noirault, 111 sèvres, recevons vos lettres santés bonnes. — Joséphineamélie. | Naviel, fort romainville, famille bien, tes lettres parviennent. — Naviel. |

Fernex, 30 nov. — Feldmann, 23 enghien, faire remettre toutes marchandises rue hauteville, si avez besoin argent pour moi demandez cinq cents brisac. — Siméon. | Gruner, assas 118, orthez suisse antibes bien édouard arrive reçu vos lettres. — Gruner. | Leblond, 47 trudaine, genève. biarritz, parfaites santés recevons lettres patience amitiés. — Blanche. | Alouis, 24 constantinople, paris bien tous voyez honorine élisabeth monbro, pinet pour argent écrivez tous 49 paquis genève, — Streiberg. | Pinet, 44 paradis, paris, rouget tous bien niort, enverrai argent si besoin est magnier ici 49 paquis genève. — Streitberg. | Duranton, boulevard belleville 1, recevons vos lettres santés parfaites clotilde genève. |

Blois, 3 dec. — Blau, laffitte 49, oui. | Facée, rue st, denis 313. blois enfants superbe santé, jacques percé six dents, écrire maurice cologne, octave dusseldorf, antoinette garçon. | Rocher, rue jacob 30, tous bien portants à st dye lettres reçues. — Taillarda. |

Bayeux, 1 déc. — Chamouillet, 15 vivienne, taillandier caroline fanny enfants moi avons santé, argent lettres. — Marie, arromanches. | Garzon, 27 laffite, m, envoyer portrait. — Garzon. | Level, rue condorcet 62, mère enfants louise marie avons santé, argent, lettres, confort, bonnes nouvelles, père oncle. — Marie, arromanches. | Vêtu, 19 trois bornes, donnez de vos nouvelles. — Vêtu, père. | docteur Boutin, 18 pépinière, portons bien pourquoi n'écris plus. | Briquet, mont valérien, mère passablement, jules président, eugène sarthe, alphonse hanôvre. | Perthuis, 29 université, tous parfaitement st gabriel. — Paris. |

Issoudun, 28 nov. — Martin, lieutenant des gardes forestiers, auteuil. allons tous bien, alfred issoudun, bébé trois dents. — Martin. | Champouillou, avenue antin, 35. excellente santé, nantes et issoudun, j'envoie à nantes ta lettre du 17. — Cotard. |

Villedieu, 26 nov. — Finet, rue batignolles, 73. Georges prisonnier erfurth, santé bonne, toutain envoyé argent. — Bréant. |

Fougères, 26 nov. — Roussin, 7, avenue villars, paris. allons très-bien, embrassons. — Roussin. | Mme Bizé, 16, avenue la mothe-piquet. tous bien portants, partirons pour midi quand faudra, tranquilles ici jusqu'alors. — J. Poumet. | Delatuollays, hôtel ambassadeur, rue lille. famille delafosse bien, marie capitaine, louis lieutenant mobilisé, me lepays bien, rené avec charette. — Delafosse. | Moussaye, rue colysée, 36, paris. nous recevons vos lettres, nous y répondons, bien portantes, grand désir de vous revoir. — Louise. |

St-Servan, 26 nov. — Gaspard, ministère finances, sommes st-servan bien portantes, reçu mandats suffisants. — Gaspard. | Goujon, 233, st-honoré. familles boisson, guérin, huet, maurice, mittre, toinard bonne santé. — Boisson. | Petitpont, thorigny, 6. demeurons maison corbinière, saint-servan, mathilde ribérac, berthe bruxelles, montardier, laigle tous parfaite santé. — Cécile. | Chardon, châteaudin, 58. toutes parfaitement, reçu lettres chatelin, écrire. — Prunier Chardon. | Quignard, st-dominique-st-germain. 179. reçu lettre, fête mari 6 décembre, mêmes fleurs, remerciments. — Prunier. |

Romorantin, 28 nov. — Mignon, rue galilée, 27. tous bien portants. alfred reste, pas eu prussiens. — Mignon. |

Douai. — Defontaine, 14, boulevard montmartre, paris. reçu 12 lettres, contente, santés excellentes, pauvre gustave lit, marquette, nord tranquille. — Dejaeglère. | Gouttière, 27, vanneau. reçu lettres, embrasse. — Pauline. | Perrin, 27, buci. reçu nouvelles, ernest prisonnier rastadt. — Campion. |

Cambrai. — Maignan, 63, chabrol. mère, tous bonne santé, reçu mainguet 17. — Louise. | Sterkeman, cloître st-merri. j'ai emprunt trésor ville paris, courage, cambrai. — Sterkeman. |

Cateau, 25 nov. — Goffart, godot, maurot, alfred sain et sauf prisonnier, tous bien portants valenciennes et bruxelles, bonnes nouvelles burtin. — Henri. |

Valenciennes. — Degroux, boulevard strasbourg, 68, paris. familles degroux, vandewgnkéle, lebègue bonne santé, reçoivent lettres moins celle 13, louis même état. — Clémentine. | Bourgoin, 149, rue sèvres. je le suis et vais bien. — Elise. | Gervais, monsieur-le-prince. 48. auguste, arthur, julie, enfants wiesbaden, albert st-valéry, berthe dieppe, recevons lettre. — Amélie. | Lebret, rue neuve-des-mathurins, 100, paris. reçu lettre 18, étretat, peruweliz bien, georges coblentz. — Lebrun. | Fourmies. — Létart, 5, rue laffitte, paris. zoé, julienne, enfants, famille lecuyer bien portants à fourmies, écrivez souvent, recevons vos lettres. — Debrun. |

Aniche. — Vuillemin, 45, réaumur, paris. nous nous portons tous bien. — Clémence Marie. —

Condé. — Delacour, 13, ponthieu, paris. solitude cambron, santé parfaite, reçu lettres. — Hedewilge. |

Haubourdin. — Roquette, boulevard des invalides, 39, paris. allons tous bien, maman à espalion, recevons vos lettres, encouragements remerciments affectueux. — Bernard. |

Bailleuil. — M. Dessalines, 51, rennes, reçu 5 lettres, écrit 4, père, oncle, sœurs bien. — Constant. |

Lille, 25 nov. — Malleval, verrerie, 2. me porte bien, pas à marcq, très-content, vous embrasse bien. — Fernand. | Chappellier, 10, rue des vosges, paris. reçois lettres. santé parfaite pour moi, pithiviers, masnières, lille, dieppe, louviers, oncle malade. — Lucie. | Houzé de l'aulmoit, 23, avenue messine, paris. tous santé marche demi journée — Flore. | Rozey, 36, boulevard sébastopol. nous sommes bien portants chez duthilleul. — Rozey. | Decaux, montparnasse, 172, marie tournai, cécile granglise, brunets embrassent paul, santés bonnes, lettres reçues, merci amitiés, courage. — Eugénie. | Paster, 3, cité trévise, paris. quitté gand, bruxelles, rue argent, 35. santés bonnes, georges 27 octobre afrique. — Paster. | Hesse, rue bondy, 66, paris. tous bien portants, demeurons avec maman, rue parchemin, 5. — Marguerite. | Dubrac, rue rougemont, 6, paris. 400 livres égarées paris, wagon n. 16,979. — Demat. | Bernard, 408, rue st-honoré, paris. santé et tranquillité parfaites à lille, reçu 14 lettres de toi, 4 du commandant. — Bernard. | Morel. 153, faubourg-poissonnière. louise, enfants, tous bien. — Morel. | Gallay, 126, faubourg poissonnière. logeons marie, tous bien. — Gallay. | Patou, boulevard du temple, 2 bis, paris. allons bien, recevons tes lettres, rien d'hairion, inquiétude mortelle. — Patou. | Mme Duché, 56, rue provence, paris. suis bien, donnez nouvelles, lille gare. — Malaussène. | Carvalho, rue taitbout, 54, paris. nous allons tous bien, chaudens, strauss, recevons lettres henri, moi, travaillons. — Carvalho. |

Dunkerque. — Godefroy, villa fodor, passy. allons parfaitement, toutes lettres reçues. — Marie. | Pasquier 83, boulevard magenta, paris. tous bonne santé, tes lettres reçues. — A. Plocq. | Reynaud, 28, rue saints-pères, paris. service marche, escadres mouillées gros temps sans avaries, meygret adjoint au général périgot lille. — Plocq. | Bouvery, 21, avenue d'italie. santés bonnes collége, morue seize dents, non bonnet, quarante lettres, ernest pau mobiles. tranquilles. — Féron. | Paul Morisot, contrôle gare nord, inquiets, écrivez urgent. — Marie. | Massias, 11, cherche-midi. henry lorient, jules mayence, tous bien portants. — Albert. | Triquet, palais luxembourg. santés parfaites, argent suffisamment, dunkerque, 22, église, sécurité complète, saint-benoît va bien, reçu vos lettres, écrivez. — Dufresne. | Drouet, capitaine régiment gendarmes à pied, caserne. portons bien, paul malade ici, céline partie. drouet, dunkerque, rue capucins, 7. |

Angoulême, 28 nov. — Robert calmon, 50, abbattucci. écris à bordeaux poste restante. — Mère. | Eugène Guichard, 7, rue charlot. paie mes impositions et impôts, écris-moi renseignements sur ma maison, tous excellente santé. — Gaston. | Lambert, 10, rue paradis-poissonnière. je veux souvent nouvelles des rues pastorel, st-jacques, ma famille et amis. — Ve E. Pagès. | Colonel 35e infanterie. donnez nouvelles sous-lieutenant paul madère. — Marquet, angoulême. | Hugan, 51, seine. angoulême, pont-l'évêque, fontainebleau, nevers tous bien portants, mais ennuyés. — Hugan. | Maréchal, 123, rue saint-jacques. marulaz, tous bien portants. — Maréchal. | Richefeu, 23, rivoli. allons toutes bien, pays tranquille, recevons lettres taillade. — Goumet. | Général Trochu. toutes santés excellentes, bergerons, montpellier, prière transmettre à élisa. — Bouillaud. | Cochet, officier 139e ligne, mont-valérien. 1-oui, 2-oui, 3-non, 4-non. — Cochet. |

Clermont-Ferrand, 27 nov. — Belin, 12, boulevard saint-michel. point nouvelles depuis 9 octobre, écrivez. — Belin. | Martin, 95, feuillantines. santés bonnes, gustave armée loire, amitiés. — Fanny. | Ducroquet, 42, cléry. louise morte 18 septembre, adrienne souffrante, nous bien portants à clermont. — Eugénie. | Violette, 2, michodière. famille bonne santé chez barberon, écris nouvelle frère lieutenant soixante deuxième redoute laboissière. province organisée espère. — Montlouis. | Couvreur, 10, quai de marne. paris-villette. tous bien portants mons. 17, avenue saint-pierre, adrienne souffrante clermont. — Adrienne. | Montlouis, lieutenant, 62, redoute laboissière, paris. tous bonne santé, très-inquiets ne recevant aucune lettre, écris chaque ballon, espoir. — Montlouis. | Portalis, 8, rue boulangers. votre famille heureuse chez ginier, carnavaut, famille eckert marseille. tous bonne santé, province organisée espère. — Montlouis. | M. Poultre, 50, mirosménil. ernestine sancergues, louise bard, esther ici, santés bonnes, pays tranquille. — Collas. — Bianzat, ministère justice. louis lieutenant mobilisé, bientôt en marche, dames montdore ou midi, armée loire solide, avons confiance. — Ledru. —

28 Pour copie conforme :

L'inspecteur,

Bordeaux. — 10 décembre 1870

Clermont-Ferrand. — 27 novembre. — Directeur Providence, rue grammont. encaissements, directions voisines, tachon. généralement, recouvrements passables, villes difficiles campagnes, rien nouveau directions voisines, — Barros. | Bergeron, 2, paradis-poissonnière, paris. santés excellentes, température douce, vêtements chauds répétitions mathématiques, vaccine-toi, sympathies affectueuses vincent, mille tendresses. — Bergeron. | Paulet, 24, rue bonaparte pas reçue, mille amitiés.— Marie. | Pradier, 48, rue université, paris. santés bonnes, mille amitiés. — Pradier. | Guex, 88, rue victoire. enfants parfaitement, gais, heureux, nous tous bien clermont, rémois, alfred bien, amédée bien portant cologne. — Bidermann. | Oailly, 60, rue pigale, paris. ta femme, nous tous, santé, tranquillité parfaites, cousins vivants, jeunne belgique, paulin hussard.—Tarlé. | Gerest, officier 1er bat., 4e comp. 32e régiment mobile, bonne santé. — Gerest. | Directeur Providence, rue grammont. trois, treize mille quatre. trois, cinq mille cinq néant, dix-sept cents clermont médiocres. — Pacros. | Bouchy, 114, provence. reçu sept lettres sur huit, installés clermont, pensons à vous, clotilde vichy, prenez notre vin. — Deloy. | Charles Bouland, cour des comptes. reçois lettres, souviens. — Léonie. | Jules Ferry. allons tous bien à royat, reçois lettres, prévenir paul. — Schützenberger. | Villeminot, 5, rue vincent-compoint. portons très-bien, lettres reçues. — Villeminot. | Coffin, 4, soufflot, amélie pouliguen, victorine clermont-ferrand, alfred resté dijon tous bien, répondez clermont, 15, place saint-hérem. — Victorine. |

Rouen-Central, 26 nov. — Calm, 35, rue bergère. ouvres paquet, payez contributions et autres dépenses urgentes. — Meyer. | Matthiessen, 25, rue drouot. si toi et nicolas avez besoin argent, demandez la rente maison panthéon. santés bonnes — Matthiessen. | Chartier, 6, rue rougemont. confirme dépêches, famille rouen bien portante, bientôt reverrons, confiance, province active, rouen calme, pioche défense. — Chapin. | Ouwenhuysen, 11, joubert. envoye sept dépêches, mère, tous bien. paquet reçu cawston en règle, habitons bruxelles, 1, rue pépinière. — Maurice. | Danet, 251 tronchet. tous bien villers, pourvus de tout. — Fanny. | Beauchêne, capitaine gendarmerie, louvre. rouen, allons bien, reçu lettres, enfants externes lycée, Joléaud prisonnier. — Marie. | Batiste, 11, auber. donnez-moi vos nouvelles, hôte, france rouen, avez besoin argent, demandez au bureau. payez impositions. — Chaverondier. | Samaran, 18, rue boursault, batignolles. reçu, merci, écrivez souvent, détails sur blessure et affaire où blessé, allons bien, amitiés. — Vidal. | M. Hérelle, 12, laffitte. renvoyé cartes, allons bien, rien manque, rouen libre, courage, tendresses. — Hérelle. | Duriez, 55, monsieur-le-prince. santés très-bonnes, paul exempt, reçu lettres, amitiés. — Louise. | Lefebvre, 2, grand-chantier. léontine, thérèse, famille bien granville, recevons lettres, mère, sœur, bonnes nouvelles. Es-tu malade, la vérité? — Léontine. | Bartet, 26, bons-enfants. lèges, dévillois, audion, lefebvre bien. fais-toi vacciner supplie, moi aussi, famille, maria bonnes nouvelles. — Laure. | Legendre, 107, boulevard sébastopol. rouen, tous bien. — Petel. | Alexandre Marette. soldat 95e ligne, 2e bataillon, 8e compagnie. redoute laboissière, paris. tous bonne santé, donne des nouvelles. — Marette. | M. Bataille, 4, rue londres. ta mère va bien. — Bataille. |

Caen, 26 nov. — Lejeune, 20, rendez-vous. vendre poules, écrire par ballon monté, madame bourse caen. — Bourse, commandant ambulance Mocquart. | Lasne, 8, turbigo. reçu lettres, continuez, prévenez albertine, charles langres. — Mesnier. | Velter-Wilhem, 5, aligre. reçu lettres. continuez, prévenir auteil, charles langres. — Olam. | Président Bonjean, 2, tournon. santés, sécurité parfaites, propriétés intactes, études reprises, provisions, lettres reçues, dernière 18 novembre. — Bonjean. | Oudin, crédit foncier, rue capucines. dites ville suis 65 ans, si nourrir chevaux trop cher vendez, appréciez circonstances. — Chevalier. | Raymond, 44, bellechasse. santés excellentes, installation parfaite, prenez charbon berthe. — Lebreton. | M. Lasségue, 23, avenue général-uhrich. aujourd'hui trois lettres, heureuse. continuez, santé meilleur. — Fournier, Asnelles. | Valot, ministère justice. seconde dépêche, habitons caen gaugain, recevons tes bonnes lettres, santé habituelle, soupirons retour. — Alix Valot. | Willeme, banque france. portons bien, écris-nous, 10, rue froide, caen. — Charpin. | Durand, banquier, 43, neuve-mathurins. payez pour moi 1,206 francs, nationale vie, rue grammont. — Michel Chevalier. | Salles, 16, rue courcelles. reçus, portons bien. — Surbled. | Gerboz, 130, assas. allons bien, reçu huit lettres.—Gerboz. | Rozet, 14, dauphin. georges, orléans, envoie argent, ennemond, besançon, laure jiat, tous allons bien. 7, hamon, caen. — Woiselle. | Weber, 41, rue tour-d'auvergne. lisa et strasbourg tous bien. nous caen, place lamare, courage et confiance. — Demmler. | Dodé, 34, sébastopol. carte interceptée. tous parfaitement, neveu jean, albert leçons. — Adrienne. |

Boulogne-sur-mer, 25 nov.— Duparc, 18, godot, paris. toutes bien à boulogne, frédéric à dusseldorff. — Guaita. | Huret, 24, champs-élysées. tous bien portants, écris aux adresses, reçu lettres. — Huret. | Lévy, 12, chauchat. schloss, enfants, ganneron très-bien, schayé enfants aussi, athénaïs, marie, enfants londres bien. — Schloss. | Bertin, 48, saint-lazare. marcel parfaite santé, bonnes nouvelles lise sont havre. sommes brighton ventnor villas, 57. cécile bien.— Sargenton. | Delagarde, 8, laffite. santés parfaites, reçu lettres désirées. employons nombreux moyens outre télégrammes, suis avec brinquant, hôtel nard. embrassements. — Hélène. | Mamignard, 222, rivoli. tout va bien. boulogne, 10, quai flottille.— Fyan. | Ferrère, 3, rue laffitte, paris. reçu lettres argent, tous bien, boulogne, 4e dépêche — Sallita. | Falco, 93, taitbout. tous tes parents bien, lis tes lettres, londres, valery, armée loire très-forte, tout recourage. — Falco. | Forey, 107, faubourg honoré. dire florine, antoine, goyard, 38, dame-victoires, écrire chacun par ballon. — Duchastel. | Topin, 7, rue médicis. avons écrit souvent, reçu deux lettres anciennes, prends inscription droit. — Topin. | Leroy, 4, rue isly. édouard parfaitement, moi bien. — Eugénie. | Odiot, 29, avenue marigny, paris. te recommande instamment ducellier, 7, rue lancry, amitiés. — Merault. | Ducellier, 7, rue lancry, paris. lettres reçues, santé bonne, ai écrit souvent, souvenirs. — Merault. | Santerre, 11, faubourg poissonnière. santé bonne. comment allez-vous? lettres paris arrivent, écrivez souvent, boulogne-mer, 26, quai douane. — Javal. | Coblence, 6, boulevard prince eugène. parfaite santé, metz famille lévy, fleurette bonnes nouvelles. — Caroline. | Leiden-Fremsel, paris. titres emprunt dans malle société générale, versez nos six mille et mille otterbourg mais non goldschmidt. — Fremsel. | Dequevauviller, 33, andré-des-arts. boulogne, chez dewisme, nous, félix detape, weyland, roger armée loire, pugeault bien, cartes retournées.— Dequevauviller. | Berthier, 30, place madeleine. lettres reçues, merci, tous bien toujours boulogne, écrire souvent. — Singer. | Singer, 17, quai malaquais, paris. suis sans nouvelles, inquiet, écris toujours boulogne. tous trois bien. — Singer. | Dubourg, 9, laffite. bon papa, éléonise, stanislas, marguerite, nous, enfants bonne santé. jules rentré seul, chessy-dubourg, lefranc rentrés. — Eugénie. | Vicomte de Grancey, 13, rue saussaies, paris. tous bien bonnes nouvelles de grancey. — Délie. | Alexandre Héen, 32, sentier. parents bonne santé bayonne. — Cahen. | Charles-Marx Dreyfus, 31, boulevard bonne-nouvelle. immédiatement donnez sans faute congé de mon appartement. huissier réponse.— Charles-Marx. | Raingo, 102, vieille-temple. bonnes santés, raingo, masson, hoschedé boulogne. — Raingo. | madame Coche, 31, boulevard sébastopol. tes enfants bien portants, reçois souvent nouvelles, ont argent, gertrude heureusement fille, écris boulogne. — Duloup. | madame Denise, 12, passage violet, paris. lucy, jousselin bayonne, ducos trouville, moret boulogne, tous bien, dire moret, reçu lettres. — Noélie. | Ernest, 21, paradis-poissonnière. santés bonnes à boulogne. lille, douai, pau, londres, lupin ici, fils sieber amiens. — Sophie Martin. | A. Lefèvre, poste restante. pas besoin journal, écrire, 161, rue boston, boulogne. — Duchêne. | Hugues, 13, abbatucci. bien portantes, reçu réponse rome.—Hugues. | Ledieu, 112, rue neuve-des-mathurins, paris. portons bien, retire fourrures. — Ledieu. | Andrillat, 5, sauveur. remettre mon nom banque, espèces, billets. payez billets moi souscrits. — Andrillat. | Roberval, 122 bis, rue saint-denis. tous bien portants, théodore, louis, edmond ici. reçu quatre lettres, attendons tes questions. — Roberval. | Directeur général douanes. votre fils est arrivé. — Pinchon. | Jacques, 200, boulevard charonne. enfants charmants, santé excellente. — Ve Lalouitz. |

Nîmes, 27 nov. — mad. Burnouf, 36, enghien, nîmes, pont-audemer vont bien. — Boissier. | Pioger, 24, martyrs. marc très-malade, désolée, envoyez nouvelles, ici santé. — Delanux. | Truchy, 136, rivoli. bonnes nouvelles 30 novembre, tous lugny et chatillon, marguerite suisse. bien ici, destitué, reçu vos lettres. — Flouest. | Edmond Mallet, 25, boulevard malesherbes. informez sœurs, mère éteinte sans souffrances 4 octobre, père et famille bien. pauline ici. — Houël. | Cavaillé-Coll, 15, avenue maine. reçu espagne oloron, allons bien. — Cécile. | Moriau, 5, rue borghèse, neuilly. santés bonnes, tante passablement, félix bien langres, auguste châteaudun bien 22. point chagrins. — Juliette. | Beaumès, intendant, 14e corps, paris. un mois sans nouvelles, écris, bien portants. — Beaumès. | Weills, 2e armée, 2e corps, 2e division. reçu lettres, pense à vous, courage, vais bien. — Edmée. | Denis, soldat école normale supérieure, paris. reçu tes lettres, oui aux quatre questions. — Denis. |

St-Malô, 25 nov. — Dambrun, commandant génie. prevel, vever. nous allons bien. — Hortense. | Rochas, capitaine caserne, latour-maubourg, paris. tous bien portants, courage, confiance. — Burluraux. |

Rennes, 26 nov. — Mme Dulphé, miromesnil, 18. georges bien prisonnier hambourg, roger lieutenant bien, armée loire. moi, famille, cousine bien. — Breil Marie. | Vulpian, soufflot, 24. mesdames vulpian, vernière, georges se portent très-bien, recevons toutes lettres, attendons bébé mois prochain. — Vulpian, rennes. | Testu, 29. madame, reçue de vous plusieurs lettres. nous, mathilde, ernest santés bonnes. déjà envoyé dépêche. amitiés, courage. — Bricon. | Vaillant, rue rivoli, 68. sommes tous bien portants à rennes. — Morin Saintauge. | Anquetin, 144, boulevard haussmann, portons très-bien, recevons nouvelles. — Jadras. | m. Cavelier, 8, rue bossuet. tous en bonne santé. — H. Laverne. | Herpin, miroménile, 18. donnez nouvelles à rennes poste restante.— Lemerle. | Brassier, aumonier mobile ille-et-vilaine, ivry. écris, tout vient, bretagne libre est debout. famille très-bien. avons espoir. sortez. — F. Brassier. | Linart, 5 bis, rue martel. tous parfaitement 27, élisabeth marie ondoyée. reçois toutes vos lettres, dernière 20, une bordeaux. — Pauline. | Vicomte Delabigne, rue grenelle, 123. tous bien, louis pas enrhumé, gaston une dent, nourriture continuée. reçu lettres, tendresses. — Thérèse, rennes. | Berny, 8, garancière. prends argent chez moreau, rue montmartre, 129. — Berny. | Delamotte fourrier 20e mobile, côtes-du-nord. bien portants, amis. écris. — Delamotte. | madame Mathan, 15, rue du regard. nous allons tous bien à cambes, je repars pour cambes avec beau-père. — Mathan. |

Nérac, 27 nov. — Prade, rue charolais, 2. reçu lettres, santés parfaites. — Prade. | Larion, boulevard st-germain, 40. recevons toutes vos lettres, henri, louis sont ici. usine intacte, jullien garde. — Henri. |

Agen, 27 nov. — Méraud, ingénieur, rue castiglione, 8, paris. allons bien, très-occupé. recevons lettres. continuez. — Méraud. | Daminois, boulevard bonne-nouvelle. 10 lettres reçues, merci, confiance. — Auguste. |

Périgueux, 27 nov. — Estignard, 65, blanche, paris. tout va bien périgueux, gendrey, carrère. reçu vos lettres.— Estignard. | Mme Adèle Heuzé, 13, treilhard, paris. allons bien, écrivez poste restante. — Millet. | Durel, bertin-poiré, 8. oui, Imineau courage. prudence bientôt, bonne santé. attend cherbourg réponse. — Petré. |

Dieppe-Centrale, 26 nov. — Miege, 2, rue clichy. tous bonne santé dieppe, lettres procurations reçues. tait soulèvent objections. amiral relevé londres, ango attendu. — Lambard. | Mme Delpuech, 75, rue bac. santé parfaite dieppe. baisers.— Marie. | Bancelin, 18, boulevard du temple. écris nous donc, nous sommes sans nouvelles. — Bancelin. | Flèche, faubourg st-denis, 12 dieppe, 26 novembre, reçu lettre 12, première. aucune autre. merci. bien portants. écrivez quotidiennement. — Dubost. | Pertout, grammont, 14. tous bien portants dieppe. émile armée loire. — Lelarge-Pertout. | Garnier, 5, caumartin. tous réunis, bien portants. dieppe tranquille. hélène marche, parle, reçu les lettres. valluet bien portant.— Garnier. | Draneht, boulevard haussmann, 91. léonie dieppe, rassurez-vous, ferai comme pour moi, rien ici. lettres de famille va bien. — Vidon. | M. pasteur, rue tronchet, 29. sommes à dieppe bien portants. reçois tes lettres — pasteur. | Calon, 11, hauteville. vous découragez pas. espérance revoir bientôt. — Olympe. |

Figeac, 27 nov. — Mlle Dericquehem, 10, rue demours, ternes-paris. sommes figeac, bébé très-bien, nous aussi. — Marin. |

Cahors, 26 nov. — Dufour, 12, rond-point, champs-élysées. famille léon seule au vivier. santés bonnes partout. usez pleins pouvoirs. — Loysel, cahors, 27. |

Le-Blanc, 28 nov. — Finard, rue monceau, 71. mère, filles admirablement bien. — Voisin. |

Béziers, 30 nov. — Paul Bony, mobile, 2e compagnie, 45e marche, pantin. demande argent murat bony, donne argent bony, émilie murat, familles vont bien. |

Rennes, 30 nov. — Cocar, mobile ille-et-vilaine, neuilly. géhors fidèle, émile soldat marseille, rassurer barthel, tous très bien, écrivez quotidiennement. — Cocar. | Pénoyée, place louvois, 8. horriblement inquiets, écrivez, enfants bien, paul rendu forte pierre, sans nouvelles d'augustine, embrassons tous. — Féval. | Defontaine, 152, rue rennes. écris-nous adresse gillon, rennes, quitté mans. — Defontaine. | Fournier, faubourg poissonnière, 12. partis avec administration, bien portants, reçu ta lettre du 20. — Fournier, 3, quai châteaubriand, à Rennes. | Comte Louis, saints-pères, 30. capitaine Woronick (merseburg), va bien. | Defresne, 15, bellechasse. tous bien portants, horloge, 5, à rennes. — Saubade. | Maugest, 29, écuries-artois. prévost bien, pillés; eugène bien, pillé; habitons rennes, camille hôpital. — Dupont, isly, 10. | Lefranc, cossonnerie, 6. chemins fer: nord 100, midi 100, stationnaires; ouest 100, va bien; loire 200, monte vite — Pithiviers. |

Trouville, 29 nov. — Mautin, rue de vienne, 3. tous bonne santé, recevons lettres. — Mautin. | Corbin, rue lafayette, 78. trouville, famille corbin, chauchat bien portantes, charles marie à dusseldorf. — Corbin. | Gibert, malher, 20, paris. trouville, nouvelles gibert très-bonnes, toujours puisieux. — Grenet. | Terrail, 50, rue latour-auvergne, tous bien portants, recevons lettres. — Lucie. | Equer, 7, aumale. eugène cherbourg, vont bien, dupouët, chatard, rhodé, collin. — Equez, trouville. | Dupouët, 7, stanislas. santé, écrivez général. — Equer-Dupouët, trouville. | Vingtain, 37, taitbout. louise, fils né 28, vont bien. — Dautoux-Dumesnil. |

Lermentines, 1er déc. — M. Bonard, rue david, maison duchêne, passy-paris. flore bien, inquiète silence blanchin, veuillez écrire. — femme Blanchin, vezins (maine-et-loire). |

Saint-Amans-Soult, 1er déc. — Calvet, adjudant place, division d'hugues, montreuil-sous-bois. ton silence désolant, lettres paris arrivent, écris, ici tous bien. — Amédée. | colonel Reille, créteil, seine. allons parfaitement, dire rousse charles et amis bien, dire madame duhesme gaston bien, lettres arrivent. — Geneviève. |

Saint-Servan, 2 déc. — Chapon, 7, pont-neuf. saint-servan depuis 24, bébé bien, tous bien, logement bon air, argent suffisamment, charles collége. — Chapon, place constantine. | Barbean, rue lille, 3, paris. avoir garçon 14 novembre, tous bonne santé, venir nous chercher, anna partir dimanche, répondez. — Herminie. | Carteron, 32, bac. carte pas reçue, mais lettres, tous bien, 2 décembre. — Lucien. | Huard, taitbout, 10. 1er décembre. tous très-bien, si partions laisserions adresse bureaux poste saint-mâlo, saint-servan, dinard. — Blanc.

Verneuil-s.-Avre, 30 nov. — Roncevel, 11, rue d'auteuil. tous bien, écrivez-moi. — Maria, verneuil. | Gelis, 8, mondovi. tous bien. — Pauline, courteille. |

Le Mans, 2 déc. — Noël, faubourg poissonnière, 9. pauline, marie, nicolette, famille auguste bonne santé, 5, rue vouci, poitiers recevons tes lettres ballon. | Duchayla, 72, boulevard malesherbes, paris. mans, cherbourg, stéphanie à bruxelles, fontainebleau, lavaur bien, argent assez, nouvelles thiers moi. — Eglé. | Salvandi, 30, cassette. cherchez auguste, 1er lanciers marche, 2e escadron, aux mascara, brives, brest parfaitement. — Daux.

Nogent-s.-Seine, 22 nov. — Julien, rue saint-antoine, 170. reçu troutes tes lettres, laure est à falaise, allons tous bien, louis chevanne prisonnier, vous embrassons tous. — Berthier. |

Bordeaux, 3 déc. — Meyer, 9, jussienne. tous bonne santé, sommes bien heureuses, vous verrons bientôt, bien froid ici, bien installées. — Nattan. | Devitraz, gaillou, 23. Bordeaux santé, courage, macfarlane dans paquet. — Emilie. | Broc, bons-enfants, 21. bien portants, albert, sergent-major, prisonnier. — Broc. | Phénix, assurances, paris. vautrey mère et enfants bien portants, reçoivent nouvelles, quatre oui aux quatre questions. — Flinoy. | Cramail, jacob, 30, paris. lettres reçues, tous bien, odent, morand, maurice altona. | Demilly, rue monsieur, 11. santé parfaite, envoyé 3 dépêches. — Bordeaux. | Delesgallery, 11, place bourse. où champeaux, cherchez, répondez. femme bien. — Mérillon. | O'Conor, neuve-capucines, 14. tous bien portants, lettres reçues. — Elignoux. | Beau, sébastopol, 90. famille beau jersey, saint-hélier, duhamel place, 17, reçoivent lettres, bonnes santés, nous aussi, georges né. | M. Herbet, 12, thévenot. tous bien portants à vitré en bretagne avec berthault, pauline boulogne, reçois tes lettres. — Herbet. | Amélie Lemit, 47, abattucci. inquiète vous, iadent, carcenac, bougival, hôtel lambert, bordeaux. — Carné. | Brebion, 5, vingt-neuf juillet. reçu lettre dernière, donner nouvelles carcenac.

Bordeaux. — 10 décembre 1870.

grellou bonnes nouvelles marguerite brebion. — Carné. |

Rochefort-s.-Mer, 3 déc. — Brunetière, 3, place madeleine. nouvelles alfred, tous bien, espérez. — William. | Piédagnel, ambulance, passy. reçu lettres, père mort, lundi. — Thèze. |

Tours, 0 déc. — Fouquet, 41, boulevard saint-michel. santés bonnes, dedron idem. — Fouquet. |

Rouen, 2 déc. — Pognon. rue penthièvre, paris. vos fils prisonniers vont bien, nous aussi, qu'est devenu lucien, bien inquiets. — Lacroix. | Labry, st-dominique-st-germain, 33, paris. qu'est devenu lucien, bien inquiets, comment allez-vous. — Lacroix. | Mme Sorieul, paris, 26, rue de penthièvre, votre père très-mal, extrémité, 2 décembre. — Irénée Lecœur. | Darcy, rue custine, 22, montmartre. reçu lettres, douloureuse nouvelle, maman adam décédée septembre, obrieus renseignements famille leconte, embrassements, boos. — Darcy. |

Tours. — Poulain, 18 séguier. 3 dépêches envoyées, écris à tours, tous bien, donne nouvelles paris. neuilly demande argent, répond si besoin. — Feillet. | M. Laroze, neuve-des-petits-champs, 23. grands parents allons tous bien, pays tranquille, lettres reçues. — Laroze. | Urbain, 3, rue du regard. allons tous bien, bonnes nouvelles, papa trena et marie ici. | Bourdon, paradis-poissonnière, 39. namur, gand, haarlem, bien remises, reçues, bons poste faisables, bébé gentil, fort, dit mamama. |

Rouen, 1er déc. — Sommier, 18, chabrol. 1er décembre, lettre 27 octobre reçue, écris souvent, portons bien, rien nouveau ici. — Sommier. | Hérubel, 6e compagnie, 3e bataillon mobiles seine-inférieure. 1er décembre, 2e dépêche par pigeons, toute famille bien, portante écris souvent. — Fritz | Lanne, 9, richepance. reçu plusieurs lettres et répondu, santé de tous excellente, dis à nicolle d'écrire. — Lanne. | Bouju, 144, rue rennes. dernière reçue 29 octobre, tous bien portants. — Auvard. | Croizé, rue amelot, 104, paris. reçues, va bien, envoi impossible. | Durney, 8, rue mansart, paris. vous avez un garçon, lucy, enfant bien, 30 novembre. — Tignet | Mellerio, 40 bis, fabert. écrivez-nous, eugène bien. — Framonville. | abbé Bousquet, picpus, paris. 2e dépêche, dogme joseph, physique go efroy, louvain havre bien. chartres, châteaudun assez bien. ordination noel. — Postel. | Arnaud, dépôt villette, compagnie est, allons bien, réponds, mouvement rouen. | Labot, 2, coetlogon. allons bien. — Méréaux. | Delestre, 50e mobiles. santé excellente, remplis ton devoir, écris. — Delestre. |

Etretat, 30 nov. — Lafont, amsterdam, 46. étretat, tous parents bien. envoie hebdomadairement bulletins, gauthier, 4', 7e classes. — Fauquer. | Brasseur, artiste, taitbout, 47, paris. tous bonne santé, reçu argent dumoret, guillaud de boulogne, rassure-toi, mille baisers. — Brasseur. | m. Mévil, 21, rue clichy. étretat, bien, andré magnifique. — Marie. |

Dinard, 2 déc. — Hollier, 12, feutrier, paris-montmartre, 3e dépêche. allons tous bien, t'embrassons toujours, dinard, rémy à vermanton 2 décembre. — Henriette. | Pougin, place cambronne, 6. sans lettres depuis 27 octobre, inquiets, écrire, allons bien. | Wittman loiseau, 7, rue st-méry. mère dinard septembre, louis camp conlie octobre, santés bonnes, reçu ballon 14 novembre. |

Lille, le 30 nov. Beslay, rue de seine, 6. allons bien, gardez argent, avons beaucoup, reçu mandat, supplions dire toute vérité sur vous. — Levavasseur. | Chardon, castiglione, 3. tous bien portants. versailles, georges, beslay aussi, dis ton service garde nationale, gand, basse, 22. — Lucie. | Fournier, 14, cléry, paris. reçu 8 lettres, jules à erfurt allons bien, je fais partie armée nord, prévenez concierge. — Montfort. |

Villers-sur-mer, 1er déc. Martineau, 186, faubourg st-honoré. décembre, toutes parfaitement, frères aussi, reçu toutes lettres moins 4. — Elisabeth. | Stoltz, martyrs, 26. toujours bonne santé, inquiet, sans nouvelles. — Stoltz, | Lecerre, boulevard sébastopol, 108. allons bien, lettres tante, maman et familles bretagne, vont bien, reçu vos lettres, écrivez souvent. — Lecerre. | 1er décembre, Cranney, 64, rue hauteville, paris. recevons lettre henry. vous, resterons, villers bonnes nouvelles, émile, eugène. amitiés. — Scheffler. |

Bourges, 2 déc. Berthelin, 29, tronchet, paris. Berthelin, 18e division, mobile tours, état-major. lamy, cabany. corbin bien. pas mot raoul, pourquoi? — Cabany. | Picard, commandant au luxembourg, paris. albert prisonnier mayence, bonne santé. — Thirot. |

Bergues, 29 déc. — Bailloul, 45, st-pétersbourg, paris. paul, degaije, bonnes santés. — Camille. |

Falaise, 2 déc. — Mme Defonbrune, 61, rue ste-anne, paris. parfaite santé partout, enfants travaillent, écrivez toujours, lettres reçues, tranquilles. 2 déc. — Maria. |

Divonne, 30 nov. — Roulina, rue laffitte, 39. donne-moi nouvelles divonne. — Charles. | Alfred Vernet, 18, miromesnil, paris santé parfaite, compris herpin, mas, lutscher, moricand, je t'ai écrit 30 lettres. — Vernet. | Augustin gazier, dusommerard, 12. divonne, 2e dépêche, reçu lettres, réponds toujours, familles et collègues bien. — Victorine. |

Poitiers, 1er déc. — Philippon, 20, bergère. bonne santé, reçu lettres, sommes aigle, hôtel victoria à poitiers, santé bonne. — Peraud. | Delâtre, état-major gouverneur, allons bien, sommes poitiers, si utile arcachon, recevons lettres, adresse arago, parents sont seravezza, ont altissima. — Marguerite. | Lascoux, université, 86. tous fenêtre, bien portants, accouchement prochain. | Robain, lieutenant 3e bataillon, 4e compagnie clichy, mobiles vienne, recevons lettres, allons bien. — Robain. | Lescalopier, royale, 10. moi, maman, anna à poitiers, hôtel france, santés parfaites, neuilly, bourges aussi. | Mathews, 16, berlin. écris. — Dubray. | Vermorel, ducouédic, 30. pierre prisonnier, bien portant, écrivez-moi à poitiers, faites payer contributions à victor, argent chez louis, — Maria. | Corblet, 52. rue montmartre. bonnes nouvelles, rue verton qui marchent bien, poitiers, 1er décembre. — Goffard. | Barot, mobile, 5e compagnie, 3e bataillon, vienne, tous bien, appris vous malade hôpital, tous inquiets, envoyer nouvelles de suite. — Rias. |

Couterne, 28 nov. — Lejeard, huissier, 8, place bourse, paris. donnez congé pour juillet mon appartement, 46, rue amsterdam. — Micard. |

Lons-le-saunier, 28 nov. — me marin, 16, saints-pères. écris-moi, emprunte argent, juvénal-des-saignes. — Camuset. | Allard polytechnicien, maison gauthier-villars, quai augustin. bonnes santés, lettres reçues. — Roll. | Campion, chez bruquessie, 16, rue vivienne. bien, bien. — Renaudie |

Rives-s-Fure, 29 nov. — Moja, 24, bons-enfants. paul va très-bien, nous tous aussi. reçu lettres jusqu'au 20. — Kléber. |

Alençon, 29 nov. — Chellus, avenue st-ouen, 105, portons tous bien, reçue trois lettres balons, père, belgique, eugène, fabrique travaille | Besson, féronnerie, 2. tous bien. — Besson. | Deslandes, quai mégisserie, 20. tous alençon, préviens thierge, marie et hallays, sables olonnes, écrivez ballon. — Ernest. | Pesnel, boulevard rochechouard, 60. troisième envoie, allons bien, recevons lettres, prussiens venus, maners bellême. enfants, moi. Alençon tranquille. — [illegible] |

Evreux, 29 nov. — Villequier, boulevard d'italie, 126, paris. père, mère, seuls au boulay. partout santés bonnes, tendresses. — Villequier. | Slern, passage panamas, 46. donnez nouvelles de vous, jules georges. évreux. — Heymann uril | Bart, latour-maubourg, 8. Graveron. toutes, santé, paix, 35, ballons reçus, écrit beaucoup. — Champlouis. |

Ambroise, 30 nov. — Dutilleul, ministère finances. lettre chaumont, 22, envahis, point maltraités, philippe, marie, enfants vont bien. jeurs souffert, 30 novembre. — Dutilleul. | me mennetrat, barbet-de-jony, 32. suis bonne santé, charles brunchant, bien portant, écrire nouvelles ballon. ambroise. — m. Viart. | Touaillon, sébastopol, 72. santé bonne, reine vouliers. lutte énergique partout. — Duran. |

Lille, 28 nov. — m. père, boulevard st-germain, 6?, recevons lettres, santés parfaites. emile prisonnier à bad-ems. bonne santé. — Père | Debaynin, 56, hauteville. sommes à bruxelles, 22, rue de la braie. santés bonnes, recevons lettres, écrivez chaque jour. — Debaynin. | Rousselle, ingénieur, rue st-dominique, 12. routes à mons, excellente santé. | C. Petit, rue haven, 61. paris. allons tous bien, gand. — C. Petit. |

Tarbes, 30 nov. — Blache, rue surennes, 5. comment allez-vous tous. — Boussès. |

Tours, 7 déc. — Thévenin, 18, ancienne comédie. reçu votre bonne lettre du 3. continuez. reçu lettre de jules trente décembre. bonne santé. espérons. — Personne. | Bignon, 26. rue montaigne. votre famille va bien, mon appartement, rue nicolo, 25, est-il respecté — Dursens. |

Trippier, administration poste, communication, aube difficiles. que devient coutéry? tous ici bonne santé. amitiés à tous là-bas. écrivez. — Balavoine. | Nouton, place alma. orange. tours, merandières, léonce, cordiers satisfaisants. — Nouton. |

Lyon, 30 nov. — Larochette, avenue malakoff, 133. sommes lyon et très-bien. — Larochette. | Langlois, 52, petites-écuries. appelé sous drapeaux bientôt plusieurs agents aussi, prends mesures. tous sinistres réglés, fonds importants comptoir escompte. — Garnier. | Garnier, 23, cail. bientôt appelé sous drapeaux, femme, enfants, lyon. rose ayant dû quitter mari est morte, sommes désolés. — Edmond. | Blot, 34, richer. nous allons bien. Olga. | Urbain, rue regard, 3, pour bouchet capitaine mobile, 4e bataillon, ain. reçois lettres régulièrement, écris plus souvent, écrivons télégraphions tous bien, ville tranquille, toujours montreux. — Berthe. | Dematharel. 67, amsterdam. lettres reçues jusques 19, bonne santé, enfants travaillent. — Claire. | Decouflans, chef ministère justice. allons tous bien. accouchement 3 octobre. grosse fille, laure. reçu vos lettres. albert à tullins. — Letellier. | Paris-Plaisance, rue pernety, 48. norbert, lettres reçues, breteuil bombardé, établissement préservé, institut bien. — Louis-Marie. | Nublat, garde mobile, pontonnier, rhône. reçu onze lettres. allons bien famille entière, cousin parti deuxième légion, lyon libre, espoir. — Nublat. | Bès, chez nettement bellechasse, 51. vais bien. — Marie. | Laurent, 13, pastourelle. nous allons tous bien. — Théophile. | Hodieu, rue de nesle, 11. allons assez bien. lyon provisoirement tranquille. écris souvent. courage, au revoir, prions, cher enfant. — Hodieu. | Flasseur, montmartre, 146. bonne santé de tous. — Dufournet. | Louvre, mobile, ain. st-trivier, 5e dépêches, tous bien portants, femme, enfants, sœur, tantes, cousines, genéve. rue montblanc. — Amicie. | Pinçon, delambre, 22. courage, espérance, administrez affaires et argent au mieux. santés travail satisfaisants, par ordre merhlin. — Neyrat. |

Besse-s.-Issole, 2 déc. — Montenard, rue bondy, 22. hugues, frédéric, armée loire, bonne santé. — Montenard. |

Villefranche-de-Rouergue, 4 déc. — Costes, rivoli, 34. allons tous bien fête. — Eugénie. |

Yport, 1 déc. — Moulin, rue rennes, 153. tous en bonne santé, hélène grandit, recevons lettres, amitiés, yport. |

Ham, 28 nov. — madame veuve Delcourt, avenue trudaine, 31, paris. tous bonne santé, rentrées depuis deux mois. — Ugny. |

Gien, 1 déc. — Portehaut, martyrs, 47. nevoy, bien portants. — Aline. |

St-Valery-en-Caux, 30 nov. — Megnié, rue violet, 54, paris-grenelle. saint-valery, nous allons bien, recevons lettres, argent arras. — Coulon. |

Le Blanc, 3 déc. — Soumani, 13, verneuil. tous bien. — Eugène. |

La Roche-s.-Yon, 3 déc. — Lecornier, 8, londres. avec berthe, hénar pontoise, père, tantes nagel, marie granville. joseph bien, quatre dents, albert content hambourg. — Lecornier. |

Tarascon-s.-Rhône, 2 déc. — Helle, rue grenetat, 47. content lettre charles, faites provisions, buvez vins, santé bonne, morsang bien, xavier évadé prusse, écrivez souvent, longuement. — Faucon. |

Creil, 28 nov. — Trouillet, 63, ste-anne. amélie cécile, fin octobre, enfants, parents, tous bien, reçu sept lettres ballon, dernière 18 novembre, alice bien. |

Cayeux, 29 nov. — Borcher, caisse centrale, postes. allons bien, reçu neuf mandats, restons cayeux, auguste demande mille francs. — Boscher. |

Abbeville, 29 nov. — Vésian, passage saulnier, 23. allons tous bien. — Vésian. |

Berck, 28 nov. — Marion, 13, rue abbaye. tous santé excellente, dans maison bien, frère dieppe garde nationale, pas vu. belle-mère Londres. — Adélina. |

Fécamp, 30 nov. — Charlier, 88, notre-dame-de-nazareth. Tous bonne santé, questionne par carte. — Delettrez. |

Cires-l.-mello, 27 nov. — Poiret, 27, boulevard sébastopol. jeanne et enfants ici bonne santé, maman, famille, frédéric à bruxelles, bonnes nouvelles de famille. — Léon. |

Méru, 28 nov. — Villeplaine, 5, rue luxembourg, paris. santés excellentes, écrivez toujours. — Boulaines. |

Nice, 30 nov. — m. Ubicini, rue montparnasse, 36. tous ensemble nice. recevons toutes vos lettres, pensons beaucoup à vous. embrassons. — Fred. | m. Carraud, colonel forestier, auteuil. tous nice, enfants bonne santé, jarre, nohant, pauline tous bien, recevons lettres, mille baisers. — Zoé. |

Calvy, 28 nov. — Collas, place vendôme, 12. paluzzi besoin argent règlement, puis-je fournir trois mille marseille trois mois. rien autre extraordinaire. — Fajol. |

Mende, 1 déc. — Lascols. 44, moscou. oncle mort, bébé superbe, gâté, pas exposer. penser nous, baisers toi, amitiés odin. — Lascols. |

Lillers. 30 nov. — d'Hinnisdal, soldat 1e régim. infanterie marine, bercy. inquiétude sur ton sort à son comble, père va bien. — Rosoline. |

St-Brieuc, 2 déc. — St-Pierre, 14, beaune, paris. femme, enfants, familles. voisins. Lamette parfaitement, henri sage vannes, bretagne tranquille, résilier bail. | m. Delépine, 28, truffant, batignolles, paris. nouvelles lecoz, yves, sergent 7e compagnie, 5e bataillon mobile côtes-du-nord, auteuil. — Delépine. |

Angoulême. — Vivier, 9, morny, paris. non. — Marcel. |

Vire, 1 déc. — Dunod, 49, quai augustins. vire enfants bonne santé, frère mort 3 octobre. — Bachetat. |

Angers, 3 déc. — Leloir, jacob, 1. famille entière bien, écrivons souvent par pigeons, fanny angers, gaston 6 dents, tranquillité partout. — Julie. |

Madiran. — Lebour, rue constance, 7. bonnes nouvelles aujourd'hui. — Fourtet. |

Pontrieux, 2 déc. — m. Bouët, des moulins, 11. batignolles, paris. reçu bonnes nouvelles d'henry, prisonnier erfurth, prusse. — Grosjean. | Nicole, sergent, 20e mobile. inquiets, demande cent francs à dorvault, tous bien. — Nicole. |

Laval, 2 déc. — Pillet-Will, 12, moncey. robert, marie bien. — Lamiston. |

Sablé-s.-Sarthe, 30 nov. — Delamazelière, richepanse, 9. succès à neuville, arthur bien, lieutenant. — Yvonne. | Boucher, petit-carreau, 1. pas de nouvelles depuis deux mois, inquiétude, écrire. — Chesneau.

St-Hilaire-du-Harcouet, 2 déc. — Tessier, 15, rue de laval. donnez vos nouvelles au coquerel. — Legrand. |

Cusset, 30 nov. — Blanchet, brigadier 22e artillerie, 5e batterie, levallois-povret, paris. tous bien portants, moi triste, carte reçue. — E. Mailly, molles. |

Baguères-de-Bigorre, 1er déc. — Maury, capitaine, mobile seine-marne, louvre. santés excellentes, superflu famille Vernier bien pau. — Maury. |

Portrieux, 28 nov. — Courson, 38, monceau. tous bien st-quay, Robert amiens, Paul mayence. |

Bayonne, 30 nov. — M. Lannes, grange-batelière, 16, paris. remerciments de votre envoi. votre famille est bien et moi aussi. — Vidal. | Eugène Vega, haussmann, 103, paris. toutes les familles bien. votre lettre reçue. dites-le à françois, Joaquin à havanne. — Dolorès. | Delrue, 19, vivienne, paris. Gustave saint-amand avec famille. santé bonne. lettres reçues. — Roger. |

Pau, 1er déc. — Joubert, balzac, 23, nous portons bien. pensons à vous. Jean très-sage. continuez d'écrire. — Jeanne. | Nonnez, 11, rue clouzel. habitons pau, bien portants. — Adrien. | Morlot, laffitte, 7. tous bien. écrivez deffan, embrassons. — Amélie. | Vatin, 43, échiquier. Charles Edme Ardant Vatins pau. Mustel rennes, Landrys laval, tous bonnes santés, écrivez, recevons nouvelles. — Ginot. | Baron Malouet, bellechasse, 6, paris. Deriberolles à pau. | Lannes, 16, grange-batelière. portons bien, gabri, moi, parents venus gelos quelques jours laforgue, toi seul manque. — Amélie, 30 nov. |

Janzé, 28 nov. — Fouché, chef d'escadron, 12e cuirassiers, vincennes. famille bien. lettres reçues. Berthe rien. — Stanislas. |

Angers, 1er déc. — Barry, 6, normandie. Marthe the et tous toujours très-bien, Delacour aussi, dire charles, reçu toutes lettres, angers, 31, boisnet. — Picard. | Durostu, capitaine état-major, 2e division, 13e corps, bicêtre. Bijoire, lettres arrivent. santés bonnes. Maurice, Gaston capitaines, vont partir. — Marthe. |

Lille, 27 nov. — Michée, 46, victoire. reconnaissant, reçu six lettres. écrivez — Favières. | Bouisson, verneuil, 41. reçu une lettre. donnez nouvelles. — Favières. |

Bourges, 5 déc. — Charon, racine, 2, paris. reçue vos lettres, moi écrit six fois. Santé bonne partout, grande confiance. — Esther. |

Lannion, 28 nov. — M. Pichard, rue bréa, 20. belle-sœur et mme Brouard sont à loches. envoyez nouvelles. courage. — Lesage. |

---

29. Pour copie conforme :

l'Inspecteur,

Bordeaux — 11 décembre 1870.

Tours. — Bertelier, rivoli, 69. livrez ismes et chenoz. — Desvernay. | Gunet, 33, sentier. bonnes nouvelles. lettres arrivent.— Duché. | Neusschen, 67, eylau. santé, espérance. Zlorowski recommande Kez argent. — Neusschen. | Henrotte, 12, rue clichy. vos enfants ont reçu vos lettres, sont tous à liége, allaient bien le 18 novembre.—Guérin. | Simon, anjou, 8, marais. reçu vos lettres 5, 9, 14 novembre. vos ordres seront remplis aussitôt possible. — Moréno. | Bailly, 35, meslay. courage vendez cheval. congédiez momentanément cocher, si peut toucher solde garde. reprendrais retour. merci lettres. répondu. — Milcent. | général Ferri Pisani, 2e corps, 2e armée. marseille attendant dans mortelle impatience revoir ceux que nous aimons. — Camille. | Joly, corps législatif, 6 décembre. tous parfaitement, climat excellent, enfants fortifiés, pas névralgie, argent suffisant. — Louise. | Jolly, 3, pyramides, allons bien, hâvre tranquille. Paul, Noëmi à melun. recevons tes lettres. Despatys reims, Jeanne nîmes. | Edmond Cahen, 3, hauteville. Alfred genève. tous bien. Gustave prisonnier. | veuve Moïse, rue vieille-du-temple, 23. Emile et toute famille parfaite santé. — Anselme. | Fould, 24, st-marc. quitté boulogne maman 13 novembre, heureux voyage, installés menton avec parents, enfants, moi, excellente santé. — Mathilde. | Mme Pimparé, paris, louvois, 2. quitté mouchard menacé, habite valence drôme avec famille, 15, rue gare. communiquer à Boulo. — Nathalie. | Delle, 16, notre-dame-lorette. bien, granville. — Delle. |

Monceau-les-Mines, 5 déc. — Mme Kakosky, rue des trois-bornes, 29. Amédée porte bien, Ange blessé coblentz ont dit Kakosky portait bien, signé capitulation, prisonnier sur parole, france. — Puchot. |

Bonny, 28 nov. — Méritens, rue bagneux, 9, paris. reçu lettres Valérie, bonnes nouvelles Montreux. douleurs rhumatismales cinq semaines. ennemis point. — Paulmier. |

Langoiran, 4 déc. — M. Grégoire, faubourg poissonnière, 29. bien portantes chez Pascaud. — Tournesay. |

Lyon-Terreaux, 3 déc. — Paschoud, 198, rivoli, paris. merci souvenir, Lucy bien forte. maire satisfait. parents bien, Maurice ambulance orléans, Hedwig, enfants, leipsig. — Adélaïde. |

Auxerre, 2 déc. — Dellatable, casimir-perrier 4. auxerre, brives, santés excellentes, non envahi. — Marie. |

Meursault, 1er déc. — M. Henry Marette, rue de rome, 47, paris. père, mère, famille bonne santé. nous tranquilles chez oncle Delaplanche, auxey, meursault. — Marie Marette. |

Cuisery, 3 déc.—Deslane, 60, rue la tour, passy. allons bien, sommes à cuisery, Camille ceyzeriat, recevons vos lettres, prussiens pas ici.—Lyse. |

Cordes, 4 déc. — Perrodil Jumel, 14, monsieur-le-prince. Thérèse, Joséphine tous parfaitement, enfants travaillent, professeurs musique. — Perrodil Jumel. |

Châlons-sur-Saône, 3 déc. — Champonnois, 8, jussienne. prussiens rapprochés. Maria à oloron. toutes santés bonnes. — Champonnois. |

Orbec-en-Auge, 3 déc. — Bardin, 41, boulevard sébastopol, paris. portons bien orbec, 3 décembre. — Irma. |

Dinard, 4 déc. — Daumesnil, rue lepeltier, 51. bonne santé générale. as-tu provisions, trompeau besoin de rien. famille Louise bonne santé. 4 déc. | Legrand, rue richelieu, 92. tous bonne santé. André charmant. nous vous embrassons, 4e dépêche.— Legrand Hérard. | Bassot, 4, rue st-arnaud. porte bien. séparation bien longue. | Prudot, capitaine, 39, boileau, auteuil paris. toute famille bien. pas prussiens. reçois lettres. charité. |

Portrieux, 4 déc. — Courson, 38, rue monceau. Robert, Paul, tous bien. — Courson. |

Châtellerault, 5 déc. — Cardinault, caporal mobiles, 36e marche. portons bien. écris, argent Desnoyers, cavaroc, devoingles, proa, fait billets, payerai, — Cardinault Chevalier. |

Puy-Laurens, 4 décembre. — de Paleville, chef de bataillon au 35e régiment de marche, st-denis, paris. reçu lettre du 9, connais succès, très-impatiente avoir nouvelles.— E. de Paleville. |

Elbeuf, 30 novembre. — madame Nadaud, 161, rue de vaugirard. allons très-bien, reçu lettres, baisers à tous.—Fournier. |

Falaise, 29 novembre. — madame Defonbrune, 51, rue ste-anne, paris. parfaite santé partout, enfants travaillent, écrivez toujours, vos lettres reçues. — maria. 30 novembre. | maussion, 24, bons-enfants. prisonniers pas malheureux, nous tranquilles. pauvre Aline! | crepeau, 75, avenue wagram. nous, marette, gaillard, leclercq, bonne santé, informe les familles. — crepeau. | Sassier, 202, rue d'allemagne, paris-villette. seconde dépêche. santés bonnes, reçois lettres, mille baisers. — Nelly. |

moulins-la-marche, 20 novembre. — gosset, 8, rue louvre. tous bien, 5, st-clement's road, jersey. Houssay bien. — marie. | Delamarre, 73, notre-dame-des-champs. pau bien. Roger bien. georges bien, évadé, rejoint régiment.— Houssay. |

Avranches, 27 novembre. — Petitjean, 31, provence. toujours granville bien portantes familles Petitjean, cottreau, Peteau, mallet, Robillard, à metz.—Petitjean. |

Laval, 28 novembre. — Delorme, 18, passage saunier. reçu lettres 20, Robert parti, Faure ici, tous bien, Xavier écrire laval.—Louise. 28 novembre. | gratiot, 8, rue milan. bien portants, reçu dix lettres. — gratiot. | Reggio, 44, bourgogne. tous bien portants laval. — Reggio. 27 novembre. | Lauriston, 16, capucines. Reçu lettre du 17. Hilarine, Félicie, réunies laval. Henri, Maréchale, familles bien. Fréchines bon état. 28 novembre. | Dardoize, éperon. maman administrée, Truffaut maintenon, Albert pontoise, prussiens installés. | Leys, 3, place madeleine. allons tous bien.—Violet, charpentier, laval. |

Figeac, 2 décembre. — Delavèze, 47, boulevard magenta. congé, tous bien. — Delavèze. |

Sassetot, 30 novembre.— colonel Ragon, 49, rue trévise. vu nomination, compliments, écrivez-moi. —Raineau. |

Béziers, 1er décembre. — Lamasse, ministère guerre. bien. — moreau. béziers, 34, bessan. |

courseulles-sur-mer, 30 novembre.—Loyau, 14, notre-dame-lorette. lettres reçues, courage, félicitations Hortus, écrivez souvent, silence. — Berthe de Saint-André. | Déloges, 26, feydeau. allons bien, recevons lettres. maris. |

St-Etienne, 1er décembre —madame Denormandie, 89, boulevard haussmann. santés bonnes, inquiets passy, transporter chez ton père objets portatifs.— Cousin. bex. |

Montrésor. — monsieur Wolowski, 45, rue clichy, paris. Thècle, Wolowska, Casimir excellente santé à montrésor. reçoivent vos lettres, passy écrit souvent.—Casimir. |

Dax, 2 décembre. — Demeaux, 26, rue richer. ennui inquiétude pour toi, santés bonnes, 20 rumigny tranquille, René dent.—Louis. |

St-lo, 2 décembre. — monsieur Boussod, 9, rue chaptal. tous bien portants.—Boussod. 30 novembre. | monsieur Dupont, 7, rue hâvre. toute famille ici et province bonne santé. |

Vichy, 2 décembre. — Bayvet, 13, turbigo. apprends victoire, partirai paris aussitôt possible. allons bien, Alphonse brie bien portant, Hortense montigny.—Bayvet. |

Montceau-les-mines, 2 décembre — Chagot, 55, boulevard haussmann. nous recevons traité banque et inventaires, ici tout va bien.— Chagot. |

St-jean-d'angély, 3 décembre. — Jéramec, 175, rue st-honoré. santés parfaites, recevons lettres photographie, baby baisers.—Giannetti. |

Seignelay, 1er décembre.— Martin Baron et compagnie, 4, rue de la bourse. donnez-moi nouvelles Alexandre Baude.— Bias, à seignelay (yonne). |

Dôle-du-jura, 1er décembre — Desaulle, 17, passage génie. Alfred intact spandau, enverrai argent.—Belin. |

Trouville, 1er décembre. — Leemans, 17, suresnes. bien portant. — Potron. | Escudier, 7, rue d'enghien. soigne-toi. enfants travaillent, onzième dépêche. — Caroline. trouville. 1er décembre. | Durand, 165, boulevard l'hôpital. Charles, Alphonse, colonie villers, vont bien. reçu vos dernières lettres, datées 16 novembre.— Durand. | Delaserre, 7, quai voltaire. toutes familles bien, partons pour gorre. — Delaserre. fleurigny. 1er décembre. | Perthuis, 29, université. habitants st-gabriel, trouville, kerliver, parfaitement bien. communiquer Dumas, ordre montaigne écrire. comment va Laffeuillade? — Elise. | Leroy, 35, boulevard st-michel. Saint-Just parti rejoindre Alphonse et Charles, famille toujours villers, allons bien. — Louise Leroy. 1er décembre. |

St-germain-du-plain, 30 novembre. — Sordet, 1er marche dragons, 2e escadron, paris. dernières nouvelles du 21 octobre, santés bonnes, André officier 57e lyon.—Sordet. |

Auxerre, 1er décembre. — Chocat, 1, soufflot, famille bonne santé. Adolphe, Edmond. francs-tireurs. Lucien cavalerie libourne. | Casimir Périer, 76, rue galilée. tous bien, Lorrez aussi Pont tranquille. ta dernière lettre du 5.— Pierre. 30 novembre. |

Honfleur, 30 nov. — Ricards de los Rios, 32, rue de vanves. vos lettres ont été reçues, écrivez comme toujours. — Ayrton. |

Grenade-sur-Garonne, 30 nov. — David, commandant fort nogent, nous allons bien. — Camille. |

Belleville-sur-Saône, 29 nov. — Danlion, intendant, saint-dominique. paul niort, santés bonnes, recevons vos lettres. — Sophie. |

Méru, 28 nov. — Dame Desnotes, jacques, 89, quai valmy. mari bien portant. — Desnotes. | Castel, pharmacien, 4, prince-eugène. ici, santé bonne, compliments paternels. — Castel. |

Maubourguet, 1er déc. — Général de liniers, paris. vos fils bien portants prisonniers à burg. — Guillaume. |

Seignelay, 27 nov. — M. Garnier, 18, lepeletier. dames vont bien, bordeaux poste restante, souvent lettres, femme auvergne. — Bias. |

Ciron, 3 déc. — D'Aubeigné, 54, rue verneuil. tous bien, aïeule bourges. ernest prisonnier naumburg, arthur prisonnier parole. lettres reçues 23. — D'Aubeigné. |

Saint-Omer, 30 nov. — Butor, lieutenant artillerie pas-de-calais. allons tous bien, camille ici. — Butor. |

Limoges, 2 déc. — M. Lachassagne, 200, faubourg saint-denis, paris. envoie cent francs, accuser réception, ferai autre envoi après. — Régnier. |

Ligueil, 3 déc. — Bisson, 54, faubourg poissonnière. Evelina décédée 28 septembre, les autres santé. — Conmao. |

Chalon-sur-Saône, 1er déc. — Theulot, 52, boulevard sébastopol. sœur amis ici, femme à cessy, tous bonne santé. — Potel. |

Alger, 29 nov. — madame Binet, 5, garancière, paris. bien, alphonse aussi, henry engagé infanterie, courage, amitiés. — Marie. | Gravois, 4, paix, paris. veuillez autoriser rouquier, alger, remettre fonds. — Granger. |

Fécamp, 4 déc. — Canda, 141, faubourg saint-martin. portons très-bien. — Canda.—

Nantes, 4 déc. — Victor Masson, éditeur, paris. écrivez rue préfecture pau. — Bobierre. | Lacaussade, 32, billault. vos nouvelles, celles édouard, cléry, trébuchet.— Sara. | Callon, 9, odéon, paris. vais bien, eugène aussi, arras, voisin cologne. — G. Callon. | Delachaume, 37, acacias, ternes. reçu lettres du 29. tous réunis à nantes, famille bien, courage.— Pauline. | Astier, 28, tournelles. allons tous bien, gaytte, cary et les favreau aussi, delille restés saint-jean bien portants. — Astier. | Chef gare bercy, paris. livrez trois fûts cerises M-R, avis 30 septembre à henry collet, 15, paradis-poissonnière. — Mimard-Roussel. | Veuillot, saints-pères. Pas reçu second *République tout le monde*, envoyez tôt, bonnes nouvelles mans, bécherel nauter. — Aubineau. | Lafaulotte, 36, godot-mauroy. santés bonnes, donne nouvelles, préviens bureau pas connaître marché dont parle lettre 19 novembre, amitiés. — Duquénel. | Bouché, 5, charlot, marais. santés bonnes, reçu lettres 4-29 novembre, connais pas marché, amitiés pour tous lafaulotte. — Duquénel. | Robert. nos santés bonnes, donne nouvelles ballon, prévenir lafaulotte bureau. je travaille énormément, amitiés. — Duquénel. | Madame Regardin, 15, rue grenelle-germain, paris. nantes allons bien, tours aussi, eugène scarlatine mieux, reçu lettres. écrivons albert béville. |

Saint-Valéry-en-Caux, 4 déc. — Baillot, 36, bac. portons tous bien, pannevel procure argent et crédit, reçu neuf lettres et seulement argent aujourd'hui, mille amitiés. | Jossier, 15, cerisaie. famille jossier, pinta, martineau, levinville vont bien, ont argent, reçoivent lettres. |

Niort, 6 déc. — Amiral Challié, 9e secteur, paris. gaullnet tous bien, recevons lettres. — Challié. | Mahou, 54, saint-georges. suis préfet niort. rien reçu depuis fin octobre, amitiés à tous. — Léonce. |

Pau, 5 déc. — Champeaux, 126, rue de marny, paris. sommes bien portants, désirons nouvelles sur votre santé, tous nous vous embrassons, à pau. — Victor. | Sabot, 35, boulevard beauséjour, passy. Pucey léonie bien, écrivez nouvelles henri, où est-il? courage, reverrons bientôt. — Pucey. | Jozon, 25, coquillière, paris. tous bien portants pau, 8, place grammont. recevons tes lettres, embrassements. — Camille Jozon. |

Fernex, 4 déc. — Schœnefeld, 35, bellechasse, paris. genève, 3. bonne santé, argent suffisant. pension flaegel. — Fanny. | Civiale, 2, tour des-dames. je vous autorise prie toucher nos loyers, signer quittances, impôts, amitiés. — Touchard. | Thomeguex, 12, port-mahon. reçu nouvelles 17 courant, tous bien. — Alice. |

SERVICES ET AUTORISATIONS.

Bordeaux, 00 déc. — Jules Favre. écrire à léon favre, bordeaux, cours d'aquitaine, 20. | Léon Génisty, administration centrale postes. mon appartement, rue nicolo, 25, passy, est-il respecté? — Dursens. | Damiron, 48, rue passy. tous bien portants, reçu plusieurs lettres, communiquez ceci à famille huber, cart cormondrèche, canton neuchâtel (suisse). | Lafitte, 21, neslay, paris. en santé bonne mendrepuis, enfants et paris tranquilles, vosselen ici. — Céline. | Serrand, saint-arnaud, 9. embrasse tous, rené capitaine décoré mission. — Peragallo. | M. Labadie, rue bergère, hôtel bergère, paris. reçu lettres, tous en bonne santé. — Labadie. | Paravey, 44, petites-écuries, paris. mines marchent, usines commencent, bounal a foncé, production va suffire, doit crèvecœur 100,000. — Garnier. | Egger, 48, madame. père mort subitement 17 décembre, enfants bien. — Egger. | Garde, 4, abbaye. reçu lettres midi. joséphine, antoinette, sophie bien, attendent lettres, voyez giraud, lacour, donnez bonnes nouvelles.—Beaudouin. | Salar, 1er bataillon, mobiles seine-et-oise. dix, toutes santés excellentes, héloïse bonne nourrice, marthe forte, souriante. embrassons. souvenirs chauvot gastelier.— Bourdin. | Président commission armement à ministre travaux publics, paris. envoyez dans un ballon trois millions amorces canouil, fabrication exclusive paris. — Jules Lecesne. | Mde Goubet, 3, perdonnet. inquiet, pas nouvelles de vous, fernand et moi allons bien, dites à m. bigorne toute sa famille angleterre bien. — Balavoine. | Personne, mobile, 14e bataillon, 1re compagnie, ermitage, saint-denis (seine). reçu lettre du 7, tiens promesse écrire souvent, courage, santé, espoir. — Personne. | Renou, boulevard italiens, 5. famille dumaine vous envoie ses souhaits, votre famille bien, moi blessé, porté pour la croix. — Dumaine. | Renou, boulevard italiens, 5. émile, paul partis cherbourg, marie, pauline, dumaine peu blessé, bordeaux tous bien, écrit huit lettres. — Raymond. | Fourchy, 266, boulevard-saint-germain. souhaits, jamais séparation, santé parfaite, alice fortifiée engraissée, tous prient, parlent toi constamment, baisers. — Maria. | Crotel, 20, neuve-des-petits-champs. 3e dépêche, bonne santé, ludovic aussi, ai provisions, lettres pas régulièrement, vous aime. — Crotel. | Dehaut, 147, faubourg saint-denis. allons bien, recevons lettres. — Georges. | Dubois, 4, boulevard poissonnière. savoie familles très-bien. ailleurs pas nouvelles. — Berard. | Depaul, jacob, 46. reçu lettre du 17. tous bordeaux bonnes santés, embrassons chers grands parents, 20e dépêche. — Pierre certes. | Mme Arnaud, 39, échiquier. parents bonne santé, reçue lettres ballon, désireraient détails sur neveux, amis, leur propre ménage, amitiés. — Scheffter. | de Lichtenstein, 26, jacob. émile bien portant, décoré, mais prisonnier à gloyau (silésie). il a argent. amélie va bien. j'ai déjà envoyé 2 dépêches. — de Liénard. | Mme Lemaître, 59, rivoli. reçu vos lettres, allons bien bordeaux, sommes très-inquiets alfred matagrin, lieutenant, 3e bataillon mobile aube. prière envoyer nouvelles et lui dire écrire. — Hélène Matagrin. | Axenfeld, 24, godot-mauroi. santé excellente, chaudement. prussiens partis. touché 300. refusé asnelles, nantes. avons argent. colonie parfaitement. — Henry. | Puissant, 125, cherche-midi, paris. télégraphié à auxerre, pas réponse depuis 15 jours, amitiés à tous, écris. — Cavalier. | Docteur Blanche, passy. tous bien, écrivez bordeaux, mari préfet, province excellente. — Allain-Targé. | *Avenir national*, boulot. cher peyrat, ami mahias, province marche, mobiles, mobilisés bons. suis préfet bordeaux, ville excellente. — Allain-Targé. | Caël, inspecteur télégraphe. sommes à bordeaux bien portants, écris-moi à la direction générale télégraphe. — Marie Caël. | Adam, rue charles V, 2. pauvre georges mort 13 septembre, en sûreté collet, reçois les lettres, bien portante, amitiés. — Delphine. | Radou, cité riverin, rue bondy. sommes bien, écrit bruxelles, communiquerai réponse, dites émélie demander argent gobert si nécessaire, merci. — Henri. | Intendant-général Robert à Blondeau, directeur guerre, paris. prenez cartons graphiques chez moi et classez par procédé baltard institut. répondre bordeaux moi, saint-hilaire ou baltard. — Robert. | Mme Richier, 29, avenue millaud. je vais bien, famille de renwez aussi, suis à bordeaux, prévenez adélaïde. — Guillemet. | Boudard, 79, ouest, plaisance. bonnes nouvelles beaune, marguerite à saintes depuis un mois avec sœur. santé bonne. voyez gigoux. — Maupin. | Rolland, 9, françois-miron. bonnes nouvelles vouziers 7 décembre. sans nouvelles de vous depuis trois semaines, écris, bonne santé, courage. — Rolland. | Mme Marcel jeune, rue dunkerque, 51. edmond gobin a reçu vos lettres, tout le monde se porte bien. — Franquin. | Rolland, 9, françois-miron. reçu lettre du 3. prends tout chez moi, difficile avoir nouvelles vouziers, courage, amitiés à tous. — Rolland. | Bellanguez, poulet, 26, montmartre. merci votre lettre. fanny girard, beauvisage et nous bien.

SERVICES ET AUTORISATIONS

voudrions nouvelles de vous, garnier, girard, desquartiers. — Ansault. | Baron, manufacture tabacs. santés excellentes à brest, autin, millau. jules lycée 7e; eugène meursault; henri, fourrier, génie armée bretagne. — Cécile. | Pelletan. louis bien portant metz 29 octobre. tous bien, embrassons vous, bourard, dorian, huet, à bientôt. — Pelletan. | Jouaust, saint-honoré, 338. vont bien, sara, enfants saint-aubin ; maman, moi tours. provisions dans armoires. — Jouaust. | Lechevalier, 61, rue richelieu. tous trois bonne santé, confortable. rappelle au mans, mère, jeanne parties dix jours. — Lechevalier. |

Bordeaux. — 11 décembre 1870.

Cahors, 3 décembre.— Bergon, 34, rue madame. figeac, cannes, bien.—Adolphe. |

Montauban, 3 décembre. — Tardieu, 361, st-honoré. bien portant montauban, suis brigadier, pars pas encore, Auguste hambourg prisonnier sauf.— Tardieu. |

Auch, 4 décembre.—Cavaré, 27, boulevard-poissonnières. pigeons voyageurs. enfants sages, tous bien portants.— Cavaré. |

Niort, 4 décembre. — andré, 186, faubourg-st-martin. coralie accouchée grosse fille, 4 heures, 4 décembre. mère, enfants, très-bien, comme tous. — Lasson. | Bassot, 25, baudin. animaux appartiennent à Bassot, reprends nos clés campagne, congédie Métivier, donne 100 fr. à-compte seulement.— Grieu. |

Villerville, 26 novembre. — Ruau, chef ministère finances. famille Delvincourt bien portante, besoin argent.— Delaporte. villerville. | Dumas, 57, quai valmy. villerville bien portants, écrivez chaque jour.— Dumas. |

Toulon, 29 novembre. — Krantz, commandant, fort ivry. portons bien, Jules guadeloupe, espérons. — Krantz. | monsieur debullemont, préfecture de police. portons bien, reçu lettres, embrassons.— Louise. |

Toulon, 28 novembre. — Sommer, passage princes. porte bien, 4e dépêche. — Marie. | carvés, lieutenant vaisseau, fort montrouge, arcueil. portons bien, envoyé trois dépêches par pigeons, embrassons.— angèle carvés. | Scias, capitaine canonnière la rapière, flottille seine. tous les parents vont bien. — Sylvie Scias. | decaix, 3, rue rovigo. tous bien partout. Edmond valenciennes —Marie. | Leriche, capitaine, 11e artillerie, école militaire. oui.—Honorine. | dumuy de lôme, comité défense. vôtres tous bien à toulon, nous bien. sincère, amitié, patience, espoir.—B. Gas. |

Saint-Tropez, 5 décembre. — Letellier, 27, rue douai, paris. Normandie ici, portons bien. — Letellier. | Oury, 77, rue rambuteau, paris. portons bien, reçois vos nouvelles.—Letellier. |

Pau, 29 novembre. — chevalier, 216, rivoli. santés bonnes. casimir, alice, bien mieux. vendre moitié de l'emprunt.—chevalier. | Libanio Santos, 19, hauteville. change 22, tout bien, pas d'enfant, retournerai. donnez nos nouvelles Lartisien, 5, beaux-arts. — Marques. | Leclère, 9, place des abbesses. reçu toutes lettres. tous bien portants pau, chez Bernis. — Fanny. 28 novembre. | Boulenger, 4, vertbois. Thérèse accouchée garçon. Evian, 46, grand'rue, avec famille. santés bonnes. — Hautin-Launay. pau, 2, écoles. | madame Pierret, 11, rue turin. à pau bien portants, reçu nouvelles, écris.—Flandry. | madame Pannier, 53, rue condorcet. à pau bonne santé, sans nouvelles, écris. — Flandry. | Vian, 16, rue bleue. famille Vian bien, reçu nouvelles cardozo, léon lévy bien. — Vian. | Bernadotte, sous-lieutenant 1er chasseurs, 13e corps, Vinoy, paris. famille va bien, pau tranquille.—Valérie. | Scola, 67, provence. donnez nouvelles longuement, promptement. — Fafet. pau. | Wateau, 46, larochefoucauld. tous bien pau, hôtel paix. recevons lettres, écris par ballons.—Watteau. | Odier, 4, paix. tous bien.—Joly. | Belloc, 78, rue courcelles. moi, enfants, pau avec Domenechs depuis octobre. lettres reçues. Hippolyte parti, Pauline bruxelles, Toinis bien.— célina. | madame Leplus, 4, mosnier-place-europe. (duplicata.) Leplus bien portant cassel, écrivez vite rue lycée pau, ferai parvenir lettres. — domenech. | Bécart, 41, rue notre-dame-des-victoires. Ecrivez ballon, demandez télégraphe pour moi vous répondre.— Poirson. | denormandie, 89, boulevard haussmann. bonnes santés, lettres reçues. argent inutile. — Nisard. | andré, banque. santé remise. comment santé tous ? villerville santé. réponds. — Poirson. | Bellet, 18, quai béthune, paris. sommes avec tante Legendre à pau, tous bonne santé. — alice. | cottin, 15, rue labaume, paris. allons bien tous, trouville de même, envoyé lettres. — cottin. 97, sloane street. | Touttain, 10, rue poissonnière. habitons, louise et deporto, pau. bonjour papa; armantine et tous. écrivez madame Touttain. poste restante. — Valentine. | abarroa, 102, richelieu. Envoyez ballon lettre crédit dix mille francs pour pau et st-sébastien. — Salcedo, 32, rue tran, pau. |

Nantes, 30 novembre. — lavrignais, 19, miroménil, paris. henri delarbre lorient parfaitement, boischevalier habité, tous bien, caroline ozamme. —louisa. | duché, 56, provence. cartes répondues, vaccination réussie. conduite, travail, excellents. toutes santés parfaites, calme absolu, clémentine bien.— Guyot. 30 novembre. | général Vinoy, paris. tous bien portants, employé tous les moyens de correspondre, reçu lettre 19.—Vinoy. | Urbain, 21, rue st-sabin. écris-moi. dis ma sœur santés parfaites, affaires convenables chez nous tous.— dechaille. | Ecorcheville, 10, rivoli. donner nouvelles, ici bonnes, voir si agriculture a soldé entièrement mon emprunt. réponse caillier, confiseur, nantes. — Monthiers. | Pottier, 47, rue clignancourt. Ecris-nous quai duquesne, 6, nantes. dis à auvergne, flandre, rouillon, écrire plusieurs fois. — Pottier. | hurlier, 47, rue trévise, paris. contre couverture versé deux fois à sougland paie ouvriers, attendons ordres pour décembre. — andré hamar. | Boissaye, 27, chaussée-d'antin, paris. donnez instructions pour acceptations comptoir, tirages des agences sur paris, coupons divers présentés ici. — andré hamar. | comptoir escompte, paris. marche du service régulière et facile jusqu'ici, rien extraordinaire à signaler, positions généralement bonnes.— andré hamar. | Carez, 21, rue pigale. tous bonne santé, restés tranquilles bélévent, lucie deschapelles et deux filles vont bien. — Ve E. Onfroy. | Fernand Beeckman club, rue royale, paris. peu importe d'où nouvelles, raoul légation france, balan bruxelles, ambulances selle arrivée. — Mère. | Raoul Beeckman, éclaireur franchetti, club rue royale, paris. peu importe d'où nouvelles par légation france, balan bruxelles ambulances. — Mère. | M. Surmont, 25, boulevard bonne-nouvelle, paris. santés bonnes, lettres charles reçues, écrire, donner argent à eugène, concierge, cuisinière. — Surmont. | Hellbronner, 36, neuve-des-petits-champs. tous bien portants, pensées constantes, écris cher armand, nouvelles aussi par dieppois. — Chrétien. | Lagrave, 16, belleyme. georges prisonnier, bonnes santés, delamare, corlieu, martin, bertaux. — Dumas. | Tortoni, 57, cardinal-fesch. hôtel de londres dieppe, tous bonne santé, écrire souvent. — Gervais. | Madame Radou, 4, rue marengo, paris. tout le monde en parfaite santé, tranquilles à mirosménil. — Ozenne. | Guéry, 38, quai hôtel-ville. lettres reçues, allons bien. — Guéry, rue midi, 95, bruxelles. | Charles renard, 2 boulevard italiens. tous bonne santé, chaumont pas mal, triste séparation, mille baisers tous, que fais-tu. — Caroline. | Girod, 18, provence. point lettres depuis 26, tourmentée, bonnes nouvelles évian. — Girod. | Leduc, rue université, 56. père décédé aujourd'hui venir si possible dieppe. — Paulin. | Madame Morand, 115 ou 117, lafayette. lettres reçues, santés bonnes. — Bobeuf. | Jules Ferry, paris. prévenir burat frère. carlinnos mort dieppe 11 novembre. famille partie bruxelles, hôtel suède, tous bien portants. — Burat. | Rodrigues, 48, londres. enfants florissants dieppe, tours, excellentes nouvelles cliquot, lechevallier, tarbes, étretat, metz. écrivez-nous nouvelles sœur héléna. — Louise. | Corlieu, 10, françois-miron. corlieu, petit, les delamarre, dumas santé bonne. — Corlieu. | De Broutelles, lieutenant mobile seine-inférieure, bataillon yvetot, 48, chaussée antin, hôtel nouvel opéra. tous bonne santé, écris plus souvent, embrassons. — Broutelles. |

Boulogne-sur-Mer, 27 nov. — Herment, 50, neuve-des-petits-champs, paris. famille oberrieth, weerder, ferdinand béghein, césar, nous tous bien portants, reçu vos lettres 20 novembre. — Herment. | Herment, 50, neuve-petits-champs, paris. reçu par wheler lettre famille oberrieth, bien portants, demeurent, 4, rue veaux, vous envoient compliments. — Herment. | Herment, neuve-petits-champs, paris. Obry a reçu votre lettre 9 novembre, ouvrez armoire chambre célina, trouverez vivres, vêtements chauds. — Herment. | Herpin, 18, rue miromesnil, paris. londres 26 novembre, chambre sénat péruviens approuvent notre contrat, immense majorité, tous bien.— Alfred. | Jules simon. lettre lasserve, réunion complément pour vous, recommande volontaires. — Chabrier. | Bra, 25, croix-des-petits-champs. allons bien, ulrick aussi. — Bra. | Descos, 9, cherche-midi, paris. nul accident depuis départ, portons bien, recevons lettres, écris souvent, demeurons, 12, rue charité. — Descos. | Lévy, 12, chauchat. Schloss, schayé, ganneron, enfants très-bien. athénaïs, enfants londres trèbien. envoyé nombr. télégrammes. — Schloss, worthing. | Delagarde, 64, boul. malesherbes. tous bonne santé, parents, maria, enfants bien tréport. reçu lettres, envoyé nombreux télégrammes.— Hélène, hôtel nord. | Mathieu, 14, rue bergère, paris. communiquez à Borie, deuxième mobilisation entraînerait fermeture, ferai démarches tours, espère réussir, amitiés. — andré hamar. | Borie, 90, rue assas, paris. cinquième du personnel mobilisé, obtenu sursis pour six indispensables, mobilisation mariés décrétée.— andré hamar. | Montaigu, bataillon Pellan, mont-valérien. ordre du jour lu, bon souvenir, remercions Dieu, familles mobiles missilac bien, embrasse avec gaston. — Montaigu. | Plantier, 138, rue rivoli, paris. non, sans urgence, apprécie. Paul prisonnier brême, tous bien, désirons lettre Peigné. — Joñon. | Moisdon, employé télégraphe. pas nouvelles, inquiète. — Moisdon. | luzierre, mobiles loire-inférieure, mont-valérien. Edouard parti zouave. charrette, auguste, vitré. tous bien. — luzierre. | Martin, 5, perdonnet, paris. tous vont bien.— andré. | louis-émile leray, gendarme à 5e du 1er, 13e corps, paris. dernière 12, nous trois ici bien, alfred caporal. — Rabreau. | Siredey, 30, rue enghien, paris. femmes, enfants, santé parfaite. valeurs déposées banque anglaise. vu Gueneau, Berthelot. vie confortable.— Marie Siredey. | Fleuret, 39, rue lacondamine. léopoldine bien portante, possède argent nécessaire. moi à nantes avec famille, dirigeant ateliers de beauséjour. — Fleuret. | Julie dufort, sœur, 140, rue du bac, à paris. donne nouvelles, nous allons bien. — dufort. | Malherbe, interne, 200, faubourg-st-denis. cher enfant, partageons peine, regrets! tous parfaitement, t'embrassons. — danet. | Saussié, 26, montmartre. paie loyer, donne congé, écris. — carnet. 22, arts, nantes. | monsieur pelet-lautrec, lieutenant de vaisseau, fort bicêtre, paris. tous vôtres très-bien, écrire. — aglaé. | monsieur delaguère, capitaine garde mobile, mont-valérien, paris. tous ici très-bien, lettres reçues. — aglaé | Varcollier, 42, rue des écoles. louise heureusement accouchée de fille, tous bien portants, recevons vos lettres, le dire aux frères.—Varcollier. | albert, 31, cléry. souvenirs, santés parfaites, espoir. — Pillet. |

Auffay, 29 nov. — Boivin, 36, hauteville. auffay, bien portantes, ravières, ancy préservés, grand'-mère va bien. — Sophie. |

Saint-Nazaire, 30 nov. — Fourchy, 5, quai malaquais. tous bien, bien triste, pense moi seule tendres baisers. — Marie. |

Châteaubriant, 30 nov. — Bailly, pharmacien, 25, boulevard saint-martin. tous bien, frédéric, caporal, bureau habillement félix jambe amputée. — Delaunay. |

Pont-Audemer, 28 nov. — Pizzetta, 27, fontaine-saint-georges. portons bien, manquons rien. — Pizzetta. | Husson, 18, meslay. écrire chez marguerite, attendons, surveiller appartement. — Emile. |

Villerville, 28 nov. — Naulot, 254, crimée. donnez nouvelles, vais bien. — Victorine. | Marmet, 8 bis, rue rodier. donnez nouvelles, allons bien.— Lefebvre. |

Dieppe, 28 nov. — Macé, 17, mazarine. bien portant, arrivé dieppe. — Dulud. | Thomas, fourrier mobile, 1er bataillon seine-inférieure, asnières. écris-nous, mad. nelle aussi, sans nouvelles, tous bien portants, souvenirs affectueux.— Thomas. |

Saint-Lô, 28 nov. — Gautier, 2, place opéra. tous bien, tout tranquille ici, informe chacun, frère de paul bien le 25. — Henri. | Mahou, 26, ferme des mathurins. bonnes nouvelles tous, marguerite particulièrement bien. lettres alfred bien portant, maison intacte, révoqué depuis septembre. — Symonet. | Mahou, 62, victoire. chevauson admirablement amitiés, souvenirs de tous léonce, préfet niort. — Savary. |

Trouville, 28 nov.— Fère, 12, halévy. tous bien portants. — Marion. | Meyer, 169, rue montmartre. nous portons bien. — Jules, trouville. | madame Horlaville 55, avenue d'eylau. bien portant, trouville, calvados, rue petit. écris immédiatement. — Léonard. | Duclerc, 5, lepelletier. Bramepan parfait, famille bruxelles parfaite, moi trouville, écrivez. — David. | M. Dupin, 60, rue blanche. paris. trouville, allons bien, reçu premières lettres, aucune deux mois. prévenir famille catherine écrire. —Chevalier. | Zeller, commandant fort double couronne, saint-denis. écris-moi saint-quentin, donne adresse. — Anaïs. | Devilleneuve, 4, place louvois sommes trouville avec mère, allons bien, recevons lettres. — Charles. | Ladurie, 40, beaumarchais. tous santé parfaite, pas lettres désolée, georges capitaine. — Ladurie. | West, 37, neuve-mathurins. mère parfaitement, soyez tranquille, tous bien. gratien satisfaite. paul menton, georges lieutenant, pépita écrire. — Pontalis. | Vingtain, 37, taitbout. Louise accouchée heureusement, garçon, mère bien portants. trouville. — Daubourg-Dumesnils. |

Brest, 29 nov. — Tellier, 60, croix-nivert, grenelle. sommes bien, recevons des nouvelles. courage, mes enfants. — Tellier. | Maissin, 332, vaugirard. envoyez double par plusieurs ballons, certificat médecin visé mairie, capitaine urgence. — Maissin, brest. | Jules caron, 11, rue deux-gares. deuxième dépêche, tous bonne santé, t'embrassons, amitiés cousines. — Caron-Poilleu. | Parjoudon, 9, boulevard denain. maria, écrivez-nous, 36, grand'-rue, brest. avoir écris vingt lettres sans réponses. — Langlois. |

Newhaven. — Mercier, 32, rue drouot, paris. bonnes santés résidence newhaven. lettres reçues. — Mercier, newhaven. |

Brest, 29 nov. — Leguenkernéizon, sergent 6e compagnie 8e bataillon marins, fort bicêtre. lettres reçues, familles bien. frère réformé, prévenir hilaire, lucién, écrivez, — Leguenkernéizon. | Leseurre, rue victoire, 31. rente payée familles georges perrotte, pitty, rouget, robert bien portantes, voyet cugnot. — Wickam. | Dormoy, rue bleue, 1. reçu correspondances guadeloupe, avec valeurs, colonie tranquille. Amédée revient brest, Anna hâvre. Césarine bien. — Dormoy | Baudry, rue martyrs, 5. tous brest, aiguillon, 6, santé parfaite. recevons vos lettres, communiquez dépêche Profillet. écrivez souvent. — Viaudey. | Pellissier, ministère marine. famille bien. — C. Pellissier. | M. Jacolot. capitaine adjudant-major, boulevard montrouge, 66. allons tous bien, et vous. — Jacolot. | Mme Brassine, 35, rue laffitte. quatre lettres reçues. remerciments, amitiés. — Duperré. | docteur Jacolot, fort de l'est. allons tous bien, et toi. — Jacolot. | Montigny, 22, rue lavoisier. bonnes nouvelles de tous les nôtres. — Duperré. | Maissin, 332, vaugirard. bien portants. lettres reçues. écrire brest, voltaire. — Maissin. |

St-Brieuc, 29 nov. — Doazan. 13, sourdière. madame à saint-brieuc avec enfants. tous bien. — Mossler. |

Guingamp, 28 nov. — M. Gigon, 50, rue croix-des-petits-champs. reçu argent. bien portantes, guingamp. — Gigon. |

Laval, 28 novembre. — Lefebvre, 12, poitiers. arrivés laval avec père 26 septembre. enfants travaillent avec moi, heureux avec cousins, tous bonne santé. — Marthe. | docteur Auger, rue lille 93. nous allons bien, mlle Zambron mal. amitiés à Alphonse. nous vous embrassons et prions. — Echaptoy. | Barret, tiquetonne, 56. lettre reçue. nous lisieux bonne santé. — Hendier. | Croneau, gare st-lazare. Delphine, marie. dame godefroy, laval bien. — Broussin. |

St-Servan, 28 nov. — Allaire, 59, flandre. bien portants, visiter appartement neuilly. réponds. — Allaire. | Dumarhallait, aumônier 5e bataillon, finistère. souvenirs fidèles, affectueux, vous écris chaque semaine. reçu lettres jusque 3 novembre. merci. — Louise Bosq. | Moucet, sergent 5e bataillon, 2e compagnie mobiles ille-et-vilaine. familles moucet, porcaro, vanier. tout st-jouan bien. — Vanier. | Debucq 56, rue enfer. sommes st-servan, bien, marie enceinte. ai conduit enfants toulouse. douze lettres, peu argent.—Hubault. | Chaperon, 98 bis, haussmann. donne nouvelles Auguste. — Dartein. |

St-malo, 29 nov. — Lhuillier, 11, rue vivienne. avons argent jusque 1er février. mère travaille marine biarritz vont bien. Jenny, 36, rue villepépin, st-servan. | Lhuillier, 11, rue vivienne. portons bien, reçu 12 lettres ballon monté, dubois remis deux mille. Jenny, 36, rue villépin, st-servan. | Poivre, 13, ceriseau. partagez mille baisers. écrivez Pauline Poivre, poste restante. — Pauline. | Rouzet, vivienne, 47. congé pour avril prochain des appartements rue blanche, 42, deux loués par — Guyat d'Arlincourt fils, père. | Petit, huissier, faubourg poissonnière, 27, congé Rouzet, propriétaire, deux appartements blanche, 42, pour avril, requête. — Guyot d'Arlincourt, fils, père, locataires. | au propriétaire de maison notre-dame-de-lorette, 39. congé pour avril prochain, de remise et écurie loués par Guyot d'Arlincourt. | Petit, huissier, faubourg poissonnière, 27. congé propriétaire remise, écurie, notre-dame-de-lorette, 39, avril prochain, requête. — Guyot d'Arlincourt locataire. |

Avranches, 28 nov. — Hallé, st-dominique, 30. tous bien portant chez lahougue, nommé avranches. — Verdier. | Lefèvre, 10, rue du sentier, paris. Frank engagé volontaire, lieutenant mobilisé manche, sommes à avranches. — Leharivel, |

30 Pour copie conforme :

L'inspecteur,

Bordeaux. — 12 décembre 1870.

Mayenne, 29 nov. — Legendre, 17, lancry, paris. prenez beurre, pendules, candélabres, tableaux, portraits, album photographique. prévenez Hamon allons bien, germain souffrant —Faucon. |

Angers, 1er déc. — Babin, billaut, 26. santé parfaite angers. si événements irons vannes. gabriel reviendra janvier. — Babin-Garnon. | Collas, boulevard richard-lenoir, 80. santés bonnes, reçois lettres. — femme Collas. | Aline Bodart, 71, caumartin. angers mieux, reçois lettres. écrire souvent, partirai probablement loire. — Georges. | Barbaut, 4, enfants-rouges. vu marie, blanche. tous bien, bucquet, bonfils st-servan.—Barbaut. | Canbert, 38, meslay. tous bien pons. lettres reçues. informez vous Cambon, 2e dragons, 4e escadron. donnez nouvelles. pressez. — Baderier | Billaud, rue royale, 8. Jacob, labiche, fléchois, prisonnier bien beaurepère, coulmiers. heureux nouvelles reçues 29, désirent autres. — Jacob. | Lebland, corbeau 15. voyez gex renouard, grammont, 3. demandez nouvelles pour emprunt acheté écrivez moi. lettres reçues. portons bien. — Finetti. |

St-Nazaire, 1er déc. — Florent Prisse, employé ministère finances. inquiet. pense bien toi et tiens. donne nouvelles. — Fleury. | Berthelot, mont-valérien. écrivez plaisir. Victor parti, confiance, courage. — Berthelot. |

Toulon-sur-Arroux, 29 nov. — Edmond, petit-carreau, 14. troisième dépêche. vais parfaitement. pays tranquille, pas besoin argent. — Amélie. |

Lodève, 29 nov. — Guirou, 2e bataillon, 6e compagnie mobile hérault, paris. allons bien. — Guirou. |

Royan, 5 déc.— Cuny, 115, saint-lazare. royan, charente-inférieure, depuis deux mois, tous bien portants, léon et famille aussi, payer nos assurances. — Léontine. | Neuville, 18, sainte-anne. tous dix à royan, santé parfaite, écrivons souvent. — Marchand. |

Montluçon, 30 nov. — Duthil, 51, rue condorcet, paris. écrivez-moi à montais. — Rongier. |

Chambéry, 29 nov. — Méridias-Claudin, 3, guénégaud. reçu maintenant seulement 20 septembre. voyez boulland avec dépêche pour argent, rembourserai sitôt arrivé. — Claudin. | mad. Ridde, 11, rue rousselet. suis chambéry, 3e hussards, vais bien. — Henry. |

Vernoux, 29 nov. — Delavèze, 47, magenta, paris. congé eggly, figeac déjà dépêches, courage, embrassons. — Delavèze. |

Saint-Andéol, 29 nov. — Lependy-Perrin, gaz. rétablis, écrivez bourg, st-andéol, ardèche. — Brémond. | Laurent, bibliothèque arsenal. mesdames ribon, brémond vont bien, marcel fortifié marche, écrivez-nous, embrassons tous. — Brémond. |

Montélimar, 29 nov. — Piardon, 28, érard. écrivez, montélimar. — Adolphe. | Charles, 30, bons-enfants, paris. montélimar, bonne santé; dépôt bientôt. — Georges-Charles. |

Mazamet, 5 déc. — Polère, sergent 7e mobile, paris. courage. recevons tes lettres, santé, vente bonne, félix écrit. — Lila. |

Albi, 30 nov.— Freissinet, 31, bellechasse. mère demande détails vie, service provisions dans placards, argent rotshchild. dis toulza paliés écriro, tous bien. — Freissinet. |

Valence, 29 nov.— madame Leplus, 4, rue mosnier. près place europe, paris. ernest bien portant prisonnier. cassel, 5, place frédéric. — Poret, valence, drôme. |

Perpignan, 30 nov. — Schnapper, 108, saint-lazare. lettre reçue. rien faire avant premier janvier, après demander dissolution, voir acte au greffe. — Bouquerot. | Schnapper, 108, saint-lazare. haute-loire bien, bénéfices octobre dix-sept novembre vingt-cinq mille. — Bouquerot. | Féron, officier ambulance, 10, avenue lamothe-piquet. santé bonne, vingt jours sans nouvelles, désespérée. — Féron.—

Marseille, 29 nov.— Gay-Rostand, 66, chaussée-antin, paris. remis quatre mieville nonante-sept vue. — Droche. | Rigodon, 27, boulevard beaumarchais. bien portant. — Rigodon, gare marseille. | Salètes, 162, boulevard la gare. bien portant, écris par ballon — Salètes, gare marseille. | Carré, 21, assas, paris. mère va bien, bruits troubles faux, construis canons, province s'organise, reçois moitié lettres. — Carré. | Rossollin, 29, château-d'eau. tous bien ici, écrivez souvent. — Rossollin. | Général d'Exéa, 3e corps, 2e armée, paris. allons tous parfaitement, enfants travaillent bien, bonne installation, recevons vos lettres. — Pauline. | Frémy, directeur crédit foncier. recherché paul, non blessé à neustadt, près francfort-sur-l'oder. de moi seul fait parvenir argent, amitiés. — Aubert. | Masse, 1, rue darcet, batignolles. santé bonne, ici, bien, maison ouverte.— Mouton. | Gay, 42, avenue gabriel. tous très-bien, reçu vingt-cinq lettres, revenus, marseille toujours très-tranquille. — Hélène-Gabrielle. | Monory, 25, henri-chevreau, belleville. écris-moi à marseille, peux rien envoyer. — Francôme. | Arène, adjudant marine, fort ivry. louise enfants. familles parfaitement, province enthousiasmée partie, revoir bientôt, courage, reçu lettre 26. — Rol. | Mouchelet, 46, rue clichy. occupe avec famille appartement frédéric, maison disposition tours, rejoindrai sitôt possible, recevras argent par poste. — Mouchelet. | Martin, capitaine gendarmerie cheval neuilly. tous santé parfaite, heureux recevoir tes lettres, pensons à toi, marseille tranquille, t'embrassons. — Martin. | Durey, 108, rue charenton. courage, je t'embrasse bien. — Durey. | Lonbitz, 3, soussais. lettres arrivées et expédié, votre famille bien, ses lettres, envoyées à votre adresse. — Louis. | Bonnaud, 55, cardinal fesch, paris. reçu lettres, préparons commissions, allons bien. — Prat. | Géus, 44, rue de bruxelles. tous bien portants, depuis le 6, pas de vos nouvelles, armées vont vous secourir.— Gués.—Lebon, 11, drouot, paris. rien pour le 20, alger préfère garder valeur acceptations pensant se présentent pas, barcelone rien. — Guillem. | Lebon, 11, drouot, paris. reçu visinet, 12,000 pour échéance 26. attendons 15,000 magnier prochain bateau 6,000 oran. — Guillem. |

Carcassonne, 30 nov. — François, 30, rue verneuil. pays, famille, amis bien, renseignements publiés. — Callat. |

Tours, 30 nov. — Carayon, 11, rue royale. ton fils à rouen, bien portant. albéric, louis sur loire. toute famille bien, joseph lyon.— Chateaubriand. — Dupau, 8, rue victoire. pourquoi silence obstiné. écrivez toujours.— Charlior. | Lambert, notre-dame-lorette, 36, paris. suis sauvée bruxelles, 47, rue neuve. triste sans argent. — Geoffroy. | Lebret, 109, mathurins, paris. étretat, perurvilly bien. georges coblentz. prévenez gaume, 7, dupuytren, roussel, mertian bien. — Lebret. | Grenier, 31, rue douai, paris. famille entière va bien, communiquez léon, ayez patience, viendrez aussitôt possible. — Winter. | Levasseur, administrateur domaines, paris. oncle dorinne, édouard charleville, mathilde namur, sœur boulogne, marie argicourt, frères allemagne, marie, fils bien. — Thibaut. | Montendre, 60, rue grenelle-saint-germain, paris. bonnes nouvelles toute famille, lettre beauvais. argent reçu, merci. — Louis. | Hollander, 8, rue provence, paris. 29 novembre, tous parfaite santé. votre dernière lettre datée 20, envoyée 10 dépêches. — Victorine. | Horve, 108, rue richelieu, paris. paris créditeur, 900 fr. plus 5,000, dont disposerai besoin. — Lefebvre. | Hamschorte, ministère finances luxembourg, paris. pour édouard, suis bruxelles, vais bien, reçu argent, envoie plus argent. — Gabrielle. | Boquet, juifs, 16, paris. famille boquet bien portante. bruxelles sans nouvelles, en demande immédiatement par ballon. — Bocquet. | Grignan, agence havas, paris. dernière lettre reçue datée 5. pourquoi envoie pas nouvelles, famille dans feuilles agence, santé bonne. — Alfred. | Sabot, boulevard beauséjour, 37. tous bien, écrivez-moi, que fait et où joseph.— Sabot. | Heyman, 117, vielle-du-temple, paris. porte bien sylvain, alfred aussi. reçu beaucoup vos lettres, faut patience, temps long.— Hayman. | Alfred Frank, 92, richelieu, paris. femme, enfants, famille. parents, enfants angers, mathilde, benjamin bonne santé. morgan un peu affaires.— Alice. | Beaufond, belle-chasse, 31-28. troisième dépêche, reçu lettres 15, 19. sommes bien tours. emmanuel bien, curten général. — Beaufond. | Clerc, amsterdam, 21. marie à quintin, tous bien portants. — Grésy. | Gaudier, 4, st-ferdinand. écrire souvent tours, poste restante. — Tripier. | Lebody, 19, flandre. ta femme, enfants très-bien à toulouse, gustave et famille bruxelles. hôtel saxe, garnier prisonnier dusseldorff.— Adèle. | m. Baudot, 87, rue bercy, paris. excellente santé, climat. reçu 7 lettres, écrire star, hôtel richmond-surrey, angleterre. — Lemangre. | Lamotte, 12, saints-pères. tous bien, tante, mathilde, alice, edmond, belébat, moustier, denise vit. recevons vos lettres. pierre ici blanchard. — Félicité. | Meyer, 362, rue st-honoré. portons bien tous. ernest bruxelles, 11, place louvain. — Lucie. | Saunac, 39, neuve-mathurins. bourgogne, nous. lavallée, breuil parfaitement. — Saunac. | Gustave Salmon, 96, rue amelot. toute famille bien portante. — Pin. | Bouchon, 25, université. tous bien portants villeneuve, possoz montpellier. — Derouin. | Darleux, 35, faubourg poissonnière. clémentine à jersey, 10, new-st-johns-road. reçu vos lettres, tous vont bien. — Scoumanne. | Deville, 9, faubourg st-honoré. bruxelles, chardon, lagache et famille en bonne santé.— Scoumanne. | m. Duval, 30, rue montmartre, paris. tous bien portants, baisers pour vous. de félicie pour parents, reçu 20 lettres. — Eléonore. | mademoiselle Eugénie, 63, rue anjou, paris. encore un espoir, santés bonnes, les vôtres. emmanuel blocqueville. Dieu vous garde. — Marguerite. | Bauer, 13, helder. sommes tous bruxelles, paraîtrons du 20 au 25. envoyez journaux, lettres poste restante, anna bien. — Tarbé. | Troublé, 4, rossini. bonne santé betzy, enfants quimperlé, chez dames retraite, besoin rien, envoyez nous nouvelles domestiques, caves caumartin. — Trenien. | Gouéry-Canat, 36, chemin-vert. prière remettre henri argent loyer domestiques. amitiés à tous. — Chauvin. | Chauvin, 22, banque. gauery remettra argent. jenny, noémi, enfants tous très-bien. amitiés. — Chauvin. | Besnier, 8, vrillère. henri tué sedan. virginie, victor bien portants auxerre. — Victorine. | Gustave Rothschild, laffitte. à bruxelles et houy, sommes toutes et tous en parfaite santé. — Gouin pour Cécile. | Rothschild, laffitte. payez à delochelle, camp de st-maur, 8e de marche, 6e compagnie, 4e escouade 100 fr.— Rothschild. | Alphonse Rothschild, laffitte. laurie envoie mille tendresses, bettina prie écrire. consols quatre-vingt-douze demi. peu content réponse russe. — Rothschild. | Baronne Rothschild, laffitte. général changarnier va bien à bruxelles, rue fossé aux-loups, 71 bis. — Changarnier. | m. Fèvre, 72, boulevard malesherbes, paris. naples chez thérèse. enfants santés bonnes, lettres reçues. merci, tendresses vous, famille. — Fevre. | Fanchon, 86, rue cambronne-vaugirard. édouard prisonnier. olympe, emma bien portants, 27 nov. — Olympe. | Davillier, 14, roquépine. lisch, alençon, irma fille tous bien portants, 27 nov. — Adèle. | Davillier, 14, roquépine. adèle, albert, marguerite, videau à barante bien portants. dalfus arcachon, 27 nov. — Adèle. | Mirabaud, 29, taitbout. arcachon, londres tous parfaitement bien. reçu lettre 18, envoyé lettres plusieurs. moyens continue. tendresses. — Adèle. | Nervo, 88, st-lazare. tous barante bien. léon aussi engagé. dépôt castres. mère ici, père bien. — Davillier. | Delaroa, grenelle-st-germain, 112. santé parfaite. lyon calme 25. — Madaud. | Férére, 9, laffitte. sallita, enfants bien boulogne, carmen bruxelles. | Hollander, 8, provence. tous parfaitement, reçu lettres 19, envoyé 8 dépêches. — Victorine. | Baronne Rothschild, laffitte. suis nice bien, pensées vœux avec vous, tendresses. james gouin pour charlotte. | Gouin 4, cambacérès. bonnes nouvelles jules. louis parti lieutenant mobile. ici tous bien, embrasse georges. — Eugène. | Bousquet, 98, martyrs. lettres reçues, bien portants, envoie certificat. — Delaunoy. | Joubert, 23, balzac. lettres reçues. merci, portons bien pau, tours. — Eugène pour Clémence. | St-Ange, 50, abatucci. santés bonnes, 19 nov. — St-Ange. | Ballot, 50, petites-écuries. legros vos filles bien, fonds bas, bonjour. stern graveur, dont famille ici. — Legros. | Majeroski, 44, grande-armée. nous bien, reçu wilna, bonnes nouvelles 750 roubles.— Marie. | Elie, 10, sentier. tous bien, recevons lettres, tantes nancy. lucien, munster, corolie lyon. moyse bruxelles. — Clémentine. | Weismam, 12, chaussée d'antin. pauline francfort. parents noney. nous bruxelles, tous santé. plus cartes lettres détaillées.— Weismam. | Lespards, des vignes, passy. lieutenant lesparda à bastadt. — Belle, | Wittersheim, voltaire. prépare ouverture communications, 400 rames pas arrivées. amitiés. — Vorster. Christofle, bondy. tous bien, partons bruxelles. laà villerville. maurice jules bien. paul hugues bien coblentz. lettres, argent reçu. — Christofle. | Hendlé, ministère affaires étrangères. reçu lettres, santé excellente, bébés charmants. — Henri. | Noël, beauregard, 29. santé espoir, lettres reçues. — Georgel. | marquis Berenger, rue jean-goujon, 49. paul à bonn bien portant. lucie bien dieppe. alfred à noailles. tranquilles ici. tendresses. — Gabrielle. | Biollay, 90, boulevard pereire. santés excellentes boulogne, dieppe. geneviève, maurice pas enrhumés, travaillent. amitiés pour tous, soignez-vous. — Marie Biollay. | Rodrigues, 4, papillon. suis nommé officier, administration intendance et envoyé perpignan. écrivez perpignan, mon nom bureau restant. allons bien. — Neymarck. | Rubin, 56, provence. allons tous bien, bon espoir. remettez mon frère 100 fr. que demanderez tardy. — Charbonnier. | madame Jannot, boulevard prince-eugène, 139, paris. reçu tes lettres, tous bonne santé. — Jannot. | Lesourd, 7, saints-pères. santé excellente, sommes parfaitement chez docteur donnet. saint-yricix très-surs. pigeons. lettres employés inutilement. — Louise, — Billing, 13, boissy-d'anglas, nièces angleterre chez noailles. suis bruxelles depuis 1er octobre installée avec noël, portons bien, recevons lettres. — Billing. | Roland-Gosselin, rue richelieu, 62. félix général, colonel hennett wiesbaden avec famille. défendez vous à outrance. affectueux souvenirs. — Sincay. | Rolond-Gosselin, rue richelieu, 62. reçu tes lettres, réexpédiées aux clappier, bien portants mayenne. — Sincay. Alfred Dailly, rue pigale, 2. reçu lettre 17. et celles lespée. alfred algérie. albert à civitta souvenirs affectueux.— Sincay, | Alfred Dailly, Pigale, 2. belmontet intact, interné hambourg, fait le nécessaire. rassure les siens. — Sincay. | Denormandie, boulevard haussmann, 89. reçu vos lettres. henriette, enfants, lucile, toute la colonie vont bien. bonnes nouvelles de rogan. — Sincay. | Denormandie, boulevard haussmann, 89. vu théophile aix. les clappier à mayenne. félix général, défendez-vous à outrance. souvenirs affectueux. — Sincay. | Couseiller, greffier, 24, milan. tous bien portants bordeaux. — Aline. | Porcher, 5, assas. lettres reçues, excellente santé. — Clémentine. | Conseiller-Daniel, 16, arcade. lettre paul reçue. allons tous bien. — Doumerc. | Sauvage, gare strasbourg. résidons bâle, pourrons soutenir personnel presque tout réseau jusque fin décembre avec recettes réalisées. — Ledrec Jacqmin. | Fries, 19, marignan. reçue lettres, nouvelles d'auguste bonnes, tous bien. — Sophie. | madame Lavaux, popincourt, 7 bis. santé bonne, revoir m. solacroup pour décembre. je verse. — Lavaux. | Delapalme, 10, rue castiglione, paris. nous allons tous bien. — Delapalme, 24 nov. londres Brompton Road, 241. | Fishbacher-Kauffmann, 33, rue de seine, paris. familles amis de strasbourg. santés parfaites, courage, confiance. écrivez. — Debarrau. —Delebecque, administrateur, gare nord. sans lettre de boulogne. écrit à la gare, attends réponse. — Dufils. | Champseix-Lemonnier, 90, rue boulet-batignolles, paris. écrivez, tous bien. charles franc-tireur. courage, union, confiance. — Caroline. | Barrau-de-Muratel, capitaine, 7e régiment garde mobile, paris. laure, mère, tous bien. confiance générale. amitiés.— Caroline. | Gérusez, intérieur. que devenez-vous? heureux avoir nouvelles. amitiés à tous. — Latour. | Bondot, rue valence, paris. lettres reçues. embrassons papa, léopold, famille, marie. — Bondot, tours. | Motet, rue chaptal, 6. mouchelet arrivé marseille, familles bien, dinard bien. venture, ostende, ernest ici. répondre tours et marseille. — Sencier. | Ducrocq, 46, faubourg poissonnière. bien portants, reçu argent, pas besoin. — Ducrocq, tours, 30 novembre. | Duperry, 65, amsterdam, paris. mère, fille bonne santé. écrivez.— Corbenois. | Foucher, 105, rue st-antoine. oui, oui, désormais envoie cartes-postes. décret paru, enverrai 100 fr. quand instructions données postes. — Frinault. |

Moulins, 30 novembre. — magitat, 18, taranne. merci, garçon, tous bien portants. pas prussiens aller. cornil, cantonnet, remplacés par combes, rédacteur réveil.— dujonchay. | conseiller dufour, 61 rue d'anjou. bien portante. — berthe. moulins, 30, novembre. |

Tréguier, 30 novembre. — dieuleveult, lieutenant, mobiles côtes-du-nord. toutes familles bien, écris ballon.—albert. |

la Rochelle, 1er décembre. — béchet, administrateur postes. lettre 19 octobre, pas renouvelable. femme, enfants, famille, bonne santé. même assurance Latena, Chevalier, Delarbre. — Bechet. | Bechet, administrateur postes louviers va à merveille. — Bechet. | Rang, capitaine-adjudant-major, 136e de ligne, courbevoie. tous bien portants. — Cécile Rang. | Fraigneau, 4, trézel, batignolles. reçu trois lettres, écrivez. — Mestayer. | Lepec, 12, rue pré-aux-clercs. bien portants, recevons lettres. prends couverture, fourrure, dans chambre. Gabriel travail. — Delaprade. | Renard, notaire, rue montmartre. santés bonnes, écrire maman Henriette, reçu lettre 20, amitié, sixième dépêche.— Renard. la rochelle 1er décembre. |

Morlaix, 30 novembre. — Piault, 30, rue delille. tous bien. — Duchesne. | Hesse, 2, mulhouse. fais-toi vacciner. — Adrienne. | Chollet, 42, rue cherche-midi. nos familles très-bien. vois-tu Emile? pas reçu lettres depuis six semaines. recevez amitiés.— Guérandel. |

Granville, 29 novembre. — Gay, 6, vieilles-haudriettes. tous bonne santé, Schlossmacher tous bonne santé, Léontine fils, Alexandre prisonnier prusse. — Brochard. bruxelles, chaussée louvain. | Parent, 49, rodier. envoyer nouvelles famille Dutard, obliger Huart écrire, santé passable chez nous et dames Fillon. — Beaufour. | Bouruet, 22, rue des moineaux. allons parfaitement. avons bonnes nouvelles Tiehey, Legrand, Mayer, metz. Poitevin, Biollay, à boulogne, bien.— Eléonore. | Delle, 16, notre-dame-lorette. Granville. — Delle. |

Gannat, 1er décembre. — Beauchesne, 58, verneuil. tous les tiens vont bien. — Louise. |

Toulon, 30 novembre.—Saly, 8, castellane. tous à toulon, bien portants, pensant à vous. Emile, officier. écrivez plus souvent. — Frédéric. | Lacombe, 48, ponthieu, paris. Henri bonne santé,

Bordeaux. — 12 décembre 1870

Jules reveuu belgique, autres parents bien. — Lacombe. |

Bayonne, 1er décembre.—Lazard, 28, échiquier, paris. Caman étretat, bonne santé. Alexandre, enfants, londres, parfaitement. Silvain Salomon arrivé, nous bien, André délicieux. — Hélène. | Leduc, 37, berlin. santé excellente. montchoisy, par st-martin seignause, landes. fais chercher nouvelles Marrast, 9e compagnie chasseurs pied. — Maudrou. | Silva, 90, lafayette. tous parfaitement, écrivez souvent. — Silva. | Bosch, 62, lafayette. rien de nouveau. remis 22 septembre cent mille francs par Alcain sur Abaroa. — Bosch. madrid. | Bassaget, 48, pagevin. refusé Perez trois, Ramos trois, Carrillo six, Magro quinze, Alonso huit, Martinez dix, Terol quinze. — Granados. | Bassaget, 48, pagevin. Colis, Julio, Pedro, Andres, Angel, Marin, Gonzalez, Mayer, Jose, Ramos, affaires passables, vente soixante. — Granados. | Bassaget, 48, pagevin. refusé Ranz treize, Berrucco trois Llorens un, Zorilla quarante, Lopez trois, Rivera un, Riveras deux. — Granados. | Bassaget, 48, pagevin. refusé Arana trois. — Granados. | Bassaget, 48, pagevin. refusé Tort trois, Nieto un, Gascon un, Olaya cinq, Garrido trois, Castellanos trois, Gonzalez douze.— Granados. | Nattan, 14, turbigo. tous contents, bonne santé, reçu cinq lettres, écrivez souvent, affection. — Pauline. |

Tours, 5 décembre. — madame Binder, 31, rue du colisée. votre sœur rentrée à compiègne. santés bonnes. — Paul Dupré. | Perard, 3, rossini. Demonjay sables; santés, installation excellentes. Lesage, pornic, béthune, parfaitement. dire à Deviers, 9, boulevard malesherbes, que Bethmont, Saint-Evron, londres, tous parfaitement, 10. princess street, hanover square, et à Bocquet, 52, boulevard malesherbes, que Bocquet, nantes, Demonjay, enfants Desprez, Anselme, Huot, Gracy, Crespel, Raimbert, parfaitement. Je joins à tout ceci mes vives amitiés.— Paul Dupré. | Boissieu, 21, tournon. Paule me charge de vous rassurer. tous bien. tante et Clotilde restées corbière, où prussiens passés et partis.— Paul Dupré. | Delaunay, administration postes. loué vire, excellente santé. reçu lettres. comment va mon père, passage désir, faubourg st-denis? — Chantenay. | monsieur Ledoux, 10, rue louvois. tous en bonne santé, reçu vos lettres. — Pauline. cherbourg, 2 décembre. | monsieur Pierre Zaccone, 21, faubourg-poissonnière. Je suis bien, installé à la délégation des postes à tours, écrivez.— André Zaccone. | Clarisse Gautier, 23, jacob. t'ai écrit trois fois par pigeons, vais bien, donne-moi nouvelles tours poste.— Foucault. |

Orléans, 1er décembre. — Bailly, médecin, val-de-grâce. tous bien portants. comment va Lefebvre? — L. Lefebvre. | Prévost, 20, boulevard richard-lenoir. portons bien orléans. — Pauline. | Laigniez, 35, boulevard ornano. parfaite santé, écris-nous.— Jules Laigniez. |

Bourges, 29 novembre. — Dumartroy, 6, cité martignac. allons tous bien, Etienne aussi, est à armée loire. — Martin. | Olympe Vuillot, 40, rue ruisseau, montmartre. santé bonne, grande inquiétude, écrivez ballon monté melun, courage. —Fenié. |

Carantau, 28 novembre. — Briare, 16, compoise, st-denis. santés bonnes, reçu lettres. — Briare. auvers. |

Tours, 3 décembre. — Richard Lesclide, 19, rue des martyrs, paris. ta femme et tes enfants sont en bonne santé.— David. | Delaferrière, 10, castellane. allons bien, tout tranquille ici, reçu lettres Albert, ai écrit plusieurs fois, envoyé deux dépêches avec les amitiés de Paul Dupré. — Lilia. | Steenakers, à Mercadier. ampliation. M. Thiers demande dix boites de digitale avec une copie de l ordonnance, à faire prendre chez Mialhe, pharmacien, 8, rue favart. faites le nécessaire, et adressez par ballon à M. Thiers, à Tours. |

Rouen, 28 novembre.— Vigreux, 16, rue rivoli, paris. reçu lettre, allons bien, Charles lyon, écris-nous. — Vigreux. | Delepouve, 20, st-georges. impossibilité, éventualité, appui gouvernement.— Duréuc. |

Rouen-Préfecture, 28 novembre. — Demarest, 78, boulevard st-germain. — reçu trois lettres du 11, écrivez souvent, bien portants, tranquilles rouen. donnez nouvelles Charles, Gustave. — Henri. |

L'isle-en-dodon, 2 déc.—Pougault, 17 tournefort avons reçu lettre du 12 et trois autres avant, avons écrit quatre fois henry armée loire.—Pougault. |

Fougères, 30 nov.—Lefèvre, 96, provence sigaux lefèvre demoiselles massón réunis, quittés alençon actuellement à fougères, grands petits bien portant reçoivent lettres.—Lefèvre. |

Mende, 29 nov.—Bergerand, boulevard invalides 37, donnez nouvelles.—Fouchécour. |

Nevers, 1e déc.—Duquesnel, 18b hauteville, vais bien suis lieutenant habillement nevers, voyez maréchaux 74 faubourg poissonnière pour vendre obligations.—Dutar. | Calendini, latour-maubourg 72, tous bien, oscar général moi quinzième corps. —Eugène. |

Agen, 1e déc.—Mignot, ste anne 48, nous portons tous bien.—Augustine. |

Dax, 30 nov.—Daux, 13 vieux colombier, portons bien recevons.—Baudichon. |

Caen, 2 déc.—Ameline, rue rivoli Lelmond caen tous bonne santé. — Zoé. | Delamotta, maubeuge 17, écris caen asselbourg tous santé bonne fête.— Begue. |

monsieur de Badereau lieutenant de garde mobile vendée au fort d'ivry seine, je suis bien votre sœur bien écrivez.—Laure. |

Le havre, 30 nov.—havre madame Lemaître, rue oberkampf 99, paris, oncle souffrant, je t'envoie deux cents francs sur poste. — Hamelet. | Huot, rue crimée 111. bonne santé, envoie vingt francs. — Mulot. | Fouchet. sept faubourg poissonnière, anna émilie bien. | Blanquet, faubourg st-martin 34, envoie argent bonne santé recevons lettres.— Antoinette. |

Moulin-s-allier, 30 nov. — madame Rousseau, avenue malakoff 46, ton fils est prisonnier à erfurt moulin 30 novembre. — Elize. | Protot, rue blanc manteaux 4, écris nous paye imposition vaugirard. |

Lons.le-saulnier, 30 nov. — Berlier, avenue empereur 134, georges ici convalescent rétabli, repart armée loire prussien loin tout bien. — Berlier. | reçu lettres ai répondu écrire encore allons bien, observer recommandations, desappel ingénieur, chef chemin vincennes rue lyon 6.—Emilie. |

Avignon, 1e déc.—Varlet, 27 quai bourbon, paris t'ai prié télégraphiquement toucher appointements compagnie, pourquoi par réponse ballon monté, courage.—Jules. | Goutier, st-romain 18 paris, fille tout va bien.—Olympe. |

St-lo, 1e déc.—Decré, rue alger 3, inquiet nouvelles promptement st-lo.—Soucard. | mr Bossod, 9 rue chaptal, mais nous nous portons bien.—Boussod. |

Ramerupt, 30 nov.— madame Mancourant, belbene, 60 paris, armand coblentz santé lettre paur toi envoyé dépêche 19 répondu.—Fautier. |

Le creusot, 30 nov. — Fourment, 12 rue maison blanche, reçu tes lettres, santé parfaite. — Lise. |

Nogent-s-seine, 21 nov. — monsieur Etienne, 25 boulevard bonne nouvelle, nous allons très bien lettres reçues encouragent.—L. Etienne. |

Roubaix, 30 nov. — Fournival, 47 enghien, paris madame en belgique établissement marche adressez vos lettres dorival roubaix, avertissez boulevard bonne nouvelle.—Dorival. |

Lille, 29 nov. — madame Heurtel, 110 avenue clichy, évadé metz, actuellement lille vais bien.— Albert. |

Pacy-s-eure, 30 nov.—Sereville, 9 casimir périer paris, portons bien pacy écrivez souvent. |

St. valery-en-caux, 2 déc.—Bon, 28 chevert. santé bonnes recevons lettres paris, marie nantes, nous st valery.—Bertault. |

Mézières, 27 nov.—Crépy, amsterdam 25 nouvelles roziers mézières bonne recevons tes lettres.— Crépy. |

Le puy-en-velay, 30 nov. — Provost, rivoli 158 paris désire lettre eugène henri, faire casser mon bail.—Puy. |

Aix-en-provence, 29 nov.—Mazelière, richepanse 9, paris, parents fremblay maintenant tranquilles, arthur, albert, près orléans bien prunelé, dreux, marseilla calmé huit lettres.—Marguerite. |

Chambéry, 29 nov. — Perrin, sentier 45. allons tous parfaitement continuez donner nouvelles.— Raoul. |

Longni, 29 nov. — Havard, voyer longny orne à directeur urbaine le pelletier, demande remplacer trouvé décédé. |

Roane, 1e déc.—Dechavane, rue cardinal lemoine 13 tous santé excellente, jules officier.— Henria. |

Chambéry, 1e déc. — madame Lallier rue raynouard 30, alger sables, coulommiers, chambéry, bien lycée ouvert recevons lettres.—Lallier. | Villeutroy, saussaies 10 paris. bourbon marie nous bien portants cousins zouaves armée loire camille ambulance écris chambéry.—Mulsant. |

Calais, 29 nov. — Boussod, 9 chaptal, paris, 29 novembre, nous allons très bien patience,— Boussod. |

Auch, 2 déc.—Debasseux rue rivoli 14, deuxième dépêche donnez nous vos nouvelles.—Maitrejean. |

Evron, 27 nov.—Thellier, avoué rue ste anne 22, tous chez moi bien portants.—Chalumeau. |

Guérande, 3 déc.—Rousseau, rue singer 40, paris passy, guérande avec grand père grand mère allons tous bien reçois toutes tes lettres.—Victoire. |

Pont-de-vaux, 30 nov.—med Jeannet vaugirard 41, parents à bousy neveu père à dusseldorf, allons bien. |

Londres, 4 déc.— monsieur Carpentier, 17 boulevard malesherbes, paris, loulay fécamp bonne santé madame carpentier mariette à jersey vingt neuf roseville street, caisse reçue. — Carpentier camille. |

Cauterets, 30 nov. — Stanislas bérot, soldat aux zouaves de la garde à l'école militaire, très inquiets donner de suite nouvelles.—Bérot. |

Tours, 3 déc. — Scianna, hauteville, paris. argent suffisant, cependant hésitons pour réaliser même avantageusement valeurs étrangères, envoyez coût, instructions nécessaires, tout bien. — Rochery. | Berger, 63, rue rome. sommes tous châlet parfaite santé, reçu vos lettres, allez-vous bien, réponse hôtel londres, tours. — Jackson. | Léon Convers, ministère finances. santés parfaites, gabriel va au collége, finances satisfaisantes, anaïs, amitiés. — Nicolle. | Hangard, rue rennes, 100, paris. sommes belgique avec amis, santés excellentes, besoin de rien, demeurons bruxelles, 72, rue montoyer. — Caroline. | Bertin, 1, laffitte, paris. marcel santé parfaite, vous oublie pas, sommes brighton, ventnor, villas henri, nouvelles rassurantes, havre parfaitement. — Sargenton. | Laurence, st-hippolyte, 29, passy. dans votre intérêt et le mien, on doit lever le scellé. — Ve Delaneu. | Chalvet, université, 40. santés parfaites, gachard, georges, pontivy, fessart, familles cazal, penhoat, sauvan, jonquière, sauvan guéri, prisonnier marburg, hesse. — Chalvet. | Verchin, saint-placide, 40. votre famille bien, frère refusé emplois, famille delom bien, prévenir cuisinière. — Delom. | Loiselle, 46, provence. mêmes nouvelles, vu odent, arthur colonel, boissy préservé, envoyez questionnaire, souvenir houssaye, mains serrées. Trouville, Pontalis. | Pasquier, 4, michodière. vôtres et miens bien, cercelet, prisonnier. — Godefroy. | Benoist-Champy, 8, rue milan. 29 novembre. habitons tous quatre aix-les-bains depuis deux mois, excellente santé. — Marie. | Heyrauld, rue provence, 62. heyrauld, duval, pelleuc santés parfaites, informer huillier, 43, provence. — Sophie. | Mahou, agent change, 48, laffitte, paris. allons bien, sommes à la rochelle, poste restante, grande inquiétude de vous. — Paul. | Mlle Heurion, paris, 16, condé. mahoudière, tours, santés passables, tendresses tous, supplications prendre approvisionnements, aussi chambre paul, clé bureau. — Henriette. | Lédillot, 41, révise. lettres parvenues. tous bien. — Trepson. | Bernard, 90, bac. jeanne, amis rouen, réquier, moi bien portants, écrivez bordeaux sainte-catherine. 156, avisez bosq. — Coulombeix. | Moreau, 98, rue la victoire. guéritaud, toujours parfaite santé, hier bonnes nouvelles tardenois, ferron. — Marie. | Basset, 11, rue mansart, paris. papa, maman, job, andrée à lyon, tous bien. — Juliette. | Pinard, 5, rue conservatoire. recevons vos lettres, écrivons toujours, allons bien, pensons toujours à vous, mille tendresses, courage, confiance.—Pinard. | Jules Jzoard, rue de berlin, 23, paris. tous bien à gap, odessa, avignon. — Ernest. | M. Renaud, 123, rue de lille, paris. reçu tes lettres, nous sommes bien. — Anna. | Bordes, 63, taitbout. 29, tous bien, laffitte parti octobre, arrou bien, villenauxe respecté, bonnes nouvelles montceaux, prévenir patrice. — Borde. | Schloss, 38, rue l'entrepôt, paris. portons bien, sommes chez adolphe, recevons vos lettres, écrivez à jeanne, fera suivre. — Hugo. | Beaupré, 37, rue jacob. femme, enfants à londres, vont bien. — Waru. | Commandant schalcher, avenue italie, 75, paris. maurice échangé, lieutenant-colonel 1er hussards, tours, castres, Ghlin bien, camille parti. — de Bonne. | Leven, 45, trévise. reçu lettres, portous bien. — Rueff. | Levy, 6, rue montmartre. tous vont bien mulhouse, resterai tours, écrivez hôtel londres, communiquez, louise, cécile. — Moïse Bernheim. | Maury, 21, rue grammont. oui, non, oui, oui. — Charlon. | Dailly, rue pigalle, 69. yvetot, gisors santés excellentes, paulin 4e hussards montauban, cousins dusseldorf, maurice tours, fays bien. — Tarlé. | Ménier, ste-croix-bretonnerie. reçu lettres, moi, henri, gaston, albert, raoul, maman, excellente santé, rien besoin, envoyé lettre par courrier rouen.—Claire. | Biensourt, st-dominique, 67, heureux des succès, inquiets de vous, henri, paul mieux, tous autre parfaitement, biron bien. — Charlotte. | Renouard, 47, rue victoire. tous trois bien portants, goussera, georges prisonnier allemagne, recevons vos lettres, 28 novembre. — Marie. | Ginoux, 6, rue bourgogne. castillon santés parfaites, reçu lettres, dites à perthuis université, st-gabriel bonnes santés. — Eugénie. | Vincent, bertin-poirée, 7. londres et cabourg bonnes nouvelles. — Durel. | Dalpiaz. 83, faubourg st-honoré. tous se portent bien, votre fils aîné guéri, toujours cobourg, rassurez-vous, tout va bien. — Bouvier. | Bonneau, 16, place hâvre. pocé, tours, tourville, boulogne, coulommiers. étampes, bonne santé, furcy, aix-la-chapelle, pocé, 3 décembre. — Bonneau. | Bonillat, 87, st-lazare. camille vichy, armand rigny, tours, boulogne, tous bonne santé, bonneton général, dusseldorf, 3 décembre. — Bonnefont. | Rollin, 12, vivienne, paris. tous parfaitement, argent assez, ecbrun, borgilla, millet parfaitement. — Feuardent. | Schlossmacher, 19, rue béranger, paris. bien portantes à cendrey, léontin fils, alexandre prisonnier, reçu correspondance me schlossmacher. — Delahaye. | Granger, 10, saint-lazare. reçu lettres, écrivez, prières voir peltret, 14, boulevard clichy. reçu lettre. — Artru. | Redon, affaires étrangères. votre beau-père et famille parfaite santé, à jersey, st-hellier, rue saint-saviours, maison beaudin.—Pique. | Petard, place madeleine, 19, godefroy petard bien, beaucoup lettres, argent, savigny. — Petard. | Faulquier, 6, rue douai. grand père mort, sommes chaumont, nièvre, henry tous bien, reçois lettres. — Renée. | Billing, affaires étrangères, me billing, henriette bruxelles, bien portantes, jeanne, madeleine, moi allons bien, jeanne accouchera fin décembre, mourgue bien. — Waleski. | Pestel, rue montaigne 9. toutes réunies pau, bonne santé, courage.—Pauline. | Mme reiset, boulevard haussmann, 159. louis arrivé metz chez jules, familles écorchebœuf, arromanches, tous très-bien.—Gustave. | Abraham, 3, rossini. supprimez mon nom en tête, annoncez que je le demande, attends compte septembre, octobre. — Dumont. | Goubaux, 16, st-georges, paris. lettre eugène, creil, bien portant, moi aussi. — Adam. | Gaume, dupuytrein, 7. tous parfaitement étretat, mertian, aix, lichtenstein glogau, silésie, bien prisonniers. — Roussel. | Lebret, neuve-mathurins, 100. tous parfaitement étretat, peruwelz, dieppe, coblentz, tours, 1er décembre, — Lebret. | Ste-Aldegonde, rue grenelle, st-germain, 17. demande quel régiment vous êtes? quel corps, vais bien. Dieu protége, prions, espérons, vous embrasse. — Hélène. | Delasablière, 20, monceaux. femme, enfants, sœur, oncle bien. lamiron, sablou, cannes tranquilles, 30 novembre. —Marthe. | Ste-Aldegonde, 6, palais-bourbon, paris. merci pigeons! st-germain, mesniljean bien portants, nos cœurs avec toi.—Yolande. | Cavalier, ministère finances. reçu lettre, merci, parents, enfants, bourdeille, tâchez envoyer argent. — Marie. | Ste-Aldegonde, 6, place palais-bourbon. paris. blessés soignés outrelaise, prières, attachement pour toi, joseph prisonnier, antonin général, courage, espérance. — Léontine. | Viet, furstemberg, 5. protégez marie, inquiet, écrire ballons immédiatement poste restante, tours. — Rabouz. | Champgonbert, 3 décembre. nous allons parfaitement bien. bonnefons, chaussée-d'antin, 43. — Amélie | M. Mertian, 9. grenelle-st-germain. maurice grande bravoure gravelotte, blessé, médaillé, prisonnier avec ambulance, bézonville, je fais recherches. — Chabrefy. | Trébuchet, 12, place dauphine. remettez à me bertin, 8, rue vézelay, 500 fr. pour wilson. — Desplanques. | Mme Cavaré, 27, boulevard poissonnière. aujourd'hui 2, excellentes nouvelles harghia, enfants parfaite santé, réponse, mille baisers. — Isabelle. | Herpin, 18, rue miromesnil. paris. 24 novembre, londres tous bien, nouvelles financières et péruviennes excellentes, chevaux ici. — Alfred. | Société générale, rue provence, paris. 24 novembre envoyâmes déjà 10 dépêches momentanément londres avec brolemann, dernière attendue. Borgeaud. | Cottin, labaume, 15. père, mère, sœur trouville, henri pau, trois enfants londres, ninetry, seven, slvane street tous bien. — Orsel. | Mmes Faivre, picard, paris, rue de louvois, 5. venir orléans au plus tôt, rue pothier, 15, où vous attends. — Faivre. | Bertheville, 8. solferino. prévenir dechambray, las cases, tout va bien ici et au mans. — Dechambray. | Lévesque. helder, 12. tous réunis villerville, y resterons, santés bonnes, embrassons. — Emilie. | Dreyfus, 26, laffitte. Jules, maréchal-logis restera auch, moreau prisonnier, amitiés ladent, féline vont bien. — Simon. | Vingtain, 37, taitbout. fils né facilement 28, santés parfaites, 30. — Delaville. | Daine, 23, michel-le-comte. nouvelles famille jaudin portent bien, nous aussi, écrivez. — Morand. |

---

31. Pour copie conforme :

l'Inspecteur,

Bordeaux. — 14 décembre 1870

Valenciennes. — Madame Prélard, 47, villette-paris. échappé metz bonne santé, embrasse tous décoré commandant 65e valenciennes.— Alfred. |

Saint-Sur-Ternoise, 8 déc. — Goudemetz, 58, amelot. rien, allons bien, écrivez.—Loy. | Chonski, 12, rue joubert, paris. adolphe bien portant genève, mère morte 6 octobre, nous bien portant. — Mauger. |

Saint-Brieuc, 10 déc. — M. Maupeou, 8, milan. contente lettre hier 9. blanche mariée valicourt 5 lundi, écrivez, santés, embrasse tendrement. — Maupeou. |

Chatelau-Iren, 10 déc. — Corbel, caporal mobile chatelaudren colombes parents bien, toussaint resté. — Corbel. | Durfort, 123, saint-dominique tous parfaitement, eugénie, papa ici. paul avec charette, éclaireur cheval, pas battu patay, maintenant poitiers. — Nelly. |

Tourcoing, 9 déc. — Cauet, 11, sommerard. recevons lettres, sommes tous bien portants. — Canet. |

Château-Chinon, 12 déc. — Chouët, avocat, rue cardinal-lemoine, 8. santés bonnes, père destitué. |

La Rochelle, 14 déc. — Dumesnil, 24, boulevard st-michel. pèreangeline, octavieparentsbar, hélène siens, la guerre siens, fournier siens, fromentin, nous parfaitement. — Dumesnil. |

Tonnerre, 10 déc. — Letellier, 51, rue richer. santés bonnes, édouard lyon. — Moine. | Vanderhoff, 242, boulevard saint-germain. courroussé, écrivez donc toute semaine. — Colin. |

Saint-Gengoux-le-Royal, 12 déc. — Dutartre, 17, rue cirque. allons bien, pas prussiens. |

Penne, 11 déc. — Darrasse, 21, simon-le-franc. penne, allons tous bien. — Élise. |

Autun, 12 déc. — Messieurs Jannon-Brette, 17, quai montebello. tous bien portants, écrivez plus souvent, mille tendresses vous maman, courage amélie. — Prudence, Céleste. |

Bayonne, 14 déc.— Herbette, 48, saint-georges. santés bonnes, cœur triste, habitons forcément biarritz. — Mathilde. |

Navarrenx, 14 déc. — Moity, 85, rue legendre. santés parfaites, père navarrenx. — Meurine. |

Alger, 6 déc. — Huon, 1, montaigne. amitiés. — Maleval. | Anceaux, 10, burq-montmartre. suis alger, 3e artillerie. — Anceaux. |

Aurillac, 13 déc. — Debladis, 41, rue lappe, paris. sans nouvelles. écrivez chaque jour, sidonie angleterre. — Cailar-Lascelle. | Pierret, 72, d'amsterdam, paris. allons bien, enfants travaillent. sœur à pau, cintrat revenu, tous vont bien. — Eugénie. |

Assier, 14 déc. — Maritan, 49, rue vanneau. paris. félix hambourg, francis auch, tous bonne santé. — Augustine. |

Beaune, 11 déc. — Mauguin, 39, paradis-poissonnière. toujours tranquilles, frères, famille, bonne santé, écrivez toujours. — Chevignard. |

Auxerre, 10 déc. — Picard, 18, boulevard, paris. nous allons bien, pas prussiens. | Cosse, 27, humboldt. allons bien. écrivez toujours. — Richard. | Madame Philippe, 16, boulevard strasbourg. aucune nouvelle depuis 28 octobre. allons bien tous. — Frévin. |

Valence-sur-Rhône. — Boulanger, 64, larochefoucauld, paris. mouchard menacé, suisse froide, malade, habite valence (drôme) avec famille, écrivez, 15, rue gare. — Nathalie. |

Terreaux, 9 déc. — Salles, 61, rivoli. père bien, charles bien comme officier erfurt. affaires passables, remettre un crédit adresses gourd, charnat. — Salles. |

Hyères, 9 déc. — Stopler, capitaine, 120e infanterie. allons bien, paul prisonnier coblentz. — Stopler. |

Calvi, 7 déc. — Collas, 12, place vendôme. inondations légères produit mal déjà réparé, barrage solide, galeries avec petits éboulements, ensemble bon ordre. — Fajole. |

Monaco, 10 déc. — De Beauvert, 7, martignac. cœur moi bien, envoyez nouvelles, soignez francis et remettez-lui argent à passy ou marignan. — Molitor. |

Aillant-sur-Tholon, 8 déc.—Madame Lecoëntre, 31, joubert. inquiète, rien depuis lettre charbuy, écrit souvent. tante, famille, amis bien, albert, raoul près lyon. — Demagny. |

Romilly-sur-Seine, 8 déc. — Lorin, 93, faubourg saint-antoine. bonne santé, écrivez souvent, dire anatole sœurs revenues. — Lacour. | Grégoire, 14, rue dieu. vendez bleu quarante-huit décimes. — Lacour. |

Montauban, 12 déc. — Pothier, 19, jean jacques rousseau. bien portants, inquiète, écrire. — Pothier. |

Chambéry, 10 déc. — Auguste payen, 26, boulevard saint-germain. deuxième dépêche. allons bien, t'embrassons, répondu à carte. pas mandat. assez argent. — Amandine. |

Gex, 10 déc. — Mondésir, 12, tournon. henri bien prisonnier neuwied avec marguerite. mère avec enfant, quai mont-blanc, 5, genève. — Mondésir. | Deville, 47, madame. habitants chevry bien, bonnes nouvelles boulogne et recey. — Deville. |

Bourg-en-Bresse. — Baudouin, sergent 40e mobile ain, 2e bataillon, paris-clichy. santés bonnes, reçu deux lettres, écrire longuement, francisque caporal trévoux. — Baudoin. |

Lyon-la-Croix-Rousse, 10 déc. — M. Lécuyer, 8, place de la corderie-du-temple, paris. nous recevons les lettres nangis aussi, tous vont bien. — Tétaz. |

Nantua, 10 déc. — Chenet, 53, rue assas. vendez emprunt, payez taxes absents. réponse à nantua. — Lafont. |

Mussidan, 12 déc. — Marois, 117, boulevard voltaire. je me porte bien, patience, à bientôt, voir chéron. — Sandilhon. |

Orange, 10 déc. — Wilbrad, 26, caumartin. donnez nouvelles, grand-père portant, embrassons. |

Nieul, 12 déc. — Mortina, 97, grenelle-germain, paris. reçu première dépêche, courage, chers parents, maurice au ciel absolution, vous reste fille dévouée. — Clothilde. |

Treignac, 10 déc. — Lachand, 11, bonaparte. allons bien, recevons lettres, avons argent, tendresses. — Louise. |

Grenoble, 8 déc. — Brun, 70, clichy. tout va bien, hôtel jullien, grenoble. — Brun. |

Martel, 11 déc. — Couturie, 3, cité de londres. reçu quinze lettres, nous t'embrassons. — Couturie. |

Marseille, 10 déc. — Mégressier, 28, pigale. portons tous bien, hélène est ici. — Bosonnier. | Louis Reybaud, 6, blanche. tous bien portants, suis marseille. — Hélène. | Directeur général tabacs. déclarations culture, année prochaine, cent vingt-neuf hectares. quel contigent fixé? — Pradines. |

Cluny, 10 déc. — Paulian, 23, lascas. santés excellentes, eugénie raisonnable, reçu lettres. cluny. — Laviéville. |

Villefranche-sur-Saône, 9 déc. — Ponthus, 7, boulevard sébastopol. femme, enfants vont bien. — Terrel. |

Castillon-sur-Dordogne, 14 déc. — Billey, 198, saint-dominique, paris. bien, castillon, gironde. — Lambert. |

La Tour-du-Pin, 10 déc. — Blanc, 52, sébastopol. allons bien, grand-mère pin-ons aussi. — Lucy-Fanny. |

Lorient, 13 déc. — Eugène Pontois, 1er bataillon mobiles morbihannais, 7e compagnie, armée ducrot, familles pontois, marsille, tillet bien, pia ravissante, écris souvent. — Pontois. | mad. Léautaud, 26, penthièvre. amitiés, bonnes nouvelles osny, dauger. scipion prisonnier aix-la-chapelle, nous lorient. — Romphleur. | Trégaro, ministère marine. lettres reçues. tous bien, confiance. — Bécel, Leroux. | Despaulx, 8, rue castellane. mesdames delarbre, collot, chabrié despaulx et familles se voyent, tous bonne santé. — Despaulx. |

Sauve, 8 déc. — Devèze, 64, arbre sec. reçu lettres, cartes, portons bien, écris, prudence. — Alexande Devèze père. |

Aix-les-Bains, 10 déc. — Broutta, 8, dragon. un mois sans nouvelles, bien. — Delpech. |

Beaune, 9 déc. — Henri, place corderie-temple, paris. auguste, charles soldats, suis tournus, donnez nouvelles. — Elisa. |

Annonay, 10 déc. — Canson, 30, palestro. jules blessure guérie, rouveure mort héroïquement, chaix père mort, montbard délivré prussiens, fabriques tout bien. — Canson. |

Saint-Sorlin, 10 déc. — Chambray, 15, lascaze. francisque capitaine armée loire. — Melchior. |

Moulins-sur-Allier, 1er déc. — Providence, 12, grammont. seul sinistre duprat 6,000. affaires passables, versé 2,000. tachon quatrième encaisse difficile 1,000. — Barillet. | Brotot, 4, blancs-manteaux. passe chez boulay, écrit nouvelles de sa maison, il est ici. | Burelle, major, 65. avenue labourdonnaie. envoie seconde dépêche pigeon. reçu seize lettres ballon, bonnes santés. — Burelle. | Delalain, 20, condé. alfred pillées, hyères maintenant, mes parents évian, nous six à perrigny. merci de tes lettres arrivées. — Huet. | Tixier, 288, saint-honoré. parents évian, nous perrigny sains saufs, courage, amitiés, écrivez, voyez maisons. — Huet. | Duparc, 18, godot-mauroy. lavallée. douze, tous bien. — Arthur. |

Nogent-le-Rotrou. — Morin, 55, bellechasse, paris. sois tranquille, ta femme et enfants vont bien, nous tous aussi. — Dugué. | Fissot, 37, rue richer, paris, portons parfaitement à senlis, nogent. — Devaux. | Loverdo, 13, cherche-midi, paris. allons bien, henry général directeur personnel guerre, vu 20 allait bien, georges avec bourbaki. — Despictières. | Mégressier, 28, pigale, paris allons bien arcachon, tous bien, lettres exactement arrivées, merci pour maison tout bien fait. — Despictières. | Massiot, rue montmartre, 98, paris. soyez tranquilles, tous vont bien. — Rogue. |

Toulon-sur-Mer, 7 déc. — Garnier, 41, quai bourbon. toulon, bien, recevons lettres. — Anna. | Butte, lieutenant vaisseau, fort bicêtre. télégraphié deux fois pigeon, papa emmenées nancy. si danger luxembourg, écris grill, toulon. | Latrobe, 7, bertin-poirée. marie, tes enfants, frères sœurs, ici tous bien. — Latrobe. |

Dinan, 9 déc. — Guichard, 18, moines. batignolles. Dinan, santés bonnes, bellisle ici. | Valais, 90, boulevard haussmann, paris. lettres rio bonnes, reçois les vôtres, marie bien, résilier bail. — Julia. | Thierry, 32, saint-roch. ta santé tourmente, écris dinan, victorine, clémence, enfants bien, reçu lettres. | Bellom, 111, rue rennes, paris. enfants, parents parfaitement. — Boullé. | madame Lesparda, 91, saint-honoré, paris. recevons vos lettres, répondu 5, écrivez richard par hermine, tous bien, jules bureaux. — Marianne. |

La Pacaudière, 8 déc. — Mallevoue, 3, avenue amandiers. lettres reçues, allons bien. pris pour vous. — Dauphin. |

Gençais, 12 déc. — Moreau, 100, rue monge, paris. nous portons bien tous. — Thorel. |

Ribemont, 4 déc. — Germain, 19, boulevard strasbourg. tous parfaitement, saint-briac, ribemont. — Collet. |

Bretteville-l'Orgueilleuse, 7 déc. — Addes, rue dunkerque. au falgoux tous vont bien, bretteville également. — Albert, Augustine. |

Dol-de-Bretagne, 8 déc. — Nédélec, 82, pompe, passy-paris. démarches rester aux ambulances, pensée avec toi. bien. — Eugénie Nédélec. |

La Rochelle, 9 déc. — Jancourt, 91, rue la tour, paris-passy. santé bonne, manque rien, lettres reçues, dépêches envoyées, vous embrasse. — Jancourt. |

Nantes, 9 déc. — Thébault, confiseur, 3, juges-consuls. reçu lettres, portons bien. — Marais. | Laurent, 98, oberkampf, paris. plus de nouvelles, serais-tu malade? nous bien portants. — Laurent. | Madame Dardel, 36, laffitte. inquiétude, écrivez, santé bonne. — Nanine. | Villebois, officier mobile, mont-valérien. tous bien, georges arrivé. — Villebois. | Kergariou, 84, rue sèvres, paris. bonnes nouvelles de paul, famille aussi. — Marguerite. | Pignel, 39, rue saint-georges, paris. tous ici, ai envoyé argent. — Emmeline. | Montluc, 57, pigale. reçu lettres au 6 courant, bien compris dépêche 9 novembre. tous bien ici et rennes. — Labruère. | Gruget, chirurgien, fort aubervilliers. nantes, reçu tes lettres, tous, rené bien, courage, espoir. — Gruget. | Siebecker, 3, valois. allons bien, légé parti pas dire maman. | Chantreau, 39, paris. dire joubert, mère, femme, enfant bien. frère bien part pas, ménage reçu. — Renaud. |

Bordeaux, 14 déc.— Roseleur, 21, magnan. chabassière, thézillat, limoges, assolant, wotoska santés, sécurité parfaites, recevons lettres, espérons retour prochain. — Emma, Léonie, Marie. | Delapalme, 9, auber. vu gontier, malheureusement aucun doute sur sort ernest. tiens vont bien jersey. — Fleury. | Raynal, 61, faubourg saint-honoré. écris daubrée rhodez, fais agir embassades, espérez, paul probablement interné sur parole comme collègue barel. — Fleury. |

Saint-Étienne. — Docteur Berrut, 29, bellechasse, paris. désirons encore vos nouvelles. Allons tous bien. lazarine m'attend pour noel. mille amitiés. — Octavie. | Sœur Prat, 2, rue du banquier, paris. allons bien, attendons tes nouvelles. — Prat. |

Figeac, 8 déc. — Tardieu, 364, rue saint-honoré. inquiète de vous. votre fils mon père. souffrez-vous? recevez-vous dépêches, écrivez, santés bonnes. — Mignotte. |

Chinon, 9 déc. — Télérier, entrepôt vins, paris. nous allons parfaitement. — Marie. |

Quimper, 26 nov. — Vasselot, 82, rue passy. tous bien, fils chevalier, moi aussi, rené près mans. — Vasselot. |

Tréport, 29 nov. — Briot, professeur sorbonne. mascart, lepaute, debray, rédier cherbourg. tous bien, marie saint-quentin, éleuthère pour gouvernement bayonne, enfants superbes. — Mascart. | Varet, 27, rue berger. santés parfaite, écris plus souvent. — Gilbert. | Boitel, 78, faubourg saint-martin. santé parfaite, reçu 8 lettres, écris plus souvent. — Gilbert. |

Alger, 29 nov. — Foncière, saint-lazare, 31, paris. bonne santé, vives préoccupations vous tous, reçu 7 lettres frère, 3 cartes embrassements. — Maréchal. |

Oran, 29 nov. — veuve Conscience, avenue piquet. 10 novembre. victor bien portant.—Andrieu. | Mme Sejourné, hôtel sainte-marie, quai hôtel-ville, paris. sejourné écrit prisonnier coblentz, santé, inquiétude pour vous, écrivez — Grandvohl. |

Nantes, 29 nov. — Choppy, état-major, secteur, 6. bonnes santés, reçu lettres 12, 17, suis satisfait, porcherie rien nouveau, prends argent lebeaud. — Choppy. | colonel Bascher, mont-valérien, paris. que devient sergent anizon? nouvelles nulles depuis deux mois. réponses ballon monté. — docteur Anizon. | Lagillardaie, rue constantinople, 8, paris. lettres jusques 12 reçues, sommes tous bien, céline hennebont marche. mes affaires très-satisfaisantes. — Lagillardaie. | M. Germain, 5, rue casimir-périer. nous allons bien, pauline nous a donné un garçon. nous vous embrassons tous. — H. Lévy. | Debiré, artilleur, mobile nantes, la villette. henri, capitaine. mans; paul, lieutenant, loiret. mauduit, nous bien, tante mariette morte sans testament. — Anna. | Coicaud, 4, rue choiseul. lettre unique du 13, merci, rideaux dans soupente petit escalier intérieur. — Gauthier, 19, place bretagne. | Cornette, cafetier, grande-rue passy. prière donner, nantes, litou chalottais, 2 nouvelles janmar. — Janmar. | Fleury, cauchois, 7. tous bien. recevons lettres, écrivez. — Fleury. | Mme Simonnot, 25, quai tournelle. impossible revenir paris, réponds, donne de tes nouvelles par ballon. — madame Caroline, poste restante, nantes. | Comptoir escompte, paris. débiteurs six millions, dont un million par trésoriers, un million trois quarts par départements envahis. -André thomar. | Borie, 93, rue assas, paris. nantes sept millions, lyon trois, marseille 300,000 à ajouter à vos soldes. — André-thomar. | Boissaye, 27, chaussée d'antin, paris. créanciers neuf millions. espèces versées agence. effets succursales un million, paris cour trois millions. — André thomar. | Hurlier, 47, trévise, paris. télégraphe accordant seulement 20 mots prévenez que continuerons réponse demain dans ordre indiqué. — André thomar. | M. Faustin-Hélie, rue singer, 13, passy-paris. tous bien portants. — Marie Dautremont, 30 novembre. | Bigot, chez Peltier, rue montmartre, 74. nous sommes tous bien. plus de détails dans tes lettres. — veuve Bigot. | Maublanc, 7, perronet. tous bien portants, georges tony, roch volontaire du mans, informe-toi andré. — Francheteau. | Desgrandchamps, 12, rue des billettes. nous allons bien, delphine aussi. jeanne deux dents. — Desgrandchamps. | Migeon, chemin des plantes, montrouge. prenez provisions chez nous, répondez chez zeler, 19, rue defeltre, nantes, portons bien. — Migeon. | Douillard, 11, assas, paris. tous très-bien à nantes depuis deux mois, tout tranquille. — Douillard. | Douaud, rue bodin, 8, paris. envoi pas lyon, envoi par poste par 300 francs. — Douaud. | Kohn, 67, rue blanche. allons bien, recevons lettres, y répondons, courage, espoir. — Chassaignac. | Mélie, 13, rue singer, tous bien, louis erfurt, informer alphonse. — Victorine. | Delamotte, rue hauteville, 49. nathalie, maurice, toute la famille très-bien. — Poulain. |

Monaco, 28 nov. — M. Lafon, lieutenant, 13e artillerie, 16e batterie, la villette, paris. portons bien. — Jenny. |

Grasse, 28 nov. — Cuvillier, 16, rue de la paix. recevons régulièrement lettres. santés excellentes. rien ne manque excepté être ensemble. écrivons souvent. — Clarisse. |

Menton, 27 nov. — Dubois, 34. lhomond. bien portants menton, reçu 2 lettres. — Kierdorf. |

Nice, 28 nov. — Rothschild, 33, faubourg saint-honoré, paris. suis à nice, santé bonne, toutes mes pensées avec vous, vœux et tendresses. — Charlotte. | Paul Blanchot, capitaine 117e, paris. santés excellentes, lettres reçues. — Blanchot père. | Rosset, 61, boulevard Haussmann. toujours parfaitement, hôtel steimel, nice. — Rosset. | Pontremoli, boulevard strasbourg, 43, paris. cartes non reçues, santé excellente, enfants étudient, pension occupée dames, parfaite compagnie, temps délicieux. — Eléonore. | Salet, rue thénard, 9. santé à nice, voiron, pau, unieux, montreux. — Alexandrine. | Mme Coulmann, 30, taitbout paris. reçu et répondu plusieurs lettres. ignorons valeurs. voir cave. bien portants. vœux pour vous. — Saltzmann. | Weiss, 17, rue servandoni. bonne santé, nice, hôtel france, vos lettres reçues, continuez écrire, si pierre besoin argent donnez. — Hermann. | Lavenue, boulevard montparnasse, 70. demander école de médecine certificat constatant mes seize inscriptions, envoyer par ballon, villa coste, antibes. — Rispaud. | Directeur général tabacs, paris. service marche régulièrement, inspection générale finances règle avec tours, questions intérêt général. bayonnais,

Bordeaux. — 14 décembre 1870.

desnoyers, engagés. — Beauchet. | Directeur général tabacs, paris. approvisionnement feuilles suffisant, salaires payés régulièrement, lafarlède. lacrau demande planter tabac, avis favorable, autorisez-vous? — Bauchet | Delestrac, iacob, 20, renvoyé première carte, toutes réponses oui, père momentanément, valligranne expédiera seconde, grand espoir armées province. — Delestrac. | Thiébaut, hauteville, 58. malheur affreux. lucie, fausse couche, décédée 16 novembre, laisser ignorer félix, sa mère reste ici. — Tétard. | M. Sabatier, 35, reine-hortense, paris. sommes à nice, bonne santé, reçu 20 lettres, grand-guillot marseille, bonne santé. — Hélène Sabatier. |

Fernoy, 28 nov. — Gautry, 59, rue provence reçu vos lettres jusque 15 novembre. tous bien bérzeval, pons. enfants monod, bélisaire, isaac fourchambault. — Mayor. | Lajeunesse-Cerf, rue meslay, 28. nous, philippine. adolphe, famille retel vont bien, nouvelles félix. — Neufelder. | Mme Lemaine, 37, rue poissonnière, paris. quitté paris, sommes genève, bonnes santés, inquiets de vous. — Quinson | Lasalle, rue châteaudun, 23. si faut abattre chevaux, réservez brunette. — Coleman. | Deseveilnes, 9, coq-héron, paris. excellentes nouvelles genève, lorient, 28 lettres. garçons collége. richardet. — Pauline. | amiral Bosse, marine. arrivés morillon 28 septembre, accueil, santé parfaits, reçu vos nouvelles, supplie soignez vous. affaires nice bonnes. — Augustine. |

Fontenay-le-Comte, 28 nov. — M. Touchet, 9, penthièvre paris. delannoy fils, personnel bon espoir. — Delannoy. |

Flers, 29 nov. — Ménager, boulevard haussmann, 178. allons très bien, avons reçu vos lettres, théophile est à étreport. — Durand. |

Angers, 30 nov. Juste, rodier, 40. enfants, tous, santé parfaite. — Eudoxie. | Rau Louis, bourse. allez rue aumale, écrivez si domestiques bien portant, dites qu'ils écrivent souvent. — Léo. | madame Lardin, lavoisier, reçu lettres, dernière du 9. récolté 43 vin. vaut 60, vendrez-vous, patience, courage. — Barier. | Loviviers, 11, nonnius-d'hyères. julien service angers où tous bien. bonnes nouvelles normandie, tantes versailles, charles ferru, cann, mathon prisonniers. — Paul. | Delaunay, 44, chaussée-d'antin. gabrielle bien, bruxelles, abon lance, 11. père bien, prévost, nouvelles ici. — Martin. | M. Bory, enseigne vaisseau, fort bicêtre. famille bonne santé, écrire plus souvent. — Bory. | Sureau, saint-honoré, 205. louise accouchée heureusement garçon 28, mère bien, enfant décédé à 2 jours. — Bernard. | Mme Say, 11, place vendôme, nous sommes tous en bonne santé. — Jeanne. | Brebion, 5, rue 29 juillet. amélie, mère bonne au mans. hélène bien, reçu lettres. — Hélène. |

Carpentras, 29 nov. — Mortet, manutention, billy. santé bonne. — Michel. |

Lons-le-Saulnier. 30 nov. — Pétré, hauteville, 85. donne nouvelles de vous et ernest, dijon envahi, famille suisse va bien. lons-le-saulnier. — Albert. |

Le Puy, 30 nov. — Lévy, hauteville, 10. portons bien, mailles arrivées. — Lévy. |

Aix-les-Bains, 29 nov. — Renard, missions, 9. santés bonnes, tristement. tes lettres seules parviennent. laure, antoine silence inexplicable. concha chez frédéric. — Dardonville. |

La Rochelle, 5 déc. — Dumesnil, 21, boulevard st-michel. Hélène, louis ruchet, octavie, laguerre enfant albrech, nos enfants, moi, parfaitement. donne nouvelles Auguste. — Dumesnil. |

Beurlay, 7 déc. — M. Clerc, rue hauteville, 45, paris. Augustine, enfants sont en bonne santé. — Ve Massure. |

Morbihan, 7 déc. — Malherbe, lafayette, 115. inquiète où Firmin. donnez nouvelles. — Jullien. | Rougevin, faubourg st-honoré, 75. reçu tes lettres du 14 novembre. tous bien. Alfred bordeaux, tante marolles, bien. embrassements. — Bonnet. | Delarbre, ministère marine. nous, despeaulx, tricault, henri, lorient. amiral parti, fernand tours, baudry, cordier, horace allemagne. delavau barbes neuwied. — Delarbre. | Bonnet, servandoni, 23. parti par ordre. arrivés ici 16 octobre. bien. ressources suffisantes. lettre du 2 arrivée. embrassements. — Bonnet. | Jules Cordier, lieutenant vaisseau, compagnie marche, fort st-denis. seule, sans lettre, quel motif empêche écrire, très-malheureuse, tous bien. — Cordier | Lemoine, rue richelieu, 92. sœur, fille bien, impasse patience 20, laval. — Leroux. |

Bourges, 7 déc. — M. Leroux, beaux-arts, 2, Paris. tous bien portants, henri blessé légèrement bourges. achet vu léopold mieux metz. — Leroux. |

Pau, 7 déc. — Chantrier, 11, rue de parme, paris. sommes à pau, donner nouvelles par ballon. — Deterbecq. | docteur Byasson, hôpital midi, paris. bien portants à pau, avec clarisse. tante pourvoie, tendresse inaltérable. — Alice. | Hardy, 13, taitbout. clara, guyet, bédoille, bourget, martin, pestel. tous à pau en bonne santé, reçoivent lettres. — Hardy. | Nonezlopès, faubourg montmartre. 36. ne vous privez pas, disposez au besoin de mes fonds, bien portants, embrassons. — Adrien. | Morlot, laffitte 7. tous pau, honfleur, deffan bien. reçu portrait. embrassons. — Amélie. | Frémont, 28, boulevard bonne nouvelle. bonne santé avec edme, vatins, pau recevons lettres. — Maurice. | Lepine, 52, basse-du-rempart. jannin pour marguerite, saint-saviours, road, 48, jersey, saint-hélier, bien portants. — Maria. | Offroy, faubourg poissonnière. 63. Aberte tours partie nay avec enfants, elvine, joséphine, tous bien. écrivez-moi. robert bien montpellier. — Offroy. |

Ambert, 5 déc. — Chardin, rue castiglione, 3, paris. tous bonne santé. lucie, basse, 24, gand, belgique. — Chardin. |

La Roche-sur-Yon, 8 déc. — Vernaudon, rue delaborde. 44, donnez nouvelles. nous bonne santé, avez-vous besoin argent. — Vernaudon. | Marc, st-lazare, 70. coulommiers calme, prussiens pas excès. nous bien. hémar, lecornier, tous bien. |

Flers-de-l'Orne, 6 déc. Baric, gaîté, 4. écris-moi. — Voisin. |

Toulon-sur-mer, 5 déc. — Schür, capitaine 12e cuirassiers, vincennes. Verly couzon compte la rejoindre huit jours. théophile prisonnier. désire t'embrasser bientôt. — Jeanne. |

Le Pouzin, 5 déc. — Convers, rue théâtre, 67, rue grenelle, paris. allons tous bien, pas d'inquiétude à notre sujet, rassure toi. — Marie Convers. |

La Côte-st-André, 5 déc. — Cruchon, 11, rue douane, paris. moi, enfants, parents bien. vont école, reçois lettres. — Irma. |

Villers-sur-mer. 4 déc. — Corbel, bouloi. 21. famille villers, cabourg bien portants, mougeirer libre. bien portant versailles. béliard, villers, vincent, nouvelles amis. alice. — Loutre. |

Pont-l'Évêque, 6 déc. — M. Not, splendide hôtel, place de l'opéra, paris. portons tous bien. recevons vos lettres à trouville. — Garen. |

St-Pol-de-Léon, 6 déc. — Deblois, capitaine mobiles finistère, bataillon morlaix. tous bien, père commandant artillerie cordiniers. |

Le Mans, 6 déc. — Langlois, avenue clichy, 94. vais bien. — Langlois. | Legouay. 5. christine. tous installés brighton, 19. st-michaels place. bonne santé, recevons lettres. envoyé 8 dépêches pigeon. — Maria. | Taurel, rue monsigny. 17. portons bien. écrivez. inquiètes. embrassons. — Célestine. | Voisin, rue sts-pères, 62. tourmentées. donnez de vos nouvelles. — Fauveau | Morant. rue de sorbonne, 22, paris. santé bonne. resterai au mans, isolément possible. — Morant. |

Dinard, 6 déc — Jacques Darlincourt, labruyère, 3. reçu toutes tes lettres avec bonheur, louise bien, quid féry. pichot, cazésus. pauvre lebeuffe amitiés. — Ludovic. | Jacques Darlincourt, labruyère, 3. très-contents de toi. allons bien, envoie rue blomet, savigny, deux cent trente francs, mollut cent. | Drapier, rivoli, 41. avec enfants depuis vingt septembre à dinard. Zoé retournée à marolles. tous santé parfaite. écrivez davantage. — Drapier. | Gastine, avenue d'antin, 39. quatre bonnes mamans. toutes trois en bonne santé. famille calame bien. — Gastine-Calame. |

Vitré, 6 déc. — Desolines, 102. aboukir. vitré, santé bonne, famille versailles. | Herbet, 12, thévenot. bien portants vitré bretagne avec berthault, enfants superbes, reçois tes lettres, envoyé déjà dépêches. cartier refusé. — Agathe. |

Trun (orne), 6 déc. — Alexandre Paynel, avenue d'orléans. paris. pas prussiens, rien nouveau, portons bien. — Ve Paynel. |

Yport, 5 déc. — Mlle Clara, chez gorgen, 2, rue de la paix, paris nous allons bien, écrivez moi pour me donner des nouvelles de tout le monde. — Julie. |

Lusignan, 7 déc. — Mayet, rue st-marc, paris. lusignan, issoudun, châtillon, santé parfaite. — Ch. Mayet. |

Auzances, 7 déc. — Walter, faubourg st-denis, 72. oui, bien, blum contents. travail. — Villebessey. |

Binic, 6 déc — Girardin, 43, richelieu, paris. troisième dépêche. allons bien excepté maman. albert enrhumés. reçu lettre 29. besoin rien. binic 6 décembre. |

Broglie, 6 déc. — Crespin, 26, boulevard filles-du-calvaire. portons bien tous. prussiens pas. hector mobile. — Crespin. |

St-Florentin, 3 déc. — Guibout, rue st-sébastien, 31. famille va bien. paul. maman delécalle ici. pays tranquille. — Delécalle. |

Loudun. — Mée, 122, rue montmartre. que devient hubert? — Gustave Hubert, loudun, 10 décembre. |

Brioude, 8 déc. — Pradier, 81, rue lille. recevons lettre. portons tous bien. — Marie. | Coullerez, trésorier palais industrie. allons bien. |

Châtillon-de-Michaille. 6 déc. — Renaud, hôpital vincennes. 9 novembre reçue. tous bien. courage. — Alphonse. |

Boulogne-sur-mer. — Pauchet, 56, rue tiquetonne. lettres reçues. portons bien. écrivez. dites godard-larrey boulogne. rigler ici. — Cloquet. |

Rochefort-sur-mer, 10 déc. — Moquay, capitaine 12e bataillon, 3e marche, st-denis. reçu argent. bien portants, attends bébé. — Moquay. |

Morterolles, 8 déc. — Lavallette. 11, rue neuve-boulets, paris. accouchée fille. allons tous bien. — f. Lavalette. |

Avranches, 3 déc. — Veniard, rue d'anjou-st-honoré, 76. portons bien, voir maison hendrick, réponse par ballon. — Veniard. | Cadiat, 30 bonaparte. suis chez moi, vous attends dès possible. prie toujours, soignez vous bien. — Marie Lavalley. | Mégessier, 28, pigale. merci lettres, continuez avranches, physique bon. amitiés vives santerre quiclet. — Marie Lavalley. | Laguiomé, bac. 34. lettres reçues. vers paraîtront. suis simple mobilisé, destination cherbourg, confiance. amis, famille bien portants. vois lebourgeois. — Martin. |

St-Servan, 10 déc. — Valroger, bac, 32. 7e dépêche. tous bien. 10 déc. — Lucien. |

Roubaix, 27 nov. — Lecoupt. rue calais, 42. Amédée convalescent, autres bonne santé. — Sauvage. |

Sablé-sur-Sarthe, 11 déc — Fitz James, 36, cours la reine. juigné, biron, fitz james parfaitement. antoine prisonnier, madeleine, henri ici. luynes tué. yolande désolée. vives tendresses tous. — Belmont. | Charles Baratte, 24, rue albony, paris. voir boucher, rue petit-carreau. m'écrire ce qu'ils deviennent. chesneau sans nouvelles. — Rosa. |

Brezolles. — Lallier, rue du bac, 96. donnez nouvelles, ici bonne santé. — Joly à brezolles. |

Quimper, 12 déc. — Neuhaus, boulevard montmartre. bonne santé, sommes quimper, louise quimperlé, recevons lettres. |

Flers-de-l'Orne, 10 déc. — Grignon, duphot, 2. santés parfaites. — Lallemant. |

Béthune, 9 déc. — Neuville, rue mail, 7. royan, béthune, santé parfaite. |

Plancoët, 10 décembre. — Louis Berest, sergent major, 1er bataillon, 7e compagnie, 2e mobile, paris. recevons lettres, tous bien inquiets. pigeons portera argent. embrassons. — Mélanie Berest. |

St-Urdedal, 10 déc. — troisième pigeon. père, mère bien portants, reçu lettre du 4 décembre. — Durandière, ministère marine. —

Graulhet, 14 déc. — Francœur, 7, laffitte. tous bonne santé, embrassons. léon parti algérie. — graulhet, 14 déc. |

L'Isle-d'Albré. — Gaittet, 1, rue du jardinet. allons bien. deboisset armée loire va bien reçu mandat. renvoie carte. réponse moins chère. |

Charroux-d'Allier, 9 déc. — Lecourt, pigalle 46. accouchée, tous bien. tranquillité, rien. — Lecourt. |

St-Galmier, 9 déc. — Chillet, rue duras, 9. famille, enfant vont bien. — Catherine |

St-Jouan-de-l'Isle. — Belfert, lieutenant 20e marche, 1er bataillon, 4e compagnie garde mobile côtes-du-nord. me porte bien, reçois tes lettres. écris souvent. — Belfert. |

Beaune, 11 déc. — Ferrand, st-arnaud, 9. René, capitaine, décoré. tous contents. — Poncet. |

Voreppe, 12 déc. — Mme Chabrillant, avenue montaigne, 30, paris. Raymond à bonn, allons bien. henri, ernest, roger, armée loire. dire à charles. — Louise. |

La Chapelle-Moche, 10 déc. — Bouffinet, rue du temple, 122. es-tu morte? réponds. — Bouffinet. |

Cayeux, 9 déc. — Cloez, 7, linné. tous bien. | Ricard, 18, castex. tous bien |

St-Gaultier, 10 déc. — Regnier, 7, rue de douai, paris. allons bien. reçu lettres. |

Broglie, 9 déc. — Cochin, rue grenelle, 86, paris. Denys, porte fanion de bourbaki, j'attends ici diver. tout bien ici — Albert. |

Droué, 11 déc. — Depréle, rue des sts-pères, 71. allons bien toujours tuilerie. léonce bien à meaux recevons vos lettres. — Marie Broult. |

La Délivrande. — Prestal, rue bondy, 52. saint-aubin, bourdeilles. tous bien. — Fortin. | Bichet, directeur des postes paris, pour vogel. st-aubin. toutes très-bien. élisa avec nous. — Aubert. |

Sains, 7 déc. — Lonele. mail, 11. confirme lettres dépêches. portons bien. avons vos nouvelles. — Lonele. |

St-Quentin, 8 déc. — Letellier Verbeust 15, rue debelleyme. paris. nous nous portons bien. sans nouvelles de ta sœur. — Verbeust. | Decaux, 303, faubourg antoine, paris tous bien ici, carvin, noyon, compiègne. reçu tes lettres, réponds souvent. — Ve Decaux. |

Ribemont, 8 déc. — Joannard, boulevard saint-martin, 19. tous parfaitement ribemont. recevons lettres. — Joannard. |

Hesdin. — Maugin, 12, guénégaud. hesdin depuis octobre. bonne installation jeanne. lucie pense à papa, moi aussi suis triste. allons tous bien. — Louise. |

La Ferté-Macé, 10 déc. — Guillou, rue pavée 13, marais. reçu vos lettres, bonne santé générale. affaire clotilde continue, cousine décédée. — Guillou. |

Aigre, 13 déc. — Damitte, humboldt, 11. portons bien. pourquoi pas écrire. — Damitte. |

Monsempron-Libos, 13 déc. — Bouyer, monge, 12. dire à planteroze, rien reçu depuis 16. allons bien, approuve tout. — Mabille. |

Libourne, 13 déc. — Minvielle, 35e ligne, 2e bataillon. 5e compagnie. lettres reçues. tous bien. — Marinette. |

Courseulles-sur-mer, 10 déc. — Franck, 15, rue malher. santés bonnes à courseulles. donne congé. — Victorine. | Dubois, 4, rossini, tous bien portants, recevons argent. courseulles. — Joséphine. | Edard, rue dragon, 26. irlande satisfait, dévoué, banquier vingt cinq mille francs caisse, douze avis bateau marchandises suffisantes. reçu lettres. — Petit. |

Mâcon, 30 nov. — Aucaigne, lieutenant, 3me mobile, cluny, santés bonnes. tranquilles, reçu lettre 15 novembre. — Honorine. |

Caen, 28 nov. — Lavergnolle, 13, cléry, paris. lettre 27, votre femme, enfants bonne santé. donnez nouvelles de rue de boileau. — Chartier. | commandant saint-genies, division courbevoie. reçu lettre, vais bien, Pierre à dantzick, bonne santé. — Caroline. | Deronseray, lille, 19. tous houlgate, bien portants, enfants travaillent. — Deronzeray. | l'Escalapier, 6, rue férou. Hélène avec mère poitiers, nous neuilly. tous parfaitement. — Félix. | M. Montigny, 17, pépinière, paris. enfants vont bien. jamais quitté lasson. — Durozier. | Raoux, 41, martyrs. famille entière bosivel-barjac, bonne santé. caen, 3, rue prairie. — Raoux. | Cabanellas, 9, mogador. tous bien. — Isabelle. | Tiphaigne, 3, castiglione. allons bien. — Lancelin. | Mme Heiné, 9, jussienne. merci, écris encore. — Delorme. | docteur Mallet, 130, glacière. reçu ta lettre, merci, espoir. — Delorme. | Loynes, 31, avenue antin. portons tous bien. — Elisabeth. 28 novembre. | Chenard, 21, boulevard malesherbes. moi enfants, Marie enfants, santés bonnes, reçus papiers, procuration. caen tranquille. si partons cherbourg-brighton. — Louise. | Poyard, 14, tournon. caen, lycée, premier. revacciné; envoyez questions, santé excellente. — Poyard. | madame Ledru, 56, rue batignolles. Albert prisonnier erfut, prusse. — Ledru. | Moisson, 22, caumartin. inquiètes, donne nouvelles par ballon. — Sophie Lecavelier. | elchingen, avenue antin. Ney de Vatry, à francfort-mein vont bien. — Bornet. | Maguin, 112. rue grenelle-st-germain. Maguin va bien à francfort-mein. — Bornet. | St-Georges, 17, rue grange-batelière. St-Georges à francfort-mein hôtel hollande, bien portant. — Bornet. | Dargent, 149, rue st-dominique. conduit charlotte. dire madame picard vu picard, émile bien portant, hôtel hollande, à francfort-mein. — Comminges. | Gaignœux, 13, rue lafayette. famille entière bien portante. prière écrire caen, carmélites. — Guillet. | Michaux, 1, turenne caen. portons bien, recevons lettres. — Joséphine. |

Pont-l'évêque, 28 nov. — Richer, 8, rue belzunce, paris. Tous bonne santé à pont-l'évêque. — Armande Geneviève. |

St-Aubin, 28 nov. — M. Ruprich, 10, assas, paris. tous en parfaite santé, reçois lettres de paris. tranquilles ici. argent reçu. — Ruprich. |

Cannes, 29 nov. — madame Brocq, 72, taitbout. Salles prisonnier à driburg. — Lamy. | Cayla, 17, notre dame-des-champs. lettres, merci. maintenant cannes. Castel inquiets. — Mourlarque. | Aronssohn, 16, cadet. dernière 13 octobre. écris chaque semaine ballon. allons bien. — Aronssohn père. | Boucherville, 16, rue boulogne. parfaitement portants cannes. envoie moi cartes-réponses. — Lucile. | Jouve. 11, boulevard temple. reçu aujourd'hui lettres de vous, santé parfaite. les enfants parlent toujours de vous. — Jouve. |

---

32 Pour copie conforme :

L'inspecteur,

Bordeaux. — 16 décembre 1870

Béziers, 30 nov. — Delacarlière, 64, rue Richelieu, paris. faites parvenir 50 fr. à soullé, Henry, mobile de l'hérault- — Pagis. | Baptiste Gely, mobile hérault, 3e compie. fort rosny paris. va rue jussion, 21. paris. Lautier donnera argent pour besoin. — Gely, | Kirch, 6, rue providence, paris, 13e arrondissement. envoie 300 fr. grande nécessité, poste reçois, santé parfaite, reçus lettre. — Kirch. | de Cassagne, lieutenant premier, bataillon hérault, 2e compie. paris. portons tous bien, envoie nouvelles. — de Cassagne. |

Cognac, 1er déc. — Barbaroux, 5, poitiers. bonne santé, constance aussi, pas besoin argent, rien faire pour maison. — Marion, 50, buckingham palace road london. | Germain, 15, rue des moulins. 1er décembre reçu lettres, seize vingt. santés excellentes, amitiés. — Julia. | Masson, 63, rue bourgogne. reçu trois lettres au 5 novembre, inquiets depuis. gaston mobilisé, gabriel sur loire. santés bonnes. — Joulin. |

Brest, 26 nov. — Poirée, 4, rue odéon. tous réunis brest. bonne santé. donnez nouvelles, pas depuis onze. — Caillaux. | Mengin, rue vaugirard, 25. nous, léonie, louise bien. — Marie Mengin. | Deville, 47, rue madame. chevry, boulogne, bretagne, recey, poisonnière, granville, tous parfaitement. henriette pas dents. bourboulon, prusse. edmond bien. — Jeanne. | Michau, 81, boulevard saint-michel. reçu lettres, triste de notre séparation. henri ici, nouvel échec, rennes. remercie arthur, maurice capitaine. — Michaux. | Deuffic, sous-brigadier douane, place château-d'eau. famille bien, reçus toutes lettres.— Pogam. | Charpentier, 31, vanneau. bonne santé. — Elisa. | Foucault, capitaine, 23e mobile, 1er bataillon, montreuil, seine. tous bien, reviens bien portant, indifférente au grade. — Rosine. | Giraud, 5 rue alsace. aline parfaitement roscoff. assez d'argent, bonnes nouvelles, rouen. — Duval. | M. Chazal, 2, rue radziwill. 4e dépêche. dampeville arrivé parfaitement. instructions seront exécutées. — Vandermarcq. |

St-André-de-Cubzac, 12 déc. — Goffinon, 76, magenta. tous bien, lettres 6 reçues. — Lavergne. |

Le Mans, 11 déc. — Colas, 31, bonaparte. corbeny bien, sois pas inquiet. — Jules. | Renon, garde nationale, 106e bataillon marche. famille santé bonne, prussiens condé une semaine, maison ambulance respectée. sarthe évacuée. — Renou. | m. Bigarne, ministère des travaux publics. santés passables. trois lettres reçues, une envoyée par ballon, encore libres. — Bigarne. | Lusson, capitaine d'artillerie, charenton 271. portons bien, manquons de rien. tranquille. — Lusson. |

Châteauroux, 11 déc. — Audibert, inspecteur finances, tournon. monsieur, madame putz metz bien. madame colson, ses enfants bien. famille bliguières hennebout bien. — Peltier. |

La Haye-du-Puits, 10 déc.— m. Dupray, 41, rue de la tour-l'auvergne, paris. allons tous bien, recevons toutes les lettres, envoie rue charonne. — Lucy-Durvis. |

Fougères. — Ferron, gravilliers, 11, paris. santés excellentes, maman ici, resterons à fougères. — Ferron. | Lefèvre, 96, provence. sixième dépêche, reçoit lettres paris, st-germain. tous à fougères bien portants. — Jigaux. | m. Bertraud, rivoli, 88 heureux de nouvelles, normaud organise paiement coupons, trafic moitié. tunnel, voûte faite, strauss attaqué. pense à vous continuellement. — Guerlet. |

Clermont-Ferrand, 2 déc. — Gerdès, 12, rue séguier. madame gerdès bonne santé. — Receveur postes. | Méteyer, ministère guerre. ballon arrivé sans nouvelles, très-inquiète, écris-moi, fais-toi revacciner, tous bonne santé. — Méteyer, clermont, 12 décembre. | Remlinger, 8, joubert. reçu lettre. pas nouvelle moselle malgré démarche. d lerocq prisonnier. voyez maison. — Didier. | Postoly, rue st-dominique, 60. santés bonnes, recevons lettres | Bathier, 144, boulevard magenta. b en quatre. — Bathier. | Chavigny, rue françois-miron, 21. écrivez-nous.— Dey. | Pelletier, lanne, 8 st-denis. allons bien, ai reçu argent. pierre avec capitaine-major. — Pelletier. | Mailly, 85, rue de sèvres. reçu bonnes nouvelles aujourd'hui. — Cabs. | Docteur Boyer, boulevard magenta, 95. santés parfaites, reçois lettres. — Camp. |

Châtillon-sur-Sèvres, 11 déc. — Fruchard, sentier, 20, paris. cheveaux vendus, moi va bien. — Athalie Moreau. |

Belloy, 30 nov. — Mme Bisson, 1, rue havre. nouvelles reçues, maurice armée loire. — Marie. | madame Devaux, 41, rue d amsterdam. santés bonnes, maurice capitaine. — Marie. |

Lapleau, 12 déc. — Durieu, montholon, 37. famille bien, lettres reçues, écris lapleau. victor, avignon, auguste capitaine coblentz. |

Arès, 14 déc. — Javal, anjou. santés parfaites, bébé superbe. — Pauline. |

Lille, 7 déc. — Barbieux, faubourg st-denis, 185, par s. sommes bruxelles bonnes santés. — Maman. | Ploche, gare est, paris. reçu lettres, cléonise, marguerite bien. — Desfossez. |

Maubeuge, 8 déc. — Bonnel, abatucci, 31. félix, tous bien. renseignez-moi. — Libert. |

Guingamp, 10 déc. — M. Jégou, rue cherche-midi, 138. dépêches perdues, écris toujours, suis bien. — Virginie Jégou. | Comtesse Laferronnays, 34, cours-reine. henri prisonnier sans blessure. tous bien à kerdaniel. — Marie. |

St-Pol-de-Léon, 10 déc. — Mahé, rue bergère, 30, paris. famille bien, écris souvent ballons montés. | Coucy, rue monceau, paris. recevoir nouvelles paris, marder envoyé lettres. santés bonnes, yves mort. pays tranquille. — Alexandrine. |

Douai, 7 déc. — Sallet, 19, quai voltaire, paris. tous bonne santé, charles artilleur lille.— Godod. | Pezé, 7, provence. fanny nourrit paul. tous parfaitement. |

Avranches, 9 déc. — Chaillet, 113, richer. désespérée, tu pas reçu nouvelles. envoyée plusieurs dépêches, santé parfaite, pense constamment toi, habite avranches. embrasse. — Savah. |

Urcel. — Villette, rue université, 46. léopold bien portant prisonnier. — Armand. |

La Flèche. 12 déc. — Hérard, rue vaugirard, 299. famille gouis avranches, mezin. bonnes santés, recevons lettres, théophile point nouvelles. | Guillon, richard-le-noir, 87. santés bonnes, recevons lettres. — Louise. |

Fourgères. — Bollinais. boulevard bonne-nouvelle, 10 bis. tous bien chez magne depuis 2 mois. reçu 600 fr. — Adélaïde. |

St-Etienne, 12 déc. — Madame Dagnaux, 22, capucines, paris. merci soins all ert, tous bien portants. — Ve Provoté. | Mantin, magdebourg. tous bien. fabreguettes boulevard prince-eugène, 2. — Fabreguettes. |

Tours, 5 déc. — Revel, boulevard mazas, 12. santé bonne, argent assez, quatre ensemble. — Fevel. | Cessac, avenue montaigne. bien villerville, pays tranquille, recevons lettres, celle indiquant pigeon, écris chaque jour, eugénie, gamin 20 sous.— Cessac. | Bry, rue poulet, 28, cherchez beurre dans et sur la cheminée, lettre ballon reçue. — Duret. | Rainnevil e, 34, rue st-guillaume, paris. ta mère, moi, claudine sommes boulogne, avons quitté tantes 27 novembre tendresses. — Alexandrine. | Hachette, boulevard st-michel, 24. as un garçon bien portant né 12 novembre, vais très-bien, victoires donnent espoir. — Hachette. | Chabrier, trévise, 32. houplines, ostende, santé excellente, lettres reçues, urgence vendre emprunt, argenterie. — Chabrier. | Grondard, 61, anjou-honoré. delondre, général wiesbaden bien, sœur tours malades, tendresses. — Langlois. | Jourdain, 7, penthièvre. jourdain, bauguies, granville, denière, pretavanil louviers. tous bien. — Langlois. | Vuillet, 10, rivoli. babame, saint-thégonnec (finistère), dominique prisonnier paderbord, voir arcais, sonnerville, écrire. — Migault. | Muron, boulevard malesherbes, 25. labeausserie santé parfaite, travaillent bien, jersey, lameuille, boucheron tours, schleswig bien portants — Guyberd. | Paul Béchet, 23, rue monceau. éric mobile et rœderer vont bien, recevons lettres. quentin envahi, écris bouillon — Céline. | Labarraque, 35, boulevard strasbourg. bonnes nouvelles essonnes, oncle prisonnier cologne, écrivez souvent bouillon, voyez deloche, amsterdam. — Deloche. | Bondy, rue montalivet, 7, paris. tous vont bien, lionel toujours à auxerre, suis inquiet de vous deux. — comte Boudy. | Courtirron, lancier, vincennes. bonnes nouvelles chez jacques à tours. — Courtirron. | Clet, furstenberg. merci, sommes jersey toutes santés parfaites, famille lecoq aussi, climat doux, bérard loin, en recevons bonnes nouvelles. — Jousset. | Cros, sourdière, 16. santé bonne, ste-adresse chez guesnet. — Eulalie. | Carayon-Latour, royale-st-honoré. j accompagne général espeuilles au 17e corps, bonnes nouvelles de grenade, faget, quittons rouen pour orléans. — Henry. | Singer, 17, quai malaquais. singer à boulogne, achards à tours demandent nouvelles immédiates. — Henry. | Lefrapu, marine. tous très-bien lorient. — Mancel. | Jacques, marine. tous très-bien st-servan, bonnes nouvelles verneuil, le mans, neuwied. — Jacques. | Pellerin, marine. parfaite santé segré. — Mancel. | Cosmas, boulevard voltaire, 9. marie envoyé dépêches, brest, tous bien. — Noyon. | Fréminville, rue lille, 2. tous parfaitement à quimperlé et athis. —Fréminville. | Baudouin, faubourg poissonnière, 65. portons bien, recevons lettres, embrassons. — Nicolas. | mademoiselle victorine Legrain, rue richer, 58, paris. affaires à turin vont bien, on vous attend à guerre finie. — Corsi. | Petit, rue crozatier, 45. reçu lettres, portons bien — Huguenot. | Herbault, 12, port-mahon. tous parfaitement, émile bien, arrivé, recevons lettres, confortablement installés, théodore mort 16 septembre. — Marie. | Salone, linée, 24. mocquery, salone bien portants, partirions nantes. — Salone. | Taillandier, instruction publique. excellentes nouvelles famille dumesnil, magnabal, tardif, mourier graziani, bailleul, resbecq, rendu, amiel. — Silvy. | Romilly, 22, bergère, paris. nous allons bien tous, recevons vos lettres, pensons aux absents à qui envoyons tendresses. — Elise. | Desprez, affaires étrangères. famille clermont-ferrand parfaitement, fils suit classe collége. — Sorel delaroche-vernet. | Perrot, 21, jacob. dauphin, dornès, marie, madeleine, suzanne, nous parfaitement. — Delaroche-Vernet. | Kohn, 67, rue blanche, eugénie, fanny, amélie, enfants parfaitement, dites constant parfaitement genève, hélène eu fille. — Paul. | d'Avril, affaires étrangères. femmes, enfants, belle-mère, tous bien chez comtesse, breda, canton st-gall. — Delaroche-Vernet. | Giraudeau, rue jeûneurs, 33. madeleine à bordighera, claire et tous bien, reçoivent vos lettres, robert bien. — Noirfontaine. | m. Chandelier, rue thévenot, 9. famille chandelier en bonne santé. — Chandelier. | Renault, agréé, tribunal commerce, pernelle, 12. tous bien bourgueil, reçu lettre du 15, écrivez. — Renault. | Hérard, grange-batelière, 26. toujours bonne santé hâvre, muids. granville, melle, reims, fourmies, dinard, temps pas froid. — Hérard-Legrand. | Morel, bagnolet, 185. naissance dans quatre mois! Dieu soit avec moi! louis part demain, lieutenant laoaur. — Morel. | Morel, bagnolet, 185. détails fabrique chevaux, as-tu argent? trois semaines sans lettres, écris ballons. — Morel. | Deville, 11, passage violet. achetez journaux, insertions continuelles essayé pigeons, ballons, recevez-vous? traites brunel protestées, baisers. | Deville, 11, passage violet. allons bien, recevons lettres, louis cinq dents, restés hôtel, excellentes nouvelles toul, gogo grandit. | Seigneur, 44, hauteville. familles vigulé, seigneur bien portantes habitent bruxelles, dix emma rejoint brunet hambourg, avertir frédéric. — Viguié-Seigneur. | Romilly, 22, bergère. allons tous bien, recevons lettres, tendresses. — Elisa. | Clercal, chaptal, 6. femme, enfant, famille entière parfaitement bien. — Depraille. | Lhéraule, 7, lascases. morthemer, verrières, femme, enfant, mère parfaitement bien. — Delasalle. | Lévy, rue louvois, 8, enfants vont bien, comment allez-vous, dites si vous privez pas trop. — Hélène. | Fabret, bac, 114. envoyez tours, nouvelles madame billod, missions, 31. — Guérin. | Billod, missions, 31. eugène bien, demandez argent falret, bac 114, écrivez-nous. — Guérin. | Lecreux, 9, boisssy-d'anglas. inquiet, santé écris limour par tours dourdan.—Paul. | Monrival, 1, caumartin. paulin, achille, dusseldorf, maurice, smala ici, moi, tous allons bien. — Colonel. | Bouruet, 22. moineaux. arrivés jersey, allons parfaitement, bonnes nouvelles richer, meyer, metz, félicie, hélène, bébé superbe. — Eléonore. | Yver, rue cardinal-fesch, 10. prière voir maison, avenue bugeaud, payer domestiques, soixante francs, un mois 40 fr. hommes. — Courtet. | madame Tamisey, rue odéon, 19, paris. tamisey à bitche complétement gueri envoie mille baisers. — Baron. | madame Bethka, 4, rue laborde, paris. suis à pesth très-inquiet, répondez par ballon, 4, azpad gasse, pesth. — Essad. | Julien, rue faisanderie, 69, paris. famille julien bonne santé avec françois, bruxelles, rue prince-royal 75. — Julien. | Pereira, ambassade espagne, 25, quai orsay. tous bonne santé, lettres reçues, hôtel des ambassadeurs, bayonne. — madame Pereira. | Carvalho, légation du brésil. famille inquiète, écrivez. — Itajuba. | Billing, ministère affaires étrangères. marchand bien à vasouy, envoyez nouvelles. — Geoffroy. | Echarry Pereyra, ambassade espagnole apportez uniforme du chef. il est dans armoire de chambre coucher. familles pereyra écharry parfaitement. — Hernandez. | Engelmann, abbaye, 12. maman ici, tous bien portants, reçu lettres. adresses lettres sissach. — Engelmann. | Picot, 54, pigalle. parents enfants revereaux tous bien. — Clémentine. | Quinette, 107, boulevard haussmann émilie, paul rivocet bien. — Juliette. | Ducros, 2, cardinal fesch. je vais bien. — Mathilde. | Lame, boulevard malesherbes, 45. bien portants, lettres reçues. — Morgué, mans. | Chavepeyre, 45, françois 1er. madame sautter morte à genève de pleurésie. priez pasteur vernes de préparer sautter, enfants parfaitement — Duval. | Bosse, échiquier 46. quatorzième lettre. pour Dieu envoyez chères nouvelles par ballon. — Baudouin. | Lamy, 42, hauteville. santés bonnes, fais provisions, mettre rideaux, t'embrassons. — Lamy. | Cazeneuve, tarane, 9. tous bien, oncle dyssenterie, mieux, tendresses. — Blanche. | Levasseur, 30, lhomond. inquiet decourmont, écrire par ballon à tours. — Reculès. | Léonie Merlot, 85, lafayette. fais demander à auguste par marie ce qu'auras besoin, perds pas courage, amitiés. — Max. | Léonie Merlet, 85, lafayette. bien portant, 57, rue midi, bruxelles, reçu deux lettres, continue écrire. — Max Dormitzer. | Foulet, 24, st-marc. quitté boulogne maman 13 novembre, heureux voyage, installés menton avec parents, enfants, moi, excellente santé. — Mathilde. | Sieber, 23, paradis-poissonnière. cateau calme, travail continue, lettres ballon monté 12, 17, cours arrivés new-york, or 110. — Seydoux. | Sieber, 23, paradis-poissonnière. combat heureux près amiens, henri, frédérick bien, angélique, marguerite londres, howel, vial roubaix.—Seydoux. | Debain, place lafayette. portons bien, recevons lettres, écrivez tous ballon, parlez santés batisse, marie couvent richemond | Debain, place lafayette. séparation cruelle espérons revoir bientôt, chagrin, attendrai instructions revenir. stultaford donne argent. | Cessac, avenue montaigue. avons sergent, soldat blessés, demander flavigny si pouvons arborer drapeau. — Cessac. | Seligmann, 1, passage industrie, paris. recevons nombreuses lettres, maman rajeunie, garçons pension, jeanne magnifique. nous tous famille gonthier santé. — Clémentine. | Canapville, 10, boulevard denain. bien, 4, reçu lettres, villa lévrier genève, embrassons toi bon papa. — Louise Canapville. | Marchand, 29, rue jacques cœur, santés parfaites, crédit, protection, trocheries, lemoine bien portants, annette aubrés reçu bonnes nouvelles champrosay. — Clémence. | Grimprel, ministère finances. allons tous parfaitement, raoul bien, maxime pas dents, avons argent, installées toutes petite maison amélie. — Alix, 4. | Jametel, 53, rue vivienne. suis bruxelles, avenue louise, 100 avec lamy, tous en parfaite santé, recevons lettres laure treport. — Jametel. | Labarre, 29, rue miromesnil. tous bien, marguerite, bruxelles poste restante. — Varennes. | Faure, 172, grenelle-germain. lecor bien portant minden, écrivez — Cornuau. | Karth, cherche-midi, 4. charles bien portant mutzig, logement strasbourg dévasté. — Croizé. |

Londres, 5 décembre. — Gérin, 91, rue seine. paris. reçu quarante-trois lettres, santé toujours excellente. comment va Antoine? — Eugénie gérin. 128, ebury street, london | monsieur Brion, 48, rue basse-du-rempart, paris. santés parfaites, reçois lettres, enfants progrès. embrassons tous. — brion. londres, 5 décembre. | duncan. chandler, 14. rue st-marc, paris. j'ai lettre 9, nous allons bien, Chandler marié, écrivez si personnel va bien, meilleurs souhaits. — Arron Smith. | de jorceville. Larsonnier, 23, rue des jeûneurs, paris. votre femme toujours à vendôme, se porte bien, les enfants aussi.— Chandler. | Léon Poulain, 5, rue hanovre, paris. veuillez donner de vos nouvelles. — Zulfert. | Georges Lévy, 113, boulevard de sébastopol, paris. nos parents, nous tous, bonne santé. reçois tes lettres.— Rosine. | Martin, 3, rue clapeyron, paris. envoyez nouvelles et voyez Talamon. — Martin. | Frichtenberg, 80, rivoli, paris. reçu lettres, allons bien, nouvelles Mélie bonnes. | Rachel. | Gradvohl, 8, rue mesley, paris. reçu lettres, tous bien. papa mort! | Nibart, 19, rue choiseul, paris. Auguste prisonnier, sans blessure, bien portant. deuxième dépêche. — Henri Nibart. | monsieur Péan, 95, rue neuve-petits-champs, paris. allons bien, nos deux familles aussi, recevons vos lettres. — Henriette. | Prosper Sciama, 61, faubourg-poissonnière, paris. André, Marthe, excellente santé, fort bonne mine. Berthe, Anaïs, Jeanne, Pauline, aussi.—Aron. | Prenpain, 7, rue des lions-st-paul, paris. réponse, par plusieurs ballons, quels articles approvisionnement pour paris nous devrions acheter. recevez nos amitiés. — Cliver, Lerchenthal, Ries | monsieur Crépon, 24, place vendôme, paris. dixième dépêche. santés excellentes. voyons Delapalme, Vandenberghe. lettres arrivent retard.— Crépon. | Lévy, 57, grand'rue de montreuil, paris. famille metz environs, se portent bien. écrivez par ballon ochs, londres. — Jacob. | messieurs Sescau et Schmolle, 39, faubourg-poissonnière, paris. nous continuons bien. j'attends le chargement de blé fer golconda. — Gaston. londres, 5 décembre. | madame Isidore Guérin-Méneville, 29, rue bonaparte, paris. reçu ta lettre, tous bien, les Marchand à sydney, Georges prisonnier, Lesur au croisic, écris. — Ulcoq. 5 décembre. | Ledent, 68, faubourg-poissonnière, paris. reçu dix-sept cents livres sterling lima. dont acceptations payées — Hulsenbeck. | Charles Georgü (légation suédoise), 22, rue rovigo, paris. Okerman, secrétaire légation, payeras deux cents francs pour Hochschild. advisée dix-neuvième novembre, poste pigeon. — Axel. | Charles Georgü (légation suédoise), 22, rue rovigo, paris. argent chez Axel. Dieu te pré-

Bordeaux. — 13 décembre 1870.

serve ! novembre, le 22e. — ton père. | madame Gauthier, 17, rue de prouy. reçu vos trois lettres dans ma famille à hyde. amitiés. — Alice. | Voltz-Reinhardt, 93, rivoli, paris. attendons tranquillement londres heureux revoir. cartes manquent depuis 7. nombreuses lettres réciproques égarées. — Reinhart. | Delapalme, 10, rue castiglione, paris. santés parfaites, nouvelles Biéry, maison bon état. — Delapalme. 5 décembre. | monsieur Duval, 30, rue montmartre, paris. tous bonnes santés, nos amitiés au papa Duval, envoie nouvelles de Emile, mille baisers. — Eléonore. | Hirsch, 96, rue de la victoire, paris. reçu toutes lettres, père parfaite santé. — Siegmund. londres, 5 décembre. | Girard, 2, rue monge, paris. donnez-moi de vos nouvelles. — Thomas. brentford. | monsieur Ladame, 1, rue clapeyron, paris. reçu quatre lettres, toujours londres, Debrye écrit, allons bien, Isabelle donne leçons. — veuve Ladame, 5, halliford street, islington, london. | Dr Soubeiran, 19, rue de lille, paris. nous allons à norwége, invitées par de rance. — Mary Soubeiran. flint. | Langstaff, 14, rue d'enghien, paris. vi iter appartement, écrivez londres. — Jules. | Schloss, 26, rue richer, paris. recevons vos lettres, avons télégraphié souvent. écrivez fréquemment poste office brighton, y demeurant, tous bien portants. — Philippe. | Darroux, 60, rue condorcet, paris. tous sept londres, bien portants, recevons lettres, touché traites, manquons rien, amitiés. — Darroux, 3 décembre. | Revenaz, 5, rue d'antin, paris. sommes tous bien ici et à pau. Eernadac bien, prisonnier allemagne. donne tes nouvelles, affectueuses amitiés. — Pastré. — monsieur Péan, 95, rue neuve-petits-champs, paris. bien portante, sois sans inquiétude. — Rose. | monsieur Barbet, 5, rue st-fiacre, paris. st-léonardson Léa avec tante et Eugénie, bonnes santés. — Flore. | Bayard, 92, rue richelieu, paris. tous les vôtres et Houlliers se portent bien à richmond, reçu lettre du 19, comptes tous prêts. | madame Franck, 4, rue neuve-des-capucines, paris. porte bien, travaille beaucoup, reçu tes cinq lettres, à bientôt. — Franck, 40, london street, fitzroy square. | Whitehurst, 19, rue auber, paris. lettre reçue. écrivez pour journal immédiatement : Paris sous l'Empire et la Défense nationale. | Berthois, 81, rue st-lazare, paris. tous très-bien, reçu lettres du 20 novembre. — Bechet. jersey, 3 décembre. | Lévy, directeur, val-de-grâce, paris. confirme cinq dépêches par pigeons. tous bien portants folkestone. — Léon. | Eugène Rocher, 27, mail. toujours tous bien, embrassons vous deux, famille poosar, ressources jusque avril au moins, recevons lettres. — Rocher. | Sourdis, 13, rue laffitte, paris. sommes tous très-bien à brighton, envoyons dépêches tous les jours. — Sourdis. 1er décembre. | monsieur Guy, 29, quai valmy, paris. santés bonnes, soigne-toi bien, mets Amédée à la caisse, nouvelles d'Emile, neuvième dépêche. — E. Guy. | Bavanne Magliano, 28, rue jules-favre, paris. merci, suis bien portante, pense à vous, voyez frère, dites donner nouvelles. — Alboni. | Posselt et Ce, 53, boulevard de strasbourg, paris. examinez marchandises dans les caves, retirez-les si l'humidité les abîme, écrivez par ballon. — Jules Peters. | Louisa à madame Brébant, hôtel de rouen, 13, rue notre-dame-des-victoires, paris. tout va bien, avec nous Marie et Clémentine, rien de nouveau depuis votre départ, lettres reçues. | Rabert, 28, rue bergère, paris. cafés, sucres, arrivés, bien vendus. ventes marchandises rio considérables, reçu huit mille livres. santés bonnes. — Binoche. | Jaquet, 35, boulevard malesherbes, paris. donnez nouvelles maison ballon, adressez chez Bathala-Lelièvre, hâvre. | Gilles. | Jules Colliard, 52, hauteville, paris. Jenny, enfants, nous, famille Lambert, Rosalie, nouvelles bonnes. écrivez aussi. Lambert Adolphe reçu lettres Rabert. — Prelier. | monsieur Fabry, 25, faubourg-st-honoré, paris. allons tous bien, pas nouvelles paris depuis 20 novembre. — Fabry. 30 novembre. | madame Didot, 15, quai malaquais, paris. chère tante pas de nouvelles de vous depuis huit semaines, sommes inquiets, avons écrit plusieurs fois, tous bien. — Marie Buddicom. | Dugenne, 14, rue bleue, paris. écrit souvent, reçu les vôtres, occupation productive, Prosper noble cœur, pas besoin manchester, merci, baisers tous, toujours nottingham. | madame Léa Félix, 21, paris. Jeanne reçu vos lettres, a été malade, va mieux, à brighton avec Bramer. mille baisers. — Hobhouse. | Ch. R. Goodwin Esq., 6, rue du faubourg-montmartre, paris. lille monte un atelier pour Weirs. écrivez. — Kent. phine edenbridge. | à madame Herbot, 2, rue vicq-d'azyr, paris. lettres de meaux 20 novembre, tout le monde se porte bien. — Lefèbre, Philidor, Leroi. gravesend, 1er décembre. |

Essai, 15 déc. — Duparc, 18, rue duphot. mère, sœurs, frère, maurice, Frédéric, bien. — Barberey.

Arcachon, 8 déc. — Bourgeois, 25, des escouffes. santés excellentes. par précaution vu chirurgien, très-content, annonce prompte guérison, aucune douleur, gaieté, appétit. — Bourgeois. | Comte Saint-Aignan, 63, rue Lille allons bien ici, bargenon, gravenchon, saintaignan. prévenez gabriel, graujux. — Périgord. | Godde, 12, st-georges. santés excellentes. reçu mandat. amitiés à tous. arcachon. — Godde. — Bécherel, 38 bis, fontaine-st-Georges. écris 36, cours ste-anne. arcachon — louis Tavernier. |

Marseille, 8 décembre. — Mme Tourtour, 146, boulevard haussmann. berthe, Alphonsine, moi, bien. émile va prendre service dans le camp du midi. berthe me rejoindra ici, 17, rue breteuil. — Rogniat. |

Château-Lavallière, 11 déc. — Lecointe, cimetière-nord. chateau, fouesnant, santés bonnes. — Brécourt. | Corbon, 47, d'argent. château-lavallière demande nouvelles. — Moreau. |

Maillezais, 11 déc. — Hébert, 57, avenue st-ouen. lettres hermance, jules custrin, normand, inquiet.

Besançon, 9 déc. — Brameret, capitaine, 4e compagnie ouvriers artillerie, champs-élysées. nous allons bien. nous recevons tes lettres. — Brameret.

Romans, 9 déc. — Louis, 70, rue raynouard. portons bien, recevons lettres, courage. |

Réaville, 11 déc. — Bazin, 8, ménars. mathilde ici. allons bien. — Chabret. |

Vichy, 11 déc. — M. Masson, 10, regard. reçu lettre, perdu père, souvenirs. — Caroline. | Tamkó, 10, buci. écris-nous par ballon. — Tamkó. |

Roanne, 11 déc. — Riberolle, 36, galande. écris-nous. — héloïse Riberolle. |

Toulouse, 13 déc. — Jules Borel, hôtel-ville, paris. reçu lettre, tous bien. toulouse tranquille. écris. — Borel. |

Cusset, 11 déc. — Blancher, brigadier, 22e artillerie, 5e batterie, le vallois-perret, paris. tous portants, inquiets, moi souffrante d'ennui. nouvelles point. — E. Mailly. |

Mareuil-sur-Lay. — Cornu, capitaine, 35e mobile. tous bien. écris longuement, cherche confitures. bébé ravissant, famille caporal biret inquiète, nouvelles si possible. — Hermine. |

Nogent-sur-seine, 5 déc. — de Marcillat, 5, rue Iéna. tout va bien, lamotte, madame, les enfants aussi. abbé reçu lettre, bonnes nouvelles. — Bernard. |

Biarritz, 9 déc. — Liscourt, 112, grenelle-st-germain. tous bien, biarritz. roger bien. normandie. — Marie. |

Lachataigneraie. — Sabournad, 22, boulevard sébastopol. mère, oncle, reçu lettres décembre. vives inquiétudes. écris souvent. ici rien mal. envoie cartes, répondrais. |

Jauzé, 9 déc. — Desprès batignolles, 3, boursault. courage, léontine, enfants bonne santé. reçois lettre 9 décembre. — Léontine. |

Fumel. — Scaglia, 61, boulevard Malesherbes. notre santé parfaite. ta mère va bien envoie journaux. — Marie. |

Chauvigny, 10 décembre. — du Garreau, 62, saints-pères. portons bien. de vos nouvelles, inquiétude. — Cazalis. |

Lamothe-ste-héraye, 10 déc — M. Bonneau, 27, avenue breteuil, paris. portons bien. — Héloïse. |

Lormes. — Ferry, 372, rue Honoré. envoyez nouvelles pas depuis 8 octobre. lormes, nièvre. — Loubens. |

Corté, 2 déc. — Filippini, 23, écurie-d'artois. bien portants. recevons lettres. deuxième dépêche. — Louise. |

Quimper, 10 déc. — Porquier, lieutenant, 5e bataillon mobiles finistère. reçu lettre 30 novembre. tous bien. — Porquier. | Néuhaus, 10, boulevard Montmartre. bonne santé à Quimper. recevons lettres. | Couesnongle, commissaire flotille, seine, ministère marine. tous bien, tranquilles, lettres reçues 10 décembre. — Goësbriand. |

Morlaix, 6 déc. — Hentgen, 38, marais-st-martin. santés bonnes. — Hentgen. | Changy, 57, boulevard beaumarchais. santés bonnes. envoyez carte-réponse. suis sans nouvelles. — Claire. | Mausais, 171, faubourg martin, paris. familles audiffred, espinas, bien, morlaix. reçu lettre 5. jules repos. quittance loyers, armoire, cabinet. — Audiffred. |

La haye-du-puits, 8 déc. — Mme Luce à Luce, 176, rue montmartre, paris. allons tous bien. amélie accouchée garçon bien venant. nièce augustine de même. jacques malade. |

Biarritz, 10 déc. — Debacq, 10, boulevard denain. santés bonnes. — Jeanne. | Rubi, 22, lauriston. tous tes enfants parfaitement, nous aussi. — Catalina. |

Bourbon-lancy, 7 déc. — Duparc, 18, godot-mauroy. lavallée, 7. tous bien. — Arthur. |

Putanges, 8 déc. — M. Desrotours, 36, rue cassette. tous aux rotours bien portants. sécurité. désirant paix. revoir. — Marie. |

Aix-en-provence, 7 déc. — Castelet, 70, lafayette, labrillane. dernière reçue 1er novembre. craignons toi malade. nous bien. |

Le neubourg, 7 déc. — Mme Pagès, 23, rue jacob. tes filles chez elles. famille, mère, bonnes nouvelles. prends provisions antichambre, cave. — Annette. |

Châtillon-sur-long, 7 déc. — Desjardins, 27, cardinal-fresch. émile ambulance, mère châtillon, bien. — Menière. |

Domène. — Caillot, 148, rivoli. bonne fête, bonne santé adélaïde, allons tous bien. embrassons père, mère, peck, lapostolet, sœurs. — Caillot. |

Vuillafans, 5 déc. — Duverger, 48, rue rome, paris. rien jusqu'ici. portons tous bien. auguste besançon. vuillafans. — Léontine. |

Treignac, 6 déc. — Sangnier, 36, rue de varenne. toutes allons bien. grande affliction. tendresses, baisers. — Thérèse |

Quillan, 13 déc. — Dezelles, ministère guerre, paris. famille parfaitement bien. — Lucienne. |

Château-Gontier. — Boisseau, rue grande-chaumière, 18. suis lieutenant mobilisé. famille bonne santé. sans nouvelles de jules depuis deux mois. — Mathurin Boisseau. |

Passais-la-Conception, 8 déc. — Martin, 230, faubourg st-denis, paris. tous bonne santé. jourdain, henri montilly aussi. — Martin. |

La Palisse, 10 déc. — amiral chabannes, 5, gréfulhe. remercions lettres. albert aide-de-camp pallières loire. miquette italie adda. allons bien. — Marie. |

St-Quentin, 7 déc. — M. Patrouillard, pharmacien hôpital st-antoine, paris. portons bien. — Patrouillard. |

Courseulles-sur-mer, 11 déc. — Vautier, rue rivoli, 120. allons tous bien, recevons lettres, alfred pont-l'évêque. — Julia. |

La Guerche de bretagne, 11 déc. — Valpinçon, 22, taitbout. Roussigné, marguerite enfants bien. — Roussigné. |

Nogent-le-Rotrou, 9 déc. — Truelle, rue st-arnault, 3. tous bien 9 décembre à jersey et à morissure. recevons vos lettres. — Truelle. | Chounard, 5, rue st-denis, paris. nous, enfants, allons bien. filles victor nogent, prussiens repartis. émile nouvelles satisfaisantes. — Ambert. |

Lison, 10 déc. — Lepley. turbigo, 45. reçu ballon 5 courant. me porte bien. — Lepley. |

Plancoët, 9 déc. — Hippolyte Bernard Decourville, sous-lieutenant 20e mobile, 7e compagnie, paris. bien. écrire après combat. voues-toi vierge. embrassons. pigeons portera argent. — Marie Louise Decourville. |

Cahors, 13 déc. — docteur Fieuzal, rue colisée, 52, paris. vois docteur chanet, rue provence. guilhou, bonnes nouvelles des familles. — Fieuzal, Pouserguss. |

Castel-Sarrasin. 14 déc. — Narbonne, capitaine 9e lanciers, paris. Henry Auplas prisonnier. frère bien portant. reçu ta lettre. — Avitie. |

Lyon-Terreaux. — Urbain, 3, regard, pour bouchet, capitaine. reçois lettres, écris plus souvent. allons bien. montreux tranquille. expédions nombreuses lettres dépêches. — Berthe. | Hecht Lilienthal, 19, lepalletier. deuxième dépêche. allons tous bien. recevons vos nouvelles. espérons succès complet. — Lilienthal |

Veurs, 9 déc. — M. Francis Favrin, 26, rue caumartin, paris. écrit huit lettres, trois dépêches. bien chargrine, bien presse de revenir. fatiguée. — Julie. |

Montjean. — Husschen, 67, eylau. santé ugredu italie. travaux cessé glaces. six télégrammes. — Heusschen. |

Alençon, 12 déc. — Barberey, jean-goujon, 17. guaita, gagneur, mercier, bugles, tous bien. écrivez nouvelles fromont. — Barberey. | Olivier, mégrisserie, 2. alençon 12 déc. allons parfaitement juliette fille, bien. embrassons. — Marie Bertho. |

Moutiers. — Radet à Marc, rue d'amsterdam, 6, paris. embrassements à tous. allons bien. edmond mobilisé, souffrant, pas encore parti | Radet à Caron, rue lille, 119. paris. reçu lettres, remettre argent moreau à concierge. edmond mobilisé, pas parti. |

Lamballe, 12 déc. — Cargouët, lieutenant mobile charlebourg, paris. familles bien. amitiés, écris. — Marie. |

Lassay, 13 déc. — Foubert, morny, 121. toute famille porte bien. joseph mobile côté tours. |

Le Puy-en-Velay, 9 déc. — Leroy, 7, havre. lettres reçues répondu fernand, nous bien. |

Aix-les-Bains, 7 déc. — docteur Méricourt, rue cambacérès. je vous supplie, soignez mon mari. n'épargnez rien, tâchez de sauver vie et membres. — Rambuteau. |

Nice, 13 déc. — Palhier-Bigarel, rue dieu, 6, paris. nous sommes nice depuis deux mois, écris-nous hôtel étrangers. — Palhier. |

Marseille, 13 déc. — Boureau, rue ménilmontant. reçu 18 lettres. tous bien. — Mion. | Maunier, 62, boulevard malesherbes. ai reçu lettres. tous bonne santé, vivement inquiets sur toi, marius et henri. — Victoria. |

Ambrières, 10 déc. — Munster, 12, rue tivoli, paris. bien portants. ernest parti secrètement précy prétexte. sans nouvelles, communiquer potier. — Barry. | Potier, 1, rue boulogne, paris. voir munster. précy quand possible. — Barry. |

Troarn, 11 déc. — Lechevey, passage violet, 3. familles lechevey, eude, bien. baudrais remboursée. — Lechevey. |

Tillières-sur-Avre, 10 déc. — François, montalivet, 3. mère. enfant parfaitement bien. — Fabre. |

Arès, 9 déc. — Javal, anjou, 4. tous bien portants. — Sophie. |

Orange, 8 déc. — Noutoo, place alma, paris. tous bien. — Beauchamps. |

Saint-Emilion. — Guadet, boulevard invalides, 56. portons bien. correspondons ligueil staudon. duban morts. — Guadet. |

Châtillon-de-Michaille. — Bauer, jussienne, 9. donnez nouvelles. — Lacroix. |

Buxy. — Cormidet, chaise, 24. 8 déc. Jully, avranches tranquilles. santés bonnes enfants superbes. — Joséphine Elisabeth. |

La Rochelle, 12 déc. — Saintévron, 73, boulevard haussmann. arrivés londres 20 septembre, tous parfaitement. recevons lettres, bonne installation près schayé, 10 déc. — Marie. | Dumesnil, 24, boulevard saint-michel. probablement partir près laguerre ou pau, hélène siens, laguerre siens, nos enfants, moi parfaitement. — Dumesnil. |

Verdelais, 13 déc. — Choizin, 104, vaugirard. allons bien. souvenirs constants sanctuaire. lettre reçue joie. écrivez. souvenirs présentation. — Duffour. |

Athis-de-Lorne. — M. Perrier, chez M. Monin, rue grenier-st-lazare, 27. fille, bien portants tous. alphonse gentil, ennuyée. reçu lettres. expédié deux cartes. — Adèle Perrier. |

Auxerre, 4 décembre. — madame Maucourant, 60, rue bellechasse. mari santé excellente coblentz, mère va bien. — Costel. | Tambour, 1, boulevard st-michel. filles bien portantes. — Tambour. |

Brest, 7 novembre. — monsieur Vandier, 30, rue amsterdam. quatrième dépêche 7 décembre, santés excellentes, Marcel charmant travaille bien, bonnes nouvelles martinique, courage. — Vandier. | Lejeune, 44, notre-dame-des-victoires. sixième. tous bien par continuation, reçu lettre du 3. — Céline. | Eland, 53, échiquier. prendre vin cave clef armoire salle manger, reçu lettres. — Blondel. | Liare, sergent, batterie st-ouen. famille bien, donne tes nouvelles. — Félicie Liare. |

argenton-sur-creuse, 13 décembre. — monsieur Darcy, rue feuillantines. reçu vos lettres. écrivez nouvelles alexis, alexandre. — Debengy. | Delagrave, 178, rue montmartre. argenton, thiéville, tous bien | Hanin, 20, rue bonaparte. auger, darasse, tous bonne santé. — auger. |

La délivrance, 13 décembre. — Lestiboudois, boulevard d'alger. tous bien. — Givelet. | Foullon, 16, pavée, au marais. allons bien, écris longuement. — Foullon. |

ambrières. — monsieur Martin, 76, seine. nous allons bien. — Joséphine. |

argentan. — Fromageot, 47, rue de la victoire. tous en parfaite santé. gouffern georges prisonnier allemagne, recevons vos lettres. — Marguerite. 12 décembre. | Lesénésal, 30, rue fontaine-molière. paris. tous bien portants. Marie, Jeanne, moi, chez père. sois tranquille, cœurs toujours à toi. — Louise. |

Lorient, 10 décembre — Caron, 307, vaugirard. Joyau blessé. comment? quel hospice? famille bien. — Schlut. | de Reims, 31, victoire. envoyé déjà dépêches, lettres, par tous moyens. bien portante, attends départ impatiemment. — Sabourin. | Dufour, 48, beaumarchais. brie maison occupée. jardinière nourrit prussiens. embrasse de cœur. — Dufour. | Debadier, 101, rue st-denis, paris. tout va bien. — Debord. | Sérac, sergent-major, 23e régiment mobiles finistère. sommes parfaite santé. as-tu besoin argent? — Sérac. | Geoffroy, capitaine artillerie marine. tous bien. lettres reçues : 16 octobre, 4 décembre. — Sophie Laguerre. |

Sorèze. — comtesse de la Soulière, 75, rue de passy, paris-passy. reçu lettre, merci. — Blanche Pasturin. |

33 Pour copie conforme :

L'inspecteur,

Bordeaux. — 17 décembre 1870.

grancey-le-château, 4 décembre.— armand gontaut, 63, rue st-dominique. courtalain envahi. parents, sœur, frères Jehan, vont bien. cousins Charles, François, armée loire.— grancey. |

aire-sur-l'adour, 4 déc.—Debains-Martin, 14, rue abbaye, paris. quatrième dépêche. santés parfaites, reçu nouvelles du 6, grande inquiétude, suis bout forces.— Debains. |

Vernantes, 10 décembre.—lieutenant Cambray, ambulance grand-hôpital. cher, courageux enfant, t'embrasse pour ton père, auquel fais tant honneur! tous bien. — Cambray. |

fontevrault, 10 décembre.— Jannot, 16, rue varenne. nous bien, reçuis.— adèle. |

Roujan, 6 décembre. — azema, caporal, 42e, mont-valérien. tous bonne santé, recevons vos lettres.— azema-pailhès. |

Vimoutiers.— lautour, 17, rue berlin. deuxième dépêche. Bardou, famille, moi, bonne santé. | Royer, n. 1, port de bercy. albert et nous très-bonne santé, nous sommes tranquilles. — Royer. |

angers, 10 décembre. — directeur union, rue banque. tout va bien. rentrées naturellement pénibles. sinistres insignifiants, vingt mille francs. autorisation de paiement désirable.— Petit. |

Champier.— Sabattier, directeur ministère marine. enfants lycée grenoble, bien portants, sans inquiétude. — Séraphin. |

Pouilly-sur-loire, 8 décembre. — Hubert, 2, polonceau. votre monde va bien.— langellé. |

Joué-de-touraine, 10 décembre. — godefroy, 23, avenue général-uhric. santé joué. — Louise. |

Pont-audemer, 8 décembre. — Dubois, 3, cossonnerie. toujours tranquilles, bien portants. — Eugénie. 8 décembre. |

Clermont-ferrand, 6 décembre. — Bastiani, 74, rue sedaine. femme, famille, vont bien. | Foissac, 13, place madeleine. bien portants. — gabrielle. 64, rue st-jacques, bruges (belgique). |

Trévoux, 7 décembre. — Claude Mandy, mobiles ain, 4e bataillon, 3e compagnie. père, mère, bien. dis si tu as reçu argent, enverrons encore.— Mandy. | Chevalier, mobiles ain, 4e bataillon, 1re compagnie. santé bonne, recevons lettres. — Chevalier. |

Villefranche-sur-Saône, 7 décembre. — Providence, 12, grammont. sinistres, quinze mille. affaires, calmes. espèces, cinq mille. — Verguet. | Schaefolt, 75, boulevard sébastopol. depuis départ parrain sans nouvelles, santé bonne, Roques mort, écris ballon chez Colombat. — Schaefolt. |

Chinon, 10 décembre.— le vasseur, aux affaires étrangères. bonne santé. — le vasseur. |

Dôle-du-Jura, 6 décembre. — leroux, 55, rue madame. excellentes nouvelles Paul, écrivez dôle, transmettrai.— Belin. |

Riom, 7 décembre.— Borie, comptoir escompte. genou malade, trois rechutes. Marguerite, enfants, bien.— de la Rounat. |

Excideuil, 8 décembre. — Chéreau, 172, palais-royal. bien, bien, trois, bien, oui, non, non. |

Courthezon, 6 décembre. — Calamel, 50, rivoli, paris. santé, sécurité, bonnes. reçu lettre du 30. — Calamel. |

guéret, 9 décembre. — Dutheil de la Rochère, adjudant-major, au fort de vanves, paris. quatrième. lettre du 4 et quinze autres reçues, cartes questions non reçues, allons tous bien. — gaillard. |

Brioude, 7 décembre. — Coste, 1, choiseuil. virton, ilpise, brioude, santé parfaite. jean embrasse père. courage, espoir.— Fournier, 7 déc. |

la souterraine. — Souchard, 83, université. santés bonnes, reçois lettres, ai argent, parents boissy, Virginie souterraine, enfants demi-pension. |

Voirou.— Meunier, payeur, finances. alexandre sarrelouis, allons bien.— Marie. |

la jonchère, 9 décembre. — madame léobardy, 9, rue santé, paris. alexandrine morte, charles en afrique, marguerite tours, famille delzaut couret, tous bien portants.— léobardy. |

grenoble, 13 décembre.—griveau, 38, université. allons tous bien.— lavollée. |

Nantes, 13 décembre. — lelaisant, 42, rue vanneau. écrivez par ballons, inquiets de vous, bien portantes. |

Beaumont. — docteur Saingermain, 20, pepinière. six bien, t'embrassons.— père. |

Tours, 10 déc. — Bengel, 19, trois-couronnes. demande à céleste 300 francs, adresse à auvert, employé, ministère guerre, bordeaux. — Moullé. | Maugin, roquette, 74. lettres reçues, répondu, santé mieux. — Maugin. | Courtois, 1, nollet, batignolles-paris. santés excellentes, barnichon aussi, reçu argent lyon, paris. — Courtois. | Muret, place théâtre-français, 4. partons bordeaux. écrire joussiaume, rue osonne. vu roy : fait nécessaire. savons rien charles. santé, amitiés. | De Bourges, 11 bis, passage sainte-marie, bac. reçu lettres adrien 15, 18, 26 novembre. tous bien jersey. blois, allemagne. — Adam. | Dècle, belzunce, 14. bayeux, 7, décembre. bonne santé tous. recevons lettres. envoyé dépêche semblable 8 novembre. — Bleuze. | Glaizot, 14, billault. mathilde pas lettres. ludovic faire comme henri. jeanne énorme. pierre parle. | Baret, sévigné, 26. santé, donnez nouvelles à Périgueux. — Baret. | Glaizot, 14, billault. tous, maman bien, reçu photographies, envoyez vôtres; moi, louise promenons jacques démon, soyez tranquilles, calme ici. — Claire. | Hallez. 9, rue st-florentin, paris. dieppe, bonnes santés, espoir, activité universelle, tendres bénédictions. — Hallez. | Rivière, place vendôme, 12, paris. lettres, cartes envoyées. parfaite santé. nouvelles pinceloup rassurantes. — Bassery, lamballe. | Mme Bureau, rue saint lazare, 31. tous bien portants, lamballe. — Chassevant. | Saint-André, presbytère saint-augustin. reçu jersey lettres, numéros 1, 2. henri, anna, tous bien. quatre oui questions carte. — Adam. | Colin, 20, lehic. tous bien. — Diot. | Meignan, 40, bac. Jacques encore ici. avons tes nouvelles du 28. allons bien, embrassons. — Josèphe. | Droz, madame, 9. élodie partie. bordeaux, bien portants, adresse labroquère, rue gouvion, 5. — Tornezy. |

Ecommoy, 10 déc. Luther, rue blanche, 65. petite bien. |

Brest, 11 déc. — Leguern, timonier, romainville. famille bien, réponse. — Pinello. | Angibaud, 44, notre-dame-victoire. la famille se porte bien, t'embrasse, reçu 3 lettres. — Jules Angibaud. | Decuers, malte, 68. bien portants, seuls recevons lettres, touchons appointements, gênés. | Deshayes, boulevard italiens, 27. le 6 tous les tiens étaient bien. ai un garçon. louise et enfants bien. courage. — Esnault. | Tregomain, 1er éclaireurs, 4e bataillon, 4e compagnie. point de nouvelles depuis 11 novembre, écrivez poste restante, bruges (belgique). très-inquiète. — Amélie. | Dormoy, 1, rue bleue. recommandations faites brumant, communions maré parties, écrire deblock, récapitulation, 50,000 francs reçus, amédée ici. — Dormoy. |

Nogent-s.-Seine, 2 déc. — Langlois, rue petites-écuries, 52. lettres de ces dames, portent bien, dominique, amis bien, nogent bien, bombardé, 14 morts, 25 prisonniers. maisons, mobiliers, papiers préservés, romagny absent, beau-père mort, portons bien, prévenir fort. 2 décembre.—Adam. |

Saint-Etienne, 9 déc. — Brunet, cherche-midi, 98. charles lucance, allons tous bien, recevons tes lettres, tout tranquille. — Frapé. |

Tarare, 9 déc. — Hartmann, 13, cléry. reçu renseignements, avons livré linous, stewart, pas tartalanes, vogel expédions 4,000 impatrice. renseignements morisson, hermann. — Dumoitiez. |

Nantes, 10 déc. — Darblay, rue louvre. recevons lettre 18 novembre, pont-rousseau, ancenis, 23 francs en magasins nantes. — Blanchard. | Marchant, saint-arnaud, 8, paris. oui, 70.000 fr., oui, oui. — G. Cleiftie. | Merlin, notaire. le monnyer josias, nantes, santés excellentes. | Marchant, 8. envoyé lettres et dépêches, communications très-difficiles, service généralement bon. administrateurs habitant, près nantes. — Tesle. | Dumas, 20, rue royale, paris. avons argent, pas inquiétudes, henriette bien, 3e dépêches envoyées, eugène suisse, écrivez. — Henriette. | M. Hamon, boulevard courcelles, 76. paris. montjean. femme, enfant bien, mère faible, moi, famille bien, fille henriette au ciel. — Duval. | Arnous, capitaine, 37e mobile. famille, mère, sœur bien. nantes, 10. | Vuarnier, rue enfer, 83. tous bien, écrivez souvent. — Lèbe. | Plouviez, 8, place bourse, paris. maman, enfants château-gontier, vont très-bien, ici allons bien. — Collin. | Delaunay, rue pigale, 21. paris. amis et nous bien. — Leroy. | Samson, 138, rue lafayette, paris. santé bonne, manquons rien, écrivez souvent, recevons lettres. — Millaud. | Aubron, rue notre-dame-victoires, 30. tous sans exception excellente santé, amitiés à contour, à gevelot. — Léontine. | Darblay, rue louvre, paris. lettre 16 novembre reçue 28. cette date avons adressées deux dépêches restées sans réponse. — Blanchard. |

Villers-s.-Mer, 8 déc. — Darcy, 25, avenue trudaine, paris. envoyez religieuses chaussée-ménilmontant, 119, 60 francs pour veuve dumaux. aidez cassel, payez basquin. — Scheffter, | Cranney, sergent, 9e bataillon, mobiles seine, fort vanvres, matricule 567. heureux de tes lettres, embrassons tous, courage, amitiés. — Scheffter. | Cranney, 64, rue hauteville, paris. ordonnons mangiez pommes, confitures, gardez rien pour nous, avons lettres du 2, tendresses. — Scheffter. | Mme Huss, 25, avenue trudaine, paris. partagez pommes, confitures entre darcy-cranney, gardez rien pour nous. — Scheffter. | Mme François, 22, place batignolles. bonne santé, inquiet, écrivez villers. — Augustin. | Rouillon, 30, alain-chartier. reçu lettres, roger, monrond, rousseau bien portants, tranquilles villers. — Rousseau. | Martin, 21, rue cambacérès. 8 déc. écrivez promptement, souffrez-vous faim? ici tout bien. — Fraville. | Martineau, 186, faubourg-saint-honoré. 8 déc. toutes parfaitement, tendresses. — Elisabeth. | Bourgeois, 55, aboukir. portons tous bien, manque rien, legrand très-souffrant, chevalier inquiet émile. 8 déc., villers. — Amélie. | Laroque, rue berri, 12. paris. reçu tes lettres. léonie, moi très-bien. saint-germain, gency, gabriel bien. charles ici. — Laroque |

St-Nazaire-s.-Loire, 9 déc. — Tahier, sergent-major, 4e compagnie, 5e bataillon, 28e régiment marche, mobile, mont-valérien. bien portante, reçois lettres, suis saint-nazaire, bien famille. |

Berk, 6 déc. — Assistance publique, paris. dois somme considérable, fournisseurs pressants, autoriser recette montreuil à payer, tous services fonctionnent bien. directeur berck. — Magdeluine. | Mme Godard, 133, rue saint-honaré, paris. ai le regret d'annoncer décès d'olympe 22 octobre. directeur berk. — Magdelaine. | Pulliat, 28, boulevard poissonnière. quatre lettres, pas réponses, eu nouvelles par lyon, allons bien. — Tullet. |

Domfront. — Aladenize, 15, vieille-estrapade, paris. lettres reçues, santé parfaite. — Burdel. | Sebin, 40, bac. congé joséphine, demander 250 fr. dragiesevies, reçu lettre léon. — Segaud. |

Buxière-la-grue, 8 déc. — Roiny, 5, scribe. courtenay va bien, félicie jules morte. — Pont. |

Moulins, 9 déc. — Maugenest, place voltaire, 1. allons bien tous, renée grandit, frères toujours positions, moulins tranquille, voyez télégraphe pour avoir cartes. — Girondeau. | Schill, 34, boulevard sébastopol. allons bien, pensons être forcée quitter moulins, écrivez toujours même adresse. — Schill. | Barreau, rue des écoles, 40. moulins, allons bien, neveux partis, frère mort octobre. — Barreau. | Balon, 10, rue 29 juillet. reçu lettres, embrassons bien. — Fanny. | Ravenstein, 49, rue lemercier, batignolles, paris. mère, enfants, parfaite santé, chez christopher hill. maman, moi, lucien, raymond bien portants. — Périssé. |

La Ferté-s.-Jouarre, 28 nov. — Mme Rossignol, 31, rue nollet, paris-batignolles. allons bien. — Rossignol. | Mme Jolly, chez me Gautier, rue de turenne, 35, paris. santé bonne et toi? courage. — Jolly. |

Duras, 13 déc. — Desouches, 40, avenue champs-élysées, paris. embrassons tendrement, allons bien, avons envoyé souvent nouvelles. genève, hôtel suisse, recevons lettres. — Mathilde. |

Fontenay-le-Comte, 12 déc. — Fromaget, 35e mobile, 1er bataillon. portons tous bien. emprunter argent charpentier, écris. | Grassin, 35e mobile, 1er bataillon. portons tous bien, emprunter argent caquineau, écris. | Trévaux, rue val-de-grâce, 19. portons bien, attendons nouvelles. fontenay. |

Bordeaux, 15 déc. — Sénéchal, rue plaine, 7, ternes. ministère finances installé bordeaux. alfred, enfants chauvin, allons bien. reçu lettre 2 décembre, non. — Sénéchal. | Poyen, 47, faubourg-saint-denis. santé bonne. dernière lettre 29 octobre, très-inquiet, réponse. — Poyen. | Boissonnet, général, blessé, 15, regard. remercions Dieu, cousine. tous bien. alfred neuwied. — Julie Boissonnet | Riddon, chaptal, 20. santés parfaites, enfants engraissés, méconnaissables, lettres reçues. — Riddon-Saujon. | Pommayrac, 22, labruyère. pas nouvelles maman depuis départ, inquiétude mortelle. répondre au nom de patry, jersey, poste restente. — Berthe. |

Caen, 10 déc. — Fournier, rue échiquier, 39, paris. allons bien, recevons lettres. — Claire. | Suriray, 97, boulevard magenta. santés bonnes, lettres reçues. — Philippe. | Dosseur, 21, taranne. villa, bayeux, argenton, santés bonnes, alfred bayeux, théophile caen, edmond besançon, daniel bien. — Léontine. | Cahen, 179, faubourg saint-martin, paris. caen, avec parents, rue abattoirs, chez corréard, santés excellente, reçois lettres, mille baisers. — Hortense. |

Guerchy, 7 déc. — Marchal, rue échiquier, 26, parts. abel, officier, arras, metz, allemagne. — Horsin. | Lebon, rue lille, 3. georges prisonnier ems. — Horsin. |

Tours, 3 déc. — Lortat-Jacob, richelieu, 60. tous vont bien, caen, genou mieux. — Morand. | Ségalas, 5, béranger. tous bien, rennes écrivez poste restante. — Crémieux. | Saget, 368, st-honoré. général, colonel bien, aix-la chapelle. — Cartier. | Delahaye, 84, boulevard batignolles. tous parfaitement, vierville. — Cartier. | Lazard, 24, arcade. enfants parfaitement, londres. — Cartier. | Charpentier, 8, maubeuge. écris-moi ballon, aucune lettre reçue. — Cartier. | Gondouin, 3, anjou st-honoré. tous bien, restons trouville, roger officier, 100e ligne, périgueux, paul, louise wesbaden, armand prisonnier. — Armand. | Jasser, rue sèvres, 23, paris. charles brigadier, 3e dragons, nous nous portons tous bien, bonnes nouvelles, uckange, 16 novembre. — clause. | Lamy, notaire, rue royale-st-honoré. renouveler inscription archambault cotée 15 décembre 1860. — Archambault. | Veissière, boulevard richard-lenoir, 19. nous portons bien, j'ai vos lettres. — Godart. | Fontaine, 62, sébastopol. merci, lettres jenny, correspond boblet, colonie bonne santé, bodelot vend, roubaix affaires nulles, rouen affaires, laval. — Céline. | Charpenay, 14, vivienne. votre famille et amis à cabour, santé parfaite, manque rien. — Briard. | Cail, boulevard malesherbes, 56, paris. reçu lettre, blé vendu partie, blés semés, distillerie marche. — Piupin. | Sublet, 21, rue bourtibourg. t'attendons avec impatience, élisa bien, embrassons. — Sublet. | Leprévost, 41, boulevard malesherbes. trouville, tous parfaite santé, recevons lettres, 31 octobre. — Leprévost. | de Pâris, 75, avenue d'italie. allons bien, pensons à vous. — Guillemette. | Mme Droz, 105, rue lafayette, paris. vais bien, reçois lettres, vous écris souvent, continuez écrire, vous embrasse tous deux. — Droz. | Dubois, rue châteaudun, 11, paris. santé bonne, reçois lettres, vous écris souvent, continuez écrire, venez quand pourrez, vous embrasse. — Elise. | Berne, 49, chabrol rien reçu pour vous, manque d'adresse pour me. — Deslis. | Clavery, 10, milau. vos précieuses lettres reçues, ai répondu, aspire impatiemment votre délivrance, meilleurs souvenirs vôtres, amis pensent vous. — Partiot. | Meignan, rue bac, 40. pensons à vous, écrivez. — Verge. | Lucas, rue mouffetard, 150. nous recevons tes lettres, seulement trop brèves. nous sommes tous bien portants, aubigné aussi. — Lucas | Raimbert, boulevard strasbourg, 19. tous réunis, bien portants avec ta mère, pension richelieu, écrivez longuement, quotidiennement, parents. émile bien. — Ninette. | Hippolyte dulong, faubourg st-honoré, 43. bénédicte, alix, tons bien, lettres reçues. — Bénédicte. | Levot, 36, rue st-marc. 29, schloss a wothing, grand'mère, enfants, cornely, parents mulhouse. athénaïs, enfants bien. — Schaye. | Jousset, 8, furstenberg. santés bonnes, toutes vos lettres reçues, courage, espoir. — Henriette. | Frédéric Dreyfous, 28, rue sentier, paris. famille dreyfous, famille lefèvre, santés excellentes, jersey, prévenir hovaist, 2, rue clichy. — Jenny. | Carlier, rue neuve-des-petits-champs, 58, paris. nous et lefèvre à jersey, santés parfaites, répondre poste restante. — Claire. | Auburtin, 18, rue bonaparte. angoulême santé parfaite. — Desplanques. | Marcotte, 13, rue st-lazare, paris. poitiers 3, allons tous bien, charles, louis admirent portrait, beau militaire, même maison. — Paule. | Roger, 2, cité fénélon. bien portant, inquiet, sans nouvelles. — Roger. | Castel, gare nord. parfaites, excellentes, rastadt, ergersheim intact, parfaitement, oui, oui, caen. — Dufils. | Delebecque, 2, rue malesherbes. votre famille bien portante, enfants mines superbes, reçu argent. — Dufils, | Herbault, agent. achetez 500 obligations chemins romains, 125 fr., répondez-moi léon bordeaux, salut tous. — Benda. | Mme Mauger, 16, rue fidélité, paris, tous bien portants, par gancel, tours. — Mauger. | Edmond Beurnonville, faubourg st-honoré, 14. reçu 5 lettres, 20 novembre, santés satisfaisantes, écrasés de réquisitions, amitiés, courage tous — Maurice. Letouzé, 128, rivoli. familles renault et meudt bien portantes, reçu 7 lettres letouzé, 2 victor, informer victor. — Renault. | Louis, 94, rue victoire, vais bien, reçu vos lettres, argent papa et pratt; embrasse tous. — Zoé. | Desfosses, 126. rivoli. reçu vos lettres; allons tous bien, léonce chez maristes, écrivez souvent. — Maria. | Lacharrière, médecin, institution sourds-muets, rue st-jacques, donnez nouvelles à loches. — Paillard. | Joséphine Vasseur, 82, rue st-honoré. allons bien, féneton toujours moulins, reçu 2 lettres, pour argent 12, rue auber. — Gibon. | Rousselet, rivoli, 142. bien, médecin-major ambulances, colonne mobile. — Papillon. | Potrel, 40, petits-champs. 5e dépêche, tous parfaitement, jeanne reçu autres nouvelles me noos, sa fille, très-bonne. — Boucher. | Arbellot, maréchal-logis, 4e batterie artillerie mobile, fort-est. santé bonne, donne nouvelles, demande argent à claire, rembourserai, langres. — général arbellot. — Langres. | Berthe ult, rue st-honoré, 267. vais bien. reçu vos lettres. — William. | Lisourt, 6, chabannais. tous bien portants, ton fils passé ici, avons espoir, t'embras-

Bordeaux. — 17 décembre 1870.

sons. — Clémence. | Mlle moreau, 66, faubourg st-martin. 2e cachette est sous l'autre éphémère, cherchez. — Taillandier. | Consul portugal, 10, rue copenhague. merci pour dépêche, transmise au gouvernement, reçu aujourd'hui bonnes nouvelles des vôtres, embrasse marie. — Seisal.—Dillon, rue belle chasse, 29, paris. marie et toute la famille sauvée, écrivez-moi donc par ballon. — Auguste Dillon. | Panafieu, à loyeux, chabrol, 71. amélie fièvre typhoïde décédée, bunel près elle, lisieux avec charles, nous bien portants, dire mère. | Griéger, 11, clichy. sympathie profonde, nouvelles excellentes, maurice, écrivez. — Casimir. | Henry, 35, faubourg st-honoré. maman pau pour hiver, vu toute famille bien, moi venu voir tours. — Gustave. | Phénix, incendie, rue lafayette, paris. renouvellerons assurances, chemins suisses échus décembre, conservons valable autorisation, assura schott vevey, lettre avril. — Bonna. | Lavigne, 22, desbordes-valmore, bonne santé, réponds. — Charles. | Demilly, 19, calais, paris, georges bonne santé, loire, vu clinchant mayence, suis bruxelles, dernière 19, irai où diras.—Amélie. | Fournier, 26, marignan. alphonse bien. — Thomas. | Germond, rue de grenelle-st-germain, 84. nous portons bien, rue de l'archevêché, 4. — Ve Germond. | Lauzanne, rue martyrs, 41. marie, clairlandes, noémi ici, famille lemaire arcachon, santés parfaites. — Colombel. | Schloss, rue entrepôt, paris. recevons lettres, santé excellente, sommes munich, écrivez, londres, avons laissé adresse. — Hugo. | M. Félix, 15, rue monsigni, paris. dire rue navarine joue tous les soirs, oui, oui, oui, portons bien. — Riel. | May, 5, rue provence, paris. toute famille bien portante, recevons vos lettres, qu'ernest soigne, espérons revoir bientôt. — Meyer. | Jonas, 3, laffitte, paris. envoi immédiatement argent chez lyon, lui dire donner avis, schulinger, santé parfaite. — Rosine. | Pillet Will, paris. heureuses nouvelles 19, nous vevy, albert chez ses parents, bien, mille amitiés. — Pillet. | Poimard, amsterdam, 66, paris. sommes bien portants à bruxelles, donnez nouvelles poste restante. — Montaud. | Ferdinand Gauthier, 23, lavoisier, paris. appris incorporation, nous inquiète, sommes bruxelles, jeanne bien portante, donnez nouvelles. — Tourneur. | Mescrigny, 4, bis, rue Dastory, paris. sommes bruxelles, écris poste restante, porte bien, reçois lettes, confiance. — Louise. | Stany Badel, 2, pasquier. suisfrence, prince morah reçois lettres, l'envoi argent angleterre, manque que vous, cherchez. — Henriette Féral. | Vogel, 15, boulevard poissonnièro, paris. trois sema nes, attendons nouvelles, assez bonnes. wiesbaden, poste restante. — Marie Pauly. | Papelier, rue verrerie, paris. oui, nancy. — Papelier. | Millot, rue jacob, paris. Muller bruxelles poste restante, faire savoir demande nouvelles, reçu lettres ballon. — Muller. | Lebaudy, rue flandres, paris. cours sucre, 55, 54 les 88 degrés, achetés 10,000 sacs seulement. — Gustave. | Jules, 19, flandre, paris. situation financière générale bonne, consolidés 93, rente 54, emprunt morgan au pair. — Jean | Isambert, 4, rue naples, paris. tous très-bien portants, reçu 6 lettres maman, 5 de toi. — Isambart. | Vachot, magnan, 27, paris. vois chez carvelho, 54, taitbout, demande argent nécessaire ou autre ami notre ami paierai. — Vachot. | Victor Langlois, 54, rue londres. tous bien, vous aussi, ballon, femme anvers. — Andreac. |

Boulogne-s-mer. 8 déc.—Léhu 98 avenue choisy donnez nouvelles.—Imbert, 26 quai douanne boulogne mer. | Leblant, santé boulogne, leblant trois leroux. |

Hyères, 13 déc.—van Lier, légation des pays-bas paris, lokhorst pas reçu certificat ne paye pas.—Lightenvelt. | marquise Béthisy, paris, votre silence m'inquiète et m'attriste.-Lightenvolt. | Dumoulin, moscou 50, inquiets écrivez nous.—Besson. |

Le havre. 10 déc.-Huffer, 18 londres, paris, agency received letters 7 18 21 london agency bank hamburg. | Masson ragot, 11 place bourse, allons bien, pour emprunt décision bonne, avons bons trésor, garantissez paiement, écrivez.-Orbelin. | Meurice, 8 rue favart, partie avec marguerite et toute famille thorailler pour bruxelles écrire poste restante, prévenir thorailler.—Marie. |

Coutances, 10 déc.—Tanquerey, 22 sentier, santé parfaites, reçu lettres et portrait.—Tanquerey. | Morin, essayeur 108 st martin, passage jabrah, inquiets donnez nouvelles votre santé denis et bureau sommes bien amitiés.—Morin. | Asselin, 2 rue casimir delavigne quatrième dépêche nous allons tous parfaitement.—Meslier. |

Villefranche-s-saone, 12 déc. —Biollay, 1e compagnie pontonnier rhône bastion 48 fortifications, portons bien demandez argent persin bertin poirée 14.—Biollay. | veuve Persin, bertinpoirée 14, obligerez remettre biollay mobile argent qu'il demandera.—Biollay. |

Trouville, 11 déc.—Béchet, boulevard strasbourg 19, mère bertrand à montreux, famille raimbert béche, vont bien, reçoivent vos lettres.—Gabrielle. | Boutillier. ingénieur avenue napoléon 60 paris, exploitation arrêtée simultanément sur nos lignes totalité du matériel en sûreté en bretagne.—E. Piquot. | Berthier. 9 avenue roi rome, tous bien restons trouville vends chevaux. — Mathilde. | Germain, 32 échiquier. rhumes mère clara mieux tous autres bien portants trouville, mans pau ernest libourne davrillé anvers.—Germain. |

Fertéfresnel, 9 déc. — Pottier, rue d'argout 67, paris, portons bien tous parents chez sidonie.—Pottier, je. |

Croissanville, 4 déc. — Heuschen, 19 rue scribe, croissanville love bien partante 4 décembre quatrième bépêche.—Dauge. | Dauge. 11 martel quatre décembre troisième dépêche tous croissanville bien portants reçu aujourd'hui 35e lettre espérous revoir bientôt.—Dauge. |

Sury-le-comtal, 9 déc. — Albert perrin, avenue des amandiers 10 santés bonnes gilbert chambéry neuf décembre.— Marie. | Humann 2, rue royale, troisième dépêche georges bien bonn lettre récenie tante roger bien raoul jean aussi allons parfaitement.—Alice. |

Binic. 11 déc.—Pomellec boulevard malesherbes 48, paris famille bien deux filles ange tué 1 sept. Riollay morte Ruellan sainjouan kersaingily bien. — Pomellec. |

Noutron, 12 déc.—Denis, 8 tournon, santés bonnes. pays tranquille, domestiques partis, riberol gardien, lettres reçues, télégrammes envoyés, pensée constante.—Gillot l'étang. |

Saint-père-en-retz, 10 déc. — madame Leray, 64 rue lille, avons déjà écrit pierre superbe portons bien, mère leroy morte lorient écrivez souvent.—Audijanne. |

Cadillac, 14 déc — de Galard, rue abbatucci 104. lettres reçues, argent reçu, bonne santé, bonne semences.—Jules. |

Guéret, 13 déc. — Gayffier, condorcet 6, écrivez moi sur vous, président, comité, conseil, usines, amitiés, proschez maison padron guéret. |

St-chamond, 12 déc. — dix décembre François bochu, turbigo 45, allez recevoir chez grataloup nonante, cinq aboukir cent francs mon débit.—Pascal gourgou. |

Sarlat, 14 déc.—Gouvet, rue vezelay 11 bis santés bonnes amitiés de tous.—Gouvet. |

Couderec, 72 prince eugène, paris, bien portants, reçu lettres, payé emprunt.—Clotilde. |

Nice, 13 déc. | Hedelhofer, rochechouart, avons vu à forbach antoine guéri sommes tous en bonne santé recevons vos lettres.—Jones. | Voiellaud, 20 rue saint lazare sommes à nice, donnez nouvelles, arriverai aussitôt possible pour échéance fin courant.—de Bauche. |

Caen, 11 déc.—madame Leveigneur, grammont 16. tous bien.—Grondard. | Gaignœux 13 rue lafayette, ville habitée par léon occupé pacifiquement présume famille tranquille écrivez caen.— Guilet. | Cahen, 179 faubourg saint martin, paris, caen rue abattoirs chez Corrénd, santés excellentes, reçois lettres marcel t'embrasse tendrement. — Hortense. | madame Massieu, rue saint lazare 76, paris trois osmont, sœurs, cousines portent tous bien. — Osmont. | Cahan, 67 jean-jacques rousseau, paris Cahan malade, madame bien, ouvrez pharmacie, écrivez souvent envoyez mandat poste 300 francs. —Cahan. | Michel Caïn 23 petites écuries, famille dalsace caen tous bonne santé pourquoi sans lettre lucie écrire immédiatement poste restante. — Nathalie dalsace. | Bertrand, 25 compans, tous bonne santé enfants lycée caen écrire souvent ta mère frères sœurs longue séparation bien tourmentée. | Bertrand, 25 compans, reçues nouvelles Henri 26 octobre batua lui écrire parrau auguste armée loire dernière nouvelles 16 nov.

Bayonne, 13 déc.—m Albaroa, 102 rue richelieu, paris 12 déc, toute la famille et L. très bien. — Fabian. | Schmolle, 39 faubourg poissonnière allons bien tous les cinq, édouard bien correspondons francfort quittons laclau arriverons pour où.—Schmolle.

Tours, 3 déc. — Rothschild, laffitte, 23. cécile, lucie, aline, juliette rothschild, parfaite santé, prières et vœux. — Crémieux. | Anspach, st-georges, 38. cécile, laure, enfants, toute famille parfaite santé. — Crémieux. | Tissel, 15, moncey. toul, tous vont bien, à bientôt. — Tissel. | Dessaux, 47, hauteville, frère mort, payer pension mère, échéance chrétien. toucher billet goy, déposer notaire poloine, réclame femme. | Urbain, 3, regard. tous parfaitement, élisabeth partiee, marie, colas ici, reçu lettre 20. Louise. | Crépon, 24, place vendome. santés, installés près londres, upper norwood, surrey envoyé dépêches. — Crépon. | Deromilly, 22, bergère. reçois lettres, sont ma joie, adoucissent chagrin, t'écris chaque jour, tous bien, pense toujours à toi. — Elisa. | Adam, 23, boulevard poissonnière. lambert poste restante, st-hélier, jersey bien portants, argent pour trois mois. | Mme Carton, 4, boulevard st-martin, paris. genève, dormach, loudun, orange, jeanne, francillon, rocher, bonnes nouvelles. — Kanengieser. Wittersheim, 31, quai voltaire. moi, enfants, amis tous bien portants, excellentes nouvelles du père, 16 novembre, argent suffisant, tendresses. — Wittersheim. | M. Armanet dumesnil, directeur au ministère instruction publique. allons tous très-bien, recevons toutes vos lettres, soyez sans inquiétude. — Hélène. | Trousselle, notaire, paris. familles malmenaide, vigier, langlade, loyer, parfait état. lettres reçues. | Dieulot, 18, rue neuve des petits-champs. ami, nous nous portons bien, courage, embrasse henri, mon père et maman. — Dieulot. | Lemaitre, rue laffitte, 47. 2 novembre, bonne santé, partis pau, point nouvelles, écrivez-moi vous écrire. — Carlier. | Baude, ingénieur, rue rivoli, 214. edgar tué bataille coulmier. — Villeqille. |

Massiac, 8 déc. — Duplan, 75, richelieu. robert fièvre muqueuse, convalescent levé hier, tous bien portants, emmanuel hôpital agen, marche pas. — Duplan. |

Calais, 8 déc. — Jazet, 7, rue Lancry. dire léon que nous allons très-bien.—Roussod. | Gondouin, 3, perdonnet. quatre fois oui. | Duguizelin. | madame Vincent, boulevard latour-maubourg, 50. reçu votre lettre avec grand plaisir, écrivez encore bureau restant bruxelles. — Delhaye. |

Sancergues, 8 déc. Paultre, 50, miromesnil. sancergues, santés, tranquillités parfaites. je reçois lettres. — Ernest. |

Constantinople.. — Madame Charel, avenue grande-armée. santé excellente, bon emploi londres ou paris presque assuré, au revoir connaîtrai enfants. — Vlasto. |

Guérande, 9 déc.— Kguistel, 19, bréa. tous bien, henri bureau militaire, émile pension, fernand lycée nantes, lettres, reçues écris-nous. |

Auxerre, 6 déc. — Rétif, 22, vintimille. famille santés parfaites, spécialement boulogne, édouard aix-la-chapelle, amitiés. — Eugène. |

Cordes. — Perrodil-Jumel, 14, monsieur-le-prince. tous parfaitement, enfants travaillent, lignier prisonnier, femme ici. — Perrodil-Jumel. |

Baugé, 9 déc. — Belin, 52, vaugirard, paris. lettres reçues, santés parfaites. — Causans. |

Dax, 10 déc. — Demeaux, 26, rue richer. inquiète, toi malade, heureuse, reçu mieux, santés bonnes, gosset aussi. rumigny 28 tranquille. — Louise. |

Castelsarrasin, 9 déc. — Chevillard, 87, avenue saint-mandé. belin va bien nous aussi, latour blessé. que font les affaires vins bas prix partout? — Charlet. |

Mézidon, 8 déc. — Déterville, 48, rue aux ours. reçu trois cents, portons bieu tous. — Rétout. |

Castres. — comte Larret, 41, faubourg saint-honoré, paris. bien portants tous, besoin argent. nous vous aimons. — Anne. |

Deauville, 8 déc. — Randon, 51, rue saint-louis-en l'île. famille à genève, 3, rue de la cité. tous bonne santé. |

Ichoux. 10 déc. — Norès, 47, victoire. reçu neuf lettres 6 décembre, bien portantes à pomis, reçu argent léon, maman reçu tien granville. — Norès. |

Pont-d'Ain, 7 déc. — Piquet, 38. rue saint-sulpice, paris. Varey, vendredi, pauline, tous bonne santé. — Mollie. |

Marseille, 9 déc. — Caron, 119, lille. arrêtez les travaux, faites seulement dépenses indispensables, stricte économie. dites au général combien admirons. — Forbin. | Verrollot, 29, malesherbes. Jules 12e chasseurs cheval, 6e escadron, 4e peloton, rouen, armée loire, édouard algérie, deux bonne santé. — Faustin. |

Carpentras, 35, rue vanneau, 35, paris. tous bien. embrassons victor et toi. hyacinthe armée loire, joseph 21e de ligne. — Eydoux. |

Le Lude, 11 déc. — Langlais, 44, rue de provence. au lude, à bliquy tout va bien, rené dix dents. |

Pont-de-Vaux, 6 déc. — Dunion, télégraphe, paris. reçu bonheur lettres, oui, non, oui, oui, antoinette perrine kihm neufchâtel. — Joanin |

Bordeaux. — Thirion, 177, rue faubourg poissonnière. conseils envoyés, enfants suisse, vevey, grand-hôtel.— Lucie | M. Dupont, 7, havre, paris. prussiens campagne sali seulement, toute famille ici, province bonne santé, paul, enfants cannes. — Paillhou. |

Saint-Lô. | Potier, comptoir d'escompte. allons tous bien, jacques tousse jamais, marie a deux grosses dents, marche seule, 10 décembre. — Léonie. |

Bergerac, 15 déc.— Henri Despaigne, 11, scribe. santés bonnes. trois lettres.— Despaigne jeune. |

Apt, 12 décemb. — Serveille, 13, place scipion. reçu encore, santés excellentes, lettres dépêches parties, françois muet, pourquoi? très-ennuyées, mille baisers. — Françoise. |

Saint-Omer, 7 déc. — Pagart-d'Hermausart, rue pépinière, 2. troisième dépêche, tout bien, émile exempt. — émilie. | Demolein, 29, quai bourbon, paris. portons bien, oui. — Demolein. |

Vire, 10 déc. — Fremy, postes-rebuts. courage, amitiés. — Lengliney. | Poupion, 13, savoie. victor, éclaireur, vire. — Laplanche. |

Falaise, 11 déc. — M. Dominel. 48, rue neuve-des-petits-champs. bazoches, félix, moi, tous bien. — Marguerite. | Provost, 3, saint-benoît. écrivez, grandes inquiétudes ta santé. dernière lettre barthélemy 3 décembre, Léon ferme tarbes chevaux bien, falaise. — Barthélemy. |

Figueras, 9 déc. — Brigot, 40, paradis-poissonnière. émile ici parti pour londres. |

Saint-Omer, 8 déc. — M. Saint-Malo, 46, rue jacob. laurence, laure très-bien. | Thibaut, commandant fort d'issy. hélène, familles vont bien. pas prussiens dans extrême nord, lettres parvenues presque toutes. — Pidoux. | M. Lamy, 6, rue portalis, nous allons bien, toujours lycée. — Ruet. | M. Demangeat, 90, rue d'assas. santé parfaite, lettres, satisfaction. — Lacombe. |

Toulon-sur-Mer, 13 déc. — Valette, commis administrrtion centrale, ministère de la marine. vais bien, tranquillise-toi. — Vaillant. |

La Rochelle, 13 déc. — Rodrigues, 48, londres. bonne fête! tous parfaitement. clémence. lé mie envahies successivement, aucun accident délivrées maintement, rien important famille, amis. — Marie. | Lefèvre, 104, faubourg saint-denis. portons tous bien. — Tranche. | Gieslé, 83, boulevard richard-lenoir. tous bien ainsi qu'ernest château-thierry von. — Gillet. | M. Brenguier, 10, croix-des-petits-champs, paris. adressez lettres ici, hôtel des étrangers. — Seguy. |

Granville, 10 déc. — Gausel, 23, pont-neuf. allons tous bien, alexandrine est avec nous, notre adresse, rue lecampion, maison jourdan. Granville. — Gervais. | Champeaux, 53, grenelle. champeaux, debure réunis, guillaume parfaitement, sept mandats reçus. — Champeaux. | M. Ormaucey, 17, rue moncey. votre famille bien portante à cherbourg, hôtel amirauté. — Rouvenot. | Letondeur, 1, boulevard temple. tous, roberdet, séruzier parfaite santé, pas froid, letondeur-canny morte. — Letondeur. | Joubert, 9, drouot. reçu lettres berthe, louise, tous les enfants bien portants, bonnes nouvelles pierre, jardiniers, maisons, famille salone. — Salleron. | Semoine, 36, faubourg saint-martin. recevons lettres paris, montereau, tous bien portants, familles boulet aussi. — Fouinat. |

La Ferté-Milon, 20 nov. — madame carré, 17, blondel. me porte bien, écris-moi par chaque ballon. — Carré. | Lutterothe, 47, rue marbeuf. bien portants, tranquilles, lettres reçues. — Bournoville. |

Luc-sur-mer, 10 déc. — Binaut, 70, rochechouart, paris. lettres reçues, bonne santé ici, digne, rennes. — Blot, saint-aubin-sur-mer. | Bulot, 36, montorgueil. familles bulot, bouvet, roussel, jouanny, boutrais, enfants, moi bien portants, embrassons tous — Henriette. |

Sallé-sur-Sarthe, 10 déc. — Tufton, 30, notre-dame-de-lorette. Thérèse, zélia à aisy bien, reçoivent lettres. — Rougé. |

Lisieux, 10 déc. — madame Gruet, 5, rue ancienne-comédie. allons bien, revons lettres, payez pas assurance. — Maillet. |

Morlass, 13 déc.— Bergeret, 88, boulevard courcelle. chapu vichy, calunel bien, charles blessé guéri, mangez mes confitures, informations sur victor dastis. — Ve Reynaud. |

La Châtre, 13 déc. — Albertine Lacarre, 9, helder. bien, prisonnier, prisonnier, intendance. bien. oui, oui, jamais, oui remises, amitiés.— Richter.—

34 Pour copie conforme :

L'inspecteur,

Bordeaux. — 16 décembre 1870.

Alger, 13 décembre. — Schilling, capitaine forestier, auteuil. trois enfants, père, frère, portons bien. bons vieux. — Schilling. |

Lurey Lévy, 13 déc. —Fould, 129, faubourg saint-honoré. très-bonnes nouvelles de jersey. eude parti allons à antibes. — Thuret. |

Ganges, 15 déc. — baronne Chabaud-Latour, 29, malesherbes. blessure grave. évadé metz, convalescent, vu arthur Tours. vœux remerciments. — capitaine Ricard. |

Belleville-sur-Saône, 12 déc. — Pardon, 27, boulevard reuilly. allons bien, sans nouvelles : inquiets écris-nous. — Pardon. |

La Nouvelle, aude, 14 déc. — Moisson, 11, place de la bourse. maintenez police catherine, capitaine vidal, si n'avez fait cesser assurance fin septembre, répondez. — Gimier. |

Pézénas. — Ferrier, 38, rue croix-des-petits-champs, paris. Quelle blessure a reçu frère, si peut écrire, consoler mère. portons bien tous. — Bassas. |

Plouha. — Jarre, 2, rue pyramides. télégraphions, écrivons, avons courage, recevons lettre, temps doux, voulez-vous argent. — Sara. |

Lannion, 14 déc. — Pierre Zaccone. administration des postes, paris. andré, délégation postes bordeaux, santé bonne. = Henri Manger. |

Villiers-sur-mer. — Roche, 3, Gramont. 12 dents, bavard, mine superbe, tous portants, faire coucher rosalie appartement. — Céline. |

Ruffec. — Pascaud, 8, saints-pères. reçu cartes, allons bien fillette. — Pougear. |

Maubeuge. — Tavernier, 10, rue dunkerque, paris. reçu nouvelles, porte bien. — Tavernier. |

Le Mans, 14 déc. — Veuve Grimaud, 19, rue bridaine, batignolles. suis au mans, bien, reçu trois lettres, content, écrivez, demandez si avez besoin, courage. — Jacques.

Annecy, 15 déc. — Boyé, commandant forestier, paris-auteuil. Annecy parfaitement, reçu terme moulins. nuéebleue réparée habitée. autres biens intacts. édouard, beau gèrent succession. — Pauline. |

Millau, 16 déc. — Michau, 81, boulevard saint-michel, paris. louise nourrit marie, partons pour Toulouse demain 16 décembre. — Raymond.

St-Malo, 16 déc. — Thaboureux, 31, avenue Trudaine. écrit et envoyé dépêche deux fois, je suis très-inquiète, répondez, courage et amitié. — Joltrain. |

Bayonne, 18 déc. — Madame Louvet, 92, lle-saint-louis. | reçu lettre du 29, famille bien, écris souvent. — Numa.

Ornans, 15 déc. — Cuénot, 80, rue Bonaparte, paris. Nière, Chalon, portent bien. |

Laval, 16 déc. — Chauchat, 70, basse-du-rempart. charlotte, paul revenus escorpant quatre semaines, marie trouville, santés excellentes. recevons lettres, étienne laval bien. |

Troyes, 11 déc. — Madame Huguier, 42, rue notre-dame-des-champs, paris. prussiens, troyes, santés bonnes, amanda complet, lettres reçues — Alix. | Samuel, 36, rue croix-des-petits-champs, paris. reçois tes lettres. toujours envahis, allons bien, tes enfants sont institution péter, la neuveville, près neuchatel. — Samuel. |

Loriol, 16 déc. — Duval, 189, rue saint-honoré. allons parfaitement. — Amélie Duval. |

Villeneuve-sur-Lot, 17 déc. — Mourier Sorbonne. lettre reçue, santé bonne, angoulême aussi. — Cheneusac. |

Bayonne, 17 déc. — Giraud, chez levallois-coquet, 52, rue d'enghien, paris. sommes bien, écris poste restante, madrid. — Giraud.

Montauban. — Fournier, 81, ménilmontant, mondoubleau, prussiens partis, 28 novembre, poids enfants, dix-sept kilos, treize, sept cents, onze. — Caroline. |

Croissanville, 14 déc. — Dauge, 11, Martel. sixième dépêche, tous croissanville bien portants. — Dauge. |

Biarritz, 15 déc. — Gatine, 8, échelle. écris, je te conjure, je meurs d'inquiétude, savons l'affreuse mort. — Jenny. |

Mèze, 16 déc. — Dupuy, vétérinaire, 2e dragons marche. allons bien. — Dupuy. |

Artemare, 14 déc. — Déruad, 16, rue racine, portons tous bien. — Déruad. |

Saintes, 17 déc. — Besnard, 28, rue saint-quentin, paris. décembre, sixième pigeon, père, mère, tous bien portants. hôtel messageries, saintes, charente-inférieure. — Amélie. |

Château-Chinon, 15 décembre. — Boullenot, corps législatif. mère malade. provisions achetées. — Boullenot. |

Buxy, 14 déc. — Cornudet, 24, chasse jully, pas prussiens, donnez nouvelles fille eugénie. valemus sperantes. — joséphine élisabeth. |

Pont-Audemer, 13 déc. — Vaury, 400 saint-honoré. Bivellerie, santés bonnes, recevons vos lettres. — Fanet. |

Argentan, 15 déc. —Renouard, 47 rue de la victoire. tous en parfaite santé gouffern georges prisonnier allemagne. recevons vos lettres 15 déc. — Marie, château de Selly. |

Gex, 14 déc. — Darlu, 36 rue Lafitte. dès que possible, réglerai compte courant. continuez reporter Nord. — Girod. |

Montdoubleau, 13 déc. — Guérin, 6 rue hélène, batignolles. famille delabroise va bien, à épaune sans nouvelles, écrivez souvent |

Torigny-s.-Vire. 14 déc. — Monsieur Legay, paris batignolles, rue Lemercier 3. tous bien. courage.. — Louis. |

Villers-s.-mer. 15 déc. — Danet, ambulance sénat. décembre. Tous bien villers, pourvus de tout. quitterons si sommes inquiétés. papa morlaix, john Bruxelles baisers. — Fanny |

Besaçon, 15 déc. — capitaine Castel, 85, rue haxo, belleville. En santé à Neufchatel. répondu toujours aux cartes-lettres. prends provisions rue clichy. Jaussand. |

Etretat, 13 déc. — docteur Samazeuille Auteuil paris. tous six, bien portants. informe gustave. — Elisa. |

Beaurepaire-en-bresse, 14 déc. — madame Bourgeois, 15, rue du centre, paris. léon va bien, prisonnier. — Beaurepaire. |

Saint-benoit- du sault, 11 pécembre — Delavaud, 45, rue Turenne. lettre andré. bien portant, prisonnier 2e bataillon, 5e compagnie, wesel. envoyé 100 francs. — Delavaud |

Maubourguet, 17 déc. — Avy, 48, rue moscou, paris, santés bonnes. écrivez davatage, donnez nouvelles hainque, paillard-tillot reçu dernière lettre. — Avy. |

Lyon, 16 déc. —Klein, 93, Lafayette. Genève, neuf griffons, envoyé 20. reprendre fourrures, jules soignera appartements, rose soignera mario, santés bonnes. — Potel. |

Clairac. —Lamboi, 8 delaroche, passy. mère, sœur ici. santé parfaite tous. — Edmond. |

Port-en-bessin, 14 déc. — Hottot, 21 faubourg saint-honoré. port-en-bessin, calvados. chez oncle. eugéne bien portant, quatre dents rien d'alfred. — Hottot. |

Villaines-la-juhel. 10 déc. — mousieur Roch, 8, rue malesherbes, paris. tous bonne santé, reçu lettres. — berthe Roch. |

Boulogne-s.-mer — Pontalba, 41, faubourg honoré. tous bien. — Edouard |

Loriant, 16 déc.—Collot claude, 4, vellefaux, collot delarbre, chabrier, despaulx, langlois et familles bien. — Collot. |

Cholet, 15 déc. — Darmaillé, 104, pépinière. reçu billets, joie vous savoir bien. souffrante, paul bien, Glaye pillé, nous pas crainte. — pour darmaillé. Chaurière. |

Levret-chambeix. — Néret, 54, rue amelot. que devenez-vous tous. écrivez-moi longs détails. à brochon, par givrey chambertin, côte-d'or. — Joséphine.

Flers-de-l'orne, 15 déc. — Langé, employé, 8, rue laffite. tous bien, écrivez Jouanne, flers, orne. — Binet. |

Paray-le-monial, 14 déc. — Delafaye, lieutenant, mobile saône-et-loire, 2e bataillon. paris. aucune lettre. inquiets. habitons Paray, allons bien. campionnet autorise fils procurer agent. — Delafaye. |

Bagele-châtel, 14 déc. — Saintromain, 21, boulevard batignolles. Tous bien touche argent ménilmontant. — Henriette. |

Morlax, 15 déc. —monsieur de Forsanz, ministère guerre paris père, mère frère bien. |

Bordeaux, 16 déc. — Dervillé, 300 quai, jemmapes, paris ta mère inquiète. écris-lui à Figeac. — Michand. | Dupuy, 11, grennetat. famille bien. fin novembre. donnez congé propriétaire thomson appartement. rue presbourg avant fin décembre. — May. | Herrick, 50, haussman. famille bien. toujours londres. vos lettres reçues. notre affaire succès. attends autres. reste bordeaux. famille genève. — May. | Bersier, 5, ville l'évêque. famille bien. toujours jersey. ma femme reçue lettre récemment votre famille. — May. | Lillie. 41, échiquier. famille bien. vos lettres reçues. grande espérance. bordeaux. — May. | Lauras. 11, rue meslay. habitons bordeaux rédaction français. frères. sœurs. enfants absolument tous bien. demandez sœur xavier 20 juin. louis travaille répétez aux amis uos cinq dépêches novembre. ajoutez dufaure, plantier, larochethulon, merveilleux, desforges, clément, gigot, delahaye, dallemagne. coppeaux. — Paul. | Lauras, 11, rue meslay. déc. 20. bien portantes familles verdière entière. deux colmet. chomel. crouzas. hémar. dessaigne. baulny. gouraud. bioche. magnitot. debueil. albert martin. renault. bonfils. chardon. danet. senneville. crisenoy. bréville. étienne. chabrol. hua. cochin. jully tranquille tous bien. — Paul. | madame bonnet. 1, castiglione, finances. famille mallet bonne santé. sommes bordeaux reçu votre lettre 10 décembre. merci écrivez souvent. — Sénéchal. | Vila, 91, blancne. argent touché. tous bonne santé. — Champfleury. | Piogey, 24, martyrs. Raoux losse à sainmayme. bricogne arcachon, darroux, mockre londres, flameug, genevoix, montarmartin, ledieu, guibout. bonnes santés. — Piogey. | Cogordon, 28, affre. inquiète silence mon mari. veuillez écrire premier ballon. — femme Blanchin vezins. | Grozier, 24, beaujon. appris malheur, désolée. viens quand pourras. — Elise. | Claudon, place jussieu. recevons lettres. écrivez souvent famille. paul cette, alexandre arrivé, exempté cette, béziers, château-chinon bien. —Baille. | Piogey. 24, martyrs. familles basset lyon, périac arcachon, legriel, caudebec, guibert, ferrère. bonnes santés. —Piogey. | Daillyme, 69, pigalle. pas pierre gisors nous bien. lettre partie amiens. Bellanger lausanne villers aix-la-chapelle. — Amélie. | Platel, 19, jean beausire, paris. Albert prêtre 17 décembre ludovic bien, londres théologie. famille bien. —Platel. | Piel, instruction publique. allons tous bien. moutier aussi. | Imbart latour, 37, rue lille. tous bien, lettres, mandats reçus, embrassons, mandat pas nécessaire. — Nathalie. |

Saint-Brieuc, 15 décembre. — Gayffier, forêts, ministère, finances. santé toujours parfaite, amis bretons, parisiens bien. — Eugénie. | Ministre guerre, paris. tous bien, caroline mieux, préparer pêchon, dire père mort subitement dimanche, famille bien. — de Nantois. | Rouxel, capitaine, 7e compagnie, 5e bat., mobiles, 62e rég. de marche. nous sommes bien. Adolphe sain et sauf. — Alice. |

La Palisse, 13 nov. —Durand, r. Lavoisier, 1. tous vos enfants bien portants, nouvelles quai voltaire, 5, chez chomel. — Coussergues. | Clausel, r. provence, 7. tous bien portants. xavier autun. henri saint-étienne, maman rodez, mine marche ordinaire. — Coussergues. |

Saint-Malo, 14 déc. — Legrand, r. Châteaudun, 49. tous très-bonne santé. vous embrassons. familles beloy, doin, vont bien fourmies, reims, très-bien. — Legrand. | Tétart, rue laffitte, 5. zoé, julienne, enfants, famille lécuyer sont à fourmies. tous en parfaite santé. dinard, tous bien. — Tétart. | Pennetier, bernardins, 28. toutes portent bien. dodé donner 100 francs pour philippe. | Potrel, 40, croix-des-petits-champs, nous, berrus, georges parfaitement, enfants adorables, 56 lettres. — Jeanne. | Hautat, bondy, 46. nous, maman bonne santé. hautat écrive. pas payer bellefonds. nouvelles david, 140, faubourg honoré, machefer. — Grondard. | Pelard, 7, rue montaigne. saint-malo famille georget, hanches chartres. autres chez eux. avons enfin lettre toi envoyée maintenon, santés parfaites. |

Dinard, 15 déc. — Tenré, 12, laffitte. achetez 600 autrichiens jusque 740 valables jusque 15 janvier et faites-les reporter. — Konigswarter. | Constant, 11, joubert. versements cawston faits, acceptations soignées, achetez donc autrichiens faisant reporter ressortent 780. — Maurice. | Déville, 4, rue naples. reçu vos lettres ballon, suis bien portante. bruxelles, 37, champ-de-mars. — Elisabeth. |

Pau, 17 déc. — Demallerais, 83, rivoli, paris. allez voir rungs, capitaine 139e, fort Issy. votre paul bien, manque rien. — Anna. | Cordier, paris, 28, rue dupin. des nouvelles. — Cordier. | Morlot, 7, laffitte. clémy pas londres toujours honfleur. Jous pau bien, bertjane embrassons. — Amélie. |

Abbevile, 10 déc. — Capron, 12, d'hauteville. nous allons tous bien, abbeville. — Robert. |

Saint-Valery-sur-Somme. — Gentigilllot, 3, passage brady. dames retournées reims.

Berck, 10 déc. — Tiby, hôtel danube, richepance. allons bien, vos amis excellents. — Beydon. |

Périgueux, 16 déc. — madame Paravey, 101, rue de vaugirard, paris. gaston écrire à père malade. |

Béziers, 21 déc. — Belland, régiment forestier. portons bien, paul altona, eugène havre, enveloppe pas touchée. |

Vichy, 13 déc. — Poisson, 38, rue Maubeuge. vichy, hôtel salignat, bien portants avec noémie. — Bruneau.

Avallon, 10 déc. — Geoffroy, 55, rue cuvier, paris. allons tous bien. pays tranquille. habitons vault, recevons lettres, étienne et moi bien portants. — Marthe.

Castres-Gironde, 17 déc. — Youf, 137, boulevard saint-michel. 17 déc., souhaits meilleure année, dieu vous conserve, espérons bientôt embrassements, santés bonnes, listes loyers bureau bas. — Youf. |

Aire-sur-la-Lys, 11 déc. — Carpentier, 78, boulevard Malesherbes. tous très-bien, reçois tes lettres. — Louise Carpentier. |

Tourcoing, 11 déc. — Ménage, 63, neuve-des-petits-champs. recevons lettres, nous nous portons bien. — Valentine. |

Besse-sur-Issolle, 11 déc. — Rodier, 28, rue drouot. nous recevons lettres, frédéric, armée loire, 18e corps. jersey bien. — Montenard. |

Peyrehorade, 12 déc. — Silva, 90, lafayette. tous parfaitement, écrivez beaucoup. —Paul. |

Commentry, 13 déc. — Quinette, 107, haussmann. félicitons ernest, bonnes nouvelles de tous. — Martenot. |

Cahors, 11 déc. — madame Olivier, rue d'orléans-saint-honoré. hôtel providence. recherchez, soignez mon fils, lieutenant 24e marche blessé. — Gleizes. |

Avranches, 14 déc. — Taillandier, 14, cléry. chamouillet, nous, avranches, chez jonquet, santé parfaite, avons argent, lettres. — Clémence. |

Saint-Lot, 14 décembre. — Guéroult, affaires étrangères. nous allons bien, bonne année, courage, mille baisers. — Guéroult. |

Romans, 15 déc. — Lolagnier, 75, r. flandre. portons bien, chez fèvre, romans, reçu lettres. — Lolagnier. |

Doullens, 10 déc. —Jonquière, 88, boulevard saint-germain. Nos familles bien, paul prisonnier, Doullens tranquille. — Jonquière. |

Lyon, les terreaux, 15 déc. — Boussod, 72, rue amsterdam. 9 déc. recevons vos lettres, tous bien. — Boussod. | Stock, 261, saint-denis. 2e dépêche, tous bien, reçu argent, 20 lettres, eugène châteaudun. — Maureau. |

Belley, 15 déc. —Amerigo Cassarini, 12, saint-gilles, paris. tous bien. — Marinelli. |

Épinac, 12 déc. — Dumas, 10, saints-pères. 11 recevons lettre 25, ennemi repoussé Autun, non venu ici, bonne santé tous, deuxième dépêche pigeon. — Andelle. |

Bain de Bretagne. — Breguet, quai horloge. parfaites santés, complète sécurité, étretat. alfred tours, jacques londres, bordeaux, enfants

Bordeaux. — 16 décembre 1870.

berthelot, francillon, bertrand, parfaitement bien. — Halévy.

Saint-Vallier-sur-Rhône, 11 déc. — comtesse Rostaing, 34, rue Godot-Mauroy, paris. reçu huit lettres. vous ai beaucoup écrit, tous réunis, santés bonnes, paul commande éclaireurs, quand libre venez. — Laroque. |

Bordeaux. — Le Camus, 6, rue condorcet. madame Camus est en parfaite santé et reçoit les lettres de son mari. — Hart. | 16 déc. — Hart, 20, aumale. tous Laborde bien portants. bonnes nouvelles chabert, dufaulin, cottin. — Hart. |

Angoulême, 12 déc. — Galard, 40, rue Bac. le treize, lieutenant paul, bien, sept décembre après combats. jacques bien. nous angoulême dulau. lettres reçues. | Bruneau, rue paix, 23. pas reçu carte a. répondu carte c. santés bonnes. — Bruneau. |

Lorient, 15 déc. — monistrol-lafayette, sept. gandon bien — Gandon. | Messieurs de Béhillon, ministère finances. loudun, lorient, bien, souvenirs affectueux. — Vibert. |

Dinart, 13 déc. — Maquet, 24, place vendôme. Douvres, 8, marine place tous bonne santé. | Bossot St-Arnaud, 4. douvres 8. marine place, marie, enfants bonne santé. | Linzeler, 15, boulevard madeleine. santés bonnes. lucien onze dents. manque encore lettre chargée. rue ventadour, congé, huissier de suite. — Bonpaix. | Sanné Ville-l'Evêque, 57. Sanné très-bien, parti en périgord. ambulance licenciee. — Lefort. | Charles Pillet, 10, grange-batelière. vignals toujours ensemb'e. enfants, albert, papa, oncle, virginie, millot, allons tous parfaitement. réponse peu espoir. climat supportable. | Charles Vignals, 112, richelieu. 12 décembre provins, bray, montauban, pillet, tous allant parfaitement, apprenons indirectement avec lettres octobre. attendons impatiemment retour. |

Cabourg, 13 déc. — Lefebvre, rue bac, 1. cabourg bonne santé. — Lefebvre. | Bourdonneau, hôtel-ville, paris. allons bien. — Larochelle. | Rougeot, bonaparte, 8. tous parfaitement. | Guérin, 48, rue Berry. homme bonne santé. — Guérin. | Croiseau, 43, rue douai. bon-papa malade. bons soins. — Sydney. | Gallois, bergère, 33. écris, 26, burlington-street-brigton. — Eugénie. |

Limoges, 16 déc. — Bonté, 8, rue dutot-vaugirard. Vences, limoges. tous bien portants. — Anna. | Maas, 15, rue banque. peut-on payer frais. savary-banque accepte seulement dépôts. dois-je toucher et verser soldes. — Koch. |

Uzel, près Loisane. — De Cuy, officier, 135e ligne, st-denis-paris. reçu sept lettres, envoyé quatorze. tous bien. henri éclaireur. — Fanny De Cuy. | Legris, capitaine, 5e compagnie, 4e bataillon mobile, côtes-du-nord, paris. familles bien. louis fort. recevons rien, écrivez. embrassons. — Anna. |

Marseillè, 15 déc. — Gigot, faubourg Poissonnière, 123. capitaine Brulin sain et sauf, prisonnier magdebourg famille barbaroux marseille, fosse mérinville. guybert mère, limoges. — Barbaroux. | Barbaroux, 5, geoffroy-marie. enfants, moi, marseille 15 décembre. papa, maman, valéry, lonjumeau, fosse merinville. ta famille parfaite santé. — Barbaroux. |

Lorient. — Alquier, 85, spontini passy. toujours bien. nouvelles oncle. donnez nouvelles mourgues. — Recappé. | Langlois, 35, rochefoucaud. tous bien. argent, lettres reçus. collot bien. lorient ont argent. — Collot. | Duminy, rue asile-popincourt, 13. écris lorient. — Louise Bidault. |

Salins, 15 déc. — Jeannin, pharmacien, faubourg du temple, 28. aucune lettre depuis octobre. écrivez. — Jeannin. |

Marseille, 16 déc. — Pilletwill, banquier. septième dépêche pigeons. reçu votre trois décembré. alliez tous bien, nous aussi, mais tristement. acceptations pianello payées. — Emile. | Larozerie, 28, perrault. donne-moi tes nouvelles si possible. suis à Palerme après tournée. inutile en. france. — Dutour. | Madame Gaujart, 28, rue pigalle. reçu votre lettre par ballon. écrivez-moi encore si possible. — Dutour. |

Armentières, 16 déc. — Chauveau et Blanc. rien changer. — J. Lebleu. |

Benévent-l'Abbaye. — Lafaye, rue Vinaigriers, 39. mère, moi, adèle, enfants, santé excellente. — A. Lafaye. | Nérot, rue Bellefond, 29. enfants, moi, santé excellente. — Adèle. |

Le Havre, 14 déc. — M. Laboulaye, taitbout, 34. Bien portant. — E. Clouard. | Madame Supérieure générale bon-secours, notre-dame-des-champs, paris. lettres reçues, santé bonne, anxiété. — St-Georges. | Coquerel, boulogne, 3. havre menacé. reste seul. autres southampton, jersey-hôtel, terninus terrace. bien. nîmes aussi 14. — Etienne |

Dives, 15 décembre. — Delisle, 26, laugier. reçu lettres. portons bien. tendresses paul et toi. — Marie Hélène. | Georges Rochu, rue léonie, 7, paris. reçu lettre. moi bonne santé. — femme Rochu. | Droz, martyrs, 13. Cabourg 15 décembre. portons bien. albert montélimar. |

Prez-en-Pail, 15 déc. — Laimé, 10, rue bienfaisance. recevons lettres. portons bien. donnez nouvelles de tous et oncle. — Lebreton. | Legrand, rue belleville, 9, paris. allons bien. reçu une lettre. donnez nouvelles frères chauvot. legrand. chauvot ensemble. | Viennot, rue st-antoine, 7. allons bien. viennot, donon, écrivez nouvelles louis.

Londres. — Madame Brébant, hôtel de rouen, 13, rue notre-dame-des-victoires, paris. soyez tranquille, tout va bien avec papa, maman et tous. lettres reçues. enveloppée envoyée 3 déc. — Louise. | Albert Brébant, hôtel de Rouen, 13, rue notre-dame-des-victoires, paris. tout va bien, lettres reçues, édouard gauthey, 43, rue grenela, sa famille en bonne santé. — Marie Marindin. | M. Antoine May, 46, rue des petites-écuries. paris. toutes lettres jusqu'au 19 reçues, santé excellente, david ici, théodore hambourg, bonnes nouvelles parents et amis. — Léonie Oscar. | Pontremoli, boulevard strasbourg, paris. lettres reçues, non cartes. santé admirable, enfants étudient, toujours villa, prie te soigner. — Eléonore Hice. | 6 déc. — M. Delafosse, 146, boulevard haussmann, paris. reçu votre lettre. écrit déjà par pigeons, sommes bien. écrivez. — Amada. | Mademoiselle Joly, 15, passage saulnier, paris. lettres reçues, miot et nous allons tous bien. — Emile Boyling. | Madame Maurice, 38, rue de turenne, marais. paris. tous en parfaite santé, heureux de tes lettres. — Victorine. | Cabrilié, curé, rue belzance. félicitations sincères, allons parfaitement, léonie aussi, françois vingt-trois encore, tarbes. — Tellier. | M. Boisselebel, 29, rue saint-sulpice, paris. tous bien portants, courageux, reçu portrait, lettres, merci. — Marguerite. |

Abarca, 102, richelieu, paris. quintina mieux, et toute la famille bien à lequeitio le 30 novembre, nous bien. — Amada. | 6 déc. — M. Pepin Lehalleur, 56, rue saint-lazare, paris. cayeux, anvers, londres, santés bonnes, bien vives tendresses, reçu lettres, — Hélène. | 6 déc. — Madame Spontini, 13, rue du Mail, paris, allons tous bien, petits et grands, vous embrassons de cœur, souvenirs à tous, reçu lettres. — Coard. | Cuvillier frères, 16, rue de la paix, paris numéro un. oui prix maintenant soixante-six schillings le quintal, avec deux et demi pour cent. — Crope Blackioell. | Cuvilliers frères, 16, rue de la paix, paris. paille, qualité incertaine, prix maintenant cent six shillings par tonne avec deux et demi pour cent. — Crope Blackioell. | Cuvillier frères, 16, rue de la paix, paris. foin, cinquante tonnes prix maintenant, onze livres cinq shillings par tonne, avec deux et demi pour cent. — Crope Blackioell. | Pillet, Will et Cie, paris. votre amicale, 23 novembre reçue, nos meilleurs souhaits pour vous. ici tout marche en parfait ordre. — Stambro. | Perier frères et Cie, paris. votre lettre 22 et remises grübe arrivées, vos tirages ne dépassent pas avoir. soyez entièrement tranquillisés. — Stambro. | H. Arou et Cie, paris. vos lettres 22 et 26 novembre, par ballon avec remises arrivées en règle. — Stambro. | M. Pernot, 3, rue bréda. reçu tes quatre lettres, deux de M. legault, santé bonne. — Pernot. | Madame Debontridder, 76, rue temple, paris. ernestine accouchée, fille bien, nous bien, lettres de charles reçues. — Isidore Ville. | W. Kinen et Cie, paris. lettres 15, 16 septembre, 3 12, 23 novembre, reçues ordre encore inexécutable, prix vingt-cinq quinze. — Stambro. | Auguste Pellet, rue aumale, 10, paris, tous bien portant, faites dénoncer mon bail par huissier avant fin décembre, répondez. — Dreijdel. |

Dreyfous, 99, rue richelieu, paris. payez duplany, trois cents livres, envoyez boulevard saint-michel marius chavant, deux cents francs. — Keyser. | Dreyfous, 99, rue richelieu, paris, envoyez trois cents francs madame gerstlé, 5, cité wauxhall. mari bien portant, avisez exécution. — Keyser. | A. Anbert, itwenty-two chaligny, paris. oui, 7, great costle-street, regents-street. — L. Salter. | Cousteau, 12, rue vauvillier, paris. reçu lettre, allons bien, émile armée loire, écris nous souvent. — Barbe, rathbone place, oxfort-street, 9. | Josse, 163, rue charonne, paris. billet payé, dugdale, ruddoch, reçu gustave lettre. — Jeanne. | 6 déc. — Caballero, hôtel ollivier, rue cardinal-fesch, paris. votre lettre du 22 reçue, répondons oui. — Poweil. | Barness, 30, marie-antoinette, montmartre-paris. bien, répondre — Colley, endcliffe sheffield. | Delacour, 88, boulevard saint-germain. pas lettres depuis 19 novembre, ballon tombé mer, lettres illisibles, écrire lower trorwood. — Delacour. |

Joinlambert, 13, rue cambacérès. santés bonnes à fonthill, baby fort et intelligent, reçu plusieurs lettres ballon, tendresses pour vous et jacques. — Lefebvre. | Ricquier; théâtre-vaudeville. écrivez lettres parviennent adoucira souffrances, jersey, hôtel europe — Berthon. | Berthon, hôtel-de-ville. aucune lettre depuis 4 novembre, écris beaucoup plus souvent, horriblement inquiètes, embrasse tous, jersey, hôtel europe. — Berthon. | Madame Brébant, hôtel de rouen, 13, rue notre-dame-des-victoires, paris. nous maman, marie, recevons vos lettres, papa, clémentine, tous allons bien, première enveloppe envoyée 3 déc. — Louise. | R. Bulfield, 7, rue Scribe, paris, tous bien. — J. Bulfield. | 13 déc. — Mademoiselle Hurrell, 45, rue saint-dominique-saint-germain, paris. allez boulevard malesherbes, 9, voyez si tout est bien, dites charles écrive par ballon, répondez. — Hurrell, scarboro, trois beulah terrace. | Demange, 21, chaussée-d'antin, paris. pourrons fournir toute marchandise mais expédier avant communications sûrement rétablies. — Leete Baillon. | Cauvin, boulevard sébastopol, 50, paris, lettre reçue, écrivez chaque quinzaine maintenant londres. — Lousel. | Lange, 5, rue feydeau, paris. quatre lunge, cinq lepage, bien. — Lepage. |

Docteur Cabi, 27, rue saint-georges. paris. félix bien portant, prisonnier de guerre à goerlitz silésie, nous correspondons. — Aimé Pastré. | Samuel Maurice, 2, cité trévise, paris. tous se portent bien — Josephe Solomon. | Gardel, 3, rue michel-ange, auteuil-paris. tous bien, allons campagne, caroline, trois lettres. | Lusserath, 47, rue marbeuf, paris. lettres reçues, vais bien, pense à vous, ai écrit tous les jours, vous aime. — Alfred | Moreau de Banvière, 10, rue de rivoli, paris. affreusement inquiète, écris vite, baby ici, allons admirablement. — Marie Moreau, 1 princes-street, hanover square, london, w. | 14 déc. — La Roque, rue victoire, paris. tous en bonne santé à liverpool, affaires marchent bien, soyez sans crainte. — La Roque. | Portier, 7, rue de provence, paris. tout va bien, lettres reçues. — Brompton. | Bayvet, 15, rue conservatoire, paris. je suis avec madame gillou, à londres, 15, earls terrace kensington, nous portons bien. = Madame Bayvet. | Libesart, rue de mulhouse, 9, paris. envoyez-nous de vos nouvelles. — Gaury. |

E. J. Albert, boulevard haussmann, 99, paris. deux comptes ensemble, créditeur environ cinq cents francs, autorsions, tirer seize mille, échéance à convenance. — J. V. Huth. | Ettlinger, 103, rue du temple, paris. Tous bonne santé, achète dix-huit douzaines éventails or et noir, assortiment louchet-bertrand. — Caroline. | Lévy, 4, boulevard du temple, paris. jeanne, pauline, andré, marthe, famille ettlinger, moys parfaite santé. — Jeanne. | Braun frères, 111, rue turenne, paris. je pars le 17 new york, remise et commissions chez marcus, achetez éventails, filets et autre solde. — Waterman. | Gaildreau, 43, rue du bac, paris. allons tous bien. — Esther. | Billiaut, 4, passage des beaux-arts, montmartre-paris tous bien, tout va bien, un mois, oui. — Shrives. | M. Munich, 11, écuries-d'artois, écrivez par ballon, paris libre j'enverrais argent. — Schoenau, necvdborn house, cannon place brighton. | E. Adan, 103, faubourg saint-denis, paris. santé parfaite, argent, lettres reçus. — Ludovici. | M. Legron, 45, rue des petites écuries, paris. envoyez-moi de vos nouvelles. — Gaury. |

Londres, 7 déc. — Lévy, directeur val-de-grâce, paris. sixième dépêche, allons tous bien, recevons lettres folkestone. — Léon. | Carpentier, 17, boulevard malesherbes. camuset aix-la-chapelle, voir de leur part général schmitz si besoin pour camille, caisse reçue. — Camille Carpentier. | Michel, 5, rue Turbigo, paris. famille entière, parfaite santé, recevons lettres, andré profite beaucoup, jersey, 7 déc. — Michel. |

Charpentier et Gautheron, 47, boulevard sébastopol, paris. obligeons-nous par le destination des hameçons junny. acceptons nos sympathies. — W. Bartleet et Sons Reddith. | Barre, monnaie, quai conti, paris. réunis tous quatre, bonne santé, lettres reçues. — Joséphine Dorival. | Ernest Raingo, 102, rue vieille-du-temple, paris. tous vont bien, baby superbe, courage. — Lucy Raingo. | Vautherin, hôtel bade, 6, rue helder. augustine envoya dépêche 20 nov.. soyez sans inquiétude, tous bien portants, bateaux journellement par granville, embrassez maman. — Lemmer. | madame Brébant, hôtel de rouen, 13, rue notre-dame-des-victoires, paris. famille brébant nous tous bien. marie kynaston a une fille 13 décembre, santé bonne, lettres reçues. — Louise. | Jeannie Fowler, 33, rue magnon, paris. quelles nouvelles tristes, recevez nos sympathies sincères, écrivez bientôt. — Edward Fowler. Gloucester. | Pitois, 92, maubeuge, paris. suis manchester, léon bruxelles, arrivera ici noël, reçois lettres père, santés bonnes, recevons lettres, donnez nouvelles joseph. — Juliette. | Delepoulle, 49, boulevard richard-lenoir, paris. bonne année fils chéris, tous bonne santé, demandez à votre propriétaire deux cents francs, recevez nos baisers. — Stéphanie. |

Whitehurst, 19, rue auber, paris. lettre du 9 reçue, irons vous voir jour de l'ouverture des portes. — Powell. | Castellina, 8, rue malesherbes, paris. sommes tous bien. | docteur Lyon, 4, impasse mazagran, paris. sommes à londres, coventry street, arundel street, 7, réponse. — Rosina Lyon. | Depoix, 19, rue Lisbonne, paris. écris douze fois, reçu seule lettre, enfants, grands parents, moi, bien portants, écrivez souvent poste restante. — Lecomte. | Edard, 26, rue dragon, paris. tout parfait, mères bien, banque trente mille, bateaux annoncés, reçu lettres. voyez palyart, écris poitiers, chassez inquiétudes. — Irlande. | Rouville, 120, avenue champs-élysées, paris. allons tous bien, enfants à genève. — Rouville. | Mayeda, 98, avenue des ternes, paris. lettre reçue, wooyeno est ici, votre lettre envoyée à jafran. — Kawagita. |

35. Pour copie conforme,

L'inspecteur,

Bordeaux. — 18 décembre 1870

Frontignan, 9 déc. — Monteil, 32, rue drouot. toutes lettres reçues. santés bonnes. retourne mardi même avec mme ferrier. bons courriers guayaquil. — Monteil. |

Florensac, 9 déc. — Sommesons, mercier, 19, rue bourgogne. donne 100 fr. gillan mobile, 45e marche, 2e bataillon, 2e compagnie. — Sommesons, père. | Gillan antoine, mobile, 45e marche, 2e bataillon, 2e compagnie. va retirer 100 fr. chez sommesons, 19, rue bourgogne. |

Limoges, 10 déc. — Ravan, 30, contrescarpe. portons bien, envoie argent, reçu 150.— Amélie. |

Lyon, 12 déc. — Coste, mobile du rhône, 2e batterie d'artillerie, armée de paris. nous portons bien, lyon tranquille. je t'envoie 100 fr.—Costes. |

Bordeaux, 21 déc. — Anesué, 88, varennes. sommes bordeaux, écrivez poste restante, préviens dupont rien reçu lui. — Eugénie. |

Gaultier, 8 déc. — Raynal, 67, abbatucci. paul prisonnier minden, excellentes nouvelles. nous parfaitement. — Pauline. |

Loudéac, 10 déc. — mme Lamoth, 5, rue médicis. Mûr. bien portante, mes maîtres aussi. reçu lettres. — Marianne. |

Pionsat, 10 déc. — Chanudet, ministère finances, paris. famille bien. — Giraud. | Boussange, 66, seine, paris. marie bien. — Giraud. |

Portrieux, 11 déc. — Garre, 7, beaumarchais. tous bien portants. — Abel. |

Lamballe, 10 déc. — Penguily, mobile, côtes-du-nord, mont-valérien. carte reçue. tous parents bien. — Depenguilly. |

Fontenay-le-Comte, 11 déc. — Ballereau, 44, rue clichy. portons bien. forest santé parfaite. — Ballereau. | St-Aubin, 46, rue Jacob. lettres de paris arrivent en province, écrivez. amitiées. — Brunetière. | Chabot, lieutenant, premier bataillon, mobile, vendée. portons bien. reçu lettres, écrire souvent, pas capitaine, reste lieutenant. — Chabot. |

Noyon, 7 déc. — Boulancy, 19, lascases. — edgard, léonce, bien. hambourg.schleswig. — Laure. | Berlencourt, 27, boulevard magenta. tous ici depuis un mois. excellentes santés. reçu lettres jusque 18. tranquilles. courage. — Berlencourt. |

Quimper, 9 déc. — M. Vautrain, quai bourbon, île st-louis, paris. sorques nous tous très-bien. claire-mamz. prévenir raymond, julien. — Marie. | Chamaillard, 4e compagnie, 5e bataillon, garde mobile, finistère. tous bien. recevons quelques lettres. pensons qu'à toi. — Chamaillard. |

Lorient, 9 déc. — Fraper, 75, miroménil. tous parfaitement. — Fraper. | Lebrun, sergent, mobile du morbihan, 7e compagnie, 31e de marche. tous bien. écris. — Lebrun. | Jaunez, 43, bourgogne. reçu tout. désire nouvelles jenny. mon frère mort. — Rouillard. | Guieysse, 6, rue jessaint. tous parfaitement, recevons surtout lettres. paul avons courage. — Guieysse. | Dupuy, mobile, lorient, ambulance pères vaugirard. donnez nouvelles dubouétiez, tillet pierre, jullien, quin chez carfort, boy, gersant, eon, lebris, souzy. — Duhouetiez. | David, 170, rue st-martin. bien portante. inquiète. écris souvent. parents épernay. rue maurice écrire, conserve notre bonne. — David. |

La Flèche, 9 déc. — Launoy, 6, boulevard magenta. santé bonne. nouvelles de pierre. | Poyet, 35, trévise. flèche pas ennemis. allons bien. | Leblanc, 84, faubourg st-denis. santé passable. vous édouard écrivez toujours. |

Plouay. — Pluvié, garde mobile, 65, boulevard picpus, paris. soigne blessure, donne détails souvent. tous bien. herdrel ici, pays calme. — Pluvié. |

Morlaix, 8 déc. — Steinheil, 85, cherche-midi, paris. allons toutes parfaitement. — Marie. | Piat, 1, turbigo, paris. écris-moi poste restante morlaix. — Bernier. |

La Rochegon, 9 déc. — Jacquesson, 49, hauteville. troisième dépêche, reçu lettres. ici deux mois. coulommiers rosoy, boitron bien, pris argent, personnat, félicitons maurice. — H. Jacquesson. |

Couëron, 9 déc. — Vergne, sergent-fourrier, 2e bataillon, 28e marche, mont-valérien. Reçu lettres. vergne parti conlie, rousseau, cavalin, nous bien. — Vergne. | Flavet, 1, rue fleurus. santé tous bonne, reçu dix lettres, dire à henriette. — veuve Flavet. |

Le Croisic, 9 déc. — Adam jacques, capitaine, 28e régiment, 3e bataillon, mont-valérien. famille adam, deslandes bien, villette félicite.— Adam. |

Lyon, 13 déc.— Paraf-Dreyfus, 90, sébastopol. papa, ai vingt dents. suis petite, bavarde, que chacun aime. bonjour, bomainau et tous.— Votre Memé. | Demas, 4 bis, rue astory. nouvelles reçues. toute famille bien. père, mère, admirables. luce bien. vingtième dépêche adressée toi, herpin.— Demas. | Cherblanc, 91, rue blanche. rouen, lyon, tous bien. | Henri Bernheim, sentier. enfin mes tendresses parvenues. embrasse pour mon henri enfants. adrien, albert, georges, au collége. confiante.— Polele, anna. | Mervans. camille Jordan, 64, rue Rennes. tous parfaite santé. recevons lettres. sécurité complète. tendresses.— Jordan.—

Marseille, 8 déc.— Selim, 92, amsterdam. merci, excellente amie. vendez un plat et casserolle pour impôt et alix qui consommera bois, confitures, tout.— Beauval. | Fluvy, 36, arcade. allons tous bien. albert bordes allait bien 16 novembre. reçu votre lettre 30.— Fluvy. | m. Llobet, 2, faubourg poissonnière. marseille tranquille. reçu lettres petit neveu. portons bien. ennuyé. embrassons cœur. accurse écrire. revoir.— Léonie. |

Aigrefeuille, 13 déc.— Schweitzer, bureau nicolaï, bercy. reçu quatre lettre, écrivez situation. — Pain. |

Bordeaux, 12 déc.— Santos, 21, rue bergère, paris. rio écrit pour vous. recevons tes lettres. sommes tous bien. inquiets pour vous, écrivez.— Yrigoyen. | Semichon, 28, faubourg montmartre. clotilde, moi, enfants, léognan, santé, caroline près félix. fay, aucun malheur. georges prisonnier. reçu mandats.— Marie. | Ivernois, 4, anjou-st-honoré. tous parfaitement au thil, mais désespérés. georges part pour camp cherbourg. prévenez familles rava et répou.— Raoul. | Autran, 15, champs-élysées, paris. reçu lettres. tous bien.— Elisabeth. | Lamy, 10, royale-st-honoré. écris par tous moyens. désespère réussir. grippée, pense à vous. courage, tendresses, baisers. bientôt victoire.— Victorine. | Morel, 185, rue bagnolet, paris. Anaïs désolée savoir ton ignorance. avons télégraphié sept fois. bonne santé générale. suis payeur. — Massoutier. | Barne, palais luxembourg, tous bonne santé. moi sans lettre, inquiète. lafayette, quatre.— Borne. | Savoy, 47, rue Miroménil, paris. santé excellente tous. fille pellyon morte, croup. achille, havane, passable, 6 novembre.— Eymard. | Salles, 39, aboukir. bébés charmants. bonnes nouvelles chevreuse, granville. eugénie mieux. embrassons.— Blanche. | Herbette, 48, st-georges. santés bonnes. habitons Dax. mille tendresses.— Mathilde. | Salles, 39, aboukir. reçu lettre 30. maman ici, santés parfaites. ta mère ferté. prussiens partis. aucun malheur ni Ernest.— Blanche. | Tixier-Faydit, 1er bataillon puy-dôme, 32e marche, paris. demandez deux cents francs, 14, rue gramont.— Devillers. | Lelogeais, 103, aboukir. nouvelles toi, femme. donne argent. paul vivre. bonjours Bertel.n. nous indisposés. 8, rue cours des aïles. |

Arras, 7 déc. — Pennequin, 48, laffite. denisart, pissotte, davaine, arras, bien. blangy-loucy marchent. | Bouilliette, 36, vivienne. bonne, femme, belgique. non médiocres. | Mme Peter, 196, belleville. évadé prusse. mari wesel bien portant. villessenave, 33e arras. |

Saint-Malo, 8 décembre.— M. Normand, 68, boulevard beaumarchais. troisième dépêche, allons bien, recevons lettres. restons st-malo. dire alexandre écrire maman. — Louise. | Letestu, 53, avenue wagram. tous bien. — Letestu. | Coffin, 8, capucines, paris. pas de lettre depuis cinq semaines, moi seul ici n'en reçoit pas. inquiet, mécontent. — Dubois. | Ramond, 15, bruxelles. avons reçu vôtres. olympe tours. allons bien. villeplaine.— Ramond. | Fernaud, 7, ferme-des-mathurins. pas et tourmenter, courage.— Thérésa. | m. Gentilhomme, 4, rue chappe. parti saint-brieuc. vérole bien. portalier. — Blanche. | Dambour, commandant génie, maucourant, nous allons tous bien, écrivez-lui Coblentz.— Hortense. | Tiviale, 2, rue tour-des-dames. troisième dépêche personnelle. allons tous bien, désirons retour, présence paternelle nécessaire. touchard, genève.— Pauline. | Maillefer, 10, rue hâvre. ta mère, moi, chaboche, allons bien. reçois tes lettres, écris hôtel france.— Maillefer. | Juillerat, 24, delambre. reçu lettre. bien portants, fort tristes. écris-nous souvent. — Cumming. | Bourgeoy, commandant, minimes. lettres reçues, santés bonnes. bar, maison in a ta. — Cécile. | Auber, 1, rue françois, 1er. troisième confirmation. santés excellentes. gilles à bagnols, voyage fructueux. gaensly deux cent-vingt mille déposés.— Lizé. | Philippe, 43, petit-carreau. parfaitement. prenez cave.— Hermand. | Henry, 72, feuillantines. henry, bar, bien.— Henry. | Bernard, 118, faubourg st-martin. voyez clarie, écrivez souvent.— Leloux. | Dewitte, 7, passage saulnier. tous bien, mais tourmentés, reçu lettres. louise, enfant, famille, bien. messagerie périgueux. amitiés toi, ernest.— Valérie. | Tiret, 3, vieille-estrapade. charles algérie, tous bien.— Tiret. | Peignat, 68, boulevard montrouge. tous bonne santés, cherbourg aussi. habitons st-malo, 6, ste-marguerite.— Routier. | Bachelard, 24, rue cherche-midi. reçu lettres. mille amitiés. santés bonnes.— Misel, Angélique. | Marienval, 354, rue st-denis. reçu lettres du 4. bien portantes. | Huard, 10, rue chauchat. tous parfaitement bien ici. st-servan, 10 décembre, à tréport, st-Lô, arcachon.— Adrienne, Gustave, Blanche. |

Vendôme, 9 déc.—Trémault, 36, notre-dame-de-lorette. tranquillité, bonnes, lettre paris reçue hier.— Trémault. |

Luc-sur-mer, 8 déc.— Touzan, 32, notre-dame-des-victoires. laurent bonne santé, argent pour un mois. | Lindet, 9, boulevard st-michel. neuvième dépêche. bien portants tous. garçons travaillent. langrune, professeur. tranquilles, recevons vos lettres.— Lindet. |

Troyes, 7 déc.— Guichardet, 17, passage saulnier, paris. récépissé bons lombards égaré chez rotschild. opposition au paiement.— Agence. | mme Sicardi, 155, rue st-denis. nouvelles toi, affaire césar, réponse ballon monté. st-julien, troyes.— Auguste Devertu. | Louis Petit, sous-lieutenant, 2e compagnie, 2e bataillon des mobiles de l'aube, paris, réponse lettre 19. oui, oui, oui, non. |

Saint-Brieuc, 8 déc.— Delavilléon, major, 5e bataillon mobile côtes-du-nord, 20e régiment marche, paris. tous bien, paul officier, joseph mobilisés vendôme rejoignant armée loire. | M. Bellon, 111, rue de rennes. paris. santé bonne, recevons lettres. maman inquiète, prie beaucoup. tante partie pour bordeaux.— Arthur. | M. Desmonts, 3, rue de tivoli, paris. tout le monde va bien. informez-vous de m. bellon, recevons lettres,— Arthur. | Tavernier, 14, rue cherche-midi. tous bien. courage. lettres reçues. si besoin argent, potier. beurre, rue choiseuil. soigne-toi. affections. — Jeanne. | Gaffez, 6, place bourse, paris. tous bien portants, avons argent, quitter appartement richelieu, prendre celui oncle luxembourg. joséphine hâvre,— Suzanne. | Sœur Vincent, fille charité, quai hôtel-de-ville, paris. sommes tous bien portants. louis à riom. aimé ici.— Lebigot. | Courzon, adjudant, fort d'ivry, paris. accouchée. mère, fille, bien. |

Couches-les-mines, 9 déc.— Léon Martin, élève hôtel-dieu. non envahis. allons tous bien. |

Matignon, 9 déc,— Dinard, 107, rue constantine, paris.guillaume matignon, étienne, st-brieuc, bien. |

Comines, 7 déc.— Pector, 5, place vintimille. lettres partout, souvent. sixième télégramme. tous bien portants. désiré, laure, travaillent. messange, cocheteux, tués. baisers.— Pector. |

Hirson, 8 déc.—Sivadon, 11, rue martel. pas envahis. santés bonnes,— Hillet. |

Mortiers-tarentais, 10 déc.— Desnoix, 45, jacob. toujours chez luppoz, sommes tous bien portants. — Augustine Desnoix. |

Tours, 30 nov. — Hiraux, monnaie, paris. reçu lettre, tous affligés, santé satisfaisante, impossibilité d'écrire, inquiets, donne très-souvent nouvelles des familles. — Hiraux. | Guérin, 43, rue trévise. bonnes santés. recevons lettres, embrassons. — Sublet. | Lorget, arcade, 61. christine très-bien portante. — Leray. | Claveau, 5, rue bonaparte. tous parfaitement, 27 septembre, rétablissement complet, pris nourrice, mère, avranches, georges sauf bochum intermittence. — Claveau. | Rey, 97, rue montmartre. payez sur votre loyer dû, solde impositions, maisons bonne nouvelle, montmartre, aboukir, argenteuil. — Delamarre. | Sabier, durantin, 7. écrivez-moi. — Vanel. | Creissels, neuve martyrs, 14. allons parfaitement. — Lydie. | Duplessis, 18, pépinière, paris. troisième dépêche. santés bonnes partout, adèle pot rentrés. st-maixent. — Eugénie. | Jannin, 49, provence, laroche, trouville, laval, lefebvre père, marie gustave bien. legendre morte. nouvelles adolphe. meynier recherché. — Thérèse. | Marthe, lieutenant, 37e mobile, asnières. allons tous bien, écris. — Marie. | Perdrigeon, 178, montmartre. femme et filles bien portantes, lettres reçues. — Delaville. | Duchâtel, 69, varenne, paris. toute famille vaufreland, très-bien.— Gaudriot. | m. Vidal, rue maubeuge, 14. bien portants. écrivez par ballon. rue préfecture, 24. tours, 30 novembre.— Durel. | Delavaulx, 62, rue rome. tous bien, père aussi, rosoy intacte. reçois lettres par ballon, photographies, tiroir, salon, jeanne bien. — Elisa. | Aignan, 74, boulevard malesherbe. charlotte, enfants très-bien, nièces aussi. fay cassel, marcel, berthe bien, stéttin, fanny bien, avromanches. — Jameron. | Ouwenhuysen, 11, joubert, paris. envoyé sept dépêches, mère bien. paquet reçu. cawston en règle. habitons bruxelles, 1, rue pépinière. — Maurice. | Rossigneux, quai d'anjou, 23. reçu toutes vos lettres, sécurité. écrivez. adresse: labernerie en retz, loire inférieure. — Fanny. | Charles nélaton, 1, avenue antin. parents, amis bonne santé. écrire. — Paul Charles. | Chardin, 26, sébastopol, 25 novembre. tous jodon bien. — Chardin. | me Gaudin, abbatucci, 50. allons bien, perdu me gaudin. trinité-sur-mer par auray, 28 novembre. — Delangle | Tripier astory, 25. tous très-bien. attends photographie.—Eugénie. | Moutard martin, rue échelle, 5. sixième granville, abbaye dinard, santés parfaites, pau ou jersey, lettres reçues. — Moutard martin. | Delisle, richelieu, 80. grandmengo, koller, suin, bejot, delisle. tous bien, londres.— Lhéritier. | Lefèbvre, faubourg poisonnière, 60. jersey, tous bien. — Lhéritier. | Barenton, 57, st-lazare. tous bien, recevons lettres, jacques deux dents.— Marie. | Delisle, richelieu, 80. barenton delisle, leperrier, sophie, bejot, tous bien, bruxelles. — Lhéritier. | Caby, lafitte, 9. tous trois, tours. bien lettre, quatorze reçue, pousser armoire pour tourner clé. — Dosne | Mignet, 14, d'aumale. votre famille, nous trois oncle, bien, comtesse roger, bien, offrir passy à son mari, pontois. — Dosne. | docteur lévy, val-de-grâce. bonne maman, parents de papa, et nous bien portants, recevons vos lettres, habitons folkestone. — Léon. | Lafons, 52, boulevard clichy. bonne santé, donnez nouvelles par ballon. — Edigoyen. | Lafon, 10, la paix. bordeaux. beaulieu, tours, bonne santé, écrivez-nous. — Edigoyen. | Mayniel, boulevard malesherbes, 37. reçu tes lettres, tiburce évadé. edma, mirande, léon, rouen, eux et nous bien portants. — Meyniel. | Aramon, 82, rue université, paris. mère, famille, amis, chaumont, très-bien. écrivez souvent, lettres font bonheur. vous embrassons tendrement. — Watsh. | Frèrejean, pré-aux-clercs. maman, marie, jenny, moi pau, famille frèrejean, bonnes santés, médecin darand, robert, lésigny, janchère et habitants saufs. — Gabrielle. | Parquet, douai, 50. bonnes nouvelles d'oncle, affaires satisfaisantes, lui écrire, bruxelles, rue prince royal, 12, amitiés. — Henriette. | Emile lehideux, banque, 16. hélène et famille, hoschedé, à boulogne, famille charlotte dusommerard, tous bonne santé, tristesse découragement — Blanchard. | Poulin, rue château-d'eau, 42, paris. reçu quatre lettres. besnard, aline nous bonne santé. maisonnier à toucy, holfeld, pau. — Poulin. | Isoard, bac, 93. première dépêche perdue, reçu tes lettres, habitons marseille, sœurs. emmanuel professeur maison, fermier pas payer, embrassements. — Clémentine | Meyer, 105, mouffetard. demander duchier, 13, vieux colombier, deux cents mahy, 85, vallée, pharmacien cent. — A Paulier. | Fourchy, 266, boulevard saint-germain, santé parfaite, concarneau boutheurard. — Maria. | Duc Castries, 23, place vendôme, paris. allons tous bien, maurice toujours pourru. reçois vos lettres, écris constamment, mille amitiés. — Iphigénie. | Guillemin, place vendôme, 21, partout bien tranquilles, toulon aussi, victor sevré quatre dents, petite deun. — Valentine. | Billing, affaires étrangères. installée bruxelles deux mois avec noël. tous bien, recevons lettres, nièces angleterre, chez noailles, léonce bien.— Billing. | Juncher, boulevard haussmann, 115, paris. tous toujours bien, recevons vos lettres, écrivons souvent par mille moyens. je t'aime. — Louise. | baron Gustave rotschild, baronne très-bien à bruxelles, nouvelles tous les jours arrivent par sa femme au courrier lipman.— Chaudordy. | vicomte Durfort, saint-dominique, 123. tous bien, eugénie et père à herdaniel, paul au mans. —Aymardine. | Moison, 42, luxembourg. allons bien, lettres reçues. substitut, amiens. — Georges. | Gomel, 12, moulins, vendez mes trois chevaux, vais parfaitement. — Lenoir. | Talbot, 15, fossés-st-victor. tous bien, écrivez par ballon. — Talbot. | Foy, miroménil, 31. tous bien chenigny, fernand, jeanne bien. savons mort mon père. — Frubert. | Charles walewski, avenue dantin, 9. mère et sœurs bien, à bruxelles. écrivez souvent, bonjour. — Geofroy. | Roger, 30, cours la reine. tous bien, georges prisonnier bonn, excellente santé. — Roger. | Falleret, bac, 114. argent à mère, missions, 31. — Billod. | Carvalho, 54, taitbout, paris. allons toujours bien, représentations commencées, grand succès, ai reçu lettres famille strauss bien, bon courage. — Carvalho. | Cohen, 9, place bourse, paris. existence automatique, papa librairaille, cours robert, maman, céline, jamais souffert côté, gosier. henri travaille. — Amélie. | Levi, 10 victoire, paris. flore strasbourg, palmyre, toui écrivent souvent, andré, hélène grandis, fortifiés engraisse famille, aline, carvalho parfaitement. — Léa. | Allard changeur, 21 novembre. lohse, bertelin, vanderelst, familles strauss parfaite santé, lettres quinze, dix-neuf. pas lettres, édouard. — Bertelin. | Cahen, 9, place bourse, paris. tantes, hachenburget, carvalho, hirsh, aline, rosine, mère alphonse, bonne santé, jérames, magdelang, procès gagné. — Amélie. | Milliet, 130, rue lafayette. raoul bien portant, 75, rue

Bordeaux. — 18 décembre 1870.

scellerie à tours, capitaine major. — Bouhardet. | m. laporte, 30, rue st-paul. bonne santé, réponse, rue de la scellerie, bouhardet capitaine. — Labadie. | me Cardon, chez rois, rue charles 5, 23. père et moi bonne santé, lieutenant, écrivez-nous. nous embrassons toutes. — Cardon. | Martin, 34, boulevard clichy écris-moi par ballon à patay, bien portant, capitaine aux francs tireurs de paris. — Martin. | Chevrillon, 372, rue st-honoré. familles paul flury, galland et claude se portent à merveille. — Achille. | m. schlosser, 79, ménilmontant. bien répétitions, mère souffre, faible vos lettres soutiennent. — Paulo. | m. Reynart, écuries artois, 38. heureuses vos lettres, rue royale, 10, tours, santés bonnes, louise même état, absolument. — Reynart. | Gallay, 19, pépinière. marcel resté brézenaud, trois fois par semaine, leçons. reçu à lyon. maman ici. cécile sans danger. — Amélie | Bertheville, 8, solférino père, delahaye, devignerie. bonne santé arcachon. letourneur blessé prisonnier, mayence. — Renou. | Rousselet, rivoli, 142. bien, médecin major ambulances, colonne mobile. — Papillon. | Portalis, 16, miroménil. tous bien reçu lettres, écrivez. — Portalis tréport. | Collas, propriétaire, 3, rue l'université, paris. seul souffre, envoyez-moi nouvelle par ballon. rue poissonnière, 32, tours. — Voiseux. | docteur Panas. malesherbes, 17. me porte bien. reçu lettres ballon. — Mary panas. | Hennequin, ministère marine. dames hennequin vont bien, ont reçu vos lettres, habitent 7, st-marh's road, st-hélier, jersey. — Faure. | Tripier, 25, astory, blanche, moi, tours, eugénie trouville. tous bien, nièvre aussi, vos lettres reçues. — Tripier. | comtesse Byron, 2, avenue latour-maubourg. votre sœur, bien portante, migliarmo ainsi maman beau-frère, marguerite et enfants. sœur copie. — Metternich. | Edouard fould, 24, place vendôme. votre sœur va bien est à lévy. — Metternich. | Salvandy, 30, rue cassette. lettre reçue, tous bien portants ici, essonnes, sédan, arcachon, cognac, aux. écrivez ballon, écrirons labarrague. — Frat. | Lestrohan au louvre, paris. famille toujours à belle-île. bien portants. — Schillemans. | Tucker, 3, scribe. demandez gelliveger combien ont accepté pour belle, compte rusch. répondez. lettres reçues. — Jaelly. | Fournier, avenue empereur, 178. allons tous bien, villerville, arcahon, stochholm, lully, prévienz fernand, edmond, gosselin. écris souvent, lettres arrivent. — Clotilde. | H. Cuvillier, 16, rue paix. me écrit de grâce : mes enfants, mes amis et moi sommes en parfaite santé. — Greffros. | Ch. Cuvillier, 16, rue paix. allons très-bien, habitués, brouillard, watkins aimable, louise paul pension, pauline amitiés parents, embrassons. — Cuviller. | Fortin, rue neuve-petits-champs, 59, paris. — Sage. | Gréban, 33, billault, arthur bien portant, décoré ems, amélie pas accouchée, va bien. — Céline. | me Chabaud, 29, boulevard malesherbes, 7, allons bien, grenoble aussi, recevons presque toutes lettres. — Arthur. | Cahen, 17, oberkampf. santé parfaite, donnez nouvelles, prenez mes vivres. — Casel. | Muraton, rue duperré, 17. femilouis, travaille guëll, bayonne, oui. — Duhanot. | Havas, paris. envoyez par ballon éléments pour établissement, comptes conditions, abonnements. répétez mêmes nouvelles plusieurs ballons. envoyez coupures journaux. — Emard. — Havas, paris. vaillant donne mère argent nécessaire. envoyez nouvelles familles chaque ballon. laffite martin, mazon nous tous, bonne santé. — Emard. | Me Gossein, boulevard haussman, 37, paris. bonnes nouvelles, marguerite famille louis thérèse, nourrit robert, charles serans ferme intacte ensemencée. — Savoy. | Mlle Fortier, 37, boulevard haussman, paris. oncle, tantes, bonne santé, léontine, famille bien, reçoivent lettres. — Savoy. | Lalouette, rue roule, 13. écris basson, nouvelles schille, paul. ferdinand leroux. bruxelles, poste restante. | Feuilherade, 24, rue st-roch. paris. chez adrien parfaitement, victor, lyon, aucun danger, avons argent. emmanuel, prisonnier, bien. — Feuilherade. | Gamard, rue choiseul, 16. payar, maison lauménie, avancer dix-huit mille francs. réponse tours, affaires étrangères. — de Saintclair. | me Lehon, boulevard des invalides, 33. santés bonnes, laval, onésime, agnès, césarie, tranquilles, quelques lettres reçues. — Goetz. | Lasablière, 29, rue monceaux, paris. tout le monde bien portant à laniron. — Kerret. | Dulong, faubourg st-honoré, 43. eugène prisonnier sédan, mort stettin, 14 octobre hermand tireur, santés bonnes, ormes intact, lettres reçues. — Marie. | me Bailly, 7, rond-point champs-élysées. depuis deux mois gand, belgique. bonne santé tous, reçu lettres. écrivez souvent. — Dubertret. | Pradou, 45, rue victoire tous bien portants à cannes. — Pradou. | Seitz, rue boucry, 31. la chapelle, victor, lury, cher demande nouvelles. paul bien portant. — Lefèvre. | Brimont, ministère guerre. antoine et famille parfaite santé. sommes à ostende, charles à wiesbaden. — Thérèse. | Parseval, 119e ligne. tous bonne santé, tranquilles. recevons lettres. écrivons. — Mère. | Lansel, quai mégisserie, 20, paris. merci lettres et efforts continuez, donnez-moi nouvelles amy et jordan. toujours à dampierre. — Paultre. | Christophe, 21, boulevard batignolles, paris. nous allons tous bien. — Papillault. | Darblay, 156, rue rivoli, paris. reçu lettre de paul du 24, il va bien, rien abîmé. — Treuille. | Caillot, faubourg st-martin, 167, paris. toute famille bruxelles bien. marquise marche, garçon collége externes. unaïs bien. — Perot. | Béranger, 156, rue rivoli, paris. ai vu charles le 20 à st-lyé, il va on ne peut mieux. — Treuille. | Sieber, paradis poissonnière, 23. angélique, londres, henri frédéric, quesnoy. tous bien, 9 novembre. — Seydous. | Bodier, place magdeleine, 17, paris. tous bien avec charles, lourde tâche réussirons, voyez milan, protéger hôtel, absence justifiée, amitiés. — Jules. | me Lebatard-albouy, 28, paris. arthur et nous bien. reçoit argent, fernand nous inquiète. donnez-lui argent, réponse. — Chauver. | Levot, 36, st-marc, paris. reçois lettres, enfants bien, désolée, télégrammes manquent schloss, enfants bien, athénaïs, marie, enfants bien. — Schaye. |

Bordeaux, 10 déc. — Mme Tissandier, abattucci, 13, paris. merci, lettres reçues toujours répondu, réunis bordeaux, commande division. — Foetz. | Davdou, 38, rue notre-dame-des victoires. madame daydon, charles, pierre bien portants. charles restera à toulouse. — Picquenot. |

St-Etienne. 8 déc. — Journoud, rue quatre-septembre, 19, paris. lizzie à londres. eulalie accouchée un garçon. tous ici et londres parfaite santé. — Castel. | Doré, bouloi, 17. tous chez laurens, 5, chailloux saumur. tous bien portants. — Provoté. Binet, 5, garancière. pas reçu lettre précédente. renvoyé carte bockairy, villebieuf paiera après guerre, payons tout excepté traite paris. — Evrard. | Mme Solacroup, 8, londres, (dagoty). tous bien, lamothe. parfaitement embrasse. |

Niort, 9 déc. — Benoit, radziwill, 37. tous bonne santé. — Junin. | Millot, bertin-poiré, 19. reçu journal, embrasse madame, dire frère, marie, moi portons bien. — Kirkner. —

Lannion, 8 déc. — Ducleuziou, lieutenant 3e bataillon, 1re compagnie côtes-du-nord, 20e régiment marche. tous bien, reçu nouvelles du 2 décembre. — Ducleuziou. | Pétiton, 18, notre-dame-de-lorette. mère au ciel 19 octobre, montpellier ici bonne santé. — Marie. | Dubreuil, 109, boulevard sébastopol. Auray, lannion bien. fumer peu. — Claire. |

Villers-sur-mer, 7 déc. — Leroy, boulevard st-michel, 35. lucie accouchée 3 décembre. magnifique garçon va très-bien. famille va toujours très-bien. — Louise Leroy. | Ballu et Jarry, 80, rue blanche. Paul neuss prusse. françois bralve demande nouvelles. réponse. — Tillot. |

Beaune, 12 déc. — Ferrand, place roubaix, 23. bien portants, pas ennemis. reçu lettres, envoyé carte 27 nov. enfants collége. — Alice. |

Rochefort-sur-mer, 13 déc. — commandant fort nogent. bien tous. — Lefort. | Hamon, avenue wagram. paris. famille bien, écrivez brest. — Despécher. |

Guitres, 14 déc. — Croché, 14, marche passy. Marie grande, grosse, gaie, évariste chef napoléonville. tous parfaitement guitres, massé écrire. — Elmire. |

Duras, 14 déc. — Nidard, 15, rue strasbourg. Mathilde bien hôtel suisse, genève. embrassez les miens. baisers. — Pauline. |

Mont-de-Marsan, 13 déc. — Chivot, brochan, 29, batignolles. portons bien, pas d'argent, on ne touche pas, ne vend pas, envoie argent. — Chivot, |

Riom. 12 déc. — Lebailly, rue cardinale, 6. santé d'augustine parfaite. rien manque. — Massis. | Carnier, boulevard magenta, 64. Philibert prisonnier, bien portant. — Mathilde. | Colombel, capitaine artillerie mobile, mont-valérien. sommes auvergne, allons bien. — Marie. |

Gannat, 12 déc. — Firaudet, rue bonaparte, 8, paris. tous bonne santé. — Tropenard. |

St-Omer, 9 déc. — Mlle Billecoq, rue rennes 115, paris. clef chez m. beaulieu, prendre provisions restant. venns tilques avec mathilde respects à lamazon. | M. Devorges, boulevard haussmann, 148, paris. suis inquiète pour henry, écris-moi à tilques, santé excellente. — Mathilde. |

Morlaix, 11 déc. — général Leffo, paris. sans nouvelles louis joncour, 70e ligne, sixième, quatrièmy, sous vinoy. louis eroy mobile morlaix. compagnie dulong, — Joncour. |

Le Hâvre, 7 déc. — Cléry, 19, neuve-coquenard. parfaite santé. — Cléry. | Collard, sous-lieutenant 138e ligne. la boissière, 7 décembre, 4e dépêche. sans lettre depuis 19. santés toujours bonnes. mets vêtements fourrés. — Collard. |

Beauville, 7 déc. — Arthus, 23, richer, paris. nous allons tous bien. maisons en bon état. vendu baie et nigra onze cents ensemble. envoie à dinan les autres et zandeaux. je crains les prussiens. dernières nouvelles de dinan très-bonnes, 7 déc. — Belloy. |

Argentan, 8 déc. — Nachet, st-séverin, 17. argentan bien portants. reçu tout. — Seguin, à argentan, hôtel du donjon. | Sassier, d'allemagne, 202. argentan falaise allons bien, recevons lettres. lamet à jallaucourt. — Sassier. |

Pamiers, 9 déc. — Campagne, meslay, 10. reçu lettre du 2 décembre, mais non renseignements demandés. — Campagne. |

Argennes, 8 déc. — Gateau, 58, rue enfer. bonne santé, manquons rien. |

Bellac, 9 déc. — M. Terneau, rue d'isly, 3. allons bien, reçois tes lettres. — Terneau. |

Maillezais, 8 déc. — M. Lambert de Moul, varennes, 73. Thérèse accouchée belle fille, vont bien. — Léopoldine. |

St-Benoit-du-Sault, 8 déc. — Renaud, boulevard mazas, 84. troisième dépêche. allons bien tous, ménétré aussi. — Julia. | Vollant, médecin, avenue italie, 74. bien portants. écris nouvelles ferdinand. — Cécile, |

Cabourg, 8 déc. — Delettrez, rue enghien, 11. cabourg bonne santé, brigthon aussi. — Marel. | Salmon, 96, rue amelot. cabourg bonne santé. |

Givors, 7 déc. — Jean Pernaut, 1er pontonniers rhône. santé bonne, réponds. — Pernaut. |

Belley, 6 déc. — Berlié, rue cardinal-fesch, 57. famille bien portante, michel réquisitionné, mais bien portant. — Herminie. |

Lyon-Terreaux, 8 déc. — Salis, berger, paris. ayez espoir, donnez quantité et espèces marchandises, tiendrai prêt. amitié couteau giraud. — Simonnet. | Boyriven, 37, lepelletier. troisième dépêche, allons tous bien, étranger commande. envoie note reps chez lamement pour trouver pièces. — Boyriven. |

Draguignan. — Binet, 5, garancière, décembre. reçu lettres argent, tranquilles, santés bonnes vire, bruxelles, bourges, bordeaux, trouville, tournaire, tante philippe, athanase. — Bourdanchon. |

Les Sables-d'Olonne. — Bochet, 19, flandre, la villette. maman aux sables. tous bien. — Severine. |

Châteauneuf-sur-Charente, 10 déc — Perreau, banque de france, paris. tous bien portants, recevons tes lettres. accoucherai vers 20 janvier. — Marie. | Lemoine, 9, rue duphot, paris. portons tous bien. reçu quelques lettres. — Bruneau. |

La Roche-sur-Yon, 10 déc. — M. Piater 210, rue vaugirard, paris. bonnes santés, mandat reçu. vu rigault, napoléon-vendée. — Piatier. | Simonot, cherche-midi, 37, paris. santé bonne tous, amitiés espoir. prévenir buet, frère prisonnier erfurt. reçu caisse, lettres, recherchons séjour. — Emile. |

Bayeux, 8 déc. — Navarre, 61, condorcet. portons bien, recevons lettres, prussiens venant bayeux, partirons bretagne. | Henneguy, st-marc, 28. allons bien. recevons lettres. — Joséphine. | Bouterie. archives nationales, paris. arromanches eudoxie, pauline bonne santé. thiellemont, viault, sédillon, bonne santé. | Rousseau, montmartre, rue acacias, 64. demandez argent à notaire pour marie et vous. écrivez arromanches par ballon, continuellement. — Choler. | Bodet, 200, lafayette. portez quarante francs foulon, 75e ligne, fort st-denis, bonne santé. — Bodet, |

Marseille, 9 déc. — Lasseux, 51, rue rome. allons bien, merci lettres, touchée sollicitude lucien. communique dépêche que deviennent fervel, wolf, embrassons tendrement. — Elisa. | Thirouin chez Piot, boulevard prince eugène, 68, paris. famille marseille, allons bien. écrivez plus souvent, province organisée ira. — Frédéric. | M. Edouard Copin, rue chaligny, 4, paris. oncle, tante victor bonne santé, domicile gare marseille. donnez nouvelles par ballon. — Peret. |

Cercy-la-Tour, 12 déc. — Pauline Kochu. 96, rue d'allemagne. Mathilde sevrée, tous savigny, santé. — Adèle Delestang. | Ladrey, photographe, passage des princes. tous santé excellente. savigny, deuxième dépêche. — Blanche Ladrey. |

Bourges, 27 déc. — mme Darmaing, 21, marché st-honoré. envoie nouvelles à cette adresse, capitaine ariége, 5, place bourbon, chez delafosse. — Jules. |

Pornic, 26 déc. — Lequeux, 16, odéon. santés excellentes. touché argent poste. révault pas reçu lettre mellerio. leroy enverra tant que demanderai. — Isabelle. | Mellerio, 25, quai voltaire. Craveggia, tous bien. étienne souffrant, guéri. plusieurs jours neige, maintenant soleil superbe. legendre bien aussi. — Isabelle. |

Nantes, 27 déc. — Pignel, 56, université. avons envoyé plusieurs fois lettres, argent. écrivez. — Herpin. | Duboisguéhenneuc, brigadier artillerie nantaise, fort aubervilliers. bien portantes. — Duboisguéhenneuc. | Rousseau, 69, chabrol. vœux affectueux pour 1871. allons bien. — Hocart. | mme Millon, 72, enfer. allons toutes bien, restées à chartres. sans nouvelles frère, 22, Clignancourt, et 12, st-priest, barouillère. — Demouncie. | Chérier, 11, cherche-midi. delamonnoye, villers, bien. léon bien. pau cassation. nous tous bien, enfants, marguerite, florissants. — Dupont. | Dolmetsch, conservatoire arts-métiers. bonne année. cécile revenue. reçu lettres, ron offre remerciments. allons bien, attendons nouvelles, amitiés. — Dolmetsch. |

Villers-Bocage, 26 déc. — vicomte Dulong, 43, faubourg st-honoré. geneviève, aymar, henry, bien. souhaite bonne année. — Villy. |

Mentenou-salon, 27 déc. — comte greffulhe. 10, astory. santés bonnes à menetou. — Félicie. |

Melun, 13 déc. — Yvernel, 1. caplat. patience, écrivez. — Got. | Mme Coffinet, 7, solférino. je vais bien, — Auguste. —

Loudun, 27 déc. — Mayeur, 20, dragon. 19 reçue. vous embrassons et gabrielle. |

Parthenay, 28 déc. — Leduc, 28, larochefoucault. suisse, pas froid. berthe, garçon, nouvelles bonnes. — Laporte |

Quimper, 26 déc. — m. Vincent, 18, rue st-gilles-marais, paris. donner nouvelles par ballon de gregory, georges, hôtel l'épée, quimper, robillard, finistère. |

Bordeaux, 28 déc. — Halabarde, 129, rue rome. santés bonnes, reçu les lettres ernest chez darène. — Blanche. |

La Barthe-du-Neste, 28 déc. — Joveneau, 77, boulevard richard-le-noir, paris. tousbien. — Thérèse. |

Rabastens-sur-Tarn, 29 déc. — Heu, 15. richelieu. écris-moi, parents tous bien. — Léopoldine. |

Nice, 28 déc. — Fautsch, concierge, 1, rue erlanger, auteuil. confirme mes nombreuses lettres, écrivez-moi nice poste restante. salut cordial tous amis. — Bardac. | Salet, 9, rue thénard. alphonsine garçon, santé partout. | Alexandrine. |

Terreaux, 27 déc. — Gillet, 7, fenélon, reçu 24 lettres. parti de jersey voir parents. — Robert. | Hemery, 10, grand-chantier. tous santé parfaite, envoyé dépêche en novembre. écrivez souvent. — Gallice. | Grandmange, 15, chaussée-d'antin. bonnes santés, lettres reçues, restées montreux. |

Pau, 28 déc. — Mitjans, 12, rue l'élysée, paris. bonnes nouvelles des enfants, possède correspondance adressée maison. écris-nous souvent. — Riéra. |

Marseille, 27 déc. — Dussaud, 11, rue de prony. paris. envoyons trois cents francs, enverrons encore si tu les reçois. écris par ballon. — Alciator. |

Tarbes, 29 déc. — m. Trotrot, 45, rue labruyère, paris. sombrun, langres, genève, parfaitement. lucien leçons travaille. — Lasserre. |

Valence, 27 déc. — Aufroy, directeur nationale, grammont. rentrées satisfaisantes, deux décès. total trente mille. espèce lettre. — Arnaud. |

Saint-Servan, 25 déc. — Mattey, 325. rue saint-martin. demandons vos nouvelles, aussi wauthier par lépinard. — Gaudry. | Vanier, 65. neuve-des-petits-champs. vanier toujours saint-jouan, moucet, porcaro bien. — Vanier. | Surivet, 3, rue lille. reçu mandats, écrire souvent, accouchée garçon, santé bonne tous, anna retournée, viens chercher saint-servan, resterons versailles. |

Dives, 25 déc. — Droz, 13, martyrs. portons bien cabourg, albert montélimar noel. | Davillier, 14, roquépine. seule houlgate, adèle barante, louise arcachon, bazoches bien, maurice mobilisé, santés parfaites. — Léonie. |

Toulouse, 28 déc. — Pélissié, Beau Comp., rue saint-martin. je cesserai bail 1er juillet prochain. — Paul Corneau. |

Auray, 27 déc. — Commandant de Kerret, avenue mac-mahon, 74. Isabelle hennebont très bien, enfants thévenard santé parfaite. — Félix. |

Revel, 27 déc. — Saint-Alary, capitaine d'habillement 59e ligne, caserne de la nouvelle france, paris. santés parfaites, pays tranquille. |

Etretat, 21 déc. — Hermandez, 165, boulevard haussmann. reçu lettre, tous bien portant, regret d'Angel, marguerite affligés de leurs filles, écrivez. — Diaz. | Monge, 41, des martyrs, paris. lettres reçues, bonne santé. — Monge. |

Rochefort-sur-mer, 27 déc. — Aube, médecin, division pothuau. tous bien, hyacinthe grièvement blessé, grandfaugustin 16. — Aube. |

36 Pour copie conforme :

L'inspecteur,

Bordeaux, 19 décembre 1870.

Pacy-sur-Eure, 18 déc — Piot, 15, rue bleue, paris. allons tous bien, pas de dégâts, reçu lettres, dernière 22 novembre, désiré petite vérole guéri. — Izart. |

Domfront, 3 déc. — Bigot, 41, rue bourgogne, paris. allons bien. — Bigot. | Signeux, rue cuvier, 16. bonne santé, envoie cartes-postes. — Clarisse, Louise. |

Méru, 18 nov. — M. Delacour, alexandre, sous-lieutenant, 8e compagnie, 2e bataillon garde mobile seine-et-oise. toute famille porte bien, habite épiais, reçois lettres non-interceptées par prussiens, continueécrire à épiais et doudeauville. — Prud'homme. |

Mézières, 17 déc. — Nizet, 10, petit-thouars. bonne santé, reçois des nouvelles belgique. — Nizet-aubigny.—

Chalon-sur-Saône, 23 déc. — Lacroze, rue picpus. femme, enfants à aix bien portants. — Berthod. |

Saint-Jean-de-Luz, 28 déc. — Gentien, 42, rue blanche. allons bien, bédinière fortement occupée, cheval léonce vendu novembre remonte aurillac, sans nouvelles cyr. — Gentien. | Lieutenant-colonel vautré, 50, bourgogne. avons recu quatre lettres, t'embrassons et prions pour toi, ta mère. |

La Rochelle, 28 déc. — Ferry, ville. nous trois, père, sœurs, parents laguerre, hélène, louis, ruchet, hortense, laguerre, fillette. fournier siens parfaitement. — Dumesnil. |

Verneuil-sur-Avre, 24 déc. — Spire, 6, chauveau-la-garde. santés bonnes. — Mortagne. |

Loudéac, 26 déc. — Le Mercier, mathurin, mobile, 4e bataillon côtes-du-nord, neuilly-sur-Seine. reçu trois lettres, tous bien, pas partis. — Le Mercier. |

Bordeaux, 28 déc. — Général Liniers, paris. tous ensemble, très-bien rennes, prévenir henri pas envoyer argent. — Morlaincourt. | Galloy, 19, pépinière. réunis à brezenaud parfaitement, alfred altona, reçu lettres argent, avec vous prières et pensées. — Gouin. | Peullier, négociant, paradis poissonnière. cécile décédée fin septembre, lettres nombreuses, surveille maison, réponds. — Castelnau, Duprat-Levaux. | Massenet, 55, lyon. bien portante, penser aux bébés, à leur mère, père de famille avant tout, bientôt. — Adèle. | Laurent, 12, aboukir. ta famille bien. | Bailleul, 8, place clichy, batignolles. lettres reçues, santés bonnes, prends six bouteilles de vin chez raynaud. armée loire bien. — Bailleul. | Simon, 12, rue pernelle. désireux de vos nouvelles, écrivez-moi, 9, carlton road maida vale, londres. — Cohen. | Fournier, 14, rue berlin, paris. tous bien portants, nouvelles max, enfants travaillent, tendres baisers. — Casis. | Lavaurs, 16, place delaborde. recevons tes lettres, mère eugénie, moi sorgues, marie quimper, claire mayence, santés bonnes, communique blondel. — Lavaurs. | Faydit, 72, rue rébeval, paris. donnez nouvelles léon. — Louis. | Meynier, ministère justice. portons bien, goussard aussi, pas nouvelles léon, bauquin depuis 20 novembre. recevons lettres. — Gaudron. |

Dinard, 26 déc. — Legrand, 49, châteaudun. tous bonne santé dinard, fournies, reims. — Legrand. |

Tarbes, 28 déc. — Elisabeth Daguesseau, 154, rue rennes, paris. tous bien portants, tranquilles, écrit souvent, reçu lettres, désolés séparation souffrances, prends argent. — Daguesseau. | M. Vanderborght, 14, rue de l'arcade. reçois lettres, écrivez. — Elise. | Madame Jaillon, 58, château-d'eau, paris. santés bonnes, tranquilles, reçu lettres, tendresses. — Zélia. |

Carcassonne, 28 déc. — Thirouin, chez Piot, boulevard prince-eugène, 68. prends chez alcide mille francs pour conte franc-tireur, présentera dépêche jeanne. — Thirouin. | Conte, franc-tireur, 3, place école. présente dépêche chez piot, à thirouin, boulevard prince-eugène, 68. cousin émilie prévenu. — Jeanne. |

Châtellerault, 26 déc. — Billet, 13, germain-pilon. reçu neuf lettres, portons bien, prussiens venus tours, repartis, attendons impatience délivrance paris, écrit clermont, espérance. — Drouet. |

Tours, 27 déc. — Comtesse Duchâtel, 69, rue varennes. enfants marthe à reverseaux bien, parents nice bien, faire part. — Gaudriot. | Copin, 64 bis, rue dulong, batignoles, paris. parents anatole bien portants, tranquilles givet, reçu diverses lettres, dernière 16 novembre. — Verbeeck. | Orsel, 27, rue boulogne, paris. mère, femme, enfants, bien portants tours, 5, archevêché. victor, fidières, châtellerault. — Orsel. |

Prez-en-Pail, 26 déc. — Mahot, rue lafayette, 1. dubourg, menager vont bien. |

Beumont-sur-Sarthe. — M. Lefaux, rue moscou, 4, paris. reçu cinq lettres, nous portons bien. famille briolay bien. — Lefaux. |

Amboise, 27 déc. — MM. Jarry Guilliermin, rue hérold, 8, auteuil, paris. 5e dépêche, tous bonne santé, lettres reçues. isabelle gentille, mille baisers. — Jarry. |

Bordeaux, 30 déc. — Moulia, 13, rue des cordelières. non pour ta question du 10, allons bien. — Moulia. |

Montigny-sur-Aube, 16 déc. — M. Bordet, 71, rue monceau, paris. veuxchaulles allons bien, demandons nouvelles alfred 15 décembre. — Félix Bordet. |

Courseulles-sur-Mer, 26 déc. — Vautier, 120, rue rivoli. familles moutier, piel, vautier bonnes santés. alfred à pont-audemer. — Julia. | madame Petit, st-françois-xavier, 6. bonne année, donnez-moi nouvelles de tous, jamais reçu, inquiète, nous bien. — Petit, 25 déc. | Dard, rue dragon, 26. irlande satisfait, banquier 25.000 fr. caisse douze, marchandise suffisante. reçu lettres, bateau. — Petit, 25 déc. | Deschamps, st-honoré, 271. thouroude, édard, léon, petit, pierre, speneux, aurelly, grignan, vauthier vont bien, tranquilles ici, restons. — Petit, 25 déc. |

Valognes, 26 déc. — Hubert-Valleroux, rue madame. familles, hubert, poncet, jay, fuster, brethé parfaitement. | Durand, scipion, 18, paris. portons tous bien, reçu édouard. |

Collonges, 21 déc. — Beau, lieutenant, état-major général génie, 2e armée. tous bien, reçu vos lettres, inquiets, attendons nouvelles. — Joseph Beau. |

Langeais, 27 déc. — Lejouteux, université, 3, paris. charles bien portant, arras raoul mort. — Favée Arthur. |

Alençon, 26 déc. — Barberey, jean-goujon, 17. santé, tranquillité. — Matignon. |

Broglie, 26 déc. — Dhaussonville, 93, rue reuilly. reçu lettre du 9 décembre, tout monde bien, pas prussien jusqu'à présent. — Dhaussonville. |

La Haye-Descartes, 27 déc. — Roquet, faubourg poissonnière, 189. famille riche, cartier portent bien, réponse. leugny vienne. — Riche. |

Ligueil, 27 déc. — Guadet, 56, boulevard invalides. portons bien tous partout, pas inquiétés, paul ici. — Guadet. |

Rochefort-sur-Mer, 28 déc. — Javary, rue jules favre, 10. votre famille bonne santé à bayonne, lui écrire poste restante. — Tresse. |

Agen, 28 déc. — Cardeur, faubourg st-martin, 11. souhaite meilleure année. écris, place lafayette agen, santé bonne. embrasse tous. — Cardeur. |

Villers-sur-Mer, 26 déc. — Francilion, 7, enghien. tous bien portants villers. — Anna. | Salle, 39, boulevard haussmann. resterons villers, sommes très-tranquilles, pas te tourmenter, santés excellentes, enfants bien heureux malgré froid. — Mathilde. | Danet, ambulance sénat. privée de tes nouvelles depuis novembre, suis inquiet. tous très-bien, mille souhaits. — Fanny, villers. 26 décembre. | Courtin, 104, bac. santés bonnes, demeurons welbeck-house-sydenham. jules collége croydon. recevons lettres, oncle ici. enfants travaillent maison. — Courtin. | Léveillé, 37, caumartin. leguay, petite decam bien portants, houdam nous sacré Cœur quimper, finistère. — Aglaé. |

Seurré, 21 déc. — Moron, rue jacob, 20, paris. nous nous portons tous bien. — Moron. |

Selongey, 18 déc. — Blondeau, pharmacien, rue tournon, 17. lettre reçue, allons bien, prussiens ici. vin, rainard si besoin. — Michaud. |

La Châtre, 28 déc. — de beaufort, colonel, 118e marche. portons tous bien, st-benoist aussi. courage, armées françaises bien partout, confiance grande dans succès. — Debeaufort. | Bonfils, boulevard st-germain, 80. montgeron, marolles bien portants, sans aucunes nouvelles. — Bonfils, répondre à marottes lachâtre, 28 déc. |

Objat, 26 déc. — Cosse, humboldt, 27. deuxième, famille bonne santé. — Boucault. |

Gisors, 22 déc. — Tarlé, 69, pigalle. moi à cantiers, marguerite ici. yvetot, passy, charles bien, recevons lettres. — Marie, 22 décembre. |

Carlepont, 18 déc. — Guesnet, furstemberg, 6. nos santés bonnes, donne détails sur toi. — Guesnet. |

Poitiers, 28 déc. — Chantelat, officier ordonnance général mattat, 3e corps, 2e armée paris. votre mère, séparation. demeure avec nous. écrivez-lui, affection. — Chaulvin. | Jules Labarte, 2, drouot. bruges, misery, moi bonne année. reçu deux mille, j'attends autres, laumonier rien, santé passable. — Sophie, poitiers. | madame Dollendon, 24, bons-enfants. guillaume collége. moulins, bouresse, chambellan vont bien. — Delaville. | Martin, 18, ste-anne. reçu bonnes lettres boulogne, y restera soyez tranquille, enfants santé florissante. souhaits vous et tous. — Louveau. | Henri Labarte, 2, drouot. tous bonne année, reçois vos lettres. panique tours, poitiers, manqué quitter, prussions partis restée. — Sophie, poitiers. |

Trouville, 7 déc. — Legavre, 60, boulevard sébastopol. reçu vos lettres, legavre, leroux, desvergers vont bien. | Escudier, 7, rue d'enghien. santés bonnes, embrassons bien. — Caroline-Marie, 7 décembre. Joly, corps législatif. tous parfaitement, reçu lettre-mandat du 30. — Louise, 7 décembre. |

Bayeux, 10 déc. Vincent, 8, pré-aux-clercs. allons tous bien, plus sous-préfet. — Bony. | Marchand, 232, rivoli. sommes tous port-bessin, bien portants. — Eugène Gémeau. | Valois, 11, garancière. encore bayeux, mêmes santés, letres reçues. — Anna. | Loverdo, 13, cherche-midi. henri, général tours, creullet, chambéry bien. — Lapommeraye. |

Arras, 2 déc. — Offner, 37, ferronnerie. offner aix-la-chapelle, écrivezlui, répondez topino arras. | Bausback, 67, verrerie. bausback chez moser va bien stutgart. — Cadisch. | Chatelain, 36, meslay. tous santés bonnes, maman tranquille, avoir écrit souvent, toi lettres 10, 22 novembre. 8 décembre. | Navier, 6, favart, allons bien. — Marmottau. | Dulac, 2 bis, vivienne. sans nouvelles depuis 6 novembre, émile mort, quitté lille, écrire souvent poste restante arras. — Marie. | Baussau, 79, pajol. vendez sucre, charbon, foin, commissionnez coffart, mettez argent reyre, 21, meslay, écrivez décaudin, arras, pas-calais. | Guyot, commandant génie, 1re division, 13e corps. seule lettre reçue 9 novembre, allons bien arras 8 décembre. — Louise. |

Nice, 9 déc. — M. Pochez, 9, jussienne, reçu lettres, compliments, content nice. | Millet, pothieu, 17. reçu mandats, envoie adresse émile. — Millot. | Gilardin, 6, cirque. reçu bonnes lettres, donnent courage, écrivez paul par rendorp lausanne, nous tous bien, envoyons mille tendresses. — Hyacinthe. | Crussy, 186, lafayette, écrivez hôtel univers nice. — Crussy. | Chardin, 7, duperré. donne nouvelles santé dernière. — Saint-Tropez. |

Vannes, 13 déc. — Bracquemont, ministère finances, paris. bracquemont-rougé, vannes 13 décembre, allons très-bien, contente stanislas, auguste bien hambourg, édouard amiens sauf. | Nanan, rue strasbourg, 14. portons bien tous, réponse. — Joséphine. | Rathery, sts-pères, 12. tournée indéfinie, écrire vannes. roger blois, louise celles, isidore marseilles, halgan mons, maurice, élie, nantais tous bien. |

Guéret, 13 déc. — Decourthille, lieutenant de vaisseau, 2e compagnie, 10 bataillon de marins. fort montrouge, paris. je vais très bien, familles decourthille, dutheil, santés bonnes, reçu tes lettres. — Louise Decourthille. | Guérinet, 4, d'astorg. donne de tes nouvelles. — Delille. | Carnot, mac-mahon, 89. tout le monde bien, guéret, annecy. — Richemont. |

St-Brieuc, 11 déc. — Bournichon, 15, rue londres, paris. bournichon, heuguet, maricot bien, souvenir à élisa, tendresses à toi, temps bien loug. — Bournichon. | Courson, rue monceaux, 38. tous très-bien à st-quay. — Marscouët. | Delépine, ministère guerre, paris. tous st-brieuc, santés parfaites, recevons lettres écrit tracy sans réponse, félicité heureusement garçon, tendresses. — Delépine.

Marseille, 6 déc. — Dreyfus, 66, boulevard malesherbes. émilie fiancée hirschel, préviens accurse, schwartz, félix, élisa attendent réponse dépêches. allons parfaitement, écris. — Gustave. | Marin, rue constantinople, 3, paris. allons tous bien à buhl, écrivez-moi hôtel trois rois bâle (suisse. — Marin, 2 décembre. | Horteloup, rue helder, 11, paris. allons tous bien à buhl, écrivez-moi hôtel trois-rois, bâle (suisse). — Marin, 2 décembre. |

Laval, 10 déc. — Rubigny, boulevard beaumarchais, 30. lire bail dans bas armoire. offrir deux mille loyer ou congé, envoie trois cents. — Rubigny, laval. | capitaine Montpezat, canonnière, bercy. albéric sauf, vierzon, 16e corps, henri engagé, recevons lettres, rassurés jusqu'au 4, bon courage. — Ida. | Proust, 15, minimes. santé bonne, germaine marche, dents, paul écrire. | Brunet, boulevard capucines, 39. jambon sur armoire. clé dessous. — Monceau. | Baudet, rue provence, 55. maurice arrivé, tous bien. — Angèle. |

St-Malo, 10 déc. — Reinvillier, provence, 23. trois familles bonne santé. écris très-nombreuses lettres, mille tendresses. — Elisabeth. | m. Maillefer, rue du havre, 10. reçois lettres, écris bureau restant, ta mère, moi, allons bien. — Maillefer, st-malo, 10 décembre. | Bredin, 6, rue charonne. écris souvent vos nouvelles et si possible pelard et amis, santé bonne — Leroy, hôtel univers, st-malo. |

Lorient, 11 déc. — Branville, 74, oberkampf. toutes santés bonnes, tâche aider blanche. — Branville. | Général Dargentolle. très bonne santé, substitut mécontent lorient, remerciments, léveillé. — Massabiau. | Donard, louis, 31e mobile, 2e bataillon morbihan. ton père malade, réponse, nouvelles de frère. — Lestréhan. | Petit, commandant canonnière sabre. tous bien, écrivez souvent, espoir. — Montaut. | Barnetche, lafayette, 71. merci, tous bien, amitiés, confiance. — Descossas, lorient. | Brossé, capitaine génie, vaugirard, 383. sommes lorient. portons tous bien, écris souvent, reçois lettres. — Brossé. |

Trouville, 9 déc. — m. Baticle, 26, de sèvres. tous bonne santé, reçu lettres du 8 et 1er. — Fanny. | Houdard, 132, rue montmartre. trouville tous bien portantes. reçu lettres, 6e dépêche. — Léonie. | Danloux-Dumesnils, 52, londres. reçu trente-six lettres, louise accouchée garçon fin novembre, maman, sœurs, enfants bien portants. — Morice, 9 décembre. | allaire, 122, rue montmartre. allons bien, recevons vos lettres, hyrvoix, jeanne réclament lettres devilliers, julien. — Henriette. | docteur Crestey, 48, rue lemercier. trouville bonnes santés pas accouchée, lettres reçues attendons prussiens. — Crestey. |

La Ferté-Bernard, 10 déc. — Neveu, rue st-denis, 319. retour ferté, allons tous bien. Neveu. | Tabourier, 55, rue vivienne, paris. tous bien portants. — Déan. | Tabourier, 55, rue vivienne, paris. alexandre bien. — Déan | me Deverey, 29, rue st-sulpice. tous bonne santé, envahis, pillés, évacués. — Lenoble. | Bairvir, rue st-sauveur, 26. attendu lettre, hyacinthe rien, santé mauvaise, écrivez. — Vileblanche, 10 décembre.

Vichy, 8 déc. — me Raillard, 36, fabert. henri prisonnier guerre dusseldorf, va bien, écrivez-moi ballon, je donnerai nouvelles à henri. — Sansal. | me Guillemot, 2, calais. écris-moi par ballon, as-tu reçu six lettres, plus 300 fr. par pigeons. — Sansal. | Colconcle, quai louvre. reçu lettres, remerciments affectueux, baisers, écrivez souvent. — Bayvet. |

Loches, 10 déc. — Beaumont, officier ordonnance général trochu. frère bien portant, prisonnier wiesbaden. — J. Hughes. | Kergariou, 18, rue montaigne, parents bien portants, frère aussi à Aigle. — J. Hughes. | Blount, 3, rue paix. famille entière bonne santé, enfants bien, supporté voyage madère. — C. Mostyn. |

Le Havre, 9 déc. — Coquerel, boulogne, 3. dépêche trois. tous bien, nîmes, balarade aussi, blanche, alice à pau. reçu neuf à quatorze, neuf. — Etienne. | Sentenat, 10, rue cadet, paris. santé bonne, rodriguez réguliers, lettres reçues vingt reçu de havanne trois, cuba espagnole tranquille. — Morin. | Dutrouy, 20, delta, paris. reçu toutes lettres jusque 2 décembre. avons écrit six, santés bonnes, blanche, charlotte, gustave angleterre. — Reydellet. | Cocteau, 11, scribe. tous bien, ta lettre 6 reçue, donne à moi détails sur ce que tu fais. — Regnier. | Roydeville, rue malesherbes, 16. as-tu reçu dépêche, si prussiens havre, nous partirons londres, toutes bien portantes, ennuyées, tristes, économes. Blanche. | Triboulet, 2, jeûneurs, paris. tous bien, informez liard, savons événements. — Bourgeois. | Fauvel, faubourg montmartre, 59. tous bien faire visiter barriques vin. — Fauvel. | Trefouel, st-guillaume, 22. toujours havre, santé bonne, je t'embrasse | Blacque, banquier, rue granmont. donnez-nous nouvelles de jean, 138e ligne, redoute la bussière, fort noisy. — Collard. |

Dinard, 10 déc. — Liasse, 7, mayran. vallet regretter beaucoup consolation suprême, ici bien. | Guilloteaux, 8, rue drouot. nous, parents guilloteaux, gaugin, madeleine très-bien, enfants superbes, pas reçu londres. — Hélène, 10 décembre, dinard. | Vallerand, 11, rue louis-le-grand. je souffre dinard malade, lettre de personne, désespère, moi écris souvent. | Douin, écluses st-martin, 43. tous santé, conduite, travail, piano bien, paul st-malo, lettres, argent reçus, legrand, breley bien. — A. Douin. |

Puy-l'Evêque, 10 déc. — Deltil, vétérinaire, 13e corps, fort bicêtre. je vais bien, réponse pigeons. — Anna Deltil. |

Belves, 11 déc. — Pradelle, val-de-grâce. amélie, enfants fong-au-for. écris. |

Beausset, 10 déc. — Dupuy de Lôme, rue st-honoré, 374, onze décembre. reçu lettre du 4. santés creu, lorient, tous les zédé bonnes.

Annecy, 9 déc. — treillet, rue scribe, 1, paris. gilberte, nalhan restés un mois annecy, un mois thonon, maintenant à évian parfaite santé. — Buphy. |

Trévoux, 9 déc. — Charneau, université, 88. bien. — Jeanne. |

Valence-sur-Rhône, 7 déc. — Saint-Prix, 16, godot-monroi. santés bonnes, sommes inquiets.

Bordeaux. — 19 décembre 1870.

écris. | Pérouse, quai des orfèvres, 6. sommes à valence, rue neuve, 25. allons tous bien, aucune inquiétude. — Morin. |

Dôle-du-Jura, 10 déc. — De Circourt, 17, milan. dôle tranquille, bonnes nouvelles. rené, mennessiers frères tous bien. — Circourt. |

Marcaux, 12 déc. — Pessot, 27, quai bercy, paris. vendez tous mes vins chez lamonard, mathieu, ligneau, saunier, jarlaud. — Jadouin, cantenac, 12 déc. |

St-Cléré, 13 déc. — M. Sageret, bordeaux, pour paris, rue des beaux-arts, 10. |

Laigle, 12 déc. — Marcq, 78, rue rivoli, paris. lettres 8 et 25 octobre reçues. écris-nous souvent, allons bien, laigle (orne), 8, place st-martin. — Jenny. |

Ferté-Bernard, 12 déc. — Chartrin, faubourg st-antoine, 81. tous bonne santé, prussiens vus. — Tessier. | Bilard, rue montmartre, 147. prussiens nombreux passés, tous retournés orléans, rien éprouvé, famille toute entière bonne santé. — Bilard. |

Souvigny, 8 déc. — Pelgrin, 106, richelieu, paris. bonne santé tous. non. |

Evron, 10 déc. — Theillier avoué, rue ste-anne, 22. tous chez moi bien portants. — Chalumeau. |

Couches-les-Mines, 11 déc. — M. Decourey, 38, rue monceau. reçu lettre 4 décembre. tous bien marder 10 décembre, 4e dépêche. courage. |

Mâcon, 10 déc. — Suriguy, lieutenant, 40e provisoire clichy, paris. reçu lettres, toujours répondu tous bien portants. embrassons tendrement. — Père. |

Divonne, 10 déc. — Leuba, bergère, 9. mathilde, marie, guillaume, clontandon, françois, réné, albert, henriette parfaitement. lettres ballon 3 décembre arrivées. — Leuba. | Harlyperaud, saints-pères, 15. reçu lettre, celles sebert, goupil, roden, leloir santé meilleure. mesdames perraud, sebert, goupil, les enfants vont bien. — Acloque. | Lacroix, rue meslay, 40, paris. où est pierre, qu'il écrive. où sont fils vidart, santé bonne. lettres détaillées. — Virginie |

Flers-de-l'Orne, 7 déc. — Gallet vicaire, st-augustin. toutes familles vont parfaitement. — Arsène. |

Nay, 16 déc. — Jean Pascal, passage des petites-écuries. allée à eauze. claire bien portante, ainsi que toute la famille. — Sabine. |

Amboise, 9 déc. — Dubois, boulevard st-germain, 11. ton remplaçant 39 ans, te maintiens sédentaire. thorin amboise. | Hanin, 74, folie-méricourt. tous ensemble bien portants. — Hanin. | Mabille gravier, 62, route orléans. Izoïde, 5e ligne angers bonne santé. manquez rien. — Gallois. |

Le Lude, 8 déc. — M. Robin, 137, faubourg st-honoré. charles, lucien bien, juigné convalescent. brazier bien; dusommerard belgique bien. — Talhouët. | Mme Dusommerard, hôtel cluny. filles santés parfaites belgique. juigné convalescent. robin belgique. mère reçoit lettres. — Talhouët. |

Argentan, 18 nov. — Breton, reynouard, 69, passy. prière de donner nouvelles, très-inquiet. — Breton. |

Béziers, 11 déc. — Claudon, place royale, paris. 4e dépêches. sympathisons, chagrins. reçu lettres, léon exempté, gustave marié pas appelé. bien tous tonnerre. — Marie. |

Divonne, 8 déc. — Lenne, rue du caire, 29. donnez-moi nouvelles henri divonne. — Charles. |

Fougères, 6 déc. — Lefèvre, 98, provence. tous fougères, bretagne bien portants, recevons vos lettres et celles st-germain. catherine placée. — Amélie Lefèvre. |

Nîmes, 6 déc. — Callon, rue odéon, 9. sommes tous bien, chautiers parfaitement sages. septembre, octobre, novembre 112,000, palerons dividendes. — Blau. |

Bourges, 11 déc. — Hersent, 13, rue richer. coupée probablement. sauvegarderai vos intérêts, caserai antoine sûrement, ai pourvu financièrement nelly, antoine et propriété. — Cécile. |

Pontorson, 7 déc. — Allix, rousselet, 24. tous bien partout. |

Mamers, 7 déc. — Emile, pont-neuf, 2, bis. porte bien tranquille. — Louise. | Blanchard, belle-jardinière, pont-neuf, paris. envoyé déjà dépêche, ennemis partis pas fait mal. tous bien portants, tranquilles. — Louise Blanchard. | Chauvin, coiffeur, rue argenteuil, 41. femme, enfants bien, ennemi passé. — Chauvin. | Prevet, 13, notre-dame-de-lorette. allons bien, charles ici, camille, étretat, vont bien, avons eu prussiens. embrassons tendrement. pernot va bien. — Prevet. |

Mirebeau-en-Poitou. — Demoulin, boulevard la gare, 143, paris. tous bien portants, donnez vos nouvelles. — Catien Habert. |

Tours, 12 déc. — Dallot, 17, paris. suis bien portant. — Dallot. | Cassiuny, boulevard lannes, 45, passy. courage, merci. — Marchlewska. |

Nantes, 11 déc. — Allard, avenue malakoff, 11. nous portons bien. — Allard. | Astier, mobile de nantes, 1er bataillon, 2e compagnie, mont-valérien. pas nouvelles 22 octobre. écris-nous, inquiet, portons bien. — Astier. | Callon, odéon, 9, paris. vais bien, eugène aussi lens (pas-de-calais). — G. Callon. | Constantin, 82, rue martyrs. reçu 3 lettres ballon. vais bien, embrasse enfants. — Leuilleret. | Vandevoliet, 40, rue clichy. tous vivants. bonnes nouvelles louise, eugénie nantes. — Dutillet. |

Mâcon, 10 déc. — Duval, 14, beaune. inquiète, écrivez mâcon. — Riballier. | Malitourne, bibliothèque arsenal. inquiète, écrivez mâcon. — Riballier. |

Avallon, 7 déc. — Ganty-Dussy, avenue villars, 5, paris. céline belle couche fille, angoisses sur paul, émile depuis combats. supplie tâcher donner nouvelles. — Thérèse. | Renoult, rue mayer, 14, paris. allons bien, craignons pas. courage, reçois lettres. — Renoult. |

Belley, 9 déc. — Regnault, rue rome, 62. paris. ton père, frères maison soret. écris. — Genève. |

Die, 8 déc. — Scheffer, roquépine, 4. bourdeau, die bien. reçu lettres. — Lapeine. |

La Guerche-de-Bretagne, 27 déc. — Germain, 16, rond-point champs-élysées. eugène mayence. oncle germain dusseldorf, prisonniers, pas blessés. alice, tous bien. — Enfants. |

Saint-Lô. — m. Dupont, 7, hâvre, paris. tous bien. paul, enfants, cannes. — Paillhou. | Labbé, 5, godot-de-mauroi. colonie, labbé bien, 23, rue franchise, bordeaux. |

Massiac, 25 déc. — Duplan, 75, richelieu. tous bien. emmanuel amélie-les-bains. — Duplan. |

Vivonne. — Berthois, 9e lanciers, 3e armée, 75, labourdonnais, paris. bien arrivés 17 décembre. coral, vivonne, vienne. mère noirmouts. — Bretonnières. |

Limoges, 29 déc. — Viollet, 5, st-louis-en-l'île. tours, tous vont bien. limoges, compiègne, madame louis, ses enfants, jules viollet, aussi. temps long. — Cornélie. |

Buzières-la-Grue. — Brécheux, 3, provence. lettre transmise léguillon, entreprise marche grandement. idée parfaite, mais application difficile. proposition grimbert suspecte, signalez gouvernement. — Pont. |

Lyon, 26 déc. — Jacques Moudaugre, 1re batterie d'artillerie mobile du rhône. nous portons bien. lyon est calme. | Deshays, Jules, artillerie mobile du rhône, 1re batterie. portons bien, joseph mobilisé. vingt francs, écris souvent. |

Bellac, 28 déc. — Charreyron, colonel, 9e chasseurs, vincennes. reçu lettre 20. cabourg, bellac, portons tous bien. — Mathilde. |

La Crau-d'hyères, 28 déc. — Dupuy de Dôme, 374, st-honoré. noël, neige, portons bien. bonne année, vous embrasse, vous aime, espérez. — Laurence. |

Fernex, 22 déc. — Delavergne, 7, payenne. merci, malheureux, mais bien portant, amitiés. — Ritt. |

Dinan, 27 déc. — Lacarrière, 10, chauchat. dinard, garavet, douvres, tous bonne santé. — Subert. |

Argentan, 27 déc. — H. Joubert, 68, rome. tous bien. reçu dixième, amitiés, espoir. — J. Joubert. | Lainé, 102, rivoli. tous bonne santé. — Lainé. |

Berck, 22 déc. — Tiby, hôtel danube. richepance. bonne année à tous, allons bien. — Jeanne, Henriette. | Sceloi, 37, beaumarchais. gustave collége boulogne, envoie argent. reçu quatre bons. |

Saint-Pierre-lès-Calais, 24 déc. — Dodiardi, 52, flandre, villette. vais bien, reçois remerciements, souhaits, bonne année, passe boulevard magenta, 32, payer impôts. — Dodiardi. |

Tours, 30 déc. — Villiers, lycée condorcet, paris. sur l'héroïne, cherbourg. — Tourette. — Plessix, 40, notre-dame des victoires. santé bonne. — Plessix. |

Lyon, 23 déc. — m. Chevalier, Félix, 48, chapon. alice plus fatiguée, venir s'il est possible. mimi, octavie, bien. — tante chevalier. |

Lorient, 30 déc. — Ravaisson, au louvre. louise, berthe, fanny, bien portantes. — Poussielgue. | Seber, ministère marine. reçue lettre compiègne, mère, sœur, bien portantes. wéckel envoyer argent, besoin rien. — Monier. | Perrée, fourrier, 12e bataillon, marins, marche, montrouge, paris, suite bataillon. nous, bayeux bien. reçu journal, souhaite bonne année, embrasse. — Corre. | Bergouz, 346, st-honoré. toutes bien. recevons lettres, vous embrassons tous. — Bergouz. | Delangle, ordonnance général trochu. tous bien, albert 17e corps, bonnes nouvelles. — Delangle. |

Ambert, 25 déc. — Planterose, 80, taitbout. tous bien, courage, prière, conservez-vous. — Julie. |

Nîmes. — Mme Gauthier, 46, vivienne. bonne santé, adresse rue l'agau, chez mourgue, nîmes, gard, réponse. — Marie, Charles. | Doudet, 17, st-gilles. ernest à bruxelles, allons tous bien. — Marie. |

Sainte-Geneviève. 28 déc. — Mazenq, 264, rue st-denis. rien nouveau, tous bien, sanchis reste poste madrid, écrivez. — Antoinette. |

Rodez, 30 déc. — Decagny, 158, rivoli. tous santé parfaite, gascheau, gattayries, aussi, vœux affectueux, trompé par neveu saudier, mère bien, reçoit lettre. — Marguerite. |

Toulon, 29 déc. — Basta, 2, carvetto. reçu lettre, merci, vais écrire julia, cousines chez dudley, depuis longtemps, jeanne, moi, bien, constant malade. — d'Osery. |

La Rochelle, 29 déc. — me Boucher, 2, rue molay, paris. reçu tes lettres par ballon, suis bien. |

Jarnac, 29 déc. — me Leclère, 3, rue fidélité. vais bien toujours. — Maurat. |

SERVICES ET AUTORISATIONS

Bordeaux, 30 décembre. — Mangin, 12, petit-carreau. Eugène Godard vole offrant deux cents sortir paris, You donne mille, refais union. voir Yon, Rampon. — Mangin. | potard, 27, boulevard italiens. tous parfaitement souterraine, recevons lettres. — Eugénie. | Boulet, sorbonne. cher paul. tous très-bien, courage. — Victoire. | legendre, 43, douai. mère a reçu ta lettre, courage et confiance absolue, écrire au ministère bordeaux. — férot. | lameire, 28, barbet-de-jouy, paris. parti à pau, hôtel victoria. — Denuelle. | Chevrillon, 64, boulevard haussmann. vôtres bien portants, prolongez bail vanneau 49. — Taine. | Ternisien, 334, rue st-honoré. colonie parfaite santé, pas besoin argent. bons baisers pour toi, alfred, tante. — Ternisien. cabourg, 25 décembre. | lévy, vivienne 2 bis. si encore traites, créer france, étranger. Rudelbach enverra liste cours jardin-public, 14 bis, bordeaux. — Lévy. | Roseleur, 23, gravilliers. à nos maris nos souhaits, trente petits ballons. rechercher Philippe Serrin, Victor Landshut, bavière. — Marie, Emma, Léonie. | Lagournerie, 77, boulevard st-michel, paris. enfants bien portants, famille aussi. affections, bonne année. — Ernestine. | Godefroy, ministère finances. Veyre, tous bien portants. — Félicie. |

Delaunay, administration postes. loué vire, excellente santé, sécurité complète. comment va mon père, passage désir, faubourg st-denis? — Chantenay. | Allelix, 9, cléry. suis avec mère bordeaux, bonne santé. avons nouvelles souvent de mesdames Allelix, Delaporte, Durieux. écrivez ballons. — Foucault. | Réganhac, 9, carrefour odéon. irai peut-être Montech, donnerai nouvelles pays. voyez marquise Bloqueville, 9, malaquais. répondez tante toulouse. — Charros. | Leveillé, télégraphe, grenelle-st-germain. on veille à vos dépêches de rennes. Steenakers a donné avis à Mercadier d'un secours extraordinaire de 1,000 fr. accordé par lui à madame Amiot, veuve de l'inspecteur général du télégraphe. facilitez l'affaire et donnez-en avis à madame Amiot, 15, labruyère. merci. — Feillet. | Général Favé. madame Favé, Louis, bonne santé, voudrait à tout prix sauf-conduit conditionnel pour aller soigner le général. — Larmanjat. | Madame Larmanjat, 32, boulevard beaumarchais. en bonne santé à bordeaux, hôtel de toulouse. — Larmanjat. | Georges Archambault, hôtel prince-albert, rue hyacinthe-st-honoré. père toujours même état, mère bien, sœur et Juliette belgique. — Archambault. | Mangin, 52, françois-miron. aéronautes bien, demandent nouvelles familles, réponse par premier ballon académie bordeaux aérostiers militaires. — Mangin, Duruof, Godard. | Axenfeld, 24, godot-moroy. télégraphié 5 ou 6 fois nouvelles de Veules avant même toute demande de vous. renouvelle: « reçu lettre 10 décembre (dit Henry); mille prussiens venus, partis lendemain. tout bien passé. allons parfaitement. » moi bien aussi, débordé de travail, satisfait, plein d'espoir. reproches tendrement amers à Charles Farey de son silence, lui ai télégraphié souvent comme à vous. dire à Faudon que sa sœur à cusouze et son beau-frère, avancé, armée de la Loire, vont très-bien, leurs enfants aussi. fraternité. — Paul Dupré. | mademoiselle Parent, 4, beaux-arts. très-bonnes nouvelles de vos deux frères, demandé nouvelles de Mesmay, votre lettre arrivée à près d'un mois de date. nous tous bien, Leféburе aussi. — Paul Dupré. | Pillaut, 87, boulevard malesherbes. ta femme est à bordeaux. tes enfants vont *tous les deux* très-bien, ils sont charmants; tous n'ont qu'une pensée: vous. — Paul Dupré. | Sambourg, sous-inspecteur, 103, grenelle. aucune inquiétude si pas reçu dépêches envoyées. Marie et Jeanne, à st-venant, vont très-bien. je suis adjoint à Magne pour mission du nord. tous bien. — Morris. | Fernique, 29, vieux-colombier. reçu lettres nombreuses, la dernière du 19 décembre. écrire bordeaux, rue nauville, 61. oncle Charles et tante, Victorine, ici, tous bien portants. vu tante et sœurs à Bazas, très-bien. embrasse tous. — Fernique. | veuve Déplace, 108, rue vaugirard. Pétans, moi, bien portants. Marie, st-amand. Génin, capitaine dragons armée loire. — Déplace, prisonnier à gorlitz (silésie). | Saintignon, postes, rue cléry. bonnes nouvelles du capitaine Albert. rien reçu de toi depuis deux mois. — Franquin. 27 décembre. | Coville, 10, aboukir. accouchement heureux, novembre, garçon. santés bonnes. — Marquizeau. | Verdun, administration postes. Albert, marennes, bien. dire Martial, familles Bosviel, Joss, bien, reçoit lettres. mantes bien, merci pour montmartre. — André. | Logeard, 1, turbigo. occupez-vous de nos meubles, agissez au mieux de nos intérêts. toute votre famille va bien. — Rabuteau. | Augé, 10, rue de lyon. répondez par ballon, et donnez détails santé de tous. — Chatelain, à bordeaux. | Taquet, lieutenant mobiles, 1er bataillon, 1re compagnie, somme. tous abbeville et nous bordeaux, bien. réclamons instamment lettre de toi. — Ansault. | Zaccone, administration centrale postes. je vais bien, attaché à délégation postes, donne-moi nouvelles des Biliet pour Frébault. — André Zaccone. | Poullain, 18, seguier. quatrième dépêche. tous bien à bordeaux, moi auprès Frédéric, écris-nous détails santés maison séguier et neuilly, arrête l'eau à neuilly, si besoin argent demande Tesson, reçu une lettre, bonne année à tous — Feillet. |

Commandant Corbet, 74, université. maintenant à cork, bien reçue partout, pas besoin argent, veux rentrer à paris aussitôt possible. — Amélie. | Noireaut, 3, rue jouffroy, paris. reçu toutes lettres, réponses interceptées, santé bonne, travaille, besoin rien, armistice paix, retour immédiat. — Hermance. | Lemonier, 28, meslay, paris. reçu toutes lettres, paye Fontana 1,000, achète possible 1,000 italien 51 comptant, amitiés famille spa. — Franken. | monsieur Bégis, capitaine-adjudant-major au 138e de ligne, à st-denis, armée de paris. retour Méry, Marie doucement. | Dumaine, 201, rue st-martin. sommes à bordeaux, tous bien portants. — Dumaine. | Blachez, 26, st-marc. tous bien montjean. capitaine Hiron blessé tours balle gras cuisse, ramené angers, pas inquiétant. nous bordeaux. — Desfontaines. | Collas, 2, boulevard morland. tranquilles, tous bien, René stettin. — Collas. combourg, 21 décembre 1870. | Canu, rue popincourt, passage raoul, 17, ou concierge. comment te portes-tu? vendre si besoin, courage, écrire Baudot évreux. — Canu. évreux, 18 décembre 1870. | Delacour, 88, boulevard st-germain. tous bien, recevons régulièrement lettres, écris souvent, sois prudent, installées campagne près londres, embrassons. — Delacour. surrey, 14 novembre 1870. | Delacour, 88, boulevard st-germain. adresser lettres: Reynaud lower honvood surrey. très-bien. — Delacour. surrey, 26 novembre 1870. | Delacour, 88, boulevard st-germain. pas lettres depuis 19. ballon touché mer cornwall, lettres illisibles. écrire lower honvood. tous bien. — Delacour. surrey, 6 décembre 1870. | Larioz, 40, boulevard st-germain. recevons toutes vos lettres. Henri, Louis, sont ici. usine intacte, Gulliez garde. — Henri. barbarte, 28 décembre 1870. | Frère Libanos, passy. deuxième dépêche. tous allons bien, dixième lettre reçue 3 décembre, pour supérieur bonnes nouvelles st-bonnet. — Alexandre Marié. tours, 27 décembre 1870. | A monsieur Ruelle, 6, bellechasse, paris. allons très-bien, reçu vos lettres. — Lucile Ruelle. angoulême, 28 décembre 1870. | monsieur Fouchet, 34, boulevard st-michel, paris. allons bien, bons baisers. — Léone Carbon, 59, rue st-jean. caen, 25 décembre 1870. | Tavernier, 14, rue cherche-midi. tous bien à st-brieuc, courage, si besoin argent demande au notaire, beurre rue choiseuil. — Jeanne. | Collet, 85, rue cardinal-lemoine. je vais bien, Lax aussi. écrivez-moi à rochefort. — Collet. rade de l'île d'aix, 26 décembre 1780. | Rescher, 85, sébastopol. nous sommes admirablement jersey. — Rescher. jersey, 4 décembre 1870. | messieurs Cordier, 116. sommes hôtel beausite, Aigletrio va bien, recevons vos lettres, affections. — Cordier. foncine-le-bas, 18 novembre 1870. |

37 Pour copie conforme :

L'inspecteur,

Bordeaux. — 20 décembre 1870.

Plouescat, 26 déc. — Glon-Villeneuve, 38, turin, paris. compliments, santés parfaites, lettre du 6 reçue 19. confiance, tout marche, avise amis. — Auguste. |

St-Pol-sur-Ternoise, 24 déc. — Sénis, rue st-quentin, 25. nous bonne santé, inquiets de vous et des maisons, répondez à caen. — Senis. |

Dinan, 27 déc. — Beaufour, 31, bourdonnais. dixième dépêche. colonie bien portante, reçoit lettres, envoie souhaits, bonne année. virginie heureusement fille. — Riquier Balmy. | Vieuxville, lieutenant mobiles,côtes-du-nord, 1er bataillon, 6e compagnie, paris. tous bien, priant beaucoup. envoie carte poste, gaston aîné.— Caroline Vieuxville. | madame Lesparda, 94, faubourg st-honoré, paris. richard heureuse lettre, argent paul et tous bien. — Marianne. | m. Biennourry, quai st-michel, 19. reçu 7, papa doucement. |

Cambrai, 24 déc. — Jacob, richelieu, 60. reverchons à gand belgique. hôtel poste. nous tous bien portants, madeleine, suzanne bien portantes, le quinze. — Hautefeuille. |

Lassay, 28 déc. — Caroline Sellier, 38, rochefoucault. ouvrir porte derrière toilette, provisions vin, refermer porte. |

Bonnétable, 27 déc. — Gallois, cherche-midi, 138, paris. tous bien, reçoit tes lettres. — Gallois, 27 décembre. |

Sables-d'Olonne. —Guingal, régiment forestier, 1er bataillon, 6e compagnie, paris. femme loquay et moi bien portantes, recevons vos lettres. — Flavie. |

Alençon, 27 déc. — Hurel, st-georges, 7. santé bonne, léon, 12 octobre alençon. albert sous-officier, 3e dragons, dépôt tours. francis correspondances. — Hurel, alençon. |

Loudéac, 27 déc. — Poupart, lieutenant gendarmerie, palais industrie, paris. sommes ensemble bien, écris souvent femme. — Mutte, argout, 16. |

Villebois-la-Valette, 29 déc.— Perraud, caporal, 1re compagnie, 3e bataillon mobile loiret à paris. très-inquiets, écris-nous à étang-génevreau par premier ballon. — Perraud. |

Caen, 28 déc. — Fleury, 41, boissy-d'anglas, paris. souhaits, bonne santé, famille aussi. donnez toujours nouvelles delachaise. — Fleury. |

Torigny-sur-Vire, 27 déc. — Jubé, 4, rue de londres. voir abbé bénion, st-louis, visites à père. bon, dévoué, intelligent. — Boussod, 25 décembre. | Boussod, 72, amsterdam. tous bien, reçu lettre, du 17 décembre. — Boussod, 25 déc. |

Le Pouliguen, 29 déc. — Leroux, major, hôpital vincennes. santé bonne, lettres reçues. L. Leroux. |

Lorient, 28 déc. — Hippolyte Caris, officier 31e marche mobile, morbihan. julia malade, inquiète, écrire. — Diffon. | Mancel, place vendôme, 16. mancel, noyon, cosmao, brest, lorient tous bien. — Noyon. | Collot, claude-vellefaux, 48. portons tous bien,embrassons, lorient.— Collot. | Lesueur, quai béthune, 18, paris. reçu lettres, rembourserai avances. — Debouf. | De Mourgues, 136, haussmann. prière d'écrire, allons bien, amitiés. — Récappé. |

Vannes, 28 déc. — Nicolet, 19, ville-l'évêque. parfaite santé, vos lettres arrivent. baisers. — Marguerite. | Boureau, mazagran, 9. ribot, boureau tous parfaitement. embrassons. — Lucie. | Moudollot, 94, rue château-d'eau. tous bien portants, maman, jeanne, élie aussi à divonne. — Marie Moudollot, vannes, 27 déc. |

Le Louroux-Béconnais, 29 déc. — Amiral Montagnac, 7e secteur, paris. Gueutteville, chillon, isle, famille bretaudeau bien.

Lannoy-du-Nord. — Blanche, 1re compagnie, tirailleur st-hubert, hôtel de ville, paris. famille va bien, inquiète de toi, dont pas nouvelles. — Gamblon. |

Arés, 30 déc. — Javal, anjou. santés parfaites partout. Eichthal lebret, 17, invernessroad bayswater, londres. — Pauline |

Havre, 27 déc. — Cros, 16, rue sourdière. bonne année tous, as-tu moyen chauffage, assez argent, bonne santé. — Lalie. | Schmidt, 4, boulevard saint-michel. flavie nourrit enfant, tous allons bien, appartement confortable, migneaux bonne nouvelle. — F. Schmidt. | Mazeline, 134, boulevard haussmen, paris. très-bonnes nouvelles et santé de bruxelles de même pour toute la famille.— Mazeline. | Tréfouel, 22, saint-guillaume. si on bombarde irai au couvent. santé bonne, t'embrasse. | Collard, lieutenant état-major, 3e brigade, armée saint-denis. santés bonnes, pensons et prions pour toi. — Pauline Lockart. |

Bédarieux, 29 déc. — Brouillet, gendarme à pied, 2e bataillon, 4e compagnie. Suis bédarieux. — Anna. |

Tours, 29 déc. — Vildieu, 43, lyon. portons bien. — Morin. | Dubois, photohraphe, 35, boissy-d'anglas. lettre 13 décembre reçue 24. birmingham, montpellier, tours, poitiers, tous bien. — Gaudin. | Mademoiselle Huchet, 12. rue choron. reçu lettre du 5, bonne année, santé, espoir, amitiés. — Huchet. | Huchet, lieutenant 34e régiment de marche, armée la roncière. bonne année, marsaa décoré, santé, courage, amitiés. — Huchet. |

Cannes, 28 déc. — M. Rivollet père, 19, des moines. marie partie? donnez adresse, jules toujours bureau?— Secchi, villa-des-anges, cannes (alpes-maritimes. |

Nantes, 29 déc. — Arnous, 51, neuve-saint-augustin, paris. tous vos gens, henri revenu, famille, tous bien, amis envoient souvenirs, tendresses. — Emilie. | Meslier, 19, seutier. poulain, meslier, rhoné, azam, tous bien. vingtième dépêche, amitiés.— Laure. | Clemansin, mont-valérien. famille bien, georges nantes. — Janvier. | Gorgeu, 12. seine. quatrième dépêche. bien portants.— Marie. | Colonel Vial, 6, avenue tourville. bonne année, embrassons père, bonne maman, reçu quarante lettres toi, habert. vincent armée loire. — Marie. | Maulouin, artillerie mobile nantes, la villette-paris. père mieux, famille amis bien, amitiés tous, merci tardiveau, vincent. nantes tranquille, bientôt, courage. | Dufougerais, 35, rue sèvres. notre maison, votre famille bien, donnez nouvelles de bazin et famille saint-priest. — Alet | Marx, 48, boulevard sébastopol, paris. santé toujours excellente, chaque ballon apporte lettres, quand serons-nous réunis, mille baisers. — Georgette. |

Beauvais, 24 déc. — Dhunval, 15, avenue villars, paris. louis danzel décédé septembre, famille bonne santé warluis. |

Courseulles-sur-mer, 28 déc. — Grignon, 2, duphot. nous t'embrassons, formons vœux, espérons meilleure année, santés très-bonnes. donne nouvelles famille bonnet. — F. grignon. |

Saint-Lô, 28 déc.— Aveline, 68, rue naples. Manceaux, toutes bien, léon officier dragon. — Vallot. |

Cayeux-sur-Mer, 24 déc. — Cally, 6, l'aiguillerie. moi malade, malgré décrets payer termes octobre janvier, faute argent, voir ferdinand, amitiés tous, réponse. — Carron. |

Saint-Vaast-de-la-Hougue, 28 déc. — Marquise de Ricard, 87, rome. merci lettre, réfugié saint-vaast (manche), amitiés et souhaits affectueux. — Fabre. |

Saint-Quentin, 23 déc. — Manuel, 23, lagny. blumer d'anvers muet, voulez-vous reprendre l'établissement, quarante mille francs bénéfice? hâtez-vous. — Bruyant. |

Dives, 28 déc. — Félix Kahn, 41, tour-d'auvergne. santés excellentes, mandat reçu, edmond au mans, ta mère bien portante, embrassons tendrement. — Valérie. |

Besançon, 24 déc. — Jeannerod, 130e ligne, fort vanves. tous bien portants, vous aimons, félicitons. joseph halberstadt, charles maurienne, georges général. — Mère. |

Châtellerault, 28 déc. — Coulon, caserne mouffetard. angoulême, santés parfaites, félicitations. — Julie. |

St-Valéry-s-Somme, 23 déc. — Meynier, rocher, 23, paris.marguerite, enfants arrivés heureusement fiume, amitiés à tous, sécurité complète, bonnes dispositions. — Vuigner. |

Bourgueil.— Basset, 13, saints-pères. julie, moi bien, avons écrit souvent. |

Ste-Foy-la-grande, 12 déc. — Laffiteau, 37, vivienne. laffiteau, loreilhe, broca bien. | Géraud, cité trévise, 12. provinces debout. immenses efforts. gambetta, paris sauveront la france. courage. — Larégnère. |

Châteauroux, 7 déc. — Audibert, inspecteur finances, 8, rue tournon. famille pultz, madame colson, ses enfants tous bien. — Peltier. | Cochinat, 1, jeoffroy-marie. Châteauroux, portons bien, écrivez roche-posay. — Peyrot. |

St-Pol-s.-Ternoise, 9 déc. — M. Becq, rue d'argenson, 1, paris. parents. enfants santé parfaite. ramecourt, décembre. — Becq. |

Combles, 8 déc. — Delsal, rue trézel, 25, batignolles. jules, prisonnier sans blessure, erfurt. — Théophile. |

Portrieux, 10 déc. — Petard, place madeleine, 19. parents, vibraye, besse, savigny, bordeaux, cordon, vezelay, godefroy, petard bien portants, beaucoup lettres, argent. — Savigny. | madame l'efló, ministère guerre. dire aurélien : robert lille, paul mayence, tous bien. — Courson. |

Dives, 10 déc. — Goguel, 19, penthièvre. beuzeval, bonne santé, assez argent. — Gray. | Cordier, 9, place prince-eugène. santés bonnes, recevons lettres, avons argent, metteval. — Beuzeval. | Martener, 9, condé. Beuzeval camille, bien portant, décoré, prisonnier à brême. |

Le Teilleul, 3 déc. — Daux, palais-royal. tous bien, buais. — L. Daux. |

Argenton-s.-Creuse, 10 déc. — Dosseur, 21, taranne. bien portants, normandie, berry. restons argenton. alfred réformé. recevons lettres, amitiés. — Marie. |

Poitiers, 9 déc. — Desormeaux, 11, verneuil. drondeau vont bien, pensent à vous. — Poitiers. | Billault, 150, rivoli. 3e dépêche. allons bien, maxime arrivé. — Léontine. | Mme Berthier, 109, cherche-midi. élie prisonnier mayence, ludovic magdebourg, fernand wiesbaden, tous vont bien. — Gondrecourt. |

Béziers, 15 déc. — Mialhes, lieutenant, 45e mobile hérault, créteil, dire si pradel augustin, mobile montblanc, est malade ou mort, allons bien. — Pradel. |

Fougères, 8 déc. — Duval, saint-honoré, 189. fougères-loriol, santés bonnes. |

Rennes, 8 déc. — Desmarest, scribe, 5. tous bien, lettres reçues, espoir, légalas bien rennes, dire fils écrire. — Marie. | Merlet, 25, rue gaillon, paris. écrivez fréquemment. — Devaux, à rennes, 3, rue lafayette. | Heude, 13, rue méchain. je suis à rennes en bonne santé, reçu lettres. — Charles. | Lessard, commandant, mobiles saint-mâlo, ille-et-vilaine. forest sans nouvelles depuis septembre, indique grade, adresse. | Mme Duvoir, rue choron, 14, paris. Pléneuf, 7 décembre, 2e dépêche. santés excellentes, reçu toutes lettres, mangez mes bêtes. — Ségé. | Defresne, 15, bellechasse. tous bien, 5 horloge, rennes. pas nouvelles de vous depuis le 16. — Saubade. | Gallot, déchargeurs, 5. bien portants, gardez logement, détails mobiliers guipry, lemonnier, jean duval, joseph letossain, joseph saguet, joseph vallée. | Providence, 12, grammont, paris. sinistres nuls, affaires très-calmes, caisse 4,500, renouvelle 2,577. — Freslon. | M. Calippe, rue bréda, 14. assez bien portante, écrire madame verger, hôtel de france, rennes. louis, lycée, rennes. père mal. | M. Jamot, 94, boulevard sébastopol. nous allons tous bien, 8, la terrace saint hélier, jersey. — C. Jamot. | Delanoue, faubourg saint-honoré, 218, paris. habitez boulevard malesherbes, mangez volatiles, provisions avec devalois, santés bonnes, affection. rennes, hôtel jullien. — Devalois. |

Plouha. — Jarre, rue pyramides, 2. enfants sages, superbes. avons peu froid, santés excellentes, albert bordeaux bien, stéphane gien bien. — Sara. |

Le Mans, 8 déc. — Bénier, quai jemmapes, 132. tous bien, mousse écrire papier fin, détailles. — Eveline. | Mounier, 75, rue rome, batignolles. bien, écrivez. — Valentine. | Bruère, vaugirard, 198. portons bien. — Louise. | Herpin, messageries, 23. avons reçu vieilles lettres, sommes inquiets, sommes bien portants, réponds-moi? mans, décembre. — Herpin. | Thiriot, rivoli, 182. recevons tes lettres, tous bien portants, bonnes nouvelles italie, 30 septembre. mans, 8 décembre. — Augustine. | Hérard, 24, grange-batelière. nous et nos familles bonne santé, nous vous embrassons. 4 décembre. — Hérard-Legrand. | Antoine, neuve-des-petits-champs, 45. famille bonne santé, julie rassurée, famille oliff de même, reçois tes lettres, écrivez, le mans. — Frénay. | Garnier, rue saint-honoré, 190, paris. beurre acheté, enfants bien forts, tout va bien. — Renard. | Lethimonnier, rue pavée-marais, 24, paris. tous bien portants, barbier aussi. — Lethimonnier, au mans. |

Cluny, 12 déc. Dubois, rue bourse, 1, paris. envoyé dépêches, reçu lettres, portons tous bien, achille, ambulance vierzon. — Bonneville. |

Trévoux, 12 déc. — Rousse, 17, helder. merci, gustave saint-mâlo, françois blois, sœurs, nous tous bien. — William. | Lagarde, molière, 24. bonne santé, guillauma bourg. — Lagarde. |

Montauban, 11 déc. — Dechavannes, 111, saint-charles, paris-grenelle. accouchée 13 octobre, fille va parfaitement, tous très-bien, émile aussi, lettres rares, installés montauban. — Dechavannes. | Louis Samazau, bourdonnais, 38. donnez état, gleize, lieutenant, 24e marche, blessé, voir premièrement hôpital pitié. — Hubert, montauban. |

Besançon, 10 déc. — Gustave Fernier, mobile de seine, 6e bataillon, 6e compagnie. reçu lettre 2 courant, tous vont bien, merci. — Albert. |

Châlon-s.-Saône, 12 déc. Dennery, 1, boulevard mazas. suis charette, amélie, léon collége beaune, reçois parfait accueil, reçois tes lettres, m'ennuie mourir. — Dennery. |

Angers, 12 déc. — Mlle Delmas, rue notre-dame-des-champs, 31. reçu lettres octobre, santés bonnes, distribuez moitié comme voudrez, affections tante simonet. — Théophile. | Conin, boulevard sébastopol. vazille conin, hery desportes, bonne santé. |

Lons-le-Saulnier, 10 déc. — Baumat, chef d'escadron, 9e chasseurs. attendons impatiemment lettre, marguerite toulon, désirée wiesbaden, rejoint émile. — Baumal. |

Etables, 8 déc. — Mme Ducrest, rue verneuil, paris. videment, ruellan, kersaintgilly, armande, bien. |

Rennes, 11 déc. — Joüin, adjudant-major, 4e bataillon d'ille-et-vilaine, armée de paris. tous bien, nièce inquiète de toi, écris souvent. — Joüin. | Auney, 40, rue gay-lussac. tous bien portants, pays envahi, charles réformé, mathilde en sûreté, alexandre chez lui. — Aunay. | Auney, 50, gay-lussac. voir julien plessix, 26e régiment marche, 4e bataillon, 5e compagnie, rennes. argent, nouvelles. — Auney. | Dos, hautefeuille, 9. dol, combourg bien, françois rennes, répondre. | Demay, beautreillis, 15. tous bien rennes. — Demay. | Claude, boulevard courcelles, 33, paris. mon mari dans l'oise, moi londres, donnez-nouvelles par ballon, allons bien. — Anna. |

Limoges, 13 déc. — Sollieraud, 14, descrès, plaisance. des nouvelles léon peyre si vous avez. — Maumy. | Bardinet, boulevard haussmann, 73. tous bien portants, amitiés de tous. — L. Bardinet, 13 déc. | Amand, 14, grammont. confirme lettre pigeons résidence, limoges rien nouveau. Dupressoir. |

Toulouse, 14 déc. — Gèze, rochambeau, 8. portons bien, écrivez souvent, communiquez dubois. — Martin. | Mme Grénon, rue saint-marc, 20, paris. nous allons tous bien, nous avons reçu vos lettres. — Giscaro. | Barbelet, 16, rue mosnier. portons bien, écris souvent, m'ennuie beaucoup. — Barbelet. |

Pau, 14 déc. — Camentron, capitaine artillerie, vinoy. donne nouvelles albert mayence. — Camentron. | Fabreguettes, faubourg saint-denis, 23. portons bien tous, amélie fille. morra, place grammont, pau. | sœur Bordenave, noviciat filles charité, rue bac, paris. comment es-tu? as-tu habit religieux? réponds ballon. nous bien. — Bordenave. |

Lorient, 12 déc. — Calderon, place royale, 9, paris. par ballon veuillez donner nouvelles brèche, tous bien lorient. — Serec. | Bonnafond, mogador, 3. reçu lettres, allons bien. marthe aussi. perdu, 15 novembre, petite fille née fin octobre. mille tendresses. — Bonnafont. | Cormier, bac, 66. paul blessé, ambulance ministère marine, le voir, écrire immédiatement gravité, état des blessures. — Plonquet. |

Mauroy. — Labouret, 98, rue la victoire, paris. toujours ferron, Charles aussi congé, Frédéric arcachon. Rhoné, Dinard, Alice Christian fille, bien —Léonie. |

Vannes, 27 décembre. — Perrot, 5, rue bleue. vannes bien. — Perrot. | Loyer, 38, rue berlin. portons bien, recevons lettres. — Suzanne. | Grangez, 15, boulevard invalides. bien portants, Edouard aussi, ménage seule, gardé Elisa, bonnes nouvelles toute la famille. — Delaroche. douve, vannes. |

Noizay. — Gourdin. cloître honoré. reçu tienne 9, Enseaume reçue, envoyé mienne 30, écrit rouen aujourd'hui. — Gourdin. |

Tours. — Guilbault, 74, faubourg-antoine. tous bien portants. Léonie, Eugénie, pension. Georges au mans. |

Toulon-s.-mer, 26 décembre. — Marchant, 8, st-arnaud. oui. 22,000. amplement. oui nantes. — Charles Grisel. |

Mamers, 26 décembre. — Galbrunner, 127, turenne, paris. toutes santés bonnes — Galbrunner. mamers, 26 décembre. | Mayer, 3, place valois. Louis, Emilie, Lucie vont bien, reçoivent lettres. prussiens passés, aucun mal.— Picard. |

Concarneau, 27 décembre. — Gervais-Giroux, 87, boulevard st-michel. souhaits réunion. baisers, santé plantureuse. — Maria. | Edouard, 18, boulevard malesherbes. Apestiguy garde encore trois mois appartement, réponse ballon, nouvelles Roger Deversin. |

Rennes, 26 décembre. — Lefranc, 6, cossonnerie bonne année, allons bien, Brunet écrive souvent. |

Roche-sur-Yon, 27 décembre. — Machelard, 20, servandoni. bien portants, Léon aussi. oncle congestion, saigné, sauvé. bonne année. — Eugène. | Cellier, rue gaillon, 5. tous bien. Léopold, commandant, 17 chasseurs. Delasalle ici. — Snider. |

Port-Louis, 27 décembre. — Richard, 24, rue jean-nicot. (pour Adolphe). Amélie a garçon, elle nourrit. tous bien, écrivez souvent. — Amélie. 27 décembre. |

Villers-sur-mer, 25 décembre. — Morizet, 33, rue montmartre. villers, corbeil et compiègne bonne santé. tous partagent votre douleur. amitié, consolation pour tous. — Loisel. |

Les Andelys, 23 décembre. — Norget-Corcelet, 104, galerie-valois, paris. envahis, allons tous

Bordeaux — 20 décembre 1870.

bien, sans nouvelles de vous 15 septembre, inquiets, écrivez ballon immédiatement. — Hauger. |

La Châtaigneraie, 26 décembre. — madame Thomas, 15, rue du centre, paris. recevons lettres, portons bien, résignés, envoyons baisers à tous. — L. Motte. châtaigneraie, 26 décembre. |

Argentan, 26 décembre. — Deville, 21, rivoli. sans nouvelles Gondouin, très-inquiets de vous, écrivez immédiatement par ballon. — Viet. |

Courtomer, 26 décembre. — Turenne, sous-lieutenant, 45e mobiles paris, 100, bac. lettres, argent, Lion, courtomer, tous Turenne. Molinier santé, dépêches. — Turenne. |

Condé-en-Brie, 8 décembre. — Remiot, garde mobile de l'aisne, 1er bataillon, 3e compagnie. nous portons bien tous, de tes nouvelles si tu peux, demande argent chez Rabourdin. — Remiot. |

Sablé-sur-Sarthe, 26 décembre. — madame Lacoste, 48, rue st-lazare sablé tous bien, écris souvent, reçois lettres, bonne année, embrasse Jeanne. — Lacoste. | Saller, 39, aboukir. santé parfaite. envoyons souhaits, baisers. quatrième dépêche. Georges sage — Blanche. |

Bordeaux — Huet Eugène, avoué, 4, rue de la paix, paris. tous bien. |

Verneuil-sur-Avre, 25 décembre. — Moitessier, 42, anjou-st-honoré. tous bien portants. ennemi passé, rien dérangé. reçu argent. — Veillou. verneuil, 25 décembre. |

Bordeaux. — Gouyon, 73, rennequin. bien, Félicie aussi, Désir avec nous, reçu lettre, écrivez st-aigulin. — Désir. | général Ducrot. bonnes nouvelles famille Ducrot reçues 27 tours. — Sazilly. | Halbronn. 47, panorama. Octavie, Emma, moi, enfants, bien. Gustave afrique. adresse, 5, michel-montaigne. — Emma. | Bricka, 4, quai mégisserie. envoyez lettre pour Fénétrange, faites vendre céréales légumes secs, angleterre fournira besoins pois. — Mies. | Posth, 4, quai mégisserie. votre femme troisième garçon, tous bien. revenu Hucqueliers. — Mies. | Turenne, 100, bac. santé courtomer. Marie, moi. tous Turenne bien. reçois lettres, dépêches envoyées. — Turenne. | Cathelineau, 20, st-fiacre. père nantes, vaas, sables, tours, bien. | Leburgeon. — Ferussac, 51, verneuil. tous bien. Louis, Mathilde, francfort. prends 500 francs Mallet, boulevard haussmann, 78. — Henry. | Cessac, avenue montaigne. tous bien villeroille. rien changé maison, écurie. reçois souvent lettres. avons deux blessés. souhaitons bonne année. — Cessac. |

Bergues, 25 déc. — Drogy, servandoni, 23, paris. paul prisonnier, altona santés bonnes. — Eugénie, gaston, bergues. |

Etretat, 20 déc. — Brasseur, taitbout, 47, paris. t'envoyons nos souhaits, reçois lettres, portons bien, j'ai argent, mille baisers. — Brasseur. |

Béziers, 20 déc. — Sabatier, 12, rue carrières, paris-batignolles. santé excellente, donne détails nombreux, écris serré. — Sabatier. |

Montauban, 30 déc. — Renons, poste feuillantine. marguerite 12 octobre, tous parfaitement. — Palmyre. |

Noyon, 21 déc. — Dumont, rivoli, 94. santés excellentes, idem méharicourt, reçu lettres, noyon tranquille, donne nouvelles scart, courage, embrassements. — Amélie, noyon, 21 nov. |

Vic-s.-Aisne. — Létoffé. rue des usines. 2, grenelle. gustave, reçu lettre ballon, santé bonne, écris-nous. ton père. — Létoffé. |

Port-Louis. 30 déc. — Fontaine. libraire, panoramas. reçu lettre normandie, marie, jeanne bien. — Rapatel. |

Abbeville, 25 déc. — de Lavrefville, avenue friedland, 4. reçu lettre du 2., envahis, hyacinthe tué, oscar démission à liége. eugénie souffrante, autres bien. — Raymond. |

Nice. — Calman-Lévy, éditeur, vivienne, 2 bis. mes meilleurs vœux pour vous, toute votre chère famille. — Pardac. | Duhamel, avocat, grand-orient, rue badet. vœux fraternels pour vous tous, nos frères pour victoire et triomphe france. — David Bardac. |

Chemiré. — M. François Chevet, palais-royal, paris. huitième dépêche, chemiré 30 décembre. tous ici et granville parfaite santé, charles solide, reçu lettre du 20. — Marie Chevet. |

Lannion, 27 déc. — Petiton. notre-dame-de-lorette, 18. marie bien, garçon malade. — Louise. | Pellerin, rue st-fiacre, 4. bonne année, nièces embrassent, écrivez davantage, pas reçu traites paul. — Joubert. |

Lannion, 26 déc. — Gueullette, 9, rue luxembourg, paris. bons souhaits pour tous, écrire st-aubin. — Beynac. |

Dinan, 28 déc. — Delon, 25, rue neuilly. odila très-bien, réponse, quatrième dépêche. — Lefrançois. | Morier, st-andré-des-arts, 52, paris. saint-paul, inquiète, dinan, côtes-du-nord. |

Guéret, 28 déc. — Decourthille, lieutenant vaisseau, 2e compagnie, 10e bataillon de marins, fort montrouge, paris. naissance heureuse, un fils, santés toutes bonnes, famille dutheil aussi creuse tranquille. — Decourthille. |

St-Etienne, 25 déc. — Gérard, rue montmartre, 52. gustave écrit à nain et pagnon, intact, bien portant, prisonnier à erfurth : je vais bien. — Lebègue. |

Lille, 24 déc. — M. Watris, rue montesquieu, 6. donnez nouvelles boulogne-s.-mer chasseurs pied, inquiet santé octavie, porte bien, pas prisonnier. — Florent. |

Tourcoing, 24 déc. — Mouton, gautey, 14, batignolles. famille bien, écrire par ballon. — Victorine. |

Le Mans, 28 déc. — M. Bain, 15, rue échaudé-st-germain. partagez nos graisses,, si malheur, priez eugénie donner les titres, souhaits. — Liard. | me Norbert, 3, place royale. nous déplorons ne pouvoir vous soigner, souhaits affectueux, vous embrassons tendrement, au mans. — Jules. | me Dangely, rue enfer, 17. henri santé excellente, précepteur par directeur, sire reçois lettres, écrire séminaire toulouse. — Dangely. | Bossion, rue conservatoire, 8. santé excellente, bon courage, le mans, 28 décembre. — Georges. | M. Monmory, 34, dragon. quand argent demoussy fini va demadre, demande par mois comme fixé, bonne santé, embrassons. — Monmory, mans. |

Aumale, 23 déc. — Petit, auteuil, télégraphe. accouchée garçon, allons tous bien, prussiens, convenables. — Justine Petit. | Major, 23, taitbout. femme, bébé, parents bien portants, pas prussiens aumale — Marie. |

Lorient, 29 décembre. — Roger. rue écouffes, 22. familles marsille, pontois, schliebusch bien portantes, recevons vos lettres, six dépêches expédiées, informer henry. — Marsille. | Caris, chef d'escadron artillerie marine. famille bien, lettres reçues, enceinte. — Francine Caris. | Richard, capitaine mobile. 31e régiment. fontenay-sous-bois, troisième dépêche, oncle reçu lettres tous bien, embrassons cœur. — Marie Richard. |

Calais, 24 déc. — Gérand, 126. magenta. reçu argent sans besoin, portons bien tous. embrassons baillot, gérand, morsaline, embrasse toi particulièrement. — Marthe. |

Rochefort-s.-Mer, 29 déc. — Léonard, faubourg montmartre, 42. rochefort, toutes bien portantes. — Léonard. |

Cany, 24 déc. — Cotard, 8, montesquieu, allons bien, embrassements tous, donner nouvelles blanquet, jules caporal. 6e compagnie, 5e bataillon mobile seine-inférieure. — Leprévost. |

Tonnay-Charente, 28 déc. — Landriau, 15, rue scheffer, passy. tous bien, émile sleswig. — Rizat. |

Grandville, 24 déc. — Farrechon, jacob, 54. granville, meilleure année, 12 lettres félicite. — Gustave. | Guiraud, rue fontaines, 3. paris. lettres reçues merci. mangez beurre, confitures. — Haentjens. |

Domfront, 26 déc. — Barthélemy, 8, mulhouse. porte bien. — Palmyre. |

Constantine, 20 déc. — Bernard-Cohen, passage de la réunion. écrivez toujours, metz, forbach, ingolstadt, bonne santé. — F. Abraham-Cohen. |

Flers-de-l'Orne. — Léclure, 97, université. bien portante, flers, reçu lettres, bonne année. — Lécluze. |

Fécamp, 25 déc. — Leborne, 1, oblin. reçu seulement lettre 5 courant depuis 17 septembre, télégraphie 2 fois pigeons, allons bien. soignes affaires. — Héricourt. | Trahand, turenne. 113, reçois lettres, payez taxe, santé bonne, surveillez maison Boulet. | Petro, hauteville, 12. merci lettre, bureau aucune, écrivez souvent, issoudun bien. — Raineau. |

Etretat, 25 déc. — Halévy, 31, larochefoucauld. tous, tous, tous santés parfaites, aucun rhume, sécurité assurée, département très-tranquille. | Halévy. |

Dinan, 26 déc. — Jorcquemin. hôtel st-séverin, rue st-séverin. apprenons rhumatisme. soins, précautions, fais écrire. baisers. — Jorcquemin. | Bourgeois. st-michel, 135. toutes bien. renvoyé cartes, souhaitons pour tous bonne santé, meilleure année, pensons giverne, itasse, famille julie écrive. | Flaud. avenue suffren. paris. tous bien portants, henri et paul prisonniers, propose argent et logement à jacquemin, écris souvent. — Henri. |

Montauban, 28 déc. — Pimbert, rougemont, 1, santé bonne, georges, moi, montauban. — Caroline. |

Moulins-sur-Allier, 26 déc. — Bauelesson, 29, cardinal fesch. paris. portons bien. moulins, bar, mortlake, bonne année, meilleure santé, demandez francisque, pension papa. — Lucie Petitpas. |

Aire-s.-l'Adour, 28 déc. — L'huillier, 120, avenue champs-élysées. toutes parfaite santé. — Perthe. |

Pouilly-en-montagne, 16 déc. — Chicotot, avenue observatoire, 20, lettres reçues, créances beaune bien, prussiens partis. — Louis. |

Auch, 27 déc. — Lanfousse avec général d'exéa, allons tous bien, françois lieutenant mobile loire, léon sétif. — Marguerite. | M. de Batz, officier état-major, attaché général ducrot, paris. anna, enfants, parents d'auch, vont parfaitement. — Edmond de Batz. |

St-Vincent-de-Tyrosse, 28 déc. — Brusson, commandant, boulevard montparnasse, 82 paris. décembre, sommes bien, logerot aussi, courage, admirons paris, cherche maurice, prax paris. — Henriette. |

Pont-Audemer. — Dubois Mermillod, 24, sébastopol. juliette et marthe vont bien, 19 décembre. — Eugénie. |

Lyon, 26 déc. — déc. — Gardin, 30. bergère. santé bonne, nous envoyer montant des factures à débiter aux andalous. — Louis. |

Besse-s.-issolle. 27 déc. — Segaud, rue condorcets, 3, paris. besse. mère, nous nous portons bien, sommes tous dans inquiétude de tes nouvelles, réponds. — Segaud. |

St-Servan, 26 déc. Viaris, fort montrouge, officier marin. écrire plus souvent, saint-servan. — Viaris. |

Bayeux, 25 déc. — Zoé, Pechenez, avenue neuilly, 165. porte bien. espérance, priez, m. bouché compléter contributions, bayeux. — Jullien. | Malenfant, pharmacien ambulance, grand hôtel. portons bien, remercions Dieu, manquez-vous argent? roland venu novembre. santé parfaite, prêté argent. — Aimée. | Henriette Magnée, 47, richelieu. payez 25 francs prime séjour. — Daligny. |

Tours. — Viollet, 5, st-louis-en-l'île, tours sauvé, prussiens partis, tous bien, cornélie aussi. — Viollet Viot. | Brémond, rue richer, 19. toujours abbeville. bonne santé, marseille. tous bien. — carobrémond. | Levoyer, 107, st-martin. mère, louise, albert laval, marie, henriette, famille levoyer, beauté bonne santé. | Villedieu, lion, 43. nous nous portons bien, tours, 24 décembre. — Damonville. |

Pau, 27 déc. — Dagallier, cité malesherbes, 6 bis. femme en suisse, moi pau, tous bien portants. — Dagallier. | Péloux, officier mobile drôme. merci nouvelle, tous heureux. lettres toutes reçues, bourg. valence, pau bien. |

Méru. — Vaquez, 21, rue turbigo, paris. sommes tous méru, accouchée fille le 11, bien portants, reçu lettre du 4. — femme Vaquez. |

Valenciennes, 24 déc. — Ravaux, lieutenant, 108e ligne. alfred, roth, famille, bien portants. — Ravaux. |

Brest. — Mme Sapia, rue cirque, 10. enfants bordeaux, bien soignés, vont bien. pierre vous remercie, écrivez pœsth, sort ernestine assuré. — Henry. |

Le Hâvre, 27 déc. — Orgeval, boulevard haussman, 128. toutes bien, réfugiées hâvre, fontaine occupé troupes, prussiens bolbec. inquiétudes. — Claire. |

Nantes, 28 déc. — Paraire, capitaine, 2e compagnie, 5e bataillon, 28e de marche, mont-valérien. dame accouchée heureusement noirmoutiers, famille génevier tous bonne santé. — Bauquin. | Cheilus, 105, avenue saint-ouen. habitons nantes, quai duquesne, 5. bon voyage. tous bien portants, pas de nouvelles. — Eugène. | Madame Duval, 10, bons-enfants. reçu lettres, merci. porte bien, envoyé souvent dépêches, reste sédentaire nantes. avons cœur, pensées, souhaits. | Levesque, lieutenant, mont-valérien. famille bien, louis, jules, nantes. donatien éclaireurs charette, coco. georges harfleur. optimiste. perthuis vendus, nantes tranquille. — Levesque. | Peigné, 28e mobile, 3e bataillon, 3e compagnie, mont-valérien. espoir général, tous bien. ennemis sous paris seulement, 3e dépêche, prudence. — Peigné. | Mme Dardel, 36. laffitte. écrivez nouvelles fernando, bonne santé. — Nanine. | Woirot, rome, 143. lettre reçue, envoyez autres nouvelles. alice, enfants, dax. prémonville, chartres, moi commandant nantes, tous bien, souhaits. — Mangin. | Bouttier. greffulhe, suis très-bien, lève demain, petite fille 14 jours. — Anna. | Delajaille, 5, université. édouard armée loire, maurice régiment charette, famille entière entière bien. — Monti. |

Bordeaux, 00 déc. — Fourmestraux, 73, saint-sauveur. allons bien. auguste avec nous par ordre, recevons lettres, bonne année. — Fourmestraux. | Vilmorin, quai mégisserie. reçu demandes américaines, que faire? télégraphier : expédidion impossible? faire exécuter en angleterre. — Mies. | Vauche, colonel, 35e ligne, faubourg saint-honoré, 116. lettres reçues, félicitations, prudence, tous bonne santé. alfred, lieutenant, parti. athénaïs bien. — Désirée. | Thirion, 85, rue monceau. édouard bien, dépôt limoges. — Robert. | Valdrôme, 39, tour-d'auvergne. écris costebelle, lorraine parfaitement. — Hortense. | Lagarde, 51, lille. dieppe, 30 décembre, toujours parfaitement, tranquilles. — Isabelle. | Grignon, duphot, 2. santés parfaites. — Lallemant, flers, orne. | Leroy, rue rivoli, 178. famille villiers, maman leroy, albert, cécile, louise, anna, jules, vont bien. — H. Leroy. | Dru, rochechouart, 69. famille dru, leroy, durand, vont bien. recevons lettres. — Lucie Dru. | Clémenceau, maire, 18e arrondissement, paris. santé bonne, reçu 21 lettres, bébé mange parfaitement, profite beaucoup, tous espérons. | Leroy, boulevard saint-michel, 35. saint-just, charles, alphonse, famille villers, allons tous bien. lucie accouchée garçon. recevons lettres. — Louise Leroy. | Cailliez, 13, rue rougemont. tous bonne santé, pas dégats matériels, manquons de rien, fabrique marche, pas crèvecœur, 22 décembre. |

Ernée, 27 déc. — Mme du Bouzet, 28, place saint-georges. non, oui, oui, oui. avez-vous reçu 4 lettres? — Gustave. |

Avranches, 26 déc. — Paillard, 83, boulevard sébastopol, paris. 3e, tous bien avranches. — Desvaux. | Nodler, chez Dreyfus, Scheyer, 2, chaussée-d'antin. écris, santé bonne, autorise emprunt, scheyer ou roussel. — Nodler. |

Loudun, 28 déc. — Bruneau, entrepôt vins. armantine, georges, pères, familles bruneau, dupuis, duchesne parfaite santé. donnez nouvelles martin. — Honorine. |

Etretat, 26 déc. — Tixier, 5, pont-de-lodi. reçus. allains bien. | Boyer fils, taranne, 14. tous bonne santé, étretat. — Louise Boyer. | Lafont, 46, amsterdam. tous bien, marie avec laure. — Fauquet. |

Cayeux-s.-Mer, 22 déc. — Cloëz, 7, linné. tous bien, cayeux. | Lecesne, 6, réale. aller appartement brochant et faubourg, écrire chaque semaine. — Baron. —

Saint-Donat, 9 déc. — Cherpe, 28, rue de berlin, paris. cherpe, h. donat, robert, champels, dagerus, milloud, allons tous bien, recevons lettres, province va secours. |

Le Puy-de-Velay, 11 déc. — m. Jacquot. 31, rue des jeûneurs. nous recevons vos lettres, nous allons tous bien. — Vibert. —

Chénéraille. — Decourthille, lieutenant vaisseau, fort montrouge, 9 déc. santés bien bonnes, chénéraille, lavoreille, montfort. — louise Decourthille.

Marseille, 5 déc. — Payat, 80, quai la rapée, paris. bonnes nouvelles paillot, nous tous très-bien. — Peyrol. |

Wormhout, déc. — Bourdaloue, 2, boulevard st-andré. bourges, wormhout, santé, alfred st-servan, ille-et-vilaine, santé, sûreté. |

Saint-malo-de-la-lande, 7 déc. — Asselin, 2, rue casimir-delavigne. troisième dépêche, nous allons tous parfaitement. — Meslier. —

Mans, 7 déc. — m. Trouvé, 90, rue demours, ternes, paris. P. B. T. R. 3. — maria Trouvé. | me Lasalle, 9, rue léonie. reçu lettres, répondu six fois, portons tous bien. lionel prisonnier allemagne, edgard à régiment. — Vanssay. | m. Binay, 18, boursault, batignolles. st-mars, tous bien, lettres reçues. | Tillier, 271, rue st-honoré. toujours le mans, écrivez donc. — Souy. | Pellois, 38, rue notre-dame des victoires. merci, envoyez-moi souvent nouvelles et journal. — Gustave. | Baissiet, 21, tourkob. tous sains et saufs, tante et clotilde tranquilles à corbière. — Desplas. | Menget, 64, rue bondy. allons bien, commerce bien, defente mort, mermon babœuf pas nouvelles, craignons invasion, provisions prêtes envoyées. — Dreu. | Vavin, 14, rue castiglione. allons tous bien, enfants grands, parents à napoléonville. eugène robert, moi ici pas encore envahis. — Anna. | Vétillart, redoute faisanderie. mère, sœurs, écosse, joseph armée loire, ernest ici, tous bien. — Vétillart. | Fabret, 114, rue du bac, paris. santé meilleure, père mort 28 octobre. — Voisin. | m. faucheux, 128, avenue d'eylau, paris, chez m. naurois. toujours au mans, t'aimons, embrassons tout cœur. — Jeanne, Pauline. |

Etretat, 6 déc. — me Desnos, 9, avenue victoria. reçu lettres, bonnes nouvelles carlihan. — Roussel. | Brasseur, artiste, 47, taitbout, paris. tous en bonne santé, argent, toujours étretat, embrassons. — Brasseur. |

 Pour copie conforme :

L'inspecteur,

Bordeaux. — 20 décembre 1870

Lasson, 40, boulevard magenta, tous excellente santé, bien installés, croydon lucie forte, pas dents, pas sevrée, quatre, jeanti bien. — Marie. | Huntington frères, 160, rue montmartre, paris. déménagez meubles, william. congédiez ollivier, couvertures, L treize. XA. seize, A dix-huit, AA vingt-deux. | Thorailler, 55, rue de Charonne, paris. assurance mutuelle contre bombardement, assurer toutes les propriétés auteuil. quant aux usines, consulte, fais pour le mieux. — Gillou. | Chaulin, 15, chaussée d'antin, paris. allons bien, reçu lettres emma.— Clarens. | madame Delavoye, 29, rue de colysées, paris. votre banquier dans rue laffitte vous payera six cent cinquante francs. | Prosper Ferrère, banquier, rue laffitte, paris. cox et grenwood londres vous autorise de payer six cent cinquante francs à ellen delavoye. | mademoiselle Elise Chaumonot, 138, rue montmartre, paris. lettres reçues, continuez. revenu suisse, bonne santé, riehmschmidt strasbourg bien, adolphe prisonnier. — Peill. |

Fonderie, 155, rue saint-denis, paris. pas nouvelles depuis un mois, folle d'inquiétude, cherche à répondre. — Ram. | Alexandre, 6, rue de berry, paris très-inquiet, comment vont les chevaux, cherche à répondre suite pigeon. —Maurice. | Louis Auber, 19, boulevard Strasbourg. paris. reçu votre lettre 2 décembre, remises deux cent quarante mille, prière envoyez crédit pour gilles et moi.—Gaensly. | Georges Endlich, 210, rue saint-martin, paris. j'ai reçu votre lettre, tout le monde va bien ici et à Nevey, charles est ici. —Fritz. | Berteaux, 10, rue aboukir. faites compensation emprunt avec bons trésor, allons bien, affaires londres et lyon bien. — Berteaux. | Greder, 66, rue hauteville, paris. nous, chamon, henon alexis bien, adèle onze semaines reçu lettres, donner provisions plomec, désirons lettre de creton. — Greder. | Petit frères, saint-denis, paris. avons reçu de lingemann cinq mille livres sterling au crédit de claude lafontaine. — Devaut. | Delspalme, 10, rue castiglione, paris. santés parfaites, phelippon et fils à londres.

Godchaux, 14, rue mogador, paris. lafertésgrangerie ici depuis fin septembre, tous bien. — Keele, southampton. | Frippelritz, 66, rue caumartin, paris. toute la famille bien portante, vos lettres reçu avec plaisir, mille baisers. — Guillaume Frippelritz. | madame Lebreton, 6, rue castiglione, paris. grand'maman bien, envoyé quatre dépêches. reçu plusieurs lettres, nous cinq, deuxième dépêche.—Adèle Benson. | Masson, 14. rue clichy, paris. vous ai télégraphié trois fois. Tous bien portants, londres, rome, strasbourg. écrivez, mille tendresses. — Andra. |

Guesnier, 18, rue rivoli, paris. reçu toutes lettres, tous bonne santé, southampton depuis huit jours, 15 déc. — Raimbert, southampton. | abbé Vidieu, église saint-roch, paris. Auguste, ton silence effraie, donne de tes nouvelles. — sœur Vidieu. | Lebey, 33, uhrich, paris. prussiens à rouen, sommes parfaitement portants, amis maintenant florence. — Lebey. | Ball, 32, rue monthabor, paris. oui, oui, oui, pierre écrire. — Carrier Belleuse. | Janin, 3, rue saint-hippolyte-passy, paris. bien portants, besoin de rien, courage, santé.— Janin. | Paul Schuster, 4, rue halévy, paris. reçûmes lettre six décembre, tous bien, prière écrire par chaque ballon. donner nouvelles personnelles détaillées, sommes anxieux.—Schuster. | Ernest Bresselle, maréchal-des-logis, 1er régiment du train, 6e compagnie, aux célestins, paris. lettres reçues, bien. —H. Parson. anne saint-louis, 6, wellington terrace, charlcôte, dover. | Erlanger, 8, rue des vosges, paris. sixième dépêche, arrivés à londres, parfaite santé. — Constantin. |

Marie Suardo, 13, avenue matignon, paris. courage, les allemandes sont exaucées, vive la république française, trochu, gambetta, favre. au revoir. — William. | D. Montigny, 8, place de la bourse, paris. vos lettres à ballon trop courtes, quelques affaires, bonnes commissions, argent manque Roubaix, expédiez instructions. — J. E. Russell. | Cossé et Sanson, 32, rue du sentier, paris. marchandises vendues depuis septembre, valeur soixante-quinze mille francs. nous avons toujours communications avec roubaix. — James Poynter. | Bernard, 92, richelieu, paris. remington en amérique, lui ai écris, traite eich payé ici, tous bien bon espoir. — Bernard. | madame Félix La Croix 26, rue vanneau, faubourg saint-germain, paris. sœur chérie, nous recevons tes lettres, écris toujours, tout va bien, au bonheur de te revoir. — ta Sophie. | Cossé et Sanson, 32, rue du sentier, paris. nous avons vos lettres, été payé cinquante mille francs, nous achèterons de la rente, été à roubaix. — James Poynter. | F. Robert, 16, rue de la banque, paris. affaire cinq cent mille. ponson vendu noirs aux américains, pouchet à nantes, caisses arrivées, tout va bien. — Stanford. | Desmoulins, 8, rue anjou, marais, paris. reçu lettres, tout va bien, écrivez souvent. — Coiffier. | Bunel, 99, richelieu, paris. sixième lettre reçue, disposez maison entière pour blessés, prenez pour vous huile, vin, cave.—Vattet. | Alexandre, 24, rue entrepôt, paris. londres, bien portantes, sans nouvelles depuis fin septembre, très-inquiètes, répondez 13 norfolk street strand. — Déjazet. |

Isaac Mayer, 16, rue du colysée. paris. tous bonne santé, recevons lettres régulièrement, écrivez plus souvent. — Rose. | Advenel, 43, rue godot-mauroy, paris. tous bonne santé, recevons lettres régulièrement. — Rose. | Thomas Delevingne, 54, rue saint-honoré. paris. tout va bien, onze lettres chèque reçues, amis ici bienveillants, espérons vous revoir bientôt. —Harriet Delevingne, blackheath. | Dugenne, 14, rue bleue, paris. bien, affaires toujours toutes. reconnaissant, bon cœur, écrit souvent, pensée avec tous, fêtes père mère, baisers. — Margue, sherwood street, 51, nottingham. |

Luc-sur-Mer, 19 déc. — Lafontaine, banquier, 131, boulevard sébastopol. impossible de rentrer pour échéances prorogées par décrêt, ni vous faire parvenir lettres. — Lebelle. | Bertrand, 1, rue fauvet. portons bien. lucien n'écrit pas, inquiète. parler maison, cave tante. cheval gris mort. — Bertrand. |

Lalinde, 20 déc. — Fumouze, 89, boulevard magenta, paris. vu victor, toutes santés parfaites. germaine splendide. écrivez plus souvent. — Fumouze. |

Bretteville Corbeil, Calvados, 19 déc. — Nogent vont bien. alexandre écrire bureau, 33, rue montmartre. |

Saint-Fort-sur-Gironde, 21 déc. — de Pont aux affaires étrangères, paris. remplace B., démissionnaire. bonnes santés. — Henri. |

Toulouse, 21 déc. — Havard, rue nicolas-flamel, paris. inquiète de mère. frantz paul donnez nouvelles. — Marmier. |

Croissanville, 18 déc. —Heuschen, 19, scribe. bonne santé. Love envoie amitiés, cinquième dépêche. — Dauge, madame Dauge, à Croissanville, Calvados. |

Dol-de-Bretagne, 19 déc. — Horgueline, Abbesses, 13. toutes bien portantes. — Horgueline. |

St-Fort sur-Gironde. — Belnot, rue quatre-septembre, 24. tous bien portants, communiquons avec anne. — Lussigny. |

Granville, 19 déc.—Brière, rue grand-chantier, 6. — Lubey, Justine, nous, parfaitement correspondons. dominique, manquons de rien, argent, lettres, reçus. — Clément. | Poggenpohl, 9, rue monceaux. sans nouvelles tous bien, recevons argent bruxelles.—Poggenpohl. | Chevet, palais-royal. cinquième dépêche. marie, charles, parfaite santé. correspondons souvent. rosine, clothilde, enfants, caroline, moi, allons bien. écrivez. — Chevet. |

Dax, 21 déc.—Dalbouze, 214, St-Maur. Paul réquisitionné, santé parfaite. — Lacombe. |

St-Paul-en-Jarret, 19 déc. Couchoud, 71, rue rambuteau. — Si j'avais argent ferais affaires. — Louise. |

Vire, 18 déc. — Gastambede, st-lazare, 27. adrienne, eugène, bien portants. recevons lettres ballons. écrivez librement malgré prussiens. madame sautter morte genève. — Isa msiert, juge. |

Niort, 20 déc. — Marinoni, 57, rue Vaugirard. Recevons lettres, portons bien, embrassons toi, désiré, famille ennuyons beaucoup impatients vous revoir. — Cassigneul. |

Tarare, 19 déc.—Meynier, 12, blanche, paris. reçu quatre lettres. écrivez souvent. anna heureusement guérie. demande jean remplie. allons bien, xavier ici. — Meynier. |

Vivonne, 20 déc.—M. fialon chez champion, rue de Vaugirard, 41. tous bien portant. argent assez. — Fialon. |

La Suze-sur-Sarthe. — Voisné, séguier, 16. les enfants vont bien. — Laurent. |

Lassay, 19 déc — Mongeot, faubourg montmartre, 55. écrivez par ballon, rocher lassay, mayenne. |

Audenge, 21 déc. — Javal anjou, 4. reçu lettres paris. familles entières parfaitement. lille, vienne, leipzick, nice, arès, bébés, superbes.— Pauline. |

La Roche Syon, 20 déc. — Moreau, rue Turbigo, 19. paris. — reçu lettre Irène, demoiselles se portent bien, aspirent vous embrasser. froid, neige, à bussière. — Royer. | Moreau, Turbigo, 19. côté-ci marche passablement, rails remanquent, incessamment démontage voie. Dunes-Bouchet guéri, quelques avaries locomotives, dragues. — Royer. |

St-Etienne, 16 déc. — Binet, 5, garancière. novembre mauvais, perte cinq mille francs sans amortissement. existant vingt mille tonnes, facture, Lyon cent septante. — Evrard. | Solacroup, 8, rue Londres. lettre louise, quatre jours date. santé parfaite, ennuyée, a écrit deux fois, moi quatre. — Dagoty. |

Ervy, 15 déc. — Alfred Regnamt, sergent de mobile de l'aube, 3e bataillon, 3e compagnie billancourt, paris. reçu lettre, portons bien. — Regnamt. |

Domfront, 18 déc. — Caillard, 82, université. Paul décoré conduite héroïque, tous bien portants. — Bigot. |

Montauban, 21 déc. — Pimbert-rougemont, 1. santé bonne. montauban. — Caroline. |

Valenciennes, 11 déc. — Mabille, avenue maine, 20. avez argent chaque ballon carte, nord libre marche. reçu paul, giémart octobre, maclaan, marie, sommes contents. |

Bordeaux, 23 déc. — Biollay, 74, boulevard molesherbes. quitté boulogne 8 décembre, sommes bruxelles, 24, place louvain. bonnes santés. maman toujours dieppe — Hélène. |

Le Croisic, 15 déc. — docteur Semelaigue, château saint-james, neuilly. donnez nouvelles berthomieu, mirault, croisic. |

Le Châtelard, 15 déc. — Boullay, quai béthune, 14. portons bien, écris souvent. ernest hors danger. j'ai argent. — Châtelard. |

Avesnes-s.-Helpe, 9 déc. — hubert maréchal-logis gendarmerie, caserné louvre. avesnes œuilly, va bien. — Elise. |

Vannes, 14 déc. — monsieur Lange, 42, rue notre-dame-victoire. bureaux national. national rend espérance. merci, réitérez. vannes bons enfants. — Gion. |

St-Vallier-s.-Rhône, 13 déc. — marquis de Chabrillan, avenue montaigne, 30, paris. quatre dépêches novembre. raymond, robert, bonn, léonce, dusseldorf, renoult, rastatt, belbeufs, masins, fiquainville, fortuné, nous dauphine, bien. — Léontine. |

Rives s.-Fure, 15 déc. — Béchet, 19, boulevart strasbourg. sixième dépêche. lepré, lanneray intacts. parents, massu, nous, bien. coton payé, recevons vos lettres. — Marguerite. |

Riom, 14 déc. — Vintéjoux, 4, rue Delaborde. zélie, rené, famille, bonne santé, riom. — Vintéjoux. |

Tannay, 15 déc.—Moreau, louis-le-grand, 7. ennemis inconnus dans nièvre. rené ici tranquille. trouville florissant. cointes, chagniot, dufour bien. — Maily. |

Auxerre, 14 déc. — Tambour, boulevard saint-michel, 1, paris. filles parfaite santé. — Tambour. |

Châteauneuf-s.-Charente, 17 déc. — Turner, rue jean-jacques-rousseau, 27. — enfants portent bien, nous aussi. édouard mort 3 octobre, nourrice partie. — Boischarente. |

Dinard, 14 déc. — Journar, lille, 7. votre père bien. logez marices chez nous. voyez nottin rossella. écrivez davantage. — Pilastre. |

Guérande, 17 déc. — Lestang, 9, rue carnot. Tous bien, henri sous-officier quinzième corps armée loire. cuisinière partie 20 octobre volé. |

Quimper, 16 décembre. — madame Mallot, grands-augustins, 20. regrets sympathiques et profondément affectueux. — Baronne et Lucie Doissel, quimper. |

Angoulême, 18 déc. — Croullier, 29, sentier, paris. longeville, roullet, santé superbe. tous enfants superbes. moral aussi bon possible pour situation. recevons lettres. — Croullier. |

St-Chamond, 21 déc. — Richard, 3, montagne ste-geneviève. troisième dépêche. recevons lettre 16 décembre. allons tous bien. lina revenue. teinturiers travaillent, frères non militaires. — Richard. |

Fontenay-le-Comte, 17 déc. — Robert Alphonse, mobile, Vendée, premier bataillon. deux mois sans nouvelles. mère tourmentée. écris. — Robert. |

Grenoble, 17 déc. — Auguste Grasson, rue trévise, 42. grenoble, inquiète, donne nouvelles. — Imbert. |

La Châtre, 18 déc. — Adam, 23, boulevard poissonnière. alice à saint-hélier. jersey très-bien. — Nohant Sand. |

Guéret, 17 déc. — Commandant 4e bataillon, 68e ligne. nouvelles villemalard, 5e compagnie. — Voysin de Gartempe. |

Lormes. — Ferry, 372, rue Honoré. quatrième dépêche sans réponse. inquiète, écrire lormes. — Mère Louben. |

Ambazac, 18 déc. — Madame Marjolin, 16, rue chaptal. basforet bien portant. écrivez. — Cécile. |

Tarbes — Brosser, 6, marengo. effrayées, parties Chatellerault, arrivées tarbes toutes six bonne santé. écris rue larrey, 3. charles collége ici. — Brosser. | Monsieur Vander Borght, 14, rue de l'arcade. bonne santé. reçois lettres, écrivez. — Elise.

Bourge, 16 décembre. — Vignolle, 316 faubourg saint-honoré. horace bien portant à bonn. transmets votre lettre reçue 13. pourvoierai argent. — Cécile. |

Treignac, 16 déc. — Monsieur Boutet, 10, rue thérèse. amitiés au bon oncle, tendresses à grand'mère. embrassons. — Thérèse.

St-Gérand-le-Puy, 16 déc. — Institut de Ligny. marthe accouchée bien, enfant mort. abattre jérôme vaches, provisions salées. vavin de ligny, cocher. — D. Duboys. |

Meximieux, 15 déc. — Duquesnay, rue annonciation, 36, passy. papa et nous allons bien. reçu vos lettres. — Anna. |

Champagnole, 15 déc. — Bardy, rue malesherbes, 26. sommes tous bien. Champagnole Jura). — Bardy. |

Dinard, 16 déc. — Joumar, lille, 7. santé bonne. reçu douze lettres. toujours avec t rrel. écris pilastre. — Joumar. |

Vichy, 16 déc. — Soisset, ponthieu, 45. félicitations vichy. — Mousin-Sansal. |

Mâcon, 15 déc. — Déclat, taitebout, 80. inquiète. écrivez après combat. veillez maison chaussée-d'antin. troisième message. attends agon. — Goyet. |

Honfleur, 15 déc. — Walbecq, rue du mail. paris. toutes à bruxelles, bien portantes. charles armée loire. suis désolé de champignolles. serre orangers — Adam. |

L'Aigle, 14 déc. — Ducrot, avenue des ternes, 33. paris. l'aigle, châteauneuf bien. charles mobile. — Bigot. |

Charny. — Lafrenaye, st-guillaume, 16. misy bien portant. dire henri écrivez. — Sinety. |

Villers-Bocage, Calvados. — Dulong, 43, faubourg honoré. geneviève, aymar, henry bien. villy, 15 décembre. |

Cosne-s.-l'Œil. — Rendu, rue clichy, 51, paris. contents de vos nouvelles. merci. les nôtres bonnes. impatients et confiants. bravo genio. — Chaptal. |

Bordeaux. — 20 décembre 1870.

Prey-St-Thil. — Madame Tufton, place st-georges. — ensemble aisy bien portants, recevons tes lettres, pas celles Albert. écrivez souvent. thérèse remise accident 22 septembre. prussiens venus un jour semur, pas aisy. bonnes nouvelles angleterre et tous. henri aix-la-chapelle. tendresses. — Méchain. |

Genelau. — Pomerolli, 61, st-dominique, paris. reçu lettres 3. si fils blessé, avertissez sœur Louis. tâchez soigner maison. écrivez souvent. — Croix. |

Evreux, 14 déc. — Chabat, 49, vinaigriers. bien portants. Evreux. |

Broglie, 13 déc. — d'Haussonville, reuilly, 95. nous allons tous bien. le département envahi. fais donner nouvelles à ton père. — Broglie. |

St-Julien-Genevois, 15 déc. — Employés Wickham, 16, rue banque. allons bien. habitons grand-lancy. genève. recevons vos nouvelles. merci. écrivez longuement, souvent. courage. — Georges. |

Meursault. — François Liger, 1er bataillon, 3e compagnie, 10e marche. parents vont bien. demande quarante francs à Fanien. 30, rue Chabrol. — Prouvèze. |

Boulogne-s. mer, 11 déc. — Léon Brocard, 26, rue de la roquette, paris. portons bien. recevons lettres. — Isabelle Brocard. |

Chambéry, 15 déc. — Thiébaut, faubourg saint-denis, 140. nous aix, notta versailles, bien portants. |

Beaune, 15 déc. — Hélydoissel, 70, rue chaillot. sans nouvelles depuis 15 novembre. écrivez-nous nouvelles des frères chez madame nazentlever, à nuits. — Darcy. |

Lille, 10 déc. — Eberlin, 43, rue caire. pas lettre frédéric depuis 27 octobre. inquiet. écrivez par ballon, 25, rue lille, courtrai, belgique. — Vallée. | Blanckaert, 39, rue laffitte. lettres reçues, bien portants. — Blanckaert. | Offner, ferronnerie, 37. mari et famille vont bien. répondre aachen. prusse, dire marcoux, 15, petit lion. | Coisel, 86, école médecine. église et règlement bien. courage. | Sensfelder, 43, ramey. pas lettre frédéric depuis 27 octobre. très-inquiet. ai envoyé beaucoup lettres, dépêches. écrivez souvent fives. — Vallée. |

Bordeaux. — Reclus, 92, rue feuillantines. familles reclus, kergomard, casse, santé parfaite. paul franc-tireur côte-d'or. — Janny. | Moreau, 191, boulevard malesherbes. quatrième dépêche, bonne santé. écrivez. — Lefebvre. | Docteur Baudouin, faubourg-poissonnière, 65. sommes toujours Arromanches, bonnes santés, recevons lettres. — Nicolas. | Joly, corps législatif. tous parfaitement, vingt pays tranquille, manquons rien, reçu lettre 6 décembre, tendresses. — Louise. | Beslay, rue de seine, 6. tous bien à gand. courageuses, ressources suffisantes, épargnez rien, conservez-vous. recevons lettres, tendresses, courage. — Marie. | Amiral Montaignac. heureusement accouchée élisabeth, tout le monde va bien. — Sabine. | Capitaine Rambuteau, mobile, 13e régiment, pantin. sixième dépêche, remercie Dieu de vous avoir préservé, trois frères intacts, envoyez portrait. — Mathilde. | Tarvès, boulevard saint-martin, 18, ta mère. famille allons bien, embrassons raymond, toi, écrivez souvent, angèle a envoyé dépêche. — Carvès |

Grenoble, 5 déc. — Sabattier, ministère de la marine, paris. reçu lettres, sommes lycée. tous bien, horace prisonnier bonn. — Jules Sabattier. |

Lyon, 6 déc. — Madame Willem, 102, rivoli. allons tous bien. et vous? — Henry. | Alhechy, 10, vivienne. lançon bonne santé, chez gunzbürg, suisse, sans nouvelles, léon, lécuyer. bastion, 58, passy. parents santé. — Grabit. |

Lyon, 7 déc. — Armengaud, rue saint-sébastien. allons bien, pauline accouchée fille, reçu lettre du vingt-huit. bonnes nouvelles de magneux. écris souvent. — Véronique. | Madame de Conflans, 99, rue Morny. allons tous bien. pauline accouchée trois octobre belle fille. recevons vos lettres. — Albert. | Daille, 75, faubourg antoine, 7 déc. aucune lettre, santé bonne. gouzil, cornier, commandant bainville, hallouin prisonniers. avisez taverne. — Didelot. | Sautter, 1, saint-georges, paris. tous bien. genève, marnex, Marengo, lyon. — Cordes, 2, rue royale lyon. | 9 déc. — Schulmberger. 36, sentier. eugénie revenue, toute famille bonne santé, établissements travaillent moitié temps, domination, police, administration prussienne, perçoivent impôts, soignent postes, télégraphes. reçu lettres deux, quatorze, dix-sept cartes jusque 9 novembre. mulhouse, 6 décembre. — Schlumberger. | Madame Roux, 66, vaugirard. lyon tranquille, pas menacé. comme inspecteur. bonne santé, ai argent, tendresses. — Georges. | Ponthus, 7, boulevard sébastopol santés splendides à gimel, courage à bientôt. — Edmond. | Camel. 8, rue d'antin. tous bien, répondu questions, affaires nulles, financières passables, siége incertain. chatels bien, recevons lettres, écris. — Emile. | Madame Besnier, 85, verrerie, paris. bonne santé, tranquille, reçu dépêches, envoyer souvent lettres légères par ballons. — Besnier. | Madame Simon-Chevalier, 24, rue Cassette. allons bien tous. de pau bonnes nouvelles récentes. — Delagrevol. | Mobile, ain, lacroix, laval, prendre boisson adoucissante, pas papier irritant. bataille nous inquiète, écrivez, prions tant pour vous. — Amicie. | — Gazet-Lefebvre, 15, rue richard-lenoir. contente commandant, grande impatience revoir famille heureuse, amitiés Deviron — Estelle. | Rolland, directeur général tabacs. mon mari toujours strasbourg. établissement confisqués, schelestads incendié. — Elisabeth Buisson, 22, place conteur, genève. | Laboré, 61, feuillantines. avons votre lettre du 2. personnes aimées en angleterre et france vont bien, confiance. — Ribollet. | Martin Paschoud, 163, rivoli. allons tous parfaitement bien, écrivons souvent, avons vos nouvelles du 4, sommes tranquilles, vous admirons. — Lucy. |

Périgueux, 9 déc. — Bonnarlot, 40, boulevard haussmann. grand père, grand mère, auguste, marie, alphonse se portent bien, vous embrasse, courage. — F. Walter. | Souchet. 9, rue du bac, lettres. argent reçu, émile exempté, garde argent, tous bien | Grand, 60, boulevard beaumarchais, paris. santé bonne, quatrième dépêche, reçu lettre 3 courant. — L. Grand. | Demarest, 27, berlin. tous bien portants, suis bien inquiète de maman, reçois lettres périgueux, 4, sébastopol. — L. Demarest. | Paul Dupont, 41, jean-jacques-rousseau. santés excellentes, satisfaction générale, gaieté soutenue. léonie très heureuse, pas vu actions. — Lugeon. | Boissonnade, 1, boulevard saint-martin. sommes millau, portons bien. louis collége, achats grenoble. léon haire demande à vendre avoines. — Boissonnet. |

Dôle-du-Jura, 13 déc. — Estreyer, 1, rue albe. grand malheur, hélène morte ici 3 novembre, tous autres vont bien. — Edmond. |

Saint-Pierre-les-Calais, 10 déc. — M. Dodiardi, rue flandre, 52, villette. vais bien, attends nouvelles, passe 32, boulevard magenta, payer le plus urgent. — Dodiardi. |

Redon, 14 déc — Piot, 3, place madeleine, paris, bonne santé. — Redon. |

Le Beausset, 16 déc. — Capitaine de Venel, 7e bataillon mobile seine, 3e armée. — Vincennes. | Canfdeau frère, saint-valéry, bonne santé. — Mère. |

Bourges, 13 déc. — De Marcillac, ministère finances, paris. portons tous bien. — ta mère. |

Arbois, 13 déc. — Guerrier, hospice gros-caillou. mère, parents, amis, bonne santé. — Paraudier. |

La Rochelle, 16 déc. — Laguerre, 72, boulevard sébastopol. Bar, sœurs, hélène nous tous parfaitement, quittons arcachon pour bordeaux, cours 30 juillet. — Laguerre. |

Agen, 17 déc. — Leyma, 15 rue blotière plaisance-paris. donnez congé par huissier, passy à herran. par moi femme mallère autorisée. |

Vigeois, 16 déc. — Lerolle. 10, avenue villars allons bien, approuvons projet messe, écrivons bruxelles, cœurs près vôtres. — Villeneuve, |

Poligny, 13 déc. — Calixte Légerot, garde mobile du service auxiliaire des transports de l'armée, campé au champ-de-mars. charles cottez est-il mort ou vivant? négliger aucun moyen de faire parvenir la vérité. — Cottez. |

Lille, 11 déc. — Wagner, 145, boulevard magenta, paris. recevons vos lettres. sommes tous lille bien portants, je fabrique armes blacquedorp vont bien. — Boire. |

Avallon, 12 déc. — Général Trochu, gouverneur paris. belgrand avallon. geoffroy au vault, tous très-bien portants, léon à stettier. — Belgrand. |

Carvin, 11 déc. — Daigremont, 13, tournon. accouchée non, incessament, va bien. — Persin. | Crépin, ponts-et-chaussées. famille bien. — H. Boutry. |

Villers-sur-mer, 13 déc. — Carpentier, 17, boulevard malesherbes. Carpentier bien portantes, 29, roseville-street jersey, hollants donnera cent francs constant par parties. — Boudet. | Carday, 12, joubert. écrivez tous les jours lettres arriveront, depuis siége huit, envoyons souhaits. — Mathilde. |

Saint-Brieuc, 16 déc. — Deville, 63, quai orsay. tâche procurer nouvelles de lanjamet sergent mobiles de rennes, neveu de mon oncle, présumé vincennes. — Jeanne. | Ferrand, 3, richelieu, deuxième. Tarin bien, havre, marc dix, reçu lettres toi, marie, lydie, baisers, vœux meilleure année. | Ferrand, 3. richelieu. première. ici assez bien, très-triste. enfants sages, oulins souffrants, dieux malades, à bientôt. — Marie. | Madame Husson, 18, rue Meslay, paris. bien portants. tristes! pays calme, saint-quay-portrieux. côtes-du-nord. — Husson. | Broca, lycée charlemagne. Londres madame marchand, tous bien, nous tous saintefoy aussi. — Verschave. | Deville. 47, rue madame. portons parfaitement, camus aussi. maman poissonnière. — Jeanne. |

Vichy, 14 déc — Forgues, 2, tournon. arrivés tous Vichy bien portants. — Paulinier. | Petitdemange, 27, taitbout. reçu lettres allons bien. — Petitdemange. |

Avranches, 13 déc. — Duparc, chef de bureau finances, tabacs. lemarié, décédé. 22, scellés mis, prussiens approchent, que faire. — Recquet. |

Amboise, 14 déc. — Melin, au recrutement. Berthe, très-bien, une dent |

Fougères. — Josselin, 45, rue du port, saint-ouen, paris. tous bien, écrivez souvent. — Thomas. |

Mautauban-de-Bretagne, 16 déc. — M. Allois, 60, grande-rue montreuil-charonne. merci, reçu bonne nouvelle et tous ballons, écrire souvent, portons bien. — Escolan. | M. Allais, 60, grande-rue montreuil-charonne. savoir gentilhomme, reçu télégramme du curé montauban. — Escolan. |

La Roche-sur-Yon, 16 déc. — Darblay, paris. trouve pas vendeurs. livrer après guerre, pourrai acheter 20, 50 à 21 livrable immédiatement magasin. confirme dépêche onze. — Pronchy | M. Gouillard, 48, rue Jacob. constatez ambulance appartement, donnez nouvelles morand, 2e zouave, grimaud, 27, château montrouge. — Braudois. |

Londres, 9 déc. — Noriarte, 2, rue plaine, paris. chère sœur reçu six lettres. écris toujours. sois tranquille pour moi 26 nov. — Ernestine. | monsieur Lamy, 164, boulevard haussmann, paris. donne congé pour appartement terme juillet prochain. brighton 9 déc. — Prat. | madame Caresmentrant, 15, rue clausel, paris. portons tous bien. donne nouvelles, brighton, bureau restant. — Prat. | monsieur Vandenberghe, 162, rue de rivoli. paris. allons bien. dépêches envoyées déjà blanche un fils. —marie Vandenbergh. | monsieur Pinard, 5, rue conservatoire. paris. reçu lettre du 4. écrivons toujours. santés bonnes. courage. tendresses. famille durand bien, leur dire. — Pinard. | Federman, 94, rue temple, paris. portons bien. enfants Tedesco vont bien. — Federman. | Appia, 95 rue de reuilly, paris. tous bien avec meyer. henriette retourne hastings. nous incertains. anna étonnée silence oscar. jeunes berger bien. — Hélène. | monsieur Pillon 34 rue d'argenteuil, paris. bien portante. souvenir affectueux. — madame Santerre, 36, margoretta terrace. chelsea. londres. | monsieur Tixon, 33 rue vivienne, paris. moi bien. tes nouvelles seize novembre. inquiète. mille baisers. — Antonie, 8, soho square. |

Haymann, 117, rue vieille du temple, paris. Trentième dépêche. tous très bien. jules magnifique. recevons régulièrement lettres. donne détails maison. — Bernard. | Ruch et compagnie, 22, rue quatre fils, paris. comment porte famille. votre dernière mi-septembre. combien phosphore vendu à tous dépôts depuis fin juillet. — arthur Albrght, 31, george road birmengham. | Decbeld, 41, échiquier, paris. aussitôt vos portes ouvertes pouvons expédier immense quantité de vivres. — Powll, 9 déc. | Rothschild frères laffitte paris. aussitôt vos portes ouvertes pouvons expédier grandes quantités de vivres. — Powell, 9 déc. | Sescau et Schmolle, 39 faubourg poissonnière, paris. nous allons bien contrat approuvé, le chargemrnt de blé par golconda sera vendu — Gaston, le 9 déc. | Nathan, 33, rue des blancs manteaux, Paris. jules écrit de bruxelles que tous vont très bien. à dunkerque aussi. mille choses, de tous. — B. Baumann. |

Van Lee, chez raphael Berendre, 20, rue lepelletier, paris. tout le monde de notre famille se porte à merveille, aussi les vandertiegen et les Banderlingen. — van Lee. | gustave Lazard, 50, boulevard clichy. tous excellente santé, communique cela dalsème irmine ici. — édouard. | Lebaudy, flandre, paris. ai sept cent mille certificats septembre octobre faut-il résilier solde. même situation politique, financière commerciale. — Gustave. | Navacro, 19, avenue Iéna paris. reçu huit balloniques dernière du cinq. rien tirage égyptiens. tous bien. vœux affectueux Anna confiance à bientôt. | Devied, 9, boulevard malesherbes. londres 9 déc. saintévron, bethmont, dreux, vaillant. plocque, shayé. nattan, amédée. rigaud, sangnier, enfants parfaites santés lettres, reçues. | madame j. Hartmann, 4, rue richer, paris. allons tous bien. plusieurs de tes lettres reçues pas celle demandant une dépêche. — charles Oxfort. londres. |

Trumet, 8 rue anjou, marais, paris. tout va bien. écrivez. — Coiffier. | Boury, 59, rue rambuteau, toutes bien, trouvé leçons. — Tribou. at pagés horth st. 173. brighton. angleterre. | Aubin, 37, boulevard haussmann. paris. portons toujours bien. jeanne superbe. recevons tes lettres. écris souvent. espérons nous revoir bientôt. — Aubin. | hausts docteur Soukeisan, 19, rue de lille. paris. reçu lettre du 30. tous bien allons à norwège, chez de france. — mary Soubeisan, musprath. fluits. | monsieur Guntzberger, 7, rue d'aumale. paris. bonne santé. pense à vous toujours. vos lettres sont grand et seul bonheur. amitiés. — Barraud. | madame morisseau, 5, monthabor. paris. jean bien portant, prisonnier kœnigsberg. ferdinand s'occupe avoir près lui à wiesbaden. embrasse. — Clarisse. | Reinganum, 41, rue vivienne, paris. lettres ballon arrivant régulièrement donnez londres nouvelles affaires santé bureau famille lucien. — Max. | Cadith, 37, lafayette, paris. écrivez lettres ballon arrivant régulièrement adresse londres. nouvelles santé si besoins demandez jacques ou bar. — Max. | monsieur Faroux commandant de la garde nationale maison pont-de-fer, boulevard poissonnière. paris. nous désirons savoir si votre santé est bonne nous sommes très inquiets. — Aguiar, 8 déc. cambridge terrace hastings. angleterre. |

---

39. Pour copie conforme,

L'inspecteur,

Bordeaux. — 29 décembre 1870.

La Guerche-de-Bretagne, 7 déc.— Roussigné, 3, avenue du coq. tous bien, envoyé beaucoup dépêches.— Marie.—

Dinan, 7 déc.— Arthus, 23, richer, paris. enfants travaillent avec peste, santé bonne, ta mère va bien à angers.— Amélie Arthus. | me Bal, 49, pompe, passy. santés parfaites.— Guillot. | m. Pierre, 52, rue amsterdam. écrivez par ballon, donnez nouvelles frére, chevaux, demandez argent mm. laluyé ou corbie.— Lapie. | m. Gouzien, 22, rue rossini. bon courage camarades, merci mille fois pour chevaux, reçu vos lettres, bien portant, espérons.— Pontiroix. |

Saint-Servan, 7 déc.—Brian, 16, geoffroy-marie. sommes bien portants, pas prussiens loueuse. vois-tu léon ?— Brian. | Cambray, 5, beaux-arts, paris. santés bonnes, recevons tes lettres, avons argent.— Cambray. |

Bordeaux, 8 déc.— Directeur général tabacs, paris. st-médard 20 nov. fabrication dirigée d'après ordre du ministre guerre, reprise de fabrication mine. caux très-bonnes, travail de 24 heures, sécherie sera terminée dans 10 jours, correspondance directe avec délégué finances tours. |

Saint-Lô, 7 déc.— Emile Thomas, 6, rue hâvre. télégraphié souvent, sommes inquiets pas recevoir lettres habitons st-lô, écrivez chaque ballon, lucie souffrante.— Laubespino. |

Cabourg, 7 déc.— Lefebvre, chez lowe, 1, bac. allons bien, argent assez, georges voudrait partir. — Lefebvre. | Collin, 90, rivoli. bonne santé.— Constance. | Frœlicher, 180, grenelle-germain. tous bien. Frœlicher.—

Toulouse, 8 déc.—Vejux, 6, rue beautreille, paris. venir officier toulouse, | Duquesnoy, 119, faubourg st-martin, paris. tous bien, franc jésuites, beaucoup, toujours, 22, place caunes, toulouse. |

Redon, 7 déc.— Cureau, garde républicaine, cé-célestins, paris. femme, fille, bien, femme joseph garçon bien.— Rosalie. | Rémy, 90, rue d'assas, paris. santé bonne, ta mère. — Sophie Rémy. | Lechevalier, 55, faubourg montmartre. mandat touché, écrit roscoff.— Lechevalier. |

Guingamp, 7 déc — Joubaire, 143, magenta. lettres reçues, famille bien.—Alexandrine Joubaire. | Patout, 2, compiègne. pas reçu autorisation, me dire ou écrire. reçu premier bon poste seulement, santé excellente, deuxième dépêche. — Patout. |

Morlaix, 7 déc.— Mansais, 171, faubourg martin. huitième, tous bien portants morlaix, paul sédentaire substitut, surveillez pièce vin, fanost réparations.— Audiffred. |

Châteauroux, 8 déc.— Géraud, 16, université. nevers, châteauroux, santés parfaites.— Angèle. | Dechallié, commandant 9e secteur. gautret, châteauroux, tous bien.— du Dessant. | Goguel, 36, rue montparnasse. amélie bien. |

Monnaie, 9 déc.— me Maupuy, 15, passage ménilmontant. votre mari mort vous laisse sa fortune en grande partie, envoyez-moi procuration. — Sereau, notaire. |

Domfront, 27 déc. — Rainfray, rue provence, 59, paris. santé bonne, mais ennuyé à mourir. — Gérard. |

Lyon, 25 déc. — Duchez, jean-baptiste, caporal fourrier, garde mobile de saône-et-loire, 13e régiment, 5e bataillon, 3e compagnie, à paris. toute famille réunie à lyon, portons bien, lettres reçues. |

Auray, 29 déc. — de Brisay, 14, mayet. tous parfaitement reçu vos lettres, manquons de rien, villars sauvé, officier. — Kérantré. |

Châlon-s.-saône, 27 déc. — Paphnutius, rue oudinot, 27, paris. tous bien. — Rogatianus. |

Annecy, 26 déc. — Emile Duport, chez me charles, rue de la huchette. 28, paris. 4e dépêche pigeons, allons bien, pidsa. fleury prisonniers, pour argent, voir baron, inquiète, écrivez plusieurs ballons. — Ernestine. |

Bordeaux, 30 déc. — Meignau, 40, bac. bonnes nouvelles jacques, avons photographie pour dernières nouvelles, embrassons tendrement. — Josèphe. | Cailar, 16, oberkampk. avons lu journal, caillard blessé bourget, paul, lucien écrivez, versez argent banque succursale bordeaux, debladis auvergne.—Cailar. | Darblay jeune, louvre. stock londres 360,000 quarters blé, 16,000 tonnes farine, 500 navires blé attendus. | Dorca, 37, boulevard strasbourg, paris. reçu correspondance lima moins 2, famille bien, ayulo a demandé crédit liverpool, milliards tendresses.—Hortense. | Darblay jeune, froid, tendance hausse, magasin californie, 58 winter, beau spring, nouveau 54 spring, 2, 52 | Darblay jeune. froid, tendance hausse, livrable, californie, 59 winter, 54 spring, 1, 53, russie 51. | Roussel, 28, rollin. tous nos souhaits, viens avec maman. — Roussel. | Fricon, lieutenant 13e dragons, clichy-paris. moi bien aux geschetières, dames émerie à st-cyran, châtillon-sur-indre. — Fricon. | Née, 14, abbaye. châtillon sont bien. eugène part, jules aussi, laure, lusignan bien, nous bien, henriette garçon, léon drôme. — Louise. Demazure, 42, paradis-poissonnière. bien portantes, reçu argent, lorsont, torel bien portants hambourg, edgard capitaine. — Cécile. | Curel, lieutenant mobile indre, rue bourgtibourg, 7. bonne année, Dieu, sainte vierge te gardent, mère santé parfaite, à bientôt. — Desfrancs. | Domet, capitaine forestier, rue michel-ange, 11, auteuil. bonne année, Dieu te garde, tous bien portants, tours tranquille, à bientôt. — Marie. |

Londres. — Fenré, banquier et fils. paris, rue laffitte, 13. envoyer payer 12,000 francs acceptations échues de ma maison chez laffitte bullier, londres, noël. — Klug père. | Fenré, banquier et fils, paris, rue lafitte, 13. écrivez-moi à qui verser montant dû après votre paiement à laffitte-bullier, ordonné aujourd'hui, noël. — Klug. | Achille Leger, 26, place vendôme, paris. écrivez chaque occasion, chassez quiconque quittera usine, loyer attendra, londres, noël. — Klug. | Mme Fahner, rue chevert, 17, gros-caillou, paris. bien, ouvrage, argent. — Fahner. | M. Auxerre, 24, rue larochefoucault, paris. santé bonne. — Mme Genuit. | M. Delapalme, 10, rue castiglione, paris. nous allons tous bien, 27 décembre. — Delapalme. | Félix Baillot, rue trévise, 37, paris. femme et famille à granville se portent très-bien, je corresponds avec elle, molténis londres, très-bien. — Edmond. | Flaxland, 9, rue thévenot, paris. frère, alfred, louise vont bien, bon courage, pensons à vous sans cesse, merci de tes lettres. — Gustave. | Domange, 74, boulevard du prince eugène, paris. lettres roux, enfants bien portants, manquent de rien, voir plomée, 67, dame-nazareth, lui donner nécessaire. — Preder. | Drevet, 25, rue d'angoulême-du-temple, paris. 3e télégramme, santés bonnes, mère à maubeuge, donne-moi nouvelles Chalmers, tes lettres reçues. — F. Drevet. | Reilly, rue scribe, paris. lettres reçues jusque vingtième, sommes contents avec vous. écrivez souvent, et toujours ayez bon espoir. — Reilly. | Mme Leiffeussein, 15, rue de marseille, paris. dernière lettre reçue, carle et trois dépêches envoyées, j'ai des masses d'argent, courage et patience. — Georges. | M. Mercier, 12, rue royale-st-lazare, paris. bien, lettres reçues, prendre reçu emprunts août, secrétaire, courage, espoir. — L. Mercier. | Javal, 46, boulevard magenta, paris. tous bien, reçue lettre, quelle quantité fromage acheter, écrivez toujours, 26 décembre, brighton. — Mosely. | Revenaz, 5, rue d'antin, paris. tous bonne santé pau, londres, calais, bernadac bien, prisonnier goerlitz silésie, mille tendresses. — Lucie. |

Londres. — M. H. Labouchère, grand-hôtel, paris. par courrier pigeon, nous autorisons hottinguer et Cie à vous payer 200 livres. Williams Dealonhe. | Delange, quai voltaire, 5, paris. carle prisonnier germesheim bavière, pas blessé, prié voir beurdeley, paierai après siége. — Dutuit. | miss Hottinguer et Cie, paris. payez à m. henry labouchère la somme de 200 livres. — Williams Dealonhe. |

Marseille, 28 déc. — Bida, boulevard st-michel, 22. bébeth admirablement, 4 dents, sommes tranquilles, courage, victoire sera si belle, embrasse cher absent. — Marie. | Mme Bordeaux, oberkempf, 125, cité griseh, 14. mari vivant. répondre ballon marseille. — Bordeaux, capitaine. |

Marseille, 29 déc. Pilletwill, banquier, 3e dépêche, reçu vôtre 19, aucunes nôtres parvenues, désolant, alliez bien, nous aussi, recevez souhaits, hélas! — Emile. | Bessand, rue pont-neuf, 2. soyez tranquille, situation bonne, vêtements confectionnés ici, espèces banque france, inventaire sera fait, bonne santé. — Dumont. | Bedel, rue champollion, 15. monchicourt te donnera argent nécessaire pendant et après siége, mille embrassements. — Bedel. | Barthélemy, cambacérès, 15. reçu lettre 14 décembre, envoyé dépêche 1er, tranquilles, tous bien portants. — Daugery. |

Bressuire, 29 déc. — Redortier, paris, rue gay-lussac. bien à bresssuire, hôtel dauphin, vous comment? emprunter si nécessaire, garantissons 1,000 francs. — Dunoyer. |

Morlaix, 27 déc. — Louis Kersauson, lieutenant 4e bataillon, 23e régiment mobiles finistère. sans lettre de toi, touches-tu argent? tous bien, ton père. | Delavillesbret, colonel finistère, corps blanchard, armée vinoy, tous parfaitement bien. — Villesbret. | Changy. boulevard beaumarchais, 57. adèle morlaix, santés bonnes. — Claire. | Steinheil, 85, cherche-midi. morlaix, 27 décembre. allons parfaitement, tous parents bien. — Marie. |

Beauvais, 21 déc. — Demontendre, grenelle-st-germain, 60. famille beauvais, envoie vœux, inquiète, pas nouvelles vous, louis bien. — Detorcy. | Durant, rue ste-anne, 46, paris. sommes bonne santé beauvais, garder bureau jusque avril. — Durant. |

Grenoble, 26 déc. — Bossy, 132, faubourg st denis. bossy santé parfaite.— Erfut. | Duquesne, 51, laffite. santé bonne, reçu lettres, répondu toujours. sommes grenoble depuis deux mois. — Tepoca, 7, rue lesdiguières. |

La Pacaudière, 21 déc. — Bel gilbert, 68, boulevard hôpital. allons tous bien. |

Périgueux, 29 déc. — de Morel, hôtel invalides. portons bien. — C. manière. |

St-Etienne, 22 déc. —jules Vincent, 9, rue bréda, paris. donne de tes nouvelles. — Vincent. |

Brest, 25 déc. — Daydon, 18, vivienne. hel moi, lambezellec brest. écrivez. — Esther. |

Niort, 28 déc. — Brizard, 15, batignollaises. lettres reçues, santé bonne, achille grenoble. — Pauleska. | Roy, 14, maroc lavillette, paris. roland blessé grièvement, va mieux. — Roland. | Valette, 137, ouest. eugène blessé, va bien. — Eugène. | mme St-Amour, 23, boulevard batignolles, paris. juliette, enfants, moi très-bien. — Laure. | Roussel, 27, rue londres. santés parfaites. pauline une dent. reçu un mandat rente délégation.— marie. | m. Cahagnet, 15, place vendôme, paris. santé excellente. niort, attend pour milieu mars.— Laure. | commandant Cugnac, 1, rue lascase, paris. toute famille bien. je reçois vos lettres. — Herminie |

Cendrey, 22 déc. — charles Bernard-Derome, 9, batailles. judith à segré près enfants. ici très-inquiets, sans nouvelles, écrivez donc. — Anna. |

Levroux, 28 déc. — m. monnier, 175, rue du temple, paris. soyez sans inquiétude, moi et enfants allons bien. — massy. |

Excideuil, 21 déc. — Guilhen, 137, rue lafayette. allons bien. — marguerite. |

Bordeaux, 29 déc.— Fournier, 39, rue échiquier. santés bonnes, reçu lettres photographie. souhaits nouvel an. — Claire, Paul, marie. | Hutteau, 7, parmes. à spondagine, petit sac toile. avis achat dubaret, rente gaston. — Blanche. | Pourcelle, 48, serri. allons bien. B. tous bien. — Pourcelle. | Caillault, 10, rue quincampoix, paris. tous bien, enfants vaccinés, sommes maintenant à cenon, château maréchal, recevons lettres. — Caillault. | Hutteau, 7, parme. coffre ou bureau noir, quarante orléans, quarante lyon. reçu gaston dix-huit. est. mettre avec reste. — Blanche. | Dubaret, 33, avenue dantin. troisième télégramme, santés excellentes, nous quentin, thisnin, rénach, andré caporal, bourges toujours château gontier. — mathilde, blanche, marie. |

Melle-st-Beronne, 28 déc. — mirambeau, 4, place victoires. allons parfaitement. dernière lettre datée 17, décembre. — Henriette. | St-Quentin, 144, avenue empereur, passy. 3e pigeon, 9 lettres reçues. santés bonnes, gabriel armée bourbaki, proposé décoration. — St-Quentin. |

La mothe-st-héraye. — m. Dupin, 54, faubourg antoine, paris. portons bien. — V. Dupin. |

Vichy, 21 déc.— Roubeau, 18, rue des canoyaux. écrivez moi. — marie Roubeau. | Garnier, 117, boulevard st-michel. tenons promesse, courage! vichy trop heureux. baisers à vous deux pour premier janvier.— Garnier. | Bayret, 13, turbigo. du courage, nous allons bien. seront bien heureux de te revoir. — Bayret. —

moulins-st-allier, 27 déc. — Petit, 88, st-lazare. santés ordinaires, mandats reçus. — albert, limoges. |

Bayonne, 28 déc. — Chassang, 13, boulevard st-michel. biarritz avec enfants, bien. — Azéline. |

Ecueillé, 28 déc. — Paradis, 89, taitbout, paris. troisième dépêche, reçu vos lettres, embrassons pauline sommes tous bien. réunis avec julie à ouchy. — Reman. |

Lorette, 22 déc. — Rocher, 49, rue st-roch, paris. allons bien, tranquilles, écrivez, inquiets, reçu lettres. — mallat. |

Granville, 26 déc.— Commien, 159, st-denis. toutes parfaite santé, bonne année, mille baisers. — Commien-Paillart. | Robin, 45, boulevard st-martin. serusier, roberdet, plichon, letondeur, tous santés excellentes, assez argent.—Roberdet. | Picou, st-denis. tous bien portants, bataille chez lui, ferme intacte. — Pauline. | Carey, 68, bac. reçu lettres, santé bonne, sans communications. — Blanche. |

Auray, 26 déc.— Avril, 14, choiseul. bien auray, souhaits duponchel, ai écrit algérie. — Sydonie. |

Falaise, 26 déc.— Bassompierre, 1, lille. enceinte, andré six dents, allons bien, lettres arrivées réponses cartes, oui, carl lieutenant loire, querville tranquille — Charlotte. |

Lisieux, 26 déc.— m. Séraphin, 164, faubourg st-martin. toujours bonne santé, recevons lettres pas souvent, détails davantage, écrivez rue pont-mortain, 14.— Séraphin. |

Honfleur, 26 déc.— Annoni, 5, turbigo. allons bien, pas nouvelles depuis 23 novembre, répondre, gaston.— Bertrand. | Garnière, 9, lepelletier. allons bien, lettres reçues, charles venu.— Florat. |

Valence, 26 déc.— Coullet, 31, maubeuge. famille bien portante, marie guérie.—Cros Béziers.

Moulins, 26 déc.— Hayman, 22, châteaudun, paris. sommes bien à caen aussi.— Léon. | Regnault, 84, rue blanche. allons tous bien, veux-tu argent ? — Hélène. | Guillaumain, 14, richelieu. allons bien tous trois, léon toujours secrétaire. — Roquet. |

Vichy, 26 déc.— Hagnoer, 35, aboukir. famille parfaite santé genève, hôtel suisse. — Durin. | Lenfant, 86, grenelle st-germain. pas nouvelles sœur trois mois, moi bien affligé accident. payer termes, embrasse tous — Lenfant. |

Mayenne, 26 déc.—Wallois, capitaine des douanes, bastion 17, porte de romainville. reçu 9, merci, santé bonne, inquiétude grande, mille amitiés. — Joubert. |

Fougères, 26 déc.— Robinot, 52, rue amsterdam. merci, tous bien, berthe Dunkerque reconnaissante.— Isida. |

Tours, 25 déc.— Beaufond, 9e bataillon mobile, fort vanves, quimper. cinquième dépêche. vœux, tendresses, leçons aumonier, santé excellente, curten général division.— Emmanuel. | d'Outremont, major, 11e artillerie, école militaire. après bombardement mère et frère en bonne santé.— Honorine. | Proust, 21, boulevard capucines, paris. vais très-bien à tours.— Proust. | Rohaut, avenue taillebourg. inquiets peltret, 14, boulevard clichy, manquer argent, donner pour nous, morlaix bien portants.— Artru. |

Saint-malo, 23 déc.— Héron, 8, algor. toute la famille en france, bonne santé, moi, enfants, chez alice.— Jenny. | Saillard, bourse, paris. renflouement océan, queen avancé sera repris 15 avril, succès très-probable, pas indispensable retourner, écrivez parame.— Giron. |

Nice, 27 déc.— Falconnet, 31, rue lafayette. avez-vous reçu remises? fournissez sur stein, londres, et payez acceptations, écrivez villa acquaviva — Camondo. | m. Canapville, 10, boulevard denain. bien quatre, recevons lettres, hôtel des étrangers.— Bathier, Canapville. | Acquaviva, 20, cours reine quatrième. bien tristes, santé bonne, vœux, tendresses.— Albert. |

Antibes, 27 déc.— m. Agard, 145, boulevard haussmann. gaston sous-lieutenant mascara, charles subi sort nommé au cinquième, honoré armée loire.— Agard. |

Montfort, 26 déc.— Motais, avocat, 20, cherche-midi, paris. bien, ernest ingrandes reçu lettres excepté 12 décembre.— Motais. |

Villerville, 26 déc.— Janets, vincennes. bien portants, scheib, louviers.— Janets. |

Clermont-Ferrand, 26 déc.— Mariotte, 35, quai rapée. tourmentée rien, alfred un mois chez valérie, bienne suisse, maison dirks, bonnes santés, reçois lettres. Hélène. | Poitevin, 26, rue des jeûneurs, bonne année, santé, bonheur, bientôt revoir, tous pensent à toi, aiment, embrassent.— Maria. |

Villers-sur-mer, 25 décembre. — madame Nouvel, 3, ferme-des-mathurins. tous bien, Georges ici, rhume bon répit. | Gosset. |

Croissanville, 25 décembre. — Heuschen, 19, scribe. sixième dépêche. reçoit lettres, Love bien portant, envoie bons souhaits. — Dange. | Dubrac, 8, rougemont. Bissieres, santé. — Tassart. |

Cherbourg, 25 décembre. — Chaillet, 42, faubourg-st-antoine. porte bien, enfants aussi, souhaitons année, courage, embrasse, orléans pas nouvelles, inquiète, ennuie. — F. Chaillet. | colonel Virgile, ministère marine. famille bien. — Alexandre. 69, cambridge, terrace hyde-park, londres. | Raverot, ministère finances. quatrième dépêche. reçu deux lettres Jacques. vœux! Daran, Chauvin, Mazuel, Toutain, Carré, nous tous, santé, sûreté.— Anna. |

Bernay, 25 décembre. — Robin, 85, lemercier. maman bernay hier, portons bien. — Rencé. |

St-Brieuc, 24 décembre. — Turboust, 1, boulevard temple. reçu ta lettre, parents portent bien, écris-moi. — Turboust. | madame Marguerite, 13, rue laffitte. reçu trois lettres, courage, écris-moi. — Turboust. | Sébert, 10, cité antin. deuxième dépêche. frères et famille bien, reçu lettres. — Joseph. |

St-Servan, 25 décembre. — Covlet-Goujon, 233, st-honoré. Anna bonne santé. envoyez à cette adresse : Carteron, 32, bac. familles Valroger, Hatin, bien. — Hielin. |

Concarneau, 25 décembre.— Balestrié, 5e bataillon finistère, 1re compagnie. reçu ta lettre 17 décembre. connaissances, nous, sommes tous bien. confiance.— Balestrié. |

Bordeaux. — 29 décembre 1870.

Brest, 25 décembre.—Hunebelle, 26, gay-lussac. reçu lettres hier, espère erreur sera réparée, enfants et moi parfaitement, dis Julien femme bien. — Hunebelle. | Barret, fort romainville. bonne année, tous bien, soignez-vous.— Barret. |

Alençon, 24 décembre.— Dulcy, capitaine, train équipages. nous allons bien. lettres, mandats, reçus. Henriet, commandant, limoges.— Dulcy. |

Saumur, 25 décembre. — Sieber, 15, chappemontmartre. blessé, vais bien, écris-moi. — Edmond. | Turbert, 168, rue temple. portons tous six très-bien, envoie argent. — Turbert. | Poitevin, café malte, boulevard st-martin. reçois lettres, François blessé, portons bien.— Poitevin. |

Auray, 25 décembre. — Thévenard, 9, moncey. enfants très-bien. — Humphry. auray, 25 décembre. |

Morlaix, 25 décembre. — Callon, 9, rue odéon. Chantier sages, payons dividendes redevance. Eugène bien portant 11 à péronne, Georges aussi à nantes.— Beau. |

Laval, 25 décembre. — Auboin, 10, gay-lussac. écrivez Broussin, hôpital laval, transmettrai marly. parents bien portants.— Broussin. |

La roche-sur-yon, 26 décembre. — Bousquet, 14, grammont, paris. tous Bousquet parfaitement, envoient souhaits. Vergés à périgueux. Léonie, familles, amies, bien. — Labbé. | Barby, 103, rue université. second télégramme. reçu trois lettres, donnez nouvelles appartement vaugirard, mille embrassements.— Roadil. |

St-Servan, 25 décembre. — Vallerand, 11, rue louis-le-grand. enfin, mot reçu. sage, aime. dépêches souvent. Dinard reste froid. lettre angleterre ose pas demander. — Violette. | Cottereau, 21, sourdière. Adèle 10 décembre bonne santé, nous aussi. donnez nouvelles Ducroquet.— Neiret. |

Lisieux, 25 décembre. Dupuis, 139, st-martin. santé parfaite.— Léontine. |

Paimpol, 26 décembre. — Nédélec, 82, pompe. familles bien reçu lettres, contente. enceinte, prions. écris Baguer. Francis bien.— Eugénie. |

Le mans, 25 décembre. — Carette, 8, rue saint-martin, paris. recevons lettres, Dezéres-Gendrot mort, santé bonne ici et sillé, famille Charles sillé prévenez. — Grignon. |

Surgères, 26 décembre. — Péraux, 41, rue échiquier. recevrez Péraux 100, Léon 50. réponse. — C. Devillez. |

Argentan, 26 décembre. — Poulain-Mangeard, madeleine, paris. nous sommes en bonne santé.— Poulain.—

Coutances, 23 décembre. — Avalle, ministère marine. bonne année, habitons coutances, santé moyenne, écrivons toutes manières, mal yeux. — Blanche. |

Alençon, 8 déc. — Vauchel, 5, dumont-d'urville. comment va maison, congédier bernard.— Villargues, alençon poste restante. | Schmitz, 8, port-mahon. recevons lettres, bonne santé, parents bien. — Manuel. |

Laval, 7 déc. — Quatremain, 80, montorgueil. portons bien, recevons lettres, soyez tranquilles.— Lambert. | Wolff, 22, rue batignolles. tranquilles. portons bien, courtois aussi. — Isaure. | Henry, 5, faubourg st-honoré. allons bien, pierre à fontainebleau. — Guittiers. | Marinier, 55, sébastopol. santé, tranquillité parfaite laval. bébé superbe. —Delphine. | Lauriston, 16, capucines. henri toujours agen, bien secrétaire capitaine. — Hilarine. | Riché, ministère marine. fillette gentille. cave huile. alexandre dulaines. — Riché. | duc Reggio, 44, bourgogne. venues laval, bonnes santés, charles travaille lafléche, classe pas appelée. recevons lettres. quatrième fois pigeons. — Eulalie. |

Clermont-Ferrand, 8 déc.—Frelet, mobile, puy-de-dôme. allons bien, et toi? — Edmond. | Samazan, 38, bourdonnais. lettres reçues. envoyé trois pigeons. — Douladaure. | Ducrognet, 42, cléry. louise morte 18 septembre, adrienne souffrante, allons bien. — Eugénie. | Delorme, 10, luxembourg. reçu lettre, tous bonne santé, réponse ballon si possible. — Delorme. | Tardif, bourgogne, 19. santé, argent assez. correspondons adrienne caen. lettres récentes, bonheur. | Drelon, 144. boulevard haussman. déjà écrit, portons bien. — Elisabeth. | Chevalier, 65, quai grenelle. gay, berthe, hyacinthe se portent bien. reçu tes lettres. donne nouvelles chez moi. — Gay. | Delaperrière, intendant militaire. sommes saint-gervais, allons bien. — Irène. | Lespagnol, 16, colysée, paris. reçus lettres. écrivez souvent. portons bien. parts aux amis. — Moulin. |

Lyon-Terreaux, 7 déc.— Liegler, 41, tour-auvergne. mulhouse famille bien, schwartz prisonnier, eck armée loire. fabriques travaillent. demander à lebas nouvelles stamm conilleau. — Martin. | Marozeau, 130, boulevard haussmann. reçu lettres. santés bonnes, libres. quelques réquisitions, finances suffisantes. travaillons quatre jours. adresser oswald, bâle. — Marozeau. |

Auxerre, 5 déc. — Dupont, 25, franklin. neuf mille titres moreau, 129, montmartre. envoyez monéteau par trois cents francs, ballons montés arrivent. sœurs bien. |

Châtelaudren, 7 déc. — Conor, 22, rue billettes. oui. — Canor. | Gautier, sergent-major, mobile, chatelaudren. parents tous bien, lettres reçues. jean resté, envoyez cartes-réponses. — Gautier. | Falain, 9, cité véronne. voir hinault, parents inquiets, tous bien, écrire détails, envoyez cartes-réponses. — Hinault. |

Cluis, 6 déc. — sarah Bernard, 4, rue rome. écrivez, cluis, indre. — Crépy. | Charnacé, 16, rue moscou. reçu lettres, merci, bonnes santés. — Marie. |

Cherbourg. — m. Ormancey, 17, rue moncey. tous bien portants. cherbourg hôtel amirauté. delmas prêté argent. sois sans inquiétude. — Ormancey. | Allain, 20, monsieur, paris. allons bien, cherbourg, créances. |

Mayenne, 7 déc. — Goupil, 63, rue vaugirard, paris. écris directement à léon, sinon rien. envoyons argent, oncle mort. — Céline. | Weyher, 47, labruyère. alice beaucoup mieux, ernest à laval, tous bien, reçu lettres jusque 2 décembre, établissements marchent. — Denis. |

Caen, 8 déc. — m. Fouchet, 34, boulevard saint-michel, paris. allons bien, bons baisers. — léonce Carbon, 59, rue st-faen. | Planquette, 69, blanche. revaccinée, écris moi, désolée t'avoir quitté, retournerai aussitôt pourrai, soigne toi.— Léonise. | Fabre, 24, rue petits-hôtels, paris. portons tous bien. — Perrotte. | Guerlin Deguer, palais luxembourg. sommes bien portantes, tantes aussi, reçu tes lettres, sommes sous protection consul anglais, t'embrassons. — Deguer. | Nicolas, 18, marronniers, passy-paris. as-tu dépêches? tous dix allons bien, ai lettre du 30, pense promesse. — Nicolas — Blondel, 220, rivoli. toujours caen, reçu lettres, quatre mandats. — Demazis. |

La Châtre, 7 déc. — léon Coignet, à institut. sommes très-bien à lamotte feuilly. — Quantin. |

Mayenne, 8 déc. — général Renault, hospice lariboisière. désolés. attendons nouvelles. alençon, chevain. — Jubinal. | m. Camus, 31, rue d'enfer, paris. santé parfaite. — Marie. |

millau, 5 déc.—michau, 81, boulevard st-michel. marie née 21 septembre, santé bonne — Puder. |

Bagnères-de-Bigorre, 12 déc. — Dambach, 13, duvivier. demander blessés. — Davant. |

Saint-Astier, 12 déc. — Boucher, 11, boulevard strasbourg. marie avec moi allons tous bien, restons puyferret, attends impatiemment votre retour. — Pauline. |

Le Blanc, 10 déc. — Chrétien, 10, rue crussol. bonne santé, dire paul. — Chrétien. |

Bédarieux, 11 déc. — Collot, 5, rue blanche bonne santé, envoies nouvelles lamalou.—Adèle. | Billaud, 22 rue montaigne. bonne santé, sans lettre depuis 15 novembre, inquiète. — marie.—

Avignon, 11 déc — Récappé, passage ste-marie, bac. quatrième dépêche lorient santés bonnes, oncle m'a écrit. — Lucile. |

St-Chamond, 7 déc. — marmuse, rue bagnolet, charonne, paris. deux mois sans lettres, voyage quand possible. — marmuse. |

Mende — lucien Arnault, télégraphe. envoie argent, poste, allons bien — Sophie. |

Avallon, 6 déc. — Dornau, 43, rue monceau, pas ennemi, tous bien. frany aussi, dépôt gien. | général trochu. gouverneur paris. toute famille belgraud va bien, pas prussiens, avallon recevons lettres 6 décembre. — Belgraud. |

Toulouse, 13 déc. — Mlle Bergeron, boulevard montparnasse. 153. allons bien. |

Pouilly-s.-Loire. — Daulne, 21, mongo, 4e tous bien. — Cécile. |

Dieulefit. — Meja, rue bons-enfants, 24, paris. reçu lettre dieulefit. tous bonne santé ici, rives, lyon. fais-toi vacciner. — Duseigneur. |

Combronde, 9 déc. — Michel, 121, haussman. femme, fils bien, senonches. |

Londres. — Masson, 14, rue clichy, paris. allons tous bien, excellentes nouvelles, rome et strasbourg, 3 décembre. écrivez. — Andra. |

Monsempron-Libos, 10 déc. — Colin, capitaine 30e marche, courbevoie, seine. Valentine, moi allons très-bien, donnes nouvelles. dernière lettre, 4 novembre, 10 décembre. — Colin. |

St-Flour, 7 déc. — Desmarquest, rue huchette, 9, paris. hier lettre auguste, prisonnier —Emma. |

Bourbon-lancy, 8 déc. — Maronnier, 10, rue jules césar, paris. tous bonne santé, accouchée 17 novembre, garçon énorme je nourris. — Maronnier. |

Guéret, 10 déc. — Sacy, institut, santés parfaites guéret, loudun, chartres, amérique, fontainebleau, lieuteret, aurillac, versailles. reçu lettre trois, caroline ici, enfants charmants. |

Surgères. — Galin, notaire, rue st-marc, 18. prière assurer maisons, fils, mienne compagnie mutuelle propriétaires contre incendie ennemi.— de st-George. | Bénard, buffon, 73. surgères rochefort, santé suis ici. — Mayrana. |

Blaye, 12 déc. — Lappé, 29, barbet de jouy, paris. nous allons bien. — Lagrange. | Desmidt, 231, boulevard péreire, paris. allons bien, courage. — Marny. |

Rennes, 7 déc. — Ducrest verneuil, 41, santé passable, nelly-triet. nouvelles ernest.—Hunaut. | Barthel, 15, martel. santés excellentes, lettres rarement, écris quotidiennement, inquiétudes, géhors fidèle, émile marseille, voir cocar. magdeleine mignonne. — Jeanne. | m. Robert, 32, st-marc. autorise remettre 2000 fr. à ériau et 200 apprill. bonne santé générale. — vicomtesse de Janzé. | Rumeau, lycée, condorcet. bien portants fachées plus chez bouvart. Lanjuinais, 5. — Rumeau. | Chevalier, 33, mauconseil. tous bien portants, fille très-bien, 21 octobre. — R. Chevalier. |

Granville, 7 déc. — Chouveroux, 32, verneuil. argent reçu, tous santé même maison, envoie 2000 fr. comptoir escompte, granville ou autre voie. — Chouveroux. | Greiner, 7, rue monsieur. santés parfaites, reçu lettres, décembre. écris davantage, fontainebleau intact, chapron vitry. — Neveu. | Crinon, 45, turenne. me laplanche, ernest partis, arrivés fismes. — Jouplet. | Perreau, 1, vigny. moi, marie, supplisson, salleron, louis, émélie, enfants, allons parfaitement. aucunes privations à versailles, émélie reçu argent. — Berthe. | Perreau, 132, rivoli. moi, marie, louis, familles. salleron, supplisson, grandjean, lanquetot, talamon, salone, allons parfaitement. reste argent. reçu lettres. — Berthe. | Dubois, 49, petites-écuries, 7 décembre. lettres reçues, santés bonnes. dubois, balu, édon, louise. | Balu, 14, rue dauphin, 7 décembre. lettres reçues, santés bonnes, balu, dubois, édon, louise. | Dr Moutard-martin, 5, rue échelle, paris. granville, caventou, hérard, bayle, pognon, lebaudy, baudry, gallet, santés parfaites. amitiés. granville, 7.—Moutard-martin. | Bourdin, chez baiyard, 114, rue du temple. marie bourdin bien portante à bordeaux, rue st-françois, 42. — Edon. | m. Senet, 4, rue st-florentin, granville. tous bonne santé. je pense à toi, à charles toujours. vous embrasse. — Senet. | Plichon, chemin-vert, 99. plichon borsig, tous bien, poirier prête, manquons rien, lettres reçues. — Plichon. | Malot, 123, rue de rennes. toujours granville, allons tous bien, envoie argent. Z.-Malot. | Theurier, place bourse, deux lettres merci, thouret ici, pas nouvelles pierre depuis 20, santé bonne, courage? amitiés écris nous. — Rouvenat. | Vender, capitaine, 110e villejuif, paris. toutes bien. accouche fin décembre. — Vender. |

Puy-L'évêque. — Maignan, rue du temple, 169, paris. lettres reçues, tous santé parfaite. — Mirabas. |

Castres-Gironde, 12 déc. — Youf, 137, boulevard st-michel, 12 décembre. voir courtier, vendre chevaux au mieux, santés bonnes, patriotisme armement, albert, part. |

Vitré. — Antheaume, 28, du mail. bien portante, émile aussi, vitré, reçois lettre, envoyer carte, quatre oui, clémence m'écrire, embrasse tous. |

Agen, 8 déc. — Lapize, rue helder, 15. santé bonne, adèle passé mois st-antoine. courage. — Eugénie. |

Azay-le-Rideau, 10 déc. — Rinne, rue saint-jacques, 212. loge, allons bien, charles ici, pays tranquille, reçu lettres — Juliette Rinne. |

Bordeaux. Mme Tufton, place st-georges. ensemble aisy bien portants. thérèse remise accident 22 septembre. bonnes nouvelles angleterre, écrivez, recevons. — Méchain. | Lapostolet, 50, rue croix-petits-champs. portons bien, habitons londres. reçu lettres, essayons quatrième télégramme, embrassons | Laborne, 22, place vosges. santés parfaites, chougy tranquille, prenez beurre hauteville. — Laborne. | Herbault, 17, bleue. reçois lettre 10, émile bordeaux. tous bien arcachon, félicitations capitaine. — Eugène. | Lazard, 24, arcade. enfants londres parfaitement, lucie pas accouchée nous bien. venus voir emma bordeaux. — Hélène. Tixier, 288, st-honoré. bien st-pierre. — Cartier. | Debriche, 10, isly. lamassage tous bien, enfants grandis, fortifiés, mère bien, reçu lettre 9, remercier louise soins, charles général. — Louise. | Hallez, 9, st-florentin. dieppe bien, espoir, tendres bénédictions. — Hallez. | Salmon, 96, amelot. parents mathilde, enfants bien bordeaux, partons pau. | Regnault, 62, rome père, frères, maison soret, genève. — Regnault. | Verne taitbout. espérons vous bien. donnez nouvelles, sommes bien angoisses, vous affaires. — Sanders.—Passy, 45, gisors, 14 décembre. attendons ici, tous partout bien. pére règlera vimy noël, cœurs unis prières. —Louis. | Billandel, 36, arcade. tous bien partout, nourriture insuffisante altèrera santé, pas économie, surtout consulter caroline, prier occuper toi. — Billandel. | Challat, 6, impasse mazagran. envoyez fort bordeaux nouvelles bureau paradis victoire, basse. mettre tout caisse victoire. — Baston. | Lamorinière, vivienne, 34. versez rentes trois dames alexis, veuve gravier, maillefert, notaire. — Bordier. | Demilly, 19, calais. georges, loiret, charles, bourges, henri, lucie, bruxelles. amélie genève, attends ordres, tous bien.—Bouis. | Georges Duparc, 3, martel. vos parents vont bien. très-inquiets, répondez leur et à secrétaire commission scientifique bordeaux. — Haton. | Domestiques Goupil, 47, laffitte. bonnes santés, répondez nouvelles duparc trois martel et ma cuisinière à secrétaire commission scientifique bordeaux. — Haton. |

Guers, 6 déc. — Mlle Dagon, chancellerie, rue lille. reçues, navrée, prières tendresses constantes, bien. — Huet. |

Valognes, 7 nov. — Durand, scipion, 18. portons tous bien.—Edouard. | Delisle, hauteville, 13, paris. Boissier, fernet. nous tous bien. — Delisle. |

Louverne. — Louise Leblanc, 57, cherche-midi. lettres reçues. allons bien. embrassons. — Boudet. |

Le Havre, 6 déc. — Poggiale, 22, soufflet, 4 décembre. papa venu abbetot, parti pour tours, edme ici. allons bien. — Pauline. |

Verdelais, 8 déc. — Choizin, 104, vaugirard. lettre du 2 reçue. tous bien ici, mais inquiets. écrivez, lampes brûlent toujours. prières constantes. — Saluces. | Choizin, vaugirard, 104. Andrieux bien, père aussi, première communion, donnez nouvelles souvent. — Aurélie. |

Royère, 6 déc. — Bauderon, gendarme paris, caserne louvre. bien. — Thérèse Bauderon. |

Limoges, 7 déc. — Lagorce, huissier, 225, honoré. reçu lettre, sante bonne, paie taxe.—André, limoges. |

Cannes, 5 déc. — Brayart, 31, place madeleine. suis pour paul, cannes, boulevard national, 5. allons bien, reçu vos lettres. — Vignon. |

Château-Gontier, 8 déc. — Plouviez, 8, place bourse. tous et nantes allons bien. — Aimée Plouviez. |

St-Quentin, 4 déc. — Gourdin, 16, cloître saint-honoré. familles bien portantes, recevons lettres. — Gourdin. | Boudeleux, 257, rue st-martin. rentrés domicile bien portants, recevons lettres, envoyez nouvelles duc, 12, rue cauchat. — Gourdin. | Ayrault. cléry, 10. tous bien portants, st-quentin. — Emile Malézieux. |

Toulouse, 8 déc. — Chalmel, négociant, faubourg st-martin, 71. Thérése, châteaudun ici. tous bien, reçu mandat. — Boissié. |

Besançon, 6 déc. — Maingaut, 18, rue l'arcade. nous allons bien. — Maingault. | Crépey, rougemont, 12. tous besançon bonne santé. passé chef demeure provisoirement. |

Arc-et-Senans, 7 déc. — Bertrand, condé, 14, roche, 6. tous bien. rocher prisonnier. dire gaston donner congé rue cassette. — Alice. |

Toulon-sur-Mer, 8 déc.—Carois, lieutenant vaisseau, fort montrouge, arcueil. pas nouvelles de toi, julie, moi, parents allons bien, embrassons.— Angèle. |

Lons-le-Saunier, 6 déc. — Lonchamps, ministère finances. pense continuellement à toi. attends impatiemment réunion, dis à oncle xavier allons bien. — Marmier. |

Divonne, 6 déc. — Charpentier, garancière, 7. Marie accouchée heureusement fille, tous très-bien portants. — Arsène. |

Fernex, 6 déc. — Pourcelle, 48, berri. habite genève, écris poste restante. — Pourcelle. |

Amboise. — Maupas, 46, amsterdam. georges reste, avons blessés, tous lagarde parfaitement, jules rennes. — Marthe, 12 décembre. | Chapu de lancry, 61. bonne santé, lettres reçues, très-inquiète. — Adeline, amboise, 10 déc. | Sentier, madame Roy, cléry, 9. reçu toutes tes lettres. bonne santé. — Roy. |

Castres-Gironde, 8 déc. — Tétard, boulevard magenta, 91. bonne santé beautiran, enfants travaillent, georges mayence bonne santé. albert part 8 déc. — Tétard. | Thiébaut, hauteville, 8. septième avertissement. lucie fausse couche, décédée 18 novembre. sa mère reste nice, laisser ignorer félix. — Tétard. |

---

40 Pour copie conforme :

L'inspecteur,

Bordeaux. — 22 décembre 1870.

londres m. ary Gengoult. service de sûreté. préfecture de police. paris. tout va bien. — mary Gengoult. | Nerval, 6. rue de la baune. tous à brighton en parfaite santé. — Flavie. 15, bedford square. | monsieur j. m. Martin, 11, rue payenne, marais. paris. cher ami. recevons toutes vos lettres. sommes bonne santé. affaires marchent bien. correspondons avec patron. écrivez nous souvent. — Laborie. | monsieur Guillon, 3, avenue victoria. sommes jersey hélier's 21, motte street. bien portantes recevons lettres. | Usèbe, 70, hauteville. paris. recevons lettres avons argent. santé bonne. hôtel europe jersey. — Usèbe. | Georges Lévy. 113, boulevard sébastopol. Parents nous allons bien. dernière lettre 20. écris souvent. — Rosine. | Maurice Mayer, 8, rue du sentier paris. très-inquiète aucune nouvelle de toi. allons bien reçois bonnes nouvelles épinal, boulay, toul. écris par ballon. — Céline. | madame Brébaut, hôtel de rouen. 13, rue notre dame des victoires. paris. sommes tous en bonne santé. écrivez souvent. vos lettres vivement appréciées. 9 novembre dernière reçue. — Louise. | antoine may, 46, rues petites écuries paris. recevons lettres régulièrement. dernière 6 décembre. restons manchester. confortablement installés. david ici, théodore hambourg. santé, bonheur parfaits. — léonie Oscar. | Fould et Cie. paris, encaissé deux cents mille francs. dumont havre, suivant ordre bauk louisiana garantissant restitution. premières acceptées. trois reçue. — Hambro. | Logelin, 13, rue poissonnière. aubey rogelin, jersey, 65, don road. ligney honfleur bien portants. — Aubey. |

Lyon, 9, place de la bourse, paris. habitons londres, tous bien portants. correspondons avec céline. — Rosine, sophie, famille Lévilion. | madame Bourdillon, 4, rue turin, paris. ernest genève bonne santé, tante florence, cœurs tristes pensant vous. souvenirs pour tous amis. — Thérèse. | monsieur Florion, 87, rue rome paris. lettres reçues chez weston, bien. — Marie. | le révérend c. Vasseur, prêtre de St-sulpice, 40, rue vaugirard, paris. révérend père, j'ai reçu votre lettre, et je vous en remercie. je suis votre servante. — a. m. Mapother. |

Thorailler, 55, rue charonne, paris. je désire vivement des nouvelles d'albert et vôtres. — Gillou, 15, earls terrace, londres kesington. | monsieur alfred Coing, 65, faubourg du temple, paris. chérie, bien ; mais je pense toujours à toi. ta femme chérie. — isabella Maile. | madame Besse, 22, rue freycinet, chaillot. paris. 8 déc. lettres reçues allons tous bien. tendresses. — cornélie wyatt, 43, stoane street. londres. | Bosc, 43, boissy d'anglas, paris. Lorin londres, rien reçu toi depuis le 28 octobre, réponse de suite, inquiète. — Lorin. | monsieur Deville, 137, avenue malakoff, paris. vos enfants se portent bien. — Gardner Engleheart. | Bloch, 40, rue des blancs manteaux paris. tranquilisez-vous. tous très-bien portants. fille. — Adèle. | Labouyrie, 8, rue pavée. paris. lettres reçues. tous bien portants. — L. Pinot. | Passet, 55, neuve petits champs. paris. santé bonne, reçois lettres. troisième dépêche. — Aline. londres |

madame Charvet, 4, place louvois, paris. tout le monde se porte bien à cowes. — marie Drover. | Sourdis, 13, rue laffite, paris. 5 déc. recevons lettres. édouard heureux de me les apporter. moi lui faire toutes lire. — Sournis. | Mendel, 28, rue neuve coquenard, paris. toutes vos lettres reçues. santé excellente famille moskovite également. prévenez joseph moskovite, écrivez. — Maria. | madame Pompon, 15, avenue de tourville. paris. lettre du 24. nouvelles de semur. 26, de Yokohama, 4 octobre. bonnes. tout bien ici. | Arnstein, 23, boulevard poissonière. donnez-moi de vos nouvelles empruntez argent chez mass propriétaire, sur la rente en possession. — Arnstein. | Louis Blanc, 34, rue laffite, paris. lettre reçue, bien inquiète, convalescent. — Christina Blanc. | monsieur Lizot, 10, rue du caire, paris. vu enfants, bien. — A. Varley, 6, crescent place, hampstand road. | Aron, 9, cléry, paris. santé excellente, même papa. recevons vos lettres, avons envoyé plusieurs dépêches. maltête envoie balance septembre. — Bastor. | monsieur d'Anglemont, 15, rue drouot, paris. je suis bien tourmentée n'ayant pas tes nouvelles. — Alice. monsieur j. broumne st. parks road 8, kinnington park, london. | monsieur Blouet, journal le temps, 10, rue du faubourg montmartre, paris. reçu seulement cinq cents francs lettre d'avis pour trois cents francs, perdue. demeure depuis octobre, west brompton. — autoinette Blouet. 8, wharfedale stret. west brompton. | Quennessen, 56, rue montmartre, paris. samuel White envoie cinq cents livres sterling. père à coutances. amitiés à lebrun. écrivez — Frédéric. | Bryon, 29, quai grands augustins traite reçue. laissez deuxième question momentanément suspens. avons acheté riz, haricots expédier paris immédiatement possible revoyez allard. — Laurier. |

Huet, 4, rue paix, paris, congé appartement, donnez alphonsine et marie besoin. écrivez longuement. — Dallemagne. | Letessier, 17, rue colysée, paris. une lettre depuis départ, écrivez suite avec détails. dites émile donner congé appartement. — Mayren. | Jacquel, 3, rue paix, paris. reçu lettres, écrivez portons bien, embrassons. — Dallemagne. | monsieur Lutteroth, 47, rue marbeuf, paris. vais bien. j'ai vos lettres. devaux a tout arrangé. chevaux ici. je vous aime. — Alfred. | monsieur georges Lévy, 113, boulevard de sébastopol, paris. allons tous bien, date dernière lettre. écris-moi. — Rosine. | Leblanc portier, 5, rue bergère, paris. tout bien, envoyez nouvelles. — F. Barnard. | Pinpernel, 92 boulevard magenta. londres depuis septembre. papa pinpernel, parents, amis moi allons bien. Laure londres. 34, porchester square. ennuie. — A. Pinpernel. | Moret, rue cléry, paris. toute votre famille habite bruxelles et va bien. j'ai ici nos étoffes de lyon. — Hooper london. | henriette weldon, 4, rue perrault, paris. quelques-unes de vos lettres reçues. vous êtes toujours dans nos pensées. écrivez souvent tout va bien. — charles weldon. | Ettlinger, 103, rue du temple, paris. quatrième dépêche. enfants, parents, amis moi excellente santé. reçu tes lettres rosine fils, berthe fille. — Caroline. | Bertin, 48, St-lazare, paris. 7 déc. brighton ventnor villas marcel parfaitement recevons vos lettres. bonnes nouvelles raye et havre. — Sargenton. | Jules Rieumal, 19, rue du sentier, paris. clara, jeanne bien portantes. objets demandés pendus magasin domandez desroche. — anna Lippold. | Auscher, 83, rue maubeuge, paris. tous bien, lauterbourg, brighton, marseille, bruxelles aussi, écrivez toujours lettres, arrivent souvent. — Cohen, Auscher. londres 6, déc. | Sourdis, 13, rue laffite, paris. 7, reçu lettre 30. édouard et moi essayâmes continuellement chaque moyen écrire. sommes bien édouard sans nouvelles. — Sourdis. |

La Chartre-sur-le-Loir, 6 déc. — Maigneux, 23, rue mayet, paris. tout monde porte bien. rené vient la chartre. — Duclos. |

Bourgneuf-en-Retz, 8 déc. — Dronet, mont-valérien, paris. donnez de vos nouvelles. — Mercier. |

Laigle, 8 déc. — Davillier et Cie. 14, rue roquépine, paris. Livet, 6 déc. achetez rente à mesure fonds disponibles. — Emile Pitray. |

Vernon, 5 déc. — Garce, 14, filles-calvaire, paris. bonne, oui, orléans bonne, non, bien, peu, point. — Flore.

Les Montils, 8 déc. — Perrigny, 3. lavoisier. savonnières, vannes, bien, vœux. — Théodat. |

Blois, 9 déc. | Bachimont, 14 bis. boulevard batignolles. tous bien portants, lettres reçues. — Bachimont. |

Vélines. — Peron, 5, avenue reine-hortense, paris. nous allons tous bien. — Catherine. |

Niort, 11 déc. — Léon Roches. 27, faubourg saint-honoré. reçu lettre, heureuse, bébé moi installé niort, mouné tous embrussons futur grand-père. — Mathilde. |

Tours, 11 déc. — Gaytte, 131, montmartre. allons bien, astier aussi. auguste quatre dents. — Marie. | Bourdin, 102, temple. marie besoin de rien. | Chardon, 3, castiglione. lucie, enfants bonne santé. Gand, 22, rue basse, belgique. père, mère vont bien. — Chardon. | Saunier, 2, opéra. reçu dernières lettres, femme, enfants bien, mère, nous aussi. — Pean. | Hérard, 24, grange-batelière. toujours bonne santé, dinard, châteauroux, havre, granville, vous embrassons. — Hérard. | Legendre, 17, lancry. santés parfaites, obtenu au 15 février droits succession rouen, reçois vos lettres. — Aline. | Meynier 47, taitbout. famille toujours nevers, raoul aix-la-chapelle décoré, voir jusseraud fils brassac, tout va bien. — Manigler. | Richy, 53, hauteville. maman bien, eugénie bien, marie bien, reçu lettres jusqu'au 14 novembre, confiance, espoir. | madame Beauvais. 47, domrémy. suis à tours, santé bonne. — Beauvais. | Moreau, 3. malesherbes. mère moreau décédée, épicerie, salle manger, confitures, caisse, armoire antichambre, clé, propriétaire maury, serrurier, bordeaux. — Gontier. |

Pau, 12 déc. — Armingaud, 11, rue hauteville, paris. Cécile, ninette et mazerets à biarritz, santés bonnes. à bayonne, à pau, tous bien. — Pérez. | Mitjans, 12, rue l'élysée, paris. tes enfants bien, recevons toutes tes lettres, écris-nous plus souvent. — Riera. | Agent secours-mutuels, mairie, rue de banque. dites à société que pas pu traverser deux fois lignes, envoyé délégation bayvet. — Bertrand. |

Bagnères-de-Bigorre, 13 déc. — Briosne, 3, rue bleue. lettre arrivée, bien portants, écrire bagnères-bigorre. — Noukomm. | Caubet, 22, rue verneuil. tous bien, bagnères, bonnes nouvelles alfred. — Caubet. | Maupion, 24, rue bons-enfants, paris. femmes et fils bien, vos lettres arrivent. — Latourdupin |

Vannes, 10 déc. — Dumas, 62, singer, paris passy. santés bonnes, lucile aussi appris décoration, tendresses. — Claudie. | Nicolet, 19, ville-l'évêque, bonne santé continue, delpech nicolet arcachon, baisers. — Marguerite. | Loyer, 38, berlin. tous bonne santé. — Dobelin. | Benoist, 102, rue antoine, passage charlemagne. allons bien, nouvelles léon 16 novembre, bonne santé. — Dobelin. | Watelin, 45, rue rome. louis nevers, bien portants, roguédas. — Louise. | Cussé, 15, quai conti. tous bien, vannes. | Kerarmel, capitaine 5e bataillon mobiles morbihan, paris. tous bien, écris. | Douy, 51. chaillot. courage, vais bien, et vous? — Ernest. |

Toulon-sur-Mer, 12 déc. | Ollivier, capitaine d'habillement, 4 bis, boulevard des invalides. donnez nouvelles de mon mari. — Andé. |

Apt, 11 déc. — Castillon, 23, tronchet. enfants santé parfaite. — Clacy. |

Tarbes, 13 déc. — madame Maillot, 76, boulevard clichy, montmartre. bonne santé. — Marie. |

Bédarieux, 12 déc. — Billaud, 22, rue montaigne. reçu lettre, bonne santé, resterai lamalou. — Marie. |

Bayonne, 13 déc. — Joly, 1, jacob, paris. santé bonne, à bayonne. — Bollet. |

Oloron-sainte-Marie, 12 déc. — Lapagesse, 20, belzunce. portons bien, famille recalt, coulon aussi, auguste exempt, écris plus souvent. — Octavie. |

La Roche-sur-Yon, 11 déc. — Darblay, paris. suivant lettre, espére acheter cinquante mille hectos de 20 à 23. télégraphiez ordre, indiquez où prendre argent. — Rouchy. |

Toulouse, 12 déc. — Farochon, 80, vanneau, paris. crochetez caves, armoires, cherchez nourriture, chauffage. pleurons avec jeanne. — Pichon. | Rome. sous-chef bureau ministère intérieur. gustave lyon, allons tous bien, faudoas aussi. — Mahé. | Navarro, 19, avenue d'iéna, paris. reçu six lettres ballon, merci, bonne santé, amitiés moi et gustave. — veuve Vieira. | Forbes, 35, rue Sèvres. allons bien, lettres reçues. — Forbes. | madame Pinguet, 36, amsterdam, paris. reçu lettres, viendrai dès siége levé. — Gustave. | Lebaudy, 73. boulevard haussmann. santé excellente. — Amicie. | Urrabieto, 69, rue saint-lazare. tous bien, toujours toulouse. — Elisa. |

Meilhan, 13 déc. — Assomption, auteuil-paris. Perés sœurs sont bien, perneboy archevéché mayence, eugénie provisoirement nice midi tranquille. — Elisabeth. |

Toulon-sur-Arroux. — Tommasini, 5, rue cirque, paris. nos cœurs avec vous, lettres reçues, santé bonne, en dieu espoir. — Popelin. |

Troyes, 5 déc. — de Blives, sous-lieutenant au 2e bataillon, 6e compagnie des mobiles de l'aube, à paris. écris donc, cher enfant, chacun va bien. — Corrard de Breban. |

Angoulême, 11 déc. — Odiot, orfèvre, paris. allons bien. camille lyon, battu dijon. nous rochefoucauld, occupe beaucoup affaires, pas nouvelles toi novembre inquiète. — Grassin. |

Concarneau, 11 déc. — Giroux, 10, taranne. Perrin pau, mathilde granès, tous santé. — Lucile. |

Saint-Nazaire-sur-Loire, 11 déc. — lieutenant Lamotte, mobiles, mont-valérien. lettres reçues, parents anne tranquilles carheil, alfred commandant maurice officier mobilisés, olivier mort chute voiture. — Charles. |

Le Pallet, 11 déc. — Jousset. 16, pré-aux-clercs. tante, sœurs. viollet, enfants. moi. santé parfaite, manquons rien, deux céline ici, dabin rien. — Jousset. |

Fontenay-le-Comte. 10 déc. — Gillier, mobile, 35e. 1er bataillon, 1re compagnie, paris. famille, maître, mélanie, bonne santé, reçu lettres, écris, tendron, ferret, mêmes avis. | Joffrion. sergent. 1er bataillon, 8e compagnie. mobile vendée. tous bonne santé, procure argent, écris souvent. — Joffrion, médecin. | Sabouraud, lieutenant comptable, 1er bataillon, 35e régiment mobile vendée. olivier content, reçu lettre 6 décembre, écrire souvent, ballon monté affranchir. |

La Flèche, 11 déc. — Beauval, 48, St-Domini. mère, frère, bien portants, ignorent mort nouvion. moi exempt mobilisation. — Bellay. | Desancy, 31, goudot. reçu bonnes nouvelles jules stettin. — Caroline. | Mariage, 3, lombard. Marie arrivée bruxelles.

Cendrey. — Monsieur Lavocat, quai de la tournelle. aujourd'hui, 13. bons souvenirs. sais par fanny les miens saufs, remercie son mari — Anna. |

Arc-et-Senans, 15 déc. — Bancenel, 47, rue de madame. clef cachette dans malles couvercle. correspondances aveyron, vienne. allons bien. — Hippolyte. |

Sommières, 16 déc. — Pagès, 5, rue martel. allons bien. horace lassalle 16 décembre. — Devèze. |

Montauban, 18 déc. — Renaud, capitaine 124e marche. chercher envoyer immédiatement nouvelles gleizes. — Siguela. |

Montoir-de-Bretagne. 16 déc. — Espivent de la Villesboisnet. lieutenant mobile mont-valérien. belébat, hermitière, carheil bien. |

Domfront. — Bigot, rue bourgogne, 41, paris. allons bien. — Bigot. |

Givors. 16 déc. — Stasse, bruxelles, 40. fanny, hippolyte, georges bien. — Lescure. |

Château-Gonthier. — Hubert, chef expropriations, préfecture paris. familles hubert, lecomte, mahier, briand vont bien. raoul mobile, arthur, gustave, capitaines. château-gonthier, décembre. — Délie. |

Ambert, 15 déc. — Turquet, 6, hanovre, paris. allons tous très-bien. tous revaccinés. — Henriette. |

Aigre, 18 déc. — Victor Catheu, 3, castellane, paris. Je vous souhaite bonne année. prompt retour. mille tendresses. — Marguerite. |

Moulins-sur-Allier. — Sifflet, médecin 114e ligne, paris. filles bien portantes. — Delphine. |

Ebreuil, 16 déc. — Monsieur Bourgeois, boulevard sébastopol, 69, paris. tous portons bien. recevons vos lettres. avons écrit souvent, envoyé cartes réponses. — Bourgeois. |

Maillerais. — Baudry Edmond, mobile vendée, 1er bataillon, 5e compagnie, 35e régiment. santé bonne, nouvelle vous plus tôt possible. frère santé bonne. — Simonneau. |

Granville, 15 déc. — Oudiné, vavin, 19, paris. allons très-bien. dernière lettre reçue du

Bordeaux. — 22 décembre 1870

premier décembre. avons écrit par pigeon et carte. — Vauthier. |

Bordeaux. — Madame Ferrand-Bourdin, 183, université. très-inquiet. dernière lettre reçue 31 octobre. embrasse enfants, écris de suite, mille embrassades. — Ferrand. |

Pau, 17 déc. — Branche, 14, avenue victoria. Jane parfaitement. demeurons poste restante, pau. — Moret. |

Bain-de-Bretagne, 16 déc. — Brault, 105, st lazare. des vallières, londres 2, manchester square. allons tous bien. bertrand, rhoné, parfaitement bien. — Brault. |

Libourne, 18 déc. — Protche, cent onzième bataillon, première compagnie volontaire, ou 12, rue marie-antoinette, montmartre. père bien deux-ponts, moi libourne, bien. — Protche. |

La Rochelle, 17 déc. — Giraudeau, 12, Richer, paris. aiste en sûreté la rochelle auprès adrien procureur république. janin prisonnier bonn. attendons vite vos nouvelles. |

Angoulême, 17 déc. — Adhémar, 29, sentier. longeville, roullet, santé parfaite. enfants superbes. moral bon pour la situation. nous recevons vos lettres. — Marie Adhémar. |

Casimir-Périer, 76, galilée. six, rien passé ici. tous bien. lorrez aussi. reçu plusieurs lettres, ordre jour, répondu carte. — Pierre. |

St-Quentin, 11 déc. — Midy, rue vaugirard, 95, paris. sommes inquiets, malades, écris promptement. — Midy. | Madame Lepaute, 2, rue blanche, paris. santés bonnes st-quentin, tréport. — Lepaute. | Jomais, 13, cléry, paris. avons lettres hartmann, jamais. manquons adresses et renseignements pour exportation. tous bonne santé. sommes libres. — Mondini. | Vernier, quai st-bernard. confirmons cinq lettres, deux dépêches disant : désormais n'acceptez aucun rachat sur nous. n'achetez rien. — Robert. |

Brest, 13 déc. — Lieutenant Durand, premier bataillon mobiles finistère, état-major place, suivre. marie dépêche, tous bien. confiance dieu. érard, brossé, simon, bien. — Florine. | Perrière, boulevard st-germain, 17. bonnes santés. bruxelles, brest, réclamez succession david, trente-cinq mille marchandises, plus cinq mille magasins. — Viaudry. |

Caen, 14 déc. — Albert, 55, rue d'asnières, paris. chez guillot, allons tous bien. allé à meaux, revenu, tout va bien, tante aussi. — Marie. | Jacob, neufville, 6, halévy. lettres 28 novembre reçues. attendons paix pour retourner courbevoie. fourneaux marchent. major beuzeval bien. — Neufville.—

Bagnères-de-Bigorre, 17 déc. — Mairet, 22, meslay. bien portants bagnères-de-bigorre. caroline morte le 2. — Claudon. | Petit, boulevard pereire, 110. province marche vers capitale contre ennemis nombreux. espérons paris tentera effort suprême pour opérer jonction. — Jules. |

Romanèche, 14 déc. — Acoulon, rue Bucy, 8. Corcelle 14 déc. bonnes santés. recevons lettres. prussiens dijon seulement. |

Aix-en-Provence, 13 déc. — Thénésy, ingénieur, rue jour, 10. écrit premiers pigeons, écris souvent, charles aussi. lyon tous bien. — E. Thénésy. |

Courseulles-s.-mer, 13 déc. — Heurteux, taitbout, 14. wilhemme et famille vont très-bien. — Heurteux. |

Voiron, 14 déc. — Petit, 13, clignancourt. garçon, portons bien. |

Abbeville, 14 déc. — Lecaron, rue vieux-augustins, 35. Famille gellé bruxelles, va bien. — Dufour-Gellé. |

Nuits-Côte-d'Or, 12 déc. — Directeur dépôts volontaires, banque france. chapuis françois, de versailles, mort. récépissés volés. opposition. avis reçu. répondez nuits-côte-d'or. — Hamlin. |

Rouvray. — Barberet, clignancourt, 62, montmartre. désolée, nouvelles suite. — Barberet. |

Châteauneuf-en-Thymerais, 10 déc. — Moreau, 75, rue notre-dame-des-champs, paris. châteauneuf, décembre, tous bien. — Lauxerrois. |

Chaource, 10 déc. — Forestier, 35, demours. prussiens inconnus aux loges, sois tranquille, moi malade, autres bonne santé, écris souvent. — Camille. |

Saint-Parres-les-Vandes. — Baguet, Alexandre, mobile aube, 2e bataillon, 4e compagnie. femme santé bonne, donne nouvelles. |

Coulange-sur-Yonne, 12 déc. — Salmon, 13, rue Bruxelles, paris. portons tous bien, pas ennemis, recevons lettres, édouard ici. — Frontier. |

Rodez, 15 déc. — Mauve, 24, penthièvre. tous ici bien portants, henriette ringuier aussi. pas t'exposer pour voir jules ni joinville. — Berthe. |

Villefranche-de-Rouergue, 17 déc. — Sandrin, 17, rue de la sourdière. Néquun donne congé appartement pour avril. |

Bordeaux. — Pinguet, capitaine 1er bat., 8e comp., mobile aube. donner nouvelles adolphe pillet, adrien rotiro, alfred collet, prosper grasdos, séverno léger. — Casimir Périer. |

Londres, 13 déc. — Rouget, 37, rue de l'Arcade, paris. bien portante. — Agues Rouget, 8, blomfield road, maida hill, london. | Mount, 3, rue de la paix. lettres reçues, nous sympathisons, sont bien portants, écrivez toujours, revenez. — Mount, southampton. | Bar frères, 28, rue de trévise, paris. la famille de pau et nous parfaite santé, amélie pas accouchée, écrivez lazard, londres. — Alexandre. | vicomtesse Saint-Geniès, 23, rue penthièvre, paris. — Richard, bien, à hambourg. | Lebaudy, 58, flandre, paris. reçu lettres six, versement fould pas encore. oppenheim consolidé quatre-vingt douze, morgan un prime. — Gustave. | Lebaudy, 59, flandre, paris. cinquante-cinq acheté trente mille, irai jusque cinquante, raffines rares, varient cent quarante à deux cents. — Gustave. | Amans, 27, avenue de breteuil, paris. sommes très-bien, reçu nouvelles du 24, trouver bons amis ici. — Landreau. | Louis Schlesinger, 1, cardinal-fesch, paris. sans nouvelles, très-inquiets, écrivez immédiatement par plusieurs ballons, tous bien portants. — Guillaume. | Amélie Schmoll, 80, rue Turenne, paris. reçu lettre, partage tes opinions, me porte bien, vous embrasse tous. — Adolphe. | Berteaux, 10, aboukir, paris. allons bien, affaires londres bien, lyon commissions liquidées. travaillons saison prochaine, payez emprunt avec bons trésor. — Berteaux. | Chandler, 14, rue saint-marc, paris. Darchez est crédité cinq mille francs chez Jhelier. — Chandler. | Jhelier Henrotte, 10, rue chauchat, paris. créditez darchez cinq mille francs pour mon compte. — Chandler. | Lafitte, 7, rue mogador, paris. lettre reçue, plusieurs lettres envoyées à paris. porte bien. inquiète, parents à sarreguemines, écris. — Marie Renbaud. | Ettlinger, 103, rue du temple, paris. toute ta famille la mienne sans exception nous triefus excellente santé, possédons toutes caisses, stock complétement désassorti. — Caroline. | Bablin, 166, palais-royal, paris reçu tes lettres, nous nous portons bien, kalmus à luxembourg. nouvelles ernest — Coulon. | Sourdis, 13, rue laffitte, paris. 12 déc. tous bien, edward véritable fils pour nous deux n'a reçu qu'une lettre, écris-lui gentiment. — Sourdis. |

Londres, 12 déc. — Dusacq, 3, rue de la boutellerie, paris. écrivez-moi aussitôt que vous pourrez, je vous en supplie. — A. Stowigek. | Delore, 74, faubourg martin, paris. demeurons 30, albany villas cliftonville, allons bien, maison versailles soignée, ami va bien. — Martin. |

Gondouin, 7, quai Voltaire. tous bien. godard aussi, geoffroy bien, anatole ici, jeanne raisonnable, georges sage, honfleur tranquille. — Lapeyrière. | Godard, 22, rue vivienne, paris. nos familles bien portantes, vie tranquille, lucien complétement chez lapeyrière, argent suffisant, recevons vos lettres. — Godard. | Schloss Vanderheym, 26, rue richer, paris. reçu vos lettres, donnez détails santé émile et famille, feucht et tous santé parfaite. — Gustave. | Bar frères, 28, rue de trévise, paris. inquiet, aucune nouvelle de vous, répondez immédiatement, lazard, londres. — Alexandre. | Bary, 47, rue pigalle, paris. par prudence avons quitté dieppe, sommes arrivés angleterre, allons très-bien, écrivez wellesley hall portsmouth, tristesse, amitié. — Max. | Lheureux, 1, place vintimille, paris. prudence conseillant, clémence, marcel, marie, bonnes, lyon, arrivées angleterre, allons très-bien, écrivez-nous, wellesley hall, portsmouth. — Clémence. | Steger, 32, boulevard sébastopol, paris. deux lettres, reçu échantillons, nous préparons les mandats, étaient-ils présentés? que dieu vous sauve, 10 décembre. — de Wright, birmingham. | Cheilley, 20, rue Grammont, paris. martel, bureau restant, southampton, décembre. |

Léon de Lacour, maison Lacour, 10, rue de la paix, paris. de grâce, écris. | Colin, 20, lepic, paris. tous bien. londres, dukestreet, 29, manchester square — Marie. | Perraud, 35, rue billault, paris. lettres, argent, william, tous bien. — William Marston. | Huber, 43, faubourg saint-antoine, paris. suis à londres, vais bien, je pars pour bruxelles, écris-moi bureau restant, courage, amitié. — Huber. | Achille Léger, 26, place vendôme, paris. bravo, chassez celui qui quitterait asnières, écrivez chaque jour. — Keug. | MM. Hottinguer et Cie, 38, rue de provence, paris. Londres, 12 décembre. Messieurs, payez à monsieur henry labouchère la somme de deux cents livres — Williams Deacon et Cie. | Beurdeley, 32, rue louis-grand, paris. merci, vos lettres sont vraies, acceptez mes sympathies sincères, espérez toujours. — Davis, london. | B. Badel, 3, rue rossini. payez mousis, quatorze cent quatre-vingt huit fr., notre traite en sa faveur quinze cents annulée. souvenirs affectueux. — Darthez frères. | Breguet, quai horloge, paris. Elie vacciné, rit, aucun rhume. vu alfred, mine superbe enfants berthelots francillon. chaper, famille grenier parfaitement véridique. | Breguet, quai horloge, paris. étretat très-sûr, nombreux amis, installation chaude, louise nourrissant madelaine, ludovic travaillant. madame halévy, valentine, parfaitement Stinl. — Halévy. |

Henry Labouchère, grand-hôtel, paris. 12 déc. par courrier pigeon, nous autorisons MM. Hottinguer et Cie à vous payer deux cents livres. — Williams Deacon et Cie. | madame Roux, 31, rue de la sourdière, paris. toutes lettres reçues, en bonne santé. — J. Roux. | Henry, 16, rue fidélité, paris. 12 déc. reçu tes lettres, sois tranquille, donne leçons à londres. — Sophie Silas. |

Delapalme, 10, rue Castiglione, paris. santés parfaites. — Delapalme, 12 déc. | C. Goguel, 19, rue de penthièvre, paris. djab, bouzivalet ici, vont bien. lettres reçues. courage et espérance. — O'de-Plus. | Thomas, 23, rue de reuilly, paris. tous bien portants, reçu lettres, cinq manquant, heureux ta bonne santé, baisers à tous, où émile. — Jenny Messier, 14, bendinck st. london. | Hird Huntington, 160, rue montmartre, paris. vendez les couvertures, L treize francs, XA seize. A dix-huit, AA vingt-deux comptant | Lachez, saint-fiacre, paris. reçu lettres, allons bien londres, aussi bruxelles, caisse arrivée londres. aussi bruxelles, écrivez souvent. — Bleuze. | Raffard, 374, rue saint-denis, paris. bonnes nouvelles lucien à bonn, recevons vingt-deux balles pour vous de canton, deux premières nottingham échues. — Roustan frères. | Raffard, 74, rue saint denis, paris. lucien en bonne santé à bonn, deshegues a versé quinze cents livres, avons premières acceptées de nottingham. — Roustan frères. | Delafosse, 146, boulevard haussmann, paris. reçu vos lettres, approuve ce que vous avez fait, écrivez. — Amada. | madame Chemin, 3, rue saint-anastase, paris. nous nous portons tous bien maintenant, courage, confiance, recevons tes lettres. — Marchand. | madame Usslaub, 14, rue dame-lorette, paris. écris souvent, feras plaisir. santé excellente, amitiés George. | Brüll, 58, rue larochefoucauld, paris. santé parfaite, avons leçons, reçu neuf lettres. — Zoé Brüll. | Amélée Charpentier, 15, rue larochefoucauld, paris. santé bonne, reçu lettres, courage, soigne-toi. — Sophie Charpentier. | Benjamin Godard, chez Alfred Blot, 5, rue Gaillon, paris. très-inquiète, écrivez. — Marie François, thorty three montagne, place bedford, 3, london. | madame Soubeus, première mairie, place du louvre, paris. bien portant, louis prisonnier bien portant. — Marie François, londres. | Saint-Germain, 14, rue Navarin, paris. reçois lettres, portons bien, jone à londres, succès, oui, oui, oui, écrivez — Riel. | de Regny, 59, rue blanche, paris. restons angleterre, irai paris sitôt possible, reçu onze lettres toi, écris plus souvent. — Revenger, 48, thurlse square. | Dreyfus, 24, rue Lepeletier, paris. sommes tous bien portants, six pour cent français un quart pour cent de prime, espagnol trente-un. — Dreyfus. | Josse, 163, rue charonne, paris. bonne santé, troisième dépêche, embrasse tous. — Jeanne. | Abraham, chez Sanson, 100, rue cléry, paris. excessivement désolé pas être paris, écrivez nouvelles de tous, auguste compris, et des deux maisons. — Cliver. —

Bordeaux, 11 déc. — Boyer, 60, rue provence. été malade, maintenant vais mieux, vois un peu, planté, boudias. personne autre, si besoin argent. — Verdereau. | Blacque, 19, grammont. bureau londres, 59, mark lane. vos acceptations payées. fourniture chili encaissée. affaires syndicat bonne voie. — Heydecker. | Herbet, 12, thévenot. bien portants. vitré bretagne avec Berthault, pauline belgique, jacques rouen, enfants superbes. je reçois tes lettres. — Agathe. | Paz, 34, rue martyrs. toujours royan. famille bien, dire théodore. — Alice |

Moulins, déc. — Nicolas, 3, rue du jour, paris. bonne santé. | Malingre, boulevard beaumarchais, 89. santés bonnes, henry ici, comment va émile? mesdames pichard besoin rien, reçoivent lettre, albert afrique. — Malingre. |

Pamiers, 10 déc. — Piquemal, racine, 9. tous bien portants, comment allez-vous. — Piquemal. |

Duras, 11 déc. — Bronne, 29, joubert, paris. partout santés excellentes, gustave moi embrassons espoir. — Maria. |

Moissac. — Anjaubault, 7, neuve capucines, paris. tous, enfants, touzac bien, joseph ici. |

Rignac, 9 déc. — Penant, boulevard temple, 40. allons bien. — Delphine. |

Les Sables-d'Olonnes. — Rochefontaine, rue buci, 33, paris. tous bien, donne nouvelles de mère. — Elisa. |

Aix-les-Bains, 8 déc. — Laporte, rue vaugirard, 58. tous bien, nini grandi, gros molets, jamais fièvre, parle toujours de papa embrassons. — Marie. |

Macon, 8 déc. — Thomas, avenue Italie, 48. vous et frère, nouvelles. — Charnay. |

Valençay. — M. Cognet, 70, rue de maubeuge paris. la famille cognet de valençay et de Selles se portent bien. — E. Cognet. |

Bordeaux, 13 déc. — Bibling, affaires étrangères. prière pas oublier madame Ségur fin année. | Azur, 67, boulevard prince eugène. très inquiets de vous et maisons, aucune nouvelles depuis octobre réponse marseille. poste restante. — Azur. | Regard, 15, chamon. restons, nous, mères calmes, confiance providence charles sottises constante union prières. trois tendres vœux année, étienne. — Villequier. | Du Bochet, faubourg poissonnière, 175. tous aux crêtes, bien portants, à bientôt. sœlinée bien. — Julie. | Ruzé, 72, glacière st-michel. nouvelles des dames sont bonnes, ont argent. pas pu venir ici communications difficiles, je veillerai. — Pesquier. | Pelletan, 33, cherche-midi. bon anniversaire andré. allons bien, vous embrassons ainsi que amis. — Pelletan. | Rauheim, mobile 15e fort, aubervilliers; adresse lettres bordeaux, Béziat, cours d'albret, 56, courage. — Rauheim. |

Libourne, 11 déc. — Casteran, rue clément, 6. merci. alfred lieutenant loire. tous bien. espérons. — Caroline. |

---

41. Pour copie conforme :
l'Inspecteur,

Bordeaux, 22 décembre 1870.

Dinard, 8 déc. — Dutard, rivoli, 79. dinard 8 décembre. reçu lettres du 3, envoyé dépêche 26 novembre. allons bien boissy bouchet aussi. | Laugier, 32, caumartin. Maurice chez notin, va bien. — Lefort. | Lechevalier, 61, richelieu. allons bien à dinard. georges mans, recevons lettres. — Lechevalier. | Catoire, 10, rue de la tour-d'auvergne, paris. rien de vous, portons bien. écrivez.— Beaulieu. | Legmery, 46. notre-dame-des-victoires. allons bien. habitez notre appartement, écrivez-nous souvent, voyez nottin. — Pilastre. |

Fontevrault. — Fouquet, infirmier val-de-grâce, besoin argent, demande masquier. portons bien. — Fontevrault. |

Douai, 4 déc, — Leune, 31, deux-ponts. douai, bien portants. lettres reçues. — Leune. |

St Pourcain, 9 déc. — Hotelet, rue st-jacques, 184. santé bonne, inquiets de vous tous, marraine et vous écrivez détails. deffun, 9 déc |

Clermont-Ferrand, 9 déc. — Lefébure, 25, malesherbes. souvenirs et souhaits constants. — Doniol. |

Toulon-sur-Mer, 9 déc. — Tastet, 35, rue de luxembourg. compliments, courage, à bientôt, — Lagougine. | Mme Peraud, bellechasse, 64, paris. M. de Selle, locataire, avenue villars, 5. remettrai montant rebufert banquier, (nouvelles Beraud.)— Blancard. | Collas, 12, place vendôme. Angèle ici. tous bien.— Gabriel. | M. Kergrist, capitaine vaisseau, ministère marine. sommes tous bien portants. avons envoyé déjà plusieurs dépêches. — Zélie. | Viaut, rue cloître, 3. oui. — L. Viaut. |

Tonnerre, 6 déc. — Vauquelin, 33, lepelletier, paris. porte bien, recommande léon, reçu lettres. — Dumaresq. | Hubert, 14, rue de la victoire, paris. continue travailler, faites fonds plein cachemire petit moyen quelques avec rosaces bordures droite, cachemire 8 à 15 centimètres, chambre coucher, six croquis chales carré, choisir plus beau, mettre ouvrage tout nouveau traitement. — Hartrveck. |

Ancysau. — Félix Malteste, imprimeur. sommes inquiets de vous, amitiés. mettez en sûreté nos meubles restés à fontenay. — Fourcade |

Briouze-st-Gervais, 7 déc. — Durand-Assire, 27, anjou-st-honoré. briouze, angers, condé, bonne santé. — Zélie Durand. |

Larroque-d'Olmes, 7 déc. — Mme Guérin. rue de verneuil, 30, paris. tous santé, bien portants à ingrandes. — Justine Richard. |

Biarrits, 12 déc. — Georges Fournier, préfecture police. écrivez-moi biarritz. — Marie. |

Autun, 10 déc. — Laberge, 75, rue legendre, batignolles. porte bien autun. — Legendre, commandant chasseurs. |

Poitiers, 12 déc. — Jeauneau, ferme-des-mathurins, 16. poitiers, usson, portons bien, écrivez plus longuement, voir moreau. | de la Batelière. 76, anjou-st-honoré. Louis blessé hanche et main, va bien, prisonnier transporté à pontault, seine-et-marne. — Louise. | Guillot, 9, boulevard poissonnière. reçu mandats. bonne santé. argent assez. guillot, chez dugely, chaussée, 36, poitiers. |

Avignon, 12 déc. — Guérin, 6, hélène batignolles, paris. quatrième dépêche. léon antibes, claire epône, georges prisonnier nancy chez parents allemands de guérard. — Kaeppelin. |

Sarlat, 10 déc. — M. Laborie, 9, rue neuve-université. allons tous parfaitement. — Emilie. |

DÉPÊCHES - MANDATS.

série A (suite.) — 3 janvier 1881.

N. 941. — Béthune, 66. — Leturgie à mme Camille Daly, épouse de Constant-Zacharie Loy, 83, rue notre-dame-des-champs. — 200 fr. | n. 942. — Clamecy, 92. — Peignon à mme Jaillot, 34, rue laborde.— 200 fr. | n. 943. — Lyon-Guillotière, 31.— Coquet à Coquet André, 1re compagnie des pontonniers du rhône.— 100 fr. | n. 944.—Sarlat, 98.— Brossard à Louis Brossard, avocat, 52, rue dauphine, hôtel grand-balcon. — 100 fr. | n. 945. — Lyon-Brotteaux, 99. — Milet à mme Milet, 13, rue de londres. — 300 fr. | n. 946. — Fernex, 12. — mme Sehoenefeld à Sehoenefeld, 35, bellechasse.— 200 fr. | n. 947. — Lyon, 50. — Derriaz à Derriaz, 1re batterie artillerie rhône. — 80 fr. | n. 948. — Lyon, 78. — Rouge à Rouge Charles, garde mobiles rhône, 1re batterie, courcelle. — 40 fr. | n. 949.— Lyon, 76. — Aecari à Brun, 19, rue des halles. — 100 fr. | n. 950. — Lyon, 64.— Reboul à Reboul, 1re batterie artillerie rhône, place courcelle, bastion n. 47.— 100 fr. | Total : 1,420 fr.

N. 951. — Bayeux, 81. — Dosseur à mme Guerrinot, 14, carrefour de l'odéon. — 200 fr. | n. 952. Oran, 13. — mme Chauvat à Chauvat, adjudant d'artillerie. — 10 fr. | n. 953. — Mostaganem, 259. —Bouchon à Hélène Gasselin, 45, rue joubert. — 125 fr. 35 c. | n. 954.— Tours, 12.— Fontés à mlle Marianne Fontés, 17, rue du bouloi. — 200 fr. | n. 955.— Surgéres, 119.—Devillen à mme Perroud, 44, rue d'échiquier.— 150 fr. | n. 956.— Bourg-en-Bresse, 94. — Chaffaud à Chaffaud-Benoit, garde mobile, 2e bataillon, 7e compagnie marche de l'ain. — 40 fr. | n. 957. — Hyères, 87. — Véron à Jules Grandin, employé du chemin de fer, chez Chéry, 37, rlaire. — 150 fr. | n. 958.— Brest, 143. — mme Caron à Jules Caron, 11, rue des deux-gares.— 50 fr. | n. 959. — Fougères, 14.— Herbert à Herbert, garde mobile, ler bataillon, 5ecompagnie, ille-et-vilaine, asnières. — 20 fr. | n. 960. — Bordeaux, 20. — mme Doux à mlle Virginie Girard, 27, boulevard des italiens. — 200 fr. | Total : 1,145 fr. 35 c.

N. 961. — Limoges, 100. — de Cressac à m. ou mme de Cressac, 4, rue de la borde. — 180 fr. | n. 962.— Parthenay, 182.— mme Gallat à mme Teste, 4, rue mornay, 100 fr. | n. 963. — Hâvre, 49. — Wachter à mme Bouillot, 36, rue de l'ouest. — 300 fr. | n. 964.— Lille, 31.— mme Lienhard à Lienhard, 16, rue de latour-d'auvergne. — 300 fr. | n. 965. — Marseille, 69. — Dougdanoff à Wladimir Kraëmer, 69, rue d'hauteville. — 300 fr. | n. 966. — Pontrieux, 45. — mme Jagoury à Joseph Jagoury, gardes mobiles côtes-du-nord, 2e bataillon, 5e compagnie. — 50 fr. | n. 967. — St-Quentin, 74. — Patte à mme Réplumaz, 140, boulevard magenta. — 300 fr. | n. 968. — Angoulême, 58. — Boursac à Leger, 47, faubourg-st-martin.— 200 fr. | n. 969.— Argenton-sur-Creuse, 122.— Bodard à Léon Morin, 58, rue de dunkerque. — 200 fr. | n. 970. — Château-Gonthier, 21. — Boulais à Rivière, secrétaire au quartier-général, 6e secteur. — 200 fr. | Total : 2,130 fr. |

N. 971.— Rouen, 282.—Coté-Etard à Etard J.-S., poste restante. — 75 fr. | n. 972. — Lisieux, 31. — Pelettre à Stark, courtier de commerce, 18, rue d'estrée.— 300 fr. | n. 973. — Mortagne-sur-Huisne, 73. — Dudoms à Bail, rentier, 63, rue de provence. — 300 fr. | n. 974. — Marseille-Centrale, 72. — Garrus à Emile Tamiac, commis à l'intendance, fort de Vincennes.— 25 fr. | n. 975.—Tours, 81. — Paumier à Albert Laroque, surnuméraire des postes, administration centrale, 3e division.— 100 fr. | n. 976. — Brest, 81. — mme Gasson à Louis Gasson, 25, rue de vaugirard. — 300 fr. | n. 977.— Côtes-du-Nord, 180. — mme Drot à Joseph Drot, 20e ou 25e régiment, 1er bataillon, 3e compagnie des mobiles. — 20 fr. | n. 978. — Tours, 273. — Bricourt à Pellerin, 4, rue st-fiacre.— 184 fr. 46 c. | n. 979. — Bayeux, 11. — Toquet à mme Ferry, 145, rue st-jacques.— 100 fr. | n. 980.— Laigle, 20. — Lefresne à Hippolyte Janet, horticulteur, 60, rue de la verrerie.— 100 fr. | Total: 1,504 fr. 46 c. |

N. 981. — Bordeaux, 39. — André à mlle Brindeau, 23, rue germain-pillon. — 200 fr. | n. 982. — St-Thibéry, 145. — Bégou à Bégou Félix, au 45e, mobiles hérault, 1er bataillon, 4e compagnie.—40 f. | n. 983. — Alby-sur-Chéran, 168. — Girod à Girod Emile, 22, rue bernardins. — 100 fr. | n. 984.— Abbeville, 158. — Sellier à Sellier Auguste, mobile somme, 1er bataillon, 1re compagnie.—10 fr. | n. 985. — Beaune, 148. — Dury à Dury François, mobile côte-d'or, 1er bataillon, 1re compagnie, 10e régiment. — 25 fr. | n. 986. — Beaune, 112. — Aguenot à Aguenot, 10e régiment mobiles, 1er bataillon, 3e compagnie. — 50 fr. | n. 987.— Beaune, 156. — Josserand à Louis Josserand, 10e régiment mobiles côtes-d'or, 1er bataillon, 1re compagnie. — 200 fr. | n. 988. — Beaune, 151. — Bachez à Bachez Léonce, 10e régiment mobiles côtes-d'or, 1er bataillon. — 300 fr. | n. 989. — Capestang, 71. — Me Barral à Joseph Tarbouriech, mobile, 1er bataillon, 4e compagnie, passy. — 50 fr. | n. 990. — Capestang, 72. — Me Galinier à Emile Galinier, mobile 1er bataillon, 4e compagnie, passy.—30 fr. | Total ; 1005 fr. |

N. 991. — Pontrieux, 75. — Dromaguet à Dromaguet Isaac, mobile côtes-du-nord, 3e bataillon, 7e compagnie. — 50 fr. | n. 992. — Pontrieux, 74. — Le Goff à Le Goff, caporal mobile côtes-du-nord, 3e bataillon, 7e compagnie. — 50 fr. | n. 993. — Ceyzériat, 268. — Bernard à Bernard Jules, 3e bataillon ain, 1re compagnie. — 100 fr. | n. 994. — Limoges, 78. — Dulac à Dulac, 110, faubourg st-denis. — 100 fr. | n. 995. — Trévoux, 106. — Carret à Carret, sous-lieutenant 40e régiment mobiles ain, 4e bataillon. — 100 fr. | n. 996. — Marseille, 20. — Me Francomme à Monory, rue henri-chevrau, belleville. — 20 fr. | n. 997. — Trévoux, 63. — Chevalier à Chevalier François, mobile ain, 4e bataillon, 1re compagnie. — 50 fr. | n. 998. — Trévoux, 62.— Mandy à Mandy, mobile ain, 4e bataillon, 3e compagnie. — 50 fr. — n. 999. — Lyon, guillotière, 62. — Me Deshays à Deshays Jules, artillerie mobile rhône. — 20 fr. | n. 1000. — Lusignan, 295. — Macain à Macain François, mobile vienne, 1re compagnie, 3e bataillon. — 10 fr. — Total : 550 fr. |

Série B — 3 janvier 1871.

N. 1. — Beaune, 25. — Bailly à François Bailly, 10e régiment mobiles, 1er bataillon 3e compagnie. — 20 fr. n. 2. — Beaune. 26. — Genot à Jules Genot, 10e régiment mobiles côte-d'or, 1er bataillon, 2e compagnie. — 20 fr. | n. 3. — Marseille, chapitre, 11. — Alciator à Dussand, 41, rue de prony.— 300 fr. | n. 4. — Lille, 32. — Me Lienhard à Lienhard, rue tour-d'auvergne, 16. — 300 fr. | n. 5. — Cusset, 29. — Boucher à Me Minot, 6, route de versailles, auteuil. — 200 fr. | n. 6. — Lyon, 93. — Piatun à Julien Bredin, artilleur mobile rhône, bastion 59, passy. — 200 fr. | n. 7. — Limoges, 35. — Dufraisier à Dulac, 110, faubourg st-denis. — 150 fr. | n. 8. — Grasse, 26. — Claude à Me Legros, 53, boulevard prince-eugène. — 200 fr. | n. 9. — Etretat, 101. — Me Plontevignes à G. Ferry, 29, rue victoire. — 100 fr. | n. 10. — Dinan, 62.—Gallée à Gallée François, 20e régiment mobile de dinan, 1er bataillon, 3e compagnie. — 25 fr. | Total : 1515 fr. |

N. 11. — Alger, 95. — Chapuis à guerrinière, 35, rue du guy leissac. — 200 fr. | n. 12. — Cherbourg, 87. — me allard à m. ou me allard, 10, rue foin. — 40 fr. | n. 13. — st-valery-en-caux, 165. — girault à tisserand, 82, boulevard st-germain. — 300 fr. | n. 14. — lyon terreaux, 37. — tissot à tissot au 17e de marche 1er bataillon, 2e compagnie st-ouen. — 10 fr. | n. 15. — lyon, 26. — me avise à avise, canonnier, 1re batterie artillerie, rhône. — 50 fr. | n. 16. — st-Aulaye, 9. — me gayet à nicolas gayet, 2e compagnie pontonniers mobile, rhône. — 10 fr. | n. 17. — st-claude jura. — Lacroix à lacroix vital, 13e corps d'armée, 1re division, train auxiliaires civils. — 300 fr. | n. 18. — luclayette, 30. — Jollivet à jollivet, mobile, saône-et-loire, 13e de marche, 8e bataillon, 4e compagnie. — 50 fr. | n. 19. — La Clayette, 31. — baligaud à baligaud, jean claude mobile de la layette, 8e bataillon, 4e compagnie. — 40 fr. | n. 20. — Carbois. — Mlle morin à alphonse morin, garde mobile de coulommiers, 38e de marche, courbevoie.—50 f. | Total : 1050 fr. |

N. 21. — Quimper, 331. — de sprimont à me barbier, 219, rue st-honoré. — 300 fr. | n. 22. — le havre, 161. — pic à me de byran, 14, rue bréda. — 200 fr. | n. 23. — méru, 87. — bourdon à baby contre maitre, 18, rue st-gilles-marais. — 100 fr. | n. 24. — marseille, 1. — croze à aimé levans, 13, rue des halles. — 300 fr. | n. 25 marseille, 2. — croze à me élisa croze magnan, 13, rue des halles. — 300 fr. | n. 26. — dunkerque, 43. — tixier à me tixier, 116, boulevard prince eugène.—300 fr. | n. 27. — Bayeux, 63. — thomas à me veuve louis gonye, 3, passage rivoli. — 200 fr. | n. 28. — lyon, 19. — secretant à penel fils, 26, rue bonaparte. — 300 fr. | n. 29. — lyon, 42. — collomb à collomb, michel maréchal des logis, 1re batterie artillerie, rhône, courcelles. — 100 fr. | n. 30.—Beaune, 159. — dury à françois dury, 1er bataillon, 3e compagnie, 10e régiment mobiles, côte-d'or. — 25 fr.— Total : 2125. |

N. 31. — Saint-Mâlo, 28. — Aubert à de Landal, lieutenant au 26e mobile, ille-et-vilaine, 1er bataillon, 7e compagnie. — 300 fr. | n. 32. — Montpellier, 6. — Bertin à Bertin, chez lepelletier, 62, rue provence. — 100 fr. | n. 33. — Agen, 45. — Soubies à me sœur sophie, à la miséricorde saint-laurent, 16, rue du tenage. — 200 fr. | n. 34. — Montélimar, 16.— Teissier à me Teyssier-Duclaux, 34, rue jean-jacques-rousseau. — 100 fr. | n. 35. — St-Thibéry, 150. — Calignac à Calignac Etienne, 45e régiment, mobiles hérault, 1er bataillon, 1re compagnie. — 26 fr. | n. 36. — Lorient, 181. — Turquan à Turquan au 2e régiment infanterie marine, fort bicètre. — 50 fr. | n. 37. — Lyon-Terreaux, 1. — me Tissot à Tissot, artilleur, mobile rhône, mont-valérien. — 130 fr. | n. 38. — Brest, 77. — Picot à mme Lefèvre, 82, rue rivoli et 4, rue saint-bon. — 230 fr. 30. | n. 39. — Béthune, 83. — Liturgre à me Loy-Dacy, 83 bis, rue notre-dame-des-champs. — 200 fr. | n. 40. — Béthune, 84. — Liturgre à André, 6, rue de la sorbonne. — 107 fr. 20 | Total : 1,443 fr. 50 c. |

N. 41. — Vailly-s.-Aisne, 4. — Berton à me Berton, chez laurent, 6, boulevard charonne. — 30 fr. | n. 42. Hâvre, 119. — France à me France, 51, rue clignancourt. — 100 fr. | n. 43. — Rabastens, Tarn, 183. — Tregan à Tregan, caporal, 7e mobile tarn, 3e bataillon. — 100 fr. | n. 44. — Tours, 48. Henry à me Henry, 118, rue d'aboukir. — 200 fr. | n. 45. — Aix-les-Bains, 61. — me Delpech à Broutha, 8, rue des durgons. — 40 fr. | n. 46. — Ancenis, 89. Maillard à Marcel Maillard, avocat, 52, rue bonaparte. — 300 fr. | n. 47. — Beaune, 194. — Pignolet à Claude Coppenat, mobile côte-d'or, 10e régiment de marche, 3e compagnie, 1er bataillon. — 100 fr | n. 48. — Beaune, 193. — Pignolet à Viennot, mobile côte-d'or, 10e de marche, 1er bataillon. — 100 fr. | n. 49. — Libourne, 26. — Bonneville à me Bertrand, 36, avenue de la roquette. — 50 fr. | n. 50. — Limoges. — Courconneix à me Guillonnel, 38, rue de meaux, villette. — 100 fr. | Total : 1,120 fr. |

Le Comptable,

Bordeaux.— 22 décembre 1870.

Le Mans, 9 déc. — Couturié, 3, clapeyrou. avons reçu quatre lettres, henri bien battu coulmiers, orléans, tous bien portants, continue. — Couturié. | M. Autrage, 158, faubourg saint-martin. enfants portent bien, très-gaies. prussiens pas vu.— Doire-Mansigné. | Madame Sautereau, tuileries. enfants, nous, ohier parfaitement, louis colonel, léopold lieutenant. — Haentjens. | Pioger, 17, rue fontaine-saint-georges. huit lettres ou télégrammes-pigeons envoyés précédemment, accuse réception, reçu photographie, heureuse, mans tranquille. — E. Pioger. |

Perrache, 10 déc. — Wateau, 31, navarin, paris. dernières nouvelles 27 septembre, inquiétude profonde, en donner toi, cousine, cahier ambulance, rue varenne. — Wateau. |

Mézières, 18 décembre. — Dessables, 13, seine. Charleville reçoit lettres ballon, nous rien. — Jacob. |

Boulogne-sur-Mer, 22 déc.— Duparc, 18, godot. tous bien, maurice officier ordonnance général faidherbe. — Guaita. | Coste, 1, rue choiseul, paris. Virton, 19 décembre, foncin, coste, humbert, malherbes vont bien. — A. Coste. | Gérard, 53, varennes. reçu deux cents, pas reçu cent, emprunté falkenberg, plus rien, envoie par banquier. — Rodolphe. | Samier, 49, boulevard richard-lenoir. en grâce donnez des nouvelles santé à tous parfaite, confirmons deux dernières dépêches. — Pettit. |

Granville, 22 déc.— Fontane, hôtel louvre. santés bonnes, avons argent, manquons de rien, rue du plessis. — Marie. | madame hébert, 18, place royale. souhaits, santé nouvelle année pour votre famille, allons tous passablement. — Beaufour | Garzon, 27, laffite. santé bonne. — Garzon. arromanches. — Charpentier, 56, saint-georges. anniversaire naissance, tous mes souvenirs, chercher provisions maison. — Marguerite. |

Valenciennes, 20 déc. — Risbourg, capitaine francs-tireurs, 48e ligne, 25e marche. famille bien portante. | Dubois. |

Douai, 20 déc. — Alexandre, pour son fils, 2, figuier. foucque reçu vos lettres, y a répondu, se porte bien, compliments. — Presart. |

Lille, 20 déc. — Poirson, 18, rue grands augustins. voir, 14, rue boisset, vaugirard ou issy après roger, sans nouvelles depuis 15 septembre. — Descamps. | Fouré, 23, place château-d'eau, paris. loos, tous bien. — Fouré. | Lestiboudois, 92, victoire, paris. pas lettre depuis 10, si besoin argent, emprunte à james, rendrai lille où dira. — Lestiboudois. | Beaucaire, 60, aboukir. bien portants compris clémence, joseph bordeaux affaires, georges externat, sophie morte. — Sarah. | Meunier, 6, boulevard capucines, paris. allons tous bien; embrassons. — Mathilde. |

Tinchebray, 23 déc. — François, 19, rue richer. toutes bien, avons argent. — Fortier. |

Lyon, 22 déc. — Million, 27, guénégaud. allons tous bien, quincié intacte.— Million. | Jance, brigadier au 1er pontonnier du rhône, santé bonne, dix lettres reçues 21, envoyez vite, j'attends. — Jeanne. | Russmann-Senn, faubourg poissonnière, paris. remettez quatre cents francs à madame andreson, 13, rue belfond. obligerez. — Wichelmann. |

Dieppe, 20 déc. — Defrémicourt, 3, ferme-mathurins. mille remerciments. — Defrémicourt. | Blaisot, 10, avenue villars. bonnes santés, léon dantzig. — Félix | Fournier, 17, grenelle-saint-germain. louis fribourg, mathilde dijon, prends provisions, vu ennemi. — Olympe. | Ribeiro, 25, navarin. porte bien, reçu lettre, portraits payés. — Ribeiro. |

Eu, 20 déc.— Bricard, tiquetone. santés bonnes, pays calme. — Gauthier. | Deraınbure, 25, rue d'angoulême. allons bien partout, je te supplie, soigne-toi, crains variole, rhume, fille pense toi constamment. — Laura. | Ponchel, 23, rue caire. bébé, moi allons bien, suis à eu, famille repartie taverny, reçu trois mandats, embrassons bien. — Ponchel. |

Marquise, 20 déc.— Demonts, 8, place concorde.

Bordeaux. — 22 décembre 1870.

tous très-bien, dernières nouvelles charlot bonnes. — Jenny. |

Boulogne-sur-mer, 21 déc. — Lévy, 12, chauchat. grond'-mère ganneron, enfants bien portants désirent voir parisiens. vivons confortablement. athénaïs, marie, enfants bien, tendresses. — Schloss. Delagarde, 64, boulevard malesherbes. allons tous très-bien, désirons lettres, dernière du 7, aspirons après réunion, mais quand, tendresses. — Hélène. | Hainault, 2, mézières. donnez congé pour période avril d'appartements cherche-midi. — Desgraviers. | Thibaud, 43, boulevard batignolles. souhaits affectueux des familles sauvage, delebecque, bertin, hugues, bien portantes. émile cotelle. sous-préfet castelnaudary. — Hugues. | madame Coche, 31, boulevard sébastopol. familles fuldd, cache vont bien, tes enfants vont très-bien, ne manquent de rien. — Duloup. | madame Gatineau, 25, navarin, paris. voyez ballot, fourchy, écrivez-moi par ballon, hôtel de la poste à gand. — Derecq. | Vanier, 8, rue duras. affectueux souhaits, regrets, désire revoir, santés excellentes, reçois lettres, pour émile souhaits, regrets, santés parfaites. — Vanier. | Rouillez, 46, rue de la victoire. lettre reçue, écrivez nouvelles gaspard. — Dauvet. |

Dieppe, 21 déc. — Bérard, 20, rue pigale. aucune nouvelle paris, inquiète alphonse, bonne santé, andré fortifié bien pau, montpellier. — Bérard. | Miége, 2, rue clichy. allons bien malgré invasion ango affreté 31 shillings montevideo tait refusèrent livraisons, opérations conseillées impraticables. — Lambard. | Michaux, 3, sébastopol. grands, petits bonne santé, prussiens partis, aucun mal. — Marie. | comte de Gourcuff, 13, rovigo. tous bien, pas été inquiétés, dernière lettre du 9, valmé une. — Mathilde. | Touret, 42, châteaudun. toutes bien. — Aimé |

Saint-Valéry-sur-Somme, 21 déc. — Schasseur, 103, rue saint-lazare. si besoin argent, demandez aux gavard, les trois prisonniers réunis. — Rey. |

Lille, 21 déc. — Moch, 11, rue enghien, paris. edmond, moi internés à carlsruhe. santé excellente reçu dix lettres ballon, embrassements, envoyez lettres belgique. — Moch. | Lachez, 20, saint-fiacre. un, dix, onze, treize, quinze, seize, vingt, vingt-un. — Lachez. |

Boulogne-sur-mer, 12 déc. — Delagarde, 64, boulevard malesherbes. vais parfaitement, enfants aussi. reçu lettres 3, 5, 6. maison martin entière sécurité. martini bien.— Hélène. | Terrier, 61, galilée, paris, paris. je vais très-bien, reçois tes lettres, donne-moi des détails pour madame orbelin. — Terrier. | Coster, 17, cardinal-fesch. santés bonnes, écrit par read anniversaire décès, 22 ou 23, nouvelles jusque 24. — Guillaume. | Duparc, 18, godot, paris. maurice est à lille, tous bien portants. — Guaita. | Jean Hamonière, 38, cours-la-reine. apprenons déménagement commencé sans ordres, suspendez, pas toucher chez moi, écrivez où vous en êtes.— Imécourt. | Pérou, 13, saint-lazare. pérou, lélubez parfaitement, lettres du 30, 3, 6. — Anna, | Thirouin, 236, rue saint-martin, paris. berthe accouchée garçon, nourrit, portons bien tous. — Thirouin. | Bra, 25, croix-des-petits-champs. capitaine ulrick va bien, nous toutes aussi, envoie missive à marette. — Bra. | Dachicourt, 85, rambuteau, paris. reçois lettres, portons bien. — Leblond. | madame Coche, 31, boulevard sébastopol. tranquilise-toi, tes enfants bien portants ont suffisamment argent, je reçois de leurs nouvelles — Duloup. | Biollay, 74, boulevard malesherbes, familles scribe, biollay quitté boulogne pour bruxelles, 24, place louvain, bien, travers toujours dieppe. — Ledoyen. | Claude, 64, haussmann. vont parfaitement, galland travaux, reçoivent lettres. — Ettling. | Duchesne, 91, seine. lucie, marie bien, compte sur bébé mars. —Duchesne. | Pernin, 17, rue provence. deuxième dépêche. portons bien, lettres reçues, savignac chapelle. — Pernin. | Leroy, 7, rue havre, paris. allons parfaitement, prisonniers réunis aix-la-chapelle. — Blanche. | Cohn, 5, bergère. merci pour lettres, sugfried libre, tous santé parfaite, écrivez plus souvent. — Cohn-Weismann. | Jouin, 3, ventabour, paris. george bien collége boulogne, tous bien. — Richner. | Dukas, 10, coquillière, paris. allons bien bruxelles, également maurice, possédons vos lettres jusque 30 novembre, plus laisser maman seule. — Cohn. | Dorlencourt, chez bardin, 4, rue cléry. reçu lettres, tous bien portants. — Dorlencourt. | Léon, 32, sentier. reçois vos lettres lyon, cahen bonne santé à bayonne.—Cahen. | Caroline Picarel, 56, boulevard saint-michel. enfants de nancy bonne santé, envoyez nouvelles. — Cahen. |

Saint-Julien, 15 déc. — Herpin, 56, provence, paris. genève 15 décembre, prêt macdonald renouvelé, avons vingt-un million chez macdonald outre mon portefeuille. — Borgeaud. | Léchet, 56, provence, paris. genève 15 décembre, arrivé, lu ta lettre 16 novembre, vais à marseille, graines arrivant. — Thomas Borgeaud. | Herpin, 56, provence, paris. genève 15 décembre. luce vous envoya onze dépêches, reste ici avec demas enfants tous bien. — Borgeaud. | Herpin, 56, provence, paris. genève, 15 décembre, payâmes régulièrement bons échéances, agences marchent régulièrement, faites versemet mes lots turcs. — Borgeaud. |

Villers-sur-mer, 20 déc. — Lahaussois, 42, rue la harpe. petite famille hermance et filles vont bien, famille cosne voudrait tes nouvelles. — Lahaussois. |

Château-Gonthier, 3 déc. — Germain Fribert, 14, rue matignon, paris. paul prisonnier à Metz, eugénie pau en bonne santé. — Lavallette. |

Mézières, 22 déc.—Serpaggi, 88, faubourg saint-honoré inquiétude mortelle, écrit souvent, toujours mézières, santé assez bonne. — Serpaggi. |

Bayeux, 20 déc. — M. Coudron, 57, rue saint-denis. arromanches, nous allons tous bien, écris-moi, bonnes nouvelles de sancheville et jouy. — Anna Coudron. |

Bailleroy, 9 déc. — M. Legoux, 12, rue billault. suis percepteur intérimaire balleroy (calvados), mère restée dammartin, allons bien, et vous? — H. Legoux. |

Saint-Lô, 20 déc. — Boismartin, 38, bellechasse. reçu lettre 8, santé bonne, avis virginie, appartement bien, ta mère. — Boismartin. | Gilbert, 23, jean-goujon. reçu lettres 7 novembre, victorine maladie mieux. — Gilbert. |

Avranches, 20 déc. — Le nartmel, 13, rue poissonnière, paris. mère morte, procuration.—Gilles Iger. | Marquis, 44, rue vivienne. enfants parfaitement, recevons vos nouvelles, suivons vos recommandations. — Abbé. | Lefèvre, 10, rue du sentier, paris. reçois vos lettres, sommes ensemble avranches. frank officier ordonnance content, espoir, à bientôt. — Le Gurivel. |

Niort, 22 déc. — Franqueville, 25, faubourg poissonnière, paris. tous bonne santé, ernestine, léon superbes, soigne-toi bien, écrire souvent, inquiète, mille baisers. — Franqueville. | Vérillon, 5, avenue victoria. portons bien, émile 4e zouave, armée bourbaki, eugénie ici. — Texier. |

Tourcoing, 5 déc. — Berenancourt, 32, lafontaine, auteuil. deuxième dépêche, santés excellentes, tourcoing pas inquiété, reçu lettres pierre lycée lille, henri répétiteur latin. — Wattel. |

Les Sables-d'Olonne, 21 déc. — Reynaud, 22, paix. chenu, jeandel, caillot, leprince. — Reynaud. |

Abbeville, 16 déc. — Dufresne, 15, rue bertin-poirée, paris. lettres reçues, santé bonne. — Pichard. | Frontier, 247, rue saint-honoré. allons bien, treize lettres, prussiens non, amélie classe vêtue, jules arras. — Amélie. | Périnet, 40, notre-dame-des-victoires. allons bien, hult, recevons lettres. — Gravelin. | Bachellier, 10, rue pagevin. troisième dépêche, reçu huit lettres, commissions faites partout bien. — Alexandrine. | Gustave Martin, 45, rue sèvres. doucement, non demandez henry cent, provisions prêtes. informez-vous anthime. — Martin. |

Dives, 8 déc. — Ternisien, 334, saint-honoré. santé générale parfaite, reçu nouvelles 2 décembre. envoyé paris quatre dépêches plus dépêches, réponses. — Ternisien, 8, cabourg. |

Eu, 14 déc. — Thorel, 245, rue saint-denis. allons bien, recevons lettres. — Flore |

Brest, 26 déc.— Champeaux, artilleur, ambulance, ministère marine. famille bien, embrasse, médaillé, adolphe fier, filleul.— Champeaux. | m, Michel, 2, rue lille. tous bien, nous chez désirée. reçu lettres, abel maison, baelde, tous bien, déménagée.— Ernestine. | Quesnault, 6, st-ferdinand, pour remettre à gustave grainville.— santés bonnes, adressé par poste, 200, rue Descombes.— de Grainville. | Dupuy, sergent, 31e régiment mobiles morbihan, tous bien, ernest libre, oscar brest mal, nomination due, ramet remercie, photographie, lettres reçues.— Stoline. | Deleury, 54, faubourg st-honoré. lettre reçue, les gasnaud et berger bien portants, paul aussi, écrivez-nous.— Evelart. | Hubbard, ministère intérieur. fils hubbard bien portant, collége dinan.— Evelart. | Caron, 11, arbalète. parents senlis et soissons, bien portants, me eyrolles aussi, écrivez-moi brest, lettres arrivent, amitiés.— Evelart. | Delaporte, 6, st-laurent. tous portent bien, écris brest.— Georges. |

Cherbourg, 26 déc.— amiral Roze à me Lassin, 43, rue st-dominique-st-germain. parfaite santé, reçu lettre anna et vôtre.— Roze. | amiral Roze au général Favon, fort double-couronne, donnez nouvelles d'henri collet, sous-officier, artillerie marine.— Roze. | m. Martin, 17, boulevard malesherbes. allons bien, envoyé quantité lettres et dépêches.— Berthe. | me Nathan, 25, des grans-augustins. cinquième dépêche, santé, affaires, bonnes, reçu lettres, espérance, bientôt, toute ma pensée.— Nathan. |

Trouville, 26 déc.—Richard, 11, boulevard, temple. bien portantes familles dutertre. desvergers, desplechne, lagavre, bœhmer, françois Rulhmann, lettres reçues.— bœhmer. | Marie, 51, bramey. bonne santé, lettres reçues.— Marie. | Héloin, 14, rue du bac. héloin, picard, tous bien portants à rennes, t'ont écrit. — Delaunay pour Héloin. | Guibert, 21, rue laffite. santés bonnes, pas lettres depuis 10, vœux tendres pour nouvelle année.— Prosper. | Vitet, 22, rue choiseul, paris. ici tous bien portants, nos parents aussi, écris plus souvent, moi inquiète, bonne année.— Augustina. | Rhodé, 10, boulevard bonne-nouvelle. santés excellentes, félix londres.—Anna. | Laroque, 12, rue berri, paris. villers tous bien, gabriel bien, charles ici, nouvelles st-germain bonnes, gency aussi. — D. Laroque. |

Caen, 25 déc.—Bulot, 36, montorgueil. familles bulot, bouvet, roussel, caumais, bien portants, souhaitent bonne année et retour. — Noémi. | Coupeux, 9, passage saulnier. sans argent depuis deux mois, fais envoyer, 6, pémagie, caen.—Mercier. | Aumont, 10, boulevard bonne-nouvelle. thiéville tous bien.— Aumont. | Dubois, 21, boulevard capucines; nous allons bien.— Désiré. | Delagrangerie, 13, helder. partie 7 octobre chez mm. koele, hythe, southampton. — Paisant. | Marteau, 3, rue gay-lussac. rassurez ernest, familles vieillard, berrus, vont bien.— Vieillard. | Rouland, gouverneur banque. me porte bien et tous les nôtres.— Gustave Rouland. | Nicolas, 18, maronniers, passy, paris. tous très-bien.— Nicolas. | Viennot, 3, madeleine. zélica quitter, merci, gobain, busigny, caen, santés bonnes.—Georges. | Vidieu, comptoir escompte. tous santé, voir letouzé, 62, saintonge, mère inquiète, demander procuration général toucher tout prix, blot.— Vidieu. | Laine, chez pector, 5, place vintimille. santé bonne, reçois tes lettres six, dépêches trois, lettres amiens.— Raguet. |

Saint-Aubin, 26 déc.— Leloir, 40, avenue des ternes. reçu lettre dame désirée, santé bonne, écrivez. répondre est difficile.— Leloir. |

Ancenis, 26 déc.— Boulanger, 5, passage lepic. année meilleure, bonne santé, oncle nommé trésorier, m'écrire à ancenis, embrassements.—Boulanger. | Faligau, 2, rue vineuve, passy, paris. santé et situation bonne.— Faligau. |

Sables-d'Olonne, 26 déc.— Reynaud, 22, paix. reynaud reçu argent, chenu lettres, jeandel triste pas, correspondance muns, bordeaux, tristan, rouen, hâvre.— Chenu. |

Saint-Nazaire, 26 déc.— Cado, 13, rue médicis. envoyé plusieurs dépêches. reçu vos lettres. tous bien portants.— Cado. | Liscourt, 6, rue chabannais. léonide, mathilde sont à nantes, lardières à abbeville, tout le monde bien portant, ayez confiance.— Veillard. |

Chinon, 26 déc.— me Fasy, 2, place wagram. tous à foecy, bien, hâvre triste nouvelle.— Rossier. | Blacher, médecin, 87, rue lévie, batignolles, paris. nous nous portons bien.— Blacher. |

Le Blanc, 26 déc.— Gragnet, 261, st-honoré. reçu lettre du 20 novembre, tranquillisés, pas sortir paris, occupe félix, baisers.— Nelly. |

Angers, 26 déc.— Fournier, 14, berlin. santé parfaite, recevons lettres, enfants travaillent, correspondance avec max, avons argent.— Casis. | mlle Mailfert, 8, rue vivienne. oui, amitiés à tous. — Renard. | Bréham, 7, scheffer, passy. trois familles santés parfaite.— Bréham. |

Parthenay, 26 déc.— Teste, 4, mornay. louis, tous bien, envoyé argent.— Gallas. |

Toulon, 26 déc.— capitaine Bionne, fort rosny. édouard lieutenant corps bourbaki, paul polytechnicien, bordeaux envoyez cartes, correspondance.— Rouquerol. |

La Seyne, 26 déc.— Hennebert, 11, brézin. vœux, tendresses, combien gratification? médéa division, santés bien, versailles néant.— Hennebert. |

Royan, 26 déc.— Fulbert, 59, lafayette. tous bien portants, donne nouvelles du bureau. — Pereyre. |

Cette, 26 décembre.— Arrigas, 73, quai d'orsay, paris. recevons vos lettres régulièrement, allons tous très bien, vous souhaitons bonne année.— Almayrac. |

Marseille, 26 déc.— Seignette, 8, hauteville. inquiet, rien depuis quatre mois, répondre mascara, algérie.— Bertier.—

Marseille, 26 déc.— henriette Varvoux, 47, rue hauteville. écris-moi souvent, lettres arrivent par ballon monté, reçu plusieurs, renseigne toi poste. — Lennecey. |

Biarritz, 23 décembre. — Petitpierre, 12, place vendôme. sommes bien, recevons lettres, Marie et moi sans argent — Petitpierre. |

Royan, 25 décembre. — Lelièvre, 16, rue louis-le-grand. santé excellente. — Lelièvre. |

Lille, 4 décembre. — Charles Meunier, 6, boulevard capucines, paris. allons tous bien, habitons fives, iuforme Tommasini, embrassons affectueusement, écris affaires papier léger. — Mathilde. | Perigot, 24, rivoli. famille Bastia écrivez. — Perigot. | Hénon, 1, deux-portes-st-jean. Hénon, Denille, Louise, à grandglise. santé parfaite. lettres reçues de lisieux. donnez nouvelles Ernest, Alexandre.— Mullot. |

Foncine-le-Haut, 20 décembre. — Jeunet, 17, avenue victoria, paris. paix ici, santés excellentes, lettres reçues.— Jeunet. |

Toulouse, 23 décembre. — Delagrèverie, 23, boulevard latour-maubourg. bien reçu lettre 24 novembre. — Alice. | Esquilar, 14, commines. santé bonne.— Elise. |

Foix, 23 décembre. — Durozey, 6, royale-saint-honoré. ai télégraphié nouvelles Charles prisonnier cassel.—Durozey. |

Montluçon, 22 décembre. — Collin, tailleur, 53, jean-jacques-rousseau. ma femme morte. oncle Jean, famille, ici. dernières nouvelles Arthur pas bonnes.— Collin. |

Moulins, 22 décembre. — Lacroix, 50, rue écoles. tousbien. écrire.— Poyet. | Dreyfus, 34, boulevard sébastopol. portons bien, restons moulins, Marguerite parle de tous, nouvelles Lucien. — Dreyfus. |

Bourg, 21 décembre. — Tardy, 18, roi-de-sicile. famille Louis oublié 11 mai Tarin. Victors, Robins, Jasseron, Dufours, Fours, bien. lettres reçues arsenal lyon.— Tardy. |

Valenciennes, 5 décembre. — Delapparent, 3, tilsitt. famille bien, écrivez. — Hannequin. | Fremin-Dusartel, lieutenant, 2e compagnie, 4e bataillon, mobiles seine, fort issy, paris. recevons tes lettres, allons bien, courage, persévérance. — Dusartel. | Lempereur, 23, rue jean-jacques-rousseau. Lempereur bien, actuellement chez Vasseur la Bassée. — Baboma.—Fénelon Boucher, 27, mail. portons bien, recevons lettres. — Zéna. | Sommier, raffineur, villette. confirme dépêche cours hausse cinquante six demandés, fabrication avance, Lebaudy achète peu, chez nous mêmes acheteurs. — Delgrange. | Constant Say, raffineur. cours cinquante six demandés, acheteurs hollande clerc Baruchson, Fraser Lebaudy achète peu, chez nous fabrication avance — Delgrange. | Jeanti, Prévost, raffineurs, villette. confirme dépêche lettre, cours hausse cinquante six demandés, fabrication avance, Lebaudy achète peu chez nous. — Delgrange. | Wallon, 95, st-michel. tous bien, Wallons. Emile, Lussignys, Lussignies valenciennes. Rousseau, Grardel, Aristide rennes. Frédéric Bachelier, Guéthary, Monboissette écrivent.— Wallon. | Dibos, 22, cambacérès. Auguste, Arthur, Julie, enfants, wiesbaden. Albert st-valéry, Berthe dieppe. avons envoyé dépêche bonne Ste-Adelaïde.— Amélie. | Loustan, 162, faubourg-st-martin. tous bien, Edouard enrhumé, Léon parti, donnez nouvelles, très-inquiète. — veuve Duthy. |

Dieppe, 16 décembre. — Bataille, 70, boulevard st-germain. que devient Georges? pas de lettres Emma reçoit. Marie, Bessand mère, tous bien. — Bataille. 13 décembre. | Jench, 10, rue montholon. prussiens dieppe pendant 48 heures, assez bien comportés. santés bonnes. — Jench, Locomte, Heuzey. | Destors, 13, laffitte. tous bien, Adèle avranches. reçu vos lettres dieppe 12 décembre, envoyées ostende, 24, rue sœurs-blanches.— Louise. | Esquirol, 1, avenue percier. santés parfaites, très-tranquilles, bonnes nouvelles Marguerite Bordet. — Amélie. | Bernard, 64, sébastopol. allons bien, Flore vienne, tranquille ici. —Bermond. | Bertraud, 49, rue jean-jacques-rousseau. santé tous très-bonne. — veuve Bertrand. | Antheaume, 48, faubourg-poissonnière. reçu nouvelles, avons écris souvent, allons bien, inquiets de vous, écrivez. — Destors. | Bertout-Aron, 14, grammont. tous bien portants. — Bertout-Aron. dieppe, 12 décembre. | Lebon, 36, chabrol, paris. tout est à new-haven, poste restante.—Charles. | Travers, 74, boulevard malesherbes. dieppe bien portant, reçu nouvelles jusqu'au 8, André Piérard bonne santé, Hélène à bruxelles. — Travers. |

42 Pour copie conforme :

L'inspecteur,.

Bordeaux. — 22 décembre 1870.

Lille, 15 décembre. — Thomas, st-denis. votre famille va très-bien. — Delebecque. | madame Tomassini, 5, rue cirque, paris. allons tous bien, prévenez Charles, dites-lui écrire papier fin, embrassons de cœur.—Clotilde. | Lefébure, directeur prison, santé. abbé Bellay, aumônier armée nord, lille, rue vieux-faubourg, 14. prière communiquer à jeune Felli. — Bellay. | Féasse, 50, boulevard haussmann. j'écris par toutes occasions, allons bien, Augustine rétablie, avons reçu lettre 10, merci, espérons. — Féasse. | Pezé, 7, provence. Fanny levée, nourrit, Paul ondoyé, tous bien. | Johanet. |

Tours, 9 déc. — Luc Madresser, four st-germain, 9. écrie souvent, garde clefs, partie périgueux. — Iot. | Steinheil, 85, cherche-midi. allons parfaitement toutes quatre. — Marie, morlaix, 7 décembre. | madame Rolland, surveillante salpétrière. reçu lettres, merci chère enfant. suis triste, réponse. Deroy bien. — Sauvageot. | Lespée, 127, st-dominique. reçu lettre, thérèse, enfants bien.—Marie. | Daru, 30, st-dominique. bruna bien premier, octavie, enfants, parents bien. — Villiers. | Gasselin, 120. faubourg st-honoré. pucheuaud bruxelles, gasselin, périgueux santés parfaites.—Prenty. | Maillard, rue trévise, 47. tous bien étretat. écrivez. — Lucienne. | m. Delasteyrie, 33, miroménil. reçu vos lettres trop courtes, prenez feuilles doubles. soignez-vous et louis. lagrange, richard bien. — Alex. | m. Delasteyrie, 33, miroménil. reçu lettres, écrit amiens grimber, vérole loudun, revenues prudemment tours. partirons bientôt auvergne, hauréau adresse. — Alex. | m. Guerry, rue dieu, 12. tous très-bien, les enfants jamais mieux.—S. Guerry. | Gariot, 68, babylone. moi, aurore lucie bonne santé. sœur partie avant tout nécessaire, rien à craindre ici. — Pauton. | Boucher, chaussée-maine, 42. cher ami, partons ussel, écris adresse rouffiat, quincaillier. santés bonnes, espoir, courage, embrassons tendrement, amitiés virginie. — Boucher. | Megessier, pigalle, 28. enfants laurent fleverta, calambier évadé, guéri, alfred soldat génie lyon, georges mieux, médecins excellents, bourdinière libre. — Marie. | Jenneval, rivoli, 24. écrire restante, ailleurs désagréments, gouvernement parti, si moi, te dirai, envoi impossible, maladie, télégramme 10 francs. — Léonie. | madame st-priest, 11, rue douai. engagé fin septembre, la campagne sur orléans, écrivez 1er hussard, 4e régiment marche. — Amédée, brigadier. | Delcroix, 21, rue enghien, famille heroy d'aranches bonne santé, baratte à genève, tous bonne santé, neuf marseille. — Delcroix. | m. Hauréau, imprimerie nationale, gouvernement quitte. tours menacé, partirons prochainement. écrivez artonne par aigueperce, auvergne. merci lettres, allons bien. — Lagravière. | Brière, 15, castellane. venu tours, publié brochures, lettres consolantes, vais pau. adresse, tiney, chez albert petit. villa Pœqmiran. expliquerai. — Tiney. | Martin, 36, richard-lenoir. employé ministère guerre, porte bien, répondre bordeaux. Eugène Tessier. | Bourdin, 9, moines-batignolles. partons bordeaux, 9 décembre. — Fenny. | madame Liot, faubourg st-denis, 132. charles soldat bien portant. écrivez-moi chez ernest, périgueux. — Latour. | Brigault, rue bellefond, 35. bonjour, écris nous plus souvent.— Brigault. | Laedlin, 8, rue st-denis. lettre andré, reçu réponses cécile, parties tous, bonnes santés, quatre dents. — Jallot. |

Calais, 4 déc. — Lefèvre, val-grâce, 9. famille bien quentin, santés bonnes partout, fils arras. — Mussel. |

Verneuil-sur-avre, 6 déc. — Mme Demoury, rue de verneuil, 38, paris. santé et courage, la fin approche. — Montuel, verneuil-sur-avre, 6 décembre. | Barneville, 5, rue rome. tous bien, sans lettres, un mois adresser nonancourt, delaynes, saintlubin tranquilles, informer avenue antin, 31. — Barneville. |

Bain-de-Bretagné.— Bertrand, 82 rivoli. alexandre ici, toujours bien. — Lucie.

Fougères. — Vibert, faubourg st-denis, 130. fougères santés bonnes. |

Prez-en-Pail, 7 déc. — A. Girard, 23, boulevard italiens. tout va bien, prussiens à precy, ici aucun. | Gonnet, rue missions, 25. argent reçu, santé bonne. — Gonnet. |

Vierville-sur-mer. — Institution Delahaye, boulevard batignolles. vierville, 5e dépêche. santés bonnes, attendons lettres, loché malade, mieux, lettre zoé, tendresses. — Antoinette, 7 décembre. |

St-Brieuc. — Mocquard, 5, paix. reçu lettres, santés bonnes, anna bien. monsieur fournier coutances, enfants travaillent, embrassons.— Louise. | Maricot, 21, ferme-mathurins. toutes malades ensembles, bien maintenant. tante faure morte, 27 novembre. enfants et bournichon bien. — Arsène. | Petit, 17, clichy. reçu trois lettres. merci, amitiés. — Camille. | Sedille, 6, cléry. 4e dépêche, santés parfaites, dire desbans. | Millanvoy, 51, rousseau. faites banque, me verser argent banque rennes, vendrais pomme terre 15 fr. avoine 30, vaugirard. — Lemarquand. | Tétrel, rue bler, 49. allons bien, demandons vos nouvelles à tous, demeurons st-brieuc. — Tétril. | Coiffier, boulevard voltaire, 69. recevons lettres, coiffier, renouard, st-brieuc, bretagne bonne santé. |

Dinard, 7 déc. — Duquesne, enseigne vaisseau, fort noisy-le-sec, paris. suis dinard, ille-et-vilaine. donnez m'y nouvelles.— Blanche. | Tonot, richelieu, 89, paris. tantes bien dinard, ille-et-vilaine. lettres reçues. — Dubut. | Desaintpern, 3, rue trinité. reçu lettres, premier trois pas henri. allons bien, chauffons, promenons avec bande. -Marie. | — Thorel, 7, fontanes. allons bien, nouvelles avignon, père reçu votre lettre, larivière bien. — Massias Clémentine. | Durville, avenue victoria, 22, paris. enfants trouville avec rivet bien portants 18, gabriel préservé, dire charles. — Ambroisine. | Duguet, neuve-des-petits-champs, 3. paul, prisonnier erfurt bien portant. avons envoyé argent. — Daupeley. |

Foulletourte, 7 déc. — Paset, rue bac, 35. voir avard, loyer diminué, 300 fr. au congé avril. nouvelles metz désolantes, deuil. |

Vany-près-Vire, 7 déc. — Delamare, 21, valois, palais-royal. porte bien, douleurs disparues, reçu lettre, embrasse tous. — Charles. |

Maubeuge, 4 déc. — Vivroux, statuaire, rue pierre-picard, 17, paris. reçu carte, lettre, tous vont bien, ai eu petite vérole, suis convalescent. — Victor. |

Barneville-sur-mer, 7 déc. — M. Leportois, 27. boulevard sébastopol. portons toutes six parfaitement, écrivez-nous. maman, léon, alphonsine, sorel, frédéric vont bien. — Nérée. |

Toulon, 26 déc. — Vieillard, aide-de-camp, général malcore, ministère guerre. laissé tous bien caen, venu ici chercher chaleur, vais bien, bonne année. — Léon. |

montpellier, 26 déc. — Dadhémar, sergent, 45e mobile, hérault, st-maur. rien depuis 14 novembre, savoir réné, écrire fréquemment, ballons souvent perdus, tous bien. — Dadhémar. |

Loudun, 26 déc. — Tournier, 15, rue rome. allons bien, lettres arrivent.— Lachambre. | Hennecart, 41, neuve-des-mathurins. heureux de lettre 22 décembre, bon courage chers enfants, ici tous bien. — Hennecart. | directeur nationale incendie, 13, rue de grammont. autoriser renouvellement police, no 3,214 pour un an, moulin. — Chopetet. |

Fontenay-le-Comte, 26 déc. — Touchet, 9, rue penthièvre, paris. delannoy fils, personnel, bon espoir.— Delannoy. | Pichard du Page, lieutenant mobile. vendée, 1er bataillon, 4e compagnie, 5e régiment, paris. portons très-bien, écris, voir malpel. — Pichard. |

Loudun, 27 déc.— Hautier, 27, châteaudun. toujours loudun, parfaitement reçu banque. — Hautier. |

Granville, 26 déc. — mme Lefebvre, 24, martyrs. lettres famille reçues avec joie, écrivez souvent longuement, dernière lettre adèle, embrassez famille.— Beaufour. | Fillon, 44, lamartine. vu mesdames fillon, plurignier, santé parfaite, embrassements de reconnaissance, allons bien. — Beaufour. | Dutard, 79, rivoli. vu vendredi mme dutard, dinard bien portante, allons bien, t'embrassons, pousser huard écrire un mot.— Beaufour. |

Laval, 26 déc.— Cosnier, 5, rue sébastopol, villette. bonne santé, recevons lettres, 2e dépêche, embrassons. — femme Cosnier. | Arrivetz, 14, rue saint-florentin, paris. laval bonne santé, besoin argent.— Arrivetz. |

Rennes, 25 déc. — Pouchin, 10, castellane. souhaits, tendresses. nous clamecy bien, labour, deux filles parfaitement. — marie. |

Honfleur, 25 déc.— Varnier, 22 bis, paradis-poissonnière. nous allons bien, bonnes nouvelles de georges. — Hua. | Bouvet, 10, vivienne. allons bien, pas ennemis.— Bouvet. |

Angers, 27 déc. — Billon, 9, palestro. bonne année, godet, viville, chaboisseau, dire kralik rien envoyé balansa. — Billon. | mme Royer, dufour, 32. courtiras envahis, réfugié angers, santé bonne, reçu lettre-carte. — Taillandier. | Garnon, 21, bourgogne. installés angers, excellente santé. — Garnon. | Mangin, 78, provence. madame mangin va bien, nous vous embrassons, armée loire protége mans, tours, angers, courage, confiance. — victor Fleury. | Larnac, 9, université. chers prisonniers et nous tous bien, général organise tours, merci pour camille, écrire au bramet. — Pisani. | Supérieure, 21, calais. suis angers, hôtel notre-dame, réponse ballon. — Denizot. | Hardivillé, 44, richer. porte bien, arrive souvent ballon, reçois rarement de tes nouvelles, souhaits de bonne année. — Salomon. | madame Alino, 57, turbigo. souvenir affectueux, sommes bien inquiets, écrivez nous, portons bien. — Requier. |

Mans, 27 déc. — alexandre Lemoine, mobile, loudéac, côtes-du-nord, paris. tous bien, jules médecin mobile côtes-du-nord, corentin restera à gningamp. — Lemoine. | Chassiot, 98, rue montmartre. nous allons bien tous, paye assurances, réponse demandée. — Chassiot. |

Concarneau, 27 déc. — françis Leguillou, mobile finistère, 2e compagnie, 5e bataillon. famille couse, balestrié, les guillou bien et courageux, recevons tes lettres. — Soisique. |

Vannes, 27 déc. — Philippar, 5, neuve-st-augustin. lettres reçues, bonnes santés. — chauvin Philippar, vannes, poste restante. |

Espalion, 27 déc. — Estieu, 15, cléry, paris. moi maurice bien, tante marie enfants bien, hommes espalion, recevons vos lettres, écris ici directement. — Lucile. |

Cahors, 27 déc.— Dufour, 12, rond point champs-élysées. bonne santé partout, nouvelles récentes, sécurité au vivier. — Édouard. |

Montpellier, 27 déc. — Amet, commandant fort montrouge. tous vont bien. — Gustave. | Auburtin, 6, mézières. élisabeth, francis, madeleine, papa santés excellentes, charles prisonnier mayence.— Auburtin. | Roche, 7, blanche. écrivez par ballon nouvelles de vous, véniel maison. — Boulland. | Turenne, 100, bac. nouvelles bonnes courtomer, santé, tranquillité partout, courtomer emploie tous moyens pour faire arriver nouvelles. — Molinier. |

Marseille-central, 27 déc. — Joyant, 3, grammont. reçu granval neuf cinq, falgnière quatre cinq, fraissinet desgaultière totalité, fritch espinasse rien, déconfiture, remerciements. — Sennegon. | Nata, 64, faubourg poissonnière. lettre 23 novembre reçue maintenant, porte bien, écrire immédiatement. — Nata. | Grebert, arbre-sec. aucune nouvelle votre famille. — Borelli. | Dufleux aîné, 19, st-merri. dorr télégraphie si vous voulez envoi raisins, vins aussitôt communications ouvertes, avisez détails, qualités, quantités.—Folsch. | Bonnemant, 24, dunkerque. portons bien, recevons lettres, oublions pas bonne année, embrassons. — Lieutand. | Monory, 25, henri-chevrau. écris moi marseille, peux rien t'envoyer.— Francôme. | Ronollin, 29, château-d'eau. votre lettre 6 enfin reçue, payer appointements, donnez bonnes nouvelles à mallet et amis. — Ronollin. |

Guéret, 29 décembre.—Boucherville, 25, arcade. Albert guéret, bien.— Albert. |

St-Malo, 28 décembre. — Lenoir, 4, isly. cherchez vivant Chiquelin, 10, lagny. répondez mâlo. — Hebert. |

Barbezieux, 29 décembre. — Chagnoux, 2, boulevard de la gare, paris. bien portants, reçois lettres.— Chagnoux. |

Larochefoucauld, 29 décembre. — Bertrand, 41, boulevard malesherbes. portons bien, recevons lettres. — Bertrand. |

St-Servan, 27 décembre.— Legouez, 28, larochefoucauld. quitté dalles pour st-servan, tous bien, pornic bien, que Paul cherche Jules, inquiétude.— Deltour. |

Le Mans, 28 décembre. — Fernet, 36, enghien. Pauline valognes, Désirée pont-audemer, papa méaulte, Florent et moi mans. tout bien. — Fernet. |

Les Sables, 27 décembre. — Fournier, 14, rue berlin, paris. santé très-bonne, de tous nouvelles, de Max baisers tendres.— Casis. |

Fontenay-le-Comte, 27 décembre. — Joffrion, mobile, 1er bataillon vendée, paris. lettres reçues, très-heureux, tous bien portants, emprunte argent, t'embrassons.— Ta mère : Joffrion. |

Puy, 23 décembre.—Michel, 11, boulevard montmartre. tous bien, Edouard parti francs-tireurs Kératry.— Michel. |

Royan, 28 décembre. — Allaire, 240, faubourg-st-honoré. tous bien portants. — Odiot. | Lasne père, turbigo, 8. mère, moi, allons assez bien. chez Fernand, bien.— Paul. |

Agen, 29 décembre. — Parent, 19, rue auber. je souhaite bonne année, parfaite santé, espère te revoir bientôt, embrasse bien.—Parent. | Clément, avenue victoria, 7. te souhaite bonne année, parfaite santé, espère te revoir bientôt, embrasse bien. — Pauline. |

Angoulême, 29 décembre. — Emile Sénart, 69, grenelle-st-germain. sommes tous à chimay, père à reims, soigne-toi, courage. — Marie Sénart. | Lutterolte, 47, rue marbeuf. bonne année. écrivez angoulême, embrassez robert. — Calmon. | Chevalier, 268, boulevard st-germain. écrivez-moi angoulême, poste restante. — Forestier. |

Dieppe, 24 décembre. — Garnier, 5, caumartin. tous bien portants, recevons tes lettres. Hélène superbe, très-intelligente. Marie bonne santé, Dupuy aussi, angleterre. — Georgette | Nitot, 204, rivoli. veules, portons bien, manquons de rien. — Prudence. | Carez, 21, rue pigalle. bonne santé, tous sûreté belévent. nouvelles Dubaret, 33, avenue antin.— Pauline. |

Morlaix, 28 décembre. — Bouriat, 20, grenelle-st-germain. Alcée, nous, tranquilles. santé bonne. — Lhuillier. | madame Surbed, 31, boulevard bonne-nouvelle. Georges, Fernand, nous tous, bien. dire à Georges. — Lebris. | mademoiselle Florens, 3, place madeleine, paris. santé bonne, courage, confiance, écrivez souvent. — C. Florens. |

Rennes, 28 décembre. — Bourin, 89, richelieu. embrassons, courage. nous berrus, Georges rennes, Second cabourg. tous bien, communiquer.— Flamand-Duval. | Picart, 14, rue du bac. portons tous bien zezette, souhaitons bonne année papa, Henri, embrassements. — F. Heloin, E. Picart. 28 décembre. | Jules Leveillé, secrétaire général télégraphe, paris. nouvelles béziers. Lafosse, lieutenant, bataillon chasseurs, division Exea. — Blaize. | Fortin, 1, grand-chantier. allons bien, écrivez lettre par ballon. — Deboissy. rennes. | Delail, passage jouffroy, paris. reçu lettre 22, santé bonne.— Delail. | Méhédin, 58, victoire. bien portantes rennes, hôtel Jullien. — Méhédin. | commandant Kerhué, 109e ligne, 1re brigade, 2e division, 2e armée, paris. félicitations, tous bien, Auguste échangé colonel, sa femme ici. — Kerhué. |

Valenciennes, 21 déc. — Hannotin, 22, brézin, montrouge. mère, enfants vont bien, t'embrassons, écris par ballon. — Eugénie. | Bereutz, 10, sts-pères. pensons à vous, reçu votre lettre, écrivez encore. — Eugénie. | Bourgoin, 149, rue de sèvres, paris. je le suis et vais bien. — Elise. |

Vervins, 21 déc. — Courteville, 8, rue martin, paris. sommes en bonne santé, aigny-la-flamengrie, recevons vos lettres. — Courteville. |

Alençon, 22 déc. — Daguin, geoffroy-marie, 5. bonne santé, marcel toujours rhumatisé au repos alençon, écrivez, bonne année. — Louise. |

Dieppe, 23 décembre. — Hautié, 106, faubourg st-honoré. besoin argent, bien portante.—M. Hautié. | Delalain. 20, condé. dieppe, lagarde, boullé, auguste, bien portants, souhaits, fête stéphanie, alfred hyères. — Valentine. | Berthelon, 2, place wagram. portons bien, embrassons ami, reçois tes lettres, écris-moi, maison hubert, champel, près genève. — E. Berthelon. | Girod, 18, provence. bonnes nouvelles evian, deuxième dépêche, point lettre, écris-moi. — Girod. | Noyon, 180, rivoli. dieppe santé bonne, aucune inquiétude, reçu lettres, maure bien, mireur écrit, récolte bonne, beaux-frères bien. — Arnaud. | Monnier, hôpital militaire, vincennes. dieppe. mouy-delle bien, charles parti, pas reçu, seconde carte, bien logés, hélène gamine. — Félicie. |

Cherbourg, 22 déc. — Malassis, 30, place la madeleine. tous parfaite santé cherbourg, bonnes nouvelles latour. — Louise. | Petit, 49, rue lyon. auguste cherbourg, tous bien. — Petit. | Denise, rue pigalle, 28. suis soldat, 26e ligne cherbourg, écris souvent. — Fasquelle. |

Lille, 22 déc. — Michel, avenue raphaël, 6, paris. familles édouard, michau, delamotte, anvers bien, lettre 9 reçue, que louis écrive. — Michau, 20 décembre. |

Dieppe, 22 déc. — M. Pardailhan, 52, rue truffau. dieppe écris, ballon perdu, bonne année. — Pardailhan. | Père Captier, rue de madame, 39, paris. après combats, sans nouvelles, sauvez-le — Rupied. | M. Rolland, rue de varennes, 20, paris. un mois sans nouvelles julien, gaston brunswick, croit eugène chez prosper. — Ernestine. | Sorbet, faubourg montmartre, 4. parents, enfants, santés parfaites, dieppe tranquille. — Sorbet, Maës, Genouville, Delestre, rue de la barre, 18. |

Lyon, 21 déc. — Forgues, rue tournon, 2. baby, moi revenus brazez, léopold algérie, santés bonnes, usine intacte, trente cinq jours fabrication, continuons. — Pauline. | Blondel, faubourg st-toine, 253. écris rue st-joseph, 45. — Blondel, lyon. | Parseval. capitaine, 119e ligne. bravo cher commandant, recevons vos lettres, tous richard bien, ceci troisième dépêche à vous. — Marraine. | Rémy-Mériau, 4, st-laurent. brasserie intacte, propriétaire bonne santé, ehrharde volontaire. | Auguste Ott, 57, casimir-périer. toute la famille strasbourg porte bien. — Ehrhards, volontaire. | Gourdiat, 28. sentier. alaincourt aucune nouvelle tarare, votre père mort le 17 novembre, lequin très-malade, duplicata. — Arnal. | Hodieu, lieutenant, 2e compagnie, 84e marche. rassure-toi, allons tous bien physiquement, daudignac hambourg. — Hodieu. | Salles, rivoli 63. nous envoyé douze lettres, trois dépêches, deux cartes, père bien, charles bien. affaires passables. — Vachon. | Putinier, place

Bordeaux. — 22 décembre 1870.

victoires, 3. Emile bonnardel et giron morts en septembre, prévenez verdier et les neveux d'émile. — Urtin. |

Vichy, 23 déc. — Bernard David, bergère, 25. rachel dora bien portantes, la haye reçoivent lettres par ballon. — Mancel. | Justin, 79, lafayette. jeanne santé excellente. moi aussi, allons tous bien, toujours vichy. — Justin. | Girard, 62 rome. santé bonne, nouvelles retardées un mois, — Girard. | Dupont, 37, rue sentier. ai souvent lettres perthes, tous bonne santé, donne congé flamet et gustave, écris plus souvent. — Dupont. | Taconnet, boulevard malesherbes, 63. nommé lieutenant blessé, armée loire, épaule droite, bonne santé, convalescent vichy, comment va famille, courage. — Taconnet. |

St-Lô, 22 déc. — Denis, 19, rue st-denis. donne nous de tes nouvelles, aucune depuis le 18 septembre, ici bien. — Ingouf. | Bigot, st-honoré, 152. donnez nouvelles, nous bonnes. — Bosy. |

Le Havre, 23 déc. — Dutfoy, 30, boulevard haussmann, paris. me destael père fièvre extrême, faiblesse, ne quitte plus lit, enfants bien. — Hoursse. | Isabey, 174, faubourg st-honoré, paris. famille entière bien portante, frascati rené prisonnier wiesbaden, pas blessé. rambouillet informé, écrivez souvent, recevons. — Desclèves. | Demoulin, rue victoire, 54, paris. vite des nouvelles de paul, henry. — Gossaue. |

Bayeux, 23 déc. — Payny, 70, rue lafayette. mesdames payny et lauchantin vont bien, embrassent enfants. — Clarisse payny. | Lorin, 39, boulevard sébastopol. tous bonne santé arromanches. — Lorin. |

Villerville, 24 déc. — Gosselin, 5, rue téhéran. villerville, bonnes santés, aucune inquiétude. restons ici. — Emma, 24 décembre. | Blanchard, 47, victoire. georges retrouvé, allons bien villerville. — Poirson. |

La Ferté-Macé, 24 déc. — Vogué, rue luxembourg, 23. henri dépôt nantes et père melchior magdebourg. hauteville tous bien portants vous aimant tendrement — de Hautevile. |

Le Creusot, 24 déc. — Brehon, 56, provence, paris. reçu seulement lettre du 9. toutes les personnes désignées sont bien, creusot encore libre. — mathieu. | Charnay, 45, rambuteau. allons bien, recevons lettres, prenez nos provisions, albert même position. — Charnay. | Laferté, lieutenant vaisseau, état-major, 5e secteur. valentine, enfants poutoise, amable jane clermont, moi creusot, bonnes santés partout. — J. Laferté. | Demachy, 58, provence. situation financière actuellement satisfaisante, mais recouvrement difficiles. pouvez-vous ouvrir crédit londres. fabriquons beaucoup artillerie. — Schneider. | Demachy, 58, provence. famille brigton, moi creusot, tous bien, donnez nouvelles vous, baron, famille. usine continue travailler. — Henri Schneider. |

Montpellier, 24 déc. — Belouët faubourg-saint-denis, 200 moi, pérot toujours employés montpellier, santé. — Belouët. | Febvre, 23, ponthieu. Kiffel ici. ta famille et nous bien. — Louise. | Vinclair, école polytechnique, paris. tout reçu, allons bien, toi pas nommé. — Arthur. | Fabre, 14, rue jacob. familles fabre, duffours, serres bien portantes. donnez immédiatement nouvelles mobile serres, pourvoyez ses besoins. — Fabre. | Bégis, capitaine adjudant-major, 138e infanterie, paris. 3e dépêche, autant cartes, sommes montpellier, rue maguelone, 27, bébé bien. — Angèle. |

Avranches, 24 déc. — David, 15, rue d'antin. même état santé, corresponds dinard, pau, bruxelles : léon, grand hôtel boulevard. nouvelles d'eulalie, dufour. — David. | Albert, 33, rue grenelle-saint-germain, paris. enfants parfaitement, fils lycée poitiers, travaillent bien, autres chez lebreton. delangle, enfants bien. — Genreau. | M. Joly, rue demours, 94, aux ternes, paris. nous sommes toujours à saint-brice, tous bien portants, rien de nouveau. — Joly. | Pottier, 29, jeûneurs. tristes, bien portants, souvenir tous, écris. — Pottier. | Girard, 99, boulevard magenta. pourquoi plus de nouvelles ? sommes très-tourmentés, ennuyés, allons bien, plus d'argent, embrassons tous. — Morin. |

Cherbourg, 24 déc. — Lassuchette, 31, rue bellechasse. reçu lettres, santés bonnes, travaillons acqueville, forêts bien, grand'mère, oncle bien. — Victor. | Darnaudin, 44, lepeletier. 25 décembre, delachardonnière, bouclier, enfants santé parfaite, cherbourg. — Dupouët. | M. André, médecin-major, 2e armée, 115e régiment. je me porte bien, j'ai reçue 600 francs. — Dürr. | amiral Roze à Roze, matelot, montrouge. parfaite santé, reçu tes lettres, prends argent chez dreux, rue grammont, 14. — Roze. | Giguet, chez claparède, saint-denis. georges, tous bien. — Hummel. | Foulon, 42, malesherbes. cherbourg, 24 décembre. santés parfaites, reçu lettres 20, cambrai bien. — Léoncie Fontaine. |

Trouville-s.-Mer, 24 déc. — Pottier, 26, duphot. santé parfaite, reçois tes lettres. — Claire. | Yver, cardinal fesch, 10. allons bien, soignez-vous, embrassons. — Yver. |

Saint-Lô, 24 déc. — Gauthier place opéra, 2. très-souvent écrit, grand merci pour lettres, tout tranquille ici, tous bien. — Henri. | Gilbert, jean-goujon, 26. bonne année, nous nous portons mieux. — Gilbert. |

Le Palais, 24 déc. — Amiral Touchard, rue Lisbonne, 27. pitre prusse, reçu papiers, donne nouvelles. — Gabrielle. |

Bastia, 24 déc. — Santelli, ministère marine, paris. recevons tes lettres, allons tous bien. — Louis. | Tommasi, rue seine, 57. famille pomonti, farinole, tommasi parfaite santé, cautionnement trouvé. — Georges. |

Laigle, 24 déc. — Bruyère, comptoir escompte, tous bien portants, ainsi oncle mabile, pas accouchée, espoir, pas prussiens. — Marie. | Rossignol, 2, demours. santés bonnes, reçues. — Rossignol. |

Le Hâvre, 25 décembre. — Mme Byran, 14, rue bréda. parfaite santé hâvre, bonne année. — Albert. | Godfroy, rue temple, 187. maman sérieusement malade. — Godefroy. | Vincent, bergère, 7. hâvre tranquille, inquiète, pas de lettre, bonne santé. — Duval. | Méder, quai râpée, 32. dépêches envoyées déjà, tous bien portants, écris, 9, calédonia place, jersey. — Adèle Méder. | Lherbette, quatre-septembre, 33. pour laure, grande patience, attends délivrance paris si possible, toute notre affection. — Maria. | Udin, boulevard prince-eugène, pour laure, grande patience, attends délivrance paris si possile, meilleures amitiés. — Maria. | Bessand, belle-jardinière. emma avec enfants installée worthing near brighton, 3, montagne place, sois sans crainte pour nous. — Louis. |

Le Hâvre, 25 déc. — Barafort, 127, boulevard. sébastopol. baraforts, rouma, lavotte parfaite santé, hâvre tranquille. — Eugénie. | Durand, 43, neuve-mathurins. lesser, durand bordeaux. antoine isaulte hâvre. envoyez-moi crédit delaroche. prévenez chez moi santés bonnes. — Gramont. | Pussin, 83, morny. paris. 25 décembre, tous bien portants hâvre, quand danger prendrons steamer. ai eu fausse-couche. — Pepa. | M. Morel, 15, passage saulnier. paris. allons bien, sois tranquille, écris-moi toujours. — B. Morel. | Dubief, rue des écoles, 42. dieppe, 20 décembre, familles dubief, valentin, tous santés bonnes, valle bordeaux aussi. — Dubief. | Gastambide, 34, cardinal-fesch. familles southampton et hâvre bien portantes. raoul fait prisonnier, buchy arrivé glatz, silésie. — Delaroche. | Durand, neuve-mathurins, 43. ne payez pas domicile décembre, ordre frédéric decazes. pouvez payer autres décembre, 33,000. — Delaroche. | Desmarest, provence, 46 domiciles décembre, 15,000 francs. raoul delaroche prisonnier glatz, silésie, vos lettres reçues, famille bien portantes. — Delaroche. |

Bordeaux, 29 déc. — Beyney, 11, rue mulhouse, paris. portons bien, paris débloqué nous t'attendons, prudence pour venir, bonne année. — Valentine Beyney. | Grammaire, 84, faubourg st-denis, paris. famille inquiète sur heitz père, répondez prochain ballon. — femme Heitz. | Lalaurency, 183e bataillon, vincennes, si absent, 4, grange-batelière, paris. portons bien, embrasse et aime, écris donc ballon monté. — Marthe. | Malaizé, 44, petites-écuries. bonne santé, manquons rien, reçu un bon, dinard émile bordeaux, manutention, porte bien. — Malaizé. | Rouit, 8, rue saint-martin. louise est avec ses parents, tous vont bien, nous aussi. — Rouit. | général Ducrot, paris. prière faire savoir benoit champy, famille habite aix-les-bains en excellente santé. — Benoit Champy. | Sommer, 15, passage princes, paris. toulon santé bonne, lettres reçues. — Goux. | Helbronner, 7, rue d'aumale. ton père et nous à londres, tous parfaitement. — Hermance. | Duboys, 303, st-denis. habite limoges, santés bonnes, sarret avec adèle tours, doigt guéri, pas sevrée. — Sylvius. | Picard, 3, richer, paris. vôtres, nôtres, vont bien, installés lille, tours, bordeaux, affaires considérables, donnez nouvelles belges, lettres parvenues. — Galand. | Charles Hauterive, 37, rue joubert, paris. donne tes nouvelles par ballon à okouneff bordeaux, albert sauf à Coblentz. — maurice Hauterive. | Oribal, notaire, 26, boulevard saint-michel, paris. edgard n'est plus, mettez scellés rue d'albe. — Cordier. | Lefèvre-levesque, 10, sentier. suis avec lancelot bordeaux, soyez sans inquiétude, tout va bien, toucherons complément marché 31. — Danset. | Gueldry, 64, rue amelot. bordeaux, poste restante, santé excellente. — Gueldry. | Gobaut, 33. rue beuret. vos enfants vont bien, sont béziers, thiers rue république. — Sébastiand. | Steiner, 18, bergère. reçu lettre 10, télégraphié mois dernier, allons tous bien, marie aussi, heureusement accouchée garçon, vendanges bonnes. — Cholet. | me Pontonnier, 60, rue notre-dame-lorette, paris. écrivez-moi bâle, adresse ecklin. — Pontonnier. | Delas, ministère finances, secrétariat général, paris. tous bien, bordeaux, rue église-st-seurin, 49. — Delas, | Ollive, 3, bleue. — merci vos bonnes lettres, allons tous bien, écrivez-nous souvent, donnez nouvelles claudine, télégraphions par ravaut. — Pagès. | Laborne, 22, place vosges. parfaitement, beurre, hauteville. — Laborne, 13, rue bouquière. | Journet, capitaine artillerie, vincennes. bonne santé, coligny châtellerault. — Juliette Journé. | Lefebvre, 2, grand chantier. granville, léontine, thérèse, famille bordeaux, guillardet, marguerite, lucie, hélène sauvée, tavernier, enfants, parents, creuse. tous bien. -Guillardet, cours 1er juillet, 38. | Parent, 38, monsieur-le-prince. oui, reçu. — Louise. | Beauchamp, 146, faubourg saint-martin. duval paris, fournon bordeaux, bien portants, prévenir familles, réponse ballon. — Fournon, mirac saint-rémy, 33, bordeaux. | Caubert, 38, rue meslay. seconde dépêche, tous bien pons, aînés contents collége pons, lettres reçues jusque 21 déc. — Badenier. | Chevrier, 13, téhéran. recevons tes lettres, famille toujours à loulay, bonne santé, adresse tendres vœux. — Beylard. | Laguerre, 72, boulevard sébastopol. bar, dumesnil, sœurs, tous parfaitement, hélène deux dents, habitons bordeaux, 22, cours trente-juillet. — Laguerre. | Serbonnes, Blandin, 66, mazarine. recevons tes lettres, louise pas lettre édouard depuis septembre, accouchée fille, chitry, famille bien. — Octavie. | hippolyte Dulong, 43, faubourg st-honoré. bénédicte accouchée très-belle fille le 27, santés parfaites, grand' mère kermoysan décédée. — Kermoysan. | Cellier, chef gare est. allons bien, résidence bordeaux depuis 7 décembre, 69, cours jardin public. — Mica. | Moraine, banque france, paris. écrire ballon monté, bonjours aux amis. — Brichard. | dame Langlois, 28, penthièvre. écris sans journal, célestin, léon, tous bonne santé, faucillon gardera vinaigres vieux, annulera patente. — Langlois. | Dhugues, 93, bac. dhugues bien, fils courville, 104, grenelle, bien. — Véronique. | baron Avril, 83, avenue joséphine, paris. les vôtres chez moi, bonne santé. adressez dornbirn autriche, ou Au suisse. — Breda. | Zelweger, 29, provence. pourriez comme marcuard et autres tirer kraeutler pour acceptations états-unis dans paris, écrivez. — Weck. | Hottinguer, 38, rue de provence, paris. tous bien à montbrison et ailleurs, ainsi que la fille de roger. — Wustenberg. | Halphen, 18, rue Drouot. enchantée lettre 30 adressée, bruxelles tous santés parfaites, parents arrivés, espérance te revoir, impatience grande. — Halphen. | Peraire, 61, lafayette. montez chez moi, demandez charles desprez, donnez nouvelles Hément, cassigneul, castro, amis. — Barrère. | Archambault, 19, moulins, paris. veules-rouvresacy, tous santés parfaites, avons eu prussiens, pas souffert, écrivons par toutes voies. — Juliette. | Feraire, 61, lafayette. journal fonctionne, lyon alphonse, bordeaux barrère, montez chez barrère demander nouvelles de sa belle-mère, espoir. — Marron. | Ducros, bottier, 39, saint-marc. donnes-nous de tes nouvelles. — Cablat. | Leroy, corps législatif. tous bien près londres, lettres reçues. parents tous bien. — Philippi. |

Havre, 28 déc. — Labrunie, 54, rambuteau, reçu lettres, allons tous bien. — Laure. | M. Boscary, 186, rue lafayette. reçu lettres mandats, moral affecté, employé tous moyens pour donner nouvelles, dépense 10 fr. — Boscary. | M. Beaufils, 48, quai râpée. nouvelles manquent, inquiétude, écrire toi-même. — Beaufils. | M. Heuzey, 8, quai mégisserie. le 10, prussiens, repartis, famille pas inquiétée, santés bonnes, rouen occupé. havre menacé. — Bunout. | Moitessier, 6, rue louvre, paris. nantes vend premier 126, second 120, expédions chargement ango, cheilus demande argent janvier, autorisez. — Haentjens. | Moitessier, 6, rue louvre, paris. indigènes 56 blanc, 66 proposons acheter entreposer anvers vingt mille sacs, réduction maurice bourbon. — Haentjens. | Hollande, 51, rue charenton. reçu lettre 22, bordes payé, allons partout bien, émile armée loire, courage. — Ozanne. |

Aix-les-Bains, 25 déc. — Laporte, 58, rue vaugirard. triste noël, dieu réunis cœurs, santés excellentes, froid modéré, mimi robuste, grandi, gai. embrassons tendrement. — Marie. |

Sables-d'Olonne, 29 déc. — Guichard, 11, rue monnaie. exil forcé par impossibilité retour, adressez note incidents survenus affaires courantes. — Ponthieu. |

Brest, 27 déc. — Lejeune, 44, notre-dame-des-victoires. neuvième. tous bien, hamon bien. — Céline. | Samson, lieutenant-colonel 1er bataillon mobiles finistère, plateau d'avron. famille bonne santé, émile hambourg, embrasse eugène toi. — Samson. | Chabaud-Arnault, officier, neuvième secteur. famille, nous, constant, pierre parfaitement. — Adolphe. | Mallet, commandant fort rosny. famille santé, augustine fait pèlerinage auray, souhaits étrennes. — Mallet-Fauconnier. |

Rivesaltes, 28 déc. — Nicolas, 10, rue des marronniers, passy. vois débiteurs, prends argent, échange à la banque contre bons sur province. — Nicolas. | Nicolas, 22, paradis-poissonnière. reçu vos lettres, nous portons bien, vins assez chers, fitou valent douze francs hectolitre. — Nicolas. | Nicolas, 10, rue des maronniers, passy, reçu lettres, nous portons bien, vins assez chers, ne veux rien faire. — Nicolas. |

Lille, 24 déc. — Léon Boulenger, école polytechnique, paris. bonne santé 6, reçu lettres moins trois. nord pas envahi, t'embrassons tous cœur. — Boulenger. |

Redon, 29 déc. — Mosneron-Dupin, 11, rue ventadour. vos enfants bien, maligny et jean à bruges. — Chastellux. | Féron, 26, sentier. inquiets, écrire souvent, détails. — E. Féron. |

Saint-Genest, 27 déc. — Bergeon, sergent-major, 36e régiment marche, mobile vienne, 1er bataillon, 3e compagnie, le tremblay, paris. portons bien, écrire. — Bergeon. |

Montpellier, 28, déc. — Oudin, crédit foncier, tous bien portants, espérons bientôt revoir, pensons vous, disposez appartement, recommandons paula, souvenirs marraine delaunay, baisers. — Marguerite. | Ploix, notaire. brie, corbeil, voiture versailles, votre famille bien portante nanteuil, chemin de fer châlons, metz, forback, kons, luxembourg, bruxelles. — Mens. | Tollin, agent, sommes à montpellier, votre famille bien portante et confortablement, je pas reçu lettre de vous, amitiés. — Mens. |

Argentan, 27 déc. — Rouillard, 5, arcole, paris. heureux, demandons que compagnie autorise lémarignier. — Audiget. |

Fougères, 27 déc. — Leray, officier, 5e compagnie, 1er bataillon mobiles ille-et-vilaine. félicitons, tous bien, courage, bientôt embrasserons. — Leray. |

Pornic, 28 déc. — Dolot, 130, assas. toul, gabriel hambourg, charles, guignes, orléans, sarrebourg parfaitement. nous pornic avec cécile. — Dolot. | Jamin, 24, rue soufflot. bonne santé, bonne année, mille baisers. pas besoin argent maintenant, tous bien. — Eudoxie. | Deltour, caporal, caserne bonaparte. marguerite, jeanne, versaillais, lalonde, tous bien. — Pauline. | Guyot, 9, rue boissy-d'anglas. bonne santé, toutes à blaye chez eymery, reçu argent lauffray et dampmartin. — Clémentine Guyot. |

Laigle, 27 déc. — Poupel, employé hôtel de ville. vaccinés, parfaite santé, glos, sommes parfaitement. — Primois. |

Cannes, 28 déc. — Desmarest, avoué, 69, rivoli. allons bien, en peine de charles. — Marin. | Marin, commis, bureau gal, caserne babylone. allons bien, en peine de toi. — Marin. | Ve Châlot, 40, rue paradis-poissonnière. nous allons tous bien, dernière lettre léon 21 novembre, écrire chaque semaine. — Châlot. | Bertrand Maillefer, 10, rue havre. envoyez lettre crédit sur notaire, grand besoin. Duvinage. | Bossuat, 10, chaussée-d'antin, paris. donnez à madame laforge ce que pouvez pour moi, jules, pierre parfaitement. — Céline Pastre. | De Laforge, 42, grenelle-saint-germain. prends à bossuat ce qu'il peut te donner pour moi, jules parfaitement. — Pastré. | Madame Singer, 19, quai malaquais, paris. reçu votre lettre, espère louis toujours bien, souhaits anxieux et tendres souvenirs. — Céline Pastré. | M. Caro, 9, rue thénard, paris. sophie joint ses vœux aux miens, votre frère bien à wiesbaden, affectueux souvenirs. — Pastré. | Lelièvre, 60, rue des écoles, paris. bien portants à cannes, reçu vos lettres, souhaits affectueux. — Beaulaincourt. | madame laforge, 42, rue grenelle-saint-germain, paris. recevons tes lettres, enguerrand à wiesbaden, tendres souhaits. — Beaulincourt. |

Landerneau, 27 déc. — Thomas, 14, cité d'antin, paris. tous ici bonne santé, bonne heureuse année. berthe deux télégrammes, louis, madeleine charmants. — Thomas. |

---

43. Pour copie conforme,

L'inspecteur,

Bordeaux — 23 décembre 1870.

Alençon, 27 déc. — madame Rattiès, 56, rue bayen. roger va bien, marie aussi, euphrasie partie, chevaux bien, sylvie reçu commissions. — Alfred. |

Boulogne-sur-mer, 24 déc. — Schuller, 22, rue royale-saint-honoré. portons tous bien, prévenir durand. — Schuller. | Ferrère, 3, laffite. boulogne noël, frank charlot, prosper nini. — Sallita Ferrère. | Wolff, 22, rochechouart, arrivés à londres, santés parfaites, bouisson restée villers, ai argent et lettres, écris chez scarborough. — Marguerite. | Pollissard père, fils, 26, geoffroy-lasnier, offrons vœux vous, famille, amis, marie, boulogne bonne santé, avons argent. — Mathilde, Marie. | Pérou, 13, saint-lazare. pérou lelubez parfaitement, lettres du 3, huit, dix. — Anna. | Monsieur Mouillefarine, 7, ventadour, allons tous bien, caen meilleures nouvelles. — Mouillefarine. | Delagarde, 64, boulevard malesherbes. santés parfaites, désirons lettres, dernière du 7. plusieurs ballons perdus attente longue et triste, tendresses. — Hélène. | Lévy, 12, chauchat. grand'mère ganneron, enfants bien portants, désirent voir parisiens, vivons confortablement, athénaïs, marie, enfants bien, tendresses. — Schloss. |

Auray, 28 déc. — Muraton, 17, duperré. paris. reçu lettres, merci, allons bien, bonne année, prompt revoir, élève mécontente, rien adressé à elle. — Maigreau. |

Moulins, 28 déc. — Pillaudin, ouvrier d'administration, 13e section, caserne babylone. as-tu reçu argent, fais savoir pour envoyer encore, allons bien. — Pillaudin. |

Quimper, 28 déc. — Nouet, enseigne, 2e bataillon fusiliers, fort ivry. sommes tous bien, recevons tes lettres, louis cochinchine. — Nouet. |

Morbihan, 29 déc. — Deles, 11, rue guénégaud, paris. inquiets, heureux, embrassons chevalier, général wiesbaden, denis, nous, bien portants. — céline Pradier. |

Marquise-Ville, 24 déc. — Jacquette, 313, rue saint-denis. claire accouchée heureusement 22 décembre, santé excellente. — Baril. |

Menton, 28 déc. — Fould, 24, saint-marc. maman bruxelles, dinin ouchy excellentes nouvelles, moi enfants bien portantes, vœux affectueux, triste nouvelle année. — Mathilde. | Noukelle, 63, roquette. bien portante, écris villa faraldo, menton. — Annette. |

Saumur, 28 déc. — Lepeltier, 5, saint-fiacre. donnez nouvelle clément, avancez argent, réponse. — Brossard. | Marini, 5, avenue mac-mahon. tous bien angleterre, idem avons écrit souvent par leven et autres. — mélanie Fontevrault. |

Poitiers, 29 déc. — Julie ou concierge, rue de boulogne, 3, paris. écrivez par ballon, donnez nouvelles d'appartement. — Reboul, poitiers, hôtel de france. |

Boulogne-sur-Mer, 23 déc. — Lemaire, 29, lepelletier. maurice, grand'mère, parfaite santé, embrassent papa tendrement pour nouvelle année, aucune lettre depuis 20 novembre. — Bertrand. | duc de Rivière, 121, rue saint-dominique. tristes, mais bien. — Solages. | Delahante, 12, chauchat, paris. femme de rené accouchée mâcon, garçon, mère, enfants, bien. — Claire. | Klotz, 2, place victoires. santé tous bonne, lucien charmant, louise heureuse, lettres souhaits, strasbourg sauvé, amitiés, tendresses. — Klotz. | Hagem, 46, petites-écuries. famille très-bien portante, reçu vos lettres, très-contente de vous tous, baisers. — Flore. |

Fécamp, 26 déc. — alfred Dubois, 44, rue faubourg saint-honoré, paris. famille bonne santé, hôtel de belle-vue, bruxelles, changement suite d'humidité, amitiés. — Dubois. | Canda, 141, faubourg saint-martin, paris. portons très-bien. — Canda. |

Angers, 29 déc. — Courtois, hôtel dagorno, petite villette. tous bien. — Courtois. | Legrand, passage saint-anne. reçu. madame canelli, 29, rue malard, lui dire son fils vit, des nouvelles de tous. — Beurois. | Radenez, 21, jussienne. envoyez 300 fr., répondez chez lachèse, architecte, angers. — Bertin. |

Segré, 28 déc. — comte Rességuier, 75, rue varenne, paris. pérignon rétabli, geneviève, enfants bien, falloux passablement, reçoivent lettres, écrivent souvent. — Falloux. | m. Maisonneuve, 49, rue laffitte. orveau bien portants, souhaits pour tous, bon espoir, paul avec bourbaki, léon hénard tours. — Marguérite. |

Avranches, 27 déc — capitaine-forestier du Fay, auteuil, paris. cinquième dépêche. arrivées avranches octobre, garçon onze novembre, allons parfaitement, cassix et ici. — Marie. | Catelin, 74, martyrs. allons bien tous quatre, fanny aussi, écrit à ossian. pas réponse. — Noël. |

Tourcoing, 25 déc. — sœur Beuque, 171, rue vaugirard. heureuse santé, rien nouveau. — Beuque. |

SERVICES ET AUTORISATIONS.

Bordeaux, 3 janv. — Madame Goubet, 3, perdonnet. inquiet, écrivez, je supplie. dite à beaujard sa famille bordeaux et à bigorne, sa famille angleterre bien, nous bien aussi. — Balavoine. | Saintignon, postes, rue cléry. bonnes nouvelles du capitaine albert. rien de toi depuis plus de deux mois. — Franquin. | Taquet, lieutenant mobile, 52e régiment, 6e bataillon, 1re compagnie. reçu ta lettre enfin, merci, abbeville aussi. tous bien, émile volontaire mobilisé, courage. Ansault. | Préville, 72, rue montmartre. envoyez nouvelles maxime, adressées radou, télégraphe bordeaux, famille hauttement à bordeaux inquiète, oncle gustave mort. — Radou. | Mazoyer, administration postes. votre famille va bien, mon appartement rue nicolo, 25, est-il respecté. — Dursens. | Personne, mobile 14e bataillon, 1re compagnie, saint-denis. reçu lettres 25, 27. bravo, cher jules, allons bien, t'embrassons affectueusement, courage. — Personne, 1er janvier. | Cribier, impasse saint-charles, 4. anatole décédé à philippeville, georges prisonnier de guerre, écris-moi souvent à bordeaux. — Cribier. | Pérard, 3, rossini. sables demonjay, gillion résidence, situation santés excellentes. lesage, pornic, béthune, anselme, bocquet parfaitement. Louise. amitiés vives avec ces bonnes nouvelles. — Paul Dupré. | Duchâtelet, 114, grenelle. duchâtelet feury parfaitement, pas un accident de santé depuis le départ, madame thionville remise. Berthe. transmet à m. londe, 121, boulevard haussmann, ces bonnes nouvelles de sa femme, tous bien portants, reçu 23 lettres. Londe je joins à ceci mes meilleures amitiés pour toi, nous allons tous bien, plein d'un prochain espoir. — Paul Dupré. | Caron, 12, matignon. sans nouvelles de gien, en donnerai sitôt possible. dites à docteur worms ai reçu lettre sa femme de londres, disant : reçu lettre datée 22 décembre, allons parfaitement, resterons chez mercier, écrivez souvent, céline, amitiés de paul dupré et nous tous. — Ungérer. | Gigoux, 24, st-guillaume. bonnes nouvelle orléans, beaune datant un mois, aucune nouvelle, émile blessé sedan, émile ticlet décédé orléans. — Maupin. | madame Guillemet, 16, bourtibourg. toujours bien, suis à bordeaux, reçois tes lettres, va toucher rentes ou demande argent marlin. — Guillemet. | Rolland, 9, françois-miron. reçu lettre, bonnes nouvelles vouziers, ai répondu, donné nouvelles dupin. patience, courage, vous embrassons tous — Rollande |

M. Pesquet, 16, rue surcouff. paris. bien portants, mangez nos provisions, donnez nouvelles famille, marie, écrivez donc. — Pesquet | Daniel, chef station télégraphe. envoyé trois dépêches, reçu lettres ainsi que cebazat, toute famille bien, alphonse lieutenant mobilisés. — Paul Fredet. | Vaury, 3, rue tronchet. trois dépêches à daniel, toute famille bonne santé, mille vœux ardents, recevons lettres. — Paul Fredet. |

Picot, 54, rue pigalle. bénissons seizième et bien, aimé ménage. — Montalivet. | Docteur Bérenger, val-de-grâce. reçois lettres, partirais volontiers. — Bérenger. | Ploix, 10, taranne. allons parfaitement, installées menton, 7e dépêche. — Jeanne Ploix. | Brichet-Bayard, 26. lettres reçues, tous bien, bonne santé. | Bray, batterie st-ouen. dis lester reçu nouvelles première fois, lettre 20. familles lester, carobb parfaitement, nous aussi, t'embrassons. — Lætitia. | Celliez, pré-aux-clers, 14. marché, frear inconnu ici, délégation, commerce, voit aucun correspondant frear, depuis investissement, aucune marchandise livrée par frear, lettre boston non dirigée sur tours, attend certainement au bureau d'arrivée, recherches impossibles actuellement. — Choppin. | Boinvilliers, chaussée d'antin. nous recevons vos lettres, à mavaleix, libos, st-étienne, trouville, ste-menehould, cerdon tous vont bien, courage. — Boinvilliers. | Delrue, rue st-antoine, 129. portons bien, tous ensemble, père très-malade. — E. Delrue. | Cauvain, fouday, 29. reçu lettres, mille merci, continuez détails, amitiés souhaits à tous. — Decourcelle. | Beauvais, rue enfer, 18. cinquième pigeon, toutes santés bonnes, villantrois intact. — Hue. | Marcheix, 6, castiglione. reçu lettres, envoyé beaucoup, expédié dépêches, 14, 30 novembre, santé doucement excellente, georges, emma, maurice bonnes. — Marcheix. | Fillot, 25, debelleyrue. reçu lettres, envoyé beaucoup, renvoyé carte, 30 novembre, santés doucement, parfaites, fillot, eugénie, charles reparti mans. — Marcheix. | L. Denouille, 5, luxembourg. tous sécurité, bonne santé, embrassons. — Laure. | Maignol, chemin fer nord. tous bien, envoyons dépêches souvent, recevons lettres. — Maignol, Dagron. | Dandeville, 50, jacob. kitty, dandeville bien, argent assez, bordeaux. — Dagron. |

Roger, 8, boulevard saint-michel. confirme première dépêche, donner nouvelles maison fradel, paris. céline, enfants envoient dimanche baisers papa, grosemont. — Fradel, Dagron. | Trousselle, boulevard bonne-nouvelle, 25. recevons lettres, la chapelle, worthing tous bien. — Boulet. | Vezet, boulevard grenelle, 114, paris. portons tous bien, heiret, t'embrassons. — Claire Vezet. | Martelet, 62, blanche. mère, filles bien portantes hazebrouck. — Alice. | Hardon, 56, avenue impératrice, paris. jersey, nous nous portons tous bien, tes lettres arrivent, adolphe, courquet aîné préservés. — Hardon. | m. Hussenot, rue mail, 1. reçu 3 lettres, répondu à toutes, une boileau du 10, votre dernière du 16, plus ouvriers à ateliers, tout tranquille, ici, portons bien, léon mobile afrique, province arme débloquer paris. souhaitons meilleure année. — Chabrol. | Tavenet, 133, faubourg poissonnière. neuvième dépêche, reçu lettre morin, changer fumiste, réparer cheminée, fabrique. — Leroi. | Delpech, 26, barbet-de-jouy. thérèse, louise, biinière, arthur, rollet bien. recevons lettres, habitons granville, tendresses pour nouvel an. — Louisa. | M. Descottes, grenelle-st-germain, 71. envoyez nouvelles rougeon, 35e régiment mobile, 2e bataillon, 2e compagnie, bley, artillerie montoise, 1re batterie, 4e pièces. santés excellentes. — Descottes. |

Bordeaux, — 23 décembre 1870.

St-Brieuc, 11 déc. — Courson, rue monceaux, 28. tous très-bien à st-quay. — Marscouët. |

Havre, 25 déc. — Collard, lieutenant, état-major, 3e brigade, corps d'armée de st-denis. noël, 6e dépêche, santés toujours bonnes, écris-nous souvent, beaucoup de lettres perdues. — Collard. | Lefort Auguste, rue des missions, 45. allons tous bien. — Marie. |

Boulogne-sur-mer, 15 déc. — Panet, 28, saints-pères. demeurons boulogne, écrivez davantage, poste restante. — Nollet. | Fréfeu, 14, choron. inquiets, écrivez, allons parfaitement. — Ettling. | Beaufils, 153, charenton, paris. tous bien. — Louise Fournier. | Roussin-morel, 165 bis, rue st-antoine. tous bien portants, écrivez souvent, 1, tour notre-dame. — Morel Chapon. | Sriber, 18, turbigo. lucas ici. sans nouvelles de 36, enghien, envoyer dire lui écrire, écris-nous résultat démarche. — Sriber. | Rétif, 22, vintimille. toutes familles rétif rendu vont très-bien, édouard campenon aussi. — Aimée. | Coster, consul général pays-bas, cardinal-fesch. santés parfaites, anniversaire vingt-deux au 13, aucun achat, continué ventes. — Guillaume. | Wimy, 16, choiseul. madeleine emmenée clermont 3 octobre, désolée, santés bonnes, sans argent, 76, grande rue. — Boutour. | Wormser, 27, avenue trudaine. familles wormser, aldrophe bien portants, on dit que tes supérieurs te portent pour croix. — Wormser. | Duplan, 163, rue st-honoré. bien portantes, écrivez berceon, remerciez bontés pour moi, resterai ici, bablod reviendra, lettres perdues. — Duplan. | Lemaire, 29, lepelletier. santés bonnes, lettres 17, 20 novembre reçues, répondues, télégraphié à solvet-trouillets, rentrés creil. — Bertrand. | Blaquart, 14, rue des beaux-arts. reçu lettre 9 décembre, toujours bien. — Mamelin. | Decourcelle, 25, boulevard bonne-nouvelle. reçu deux lettres. merci, écrivez. — Alfred. | Tilloy, 29, violet grenelle, paris. bien portants boulogne, reçois-tu lettres? réponse, 24, rue amiral bruix. — Alice. | Bray, 16, rambuteau. bien inquiétés, donnez nouvelles, boulogne. — Marks. | Martin, 20, navarin. 13 portons bien, nouveau coupon idem reçu. — Jacobs. | Cayeux, 8, chatigny. arcajou, got écrivent nouvelles, veulent maison, touchent, paient, fassent pour mieux, mony bien. — Barraud. | Leville, 47, madame adam, blanche, louise, claire, jean, edmond, 11 décembre, bien, recevons lettres. — Blanche. | Raffard, 374, rue saint-denis. avons télégraphié 16 novembre, 12, 13 courant, lucien en bonne santé à bonn. — Rouston. | Moreau, 33, rue blanche, paris. dépêche françois reçue, demandez argent vernes, donnez souvent nouvelles, allons tous bien, dieu protège. — Kraffe. | Tremblaire, 115, boulevard magenta. quid, hutler, thérèse, martin, voiture, onze lettres venues. — Tremblaire. | Cousin, 180, rivoli. santés bonnes, bercerm reste, nouvelles de levé bonnes. — Cousin. | Aubertin, 6, mézières. lettres reçues, merci, fulciand mayenne, montpellier, metz, tous parfaitement. — Sophie. | Brébant, 13. rue dame victoires. restons pignon avec argent, santé. — Joseph. | Lévy, 12, chauchat. lettre directe 9 décembre, joie, vous reçu lettres, aïeules, enfants, ganneron bien portants, athénaïs, enfants bien. — Schloss. |

Saint-malo, 21 déc — Bucquoy, 81, université. nous, dégieux, frémyn, bien, parents peu menacés, frère, oncle, bien, campagne pillée, souhaits, tendresses pour tous. — Louise | Oudot, 4, milton. bien. saint-malo, 5, saint-vincent. — Lellouch. |

Mayenne, 20 déc. — Armandias, 46, rue rocher. marthe accouchée fille, mère, enfant vont bien. — Simonnot. |

Roubaix, 15 déc — Alavoine, 22, rue charonne. quatrième dépêche, ici depuis deux mois, gustave venu nous chercher, portons bien. anna marche, duchaussoy, guilbert avec nous, tes frères vont bien. — Florine. |

Marquise-usines, 15 déc. — Caillot, 167, faubourg st-martin. 10e dépêche, bruxelles tous bien, anaïs enceinte, garçons externes collége contents, marquise dervailly travaille toujours, tous bien. — Auguste. | Caillot, 167, faubourg st-martin. onzième, oncle alexandre, famille dureau à pau, tous bien, pérot nommé intendant camp conlie, famille bruxelles, bien. — Auguste. |

Le Hâvre, 8 déc. — Fovard, 91, boulevard haussmann. restons hâvre, familles bien portantes. — Fovard. | Pinguet, 8, rue pyramides. santés parfaites, aucune lettre 20. — Bellot. | Paquy, 48, des jeûneurs. armes de la ville. écrivez. — Hamel. | Gain, 189, rue st-martin. nous allons bien tous, reçu tes lettres. — Jomard. |

Cherbourg, 20 déc. — m. Grandchamp, rue maubeuge, 77. bonnes nouvelles de pauline, mère et enfants de marie, et enfants, océan cherbourg. — Brossellet. | Dubos, 31, abbesses. — portons toutes très-bien, embrassons, correspondue, mathurine porte bien, contente, reçois lettres, allemondot donné argent. — Aglaé Dubois. | Dubois, 10, gareau. porte bien, plus mal cœur, grosse six mois, embrasse bien, oncle billet très-malade. - honorine Dubois. |

Dumoret, 5, paix. rien manque santé parfaite, tous embrassons. — Dumoret. | Périer, 16, rue malesherbes. sommes londres poste restante, édouard chargé mission, toute famille parfaitement à étretat. — Marthe. | Rousselet, 18, rue poissonnière. santés parfaites, sois très-tranquille sur nous, tous à étretat. — Alexandrine. | m. de Winter, 7, rue varrin, suis à bord océan cherbourg, vais bien, écrivez, mère mâcon, va bien. — de Winter. |

Pont-Lévêque, 20 déc. — m. Carpentier, 19, rue du grand-prieuré, paris. inquiète, allons bien, envoyé quatre oui, sans nouvelles depuis, vouloir venir. — Delaféronnière. |

Condé-s.-Noireau, 20 déc. — Bazière, 24, rambuteau, paris. reçu lettres, santés bonnes. — Bazière.

Boulogne-sur-mer, 2 déc. — Lévy, 12, chauchat. schloss, schavé, ganneron, enfants, très bien à worthing. télégrammes tous les jours, athénaïs, nathan, enfants bien. — Schloss. | Daremberg, institut. émilie accouchée fille, famille entière va bien, communiquez frère. — Clarigny. | Coster, 17, cardinal-fesch. nouvelles jusque 21, écrit suivant tes instructions, santés bonnes, aucun achat. continué ventes. — Guillaume. | Coblence, 6, boulevard prince-eugène. famille parfaite santé. — Caroline. | Herment, 50, neuve-petits-champs, paris. famille obry, césar sergent, frères, célina, nous tous bien portants, reçu lettre 20 novembre. — Herment. | Hoskier, 39, rue berlin. enfants barbe londres, nous aussi, bazie, Hermanns, mère, enfants, courcier bruxelles, tous parfaite santé, lettres arrivent. — Dutfoy. |

Saint-Aubin, 9 déc. — Pétreaux, 41, boulevard des capucines. bien portantes. — Majorelles. |

Dozulé, 9 déc. — Dugléré, 13, marivaux. seconde dépêche, bien triste, pas de nouvelles. — Hosmann. |

Délivrande, 9 déc. — Broutta, ministère finances. santés excellentes. — Dejannet. | Esmond, 12, rue malher. bien portants, st-aubin. — Berthe. |

Délivrande, 23 déc. — Lavenant, 5, gay-lussac. deuxième dépêche, joseph nouvial mort 11 nov., apoplexie, prévenir famille. — Verdin. |

Caen, 9 déc — Thoret, ministère intérieur, rue varennes. reçu trois lettres recommandations exécutées, ami sarthois paralysé. — Chartier. | veuve Dubourguies, 20, rue clauzel. huit lettres sans réponse, me porte bien, adresse caen, 57, rue falaise. — désiré Leduc. | Decaix, 20, grenelle saint-germain. prions, confiance, vôtres tous bien. — Plainville. | Letellier, 14, rue meslay. famille va bien. — Letellier. | Gauley, pharmacien, 14, avenue ternes. mère, joseph, sœur, vont bien. — Auvray. | Venhuysen, 11, rue joubert. santés bonnes, recevons lettres, caen, 5, place sauveur. — Venhuysen. | Schneider, 9, rue friant. ensemble langrune, santé, reçu lettre du 3, écrivez tous, dis alexandre ne pas vendre cuirs. — Schneider. | Pregniard, 25, rue cail. adresse nouvelles rue st-jean, 137, envoie souvent henri pantin. — Prieur. | m. Loisel, 26, bonaparte, langrune reçu dix lettres, avons répondu, henriette existe, allons bien. — Loisel. | Gauthier, 47, neuve-des-petits-champs.

Bordeaux. — 23 décembre 1870.

troisième dépêche, bien portant, reçois lettres. — Péron. | Pingrez, gare st-lazare. service suspendu sur lignes hâvre, dieppe, serquigny, guérineau, enfermé dans rouen occupé par ennemi, coutin granville. — Martreau. |

m. Lainé, 5, place vintimille. santé bonne, reçois toutes tes lettres, envoyer deux dépêches, souvent nouvelles de mémarant. — C. Raguet. | Pagny, 12, rue st-fiacre. tous bien. — Clarisse Pagny. | Véber, 106, richelieu. cinquième dépêche, tous ici, bonne santé. courage — Lecornu. | m. Ruprich, 10, assas. deuxième dépêche, tous parfaite santé, reçois lettres, tranquilles ici, vu primpern, st-aubin. — Ruprich. | Fayolle, 33, notre-dame de lorette. marguerite, maurice billard bonne santé, recevons lettres luc. — Leprovost. | Godin, 93, faubourg st-martin. enfants, parents, bonne santé, sans nouvelles, inquiet luc. — Delavenne. | Pécure, 78. montorgueil. allons bien, édouard parti ambulance. — Bellery. | Favé, 12, hâvre. bien eugénie. — Angèle. | Labegrassière. 1, regard. toute famille bien, catherine crenne, léon caen. — Léon. | Martineau, 26, fossés st-bernard. manquons rien. allons bien, toujours chez l'abbé, vacciner, recevons lettres, viens nous chercher, apporte argent. — Martineau. | Bebaul, 9, auber. merci. flamand, st-hélier, stopfordroad, félicie, enfants très-bien. — Cormier. | Duvarger, 64, chaussée-d'antin. père, méline m'écrivent. bonne santé, aucune vexation, courageux, calmes, fontenay tous bien. — Bathilde. | Marie, 9, villedo. garçon 11 novembre. tout va bien. — Lamargot. | Bourdon, échiquier. confirme ta famille, fréquent, ribérac, petit pont bruxelles, dames charles, patrelle st-servan, gustave, tous en bonne santé, accuse réception. | Lefrançois. |

Gramat, 21 déc. — Calmon, 59, rue abatucci. fermiers gênés, vente blé et bestiaux difficile, jézet maire, pays tranquille, célibataires partis, vizy mort. — Amadieu. |

Cherbourg, 18 déc. — madame Garnier, 6, rue arrivée. j'envoie 300 fr., inquiet, écris, bonne santé. Garnier. |

Angers, 20 déc. — Mémière, 40, rue bichat. nous bien, frère décédé à montpellier. |

Ambert, 19 déc. — Filiat, 30, rue ulm. tous bonne santé, passemard morte. — Tardif. |

Villers-Bocage, 19 déc. — Vicomte Dulong, 43, faubourg saint-honoré, paris. geneviève bien, laurence accouchée fille, aymar, henry bien, mille tendresses. — Villy. |

Saint-Vaury. — Collet, 4, boulevard saint-martin. reçu lettres, continuez, tous bonne santé angledure. — Collet. |

Saint-Remy. — Waddington, 53, faubourg poissonnière, paris. rennes 1105 pièces 100, 310 pièces 80, 128 pièces 76. toulouse 1220 pièces 100. — Waddington. |

Bruxelles. — Dinin, 11, rue drouot. tous parfaite santé à bruxelles. — Dinin. |

Montélimar, 12 déc. — madame Tessier-Duclaux, 31, jean-jacques-rousseau. montélimar, sous-lieutenant, lettres reçues. — Teissier-Duclaux. |

Troyes, 13 déc. — Levillain, faubourg montmartre, 54 bis, paris. familles bazère, étienne, rouvre, dame frichot vont bien. | Messager, rue crozatier, 16. gabrielle, rené chez père, ludovic, ernest, élie prisonniers non blessés. santés bonnes. | M. Millard, 84, rue bonaparte, paris. impasse, bégand bien paris, dieppe dernières lettres reçues décembre, envahis, non maltraité. cent francs noblet. — Sop. Veinante |

Pougues-les-Eaux, 16 déc. — Heyraud, avenue impératrice, villa saïd. de grâce envoyez nouvelles ballon, vous et fils. — Osmond. |

Lille, 14 déc. — Larivière, 13, rue d'antin. marcq, allons bien. | Viel, 50, faubourg saint-denis. lettre arrivée. merci, étais anvers fêter lucie, vos enfants bonne santé, nos meilleurs sentiments, courage. — Debaise. | Hermand, 25, chapon. avoir nécessaire, toujours inquiète, mais pas changée. — Paula. |

Saint-Pierre-les-Calais, 12 déc. — Gouy, 13, clapeyron. bien portants, georges lycée saint-omer, autres bien langlais reçu 1900 achille blérancourt prisonnier parole. — Lescart. |

Arras, 14 décembre. — Léautaud, 17, abattucci. santés bonnes, edgar cherbourg, scipion aix, odet boclair pied malade, envoyez carte dépêche, rideaux corneloup. — Livois. | Koune, 16, ours. omy écris, koune père, mère bien. | Watelet, 11 bis, boulevard batignolles. allons bien, eugène arras. — Watelet. | Hunnebelle, 138, lourcine. cinquième dépêche. tous bien arras. — Hunebelle. | Laroche, 63, bonaparte. Marguerite, laroche, davehuy, platel, dubois, wartelle bien. — Antoine. | Morelle, 141, boulevard magenta. santé bonne. albert caporal bordeaux. | Taconnet, 14, place havre. lettres reçues, allons bien. — Sulpice. | Petit-Antrade, 110, boulevard péreire. parents, tous santé ferdinand armée loire. — Amédée. | Sweins, 121, tour, passy. pleine fabrication ici, enfants belgique, santé bonne, courage, espoir, amitiés. — Jules. |

Marseille, 18 déc. — Caron, 119, rue lille. reçois vos lettres, répondu quatre fois, bien portants à Lamanon, vernes prévenu. — Panisse. | Supérieure assistance, 3, cassini. où est sœur mathilde? envoyez réponse caron, 119, rue lille. — Comtesse Sabran. | Vernes Compe, 29, rue taitbout. donnez mille francs caron sur sa demande. lettres reçues. — Marquis Panisse. —

Dinard, 17 déc. — Ouwenhuyssen, 11, joubert. 13 décembre cawston fit versements, acceptations soignées autrichiens sept cent soixante-dix, adressez lettres chez symons. — Maurice. | Tenré, 13, laffite. réduis limite achat autrichiens à sept cent vingt-cinq avec coupon valable 15 janvier, faites reporter. — Konigswater. |

Quimper, 17 déc. — Comte de Gourcuff, 14, rovigo. tous bien portants et tranquilles à dieppe, valmé aussi, soyez sans inquiétudes. 11 décembre. — Mathilde. | Neuhaus, 19, boulevard montmartre. bonne santé à quimper, recevons lettres. | M. Chaseray, 37, rue jacob, 37, paris. pas nouvelles toi depuis rennes, inquiète, écris quimper poste restante, porte bien mère chaseray. |

Guéméné-sur-Scorf, 17 déc. — Gautreau, 48, boulevard malesherbes. bien lignol, beau-père ici, donne cent francs, comment cécile, rue terme, ange, deschesnes morts. — Villeneuve. |

Alençon, 17 déc. — Girardin, 8, rue du centre. reçu lettres, tous bien portants, désire nouvelle sidonie. — Girardin. |

Bayonne-saint-Esprit. Flury-Hérard, 372, saint-honoré. angleterre 11 parfaitement, père 1er bonnes nouvelles. — Laure. |

Pau, 18 déc. — Casimir Lemaire, 1, boulevard malesherbes, paris. rien à pau, lettres reçues, écrivez souvent. — Remember.

pau. Derondelle, 25, rue aubry-le-boucher. écrivez souvent à pau, poste restante, donnez détail situation caisse. — Bénard. | Morlot, 7, laffite. reçu trois cent quatre-vingt-dix francs blanchard draydes sous pau, honfleur bien, embrassons. — Amélie. |

Izeaux, 16 déc. — Repiton, 8, rue jussienne. Je suis à izeaux, bien portante. — Eugénie. |

Lille, 9 déc. — Chateau, 51, sedaine. famille bien portante, souvenir affectueux, argent inutile. — Justine. | Comte Fénelon, 1, quai dorsay. les adolphe et nous allons bien, moi boiteux, demandons nouvelles à hermaville arras. — Jules Fénelon. |

Bavay, 8 déc. — Derobaulx, 17, notre-dame-champs. thun, audignies, oncles, neveux portent bien, pas envahi. — Audignies. |

La Passée. — Vasseur, 77, rivoli. reçu lettres, portons bien. |

Vitré. — Berthois, 87, saint-lazare. gaston bien poitiers, bretonnières tous bien. — Berthois. |

La Suze-sur-Sarthe, 11 déc. — Coquard, 33, deux-écus. écrivez-moi par ballon d'où en sont mes affaires, désire ardemment les connaitre. — Terrien. | Pesnier-Legeay, 23, deux-écus. écrivez-moi par ballon d'où en sont mes affaires, désire ardemment les connaître. — Terrien. |

La Délivrande, 11 déc. — Morel, 40, rue enghien. allons tous bien, argent encore. — Morel-Cousin. |

Béthune, 7 déc. — Rouyer, ministère des finances, paris. dames imbault reçoivent tes lettres, elles vont bien, jules et nous aussi. — Cornélie. | Perard, 3, rossini. tous parfaitement tranquille. |

Villers-sur-mer, 10 déc. — Salle, 39, boulevard haussmann. restons villers, santés excellentes, édouard santé, sagesse parfaites. — Mathilde. |

Mortagne, 10 déc. — Bordesoule, 27, popincourt. portons tous bien, écrire toujours, prussiens pas mortagne. marguerite, 40, rue hôpital, bruxelles. — Héron. |

Aurillac, 12 déc. — Dilhac, 34, boulevard italiens. allons tous bien, capitaine, mobilisés en organisation. — Reugnde. |

Saint-Pierre-les-Calais, 7 déc. — Lefèvre, 4, saint-fiacre. Paul londres, affaires insignifiantes, votre dame dieppe communique, clémence bien, confiance. — Cathoire. |

La Roche-sur-Yon, 12 déc. — Buet, lieutenant 35e marche, paris. santé tous bonne, prévenez simonot sans nouvelles depuis combat, mère anxieuse, écrivez, amitiés. — Gouraud. |

Sancergues, 15 déc. — Paultre, 50, miromesnil. hend marche, parfaites santés, tranquillité, reçu cinquante lettres ballon. — Ernestine. |

Bourganeuf. — Rochatte, 2, duphot. bonne santé. — Rochatte. |

Rennes, 10 déc. — Hippolyte Lucas, bibliothèque arsenal, sully. portons bien, reçu lettres, va chez delaunay, judith sans nouvelles très-inquiète, écris vite. — Alphonsine. | Boulanger, 159, rue montmartre, paris. maman morte, saint-malo 30 novembre petite vérole; habitons rennes, tous bien portants. — Boulanger. | De Fresne, 15, bellechasse. huitième dépêche, tous bien, 5, horloge, rennes. reçu ta lettre du 1er, bonnes nouvelles avranches guerrand. — Saubade. | Froc, 4, michodière. tous bien portants, plessis exempté, estomac malade, parti pyrénées heureusement, garçon — Perrin. | Parent, 18, rue nemours-popincourt. tous bien, mortefontaine aussi. souhaitons meilleure année, bonne année, prompt retour, recevons lettres. — Parent. | M. Lavaysse, 7, rue miromesnil. très-occupés blessure, tous bien. — Céleste. |

Bagnères-de-Bigorre, 13 déc. — Durand, neuve-des-mathurins, 43. santé bonne. — Antoinette. |

Villefranche-sur-Saône, 10 déc. — Missol, 19, montorgueil. allons tous bien. — Louise. |

Bourg-sur-Gironde, 10 déc. — Brunet, 8, avenue percier. dépêches perdues, habitons bourg-gironde allons bien, recevons vos lettres, amédée pas parti. — Amélie. | Deforcade, 3, bretonvilliers. portons parfaitement, donne nouvelles souvent. — Deforcade. |

Lyon-les-Terreaux, 12 déc. — Gruner, d'assas. passé semaine avec famille antibes adolphe Yokohama, constance, coy, berry, tous bien. — Milsoin. | Boussod, 72, amsterdam. allons tous bien, 9 décembre, recevons vos messages. — Boussod. | Lamber, 27, rue larochefoucault. nous portons bien, reçois tes lettres, écris maison aubert-champel, genève. embrassons amis. — H. Lambert. | Berthelon, 2, place wagram. nous portons bien, reçois tes lettres, écris maison aubert-champel, genève. embrassons amis. — E. Berthelon. |

Mussidan, 17 déc. — Donadieu, 11, caire. parti pour paris, mais arrêté à orléans 17 sept. ai avisé délégation avec preuves, résistez. — Lachaud |

Cayeux, 8 déc. — Pasteau, 20, navarin. jamais mandat reçu. |

Cholet, 12 déc. — Perrain, capitaine mobile vendée, paris. reçu tes lettres, répondu, familles bien portantes, tante mieux, baisers de tous. — Valérie Perrain. |

Boulogne sur-mer, 14 déc. — M. Lary, 7, grand-chantier, paris. reçu la triste nouvelle, mlle bien, peu d'affaires, en réquisition, 7 lettres. — Nelly. | M. O. Nelly, 121, faubourg poissonnière, paris. gustave très-doucement, les autres bien, votre dernière lettre du 8 courant. — O. Nelly. | Brinquant, 10, sèze. donner détails sur mobilisation. pourquoi pas intendance quelconque. jeanne très-bien. lethbridge angleterre, reviendra. parler frédéric. — Brinquant. | Delagarde, 64, boulevard malesherbes. tous excellente santé, sois tranquille, bonne installation. reçu lettres, seule consolation. maison martin sécurité parfaite. — Hélène. | Hopenhague, 16, neuve-petits-champs. votre gendre avec famille partis dans son pays depuis deux mois, se portent bien. — Allmayer, 10, rue tour-notre-dame. | Lambert, 11, place bourse, paris. famille bonne santé. dernière lettre reçue 15 novembre. grande inquiétude. écrivez souvent. — Lambert. | Masson Ragot, 11, place bourse, paris. allons bien, emprunt décision bonne. avons bons trésor. garantissez paiement. écrivez nous — Orbelin Berteaux. | Coquelin, 47, vivienne. tes lettres rares. aucune albert depuis investissement nombreuses escalier, peu henry. écrivez quotidiennement. tous bien boulogne. — Antonie. | Debarberey, 17, jean-goujon. santé, tranquillité, lettres matignon bruxelles, boulogne. — Gualta. | Cucheval, 6, rue parme. tous en bonne santé, maurice trois fois premier au collége, émilie fille, françois delaunoy prisonnier. — Lélia | Moret, 9, cléry. reçu lettres quatre, tous bien portants, marchandises lyon arrivées angleterre. — Moret. | Joriaux, sentier, paris. tous bien portants, grand'père aussi. — Aline. | Vaquez, rue turbigo, 21. santé, argent, wimille. — Proust. | Oursel, rue st-honoré, 231. allons bien. levée hommes mariés ajournée. enfants parrot. eugène duval bien. reçu lettres. — Marie. | Wallerstein, 7, veslay. paul encore tours, sera nommé ingénieur civil de l'armée. — Wallerstein. | Beauvais, 15, rue st-florentin. remboursé madame me er. continue écrire. amitiés. — Angèle. | Belloir, boulevard montparnasse, 8?. aijaul écrit, pas réponse, pourquoi. voir ernest. écrire, voir chabrié. — Belloir. | Coster, consul général pays-bas. santés parfaites, anniversaire 22 au 23. lettres jusque 5, continué ventes. — Guillaume. | Hadamard, 14, bleue. santés bonnes, mi-parures noires durs, camées coquille, manchettes. — David. | Loysen, 108, rue mouffetard. nouvelles de tous de suite par dépêche, grande inquiétude. — Savinois. | Marquis, 11, gaillon. boulogne bien, aix bien. ambert bien. henry coupons crédit foncier, œufs en cave — Marquis. | Bailly, christine, 5. tous parfaitement. vincent évêché mayence. nouvelles jules impossibles. edmond muet, pelvilain impossible, rutre adresse non arrivée. — Surcy. | M. Bouard, corps-législatif. très inquiets, sans lettres depuis cinq semaines. écrivez si possible. — Adam. | Marie Popelard, 8, rue vienne. oui. — Séguier. | Barbaut, 174, boulevard haussmann. troisième dépêche. nous portons bien. argent chez lécuyer, paris. correspondant adam ici. — Barbaut. | Charles Cuvillier, 16, louis-le-grand, paris. allons tous très bien. toujours chez nathius, t'embrassons. — Cuvillier. | Demauny, matignon, 10. santés même. pense avenir, matériel, enfants. charles intendant loire. écris père, mère, nouvelles dufloc. — Amélie. | Bayard, st-dominique, 192. nous portons bien. sommes à boulogne-sur-mer, boulevard impératrice, 37. réponds par ballon. — Adolphe Bayard. | Fix, 46, rue douai. nouvelles sophie, familles bien portantes. prière M. charles immédiatement congé appartement, huissier. — Marx. | Noël, greneta, 35. tous bien — Noël. | Moleux, 9, cléry. reçu lettres jusque 10, père enrhumé, affecté, ménage lui émotions, si besoin écris vérité bureau restant. — Moleux. | Giraudeau, 9, bonaparte. tous, michel, marguerite, enfants bonne santé. restons tranquillement boulogne. confiance, énergie, écrivons cannes, félicitations léon. amitiés. — Giraudeau. | Lebeau, 108, faubourg st-denis. encaissé. envoyez encore 4000 mêmes conditions. familles personnelles, giraud, castier bien. aspect général meilleur partout. — Lebeau. | Charles Cuvillier, 16, louis-le-grand, paris. allons tous très-bien, toujours chez watkins, t'embrassons. — Cuvillier. |

Denain. — Fouquet, rue tivoli, 3, paris. santés parfaites, émile trente, level quinze, duverdy habitent trouville, restons provisoirement tamise, installées confortablement. — Amélie. |

Pau, 24 déc. — Mitjans, 12, rue l'élysée, paris. enfants très-bien. lettre 16 reçue, trouverons chez moi vivres petite armoire, écris souvent. — Riera. |

Abbeville, 15 déc. — Deforcade, accacias, 4 bis, montmartre. écris-nous, inquiets. — Dument. | Rolland, 1, rue surcouf, paris. tous bien portants recevons lettres. — femme Rolland. |

Valenciennes. — Sandeau, institut. bonnes nouvelles jules, 8 octobre. — Portier. |

St-Valery-sur-Somme, 16 déc. — Girard, aboukir, 6. excellentes santés. bien installés à st-valry. pas été visités. charageat sans nouvelles fils léon et magasin. — Girard. |

Dunkerque. — Baudry, 15, saints-pères. liége, reçu fonds union crédit; couvert par remises desner, impossible donner fonds maintenant. réglé martinpest. — Guillain. | Baudry, 15, saints-pères. reste peu. remise pour union. serai embarrassé fin décembre. réglé jurbrenne. disposé 250 fin janvier. — Guillain. | Baudry, 15, saints-pères. liége reçu lettres 12, 8, 24, bin. — Guillain. | Baudry, 15, saints-pères. fourni, place ninive; traite circule, mais ouvrage refusé blanche 18 bis manquant, tâchez la procurer darimon. — Guillan. |

Lyon-Perrache, 23 déc. — Dothon, tailleur, rue bourse. comment va fils fournier mobile? réponse, 7, rue henri-quatre, lyon. — Fournier. |

Finistère, 16 déc. — Viault, 11, rue montmartre. toutes bien. charles londres. ruer elbeuf aussi. avons renvoyé cartes, pas besoin argent, recevons lettres. — Eugénie. |

Lille, 5 déc. — Leloir, rue montmartre, 146. benjamin sauf. prisonnier cologne, tâchons rapatrier. — Leloir. | Roland-Gosselin, 62, rue richelieu, paris. allons tous bien, lecharpentier aussi. warin renversé par voiture, gravement malade. — Masse. | Rouvenat, 52, rue hauteville. envoyé 4 lettres, 2 dépêches. sommes inquiets. écrivez. — Verkinder. | Malleval, verrerie, 2, paris. me porte très-bien. famille aussi, lille très-tranquille, m'amuse bien. vous embrasse tous. — Fernand. |

St-Jean-de-Luz, 23 déc. — Seray, 108, richelieu. votre famille à nice bien portante. nous bien. — Ducourau. | Coche, 116, st-denis. sommes ici, allons bien. raymond bien. — Coche. |

Pau, 24 déc. — Mme veuve Henry, 17, la reynie, quartier halle. toujours nous t'attendons ma chérie — Bacqué. | Lanquest, 92, boulevard magenta paris. famille porte bien. clef cave. provisions dans cuisine. payer contributions avec kok varache, nouvelles. — Louis. | Wilden, boulevard magenta, 144. nav, bonnes nouvelles papa, adèle, louise lina. bonne année. — Elvine. | Fauconnier, 59, lafayette. tous parfaite santé. enfants travaillent. gais. bonne année. espoir. — Talamon. |

---

44 Pour copie conforme :

L'Inspecteur,

Bordeaux. — 23 décembre 1870.

Pau.— Offroy, 63, faub poissonnière. nay, bien triste. lettres arrivent. inquiète jules. robert montpellier, rue école droit, 23. embrasse tous. — Offroy. | Offroy, 63, faubourg poissonnière. tous nay bien portants. bonnes nouvelles farmière. étienne deux combats, sain, sauf. bonne année. espoir. — Offroy. | Very, 5, rue scribe, sommes à pau, bien portants. dis à desbrosses te donner cent francs par semaine. — J. Very. | Desbrosses, 17, rue roquépine. suis à pau, donnez cent francs par semaine à mon fils. — J. Very. | Reboul, 6, rue mansart. installées à pau, 26, rue du lycée. écrivez souvent. donnez nouvelles frère et amis. — Chaudesaigues. | M. de Caix, rue grenelle, 20, paris. antoinette, hélène, rue montpensier, 28, à pau. santés bonnes. — Hélène. | Julien, rue faisanderie, 69. famille julien bonne santé avec françois à bruxelles, rue prince-royal, 75. — Lamy. | Chamonard, port bercy, 41. santé bonne. grande tranquillité ici. — Lamy. | Chassinat, administration postes. marie accouchée très-heureusement 20 décembre. nourriture réussit, continuation parfait état. jacques, paul, pierre, familles aussi. — Luppé. |

Avignon, 22 déc. — Decouchy, officier ordonnance, général blanchard. champigny. enfant chéri, mille baisers en grâce sois prudent. marie bien. huitième dépêche. — Isabelle. | Decouchy, commandant, 107e marche, nogent. marie brighton bien, tous de cœur avec vous toujours. idem, constant, 7e dépêche. — Isabelle | Hardy, la victoire, 88. allons tous bien, avignon, fresnées, pau. — Hardy. |

Romans, 22, déc.—m. gunymard, 135, boulevard sébastopol, paris. chez romieuse, portons bien, recevons lettres. — Launay. |

Valence, 22 déc. — Bourgeaud, 20, rambuteau. allons bien, quatrième dépêche. embrassons. lettres toi arrivent. — Victorine. |

Fives. — Roseau, châteaudun, 33, paris. recevons lettres, installation, santés excellentes. — Hortence. |

Douai, 6 déc. — Verzier, capitaine, 2e grenadiers ex-garde, paris. avons jamais eu nouvelles, camille piettre, qu'il écrive, veuillez écrire aussi. — Lefebvre. | Gouttière, 27, vanneau. reçu lettres, embrasse. — Pauline. |.

Dunkerque. — m. de Villiers, 45, rue vaugirard, paris. andré va bien, prisonnier glogau. — Fouche. | docteur jules worms, 3, rue anjou st-honoré. bien heureuse, avez reçu lettre. allons tous parfaitement. famille colin excellente santé. —Céline. | Valentin, 4, passage violet, votre mère, frère, famille va bien. — Delbeke. | m. Darlay, 11, rue provence. reçu lettre 19, tous bien besoin argent, allez m. mannier, dame ici. — Darlay. | Chambellan aboukir, 8. bien portants, chambellan père aussi recevons lettres. bourgeois prisonnier aureily courseulles, tous bien, leur écrivons souvent. — Chambellan. | Ravel, 36, rue martyrs. portent bien, pays tranquille arrivez sitôt possible, enverrai provision nécessaire. compliments faversamis. — Butel. | Triquet, palais luxembourg, seconde dépêche, nous santé argent sécurité dunkerque, église 22, saint benoit bien, lettres reçues, écrivez amitié inquiétudes. — Dufresne. | Jeanson ministère guerre, toujours oui lacipière algérie bonnes nouvelles drieux. — Anna. |

Lille, 5 déc. — chappellier, 10, rue des vosges, paris. Lucie bien portante en belgique avec Julie. aura bon médecin, sylvie pas répondu.—Brierre. | Derbanne, 5, place bourse. aliment, police dewavrin, 28000 fr. jeune colombe casablanca et ou mazagan dunkerque. — Tournier. | Demeeflet, rue saint-père, 28. aucune nouvelle, envoyez-moi nom du caporal, rue nollet, vos enfants vont bien. — Launonier. | Desenneville, conseiller, 3, jacob, lille lagrasse, santés excellentes, goupillière attaché bureaux, louis prisonnier magdebourg. — Caroline. | Baudesson, rue châteaudun, 29. bruxelles. voir dolly, rue poulet, portons bien, heureux, reçûmes lettres, répondîmes.— Boursier. | Rozey, 9 boulevard saint-germain. sommes chez Duthilleul, bien portants. reçu 200 fr. et lettres. — Rozez. | m. Hovyn, bertin-poirée, paris. clémentine, enfants envoient souhaits, embrassements, jules lycée, marie esquermes demi pension, thérèse fortifie beaucoup. — Hovyn. | Bornette, 31, rue des bourdonnais, santé. — Clair. | Edouard dubois, rue écoles, 45. envoyez nouvelles, mon mari, enfants et barbry, rue st-génois, 36, lille. — Barbry. | Dolehaye, 8, place bourse, paris. reçu onze lettres, tous bien pour éviter dyssenterie, bouillir cheval, sauce madère. nathalie bien — Pauline. | Villain, avenue choisy, 115, paris. votre silence nous inquiète. — Goyer. |

Bourges, 20 déc. — Guillot, sous-lieutenant artillerie, fort de vincennes. tous bien portants, reçu tes lettres. bourges non envahi. — Guillot. | Avignon, monge, 10. santé bonne, vu directeur aigle, dire compagnie soleil. fonds centralisés, bordeaux. achat, obligations françaises, sinistres, néant. — Avignon. |

Roubaix, 16 déc. — Bulteau, sentier, 16. tous bien portants, courage, espoir. — Bulteau. |

Ceret, 23 déc. — Do, hôtel mirabeau. tous bien. — Do. |

Dunkerque. — Bourdaloue, 2, boulevard saint-andré. wormhoudt nogent st-valery bien, décembre, 2. | Coindet, mets, hôpital martin bin, vaccinés, nourris facilement, albert gentil, dunkerque, par précaution, rené non mobilisé, me colin va bien. — Jeanne. |

Cambrai. — Commaille, rue serpente, 24. santés bonnes, lettres reçues. — Boissonnet | Peynaud, 12, tournon, indisposée, reçu lettres.—Clémence. | Hurey, boulevard prince eugène, 234. donnez nouvelles d'herlem, 6 novembre. — Julien. | Debeaumont, petit-hôtels, 23, 15 décembre. pas de prussiens. tous bien portants. — Debeaumont. |

Hazebrouck. — Betaverne, rue victoire, 73. augustine à arcachon, vont bien, venez.—Taverne. |

Lille. — Dabot, 2, rue sorbonne, paris. portons bien, réponses, cartes, messine oui, non, oui, marie, enfants lagorgue, parents restés, péronne. — Amélie. |

Valenciennes. — Brun, rue des halles, 6, paris. position assez bonne, vendons moitié, 55, confiance renait, ferons 10,000, écrivez. — Hunet. | Piérard, docteur général, ouest, avenue antin, 1. allons tous bien, andré travaille, henri lieutenant, recevons lettres. — Bontarel. |

Denain. — Fouquet, rue rivoli, 3. santés parfaites, bonnes nouvelles, émile, jeanne, marie installée, travaille bucheron, batiste bruxelles, toujours très-malade. — Amélie |

Marle. — m. Morisse., rue fidélité, 10, paris. allons bien, attendons nouvelles de vous, toutes les lettres arrivent ici. — Delange. |

Lille, 15 déc. — Lainé, 49, vivienne. annuler ordre novembre, vendre 300 pipes, si inexécuté vendez 200 mars, avril au mieux. — Colle. | Lion, 22, rue vivienne, paris. confirmation, dépêche novembre, écrivez. — Grégoire. | Contant, 13, rue seine, paris. reçu quarante lettres, portons bien. maman, sœurs, venues lokeren trois semaines, reparties bruges. — Achille Contant. | Contant, 13, rue seine. appris léon est mobile, maman l'ignore, écris confidentiellement, lokeren. lyonnais, quid, courage, baisers. — Achille Contant. | Gossiôme, 40, rue tiquetonne, lille humbert. santés bonnes. — E. Gossiôme. | Delettre, st-denis, 391, paris. reçu lettre, portons bien, écrivez. — Lemaire. | Questroy, rue mail, 8, paris. lettres reçues, dépêche 24 novembre, santés parfaites. chez boutry depuis 1er novembre. — Questroy. | Mireau, 19, rue vallois, palais-royal. parti sous-officier, 4e régiment marche, armée loire. — Casteleyn. | Bégussière, rue regard, 1. allons tous bien, adrien, aix-la-chapelle, julien noyon, recevons tes lettres, soigne-toi, tendresses. — Beffroy. | Hiriart, 47, boulevard magenta, paris. mère famille bien, affaires aussi, bon courage, bientôt délivrance, armées formidables, province. — frère Dejaifve. | Pasquier, maubeuge, 83, paris. tous bien portants, élise morte. — Sautteau. | me Montaudon, varenne, 50. arrivant de londres, reçu tes lettres, ma santé excellente, bonnes nouvelles famille, courage. — Montaudon. |

Dinard, 19 déc. — Collin, rue pigalle, 55, paris. allons bien. — Brossard. | Nathan, avenue eylau, 56. allons parfaitement, toujours à dinard, souhaitons fête, embrassons père fils. — Nathan. |

St-Malo, 28 déc. — Chame, 72, boulevard saint-germain, paris. cinquième dépêche, inquiète, écrivez. — Louisa. |

Bourbon, 27 déc. — Doussan, herboriste, st-denis. santé florissante. Victor a.—

Rive-de-Gier, 27 déc. — Cachet, 4, rue payenne. deuxième dépêche, reçu vos lettres, allons tous bien. — Lacombe. |

Toulon, 28 déc. — Bécourt, 38, rue notre-dame-victoires, paris. toujours avec paul rue molière, 2. — Dubuit. |

Loudun, 28 déc. — Billaud, royale-st-honoré, 8, vais bien, inquiète, dernière lettre 17 novembre. — Regnault, loudun. | Bernier, 36, boulevard magenta, paris. tout va parfaitement. — Bernier. |

Royan, 28 déc. — Kien, 25, rue du mail. tous excellente santé. — Benoist. | Berge. faubourg st-honoré, 240. tous ici bien portants, embrassons, souhaitons bonne année, prompte délivrance, famille va bien à lorris. — Berge. |

Angers, 28 déc. — Candé, 36, cours-la-reine, paris. tous bien, paul 18e corps. — Candé. | me Feaucellier, boulevard malesherbes, environ 25. feaucellier interné à dilling, allant parfaitement, reçu quelques de vos lettres. — Antoine. | Dagués, capitaine, célestins. nous allons tous bien. — Henriette. | Pihan, beautreillis, 12. pierre neuwied prusse, femme, enfants blois, moi major angers, portons bien. |

Vannes, 27 déc. — Collignon, 8, rue laffitte, paris. depuis longtemps vannes (morbihan), place poissonnerie, bien portants, manquant rien, avons reçu tes lettres. — Collignon. |

St-Brieuc, 28 déc. — Vervecken, 35, blancs-manteaux. partis falaise, st-brieuc, hôtel france, allons bien, bonne année. — Gallois. | Deslandes, rue demours, ternes. lettres reçues, profondes sympathies, mathilde, clémentine bien, antoinette médiocrement, nous bien sans position, souhaits fervents. — Lemeur. |

Cognac, 29 déc. — Germain, 15, rue des moulins. reçu lettre 20, santés très-bonnes, maman mieux, dites à barrier, constance bien, écrivez, amitiés. — Robin. |

Limoges, 29 déc. — Thévenin, boulevard st-michel, 45. portons bien, souffre cruellement, absence, recevons lettres. — Thévenin. | Pinaut, 8, bonaparte. allons tous bien. — Mathilde. | Gibon, chaussée-antin, 51. berthe accouchée, fille bien, mesdames ducoux, courtin, allaire bien, lettres reçues. — Jourdaneau. — Brion, sébastopol, 103. tout le monde se porte bien. — E. Brion. |

Gex, 23 déc. — Messener, 7, crozatier. Rouvière, tous bien, georges bordeaux. — Messener. |

Digne, 27 déc. — Marie Fouché, boulevard mazas, 86. fouché, dioz-nassau bien, demandé nouvelles, répondu. — Marrot. |

Lyon, 25 déc. — Vauconsant, aumaire, 3, 71. première pensée, désire réunion, bonne santé, compliments parents, connaissances renard, souvenirs, versements, obligations, embrasse. — Marie. Vicaire, 76, vieille-temple, paris. notre ami avec famill milau, sans nouvelles, télégraphiez, écrivez chaque jour. — Rivafdrrani. | Champclauvier, rue charles V, 9, paris. bien portants tous. — Champclauvier. | Ouventhuysen, 11, joubert. 20 décembre, versements effectués, premières soignées, correspondants bien, autrichiens 670 grande marge, achetez. — Maurice. | Legrand, 60, provence. Homberger paiera, achetez cent autrichiens environ sept cents, valable 20 janvier, faites reporter, avisez symons. — Maurice Meyer. | Bessand, pont-neuf, 2, paris. situation très-basse, pas reçu marchandise hiver, pas ordre de votre part faire confectionner. — Fontaine. | Charles Porgès, 2 blanche. écrivez si tous bien portants, achetez cinq cents autrichiens, sept cent cinquante révocation. — Porgès. | Martin, faubourg st-jacques, 27. merci pour tes deux bonnes lettres, tout decom bien portant. — Coint. | Parseval, capitaine, 119e ligne. pas moi signé dépêche commandant, moi penser que retour, sommes tous bien, Dieu vous garde. — Marie. | Romain, boulevard prince-eugène, 76. albert, famille, créances vont bien, inquiets de tous, écrire ballon lyon. parvenir albert. — Pauline. |

Mayenne, 3 décembre. — Armandias, 46, rue du rocher. maman à mayenne, santés excellentes, j'attends.— Marthe. |

Alger. — Bordier, 81, rambuteau. télégraphiez immédiatement Loterlien adhérer concordat. — Boyer. |

Hazebrouck, 12 décembre. — Bourdaloue, 2, boulevard st-andré. Wormbout, bourges, nogent, bien, décembre. — Dissard. |

Bailleul, 12 décembre. — Delange, 4, rue abbeville. courage, province armée. cherche provisions dans cabinet, près mansarde, forcez porte. — Lecoussemaker. |

Cambray, 12 décembre.— Tournel, 217, rue st-honoré, chez Trille, syndic. santés excellentes, reçois lettres à cambrai. — Tournel. |

Marle, 12 décembre.— Petalle, paris-belleville, rue calais, 71. Octave va bien.— Ancelot. |

Argentan, 17 décembre. — Hettenier, 70, rue tournon, paris. moi, Adrien, bien portants à nancourt. famille Grosfillay bien portante. — S. Hottenier. 15 décembre. |

St-Quentin, 13 décembre. — veuve Millot, 1, condamine, batignolles, paris. vais bien. — Millot. | Varlet, 43, saintonge. Voissart allons bien.—Varlet. |

Denain, 12 décembre.— Bocquillon, 24, rue cail. reçu lettres hier, dont trois cent quatre-vingts, plus soixante obligations, plus agios depuis juin. —Cuvelier. | Bocquillon, 24, rue cail. surveillez fort, déposez versements comptoir escompte, un crédit Sarot calais. — Cuvelier. |

Avesnes, 12 décembre.— Rappe, 22, vivienne, paris. bonne santé, reçu six lettres. — Rappe. | Maas, 15, banque. autorisez paiement sinistre Leclercq.— Fauquet. |

Hyères, 18 décembre. — madame Ernest Picard, 217, st-honoré. merci, allons bien, embrassons vous tous, tous à thann, vont bien. — Cécile. hyères. | Floquet, 12, seine. tous à thann en parfaite santé, Kisler aussi. mille amitiés. — Cécile. hyères. |

Avranches, 17 décembre.— Debon, 1, boulevard arago. nous allons bien. — Félicie. avranches. | Berard, 4, boulevard temple. reçu lettres, carte, répondu. bonne santé, mille baisers courage — Berard, avranches, chez madame Hubert, présoctroi. |

Valenciennes, 13 décembre. — Brun, 28, fontaine-st-georges. Mélanie, Appolonie et Bosquelle, tout va bien.— Mélanie. | Sergent, 16, rue fidélité. Adolphe sergent, bien portant, prisonnier ems. répondre par Nodé, 44, rue palais, bruxelles. — Nodé. | Steegman, 13, taitbout. reçu lettre, journal, merci. allons bien. vu hier Amélie, Hecht, Max et Berthold. embrasse tous. — Jacob. |

Roubaix, 14 décembre.— Théry, 35, rue bergère. point nouvelles Jules, supposons armée loire. — E. Leconte. | Sandras, 28, sentier. Maria, famille, bien. — Palmyre. | Regnard, 49, monsieur-le-prince. bien, dernière, dire Raspail. — Castel. | Gaildrand, 43, rue du bac, paris. allons tous bien. — Esther. |

Brest, 17 décembre. — Baudry, 15, saints-pères. reçu lettres 12 octobre; 8, 24 novembre. tout payé jusqu'ici, sauf traite Degrâce. — Darimon. | Baudry, 15, saints-pères. fait réglements, reçu fonds union couvrant par remises, Tesor dit pas pouvoir donner fonds. liége, 3 décembre | Baudry, 15, saints-pères. restant peu remises pour union, serai embarrassé fin décembre si affaires manquent. brest, 16 décembre. tout bien. | Baudry, 15, saints-pères. graveurs ont ouvrage deux mois. voudrais planche 18 bis, place ninive, pour exemplaire vendu.— Darimon. | Baudry, 15, saints-pères. reçu vingt pierres fisherkluge. réglé Martinpesth, Juhrlienne. disposé sur Gausé deux cent cinquante fin janvier.—Darimon. |

Dunkerque, 12 décembre. — Giros, 43, rue saintonge. reçu lettres. Marie, Alexandre, enfants, partis dizier depuis quinze jours. dizier bien. courage! sauverons France! — Trystram. | Durant, 20, lyon. bonnes santés. — Durant. dunkerque, 12 décembre. | Bellon, 111, rennes. dinan, rébais, fontainebleau, bien. Estelle avance argent — Lesfontaines. | Jeanson, 31, université. cinquième dépêche. tous bonne santé, enfants demandent papa Nicolas, remercie Mathilde Boquet, bonn tous chaudement vêtus. — Anna. | monsieur Champeaux, 9, boulevard capucines. nous sommes tous bien, la petite particulièrement. soyez sans inquiétude.— veuve Hans. |

Marseille-central, 18 décembre. — Desouches, 40, champs-élysées. pour autorisation, touchez rentes, loyers; soldez impositions; envoyez argent genève, hôtel suisse; santés bonnes. — Desouches père. | Georges Lebay, 33, avenue impératrice, paris. écris-moi constantinople, bonnes nouvelles ici. Joseph est-il à paris? — Edouard Lebay. | Warin, officier, 10, quai râpée. Alfred metz bien, nous bien, carte envoyée. — Warin. | directeur compagnie france, rue grammont. confirme précédentes dépêches, situation toujours bonne sous rapport sinistres, encaissé soixante-cinq mille francs. — Dotémar. | Société générale, 54, provence, paris. Pablo Brunnos y Emperador chèque titres chez vous, demande instamment dix mille francs, répondez.— Fischer. |

Lille, 12 décembre. — Pastor, 3, cité trévise, paris. santés bonnes, bruxelles, rue argent, 31. Georges france 30 novembre, Betty nice.— Z. Pastor. | Vanchansewyk, 69, rue st-sauveur, paris. Laurence, 50 fr. congé de suite, rue bonaparte, par huissier. bail tiroir commode. réponse. — Coroënne. | Lainé, 49, vivienne, paris. rachats refusés, à moins reportiez novembre-décembre Lasquesonne, Crespel sur février-mars. — Couc. | Lainé, 49, vivienne. paris. rachats novembre refusés. reporter novembre-décembre, Lommel, Jancinet, Wartelle, sur janvier-février. — Couc. | Moutard, 5, place bourse. rachats refusés, à moins reportiez égale quantité sur premiers préférablement février-mars. — Griffon. | Hurel, 7, saint-georges. lettre du 3 reçue. Léon, Albert, Ferry, Niquet, curé Binant, vont bien. famille Meissonnier nice. — Francis | Rheims, 12, rue jeûneurs, paris. Sara demeure avec nous, très-inquiète de Laure, Irma pas lettres depuis octobre. réponse.— Fanny. | Charpentier, 63, grenelle-st-germain, paris. reçu lettre, vôtres et nôtres vont bien. — Verley. | Lainé, 49, vivienne, paris. Waymel refuse rachat novembre, reportez novembre-décembre sur janvier-février, Desrousseaux refuse rachats. — Couc. | Mégessier, 28, rue pigale, paris. Coulonge occupé momentanément, Hippolyte souffrant, dames bien, lille tranquille, madame Parant bien, communiquer Martin.— Akermann. | Desmasures, 14, boulevard ornano, paris. famille bien, Jeanne superbe. Ferdinand, pour congé pressé, par huissier, rue bonaparte. argent Laurence.— Coroënne. |

Bordeaux, 23 décembre 1870.

Trouville-s.-Mer, 16 déc. — Delaborde, 45, rue blanche. trouville santés parfaites, philippe halberstadt. — Gruyer. | Mme Vergniolles, 30, rue feydeau. de tes nouvelles et de chez moi. — Paul. | Lassalle, rue louis-le-grand, 25. santés bonnes, robert bien, reçu lettres, merci paul, benoit écrive, lui donner peu argent. — Renauld. | Reignard, rue helder, 91. maurice avec moi trouville, soyez tranquilles, raimond, léonce, tous bonnes santés. — Emélie. | Mme Moulin, 55, rue saint-dominique. mère, lemaistre, honfleur, nous trouville, francastel, ducrot, tous bien, claude écrire, concierge vivienne aussi. — Amand. | Howlett, 19, rue jean-gouj n: all the famely well coming provisions peace proclaimed write. — Edwin. |

Lisieux, 16 déc. — Pichard, boulevard sébastopol, 80. tout monde bien, marie fille. — Pichard. | Gigot, 11, quai voltaire. portons bien, écrire par remacle. — Gigot. |

Tourcoing, 13 déc. — Velcine, saint-joseph, 10. votre famille et nous allons bien, dirigeons fabrication. — Desurmont. |

Roubaix, 13 déc. — Cozette, 168, rue saint-martin. avons tes lettres, soigne-toi, écris souvent, nouvelles meslay, la ferme, allons bien. — veuve Cozette | M. Guille t, 1, rue richer, paris. hélène et moi recevons vos lettres, famille entière va bien. — Léontine, roubaix. | Davrillé, rue cléry, 9, paris. sommes heureux nouvelles du 6, pensons à vous, santés bonnes, amitiés. — Mère Moret. |

Dinard, 16 déc. — Hollier, 12, feutrier. allons tous bien, t'embrassons, manquons de rien, pas lettres depuis le 6. — Henriette. | Auger, quai mégisserie, 16. allons tous bien, manquons de rien, paul travaille. — Pauline. |

Avranches, 16 déc. — Heugel, 2, vivienne. parc, nantes, vendée, trouville, parfaite santé. — Chevalier. | Pottier, 12, helder. tous bonne santé, moi particulièrement, précautions prises pour janvier, médecin garde, nourrice très-bien, courage. — Berthe. |

Cambrai, 13 déc. — Lavallée, château-landon, 12. appris henry blessé, écrivez, estelle accouchée, enfant mort. — Guéry. |

Denain, 13 déc. — Coste, rue gay-lussac, 1, paris. reçu lettres, répondu questions, convoque 27 janvier, usines marchent. — Waternau. |

Cateau, 13 déc. — Mouton, rue courcelles, 12. tout va bien ici, travail, vente, santé, reçois vos lettres, envoyez note, vos fermages recevrai. — Hallette. |

Avesnes, 13 déc. — Mme Rougelot, place péreire, 8, paris. je vais bien, léon aussi, mille baisers, 12 décembre. — Eugène. |

Lille, 12 déc. — Iweins, 121, rue tour, passy-paris. carte été renvoyée immédiatement, prenez tous vos besoins. portons bien, merci, embrassements. — Dathis. | Couvreur, 10, quai marne, paris-villette. toujours tous parfaite santé, anor, cavé aussi, recevons lettres, comment va victor ? — Marie. | Caen, 20, turbigo. bien portants, petits bien, déménagés, rue hôtel-ville, 4, dire à céline, nouvelles des parents. — Malvina. | Champoiseau, 19, grammont, paris. envoyez numéros 50 autrichiens, achetées liquidations 15, 30 avril, votre envoi 15 juillet. crédit nord. — Kiéner. |

Montpellier, 29 déc. — Alicot, vigny, 1. tous parfaitement, vœux, regrets communs. — Alicot bruyas. | Planard, 125, rue montmartre. bonne année à tous, portons bien, victor superbe, avons reçu lettres. — Planard. | Castelnau, rue turin, 7. tous bien, que Dieu nous donne heureuse année et revoir, donne nouvelles piochet. — Castelnau-Pomier. | Arnaud, lieutenant, 45e mobile hérault, 3e bataillon, 1re compagnie. santé excellente, pas vendu, sans embarras, vieux retour. — Arnad. | Bouissin, faubourg poissonnière, 46. voyez bouschet, malade, saint-maur, n'épargnez rien, vêtements, provisions, argent, appris votre chagrin. — Bouschet. | Pagezy, lieutenant, mobile hérault, paris. tous bien, pays tranquille, dernière lettre 19, donne nouvelles mobiles, amis, bonne année. — Sauvajol. | Leblanc, fruitière, 15, lévêque. portons bien, nouvelles velleclaire, imposées seulement, souhaite nouvelle année réunisse, soigne-toi, sois raisonnable, embrassons. — Piquet. |

Hennebont, 30 déc. — Adolphe Brongniard, 57, rue cuvier, paris. tous bien portants, louis avec nous, recevons lettres, mille baisers. — Brongniard. |

Nantes, 30 déc. — Henri Marchand, rue douai, 12. ici tous bien, eudels également, patience, bonne année. — Laure. |

Angoulême, 30 déc. — Franken, 90, rue grenelle-st-germain. courage, guerre bientôt finie, reçu tes lettres, soignez-vous, nous bonne santé. — Franken. |

Clermont-Ferrand, 28 déc. — Dru, quai orléans, 14. toujours bonne santé belgique, caen, clermont. cécile sevrée. — Deschamps. | Lecaron, 35, rue argout, paris. reçu lettre 10, bruxelles, portons bien tous, voyons familles pochet, pinaud, delacroix, écrivez souvent. — Pellé. | Chatenet, écluses-st-martin, 39. allons bien. ferdinand, sergent-major. Boghard afrique. — Rayne. | Darleux, 35, faubourg poissonnière. jersey, 10, new st johns road. tous vont bien, reçu vos lettres, pas de 3e. — Clémentine. | général Philogène de Montfort. louis bien wiesbaden, simon, mérode, belgique, janville bien. — Saint-Julien. | Metman, imprimerie nationale, vieille-du-temple. familles louis, jules metman, morel bien portantes, écrire langres. 18 décembre. — Midy. |

Saint-Geniez, 30 déc. — Cassan, bac, 86, paris. cassan, laporte bien, recevons lettre, rien émile. — Cassan. |

Lasalle, 28 déc. — Parlier, rue londres, 56, paris. habitons soulages, bien portants ici et montpellier. — Marie. |

Cannes, 29 déc. — Clertan, boulevard saint-germain, 74. réponse cannes (alpes-maritimes), courage, mille tendresses. — Clertan. |

Saumur, 29 déc. — Edouard Arrault, 10, boulevard malesherbes. nous allons bien, henri est décoré. — Camille. | M. Poncelet, 13, rue poissonnière. donnez nouvelles. — Folliot. | Turbet, 168, rue temple. santé tous six, embrssons, souhaits bonne année. — Terbert. |

Cherbourg, 28 déc. — Girod, clausel, 10. tous bienretour désiré, mille souhaits. — Egasse. | Dufilho, 6, chaptal, paris. lettres reçues jusqu'au 16, santés excellentes, lafitte content de récolte, tristes souhaits l'année. — Corinne. | Rougevin, faubourg saint-honoré, 75. revenu cherbourg, relâché lorient, tous bien, reçois tes lettres des 17 et 19, merci, tendresses, souhaits. — Alfred. |

Fécamp, 27 déc. — Gorgeu, 41, seine. confirmation bonne santé et complète sécurité, amitiés. — Julien. | Ferry, adjoint maire, neuvième. sommes très-inquiets, écris-nous. — Tiburce. |

Nantes, 29 déc. — Vincent frères, artillerie, villette. bien portants, bonne année. — Vincent. | Martel, 38, croix-des-petits-champs. madame martel habite southampton, 5, upper queens terrace, santé bonne, dites maigret bonnes nouvelles suisse. — Chapé. | Bellet, 16, boulevard filles-calvaire, 16, paris. reçu lettres, portons bien, communiquer fernand, 30 décembre. — Goumy. | Chantereau-Joubert, rue moscou, 39. jules reste, marie accouchée fille, envoyé recommandation guépin à caubet, place étienne, heureux, tous biens. — Joubert-Trotreau. | Worms-Læwy, 28, jacob. tous bien portants, notre petit robert vient très-bien, recevons vos lettres, écrivez souvent. — Rosalie. | Grouvelle, 28, monthabor. souhaitons bonne année, portons bien, embrassons. — Céline. | Moreuil, 13, avenue victoria. tous bien portants, inquiets de vous. — J. Patte. | Pelet Lautrer, lieutenant de vaisseau, fort bicêtre, paris. écris souvent, tous vôtres bien, écrivez. 29 décembre. — Aglaé. | Delaguerre, capitaine, mobile, mont-valérien, paris. écris par tous moyens, tout ici bien. lettres reçues, continue davantage, 20 décembre. — Aglaé. | Leroy, 53, vivienne. santés excellentes. — Léonie. | Bechet, administrateur postes. allons parfaitement, sommes nantes, parents bien, saint-denis. — Thouret. | Borel, port bercy, 47. bien portant tous, rassure-toi, tout bien, correspondances aussi. ta femme, stéphanie, rue scribe, 54, nantes. |

Avranches, 26 déc. — Pihoret, chabrol, 20, paris. 3e dépêche, santé passable, hiver, bonheur revoir, messe marie, souhaits année. — Desfontaines. | Chardin, 64, boulevard haussmann, paris. tous santés parfaites. souhaits tendres, affectueux pour toute famille qui vous embrasse de cœur. — Cousin. | Lanos, rue berlin, 21. tous bien portant, marguerite magnifique, continuez écrire. — Lanos. |

Dunkerque, 23 déc. — Crindart, 37, rue anjou-saint-honoré, paris. pas besoin d'argent, reste à dunkerque, bien avec raul. — Crindart. | Fabre, 3, place arsénal. lettres henri, aimée, commission massias réussie, trois, paul nantes, 3e fils, lachâtre, sans nouvelles langres. — Amed. |

Bordeaux, 23 déc. — Noulibas, boulevard haussmann, 64, paris. noël, recevons vos lettres, maman, tous bonne santé. — Baradat. | Dechanal, 25, lavoisier. scipion aix-la-chapelle, parents osny, odet ici, accident grave, jambe enquilosée, béquilles, bâclair, 20 décembre. — Clémence. | Champy, 8, rue milan, paris. reçu votre lettre, reçu également nouvelles récentes de votre femme, très-bonnes, toujours aix. — Bucquet. | Dupuit, ministère finances. mère, valentine quimper, marie pau, tous bien. — Roy. | Béranger, rivoli, 156. tous bien y compris charles au 15, raoul londres, colonie, calais, hôtel bellevue bruxelles. — Cibiel. | Jacquemet, major hôpital militaire st-martin. bonne santé tous. — Jacquemet. | Girerd, aboukir, 6. famille st-valery très-bien. — Maisonobre. | Thévenin, conseiller, 45, boulevard st-michel. tous vôtres en parfaite santé, mieux aussi, maintien taxe impossible, parti avec autorisation spéciale. — Géry. | Paul Fabre, procureur général cassation, toute ma famille et moi parfaite santé, communiquez à ma mère. — Reffye. | Foy, rue bayard, 7, paris. fernand bien, même corps que france, au mans. — Galos. | Werpert, 22, ferme-mathurins. trois sœurs, grand marseille, jules sa mère arras sortant amiens, oncle décoré munster, tous bien portants. — Philippon. | Allaire, 240, faubourg st-honoré. toutes bien portantes nantes. — Odiot. | Blount, 3, rue paix. me blount, chez labourdonnaye parfaitement, depuis 6 décembre londres. privées nouvelles, celles madère peu encourageantes. — Maupin. | Allard, changeur, paris. vanderelst. latour, lobse, bertelin, wiener, circaud bien portants, parents des ardennes, edmond. nicot aussi, amitiés. — Aline Vanderelst. | Paul Oberkampf, 134, boulevard haussmann. deux mois sans lettres toi, nouvelles par fournier, adresse 108, bien portants. | Chauvin, 4, thorigny-marais. excellentes santés, machin révoqué. charmant successeur. — Ferdinand d'Aure.

Hamot, 19 ou 22, rue hauteville, paris. sans nouvelles adolphe, supplie écrire rue huguerie, 4. — Goyard. | Cottin, 168, rue morny. quitté douvres, 17 octobre, fulbeckhouse, bournesmouth, hampshire, tout monde porte bien, bonnes nouvelles d henry. — Well. | Mme Perrodon, 70, blanche. louis cléry prisonnier cologne, peu blessé, léopold donné argent, ernest, jules, nous bien, embrassons. — Henriette Perrodon. | Mme Rivière, 17, boulevard madeleine. inquiète variole, écrivez, reçois tout. — Préfontaine. | Leclerc, 21, hauteville. demande nouvelles, jersey, falaise bien portants. — Leclerc. | Audon, 37, poissonnière. reçu tes lettres dernières 20 décembre, santé bonne, ne paye aucun loyer. — Audon. | Baltard, garancière. 26 décembre, bordeaux avec robert tous bien, prendré provisions frignet, sauvegarder dessins, gauloises, robert. — Baltard. | Blondeau, directeur ministère guerre. vu charles, dire dupont sallard pornic, nous bouboul ix. bouchain, chauveau, henry bien. — de St-Hilaire. | Mme Gervais, rue monsieur-le-prince, 48. auguste, arthur, julie, enfants bien portants, wiesbaden. — Edmond Blanc. | Muller, 56, londres. sans lettres depuis 1er, sans avis, dépêches reçues, bien inquiets, demandé nouvelles paul, famille bordeaux bien. — Muller. | Fauvety, 18, baudin. reçu lettres, sommes bordeaux, 94, trésorerie, gaston sous-lieutenant périgueux, toute famille bien. — Adèle Verdier. | Desers, boulevard capucines, 35. bonnes nouvelles de marie, suzanne allons bien. — Lavernedé. | Thouvenel, rue bleue, 13. reçu lettres, allons bien. — Pichon. |

E. Gebauer, banque france, reçu lettres, allons bien. — Pichon. | Duclerc, 35, dame-lorette, forme, délai, livraison difficulté, envoyez détails, recommandez magen, confirmation urgente, crédit étienne, mobilier madrid. — Magen. | Brown, lieutenant vaisseau fort bicêtre. père à alger, mère bordeaux, alfred vosges, douarnenez loué, billets payés, alquier bien. — Gabrielle Brown. | Person, 3, chauchat, 7 dépêches parties, tous bien. — Buban. | Friana, 13, rue linnée. arrivé à hambourg, lettre et commission pour vous, écrivez-moi, soins, e. isaacs. — Guillermo-Martin. | Valentin, 4 passage violet. vos lettres 4 décembre, santé bonne, écrivez combien argent nécessaire, immédiatement après paix. — Frankfurter. | Cochin, 86, grenelle-st-germain depuis le 16, bourgus bien. — de Madie. | Corbin, 8, lafayette. trouville, amédée, alice. tous bien, en sûreté, avons reçu 88 lettres, bon espoir. — Adrienne. | Griolet, 19, rue lille. lemoine paiera pour moi fin décembre effet sénevas, dites demadre tous bien, pornic. — Edouard Dalloz. |

Dromery, 52, laffitte. allons parfaitement, sommes marseille avec paul nommé intendant, maxime occupé intendance. mille souhaits, écrire marseille. — Clémence. | de Madre, 35, boulevard invalides. nous, anaïs, albert bien, désirons nouvelles. — Pauline. | Pouet, 108, rue lafayette. pouet, sommier, roussel, pujot à pau, bonne santé. — Pamar. | Bardin, boulevard sébastopol, 41. portons bien, orbec 20 décembre, reçu lettres jusqu'au 10 décembre, sabot bien, poitiers. — Irma Scheffer. | Daniel, rue de l'arcade. écrire chez chalumeau loches, enfants tours, armand repris service. — Daniel. | Baumann, rue d'enghien. lettres reçues. tous bien. — Léon. | Chabrol, 8, montpensier, paris. chabrol capitaine mobile, affaire chambord, a écrit, blessé sans danger, va bien. — Chabrol. | Rodrigues, 17, rue d'antin, 21 novembre, blanche garçon, circoncis lendemain, morte pauvre vieille mère, sossa, familles très-bien. — Rodrigues. | Hottinguer, rue provence, paris. tout le monde bien à montbrison, beaucaillou amsterdam, tours, bonnes nouvelles de petite roger, montbrison. — Dassier. | Bouvery, 21, avenue d'italie. santés excellentes, lettres nombreuses reçues, indications suivies, andré seize dents. — Feron. |

Arthur Mallet, anjou, 35. arrivés schadau, tous parfaitement. — Anna Mallet. | Laborne, 22, place vosges. santés parfaites. — Laborne. | M. Lecarpentier, rue boudy, 60. allons passablement, écrire hôtel france bordeaux. — Boucher. | Aubé, rue berlin, 39. tous à lyon, bonne santé, augusta, rue nationale, 198, lille, louise, henri villiers, lettres reçues. — Limons. | Morin, 55, rue bellechasse. 24 décembre, allons bien, père, mère, chartres aussi, donne nouvelles jean. — Claire Morin. | Lille, 189, rivoli, paris. lettres 17 inclusivement reçues, acceptation 16 septembre payée. paierai celles banque porteur, convenez-en. — Le eaud. — Limon, 74, rue rivoli. rené officier armée loire, lui, nous, edmond, paul, émile, lignières, dubarle, allons bien. — Marie. | Endlich, 210, rue st-martin. sommes à vevey, écrivez, recevons vos lettres, dercourt va bien, charles londres, eulalie ici. — Müller, 108, rue lasseps, lefils | MM. Marot, passy. meilleure année, a bientôt, dutaut exempt, reçu lettres. — Marot. | Cellier, gaillon, 5, paris. tous bien, lettres reçues. — Viala. | Fournier, louis-le-grand, 11, paris. lettres reçues. limoux bordeaux, bien. — Parra. |

Sénarmont, 23, rue sèvres. allons tous bien, mère, femme en normandie, j'écris à gien. — Ferey. | Altias, 13, entrepôt. 26 décembre reçu lettres du 21, tous parfaitement, bébé 2 dents, envoyé 5 dépêches. — Attias. | Darroux, 60, condorcet. tous excellente santé, londres, père, fanny, henry, mère, eugénie, pauline, reçu lettres, envoyons dépêches, voyage firth. — Mocker. | général suzanne, ministère, voisine, mancourant prisonniers, santé. — Dumonteil. | St-Germain, 37, bourdonnais. famille avranches, marie, auguste, drouineau bien portants, lettres reçues, écrivez souvent, continuez nourrir amélie. — Regnonis. | Sicaud, 147, rennes. tous santé parfaite. vannes (morbihan). — Sicaud. | Duval, italiens, 8. santé bonne, écris chaque ballon, sois prudent, suis inquiète pour ta santé. — Duval. | capitaine Poiton, commandant 1er escadron, 14e corps, régiment gendarmerie (cheval). sois sans inquiétude, tous tranquilles, très-bien portants. — Poiton. | Lionville, ministère des finances, paris. droits de mutations ravaud, degeorges est-il restitué? sinon faudrait décision immédiate, écrivez-nous. — Conard. |

Morize, 19, boulevard montmartre. habitons bordeaux, 16, rue fondaudége. meilleure année, souhaits affectueux de tous. — Lecerf. | Lecharpentier, faubourg montmartre, 13, paris. suivant conseil tenneson, avons quitté le mans, nous sommes à laturballe (loire-inférieure), bien portants. — Lecharpentier. | Blount, 3, paix, paris. famille bien, alice aussi, daisy assez bien, georges 3 londres, clémentine fait commissions londres. — Demostyn. | Lhuillier, 56, faubourg poissonnière. bien portants, tranquilles, dieppe 17 décembre, élysée bien, loire, poirsons, groiseillez bien. — Lachauvinière. | Lhuillier, 58, faubourg poissonnière. montmois, 8,000 en trois fois pacifiquement, claudin, quatre chevaux, deux bœufs pris, semailles faites. — Lachauvinière. | Guillemot, lille, 56. délégation bordeaux fonctionne bien. écrit dix fois, chouel, javel ralliés, villes bien chez sœur debouvons, gand. — Demonseignat. |

Bordeaux, 26 déc. — Pelletan, malher, 20. tous bien. — Céleste Pelletan. | Autoribe, 2, rue du cirque. bayvet, béranger arrivés à pau, écrivez, craignez pas dépense pour votre nourriture. — Bayvet. | Jousset, rue furtenberg, connaissons bonnes nouvelles, joie, espoir immense, correspondons avec loris, lorient, châteauroux, lecoq très-bien portant. — Henriette. | Jousset, rue furstenberg. aucune lettre depuis 18 novembre, santés parfaitement, madeleine superbe, sage, père confiant, jersey, royal-crescent. — Henriette. | Alfonsi, st-louis-en-l'île, 12. santés bonnes, reçu tes lettres, répondu. émile sergent-fourrier cherbourg, pauvre baby, morte octobre. — Paul Alfonsi. | Mme Lemoine, rue st-honoré, 163. bien portant, reçu 6 lettres, très-froid. — Block. |

---

45 Pour copie conforme :

L'Inspecteur,

Bordeaux. — 22 décembre 1870

Ayonne, 11 déc.— Madame Jourdan, rue st-placide, 30, paris. courage, où est durand? répondez. — Claverie. | Biaritz. — Anna, st-honoré, 372. cher fils, numéro ton bataillon sorti? chevillon. |

Lyon, 8 déc.—Chabrié, 52, martyrs. sixième lose, neuvième klein, argent édouard, mario, martyrs bien, envoyé vingt lettres, santés bonnes. genève restante. — Potel. | Halphen, 9, taitbout. santés parfaites, reçu lettre 29. aucune autre depuis 17. réponds si reçois mes dépêches. — Bertha. | Hugues, 311, st-denis. santé bonnne.—Laurent, ambulance prytanée laflèche, sarthe. | Ricard, maréchal logis, 2e compagnie pontonniers mobile rhône. allons bien recevons tes lettres. sois bien muni d'argent. — Ricard. | Arquillière, mobile rhône 2e compagnie pontonniers, porte maillot. tous bien portants. lyon calme. impatiente embrasser. — Arquillière. |

Moulins, 10 déc. — Cordez, rue banque, 13, paris. reçu onze lettres, répondu onze fois, tous bien portants, moulins tranquille, écris. — Léon Cordez. | Laussedat, 38, rue cardinal lemoine. deuxième dépêche, recevons lettres. iseure et moulins vont bien.—Bruel. | Lieutenant Dubroc, château fontenay-sous-bois. nous portons tous bien, louise aussi, Dieu te garde. — Dubroc. |

Moulins-sur-Allier, 8 déc.—Girma, rue batignolles 71, nous portons bien, léon tué.—Marie. | Avisard, 45, jussieu, paris. mère, louis, parents, province, très bien. |

Chateauneuf-sur-sarthe, 10 déc. — Feraud, bellechasse, 64. santé bonne, feraud prisonnier à hambourg, elbe. — Desnoës. |

Villefranche-de-rouergue, 11 déc. —Institution, 4, picpus, paris. reçu lettre charles novembre, écrivez toujours. — Majorel. |

St-Florentin.—Gérand, boulevard magenta, 126. nous allons bien, marthe également, actuellement calais, rue de mer, 393, chez Buttel —Gerand. |

Vannes, 12 déc. — Demay, 8, léonie. tous bonne santé. — Dobelin. | Montanclos, st-dominique, 19. allons bien. reçu lettre hier. — Lapelle. | Ferrand, chez Barboux, 94, rivoli. portons bien. recevons tes lettres. — Agathe, st-nazaire. |

Mont-de-Marsan. — Delpech, pharmacien, bac. portons bien tous, t'embrassons. — Marie.

Tartas. —Hanrion, 24, rue bergère. reçu tes lettres, une de Metz, tous bien, nous aussi. bertrand metz. — Hanrion. |

Cosnes-sur-l'œil — Chierpe, 38, rue berlin, paris. Lassalle, 8 décembre. prévenez riant. madame petit et valentine toujours ici. santés très bonnes. — Léon. |

Chateauroux, 10 déc. — Mahien-de-Fossy-capitaine gendarmerie, verneuil, 42. chateauroux, lettres reçues, santés bonnes. | Popelin, lepeletier, 22. faites au mieux, pas de poursuites, voyez duthie. — Baulant. |

Lyon, les Terreaux, 10 déc. — Bine, 8, pont louis philippe. recevons lettres, santé bonne. peut partir levée quarante ans. — Bine. | Pottier, furstemberg, 8. tous bien. édouard metz bien, écrire faber. — Servier. | Ribaud, 2e batterie mobile rhône. bonne santé partout. reçu tes lettres. lyon calme, prends argent perreau. — Ribaud. | Pulliat, 28, boulevard poissonnière. Bichonnier, claverie, célicourt, martorelli, schmann, laurent, longère, crozet, tous en bonne santé. troisième dépêche amitiés. — Routier. | Lecoffre, bonaparte, 90. allons bien, reçu envoyé lettres quinze, dépêches trois, émile bien, loire. — Servant. | Juza, 6, caize. allons tous très bien, très tourmentées. écrivez lyon tranquille. — Marie. | Gagnet, 126, rue montmartre. Lyon, grenoble, tous bien ici paisible avons toujours enfants. fernand quel bataillon. — Beaumont. | Verchère, M. Brongnard. tous cinq lyon, bonne santé septième lettre, amitiés, prudence. — Verchère. | Urbain, 3, regard. reçu enfin première lettre louis, allons bien, montreux aussi. lyon tranquille. — Tresca. | Boyriven, 37, lepeletier. quatrième dépêche, allons tous bien, donnes nouvelles duval, envoies note reps chez lancement pour trouver pièces. —Boyriven. | Courtois, 1, nollet. chargée par Courtois dépêche suivante, santés excellentes, harnichon aussi reçu argent lyon, paris. — Joubert. | Bouchet, capitaine, 4e bataillon, ain. clichy-la-garenne. envoyé six dépêches, écrivons souvent de montreux tranquille, allons tous bien. — Berthe. | Blum, 8, enghien. possédons vos lettres au 22 novembre. émma nous bonne santé, hermann aussi, Strauss bien portants. —Kohnstamm. | Blum, 8, enghien. édouard nouvelles rassurantes fabrique, fais ici affaires pour vous, femme édouard accouchée garçon. — Konhnstamm. | Gagnet, 126, rue montmartre. Reçu votre du 3, heureux de vos nouvelles, allons bien, envoyons nos amitiés à tous. — Galfier. | Salles, rivoli, 63. père bien, charles bien comme officier, erfurt affaires passables, remettre crédit. adresses charnat. gourd. — Vachon. | Delon, chez Louvet, 10, vivienne. santé bonne, lyon tranquille, numéro ton bataillon, adresse eugène. — Favrot. |

Marseille, 12 déc. — Isnard François, 37, rue saint-molard. depuis longtemps pas nouvelles, fait savoir au plutôt, parents portent bien. — François Isnard. |

Pau, 11 déc. — Ferdinand Meslier, 19, rue sentier, consultera sec, rhumatisme, peau lièvre, pau, hôtel france. — Meslier. | Fano, 25, rue trévise, paris. santés bonnes, lycée 19. — Bautz. | Galand, 1, passage violet, paris. viens de savoir ton chagrin, pense à toi toujours, espérons dans province, je t'embrasse. — Roussel. | Weil, 29, bleue. paris. apprends votre cruelle perte, en suis touchée aux larmes et vous adresse sincères regrets. — Roussel. | Fiévet, 5, boulevard saint-michel. sommes à pau, attendons vos nouvelles, envoyé copie dernier certificat, poste-restante. — Bénard. | Poncet, 8, grand-chantier. reçu lettre quatre par vingt-sept, wittersein devrait à-compte appointements, faire autres maisons, entendre martin. — Maunoury. | Bidauld, 137, rue de sèvres, paris. femme inquiète sans nouvelle, écris vite, pau, 28, montpensier. — Pauline. | Tollu, 69, saint-anne. vendez valeurs importe prix, payez gages, ménage, donnez cinq cents ambulance, comment henriette, camille.— Valence, Pau |

La Délivrande. — omer Decugis, halles centrales. faites prendre fonds, province, ferais soixante-dix francs, soixante francs, quatre-vingts cinquante sera prêt ouverture. — Roi. |

Poitiers, 10 déc. — Bontemps, 4 louvois. tous bien, hier lettre du 6. — Bontemps, Poitiers éperon. | Touchois, 94, lafayette. famille entière bien portante. — Marcel. | Fougeroux, lieutenant 5e bataillon mobile. loiret, asnières. tous bien portants, réunis. — Henry, zouave charette, poitiers. | Delaserre, 7, quai voltaire. quittons ma... c pour gorre, fort inquiets, famille bien. |

Besançon, 7 déc. — Weil, 49, saint-georges. allons bien, écrivez. — Henri. | klein, 10, nicolas, paris. pas blocus état satisfaisant. | Gillam, aide vétérinaire, 14e dragons 14e corps armée, bonne santé, père tours commande escadron, octave hambourg, reçois lettres. — Marie Gillain. | Mélard, 104, saint-lazare. écrit quatre fois, mère bien nous aussi. — Rousselot. |

Hyères, 10 déc. — Delongueil, 12, bayard, gibourets, ogier. lefebvre, pecriaux, billoord, saintragmond, saintvincent, maciets, pauhards, belbommes, paûles, honorées, dufours, bien, élisa doucement. — René. | Dessaignes, 25, université. reçu lettres sauf première, allons bien, écris nouvelles maurice. — Marthe. | Roche, 62, richelieu. reçu dernière lettre, allons bien, écrivez. — Chappon. |

Preuilly, 11 déc. — Berloquin, 1er bataillon mobiles seine, saint-denis. lettre reçu, répondu, connaissons affaire épinay, attendons anxieusement nouvelles. — Berloquin. | Coulon, 101, boulevard haussmann. remerciements, fait commissions, écris lettres, Jules 1er batillon, donné affaire épinay, saint-denis, anxieux, demandons nouvelles tous. — Berloquin. |

Marseille, 8 déc. — Martel, 23, Jouffroy prolongée, batignolles. inquiétude, nouvelle chaque ballon, dernières 1er novembre, tenté en septembre, impossible, retour marseille. | Fagniez, 15, mogador. merci, santés bonnes, Deschamps cherbourg. — George Léonie. |

Autun, 9 déc. — Gabriel Perrin, sous-lieutenant, 4e compagnie, 1er bataillon, 13e régiment gardes mobiles, paris. dernières nouvelles, 27 octobre, pourquoi? tous bonne santé. — Perrin. |

Saint-Martin-de-Londres, 7 déc. — Colonel Montvaillant, 45e mobile hérault remettre calvet, baudran, portons bien, recevons nouvelles, écrivez. paris-pantin. |

Quimper, 11 déc. — Calohar, 25, cardinal-lemoine, paris. sans nouvelles d'athanase, fort issy, 47e ligne, renseignez-moi si pouvez. — Follet. | Poullet, rue saint-honoré, 231, quimper tous bien, quinze lettres, photographies reçues, confitures, bougie en bas. décembre. | Delasablière, 29, rue monceau. lanniron, kerret, sablou. rodlec, penfrat, goureuff, parents mobiles, tous très-bien. keryeven marche bien. — Hermine |

Saint-Loubès, 10 déc. — Thouvenet, 13, rue bleue. lettres reçues, allons bien. — Pichon. |

Vichy, 9 déc. — Gérin, 4, provence. va bien, frosine à bordeaux. — Veuve Gérin. |

Saint-Pourcain, 10 déc. — Madame Geoffroy, 71, rue Miromesnil, paris. donne nouvelles de paul, harold et vous tous, nous allons bien. — Dufour. |

Rodez, 11 déc. — Cortet, 42, rue laharpe. famille réunie rodez, enfants santé superbe, prenez provision magenta. — Harold. |

Bayonne, 12 déc. — Général Corréard, palais luxembourg. allons tous bien. — Corréard. |

Savenay, 11 déc. — Duchanoy, 94, victoire. hippolyte, colberg, saint-gilles, vittenoy, peu ravagé, santés bonnes. — Duchanoy. |

Châteauneuf-sur-Sarthe, 11 déc. — Administrateurs de la paix, 19, louis-le-grand. reçu vos deux lettres, situation toujours bonne. — Brisset. | Madame Miuard, 13, grande-chaumière. es-tu bien? pas triste? espère, aime comme moi, toi ma seule crainte, bonjour manigry. — Quantin. |

Limoges, 12 déc. — Arcos, 2, rue sainte-thérèse, batignolles. sans nouvelles de vous depuis 2 mois. — Philippe. | M. Cordier, ministère marine. bonne santé tous. — Amélie. | Jarre, rue pyramides, 2. sommes à limoges, soupize à lyon, santés bonnes. — Jarre. | Boyer, 58, rue rennes. santés excellentes, limoges tranquille, famille martinique bien. — Marie. | Plumeat, 9, aboukir. toutes en bonne santé, ennuyons beaucoup, recevons tes lettres, enfants baisers pour papa, t'embrassons. — Maria. |

Châteauroux, 12 déc. — Nuret, lieutenant mobile, indre, paris. reçu lettre vitry, écris. — Nuret. |

Bazançais, 12 déc. — Madame Simon, rue sainte-anne, 51, paris. enfant nourrice, bonne santé, 2e envoi, argent envoyé. — Pellegry. |

Montauban, 11 déc. — Gambon, grand-hôtel. henri bien portant, prisonnier erfurt. — Mila. |

Saint-Benoît-du-Sault, 9 déc. — Sorun, 378, saint-honoré. nous allons tous très-bien, léonce capitaine, mobilisé issoudun. — Elisabeth. |

Angers, 11 déc. — Lévy, 9, simon-le-franc, portons bien — Aaronson. |

Biarrits, 13 déc. — Wolodkouviez, 33, boulevard malesherbes. à biarrits villa feillet avec vauréal, pas froid, allons bien, recevons lettres, souvent écrit paris, tendresses. |

Fourmies, 27 déc. — Dugas Bréard, faubourg st-denis, 146. embrasse bonne famille. fais vœux pour prompte réunion et futur bonheur.— Bréard. | Legrand, anjou, 8. souhaits bonne année famille legrand, duchesne, margry. vœux pour prochain retour douvres. — Bréard. |

Hazebrouck, 27 déc. — Lobry, chaussée de la muette, 12, passy. nous portons bien. reçu les lettres. — Lobry. |

Trouville, 28 déc. — Geoffroy, 134, faubourg poissonnière. septième dépêche. reçu lettres, portons tous bien. — Lerol. | Godimus, rue constantine, 103, plaisance. bonne santé. si besoin d'argent, vois rudeuil trouville, poste restante. — Dameron. | Berlin, 124, rue de provence, paris. trouville 28 décembre 1870, allons bien, écrivez, parlez de tous. — A. Bertin. |

Boulogne-s.-mer, 25 déc. — Lévy, 12, chauchat. — tous bien worthing. envoyé portraits enfants. dernières nouvelles 9 décembre. bonne année. tendresses, 23 décembre — Schloss. | Delagarde, 64, boulevard malesherbes. excellentes santés. pas lettres longtemps, tristesse. bonnes nouvelles lajoye et enfants, a reçu mandat. embrassements. — Hélène. | Seillier, 24, lepelletier. recevons lettres. thérèse, après petite vérole volante, sortira mercredi. toujours fécamp. allons tous bien. meilleurs souhaits. — Nadaré. |

Boulogne-s.-mer, 26 déc. — Collesson, 22, quai loire, paris. parents, enfants vont bien. recevons toutes vos lettres. donne détails. claire, frère puttelange. tranquillité. — Mathilde. | Versepuy, 22, faubourg poissonnière. enfants, père, santé parfaite. moi toujours mieux, enchantée, reçu lettre après cinq ballons perdus. — Marie. | Docteur Edwards, 88, bagnonnets, charonne, près paris. letters received safe and well at dover. — Blanche | Monsieur Desplats, 232, rivoli, paris. lettres et dépêches envoyées souvent. allons tous bien. — Desplats. | Weynen, ministère marine. tous bien. amédée belfort, bien portant. — Mesureur. | Bonnet, rue blanche, 27, paris. tous parfaite santé tingry. — Dutertre. | Coster, consul général pays-bas, 17, cardinal-fesch. toutes santés parfaites. continué ventes, aucun achat. nouvelles jusque 2. — Guillaume. | Joriaux, sentier, paris. tous bien portants. premier janvier regrets, espoir. — Aline. | Chalvet, 25, gravilliers. donnez vos nouvelles ballon, 26, quai douane, boulogne-mer. bonne santé. — Wallerstein. | Chesnay, 34, rue bac, paris. quatrième dépêche. santé à tous toujours admirable, surtout aglaé et albert reçu toutes lettres.—Pettit. |

Issoudun, 30 déc. — Petit, 8, favars. famille bonne santé. honorine commentry, charles capitaine, bujard mort. — Verdas. | Mayet, 9, rue st-marc. issoudun, lusignan vont bien. — Mayet. | Fradelize, 34, boulevard richard-lenoir. lettres reçues. santés bonnes. votre frère va bien. — Bonardi. |

Bayeux, 29 déc. — Manceau, 114, boulevard magenta. tous bien. reçu moitié lettres. tranquilles. — Manceau. |

Clermond-Ferrand, 29 déc. — Stoppin, 45, rue saint-hippolyte, passy. allons bien tous. avons déjà adressé dépêche. — Collier. | Simon, boulevard poissonnière, 20. allons bien. valeurs remises. dreyfus partie southampton avec enfants — Maurice. | Lyon, mail, 23. santés parfaites. occupons affaires. recevons vos lettres. inquiets de vous famille lion, londres, parfaites santés. — Hermance. | Simon, boulevard poissonnière, 20: lettres reçues paris, hâvre santés excellentes. beaucoup connaissances. très-heureuses si avions chers assiégés. — F. Mayer. | Taillandier. 34, cléry Chamouillet, nous, avranches, chez jonquet. avons santé, lettres, illiers bonne. — Clémence. | Virot, 12, rue de la paix. je reçois tes lettres. à noël quitterai londres. dois-je espérer? — Teisset. | Marmontel, 80, taitbout. reçues, merci. écris souvent. inquiets. bataillon? — Chaix. |

Libourne, 31 déc. — Morel, capitaine gendarmerie cheval. portons bien. — Louise. |

Séèz, 29 déc. — Turenne, paris, bac, 100. lettres courtomer, santé tous, turenne, suzanne, frères, prières, vœux, pigeons. — Turenne. |

Bagnères-de-Bigorre, 29 déc. — Deslandes, quai mégisserie, 20. nous, avec marie. bagnères-de-bigorre. bien portants. — Vautier. |

La Rochelle, 29 déc. — 7, papillon, paris, Pertuisot. nous allons bien, enfants parfaitement. écrire souvent. — Delton. | Madame Wugk, 22, rue lacondamine. reçu votre lettre du 14. louisa très-bien à brighton. moi la rochelle, gare. — Montbrun. |

Saintes. — Paule, 1, boulevard italiens. portons tous bien. écrire magué, ormeau, 43, saintes. — Magué. |

Marans. — Barbier, rue ancienne-comédie, 25, paris. souhaitons bonne année, bonne santé, prompte délivrance. sommes bien tous trois. écrivez. — Marie Félix. |

St-Georges-du-Vièvre, 26 déc. — Marie, rue censier, 16. santés parfaites. pas prussiens Elbeuf.—

Bordeaux. — 23 décembre 1870.

Cette, 29 déc. — Babin, quai rapée, 58, paris. babin, thiébaut bruxelles, valenciennes, granville, bonne santé. reçoivent lettre vaché, verdun. konigsberg. — Rossignol. |

Lyon, 25 déc. — Caumont, écuries-artois, 57, paris. lettre reçue, courage. viendrai quand possible, compte sur nous. — Henry. | Ruel, 54, rivoli. famille ruel bonne santé. alibert fils prisonnier dresde. lyon tranquille 25 décembre. — Alibert. | Ollivier, 24, boulevard poissonnière. bonne année, santé parfaite comme nous tous. ville tranquille. — Honnorat, 37, rue saint-pierre. |

Chambéry, 26 déc. — Monsieur Dubois, boulevard poissonnière, 4. souvenir, amitié le 27 décembre. bonne santé tous. — Estelle Dubois. |

Flers, 28 déc. — Flers, orne, hôtel martine. Anner, rue du boulevard, 15, paris-batignolles. tous bien. lettres, portrait reçu. impatients. marie inquiète. — Roux. |

Annecy, 24 déc. — Cottinet, chaussée-d'antin, 22, paris. tous bien. charlotte désespérée veut nouvelles de favoletti. pompilius bien cologne. louise un fils. — carlotte. |

Rodez, 29 déc. — Mademoiselle Ladoyer, paris, rue lemercier, 23, batignolles. les dames nogent bien portantes ainsi que nous. — Juéry. |

Millau, 29 déc. — Schaefer, la glacière, 109. portons tous bien. arthur pas blessé, prisonnier nackel. édouard havre. françois part probablement courant janvier. — Schaefer. |

Chauvigny, 29 déc. — Jolivet, jean-jacques-rousseau, 19 — reçu lettres. sommes tous bien portants. — Jolivet. |

Domfront, 28 déc. — Buzot, externe, hôpital Necker. écrire chez Broquet, domfront. — Buzot. |

Coutances, 27 déc. — Jourdan, 21, maubeuge. coutances, rouen, albert bien. recevons lettres. — Lemarié. |

Villers-s.-mer, 27 déc. — Bion, 68, boulevard beaumarchais. — nous vous souhaitons tous une bonne année. nous nous portons bien. nous recevons les lettres. — Bion. | Roissy, bellechasse, 64. à tous bon an. tous bien portants. passer rue ferme des-mathurins, 3, madame nouvel. — Gosset. | Roissy, bellechasse, 64. tous bien. as-tu encore cent francs? envoies-les victor lepelletier, 3, bonaparte, paris. |

Rochefort, 29 déc. — Madame Léontine Desbois, rue pigale, 75. tous bien. réponse ballon. — Robillard. |

Carcassonne, 29 déc. — Burat, miromesnil, 81. santé parfaite. reçu toutes les lettres. — Gieules. | Ramel, armaillé, 16. — santé bonne. froid excessif. reçu lettre 19. appris succès. gambetta passé. souhait patriotique nouvel an. — Marty. | Gaussail, capitaine, caserne tournay. femme, enfants bien, — Amazilie Alzonne. |

Niort, 29 déc. — Gabriel Philippe, rue d'anjou-st-honoré, 31. portons tous bien. écrivez souvent. — Nézot. | Lecomte, maubouge, 21. reçois lettres mon mari. félicitation. nomination porte bien. puttelange nouvelles bonnes. — Hervé. |

Lille, 25 déc. — Monsieur Vicart, rue sèvres, 95, paris. bruxelles. étienne, peyrac, stella, mantel, bavary vont bien. lille, douai, arras tranquilles. — Rouy. | Bernard, 408, rue saint-honoré, paris. santé, tranquillité parfaites. embrasse commandant. — Bernard. |

Lille, 26 déc. — Brochand, rue Vital, 10, passy-paris. bien portant, 3e division, 23e corps. — Charles Frey. | Bourdaloue, 2, boulevard saint-andré. wormhoudt, bourges, nogent, santé. sainte victoire, fête. — Dissart. | Thiébaut, rue d'enghien, 24. allons bien. sommes inquiets, sans nouvelles. — Thiébaut. |

Valenciennes, 26 déc. — Bouillaut, 15, quai grenelle, paris. allons bien. enfant marche. — Valet. |

Condé, 26 déc. — Monsieur Delacourt, 13, ponthieu, paris. vœux cambron. eugène échappé. gervais prisonnier. — Edwige. |

Toulouse, 29 déc. — Emilie Harlay, rue saint-dominique, 108. envoyé argent. réponse. — Andrieu. | Schwartz, bondy, 82, paris. porte bien. reçu lettre. écris-moi toulouse. — Schwartz. | Jules Beau, sébastopol, 60. très-triste. bonne année. cinquième dépêche. — Derieux. | Conterel, rue hospitalière-st-gervais. tous bien. toulouse. — Lombier. | Melan, 1, rue bourdaloue. famille Urrabietta bien, toulouse. — Elisa Just. | Urrabietta, 63, saint-lazare. tous bien, toulouse. — Elisa Just. |

Vitré, 29 déc. — Boucher. 4, montesquieu. léonie, tronchons, bataille retourné, berthe caen, portons bien vitré. — Boucher. |

Villerville, 28 déc.—Santés bonnes, vêtements chauds, trente lettres reçues, argent cinq fois. suffisant, renauld bien, madame robert, rue bergère, 21. charmand |

Rennes, 29 déc. — Mouillard, appauline, 12. henri tous bien rennes, reçu lettres. — Mouillard. | Jouin, capitaine adjudant-major, 4ᵉ bataillon mobiles, ille-et-vilaine, paris. tous bien, sœur accouchée fille. — Jouin. | Grison, 2. faubourg st-antoine. envoyer mille francs, ouvrir compte manceau, amélie, marguerite, alexandre, charles, venues rennes, bonnes santés décembre. — Giraud. | Rabuan. lieutenant, 4ᵉ bataillon mobile, ille-et-vilaine, 26ᵉ marche. suis bien, mille tendresses. — Rabuan. | Lagé, 9, impasse bonni. porte bien, seul. rennes, poste restante, huitième. — Lagé. | Mouret, lieutenant mobile, ille-et-vilaine. recevons lettres, écrivez communiquez dahirel. — Ronind. | Colonel Allavène, garde paris, famille bonne santé. — Allavène. | Léveillé, télégraphe. remerciements journaux. communications reçu toujours, reconnais ance. — Journal Rennes. | M. Bouilly, martyrs, 11, nous portons bien. — Casses. | Dalliance, gare marchandises, vaugirard. portons bien, recevons lettres. — Dalliance. | Hue, mobile, rennes, paris. au cher henri, anselme, louise, aglaé, surtout son père, aspirant après son retour. sursùm corda! — Hue. | Moussu, tronchet, 29. toulouse tous bien, tout tranquille puisse cinquième dépêche te parvenir désolée tous messages égarés. — Pauline Moussu. | Dudezerseul, chef de bataillon, astorg, 32, paris. tous bien, pères, mères, enfants dire, frère écrire souvent. — Dudezerseul. | Léveillé, télégraphe. famille mocudé bien, comment est frédéric mocudé. — Francis Mocudé. | Guerne, lieutenant, 4ᵉ zouaves, ambulance conservatoire, faubourg poissonnière. lettres reçues, marie ici, santés bonnes. mille embrassements. inquiets pour arthur. — Trousseau. | Morand, rue Vanneau. 11. dire à monsieur écrire à Rennes; y sommes bien portants. — Harcourt. | Commandant dudezerseul, 31, rue dastory, paris. tous vont bien. — Desolérac. |

St-Jean-de-pied-de-port, 30 déc. — Camus, rue barbette, 2, marais. Licerasse fin décembre, tous santé parfaite, faire savoir à henri — Lecanu. | Pansu, 56, caumartin. reçu lettres, xavier capitaine trésorier, brigade nationale mobilisée pau. maximilien madrid, tous bien, désirons nouvelles. — Ellissonde. |

Dieppe, 25 déc. — Quénedey, 8, francs bourgeois. Marie heureusement accouchée noël gros garçon; mère enfant bien portants, nourrice trouvée. — Poirel |

Barbezieux.—Pilliet, 66, rue de Bondy, paris. tous santé excellente, recevons lettres, soigne toi. — Rioubland. |

Le Hâvre, 28 déc. — Piotet, st-martin, 135, paris toujours fécamp, prussiens partis, pas fait mal, pas peur, portons tous bien. — Piotet. | Rouville, 120, avenue champs-élysées, paris. enfants, famille à Genève, beau-père à Londres, tous bien portant. — Rouville. | Alexandre. boulevard richard-lenoir, 66. paris. enfants, famille à genève, beau-père à Londres, tous bien portant. — Rouville. | Guérard, 23, penthièvre. tous bien, richard, hambourg, lettre 11 décembre. — Marguerite. | Egbon, 85, richelieu. accepté quatre steamers transatlantiques, propose continuation année prochaine tiers contrat. — Lahure. | Deburtie, 7, place bourse. propose réassurance en tiers pour année prochaine.—Lahure. | Bonnaud, 39, rue trévise, paris. joie lettre reçue suppose partirai pas, enfants rennes tous portons bien souhaits fin année. — Hubert. | Buchère. st-séverin, 4. sommes tranquilles, bien portants.—Ambroise. | Gasson, vaugirard, 25. santé bonne, reçu tes lettres. grande inquiétude. — Lucien. | Halphen, 41, rue victoire, paris. faites vendre deux cent mille or cavaroc, chez Huth. — Jung. | Friedel; boulevard st-michel, 28. décembre. bonnes nouvelles, verney. — Dolfus. |

Paul phénanros, 5e bataillon, 2e compagnie mobiles du finistère. bonne santé, nous sommes tous bien, recevons pas tes lettres.—Pénanros. |

Pornic, 29 déc. Lorière, 42, quai de la gare. santés bonnes, fais toi revacciner.—Adèle. | Delalonde, joubert, 26. allons bien. écris davantage — Henriette, par frédéric. | Viard, 6, rue mayran. demandons alfred écrire, chaque ballon, donne nouvelles lamartine, céline, marguerite, bien. reçu toutes vos lettres. — Dret. |

Granville, 29 déc. — Frerot, 5. st bon. st pair, versailles, bonne santé, camille marche. — Demarine Selarge. | Rigollet, 91, rue seine. bien écrire chaque jour. — Rigollet. |

Tours 25 déc. — Bacouel, 43. vivienne. Flavacourt occupé trois jours famille très bien, maisons intactes. reçu votre lettre après un mois. — Eugène. | Alexandre Roullier, rue roquépine, 14, paris. la famille à Lucé va bien. — Dreux. |

Trouville, 19 déc.—Fère, 12, rue halevy. vingtième reçue, allons tous bien. — Marion. |

Nimes, 29 déc. — Carrière, notre dame nazareth, 60, paris. félicitations, santés bonnes, félix langres bien, auguste, angèle, tours jambe cassée, point gravité. — Morian. | Puget, rue du hâvre, 7. nouvelles du 20 reçues. fille née heureusement, courage tout va mieux, france sera sauvée. — Puget. | Paulrain, drouot. 25. émile, marie, parfaitement, tous bien, recevons lettres albert notaire. — Poiret. |

Fougères, 29 déc. — Bailliez, limonadier, 116, rue amelot, paris. je vais bien, donnez nécessaire à madame. — Rihouey. |

Larochelle, le 30 déc. — Faroux, capitaine, 137e, vincennes. bien inquète, répond suite. t'embrasse. — Louise. | Lemoine, passy, 9; scheffer. remettez à laugier 18, jean-jacques-rousseau, deux cents francs, famille lemoine, rochelle. — Bourciez. |

Honfleur, 27 déc. — Billing, ministère affaires étrangères. vais bien, reçois nouvelles vasouy.— Marchand. |

Lyon, 28 déc. — Chardin, 6, port-mahon. danfreville envoyé clermont, cinq garçons utilisés, manque caisse cinq, souvenir tout bien, monet décédé, gilbrin lyon. — Gilbrin. | Gabrielle Tournal, 113, lafayette. allons bien, recevons lettres. amitiés. — Chambaud, 75, rue de lyon. | Savigny, mobiles rhône, passy, bastion 60. santé bonne, dernière lettre 5, argent laborée, guinon-picard.— Savigny. r. 19, bugeaud, | — Frippelwiz, 66, rue caumartin. vos lettres reçues, joséphine, évian bien, hauterive, champs bien. mariette dijon. — Aubernon, 14, rue royale. |

Niort, 30 déc. — Salle, 28, gay-lussac. tout bien, xavier officier 28e nantes. — Adélaïde. |

lasseron, 3, avenue d'antin. tous bien, reçois nos vœux. nouvelles henri ce matin bien. — Rosine. | Franqueville, 25, faubourg poissonnière. paris. tous parfaite santé, mille souhaits. — Franqueville. |

Saint-Brieuc, 29 déc — Phénix, assurances sinistres; deux mille six-cent-sept, quarante mille, brasserie vie nomy, francisque lorgere, instructions. — Nomy. | M. Jégou, 138, cherche-midi. onzième dépêche envoyée, écris tous les jours, suis bien. — Virginie Jégou, Saint-Brieuc. |

Saint-Lô, 29 déc. — Cottenest, 35, saint-marc-Feydeau. Papa mort, moi éloigné forcément, maman bien. — Cottenest. |

Bourges, 29 déc — Madame Pierrat, 117, champs-elysées. écrivez vevey par les ballons montés. — Hortense. |

Guéret, 31 déc. — Répécaud, commandant gendarmerie à pied. santés bonnes, blois investi, famille pas nouvelles, louis à wiesbaden, demande argent, envoyé 200. — Répécaud. | Roudaine, capitaine état-major général 1er corps, portons tous bien, lettres venues. — Madame Roudaire, grande-rue guéret |

Aubusson, 30 déc. — Séglas, 11, avenue malakoff. reçu lettre, mort alphonse, dire rue vivienne, choquel, laforge bien portant, faisons panneaux personnages tapis magasin. — Séglas. |

Moulins, 29 déc. — Lecointe, 55, rue rome, paris. mères, enfants, excellente santé, toujours moulins, si même position dans trois semaines à carcassonne. — Outin, boulevard de la vieuville. | Devillers, lieutenant éclaireurs gendarmerie, quartier général, 2e armée général Ducrot, fort vincennes. joséphine accouchée fille, tous bien, pierre afrique.— Geneviève. |

Vichy, 29 déc. — Papillon veuve, 26, neuve-petits-champs. bien portants, rien reçu depuis 30 octobre, reçu chartier 16 décembre, écris-nous, compliments — Papillon. |

Royan, 29 déc. — Ziegel, 34, tour-d'auvergne. royan, tous ici allons bien, bonnes nouvelles phalsbourg, blüm, londres, colmar, jules parents, reçoivent lettres. — Ziegel. |

Lille, 27 déc. — Vaugeois, 41, aux ours. marie et tous à tournai, santés bonnes, lettres reçues, amitiés courage, 18 dépêches sans succès. — Vaugeois, 83, rue du boulevard de roubaix. | Rembaux, 7, chabrol. tous bien portants. — femme Rembaux. | Berteaux, 10, aboukir. réception 3, 8, 18 courant, argent assez pour besoins. en avons demandé londres, vœux. — Chavel, 18, rue thalozan. | Berteaux, 10, aboukir. fabrique calme un quart d'affaires, maison huit employés dispos travaillant pour londres et clients. — Clavel, 18, rue thalozan. | Berfaux, 10, aboukir. réception 3, 8, 18 courant argent assez pour besoins et avons demandé Londres.— Clavel. |

Dunkerque, 27 déc. — Lebeu, 38, bellechasse. petite marie, laure tous excellente santé. — Darras. | Jeanson, 31, université. septième toujours oui, 3 lettres aujourd'hui. — Anna. |

Boulogne-sur-mer, 27 déc. — Félix Davin, 25, rue albouy, reçois lettres, envoyé six dépêche, bonne santé. — Gabrielle. | Delagarde, 64, boulevard malesherbes. tous santés parfaites, reçu lettre du 20, désolée reçoivent pas fréquents télégrammes, courage difficile, tendresses. — Hélène. | Saulnier, 14, rue cœurs des-nones, charonne-paris. six semaines san lettres, ai-je donc pas assez malheur. — Saulnier. | Savard, 22, saint-gilles. tous santé parfaite. — Savard | Saillard, 70, rue du pré, belleville. embrassons tous, enfants vont bien, souhaitons retour. — Saillard. | Champeau, 4, place batignolles, paris. filleule embrasse marraine, moi grand, souhaitons réunion, séparation pénible. — Saillard. | Gaget, 225, rue paris, belleville. vos élèves vous embrassent moi aussi, belle oublieuse. — Saillard. | Saillard, 14, cour nones, charonne-paris, cherche médecin essentiel pour toi, enfants moi souhaitons toi ici bien portant comme nous. — Saillard. |

Duparc, 18, godot. excellentes nouvelles de Lavallée, frentz, maurice, nous bien. — Guaita. | Desfossés, 21, rue de la paix. reçu lettre, allons tous bien, plein d'espoir partagé par tous ici. — V. Giyry. | Desfossés, 21, rue de la paix. grande envie de vous voir, madame auguste en sûreté.— V. Giory. | Lavallard, 76, école de médecine, paris, oui oui, non non. — Privost. | Lacroix, 63, rue parc, belleville, voir hutin 18, saint-gilles, m'écrire et vous aussi. — Becker, 40, rue lampe. | Vanier, 8, rue duras. allons parfaitement, restons boulogne, prends graisse, confitures, vin holder, serrurier fichet, courage, espoir, souhaits. — Vanier. | Duc de Rivière, 121, rue saint-dominique. reçu lettre 19, toujours écrasée, courageuse. — Solages. | Verneuil, 100, boulevard sébastopol, compliments affectueux.— Vanier | Bra, 25, croix-des-petits-champs. allons toutes bien, capitaine ulrick, parteuay aussi — Bra. | Cuvilliers, 16, louis-le-grand, paris. allons bien, toujours chez nos amis, pauline, siens vont bien, hortense ici — Cuvilliers. | Rousseau, 22, neuve capucines. bébé splendide, tous bien, provi ions salon. — Michaud. |

---

46. Pour copie conforme,

L'inspecteur,

Bordeaux. — 24 décembre 1870.

Bordeaux, 21 déc. — Barpoux, 94, rue rivoli. vont très-bien. — Henri Barboux. | Colin, 80, rue du bac. merci donnez argent gaston, tous bien. — Belsunce. | Belsunce, blessé ambulance, comtesse flavigny, parents tous bien, arnold algérie, sympathie. — Ravignan. | Angrand, 32, rue temple. écrivons souvent, tous côtés bien installés, manquons rien, espérons, enfants externes, classe chaptal, tous bien portant. | Doré, 6, montalon. que devient bassol, répondre premier ballon. — Bassol. | Trouillier. 27, sentier, paris. longeville, roullet, santé parfaite, enfants superbes, recevons vos lettres, tristes mais résignés, 20 décembre. — Trouillier, | Sauzay, 41, rue laval, paris. suis à bordeaux attaché ministère de la guerre, vais bien. — Julien. | Boyer, 15, bonaparte. ne manque de rien, planté, prêté mille francs, émile ici, dîner avec deux fois, existence triste. — Verdereau. | Basse, 374, rue saint-denis, paris. santés parfaites, enfants collége, exécutez commandes, wreght-mausfield et warin, répondez. — Basse. | Causserouge, 24, rue petits-hôtels, paris. santé bonnes, henri exempt. | Grandmange, 15, chaussée-d'antin. bonnes santés, lettres reçues. — Montreux, suisse. | Roussel, 28, rollin. reçu lettre du 17 décembre, bordeaux, épone, marcy vont bien, aucun pillage. — Roussel. | Ferdinand, 36, berlin, paris. Lasalle, 16 décembre, valentine, santés, moral tout bien, mère angleterre, valentine tendresses, adresser lasalle, amitiés. — Petit. | Lévy, 29, martyrs. william bien. nous tous bien, heureux de ta lettre. — Lévy. |

Etretat, 17 déc. — Egger, 48, madame. père mort subitement 17 décembre, enfants bien. — Elisabeth. | Baugrand, 19, rue de la paix. nous allons bien tous six. — Céline, 16 décembre. |

Laval, 19 déc. — barillet, 9, rue dragon, vu joan malade laimbay, santé passable, écris. | Chauvin, 14, mail. pour alexandre. mettre oui aux quatre colonnes pour dire que nous allons tous bien, zoé embrasse jules. | Barbé, boulevard batignolles. bien portants, gustave santé parfaite, recevons tes lettres, ta mère écrit semences faites. — Hortense. |

Fécamp, 17 déc. — Canda, 141, faubourg saint-martin. portons très-bien. — Canda. | Debullemont, préfecture police. bien portantes, embrassons. — Louise. |

Honfleur, 18 déc. — Blancan-Savigny, 154, faubourg saint-denis, paris. sophie, louise, madame mancherat, enfants, tous parents bien portants, tous embrassent. — Mancherat. | Salin, hôtel monnaies, quai conti, paris. tinard, monville, pitraye, ladre, felicie, dives, poulet, nice, honfleur tous bien, vous embrassons. — Mancherat. |

Beauvais, 3 déc. — Welschinger, 18. bernardins. commune épargnée sauf réquisitions forcées, écrivez, pouvez prendre argent chez germain. — Mouchy, 2 décembre. | Welschinger, 18, bernardins. ici depuis 14 septembre, reçu vos lettres. famille à londres, environs envahis. — Mouchy, 2 déc. |

Betz, 1er déc. — M. Périer, 31, rue trévise. famille saint-laurent bien portante, acy, y écrire 30 novembre. | Madame Gibert, 46. avenue breteuil. henri, gustave bien portants, acy, écrire souvent, 30 novembre. |

Moulins, 20 déc. — Vacher, 14, helder, paris. santé faible, reçu quelques lettres, restons moulins, souhaite revenir, embrasse, écris, bien tourmentée. — Sophie. | Bouron, chez claparède, saint-denis, portons bien. nouvelles gustave, grand chagrin pour toi, envoi argent. — Baron Taconnet, château taillardin, moulins-allier. | Madame Cavaillès, 12, vivienne. sans nouvelles. prière, voir joseph et écrire par plusieurs ballons maisons tailhardat. — D. Delajalle. |

Poitiers, 21 déc. — Génébrias, 28, croix-des-petits-champs. génébrias, louveblemont bien, écrivez vérité souvent. | Bontemps, 4, louvois. détails sur famille, thaume berne, tous bien. — Bontemps, éperon. |

Le Havre, 18 déc. — Allais, 8, place de la bourse. paris. portons bien, recevons lettres, pour appointements haurin montrera dernières lettres. — Leclercq. | Collard, lieutenant état-major, 3e brigade, saint-denis. cinquième dépêche, nous allons tous bien, reçu lettre du 10 décembre. — Collard. |

Trouville, 18 déc. — Midot, 16, fontaine-saint-george. écrivez-moi, inquiète, portons bien, trouville. — Mieussei. | Cuntz, 54, paradis-poissonnière. confirme mes cinq lettres, reçois la vôtre, contents, merci, inquiets; bien portants, toujours à trouville. — Hedde. | Fontenelle, 14, rue Charlot. trouville reçois lettres bien. — Fontenelle. |

Arcachon, 21 déc. — Bacour, 53, duert, plaisance. reçu lettre du 8, troisième dépêche, portrait non, tous bien portants, désirons autant, courage et espoir. — Antoinette Bacour. | Lainé, 96, rue de la victoire. portons bien, reçu lettre 8 décembre. — Lainé. | Batel, 50, turbigo. ostende, christine vingt-six, labour, batel, blazy, bonnes santés, conjurent batel, lucien habiter boulevard arcachon, ardy parfaitement. — Batel. | Comte Saint-Aignan, 63, rue lille. sixième pigeon répétant allons tous bien ici, bargemon, saint-aignan. — Périgord. | Lunel. 10, Montholon. oscar reste, envoie argent. — L. Lunel. |

Caen, 19 déc. — Huard, 10, rue chauchat, paris. baron, santés parfaites. — Constantin James. | Choppin, 15, monthabor, paris. tous henri bien, que joséphine écrive, écrivez. — Boudet. | Breton, 210, rue saint-denis. allons bien. jules à béthune. — Basset. | Massienne, 14, rue beaune. préviens paul, albert que cailleux, tante morin morts, restons ici, famille, bonne santé. — Louise. | Leviel, 12. rue bleue. lettres reçues, portons bien, bientôt fin de notre séparation. | Lecanu, 12, place bourse, paris. second, cabourg portent bien. — Langlois. | Robin, 25, croix-des-petits-champs. faites payer bontelié termes, surtout assurances. — Lauson. | Marc, 127, avenue eylau, paris. lettre reçue, bonne santé, continuer, écris. — Caux. | Maurouard, 13, rue birague, paris. bonne santé, caen. | Silvain, 77, faubourg saint-martin. vais bien, attend nouvelle. — Silvain. |

Guise, 14 déc. — Provost, 23, jeûneurs jamais reçu lettre, pas envahis, trois fils militaires. envoyez commissions, écrivez chaque ballon, santé bonne. — Chenest. | Larsonnier, 23, jeûneurs. reçu lettre 9 novembre, jamais envahis, trois fils militaires, santé bonne avons aucune commission, envoyez ballon. — Chenest. |

Abbeville, 14 déc. — Acoulon, 8, buci, alfred abbeville, caumont, boulogne, santé excellente. — Acoulon. | Chardou, 20, simon-franc. santé bonne, pas quitté amiens, reçu toutes vos lettres, prussiens ici, pas encore prussiens abbeville. — Vidal. | Elluin, faubourg saint-martin, 14, bonne santé abbeville. ta mère. |

Tourcoing, 12 déc. — 11, neuve-des-petits-champs. santé bonne. — Badet. | Millot, 5, oudinot. santé bonne, ta mère. |

Maubeuge, 13 déc. — 109, marcadet. reçu lettres, porte bien, courage, espoir. — Maingot. | Mlle Dentel, 142, faubourg saint-denis. reçu lettres, porte bien, espoir. — Pierson. |

Trouville, 16 déc. — Félix, 18, échiquier. harding, londres. — Balleroy. —

Aire-la-Lys, 12 déc. — Marcon, 48, rue écoles. enfants bien portants, george bruxelles, migraines, rhumes, inconnus encore oure, maison alost, serai prudent. — Vigoureux, |

Hesdin. — Charpentier, 21, bresin. portons bien. attendons avec impatience de vous voir. | Houbart, 38, rue moscou. santés parfaites, sans toi pas bonheur. — Césarine. |

Compiègne, 27 nov. — Civet, 8, boulevard denain, paris. reçu lettres, bien portants, fosset mort. — Loudier. | Lauris. 25, monthabor. rien reçu depuis 18 octobre, beaucoup reçoivent. — Lauris. |

Douai, 12 déc. — Sauvin, 46, delaborde. lucy douai, henri guéri marbourg. | Colonel Porion, 3e armée, 4e division. allons bien, georges sous-lieutenant armée du nord. — Porion. |

Boulogne-s.-mer. — Warnemünde, rue charonne, 53, passage vaucanson, 3, paris. va bammessé, doit cinquante. |

Moulins-en-Gilbert, 17 déc. — étienne donne hier bonnes nouvelles de lui. famille va bien. — Bonneau-Dumartray. |

Collonges, 14 déc. — Beau, lieutenant état-major-général génie, 2e armée. tous bien. père guéri. répondez tous deux. que léon écrive. — Marie Beau. |

Bourg-en-Bresse, 17 déc. — Pavinet, mobile ain, 3e bataillon, 40e régiment, paris. allons bien. pas lettres. écris gabiet-loire. — Nicolas. |

Tannay, 17 déc. — Gauthereau, st-dominique-st-germain, 20. pas prussiens tannay. nous portons bien. mais tristesse grande. — A. Gauthereau. |

Dôle-du-Jura, 17 déc. — De Circourt, 17, milan. moi, béatry, odette, rejoignons rené cologne. ernest montbriant. tendresses. — De Circourt. |

Vimoutiers. — Hersan, chaussée-d'antin, 60. enfants monaco, villa auguste, bien portants comme nous. salle écrire. — Hippolyte Fortin. |

Tulle, 20 déc. — Dubart, du regard, 12. prévenir progressivement fanny mère morte. christophe pinart, jules vont bien. joséphine moirel tulle. portons bien. — Lestourgie. |

Granville, 9 déc. — Vassal, boulevard st-martin, 45. nous bien portants. léontine, georges à bernay bonne santé. — Vassal. | Monsieur Ringaud, rue grange-aux-belles, 33. bonne santé à st-pair 9 décembre. — Ringaud. | Greusset, 18, boulevard strasbourg. toujours granville. bonne santé, thérèse aussi. — Greusset. | Petitjean, 31, rue provence. tous bien portants. rien à praslins. — Petitjean. |

Lyon-les-Terreaux, 19 déc. — Hardon, 56, avenue impératrice. jersey, nous nous portons bien. recevons vos lettres, enfants travaillent. courquetaine, adolphe préservés. — Hardon. | Arlès, 11, conservatoire. allons bien, leipsic, alger. genève, lyon, montreux. — Arlès. | Adam, 23, boulevard poissonnière. alice, lambert, jersey, trio bien. argent pour trois mois et plus si besoin. — Arlès. | Boussod, 72, amsterdam. tous bien. recevons vos nouvelles. — Boussod. |

Montargis, 13 déc. — Rochefort, 23, boulevard temple, paris. — bonne santé. tout pillé par l'ennemi. sommes dans une chambre. — Davennes. |

Clermont-Ferrand, 18 déc. — Rheims, rue jeûneurs, 12. troisième dépêche. recevons lettres. sommes rue léopold, 15, bruxelles, bonne santé. — Fanny. | Arthur Blum, rue lafayette, 77. lettre parent bertha, bien portants. nouvelles vous, 14 novembre. — Eugène. | Jules Aron, boulevard st-martin, 39. troisième dépêche, inquiète, pas lettres depuis 3 novembre. rue léopold, 15, bruxelles. — Sara. | Martinet, rue auber, 11. sommes bruxelles, 31, naples. portons bien. st-germain aussi. lettres reçues. — André. | Clairin, rue rome, 62. santés parfaites. recevons lettres. manquons rien. bourgeois prisonnier. | Villeneuve. |

Pont-s.-Seine, 12 déc. — Casimir Périer, 76, galilée. 12, reçu plusieurs lettres, dernière du 4. tous bien, lorrez aussi. rien passé à pont. — Pierre. |

Sancergues, 18 déc. — Canuet, 5, cambacérès. sancergues, lamarche, bar excellents. rené réformé. souhaitons meilleure année. embrassons beaucoup. — Marcel Etienne. |

Lyon-les-Terreaux, 19 déc. — Gourdin, rue sentier, 33. dites au fils ricard qui est sans nouvelles depuis septembre que sa famille va bien. — Ricard. | Herrenschmidt, boulevard magenta, 10. enfants à beaune sont bien. où est fritz? répondez. — Schrimpf. |

Dax, 20 déc. — Deville, 4, rue drouot. dernière lettre 22 novembre. inquiétude. — Deville. |

Valence-s.-Rhône. — Reis, grenelle st-germain, 166. adolphe prisonnier stettin, callier teinturière valence. |

Tours. — Urbain, 3, regard. 12 décembre santés parfaites. cresca et nièces repartis. colas ici. bonnes nouvelles avenay moscou. — Louise. | Henri Juber, mont valérien. Noémi accouchée. enfant décédé. Noémi et famille très-bien. envoie-moi questionnaire. — Elise. |

La Ferté-Macé, 9 déc. — Baviot, 24, de bondy. merci. reçu lettre. écrivez chaque semaine. espère voir bientôt avec vous. reçu six dépêches. — Léon. |

Poitiers, 20 déc. — Manceau, boutarel, 7. tous bien. lettres reçues. — Manceau. | Debournat, 2 bis, boulevard temple. million tendres baisers. quand revoir? donnez nouvelles louvois. — Louise. | Paul Blémont, rue poissonnière, 35. septième dépêche. tous bien. recevons lettres, poitiers 20 décembre. |

Pau, 19 déc. — Lépine, basse-rempart, 52. enfants jersey, saint-hélier, saint-faviours, road 48. — Mère. | Prévost, 17, boulevard madeleine, envoie fernand. tous seuls malines. inquiète. bonne toujours marie. amitiés. — Lemarchand. | Chassinat, postes, paris. marie accouchée superbe garçon aujourd'hui. tout parfaitement passé. paul, pierre vont parfaitement. pau vendée aussi. — Luppé. | Berterean, rue abbatucci, 5. très inquiète. pas de lettre de toi depuis deux mois. — Bertereau.

Nice, 29 déc. 1870. — Acquaviva, 20, cours reine. cinquième, cœur avec vous, vœux, prompte réunion, santé bonne. — Arigdor. |

Vigan, 29 déc. — Deplaye, 6, rue seine. allons bien, travaillons modestement, amitiés. — Jullien. |

Flers, 29 déc. — Roussel, 78, rue provence. recevons tes lettres, portons bien, mille baisers, flers, poste restante. — Roussel. | Duval, boulevard bonne-nouvelle, 35, paris. bonne année, écris-nous. — Durand, Poullain, Palais, Mauduit. |

Segré, 30 déc. — Tessier, pharmacien, 14, grammont. prière envoyer nouvelles d'eugène et famille hache. à monségur, par Lemboye, basses-pyrénées. — Augustine Hache. |

Parthenay. — Dassier, service télégraphe forts. tous bien, amédée maintenu thénezay. — Dassier. |

Civray, 30 déc. — Lallemand, 15, rue duménil, paris. santé parfaite. — Jacquetti. | Sangnier, 5, rue monnaie, paris. troisième, najac moi bien. — Paris. |

Poitiers, 30 déc. — Grataloup, 97, rue aboukir. famille va bien, écrivez, recevons. — Lespagnol. | Delcroix, 21, rue d'enghien. enfants, édouard, moi, bonne santé, baisers, marseille, 30 déc. — Delcroix. | Dulac, 2 bis, rue vivienne. enfants, belle-mère, tous bonne santé. — Dauvin. | Moreau, 3, rue malesherbes. tous bien, mère perdue, léon intendance. — Fougery. |

Angers, 30 déc. — Hunebelle, 45, boulevard arago. chevalier, compliments très-affectueux, agathe, enfants, bonne santé, A. Dubois, femme, filles, bonne santé. — Lemaire. — Bessard Cie, belle-jardinière, pont-neuf. reçu vos lettres, situation bonne, articles hiver manque. — Brissaud. |

Bayonne, 30 déc. — Samper, 16, paix. faire paquet parure madrid, la cacher comme ce qui sera possible de cette maison. — Samper. | Samper, 16, paix. envoyer trente-un note marchandises existantes de madrid et compte-courant par globe. Désire nouvelles halphon. — Samper. |

Alençon, 28 déc. — Baleste, 35, rue bellechasse. allons parfaitement, bourgois aussi, vous embrassons. — Baleste. |

Arcachon, 30 déc. — Bartholdi, 21, raynouard, paris-passy. vœux fervents, santés bonnes. — Bartholdi. | Dubois, 45, quai bourbon. familles dubois, michelez, toujours crotoy, tous bonne santé. — Dubois. | Jozwick, 167, faubourg saint-martin. tous bien, bonne année. — Jozwik. | Fouquet, 45, rue rome, paris. Saint-Voir, 27 déc., santés bonnes. — Amélie. | Jouvet, 45, saint-andré-des-arts. vous souhaitons heureuse année, vous embrassons bien fort. écrivez souvent. — Calenge. | Fontaine, 6, rue ferme-mathurins, paris. guerre finie, georges, lucien sains et saufs, voilà vœux, bonne année. arcachonnais bien portants. — Fontaine. | Jozwick, 177, faubourg saint-martin. tous .bien, embrassons toi et layus. — Jozwick. |

Vichy, 27 déc. — général de division Susbielle. Edgard bien, maurice officier avignon, lucy, fillette, tous allons bien. — Pauline. | Debray, 30, vieille-du-temple. bonne année, portons bien, écrivez souvent. — Irené. | Le Brun, 2, ponthieu. vichy, angoulême, gabiot, bernaults, leroux, moreau, bien, recevons lettres. — Le Brun. | Justin, 79, lafayette. jeanne très-jolie, santé excellente,

Bordeaux.— 24 décembre 1870.

rose, amélie, élisa, alexis, tous très-bien portants, accoucherai en mars. — Justine. | Gabet, 1er zouaves, 5e compagnie. reçu nouvelles par oncle, rien directement, écris à vichy. — Gabet. |

Béziers, 30 déc. — Renault, 15, boulevard temple, paris. envoyez-moi argent lionnet haudrichon en un bon sur succursale banque, reçu lettre 16, — Thiery. | Houdrichon, 47, grand' rue, bercy-paris. envoyez 4,000 en bon succursale banque, à-compte factûres, faites grand tort privant argent. — Thiery. |

Toulon, 29 déc. — Jacquemin, médecin, fort rosny. portons tous bien, sommes à Gavarry, blanche revenue, marie avec nous, recevons tes lettres. — Henri Jacquemin. | Brinster, capitaine artillerie marine, saint-denis, paris. souvenir affectueux, bonne santé, bonne chance. — Mélinet. | Lauverins, 18, lascases. santés parfaites, reçu vos lettres, commande caton dispose rentes pour vous. — Lejeune. |

Le Blanc, 29 déc. — Grognet, 264, saint-honoré. félix rage oran, tous bien. — Nelly. |

Avignon, 29 déc. — Vincent, 26, sentier. luberon nonante-trois provence, huitante huit poils nonante-sept, grégos cent cinq, vendeurs rares, fabricants travaillent. — Franquebalme. |

Hyères, 29 déc. — Latkowski, 41, nollet. inquiet, écrivez souvent. — Zaleski. | Zaleski, 6, quai orléans. empruntez sur obligations, continuez écrire. — Zaleski. |

Aix-les-Bains, 26 déc. — Vullien Aimé, soldat, ambulance assomption. Oui. |

Roanne, 27 déc.— Nicolas, 82, rue amelot, paris. partie en suisse, santés bonnes, envoyez plusieurs dépêches et cartes, lettres reçues. — Copin. |

Pau, 29 déc. — Raffard, 374, rue saint-denis, paris. reçu lettre du 20, courage, bon espoir, sommes bien. — Jacomet. | Firino, 28, mozart, passy. avez-vous reçu argent par bertaux, curé montmartre? écrivez. — Ollélaprune. | Lefébure, 15, boulevard poissonnière. partout santé, laure bayeux, marchandises angleterre, avons argent, émile cologne, maheu pau. — Maheu. |

Angoulême, 21 déc. — docteur Moreau, 3, rue longchamps. santés bonnes, prévenir léontine, aller voir rue chapon, écrivez rue périgueux, 11, angoulême. — F. Moreau. | Gauldraud, 42, rue bac. nous allons tous bien. — Esther. | Bonjean, 2, rue tournon, paris. toute votre famille en santé parfaite, sécurité complète, propriétés intactes, toutes vos lettres reçues. — Baudouin. | Pezé, 7, provence. fanny 1er décembre garçon, bien, anna souffrante. | Saint-Lup, 9, jean-lantier. nous allons bien, prévenez madame triaud, demandez-lui leurs nouvelles. — Edmond. | Grospied, 210, saint-maur. Bourez sous-préfet dreux demande nouvelles, écrire marsame, rue gendarmerie, angoulême. avez-vous reçu premier télégramme?— Bourez. |

Saint-Lô. — Lasmolles, 10, navarin, paris. bien tourmentée, amis, promesse espérance, pressée revoir. — Cécile. | Dupont, 7, havre, paris. sommes bien ici, tout tranquille autour campagne, bien, reçu lettre. — Paillhou. |

Courseulles-sur-Mer, 19 déc. — Lévy, 37, avenue montaigne. familles mayer, spineux, édard, tous bonne santé, recevons vos lettres, écrivez tous souvent, inquiétudes mortelles. — P. Speneux. | Edard, 26, rue dragon. irlande satisfait, dévoué, réduit frais, banquier vingt-cinq mille francs, caisse douze, marchandise suffisante, reçu lettres. — Petit. | Aurelly, 1, faubourg saint-honoré. parfaitement portés tous depuis arrivés Courseulles. avons donné nouvelles toutes façons possibles. baisers tous. — Morin. |

Saint-Servan, 19 déc. — Guillier, 86, rue bagnolet. Alfred bien novembre, retour enfants 29 septembre, georges coblentz, écris. — Benoist. | Naquet, 80, amsterdam. amitiés, écrire nouvelles saint-servan, île-et-vilaine. — Benoist. | Badenier, 38, meslay, paris. tous bien, enfants collége, reçu mandat romanengo, que devient louis. — Bonfils. | Lebey, 33, ulrich. sommes tous bien portants, amis maintenant florence. — Lebey. |

Redon, 20 déc. — Bourdel, 3, rue havre, paris. mère, enfants, nièces, henri habitons redon, bien portants, vous embrassent, recevons lettres. — Gabrielle. | madame Potel, 25, boulevard sébastopol, paris. Emery, peinés, mort père, tourmentés, pas affaires, après guerre verrons, écris-nous souvent. — Dézobry. |

Brest, 19 déc. — Moinery, 18, cloître méry. femme, enfants bien, embrassons, delahaye bien. — Lucile. | Lesueur, 78, rambuteau. habitons brest, 13, rue château. reçois lettres, écrivez, santés bonnes, nouvelles boline. — Lesueur. | Chevillotte, 41, rue de la victoire. Semuricns, nous portons bien. — Eugénie. | Le Jeune, 44, notre-dame-des-victoires. huitième, tous bien, bébé superbe, contente démission, hamon bien. Céline. | Vandier, 39, rue amsterdam. 19 déc., santés excellentes, séjour heureux, bonnes nouvelles martinique, cousin voyage cherbourg, courte absence. — Vandier. |

Alençon, 13 déc. — Besnard, notaire, saint-denis-sur-seine. chacun en son pays, femme, enfants bien, toujours correspondance entre eux et nous. — Hatey. | Massin, 28, rue saint-quentin. tous bien verneuil, alençon. amélie à saintes, hôtel messageries, avec massin et enfants.— Hatey. | Persil, notaire, 31, rue pasquier. donnez congé pour juillet mon appartement, 46, amsterdam. répondez alençon. — Micard. | Donon, 42 avenue gabriel. souvenir cordial. alençon. — Micard. | Réville, 81, rue rivoli. partons tous pour pontoise, écrire toujours à alençon | de Bechillon, 2, rue saint-sulpice. nous allons bien tous, alençon excepté. — Célina. | madame Lemaire, 11, rue castiglione. nous allons bien. — Lemaire. | Lesourt, 45, lille. vos filles vont bien. nous aussi.— Devauguérin. |

Rennes, 19 déc.— reçu lettre du 10, tous santé parfaite, vous embrassent, bonnes nouvelles duputel. — Hellot. | Hervieux, gérant, 5, cadet, paris. voir martin dugard, faire signifier congé aussitôt pour premier avril prochain, appartement, 10 rochambeau. — Prévôt. | Gobley, 34, rue grenelle-saint-germain. tous parfaite santé, dentition très-facile, laure excellente nourrice. — Gobley. | Godefroy, pharmacien, 252, faubourg saint-martin. écris toutes les semaines, portons bien, eugène chirurgien-major, reçu quatre lettres.—Godefroy. | Deshayes, 28, pasquier. pierre, marie, parentes. bien, tante ici, mandon, duval, sablé bien. | Saint-Géran, 6, vieux-colombier. Vendin pontcharrat, famille cimier, tous parfaitement. raoul brigadier lyon, passé deux jours pontcharrat. pas prussiens, tendresses. — Berthe. |

Londres, 17 déc. — Gibert, 122, rue de provence. paris. cinquième dépêche, familles jeanti, gallet, habitent jersey, santés excellentes, reçoivent vos lettres. — Léontine. | madame Griffanti, 26, rue pigalle, paris. je suis fort bien, reçois tes lettres. — Griffanti. |

Lyon, les terreaux, 20 déc. — Larsully, 31, petites-écuries. écrivez par plusieurs ballons, 35, cœurs herbouville, lyon. donnez argent six mansart. — Henri Paradis. | Durvilly, 62, pompe-passy. allons bien, louis aix, fourrier, dépôt. voyez magasin, écrivez plutôt, ennuyé, embrasse. — Chapuis. | Vogel, 9, faubourg poissonnière. fabrique beauvais marche toute vapeur, maison londres fait quelques affaires, sa position financière bonne. — Vogel. |

Saint-Brieux, 19 déc.—Danguy, 6; port-mahon. lettres reçues, alfred prisonnier, blanche mariée valicourt, soigne santé; vois bonne cousine, pas caisses tante. — Maupeou, 8, milan. prussiens éguilly, julie écrit, rien pris chez personne, bénissons Dieu, reçu ta lettre le 20. — Maupeou. | Durand, 90. faubourg poissonnière, recevons lettre 7 décembre, mandat imparvenu. numéroté correspondance, trouveras combustibles cave fanny, tous parfaitement. — Louise. | madame Frélat, hospice salpétrière. lettres reçues, heureuse. hennet prisonnier, blanche mariée valicourt, amitié, reconnaissance toujours. — Danguy. | Prima, capitaine 1er bataillon douanes. deuxième, reçois lettres, bien, louise intelligente, douanes restées: | Desbans, 15, rue montmartre. sixième dépêche, meilleure année, ici santés parfaites. — Pique. | Gaffez, 6. place bourse. allons bien, avons argent, embrassons cœur. — Suzanne. | Leniau, 8, place bourse. allons bien, avons argent, reçois lettres. — Clémence. | Tréveneuc, ministère guerre. pomorio plaçamen bien, troisième dépêche.— Tréveneuc mère. |

Lille-central, 23 déc. — Gignan, 168, faubourg st-honoré. santés parfaites. 10, meaux, tournay, belgique. — Marie. | Madame Renaud, 58, rue st-lazard. prisonnier cologne en bonne santé sans nouvelles depuis août. écrire à Ars. — Hyppolyte Renaud. | Tamisey, commandant à corbie somme, va bien. madame tamisey, rue de l'odéon, 19, paris. — Tamisey. | Mailliez, rue labruyère, 28, paris. pourquoi pas écrit, inquiet pas recevoir nouvelles de Louis. réponse de suite. — Isidore. | Commandant bibesco, paris. suis coblenx, sollicitons avec darras échange pense à nous, michel, edgard bien, Dieu vous garde tendresses.—Georges. | Langlais, 44, rue de provence. alodie et rené arrivés à hlicquy; marraine et famille santé très bonne. — Herteux. | Lebon, place vendôme, 12, paris. vais bien, toute la famille reçois tous les mois l'argent. — Lebon. |

Le havre, 26 déc. — Darblay, du louvre. prière payer traite calcutta, polisie odessa 51/9, sandominica 53 480, berdianski 48/9 492. bonnes nouvelles bruxelles, 22. — Dershamps. | Valentin, 4, passage, Violet, paris. dites madame aubry, 16, choiseul, capitaine, seyries, prisonnier, hambourg désire nouvelles.— Frankfurter. | Valentin, 4, passage violet, paris. casseres 15000, marsins 5000 payé. johannet pas parti. — Frankfurter.— Valentin, 4, passage violet, paris. reçu lettres 26 novembre, me porte bien à hambourg, écris à tous pour remises. — Frankfurter. | Favard, boulevard haussmann, 91. familles bien, constant elbeuf restons. — Fovard. | Allaire, 38, cardinal-lemoine. portons bien albert aussi, demandons nouvelles.—Mondé. | Petit frères, st-denis, seine. lingeman vendu cent tonnes quarante un demi. devaux reçu cinq mille livres crédit claude lafontaine. — Leguillou. | Duarte, 12, sentier. meilleure année pour France vous et moi. lettres reçues. courage toujours. hâvre pas encore attaqué. — Gery. | Marcotte, 44, rue Enghien. meilleure année pour France vous et moi. lettres reçues, courage toujours. hâvre pas encore attaqué. — Gery. | Raffinerie parisienne, 27, riquet. exotiques barriques 48,50. usines soixante indigènes 55, blancs 65. raffinés rares 170. — Esbran. | Borel, rue legendre, 91. suis au hâvre bien portant. — Borel. | Follet, 10, l'écluse. allons bien, donnez donc nouvelles par ballon gare hâvre.—Pennevert. | Madame Jacquot, martignac, 3. suis hâvre bien portant, louise bien. — Renaux. | Garnier, 117, boulevard st-michel. bonne année, mouvement ouest, hâvre.— Doucerain. | Bouché, 5, charlot. Réné va bien, priez jeanne visiter mon logement, clef chez corsain, écrivez gare hâvre. — Doerken. | Desallais, 19, de bréa. reçu vingt-cinq lettres, allons tous bien. — Desallais. |

Roubaix, 26 déc. — Adolphe Catteau, 17, jeûneurs, paris. allons tous bien, bonnes nouvelles madame nayrolles. reçu toutes vos lettres. confiance. — Catteau. |

Caen, 28 déc. — Roume, fontaine, 35. allons bien. — Roume. |

Bernay, 28 déc. — Cheruel, rue mesnil, 10. tous bonne santé, souhaits. — Chéruel. | Duval, rue maubeuge, 78, paris,. eugène cologne bien, nous bien. — Agis. |

Brives, 30 déc.—Golfier, 170, rue montmartre. allons bien, émile ici, t'embrassons. — Golfier. |

Brest, 29 déc. — Magnabat, ministère instruction publique. familles magnabal et philippon bien, écrivez brest nouvelles de vous des amis et famille taillandier.—Evelarin. | Chollet, cherche-midi, 42. souhaitons tous bonne année bonne santé. sommes toutes très bien. ai écrit par poste. —Chollet. | Honebelle, gay lussac, 26. reçu caisse, panier en septembre, oui appartement maison miriet, tous bien. — Honebelle. |

Viré, 28 déc. — Payn, 6, rue condorcet. santés bonnes, correspondance delsol, duquesne. temps long.—Payn. |

Pau, 30 déc — Akar, mazarine, 42. ai votre lettre 20 décembre, un peu moins inquiète, meilleure année pour vous et nôtres. — Bizot. |

Foix, 30 déc.— Vidal, lieutenant vaisseau. fort montrouge. bien tous ici et foix, prosper aussi, auguste rentre, bonne année. — Vidal. |

Limoges, 30 déc. —Raynaud, rue feuillentines, 78. la famille se porte bien. — Jardin. | M. Lelas, mazagran, 5. tante inquiète, vos santés depuis un mois, bien portante, embrassons tous. écrire gare éguzan, indre. — Hervy. |

Le Mans, 28 déc. — M. Cherouvrier, rue tombe-issoire, 82, montrouge. demande nouvelles? année meilleure, bonne santé, toujours au mans. heureux souhaits. — A. Cherouvrier. |

Cette, 30 déc. — Gelly, enseigne de vaisseau, plateau avron, dans artillerie. sommes tous cette, portons bien bébés aussi, écrit lettres sans réponse lettre décoré. — Fouilhé. |

Toulouse, 30 déc. — Michaud, notre-dame-de-lorette, 14. voir boullé boulanger, rue honoré, demander onze cents francs payer loyér, tréviso louer magasin, déménager janvier. — Dilhan. |

Lefébure, rue lascazes, 7. portons bien, recevons vos lettres. — Lefébure. |

Valence, 28 déc. — Peloux, lieutenant 2e bataillon drôme, paris. tous vont bien, reçu tes lettres, rien andré.—Peloux. | Dupont, lesdiguière, 15. norwége ensemble, santés, bonne année. — gardon. | Docteur Joannard, 17, notre-dame-de-lorette. nous sommes bien portantes. — Noémies Joannard. |

Prades, 29 déc. —M. Selva, 18, rue de la lune, paris. assez bien portante, donne souvent des nouvelles, toute ta famille va bien. — Eugène Selva. |

Valence, 28 déc. — Guttin mobile, 2e bataillon, 5e compagnie drôme, paris. bonne année, portons bien, travaille sur fusils chez nous. écris compliments.—Guttin. |

Grenoble, 28 déc. — Jay, rue rambuteau, 15. bonne santé maman, ramans morts. — Jay. | Commissaire, rue quatre septembre, 12. accepté mission, pris nécessaire, rentes payées, sinistres réglés ou non, arriveront environ vingt-deux mille.—Augier. |

Fernex, 16 déc. — Maliyoire, 40, vanneau. commandant maguin sain sauf, francfort. reçu lettres rené, sœur, charles. tous bien. — Birague. |

Divonne, 16 déc. — tous trois santé, sécurité parfaites. 16 décembre arsène, chez docteur vidard divonne, ain. charpentier, garancière, 7. |

La Ferté-Millon, 29 nov. — Pichat, 16, berlin. êtes-vous paris. écrivez donc chaque ballon, suis si inquiète. nous portons bien. — Emma. | Morlot, 2, courtille. reçu carte 13 novembre. santé bonne, quoique très-inquiet. — Dural. |

St-Valéry-s.-Somme. — Barth, lille, 46, paris. allons tous bien, thérèse également. recevons vos lettres. pas besoin argent 12 décembre. — Vuigner. | Bout Charlemont, rue bonaparte, 72, paris. sommes bien. lettres et fêtes reçu. courage, espérance. — Bout. |

Douai, 13 déc. — Clin, 14, rue racine, paris. bordeaux, douai, bien portants. — Clin. | Andry, 70, longchamps, paris-passy. suis douai tranquille avec élise, après séjour péronne. portons toutes bien. écrivez poste restante. — Thérèse. | Perdrigeon, 21, aumale. allons tous bien, toujours bruxelles. dire stéphanie famille henri, tantes fontaine bien. sans nouvelles desforts. — Perdigeon. | Desforts, 12, bonaparte. nous bien, perdrigeon aussi, ignore où est albert. sans nouvelles orléans, tous jouana desforts depuis quinze jours. — fontaine. | Sorlin, 33, passage vérododat. portons trois bien. reçois tes lettres. écris douai. — Louise. | Petitjean, 27, boulevard Magenta, paris. douai bonne santé. — Ferd. |

Chablis, 16 déc. — Falateuf, rue conservatoire, 8, paris. toujours bien, serrigny 16 décembre. — Falateuf. |

Hesdin, 14 déc. — Alexandre, rue halles, 9. bien portants. henri 94e ligne caporal brest. camille ici. reçu 30 pas prussiens. — Germaine. |

Compiègne, 27 nov. — Desréaul, dastorg, 4 bis. habitons compiègne. tous bien. — Desréaul. |

---

47 Pour copie conforme :

L'inspecteur,

Bordeaux. — 24 décembre 1870.

Bordeaux, 26 décembre. — Olivier, général artillerie, fort saint-denis. georges bien, prisonnier prusse. — Olivier. | Brenguier, poste batignolles. brenguier bien. — Brenguier. | Bordeau. — Pauliac, 2, geoffroy-langevin. santés dames martin, edme, pauliac excellentes, habitent grenoble, reçoivent lettres, édouard prisonnier. altona, bien, envoyé argent. — Jurquet. |

Emmery, rue saints-pères, 28. perier, vertamy à bruges, trio, saifontaines tous bien. — Dalon. | Guérin. 43, trévise. reçu 3 lettres, envoyé 3 lettres, 2 télégrammes, sublet, fille voisines, sophie, filles tous bonne santé. — Ravaut. | Mme Raimbault, 14, boulevard temple. paris. bonne santé, meilleure année, réponse, cauderan rien. — ami Boyer. | Prevost, 39, boulevard bonne nouvelle. informations si augmentation cacaô sucre vanille, chauffage augmenté, chocolat proportion, tous isidore. alphonsine, suzanne bien. — Prevost. | Vaissière, ferme-mathurins, 24, paris. tous parfaite santé. soyez sans inquiétude sur nous, thérèse embrasse père tendrement, excellentes nouvelles rigaud. — Vaissière. | Digard, 4, isly. remercie lettre dauchez, matler, plicque, domestiques, tournai largillier, augustin oran, tous bien, réponds vaulx, nouvelles canoville. — Digard. | Canoville, 8, duras. donnez par ballon nouvelles de vous, henri. — Duquesne. |

Desforts, 12, bonaparte. tantes, cousin orléans, henri douai, nous vaulx, tous bien. — Fontaine. | Gillet, 65, rue neuve-petits-champs, paris. Jean sous-lieutenant, florent lieutenant, prisonnier coblentz, répondez-moi bordeaux poste restante. — Jean-Gillet. | Paillard, 19, rue suresne, pas d'enthousiasme, du calme, prudence, santé bonne, dieppe tranquille. — Ernestine. | Pastor, cité trévise, 3, paris. santés bonnés, georges en france 30 novembre, betty aix, bruxelles, rue argent. 31. — Pastor. | Masson Ragot, 11, place bourse. allons bien, pour emprunt décision bonne, avons bons du trésor, garantissez paiement. — Orbelin Berteaux. | Beaufond, bellechasse, 31. 20 décembre, bien, plusieurs lettres perdues, écris-moi chaque ballon, consulte lebeau, ministère marine. — Beaufond. — Mme Suet, 14, castiglione. veillez chez moi et prenez beurre. — Caroline Monteage. | M. Alard, 78, boulevard port-royal. lefèvres et moi bien. — Poirson. | Bardon, passage croix-bretonnerie, paris. souhaits sincères pour nouvelle année à toi, gustave et parents, de moi et enfants. — Bardon. | Le Glay. 30, rue rivoli, paris. tous bien, baters berch, dites ponticoulant, berk-sur-mer (pas-de-calais). — m. kay. | Laurent, martel, 8. 4e dépêche. avons ta lettre 19, désire te voir, accoucherai fin janvier, louise sevrée, superbe. — Thérèse. | Robillard, 13, rue monsigny, paris. claire, isabelle, bébée vont bien, vous embrassent, mère rouen, alfred faire photographie envoyer bruxelles. — Kecht. |

Pinart, 5 bis, rue martel. 22, tous parfaitement, reçois vos lettres, dernière 10, élisabeth vaccinée, ai argent, garde appartement. — Pinart. | Rabaroust, 37, boulevard magenta. 12e dépêche, 3 enfants bien, courage. — Rabaroust. | Eschtal, 98, neuve-mathurins. dernier ballon, 4, maria 15, bien, soignant blessés, communications interrompues avec louis, réquisitions modérées, bien. — Delarue. | Sivry, affaires étrangères. tous bien, argent suffisant, reçu lettres, pas portrait. — Sivry. | M. St-James, rue vivienne, 22. bonne santé, charles prisonnier. londres 2 mois, londres, 17 décembre, 5, bernard-street. — St-James. | Courras, 20, rossini. reçu lettres 17, 22 décembre même position, montevidéo, affaires calmes, michel non guéri, mieux. — Monsignac. | Huvet, faubourg st-honoré, 248, paris. tous bien compris, fillette à lembèye, communiquer télégramme à famille chenu. — Lecieux. | Roger Keating, 11, abatucci. mère et clélic bien portantes. — Richemont. | Doge, écuries-d'artois. 9, femme, enfants, mère, sœur bien, tes lettres reçues, poitiers, 22 décembre, pierre-puellier, 13. — Fillémin. |

Bordeaux, 14 déc. — Bandesson, 8, boulevard invalides. bien partout, as-tu reçu quatre oui ? — Alexandrine. | Gérinroze, 4, provence. tante vichy, mari épernay, portons bien tous. — Goulé, lintilhac thiéry, 193, catherine. | Ducros, 2, cardinal-fesch. tous bonne santé, compagnie bien, arreglo attend rétablissement communications, tous impatients, vous voir bientôt. — Canalejas. | Vatismenil, 18, champs-élysées. 5 déc., nous, henri, lasallière, enfants bien portants, étrépagny partie brûlée, château moins souffert. — Isabelle. | Seidner, 36, échiquier. j'approuve versement trois cents, reprenez couderc et agissez ensemble au mieux de mes intérêts. — Günther. | georgette Delaunay, 100, boulevard rochechouart. soigne-toi bien et arrange-toi pour que je retrouve stop bien portant. — Günther. | Couderc, 46, boulevard strasbourg. rentrez au magasin, repassez les armes, entretenez le magasin propre, agissez de concert avec seidner. — Günther. | Morin, 55, rue bellechasse. 11 déc. allons tous bien, émile aussi, pas nouvelles chartres. — Claire Morin. | Lacan, 10. rue thérèse. allons bien. — Lacan. | Bosviel, 60, richelieu. tout parfait, santé, sécurité, bien être voisins, recevons vos lettres. — Bosviel. | Tolza, 50, cler gros-caillou. rouffia, tous bien, courage. — Edouard. |

Béchet, 23, rue monceau, paris. enfants très-bien, reçu ta lettre, puisque cheval revenu, vendez-le bien si pouvez. — Dufour. | Darcel, 24, avenue gabriel. amis et famille allons tous bien, isaure arrivée le 10, alphonse travaille un peu. — Marguerite. | louise Marchant, monnaie. lettre satisfaisante reçue, remerciez huguetsudré. — Marchant. | Voisin, 10, rome. réunis crêtes, paul ici, alfred cologne, jules metz, tous bien, reçu huit lettres. — Marie. | Chauvy, 2, rue pyramides. nous tous, keravel, province parfaitement, recevons lettres, écrivons, télégraphions constamment, avons courage, élisabeth, albert bien. — Alice. | Cail, 56, boulevard malesherbes. santés excellentes, expéditions nouvelles par tous moyens, recevons thérèse, olympe, bonnes nouvelles, pas reçu cartes. — Hébert. | Valentin, 127, lafayette. paris. louise famille chimay. — Valentin. | Muller, 12, rue perdonnet, paris. très-inquiet du silence persistant, envoyez nouvelles explicites sur vous et ma banque, salutations. — Dahl. | Lange, 3, rue scribe. nice, cinquième dépêche, santé bonne, depuis 16 sans lettre, reçu nouvelles par guebhard et bordeaux. — Marie. | Wattebled, 4, rue boulevard batignolles. santé bonne, pas lettres, bordeaux reçu beaucoup, désolée. — Aïda. |

St-Servan, 14 déc. — Hatin, 77, neuve-petits-champs. tous bien. deschambeaux ici. — Hatin. | Delaporte, 26, rue université. ernest bien, quitté clermont fin octobre, sommes st-servan. — Caroline. |

St-Astier, 9 déc. — Dupont, 45, jean-jacques rousseau. allons tous bien, attends ton retour anxieusement. — Boucher. |

Pau, 9 déc. — léon Blanchard, 13, rue d'argout, paris. reçu ta lettre 8 déc., santés excellentes, ta famille à aix. — lucien Bernadotte. | Fabreguettes, 23, faubourg st-denis. morra place, grammont pau, nous portons tous bien. amélie fille, vavasseur père mort, émile mort. | Bénard, 25, rue aubry-le-boucher. sommes à pau, écrivez-nous poste restante. — Bénard. | Ouri, 27, rue des dames batignolles. santés excellentes, reçu vos lettres. — Henriette. | Révillion, école militaire. tous parfaite santé, préviens adrien. — Emilie. | Trillement, 37, rue paris-belleville. obligeance donner de suite cinq cents francs pour moi à léon. seront rendus personnellement par léonie. |

Bayonne, 9 déc. — Dolabaratz, 135, magenta. allons bien. — Dolabaratz. | Javain, 1, rue du regard, paris. recu beaucoup tes lettres, contrée paisible, santés parfaites, barthélemy ici, menant bon maire. — Bonard. | Blacque, 19, grammont. tous bien, écris soixante lettres, charles, ferdinand près ennemi, robert, adolphe chez eux, vignal londres. — Cécile. |

Etretat, 9 déc. — me Monge, 47, rue martyrs, paris. reçu lettres, tous bonne santé, écrire souvent. — Monge. | m. Lemoinne, 109, boulevard haussmann. tous bien étretat, sécurité. — Elina. | Landelle, 21, quai voltaire. moi, enfants, lafosse, egger, bien, toujours étretat, sécurité. — Landelle. | Colinet-Dâage, 69, rue st-lazare. santés bonnes, lettres arrivent, maison chaude. —

Toulouse, 11 déc. — Bouilhon, 78, rue four-st-germain. bonnes santés, écrivez. — Sasikoff. | Roucolle, 56, rivoli. tous parfaite santé, élodie bien. — Roucolle. | Lucas, 25, boulevard montparnasse. bonnes santés, reçu vos lettres, écrivez. — Sasikoff. | Vernes, banquiers. votre opinion gaz parisien, crédit foncier. — Courtois-Riols. |

Angoulême, 9 déc. — Fournier, 59, rue pigalle. bonne santé, sans nouvelles septembre, prévenir deslignières, tante couvent clichy, manuel, horteloup, morizot arcachon, réaume angoulême. | Blot, 114, turenne. tous angoulême bien portants, lettre 13, carte lucie reçue. — Ernest. | Tournier, 8, thévenot, paris. trouverez sous tonneau cave paquet livres conserverez soins, réponse. — Hachon. | Baranger, 61, ponthieu. santés bonnes, reçues lettres, approuvé chevaux. — Lucy. | Bouisseren, 4, chauveau-lagarde, paris. sympathies bien vives pour décès sœur tante, partageons douleur, prémont juge décédé, amitiés sincères. — Guillon Monteilh. |

Angers, 9 déc. — Delaporte, 34, rue geoffroy-st-hillaire. seconde dépêche, reçu lettres, albert, famille, santé bonne. | Monlien, 46, faubourg temple. monlien bien portant, angers, concert élysée. | Connin, 60, Boulevard sébastopol. reçu nouvelles, conin, herpin, onillon, labbé bien. — Hermance. |

Rochefort-sur-mer, 9 déc. — Goelzer, 182, rue lafayette. goelzer, enfants bonne santé, maison bernal, rue des pouchettes, nice, correspond avec lui, vôtre, partie. — Goelzer. | Ribaucour, lieutenant génie, fort bicêtre. tous bien, embrassent, écris souvent, travaillons. — Ribaucour. |

Mâcon, 7 déc. — Martin, 37, avenue bosquet. allons bien, pas nouvelles vous deux mois, écrivez, inquiet, deveaulx mort. cluny. — Sujobert. |

Langeais, 10 déc. — Félix-laurent, élysée-national, parents, frère vouziers, amis santé bonne, lettres plaisir, rares, amitiés. — Théobald Genty.

Nantes, 12 déc. — Chaperon, 98, boulevard haussmann. 8, tous bien, dire francis madame dorléans reste penthièvre, nouvelles alphonse. — Hélène. | Cleiftie, 179, st-jacques. nantes. tours, bien, reçu toutes lettres. — Cleiftie. | Clogenson, 46, boulevard beaumarchais. installée nantes, voyage par bretagne, mercier, Guibourg alençon, fais écrire robert, mère beaune. — Valérie. | me Picory, 175, rue st-denis, paris. bontemps va assez bien a reçu toutes lettres. | me Raboin, 79, boulevard st-michel, paris. bontemps va assez bien, a reçu toutes lettres. | Champouillon, 35, avenue d'antin. toujours santés parfaites, bonnes nouvelles, veules, pau, tarbes. — Mathilde. | m. Galland, 21, boulevard prince-eugène, paris. aucune nouvelle 18 septembre. — Martin. | Dhaisne, 47. rue galilée, paris. suis bonne santé, plusieurs dépêches envoyées, reçu lettres ballon. — Dhaisne, 22, rue gigant. |

Valenciennes, 8 déc. — Raspail, 14, rue temple, paris. tous trois bien portants, Ucles chez docteur, Xavier bonne santé, corps mocquart, sommes vus. — Auguste. | Crucheudeau, 8, laffite, paris. londres, bonne santé, reçu quatorze lettres, désirons détails, embrassons, amitiés tous. — Crucheudeau. |

Vermoutiers. — Bois-Duval, fossés st-jacques. reçois tes lettres, allons bien. — Emilie. |

Fernex, 15 décembre. — Mademoiselle Vertbois, 2, rue lapérouse, paris. famille très-bien, sécurité, recevons lettres, envoyé cinq dépêches, Georges égaré, prévenir Abel. — Bailliencourt. | comtesse Case, 17, place madeleine. meurs inquiétude, écrivez genève. — Emma. |

Calais, 11 décembre. — Wenger, 12, rue montalivet. tous iront à bâle si nécessaire, vont bien, soyez sans inquiétude. — Sarazin. | Renaud, 56, rue victoire. — grande joie vos lettres ! allons bien, écrivez souvent, souvenir à Phillips, voyez rue baudin. — Delhaye. |

Moulins-en-Gilbert, 11 décembre. — Lan, 12, auber. prière écrire Boux. — Beauregard. | Montesson, hôpital beaujon. santé passable, reçu une lettre. — Beauregard. |

Alençon, 13 décembre. — Raviot, 24, de bondy. merci, reçu lettre hier du 28, courage, à bientôt, écrivez vite. — Léon. | Bianchi, 102, richelieu. septième dépêche, 14 décembre. santés parfaites, en sécurité à alençon. — Mathilde. |

Mortain, 11 décembre. Fouqué, 23, humboldt. suis courageuse, enfants aimables, avons bon espoir. — Fouqué. | Leroy, 17, rue des moines, batignolles. nous nous portons tous très-bien, recevons tes lettres, pensons beaucoup à toi. — Leroy. |

Toulouse. — Darnaud, capitaine, 4e zouaves. lettre émouvante sur 30 novembre, réjouit parents, amis. vœux, espoir. — Darnaud. | Michelet, 180, quai jemmapes. votre père mort, écrit lettres, Emile voir Nélaton, assez d'argent. — veuve Michelet. toulouse. poste restante. | Lucy, 5, béarn. 15 décembre reçu quatre lettres, une perdue. portons bien, sommes à vevey, toucher coupons, prévenir Berthe. — Edmond. |

Nantes, 15 décembre. — Rivière, 112, richelieu. Honout maman écrire ballon nantes. — Simon. | Fabre, 43, vavin. toutes parfaitement. Bichette marche, pas sevrée. — Blanich. | Desplechin, 153, faubourg-poissonnière, paris. santés bonnes. — Desplechin. chantenay-sur-Loire. |

Poitiers, 16 décembre. — Parguez, 50, neuve-petits-champs. Rosa et les quatre enfants sont en parfaite santé, bien installés quimper, reçoivent toutes vos lettres. décembre. | Debancour, 31, rue missions. bonjour, ici tous bien, voyez Roger. — Delaferre. 15 décembre. | Lascoux, 86, université. couches prochaines, toujours parfaite santé, mille tendresses. — Aimée. | Montruffet, 1, argenson. Malzieu, bonne santé, reçu 30 lettres, argent suffisant. Paul décoré, aix-la-chapelle. Théo, Octave, Tours.

Rennes, 14 décembre. — Petit, 63 bis, rue de douai, paris. allons bien, ai écrit souvent sans aucune réponse, très-inquiète, écrivez suite. — Marie. | général Trochu. familles Brunet, Duriez, Dallemagne, bien. reçu vos dernières lettres. | Mme Thory, 194, rivoli. bien Roastin. Jolivet reçu lettre général, résidence inconnue. amitiés. — Auguste. | Masson, 65, faubourg-st-denis. recevons tes lettres, bonne santé. — Masson. rennes. | Demolon, 7e bataillon, 6e compagnie, mobile parisienne. famille bien, écris. — Elodie. | monsieur de la combe, 75, avenue d'italie, paris. allons tous bien, reçu lettres vous. — Marie. | madame de la Gournerie, 86, rue de Sèvres, aux ambulances, paris. donnez nouvelles de Victor, je reçois lettres. — Marie. | Destrem, 11, st-lazare. Campel, santés parfaites. | Chapzon, 47, rochechouart. vos nouvelles, Robert, madame Gaudier. — Saulgrain. rennes. |

Trouville-sur-mer, 13 décembre. — Danloux-Dumesnils, 50, londres. tous bien portants. Guérin chevaux Coltierès. reçu quarante lettres de vous 13 décembre. — Danloux-Dumesnils. | Hautpoul, chef escadron, 86, lille. bonnes nouvelles. tous félicitations, amitiés. — Marguerite. treize. | Henriet, 12, gaillon, paris. trois bien portants, bien installés, travail. Adèle à nantes. — Hocart. trouville, 13 décembre. | Bonnechose, 133, st-dominique. allons tous bien. — Marie. | Desforges, 1, hauteville. aïeule, 8, becquet, bien portante, Namur ici, trouville, 10, bien. — Laboissière. 13 décembre. | madame Vatry, 20, place st-georges. bonnes nouvelles francfort 3 décembre. enfants parfaitement, pensons à tous. — Marie. |

Dinan, 15 décembre. — Fessard, 21, amsterdam, paris. Charles avec nous, blessé légèrement talon. Emile bien. — Quoniam. | monsieur Perraut, 6, vavin. réformé, assez bien. — Perraut. dinan. | madame de Kertaigny, 14, rue bleue. reçu trois lettres, tous bien portants. — H. Blaize. | Coriolis, 123, rue grenelle. 4e télégramme. aucune réponse, inquiète. écrivez rue école, dinan. — Corinne. |

Castelnaudary. — Herissongallé, 22, bac. recevons lettres, allons tous bien. — Victor. | Maslatrie, 3, quai voltaire. absents, présents, bien. René alger, Jacques loire. | Metgé, 55, petites-écuries. calmes, santés bonnes, Calés reçu, Jules éventuel. | Grouvelle, 28, monthabor. tous bien portants, souhaitons fête mère. |

Tours, 15 décembre. — Legrand, 40, richelieu. sois tranquille, tous bonne santé, ne manquons rien. Polymnie à estrées. nous t'embrassons. — Mme Legrand. cabourg. | Arnous, 51, neuve-st-augustin, paris. maison complète bien, Henri revenu bien, vous embrassons. — Emilie. | Carlhian, 26, sentier. reçu lettres 20, 30, 4 décembre. allons bien, soupirons paix. voyons Giesé, Schlumberger, Languillet, Emma. embrassons. — Carlhian. | monsieur Marinoni, 57, vaugirard, paris. recevons lettres, portons bien. embrassons toi, Désiré et famille ennuyons beaucoup, impatients vous revoir. — Marinoni. | monsieur Cuau, 88, boulevard courcelles. portons tous bien. — Clara. | Eydt, 46, colisée. reçu lettres, portons bien, chambord occupé, Dufour peur partie poitiers. — Groisil. | Durand, 34, montholon. madame Durand et famille parties bohain tristes, santé bonne. — Vathaire. | Calmon, 59, abattucci. nos familles vont bien, Emile réussit dans le lot, espoir. — Maury. | général Blanchard, gare montparnasse, paris. bien tristes sans nouvelles de toi, prions et espérons, Eugène très-bien. — Marie. | Léontine, 27, rue luxembourg. mécontente, écrivez nouvelles par ballon, dites à Fairmaire veillez en maître, Carron rien fait. — Bigot. |

Bayonne, 16 déc. — Gil, 6, boulevard capucines. allons bien, barcelonne bien, souvenirs affectueux. — Pepita. | Vicomte d'Arnauld, commissaire guerre, rue royale, paris. marie, charles à numbourg allemagne saxe, sont bien, enfants bayonne. — Ve Rodolphe. |

Aix-en-Provence, 15 déc. — Lamazelière, 9, richepanse, paris. arthur, albert 5 décembre toujours bien, 15e corps, après trois jours lutte avaient repassé la loire. — Marguerite. | Liébert, 11, rue monsieur, paris. écrivez. |

Pau, 16 déc. — Marotte, 34, rue victoire, paris. maucourant bien après metz, nous bien. — Jaucourt. | Général Ducrot, paris. prière avertir ducrot que suis avec valence. — Mathilde. | Demarest, 16, échiquier. donnez nouvelles de louise par ballon, poste restante à pau, basses-pyrénées. — Chambon. | Morlot, 7, laffitte. dumontpallier londres, jous pau, deffan bien. — Amélie. | Mitjans, 12, rue l'élysée, paris. pensons beaucoup à vous, enfants bien, écris souvent, recevons tes lettres. — Riera. |

Aurillac. — Carrière, 5, rue de bondy. renouvellement mont-de-piété, bonne santé. — Fayet. |

Lisieux, 14 déc. — Cadou, 14, drouot. réfugiés lisieux, nantes valides.

Béziers, 16 déc. — Géraud, 16 université. sommes béziers, châteauroux, nevers santés parfaites. — Angèle. |

Bordeaux. — 24 décembre 1870.

Arras, 10 déc. — Dubois, 62, saint-sauveur. tout reçu, inquiète, pas santé bonne. — Fanny. |

Grenoble, 15 déc. — Schlegel, 9, saint-paul. lieutenant dépôt 6e artillerie, grenoble, valide. — Fernand. |

Fontenay, 14 décembre.— Tournouer, 43, lille. issoudun bonnes nouvelles, marthe fille, tous bien brévilliers, suis fontenay, vous écrivons souvent, couarge. — Gendron. |

Lamballe, 1 4déc. — Saintgonant, chef bataillon mobiles côtes-du-nord. colombes. enfants studieux vannes, henri premier, parents, rivot pensent, legatinais fils tous bien, paiera. — Alexandrine. |

Menctou, 13 déc.— comte Greffulhe, 10, astorg, paris. tous très-bien. — Félicie. |

Quintier, 14 déc. — M. Grandin, capitaine au 125e, paris. santé bonne, quintix, lettres reçues.— Grandin, par bordeaux. |

Jugou, 14 déc.— Lohan, mobiles loudéac. briochains, rouennais, quillio bien. auguste lieutenant mobilisé armée loire, lettres paul reçues, louis deux seulement. — Aimé. |

Honfleur, 14 déc. — Haussoullier, 52, avenue clichy. joue, échauboulures, estomac, croissance guéris, doigt mieux. cosne bien. — Haussoullier. |

Lille, 10 déc. — Hermand, 25, chapon. santé parfaite, reçu lettre ballon.— Paula. |

Argentan, 14 déc. — Tostain, boulevard sébastopol, 125, paris. enfants bien portants châteaudun. — Prieur. |

Calais, 10 déc. — Tresca, 13, rue mail. léon prisonnier stettin, va bien. — Picquet. |

Bonnétable, 14 déc. — Ledoux, 87, neuve-des-petits-champs, paris. gaston, nous allons bien, pas nouvelles germain, reçu trois mandats. — Laverrières. |

Plouescat, 14 déc. — Mariotti, 47, notre-dame-de-lorette, tous parfaitement, keremma informe louis. — Mariotti. |

Laval, 14 déc. — Hocdé, 24, château-landon. bonne santé, reçu lettre 4 décembre, embrassements. |

Saint-Hilaire-du-Harcouet, 13 déc. — Tavernier, 51, glacière-saint-marcel. nous recevons régulièrement vos lettres, allons tous très-bien. donnez nouvelles potier très-complètes à femme inquiète. — Dior. |

Portrieux, 14 déc.— Mollerat, 31, vanneau. reçu lettre, santé bonne, donne nouvelles, embrasse tendrement. |

Rochefort-sur-mer, 16 déc. — Devilliers, 51, luxembourg. envoyé dépêches tous bien rochefort, 13, trois-maures. — Charpentier. |

Rohan, 14 déc. — madame Persan, 110, macmahon, paris. cherchons activement minet, guy bien, officier sétif 1er décembre, maria resbecq cent francs. — Louise. |

Ribérac, 17 déc. — Bourdon, 30, échiquier. bonne année, bons souhaits à tous. compliments capitaine, famille, amis tous bien, travaillons bien. — Céline, Charles. |

Ambrières, 15 déc. — Blin, 43, avenue clichy, paris. santé bonne, avons argent. — Chaix. |

Dourgne, 16 déc. — Dupuis, 12. beaux-arts. quitté havre, dourgnes bonne santé, écris. — Dupuis. |

Biarritz, 17 déc. — Armingaud, 11, hauteville. mazerets bien, hinon aussi, tous biarritz, lettres oui. |

Dives, 14 déc. — Geoffroy, 133, faubourg poissonnière, paris. quatrième dépêche, inquietz, donnez nouvelles. — Leroi. |

Laval, 13 déc. — Colonel Vignerol, 19, miromesnil. bravo, tous pensons à vous. — Vaufleury. | Chauvin, 14 mail. zoé grandie, embrasse père, portons bien, maman au poulinguen, correspondons avec dames barbé, frères à laval, patience! | Mansuy, 16, crussol. claire accouchée, fille biberon, tout bien.— Embrassons. | Oudinot, 44, bourgogne. oudinot, lauriston, enfants lanjuinais tous bien laval. charles laflèche, boisgelin bien. cinquième pigeons, lettres innombrables, recevons vôtres. |

Royan, 26 dec. — Bodereau. 38, rue boileau, auteuil. reçu lettres, approuvé actes, cher fils, écris toujours, conserve santé, courage, embrassements nombreux. — Bodereau. |

Coudes. — Perrodil-Jumel, 14, monsieur-le-prince. tous parfaitement, embrassons perrodil pour naissance. — Perrodil-Jumel. |

Montreuil-sur-mer.— Rosamel, lieutenant vaisseau, flotille seine, auteuil. tous parfaitement, henri aussi (dusseldorf), sécurité ici. recevons lettres, pau bien. 12 décembre. — Cécile. |

Château-Gonthier, 18 déc. — Bize, 7, châteaudun. nous bien, émilie souffrante, besoin argent. — Turpin. |

Angoulême 12 déc. — David-Mennet, 29, sentier, paris. longeville, roullet santé parfaite. — David. | Bousquet, 101, boulevard Italie, glacière, paris. longeville et roullet santé parfaite, louis, tous les enfants superbes, reçois tes lettres. — Bousquet. | Lemaire, 15, quai napoléon. général grémion va bien, est à mayence. — Brice. |

Bordeaux. — Castries, 23, place vendôme, paris. je voudrais tant que vous sachiez que je reste tournai très-isolée. mille tendresses. — Courtois. | Marquis Castellane, 15e mobiles. treize lettres. genève comblé bontés, tante pourtalès. moi, enfants bien. prions dieu, courage, confiance. — Ohelise. | Ferrère, 3, laffitte. famille boulogne bien, reçu lettres et argent bordeaux par deluze. — Sallsta-Ferrère. | Ruault, 14, cité trévise. reçu nombreuses lettres, tous bien, charles mobilisation cavalerie. francis directeur ambulanco loire. courage, espérance. — Fère. | Souclier, 8, boulevard temple. troisième pigeons, 16 décembre. santés bonnes, à hubert cent cinquante francs. — Bruneau ! — Sédillon, huissier vaugirard. tous santé parfaite, georges à lille, recevons lettres dame menager bien, lemenager demande nouvelles dumont, marbrier montrouge. | Rau, 92, rue richelieu. lettres 24 et 30 reçues confirment précédentes dépêches, tous bien portants partons pour fête papa. — Kunst. | Tallon, 39, boulevard haussmann, paris. donnez nouvelles émile suis toujours à tours. — Marie Crété. | Radout, 4, boulevard italiens. portons tous bien, reçois lettres, guillé, ragot, genève. | Millot, propriétaire, 65, faubourg temple. votre femme bien, pas avoir inquiétude — Ducrot. |

Bayonne, 19 déc. — Allamand, 30, miromesnil. tous reçoivent dépêches par ballon, moi, rien. écrivez quelques mots sur vous, suzanne et la maison. — Grimaldi. |

Peyriac-Minervois, 19 déc — Sourdon, 247, saint-honoré, paris. lettre reçue, affaires nulles, rentrées impossibles, riz attend. — Digoin. |

St-Quentin, 17 déc.— Phénix assur., la fayette. outres assurances dites, comptez renouvellements industriels décembre, janvier gay, paillette en chômage, cliff, joly sans changement. — Caplain. | Dezeaux, 18, sentier. adèle et filles, santé vandhuile. — Bénard. | Desvernois, 140, rivoli. abbé dira messe maman, embrasse famille, amis. — Delherm. | Blanc, pompier, rue blanche, 24, paris. donne immédiatement nouvelles joseph et toi. — Louise Vannière. | Ponce, rue aboukir, 45, paris. familles ponce, dubois portent bien, nestor parti. — Wechter. |

Mâcon, 16 décembre. — M. Pageaut, aide-de-camp amiral groguier, division ducrot. reçu argent mâcon, faut-il résilier lyon. — Mariette, ursulines, 4. |

Dinan, 8 déc. — Rocher, 30, jacob. familles saint-dyé, bernay, marquis sergent guy bien portants, marguerie interné hambourg bien portant, a argent. — Bertin. | Louis Giquelais, lieutenant 1er bataillon, 3e compagnie garde mobile genevilliers, paris. reçue dernière lettre, tous parfaite, ton père. — Gicquelais. |

Arras, 12 déc. — Adam, 79, beaumarchais. santés parfaites, habitons arras. | Cary, 41, saint-placide. portons bien, inquiétude, charles, émile mobilisés, augustin arras. — Daffroux. | Léon, 29, pont-neuf. écrivez, portons bien. — Samuel. | Aussart, 30, lepelletier. carcassonne, arras. héureux. — Clara. | Palle, 38, ville-évêque. parents, nous bien. — Marie. |

Annonay, 11 déc. — Dubosçq, 15, rue tiquetonne. grenoble travaille baisse douze francs, rouveure capitaine tué. — Ramer. |

Moulins, 18 déc. — Boulenger, 4 vert-bois. père en bonne santé, toujours choisy, je reçois plus lettres de vous inquiétude. — Elisa. |

Pau, 23 déc. — Offroy, 63, faubourg poissonnière. nay bien triste, lettres arrivent, inquiète jules, robert montpellier, 23, rue école-droit, embrasse tous. — Offroy. |

Bordeaux. —Debruc, 129, saint-antoine, portons bien, tous onsemble, père très-malade. — E. Debruc. |

Gacé, 12 déc.—à me Echalard, 4, rue ramey, paris montmartre. tous en bonne santé, longcosté avec nous.— Dupont. |

Goncelin, 10 déc.— m. Gozzoli, 157, rue sèvres, paris. prière de remettre à mon concierge 300 fr. merci. — Chevrier. |

Pleudihen, 12 déc.— Beaufour, 31, bourdonnais. septième dépêche. recevons vos lettres, colonie santé bonne, mille baisers à tous. — Riquer. |

Cannes, 15 déc.—Emmanuel, 12, rue richer. attendons, embrassons, portons bien. |

Ambert, 13 déc.— Ledru, 80, rue de bercy. Jeanne santé parfaite, grande inquiétude de vous et jules.— Artaud. |

Savenay, 14 déc.— Bapst, 20, choiseul. hippolyte, colberg, st-gilles, seulement pillé, lettres reçues, santés bonnes, louis bien portant.— Julie.

Givors, 14 déc.— Brochin, 7, sébastopol. merci, santé.— Théodore. |

Vire, 13 déc.— de Saffray, 67, clichy. sans nouvelles depuis un mois, sommes inquiets. nous allons bien, je suis toujours chez père. — Décoville. |

Buxière-la-grue, 11 déc. — Guigné, boulevard st-germain. tous bien, condemine tranquille.— Chauchard. |

Aix les-bains, 13 déc.— Thiébaut, 144, faubourg st-denis. bien portants, travaillons.— Jules. |

Rennes, 13 déc.— m. Pâris, 30, verneuil, paris. nantes, angers, tout marais bien, étienne bachelier, lettres reçues, de succès.— Marie. |

Bordeaux.— Canoville, 8, duras. tous bonne santé, salies et dax, jules à meaux, aviser lavaux et robin.— Moquet. |

Bergues, 11 déc.— Deshières, 81, rennes, paris. bien portants.— Mathilde. |

Agon, 13 déc.— Marot, 30, rue montpensier, paris. monnot, luiveville, breton, marot, jacquet, enfants, bonne santé, auguste st-lô.— Virginie. |

Rumilly, 11 déc. — directeur général tabacs, paris. déclarations incomplètes restent ouvertes, livraisons présumées 16 janvier, 10 agents à armée, pougnet, marchal utilisés rumilly.— l'inspecteur, Pouget. |

Monsempron-libos, 16 déc.— Cayron, 46, rue st-andré-des-arts. allons bien, écrivez souvent. — Cayron.—

Châtillon-de-michaille. — Hugonnet, 50, condorcet, lieutenant au 228e bataillon, 1re compagnie, paris. morel-d'arleux remettra cinquante francs.— Lacroix.—

Besançon, 13 déc.— Bigoudot, 120, rue st-dominique. réformé, mère, famille, lansard suisse bien. — Bigoudot. |

Bordeaux. — docteur Péan, 95, rue neuve-petits-champs, paris. allons bien. nos familles aussi, soyez sans inquiétude, recevons vos lettres. — Henriette. | Lacoin, 36, bac. santé excellente. préférence pour louis(entrave éducation des deux, conseille moi. — Guita. | Mlle Hélène, 14, rue petit-carreau. suis inquiète de mon mari. envoyez-moi vite des nouvelles. — Amélie. | Vallé, 24, faubourg montmartre. santé parfaite, moral excellent. — Grand. | Leturc, arcade, 24, paris. maurice caporal, bien portant, dernières nouvelles novembre, était nogent-rotrou, allait chartres, écrivez souvent. — Cazelles. | Dreyfus, 10, bonne-nouvelle. famille ochsé reçu lettres, tous bien cologne. — Debotas. | Capoul, 32, st-placide. reçu lettres. tous bien. — Capoul. | Kohh Reinach. septième dépêche, eugénie, fanny, les enfants bien. adolphe reçu remises. — Simon. | Sibert, 155, st-martin. inquiets 17 novembre sans lettres, écrire genève, 3, quai mont-blanc. — Sibert. | Bocca, 13, mail. gaury écoule, ernest lorient, julien brunsvick, luys versailles bien. — Emma. | Frérejean, pré-aux-clercs. réunis pau. maman marie accouchée fille. famille frèrejean crèvecœur, robert, joncnère. natin, colmet bien. — Gabrielle. | de Noué, 5, regard. ludovic coulmier bien. juste mort chrétiennement, bravement bellegarde, 24 novembre, annoncez marguerite. — Maubourg. | Tarquel, saintonge, saint-mesmin. chaptal paiera pour bonne, ai belle mission temporaire, veillez, maison tous bien. — Marin. | Dumesnil, directeur instruction publique. tous parfaitement, recevons lettres, notre septième dépêche belle. — Hélène. | domestiques Goupil, 47, laffitte. répondez nouvelles duparc, trois, martel et cuisinière, secrétaire commission scientifique bordeaux. —Haton. Duparc, 3, martel. parents bien inquiets, répondez secrétaire commission scientifique bordeaux. — Haton. | Davril, 83, joséphine. maman tous bien bréda. trie parfaitement, gavard aix-chapelle. — Marie. | Lavau, 10, godot-mauroy. sans nouvelles depuis 25, envoyé dépêches. — Lavau. | Kastner, 63, blanche. reçu lettres, bien, famille gros kern bien. — Kastner. | Sivadon, martel, 11. bonne santé. origny calme. reçois lettres. — L. Sivadon. | Binder, colisée, 31. tous à compiègne. santés bonnes, recevons vos lettres. — Marie. | Chaillaux, ste-périne, auteuil juillet, plus doute. preuve certaine — Somson. | Arnoux, 7, hauteville. élisa, berthe, mathilde, enfants bien. avons argent, déménagés, maison chaude. — Elisa. |

Brezolles. — Hue, 55, rivoli. toujours brezolles, bonne santé. — Hue. |

Dax, 22 déc. — M. Lescot, 8, rue pyramides. famille bonne santé. — Marie Lescot. 26 décembre, dax. |

Aix-en-Provence, 12 déc.—Lemaire, oberkampf 22. longuinie revenu cannes seul. personne venu aix. mesdames dubrisay louis sont cabourg. normandie, saintes, aix bien. — Baille. |

Coutras, 22 déc. — Sauger, rue béarn. 6. santé bonne. tous à coutras. — Frenot. |

Cahors, 21 déc. — Dufour, rond-point des champs-élysées, douze. nouvelles récentes excellentes du vivier. tous bonne santé ici aussi. — Dufour. |

Lucenay-les-Aix, 19 déc. — lucenay, andré, tous parfaitement, reçu tes lettres, schonen, rue lafayette, 108. |

Toulouse, 22 déc. — directeur général tabacs, paris. ingénieur touret part aujourd'hui voir famille suisse, puis rejoindra havane, remplaçant belhomme. service assuré. — A. Beschu. |

Nice, 20 déc. — Blandine, usine cail. sommes inquiets. écris. —Delaroque. |

La Crau-d'Hyères, 21 déc. — Dupuy de Lôme, 374, rue st-honoré. reçu lettres 10 décembre, patience, courage. hyacinthe vivant armée loire. — Claire. |

Bergerac, 22 déc. — Pozzy, chirurgien, necker. lettres reçues, joie, tristesse, pauvre jambe. établis bergerac tous. santés bonnes. te chérissons gaullieur, franc-tireur, prison. — Sara. |

Louverné. —Déchard, 25, bréa. familles guillot, delafontaine, hamel du tréport prient prévenir ont envoyé cinq télégrammes. eux, nous bien portants. — Déchard-Guilmin. | Betton, bucherie, 5. maria, mon fils, nous parfaitement portants. — Courcelle. |

Lesneven, 17 déc. — général Le Flô, ministre guerre. adolphe altona décoré, veut être échangé. tout ton monde bien. — Edouard. |

Jarnac. — Burgaud, rue labruyère, 21, paris. reçu deux lettres de toi. portons bien. écris nous souvent. — Chemineaud. |

St-Malo, 17 déc. — d'Arance, entrepôt bercy. sans nouvelles d'émile et vous, très-inquiets. — J. André. | Aucler, sébastopol, 75, paris. reçu 52 lettres. trois égarées. santés parfaites, possédons bagages, confortablement installés, bonnes nouvelles rémoises. — Emma. |

St-Malo, 18 déc. — Delarue, 41, auteuil. allons toutes bien. — Antoinette. | Chevrier, faubourg montmartre, 21. trois familles bonne santé. bien logées, pas froid. hyacinthe envoyé argent. —Marie. | Robinet, 35, saint-placide. reçue, merci. amitiés et midy. — Bellier. | Bassères, lascasse, 21 allons bien. — Louise. | Parent, neuve-coquenard, impasse école, 5. portons bien. | Kahn Oppenheim, 24. provence. santé parfaite, reçois vos lettres. — Paul Oppenheim. |

St-Etienne, 18 déc. — Nicolas, 82, amelot. lettre reçue 5 décembre. santés bonnes. — Nicolas. |

Tours. — Hubert, boulevard st-germain 13. sommes sans nouvelles. — Hubert. |

Montauban, 19 déc. — Pimbert, rougemont, 1. santé bonne, georges moi montauban. — Caroline. |

Bordeaux, 19 déc. — Frayssinet, rue université, 65. brown de newcastle demande prix vins, connaissez-vous.— Michaud. | Ganay, 45, jean-goujon. tous bien et tranquilles ici. bonne heureusement accouchée fille le 29. — Ganay. |

Morlaix, 17 déc. — Drouillard, rome, 4, paris. laurence pourvue allée pau, bonne santé. reçu vos lettres 10, 22 novembre. — Angéline. | Steinhul, 85, cherche-midi. morlaix, 17 déc. allons toutes parfaitement. — Marie. |

Dol-de-Bretagne, 18 déc. — Séchan, larochefoucauld, 20. père, mère, sœurs, belgique. tous autres avec moi à dol de bretagne, hôtel barbot. tous bonne santé. — Georges. |

Rennes, 17 déc. — Bonetel, rue dauphine, 16. sept lettres reçues. argent aussitôt possible. courage. | Bertera, 20, rue bienfaisance. toujours bien portantes et paisibles. — Bertera. | Mme Dicard, 82, chaussée ménilmontant. adresse lettres chez madame Saillard, 7, avenue magenta, rennes. demande argent à gavoty. — Langelot. | Gavoty, 25, faubourg poissonnière. suis à rennes, chez madame saillard, 7, avenue magenta. avez-vous dépêche 12 novembre pigeon. — Langelot. | Martin, Dugard, avoué, 65, ste-anne, paris. faire signifier congé aussitôt pour 1er avril prochain, appartement troisième étage, 10, rochambeau. — Prévost. | Destors, rue laffitte, 13, paris. ta mère à ostende rue des sœurs blanches, 24. va bien.—Duriez. |

Commentry. 16 déc. — Nicolas, rue argout, 48, paris. reçu vos lettres, toujours répondu. déjà adressé trois dépêches. santé bonne. — Nicolas. |

Bergues, 14 déc. — Caillez, rougemont, 13, paris. crèvecœur, tous bien. gustave bien, éléonore bien. |

Limoges, 19 déc. — Duconseil, bourse, 7, paris. portons bien. théophile, licée, lacoste, maison pas louée. |

48 Pour copie conforme :

L'inspecteur,

Bordeaux. — 24 décembre 1870.

Sablé-sur-Sarthe, 18 déc. — Biron, 2, avenue latour-maubourg. oncles, enfants, parents, amis, bien. — Henriette. |

St-Amand-les-Eaux. — M. Alker, passage choiseul, 4. tous bonne santé, écrivez souvent. — Lemonnier-Alker. |

Levroux. — docteur Besnier, 75, rue la victoire. carlinhos mort dieppe 11 novembre. sommes hôtel suède, bruxelles bien portants, bébé parfaitement. — Marguerite. |

La Balme, 13 déc. — m. Salleron, ministère finances. faisons prières constantes pour chers parisiens, patience, courage, confiance en Dieu, écrivez souvent vérité, sympathie. — Camas. |

Clermont-Ferrand, 14 déc. — Gourcuff, assurances, 87, richelieu. confirme dépêche premier décembre, réglé mauriac, roanne, sainr-didier ensemble 8,000, comment encaisser quittances prochain trimestre. — Delaitre. |

Rochefort-sur-Mer, 15 déc. — Guy, 18, rue montmartre. venues rochefort, francis niort, santé tous excellente. — Julie. |

La Roche-Lyon, 14 déc. — Blay, télégraphe, fort nogent. dire si dupont léopold est mort, corps est inhumé, quel endroit. — Landeau, propriétaire sables-d'olonnes. |

Saint-Simphorien-sur-Coise, 14 déc. — docteur Thevenot, rue bourgogne. marthe, benjamain vont bien, venus passer ici un mois. briand pére, moirans avec eux. — A. Briand. |

Amélie-les-Bains, 15 dec. — m. Petiet, 20, rue dunkerque. allons tous bien, reçu quatre mandats, quitté luchon 27 octobre au matin, édouard bien portant. — Petiet. |

Vences. — Vigneau, capitaine habillements, 3e voltigeurs, ex-garde, paris. fournier sain prisonnier dusseldorf, porter malles rue accacias, 2, ternes, chez clary, médecin-major. |

Greasque. — michel Dieudonné, 17e marche, 3e bataillon. donne nouvelle santé, t'envoie argent. — v. Baron. |

Nice, 15 déc. — Villain, 17, grande-armée. reçu lettre datée 22 novembre, courage, nous bonne santé, réponds. — Villain. |

Foulon. — Reboul, commissaire marine, batteries saint-ouen. bonne santé, sans inquiétude, recevons lettres. — Reboul. |

Aire-st-l'Adour, 18 déc. — m. Debains, 453, rue rennes, paris. cinquième, santés bonnes, enfants superbes. souffrons bien. — Debains. |

Arcachon, 16 déc. — Bourgeois, 25, des écouffes. santés excellentes, aucune douleur ni jour ni nuit, climat arcachon parfait, vu ami delaneuville, très-complaisant. — Bourgeois. |

St-Cyr-de-Provence. — Ducros, 26, rue Feydeau. sommes cyr tous bien, languissons, écris carte, anatole à marseille. — Clorinde. |

Sauveterre-de-Guyenne, 16 déc. — Vieilcastel, 44, ponthieu. obligée quitter hourtique pour biarritz. — Cécile. |

Auxerre, 15 déc. — M. Marie, grenelle, 34. santés bonnes. pas envahis, écris-moi. |

Valenciennes, 12 déc. — Raspail, rue temple, 14. tous bien portants ucles, chez docteur où nous sommes vus. xavier bonne santé, aide-major. — Auguste. |

Gamaches, 11 déc. — Preterre, 29, boulevard italiens. merci lettres, pensons vous, amitiés. doré depuis octobre gamaches sommes. donnez adresse filou. 15, guy-labrosse. |

Oandry, 12 déc. — Lasseron, rue temple, 30, paris. reçu lettres, léopoldine fille, famille santé, non envahis. — Caron. |

Granville, 17 déc. — Dupin, 111, rue montmartre, paris. oui. — Dupont. | Hayon, 16, place dauphine. tous bonnes santés, écrire souvent, simas aussi. présenter quittances d'octobre, nouvelle boutiquer. — Bertin, granville. | Brigot, 126, rivoli. nous coulommiers, portons bien, donne nouvelles lucien, envoie argent. — Lucie, granville, 17 décembre. |

Charroux, 19 déc. — Bréton, faubourg poissonnière, 6. maman, tantes, honise bien. neveu, gilbert sauvés. merci lettres. — Marthe. |

Falaise, 17 déc. — M. Gourdin, debeylenie, 18. reçu mandats, nous nous portons bien. pas de nouvelles d'argenteuil. — Veuve Duchef. |

La Bélinande. — Hamel, 83, avenue clichy. grand père très-mal, recevons lettres. |

Flers-de-l'Orne, 17 déc. — Oger, 21, fleurus. bien portants, reçois lettres, nouvelles jacques. — Oger. |

Etretat, 16 déc. — Halévy, 31, rue la rochefoucault.. tous, tous, tous santés excellentes, restons étretat. sécurité assurée. — Halévy. |

Le Hâvre, 16 déc. — Cocteau, 11, scribe. mère, georgine. jeanne à southampton, chez madame harril, morro house, tous bien. — Regnier. |

Nantes, 18 déc. — Madame Raboin, boulevard st-michel. suis avec bousquet à nantes, chez guihal, rue hôtel-de-ville, communiquer à tous. | Levé, 12, rue léonie. merci, allons bien, sommes à nice, marguerite bien arrivée fiunne. donnez nouvelles à blangeard. — Marthe. |

St-Quentin, 14 déc. — Soyer Nicolas, flamel, 9. famille entière st-quentinoise, bien portante, adolphe mort septembre, refroidissement. zoé habite cuts. — Cheval. |

St-Brieuc, 18 déc. — Mocquard, 5, paix. 7e dépêche. reçu lettres, tous bien, vœux, meilleure année, vignals bien, camus bien, embrassons tendrement. — Louise. |

Eguzon, 19 déc. — Roulet, rue jeanne-d'arc. mari prisonnier, mayence. tous bien portants. — Patraud-Roulet. |

Brest, 17 déc. — Mme Noël, 1, oberhampf, paris. albert loire, eugénie bien, moi brest. — Charre. |

Vannes, 18 déc. — Demay, 8, léonie. tous bonne santé. — Dobelin. |

Lille, 12 déc. — Martin, boulevard mazas, 1. reçu lettres, bien portant, évadé, promu première, courage. 7e dragons, lille. | Paymal, quai bercy, 62. troisième dépêche, bony, martin bien portants, martin évadé, promu première. dragons du nord, lille. | Comtesse Hunolstein, 125, grenelle. comment vont mère, antoine, durfort, gaillard, si blessés, si paris, si fait sortie. — Hunolstein. |

Gouzeau. — M. Dreyfous, négociant, 28, rue du sentier, paris. prussiens pas venus, lettres zurich, angleterre, boulogne. espèces manquent, un employé moins, belle-mère décédée, santé bonne, grande misère. — Adam. |

Menetou-Salon, 15 déc. — Comte Greffulhe, 10, astorg, paris. toutes santés bonnes. — Félicie, menetou 15 décembre. |

La Bassée, 12 déc. — Simart, maison Depierre, rue vivienne. allons bien, écrivez nouvellese chaque ballon, tante douailly, chantrot. — Barbé. |

Regoy-sur-Ource, 14 déc. — Estienne, 34, ste-anne. louise, voulaines tous bien, magdeleine morte pau, typhoïde. prussiens châtillon, marie pillée, madame calaret morte. — L. Bouguéret. |

Dôle-du-Jura, 16 déc. — Bouchet, quai béthune, 24. tous bien portants. — Amondru. |

Granville, 17 déc. — Beaulieu, 241, charenton. familles boulet, beaulieu, chevet, marre, fouinat vont bien. — Beaulieu. |

Besançon, 15 déc. — Savoye, boulevard sébastopol, 6, paris. reçu vos lettres, allons bien tous, bon espoir. — Grâu, st-aubin et besançon. | Général de liniers, palais de l'élysée. enfants vivants, burg prusse. — Marie. | Ribeaucourt, 58, rue laffitte, paris. aucune nouvelle, très-malheureux, écrivez besançon, capitaine francs-tireurs neuilly, vous aime toute âme. — Belleval. | Latruffe, capitaine, 6e marche. allons tous bien, espérances continuent, reçu tes lettres, tranquilles. — Marie. |

Caen, 17 déc. — Perthuis, 29, université, paris. tous parfaitement st-gabriel. | Leleu, 75, rue saint-sauveur. santé bonne, recevons lettres, vous pas. — Kaulek. | Benoist, 12, labruyère. bien mère, fille morte, désespérée. — Zoé. | Léontine mérienne chez Gilbert, rue déchargeurs, 11. reçu tes lettres, récris-nous, inquiets. — Ernestine. | Dru, quai orléans, 14, paris. liége, clermont, caen, santés bonnes, cécile sevrée, prévenir darcet. |

Nice, 17 déc. — M. Carraud, 44, rue douai. tous nice, enfants bonne santé. neuchâtel aussi. pourquoi pierre pas écrire. mille baisers. — Zoé. | Garnier, 21, boulevard malesherbes. amédée est avec émilie depuis fin novembre. allons bien. — Clémence. |

Bordeaux, 19 déc. — Mademoiselle Sardaigne, rue maubeuge, 16. ballons quelquefois perdus, écris souvent chez gernon, ingénieur valladolid espagne, léon clermont, affections souhaits. — Bos. | Poirier, rue nollet, 55. frères révoqués, sommes tous réunis bien portants, enfants florissants, marie fillette, henriette bonnes nouvelles. — Olympe. | Galmiche, capitaine, 23e de marche, paris. lettre du trois reçue, en tout quatorze, expédiées douze. courage, à bientôt. — Galmiche. | Capitaine Trévenue, ministère guerre, paris. pommorin très-bien, reçois souvent bonnes nouvelles votre mère, toutes affaires arrangées. — Trévenue. | Ministre des pays-bas, paris. tous bien portants, nous recevons fréquemment vos lettres. — Rochcuf. | Saumaillier, 3, turbigo. magddeleine embrasse, gaie, grandie, enforcie, très-bien, versaillais bien, toujours tranquille, reçois lettres alençon, sixième dépêche. — Gauguin. | Voirin, administration postes. famille rocton bonne santé, reçoit lettres, continuez. — Rocton. | Delaunay, administration postes. mesdames hélie, dautremont, enfants excellente santé. loué, vire aussi. confitures dessus buffet. — Octavie. |

Londres, 12 déc. — Riflard, 12 cadet, paris. reçu lettres novembre, vais bien, inquiète, écris. — Riflard. | Guiod, 49, rue d'argenteuil, paris. allons bien, inquiète, écrivez. trois peucester street douvres. |

Cherbourg, 16 déc. — Choppin, rue cléry, 9. sommes à cherbourg, allons bien. — Berthe. |

Alexandrie, 10 déc. — Riottot, reuilly, 73. bonnes 136, 30 disponibles, nulles 10. — Pacon. |

Jersey, 14 déc. — Eugène Rocher, 27, rue du mail. allons tous bien, ressources quatre mois encore, vous embrassons. — Rocher. | Delongraye, 26, lécluse-batignolles. bien, peu, non, oui, alfred. — Jersey, hôtel europe. | Gibert, rue provence, 122, paris. familles jeanti, gallet habitent jersey, santés excellentes, reçoivent vos lettres. — Gallet. | J. Beau, sébastopol, 60. reçu lettres deux, 5 décembre, tous bien portants. — Beau. | Gonse, grenelle st-germain, 107. santé, moral solides, papa aussi, vos lettres reçues. — Clémentine Gonse. |

St-Fargeau. — Godeau, 9, drouot. aller raymond 19, sébastopol, allons tous bien. — Marie, 8 décembre. |

Montauban, 16 déc. — Sarrou, capitaine, 124e ligne. recevons lettres, portons bien. — Julie. | marquise Bellissen, 13, casimir-perrier, paris. recevez vous nos dépêches pigeons, sommes monbetau, soignant 12 blessés, prions, vous aimons tendrement. — Mesnard. |

Loudinières, 14 déc. — Ernest-Ternisien, rue cler, 41. lettre 5 décembre, oui, non, oui, oui, — Ternisien. |

Lisieux, 17 déc. — Perret, rue st-lazare, 107. louise à char va bien. |

Aigrefeuille, 13 déc. — Schweitzer, bureau nicolaï, bercy. reçu 4 lettres, écrivez situation. — Pain. |

Cérillet, 19 déc. — M. Bignon, 16, boulevard italiens, paris. enfants très-bien, moi toujours douleurs, tourmentée, ennuyée, 9e dépêche, petites, grandes. — Bignon. |

Châteauneuf-sur-Charente. — Laurendeau, 1, rue chartres, batignolles. mathilde, chacenay, arthur, münster, enfants mobilisés. — Tabuteau. |

St-Pourcain, 19 dé. — Daniel, faubourg poissonnière, 56. Antonin parti, province résiste, espérance, confiance, écris toujours — Sadourny. |

Mèze, 20 déc. — Laussel, mobile hérault. allons parfaitement, famille Cournonais aussi. — dr Laussel. |

Martigues, 20 déc. — Jourdes, chauchat, 14. reçois lettre 17 courant, allons tous parfaitement, mille tendresses. — Anaïs. |

Alzonne, 20 déc. — Coulazou, officier d'administration, fort montrouge. 4, parents prisonniers, ferdinand réformé, 2e dépêche. — Coulazou. |

La Rochelle, 21 déc. — Rodrigues, 48, londres. sommes bien portants à brighton, écrivez poste restante, lafayette, enfants rodrigues à larochelle, bonnes nouvelles clicquot. — Louise. |

Moutoir-de-bretagne, 20 déc. — Espivent-villeshoinet, lieutenant mobile mont-valérien. bélébat, hermitière parfaitement. — Deniécourt. |

Les Andelys. 16 déc. — Andelys. pas trouville, tous bonne santé, hugonet aussi, doin écrire, lui prêter 100, paul catéchisme, besançon, boulevard st-germain, 78. — Bomang. |

Montceau-les-Mines, 19 déc. — Mme Kakosky, rue des trois bornes, 29. je suis à dijon, bonne santé, famille romo, va bien, courage, bonne espérance, compliments famille millerault, embrasse. — Kakosky. |

Biarrits, 21 déc. — Berger, 38, gay-lussac. martin, berger, installés biarrits. — Ovide. |

Lyon-les-Brotteaux, 20 déc. — Milet, londres, 13. chez wahl, lyon, santés tous bonne. — Milet. |

Guéret, 20 déc, — Edwards, rue cuvier. labrière, santés parfaites, metz, août, désolation, reçu lettres, argent, voir abel. — Labrière. |

Beaune, 17 déc. — Léger, inspecteur finances, 11, rue léonie. rien de toi, anxieux, écris châlon-sur-saône. — Lepeuple. |

Mortain, 19 déc. — Leroy, 17, rue moines, batignolles. nous allons parfaitement, ernest avec nous, exempté, pensons à toi, 8e dépêche. — Claire. |

Nice, 20 déc. — Manier, rue faubourg poissonnière, 50. assegond très-dangereusement malade, donnez nouvelles. — Flacourt. |

Olonzac. — Merle, fourrier, 1er bataillon, 7e compagnie mobile hérault, paris. 180 mandats poste, 30 calasson, 50 vènes, azillanet. nouvelles. — Merle. |

Morlaix, 19 déc. — amiral Delangle, commandant passy. grand'mère morte 13 décembre, maman noella, marie, émile, clara, ta mère, paul bien, sauvan prisonnier blanche. |

Combles, 11 déc. — Machoire, rue marseille, 12, paris. prière prêter 40 francs à fortuné peltier, ami orphise. — Maurice Machoire. |

Terre-Noire, Gautier, 23, avenue bugeaud. laure fille bordeaux, aglaé garçon, caen, tous parfaitement. — Ferdinand. |

Trouville-sur-mer. — 17, hautpoul, 86, lille. tous bien, congé appartement, amitiés. — Marguerite. |

Josselin. — Collet, 17, albouy, paris. reçois lettres, passable. — Collet. |

Lorient, 20 déc. — Chabrié, 29, rue londres. chabrié, despausle, collot, tous bien, 20 décembre. — Chabrié. |

Melle-sur-Beronne, 20 déc. — St-Quentin, passy, 144, avenue empereur. tous bien, gabriel sauvé providentiellement, brave, porte décoration, bourse, conseil impossible, amitiés. — St-Quentin. |

Monsempron-Libos, 24 décembre. — Solacroup, rue londres. moi, libos, toujours été bien physiquement, moralement. Henry loire, Solacroup, Dagoty bien saint-étienne. ville tranquille. — Louise. |

Saint Gérand-le-Puy, 20 décembre. — Vavin, 14, rue castiglione, paris. santés bonnes, Léopold lieutenant mobilisés algérie, Pauline brazey, bébé suisse, repris fabrication 30 novembre. — Paul. |

Vierzon, 7 décembre. — madame Lecourt, 40, rue bondy. Ernest à vémars, Emile gouy, Léon ussel, Clarisse enfants vierzon, tous bien. Arthur mitry. — Clarisse. |

Berck, 2 décembre. — Tiby, hôtel danube, richepance. allons bien. bonnes nouvelles darmstadt, gray. — Beydon. |

Saint-Lo, 9 décembre. — Brun, 19, rue halles. tout bien partout, soyez tranquille, courage. |

Lille, 16 décembre. — Chassinat, administration postes. rassurez Audibert. familles de metz, lille, st-aubin, vont bien. Clément mathématiques, dessin. — Colson. lille, 16 décembre. |

Verneuil-sur-avre, 7 décembre. — Pelletier, directeur, hôtel de ville. toute famille bien. — Poinsot. verneuil, 7 décembre. |

Le Hâvre, 3 décembre. — Arthur Poirier, 13, rue amsterdam, paris. comment va? nous bien. achète faut, payerez. — Poirier. |

Tours. — Fromentin, 43, boulevard sébastopol. bonnes santés. — Fromentin. carre, 22 décembre. |

Rodez, 23 décembre. — Beaujard, 12, neuvebourg-l'abbé. offre amitiés et respects à tous, santé bonne. — Pion. |

Mauron, 3 décembre — Labouret, 98, rue la victoire, paris. Alice fille, parfaitement. famille entière, Alphonse Brunoy, bon papa Chesneaux, Charles, arcachon, bien. — Léonie. |

St-Servan, 2 décembre. — Ferussac, 51, verneuil. allons bien. prends 400 fr. chez Mallet, 78, boulevard haussmann. Louis, Mathilde, francfort. — Henry. |

St-Quentin, 5 décembre. — Jamais, 13, cléry, paris. Dumoitiez me donne de vos nouvelles 19 novembre, ici tous en santé, sommes libres. — Mondini. |

Etables, 9 décembre. — Ruellan, lieutenant, mobiles st-brieuc, paris. famille bien, Marie fille, Arsène capitaine-adjudant conlie, navires rentrés. — Ruellan. |

Azay-le-Rideau, 20 décembre. — Deletonne, 88, feuillantines. toujours ici, bien portants, Mouton soissons, recevons lettres, embrassements. — Deletonne. |

Broglie, 19 décembre. — Dhaussonville, 109, rue saint-dominique. tout le monde bien ici, pas de prussien actuellement à broglie. — Dhaussonville. |

La Délivrande, 9 décembre. — Thiboumery, 8, rue desnouettes, paris-vaugirard. tous très-bien st-aubin, Gesgon quimper, lettres parviennent, Léon pension caen. — Thiboumery. |

Abbeville, 1er décembre. — madame Dutens, 4, rue argenson. tous bien, Fernand armée loire. — d'Orval. |

St-Brieuc, 3 décembre. — Desbans, 15, rue montmartre. 2e dépêche. santés parfaites, aucun tourment ici, garçons lycée travaillent, recevons lettres, courage. — Pique. |

Bain-de-Bretagne, 3 décembre. — docteur Blanche, passy-paris. reçois lettre du 30, merci. sommes tous bien à bain-de-bretagne. — Lévy, 3 décembre. |

St-Sever-Calvados. — Rousselet, 142, rivoli. Edmond décédé, Aminthe lonjumeau. préviens Lenoble, 8, saint-claude, marais. — Rousselet. 9 décembre. |

Alençon, 20 décembre. — Turenne, 100, bac, paris. Courtomer, santé, dépêches, lettres. — Turenne. 20 décembre. |

Lannion, 9 décembre. — Diet, 33, jacob, paris. Victorine bien, est à quimper, maison Chauvel, rue pont-l'abbé. nous bien. — Diet. | Daumesnil,

Bordeaux. — 24 décembre 1870.

chef banque. lettres reçues, famille Guerrand rennes bien.— Emilie. 8 décembre. |

Caen, 3 décembre.— madame Guérard, 63, boulevard malesherbes, paris. nous et ton père portons bien. — Besnou. | Nonette Delorme, 24, rue bondy, paris. caen, santé bonne, demandons nouvelles.—Delorme. |

Calais, 1er décembre. — Roullier, 46, de la victoire. sommes calais. mère Pontavert décédée, avait reçu votre lettre. embrassons. — Roullier. | Alexandre, 39, meslay. souhaits, baisers fête. portons parfaitement calais. — Lion. | Boussod, 9, chaptal, paris. nous sommes entourés amis. — Boussod. 1er décembre. |

Avranches, 19 décembre.— Bourget, 43, rue st-georges. envoyez 500 fr. orphelinat avenue d'eylau, urgent nécessaire cuisinière, soigner blessés chez moi. — Marie Lavalley | Rousset, 29, tronchet. Frédéric, Henry, prisonniers, correspondons. santé bonne, désolée, écris. — Marie Lavalley. | Cadiat, 30, bonaparte. inquiète, désolée, prenez grands soins, reçois lettres, écrivez, suis chez moi, vous espère. mille pensées.— Marie Lavalley. | Alphand, 9, place hôtel-ville. Emmanuel hambourg.—Alphand. |

Courseulles-sur-mer, 8 décembre. — Fonck, 15, rue malher. courseulles-asnelles réunis, tous bien portants. — Victorine. | Sébert, 45, rue st-andré-des-arts, paris. Dupont reçoit mes loyers, payera Aubin, suis à bény (calvados). — Signol. | Dupont, 28, rue notre-dame-victoires. si loyers reçus, payer Aubin chez Sébert, Vincent chez Morel-Darleux. merci assurances, bény bien. — Signol. |

La Ferté-s.-Jouarre, 6 déc. — Mme Martin, chez mme Boulingre, boulingre, boulevard magenta, 99. vaches prises, moutons vendus, santés bonnes, regrette ta persistance avec papa pour droizelles, réponse. — A Martin. | madame Pelletier, chez m. Rommetin, 174, faubourg saint-antoine, paris. bonne santé, ennui. — Pelletier. | Mme Guyot, chez me ve Pioger, rue zacharie, 10, paris. bonne santé. — Guyot. |

Noyon, 28 nov. — Réculé, cherche-midi, 20. famille va bien. — Thierry. |

Anse, 17 déc. — Mme Pommera, rue gay-lussac, 8. je suis bonne santé, j'ai tes lettres ballon, père mort, lachassagne. — J. Pommera. |

Saint-Quentin, 10 déc. — Desains, assas, 18. mère, sœurs, parents vont bien, filles à tournay. pierre nouvelles récentes du mans bonnes. — Desains. | Piéfaine, bonaparte, 26. santés bonnes, chacun chez nous. — Lhotte. | Renourd, aguesseau, 9, paris. beau fixe, vont parfaitement, renouard nicot, arcachon, poste restante, sommes bien saint-quentin, recevons lettres. — Elisa. |

Castelnaudary. — Coute, franc-tireur, 3, place école. félicite nomination, reçu journal, rien depuis, impatiente, bien portants. — Jeanne. |

Saint-Lô. — Bourdot, rue st-vincent-de-paul, 3. 2e dépêche, portons bien. louise, hélène, progrès, argent. |

Cusset, 17 déc. — général Ducrot, paris. général ducrot prié donner nouvelles blancher, brigadier, 22e artillerie, 5e batterie. adresse : E. Mailly, Molles, Cusset (Allier). |

St-Pierre-lès-Calais. — Cahen, 5, mulhouse. affaires 18,000, besoin argent, duden veut rien donner sans procuration, gabet intraitable, adresse : madame nathan. — Testelin. | Tourret, 40, chabrol, paris. recevons tes lettres, sommes tous bonne santé. — Tourret. |

Romorantin, 17 déc. — Limozin, 16, petits-hôtels. aucun mal, allons parfaitement, 16. — Limozin. |

Château-Renault, 18 déc. — Foucher, aboukir, 67. santés bonnes, rémy pas parti moulinerie bien. — Foucher. |

Riom, 17 déc. — Delaroque, balzac, 5. adresser lettres poar féliy à riom de suite, souvent. — Delaroque. |

Douai, 14 déc. — Commandant Montbel, 114e ligne, paris. 3e dépêche, allons bien, reçu lettres. — Marie. | Laslier, rue bac, 12. scherzer guéri, repris service, famille bonne santé. | Houcke, rue saint-martin, 160. aline tounenc, tous bien. — Denise. |

Dinan, 16 déc. — Marheu, 1re compagnie, 4e bataillon. mobile rennes. famille, amis bien, bretagne inoccupée. — Aline. |

Roubaix. — César Delobel, haut-pavé, 2, paris. 4 lettres, merci, santés bonnes, espérons. |

Lens, 12 déc. — Mme Saingéran, 6, vieux-colombier. bonnes nouvelles, vendin, pontcharrat, sains. raoul, brigadier, auch. — D. Vécher. |

Ardres-en-Calais, 12 déc.— Emmery, 28, saints-pères, paris. familles bruges, trio septfontaines, tous parfaitement, 35 lettres, écrit 60, plus 6 dépêches. — Emmery. |

Méru, 9 déc. — Langlois, boulevard magenta, 96, paris. famille, coron, foubert, tous méru, portons bien, écrivez, nous informer cailleux. — Coron. |

Cambrai, 13, déc. — Degoër, jeûneurs, 32. tous tous bien portants — Lucie. | Dupont, rue montmartre, 58. reçu lettre, allons bien, pas prussiens. — Bricout. | Gallois, place vendôme, 2. angoulême, guignes, cambrai, lumigny, morcerf, montmorillon, pau, tous bien. becoiseau héberge prussiens. quoi rue surène. embrassons paul tendrement. — Josseau. |

Port-en-Bessin, 16 déc. — Champion, turin, 7. allons bien à port. 16 décembre. — Champion. |

Beaune, 13 déc. — Pommier, 5, desforges, place caire. mère bien. — Legras. | Lequen, place madeleine, 4. allons bien, si albert blessé, malade, détails francs. — Masson. | Senard, lieutenant, mobile côte-d'or, 1er bataillon. lettre 6 arrivée, parents heureux, bien portants, embrassent bibi, envoient nouvelles polygone. |

Gamaches, 12 déc.— Scelles, capitaine, 1er bataillon somme, 52e régiment. toujours bien, calme, pas t'inquiéter, embrassons, courage, gamaches. — Scelles. |

Troyes, 15 déc. — Mme Czanoine, rue du louvre, 8, paris. reçu lettres octobre, décembre, peiné de l'état. jules, chef d'escadron, général, frère cologne, bonne santé. henry royan. — Yvonette. | M. B. Grisier, rue bertin-poirée, 9 à paris. bonne santé, fils poron charles atteint typhoïde, hippolyte poron, mort subitement cœur, gustave valide prisonnier grudeuz, prusse. — Saussier. | M. Hébrard. rue belhomme, 15, hôtel de la tour bonne santé, inquiet albert. réponse, pressez ballon. — Dulac. |

Le Quesnoy, 12 déc. — Rathelot, état-civil, palais justice. santés bonnes, reçu lettres, envoyé argent sevestre. famille penot, quesnoy bien portants. — Pauline. |

Bourg-en-Bresse, 15 déc. — Vaulpré, sergent-major, 2e bataillon, 40e régiment mobile ain. familles vaulpré, guillon, tous bien. écrivez, lettres arrivent, détails santé. — Vaulpré. |

Lille, 12 déc. — Dinaud. poste restante, paris. tranquillité, santé parfaites. deux dépêches envoyées. — Cerbier. |

Maubeuge, 12 déc. — Mariage, 4, cloître saint-merry. envoyé dépêche 25 novembre, continuation de bonne santé pour les enfants et tous les exilés. — Pauline. |

St-Quentin, 13 déc. — Nivert, croix-des-petits-champs, 29. depuis septembre. privés de vos nouvelles. allez-vous bien, aglaé, henry ? — Cheval. | Fontaine, 12, boulevard sébastopol, paris. retour calais. reçu trois lettres, alfred parti soldat jeudi. allons tous bien, 13 déc. — Rosey. |

Rive-de-Gier, 17 déc. — Dufet, bons-enfants 27. dernière lettre reçue est du 4 décembre. tous bien portants. tante laure à jersey. amitiés. — Gaudet. |

St-Valery-sur-Somme, 13 déc. — Ducrocq, rue meslay, 19, paris. tous bien portants. pas inquiétés, joseph pas soldat. — Ducrocq. |

Bavay, 11 déc. — Dervillé, quai jemmapes, 164. mère bonne santé, barbier mort. production réduite, instructions. demande argent marseille. paie ouvriers. — Duthoit. |

Calais, 13 déc. — Malfayt, rue dulong, 67, batignolles. oui, oui retirer meubles maman. oui, oui souvent avec tante. léon reçu lettre jeanne. — Wollenweber. | Fenel, geoffroy-lasnier, 28. parvenir mansieur longtemps argent manque. réponse dublin ignorée, écrit arcachon rien encore, écrivez arcachon grand embarras. — Andréani. | Maquan, 11, anjou-st-honoré. sans nouvelles, allons bien. écrivez. — Velin | Radou, cité riverin, 1er. calais bien. détaillez lettres. — Deshais. | Lavesvre, 20, mail, paris. gustave lettre novembre, armée loire. — Lavesvre. | Alexandre, 39, meslay. parfaite santé calais, neuvième dépêche. recevons lettres. — Léon. | Bourgoin, 10, rue cadet. tout est bien. — Delpury. | Nain, 16, cléry. allons tous bien calais. — Nain. | Bouenfant, 10, augoulême. calais allons bien. — Kroll. | Desiles-Bénard, 18, papillon, paris. santés parfaites, reçu lettres. — Constance. | Vignes, 16, sentier. bonne santé tous. — Radiguel. | M. Delsart, 128, faubourg poissonnière, paris. allons tous bien. — L. Delsart. |

Parnic, 17 déc. — Lequeux, 16, rue odéon, paris. santés excellentes, soyez tranquilles, reçu argent si ennemi avance partirons pour le midi. authon bien. — Isabelle. | Cousin, 43, rue du rocher. tous santé parfaite. embrassons toi et famille. pornic, casino, 17 décembre. — Cousin. | Herbette 48, rue saint-georges. tous bien. envoie souhaits et baisers à tous. — Berthe. | Chaveneau, rue lille, 83. santés parfaites. souhaits embrassements gendres, neveux, souvenirs à tous. — Labie. |

Boulogne-sur-mer, 13 déc. — Faust, marais st-martin, 66, oui. oui. oui. oui. residence londres.— E. F. | Dubuisson, 159, rue université. jules revenu ici, retourné sauf amiens, portons bien et tranquilles. soigne-toi. pas écrire jules.—Clarisse. |

Laval, 17 déc. — Boudet, provence, 56. maurice arrivé. tous bien portants. — Boudet laval. | colonel Vigneral, rue miroménil, 19. joseph envoyé dépêche, donnez-lui nouvelles. sentiments affectueux. — Marie. |

St-Jean-de-Luz, 13 déc.— général Ducrot, paris. reçois lettre du 23. marie nevers, tranquille, hôtel monmigny, tous bien, écrivons souvent st-jean, 11. — Ambroisine. |

La Mure-s-Azergues, 18 déc. — Colin, st-anne, 57. portons tous bien. théodore fils, cinq lettres.— Colin. |

Biarritz, 19 déc. — Dubys, rue béranger, 12. nouvelles vous supplie.— Klotz. | Boijat, rue saintonge, 64. nouvelles vous supplie. — Klotz. |

Calais, 12 déc. — Bourgogne, louis-le-grand, 25. oui, oui, oui, non. — Canetti. | Chalamel, 37, magenta. tous bien portants, — Chalamel. 12 décembre, crotoy. | Decroix, 5, vintimille. charles toujours lille. juliette, familles parfaitement. — Decroix. | Houette, 75. rue miroménil. charles, trésorerie lo ro. anna calais. tous bien portants. — Houette. |

Berck, 12 déc. — Bombart, boulevard villette, 70. reçu lettres, santé bonne. pierre afrique. honoré maisons, père mère julien franconville. |

Gamaches, 13 déc. — Chareton, 98, boulevard sébastopol. tous santé parfaite, enfants très-bien. — Rabouille. |

Lille, 13 déc. — Brachet, 8, rue abbaye-st-germain. bien portante, paul aussi. reçois tes lettres. — Brachet. |

St-Fargeau, 14 déc. — Frémy, place vendôme, 19, paris. vous confirme heureuse nouvelle. paul, armée loire. bien portant, sommes libres 14 déc. embrassements. — Couillaut. |

Flers-de-l'Orne, 16 déc. — Briosne, 3 bis, bleue. reçu lettre, merci. prussiens rouen, sans nouvelles. nous allons bien et vous. — Schnetz. | Laurent, 12, françois 1er. savons, ile verte, bonnes nouvelles de vous, enfants et parents bien portants, nous aussi. — Schnetz. |

Cézy, 12 déc. — Royer-Collard, rue sorbonne 2. mère, grand'mère parfaitement portantes, mais inquiètes. recoivent pas vos lettres, porte verrine vingt pour urbeine perroux. — Paul. |

Ribuac, 13 déc. — Bourdon, 30, échiquier. neige, manquons rien, cécile saint-servan, berthe bruxelles, bonne santé, recevons lettres, excepté 20, 24, loyer georgina. — Edouard. |

Jugon, 10 déc. — Lorgeril, capitaine. mobiles côtes-du-nord, réserve. gennevilliers. bien, lorgeril, moussaye, lamotte, carné. |

Béthune, 8 déc. — M. Petit, boulevard péreire, 110. 5e, famille, amis, bordeaux. michel bien. arras, alerte, sauvé. — Laure. | M. Degouve-Denuncques, strasbourg, 64. familles denuncques, sophie, bailly, canitaine vont bien. embrassons toi, maman, bussine, recevons lettres, espoir ! |

Moulins-la-marche. — Gosset, 8, rue louvre. chez miss rouse, 5, st-clément's road. bonne santé tous, reçu lettres, houssay bien. — Gosset. |

Nontron, 9 déc. — Ranvaud, rue simon-le-franc. reçu lettres, répondu questions oui. bien portants. — Ranvaud. |

Boulogne-s.-mer. — Tremblaire, 115, boulevard magenta, paris. très-inquiets, 17 novembre dernière lettre. — Tremblaire. | Godin, 96, faubourg saint-martin. lettres parviennent, écrivez boulogne. — Assollant. | Debon, 36, rue vangirard. écrivez boulogne, rue campaigne. — Anna Déhon. |

Gravelines, 7 déc. — Déborbe, boulevard beaumarchais, 13. santé excellente partout, lettres arrivées, edmond capitaine, eugène exempt. — Déborde. |

Calais, 7 déc. — Becker, sellier, saint-lazare. habitons calais bien portants, maison hamerel. lettre reçue 7 novembre. — Becker. | Vignes, 16, rue lentrée, paris. tous bien portants. — Radiguet. | Dogniu, route versailles, 122. amélie ramsgate, emile, michel, nous tous bonne santé. — Renard. |

Tourcoing, 8 déc. — Debuchy, rue montparnasse, 44. étions mal, partis, habitons berseaux, belgique, chez mlle doutreluingne, argent, debuchy adjoint, bien portants tous. — Debuchy. | Dupont, aboukir, 6. lettres 9, 24, reçues. typhoïde, fils mort, moi convalescent, pas encore prussiens lille, arras. — Flipo. |

Suette. — Choisi, rue d'enfer, 23. corzé, enfants vont bien. victorine très-mal — Jouanard. |

Pézénas. — M. Raboin de Boisserolle, 79, boulevard saint-michel, paris. bien portants, lettres reçues. amitiés à tous. — Mathilde. |

Excideuil, 13 déc. — Pouquet, 27, rue neuve-petits-champs. 3e dépêche, santés parfaites, albert aussi, reçu quelques lettres. — Pouquet. | Gosset, 20, rue volta, paris. gissoux, bonne santé, faire au mieux pour intérêts et pharmacie, écrivez possible, lettre reçue dernière. |

Dinan, 10 déc. — Bailli, 41, joubert. sophie demande nouvelles. — Bailli. | Doridot, rue d'aboukir, 102. deux mots affaire veuve lyon et bourget. — Benais, hôtel bretagne, dinan. | Mme Dally, 56, rue batignolles, paris. dally bien, allemagne. — Mottet. | docteur ménars, rue saint-lazare, 142. prière voir maurice, recommander hygiène sans économie sur alimentation, merci. — Chevalier. | Chevalier, provence, 112. satisfaite, reçu lettre du 4, recommande saine nourriture, éviter salaisons, garder provisions, suprême ressource, tendresses. — Chevaleir. | M. de Satgé, 52, rue faubourg-st-honoré. bonne santé tous. — Dinan. |

Guingamp, 11 déc. — Leny, 2e bataillon, 5e compagnie, mobiles côtes-du-nord. toute la famille bien écris souvent, diverses armées prêtes. — Huon. |

Roubaix. — Baudier, 5, baillif. sommes tous 5, verdun, bar, excellente santé, recevons vos lettres, écrivez souvent. — Laure. |

Paramé, 12 déc. — Gautier, 14, rue hâvre. paramé, santés parfaites. — Laloue. |

Sées, 10 déc. — Marguerie, 37, lille. écris fils bonne santé hambourg. — Jarras. |

Douai, 8 déc. — Carret, médecin, fort est. valides, respectés. — Carret. | Tourillon, 11, rue sedaine, paris. lettres reçues, continue, confiance entière, mille baisers. — Marcelline. |

Biarritz, 11 déc. — Bernard, 41, laffitte. depuis 1er octobre envoyé 6 dépêches. portons bien. — Louise. | Mme Coupan, 18, passage saulnier. donnez nouvelles de coupan et cervoni, nous bien. — Budington, biarritz. | Cartier, 10. mazagran. sommes biarritz, portons bien, écrivez, détails. — Jeanne. | Rabotte, chabanais, 10. André armée loire, santé bonne, affaires bien, fait voyage lyon, pars madrid. — Simon. |

Montauban, 9 déc. — Durier, méhul, 1. allons bien, 3 bénazé, 5 hérold, bien, recevons lettres — Lucie, Juliette. | Herold, ministère justice. juliette, ferdinand, gabrielle, georges. nouvelle élise, sophie, léon, lucie, juliette, martial brest. — Augusta. |

Granville, 8 déc. — Charles, 80, assas. s'-pair, état parfait, argent reçu. — Noël. | Sionnet, 24, rue missions. vu philippes bien. rené au mans, buffetière, prével, lerouge bien. — Requier. | Ribaut, 9, verneuil. oui, oui, oui. — Bigouse. | Macey, négociant, commines, pour Dubois. inquiets, écris ballon, granville. — Duvoir. |

Toulouse, 9 déc. — Pellet, rue lepelletier 8, paris. allons bien, bagages reçus, manquons de rien, pensons à vous. — Marie. | Gailhard, rue gaillon, 12, paris. envoyé dépêche 12 novembre, ancizan, toulouse santés bonnes, recevons lettres, tranquillité, georges normandie. — Gailhard. | Marc, rue amsterdam, 6, paris. tous bien portants. écrivez souvent, courage ! — Pichon. | Crotel, 6, avenue napoléon. 2e dépêche, provisions, lettre 3 décembre, bonne santé, ludovic aussi, aime. — Crotel. |

Châtellerault, 12 décembre. — Hecquard, colonel, ministère guerre. 80 jours sans nouvelles des carondelets-morière, prie hecquart d'en donner, tous allons bien. |

Lille, 9 déc. — Allard, 96, rue rivoli, paris. tes chères nouvelles reçues, les nôtres, hélas ! arrivent donc pas ? tous bien, 8 décembre. — Louise. | David, 58, faubourg poissonnière, paris. mesdames Jules, bernard, enfants bien portants, hollande, lettres reçues par ballon. — Mme Jules David-Mullie. | Chaffanjon, boulevard strasbourg. courage ! assistance prochaine, donnes nouvelles personnelles, ici tout bien. — Vanderbergh. |

Chalonnes, 12 déc. — Gontallier, rue folie-méricourt, 22. bien. — Gailard. | Rousseau, 15, quai bourbon. santés excellentes. — Rousseau. |

Toulouse, 19 déc. — Lebaudy, 19, rue flandre. santé parfaite. — Amicie. |

Portrieux, 18 déc. — Chemay, sergent-major, 2e compagnie, 5e bataillon, garde mobile côtes-du-nord, paris. sommes tous bien, charles revenu paimpol. — Chemay. | Courson, 38, monceau. robert lille, tous bien, saint-quay, alphonse blessé légèrement. — Général. |

Lillers, 14 déc. — Holbée, 109, rue dames, batignolles. portons tous bien, donner immédiatement nouvelles, fiérard. — Durand. |

---

49. Pour copie conforme :

l'Inspecteur,

Bordeaux. — 25 décembre 1870

Houdain, 10 déc. — Vicomte de Galard, 13, avenue marbœuf. ta femme, ta fille bien portantes, reçoivent tes nouvelles. moi rien. calme relatif ici. — Ranchicourt. |

Finie, 13 déc. — Larde-Carré, cherche-midi, 33. tous bien portants. tranquille ici. léon premier bataillon chasseurs, st-omer. — Carré. |

Bordeaux. — Leharivel-Durocher, du regard, 6. donner congé hussenot et sœur en décembre pour premier juillet. tes lettres reçues. — A. Leharivel. |

Cosne, 17 déc. — Madame Bertrand, rue Condé, 14, paris. bonnes nouvelles. — Bertrand. |

St-Mand-les-Eaux. — Jules Martin, 10, rue taitbout. famille bien, amélie, amanda aussi. édouard parti. |

Hesdin. — Maugin, 12, guénégaud. pas difficultés. attends impatience. — Louise. |

La Concourde. — Arnaud, rue banque, 17. tous bien recevons jules franc-tireur. — Arnaud. |

Falaise, 16 déc. — Lecordier, rue Boucry, 14, lachapelle, paris. aimé prisonnier coblentz, bien portant. émile, famille bonne santé. — Prodhome. |

Avranches, 16 déc. — Général Le Flô, ministre guerre. jules bien, cheval tué, proposé pour croix. vous prévient, et charles vous embrasse tous. — Debrecey. |

Treignac, 17 déc. — Sangnier, 35, rue varenne. 16, tout est bien. profonds regrets aujourd'hui. à toi. — Thérése. |

Meximieux, 17 déc. — Paul Convert, mobile, ain, troisième bataillon. un mois sans nouvelles. allons bien. philippe pas parti. demandez encore argent samuel. — Convert. |

Blaye, 19 déc. — Charles-Laurent, rue françois Ier, 12, paris. nous, enfants, santé excellente. |

Autun, 16 déc. — Jannon Brette, 17, quai montébello. partons montpellier. écrivez souvent chez catalan-davot. santés bonnes. tendresses vous, maman, fourdinois. — Amélie Céleste. |

Etretat, 14 déc. — Madame Monge, 41, des martyrs, paris. lettres reçues. tous bonne santé. écrire souvent. — Monge. |

Fresnoy-le-Grand, 13 déc. — Duployé, nazareth, 12, paris. tous parfaitement. recevons lettres. bonne année. |

Vire, 16 déc. — Juhel, aumaire, 22. reçu lettres. tous bien portants. — Juhel. |

La Rochelle, 18 déc. — Bataillard, 41, notre-dame-des-champs. enfants londres, jamais malades. — Manby. |

La Roche-st-Yon, 17 déc. — Grenet, 15, helder. avec marie, albert pontoise. hémar, marc, lecornier, fay, tous bien. joseph superbe. correspondons miton. écrivez souvent. — Hémar. |

Meynac, 17 déc. — Boucher, boulevard strasbourg, 68. allons tous bien. pas sevré charles tulle, recevons pas toutes richemont, 51, hongue ostende. — Julio Boucher. |

Azille, 18 déc. — Teissonnière, 10, port bercy. trois-six soixante, vins premiers onze, treize. propriétaires tiennent. petites affaires. suis marché. attends instructions. — Sanches. |

Vivonne, 19 déc. — Berthois, colonel, 9e lanciers, 3e armée, 75, avenue labourdonnais, paris. bien arrivés, 17 décembre, badonnière, coral, vivonne, département vienne. — Jeanne. |

Broglie, 18 déc. — François Broglie, 10, solférino. denys à bourges bien portant. écrit pour lui à montluçon. victor toujours dans l'eure. — Albert. |

Lyon, 20 déc. — Gonzalez, capitaine zouaves, ambulances hôtel-de-ville. allons bien. reçu lettres 5 et 17 décembre. écrivez souvent. ne cachez rien sur votre blessure. — Thévenin. |

Quimper, 20 déc. — Depéne, taitbout, 29. fernand, charles saufs mayence. — Marie. |

Gisors, 5 déc. — Lefebvre, rue saint-martin, 4, paris. maman, famille, santés, usine bonnes. léontine, thérèse, granville très-bien. — Lefebvre. |

Saint-denis. — F. Chevet, palais royal. chemiré 8 déc. tous parfaite santé, granville aussi. reçu ta lettre du 2. redron, touzelin, camuzet nico. — marie Chevet. |

Nantua. 9 déc. — David, 351, rue st-denis. allons bien, pensons souvent toi. France debout secours paris, tenez bon, ça finira bien. — David. |

Brioude, 11 déc. — Duhamel, trésorier garde nationale st-cloud, 38, avenue burgaud. porte bien, inquiète, tes nouvelles. — Marguerite. |

Orange, 11 déc. Barjavel, 277, rue st-denis. genève, orange parfait. |

Ploermel, 7 déc. — Martin, 48, clichy. enfants moi bien. nourris pas, donne biberon. |

Guéret, 11 décembre. — Lasnier, 27, saints-pères. allons tous bien. alfred destitué ici. | Bion mobile seine. 5e bataillon, fort issy. pas lettre depuis 20 septembre. désespoir, écris. —

La jonchère, 11 déc. — walmette, 11 déc. monsieur Mignon, 151, rue oberkampf. famille mignon rouart vont très-bien. — Rouart. |

Bayonne, 12 déc. — Chapartegui, 102, richelieu. je reçois tes lettres, ta famille bien et moi aussi. donne-moi de tes nouvelles. — Concha. |

Duras, 12 déc. — Pelletier, 18, sébastopol. quatrième dépêche. bien, écrivons souvent, plus possible par pel. baisers. — Pauline. | Seurin, 143, rue st-antoine. bien loin de toi pour noël. baisers bien tendres, tante aussi, j'écris toujours. — Henriette. |

Nimes, 11 déc. — Callon, 9, rue odéon. Eugène bien portant, devait être à arras le 4 déc. sommes bien chantiers très-sages. — Beau. | Lugol, 1, rue saints pères. sommes tous bien, a naples. — Germaine. |

Mamers, 8 déc. — madame mayer, 3, place valois, allons bien. recevons lettres. ennemi passé, aucun mal. — Picard. |

Pau, 12 déc — Tribert, 14, matignon. bonne santé, à pau tous trois. reçu ta seconde lettre, paul prisonnier, bien portant. — Tribert. | docteur Byasson, hôpital midi, paris. tous bien, baby une dent, louis pas parti. — ton Alice. | Froyez, 60, haussmann. touchés de votre obligeante amitié, heureux de toutes vos santés. notre situation pourvue, matériellement bonne. — Auchois. | Renoist, 43, laffitte, paris. pau, lettres reçues, tante souffrante, vie convenable, vernet, mayeur ici. coulon, brizard amitiés. embrasse tous. — Monrose. |

Marseille, 11, déc. — Bloc, 15, place des abesses. tous très-bien, avons bon espoir. — Estier. |

Aspet, 11 déc. — Ruau, ministère finances. ernest nous bien reçois tes lettres, embrassons tous tendrement. oncle prisonnier hambourg. — Ruau. |

St-renan, 7 déc. — Pouliquen françois, mobile du finistère, 2e bataillon, 3e compagnie, caserne prince eugène. mère morte comme sainte, 20 octobre. tous présents. marie louise parfaitement abbés non rentrés. — S. Pouliquen. |

Lille, 4 déc. — henriette Leclerq, 40, boulevard malesherbes recevrez poste deux cents francs, écrivez cambrai, ballon monté. — Legrand. | Maurice Vidal, artillerie mobile du Rhône. tous bien portants, amitiés à laure, son mari, paul souhaits pour tous. — Vidal. |

Couthures. — Delaubier, 7, rue st-benoit, paris. tous parfaite santé. — Delaubier. |

Agen, 12 déc. — Darades, 33, cherche midi. portons bien, reçu argen, victor travaille. — Elisa Davadis. | Bourières, 128, amelot. tous en bonne santé, lettres reçues régulièrement. — Bourières. |

Arc-et-Senan, 9 déc. — madame Bancenel, 47, rue de madame. pas prussiens montbéliard, besançon, liesle dôle, vais bien, espère. — Hyppolite. |

St-Florentin, 7 déc. — Gérard, 9, rue libert, bercy. mère décédée. gabriel va bien et la famille, sommes tranquilles. — Habert. |

Tartas, 13 décembre. — Gille, 21, miromesnil. bien, reçois lettres. — Percheron. |

Aix-les-bains. — Capitaine rambuteau, mobile 13e régiment. cruellement inquiète. j'offre tout pour vous. que dieu ait pitié. étienne préservé. votre : — Mathilde. |

Objat, 9 déc. — Cosse, 27, humboldt. toujours objat famille. bonnesanté, moi mieux mais pas guérie reçu cinq lettres, répondu quatre. — Boucault |

Néris, 12 déc. — Lasson, faubourg martin, 45, paris. trois lettres reçues, mille affections, santés bonnes, prions, espérons souvenir aux parents, amis. — Lasson. | Lemoine, rue poissonnière, 37, paris. trois lettres reçues, mille affections, santés bonnes, prions, espérons. quinson, hôtel couronne, genève. — Lasson. |

Moulins-sur-Allier, 17 déc. — Palfray, 101, boulevard st-michel. merci pour souvenir et nouvelles, bien portant, à bientôt, espéronst amitiés. — Desjardins, bureau restant, moulins, allier. | Pickard, 17, rue pont-aux-choux. santés excellentes. désolées d'être séparés le premier, pensons constamment à toi et au retour. — Elisa. — Sessevalle, université, 26. journaux reçus, louis, pierre, iseure, autres laferté, anatole, chef ambulance suit depuis deux mois armée loire. — Aline. |

Toulon-sur-mer, 17 déc. — M. Marchant, 8, rue st-arnaud, paris. duplicata. oui, 22,000. oui amplement. oui, nantes. — Charles Grisel. | Roguet, 11, rue des halles. bonne santé. — Pauline, toulon, rue dumont d'urville. |

Aurillac, 17 déc. — Prunet, rue de lappe, 26. allons tous bien. recevons vos lettres. écrivez toujours. — Anaïs et Marie Prunet. | Establie, quai valmy, 13, daris. allons tous bien, recevons lettres. — Réveilhac. | Benech, rue lyon, 59, paris. ta famille à Mandaille va bien. recevons tes lettres. — Benech. |

Valognes, 15 déc. — Demondésir, rue tournon, 12, paris. oncle gustave décédé, scellés mis. conseil de interdit, mets scellés, madame sivard sans prévenir. — Demondésir. | Fernet, rue enghien, 36. suis à valognes, parfaites santés, troisième janvier. — Fernet. |

Couernon, 14 déc. — Longueville, rue casimir-périer, 15. boisesloups, boisquillon, mostagenem, julie, henri, bien. |

Bourbon-lancy, 18 déc. Rachut, rue provence, 52. 13 décembre, santés parfaite aucun ennemi. — Raymond. |

Lorient. 17 déc. — Cosmas, boulevard-voltaire, 9. brest et lorient tous bien. marcel bijou. — Noyon |

Pont Audemer, 15 déc. — Mermilliod, 24, sébastopol. venus ici, pas logés chez nous, juliette encore debout, manquons rien. — Eugénie. —

Dinard, 13 déc. — Rossella, 36, bourdonnais. dirigez étude avec Roberval. habitez maison. écrivez. amitiés. — Pilastre. | Mercier, louvois, 2. enfin lettre reçu argent. enfants bien, moi bronchite mieux, dinard froid, remerciments amitiés, vallerand inquiète chûte père. | Millerand. 9, jussienne, paris. — santé toujours bonne, reçu argent elbeuf, manquons rien, attendons ici avec courage fin de notre séparation. |

Alençon, 15 déc. — Collignon, usine cail. bonne santé, embrassons. reçu lettres enfants apprenennt bien donne congé appartement, cyliot, remettre cinquante francs delroise. — Léonie. — Deloynes, 31, avenue antin. tous bien, lubin tranquille, bameville, matrey, santés parfaites, prévenir, 51, rue Rome. — Gabrielle.

Sainte-Foy-la-Grande, 18 déc. — Broca, lycée charlemagne. broca, bordier, marchand, bien avant. faites vous vacciner. adresse legendre. — Broca, ste-Foy. | Bordier, Joubert, 21. tranquillise toi, toutes chatelaine bien, toi seul nous manque. recevons toutes lettres. broca bien avant. — Broca. sainte-foy |

Châlons-sur-saône, 15 déc. — Richard, 12, rue saint-sauveur. reçu lettre, 22 novembre. écrivez souvent, Bordeaux. | Testu. rue madame, 29. jules vivant, hambourg correspondons. — Massin. |

Toulouse, 17 déc. — Gricumard, 11, bayard. reçu lettre bonnet, partons. Dieu le fit. enfants splendides. ennui. écris souvent détails. di henri écrire. charles montpellier. gazan. valbonne mort. | Deqanvauvillier, rue paix, 3. tous bonne santé. georges soldat année prochaine seulement. — Ravel. |

Lyon, 14 déc. — Général Hartung, ministère de la guerre. allons bien, sans nouvelles de vous, sommes à tain. | Kaëmpfen, journal officiel, paris. alger a vu antoine guéri. sommes tous bonne santé, recevons vos lettres, écrivons. — Kaempfen. | Derayot, 28, caumartin. inquiet, pas nouvelles depuis lettre césar septembre, ballon répondu de suite, bien portant. |

Clermont-ferrand, 15 déc. — Bouchet, capitaine mobile, 4e bataillon, ain. clichy-la-garenne. envoyé six dépêches, allons tous bien, montreux tranquille, écrivons souvent. — Berthe. | Docteur Hervé, 48, rue taitbout. toute votre famille est en bonne santé. — Boutoux. | Gourcuff, assurances, richelieu, 87. pas régler avant événements sinistres bourges, 13,000 francs. sinistres limoges réglés 10,000, à régler 7,000. — Delaitre. |

La Suze-sur-sarthe, 16 déc. — Boulay, des halles, 28. Villars, marie, mère, santé position, bonnes. |

Les Riceys, 10 déc. — M. Wittershein, journal officiel. bien prié avancer. Pinel ressources nécessaires. — Pinel. |

Buxy, 18 déc. — Clémot, rue duphot, 11. tourbandin, 16 décembre, accouchée garçon, tout bien, au Mans aussi. pays tranquille. |

Commentry, 14 déc. — Noellet, saint-ambroise, 17. bonne santé, inquiétude, écrivez tous. — Damoizeau. |

Lyon, 19 déc. — Desfeuilles, 16, rue cassini. allons bien. eugène petite fille. — Texte. | Madame Willème, 102, rivoli. allons bien, et vous tous? — Henry. | Sautter, 1, st-georges, paris, enfants parents genève, genthod, manex, lyon. bien. — Cordes. | Vautrin, 92, rue des moines. louise, moi, bonne santé, boire notre vin, demander deux cents francs gaucher, voir gailliard, boulevard reuilly, 14, reçu lettres. — Jennat. |

Lyon, les terreaux. 19 déc. — Direction journal siècle, paris. Je souscris pour cent francs pour les canons, faire toucher, rue montmartre, 126. — Golfier. | Au maire de Paris. je vous offre mes chevaux pour besoin de la défense, les prendre chez Leblanc, vétérinaire. — Golfier. | Judicis, 38, rue croix, petits champs. nous allons toujours très bien et vous embrassons. — Golfier. | Henri Golfier, 126, rue montmartre. nous allons tous très bien et t'embrassons. — Golfier. | Boulot, rue ile saint-louis. inquiet, donnez signe de vie par dépêche, ici toute famille bonne santé. — Morel. |

Morlaix, 9 déc. — Georges, 5, marsollier. vais bien, toujours morlaix. fabriquons cartouches. considère génie conlie, satisfait. répondu quatre oui. reçu sept lettres. — Georges. | Quesnel, chez charles lacroix, chemisier, morlaix, finistère. réponse, Vitet à paris, rue bièvre. 31. | Sauvan, rue delaborde, 46, paris. henry, louis, jean, prisonniers, lucie tous bien portants, ma mère morte. — Delamonneraye. |

Caen, 9 déc. — Chastanet, 62, provence, paris. donnez avant 30 décembre congé, huissier, de mon appartement pour juillet. répondez. amitiés. — Lausun. | Lassimonne, 72, boulevard sébastopol. Vimont, 9 décembre. portons tous bien. — Lassimonne. | Caux, boulevard italiens, 11, paris. sans nouvelles, inquiétudes, allons bien, bellengreville. — Lefresne. | Bongrand, rue ventandour, 6, paris. portons bien recevons lettres. — Aline. | Jonveneaux, 87, hauteville. tous bien. rassurez lchoux, rousseau. — Anatole. | Henry, boulevard saint-martin, 12. famille va bien. reçois lettres; ai envoyé dépêches. — Leflaquais. |

Nantes. 19 déc. — Rousseau, rue chabrol, 61, paris. sommes à nantes, portons bien, écrire ici, rue rubens, 25. amitiés, augustine à villers. — Saint-Priest, barouillière, 12. écrivez, 8, rue félix, nantes. vos nouvelles celle de père. — Camille. |

Laroche-Sur-Yon, 19 déc. — Rocher, ruffon, 15. Joséphine et enfants morts, écrivez. — Rocher. | Normand, rue grands-augustins, 19, paris. portons parfaitement, sois tranquille augustine. — Berthe. | Lenoir, boulevard temple, 32, paris. portons parfaitement, souhaitons fête, embrassons. — Clara. |

Montflanquin, 19 déc. — Sarrette, boulevard temple, 50. edgard armée loire, combat. 15, encore tous bien portants. — Léonie. | Deboc, boulevard denain, 10. donne nouvelles. — Claudine. |

Lorient, 19 déc. — trévaux, boulevard, clichy, 77. deuxième dépêche, portons bien. photographies reçues. lorient, hôtel france. — Trévaux. | Guieysse, 6, rue jessaint. tous toujours parfaitement, conservons espoir. — Guieysse. |

La roche-sur-foron, 17 déc. — Itasse, 40, rue bruxelles, paris. tous bien portants. — femme Itasse. |

Cluses, 17 déc. — abbé Gerdil, premier vicaire,

Bordeaux. — 25 décembre 1870.

saint-louis-l'isle, bethune, 30, paris. père mort, 14 décembre. — Gerdil. |

Flers-de-l'orne, 9 déc. — Anner, rue du boulevard, 15, batignolles. tous bien portants, impatients. flers, orne hôtel Martine. — Roux. |

Nîmes, 19 déc. — Lugol, 1, rue saints-pères. tout très bien ici, bonnes nouvelles, Naple. — Thibaud. |

Evreux. — Champlouis, 8. Latourmaubourg, 15 décembre. évreux, neufbourg évacué. gravereau traversé, beaumont, serquigny, repousses nous, calmes, andré forêt orléans, très bien. | Champlouis. |

Vichy, 19 déc.— Colin, chaligny, 8. vais bien, écris moi gare Vichy. — Colin. |

Tours. — Wagner, 145, boulevard magenta, paris. sommes tous fille très bien portants, recevons vos lettres, blacquesdorp vont bien, tardieu montauban. — Boizo. |

Figeac, 20 déc. — Stéphane Dervillé, 164, quai jemmapes. mère très malade, écris nous. — Dervillé. |

Beuzeville. — Lettre Malzieux, 8 novembre, montruffet, rue d'argenson, 1. vont bien. — Charles. |

Rive-de-lier, 17 déc.—Dumas, beaumarchais, 95. réduisez frais bureaux. dire parents écrire. émile bonne santé. envoyer adresse albert, portons bien. — Thirion. |

Bagnères-de-bigorre, 20 déc. — Cazalas, passage sainte-marie-du-bac, 11 bis. santés bonnes, trouve temps long vos lettres sont rares. abel devrait écrire. vous embrassons. — Cazalas |

Biarritz, 20 déc. — Dupont, 31, lepelletier. artigues bordeaux, berthe, cannes, tous bonne santé besoin rien. — Dupont. |

Illiers, 9 déc. — M. Desforts, 3, rue corneille, paris. aux forts tout bien, pas pruissens. |

Ferney, 17 déc. — Bernard, laffitte, 44. louise biarritz, moi lettre dubois. tous bonne santé. reçu lettres. écris poste restante genève. — Bernard. | Sechehaye, rue londres, 49. reçu quatre lettres. tout va bien. amitiés. — Sechehaye. | Bogelot, 15, sainte-chapelle. staub, paul, germa, adolphe, thouvenins bien. avons argent. nul accident. sommes à genève. bonne année. — Isabelle. | Dubois, 31, rue luxembourg. donnez-nous nouvelles. prussiens quincey. écrire beaune. — Esdouard. |

Massiac, 18 déc. — Brunel, rue st-honoré, 256. suis à baraque avec petits et grands bien portants. y resterai. — Brunel, 18 décembre. |

Le Hâvre, 17 déc. — Colombel, commandant artillerie mobile, mont-valérien. marie auvergne, noémi bordeaux, mères hâvre. tous parfaitement portants. |

Bordeaux, 21 déc. — Mademoiselle Saiguette Jeanne, d'hauteville, 8. de vos nouvelles. — Mazelieux. | Godeau, 9, drouot. reçu neuf lettres ballon. envoyé déjà dépêches. allons bien. henry charmant. — Marie, st-fargeau, 20 décembre. | Herpin, 56, provence, paris. londres 12 décembre, reçu lettre 1er. écrivîmes, télégraphiâmes souvent. tous bien. situation bonne. chevaux ici. — Herpin. | Wallut, monthabor, 15. enfants, famille, santé parfaite. collége travail bien. jacques superbe, parle. demandes satisfaites. charles petit à Gand. — Wanbellinghen. | Venot, payenne, 4. reçu lettres 25. vos enfants, famille vont bien. secourez édouard. donnez souvent nouvelles famille, amis. — Lemaitre. | Monsieur Moreau, rue saint-antoine, 152. écrivez-nous hôtel de la gare, niort. — Lechevallier. | Lemasquerier, 111, avenue clichy, batignolles. santés parfaites. recevons lettres bordeaux, cours gourgue, 2. — Berthe. | Joussot, rue furstenberg, 8. parents avec nous. tous bien portants. recevons vos lettres. climat doux. espoir en dieu. — Henriette. | Norberg, rue des beaux-arts, 5. allons bien. recevons tes nouvelles. habitons strasbourg. — Norberg. | Lanyère, 12, échiquier, paris. bien. sans nouvelles. menezes ici. prévient femme damien. | Piot, saint-lazare, 117. mailhat, hospitalité parfaite. santés excellentes. cinquième dépêche. — Emma. | Ledieu, tournon, 8, paris, santés bonnes. nouvelle promenade, 3, bruges. — Noémi. | Amiral Challié, paris. gaultret, tous bien. recevons lettres. — Challié. | Herpin, 56, rue provence, paris. genève 16 décembre, péruviennes guano marchent bien. sénat a voté contrat lucc. demas bien. — Borgeaud. | Madame Robert, cardinal-lemoine, 28, paris. enfants dont lettre bien à bruxelles, robert, riocreux, bien à sèvres. nous bien — Charroppins. | Saire, capitaine trésorier quatrième artillerie, paris. nous allons bien. reçu tes lettres. écris souvent. bonnes nouvelles boulay condé. | Scidner, 36, échiquier. je fournis armes gouvernement. écrivez dorénavant 5, place quinconces, bordeaux. — Günther. | Lesmire, 19, duphot. as-tu reçu deux et trois cents? envoie-moi ballon tes nouvelles place quinconces, 5, bordeaux. — Günther. | Bosson, 46, boulevard strasbourg. oui, oui, parfaite. — Günther. | Marcuard André. si pouvez retirer nos acceptations avisez indiquant maison londres que couvririons immédiatement. annulez crédit kausler. remettez compte. — Mathias. | Emile Brunnel, 83 bis, lafayette. télégraphions marcuard. voyez-les pour retirer acceptations. — Mathias. | Danglade, 23, cirque, paris. mère, femme, enfants, etcheverry, bonne santé. — Danglade. | Thomas, usine javel, grenelle, paris. dis à arthur que la dépêche touchard est nulle. desonches genève, grellon, thomas bordeaux. — Thomas. | Jeanrenaud, rue mulhouse. reçu 3, dernière le 11. écrivez souvent, déjà adressé dépêche. santés passables. sommes tristes. saluez amis. — Jeanrenaud. | Jules Lécuyer, 17, rue banque. familles lécuyer, pinatel, niel, têtart, sont fourmies, en parfaite santé. écris souvent. recevons lettres. — Lécuyer. | Drut, 12, chauchat. reçu lettre. allons bien. — Valérie. |

Cabourg, 16 déc. — Dramard, 12, bonaparte. bonnes santés. cabourg. — Mesnil. | Billon, 9, boulevard magenta. tous bien. — Billon. |

Pougues-les-Eaux, 18 déc. — Madame Peloux, 10, rue castiglione. envoyez nouvelles par ballon. pougues, nièvre. — Laval. |

St-Bonnet-de-Joun. — Villars, 3, antin, paris. reçu lettres, merci. porte bien, père aussi. sœur genève. moi seule terreau. embrasse toi, albert. Villars. |

Coutances, 16 déc. — Lépine, 42, basse-du-rempart. sommes jersey tous bien. travaillons. recevons lettres, avons écrit plusieurs fois. — Lépine. | Lassègues, avenue ulrich, 23. santé meilleure asnelles. papiers en sûreté. marie a fille. vont bien. reçu lettres, écrivez. — Fournier. | Raymond, 44, bellechasse. santé parfaite asnelles. xavier resplendissant. — Lebreton. |

Cervione, 14 déc. — Benelli, capitaine 120e régiment, paris. tous excellente santé. — Marguerite. |

Dompierre-s.-Bebre, 17 déc. — Breugnon, quai bourbon, 19, paris. les breugnon, gaudet. jolivet à diou, bien portants. — Breugnon. |

Les Riceys, 13 déc. — Maingon, rue st-andré-des-arts, 45. arthur bien portant cologne. correspondons. — Cécile. |

Arcachon, 20 déc. — Montés, 108, boulevard neuilly. delvaille donnera. amitiés tous. dominique inquiets. voir tout ordre chez gilly, maison sander. — Montés. | Portier, 84, avenue wagram. reçu lettres. écrivez. embrassons. — Berthe. |

Montauban, 20 déc. — Lapérouse, fort romainville. suis à montauban, léon à dusseldorf. — Lapérouse. |

Rochefort, 20 déc. — Monsieur Dedionne, 9, boulevard palais, paris. tous bien ici. recevons lettres. willenne, louis bien. gabriel sauf. — Lucie. | Popelin, place royale, 16. tous bien, décembre. | Commandant fort nogent. tous félicitons. santé partout. — Lefort. |

Morez-du-Jura, 16 déc. — Bolle, aux ours, 55. quatre oui. |

Montendre, 20 déc. — Monsieur Brodu, rue courcelles, 98, paris. souhaitons bonne année, bonne santé. revoir bientôt. embrassons tous. — A. Brodu. |

Marseille, 20 déc. — Joly, corps législatif. troisième dépêche. trouville bien portant, mais triste de ta tristesse, écris-moi, suis sans lettres depuis longtemps.— Théodore. | Poupardin, 17e compagnie, 3e régiment de génie. famille va bien. paul loiret. écris marseille. — Marc. |

Bayeux, 19 déc. — Maret, médecin, 37, laffitte. bayeux, tous bien.— Gilson. | Houbart, 4, jean-lantier. très inquiète, écrivez.—Louise. | Amiot, 90, bac. reçu lettre 9. santés excellentes, agy, bayeux. jacques quatre dents. bonnes nouvelles mesdames emmery.—Comoy. | Millot, 14, petits hôtels. bien portants, reçu lettres, pleine sécurité.—Marie. |

Béziers, 20 déc. — Lautier, 21, rue jussieu. tous bien portants, narbonne, 20, roussillon, 26, aramon 12. dépose banque, toucherai montpellier pipes.—Lautier. | Guillet, 21, latour maubourg. tous parfaitement. troisième dépêche. — Honorine. | Lautier, rue 21, jussieu. daniel ici, prêté 300 kirches. fortes parties pas vendre, petites comptant, acheté 700 hecto.—Lautier |

Périgueux, 21 déc. — Mahyer, 102, grenelle-st-germain. eugène parti bruxelles. bonne santé probablement avec amé. vallette mort. prosper rolland bonne santé.—Siben. | Ducrot, 14, vosges paris. camille enfants bien au 4. pas nouvelles depuis suis ici. —Paul. | Cahn, 48, richer, paris. vos parents et tous allons bien. mes fils habitent bordeaux.—Lévy. |

Villier.-s.-mer, 18 déc. —Vassard, rue alibert. souhaits aimons, embrassons tous.—Chalamet. | Baucher, georges, grand'mère, corps législatif. chérissons, embrassons, souvenir famille, amis, soyez sans inquiétude. écrivez villiers. — Baucher. | Stoltz, 26, martyrs. reçu ta lettre, tous bonne santé. | Stoltz. | Clémencet, 37, saint-lazare. 18, décembre. lettre reçues, santés bonnes, —joséphine. |

Saint-lambert-du lattay, 20 déc. — Lebouteux, 60, rue notre-dame-lorette. santés bonnes, genillé aussi. connaissons triste nouvelle. détailler enterrement. nouvelles de mabil. — Saint-Lambert. | Cazellés, 16, rivoli. sommes à liège, bien portants. manquant rien désirons nouvelles. beauvallet, massignons, dulong, boudin bien portants. |

Falaise, 18 déc.—Boisselot, 19, rue guénégaud, paris. portons bien, recevons lettres.—Lesueur. | madame Defombrune, 51, rue sainte-anne, paris. bonne santé partout. tous tranquilles. adrien ici. enfants travaillent. continuez écrire. 18 déc. — Maria. | Quetier, rue 33, amsterdam santé bonne.—Quetier. | Desrivières, 60, neuve-des-petits-champs. habitons falaise, allons bien. répondu carte.—Desrivières |

Cabourg, 19 déc. — Lecann, 12, place bourse. Cabourg, bien portants. | Verstracte, 22, saint-martin. bonne santé.—Constance. |

Fécamp. — Gouache, 18, faubourg st-antoine. mesdames bellet, gouache, bonne santé, ont encore argent.—femme gouache. | Waldmeier, 16, rue de moscou, 1 oui, 2, oui. — Waldmeier.

Valognes, 19 déc.—Durand, 18, scipion, paris portons tous bien. reçu édouard. | Fernet, 36, rue enghien. suis à valognes, calme, santées, troisième janvier.—Fernet |

Avranches, 18 déc. — Madame Mercier, 12, rue isly, paris. bien, biarritz bien. — Berthe. | Caumers, 28, rue douai. sans nouvelles, écris très-souvent. allons bien.—Caumers. | Garot, 35, verneuil. reçu lettre, bien portante. mère affectionnée, amitiésélisabeth.—Garot. |

Dinan, 19 déc. — Lefrançois, rue st-séverin, hôtel st-séverin. reçu procuration, lettre. écris souvent. tous, odile, bien.—Lefrançois. | Guérinière, 5, vieux-colombier. ouvrage beaucoup. portons bien, lettres reçues. fais provision. | Messager, 5, rue tronchet. reçu ta lettre du 8. allons bien. écris. — Messager. | monsieur Gouzien, 22, rossini. reçois vos lettres. écrivez toujours, bien heureux, pense à vous, bien portant merci pour chevaux.—Ponteroix. |

Troarn, 10 déc.— Lechevey, sécrétariat ambulance palais industrie. troisième dépêche. père, mère, bien.—Lechevez. | Pillet, 63 rue charenton. portons bien tous. — Emélie. | Sanchez torres, 34, rue penthièvre. bordeaux, saint pair, bien. reçu lettre du quatre, merci. plaignons, aimons tendrement notre frasquito.—Frotté

Granville, 18 déc.—Pierquin, 45, avenue joséphine lorraine rien, moi enfants bien. bureau ici heuri enfants travaillent. toutes lettres reçues. mathilde bien. — Pierquin. | Ducruix, 108, rue bercy. moi, pierre parfaitement. oreilles percées, courre, embrasse. préviens caillot commencement mai, embrassons tous. mère parfaitement. —Ducruix. |

Saint-malo, 19 déc. — Besnou officier ordonnance commandant protet. auteuil. famille bien. lettres reçues.—Besnou. | Maillefer, 10, rue du havre. saint-malo 19 déc.. —ta mère, moi allons bien; reçois tes lettres, écris bureau restant. — Maillefer. |

Marseille, 19 déc. — Lemaire, 15, quai napoléon. charles général, prisonnier mayenne. émile, marie marseille, bonnes nouvelles, rennes vire. — Emile. | Chenue, 24, rue croix-des-petits-champs. donnez argent suivant besoin collinet, 68, rue Clichy. écrivez poste restante, marseille. — Bonval. | Cohen, 83, maubeuge. tous bien, louise accouchée fille, marseille tranquille. — Garsin. | Eydin, 46, du bac. santé parfaite, reçu lettres. — Eydin. |

La Rochelle, 20 déc. — Ynghlenare, assistance publique, place hôtel-ville. enfants tous bien, inquiétude terrible pour alfred, des nouvelles au plutôt. — Laure, rochelle, déc. | Travers, 22, rue saint-martin. madame travers laval, chez madame roulois, place lieutenant, maison non brûlée. — Lemay. | Dumesnil, 24, boulevard saint-michel. père, sœurs, parents bar, hélène, louis, ruchet, lagueue siens, fournier siens, nous trois parfaitement. — Dumesnil. |

Saint-Brieuc, 9 déc. — Madame Delamotte, 14, rue lune, paris. Delamotte, tredern, nantuis, tous bien. — Tredern. | Fournier, commissaire marine, fort bicêtre. saint-brieuc, décembre. tous bien, amitié. — Eugénie. | Lasalle, côte-du-nord, 5e bataillon. georges, tous bien, tendresses, courage. | Radenac, 47, rue d'enfer. tous bien, marie forte. fillette charmante, amédée externe, alfred lieutenant patay, recevons lettres, remettrai argent. — Radenac. | Kersaintgilly, 27, reçu lettre, écris encore parents, amis bien, loyer, tammy partis, gabriel resté avons nièce. | Chaumont, 89, turbigo. allons bien. envoyez nouvelles, chorou, chez richer quincaillier. saint-brieuc. |

Belleville-sur-Saône, 17 déc. — Gallois, 11, Bercy-Paris, gaudet. Portons bien, nouvelles point. — Pardon. |

Agen, 20 déc. — M. Bergognié, 15, rue duphot. sœur et nièces arrivées à aix-chapelle, mère et sœur ici avec moi tous bien. — Evariste. |

Montbard, 17 déc. — Montgolfier, 39, palestro. troisième dépêche, bonne santé, réception des lettres datée 6. — Montgolfier. |

Béziers, 19 déc. — Chantiac, capitaine mobiles hérault, paris, 1er bataillon. tous bien, grossesse bonne, pays tranquille. — Chauliac. |

Villers-sur-Mer, 17 déc. — Bourgeois, 55, aboukir. souhaitons meilleure année! cri d'affection, tendresses enfants, amitiés pour frère, mahaut, amis. — Amélie. | Sœur Françoise, 7 poultier, île-saint-louis. sentiments affectueux pour vous, bonne mère, compagnes, priez pour mari exilé. — Amélie. | Martin, 8, sentier. pensées affectueuses pour vous, mari, léon offre sentiments reconnaissants pour famille jullien, villers. — Amélie. | Vaillant, 17, paradis-poissonnière. père succombé minuit vingt, agonie, souffrances affreuses, prévenir doucement léon, allons bien. — Raimon. | Cormont, 6 filles, calvaire, sentiments affectueux pour vous, bidault, amis, priez pour retour, villers. — Amélie. | Lechat, 5, portalès. souhaits affectueux, pensons à vous, cœur brisé. villers. — Amélie. |

Rennes, 18 déc. — Ferignan, 12, place vendôme. tous bien. — Ferigan-Lescadie. | Madame de la Gournerie, 86, rue de sèvres, paris. aux ambulances. donnez nouvelles victor et vous, filles bien. — Marie. | M. de la Combe, 75, avenue d'italie, paris. allons tous bien, ai envoyé au moins vingt dépêches par pigeons. — Marie. | Charles Bourgeris, 40, rue de bondy. paris. allons bien, embrassons papa, georges capitaine. reçu cartes, donnez nouvelles rennes, brétagne. — Renneville. |

---

50. Pour copie conforme,

L'inspecteur,

Bordeaux — 25 décembre 1870.

Flers-de-l'Orne, 14 déc. — Madeline, 17, béranger. portons bien. — Madeline. |

Audruicq, 14 déc. — Durtois, 11, monthyon. cher Edmond, heureux recevant six lettres de savoir bien portant, moi aussi voudrais paix honorable. — Alfre l. |

Guingamp, 17 déc.— Joubaire, capitaine-forestiers, auteuil, paris. chacun bien portant. — Joubaire. |

Autun, 16 déc. — m. Decourcy, 87, richelieu. 10e dépêche, tous bien, mardor tranquille, vos lettres arrivent. — Montaigu. |

Rochefort-sur-Mer, 19 déc. — Tancrède, 56, francs-bourgeois. deux familles, moi, bien portantes, à rochefort tranquille, embrasse, rassure parents, t'attends impatiemment. — marie. |

Bordeaux, 11 déc. — mallet, 8, berlin, paris. partons pau avec baudins, eugène nevers, tous bien. — Bevau. | Poreyra, 9, bruxelles. tous bien, aujourd'hui fête, embrassons laure, moi. — Delphine. | Niquette, 57, lepelletier. comment vont chevaux? écrivez ballon bordeaux, dites rue de londres reçu lettres, prière veiller sauver chevaux. — Schneider. | Vincent, 22, rue poncelet, ternes. envoyez nous des nouvelles. — Potgisser. | Zelweger, 29, provence. weck londres reçu lettre 17, possesseur cent mille livres, paye avec couverture, acceptations hors paris. — Weck. |

Tours, 28 déc. — Isnards, 22, billaud. déjà télégraphié. charles congé momentané et abbé décoré avec nous tours, vœux collectifs, albéric engagé cathelineau. — Villequier. | Coindard, 5, amsterdam. voudrais argent si possible, avisez protais, amitiés. — Gervais, place élisabeth, 9, jersey. | Bréauté, 10, seine, paris. inquiète, deux mois sans lettres. — Laurance. | Dubois, 26, rue clichy. reçu lettre, paul groslay bien portant, situation pas empirée. — Silvius. | Dubois, 303 rue saint-denis. silvius prudemment envoyé bien portant limoges avant bombardement tours, famille sarret santés parfaites. — Silvius. | Bourgeois, 55, aboukir. pays non occupé, chevalies remis commission. — Caron. | Amans, 17, avenue breteuil. famille de bruxelles très-bien portante. — Desbordes. — Greffon, 285, rue saint-martin. lettre 5 décembre, répondu 10 décembre, madame et fille portent bien. — Guivy. | Labaty, garde national charenton. camille et sa fille bien portants ont quitté blois pour loupiant, va recevoir votre lettre. — Picparès. | Rohant, avenue taillebourg. monthuet, famille alland bien portante, beauvisage écrivent, morlaix, bonne santé. — Alexandre. | Prioux, 47, quai grands-augustins. paul bien portant, partir saint-amand, peysonneau craignant engagement, envoyons votre lettre, écrivez lui. — Artru. | Sabourain, 96, boulevard saint-germain. reçu vos lettres, allons tous bien, n'avons pas encore souffert. — Paul. | Vital, rue vital, passy-paris vimoutiers tous bien, paul mans bien, nous aussi, dire penilleau, 148, saint-dominique. — Baillet. |

Dinard, 18 déc.— charles Vignals, 112, richelieu. allons tous parfaitement, embrassons tendrement, souhaitons prompte réunion, quatrième question non, danes coblentz, tous bonnes nouvelles. — Vignals. | Laumailler, 3, rue turbigo. madeleine superbe, gaie, grandie, suis bien, versaillais bien, reçois lettres, alençon. — Gaugain. | charles Pillet, 10, grange-batelière. enfants, émile, albert, moi, embrassons tendrement ainsi grand'mère tous, dieu veuille nouvelle année réunisse, allons parfaitement. |

Saint-Omer, 12 déc. — m. Dejob, 8 bis, rue martel. bonne santé mais triste, chaises de paille angoulême, montmédy, charles bien portants. | Joanne, 20, rue vaugirard. allons bien, reçu 6 lettres. — Bellart. |

Cannes, 17 déc. — Massias, 11, cherche-midi. tous bien, recevons vos lettres, jules bien à brême, manque rien. — Henry. |

Avranches, 17 déc.—Lapalhière, 17, rue banque. père au héron, maman, jules, antonin, enfants très-bien. — Julie. |

St-Valéry-s-Somme, 14 déc. — Dépinay, 12, boulevard strasbourg. recevons lettres, allons tous bien. — Chedeville. | Guilleminot, 8, rue corbillon, saint-denis, seine. tous bien portants. — Henriette. |

Granville, 14 déc. — Dru, 69, rue rochechouart. villers, nouveau garçon, tous bien, dru aussi. — Dru. |

Saint-Omer, 14 déc. — Delepouve, 43, taitbout. mère, bébé ici très-bien, gabrielle, enfants, rivière à gand (belgique), 20, cour des princes, écrivez. — Gréhau. | Lamazou, 18, rue ville-l'évêque, paris. comment allez vous? inquiète, habitons tliques ma ilde aussi, prévenir francqueville, 41, quai d'orsay. — Lylof. | Normand, 5, rue sainte-marie, grenelle. reçu 8 lettres, envoyé 3 dépêches, numéro bataillon. | Cooche, 71, rue assomption, auteuil. toutes bien, reçu 13 lettres, laura étudie, tranquilité, baisers. |

Lyon-les-Terreaux, 18 déc. — Labhart, 34, entrepôt. tous bien portants, recevons tes lettres, bon courage, vois keru.—Noblet. | Fanta, halévy, 4. reçu les fûts de genève, pas reçu soixante de marseille, nous sommes à nice, madame souffrante. — Gallet. | Servant, 12, neuve-fontaine. allons bien, reçu lettres, envoyées quinze dépêches cinq, émile bien, loire. — Servant. | Vogel, 9, faubourg poissonnière. fabrique beauvois marche toute vapeur, maison londres fait quelques affaires, sa position financière bonne. — Vogel. |

Marseille Cours-du-Chapitre, 17 déc. — Castelnau, 9, pont-neuf. recevons vos lettres, chacun va bien, enfants superbes, ferdinand engagé armée loire. — miston. | Benecke, 30, rue hauteville. cent trente-cinq balles laine arrivent de bassorah à votre adresse, que faut-il faire? — Fontaine. |

Marseille, place central, 18 déc. — Bloc, place des abbesses, montmartre. tous bien. — Estier. |

Lille, 14 déc. — Raffard, 86, boulevard haussemann. bonne santé partout, maman raisonnable, antoine en règle, dispensé par corta. — Chéron. | massé, 10, hauteville, paris. bonne santé, recevons lettres, lagraulas émile perdu toulouse, excellente cateau venu, adresse maman inconnue communiquer. — Léonie. | sœur Barbelin, quai hôtel-ville, 16. supérieure bruxelles, frères amiens, russie, sœurs santés bonnes, lettres reçues. — mercier. | sœur Lauras, 34, rue montparnasse. supérieure bruxelles, santé bonne, lettres reçues, répondues. — mercier. | Couailhac, jean-robert, lachapelle. continue lettres, allons bien. — Couailhac. | Vanautrève, 161, faubourg saint-martin. femme, enfant, mère vont bien, lille tranquille. — Pauline. | Baugnies, 26, rue moineaux, paris. tous en excellente santé, vos enfants étudient, dites nous comment vous subsister, reçu lettres. — Baugnies. | Violette, ingénieur, ambulance saints-pères, paris. reçu lettres, félicitations, étienne prisonnier coblentz, tous réunis lille bien portant. — Violette. | maugery, 25, pont-aux-choux. frédéric heureusement prisonnier. — Erfunt. |

St-Omer, 13 déc. — Denebre, 6e batterie artillerie, 6e pièce, passy. leureth une fille, tous en bonne santé, avons lettres. | Boulet, 5, michaudière. reçu lettres, suis st-omer tante boulet, attend nouvelles de tous et ernest, écrivez souvent, vous embrasse. — Boulet. | Hériot, magasin louvre. impossibilité rentrer, arrêté 20 septembre versailles, marchandises assurées genève, genest mort, suis mobilisé armée nord, réponse. — Boulet. | mametz, 6e batterie artillerie, 6e pièce, passy. hébaut, tout monde bonne santé, avons lettres bastion 55. | Pagart, 2, pépinière. tout parfaitement, émile bien, coutances exempt. — Léonce. | Cauchy, 12, rue tournon. réitéré santés bonnes, saint-omer, cambrai, anjou. — Fait, colonel. |

Saint-Georges-de-Reintembault. 17 déc. — joseph Hauer, fort vanvres, paris. tous bien portants. — Joséphine Hauer. |

Auxerre, 16 déc. — casimir Perrier, 76, galilée. treize, tous bien, lorrez aussi, reçu plusieurs lettres, dernière du quatre, rien passé à pont. — Pierre. | Rostaing, 34, godot. merci, sept lettres, vivants, cernés, neveux prisonniers. — Charlung. | Edouard, 36, quai bethume. reçu trois lettres, porte bien. — Robert. |

Somain, 13 déc. — m. Depavant, 4, rue tivoli. tranquilles, bien portants, aussi denise enfants. correspondance avec glatygny, soyez prudent soir, vous embrasse. — Gabrielle. |

Brignols.— Folzère, 70, rue truffaut, batignolles paris. en grâce où est. rosas, angoisses terribles, bonnes ou mauvaises nouvelles dites. — anns. Cavasso. |

Alençon, 23 déc. — Descomble, 43, chaussée-d'antin. partons pour versailles avec sécurité. |

Moulins, 23 déc. — Sifflet, médecin, 114e ligne, paris. filles santés parfaites, étienne prusse. — Delphine. |

Saintes. — Domet, capitaine forestier, 11, rue michel-ange, auteuil. troisième dépêche, fontainebleau, tours, santé parfaite, heury guéri, maisons pas pillées. — Marie. | Curel, lieutenant mobile indre, 7, rue bourgtibourg, troisième dépêche, santé parfaite, ferrières, tours, tranquilles — Desfrancs. |

Guise, 18 déc. — Coiseur, 59, caumartin. écris-moi ballon. — Adolphe. | Thérèse, 24, pasquier. santé bonne, répondez immédiatement ballon, payez obligations ville paris. — Adolphe. |

Lille, 19 déc. — Arnoult, 197, st-honoré. bien tristement, lessioes venues à lille quelques jours, vif désir vous revoir. santé pas bonne, adèle bonne. | Bentayoux, 5, faubourg montmartre. moi heureux, munitions, eugène, vous, comment, beauharnais, 51. — Louis. | Pamar, courtier sucres, paris. si vendez, nos deux dépêches serviront, bon livraison entrepôt, prix fabrique 5650, exportation active. — Kraser frères. | Pamar, courtier sucres, paris. vendez nos 400 sacs en entrepôt au prix courant, si au-dessus soixante-quinze francs. — Kraser frères. —

Dol-de-Bretagne, 3 déc. — Patoureau, 94, lafayette. heureuse des nouvelles, tiennes reçues, marie a rougeole, nous assez bien, espère te voir bientôt. — Augustine. |

Pas-en-artois. 15 déc. — Parent, 7. avenue villars, paris. prendre caisse papiers famille chez moi, robe alcôve chez guérard, réponse, louvencourt, somme. — Saint-Martin. |

Belle-Isle en-terre, 20 déc. — Noël, kergorlays biens intégralement. st-dominique, 104. |

Calais, 16 déc. — Arnette, 4, barbette. famille bien. — Adèle. | Leurette, 2, turbigo. sommes tous bonne santé, affaires bien, pêches abondantes, pays calme — Léonie Weens. |

Cabourg, 21 déc. — Touchard, lieutenant, mont valérien. tous bonne santé, maris drucourt. — Touchard. | Rouville, 120, champs-élysées. portons bien. — Rouville. |

Valenciennes, 17 déc. — Boucher, 32, quai bercy. tous bien, écris. — Eléonore Boucher. | Cendrier, 2, rue paix, paris. reçu huit lettres, dernière 10 décembre, bruxelles, valenciennes, bien portants, ennemi loin. — Coste. | Weber, avocat, 65. neuve-st-augustin, paris. merci de vos nouvelles, portons bien, pensées toujours pour paris, compliments capitaine barthès ici. — Michell. |

Berry-au-bac. — me Dufourny, 36, rue monthabor. dufourny largny, reçu nouvelles, va bien, nous aussi, inquiétude, écrivez ici, par carte, vite. — A. Thiebaux. |

Bonnétable, 22 déc. — Renaud, 45, rue des buttes-chaumont, paris. portons bien, recevons lettres, B. tranquille, désirée pas à sillé. — Renaud.

Amour, 25 déc. — Thury, inspecteur télégraphe. angleterre, paley, mairy, cassou, amou, dammartin fille, tous bien, kerhué échangé, anatole ici. — Declaye. |

St-malo, 21 déc. — Michau, 47, rue d'enfer. 20 décembre, reçu dix premières poste restante, efforts continus, répondre, santé, embrassons toi, gaston, tous. — Marguerite. | Potrel, 40, croix-des-petits-champs. tous parfaitement, berrus, georges partis rennes, informe Ravrio amédée prisonnier sans blessures, ernest picard parfaitement Tlemcen. — Jeanne. |

Châteauroux, 24 déc. — Montaigu, bataillon pellan, mont valérien. tendres compliments pour nous et oncle dusseldorf, écris ballon, nouvelles toi, gaston, beauregard, arthon, indre. — Blanche. sœur st-augustin, 26, avenue saxe. non envahi, trois ici, marie et édouard carcassonne, tous bien portants. — Duchan. |

Belvès, 24 déc. — Bonnardot, 49, boulevard haussmann. père chéri, mère adorée, auguste, marie, alphonse bien, vous embrasse, père, mère, courage. — Walter. |

Le Faouet, 20 déc. — Prévost, 7, vingt-neuf juillet. alfred bien, inquiète, dernière lettre 14 nov. écrivez, suis faouët, nayel, prévenez paul, Julia morte. — Ernestine Prévost. |

Lamballe. — Nivière, 12, place vendôme. tous santé parfaite, bonne nouvelle pincéloup. — Bassery. | Rojare, administration postes. tous parfaitement. — Léontine. |

Dinard, 22 déc. — Maquet, 24, place vendôme. tous bonne santé, douvres, 8, marine place. — Bassot. | Bassot, 4, st-arnaud. marie, enfants dinard, bonne santé, douvres, 8, marine place. | Tamisey, 9, monthabor. darcis une fille, tous bonne santé, dinard aussi. | Carvès, 18, boulevard st-martin. surveillez étude, écrivez, dinard bien, amitiés. — Pilastre. | Grénet, 81, boulevard michel. avons amis affectionnés, souhaitons courage, santé, nous allons doucement. — Martin. |

Libourne, 24 déc. — Rouxell, 12, rue seine. faire bail mon nom, congé donné alexandre en septembre. — Massy, 36, guitres |

St-Omer, 16 déc. — me Degrillou, 51, rue laffite, paris. félix rétabli, colonel, limoges. — Leuillieux.

Valencienne, 15 déc. — Normand, 5, grands-augustins, paris. ernest à lille, voit louise à bruxelles chaque dimanche élise, tous bien portants. — Normand. |

Pont-Audemer, 20 déc. — Isaac, asile vincennes. veuve roger morte 20 déc. — Fortin. |

Combles, 17 déc. — Demorgan, mobile somme, 6e bataillon, paris-vitry. tous cinq allons bien. henri réformé, prussiens amiens, passent maricourt, inoffensifs, louisa vient maricourt. |

Angoulême, 24 déc. — m. Clerc, 12, faubourg poissonnière. tous bien, adresse tes lettres 15, rampe du secours, angoulême, alix répétitions, embrassons. — Caroline. |

Quimper, 21 déc. — Favrin-Parquez, 178, boulevard haussmann. tous parfaitement à quimper, 16, place hesclaunguen, vous envoyons souhaits, baisers, vœux, bénédictions pour 1er janvier. | me de Boismarel, 22, rue de navarin. ferdinand armée lyon, excellentes nouvelles. — Jeanne. |

Vimoutiers. — Guérard, 63, boulevard malesherbes. Je vais bien, flavie et son mari aussi, pas de prussiens dans notre endroit. — Valminel. |

Saint-Brieuc. — m. Monrose, 8, lallier. bonne santé, de hercé, recommandation agent st-malo pour argent. — Barochez. |

Le Poiré. — Moreau, chez docteur dibot, 31, rue st-lazare. dis gendreau, bouchaud écrire, parents inquiets, parler les uns des autres. — Moreau. |

Commentry, 23 déc. — Bideau, 56, aboukir. courage, bonne santé. — Mathiron. |

La Rochelle, 24 déc. — Lehon, 92, rue temple. voir marix, détails sur toi, lui, besoin argent? enverrai, écrire bordeaux bureau restant. — Eugénie. | Morel, concierge, 36, rue ferme des mathurins. porché, 122, rue rivoli, est chargé de mes affaires, écrivez-moi — ve Delacour. |

Vic-en-Bigorre. — Geisler, entrepôt. possible ouverture, 4,000 cuirs, puis-je acheter? — Rey. |

Biarrits, 25 déc. — me Galas, 16, lancry. bonne santé, heureuse année, nous allons tous bien et désirons vivement te revoir. — Félix Eugénia. |

Cambrai, 18 déc. — Delcamp, 8, marseille, paris. signifier par huissier à propriétaire désistement location appartement rue boulainvilliers, 17, avant janvier, amitiés. — Chamon. |

Fresnoy-le-grand, 19 déc. — Carpentier, 9, sentier. fresnoy, bohain pas vu prussiens, tous bonne santé, attendons vos ordres, façons basses. — Coquelet. |

Lyon-Terreaux, 23 déc. — Boulot, 2, provence. reçu lettres, santé bonne, claudius st-gems, 3e légion de marche, sylvestre, gentil, artillerie mobile marseille. — Boulet. | Bouvier, 67, faubourg st-denis. reçu lettre 8 déc. merci, allons bien, écris-moi souvent. comment vis-tu? — Lucie. | Henry, 12, germain-pillon. portons bien, henry pas parti. — Annette, | Loncle, 14, rue du mail, santé bonne, lyon tranquille, affaires nulles, reçu deux lettres, bon espoir, bonjour aux connaissances. — Couder. | Rocque, 19, michel-lecomte. mathilde accouchée fille, tous bonne santé, envoyez nouvelles d'émile. — Bardey. | Lepetit, 10, sentier. envoyez vos nouvelles, lyon bien. — Henri | Bourceret, 12, alger. santés bonnes, alfred mobile reste lyon. — Bourceret. | Boulanger, rue vertbois, n. 4. me Boulanger, née million, et ses deux fils à Evian en bonne santé. — Million. | Choudens, 265, st-honoré. allons tous bien, recevons vos lettres, les carvalho bien. — Antony. | Daichés, 39, aboukir. reçu lettres plaisir, affaires peu, faute relations, rien de boas, lund, warburg, attends commissions, espoir national. — Trillot. |

Salers, 29 déc. — Broquin, 47, boulevard beaumarchais, paris. t'embrassons bien, attendons avec impatience te voir, ici très-froid, dubois bordeaux bonne santé. — Broquin. | Lainé, 59, faubourg du temple, paris. avons vos nouvelles par léon. sommes bien ennuyés et tristes ici, compliments affectueux. — Broquin. | Sebire, 4, rue de la paix, paris. vos enfants à bordeaux en bonne santé, vous envoient dépêches, portons bien. — Broquin. |

Bordeaux, 5 janvier 1871. — Henri, 1, boulevard mazas. écrivez vite, nouvelles marie si mieux, embrassons, si malheur, prenez clefs, nantes poste restante. — Champion. | Merlin, commissaire, fort rosny. 4 janv. tous excellente santé, fils superbe, pas reçu délégation. — Merlin. | Miége, 2, rue clichy. ai votre dépêche, prends renseignements affaires actuellement impraticables, résiliez fourniture beurre, retenez messagers, pelvilain arrêté. — Miége, 100, grande rue dieppe. | Thureau, 11, garancière. nantes, 2 janv. alice marche, enfants très-bien, gamard, rivière, albert ici, santés excellentes, lettres reçues. — Dupont. | Piat, 1 turbigo. cobourg, santé excellente, enfant progresse, mères, sœurs bien. — Piat Dagron. | Eugène Grojean, 190, faubourg st-martin, paris. reçu lettre 4 déc. nous portons bien, ennemi évacué dijon, courage. — Grojean. |

Cuerq, 10, rue louvois. — maman, Jeanne, moi, bien portantes, provisions armoire chambre maman. — Cuerq. | Dubrisay, 6, marengo. dupont, dubrisay, ternisien, baudin bien portants cabourg. — Dubrisay. | Piogey, 24, martyrs. Leroy arcachon, collet amiens, darroux londres, général garnier dusseldorf, beaurepaire coblentz, roche villiers, montardmartin, bonne santé. — Piogey, | Angot, 21, gay-lussac. angot, aderer, zeller bien portants, demeurent ensemble tranquilles valery. reçu trois mandats, alfred, zeller, professeurs, venus vacances. | Delafrémoire, 92, maubeuge. bien portantes. saint-valery. | Huard, 10, chauchat. grands-pères, grand'mères, mères, enfants saint-

Bordeaux. — 25 décembre 1870.

servan, tréport parfaite santé, courage, souhaitons meilleure année, noël.— Adrienne, Blanche, Gustave Blanc. | Baudoin, 53, rue pascal, paris. votre femme et fille en bonne santé à péruvelz.— B.-B. Yos. | Jules David, 35, rue madame. Jenny toujours malade, légère amélioration, tous autres bien, mathilde voie morisot, envoyez détails santés.— Gargam. | Goubaud, 92, richelieu. me goubaud hors danger, père aussi bien possible conclu londres grosse affaire pour new-york, assurant avenir.— Gargam. |

Durand, 43, neuve des mathurins. tous bien portants à Espeyran. iseult, antoine au hâvre, avons reçu lettres d'angélina, écrivez.— Delesser. | Laroque, 12, berri. tous bien villers st-germain, gency charles ici, reçu tes lettres, pas découragée.— D. Laroque. | Couturier, 44, avenue grande-armée. lettres reçues, tous bien portants.— Henry | Jeanne Bon, 51, boulevard st-michel. sixième dépêche. Je reste à poitiers, malgré tout ai été à laon, lettres reçues.— Mary. | Lemaire, 28, rue trévise. lemaire robert, noémi arcachon, clara bien, filles fraiches, bonne installation, martinique calme, envoie traites.— Lemaire. | me Noisot, 12, boulevard mazas, paris, auxonne, santé bonne, ai argent pour vous.— Noisot. |

Saumur, 27 déc. — Bonneville, 15, rue antin. tous bien.— Laure. |

St-Aignan-sur-Cher, 21 décembre. — Desoye, 4, rue de la bourse, paris. reçu lettres, envoyé dépêches, portons bien, envahis, pas encore souffrir. —Desoye.

La Châtre, 21 décembre. — Gando, 39, caumartin. tous bien.—Yvernault. |

Guise, 5 décembre. — monsieur Douen, rue beaux-arts, paris. tous santé, tranquilles Auguste. — Douen. |

Bordeaux, 24 décembre. — Armengaud, st-sébastien. offrez au gouvernement système moulins brevet mil huit cent quarante-cinq, appuyez sur rapport exposition bordeaux.— Cabanes. |

Le Quesnoy, 15 décembre. — monsieur Pénot, palais-justice. suis quesnoy, bonne santé, pas une lettre toi, inquiète, famille Dupont-Rathelot bonne santé.—Eugénie. |

Maubourguet, 24 décembre. — monsieur Trotrot, 45, rue labruyère. ici tous bien. langres, genève, également. Lucien leçons. — Lasserre. 24 décembre.—

Jugon, 19 décembre. — Vignes, officier-payeur, mobiles côtes-du-nord, 1er bataillon, 20e régiment, gennevilliers, réserve. famille Vignes bien, Eugène capitaine camp conlie, lettres reçues. — Mme Vignes. |

Roanne, 21 décembre. — madame Lefebvre, 8, rue neuve-st-augustin. reçu lettre, merci. aidez Dumas. donnez nouvelles maison Darmoise, lui inquiet, priez son propriétaire donner argent Desourdi.— Dubouloy. |

Les Terreaux, 22 décembre. — Urbain, 3, regard. santé bonne, lyon Montreux. — Tresca. | Urbain, 3, regard. Rozzentruy, Catoire, bonne santé. lettre reçue du 5 novembre. Florent à belfort bombardé, faire savoir Labouillerie. — Tresca. |

Noyon, 1er décembre. — Pagès, 274, quai jemmapes. voulez-vous vendre comptant bateaux dorliska et lamazanne? envoyez prix et ordre au marinier compiègne.— Piet. |

Anzin, 1er décembre. — Dugour, 40, sévigné. ai été metz, tous bien. Charles officier arras, aussi tous bien. comestibles préparés, passe pas prussiens amiens.— Dugour. |

St-Benin-d'Azy, 21 décembre. — Mourette, 42, jeûneurs. tous bien portants, Paul pensionnaire, Emile demande lettre de Francastel, Domet tous bien.—Mourette. |

Evreux. — Becart, 37, bellefond. tous Bremien bien portants, tranquilles. qu'Emile écrive. — Becart. | Clermonttonnerre, 9, villars. tous nantes bien. Sophie Evian, Pierre Beau. 18 décembre. |

Crépy-en-Valois, 22 novembre.— Dubois, 7, rue verneuil, paris. tous bien portants. — Dubois, chez Michon, st-germain, crépy. | Levasseur, 20, rue des moulins, paris. rentrés à crépy, santé parfaite. — Antoinette. | Verneaux, 55, saint-louis-en-île. crépy-villers, tous bien portants. — Legrand. |

Dinan, 3 décembre. — Bazin, hôtel missions, rue bac. tous bien, recevons lettres. — Bazin. | monsieur Basta, 2, rue corvetto, paris. portons bien, souffrons pas froid, avous argent, mille baisers. — Basta. | Bailly, architecte, 72, clichy. Vaché pouvant recevoir, voir Debrise, emprunter, payer huit mille francs solde, rembourserai guerre finie, (réponse).— A. Trézel. | Debrise, 107, la-chapelle. voir Bailly, Vaché pouvant recevoir huit mille francs solde, emprunter à tous prix, rembourserai guerre finie. — A. Trézel. | Farcy, 22, rue neuve-capucines. nous tous Saujon, santés parfaites, reçois tes lettres. Paul couvre de caresses portrait, lettres pépère.—Farcy. |

Bordeaux. — des Angles, 29, rue tronchet. famille porte bien, Hord bien. — Raut. | Doizon, 16, chauveau-lagarde. tous santé bonne. lettres, photographies reçues correspondons Joubert, Jeanne, Marie, Coralie, fille, Lucile, Lemenuet, Sophie. — Jenny. | Deguitaut, capitaine, mobiles côte-d'or, 4e bataillon de semur, montreuil. femme, enfants, père, mère, bien. pays pas envahi. — Guitaut. | Og, 104, rue du temple. sommes sens, écrire par ballon. — Compérat. | Audri, 9, rue dupin, paris. portons bien, pas prussiens, réponse. — Buhot. | Surmay, 14, caire, paris. nous portons bien. famille compiègne aussi, appris mort des enfants, courage, à bientôt. — Bruyant. | monsieur Ollivier, 167, rue montmartre. seconde dépêche. toujours bien portants aux mureaux Moriceau, Prevots, Duru. reçu vos lettres. | Letourneau, 33, arcade, paris. auray depuis 8 octobre, bien portants mais bien tristes, avons de tes nouvelles. |

St-Quentin, 15 décembre. — Bauchart, 2, rue pelouse, paris. Villers, Rocroy, bonne santé. — Bidaux. | Renouard, 9, d'Aguesseau. René, moi, resterons tranquilles. arcachon, anvers, parfaitement. mère part anvers. habitons principalement st-quentin, chez Dufour. — Georges. | Union, compagnie assurances. autorisez renouvellements Ledoux, onze mille quatre cent onze; Roger, dix mille cent quarante-trois. — Gobeaut. | Union, assurances. autorisez renouvellements Joly, onze mille cent treize, onze mille cent vingt-sept; Cliff, onze mille cent onze. — Gobeaut. | madame Lepaute, 2, rue blanche, paris. santés bonnes, pas de départ.— Lepaute. | Réplumaz, 140, boulevard magenta. toutes nos affections toujours. écrire — Patte. | Dezaux, 18, rue sentier, paris. allons bien, Adèle à vend'huille, questions par carte. — Dezaux. | Bréant, 60, aboukir, paris. tout va bien, commission commencée. — Dumur. | Jamais, 13, Cléry, paris. avons lettre 8. tous santé, libres. Dumoitiez toujours à Tarare. attendons vos renseignements pour exportation. — Mondini. |

Londres, 17 déc. — Fonèche, rue cler, 31, paris. flury-hérard voudra payer madame fonèche 500 fr. sur mon compte. suis manchester convalescent, presque bien portant. — D. E. Kraetzered. | m. Georges Lévy, 113, boulevard de sébastopol, paris. tes parents, nous tous bien, reçois lettres, parents léon londres. — Rosine | Pescau et schmolle, 39, faubourg poissonnière, paris. allons bien, reçu lettres, chargement golcon le en ordre, j'attends vos ordres concernant produits anvers. — Gaston. 16 décembre. | La Rocque, 56, rue victoire, paris. tous bonne santé à liverpool, affaires marchent bien, soyez sans crainte. — La Rocque, 17 décembre. | Meyer, 11 bis, boulevard de reuilly, paris. vos lettres reçues, santé parfaite. — Marie Meyer. | m. Brion, 48, rue basse-du-rempart, paris. moi, enfants, envoyons vœux alexis, parents. désirons réunion. santés parfaites, embrassons, pensons toujours vous. — Brion. |

M. de Montaignac, ministre des finances, upris, moi jean gaspard bonne santé. à londres, lettres reçues. | m. Languet, chef de section, hôtel de ville, paris. barbier languet vont bien treport. — Bardac. | Paul Denise, bureau génie ministère guerre, paris. santé bonne, inconsolable avoir quitté eugénie, chagrine sans nouvelles louis. — Rose. | m. F. Levois, 8, bis, rue du cardinal fesch, paris. lettre reçue de new-orléans, datée 30 octobre, qui dit votre associé chauvin est mort. — F. E. Russell, london. | Mme Monnoyeur, 239, rue st-honoré, deux lettres reçues, en avisâmes vos amis, santé parfaite.— Hall. | Dr. Otterbourg, boulevard capucines, paris. reçu lettre 38, cinq enfants bruxelles, pension gros gras. moi, ici affaire, vue edwards, dregsel schloss.— Charles, | m. Allen, 10, rue de greffulhe, paris. nous pensons toujours à vous. tous bien, soignez vous. — G. F. Allen. | Chenault, 21, boulevard strasbourg, paris. bien portants, rommetin aussi, recevons lettres, mai un bébé, amitiés à tous. — C Jeru. | Famille Chevassus à madame Duché et Fils, rue de la banque, 17, paris. vos lettres arrivent, allons tous bien, confiance en france républicaine. Famille Chevassus à famille Greppo, 5, impasse béarn, place des vosges, paris. nouvelles par fonvielle, allons tous bien, écrivez-nous. confiance en france républicaine. | Famille Chevassus à famille Couteret, Lepetit et Cie, 12, rue des hospitalières-st-gervais-marais, paris. écrivez-nous, allons tous bien. confiance en france républicaine. Eugène Carlier, 1, rue d'enghien, paris. reçu tous tes envois, louise pourvue à liége chez delhey, rue guillemin, refuse le mensuel. — Carlier, 17 décembre. | Barthe, monnaie, 135. paris. tous bien. — Barthe. | m. Dutiel, officier d'état-major, 138, rue de grenelle-st-germain, paris. cher monsieur Dutiel, lellyo est en irlande, vous envoie mille amitiés, écrivez par pigeon. amie sincère, marquise de conguéhant, londrès. | Claude Lafontaine, 16, quai megisserie, paris. lettre reçue, remerciments, sympathie, résolution était prise, espère démarches préparatoires. londres honorabilité joignant inclination, saluez famille. écrivez. — Alax Ringanum. |

Laval, 21 déc. — Prignet, 2, penthièvre, paris. christine, marie bien, dard hambourg, édemmot, édouard orléans, albéric coblentz, souarcé wisbaden sahuquet mort. — Dosmorville | Blanchet, 118, rivoli. douzième dépêche. georgette laval, colonie bonne santé. appris victoires parisiennes, correspondance vendôme, charles lycée, obéissance vaccin. — Louise. | Oyonnet, rue sourdière, 11. ernée reçu trois lettres, envoyé quatre. portons tous bien, aussi edevige, inès. | Castiglione, 10, delapalme. souvent nouvelles charlotte, vont tous bien. — Coustou. | Mansuy, 16, crussol. non, oui, non, bien, non, bien. prévenu médecin, bien portante, recevras cartes, compris ma dépêche. t'embrasse. — Mansuy. | Gratiot, rue milan, 8. bien portants, reçu argent lherminier. embrassements. | Fournier, 77, st-maur-popincourt. santé parfaite. — Elise. | Tabariès, 1, boulevard italiens. envoyez offrir à concierge d'erceville argent suivant son besoin, jusque 400 fr. — Louise Riché. |

Paramé, 9 déc. — Janin, 14, boulevard italiens. tous bien portants, tranquilles. — Zachnsdorf, paramé 9 décembre. |

La Ferté-Bernard. — Perdrie, st-andré-des-arts, 60. reçu envoyé, sœur nous écrit bis, prussiens ferté, nous saufs. clémentine lefoyer bretagne. — Camille. |

Sablé, 9 déc. — Philippon, 26, rue tournelles. sablé, santé bonne, lettres reçues. — V. Cartier. |

Ardres-en-Calais, 7 déc. — Emmery, saints-pères, 28, paris. famille bruges, trio, séfontaines tous parfaitement portants, pas froid, bien organisées, pays tranquille, lettres arrivent. — Emmery. |

Plouescat, 20 déc. — Chaudy, grange-aux-belles, 6, paris. tous bien. — Chaudy. |

Loudéac, 20 déc. — Delangle, rue ulm, 29. delangle, villeneuve célibataires mobilisés conlie, sarthe, abel trésorier ici, duparcq prisonnier, tous bien. courage. — Delphine. | Viet, avenue neuilly, 4e bataillon, francis, pacifique, paul, abel capitaines, georges adjudant conlie, albert brest, camille maison. tous bien. — Julie. |

Pontarlier. 14 déc. — Bouvelet, 1, rue louvre, paris. allons parfaitement, reçu lettre. 6, quatrième dépêche expédiée, donner nouvelles théobaldt, bonnes nouvelles théodore. — Bouvelet. |

Gramat, 18 déc. — Martin, 22, st-paul. reçois tes lettres, petite, parents bien. — Martin. | Serbonne, 52, paradis-poissonnière. pourquoi sans nouvelles par ballon? inquiétude extrême, écrire de suite, portons bien. — Poilleux. |

Lyon, 12 déc. — Maubeuge, 137, boulevard st-michel. reçu lettres 2, 4, tous parfaitement bien, papa, maman, nancy. souhaite bonne année, mille baisers. — Amy. | Claudius Nichalon, infirmier, hôpital gros-caillou. point de tes nouvelles depuis deux mois, sury et soucieu vont bien. courage! ton frère. — J.-N. Nichalon. | Beleys, 81, taitbout. reçois aujourd'hui lettre 19 novembre, envoie adresse ta femme, lui écrirai, merci, sommes tous bonne santé. — Luville. | Deloncey, rue faubourg montmartre, 38. allons bien. — Bellonie. | Delafont, 19, rue grammont. ta maison de villenauxe va bien, donne congé chasse rue babylone, je reçois tes bonnes lettres. | marquise Blocqueville, 9, quai malaquais. tendre reconnaissance, lettres reçues, excepté indications, plusieurs réponses, deuxième pigeon, angoisses, prière, fidèle. |

St-Christophe. — M. Ruzé, 72, rue de la glacière, st-marcel. santé bonne à st-christophe, argent reçu, marie très-bien. — Ruzé. |

Honfleur, 8 déc. — Auguste Camus, 2, barbette. familles rengnet, camus bien, lucie marche sans béquilles, charles rengnet ici. — Laure. |

Cosnes-s.-l'Œil. — Arnoult, 34, rue berlin, paris. pour ferdinand lassalle, 12 décembre, me petit, valentine toujours ici bien portantes. — Théodore. |

Mâcon, 12 déc. — Chalandon, sergent-major, bataillon de mâcon, 5e compagnie, rue folie-méricourt. familles janco, chalandon vont bien, espoir. |

Nontron, 12 déc. — Ginndorff, 20, taranne. reçu, santé parfaite, toujours démarche pour résidence hippolyte, sitôt renseignés lui enverrons argent, espérons en dieu. — Masé. |

Alençon, 11 déc. — Godet, elzevir, 4. famille bonne santé, reçu deux lettres ballon, écrivez père bruxelles, eugène fabrique. |

St-Servan, 11 déc. — Thoury, 52, douai. revenir sitôt possibilité, courage malgré chagrin. — Thoury. | Chevalier, 14, rue albe. tous très-bien, poiré non. — Chevallier. | Thoury, 43, douai. portons bien, reviendrons sitôt possibilité, tendresses. — Thoury. |

Le Mans, 10 déc. — Olivier, docteur-médecin, rue beaux-arts. donnez nouvelles de jules. — Toisin-Trouillard. | Chandelet, rue thévenot, 6, paris. votre famille porte bien, séjour rouen, ensuite deux mois mans, depuis 25 novembre toulouse. — Champion. | Aron, 44, lamartine. santé bonne, amitiés, à bientôt. — David. | Duchayla, boulevard malesherbes, 72. reçu algan deux cents, tous bien. — Eglé. | Bonnard, 67, argout. concierge, demandez beurre, jambon, que devient hubert, 12, cléry. — Dubois. | Morel, rue lafayette, 79. toujours très-bien. — Morel. |

Villers-s.-mer. — madame Biffaut, école polytechnique, paris. tous bien, travail bon, amélie mayence, écrivons souvent. — dame Dussignon, villers-s.-mer, 9 décembre. | Raimon, 22, vivienne. père mal, allons bien, voir conday, 12, joubert, donne nouvelles. — Raimon. | Cherrier, 11, cherche-midi. villers bien, léon poitiers cassation.— Alice, 9 décembre. | Rainouard. rue miromesnil, 76. écrire père ouchamps, donner nouvelles famille bien, embrasse tous reçu lettre, conserve-toi, compris papiers. — Rainouard.

St-Lô, 8 déc. — m. Batardy, 37, rue trévise. tante morin morte. recevons lettres. grand-père malade sans espoir. toute famille bonne santé. — Louise. | Gaubert, 56, provence. allons bien, informe-toi, envoie carte. — Ernestine. | Guéroult. affaires étrangères. nous allons bien. — Guéroult. | Raphaël Maiguien, 14, rue banque. famille bien sans exception. — Charlés. |

Castres. — Schœlcher, avenue italie, 75. bonnes santés partout, maurice parti, georges effectue déménagement indispensable, adrien surville, blanche ici, prudence, tendresses. — Louise. | général Correard, 4e division, vanves. montespien, mauvers, bien tous. — Pauline. |

Tarbes. — Valdes, 219, st-honoré. reçu, irma, élisa tous bien, courage. — Delamothe. | Vincent, rue londres, 32. dernières nouvelles 10 novembre, cruellement inquiètes, écrivez par tous ballons, allons tous parfaitement quoique désespérées. — Louise. | Noguet, contrôleur petites voitures, rue delambre, 6, paris. pour peillard. tous bien, émile rouen, reçu mandats. prions pour toi. — Elisa. |

Grand-Camp, 8 déc. — Charon, murillo, 4 (parc monceaux). grand-camp tous bien, six semaines sans lettres. — Alphonsine. | Desgrange, boulevard magenta, 92. 8 décembre, grand-camp, santé bonne, lettres reçues, pensons à tous, léonie superbe. |

Bordeaux. 9 déc. — colonel Griffon, élysée. fousales aix bien portant. tous aussi. —Normand. | Mauguin, 39, rue de paradis-poissonnière, paris. ernest silésie, andré montauban, lucie beaune bien portants. — Lucile. | Bonnaud, 30, rue trévise. reçu nouvelles, remettre argent georges, remboursai, écrivez souvent, amitiés à tous. — Belloquet. | Fauconnier, jabob, 41. merci des bonnes nouvelles, santé assez mauvaise, réponse joubert non reçue, lui faire savoir si possible. — Pelée. | docteur Goupil, rue des orties. aucune nouvelle de mon mari, inquiète, écrivez-moi souvent. — Bouchon, rue chevrus, bordeaux. | m. Raphaël, ponthieu, 23. santés parfaites, très-tristes, sans nouvelles. — Marie. | Poisnel, neuve-des-petits-champs. 97. lettres reçues, écrit quatre fois, allons bien, écrivez. — Cassys. | Deschamps, 24, terrage. louez écurie, michel a donné congé pour janvie, écrivez-moi à bordeaux. — Montier. | Lévy, 4, écluses-st-martin. très-mécontents, écris trop rarement. — Hesse. | docteur vidal, 112, neuve-mathurins. santé bonne, demeure bordeaux, rue montesquieu, 4. vous souhaite bien portant. écrivez. mille amitiés. — Boussey. | Bousquet, rue st-blaise, 3. tous bien portants, fernand parti. — Dangla. |

Laigle, 21 déc. — Jonain, rue du chaume. 8. santé bonne, portant, lettres reçues. — Céleste Gautriaud. |

Bergerac, 24 déc. — Vergniaud, place bréda, 8. porte bien, sois tranquille. — Vergniaud. |

Saint-Omer, 16 déc. — Mme Bernard, 13, rue d'antin. eugène bien portant à mauzé (deux-sèvres). bertinod te remboursera 500 francs envoyés à gand. — Bernard. | Lecointe, 6e batterie artillerie, passy-paris. tous bonne santé, travail actif, lefebure écrire lettre. |

---

51. Pour copie conforme :

l'Inspecteur,

Bordeaux. — 25 décembre 1870.

Rennes, 20 déc. — Masson, 65, faubourg-st-denis. bonnes santés toutes trois, 20 décembre. — Masson. | De Chabrier, rivoli, 182. souhaits respectueux, rennes, 20 décembre. — Demay. | Demay, 15, beautreillis. souhaits de tous, rennes, 20 décembre. — Demay. | Lefrançois, neuve-université, 10. souhaits affectueux, rennes, 20 déc. — Demay. | Martin, adjudant-major, 113e marche. tous bien, frère adjudant. — Stettin. |

Vannes, 21 déc. — colonel Camas, 3e armée, paris. tous bien, bonne année, reçu ta lettre 9 décembre. — Ernestine. | Duranton, 20, boulevard saint-michel. lucile wiesbaden, moi celles avec silhol. papa bien, aïeule morte. — Louise. | Rathery, saints-pères, 12. moi celles, isidore sédentaire à marseille calme, après guerre retournerons. tous bien, frères aussi. 5e dépêche. — Louise. |

Le Hâvre, 20 déc. — Farcy, 35, sébastopol. écrivez bruxelles, également schloss, jacob. envoyez relevé clients étrangers. — Oppeilieim. | Millet, 59, rue batignolles. écris donc, lettre 28 septembre reçue 14 octobre, allons bien, Jochum a écrit, embrassons. — Millet. | Crapelet, vieux-colombier, 31. edmond hâvre, réponse. — Damonville. | Hubin, rue turenne, 14, paris. mesdames hubin southampton, santé parfaite, recevons vos lettres, usines arrêtées, manquons rien, affaires nulles. — Simon. |

Boulogne-s.-mer, 16 déc. — Dettelbach, notre-dame-nazareth, 61, paris. famille picardwell bien portante, boulogne, basse fentelleries, 33. |

Montbéliard, 18 décembre. — Mme Huber, 38, berlin. tous réunis ici, excellentes santés, sécurité complète. — Rossel. |

Berck, 17 déc. — Aldebert, hôtel invalides. portons bien, écris berck. — Aldebert. |

Bégard, 3 déc. — Michel, maison Malligand, entrepôt, quai saint-bernard. reçu plusieurs lettres, tous bien, content, espcir. — Malligand. |

Hesdin, 17 déc. — Houbart, chez Martin, rue moscou, 38. chez parents, pays tranquille, aspire te revoir. — Césarine. |

Rennes, 21 déc. — Tastu, assas, 74. bien tous, tendres souvenirs. — Caroline. | De Fresne, 15, bellechasse. 10e dépêche, tous bien, 5, horloge, rennes. — Saubade. | Pouriau, 90, rue vaugirard. bien tous, caroline, enfants bien le 2. — Florent. | Sauvage, chaussée-muette, 11, passy. 8e dépêche, rennes va bien, dieppe aussi. — Louise. |

Le Mans, 23 déc. — Antoine, 45, neuve-des-petits-champs. roclenge, 17 décembre. famille bonne santé, julie aussi, reçois tes lettres, écris-moi. — Frénay. | Chaligné, saint-sulpice, 24. reçu lettres, santé bonne, écris détails. |

Biarritz, 24 déc. — docteur Champouillon, 13, cherche-midi. à biarrits on oublie pas ses amis, lettres font plaisirs immense, remerciements et amitiés. | Wolodkowiz, boulevard malesherbes, 33. déjà envoyé 2 dépêches de biarrits, sommes bien, avec vauréals, recevons lettres avec bonheur. |

Bourges, 23 déc. — Leroux, rue beaux-arts, 2, paris. tous bien portants, bourges. — Leroux. | Cabany, mont-valérien, paris. reçu, 22 décembre, lettre unique du 8. tous à bourges bien, lamy à limoges, embrassons. — Cabany. |

Bayonne, 24 déc. — Chapartegue, richelieu, 102, paris. nouvelles de toi jusqu'au 15, ta famille et moi bien. — Concha. |

Napoléonville, 24 déc. — Roublot, 6, pavée. donne nouvelles à napoléonville. — Lemarie. |

Mâcon, 21 déc. — Herreuschmidt, boulevard magenta, 10. tes enfants sont à beaune bien portants. — Viarcher. |

Granville, 21 déc. — Alexandre, blancs-manteaux, paris. sommes bonne santé, chaumont également, antoinette chez nous, faites part gustave, écrivez directement vitry, embrasse. — Bernard. | Mme Thuré, 179, faubourg saint-martin. bonne année, bonne santé, vous embrassons tous, répondez-nous. — Clémentine Ozanne, saint-pair, granville. | Ozanne, soldats, 120e ligne, 2e bataillon, 5e compagnie, neuilly-paris, ou suivre. bonne santé, écrivez souvent, autant oncle, tante. — Ozanne. |

Quimper, 22 déc. — Neuhaus, 19, boulevard montmartre. bonne santé, habitons quimper, louise quimperlé, chappuis pau, recevons lettres. |

Calais, 17 déc. — Duteil, 138, grenelle-saint-germain. famille compagham bonne santé. — Thomsett. | Delamartinière, cour-des-comptes, paris. allons bien toutes trois. reçu 21 lettres, envoyé 4 dépêches. — Iris. | Lavesvre, 20, mail. gustave, paturet, prisonniers loire, tous santé. — Lavesvre. | Kresser, 48, rue provence. payez cent francs à rosalie mallet, domestique de de guizelin, 1, rue valenciennes. — Bellart. |

Blain, 22 déc. — Revelière, rue vanvres, 50. santés excellentes, reçu lettres jusque 7 décembre. blain, 22 décembre. — Revelière. |

Saint-Omer, 15 déc. — Czapek, horloger, place vendôme, 23, paris. où est montre dambricourt ? — Dambricourt. | Chappe, 1, ranelagh. tous bien portants. — Chappe. | Bagneux, lille, 73. allons bien, recevons vos nouvelles, allons voir mérucle, amies, parties. retour rue bodenbrouck, 4, bruxelles. — Bagneux. | M. Demangeat, 90, rue d'assas. 3e dépêche, santés bonnes, satisfaction. — de Lacombe. | Ribot, 35, berlin. bonne santé, tranquillité, embrassons, reçu lettres. |

Lisieux, 22 déc. — Mme Cosson, 47, faubourg-montmartre. tous bien, pierre, paul collége, thérèse professeur, donner 100 francs jardinière. — Duvaux. |

Noyon, 15 déc. — Chalot, taitbout, 80. élisa, marguerite arrivées guiscard, bien portantes. — Anfelme. | Mentque, amsterdam, 84. montrenaud, alfred wiesbaden; edgard, léonce, hambourg; tous bien. — Laure. |

La Commanderie, 20 déc. — Champlouis, 8, latour-maubourg. graveron 19. 6e pigeon. andré 2 décembre écrit, combats mézières, ladon. moral excellent, contente avron, nomination. — Mère. |

Le Poiré-s.-Laroche. — M. Moreau, chez docteur Dibot, rue saint-lazare, 31. écris souvent, lettre 10 reçue, dis favroul beignon écrire parents. — Moreau. | m. Moreau, chez docteur Dibot, rue saint-lazare, 31. inquiétudes, écris souvent, dis jean martineau, baptiste cailleau, écrire parents. — Moreau. | m. Moreau, chez docteur Dibot, rue saint-lazare, 31. dis à laurenceau, gochonnière écrire parents, parlez de tous, tranquilliser. — Moreau. | m. Moreau, chez docteur Dibot, rue saint-lazare, 31. écrivez, quelques lettres parviennent ballons, dis phelippeau, mussandière écrire parents. — Moreau. | m. Moreau, chez docteur Dibot, rue saint-lazare, 31. conserve-toi cher paul, dis philippeau jacques écrire parents, inquiets. — Moreau. | m. Tenailleau Henri, 35e régiment, gardes mobiles, 6e compagnie, 3e bataillon. as-tu éprouvé mal? écrivez, parlez des autres. — Tenailleau. | m. Moreau, chez docteur Dibot, rue saint-lazare, 31. écrivez souvent, ballons apportent quelquefois, dis arnaud genetouze écrire parents. — Moreau. |

Gamaches, 17 déc. — Bourdeley, 112, lafayette. merci lettres, demande, aviez 3,000 partagez, donnez lardas 300, souvenir victor, paul embrasse marie, camille, marguerite. — Pierre. |

Gamaches, 18 déc. — Perier, rue dames, 6, batignolles. alfred hâvre, pas combattu, famille pierresson, alfred, petit, henry bonne santé. - Périer. |

Marseille, 23 déc. — Cohen, 83, maubeuge. tous bien, louise accouchée fille, 6 décembre. — Garcin. | Agnel, faubourg poissonnière, 189. santé parfaite, tous marseille. | Collinet, rue clichy, 68. demandes argent pour vous chez chenue, écrivez poste restante, marseille par ballon monté. — Bonval. | Bida, boulevard st-michel, 22. bébeth admirablement, 4 dents. sommes tranquilles, courage, victoire sera si belle, embrasse cher absent. — Marie. | Pinta, 10, du bac. toute la famille est toujours bien portante à dieppe malgré envahissement, donne nouvelles dechaux. — Busson. | Renard, italiens. écris plusieurs fois, pas nouvelles tante, inquiets sur vous tous, portons bien, croyons vous même, écrivez-nous. — Simon. | Mascré, 4, quai des célestins. payez loyer tronchet, mois prochain, argent chez darlour. écrivez poste restante, marseille. — Thomassin. |

Lyon-les-Brotteaux, 23 déc. — Milet, 13, rue londres. échappé phalsbourg, chewahl, enverrai 1,000 francs demain. nommé colonel, légion lorraine, alsace. — Milet. |

Pas-en-Artois, 17 déc. — Hollard, bourse, autorisation vendre rente, emprunt. demander évrard argend dû. — Leroy. |

Tourcoing, 17 déc. — Cuvru, boulevard saint-denis, 9, paris. joséphine va bien. — Dervaux. |

Courseulles-sur-mer, 9 déc. — Piel, 73, boulevard st-michel. moutier, piel, santés parfaites. | Violard, 102, richelieu. deuxième. santés bonnes, reçu 4 déc. — Violard. | E. Dard, 26, rue dragon. dépêche irlande tout bien, détails demain, meres, léon colonie parfaitement, pourquoi démission spineux? embrassements. — Petit. |

Niort, 22 déc. — m. d'Avril, avenue joséphine. marie très-bien chez breda. — Louvières Niort. | Levrat, 10 bis, boulevard bonne nouvelle. toutes parfaitement, reçu lettres. — Fanny. |

Poitiers, 23 déc. — Delafosse, 14, rue bellechasse. Je vais bien, bapteresse. — Isida. | Couillault, fourrier, mobile vienne, 30e, poulangis. reçu lettre du 16, nous et girard portons bien, girard inquiet. — Couillault. —

Rennes, 3 déc. — Crouzaz, 2, tournon. bueil bien. rennes poste restante, léon sainteunemond. |

Luc-sur-mer, 8 déc. — Porret, 2, avenue ternes. caroline, léonie, estelle, enfants, bonne santé. | Naret, 41, boulevard sébastopol. à tout prix nouvelles albert chez fontaine. — Griotteray. —

Nantes, 21 déc. — Nicolle, 241, rue st-martin. Jersey bonne santé, voir durst wild. | Durst, 39, rue naire. santé excellentes jersey, correspondance exacte, pas encore accouchée. — Régina. | Françoise pourchel, palais législatif. Julien prisonnier, nous nantes, 2, rue clisson, écrivez. —

Châlons-sur-saône, 21 déc. — Menand, 7, lacuée. pas de lettres depuis longtemps, ici bien portants. écrivez. — Menaud. |

Fougères, 20 déc. — Lefèvre, 96, provence, tous portants, reçoivent lettres. — Amélie Lefèvre. |

Etretat, 3 déc. — Chaudé, 14, rue condé. chaudé, bernard vont bien. reçoivent lettres. |

Doudeville, 3 déc. — Joly, 25, rue de cléry, paris. ste-marie, 25 nov. me Joly vos enfants, nos amis vont bien. — Tiéreiuier. |

Pavilly. — Charpentier, 24, thévenot, paris. barentin, santés bonnes, reçois nouvelles montrichard, mennecy. — Charpentier. |

Croisilles, 5 déc. — Pariset, 10, rue duras. eugène bien portant, décoré, réponse, cottbus prusse.

Cabourg. — Ravina, 22, douai, paris. connaissons malheur, bonne santé. | Tarri, 141, faubourg st-denis. cabourg, moi et enfants bien portants. — Peretti. |

Vernon, 1er déc. — Bichot, quincaillier, 391, rue st-denis. allons tous bien. donnez de vos nouvelles et parents fanny. — Guérard. |

Luc-sur-mer, 9 déc. — Robert, 13, aboukir. 8, bonnes, marche quatre. | Hautefeuille, 8, bienfaisance. écrivons souvent, luc journaux point, écris-nous souvent sur lettre journal, portons bien — Maingot. | Fourcade, 7, neuve st-merri. tous réunis, bien portants. — Plivard. |

Calais, 15 déc. — Roullier, 46, de la victoire. allez-vous bien? leproux prisonnier. Roullier, hôtel flandre. | Bernaud, 13, notre-dame des victoires, paris. mareschal londres depuis septembre, philippine également, bonne santé, bonnes nouvelles de lisle. — Bernaud. | Tanchon, 86, rue cambronne, paris. tous bien portants, édouard à paderborn prusse. — Emma. | Chauchard, 39, boulevard batignolles, paris. chauchard bien portant à paderborn, prusse. — Tanchon. | Goudchaux, 16, rue banque. arrivées bruxelles, dis germain, écris. — Rosalie, Mathilde. | Mussel, 4, rue marché st-jean. tous bien, ernest, hippolyte arras. — Mussel.

Boulogne-sur-mer. — Leroy, 4, rue isly. édouard superbe, moi bien. — Eugénie. | Lernasson, 52, st-georges, paris. charles bien à cologne, moi, caroline à boulogne, reçu tes chères six lettres. — Cécile. | Bailly, 1, gay lussac. frédéric tiens ta promesse, écris chaque jour lettre détaillée, parle affaire bailly, bébé bien, papa goutte, porrisot vont bien. — Saulpic. |

Seyssel, 21 déc. — Masse, capitaine douanes, caserne 8 passy. reçu cinq lettres, continue, allons tous bien. — Fescourt. |

Gisors, 26 déc. — prière à m. davillier de verser 100 fr. à Ratel, rue des batignolles, 73, paris. ta mère est à lyon. — Patriarche. |

Bordeaux, 24 déc. — Duvivier, 4, cité gaillard, paris. confirmé ouvrir cave, lille prendre un pot beurre, appartement provisions bien refermer, alexandre engagé. — Flachéron. | Wahl, 53, boulevard sébastopol. heureusement accouchée garçon cinq novembre, sommes bien portants. — Cécile. — Rasetti, 110, richelieu. bonne santé, olivari pas reçu lettre. — Rasetti. | Duburgué, prison santé. bonne santé, ta dernière lettre 6, pas danger angoulême, déjà autre dépêche. — Anna. | mme Héloïs, 109, rue aboukir, paris. m. combier demeure rue michaudière, 1, chez mlle maurin, comment allez vous. — Vernier. | madame Héloïs, 109, rue aboukir, paris. nous allons bien, si vous avez besoin argent empruntez, je rembourserai après paix. — emma Vernier. | madame Héloïs, 109, rue aboukir, paris. répondez par ballon bordeaux, ambassade russe, kapnist, que font bergeon et baudelot. — emma Vernier. | manceaux, 9, boulevard malesherbes. suis à bordeaux hôtel américains, donne nouvelles de santé par ballon, la mienne est mauvaise. — Pelée. | Couronneau, 157, rue faubourg saint-honoré, paris. à votre disposition 2,000 fr. et deuxième soixante livres à négocier. — Guiastrennec. | général Blanchard, 127, rue rennes. allons bien, tranquilles, eugène fait grands progrès, félicie, victor, enfants bien, arlon poste restante. — marie. | Petit, 84, lafayette. troisième dépêche, quatorze novembre bossion bonne santé, armée ouest depuis aucun soldat n'écrit. — Lafitte. |

Sens-sur-Yonne, 13 déc. — muleur, 14, grand-chantier. santés bonnes, ennuis supportables, envoyer journal jouaust. — muleur. |

Dives, 20 déc. — Pauchet, 1, rue louis-le-grand. allons bien, recevons lettres. — Breuil. | Frérot, 5, saint-bon. prier madame gillet, 44, château-d'eau, de nous écrire, pour lée, versailles bien, camille marche. — Heinz. |

Douai. — Goffart, 36, godot-mauroy. dame bien, alfred bien, prisonnier hambourg, situation usine bonne, charbonnage difficile. — Lahure. | Pezé, 7, provence. fanny accouchée garçon, vont parfaitement douai. | Préau, passage saumon paris. reçu vos cinq lettres, bonnes nouvelles duzarches, allons bien. — Dutilleux. |

Aix-en-Provence, 22 déc. — madame Depages, 20, rue caumartin, paris. bénédictions, prières, angoisses, santé bonne, père aix, prenez, usez argent fontarèches chez notaire. — mère. |

Excideuil, 23 déc. — Guilhem, 137, rue lafayette, paris. santés bonnes. — marguérite. |

Saint-Etienne-de-saint-Geoirs, 22 déc. — Lennuier-Goujon, 133, saint-honoré, paris. mollard malade, nouvelles par ballons. — mollard. | Leborne, 22, vanneau. portons bien, envoyez carte-réponse. — Cochetpinot-d'Arival. |

Dinan, 20 déc. — Balle, 41, joubert, paris. tous réunis bien portant, positions flore, élisabeth excellentes, paul, sophie reçu lettre suisse avec cette dépêche. | Flaud, 40, avenue suffren, paris. nous sommes tous bien, henri, paul, prisonniers sans blessures, écrivez plus souvent, amitiés. — marie Charner. | Vée, 14, st-dominique-st-germain. santés parfaites, grados inquiète permangle, reçu lettres, mandats. — Bois. | Chenal, 19, rue d'antin. dinan santés physiques, morals excelients. — Chenal. | Bazin, hôtel missions, bac. tous bien, mottet aussi. — Bazin. |

Fernex, 21 déc. — m. Chauvy, 2, rue des pyramides. la famille de gustave va très-bien. — anna Deval, 7, place des alpes, genève. | Giesse, 86, lafayette, paris. vous donne congé pour avril. — Vanleuven. | Guerton, 30, avenue champs-élysées. nous tous bien, recevons vos lettres, genève. — marie. |

Besançon, 21 déc. — Ferniot, 227, saint-denis. donnez détails famille? magnin embrassent, souhaitons bonne année, allons bien. — Bourgeois. | Joffroy, 6, coq-héron. six lettres reçues, allons bien, envahis depuis deux mois, révoqué en septembre, présidence vacante, agissez. — Charles. | méglin, 6, rambuteau. bonne année, allons bien, louis marseille. — Tissot. |

Bourges, 21 déc. — président crédit industriel, 72, victoires, paris. payez sur mon compte marquis courvol, 9, léonie boursault, trois cent francs. — de Laumière. | marquis Courvol, 9, léonie boursault, paris. nous portons tous bien, laumière télégraphie à crédit industriel te remettre 300 fr. — Courvol. | m. Renaudière, vicaire notre-dame, gare ivry. ernest blessé genou 2 décembre, désire nouvelles à bourges, chez m. de berville. |

Dinard, 9 déc. — Vanouvanghuysen, 13, joubert. amitiés famille trap, vous. — Lefort. | Tardu, 42, prince-eugène. reçu lettres, mandat. portons bien, écris dinard, courage. — Tardu. | Rey, 97, montmartre. reçu mandat, constance, nous, portons bien, embrassons paul, millot, vous écrivez. — Tardu. | madame Delenclos, 37, rue ste-placid. mille merci, transmettre famille entière bonne santé, dargenton bien portant. — Decomaille. | Saint-Joseph, 14, royale. Léopold bien, dusseldorf. — Edmond. |

St-Brieuc, 14 déc. — Darleux, 35, faubourg poissonnière. clémentine, 10, new-st-johns, roads, jersey, reçu vos lettres, tous vont bien. | Lefébure, 25, boulevard malesherbes. lefébure, loignon, thelier. lefébure, gland, françois, hubert liége, santés parfaites, boullay, gland, préservés, blanchard, hébert prusse. | Mollot, 20, rue grands-augustins. apprenons malheur, zangiacomi, noëls portons bien, charles chartres, garçons dominicains avec nous, st-brieuc. — Famin. | Lemoine, stockholm, 4. reçu ta lettre, me porte bien, vous embrasse tous, je t'envoie 100 francs par poste. — Lemoine. |

Nantes, 14 déc. — Fhortori-Demouncie, 22, rue clignancourt. tous bien, écris donc, pensons toujours à vous, et vous embrasse, ta mère. | Delamotte, gaudot-mauroy, 27. bien portantes, cartes reçues, mille tendresses, nantes, fosse 88. — Laure. | Mme Picory, 175, rue st-denis. j'ai reçu toutes lettres et toujours répondu à tous, vais bien, communiquer promptement — Raboin. | Bertrand Silz, petites écuries, 31. tous bien, mère aussi. — Clémence. | Berthier, 25, rue luxembourg, paris. tout marche bien. — ve Berthier. | Talvande, franc-tireur cheval, 1er escadron. famille bien, courage. — Talvande. | M. Mas, humbold, 25. émile blessé, bon état, nantes, impasse vignol. | Clément Thomas, boulevard sébastopol, 80. portons bien, heureuse avoir reçu photographie, j'ai trop argent, a besoin, écrit, enverrais. — Marie Thomas. |

Bordeaux. — 25 décembre 1870.

Quimper, 14 déc. — Favrin, 26, caumartin. nous sommes quimper, mescloquen, 16, tous parfaite santé. 14 décembre. | Regnault, monthabor, 26. registres, lettres reçues, quimper, tous bien, 13 décembre. |

Lons-le-Saulnier, 13 déc. Mme Auguste Salomon, sentier, 24. eugène sarrebourg, édouard metz, bien, sans perte, reçu lettre octobre, écrivez, insming, tout bien. — Picard. | Poisson, goutte d'or, 4, paris. Préparez une machine refendre 1 m. 60, pour vapeur et bras, réponse, lons-le-saunier. — Cretin. |

Fougères, 15 déc. — Chopin, 23, rue lombards, paris. garçon, buvez notre vin. — Cordier. | Bonnay, 3, rue turbigo, paris. laissez parents prendre vin. — Cordier. | Maincourt, 7, rue mallebranche, paris. tous bien, buvez vin notre cave. — Cordier. |

Guéret, 15 déc. — Drevet, 16, rue jacob. remerciments pour lettres, sommes guéret, amélie limoges avec louis, repris service, prière surveiller maison, amitiés. — Mario. | Blanc, hautefeuille, 24. paris. reçu lettres vous, trousseau, bourgine, vaucluse rien, saulxier saccagé, voyez cornat, roquette, 27, écrivez, santé. — Rivolet. |

Constantine, 13 déc. — Teillard, spahis, vincennes, paris. écris-moi, suis désolée. — Amélie. | Constantine, décembre. Delarue, notre-dame-des-victoires, 16. édouard mort 7 septembre, mère ici, tous bien, avisez guency, courage, écrivez. — Cherrice. |

Divonne, 13 déc. — Lajard, rue douai, 55. lieutenant garde nationale sédentaire divonne, santé passable, adèle souffrante. — Lajard. |

Lyon, 15 déc. — Bertin, boulevard st-germain, 30. mortellement inquiet, dernières nouvelles 24 octobre, envoyez-en par tous ballons, bonne santé, courage. — Gustave. | Bourceret, 12, alger. alfred lyon, habitons marcilly, lucenay va bien. | Benezech, 23, quai d'anjou. tenin, boutique ouverte, prendre simard, car urgent, écris plus souvent, françois, lyon. — Bourlon. | Vincent, 27, penthièvre. santé bonne, écrire gaudré, poste restante. Lyon. | Bellescize, lieutenant état-major, artillerie, rue haxo, 146. gustave ribet, nous tous allons bien, les adolphe plus de nouxelles. — Bellescize. | Rave, 2e section infirmier militaire, hôpital vincennes, envoie 50 francs, possibilité partirai, élisa, victor doivent te voir. — Rave. | Bouchet, capitaine 4e bataillon garde mobile de l'ain. allons bien, sommes tranquilles, 15 décembre. — Bouchet-Beauregard. |

Bordeaux, 17 déc. — Latrobe, 7, bertin-poirée, 16 décembre, partout santés excellentes, lettres reçues, famille foncarel. — Lafon. | Bertin, paris, 43, lepeltier. lisbonne, 13, bonne santé, donnez nouvelles, diamants déposés banque, ordre carvalho, pas bahia sans vous. — Annetian. | Domongeot, écluse, 6, batignolles. Morsalines, mandat st-vaast, raoul bien. — Panafieu. | La Red, rue des sts-père2, 6, paris. alcala toute votre famille parfaite santé. reçu vos lettres par ballon. — Romero. | Joseph lefranc, astorg, 4. depuis 13 octobre sans nouvelles, écrivez plus souvent par ballon, comment tout va dans maison. — Kinogswarter. | Tenré, laffitte 13. Duplicata. achetez 600 autrichiens jusque 740 valable, jusqu'au 15 janvier faites-les reporter. — Konigswarter. | Erlanger, 35, caire. isidore, familles joseph dollfus, strauss strasbourg portent bien, toutes lettres reçues, continuez, prévenir simon. |

Lobut, montmartel, 3. merci lettre, maman blois, pas nouvelles, fais ondoyer filleul, écris. — Sichey. | M. Sorge, ambassade russe, paris. enfants, sœurs, santés bonnes, lettres reçues, envoyé plusieurs par pigeons, lettre décembre reçue. — Sorge. | Rohr, 13, boulevard prince eugène, paris. allons tous bien. reçu toutes lettres, sauf 10 novembre, ennui, désir rentrer bientôt. — Fhout Berguer. | Rhor, 13, boulevard prince eugène, paris. écrit 2 lettres, jartoux, client payé, damond payera traites noël, paul école. Fhout Berguer. | Mitjans, 12, rue l'élysée, paris. sommes à pau, reçu toutes tes lettres, tes enfants très-bien en espagne. — Riera. | Hutin, 4, rue aumale. écrivez bordeaux, 3, rue millanges, renseignez argent, que mes domestiques écrivent et vous remettent 6 terrines canard, 4 livres beurre. — Cochery. |

Gros, 37. taitbout. reçu lettres strasbourg. tous vont bien, charles à bâle. — Heydecker. | Fernand Bertera, rue londres, 44, 11 décembre, depuis 19 rien, inquiétude folle, prie, pleure, malheureuse, bonne attend son aimé. — Marie. | Fernand Bertera, rue londres, 44, paris. désespérée, pas nouvelles, paul écrire vite, souvent, quel général, bataillon, gast pleure, prie. — Gabrielle. | Meurisse, rue cauchois, 12, montmartre, je suis bien, reçu lettres. — Marie. | Dangauthier, mobile semur, compagnie paquet, ivry. portons bien. — Dangauthier. | Clergier, chef ministère finances. tous bien portants, caroline aussi. — Clergier. | Framont, sergent-major, 38e ligne, fort issy. comment vas-tu? et ernest? écris promptement, envoie maman carte-dépêche. — Marie. |

Fernex. 13 déc. — Roger, laffitte, 36. merci souvenir. portons bien, envoyez nouvelles, paul arnault, arrange vos affaires, appointement, réengagement. — Kitt. | Faille, boulevard prince eugène, 20. merci, portons bien. — Kitte. | Soupault, 27, châteaudun. santés parfaites, recevons lettres, t'expose pas. — Louise. | Marquis, 44, vivienne. ai envoyé lettres et dépêches, excellentes nouvelles de tes enfants, reçois tes lettres, écris-moi souvent. — Edmée. | Chopart, 166, palais-royal. portons tous bien, garçon marche, pense à toi, père à dijon, écris-lui, bientôt, espérance. — Annette. |

St-Omer, 11 déc. — M. Monneau, 103, bac. reçu 8 lettres, famille bonne santé, pays tranquille. — Zénobie. | Dhourle, 64, boulevard st-germain. 11 décembre, santé tous bonne, pied excepté ici depuis deux mois, climat tempéré, hôtel peu confortable. | St-Omer, 11 décembre. chaumont, andelot st-omer, vont bien, paul 6 dents, fort, nourrice bien, reçu argent, rue castellane, 10. — Froussard. | Lechevalier ancien, 278, quai jemmapes. st-omer, rendre compte depuis 16 septembre, résumé court. |

Béthune, 10 déc. — St-Evran, 73, boulevard haussmann. londres, 8 décembre, santés, enfants parfaitement, recevons lettres, écrivons souvent, père larochelle, sois prudent, tendresses. — Mario. | Labasque, faubourg st-denis, 139, paris. tous bien portants. — Bourdon. | capitaine Deron, 9, boislevent, passy. santé, bentzmann, denon appartement. peyronnet touchera solde août, signera fourrages. — Cattoir. |

St-Omer. 10 déc. — M. Dejol, rue martel, 8 bis. écris chaque jour, je trouve le temps long. | général Riffault, école polytechnique. prière, nouvelles boissonnet blessé, mr morin. esquerdes, quelle blessure, quelle ambulance, alfred prisonnier neuwied, remerciments. — Morin. |

Fécamp. 12 déc. — Selle. 17, vivienne. 10 septembre, amiens, fécamp, cottard, bonne santé. — Julia. | Gilbert, alberville, 15. portons bien, courage, père. mère, heureux, toujours lettres, ruffin jamais, malgré événements restons, mille baisers. maman — Estelle. | Boyer. 15, bonaparte. uhlans à cricquebeuf, point à ypport, écris-moi, amitiés aux albert des deux sexes, allons tous bien. — Julien. | Vreem. sellier. cour bony, 4. tous allons bien, attendons nouvelles asnières, donnez argent au gardien, merci. — Bertrand. | Lecoin. 15, guénégaud. fécamp, nous portons tous bien. reçu tes lettres. — Lecoin. | Gorgen. 41, de seine. nous n'avons vu et nous ne verrons personne, soyez tranquilles, allons tous parfaitement, grands et petits. — Julien. | Borrel, 22, monsieur-le-prince. confirmé, diot est capitaine décoré, mais prisonnier, a écrit liesse, anna va bien, colis albert sûreté dieppe. — Julien. | Valliot, carrossier, avenue champs-élysées, 49. reçu lettre du 3, st-servan informé, prière donner argent au gardien asnières, merci de cœur. — Bertrand. |

Londres. — Devilleneuve, 43, rue delambre, paris. mère et moi avec welles à londres, claridges, hôtel brook street. bien portants. — Gabrielle. | M. Louis l'Hermincer, 33, avenue d'antin, champs élysées, paris, mari bien aimé, écrivez-moi vite. — E. M. l'Hermincer. | Lyon, rue du mail à paris. santés parfaites, occupons affaires Rosine. — Hermance. | A. N. Faber, 55, boulevard strasbourg, paris. toutes lettres pour moi et richter par ballon arrivées. tout le monde va bien. — Faber. | Evrard, ingénieur, 23, abatucci, paris. ensemble londres 17, keppel street roussel square, allons bien, cousin paramé reçu tes lettres, martigné intact. — S. Evrard. | M. Barral, 66, rue de rennes, paris. père adoré, jeanne est en suisse à yverdon, près neufchâtel, hôtel de londres. pas de nouvelles de léon. — Jacques Barral. | Georges Michel, 5, rue turbigo, paris. toujours londres goswer street, 30. jersey bien portants. andré charmant, tous réunis, lettres reçues. — Adèle. |

Deslandes, 34, rue berlin, paris. parents, enfants bien portants. envoyez-moi lettres pour eux. reçu sept vôtres. répondu quinze. préfère voie pigeon. — Kine. | Baron Rosenkrany, légation danemark, rue d'université, paris. tous vont parfaitement bien à lekkende et rosenholm. — Bulow. | madame Sonet, 117, rue de paris, belleville-paris. tout va bien, reçois vos nouvelles. courage espoir. — Auguste Favier. | Mme Duché, rue de la banque, 17, paris. recevons vos lettres. nous portons tous bien. avons bon espoir. — Claude Duché. | Guy, quai valmy, 29, paris toujours bien portants. émile, sans nouvelles de lui depuis 6 novembre. inquiets. — Héloïse. | Blouet, rue nollet, 102, batignolles-paris. Abigail accouchée fille. tous londres hastings parfaitement. — Henry. | M. Lemoigne, 35, rue de sèvres, paris. à marigny, à londres santés excellentes. reçu vos lettres, écrivez encore, nous prions. — De Nanteuil. | Bohnert, 52, rue turbigo, paris. bonnes nouvelles simon ainsi. — Maret. |

Vannat, 45, rue monceau, paris. donnez congé par huissier propriétaire magasin lisbonne, consultez croiseau. écrivez souvent, indiquez adresse de votre enfant. — Lehmann. | m. Robin, 6, boulevard capucines, paris. reçu ta lettre du 26. je vais bien, envoyé télégramme le 19. — Caroline Robin. | mme Raveinstein, rue lemercier, batignolles, paris. santé parfaite. will. manstead essex. — A. J. | Gonthier Dreyfus, 41, boulevard magenta, paris. commission rio partira 24 courant. — Harding, londres. | Chartier, 5, récollets, paris. lettres reçues, familles portent bien. — Cart. | Alfred Cohen, 83, rue maubeuge, paris. louise fille berthe, toutes deux bien ici également. écrivez souvent, lettres arrivent. — Auschsr Cohen. | Ettlinger, 103, rue du temple, paris. vente octobre, novembre cinquante mille. assortiments visites, éventail ivoire, cigarres demi feuilles, porte-monnaie ivoire creusé carrés. — Joseph. |

Ettlinger. 103, rue du temple. paris. articles louchet, bertrand, delaunay. éventails or et noir satin blanc fleurs. achetez beaucoup. triefus genève tout bien. — Caroline. | Bertrand, boulevard st-denis, 3, paris. dernière lettre louis 29 novembre. santés excellentes. écris souvent, nous t'embrassons. — Carbline. | Soachim Weill, 20, rue de rivoli, paris. édouard né 16 novembre, maman, nos enfants, jules, moi, allons parfaitement. parrains pauline natkau, julien, nourrice suissesse. — Rosine. | Raphael, 23, rue de pouthieu, paris. écris par ballon marie, détail de ma maison. amitiés. — Moyse, | Horevitze, 22, rue clauzel, paris. santés parfaites, recevons lettres, répondons fréquemment. jacques magnifique, pension, beaucoup connaissances. prenez provisions. — Rosine, Fanny, Marie, Alice. | Lequeux, richer, 35, paris. quittances touchées. jean vois parents, potron luxembourg, chevaux, détails maison. — Beaurain, poste restante, brighton angleterre. |

m. Faliry, 25 faubourg st-honoré, paris. nous allons tous très-bien. reçu lettre vous du 30 novembre. — Faliry. | Cohen, 83, rue maubeuge, paris. reçue lettre 23 novembre. écrivez journellement, informez rosa tout bien, 8 décembre. — Moselly, brighton | mme Claude, boulevard haussmann 64, paris. alder, collin, pruno, tous bien portants. galland, 36, margaretta terrace. — Chelsea, london. |

Sumgside Upper, avenue road regents park, londres. m. odovronge wysoki, 13. rue des beaux-arts. cher ignace, je suis prête dès maintenant et bien. soignez-vous pour votre famille. — Malesarska. | Libby Blifton, 1er déc. à mlle Simon 71, rue du théâtre, grenelle-paris. lettre tant désirée, reçue. | Javal, 46, boulevard magenta, paris. tous bien, reçue lettre novembre. quelle quantité fromage acheter ? écrivez toujours. — Mosely, 1er décembre, brighton. | Longraire, 58, boulevard malesherbes, paris. donnez nouvelles. père mort, cadavre conservé. avez crédit cinq mille francs fould pour dépenses. — Dumont, chez Searle et compagnie, liverpool. | mme Benard, 14, boulevard poissonnière, paris. alnwick 1er décembre tous bien. abdel bien, novembre 20. | Ratisbonne, rue notre-dame-des-champs, 61, paris. térèse, excellentes nouvelles, soignent beaucoup malades. bernadac écrit, fait prisonnier. pierre, hortense saint-omer. xavier se soutient. — Louise. |

Vandenberghe, 462, rue rivoli, paris. allons tous bien. dépêches envoyées déjà. reçu tes lettres. pas depuis 19 novembre. — Marie Vandenberghe. 2 décembre. | Cuvillier, 16, rue de la paix, paris. iwo thousand seven ten to eight sounds martel excised will do best. — Philipps. | mme Bouchon, 9, rue notre-dame-des-victoires, paris. reçu 2 décembre lettre du 15 novembre. envoyé trois dépêches. nous portons bien. fils alfred, blanche aussi. — Loreau. | Grospiron, rue goutte-d'or, 27, paris. heureux, embrassons. inquiets. karbowsky james-street, londres neuf. — R. G. | Ve Levy, 23, rue charlot, paris. allons très-bien offenbach. lettres reçues. écrire londres. — Bernard, Mathilde. | m. randon, 7, rue de douai, paris. tout le monde est bien portant. — Arnould. | mlle Pierret, 85, faubourg saint-martin, paris. tout le monde est bien portant. — Arnould. | Bertin, 48, st-lazare, paris. 2 décembre, brighton. recevons lettres, marcel toujours santé parfaite. henri pas trop tourmenté, hâvre parfaitement. — Sargenton. |

Nontron, 22 décembre. — Guindorff, 20, rue taranne. 3e dépêche. santé parfaite. — Louise. décembre. |

Mayenne, 21 décembre. — Weyher, 47, labruyère. Gustave-Ernest né aujourd'hui. Eugénie, Alice, bien. tous bien. Ernest au mans. — Denis. 21 décembre. |

Mézières, 3 décembre. — Frézet, 179, st-dominique. mesdames Wingler, Hermann, Scheydecker vont bien. Mouzon. — Frézet. |

Châteauroux, 20 décembre. — madame Baudais, 14, place dauphine. 20 décembre gros garçon. mère, enfant, parfaitement bien. — Bosselut. |

Lille, 5 décembre. — Lebois, rue château-landon, paris. évadé, Fortier valenciennes. — Gaston. |

St-Bonnet-de-Joun. — Bullemont, préfecture police. portons bien Louise, oncle inquiet sur Timoléon. |

Dinan, 21 décembre. — Arthus, 23, richer, paris. nous vous envoyons mille baisers avec nos souhaits de bonne santé, et surtout meilleure année. — Arthus. |

Lyon, 22 décembre. — Jean Tranchard, artillerie mobiles rhône, 2e batterie. Alexandre prisonnier, Léon armée loire, Pierre génie 4e légion de marche encore lyon, toutes santés bonnes. — veuve Tranchard. 22 décembre. |

Châtellerault, 22 décembre. — Colart, 21, rue vaugirard. allons bien tous. Xavier, sain, sauf, francfort-sur-le-mein. — Louise. châtellerault, 22 décembre. |

St-Brieuc, 20 décembre. — Harlet, 47, grenelle-st-germain. santé parfaite, employé tous moyens pour nouvelles. monaco fille, tous bien. Sédille, amis, bien. — Camus. |

Cérilly. — Devaux, 12, taranne, paris. tous bien. Maret, Rolland, Pontagny, saufs. — Dumas-Primbault. 20 décembre. |

Heyrieux, 21 décembre. — monsieur Merlin, juge, 28, rue des écoles, paris. notre mère, ta femme, tes enfants, à genève. nous ici. allons tous bien. — Ton frère : Merlin. |

Menetou-Salon, 21 décembre. — comtesse Greffulhe. 10, astorg, paris. menetou, toutes santés bonnes. — Félicie. 21 décembre. |

Berck, 15 décembre. — Tiby, hôtel danube, richepance. allons bien. hôtel, chambres chauffées, notre cuisine. argent Oulman. — Beydon. |

Roubaix, 1er décembre. — Cuvrie, 31, rue sentier, paris. Joséphine bien, famille aussi. toujours roubaix, recevons lettres. — Dazin Eloy. |

Le Hâvre, 8 décembre. — Lebret, 100, neuve-mathurins. Deichthal Lebret chez Quesnel le 8, tous bien, partirons si nécessité. — Jeanne. | Bella, 3, boulevard courcelles, paris. allons tous bien, aucunes nouvelles Laloupe, mille amitiés, prévenez Gustave tous enfants bien. — Yver. | Clerget, 49, rue rochechouard. bonne santé tous, recevons lettres, déjà envoyé dépêches, Jules franc-tireur. — Marie. |

Moulins-sur-Allier, 22 décembre. — Malingre, 89, boulevard beaumarchais. santés excellentes, Henry ici, besoin rien, recevons lettres. mesdames Pickard vont parfaitement, reçoivent lettres. — Malingre. | monsieur Moreau, 9, avenue bosquet. inquiète, rien reçu, écrivez chaque huit jours papier pelure, lettres arrivent. — Garella. moulins, hôtel allier. | Lamagnère, 25, boulevard temple. vais bien, attends toujours nouvelles. — Lamagnère. moulins, 22 décembre. |

Cambrai, 11 décembre. — Puymory, 53, rennes. maman, marie, famille, trouville. tous bien, nous aussi. Prosper prisonnier, sauf. si besoin argent, demandez Dorchies. — Parsy. | Dorchies, 150, lafayette. salut. allons bien. les Huart aussi. bras guéri. nord libre. lettres Jules, Puymory, vous, madame, parvenues. — Parsy. | Lavergne, 74, assas. allons tous bien, écris plus souvent. — Ozareaux. |

Matour, 21 décembre. — madame Leman, 3, ferme-mathurins, paris. reçu toutes lettres, sommes tristes, pensons dresde et vous. pas encore envahis. — Gaufrédy. | Reggio, 44, rue bourgogne, paris. donnez nouvelles, veuillez remettre argent Blandenet, faites-moi écrire ballon. comment va Benoît? — Marcellus. |

Roubaix, 5 décembre. — Xayrolles, 17, jeûneurs. grands soins appartement Pierre Catteau. — Catteau. | Henri, 28, boulevard bonne-nouvelle. amis de la Garenne écrivent toujours à mère. tous bien portants. souhaitent fête. — Bureau. | Darmeuil, 4, vivienne. enfants et moi roubaix, bonne santé. les deux familles bien, Albert chez lui, embrassements. — Jenny. |

52 Pour copie conforme :

L'inspecteur,

Bordeaux. — 25 décembre 1870.

Montendre, 20 déc. — M. Denis, 14, rue bleue, paris. recevons lettres. portons bien. — P. Denis. |

Montrésor, 18 déc. — Wolowki, 45, rue de clichy. shècle wolowka, casimir, excellente santé montrésor, félix bien nice. — Casimir. |

Angoulème, 20 déc. — Hillairet, 43, caumartin. portons parfaitement angoulême, reçu lettres. — Marie. | Voisin, 9, rue odion. voisin bien, prisonnier cologne. — Ranjard, Granville. |

Besançon, 18 déc. — Fitremann, 51, rue monsieur-prince, paris besançons toujours libre. tous bien, demande nouvelles. |

Besançon, 17 déc. — Fiquenel, télégraphe. nous allons bien. |

Fornex, 14 déc. — Desouches, usinier du comité défense nationale, usine du pont-de-l'ourcq. paris-pantin. calmez vos inquiétudes, famille bien. — Ehrler. | Feldmann, 23, enghien. remettre toutes marchandises hauteville, réponse, nous portons bien. — Siméon. | Frépat, 37, rousseau. marguerite bien tous, avons argent, saint-jean, genève. | Brackmann, 2, vivienne. tous santés bonnes, georges sage. avons nécessaire, embrassons tous. — veuve Leclerc. | David, usinier du comité de défense nationale, pantin-paris. prévenez arthur, accélérez fourniture, santé bonne. — Desoucher, Touchard père. | Foncier-Suisse, 10, place vendôme, paris. redevance neuchâtel payée, société maillard vendu cet été, leurs obligations, prudence, tout bien. — Fornerod. |

Avranches, 15 déc. — Chaillet, 43, richer. habite avranches, t'ai envoyé dix dépêches, pigeon espère en dieu, t'aime, résignée. ta femme. — Sarah. | Raphaël, 7, boulevard magenta. santés parfaites, habitions avranches, sommes résignés, prions dieu, aimons tous, faites lire dépêche chaillet, embrassons. — Sarah. | Hauréau, imprimerie nationale, avranches, bonne santé. — Jeanne. |

Bordeaux, 18 déc. — Thomasset-Flotille, seine, paris. commande escadre méditerranée, garde votre place, prévenez trochu, lafosse, massias. — Jurien. | Maillard, 24, avenue victoria. reçu lettres, sommes à foussat, 15 décembre, continuons bien, ces demoiselles à nice. — Philippe. | Cheysson, 14, rue marignan. passage pour bayonne, santés bonnes. — Bouffard-Tournois. | Donon, 42, avenue gabriel. reçu lettre suisse, tous très-bien, reçu quarante lettres, donnez nouvelles alphonse et trochu. — Marie-Louise. | Muret, 4, place théâtre-français. impossibilité loger bordeaux, 17 sommes arcachon, 120, boulevard plage, dernière lettre du 5. | Guy, 29, quai valmy, quinzième dépêche plus les cartes, et aucune de vous est arrivée? toujours tous bonne santé. — Doistau. |

Besançon, 14 déc. — Alv à général sevelinges, 14, rue franklin, paris. chabord, sa femme, fernand sont allevard. | Lonchamps, 2e caisse, banque de france, paris. avons santé, tes nouvelles directes, nulles, jules paul, récentes. — Longchamps |

Dôle-du-Jura, 15 déc. — Union, 15, rue banque. sinistres vingt mille francs, quatorze comptes, espèces. vingt-cinq mille, communications et recouvrements interrompus. — Budin. | Union, 15, rue banque. veuillez autoriser les renouvellements des polices d'usines, mêmes conditions, mêmes réassureurs. — Budin. |

Périgueux, 18 déc. — Zorn, 19, marché-honoré. Jeanne accouchée fille, marie meynadier, tous bien, écrivez. — kast. | Ferdinand Dreyfus, 90, boulevard sébastopol. allons bien, écris souvent. — Félicie, Périgueux. | Paul Dupont, 41, jean-jacques-rousseau. tous santé parfaite, recevons vos lettres, consolation, écrivez par tous ballons, avez-vous volailles, lapins. — Pauline. | Cailar, 16, Oberkampf. périgueux, hôtel france, versez argent banque paris, succursale bordeaux, virginie enfants, santé bonne, écrivez ballon. — Cailar. | Margat, 41, échiquier, paris. nous portons bien, lucien. | M. Lachaud, 4, place du théâtre-français, paris. nous allons bien, ludovic ajourné. — Lachaud. | Danlos, 52, douai. cinquième dépêche, habitons périgueux avec fanchant, donné nouvelles 12, boulevard sébastopol. sans lettres rosine, bien, écrivez. — Henriette. |

Vendôme, 14 déc. — Sarrette, 50, boulevard temple. edgard, moi, mobiles, vendôme, bien portants. — Hermond. | Chesneau, parmacien, 7, notre-dame-des-champs. pas de nouvelles depuis 30 septembre, répondre si vous allez bien. — Chesneau-Mustière. |

Lyon, 17 déc. — Langlois, 52, petites-écuries. déplore lettre, services prolongé méconnus, proteste contre insinuations, responsabilité personnelle couverte, illusionnez situation compagnies, compromettez tout. — Garnier. | Corbrion, 20, rue rivoli. oui, oui, vingt-cinq, vingt-sept manquent, oui, comment va rohrer. — Andrié. | Maffioli, 21, stéphenson. reçu avec bonheur lettre, portons bien, albert souffrant. | Larochette, 183, avenue malakoff, joseph halberstadt. près magdebourg, allons bien. | M. Alheilig, 10, rue vivienne. léon prisonnier erfurth, parfaite santé, suis à lyon, partirai bruxelles. chez oppenheim, fin décembre. — Lançon. | Conti, 1, Courty, guéri, part chine sur aveyron, louis part avec général bressolle, jules mort, tous autres bien portants. — Auguste. | Joannès-Marduel, 46, rue provence. cher enfant, troisième dépêche pigeon, reçu six lettres ballons, tous à lyon bien portants, embrassons. |

Les Terreaux, 17 déc. — Seux, maréchal-des-logis-chef, 2e compagnie, pontonniers garde mobile, rhône. allons tous bien, ainsi que famille isaac, reçu lettres. — Seux. | Bloch, 3, rue paris. habite genève, corderie, grottes, reçu allmayer rembourse pas. — Bloch. | Clerc, 45, hauteville. tout va bien à londres. — Trayvous.. | Marix, 3, papin. reçu neuvième lettre, allons bien, ernest à nice. — Gustave. | Joseph Billitzer, 17, rue de londres, paris. reçu lettre cinq, tous bien portants, ton père. — Billitzer. | Soumet, 43, richelieu. notre liquidadation de société ne peut être fin courant, ajournons-là, répondez. — Bretonville. | Broise, 17, richelieu. troisième dépêche, reçu douze lettres ballon, nous allons bien, installés 9, constantine, lyon, bonnes nouvelles sedan. — Bretonville. |

Trouville, 15 déc. — Gondouin, 3, anjou-saint-honoré. tous bien, pays tranquille, reçu lettre 6, supplie pas sortir remparts, tendresses. — Marie. | François, 150, rue lafayette. tous bien, restons à trouville entourés de nombreux amis. — Marié-Caroline. | Croissy, 7, garancière, paris. pensons à vous, bien portants. — Berthe. | Escudier, 7, rue d'enghien. tous bien, ouvre cave, prends bois chez frère, oncle ou boulogne. — Caroline. | Joly, corps législatif, 14 décembre, tous parfaitement pays tranquille, tendresses. — Louise. | Descrambes, 32. Corbeau. bien, écris souvent. — Lepère. | Moreau, 17, bonaparte. bien, écrivez. — Lepère. |

Tours, 16 déc. — Méniolle, 21, cherche-midi. bien, bien, bien, oui. — Jou. | Ternaux, 6e batterie, 1er régiment, villa montmorency-auteuil. engagée théâtre. t'adore plus que jamais, écris souvent, mille baisers. — Marie. |

Grenoble, 21 déc. — Miribel, 70, faubourg st-honoré. vors bien. reçu seulement cinq lettres, dernière 20 novembre. écrivez beaucoup. adrien 18e corps. — Henriette. |

Béziers, 22 déc. — Paris, leullier, 14, Martel. reçu lettres. bien portants, tranquilles. gustave ici. bonne année à tous. embrassons. espérons à bientôt. — Quettier. |

Besançon, 19 déc. | Caspari, carnot, 5, paris. parents, emma, caspari bien. — Noblot. |

Monsempron-Libois, 22 déc. — Nissou, quai Jemmapes, 72. arrivés libos avec delacourcelle. santés bonnes. lettres reçues. donne nouvelles félix. — Nisson. |

Belleville-s.-saône, 19 déc. — Dubief neveu, entrepôt vins, paris. reçu lettre du 4 décembre. marc belfort. allons tous bien. — Loron. |

Cannes, 21 déc. — Madame Boissaye, 8, rue sentier. cannes maman, ernest, camille bien. — Boissaye. |

Blaye, 22 déc. — Luppé, 29, barbet-de-jouy, paris. allons bien. — Lagrange. |

Chinon, 21 déc. — Monsieur Martin, 24, rue richer. reçu cinq cents. suis plus chez ton frère. adresse lettres chez mesdames messeau. — Louise. |

Chambéry, 28 déc. — Ferdinand Rousseau, villette-flandre, 23, paris. onze décembre, albert bonne santé, saint-hippolyte, doubs. — Brodin. |

Tarare, 20 déc. — Leutner, rue caire, 6, paris. huitième lettre. votre dernière 20 octobre. inquiets. rien de françois, trévise. 30. allons bien. — Ruffier. |

Voiron, 20 déc. — Decloux, st-lazare, 14. bonne santé garçon. voiron, nice, écrire. — Decloux. |

Divonne, 20 déc. — Morisseau, rue monthabor 6. jean bien portant, prisonnier kœnigsberg. lui envoyé argent. moi mieux. — Krishaber. |

Longni, 20 déc. — Antheaume, faubourg poissonnière, 48. allons bien. reçu lettres. inquiets. écrivez souvent. — Destors. |

St-Vallier-s.-Rhône, 15 déc. — Madame Pescheur, 100, boulevard beaumarchais, paris. désirer lettre. vais bien. affection, espérance, courage. — Daugeard. |

Parthenay, 21 déc. — Fontange fils, rue de sèvres, 11. santés bonnes. faire savoir chez dufourmantelle. réponse parthenay, deux-sèvres. — Fontange. |

Vichy, 20 déc. — Milleblond, sébastopol, 33. lettres reçues. attends argent. — Milleblond. |

Cosnes-s.-l'Œil, 20 déc. — Danville, 36, rue berlin, paris. lassalle 20. petit, valentine ici, santés bonnes. mère, thérèse, toujours à dieppe, vont bien. — Léon. |

Granville, 20 déc. — Jannon, quai montébello, 17. lettre autun 11 décembre, tous bonne santé. écrivez souvent. — F. Boulot. | Jules Briand, rue du bac, 112. familles briand, loyer, renouf, blanches, bien. — Briand. | Gavrel, 23, pont-neuf. jules travaillera pour passer son bachot sciences. adresse maison jourdan, rue locampion, granville. — Gervais. |

Airaines, 16 déc. — Monsieur Rolland, rue surcouf, 1. tous bien portants. recevons lettres. — Dantrer. |

St-Pierre-les-Calais, 16 déc. — Monsieur Manier, place madeleine, 6. allons bien. recevons lettres. tranquillise-toi. enfants travaillent latin avec vicaire. écrivez souvent. — Manier. |

Guitres, 24 déc. — Croché, 14, marché passy. évariste napoléonville. tous parfaitement guitres. marie grande, grosse, gaie. argent mandat-poste ballon. — Elmire. |

Douai, 15 déc. — Keszler, capitaine garde-républicaine, caserne cité. tous bien. | Koszutzki, aide-camp amiral mequet. — bromis glogau, édouard lieutenant. tous santé. espoir. | Desforts, 12, bonaparte. nous bien. émile baudreuil, laure neustadt. enfants yonville. leur écris. vous transmettrai réponses. tout bien foudjouan. — Fontaine. | Monsieur Bergeron, rue clisson, 52, paris. famille heureuse. marie maison, émile landrecies, charles très-beau. reçu lettres. — Bergeron. |

La Guerche, 19 déc. — Perrichont, villa réunion, auteuil. lebreton, femme, famille en bretagne, angèle évaux, suis seul guerche. famille entière va bien. — Adolphe Perrichont. |

Roanne, 20 déc. — Compagnie providence, 12, grammont. sinistres insignifiants. affaires calmes. urgence autoriser renouvellements. espèces onze mille francs. corresponds avec tachon. — Emerat. |

Valenciennes. — Delhaye, 18, st-fiacre, paris. lettre 5 précédente pas sans nouvelles brett. mouchoirs blancs hersent prêt quel pliage. remettez lécuyer. — Delame. |

Coutances, 20 déc. — Faure Beaulieu, 21, rue magnan. santés parfaites. coutances décembre. — Célanie. | Comptoir des indes, 129, boulevard sébastopol, paris. reçu vos lettres. contents de vous. écrivez toujours. — Femme Bizé. | Capitaine Chambert, division courty, 3e du 1er corps 2e armée sous paris. vesly, vaufuget, carmel très-bien. — Bucaille, 19 décembre. | Decorbie, 20, mazagram. inquiet. nouvelle aucune. écrivez donc. meilleure année tous. — Charles. |

Boulogne-s.-mer, 15 déc. — Micard, provence, 60, paris. continuez écrire fribourg. tous bonne santé. vous embrassons tendrement. — Elise. |

St-Pierre-les-Calais, 15 déc. — Michelot, 28 bis, boulevard mazas. sommes bien portants. — Mercier. |

Pont-de-Pany, 18 déc. — Masson, place école-de médecine. recevons tes lettres. allons tous parfaitement. — Masson. | Berthelot, 7, boulevard beaumarchais. isabelle, enfants, lucy, fernand, milianah, nous pont-pany, tous bonne santé. |

Romorantin, 20 déc. — Prudhomme, 5, baillif. tous bonne santé. vu prussiens. pas mal. détails santé frère. — Prudhomme. | Gratterg, substitut paris. quitté blois, procureur romorantin. les miens bonne santé. — Ernest Corme. |

Hesdin, 16 déc. — Lequier, 12, guénégaud. allons tous bieu. reçu lettre. attendons impatiemment lequier. envoyé lettres amiens, rouen. suis triste. — Louise. |

Pontrieux, 21 déc. — Cornec Léon, sergent mobile côtes-du-nord, 2e compagnie, 5e bataillon. tous bien. sans nouvelles depuis novembre. écris. emprunte. — Léonie. |

Béziers, 24 déc. — Barbet, 90, st-lazare. tous bien chez élise. collége béziers. — Julie. |

Courtomer, 9 déc. — Turenne, 100, bac, paris. lettres reçues. tous bien partout. écris toujours. molinien, salles écrivent. tendresses léo, gabriel, courtomer. — Gabrielle. |

Ploërmel, 24 déc. — Goret, rue lepic, 45. portons tous bien. pays tranquille. recevons lettres. — Goret. |

Saulieu. — Rénon, montorgueil, 25, paris. sœur rentrée. famille bien. pas prussiens. — Rénon. |

Napoléonville, 21 déc. — Feitu, capitaine 107e marche, nogent-sur-marne, paris. tous bien. mille tendresses. — Feitu. | Tresca, arts-métiers. nouvelles varanval, gaudaire, maurice, alfred mans, henri, bonnet, stettin, édouard pontivy. lettre 6 reçue. amitiés anine. — Tresca. |

Ducey, 21 déc. — Desfeux, boulevard pereire, 127. décembre 20. louisa, fanny vont bien. reçu lettres rochecotte. — Hospice-Desfeux. |

Tergnier, 16 déc. — Madame Bagnera, boulevard ornano, 52, paris. bien portant. embrassement général. — Henri. |

Nice, 24 déc. — Truqui, rue chabrol, 36. je répondis deux fois ta carte octobre. comment vas-tu? courage. vais bien. — Vacquier. |

Grasse. — Cozette, 28, boulevard bonne-nouvelle. bois cave, provisions armoire, confitures, salon. portons bien. — Ayné. |

Hyères, 23 déc. — Chomel, quai voltaire, 5. souhaitons bonne année. allons bien. — Marthe. |

Vitry-en-Artois, 17 déc. — Oeschger, 28, rue saint-paul. veuillez envoyer mille francs à mon père, 17, rue bréa. — Blanchet. | Blanchet, 17, rue bréa. reçu tardivement triste nouvelle. prier oeschger avancer argent. allons bien ici. pas nouvelles chartres. — Blanchet. |

Fontenay-le-Comte, 24 déc. — Sabouraud, boulevard sébastopol, 22. remettre dutemps. marie accouchée fille. auguste retourné blessé bras. charles, gabrielle, normandie. émile zouave. |

Vannes, 24 déc. — Courcelles, boulevard malesherbes, 62, paris. frère prisonnier brême. vesouliens tristes. bonne santé. — Jourdan — Perrot, 5, rue bleue. vannes familles perrot, ribot bien. isabelle aignan bien. |

Pontorson, 20 déc. — Corbes, rue rennes, 90. heureux reçu lettre savoir bonne santé. portons tous bien pontorson. — J. Labrousse. |

Halluin, 5 déc. — Pfeiffer, boulevard mazas, paris. vous en bonne santé, reçu toutes lettres excepté mandat, besoin maman, auguste, obet, très-bonne santé. — Louise Pfeiffer. |

Saint-Quentin, 16 déc. — Kastor, 11, bégère. dites aron et dachès que nous portons tous bien, recevons leurs lettres, envoyez balance septembre. — Kastor. |

La Guerche-de-Bretagne, 20 déc. — Toubon, aide fourrier, 3e compagnie, 3e bataillon, ile-et-vilaine. familles chaumet, toulon, bien portantes. |

Château-Gontier. — Lajoye, 9, de buffault, papa melun, raoul mobilisé bien portants. — Angélique. |

La Trinité. — Léonard, 6, avenue d'italie. nous inquiets, pas lettres vous alfred, tous bien. |

Guignes-en-Calais. — M. Dagbert, 5, rue coq-héron. petite marie, trois mois malade, état dé-

Bordeaux.— 25 décembre 1870.

sespérant, s'attendre à tout, nous tous bien. — Dagbert. |

Verneuil-sur-avre, 19 déc. — Goelzer, 182, rue lafayette. verneuil, fontainebleau, allons bien. — Gustave. |

Villers-sur-mer, 2 déc. — Berjat, 37, godot, mauroy, villers, bonne santé. — Berjat. |

Montreuil-sur-mer. — Bardin, 37, aboukir. prenez chez moi confitures, vin, sommes bonne santé. — Bourgevil. |

Aironnes, 15 déc. — Madame Coeffier, 21, quai bourbon. nous allons bien, nouvelles papa. — Adrienne. |

Calais, 14 déc. — Cosquin, rue Courty. reçu cinq lettres, une carte, répondu cinq fois, tous bien, bonnet encore londres, merci et amitiés. — Delavigne. | Lemay, 23, rue moulins. provins, calais, tous bien, ai envoyé dépêche, reçu lettre 6, heureux. — Arnou. |

Lille, 5 dec. — Martin, 1, boulevard mazas. écrire martin, dragons du nord. |

Papaume. — Dechirot, 8 bis, cardinal-fesch, paris. santé excellente, reçu argent, vois chancerel pour toi, espoir, courage, mille baisers. — Dechirot. |

Lormes. — Desgranges, 33, boulevard italiens. bonnes nouvelles suisse, lesseré, fille. — Brisson. |

Ornans, 21 déc. — Andrey, 97, avenue clichy-batignolles. pas nouvelles des toussaint, tous santé, libres. — Andrey. |

Lamballe, 21 déc. — Permangle, 14, castiglione. tes enfants, petits-enfants, tous bien. — Cécile. |

Lille, 16 déc. — Lefebvre, 24, larochefoucault. bonne santé, reçu toutes lettres. — Coustenoble. | Dareste, 37 bis, fleurus. allons tous bien. bonnes nouvelles cléophas. — Dareste. |

Dumoulin, intendant, chez mutel, 48, ruee université. bonne santé tous, maurice travaill avec abbé, souhaits bonheur. — Louise. |

Bressuire, 21 déc. — Arminot, capitaine, 113e de ligne, camp de saint-maur, femme, enfants, très-bien, reçois lettres, écris souvent, baisers.— Léontine Arminot. |

Bourg-en-Bresse, 24 déc. — Bouvery, notaire, paris. bonne santé, espérons aussi chez vous, payez fayard, cinq cents francs, semestre. — Daenzer, bourg. | Vuillot, sergent, 2e bataillon, mobiles ain. reçois lettres, santé bonne, t'embrasse. — Eyryphile. |

Saint-Valéry-sur-somme, 5 déc. — Bar'h-Vuigner, 46, rue lille, paris. allons parfaitement, pensons à vous sans cesse, écrivez encore, donnez détails. — Marguerite. |

Lorient, 24 déc.— Mancel, place vendôme, 16. parents bien, pour edmond brest, lorient, marie, marcel, parfaitement.—Noyon. | Dupuy de Lôme, membre comité défense. famille provence bretagne bien —Favereau. | Bouillon, capitaine, fort Issy. portons bien, recevons lettres, bonne année. — Bouillon. | Bertin Delessert, 10, paris. bonne année, portons bien. — Bertin. | Christy Pallière, capitaine-adjudant-major, fort bicêtre. sommes biens, lettres reçues, embrasse, armand, maria, bien. — Perret.—

Angers, 23 déc. — Cortet, 44, boulevard saint-germain. portons bien, théophile pas parti, pas reçu vos lettres depuis 18 octobre, écrivez. — Henriette. |

Vannes. 23 déc. — Demay, 8, léonie. tous bien portants. vannes. — Dobelin. | Lechevalier, 9, boulevard italiens. maman avec nous bien portants. envois argent; vannes. — Lechevalier. | Damblève, cherche-midi, 34. santés bonnes, ai argent. bien, vannes. — Labarthe. |

Flers-de-l'orne, 21 déc. — Boissel, 84, saint-lazare, paris. bien portants, tranquilles, flers, amitiés. — Schmitz. |

Gravelines, 16 déc. — Valérie Gros, lafayette, 91. renouveller boucles oreilles engagées 2 février, soixante francs. réponse Gravelines.

Yport. 19 déc. — Alexandre Gorgen, 41, rue de seine, paris. allons tous parfaitement, souhaitons bonne année aux gorgen, janiand, borrel, blanche, boyer, lepelletier, diot, bureau de la poste legrand.—Julien. |

Lille, 17 déc. Descroisettes, sentier, 13, paris. reçu lettres, allons bien, voir objets cave abîmés, heureux savoir bonne santé. — Ménard. | Lainé, boulevard beauséjour, 25. Julian, à Langon, gironde, chalet longin, a souvent écrit. tous bien. —Marteau. |

Roubaix. — Loys, rue bac, 65. bien portants, espoir courage bientôt. — Richard. | Boslay, rue seine, 6. allons bien, avons argent, gardes pour toi, reçu danethan, tes lettres 9 décembre. veilles liquidation. — Levavasseur. | Coppeaux, 6, rue Malesherbes. Delepouve mère. bébé, saint-omer. filles, gand, magnitôt, louviers, fanny pau. tourville, lucien, tous. — Rivière. | Chardon, castiglione, 3. tes lettres reçues, frère pierre arrivé. correspondance facile avec versailles, famille entière bien portante, beslay aussi. — Lucie. | Durmeuil, 4, vivienne, toutes lettres au 6 décembre arrivées, tout va bien, bruders, fischer, voyagent. — Bridges Watt. |

Valenciennes, 18 déc. — Compagnie, commandant 1er chasseurs, cavalerie, vincennes. tous bien portants, reçu lettre 7 décembre, t'embrassons. — Maria. |

Pallet, 23 déc. — Viollet, condé, 16. viollet, jousset, enfants, santés parfaite, heureux, lambert-holleaux, belgique, augustiue, marie, bar, gustave prisonnier. — Viollet. |

La roche sur-Yon, 22 déc. — Darblay, paris, reçu lettre 10 décembre. confiance deux dépêches ferai cinquante mille hectos 20 à 23 magasin. attendons ordres. — Rouchy. |

Auray, 21 déc. — Langlois, rue des petites écuries, 52. allons tous bien, ne souffrons plus du froid. — Langlois. |

Lille, 17 déc.—Chevrant, rue d'antin, 3, paris. lettre reçue, réponse envoyée, très inquiets, écrivez souvent, santé assez bonne, personne encore parti. — Michel. |

Tourcoing, 19 déc. — Dupont, aboukir, 6. Crèvecœur toujours inoccupé. fils blessé amiens, retourné au bataillon. second fils lancier poitiers. demande eudes communiquée. — Flipo. |

Guingamp, 21 déc. — M. Jégou, rue cherche-midi, 138. huitième dépêches envoyées, écris toujours, suis bien. — Virginie Jégou. |

Tillers-sur-Hâvre, 20 déc.—Palliard, saint-martin, 106. reçu du huit, portons bien, envoie cartes questions. — A. Palliard. |

Nantes, 22 déc. — Drouet, cherche-midi, 72. Sara heureusement accouchée garçon. nantes, nevers, morlaix, suisse, bien portants, lacaussade southampton. | M. Bouts, 81, boulevard sébastopol. bonne santé, charles roubaix, bonne année. —Hortense, nantes, ce22, 4, rue scribe. | Huard, garnison mont-valérien, 28e mobiles, 3e bataillon, 4e compagnie, famille bien, édouard Wiesbaden, lucien castres. quatrième dépêche envoyée. — Huard. | Terrier, 61, rue galilée. allons tous bien, ta mère bien, recevons lettres, écris, pierre aussi, toujours folkestone. — Catherine.— Darblay, rue louvre. froments pont-rousseau, anciens, basse-loire vingt-deux francs en magasins nantes. farines fleurs soixante-dix. — Blanchard. | Darblay, rue louvre. recevons lettres 10 décembre. avons télégraphié 28 novembre et 10 décembre, aucune réponse de vous — Blanchard. |

Blanquefort, 9 déc. — de Matha, 56, de lille. comment va edmond? dites-lui délégation reçue. — Antoinette. |

Tonneins.— Directeur général tabacs. châteauroux et havre évacuent ici, obtenu décret travail défense avec travaux publics. dirige transformation armes. — Darquier.—

Bayeux, 7 déc. — Henriette Magnée, 47, richelieu. pas reçu lettre concernant davallon, redonnez explications. pouvez remettre vingt-cinq francs à elle.—Gauthier. | Chipier, 51 bis, sainte-anne. clémentine, tous, bonnes santés. lettre 3 décembre reçue. — Aulerée. | docteur Boutin, 18, pépinière. reçu mandats, carte point. portons bien | Do-seur. 21, taranne. arrivés bayeux, santés bonnes, alfred ici. fernand, comoy, agy. enfants amiot état parfait. savons dépêche arrivée. — Léontine. | Vasnier, 41, tour-d'auvergne. tous bien, vu henri, reparti. — Dusoir. |

Limoges, 8 déc. — Mauny, 128, rue montmartre. santé bonne, gosset démissionnaire, nouvelles mahieux, marchandises belgique, lestang 9,000. aucune démarche argent, affaire commencée. — Maumy. | Dulac, 110, faubourg saint-denis, sommes parfaite santé, poste remettra 200 francs. — Dulac. |

Rodez, 7 déc. — Hayaërt, commandant garde républicaine, célestins. recevons quelques lettres, portons bien, à Rodez. — Duirée. |

Blois, 9 déc. — Petit, 16, boulevard malesherbes. blois, santés excellentes. — Marie. |

Riom, 9 déc. — Daniel, 56, faubourg poissonnière. second, lettre 29, bonnes santés. — Daniel. |

Aurillac, 10 déc. — Denoyelle, 94, faubourg saint-martin. reçu lettres, suis auvergne attendant paris. brésil excellent, écris souvent. émery aussi. es-tu blessé? — Rodd. |

Arras, 3 déc. — Gauthier, 23, lavoisier. appris incorporation, inquiets, bien portants, berck aussi, donnez nouvelles famille. — Davelouis. —

Divonne, 7 déc. — Vidart, lieutenant 4e compagnie, 3e bataillon, 40e régiment mobiles. tout va bien, écrivez chaque ballon, dire édouard écrire, affection. — Tranky. | madame marguerit, rue ratrait, ménilmontant, paris. cécile, estelle, bien portantes, écrivez strasbourg. — Couturat. |

Château-Renault, 9 déc. — Buisson, 4, castellane. si ernest blessé, demandez demarquay et nélaton. allons tous parfaitement. — Brincard. | Moreau, 9, lille, paris. marthe fille, tous encore brévilliers, marie en vendée, tous bien portants, courage, espoir. — Gendron. |

Alger, 10 déc. — Haloche, 101. rue faubourg saint-denis, paris. santé est-elle bonne? envoyez carte questionnaire, nous répondrons. |

Hyères, 7 déc. — Borel, 13, turin. tous bien, poste restante. hyères (var). — Borel. |

Saint-Gengoux-le-Royal, 14 déc. — Beaulieu, Chartier frères, 5, place petits-pères. écrivez curé. |

Laint-Lô, 15 déc. — Dupont, 7, havre, paris. recevons lettres, toi, campagnes, provinces, toutes familles, enfants, santés parfaites, soigne-toi. — Dupont. |

Briquebec, 15 déc. — Frérot, 4, rue sèvres, paris. réponse quatre oui. notifier, par pijon avoué, au propriétaire cessation bail coulon pour avril. — Coulon.—

Poitiers, 17 déc. — Lascoux, 86, université. accouchée garçon, bien tous deux, aimée nourrit, reçoit tes lettres. — Barbier. | Delabesge, capitaine mobiles vienne, 36e régiment, 2e bataillon. santés bonnes sauf grand'mère, pays tranquille, maurice reste. — Delabesge. |

Lyon, les terreaux, 14 déc.—Ziegler, 11, tour-auvergne. mulhouse famille bien, schwartz prisonnier, eck armée loire, fabriques travaillent. demander à lebas nouvelles stamm conilleau. — Martin. | Marozeau, 130, boulevard haussmann. reçu lettres, santés bonnes, libres, quelques réquisitions, finances suffisantes, travaillons quatre jours, adresse, oswald, bale. — Marozeau. | Général école polytechnique. très-inquiet, aucune nouvelle, léon stamm fort romainville, adresses, renseignements ballon monté, frères oswald à bale. — Stamm. | Gagnage, 5, charlot droche, robin et famille, santés parfaites, lyon toujours tranquille. — Robin. |

Lyon, 16 déc. — Deparceval, capitaine, 119e ligne. tous bien, passez rue Lamartine, recevons lettres, amitiés tous. — Letourneur. | Signoret, 23, rue bréda. sans nouvelle, p[illegible] bien.—

Le Havre, 12 déc. — Loustau au, 11, rue moineaux portons bien, nivoley content yerrès. — Loustaunau. | Labouyrie, m[illegible] finances, douanes. louisa, enfants, nous portons bien. — Labouyrie. | Gailliard, 24, thévenot. toutes bonne santé, sommes havre, hôtel europe, avons reçu lettres barentin. — Clémence. | Allais, 8, place bourse. moreau résilié, gagné, rentière, anvers bien, ennui anvers, suisse peu important, sans sinistres, réunion excellente. — Bogaerts. |

Clermont-Ferrand, 13 déc. — Garet, 21, boulevard prince eugène. oui, oui, oui, franc-tireur.— Tricot, clermont. | Wolf, 37, bellechasse. allez-vous bien? — Bideau. | Pilinski, 3, rue fontanes (cluny). huit lettres reçues, octavie kotek, anna, tous allons bien, écrivez-nous.—Julie. | Barbier, boulevard prince-eugène. argent reçu, santé bonne. — Barbier. |

Lormes. — Campbell, 58, rue clichy. auguste blessé légèrement 3 décembre. — Campbell. | Riban, 200, rue rivoli. vais bien, suis à raffigny. — Brisson. |

Mende, 12 déc. — Bioche, 10, taranne. prévenez laurans de charpal, chasseur au 21e bataillon, maisons-alfort, que recevons ses lettres. allons bien partout. — Charpal. | Abeille, 52, petites-écuries. fixé domicile nice, gioffredo, 13, pour continuer inspection sans inquiétude, reçu votre lettre. dois-je continuer? — Cochet. |

Calais, 9 déc. — Alexandre, 39, meslay. portons parfaitement, calais, septième dépêche. — Lion. | Kiaes, 88, feuillantines. bonnes, huit, titre, bien munster. calais. — Kiaes. |

Carvin, 9 déc. — Hélin, vicaire, trinité, paris. tous santé bonne, écrivez. — Hélin. | madame Decaux, 303, saint-antoine, paris. récentes bonnes nouvelles famille. saint-quentin, prussiens partis. — Burge. |

Etretat, 11 déc. — Léo Delibes, 220, rivoli. reçois lettres, santé bonne | Mauguin, 103, aboukir, paris. reçu lettre 3 décembre, sommes désolés, allons tous bien.— Boucher, étretat. | Ferry, 29, rue victoire. mère savoir vérité sur micael, prompte réponse.

Rennes, 15 déc. — madame Debacq, 94, du bac. bien portants à rennes. | Narcillac, 5, iéna, tous bien partout, — Narcillac. 15 déc. | Dablin, huissier, 19, rue royale-saint-honoré, paris. je vous donne congé pour avril prochain, appartement 3e étage, 10, rochambeau. — Prévôt. | Chiboust, 99, rue saint-denis. tous bien, remue bien, bonne année, émile collége. — Chiboust. | Guesnier, 16, rivoli. tous bien, marie saillard morte 28 septembre, vesly assez bien. — Guesnier. |

Auxerre, 13 déc. — Heu, 18, godot-mauroy. tous quatre vont bien. | madame Pinon, 10, épée-de-bois. bonne santé, je travaille, réponse ballon — Pinon, auxerre, 3, batardlait. |

Arcachon, 18 déc.—Gozzoli, 81. rue paris belleville. donnes tes nouvelles arcachon, bruxelles, caen. santés parfaites. merci sollicitude eugène. —Michelez. | Blazy, 15, turbigo. ostende christine 64, labour aussi, y dinons jeudis, dimanches. santés excellentes. clacyssons ici parfaits. — Blazy. | Chabrier, 94, rue st-lazare. Ostende honpelines, santés bonnes, 40 lettres reçues. —Chabrier. |

Nice, 19 déc. — Chartier, 176, st-martin. reçu lettre, mère, femme, julia étaient rouen 19 nov. mathilde cabourg.—Bres. | Vichet, 67, rue truffault, battignolles. à nice en bonne santé. écrivez souvent. — Eugénie. | Charpentier, 5, villejust. paul bien portant mayence.—Delpech. | Jullier, trésorier, 13e dragons, grenelle. félicitations. charles blessé arthenay, prisonnier. posen guéri. mère souffrante, moi bien, embrassons, vous écris.— Jullier. |

Villiers-s.-mer, 14 déc. — Martineau. 186, faubourg st-honoré. bonne année. toutes parfaitement. leçons, promenades. frères bien. — Elisabeth. | monsieur texier, 15. rue godot mauroy. prière, vœux, st-Jean.—fanny Lyon. |

Poitiers, 18 déc. —général delhorme, 31, tronchet. santé bonne, hermine souffrante, paul avec femme, gaston prisonnier, lettres ballon parviennent. — Roiset, | Maumené, 15, avenue mac-mahon. portons bien avec lucette. poitiers, 20, pilory. — marie Maumené 18 déc. | Pavie, 13, gramont. quittons poitiers, tous parfaitement. périgueux poste restante. 18 déc.—Dolomie. |

Nantes, 17 déc. — Meslier, 19, sentier. 17 déc. poulin meslier, tous bien.—Laure. | Huard, 28e mobiles loire-inférieure, 1er bataillon 4e compagnie. famille bien portante, édouard wiesbaden. tardiveau bien.—E. Huard. | Houéry, 40, enfer. auguste. écris toi-même, femme malade. chagrin. enfants bien.— Octavie. |

Rennes, 16 déc. — Colleau, 7, lauffroy, batignoles. écrire à colleau. 19e compagnie, chambre 25, caserne martini erfurt.—Camus, 1, place bretagne, rennes. | Charpiau, 14, chauveau lagarde. calie, temps passé canal. déplacement cinq francs par jour. payez nuits passées. consultez brunet.—Watel. |

53 Pour copie conforme :

L'inspecteur,

Bordeaux. — 26 décembre 1870.

Méhun-sur-Yèvre.— Mourgue, 67, feuillantines. méhun tous bien, Louis compris. tendresses. — Louise | Pilliouyt, 46, paradis-poissonnière, paris. familles Pilliouyt liége, méhun, bien. Louis encore sauf dans 18e corps, Albert ici. tendresses, affection.— Pilliouyt. | Brimeur, 21, rue simon-le-franc. nos parents toujours à dannemarie, en bonne santé. écris souvent à eux et à moi. — Brimeur. |

Vire, 21 décembre. — Guébhard, remettre Charles, 14, baudin. depuis départ sept lettres reçues, santés bonnes, Ditite remettre cent francs. réponse. — veuve Guébbard. vire (calvados). | Pichon, 4, stockolm. enfants Pecq, Obtrée bien, Alice envoie argent, écrire le bataillon, réponse. — Claudy-Pichon. vire (plus chez Joubert). |

Saint-Omer, 1er décembre. — Germain, 88, rue cléry. tous bien portants.— Germain. | monsieur Dejob, 8 bis, rue martel. familles Devergu, Froussard, bien portantes, reçoivent vos lettres. saint-omer, hôtel commerce, 1er décembre. |

Arras, 15 décembre. — Depas, sacré-cœur, boulevard invalides. allons tous bieu, réponse. — Depas Diesbach. | Hunebelle, 23, université. huit lettres Jules mandat aérostatiques. maman tranquille, accompagnerait au besoin Agatha grand.— Aubin. | Hunebelle, 25, université. recevons difficilement, bonnes nouvelles Félix, confiants dans l'ensemble, allons bien, embrassons. — Aubin. |

La Flèche, 20 décembre. — Regnier, 23, martyrs. santé bonne, reçu argent. — Clary. | Poyet, 36, trévise. santé parfaite, pas besoin argent. | Bernard, 68, boulevard haussmann. allons bien, Fanny heureusement accouchée garçon, Albert prytanée, Fillestes couvent. |

Rennes, 9 décembre. — Lenepweu, 36, constantinople. portons bien. réponse rue brest, 4, rennes. — Narcillac, 5, iéna, paris. tous bien partout.— Narcillac. | monsieur Delacombe, 75, avenue d'italie, état-major amiral Chaillé, paris. tous bien, pays calme. — Marie. | madame de la Gournerie, aux ambulances des Oiseaux, 86, rue de sèvres, paris. dites à Victor tous bien.—Marie. | Lambart, Gruel, Toupé, Judin, 4e bataillon, 5e compagnie, garde mobile ille-et-vilaine. parents bien, reçoivent nouvelles.— de Freslon. |

Vernantes, 26 décembre.— comtesse Dhulst, 75, rue grenelle. essayé apprendre blessures à orléans, mort plus possible. écrit à paris huit fois. | Maillé. Cambray. |

Aix-en-provence, 26 décembre.—madame Barré, 41, ulm. bien portant, resterai toujours intendance, écris souvent. |

Romorantin, 26 décembre.— Suilliot, 21, sainte-croix-de-la-bretonnerie. lettres manquent. prussiens, quoique partis, nous isolent. Ernestine ici. santés parfaites.— Flamant. |

Londinières, 22 décembre. — Léonce Mercier, 6, linnée. reçu mandat, bonne santé. — Mercier. |

Menetou-salon, 26 décembre. — comte Greffulhe, 10, astorg, paris. santé, moral, bons à menetou. bonnes nouvelles d'Auguste. — Félicie. |

Levroux, 27 décembre. — Cullerre, étudiant, 1, rue cabanis, paris, ambulance ste-anne. famille bien portante, inquiète. écrire plus souvent. aïeule décédée.— Cullerre. |

Quimper, 26 décembre. — Couesnongle, commissaire flottille seine, ministère marine. tous bien, tranquilles, reçu lettres.— Goësbriand. |

Châteauroux, 27 décembre.—Devillard, 9, montesquieu. enfants, tous, bonne santé. Jules Rafin pas parti.— Rafin. |

St-brieuc, 25 décembre. — Beaufeu, affaires étrangères. reçu cent.— Clotilde. |

St-quentin, 22 décembre. — Rigaut, 231, boulevard péreire, ternes. tous bien à stratford (essex), reçu tes nouvelles 2 novembre, embrassements.— Laura. |

Le Hâvre, 23 décembre. — Mangin, 42, berri. recevons l'affreuse nouvelle! navrées! vous chérissons. toutes bien, Thérèse aussi. Hérard, Cros, bien.— Lucy. |

St-tropez, 26 décembre. — Guibout jeune, 2, boulevard beaumarchais. sommes tropez, bonne santé.— femme Guibout. |

Castres-gironde, 27 décembre —Youf, 137, boulevard st-michel. santés bonnes, inquiets Paul, vendre chevaux.— F. E. Youf. |

Coulans, 25 décembre. — Boisseau, 13, tronchet. famille bonne santé. suis coulans, sarthe, fils. |

Marseille-cours-du-chapitre, 26 décembre. — Dréyfus, 66, boulevard malesherbes. vœux, tendresses de tous. demandons nouvelles, sans lettre depuis le 3 décembre, tous parfaitement, embrassons.— Fanny. |

Hesdin. — Mangin, 12, guénégaud. allons bien, attendons.— Louise. |

Valenciennes, 21 décembre. — Desgardes, 18, louis-le-grand. tous bien belgique, courage. — Marguerite. |

Treignac, 9 décembre. — madame Boutet, 10, thérèse. tendre souvenir à chère grand'mère, allons bien, baisers.— Thérèse. |

Nantes, 26 décembre. — Sauret, capitaine, 13e artillerie, 3e secteur. bonne année, lettre pour toucher pension. famille Mesnard bien, Armand nantes.— Henry Sauret. | Dunan, 138e ligne, 1er bataillon, st-denis. rien changé, reçu lettres, espoir. — Dunan. | monsieur Belleval, 46, verneuil. seconde dépêche. toujours réunis, bien portants. Olivier colonel ancenis, Gaston capitaine attaché, attendent ordre départ. — Chevigné. | Clément Thomas, 80, boulevard sébastopol. bonne santé tous. espérons, souhaitons de même.— Marie Thomas, 7, boulevard sébastopol, nantes. | Meslier, 19, sentier. 20e dépêche. Poulain, Meslier, Rhoné, Azam, tous bien.— Laure. |

Béthune, 21 décembre. — Neuville, 18, rue ste-anne. orbec, royan, béthune, santé parfaite. | Lizot, 10, caire. lettre Vorley. Amélie, Emma, très-bien.— Blanche. | Thelier, 10, chauchat. reçu lettre avec relevé novembre; septembre, octobre, pas arrivés; réenvoyer avec décembre. tout bien ici.— Blanche. |

Angoulême, 27 décembre. — Planchon, 5, rue cambacérès. tous réunis ici, santés parfaites. — Amélie. | pour concierge Nys, 5, faubourg-temple dites sœur ou cousine écrire nouvelles chaque semaine. — Tollier, 7, rue bézines, angoulême. | Gallard, 40, bac. Lieutenant Paul bien 24 décembre après six combats, Jacques bien, nous angoulême Dulau. 5e pigeon.— Wimpffen. |

Trouville, 24 décembre.— Not, splendide hôtel, place opéra, paris. reçu vos lettres, dernière du 17. souhaitons meilleure année, portons tous bien trouville. — Garen. | Richardière, 13, monnaie. nous bien Ursule, 11, mogador; mille francs si pouvez. Guiton parfaitement, lui écrit vingt fois. — Grénier. trouville. | docteur Crestey, 48, rue lemercier, batignolles. lettres reçues, pas accouchée, parents amis bien portants. — Eugénie. trouville. |

La roche-sur-yon, 26 décembre. — Jenneval, 24, rivoli. suis roche-sur-yon (vendée), écris restante, courage, affection, conserve-moi boîte portraits père et Blanchette. — Léone. | Verdier, 1, rue laffitte. bonnes santés, reçu argent, écris toi-même — Maria Verdier. napoléon-vendée, 26 décembre. |

Marseille, 26 décembre — Monod, 7e bataillon mobiles seine. tous bien, reçu lettres jusque 8 décembre, Henri à sétif, oncles prêteront argent, tendres vœux. | Fleig, 26, quai jemmapes. santé bonne, écrivez par ballon, veillez sur maison.— Charasson. |

Fernex, 24 déc.— Desgranges, 36, lacroix, batignolles paris. maman, émile, nous bien portants, amitiés, écrivez souvent à genève.— Bernard. |

Châtellerault, 24 déc.— Neveu, 274, lecourbe. bonne santé, écrivez ballon, quartier général, 15e corps, subsistances,— Emile. |

Lyon, 24 déc.— Achard Simon. 1re batterie artillerie de la mobile du rhône, paris. portons bien, demander de la part de claude mauge houette, 23, rue richer, 200 fr. |

Verneuil-Savre, 22 déc. — Pelletier, hôtel ville paris. bonne année à tous, famille va bien.— Verneuil Pouisot. |

Dolomieu, 24 déc.— Trévise, 34, morny. écris nouvelles, vous, édouard, almaric loire, tous bien. dolomieu, angoisses pour frères et mari.— Buffières. |

Verneuil-sur-avre, 20 déc.— portons tous bien, alexandre prusse, louis parti.— Audiger. |

Bordeaux.— Ancelin, 20, quai béthune. paris. Jules bien portant, prisonnier bonn près cologne. — Landre —

Saint-Vaast-de-la-Hougue. — Boutillier, ingénieur, 2, place opéra. tous services interrompus, matériel sauvé, réfugié avec picquot st-vaast, manche.— Fabre. |

Le chatelard, 22 déc. — Boullay, 14. quai béthune. portons bien, ernest secrétaire bayeux, recevons tes lettres.— Chatelard. |

Janzé, 24 déc.— Rabot des Portes, commandant 4e bataillon, 35e ligne, 16e marche, vincennes. félicitations, baisers, reçu lettres.—des Portes. |

La barre-en-ouche, 21 déc.— Hervieu, 10, st-séverin. tous bien.— Basset. |

Saint-Lambert-du-Lattay, 24 déc. — Boudin, 46, boulevard sébastopol. st-lambert tous et enfants boudin bien portants, lettres reçues, communique normandie. |

Serbonnes, 14 déc.— Labarte, 2, rue drouot. lettres reçues, bien portants, communique d'allemagne, jouannier.— Foacier. |

Biarrits, 27 déc.—Morris, imprimerie, rue amelot. désespoir, Séparation, reçu deux lettres. manteau, adresse tiroir commode, écris. |

Nif, 24 déc.— Champollion, 28, Joubert. claire, zoé, alice, sa fille, chantal, nanette, jacques vont bien, labrière bien. eure, tendres vœux.— Champollion. |

Annecy, 24 déc.— Cucherat, lieutenant, bastion 63. allons bien toutes. lettres rares, dernière du 4, lyon sans prussiens, tout va bien. deuxième dépêche. |

Lyon, 24 déc.— m. Carlinot, 4, rue drouot. reçu tes lettres, santé bonne, alfred également.— Carlinot. | Jacquème, docteur en médecine, hôtel-dieu. bonne santé, parle saladinalquié.— Casimir. | frères Reboul, 1re batterie d'artillerie rhône, courcelles, bastion 47. dernière 22 nov. recevez poste 100 francs. | me Liadières, 43, rue blanche. chère amie, mille baisers. je vous aime bien tendrement, écrivez-moi chénas.— Berthe. | Champelauvier, 9, charles V. reçu lettre 9 courant, grand plaisir, allons tous bien, donnez très-souvent nouvelles, aucune lettre Joseph.— Guinon. | Lefebvre, 19, vieille-du-temple, paris. bien, amis vous disent confiance, courage, avez-vous vu barré, chubert, fils suibert. cochieu. — Magoussier. | me Boissonnet, 29 bis, monge. répondu quatre oui à carte-dépêche de novembre, tout bien aujourd'hui noël, pas reçu procuration.—Eugène. |

Bayeux, 23 déc.— Vidil, 11, rue lille. arromanches parfaitement tous, bonnes nouvelles martinique, rome.— Lagarde. | Guy, 29, quai Valmy. londres bien, envoyé dépêches, grasset, écrire encore.— E. Grasset. | Dupuis, 9, jules césar. embrassons tous.— Dupuis. | Kosman, 30, volta. très inquiet, écrivez de suite herz, maisan paquin. | Décle, 14, rue belzunce. tous excellente santé, manquons de rien.— Bleuze. |

Calvi, 24 déc.— Grosjean, ministère guerre. anna, moi, tous bien portants, reçu argent, souhaitent bonne année.— marie Rigolet. |

Besançon, 24 déc.— Gille, 9, rue vauvilliers. lettres déc. parents, hermance, victor, coblentz, mutin fils, voir mobiles côte-d'or, nouvelles.— Gille-Renêve. | Mutin, mobile côte-d'or, paris, compagnie blandin. parents, famille bien, voir m. gille, 9, rue vauvilliers, paris, nouvelles.—Mutin. | Barathon, 17, keller. évadé actuellement 16e chasseurs. besançon, prévenir femme, réponse ballon.— Fouchet. | Bossu, 3, auber. vesoul, santés excellentes, peut-on occuper hubert dans bureau, fournir argent, lainage, bonne année.— Zaepffel. | Dépinay, boulevard strasbourg. vendez. Noë Sancey. | Foucin, commandant artillerie, 2e division, 13e corps. famille bonne santé, reçu lettre 9 déc. écris souvent à besançon.— mère, Foucin. | Barral, 65, rue de rennes. allons tous bien, restons yvordon suisse hôtel londres, écris-moi.— Jeanne. | m. Champouillon, médecin en chef, 3e armée, paris. quatrième dépêche depuis 20 octobre, durnes par ornans doubs. santé bonne.— Lucile. | général Frébault, pour capitaine schaller. femme, enfant né 20 nov. vont bien, colmar aussi. — Marie. |

Dunkerque. — Meunier, 19, rue caire, hippolyte moi, bonne santé. — Estelle. | Vandewynckel, 77, boulevard st-germain. bergues bien envoyé. — Vandewynckel. | m. Pernot, 119, mac-mahon, oui, oui, oui, tollu. — Maria Rivaud. | Marion, sous-lieutenant, 126e infanterie, porte bien, claire reçu pièces, mandats. — Marion. | Flot avoué, 5 bien. lyon bien. cauet dunkerque, david, d'angers. | Bricout, passage saulnier, 14, santés bonnes, lettres reçues, argent touché, beurre cave. — Bricout. | Luc, capitaine 137e régiment marche, paris. tous bien portants, lettres reçues, baisers affectueux. — Marie Luc. | Baudry, 15, st-pères, charles à fils, brest et dunkerque, tous bien, courage, armée province, partout bonnes, france sauvée, embrassons. — Guillain. |

Condé, 13 déc. — Delacourt, 13, ponthieu, paris. armand, mobilisé montbron, communications interrompues. — Hedwige. | Oger charmont, 53, rue st-maur, paris. tante augustine décédée. — Léonide |

Valenciennes. — Fremni du sartel, lieutenant, 2e compagnie, 4e bataillon mobile, seine, fort issy. merci, recevons tes lettres, allons tous bien. — Octave. | Cœffier bretonvillers, 3, île-st-louis, santé excellente, 13 décembre, pas accouchée, adrienne bien. — Félicie. | Bouillant, 15, quai grenelle, paris. allons bien, enfant marche. — Valet. | L. Battu, 168, dominique st-germain. portons bien, césar, léon aussi, armée loire, amitié.— Sirot wagret. |

Douai. — Duques nay, 119, faubourg st-martin. douai, 12 décembre. lettres, beaucoup endroits connus, famille santés excellentes, revenues à tournai, georges, douai. — Groult | Horteloup, 14, helder. allons bien, grands, petits, deux marie partiront pour narbonne, 16 décembre. elles vont bien, pierre parle. — Horteloup. | Schacher joubert, 28. 10 décembre, charlotte, enfants, georges, jules, leurs trois garçons, émile, moi, enfants bonne santé, écris-nous. — Halot. | Bourdon, 42, bourgogne, vu théodore décoré après metz, parti volontairement à neisse avec robert. paul, lille, eugène douai. — Marie Lamarche. | Descostes, borda, 4. prenez jambon, provisions, caves, placards. — Demoury Bonnard. | Marie talon, sainte-périne, auteuil. tous parfaitement, portons, paul ici. émile arthur, travaillant beaucoup, faire questions par oui ou non. — Talon. | Wimphen, 19, martyrs, edmond bien, chez docteur. schneider.— Louis. |

Libourne, le 19 déc. — Dhostel, 107, boulevard sébastopol, paris. santés excellentes, les trois enfants très-bien portants, bien installées, recevons vos lettres. — Dhostel. | Dr Lagneau, chaussée antin, paris. marie adrien, tous bruges. — Saint-Genis. |

Tréport, 4 déc.—Roy, boulevard prince eugène, 18. suis à tréport, écris-moi, suis très-inquiète. — Laure | Edouard smith, 122, champs-élysées, désespoir, pas reçu lettre depuis celle, 27 octobre, écrivez chaque jour maison leprêtre tréport. — Delablanchère. |

Lille, 13 déc. — Dr Delpech, 32, barbet-de jouy. sommes inquiets de vous, prière donner de vos nouvelles, george bourdon procureur république lille.— Angèle Bourdon. | Plouvier, quai orfèvres, 16, paris. j'écris frère, aussitôt nouvelles, enverrai nouvelle dépêche. — Eliet. | Vidal, banquier, 8, neuve st-augustin, envoie deux mille à montpellier. — George Bourdon | Renault, secrétaire général, préfecture, police, félicitations. george bourdon, procureur république, lille. | Lambert, capitaine torpilles, 15, monthabor, donnez de vos nouvelles. George bourdon, procureur république, lille. | Leleux, rue saint-martin, [illegible], paris. tranquillisez-vous, familles affaires vont parfaitement. — Mulle. | Lachez, 20, rue st-fiacre. oui pour les questions, 1, 10, 11, 13, 15, 16, 20, 21. — Claire. | Rheims, 12, rue jeuneurs, paris. heureuses des lettres du 3. donnez nouvelles plus détaillées. simon bien portant. félicitons pauline. —Fanny. | Guillaumet, écluses st-martin, 3. émile bien portant. afrique. — Sauvage. | Delattre, 57, rue st-lazare. Mmes delattre soulié. lille, congé, appartement soulié, 3e dépêche, inquiètes réponse. — Delattre. | Flotard, 10, rougemont, moi angleur. maman, tréport, léon sergent-major, évreux pas, battu, allons tous bien, commis, henri prisonnier. — Estelle. | Longuespée, rue richard-lenoir, 21, paris. suis en bonne santé, toujours au chemin de fer, reçu trois lettres, compliments. —Charles Longuespée. | Merienne, 4 fils, 6, paris. jeanne, parfaite santé, également familles, armée nord, espoir, succès. — Villain. | Adam, 79, boulevard beaumarchais. alphonsine, paul, chez maman, arras. depuis toussaint, bien portants. — Drion. | Sainbonnet gréneta, 34. tous bien, victor intendance, écrire journellement. —Sainbonnet | Fouré, chimiste, place châteaudeau, 23, paris. loos, tous bien, lettres reçues.—Fouré. | Bernard, 408, rue saint-honoré, paris. santé, tranquillité parfaites, embrasse commandant. — Bernard. | Lacaste, 65, saint-pères, reçûtes-vous lettres, et vu dorothée? réponse télégraphique. hôtel nouveau monde, lille. — Bergerault. | m. Hovyn, bertin-poirée, paris. ta mère porte bien.— Hovyn. | Rozey, 98, boulevard saint-germain. nous sommes chez duthilleul bien portants. reçu lettres et deux cents fr. —Rozey. | Dehaut, 11, place bourse. reçu lettre, reportez quantité rachetée et décembre sur premiers préférablement sur février, mars. — Griffon. | Charles didelot, paris. 43, rue saint-placide. santés parfaites, tout très-bien. — Houzet. |

Louviers, 17 déc. — Mourier, 2 ter, passage sainte-marie. fille à merveille, mathilde famille aussi. — Dibon. |

Divonne, 21 déc. — Leloir, rue montmartre, 46. santé meilleure, reçu lettres, albert 16, toi 17, emploi bien, penser créance parent.— Acloque. |

Cayeux-s.-mer, 16 déc. — Vulpian, ministère finances. tous bien, cayeux. | Parenthou, 110, boulevard poissonnière. santés bonnes, 2 cartes renvoyées, père chantilly, embrasse, courage, neveu villain cologne. — Parenthou. |

Le Hâvre, 19 déc. — Lambour, rue villette, 15. portons tous bien, vous embrassons. — Lambour, hâvre, non. | Lucy, 6, amsterdam. seconde, tous bien saint-germain, appartement intact, restons, reçu lettres. — Lucy. |

Boulogne-s-mer, 5 déc. — Barre, monnaie, quai conti, paris. réunis tous quatre, santé bonne, beaucoup lettres reçues, dernière 18 novembre. — Joséphine Barré, Jersey. | Périch, 2, boulevard calvaire. bien, écris. — Gradelle. |

Bordeaux. — 26 décembre 1870.

Arras, 17 déc. — Dhéricourt, 26, lhomont. 17 décembre, père plus mal. — Thierny. | Bouilliez, 11, caumartin. portons bien. pas envahis, aurez secours, écris souvent. — Achille. | Brian, louis-grand, 6. allons bien. — Louise. |

Alger, 17 déc. — Darbonnens, 13, rue de laval, paris. sans nouvelles depuis 2 mois, écris-moi. — Darbonnens. |

Ham, 13 déc. — Dégieux, rue d'amsterdam, 50, 13 octobre. ham, bonne santé, noémi avec moi, tout noyon va bien, rassurez-vous sur lafère. bonne nouvelle saint-mâlo. |

Chalonnes, 22 déc. — De Rorthays, quartier, 7e secteur, gare vaugirard, ceinture. jeanne accouchée fille, édouard très-bien, beauchêne, montaigu, étienne bien, 22 décembre — Martinière. | Varigault, 23, rue magnan. 22 décembre. 5e dépêche par pigeons. malgré maladies, léonie encore, tous très-bien aujourd'hui. — Varigault. |

Orange, 23 déc. — Meissonnier, rue université. 48. allons bien sauf alphonse revenu rhumatismé. écrivez très-souvent, restez où vous êtes, courage. — Meissonnier. |

Arras, 16 déc. — Sweins, la tour, 121, passy. 3e dépêche, recevons nouvelles, ennemi près nous, bonne santé, amitiés, espérance. — Jules. | Jumel, 9. renard-merry. inquiets, lettres rares malgré réponses, écrivez, allons bien, soyez interprête auprès parents, amis. — Dehée. | mlle André, 6, université. arras, anxieux nouvelles. — Roger | Letierre, 32, fontaine-saint-georges. santé excellente, lettres reçues, contentement, courage, donnez nouvelles véret, — Denis. |

Abbeville, 17 déc. — M. Fauvel, commandant, génie, fort ivry, paris. santé parfaite, gorenflos, corbie, amiens, abbeville. — F. Fauvel. |

Hesdin, 18 déc. — Bellaigue, 11, rue saint-guillaume. donnez nouvelles, piéron inquiète maresquel, enfants bien, louis hœsen (saxe). |

Monsempron-Libos, 25 déc. — Offroy, faubourg poissonnière, 65. dire planteroze approuve tout, pas reçu situation, pas lettre depuis 4 courant. — Mabille. |

Morlaix, 21 déc. — Steinheil, 85, cherche-midi, paris. morlaix, 22 déc., recevons vos lettres, allons parfaitement. — Marie. | Deforges, provence, 21. tous bien, recevons lettres, amitiés. — Deforges. |

Lille, 15 déc. — Ménard, 27, sentier, paris. tous bonne santé, henri ici, fénélon parti. — Henri. | Ménard, sentier, 23, paris. bonne santé, gustave saint-quentin, jenny y part. — Ménard. | Michel, 6, avenue raphaël, paris. édouard, léontine, enfants, michau bien, lettre 2 décembre arrivée, que louise écrive, 14 décembre. — Michau. | Tugghe, rue londres, 7, paris. reçu 4 lettres, installée, santé bonne. — Lemaire. |

Bourg-en-Bresse, 22 déc. — Détape, 39, arc-de-triomphe. bonne année, courage, espoir, allons parfaitement, reçu 18 lettres. — Léonie. |

Rochefort-s.-mer, 23 déc. — Lourdin, 3, jean-goujon. portons tous bien, rochefort. — Foucher. | Tancrède, 120, rue allemagne. maman, marie, moi et les enfants allons bien, habitons rochefort, 36, place colbert, embrassons tous. — Detraux. | Buffeteau, gare ouest, batignolles. tous bien, merci. — William. |

Combrée, 22 déc. — capitaine Derosne, rue batailles. rejoint enfants à combrée, près segré, tous bien portants, t'embrassons, prions pour te revoir. — Judith. |

Arras, 6 déc. — Leuglet, 55, boulevard beaumarchais. allons bien, nancy, londres, vienne. impatients nouvelles, adressez : michelet, 69, chaussée-mous, bruxelles. — Leuglet. | Hunebelle, 138, lourcine. 4e dépêche, arras tranquille, portons bien, recevons nouvelles. — Hunebelle. | Dauchez, 12, hâvre. bonne santé, dudouit, zoé, agathe. — Benjamin. | Gressier, 136, boulevard magenta. louise, jeanne vont bien. — Gambart. | Marmottan, adjoint, 16e arrondissement. allons bien, informer navier. — Marmottan. |

Rouen, 3 déc. — Broquet, vaugirard, école libre. aumônier hôpital. | Halgan, rue neuve-mathurins, 57, paris. famille bien portante, tante séraphine, tes filles, madame rousselle, mons, belgique. marguerite nevers, espérons. — Halgar. |

Bordeaux, 19 déc. — commandant Cugnac, rue las-case, 1, paris. femme, parents, enfants agathe vont bien, recevons vos lettres. — Herminie. | Chaix, bergère, 20 reçu lettres, répondu, tous bien portants à liége, alban collége, edmond, louis grandissent. valentine marche. — Laure Chaix. |

Dupuy, st-sulpice, 21, paris. maman, hippolyte louise vont bien, roubaix, dupuy, bonne santé limoge, auguste fougères. — Beghin. | Simon, 12, pernelle, toute famille bien, prévenez hauser que condamine bien portant interné, hildesheim, famille graveur, stern bien ici. — Morel. | Tenré, laffitte, 13. Duplicata, réduis, limite, achat autrichiens, sept cent vingt-cinq avec coupon, valable 15 janvier, faites reporter. — Konigswarter. | Simon, boulevard malesherbes, 85. reçu lettres, tous bien, achetez social grandes sommes autrichiens, jusque sept cent quarante. — Martin. | Saulnier Corbineau, bercy. nant répondu quatre oui, vondupoiret bruxelles, remercier émilie. Beaujois, nesle, 11. santés parfaite, rassurez marius, donnez nouvelles. — Beaujeois. | Bauër, 13, helder. tous bien bruxélles, envoyez gaulois chaque ballon. — Tarbé. | Tripier, astorg, 25. suis à la rochelle avec jeanne bien portantes, adressez vos lettres poste restante. — Eugénie. | Dunod, 49, quai augustins. frère mort 3 octobre, enfants bien vire. — bachelot. | Krantz, breteuil, 29. familles duval vangeois, parfaitement reçoivent lettres. — Poncin |

Biencourt, 67, st-dominique. enfants parfaitement, luynes tué, yolande désolée, antoine libre, madeleine ici, blessés guérissent, athanase blessé. — Charlotte. | Depuymory, rennes, 53. douloureuse séparation, sommes trouville, brabant. écris souvent, recevons lettres, tous bien, embrassons. — Marie. | Brabant, banque, 21. enfants, moi bien, mère mieux, depuis hier cruelle séparation. — Louise. | Pontonnier, 3, italiens. Maurice loué, tous bien. — Izoard. | Demacé, capitaine mobile vendée. arthur vivant lubeck, gardons cheval. — Demace. | Moreau, 2, guénégaud. thûn, versailles, arras tous, nous parfaitement, élisabeth forte, onze dents, recevons lettres. — Moreau. | Léon, 56, château-d'eau. restons bruxelles, reçu lettre 5, famille eschwege, spitzer parfaite santé. — Lucie. | Alheilig, 10, vivienne. je suis ministère guerre bordeaux, écrivez. — Casse. | Augustin Davrillé, 9, cléry. comment va. donnez nouvelles, je suis ministère guerre, voyez rené, 59e ligne et guerre. — Casse. | Lechevalier, 61, richelieu. tous trois parfaite santé, recevons vos lettres. — Lechevalier. | Lecointe, 58. rome. toujours moulins, tous parfaite santé, enfants superbes, nouvelles perissé, fronteau excellentes, embrassons. — Périssé. | Klipsch, 10, rue la paix. famille bonne santé, reçu vos lettres, jusque 6 décembre. agence charbons anglais pour louis. — Klipsch. | Aubry, 33 jeûneurs. cinquième dépêche, reçu lettres famille seiler, paul. émile, parfaite santé, 61, rue judaïque, édouard loire. — Marie. | Juillion, sauval, 3. bonne santé, lettres reçues. - Rosalie. |

Porquet, quai voltaire, 1, toutes santé excellente, lettres reçues. — Porquet. | Charreton, 30. boulevard voltaire. famille charreton bien portante réfugiée milan, 8, andegari, dubouzet, bordeaux 29, delurbe, surveillez appartement. — Victoria. | Luuyt, 82, miromesnil. inès et moi nous installons à arcachon, écris bureau restant, reçu tes nouvelles. — Delphine. | Vatismenil, 18, champs-élysée. 5 décembre, nous, henri, lasallière, enfants bien portants. étrepagny partie brûlé. château moins souffert. — Isabelle. | Vatisménil, 18. champs-élysées. 14 décembre nous, henri, lasallière. enfants bien portants, donnez nouvelles gabrielle et abbé. — Isabelle. | Decarnières, 4, avenue trudaine. venu à pau avec cassation, bien portant, famille tranquille à maubeuge, écris là et ici. — Decarnières. | Dubouzet, 32, clèr. réfugiés bordeaux, 29, delurbe, pas lettres depuis septembre, donne nouvelles, adolphe prisonnier sans blessures. — Victoria. | Berghez, belleville, 21. santé passable, 72, trois conils, bordeaux. — Bergez. | Léon allard, 96, rivoli. famille bien portante, reçoit régulièrement lettres, continuez écrire. priez ernest écrire sevène. — Regnoni. |

Prevent, 13 déc. — Delannoy, ingénieur, chemin de fer de sceaux, montrouge. bonne santé, reçu lettres, grande inquiétude, vite nouvelles. — Delannoy. |

Montauban. — m. Deponturiée, rue des abbesses, 4, paris-montmartre. portons bien, reçu quatre ballons. — Depindray. |

Dinan, 17 déc. — madame de Cambernon, 7, rue broy, paris-ternes. suis maison meublée sophie, onésime, réçois souvent lettres personne, connaissance, embrassons. — Basta. |

Roscoff. — Vuerroqueau, officier mobile provins (seine-et-marne), 4e compagnie. roscoff (finistère), portons tous bien — Mère. |

Château-Renard. — De Lajolais, 11, montaigne. restez, reviendrons. — de Bausset. |

Ercheu, 11 déc. — Quintard, boulevard sébastopol, 113, paris. ercheu, nantes, chauny bonne santé. |

Verberie. — Piatier, st-lazare, 20. ducat mort, puisse vous être utile. — Leroy. |

Guernhy, 16 déc. — Marchal, 28, échiquier. prière payer impositions, voir guyon, 15, passage pecquay, renseignera, mettre opposition. — Horsin. |

Valenciennes, 13 déc. — Dubois, 32, martyrs. je suis valenciennes depuis 20 septembre meurice, je me porte bien. — Eugénie Dubois. | Condirer, paix, 2. reçu lettre 21 novembre, prussiens loin d'ici, bruxelles et nous bien portants. — Coste. | Hilsdorff, mobile, 14e bataillon, 2e compagnie. valenciennes depuis trois mois. reçu partie tes lettres, portons bien, donne nouvelles. |

Tours, 18 déc. — Buon, fontaine-roi, 41. écris ballon. — Marie. | Robert, ternes, demours, 88. reçu lettres, écris toujours. — Marie. |

Grancey-le-Château, 14 déc. — duc Vivière, 121, dominique. de grâce écrivez, quel malheur pour tous. — Eugénie, 14 décembre. | Georges Paris, 23, varennes. quel malheur, charles absent, désolation. — Eugénie, 14 décembre. |

Noyon, 9 déc. — Reneufve, paix, 16. tous bien noyon, bazas. — Renefve. |

Troyes, 20 déc. — edmond Perrin, sergent-major, 3e bataillon, 7e compagnie, garde mobile d'aube, paris. dernière lettre reçue enfin, sommes bien heureux ! allons bien tous, courage, écrire souvent. — Perrin. | Duparcq, 10, rue houdon, montmartre, paris. lettres reçues, tous valides. — Duparcq. | m. Pératé, docteur médecin, 44, rue des écuries d'artois, paris. aujourd'hui bonne lettre, adèle monteornet, père bien. — Pératé. |

Rochefort-sur-Mer, 26 déc. — Davillé, chaussée-muette, passy. enfants bien portants, anvers. — Clémence. | m. Dedionne, 9, boulevard palais. tous bien, vœux pour toi robert, papa, mère bien. louis wiesbaden, gabriel hillesheim, embrassons. — Lucie. | colonel Willerme, boulevard palais. vingt obus sur ville, tous saufs, vœux pour naissance, nouvel an, revoir clotilde, embrasse papa. — Caliste. | Allez, Saint-Martin, paris. habitons rochefort, 44, duvivier, tous santé parfaite, t'attends impatiemment, recevons toutes lettres, embrassons tendrement famille — Clémence. | Salneuve, 5, place st-michel. poitiers, rochefort, santé. — Salneuve. | Detraux, 120, rue allemagne, paris envoyons nos souhaits, maman, marie, moi et les enfants portons bien, recevons vos lettres. — Detraux. |

Angoulême, 26 déc. — madame Brandin, 35, rue pigalle. reçu lettres toi, henri, seule ici, père brie, paul loire, toulouse écrivez. — A. Monel. |

Nantes, 25 déc. — Lagondie, 52, basse du-rempart. reçu cinq lettres, santé bonne, resterai. — bertrand Silz, 31, petites-écuries. reçu lettre 21 décembre, tous bien, mère aussi, édouard aux affaires ici, germain bien ici. — Clémence. | Andouard, 28e mobile, 1er bataillon, 6e compagnie. tous bien, écris-moi. — Andouar. |

Saintes, 21 déc. — Duboc, 84, boulevard rochechouart, paris. santés, émile brest, gaston barcutin, famille réunie, souhaits bonne année, province marche solidement, confiance. — Félicie. |

Granville, 23 déc. — Cuvreau, 37, rue chapelle, paris. parfaite santé, 5 lettres. — Minoret. |

Claude-s.-Bienne, 23 déc. — Oury, 9, chevert. santés bonnes, paul garde national, provisions carton-manchon retiens, amédée regrette être partie, envoie lettre hebdomadaire. — amie Oury. |

Sancergues, 22 déc. — Paultre, 50, miromesnil. excellentes santés, tranquillité, vœux nouvelle année. — Ernestine. |

Saint-Omer, 21 déc. — colonel Denzel, mobile somme. aumont tout bien, marie restée beauvais, louis malade. |

Redon, 25 déc. — Villot, 16, cléry. santé parfaite, reçois lettres. — eugénie Villot. |

Sancergues, 21 déc. — Coetlegon, 11, constantinople. vai bien, passé capitaine, porté ordre pour prise canon, victoire ladon. — Gaston. |

Quimper, 25 déc. — Neuhaus, 19, boulevard montmartre. bonne santé, habitons quimper, louise quimperlé, chappuis pau, recevons lettres ou est marie. | capitaine Rodellec, 5e bataillon, mobile finistère. moi, père, sœurs, gourcuffs, théodora, kérouzien, bien. lettres du 20 reçues. — Félicie. | Dupuit, 66, saint-lazare. maman quimper, tous parfaitement, avons argent. — Jules. | comte de Gourcuff, 14, rovigo. tous bien, pas été inquiétés, onze lettres jeudi, valmé une, dieppe, 17 déc. — mathilde | Atteleyn, 9, rue stanislas, paris. vais bien, affection. — atteleyn Locmaria. |

Villers-sur-Mer, 22 déc. — Joly, 15, passage saulnier. lettres reçues, portons bien, londres. — Emily. |

Le Blanc. — Delaroche, 107, rue de flandres. nous allons bien, sommes à rosnay, par ciron, indre, sois tranquille, n'envoie pas d'argent. — Delaroche. |

Château-la-Vallière. — Ray, 5, rue odéon. forgeais, beaulieu, bien. |

Rugles, 21 déc. — Boncissin, 46, faubourg poissonnière. marguérite, famille, parfaitement, poisson toujours bugles. — Poisson. |

Bordeaux. — Falcot, 93, taitbout. cinquième dépêche, familles falco olivetti bien boulogne, recevons lettres, parisiens admirés partout, persévérez. — Falco. | Ingle, 2, favart. santés bonnes, avons argent, correspondons toutes maisons, affaires calmes, remilly envoyé gants londres. — Mathilde. | Dhaisin, 47, galilée. bonnes santés, envoyé quatre dépêches, reçu lettres, écris deux fois, nantes. — Dhaisin. | Lesage, capitaine, 107e, infanterie. nogent-sur-marne oui, oui, oui. dernière lettre neuf. — marie lesage lebret. | Lalonde, 24, delambre. portons bien, nous bordeaux, adolphe nièvre, rien paris depuis deux lettres, charles les écrivez, bonne année, délivrance. — Lalonde. |

Pau. — Chamberet, cité vindé. bien pau, écrivez. — Georges. |

Matour, 22 déc. — Lambert, 89, commerce, grenelle. matour, lyon, amélie vont bien. |

Charité-sur-Loire, 22 déc. — Renet, 30, champs-élysées. écris moi, armée loire, 15e corps. — Renet. |

Trévoux, 24 déc — Cantin, au crédit lyonnais ou abbeville, 6 ou 9. donner nouvelles de Smith, remettre argent. — smith Trévoux. |

Biarrits, 26 déc. — Schlosser, 79, ménilmontant. paul bien, moi souffre, aimons toujours bien, aimez beaucoup aussi. — Louise, Paul. |

Ambérieux, 23 déc. — mademoiselle Deverbois, 2, rue Lapeyrouse. tous bien, abel chercher georges, 47e paris, prendre vin desblains, souvenir. — la Servette. |

Bourg-en-Bresse, 24 déc. — charles Dupuy, hôtel capucines. allons tous bien, recevons parfois vos nouvelles. — Gustave. |

Vire, 23 déc. — Simon, 14, suchet. brûlez bois, empruntez argent frère, rembourserai. — Perdriel. |

Chinon, 25 déc. — Fouqué, 23, humboldt. fouqué vont parfaitement. — Audebert. |

La Rochelle, 26 déc. — Simon, ministre l'instruction publique. père, sœurs, parents, bar, nous trois, hélène, louis, ruchet, hortense, laguene, fillette, albrect, parfaitement. — Dumesnil. |

Caen, 22 déc. — Jozon, 25, rue coquillière. lettres reçues, tous bien portants. — Anica. | Ray, pré-aux-clercs, 14, paris. reçu dernière lettre, bonne santé, prévenez enfants, caen, 4, place mare. Caillebalit. | Lemercier-Lentaigne, 84, avenue iéna. enfant marche parfaitement, autres aussi. noël chez lhuillier londres qui va bien comme nous. — Tandou. | Baussan, 33, rue vivienne. vais bien, souhaite bonne année et santé, couvre-toi bien. — Baussan. | Dementque, 84, amsterdam. allons tous bien, reçu bonnes nouvelles eugène duteis 14, tendres souvenirs. — Marie. | Madame Liboz, mademoiselle, grenelle. jules et tous bien portants, mais inquiets de vous. — Fournier. | Cousin, 53, bac. envoyé dépêche ernest, bonne année pour tous, allons bien. — Morel. | Chandenier, tour-d'auvergne, cité fénelon. deuxième dépêche. bonne année pour tous, allons bien — Chandenier. | Leloir, 146, rue montmartre. deuxième dépêche. bonne année pour tous allons bien. — Randon. |

Nantes, 24 déc. — Large, 60, rue richelieu, paris. bien, lettres reçues, | Heugel, 2, vivienne, paris. tous bien portants au parc et nantes. — Jonquier. | Eugène Simon, bataillon lareinty, 4e compagnie, mont-valérien. portons bien, recevons tes lettres, envoyons argent. | Coulhon, 23, richelieu. tes enfants, famille bien. | Massart, 11, vosges, paris. santé bonne. lettre reçue hier. donner nouvelles promptement, mille baisers. — Augustine-Marie. |

Havre, 20 déc. — Bella, 3, boulevard courcelles. familles havre bien, la loupe, interrompu, carte, questions. |

Urcel. — Bouché, 6, rochechouart. bien portant. — Jazé. |

Loudéac, 22 déc. — M. Fené le Cerf, 6, rue greffulhe. santés bonnes, reçu ta carte datée 6 décembre et lettres lelong. — Le Cerf. |

Huelgoat. — Namur, 42, cherche-midi, paris. bien. huelgoat sûreté. — Namur. |

Mamers, 9 déc. — Beck, 6 bis, doudeauville. nous bonne santé, et vous? — Adèle Beck. |

Ferté-Milon, 7 déc. — Piollet, 22, richard-lenoir. suis prisonnier, bien portant. | Degove, 7. sebastopol. santés gutin, poulet bonnes, buvez vin, eau mauvaise. — Gutin. |

---

54. Pour copie conforme :

l'Inspecteur,

Bordeaux. — 26 décembre 1870.

Le havre, 13 déc.—Lefèvre, 23, verneuil. portons bien. —Lecadre. | Baillebache, 70, lille, paris. reçu lettres, tous bonne santé. bonchut, baron, chenard bien. | Bojano, 43, faubourg st-honoré. quatrième reçu quatre, sept. inquiète fils. caroline bruxelles, mère claire pau. adolphe cassel, raymond bien. — Livia. | Danterny, 36, boulevard prince eugène. suis campé, reçois lettre. oui à tout..—Paulmier. | Lafond, union des ports. situation 30 novembre. souscriptions cent trente neuf mille, réassurances ristournes dix mille cinq, extinctions cent rente huit. pertes réglées nonante trois, à régler vingt mille six, caisse huit mille cinq. prussiens tout près, défense disposée.—Millet. |

Avranches, 12 déc. — comtesse de Janzé, 18, rue matignon, paris. prière dire georges sommes avranches depuis octobre, garçon né 11 nov. tous parfaitement.—Marie. | Badier, 25, rue lhomond. aucune nouvelle d'alphonse depuis 15 novembre. écrivez par ballon.—madame dubois, st-sévrier-sous-avranches, manche. | Lemardelé, 146, boulevard magenta. Tous bien, lettres reçues fais provisions.

Châlons-s. saone. 16, déc. Madame Woldemar, 16, rue de la paix. pas nouvelles de toi depuis fin octobre. nous allons bien.—Dulong. | Lacroze, rue picpus. thérèse enfants, aix-les-bains. tous bien portants.—Berthod. |

Montceau-les-mines, 15 déc. — Pergeline. 5, rue châteaudun. reçu photographie, notre santé bonne.—Omer. | Chagot, 56, rue st-dominique. fernand bien portant. Isaure à confosse. sans nouvelles de châteauvillain.—Chagot. |

Avallon. 13 déc. — Leproux, 93, sébastopol. nous allons bien. écrivez plus souvent. — Gally. | Dumarcet, 13, tréviso, paris. tous bien. connaissement annoncé.—Dumarcet. |

Divonne, 15 déc. — Rosen, 15, centre. Jenny emmanuel parfaitement. alfred georges prisonnier leipzig. — Louba. | Hervé. 48, thaitbout. tous les vôtres bien. nathy aussi.—Jenny. |

Brest, 15 déc. —Madame Rosine, 45, rue picpus. paris. nouvelles, mère générale, 13 déc. lille. brest. santé bonne. élèves soixante dix.—de Trabes. | Lorenziti, capitaine infanterie marine. camp avron. Bre t, rampe 41. marie moi bonne santé. père mort, frère prisonnier, accuser dépêche. — Elvire. | Néret, 3, villedo. cartes reçues 14 déc. position, santé bonnes. retour prochain éventuel. encourage notre bonne informer dame budin. — Fremont. | madame Suet, 11. rue castiglione. santé bonne. lettres reçues. —Clerget. | ohelly, ambulance, 35, rue sèvres. heureuses, sommes bien. écris, dalmas bien. — Nelly. | Devaux, 9, pasquier, paris. familles devaux, garay, bonne santé.—Garay. |

Auxerre, 12 déc.— Daigny, 16, berlin. portons bien, pas ennemis.—Marguerite. | Raffard, 343, st-denis. rien changé. prussiens joigny, ici pas. santé bonne. tous complets. bon espoir. — Prudent. | Mesdames Griffe blanchet, 44, boulevard beaumarchais, paris. tous bien portants, désirons vivement nouvelles.—Bosnard. |

Coutances, 12 déc.—Decalonne, 137, vielle du temple. tous bien. — Doublet. | Rendu, 68, rue naples. monceau, justine vallot parfaitement — Combe. | madame desrozier, 4, rue saint-vincent de paul. tous santé bonne. maurice guéri reparti. fournier ici.—Mélanie.

Sens-s.-Yonne, 3 déc. — Casimir Perrier, 76, rue galilée. 2 déc. tous bien, lorrez aussi. pont toujours tranquille. reçu lettre du 19.—pierre. | Casimir Perrier, 76, gallilée. 8, tous bien, lorrez aussi. rien passé ici.plusieurs lettres, écris souvent. ordre jour félicitations.—pierre. | Martel, 56, rue rochechouart. merci, réponse non, oui, oui, oui. vois casimir, écris souvent seront bien reconnaissants.—pierre. |

La Ferté sous jouarre, 1 déc.—madame renaud, chez monsieur gaillard, 9, rue albony. paris. écris-moi par ballon, suis inquiet sans nouvelles. —Renaud. | Gérardin, 21, rue madame. allons bien, suis ferté. écrire.—Cécile. |

Avallon, 12 déc. — comte Vogüé, 37, rue bourgogne, paris. tranquilles. comarain visité mais intact. trois saluces, bernard, armée loire. reçu lettres. courage.—Chastellux. | Flye, capitaine, 15e batterie, 10e artillerie. réserve 2e corps, 2e armée paris. avallon, vitry, bien. camille coblentz. pays tranquille.—Thérèse. |

Caen, 16 déc. — Lefebvre, 106, rivoli. reçu deux bonnes nouvelles marie. est à mametz avec amies chez curé. edmond calais chez frères. — Auguste. | Cordier, 17 rue turbigo. allons bien, lettres reçues écrivez.—Edmond. | Prostat. 52, bondy. st-aubin. tous cinq bien portants. confortablement. —Fortin. |

Le Mans, 9 déc. — Lecomte, sous-lieutenant 110e ligne, grand-hôtel. portons tous bien. toujours répondu. — Mélanie. | Richard, 41, dauphine. reçu lettre 26 novembre. santé bonne. mans libre. travail continuel. 8 décembre. — Bouillon. | Chevrel. rue jarente, 45, marais. parfaites santés. berthe deux dents. | Brebion, 5, vingt-neuf juillet. mère moi. malvau bonne santé. neuvième télégramme. — Brebion, le mans. | Janvier, rue mesnil, 7, paris. faites inventaire cousin janvier. ouvrez, vendez. | Stainville, capitaine gendarmerie sablonville. recevons lettre 21. attendons nouvelles. santés bonnes. envoyé déjà dépêches. nancy santés bonnes. | Grandval, 42, rue grenelle, paris. portons bien. pension christen. lucerne grandval, famille étienne intacte. | Paton, à la bourse. quatrième télégramme. mortelle inquiétude depuis six semaines. attends lettres anxieusement. — Erual. |

Lachapelle-Hoche, 20 déc. — Madame Allard, rue st-benoît, 6. êtes-vous en vie? répondez de suite. — Allard. |

Larochelle, 22 déc. — Jancourt, rue la tour, 91, paris-passy. santé bonne, manque rien. lettres reçues. embrasse. — Jancourt. |

Lillers, 5 déc. — Degroiseilliez, letort, 4 bis, montmartre. tous à lillers. santé parfaite. — Irma. |

Bordeaux, 26 déc. — Leroy, 17, rue des moines, batignolles. santé et tranquillité parfaites. julie bien. | Sainte-Marie, 10, Gay-Lussac. dupré, quatre sainte-marie, six guéroult réunis lille bien. victor dépôt toulon, bien 15 décembre: — Eugénie. |

Athis-de-l'Orne, 9 déc. — Frominville, rue lille, 2. tous bien. — Eveline. |

Putanges, 9 déc. — Pallu, rue taitbout, 52. nouvelles arthur maréchal-des-logis, resté dépôt limoges, ennuyé d'inaction. tous bien ici. — Louise. |

Loudéac, 8 déc. — Putois, avenue parmentier, 10. donner par chaque courrier nouvelles capitaine duparcq à maire loudéac. femme inquiète. | Martin. |

St-Quentin, 1er déc. — Lapergue, 7, avenue parmentier. bonne santé. écrivez-moi à saint-quentin. — Gerlier. | Réplumaz, 140, boulevard magenta. allons bien. supplions avoir nouvelles. — Patte. | Testart, rue turgot, 11. avons reçu lettre 15, avons répondu. juliette, les enfants ici. toute famille très-bonne santé. — Testart. |

Douai, 6 déc. — Commandant Montbel, 114e ligne, montrouge. allons bien. reçu lettres. pas nouvelles metz. — Marie. |

Puy-l'Evêque, 28 déc. — Huardel, rue tréviso, 18, paris. toutes bien portantes. maginet puy-l'évêque. |

Bourdeilles, 23 déc. — Joly, 51, rue de rivoli. juliette à saint-quentin, tous bien portants, ici aussi. — Joly. |

Plancoët, 8 déc. — Ropert Benjamin, lieutenant mobile, barraqué avenue wagram, paris. recevons lettres, bien inquiets. parents mobiles bien. pigeon portera argent. vous embrassons. — Marie Ropert. | Thoreux, marin, employé ballons. femme, famille bien, frère resté. reçois lettres. famille denier bien, reçois pas lettres. prie charles écrire. |

Vitré, 9 déc. — Gavarret, 19, varenne. bien vitré. — Daure. |

Apt, 22 déc. — Serveille, assistance publique. deuxième dépêche. santés parfaites. reçu mandats. — Françoise. |

Libourne, 23 déc. — Monsieur Dedienne, 70, d'assas, paris. strasbourg, poitou, morels, vont très-bien. — Dedienne. |

Nice, 22 déc. — Gilardin, cirque, 6. trio nice parfaite santé. paul, ernest aussi. attendons isidore, gabriel. raoul calviac. veuve personne, nivière renseignés. — Clémentine. |

Toulouse, 23 déc. — Gourdin, 33, sentier. installés place capitole, 22. bonne santé toulouse. — Clémence. | Deltheil, capitaine 108e division matas, corps d'armée blanchard, paris. nous nous portons bien. pas parti. reçu tes lettres. — Alexandre. | Cornilleau, 5, passage chausson, paris. alice, berthe et votre famille en bonne santé. moi mobilisé, bien portant. donnez nouvelles.— Barbier. |

St-Malo, 9 déc. — Besnou, officier ordonnance commandant protet, auteuil, lettres reçues. approuvons position. famille bien. louise mariée. prussiens loin. — Besnou. | Bouglet, chez nouchet, prêcheurs, 10. reçu lettres. acheté 500 tonneaux en tout. arrêté faute argent. cherché emprunter, pas trouvé. — Bouglet. | Lagardère Jules. 2e compagnie, 89e bataillon nationale. cher enfant nos prières, pensées, baisers. espérance. reçu cécile. — Viard. | Delbecq, de bordes-valmore, 36, passy. tous parfaitement. recevons lettres, écrivez ballon, delacour aussi. prévenez marteau. offrez lits blessés. — Berrus | Ménard, 21, bouloi. portons tous bien. —Louise. | Picard, 55, rue vaugirard. tous bien. lettres reçues. résignés. hâvre rien. — Picard. | Picard, boulevard port-royal, 83. portons bien. marcel collége. manquons de rien. embrassons tous deux. — Picard. | Mérat, saints-pères, 19. saunier delcau nous bien. charles souffrant. — Jenny. |

Dieppe, 3 déc. — Macdonald, 7, saint-georges, paris. macdonald parfaitement. — Delestre Poirson. | Ricouard, 31, turgot. tous bien portants. charles au thil. famille lebon très-bien. — Aline. | Madame Berteaux, 29, avenue des champs-élysées, paris. georges, hélène, aimée, tout le monde en parfaite santé à miroménil. — Aimée Cazier. | Madame Radou, 4, rue marengo, paris. tous en parfaite santé. toujours à miroménil. — Ozenne. |

Mortagne-s.-Huine, 3 déc. — Rousseau, rue université, 159. conseillez à monsieur donon d'offrir un ou deux canons au département de l'orne. — Péret. |

Alençon, 3 déc. — Bianchi, 7, royale-st-honoré. santés parfaites. sécurité à alençon. — Mathilde. |

Cette. — Cherpin, receveur timbre, rue d'argout. edmond prisonnier dietz (nassau). rencontré amis. secours, manque rien, a écrit. paul va bien. — Cherpin. |

Tremblade, 27 déc. — Berthier, des anglais, 6. tous bien. embrassons. — Marie. |

Le Croisic, 26 déc. — Evrard, 83, richelieu. ouvrir appartement 26, prendre provisions. reçu quelques lettres. bonjour trousselle. portons bien embrassons. — Pargouel. |

Abbeville, 21 déc. — Louis Tilloloy, mobile de la somme, 1er bataillon, 1re compagnie. comment es-tu? nous nous portons bien. — Tilloloy. |

Dourgne, 27 déc. — Fabre, lieutenant 7e mobile tarn, paris familles delprat, delprat, bénazeth, escande, montagné, montagné, jaurès, monrel vont bien. écrivez souvent. — Fabre. | Fabre, lieutenant 7e mobile tarn. familles fabre, raynaud, barrau. pech, combes bien. écrivez détails, santé. êtes-vous blessé? — Fabre. |

Braisne. 19 déc. — Monsieur Duflé, 5, avenue friedland. nous allons assez bien bonnes nouvelles de père. usine travaille. 3,500 sacs à vendre. bon courage. — Duflé. |

Fécamp, 21 déc. — Leclerc, douai, 31. congé huet par huissier avant janvier. écrivez-nous. — Marochetti. | Simonneau, cimetière montmartre. toutes en sûreté. bonne santé. — Robichon. |

Luc-s.-mer. 24 déc. — Roussel, 10, debeleyme. enfants, petits enfants, tante, moi souhaitons bonne année. interprète pour toute famille. tous bien portants. — Bourel |

Béthune, 22 déc. — Perard, rossini, 3. tous, enfants, parfaitement, demonjay aussi. tranquilles. sois prudent. — Pauline. |

Fontenay-le-Comte, 27 déc. — Brasseur, 48, caumartin. santés bonnes. maman parfaitement. avons farine, élixir. recevons lettres, répondons. bonne année. liége bien. — Delaage. |

Bordeaux. — Cosson, 12, grand chantier. moreau ostende. familles durand, bardon, achille durand, pinard bien. jeanne six dents. 23, champepoix bien. — Cosson. | Bourdier-Fayolle, mobile vienne, 2e bataillon. cher fils portons bien, toi malade, quelle maladie? écris vérité. embrassons. tous labroue bien. | Herbault, 12, port mahon. reçu lettre 7. tous bien. prière communiquer ernest, conseiller rau, 29 juillet, 3, sydney, gaston bien. — Bœrsch. | Rau, conseiller cour de cassation, paris. décembre gaston et moi réunis dans maison intacte strasbourg. santés excellentes. recevons vos lettres. — Sidney. | Deloynes, 23, ville-évêque. écrivez 3, notre-dame-aux-neiges, bruxelles. j'attends ici. reçois vos lettres. — Detourbes. | Maillard, aboukir, 128. santé bonne. sept lettres ballons. écris souvent, ne crains pas dépenser. t'embrassons bien. — Nini Adolphe. | Jules Ferry. prière prévenir burat frère carlinhos mort dieppe 11 novembre. famille habite bruxelles, hôtel suède. tous parfaite santé. — Burat. | Abit, boulevard st-denis, 18. hurand, deligme, mizael, garnier, pivert. tante thomas et nous bien. dites brulfert remettre argent saintard. communiquez. réponse. — Abit. | Hachette, boulevard haussmann, 109. famille bien sables. pour rozat, famille bien. commandant charles bien munster. — Hachette. | Schœnefeld, 35, bellechasse. genève 12, pension flaegel. bonne santé, bruxelles aussi. envoyons argent. — Fanny, 7. | Bonnard, boulevard denain, 7. prisonnier évadé. secrétaire préfet gironde. embrasse tous. madame magnoer genève, hôtel suisse. berthe travaille bien. — Bonnard. | Collet meygret, 15, douai. donnez nouvelles st-pargoire. mesdames vont bien, jugla aussi. — Benoît. | Tessié-du-Motay, 44, laffitte. votre femme et fille très-bien bordeaux. nous également bien. donnez vos nouvelles. amitiés. — Lange. | Levot saint-marc, 36. sommes bien. suis triste, sans nouvelles toi. donne frère ce qu'il demandera. préviens-le, amitiés. — Lange. | Martin, 17, boulevard malesherbes. femmes, enfants parfaitement. — Berthe. | Charles André, école polytechnique. rien de vous. nouvelles par émile. écrivez souvent avec carte tous bien portants. — Alzon. | Amiral Bosse, marine. mille tendresses, chers absents, soignez-vous. allons bien. satisfaisant nice. castelvecchio, vevey bien. isabelle, ernest milan bien. — Augustine. | Demanche, condé, 5. élisabeth enfants bordeaux. blanche enfants louis mathilde montpellier tous bien portants. recevons lettres exactement. meilleure année. — Demanche. | Droz, 9, rue madame. bien portants, bordeaux, 5, rue quevian. manquons de rien. — Droz. | Penaud, rue Visconti, 22, paris. votre fils est prisonnier allemagne, ignore exactement où, mais moessard qui réside dusseldorf waalstrasse, 25, vu henri bonne santé metz deux jours avant reddition. — Delamontagne. | Villars, 112, lafayette, paris. apprends votre fils bien portant dantzig, jamais été blessé. lui écris pour offrir argent nécessaire. — Szarvady. | Espes, 43, rue taitbout, paris. ordonnez envoyer immédiatement bordeaux ou espagne crédit deux cent mille francs. avisez valarino. — Duchatel Max. | Guéroult, opinion nationale, paris. mesdames guéroult, madame poggioli sont lille, rue bourgogne, bien portantes. — Emard. | Demartel, capitaine guide-forestiers, auteuil. reçu lettres. santés bonnes. — Demartel. | Edmond Rothschild, 19, laffitte. tous les vôtres et nous bien. baronne charlotte nice. — Mayrargues. | Fleury-Hérard. veuillez payer compte de ma maison, dix mille francs, au duc de castries, officier, place vendôme, 23. — Sina. | Mercier, avenue montaigne, 75, boisroussel, matignon, rugles, nous bien. écrivez longuement. — Mercier. | Barberey, rue jean-goujon, 17. — matignon, boisroussel. rugles, mercier bien. — Barberey. | Robain, lieutenant mobile poitiers, 4e compagnie, tuileries. allons bien. recevons lettres. — Robain. | Prévost, 23, missions. vais très-bien. embrasse pour 1871. — Alice. | Sandrin, 17, sourdière. recevons lettres. envoie carte. allons bien. — Malleval. | Faure, rue ménars, 6. laval faure delorme. bonne santé. avons vos lettres 5 décembre. écrivez beaucoup. sommes bien tourmentées. — Léonie. | Plazanet, 23, gravilliers. à toi. quatrième dépêche mère thézillat. parents, moi, léonie chabassière. bonne année. écrire sur maisons guilbert. — Marie. | Blancard Ginisty, 7, rue vaugi-

Bordeaux. — 26 décembre 1870

ard. bonne année. georges sevré, quinze dents. santés bonnes. paul travaille. je corresponds marmande. — Léonie. | Courant, 47, rue rome. bonne année. écris. — Chauvin. | Lefebvre, 82, amsterdam. bonne année. — Chauvin. | Monsieur Folgaleg, 12, rue varenne. tous bien portants. — Marie Thieullet. | Péphau, intérieur. bordeaux inconnue traite 500, théophile cherbourg dîné vigneaux, nouvelles bonnes tous. voir chanet, loguet, huillier. — Lairy. |

Châtellerault, 20 déc. — Camus, 6, condorcet. tous les vôtres vont bien, reçoivent lettres. — Hart. |

Rochefort-sur-mer, 21 déc. — Propriétaire, 38, rue annonciation, passy. confirme congé donné. — Chollat. |

Poitiers, 11 déc. — De la Routilière, 76, saint-honoré. nouvelles de louis je vous en supplie tout suite. — Louise. |

Louviers, 16 déc. — Lefebvre, 27, londres. tous bien, bons soins, état parfait. — Dibon. |

Annonay, 20 déc. — Chapuis, capitaine, caserne nouvelle france. recevons vos lettres, allons bien, ord évadé, repris service, lanoye prisonnier coblentz, écrivez souvent. — Caroline. |

Bléneau, 14 déc. — Haussonville, 109, saint-dominique. tous bien. — Saint-Eusoye. |

Chartres, 17 déc. — Ponticux, 20, passage industrie, faubourg denis, paris. vais bien. — Cherville. |

Brides-les-Bains. — Martin Javel, 5, grenelle. mère écrit, lettre de havre, vont bien. — Barral. |

Saint-Lô, 3 déc. — Potier, comptoir escompte. allons tous bien. — Léonie. | 9. rue chaptal, santé et courage, 30 novembre. — Boussod. |

Plouha, 20 déc. — Marquis Baisgelin, 106, st-dominique. nous, voisins, frère parfaitement, alexandre part pas. — Isabelle. |

Coutances, 8 déc. — Capitaine Chambert, état-major, division maussion, 3e du 14e corps sous paris, famille bucaille, camille vont bien. — Vesly.

Saint-Valéry-sur-Somme. 2 déc. — Kieu, 71, bourgogne, paris. bien portant, désire nouvelles, écrivez vizy. — Philibert.—

Ardres-en-Calais, 15 déc, — Gaudefroy, 45, rue basfroid, paris. ma tante de crécy état désespéré, prévenir noémie et lucia. — Tellier. |

Semur-en-Auxois, 19 déc. — Madame Tully, 66, rue caumartin. tous bien portants. — Geoffroy. |

Ernée, 9 déc. — Madame du Bouzet, 28, place saint-georges. nous bien, demandez nouvelles, prenez pot gelée dans placard contre poêle salle manger. — Gustave. |

Château-Gontier, 9 déc. — Docteur Joseph, 87, avenue italie, paris. charles avec nous, santés parfaites, calme complet, écris toujours. — A. Joseph. |

Lillebonne, 3 déc. — Thil, auteuil, 7, boileau. père, raoul, savonnières, tous bien. saint-nicolas. — Jeanne.—

Ecouches, 9 déc. — Billoit, 4, toullier. bien portant. — Chatelain. |

Guise, 16 déc. — Larsonnier, 23, jeûneurs. 30 pièces fabriquées descat 400 ANL 160 incompréhensible, également cretonne. commission mécaniques insuffisantes. écrivez chaque ballon. — Chenest. |

Mézières, 15 déc. — Bellanger, 27, avenue trudaine. très-inquiet de vous. écrivez. allez dire eugène portons tous bien. — Babut. |

Loriol, 23 déc. — Duval, 183, st-honoré. allons bien, ernest avignon. carline mort. charles bruelles, fougères bien. — Duval. |

Hennebont. — Gillet, 29. pont neuf. tous en parfaite santé. paul sage alfred quitté rennes bien portant. reçu trois mandats. — Gillet. |

Arras! déc. Dubec, 57, pajol. avons beaucoup mal, allons bien. informer coquillard henry lebreton. — Dubec, st-ouen. | Darras, 8, croix petits-champs. moi famille allons bien. — Darras. st-ouen. |

Paimpol, 11 décembre. — Chapelain, 7, casimir delavigne. père maison, tout bien. — Chapelain.—

Honfleur, 19 déc. — auguste Camus, 2, barbette. tous bien. — laure. |

Fécamp. | Cotard. 8, montesquieu. annoncé déjà heureux accouchement. laure, marthe et sœur vont très-bien. essayons tous moyens pour correspondre. — Marchand. |

Vernon. 16 déc. — monsieur dementque, 84, amsterdam. me porte bien vernon, 16. marie enfants caen, eugène écrit le 3, porte bien. — pauline. |

Ribemont, 4 déc. — Alexis, 43, rue lancry. Ribemont, saint-briac, parfaitement. lettres reçues partout. 4 déc. — Caroline.

Portrieux, 8 déc. — Courson, 38, rue monceau. robert lille tous bien. — Courson. |

La tremblade, 22 déc. — Moisson. 11. place de la bourse. renouvelez pour un an les deux polices assurance sendre. — Conte et Cie.—

Lavardac, 23 déc. — François, 51, boulevard montparnasse. maintenant chez félicie. albert en bretagne. — François. |

Limoges, 23 déc. — Bauzil. 118, boulevard haussmann. troisième dépêche. deux mois sans nouvelles. souffrante. réponse. — Bauzil. poste restante. |

Guérande, 21 déc. — général Noël, mont-valérien. prière donner nouvelles de pellan, et bataillon par ballon. sommes si inquiets. — de pellan. |

Rochefort-s.-mer, 22 déc. — Villaume, 23, bonne-nouvelle. quatrième dépêche. merci lettre gustave. écrivez souvent. mêmes pensées. espérons. — Georges. |

Carlepont, 13 déc. — Guesnet, 6, furstenberg. bien portant mère aussi, le 22 novembre. sans nouvelles depuis. donne détails sur toi. — guesnet. |

Guinamp, 21 déc. — monsieur Yégou, 138, rue cherche-midi. 7 dépêches perdues, écris toujours, suis bien. — Virginie Yégou. |

Boulogne-s.-mer. 14 déc. — guérin, 15, michelange, auteuil. santé excellente. — envoie argent. — Marie. |

Lyon, 22 déc. — Compoint, 6, italiens. papa prions dieu t'embrasser bientôt, santé bonne, reçu lettre, tuez poules. |

Roubaix, 16 déc. — Labourie, 8, rue pavée. nous nous portons bien, toutes vos lettres reçues. | Louisa. | Bataille, 10, rue grand chantier. 16 déc. portons bien, sommes roubaix chez florin chopart. reçu lettre 10 courant. courage espoir. — Eugénie.

Valenciennes, 16 déc. — Raspail, rue du temple, 14. tous bien portants. uccle chez docteur. nous sommes vus. xavier bonne santé, aide-major. — Auguste. |

Valenciennes, 8 déc. — Labric, 22. varennes. laure, marie, claire, alice, enfants, viviez, très-bien. — Labric. | Cresson, préfet police. Alice, enfants, laure filles, très-bien. Calais, gohier, Hauréan, gautier très-bien.

Méru, 12 déc. — Villeplaine, 5, rue luxembourg paris. paul, adine, jean, vont bien. 11 déc. — Boulaines. |

Cluses. 20 déc. — Lemoine, 27, faubourg jacques bonne santé, tranquillité. envoyer nouvelles parents, amis. — Benoit. | Chabrier, 182. rivoli. nouvelle année. hommages respectueux, reconnaissants, vœux, souvenirs du cœur. — Benoit. |

Calais, 2 déc. — Rouillier. 46, de la victoire. allez-vous bien. — Roullier, calais, hôtel flandre. | Maquet, place vendôme. Douvres, avec bassot, recevons lettres. besoin rien. — Maquet. | Bassot, st-arnaud. enfants moi, bonne santé portraits reçus. retour désiré. bien malheureuse. — Marie Bassot. |

St-Omer, 5 déc. — Monsieur Lacaille, 15. rue castellane. St-Omer, hôtel commerce. familles devergie, froussard, bien portantes, reçoivent vos lettres. |

Sées, 9 déc. — Debarberey, 17, jean goujon. bien. — Matignon. | debarberey, 17, jean goujon, santé tranquillité lettres. — Matignon. |

Embrun, 21 déc. — Ferrary, 16, linné. portons bien, recevons lettres, paul parti. — Marie. |

Castelnaudary. — Faure-desplas, rue du luxembourg, 29. castelnaudary, toulouse, ceret, narbonne, parfaitement. |

Castelsarrasin, 22 déc. — l'abbé Delpech, aumonier au 14e corps d'armée, 3e division. allons tous bien, reçu lettres. — Joséphine. |

Montauban, 22 déc. — Marseille, rue harlay-palais, 20, paris. allons très-bien. — Hortense caroline. |

Fontenay-le-Comte, 20 déc. — Hagny, rue ste-placide, 10. 20 décembre, santé parfaite. — Hagny. |

Lisieux, 19 déc. — Constance malade, lamy, rue aboukir, 42. |

Châtellerault, 21 déc. — m. Gavaret, 19, rue varenne, paris. nous allons bien, je suis bien inquiète, écrivez-moi souvent. — comtesse Rochethulon. |

Cordes, 22 déc. — Faramond, chef bataillon mobiles, tarn, paris. allons tous bien, blandinières armée loire, louis frère, franc-tireur cathelineau, mille tendresses. — Thérèse. |

Annemasse. 19 déc. — Fouché, 30, écluses-st-martin. bien'ô' guéri et enrôlé. écrivez beauregard, genève. — Laharpe. |

Salins, 20 déc. — m. Léger, rue beaubourg, 17. que fait albéric. — veuve Girod. |

Beaurepaire-en-bresse, 19 déc. — capitaine villaret, joyeuse, 1, rue ventadour, paris. beaurepaire calme, merci, nouvelles trois, meilleure année. — Zoé. |

Evreux, 3 déc. — Senécal, rue grenelle saint-germain, 114, paris. sommes tous à pau. allons bien, reçu vos lettres. — Blanchard. | Francis, 29, gruvilliers, écrivez évreux. — Weil. |

Saint-Malo, 3 déc. — Aubry, 33, jeûneurs. santés parfaites. avons argent, bonnes nouvelles pauline. st-malo. — Julienne. | Marteau, 3, gay-lussac. nouvelles marteau, bretigny, nous georges potrel, bien. — Berrus. | Delarue, 41, rue auteuil. allons toutes très-bien. — Antoinette. | Thibout, 28, laval. santé bonne, pensons anniversaire, avons argent. — Maria. | Feyeux, rue st-denis, 20. bonne santé, reçus lettres, pas besoin argent, pas nouvelles orgerus, louis puiforcat, mort. — Feyeux. | Bachalard, 24, rue du cherche-midi. ami, à bientôt, prières. — Misel. | Reinvillier, provence, 23. tous bonne santé. nous reçu lettres récentes, tendresses. chevrier pas lettres, rien besoin, mère, la flèche. — Elisabeth. | Tivialo, 2, rue tour des dames. allons tous bien, attendons impatiemment événements, ta présence nécessaire aux enfants, 3 décembre. — Pauline. | Prudhomme, basse rempart, 52. tous bien, albert pontivy. — Labadye. |

Saint-Malo, 20 déc. — Colas, 8, jean lantier. parents vont bien, reçu cinq lettres, déjà expédié, dépêche pigeon. — Chauveau. | sœur Blanchardière, rue regard, 15. famille et georges, silésie, bien. — Blanchardière. | Benoit, 9. bélidor ternes, écrire poste st-malo, bonne santé. — Leiser. | Duverger, artillerie mobile, 6e batterie, auteuil. villa-montmorency. recevons lettres. allons bien, courage. — Lenté. |

Calais, 5 déc. — Houette, 75, rue miromesnil, reçu Charles, calais, maintenant trésorerie, armée loire, alfred heureux, brest, tous bien portants. — Anna Houette. | Lemay, 23, rue moulins. familles bien, reçois lettres, charles est-il à puteaux, inquiète, écris souvent — Arnoul. | Nain, 16, cléry. recevons toutes lettres, tous bonne santé, calais. — Nain. | Morsaline, 22, passage petites-écuries. reçu lettres, merci, amitiés, tous embrasse gérand. — Marthe. | Delpierre, dunkerque, 22. femme, enfants bien, à la flèche. — Petel. |

Dinard, 21 déc. — Boy, 14, quai jemmapes, paris. familles leblanc, boy, douvres-boy, vermanton-gaillart, vont bien. — Eugénie. | Gasselin, rue prony, 16, paris. batignolles. tous bonne santé, personne enrhumé. vœux fervents. — Gasselin. | Lechevalier, 61, richelieu. tous bien. — Lechevalier. | Ouarse, 6, pompe, passy, tous bonne santé. Dinard. | Ouwenhuysen, 11, Joubert. versements, causton, faits acceptations soignées, achetez donc autrichiens faisant reporter ressortent 780. — Mauriço. | Vallerand, 11, rue louis-le-grand, moi sage bonne, toujours pense, vous oubliez, chagrin. |

Caen, 20 déc. — Gaignœux, 13, rue lafayette. neuvième dépêche. attendons impatiemment nouvelles. caen. — Guilet. | Lecourtois, 17, moscou. point souffert, sédentaire. revenu suisse, commencement octobre. inactif. bayeux, tous bien. — Joseph. | Fleury, 41, boissy danglas, paris. tous parfaitement, écris-nous. pour lachaise, rien, attendre, déception, confiance, avenir, santés bonnes, marie. — Fleury. | Anquetin. aboukir, 77. tous bien, menuisier couvreur demandent argent, bunel pas payé, maison pas finie. — Sinot. | Bidard. hôtel jeanne-d'arc, faubourg antoine, 78, paris. reçu lettres, santés bonnes, ennui, nouvelles metz, victor molle, logement, patience. — Hamélin. | Berthoud, rue chemin-vert, 115. santé bonne, inquiète, répond. caen, rue havre, 3. — Dele tre. | Boulancy lascazes, 19. alfred wiesbaden edgard, hambourg bien portants, nous aussi. 20 décembre. — Marie Clicquot. | Deligue Duphot, 12. mes trois chers enfants, sommes à caen, reçu douze lettres, fanny nous santé doucement. — femme Lebrun. |

Berck, 14 déc. — Bertrand, 41, rue seine. santés excellentes, même maison confortable, reçu le tres, mère londres. — Adelina. | Masson, boulevard beaumarchais, 37. santés bonnes, reçu lettre fin novembre, pas nouvelles, rue newton, faire savoir, berck, 14 décembre. — Masson. |

Laval, 20 déc. — Lemonnier, 15, minimes. santés bonnes, antoinette, quatre dents, germaine marche. | Jouffroy, 40, bonne-nouvelle. portons tous bien. reçu vos lettres, marchandises parties. münzer parfaite santé, prévenir femme. — Guinoiseau. | Mme Mimzer, 7, fénélon. portons tous bien, reçu toutes les lettres. — Mimzer. |

Bordeaux, 20 déc. — Lamare, 21, cambacérès. santés parfaites, grossesse erreur, rené superbe, travaille, bomme mieux, cenon, tous bien, paul coën, louise fontecherade. — Faure. | Petitain, capitaine train artillerie parc, réserve, jardin tuileries. recevons lettres, tous bien, bon courage. — Angéline Petitain. | Lionville, ministère finances. six régnier nous (hyères), ernest, louise, joseph. alfred, prisonnier burg. allons bien, recevons lettres, embrassons. — Cécile. | Liouville, ministère finances. famille liouville, balland, muel, bien, désirent lettres edmond. — Cécile. | Poisson, 25, grammont. tous bien, moi mieux, ordonnances inutiles, annie reçoit lettres, marthe rétablie. — Dubos. | Hervel, 9, alger. tous parfaitement. esclans, pocé, biarritz, niort, versailles. louise marche depuis 15 octobre. — Cartier. | Claude, 5, scribe. bébé, moi, bien. bordeaux. — louise. | Gonnod, 11, castellane. bien, habitons beau-séjour lausanne, recevons lettres, plusieurs dépêches envoyées. enfants, femme, désirons réunion. — Camille. | Morgan, 17, boulevard madeleine. esquire, douze, allons bien, avons deux officiers prussiens, quatre ordonnances, maricourt rien. — Louisa. | Péan, 2, choiseul. tranquillité, santé, parfaites. heureuse, avez lettre, anna remercie, vêtements chauds armand. — Marie. | Tournon, 103, morny. bien. — Marie. | Villars, 112, lafayette, paris. faisais beaucoup démarches vainement, espère toujours. renseignements difficiles obtenir cause grand nombre prisonniers et malades. — Szarvady. | Jean, 176, boulevard malesherbes, paris. écrivez par ballon monté londres sans autre adresse. vos nouvelles anna, maurice, salvaire, charles. — Szarvady. | général Hartung, ministère guerre, paris. je suis tain, drôme, chez marcel loche. attends impatiemment nouvelles de tous, embrasse bien. — Silbermann. | Bazin, aumônier, 4e bataillon côtes-du-nord. donnez nouvelles, inquiets, sommes bien. rennes, 20, des Fossés. — Buchère. | Lévy, 11, bleu. bien, sauf Palmyre décédé mexico, reçu soixante mille. | Tibaudier, 7, garancière. votre fils franck bien, prisonnier hombourg, saxe. | Boisgobey, 22, boulevard clichy. reçu lettre, situation bonne, moniteur, marché, famille boisgobey, bien, écrire. — Debans. |

La Rochelle, 19 déc. — Buloz, 17, rue bonaparte, bonne santé, irai bordeaux, si nécessaire. — Marie. | madame Porché, 15, rue ponthieu. reçu lettres, reconnaissante. — veuve Delacour. Lavollée, ministère affaires étrangères. vais bien. — Lavollée. | David, 63, rue des amandiers, paris-belleville, complétement guéri. sans nouvelles, écris vite, rue dauphine 10, la rochelle. — David. |

55. Pour copie conforme,

L'inspecteur,

Bordeaux. — 27 décembre 1870

La Rochelle, 23 déc. — madame Laurent, 4, rue grenet∙a. si avez besoin argent impôts maisons, demander à bossière, fils son père vous autorise. — Tresca. | Bossière, 14, rue magan, paris. cécile granville, café français, jules bordeaux, numa auxonne, lettres toi, victor, tous bien portants. — Bossière.—

Guérande, 23 déc. — de Pellan, mont-valérien. sommes bien belgique, bissin donne souvent nouvelles, inquiets. seconde dépêche envoyée. |

Etretat, 19 déc. — madame Mathieu, 15, quai bourbon. ton père, alfred et nous allons bien. — Pichot. |

Méru, 4 déc.— M. Dellercq, directeur des finances. 14, rue saint-florentin. esehes, grick (clermont, nouvelles du 1er), meaux parfaites santés, espoir, courage. |

Montauban, 5 décembre. — Constans, 16, chauveau-lagarde. lettres parviennent, santés bonnes partout, écrivez souvent. — Constans. | Huet, gendarme à pied, 1er bataillon, 6e compagnie. un garçon, tout va bien. — Rous. | Foltz, 21, rue turgot. toute famille bien, moi suisse, Georges armée loire, prions sans cesse, écris-moi souvent. — Foltz. |

Castelsarrazin, 5 décembre. — Providence, 12, grammont, paris. sinistres : pertes insignifiantes. affaires calmes. espèces : caisse 2,400 fr.—Prosper Dubord. |

Quimperlé, 7 décembre.— Allotte, 33, turin. Alfred bien, prisonnier altona.—Marion. |

Périgueux, 6 décembre.—Grumel, 64, boulevard sébastopol. renvoyé six dépêches, recevons lettres, allons bien, soyez tranquilles, périgueux hôtel messageries, avons argent marseille. — Grumel. |

Allassac, 5 décembre. — Lécuyer, 106, rivoli. merci, merci, union. vois Caroline. amitiés. — Augusta. |

Mirande, 5 décembre. — Vignes, 17, rue assas. ennui mortel, écris-moi, t'embrasse mille fois. — Marie. |

Eauze, 5 décembre. — Pascal, 20, passage petites-écuries. tous parfaitement, attends tes lettres impatiemment.— Claire. |

Auch, 6 décembre. — de Colmont, 2, rue luxembourg. père gravement malade auch. — Amédée. |

St-Jeoire, 1er décembre.— monsieur Pourtalès, 25, rue londres, paris. gorgier allons bien, papa bien à baudeville, recevons lettres, écris souvent. — Anna. |

Cahors, 5 décembre.— directeur général tabacs, paris. préfet lot réclame instamment fixation contingent et prix tabacs culture prochaine. reçu dordogne. service marche.— Dorsay. |

Auch, 4 et 5 décembre.—du Motel, 94, lourcine, paris. courage. ami. tous bien, Emile aussi (prisonnier).—Barrieu. | Louise Burtel, 83, rue st-honoré. vais bien, travaille beaucoup, m'ennuie, rentrerai sitôt possible, vous embrasse, soignez-vous bien.— Montanier. |

Montpellier, 6 décembre. — Ferrier, 9, ferme-des-mathurins. tous bonne santé. ceci 4e dépêche pigeons, plus mandat postal. — Ferrier. | Miôn, adjudant, 45e régiment gardes mobiles, aubervilliers. reçu ta lettre aubervilliers, allons tous très-bien, écris toujours.— Mion. | Glaize, 95, rue vaugirard. du mans Ferdinand allé Evreux. reçu nouvelles 20 novembre, depuis plus. ignore où il est. — Glaize. | Parlier, 56, londres. Marie, enfants, Soulage, bien portants. Parlier marin, Guibal, morts. tous autres bien montpellier, marseille, cette, arles. — Parlier. | Mallet, 37, anjou-st-honoré. tous bien à montpellier, en route cannes.— Sophie. | Gruyer, 126, boulevard courcelles, paris. allons bien, Raoul afrique bien, profondément affligés, amitié. — Gruyer. | Bérard, 80, grenelle. grands, petits, amis, parfaitement. Raoul mobilisé, encore ici. Amica, enfants, ici. — Laure. | madame Barberet, 42, rue des petites-écuries. santés bonnes. Jules ambulances cavalerie, 6e corps, orléans. — Mauduit. | Courtot, 4, rue bertin-poirée, paris. inquiète de mon appartement. écrivez-moi moulins, madame Granet, rue derrière capucins. reviendrai sûrement. — Grandpré. | monsieur Planard, 125, rue montmartre, paris. portons bien, Victor magnifique, avons argent.— Planard. | Bersillon, 82, boulevard batignolles. armoire glace, tiroir pupitre, ouvrir. réponse bureau restant.— Frémont. montpellier. |

Rennes, 6 décembre.— Noël, officier, 2e bataillon ille-et-vilaine. reçu lettre 14 novembre. Marie, famille, amis, bien. écris.— Noël. | Heloin, 14, rue du bac. Heloin, Picart, tous bien portants rennes. — Heloin. | Pontalier, 42, rue st-placide. santé bonne, affaire mauvaise. — Dubois. | colonel Carron, mobiles ille-et-vilaine. corps Gourden cercueil plomb, embaumé si possible. — de la Motte. | Moussu, 29, tronchet. Pauline, famille, portent bien. Marie partie. — Moussu. | Kaisant, 3, rue vivienne, paris. sommes bien. Hippolyte parti, Lecussan pas encore parti. — veuve Kaisant. | Dumaine, passage dauphine. réclame nouvelles Boger, Barrère. santés bonnes reçu toutes lettres. envoyé lettres, dépêches.— West. | Testu, 29, madame. journal : Balencourt, prisonnier hambourg. — Bricon. | Grooters, 117, rue montmartre. je reçois ta lettre datée 2 décembre, avais pas reçu depuis 17 novembre, bien inquiète.— Grooters. | Brassier, aumônier, 1er bataillon mobiles rennes, paris. conserver par tous moyens possibles corps de Gourden.— de la Motte. | Léveillé, chef cabinet directeur télégraphes, paris. avoir corps Gourden tué 30 paris, lieutenant mobiles rennes, par tous moyens possibles. — de la Motte. | Danjoy, 128, st-lazare, lettres reçues. mère Condau, Edouard, tlemcen. tous bien. — Penquellen. | Desgodets, 81, boulevard st-germain. reçu lettre 30. garçon, familles, santés bonnes. — Abel. | Bourin, 89, richelieu. tous bien, recevons lettres, écris rennes souvent. — Félix. | monsieur Esslinger, 10, rue laffitte. nous portons bien, Georges mende bureau, pas besoin d'argent, famille Alix bien. — veuve Leroux. | Barbedor, sergent, 3e bataillon mobiles ille-vilaine. crainte prisonnier. argent Bourgeoy, inquiète cela. frère, tous, bien. lettre 28. — Barbedor. | Androuin, lieutenant mobiles, bataillon rennes, blessé. blessure est-elle grave ? sois prudent, ne retourne feu qu'après guérison parfaite.— Androuin. |

Plouay, 25 déc. — Pluvié, mobile, rue 4 septembre, 10, paris. tous bien, soigne blessure, souffres-tu beaucoup ? recevons nouvelles, j'écris souvent. — Pluvié. |

Bagnères-de-Bigorre, 23 déc. — Deshayes, boulevard italiens, 27. portons tous bien, albert aussi. — Deshayes. |

Lannion, 24 déc. — Petiton, notre-dame-de-lorette, 18. marie très-bien, garçon. — Louise. | Dubreuil, 109, boulevard sébastopol. petiton garçon, tous bien. — Claire. |

Chalais, 26 déc. — Belnot, rue 4 septembre, 24. nous communiquons avec anne, tous bien portants. — Lussigny. |

Alençon, 24 déc. — Chandon, 85, richelieu. alençon tous bien, charolles aussi. — Chandon, 24 décembre. |

Avranches, 23 déc. — Cresson, préfet police. cresson, ta mère, labrie parfaitement, nul danger. — Cresson. |

Charroux, 26 déc. — docteur Labroue, 11, rue sommerard. famille, charroux, confolens, fayolle, bonne santé. commandant arras, georges mans, portent bien. — Pasquier. |

St-Amand-Soult, 23 déc. — Guitaut, 19, rue varenne, paris. allons tous bien, avons eu rapidement lettres après combats, bonnes nouvelles époisse, baudimant. — Louise. | colonel Reille, neuilly-sous-bois, paris. allons tous bien, vos lettres causent immense joie, écrivez tous, souvent, même recommandation à jean. — Geneviève. |

Bazas, 23 déc. — Emmanuel Arago, paris. prévenez desroches que renvoisés et henriette sont à bazas, toutes santés bonnes. — Léon Gallotti. |

Toulouse, 23 déc. — Casteran, rue clément, 6. 12 lettres ballons, pigeons, mandat, lettre crédit, nulle réponse, t'envoie 400, supplément ultérieur. — Casteran. | Mas, chez bouteloup, royer-collard, 15. adieu, santé parfaite. |

Poitiers, 26 déc. — Vaulabelle, 80, boulevard magenta. inquiète de toi, bonne santé, t'embrassons. — Félicie. | Schmit, rue charonne, 22. sans nouvelles depuis 16 novembre, très-inquiet de gaston. — Lusseau. | Alcan, assas, 11. poitiers, santés bonnes, laroche, boutles bien. | Besnard, quincailler, rue montmartre, 167. allons bien, reçu lettres. brou, maison mirabeau, solférino, poitiers. 26 décembre. | Evrard, larochefoucault, 32. écrivez à george, inquiet, bien portant, donnez adresse guernez, gœlzer, wéber, walker, bertrand, écrivez bootz, chez tournade. | Louvet, 26, rue bergère. souhaits familles, toi baisers, baby parfaitement, envoie ta photographie. — Noël. |

Salies-du-Salut, 23 déc. — Lasvignes, commandant génie, fort d'aubervilliers, montsauné allons bien, marie, sœurs, frères bien toulouse, pays tranquilles, pas nouvelles, inquiets sur toi. |

Guingamp, 24 déc. — M. Yégou rue cherche-midi, 138. 9e dépêches envoyées, écris toujours, suis bien. — Virginie Yégou |

Dinan, 24 déc. — Desaintperg, 3, rue trinité. bien durey, mâlo, envoyez nouvelles caillard, paradis-poissonnière, 6, inquiets. bonne année tous, mouchelet bien. — Desaintperg. |

Villers-s.-mer, 23 déc. — Cranney, 64, rue hauteville, paris. souvenirs des temps plus heureux pour 1er janvier. — Scheffter. | Eugène Thirion, 32, faubourg poissonnière. bonne année, recevons lettres, portons bien, correspondons toussaint. villers, 23 décembre. — Isabel. | Huss, 25, avenue trudaine, paris. nouvelles de campagne, ambulances prussiennes dans maison et village, curé bien. — Scheffter. |

Lyon-Terraux, 24 déc. — Klein, chez Oppenheim Alberti, rue londres. plusieurs tes lettres reçues, notre famille se porte très-bien, sois sans peine. — Michael. |

Pontrieux, 24 déc. — Naudet, rue auteuil, 75. père ici, santés excellentes. — Naudet. |

Troyes, 18 déc. — Guivet, 15, rue pont-neuf. Lagu mort. — Guivet. | M. Masson, garde mobile, boulevard courcelles, 48, paris. moi et ta bonne mère vont bien, nos cœurs à toi ! |

Bordeaux, 27 déc. — Schœnauer, banque, 14. dépêche signée croix, lisez émile schœuauer, bonjour faure et vous. — Duret. | Herpin, miromesnil, 18. tous bien, genève, pas lettre de toi. — Luce. | Béchet, monceau, 23. filles bien arcachon, Jenny passablement, roger bien, écrivez souvent. — Elcida Dufour. | May, 6, avenue montaigne. sommes tous trois bien portants londres, avons reçu lettres. — Pissarro. | Delaville, malher, 6. toutes santés parfaites, reçu tes lettres. — Alice. | M. Bousquet, boulevard d'italie, 101, paris. me bousquet, son fils, santé parfaite. longeville et roullet santé parfaite. — Dévoué Massy. | Faré, 155, rivoli. beau-frère villeneuve, bruxelles, ditelle et enfants bien, davenescourt, fin novembre, devaient rester. — Faré. | Fulbert, rue lafayette, 59, paris. envoi nouvelles de mon appartement, baudin, 31, aussi de Ulysse léon. réponse, royan. — Ulysse cerf. | Darblay jeune, rue rivoli. bourgoise écrit 5 décembre, alcataraz parfait état, vaut 11 schellings, 9 pences par 100 livres. — Darblay. | Albinet, vieille-estrapade, 17. tous pornic, bien portants, recevons lettres, gabrielle, augustin superbes. — Albinet. |

St-Aignan-s.-Cher, 24 déc. — Baudot, 26, rue saint-guillaume. allons bien, restées saint-aignan, tes lettres arrivent. — Isabelle. |

Condé-en-Brie, 9 déc. — Bourgeois, gendarme, compagnie marne. nous portons bien, donne nouvelles si tu peux. — Angéline. 8 décembre. | Arnoult, sergent, garde mobile de l'aisne, 1er bataillon, 3e compagnie. nous portons bien tous, nouvelles si tu peux, 8 décembre. — Marie. |

Saulieu, 22 déc. — Clergier, chef finances. tous bien portants, caroline accouchée fille, écris vervins. — Clergier. |

Aurillac, 26 déc. — M. Bellier, rue du temple, 62. mon cher ami, nous allons bien, maurice grandit, espérons bientôt revoir, nous t'embrassons.— Bellier. |

Riom, 24 déc. — Gautier, 20, rue temple. 3e dépêche, ai envoyé ordre janet, macquet pas répondu, riom, grandcamp, marouteau carcassonne tous parfaitement. — Gauthier. |

Savenay, 24 déc. — Duchanoy, victoires. 94. à colberg, savenay, loyat, santés bonnes. — Duchanoy. |

Hauterives, 24 déc. — Ferlay, lieutenant, mobile drôme, paris sans lettres depuis octobre, argent retourné, allons bien, écrit 7 lettres depuis siége, écrivez. — Madier. |

Carmaux, 25 déc — Mancel, 16, place vendôme, paris. ventes et travaux satisfaisants, province tranquille. célibataires mobilisés et bientôt dirigés sur camp bordeaux. — Sevin. |

Port-Louis, 24 déc. — Lucas, lieutenant vaisseau, fort bicêtre. 3e, nouveau, rien, 500 francs, bonne année, 24 décembre. — Victorine Lucas. |

Saint-Etienne, 21 déc. — Theolier, hôtel malherbe, vaugirard, 11. allons bien, henri armée lyon, lieutenant, fonctions adjudant-major. nouvelles famille magdelain bonnes. — Eugène Nonapelé. |

Châteauroux, 26 déc. — Ravisy, dames, 41, batignolles. tous bien portants partout, marie attend janvier, écrivez souvent, lettres arrivent. — Ravisy. |

Fernex, 27 déc.— Belnot, 6, ste-anstase. reçu lettres, blocus levé, viens, bonne année à toi, à tous, jeanne, moi, très-bien.—Anne. | Dubois, 31, luxembourg. souhaits tous, donnez nouvelles quincey envahi, écrire beaune. — Esdouhard | Roger, 35, laffitte. meilleure année, souvenir aux amis.— Ritt. | Faille, 20, prince-eugène. meilleure année, souvenirs aux amis.— Ritt. |

Castres.— Fil. lieutenant mobile, hôtel suez, boulevard st-michel, paris. famille bien, suis armée loire, ici convalescent, repartirai 18 janvier. — Armand. | Maricourt, 41, faubourg st-honoré. bien, vous aimons, léon peu blessé prisonnier. louis ici maréchal-logis.— Louise. |

Pontcharra.— Meyer, comestibles, richer, paris. donnez nouvelles, envoyez cartes-réponse, inquiet.— Sitties. |

Lyon, 31 déc.—Dumoulin. 85, n.-d. des champs Enfants, famille parfaitement, reçu lettres, merci, bonne année. | Magné, officier génie, 23, cassette. bon an. plus que jamais courage, confiance tout va de mieux en mieux, embrassons tendrement. | Debourdeille, 12, delaborde. bonne année, reçu tes lettres 6 et 15, maman restée dieppe. habitons villeneuve suisse, lasalle angers bien.— Paul. | Bourceret, 12, rue alger. envoyé dépêche chaque semaine, alfred mobile reste lyon, habitons marcilly. santés bonnes, lucenay aussi. Bourceret. | Gautier, 9, condé. petits, grands très-bien. 30 déc.— de Fougy. | Boyriven, maire, neuilly. sixième dépêche, allons tous bien, reçu tes lettres, donne nouvelles duval, envoie note reps, chez larcement.— Boyriden. | Cassigueul, 61, lafayette. oui, londres — Cassigneul. |

Alençon, 9 déc.— Francillon, 23, rue de lille, paris. Jeanne au rocher parfaitement bien.—Mathilde Velay. |

St-Georges-de-reneins, 29 déc.—Cadot, 136, boulevard prince-eugène. tout est prêt.— Floutier.—

La Châtre, 31 déc.— Planchut, 11, boulevard italiens. colonel intact, prisonnier coblentz. — Sand. |

Avallon, 21 déc.— Michaut, brasseur, rochechouart. 20 déc. lettres vire anna, tous bien. nimée superbe, dents, eugène commandant, décoré, loire. tranquilles, stany.— Morizot. |

Ménetou-Salon, 30 déc.— comte Greffulhe, 10, astory, paris. toutes santés bonnes à ménetou, merci pour lettres et journaux. — Félicie. | vicomte Greffulhe, 10, astory, paris. toutes santés bonnes à ménetou.— Félicie. |

Nevers, 29 déc.— m. Bossy, 122, rue montmartre. nous allons bien.— claire Bossy. | Maugin, 74. roquette. portons bien, souhaitons bonne année.— Maugin. |

Poitiers, 31 déc.— Gaume, 80, avenue grande-armée. déjà pigeonné, amitiés, madame parfaitement rétablie, amitiés, nouvelles, penguilly, goupil, morand au louvre, poitiers restant.—Fremiet. | Maugin, 74, roquette. santé passable, reçu lettre, répondu.— Maugin, 20, rue st-étienne, poitiers. | Berteloite, 140, boulevard haussmann. vœux, embrassements, frédéric dusseldorf, libersart, gembrias, pesez, arberteloite bien, ponte menton. | Martignac, 36e mobile vienne, 3e bataillon. familles martignac laguérivière bien, ville tranquille. louise embrasse georges, prends provisions amélie. |

Lille, 27 déc — Delattre, 57, rue st-lazare. mesdames delattre, soulié lille, me delattre, septième dépêche. |

Fontenay-le-comte, 31 déc.— Regnauld, quai tournelles. tous bien, möller, eugène, moi, lettres.— Regnauld. |

Montreuil sur mer.— me Bellecourt, 129, boulevard st-michel. bellecourt, victor, nous bien portants.— Bellecourt. |

Torigni-sur-vire, 20 déc.— Boussod, 72, amsterdam. toujours santé, patience.— Boussod. |

Berck, 26 déc — ve Lechat, 5, portalès. allons bien, avons argent.— Gubian. | Reinig, 133, taraune. bonne année, tous berck, santé excellente, beaurepaire prisonnier ingolstadt, écrivez souvent —Aline. |

Tours, 8 déc. | Liouville, ministère des finances. lettre anna 3 déc. rien de vous, écrivez-moi à bordeaux si dépêches reçues.— Senard. | Loysel, 15, des moulins. lettres 3 reçues, lisieux même état. écrivez-moi ministère justice bordeaux, cœurs, pensées avec vous.— Senard. | Sabatier, 35, avenue reine hortense. sommes nice 17, promenade anglaise. bonne santé, rien perdu, reçu vingt lettres.— hélène Sabatier. | général Appert, paris. enfants, émile et barbe ici tous bien, basie aussi. excellentes nouvelles d'évran londres 16 nov — Herman. | Boyer, 15, bonaparte. tous bonne santé, fille, charles aussi. vais à bordeaux, embrassons tous.—Emile. | Sainte-marie, 95, boulevard beaumarahais. marcel presque guéri versailles avec père et argent.— Wingffield. | Beaufond, 9e bataillon mobile, fort vanvres. 9 déc. partons Quimper, santé excellente.— Emmanuel. | Kunemann, 83, lafayette. vais alger, demande près toi, paris. — Jean.

Duplessy, 21, sèvres. partons bordeaux. m'y écrire à mon titre, santés parfaites, lettres reçues espérons, bernard 15e corps.— Charles. | Demallerais, 83, rivoli. recevons lettres, nous, paul, parfaitement. — Couët. | Marini, ingénieur ponts-chaussées. vu boureuille, incapable rien faire, maintenant promet agir retour paris, semblait très-désireux vous servir. — Ferdinand. | Farcy, 22, neuve des capucines, paris. prêtez argent à amélie Deróo qui en demande, écrivez-nous. — marleau limeray indre-et-loire. | Franck, 10, boulevard sébastopol. allons bien, sommes tours 2, rue paris, écris.— Franck. | Leven, 45, trévise. je vais bien, tout va bien, écrivez à bordeaux.— Le-

Bordeaux — 27 décembre 1810.

von. | Dételbacher, 61, rue notre-dame nazareth, paris. sans nouvelles, voyez rue chapon, faites écrire immédiatement, portons bien.— Schloss. | Paoult, 15, rue chapon, paris. sans nouvelles depuis 13, écrivez journellement lettres grande poste. donnez congé par huissier Neuilly.— Schloss. |

Simonet, assistance publique, avenue victoria. où est émilie? écrire 29, st-michel. — Simonet. | West, 39, neuve-mathurins. tous bien. retourne trouville, ne payez rien si possible.— Pontalis. — Tostain-Duclos, 125, boulevard sébastopol. enfants baudet bonne santé, sont châteaudun chez Mlle baudet, venus chez flamand, retournés châteaudun — Audru. | Angliviel, 15, condé. lettres reçues jusque 19 nov. Valdeyron resté, périer leipzig, tous bien, aujourd'hui, joie, anxiété. espoir, — Valentine. | Monod, 37, tour-d'auvergne. tous bien montauban, tours.— Jean. | Cuminge, 40, vienne, paris. arrivons de castres tous vont bien, amitiés.— Albrespy. | Delalain, 20, condé. merci, huet évian, alfred hyères, tous bien.— Demanche. | Feuillet, 73, neuve-mathurins. lamy bien, tous enfants armée active, georges weissenfels thuringe, pont-audemer, clareus, amis étretat, julia, tantes, bien.— Lucy. | Lafont Greffuhl, 7, dames. brighton, grenvelle place, 41, bien portantes. tendresses à frères, en grâce nouvelles, cinquième dépêche.— Poncet. |

Pinard, 5, rue conservatoire. recevons vos lettres, écrivons souvent, allons bien, pensons toujours à vous, mille tendresses. — Pinard. | Marchand, 29, rue jacques cœur. reçu lettres 29, 30, santés parfaites, granville, crédit trocheries, champrosay intact. — Clémence. | Decourmont, 20, lhomond. reçu lettre 6 déc. tous bien. écrivez, deuxième dépêche.—Reculès. | Prévost, 134, boulevard haussmann. arrive de caen, vu me prévost, parfaite santé.— Jules Franchetti. | m. Querenet, 61, rue de rennes. Portons bien.— pour Querenet, Cottret. | Blazy, 46, rue sévigné. allons bien, donnez nouvelles.— Blazy. | paul Petit, 62, neuve st-augustin. portons bien, lettre aujourd'hui, garnaud inutile. 2e mandat godin seulement. — Godin. | Ernest Vandenbroek, officier état-major général chaumont, paris. votre père bien portant, reviendra montreure 15 déc.— Richemont. | Damange, 74, boulevard voltaire, paris. scellas rétabli. argent reçu, yves écrit raux, enfants, gerbidan. bien, sens bien, garquinot, argent.— Blandin. |

Jeannin, 49, provence laroche, trouville, louise, cinq enfants, laval, tous bonnes santés.— Thérèse. | Kunemann, 83, lafayette, paris. nommé procureur général alger, pars.— Jean. | Dubost, 29, tronchet. félix bien portant cologne, tous ici font amitiés.— Véronique. | Fries, 19, marignan. angélique, marguerite saulnier tous bien. auguste armée loire, depuis dimanche pas nouvelles écris toujours tours. — Sophie. | Edouard Fould, 24, vendôme. lévy, breteuil jersey, tous soubeyraus parfaitement bien.—Delasalle. | paul Fould, 24, st-marc. femme, trois filles, mère, famille entière parfaitement bien. — Delasalle. | Esclassan adam, 52, rue st-sauveur. recevons tes lettres, portons bien, serions heureuses si nous te voyions. embrasse papa.— Adam. | Charfaroux, 3, galerie théâtre français. inquiète, sans nouvelles 30 octobre, très tourmentée, georges croupe, écrit déjà ballon, nouvelles demain.— Palmire. | docteur Melley, 6, rue vingt-neuf juillet, paris. des nouvelles, je vous en prie, Florence, poste restante. — Rochebousseau. |

Mlle marie Girardin, 74, rivoli. reçu lettre, 5 déc. courage, boisson colonel, pauvre coco, à noël, espérons.— Garcin | Lunier, 52, jacob, paris. toutes reçues, tous bien. — Janin. | comte Douville, 32, rue blanche paris. lettre 18, contents avoir nouvelles, allons bien, sommes tranquilles, angilbert, bonne santé.— Sarah. | Monnin, 11, rue châteaudeau, paris. bonnes santés montreux, finances en ordre, beaucourt pas d'invasion.— Bornique. | Selliès, capitaine, ambulance l'évêque, 61, rue de rennes. tous bien. très heureux savoir hors danger, embrassons tendrement, reçu argent.— Selliès. | Boudot, 85, rue charlot. suis au ministère.— Boudot. | Tandersliet, 47, clichy. heureuse, santé parfaite, recois lettres, compagnes bien chez grenier gand.— Tandersliet. | mlle tardiveau, 10, lubeck. comment allez-vous? pas nouvelles depuis un mois, allons bien tous, maurice marche, laval.— Clotilde. | Fabrizi, 108, sébastopol. tous bien, dames lorillon, à rennes, aussi ont écrit six fois à tallon.— Bourdin. |

Dureuille, 2, st-pétersbourg. souvenirs de Target. excellentes nouvelles ravenel, par belgique, tous parfaitement bien tours, dire aimé.— marie Buffet. | henry Hulot, 6, casimir-périer. votre femme avec tante, marhulle, tous bonne santé. calmez ses inquiétudes pour vous, oncle.— marie Buffet. | Duplomb, marine. bonne santé, lavillette lettres parviennent. nouvelles frébault, périer.— Desvignes. | comtesse Caraman, 31, rue gay-lussac. prière voir gérard ste-aldegonde, place palais-bourbon, 6, soins si étaient nécessaires. merci.— Léontine. | comtesse Caraman, 31, rue gay-lussac. prière voir mes fils rue grenelle, 17, soins si étaient nécessaires, merci.— comtesse ste-aldegonde — Heilmann. 89. rue du commerce, grenelle. charles bien portant la flèche.— Petit. | Tardif, 28, cherche-midi. tous santé, reçu trente lettres.— Tardif. | Gerspach, 17, vieille-temple. reçu lettre, embrassons paul, mère informée, vu granville, famille bouzuet habitant Jersey, tous santé.— Maur. |

Général Blanchard, gare montparnasse, paris. donnez nouvelles, sommes bien inquiets, allons bien, eugène charmant.— Larmoyer. | Hovelacque, 2, rue Fléchier. allons parfaitement, lille, bruxelles aussi, recevons vos lettres, écrivons quotidiennement, où est abel?—Anna. | Jeanson, ministère guerre. annoncez colonel gravillon son fils tué affaire coulmiers, 9 nov.— Pollet. | Beuscher, 7, boulevard prince-eugène. santé bonne, caillabet, vient nous prendre pour bordeaux, six dents, marche seule, masse bien vierzon.— Meurinne. | général Exéa, vincennes. vive reconnaissance pour avoir distingué foulques. sommes en santé grignals, ses lettres reçues, nôtres perdues. — vicomtesse Cosnac. | Goudchaux, 3, greffulhe. emma et mère ici, partent demain bordeaux, désespérées, pas malades — Crémieux. | Montigny, journal temps. caroline admirablement mirepoix, ariège. me manent.— Crémieux. | Bessaignet, 14, montpensier. fils morissot kœnigsberg sauf, krisaber. transmis argent, krisaber mieux, suis tours, irai saintes dimanche. — Octave. | Huard, 10, chauchat. familles huard, blanc, musnier, chardon, prunier, larsonnier, grandgeorge, bien portantes, habitent st-servan.— Chauviteau. |

Saglier, 4, boulevard sébastopol. famille reçoit vos lettres, fontaine visité pas exemption. louis pas quitté son pays.— Didier. | d'Outremont, major 11e artillerie, école militaire, paris. mère et frère bonne santé.— Honorine. | m. Morland, 2, rue louvois. portons bien, recevons nouvelles st-aubin.— Majesté. | Sorbet, 4, faubourg montmartre. tous dieppe, santés excellentes. — Marie. | Basset, 13, saints-pères. bourgueil, julie, hortense bien, calmes, espérance, résignation. — Drouin. | Bertrand Silz, 31, petites-écuries. portons bien. mère aussi.— Clémence. | Bouchon, 25, université familles à la villeneuve parfaites santés.— Derouin. | Thiéry père, 6, vieux colombier. affections, santés parfaites, troisième dépêche.— Derouin. | Deserin, 17, rue grange-batelière, paris. edmond bien à oldemburg, 10 nov. eugène bien à metz 1er novembre.— georges Lavollée. | Benoist, 51, rue de seine. allons bien, écrivez à saint-pair, manche.— Benoist. |

Lesseps, 9, richepanse, paris. affaires canal très-bien obtenu, assimiler ses employés à ceux postaux, lagau mort, dieppe.— Andrada. | Audibert, 18, anjou-st-honoré. 6 déc. schlœsing audibert santé parfaite, soyez prudents.— Clémence Anaïs. | Moret, 7, rue malher. allons tous bien. prends beurre, pommes terre chez buigny.— Moret. | Lehideux, 16, banque. saurin, sous-lieutenant, 5e compagnie, 3e bataillon mobile vienne, est-il malade? réponse, dites écrire mère. — Blanchard. | Liscourt, 6, chabannais. recevons tes lettres, paris de rodier, lardière va bien nous aussi. — Léonide. | Lavigne Desbordes-Valmore, 22, paris-passy. allons bien, cambrai aussi, enfants sages, espoir, reçu ta lettre 8, réunis bientôt.— Marie. | Beissot, 27, casimir-périer, paris. allons bien, marseille aussi.— Beissot. | Ferrère, 3, laffite. famille bien à boulogne.— Hurtado. | Biencourt, 67, st-dominique. partons pour dadyzeele belgique.— Valentine. |

Gossein, 37, boulevard victor hugo. tous bien. charles tranquille, albéric, thérèse, louis, robert, bien portants. — Gossein. | Fatistcheff, 22, rue montaigne. garantie pour cas perte existant maintenant, vous expédie argent qui ici depuis un mois.— Nord. | Famechon, 54, jacob. ouvrir armoire cuisine, provisions. — Octavie. | Dugied, 101, st-lazare. pau depuis deux mois santé parfaite auguste montauban, écris souvent. bornier pas nouvelles, écrivez chez boucher. — Arnaud. | Maupassant, 30 drouot. santés bonnes, guy intendance.— d'Harnois. | Darblay, 156, rue rivoli, paris. charles bien le 28, famille bien, blé 22, magasins, mais fonds introuvables.— Treuille. | Sabatier, 35, rue hortense. sommes nice 17, promenade anglaise, bonnes santés, grand gurllot marseille bien portante, reçu vingt lettres.— Hélène. | Roudillon, 9, caumartin. santés bonnes. marie, liline aussi, charles prisonnier metz, genève, 61, rue rhône, depuis cinq semaines.— Roridillon. | Langlet, valois constitutionnel. reçu exactement lettres, pénicault, langlet, regimbart, dubois, remerciements gibiat tout le monde, famille pénicault va bien.— Matagrin. | Bosviel, 00, richelieu. mâyme tout parfait, santés, sécurité, bien-être, voisins, confiance, recevons lettres. obligations rentes, lébriat.— A. Bosviel. | Mounier, 5, boissy-anglas. écris à tours. nous sommes sans nouvelles.— Portalis. |

Général Corréard, au luxembourg. prière envoyer à tours, nouvelles mes enfants.— Portalis. | Halphen, 18, drouot. reçu dernière lettre datée 20, tous bien bruxelles, garçons vont collége, cerfberr attend parents, écris beaucoup.— Henriette. | Level, 62, condorcet. parfaite santé, tous arromanches, recevons lettres.— Level. | Hochedel, 110, rue lecourbe. pas de nouvelles depuis un mois, je vais bien, embrasse tous.— Hochedel | Chamérozow, 15, rue clichy. suis à tours 8, rue archevêché, pensez à frère.— Delaporte. | Decoutans, 104, boulevard neuilly, paris. portons bien, impossible argent.— Decoutans. | Doulcet, corps législatif. gabriel bien, pas à tours, toulouse bien. nantois bien, caroline mieux, rien reçu de crepin. — Augustine | Montmorin, 73, grenelle st-germain. loise, montmarin, tous bien portants. recevons lettres, maisons orléans épargnées, gaston prisonnier coblentz, lacombe archevêché tours.— Berthe. |

Tournay, 61, faubourg denis. portons très-bien, sommes en sûreté.— Lacouture | Jousset Clet, rue furstenberg. pas reçu instructions gabriel, que faire pour comptables spéciaux, faut-il office pour journal grand-livre. — Monniot | Ramel, 21 bis, malesherbes. allons tous bien. enfants delvincourt bien portants, tranquilles villerville.— Mame. | Saussié, 26, montmartre. paye loyer, donne congé, maillet bien, écrit arts, 22, nantes.— Maillet. | Love, 9, aumale. santé parfaite, que deviennent parents et frère? répondez à dubois, faïencier, à tours.— Grandjean | Daloz, 155, faubourg poissonnière, paris. sylvain très-fatigué, retourne près de titine, soyez sans aucune inquiétude. bonne espérance, courage.— Paul.— amiral Chabannes, 5, greffulhe. sain et sauf, tous bien. miquette italie. vais probablement Carentan, suis aide de camp des pallières.— Albert. | Binder, 33, rue de courcelles. sables et tours allons bien.— Alice. |

Luc-sur-Mer, 21 déc. — Bulot, 36, montorgueil. oncle, tante, caroline, adolphe enfants, moi souhaitons bonne année, prompte réunion. tous bien portants. — Henriette. |

Libourne, 20 déc. — Reiche, 29 juillet, 10. eugène va bien. — Beylot. |

Lyon, 23 déc. — Sattin, 130e, 2e bataillon. fort vannes. portons bien, inquiets, écris. baptiste prisonnier. courage. — Suttin | L'Hoste, 27e ligne, fort vannes. bonne santé, pas nouvelles, bien inquiète, je t embrasse.— Marie Doucet. | De Garets, lieutenant, 40e régiment, 4e bataillon, 7e compagnie mobile ain, st-beron, ars, fontblins. lyon très-bien. tranquilles, lettres arrivent. — Marie. |

Maubeuge, 15 déc. — Mme Monchablou, rue myrha, 8. dernières nouvelles, 10 nov. inquiet, santé. — Monchablou | Walrand, rue monge, 10. famille porte bien, charles armée loire va bien. — Walrand. |

Bayeux, 3 déc. — Gravereau volontaire, corps vinoy, 14e marche. jean schleswich, édouard, bayeux, guéris vite, Dieu, patrie. | madame d'indy, 7, avenue villars. tous bien portants, antonin aussi. recevons vos lettres. — Wilfrid. | Boclet, 21, quai malaquais. famille bien, amélie, séverine, marie est genève. hélas! certain, alfred tué glorieusement, 10 août. — Gallois. |

Nantes, 23 déc. — Mercier, argenson, 3. tous bien portants, enfants superbes, envoyons dépêches courriers souvent, qu'albert écrive, courage mutuel, recevons lettres. — Mercier. | Le Breton, 6, castiglione, paris. parvenue californie, lettre 17 octobre. — Delion. | Baquié, major, fort vannes. lettres reçues, santé bonne. 23 décembre nantes, 3, place monnaie. — Baquié. | Meslier, sentier, 19. poulain, meslier azam, tous bien, 20e dépêche. — Poulain, 23 décembre. | m. Robert-Petit, rue du monthabor, 6, paris. je me porte bien, sois sans inquiétude. — Tardivel. | m. Bouts, faubourg poissonnière, 62. cher papa, bon courage. édouard, émile vont bien, souhaitons bonne année.— Hos Vial, nantes, 23 décembre. | Hebert, officier ordonnance, 9e secteur, avenue ittalie, 75. paris. merci, portrait frappant, armand guéri paralysie, répondu carte. souhaits. — Hebert. |

Falaise, 9 déc. — M. Fallot, 3, rue jacob. falaise jusqu'à fin, thérèse marche, marius ambulance, marie, élise flers. | Schneffer, oberkampf, 3. allons tous bien, jules hambourg. — Schaeffer. | m. Masson, rue réaumur, 37. nous nous portons tous bien, léon est retourné au mesnil. nous vous embrassons. — Aline Bizouard. | Thirion, boulevard voltaire, 35. portons bien.— Couillard. | Vignon, rue seine, 6. tous bien portants, accouchera fin janvier. — Roger. | Lepley, rue thurin. 6, paris. santé bonne pour tous. — Femme Leplez, falaise, 8 décembre. | madame Defonbrune, 51, rue ste-anne, paris. bonne santé falaise. tailly, forgettes, caen, enfants superbes travaillent, adrien ici, lettres reçues. — Marie. |

Beaurepaire-en-Bresse, 22 déc.— Grandclément, télégraphe central, paris. tous bien portants, libres. — César. |

Redon, 23 déc. — Guénée, 138, rue st-martin, paris. reçu lettre 16, satisfait, payez mandats dayot.cavardin, mayenne, alençon bien.— Charles, 23 décembre. |

Guéméné-Penfao, 22 déc. — Desmars, artilleur, victor-cousin, 8. très-inquiets, donne tes nouvelles. fidèle. — Simon. |

Lille, 15 déc. — Pastor, 3, cité trévise, paris. santés bonnes, bruxelles, rue argent, 31. georges france 30 novembre. batty aix. — Z. Pastor. | mademoiselle Gachet, véron, 28. vu édouard, libre sans serment. tours reçu lettres, avec toi toujours. — Thérèse. | Rapy, 42, labruyère. pauline, enfants, parents santé parfaite. — Rany. |

Alençon, 21 déc.— Machenry, royale st-honoré, 18. six baisers. bonne santé clair, marche. — Berthier. | Maupas, 46, amsterdam. souvenir cordial, reçu lettres, tous bien, saintbris aussi. écrivez pour moi, congé rousselin. — Micard, alençon |

Louverne, 3 déc. — Fourchon, 8, faubourg montmartre. allons tous bien, antonia ici. communiquer nouvelles à frères, louise. écrivez. recevons lettres, avons répondu. — Boudet. | Bourgoin, faubourg st-denis, 142. tous quatre bien portants, lettres parviennent. communique à fleury, picard, frelley, demartres. écrivez tous plus souvent. — Guilmin. |

Dinan, 22 déc. — M Perrant, 6, vavin. réformé, assez bien, dinan. — Perrault. | Delon, rue neuilly, 25. odile très-bien. — Lefrançois. | m. Picquet François, rue et hôtel st-séverin, paris. demande 500 fr. à Laporte, rue jacques-cœur, 24. — Picquet. |

Lorient, 21 déc. — Maquet, paix, 10. tous très-bien, marine place huit dover cooke fournira argent. — Lescuyer. |

Concarneau, 24 déc. — Fourchy, 266, boulevard st-germain. bonne année, dites roger, édouard écrire. nouvelles ballon, payez clicheret. | Gervais, 187, boulevard st-michel. bonne année, santé, bonheur, idem, constance, alphonse. — André Lucile. |

Montargis, 15 déc — Mme Dauchez, rue vaugirard, 73, paris. reçu nouvelle, merci. allons bien, malheureux pas savoir comment êtes aujourd'hui. — Fontaine. |

Valence-sur-Rhône. — Boulanger, larofoucauld, 64, paris. 4e dépêche. mouchard menacé, suisse froide malade, habite valence, drôme avec famille. écrivez tous. — Nathalie. |

Licoues, 1er déc. — Mio, personnel postes paris. reçu lettres, transmis. rassuré. charles douai, moi attends familles bien portantes, inquiètes, courage, sortez, écris. — Helbecque. |

Châteauroux. 23 déc. — Gillet, coq-héron, 7. approvisionnement complets, lucien, léon tlemcen, bonnes santés. — Raingon. | Nuret. lieutenant bataillon mobiles indre. reçu lettres du 7, émile resté, familles fernand bien, écris souvent. — Nuret. | Duchemin, 43, richer. reçu 3 lettres, allons tous bien. — Duchemin. | Varest, 14, chartres, paris-batignolles. santés bonnes. écris souvent. détail nourriture, reçu lettre 9 décembre. — Ledien. |

Annecy, 21 déc. — Brandon, 77, rue amsterdam, paris. famille au complet, bien portante, wiesbaden. écris-nous par intermédiaire loppé, avise émile. — Jules Brandon. |

Pontcharra, 22 déc. — David, rue pernety, 25, paris-montrouge. eugénie, je viens passer révision, homme marié, réformé, pas infirmité, eugénie bonne santé. — David. |

Méhun-sur-Yèvre. — Grundeler, 43, paradis-poissonnière. duplicata, en tout 65,000 francs ordre bureau, échéances novembre reportées février. — Pillivuyt. |

---

56 Pour copie conforme :

L'inspecteur,

Bordeaux. — 27 décembre 1870.

Mortain, 15 déc. — Taborel, 115, rue saint-honoré. émile versailles, nous bien, jeanne grandie, sage. prendre provisions oncle. locataires payer impôts, varennes, enverrons argent. | Fouqué, 23, humboldt. dix ans, t'embrasse tendrement, conservons bon espoir — Fouqué. |

Tours, 19 déc. — Gaîraud, 43, rue bac, paris. allons tous bien. — Esther. | Delaporte, 26, du maine, batignolles. adolphe prisonnier erfuth, pas blessé. — Dreux. | madame Vidal, 3, rue du dôme, avenue eylau, paris. engagez argenterie pour besoins, donnez nouvelles par ballon. — Maccarthy, 7, marine parade, folkestone, angleterre. |

Lyon, Dufay, 137, avenue malakoff servicef ait, retourné à Meylan, carte réexpédiée, tous bien.— Dufay. | Bonnefons, 8, rue lepeletier. lettres reçues, grand intérêt pour compagnie, autorisez-moi payer petit sinistre jusqu'à cinq mille. — Lassaigue. |

Le Mans, 18 déc. — Gaytte, comptable vivres, vincennes. ai écrit ballon, reçu osmont, santés bonnes. — Gaytte. | Legouey, 15, thévenot. famille groux, enfant bonne santé, thiennet mans. |

Mont-de-Marsan, 19 déc. — Martelot, 62, blanche. Hazebrouk, mère, filles, juliette, tous bien. — Marie. |

Saintes, 19 déc. — Brankart, 39, rue davy. Adrien vivant, prisonnier erfuth. — Roche. |

Essai, 18 déc. — Turenne, 100, bac, paris. courtomer tranquille, partout bien.—Turenne. |

Goncelin. | Coindet, 89, lecourbe. prière de remettre à victor, mon concierge, 300 francs, si gazzoli pas remis. réponse ballon. — Chevrier. |

Londres, 22 déc. — E. Levy, 32, rue taitbout, paris. écrivez bientôt manchester. reçu hier lettre clémentine et vos nouvelles du 1er. tout va bien. — Arnold. | Hecht frères, 34, rue du château-d'eau, paris. 20 décembre. lettres faisaient plaisir. famille bien, delaroques aussi. caoutchouc, 33, sernamby 25, livraisons terminées. — Levis. | Monsieur Walcker, 42, rue rochechouart, paris. reçu toutes tes lettres. tous très-bien portants. donnes nouvelles de georges. — G. | Boulley, 28, rue drouot. aubey, rogelin jersey. don road, ligny honfleur, bien portants. — Aubey. |

Navaîro, 19, avenue Iéna, paris. cinquième. reçu neuf lettres anna 2. dernière 3 courant. tous bien ici. vœux affectueux. dieu vous garde. — Waley. | Baronne Billing, 11, rue royale, paris. merci lettre. suis à brighton. ai vu vos filles. bonne santé. tous occupés de vous. — Claire ashburton. | Houllier-Blanchard, 36, rue cléry, paris. aline, charles, cayard, hippolyte arrivent. darche, arragon dieppe, gand, anvers, ponte menton, vanysen, lainé argentan, bonne santé. — Anna. | Hottinguer Cie, paris. payez ad. wynch trente-deux livres dix schellings. — Robarts Lubbock Cie. | Lévy Hinger, rue entrepôt, 6, paris. nous allons tous parfaitement. — Caroline, Célina. |

Delafosse, 374, rue st-denis, chez jarey. inquiète. nouvelles de suite chez daga, new bond street, 147, londres. — Delafosse. | Masson, rue de grenelle-st-germain, 107, paris. inquiet. écrivez. reçu lettres par ballon. juquell bank bath, angleterre. | Monsieur Stutchinson, 17, rue de la banque, paris. lettres arrivées. affaires sans changement. créanciers signes. amis inquiets, mais attendant. comptez sur l'avenir. tout va bien. — Joster. | Collesson, 22, quai de la loire, paris. parents, enfants vont bien. recevons toutes vos lettres. donne détails. frères puttelange tranquillité. abondance. — Mathilde. | Debain, place lafayette. portons bien. pas reçu lettre depuis 16 novembre. tourmentée. écrivez par tous ballons. gautrot bien portantes. — Debain. |

Londres, 24 déc. — Flury Hérard, 372, rue st-honoré, paris. veuillez payer à madame rassaerts, ma grand'mère, 18, rue enfer, cinq cents francs. veuillez la prévenir. — F. E. Kraetzer. | Madame Boury, 59, rue rambuteau, paris. toutes bien. trouvé leçons, recevons lettres. tribou, chez page, 173, north street, brighton, angleterre. | Monsieur Jaylor, chez madame Murray, 14, rue mayet, boulevard des invalides, paris. je suis bien. l'argent sera envoyé si vous restez. — Emily Jaylor. | Sescau et Schmolle, 39, faubourg poissonnière, paris. allons bien. reçu lettres. chargement golconda en ordre. j'attends vos ordres concernant produits anvers. — Gaston, déc. 16. | Monsieur Berteville, boulevard bonne-nouvelle, 35, paris. nous nous portons bien. reçu toutes vos lettres et celles de léontine. |

Monsieur Ferdinand Viallet, 138, rue de la roquette, paris. nous sommes bien portants. nous voudrions te voir pour noël. réponse tout suite. | Paul benda, 64, boulevard magenta, paris. tous bien portants ici. regrettant votre absence. possédons toutes vos lettres. — Auguste Aufholz. | Comartin, boulevard strasbourg, 25. neuf enfants bonne santé croydon. heureux si écrivais. reçu lettres alphonse jusque 6 décembre. — Marie. |

Lorient, 27 déc. — Coquillar, passy, singer, 28. merci lettres, veillez maisons. charles mort. albert, nous bien. camille accouchée fille. dulong honfleur. — Challiot. | Allemand, 15, échiquier. tous bien, chez maury lorient. reçu lettres. dernière 8. frédéric colonel nantes. stephen londres, charles lycée. — Allemand. | Empis, Bertin, poirée. oncle bien, nous aussi. tendresses tous. — Récappé. |

La Ferté-Macé, 3 déc. — Guillou, boulevard magenta, 149. habitons ferté-macé. — François Guillou. |

Brizançais, 27 déc. — Lusigny, 74, rue bondy, paris. souhaitons santé fête. remercions portrait. portons bien. — Lusigny. |

Trouville-s.-mer. 26 déc. — Solvet, 6, rue louis-le-grand, paris. bon courage. vatel rihouet tous bien. bonne année. — Cammas. |

Cholet, 26 déc. — Ouvrard, 5, avenue victoria. reçu deux lettres seulement. saumur, cholet bonne santé. écrivez souvent. bon courage, affaires nulles. — Bureau. |

Marseille, 27 déc. — Alphonse Roland, ministère finances, contributions directes. santé bonne souhaitons meilleure année à france, toi, philomène. comment va paul? — Rolland. | Aubanel, provence. allons bien. halim attend. — Sélima. |

St-Malo, 9 déc. — Vincent, aboukir, 119. noémi, paul bien portants. avons reçu tes lettres. — Noémi. | Jameson, 38, provence. céline, robert, jameson parfaitement bien. — Jameson Dinard. | Larsonneur, lieutenant 120e ligne. 1re brigade, 2e division, 2e armée. reçu lettre 3. heureux bénissant dieu prions pour toi.— Larsonneur. | Raynal, la sablière, 25, montrouge. mère, femme, enfant bien. lettre reçue. — Raynal. | Lechelard, neuve-st-merry, 24. mère, femme bien. lettre reçue. — Lechelard, dinard, maison barth. | Gilbaut, 10, ca tiglione. tranquillise-toi, santé parfaite. — Gilbaut. | Cassan, 86, rue bac. parents, enfants, tous santé parfaite. — Pouillet. | Beaurain, 25, chaussée antin. nous, julie bien. recevons lettres. — Fanny. | Anrès, 20, louis-le-grand. donnez deux cents francs tandon, 88, boulevard courcelles. écrire famille, 2, vauborel, st-malo. — Tandon. | Levaigneur, 16, grammont. nous, maman, laure, jausse bonne santé. lettre anrès rassure parents tandon. henry route brest, bien. — Grondard. |

Alby, 10 déc. — Cas an, capitaine 7e mobiles, tarn. sans nouvelles depuis octobre. écris. — Marie. | Delmas, capitaine mobile, rue vaugirard, 58. allons tous bien. raymond 30e marche, armée loire. parents, doumère bien. écrire lettre. — Delmas. |

Perpignan, 12 déc. — Gratreau, 28, quai orléans, paris. reçu 4 décembre, tiens cinquante fûts prêts. tout va bien, communiquez à drouin. — Faustin. | Drouin, 12, quai bercy, paris. expéditions prêtes, sans lettres depuis 3 novembre. tout va bien, nouveaux bon marché. — Faustin. | Merget, cendriers, 23, paris. dépêche cinquième. reçu papiers. bien chagrine. soignez mutuellement, expose pas. — Kessler. | Lauque, magnan, 23. recevons lettres, allons bien. — Guinard. |

Saumur, 10 déc. — Boinet, 20, banque. allons bien, recevons lettres. — Boinet. | Soulaine, 44, rue nicolo. poulet saumur, femmes partir aussitôt mandats, pas argent. mandat du 19 dépensé. tous bien, courage. — Soulaine. | Fanta, halévy, 4. reçu bière. — Hütt. | Chessé, enghien, 40. toutes vos lettres reçues, santé parfaite. — Chessé. | Cousart, neuve-coquenard, 20. charles à saumur, tous bien portants. — Lamare. |

Mâcon, 8 déc. — Rosay, cardinal-fesch, 35. reçu nouvelles, santé bonne. — Rosay. | Lauvergne, faubourg st-martin, 5. nous sommes verzé pouvant plus rester passenans. retournerons en suisse s'il faut. — Lauvergne. |

St-Chinian, 10 déc. — Valentin, lafayette, 127. nouvelles ernest. — Revel. |

Albi, 9 déc. — Maës, 32, rovigo. allons bien, tourmente pas, baptiste ici. besoin rien. bien à toi. alise marche, albi. — M. Maës. | Gardel, rue michel-ange, 3, auteuil. tante bonne santé. lettres 2 reçues. — Claire. | Thouroude, payeur 7e régiment mobiles, 2e. toutes familles albigeoises bien, espèrent anxieuses. multiplier lettres rares. nommer blessés, malades, détails. — Thouroude. |

Figeac, 22 déc. — Massé, rue lafeuillade. tous bonne santé, bonne nouvelle saulny. — Anglade. |

Cahors, 22 déc. — Brassac, 8, rue sainte-cécile. allons parfaitement, habitons cahors, maison fontenilles. léon suit lycée. embrassons bien tendrement eugène et toi. — Brassac. |

La Rochefoucauld, 23 déc. — Bordot, imprimerie nationale. prière donner nouvelles fermond. — Fermond. |

Angoulême, 23 déc. — Viviers, 98, grenelle-st-germain. écris angoulême poste restante. vais bien. — Forestier. |

Marquise, 2 déc. — Gilles, rue de louvois, 10. cornélie souffrante, va mieux. suzanne, marthe bien. toutes chez denailly. reçu cinq cents francs. edmond armée loire. — Gilles. |

Vernon, 3 déc. — Lachurrière, instituteur sourds-muets. allons bien. sommes près toi. — Paul Charles. |

Brives, 23 déc. — Bezard Lemercier, singer, 17, passy. cinquième dépêche. bons souhaits pour tous. santé parfaite. — Claire Emélie. | Maza, ste-anne, 51. neveux bétaille blessés légèrement épaule. parents chérounet périgueux bien laborie, nous, amis exilés bien. recevons lettres. — Maza. |

Marans, 22 déc. — Henri Bonneau, officier génie, ivry. tous bien. t'embrassons et faisons mille vœux pour ta santé. bon espoir. — Ernest Bonneau. |

Pons, 21 déc. — Babin, 58, quai rapée, paris. babin, thiébault, tournay bonne santé. reçu lettre bonnes nouvelles bruxelles, valenciennes, granville, paul kœnigsberg. — Barthe. |

La Rochelle, 22 déc. — Lenepveu, quai d'orsay, 1. la rochelle 22 décembre, rue saint-lémart, 30, bien portantes, angers aussi. vous embrassons. — Joséphine Lenepveu. | Monsieur Gérard, 9, rue lepelletier, paris. porte bien. écris-moi nouvelles tout le monde. — Gérard. |

Roubaix, 1er déc. — Supérieure charité, rue du bac, 140. donnez nouvelles de sœur ruffelet. tous nous portons bien. — Ruflelet. | Crémieux, 11, rue moscou, paris. paul, ménage salvador, adolphe. les enfants vont tous bien à wiesbaden soignez-vous. — votre Adélia. |

Ruffec, 27 déc. — A. Campbell, 21. royale. bazin, guérel bonne santé, juliette tousse moins. — Noël Touchimbert. |

Blaye, 27 déc. — Mabille, 18. labat. reçu nouvelles, allons bien. — Mabille. |

Arles-sur-Rhône, 28 déc. — Demouy, ingénieur, 61, des saints-pères. sommes tous bien portants, nous l'avons déjà envoyé nombreuses dépêches. — Eugène. |

Portrieux, 25 déc. — Gorre, 7, beaumarchais. bien portants tous portrieux côtes-du-nord. — Abel. |

Grand-Camp, 24 déc. — Balard, 100, assas. reçois christiana, portons bien grand-camp, besoin rien, bonne année tous.— Castagnob. |

Douai, 21 déc. — Digard, 4, isly, joseph rue sèvres, lazariste directeur châtillon, deux cents francs pour decker, nouvelles millochau, henriette, allons bien. — Mattler. |

Arras, 24 déc. — Bressonnet, 29, enghien. votre lettre à moi mayence, joie, argent beaucoup. — Grandguillanne. |

Caen, 25 déc. — Compagnie Soleil, 44, châteaudun, paris. grande partie circonscription envahie, reste va bien, je corresponds avec soultzener. — Beaugrand. | Rau, 3, rue 29-juillet. j'attends lettres strasbourg, communications difficiles, dernières nouvelles bonnes.—Gabrielle. | François, 4, cité gaillard. caen, georges, denis, bonne santé, charles travaille recette, bazille, lemoine (ministère)? — Ilic. | Maurouard, 13, rue birague. bonne santé caen. | Tostain, 88e bataillon, 4e compagnie. portons tous bien, henri, charles attendre ordre départ, tout va bien, lettre 20 décembre.—

Algérie, 20 déc. — Tricoche, 157, avenue clichy. inquiète, donnez nouvelles, joureau, dailly, sa femme sans nouvelles, écrivez souvent, crainte lettres perdues. — Hedein, Rampe-Vallée. |

Agen, 27 déc. — Madame Pujol, papeterie saint-sulpice, place saint sulpice. deux lettres reçues, santé bonne, grand espoir d'une solution favorable prochaine. — Jules Rival. |

Poitiers, 17 décembre — Gablin, 2, rue royale. briois, ouvrir armoire glace, oter cartouches chasses, donner nouvelles. — Bron, boulevard solférino. | Munier, 12 bis, avenue tourville. lecomte, veuve aubry réunis, tous bien portants. |

Saint-Valéry-sur-somme, 22 déc. — Marchand, 20, rue compoise. saint-denis-sur-seine. bien portantes, écris nous recevons. |

Le Havre. — Vallée, 62, saint-lazare. tous bien portants, 24 décembre, écrivez. — Vallée. | Couret, 3, helder. tous bien portants, havre, frascati. — Schmidt. |

Noyon, 19 déc. — Destrem, 11, saint-lazare. cuts, tous bien portants. — Isabelle. |

La Chartre-sur-le-Loir, 15 déc. — Rondeau, 9, rue aubert. non. — Gentils. |

La Ferté-Bernard, 24 déc. — Neveu, 319, rue saint denis. ferté allons tous bien, avons prussiens. — Neveu. |

Saint-Sever-Calvados, 25 déc. — Jules Thirion, 177, faubourg poissonnière. enfants suisse, vevey grand hôtel pien portants, pierre parti seul bordeaux, nous bien. — Lucie. |

Janzé, 25 déc. — Beaufils, 16, place havre, paris. donnez nouvelles jouin adolphe, fourrier 3e compagnie, rennes blessé. — Prime. |

Guérande, 26 déc. — De Pellan pour lacroix, mont-valérien. reçu lettres, louis armée loire, tous bien, écris. |

Valognes, 24 déc. — Delaunay, 2, rue boulogne, paris. sommes bien portants chez foubert, écrivez. — Viguès. |

Valognes, 22 déc. — Fernet, 36, rue enghien. suis à valognes, toutes parfaites santés, troisième janvier. — Fernet. |

Noyon, 27 nov. — Reneufve, 16, paix. père, mère, femme, sœur, frère bien. — Reneufve. | Destrem, 11, saint-lazare. Cuts, tous bien portants, embrassons, bientôt tranquilles. — De Pommery. |

Méru, 5 déc. — Madame Domange, 203, faubourg st-antoine. catel, vous, silence inquiétant, embrassements. — Catel. |

Calais, 21 déc. — Roullier, 46, de la victoire, hôtel flandre. dauvet dieppe bien, embrassons.— Roullier. |

Fumel, 26 déc. — Brunet, 2, pyramides. merci, je vais bien, bonne année. — Brunet. |

Guéret, 27 déc. — Loriol, 28, monthabor. pas lettre gustave, désespoir, écrire fort issy, donner toujours nouvelles, dompeix bonne santé. — Biom. |

Toulouse, 28 déc. — Alfred Henry, papeteries du marais, 3, rue du pont-de-lodi. mère et sœur bien portantes à toulouse, reçu argent d'autrey. |

Toulouse, 27 déc. — Pichard, 26, blancs-manteaux. faites ouvrir mon domicile et prenez-y tout ce que vous voudrez. — Paul Corneau. |

Le havre, 24 déc. — Baudouin, 65, rue faubourg poissonnière. noël, havre pas menacé, restons. lettres, dernière datée 16, arromanches, savonnières, granville parfait, envoyez cartes, réponses. |

Vannes, 26 déc. — Benoist, 102, rue antoine. léon bien portant, nous aussi. — Dobelin. | M. Rataud, 100, rue feuillantines, nous allons toujours bien. — Rataud. | Jullien, 8, enfants-rouges, paris. écrivez-nous immédiatement à

Bordeaux. — 27 décembre 1870.

vannes, morbihan, prévient dupuy, gillet dubacq, boulay, inquiets de tous. — Loiseau. —

Aigre, 27 déc. — Blin, 105, beaubourg, paris. jarnac aigre tous bien. théodore algérie, recevons vos lettres. — Ephraïm. |

Vierzon, 26 déc. — Vaillant, 43, madame. santé excellente, grandes inquiétudes pour toi. — Vaillant. |

Londres, 23 décembre. — M. C. Duteil, aide de camp état-major, 138, rue de grenelle saint-germain, paris cher camille, nous sommes heureuses d'avoir de vos nouvelles, nous pensons à vous, écrivez. tout à vous. — Lilly. | Eugène Rocher, 27, rue du Mall. allons tous bien. embrassons tous deux. ressources quatre mois encore. — Rocher. | Gatliff, 20, place vendôme, paris. tous bien, lettres reçues, pon bien. — Marie. | Erlanger, 8, rue des Vosges, paris. septième dépêche, recevons vos lettres, santé parfaite, londres, 23 décembre. — Constantin. | Lebaudy, flandre, paris. Santé parfaite, hausse sucre cinquante-sept, situation intérieure toujours indécise, extérieure normale financièrement politiquement. morgan pair. — Gustave. | Lebaudy, flandre, paris. Sans lettre depuis celle 9 transigé, Carlier trois marchés réduits cinquante-huit francs, acheté quarante mille. — Gustave. | Baronne Bibling, 11, rue royale, paris. merci lettre, suis à brighton, a vu vos filles. bonne santé, tous occupés de vous. — Claire Ashburton. | Madame Aurelly, 1, faubourg saint-honoré, paris. tous xos enfants vont bien. — J. O. Sturgis. |

Delapalme, 9, rue Auber, paris. femme et enfants vont bien à saint-hélier jersey. recevez sa lettre. bonnes fêtes pour vous et des landes. — Kine. | M. Philipe Gire, 79, rue du cherche-midi, paris. ton frère, sœur et charlotte, bien portants, répond. | Courvoisier, paris, rue lafayette, 126. reçu gants, mansuy-dubois, favel, fepant cherche autres. bourgoin enfants bien portant marnoz. — Wills. | Docteur Worms, 3, rue d'anjou saint-honoré, paris. allons tous parfaitement, toujours chez mercier. écrivez souvent, beaucoup lettres perdues. — Céline Worms. | Paraf Javal, 32, du sentier, paris. reçu avec plaisir extrême votre lettre déc. elmire est accouchée d'un garçon, tous en bonne santé. — Cliver. | Abraham chez Samson, 100, rue clery, paris. reçu avec plaisir extrême votre lettre décembre, elmire est accouchée d'un garçon. tous en bonne santé. — Cliver. |

Alphen, 15, provence, paris. veuillez recommander à mon personnel écrire par chaque ballon à Bradford. suis sans nouvelles. — Hippolyte Cerf. | M. Guy, 29, quai valmy, paris. tous réunis, toujours en bonne santé, prends courage, nous en avons. — Eugénie. | Galoppe, 5, rue saint-fiacre, paris. désirons beaucoup avoir de vos nouvelles. — Wright Derby. | Dupuy, greneta, 11, paris. brighton parfaitement, 23, richmond place. garnier dieppe bien. — Dupuy. | Cayard, 92, richelieu, paris. vos familles bien. espagnol nouveau ancien et soixante-dix même cours, livraison uniforme ordonnée committé stockexchange. — Devot. | M. Rousseau, rue de poissy, 2, paris. londres depuis cinq décembre, laissé rocher à dieppe. tous en bonne santé. athénais aussi pas froid. — A. Rousseau. | Courot, maire, 5, rue de cléry, paris. nous sommes à londres, 32, markham square chelsea. portons bien, avons argent. Anastasie Courot. | Théophile Gautier, 12, rue beaune, paris. Elise heureusement accouchée d'un garçon dimanche. Eugénie est ici. bonnes nouvelles d'estelle. écris Haddington terrace greenwich. — Gautièr. | Robartshubbock et Cie, london, Bottinguer et Cie, paris. payez madame alice La Croix, 26, rue vanneau, mille francs. | Amédée Lemeray, rue monceau, 77, paris. carte renvoyée. autorisation déménager. consulter delfosse, veiller bien maison. — Alfred Allovon, 27, gerrard, london, 20 décembre. — Madame Brian, 6, louis-le-grand. paris. Les Dés Cressonnières, très bien. — Jates, londres. | M. Elivell fils, chez varral Eliuell middleton, avenue Studaine, paris. Park-villa, queen's park, manchester. tous très inquiets, écris au plus tôt. — John Craven. | A monsieur Marcotte, faubourg saint-honoré, 90, paris. santés parfaites reçus argent et lettres. — Estelle Marcotte, 6, cambridge-road, Rilburn, london. |

Limoges, 15 déc. — M. Pagès, jacob, 23. creuse, moulins, bernay, tous bien prévenir madame Callias, montalivet, 18. hector ici bien portant — Alluaud. | Léon Blanchard, rue dargout, 13. sois sans inquiétude, sommes à Aix en bonne santé amélie ici. — Blanchard. | Garcias, rue cherche-midi, 36. nous portons tous bien. — Zoé. | Dollot, boulevard magenta, 138. limoges, place aisne, 1. nous portons tous bien. émile dollot, anvers également. — Moreau. | Th. Fournier, 18, rue de Douai, paris. oui, oui, oui, oui. |

Clamecy, 14 déc. — Goyard, boulevard prince-eugène, 65. tout le monde va bien soyez sans inquiétude, trois lettres arrivées. écrivez raverat. — Grandpierre. |

Bagnols, 16 déc. — Thome, avenue joséphine, tous bien portants. mathurin partira bientôt, léon poste sédentaire, 16 décembre. — Thome. |

Brives, 17 déc. — Fraysse, beaumarchais, 71. santé parfaite, semence, terminer maison couverte, volaille intacte. mélanie vendre comptant. — Vaidis. |

Campagnan, 14 déc. — Limoges, 45e, 2e bataillon, 5e compagnie mobiles hérault. recevras argent écris limoges. — Paris. |

Lodève, 16 déc. — Delpérier, rue desbordes-valmores, 40. portons bien, travaillons beaucoup, delpech, ebvard [illegible] conservés. — Myonctte. |

Valence, 16 déc. — Clavière, 54, mazarine vendre dollars, coupons détachés. acheter obligations nominatives nord pour jean-bapti te régis, allier. tous bien portants. — Allier. | Provost, rue lepeltier, 5, paris. sommes st-sébastien, espagne, province guipuscoa, 4, calle orquendo. santés bonnes, pas nouvelles édouard. — Provost. |

st-Andéol, 16 déc. — Coullet, 31, maubeuge, famille Cros béziers, famille réunie bien portante. tête marie guérie, voir Albert. — Coullet. | Madame François, 14, montalivel. portez bijoux, robes, chez Léman, cachez rien cave, tous bien. — Olga. |

Noyons, 16 déc. — Advenant, commandant 197e. garde nationale reçu lettre 15 novembre inquiets, saisissez toutes occasions écrire, sommes campagne tisseur nyons, drôme. — Advenant. |

Coutances, 13 déc. — Rouzé, 11, buci. arrivé bonne santé, victorine et fils vont bien, enfants hilaire vont bien, famille aussi. — J. Rouzé. |

Ribouet, 42, ferme des mathurins. allons bien bons baisers. — Jeanne. | Havierna, 35, passage panorama. tous bonne santé, reçois lettres, baisers à tous. — Marie. | Tanquerey, 22 sentier. bonne santé, aucun rhume malgré froid. enfants travaillent beaucoup, manquons de rien, ai nouvelles fabrique, tout va bien, grande joie recevoir tes lettres. plusieurs perdues, en novembre, jusque-là régulières espoir et couaage. — Tanquerey. |

Bourg, 14 déc. — M. de Matharel, 67, rue amsterdam, paris. santés excellentes, bonnes nouvelles de pasredon, enfants travaillent avec professeur de Bourg. — Claire. |

Nogent-le-Rotrou, 15 déc. — Demarquet, rivoli, 13. pas quitté, portons bien. — Dupont. | Gosse, quai grands augustins, 49. bonne santé, fille ondoyée, nourrice trouvée, enfants travaillent tranquillité. — Louise. | Miard, cossonnerie, 10, portons bien, — Garnier. |

Cherbourg, 12 déc. — Thibault, 44, tiquetonne, paris. reçu lettres. répondu toujours. que deviennent mathieu, armengaud, portons bien. — Thibault. | Dodin, 46, rue abbesses montmartre. portons bien, reçu argent, besoin autre, Dubois, portent bien toutes. — Dodin. |

Poitiers, 17 déc. — Daru, 50, rue saint-dominique bruno bien portant le 7 décembre après batailles. — Emmanuel. | Sommier, rue arcade, 20. vais bien, encore à Poitiers. — Sommier. | Jeanne Bon, 51, boulevard saint-michel. poitiers maison pleine de blessés, je soigne aussitôt possible, venez hôtel instructions. déposées poste restante. — Marguerite. |

La Rochelle, 21 déc. — Defarge, 39, écuries d'artois. santés bonnes, sommes à la Rochelle, 10, rue de l'arsenal. — Defarge. | Debrun, saint-lazare, 88. reçu lettres, bonne santé, embrasse. — Alfred. | Birolle, tournefort, 21. troisième dépêche. reçu lettre ernest. allons tous bien, écris moi. — Félicie. | Brazard, artilleur mobile, 2e batterie, 45e bastion, batignolles. demande argent varin, rue bourdonnais. écrire foure, la rochelle. — Brazard. | Philippain, 46, larochefoucault. santé parfaite adresser lettres luçon. — Camille. | Gorgeu, rue seine, 41. hyport libre, santés bonnes, ta lettre du 9 reçue. la rochelle idem pigeons envoyés père. — Noémi. | Intendant Schmitz, palais-royal. allons tous bien. — Schmitz. |

Marseille, 11 déc. — Debaecque, 6, conservatoire. reçu tes lettres, tous ici bien, sans nouvelles de raoul, camille une fille. — Rocoffort. — Rousseau, 46, richer. santé parfaite, écris-nous, ballon monté. — Marie, Hélène, Seney. | Julliany, rue hauteville, 69, paris. quatrième dépêche, tous bien. reçois lettres. félix prisonnier, gœrlitz. mille tendresses. — Mathilde. | Aubanel, 22, richer, paris. quelles nouvelles, georges? — Alphonse. | Sous-préfet, arles à bonnafous, 49, trévise. Mme bonnafous cusset, gassier, bosant capitaine prisonnier, lettres reçues. — Giraud. | Hophinson finlay, de provence, 46. tous bien ici, angleterre, écosse, tranquille, lettres reçues, reste neutre. — Hophinson. | Gontier richelieu, 41 paris. adrien coblentz, albert, motz, parents adèle tous bien, lettre reçue, adrien, 11 décembre. — Gontier. | Mme vincenot, 39, des noyers. constantin va bien, suis privas gustave, capitaine. allons bien. — Sampigny. | Preupain, 9, lions-saint-paul. bon souvenir, êtes-vous tous bien portants. — Cicile | Huillard, 72, beaumarchais. affectueux souvenir, êtes-vous tous bien portants? pommier leipzig vont bien, colonel demoncets y est prisonnier. — Cicile. | Delâttre, 8, vieilles-haudriettes. donnez nouvelles par ballon, adèle, poste restante, nimes. suis attaché ministère guerre. — Ray. |

Oran, 11 déc. — Jacques, bijoutier, michel-le-comte, 23. portons tous bien, aucun prussien, gueunoy, aucune insurrection arabe. — Jacques. |

Tourcoing, 11 déc. — Audion, trévise, 28. gustave doucement, anna bien, garçons dernières nouvelles bonnes — Tétard. |

Evians-les-bains, 13 déc. — Massion, boulevard haussmann, 58. envoi reçu, concerter avec huet, envoyer à moi, chez becquié, 13 couteliers toulouse. — Prosper fleury. | Treillet, 1, scribe. bonnes santés, recevons lettres. — Gilberte. | Girod, 18, provence. santés parfaites. tous au chaud, travail suivi tout s lettres arrivent, ma lettre arrivée, voie feillet. — Elisa. |

Vannes, 17 déc. — Torramorell, 123, lafayette. tous bien, meilleure année, écrit arouineau, alfred, dépôt internationale, rien. auguste tué, reçu lettres. espérance, — Torramorell. | Mayer, rue royale, 27. sommes bien à vannes, prière, aller chez berthilde, coquenard, 30, recevons lettres avec joie. — Dorez. | Periet, laval, 5, sommes bien à vannes, rue noé. seul désir, revoir paris. lettres sont notre bonheur. écris souvent. — Dorez. | Derreaula, rue de la tour, 52, passy-paris. santés parfaites, vannes, coclois home. — Maurice. |

Saint-Malo, 16 déc. — Julien, 6, arrivée, écrivez. — Julien. | Grignon, 25, chaussée antin. toutes parfaitement. — Jeanne. | Pellier, 42, enghien. tous quatre bien portants, jersey, écrivez. — Charlot. | Lamazou, 18, ville lévêque, prière, écrire. — Julien. |

Rennes, 17 déc. — Fouquet, 53, rue aux ours. tous bien portants, rennes, 7, rue vincennes. — Fouquet. | Souchet, rue martin, 5. chapelle, paris. hortense, nous, parents rabu, bien, donnez vos nouvelles, charles, fils rabu. — Gicquel. | Tétard 130, rue chevaleret, gare ivry. tous bien portant. rennes, 7, rue vincennes. — Tétard | Vanlée, 20, lepelletier, famille amsterdam, rennes bien portant. — Maurice. | abbé Perdrau, rue des saints-pères, 48, paris. santés bonnes. — Duhamel. | Gasson, trésorerie, 13e corps, paris. santés bonnes, marguerite malgré grand chagrin. — Gasson. | Eugène veuillot, saints-pères, 10. tous très-bien, mans, bien, pierre travaille régulièrement, pas collége. — Louise. |

Nantes, 17 déc. — Eugène caillé, mobile 1er bataillon, 3e compagnie mont-valérien. écris-nous le plus tôt. je suis bien inquiet, ta mère. — Caillé. | Guyon, 4, saint-florentin, paris. enfants magnifiques, tous parfaitement, pensées avec vous toujours. — Louise. | Cadou, 14, drouot, paris. toutes très-bonne santé, garder appartement avec diminution. nantes. — Cadou. | Beaufrère, 17, place madeleine, paris. essayez écrire ballon. inquiet sur famille. santé convenable. — Doutre. | Millet, 22, vivienne. tous bonne santé, chocolat armoire, antichambre. — Millet. | comptoir escompte. payez 300 fr. à madame lemort, femme, garçon, portefeuille, dubois caissier connait l'affaire. — André Homar. |

Brest, 16 déc. — Vidal, 8, neuve st-augustin. reçu vos lettres. tantes, laure, enfants, montpellier, schelestadt, bien portants. prévenez monteaux. — Astruc. | Rouxel, 29, rue bourgogne. tous bien, reçues tes lettres, toi écris souvent, maurice. bonne année, tous mille baisers. tout. — Rouxel. |

Rouanne, 16 déc. — Helle chauchat, 13. mère, sœur, avec sauvage desmoulins, hôtel russie, genève, père briennon, charlieu, bien portant. — Helle. |

Riom, 16 déc. — Mauzat, laroche, ministère justice famille, amis bien portants. — Goyon. |

Lons-le-Saulnier, 15 déc. — Dupuy truffaut, 20, l'étoile, bien portant. — Raguet. |

Laval, 16 déc. — Dorange, 27, rue terrage. prêtez 200 fr. à Mme debrun. craon (mayenne). — Dorange. | Léontine, chez dorange, 27, rue terrage pris par prussiens à versailles, demeure à craon (mayenne), chez doudet, donnez nouvelles. — Dorange. |

Lisieux, 15 déc. — Lecalvé, rue clichy, 67. tous bien revenus à lisieux. — Emma. |

Niort, 17 déc. — Roussel, 27, rue londres. santés toutes excellentes, touché rente délégation 1er mandat, 300. bonnes nouvelles, plancy fay. — Marie. |

Clermont-Ferrand, 16 déc. — Chevallier, 9, 4 septembre. berne, bellevue, 13 décembre. santés bonnes, reçu lettres, affreuse tristesse. mille baisers. bonnes nouvelles cauville. — Chevallier. | Cassigneul, 61, lafayette. reçu lettre laure, famille bonne santé. — Mont-Louis. | Viollette, 2, michodière. famille bonne santé. écris moi, nouvelles mon frère lieutenant 62, redoute laboissière. — Mont-Louis. | Lorilleux, 16, suger. bonne santé, beaucoup argent, avec brazel, claude, martinet. recevons mandat, lettres. bruxelles, 9, esplanade. mont-louis expéditeur. — Pauline. | Laroche, louis-le-grand, 10. parents, amis, bien portants. — Blatin. | Kaufmann, boulevard bonne-nouvelle, 18, frère, neveu, nièce, bien portants, ont de vos nouvelles par ballon. — Blatin. | Julliany, 69, rue hauteville. tous bien, hôtel marseille, félix prisonnier, gœrlitz. reçois le tres, mille tendresses. — Mathilde. | Louis reybaud, blanche, 6. Mme Letellier à marseille. tous bien portants. — Rondelet. | Rosenwald, 9, rue caire, paris. édouard leiser, sont lamorteau. — Florence. |

Marseille, 17 déc. — Vidal, interne hôpital eugénie, paris. dernières nouvelles, 15 novembre, confirme dépêche pigeon, cassis marseille, tous très-bien, silence inquiétant. — Dieudonné. | madame Devilliers caumartin, 68. sept lettres reçues, télégramme pigeon, envoyé 16 novembre. courage, espérance, province, efforts ardents, continus. — de Ménerville. | Dervieu, 43, cardinal-fesch, paris. dernières lettres reçues 19 novembre, sommes inquiets, santés bonnes, écrivez. — Dervieu. | Renaudin, 120, faubourg saint-martin, paris. absolument aucune lettre reçue, sommes inquiets, écrivez par ballon. — Dervieu. | Gay, avenue gabriel, 42, neuvième dépêche, reçu 42 lettres, tout le monde bien, sommes à marseille tranquille. — Hélène Gabrielle. | Audibert, anjou-st-honoré, 18. 16 décembre, sixième dépêche, santé parfaite, ville tranquille, reçu portraits. — Clémence. |

---

57. Pour copie conforme :

L'inspecteur,

Bordeaux. — 27 décembre 1870.

Doulens, 16 déc. — général Linières, paris. vos fils p isonniers spandau vont bien. — Weyer. |

Clermont-Ferrand, 22 déc. — Diek, 11, château-d'eau. allons bien, recevons lettres, enfants travaillent, beaumont, bonnes nouvelles, chettel ici, envoyé 7 dépêches, sans nouvelles. — Dieckmonnin. | Maistre, rue lafayette, 99. nous allons bien, et vous embrassons tous. | Vogel, 9, faubourg poissonnière. arrivé fin octobre. londres, fabrique va bien, suis depuis 12 jours roubaix. — Henry. | Quinette, 38, quincampoix, écris par ballons, inquiet sur vous tous, nous allons bien, charles nous a donc oubliés? — François Quinette. |

Sancerre, 20 déc. — Bongrand, ambulance chimay, quai malaquais. allons bien. — veuve Bongrand. |

Domfront. — Bigot, rue bourgogne, 41, paris. allons bien. — Bigot. |

Dives. — Noriac, 10, rue fontaine. blanche très-bien, tous aussi. — Abel. | Calamel, 50, rivoli. santés bonnes, lettres reçues, briis paris, bien logés, couverts, chauffés. — Barry. |

Béthune, 5 déc. — Dioux, rue du sentier, 29 souvenir plus cher que jamais, ostende.—Aline. |

St-Gengoux-le-Royal. — Levebours, 44, bac. alinir allemagne, odoard coulus, marie, ludovic ici, edgard, maupas, luynes, tous allons bien. — Devaux. |

Watten, 5 déc. — Malide, 62, rue provence. allons bien, édouard aussi, écrivez, recevons vos lettres. — Goussard. |

Parthenay, 22 déc. — Sans nouvelles de bayan fils, donnez-en à bayan, chez boreau, parthenay, sainte camille, religieuse, rue des missions, 8. — Bayan. |

La Haye-du-Puits, 19 déc. — Journeaux, 176, rue montmartre, paris. accouchée 25 octobre garçon, allons bien, oncle jacques malade. — A Journeaux. |

Beurlay.—Dachès, 39. aboukir, paris. tous bonne santé, continue nouvelles. — Bouchet. |

Portrieux, 20 déc. — Jarlano, 46, quai bercy. bien, reçu lettres, argent. — Alice. |

Armentières, 19 déc. — Félix Varin, bourdonnais, 20. marchandises sécurité. affaires nulles, rentrées mediocres, reçu trois lettres, dévouement. — Bonnaire. |

Lille, 6 déc. — Mme Chardin, rue turenne, 100. écris par ballon, dragons du nord. lille. | Normand, 159, université. fives, reçu lettres jusque 23 novembre, 3e dépêche, bonne santé, joseph famille aussi, soigne-toi, embrassons. — Henriette. |

Mayenne, 3 déc. — Constance, boudreau, 8. inquiets, écrivez, chevain. — Hortense. | Jeanti, rue des quatre-fils, 5, paris. bien portants, reçu vérité, sauvée avec berdiu à mayenne, hôtel du croissant. — Gayet. |

Montélimar, 22 déc. — Leledier, 4, baillet, paris. suis dépôt montélimar, marie limoges, santés parfaites. — Henri. |

Moulins-la-Marche, 8 déc. — Ranchon, 132, rue lafayette. décembre, tous bien, louvière, soigne-toi surtout, gasselin, 17, rue soufflot, dévoué pour retour. — Anna. |

Meximieux, 21 déc. — M. Lachapelle, commanmandant mobile ain, paris. Larouge, 21 décembre, accouchée heureusement fille, tous bien.—Paul |

Villers-sur-Mer, 18 déc. — Lhôtellier, 14, tracy. merci tes lettres. allons tous bien. — Lemonnier. | Vian, 42, rue neuve-petits-champs. lettre reçue, remerciments, albert parti fourrier, calvados. — Loisel. |

DÉPÊCHES - MANDATS.

série B (suite.) — 7 janvier 1871.

N. 51. — Saint-Valéry, somme, 120. — madame rey à sehasseur, domestique. 103, rue saint-lazare. — 100 fr. | n. 52. — Lucenay-les-Aix, 84. — madame turbat à madame guesne, 131, rue du bac. — 50 fr. | n. 53. — Billon, 148. — crou à jean crou, 1er bataillon, 7e compagnie, 32e marche. — 20 fr. | n. 54. — Billom, 147. — raymond à jean ducher, 1er bataillon, 7e compagnie, 32e marche. — 20 fr. | n. 55. — Hâvre, 248. — clerc à gellée, 17, rue rivoli. — 250 fr. | n. 56. — Bellegarde-s.-Valserine, 58. — tasret à m. ou mme lasté, 27, passage saint-dominique. — 200 fr. | n. 57. — Bourg-en-Bresse, 74. — cherel à cherel, fourrier, mobile, ain, 2e bataillon, 1re compagnie. — 50 fr. | n. 58. — Clermond-Ferrand, 55. — bonnaux à mlles sély, 4, rue hanovre. — 100 fr. | n. 59. — Aix-les-Bains, 6. — charruis à charruis, chez keisser, 7, passage saunier, — 300 fr. | n. 60. — Lyon-Terreaux, 97. — madame parent à parent damien, mobile, rhône, 1re batterie d'artillerie des pontonniers, courcelles. — 100 fr. | Total : 1,190 fr. |

N. 61. — Lyon-Terreaux, 66. — satin à madame galin, 68, rue ménilmontant. — 100 fr. | n. 62. — Nantes, 63. — bacqua à charles bacqua, 28e marche, 1er bataillon, mont-valérien. — 300 fr. | n. 63. — Méru, 88. — gault à forest bt, 11, saint-martin. — 200 fr. | n. 64. — Lyon-Brotteau, 1. — milet à madame milet, 13, rue de londres. — 300 fr. | n. 65. — Roche-s.-Yon, 9. — giboteau à giboteau, sous-lieutenant, 35e de mobiles, 2e bataillon, 1re compagnie. — 100 fr. | n. 66. — Bédarieux, 295. — gojoux à joseph moustelon, 45e mobile, hérault, 2e bataillon, 1re compagnie. — 50 fr. | n. 67. — Pertuis, 95. — george à charles herbin, maison frédérick, 138, rue saint-denis. — 100 fr. | n. 68. — Lyon, 5. — mlle petit à petit, 7, rue saint-sébastien. — 15 fr. | n. 69. — Montélimar, 52. — azir à mlle riéter charlotte, 50, avenue motte-pique. — 200 fr. | n. 70. — Romans, 50. — seyvet à chevalier alexandre, caporal, 2e bataillon, 5e compagnie mobile, drôme. — 100 fr. | Total : 1,465 fr. |

N. 71. — Oran, 272. — borde à mézange, 84, rue faubourg saint-denis. — 293 fr. 86. | n. 72. — Oran, 286. — presser à mme fany, 60, rue pigale. — 50 fr. | n. 73. — Etretat, 121. — mougier à madame cuzier, 65, neuve-des-mathurins. — 80 fr. | n. 74. — Beaune, 138. — clément à françois et félix clément, 10e mobile, côtes-d'or, 1er bataillon, 3e compagnie. 100 fr. | n. 75. — Alger, 384. — madame chouquet à madame Vullien, 51, rue grenelle-st-germain. — 50 fr. | n. 76 — Beaune, 132. — madame thévenot à thévenot, 10e mobile, 1er bataillon, 1re compagnie. — 10 fr. | n. 77. — Beaune, 137. — Bitouzet à bitouzet, 10e mobile, côte-d'or, 1er bataillon, 3e compagnie. — 50 fr. | n. 78. — Puy-en-Velay, 255. — verregac à mme lassalle céline, 158, rue rivoli, près louvre. — 300 fr. | n. 79. — Lille, 82. — bornier à théoault, avoué, 31, rue faubourg montmartre. — 200 fr. | n. 80. — Autun, 66. — mangematin à mangematin marie, 13e de marche, 1er bataillon, 1re compagnie, d'autun. — 50 fr. | Total : 1,183 fr. 86. |

N. 81. — Autun, 54. — graillot à étienne graillot, sergent-vaguemestre, mobile d'autun, 13e marche, 1er bataillon, créteil. — 50 fr. | n. 82. — Beaune, 79. — devevey à alfred devevey, 10e mobile côte-d'or, 1er bataillon, 2e compagnie. — 50 fr. | n. 83. — Chagny, 36. — schor à guillemot, marchand de vins, 23, rue sèvres. — 300 fr. | n. 84. — Méru, 94. — hugot à trabé georges, sous-lieutenant mobile, 38e marche, 1er bataillon, 5e compagnie, ou émile son frère, mobile, seine-et-marne. — 100 fr. | n. 85 — Chagny, 37. — schor à madame blondeau, 23, rue sèvres. — 300 fr. | n. 86. — Chagny, 38. — schor à madame blondeau, 23, rue sèvres. — 200 fr. | n. 87. — Autun, 46. — guenard à paul guenard, 13e marche, mobile d'autun, 1er bataillon. — 50 fr. | n. 88. — Troyes, 158. — masson à charles masson, mobile, 48, boulevard courcelles. — 100 fr. | n. 89. — Lille, place saint-martin, 62. — martin à madame martin antonin, 1, boulevard mazas. — 200 fr. | n. 90. — Rennes, 92. — madame mabaison à auger gustave, mobile, blessé, chez altaud, 46, rue bondy. — 100 fr. | Total : 1,450 fr. |

N. 91. — Lyon-Guillotière, 20. — me daviet à pétrus daviet, mobile rhône, 2e batterie artillerie. — 20 fr. | n. 92. — St-Père-en-Retz, 154. — foucher à foucher. mobile seine-inférieure, 2e bataillon, 3e compagnie, mont valérien. — 50 fr. | n. 93. — Rodez, 371. — Pion à Bella, 3, boulevard courcelles. — 50 fr. | n. 94. — Roche-sur-Yon, 43. — dézamy à dézamy. sergent au 35e mobile, 2e bataillon, 8e compagnie. — 300 fr. | n. 95. — Le Palais, 229. — de cachard à milot, employé télégraphe, 8, rue bertrand. — 100 fr. | n. 96. — Nantes, 63. — cornilleau à léon cornilleau, 7, rue clapeyron. — 50 fr. | n. 97. — Marseille, 3. — luck à me gontier, 13, rue lepelletier. — 300 fr. | n. 98. — Arcachon, 82. — sainet à me masse, 36, boulevard beaumarchais. — 300 fr. | n. 99. — Bordeaux, 50. — pouillée à chuilerie, sergent francs-tireurs presse à la cour neuve près st-denis. — 300 fr. | n. 100. — Bordeaux, 43. — salvat à me salvat, 61, cherche-midi. — 100 fr. | Total : 1570 fr. |

N. 101. — Limoges, 49. — duhamel à me duhamel, 34, rue ferme-mathurins. — 100 fr. | n. 102. — Lyon, 17. — sauchan à charrin, chez kisser, 7, passage saunier. — 300 fr. | n. 103. — Lyon-Guillotière, 67. — sapin à sapin, 2e batterie artillerie, mobile rhône. — 20 fr. | n. 104. — Chalonnes, 21. — leclerc à rené leclerc, 15e marche, 2e bataillon 6e compagnie clichy. — 15. | n. 105. — Lorient, 4. — lamy à mlle charrieus, 20, rue visconti. — 100 f. | n. 106. — Le Palais, 239. — augier à augier, 53, rue faubourg temple. — 100 fr. | n. 107. — Morlaix, 72. — lannurieu à de valori, 36, cherche-midi. — 300 fr. | n. 108. — Bordeaux, 91. — crédit agricole à gustave lazard, 50, boulevard clichy. — 300 fr. | n. 109. — Rodez, 48. — bourguet à bourguet, médecin, 29, rue d'allemagne. — 200 fr. | n. 110. — Bayonne, 59. — ballet à me villette, à paris. — 50 fr. — Total : 1485 fr. |

N. 111. — Château-la-Vallière, 28. — valême à valême, soldat 14e artillerie, 3e batterie. — 20 fr. | n. 112. — Brest, 29. — bellamy à mlle anna brunel, 22, rue église passy. — 200 fr. | n. 113. — Bordeaux, 17, crédit agricole à gustave lazard, 50, boulevard clichy. — 200 fr. | n. 114. — Bordeaux, 16. — crédit agricole à gustave lazard, 50, boulevard clichy. — 300 fr. | n. 115. — Bordeaux, 20. — cochery à me hutin, 4, rue d'aumale. — 300 fr. | n. 116. — Bédarieux, 63. — manuel à boyer mathieu, mobile hérault, 2e bataillon, 1re compagnie. — 15 fr. | n. 117. — Bordeaux, 94. — agence havas à émile paton, intendance militaire de la garde mobile. — 200 fr | n. 118. — Clermont-Ferrand, 16. — druez à delesse, 32, rue crozatier. — 50 fr. | n. 119. — Agen, 48. — mlle girerdy à madame hasard, 60, rue de lévy-batignolles. — 100 f. | n. 120. — Rennes, 72. — surville à alliez, 16, rue de lancry. — 100 fr. | Total : 1485 fr. |

Le Comptable,

Bordeaux. — 27 décembre 1870.

Péronne. — jules moizeux ou lainé, premier bataillon, somme. santé bonne, écrivez souvent. — Moizeux, décormont capet. |

Chartres, 18 déc. — Legeay, 391, rue vaugirard. tous bien, trois lettres depuis septembre, prions continuellement, nogent bien. — Desain. | Voigniez, 244, rue vaugirard lettres reçues, tous bien, quand? — Adélaïde. |

Briouze-st-Gervais. — Geffroy, 34, penthièvre. tous parents bonne santé. — Renoux. |

Pau, 26 déc. — Froyez, 60, haussmann. bonne année, bon souvenir, grands remerciements. — Auchois. |

Fourchambault. — armand Delille, 7, portalis. oui, oui, non, oui, genève et hâvre bien. — Isaac. |

Chatillon-en-Bazois, 22 déc. — aymar Larochefoucauld, génie auxiliaire, saint-denis. bien heureuse des bonnes nouvelles du 7, allons tous bien, priéres, tendres souvenirs. — Christine. | Hunolstein, 125, grenelle. reçu tes deux lettres, bien occupées de vous, portons tous bien, vœux, tendresses, prières. — Claire. |

Chateauroux, 25 déc. — Edon, 6, quai célestins. tout bien. — Duchesne. | Barluet, 15, trévise. bons souhaits, portons bien. — Mouin. |

Poitiers, 25 déc. — Giraud, clairon, mobile, vienne, sixième ou troisième poulangis. tous bien, reçu lettre novembre. |

Figeac, 25 déc. — stéphane Dervillé, 164, quai jemmapes. bonne fête, mère mieux. — Dervillé. |

Macon, 23 déc. — Surigny, lieutenant, 40e de marche. paris. nous tous bien portants, embrassons tendrement. — Surigny père. | Cantrel, 3, castiglionne reçois lettres, portons bien. — Cantrel. | madame Dorian, ministère travaux publics. enfants de lili vont très-bien. — Vrarcher. |

Nevers, 21 déc. — Dauchez, 2, rue beaux-arts, paris. portons bien. — Pachons. |

Lormes. — Louberis, 48, rue rocher. nouvelles toi, eugène, grégoire, ferry, hédé, lormes. — Louberis. |

Granville, 22 déc. — Lepage, 4, rue saint-quentin, paris. lettre edmond pas reçue, tous bien portants, essayez vendre huile olive, suif, abattez pettigri. — Haentjens. | Lecouteux, 74, oberkampf. portons bien, bébé six dents. — Emile |

Tours, 25 déc. — Chauffers, 43, la bruyère. élisa, adèle, enfants, nous, auguste, amélie, duillier parfaitement, reçu lettres 4 décembre, déménagement salon au billard, froid. — Argand. | Renouard, 9, rue d'aguesseau. vont parfaitement renouard, ricot à arcachon écris poste restante, sommes bien saint-quentin, recevons tes lettres. — Elisa. | m. martin. mairie, 3e arrondissement. nous sommes belgique, anvers, place commune, 2. bonne santé, henriette bien. — famille Simonet Martin. | madame Debourge, 11 bis, passage ste-marie. aimerg albert blois, tous bien, allemagne jersey aussi. — Anna. | Gery, cité bergère, paris. tous, marguerite, georges bien, lettres parvenues. — Marion. | Laroque, poste, 3e division. mère excellente santé, écrivez ballon. — Paumier. |

Bourdeilles, 24 déc. — Moutard-Martin, 9, rue hautefeuille. recevons lettres, bonne santé, paul au dépôt, que fait école. — Vuatrin. | Vertel, 19, rue keller. inquiète, écrivez. — Jovinet. |

Saint-Florentin, 17 déc. — Dubois, employé poste, recette principale. allons bien. — Philomène. | Vérolod, 5, rue de médicis. allons bien. — vérolod. | Alipée, 13, rue ancienne-comédie. allons bien tous. — Jullien. |

Dinard, 3 déc. — Calame, 15, rue l'arcade. santés bonnes, très-inquiète de vous, écrire longuement, ta mère bien dix novembre. — Calame. | Gasselin, 16, rue prony, paris-batignolles. bonne santé, souffrez vous privations, écris détails. — Gasselin. | Sennelier, 141, faubourg saint-honoré. marie, 28, gros garçon, émile, rené nourrit vont très-bien, inquiète, georges rennes bien. — Guenot. |

Pleudihen, 3 déc. — Beaufour, rue bourdonnais. décembre colonie bonne santé. |

Pau, 25 déc. — Demarest, 16, échiquier. sans nouvelles de louise depuis quinze septembre, écrivez par ballon poste restante à Pau. — Chambon. |

La Ferté-Chévresis, 16 déc. — Brugnon, artilleur, fort charenton. reçu lettre, écris journellement, tous bien portants, embrassons maréchal, alfred, élind, léon. — Brugnon. |

La Roche-sur-Yon, 23 déc. — Marsais, capitaine, ambulance arts-métiers. recevons lettres, portons bien. — Marie. |

Louviers, 21 dé. — Jourdain, 7, penthièvre. germain ballon deniere, dibon, marion trouvil e tous bien. arthur rouen, turc encaissé, guano va bien. — Deniere. |

Bordeaux, 24 déc. — Fazy, 2, place wagram, paris. sixième dépêche, tous bien foëcy, recevons lettres. — Seyrig. | André, 27, londres. reçu vos lettres, tous bien, georges annoncé. foëcy. — André. | Carvès, lieutenant vaisseau, fort montrouge arcueil. Julie, moi, portons bien, julie marche seule, embrassons. — Angèle Carvès. | Salvandy, cassette. 20 déc. santés bonnes, passage prussiens rapide, semailles faites, thomas mieux, andré bien après feu. — Aglaé. | Loreau, 77, rue st-lasare. un fils 8 octobre, relevée en quinze jours, rené à nourrice. santés bonnes. — Loreau. |

Nice, 24 déc. — Vauzy, 28, argenteuil. donnez-moi de vos nouvelles, amitiés, souvenirs. — Lamaignere. | Gardin, 30, bergère. famille entière santé passable, à tous courage, espoir, amitiés — Lamaignere. | Fichet, 45, richelieu. confectionner le coffre-fort pour lima, deux mètres hauteur, soixante-quinze profondeur, un quarante largeur. — Fournier jeune. |

Parthenay, 23 déc — Deniau, 107, st-lazare. reçu lettres, reconnaissante, portons bien, embrasse raoul. — Fraboulet. | Lavallée, 3, castellane. quatrième dépêche, reçu soixante lettres, portons bien. — Lavallée |

Falaise, 22 déc. — Mlle Beaudoin, 10, rue soly. désespéré, sans nouvelles depuis 1er octobre, m'écrire par ballon monte. — V. T. |

St-Légers-sur-d'Heune, 22 déc. — Dechatellenot, 43, rue meslay. edwige st-léger, charles pension, santés bonnes. |

Castelnaudary. — Metgé, 55, petites-écuries. calmes, valides, titres reçus, mobilisé partira. |

Dax, 25 déc. — m. Graziani, 22, rue pont-neuf. ici tous bien portants, recevons lettres, bonnes nouvelles de cassano. — Graziani. |

Lesparre, 26 déc. — Boutruche, chasseurs, neuilly. bien, reçu lettres, marie inquiète. — Boyé. |

Verdelais, 26 déc. — Choizin, 104, vaugirard. seconde dépêche, souvenir année, santé passable, mais vous écrivez ici, tous bien, adieu. — Hermine, Aurélie. |

Bernerie. — Foucher, 6, geoffroy-marie. reçois lettres, blanche ici, portons tous bien. — Ancelot.

St-Valery-sur-somme, 19 déc. — Barthe, 46, lille. allons tous bien, dames malot, morel, également. — Luignes. |

Quimper, 24 déc. — Beaufond, 9e bataillon mobile, fort vanves. cinquième dépêche, vœux, j'aime papa, leçons aumônier, santé excellente, touché argent. — Emmanuel. |

Bédarieux, 22 déc. — Dementque, 84, amsterdam. marie, moi, garçon bien, vernon bien depuis 9 nov. — Lebrun. |

Toulon, 22 déc. — Gassmann, 111, rue montmartre. armand guebwiller lorient, toulon allons tous bien. — Léontine. |

Angoulême, 25 déc. — compagnie soleil. reçu lettre 22 courant, corresponds, soultzener sinistre, millot, lieutenant-colonel 63e marche, résidence inconnue. — Chevallier. | compagnie soleil sinistre poitiers, police 6,520, perte présumée exagérée, 200,000, prime payée. — Chevallier. |

Culan. — Estoublon, monsieur-le-prince, 20. dernière lettre reçue 18 décembre. — Estoublon.

Carpentras. — Fredon, caire, 12. frère avec guérin, marius, tous sergents. charles lieutenant nevers, vont comme nous bien. communiquez carret. — Bonfil. |

Pontarlier, 26 déc. — Bouvelet, 1, louvre. allons toujours parfaitement tous, reçu lettre du 9, le père de jean va bien. — Bouvelet. |

Bordeaux. — 27 décembre 1870.

Besançon, 28 déc. — Martin, l'arrapée, 90. joséphine, famille santé, nouvelle joseph, travail mal. prussien point, prussien belfort, évacué dijon, lettre ballon. |

La Roche-sur-Yon, 31 déc. — Dezamy, sergent, 8e compagnie, 2e bataillon, 35e mobile. envoie 300 fr., accuse réception mère nouvelles toi, inquiète. — Père Déjamy. | Darblay, paris. reçu lettre 10 décembre, confirme 3 dépêches. ferai 50,000 Htes 20 à 23 magasins, attends ordres. — Rouchy. |

Châtellerault, 31 déc. — Logerot, commandant ministère guerre. montbazon, auxonne santés parfaites, reçu ton mandat. — Alexandrine. | Maurice, bac, 122. nous allons tous bien. — Veuve Vénien. |

Tarascon-sur-Rhône, 1 janv. — M. Casimir, 14, liné. bonne année, embrassements à tous. comps tous vont bien. — Théodore. comps, 31 décembre. |

Châlon-sur-Saône, 28 déc. — M. Richard, 12, st-sauveur. payez contributions, maisons de mon oncle. meilleure année pour tous. — Bordeaux. |

Vivonne. — Devaureix, chaussée-d'antin, 66. lettre 15, reçu 30. bonnes santés, reconnaissance pour tous les nôtres, poitou tranquille, coréol bien. |

Mezimieux, 30 déc. — Mouson, mobile rhône, artillerie passy, paris. toute, famille bien. |

Dôle-du-Jura, 27 déc. — Mme Guérin, cardinal-lemoine, 25. donnez nouvelles paul, inquiets. — Chambourdou, dôle. |

Courtezon, 31 déc. — Calamel, rivoli, 50, paris. trente, quatorze reçu, santé bonne, louvre le 4, inquiète seulement. — Calamel. |

Mèze, 1 janv. — Villebrun, oberkampf, 18. vendez bordelaise, montagne 45 fr. cette. — Privat. |

Besançon, 28 déc. — Camille Martin, lieutenant, 2, rue jacques-de-brosse. allons tous bien, amitiés, vœux. — Herminie Martin. | Estreyer, d'albe, 1. ma femme morte 15 décembre. suites d'opérations, prévient général delorme, — Henry. |

Pontarlier, 27 déc. — Mme Bey prévient son mari, major au 21e régiment artillerie, école militaire, paris, elle va bien. — Joséphine. |

Cayeux-sur-Mer, 28 déc. — Cloëz, 7, linné. tous bien cayeux. |

St-Germain-du-Plarn, 29 déc. — Chicotot, 20, avenue observatoire. merci lettres, toutes reçues, santés excellentes. — Douhaire. |

Riom, 30 déc. — Compère, sébastopol, 103. probablement encore arromanches, roux conseillaient londres hier. jeanne écrit, pas vus. adressé lettres, engage venir ici. — Médulphe. |

Besançon, 27 déc. — Monnin, château-d'eau, 11. reçu lettre, confirmé dépêche, en suisse. santés bonnes, affaires satisfaisantes, inquiétudes. beaucourt besançon. — Sandoz. |

Auray, 30 déc. — Mme Gaudin, rue abbatucci, 50. bonne année, soignez vous, allons bien tous. — Gabriel. | m. Bérenger, rue du cirque, 11. souhaite année meilleure, allons bien. — Delaugle. |

Mamers, 29 déc. — Soret, 17, passage st-pierre-amelot. portons tous bien, hortense est à rambouillet. — Bernard. |

Morlaix, 30 déc. — Prigent, batignolles boursault, 30. félicitations, médaillé tous parfaitement, sitôt débloquement, prenez congé convalescence, empruntez si besoin, chalot mort. — Bacquet. | m. cléry, 33, cassette. 30 décembre. tous bien, reçois lettres. céline toulouse. | Saint-Prix, capitaine, 3e bataillon, 23e régiment marche, corps vinoy. félicitations, souhaits, santé, sommes bien. — Philippe Saint-Prix. | Horner, 36, varennes, paris. bonne année, allons bien morlaix. — Banès. |

Dinard. — Douin, écluses-st-martin, 43. bonne année cher père, ami juliette, paul, aimée, agathe. bons enfants travaillent bien, paul maló. — Douin. | Jourdain, 36, gaylussac. vallet remercie beaucoup, fera donner argent aussitôt communications rétablies. | Amiral d'Arnay, ministère marine, paris. prière instante conserver corps et armes, pierre duquesne pour famille. — Vicomtesse Duquesne. |

Bédarieux, 31 déc. — Frédéric Vernazobres, lieutenant mobile hérault, st-maur. troisième dépêche. allons tous bien, bonne année, recevons tes lettres. embrassons, prions. — Vernazobres. |

Chambéry, 28 déc. — Sauzède, st-joseph, 10. bien fière décoration. désolée pas te soigner. merci excellent ami, nommé procureur, tlemcen contrariée. tendresses. — Julia Evéralline. |

Dijon. — Mme Simon, des écouffes, 13, paris. nous portons bien, embrasse ma mère. — Raphaël. |

St-Etienne. — Bousquet, 99, blanche. st-étienne, bourges tous parfaitement. espoir, confiance, lettres reçues. — Brière. |

Nevers, 30 déc. — Carmantrand, germain-pilon, 7. portons bien. |

Saulieu. — Collet, mairie st-cloud, passy. bien portante, répondre. — Françoise. |

Mirande, 5 déc. — Colliau, 83, marcadet, montmartre. allons tous bien, levée 40 ans, louis pris, amitiés à tous. — Gorisse. |

Toulouse, 5 déc. — Rougeot, 2, colbert. nouvelles eugène et vôtres. — Decaudin. | Pchwartz, bondy, 82, paris. porte bien, lettres reçues, beaucoup ouvrage, viens vite toulouse. — Pchwartz. | M. Viguerie, rue jacob, 6. toulouse, santé bonne. — Sophie. | Charles Normand, 72, rue blanche. prier gouverneur banque arrêter compte guilhou et autoriser cuvier gouverneur bordeaux à le solder. — Gadrat. | Charles Normand, rue blanche, 72. confirme précédente faite sur conseils cuvier, gouverneur bordeaux, avisez-moi, rue lafayette, 3, toulouse. — Gadrat. | Joiron, curé auteuil. pense vous beaucoup, reçu 8 fois nouvelles — Herménigildes. | Durant, rue des martyrs, 13. viens affaire, santé bonne. — Guibal. |

Albi, 5 déc. — Husson, monnaie, 9. allons tous bien, sois sans inquiétude, quel malheur arrivé caroline? ignorons. — Robinot. |

Granville, 6 déc. — Parguez, 50, neuve-petits-champs nous allons tous parfaitement, recevons vos lettres, envoyons mille baisers, sommes bien installés à Quimper. décembre. — Rosa. | Grandvoinnet, fauconnier, 9, portons bien, argent reçu, camille marche, indisposé. — Grandvoinnet. | Alexandre Prévost, 26, richer. inquiète, attends nouvelles, envoyé dépêches, lettres, amédée parti londres. — Charpentier. | Cuqu, 6, rue vienne. familles jules loubert, enfert vont bien, embrassent chers absents, reçoivent lettres, caroline souffrante. — Jules |

Cette, 5 déc. — Vivarez, capitaine, mobile hérault, groupe montvaillant, 3e corps, paris. donne chaussettes laines aux cettois, avise dépense. sommes bien portants. — Vivarez. | Taupin, 12, beauregard, paris. lettres reçues, tous bien portants. — Mavet. |

Lille, 2 déc. — Poncelet, 42, rue poissonnière. nous portons tous bien, attend nouvelles. — Poncelet. | Legénissel, 11, rue enghien, paris. donne par ballon nouvelles de toi et berthe, chez rogissart, muná florenville, allons bien. — Boutmy. |

Le Mans, 6 déc. — Delamarre, rue Dieu, 14, paris. voyez tous veaux, chez guillot, 20, geoffroy-saint-hilaire, quel prix valent? répondez ballon. — Poirier. |

Cavaillon, 5 déc. — valère martin-eugène, caporal, chasseurs vincennes, 8e bataillon, vincennes. depuis 4 octobre sans nouvelles, malgré 4 lettres exprimant inquiétude — Valère Martin. |

Bédarrides. — Vernes, compagnie, banquiers, paris. desirons vos nouvelles, allons bien, rey et gabriel partis pour allemagne, visiter prisonniers, émile caserné. — Faure. |

Avignon, 5 déc. — Providence, 12, rue grammont. sinistres, pertes insignifiantes, affaires calmes, encaissements 2,000 francs. — Chaillot. |

Villers-s.-mer, 18 déc. — Deslandes, ferme-des-mathurins, 15. santés bonnes, espoir. — Deslandes. | Rousseau, 69, chabrol. adèle nantes. — Deslandes. | Roche, 3, grammont. reçu lettre, tous portants. — Céline. | Pille, 53, rue de rivoli. 2e dépêche, reçu lettre hier, pas eu depuis un mois, allons bien, écrivez villers. — Pille. | Vafflard, rue alibert. claire londres, tous très-bien, nous bien villiers. — Chalamet. | Duval, 78, godot-mauroy. grosse fille arrivée ce matin, santés bonnes. — E. Delaistre. |

Trouville, 5 déc. — M. Boutard, 18, rue de l'arcade, paris. laure guérie, enfants santé parfaite. — Boutard. | Bouchard, mogador, 11. deleuze bénerville, madot, boudard lisieux, vont bien, reçoivent lettres. — Deleuze, décembre. | Albert, boulevard madeleine, 9. santés parfaites, écris, lettres arrivent. trouville, 5 décembre. — Honorine. | Saglier, saint-denis. tous bien, trouville. — Betsy. | Poncet, 97, rue cherche-midi. allons bien, recevons vos lettres. trouville, 5 décembre. — Grolous. | Cahen, boulevard strasbourg. tous en bonne santé, t'embrassons tendrement. 5 décembre. — Clémentine. | Petit à trouville à Petit, rue meslay, 55. nous allons bien tous trois. | Menant, choiseul, 22, paris. enfant va bien, moi aussi, reçu ta lettre, écris souvent. — Marie. | Charles Courtois, 26, rue bergère. reçu lettres, santé bonne, impatients voir. — Léonie. | Baschet, 7, boulevard saint-michel. trouville, bonnes santés, prière pas mêler affaires léon. — Baschet. |

Auray, 6 déc. — Bidaux, 8, du dauphin. santés bonnes, écrire numéro bataillon, inquiets. — Berthe. |

Condé-s.-Noireau, 7 déc. — Gille, rue méchain, 3, paris. nous portons bien, recevons vos lettres, manquons de rien, bonnes nouvelles madame collas. — Suzanne Gille. | Duret, 36, tronchet, paris. retour bientôt, amitiés. — Emma. |

Bourg, 7 déc. — Delallée, rue des canettes, 21, paris. enverrons argent première occasion, bien portants, adolphe prisonnier. — Tessier. |

Bordeaux, 7 déc. — David, 55, des moines, batignolles. santé excellente, jeanne marche. — Mathilde. | Schor, faubourg saint-antoine, 178. sans nouvelles 26 octobre, es-tu malade? écris, inquiets, allons bien. — Schor. |

Morlaix, 25 décembre. — Mansais, 171, faubourg-martin, paris. familles Audiffred, Espinas, bien, morlaix. Quillames, loyer armoire cabinet. réparations Fanost. reçu lettre 19. — Audiffred. | Hébert, 40, gay-lussac. tous parfaitement morlaix, rue aiguillon. Amélie pas grosse. Desains, belgique, supplie fiancé, tous, écrire souvent. — Déchard-Guilmin. |

Le Quesnoy. 21 décembre. — Rathelot, état-civil, palais justice. santés bonnes, envoyé argent. Sevestre, famille Pénot, quesnoy. — Pauline. |

Auray, 26 décembre. — Langlois, 52, rue des petites-écuries. allons bien tous, vous embrassons. — Langlois. |

Calais, 22 décembre. — Kresser, 48, provence. payez 600 fr. Barbier, 155, faubourg-st-denis. — Bellart. | Emmery, 28, saints-pères, paris. famille bruges, trio, septfontaines. tous parfaitement. quarante lettres. baisers, tendresses, pour nouvelle année. — Emmery |

Regey-sur-Ource, 18 décembre. — à monsieur Alfred Bosdet, capitaine, 10e régiment, gardes mobiles côtes-d'or, 2e bataillon, 5e compagnie, à l'ambulance, 13, rue du regard, à paris. allons tous bien. comment va ta blessure? — Louis Bosdet. |

Lorient, 26 décembre. — Dauchez, 83, rue victoire. bonne année, mille baisers, tous bien. — Dauchez. |

Napoléonville, 25 décembre. — Wallut, 15, monthabor, paris. lettres reçues, bonnes nouvelles des familles, courage, pensons à vous. — Paqueron. |

Châteauneuf-sur-Charente, 27 décembre. — Lemoine, 9, rue duphot, paris. troisième. tous bien portants, lettres reçues. — Bruneau. |

Villers-sur-mer, 24 décembre. — Courtin, 104, rue bac. recevons lettres, demeurons welbeck house sydenham, allons tous bien, Jules collége croydon, enfants travaillent maison. — Courtin. | Cressent, 48, boulevard st-michel. cher papa, merci! nous et Avesnes, santé parfaite. — Cressent. | Buquet, 15, buci. toujours villers sans inquiétude, si prussiens approchent partons dinan, souhaits bonne année, mille baisers à tous. — Marie. |

Avranches, 24 décembre — Lucy, 81, faubourg-st-denis. portons tous bien. — Lucy. | Alphand, 9, place hôtel-ville. Emmanuel hambourg. — Alphand. | Albert Grimault, 22, neuve-capucines. cinquième dépêche. toujours avranches, allons bien. |

Sauze-Vaussais, 27 décembre. — Pougny, 63, grand'rue de passy-paris. 4 novembre ta dernière lettre, ta mère inquiète, écris. — Pougny. |

Montendre, 26 décembre. — monsieur Bazire, 59, rue château-d'eau, paris. troisième. bonne année, bonne santé Charles, maman. porte bien. — Augustine Bazire. |

Dax, 27 décembre. — Darrigan, 30, st-dominique. recevons lettre du 19, attendue dix semaines. tous bien, Paul ici. Berthon, Lacoin, écrivent longuement. — Darrigan. |

Bagnères-de-Bigorre, 26 décembre. — Lamoureux, 8, quai de gesvriès. tous bagnères-de-bigorre, santé bonne, longues lettres. — Nelly. |

Châteauneuf-sur-Cher, 23 décembre. — Duhamel, hôtel ville, paris. santé bonne, lettres reçues, bonnes nouvelles normendie octobre. |

Arcachon, 27 décembre — Vergez, 23, rocroy. chère mère, frère, bonne année, baisers, courage, écrivez souvent. soigne-toi, mère. Henri, nous, bien portants. — Lavély Détroyat. | Colliard, 52, hauteville. troisième. arcachon bonne santé, tranquillité. Prélier southampton. — Jenny. |

Castillon-sur-Dordogne, 27 décembre — Bonniot, 8, rue sentier. santés bonnes, écrivez souvent, meilleure année, embrassons tous. — Henriette Ponchon. Sudre. |

Vannes, 25 décembre. — Giquel, 5, cité talma. portrait reçu. tous bien, fécamp aussi. — Giquel. |

Yport, 21 décembre. — Gorgeu, 41, rue de seine. 50 fr. par mois Emile pour tante Vogel, rapportera reçu. santés parfaites |

Rennes, 24 décembre. — Laguerre, 80, taitbout. bonnes santés, nantes aussi, reçu lettres. — Clarisse. |

Argentan, 24 décembre — Tostain, 125, boulevard sébastopol, paris. enfants Boudet, Carpentier, bien portants. |

Sarlat. — Bousquet, 33, picpus. maisons midi tranquilles, rentrées bonnes. poitiers, mobiles remplaçant pensionnaires. respects, bonne année. — Bordes, 27 décembre. |

Navarrenx, 26 décembre. — Moity, 85, legendre. tous navarrenx, santés parfaites. — Casimir. |

Lubersac. — Guy-Lubersac, fort bicêtre. tous bien portants, compris Raoul. sans lettre toi depuis fin novembre. — Lubersac. 24 décembre. |

St-Brieuc, 24 décembre. — Treveneuc, 16, montaigne. tous bien, écrivons souvent. — Ta mère. | Pélicier, chef bureau, 8, rue du hâvre, paris. portons très-bien, embrassons, recevons lettres, écrivez. — Pélicier. | Courson, 38, rue monceaux. Robert armée nord, paul mayence. — Courson. | Perrier-Pahn, 14, rue halévy, paris. nous allons bien, enfants aussi, à bordeaux. |

Niort, 26 décembre. — Danlion, intendant. moi niort, Gellions belleville, santé, embrassons cinq. — Paul. | Schmit, 34, boulevard contrescarpe. chère famille, espérons que celle-ci arrivera! nous allons bien, heureux quand serons ensemble. de cœur : — Riffaud. |

Massiac, 24 décembre. — Chapuis, 7, st-roch. ta mère décédée 6 décembre, ta femme et Marguerite bien portantes, reçois tes lettres. — Victoire Chapuis. | Brunel, 256, st-honoré. suis à baraque, tous sains. — Paul. |

Blaye, 27 décembre. — Guyot, 9, boissy-d'anglas. reçu lettre du 20, heureuse dépêche arrivée, pas besoin argent, vivons ensemble blaye, Marie bourges bonne santé, bonnes nouvelles Philibert soissons, pas château-thierry, enfants sages, bien portants. — Clémentine. | Richefeu, 140, boulevard montparnasse. reçu lettre annonçant réception dépêche, espérons revoir bientôt, Eymery argent, vivons ensemble blaye, Louis collége, enfants sages, bien portants, tante Guérin inquiète pas nouvelles, toutes bonne santé, embrassons tous. — Louise. |

St-Servan, 29 décembre. — Dufrayer, directeur finances. quatrième. tous bien, volante vendue huit, seul ici. — Franchot. |

La Ménitré, 31 décembre. — monsieur Planchenault, bureau de navigation, quai grève. meilleure année, santés bonnes, lettres reçues. — Noémi Planchenault. |

Alger, 27 décembre. — Anceaux, 10, burq. suis alger. — Anceaux. | Lepintre, 14, coquillière. tous bonnes nouvelles. — Lepintre. |

St-Brieuc, 30 décembre. — Moreau, 1, rue fénelon. santés bonnes, écrire plus souvent, Léon Albert surtout, nouvelles Edvir, numéro son bataillon. — Victorine. |

Rabastens-sur-Tarn, 30 décembre. — de Toulza, lieutenant, 7e mobiles, 2e armée, division Matta. bonne année, allons tous bien, ne recevons pas tes lettres, pourquoi? d'autres arrivent, tendresses. — de Toulzac. |

Honfleur, 29 décembre. — Laurein, 130, avenue neuilly. allons bien, reçois lettres. |

Lunel, 30 décembre. — Collet, mobiles hérault, st-maur. familles Marcou, Collet, Reynaud portent bien, reçoivent lettres. Louis ici, continuez écrire, désirons lettre Adrien. |

Avranches, 29 décembre. — Cassabois, 2, baudin. reçu plusieurs lettres, continue location, tous bien portants. | Martin, 17, malesherbes. enfants bien, reçu lettre, écris-moi. — Louise. avranches. |

Châteauroux, 31 décembre. — Devillord, 4, cloître-st-honoré. tous bonne santé. — Raffin. | Besnier, administrateur postes. allons bien. Sinha, bébé, aussi à bruxelles, hôtel suède. Pour Georges : mère, sœur Chabenat, bien portantes. — Claire. |

Douai, 27 décembre. — Desforts, 12, bonaparte. souhaits fête. Clotilde aux forts, sans prussiens. tantes, cousin, nous, yonville. Laure, tous, bien. — Fontaine. |

Montauban, 1er janvier. — Lavrignais, 19, miroménil, paris. merci pour lettres et soins de mère. prions, aimons tous deux. sommes montbelon, avec ambulance. — Mesnard. | marquise Bellisen, 13, casimir-perrier, paris. meilleure année, pauvre chère mère! prions, vous aimons, embrassons bien tendrement. écrivez souvent. — Mesnard. |

Valence-Rhône. — Joulie, 200, faubourg-st-denis, paris. familles complètes, Emile reste, Jules prisonnier, Henri vivant, midi tranquille | Tracol, artillerie de drôme, villejuif. familles Dorival, Clément, Uzel, Lambert, Tracol, très-bien. Jules, secrétaire de place, valence. lettres arrivent. |

---

58 Pour copie conforme :

L'inspecteur,

Bordeaux. — 27 décembre 1870

Croissanville, 30 décembre. — Dauge, 11, martel. 8e dépêche. croissanville, ouvrir caves Alice et Bertrand : coke, charbon, bois, andouille cuisine Buttin. — Dauge. | Roncart, 21, faubourg-st-jacques. reçu lettres. recevoir terme montorgueil, donner reçu provisoire. savoir blanche accouchée, voir Daugé. Valtat réponse.— Clerjon. |

St-Pierre-lès-Calais, 27 décembre. — Heimbert, ingénieur gaz portatif, 104, charonne. mère malade mais sans danger, moi bien. — Heimbert. |

Lyon-la-Guillotière, 29 décembre.— Achard, 1re batterie d'artillerie mobiles du rhône, place peirere, paris. aller chez Poirier, rue de entrepôt, 15, de la part Achard, de lyon, pour deux cents francs. |

Napoléonville, 31 décembre. — Viollette, 2, rue michodière. père, mère, bien pontivy. famille Jules lignéres (cher). |

Dinan, 30 décembre. — monsieur Gouzien, 22, rue rossini. patience, courage, ai hâte aussi vous voir ami, bien portant, merci pour chevaux. — Pontcroix. | Delapalme, chaussée-d'antin. santés parfaites, argent manque. écrivez directement Sainthelier, jersey. père versailles, Bois dinan, tous bien. lettres reçues, amitiés. — Delapalme. |

Saint-hilaire-du-harcouet, 30 décembre. — Madelaine, 19, rue montmorency. va st-sevrin, 30, dire demoiselles Fortin portent bien. né garçon, tous portent bien, nous embrassons. — Madelaine. |

St-georges-de-reintembault, 30 décembre. — Chapron Léonore, 1er bataillon, 4e compagnie du 26e de gardes mobiles. écris-nous. — Guillaume Chapron. |

St-Servan, 30 décembre. — Delaferrie, 17, rue truffaut, paris-batignolles. bonne année, portons bien.— Henriette, Joseph. |

Cabourg, 29 décembre. — Charpenay, 14, vivienne. mille souhaits, bonnes santés. — Charpenay. | Weber, 3, passage neveux Fleurimont cabourg, bonne santé. | Vandermarq, 76, rue de lille. mille souhaits. — Bailleul. | Second, 165, st-honoré. toujours cabourg, Flamand rennes. bonne santé. — Second. | Dufay, 6, faisanderie tous parfaitement. | Dufay, 6, faisanderie, tous bien. | Fleurimont, 10, boulevard strasbourg. Constance, Charles, Lise, cabourg. bonne santé. |

Collonges, 24 décembre.—Michaud, chirurgien, salpétrière. bonne santé, Logras mécanicien, Paul occupé défense. écrivez.— Michaud. |

Mayenne, 30 décembre.— Goupil, 63, vaugirard, paris. avez-vous reçu argent? — Céline. | David, 26, rue lamartine. dernière lettre 20 novembre. inquiète, écris. ta fillette très-bien, nous aussi. souvenir, espérance. — Clémentine. |

Auch, 31 décembre. — Penaud, 22, visconti. Bélinfante écrit Henri être waeissenfeds, enverrai argent. dites Blanche portons bien.—Dupleix. |

Romorantin, 30 décembre. — président tribunal civil, paris. agréez ma démission comme expert.— Fougen. |

Bourges, 30 décembre. — Ernest à Leturc, 24, rue arcade. famille bonne santé, Hybord vu Maurice armée Chanzy. |

Quimper, 31 décembre. — Lavaurs, 16, place delaborde. Sorques, nous, tous bien. prévenir amis. — Marie. |

Limoges, 31 décembre. — Amand, 14, grammont. trois mille recette rennes, sinistres totaux nouveaux trente-deux mille, arriéré impossible déterminer, réside actuellement limoges. — Dupressoir. | Amand, 14, grammont. confirme deux dépêches pigeons, encaissé trente-huit mille circonscription Besnard mobilisé réunie, trente versés banque limoges.— Dupressoir. |

Treignac, 30 décembre. — Sangnier, 36, rue de varenne. trente. toutes allons bien, grande sécurité, avons argent, écris-moi beaucoup. tendresses, tristes baisers. — Thérèse. | Sangnier, 36, de varenne. bonne année, Edmée délicieuse, nous bien tristes. tendresses papa, grand'mère, oncle. tendres affections.— Thérèse. |

Alençon, 12 déc.— Fargues, 69, feuillantines, granville froid, alençon, vigouroux, blaise dix. père lorrez, fernande michel, avons argent. recevons lettres, santés bonnes.— Fargues. | Gombault, docteur, 94, rivoli. sommes alençon tous bien portants, avons envoyé télégrammes, cartes, comment n'avez-vous rien reçu? — Besson. | Arnault, conseiller d'état, 5, st-guillaume, paris. souvenirs affectueux, sommes alençon tous bien portants, prière prévenir Gombault et comminge. — Besson. |

Marseille, 13 déc.— Rostand, 63, chaussée-antin. tâche donner argent bourgogne, engagé zouaves, donne ses nouvelles par ballon.— Amatri. |

Bergerac.— Eyère. 26, boulevard italiens. reçu toutes lettres, enfants avec nous, nous portons tous bien.— Eyère. |

Périgueux. 15 déc.—Gruet, 5, rue de l'ancienne comédie. portons bien et baby faire savoir messieurs, écris-moi, hôtel messageries. — Aucler. | Henry, 13, du château-d'eau, paris. bien portants tous, quitter tours pour périgueux, réponse 27, rue bordeaux.— Henry. |

Vire, 13 déc.— Selogeais, 17, boulevard italiens. nous sommes tous bonne santé. — Selogeais. | Dunod, 49, quai des augustins. as-tu nouvelles? tous bonne santé vire, frère mort.— Bachelot. |

Toulon, 12 déc.— Bellanger, lieutenant vaisseau, fort montrouge. édouard wiesbaden, santés bonnes,— Bellanger. | Sommer, 6, passage princes. mère, sœur. moi, maisons bien.— Marie. | Calvé, directeur invalides, ministère marine. tous en parfaite santé.— Morier. | Battarel, 138, rue amelot. dernières nouvelles reçues 27 octobre, sommes inquiets, allons bien, bregaillon. voir mme boulland, donner nouvelles.— Chavignot. | Bécourt, 38, rue notre-dame victoires, paris. reçu lettre 4, suis avec paul rue molière, 2.— Dubuit. Prosper étienne, hôtel bruges, 19, nadewille. nous allons bien, donnez de vos nouvelles.— Denans. |

Revel.— Houlet, 15, avenue d'eylau, paris. deuxième dépêche, reçu huit lettres, santés bonnes. réponse donnant détails, mille embrassements.— femme Houlet. |

Quimperlé, 13 déc.— Fréminville, 2, rue de lille. quimperlé athis parfaitement. — Fréminville |

Clamecy, 12 déc.— Saligny, 5, rue alger. enfants parfaitement portants.— Stéphane. |

Grenoble, 14 déc.— colonel Corbin, génie, deuxième corps. reçu tes lettres jusque 5, allons bien. aussi père, plombières, st-mihiel, sorcy. marie, albert.— Corienne | Cotte, 14, royale st-honoré. portons tous bien.— Bonnet. | Vessillier, 1, rue lille, caisse amortissement. alfred elzéar, allons tous bien. prévenir gustave, rose, gaston cob entz. — Vessillier. | Mallet, 21, boulevard st-michel. très-inquiète, écris pigeons, pas réponse, donner nouvelles émile. amitiés tous. — Porcher, 13, rue strasbourg. |

Privas, 14 déc.— Danet, colonel, grenelle saint-geamain. commandant francfort.— Danet. |

Valence, 14 déc.— m. d'Albignac, 128, rue de belleville, paris. alix va bien.— Barjac. |

Eguzon, 1er janvier. —Minganon, employé postes, ministère finances. Armand revenu. tous bien partants. tranquillité. — Alba Minganon. |

Riom, 29 déc. — Dulin, fontaine st-georges, 27. inquiets. écrivez. souhaits.—Lecousturier. | Jempier, chef bureaux administration postes. allons bien. — Matthieu. |

Jersey. — Eugène Rocher, 27, rue du mail, 28 décembre. recevons lettres allons bien. ressources trois mois. embrassons tous.—Rocher. | Adolphe Ponsar, 151, st-jacques, 26 déc. troisième dépêche toujours tous bien, recevons lettres. embrassons tous. — Ponsar. | M. Daveluy, 64, boulevard st-michel. allons bien. lettres reçues. famille Bouvier coblentz. frémy sauf après metz, distingué, médaillé, suite ignorée. — Dion. |

St-Amans-Soult, 29 déc. — colonel Reille, boulevard latour-maubourg, 10. tous bien. recevons vos lettres. Louise et moi conservons courage. pays tranquille. — Geneviève |

Douai, 28 déc, | Andry, 70, longchamps, paris-passy. portons bien, Paquot aussi.—Thérèse. |

St-Valery-en-Caux, 28 déc. — Ely, 30, joubert. santé, moral parfait. vu prussiens convenables. baby content travaille, Désaugure famille partout bien. |

Plélan. — Henry Paimpont à chenain, 5, barbette. bonnes nouvelles de tous. grand'mère, françois, mathilde, sauzay limoges. | Lebaron à mme Grimbert, nollet, 19, batignolles. familles lebaron, beaurain vont bien, paimpons t'envoient leurs souhaits de bonne année. |

Tours. — Gropas, pont-neuf, 26. tous valides. jules au mans allait bien hier. pas prussiens à tours. écrivez, courage. santé, 31 décembre. — Eugène Héron. | Portal, grand-chantier, 11. bien inquiets de vous. courage amitiés. — Savreux. | Joanne, 55, quai tournelles. Marie, bébé, famille Lamalou (hérault), moi, montifray, henry camp larochelle, tous bonne santé. — Xavier. |

Draguignan, 30 déc. — Nardelle, maréchal-logis, régiment gendarmerie à pied, paris. cher Nardelle, tous portons bien ainsi que paul. — Maria. |

Mende, 28 déc. — Mougin, 13, seine. continue écrire. réponses impossibles. santé identique, amitié inaltérable. — Dumolin. préfet lozère. |

Moulins-sur-Allier, 29 déc. — Brunet, rue du mail, 1. tous bien portants. — Brunet. |

Nay. — Taupin, 9, de suresnes. quatrième dépêche. lettres reçues. blay télégraphie santés bonnes. enfants travaillent, souhaits bonne année. — Lucie. |

Menetou-Salon, 29 déc. — M. Greffulhe, 8, astorg. toutes santés bonnes à menetou — Félicie. | Comte Greffulhe, 10. astorg toutes santés bonnes à menetou, merci pour lettres. — Félicie. |

St-Thibéry, 30 déc. — Georges Andrieu, lieutenant 45e régiment mobile hérault, st-maur, paris. bonne année, allons bien, aimons beaucoup, rejoindrons route libre —Marie-Hélène. | Mme Sabé, rue boulainvilliers, 40, passy-paris. pour maury vais bien, écris souvent. reçois tes lettres. bureau bien, bonne année. — Armandine. | Muratet Hippolyte, parc st-maur, paris. les familles bérard muratet, édouard se portent bien. ils vous souhaitent bonne année. — Alexis, Aricie. |

St-Omer, 27 déc. — Bataille, banque france. santé générale. reçu 200 seulement. | Ismérie, daumesnil, 48. sans nouvelles depuis 15 octobre. faites moi écrire. dites à cuvilliez de faire rentrer l'argent. — Moreau, | directeur général tabacs. priez saillant aucune interruption, bourdaine épuisée demain, fabriquerai guerre noisetier jusque février, magasins poudre salpêtre évacués. — Biffe |

Hyères, 29 déc. — Dutois, 10, lubeck. clémentine uzerches, emmanuel creil, albert prisonnier. — Constance. | général Champéron, vincennes. Henri bien, a argent, ai votre lettre, souhaits d'année. — Champéron. |

Hyères, 30 déc. — Dessaignes, université. 25. père, mère, libourne, emmanuel guerre. tous bien. — Marthe. |

Nice. 31 déc. — M. Jusserand, 44, rue douai. nice bonne santé, pas nouvelles frère gies engagé dragons bonne année, mille baisers.— Marie. |

Richelieu. — Mareille, 1, montesquieu. grand ennui, désire nouvelles, soigne-toi bien, froid rigoureux. bonnes santés. amitiés sincères, 30 déc. — Mareille |

Caen, 29 déc. — Léon Vitel, aboukir, 60. paris. allons bien, edmond soldat, achille tué. — N. Domin. | Fromentin, boulevard temple, 10. réponses oui, oui, oui, non. — Pouyer. |

Bordeaux. — Béthune, 71, rue lille. nous portons bien. andré armée loire — Béthune. | Lastours, capitaine mobiles, division saisset. allons bien. aymar prisonnier dusseldorf. recevons lettres. écris. tendresses. — Lastours. | Vène, capitaine mobiles. division saisset. reçu photographie, bonheur. allons bien. écris souvent. recevons lettres. tendresses, — colonel Vène. | Dax, capitaine mobiles, division saisset. tous bien. frères pas partis, reçoivent lettres. écris toujours. tendresses.—Caroline. | Barran-Muratel, capitaine mobiles, division saisset. allons bien. reçu lettres, froid navrant. espoir. envoyez photographie — Laure. |

Courcier, 39, haussmann. tous parfaitement rue josaphat. marguerite mange viande trois cuillerées, santé excellente. costumes organisés. télégraphions, essayons. — Henriette. | Rivière, 16, université. sommes avec parents quatre santeuil, nantes parfaitement, dites émile marie bien, lettres reçues. — Rivière. | Doizeau, 46, chauveau-la-garde. bien, 26 lettres, photographie 28 joubert reçues cannes. jenny st-georges, sophie, marie, berthe bien. | Paulmier, 27, st-guillaume. tous bien trouville. service noël vieux tous, marie. cher édouard, tous bien suisse, havre, embrassons. | Alice. | Liouville, finances. regnier, maman, nous hyères. papa, alfred, ernest, familles restne, ruau, verteillac, toussaint bien. merci lettres. — Cécile. | Liouville, 13, condé. louise, joseph, ernest verteillac, colonel prisonnier francfort, henri nous bien portants, embrasse oncle, tante, cousines hyères — Cécile. | Lugol, 1, sts-pères. sommes tous bien naples. — Germaine | Mariel, 18, avenue victoria. reçu 6 lettres, sommes parfaitement, inquiets, vous écrivez souvent. tendresses. — Lequint. | Vangelder, 40, paradis-poissonnière. londres, oui toutes vos questions. — Desries. |

Paramé, 3 déc. — Gautreau, 48, malesherbes. tous très-bien, recevons lettres henri conlie, marguerite, francis, louise bien, moi aussi. frère bien. — Lachambre. |

Crigny-en-Thiérache, 17 déc. — Jeandin, 70, faubourg saint-honoré. pas donner congé. payer absolument caisse paternelle avant janvier, emprunte argent, origny calme. santé bonne. — A. Jeandin. |

Ham, 15 déc.— Goupil, 9, rue des orthies-saint-honoré. noémi à ham, bonnes santés, collin à étretat. — Foy. |

Hennebont, 24 déc. — Dubouëtiez, chef télégraphie, fort nogent. famille bien. |

Les Sables-d'Olonnes. — Gobert, 18, choiseul. nous portons bien, oncle aussi, recevons lettres. — Gobert. |

Castres.— Caraguel, 41, chaussée-d'antin. filles écrivent, armand réformé. gabriel rochefort, santé générale bonne. — Caraguel. |

Bordeaux, 25 déc. — Leleu, 37, rue notre-dame-nazareth. sommes à bordeaux, gare bastide, tous bien portants. — Costes. | Borghers, 16, saint-dominique. ai déjà envoyé deux dépêches, tous bien leamington, reçoivent vos lettres, écrivez-moi bordeaux. — Henri. |

La Flèche, 24 déc. — Grollier, 13, londres. portous bien, faire testament, refaisons le nôtre prussiens menacent sarthe, prudence, embrassons | Michel, 12, paradis-poissonnière. louise, filles, lion, moch bien, recevons vos lettres. |

Toulouse, 25 déc. — Bernard, 127, avenue clichy. achats difficiles pour retiraisons éloignées, propriétaires exigeant paiement intégral, exécuterai ordres au mieux, écrivez. — Sazy. | Arnal, ouvrier d'état, fort romainville. ville tranquille, santé parfaite, garde argent, écris souvent. — Maria. |

Marseille, 22 déc. — Mirault, 23, faubourg poissonnière. lettres reçues, répondu, bien portants. — Devillers. | Maunier, 62, boulevard malesherbes. t'ai donné souvent nouvelles, ai reçu tes lettres, santé toujours bonne. — Victoria. | Guès, 44, bruxelles. recevons vos lettres, avons envoyé dépêche disant santé bonne. province tente votre délivrance, mère à nice. — Guès | Pons, 80. truffaut, batignolles. voyez administration postes. mandats expédiés 30 novembre, rue buffaut, pour truffaut. — Pagliano. |

Bressuire, 24 déc. — Boisacq, boulevard malesherbes, 43. adrien et madame montereau, dernière lettre 18 décembre, tous bien, enfants pottier ici. — Plessis. |

Saint-Quentin, 17 déc. — Montillon, 10, boulevard poissonnière. famille bien portante, fernand prisonnier. — Dufour. | Lhéritier, 50. boulevard magenta. enchanté, lettre reçue, écris encore. — Lhéritier. | Testart, 11, rue turgot. confirme mes trois dépêches, juliette et enfants avec nous depuis 20 septembre, famille bonne santé. — Testard. | Henri Petit, 19, rue blanche. paris. portons bien, recevons lettres. — Petit-Lefort. | Gobeaut, 137, boulevard magenta. nous allons bien, et vous? — Gobeaut. |

Brest, 20 déc. — Poëz, enseigne, 2e bataillon marins, ivry-montrouge. famille tous bien. — Poëz |

Essay, 9 déc.— Turenne, 100, bac, paris. santé, tranquillité, lettres garnier bien — Courtomer. | Turenne. 26, berry, paris. Courtomer, suzanne, louis, paul, santé, tranquillité. — Turenne. |

Trouville-sur-mer, 21 décembre. — Durand, 165, boulevard de l'hôpital. allons toujours tous bien à villers. recevons quelques lettres, charles va bien. — Adèle Durand. | Not, splendide hôtel, 1, place de l'opéra. portons tous bien, recevons vos lettres à trouville. — Gared. |

Lons-le-Saunier, 21 déc. — Gerrier, hôpital gros-caillou. tous bien portants inquiets de toi.— Gerrier. | Wantelez-Seunet, 6, italiens, paris. courage, santés bonnes, écoulons avantageusement marchandises lyon. — Wontelez-Vuillet. |

Dinan, 8 déc.— Biennourry, 19, quai saint-michel. reçues, excepté carte. | Colcomb, 18, quai londres, paris. coste, christine, adèle bien dinan, paul stettin. | Tharens, sous-lieutenant, 20e régiment mobiles, génevilliers. moi, nouvel bien. lettres reçues. que macé écrive. — Françoise. | Herpin, 19 rue oudinot, paris. famille parfaitement. — Eugénie. | Martin, lieutenant 1er bataillon, 20e régiment garde mobile, genevilliers. tous bien, écris donc, adolphe lieutenant conlie. — Esther. | Gaston, 7, enghien. recevons lettres, sommes dinan, écrits souvent, réclame à farey 100 francs, remis ici à sa femme. — Crapart. | Beslay, 84, cherche-midi. toutes bien, reviens vite. — Adèle. |

Limoges, 24 déc. — Flahaut, 74, hauteville, paris. reçu lettre 7 décembre, merci. santés voisines bonnes, tous embrassons cœur, écris. — Flahaut. | Bardinet, 73, boulevard haussmann, paris. tous bien portants, embrassent enfants, reçu lettre sans nouvelles parise.— L. Bardinet |

Fécamp, 27 déc. — Draneht, 91, haussmann. léonie est avec colis brigton, 103, canon place — Julien. |

SERVICES ET AUTORISATIONS.

Bordeaux, 6 déc. — Lorrain, 98, avenue clichy. bonnes nouvelles de madame blanc et famille lorrain à corps. reçu vos lettres. —Gouget. | Leroux, 2, cité gaillard. rapatrié comme invalide, blessures bien, marche béquilles, guérison assurée, écrivez ballon curé courcelles (sarthe), tendresses. — Leroux. | Delagréverie, 23, boulevard latour-maubourg. tous bien, reçu lettre 24 décembre, écris, enfants beaux pensent à toi.— Alice. | Vilary, 104, richelieu. mère léon santé très-bonne.

Bordeaux. — 27 décembre 1870.

nous t'embrassons ainsi que pauline. courage, écris bientôt. — Anatole du Pac. | Charles Babon, 19, quai malaquais. reçu bonnes nouvelles famille, écrivez-moi par les ballons, transmettrai. — Laublin. | Pinault, sous-chef postes. bonne année, chamarande 20 décembre très-bien, dire verdun albert maremmes bien, lettre par norwége — André. | Sauvage, directeur chemin de fer est, paris. madame delebecque, les enfants et nous portons bien — V. Sauvage. | Logeard, 1, turbigo. occupez-vous de nos meubles, agissez au mieux de nos intérêts, toute notre famille va bien. — Rabuteau. Bresson, 8), provence. santé bonne, écrivez, je reçois lettres, prenez patience, nous nous reverrons bientôt, courage, amitiés. — Pierrat | De Réganhac, 9, carrefour odéon. donnez donc nouvelles ballons, écrivez lettre détaillée, avez-vous reçu mes dernières dépêches. — Charras. | Caël, inspecteur télégraphe. 54, rue jacob. allons bien. écris-moi à administration générale du télégraphe à bordeaux. — Marie Caël. |

Radou, cité riverin, rue bondy. mesdames Witterst, jourdan bien portantes, tante adèle. famille innocenti bien. jose di prisonnier wiesbaden bien. — Henri Radou. | M. Juge, 358, rue saint-denis. tous en bonne santé à poitiers, tours et mézières, bien inquiets de ta santé, de sa position, courage, écris-nous, tendresses et souhaits. — Henri Boucard | Travers, 12, gaillon. sommes tous bien bordeaux. écrivez. 22, rue barau. — Martin. |

Bordeaux. 25 déc. — Zédé, 374, saint-honoré. pense congédier appartement, famille bien, léon armée ouest, charles chef bataillon décoré. dupuy, larrieux bien. — Blanche. | Gamble, 20, berlin. inquiet, sans lettre depuis 1er, malgré deux dépêches donnant bonnes nouvelles arles. embrasse tous, répondez bordeaux. — Berly. — Parisot, 63, avenue ternes. savenay veuve lebois. — Parisot. | Guyot, administration centrale postes. portons bien, amélie à l'abri de tout, recevons lettres. — Périn. —

Bordeaux, 7 janvier 1871. — Grasset, 42, vivienne, paris. bonne santé, écris-moi, chapeau-rouge, 46, bordeaux. — Grasset. | Arago, ministère de la justice, paris. tout le monde en parfaite santé faugerolles. — Verdo. | Général trochu. tous bien portants ensemble vitré quelques jours, mille tendresses, reçu argent. — Brunet. | Delaunay, administration postes. loué, vire bonne santé, reçu lettre aujourd'hui. comment va père, passage désir, faubourg saint-denis. — Chantenay. | M. Zaccone, administration centrale postes. bien portant. je suis attaché à la délégation des postes. — André Zaccone. | Devivier, bureau postes, rue enghien. bien inquiet, aucune nouvelle depuis 16 août. renseignez-moi, écrivez bordeaux par ballon. — Foucault. |

Bordeaux. — Lécuyer, 106, rivoli. reçu lettres bonheur, pas reçu carte. — Augusta. | Lorrain, 98, avenue clichy, paris. quatrième dépêche, existons tous, recevons lettres, vives affections, bon souvenir pasteur famille, amis, louise. — Blanc. | Segretain, 84, saint-dominique. allons parfaitement, merci des nouvelles, léon bien leblanc enfants aussi, mames à lille, papa revenu, amitiés. — Henriette. | Bourdier, 9, réaumur, recevons lettres lyon, allemand angleterre. saffers cannes, tous santé excellente. — Jenny. | Jules Sandeau, institut. 30 octobre, japon allait bien. — Gaby. | Cornuault, 30, bonaparte. desrousseaux granville tous bien, alice très-fortifiée, envoyé trois dépêches, ont reçu lettres. — Fernique. | Pellechet, 30, blanche. tous bien rennes, turin, andré collége. reçu lettres, portrait. méchain aizy, jozon bien, manquons rien. — Adeline Dagron. | Pellechet, 30, blanche. laurenceau havre, rodolphe guéri, hillesheim. fleury lubeck. — Adeline Dagron. | Block, 91, boulevard sébastopol. arcachon parfaite santé, argent bordeaux, caisse douze cents cinquante, chercher jacquemin sept cents doit. — Block-Dagron. | Gauthier, 7, enghien. gabrielle accouchée heureusement gros garçon, tous parfaite santé. — Gabrielle. |

Bordeaux, 7 janvier. — Dubuc, 82, miromesnil. reçu vos lettres, merci, allons bien. — Perrot. | Martner, 9, condé. camille parfaitement, décoré, prisonnier. 2e dépêche. — Lapie. | Richebourg, 63, trois-frères. reçu lettres du 2 janvier, suis bordeaux service télégraphe. allons bien tous, bon espoir. — Richebourg. | Vernhes, 4, aubriot. santés parfaites, sommes chaudement. recevons lettres grandcamp. — Dausset. | madame Henry, 31, argenteuil, paris. sommes bordeaux, prière voir femme, gustin, four-saint-germain, 62. donner argent si nécessaire. — Henri. | Moignard, 61, sainte-anne, hôtel d'york et hambourg. sommes à port de penne (lot-et-garonne) près frère cadet, santé bonne. — Joséphine. | Sarassin, 37, château-d'eau. silence, inquiète. esther avons bonnes nouvelles, votre léopold bruxelles également, famille strasbourg. — Godchaud. | Masson, école-médecine. louise pau, jeanne carmes, nous malain florissant. — Masson. |

Orsel, 150, lafayette, paris. enfants bien à tours, assistées si besoin, nous chez bertrand, sympathie vincent, écrivez lettres parviennent. — Rocher. | Duclos, 98, boulevard richard-lenoir. mâcon 11 novembre. tous bonnes santés, recevons toutes vos lettres, pas besoin argent, accusez réception. — Wahl. | Deronseray, 19, rue lille, paris. tous hautgate bien portants, enfants travaillent, émile turcas à coblentz. — Bonnet. | Albert Lefèvre, 91, saint-lazare. santés parfaites, excellent accueil, dix lettres. envoyé vingt, lison tranquille, bien installés, jardin, courage, bientôt, amitiés. p. lefebvre, 45, collége blaye. | Stern, 34, rue vivienne. tous bien portants, partons demain haguenau. reçu lettre 20 décembre. adresser tes lettres vanderberghe. — Amélie. | Zaleski, 6, quai orléans. donnez nouvelles mariani. — Zaleski. |

Bordeaux. — 27 décembre 1870.

Vannes, 1er janv. — Perrot, 5, rue bleue. vannes, 1er janvier. très-bien beyle, ribot. si lettres, argent. isabelle bien aignan. — Perrot. | m. Camas, rue richer, 17, paris. tous bien, reçu ta lettre 21 décembre. — Ernestine. |

La Charité, 27 déc. — Bequen, quai valmy, 125. 28 novembre, juranville prisonnier, proposé lieutenant colonel, bien portant. poste restante charité (nièvre).

Marseille, 31 déc. — Schmitz, rue st-pétersbourg, 51. ma famille bien. marseille tranquille, famille gavot bien, parenté rien, lettres reçues, obligations achetées. — Bœuf. | Bérenger, 18, rue michodière. ma seconde par pigeons. comment allez vous, souhaits, compliments. — Romieu. |

Bordeaux — Deroulède, 55, rivoli. bien paul, france, andré bruxelles. maurice capitaine | mme Jacquet sage-femme, rue d'aval 22, faubourg st-antoine. alfred prisonnier mayence. — A. Vervier. | Drépaul, 46, jacob. vingt dépêches, tous bien bordeaux, 37, rue église st-seurin, reçu lettres 24 — Henri. | Depaul, 46, jacob. henri mission 19 septembre, blessé sabre bras, grossesse trois mois, incertaine, prends précautions, tendresses. — Céline. | Lamartinière, 112, chaussée-duinaine. aucune nouvelle depuis un mois, inquiète, trois guillemet vont bien, faire savoir tulles, poste restante — Blondon. | Baze, 13, laffitte. tous bien bordeaux. — Sainléger. | Docteur Maisonneuve, 97, bac, paris. tous bien portants, vu similien. pas blessé, monté grade. possède cheval même corps, restons pouliguen. | Kastner, 63, blanche. lettre 8 reçue, suis et reste bâle parfaitement. famille gros et kern également, 22 décembre. — Katsner | Espez, 43, rue taitbout, paris. ordonnez envoyer immédiatement bordeaux ou espagne crédit 200,000 fr, avisez valarino — Duchâtel Max. | Lamouroux, 8, quai de gesures. quitté pornic, bagnères, bigorre. 6 jours, 5 nuits voyage, nous bien. — Nelly Lamouroux | Tripier, 6, louis-le-grand. mémoire couronné gand, imprimé, aurez cinquante exemplaires. enfants bien, rené quitté dreux. — Crombez. |

Debournat, boulevard temple, 2, bis. huitième. santés bonnes émile, marie. tous embrassons oncle mon gustave souhaits, meilleurs jours, tendresses. — Louise. | Maudoux, 34, petites-écuries. pouvoir maudoux. gérer maisons, pas renvoyer petits locataires, donne 500 fr. blessés. — Maudoux | Elisée Descombes, 17, allemagne-villette. lettres reçues, sommes londres, 19, pétersburg, place bayswater. — Descombes. | Michon, 14, provence. écris par liouville. — Michon. | Lecornu, 19, vivienne. mère et fille brives, bonne santé | Péan, 95, neuve-des-petits-champs. santé bonne, espoir maternité, ernest retrouvé bien portant, famille aussi, sœur heureusement accouchée fillette. — Henriette. | Durand, 20, entrepôt. santés bonnes. moreau, ostende, jeanne sept dents, londres brighton, 6 décembre. chanrepoix bien. — Durand. | Cabrié, gare est. argentan 30 décembre. santés bonnes, envoyé 5 télégrammes georges. — Cabrié. | Collignon, 70, boulevard st-germain. recevons lettres, santés bonnes nevers. dinozé. nouvelles bonnes, paul écrire, munier recteur genève. — Lombard. | Moreau, 98, rue la victoire. arcachon, moi, enfants santé, installation parfaitement, être tranquille, tardenois bretagne, arromanche, monsteinchurur, deleville. affections. — Marie. |

Illiers, 15 déc. — Delamarre, 94, st-lazare, paris. tous vont bien, nuisement et forts. |

Les Terreaux, 31 déc. — Servant, neuve-fontaine, 12. allons tous bien, reçu lettres 15, dépêches 6, émile bien ouest. — Servant. | Auguste Joltrois, rue breda, 30, paris. famille entière en santé. écris-moi kleins, hôtel londres. comment vous allez tous. — Joltrois. | Cadalvène, 2e batterie, artillerie mobile rhône, auteuil. tous bien, recevons lettres. édouard mobilisé, salles payé, renouvelle emprunt. soigne toi, bons souhaits. — Octavie. | Boulanger, rue bois-vert, 4. madame boulanger-milliou à évian avec ses deux fils, bonne santé. — Milliou. |

Peyriac-Minervois, 1er janvier. — Johnson, rue de l'université, paris. bon souvenir à tous. — Digoin. |

Montbard, 27 déc. — Goullier, 71, prince-eugène. drouard, baudoin, chaignet, collet. herscher bien. pays tranquille, recevons lettres. |

Fontainebleau, 30 déc. — Sabatier, 26, port-bercy, paris reçu lettres, allons bien, gustave aussi. — Cornélie. | Mme Denis, 6, royale-honoré, paris. bien portants, boutique ouverte, famille bien, famille lavaurs sorques, bien avertie, adrien prisonnier. — Raymond. | Cahen, 51, faubourg st-denis. bonne santé fontainebleau. — Aimée. |

Ervy, 20 déc. — Brossolette, garde mobile de l'aube, 3e bataillon, 3e compagnie billancourt, paris. portons bien, aucunes nouvelles, envois-en. — Elisa. |

Sens-sur-Yonne, 21 déc. — Guichard-Dubochet, faubourg poissonnière, 175. suis longtemps jouancy à semailles faites, peu souffert, excellentes nouvelles suisse. 20 décembre. — Gillet. | Collet, baudin, 11, paris. sens et melun vont bien. — Méry. |

Quimper, 1er janv. — Amédée Duperray, corps législatif. familles bien portantes, sauvées. bénodet fuir encore si nécessité. anatole, henri exemptés, adresse par fouesmant. — Lucile |

Beaune, 22 déc. — Thévenin, quai bercy. je suis armée de l'est, benoit à la loire. reçu toutes tes lettres. |

Menetou-Salon, 31 déc. — Comte Greffulhe, 10, astorg, paris. bonnes santés à mennetou. — Félicie. |

Mostaganem. — Robardey, commandant fort romainville. suis à mostaganem bien portant. — Caron. |

Alger, 5 déc. — Macé, 80, taitbout. susini malade, si offriez argent. répondrais pour trois cents. amitié reconnaissante. — Philippe. | Feistel, 15, passage saulnier. pleure sincèrement ton cruel malheur. — Philippe. |

Marseille. — Horeau, 158, faubourg st-martin. recevons tes lettres, oui à toutes les questions. — Fanny. |

Roubaix, 7 déc. — Grimonprez, 15, cléry. dépêche troisième, maman, famille bien, reçu lettres, dernière datée 17. roubaix calme, avons écrit souvent. — Grimonprez. | Delaperche, 21, boulevard strasbourg. ennui, écrit souvent, détails, enfants bien — Clara. |

St-Pourçain, 17 déc. — Labour, 9, taitbout. louise, marie, adèle, enfants. nous allons bien, écrivez, approuvons tout. — Oudot. |

Fernex, 17 déc. — docteur Giraud Teulon, 18, ste-anne, paris. alexis en france bien portant, moi ici, t'avons écrit neuf fois. — Louise. |

Saintes, 10 déc. — Descarpentries, 81, avenue des ternes, paris. plus de bonne, tous quatre à saintes, bonne santé. — Descarpentries. | Dangibeaud, ministère marine. allons bien, berthe désolée, amoureux content. plusieurs lettres perdues. — Marie. |

Chablis, 6 déc. — Laurent Pichat, 39, université. tous bien portants et tranquilles. — Rosine. |

Draguignan, 8 déc. — m. Filhon, 4, rue pasquier, paris. heureuse savoir délivrée, bénis enfant, embrasse tous. — Berlier. |

Saintes, 11 déc. — Danieck, 59, lourq. bien portant, écrivez-moi par ballon. — Loyer. | me Dumont, 31, avenue trudaine, paris. santé excellente. — Malur. | Fischer, 200, rivoli. absent, retour payerai. Loyer.

Montpellier, 20 déc. — Tollin, 17, drouot. reçu lettre, heureuse, bien portants, redoublez attention santé, nous bien portants, ménagez-vous si aimez. — Aline. |

Brest, 14 déc. — Foucault, capitaine, 23e mobile, 1er bataillon. tous bien, enfants font progrès au lycée. — Rosine. | Nay, 74, rue victoire. brest bonne santé, jacques prospère, d cagnes châteauneuf, ernest cologne, tendresses de tous. — Elisabeth. | François Eugène mobile, 23e régiment, 1er bataillon. finistère. sommes bien, sans lettres de toi ni adolphe depuis 30 octobre. — François. | Heymann, 59, rue clichy. heymann, courcier bien coblentz. prévenir courcier faubourg jacques. 29. — affaille. | Joubin. sergent, 2e bataillon, 3e compagnie marins, fort rosny. tous bien, familles toudic tous bien. — Joubin. |

Château-Gonthier, 14 déc. — Trepreau, 6, marie stuart, paris. familles trepreau, guillier bien portantes. — E. Trepreau. | Choux, 122 faubourg st-martin. château-gonthier bien, auguste parti. — Claire. |

Lisieux, 13 déc. — Barneville, 51, rue rome. en sûreté à nonancourt, santés parfaites, s'informer si appartement vaussay est respecté, le surveiller. — Barneville. |

Avranches, 13 déc. — m. Hérard, 6, rue d'assas. avranches, viens aussitôt que tu pourras, santés bonnes, tous très-tristes. — Hérard. | m. Saint-Germain, 37, bourdonnais. la flèche mieux, nous bien, enfants parfaitement. auguste 8 bien, je t'embrasse, pas courrier. — Berthe. | Couraye duparc, chef bureau ministère, tabacs. Lemarié mort, scellés. — Lefrançois. |

Pleaux, 16 déc. — Moreau, 19, rue sedaine. nous portons bien, nous recevons vos lettres, écrivez souvent, nous embrassons la famille. — Ouvrier. |

Biarritz, 23 déc. — Liscourt, rue grenelle-germain, 112. pas réponses, informe tous, roger bien. — Marie. | Decourbes, christine, 2, paris. biarrits bonnes santés, ennui terrible, toi seul écris, reçu portraits, embrassons. — Decourbes. |

Salers, 21 déc. — Henin, 10. molay-temple, paris. santé bonne, henin milan, reçu dix lettres, cousin eugène bien portant, lefebvre aussi. — Lefebvre. |

Nice, 22 déc. — Jarry, 34, tronchet. suis à cannes bien portante. — Jarry. |

Vierzon, 23 déc. — Mauger, rue de boulogne, 35. tous réunis, santés bonnes, écrivez souvent. — Mauger. |

Pont-l'Evêque. — Chamotte, taranne, 7. lettres reçues, santés bonnes, ennuis extrême. tous embrassons toi. 18 décembre. — Eugénie. |

Ribemont, 20 déc. — Bonjour, rue lancry, 43. ribemont, saint-briac parfaitement. lettres reçues, 20 décembre, hippolyte bien. — Caroline |

Braisne, 17 déc. — lettres reçues 2 décembre, santés bonnes, passages, impôts, sans excès, idem chauny, nulle merci colonieu. — Delaurès.

Sées, 23 déc. — Mme Baron, faubourg st-denis, 24, paris. recevons lettres, portons bien, nouvelles m. hayott. — Baron. |

Lille, 19 déc. — Guiraudet, londres, 43. tranquillité, santés bonnes. |

Graulhet, 24 déc. — Francœur, 7, laffite. santé excellente, bonne année, embrassons beaucoup, écris à ta tante. — Graulhet. |

Roscoff. — Gireaud, 5, alsace. nous allons toujours très-bien. — Lahalle. |

Valenciennes, 20 déc. — Letierce, drouot, 11. portons bien. — Marie | Carpentier, quai école, 30. reçu lettres, famille bien, donne nouvelles léon — Romain. |

Bayonne. 26 déc. — Aincibure, 126, montmartre, paris. dulaurens, 23 décembre, reçu hier lettre 22 novembre. tous bien biarrits, bayonne, courage, espoir. écrivons. — Victor. | M. Abaroa, rue richelieu, 102, paris. tous bien, L. très-améliorée. Le 24 décembre. — Falian. |

Toulouse, 26 déc. — Monferrant, pompier, rue blanche. famille bien toulouse. — Monferrant. | Gaston, saint-sauveur, ministère finances. tristan coblentz, mère, frère oncle vont bien. — Gailhard. | Fougeray, rue commerce, 9, grenelle. heureux reçu lettres. — Fougeray, toulouse, décembre. |

Romans, 22 déc. — Rollot, 17. faubourg montmartre. santé bonne, travail point, classes interrompues, courtin pourvu d'argent, bien portant, dépêches reçues. — Morel. |

Marseille, 24 déc. — Mazaudier, 90, rue saint-lazare. famille tous bien. — Eliza. |

Riom, 22 déc. — Mouly, riom, prie ministre guerre, paris, dire par ballon, Pierre-Alphonse. son fils, 17e marche, 6e compagnie, 6e bataillon, vivant.

Rochefort-s.-mer, 24 déc. — Rousseau grand-hôtel. courage, embrasse enfants. — Sydonie. |

Bordeaux, 00 déc. — Murie, 46, laffite. tous parfaitement — Dabat. | Lefranc, 14, bayen. familles, saint-thégcnec (finistère), bien pourvues, prenez beurre notre cave, clef rosa, écrivez. — Migault. | Hussenot, 1, mail. legrand, mort 17. bruxelles. flers, hâvre, famille bien. — Paul Calon. | Girard, 5, boulevard. magenta. delafontaine noisy, palmyre, enfants versailles bien. — Palmyre | Prenloup, 10, mazagran. allons bien, sommes bordeaux. | Lindet, 9, boulevard saint-michel. tous bien, garçons langrune, manquons rien, recevons lettres, joseph artillerie, chevaux vendus. — Lindet. | Lassalle. 25, louis-le grand harmand villerville, ménage, robert wiesbaden parfaitement, parlez enfants, baptiste déménagez, prenez confitures, payez augeron larue. — Vieugué. |

59. Pour copie conforme :

l'Inspecteur,

Bordeaux. — 27 décembre 1870.

Oran, 7 déc. — Bobin, 83, boulevard port-royal, paris. santé excellente, tranquillité parfaite, nouvelles, hubysoises bonnes, écris plus souvent. — Manigat. |

Marengo, 7 déc. — Madame Snanpoel, 73, rue Rambuteau, paris. reçu lettres décembre. marie allait bien famille aussi, écris-moi souvent. — Sœur Anna. |

Tunis, 17 déc — Brobin, 66, rue larochefoucauld, paris. premier coupon semestriel décidé, payable à tunis seulement sur envoi des titres, grande hausse. — Brobius. |

Mostaganem, 14 déc. — Garau, 13, rue laval. attendons nouvelles, inquiets aussi sur bellemère, allons bien, espoir.— Garau. |

Menton, 16 déc. — Fould, 24, saint-marc. tous parfaite santé, excellentes nouvelles maman dinin, bruxelles, louise, suzanne te réclament, marie magnifique. — Mathilde. | Dorange, 13, rue thérèse. bien reconnaissants, pas nouvelles d'albert, comptons sur vous, dites-lui habitons menton, alpes maritimes. — Pigeory. | Couillard, 71, rue monceau. partagez contenue armoire confitures, donnez nouvelles. — Castor. |

Aix, 16 déc. — Livache, commandant fort est, saint-denis. santés bonnes partout. — Jenny. |

Nice, 18 déc. — Cavalier, 71, rue monceau. reçu lettre 6, thénard otage prusse, arnoult ambulance, boselli poitiers, jules trésorerie, cléments nous bien. — Berthe. | Salet, 9, rue thénard. wilmm, strasbourg, santé partout, embrassements. — Alexandrine. | Cantagrel, 8, copenhague. bien portants, gault, nice. — Emilie. |

Coutances, 15 déc. — Solvet, 6, louis-le-grand. bien embrassons tendrement. — Vatel. |

Marseille-Jolliette, 17 déc. — Doulcet, archiviste corps législatif oncle paul, hélène, emilie, marie, olive bien, émile mieux, félix attendu, gabriel général division loire. — Pallières. |

Cognac, 17 déc. — M. Weber. 51, rue cardinal-fesch, paris. moisow, weber très-bien, parfaitement sur à cognac, maman bien, soyez sans inquiétude. — Nancy. |

Vannes, 15 déc. — Bar directeur transmissions télégraphiques, paris. soyez bon dites à legay sa famille à vannes, marie nourrit garçon, santés parfaites. — Legay. |

Landivisiau, 13 déc. — Déniel, mobile, 4e bataillon 1re compagnie finistère. recevons vos nouvelles, écrivez très-souvent, avez-vous reçu argent tous deux. — Déniel. |

Nevers, 15 déc. — Beaulieu, 20, arcade. donnez bonnes nouvelles, sommes bien inquiets de lui. — Marie | Cassard, 26. boulevard strasbourg. ma mère est morte le 3 novembre. — Louise Cassard. |

Tours, 16 déc. — Duperray, corps législatif, Lucile, benodet, parents bien, edmond rien. — Delépinaist. | M. Vincendeau, 42, rue guay-lussac, paris. nous allons bien. — Vincendeau. | Leroy, 170, lafayette. saintjust seul, charles moi londres, tante lucie villers accouchée garçon, tous bonne santé, lettres reçues. — Adolphe Leroy. |

Avranches, 12 déc. — M. Blanchard, 54, rue de madame, paris. famille bien, félix prisonnier. — M Blanchard. | Lecocq, 6, monsigny, paris. allons bien, paris libre viens, reçu lettres. — Lecocq. | Fould, notaire, 24, rue saint-marc. donnez immédiatement congé mon appartement à chasseloup-laubat, afin que bail finisse juillet prochain. — Bouteloup. | Chasseloup-Laubat, 7, rue de la bienfaisance. vous donne congé de mon appartement afin que mon bail finisse juillet prochain.— Bouteloup. | Prot, 92, rue la victoire, paris. tous bien portants, vous embrassons, désirons vous voir, georges pense à vous. — Girard. |

Trouville, 14 déc. — Jodon, 34, boulevard italiens partons chez Burner, allons très-bien. — Jodon-Chardin. | Chevalier, 65, quai de grenelle. allons tous bien, blanche, alice parties à cherbourg, maman, moreau, moi, restons à trouville, courage. — Berthe. | M. Degrois, 89, rue de turbigo. recevons lettres, écrire plus souvent, inquiets d'eugène, santés bonnes. | Girault, 16, taitbout. bonne santé, reçues tes lettres longtemps après attend nouvelles. — Girault, trouville. | Paillet, 20, moncey. santés parfaites. — Marie, trouville. | Hudde, 9e dépêche, 24, rue monthabor. santés bonnes trouville, nouvelles saint-martin, parents bien portants. — Emilie. | Pille, 53, rue rivoli. troisième dépêche. allons bien, écrivez villers. — Pillé. | Robin, 6, boulevard capucines. tous bien, faire savoir fernand, bonnes nouvelles tante, écris-nous, deauville. — Rivocet. |

Quimperlé, 16 déc. — Caris, 111, rue montmartre. reçu toutes lettres, tous bien. — Gilles. |

Redon, 16 déc. — Multzer, 17, médicis. bien, bruxelles, 12. pépin-sabine, mille amitiés. redon. — Bertucat. |

Vire, 14 déc. — Anatole Ballé, 7, rue Bréa. payé 200. — A. Ballé. | Gallet, 217, rue st-honoré. tous bien, jules candidat sérieux, demandons nouveau manifeste. — Roycourt. |

Brest, 12 déc.— Guillou, sous-lieutenant garde mobile, finistère, 23e bataillon, 4e compagnie. santé bonne, familles gall, Jaume potez, bildet, bien. — Morant. | Ballot, 55, rue petites-écuries. amitiés, voudrions nouvelles, fraxland, 10, thévenot, guyho, caron, magnabat, mesdames eyrolles et magnabat vont bien.—Evelar. | Guyho, 44, des écoles. ballot pas compris, voulions nouvelles de vous tous et amis communs. — Evelar. | Prevel, 76, boulevard clichy. bien, écrisnous.— Crouan. | Cayol, 50, moines, batignolles. toulon. brest, santés bonnes. — Marius. |

Mortain, 12 déc. — Cartier, 86, boulevard sébastopol, paris. marie bien installée, paul content, londres, henri, loui ici heureux, henri patiente, jean travaille. — Cartier. |

Gannat, 15 déc. — Billy, 156, rennes. charles cent francs, réservez durousses, contributions, santé bonne. — Baye. |

Evian-les-bains, 14 déc. — Treillet, 1, scribe. bonnes santés, recevons lettres, sommes évian. — Gilberte. | Rambaud, 10, rue rome. allons bien, savons jambe cassée. — Belligny. | Pagès, 75, rue université, santé bonne, partout communique alice. — Lucie. |

Bayonne, 15 déc. — Souviron, 65, faubourg poissonnière. portez immédiatement deux cents francs dubayon, recevons lettres, sommes bien, gustave loire. — Hontang. |

Clermont-ferrand, 15 déc. — Bayle. 11, rue alger. santés excellentes, louis conservé, jules révoqué. — Cassel. | Gaubert, 8, boulevard denain. allons bien, bonnes nouvelles francis. — Richard. | Mutel, 20, montmorency, paris. reçu lettres, carte, 1, 2 oui, 3, 4 non, envoyez détails sur boulevard, intérêts, maisons.— Leguillett. | Couvert, 37, boulevard capucines. quand reverrons-nous, embrassons tendrement. — Couvert. | Madame Pernier, 5, rue sedaine. donnez nouvelles par ballon femmes, dessault, auguste, lampiste menuisier et schang, 76, boulevard mazas. — Pernier. | Cock, 144, rue rivoli, paris. suis à bruxelles, hôtel windsor, avons quitté londres à cause santé, allons bien. — Renou. | Poitevin, 26, rue des jeûneurs, paris. frère chéri soigne-toi, fais tout pour te conserver pour nous, t'embrassons. — Maria. | Couvert, 37, boulevard capucines. passé quelques jours clermont, allons bien, sois tranquille, veille sur famille, quitte marseille fin janvier. — Couvert |

Dinard, 8 déc. — Lacarrière, 16, rue entrepôt. cinquième dépêche. parfaite santé. avons argent. recevons lettres. — Henriette. |

Mortain, 8 déc. — Vachette, rue charonne, 51, paris. monsieur, occupation ferme. bonne santé, giroult écrivez pour appartement rue écoles. — Bresson. | Laverdays, enfer, 28, paris. bien. écris, inquiets. — Laverdays. |

Boulogne-s.-mer, 1er déc. — Delagarde, 61, boulevard malesherbes. allons tous bien, sois tranquille, enfants superbes santés. sommes hôtel nord. tendres embrassements. — Hélène. | Lévy, 12, chauchat. schloss, schayé, ganneron, enfants bien portants à worthing. athénaïs, marie, enfants londres très-bien. mille baisers. — Schloss. | Monsieur Debackrer, 18, rue de la paix, paris. tous bonne santé. mille tendresses. — Louise, hôtel bedford. | Fonchet, 7, faubourg poissonnière. allons bien boulogne. anna bien hâvre. précautions. pas lettres depuis 20. tendresses. — Emilie. | Aldrophe, 16, avenue trudaine. ai nouvelles des vôtres, vont bien, tranquille. donnez nouvelles bourgeois. — Descamps. | Blaquart, 14, rue des beaux-arts, paris. reçu lettre du 19, tous bien. — Mamelin. | Ferrère, 3, rue laffitte, paris. continuons bien portants boulogne. — Sallita. | Carette, 12, rue chauchat, paris. reçu six lettres. père, nous bien. — Carette. | Renouard, 17, rue échiquier. 23 octobre, garçon bien portant. pas nourri pour crevasses. vais bien. reçu lettres. — Louise. | Charles Martin, 21 paradis poissonnière. santés bonnes. bonnes nouvelles poitiers, martinique humbert, sieber. — Lucie. | Martin, 25, rue montaigne. allons tous bien. — Martin | Hadamard, 14, bleue. parfaite santé, enfants charmants. — Bruhl. | Alcan, 64, tournelles, marais. anspach bonne santé metz, lyon. cahen bayonne. — Céline. | Coster, 17, cardinal-fesch. nouvelles jusque 21. écrit suivant tes instructions. santés bonnes. aucun achat, continué ventes. — Guillaume. | Monsieur Jallon 11, boulevard bourdon, paris. boulogne, reçu lettre 9 novembre. — Henné. | Dinin, 11, rue drouot. partons bruxelles, écrivez poste restante. — Dinin. |

Cognac, 21 déc. — Moisson, 22, caumartin. pescatore weber moisson parfaitement, sont très bien. restons ici, recevons lettres. — Adèle. | Narcillac, rue iéna, 5. 20 novembre toujours sans nouvelles de vous, très-inquiète. — Marguerite. | Louis Enault, 80, taitbout. serais heureuse avoir vos nouvelles. écrivez cognac. — Marguerite. |

La Ciotat, 21 déc. — Girette, messageries maritimes. recevons votre lettre du 7. personnel messageries bien, faisons canons. admirons paris, espérons malgré arrêt momentané. — Cazavan. |

Nîmes, 20 déc. — Lacomme, avoué, 350, rue st-honoré. donnez nouvelles madame crouzet, écrivez lettre double ballons montés. — Crouzet, congéniès, par calvisson (gard.) | Herrenschmidt, 10, boulevard magenta. sommes tous bien. raffinerie détruite: si chevaux poil bas, achète-les tous, revendrons avantageusement. — Alfred. | Dumont, rue labruyère, 46. reçu lettres. tous vont bien. — Dumont. |

Menton, 20 déc. — West, neuve-mathurins, 39. avance argent cuisinière pour besoins urgents. merci. — Paul. |

Marseillan. — Bouissin, 75, strasbourg. reçu cinq lettres, 17 comprise. sœurs, frère soins. désolation bordont. amitiés gabrielle, léon, tous confiance. — Baille. |

Béziers, 21 déc. — Jacqueau, 27, franklin, passy. béziers tous santé parfaite. répondu par pigeons quatre lettres novembre. reçois celle du 8 décembre. — Barq. | Lecointe, rue hautefeuille 3, paris. sommes heureux contenu lettre 7. protégez paul, notre santé parfaite. — Fort. |

Grasse, 20 déc. — Guerlain, rue de la paix. reçu lettre, tâcherai correspondre avec crotoy et communiquer nouvelles réciproques. écrivez-moi souvent. sommes en santé. — Foucard.—

Béziers, 21 déc. — Laurens, 14, rue quincampoix, paris. reçu lettre, vins prêts, tout va bien. — Sauvaget. | Claudon, 1, place jussieu. sixième dépêche. recevons régulièrement lettres. allons tous bien ici et lignères. marie ici, vous embrassons. — Claudon. |

Marseille, 21 déc. — Lesseps, 9, rue clary. avons envoyé nombreux télégrammes, recettes maintiennent moyenne cinq cent mille et promettent augmentation, tout bien. — Martignon. | Roux, 13. trévise. tous bien. — Roux Viau. | Henry, 3, rue pont-lodi. mère et sœur bien portantes à toulouse chez madame beau, ont reçu argent autrey. — Chaix. | Michel, 5, rue turbigo. tous bien, andré grandit, pense à papa. écrivez à paul marseille, amitiés. — Jenny | Hesse. | Acquariva, cours reine. merci nouvelles 16. sommes courageusement à vous. — Chave. | Blanc, 18, rue claude-vellefeaux. moi et filles portons bien. — Blanc. | Enkierdjis, 5, rue paix, paris. toute votre famille réunie à constantinople, va bien. avez quarante mille francs à marseille. — Campredon. | Pincherle, 15, faubourg montmartre, paris. sur transatlantique prenez 50,000 autre vapeur mêmes sommes que l'an passé. — Baux Fraissinet. | Legouvé, rue st-marc, 14 sommes à londres, 2, manchester square, allant bien. — Marie. |

Cette, 21 déc. — Moisson, courtier assurances. reçu lettre 8 décembre. renouvelez félix alma, expéditive, marie-anne, mêmes conditions, risques à suivre, répondez. — Aubenque. | Paule, richelieu, 103. sommes à cette, portons bien, recevons lettres. louise, lafargue, hardon bien portants. écrivez chez baille. patience. — Paule. | Courtois, 11, moncey. nous allons bien. écrivez donc. — Courtois. |

Bayonne, 21 déc. — Lazard, 28, échiquier. reste paris tranquille, suis courageuse. edmond pas appelé, léonce guéri, silvain salomon arrivé. tous parfaitement — Hélène. | Lazard, 24, arcade. enfants londres parfaitement, font progrès tout genre. rien nouveau lucie. emma à bordeaux y sommes allées. — Hélène. |

Olonzac, 21 déc. — Ferrand Olonzac, mobile hérault, 1er bataillon, 7e compagnie, paris. recevra cent quarante francs, remettre pons trente, boy, lanet idem. — Ferrand. |

Mantes, 27 déc. — Defrémicourt, 3, ferme mathurins. georges fatigué repose momentanément villiers. tous bien.—Colombel. |

Lubersac, 26 déc. — Landrin, 15 rue madrid. vais bien. écris souvent.—Laure. | Fayette, 50, avenue wagram. portons bien. |

Précigné, 23 déc. — Tufton. 30, notre-dame de lorette. thérèse, zélia à disy, bien reçoivent lettres.—Rougé. |

Angers, 27 déc. — Blachez, 13, boulevard st-germain. angers familles blachez, roanne, dechavanne parfaitement. bons vœux. |

Toulouse, 28 déc. — Degourcaff, 87, richelieu, reçu hier lettre 24 novembre. service centralisé cinq dudit. soixante mille sinistres, compris ceux connus.—Subra. | général Chmitz, paris. faites officier Bausse, sergent 35e. — Deschoettes. | directeur général tabacs, paris. service continue marcher régulièrement. quantité poudre guerre fabriquée fin déc. trois cent cinquante mille kilogrammes.—Laville. |

Le havre, 23 déc. — Lambert, 86, lafayette. nous allons bien. reçu lettre merci. — Pinel. | Vaussard, 134, boulevard haussmann, paris. félicitations, tous bien portants.— Léon. |

Mézières, 12 déc. — Trompeau, 98, st dominique. va bien, manque rien. daigny tous chez père Beaudelot. alfred mayence. joussaume avenue parmentier, 2. — Dupont Mouzon. | Locart, 10, rue labat montmartre. nous allons tous bien. —Mouzon. guillaume, locart. |

Castillon-s.-dordogne, 28 déc. — Martineau, officier, 1er chasseurs, 2e armée, montreuil-sous-bois. 128, rue paris. tous bien. reçu lettres. — Aiguilhe. |

Buxière-la-grue, 26 déc. — Barbaroux, boulevard st-germain, paris. sœur Yvonne arrivée coudemine. tous bien.—Chauchard. |

Segonzac, 20 déc. — Ghauchard, 42, jacob, paris. Ferdinand bien portant, prisonnier lieutenant décoré. —Régnier. |

Ruges, 24 déc. — Lepaire, 30, neuve st-méry, famille bien portante. réponse par ballon. — Lepaire, rugles. |

Veules, 24 déc. — Axenfeld, 24, godot mauroi. santé excellente. reçu lettres 10 déc. comment va famille lékel. salue adolphe carl. colonie parfaitement.—Henry. |

St-malo, 26 déc. — Dambrun, 39, bellechasse. Schmaltz, Maucourant. nous, avons argent. allons bien—Hortense. | Favray, 8, grande chaumière, troisième dépêche. portons tous bien. lettres parviennent.—Laforest. | Potrel, 40, croix-des-petits-champs. nouvelles, madame halli, sont tous parfaitement, madame chamouillet, maurice bien portants, à Avranches, nos santés parfaites. —Jeanne. |

Granville, 3 déc. — Beaulieu, 241, charenton, tous bien portants, recevons vos lettres. eugénie ici, famille chevet va bien. | Caroline. | Fontane, hôtel louvre. santés parfaites, recevons lettres, carnélie marquise avons argent.—Marie. | Marre 77, rambuteau. sommes grandville depuis 20 novembre. avec maripoto tous bonne santé reçu toutes tes lettres.—Eugénie. | Marie sous chef ministère finance. blanche bien. briand bien.— Loyer. | Covreau, 37, rue chapelle, paris. bonne santé. quatre lettres.—Minoret. | Pierquin, 45, avenue joséphine. crené, st mihiel, moi enfants parfaite-

Bordeaux. — 27 décembre 1870

ment argent rouen, prévient ernest, berthe morte 17 octobre suffocations.— Pierquin. |

Périgueux, 28 déc.—Ciocco, 19, rue réaumur. moi employé chez major. bonne santé, écrivez tous à périgueux, 8e de ligne me parviendra toujours. — Ciocco. | marquis dulau, 37, jean goujon. bérenger sain et sauf, bien fatigué. tendresses, 28 déc. — Marie. | Laforêt, 15, place vendôme, paris. santés excellentes, vu D. F. attends résultats.—Magdeleine. | Monsieur guillou, 68, quai rapée. paris. tous bien. fais remettre 300 francs à joséphine, 27, boulevard beaumarchais. — Guilou. | madame Hugues, 27, boulevard beaumarchais, paris. écris souvent par ballon.—Hamon, périgueux, hôtel univers. | Pavie, 13, grammont. tous parfaitement, andré marthe fortifiés. — Dolomie, périgueux, 29 déc. poste restante. |

Londres, 21 déc. — Franken, 90, rue grenelle st germain, paris. courage chère amie, espère retourner bientôt, soignez-vous surtout, reçu tes lettres, écris-moi, nos santés parfaites.—franken. | monsieur Trippelvitz, 66, rue caumartin, paris. famille bien portante, espérons même avec vous tous. prions dieu vous protégera. mille baisers de tous. Trippelvitz. | Molteni, 62, château d'eau nous, vincent londres. houllier, cretu, dupuis enfants france allons bien. reçu lettre dernière 4 déc. --marguerite Molteni. |

Madame Leroux, 51, rue st-louis-en-l'île, paris. santés excellentes. toujours thompson, argent poste, impossible. — Leroux. | Vannat, 45, rue monceau, paris. informations prises genève, votre enfant va bien priez levy peyre, écrire souven . —Lehmann. | Coblence, 1, rambuteau, paris. portons bien manquons de rien dieu merci. patientons, contentes recevoir vos lettres.— Sophie Coblence. | madame Aurelly, 1, faubourg st-honoré. paris. tous vos enfants vont bien. — S. O. Sturgis. | P. Laborderie, 128, rue st-denis, paris, étonné être sans nouvelles, écrivez parfois à schwelm, comment vous allez, lucas, louriau, etc. nous tous bien.—Busche. |

. william Bowles, 12, rue la paix, paris. tout est arrangé. nous avons plus qu'il faut, partout, attendez remises. — Charles. | Pellet, 10, rue Aumale, paris. je suis londres. disposez des vivres se trouvant dans lingerie. donnez congé pour mon appartement avant janvier. — Dreydel. | Monsieur Roullier, 29, rue des nonnains d'hyères, paris. fermez magasin, faire rendre au commis, comptes. argent, clef, vos nouvelles par ballon. — de harrison, 5, welgate, rotherham, angleterre. | Nestor schol, 13, rue pierre-levée. paris. écrivez ballon, quelles ventes, rien entendu de vous.—Hounsfield. | monsieur édouard, Lebreton 6, rue castiglione, paris. nantes, manchester souhaitent bonne année à tous. écrivez. — M. E. Benson. | Monsieur john, Knight, 25, rue riquet, la villette. paris. mon frère, je désire ardemment de vous entendre. —Hudson Gillilan. | monsieur charles Trouillet, rue ste-anne, paris. comment vat-il avec vous tous. — Julie French, place d'abercromby, édimbourg. | Sourdis, 13 rue laffitte, paris. 20 déc. tous bien. partons tous pour londres. pas de lettres depuis 7.—Sourdis. |

Néris, 20 déc. — Lamirault, 170, faubourg honoré. reçu affreuse nouvelle, pauvres enfants! écrivez souvent. — Julienne. |

Cambrai, 30 nov. — Leclerc, 10, rue regard. sommes tous à gand, très-bien portants. préviens jacob, recevons lettres. — Marguerite. |

Courtomer, 19 déc. — Mouton, 209, saint-antoine. tous bien portants. — Bagréaux. |

Rabastens-sur-Tarn, 24 déc. — baron d'André, 17, rue du centre. nous allons tous bien, sommes très-content d'avoir reçu de vos nouvelles.— rastoul. |

Broglie, 20 déc. — Provotelle, hôpital du midi. reçu trois lettres, merci à prudhomme. vous souhaite bonne année. répondez. — Provotelle. |

Villers-sur-Mer, 20 déc.— Roche, 3, grammont. santé, température, bonnes. donnez congé mon appartement. réclame lettres détaillées, gallois, parents. — Parisot. | Nayrolles, 17, jeûneurs. bien portants, bonne année tous. chapsal welbeech house sydenham S H, London. — Nayrolles. |

Mayenne, 9 déc.—Lunois, 9, rue monge, paris. tous bien, enfants travaillent, écris tours. — Marie.—

Amballe. — Lourmel, capitaine mobile charlebourg. famille bien, victor engagé chasseurs. — Lourmel. |

Lyon, les terreaux, 22 déc. — Rey, 26, boulevard sébastopol, paris. courage, tout va bien. — Rey. | Gros, 8, sainte-cécile. bonnes nouvelles, robert à bourges, tes filles vont bien, continuons travail ici, nos finances satisfaisantes.— Roman. | Steiner-Schoen, 18, rue bergère. donnez nouvelles de mon frère charles, tour-d'auvergne, 41, et de conilleau. — Ziegler Wesserling. | Léopold Monteilhet, 17, boulevard montmorency. allons bien, demandes carré sèvres, 31, trois cents francs. antoine partira cinquième légion. — Escoffier. |

Cambrai, 16 déc. — Janets, distillateur, vincennes. nestor donne nouvelles. — Faille. |

Londres, 17 déc.— Garaud, 37, tronchet, paris. nous recevons vos lettres. — Joséphine. | Clavenad, 9, cité du midi, boulevard clichy, paris. reçues vos lettres, merci. — Arnold. | Dudan, 11, rue chateaubriand, paris. reçu vos lettres, merci. — Arnold. | Heumann, 2, rue de jean, paris. content de tes nouvelles, quatre frères, bonne santé, à bientôt, j'espère. — Louis Philippi. |

Madame Hugard, 1, rue prevonce, paris. bonnes santés, reçu trente lettres, 91, richmond road bayswater, mangez provisions, serrurier ouvrir, aimons tendrement. — Zéna. | comtesse Malvezzi, 58, rue londres, paris. tous bien chez nash, avons écrit souvent. — Auguste. | Delapalme, 10, rue castiglione, paris. nous allons tous bien. — Delapalme, 19 déc. | Prévost, 23, magnan, paris. Dire Cornier ordre mille payer ma pension. bonne santé. — Prévost. | Alphen, 5, rue provence, paris. reçu bonnes nouvelles, 16 déc., justin. worms en voyage, dauphin père pareillement bonne santé, écrivez par mon entremise. — Lazard. | Maurice la Chesnai, 59, faubourg saint-germain, paris. deux lettres reçues, sympathies. contez sur mes amitiés les plus loyales. donnez adresse de votre femme. — Thomas Balch, old broad street, 16, londres. | Lebaudy, flandre, paris. reçu lettre 9, versements oppenheim, marcuard même situation générale, santé parfaite, bruxelles, toulouse. — Gustave. | Cerf, 12, rue française, paris. écrivez-moi donc par chaque ballon à bradford, suis sans nouvelles depuis 29 octobre. — Hippolyte Cerf. |

MM. Videcoq, 34, rue vanneau, faubourg saint-germain, paris. allons bien, écrivez tous les ballons, demandez mille francs chez Hoche, 2, rue colbert, lettre reçue 8 décembre. | G. et D. Hugues, 30, rue de berry, paris. fanny, anna, ont reçu plusieurs lettres, elles vont bien, sont en angleterre depuis septembre, ne vous oublient pas. |

Pescau et Schmolle, 30, faubourg poissonnière, paris. allons bien, reçu lettres, chargement golconda en ordre, j'attends vos ordres concernant produits anvers. — Gaston. | Lévy, 5, rue laval, paris. seconde dépêche, pourquoi sans vos lettres, sommes toujours, 14, brunswick square, londres. — Eva. | Moret, 9, rue cléry, paris. toute votre famille à bruxelles va bien. — Hooper, london. | Simon, parfumeur, passage saumon, paris. 20, allons tous très-bien, estelle, caroline aussi, caen, lettres toujours reçues, vaccinées. — Hourt. | Hernoux, 22, rue poussin, auteuil-paris. nous sommes tous en bonne santé. — Hernoux, londres. | Cossé et Sanson, 32, rue du sentier, paris. viens d'acheter de rente au valeur de cinquante mille francs à cinquante-trois et trois quarts. — James Poynter. | madame Duché, 17, rue de la banque, paris. nous recevons vos lettres. nous portons tous bien. — Marius-Claude Duché. | madame Knaus, 8, rue de bretagne, paris. maman très inquiète, écris-lui de suite. — Christine Manumeiher. | de Fonvielle, 50, rue des abbesses-montmartre, paris. merci pour mère. wilfried acclamé, vous, père, thérèse, écrivez chaque semaine. reçu de père lettre milieu septembre. — Marguerite Jacquet. |

Bary, 47, rue pigalle, paris. douleur apprenant votre parti, absence affreuse, écrivez portsmouth, wellesley-hall, angleterre, où sommes réfugiés. tous bien portants. — Max. | Josse, 163, rue charonne. grand'mère, reçu argent, bonne santé. — Jeanne. |

Mademoiselle Péan, 91, neuve-des-petits-champs. familles bien portantes. — Rose. | Marie Laurent, 12, françois 1er. plusieurs télégrammes inutiles, pau magnet, île-verte lacran, bien, sympathie et tendres vœux. — Behic. | Colson, 8, rue tournon. vos familles de lille, metz, saint-aubin vont bien, clément étudie élémentaires, dessin.— Peltier. | Blignières, 80, grenelle saint-germain. vous, madame mathilde audibert, colson, levé, toutes famille bien.— Peltier. | Marigny, 51, boulevard malesherbes. tous bien à bournazel, 14 décembre, nous aussi montfélix. — Anatole. | Janvry, 45, douai. tous bien bordeaux. si propriétaire veut quinze cents, accepte. — Abel. | Jagerschmidt, 22, godot-de-mauroi. toutes bien, pays tranquille. tantes, julia, malvezzi, virginie. clarens bien. lamy, cabany, avril parfaitement chez bréda. — Lucy. | Berthelot, 57, boulevard saint-michel. enfants bien, étretat bien, enfants francillon bien trouville. — Ball. | Egger, 48, rue madame. père mort subitement 17 déc. mère, enfants, moi bien. — Elisabeth. | Martelet, 62, rue blanche. toutes bien à hazebruck. — Picard. | Dauchez, 83, rue victoire. santé parfaite, souhaite bonne année. — Dauchez. |

Bordeaux. — Boudet, 56, rue provence, paris. tous bien. — Boudet Laval. | Gautreau, 45, malesherbes. tous bien, espoir toujours, près kérisouet sans nouvelles paris, depuis quelques jours ballons arrivés cependant. — Henri | Martel, 11, enghien. Landormy, contencin, cherbonnier, nous bien bruxelles. merci nouvelles, 9, pensons à tous. — Martel. | Marguerite, 100, rue amelot. arcel, 15 déc. tout va bien. — Paul. | Segonzac, 21, paradis-poissonnière. allons bien, mathide, sa mère, à compiègne. — Segonzac. | Trévaux, 19, val-de-grâce. tous santés bonnes, prussiens nuls, communiquer. chatelain, lettres reçues. — Trévaux. | Souvel, 98, sébastopol. portons bien. — Desmarets. | Delarochette, 27, sébastopol. tous parents montoison bien, léon aussi, camille bordeaux. — Larochette. | Monnier, 5, boissy-d'anglas. écris donc poitiers, mère inquiète. — Portalis. | Harold Portalis, 15, monsigny. écris poitiers, pas une lettre toi.— Portalis. | Horelacque, 2, fléchier. femme, belle-mère inquiètes, bien vevez, famille entière bien. — Albert. | Posth, 4, mégisserie. votre femme troisième garçon, famille entière, nous, tous très-bien. donnez nouvelles. — Mies. | Rosier, 41, capucines. maurice bien, grandit, tous bien, alphonse mobilisé, gustave reste, donnez nouvelles souvent. — Mies. | Lesieur, 132, lafayette. père, mère, sans lettres depuis deux mois, genève. — Lesieur. | Cresson, préfet police. 20 déc. bonnes nouvelles, joyant, corseaux, nantes, bruxelles, nice, meaux, amitiés. — Pottier. | Guyot, 75, victoire. reçu lettres décembre, guyot, ducray, pelletier, ducroq, damoreau, charpentier bien, meaux, edmond lyon, ernest bordeaux, caroline dieppe. | Maciet, 75, victoire. recevons lettres meaux, guyot, amis vont bien, écrivez-moi pour meaux. — Pottier. |

Vitré, 9 déc. — Poisson, bazar pigalle, 62, boulevard françois tué 18 août. écris moi. — Poisson.—

Montfort, 9 déc. — Kornmann, 211, saint-honoré, paris. reçu lettre. bien portants, envoyer carte. — Jamin. |

Saint-servan, 9 déc, — Vaille, Wagram, 15. frère bien prisonnier. — Deurre. |

Rennes, 8 déc. — Griègos, 39, joubert. reviens à la santé mère chérie, allons bien. — Maurice Edouard. | Carné, 20e mobiles. bien, amaury, louis officiers, alphonse, lieutenant, léon mission. oncle alphonse mobilisé. reçu lettres 29, quatorze. — Carné. | Léveillé, secrétaire télégraphes, paris. famille de gourden demande embaumement du corps, si possible, rembourseront avances. — Blaise. | Dubois, saint-gonant, chef 2e bataillon mobile côtes-du-nord, colombs près paris, enfants vannes tous bien, écrit deux fois reçu lettres. — Alexandrine. | Storelli, 28, godot-mauroy. storelli vont bien, reçoivent lettres. bouchy, reçoivent rien, vont bien. pouchin, envoyé pigeons. — Storelli. | Dos, employé postes. lecorvisier bien. marie fluxion poitrine, mieux à Ruaux. — Lecorvisier. | Lombard, 15, berlin. pénaud, nuisement, babeau bien. — Pénaud. | Leveillé, télégraphes, paris. savoir et donner nouvelles de Lanjamet, sergent au bataillon de rennes.—Jean. | Léveillé, télégraphes, paris. famille léveillé bien. informer rousselin avenue latou.-maubourg, 14, sa famille à saint méen, rennes. — Jean. | Paillard, 59, turenne. lettres au vingt beurre. tous bien nuls besoins, piano, 18, fougères. — Augustine. | Simonneau, avenue choisy, 117, paris. sommes bien, sitôt pourrons provisions.—Morin. | Duvignaud, quartier-général 6 secteur, passy. famille bien. tes lettres reçues, embrassons. —Albertine. | Picart, 14, rue du bac. Héloin, Picard, Laverne, tous bien portants. — Heloin. | Demoustier, 4e bataillon 21e infanterie, 23e de marche. élisabeth garçon délicat qui donne inquiétudes.—Decoüasnon. | Ducros, feydeau, 26. donnez réponses primes doubles et simples, gaillard castellino. quelles sont réponses données contre moi, octobre, novembre. —Gautier. | M. Léveillé, télégraphes. donnez nouvelles maruelle, fourrier 4e bataillon, 6e compagnie mobile rennes. gustave parti. émile loire. réponse.—Maruelle, rennes | Pau. paix, 12. bonne santé et toi ? trente jours sans lettre, écris plus souvent et à lasaussaye. à bientôt. — Pau. |

Concquet, 8 déc. — M, Degroseillie, 124, boulevard haussmann. bien portante, envoyé énormément lettres et dépêches, tendres affections. —Degroiseillie. |

Brest, 8 déc. — Rousseau, lieutenant vaisseau, fort ivry. reçois lettres, tous bien.—Marie Rousseau. | Jacquemert, babylone, 39. tous bien. — Jacquemert. | Philippon, sorbonne. paul et maman vont bien, famille magnabal aussi, donnez nouvelles des amis. — Evelart | Magnabal, ministère instruction publique. tous vôtres bien portants albi, donnez-moi brest nouvelles de vous des amis et taillandier. | Evelart. | Coquelle, 9, la roquette. inquiétude, nouvelles 27 septembre, frères bonne santé. croisière, aime, embrasse, fille parents, même adresse, écris. — Victor. | M. Chazal, rue radziwil, numéro deux. Damfreville, parfaitement arrivé, souhaits sincères. cinquième dépêche.—Marcq. | Bezonquet, condorcet, 53. tous bien. — Emilie. | Angibaud, notre-Dame des victoires, 44. lettre trois reçue, familles bien, écrire souvent, lettre lucien six. bien, prévenir philippe. — Jules et Célestin. | Rosenwald, 47, rue paris belleville. lettre 5 décembre parvenue, sommes heureux, santé excellente, embrassements de tous. — Lambert. |

Tréport, 3 déc. — Saintremy, 39, amsterdam. sommes tous hambourg parfaitement, écris neuest neusirasse, 1. — Berthe. |

Rouen-Central, 3 déc — Schreiber, palais législatif. Ay et belgique bonne santé. reçu vos lettres. général va bien. sans nouvelles tante elba, inquiet. — Louis. | Rogerdesgenettes, 71, boulevard beaumarchais. santé excellente à aix avec fanny, leflo, allait parfaitement le 1er, adressez lettres à rouen.—Valazé. |

Cherbourg, 8 déc. — Chaussin, arras, 48. trésorier cherbourg. toutes familles réunies.—Chaussin. | Aubert. 17, moscou. suis soldat 26e cherbourg. écris. — Duclos. | Denise, rue pigalle, 28. suis soldat. écris moi 26e de ligne cherbourg. t'envoie argent et embrasse.—Alfred. | Detocqueville, 25, astorg. paris. votre santé est-elle bonne. — Lebrun. | M. Ledoux, 10, louvois, 8 déc. cherbourg. Armand bien portant vendôme. tous bonne santé, lettres perdues, détails bry, embrassons. — Pauline. | madame Denis, francs-bourgeois, 59. anniversaire célébré, reçu lettre du 1er, santés bonnes, travail satisfaisant.—Maurice. | Rebourcet. 1, rue joinville, villette. heureusement, fille, bien, oui. — Rebourcet. | Malassis, 30, place madeleine. tous parfaite santé à cherbourg, j'ai reçu toutes vos lettres, bonnes nouvelles de latour. Louise. | M. Durclé, ministère finances. santé bonne, confiance. continue invocation au commencement tes lettres, donne nouvelles robley. 11, rue verneuil. — Durclé. |

60. Pour copie conforme,

L'inspecteur,

Bordeaux — 28 décembre 1870.

Bordeaux, 26 déc.— Aubert, 2 bis, pérignon 2e té é ;., tous bordeaux, manquons rien, ennui, 2 lettres théodule seulement, répondez, réduire loyer, courage.— Charles. |

Bordeaux, 23 déc. — Lavergne, 74, assas. ouvrez cabinet escalier troisième, disposez pour vous, loverdo, modérément concierge, refermez, prenez tout hangard jardin. — Aubineau. | Noël Cailar, 16, oberkampf. périgueux, hôtel france, virginie, enfants versez argent banque, succursale bordeaux, écrivez ballon, lucien, paul, inquiète. — Cailar. | Mme Saint-Georges, 17, rue grange-batelière. votre mari est à francfort, mère, frère, deux sœurs vont bien. — Alice l estrange. | général Beaufort hautpoul, palais-royal, paris. en grâce ! vite, nouvelles christine. — Budé Montriant. | Braquet, adjudant-major, infanterie marine, plateau avron. reçu lettres, portons tous bien. — Eudoxie. | Cavailler, 9, miromesnil. tous 7 bien portants, besoin 400 francs. — Cavailler. | Mme Julius, 4, rue borda, paris. me porte bien, longtemps sans lettre, écrivez souvent, manchester d'ip n ezargent librement, revoir.- Julius. | MmeNicaise, brochant, 19, batignolles, paris, écris-donc, rien reçu depuis mi-novembre.— Budé. | madame Gros, 37, taitbout. 3e dépêche, tous vos parents, amis vont bien. — Hydecker. |

Plouha. — Chauvy, rue pyramides, 2. tous ici, province, albert, stéphane parfaitement, jarre à limoges, écrivons, télégraphions sans chance. — Alice. |

Fougères, 24 déc.— Bérel, 108, rue turenne. santés bonnes. |

Lisieux, 23 déc.— Estragnat, 17, jeûneurs. lisieux tranquille, bonne santé tous.—Estragnat. |

St-Jean-d'Angély, 26 déc. — Monnoyeur, 34, penthièvre. bien reçu malles, lettres, belle-mère décédée.— Laure. |

Granville, 23 déc.— me ve Moutard-martin, 9, rue hautefeuille. malheur appris matin, vive affectueuse sympathie, regrets éloignement, tendresses de toutes. — Moutard-martin. | docteur Moutard-martin, 5, rue échelle, paris. dixième, malheur appris matin, regrets éloignement. affectueuse sympathie, tous bonne santé.— Moutard-martin. |

Valognes, 23 déc.— Durand, 18, rue scipion, paris. portons tous bien, reçu. | Mallet, 16, rosiers marais. allons bien, et vous, gautier, honorine.— Bosq. |

Bordeaux. 23 déc. | m. Tréveneuc, 16, rue montaigne, paris. pommorio, boisgelin, quélen, coatersal, parents, amis parfaitement, sans exception, robert travaille, aucune inquiétude.—Tréveneuc. | Herpin, 56, provence, paris. genève 10 décembre, fîmes inventaire titres londres, encaissâmes quatre millions demi, bons ottomans échus, écrivez — Borgeaud. | Herpin, 56, provence, paris. genève 20 déc. dépêche 15 erronée, avons seulement macdonald dix-huit millions outre quatre portefeuille.— Borgeaud. | Herpin, 56, provence, paris. 10 déc. reviens londres vu premsel, brolemann, alfred, dreyfus, piguet, denière pas venu, thomas arrivé.— Borgeaud. | Herpin, 56, provence paris. genève 10 déc. luce vous télégraphia plusieurs fois, va bien aussi demas restent ensemble ici— Borgeaud. | Bammeville, 79, maxo belleville. nous portons bien, écris toujours à crassier, procure-toi chemises flanelle et fourrures. — Claire. |

Soltykoff, 23, boulevard malesherbes. santé bonne, argent suffit, fersen payé campagne, rien en ville, embrasse tendrement.—Soltykoff. | Denné, journal patrie', croissant, paris. donnez 700 francs boulevard italiens, 300 me philippon, 38, monthabor.— Rimme. | Patron, 120, mouffetard. comment allez-vous, et parents, amis? provinces marchent, espérez. écrire à bordeaux, 16, rue tanesse. merci.— Langlois. | Goujon, 77, aboukir. forcée venir genève, enfants bien portants, je reçois tes lettres.— Henriette. | Reveilhac, 17, rue fournelles. santés bonnes, reçu lettres grumlle.— Reveilhac. | Casthélaz, croix-bretonnerie. lettres reçues. partout parfaite santé, charles école rochette, tante guédin morte, ami amérique, zetter fabrique beaucoup.— Escuyer. | Bordier, 21, joubert. toutes bien portantes, toujours châtelaine, désirons seulement ta présence, recevons toutes tes lettres.

Dollfus, 45, chabrol. tous, sayous bordeaux, boden bien. | me Huberty, chez Gombault, rue des alouettes, belleville. échappé, séjour versailles, capitaine, guéri, écrivez bordeaux, rue ayres, 45. — Fernand. | Thirion, 32, faubourg poissonnière. femme, enfants bien portants restent villers, reçoivent vos lettres, fournissons argent demandé — Toussaint. | Chaland, 27, santé. debourran sauvé mayence prisonnier. embrassons capitaine.— Chaland. | Montgolfier, 17, passage commerce. écrivez, recevons, tous bien.— Larivoire. | Varnesson, chef escadron artillerie, 14e corps. sœur bien a sedan.— Beaudesson. | Bartholdi, 21, raynouard passy. bonne noël à tous arcachon, madrid, cannes, berry folkestone, cognac, jouy, partout bien portants.— Bartholdi. | Mallet, 37, anjou. bonne noël. mère, moi, arcachon, folkestone, cannes, madrid, berry, montbrison, tous bien.—Hélène. | Souchon, 29, santé observatoire. troisième dépêche, écrivez. recevons, dance pareil, félicité morte, autres bien, barrier institutrice annonay, nouvelles doucet. | Barrier. |

Perrier-Pahn, 14, halévy. deuxième dépêche, tous bien portants, madeleine huit dents sans souffrance, donnez congé numéro onze.— Delcambre. | Picot, 54, pigalle. enfants reverseaux, nous bien.— Montalivet. | Boyer, 15, bonaparte. touché lettre debans, votre père, votre mère vont bien, suis très-contente de voir émile quelquefois.— Verdereau. | Lascoux, 86, université. samedi 17, accouchement heureux garçon.— Lascoux. | Roguet, 11, rue halles, me roguet habite toulon, rue dumont-durville.— Loyer. | Darblay, louvre. au 16 blés baissent, californie, 11 trois rouge hiver 18. printemps choix 10 trois arrivages.— Bourgoise. |

Arcachon, 23 déc.—m, Perrin, 19, rue gramont. perrin chambon, roustaing bébé bien. 18, allée de la chapelle.— Perrin. |

Castres-sur-l'agout, 22 déc.— me Pontalba, 41, faubourg st-honoré. je reçois tes cartes, écris avec détails comme charles, rien de georges depuis octobre.— Louise | Guye, 126, lafayette. tous bien. écrivez.— Puvillard. |

St-Lô, 23 déc.— m. Dupont, 7, hâvre, paris. toutes familles santés parfaites.— Dupont. |

Brest. 23 déc.— me Chalou, 11, cherche-midi. écris-moi donc, donne congé logement. envoyé argent quatre fois par pigeon.— Chalou. !

Vernon, 22 déc.- Dementque, 84, amsterdam. eugène courtival 14, charles berne, marie enfants, caen, moi vernon, tous bien portants. reçois vos lettres.— Pacelier. |

Ezy, 20 déc. — Picard, sébastopol, 100. tous santé parfaite, pas quitté chaussée, lettres reçues, avisez cassella, payer mélanie seulement. — Latouche. |

Le Havre. 11 déc.—Martin, 40, jeûneurs. lettres 9, 15, labrosse, kuox reçues, familles kuox, jeannette bien, versez argent claudine pour nourriture, sympathies. — Brauford. | Mme de Reizet, 21. godot-mauzoy. comment allez-vous, édouard allé au feu, blessé, peut-être prière donner argent, rembourserai. — Outin. |

Limoges, 25 déc. — Frédérick ou meho concierge, 41, haussmann, paris. prière celui présent, écrire renseignements sur appartement, 10, consulat. limoges. — thomas.

Boulogne-sur-Mer, 19 déc. — M. Lhotel. 28, boulevard bonne-nouvelle, paris. creil, pont, boulogne. tous bonne santé, reçu vos lettres, souhaits pour tous. — Marie. |

Lassay.—Grippon, rochechouard, 16. grande inquiétude, donnez nouvelles octavie ballon, — Dujarrier. |

Montauban, 20 déc.- — Parent, 15, helder. portons bien, lettres arrivent, montauban, augustins. — Marguerito. |

St-Pierre-les-Calais, 19 déc. M. Binard, 121. faubourg temple, chez legendre. prenez argent à caisse, veuillez payer chez moi contributions plus pressées. — Legendre. | M. Hyard, 121, faubourg temple. supprimez au 1er janvier tous les employés excepté binard, avertissez immédiatement veuillez répondre. — Legendre. |

Gamaches, 19 déc. — Gamaches, solies, vernon, santé bonne, embrassons, quesnel merx, 6. — Thévenac. |

Croissanville, 22 déc. — Dauge, 11, martel. 22 décembre, 7e dépêche, tous croissanville bien portants. — Dauge. |

Evreux. — Ducy, boulevard montmartre, 18, portons bien tous, recevons lettres. — Ducy. |

Sens-sur-Yonne, 16 déc. — Lallier, contrôleur, vaugirard, 55. nous allons bien, mais envahis. — Lallier. | Regnault, 26, monthabor. famille bien, écrit paul? — Provent. |

St-Quentin, 20 déc. — Goux, 80, rue maubeuge. commencé 20 novembre, vendez 1,000 livrables quatre jours après, possibilité voiture, blancs, 65. — Michel. | Ham, cité gaillard, 3, paris. famille assez bien, lettres reçues. — Dufour. |

Ham, 18 déc. — Velin, rue de suresne, 31, paris. allons tous très-bien. — Marie Savioz. |

Hesdin, 20 déc. — Laforge, lafayette, 171. portons bien, victor, amédée villeneuve, hesdin tranquille, lettre reçue.— Meunesson. |

Veules, 20 déc. Monteaux, provence, 5. lettres reçues, bonne maman bien, toujours veules. — Ferdinand. |

Avranches, 22 déc. — Dubarle. sergent mobile, 3e armée. 5e division, 1re brigade, allons bien. — Bonnet. |

Chambly, 3 déc. — Basbois, des tournelles, 27. tranquille chez nous, portons bien tous, collot aussi, prévenez richer. — Rouzé. |

Cany, 20 déc. — Riancey, david, 6. tous bonne santé, tranquilles, reçu lettre emmanuel du 9. — Riancey. |

Lille, 20 déc — Demory, denez de paris, passage jouffroy, paris. maman décédée, famille lebleu ici, portons bien, pour vous tous nos vœux. — Mamier. | Normand, 159, université. souhaitons bonne santé, prompt retour, embrassons, amitiés aux amis. Marguerite. — Berthe. | Normand, 159. université. travaille fives comme collignon, répète mêmes choses dans lettres. arrivant pas toutes, souhaite prompte réunion, embrassons. — Henriette. |

Douai, 20 déc. — Desforts, 12, bonaparte. nous bien, baudreuil, neustadt, ebersueld près berlin, bien, enfants aussi, ont nouvelles clotilde, demandent nouvelles, parents, belle-sœur. — Fontaine. |

Château-Renard. — Lefebvre, 10, rue montpensier. allons tous bien, écrit envoyé dépêches, avez-vous reçu? écrivez-nous, mortellement inquiets, embrasse tous. — Lacour. |

Auxerre, 19 déc. — Mlle Holmes, place sorbonne, 5. affaire arrangée. |

Ste-mère-église, 22 déc. — Belny, place vendôme, 16. 22 décembre. tous bonne santé, charles raymond poitiers, bien. — Alice Belny. |

Carlier, 42, avenue breteuil. inquiètes, jamais nouvelles de georges, sommes charleroi belgique, chez boussemart. pauvre ermance, aimé, zoé bien. — Carlier. |

Cayeux-sur-Mer. — Descamps, rue bagueneau, 7. santés bonnes, frère réformé, tout va bien. — Deloison. |

Urcel. — Glandaz, monthabor, 27, paris. tous sept à mangis bien portants. — Nachet. |

Cambray, 20 déc. · Hourie, chez robert, bergère, 21, tous portons bien. triste absence, attendons nouvelles, lucien à amiens, grand'maman décédée. — Hourie. | Mme Crémieux' 49, ponthieu. maison lafère épargnée, écris cambrai, chez Stévenin. — Georges Amédée.

Grenoble, 10 décembre. — Jouvin, 2, boulevard montmartre recevons tes lettres. tous bien portants, famille avenue aussi. Emile bien portant, prisonnier.— Anna. |

Corbigny, 11 décembre. — capitaine Blandin, chez Bisson, 1, rue hâvre. Louise, Azélie, accouchées filles. envoyez carte. — Serbonnes. |

Montluçon, 15 décembre.— Danneel, 106, boulevard richard-lenoir. nous allons bien. nouvelle adresse : rue corneille (maison Brisson), montluçon.— Lhermitte. |

Laval, 11 décembre. — Wolff, 22, rue batignolles. si possible rester, abri sûr, si jugeais prudent quitter, recours dinan, prévoierais froidement.— Isaure. |

La Rochelle, 14 décembre. — Bossière, 14, rue magnan, paris. Cécile granville (manche), poste restante. tous bien portants. — Bossière. | Lemoine, 9, rue scheffer, 9. tous trois en bonne santé, sommes à la rochelle. — Lemoine. | Yung, 37, rue de lille, paris. tous santé parfaite, Dos parfaitement, Louis 18e corps, informez Weiss. — Michel. |

Lille, 8 décembre. — Corpechot, 17, chaussée-d'antin. Wachez, Creplat, réunis. bonne santé, donner adresse à tous lille, poste restante.— Wachez. | Bertrand, théâtre variétés, paris. notre mère et nous allons bien, Jules prisonnier posen. — Bertrand. | Lelorrain, 21, bouloi, paris. santés bonnes, personne parti, merci lettres.— Stalars. | Delepoulle, 24, rue neuve-st-augustin, paris. reçu à Mons. tous bonne santé, recevons lettres lille.— Eugénie. | Aubé, 53, vivienne. confirme précédentes dépêches. contesterai ventes inférieures cent vingt-cinq, prix moyen europe. marchandise introuvable, communiquez confrères. — Lefèvre. | Perez, 56, rivoli, paris. allons bien, multiplication, Gustave partira 15 volontaires ouest. — Constant. | Bernard, 408, rue st-honoré, paris. bonne santé, embrasse commandant. — Bernard. | Mille, 18, rue moncey, paris. santés parfaites, Daniel lycée. — Mille. |

Trouville, 10 décembre. — Bacourt, 3, passage lafférière. adressez maintenant aux roches-noires. sécurité.—Marie. | Louvencourt, 13, rue ponthieu. adressez maintenant aux roches-noires. sécurité. — Silveira. | Scheffter, 25, avenue trudaine. reçu nouvelles Pommeret, y renvoyer jardinier pour rester ou fermer portes, danger aucun.—Bernard. — Nouette, 35, rue lepelletier. nous allons parfaitement, je suis heureuse de tes bonnes nouvelles, écris souvent. — Louise. | Martelet, 62, rue blanche. mère, filles, à hazebruck, bien. — Léorat. | Terrillon, 20, quai mégisserie. avons bonne santé, famille Pronnier va bien.— Terrillon.— Cros, inspecteur général, ministère marine. Cros, Mangin, bonne santé.— Eulalie. ste-adresse. | Delacourtie, 1, hauteville, paris. trouville, vineuil, brives, reims, santés parfaites. reçu 3 mandats. — Delacourtie. | Clausse, 4, murillo. Roulet bien, nous, Yver, aussi. reçu lettres. vois Santerre.— Clausse. | Jametel, 53, vivienne. suis bruxelles, 100, avenue louise; Eloïse, Laury, aussi. Laure tréport. tous bien. recevons lettres Parmentier, aimable. Jametel. | Béthemont, 25, louis-le-grand. 10 décembre londres, près Schayé. toujours santés parfaites, enfants superbes, écris tous moyens, recevons lettres, tendresses. — Jenny. | Deviers, 9, boulevard malesherbes. 10 décembre. londres depuis 22 septembre. santés parfaites, bonne installation, tendresses. — Marijenny. | Touzelin, 8, castiglione. 6e dépêche. santés bonnes, toujours trouville, recevons lettres, envoyé vingt lettres. Emmanuel guides, calvados. — Bridault. | Hass, 51, avenue montaigne. dites-moi si votre bataillon sort de paris. écrivez-moi, suis au supplice, oubliez pas. — Maviou. | Foucault, 12, quai mégisserie. tous parfaite santé. — Bornait-Foucault. |

Saint-Malo, 23 déc. — Letestu, 53, avenue wegram. tous bien. — Letestu. | Danlion, 92, saint-dominique. troisième dépêche reçu 16, santé bonne, parfaits amis, oncle chasteau ? vous embrasse. — victorine. |

Marseille, 24 déc. — Bottolier, 34, joliveau. très-inquiet pas recevoir nouvelles. pouvez écrire chez bibliothécaire, gare marseille —Edouard. | Chanu, 22, sentier. recevrais nouvelles famille avec grand plaisir, pouvez écrire chez bibliothécaire, gare marseille. — Edouard. | Thiébaut, 144, faubourg saint-denis. nous aix, notta versailles bien portants, travaillons, reçu deux mandats, envoyé nombreuses dépêches, vêtus chaudement. — Jules. |

Niort, 24 déc. — Mengin, 58, rue vaugirard. troisième dépêche, santé bonne, heureuse recevoir lettres, mandats arrivés, chambinière desroches, normant bien, tendresses. — foureau. |

Flers-de-l'Orne, 23 déc. — Grivel, 10, rue de paix. portons bien, repartons pour laigle. — Grivel. |

Lorient, 25 déc. — Gadaud, lieutenant, 16e marche. 1re division, 14e corps. donner à tante nouvelles de brunetière, fusilier, dépôt 59e. — fischer. | madame Peaucellier, boulevard malesherbe, 20 à 30. Peaucellier, interné dilling va parfaitement, reçu quelques vos lettres. — Antoine. |

Le Mans, 24 déc. — Binet, 5, garancière. recevons lettres, santé bonne. — Ménard. | Danjou, 53, verneuil. tous bien, demander 200 fr. à pierro, 11, cléry. voir clerc, thiénon. 25, boulevard rochechouart. — Cartier. | Duhail, 160, chaussée du maine. tous au mans depuis deux mois, nous portons tous bien, pas nouvelles toi, augustine mayence. — m. Duhail. | Julien, 1, rue saint-roch, paris. santées parfaites, lettres reçues, vous embrassons. — Maron |

Tannay, 21 déc.— Beauvais, 17, quai voltaire. cuzy, colonel Petit, darmstad. |

Saint-Malo, 24 déc. — Bacholard, 24, rue cherche-midi. ami sois sans inquiétudes, recevons lettres, amitiés à jean, armand. — Misel. | Auber, 1, françois-premier. ici comme à elbeuf sont parfaitement portants, gilles arrivé. voyage fructueux, gaeusly a déposé 220 mille. — Lizé. | Besnou, officier ordonnance, commandant protet, auteuil. famille bien.— Besnou. |

Richelieu, 26 déc. — m. Dalmeyda, rue naples, 40. allons bien, lettres reçues, demandez, 26, rue lamartine, nouvelles famille joly. — Saquet. | Bonnatte, vincennes. désolation berthe morte, élisa malade, mieux, tous bien, réponses familles nessier, sadart, sabine, vitray, stody, enfant bonjour. —Bonnatte. |

Rochefort-sur-Mer, 25 déc.— Ducourt, 17, moulins. roger bien, prisonnier gregow, près stettin. — Monglond. |

Vitré, 23 déc.—Berthons, 87, saint-lazare. lettre 17, reçue joie, delly reçoit lettres, gaston ici. |

Dinan, 24 déc. — Herpin, place vendôme, 1, hôtel vendôme. famille parfaitement. | Chasandre, aumonier. hôpital saint-louis. albert malade, prière visiter, hôtel est rue saint-séverin, écrire.— Jacquemin. |

Hyères, 15 déc. — Evogoff, 76, haussmann. merci, affection constante.— Desmichels. !

Toulon, 15 déc.— Protin, 2, jeanbologne, passy. reçois lettres, enfants, rosine, moi, santé bonne, embrassons ollioules.— Marguerite. |

Aix, 15 déc. — Bouillon, 20, quai mégisserie. alfred engagé, sommes aix bien portants, inquiète désolée. — Léonie. |

Bordeaux. — 28 décembre 1870.

Avignon, 14 déc. — Chauffard, 14, belle-chasse. autorisez engagement. — Hyacinthe. | Chambellan, 8, rue royale. sainprégnan, versailles, dernières nouvelles octobre. — Terrasse. |

Marmande, 15 déc. — Bertaut, 1, rue lille. opposition approuvée pas donner congé, aucune nouvelle liégeois depuis 20 novembre, pas payer son loyer. — Blancard. |

Castelsarrazin, 15 déc. — Mercier, 58, rue taitbout, paris. depuis 16 novembre aucune lettre, sommes inquiets, santés parfaites.—de Lamothe. |

Montpellier, 15 déc. — Wattelet, 11 bis, boulevard batignoles. allons bien, reçu votre lettre 1er, point de gustave depuis 6 novembre. — Elise. | Ferrier-Roussel, 38, croix-des-petits-champs, paris. tous bien portants à manguis, recevons lettres exactement, courage, patience. — Roussel. | m. Soupault, 7, rue du grand-chantier, paris. jardin. piot, delpon, demange ici, soupault, tous parfaite santé. — Jardin. | Lefebvre, 1, rue malesherbes. envoyez nouvelles. — Roger. | général Paturel, deuxième armée, premier corps. reçu lettre, berlioz voudrais te soigner, donne nouvelles souvent, allons bien, t'embrassons. — Paturel. | Morris, 44, varennes. eugène enfants heuzeville, claire montpellier, écrivez, portons bien. — Roger. |

Mirepoix, 15 déc. — jacques Amouroux, 18, rue du quaire. donnez nouvelles méric, impatiente. — Clotilde. |

Morlaix, 15 déc. — Hunebelle, 26, gay-lussac. sommes tous parfaitement, bonnes nouvelles arras, aucune amiens, enfants travaillent, avons lettres jusqu'au 5 décembre. — Hunebelle. |

Dozulé, 4 déc. — Bessière, 33, duret. fille, famille, bien. — Renard. | Dugleré, 13, marivaux. seconde dépêche, bien triste, pas de nouvelles. — Hofmann. |

Abbeville, 11 déc. — Reumont, 43, rue douai. allons bien. — Reumont. |

Cherbourg, 13 déc. — madame Lefevre, 164, rue saint-antoine. suis à cherbourg bien portant. — Morin. | Dumoret, 5, paix. bonne santé tous, rien manque, embrassons. — Dumoret. | m. Rocca, 91, magenta, paris. tous bonne santé, louis grandé, donne argent maîtresse, envoie nouvelles d'alphonse, même adresse. — Rocca. |

Marquise-Ville, 11 déc. — Demouts, 8, place concorde. tous bien, charlot armée loire, 16e corps. — Jenny. |

Fougères, 14 déc. — Lepetit, capitaine mobile, 3e bataillon, ille-et-vilaine, paris. nous nous portons tous bien, foucher parti, deux incendies saint-georges, villamée. — m. Martin. |

St-Malo, 19 déc. — Guinand, st-pétersbourg, 41. tous bien portants. — veuve Guinand. |

Angoulême, 21 déc. — Sazenac, st-andré-des-arts, 51. nouvelles père, santé, envahi sans exactions. — Camille. | Calmon, 59, abbatucci. dis concierge lui donnerai 2 francs journellement extra. baptiste bien, soixante blessés chez père. écris angoulême. — Calmon. | Pesseau, maréchal-logis, régiment de gendarmerie à pied, 1er bataillon, 6e compagnie, armée paris. portons bien. reçu tes lettres. — Noélie Pesseau. | Courtaud, hôtel louvre. léon, madeleine, moi portons bien, léon pris, puis réformé définitivement. chez vous bien. — Dubois. |

Niort, 20 déc. — André, faubourg st-martin, 186. moi et ma fille allons très-bien, nourris pas, louis bien. — André, 20 décembre. | Lasson, 12, faubourg st-martin. Coralie, sa fille, gustave, andré, alphonse, fanny, david, bourdier, lasson, tous bien. — Lasson, 20 décembre. |

Lisieux, 17 déc. — Servian, 126, rue lafayette. avons lettre 7 décembre. aujourd'hui lettres charles, louis. tous bien, vos valeurs lamand-cortès bordeaux. — Desfontenelles. |

Mâcon, 19 déc. — Mignard, belles-feuilles, 37. chamay, santés bonnes, embrassons. — Mottin. |

Rodez, 21 déc. — Seringe, boulevard strasbourg, 43 sans lettres paris depuis 1er décembre, eugénie un garçon, paul espiègle, lepage à gand. — Seringe. | Lesaigle, 23, rue pétrelle. sans nouvelles de vous depuis 16 novembre, inquiet de vous, vôtres, lapostelle, lemesnil, loucy. — Girard. |

St-Lô, 19 déc. — Thomas, 6, rue havre. très-inquiets, pas nouvelles, télégraphions souvent, tous reçoivent lettres, habitons st-lô, écrivez. — Laubespine, chef-escadron. | Bernard, 56, avenue st-ouen. ledunois et mère autorisent bernard par valent, 29, lemercier, prendre beurre, graisse, cave serrurier. — Ledunois. |

Tunis, 20 déc. — Nissam Scemama, chaillot, 105. gouvernement échange titres flottants contre provisoires payant coupon 1er janvier, autorisez échanger triannales carcassonne. — Cesana. |

Marseille, 20 déc. — Roisin, boulevard rochechouart, 80. décoré. — Adolphe Roisin. | Darblay jeune. calme irka, trente-sept demi berdiansk, trente-huit demi cent vingt huit richelle, quarante deux cent trente. — Allatini. | Pincherle, assureur. cinq lettres arrivées, faute de prime prétendue, nous couvrons applications 35209 à 35776, autre part. — Générale. | Godrant, maubeuge, 23. tous bien. — Victoria, Claire. | Riverin, 5, aubriot. confirme dépêche 5, reçu lettres dernière 17, donnez beaucoup détails, gustave réformé caroline, nous bien. — Michel. | Gay, avenue gabriel, 42. quatrième dépêche, vos filles, famille parfaite, santés, quelques loyers rentrés, procuration indispensable pour encaisser poste. — Delas. | Limozin, petits-hôtels, 16. prussiens traversé romorentin inoffensifs, ernestine, joseph bien, nous aussi. — Limozin. | Pia, 70, hauteville, donnez-nous de vos nouvelles. — Gimmig. | Directeur France, 14, rue grammont. autorisez renouvellement, dix-huit mille cinq cent quarante quatre et vingt-deux mille seize. — Espanet. |

Roanne, 16 déc. — Pinson, 22, quai béthune, paris. santé parfaite, quatrième dépêche, écris. dépêche reçue. — Pinson. | Renaut, sous-intendant, 3e division infanterie, 14e corps armée charenton. allons bien, merci, nouvelles reçues, soyez prudent, écrivez souvent. — Renaut. |

Villedieu, 18 déc. — Gautier, notaire, st-honoré, 217. Remets à Chalmé. — Rachine. |

Montluçon, 20 déc. — Dubreuil Semenet, bons-enfants, 23. reçu cinq lettres, allons bien. — Guillaumet. |

Grenville, 19 déc. — M. Audiffred, 11, dobligado, passy-paris. santé bonne, oui se fixe à campagne, do nez con ré, venez vite. — Aimé. | Drouin, ste-croix-bretonnerie, 21. santé bonne, reçois tes lettres, enfants dirigés selon ton désir, écris à nancy. — Drouin. | G. Briand, 5, bonaparte. monsieur, madame briand, beau partis pour jersey 19 décembre, bonne santé. — Briand. | Fourier, 8, louvois. tesnière, marchand, lemoine, santé bonne, écrivez. — Lemoine chez Trotel. | Bazin, temple, 166. avez-vous besoin argent, répondez de suite par ballon monté, donnez renseignements sur maison. — Rouillot. | Deverdun, 31, sèvres. portons bien, recevons lettres, lefort bruxelles, lui envoie tes lettres, tous pensons à tous. — Doublet. | Charbogne, 10, ste-cécile. donnez congé rue taitbout, santé bonne. — Provot, rue courage à granville. |

Falaise, 17 déc. — Deslandes, 7, des francs-bourgeois. tous bien portants, ségrie. recevons lettres. — Deslandes. |

Trouville-sur-Mer, 17 déc. — M. madame Arnaud, 19, échiquier. bonne année, vive reconnaissance. — Camille. | Mabille, 87, avenue montaigne. auguste écrire lui-même si pas blessé, maman grand chagrin pas voir son écriture. — Mey. | Demarle, 129, montmartre. sommes trouville, 26, bon-secours, recevons lettres. — Sibire. | Clausse, 4, murillo. Roulet, trouville bien, recevons lettres, betsy accouchée fille. — Clausse. | Germain, 32, échiquier. documents, lettres léopold, valérie, deux, trois, huit, plisson, edmond, tardiveau, dix courant, vente novembre, 11,0 mille. — Germain. | Germain, 32, échiquier. rhumes maman clara guéris, bonnes santés mans, pau, trouville, libourne, anvers. — Germain. |

Caen, 13 déc. — Trebucien, cours vincennes. sans nouvelles, père inquiet, parle immédiatement. santé, affaires, adresse, épiche, bain chez. — Voisin. | Catherine, 9 levert. tous bonne santé. — Catherine. | Dampoux, 1, damiette allons bien et vous. — Gaumer. | Bénard, castellane, 8. 13 décembre, 5e dépêche, tous bien portants à lyon, lettres reçues, louise, henri villiers, augusta lille. — Adam. | Lanze, 5, feydeau. lavanterie, trois enfants, sœur, famille bien. — Zéliska. | Pammeret, 53, monsieur-le-prince. caen poste restante, provisions dans cave, partager avec quillien. Dubus. |

Southampton, 12 déc. — Gauthier bouchard, parc-royal, 16. arrivées southampton bien portantes, partons londres avec m. watt, écrivez-nous souvent par toutes voies. — Levainville. |

Dozulé, 23 déc. — Vengeon, rue temple, 108. prenez provisions, demandez besoin argent feumry. — Hosmenn. | Bernay, 13 déc. — Duval, rue maubeuge, 78. avons reçu lettres, allons bien, pas prussiens. — Agis. |

Vire, 13 déc. — Payn, 6, rue concordet. santés bonnes, exil long. reçois lettres, jules bien bordeaux. — Payn. |

Saint-Aubin, 12 déc. — Divaret, 24, fleurus. tous trois bien portants. recevons vos lettres. — Edmond. |

Poitiers, 15 déc. — Lacour, 12, rue richer. nouvelle de blessure reçue, inquiétude, alfred, sous-préfet, joigny. allons tous bien. — Lacour. | Raymond, 19, boulevard sébastopol. allons tous bien. — Lacour. | Godeau, 9, drouot. allons tous bien. — Marie. | Dubrac, 8, rue rougemont. allons tous bien, prévenez roussel. — Dubrac. | Porchon, 34, avenue italie. envoie carte dans lettre. quitté tours. poitiers, rue latte, 54. vins, maman, embrasse tous. — Célina. | Frémond, avenue victoria, 9. nous reau, santés bonnes, olivier jésuites poitiers, octave prisonnier, jules commandant mobilisés, savons dépêche reçue. — Charlotte. | Guittard, 70, râpée. tous bien portants, sans lettres depuis 8 jours. — Guittard. |

Caen, 12 déc. — Barbier, dragon, 21. lyon. allons bien, reçu lettres, argent. — Bourgeois. | Genissieu, rue chauchat, 13. allons bien, espérons maurice mieux, embrassons tous. 12 décembre. — Bacot. | Roux, 41, martyrs. quittons caen pour périgord, bonnes santés. — Raoux. | Guez mère, 315, faubourg saint-antoine. cherche dans petit secrétaire. — Guez. | Duval, vieille-estrapade, 13. vais bien, réponds ta mère. — Duval. | Levavasseur, rome, 68. allons bien, henri engagé, lettres reçues. — Levavasseur. | Brunelet, 18, avenue reine-hortense. donner congé appartement madame leclère avant janvier pour juillet 1871. écrire souvent détails serviteurs maisons. — Hüe. | Lafontaine, 48, aboukir. reçu lettre 8, remis père. écrire souvent, allons bien, écrit auzou. — Blacher. | Beaussier, rue calais, 24. père très-souffrant, nouvelle vaurs, temps longs, bons souhaits. — Bauche. | Dubois Delestang, rue saint-honoré, 366. lantheuil tous parfaitement, père aussi. j'arrive angleterre, madeleine parfaitement, louis collége bayeux. — Marie. | Rostain, rendez-vous, 20. merci, reçu lettre, vu marie, écrire. — femme Bourse. | Bucquet, 5, suresne. tous bonne santé à caen, james prisonnier aix-la-chapelle, sœur londres, albert bordeaux. t'embrassons. — Bucquet. | Desebeck, 62, jean-jacques-rousseau. donne congé appartement boulogne. — Meyer. | Reddemont, 5, greffulhe. bien, écrivez caen, communiquez à 208. — Desruelles. | Aubert, taranne, 7. émile, joseph vivants. — Kuntz, pémagnie, 6, caen. | général Trochu. allons bien. — Vair. | Duplay, rue marbœuf, 44. hogue, santé bonne, souffre du froid. carte reçue et renvoyée. — Jean. | Briançon, 113, aboukir. tous bien portants arromanches, recevons lettres. — Julie. | Perin, 28, aumale. écrivez-nous, bonnes nouvelles reims. — Léonie. |

Brest, 15 déc. — Lemintier, commandant, 4e bataillon mobile, ille-et-vilaine, paris. reçu nouvelles de blessure, tous bien portants et pleins d'espoir. — Albert. | Hamon, avenue wagram, 24. rien reçu de toi depuis 16 novembre. familles hamon, deshays, lejeune, fontaine parfaitement. — Marie Hamon. | Puoch, rue delouvain, 3, belleville-paris. écrivez-nous par les ballons. — Femme Puoch. |

Caen, 15 déc. — Frœlicher, 180, grenelle-st-germain. tous bien, cabourg, marcel, georges prisonniers. prévenez. — Frœlicher. | m. Lejeune, 44, rue notre-dame-des-victoires. donnez nouvelles, 7, rue l'arsenal, bruxelles. — Ed. Marx. | Touraine, verrerie, 56. tilly tous bien portants, arthur aussi, armée loire. 15 décembre. — Touraine. | Captier, madame, 39. inquiète, réponse langrune. — Mothon. | Leroux, 42, Lerri. tous portent bien. — Georges. | madame Passy, 45, rue clichy. tout le monde bien. gisors, 18 novembre. — Ludovic. |

Rodez, 15 déc. — M. Charles Lainé, 27, rue jeûneurs. reçu 5 lettres ballons, porte bien, écris souvent. embrasse. — Masson. |

Agen, 16 déc. — Desvernine, avenue victoria, 7. retenir alexandre, toutes tourmentées. reçu tes lettres, t'embrasse. — Pauline. | m. Parent, rue auber, 19. très-tourmentées, ne fais pas d'imprudence pour sortir. — Marie. | Parent, rue auber, 19. reçu lettre du 5 décembre. très-tourmentés, sommes tous bonnes santés, à agen, hôtel baron. — Parent. | Dumay, 70, ancien boulevard montparnasse, paris. étienne bien portant, dix décembre, près nevers, nous aussi castels, bonnes nouvelles savoie. — Hochet. | Commandant Garreau, palais tunis, boulevard jourdan, paris. quatrième. tous santé parfaite, agen tranquille, madame carrère morte, reçu 15 lettres. — Amélie. |

St-Gaudens. — Madame Benoit, rue de clichy, 22. oui, sept reçues. — Benoit. |

Toulouse, 16 déc. — Meurgé, 98, boulevard richard-lenoir. envoyez nouvelles, faites écrire madame bel, souvent poste toulouse. — Clairey. | Commandant dépôt, 66e ligne. amiel baptiste, soldat, 4e compagnie, 2e bataillon. est-il au dépôt. réponse lettre. — Bénard, pantaléon, toulouse. | Bousquet, 26, petit-carreau. doidon, bousquet, bonnes santés, toulouse, poste fixe. — Bousquet. |

Arcachon, 16 déc. — Mme Vallet, boulevard beaumarchais, 113. merci de votre souvenir, pense souvent à vous, tendres amitiés. — Lebon, châlet-courcy, arcachon. | Monduit, 104, boulevard courcelles. merci mille fois, allons bien. — Millet, 362, boulevard plage, arcachon. | Poitevin, 22, moineau. santé bonne, jersey, beauvais, st-étienne, châteaudun, 15 décembre. — Poitevin. | Lucien Delâtre, 10, caumartin. sommes avec prey, forêt arcachon. écris par arrago, marine. ai envoyé 7 pigeons. mille tendresses. — Marguerite. | Milliot, grange-batelière. santés parfaites. — Claire. |

Pau, 15 déc. — Plisson, 36, rue arcade, paris. trouville investi, plus de communications, papa écrit le 9. allons bien petits et grands. — Plisson. | Gadala, 21, boulevard poissonnière. envoyez payer rue grenelle, concierge andraud, jardinier adrien, chacun 300 fr. meunier amitiés. — Hersent, pau. | Michelin, 29, juillet, 3, paris. bien, tous installés pau, nouvelles loire, albert voir dames cassette lycée. arromanches bien. — Félix. | Thomas, newton, 8. nous, enfants, famille partout bien, préviens lélie. demande 300 francs, émile ou ronserayre remettrai. tendresses. — Thomas. | mlle Delondre, 42, rue lepelletier. sommes à pau, hôtel france, bonne santé, reçu trois lettres, t'écrivons toujours. — Delondre. | Riondé, mail pau, 31, porte-neuve. septième. recevons lettres, henri écrire. tous bien, argent perlet, gangnat, alix bien. — Geslin. | Delatour, université, 38. deux familles bien, sans exception, recevant lettres. paul, adolphe prusse, louis bruxelles, léonie grenoble, carl officier. — Latour. | Odier, 4, paix. votre dernière 6 décembre. tous bien. — Odier. |

Toulon, 16 déc. — Bonnefroy-Magloire, fort d'ivry. tes lettres reçues, répondu. portons bien. — Bonnefoy. |

Bagnères-de-Bigorre, 15 déc. — Thirion, rue vaugirard, 147. allons bien, jouanne belgique, donnez nouvelles maison, grenier, chapplain. — Thirion. |

Sillé-le-Gme, 19 décembre. — François Chevet, palais-royal, paris. 7e dépêche. chémiré, 20 décembre. tous ici parfaite santé, Granville aussi. Charles solide, reçu lettre du 8. — Marie Chevet. |

Nogent-le-Rotrou, 19 décembre. — Poitrine, 9, cadet. dernière lettre 11 octobre, Blanche décédée nogent. — Verlyck. |

Granville, 18 décembre. — Sauley, 17, du cirque. Mathilde, Jacqueline, bien, en angleterre. — Hauteserve. | M. Biollay, 74, boulevard malesherbes. sommes à bruxelles, 24, louvain; allons parfaitement. Bournet, à jersey, va bien. — Biollay. |

Toulon, 20 décembre. — Azan Geoffroy, 63, caumartin. nous sommes en bonne santé, couvre-toi bien. — Jeanseaume. | sœur Sainte-Paule, pensionnat st-louis, clichy. des nouvelles mon mari, je vous prie, et Auguste Marchand. — Van-Grutten. | Marchant, 8, st-arnaud. oui. 22,000. amplement. oui, nantes. — Grisel. |

Nice, 19 décembre. — madame Barat, 43, trévise. heureuses avoir reçu lettre, grande anxiété vous. arrivées nice en bonne santé. — Sophie, Elise. | Canrondo, 31, lafayette. fournissez sur Stern, Londres, ainsi qu'Oppenheim et autres maisons, ont fait, et payez acceptations. — Canrondo. | monsieur Delcambre, 15, pigalle. désirons prolonger bail si tout resté bon état. continuer provisoirement location par termes. — Belloguet. nice. |

St-Brieuc, 19 décembre. — Sébert, 10, cité antin. reçu tes trois lettres, sommes tous bien, tes frères ne courent aucun danger, écris souvent. — Sébert. | Bouglé, 8, rue mazagran. santé excellente, sommes st-brieuc. — Marie. | Leroy, 97, blomet. tous bonne santé. — Leroy. |

Lyon, 16 décembre. — Séris, 24, notre-dame-nazareth. Albert, Fernand, Gustave, moi, bonne santé. préviens Mallet sept; Bridaine, Brisson, trente, Myrrha. — Séris. | Charles Porgès, 2, blanche. reçu lettre 30 novembre. achetez encore cinq cents autrichiens sept cent cinquante. écrivez journellement. — Porgès. | directeur eaux, st-arnaud. un : mal. deux : recette, dépense, comme année dernière. trois : oui. quatre : non. — Dubost. | Ladislas Chodvxieuy, 9, magnan. Marie, enfants, vont bien. reçu toutes lettres, t'embrassons. — sœur Marie. | Muller, 19, martyrs. recevons lettres, communiquons avec londres, allons tous bien, Auguste apprend italien milan. — Hennin. |

61 Pour copie conforme :

L'inspecteur,

Bordeaux. — 28 décembre 1870.

Moulins, 20 décembre. — Nesbitt, 12, barouillère. santés bonnes, argent oui. — Estelle. | Guillaumin, 14, richelieu. portons bien tous trois. — Roquet, secrétaire. | Demorlaine, 5, boulevard st-michel. allons bien, bonne année. — Demorlaine. |

Lyon-central, 15 décembre. — Duboc, 15, quai grenelle. tout va très-bien. — Duboc. | Gilardin, 6, cirque. tous bien, sécurité, félicitations. Sauzet prie enquérir neveu, 130e, 3e du 1er, courbevoie. — Gilardin. | Chevassu, chez Degalle, 22, mail. François vivant, prisonnier. portons bien, reçu lettre 30. — Sophie. | Perriaux, 16, rue arrivée. allons bien, même adresse. — Audan. | Charrin, chez Keisser, 7, passage saunier. tous bonne santé, prends argent Carpentier-Jamot, rue Jocquelet. — Charrin. | Planche, 23, rue mail, paris. avons commission vos longs et carrés rayés. dites par ballon si vous avez marchandises dehors. — Pin. | Hauser, 6, malher. lyon, bataillon auxiliaire génie maritime. reçu lettres, santé bonne. — Hauser. |

Toulouse, 18 déc. — Jules Beau, 60, sébastopol. quatrième, viens d'être très-malade, mieux, écrire toulouse bureau restant. — Derieux. | Venault, 18 impasse du maine. par ballon donne moi tes nouvelles. — Caroline. | Houry, 9, cité du trône. lettres reçues, santé bonne. — Brothier. | me Berthiot, 105, boulevard prince-eugène. Berthiot va bien. — Merlet. | baron d'Avril, 83, avenue joséphine, paris. tous les vôtres sont bien portants au chalet, écrivez à au suisse. — Bréda. | Domergue, 52, rue faubourg honoré. écrivez lettre, envoyez nouvelles, famille va bien. — Pujol. — Jougla, 10 latran. quatrième dépêche, santés excellentes, bon courage, frère, embrassons tous. — Charles. |

Bayeux, 15 déc. — Broussin, 105, boulevard prince-eugène. santés bonnes, naissance marguerite, reçu lettres, gaston pension. — Aubrée. | Tostain, 371, st-denis. réformé. — Léopold. |

Lyon-Perrache, 16 déc. — Amy, 43, rue cardinal fesch, paris. sur instances de me bertrand, femme et marguerite parties en angleterre 30 nov. — Amy. | Hallopeau, administration gaz. tous bien, boisgontier aussi, attendons terme impatiemment. — Hallopeau. |

Espalion, 17 déc. — Estieu, 24, enghien, paris. moi, maurice bien, tante, marie, enfants bien, sommes espalion, écris tous les jours ici directement. — Lucile. —

Millau, 17 déc. — Redon, 21, passage saumon. descendre par fenêtre pour ouvrir porte magasin, pour donner air aux gants crainte piqûre, réponse. — Guibert. |

Gua, 17 déc. — Barthon, 8, mondovi. nous quatre allons bien, azelie partie angleterre, chezeau vont bien. — Laure. |

Lunel, 17 déc. — Ménard, 8, passy pompe. adieu mes enfants, nous allons tous bien, partout. — Alphonse Ménard. |

Montpellier, 17 déc. — Roman, 126, amelot, paris mme ve Marsal décédée, obsèques ont eu lieu jeudi, compliments de condoléances, reçu lettre mélanie. — Sanchez. | Jannon Brette, 17, quai montebello. arrivés montpellier, écrivez catalan davot, bonne santé, amitiés tous. — Amélie, Céleste, Louise Catalan. | mlle Ligonnet, 45, rue belle ille, paris-belleville. envoie argent, ici et blanche, prière prévenir, aucune nouvelle de vous. — Saussine. | Leenhardt, chez vernes banquier. rené ambulance loire, andré camp marseille. pomier vendôme, henry langres, ici tous bien. — Leenhardt. |

Alberville, 10 déc. — Dubois, 4, boulevard poissonnière. 5e dépêche. toujours excellente santé. — Estelle. | Geai Bonnassieux, 21, des jeûneurs. inquiètes, donnez nouvelles, voulez-vours argent? portons bien. — Bonnassieux. |

Chambéry, 10 déc. — Crétin, 47, Berri. prière informer sort bebert, capitaine, 112e ligne, vinoy. — Bibert. | Beisson, 19, rue thévenot, paris. reçois tes lettres, vais bien, adresser lyon. — Beisson. | m Lyon, 8, rue chaudron. dire mélanie parfaite santé, courage, t'embrasse. — André. | Lapostolet, 20, viarmes. moutier murianette, tous santé excellente, embrassements affectueux, prière écrire encore. — Chevrant Fredet. |

Lyon, 15 déc. — Eude, 2, rue mulhouse. Lucien et tous bien, correspondre avec nice, bordeaux, reçu lettres, renvoyé cartes, fait nécessaire. — Duplanty. | Sandier, 31, coquillière. reçu lettre 30. famille bien portante. — Sandier. | Papillon, 10, rue ferdinand ternes. tous sathonay, santé magnifique, reçu six lettres, adressé neuf. — Espritoz. | Bérard, 2, impasse mazagran, paris. reçu lettre, pays, parents vont bien, écrivez souvent. — Bérard. | Ponzio, 35, st-georges. famille tous bien, reçu tes letrres. — Eugénie. | Leroy, 5, feydeau. quid argent bou ogne. | Mongruel, hôtel milan, lyon. |

Alençon, 14 déc. — Defavrie, 17, rue jean goujon. allons bien, recevons lettres, espérons. — Defavrie. | Rouselet, 49, londres, tous bien. — Rouselet. |

Fontenay-le-comte, 16 déc. — henry Chardin, ministre finances, paris. tous santé bonne. su par nantes saget bien portant, dire gosset écrire souvent. — Guilhaumon. |

Roche-sur-Yon, 16 déc. — d'Angély, 17, rue enfer. henri santé excellente précepteur toulouse, par directeur sire lui écrire grand séminaire, lettres reçues. — Payraudeau. | Boisson, employé des télégraphes, 37, boulevard montparnasse. les familles boisson, giboteau portent bien, reçoivent lettres, écrivez octave toujours ici. — Boisson. | Vézel, 89, nollet. souvenirs. santé. — Beaupuy. |

Pont-Lévêque, 11 déc. — Aubry, 12, rocher. écrit plusieurs fois par ballons, pigeons, nous le pleurons avec vous, ici maintenant malheurs, guerre. — Daunetey. |

Rennes, 15 déc. — Vallée, 23, caire. allons bien, recevons lettres. donner argent guy, les grézet bien. — Vallée. | m. Léveillé, 37, rue caumartin. petite lucie parfaitement, houdan avec leguay, nous quimper, finistère, couvent sacré-cœur. — Leguay. | Derudder, 12, rue notre-dame des victoires. suis ici très-inquiet pour vous, écrivez souvent. — Rapatel. | Deschesnes, 37. rue lille. deschesnes, arrivées rennes avec valentine bien, rue corbin, 11, georges bien. | Doudau, 10, solférino. donnez vos nouvelles par ballon, sommes à rennes, avenue la gare, 16, donnez cette adresse concierge. — Poirson. | Faisant, 3, rue vivienne, paris. sommes bien, hippolyte revenu, lecussan pas parti. — Faisant. |

Lisieux, 18 déc. — Cadou, 14, drouot. rentrés tillières, nantes valides. — Cadou. |

Morlaix, 19 déc. — Lamart, garde artillerie ministère guerre. troisième dépêche, tous parfaitement. — Anna. | Malouet, 6, bellechasse. tous bien, très-tranquilles, parlez-nous fils aline, envoyez cartes. — Henriette. |

Quimper, 19 déc. — de Rosencoat, télégraphe central. sommes tous bien. | Hélène. |

Redon, 20 déc. — Piot, 3, place madeleine. bonne santé redon. — Piot. |

Quimperlé. — me Mercier, 8, boulevard st-martin. tous bien, écris-nous. — Jausions. | capitaine Tréveneuc, ministère guerre. suis à plaçamen pour quelques jours, tout bien, personne parti, reçois souvent nouvelles pommario. — Tréveneuc.

Royan, 21 déc. — me Bernardazy, 14, boulevard montmartre. reçu vos lettres, bien portant, amitiés. — Alfred. |

Le hâvre, 17 déc. — Devaux, 9, pasquier. bonne santé, pas prussiens hâvre, lecer prisonnier. — Devaux. | Méquignon, 20, béranger. allons bien, recevons lettres, céline lisbonne. — Moulaz. | Blanquet, 34, faubourg st-martin. reçois lettre, portons bien, restons au hâvre — Antoinette, hôtel d'ingouvile. | Thierry, 57, boulevard haussmann. allons bien, tâchez nous chercher. — Anna. | Pinguet, 8, pyramides. Roye santé parfaite, gustave à brighton. — Bellot. | Drouet, capitaine, 2e compagnie, 3e bataillon, gendarmerie à pied. femme, enfants sont bonne santé, 7, capucines, dunkerque — Drouet. | Gislain, 6, boulevard sébastopol. santé bonne, hâvre, prends beurre. — Léonie. | Bosselin, 12, place batignolles. famille arrivée bruxelles bonne santé. — Lefort. | Lefort, 7, provence. reçu lettre viard 10, nous portons très-bien. — Lefort. | Chambon, 129, boulevard st-michel. santés bonnes, rené au lycée, andely intact. — Laurent. |

Gorre, 7, boulevard beaumarchais. vos enfants tous à portrieux bien portants. — Nillus. | Fovard, 94, boulevard haussmann. tranquille, bien portantes, guelle bien, pas nouvelles elbeuf. — Fovard. | Barain, 76, rue aubervilliers. portons bien, ennuyons, embrassez tous, écrivez. — Bertin. | Delcroix, 10, blanche, paris. londres avec maria, bien sous tous rapports, attends très-courageusement. — Delcroix, 88, asylum rd. peckham. | Lemaitre, 40, coquillière. reçu lettre 7, tous bien portants, donner alfred 200 francs. — Lemaitre. | m. Morel, 15, passage saulnier. allons bien, sois tranquille. — b. Morel. | Urbain, 22. chaussée-d'antin. vous avons envoyé plusieurs dépêches, continuation, bonnes nouvelles de tout et tous affaires prospères. — Clerc. | Clerc, 21, amsterdam. continuation, bonnes nouvelles de tout et tous. — Clerc.

Brest, 19 déc. — Hunebelle, 26. gay lussac. bonnes nouvelles, arras, amiens, également enfants moi parfaitement. — Hunebelle. | Gasson, 25 vaugirard. chers mari, fils, douleur savoir malheureux, femme, enfants, edmond bien, pourquoi ai quittés. dieu sauve. — Gasson. | Sassary, 31, moscou. sans lettres, tous bien. — Sassary. | docteur Reynaud ministère marine. tous bien. auguste débarqué cherbourg. — Lauvergne. | Dorlodot dessart, fort ivry. ernest prisonnier kœnigsberg, aucune blessure, père, mère, tous santés parfaite, bébé magnifique, aristide armée loire. — Marie. | Zédé, 374, st-honoré. famille entière bien, pense congédier appartement léon, armée ouest, dupuy, larrieux bien. — Blanche. |

Mourier, instruction publique. marie toujours excellentissime santé, grands progrès prononciation, aucun embarras pour nous, tous bien. — Duval. | Crémieux, 16, berry champs-élysées. tante reçu vos lettres, elle et tous bien portants, prévenez tante melendes. — Astruc. | Gasson, capitaine mobile, 1er bataillon. avons reçu lettre 8, mère doit venir, père part inspection, compliments amis embrassons. — Marie. | Delahet, 11, anjou-st-honoré. santés bonnes, enfants collège, bruits escadre faux, thierry dinan, santés bonnes, reçues lettres, victorine, enfants. — Juliette. | m. Leguen, enseigne vaisseau, fort charenton. très-bien, reçu délégation. — Leguen. | Gasson, capitaine mobile, 1er bataillon. voudrions prendre dangers, fatigues pour vous, confiance dieu prions-le, allons bien, tendresses. — Marie. |

Alger, 19 déc. colonel de Vigneral, 19, rue miroménil. apprends votre blessure, suis très-inquiet, faites-moi donner nouvelles par plusieurs ballons. — Alphandery. | Cardaire, payeur cavalerie, 2e armée. portons bien. — Cardaire. |

Boussada. — Daneri, 49 bis, ste-anne, paris. yvan, sergent mobile, boussada algérie, prie dieu nous réunir, écrivez. — Henri. |

Oran, 10 déc. — me Dessoliers, 8, monge. envoie pigeons mandat poste adrese augustine besson, moi sans nouvelles, écris chaque ballon. — Dessoliers. |

Saintes, 21 déc. — m. Segond, 44, de provence. marie a une fille 20 déc. toutes deux bienportantes — P. Renard. |

Landernau, 19 déc. — Roux, 83, boulevard sébastopol. troisième dépêche, albert parfaitement, charmant, félix une lettre, merci capitaine, prudence, espoir armée loire. — Borrelle. | Delesguern, capitaine 4e compagnie, 2e bataillon mobile finistère. tous voisins bien, écrire plus souvent, qui manque dans compagnie. — Delesguern. |

Abbeville, 6 décembre. — monsieur Florimond, 8, place des batignolles, paris. P. J. J. C. bien portants toute la famille. — V. Dubot. |

Bloscon, 8 décembre. — Gireaud, 5, rue alsace, paris. Aline va très-bien, a vêtements chauds, pas besoin argent, pas un instant malade. — Lahalle. |

Quimper, 10 décembre. — Sombreuil, 100, boulevard de neuilly, paris. René blessé jambe, pas grièvement. Jeanne chez moi, tous bien. — Marie. |

Morlaix, 10 décembre. — général Leflô, paris. 6e dépêche. altona, steintrasse, 65, scheleswig-holstein, prusse. tous bien, merci de tes soins affectueux. — Emilie. | Georges Delabarre, sergent mobile, 3e compagnie, 4e bataillon, 23e régiment. savions dès le 3, félicitations générales, embrassons, tous bien. — Delabarre. | Fougère, lieutenant mobile, rue louvre, 12. tous bien, Alfred capitaine. |

Vire, 9 décembre. — Auguste Sachet, 58, boulevard batignolles. Léon Sachet prisonnier à erfurht, bien portant. 19e compagnie, chambre 28. — E.-P. Poibert. | Larturière, lieutenant artillerie, division d Hugues. allons bien, Gabriel aussi, malgré balle képi. - Larturière. |

Lille, 8 décembre — Chevillot, 6, turbigo, paris. portons bien, chez Mourmant, rue corde-tournai, belgique. — Léocadie Chevillot. | Guyon, 91, taitbout, paris. sommes à bruxelles bien portants, Rostand compris. recevons exactement lettres, strasbourgeois tous bien. — Edouard. | Halphen, 9, taitbout, paris. santés excellentes, moral courageux, reçois difficilement tes lettres genève, écris-moi entremise Paul, mille tendresses. — Bertha. |

Poitiers, 13 décembre — Maillard, 17, paradis-poissonnière. santés bonnes, reçu argent, Juliette gentille. sommes poitiers, 3, patureaux. tristes, embrasse Georges, baisers pour toi — Marguerite. | Marie, conseiller, 34, grenelle-st-germain. dites Gustave Delataille : bénédiction maternelle, embrassement fraternel, souvenir Clémence. mère, frère, ferron-lanoée, hors danger. — Maurice. | Lecointre, hôtel bedford, arcade, paris. allons bien. écris papa, place meir, anvers. — Arsène. | Landais, 191. rue st-antoine. moi et famille santé parfaite, plusieurs lettres reçues, Amédée ici. — Geneviève. | Déniaux, 119, rue st-lazare, paris. nous portons bien, envoie nouvelle, et Marc, tous. — Autellet. |

Villers, 9 décembre. — Plainchamp, 35, boulevard strasbourg. craignant retard pigeon, souhaitons meilleure année. — Plainchamp. | madame Prudhomme, 52, basse-rempart. allons bien, bonnes nouvelles de tous, Henri parti franc-tireurs, recevons tes lettres, mille tendresses. — Louise. | Hugé, 8, scheffer, paris-passy. portons bien, manquons rien, reçu mandat assez. — Hugé. |

Calvisson, 13 décembre. — Lémonon, 17, rue eupatoria. autorise prendre dix fûts ulliel. — Rabinel Porte. |

Nimes, 13 décembre. — Béchart, 3, rue biot. tous à beaucourt bien portants, courage. — Jeanne. |

Moulins, 15 décembre. — Cavy, 16, quatre-fils. avons écrit trois lettres depuis investissement. reçu trois vôtres, point depuis 1er novembre, sommes inquiets. — Cavy. |

Le blanc, 12 décembre. — Decré, 26, rue des rosiers. familles bien, Amand silésie, lettres reçues. — Decré. |

Agde, 14 décembre. — Wilemaint, officier, 121e ligne. allons bien. réponse. — Wilemaint. |

Draguignan, 12 décembre. — monsieur Labaume, 11, rue monsieur, paris. tous ici allons bien, Baume bien, reçu lettres, avons écris souvent, Pierre loin. — Gustave. |

Ferney, 14 décembre — Mirabaud, 29, taitbout. Sécheron londres, tous bien, reçu lettre au 6, écrit moyens indiqués, temps froid me convient, tendresses. — Adèle. |

Laigle, 10 décembre. — Barneville, 51, rue rome. santés excellentes. habitants dreux, environs, tous restés sans danger. récits alarmants, exagérés. séjour agréable nonancourt. — Barneville |

St-lo, 10 décembre. — monsieur Dhastel, 107, sébastopol. avons nouvelle de ma tante, tous bonne santé, avoir lettre de paris, écris-nous. — Ebosquain. | Duval, 39, verneuil, paris. bien, oui — femme Duval | madame Schefer, 25, rue arcade. Champanhet souffrantes, reçoivent lettres nombreuses. essais dire Christian, superbe, bons soins. Juliette nourrit. succès. — Champanhet. | Guichard, 12, richelieu, paris. allons tous bien, recevons lettres, embrassons. — Marie. | Gautier, 2, place opéra. tous bien, tout tranquille ici, merci toujours pour lettres. — Henri. |

Lyon-central, 14 décembre. — Gallois, 3, nicolas-flamel. suis à bourg préfecture. écrivez détails sur amis Frémard, Da, Chartier, Lamy, Lafosse — Benoist. | Lopez, 28, petites-écuries. envoi R P huit mille huit cent cinquante-huit égaré, faites recherches avec Mathieu pour retrouver. — Lopez. | Annette Ribot, 52, rue de varenne, paris. nous portons bien, écrivez vos nouvelles et celles de Soulès. — Blacas. | Denave, 42, cléry. allez-vous bien? — Pélagaud. | madame Schmitz, 51, rue pétersbourg, paris. Deo gratias! reçu vos trois dépêches. notre mère mieux, mais pas guérie. — Françoise | Vaillant, 40, rue verrerie. paris. tous à lyon, reçu lettre Loïsa, allons tous bien. — Vaillant. |

Dieppe, 27 novembre. — Lorilleux, 16, suger. bonne santé, beaucoup argent, avec Brazil, Claude, Ballière. reçois lettres. — Pauline. bruxelles, 9, rue esplanade. | monsieur Isidore Sauvage, 37, pompe, passy. bien portantes, reçu londres argent, lettre vous du 16, dire Donneaud. — Laugier | comte de Gourcuff, 14, rovigo. tous bonnes santés, Valmé aussi. pas froid, reçu lettres hier. — Mathilde. | Henzey, 8, quai mégisserie. santés bonnes tous. dieppe tranquille. — Henzey Jeuch. | Leduc, 106, faubourg-poissonnière. allons bien tous les parents, province aussi. — Julia. | Charles Ferry, hôtel ville, pour Duval. allons bien, écris, amitiés mari, baisers toi. — Julia. | Cuvillier, 16, louis-grand, paris. recevons régulièrement lettres, allons tous bien. Louise, Paul, habitués pension. Watkins veut nous garder. — Cuvillier. | Helbronner, 7, rue aumale. toujours à dieppe, tous parfaitement. — Hermance. |

Niort, 14 déc. — Dury, lieutenant 116e ligne. mère bien, auguste mézières. — Jaouen. | Hindberg, 61, chabrol. henriette, rené, enfant tous bien, alphonse mieux, nourrice arrivée. charrière, thomas niort, bien portants. lettres arrive — Jumelle | Bodeau, 135e régiment, st-denis. nous allons bien, niort. — Claire. |

Cherbourg, 11 déc. — Teissier, rue provence, 62. portons très-bien, caen menacé, sommes à cherbourg, partons pour brighton, écris-y poste restante. — Festier. | Chenard, boulevard malesherbes, 21. deux, familles chenard, bonne santé, caen menacé, sommes cherbourg, partons brighton, écrivez poste restante, embrassements. — Chenard. | Mme Julien, rue dautancourt, 5, batignolles. sommes bien portants à cherbourg. — Julien. | Desprez, 12, duphot. cherbourg, 11 décembre. santé passable, rien ne nous manque. — Desprez. | M. Lassuchette, 31, rue bellechasse. 11 décembre, victor 6 heures classes, henri chez pro-

Bordeaux. — 28 décembre 1870.

fesseur, internat conseillé, dangereux, propriétés bien. — Julie. | Sorel, réaumur, 50. cherbourg, poste restante. allons bien. — Sorel. | Sorel, lieutenant artillerie, fort vanves. tous très-bien, courage. — Sorel. |

Hazebrouck, 11 déc. — Martelet, 62, blanche tous hazebrouck bien, martelet chautepie, bien. — Elisa. |

Denain. — Claudon, place jussieu, paris. reçu lettre 30 novembre, confirme dépêche 15, disant tout va bien, citernes reconstruites, marchandises sauvegardées. Durel. |

Fourmies. — Tetart, 5, rue laffitte. zoé, julienne, enfants tous à fourmies en parfaite santé. — Tetart. |

Cambrai. — Letrosne, constantinople, 8. confirme lettres, cartes, dépêches envoyées, femme, enfant vont bien, à dieppe. — Cornaille. | Lemaire, boulevard magenta, 59, paris. portons tous civilement bien, espoir. — Lemaire. |

Cateau. — Brelay, 5 joseph. tranquille, palais marche, amitiés. — Lozé. | Mouchicourt, rue vieille-du-temple, 110. toute la famille va bien. — épouse Féret. |

Douai. — Ducros, 25. rue feydeau. production, france, belgique comme année dernière, cours 56, communiquez à leroy, écrivez souvent longuement. — Lefebvre. | Jeanti Prévost, la villette. récolte comme année dernière, cours 56, raffinés 134, acheteurs province, exécutent marchés. — Lefebvre. | Jeanti Prévost, la villette. tendance étrangère hausse, havane rares, 28, 6 londres, fabrication effrayée, vend, paris peu acheté. — Lefebvre. | Mrozowski, quai orfèvres, 10. santé bonne, dire maman lettres reçues. — Mrozowski. | Maugin, guénégaud. 12. maugin, chartier, demasur, lequen, debacques mariés, non mobilisés, alain armée loire. — Auguste. | Calot, vanneau, 5 bis, lettres reçues, santé excellente, douai, armée tranquille — Vasticar. | Cail, boulevard malesherbes, santés excellentes, envoyons nouvelles par tous moyens, pas reçu cartes, recevons thérèse, bonnes nouvelles, amitié, lachaume. — Hébert. | Duquesnay, 119, faubourg st-martin, lettres reçues, fiers avec nous, endroits connus, familles, santés excellentes, revenues à tournay. — Groult. |

Valenciennes. — Dusart, faubourg honoré, 113. portons bien. nouvelles satisfaisantes d'anisy, recevons tes lettres, familles st-amand va bien, embrassements. — Dusart. | A. Mouton, rue enfer, 77. prisonniers, tournay, chaune, bastien décoré, mère, fille, famille bien portants, valenciennes. — Mouton. | Jeanti Prévost, raffineur, villette. angleterre, hollande. belgique, havre achètent 57, anvers raffinés 134, communiqué dépêches, sommier. — Delgrange. | Jeanti Prévost, raffineurs villette. récolte betterave assez forte, impossible dire quantité fabriquera cours 55, 50 marches livrer exécutent. — Delgrange. | Meurs, val-de-grâce, paris. quatrième réponse, bonne santé, 7 décembre. — Félicie Meurs. | Wallon, boulevard st-michel, 95. tous bien partout, guéthary, rouen, jeanne, valentine douai, étienne collége, bien. — Wallon. | monchicourt, 41, cardinal fesch. tous santé parfaite, reçu 19 lettres, une dépêche réponse, répondu. — Alida. | Providence, 12, grammont, paris. valenciennes, sinistres, 3 réglés. perte 4,000 affaires calmes, caisse 5,000. — Delcuvellerie. | Lussigny. mail, 30, paris. papa, nous, marie, tes enfants, père gradel, bonne santé, valenciennes. J. Lussigny. |

Dunkerque. — Jarret, boulevard st-martin, 53. reçu lettre 6 avec argent, soigne-toi bien, espoir Dieu, je t'aime, bonjour cousins, marie. | Edmond Herrewin, rue du faubourg st-denis, 158. gustave bien portant, arras, 5 décembre. — Murat. | Bourdaloue, 2, boulevard st-andré, bourges, nogent, wormhoudt bien, décembre. — Dissard. | M. Loridan, 58, faubourg poissonnière. bonne santé, recevons peu lettres, plus détails. — Panhard. | M. Dufour, 15. boulevard poissonnière, adrienne, léon vont bien, enfants aussi. — Panhard. | Colin, rue val-de-grâce, bonnes santés, metz, dunkerque, ville tranquille, worms, excellente santé. — lucie. | Bellom, 111, rennes, santés constamment bonnes partout. — Desfontaines. | Hendricks, rue pont-neuf, 21. bien, non, oui, non, pas trop. — Henriette Hendricks. | Lallou, boulevard poissonnière, 23. amis, familles santés bonnes, évelina pas répondu. georges montpellier, 1,316 lettres, 7 décembre. — Lallou. | docteur worms, 3. rue anjou-st-honoré. allons parfaitement ainsi que toute famille. attendons lettres avec impatience fébrile, colin bien portant. — Célins. |

Manutoux, 37. jean-jacques-rousseau. schleifmuhl, bernard, edgard, charles, hersel, angèle, fils, parents, mayer, max, alfred lunéville, vont bien. — Godchaux. | Barbet, 5, st-fiocre. praol, benasd, quentin, émile angoulême, lillois, armentierois, dunkerquois, nantai, parfaitement, reçu 38 lettres, nord calme. — Aurelie. | Barbet, 5, st-fiacre. flore, raint, léonards, on sera 13, warrior, squarre, aurélie, steene, estomac parfaitement, deschodt lille, berthe enceinte. — Aurélie. | Albert Pannier. 32 bis, boulevard haussmann, paris. tous bien à dunkerque, inquiets, donnez nouvelles de tous, amitiés. — Marie Vilcocq. | Massias, 11, cherche-midi. reçu vos lettres, jules capitaine grenadiers, brême. manquant rien. — Albert. | Mme Balmont, 108, rue rivoli. allons tous bien, sommes à dunkerque, donne nouvelles sommes, inquiets, amitiés à tous. — Marie Vilcocq. | Delil, 33, rue missions. santé bonne, rue nationale, 19, dunkerque. — Casy. |

SERVICES ET AUTORISATIONS.

Bordeaux. — Vaudoyer, 7, lesueur. sans nouvelles depuis lettre alfred novembre, supplions écrire chez lalande, quai chartrons, 96, bordeaux. vous embrassons. — William. | Rousseau, 21, rue pont-neuf. portons tous bien. bergerac en bonne voie. pourrai partir premier train. raoul travaille. courage, embrassons. — Rousseau. | Ancelin, quai béthune, 20. reçu lettre de jules prisonnier à bonn bien portant. écrivez moi, ferai parvenir lettre. — Andrieu. | Gigot, 11, quai voltaire. santés bonnes. pays autour elbeuf envahi. écrire par remale. — Gigot. | Megnard, collége de france. recevez vous lettres? comment santé. — Belin. | Dalbiguac, 30, rue joubert. toujours bien portante, sommes gand quai moines. écris longuement, lettres arrivent. 6e dépêche — Adrienne. | Trousselle, notaire, paris. situation financière bonne, expéditions colonies assez régulières, gustave malade, entreprises militaires, cuir très-rare, travail continu. — Sabien. |

Meunier, rue du dauphin, 14. famille bien portante à thy, charles a un professeur. — Thuot. | Scœnefeld, 35, bellechasse, paris. genève, 3, pension plaegel bonne santé, pas de nouvelles toi. — Fanny, | Hangard Maugé, rue honoré-chevalier, 5, paris. madame hangard, sa fille, rue montayer, 72, bruxelles. santé parfaite, désirent nouvelles — Bonamy, poitiers. | Delamare, 15 des bernardins. allons tous bien. — Sarah. | Laurent Pichat, université, 39. bard, louise servois, genève, reyneau, chablis, beaujean bien portants, tranquilles, 28 décembre. — Rosine Beaujean, | Morel, ingénieur, rue de bagnolet, 185. pas nouvelles de toi, écris. portons bien, louis parti, amitiés. — Anaïs. | Jolivard, 50, rambuteau. blanche et marie à toulouse, toute la famille va bien, vois jaquette et dieulofoy, 16, caumartin — Jolivard. | Lagarde, archevêché. bon souvenir, arras. — Bernard. | Courtois, boulevard des filles du-calvaire, 22. tous à septeuil. santé bonne, besoin de rien, toutes vos lettres reçues hier de granville. conservez vos santés, 25 déc. — Courtois. |

Ferdeuil, 3, passage des favorites. conseiller préfecture blois. adèle genève, tous bien. écrivez par ballon à romorantin. — Ferdeuil. | de Flichy, 8, rue rossini. malade, mieux, conseiller préfecture blois. comment famille, marguerite, toi, venez romorantin avec passeport suisse. — Ferdeuil. | Gaume, 95, rue seine. allons bien. langrune tranquille, courage. — Clémentine. | Amamoun, arbre-sec, 43. tous bien portants. | Aimable Pannet, garde mobile marne, 1er bataillon, 3e compagnie, auteuil, paris. tout va bien courtisols et châlons. courage. — Ulysse Pannet. |

Michel, boulevard beaumarchais, 27. ayez soin de mes effets, ne confiez ma clé à personne. écrivez à bordeaux. — Cribier. | Fontaine, passage alma, 20. santé parfaite, très-inquiet, ne reçois pas de lettres. écris par ballon. bordeaux, amitiés famille. — Fontaine. | Augé, rue de lyon, 10. nous ne recevons aucune lettre de vous de paris. écrivez s'il vous plait à bordeaux. — Chatelain. | Fernique, 29, vieux-colombier. tous santé excellente, satisfait. soigne-toi bien. embrasse, dire immédiatement à denilly, rue calais, 19, de la part de bouis; georges officier ordonnance de charles commandant 20e corps. tous deux bien portants, amélie genève, dire aussi regnault, 62, rome, père à genève, maison sorret. — Fernique. | mme Deshorties, palais-royal. suis nantes. tous bien. raoul mort. tantes joséphine, ste-marie envahies. rome, alger, alger bien reçois lettres. — Blanche. | général Mellinet, école militaire. reçois lettres. kowloska, denoüe bien, dutillet rhumatismes. pas mariée. souvenirs affectueux pour vous, fanny. — — Blanche. | docteur Worms, 3, anjou-st-honoré. allons parfaitement, resterons certainement chez mercier. écrivez souvent. dieu vous garde. — Céline Worms. | de Rouseray, nord. tous bien houlgate, recevons lettres, pas besoin argent, enfants travaillent, émile coblentz bien. — de Rouseray. | Mazoyer, administration postes. toute votre famille va bien. mon appartement rue nicolo passy, 25, est-il respecté. — Dursens. |

Chef de bureau du secrétariat à inspecteur du personnel des télégraphes, paris. que devient de grousseau. sa famille inquiète. prière donner nouvelles, à transmettre à poitiers. — Paul Dupé. | Berger, 6, rue de ménars. votre mère, votre femme, vos enfants, toute la famille vont bien. aucun incident depuis la dernière dépêche. moral de mathilde excellent. — Paul Dupé. | mme Guillemet, 16, bourtibourg. vais bien, reçois tes lettres. te recommande toujours demander argent marlin si besoin. renwez bien. — Guillemet. | Magnien, administration postes. reçu lettres de jules des 25, 27 décembre, et vôtre du 3 janvier, merci. courage, espoir, santé à tous. — Personne. |

Carvès, lieutenant vaisseau, fort montrouge, arcueil. julie, moi, portons bien, embrassons. — Angèle Carvès. | Aurelly, faubourg st-honoré, 1. parfaitement portants tous depuis arrivée à courseulles, avons donné nouvelles toutes façons possible. baisers tous. — Morin. | Convents, ministère marine. enfants et moi bien portants. reçu lettres 14 novembre. — Convents. | Déloges, 26, feydeau. tous bien portants. recevons lettres. — Maria. | Grignon, 2, duphot. familles jura bonnes santés, sauf hélas! joseph amputé. mort 26 septembre, hôpital villeneuve-st-georges. — Grignon Hottot. 21, faubourg st-honoré. hottot réunis à courseulles, bien portants. — Levaillant. | Piel, boulevard st-michel, 73. moutier-piel santés parfaites. — Piel. | Vautier, 120, rivoli. tous bien portants. recevons lettres. alfred à pont-audemer. — Julia. | Merlin, notaire, paris. tous bien portants. recevons lettres. — Le Monnyer. | Dubois, 4, rue rossini. asnelles courseulles réunis. tous bien. — Joséphine. | Edard, rue dragon, 26. dépêche irlande. tout bien, détails demain. mères, léon, colonie parfaitement, où est speneux? — Petit. | Edard, rue dragon, 26. irlande satisfait. dévoué banquier. vingt-cinq mille francs caisse, douze avis bateau, marchandises suffisantes. reçu lettres. | André, boulevard villette, 204, rotonde. portons bien. reçu 15 lettres. — Rosa. | Martin, 36, richard-lenoir. employé ministère guerre. porte bien. répondre bordeaux. — Eugène Tessier. | Paul Dupont, 41, jean-jacques rousseau, tous santé parfaite. recevons vos lettres. consolation. avez-vous volailles, lapins? écrivez par chaque ballon. — Pauline. | M. E. Dodo, rue clavel, 23. oui, non, oui, non. — Eug. Dodo, vierzon. | Jenneval, rivoli, 24. écris restante. ailleurs désagréments. gouvernement parti. si moi, te dirai. envoi impossible, maladie, télégramme dix francs. — Léone. | Baquet, avenue parmentier, 12. tous bien, garçon. — Paul. | Dietz, 11, rue château-d'eau. 2 janvier. envoyé huit dépêches. allons bien. gabrielle pension. jules travaille. bonnes nouvelles beaucourt barr. — Dietz. | Vigoureux, pont-de-lodi, 5. recevons lettres. Henri, marie, moi allons parfaitement. continuez écrire, 2e dépêche. — Vigoureux |

M. Lemay, 41, avenue des ternes. envoyez trois cents francs. 11, rue st-jean. — Desjardins. | Guindorff. 20, rue taranne. santé parfaite, toujours démarche pour résidence, hippolyte courage, 29 déc. — Masse. | Bignon, receveur postes, 26, rue montaigne, paris. santés bonnes, lettres reçues. — René Bignon. | M. Boudet, rue provence, 56. portons tous bien, maurice arrivé 22 septembre, major mobilisé. — Boudet Laval. — Boudet, provence, 56, paris. portons tous bien. — Boudet Laval. | Boudet, rue provence, 56, paris. portons tous bien. maurice arrivé 22 septembre, major mobilisé, vincent va bien. — Boudet Laval. | Pouplin, rue fontaine, 15, paris. nous trois portons bien, lettres reçues. — Camille | Sterckemann, 4, cloitre st-merri. cambrai bonne santé, attendons impatience. — F. Sterckemann. | Sterckemann, 4, cloitre st-merri. pale emprunt trésor volles paris. courage. — F. Sterckemann. | A. Convents, sous-chef de bureau ministère de la marine, paris. tes enfants moi, bien portants, reçu tes lettres. — Convents. | Clavière, ministère finances. donner notre adresse à corpet, avoué, et deux cents francs à alfred. tous bien portants. amitiés. — Allier. | Dangé, 25, chanon. reçu toutes lettres. tous bien portants, mille merci. — Mellier. | Routis, 10, lecourbe. marie, moi, chirugien, parents uzès villefranche. santé bonne. — Marie Routis. |

Ve Deramé, rue notre-dame-des-victoires, 16. santé bonne, prévenez frère. je reçois vos lettres. — Brazier. | Ve Deramé, rue notre-dame-des-victoires, 16. santé bonne, prévenez frère, vos lettres parviennent. — Brazier. | Lesage, capitaine au 107e infanterie de ligne, malade à l hôpital du val-de-grâce, salle 76. — fe Lesage. | Durnmain, capitaine de mobiles côtes-du-nord. 2e bataillon à colombes, près paris. reçois tes lettres, dépêches perdues. tous bien. — Mathilde Durumain. | Bouis, 18, rue montmartre. bien portants, reçois lettres. — Maugin. | Bouis, 18, rue montmartre. portons bien. — Maugin. | Bigot, inspecteur douanes, rue de l'entrepôt, 14. me donner par ballon nouvelles de caire, capitaine 16e bataillon mobile seine. — Caire. | Roussel, 47, petites-écuries, paris. reçois lettres, bien portantes — Alphonsine. | Jacta, 56, boulevard des capucines. portons bien. avons argent, recevons lettres. ennemis loin. — fe Jacta. | Mme Coulmann, 30, taitbout, paris. reçu et répondu plusieurs lettres. ignorons valeurs. voir cave. bien portants. vœux pour vous. — Saltzmann. | Guindorff, rue taranne, 20. courage, santé parfaite. écris. janvier. — Louise. | Petit, avenue champs-élysées, 18. porte bien, bienheureuse, reçois lettres. embrasse fort vous. antoine malade. — Petit. | Jeunet, 17, avenue victoria, paris. sauf ici, santés excellentes. lettres reçues. — Jeunet. |

Trecul, lille, 1. resté dieppe, gérez affaires. voyez gérant faubourg denis, intérêts potier, acloque, delapalme, foncier, billot, voyez friedland — Baillet. | Trecul, lille, 1. friedland, paiements, billets, impôts, berry loyer, gérez affaires faubourg denis, intérêts notaires. écrivez, envoyez argent, dieppe. — Baillet. | Offroy, faubourg st-denis, 54. retourné dieppe, voyez trécul, lille, 1. intérêts notaires. foncier, impôts paiements friedland. billets berry loyer. écrivez. — Baillet. | Pinet, 44, paradis, paris. Rougets bien niort. enverrai argent si besoin magnier ici, 49, paquis genève. — Sheitberg. | Alouis, 24, constantinople, paris. bien tous, voyez honorine, élisabeth monbro, pinet pour argent, écrivez 49, paquis genève. — Sheitberg. | Labour, conseiller, 9, taitbout. Adèle deux jumelles. mayac, louise avec elle. marie, hôtel france, bordeaux. nous bien. veillez maison. — Oudot. | L. Richard, paris, 5, savoie. dixième lettre, portons bien. nouvelles souvent. — Richard. | Gragnon, richelieu, 28, paris. avons reçu tes lettres. sommes tous bien. inquiets pour toi. — Gragnon. | Gragnon, argout, 8, journal *le Soir*. t'avons envoyé dépêche déjà. sommes bien. demande argent oncle. reçu tes lettres. — Gragnon. | Léon Cognier à l'institut, sommes bien à lamotte. — Quantin. | Ogier, boulevard temple, 11. de genève bonnes nouvelles de jules, de famille weig et de famille chaponnière. — Quantin. |

Bordeaux. — 28 décembre 1870

Auxerre, 12 déc. — Jourdain, 21, rue de paix. allons bien, maisons nogent intactes, écrivez, parlez d'henri. — Petit. |

Alençon, 13 déc. — Marcou, 82, grenelle-saint-germain. vendre chevaux, ferme pillée, ensemble alençon, bien. — Marcou. | Houis, 48, monsieur-le-prince. moi, émile bien, garçon. — Houis. | Barthe, 28, barbet jouy. bonnes nouvelles meaux, granville, samoens, nous ostende, geneviève, louise, roquemaure, transmettre à paul. — émilie Petit. | Béjot, 7, tivoli. ostende affligés nouvelle transmise, londres, meaux, santé. prévenir paul que geneviève, louise, roquemaure. — lucy, petit, richemond. | Denevers, 172, faubourg saint-martin. tous bien, écrivez. — Clémentine. |

Cherbourg, 15 déc. — amivac Roze à roze, matelot, montrouge. bonne santé, prendre argent chez drux, 14, rue de Grammont. — Roze. | Rauline, 3, quai couli. non caserner ici, oui passablement. — Bertaux. |

Poitiers, 16 déc. — Goujon, avoué, 77, aboukir. femme, enfants, vont bien, descendus hôtel beaurivage, genève, tous moyens essayé pour te donner nouvelles. — Goujon. |

Saint-Malo, 16 déc. — Brelay, 34, rue hauteville. envoyons vœux, affection à toi cher père, famille, amis, allons tous bien. — Edith. | Calame, 15, rue arcade. tous bien, souhaitons meilleure année, enfants travaillent, meaux toujours tranquille, barry bien. — Calame, dinard. | Daumesnil, 51, rue le-pelletier. bonne santé, bébé douze dents, avez-vous provisions, dernière lettre 4 décembre, bons baisers. — Daumesnil. | Renaux, 16, boulevard temple. tous bien, recevons lettres, écrivez. — Adolphine. | Georges, ministère finances. paris. bien portantes, vos lettres reçues. — Caroline |

Puy, 12 déc. — Nion, 4, rue morny. reçu lettres, santés bonnes. — Amély. |

Nérac, 16 déc. — Audelez, pasteur, 4, de l'écluse, batignolles. cinq systermans, cottier, malines, léopold parfaitement. — louis Molines. |

62. Pour copie conforme :

L'inspecteur,

Bordeaux. — 28 décembre 1870.

Cherbourg, 8 décembre. — Delaplagne, sébastopol, 36. Louis embarqué rade, neuf lettres. où est employé Sosthènes, inquiète bureau, écrit Tours, Versailles, pas réponse. — Marie. | docteur Cadet de Gassicourt, 376, rue saint-honoré. détails sur mon frère, rien de lui, inquiétude. tous bonne santé. — Lucie. | Chaillet, 42, faubourg saint-antoine. reçu lettres, tous bien petit, argent partagez confitures buffet, chambre chaingy fin novembre bien, secours victorine. — Perol. | Fréchesser, 40, caire. reçu lettres, mieux portant, écris souvent. — Charles. | Girod, clausel, 10. cherbourg. tous bien, reçu lettres souvenir. — Egassel. | Boyer, 56, rue nollet batignolles. tous bien, recevons lettres. — J. Boyer. |

Tunis, 21 déc. — Brodin, 66, rue larochefoucauld, paris. coupon janvier décidé payable tunis sur envoi coupons anciens obligations, fond marseille 165 francs. — Brodin. |

Bône, 21 déc. — Candeze, 2, passage tivoli. reçu lettres, préfet maintient emploi jusque retour, suis bône amatif bonne santé, pose questions répondrai. — Candeze. |

Alger, 21 déc. — Salicis, capitaine frégate, 9e secteur, paris. mandat reçu, santés bonnes, espoir, secours oncle biskarat. — Paul. |

Montpellier, 21 déc. — Durand Cie, 43, rue neuve-mathurins, paris. pouvez donner mille francs pour pauvres ou blessés, avons confiance. — Maistre. | Rigal, caporal, 93e, ambulance pères lazaristes sèvre, 95. tous bien, gaston venu parti cherbourg, bocs, halley, 5, royer-collard. — Rigal. | Brette, 17, quai montébello. installées montpellier, grande inquiétude, pas lettre depuis un mois, écris chez catalan davot, santés bonnes. — Céleste. | Bernard, 26, place madeleine. montpellier portons bien. — Bernard. | Lott, 202, faubourg saint-denis. écris, sommes sans nouvelles. — Clotilde. | Hamel, colonel génie romainville, georges 21e corps loire va bien, aragon, teissier allons bien, recevons lettres, laruelle blessé. — Hamel. | Madame Faulquier, 12, bellechasse. allons bien, paul aussi, reçu cinquante lettres, irai rejoindre dès possible, es-tu vacciné, confiance. — Deserres. |

Toulouse. 22 déc. — Vidion, 24, rue des batignolles. santé parfaite, lettres reçues. — Johanna. | Cayre, lieutenant, palais industrie. reçu tes lettres, tout et tous très-bien. — Gabriel. |

Medeah. 21 déc. — Legendre, 7, villa michel, paris. batignolles. léon prisonnier mayence. — Roif. |

Bône, 21 déc. — Veuve Couriol, rue faubourg saint-martin. lucie presque morte, adressez-moi dépêche pour gérer vos affaires. par pigeons. — Vernio. |

Marseille — Auguste de Massilian, sous-lieutenant. 2e bataillon, 45e régiment garde mobile, paris. écris longuement sans retard, souhaite bonne année. — Bolzaguet. | Bon, 28, rue chevert. troisième dépêche, souhaitons bonne santé, embrassons, portons bien. écrivez toujours. — Lemoine. | Bonduel, 29, rue baudin. troisième dépêche, souhaite santé, embrassons, portons bien, reçois lettres. — Bonduel. | Briffault, 145, chapelle. toujours bien, familles ardoin, bonneviale, preynat. — Nugue. | M. Gamble, 20, rue berlin. paris. tous bonne santé, reçu lettre, argent oui. — Gamble. | Lamy, 143, boulevard vincent-paul, clichy-la-garenne. portons bien, reçu argent, embrassons — Anna. | Robert-Malar, 37, gros-cailloux. lettres reçues, ici bien, — Robert. | Bivort, 16, rue banque, ai reçu vos diverses lettres et nouvelles de metz, nancy toute votre famille va bien. — Parauque. | Denfert. 20, berlin. reçois lettre datée 10, porte bien, pense toujours à toi, attends anxieusement te revoir, écris souvent. — Louisa. | Gillibert, 8, taitbout. gabriel giesser, louise bucharet, tous santé bonne. — Natalie. | Méjanel, 122, grenelle-saint-germain. pourquoi accuser indifférence, aime et pense toujours à toi. attends que bonheur te voir, énormément triste. — Juliette. |

Alais, 22 déc. — Commandeur, 28, rue gramont. travail réduit, ordre maintenu, payes assurées, reçu huit lettres ballon expédiées quatre plus dépêche. — Burton. |

Aix, 21 déc. — Civet, 8, boulevard denain. reçu lettres, parents vont bien. — Jouan. |

Tarbes, 22 déc — Le Roy, 47, rue caire. bien portants. — Eudoris. |

Bastia, 19 déc. — Piras, 11, presbourg. bien portant, prie pour toi. — Louis. |

Montfort, 23 déc. — Jullemier, sous-lieutenant mobiles aube, paris. tes parents fontainebleau, vont bien, prussiens fontainebleau, villeneuve, jules au mans non blessé. — Bègue. |

Rennes, 23 déc. — Vernière, boulevard saint-michel, 75. tous parfaite santé, georges travaille. — Vernière. | Grison, faubourg st-antoine, 2, paris. santés bonnes partout. envoyer argent, ouvrir compte manceau. alice ciel 2 octobre. décembre. — Giraud Thomassin. | Vulpian, soufflot 24. tous bien portants. attendons bébé prochainement. — Vulpian. | Leveillé, télégraphe, paris. famille leveillé bien. boisfleury, capitaine 13e dragons, brigade gerbois, division champeron, ducrot. femme, famille bien. courage! — Jean. | Maupaté, 18, quai rapée. Mesdames émile ménard, enfants, léognan santé parfaite. caroline repartie châteauthierry. pas nouvelles récentes fay. — Méquignon. |

Arcachon, 25 déc. — Horteloup, 3, aumale. bonne arrivée narbonne 20 avec morizot, bruxellès, marseille. allons bien. avons religieuse, nourrice. choisis des noms. — Marie. | Périllieux, avenue seine. 50. blazy, batel, ostende bonnes nouvelles, pauvre parisot, détails santés, alimentation. allons bien. envoyons tendresses noël. — Michelez. | Michelez. rue sèvres, 159 noël cinquième dépêche arcachon bien toutes. lardy, delessart. famille bonnes nouvelles. vos lettres consolation, tendresses. — Michelez. |

Tarbes, 24 déc. — Roche, 10, baudin. louise laure morte 3 novembre. — Ségur. |

Toulouse, 22 déc. — Madame Peaucellier, boulevard malesherbes, 20. je vais bien suis à dillingen avec achille. reçu tes lettres. — Charles. | Filhol, place st-michel, 7. je vais bien. t'ai envoyé quatre dépêches, aucune parvenue. — Filhol. | Carré, rue martignac, 5, paris. lavalade bien. — Caroline. | Stocky, rue seine, 63. oui, bien, loire école. — Adam. |

Pau, 22 déc. — Gaudry, taranne, 12. pau portons bien. marie accouchée dieppe. prenez provisions chez labbé chamberet. | Odier, 4, paix. lettres reçues, photographie. tous très-bien. — Odier. | Malin, demours, 20. tous bien pau hôtel paix. recevons lettres, écrivez. — Wateau. | Dherbelot, 4, tournon. santés satisfaisantes. lettre 17 reçue. soumettons-nous! — Dherbelot. | Levallois, 8, rue aboukir. écrivez adresse pau. reçu lettres amiens, tous bien portants. soyez sans inquiétude. — Cailloux. | Perrin, sentier, 45. lettres reçues jusqu'à arthur 17. allons bien partout. nouvelles parfaites de famille raoul chambéry. — Revenaz. | Georges Deslandres, rue rougemont, 12. lettre du 16 reçue. très-heureux bien portants, écrivez souvent. — Deslandres. | Eparvier, rue des tournelles, 56. tes parents sont ici. allons bien tous. guillaume éparvier prisonnier. bonjour aux guillaumin. — Brunet. | Morlot, laffitte, 7. rendre appartement moscou janvier. tous pau, amérique bien. écris jules. — Céleste. | Chevalier, rivoli, 216. pauline peritonyte décédée très-chrétiennement 21 décembre. sa fille bien. prévenir famille. tous autres bien. — Lemesle. | Jarlauld, faubourg saint-honoré, 5. santé parfaite. tous à madrid calle alcala, 5, duplicado. — Alexandre. | Madame Lenoir, rue monsieur, 20, paris. victime santé parfaite. — Poegarré. | Tronquois, 8, avenue percier, paris. tous bonne santé, 81, rue armand laity. pensons à toi à chaque instant. patience — Emma. | Buffet, 1, boulevard temple. écrivis grimbert et tous moyens supplie courage. soigner santé. notre excellente. tendresses. dis jeanne écrire. — Amélie. | Eugénie Jourdan, 12, greffulhe. écrivez par ballon à pau. — Stévenin. | Darlu, 85, haussmann. henry souffrant clous, repos au mans. moi bien. louis tours — Stévenin. | Perrin, sentier, 45. je prends engagement réaliser toutes avances, emprunts, ventes faits par toi jusqu'à vingt mille francs. — Revenaz. | Madame Thayer, 19, rue st-dominique. pau troisième dépêche. écrivez plus souvent, chaque ballon, santé bonne. triste, valentine entourée prussiens. — Béarn. |

Morlaix. 3 déc. — Du Bourquet, rue des juifs, 20, paris. nous tous, joseph, hugues bien communiquer eugène, longueville layrle. — Du Bourquet. | Rihouay, rue delambre, 28, paris. amélie, enfants bonne santé lannion. — Rihouay. |

St-Amand, 22 déc. — Hubert, 18, drouot. tous bien. — Cardon. |

Agen, 25 déc. — Commandant Garreau, palais tunis, boulevard jourdan, paris. cinquième. tous santé parfaite. enfants charmants. ai souvent écrit, reçu seize lettres. — Amélie. |

St-Jean-pied-de-port, 21 déc. — Labarraque, boulevard strasbourg, 35. sicerasse tous santé parfaite. reçu lettres de claire, hélène seize décembre. demandons cartes réponses. — Locanus. |

Cherbourg, 22 déc. — Dodard, rue docteur, 14. suis cherbourg avec jean. porte bien. écrivez ici au dépôt. — Dodard. |

Nantes 20 déc. — Louis Paternostre, 5, rue carnot. la maladie de cœur de notre père fait de très-rapides progrès. — Paternostre. | Métaireau, 23e mobile, 1er, 2e, mont-valérien. familles allard, métaireau, bonne santé, recevons vos lettres, marcel pas blessé, prisonnier. — Allard. | Durant, 75, gravilliers. parfaite santé tous quatre, bébé bonjour papa maman, clairet lamothe vareddes, 6 reçu 18 décembre. — Brunet, nantes. | Jolly, 72, boulevard roi rome. Dulac bien, nantes. — Dulac. | capitaine Castel, 85, rue haxo, belleville. en santé neuchâtel, répondu toujours aux cartes-lettres. prends provisions rue clichy. — Saussaud. | Bertin, 45, rue d'Ulm. quatrième dépêche, reçu argent, lettres, demeurons nantes, maison Bourgine, nos familles bien, maison strasbourg intacte. — Albertine. | Laisant. capitaine génie, fort d'Issy. bien tous, — Père. |

Ribérac, 16 déc. Fuzat, 6, constantine, paris. vais bien, reçu tes lettres. — Augustine. |

Aurillac, 20 déc. — Vidalenc, 5, boulevard beaumarchais, paris. tous quatre bonne santé. recevons nouvelles. habitons aurillac. — Vidalenc. | Talandier, 16, boulevard montmartre. famille, bonne santé. morts, félix bastide, tante talandier. — Roques. |

Clermont-Ferrand, 19 déc. — Mourgues, 23, jean-jacques-rousseau, paris. tout va bien, reçu lettres, répondu, écrivez rue terrasse. compliments à tous. — Guinier. | Morin, 12, rue portefoin, paris, royat, léon, nous bien portants, donnez-nous des nouvelles. ayez soin des pissauget. — Bac. | Fuld, 5, cléry. madame, mesdemoiselles fuld, familles bourgeois, ossaye, vont bien. — Arthur. |

Domfront, 19 déc. — Larivière, 8, montequieu. lettre reçue, bonne santé. écris. — Larivière. |

Caen, 19 déc. — Bertcaux, 10, aboukir. grand merci! rouen impossible, santés bonnes, souvenir à tous, patientons, espérons. — Hamot. — Deschusages, 16, berlin santés famille satisfaisantes, mienne médiocre, sœur, quimper. sept lettres. écrivez, diguet l'évesque. émigration rare, 20 déc. — Busnel. | Demanget, 28, baudin. clémence, louise. berthe, tes sœurs, enfants, tous bien. à quand réunis? ai garçon — Maruitte. | comtesse Caraman. 39, gay-lussac. famille Bruschi et de Pange vont très bien. — Turgot. | Lefèvre, 12, rue saint-ferdinand, ternes. bonne santé, tranquillité. — Victorine Lefèvre. | L'Escalopier, 6, férou. hélène et mère poitiers. nous neuilly parfaitement. le 19 déc. 1870. — Félix. | Durand, 43. neuve-mathurins. avez-vous payé nationale assurances vie 1,206 francs. — Chevalier. —

Saint-Aubin, 19 déc. — Nuvet, 34, rue tronchet. portons bien, recevons lettre. — Nuvet. |

Caen, 19 déc. — Pavillier, 23, chaussée d'antin. Bazoques houlgate bien. — Alfred. | Michels, passage caire. santé mauvaise, récrivez, merci. — Drache. | Kilford, grétry. tous bien gaillon. — Louise. |

Avranches, 18 déc. — Fréville, 91, taitbout. tous bien, marie envoya dépêche le 12. — Abrisgueta. | Ritouret, 73, boulevard prince-eugène. maman ritouret, tous bien, moi aussi. — Ray. | Boudier, 38, butte-chaumont, paris. patte venu chercher mère, enfants sont lancuville très-bien. — Roussel. | Catheu, 3. rue castellane. nous allons tous bien dans les familles laguionie, durbach, catheu, boisdhyver, meunier, goupy. écrivez souvent. — Meunier. | Petit, 26, moines-batignolles. bonne santé, donner nouvelles boisguérin, près avranches. — Petit. |

Bordeaux. 24 déc. — Collin, 17, drouot. reçu lettre, heureuse, bien portants, redoublez attention santé, nous bien portants, ménagez-vous si aimez. — Aline. |

Cherbourg, 17 déc. — Berty, 72. neuve-petits-champs. tous bien portants. partons pour versailles. — J. Berty. | Gadaud, lieutenant, 116e ligne. reçu ta lettre 10 décembre. toujours sur surveillante, bonne santé. reçu hier nouvelles eugène. — Gadaud. | Letestu. 118, du temple. allons très-bien tous, chez mathilde aussi, recevons tes lettres, écris souvent. — Letestu. | Lormier, batterie saint-ouen. reçu lettre, félicitations, famille bien, envoyer questions. — Lormier. | Rasetti, 22, maubeuge, paris. recevons tes bonnes lettres. gass aussi à vienne, tous bonne santé. — Rasetti. |

Mézières, 20 déc. — madame Beauvallet, 315. grande vaugirard. amitié, reconnaissance, tous bonne santé. réponse. — Nicourt. |

Dives, 19 déc. — Hanry, 35, boulevard Ornano. famille detousches, hanry, béringer, bonne santé, beuzeval vivons économiquement mais bien, clémence enceinte, recevons lettres. |

Laval, 19 déc. — Larivière, belle jardinière, pont-neuf. oui, oui, oui, non. — Larivière. |

Laval, 19 déc. — Levasseur, hôtel danube, richepanse. zélanie famille bien. — Desurmont. | Tribert, 14, matignon. paul prisonnier metz, eugénie, enfants pau, bonne santé. — Lavalette. |

Tonneins. — Dupin, 21. place madeleine reçu lettre joséphine. allons bien. enfants alger tranquilles. — Poitevin. |

Nevers, 19 déc. — Béquet, chef cabinet gouvernement, paris. allons bien. dernière lettre 29. guelza bonne santé. nice, chez bernal. — Glapin. | Courot, notaire, 6, place saint-michel. quatrième dépêche, santés constamment parfaites. enfants charmants, nièvre jamais envahie. recevons vos lettres, courage. — Moillet. — veuve Blatier, 52, rue verneuil. santés constamment bonnes, écrivez-moi donc poste restante, recevons exactement lettres paris par ballons. — Meillet. | Collignon, 70, boulevard saint-germain. santés excellentes nevers, dinozé, nancy. écrivez plus sûrement castel-clermont. — Blaise, 6e dépêche. |

Angoulême, 14 déc. — Deplas, rue vaugirard, 331. gaston prisonnier orléans. françois prusse puychony, livernan, lesage bien. — Deplas. | Auburtin, 18, bonaparte. bergerons montpellier, plouha santé excellente. — Avond. | Ravon, impasse maine, 3. femme et moi angoulême santé passable, cousine aussi. sans nouvelles depuis 40 jours, écrire. — Ravon. |

Auray, 12 déc. — Delle, 16, notre-dame-lorette. excellente santé, sergent-fourrier auray. émilie, mathilde granville. — Delle. |

Nice, 8 déc. — Lemaire, faubourg saint-martin, 55. suis major 37e nice, reçois lettres exactement. ai déjà envoyé dépêche. — Mastranchard. |

St-Etienne, 10 déc. — Taveau, beaumarchais, 113. lettres reçues. santés parfaites. tranquillité ici. — Elisa. | Gauchier, rue échiquier, 37. tonine parents bien portants, inquiets de vous. donnez de vos nouvelles si possible est. — Mariette Bonjour. | Dupuy, rivoli, 150. inquiétude indicible. écrivez. — Emilie. | Gros, rue malebranche, 3. paris reçu lettre 29. tout bien lyon, st-maurice, st-étienne. — Louis. |

Montagnac, 13 déc. — Saunier et Duchêne, quai bercy, 22. adressez-moi montant vins vendus par bons poste. — Barthès. | Mathieu, quai bercy, 71. adressez-moi montant vin par bon poste. — Barthès. |

Abbeville, 9 déc. — Robinot, rue amsterdam, 52, paris. ernest rennes, saint-servan, abbeville tous parfaite santé, tranquilles. — Morel. | Bernier, 10, boulevard denain. bruxelles. abbeville bonne santé. reçu lettres ballons. abbeville ennemis, non, renseignements strasbourg, bergère. — Evette. |

Montpellier, 13 déc. — Darnouville, près gé-

Bordeaux. — 28 décembre 1870.

néra schmitz, louvre. fille, tous bien portants. — Darnouville. | Picot, 54, rue pigale. enfants bien beverseaux, amélie lagrange, montalivet, enfants, villeneuve nice, gabrielle montpellier. écrivez. — Trévise. | Robin, 137, faubourg saint-honoré. prévenez beaumont nous quittons appartement juillet. sommes à montpellier. — Trévise. | Monsieur Planard, 125, rue montmartre, paris. portons bien, victor grandit, avons argent. allègre bien. — Planard. | Muller, turenne, 91. portons bien, chez nous. embrassons tous. — Benjamin. | Ferrier, l'échelle, 5, paris. tous bien portants. pas nouvelles depuis 1er. — Ferrier. | Massia, hôtel d'antin. tous réunis, bien portants. — Bérard-Massia. | Renouard, rue suresnes, 7, paris. reçois lettres george, point vôtres. écrivez moi. allons tous bien, avisez-en george. — Mion. | Madame Hugo, rue de l'arbre-sec, 8, chez madame artus. je pars pour paris, courage quelques jours. — Hugo. | Delesse, 37, madame. écrire bordeaux. nouvelles marie, économise. — Achille. | Fernand, rue berlin, 21. me porte mieux que jamais. — veuve Girand. |

Orange, 13 déc. — Monsieur Cormier, 22, rue des halles. orange dépôt. reçu journal. suis brigadier fourrier. bien portant, léger ennui. — Cormier. |

Avignon, 13 déc. — Ducos, avenue d'italie, 75. zoé, joanne santés parfaites, jamais été malades. berton, chauffard, tous bien portants. reçu tes lettres. — Zoé. |

Morlaix, 11 déc. — Bouriat, rue grenelle-st-germain, 20, paris. alcée, frédéric, tous bonne santé. tranquilles, recevons lettres. — Lhuillier. | Sapinaud, matignon, 18. joseph, maurice bien. reçu. écrire. — Félicie. |

Brest, 11 déc. — Hunebelle, lourcine, 138. grand'mère, agathe, enfants toujours arras, tous bonne santé. — Hortense Hunebelle. | Hunebelle gay-lussac, 26. reçu lettre trop tard pour appartement lucas, cependant sommes bre t parfaitement. — Hunebelle. | Lermier, enseigne vaisseau, batteries st-ouen. heureux savoir rétabli. tous bien, dépêches moi sénat, eugène noisy. prions. — Lermier. |

Clermont-Ferrand, 7 déc. — Ollier, 64, mazas. écrire par ballon. employé chemin fer, 12, rue port, clermont. bonne santé. — Ollier. | Versel, dugommier, 3, inquiets, sommes ensemble, portons bien, écrivez. — Eugard Versel. | Denormandie, boulevard haussmann, 89, paris. colonie angleur va très-bien. bonnes nouvelles de royan. théophile aix, clapiers mayence. — Sinçay. | Denouille, rue luxembourg, 5. faites dire dame lamoussaye ambulance oiseaux. frère georges intact, interné brondt platz, 25, mayence. — Sinçay. | Alfred Dailly, rue pigale, 2. reçu lettre 17 et celle de lespée. belmontet intact hambourg rassure les siens. — Sinçay. | Marcotte, 90, faubourg st-honoré. bien portants, pas nerveuse. reçu lettre 23 novembre. lucien gai, reçu argent malo. — Estelle. | Chatenet, écluses st-martin, 39. allons bien. ferdinand baughard afrique. commandant testanière ici. — Frédéric. | Imbert 43, st-lazare. santés bonnes, anatole orléans, bien. lettres reçues. grande confiance. — Imbert. | Gauthier, concierge, 12, chauchat. nouvelles immédiatement par ballon monté de paul drut à madame lécuyer aîné, st-quentin. — Blanc Lacombe. |

Nice, 12 déc. — Hartmann, 26, rue lacroix, paris. albert, edmond, nous, allons bien. — Octavie. | Sabatier, 35, reine-hortense, paris. bonnes santés. reçu lettre 5 décembre. aucune nouvelle de madame plancy, 12 décembre. — Hélène Sabatier. | Donard, juifs, 19. lettres reçues, répondons santés bonnes. — Sauvalles. | Autier, 28, rue drouot, paris. reçu votre lettre 5 courant, tous en parfaite santé. — Beltonc. | Jacobler, 45, meslay. reçu mandats, toutes vos lettres, 6 comprise. enfants santé parfaite, tout va merveille, nice calme. agréable. — Couttenier. | Commandant zouaves de la garde, saint-denis, paris. prière faire savoir nouvelles, gallet sous-officier. réponse s. v. p. — Marie Gallet. |

Lyon-Central, 11 déc. — Renvoisé, 2e batterie mobile rhône, passy. lyon toujours été calme. léon afrique, tous bonne santé. reçu quatre lettres. — Renvoisé. |

Montauban, 11 déc. — Latapie, maison vestale rue montmartre. donne de tes nouvelles. — Latapie. | Bailly, meslay, 32. troisième dépêche. avons perdu maman. sommes passablement. donner nouvelles des amis, lartique. mélanie perdu père. — Catellau. |

Hazebrouck, 19 déc. — Gilly, 26, chabrol. toujours lucheux, tous bonne santé, nous t'embrassons. — Gilly. |

Douai, 19 déc. — Tourillon, 45, boulevard prince eugène, paris. sans nouvelles de paul, écrivez-nous. — Houcke. |

Valencienne, 20 déc. — Mathot, 48, rue moscou, paris. emprunt rembourserai, bonne année. — Edmond. | Pla, 3, rue bucy, paris. bonne fête, meilleure année. — Charlis. |

Le Mans, 23 déc. — Pilletwill, 12, moncy. allons bien, suis nommé aide de camp général marivault, armée bretagne. — Lanjuinais. |

Lille, 19 déc. — Gustave Tilly, hôtel chemin fer du nord, paris. tous bien portants, écris donc. — Tilloy. | Dervieux, 26, rue d'hauteville, paris. j'attends avec grande inquiétude, lettre ballon, adresse, doguin, 46, baunon-street, londres. — Jeth. | Glandaz, 130, rue de rivoli. envoyons amitiés, allons tous bien, écrivez. — Poletnich. | Basile, 62, avenue saint-ouen. évadé prusse, oncle charles lille. — Eugène Basile. | Dehercie, 87, rue richelieu, paris. décédés en octobre balois, 50,140. deberripon 50,513, 70,807 et en décembre frapne 41,388. — Loncke. | Ducrocq, capitaine, 83e ligne, 11e marche. moulin, saquet. lettres reçues, élisa garçon, paul capitaine parti, argent destelle, édouard Brame. — Ducrocq. | Veuve Queillé, 9, rue de sèvres, lille bien portant. — Commandant Queillé. | Rozey, 98, boulevard saint-germain. sommes chez Duthilleul bien portants. — Rozey. | Poncelet, 58, vaugirard, paris. reçu lettre du 9, bien heureux, tous bien, fournier, lafouge mayence, marie namur, loyer ajourné. — Maldan. |

Bayeux, 21 déc. — Ferret, 44, trévise. nouvelles dessolmes. — Rickorl, arromanches. | Chatelet, 26, des dames, batignolles. santés bonnes, lettres reçues, écrivez. — Faucheux. |

La Rochelle, 24 déc. | Yung, 37, rue de lille, paris. reçu lettre 22, tous très-bien, fillettes engraissent, bonnes nouvelles dorlisheim, souhaitons bonne année. — Michel. |

Avranches, 21 déc. — Alphand, 9, place hôtel-ville emmanuel hambourg. — Alphand. | Thirouin, 21, lisbonne. reçu trente lettres, répondu par différentes voies, allons bien, pau. farcheville, caen, meunier aussi, pays tranquille. — Edma |

Saint-Servan, 22 déc. — Georges, 13, place château-d'eau. écrire à saint servan. — Lascret. | Lambert, 13, place château d'eau. écrire à saint-servan. santé bonne, envoyer argent. — Lamberr. | Maiziat, 10, rue poissonnière. écrivez st-servan, donnez-moi nouvelles georges. — Lascret | Leveillé, conseiller état pour boisson capitaine mobiles saint-servan, 5e bataillon. donnez nouvelles sergent, faite, boisson bien. — Faite. | Brémard, 41, haussmann. albert, maurice londres, servan, auguste, christine parfaitement. — Bremard. |

Marseille, 21 déc. — Duquesnay, louvre, 3. tous bien. — Noël Amélie. | Castelbon, 12, brochant, batignolles. santé bonne, ennui profond, argent reçu, paulin blessé. |

Trouville-sur-mer, 19 déc. — Baschet, 7, boulevard saint-michel. trouville tout va bien delabry journot. — Baschet. | Mannheim, école polytechnique. merci pour félicitations. tous bien portants, souhaitons bonne année, embrassons bibiche. — Charles. | Diaz, rue houdon, 7. bien portants à bruxelles pas lettre de toi depuis octobre. écris nous par chaque ballon. — Marie. |

Avignon, 21 déc. — Roland, 10, des gravilliers. michel prisonnier halberstadt, va bien — Coard. | Moitessier, 10, grange-batelière. santés excellentes, avignon, bébé 10 février. — Marie. |

Fernex, 20 déc. — Crédit Suisse, place vendôme, 10, paris. redevance asphaltes payée, graffeuried en règle, maillard vendu ses obligations, prudence, bien. — Fornerod. | Magnier, 7, rue poissonnière. portons bien. écrire bureau restant genève. — Magnier. |

Moulin -sur altier. 21 déc. — Laveur, poitevins, 6. me porte bien. — Larive, postes, réponse, moulins | Burelle, major, avenue duquesne, 13. reçois presque toutes tes lettres. moulins tranquille, tous bonne santé. — Burelle. | Rit, pierre-levée, 13. indifférence coupable seules recevons rien. santé mauvaise, chagrins nombreux. empêcher père sortir paris. — Rit. |

Hyères, 21 déc — Delalain, 20, condé. famille, louise, souhaitent noël, stéphanie, hyères — Alfred. | Alexis Godillot, paris. mesdames adams doucet, bordeaux, second, renard. sainte, noémie, belgique, tous bonne santé. lettres parviennent. — Louise Godillot. |

Angoulême, 22 dés. — Leboutcux, rue notre-dame-lorette, 60. santés bonnes, genillé aussi, connaissons affreuse nouvelle, détailler enterrement. nouvelles de Mabille. — Saint-Lambert. | Priqueler, rue canal saint-martin, 15. tous bien. — Paul. |

Augier, boulevard beaumarchais, 95. je reçois tes bonnes lettres. portons bien, toujours à aix-les-bains. — Marie. | Lafleur, rue rome, 127, batignolles, paris. prière prendre argent chez monsieur guimont huissier, payer hubert, concierge, autres, frais réponse. — Pelletier. | Leymerie, rue bonaparte, 42. allons bien. — Trayrou. | Merlin, boulevard saint-germain, 227. monnyers à nantes parfaitement. | Thiébaut, faubourg st-denis, 144. santés bonnes, travaillons. |

Clermont-ferrand, 20 déc. — Max, rue de bondy, 7. famille alberty va bien. — Oury-Cahen. | Bondonneau, boulevard montmartre, 10. donner nouvelles, marc vacciné. tous bonne santé. | Faure, rue condé, 26. santés bonnes, écrivez-nous. — Danjan. |

Tours. — Landaré, 44, rue enghien. lettres reçues, tous bien portants, compris raoul, fernand. — Landaré. | Mesnet, 161, charonne. reçu lettres marie, désolés ne pouvoir régler compte. — Sainteville. — madame Daguet, rue louvois, 10. daguet bonne santé, prisonnier neuvied. — Rousseau. | Laroque, rue levert, 9, paris, belleville. georges et moi parfaitement installés à neuwied près coblentz allemagne, santés excellentes. écris. — Laroque. | Laurent-Pichat, université, 30. santés, tranquillité parfaites, nous n'avons pas de prussiens, chablis, 15 décembre. — Beaujean. |

Semur-en-auxois. — Servais, marignan, 24. Bard, lamarche, époisse, bonne santé, pas envahis — Louise. | Laureau, avenue dantin, 35. reçu quinze lettres, tous santé excellente. envoyé trois dépêches ballon, deux par pigeons. — Maria. |

Lyon, 21 déc. | Morel auguste, artillerie, mobile rhône tout va bien, bon pour deux cents francs sur la poste, ta mère. — Morel. | Fould pour Maignien, bergère, 22. louise écrit tous bien, excellentes nouvelles père, jules, henri, famille, recevons lettres, manquons rien. — Warnery | Colbet, 7, duras. tous bien. chateauvert bébés superbes. tendresses. — Henri. | Papillon, saint-ferdinand, 10, les ternes. santés bonnes tous, lyon tranquille, stéphanie votre fils sathonay. — Papillon. | Cousin, rue rivoli, 190. santé parfaite, à lyon. reçu argent, amitié, constance toujours. Guillaud, 12, boulevard des filles du calvaire. famille bien, ouvre cave. |

Limoges, 22 déc. — Chassaing, avenue victoria, 2. santés bonnes, pensons toujours vous, écrivez souvent recevons plusieurs, espoir Dieu. — Chassaing. | Agop, 5, rue paix. artine, marionka, constantinople, famille bonne santé, répondez. — Deleffe. |

Lyon, 21 déc. — Robert, 16, rue banque. lyon a vendu et travaille, stanfort a beaucoup vendu, manque procurations pour payer et hacheter. — Cirlot. | Beyriven, 37, lepelletier. cinquième dépêche, allons tous bien, donne nouvelle duval, envoie note reps chez lancement pour trouver pièces. — Beyriven. | Robert, régisseur mazas, boulevard mazas, pour rebout. strasbourg bien portant, ensemble. — Joubeyran. |

Poitiers, 22 déc. — Touchois, 94, lafayette. famille entière bien portante. — Marcel. | Bancenel, 47, rue madame. allons bien. — Liesle, poitiers. | Rivet, 15, jean-robert. poitiers tous bien, prévenez barthélemy, 20, saint-guillaume écrivez. — Buquet. |

Bazas, 22 déc. — Malin, rue demours, 20. paris. allons bien. reçu des lettres. — Coulon. | Glandines, rue de seine, 81. paris. reçu huit lettres, santé bonne. — Daniel. |

Cette. — Bosc, boulevard saint-michel, 7. remerciements pour vous, mille baisers pour mes enfants. — Falgueirettes. | Sigebert rémy, 4e compagnie, 1er bataillon mobile seine, paris. mademoiselle Magnant, cette hérault, communique avec père, mortellement inquiet, répondez immédiatement. |

Bordeaux, 22 déc. — Labois, 167, faubourg st-martin. suis hôtel de l'espérance bordeaux. — Labois. | Tripier, astorg, 25. moi, beau-père, jeanne à la rochelle bien portants, écrivez poste restante. — Eugénie. | Cadou, taitbout, 85, paris. familles rouen, nicolas baudouin, fournier, bien, bordeaux. — Longuerue. | directeur général tabacs, paris. marchés avancent, travail assuré, intendance occupe maison fondaudége. — directeur Longuerue. | Ivernois, 4, anjou st-honoré. tous parfaitement au thil, bien affligés, georges parti, recevons lettres, prévenez familles rava, réponse. — Raoul. | Lange, lieutenant marine, fort Noisy. chéri, longtemps nouvelles toi, tourmentée, écrire ballon, possible, tendresses. — Lange. | Guyard, mazarine, 9. dernières lettres, six, 20 octobre, inquiet, écrire, zélie rentrée, santés bonnes. — Antonin. | Lévy, 6, rue montmartre. boulogne, bonne température, santé excellente, enfants prenant leçons, aimerions nouvelles edmond et louise. — Émilie Rosalie. | Dugit, des prouvaires, 8. santés bonnes, lettres reçues. — Amélie. | Joinville, mobile ain. saint-trivier, tous bien portants, camille éclaireur, charles grollier, dantzig, néron mourant variole, jumeaux, blessés prisonniers. — Amicie. — Joinville, mobile ain. lacroix laval, santés bonnes, idem familles bonrepos, bouchet, béost, desgarest, lachapelle, dans lettres donnes nouvelles nominatives. — Amicie. | Doinville, mobile ain, saint-trivier, reçu lettres du 10, mère bien portante, les emerie idem, chez cousine bryas, chatillon cher. Azélie | Desfontaines, 14, montpensier. tout va bien ici. reçu deux lettres par ballon. écrivez par tous ballons. — Elzingre, londres. | Dorigny, navarin, 22. vu léon bordeaux, retourne à tarbes, régiment détruit. lui pas blessé. — Bertrand. | Aubry, 33, rue jeûneurs. sixième dépêche, famille seiler, paul, émile, parfaite santé. 61, rue judaïque, bordeaux, édouard loire. — Marie. | Guillemeteau, 22, rue dunkerque. allons tous bien, cinquième dépêche. — Henriette. | Etlinger, 103, temple, paris. quitterai genève, 30 décembre pour steinbach, mesdames veill enfants bien. rosine accouchée un mois garçon. — Triefus. |

Moulins-sur-allier, 9 déc. — Boulanger, vivienne 34 drivon blessé, hors danger coincy. écris moulins. — Boulanger sous-lieutenant | Vacchi, rue de bercy, 39. santé bonne, écris vite inquiets sur toi moulins. | Bignon, 16, boulevard italiens, paris. tous bien portants, rien extraordinaire à theneuille, toujours à theneuille, avons de vos nouvelles, espérons. — Bignon. |

Romans, 20 déc. — Sauton, boulevard montparnasse, 160. sauton 93e, romans, drôme | Hervot, capitaine, 139, fort charenton. porte bien, sommes romans, drôme. — Raffally, loire. |

Granville, 14 déc. — Commien, saint-denis, 179. santés parfaites, jeanne marche depui longtemps. — Clarisse. | Dupont, 6, aboukir. votre famille est en parfaite santé et en sécurité à crèvecœur, soyez rassuré. — Protais. | bureau, 12, rue lamartine. bonjour à tous, allons bien. — de Gonfreville. | Clémandot, 13, rue amsterdam. envoyez par ballon situation actuelle, colis manquants en trop. — Charlot. | Delle, 16, notre-dame-lorette. granville. — Delle. | Blount, banquier, 3, paix. avisez et payez à plasse, comptable chaufournière, deux mille francs versés par Benard. — Adelus et Cie. |

---

63. Pour copie conforme :

l'Inspecteur,

Bordeaux. - 20 décembre 1870.

Brest, 16 déc.—madame Baleste. 35, bellechasse. amiral ravi de louis. alençon bien, correspondons, mille souhaits. — Mathilde. |

Vic, 16 déc.— Hamouy, 1, bleue. arrivons tous bien portants à vic, chez masclet.— Aubry. |

Vannes, 14 déc. — Levois, 76, rue de la victoire. tous à vannes santés parfaites, marie nourrit fils, argent suffisant. — Magdelaine. |

Quimper, 13 déc.— Maherault, 49, laffitte. tous bien, écrivons, télégraphions souvent, tendresses. — Lisbeth. | Tardieu, 364, saint-honoré. lettre ambroise, tours, division tortone, ici tous bien.— Delatour. |

Bayonne, 18 déc. — Rodrigues, 106, richelieu. attendons nouvelles avec impatience, demande bonne caisse chocolat buffet, mille baisers.--arthur Hetty. |

Pau, 16 déc. — Duplay, 41, marbœuf. lebas, péguy pau chez clémence, dauzon préfet ardennes, tous bien portants. — Lebas. | Delavallée, 16, place vendôme. allons tous bien, ludovic heureux à mons. — Louise. | Godfernaux, 5, laffitte. pau, veules, nantes, santé parfaite, donne congé de mon appartement avant 31 décembre, voir prestat, dépêche. — Morel. | Henrion, 39, mac-mahon, autrefois morny. donnez nouvelles à lescar, poste-restante, basses-pyrénées, par pigeons et ballons. bonne santé. — Leroy. | Nisard, 89, haussmann. santés bonnes, argent inutile, courage gabrielle. — Nisard. | Soyer, 9, bleue. gonde soldat, chevaux grammont, allons bien. — Soyer, pau, 16, porte-neuve. | Palyart, 89, faubourg saint-denis. tous trois parfaite santé, habitons pau avec madame romain, poste restante. — b. Palyart. — frédéric Schmitz, état-major général. bien portants, donne 200 fr. à millois. — m. Schmitz. | docteur Richet, 21, boulevard haussmann. santés bonnes, amis, enfants, léopold aussi, recevons lettres, espérons prochain retour. — Eugénie. |

Bourges. — Brisset, 44, faubourg saint-martin. marguerite, moi, tous allons bien, pas ennemis ici.— Brisset. |

Saint-Amans, 15 déc. — Ochs, 29, rue sentier. famille pouroy, ochs bien portantes, toujours bourges. — Ochs. |

Annecy, 14 déc. — Rocaffort, capitaine, 3e bataillon, mobile de l'ain. tous bien, henry, jeanne superbes, confiance, tendresses. — ta mère. | Gillot, 99, boulevard neuilly. toutes bonne santé, léon aussi, seules, annecy, savoie. père nevers, oncle malade, reçu trois lettres. — Gillot. | Joly, 25, cail, paris. pas compris dans levée, pas besoin argent, allons bien, soyez pas inquiet, j'écris. — Mazuel. |

Roanne, 12 déc.—Copin, 15, pont louis-philippe. lettres parvenues, portons tous bien, lettre boullay reçues. — Copins. |

Laroche-Durien. — Kerroux, 15, champollion. tous bien, jules capitaine, pas parti, argent quand possible. — Kerroux. |

Florac, 15 déc. — Comandré, 46, santé. tous bien, arnold collége. écrivez. — Comandré. |

Nîmes, 16 décembre. — Chambareaud, ministère intérieur. nimes et midi tranquilles, tous à beaucourt bien portants, prévenez béchard. — Jeanne. |

Cannes, 15 déc. — Brugnon, 14, saint-florentin. prière, si possible, avoir nouvelles léon bonnet, infirmier, fort issy, grand service, correspond joséphine. — Gaymard. |

Montpellier, 16 déc. — Dubrueil, 6, taranne. bonne santé 16 décembre montpellier.—Dubrueil. | Demanche, 5, condé. blanche, nous bien montpellier. — Lefort. | Mauguin, 80, taitbout. envoyé à mme londe mille francs, donnez nouvelles santé, montataire travaille, bessèges triple production, allons bien.—Joret. | Massilian, 45e mobile. allons tous bien, louise morte, gilbert aux bureaux. — Massilian. | Turenne, 100, bac. correspondance continuelle avec courtomer, bonnes nouvelles, vos lettres arrivent, inquiets sur vous deux, ici tout bien. — Molinier. |

Guéret, 16 déc.— Vallaud, 163, boulevard prince-eugène. bonne santé tous, alphonse sevré, marche, jeanne belle enfant, moi nourrice.— Vallaud. | Henrotte, 12, rue clichy. tous belgique. — Vétault. |

Marquises-usines, 6 déc.— Caillot, 167, faubourg st-martin. familles pinart, dubeou à pau, pérot admirable, traversé bruxelles, famille tous bien, rejoint camp conlie, poste important.— Gilles. | Gilles, 10, rue louvois. cinquième dépêche, lettre 24, rend cornélie heureuse, santé meilleure enfants bien, edmond écrivait 9 nov. saumur bien. bien.— Auguste. | Caillot, 167. faubourg st-martin. sedtième dépêche, anaïs 3e mois grossesse mieux portante, bruxelles, marquise tous bien. usine marche, avons argent.—Dervailly. | Caillot, 167, faubourg st-martin. reçu argent vigerie. confirmons numéros bons paris, 22,395, 16.— Dervailly. |

Granville, 10 déc.— Lingerie, 4 Mérate. portons bien, jeanne grande, donne nouvelles.— Legain. | Mogis, 2, impasse mozagran. portons bien, jeanne grande, viens,— Legain. | Convalet, 19, chanoinesse. reçu lettres, mathilde bien, léon fort issy, 4e bataillon, 7e compagnie, inquiète, pas nouvelles ni père.— Lucie. | Lavollay, 8, thévenot. reçu lettres, merci, connais votre seconde sortie, inquiète, écrivez ou hermance, pense à vous, vais bien.— Houbron. | Rodrigues, 106, rue amsterdam. rodrigues, lecomte, leblond, santés parfaites, recevons lettres.—Rodrigues. | Regnier, 29, bons-enfants. tous bien portants, reçu deux mandats.— Marie. | Fardet, douane, caserne prince-eugène. santé excellente, recevons lettres, écris souvent.— Fardet. | m. l'abbé Petit, 13, rue de londres. santés bonnes, reçu lettres, amitié famille, amis.— Dance. | Huart, 63, château-d'eau. m'envoyer copie, demande report faillite brest lemenil, conserver recours billets jeannin, dauda, écrivez.— Beaufour. |

Jourdain, 7, penthièvre. despaulx inquiète, sans nouvelles depuis 20, fais écrire, dernière papa louviers, londres inutile, renseignements bons. — Georgette. | Jourdain, 7, penthièvre. bonnes santés tous, reçu soixante-douze lettres, deux rosalie, maurice st-pétersbourg, arthur rouen.—Marguerite. | Navières, 40, faubourg poissonnière. familles noailles, eugène barbier, tranchant, lefèvre, santerre, drapeyran parfaite santé, reçois lettres.— Navières. | Reveilhac, 47, tournelles. reçu lettres. santés bonnes.— Reveilhac. | Piat, 49, st-maur. santés bonnes, saison rigoureuse, enfants gais, chaudement vêtus, lettre 2 courant reçue, envoyez questionnaire répondrai télégraphiquement.— Espérance. |

St-Quentin, 8 déc.— Dufresne, charbon, quai loire, paris. autorisez Jules Dufresne vendre, bateaux, empire montézuma, bénéfice, 1,500 livraison après paiement, réponse.— Dernoncourt. |

Dieppe, 8 déc.— Lebon, 30, chabrol, paris. partons tous pour honfleur, bien portants jeudi.— Aline. | Mantoue, 6, rue baudin. santés bonnes, valentins valle aussi.— Dubie. | Moynier, 12, rue st-georges. donnez nouvelles gaspard — Dauvet. | Tournouer, 43, rue lille. mère à franxant, enfants issoudun, tournouer, enfants goupil tous parfaitement, cartes 20 nov. répondu oui.— Olivier. |

Aurillac, 12 déc.— Vidalenc, 5, boulevard beaumarchais, paris. tous quatre bonne santé, habitons aurillac, recevons nouvelles.— Vidalenc. |

Honfleur, 9 déc.— Gondouin, 7, quai voltaire. tous bien, famille godard chez moi, jeanne raisonnable, georges sage, heureux des lettres, tendresses — Lapeyrière. | Hennecart, 14, miromesnil. reçu lettre 5, allons bien, attendons événement, louise part caen, donne nouvelles anjou, mme ardoin morte.— Pichon. | Chamouillet, 414, rue st-honoré. sommes à honfleur, bien portants, rue de grâce, 8.— Marie. |

Angoulême, 13 déc — Renault, 14, boulevard sébastopol, paris. votre dame et bébé se portent bien, sont à peyriaud, reçu vos lettres.— A. Delage. |

Le Mans, 11 déc.— Hottier, 71, alésia. bien, écrire capitaine hottier à la chartre sarthe, mille baisers, beaucoup détails.— Hottier. | Pioger, 17, fontaine-st-georges. lettres reçues, agirai. mère courageuse, écrivez.— Guillier. |

Le Mans, 10 déc.— Anjubault, 7, neuve des capucines. reçu dernière lettre seulement, mademoiselle chez moi, bonne santé, rien de nouveau à louzier.— Manceau. |

Avranches, 9 déc.— m. Helleu, professeur lycée condorcet, rue caumartin. allons tous bien.— Maurice. | Basset, 13, saints-pères. obtenir dernière période sans bail, ou une année jusque 72, sinon continuer. tous bonne santé.— Basset. | Hauvette, 16, dusommerard tous avranches sains, reçu mandats, assez argent, amitiés.— Claire. | Migollier, 97, rue enfer. prendrons blessés, Florence habitant appartement, sinon non, linge pansement, caisse près poêle, amitiés.—Henriot.

Tréport, 6 déc.— henry Guillaume, saint-denis. léonine accouchée très-heureusement garçon, allons parfaitement.— Henri. | Lefebvre, 71, rue longchamps. nous portons tous bien, recevons vos lettres.— Jamain. | Charpentier, 76, boulevard sébastopol. allons bien, assez argent.— Charpentier. | Fleuret, 52, quai billy. excellente santé.— Léopoldine. |

Eu, 6 déc.— Brouardel, 12, écuries d'artois allons bien à eu, mille tendresses.— Brouardel. |

Dieppe, 6 déc.— Ozanam. 33, assas. tous bien. rennes aussi, thomas libres, avons argent.— Ozanam. | Bessand, rue du pont-neuf. Emma angleterre, bessand, mère, bataille dieppe — Bataille. | Lebon, 30, rue chabrol. 6e dépêche, très-tranquilles, tous bien portants, famille ruouard bien, reçu lettre 30.— Aline. | me Bertrand, 49, rue jean-jacques rousseau, paris. tous bonne santé, professeur content.— Bertrand. |

Avallon, 18 déc. — Georges Pauvre-Jacques, place château-d'eau. famille bien. — Georges. |

Avignon, 20 déc. — Ducos, avenue d'italie, 35. tous bien. — Zoé. | Steckel, 37, monier, paris. répondu lettres, santé parfaite. — Elisa. | Voisin, 30, st-roch. bien portant, écrivez à orange. — Ernest. |

Cherbourg, 18 déc. — Dumoret, 5, paix.sommes cherbourg, tous parfaite santé. embrassons. — Dumoret. | Well, ville-l'évêque, 9. santés bonnes, tantes aussi, écris papier pelure. — Well. | Goujon, 20, faubourg st-antoine.poulain, enfants bien. — Poulain. | Colonel Virgile, ministère marine. famille bien à londres. — Alexandre. |

Tours, 20 déc. — Chabaud, 29, boulevard malesherbes arthur encore tours. enfants, ricard grenoble, nous bien. merci lettres. alfred tué. — Clémentine. | Picot, 54, pigalle. enfants reverseaux, parents nice, sœurs, tous bien. — Clémentine. | madame Girardot, 6, richepance, paris. correspondance impossible. girardot parti 13, pas armée loire, loudun, santé bonne. — Huré. | Bathier, 144, boulevard magenta. bien quatre, recevons lettres nice, poste restante. — Bathier. | Canapville, 10, boulevard denain. bien quatre, recevons lettres poste restante, nice.— Louise Canapville. | Delaplanche, 19, bellefond. dames bousquet revenues essonnes. petitguyon, widmer chez labarague. seurat, delaunay, crété tous bien, prévenez familles. | Belle, 118, boulevard magenta, paris. dieudonné camp rochelle, jeanne dangi, nous tours, tous bien. — Joséphine | Depoix, 19, lisbonne. roche tous bien, eugène étranger. — Depoix. | Gonse, 41, jules-favre. toutes familles bien, courage, province combat. — Pauline. | Lelorrain, directrice postes, auteuil bien. — Guérin. | madame Dulac, du colisée, 41. enfants rénouard arcachon bien, sommes bien, élisa st-quentin. — Henriette. | Guenot, 238, faubourg st-honoré. santés bonnes, reçu toutes lettres, pensons à toi, paul apprend anglais, ligué toujours tours. — Guenot. |

Coutances, 18 déc. — Durier, charlot, 85.portons bien, recevons lettres, manquons rien, jersey. — Durier. |

Lyon, 19 déc. — Olliyier, boulevard poissonnière, 24. répondu lettre 5, famille glatron retirée la rochelle bonne santé, comme nous trois, joséphine, amis. — Honnorat. | Legraud, 40, richelieu. partie de cabourg, tous bonne santé, écrire faure, lyon, manquons rien, leloup, montélimart, nous embrassons. — Legrand, lyon. | Joannes Coquard, artillerie 1re batterie du rhône. famille en bonne santé, avons reçu tes 13 lettres. — Durieux. | Lecœuvre, 111, turenne. henry bien portant prisonnier, 17e compagnie marche stettin. donne nous nouvelles vincent et tous. — Tresca. |

Fougères, 19 déc. — Lavillegontier, 107, lille, reçois lettres, allons bien, fernand sous-lieutenant, 6e bataillon, 21e corps marchenoir, va bien. — Noémi. | Pranveille, mobile ille-et-vilaine, 6e compagnie, 1er bataillon. envoie nouvelles, inquiets. — Pilet. | madame De Dalmas, faubourg st-honoré, 27.allons tous bien, raymond très-bien malgré froid et humidité. — Cointot. |

Béziers, 15 décembre. — Tongas, major, 41, boulevard-st-germain. allons tous bien. réponse. — Bousquet |

Perpignan, 15 décembre. — Willemin, 10, conbéron, paris. deuxième. Willemin, Bély, bien. — Willemin. |

Vallière, 13 décembre. — Moussard, 96, folie-méricourt. déjà dépêche, toutes à épignat, un garçon, reçu dix-sept lettres. — Lejeune Moussard. |

Boussac, 14 décembre. — Enréchaud, 128, rue amelot. ta mère est morte, enterrement demain. tout le monde va bien.—Cadet. |

Amélie-les-bains, 15 décembre. — Prévost, 8, petites-écuries, paris. pas inquiétude, suis amélie. — Bussière |

Nimes, 15 décembre — Gellée, 63, rue st-andré-des-arts, paris. allons bien, comptez représentation baumier. — Tholozan. Aragon, enseigne, fort romainville. dernières nouvelles lucien 29 octobre, parents désespérés. informez. répondez nîmes. durand, architecte |

Cette, 15 décembre. — Velay, capitaine gendarmerie, louvre. tous santé excellente. — Velay. |

Menton, 13 décembre.— Lesieur, 132, lafayette. quatrième. ennuie, viens aussitôt possible. toi besoin argent, vends rentes père. bons baisers. nouvelles laforge, dubrujeaud — Aline. |

Constantine. — dames Migneret 111, boulevard beaumarchais, paris. pas de nouvelles depuis six semaines. inquiétudes mortelles, un mot par même voie —Marie. |

Alger. — de Courville, 33, rue bellechasse. envoyez-nous donc de vos nouvelles. allons tous bien, courage et bon espoir.— Arnaud. |

Bayonne, 16 decembre. — Marrast, chasseurs pied, 9e compagnie, st-denis. étions très-inquiets, reçu enfin nouvelles par dives. écris donc. famille bien portante. — Céline. | Ribot, 37 avenue antin. reçu lettre 22 novembre. santé excellente. donne nouvelles aux amis, à lecerf et joyan. — Mandrou. |

Alençon, 8 décembre. — Blandin, 165, rue saint-antoine. accouchée 23 octobre fille, vécu quatorze jours. tous santé excellente. — Florence. | Salmon, 86, rue rivoli. reçu lettres. famille bien portante. — Anna. | Lisch, 9, penthièvre. Auverny, Lisch, Geispitz, Mercier, Guibourg, bonne santé, confiance réunion prochaine — Elise. |

Bessèges, 15 décembre.— Courant, juge, 67, rue rome. écrivez banne (ardèche). allons bien, amitiés. — Bondurand. | madame Bernard, 12, rue blanche. écris banne (ardèche). allons bien, demande argent à Courant, embrassements.— Bondurand. | mademoiselle Lemaistre, 16, boulevard temple reçu lettre. écris banne (ardèche). embrassements — Bondurand |

Nice, 15 décembre — Dambrun, 13, cléry. notes débiteurs midi pour tenter recevoir. — Meyer. | duc Acquaviva, 20, cours reine, paris. inquiétude immense, santé bonne, conjurons de rassurer sur vous, bien tourmentés faute nouvelles. — Albert. | madame Mathieu, 55, faubourg st-denis, paris. souvent nouvelles Arthur. bien, nous aussi. — Bouiol. |

Riom, 14 déc. — Morizo, marché-patriarches, 1. nouvelles immédiates intérêts, enfants, marie. — Delaunay. |

Le Mans, 15 déc. — Massiot, rue montmartre, 98. visité famille, tous bien, paye assurances. — Massiot. |

Bourg, 12 déc. — Léon Bertaux, joubert, 14. va bien, pas nouvelles ballancourt, inquiète pour toi. — Lina. | général delamariouse. bien-aimé, pensons vous constamment, implorons Dieu! écrivez beaucoup, courage! delapérouse, delavernée. dumarché, aynès, delateyssonnière, bernard, deguelle, albanel. | Bordeaux, rue gaillon, 10. mélanie reçu lettre, écris détails sur amis, étude, maison. bénerville, genève, vont bien. — Benoist. |

Nantes, 15 déc. — Guinand, godot-mauroy, 18. allons bien. lettres parviennent, amitiés, aussi aux invalides, rien d'albert. — Martimprey. |

Cognac, 16 déc. — Bourbaud, monge, 14. portons bien, écris. — Bourbaud. |

Lille, 10 déc. — Mme Larribbeau, pépinière, 2. toujours sans nouvelles, êtes-vous malade? très-inquiet, adressez : lahousse, négociant, lille. chienne bien. — Perreraux. | Pfister, saint-honoré, 265. allons tous bien, recevons vos lettres, vandeville aussi. — Fanny Cloudens. |

Quimper, 14 déc. — Calohar, ministère des travaux publics aucune nouvelle d'athanase, fort issy, 47e ligne, grande inquiétude, réponse par ballon. — Follet. | Dehaut, faubourg saint-denis, 147. oui, oui, oui, oui. — Fougeray. |

Saumur, 13 déc. — Chéssé, enghein, 40. dix lettres reçues, santé parfaite. — Chéssé. |

Angers, 15 déc. — M. Pepin Lehalleur, 55, boulevard malesherbes. cayeux, londres, anvers, rennes, montreux, santés bonnes, courage. — Mathilde. | Baltard, grancière. nous matras, luthernay bien, prendre provisions frignet. — Baltard. |

Saint-Galmier, 14 déc. — Nicolas, bureaux infirmerie, invalides. castel ordonna courras, grange-batelière, 12, novembre, compter 100, mandat poste 200, conserve chambre. — Père |

Rennes, 14 déc. — Huillard, vingt-neuf juillet, 5. merci, remets argent à charrière qui en donnera à Marguerite. — Delagroue, rennes, belair, 17. | Hüe, lieutenant, mobile rennes. remercions Dieu, cher fils, 4 décembre, ton père t'aime, te bénit. *sursum corda*. — Hüe. | Ruputet, boulevard saint-michel, 99. alfred ici, nous portons bien, reçu tes lettres, écris. — Ruputet. | Dominé Ouest, amsterdam, paris. vos lettres beaucoup trop courtes, envoyez détails et nouvelles de tous. — Mayer. | Langlois, rue de rennes, 104. ici bien. montpellier aussi. rennes, 14 décembre. — Langlois. | Lecreux, rue faisanderie, 8. souhaitons bonne année, rennes, 14 décembre. — Lecreux. | M. Nogues, bellefond, 31. inquiets, écris, sommes bien. — Dubois. | Pagez, 5 bis, rue martel. 14, tous parfaitement, toutes lettres reçues. cavalier, 21e régiment, vit-il? — Pauline. | Paris, fourier, mobile rennes, 5e compagnie, 4e bataillon. nous

Bordeaux — 29 décembre 1870.

nous portons bien, partage notre courage, aie confiance. — veuve Paris. | Mérienne, 20, blancs-manteaux. reçu trois lettres, francis parti, tous bien portants — Feutelais. | Hervé, capitaine, mobiles ille-et-vilaine, 2e bataillon, blessé, jardin plantes. famille porte bien, inquiète blessures, embrassons. — Hervé. | Depioger, lieutenant, 3e bataillon, mobile ille-et-vilaine. famille bien, dernière lettre du 26, prière, confiance, écrivez, barbe ior bien, 14 décembre. — Depioger. |

Saint-malo, 14 déc. — Lenoir, 4, isly. reynaud saint-malo, tous parfaitement, écrivez. — Reynaud. | De Courtin, mogador, 5. santé bonne, reçu argent. — Didelet. | Maisnel, rue clichy, 74. santé parfaite, très-inquiète. — Didelet. |

Saint-Servan, 14 déc. — Patrelle, saint-merry, 35. habitons saint-servan, berthe, bruxelles, tous parfaites santés. — Cécile |

Alger, 11 déc. — Mme Fiorre, pépinière, 2. donnez nouvelles, écrire théâtre alger,. santé parfaite. — Colin. | Colin, 10, menessier. donnez nouvelles, surtout d'alphonse, écrire théâtre alger, santé parfaite. — Colin. |

Valence, 20 déc. — Bernard, 146, rivoli. bien portante, valence (drôme). mathurin bien portant guerlitz. — Bernard. |

Lyon, 20 déc. — Hollander, 8, provence. 16 décembre, parents. enfants, amies, moi-même excellente santé, dernière lettre 9, écrivez journellement. — Victorine. | Corbel Achille, aboukir, 25. 7e, suis lyon, reçois lettres. — Froncine. | Dhombres, rue castellane, 12. partout, tous bien. — Barafort. |

Grenoble. 21 déc. — M. Torchon, rue jacob. tous vont bien, réunis à guéret, fanny accouchée garçon, leur communique ta lettre, courage. — Jules. |

Brives, 21 déc. — Petot, avenue clichy, 156. vais bien, travaux aussi, mère et lucie mulhouse, reçois tes lettres, reste brives, fais artillerie. | Petot. | Eiffel, hôtel levant. deux parfaitement en place, garde corps presque finis, fais affûts, caissons, reste brives, glavieux va bien. — Petot. | Ernault, place vendôme, état-major, gardes nationales. bonnes santés, chevallier fait travaux culture, voir abbé montalant donner nouvelles. — Ernault. | Cauvet, 78, miromesnil. blonne envahi, refugiés à brives (corrèze), envoyez poste restante nouvelles dardaine francx. — Rangé. | Lecornu. 19, vivienne. portons bien et germaine, félix, franc-tireur. — Léontine. | Saintoin, saint-honoré, 254. reçu lettre 9. joséphine. jules, moi, orléans, eugène, suzanne, tous bien. — Saintoin. |

Fréjus, 20 déc. — Joly, 205, saint-antoine. donnez nouvelles mo sarrat, vous, rosalie, perret, chauny, fréjus bien. — Boissy. |

Falaise, 19 déc. — Sassier, 202, d'allemagne, villette. 3e dépêche, santé bonne, reçois lettres, mille baisers. — Nelly. | Saulnier, 19, aboukir. portons bien, recevons lettres. — Ribeyre. |

Saint-Etienne, 20 déc. — Casimir, 84, faubourg saint-honoré. reçu nouvelles versailles, tout très-bien. — Othon. | Charles, 30, des bons enfants. georges bien, montélimar venu saint-étienne manque de rien, comptez sur nous, lettres reçues, portons bien. — Marx. |

Poitiers, 21 déc. — Marcotte, 13, saint-lazare. allons bien, si avez besoin argent demandez à maison Ch. reçu vos lettes du 10. — Legentil. | Baron, sergent, mobile vienne, 3e bataillon, 6e compagnie. recevons lettres, emprunte par camarades cerbron, saurin. — Baron. | De Salvert, capitaine état-major, clichy, 60. envoyé 7 dépêches et 300 francs, réponds, horriblement inquiète. — De Salvert. | Mme Bethisy pour Lastic, 53, université. bonnes santés, recevons lettres, moi et isabelle à pau si poitiers envahi. — Gabrielle. | Alix Lavergne, capitaine, mobile vienne. frère privas, bottin, santé bonne, écrire. — Lavergne. |

Condé-s.-Noireau, 19 déc. — Gondelraux, 60, boulevard sébastopol. courage, nouvelles pas mauvaises province, rouen mauvais, hâvre bon, affaires nulles, pense vous, souffrez-vous. — Boisne. |

St-Pol-de-Léon, 19 déc. — Dubeaudiez, de l'entrepôt, 34. famille bien, engage pendant séjour suivre traitement sérieux. — Dubeaudiez. |

Flers, 19 déc. — docteur Pinel, avenue d'eylau, 97, passy. pas reçu nouvelles depuis 17 octobre, bien. 12, tinchebray, flers (orne). — Gogly. |

Bayeux, 19 déc. — Boulabert, 94, rivoli. enfants en bonne santé, de tes nouvelles bientôt, bayeux. — S. Boulabert. | Vacquant, 59, feuillantines. nous, blanchampagne-stenay, madame lemaire, bonne santé, inquiets reinguet-cibot. — Duhazé. | Migeon, 23, rue d'angoulême, temple. aubrée décédé 18 décembre, fluxion poitrine, enfants ménagements, santés bonnes. — Aubrée. |

Charlieu, 17 déc. — Debully, 18, rue duphot. maman est ladurie bonne santé. charolais tranquille — Julie. |

Ferney, 15 déc. — Chastel, passage brady, 66, paris. aidez mon fils si a besoin jusque mon retour. courage amies. je prie écrivez riduet. | Liébaut, rue béranger, 7, paris. chez caussin, rue se laine, 28. demandes cent francs. courage. embrasse les enfants, écris moi riduet. | Amédée louvet, rotonde palais-royal, paris. à aubréville, et nous tous portons bien. — Bochot, chemin du vieux billard, 40, genève (suisse). | Maurand, rue provence, 60, paris. écris-nous poste restante genève. — Maurand. |

Villerville, 12 déc. — Géry, boulevard beaumarchais, 98. villerville allons bien, recevons lettres. — Anna. | Legrand, avenue d'antin, 37. reçois lettres georges. pas tiennes. bonnes nouvelles versailles. parents bien portants. — Legrand. |

Montluçon. Cardon, rue turbigo, 1. santés bonnes. écris nous détails. nous t'embrassons. — Herminie. |

Moulins, 15 déc. — Lambert, 29, londres. vue léopold gien. sommes moulins allier, 1, rue percée. envoie nous argent. — femme Lambert. | Gabé, 5, assas. bonne santé toujours. enfants travaillent. louis darmstadt, paul tranquille lamotte. — Anaïs. | Place, 18, rue savoie. tallard maugne ici. allons bien. — Flacet. |

Montluçon, 19 déc. — Jacquette, 313. st-denis. demandez compte courant deux mille remettre maire septième, mille remettre chamel. rien reçu fait. marseille. montluçon passablement, dirai chauny si possible. — Meurinne. | Mme Limosin, rue d'isly, 12. payez au monsieur de batignolles quinze cents francs. — Antoine. |

Lyon-Perrache, 18 déc. — Bazagne, 81, magenta. courage, armée loire va votre secours. écrivez, je reçois lettres. — Patron. |

Rennes. — L'éveille télégraphes paris. père, mère, lucy bien, besoin de rien, père craint partir eugène avec cuzon sous préfet redon. écris toujours nous recevons. écris donc à cuzon. desfou pont.audemer, chartier fougères, bidard reçoit — L'Eveille. |

Belabre, 16 déc. — Alexis Séligmann, 44, richer. portons bien, envoyer argent, vingt-huit rien. — Courtois. |

Tours, 18 déc. — Proust, 8, rue roy, boulevard haussmann, paris. reçu lettre illiers, 9 décembre. famille bonne santé. — Esnault. | colonel Willerne, boulevard palais. vaccine. pas reçu carte. pas besoin argent. reste à tours. quand revoir? clotilde, tous embrassent. — Caliste. | Corvée, 42, bac. parfaite santé, corvées, girards, ferrés. restés cabourg amitiés. — Corvée. | général Lion, aux invalides, paris. allons tous bien, compris jean. anatole prisonnier, mathilde garçon. reçu vos lettres, toujours écrit. — Ernest. |

Brives, 20 déc. — Engler, rue sourdière, 8. lettres reçues. santés parfaites. espoir, tendresses, plusieurs dépêches pigeons. — Louise. | Langlade, 3, rue st-joseph. mobiles blessés ensemble légèrement, chacun épaule, visité borie, congé bétaille. tous autres bien, sophie levée — Sophie | Vouailhac, quai louvre, 26. santé bonne, congé appartement vaillis. lachaud souvenir fraysse. — Marie, |

Landerneau, 11 déc. — Fénelon, 1, quai orsay, paris. fidèle bien, argent non reçu. — Fénelon. | Barin Emile, officier 1re compagnie, 2e bataillon mobile finistère, paris. famille bien, jules pas parti, victor à conlie. — Jules Barin. |

St-Malo, 10 déc. — Matthey, 11, hauteville. santés bonnes. résidence paramé. — C. Matthey. | Calame, 15, l'arcade. colonie bien. beaucoup baisers anniversaire naissance. écrire longuement, barry bien, prêté argent picard. — Calame. | Pourcelt, 46, université. souhaitons bonne année, portons bien. embrassons. galin st-gervais, porte bien. — Amélie. | Labouret, 93, st-lazare. Alice, petite yvonne très-bien, obligée prendre nourrice, christian, bonnes mamans, le ferron dinard bien. — Rodier. |

Cannes, 12 déc. — Quinet, 32, rue bondy. pas reçu lettre 19. fermez magasins 1er janvier. — Lemaître | Cirodde, rue fleurus, 18. Albert va de même. maman ici, porte argent à adolphe. — Claire. |

Toulon, 10 déc. — Lefraper, lieutenant vaisseau fort montrouge. donne moi nouvelles souvent. bonne santé tous. amitiés auguste, lorient bien; romain arrivera janvier. — Lefraper. | M. Lebas, 29, rue tronchet. embarqué sur louis XIV, vaisseau cannonier à toulon. m'écrire par ballon. — Lebas. | Julien, st-roch, 11. toute ta famille se porte merveilleusement. — Cotholen ly. |

Trouville, 9 déc. — M. Mathieu, rue st-anne, 57. bonne santé. — Constance. | Guiard, 10, rue de la paix. Ypres bien, écris, enverra pigeon trouville, honfleur, indre, buet bien, donnez amis nouvelles. — Thenard. | Fère, 12, halévy. allons tous bien. lettres reçues. — Marion. | Avisse, 16, rue lepic. toujours trouville. portons bien. écris directement nous. — Avisse | St-Hilaire, 2, de sèze. trouville sables, dordogne bien. — Elisabeth. | Delaunay, 8, rue favart. bien portants, convalescent. lettres reçues, 6e dépêche. — Delaunay. | Sarcey, 21, rue de latour-d'auvergne. portons bien, reçu argent. — Sarcey. | Vanauld, 11, turbigo. portons bien, reçu argent et vos lettres. — Vanauld. | Anthéaume, 4, rue dames-batignolles. deuxième dépêche, reçu 8 trouville, lettre valentine. très-heureux. portons bien. embrassez enfants. écrivez. — Paupert. | Prounier, quai voltaire, 23. envoyé plusieurs télégrammes trouville, mirande bonne santé. recevons lettres. écrivez davantage, terrillon bonne santé trouville. — Poret. |

Robin, 6. boulevard capucines. tous réunis deauville. santé bonne, donnez nouvelles toi et fernand. — Rivocet. | Cahen, 18, rue malher. lévy bien, écrivez rue regnesses, gand. cahen bien trouville. — Cahen | Defrénois, rue du colysée, 52. bonne santé, ennuyé, vu champion. — Nelly. | Guyon, 11 bis, rue de boulogne. à trouville tous bien portants. recevons lettres. écrivez souvent. — Bertin. | Gentil, 28. rue de berri. reçu lettres 30, 3. portons tous bien e mery réquisitionné. charles vaudaucourt, pensons. prions pour vous. — Gentil. | Dalligny, 5, rue d'albe. filles, neveu très-bien, vus aujourd'hui. — Gentil. | Duni, 43, r. vivienne. bien. pas payer loyer. — Duni. | Pesson, 52, faubourg st-honoré. rené bien à vendôme, restons ici si pas danger, lettre ballon reçue hier. — Giulia. | Corbin, rue lafayette. 78. tous bonne santé, reçu 80 lettres, reçu portrait. alice, amédée suberbes. — Adrienne | Roussilhe, 4, prince-eugène. trouville santés parfaites, lucie, émile aussi, lettres arrivent. — Amélie. | Old england, paris. send account weekly receipts and expenditure since shut out paris. — Reid. | Parent, 87, avenue montaigne. pourquoi lettres marie et pas d'auguste, qu'il écrive lui même, maman grand chagrin. — Mabille. | Mabille, 87, avenue montaigne. te prie écrire toi même, maman grand chagrin pas voir ton écriture. recevons lettres marie. — Cécile. | Marie, 87. avenue montaigne. pas de lettres d'auguste depuis deux mois, qu'il écrive immédiatement, maman inquiète. — Mabille |

Limoges, 13 déc. — Mathon, de lyon, 10. cherchez paul, envoyez nouvelles. — Coudert. | Dubois, impasse mazagran, 2. santé bonne, limoges tranquille. — Dubois. |

Falaise, 10 déc. — Leclerc, 21, hauteville. inquiets. écrivez, bien ici — Leclerc. | Ragot, notaire, paris. portons tous bien. bachelier. — Jules. |

Calais, 10 déc. — Foussereau, 15, aumaire. tous exempts, bonne santé, femmes fougères. — Bacault. |

Vitré, 15 déc. — m. Edelin, 184, rue st-jacques. portons bien. — Edelin, vitré. |

Pau, 18 déc. — Pereire. tous bonne santé, filles virginie tranquilles dieppe, adèle demande nouvelles bixio. — Fanny. | M. Legendre, boulevard beaumarchais, 50, paris. allons tous bien, embrassons, bellet ici. — Louis. | Chabaud, boulevard malesherbes, 29. souvenir 22. — Clotilde. | Blanquet, 43, rue luxembourg. reçu lettre du 9, écris longuement, vais bien, hortense mieux, delaporte rejoint mère nantes. — Berthe | Buffet, hôtel-de-ville, paris. signifier hortus, avant janvier, résiliation bail. — Buffet. | Dugied, st-lazare, 101. impossible correspondre avec boucher, écrivez pau poste restante, auguste venu nous voir, toujours montauban. — Arnaud. | Manuel, 7, anjou-st-honoré. tous bien, achille à st-lô. — Hermel. | Schaffter, boulevard pereire, 122. je suis avec toi, courage. dieu veille sur toi. lettre delphine. elle et tous bien. — Cochius. | Roy, 38, jeûneurs. tous bonne santé, tendresses, pas nouvelles depuis 6! courage — Roy | M. Chenu, 77, faubourg st-martin, paris. bien compris, fillette lembeye. demandez mille francs au bureau, disposez-en, communiquez famille huvet. — Auguste. | Dulys, 11, rue savoie. Elise, adolphe bien. — Féron. | Noël, 9, faubourg poissonnière. sommes à pau, portons bien. — Noël. | Goulancourt, opticien. avenue victoria. sommes à Pau, bonne santé, réponse chez weil. — Blanche Goulancourt. | Simon, 21, cassette. pauline accouchée jeudi soir fille, bien portante, santé mère assez bonne, toute famille bien, écrivez souvent. — Telinge | M. Bar, 28, rue de trévise, paris. amélie accouchée une fille, mère enfant très-bien, famille très-bien. — Alice. | Sag, 45, labruyère. santés colonie bonnes. bonnes nouvelles trénort 6, anne sage, mille tendresses. — Geneviève. |

Morlaix, 16 déc. — Deblée, grenelle-st-germain, 60. tous bien, amitiés. — Lhuillier. |

St-Amand, 17 déc. — Huguet, notre-dame-des-victoires, 32. attends tes nouvelles. Huguet. |

Poitiers, 13 déc. — Lamblot, clichy, 62. partons st-jean-de-luz, allons bien, raymond aussi. — Lamblot. | Dupuis, boulevard temple, 12. sommes poitiers bien. — Dupuis. | Dupuy, 11, grenetat. madame, mademoiselle dupuy, santés bonnes, chez madame bazau, 23, richmond, place brighton. — Aury. |

Redon, 14 déc. — Jules Léveillé. préviens cuault, lieutenant mobile, bain-redon, parents bien, demandent lettres, familles léveillé, cuzon bien, cinquième télégramme. — Eugène Léveillé. |

Ancenis, 14 déc. — M. Jules Allard, 48, turenne. tous se portent bien. hôtel du port montreux vaud suisse. — James Henry. |

Les Sables, 14 déc. — Astier, des tournelles, 28. familles astier. gaytte, blanc, cary bien portantes, 14 décembre — Astier. |

Pornic, c4 déc. — Thomas, boulevard malesherbes. nous, groult très-bien. — Berthe | Lefebvre, 34, tronchet. Thérèse pornic va bien, drappier, mestayer aussi ici, debains revenue, camille venue. — Lefebvre. | Bordier, 33, boulevard italiens. louisa fille octobre parfaitement, desgranges tous bien, recevons lettres. — Anna. |

Roubaix, 10 déc. — Mignot, banque france, avons nouvelles langrune, tous vont bien ici également, va voir eugène qui nous écrit être malade. — Galpin. |

Vichy, 14 déc. — Photographe Delton, passy. suis hôpital vichy, fatigue. — Delton. | Ratisbonne, 31, pompe, passy. tous bien, ôtez malles caves, tendresses. — Marie. | Lazard, caire, 30. six semaines sans nouvelles, sommes vichy. — Mélésese. |

Trouville, 18 déc. — Léo, 127, haussman tous bien ici. — Gabrielle. | Arnoux, 67, hauteville. berthe, élisa parfaitement bien, souhaitons meilleure année, embrassons. — Elisa. | Marlière, lieutenant 10e bataillon mobiles, seine, fort double-couronne, st-denis. oui, oui, non, non, — Marlière. | Guibout, 124, rivoli. jenny, état intéressant, va bien, mari aussi, lille tranquille, brésil octobre, fils allait bien. — Chasles. | pour m. duchatelet, paris. grandjean mieux, famille et usine bien. — Deauville-Grandjean. | Cramail, 6, rue alger. reçu lettre du 7, henri, gaudemari mobiles tours, écris nouvelles vanin, périn. — Cramail. | Borda, rue matignon. souffrance cuisse droite, enlève sommeil, affaiblissement, amaigrissement, suppuration, plaie bonne, abondante, estomac bon, manque argent. — Amelin. |

Sieukiewicz, 29, penthièvre. assez fatiguée, inquiète, que fais-tu, écris vérité, lolotte 12 dents, parle, adam très-bien, jérusalem. — Sienkiewicz. | Yver, cardinal-fesch, 10. embrassons, crénon, grandet nouvelles. — Yver. | Boquet, rue lancry, 20. boquet, barré, brivot, santés bonnes, reçu lettres. — Boquet. | Barré, rue dulong, 16. allons bien, papa aussi, fait marcher moulins. — Laurent. | Mme Jusserand, 37, rue d'aboukir, paris. reçu triste nouvelle, courage, vous embrasse tous. — Aminthe. | Guibert, 21, rue laffitte, santés bonnes, que victorine se ménage, se soigne bien. — Prosper. |

Pau, 21 déc. — Robert, 120, d'assas. alexandrine et nous bonne santé, recevons lettres. — Robert. | Talamon, 61, richelieu. allons tous bien, envoie nous portrait, et écris guillemette chalmaison. — Eugénie. | Staufer, tour d'auvergne, 12. mes parents falcy, moi pau, tous bien, havre, tours aussi. — Mathilde. | Déléchat, dames-batignolles, 105. enfants et nous allons bien. Letourneur. | Gastinau, corps législatif. grande joie, 3 lettres, courage, espoir, santés superbes, bonne année, embrassons. — Bouard. | Garby, rue charenton, paris. allons tous bien, recevons lettres, clémentine ici. — Garby. | Fabien, 65, avenue uhrich. 8e télégramme, 20 décembre, chassez inquiétude, tous bien et tranquilles, amitiés. — Albert. | Callaghan, 33, boulevard haussmann. prière donner nouvelles andré, tous bien, poste restante pau. — Blasini. | Desmaret, laffitte, 7. tous pau, honfleur bien, naty, alfred, nous, embrassons. argent suffisant. — Laure. | Monnet, 37, pauquet. attendant nouvelles, sommes tous bien, poste restante pau. — Blasini. |

---

64 Pour copie conforme :

L'inspecteur,

Bordeaux. — 29 décembre 1870.

Bordeaux, 21 déc. — Delavalette, 3e batterie, 13e artillerie. 3e division, 1er corps, 2e armée. tous bien, maurice retour, blessé légèrement, envoyons mandat. — Delavalette. | Dezaire, 76, aboukir, paris. dezaire louise haristoy vont bien, justin bambourg. — Haristoy. | Gex, grammont, 3. eclepsens, tous bonne santé, rejoint. — Gex. | Bertin, 1, laffitte, paris. 10 décembre, brighton, ventnov, villas, recevons vos lettres, marcel santé parfaite, royer, havre, bonnes nouvelles. — Sargenton. | Froidot, 28, boulevard bonne-nouvelle, famille à castres, 2, place albinque, tous bonne santé. reçu lettres. — Froidot. | Chonez, banque, 5, paris. allons très-bien, amis aussi, oncle louis mort. recevons vos lettres, argent assez. — Clémence | Cerf, 19, rue neuve st-augustin. allons tous très-bien, haliobourg aussi va le dire chez lui. — Neyman. | Castries, 23, place vendôme, paris. ai tout tenté pour envoyer nouvelle vis très-isolée, aspire au moment vous revoir. — Coartois. | Baudoin, 53, pascal. ennuyée pas nouvelles, papa écrit huit lettres cent métropolitain, cent jennings. — F. Baudoin. | A Baudoin, 53, pascal. depuis un mois peruwettz mal chez warren, un mois seulement ensuite jennings jeanne. moi bien. — Baudoin. | Coste choiseul, 1, paris. santés excellentes, jean est charmant, soyez rassurés. nous recevons vos lettres, 8 décembre, angeli, coste, vertou. | m. Bogelot, 15, rue ste-chapelle, paris. haub, delihu, germa, adolphe vont bien, thouvenin réformé, prévenir familles, recevons lettres. — Bogelot. | Catelain, boulevard italiens, 29. lucie accouchée fille novembre. tous santé, victor armée nord. bonne nouvelle derguesse, recevons lettres. — L. Garny. | Fleury, 4, rue marcadet lachapelle, paris. théligny, 11 décembre. tous allons bien. — Colin. | Arson, 40, condorcet, paris. bonne santé, écrivez souvent, transportez meubles fermés, sans ouvrir, jeanne écrit bonne santé. — Berthe. | m. le docteur vacher, boulevard magenta, 151, paris. jules mis cinq dents, peut-il manger? tous en bonne santé. — Marie. | m. le docteur vacher, boulevard magenta, 151, paris. jules guéri, léon bien portant, suis en bonne santé. laisse courneude. — Marie. | comtesse de Caraman, rue gay-lussac, 37, paris. un caraman blessé, lequel lui tourmentée, réponse si possible. — Pins. | Plazanet, 23, gravelliers. chabassière, thézillat, santés parfaites, recevons lettres — Marie, Léonie. | Couton, rue albouy, 9, paris. donnez-moi ici de vos nouvelles de tout ce qui peut m'intéresser. — Couton. | Cadet cerf, 12, rue française. écrivez-moi chaque ballon à bradford. reçu lettres, 28 septembre, 29 octobre. — Cerf. | Hatin, notaire, petits-champs, 77. oncle mort, regrets sincères, pleins pouvoirs, administrez maison batignolles, 31, payez impôts concierge. — Commelin. | Glaizot, 14, billault. santé excellente, esprit calme, enfants bien, promène, joue boules dine, bonne maman reviens, marie, jeanne, français. — Claire. | Bailly, 5, christine. allons tous bien, reçois tes lettres, midi tranquille. bonnes nouvelles de vincent, 7, décembre. — Marie. | Marie pauline, 101, reuilly, reçu seconde lettre saint vincent, 7 décembre, hyères toutes bien. — Elisabeth. | m. Detaille, 19, rue grammont, tous bien portants, place joseph ostende. — Detaille. | Debussy, 7, avenue villars, maman chez quéro, franz, tours. nous, bordeaux, lesneven, avallon, vitry, camille, tous bien, céline, fille. — Magdeleine. | Yver berri, 50. bien portants chez joseph. — Yver. | Détape, 31, arc triomphe. bien portants, amitiés. — Quéquet | Rivez, 82, haussmann. pilloy est bruxelles, poste restante. — Mourguès. | Taponies, crédit foncier, merci lettre, écrivez souvent, pilloy est bruxelles poste restante, tâchez secourir ses gens. — Mourgues. | Lebaigue, lycée, charlemagne, bien. delphine bretagne, donnez nouvelle, st-mandé. — Lebaigue. | Bapsh, 17, rue neuve st-augustin. santé parfaite les dubreuil aussi. — Levé. | Lambert de lacroix, richepanse, 9. tout le monde est bien. danaé morte — Sourget. | Laborde, 71, rue miroménsil. suis très-inquiète, sans nouvelle depuis septembre, écrivez par tous les ballons, bonne santé. — Tavernier. | Conin, sébastopol, 60. thouarie, bordeaux, tous bien, de cœur à Paris, vous embrassons. — Vazille. | Plichon de la perle, 11. bordeaux thouarcé tous bien, pate bouillon armoire noyer, cabinet, reçu lettre neuf, espérance, délivrance. — Vazille. | Leroy, 170, lafayette. saint just seul, charles, moi, londres, tantes lucie, villers accouchée garçon, tous bonne santé, reçu toutes lettres. — Leroy. | Desoyers, du bac, 103. familles auxene, tonnerre en parfaite santé. souvenir amis procope. — Bignon. | Roblot, laffitte, 44. beuzeval tous bien portants, cogniet assez argent un mois, gallois, plus argent, georges, tarbes, maréchal-logis. — Bignon. | Sajou, rue des anglaises, 20. toutes bien parties, bordeaux, sabot restée poitiers, écrire poste restante. — Collomp. | Wilson, 52, boulevard batignolles. paris. toute votre famille va très-bien. — Dulac. | Baronne rothschild, paris. télégraphié constamment de nice où suis depuis 10 novembre, tendresses infinies toi et james. — Charlotte rothschild. — Bardon, 11, passage croix bretonnerie, paris. enfants, moi, bonne santé, bonnes nouvelles, durand cosson, adèle, léon, félicie. recevons lettres. — Bardon. | Boudard, rue lafayette, 75. reçu lettre du 17. tous parfaite santé. guillon aussi. bordeaux et toute province calme entrain. — Alice. | Grenier, rue rivoli, 51, paris. pour demoiselles stoffell, porte bien. donnez nouvelles et celles femmes, lebreton intérieur, bordeaux. | Delaly, 24, boulevard malesherbes. lettres 29 reçues, malaise, tadencourt origny bien, télégraphie 24, libres. pauline, nîmes. — Honel. | Mallet, 24, boulevard malesherbes. tous bien cognac, arcachon, sophie, canne grand hôtel. baudin ici pour quelques jours, arthur ici. — Martell. | Moisson, 22, caumartin, weler moisson parfaitement. ici calme, 14 jours sans lettres bien préoccupée de vous. billing bien. — Adele. | Fordrin, rue pastourel, 22. reçu trois lettres portons tous bien, embrasse sandrine. — Métayer. | Noirot, rossini, 20. reçu lettres, bien portants, émilie décédée septembre, tranquilles, lettre lhobet, bien, travaille. fièvre passée, manque rien. — Noirot. | Turat, 89, st-honoré, paris. merci, lettre 7, écrivez, sommes bien. — Audinet. | Lortouard concierge, 21, rue gaillon pour madame louise delaunay. prenez argent nécessaire chez oscar, écrivez bordeaux poste restante. — Delaunay. | Auga, rue jean robert, 1. ma tante bien mal, réponse. — veuve Naudin. | Crouzet, 10, rue lazare, paris. portons tous bien, reçoivent lettres. édouard à granville. moi, bordeaux pour climat tempéré. — Émilie Haussmann. | m. Bailly, rue christine, 5. hyères, nous allons tous bien. bonnes nouvelles, père vincent, mayence. midi tranquille. — St-Vincent. | supérieure dames sainte-clotilde, rue reuilly, 101. hyères, martha gonnivière morte, 4 décembre, sa sœur très-malade. — St-Vincent. | supérieure dames sainte-clotilde, rue reuilly, 101. hyères. allons toutes bien. lettres reçues, 28, bonnes élèves bien portantes. — St-Vincent. | supérieure dames sainte-clotilde, rue reuilly, 101. hyères, marie bathilde, chez elle malade, marie st-augustin, ici. — St-Vincent. | Anatole d'apremont, officier garde mobile, 1er bataillon. marne, donnez par ballon des nouvelles à votre femme, tours. — Montesson. | Bianchi, agent change. toujours sans nouvelles, fanny depuis 5 octobre. très-inquiet. réponse détaillée, hôtel bayonne, bordeaux. — Bianchi. | Bergeret, 4, roi sicile. sans nouvelles malgré lettres et dépêches. très-inquiet, réponse détaillée, hôtel bayonne, bordeaux. — Bianchi. |

Norès, victoire, 47. toutes bien portantes, restons à poms où passablement, maman reçu granville, argent 13 novembre. exploitation continue. — Norès. | Sieffermann, 240, paris. adolphe clairac, blundell, eck, nimes. madelène, thiers, moi, 11, rue laporte à bordeaux, écrivez ballon monté. — Sieffermann | m. Couturier, 46, douai. frédéric parti pour cherbourg, maman, gaston bien, caen. nous bien. — Aimée. | Nicoullaud, 33, rue montmartre, paris. mis enfants en pension ici. écris moi, bordeaux, hôtel de nantes. — Nicoullaud. | Schewcitzer, 140, rue rivoli, paris. maman porte bien, écrivez souvent même adresse, genève, recevons lettres. — Elise. | Chatignier, 6, bonaparte. adolphe, bruxelles poste restante. — Bulgari. | Gastebois, 19, soufflot. nouvelles raphaël, bordeaux. poste restante. amitiés. — Hulleu. | Schor, faubourg st-antoine. 178. reçu lettre henriette, 21 novembre. as-tu été à choisy, 2e dépêche. — Schor. | Taverne, rue victoire, 73. augustin, marie, bien. arcachon. — Labrouchy. | Taupin, 9, suresne, paris. tous biens portants, recevons lettres. pierre collégien. — Claire taupin, bordeaux, rue saint-genès, 59, bis. | Patouillet, rue de bondy, 90, Jules, reçu vos lettres, toujours camps conlie, meilleure année pour toute famille, allons bien. — Patouillet. | Storelli, 28, rue godot-mauroy, paris. sommes bordeaux bien. — André. |

Emile senart, grenelle st-germain, 69. maman, abbé, sœur bien portants chimay alexandre reims, recevons lettres, envoie nouvelles mamais. — Anaïs senart. | Bonnet, rue montaigne, 14 bis. pour léon, tous bien, chez damblat. — Lasanay. | Garros, charles, gracian, rue bleue, 2. année meilleure, courage, profondes tendresses. — Victorine, Marie, Louis. | Landais, place vintimille, 6. suis bien à sœst westphalie, bourrumeau, boulevard st-martin, 4, avec moi bien. — Ellissamburn. | Gaume, dupuytren, 7. jane, tous bien angleterre. écrivez Mme mertian, hôtel monarque, bruxelles. georges, lichtenstein, binio prisonniers, bien. — Mertian. | Hussénot, mail, 1. reçu lettres électe olivier, jusque 4, grande joie. santé parfaite. paul toujours secrétaire. — Jeanne. | Delahaye, richer, 50. allons bien, dumez, haussmann aussi. — Delahaye. | m. alard, boulevard port-royal, 78, tous à st-quentin, santé parfaite, moi bien. expéditeur, m. poirson, 18, rue casteja. | Delongueil, bayard, 12, paris. adèle, léontine, geneviève, jeanne, marguerite, panhards, clovis, évrards, maciets, ogier, bilhourd, dupuis bien, élisa souffrante. — Delongueil. | Cannet, 6, barbette, tous bien. — Faure. | Parmentié, 16, clavel. 4e dépêche, santé bonne, tous bien, travaillons toujours. faiblesse constatée, reçois lettres. — Parmentié. | Augros, 63, rue rome. reçu votre lettre, celles michel, 15e dépêche, tous bien, écrivez. — Hélène. | Braun, rue miromesnil, 71, paris. albert décoré coblence enfants, normandie, ai vu parents scharrach, tous très-bien, famille aussi. — Hofer. | compagnie midi, 54, boulevard haussmann. reçu votre lettre, 16, avions pris mêmes dispositions. approuvons. — Léon. | Laborne, 22, place vosges. tous bien. vaccinés. — Laborne. | Quitry, 13, boulevard invalides. annoncez augusta bien portante charleville. oncle décédé. — Lucciardi. | Lascoux, 88, rue université. madame accouchée garçon bien portants, autres aussi. — Lucciardi. | Derancourt, 64, malte. tarbes, bordeaux très-bien. — Derancourt. |

Maillères, rue abatucci, 13, paris. clémence, amélie, léopold, gaston, intacts réunis à aix-chapelle. prusse. tous bien à bordeaux. — Castéja. | Bar, rue trévise, 28. écrivez-moi lazard, londres, reçois et réponds courrier lima, tous bien portants, aussi famille pau. — Bar. | Schloss, rue richer, 20. parfaite santé, écris longuement chaque ballon. lettres parvenant exactement. bernard prisonnier, mayence, fanny accouchée garçon. — Schloss. | Barbieux, 185, faubourg saint-denis, paris. madame, mademoiselle barbieux, bien portantes, chaussée ixelles, 32, bruxelles. — Delaage. | Porgès, 2, blanche, paris. achetez encore cinq cents autrichiens, jusque sept cent quarante, ne vendez pas lombards, écrivez journellement. — Porgès. | Hecht, 34, rue chateau eau, paris. votre père, reçu vos lettres, jusque 8 décembre, sont tous en bonne santé. — Mestrizat. | Guillon, 68, quai rapée. sommes toujours chez andrieu bien portants. reçu de tes lettres. alexandre externe, collége, t'embrassons. — Guillon | Jeanti, quatre fils, 5. reçu bonne lettre, caroline, reçu nouvelles nelly et ses filles. bien portantes. vous embrassons tous. — Guillon. |

St-Malo, 14 déc. — Robineau, 25, marignan. allons bien brighton, lucien pension, content, louise commence marcher, donnez longs détails sur tout. — Caroline. | Leclerc, st-lazare, 88. exploitation. accouchée fille, tous bien. — Rose. |

Boulogne-sur-Mer, 11 déc. — Brébant, 13, dame-victoires. argent, domestiques parfait. — Vaillant. | Docteur Riaut, 138, faubourg st-honoré, paris. dire achard père mort, 10 octobre appoplexie, henriette bien. — Poignié, 47, rue napoléon. | Delagarde, 64, boulevard malesherbes. heureuse, reçois lettres, brinquant aussi. dis quelle voie, vieilles lettres arrivées. vais parfaitement, enfants également. — Hélène. | Brinquant, sèze, 10. reçois lettre du quatre, rassurés pour quelques jours. écrire souvent, santés bonnes. — Brinquant. | Blum, 3, échiquier. tous bien, nathan trésorier alby. — Berr. | Macaire, rue sèze, 10. santé parfaite, tendresses pour tous. — Céline. | Clavon, 26, geoffroy-lasnier. santés bonnes, ferdinand travaille, avons argent. courage, prudence. — Désirée. | Rabourdin, faubourg st-honoré. mère, 33, bedford place, bloomsburg square, londres. — Vermersch. | Moret, 59, rue victoire, paris. reçu lettre, joyeux, tous bien, pays calme, espérons par vos nouvelles. écrivez toujours. — Noélie. | Séguier, 24, cadet, paris. tous bien portants, jules officier. — Bénard. |

Bourgeois, 15, boulevard poissonnière. allons bien, vous prudence, erreur alquier. prenez vin, charbon, bois, bons souvenirs. — Julie. | Louis, rivoli, 33. nous portons tous bien, recevons tes lettres. — Marguerite. | Solliers, 39, rue londres. j'ai envoyé dépêche, pas nouvelles, inquiète, écrivez, amitiés. — Pàris. | Beaudoin, 34, rue monthabor. j'ai renvoyé carte, merci, écrivez, amitiés. — Pàris. | Potard, 27, boulevard italiens. tous bonne santé, recevons lettres, écrire, 41, rue vieillards, boulogne. eugénie, enfants bonnes santés. — Potard. | Capet, 112, cherche-midi, paris. nouvelles, grande inquiétude. — Capet. | m. Sauvage. 91, taitbout. santés parfaites. élise, mons chez devillez, depuis deux mois. — Sauvage. | Renard, 1, rivoli, paris. santé excellente, lettres reçues, nouvelles père. — Léontine. | Jazet, 7, lancry. tous bien. hoschedé, masson aussi, jules préviendra. écrivez-moi embrassements. — Raingo. | Rousselle, vieux-colombier, 11, paris. tous bonnes santés, lettres reçues. — Ducannoy. | Fouchet, 7, faubourg poissonnière. allons bien, lettre reçue six. passez-vous nuits, quel service rempart. précautions, tendre ses. — Emilie. | Cousin, 19. tronchet, paris. 5e dépêche pigeons, lettre 6 décembre, reçue toutes. famille bonne santé breuil, compris arthur prisonnier. — Séraphine. | Masson-Ragot, 11, place bourse, paris. allons bien, emprunt, décision bonne. avons bons trésor, garantissez paiement. écrivez-nous. — Orbelin Berteaux. | Lambert, 11, place bourse, paris. famille bonne santé, dernière lettre reçue 15 novembre. grande inquiétude, écrivez souvent. — Lambert. | Commandant Humbert, garde républicaine, paris. veillez fils malade. — Tremblaire. |

Narbonne, 16 déc. — Delbos, 87, avenue dumesnil, paris. inquiet, écrivez, allons bien, voir thibault. familles sallèles. — Jutge. | Thibault, boulevard beaumarchais, 20, paris. famille à sallèles va bien dire, delbos écrire. — Jutge. |

Bayeux, 14 déc. — M. Laflèche, rue des saussaies. bien portantes arromanches, écrivez. — Waddington. | Brion, 48, basse-du-rempart. santés parfaites. enfants grands progrès, pense vous continuellement. embrassons tous. chevaux, cocher, parisot arromanches, que faire. — Brion. |

Orbec, 13 déc. — Etienne, 7, meyerber. toutes bien portantes. — Claire. |

Evian-les-Bains, 14 déc. — Delalain, condé, 20. septième réponse à neuf lettres. bien, habitons evian, avise tixier. — Elisa. | Conte, 4, rue naples. bonnes nouvelles d'alfred, chez sophie. parents, ambassadeur trouveras vin et combustibles, provisions buffet marguerite. — Victoire. | Kronenberg, 88, rue courcelles. sommes sans vos nouvelles depuis 5 novembre. tous bien portants. écrivez tours. — Léopold. |

Delagarde, 64, boulevard malesherbes. santés parfaites, enfants superbes. attendons tous impatiemment lettres, donne beaucoup détails. toujours ici. tendresses. — Hélène. | Peuchon, palais-royal, 66. tourmenté eugène, répondez. écrivez souvent, dougnac, sihlequin, boulogne. — Guiche. | Nondé, 30, rue trévise, paris. essayé nouvelles, tous moyens, santé parfaite tous. geslain bruxelles, préviens perrée, quidédeville. recevons lettres. — Noudé. | Coster, 17, châteaudun. toutes santés bonnes, écrit par read, anniversaire décès, 23 à 23, tout marche régulièrement. — Guillaume. | Schmoll, 123, turenne. reçu lettre 3 décembre. porte bien, compliments

Bordeaux. — 29 décembre 1870.

votre mère et vous. — Berthe. | Muret, 24, avenue champs-élysées, paris. famille santé parfaite, henri très-malade. — Muret. | Morgau, rue steanne, 73, paris. gouverneur dit qu'il ne faut pas acheter la rente, tout monde bien. — Morgau. | Demauny, 10, rue matignau. lire lettres, donner résumé, donner nouvelles de maison, — Fouquaux. | Joseph, 56, rambuteau. bonne vaucouleurs. félix avec eux. — Cahen. | Alex Léon, 32, sentier. lerinez mai, lyon cahen, bonne santé bayenne. — Cahen. | m. Delebecque, 91, taitbout. santés excellentes, andré collége, souvent premier, baby six dents. — Delebecque. | Iscalier, châteaudun, 5 reçois tes lettres, georges bien, prisonnier. — Henriette. | Martin, fort-mahon, 6, 12. santé excellente, aze lawrence aussi. — Laure. |

Arcachon, 17 déc. — Cugnot, 10, avenue st-françois-xavier. inquiets de vous, écrivez ici, allons bien. — Lainné. | Labbé, 19, sourdière. tous bonnes santés, toujours arcachon. grossesse satisfaisante. — Labbé. | Rayel, 77, blanche. arcachon, villa buffon. comme aurais besoin de toi. envoie esqui se que puisse te suivre de pensée. — Mady. | Dumont, 3, pont-de-lodi. thérèse, delabigne, enfants bien, bonnes. xavier, francfort, gressots, baron bien. envahissaient bordeaux, partirais biarritz. baisers, tendresses. — Daisy. | Dollfus, 88, neuve-des-mathurins. temps chauds à arcachon. jeanne va parfaitement. bonnes nouvelles maurice, caen et léonie honlgase. | Laure Dollfus. |

Libourne, 16 déc. — Boulongne, 8, castellane, paris. portons bien, rentrés libourne. louis collége, 5e dépêche envoyée, reçois quelques lettres. pays paisible. — Boulongne. |

Alais, 11 déc. — Chapelle, rue cléry, 18. tout monde très-bien. — Balaque. |

Charlieu, 13 déc. — Debully, 18, duphot. reçois bonne nouvelle, suis la ladurie. — Debully. |

Bourg, 13 déc. — Amiable, boulevard st-michel, 3. marie. santé satisfaisante. lettre à bourg. — Bourgeois. |

Tulle, 11 déc. — M. Bienvenu, ste perrine, paris. reçu six, répondu quatre. santés bonnes. merci. — Duburguet. |

Clermont-Ferrand, 14 déc. — Jumker, boulevard haussmann, 115. junker prisonnier bazreuth. amélie bien. eugène heureux. neige, au chaud, laine. tous toujours bien. — Louise Junker. — Daguin, 90, rue victoire. bonnes nouvelles. varigney épinal. noémi à clermont. louise et moi lausanne. comment va thoureau. — Velly. | Nicolas, 33, assas. reçois pas lettre depuis 29. aviser. allons bien. — Nicolas, 14 décembre. |

Maubeuge, 11 déc. — Delatouche, 21, rue rocroy. rené hambourg. tous bien, dire piot écrire. amitiés à famille. — Piot. |

Boulogne-s.-mer. — Félix Davin, 25, rue albany. sainement logés, 6, rue neuve chaussée reçois tes lettres. allons tous bien, mille baisers. — Gabrielle. | Berteaux, 29, avenue champs-élysées, paris. travaillons lyon, saison prochaine décision ragot bonne pour emprunt avec bons du trésor. — Berteaux. | Masson ragot, 11, place bourse, paris. allons bien. pour emprunt avons bons du trésor garantissez paiement avec, écrivez nous. — Berteaux. | Naude, 23, rue jeûneurs, paris. allons très-bien, recevons lettres, dire à charles voir édouard pour emprunt, décision bonne. — Berteaux. | Berteaux, 29, avenue champs-élysées, paris. allons bien, toujours folkestone. affaires londres bien, commis ions lyon liquidées marchandise à londres. — Berteaux. | Dujour, 1, boulevard italiens. pensions à vous allons bien. écrivez encore, souvenir descamps amitiés affectueuses à tous. — Devenoze. | Adam, 19, rue bleue. grande consternation nouvelle, moreaux, apprise par dufour. écrivez, amitiés affectueuses. — Devenoze. | Andrillat, 31, mauconseil, Durand, nous, bien, réponse. — Andrillat. | madame Delacour, 7, rue elzivir, paris. madame léon marie, vos enfants en belgique. tous bien, attendons nouvelles. enverrons aussitôt. — Donault. | Butel, 25, tronchet. écrire chaque semaine ballon, boulogne. nouvelles maisons tronchet, berlin, turenne, charlot, perroquet, crosse. | Minoille, 93, monceau. lettres arrivent. santés bonnes. couvrons suffisamment. bonnes nouvelles australie. félix général. — Roland. | Moleux, 9, cléry, paris. allons tous bien, recevons lettres. — Moleux. | Cosse, 8, boulevard malesherbes. paris. tous bien portants, argent, reçu lettres. — Suzette. | Marcolas, 12, pepinière. vais bien. écrivez par ballon, chercher cent francs bourgeois. — Collos. | Baratte, hôtel guénégaud, monnaie. ai nouvelles des vôtres, vont bien, sont genève. — Descamps | Bourgeois, 15, boulevard poissonnière. bien, lettre reçue du 29, précautions. tendresses. — Descamps. | Bujeon, 11, rue boissy-d'anglas. adèle ici, tous bien. gongis prisonnier. pierrefond tranquille. henri vacossin bien. — Bujeon. | Fouchet, 7, faubourg poissonnière. allons bien. lettre reçue 29. précautions, tendresses. — Emilie. | Flamand, 2, place st-michel. allons bien, logés confortablement, recevons lettres. boulogne, — Emilie. | Oursel, 231, rue st-honoré, nous allons bien. enfants parrot bien. levée décrétée. albert exempté. henri troisième ban, attend. — Marie. | capitaine Baude, 8, boulevard malesherbes. paris. reçu lettres. tous bien très-tristes. — Marie. | Bourdon, 32, rue du bac. merci bravo. confiance. écrivez. — Adelon. | Leblond, 150, rue st-martin, paris. tous bien donnez nouvelles d'hamerel. 5, sauval. — Duchochoix. | Hamerel, 5, sauval. paris. papa, monseigneur et nous bien portants, et toi. — Victor. | Bergerot, 61, rue montorgueil, paris. vais bien. reçu deux lettres. — Laborie. | Dreyfus frères, 21, boulevard haussmann, paris. société générale versera cinquante sept mille livres. payez acceptations. tous bien. 3 décembre. — Dreyfus. | Société générale, 56, rue provence. paris. tirez cinquante sept mille livres, schroder court ou long. versez notre caissier. — Dreyfus. | Filliette, 9, rue byron, montmartre, paris. allons bien, pas nouvelles vous écrivez. — Filliette. | Rétif, 22, vintimille. familles rétif rendu, boulogne, tonnerre, auxerre, draguignan, très-bien. aussi charles rendu édouard Campenon, lettres reçues. — Aimée. — Hadamard, 14, bleue, nouvelles strasbourg, père weill mort maladie, 14 octobre. frères, sœurs enfants parfaite santé. — Bruhl. | Bénédic, 32, sentier. parents bonne santé, lunéville. — Céline Cahen. | Chabrier, 5, avenue reine-hortense, paris. douzième dépêche toujours boulogne, tous bien portants. joseph petite mathilde perdue. — Edouard. | de brimont, ministère finances, paris. Henriette se porte bien, tous les vôtres aussi, courage, espoir, ceci troisième dépêche, boulogne. — Henriette. | Coster, 17, cardinal fesch. nouvelles jusque 24, toutes santés bonnes. continuez ventes, aucun achat, pas crédits scabreux. Guillaume. | Mahler, mairie 3e arrondissement. paris. lettre reçue 26, allons parfaitement jacob aussi, fils décoré. fernand deux mois collége. — Virginie. | Cousin, inspecteur, gare nord. heureuse vous savoir sauf. tous bien portants, henri collégien. — Marie. | Hadamard, 14, bleue. parfaite santé enfants charmants, léon glogau, neuburger bien portants bruxelles, hotel grand miroir, rue montagne. — papa Hadamard. | Cadiat, 15, rue st-florentin. comment allez vous réponse boulogne chez lebeau. — Angèle. | Wallerstein, 7, Vezelay. reçu lettre ballon. 18, bonnes santés. priez santerre écrire père. paul provisoirement hotel univers, tours. — wallerstein. | Hoschedé, rue poissonnière. bonne santé ainsi que raingo, postel, tourcoing, berthault, agathe à Vitré. lettres jusqu'au 30. baisers. — Hoschedé. | Martin 21, paradis poissonnière. bonnes santés, boulogne, pau, lille, douai, londres, lettre 30. michel, lupin ici ernest baccarat. — Sophie | Léger, 6, port mahon, tous parfaite santé, étienne collége. — laure. | Cousin, 190, rivoli. 5 déc. santés bonnes. piper mort. lettre 30 novembre reçue. — Cousin. — Hugues, 13, abbatucci. toutes parfaitement portantes. — Hugues. | Blanche, rue berton, 1. passy. lettre reçue aujourd'hui de jacques parfaitement portant. — Ducoté. | Caumont, 168, rivoli. tous bien, barnett aussi écrivez. — Louisa. |

Domfront, 8 déc. — Poisson, boulevard saint-germain, 66. famille bien, philippe prisonnier. — Poitier. |

Roubaix, 5 déc. — Hugonis, passage verdeau, 19, paris. reçu lettres léon ici. écrivez souvent. — Tuquet. | Rambosson, 21, faubourg poissonnière, paris. lettre reçue, préparons envoi lagorce donnez-nous vos nouvelles, aussi dairoaux, truchon et autres. — Rogues. |

Saint-malo, 3 déc. — Baillet, 11, brey, ternes, paris. reçu 8 lettres, dernières 9, 30 novembre. espérons succès prochains, sommes bien portants. — Baillet. | Jouault, 12, bergère. allons tous parfaitement. recevons lettres, écris-moi chaque jour, bonnes nouvelles de Vichy 3 déc. — Jouault. |

St-servan, 3 déc. — Sibillat, 7, bonne nouvelle. recevons lettres tous bien portants. — Sibillat. | Gilbault., 10, castiglionne. santé parfaite. — Gilbeau. | Cottereau, 21, soudière. lettres adèle 27 novembre tous bonne santé. Nécret. — Sortais, 29, buci. tous bien portants. — Sortais. | Vincent, 119, aboukir. Noémi, paul, bien portants. — Noémi. | Chaboche, 10, rue hâvre. sommes st-servan, bien portants, maillefer st-malo châteaubriant. — Louise. |

Châteauroux, 22 déc. — Dutilleuil, 41, rue luxembourg. Jenny heureusement accouchée garçon le 15. santés parfaites. bonnes nouvelles amboise et chaumont du 5. — Dutilleul. | Emile Peyrot, 19, rue lascase. santé parfaite. — Peyrot. | Balsan, 21, rue bons enfants. dernière du 6. santés bonnes. employez trois cent mille francs valeurs américaines ou anglaises. — Balsan. |

Bellême, 18 déc. — mademoiselle Delaunay, 1, la harpe. reçu lettres arthur, marguerite, prussiens pillé bellême. nous dégât minime. santé bonne. amitiés. — de Sainte James. |

Fougères, 9 déc. — Chagnet, 1, rivoli, paris. allons tous bien. fête embrassons. — Roussin. |

Redon, 18 déc. — Mesny, 26, rue deux ponts. deux lucie portent bien. pierre, mathurin soldats jean exempt. — Mesny. |

Vienne, 8 déc. — Epstein chez guenzbourg. 11, drouot, paris. nous nous portons bien, tes lettres reçues, saluts. — Epstein. |

Tours, 15 déc. — Duchâtel, 69, varenne. petits enfants, amis, parfaitement, changarnier ici, hocher, pajol, auprès maris, aix-chapelle, hôtel bains la rose. — Modave. | de loynes, 31, avenue d'antin, toute famille bien à lubin. — de la Mondière. | Horaist, 2, rue clichy. santé parfaite, charles, goutteux, lucien, prisonnier. lafargue, tours, émile capitaine-trésorier rouen. île jersey. — Lefèvre. | Frédéric Dréfous, 28, rue sentier, paris, famille dréfous parfaite santé, correspondre avec bruxelles, poste restante, jersey. — Jenny. Chagot, boulevard haussmann, 55, paris. remettre mensuellement à villemeureux somme convenue, traité, inventaire, reçus. roulement satisfaisant. santé bonne. — Chagot. |

Valence, 11 déc. — Laroche, monthabor, 11, paris, famille vial, réant, bien. — Vial. |

Valence. 11 déc. — Milliet, boulevard saint-michel, 95. informez jules, familles montal, poinsot, arbod, bien. talon, intendant militaire valence, laure, st-geniez, ignorons fernand. — Montal. | Revol, faubourg saint denis, 185. nous allons tous bien. — C. Revol. |

Saint Maixent. — Branche, 14, avenue victoria. portons bien, reçu quelques lettres. — Déruć. |

Limoges, 18 déc. — Judas, trois sœurs, 9. où sont mes livres. — Leclerc, 81e limoges. | Walmathe, 17 décembre. Rouart, boulevard beaumarchais, 82. familles, mignon, rouard vont très bien. — Rouart. |

Cherbourg, 14 déc. — Durclé, ministère finances. santé bonne, courage, confiance. — Durclé. | Lallier, 4, bouloi fille bonne santé, amitiés part noblesse, reçu mandat, rien maurel, manque pas argent, aérez appartement. — Michel. | Aumônier rue chod centre, 1 aumonerie va bien, fabre gueydon, caraneuve dieudonné, inconnu jurien, moi grivel, guillerm démissionnaire, adieu. | Férec. |

Saint-malo, 15 déc. — Helbronner, 36, rue neuve petits champs, paris. votre famille londres bonne santé. nous bien dire auguste. — Emma. madame Trochu, palais gouverneur, paris. dites aux pommayrac écrire à berthe patry. jersey poste restante, mère enfant vont bien. — Berthe. |

Trouville, 13 déc. — Klein, 10, nicolo. merci de bonnes lettres, allons bien, courage. — Lebel. | Cubain, 17, enghien, écrit beaucoup lettres sans réponse. briosne reçu lettre, merci, tous bonne année, fête pauline. — Auguste. Camille. | Foucault, 12, quai mégisserie. parfaite santé, trouville. — Bornait-Foucalt-Terillon. | Caussade, 5, rougemont. allons bien, prosper prisonnier, wesel embrassons tendrement. — Caussade. | Scheffter, trudain. donne congé appartement 15 avril, bonne année. — Camille. | Daranga, 20, rue montaigne. 13 décembre. reçu lettre seulement aujourd'hui, petits bouillé bien portants, toujours déanville. pas besoin argent. — Marie. | Lecouturier, l'échiquier, 40. trouville tranquille, corrard, naudot, malher, poiret, bien portants, écrivez. — Pauline. Guibert, 21, rue laffitte. santés bonnes, temps bien long, tendresses. — Prosper. | Geoffroy, 7, boudreau. huitième, tous bien, voisinage envahi embarquerons si urgence, courage. — Eugénie. | Jarry, vivienne, 16. marie accouchée fille, 22 novembre, portons tous très bien, faire parvenir flandre. — Eugène Jarry. | Darche, 27, rue écluses saint-martin. reçu lettre arlon, femme enfants portent bien, reçoivent lettres. — Ducros. | Pougin, place cambronne. envoyez nouvelles trouville, femme, père, inquiets, ici bonne santé, pas pru siens. — Marcellot. | Leclère, 83, rue saint-martin. Emmanuel, nice, noyon, chateauvillain, saint-vallery, vont bien, nous aussi. — Lebel. | Devinck, 175. saint-honoré. compliments condoléances, souvenirs dévoués et respectueux, courage. — Lebel. | Poirrer, 4, drouot enfants nice vont bien, nous aussi, courage. — Lebel. |

Saint-lô, 14 déc. Meunié, 17, cherche-midi. toutes en parfaite santé, enfants superbes, confortable installation à jersey. — Félicie. | Boursier-boudin, 37, boulevard beauséjour, passy. Juliette, nourrit, jolie. marie, thérèse, lucienne, toutes bien. christian, superbe, bonne lettre, feytaud. — Boudin. | Plasse. 7, petits-hôtels, paris. fils bien portant, cologne, reçu lettre et manque de rien. envoie fonds, blount par adelus. — Renard. | Dhostel, 107, sébastopol. santés excellentes. enfants très bien portants, bien installés à Jersey, nous recevons vos lettres, manquons rien — Dho tel. |

Quimper, 16 déc. — Dehaut, 147, faubourg st-denis. tous bien, recevons lettres. — Dehaut. |

Angoulême, 18 déc. — Delapalme, 10, castiglione, paris. santés parfaites. — Charlotte. |

Alençon, 16 déc. — Dubrac, rouquemont. 8. meurs inquiétude. donne nouvelles. paul, caporal 51e régiment marche, 5e bataillon. alençon. blaise, 10. — Vigouroux. | Loiseau, aboukir, 37. enfants loiseau, jamain bien, accouchée garçon, bien, fils, bureaux. — Chevalier. | Francfort, sentier, 39. prière envoyé vite cent francs veuve lion. rue tournelles, 33. — Lion. |

La Rochelle, 16 déc. — Bouchotte, rue auteuil, auteuil, 77. tous bien, gustave ici, les jules, sœurs bien, restés metz. |

Pornic, 15 déc. — Chobert, 74, rue seine. bonnes santés, recevons lettre, 15 décembre, souhaits — Chobert. |

Sallanches, 12 déc. Lefebvre, rue du temple, 14. tous bien portants, reçu neuf cents. — Piguet |

Annecy, 12 déc. — madame Hyrvoix, cherche-midi, 71, paris allons bien, écris souvent, adieu. — Dubouloz. |

Tulle, 16 déc. — Chapelle, 5, rue michodière. santés bonnes, sois tranquille, saint-bonnet — Chapelle. | Chapellle fils, 19, boulevard des italiens. santés bonnes, tranquilles, saint-bonnet. — Chapelle, | Courtois, 45, rue turbigo. santés bonnes, tranquillisez-vous, saint-bonnet. — Chapelle. |

Annecy, 12 déc. — M. Merlin, juge, 98, rue des écoles, paris. tous santé parfaite, toujours genève. — Emma. |

Annecy, 12 déc. — Eugène Levet, polytechnique, fort charenton reçu hier sixième lettre. nous, parents, amis, bonne santé, gagnier leipsig, soigne toi, écris. — Levet. |

---

65. Pour copie conforme,

L'inspecteur,

Bordeaux. — 29 décembre 1870.

Bayonne, 21 déc. — Mme Duval, 40, godot-mauroy, chers enfants, santés parfaites, reçu 10 lettres, courage, à bientôt, 4 baisers, petit père — l'édeluborde. | Allund, bondy, 46. reçu vos lettres, votre famille à montluel, tous bien, nous aussi, madrid, 11 décembre. — Negre. |

Lesparre, 21 déc. — Boutruche, 19. paillet. portons bien, reçu lettres. — fe Boutruche. | Boutruche, chasseur neuilly. portons bien, reçu let- inquiète, issue. — Droyé. |

Angers, 20 déc. Dietsch, vieille-du-temple, 124, paris. famille artzner va bien, augmentée petite fille, adressez lettres chez glasar, marchand poissons, bâle. — Durr. | Guillaud, boulevard prince eugène, 154. rien depuis lettre datée 15 novembre, comment émile, papa? as-tu reçu dépêches pour argent. — Coqueret. | Wormser, 27, trudaine. famille bonne santé, toutes lettres reçues, manquons rien. — Wormser. | Gratiot, portefoin, 19. écrivez poste restante angers. bonne santé. — Gratiot. |

Bourges, 13 déc. — Brisson, 4, rue du pont-neuf. ici allons bien. albert cannes fatigué, ennemi non venu, ami G. ici. — Brisson. | Heymann, 59, rue clichy. santé bonne, écris souvent. — Régina. | Jollvet, 10, motte-piquet santés excellentes. — Virginie. | Braconnier, officier principal, 2e armée. 1er corps, quartier-général. bien portants, pas argent bartoli, mobilier en sûreté. — Angélique. |

Saint-Pierre, 17 déc. — M. Nordmand, 19, rue grands-augustins, paris. madame normand berthe reçoivent tes lettres, vont bien nous aussi. — Marie. |

La Rochelle, 17 déc. — Chaeles, institut, 3, bac, passage sainte-Marie. jeanne, michel, moi, partons habiter redon, air trop vif ici. bonnes nouvelles nonancourt. — Chasles. | madame pêcheur, 36, rue maubeuge. la rochelle. 17, aucune nouvelle mari, 23 novembre désespérée, écrivez, amitiés. — Renard | Pertuisot, 7, papillon, paris. toutes familles bien, enfants parfaitement, écrire souvent, recevons. — Delton. |

Lunel 17 déc. — Martel, caporal 45e, 3e bataillon, 6e compagnie. santé, courage, tous ici bien, bollet aussi. — Martel. |

Rochefort, 17 déc. — Collet, 85, rue cardinal-lemoine. je vais bien, lax aussi, écrivez-moi à rochefort. — Collet. |

Nevers, 16 déc. — Leroux, 185, faubourg saint-Denis. étonnée que tu sois sans nouvelle. tous bonne santé, sûreté, nevers. aucune nouvelle émile. — Leroux. |

Saint-Lô, 15 déc. — Tétard, 91, boulevard magenta. santé bonne, recevons lettres, manhez béliers, arrive mortières. — Armand. | Guesnet, 6, furstenberg. lamotte, carlepont santé bonne, recevons lettres. — Guesnet. |

Avranches, 15 déc. — Chardin, 64, boulevard haussmann, paris. tous bien portants, vous embrassons. as-tu reçu de nouvelles dépêches? tes enfants granidssent. — Chardin. |

Trouville, 15 déc. — Thibault, 52, boulevard malesherbes. écrire à villerville pour appartement et maisons. — Langon. | Palajay, 143, boulevard saint-michel. dernière lettre 20 octobre, inquiets, portons bien. — Heneck. | Rabourdin, passage dauphine. vois mon propriétaire pour pas laisser mon mobilier par hermico ni autre. réponse restant trouville. — Natier. | Bonneval, 43, rue luxembourg. bonnes nouvelles, saquence trouville, tous bien. — Isabelle. |

Brest, 16 déc. — Nay, 74, rue victoire. brest bonne santé, écris plus sauvent longues lettres, aéronautes pas arrivés. honfleurais bien portants, tendresses. — Elisabeth. | M. Dieuonné, fort bicêtre, timonier. père brest, tous deux bien. — Dieudonné. | M. Kernéis, rue neuve-des-mathurins, 100, paris. tous bien, nouvelles édouard. — Kernéis. |

Mâcon, 15 déc. — Genty, 66, des martyrs. santés bonnes. — Genty-Lacombe. |

Arcachon, 18 déc. — Saget, 368, rue honoré. eugène saget, henri et capitaine delphin internés aix-la-chapelle m'écrivent 10 décembre, leur santé bonne — Angenoust. | Godard, 22, vivienne. tous chez lapeyrière bien, geoffroy bien, argent reçu. — Ameline. | Frachon, 16, banque. écrire détails employés daillard, domestique destigny, martine, enfant, nous bien, (e.dain prisonnier bien. — Ameline. |

Cannes, 16 déc. — Lachassagne, 200. faubourg saint-denis. vois herbault, 12, rue port-mahon, pour argent. — Lachassagne. |

Béziers, 17 déc. — Gobaut, 33, rue beuvet, paris (vaugirard). sommes béziers, portons bien. — Thiers. |

Lisle-Jourdain, 17 déc. — Cavaré, 27, boulevard poissonnière, paris. enfants tous bien portants. — Cavaré. |

Villers-sur-Mer, 15 déc. — Vafflard, rue alibert. madame bourgeois, enfants, bonnes bien, londres, ces dames, nous bien, villiers. — Doucet. | Dimod, 49, quai des augustins. tous bonne santé à vire, frère mort. — Henneveux. |

Périgueux, 18 déc. — Nissou, 72, quai jemmapes, paris. partons libos, santés bonnes, lettres reçues, écris libos. — Nissou. | Demanest, 27, berlin. tous bien portants, recevons lettre, inquiets de maman. périgueux, 4, sébastopol. — Demanest. |

Bayonne, 17 déc. — M. Pelouze, 5, rue cambacérès. pourquoi reçois plus lettres? inquiets. — Marie. | Hayét, 45, petites-écuries. je répète, soyez tranquille. vos enfants sont bien, écrivez-moi. — Bolla.

Sées, 15 déc. — Turenne, 100, bac, paris. nous tranquilles partout, lettre du 6 paris, courtomer 15. — Turenne. |

Châtellerault, 17 déc. — Porthmann, 132, faubourg saint-denis. reçu lettre, jules prisonnier coblentz, transmettre à georges, 34, tout va bien prinçay. — Savignon. |

Limoges, 17 déc. — M. Mogliano, 28, rue billault, paris. tout va bien, campagne tranquille, rien vendu. — Wautier. | Maës, 32, rue rovigo. anna orsennes, nous trois limoges, hôtel richelieu, tous santé. — Maës. | Brisset, 6, passage saulnier. portons tous parfaitement, sommes vaccinés. — Marie. | Deboisse, 52, avenue daumesnil. en sûreté limoges, avec ami dévoué. — Deboisse, faubourg montmaillet, 51. |

Bonneaux. — Guye, 126, lafayette. tous bien, écrivez. — Pavillard. |

Mâcon, 11 décembre. — Bécleré, 67, meslay. bien portants, lycée mâcon. — Bécleré. |

Limoges, 14 décembre. — monsieur Elebègue, lycée st-louis. mère limoges avec famille Schmit, albert mobilisé. — Elebègue. |

Landerneau, 12 décembre. — Goësbriand, capitaine, 2e bataillon mobiles finistère, paris. père, mère, parents, tous bien. appris mort joseph. écrivez souvent. — Goësbriand. |

Aix-les-bains, 12 décembre. — madame Ferrand, 38, varennes. tranquille sur tout. — Laubé. | Barbier, 35, rue martyrs. cloche reçu, tous bien. écrire longuement bormot, lecroux, lefèvre, beaufrère, atoche, garnier, maison julie, marguerite, chiens. | Collière, 157, faubourg-st-denis. quatrième dépêche. allons bien, reçu 18 lettres. |

Cannes, 13 décembre. — Girodon, 8, lisbonne. reçu lettre 13 novembre, tous bien portants. poilot, pionvif, mis ordre jour. — Girodon. |

Gignac, 13 décembre. — Bouys, gardes mobiles de l'hérault, 45e, 2e bataillon, 6e compagnie, paris. envoyé poste argent demandé. as-tu reçu? réponse immédiate. — Bouys |

Cosne, 13 décembre. — Chaudé, 14, condé. cosne, laulle, non envahis. santé, amitiés. — Romillat. | Désetangs, 131, rue montmartre. vu planchard, santé. cosne, santé, amitiés. — Romillat. | Beville, 21, boulevard-st-martin famille portons bien, prussiens environs, reçu lettre 2, vais mieux, écrire. émilie, jeanne, vally. — Beville. |

Vichy, 12 décembre. — Gibert, 7, faubourg-poissonnière. bien portants vichy. — Aline. | Hauregard, 18, ancienne-comédie père melun, portons bien, écrivez. — Camuset. | Drouault, 8, montesquieu. allons bien, écrivez, reçois lettres, pol melun. — Buval. | Chanterie, 67, montorgueil. portons tous parfaitement, recevons tes lettres. — Denise. |

Neuilly-le-réal, 10 décembre. — Platet, 3, vingt-neuf-juillet. tous vivants, estelle ici, allons bien. — Platet. |

Tulle, 14 décembre. — A. Briquet, 17, rue godot-mauroy, paris. santé bonne, écrivez toujours, pas oublier père, écris partout. — Stéphan. |

St-étienne, 13 décembre. — Juif, 29, bonaparte. 2e dépêche. ouvrez buffet salle, prenez maïs, etc. donnez congé st-andré-des-arts, écrivez, courage amis. — Morellet. | madame Toussaint, 43, rue des rigoles, belleville. bonnes nouvelles fille, ne ménage rien pour toi et bijou, écris-moi. — Toussaint. |

Auch, 15 décembre. — Forgues, ministère marine, paris. vieux georges, amélie, berthe, famille, bien. reçois lettres. — Pujos. |

Marseille-centrale, 15 décembre — Bernoulli, chemin fer est, bureau réclamations, paris. sommes parfaite santé, écris souvent, courage. — Bernoulli. trieste. | Danlion, intendance militaire. carle, bourges, inquiète. mille amitiés. — veuve barrallier. | Nessim Samama, 105, chaillot. reçu encore lettre moïse, tous se portent admirablement bien, reçoivent vos lettres. — Sauveur Samama. | Moureau, 21, rue baudin. donne-moi nouvelles d'alfred, dont suis privé depuis septembre. — Moureau. | Gay, 42, avenue gabriel. tranquillisez famille santé, concierge engagera séguin écrire. — Ouvière. | Truchon, 60, boulevard strasbourg. nyon santé excellente, espère bientôt revoir. — Louise. | Briffault, 145, chapelle. toujours bien, embrassons. — Nugue | Vauréal, 51, avenue montaigne. angèle, enfants, à marseille. gabriel, capitaine garde nationale nazaire. tous parfaite santé. charles va bien. — Angèle. | Méjanel, 122, grenelle-st-germain. envoie argent si possible, tiendrai toujours promesse, très inquiète toi, mille baisers. écris souvent, longuement. adieu. — Raminger. | Boman, 126, rue amelot. mère de marie morte 14 décembre. — Boman. |

Agen, 15 décembre. — comte de Turenne, 100, rue bac, paris. tout va bien, bonnes nouvelles reçues de courtomer. — Salles. |

Nice, 13 décembre — Reboul, batteries st-ouen, parc legentil. constante affection, bonne santé. — Dogliani. | Salin, 20, servandoni, paris. santé, embrasse. — Poulet, 7, quai masséna, nice. | Blanchard, graveur, rue victoire, paris. Georges va bien. — Gambart. nice. |

Pauillac, 15 décembre. — Dugléré, café anglais. bonne santé, écrivez donc. — Delhomme. |

Lodève, 14 décembre. — Guirou, maison dubois, 200, rue faubourg-st-denis. tous nous portons bien, cyprien à lyon, lettres arrivent. — Guirou. |

Alais, 14 décembre. — Bertrand, 62, tiquetonne. Georges, Edouard, bien portants, prisonniers fort wezel (westphalie). allons bien. — Roux. |

Montpellier, 14 décembre. — Ferrier, 9, ferme-des-mathurins. père communique lettres, merci. portons tous bien, tendresses. prends tout vin chez paul, remplacerons. — Z. Ferrier. | Glaize, 95, rue vaugirard. Ferdinand prisonnier, sans blessure. — Ferrier. | Guillard, théâtre français. merci souvenir, tous vôtres bien. — Ferrier. | Alicot, 1, vigny. famille, amis, parfaitement, courageusement. eugène charmant. — Alicot. | Anquetil, 102, cherche-midi. Jules, montpellier, content. blanchecotte sauf. — Anquetil. | Roman, 126, rue amelot. maman niarsal très-malade. — Edouard Violla. |

Civray, 11 décembre. — Parafjaval, 32, sentier, paris. votre valeur est protestée, demandez une société régulière pour réunir les fonds. civray (vienne). — Malapert. | Malapert, ingénieur, 29, jacob, paris. tous vont bien partout. vois maison, louis, mongenot. écris à civray. — Malapert. |

Toulon, 12 décembre. — Lyon, enseigne vaisseau, fort ivry. famille bonne santé. — Bouisson. |

Grasse, 13 décembre — Piver, 10, boulevard strasbourg. reçois lettre 19 novembre, écrire souvent. oui, 18 octobre, bordeaux, marseille, oui, oui, non, oui. — Piver. |

Vannes, 9 novembre. — Victor Legay, 57, rue neuve-des-mathurins. Toutes à vannes, marie a un fils, reçois rarement de tes nouvelles, santés parfaites. — Legay. |

Limoges, 14 décembre. — Boullon, 31, saint-georges, paris. tous bien boullon, pau. — Codet. |

Tourcoing, 14 déc. — Canuel, 16, place vendôme. cinq décembre famille bonne santé, nous aussi, tous tranquilles, écris partout, patience, espoir. — Canuel. — Goudchaux, 60, boulevard sébastopol, paris. courage, espoir, surtout patience, département marchent. — Leloir. |

Villedieu, 16 déc. — Martin, 17, rue malesherbes. tous bien, villedieu-les-poêles, recevons lettres, écris, toi, édouard. — Louise. |

Bezier, 18 déc. — Riban, 200, rivoli. allons bien, angoisses, georges. — Eugène. |

Belléme, 15 déc. — Chennevières, palais luxembourg. prussiens pas venus saint-santin, tous bien. — Chennevières. | Hervé, 137, faubourg saint-antoine. faites remettre lieu sûr, payé dépôt 198, 739, réponse. — Ridau. |

Quimperlé, 12 déc. — Levaillant, 22, ancienne-comédie. écris nous, courage, confiance. — Levaillant. | Leforestier, 45, de sèvres. nouvelles tous, alfred. — Levaillant. |

Tréport, 7 déc — Guillot, 22, rue laval. allons tous bien, manquons rien, recevons lettres, troisième télégramme. — Guillot Lelafontaine. | Ledan, 101, rue de sèvres. tous allons bien. — Pauline. | Devilliers, 51, luxembourg. quatrième télégramme, maurice, moi bien portants, bien installés chez merlin, tréport, pas besoin d'argent, tranquilles. — Picquefeu. | Loonen, 8, bourg labbé. portons toutes parfaitement. — Loonen. | Mairet, 46, rocher. maman à mayenne, ici et à eu portons tous bien, lettres arrivent. — Mairet. | Sévestre, 51, boulevard malesherbes. santés bonnes. — Marie. |

Dieppe-Central, 7 déc. — Masson-Ragot, 11, place bourse. allons bien, pour emprunt nous avons bons du trésor, garantissez paiement avec, écrivez-nous. — Berteaux. | Vandes, 23, rue jeûneurs. allons bien tous, recevons lettres, dire à charles voir édouard pour emprunt, décision bonne. — Berteaux. | Radoux, 4, marengo. Berteaux bien, affaires londres bien, lyon liquidés, travaillons, décision ragot, bourse pour emprunt, enfants tous bien. — Pzeune. | Esquirol, 1, avenue percier. bien toutes trois, écris-nous nouvelles de toi et famille. — Constance. | Normand, 39, notre-dame-lorette. enfants bien, embrassons, resterons dieppe. — Franziska. | Millet, 19, rue enghien. aucune nouvelle vous joseph depuis 4 septembre, grande inquiétude, allons bien. — Lussou. | Defrémicourt, 46, rue martyrs. rien économiser, faire argent avec rente italienne, reçu lettre, écrire souvent. — Defrémicourt. | Jouvente, 37, notre-dame-de-lorette. va, 88, rue des entrepreneurs, grenelle, voir mon homme, suis hôtel paris, dieppe. — Vautier. | Forestier, 97, grenelle-saint-germain. portons bien, fille aussi et versailles, écrivez avec jacquet, mère bien 7 décembre. — Beugniet, dieppe, hôtel des bains. | Thiroux, 33, hauteville. versailles et dieppe vont bien. — Lambert. | Pénard, 157, haussmann. tous bien, victor irlande, recevons lettres, écrivez. — Pénard. | Robion, 88, rue entrepreneurs grenelle. suis hôtel paris, dieppe, consultez fromain pour écrire promptement. — Vautier. | m. Legay, 32, boulevard temple. reçu lettres, portons bien. — Pauline. |

Carentan, 10 déc. — Rousse, 17, rue Helder. blessé, suppiie demander à Favre, poste sédentaire, paris. — Davocours, sainte-marie-du-mont (manche). |

Saint-Servant, 11 déc. — hôtel ste-marie. Uriage, paul, tous parfaitement dantzig. — Demalerais. | Patrelle, 35, saint-merry. vivons avec soubrier, prenaux, saint-servan tranquille, berthe bruxelles, tous parfaite santé. — Cécile. |

Mayenne, 11 déc. — Chandru, 85, rivoli, paris. pas nouvelles de toi et gustave inquiets, matilde filles rentrées belléme, tous bien. — Chandru. |

Montpellier, 20 déc. — Orfila, 80, grenelle. à évreux, montpellier et madrid tous bien, paul demi solde à chabannais, raoul sédentaire, louis ici. — Laure. | Coullet, 16, banque. nouvelles gélas, caporal, 45e mobile, hérault, septième du trois saint-maur, donnez 50 fr. si besoin. — Cambon. | Meignen, 77, rivoli. veuve fournier ici. écrivez-moi tous souvent, je reçois argent, bonne santé, amitiés. — m. Meignen. | Eiffel, 27, croix-petits-champs. dejannais. febvre, nous tous allons parfaitement. — Marguérite, hôtel arnaud. |

Bayonne, 20 déc. — Commenges, médecin. boulevard sébastopol, 18. soignez, dirigez matern, 68, boulevard beaumarchais, écrivez-moi souvent lisbonne. — Ladame. | Laborde noguez, brigadier, 14e dragons. 3e dépêche, tous bien, avons nouvelles par oncle. — Amédée. |

Ferney, 19 déc. — Faveers, 12, jessaint, paris. reçu cinq lettres, santé tous. — Duperray. |

Castelmoran-s.-lot, 13 déc. — Damon, 12, rue magnan, paris. écrivez nous votre opinion sur perspective affaires prusses avenir prochain. — Boudet, frères. |

Guéret, 19 déc. — Bouquet, 2, rue de la voie-verte, montrouge. tout va bien. — Nadaud — Barrère, 12, boulevard poissonnière. tout est bien. — Camille. |

Vichy, 17 déc. — m. Leroy-des-Barres, saint-denis, paris. alexandre bourges, tous bien, écris ballon. — Charlotte. |

Moulins, 17 déc. — Macary, 26 bis, boulevard mazas. ai envoyé 200 fr. réclame poste, vais bien, réponds longuement, gare vichy. — Macary. | Avril, inspecteur chemin de fer ouest, gare saint-lazare. prière donner nouvelles lalue, employé bureau, palestra obligera famille inquiète. — ve. Lalue. |

Moulins, 19 déc. — Dubost, 87, boulevard neuilly. Kraous, bonnet, enfants choquet vont bien, andré en normandie. — Lescanne. | m. Bridet, 21, rue bergère. reçu une seule lettre, inquiète, écris détails. — Bridet. |

Issoudun, 18 déc. — Baudran, 21, bons-enfants. tous bonne santé, gaston issoudun pas rentrée, angers reçu 130, reçu 100, reçu 100. — marie Baudran. |

Châteauroux, 16 déc. — Firbach, mobile, indre. famille va bien, lettres reçues. — Goupil. | Blignières, inspecteur finances, 80, rue grenelle-st-germain. toi, mme mathilde, audibert, ferdinand, toutes familles bien. — Peltier. | Darroux, 60, condorcet. tous sept londres, 10. kildare terrace bayswater, bonnes santés, touché traite, intérêts belges, recevons lettres. — Darroux. | Collignou, école normale. santés bonnes. — Collignou, châteauroux, indre, 4, dauphine. |

Bordeaux. — 29 décembre 1870

Aix, 12 déc. — M. de Boissieu, 176, rue rivoli. Armand superbe, tous parfaitement, lettres reçues joyeusement, écris beaucoup. — Thérèse. | Saizieu, banque france. reçu lettres, portons bien. — Saizieu. | Arnaud, lieutenant 9e lanciers, avenue bosquet, 44. marguerite et tous portons bien. — Bouit. | Calemard, 10, moreau. Jeanne, moi, bien portantes, t'embrassons. — Calemard. |

St-Lo, 13 déc. — Viollet. rue choiseul, 27. santés bonnes. lettres reçues. — Favot. |

Granville, 11 déc. — Billet, quai hôtel-de-ville, 60. tous bien portants. recevons lettres. — Leriche. | Mme Marais, chocolatière, 11, boulevard italiens, tous bien portants, donnez nouvelles. — Brault. | Bossière, magnan, 14. granville (manche) bien portants. poste restante. — Bossière. | Patry. rue varennes, 33. cinq lettres reçues. tous en bonne santé, amitiés à famille fauh, sallet, patry, grand merci. — Forestier. | Hauteserve, rue monceau, 9. familles hauteserve, pogenpol, theroude. boessé, enfants gaussin bien. — Alice. | Lejantel, 3, clapeyron. nous portons tous bien. — Lejantel. | Delle, 16, notre-dame-de-lorette. granville — Delle. |

Le Mans, 13 déc. — F. Chevet, palais-royal. chemiré, 13 décembre. tous parfaite santé, charles dix dents, toujours très-bien portant, court commence à parler. père, louis, quittent pas chemiré. ta mère, ta famille tous bonne santé granville, redron, touzelin, camuset. nice. — Marie Chevet, sixième dépêche pigeon. | Nicolay, rue lille, 80, paris. tous bonne santé, roger vaillamment combat coulommiers, villepier, villorceau. beaugent. — Nicolay. | Delahaulle, directeur télégraphe, champs-élysées. père pleurésie, mort. adolphe, colonel wiesbaden, berthe. jane sont allées rejoindre, nous bien. — Marie. | Ginain, 157, faubourg honoré. santés bonnes, écrivez-nous. — Seyert. | Mme Woulling, 10, rue virginie, paris-montmartre. Zoé, nous portons bien au mans (sarthe), rue st-vincent, 19. — Wendling. |

Fougères, 12 déc. — Dekeyser, mobile ille-et-vilaine. désire entriez armée active avec grade. — Marie. |

Saint-Servan, 12 déc. — Dedebt, mazagran. inquiet. écris. — Bellaguet. | Pouley, 65, rue monceau. Jersey tous bien, avons argent, recevons lettres montélimart. servan, parfaitement. — Bremard. | Vernier 93, lafayette. habitons st-servan, ille-vilaine, portons bien, pas besoin, binoche informe ferdinand. — Housseau. | Cailleux, 54, rue enghien. enfants bonne santé, tranquille. — Aubé. |

Menton, 9 déc. — Fould, 24, saint-marc, parfaitement installés, santé excellente, enfants profitent, délicieux climat, affligée cruelle séparation. courageuse, attends impatiemment issue. — Mathilde. | Couillard, rue monceau, 71. partagez contenu armoire confitures, envoyez nouvelles. — Castor. | Lesieur, lafayette, 132. troisième dépêche. allons bien, louise quatre dents, maurice demande papa. tourmentés, embrassons, t'attendons, amitiés paul. — Aline. |

St-Flours. — Rolland, voiturier, port bercy, paris. vendez vins. — Teisset. |

Aurillac, 10 déc. — Vigier à buottourenville, hautevillé, 22, partons bourgeade, santés bonnes. — Vigier. |

Sancerre. — Bourbon, 34, rue miroménil. charles mort 10 décembre. tous lestang bien portants. — Marguerite. |

Montluçon, 14 déc. — Collin, tailleur, rue jean-jacques-rousseau, 47, paris. ma femme morte, frère jean ici, arthur va pas bien. — Collin. | Arnauld, rue du cloître st-jacques 1. portons bien, reçu lettres. — Arnaud. | Limosin, rue d'isly, 12. donnez au monsieur de batignolles tout argent que pourrez réunir. — Antoine. | Vantillard, rue rousselet, 23. portons bien. recevons lettres, voir notaire. — Marguerite. |

Grenoble, 13 déc. — Uriage, cardeilhac, 91. rivoli. cinquième dépêche. toutes santés bonnes. ernest, charlotte, berthier l'abbé, mlle buignet. — Boulnois. | commandant Dethorey, artillerie réserve, 2e corps, 2e armée. vais bien, reçois lettres. — Sophie. | Marchand mégissier, rue des cordelières, 11. portons bien, sommes la trouche, avons reçu nouvelles, continue écrire. — Marchand trouche. | Magnevol, 33, boulevard magenta. reçu deux lettres, écrivez toujours, serre main. — Poulin. | Perrey, 58, rue acacias, montmartre. reçu trois lettres. écrivez toujours, serre main. — Poulin. |

Mâcon, 11 déc. — Ponsinet Piotrowski, pelleport 9, reçu lettres. santé, nouvelles partout. résistez — Ponsinet. |

Annecy, 11 déc. — Tiand, rue dunkerque, 55, paris. votre fils bonne santé langres, soyez sans inquiétude, je pourvois ses besoins. — Delacquis. |

St-Julien. — Bigot, rue maubeuge, 30, paris. santés bonnes, argent manque, voir comptoir national. — Dufourg. |

Sallanchez, 11 déc. — comte Debrosses, rue université, 41. mère, famille dijon. tous bien, nous aussi répondu quatre oui. — Roussy. |

Lyon-Central, 13 déc. — Charmeton, rue moscou, 30, paris. reçu journal vos santés bonnes, prendre information druard, vive inquiétude sur silence absolu, sortie. — Siaux. | Régny, rue blanche, 59. allons tous bien, anaïs mieux ici. reçu 5 lettres, inquiet vos besoins, courage, descharmes belgique. — Régny. | Nourisson, boulevard magenta, 137. maman, louis, genève, albert alexandrie, tous très-bien, continue écrire, courage, grand espoir triompher prochainement. — Terrasse. | compagnie Union, 15, rue banque. 5e télégramme. sinistres réglés nonante un mille, recettes effectuées nonante mille, tout va bien. — Franchelli. | Bizet, 117e régiment de marche, 2e bataillon, 6e compagnie, clichy, paris. nous portons bien, vaugley aussi. — Bizet. | Jallade, 22, sentier, paris. reçu lettres, tous bien, affaires nulles. — Jallade. | Guibout, 124, rivoli. tout va bien, soyez tranquille, manque seulement procuration pour lettres chargées et autres cas. écrivez souvent. — Herrenschmidt. |

Lyon. — Peillon, 28, boulevard bonne-nouvelle, paris, voir comment va chevillard, sous-lieutenant, 1er spahis à vincennes, réponse au plus tôt — Quinson. | Chollet, montorgueuil, 58, paris. argent chez martin, tous bien, donne dix frans dunoyer. — Perrin. | Racoffort, capitaine mobiles ain. tous bien, charlotte, mère, enfants à talloires, annecy, recevons lettres ballons lyon tranquille. prévenez parseval. — Louis. | Bouchet, capitaine mobile. 4e bataillon ain, clichy, paris. allons bien toujours montreux, envoyé dépêches, lettre par semaine, ville tranquille. — Berthe. | Dubail, rue château-d'eau, 34. pas nouvelles depuis 3 novembre, donnes-en. — Gohier. | Vauconsant, aumaire, 3. lettre quatre, suis argent, envoie portrait maintenant, cartes réponses, nouvelles santé, numéro bataillon, vais bien, embrasse — Marie. |

Rochefort, 10 déc. — Dorré, commandant artilleurs volontaires, 6e secteur. femme. fille bien, ont écrit partout, les retiens ici. amitiés darricau, petit — Allard. |

Pau, 8 déc. — Hamel, légion-d'honneur, paris. envoyez nouvelle mon frère mère! rue porte-neuve, 6, pau. — Ballans. |

Pau, 9 déc. — Fontaine, banque, 1. alice n'est plus 2 octobre, écrit 6 fois, esther, nous bien. — Fontaine. | Mme Darras, 123, rue l'université, paris. aller chez madame maurice pour argent, répondez-moi par ballon. — Virginie. | Gouve, 1, pierre-lescot. reçu lettre 5 et 6, et une boissel, faites nécessaire dans tristes circonstances, disposez 4 chambres. — Seydoux. | Nélaton. avenue antin. recevons votre bonne lettre et celles d'arthur, tous bien, affectueux souvenirs à tous. — Gustave. | Cardozo, 9, rue de luxembourg, paris. familles lévy vian. roscoff georges, percheron, cardozo, idney, léon bonne santé. — Louise. | Henry Courtois, 26, rue bergère. écrire ballon, pau, tous les jours, amitiés à tous — veuve Courtois. | Rouget, 7, rue louis-le-grand, paris. pau, trouville, mans, laval, tous parfaites santés, enfants aussi, pas enceinte, père à niort. — Rouget. | Salas, régisseur, las-cazes, 12. congé pour 1er juillet prochain. — Martel. | Lethière, notre-dame-de-lorette, 58. pau, portons bien. — Clémence. | M. Arevet, 58, paradis-poissonnière. merci souvenir, voudrais nouvelles de maison, rosine écrire. — Carithon. | Bellet, quai béthune, 18. bonne santé, confiance, courage. — Bellet. |

Touttain, 10, rue poissonnière. si n'avez déjà reçu 10 louis allez les chercher chez crémieux, 58, châteaudun. — Adolphe. | Crémieux, 58, cardinal-fesch. disposez argent pour vos besoins, hortense, eugène, marguerite bien, faites commission, télégraphiée par adolphe, écrivez longuement. — Portoriche. | Beleys, 81, taitbout. reçu enfin lettre de toi 4 décembre, écris-moi plus souvent, fêtons anniversaire maurice, tous bien. — Prosper. | Colmet, 1, rue beaujon. pau, toutes six allons bien, sous-lieutenant vendôme le 3 allait bien, receveur à mortagne. — Denise. | Halphen, taitbout, 81. reçu lettres, 1er, 5, heureux de vos nouvelles, écrivons souvent, continuerons, allons bien. envoyez bulletin franchette. — Half. | Sommier, 22, rue arcade. mère bien avec amis poitiers, moi, enfants bien pau, écris poste restante. — Leroux. | Lemaire, 126, saint-lazare, paris. reçu lettre 4, bien heureuse, allons bien, espérons voir bientôt. — Ferlat. | M. Tugghe, rue londres, 7, paris. tous bien. — Tugghe, pau. | Rousselin, 194, boulevard péreire. paris-fernes. maman crise mauvaise, incertitude. — Jouanin. | Cary, grand chantier, 7. 3e dépêche, merci, monchy réclame nouvelles. — Beuzelin. | Grainville, 21, rue hauteville, paris. lettre 25 pas reçu, maintenant 4, rue préfecture, allons tous bien, deschamps ici. — Grainville. | Brière Valigny, 8, rue université, paris. tous bien portants, départs pigeons cesseront demain. réception deux lettres 9, miennes perdues. — Delalande. | Fazy, ambulance chaptal. vos enfants tous bien à foecy. — Biaudet. | Boissel, notaire, saint-lazare, 92. reçu triste missive, 6, bien reconnaissant, compte sur vous, écrit baronne renault. — Seydoux. | Bergereot, 4, rue de chartres, chapelle. réponse, santé à pau, rue du lycée, 9, (basses-pyrénées). — Bergereot. |

Pau, 10 déc. — Buffet, hôtel-de-ville, paris. marie accouchée. garçon, tous parfaite santé. signifier hortus, avant janvier, résiliation bail. — Buffet. | Rungs, capitaine, 139, fort d'issy. pas lettre, inquiète. écris, santé bonne. — Destouches. | Gagnet, boulevard hausmann 56. merci cordial, bien ce que avez fait et ferez. amitiés pour tous, nous bien portants. — Deschamps. | Dernis, 72, rue hauteville. familles à pau : dernis, taveau, defrance. rouget, plisson, boutté, bien portantes, enfants aussi. — M. Dernis. | Poussielgue, cassette, 15. tous bonne santé, recevons lettres, même 30 novembre, demeurons, rue d'orléans, 16. — Levillain. | M. Rodriguez, 6, chaussée-d'antin. pau, rue bernadotte, 20. mon appartement sous protection consul espagne, suis étrangère, gaston bien. — Mme Gomez. | Levallois, 8, rue aboukir. reçu lettre marie 16 novembre. sommes pau, élise aussi ; on reçoit beaucoup lettres paris, écrivez. — Cailleux. | Delafoy, 15, jacob. cor sait où sont mes chevaux. veux-tu me remplacer si réquisition est faite. — César Jolly. | Meslier, rue sentier. poulain, roy, meslier bien. pau, hôtel france. — Meslier. | Renouard, rue suresne, 7. colonie santés bonnes, philippe très-sage, bon courage. — Eugénie. |

Aurillac, 13 déc. — Fraissinet. 27, lappe, paris. recevons lettres felgeadou, santé bonne, marge : confitures cousin. — Fraissinet. | abbé Bayle, archevêché, paris. allons bien, reçu dix lettres. — Bayle. |

Auxerre, 10 déc. — Lecœur, 8, boulevard contrescarpe. paris. nous allons bien, tranquillisez-vous. — Lecœur. |

Brignolles, 8 déc. — Baillon, 20, neuve des petits champs. virginie morte ce soir deux heures. — Carbonel. |

Antibes, 9 déc. — Schuster, 5, place fontenoy. oncle mort. ernest bien portant naubourg saxe, edmond blessé menton. congé antibes décoré, gustave valenciennes. — Edmond. |

Nice, 9 déc. — Lombard, 65, rue du bac, paris. amenes vont très-bien, nous communiquons vos lettres. courage chers amis, situation meilleure. — Guibert. | Jones, 13, place madeleine. reçu lettre. enchanté que femme et fille sont bien, prenez courage, france pas encore perdue. — Jones. | Laurencin, 238, faubourg honoré. reçu lettres, écris douze. tous bien, mais très-chagrinés, nice. — Elisa. | Poirier, 1, rue drouot, paris. arrivés bonne santé, caillieux également. — Poirier. | Renouard, 160, boulevard montparnasse, paris. enfants, moi, bien, henri francfort bien, avigdor payé merci, tendresses à tous. — Hitschler. | Salle, 9, rue thénard. papa, marie, alphonsine pau mieux, émilie, azélie bien, santé meilleure, fort tranquille, dieu vous protégera. — Alexandrine. | Albert Millaud, 51, rue st georges. reçu argent avigdor, suis bonne santé. — Valtesse. | Richard Fossey, 12, rue des acacias, montmartre. t'envoie tout mon cœur, suis bonne santé, bonne situation. — Valtesse. | Dugit, 4, rue delaborde. 4e dépêche, tous ici, santé bonne, refusons affaires, reçu lettres jouannin, voudrions nouvelles, maurice massignac. — Dauprat. | Puche, 12, helder, paris. caraud pas vu, santés bonnes. — Sauvalle | Lambert, 15, rue du centre, paris. arriver villa lyon félix, marie à vienne. embrasse tous, amitiés, woloski frère ici. — Kisseletz. |

Quimper, 12 déc. — Eugène, 13, ferme-des-mathurins. duplicata, si argent nécessaire pour impôts ou maison, demandez 500 francs à m. Parguez. — Doissel. | Corbière, 78, st-louis-en-l'île. tous bien, vois cauvel. reçu ta lettre. — Lorec. |

Brives, 10 déc. — Dupuy, 8, paix. santé bonne, inquiet, réponse saule huissier. — Dussel. | Vaidis, 24, soffroy, batignolles. santé bonne, inquiets, écrivez. — Vaidis. |

Fougères, 10 déc. — Bastard, 66, rue vaugirard. merci, marquez tombe. donnez renseignements possibles. — Lecousselle. |

Redon, 11 déc. — Esmein, 36, taitbout, reçois lettre, demande de ma part argent à croqueville, sommes bien, informe-toi lesage, pas nouvelles. — Lebret. |

Montfort-sur-mer, 10 déc. — A. Juguet, sergent-major, 3e compagnie, 2e bataillon ille-et-vilaine, paris. reçu nouvelles dandigné bien toutes deux, quand possible écris. — Juguet. |

Rennes, 11 déc. — Gontenoire, 189, faubourg st-martin. nous portons bien, bien logés à rennes, avons argent, pas de prussiens. — Zélie. | Tignol, 85, lecourbe. portons bien, prends vivres maison. — Wislin, grand-hôtel, rennes. | Sauvage, 11, chaussée muette, passy paris. 6e dépêche, bien portantes dieppe, aussi le 26, paris admirable, amitiés. — Louise. | Richer, 58, neuve des mathurins. bien portants. — M. Richer. | m. Fourchault, 12, bleue. rennes 5 nemours, tous bonne santé. papa plessis, constance grandchamps, embrassons. — Pauline. | Denoué, 5, rue regard. armand, élisabeth dusseldorf bien, ludovic lieutenant-colonel, loire bien, lettres arrivent, tranquilles. | Léveillé, secrétaire télégraphe. donnez préfet nouvelles m. duplessis, mobile, 4e bataillon 1re compagnie, qui prit part 2 déc. pressé | Léveillé, télégraphes. dire martin-feuillée femme, enfant bien, mère désolée. — veuve Martin-feuillée. | Charbonniez, télégraphes. louise garçon, bien, écrivez, transmettrai. — Eon. |

Moll, 9, rue neuve-pelouse, barrière étoile. tous bien. — Langlois. | Lagé, 9, impasse bonni. porte bien, seul, veut pas argent, rennes, poste restante, reçois lettres. — Lagé. | Audrouin, lieutenant mobile, ambulance st-maure. embrasse tendrement, remercie m. aucher, adolphe blessé, guéri, prisonnier saxe, souhaite convalescence lente — Androuin. | Bachet, 17, rue laroquette, paris. famille va bien château. Blaize. | Blanchard, banque france, paris. rennes bonne santé. borel pas répondu. — A. Blanchard. | Vernière, 55, boulevard st-michel. vulpian, vernière, georges santés parfaites, installés chaudement, georges travaille. avons courage, recevons lettres. — Vernière. | Pellechet, 30, blanche. tous bien, rennes turin donne à-compte service à Morisset, avons manteaux chauds. — Pellechet. |

Fougères, 18 déc. — Almin, 24, vieille-temple. famille bien, recevons lettres, continue, courage, arriverons, provisions, attends. — Almin |

Ancenis, 18 déc. — Boulanger, 5, passage lepic. si mal logé changer, enverrai argent. — Boulanger. —

Nantes, 18 déc. — Nettre, 61, rue aboukir. partons 20 pour pau. lettres poste restante. | Isidori. | Leroy, 53, vivienne. santés excellentes. — Léonie. | Lafisse, 23, rue rome. tous bien, dernier ballon 5 déc. trouvons temps bien long, souvenirs à tous — Lafisse. | docteur Saingermain, 20. pépinière. tes parents, nous bien. — Louise. |

Lyon, 18 déc. — Robert, 17, palikao. me porte bien. réponse cours perrache, 27. — Robert. | Bollack, 15, cléry. portons bien, inquiet de vous. écrivez promptement. détails appartement charles, report espagnol alexandre, lyon tranquille. — Waël David. | Roguon, 8, rue de provence. agnès, enfants, nous tous très bien. — Monneret. | Vincent, 3, rue bertin-poirée, paris. allons tous bien. — Grillières. |

Laval, 13 déc. — Gastambide, 27, saint-lazare. eugène, adrienne vont bien. reçoivent lettres ballons. — De Mély. | Dary, 2, des halles, paris. bonne santé, écrivez laval poste restante, vous embrasse tous, serons heureux après réunion prochaine. — Dary. |

Quimper, 11 déc. — Dehaut, 147, faubourg saint-denis. oui, oui, oui, oui. — Debaut. |

Nevers, 12 déc. — Ruiz, 82, boulevard haussmann. 12, tous bien portants, nièvre menacée évacuée hier, olivier attaché général billot, 18e corps. — Gustave. | Demons, rue saint-sulpice. allons tous bien, attendons impatiemment issue. — Bonveault |

Laval, 10 déc. — Lefebvre, 12, poitiers. reçu lettres du 6, trouville, louviers, touraine, laval excellentes santés. — Marthe. | Dary, 2. des halles, paris. bonne santé, prenez courage, embrasse tous, écris poste restante laval. — Dary. |

Charleville, 6 déc. — Guignebert, 100, faubourg du temple. prière donner nouvelles par ballon à cécile, de aubry, commandant 59e, armée vinoy. — Esther Longuet. |

---

66. Pour copie conforme :

L'inspecteur,

Bordeaux. — 30 décembre 1870.

Bordeaux, 13 déc. — Albert Lefebvre, 91, st-lazare. santés parfaites, excellent accueil, vingt lettres, envoyé 34 dépêches, bien installés, jardin, courage bientôt, amitiés. — Lefebvre | Roussel, agent de change. confirme première dépêche. référence messageries, blount, générale. — Poirson. | Roussel, agent change. acheter trois cent mille rente française dernier emprunt, deux cent forges méditerranée, réponse 2, mably. — Poirson. | Charlot, 11, rue mayet. bien portants, tous au virou. — Charlot. | Dufils, 136, lafayette. bien portants, bordeaux chez dufils, inquiets sur confits. — Dufils | Cahouet, agent de change. acheter fin courant messageries maritimes orléans, nord, lyon, midi, deux cents chaque compagnie, pau, bureau restant — Poirson. | M. Starnor, état-major école militaire. reçu votre lettre, ma mère trouville, ana suisse, nous trois cazeau, toutes bien. — Fresquienne. | Cahouet, agent change. confirme première dépêche. référence messageries, blocunt-roussel, halphen, rebouleau aura courtage.— Poirson. | Champy, 8, rue milan, Paris. sommes très-inquiets de vous lemoine et moi, donnez de vos nouvelles. — Bucquet. |

Saintclair, 48, boulevard malesherbes. suez août, septembre, octobre près de quinze cents mille francs, allons bien, nous écrire bordeaux. — Saintclair. | Baillot, 37, rue trévise, Granville, troisième dépêche. tous bien, lettres, portraits reçus. — F. Baillot. | Grasset, 42, turenne. bonne santé. — Grasset. | Carayon, 11, rue royale. henri ordonnance du général despreuilles, 17e corps, famille bien, restons en touraine, joseph beaune. — Geoffroy. | Chertier, 7, férou. rousselle bien. clémence angers bien, préviens beylard seul victor mort ici typhus. — Chertier. | Delsalle, 12, saint-dominique-st-germain. merci, faire comme pour vous, à bientôt j'espère, réponse. — Balès. | Adam, 3, rue battoir marcel, paris. reçu trois lettres, répondu deux fois, tous bien portants, auguste tranquille, bon courage. — Boullet. | Vial, 27, dunkerque. sans lettres de toi depuis octobre, henri grandi. tous bien. — Vial. |

Madame Laillier, 14, chapeyron, paris. reçu lettres, bien portants, papa divourne, nous landser, angéline travaille, prisonniers fritz dresde. — Ruell Wittenbeim. | Drouin, 21, croix-bretonnerie. santé bonne, reçois tes lettres, enfants dirigés selon ton désir, écrit à nancy, carlhian, guicha det, bordeaux. — Drouin. | Delas, ministère finances, santé parfaite, église saint-seurin, 49, bordeaux. — Delas. | Delisle, 16, auteuil, paris. construction marche, maurot surveille. — Johanneton. | Durouchoux, 94. allons tous bien. pas rhume, mathilde rétablie, paul antilles, bonnes nouvelles, pierre, 17 octobre. — Durouchoux. | Berger, 63, rue rome. tous bien soignez-vous, mille tendres baisers temps bien long, papa arrivé verra votre père. — Isabelle. | Parfait, 2 bis, vivienne. tous réunis bien portants, déjà expédiés deux pigeons, maintenant cours, jardin public, 14 bis. — Lévy. | Castelas, 26, rue delambre. pas nouvelles enfants depuis trois mois. — Reddon. |

Poutremoli, 43, boulevard strasbourg, paris. tous parfaitement, enfants étudient, fonds disponibles, pension occupée dames, télégraphie souvent. — Pontremoli. | Sophie Séguin, 29, taitbout, paris. santé excellente, lily on ne peut mieux, affaires bonnes, avons reçu vos lettres.— Nathalie. | Gardes, compagnie vinicole, 93, avenue champs-élysées. fournissez à maman argent, vin, huile. — Mireau. | Lévy, 4, jouy. allons bien, tante, oncle aussi à gênes, répondez, 92, palais gallien, bordeaux, — Charles. | Stableau, 11, rue fidélité. avons lettre octobre, bien portants. — Stableau. | Auduvin, 12, vendamme. portons bien, reçu lettres. — veuve Rapert. | Guignet, 86, boulevard haussmann, paris. tous bien, lettres reçues, écrivez-nous, embrassons. — Gérard. | Michel Heine, 22, rue bergère, paris. tous bien, lettres reçues, embrassons. — Emilie. |

D'Auribeau, 69, rue de l'université, paris. léon tours sous-lieutenant, médaille militaire, bien portant, paul aussi. — Gérard. | Plisson, 36, arcade, paris. moi, henri, léon, petite marie, germain millois. enfants desmazières, davrillé, sauvage, ernest parfaites santés. — Plisson, | Rouget, 7, rue louis-le-grand, paris. louis, moi, defrance, enfants taveau, enfants, rouget à niort, parfaites santés, m'étais trompée. — Rouget. | Gonthier, 364, rue saint-honoré, paris. champeaux, baisers, louis moselle, guy marche, tendre pensée, gustave, cinquième dépêche poitiers. — Louise. | Harlé, 85, haxo. marraine vigneaux, georges altona, visite connaissance, écris chaque jour, raconte journées et camarades, vu pistor cézanne. — Harlé. | Hardon, 56, avenue impératrice. jersey, nous allons bien, enfants travaillent, courquetaine, adolphe respectés, recevons vos lettres, marest bien. — Hardon. | Person, 3, chauchat. tous bien, moore ici, deux millions demi ventes, winthrop bien. remises bien baring onze mille livres.— Klein. | Holmes, 122, rue lafayette, paris. à bordeaux poste restante. — Wapler. |

Alphonse Aubry, 33, rue jeûneurs. mes tantes. paul, émile, moi parfaite santé, 61, rue judaïque, édouard loire. — Marie. | Desmousseaux, 77, lille. allons parfaitement, laval idem, 12 déc. — Demoras. | Foy, 18, rue bayard. tous très-bien, avons souvent envoyé, nouvelles fernand sont toujours bonnes, jeanne beaumont, chérigny bien. — Marie. | Allain, 10, rue dieu. sommes tous à dourdan bien portants et tranquilles, sept décembre. — Allain. | Hamel, 29, tournon. tous santé bonne, quitté hôtel, installés chez nous, marcillac nouvelles satisfaisantes, pierre près lyon. — Clotilde. | Lebrun, 33, boulevard voltaire. famille pessot et defert bien à narbonne, nous aussi, donnez détails mort cécile vite. — — Jacques. | Brigot, 40, paradis-poissonnière. arrivé, vu famille, part belgique et angleterre, verrai kern. — Emile. | Madame Spillmann, 1, place école. vais bien, écris à amélie. — Spillmann. | Loysel, 15, rue des moulins. santés bonnes, rien de lisieux, écrivez-moi hôtel de paris, à bordeaux, vous embrassons cordialement. — Senard. |

Liouville, ministère des finances. moi nombreuses dépêches, vous toujours silence. écrivez-moi hôtel de paris à bordeaux, amitiés. — Senart. | Valadon, 52, colisée. portons bien, père et louis avec nous à sarlat, écris, reçu lettres. ta mère. — de Guiry. | Desmazures, 11, saint-lazare. vais bien, reçu onze lettres, gustave bien, famille adhémar menacée, préservée raoul, julien blessés, rentrés.— Desmazures, bordeaux. | Garat, 5, rue hazard, en jaccat, porte bien. — V. Garat. | Madame Ramont, 8, rue castiglione à bordeaux, porte bien. — Ramont. | Garros, 2, rue bleue. bretagne, tours, impossible, sommes tous bordeaux, bien. nous chez tante, dames auprès, courage.— Garros. | Jouve, 11, boulevard temple. cinquième dépêche que nous vous envoyons, enfants parlent toujours de vous, bonne santé, cannes. — Jouve. | Devès, 4, bouloi. mesdames devès, favier, brassac, dorothée et enfants à saint-médard depuis 1er octobre, santé bonne. — Pauline Devès. |

Loccutelli, au 10e mobile, côte-d'or. tous bonne santé, point nouvelles de toi, depuis 17 octobre. — Loccutelli. | Mailleres, 13, rue abatucci, paris. clémence, amélie, gaston, ernest, léopold à aix-chapelle, bien portants. tous à bordeaux bien. — Casteja. | Lille, 180, rivoli. reçu lettres 6 décembre, santés bonnes, comptez à ponton secours nésessaires, trois enfants sauvat. — Lebeaud. | Lille, 180, rivoli. comptez cluzeau père, 15, bertin-poirée, jusque cinq cents francs, si possible. — Lebeaux. | Comte, 31, neuve-st-augustin. soigne rhume, portons bien, papa bordeaux, tous aiment toi, embrassons les quatre, claudine bordeaux, avertir lucas. — Herminie. | Madame Chasse, 33, hauteville. bien portants bruxelles, écris poste restante. prévenus huch et femme, bien Jersey, famille desprex bien ici. — Chasse. | Huchet, 17, echiquier. femme jersey, dis henri, enfants, paul, camille, caen, esther, laperche. chasse, nous bruxelles bien, reçois lettres. — Auguste. | Desprez, 6, place bourse. enfants, paul, camille caen, esther laperche, nous bruxelles, madame huchet jersey, tous bien, merci lettres.— Auguste. | Schnapper, 34, saint-lazare, paris. espère recevrez enfin quatrième dépêche, pigeons perdus, recevons lettres attendues impatiemment, allons bien. — Hollande. | Adrienne Picard, 27, fontaine-st-georges, paris. lettres reçues, santés estelle, emma, philippine, bonnes. — Haas. |

Dechambaraut, 21, rue bassano. enfants tous parfaite santé, pays calme. baptiste, catherine renvoyés méfiez-vous, henri huit dents. — Dechambaraut. | Legrand, 61, faubourg-poissonnière. partirons pour san sébastian quand Poitiers occupé, allons bien, embrassons. — Legrand. | Madame Leduc, 14, rue buci, paris. envoyez-nous de vos nouvelles par ballon? nous en pressons. — Réaud. | Gortazar, 35, vivienne. todas cartas recibidas todos buenos. — Gortazar. | Lambert, 27, larochefoucault. portons bien, lettres reçues, écris à champel, maison aubert, genève, avons les deux numéros, pour lambert. — Michel. | David, 18, le peletier. portons bien, ponction faite commencement novembre, réussie, reçu rio vingt-cinq mille livres or. pour david — Michel.—Meynier, 15, rue londres, très-bien portants aux sables, aix-la-chapelle. — Louise Meynier. | Francfort, 1, hauteville. édouard arrive havane. tous sommes bien, la famille metz également. — Gustave. |

Sublet, 21, rue bourtibourg, meilleure année, santé, attendons, réunion, bien portantes, bordeaux, 98, rue trésorerie, embrassons tendrement. — Sublet. | Guérin, 43, rue trévise. meilleure santé, réunion, bien portantes, bordeaux, 93, rue trésorerie, embrassons et famille. — Sublet | Latour, 51, notre-dame-lorette. dites à valdrôme que sa famille est à royan chez M. de belligny, bien portante. — Raymond. | Boullay, 30, quai louvre. suis à saint-sorlin, allon tous bien. — Boulay. | Guérard, 23, penthièvre. santés excellentes, richard jacquelin hambourg, oui toujours. — Marguerite. | Duparc, 3, martel. parents envahis, nous non, tous bien portants. — Marcille. | Bonnet, 27, blanche. abbeville, tingry libres, tous bien portants, — Marcille. | Raussel, 89, faubourg saint-antoine. santé bonne, perds pas courage, bébé superbe, sublet ici. — Roussel. | Charles Saint, pont-neuf. paris. recevons tes lettres, portons tous bien. — Saint. | Beautour, 31, bourdonnais. pleudihen, baluy, riquier, sophie bonne santé. — Ravaut.

Wolodkowicz, 33, boulevard malesherbes. camille, marie, toute famille bien, aspasie écrit jamais, donnez nouvelles. — Lucien. | Herbut, 12, du sommerard, quatre oui, provisions tante. — Herbert. | Madame Henry, 31, argenteuil. sommes bordeaux, supplie prêter argent et voir four-st-germain, 62. femme justin, écris-moi bordeaux. — Henry. | Dubuisson, 40, rambuteau, cartes insuffisantes, thérèse convalescente, lettres immédiatement.— Juibert. | Madame Demortain, hôtel-invalides, paris. lettres reçues, tout bien, bureau restant bordeaux. — Demortain. | Madame Lebointe, 27, chaptal. inquiète, troisième dépêche pigeon, lettres ballon, aucune réponse, alfred abcès œil, opération douloureuse, mieux, tendresses. — Chodrar. | Delabérandière, 64, haussmann. fais-moi mettre en congé dans cercles, suis replacé sous-lieutenant, 5e hussards, gaston blessé, melchior bien. — Louis. | Nabères, 1, malesherbes, paris. reçu vos troi lettres, tous bien. — Nabères. |

Moisson, 22, caumartin. weber moisson parfaitement, cognac très-calme, bien préoccupée d'édouard, bonnes nouvelles billing, le bert. — Adèle. | Chaumeau, 31, rue justice. me porte bien, écrire ballon bordeaux, dragons.— Chaumeau. | Duc Reggio, 44, bourgogne. bonnes nouvelles des vôtres et boisgelin. — Lucciardi. | Léon Thomas, 83, quai javel, henri grellon, thomas, soudée, marguerite, tous bien portants, 134, cours-des-fossés. — Thomas. | Royer, 44, fontaine-st-georges. bibliothèque de chambre, 2e tablette, coin à droite, trouverez le nécessaire, réponse. — Mipoten. | Joubert, 23, balzac, paris. allons parfaitement, lettres reçues, jeanne accouchée. — jeannine. | Mollard-Flosran, 23, rue boulogne. sinx, bonne santé tous. — Aline. | Bourgoin, 10, chauzel, réunis cambes, bien, mathey. — Pichard. | M. Mosselman, 4, rue marignan, paris. a. pont. sorrez ici tous bien, écrivez par ballon, parlez de cazet. — Jeanne. | Perry, 123, saint-lazare, paris. santé de tous parfaite, très-tristes, Groussay sauf, pauline morte, avons écris souvent, écrirai léon. — Julie. | Lemercier, 90, rue d'assas, toucher mon solde, wimy environ trois mille. — Gabriel. |

Lemercier, 91, rue rennes, mère, tante noémi arcachon, tante charles vire, grand-père étampes tous bien. — Gabriel. | Laporte, chef pièce, fort rosny. donne-nous de tes nouvelles. — Laporte, Cestas. | Poncet, 22, rue béranger. hier répondu carte, première question, oui, deuxième oui, troisième non, quatrième oui. — Dolhassarry. | Caille, 103, boulevard malesherbes, votre famille, fils parfaitement, avons perdu jeanne, berthe croup, prévenez. — Petit. | Directeur général contributions directes. madame grimprel enfants bien portants. — Bourdeau. | Chauvelot, 60, haussmann. royan bonne santé. — Marie. | Tariel, 5, bleue. bien à bordeaux. — Babinet. | Touchois, 94, lafayette. verrières, tous aieu, reçu lettres. — Babinet. | Auffray, 94. université. tous, henri, bien, mandat parvenu, retirer conservatoire. — Babinet. | Lemaire, 3, Castiglione. seriziat bien, en france. — Babinet. | Chatoney, 115, boulevard haussmann. jules tué thionville octobre. prévenez jameson, mère, femme robert bien. — Portal. |

Condé. — Delacour, 13, ponthieu, paris. solitude, lettres reçues. — Hedwige. |

Dunkerque. — Robin, faubourg denis, 137. tous allons bien, et vous. — Robin. |

Valenciennes. — Leconte, 15, dargout, paris. famille charles gaudin et nous allons bien. — Leconte. |

Lille, 4 déc. — M. Ste-Marie, rue gay-lussac, 10, paris. tous bien à lille, rue de bourgogne, 12. — Ste-Marie. |

La Roche-sur-Yon, 10 déc. — Pichard du Page, lieutenant, 35e régiment mobile vendée, 1er bataillon, 4e compagnie, paris. inquiétude, lettre reçue, joie, bonne santé. — Pichard. |

Cognac. — Morin, hôtel bade, boulev. italiens, envoyez par prochain ballon monté ou pigeon des nouvelles de o car planat. — Veuve Planat. | Dorian, ministère travaux publics. personnelle, dites à germain. santés excellentes, maman souffrante. reçu lettres 5. amitiés, remerciments pour vous. — Robin. |

Béziers, 9 déc. — Lautier, 21, rue jussieu, paris. tous bien portants, besoin pipes. causses 20, aramons 10. daniel béziers. prêté 300 kirche. — Lautier. |

Agen, 9 déc. — Margorie, sèvres, 23. installe au 73. amis malades, concierge clef. — Gustave. |

Montpellier, 8 déc. — Desplaces, 35, truffaut, batignolles. depuis 15 octobre montpellier, 6, rue grenadier. demande réponse. — De Perrin. | Tollin, 17, drouot. sommes montpellier chez jean bien portants. désireux te revoir. — Aline | Fournier, 56, rochechouart. sommes montpellier chez jean bien portants. entretenez adolphe. — Aline. | Françoise Duphôt, 9, nevet. me porte bien. écrivez ballon. — Georges Fabre. | monsieur chauchat, rue basse-du-rempart. veille. rue sèze. écris, salut. — Albert. | Deserres, capitaine mobile hérault, aubervilliers. allons bien, paul bourgogne. reçu 40 lettres. irai rejoindre dès possible. prière, confiance. — Pauline Desserres. | Parlier, 56, rue londres, paris. marie, enfants bien portants soulages. calme parfait montpellier. — Pieyre. | Delpon, rue de seine, 51, paris. nous allons tous bien. — Piot-Delpon. | Amet, commandant fort montrouge. famille entière va bien. — Gustave. |

Alger, 6 déc. — Hebert, 71, boulevard st-michel, paris. reçu 9 lettres, partout bien malade. habite campagne, avons toutes nouvelles paris. bon espoir. — Chatel. | Dutailler, provarès, 3. georges prisonnier humburg va bien, envoyons argent. notre santé bonne. — Nouricau. |

Bordeaux, 6 déc. — Potit, cardinet, 132. lettres reçues, bien. écrivez cours gourgues, 4. courage. — Antonia. | Lamoutagne, 5, thérèse. bien portants. très-inquiets albert. écrire souvent, écris benoît. ouvrir commode, prendre clefs, provisions armoires, malle. — Grellou. | Thulié, 25, boulevard beauséjour, paris. nous sommes bien portantes toutes trois à langon. nouvelles reçues exactement. — Thulié. | Ban-

Bordeaux. — 30 décembre 1870.

que de france. envoi à bordeaux un certificat du dépôt de trente-quatre obligations est du 1er juin dernier. — Depennart. | Henry, 35, faubourg st-honoré. jacques recommande commission modeste pour réserves polack trois bottes disponibles. pressons camondo avec concours stewart. — Emile. | Nicolet, 4, montmartre. écris-moi bordeaux, ducau, 30. — Sébastienne. | Thierry, 180, rue lafayette. demeurons bordeaux delol. donnez nouvelles, embrassements. — Gissey. | Berancourt, 64, rue malte. marguerite, jean, juliette. enfants très-bien. reçu lettres, attends tes nouvelles. — Berancourt. | Couturier, 44, avenue grande-armée. seconde dépêche, reçu lettres, bien portants. — Henry. | Raby, rue charenton, 211. reçu vos lettres, allons tous bien. — Chiché. | Noirot, rue rossini, 20. reçu tes lettres, tous bien portants. émilie décédée 28 septembre. impatients de vous voir. — Noirot. | Servian, pour louton, 55, paradis-poissonnière. lettre à julie reçue. tous très-bien. dernière lettre jules 26. — Rubichon. | Walker, turbigo, 3. bien portants tous. écris aujourd'hui par londres. labarre, claude correspondons. santés bonnes. — Walker. | Baumann, 8, rue d'enghien. reçu lettre 2 décembre. tous bien. — Léon. | Champgobert, 11, regard. placé. civil. santé. — Champgobert. | Guillon, 68, quai rapée. portons bien, parents aussi. froid, neige. alexandre externe. t'embrassons. — Clémentine. | Laporte, 34, rue montholon. tous bien, aubus onnais aussi. demoulin, ledet réformés. léon dernier ban trente-cinq à quarante. confiance. — Labeille. | Boeq, 29, bellechasse. réquier m'a fait nommer première classe. nous allons bien avisez bernard. amitiés desormeaux. — Coulombeix. | Jolly, avenue wagram, 23. recevons lettres, embrassons, portons bien. — Jolly. | Louis, 22, rue la chaise. tous bien. lettre edmond du 20 novembre bonne santé abri du danger, confiance. — Labeille. | Hément, rue rochechouart, 55. troisième dépêche. tous bonne santé reçu, échangé tes lettres. édouard lieutenant dusseldorf. renvoie carte. — Leblaye. |

Nicolau, 4, rue neuve-st-augustin. lettres reçues. tous bien ici et à varsovie. — Nicolau. | Malahar, 16, boulevard montmartre. toujours bien. — Malahar. | Châle, 7, médicis. lettres reçues, tous bien portants. — Prieur. | Prévost, 39 boulevard bonne-nouvelle. continuation tous bien. achetez para chez delvaille. mélangez habitude. reçu aujourd'hui quatre dépêches. — Prevost. | Bié, 44, cardinal-fesch. réclamez deux dépêches, envoyez-nous cartes poste. santés excellentes. — Bocaudé. | Harleux, pastourel, 22. lettres reçues. santés bonnes. carte renvoyée, bien logées. chevisy brûlé, cappy envahi. connaissances. — Marc. | Thierry, 1 bis, cité bergère. réformé yeux. reçois lettres. courage, amitiés. — Georges. | Grasset, vivienne, 42. bonne santé. — Grasset. | Bain, 29, rue maubeuge, paris. bonne santé, compliments. signifier résiliation bail appartement saint-georges pour 1er juillet. réponse ballon. — Picard. | Deville, lyon, 39. madame deville bonne santé, albert aussi. besoin rien. — Marc. |

Halphen, 9, taitbout, paris. reçu avec bonheur ta lettre du 30. continue écrire. bonnes espérances. santés toujours parfaites. — Bertha. | Dulong rue lallier, 8. camille, andré à honfleur, auguste, laure francfort. reçu lettres, écrivez souvent. albert prisonnier. tous bien. — Deyme. | Elloy, 85 sèvres. marie taussat, verneuil tous bien. gaillard cologne, dites-le. — Elloy. | Alphandery, 17, rue maubeuge. blanche, enfants, famille, armand bien. — Rodrigues. | Horivitge, 22, rue clauzel. nous portons bien. parfaitement installées. souvent nouvelles de vous, répondons journellement, beaucoup connaissances ici. — Fanny. | Edouard Crémieux, 15, place vendôme. écrit par pigeons, ballons, employé tous moyens. rien recevoir toi. portons tous bien. — Caroline. | Flaneau, 11, guy-de-la-brosse. tous bien. paul prisonnier. famille hiver bien. courage. — Ernest. | Madame de Boisseuil, cherche-midi, 4 bis. louis prisonnier magdebourg, henri bien. — Doleyre. | Prince Clermont-Tonnerre, 9, avenue villars. votre mère, évian glisolles, ancy bien. roger nantes, charles armée loire. amitiés — Saluces. | Comte Vogüé, rue bourgogne. reçu lettres. sans nouvelles de mes fils depuis dernières affaires. peseau chastellux bien. tendresses. — Saluces. |

Arcachon, 6 déc. — Gadasa, rue banque, 15. tous bonnes santés. pluie, neige, temps glacial. pau trop loin claire. variole partout. — Veyrac. | Brunet, 8, sébastopol. vends comptant magasin beaudoin. trois rangs droite, un bordeaux, deux mâcon, cent dix dehors, sauf mieux. — Brunet. |

Hyères, 5 déc. — Alexis Godillot. tous bonne santé, lettres parviennent. — Godillot. | Trogoff, 76, haussmann. affection constante, courage. — Michel. |

Dives, 30 nov. — Gauthey, 43, grenéta. sommes beuzeval avec mayor. marie, cécile, emma angleterre. reçu votre lettre, écrivez. — Gaudard. | Hagen, rue gay-lussac, 9. sommes bien portants beuzeval. reçu ton argent. | Hagen. |

Dunkerque. — Evrard, drouot, 21. sommes à ostende bien portants, écrivez rue chapelle, 72. — Henri. | Blazy, turbigo, 15. partons ostende rue christine, 64, bourgerons. plus santés parfaites. — Blazy. | Worms, 3, anjou-st-honoré. nous et famille allons parfaitement, famille colin aussi. — Céline. |

Trouville, 12 déc. — Louvencourt, rue ponthieu, 13. horriblement inquiète de vous. écrivez souvent, je ne tiens à vivre que pour vous revoir. — Marie. | Paris, 15, boulevard montmartre. portons tous bien. saint arnoult le 23 bonne santé. gaston pas nouvelles. avons argent. tendresses. — Marie. | Baschet, 7, boulevard saint-michel. journot, nous, bonne santé. si pas danger trouville restons. — Baschet. | Frémeaux, 10 rue monceau. porte chez guérin, 3, rue jean-robert, la chapelle. pressé cent francs reçus. bonne santé. — Frémeaux. | Lallemant, 42, rue jeûneurs. portons tous bien, recevons lettres 6 décembre. embrassons tous. — Lallemant. | Senn, 25, verneuil. surveiller appartement malesherbes, écrire ce qui s'y passe. toujours à villerville. — Lançon. | Dalligny, 5, rue albe. santés parfaites. trouville tranquille. restons, amis aussi. — Vully. | De Rothschild, laffitte. confirme lettre 20 septembre donnant congé appartement magenta. 137. terme avril prochain. — Charles Bernard. | Davillier, place vendôme, 20. allons tous bien — Paul. | Yver, cardinal-fesch, 10. bien, embrassons tous deux. — Yver. |

Menton, 14 déc. — Larnac, 9, université. recevez toute notre sympathie pour votre perte. sommes à menton pour hiver. — Eldridge. | Fould, 24, saint-marc. parfaitement installés. enfants, moi excellente santé. bonnes nouvelles diain bruxelles. — Mathilde. |

Nice, 15 déc. — Delestrac, jacob, 29. santés bonnes. nouvelles léopold satisfaisantes. aimé commandant mobilisé. armée loire résiste. — Delestrac. | Falcomet, 31, rue lafayette. gadbon arrivera pas. fournissez sur londres et payez nos échéances. maison oppenheim a ainsi fait. — Camondo. | Chaband, 22, boulevard beaumarchais. santés bonnes. payé obligations ville 15 décembre. nice, hôtel jullien. — Chaband. |

Le Hâvre, 12 déc. — Bonnaud, 37, rue de trévise. bonnes nouvelles de enfants, allons tous bien. — Peulvé. | Delattre, 8, neuve-st-augustin. toujours sainte-adresse, allons bien et protégées ici — Marie. | Giblain, 58, boulevard st-germain paris. bien portantes au hâvre. bellair à caen. si besoin irons à southampton. — Giblain. | Edouard, capitaine 53e mobile, 4e bataillon. tous santé parfaite. — Adèle. | Hardy, 6, lamotte-piquet. lettres reçues, bien. — Berthe. | Bonvallet, 19, rue chanoinesse. madame, enfants bien. aucun danger dieppe. gabriel hyldesheim bien. — Laboulais. | Thirion, 32, faubourg poissonnière. 12 décembre femme, enfants bien portants restent villers, reçoivent vos lettres. fournissons argent demandé. — Toussaint. | Stapfer, 41, tour-d'auvergne. tous bien. hélène et enfants ici. — Edouard. | Blacque, 19, rue grammont, paris. réponse lettre 14 novembre, oui oui, non non. — Robert. | Dreyfus, 24, rue lepelletier, paris. solomon ayant suspendu paiements commencement octobre, rien payé jacobs. avocat vanstratum fait difficultés admission. — Hack. | Erlanger, 8, rue des vosges. partons pour londres santé parfaite. hâvre, 12 décembre. — Constantin. | Lovel, 12, rue villin. nous portons bien. albert dubosc en bonne santé prisonnier en prusse. écris-moi plus souvent. — Lovel. | Michaud, 53, hauteville. envoyez nouvelles olivier. ménagez votre encaisse. si besoin d'argent pourriez vendre partie des rentes emprunt. — Paul. | Edouard Bouruet, 3, rue ventadour, paris. je vais bien. suis au hâvre, eugène à brécourt. pas nouvelles de lui. — Félicie. | Thabourin, cordelières, 31. oui. — Tillault. |

Morlaix, 14 déc. — Mallet, commandant fort rony. famille bien, mère adore augustine, vie facile, compagnie tous soirs, reçu lettres, voudrais partir. — Mallet. | Deshays, capitaine artillerie fort clichy. tous bien. étienne fourrier à carentan. — Brunelot. |

Morlaix, 13 déc. — Cros, inspecteur général ministère marine. bonne santé. avons argent ste-adresse. — Eulalie. |

Toulon, 11 déc. — Marchal, sous-intendant fort vincennes. quatrième dépêche. reçu lettre du 6. tous bien. philibert prisonnier, aspasie bordeaux. enfant mignon. — Jenny. |

Roanne, 14 déc. — Nicolas, amelot, 82, paris. partis roanne 3 octobre chez bellard. envoyé sui se bex, canton vaud santés. bonnes lettres reçues. — Nicolas. |

Chambéry, 11 déc. — Gorley, 151, boulevard grenelle. voyez immédiatement méridias pour demander argent chez boulland. troisième dépêche. écrivez continuellement par ballon chambéry. — Claudine. | Madame Troussel, rue douai, 12. lettres, papiers reçus. santés excellentes. — Blay. |

Loudun, 15 déc. — Bruneau, quai béthune, 14. armantine à loudun. tous bien portants. — Honorine. |

Mâcon, 16 déc. — Reyneau, rue marignan, 29. genève plainpalais, rue des bains, 14. reyneau symonet, beaujean vont bien. — Reyneau. |

Périgueux, 17 déc. — Edmond Ployer, quai mégisserie, 18. vais bien. plus d'argent à catherine, sa chambre seulement. à toi. — Aublant. | Pellerin, 3, treilhard. bien portantes. écris-moi. — Cuny. | Grumel, 61, boulevard sébastopol. allons bien. ai reçu argent marseille. huitième dépêche. sommes plusieurs familles paris fauchant, mère ici. — Grumel. |

Avranches, 14 déc. — Destors, rue laffitte, 13, paris. mère à ostende, rue des sœurs-blanches, 24. va bien adèle à avranches. écris. — Pecourt. | Péhoret, chabrol, 20, paris. santé passable, bonheur revoir. messe marie. — Desfontaines. |

Caen, 14 déc. — Madame Leconte, 10 bis, rue châteaudun, paris. inquiet, envoyer nouvelles immédiatement poste restante bernay. — Leconte. |

Caen, 14 déc. — Vautier, rue rivoli, 120. tous bien portants, recevons lettres. alfred parti pont l'évêque. — Julia. | Nicolas, 18, marronniers, passy, paris. tous parfaitement, pas encore envahi, que faire? 14 décembre. — Nicolas | Michelet, 131, boulevard sébastopol. reçois ta lettre 22 novembre. sommes à caen, santés bonnes. reçu argent. — Le Barbier | Willemin 3 échiquier souhaits fête, allons bien. donnez nouvelles amitiés. — Le Prevost. | Dejoux, 8, jour. rien encore inquiète, reçois lettres, écrivez. — Fanny. | Madame Lamothe, 31, st-placide. berthe parfaitement. comme éventualité écris lettres doubles avranches, tanquerel et caen, y restons. — Devilliers. | Sandrin, 5, chaussée du pont, boulogne, seine. donne congé appartement. — Dalsace. | Barneville, 51, rome. tous bien. vie calme, nonancourt courageuse, souhaite même résignation enfants superbes. donner hardy mêmes nouvelles caen. — Hardy. |

Saint-Brieuc, 12 déc. — Girardin, 43, richelieu. 5e dépêche, allons bien excepté rhumes, reçu lettres, besoin de rien. st-brieuc, 12 décembre. — Girardin. |

Vichy, 13 déc. — Lejeune, armurier, passage choiseul. donne congé régulier, mon appartement pour prévenir juillet. réponse vichy. — Contuvat. | Dupont, 37, sentier. ton père m'écrit, tous bonne santé, donne congé asnière et gustave. écris souvent détails, maison. — Dupont. |

Bayonne, 16 déc. — Billiet, 40 bis, faubourg-poissonnière. voyez baux, prorogez dénonciation renouvellerai si nouvelles conditions conviennent. — Holgbacher. | Billiet, 40 bis, faubourg-poisonnière. départ duprouey, peine fort préoccupe, nom fabricant caisse soldevila, 25. — Holgbacher. | Léveille, mobile seine, 1er bataillon, 2e compagnie, fort saint-ouen. Bayonne avec ces demoiselles, nouvelles maurice, tous bien. — Gébard. |

Marmande, 16 déc. — Landres, richelieu, 50. sommes tous tranquilles, bien. — Anastasie. |

La Rochelle, 15 déc. — Labeyrie, 82, latour-maubourg. tous trois bien, écris encore. — Adolphe. | Lenepveu, quai d'orsay, 1. la rochelle, 15 décembre, arrivées bien portantes. angers bien portantes, rue st-léonard, 30. — Joséphine Lenepveu |

Dinard, 12 déc. — Cramer, 17, moscou, paris. brunswick paiera 100 fr. donnez immédiatement nouvelles ma fille. — Feutsch. | Lange, 3, scribe, paris. donnez nouvelles, ai télégraphié rau, brunswick, salut, amitié toute famille. — Feutsch. |

Céret, 16 déc — Faure luxembourg, 20. époux ici, tous parfaitement, courage — Delmas. |

Bastia, 14 déc. — docteur Guérin, astorg, 9. bien portants, écris-moi — Guérin. |

Toulouse, 17 déc. — Rolland asile popincourt, 12. Boyer aline chavaroche legras, buissot bien portants, anatole ici, lettres reçues, toulouse, allée lafayette, 20. — Boyer. | Joguet, lycée st-louis. tous bien, bébé embrasse, tendresses, bientôt. — Stéphanie. | Payen, 13, boulevard st-germain. enfants lodo nous allons tous bien. maintiens mordicus, position sédentaire. décret seul peut la changer. — Payen. |

Béziers, 16 déc. — m Coullet, rue maubeuge, 33. sommes tous bien portants, chez masson, béziers. — Cros. | Lafforgue, rue bellechasse, 10. donnez nouvelles. — Manciet. |

Sidi-Bel-Abbès, 13 déc. — Delagarde, pétersbourg, 33 merci tes lettres, continue-les? allons bien, t'embrassons, courage. — Delagarge. | Planes, mon thabor, 4. très-inquiets de vous, donnez nouvelles par ballon. — Delagarde. |

Villers-sur mer, 13 déc. — m. Lyon, 12, rue tour d'auvergne. souhaitons meilleure année, auteuil, vaugirard, castiglione, mausart, batignolles. — Fanny, enfants. | Debize, saints-pères, 61. tous parfaitement, saulieu, toulon, santés parfaitement. — Etiennette. |

Guincamp, 14 déc. — Labéganière, 1, regard. télégraphié mercredi 7. tous bien. aix-la-chapelle, julien, noyon. prié certes envoyer dépêche, tours. — Louise. |

Abbeville, 10 déc. — Bachellier, rue pagevin, 10. paris. bonne santé, tranquillise-toi. — Bachellier. | Albéric dugrossiez, lieutenant mobile, sommes montrouge, portons bien, reçu lettre, 6 novembre lettre ici 10 décembre, écris souvent. — Dugrosriez. | Loferre, 10, rue sentier, paris. recevons vos lettres, santés bonnes, pays envahi, pas accidents, usine marche faiblement. — Blanche. | Levord, 171, faubourg st-martin, paris. recevons lettres, santés bonnes, pays envahi, usine marche, térésita bien, octave reste. — Blanche. |

Douarnez, 15 déc — Magne, capitaine mobiles, finistère, reçu lettre tous bien, joseph prisonnier. — Magne |

Sancerre, 16 déc. — Vaufreland, 16, rue magnan. allons tous bien, bonnes nouvelles d'ernest du onze. — Vaufreland. |

Grenoble, 15 déc. — capitaine Castel, rue baxa, 85, belleville. en santé neuchatel, toujours répondu. prends provisions, rue clichy. — Jaussaud. | Gérard, 31, rue boulogne. habitons grenoble, hôtel des alpes, écrivez ballon. — Trichon. | Teste, rue sommérard, 15. allons bien, écris souvent. — Teste. |

---

67. Pour copie conforme ;

l'Inspecteur,

Bordeaux. — 30 décembre 1870.

Cherbourg, 9 déc. — Grognet, 34, boulevard batignolles. portons bien. — Grognet. | Yves, 2, chaussée d'antin, paris, lucien et moi portons bien, recevons tes lettres. — Aline. | Dufilho, 6, rue chaptal. santés bonnes. lettres reçues, écrivons par toutes les occasions. quatrième dépêche. laffite parti. — Corinne. | M. Martin, 17, boulevard malesherbes. allons bien. ai écrit plusieurs fois dépêches et lettres. — Berthe. | Cadet-Gassicourt, 376, rue saint-honoré. chacun bien, demande félix masselin copie numéros coupons rentes italiennes, qu'il détache coupons janvier. — Aurous. | Dumoret, 5, paix. tous santé parfaite. reçois lettres, embrassons. — Dumoret. | Lande, 3e régiment génie, 16e compagnie de sapeurs. sommes inquiets ta santé, réponse immédiatement. — Belhomme |

Marennes, 10 déc. — Cuau, 88, boulevard courcelles, paris. tous en bonne santé. — Clara. |

Sémaphore de pointe-de-blascon, 9 déc. — Cosnard, 29, rue legendre, paris. allons bien, lettres reçues professeurs — Gartui. | Albert Nansot, 12, place bastille. vivements inquiets, écrivez toujours santés bonnes. — Rhein. |

La Ciotat, 8 déc. — Capet, 61, rue verrerie. santé bonne ciotat. dites à sœur, écrivez vingt mots pigeons, courage, enfants prions pour vous. — Capet. |

Le Blanc, 10 déc. — Briffaud, 50, quai grenelle. tous bien portants, bonnes nouvelles edmond, albert, aline. Gory demande nouvelles jouainnin, maison fragerolles. — Lucile. | Pinard, 71, rue monceaux. mère bien, filles superbes. — Voisin. | Vivet, 5, pont-de-Lodi. tout bien. — Adèle. |

Cholet, 10 déc. — Humeau, 15, turbigo. porte bien, heureuse, ennuie, pense toujours toi. aucun dangers cholet, frères gardes-nationaux, péroche malade, aime. — Marie. |

Château-Gonthier, 12 déc. — Jacquel, 43, raynouard, passy-paris. portons tous bien, recevons lettres, ici tranquille. — Adèle Jacquel. | madame Deon, hôtel hollande, 19, rue de la paix. allons tous bien, romuald, légion charette, a petite-vérole, mieux. — Deon. |

Fougères, 13 déc. — Fournier, sergent-major mobiles ille et-vilaine, 1er bataillon. reçu ta lettre du 4, oncle et tante chez nous tous bien. — Fournier. | Lepays, 107, rue lille. Delamoussaye, cailleil, boislouveau, dupontavice, delafosse, delavillegontier, demeslé et notre famille bien. rené à poitiers. — Lepays. | Simon, 85, rue richelieu, paris. santé parfaite, reçu tes lettres, orléans, tours, amoy, tous parfaisement, marcel premier, vendre cheval. — Camille. |

Guingamp, 11 déc. — Tricoche, 177, avenue clichy. deuxième dépêche. bonne santé, nous te lisons, vivier officier armée bretagne, faire savoir café horloge. — Louise. |

Brest, 12 déc. — Sclear ou Jézéquel, mobiles finistères, 23e régiment, 2e bataillon, 4e compagnie. parents tous bien, demandent nouvelles avec instance. — Guesne. | Commandant canonnière bayonnette. inquiet, pas nouvelles aimé malgorn, prière répondre. — Bon. |

Coutances, 12 déc. — Caplain, 2?8, faubourg antoine, santés parfaites, lettres reçues, céline coutances. — Pezier. |

Brest, 12 déc. — Moyer, lieutenant-colonel mobiles finistère, 2e armée, 1er corps, 2e division. familles legall, kerdraon vont bien demandent nouvelles legall — Legall. | Cosmao, 9, boulevard prince eugène. sixième dépêche. tous bien brest, lorient, georges cherbourg, mangin bien. lettres reçues. — Marie. |

Morlaix, 12 déc. — Alexandrine, 4, auber. recevons lettres, santé bonne. envoyez dire albert reçu siennes, continue à écrire. — Boudier. |

Alençon, 11 déc. — Francfort, 10, sentier. oui, non, oui, non, oui, oui, oui, non. — Becker. | Grangi, 147, rennes. bonne non non deux. — Couturier. |

Argentan, 13 déc. — Chausson, 166, chaussée maine. tous parfaitement, garçon filly. — Claire. |

Saint-Pol-de-Léon, 12 déc. — Dubeaudiez, 34, rue de l'entrepôt. troisième dépêche. parfaitement. — Dubeaudiez. |

Trouville-s.-Mer, 8 déc. — Nast, 52, boulevard haussmann. santé, moral, travail bien, envoyé quarante lettres, souffrons pas froid. — Nast. | Pedet, 50, chaussée-d'antin. six semaines sans nouvelles, écrivez. — Coquerel, trouville. | Maillet, 72, haussmann. trouville hauge bonne santé, bonnes nouvelles joyaut, 2 novembre, durand, héard, 19 novembre. — Maillet. | Dien, beaux-arts, 3. pellecat bien, écrivez trouville. peux envoyer. — Gaerth. | Badin, 112, richelieu. sommes toujours à villerville. — Lançon. | Tétot, 76, de rennes. reçu hier lettre limoges, marguerite très-bonne santé. — Cramail. | Yver, cardinal-fesch, 10. dernière lettre, 14 novembre, écrivez. — Yver. | Aubernon, 11, rue montalivet, paris. reçu lettre 1er decembre, bien contentes, bien portantes à trouville. — Aubernon. | Cramail, rue d'alger. reçu lettres 29, 3. santés bonnes. — Cramail. | Trémaux, 10, rue de monceau. mère, nièce et tous excellente santé. — Trémaux. | Desforges, 1, hauteville. nous dix bien portants, aussi vaillant, estelle à londres. trouville, 8 décembre. — Laboillière. |

Delauzières, 27, rue blanche. monnot deauville, marthe nantes, santés excellentes. — Arthur. | Des Chapelles, 265, rue st-honoré. recevons lettres alice 5 novembre, allons très-bien. — Lucie. | Mautin, boulevard haussmann, 98. trouville, 8 décembre, tous bien portants, berthe marche, écrivez lettres plus détaillées. — Mautin. | Paul Kacourt, passage laferrière, 3. ma pensée est à vous, ayons bon courage, l'avenir est à nous. — Marie. | Louvencourt, 13, rue ponthieu. vous ai envoyé plusieurs dépêches, reçu lettres, mais vous sembliez plus réservé, pourquoi? suis inquiète. — Silveira. | Quillet, rue marché-st-honoré, 4. paris. trouville, hôtel bellevue. bonne sante, biarritz bonne santé 8 décembre. — Quillet. | Quillet, sue st-hippolyte. paris-passy. bien portante, écrivez souvent à trouville, rue chancelier. — Camille. | Hamard, 56, boulevard haussmann. enfants bien sans lettres, dernière 20 octobre, écrivez, duvivier bien ribouillière, reçoit lettres. — Nina. |

Delauney, 33, joubert. sans lettres, inquiet, écrivez souvent. — Guesnier. | Guibert, 21, rue laffitte santés bonnes, pas lettres, écrivez trouville, calvados. — Prosper. | Alfonso, télégraphe, paris. bien, reçu. philippe à caen. — Robin. | Weil, 49, st-georges. confirmons notre dépêche avec vœux pour les 23 et 29, sommes bien portants, attendons vos nouvelles. — Rosenthal. | madame foulard, rue pépinière, 18, paris. je me porte bien. — Foulard. | Fermé, ste-anne. 51 bis. tous trois bien portants, restons trouville, recevons lettres. — Octavie, 8 décembre. | Rhodé, 10, boulevard bonne-nouvelle. cordonnets tous vendus, londres, argent. contents. — Félix, trouville. | Foucault, 12, quai mégisserie. tous parfaite santé. — Bornait-Foucault. |

Flers, 8 déc — Merly, boissy-d'anglas, 14. portons bien, envoie lettre, journal. conserve journaux, folloppe écrire. — Mélanie. |

Marseille, 14 déc. — Fermet, 64, rue montmartre. santé bonne, enfants lycée. — Elisa. | Bonnefons, 8, lepeletier. — pour assurer vie, offrant payer, puis-je recevoir comme toutes compagnies, confirme lettres, télégrammes, affectueux souvenirs. — Roussel. | Durey, 108, rue charenton. mon amie, écris-moi par ballon: durey, employé comptabilité centrale. chemin fer de lyon à marseille. | Roux, trévise, 13. tous bien. — Roux émilie. | Durel, boulevard denain, 7. marie avec nous, accouchée garçon, tout bien, florentin bien. — Vadon. | Ronollin, 29, château-d'eau. depuis fin octobre, pas de vos nouvelles, écrivez souvent, ici tous bien. — Ronollin. | patin. rue cassette, 15. tous bien portants marseille, intendance. — Gabrielle. | Lauret, 104, des dames. inquiets réponse subito, portons bien. — Lauret. | Taron, boulevard magenta, angle boulevard chapelle, magasin paris-moineau. allons bien, écris souvent. — Clorinde. | Dubuis, 4, rue st-romain, paris. transes! nouvelles de tous! ballons. — Pascalis. | Motet, 6, rue chaptal. débloqués, viendrez-vous à nous ou irons-nous vous rejoindre? décidez endroit réunion, tous bien. — Motet. | Nessim Femama, 105, chaillot. avis officiel tunis annonce paiement coupon, prévenir janvier, flottant, 26. — Lumbroso. | Lévy, 18, tournelles. nous allons bien. — Jaffé. | Blondeau, servandoni, 8. bonnes nouvelles louise st-germain du 6 novembre. andré. marie. henri excellentes santés. — Blondeau. | Lesseps, 9, rue clary. recettes maintiennent moyenne cinq cent mille, promettent augmentation, priam transité six mètres soixante onze tirant. — Martignon. | Barthélemy, 20. st-guillaume. sommes bien, écrivez souvent. — Dauzats. | Berny, 11, joubert. tous très-bien. — Claire-Victoria. | Steinbach Koechlin, st-fiacre. notre maison se porte bien, travaille, correspondance marchandises. suisse intermédiaire, courage, confiance, tout ira bien. — Disson. |

Dax, 15 déc. — Deberrypon-Rué, ste-thérèse. 10, batignolles. angers, dax, tous bien. reçu vos lettres, bon espoir province, envoyez cartes réponses. — Gassanné. |

Château-d'Oléron — Leduc, 87, neuve-petits-champs, paris. lecomte, grand'mère oléron, leduc avranches, masson fougères, vatel coutances, bien, rené réformé. — Lecomte. |

La Rochelle, 11 déc. — Gagneux, 13, lafayette. merci, écrivez toujours, souffre froid, faim, vêtements d'été, nourriture détestable, dépérissement général, rentrerez première, la rochelle. — Févez. | Bratailliard, notre-dame des-champs, 41. angleterre, santés parfaites, loin reçu lettres, rien nouveau, venise si possible, plus serait mieux. — Bataillard. | Murel, 5, séguier, bonne santé, recevons lettres, 11 décembre. — Lallement. |

Le Mans, 20 déc. — Massiot, rue montmartre, 98, paye assurance, nouveau, rien. — Massiot. | Vérité, boulevard temple, 25. lettre 3 décembre reçue, toute la famille va bien, marcel lieutenant de mobilisés, pascal zouave. — Vérité. | Autrau, 17, rue halles. impossible envoyer argent, marie, sœur, moi, bien, vois cellie, 16, rue montmartre, réponds, sommes inquiets. — Augustin. |

Hyères, 6 déc. — Providence, 12, grammont, paris. sinistres point, affaires calmes, espèces 1,400. — Simi. |

Bordeaux, 10 déc. — Viollet-leduc. rochechouart, 86. sommes bien, de vos nouvelles. — Laclaverie. | Reimonenq impasse sax, 3. lettres reçues, souffrances augmentées, nouvelles georges, hier en route pour lyon, sous officier, communiquer. — Emélie. | Decourtive, 60, richelieu. aliment retour, 7.600 cuirs verts, 150,000 francs navire glaneur. — Perret. — Cardoza, luxembourg, 9. pau, bayonne, sidney, tous santé parfaite. — Emina. | Jeanselme, 7, harlay, marais. tous très-bien, garçons lycée, excellent travail, courage, patience, cœur avec toi. 3 rambours superbes. — Jeanselme. | Lippmann, avenue champs-élysées, 115, attendons lettres grimbert, trouverez maison vin, bois, confitures, grand'mère bien, pigameau remis, 15. — Albert. | M. Desmonts, rue tivoli, 3, paris. portons tous bien, adresse 27, rue huguerie, bordeaux. — P. Rémy. | Maitrebomme, 41, rue sedaine, paris. des nouvelles? 91, rue trésorerie. — Lecomte. |

Lecourt, gay-lussaq, 21. inquiétude sur famille, écrivez, recevons lettres, bien portants. — Lecourt. | Sudry, 14, montalivet. raoul bonne santé, vous embrasse tous. — Sudry. | Mlle Colombier, 6, vivienne. reçu toutes lettres, nouvelles georges, annecy bien, donne nouvelles ma bonne maman. — Haugh. | Beauvalet, théâtre ambigu, paris. envoyez par ballon pièce nouvelle sur papier pelure, théâtre français bordeaux, pour jouer, répondre. — Roques. | Fournier, 21, rue turgot. familles bien, adolphe réformé, léon besançon, eugène montpellier, gâches, wiesbaden, avions écrit pigeons. — Fournier. | Couve, 18, rue montmartre. tous bien, foltz aussi, tendresses, reçu lettres. — Alice. | Legrand, faubourg poissonnière, 61. reçu lettre 3, allons bien, embrassons. — Legrand. | Amblard, 18, mouton duvernet. jolie républicaine née, mère, tous admirablement. — Antonin. | Huillard, 53, madame. émilie fortifiée, second mandat non, heureux, vous ici. — Boulley. | Blanchet, boulevard malesherbes, 69. recevons lettres, écrivez souvent, adrienne, alexandre moulins, santés parfaites, guerry, enfants bien, famille margerie bien. — Blanchet. |

Chevalier, ministère finances. aristide à bordeaux, mère et sœur douarnenez, vont bien, ont reçu lettres, t'embrassent. — Chevalier. | Peyrat, rue abattucci, 66, paris. santés parfaites, rien malheureux, léon pas partir, confiance, dieu garde, réponse — Badinou. | Lecocq, 140, rue st-martin. faré bien, rouen occupé, maurice collége loches, boch fin novembre, chartra ne encore menacé, chez prom. — Francoz. | Guillier, 88, bagnolet. reçu lettre, besoin nouvelles, écrivez, portons bien, capitaine b. intendance. — Delmas. | Legrand, 52, faubourg temple. bien portante, écrivez, courage. — Aline. | Boivinet chez heins, boulevard magenta, paris. athénie, georges, paul, zélie, cambo, robustes, jules marié, parents bien, 13 dépêches. — Bonnaire. | Santot, 21, rue bergère, paris. pequens, marcs, père est décédé, madrid. — Vafquez. | Dubos, rue université, 16, paris. lettre 5 novembre dernière reçue, clientèle suffisante, edmond ministère tours, famille, amis tous bien. — Cheronne. | Leroux, st-honoré, 342. 3e. oncle, tante, moi, bonne santé, merci pour tes lettres. — Leroux. | Mercier, 19, quai st michel, paris. merci pour soins, lettres, votre mère bien, offrez étage pour blessés, écrivez. — Charles. | Drouillard, rue de rome, 4. lettres reçues, santé bonne. — Drouillard. | M. de l'Allée, rue des canettes, 21. lettres reçues, tous bien, les amis disent bon espoir. — Bodineau. | Louis, concierge, 86, boulevard malesherbes. donnez nouvelles, joseph maison. — Becker. | Person, 3, chauchat. arthur bien, 7, meung. — Pechamp |

Le Blanc, 9 déc. — Papillon, lecourbe, 9. père mort apoplexie. — Dubuf. | Luuyt, 82, miromesnil. je reçois ta lettre, contente avoir tes nouvelles, sommmes toutes bien portantes à bonasile. — Delphine |

Laigle, 7 déc. — Gitton, 201, lafayette, paris. reçu lettre, rien épargner, changer médecin, consultation si nécessaire. — Frémy. | Lacour, employé gare st-lazare, paris. nous allons bien. — Lacour. | Pluvinet, rue levert, 23, paris lettres, argent reçus, portons bien. — Pluvinet. |

Chambéry, 7 déc. — Marjolin, 123, rue st-honoré, prie voir concierge beaumarchais, recevoir loyers, payer contributions et autres choses, merci, bon souvenir, réponse. — Fournier. |

Troarn. — Potelleret, ménilmontant, 51. Alexandre, besoin de rien, anatole savoie. |

Lons-le-Saulnier, 6 déc. — Mme Villeneuve, boissy-d'anglas, 23. nos enfants à genève, vont bien, lettres à lons reçues, continuez. |

Châtellerault, 9 déc. — Savignon, rue fontaine, 34. georges nommé substitut bourganeuf, écris ministre, répondu fonctionnera après guerre, tristant arrivé, engagé, santés bonnes. — Ellen. |

Oloron. — Peyré, 13, mazagran, paris. quintiplicata, lettres reçues, santé parfaite. — Peyré. |

Biarritz, 4 déc. — Baquer, rue luxembourg, 42. enchantés de vous savoir bien portants, je communique votre lettre, carmen, pepito, tous bien. — Riscal. |

Lyon-Central, 2 déc. — Lanquetin, 33, rue amsterdam. seconde dépêche. douze cent soixante-neuf francs. santés excellentes, bébé superbe, congé vannier immédiatement. baisers. — Aline. | Finlay, 46, provence office london address old jewry, all well. — Hopkinson. | Jouve, 11, boulevard du temple. sommes à cannes, santé des quatre enfants excellente. — André. | Mauvais, 55, bourgogne. charles moulins, correspondance suivie, écrivez ballon, santé parfaite. — Gustave. | Farcot, 39, trois-bornes. descendu belgique midi visité boulogne. dieppe, tous santé, résidence lyon. télégraphe. — Farcot. | Ollivier, boulevard poissonniere, 24, ici santé parfaite. état normal, des vieux nouvelles excellentes. — S. Honnorat. | Dorian, ministre. employez sisley, pontonnier mobiles rhône, obligerez. — Hénon. |

Angers, 6 déc. — Baltard, 10, garancière. 6 decembre. santés, esprit, œil. travail et famille bien. — Baltard. | Chereau, rocroy, 21. tous bonne santé, louise forte. avons courage. recevons vos lettres. — Chéreau. | Lenepveu, quai d'orsay, 1. angers, 6 décembre. prière à ancienne compagne pauline pour commission, tous bien portants. — Joséphine Lenepveu. | Verdier, 12. duméril. anxieux recevoir nouvelles, dites truillot écrire, videz chauffage serre. attendez rien, envoyez cartes semblables angers, montauban. — Eugène. | M. Pommeret, faubourg montmartre, 53. angers tous bien, reçu lettre du 30 novembre. — Pommeret. | Besnard, geoffroy-lasnier, 28. adèle, enfants lelion angers portent bien, famille ménard aussi, rien lachartre maris, voir auguste pas nouvelles. — Besnard. | Lefeubvre, 21, rue grammont. ponts-de-cé, bonnes santés, inquiétude, pas lettre alexandre. — Lefeubvre. | Comte Chabot, cité Vindé. allons bien, reçu nouvelles 3. — Jeanne. | Barbier, 3. louis-le-grand. quatrième dépêche, santés parfaites, bravo caporal! — Léonce. | Lemoine, 9, scheffer, passy. santé très-bonne, bréham aussi. argent suffisamment, recevons lettres, baisers affectueux. — D. Lemoine, angers, 6 décembre. | Corbigny, officier, muette, passy. tous bonne santé, mère meung. — Maxime. | Daireaux, 50, paradis-poissonnière. seconde dépêche, portons bien, fraîches nouvelles versailles, daireaux, beaumont ici, jacques bien. — Niévès Bécourt. | Franck, richelieu, 92. tous bonne santé, benjamin havre, déjà écrit par pigeons. — Franck. |

Roche-s.-Yon, 7 déc. — Petitdidier, 123, boulevard sébastopol. 6 décembre, nous allons bien, excessivement inquiets, fils, neveux, amis, quatrième pigeon que nous envoyons. — Petitdidier. | Fournier, 14, rue de berlin, paris. santé excellente, correspondance régulière avec max, enfants travaillent. ne manquons de rien, baisers. — Casis. |

Les Sables-d'Olonne, 7 déc. — Fournier, 62, rue rue marais-st-martin, paris. excellente santé, nouvelles de max, bon courage. — Casis. | Jules Binder, 33, courcelles. mères, marie, henry, roger, alice, hélène, parfaite santé, reçois lettres, aucun besoin argent. — Alice Binder. |

Bayeux, 2 déc. — président bonjean, 2, tournon. reçois lettre datée 30, inexplicable, aucune dépêche parvenue, expédié 8, santés parfaites, propriétés intactes, provisions. — Bonjean. | Taillandier, 34, cléry. restées arromanches, santé très-bonne, avons confort, argent, lettres. — Clémence. Pagny, 12, rue st-fiacre, paris. mesdames pagny, lanchantin vont bien. — Pagny. | Compère, sébastopol, 103. tous santés parfaites, excellentes aussi. valentins bourquins arromanches. — Perry. |

Brest, 6 déc. — docteur Reynaud, ministère ma-

Bordeaux. — 30 décembre 1870.

rine, reçu vos lettres. tous bien. — Lauvergne. | madame Chalon, cherche-midi, 11. cruellement inquiet, écrivez-moi, donnez congé pour juillet au propriétaire, accuse argent envoyé. — Chalon. | Favolle, 89, grenelle-germain. tous bien. — Deshar s. | Nicolle, sergent-major, 23e régiment, 2e bataillon, mobile finistère. famille bien, sommes inquiets, donnez nouvelles, prions Dieu pour toi. — Nicolle. |

DÉPÊCHES - MANDATS.

série B (suite.) — 11 janvier 1871.

N. 121. — Autun, 23. — me Neouillot à Neouillot jean-auguste, mobile autun, 13e marche, 1er bataillon, 1re compagnie cachan. — 40 fr. | n. 122. — Autun, 22. — Teinturier à Teinturier louis, 13e marche, 1er bataillon, 1re compagnie cachan. — 30 fr. | n. 123. — Beaune, 184, cloix à émile cloix, 10e mobile, 1er bataillon, 2e compagnie. — 100 fr. | n. 124. — Abbeville, 15. — me Tilloloy à louis Tilloloy, mobile somme, 1er bataillon, 1re compagnie. — 50 fr. | n. 125. — Abbeville, 68. — Limozin à Jules Limozin, mobile somme, 1 bat, 1 compagnie. — 10 fr. | n. 126. — Givet, 110. — Me Feslet à Anatole Feslet, 64 bis, rue dulong, batignolles. — 150 fr. | n. 127. — Moulins-sur-Allier. 43. — Boilom à Boilom, négociant, rue des gravilliers. — 300 fr. | n. 128. — Caen, 60. — me de Grandchamp à me de Grandchamp, 9 ou 11, rue pépinière. — 150 fr. | n. 129. — Plouer, 198. — de Montaudry à de Montaudry, sergent 20e mobile, 1er bataillon, 3e compagnie. — 50 fr. | n. 130. — Limoges, 28. — Pouliot à me D'juin, 117, boulevard montparnasse. — 50 fr. — Total : 930 fr.

N. 131. — Lyon, 16. — Massia à Massia, trompette, mobile rhône, pontonnier, 1re compagnie. — 200 fr. | n. 132. — St-Lô, 65. me de Laubespine à Emile Thomas, 6, rue havre. — 100 fr. | n. 133. — Lyon, 86. — Derbez à Derbez jacques, 30, boulevard beaumarchais. — 300 fr. | n. 134. — Lyon, 87. — Derbez à Derbez jacques, 30, boulevard beaumarchais — 300 fr. | n. 135. — Dôle, 138. — Cattand à Cattand, andré, hôtel globe, rue croix-petits-champs. — 100 fr. | n. 136. — Beaune, 194. — Verdet à pierre Verdet, 10e mobile côte-d'or, 1er bataillon, 6e compagnie. — 40 fr. | n. 137. — Beaune, 200. — Laboureau à Laboureau auguste, 10e mobile côte-d'or, 1er bataillon 1re compagnie. — 50 fr. | n. 138. — Bordeaux, 74. — Baverat, à mlle Laurentine Sallat, 66, rue bonaparte. — 100 fr. | n. 139. — Bordeaux, 47. — Mai Henride à docteur Robert Millard. 44, rue chaussée d'antin. — 243 fr. 85 c. | n. 140. — Roche-sur-Yon, 127. — Moreau à Alexandre Moreau, mobile au 35e de ligne, 2e bataillon, 7e compagnie. — 15 fr. — Total : 1,498 fr. 85 c. |

N. 141. — Agde, 54. — martin à émilien martin, 45e mobile hérault, 1er bataillon, 1re compagnie. — 25 fr. | n. 142. — Bordeaux, 61. — potgisser à guillaume potgisser, chez vincent, 22, rue poncelet. — 100 fr. | n. 143. — Bordeaux, 46. — de baugaoa à mme cromberg, 37, rue saint-lazarre. — 40 fr. | n. 144. — Aix-les-Bains, 37. — perrot à mlle amél e hollard, 208, rue faubourg st-martin. — 200 fr. | n. 145. — Lyon-Brotteaux, 44. — milet à mme milet, 13, rue de londres. — 200 fr. | n. 146. — Romans, 67. — guttin à guttin pierre, mobile drôme, 2e bataillon, 5e compagnie. — 100 fr. | n. 147. — Florensac, 185. — berthuel à louis berthuel, 45e mobile hérault, 2e bataillon, 2e compagnie. — 10 fr. | n. 148. — Ancenis, 22. — boulanger à mme boulanger, 5, passage lepic. — 200 fr. | n. 149. — Beaune, 38. — guenot à louis guenot, 10e mobile côte-d'or, 1er bataillon, 1re compagnie. — 50 fr. | n. 150. — Salins, 98. — mlle de lurion à de lurion, 5, rue de varennes. — 100 fr. | Total : 1,025 fr. |

N. 151. — Clermont-Ferrand. — menteur à mme milet, 13, rue de londres. — 200 fr. | n. 152. — Clermont-Ferrand. — menteur à auguste menteur, 238 bis, rue du faubourg saint-antoine. — 200 fr. | n. 153. — Clermont-Ferrand, 42. — liman à liman, 41, rue trézel, batignolles. — 25 fr. | n. 154. — saintes, 240. — magunna à Mme léonie louvard, 10, rue rochechouard. — 50 fr. | n. 155. — bédarie ıx, 94. — rascal à rascal, 45e marche, mobile hérault, 1er bataillon, 5e compagnie. — 20 fr. | n. 156. — Cherbourg, 26. — grosdidier à beaujard pour Mme grosdidier, hôtel des postes. — 30 fr. | n. 157. — Cette, 73. — Mme donnat à paul donnat, sergent, mobile hérault, 3e bataillon, 6e compagnie, saint-maur. — 100 fr. | n. 158. — Lyon-Terreaux, 1. — wies à wies, maréchal-des-logis, pontonniers, mobile rhône, 1re compagnie, rue de courcelles. — 100 fr. | n. 159. — Berlaimont, 86. — Mme colnet à mlle masson, 4, rue d'arnaillé-les-termes. — 150 fr. | n. 160. — Rennes, 34 — Jouin à jouin adolphe, sergent, blessé, mobile ille-et-vilaine, 4e bataillon, 3e compagnie. — 100 fr. | Total : 1,245 fr. |

N. 161. — Montpellier, 84. — jean à marsal, chez me roman, 126, ramelot. — 300 fr. | n. 162. — Vichy, 69. — marary à marary, 24 bis, boulevard mazas. — 100 fr. | n. 163. — Nantes, 87. — made Guibert à louis coullern, 30, larochefoucauld, petit montrouge. — 50 fr. | n. 164. — Pontrieux, 183. — marrec à Mlle clémence berthauld, 16, rue berlin. — 10 fr. | n. 165. — Lorient, 72. — le brun à le brun, sergent mobiles de lorient, 31e marche. — 20 fr. | n. 166. — Brest, 25. — durloz à bassière, 53, faubourg poissonnière. — 100 fr. | n. 167. — Loches, 2. — lacroix à me lacroix de senilhes, 36, neuve petits-champs. — 300 fr. | n. 168. — Luçon, 55. — massé à ismael, fourrier, 35e mobiles, 2e bataillon, 5e compagnie. — 50 fr. | n. 169. — Trévoux, 15. — Thête à Thête, claude, 40e marche, mobiles ain, 4e bataillon, 2e compagnie. — 50 fr. | n. 170 — Trévoux, 16. — descours à descours, 40e marche, mobiles a.n, 4e bataillon, 1re compagnie. — 20 fr. | total : 1,000 fr. |

N. 171. — Damazan, 382. — lépine à lépine, 217, rue saint-dominique. — 200 fr. | n. 172. — Lille, 63. — me lienhard à lienhard, 16, rue latour-d'auvergne. — 300 fr. | n. 173. — Alger, 297. — Dessoliers à Mlle augustine besson, 8, rue monge. — 300 fr. | n. 174. — Dijon, 298. — Lecourbe à lecourbe, 10e mobile, caporal, 29, rue victoire. — 200 fr. | n. 175. — Cany, 128. — le curé de paluel à ledoux, dominique, mobile seine-inférieure, 5e bataillon, 6e compagnie. — 10 fr. | n. 176. — Douai, 92. — druelle à galvaire, agent d'affaires, 6, rue des enfants-rouges. — 200 fr. | n. 177. Mende, 122. — bouniol à plantier, cyprien, 3, place monge. — 50 fr. | n. 178. — Etretat, 153. — nouguier à me cazier, 65, neuve-mathurins. — 80 fr. | n. 179. — Clermont-Ferrand, 56. — Versel à versel, 3, rue du gomier. — 100 fr. | n. 180. — Tain, 81. épailly à épailly, 25, quai voltaire. — 200 fr. | Total : 1,740 fr. |

Le Comptable,

SERVICES ET AUTORISATIONS

Bordeaux, 13 janvier. — Prudhomme, 39, rue lepic. portons bien, ennuyée, reçu toutes lettres. — Prudhomme. | Lefebvre, 14, rue du temple. cécile dune mil et nous tous, bien portants, reçu quinze cents. — C. Giquet. | Lécuyer, lieutenant mobile, ille-et-vilaine, 3e bataillon, 1re compagnie. tous bien, adrien, suzanne, louise garçon, élisabeth, bien, tendresses. rennes janvier. — Oncle. | Dubuisson, 40, rue rambuteau. mourante cartes inqualifiables, nouvelles quotidiennes, lettres famille. — A. Dubuisson | Lelièvre, à st-denis. tous bonne santé, théophile reçu bachelier. — Lelièvre. | Camu, 17, rue popincourt, passage raoul. comment portes-tu? vendre si besoin, courage, écrire baudot. évreux. — Camu. | Lauret frères, 29, r. grenéla. allons bien, adrien réformé, reçois vos lettres, Galtier pas payer sans avis. — Jules Guy. | Itasse, 40, rue bruxelles. tous bien portants, recommandations suivies, conserve-toi pour nous. — f. Itasse. | la Roche. Itasse, 40, rue bruxelles. tous bien portants. — f. Itasse | Givors. Itasse, 40, bruxelles. fanny, hippolyte, georges, bien portants. — françoise lescure. |

Lamotte, 12, saints-pères. tous bien, tante, enfants, mathilde, louis, langeron meaux, moustier laforest, pierre blanchard, donner adresse ministre américain. — Félicité. | Lamotte, 12, saints-pères. tous bien, tante mathilde. bélébat, bonneau, langeron meaux, belon pas revisité, donnez nouvelles mobiles meaux machecoul. — Félicité. | Longpérier, 50, londres. tous bien, tante, mathilde, longpérier, moustier à laforest, possesse, pierre lei, blanchard. resterions lermitière ou machecoul. — Félicité. | Delatourre, 88, rue feuillantines. tous bien, recevons lettres, mouton soissons, embrassons. — Fétizon. | Dubreuil, 112, rue du bac. portons bien, ennuyée horriblement. pouvons faire parvenir nouvelle, envoyé carte. — Dubreuil. | Dangély, 17, rue enfer. je vais parfaitement, reçois lettres, précepteur par abbé sire, tout bien, écrivez castelmaurou près toulouse. — Dangély. | Dangély, 17, rue enfer. toujours bien, écrivez plus souvent, précepteur par directeur sire, castelmaurou par toulouse. — Dangély. |

Silva, 90, lafayette. paris. tous parfaitement, Georges sevré, écrivez beaucoup. — Silva. | P. Dupont, 41, j.-j. rousseau. sommes gaies, unies, santé, vendre récolte 2,500, pas vu pameron, périgueux tranquille. — Lugen | Dupont, 41, rue j.-j. rousseau. léonie va très-bien, gaie, sommes toutes heureuses, manquons de rien. — Lugen. | Dupont, 41, r. j.-j. rousseau. bien portantes, soins affectueux pour léonie, envoyons baisers, donné 100 bescherelle. — Pauline Léonie. | Dupont, 41, r. j.-j. rousseau. tout va bien, santé excellente, satisfactions générales, léonie heureuse, gaîté soutenue. — Lugen. | Dupont, 41, r. j.-j. rousseau. tous santé parfaite, recevons lettres, écrivez par ballon. — Pauline. | Delacour, 88, boulevard st-germain. tous bien, recevons régulièrement lettres, écris souvent, installées campagne près londres. — Delacour. |

M. Dugat, gendarme, rue du château, 51, paris-plaisance. portons bien, très-inquiètes, écris par pigeons voyageurs. | M. Terneau, 3, rue d'Isly. allons toutes très-bien, reçois tes lettres, adèle inquiète. donne nouvelles claude, félix. | de Rancourt, hôtel colmar, 64, rue malte. tous bien, jean magnifique, courage. — Marguerite | Barbaroux, 5, geoffroy-marie. papa, maman, valery lonjumeau, fosse mérinville. enfants, moi, guybert, mère, leroy, jenny, dufaulin, tous bien portants. — Barbaroux. | Barbaroux, 5, rue geoffroy-marie. enfants, ta famille, la mienne, dufaulin, tous bien portants, sois content, fin septembre du nouveau. — Barbaroux. | Barbaroux, 5, geoffroy-marie. papa, maman, valery lonjumeau, fosse mérinville, enfants, moi, jeunie, ta famille, dufaulin, tous bien portants. — Barbaroux. | Barbaroux, 5, rue geoffroy-marie. papa, maman, valery lonjumeau, fosse mérinville, enfants, moi, dufaulin, ta famille parfaites santés, quatrième de êche. — Barbaronx. | Barbaroux, 5, rue geoffroy-marie. enfants, moi, ta famille, fosse mérinville, papa, maman, valery lonjumeau, parfaites santés. démets lettre magnier. — Barbaroux. |

Gizot, 123, faubourg poissonnière. brûlin prisonnier guerre bonne santé, lanasset, magdebourg saxe prusse. fontainebleau reçoit lettres, barbaroux, fosse bonnes santés. — Barbaroux. | Barbaroux, 5, geoffroy-marie. enfants, moi, marseille 15 déc. papa, maman, valery sont à lonjumeau, fosse, ta famille parfaites santés. — Barbaroux. | Gizot, 123, faubourg poissonnière. capitaine brûlin sain et sauf, prisonnier magdebourg, saxe. famille barbaroux marseille, fosse mérinville, guybert, mère, limoges. — Barbaroux. | Ruffard, 14, rue délaître, ménilmontant. lettres ballon reçues, sommes chez soupé, santé bonne. — Eugénie. | Thierry, 33, rue st-roch. ta santé tourmente, écris. — Thierry. | de Rancourt, hôtel colmar, rue malte, 64, courage, souhaits prompt retour, lettres vingt, calmé cruelles inquiétudes, merci, tous bien. — Marguerite. | Gautier, 14, rue hâvre. paramé, santés excellentes aussi gaufier st-servan, évrard londres, enfants travaillent, installation parfaite, lettres reçues. — Lalouel. |

Gautier, 14, place hâvre. paramé santés parfaites. — Lalouel. | Gautier, 14, rue hâvre. paramé santés parfaites, aussi gauthier, st-servan, évrard londres, enfants travaillent, bonne installation, lettres reçues. — Lalouel. Jodon, 17, place madeleine. toutes familles disséminées bien, charles aussi, écrivez. recevons lettres. — Caillau. — Gossein, 37, boulevard victor hugo. oloron, calais, se rans, trouville. tous bien. — Marguerite. | Caillau, 23, rue grammont. allons tous bien, charles tranquille. — Caillau. | Chardin, 26, boulevard sébastopol. tous bien, familles jodon, chardin, chez turner. — Caillau. | Rihouet, 42, ferme-des-mathurins. re evons lettres, coutances, trouville, maisons, madelei e bien, georges lycée. louise charmante. — Rihouet. | Lonchampt, 33, rue de la rochefoucauld. allons bien, recevons vos lettres. — Lonchampt. | Faure, lieutenant-colonel 7e mobile du tarn. isidore prisonnier halberstadt. nous, bonillac très-bien, pays calme, recevons tes lettres, amitiés tous. — Blanche |

Buloz, 14, rue de londres. nous sommes dans le même état que vous, nous ignorons ce qu'est devenu notre présid nt. — D. Claivid. | Moulin, 57, rue de cléry. vais pas trop mal, mère, sœur, très-bien. — Moulin | L. Dandrieu, commis écritures, 2e section, quai billy. ici ager bien portant, actrille sorti metz à tours. — Dandrieu. | Fournier, lieutenant 116e rég. levallois-perret. allons bien, et épernay, reçu lettre 25. — Amely. | Fournier, lieutenant 116e rég. à clichy. oui, oui, oui, oui. — Amely. | Carvès, lieutenant de vaisseau, fort montrouge, arcueil. Julie, moi, parents portons bi n. — Carvès. | Carvès, lieutenant vaisseau, fort montrouge, arcueil. Julie, moi, parents portons bien, embrassons. — Angèle Carvès. | Carvès, lieutenant vaisseau, fort montrouge, arcueil, paris. Julie, moi, parents allons bien, julie marche seule, envoyées trois dépêches, parents beynac bien, embrassons. — Angèle Carvès. | Carvès, lieutenant vaisseau, fort montrouge, arcueil. Julie, moi parents allons bien, reçu lettres, écris souvent, embrassons. — Angèle Carvès. |

Gilibert, sous-chef postes. rien reçu de votre famille, me voisin chinon bien, sans nouvelles de son mari depuis un mois. — Rabuteau. | Pinault, sous-chef postes. chamarande, 20 déc. très-bien, dire verdun, albert bien, figeac bien baissée, mantes très-bien. — André. | Charles Babon, 19, quai malaquais. reçu par famille bonnes nouvelles de mansuy, inquiet sur votre sort, écrivez-moi, transmettrai. — Lonblin, commis des postes. | Hovelacque, 2, rue fléchier. interprétez nos vœux ardents surtout aujourd'hui, santés bonnes partout. merci de nouvelles toujours impatiemment attendues. — Henry. | M. Le Clercq, directeur aux finances, paris. Esches parfaitement circoncision. | Chassinat, hôtel des postes. familles chassinat, plus un fils 20 déc. michau louis et alfred, bernier, béchet, verdun, cazalis, about, perrin, du locle, chaudey, renard, outelet, barbier, clairin de villeneuve, 63, rome, pelletan colonie st-georges et louis officier intact à hambourg, mlle vaudrey, tous parfaitement. — Libon. |

Amiot, 15, r. labruyère. tous bien, écrivez-nous souvent à bordeaux, détails sur vous et rue séguier, steenackers vous a accordé en décembre mille francs, demandez à mercadier, surtout à leveillé au télégraphe rue grenelle. — Feillet. | Poullain, 18, rue séguier. tous bien, moi auprès de frédéric, écris-nous souvent à bordeaux. la maison a-t-elle été atteinte? il y a dans la cave vin et beurre, prends-en, si besoin argent, demande aux tesson. — Feillet. | Gallet, 16, carrières-batignoles bonnes nouvelles de notre famille, rien reçu d'albert, albert parmentier prisonnier. — Gouget | Coronat, télégraphe. votre famille bien, frère lieutenant mobiles pyrénées-orientales, amitiés tramond, dauteroche, just. espère reverrons bientôt. écrivez. — Borel, bordeaux. | Réganhac, 9, carrefour odéon. avez-vous mes dernières dépêches? pas reçu lettres depuis longtemps, votre famille bien, écrivez détails. — Charros. | Chaligny, 19, rue colysée. écrivez-moi à bordeaux, pas reçu de lettres depuis septembre. bonne santé, bon espoir. — C. Chaligny. |

Ledieu, 8, tournon. bonnes nouvelles de noémi, tous bien, nouvelle promenade, 3, bruges. abbeville bien. — Ansault. | M. Renaudon, 11 bis, amélie, gros-caillou. prière avancer argent nécessaire chez moi, suis en mesure vous rembourser à mon retour. — Pol. | Rolland, 9, françois-miron. bonnes nouvelles vouziers, ai répondu, courage, bon espoir revoir bientôt, tout va bien, amitiés à tous. — Rolland. | Desenne, chef postes. merci vos lettres, maurin laval poste restante, famille babeau bien boulogne, mesdames petitpied, dauchez, baudel bien. — Ansault. | Mme Goubet, 3, perdonnet. toujours pas de nouvelles, très-inquiet, fernan l, moi, bien, dites beaujard la famille à bordeaux bien. | Jacqueron, chez lemerle, 11, rue chevert, paris. reçu lettres, bien portant, courage, soigne-toi, frères armée bourbaki, vous embrasse. — Jacqueron. | Marchal, 89, rue d'enfer. paris. st-martin santés parfaites, gustave très-bien, vos lettres, cartes, reçues, courage, bon espoir, tendresses. — Camille. | Koechlin, 41, faubourg montmartre. santé bonne, reçu quelques lettres, carlos mort octobre. — Eugène Esboecher. |

Lionville, secrétaire particulier e. picard, finances, paris. prière dire à mon frère officier mobile aube, nous écrire, sa famille en bonne santé est très-inquiète. informer aussi st-maurice, 4, rue vivienne, benoist avocat général, 51, rue verneuil. leurs femmes et enfants rentrés à troyes vont bien mille bons souvenirs, vos lettres arrivent. — Matrgrin, directeur général télégraphes bordeaux. | Léveillé, télégraphes, paris. famille bien, eugène exempt est à redon avec c zon, écris-leur, chartier à fougères, chauvin à vitré, merlin à st-malo, de corthille à montfort, desfoux à pont-audemer, donne nouvelles tante clémence et commettant siècle, tes commissions sont faites, reçu tes lettres et dépêches, besoin de rien, pérès craint partir. — Léveillé. | Pierson, télégraphe, paris. nouvelles châlons 20 déc. tout monde va bien, si voulez donner tous nouvelles, écrivez-moi ferai parvenir châlons voie sûre, bonjour aux collègues. — Christophe. |

68 Pour copie conforme :

L'inspecteur,

Bordeaux. — 30 décembre 1870

Evian-les-Bains, 2 déc. — Treillet, 1, scribe. bonnes santés, sommes évian. — Gilberte. |

Avranches, 3 déc. — Chardin, 64, boulevard haussmann, paris. pères, mères, enfants, georges, nos santés parfaites, recevons vos lettres. — Chardin. | m. Helleu, 4, rue chaillot-morny. troisième dépêche, allons tous fort bien, joseph collége travaille avec maurice. — Helleu. | Halle, 106, bac. avranches bien portants, lettres reçues, courage, écrivez. — Verdière. |

Bordeaux, 5 déc. — Routron, 5, madame. sans inquiétudes de nous, réunis lafaurie-monbadon, 21, bordeaux. respects, affections, attendons nouvelles vous et limal — Guérin. Guérin, 29, boulevard poisonnière. réunis roumestant, lafaurie-monbadon, 21, bordeaux, désirons vos nouvelles, affections à tous, amitiés hamelin. — Guérin. | Attias, 13, rue entrepôt. sommes joyeux, victoire, tous bien, bébé une dent, envoyez quatre kilogrammes chocolat léon, celui maman. — elvaille. | Aubert, 2, rue thénard. charles hambourg, georges tournet sous-lieutenant brême, nous bordeaux, 8, cours jardin-public, santé parfaite, reçu lettres. — Bihaure. | Lambert, 8, beauregard, paris. tout monde bien, comestibles boulevard mangez. — Maillac. | Lecrit, 5, hauteville. envoyez-moi nouvelles d'alfred. — Laclaverie. | Cros, inspecteur général, ministère marine. bonne santé, hâvre chez guesnet, avons argent. — Eulalie. |

Rota, 90, picpus. donnez immédiatement nouvelles émery, 68, cours tourny, bordeaux. — Roumestan. | Guerry, 12, rue dieu, paris. troisième dépêche, soyez sans crainte, excellente santé pour tous. — Henry. | Lopez, 11, boulevard malsherbes. benités jersey, reçu lettres, porte bien. ainsi famille irlande, nouvelles paraguay bonnes, encore nommé président. — Delol. | Lopez, 11, boulevard malesherbe. centurion, marie bientôt chichi, rivas arrivé paraguay, nommé juge paix piribebuy, lettre pour vous. — Delol. | Bellangé, 20, rue navarin, paris. cinq semaines sans lettres de vous, quitté sévigné. — Anaïs, bordeaux, poste restante. | directeur compagnie monde, rue quatre-septembre, paris. incendie sinistre réglés huit mille, vie dix mille depuis trois mois. — Vaissieu. | Mestreau, 15, rivoli. sommes bordeaux bien, reçu seulement une lettre, avons écrit souvent. — Gustave. |

Richard, 5, savoie, paris. dix lettres, portons bien, donne nouvelles. — Richard. | Valentin, passage violet. reçus vos lettres 19, continuez. — Frankfuster. | Valentin, passage violet. élias quinze mille francs notre disposition, renouvelé acceptation simmonds jusqu'à fin décembre, johannes pas parti. — Frankfuster. | Valentin, passage violet. a hambourg depuis octobre, relève maladie cinq semaines, écrit tout le monde, mille salutations à tous. — Frankfuster. | Ogerau, 36, rue baudin, paris. chagrine te savoir malade, sommes tous bien portants, nathalie ici, papa, maman bien. — bertine | madame Roussel, 49, rue douai, concierge ouvrira dépêche. que devient maria, sans nouvelles, écrivez à bordeaux où est anatole. — Rodel. | compagnie assurances monde. montmartre. propose escudé remplaçant, réponse immédiate. — Levyglier. | Piquard, 97, saint-lazare. reçu lettre bordeaux, tranquille, parents mulhouse bien portants, correspons famille alsace northing, partout bonne santé. — Théodore. | Chambon, 52, rue jeangoujeon. prière adresser nouvelles bordeaux, poste restante. — Georges. | Charcot, 6, avenue du coq, saint-lazarre madame, enfants, santés bonnes, sont dieppe, hôtel bains, reçu toutes lettres. — Roussel. |

Vidalhène, 15, place vendôme. tous bien. reçu lettre trente, pense à nous. — Vidalhène. | Goron, 169, faubourg poissonnière. si besoin argent impositions faubourg denis, 130, voyez guérinboutron, chocolatier, avancera pour sa sœur. — Roumestant. | Perier, 31, rue trévise. bordeaux, 23, rue franchise. — Perier. | Augros, 63, rue rome. père, mère, sœur, la rochelle, parfaitement, sommes bien. — Hélène | Berger, 63, rue rome. sommes bien, courage, soignez vous bien, écrivez vérité sur santé, je vous embrasse tendrement. — Isabelle. |

Veuve Letelier, 11, rue royale-honoré. despeuilles, général, henri, ordonnance, content, joseph beaune. nouvelles 26 bonnes, curzay part zouaves. — Herande. | Taupin, 9, suresne. avons reçu lettres, tous bien portants, pierre collégien, henry travaille. — claire Taupin, 59, rue saint-genès. | Hervieux, 12, victoire. pas de prusssiens à tout prix, emporter caisse sans ouvrir, passer fenêtre cuisine, clef appartement cuisine. — Vezard. | Rouillet, 91, faubourg st-martin, paris. tous bien portants. — Mendes. |

Yvetot, 4 déc. — Bruet, ministère finances, mouvement fonds. avons nous nouvelles, portons bien. — Quesnot. | Lebaron, 13, rue tour-des-dames. bien portant, bon espoir. — Cartier. |

Le Hâvre, 4 déc. — Marcotte, 44, rue d'enghien envoyez factures caisses au hâvre, enfouissez huit caisses argent, payez personnel, lettres factures reçues. — Rodriguez. | Ledran, 34, penthièvre, paris. reçues, bien hâvre. — Ursule. | Joubert, 80, lafayette. bien portant, donne nouvelle hâvre, toi eugène fait porter 100 fr. abbé lacroix, 126, faubourg poissonnière. — Fantauzzin. | m. Pitolet, 12, chaussée muette. passy. portons bien, lettres reçues. — Pitolet. | Devillers, 17, rue banque. santé bonne, dernière lettre datée 15 reçue 23. — Devillers. | Picard, 69, avenue wagram. bonne santé, hâvre. — Lacaussade. | Cail, 56, boulevard malesherbes, paris. familles halot, hébert, thérèse, lefranc, doublet bonne santé, 10 lettres, 3 dépêches expédiées, amitiés. — Doublet. | Boissier, 2, place palais royal. nous allons tous bien, sommes au hâvre. — Mustel. |

M. Dieu, 53, rue turbigo. tous en bonne santé. — Teshouide. | Mme loëb, 26, boulevard batignolles, 26, paris. recevons tes lettres, allons très-bien. réponse. — Loëb. | Monod, 5, des écuries-d'artois. quatre décembre enfants très-bien, ceux gustave aussi et nous tous, robineaux heureusement arrivés, merci lettre. — julien. | Tricot, 47, flandre. tous santé parfaite hâvre, léon avec nous, recevons lettres. — Tricot. | Sueur, 92, boulevard beaumarchais. reçu lettre 29, télégraphie, écrit souvent, marie, nous tous bien portants et au hâvre. — Masurier. | Dehesdin, 48, rue saint-lazare, paris. santés parfaites hâvre, amiens, brighton, roye. — Linguet. |

Troarn, 4 novembre. — Potellerit, 51, rue ménilmontant. toute la famille va bien. |

La ferté-macé, 4 décembre. — Rallu, 89, julien-lacroix, paris-belleville. parfaite santé tous, recevons lettres. — Rallu. |

St-brieuc, 4 décembre. — Bothen, secrétaire, 2e bataillon mobiles de guingamp, colombes, paris. tous bien, recevons lettres. — Bothen. | Frogé, val-de-grâce. famille bien, arthur arrivera janvier. — Frogé. | Proust, 35, arbre-sec. quand on pourra venir voiture étampes, envoyer gendre saint-brieuc. déposez trois cents poste restante ici. — Proust. |

Trouville-sur-mer, 3 décembre. — Louvencourt, 13, rue ponthieu. pas reçu lettre pour saint-roman, pas besoin d'argent, pense uniquement à vous. — Silveira. | Ladurie, 40, beaumarchais, paris. écrivez à trouville, santé parfaite. — Ladurie. | Mabille, 87, avenue montaigne. reçu lettre marie 30 novembre. pourquoi pas auguste? qu'il écrive immédiatement. — Mabille. |

Loudun, 4 décembre — Franck, 107, turenne. tout très-bien. — Haward. | mademoiselle Roberts, 3, avenue trouville, paris. j'ai perdu ma mère, prévenez belle-mère et rue jean. santés bonnes. — Marie. |

Ancenis, 5. — Mevil, 21, rue clichy, ou Lemoine, aux débats. maman, sœurs, enfants, à étretat. récentes bonnes nouvelles. — Massel. |

Nantes, 5. — Rafflard, 10, rue alibert. Claire londres, Henriette nantes, Chalamets villers, santé partout. décès connu, lettres parvenues, silence Chandora incompréhensible. — Jules. |

Clamecy, 4 décembre — mademoiselle Fey, 71, rue roquette, paris. envoyez-moi de vos nouvelles et de la maison à clamecy (nièvre). — de Chavanes. |

Castellane, 2 décembre. — Helly, lieutenant gendarmerie à pied, caserne prince-eugène. donner nouvelles, impatience. — Alexandrine. |

Nevers, 4 décembre. — Triboulet, 19, bonaparte, paris. oui, oui, oui. 2 morts. réponses multipliées. — Brossard. | Dieudonné, ingénieur, 126, faubourg-poissonnière, paris. Léonie, tous, excellente santé. espère. — Dieudonné. |

Tarbes, 6 décembre. — Dusart, 14, mazagran. santé excellente, tarbes 4 décembre. — Alvarez Dastugue. |

Marseille. 4 décembre. — Moreau, 7, louis-le-grand, paris. Charles prisonnier erfurth (saxe), bien portant. — Maixnere. oran. | Raffard, rue st-denis. rien souffrance. lucien hambourg, excellente santé. peacocks inébranlables, cantons écrasés par stock. vendons soixante balles 0. — Lila. | They, 2, arras. allons bien, dernière lettre reçue de toi datée 24 octobre. — Honoré. | vicomte Poli, 17, téhéran. reçu lettre 20 novembre, maman vu bien, ai écrit princesse, réponds hôtel de marseille. — de Poli. | Eydin, 46, rue du bac. santé parfaite, reçu bonnes nouvelles. — Eydin. | Margaron, 32, rue des rosiers, marais. portez à spies, boulevard des invalides, 17, deux cents francs. — Blanc. | de Roux, 89, cardinal-fesch. j'attends impatiemment désirée lettre. — affectionné Albert. |

Pau, 6 décembre — Brissac, 19, rue comète. pau, hôtel france. inquiète, écrivez — Eugénie | Gastineau, corps-législatif. merci lettres, tous parfaitement. georges superbe, studieux. embrasserons bientôt. — Bouard. | Leudet, 8, rue choiseul. sommes à pau bien portants, écris plus souvent. comment va berly? — Leudet. | Paul Xavier, 46, rue laffitte. six lettres, santé bonne. — Elise. | marquise Dangosse, 91, rue st-dominique-st-germain. recevons tes lettres, nous nous portons tous bien. — Lucile. | Bonneau, 72, rue amsterdam. donnez des nouvelles par pigeons ou ballons montés à pau, place royale, 3 (basses-pyrénées). — Leroy. | Blanchard, 96, grenelle-st-germain. tendresses. recevons lettres. charlotte, zénobie, famille houlgate. tous bien. — Jacquemain. | madame Chérubini, 116, avenue champs-élysées. lettre reçue, triste, santé bonne. lorsque possible viens ici. — Marcotte. | Roy, 38, jeûneurs. matin, 5. Isabelle embrasse père. tous bien. malgré froid, neige. malheureux pour vous. pensons, prions. — Roy. | Jacquard, 85, richelieu. nouvelle d'angleterre. cussey, bévierières, bonne. — Rémy. | Domange, 74, boulevard voltaire. très-bonne santé, vous voir serai heureux, envoyez argent, roux nouvelles bonnes, domange oncle bien. — Scellos. | Lannoy, 11, faubourg st-honoré. portons bien, habitons pau. commencez réparations cambacérès. demandez argent fourchy, boucheron, sagan, borel; insistez. — Penon. | Billard, 88, d'assas. 5e dépêche. santé parfaite pau, recevons lettres. — Billard. | Daunay, 83, rue d'assas. arrivés pau 8 novembre, envoyé quatre cartes et quatre dépêches, tous bonne santé. — Daunay. |

Pau, 4 décembre. — Vatin, 43, échiquier. reçu pau lettre brève. trente. vatin, ardant, ginot, guilhermoz, les frémonts, bien portants. salm, laure, bien. — Vatin. | Ganneron, 9, boulevard madeleine, paris. tous bien, bons professeurs, lettre du 30 reçue. — Boutillier. | Domange, 74, boulevard voltaire. scellos bien, enfants bien, dupuy reçu 600, yves 300, scellos ignore demande argent pour lui. — Dupuy. | Charlot, 31, boulevard sébastopol, paris. 42. lettre reçue aujourd'hui 4, avais reçu dernière lettre 6 novembre, tous santé parfaite. — Rousseau. | madame Malherbe, 103, avenue malakoff, passy-paris. gustave bien portant pau. raymond bien portant, prisonnier stettin. — Louise Daran. | Pelletier, 18, boulevard sébastopol, paris. tous bonne santé pau, hôtel paix. écrit douze lettres, trois réponses par voies indiquées. — Pelletier. | Dumotet, 94, lourcine. courage, ami. nous pleurons avec toi, nous te restons. elle est bien heureuse! — Bourdin. | Defrance, 22, rue grange-batelière, paris. daguerre, defrance, rouget, plisson, dernis, saint-quentinois, papa, bien. chalot, hubert, parfaites santés guiscard. — Defrance. | Odier, 4, paix. reçu lettre du 30, tous bien, trois enfants gueux superbes. — Odier. | Munier, 76, rue amsterdam, paris. allons tous bien, ta sœur ici depuis deux mois. — Munier. | Michelin, 3, vingt-neuf-juillet. pau, 5. tous bien, rassurez esther ray, béhier, androu. prenez charbon caveau chambry, clef concierge, serrurier. — Chambry. |

Nantes-central, 5 décembre. — Varcollier, 42, des écoles. désolés de votre inquiétude, sommes tous parfaitement, louise accouchée, avons envoyé quatre dépêches, inquiets de françois. — Varcollier. | Ladmirault, 3e du 1er, mobiles loire inférieure, mont-valérien, paris. troisième dépêche. famille bien, georges travaille division, recevons lettres. — Ladmirault. | Driou, 23, rue mail. mari, louis, cécile, bien. écrivez-moi. — Luperly. | Millet, 22, vivienne. très-bien portante, herminie troyes. — Millet. | Lenoir, 33, avenue wagram, ternes. voyez chez lefebvrier et poste. — Lenoir. | Magdelaine, 28e mobiles, 1er bataillon, mont-valérien. tous bien. ferdinand. capitaine. même ville. albel, ernest, bien. amitiés. — Marie. | Duprez, 13, rue turgot. imminent, donnez par banquier deux cents francs à odilia, réponse par ballon. — Marie. | Guyon, 4, st-florentin, paris. santés parfaites, espoir, prions. — Guyon. | monsieur Marchand, architecte, 12, rue de douai. henriette a dix-huit jours, nous sommes tous bien, avons expédié nombreuses dépêches. — Louise. | madame Sr et, 16, rue barouillère, paris. constant, filial souvenir. maison nantes prospère providentiellement, santé mère supérieure meilleure, amitiés jénaïde. — Claire | Gaiffe, 40, st-andré-des-arts. tous bien bonne santé nancy. édouard pas nouvelles, élisa vingt francs, diminuer françoise. paul, henri, bien — Gaiffe. | Lefièvre henri, 1re batterie, 4e pièce, artillerie mobiles nantes. tous bien, reçu lettres, ludovic algérie, grand'mère morte. — Lefièvre | Bardin, 37, aboukir. confirme deux dépêches novembre, porte bien, reçois tes lettres. — Dupont. | Georges Goffin, 2, aboukir, paris. ai fille, reçu tes lettres, nantes andrezy tous bien, embrassons. — Gabriel. | Rivière, ferme-mathurins. reçois lettre datée hier. quel étonnement! berry nous bien, écrivez. — Joséphine. | Adam, 103, faubourg-st-denis. reçu de londres le 5 enfant bien, lettres parvenues. — Bouvié. | Douillard, architecte, 27, assas. sixième lettre reçue aujourd'hui. tous bien, marie vous embrasse, ernest capitaine, clisson pas parti. — Arthur. | Narcillac, 5, rue iéna. sommes restés à dezrerie. angers, rennes, tous bien, pas froid. — Denise. | Dufet, artillerie nantaise, villette. tous bien portants, alexis à bordeaux. — Dufet. | Boulanger, 5, passage lepic, paris. reçu deux lettres, j'envoie trois cents francs. attentions, bons soins pour mère, serai reconnaissant. — Boulanger. | Gamard, 16, choiseul. santés parfaites. aux quatre questions: oui. — Rivière. | Saillour, place boïeldieu, paris. Jean général, défend mon pays. tous bien, reçu tes lettres. — E. Saillour. | Etienne, 7, meyerbeer. Claire et enfants sont bien orbec. — Etienne. |

SERVICES ET AUTORISATIONS.

Graziani, 12, rue port-neuf. à thy santé excellente, écrivez recevons lettres. dernière 26 déc. — Graziani-dagron. | Roger, 8, boulevard st-michel. confirme dépêches. abondance années. sois tranquille, amie Fradel moyen te prévenir promptement des événements. | Roger dagron. | Savoye, 6, sébastopol. faites demandes numérotées. répondrons par oui, non, bonnes santés, reçu lettres, bon espoir, savoye, st-aubin. — Dagron. | Collignon, 3, laffite. depuis longtemps vannes morbihan, place poissonnerie, bien portants, manquons rien, avons reçu tes lettres. — Collignon. | Weil, 27, échiquier. lebrasseur decourcelle bordeaux, philippe manchester, dumont, vanderheym bruxelles, schever brighton, tous bien — Lebrasseur. | Delaberge, 93, bac. remerciments, approbation champagnette, tous amis parfaitement. — Delaroche-Vernet. | Lamy, 135, sébastopol. allons parfaitement tous, chevalliers aussi, nantes. — Vallée. | Delalande, 10, aubriot. allons bien dannes bonnet également. — Saumur. |

Desportes, 8, favart. famille très-bien st-félise. — Chauvin. | Bréton, librairie hachette. excellentes nouvelles enfants et famille. — Chauvin. | Donon, 2, place opéra. excellentes nouvelles de famille donon henri gautier, jacques saunier. — Chauvin. | Spenner, 49, lille. nadelin tous parfaitement. — Spenner. | Duseuil, 136, faubourg st-honoré. nous allons tous bien, amitiés. — Felle. | Lecoq, 18, boulevard invalides. famille parfaitement rabbot lycée angers, worms perrot bien — Delaroche vernet. | Rau, 14, pré-aux-clercs. pour louis miron. tous bien à blois, albert au mans. — Pellissen. | Ralbot, 15, fossés st-victor. écris-moi lycée angers. — Ralbot. | Balleyguier, 54, vaneau. odalie accouchée garçon, tous bien. — Sirouy. | Barbier, 178, crimée. berthe aîné parents, amis granville parfaite santé, sainte-geneviève, aussi fenestre naissance fille 19 septembre. — Sirouy. | Sirouy, 23 fleurus. reçu lettres 15, 24, 30, dames cauchepin, margaux, dames mary beaulieu, enfant northpeart bien portants. — Siroy. | Bardin, 28 barbet-jouy. mortemart demande nouvelles et argent bruxelles, chaussée vavre, 32. — Sirouy. |

Bérillon, commissaire police. tous bien portants, manquons rien. préviens anatole eugénie arrivée st-maur à trouville. bayonne, chez sempré — F. Bérillon. dagron. | Grandgeorge, 32, échiquier. tous bien brilantais. grandgeorge lec, raphaël bien, autres assez, forceville. enfants vendôme, desfossez, enfants trouville bien. — Grandgeorge. | M. Samson, 18, rue rossini. beau garçon, souffrante, triste — Marie. | de Wolbock, officier d'ordonnance de l'amiral fleuriot, la muette. passy paris. aucun événement, tendre souvenir. nantes, janvier — Marie |

Landivisiau, 5 déc. — M. C. V. Fouquet, 11, rue turbigo, paris. reçu toutes lettres. sœur et moi bonne santé, revoir bientôt. — fme Fauquet. |

Nantes-central, 7 déc. — Jacquier, monge, 31. berthe, tous parfaitement. — Dussard. | Texier, lieutenant artillerie, 7, descombes. tous bien. joseph même position, donne détails personnels. — Joseph. | Colcaud, rue choiseul, 4. nous nous portons tous bien. — Gâche. | Lepetit, 5, beaujolais, palais-royal. santés excellentes, reçu lettres lepetit fin novembre, inquiétudes constantes. écrivez tous. — Lepetit. | Mallet frères, banquiers compter trois cents neveu boussineau, sergent 28e régiment marche, mont-valérien, vient, sinon faire parvenir — Boisselot. | Brunet, 4, ferronnerie. tous quatre bonne santé, 7 déc. — Brunet. | Alphonse Leduc, 28e mobile, 1er bataillon, 1re compagnie, demande cent francs cousin leloup, donne

Bordeaux — 30 décembre 1870.

reçu, recevons lettres, tous bien.—Leduc. | Louis Ploquin, mobile 2e compagnie, 1er bataillon, 28e régiment. santé bonne, écris-moi. besoin argent, driou. — Ploquin. |

Toulmouche, rue douai, 14. mille remercîments, vous embrassons tous, baptistin. — Puget. | Sireyev, rue d'enghien, 30, paris. confirme bonnes nouvelles de femmes et enfants, lettres de londres deux. courant, — H. Boucher. | René, 30, rue madame. victor jambe guérie; croix officier, caroline chez alphonse, faites demandes par lettres, répondrai par pigeons. — Gérard. | Rodier, place madeleine. 19, paris. famille nantes trois santeuil tous bien, reçois lettres, versailles bien. — Rodier. | Cadou. 14, drouot, paris. toutes trois bonne santé compris père, mère, cadou réfugiés à lisieux. — Cadon. | Pemangert, pigalle, 9 bis. inquiètes. écris-moi, nous sommes bien. — Demangent. | Genevois. mont-valérien, 5e bataillon. bien, inquiète. écris immédiatement. — C. Genevois. | Chandonné, 43, rue caumartin, paris. Jules, alphonse, charles bien portants. reçu ta dernière lettre — Charles. | Menard, boulevard malesherbes, 29. nantes, 7 décembre. troisième pigeons. santés bonnes, grand-père affaibli. charles écrit jamais, pourquoi ? — Menard. | Coutant et maréchaux. deux boules, paris. reçu lettres, écrit riceys fonds expédiés, adresserai réponse. s'occupe activement de vous. — O. Tuarmainrail. | Hébert, officier ordonnance, 9e secteur, avenue d'italie 75, paris. redemande argent labrousse, espère recevra, quatre télégrammes, bonne santé tous.—Hébert. |

Alger. — Vattemare, administration gare havre, paris. maurice écrit prisonnier coblentz, santé bonne. envoyons argent, sans nouvelles alexis, écrivez par ballon. — Saussol. | Susani, 265, rue st-honoré, paris. quel tourment, vas-tu mieux ? envoie cinquante, mes tendresses. — Angélique. |

Milianah. — Guibert, 24, lamané, batignolles, paris. milianah, 2e dépêche. sœur reste steinan, écrivez par smith, 9, route eldon keissington, londres. — Guibert. |

Marseille-central, 5 déc. — Seligman, richer 44. Ici, divonne, bacharac, tous bonne santé, reçu lettre ballon 30, continuez écrire. — Alphandèry. | Samson, nevers, 22, paris. reçu vos lettres, edma accouchée fille, portons tous bien. — Samson. | Chateauminois, fort ivry. lettres reçues, grande consolation. allons bien tous, claire charmante, dents percées, georges robuste. souhaitons vivement retour. — Emma. | Labbé, 9, rue cléry, paris. sans nouvelles. comment allez-vous, je vais bien, prévenez famille femme malade va mieux. — May. | Riverin. 5, aubriot. renvoyé carte, reçu lettre 30 novembre, caroline arnaud nous bien, girard mobilisé, gustave espérons non — Michel. | Potain, 112, rue grenelle-st-germain. affections.— Jouan, marseille poste restante. | Maison, capitaine major, école militaire, paris. reçois lettres, la famille va bien, surtout les enfants, sommes tranquilles. — Alexandrine. | Bon, chevert, 28. envoyez carte dépêche, réponse. portons bien. — Lemoine. | Ministre justice, paris. informer testament véron chez rousset jacob, 48, suis intéressé dernière urgence. — Bleu. | Bloc, 15, place abbesses. 4e dépêche. tous bien. — Estier. | Briffault, chapelle, 145. portons tous bien. recevons lettres, écrivez souvent, parlez des amis.—Hugue. | Gompel, rue saint-sébastien, 6. reçue lettre tous bonne santé, dites à joseph, philippe prisonnier coblentz, lui ai envoyé argent. — Alibert. | Cail, grenelle. jubeau écrit avoir difficultés, travaux suspendus, envoyez par deux ballons renseignements sur avancement matériel des six fabriques. — Chailan. | Lévy, rue charenton, 10. reçu lettre. besoin argent emprunte, après guerre rendrai, écris souvent. — Alibert. | Coreil, rue du faubourg poissonnière, 112, sommes en peine, écris. — Capponi. | Flury Hérard. trente-cinq encaissés, versé trente-un banque, rien reçu de schelen. — Droche. | Mme Legrand, 3, four-st-germain. suis bordeaux souffrant. empruntes sœur loyer et besoins, rembourserai, sans nouvelles, inquiet. écris ballon, tendresses. — Abel. |

DÉPÊCHES-MANDATS.

Série B (suite) — 13 janvier 1871.

N. 181. — plancoet, 180. — lebret à rené lebret, 20e régiment marche, mobiles côtes-du-nord, 1er bataillon, 6e compagnie. — 30 fr. | n. 182. | bourg-en-bresse, 77. — me tisserand à tisserand, caporal, mobiles ain, 2e bataillon, 2e compagnie. — 50 fr. | n. 183. — sommières, 15. — puech à puech louis, 43e mobiles, 3e bataillon, 1re compagnie. — 40 fr. | n 184. — sommières, 16. — barbusse à scipion barbusse, 43e mobiles, 3e bataillon, 1re compagnie. — 30 fr. | n. 185. — nantes, 11. — boju à boju aristide, 28e mobiles, 5e compagnie, mont-valérien. — 20 fr. | n. 186. — caen, 88. — hadin à m. ou me béchée, 54, rue de lancry. — 100 fr. | n. 187. — épinac, 274. — perrin à gabriel perrin, sous-lieutenant, 13e mobiles, saône-et-loire, 1er bataillon, 4e compagnie. — 40 fr. | n. 188. — nantes, 4. — berthault à julien berthault, 4e zouaves, 7e compagnie, 2e bataillon — 100 fr. | n. 189. — limoges, 77. — me coudut à lagorce, 75, rue faubourg-st-antoine — 50 fr. | n. 190 — anduze, 60. — deleuze à marc deleuze, soldat, 6e de marche, 4e bataillon, 5e compagnie, 13e corps. — 15 fr. | total. 475 fr

N. 191. — st-jean-de-losne, 20. — levêque à levêque, 10e de la garde mobile, 1er bataillon, 7e compagnie. — 90 fr. | n. 192. — st-jean-de-losne, 29. — mugonnet à félix-charles mugonnet, 10e mobiles, 1er bataillon, 7e compagnie. — 50 fr. | n. 193. — st-jean-de-losne, 63. — bernur à frédéric bernur, mobiles côte-d'or, 1er bataillon, 7e compagnie. — 25 fr. | n. 194. — st-jean-de-losne, 63. — carré à auguste carré, mobiles côte-d'or, 1er bataillon, 7e compagnie. — 25 fr. | n 195. — beaumont-sarthe, 90. — morin à albert morin, 8, passage neveux. — 50 fr. | n. 196. — lille, 2. — audony à me delille, 1, rue claperon. — 300 fr. | n. 197. — beaune, 92. — maugras à tartario, mobiles côte-d'or, 1er bataillon, 3e compagnie. — 30 fr. | n. 198. — beaune, 77. — barberet à barberet pierre, 10e mobiles, côte-d'or, 1er bataillon, 3e compagnie. — 20 fr. | n. 199. — épinac, 281. — baylé à baylé claude, caporal, 13e mobiles, saône-et-loire, 1er bataillon, 7e compagnie — 0 fr. | n. 200. — épinac, 282. — quintint à claude quintint, 13e mobiles, saône-et-loire, 1er bataillon, 5e compagnie — 10 fr. | total, 620 fr.

N. 201. — st-omer, 86. — moreau à me roger, 18, rue crosatier. — 300 fr. | n. 202. — lorette 49. — me dumains à dumaire jean-baptiste, 13e de ligne, 4e bataillon, 3e compagnie. — 20 fr. | n. 203. — anduze, 79. — bernard à louis bernard, 6e de marche, 4e bataillon, 5e compagnie, 13e corps. — 10 fr. | n. 204. — lyon-terreaux, 87. — didier à derain benoit, gardes mobiles, 2e compagnie, 3e bataillon. — 20 fr. | n 205. st-mathurin, 78 — mlle derore à dumarcel, rue palestine, belle ille — 100 fr. | n. 206. — pamiers, 92. — maison à jules maison, 114, faubourg-poissonnière. — 500 fr. | n. 207. — alais, 25. — deleuze à deleuze, 83e de ligne, 2e bataillon, 3e compagnie, neuilly. — 10 fr. | n. 208. — annonay, 72. — bidault à maurice bidault, mobiles indre, 1er bataillon, 4e compagnie. vitry-sur-seine. — 20 fr. | n. 209. — lyon, 31. — perret à doré, 63, rue chabrol. — 100 fr. | n. 210 — toulouse, 52. — fèvre à me fèvre picard, 5, rue de louvois — 150 fr. | total, 940 fr.

Le Comptable,

Bordeaux. — 30 décembre 1870.

Auray, 8 déc. — Baillods, 19, louvain, paris-ternes. tous bonne santé, lettres reçues. — Baillods. — Büchler, 19, de louvain, les ternes. à auray nous sommes tous parfaite santé.—Büchler. |

Mézières, 14 déc. — Rousseau, rue chabrol, 69. reçu 12 lettres, 5 décembre, amable, françois ici, reçu lettre aline, louise, tous bien portants. — F. Cavé. |

St-Malô, 12 déc. — Patrelle, 35, neuve-st-merry. cécile, lucien, laigle, bonnes santés, dire questroy tous parfaitement. — Rouget. | Lafond, 4. place bourse, paris. encaisse 32,000 francs, pertes à peu près nulles, situation bonne. — Maillard. | Protêt, rue auteuil, 59. santé bonne, reçu dernière lettre 16 novembre, inquiète, écrivez. — Pointel. | Bucquoy, 81, université. dernières nouvelles parents, 30; bien, mais menacés, nous tous bien, bayswater nord-ouest kensington, mandrou guéri. — Louise. | Questroy, 8, rue mail. tous bonnes santés, andré engraissé parle parfaitement, bons baisers, impatience inexprimable revenir, victoire, enfants bien. — Questroy. |

Saint-Servan, 16 déc. — Lhuillier, 55, meslay. reçu 2 lettres, envoyez nouvelles par moyen arnold grob, bonne santé tous. — Meyer. | Dénœux, 56, dames, batignolles. lettre reçue, détail plus tard, portons tous bien, bretocq aussi. — Meyer. | Leveillé, conseiller état. remettre maurice colas, 26e régiment, 5e bataillon, 7e compagnie, mobiles. boisson, miniac, familles servan bien. — Maurice. | Dhenry, dareau, 61. tous bien. — Alphonsine. Berthon, assas, 90. bonne santé, reçu lettres, logés maison dière, ville pepin, saint-servan. — Berthon. | Sibillat, bonne-nouvelle, 7. bonne année, recevons lettres, tous bien portants. — Sibillat. | Lot, 14, st-florentin. 10e dépêche, deschambeaux ici, tous bien, gustave échangé pontivy, gaston armée loire. — Lot. | Parquet, 50, douai lettre reçue, espoir, amitiés, mari bruxelles, bien. — Le Danois. | Debucq, 56, enfer. enfants toulouse, nous saint-servan, bonne santé, marie enceinte. — Hubault. |

Saint-Mâlo, 19 déc. — M. Paliard, jacob, 48. monseigneur, nous pau, mercier, bien. si possible donnez nouvelles des edwards. — Léon Vaillant. | Courtois, 42, rue clichy. allons bien, reçu lettres. embrassons, envoyer fernand, marie malines. dépêches envoyées, triste, sage. — Courtois. | Gautier, 14, place hâvre. paramé santés excellentes, aussi gautier st-servans, évrard londres. enfants travaillent, lettres reçues, installation parfaite. — Lalouel. | Abbé Villequier, boulevard italie, 126. famille bien, évreux occupé puis évacué. parents, habitent boulay, respectés, marie accouchée bien. — Lorgeril-Vaulerault. | Délon, reuilly, 25. odille très-bien, beaglet mieux, pas guéri. |

Rennes, 19 déc. — Vincenot, rue poussin, auteuil. annecy parfaitement, rosine lane. — Lucien Pasparts. | Mme Thomas, cambacérès, 27. oui. écris souvent. — Thomas. | Ribail, gare ouest. votre 3e lettre et 1re arrivée, donnez nouvelles. personnel et matériel vont bien. — Mayer. | Lebon, 11, drouot. usines approvisionnées largement, recettes, directions en main. pochon. longuère, banque prends plus versements. Parthenay, poste restante. — Longuère. | Léon Véron, lieutenant vaisseau. 2e compagnie, 2e bataillon, marins brest, fort bicêtre. famille bonne santé, ligugé également, eugène décédé. — Veron. | Piérard, directeur ouest. exploitons cherbourg, honfleur, bernay, laigle, mans, bretagne. personnel et matériel vont bien. — Mayer. | Leroy, 170, lafayette. saint-just, charles, moi londres. tantes, lucie, villers, accouchée garçon, tous bonne santé, reçu toutes lettres. — Alphonse Leroy. | Marteau, gay-lussac, 3. nous, georges bien, marteau bretigny bien, sommes rennes, dire bourin félix, marie rennes. — Berrus. | Millet, faubourg poissonnière, 31. moi, enfants, mère, bonne santé, sophie un garçon bien, pas besoin argent, tranquillise toi. rennes — Millet | Plainelépine. bataillon mobile vitré. santés bonnes, lettre 7 arrivée. — Edith. | Griéges, 39, joubert. quelle douleur! pauvre père remplace moi près louise et enfants. rennes, santés bonnes. — Maurice. | Storelli, 28, godot-mauroy. vais bien, andré manutention bordeaux. boucly rennes bien, rouchin bien. — Storelli. | Lebon, 11, drouot. chartres occupé marchera encore février, recettes diminution, autres usines vont bien. pochon, granville, parthenay, poste restante. — Longuère. | Dêprez, 48, pagevin. sommes rennes, bretagne, hôtel piré, avec parents, santé parfaite. — Marie. | Rouvrit, 87, saint-lazare. allons bien. reçu is lettres, lycée, 3e dépêche, rennes. — Rouvrit. |

Jonzac, 14 déc. — Alexis Ledoux, 8, rue chaligny. portons bien, envoyez nouvelles. — Ledoux. |

Niort, 13 déc. — Houbrat, 63, rue rome. toutes et enfants bien. recevons lettres, lucien 16 dents, tette, marche. émile, fiquet, chevillard bien. — Masson. | Fitremanne, rue saint-honoré, 191. portons tous bien, rose, me zinger aussi, pas compromettre vie pour venir. — Juliette. | Cary, boulevard beaumarchais, 22. tous bien portants. reçus. — Cary. |

Bergerac, 16 déc. — Lion, 167, rue montmartre. bonnes nouvelles depêtre, marie travaille, allons bien, émile revenu légèrement blessé. — Perthe |

Montignac, 16 déc. — Lacoste, receveur postes, rue de rivoli, 132. tout le monde se porte bien. — Veziat |

Laval, 12 déc. — Pierre, boulevard michel, 16. pour regnault, dévry et sauzay. congé à norès pour juillet, appartements bac, 59. réponse. — Vilfen |

Brives, 14 décembre. — M. Hirard, rue portalis, 9. lettres reçues, merci, tous bonne santé. — Miathe |

Argentat, 14 déc. — Breteuil 23, ferme-des-mathurins, porte bien. — Magdeleine |

Montélimar, 17 déc. | Palmier, passage sainte-marie, 5. portons bien, lettres reçues, achetons bas prix — Palmier. |

Auxerre, 14 déc. — Corvol, 61, port bercy. votre père décédé, avons écrit souvent, tous bien portants. auxerre, clamecy rien. résolution affligeante. — Baume |

Albi, 13 déc. — Laportalière, lieutenant mobiles, 7e régiment, 3e. paillés, nous, parfaitement, lettres arrivent. édouard, paillés, paresseux, écrire souvent surtout après action. — Laportalière. |

Séez, 13 déc — Turenne, bac, 100; paris. tous bien partout, lettres reçues, écrit toujours, 12 décembre. — Turenne. |

Ernée, 13 déc. — Raucourt, rue sévigné, 13, paris. santé excellente. — Brochard. |

Tours, 7 décembre. — Rivière, 180, faubourg saint-honoré. famille laforest va bien, femme en algérie va bien. gaston retourne lycée. — Aubert, employé télégraphe | L. Petit, sergent-major 3e compagnie, 51e bataillon de la garde nationale, caserne nicolaï, bercy. famille, moi parfaite santé. mets effets marie sous clef (voleuse), renvoie madeleine et motus. — E. Petit. | Raymond, inspecteur télégraphes. reçu lettre madame laveyrie 3 décembre. elle et tous bien. — Moncel. | Forceville, 125, boulevard la gare. portons bien, plus d'argent fin mois. roussel à bordeaux, envoyez bons par poste. — Buffard. | Bojano, 43, faubourg saint-honoré. trois, mère pan, charles bien, adolphe cassel, bon lesant. — Livia. | Fadin, 15, rue chapon. paris. portons bien. sans nouvelles hermann depuis 13 novembre. écrivez plusieurs lettres détaillées différents bureaux. — Schloss. — Otterbourg, 39, boulevard capucines, paris. comment votre santé? sans nouvelles hermann, dites écrire plusieurs lettres commerciales grande poste. — Schloss.

Legouay, 5, christine. envoyé neuf dépêches. tous bien installée, brigthon, 19, saint-michaels place, recevons lettres, apprenons anglais. — Maria. | Tonia, 24, fer-à-moulin, souvenirs, écrire. — Alban | Fournier, 14, berlin, paris. casis et enfants parfaite santé. reçoivent lettres. leur ai remis deux mille, continuez écrire. — Jenty. | Meynier, 15, londres. votre damme et fils sont aux sables d'olonne bien portants, écrivez, leur ai remis argent.—Jenty. | Devillers, 13, rue buci, paris. mulhouse, décembre chez dollfus, tous bonne santé. écrire chez klein bâle, sous double enveloppe. — Devillers. | Kugelmann, 13, rue helder, paris. comment votre santé? sans nouvelles, rue du chapon, dites hermann écrire immédiatement lettres détaillées. — Schloss. | Scinma, 40, hauteville argent suffisant, cependant hésitons pour réaliser même avantageusement valeurs étrangères. envoyez coût instructions nécessaires, tous bien. — Rochery. |

Nathan, 16, grammont, paris. baisers tendres pour 8 décembre, remercierai dieu bonheur passé, prierai pour bonheur futur, tous bien. — Marie | M. Rochechouart, 11, cherche-midi. mère, femme, enfants à ostende bien portants, sœurs, neveux aussi. reçu lettres jusqu'au 13. — Rochechouart. | Emerique, chez Fould, 3, rossini, paris. toutes parfaites santé, émile infiniment mieux, familles émile, isidore bruxelles, avons vos lettres. — Célino. | Hatton, 73, caumartin. filles vont bien en pension. — Carlier. | Deboudé, 21, boulevard haussmann. si indispensable, quoique étrangers, payez impôt piguet, faubourg poissonnière et condorcet, mérian, 16, bleue, bauer. — Piguet-Mérian | Madame Caro, 9, rue thénard, paris. tous parfaitement portants. — Thérèse Caro, Caen | Berge, 240, faubourg honoré. femme, enfants bien portants royan, père et famille, louis également. — Caroline. |

Coulomb, 6, place madeleine. tous avec mère, bonne santé, lettres reçues pau, 6, rue porte-neuve. troisième dépêche. — Boissonneau. | Deconchy, commandement 107e marche, joinville-le pont. marie brington bien, vous embrassons chéris. cœur et prière avec vous. — Isabelle, quatrième dépêche | Baillarger, 15, malaquais. gabrielle, nous pau, marie attend du 10 20, avis nourrice, robert habitants jonchère saufs, familles bien. — Baillarger. | Prévost, 23, missions, paris. alice très-bien. — Alphonse. | Focillon, 27, châteaulandon, paris. allons bien, écris-moi. — Alphonse. | Guillaume, 83, saint-lazare. toutes parfaitement, étretat, soissons bien, naives bien, émile prisonnier. — Guillaume. | Gaume, 7, dupuytren. tous parfaitement étretat. mertiau lichtenstein bien prisonniers. — Roussel. | Villemont, 17, bergère allons parfaitement, reçu lettres monnet, sables, pierron, chasseloup prisonniers. — Dethierry. |

69. Pour copie conforme :

L'inspecteur,

Bordeaux. — 30 décembre 1870.

Auray, 14 déc. — Langlois rue des petites-écuries, 52. allons bien tous, malheureu es loin de vous, étienne vont bien. — Langlois. |

Avranches, 11 déc. — Darcy, 91, feuillantines, paris. allons bien, avranches. — Tanquerel. | Piboret chabrol, 20, paris. reçu dépêche, contente, santé bonne, froid oppresse, ennui. — Desfontaine. | Destors, rue laffitte, 13, paris. maman rue des sœurs blanches, 24 à ostende va bien. adèle à avranches. — Pocourt. | Mlle Lelarge, 52, rue des moines, batignolles. inquiète pas lettre émile. — Léonie. | Vanouwenhuysen, 11, rue joubert. porte bien, reçu lettre cowston, invite chez lui, n'irai pas. effet brûlé. — Julie.

Charlieux, 10 déc. — Dugard, rue caumartin, 32. allons bien, tante ici, non envahis mais menacés, moi exempté myopie, écris de suite. — Henri. |

Cadillac. | Mothes, rue bourg tibourg, 23, paris. tous bien, mis trente francs poste.—Mothes.

Rochefort, 8 déc. — Francart, 16, poissonniers, montmartre. très inquiète, écris moi immédiatement. — Francart. |

Balleroy. 8 déc. — M. Mathan, rue d'auteuil, 16. nous nous portons bien. — Clara Mathan. |

Aurillac, 7 déc. — Vidal, racine, 6. tous trois bonne santé. lucien, marseille, ricard, genillé, indre-et-loire, mauquons de rien.—Caroline. |

Villefranche-laugarais, 10 déc. — Fraisse, 180, rue de la pompe. allons tous bien. — Maurice Fraisse. |

Toulouse, 10 déc. — Mallet, 54, boulevard villette, paris. votre famille va bien, moi aussi, les usines également, soyez sans inquiétude. — Loubat. | Pillet, avenue clichy, 78. reçu lettre, santés bonnes, paul actuellement bruxelles, écrivez moi.—Munte. | Douladoure, zouave marche, 1er bataillon, 1re compagnie. donnez nouvelles. — Paterac. | Darangon, reuilly, 77. sommes à ravy, santés excellentes, courage. — Daragon. | Dieulafoy, caumartin, 16, paris. santés bonnes, marie, ernestine, recevons lettres. — Eugénie. | Soulés. 52, rue sévigné. enceinte de cinq mois, nous allons bien, soyez prudents. — Soulés. |

Evian-les-bains. 9 déc. — Girod, 18, provence. allons parfaitement, poële antichambre, excellentes leçons hebmann. bébé bien, bouge pas sans avis. marthe superbe.—Elisa. |

Limoges, 10 déc. — Cottar, 1, mail. muron. eugénie, enfants, mère leroy, guybert, bien. reçu lettres, écrivez souvent. — Guybert. | Dupuy, saint-sulpice, 24. vais bien. — Dupuy. | Gauté, 29, saint-hyppolyte, paris-passy. famille bien portante, trois enfants superbes, calme parfait. nul besoin, regrets, courage, affection. — Gauté. | Brunet, 41, rue vaugirard. tout le monde va bien, paul au lycée, depuis 1er décembre. — Brunet. | Marsais, 4, place odéon. deuxième dépêche par pigeons. enfants, tous portons bien, père, mère à lody, depuis 30 octobre. — Tarnaud. | M. Saint-Paul, 1, cirque. émile et sa famille à lausanne, nous à salvant, tous bien portants. recevons vos lettres. — Valentine. | Navelet. richelieu, 8, paris. allons bien, écris souvent reçois tes lettres, donne nous nouvelles tessereau, émile.—Cécile. |

Nantes-centre, 11 déc. — Rigault, 12, boulevard batignolles. lettre reçue 10, félicitations, remerciements, conserver argent non placer, santés parfaites avisez mes enfants. — Guyot. | Boiscourbeau. 3e, 1er. 28e mobiles, mont-valérien. famille toujours bien, familles amies bien, lettres reçues 4 décembre, autre dépêche envoyée. — Boiscourbeau. | Deboudachier. lycée saint-louis. santé bonne, heureux ici, philippine bien, serres loge prussiens, vu lissajous. — G. Deboudachier. | Olivier, 14, caumartin. santé parfaite tous. — Eugénie. | Bétout, ministre marine. Cordier, baudry, amélie, robert, eugénie, parfaite santé nantes. — Marolles. | sœur Clémentine, ambulance palais justice, toutes bien constance nantes. — Petard. | Delachaume, 37, rue acacias. fernes tous se portent bien. pauline reçu votre lettre 6 décembre. — Estienne, nantes. | Louis Berthelot, lieutenant 3e bataillon, 28e mobile, mont-valérien. je suis très bien, voudrais bien recevoir plus vite possible. — Céline. | Lelasseur, 8, roquepine, paris. tous bien avec albéric, reçu lettres du 4. tendresses. — Octavie. | Leipman, 71, aboukir. désirée, michel, bien portants, recevons vos lettres, écrivez souvent.—Désirée. | Clausse, capitaine 28e mobile, 3e bataillon, mont-valérien. très bien en famille, reçu argent, je m'ennuie. — Jacquette Clausse. | capitaine Debejarry, mobile vendée, ambulance saint-dominique. inquiets, anatole ici, tous bien, théobald lieutenant arrivé du mans vendée tranquille.— de Bejarry. | monsieur Percheron, rue madame, 32, paris. je me porte bien, écrivez moi, elsine, goupillat à nantes.—Percheron. | madame Ydée, passage neveux, 4. paris. je suis en bonne santé, écris moi immédiatement, usine goupillat à nantes. — Ydée. | Meslier, sentier, 19. poulain, meslier, tous bien. — Poulain. |

Angers, 17 déc. — comte Chabot, cité vindé. allons bien, angers, desnerie rennes. enfants superbes, rien de vous. — Vindé. | Gholet, 99, université. tous bien, beauregard aussi, henri, maurice, préservés. — Marie. — Bréham, 7, scheffer, passy. santé excellente, laflèche aussi, lemoine parti rochelle. — Bréham. — Marconnay, 50, bas-du-rempart. aucune nouvelle, inquiet. écris chaque ballon angers. embrasse. — Alfred. |

Guéret, 17 déc.—Tintan, 10, cardinal-lemoine. mon fils, donne nouvelles immédiatement. — Tintan. |

Clermont-l'Hérault, 8 déc. — Durand, rue neuve-mathurins, 43, paris. Eymar exigeant lettre de vous pour toucher fonds américains, adressez-moi autorisation ballon. — Maistre. | Durand, 43, rue neuve-des-mathurins, paris. pouvez-vous faire payer par succursale montpellier partie de mes fonds, avons confiance. — Maistre. | Bouissin, 46, faubourg poissonnière, paris. ayez confiance, donnez nouvelles étude renard. dites durand compter mille francs pauvres, mon compte. — Maistre. |

Grenoble, 9 déc. — Chaper, 29, boulevard malesherbes. cinquième dépêche, recevons tes lettres, cécile, enfants, maurice, sommes grenoble, bien portants, bonnes nouvelles arthur. — Valentine. | Chalonge, 13, lafayette. reçu journaux 3 déc., portons bien. — Train. | Sandier, 31, rue coquillière reçu vos lettres compris celle du 30. famille vienne, grenoble, vénissien vont bien. — Massarel. |

Lons-le-Saulnier, 10 déc. — Genevoix, 15, rue enghien, paris. portons tous bien, gustave armée loire. — Genevoix. |

Ussel, 10 déc. — Graffeuil, 12, faubourg poissonnière, paris. reçu lettres, famille bonne santé, ussel. — Félicie. |

Mauriac, 10 déc. — Vidal, 56, charonne. santé bonne, enfants collége, télégraphie. — Vidal. |

Vannes, 12 déc. — Duval, 8, boulevard italiens. Pardonne dépêche, nicolau craignais louis garde, effrayée variole, salaisons préservatifs, consulte huvé, grâce précautions, malheureuse. — Duval. | Collignon, 8, rue laffitte, paris. depuis longtemps vannes (morbihan), place poissonnerie, bien portants, manquant rien, avons reçu tes lettres. — Collignon. | Avice, chirurgien 108e ligne, maisons-alfort. sont bien, familles prévenez.— Avice, Manceron, Lamargelle, Caradec, Fraboulet, Penhoet, Fétu, Keyser, Rouillé, Charrier, Manceron. | Philippar, 5, neuve-saint-augustin. argent suffisant, lettres reçues, bonnes santés, vannes. chauvin, philippar. — Garnier. |

Aix-les-Bains, 10 déc. — Bapaume, 22, boulevard richard-lenoir. votre mère va bien. — Bapaume, aix-les-bains. |

Montmorillon, 13 déc. — Ducloux, 9, boissy-d'anglas. santés, lepeux, londres, pau, excellentes. enfants parfaitement. manquons de rien. recevons lettres, éloi ici. — Victorine. |

Marseille, 10 déc. — Raffard, rue saint-denis. lucien bonne santé, lebet avec vous cœur, esprit, envoie amitiés. suis encaserné. rien souffrance, cantons cinquante. — Pila. | Lemarié, 31, rue boulogne. quelques vos lettres parvenues. appris mort, sommes tous bien.—Oxnard. | Dupuy, 346, saint-honoré. papa mort 27 octobre, maman nous lorient, bien portants. — Deraud. | Claire Benitta, 11, rue lafayette. suis à marseille, rue grignan, 6, donnez nouvelles d'appartement et de beckman.— Valentine Egbord. | Calamety, 74, cléry. tous bonne santé — Calamety. | Adolphe Michel, 12, maubeuge. allons bien, recevons lettres, aucun soldat. — Félix. | Saurine, 26, boulevard filles-calvaire. reçu lettres, merci. achetez nourriture courage, confiance. onzième réponse. — Kean. | Michelin, 3, vingt-neuf juillet. tous trois bien, marseille tranquille. — Michelin. | Bastien, rue des moulins. bien marseille, rue bonjuan, 6, chez decuq. — Turquet. |

Bruxelles. — Gouin frères, tours, pour Gustave Rothschild, pigeon. allons tous bien, frédéric anthony, resteront chez eux, diez paralyse georges, installe luxembourg, veut garder mélénie, prières et tendresses cécile pour auspach, 38, saint-georges, paris, pigeon, reçois lettres émile adolphe, jony, rosalie, joseph, lucie, lyon, des pas détruit donnes nantes. — Cécil Rothschild. |

Bordeaux, 14 déc. — Violet, 36, rue tronchet. portons parfaitement, jeanne, papa, connait portrait. donnes nouvelles frère. — Marie. |

Prag. — Ludovic Rigondaud, 13, rue blene. oui, oui fille, oui, quelques mes 5 quatre cents francs, mais zedekauer déclare impossible envoyer, attendre. — Alix. |

Lausanne. — de Castejo, rue anjou-st-honoré. madame dandelarre point de nouvelles son mari depuis deux mois. fort inquiète. — De Duesne. |

Cannes, 8 déc. — Jouve, 11, boulevard temple, paris. sommes sans nouvelles de toi il nous tarde bien de te revoir, bonne santé. — Jouve. | Armandine, 66, bonaparte. dire louise demander cent francs vin dutil, écrira. — Grassi. |

Douai, 4 déc. — Mimphen, 19, martyrs. edmond docteur, schneider. — Louis. |

Cambrai, 3 déc. — Derville, cour-des-comptes. tous allons bien. — Daburon. |

Lille, 3 déc. — Maas, 15, banque. faire quittances, vie échues, pays envahis ou non, autorisation trente mille usines. provision sinistre holbecq vie. — Bacle. | 8, Delachaussée godotmanroy. tous bien, dernières nouvelles, 3 novembre. — Delachaussée. | Piquard, 97, saint-lazare, worthing, 1er déc. schayé, schloss, cornély, enfants parfaitement schayé, nattan londres parfaitement. parents mulhouse bien. — Cornély. | Hovelacque, 2, fléchier, paris. émile entend te voir, au besoin vendre son argenterie, santés bonnes partout, mille souhaits affectueux. — Hovelacque. |

Paimbœuf, 7 déc. — Dupuy, 27, petit-hôtels. enfants bien. — Jules Paimbœuf. |

Nantes, 7 déc. — Vafflard, 10. rue alibert. suis très inquiète, n'ai reçu aucune nouvelle decourt, donnez-m'en je vous prie. — Bourgeois. |

Marseille, 6 déc. — Boudon, 6 place bourse, paris. depuis 1er septembre, primes souscrites, cinquante-six mille, extinctions soixante-quatre mille. — Camille Roussier. | Léger, 10, place bourse, paris. situation agence satisfaisante, diminution générale des affaires, écrivez. — Camille Roussier. | Léger, 15, Place bourse, paris. pertes payées vingt mille, évaluations quarante-neuf mille solde caisse cinquante-neuf mille. — Camille Roussier. | Léger, 10, place bourse, paris. depuis 1er septembre, primes souscrites soixante-et-onze mille, extinction cinquante mille. — Camille Roussier. | Lafond, 4, place bourse, paris. situation de agence satisfaisante, diminution générale des affaires. écrivez. — Camille Roussier. | Lafond, 4, place bourse, paris. pertes payées vingt mille, évaluations quarante-sept mille, solde caisse cinquante mille. — Camille Roussier. | Lafond 4, place bourse, paris. depuis 1er septembre, primes souscrites soixante-trois mille, extinctions cinquante-quatre mille. — Camille Roussier. | Boudon, 6, place bourse, paris. situation pilote satisfaisante. diminutions générales des affaires, écrivez. — Camille Roussier. | Boudon, 6, place bourse, paris. pertes payées trente mille, évaluations trente-sept mille, solde caisse quarante mille. — Camille Roussier. |

Pau, 12 déc. — Nault, 82, université. angélique, pau bien, arsène pas brûlé. — Salinies. | Madame Thayer, 19, rue saint-dominique. sommes pau allons bien, recevons vos lettres écrivez souvent, envoyez dépêches. — Béarn. | Général Trochu, paris. abeille médaillé, cassel très-bien. — Abeille. | Marquise Dangosse, 91. saint-dominique-saint-germain. recevons tes chères lettres, tous bien portants, vous embrassons, quatrième dépêche, alexis rien, françois bien. — Lucile. | Frémont, 14, quai mégisserie. edme, charles, vatins pau, bonne santé, reçoivent lettres. — Raoul. | Prestat, 77, rue de rivoli. prière de donner congé de mon appartement, 1, rue largillière, passy avant 31 décembre. — veuve Morel. | Madame Hélydoissel, 70, rue chaillot. ici bien, adèle bien, 15 novembre à brochon, depuis pas lettre, émilie, victor quimper. — Hélydoissel. | M. Bérard, 20. rue pigalle. ici bien, bonnes nouvelles vargemont cinq, montpellier sept, bandin venus, retournés arcachon, tendres amitiés. — Hélydoissel. |

Elean, 14, rue arcade, porte parfaitement reçu lettres, suivi maîtres à pau. — Henriette. | M. Prosper Ducout, 3. rue rossini, paris. reçu lettre 2 décembre, inquiète, enfants bien portants. — Ducout. | Gontaut, 4, rue penthièvre. tendresses pour vous, admirons paris, allons bien. viane bien. — Elie. | Villeplaine, 5, rue luxembourg. allons bien, alexandrine aussi boulaine, rené. meurice prisonniers, joseph capitaine loire. — Léontine. | Truchon, 6, place bastille, merci pour lettres, démarches argent, souhaitons bonne santé, portons bien, hôtel d'angleterre. — Jules Deslandres. | Daunay, 86, rue d'assas, pau, 12 déc., répondre poste restante. septième dépêche, tous bonne santé, recevons vos lettres. — Daunay. | Sage, 9, chaptal, paris. suis à pau, 11, d'orléans, allons bien, manque argent, prévenir crémieux.— Ferlat. | Trousselle, 65, uhrich. excellente santé, besoin de fonds, barbe pas reçu ta lettre, refuse argent. indiquer moyen, tendresses. — Marie. | Féburier, 6, rue abbaye-saint-germain. préparez leger, son père décédé 5 décembre, attaque foudroyante, paul rien omis. — Dherbelot. | Dherbelot, 4, rue tournon, toujours bien. — Dherbelot. | M. Paul Casimir-Périer, 16, rue malesherbes, paris. toi et amis prendre chez couset, donne nouvelles de tous, merci. — Périer. | Munier, 76, rue amsterdam, paris. allons tous bien, clémentine ici, embrassons. — Munier. |

Marseille, 8 déc. — Rueff, 14. martel. maman, famille, esther angleterre bien, reçu lettre elvire. — Salomon. | Audibert, 18, anjou-saint-honoré. 8 décembre, cinquième dépêche, santé parfaite, schlœsing aussi, ville tranquille. Clémence. | Brunier, 8, avenue trudaine. allons tous bien. — veuve Brunier. | Cadou, 14, drouot. reçois dépêche paulmier, sainte-philomène, naufrage grandchamp près isigny. télégraphiez instructions, ignore état cargaison, avisez assureurs. — Garbe. | Bouillette, 16, rue drouot, paris. consommez provisions armoires et cave, clefs buffet, espérons bonnes nouvelles. — Meyer. | Saintalary, 8, caumartin. sommes tous bien portants, ville très-tranquille, affaires, bonne situation, tes commandes et deux charbonniers expédiés. — Armand. | Labaume, 11, monsieur, paris. plus nouvelles de vous inquiets, tous ici allons bien. — Destienne. | Carré, 58 ancienne rue écoles,. vous envoyons d'ordre julliot, bône, par poste pigeons, francs 304, veuillez les réclamer. — Chailan. | Dupuich, 81, sébastopol. reçois lettre, 2 déjà, dépêche par pigeons, portons tous bien, correspondons, recevons vos lettres. — d'Hertmanoi. | Deberlier, employé télégraphes, depuis quarante jours très inquiet, écris — Félicien. |

Blidah, 12 déc. — Castex, télégraphe mont-valérien, paris. père blidah, charles alger, nouvelles metz. bonne santé, reçois lettres. amitiés milie. — Adèle. |

Alger, 10 déc. — Vannetelle largillière passy. 4. ai reçu argent, vais bien. — Visconte. |

Marseille, 12 déc. — Briffault, chapelle. 145. sommes bien, recevons lettres, — Nugue. | Gillibert rovigo, 11. tous bien, gabriel giessen, louise bucharest. — Natalie. | w. Hüpper, paris. lettres reçues, certificat expédié, 30 novembre.—Imer. | Jacquette, rue notre-dame-des-victoires, 14. reçu lettre 21 novembre, merci mille fois. tous ici bien portants. écrivez chaque ballon. — Ernest. | Mallet, 54, boulevard de la villette. allons tous bien, avons envoyé plusieurs dépêches, reçu toutes tes lettres. — Pauline Mallet. | Nicolas, 22, paradis-poissonnière. reçu payé cent mille, reçu lettre trois confirmant celle 27 non reçue.— Gros. | Peyrat, 65 bis, galande. allons bien, lettre vingt reçue. — Catherine. | Steiner, 18, bergère,

Bordeaux. — 30 décembre 1870.

paris. reçu lettres aujourd'hui duplicata, mulhouse, steiner accouchée garçon, heureusement satisfa t, savoir parfaite santé. — Michel. | Galliard, 89, richelieu. recevons lettres, approuvons tout, aucune nouvelle, maison pergolèse donnez détails, manceau, clermont. détachez douzaines taylor, amitiés. — Bonnevey. | Gay, avenue gabriel, 42. filles ici, les ai vues santé excellente famille aussi, état moral, financier bon, ernest bien. — Luzan. | Feyt, 33, amsterdam. prière donner congé pour moi de mon logement, rue clichy pour mois juillet prochain. — Fernand Gontard. | Darblay, jeune, ika pologne berdiansk, 39 à 40 demi, 128 richelle rouge, 44, 130. — Allatini. | Falconnet, 31, lafayette, envoyâmes madame quatre mille, enverrons six. payez michel, alan demeurant 29, boulevard capucines cinq mille. — Allatini | Joyant, 3, grammont, paris. pas reçu quarante mille demandés, prière verser, couret quinze cents, crédit vieilhomme, compte falquet. — Sennegon. | Roman, rue amelot, 126. santé bonne, tranquillité, montpellier rien. — Roman. | Vaillant, 13, cléry. tout va bien, reçu lettres. — Vaillant. |

Poitiers, 12 déc. — Leclerc, 7. aboukir. recevons lettres, santés excellentes écrivez. — Emilie. | Lobbé, rue bergere, 18, paris. santé bonne, lettres reçues. rapportez les caisses, mettre chez pardinel. reçu rente. — Lobbé. | Marcotte, 13, rue st-lazare. reçu lettre du 4. allons bien. si besoin d'argent allez à maison, ch. — Legentil. |

Niort. 12 déc. — Rousseau, faubourg martin, 13. famille, enfants bien. — Louis Noël. |

Lombez, 8 déc. — me degrillon, 51, rue laffitte. habite toujours limoges, vais à lombez pour un mois, vais bien, écrivez-moi. — Félix. |

Samatan, 8 décembre. — Simonot, 52, langier aux ternes. lettres reçues bien portantes. — Julie. |

Auch, 9 déc.—Mazuyer, 55, provence. écrivez, sommes inquiets, surveillez logement. — Amédée. | Emma clément, rue moines, 14. batignolles. Charles, capitaine prisonnier, oncle prisonnier. tous bien. — Gillet. | Poitrasson, 160, st-dominique, père gravement malade, auch. — Amédée. |

Saint-Maixent, 12 déc. — Delanchy, 18, rue vavin. inquiets charles, écrivez ce qui est, ballon parvient. amitiés. — Elveige. | Hivert, aguesseau 1. montal blanchon, santé bonne, merci, lettres, dire braquehaïs boire vin cave. — Montal. |

Tours, 9 novembre. — madame Cambon lavalette, grand hôtel, boulevard capucines, henri bien portant. erfurt envoyé et enverrai argent. —Anna, castres, 3 déc. | Roman, 14, anjou, st-honoré, paris. allons tous bien. reçu 8 lettres de toi.—Caroline Koechlin. | Augouard, 6, vosges. décédé 23 octobre. habitons périgueux, 6, vieux augustins,. santés parfaites. rené bachelier, pris inscription droit. — Lingrand. | Cortambert, 64, saintonge. portons tous bien, recevons lettres.— caroline cortambert. | Collesson, 22, quai loire. mathilde sallières. tous bien.—Marguerite. | Huguet, 32 ou 33, passage gaudin. prévenez leblanc vais bien nantes, 14, basse château. — Amélie. | félix Hément, 56, rochechouard. alphonse n'a jamais été ici que je sache.—Crémieux. | Gervais, 87, boulevard saint-michel. perrin, pau mathilde granès, tous excellente santé, tendresses.—Maria. | Dourdan, 129, rue rome. parti pour bordeaux. donnez par ballon monté nouvelles ma femme. — Schvarz, ministère intérieur, bordeaux. | de Chalabre, 87, rue du bac. Tous lamothe santé parfaite. reçu lettres nombreuses, cinq mandats. marguerite raisonnable.—Merlot. |

Paule, 103, richelieu. tous bonne santé, partons pour cette, noyer pour bordeaux. adressez lettres à louise jallasson.—Paule. | Tronain, rue lisbonne, 24. bien portants. vous plains beaucoup partons bordeaux. embrasse. — Ernest. | madame Braun, 71, miromesnil. bonnes nouvelles étretat, 20 nov. j'attends autres. laborde tous bien. — Fidière. | Rodrigues, 48, londres. reçu lettre messager seulement 28, adresse indiquée envahie, impossible écrire, tous parfaitement, lili grosjoufflu. — Marie. | Fernique, 60, boulevard st-germain, pour aviat. portons bien. recevons lettres. héloïse st-gervais. malle retrouvée. déménagés 1, croix d'or.—caroline. | Jamain, 37, rue aboukir. accouchée garçon, allons bien tous. —Eugénie. | Durand, 144, morny. toujours sans nouvelles. pars bordeaux, écris ballon, embrasse tendrement.—charles. |

Tell, 45, babylone. reçu lettre édouard, merci, emprunte, je rembourserai facilement. vais bien, t'embrasse beaucoup. pars pour bordeaux.—Tell. | Sédille, 19, magenta. tous, œil, camus très-bien.—Sédille. | Wocher, 81, rue nollet. maman, sœurs chêne, (suisse). mci, tours. allons bien. provisions de bouche, rue tivoli. — Charles. | Dafrique, 27, richelieu. dernières nouvelles septembre, inquiètes lettres. rémonceau simon sans réponse.—Dafrique. | Paillard, école droit. Jean pas blessé prisonnier coblentz, écrivez-lui. bonnes nouvelles auberive, melun. partons bordeaux. écrivez-moi.—Michon. | Denné, 12. croissant. retiré lettre madame stern adressée stern, 58, châteaudun. bonne santé. bruxelles, 90, joseph deux.—Delacour, Souquière, gare orléans. reçu lettre de serieys en bonne santé. à hambourg. situation satisfaisante. — Forquenot. | Desglajeux, substitut palais. resterai toujours alençon, gastralgie mieux. parents parfaitement. également cherbourg. lalande deschesnes restés alençon. portent bien.—Desglajeux. | Verdier, 1, laffitte. mère, caroline, maria les enfants. tous bien. suis à tours avec gaston. écrivez toujours à nismes.—Adèle. |

Lazard, 21, arcade. londres étretat, san francisco. famille bien, suis à tours franc-tireur parisien sous liponski. écrivez. — Léon Weill. | Vachet, 185, rue legendre, batignolles. position de ma femme, la même nous assez bien. payez l'assurance de notre fille.—Minet. | Brown, 64, rue de la rochefoucauld. Auray, attendre nouvelles, portent bien, avisez boulevard bonne nouvelle.—Octavie Gilly. | Stuber, 21, rue clauzel. cartes parties. portent bien, reçois lettres. Victor sous-chef.—O. Gelly. | Robert, 65, rue richelieu. ta mère la même. nous bien.—Minet. | Villevieille, 26, michel-comte, paris. parti bordeaux. écrire bernard nouvelles. parents, amis, voisins. |

Caillot, 167, faubourg st martin, paris. avons chaque jour très-bonnes nouvelles bruxelles et marquise. résidons bâle. —Jacquin. | Joyant, 10, rue victoire, paris. mère enfants bonne santé arutes. réside bâle.—Charles. | Gugenheim, 16, taitbout. tous bien bruxelles, 2 parchemin, bébé 2 dents. dit papa. désolée, recevons lettres. — Rachel | Fazyalléon, 2, place wagram. seriez, fazy, fœcy santé. ami genève aussi. — Decombes. | Pinel, 142, faubourg st-denis. paris. ai reçu huit lettres. allons bien. avons espoir. donnes nouvelles marraine. | Leduc, 27, mail. berthe accouchée un garçon 24 novembre, vont bien nous aussi. — Leduc. | Chaix, 20, bergère. tous santé depuis séjour liége, laure bien alban collége étudie bien. edmond louis grandis. — Pérard. | Chaix, 20, bergère. reçu lettres trois portraits. répondus plusieurs, valentine marche. courage prudence.—Louis Pérard. |

Van Ysen, 4, cardinal fesch. paris. maurice bonne santé. travail bien. moi, Norden, welfling, lima bien portants. recevons lettres.—Emélie. | Larnac. 9, université. Auguste, eugène, maurice parfaitement prusse. edmond loire, charles évadé.marie lagrange, cirey, marie ramet, pisani commandement. — Elise. | Guillermet, 8, rue treilhard, paris. allons bien. tours. — Bricode. | Moisson, 22, caumartin. tous bien, reçu lettres 5, 6. maman prenne mon manteau loutre, sur édouard donne détails.—Adèle. | Pellat, 2, panthéon. délégation tours, redire donnez vingt concierge.—Pellat. | monsieur Muller, 56, londres. dernières lettres reçues 17 1er déc. hommes mariés pas levés. prendre huile, beurre, cave barrème. — Muller. | monsieur Dunion. 4, avenue cimetière nord, montmartre. portons bien, franc-tireur nièvre. — Dunion. | madame Robert, 5, rue regard. commandant robert sain sauf, dusseldorf. demande nouvelle avec impatience par ballon, voie belgique.—Muller. | Wisteaux. 10, rue de bucy. paris. ai envoyé argent aux parent . bien portants d'amis tranquilisez-les. écrivez madrid.—Delaunay. |

Delatre, 10, caumartin. allons bien reçu lettres 30 et 4. envoyé six pigeons, désespérée pas arrivés mille tendresses.—Marguerite. | Cherouvrier, 82, tombe issoire. paris. tous mans, montluçon, semel à valence, vont bien. — Pallard. | Despeyr, 24, boulevard strasbourg. reçu lettres ballon. sommes tous bien vu de weck. donnez souvent nouvelles personnelles.—Lina. | Arlenspach, 69, hauteville. reçu 8 lettres ballon, communique avec correspondants envoyez supplément déclaration diehl parents mulhouse bien, beurre expédié. — Stéhelin. | madame Say, 11, place vendôme, paris. nous sommes tous en bonne santé vous embrasse chère de tout cœur. —Jeanne, 8 déc. | Eude, 2 mulhouse. reçu lettres deux, cinq déc. tous bien, vieugué bordeaux. famille pau. Baudrais libourne. vingt mille. — Vieugué. |

Bonnechose, 133, st-dominique. allons tous bien. léon lutzelhaussen. édouard. parents, clermont-ferrand. rassurez rau, léo, saintlieux. pauvre arthur ! —Marie. trouville. | Vingtain, 37, taitbout, lettre 6, reçue. quatre dépêches envoyées. fils né 28. excellentes nouvelles. ici santés parfaites. — Delaville. | Herbault, 12, portmahon. tous parfaitement. émile bien arrivé. recevons lettres. confortablement installés. théodore mort 16 septembre.—Marie. | Blanchard, 35, boulevard sébastopol. merci beaucoup, gustave envoyé quatre dépêches, écrivez. — Roquier. | Vicat, 125, rue saint-denis. gustave écrit à gessier attendons réponse. s'il refuse affaire impossible, gustave étant trop occupé équipement.—Estelle. | Moréno, 10, quai louvre, paris. reçu triste nouvelle. envoyé trois dépêches. monsieur martin aussi. allons tous bien. prévenir philéos. — Sergent. | Sublet, 21, rue bourtibourg. partons bordeaux, adresse lettres roussel, embrassons.— Sublet. | Guérin, 43, rue trévise. partons bordeaux, embrassons. — Sublet. | madame bailly, 7. rond point champs élysées. journal dit, propriétaire assurer maisons, incendies, siége. assurez miennes. voyez notaire, avoué. — Dubertret, gand, belgique. |

Forgeais, 2, rue thévenot, paris. portons tous bien, recevons lettres, écrivez souvent. — Forgeais. | Ernest Roy, 69, rue de laurmel. grenelle. bébé va très-bien. et nous aussi. bon courage.— Lacroix. | comte ganay, 45, rue jean goujon. paris. nous allons tous bien, ne vous tourmentez pas bonne accouchée, fille heureusement. — Mathilde. 4 déc. | Beandon, 77, amsterdam. troisième bulletin. jules, marguerite toute famille réunie. wiesbaden vont très-bien. — Casimir. | Crémieux, 38, moscou. excellente nouvelle. paul et toute famille réunie wiesbaden. — casimir. | Gallard, 7, chaise. usez bien wideville aussi. sommes tranquilles.—Elisabeth. | Quené, 88; varennes. partons bordeaux, écrivez poste restante recommande charles scapulaire.—Diane. | Crima. 23, rue lagny. reçu lettres. santés bonnes. léonce posin. etchéverry, 18e cha seurs pied vincennes, nouvelles lemonnier. 2e dépêches. — Jahan. | Gueffier, 240, rivoli. tours bonne santé. buchy, bien.—Gueffier. | Madame Vifon, chez delcroix, 10, rue des martyrs. santés bonnes, rien de nouveau, écrivons et télégraphions souvent. amitiés. — Selliés. | Leloir, 1, jacob. angers, richelieu, charolles, nemours bien portants. envoyons souvent dépêches, adresse gimbert, reçue 27 novembre. — Julie. Fanny. |

Quinette, 100, boulevard haussmann. rivout, vièges vont bien. gabrielle restée havre. Rochemont pillé. — Quinette. | Marchand, 6, grands-chantiers. écris bureau restant. sables olonnes allons bien.—marchand. | Galante, 2, école médecine. toute la famille en bonne santé, est à naples depuis un mois sans nouvelles. —Galante. | Nicolet, avocat, 19, ville l'évêque. avez chez galland mon dossier contre carr, troisième chambre. renvoyez après désinvestissement paris.— Teissier, poste restante. | Lamotte. 12, saints-pères. tous bien tante mathilde, alice, edmond, bélébat. denise vit. amédée meaux. recevons lettres.—Félicité. 7 déc. | Joué Deville, 12, gaillon. allons tous très-bien.—Marcault. | monsieur de laberthellière, 5, faubourg st.honoré, paris. nos santés bonnes. — Thésy, loches 9 déc. | Sirouy, 23, fleurus. partons pour bordeaux courage.—Sirouy. | Amiot, 90, rennes. reçu lettre 4. les chéruel, poitiers. — Nixon. | Richard, 7, st-florentin. bernard va bien suis infirmier ambulance internationale, chanceaux.—Richard. |

Arcachon, 23 déc. — madame Errèquèta, rue de douai. maurice bonnes nouvelles, tous bien. — Toussenel. | Riché, 15, turbigo. vasselle, riché, deville, vont tous bien. détails maison vasselle de paris, écris plus souvent longuement. — Marie. | Ravel, 77, blanche. ai écrit, adresses indiquées serre, bonbonnière, encensoir, voilleuse quel triste noël! comme tu dois souffrir! — ta mady Serres. |

Vienne, 17 déc.—Zimmermann, usine létrange, saint-denis. allons bien, reçus billet, mandat. écris souvent. — Zulma. |

Nimes, 22 déc. — Ganné, rue dragon, 30. écrivez, recevons lettres, montargis bien. — Oppermann. | Madurel. rue montmartre, 152. ferons commissions, pauvres cécile, marie. — Oppermann. |

Agen, 23 déc.—Lepaulle. 13, bleue, paris. lettres reçues tous bien. — Berthile. |

Narbonne, 22 déc. — Gleizes, rue lyon, 5, paris. marie accouchée garçon, vont bien, les familles aussi. réponds. — Gleizes. |

Bayonne, 22 déc. — Thommeret, faubourg montmartre, 32. santé bonne, marcel capitaine armée loire, donne nouvelles. — Lasbasses. chegaray, 38, bayonne. | Blum, rue pont neuf, 24. je suis réformé, tous très bien, raoul marche seul, david est ici. — Jules. | Gautier, neuve st-augustin, 22. j'ai reçu treize cents francs alvarez, dire serre écrire. — Fumat. | Sancery, capitaine 16e compagnie génie, st-mandé. argent, lettres reçus, allons très bien. toujours pavillon, suis sans inquiétude, écris toujours. — Sancery. |

Agen, 19 déc. — Danglade, 23, cirque, paris. mère, femme, enfants etcheverry, bonne santé.— Danglade. |

Oloron, 18 déc.—Champonnois, rue jus ienne, 8. oncle, craignant prussiens sommes à Oloron. santés bonnes, temps magnifique.—Maria. |

Mâcon, 18 déc. — Deloger, faubourg montmartre, 38. reçu lettres, allons bien, communiquez casimir, faubourg st-honoré, 84. courage, espoir, compliments. — Préaud. | Gaillard, boulevard sébastopol, 102. tes nouvelles vite, mère.—Antoinette. |

Le Hâvre, 16 déc. — Lepaute, 34, boulevard haussmann, filles bien portantes à southampton. —Durand. | marquis Coriolis, rue grenelle, 123. tous bien portants, emmanuel hâvre, gravanchon tranquille. — Lillers. | M. Saint-Aignan, 63, rue lille. nous portons tous bien, emmanuel hâvre, raymond tours, edmée bien, paul bien.— Lillers. | Adolphe Dreyfus, rue bergère. 28, paris. reçu lettres, isabelle, henry vont bien, lettres familles se porte bien, nous aussi. — Dreyfus. | De ouches, biragne, 16, paris. Hélène avec tante jenny tranquille à rouen, jacques ici, tous bien, marthe, garçon, allaient bien. — Edou. | Delattre, 8, st-augustin, paris. allons bien, sommes toujours ste, adresse. tranquilles et protégées. ai souvent tes nouvelles. — Marie. | Delaharpe, chez Hollander, banquier, paris. famille reçoit toutes lettres, parfaite santé.—Bergier. | Gastambide, 34, cardinal fesch. familles southampton hâvre bien portantes. raoul fait prisonnier 4 décembre, buchy, connaissons passage à nancy. — Delaroche. |

Nantes, 21 déc. — Bourgeois, 21, rue pont-neuf. envoyez fréquemment état risques actuels indiquez montant par cessionnaire, écrivez quotidiennement. claire ici, henriette nantes. — Jules. | docteur Saingermain, 20. pépinière. tes parents, nous, bien, arrange bail avant 31. — Louise. |

Saint-Servan, 21 déc. — Lemoine, 17, rue pigalle. cinquième dépêche reading, louis, tous parents bien.—Julia Léopoldine. | Négrier, 114, prince-eugène. écrivez moi hôtel union, saint-servan.—Thury. | Bouley, 65, rue monceau. jersey tous bien, avons argent, recevons lettres montélimart, servan, parfaitement.—Bremard. |

70. Pour copie conforme,

L'inspecteur,

Bordeaux. — 31 décembre 1870

Chardon, 3, castiglione. votre femme, enfants bien portants, rue basse, 22, gand, parents versaillais bien. — Martel. | madame Picot, 51, rue pigale, paris. enfants chez marie, bonnes nouvelles. — Adélaïde. | M. Duplomd, ministère de la marine. ernest prisonnier, blaire, henri, moi tous bien, prévenir desbordes. — Desbordes. | madame Debains, 85, monceau. frédéric libre va bien, enfants pornic parfaitement. — Debains. | Rodelsperger, 37, boulevard malesherbes. richmond, 3 décembre. parfaites santés, maman ici, enfants mosneron bien, lettres reçues jusque 24. — Redelsperger | madame Watteau, rue compiègne, 4. pas de nouvelles de vous depuis trois mois. écrivez-nous bientôt, nous allons bien. — Emilie Ancelot. | Richefeu, 91, boulevard beaumarchais. reçu lettre 17 novembre, écrivez à bruxelles, portons bien. — Richefeu. | Landron, 8, pompe, passy. portons tous bien, lettres reçues. tours. — E. Landron. | Moussette, 143, haussmann. nous tous benazet philastre, martineau, weber, petits, adolphe parfaitement, pourquoi écrivez rarement, vous cruels, pompignan muet. — Elise. |

Philastre, michel-bizot. hyacinthe, marguerite, enfants parfaitement. — Elise. | Foi, 31, miroménil. tous bien, chérigny, mère, enfant bien, jeanne. belgique, fernand mans. — Rachel. | Droz, 9, madame. toujours langeais bien. — Droz. | Brame, 71, saint-dominique. marie gros garçon, bonnes novvelles beaumont, chevaux villiers. nous poitiers. — Brame. | Ducel, 26, faubourg poissonnière. moi, enfants, parents très-bien. maurice travaille, avons courage, manquons rien. biarritz, 3 décembre. — Jenny. | Ducel, 26, faubourg poissonnière. reçu seulement lettre 29, fais pour le mieux, tous bien. Pocé. 6 décembre. — Ducel. | Trébuchet, 12, place dauphine. remettez cinq cents francs à hutin, 4, rue aumale, compte cochery, prévenez-moi par ballon. — Desplanques. | Loiseau. 6, rue lapeyrouse. allons bien. — Auway. | Lavallée, ministère affaires étrangères. vais bien. — Lavallée. |

Comte Roger, 30, cours-la-reine, paris. tous très-bien, georges prisonnier à bonn. — Aimée. | Massion, capitaine frégate, ambulance marine. paris. appris blessure, désolée, envoie nouvelles chaque jour par édouard, ai envoyé deux dépêches. — Berthe. | Villeneuve, 113, boulevard haussmann. enfants bien chez lestapis, près pau. Gaston. | Menvielle, 40, ville-l'évêque. reçu douze, lettre maire 11, santé parfaite, albert cinq, armand pau. — Menvielle. | Tallois, 13, rue filles-calvaire. moi, camille, albert, maurice allons bien. ai argent, reçois tes lettres. — Céline Tallois. |

Laffitte, 8, vieilles-haudriettes. cartes reçues, lettres parviennent, écrivez. — Polti. | comtesse Villermont, 10, billault. suis tours, vais blois demain. tous parents bien, reviendrai bientôt belgique, toujours sans nouvelles vous. — Louis. | Pont, 11, bellechasse. crémieux prolongé congé trois mois. mission spéciale armement, prière prévenir procureur général, amitiés. — Thomas. Mathieu, 26, rue bruxelles, paris. santé excellente. — Mathieu. tours, finances. | Servois, 24, marignan. femme, famille vont bien. — Esther de la Ruelle. | Poirriez, 28, sentier, paris. Esteville, 1er décembre. allons tous bien, rots, angers, beauvais. — Benoist. | Bertrand, 3, boulevard saint-denis. dernière lettre 19 novembre. santés bonnes, sois prudent. viens nous chercher plutôt possible. — Bertrand. | Dervieux. 17, latour-auvergne. sans nouvelles depuis septembre. très-inquiet, écrivez ballon, adresse doynin, cannons street, londres. — Getz. |

Alcain, 12, sentier. tous bien portants, ainsi que famille sercan, avec marie et henri. nous recevons toutes les lettres. — Alcain. | M. Corbin. 78, rue lafayette, paris. trouville. tous bien portants, recevons vos lettres. — Adrienne. | M. de Ludre, 73, avenue montaigne. allons tous bien. reçois vos lettres. ludre intacte, restons bruxelles. — Edwige. | Demilly, 19, calais, paris. georges bonne santé, loire, vu clinchant mayence, suis bruxelles, dernière 19, irai où diras. — Amélie. | Fernet, 36, rue enghien, normandie 4, avons santé, argent, troisième janvier. — Fernet. | Lepit, 10, rue sentier. marie va bien, attend toujours alice, henri superbe. lettre de père reçue. — Corbière. | Frauchette, 7, scribe. partons tous pour bordeaux, santés excellentes. — Emma. | Déroulède, 55, rivoli. paul échappé de breslau dine avec nous. — Crémieux. |

Bourse, 18, vosges, marais. 4 décembre. sommes toujours tous bien portants. tranquilles langrune, sommes chaudement, joseph artillerie, chevaux vendus. — Bourse | Camuzat, 155, faubourg poissonnière, paris. bonne santé, courage, espérance, pensez à nous comme nous pensons à vous, votre ami affectionné. — Paul. | M. Foix, 29. marquis désire savoir si avez reçu sa lettre du 3 novembre. — Lavenant, boulevard heurteloup, 26, tours. | Trousselle, 25, boulevard bonne-nouvelle. tous excellente santé, georges aussi, prévenir favereaux, bonnes nouvelles des parents. cannes tranquille, bonne santé. — Marie. | Martineau, drouot, 22. poussin va bien. allons bien lafuie. — Martineau. | Laferté, 20, bienfaisance. si besoin argent, demande about; rembourserai gallo pour arromanches. nôtres rentrés pontoise, vont bien. — Fleury. |

Jousset-Clet, furstemberg. quatre mille feuilles hebdomadaires loiret, mayenne. deux mille vesoul, allier, cher, lozère, mille corse, oran, ardèche, drôme. — Monniot. | madame Truelle, 3, rue saint-arnauld. allons tous parfaitement, grand'mère, famille aussi. bon papa granville, recevons vos lettres. — Lecoq. | Lechatelier, 33, rue madame. santés parfaites. reçu lettres 29, quarante envoyées infructueusement, parents et amis bien portants. — Lechatelier. | May, 19, dieu. sans nouvelles depuis 19. ignore si recevez télégrammes léonie manchester, toute famille partout parfaite santé. — Georges. | Lippmann, 59, feuillantines. sans nouvelles depuis votre lettre 16 novembre. attendons impatiemment. vos enfants vont parfaitement bien, nous également. — Léo. | Piolene, 3, palais-bourbon. félicitations, décoration ormeaux, lavaurs, laserre bien, écrivez, horriblement inquiète. — Jacqueline. | Bazin, 8, thénars. sommes granès, santés bonnes, recevons lettres. — Mathilde. | Brame, 71, rue saint-dominique. aeche chez maurice, caporal 8e batterie, mobile point-du-jour. mère, 7, rue hautes-treilles, poitiers. — Ternaux-Compans. |

St-Brieuc, 6 déc. — Houssaye, ville-l'évêque, 18. bien portrieux-st-quay, bretagne. — Hennet. | M. Doazan, 15, sourdière. madame st-brieuc enfants, tous portent bien. — Mossler. |

Boussaada, 5 déc. — madame de Beaumont. de jouy, 42, paris. rien nouveau, même domicile, reçu vos lettres. — Antonin. |

Blidah, 5 déc. — Rivière, faubourg st-honoré, 180, paris. questions : oui. — Rivière. |

Mostaganem, 5 déc. — Colonel Colomen, corps d'exéa, paris. suis inquiète, trois courriers sans lettres. — Alice. |

St-Nazaire, 7 déc. — Compagnie transatlantique, rue paix. tous frais exploitation sont déduits, personnel grande partie mobilisé, capitaines duchêne, de haraneder, décédés. — Goyetebe. | Dollfus-Davilliers, rue neuve-mathurins. reçu lettres, répondons par pigeon, madame Dollfus arcachon, fils paul bien, correspondons avec vevey. — Goyetebe. | Transatlantique, rue paix. accord avec ingénieurs océan, montage troisième paquebot commencé ici, premier en essais, nommé ville-st-nazaire. — Goyetebe. | Ruben-Moïse, 12, boulevard capucines. offrez notre entresol pour blessés, organisez avec verdier, donnez nouvelles du personnel et amis. — Goyetebe. | Compagnie transatlantique, rue paix. outre subvention septembre, avons touché cinq cent mille à compte pacifique, subventions octobre novembre intactes. — Goyetebe. | Sieber, parc monceaux. demandons vos nouvelles personnelles, sommes anxieux de tous, faisons tout le possible ici pour intérêt commun. — Goyetebe. | Compagnie transatlantique, rue paix. recettes tombées rapidement aujourd'hui, trois cent mille francs en moins, six voyages encore à connaître. — Goyetebe. |

Lyon-Central, 5 déc. — Bonnardel, place henri IV, 7, paris. reçu ta lettre, allons bien, écris souvent. — Bonnardel. | Lepine, reynie. 19. famille très-bonne santé. claudius tirailleur du rhône à charny yonne, marguerite accouchée fille rétablie. — Lepine. | Laurent, 1, rue sully, paris. seconde dépêche, marie ici, allons bien. — Biarez. | Lutz, 10, université. lutz et charles, santé parfaite lyon. — Lutz. | Dorian, ministre travaux public. désagréments inouis depuis départ, ordinaire fait flanquer à citadelle 14 jours. lyon pas plus heureux. | Poulot, 53, monsieur-le-prince. deuxième, tous bien portants. recevons lettres. — Bontems. | Truchon. boulevard strasbourg, 60. excellentes nouvelles, louise nyon, cinquième. — Villard. | Vauconsant, aumaire, 3. heureus apprendre nouvelles paris, écris si pourras venir chercher, autrement partirai avec ernestine. vais bien. — Marie Vauconsant. | Morand, aboukir, 55, maison mahaut. bien contentes de tes nouvelles, nous portons bien et famille. — Morand. | Chameroy, faubourg st-martin, 162, paris. travaillons gaz toulouse, besoin rien. lyon tranquille, hippolyte demande argent, répondu pouvons pas. — Soubeiran. | Chameroy, faubourg st-martin, 162, paris. parents, flasché. amis bonne santé, reçu dix-sept bons, cinq mille cent francs. — Soubeiran. |

Tarare, 5 déc. — Grison, rue st-denis, 241. tranquillité, affaires, santés parfaites. marie nuorrit fils, communiquez à desbeaux, espérez. — Martin. | Desbeaux, rue turenne, 130. tous bien, tarare, lyon tranquilles, travaillons, cote haussée, stock épuisé, metz recommence, sonnery accouchée. — Dubus. | Grison, rue st-denis, 241. troisième dépêche pigeons. tous bien, marie heureusement garçon fin octobre, achille bachelier. — Dubu. |

Charlieux, 6 déc. — Debully, 5. tronson-ducoudray. avez vous argent. que faites-vous, suis ladurie. — Debully. |

Angers, 7 déc. — Robillard, boulevard denain. 9. faire quatre questions, répondrai carte, envoyez 300 francs say, écris charles, attends réponse. — Gendry. | Gaspaillart, 59, clichy. rien de toi depuis 9 novembre, inquiets, écris, vais bien. — Gaspaillart. |

Chinon, 7 déc. — Viollet, 88, bonaparte, paris. charrier, carlier, charleroy, tous bien. — Bobles. | Mercier, marché, 20, passy-paris. reçois lettres 1er, inquiètes, écrivez, envoyez dépêches, réponses gerardin retournées, fils écrive nouvelles nancy. — Alix. | Marteau. 3. gay-lussac, paris. marteau, brétigny, berrus, st-mas, tous bien. — Martel, st-louans. |

Saumur, 7 déc. — Paraf. sentier, 32. suis employé volontaire à sous-intendance à saumur en bonne santé, sans argent. — Alphonse. |

Bordeaux, 5 déc. — Santerre, 8, anjou-st-honoré. santerre, archdeacon, laurent, béhic, simons, guillardet, devaux, tous bien portants. — Lucie. | Sescau Schmolle, faubourg poissonnière, 39. urgent, crédit 3,000 livres chez garcia, gaston londres, j'y suis. — Ernest Dupeyron. | Buron, 1, rue madame, paris. été à st-quay, tous vont bien et restent. — Oscar. | Robineau, turenne, 129. tous bien, mathilde embrasse, inquiète, attends lettre. — Vazille. | Vivé, rue bellefond, 22. reçu tes lettres, nous tous bien portants. — veuve mestre. | Plichon, rue perle, 11. santés bonnes, neige, gabriel mettre chemises flanelle sur peau. prenez provisions. — Ernestine. | Cluzeaux, 15, bertin-poirée. donnez immédiatement nouvelles chacun, si besoin argent, esprit, lois, 1, bordeaux. — Blujeaun. | Abarod, 102, rue richelieu. tous bien, et très-améliorée. — Fabian. | Deichthal, rue neuve-mathurins, 98. castuera donne pour août, septembre, octobre, 30,000 francs bénéfices nets, parents, amis bien. — Huyot. |

Rédier, ferme-des-mathurins, 29. bien portantes, envie et espoir revoir bientôt, écrivez toujours. — Théaulon. | Pelletingeas, rue laffitte. donnez si pouvez nouvelles albert à ducasse chez ailloud. — Ducasse. | Durand, 61, provence bordeaux bureau restant, aime, oublie pas. — Guichard. | Brocon, lieutenant vaisseau, fort bicêtre. sans nouvelles depuis 19, inquiète, te supplie dire exacte vérité sur ta santé. — Gabrielle. | Travot, 1, avenue, reine hortense. reçu 20 novembre, expédié pigeon, lavalée avranches, ernest, paul ici, tourdonnet suisse. — Dumoulin. | Hugues, 30, rue berri. betsey accouchée fille, santés bonnes. — Paul. | comte bernis, 17, jean-goujon, 2e dépêche, reçu lettres, portons bien, écrivez, hervé afrique pierre prisonnier. — Delmas. | Lainé, 41, jussieu. 2e dépêche toi, guillier, portons bien, recevons lettres, voir guillier, legrand, écrivez immédiatement, inquiet. — Delmas. | Patouillet, rue de bondy, 90. meilleure fête pour m. forbriou, je reçois toutes vos lettres, tranquille. — Patouillet. | M. Lecarpentier, rue bondy, 60. écrire hôtel france, bordeaux, prendre argent dans bas piano salon, rue royale. — Boucher. | Darricau, rue faisanderie, 50, paris. bien, bordeaux, linxe cochinchine, mathilde, apffel, guibert. — Laure. | Endrès, rue montmartre. 64. bonne santé, reçu deux nouvelles, écrire très-souvent. — Claire-Emilie. |

Vichy, 6 déc. — Guidou, rue st-antoine, 214. nous bien, boulogne aussi, écrivez par ballon, vichy, rue alquié, 1. — A. Guédou. | Bouillat, 85, rue st-lazare. tous enfants vichy, mari rigny, paul groslay bien portants, écrivez longuement. — Duboys. | Dépré, petites-écuries, 14. buzot vichy, allons bien, recevons. — Vignaud. | Lagrange, place bourse, 6. chez régnier busson, rue pont, vichy. — Vaillant. | Moussy, allemagne, 143, villette. santés bonnes, émile soldat revenu, vichy. — Boucher. |

Dax, 5 déc. — M. Gorski. faubourg montmartre, 42 ou 44. nous portons bien, vanda aussi. — Fanny. |

Saumur, 8 déc. — Mercier, 8, place bourse, bonne santé, reçu lettres, donner nouvelles, rue albouy, 19, laboissière. — Gauffreteau. |

Mauriac. — Dalbin, chapon, 20, paris. mon père mort 3 octobre, repasser florence, arriverai bientôt, réponse, mauriac. — Bergeron. |

Mâcon, 2 déc. — Montet, grammont, 13. santé fatiguée, tes parents bien, rien de briey, toi, mon frère, comment allez? écrivez grenoble, clermont-ferrand. — Loiselle. | Boy la Tour, grammont, 13. circonscription réduite, manque pièces, recettes foibles, peu sinistres, six semaines par lettres, écrivez grenoble. — Loiselle. |

Segré, le 4 déc. — duc Fitz-James, 36, cours-la-reine, paris. nous bien, bon espoir. — Marguerite. |

Bayonne, 3 déc. — Ricardo Gaminde, 102, richelieu. santé parfaite, reçu lettre du 20. — Eva. | Bassaget, pagevin, 48. réclamations générales, principaux dissidents, grenade, cordoue, suplidos encaisse 18,000 réaux, malaga. — Baron. | Bassaget, pagevin, 48. caisses liverpool toutes reçues, caisses marseille 4 reçues, reste 3 qu'on demande, malaga. — Baron. | Bassaget, pagevin, 48. fiebvre, amarilla paralizado. completamente negocios, impedido remesas mariano continuan mersella, fernandez, oran, fargas ignoro. comiso ninguno. — Cabanach. | Bassaget. pagevin, 48. faltame carta, once corriente, barcelona se anima espero vender alho cuido bien sus intereses. — Cabanach. |

Poitiers, 4 déc. — Mme decoustant, rue ferme-mathurins, 3. pas de nouvelles, écrivez, allons bien. — Félicie. | Mlle Piault, rue lille, 30. famille entière va bien, donne nouvelles de toi et de me decoustant. — Félicie. | Pichot, 14, chabrol. santés bonnes, lettres, cartes reçues. — Pichot. | Rodier, rue st-lazare, 93. alice accouchée heureusement fille, écrivez ballon, lachèze. — Languillet. |

Bacquet, avenue parmentier, 12. jenny, son fils, louisette, léonie vont merveilleusement. — Dolliat. |

La rochelle, 23 décembre. — Lemoine, 9, scheffer, passy. sommes à rochelle, santé parfaite, souhaits et baisers affectueux, heilmann bien, chez oncle petit. — Lemoine. | Lanquetin, 33, amsterdam, paris. santés excellentes, bibi superbe cinq dents, reçu lettres. — C. Lanquetin. |

Roubaix, 19 décembre. — Duhamel, quai la gare d'ivry. tous bien portants, va aux petits-pères. — Marie. |

St-valéry. — Emmery, 28, rue des saints-pères, paris. vertamy, périer, bruges; emmery, septfontaines tous bonne santé, reçu vos lettres. — Beaulieu. |

Fougères, 22 décembre. — Leveillé, direction télégraphes fougères. état de machard? bataillon fougères : quelle ambulance? mettez fonds à sa disposition, rembourserai. amitiés, courage. — Lechartier. |

Dieppe, 17 décembre. — John lemoinne, 109, boulevard haussmann. contents savoir tu as nouvelles, tous bien dieppe et étretat. — Vincent. | monsieur pied, 47, chaussée-d'antin. tous bonne santé. — Vernaz. | Pasteur, 29, tronchet. allons tous bien. — Pasteur. | Mailloc, 20, boulevard st-marcel, paris. bonne santé, ces dames à londres, claire restée. — Belleisle | monsieur Rivié, vicaire, vaugirard. santés, ressources, bonnes. recevons lettres, donner immédiatement congé chez marie. — Dubois. | Bataille, 70, boulevard st-germain. lettres reçues, marie lausanne, tous bien portants. — Bataille. | Potron, 368, st-honoré. Marie accouchée fille, tous bien. — Labbé. | Ségalas, 41, boulevard capucines. lettre reçue, heureuses. prussiens venus, repartis, aucun mal. — Ségalas, Gonzalès. |

Falaise, 8 décembre. — Brette, 11, rue darmaillé, aux ternes. bien portant à falaise. — Armand. | Blard, 26, boulevard magenta. vous, amis, prenez combustible. vins, confitures. — Heuzé. |

Abbeville, 17 décembre. — Coulombel, 132, turenne famille tous bien, léon parti. bonjour coulombel, paul garnier. — Boizard. |

Fécamp, 19 décembre. — Crémieux, 4, grammont. fille, sœur, mère, comme nous, bonne santé, manquant rien, recevons tes lettres. préviens rondel. — Milon. | Canda, 141, faubourg-saint-martin. portons très-bien. — Canda. | Oudard, 9, rue notre-dame-des-victoires. sommes fécamp, allons bien. — Oudard. |

Châteauroux, 24 décembre. — Maynadié, 34, rue saint-médard, paris-plaisance. heureux! — Maynadié. |

La Châtre, 24 décembre. — Fabre, procureur général cassation. santés toutes bonnes, pas ennemis. — Lucile. |

Buzançais, 24 décembre. — Cloquemin, rue ménars. Georges, hambourg; tous bien. — Mary. |

Issoudun, 24 décembre. — Désiglise, jeoffroy-langevin. tranquillité et santés parfaites. frapesle, granville, lorient, étretat, fabrique travaille, avons envoyé argent, expert adrien-joseph meyer. — Désiglise. | Laurent, 45, laffitte. faites savoir à léon santé parfaite à fleurignac (issoudun),

Bordeaux. — 31 décembre 1870.

marguerite reçoit ses lettres, amitiés pour tous.— Henry. |

Aubigny-ville, 24 décembre. — Passoir, 4, jean-lantier. Bedu, Passoir, bonne.— Bedu. |

Montluçon, 24 décembre — Prévost, 14, des minimes. Herminie montluçon, bien. — Buquet. |

Marans, 25 décembre. — Jarry, 4, rue perrault. envoyez nouvelles par ballon à marans (charente-inférieure). bien portante. — Laurey. | Marcou, 67, rue lille. reçu ensemble deux dernières. famille P... ici, sans monsieur, attendu. rentrées difficiles.— Gaudineau. |

La rochelle, 25 décembre. — Panel, 80, taitbout. reçu toutes lettres, dernière 24. suis en bonne santé. domestiques malades. écris chaque semaine, envoyé dépêche. — Chabant. | Bayot, 10, cardinal-lemoine, paris. cinq lettres reçues, écris souvent lettres, renaud va bien. — Neveur. |

Clamecy, 21 décembre. — Chantrel, 77, rambuteau, paris. portons tous bien, reçu tes lettres, ignorions pigeons, méritons pas reproches, correspondons féré hâvre.— Rosine Chantrel. | Langlet, 60, aubervilliers, villette. pas prussiens, bonne santé.— Bimau. |

Rochefort, 24 décembre.— comtesse Duchâtel, 69, rue varenne. vous autorise et prie donner en mon nom congé appartement loué rue cardinal-fesch — Duchâtel. |

Royan, 26 décembre.—monsieur Tains, 21, caumartin. vivons, souffrons, pleurons. une fois tandonnet.— Barrow. |

Sables. 25 décembre — Maraine, 81, boulevard st-michel. tous aux sables-d'olonne, donnez nouvelles de mère.— Montigny. |

Cherbourg, 23 décembre. — Delaplagne, 36, sébastopol. louis escadre rade, tous bien, Ecos aussi. vaccinée. — Marie |

Séez, 24 décembre. — Turenne, 100, bac, paris. nous tous bien courtomer. toujours dépêches, lettres.—Turenne |

Tarbes, 27 décembre. — de Rancourt, hôtel colmar, 61, rue malte. souhaite prompt retour, lettre 20 calmé cruelles inquiétudes, merci, tous bien.— Marguerite |

Bayonne, 27 décembre. — monsieur Taslet, rue luxembourg. triste nouvelle parvenue hier. — de Novalès | Picard, 203, rue st-honoré. santé parfaite. reçu dix-huit lettres 26 décembre. bayonne. — Blum. | Alcain, 12, sentier, paris. san sébastian todos buenos —jaquina. |

Vichy, 21 déc. — Richerolles, négociant, montmartre, 122. parents, frères, amis vont bien. reçu quelques lettres, avons écrit. — Méchin. | de Vitray, médecin, gaillon, 23. famille bordeaux va bien. écrivez. — Souligoux. | Herpé, capitaine, 3e compagnie, 1er bataillon mobile seine-et-oise, vincennes. tous santé, avec gros garçon 20 jours, vichy. — Buisson. | Gabillot, 19, faubourg st-honoré. vichy bonnes santés, évitants russien. — Gabillot. | abbé Carré, belleville, 136. tous bien, sommes vichy, demande nouvelles. — Pracontal. | Merré, boulevard prince-eugène. santé excellente, ernestine nézel vont bien, écris souvent, nouvelles papillon lagny. — Merré. |

Vic, 29 déc. — Hamouy, bleue, 1, paris. habitons vic chez masclet depuis quinzaine. santé bonne, troisième avis. — Aubry. |

Pau, 28 déc. — Cherubini, avenue champs-élysées, 116. deux reçues, lorsque possible viens à pau, santé et courage, ma santé bonne, — Marcotte. | Hottinguer, banquiers. Burgain est-il bien, répondez, iry, pau. époux pauget, 226, rue st-martin bien. — Iry. |

St-Flour, 27 déc. — M. Sicard, aide-major, ambulance, 28, saints-pères. les chenets et nous sommes bien portants. écrivez. — Elisabeth Sicard. |

Nice, 27 déc. — Mme Fromentin. 43, boulevard sébastopol. allons bien, merci pour ta lettre, très-inquiète de paul, prière nouvelles leroy. | Marie Gantier, 2, place sorbonne. reçu lettre décembre, tendresses, souhaits affectueux. — Desessarts. |

Valence, 27 déc. — Person, chauchat, 3. ta famille zurich, ton fils parfaite santé. — Payen, préfecture. |

Périgueux, 29 déc. — Douliot, usine cail. reçu lettre du 25, pas second mandat, toujours santé parfaite. — Douliot. | Douliot, usine cail. reçu lettre du 25. pas second mandat, toujours santé parfaite. — Douliot. |

Auch, 28 déc. — Colliau, marcadet, 83, montmartre. écrivez-nous, allons tous bien, bonnes nouvelles province, meilleure année, amitiés vous crouau. — Gorisse fils. | Hébert, des roses, 16. bien portants devay, condon, guillon bordeaux, vézelay, pélard, portrieux, bonne année à tous.— Devay. |

Toulouse, 28 déc. — Eugène Dupin, école polytechnique. pourquoi pas écrire? — Dupin. | Mme Tripier, 25, astorg. avec vous de cœur, — Chabrier. | Mauret, 29, taitbout. Charles, fernand parfaitement mayence.— Chabrier. | Delagrange 63, victorine écrivez, cœur avec vous. — Chabrier. | Foissac, 13, place madeleine. anxiétés. écrivez, amitiés. — Chabrier Dugol. | Favier, quai grands-augustins, 55. sommes à toulouse avec oncle, albi bien portants, rien oublié. reçu 5 lettres, 5e dépêche. — Favier. | Levesque, place concorde, 8, merci de vos lettres, province s'organise, je représente votre maison au campement toulouse. — Garreta. | Barbier, capitaine, caserne cité. sans nouvelles depuis septembre, sommes très-inquiets écrivez. — Brousse. | Chabannes, 5, greffulhe. inquiétudes extrêmes, écrivez, sommes parfaitement, albert miquette aussi, avec vous toute de cœur. — Louisa Chabrier. |

Montmorillon, 28 déc. — Etienne, palais luxembourg. nous allons tous bien, mesnil nouvelles deux fois bonnes. — Etienne. |

Clermont-Ferrand, 27 déc. — Marcel, 72, faubourg poissonnière. louise, marguerite vont bien. — J. Durand | Coffin, 1, soufflot. amélie pouliguen, victorine, enfants, genève, hôtel couronne, famille entière bien. — Coffin. | Gouverneur, banque france. mission accomplie. — Danfreville. | Michelot, 24, chaise. menans pau, edmond dresde, henri, louise, petites toutes bien, georges tarascon, roger allemagne, lyautey tous bien. — Bichot. |

Brives, 28 déc. — Desjardin, caumartin, 39. donnez nouvelles par ballon. — Lalande. |

Charlieu. — Gatellier, capitaine mobile saône-et loire. tous bien mas, tranquilles. — Gatellier. |

Falaise, 24 déc. — Chain, 43, lafayette. portons toujours bien. — Chain. |

Cadillac, 29 déc. — Beaupuy, faubourg honoré, 14. toujours cadillac, reçois lettres, vais bien. — Beaupuy. | de Galard, abattucci, 104. lettres reçues, argent reçu, bonne semence, bonne santé. — Jules. | Binet, boulevard magenta, 29. oui. — Jules Bellec. |

Moulins, 27 déc. — Maugenest, place voltaire 1. recevons lettres, portons bien tous aussi, votre famille, frères à leurs postes, renée très-fraiche. — Girondeau. | Boiron, gravilliers, 16, paris. léon, oncle, comment santés, deux mois lettres ballons, depuis rien. lucien afrique, portons tous bien. — Boiron. | Taigny, boulevard strasbourg, 19. père, mère, marie, pauline provisoirement moulins, bonne santé, moutreux, ernest aussi. reçu ballon dix-sept. — Taigny. | Taigny, boulevard strasbourg, 19. prendre casier baux thuret-lorotte, ordre payer. réclamer octobre, janvier. ruzé reçoit locataires quatre mille. — Taigny. |

SERVICES ET AUTORISATIONS

Bordeaux, 15 janvier.— Blaise, 71, rue de chabrol. vais bien, t'embrasse ainsi que tes amis, me blanchet inquiète de son mari, pas nouvelles, va le voir.— Blaise. | Raviot. 24, de bondy. reçu quatre lettres. adressé huit dépêches, écrivez très-souvent, courage, irai paris sitôt possible, donner adresse à me antoine, 4, lille.— Contades. | m. Jobelin, 35, rue amsterdam, paris. meilleure année souhaite, reçu lettre, écrivez souvent, santé bonne.— Camille. | Leconte, 20, fontaine st-georges. maman, meilleure année, crocy-oise, bien portants, souvenirs amis, dernières nouvelles 7 déc. pauline.— Armand, Elise Leconte. | J. Dufailly, 37, d'alsace. votre lettre 4 octobre reçue, sitôt possible télégraphiez pour recevoir ce qui vous manquera. — Alexandre. | Jozon, 25, coquillière. père, mère, marguerite, marthe, bonne santé pau 11 janvier, 2 saget bonne santé aix-la-chapelle.— Camille. |

Fernand de beaufranchet, capitaine d'état-major, 44, rue neuve st-augustin, paris. mornay, santés parfaites.— O. de Beaufranchet. | docteur Bérenger, val-de-grâce. santé excellente, reçois lettres, commandant féraud prisonnier.— Bérenger. | Ortolan, faculté droit. sommes tous bien, mais inquiets, sans nouvelles depuis 2 déc.— Arthur Lanclas, secrétaire conseil administration camp. | Chanloy, mobile, 1re compagnie, 4e bataillon, côte-d'or, paris. point nouvelles depuis novembre, comment vas-tu? écris-nous, allons tous bien, sommes tranquilles.— Berthe | Sigros, garde-mobile 1re compagnie, 4e bataillon de la côte-d'or, paris. tous, familles sigros, corré, faivre allons bien. petite marie gentille, vive, gourmande. es-tu privé argent? | Larmanjat, 32, boulevard beaumarchais. écris-moi bordeaux, 3 lettres parvenues, autorisé pour 10,000 tonnes, allons bien.— Larmanjat. |

Farines, inspection télégraphe. allons tous bien, lacasanova aussi. aimé toujours, courageuses, adieu pour angèle, mathilde, clémence delarris, amitiés, courage.— Marquizeau. | Lion, 42, rue meslay. tous parents bien, famille marcel aussi, souvenirs cordiaux, amitiés famille lion, amis, courage, à bientôt.—Eugène Marquizeau. | Delaunay, administration postes. loué, vire, bonne santé, reçu lettre. comment va mon père? passage désir, faubourg st-denis.— Chantenay. | Augé, 10, rue de lyon. vous attendons toujours une lettre, nous sommes toujours à bordeaux bien portants.— Chatelain. | Chassinat, hôtel des postes, les tiens, les miens, familles Gide 2 cirque, tous à nice, mantion-gazrard, chauvelot-jobit 60 boulevard haussmann, la cauderie 22 pépinière, émile et marie à stettin pr Bonne sers 80 université, marie accouchée fille pr Jazerschmid godot, tous bien.—Lebon. | Zaccone, administration centrale postes. je vais bien, suis attaché à la délégation des postes. écrivez par chaque ballon.— André Zaccone. |

Leroux, 185, faubourg st-denis. tous bonne santé, sûreté, manquons de rien, aucune nouvelle émile. nevers. chez duprez, juge.— Clotilde Leroux. | M. Lelièvre, st-denis seine. tous bonne santé, théophile reçu bachelier.— Lelièvre. | Bruneau, 23, rue paix. nombreuses lettres reçues, rentes touchées, choisi climat doux. facilité plus loin, santés bonnes.— Charpentier, angoulême, 42, rampe du secours. | Rabaroust, 37, boulevard magenta. télégramme 8e, reçu lettres, santés bonnes, gaston ici.— Claire, angoulême, 10, rue froide. | Bruneau, 23, rue paix. reçu lettres, ressources suffisantes, santés bonnes.— Charpentier. angoulême, 43, rampe du secours. | Courson, 38, rue monceau. robert lille, tous bien.— Courson. | M. Swenpoël, 70, rambuteau paris. famille santé, nouvelles de l'orne excellentes.— Bregère. | Dalaut, 5, rue castiglione. massiac, chalin, bien.— Linse. | Cahan, 67, rue jean-jacques rousseau. paris. cahan malade, madame, pauline bien, écrivez souvent, envoyez mandat-poste 300 fr.— Cahan. | Famelart, 10, rue des lombards. portons tous bien. recevons lettres.— Famelart. |

Mareille, 10, lavoisier- tous bien chars, fontainebleau aussi, enfants externes, tranquillité parfaite, isolement, vos lettres arrivent.— Lid. | Recopé, lieutenant forestié. écris-nous donc parents marly, thérèse, berthe pau, moi bordeaux, tous bien passé deux mois marly.— Edmond. | Wawrik, 21, rue chapon, inquiète, écris-moi souvent, 17, rue du Hâ, bordeaux.— Baudin. | Henri montesquiou, 1, boulevard latour-maubourg. félicitations au bachelier, toutes bien portantes, tendresses de toutes à tous, longpont debout.—ta mère. | Fernand Montesquiou, 1, boulevard latour-maubourg. toutes bien portantes à artagnan, longpont debout très-réquisitionné, ma mère à purnon, tendresses — Pauline | Redon, 21, passage saumon. descendre par fenêtre, pour ouvrir porte magasin pour donner air aux gants crainte piqûre. — Guibert. | Pelloutier, télégraphe. bonne santé, lettres reçues.— Pelloutier. | Martelly, capitaine 138e ligne, st-denis.— Martelly. | Louvet, 26, rue bergère. santé bonne, baby charmant, toutes lettres reçues.— Blémont. |

Devailly, 18, rue hauteville. marie enceinte, bien portante, bouillé trompeur, nouvelles de M. Dasset, leclair, valéte, polyart — perrot | Molènes, 200, rue st-antoine, paris. allons bien, angèle sarlat, argent reçu, enfants collége, 20 lettres dépêches envoyées. — Molènes. | Debully, 18, rue duphot. suis la durie bien portant. reçois vos lettres, léon a-t-il argent?—Debully. | Lesterpt, état-major, 5e secteur paris. berthe, robert, très-bien portants à Lâge 8 janvier. | Lesterpt, état-major 5e secteur, paris. allons très-bien, toujours à Lâge, parents, ta mère, ma mère bien, pays calme.— Lesterpt. | Sévérac, 16, rue amelot, paris. tous bien, alphonse foyer, françois prisonnier. écris plus, donne nouvelles ma famille, tessier, nadal. — Lucie. | Portier, 3, place jussieu. santés excellentes, reçu argent, soyez sans inquiétudes, wartelle de varatre va bien, recevons vos lettres.— Charles. | Portier, 3, place jussieu. santés excellentes, avons argent, wartelle bien, recevons lettres, sainte victoire exaucera nos vœux. — Charles. | Maurice Nadal, sous-lieutenant de génie, fort de nogent. oui, oui, oui, oui. | Bargne, 19, rue de laval. je suis à jersey, porte bien et suis chez parents.— Ida. |

Bordeaux. — 31 décembre 1870.

Carcassonne, 28 déc.—Roux, capitaine, 45e marche. 2e bataillon, mobile hérault. santé parfaite, augustine gare, tout reçu, gardé partie, réponds à moi.— Anaïs. |

La Rochelle, 28 déc.— Murel, 5, séguier. bonne santé, recevons lettres.—Lallement. | Forqueray, 24, laval. reçu 3e, 4e, 5e. dernière gaston hambourg 16, écrit pour hément.— Forqueray. | Lenepveu, 1, quai d'orsay. bien portantes, angers aussi, vous embrassons, souhaitons bonne année.—Joséphine Lenepveu. |

Saintes, 28 déc.— m. Jambu, 36, boulevard richard-lenoir, paris. lettres reçues, tous bien portants.— Jambu. |

Tarbes, 27 déc. — Michel. rue neuve-petits-champs, 99. parfaite santé, souhaits année, paillette, angers bien — Dansac. |

Marmande, 28 déc.— Philipe, 34, quai de la rapée, paris. tous bien ici, pas d'inquiétudes.— Maria. |

Agen, 28 déc.— Trille, 217, rue st-honoré. réponse reçue, enfants, famille bien portants. cabadé, goux, mariton, amitiés.— Mariton. |

Pau, 27 déc.— Leger, 4, tournon. tous bien, entourage connaissances, aussi recevez vœux.— Dherbelot. | Monteaux, boulevard montmartre. tous bien, prenez provisions placard antichambre, chargement parvenu, donnez nouvelles philibert, employez-le, souhaitons heureuse année.— Benjamin. | Tenré, 18, laffitte. employé chez ami dans ville bloquée sans pouvoir correspondre depuis 14 nov. défend de lui écrire.— Tarault. | Tenré, 13, laffitte. accrédite pour tirer londres, nantes ou autre six mille francs. henri travaille, souhaitons tous meilleure année.— Tenré. | Pector, 9, d'albe. tous santés parfaites, souhaitons à tous trois, aux ludovic tardieu bonne année en vous embrassant tendrement.— Tarault. | Odier, 4, paix. lettres reçues, dernière 22, tous bien, trois enfants admirablement, enfants guex parfaitement. dupaty cologne.— Odier. | Duhoureau, interne pharmacie, hôpital du midi, paris. toute la famille va bien.— ta mère. |

Mme Daminois, boulevard bonne-nouvelle, 10. acceptez compliments, reçu lettres cécile 29 septembre, portons bien.—Baliat, poste restante pau. | Au secrétaire, cercle impérial. martel et chappuis cessent leur abonnement. — Martel. | Guillaume, directeur beaux-arts, 14, rue bonaparte. tous bien, bons sauhaits, jary prisonnier. dire théodore.— Jacob. | Domange, 74, boulevard voltaire. scellos bien, dupuy reçu 1,200, yves avec nous, reçu 600, roux, enfants, bien.— Dupuy. | Rousseau, 15, rue mansart. héloïse, marthe, tous ici bien, lettres, argent reçus, confiance.— Guibert. | Berthier mère, enfants, 30, place madeleine. souhaits.— Meslier. | Meslier, sentier. souhaits. pau, hôtel france.— Meslier. | Lewy, 134, boulevard haussmann. toute votre famille parfaitement, ossès.— Feron. | Mallet, banquier. je verse termes emprunt ici, écris-moi. — Feron. | Mme Viard, 16, rue sèvres. inquiète, écrivez, bien portante, tendresses.— Léonie | Lecœur, 23, rue humboldt, paris. maman jouanin décédée, autres pau, mortain, bien.— Lecœur. | Legros, 13, monge, paris. portons bien. lettres reçues. pau, 18, bernadotte.— Garnier. | Boulenger, 4, vertbois. thérèse rétablie, garçon boulenger bien portant à choisy, élisa, enfants vont bien.—Hautin Launay, rue écoles, pau. | Guérin, 43, rue trévise. sublet bordeaux, 98, rue trésorerie, allons bien.— Grainville | Malouet, 6, bellechasse. suis à pau.— Deriberolles. |

Sarlat, 27 déc.— Molenès, 200, rue antoine. angèle sarlat, tous allons bien, argent reçu, pommades envoyées.— Jeanne. |

Arcachon, 28 déc.— Huot, 33, colisée. donnez-moi nouvelles, ernest ici. — veuve Montreuil. | Dechamborant, 21, bassano. enfants tous constamment parfaite santé, pays calme, tranquillisez-vous, recevons lettres, réciprocité impossible. — Dechamborant. |

Vire.— Duseigneur, 38, rue clignancourt. reçu toutes les lettres, santé parfaite tous, rouen henriette, anna, léontine anvers, lechevalier, dinard. — Duseigneur. |

Niort, 28 déc.— Desfossé, 223, faubourg st-antoine, paris. votre famille à bex, va bien. — Barbey. |

Jonzac — Catherinet, 74, notre-dame-nazareth. lettre émile prisonnier va bien.— Alcide. |

Saint-Junien, 28 déc.— Barret, 33, jussieu, paris. tous bien portants, paul soldat limoges. — Barret. |

Ruffec, 28 déc.— Flandrai, 16, cuvier, paris. reçois tes lettres, espérance, courage, à bientôt.— tes père et mère, Flandrai. |

Villedieu. 3 déc.— Leroux, 73, richelieu. nous allons tous parfaitement, versaillais, juliette commien, paillart, très-bien, enfants parfaitement. marie bien.— Leroux.— Jacta, 56, basse-rempart. portons bien, besoin argent.—Céline. |

71 Pour copie conforme :

L'inspecteur,

Bordeaux. — 1 janvier 1871.

Marseille-central, 18 déc. — Saintalary, 8. caumartin. tous bien, ville calme réné avait ta lettre, 13 octobre, satisfait des apparences récolte, vous embrassons.—Arnand. | monsieur Marinoni, 57, vaugirard, paris. recevons lettres, portons bien, embrassons toi, désiré et famille ennuyons beaucoup. impatient vous revoir. — Cassigneul. | Lycoudis, hôtel nice, beaux-arts, paris. famille bonne santé, a reçu lettres par ballons et envoyé six cents francs. — Lycoudis. |

Fougères, 21 déc. — madame Fournier, rue grenelle st-germain, 17, paris. reçu toutes vos lettres, adolphe, héloïse ici. merci à tous, profondément reconnaissant. — Jules, |

Aubigny-ville, 15 déc. — Passoir, boulevard magenta, 138. santés bonnes, depuis un mois sans lettre, bedu bien. — S. Passoir. |

Evian-les-bains, 21 déc. — Tixier, rue saint-honoré, 288. touchez mes loyers, avez procuration, vous donne d'ailleurs nouveaux pouvoirs.— Huet. |

Clermont-Ferrand, 21 déc. — Gireaud, 5, rue alsace. aline va très bien, pas besoin argent, bien soignée à roscoff. — Lahalle. | Gustave Rouher, 15, tronchet. famille genève va bien. | Bénézy. | Mayence, faubourg martin, 61. soyez sans inquiétude. — Mayence. | Stiébel, avenue Wagram, 64. femme et fils londres bonne santé, nous aussi, reçoivent lettres. — Philipion. | Pradier, 48, rue université. cinquième dépêche, sommes tous bien portants. — A. Pradier. | Pugnant, passage forge royale, 19, faubourg saint-antoine, paris. recevons vos lettres, écrire toujours, allons bien tous cinq.—Péraflat. | Gosweiler, tour-d'auvergne, 41. santé bonne, reçois lettres.—Eugénie. | Farret, 25, chapon. reçu carte, allons bien. inquiet pas nouvelles badolle. dire schmitt jaquet vont bien. — Bonniere. | Paulet, rue bonaparte, 24. neuvième. mille amitiés. — Marie. |

Bellême, 1er déc. — Moret, ministère guerre. bonne santé. écrire chevalier, rue du mans, bellême. — Albertine. |

Granville, 20 déc. — Letailleur, chef bureau préfecture seine. portons bien. — Pommier. |

Dunkerque, 16 déc. — Anna Riel, rue neuve-des-petits-champs, 48. écrivez angèle seren, canal moika, maison kalouguina. — Madame Etienne, st-pétersbourg. | Madame Kœnigsegg, rue vaugirard, 31. kœnigsegg pinard à bonn m'écrire par tout ballon, moi leur transmettre. — veuve Cabaret. |

Landerneau, 9 déc. — Cloitre, sergent-major 2e bataillon, 3e compagnie mobile finistère, ambulance municipale, poitevins, paris. reçu lettres tous bien. — Cloitre. |

Mortain, 19 déc. — Cartier, boulevard sébastopol, 86, paris. marie, paul londres, jean, frères nantes, ici louis, henri attend consentement. famille bien portante. — Cartier. |

Laval, 9 déc. — Antoni, 14, auber. reçu lettres actions. arsène bonnes études. veillez mon mari. santés bonnes. — Léontine.—

St-Malo, 20 déc. — Delafontaine, 10, université. tous santé excellente. louise marche. pierre superbe. écrivez plus longuement. — Pouillet. | Monsieur Malliez, 22, rue François Ier. me porte bien et n'ai aucun besoin, envoyez nouvelles de la famille. — Malliez. | Monsieur Denabat, 15, rue vernier. nous allons très-bien, n'ayez aucune crainte pour moi. nous recevons vos nouvelles. — Denabat. |

Morlaix, 9 déc. — Bohic, mobile morlaix, 3e compagnie. fille, tous bien. — Augustine. | Docteur Périer, rue grenelle-st-germain, 22. merci. cruelle impatience retour. — Blum. |

Quimper, 9 déc. — Lafolie, fourrier fort bicêtre réformé conseil santé. ernest tulle. tous bien. — Lafolie, pâtissier. | Briant, 118, st-lazare. reçu tes lettres, bonne santé. nous sommes quimper. écris chez eugénie. — Marie. |

Brest, 9 déc. — Despinoy, 23e régiment, 1er bataillon, 3e compagnie, fort royal. écris, sans lettre depuis investissement. famille bien nantes. daridon troadec. — Despinoy. | Noblet, 11, st-dominique. heureux accouchement garçon. — Cécile, | Debray, batterie st-ouen. tous parfaitement. reçu lettre 6. envoyé quatre dépêches voudrais savoir si reste définitivement batterie. — Lœtitia. | Madame Delaroche, 97, saint-dominique. touché rentes. dis bournac écrire. chesnet bien. — Mathilde. | Benoît, rue sainte-placide, 49, paris. tout votre monde bien. demeure rue dumoulin 2. — Constant. | Delahet, 11, anjou saint-honoré. venus brest sur gauloise. demeurons suffren, 33. tous bonne santé. tendresses. — Juliette. |

Bessé, 2 déc. — Comte Wlodimie de Montesquiou, rue de chaillot, 98. sommes tous courtanvaux, portons bien. wight, purnon aussi. reçu vos lettres jusque 20. chevaux charnizay 1er décembre. — Mémère. |

Royan, 23 déc. — Berge, faubourg st-honoré, 240. papa, caroline, ses enfants bien portants à lorris. allons bien. recevons lettres. télégraphions, écrivons. — Gustave Berge. |

Brest, 3 déc. — Bubault, 13, rue bonaparte. lettres reçues brest. merci, amitiés. voudrions nouvelles ta femme magnabet, lorquet. — Evelart. |

Fourmies, 1er déc. — Albert Pinatel, 29, marignan. toujours à fourmies avec familles niel, Tetart. tous parfaite santé. écris souvent. mille baisers. — Pinatel. |

Douai, 1er déc. — Gain, 19, rue matignon. bonne santé. reçu deux lettres, écris souvent. — Gain. |

Dunkerque. — Chadenet, rue labruyère, 31. père et mère à mureau vont bien. laisser apposer scellés sur leur appartement. — Verleye. |

Lille-Central, 1er déc. — Desmazières Marchand, rue grenelle-st-germain, 123, paris. raoul sain et sauf. — Henri Desmazières. | Renaud, rue ste-marie-du temple, 11. portons bien. reçu lettres. — Louise. | Leullier, passage princes. sans nouvelles depuis 15 octobre, attendons inquiets. georges, annette, famille roussel et guibert bien. écris souvent. — Leullier. | Lachez, 20, rue st-fiacre. un, onze, treize, quinze, seize, vingt, vingt-un. — Lachez. | Hovelacque, 2, fléchier, paris. santés satisfaisantes partout. émile recommande prendre à passy oseille et confitures. courageux espoir. embrassements affectueux. — Hovelacque. | Arson, 40, condorcet. santés bonnes, recevons cartes. — Jeanne. | Viventi, vivienne, 35. sans nouvelles, inquiétude. — veuve Albaut. | Compagnie Soleil, 44, châteaudun. envoyez duplicata, lettre 8 novembre non parvenue. — Lesaut. |

Rennes, 3 déc. — Madame Delpit, 21, rue calais. santés bonnes. moi collége saint-vincent. oncle plazanet prisonnier cologne, charles capitaine armée loire. — Guy. | Vallée, 23, caire. allons bien tous, recevons tes lettres. — Vallée. | Lemaire, 22, grande-truanderie. depuis 10 septembre tous en bonne santé. pauline rétablie, famille varnier bien portante. reçu lettres cartes.— Lemaire. | Frémard, 5, pigale. tous bien. espoir, confiance. — Cathrein. | Faisant, rue vivienne, 3, paris. sommes bien. hippolyte parti. — veuve Faisant. | Heloin, rue du bac, 14. familles heloin, picart, laverne, alexandre gallé tous bien portants à rennes. — Heloin. | Bertin, 15, rue d'ulne partons demeurer nantes, 6, petite rue notre-dame, logement maison bourgine. mal à rennes. — Albertine. |

Avranches, 2 déc. — Cretté, vérododat, 1. avranches santé excellente. soigne-toi bien, courage. — Martin. |

Avranches, 8 déc. — Monsieur Coutteret, 102, rue richelieu. santés parfaites pour tous. — Coutteret. | Tartelet, 29, bergère, paris. déménagez rivoli. — Emile Galichon. | Baudrier, 59, châteaudun. sommes bien portants. écris souvent. — Baudrier. | Chabrol, 10, abbattucci. sommes bien portants avranches boulevard est. écris, soigne-toi bien. — Zélie. |

Bayeux, 3 déc. — Garzon, 27, laffitte. envoyer portrait. santé bonne. — Garzon |

Carentan, 9 déc. — Bailliez, limonadier, 116, rue amelot, paris. je vais bien. — Rihouey. |

St-Malo, 3 déc. — Pourcelt, 46, université. portons parfaitement. tétart galignari. — Amélie. |

Bressuire, 21 déc. — Couteux, 4, rue grand-chantier, paris. femme, enfants toujours à montaigu bien portants. ont reçu seulement lettre 6 novembre. écrivez. — Deshayes. |

Charleville, 3 déc. — Concierge, boulevard magenta, 141. donnez-moi nouvelles mon logement par ballon au collége charleville. — Calisti. |

Mortain, 2 déc. — Gallois, rue mézières, 6, paris. versailles, mortain, londres, enfants chausson, lemoine, bien portants. trois fils séminaire. Cartier. |

Avranches, 19 déc. — Monsieur Delangle, 4, rue abbeville. suis à avranches bonne santé. reçois lettres. pas lettre édouard. écrivez. — Osmont. | Beaumont, 5, rue de lille. sœur bien, neveu bien parquet. nièces, enfants bien. calvados même. aucune nouvelle pracontal. — Beaumont. | Monsieur Coutteret, 12, rue des batignolles, paris. santé parfaite pour tous. — Coutteret. | Madame Girard, 99, boulevard magenta. auguste bien 10, maman mieux. cinq enfants bien. berthe attend paul. embrassons tous. — Morice. | Tavernier, 17, grammont. santé parfaite. répondu immédiatement par amiens. écris-moi longuement. — Caroline Tavernier. | Mouchet, notaire, 42, lepelletier. tous bien portants. — Mouchet, Renié Paul. | Verdière, abbaye, 6. avranches julie bien. si besoin vendez mon argenterie. — Verdière. | Mélian, rue d'enfer, 41. oui, oui, oui, oui, oui, envoyer cartes. — Delphine. |

Angers, 21 déc. — Clément, bonaparte, 72. chagrin, inquiétudes. santé meilleure. — Dupuy. | Arnould, 10, garancière. six lettres reçues. suis luthernay avec papa. santés toutes bonnes. situation passable, veille sur ta vie. — Pauline. |

Perpignan, 22 déc. — Tairich, bellefond, 2. arrivés perpignan, réal vingt, recevons, envoyons lettres, dépêches. dames delaye ici, préviens travers. alexandre, marie écrire. — Tairich. | Kesseler, 23, cendriers, ménilmontant. meilleure année, soyez d'accord, soignez mutuellement. embrasse tous et adrienne. — Céleste. |

Landerneau, 23 déc. — Dubeaudiez, rue entrepôt, 34. famille bien. marie saint-pol. — Nouël. |

Céret, 22 déc. — Poirier, 54, nollet. henriette londres dit : vais bien, sœur accouchée fillette, tout parfaitement. — Mondot. |

Cannes, 11 déc. — général Mellinet, école militaire, cinquième dépêche, sommes cannes très-bien, pensons à vous, envoyons amitiés, avons reçu lettre 1er. — Dagault. | Dereims, 21, victoire. allons bien, toi écris. — Dereims. | Thérèse Bemond, 149, faubourg saint-denis. donnez nouvelles de M. Garrigues. — Lafond. |

Brest, 8 déc. — Langlois, 24, bouloi. reçu lettres, écris-moi souvent, tous bien portants. — Langlois. | Journé, 6, marengo. mère, camille, troyes envahi. eusèbe lieutenant artillerie conlie. paul, coblentz. tout famille bien. — Elise. | Escaude, ministère marine. tous bien, marie maison, paul amazoue, léon borda. — Jardin. | Dupuy, jésuites, rue thomond. nommé substitut nantes, familles dupuy, kinchez bien. crédit sur worms, banquier, 7. scribe. lettre reçue. — Dupuy. | Carette, 34, rue lacroix, batignolles. edmond et nous, bien, écrivez souvent. — Carette. | Flandrin, 97, avenue clichy, batignolles. famille bien, reçu lettres. — Flandrin. | Sassary, 30, saint-lazare. sommes tous bien portants. — Roth. | Saizieu, 6, notre-dame-de-lorette. comment allez-vous? bon souvenir. — Vander. | Grenet, médecin marine, fort bicêtre. tous bien, lettres reçues. — Louise. |

Clermont-Ferrand, 11 déc. — de Serravalle, 15, saint-romain. avons vos nouvelles, gabriel payeur mobile afrique, andré lieutenant nationale encore ici, portons tous bien —Agathe. | Guinard, 161, rue saint-jacques. tours menacé. pauline, nathalie chez rougier, faure aîné, place devant clermont. clermont-ferrand. — Pauline. | Bergeron, 2, paradis-poissonnière, paris. santés excellentes. tous vaccinés, recevons toutes lettres. pas besoin morphine, maman bien. tendres amitiés. — Bergeron. | Gorre, 7, beaumarchais. tous bien portants, portrieux, côtes-du-nord. — Abel. | Prudhomme, 27, rue saint-lazare. santés bonnes. reçu dernières lettres. envoyé trois télégrammes. écris souvent. donner magenta. affaires. — Gerbault. | Mony, 7, place bréda. heureuse de ta lettre du 6. bien portants. — Mony. | Courbée, 3, daubenton. second télégramme, allons tous parfaitement. marie toujours lyon. reçu vos lettres. apporterai provisions aussitôt possible. tendresses. — Coffinet. | directeur ambulance grand hôtel. donnez nouvelles, franchetti commandant éclaireurs paris. son prénom est-il gustave et neveu siama? — Fanny Roux. |

Le Creusot. 9 déc. — Coulon, 69, rue boursault, paris. allons bien, adresse adolphe, recevons lettres, écrivez souvent. — Renaud. |

Yssingeaux, 11 déc. — Courbon. 28e régiment marche, 4e bataillon, 2e compagnie, paris. allons bien, père aussi, courage. tous embrassons. donnes nouvelles. — Courbon. |

Rodez, 10 déc. — Marcilhacy, 11, conservatoire, paris. lucile, maurice, espalion, très-bien, maman, claire, tous, enfants, père, mère, excellente santé, recevons lettres. — Marcilhacy. |

Le Puy, 9 déc. — Laporte, 29, sentier. lettres reçues, bonnes santés tous, enfants travaillent.— Emma. |

Roanne, 8 déc. — Aubin, 38, boulevard magenta. vu jules, va bien et famille. — Raymond. | Dorian, ministre travaux publics. tous en bonne santé. unieux, lunel, montbéliard. — Holtzer. |

Charolles, 7 déc. — Vanderborghe, 14, rue arcade. aller consulat autriche, demander schevarz, maison à lui recommandé par ambassade comme sujette autrichienne. — Dublaisel. |

Mâcon, 7 déc. — Conti, 1, rue courty. portons bien. — Léon. |

Carpentras, 10 déc. — marquis Demonclar, 10, bellechasse. reçu lettres, franck, marie, bien, envoyez dépêche réponse. — Marie. |

Avignon, 10 déc. — Gauthier, 7, enghien. gabrielle accouchée heureusement gros garçon. tous bonne santé. — Dinard. |

Narbonne, 10 déc. — Guilhard, 95, rue de sèvres, paris. famille santé bonne. — Bergé. | Roques, 101, boulevard montparnasse, paris. tous bien, neveu ardennes argent envoyé bis. — Roques. |

Perpignan, 10 déc. | Cadot, 136, boulevard prince-eugène. oui, parfaitement. — Reynés Audusson. | Thoubert, maison Jacob, 12, dupetit-thouars. aimé à régny et nous portons bien. | Clément Thoubert. |

Angoulême, 9 déc. — Havard, 5, nicolas-flamel. georges va bien. quatrième dépêche, lettres. sixième lettre aujourd'hui. joie, angoisses cruelles. lettre, transmission nouvelle. — Piet. | Mahyer, 102, grenelle-st-germain, paris. quatrième dépêche, santé, trélat, angoulême octobre. louis mayence, marcel cherbourg. lettres reçues. henry sorties, angoisses. — Piet. | Billard, 25, chaussée-d'antin. sommes sans nouvelles depuis 3 octobre, lucile très-inquiète, écrivez donc par ballon. — Poulet. | Maingaud, lieutenant forestiers, auteuil. lettres parviennent, santés bonnes. — Maingaud. | Renault, 26, roi-sicile. tous bien. maman bien. eugène bien. reçu neuf lettres et argent. — Ducoudré. | Carnin, 6, centre beaujon. baptiste va bien, écrivez-moi angoulême.— Calmon. |

Marquise, 13 déc. — Jacquette, 313, rue saint-denis. lettre 3 décembre reçue. santé bonne. dubois mort octobre. mère bien. |

Rennes, 22 déc. — Delail, passage jouffroy, paris. inquiet. répondez bureau restant rennes. — Delail. | Bonnelyse, rue allemagne, 76. bien. rien reçu depuis 3 décembre. bébé demande papa. écris souvent, inquiète. es employé génie. — Bonnelyse. | Courville, 104, rue grenelle-st-germain. maurice très-bien, va bréchat. — Porteu. | Campenon, scribe, 5. tous bien. — Marie. |

Brest, 20 déc. — Chabrié, ministère marine. tous bien. pensons vous. — Michaud. | Madame Trochu, louvre. macswiney femme bien noël volontaire loire. cachez garancière, père ambulance. château pillé. prions pour sublime général. — Demussy. | Demussy, garancière, 11. lettres arrivent. brest pipriac très-bien. odon vendôme. — Demussy. |

Carcassonne, 18 déc. — Saulnier, 2, rue monsieur-le-prince. allons bien toutes. reçu lettre du 6. — Saulnier. |

Arcachon, 19 déc. — Lunel, 10, rue montholon, paris. moment partir conseil déclare oscar

Bordeaux. — 1 janvier 1871.

faible bibi. après muqueuse bien. sans argent, rien loué. — Lunel. | Demagnez, 14, quai orléans. cher albert que ne suis-je avec toi. rien depuis le 4. arcachon affectueux baisers. — Aglaé. | Fayet, rue st-sauveur, 71. châtelneuf, 20 décembre, santé, réception lettres, baisers.— Marie. |

Belle-Ile, 17 déc. — Mélot, 8, bertrand. inquiétez pas, bébé magnifique. — Alexis. |

Le Mans, 18 déc. — Lefebvre, rivoli, 47. santé bonne, exempté. — Jouy, Bigot. | Vavin, 14, bastiglione. allons parfaitement. les paul bien. léopold en afrique mobilisé. va cassette 30. daux bien. — Anna. | Petit, rue châteaudun, 15. tous santé bonne. pas mobilisé. — Petit. |

Bourges, 23 déc — Destureaux, lafayette, 171 paris. santés parfaites, reçois lettres, berthe parfaitement rétablie. santés bonnes berry, marseille. edmond caen. troisième dépêche. — Destureaux. | Bourdaloue, boulevard saint-andré, 2, paris. tous bien portants partout. — Adrienne. |

Lodève, 24 déc. — Hortus, adjoint maire septième arrondissement, paris. recevons vos lettres, continuez. sommes en rapport avec fred bérard, il va bien. — Fau. |

St-Georges-d'Oléron, 19 déc. — Chanot, capitaine gendarmerie pied, paris. inquiet louis muet donne souvent de vous, deux nouvelles ballon je reçois. — Maurisset. |

Saintes, 19 déc. — Rennes, rue st-denis, 116, paris. tous très-bonne santé. — Rennes. |

Surgères, 19 déc. — Monsieur Marie, 29, quai bourbon, paris surgères, tranquillisez-vous, toutes bonne santé avec famille drieux. — Borde. |

Bayeux, 17 déc. — Ferdinand Moreau, rue de londres.29 toujours à arromanches grands, petits, tous bien portants. — Marie. | Geffrier. 50, berri. prévost, félicie, ernest bien 15 novembre. — Camboulas. |

Loches, 17 déc. — Vidal, racine, 6. genillé servat, vic et marseille bien. frère occupé. — Ricard. |

Tours, 17 déc. — Dammieu, 12, sentier. sommes tous bien portants à toulouse. — Marie Dammieu. | Dleindre, 22, villiers-ternes. fatale nouvelle communiquée. tous quinze bien portants maison lanusse. — Dleindre. | Marcotte, faubourg honoré, 90. bien portants. argent reçu, delacroix bien cambridge. estelle, poussinau, gasse tours bien. — Coupé. | Luchaire érard, 27. donnez congé turenne pour avril. allons bien. — Blazy. | David-Mennet, 29, rue sentier. longeville roullet santé parfaite. — David. | Hainque, grétry, 2. coupe petite trouve cent cinq, trop peu, mais crois flottage impraticable. bien portants. avons argent. — Plantier. | Monsieur Baucureux, faubourg-st-martin, 66. théodore décédé septembre. famille bieu portante chez chauvallon. — Niéman. | Fressinet-Lecourbe, vaugirard. inquiète alexandre, vite nouvelles. aunay essay, orne. — Marcelle. |

Borel, 84, champs-élysées. bonnes nouvelles suisses. écrivez souvent. tours 17 septembre. — Deronzières. | Thélu, aboukir. bien portants, ni pillés ni brûlés, vucennes de même. — Mélina Pousse. | Morogue, 3, marignan, paris. sommes aunay, allons bien, aucune inquiétude ici. — Marcelle. | Baillarger, 15, malaquais. gabrielle avec nous à pau, marie pas accouchée. familles fréréjean, crévecœur, robert bien jonchère. habitants saufs. — Baillarger. |

Nogent-le-Rotrou, 17 déc. — Derostaing, 34, godot-mauroy. tous bien. envahis, évacués sans mal. — Morissure. |

St-Servan, 18 déc. — Dufrayer, secrétaire général finances. allons bien. embrassons. — Marie. | Goujon, 233, rue st-honoré. santés bonnes, affaires bonnes. — Boisson. | Covlet Goujon, 233, st-honoré. lemoine, boisson, colas, guérin, paumier, martin, henry, mitre, cazeau bien. anna a toujours été bien. — Huelin. |

St-Valéry, 14 déc. — Lechat, 64, st-lazare. tous bien, papa malade. — Berthe. | Soibinet, turbigo 30. bien. oui. pour effet hiver oui. — Wiering. | Labastie, enseigne 7e bataillon, fort ivry. valladolid bien. confiance. reçu lettres. — Caroline. |

Tarbes, 22 déc. — de Rancourt, hôtel colmar, rue malte, 64. tous bien, jean magnifique, courage. — Marguerite. |

Auch, 22 déc. — Vesseron, faubourg st-martin, 212, inquiètes, aucune nouvelle de toi, lettre ballon. — Vesseron. |

Sarlat, 21 déc. — Molenes, rue antoine, 200. allons bien lettres, argent reçus, pommades envoyées. — Jeanne. |

Périgueux, 22 déc. — Aspe-Debladis, faubourg st-martin, 196. tous bien, enfants charmants, périgueux tranquille, reçu, renvoyé carte. — Clara. |

Séez, 18 déc. — Plou, rue ventadour, 6. émile à pontlevoy, province efforts généreux, lettres reçues, voir père pasquier. — Durand. |

Havre, 17 déc. — Wohlgemuth, rue vieille estrapade, 27, paris. bien portantes, en sûreté, reçu toutes lettres, avons argent, espoir, papa. émile mieux. — Clarisse Isabelle. |

Granville, 17 déc. — Martinet, 10, rue cléry. fin décembre, donnez congé par huissier à moisson pour juillet. confidentille. — Mareux. | Trauchaut, rue st-honoré, 253. familles trauchaut, noailles, eugène, navières, barbier, roger, santerre, lefebvre, léon, parfaite santé. — Céline. | Reiche, 29 juillet, 10, saulcy angleterre, tous bien. —Trocheris. | Joret, 19, marché honoré. madame moreau reçu nouvelle de paris. 10 décembre, châteauneuf, hacqueville, manoir très-bien, detrie arrivé.—Joret. | madame Bataille, quai anjou, 11. mathilde, nous bonne santé. bataille à st-pathus, ferme intacte. — Lucy | Constensoux, 21, boulevard magenta. santés excellentes, donner congé amélie. faire ouvrier porte. prendre clefs armoires.—Eugénie. | Renard, quai de gèvres, 12. vicarina. vu metz, madame renard mère, curé. bonnes santés. — Brochard. | Gay vieilles haudriettes, 6. vicarina reçu lettres sauf celle affaire watson. activer mouvements toutes grandeurs stock épuisé. santés bonnes. — Brochard. | Rodrigues, 106, rue amsterdam. tous parfaite santé granville, recevons toutes lettres. — Rodrigue. | Simonet, madame 40. smala bien, famille barbier partie. cousine restée. quoi faire en cas invasion? recevons lettre. mille baiser . — Maber. |

Montauban, 19 déc.—Mercier. rue marché, 20, passy, paris. arrivons montauban, appartement, bourgeon bien. — Alix. | Bazin, 8, ménars. je t'aime, bon courage. nous t'embrassons, santés bonnes. — Mathilde. |

Felletin, 22 déc. — Swampoel, rambuteau, 79. famille santé. nouvelles de l'orne très bonnes.— Brogel. |

Morlaix, 17 déc. — Douvre, 118, rue de belleville. je suis revenue chez maria, nous portons bien, — Douvre. | Moutier, fourrier, 5e compagnie, 5e bataillon, seine-et-oi e, garde mobile. nous portons bien, st-germain, marie reçoit lettres.— Moutier. | Carel, 4e compagnie, 5e bataillon, seine-et-oise, 51e régiment de marche, allons bien, clémence revenue avec nous. — Carel. |

Boussac, 22 déc. — Timmerman, gare nord, paris. mathilde enfants à Boussac, bonnes santés, rien changé ici. envoyé six dépêches. — Timmerman. |

Saint-Lô, 17 déc. — Lange, 55, bretagne. tous bien portants, auguste aus i, dis au concierge, recevoir toujours au maga in, resterons après fin bail. — Ebosquain. | Girotte, 19, quai bourbon. toujours tous bien portants, garçons fortifiés grandis, externes collége, travaillent bien jeanne grande et rose. — Victorine. | Lecorché, duphot, 19. lettres reçues, santés faibles, ennui. normandie occupée. — madame Ernest. |

Argentin, 18 déc. — bonnemain 19, ramey. reçu dépêche 17. uous portons bien, reçu seulement quelques letures, pas besoin argent. —Bonnemain. |

Condé-sur-Noireau, 17 déc. — m. Desrues, employé des postes à paris. tout le monde va bien. — Desrues. |

Mâcon, 21 déc. Pallain, secrétaire de m. picard ministre, veuillez informer duclos, tous bien portants, recevons les lettres, argent abondamment, 4e dépêche. —Wahl. | Duhamel, 8, préaux clercs. sœur tours, alexandre carcassonne, sayre daoust bruxelles. tous bonne santé. — Barbentane. | Gaume, 57, rue neuve mathurins. très-inquiète, silence, roger donnez nouvelles. — Charlotte. |

Moulins, 16 déc. — Lavoreille, rue truffault, 28. jacques afrique, raymond, bourges, 15e corps. tous bien. — Thérèse. | Gournay, imprimerie nationale. allons tous bien, prenez dentelles armoire. bellechasse, gardez avec vous.—Chemin. |

Granville, 17 déc. — Commien, 179, saint-denis. santés parfaites. écrivez davantage. détails famille. — Commien. |

Gimont, 24 déc. — Montaut Brassac, passage princes, paris. charles, chef escadron constantine, santés parfaites. — Montaut. |

Trouville, 22 déc. — Foucault, 15, rue bertinpoirée. parfaite santé. — Bornait-Foucault. | Bidot, 52, rue françois 1er. très-peinée de votre blessure, mes vœux sont pour vous revoir bientôt. amitiés. — Clémence. | Wassilieff, église russe. paris. portons bien, tranquilles, lettres, reçu argent assez, efrausi greger wiasemsry demande ta reçu, temps beau. — Wassilieff. |

Montauban, 24 déc. — Giroux. 10, taranne. allons tous bien. — Isabelle-Mathilde. |

Fontenay-le-Comte, 23 déc. — Robineau, capitaine 1er bataillon, 35e marche, paris. tous vont bien, reçu plusieurs lettres, écrivez, écrivez, reconnaissance à malpel. — docteur Robineau. |

Angers, 22 déc. — Dubois, 3, cossonnerie. depuis octobre nous angers, bien installés, garni plantagenet, 63, avons argent. nouvelles pontaudemer, versailles, bonnes. — Delphine. | Lefeubvre, 24, rue grammont. pondecé, bonnes santés, fremont ici. — Lefeubvre. | Godquin, chez Gautier, 55, quai grands-augustins. bonne santé, accouchée fils, reçois lettres. — Bert Godquin. |

Saumur, 21 déc. — Boinet, 20, banque. allons bien, recevons lettres. — Boinet. | Gouin, 17, maubeuge. tous bien, reçu courrier ludovic. — Le Roch. | madame de Boulancy, 19, rue las cases, paris. messieurs vos fils très-bonne santé, monsieur alfred wiesbaden, monsieur Edgard hambourg. — Delorme. |

Châteaubriant, 23 déc. — Aubrée, 48, bourgogne. allons médiocrement, mille embrassades et continue missives. — Defermon. |

Ancenis, 23 déc. — Gaillard, 29, jesneurs. gros garçon, mère, enfant, supérieurement bien. — Marie. |

Saint-Nazaire, 23 déc. — Gaston Fourchon, caporal 5e bataillon, 28e marche, mont-valérien. familles genevier, brague. lucas, bourcard, blanchard, fourchon bien, fourchon attend lettres. — Fourchon. |

Nantes, 23 déc. — Bacqua, sergent, 28e régiment mobiles. 1er bataillon, 6e compagnie, mont-valérien. deuxième dépêche, lettres reçues, frères avec nous, tous bien. — Bacqua. | Decazes, 101, rue saint-dominique. saintaignan, élie, famille bien, louis, stanislas, pas partis. julie a beau garçon. — Hubans. | Vaffard, 10, rue alibert. londres triplicata, avons lettre décembre inclus, claire ici, henriette nantes, chalamets villers, chandora, détails, risques. — Jules. |

Valenciennes, 18 déc. — Goffart, 36, godot-mauroi. j'ai mille sacs entrepôt, les vendre au mieux, nous allons tous bien. — Henri. |

Lille, 18 déc. — Lerouge, rue brongniart, paris. allons bien, donne nouvelles. — F. Lerouge. | Hubault, 86, rue rivoli. parents montfort très-bien. cherchons eugène, envoyé trois dépêches. — Thédelot. | Vermon, 60, avenue ternes. reçu lettres, quatre, vont bien. — Vermon. | Aimé Mariage, 23, lombards, paris. sommes à bruxelles, tous bonne santé ainsi que famille édouard mariage, donne argent. — Marie. | Arson, 40, condorcet. quatrième par pigeons, mille souhaits, santés bonnes, recevons cartes. — Jeanne. |

Quimperlé, 22 déc. — Eugène Saunier, 2, place opéra. bien absorbée, absents toujours. — Antoinette. |

Saint-Jean-de-Luz, 24 déc. — Lefebvre; chez Lowe, 1, rue bac. cabourg, marchefroy, versailles bonne santé. gustave mieux. argent assez. georges ici. portrait reçu. — Lefebvre. |

Landerneau, 22 déc. — Proust, 35, arbre-sec. Envoie argent landerneau, tous départs ballons. — Proust. |

Boulogne, 18 déc. — Edouard Smith, 122, champs-élysées. sixième dépêche, pas reçu lettre depuis six semaines, désespoir affreux, écrivez chaque jour tréport. — Delablanchère. | Blanche, 1, rue berton, passy. lettre reçue aujourd'hui. jacques toujours parfaitement portant. gounod demande nouvelles lalanne, rue condé, 20. — Ducoté. | Brébant, 13, rue dame-victoires. lettres reçues, santés, famille brébant. bonnes. marie kynaston accouchée fille 13 décembre. ayez confiance. — Louise. | Hoschedé, rue poissonnière. tous bien portants, lucy, jules, berthault, postel, agathe, souvenir du 18 décembre. baisers de tous. — Hoschedé. | Biollay, 74, boulevard malesherbes. sommes bruxelles, 24, place louvain depuis 8 décembre, bonnes santés, maman toujours dieppe, tranquille. — Hélène. | Ferrère, 3, laffitte, paris. bien, boulogne, reçu lettres 10 décembre. — Ferrère. | Lévy, 12, chauchat. lettre directe, 9 décembre. joie vous reçu lettres. aïeules, enfants ganneron bien portants. athénaïs, enfants bien. — Schloss. | Delagarde, 64, boulevard malesherbes. tous très-bien portants. découragez pas, entrevoir, réunion. attendons lettres, dernière du sept. tendres baisers. — Hélène. |

Dunkerque, 19 déc. — Jeanson, 31, université. sixième dépêche. tous bonne santé, tranquilles, rendre piano. — Anna. |

Brest, 23 déc. — Garson, capitaine mobiles finistère, 1er bataillon. excellentes santés, pensée, cœur, avec vous, chers enfants, pas témérité, inutile, mille baisers. — Marie. | madame Gellé, 67, rue abbé groult, paris-vaugirard. tous bien. — Auguste Gellé. | Dancoisne, 71, boulevard magenta, de vos nouvelles. — Prevel. |

Limoges, 24 déc. — Léon Clément, 9, guénégaud. bonnes santés, rouxil, cléments, délacelles. Maës ici, orsennes tranquille. angers maron. — Berthe Clément. | Desérionne, 4. glück. vos enfants vont bien. vous ai adressé nombreuses lettres et dépêches. donnez nouvelles. tout à vous. — Vauteaux. | Mosnier, 31, moscou. heureuse changement georges, tes lettres plus détaillées. georges paresseux, pas écrire, tous bien portants, embrassons tendrement. — Mosnier. | Allongée, 12, séguier. reçois tes lettres. dernière fait beaucoup chagrin. courage, espoir. écrire souvent, embrassons tous affectueusement. marguerite grande. — Mosnier. | Peaucellier, 15, joffroy prolongée. batignolles. reçois tes lettres, écris toujours, portons tous bien, t'embrassons. albert ici. — Peaucellier. | Noailles, 6, passage saulnier. familles noailles eugène, navière. barbier, tranchant, lefebvre, santerre, parfaite santé. henri travaille. — Céline, 24 déc. |

Saint-Servan, 23 déc. — Covlet-Goujon, 233, saint-honoré. Anna bien, expédiez ceci, lesciśneur ministère marine, familles, parents bien, frères prisonniers neuwied. conne congé. — Huelin. |

Tours, 24 déc. — Depressensé, 58. rue de clichy. bonnes nouvelles de victor après combat, restons encore à tours. — Depressensé. | Croué, 12, grange-batelière. allons tous bien, henri bordeaux, élie officier, stuvart nous doit cinquante-quatre mille, solomon dix-huit. — Gillier. | Esparbié, 9, faubourg poissonnière. mère et moi allons bien, manque rien, reçois lettres, frère même position. — Esparbié. | Maudoux, 34, petites-écuries, tous santé parfaite, adèle suit cours, reçu lettres, eugénie ici demeurons ensemble, désirons réunion embrassons. — Maudoux. | Dusommerard, musée cluny. santés parfaites, recevons toutes vos lettres, guelfucci prisonnier bien. — Cécile. | Madame Geoffroy-Bachelier, 10, geoffroy, clémence à meudon, hamat, malfilâtre, carrel, fonguesse, aussi allons bien, reçu dix lettres. | Chamay, faubourg-martin, 162. bonne continuation, bruxelles aussi. madame ehameroy, meulan. | Charles Cuvillier, 16, rue paix. allons bien, t'embrassons, bonne nouvelles faustin, gillon ici, sans nouvelles albert, amitiés parents. — Cuvillier. | Delarbre, 72, blanche, sœurs chez elles, bien, écris-moi.— Miette. |

---

72. Pour copie conforme :

l'Inspecteur,

Bordeaux. — 1 janvier 1871.

Agen, 24 déc.— Baptiste Guignery, 57, rue steanne. portons bien, recevons lettres, dire à louis. — Bouchon. |

Montpellier, 18 déc.— Josse, cité fleurs, 38. pauline, enfants, famille bien, écrire montpellier, restante.— Caroline. | Bertin, 1, laffitte. écrire montpellier (restante) tous bien, inquiets henri.— Mayre. | Glaize, 95, rue vaugirard. Ferdinand non blessé prisonnier interné à rendsbourg, schleswig-holstein.— Glaize. |

Castres, 18 déc.— Bouffé, 139, boulevard haussmann. parents provence bien, horace prisonnier erfurt, réclamer bagages, argent mille francs laissés st-denis — Jauge. |

Saint-Jean-de-luz, 18 déc.— Chauvel, 10, rue jules favre. maison Garat tous bien portants, tendresses.— Verdot, Lemaire-Javary. |

Lyon, 16 déc.— Maria Georgin, 95, faubourg st-honoré. vais mieux, amalric bien, pensons à vous écrivez.—Hermann, poste restante. | Rambuteau, 131, faubourg st-honoré. père parfaitement lyon, louis amalric ensemble vivants blois.— Hermann, poste restante. |

Lille, 13 déc.— M. Walbecq, 11, mail, paris. toutes lettres reçues à bruxelles, bien portantes, charles en activité, aline à bordeaux. — J. Walbecq. |

Boulogne, 13 déc.— d'Angicourt, 61, rue des saints-pères. amitiés.— Aglaé. | félix Davin, 25, rue albouy. logés 6, neuve chaussée, bonne santé. — Gabrielle. | Raymond, 12, rue perdonnet, paris. tous bonne santé, avons bonnes nouvelles camille, recevons vos lettres.— Raymond. | Raffard, 374, rue st-denis. recevons pour vous 22 balles de canton, que faire ?— Roustan. | Raffard, 374, rue st-denis. avons deux premières acceptées de nottingham échues, votre lettre du premier arrive.— Roustan. | Raffard, 374, rue st-denis. lucien en bonne santé, prisonnier à bonn, deshegues a versé quinze cents livres.— Roustan. | Randoing, 28, boulevard batignolles. recevons lettres, portons bien, gustave revenu décoré, thévenet hambourg. — Caroline. | Saulpic, 1, gay-lussac. tiens promesse, écris chaque jour longue lettre, parle affaires bailly, bébé bien, poinsot vont bien.— Eugénie. | Gille, 9, vauvilliers, paris. santé parfaite, courage, persévérance, avons reçu lettre grenoble, tout bien. faites erreur concernant quantités blés.— Vanderzee. |

Massonnet, 1, hautefeuille. santé bonne, lettre-journal reçu.—Massonnet. | Chabrié, 52, martyrs. santé bonne, lettre du 6 reçue, idem herny écrit. — Chabrié. | Perducet, 6, rue mézières. allons bien, albert prisonnier va bien, ai envoyé argent. —Perducet. | Montenot, 26, geoffroy-lasnier. bonnes santés, père sort peu, enfants travaillent, ont chien basset, joseph promène seul.— Pauline. | Charles Marx Dreyfus, 31, boulevard bonne-nouvelle. bien portantes, nouvelles jacob et autres, immédiatement congé appartement huissier.— Marx. | Graux, 33, boulevard italiens. merci, lettre heureuse encore, vous et nous bonne santé, félicitations jules.—Marx. | Martin, 17, boulevard malesherbes. sommes à cherbourg. portons tous bien, avons écrit souvent.—Berthe. | Minville, 93, monceaux. lettres arrivent, celle du 10, félicitons lucien, bonnes santés.— Roland. | Coster, consul général pays-bas, cardinal-fesch. santés parfaites, nouvelles jusque 2, anniversaire décès 22 au 23 aucun achat.— Guillaume. | Lafarge, 8, grande rue passy. portons bien, marie souffrante.— Lafarge. |

Chesnay, 34, rue bac, paris, confirme dépêche 15 novembre, santé à tous toujours admirable, surtout albert, reçu toutes lettres. — Pettit. | Robin, 1, rue tivoli. quatorzième, toujours boulogne bien portant.— Chabrier. | Foulot, 24, st-marc. moi, gabrielle avec berthe, charles sommes très-bonne santé bruxelles, hôtel bellevue, mathilde bien.— Palmyre. | Chabrier, 5, avenue reine hortense, paris. 14e dépêche, toujours boulogne tous bien portants, petite mathilde perdue.— Édouard. | Bidot, chef d'escadron d'état-major attaché près général trochu, paris. paul prisonnier, édouard décoré, blessé, bien portant.— Edouard. | Martin, 25, rue montaigne, céline, tous allons bien.—Martin. | Paunier, 18, rue dunkerque. santés bonnes, eugène travaille, hermitage intact, avons argent. — Paunier. | Herment, 50, neuve-petits-champs, paris. adresse obry, 4, rue veaux. lui écrire lettre ouverte. affranchir trente-cinq centimes. portons bien. — Herment. | Herment, 50, neuve-petits-champs, paris. reçu lettres 24 nov. 6 déc. ferdinand, césar, tous parents, céline, nous bien portants. — Herment. | Mahler, dupuits Béranger, paris. 7, reçu lettres, nous heureux, impossible rouen, portons parfaitement, jacob aussi, jules va chez houdard.— Virginie. | Debut, 36, montpensier. bonne santé, écrivez deux fois semaine nouvelles paris-passy.— Rouzé. | Rolland, 241, faubourg st-martin. dupré et nous bonne santé, léon mort octobre, écrivez souvent émile et narcisse, ennuyons beaucoup.— Hervy. |

Charles Martin, 21, paradis-poissonnière. santés bonnes, restons boulogne, varin chûte grave, bonnes nouvelles poitiers, pau, sieber. — Lucie. | Tamisier, ministère affaires étrangères. écris boulogne.— Hugues. | Levé, 12, léonie, paris. tous bien portants, heureux, reçu lettres, saulseuse épargné, partirons dernier moment.— Levé. | Harrewyn, hôtel nice, place bourse. enfants st-Omer, resteront probablement, famille, mimi, henry, édouard bien, recevons lettres.— Élodie. | Sriber, 18, turbigo. allons bien, virginie école anglaise enchantée, faisons petites affaires. dernière lettre reçue datée 2 déc.— Sriber. | Baudry, 50, neuve-des-petits-champs. vais bien. écrit souvent, reçu lettres, continuez. — Rousselle. | m. le comte henri Greffulhe, 8, rue astorg paris. quatre lettres reçues, vais bien, hôtel ambassadeurs, rue assas, boulogne.— Jogan. | Roger Pontécoutant, 48, basse rempart. tous bien berck, dépêches cartes expédiées souvent, donnez nouvelles, inquiets, malheureux.— Marie. |

Berthier, 30, place madeleine. tous bien, boulogne toujours, écris, 4e dépêche. — Singer. | Singer, 17, quai malaquais. sans nouvelles, inquiets, écris toujours boulogne, 4e dépêche.— Singer. |

Tremnitz, 34, turbigo. albert prie donner nouvelles de chez lui, portons tous bien, chauffage cave, 57, rambuteau.— Amélie. | Hanau, 6, rambuteau. bonne santé, donnez nouvelles ballon, allmayer bruxelles, passez 81, temple, chez barbier dire écrire.— Hanau. | Moitte. 11, trois bornes. donnez nouvelles bruxelles, poste restante. — Berl. | Delettrez, 62, charlot, marais, paris. oui pour toutes questions carte dépêche reçue de toi. huitième de moi.— Caroline Delettrez. | Darchez, chez chandler, 14, rue st-marc. notre associé sauvage est-il vivant? écrivez.— Roberts. | Bouissou, 37, lille. déménagement sans ordres cause profonds regrets, prive dernière consolation. ne demeurerai pas grenelle.— Imécourt. |

Condom, 23 déc.— Serracin, 10, rue gaillon, paris. santés excellentes, lettres toutes reçues.— Serracin. |

Toulouse, 6 déc. — Coutaud, rue ancienne-comédie, 29. pas nouvelles de toi depuis 5 novembre. mère inquiète, écris immédiatement, tous bien. — Coutaud. | Ducomble, lieutenant, artillerie nantaise, neuilly. allons bien. — Ducomble. | Berger, 20, rovigo, paris. réponse : oui aux quatre demandes, toujours très-inquiet, prière écrire un mot chaque ballon. — Talexy. | Montlezun, 10, cherche-midi. laurens prisonnier. — Paillès. |

Châtellerault, 7 déc. — Deniau, saint-lazare, 107. reçu lettre 3 décembre, allons tous bien. — Deniau. |

Vire, 5 déc. — Attendu, rue cordelières-saint-marcel. bien portantes, pleines d'anxiété, attendons ta venue. — Attendu. | Bertauts, rue rodier, 47. allons bien, recevons lettres, prenez beurre, avec papin. cabinet montholon. — Tilliard. | Pottier, rue gaillon, 16. tous quatre bien portants. — Mauduit. |

Saint-Servan, 6 déc. — Bouley, 65, rue monceau. à jersey, tous bien, avons argent, recevons lettres. montélimart, servan, parfaitement. — Brémard. | Fontaine, 78 bis. richard-lenoir. vite écris nous et gabriel, nous allons bien. — Savary. | Petitpont, thorigny, 6. demeurons : corbinière, saint-servan ; berthe, bruxelles ; mathilde, ribérac ; moutardier, laigle ; tous parfaite santé. renseignement cuisinière soubrier. — Cécile. |

Étretat, 24 déc. — Docteur Lyon, impasse mazagran, 4. tous bonne santé. — Rosina, étretat. | Halévy, rue larochefoucault, 31. maman santé parfaite, ludovic, valentine, louise, nourrisson, madeleine hajal, santés parfaites, installation excellente, amis nombreux, alfred tours, jacques londres, santés parfaites. — Halévy. | Maillard, 47, trévise. portons tous bien, écrivez. — Chenet. |

Saint-Lô, 5 déc. — Boudin-Boursier, boulevard beauséjour, 37-39. 2e dépêche, toutes bien, petite fille christian aussi, écrivez. — Boursier. |

Dieppe, 3 déc. — Fournier, 3. casimir-périer. sommes toujours à granville, allons tous parfaitement. — Marianne. |

Dieppe, 4 décembre. — Sanson, 72, rue rivoli, paris. reçu lettre, santé bonne, écrit huit, aime, embrasse tous. — Rhims. | Genouville, 2, rue sèvres, paris. dieppe santés parfaites, que devient ernest, attendons retour impatiemment. — Genouville. | Delestre, 14, drouot. moi, enfants santé parfaite, père même état, jalouzet bien montargis, argent suffisant, attends toi impatiemment.— Suzanne, dieppe. | Goudchaux, jeûneurs, 46. aucune nouvelle charles, edmond vu famille blocq, bruxelles, va bien. nettre très-bien. — Mathilde. | Bro, 111, chaillot. nous sommes tous parfaitement, sois tranquille. — Claire. | Dauvet, éclaireurs franchetti. reçu lettre, écris, tous bien. — Dauvet. | Lagarde, 51, lille. tous à dieppe et allons bien. — Henry, 4 décembre. | Gablin, 2, rue royale. bien portants, recevons lettres, sommes encouragés par bonnes nouvelles. mille amitiés, vous, fils, berthellière. joulet. — Welles. |

M. Letrosne, rue constantinople, 8, paris. nous sommes à dieppe, nous allons bien. — Femme Letrosne. | Esquirol, 1, avenue percier. toujours bien, sais que recevrez dépêches, ici très-tranquilles, mille baisers. — Amélie. | Gavignot, 110, rivoli. reçu lettres, enfants leclerc dieppe, allons tous bien. — Gavignot. | Manceau, 9, boulevard malesherbes. dieppe bien portants, reçu argent londres. — Deville. | Ducessois, 21, tournon. rassuré, tous bien, provisions faites, à bientôt. — Richomme. | Leforestier, rue caumartin, 65. reçu tes lettres, tous en bonne santé, marcel trois dents, marche pontivy bien. — Marie | Mlle Laurent, 84, cherche-midi. bonne santé, reçu lettres, répondu, toujours affection, reconnaissance. 2e dépêche. dieppe, calais, 4 décembre. — Morice-Deboile. | Danville, 36, berlin. santés bonnes. pourquoi pas suivre exemples de lyon, rouen et autres, par prières publiques, vœux, processions? — Thérèse. | Gonzalès, bréda, 11. portons bien, dieppe. — Eva. | Cauvain, crussol, 17. portons bien toutes, recevons lettres, dieppe. — Victorine. | Domergne, rue de l'arrivée, 10. tout monde bien, léontine pas de nouvelles, reçu tes lettres et pas réponse. — Domergue. | Hallez, 9, saint-florentin, paris. bonnes santés, espoir, tendresses. — Hallez. | Poinsot. hauteville, 47. bien portantes, vu dulud, bon espoir. — Blanche. | Richardière, 1, baillet. tous parfaite santé. soignez olivier. — Bro. | Detaille, 19, rue grammont, paris. toute famille va bien, est à ostende, 18, place saint-joseph. — Lefebvre. | Humbert, 39, rue londres. inquiète d'olivier, tous parfaite santé. — Claire. |

Trouville, 6 déc. — Potron, 368, saint-honoré. bien, attends lettre, affection. — Potron. | Parisse, martyrs, 54. trouville 6 décembre. enfants superbes, léonie, félicie, louise, papa, maman, adèle parfaitement, chaudement, ducos remis, baisers. — Parisse. | Tambour, 1, boulevard saint-michel. tambour, marie, thérèse vont bien. — Delaunay. | Prévost, 43, faubourg montmartre. 2e dépêche, tous bien trouville, reçu lettres, répondez, courage. — Prévost. |

Vire, 6 déc. — Aubert, 79, myrha. vire, portons bien, répondez. — Champion. |

Auxerre, 4 déc. — Poncelet, rue chartres, batignolles, paris. allons bien, recevons lettres, auxerre. — Demay. |

Cosne, 6 déc. — Vogüé, 37, rue bourgogne. pesean 6 décembre. tous bien portants, vive paris! loire énergique, tendresses à tous, 5e dépêche. — Vogüé. |

Etretat, 24 déc. — Pélissié, boulevard sébastopol, 60. Pélissié, crespin, étrétat, portons bien, recevons lettres, pas inquiets. — Pélissié. |

Guingamp, 6 déc. — Baucher, rue rousselet, 27. tous bien, prévenir léontine. — Baucher. | Torbier, est, 4, belleville. allons tous bien, guingamp, alençon. — Torbier. |

Saintes, 17 déc. — Dieulafoy, 16, caumartin. aujourd'hui lettre, krishaber mieux, reçoit vos lettres, bonnes nouvelles toulouse, écrivez-moi, quai récollets, soignez-vous. — Claire. |

Surgères, 12 déc. — Clément-Barbin, rue charenton, 241, paris. reçu 20 lettres, répondu toutes manières, tous bien. — Barbin. |

La Rochelle, 18 déc. — Bouffé, lieutenant, 6e chasseurs à pied. tous bien, ludovic prisonnier hambourg. — Cécile. | M. Beaussier, rue calais, 24. nous allons tous bien. — Pigalle. | Lepec, 12, rue pré-aux-clercs. allons plus loin, ai reçu toutes vos lettres, santé bonne. — Delaprade. | M. Claret, 45, rue beaubourg, paris. tous très-bien, bonnes nouvelles de félix, reçu généralement lettres, reçu photographie. — Claret. | Béchet, administrateur postes. familles bien arcachon, rochelle. — Laure Thomasson. |

Le Mans, 17 déc. — Couturié, 3, clapeyron. tous portons bien, lettres reçues, continue. — Couturié. | Lavalard, 33, bourdonnais familles hervey, robert, clarens (suisse), couturié bien portantes. — Couturié. | Durivan, 9, viselay. londres, dijon, tous sont bien. — Mary. |

Maubeuge, 11 déc. — Lamartellière, 21, rue béranger, paris. annéa passablement, mobilisés partis, rosa partie, george ici, laminoir éteint, urbain cambrai. — Meunier. |

Mézières, 7 déc. — Bourguin, 114, lafayette. réunis, bien portants, floing, sédan. — Marie. |

Bohain, 14 déc. — Monfray, 125, boulets. portons bien, recevons lettres, travaillons comptant. — Cyprien. |

Nîmes, 18 déc. — Truchy, rivoli, 136. 6e, lugny santé parfaite, enfants très-gentils, marthe fille, point prussiens, bien ici. — Flouest. |

Saint-Brieuc, 17 déc. — Sédille, magenta, 19. soyer pau, tous, œil, camus, parfaitement bien. — Sédille. |

Lisle-Jourdain, 23 déc. — Aragon, rue legendre, 80. bien portants. — Aragon. |

Gex, 15 déc. — Watin, 34, rue des batignolles. tous trois bonne santé. reçu quatre lettres. — Darnay. | Pein. médecin. val-de-grâce dis à latarche écrire immédiatement, ou écris moi. — Chadenet, eaux vives, 88, genève, suisse. |

Laval, 17 déc. — Arnaud, rue montmartre, 141. franciska, enfants habitent castres, santé bonne, notre aussi. — Louise. | Lefebvre, 12, poitiers. laval, louviers, excellentes santés, marguerite sage, grandit. louise très-heureusement accouchée garçon, 28, excellente convalescence. — Marthe. | M. Decan, bonnetier, 281, rue saint-honoré. lucie parfaitement houdan avec oncle, nous quimper (finistère), sacré-cœur. — Leguay. |

Saint-Quentin, 10 déc. — Caron, 15, chaussée-d'antin. 10 décembre. femme, enfants, parents, amis, tous vont bien à tournai. — Camille. |

Les Sables-d'Olonne, 23 déc. Pérard, rossini, 3. sables, demonjay, situation, santés excellentes. béthune, anselme parfaitement. — Louise. | Astier, rue des tournelles, 28. familles astier, gaytte, blanc, cary vont bien. — Astier. | Binder, 33, rue courcelles, tous santé parfaite, vous embrassent, manquons de rien. — Alice. | Salmon, capitaine vaisseau, général 3e brigade, plateau d'avron. paris. anna à alençon, vos deux familles bien. — Ponsard. | Bouley, rue monceau, 65. bouley, jersey, tous bien portants. — Maria. |

Pau, 26 déc. — Lefeuvre, rue des halles, 11, paris. reçu avec bonheur lettre 8, la seule arrivée. habitons pau, passage planté, embrassements. — Pinart. | Manescau, vicaire, batignolles. tous bien. — Manescau. | Daunay, 86, rue d'assas. noël, pau, tous bonne santé, recevons lettres, écrivez poste restante, nous vous embrassons tous. — Billard. |

Brives, 26 déc. — Golfier, 160 rue montmartre. allons bien, manquons rien, embrassons. — Laure. | Pelvil, 13, payenne. bonnes santés, bonne année, écrire chaque ballon. — Ernault. | Ernault, état-major garde nationale, place vendôme. bonnes santés, bonne année, porter argent à oncle, réponse. — Ernault. | Montalant, 13, avenue bosquet. bonnes santés, bonne année, écrire chaque ballon. — Mialhe. |

Lyon, 24 déc. — Urbain, 22, chaussée antin, pour Bouchet. tous bien, toujours montreux, recevons lettres, écrivons souvent. — Berthe. | Brun, rue des halles, 19. adressons 100 francs pour romain, de vos nouvelles après réception, saluons avec reconnaissance. — Accary. | Accary-Brun, rue des halles, 19. 2e dépêche, santé bonne, t'envoyons 100 francs poste, mille amitiés, écris nous toujours. — Accary. | Peloux, lieutenant, mobiles drôme, 2e bataillon. famille va bien, reçu 20 lettres, 3e dépêche pigeon. — Louis Peloux, capitaine-adjudant (ain). | Coutagne, rue montholon, 26. merci des 3 lettres, allons bien, écris souvent. — Coutagne. | Perchou, 3, chauchat. arthur, 13, bien. famille bien. baring, 11,000 livres pour vous. ventes 2 millions et demi. — Klein. | Roman, 14, anjou-saint-honoré. à lausanne pour 10 jours, tous bien, adresse poste restante. — Caroline Kœchlin. |

Biarritz, 26 déc. — Benard, 59, rome. biarritz, santé bonne — Benard-Lefèvre. |

Marseille, 24 déc. — Seure, 37, lepelletier. aucune réponse, suis inquiet, vives amitiés. — Roussel. | Gay, avenue gabriel, 42. 10e dépêche. reçu toutes vos lettres, sommes à marseille tranquille, tous bien. — Hélène, Gabrielle. | Poncet, malleville, 2. sommes marseille, écrivez, 109, rue paradis, amitiés de toutes trois. — Lucie. | Steinbach-Kœchlin, saint-fiacre. maison plus libre, mais bien portante, connait vos nouvelles, auxquelles répondu, 14 courant. courage, confiance. — Disson. | Mallet, 54, boulevard de la villette. allons tous bien, toujours à marseille, reçu tes lettres, envoyé 5 dépêches. — Pauline Mallet. | Moutier, 8, grange-aux-belles, paris. nous sommes au caire en bonne santé. nous avons reçu toutes vos lettres. — Magnier. | Marie Lacqmant, rue abbatucci, 11, paris. pas reçu lettres depuis 2 mois, horriblement inquiète, écrivez par tous ballons. — Vally. |

Hyères, 24 déc. — Muel, capitaine, 1er bataillon. gardes-forestiers, rue boileau, auteuil. juliette (fausse-couche) bien. famille entière bien. écris souvent, hyères. — Cécile. | Mme Durand, macmahon, 144. ancienne morny. reçu carte octobre, lettre décembre. portons bien, écrivez-nous souvent. désireux vous revoir. — Dellor. |

Bordeaux. — 1 janvier 1871.

Ferney, 22 déc. — Mirabaud, 29, taitbout. sécheron, londres, santé parfaite, souffre pas froid. envoyons vœux nouvel an. lettre 17. écris moyens indiqués. — Adèle. | Mirabaud, 29, taitbout. 6e dépêche. arthur souffrant, non blessé. burton prisonnier, élisabeth dhombres bien, patience, courage, amités pour tous. — Adèle. | Herpin, 18, rue miromesnil, paris. quatre mois longs, douloureux! ignore quand retournerai, désespérée être partie, vie horrible! écris souvent. — Libert. |

Abbeville, 19 déc. — Lesenne, dépôt mobile, somme, 1er bataillon, 6e compagnie. réponses : bien, oui, oui, non. famille cayeux bien. reçu vos lettres. — Bègue. | Gustave Damonneville, sous-lieutenant, mobile somme, 1er bataillon, 4e compagnie. abbeville, wanel libres, portons bien, tes lettres reçues, écris. — Damonneville. |

Toulon, 24 déc. — Mme Raison, 21, rue de l'odéon, faubourg saint-germain. demande nouvelles de gustave et fils marchand, nous prions, inquiète. — Van Grutten. | M. Debullemont, préfecture de police. santé bonne, vous embrassons, — Louise. |

Nérac, 25 déc. — De Galard, rue abbattucci, 104. reçu deux lettres, une carte. expédié deux télégrammes, puis-je vous être utile ici ? — De Jausselin. |

Saint-Pourçain, 24 déc. — Mme Geoffroy, 77, rue miromesnil. pas reçu nouvelles depuis 17 novembre, sommes bien inquiets de vous, sommes bien portants. — Dufour. |

Montmorillon, 25 déc. — Ducloux, 9, boissy-d'anglas. 24 décembre. lepeux, toutes très-bien, enfants parfaitement, manquons de rien, jenny bien, éloi reste. — Victorine. |

Saint-Pourçain, 23 déc. — Sarrot, chirurgien, 5e secteur. écris-moi, tous bien portants. — Sarrot. |

Laval, 23 déc. — Brunox, sergent-major, volontaires versaillais, paris. embrassements, nouvelle année. — Enfants. | Merléaud, 16, rue roule, paris. épreuve douloureuse, embrassements. — Céline, Enfants.

Saint-Pourçain, 23 déc. — Conseiller Dufour, 61, rue d'anjou. installée à lacroix, adresse m'y lettres. million baisers 1er janvier. — Berthe. |

Bayonne. 26 déc. — Duserech, rue entrepôt. tous bien, charles aussi, savons blessure. — Elisabeth. | Manuel Duarte, sentier, 12. tous bien, magdalena même état, écris. — Pepe. | Puyol, provence, 46. reçu nouvelles 22, sommes très-bien, saubot aussi, paul armée nord. — Marie. | Palengat, godot-mauroi, 30. tous bien, bonne année, confiance. — Amélie. |

Avranches, 22 déc. — Dame Gontier, 41, rue richelieu. mari, fils, bien, coblentz. — Caumers. | Boëssé, rennes, 121, paris. bien, vocalise. rit travaille collége mobiles. baron gaussin bien. — Gabrielle. |

Nevers, 22 déc. — Labiche, conservateur, bibliothèque arsenal. marie avec enfants à genève vont bien. veuve chasle souffrante. vos lettres parviennent. continuez — Crouzet. |

Lunel, 24 déc.—Cazier, chef escadron 9e lanciers. tous bien.— Cazier. |

Grenoble, 23 déc.— Desselle, 5, avenue villars. pierre mort, portons bien, 40 lettres reçues, 4e dépêche.— Desselle. | Hussenot, 1, mail. flers, herbeys bien, avons envoyé dépêches.— Armande. |

Nimes, 24 déc.— Mme de Corcelle, 121 bis, rue grenelle. marthe, adolphe enfants vont parfaitement, suis à toulon dames de l'espérance.—Chambrun. | Lan, 12, rue aubert. tous bien lycée cours répétiteur musique, reçu lettres, antoine mort, nous rien, troisième par pigeons.— Bordarier. |

Limoges, 25 déc. — Marsac, 23, place dauphine. bonne santé, meilleure année, tous bien portants. — Claire de Marsac. |

Moulins, 24 déc.— Lelarge, 30, boulevard mazas, paris. xavier, parents romé, capucins vont bien, courage.— Marthe. |

Bellac, 25 déc.— Terneau, 3, rue d'isly. allons bien, reçois tes lettres, envoyé carte dépêches.— Terneau. |

Tarbes, 25 déc.— Lesvenhaupt, légation suédoise, paris bien portants, inquiets pour sixten, nortinger bien, eugène kastner suisse, dieu soit avec vous.— Lesvenhaupt. |

Clermont-Ferrand, 24 déc.— Midy, 51, rue pétersbourg. santés bonnes, élisa, louise à dijon. écrire chez renard, langres.— Midy. | Benoist, 54, verneuil. sommes à troyes, allons bien, bourguignons aussi.— Marie. | Henry, 156, rue antoine. provisions voisin, payer rue castiglione, 14, assurance pour maison rue st-martin. voir oncle guillaume.— Debat. | Martin, 95, feuillantines. mille souhaits, santés bonnes, je t'embrasse.—Georges. | Monteaux, 17, boulevard montmartre, paris. reçu lettres, anniversaire oncle célébré filialement, prévenir vidal, laure sans nouvelles, inquiète, tous bien. — Astruc. | général Daudel, 3e corps, 2e division, 2e brigade. famille daudel bonne santé, écrit souvent, connait promotion légion honneur. — Suze, Daudel. | Dubert, 22, monsieur-le-prince. bonne santé, clermont-ferrand, rue hôtel-dieu, 21, bonne année, réponse.— Dubert. | Collet, 5. rue clapeyron. collets, germains, froments, bujadoux parfaitement.— bujadoux. |

Nevers, 21 déc.— Joncières, 10, castiglione. femme, sœur, chez général détroyat, commandant, camp la rochelle. père trinay, tous bien. | Thorey, capitaine 105e ligne, division mattat, corps exéa, vincennes. tiens, miens, allons bien, lettres, argent reçus.— Berthe. |

Cognac, 25 déc.— Senet, 24, rambuteau. eugénie, henry, moi, santés parfaites tous. — Senet. |

Nevers, 20 déc — Cléry, 72, cherche-midi. 3e dépêche, girerd déconseille départ, désire rester, décide, tous bien portants.— Clémence. | Gastellier, 142, rue rennes. recevons lettres, portons bien, restons nevers, sans nouvelles de louise.— Desgrandchamps. |

Arcachon, 26 déc.— Bien-aimé, place victoires. allons bien, périn embrasse henry, recommande écrire, contente biche. — Bienaimé. | Réméré, école militaire. Isidor prisonnier bremen, gustave côte-d'or, écrit sennone, attend réponse. tous bien portants.— Dasté. | Lainné, 52, rue douai. bonnes santés, porter la boîte ferblanc chez R. toucher titres échus.— Lainné. | Moreau, 98, rue la victoire. arcachon, santé, installation parfaites, envoyer un nom, tardenois, bretagne lehideux, mercier, delaville parfaitement, souhaits.— Marie. | Mercier, 48, rue enghien. bonne santé, possédons lettre du 30. attendons anxieusement.— Anna. | Thauvin, 59, rue petites-écuries. clémence, paul, nourrice, familles vont parfaitement.— Dallée-Moquet. |

Cette, 25 dec.— Glaize, 95, rue vaugirard. ferdinand bien portant prisonnier rendsbourg, reçoit argent recommandations.— Laucel. |

Agen, 26 déc.— Pinet, 44, paradis-poissonnière, famille ici, santé excellente. écrivez agen.— Rouget. |

Roubaix, 20 déc.— Albert Lévy, 69, rue st-sauveur, paris. portrait, lettres reçus, femme, tous bonne santé, soyez sans inquiétude, confiance.— Clarisse. |

Alençon, 19 déc. — Schmitz, 8, port-mahon. bonne santé, recevons lettres, versaillais bien. — Manuel. | Swaenpoël, 79, rambuteau. marie et tous très-bien. — Auqueulle. | Marchand, 167, sèvres. albert va bien. recevons ses lettres, une hier, envoyons encore argent, bonne nourriture, bons traitements — Lecourt. | Marchand, sèvres, 167. marceline va bien, demi-pensionnaire, adoration, catéchisme, recevons vos lettres et de charles par ballon.— Lecourt. |

Flers, 3 déc.— Deboaisne, fort montrouge. bien portants, reçu lettre-journal.— Deboaisne. |

Villedieu, 22 déc. — Lécuyer, 33, rue bergère. suis à villedieu, me porte bien, adressez lettres à st-ény.— Charles. |

Chinon, 25 déc. — Martin, boulevard st-martin, 56, paris. adressé plusieurs dépêches pigeons, mort madame morino connue. allons tous bien, georges pas parti. — Martin. |

Pont-l'Evêque, 22 déc. — Richer, belzunce, 8. bonne santé, impatiente de réunion. — Armande, Geneviève. |

Surgères, 26 déc. — Péroud, rue l'échiquier, 44, paris. recevrez péroud 100, léon 50, réponse. — Deviller. |

St-Martin, 20 déc. — Lacroix, 76. boulevard beaumarchais. ai envoyé inutilement quatre télégrammes, allons très-bien, patience. — Blanche. |

St-Pierre, 26 déc. — M. Pinet, 6, rue savoie, paris. tous bien portants. — Marie. |

Marans, 26 déc. — Perrier, intendant. sommes tous bien, très-tristes, charles magnifique, marche seul, joseph officier toulon, seconde blessure, bon an. — Amélie Meunier. | Barbier, 25, ancienne-comédie. santé bonne, félix reste, écrivez. — Barbier. |

La Rochelle, 26 déc. — Reynard, 9, rue helder. maurice trouville avec grand'mère, léonce, raymond bien, imbault ici, tous santés parfaites, amitiés.— Imbault Louise. | Général Trochu. famille du général berthaut bien la rochelle, henri prisonnier merseburg. — Berthaut. | Delmas, volontaire, fort noisy-le-sec. noël, quatrième dépêche, william prisonnier chambord bien, henri bourges. enfants bien, situation encourageante. — Irma. | Boscher, boulevard sébastopol, 72, famille boscher, salmon bonne santé, recevons vos lettres — Léonie. |

Tarare, 21 déc. — Roche. martyrs, 18 bis, reçu dépêches, portons bien, félix prisonnier en allemagne, anaïs rentrée, pas de nouvelles depuis. — Forest-Treppoz. |

La Roche-s.-Yon, 24 déc. — Moriceau, 14, quai gesvres, paris. vais bien, bonnes nouvelles des mureaux, reçu ta lettre du 10, suis chez merland. — Marie. |

Quimper, 24 déc. — Porquier, lieutenant mobile, 5e bataillon finistère, paris. reçu lettre 20 décembre, 21e lettre, tous bien quimper, porsalle.— Porquier. | Damey, sergent mobile finistère, 3e compagnie, 5e bataillon, villejuif. tous bien, henri capitaine, corentin lieutenant rennes, donne nouvelles, deuxième. — Damey. |

Le Mans, 24 déc. — Vérité, Boulevard temple. bonne santé partout, prussiens pas venus, mans protégé par chanzy, marcel lieutenant artillerie, pascal caporal zouaves. — Vérité. |

Alençon, 23 déc. — de Mallevoie, avenue amandiers. albert lieutenant, 122e, prisonnier kœnigsberg, bien portant. — de Farémont. |

Granville, 23 déc. — Dorenlot, beaubourg, 71. tous bonne santé st-pair près Granville. — Dorenlot. | Martinet, 10, rue cléry. fin décembre, donnez congé par huissier à moisson pour juillet. confidentiel. — Mareux. | Bourin, 89, richelieu. ta sœur est bien à rennes. — Mareux. | Simonet, madame, 40, smala bien, carolles trouville bien, rien extraordinaire, avons argent, doyen dire degoër, laboulaye ont santé argent. — Maber. |

Cholet, 24 déc. — Huvé, 17, pascal. sommes cholet, jules. altona bien portants, demander deleval, latapie, monthabor, 25 nouvelles lebrez, 115e. — Anna. |

Niort, 25 déc. — Delisa, rue luxembourg, 26. mille remerciments, reçu votre lettre, famille dijon et ici bien, donnez nouvelles détaillées de louis. — Laforest. |

Menton, 24 déc. — Fould, 24, st-marc. vœux affectueux, triste nouvelle année, moi enfants parfaite santé. excellentes nouvelles, maman, dinin bruxelles, tendresses. — Mathilde | Tassait, quai voltaire, 3. splendide hôtel menton, je vais bien, envoi d'argent impossible, viens. — A. Tassait. |

Nice, 24 déc. — Lombard, 65, rue du bac. meilleure année, bonne santé, tendres baisers de nous quatre à tous, mes étrennes habituelles. — Guibert. | Tardieu, imprimerie dubuisson. phare reparu un sou, réveil continue, deux quotidiens, neuf lettres tardieu, une blanc, envoyons limoges, embrasse. — Gauthier. | Tardieu, imprimerie dubuisson. bien portants, anatolie enceinte, suis sergent-major francs-tireurs, victor clairon. imprimerie encombrée travaux. bonne année. — Gauthier. |

Carcassonne, 26 déc. — Pendaries, rue buffault. 2. santé bonne, victor toujours télégraphe. — Pendaries. |

Dax, 26 déc. — Vilmorin, mégisserie, paris. noël tous bien, philippe aucune nouvelle, tante chevilly. — Louise. |

Cannes, 24 déc. — madame Lemoine, 232, rue rivoli. cannes, embrassons, allons bien. — Louise | Adolphe Durand, banquier, rue neuve-des-mathurins, paris. madame justin durand en bonne santé, villa marguerite, cannes, alpes-maritimes, — Debienne. | madame Brunet-Vivien, 19, boulevard malesherbes. écris-moi à cannes, chalet saissy. nous allons bien, marguerite est à libourne. — Jeanne. |

Poitiers, 26 déc, — Déniaux, rue st-lazare, 119. nous portons bien, dis antellet d'écrire souvent, reçu lettre madame déniaux. — Antellet. | Moulins, jeûneurs, 40. inquiétude arthur, vérité, adresser capoy, tous parfaitement. — Hatzfeld. | Tissier, 1, rue richer. allons parfaitement. — Hélène. | Sexé, provence, 38. suis tranquille, allons bien, installés chez ta mère, papa, maman ici, quatrième dépêche. — Lucie. | Gajon, rue treillard, 8. allons très-bien, écrire poste poitiers. — Bricod. | Moraue, 10, rue du banquier. enfants alexandrine, antoinette melun, tous bonne santé, baisers poitiers hôtel de france, 26. — Moraue. |

Clamecy, 22 déc. — Languet, chaussée-d'antin, 49. nouvelles, famille et situation. — Paysant. |

Sallanches. 23 déc. — Riand, faubourg honoré, 66, paris. sallanches. travaille, allons bien. — Alphonse. |

Angoulême, 26 déc. — Eugène Guichard, 7, charlot. lise, tes enfants, henri, méloé, moi, habitons ensemble, bien portants, vos lettres arrivent, bon espoir. — Mallet. |

Nérac, 26 déc. — Garnier, fort ivry. tous santé. — Elvina Garnier. |

Tunis, 24 déc. — Brodin, 66, rue larochefoucauld, paris. coupon sera décidément payé à partir janvier à tunis, seulement envoyer coupons ici, hausse. — Brodin. |

Montauban, 26 déc. Mercier, rue marché, 20, passy-paris. Arrivées montauban bourgeon, souhaitons réunion, embrassons.— Alix. |

Marseille, 25 déc. — Chateauminois, fort ivry, paris. heureuse délivrance jour noël, beau garçan, tout va bien, lettres reçues, claire charmante, troisième dépêche. — Béguery. | madame Guérin, 116, rue morny. autorise flury-hérard, par cette dépêche, te payer 3,000 sur signature kieffer. — Leroux-Villers. | M. Flury-Hérard, 372, rue st-honoré. je vous autorise payer à mon compte sur signature kieffer. — Leroux-Villers. | M. Kieffer, 116, boulevard st-michel. prie voir regine et autorise tirer sur Flury-hérard pour ses besoins. — Maurice. | Gramain, notre-dame-lorette, 56. letttre blaver commmuniquée, prenez huile, vin, bois vivienne, émile clermont, nous santé, rue rome, nonante, répondez. — Taravant. | Briffault, chapelle, 145. bonne santé. — Nugue. |

Thiers, 21 déc. —Cuvillier, 15, grenier-st-lazare, paris. Thiers, portons tous bien, donnez souvent nouvelles, toute famille, malmenayde, davy, courtois, fédit, envoyez commissions. — Thinet. |

Toulon, 18 décembre. — Roze, matelot, fort montrouge famille cherbourgeoise, famille toulonnaise vont parfaitement, t'adorent, prient. — Jacquinot. |

Vire, 17 décembre. — Ozenne, 107, rue école-médecine. tous bien portants. — Esnault. | Famelart, 10, lombards. portons bien tous, recevons lettres.— Famelart. |

Nice, 17 décembre. — Rosset, 61, boulevard haussmann. nice, hôtel steinel. parfaite santé. — Rosset. | Quinemant, 21, avenue tourville. nice, 6, rue masséna. sans lettres de toi.— Stéphane. | vicomte vigier, 1, scribe. avez-vous reçu dépêches? tout va bien — Sophie. |

Caen, 16 décembre. — Bruna, 39, truffaut. recevrez mandats poste cent cinquante francs. — Tormier. | Nettre, 64, faubourg-poissonnière. famille bien. — David. | Radouant, 31, varennes; Saintemarie, 4, rossini. recommandez docteur Joannard, cures surprenantes. danger imminent. aussi élite Shorthorned Rieffelland, Charles Langres.—Olam. | Dailliard, 30, jeûneurs; Roubaudi, 18, bergère. troisième dépêche. santés bonnes, Charles Langres, prévenir père Auteuil, continuez lettres. — Clémence. | Degourcuff, 87, richelieu. sinistre minime Bellême. nouveaux recouvrements, affaires, presque nuls. instructions quittances trimestre prochain. — Pigny. |

Bernay, 18. — Bernaudisi, 6, leregrattier. nous allons bien.— Lefèvre. |

Vire, 18. — Garnier, 62, grand'rue, bercy. donnez nouvelles de vous et Lebonnois. — Crespin. | Lebesnerais-Hubin, 15, place royale. portons bien, recevons lettres.— Lebesnerais. |

Menton, 17 décembre. — madame Moufflet, 4, rue rude. Léon dantzig, bien portant. — Charles. |

Caen, 18 décembre. — Lavergnolle, 13. cléry. reçu lettres 7, 8, 10. bonnes nouvelles Saint-Paul, amitiés Berquet, allons bien, écris par poste. — Chartier. | Robin, 28, rue gentilly, 13e arrondissement. Léon, moi, embrassons toi, papa, tante, cousine, pour nouvelle année. Henri prisonnier, bien. — Jeanne. | Roze, 47, rue château-d'eau. portons parfaitement, soigne-toi bien. — Roze. | Gresland, 1, cardinal-lemoine. reçu lettre 8 décembre, vendez suif et stéarine, allons bien. — Gaillard. caen. | Lepeltier, 45, aboukir. nous allons toutes bien. — Lepeltier. | Valette 13, jussieu. quatre oui, prévenez madame Berthault. — Valette. | Toussaint, 6, vienne. dames paraissent bien portantes, pris logement particulier où vont lettres.— Lajehannière. |

Limoges, 19 décembre. — Pénicaut, 8, bonaparte. tous santé parfaite, cousins bordeaux prisonniers. — Mathilde. | Desvignes, 60, boulevard prince-eugène. santé bonne, amitié. — Desvignes. | Hesse, 7, rue suresne. 3e dépêche sans réponse, très-inquiet. que faites-vous? écrivez tous les jours par ballon.— Marx. |

Rennes, 17 décembre. — Dulphé, 18, miromesnil. Georges bien, prisonnier hambourg. Roger, lieutenant armée loire, bien. Anzin payé octobre rennes. ici tous bien.— Marie. | monsieur Boisset, 25, rue des gravilliers, paris. allons bien. pas de lettres depuis six semaines, sommes à rennes. — femme Boisset. | Froc, 4, michodière. tous bien portants Plessis. — Perrin. | Vulpian, 24, soufflot. tous bien portants. testament Savary notaire, rennes. attendons bébé fin décembre — Vulpian. | Kléber, 190, st-dominique. reçu lettre, bonne santé, au revoir.— Belinaye. |

---

73. Pour copie conforme :

L'inspecteur

Bordeaux. — 1 janvier 1871.

Lesparre, 22 déc. — Bienvenu, ste-périne, auteuil. tranquillité, santé parfaite. — Bienvenu. |

Vichy, 20 déc. — Hagnoer, aboukir, 35. famille genève hôtel suisse, bonne santé. — Durio. | Fère, 12, halévy, paris. denière louviere, callon mieux. casino ambulance. compagnie tranquille. — Sandrier. | Walbaum, boulevard magenta, 99. vichy allons bien. reçois lettres. christiane santé parfaite, studieuse, bonne. ne manquons de rien. — Poletnich. | Darcq, 176, boulevard haussmann. santés bonnes partout. manquons rien ici. courage, prudence pour retrouver. ferréol superbe. emmerys bien. pensées. — Darcq. | Louise, chaussée-d'antin, 8. je demeure avec désiré, ernest, maurice, léopold. edmond, eugène, marie, hélène et nous tous bien portants. — Victorine. | Moussy, 246, charenton. bonne, non, oui. impossible acheter prenant suite garantie rien, pour prenne félix bien, suède, angleterre personne. — Moussy. | Paillé, stanislas, 11. portons bien. argent vichy. — Paillé. |

Chenailles, 1, lerégrattier. père envoyez nouvelles. nous bien. — Patoux, vichy. | Magne, 1, tiron. cantal, bablot, patoux aujourd'hui bien. — Patoux, vichy. | Docteur Cazalis, 8, avenue victoria. allons bien. — Laure. | Biais, rue bonaparte, 74. allons bien. depuis départ reçu sept lettres, répondu autant. bon souvenir à tous. — Biais. |

Nice, 21 déc. — Sabatier, 35, reine-hortense. reçu lettre 5 décembre. bonnes santés 21 décembre. — Hélène Sabatier. | Estienne, 18, pépinière. bien portantes villa griois monaco. — Aline. | Horeau, faubourg st-martin, 158. nice bonne santé, renvoyer constant. — Gault. | Touzelin, 43, rue rivoli. nous habitons nice. — F. Touzelin. |

Avignon, 21 déc. — Fèvre, 72½ boulevard malesherbes. dépêches perdues. sommes naples morbilli 1er octobre. santé enfants bonne. au revoir. — Fèvre. |

Aniane, 21 déc. — Léopold, 14, roquépine. tous prospères. maman bazoques. — Caroline. |

Lyon-Central, 21 déc. — Besson, grenelle-st-germain, 103. tous bien portants. — femme Thouverey. | Barrier, quai orsay, 1. content lettre de vous. échange souvenir affectueux. notre mère agonie. — Dubost. | Chanudet, palestro, 15 paris. toute famille bien, nous aussi. — Derville. | Berteaux, 10, aboukir. allons bien. affaires londres bien. garantissez emprunt avec bons du trésor. — Berteaux. | Radou, 10, aboukir. allons bien, commission lyon liquidées. commettons pour saison prochaine. continuons achats pour londres. courage, espérance. — Mégroz. | Vermeil, rue moines, 19, batignolles. henry bonne santé. voyez louis beau blessé rue doudeauville, 16, et écrivez nouvelles. — Letourneur. | Charles Porgès, 2, blanche. écrivez si tous bien portants. achetez cinq cents autrichiens, sept cent cinquante révocation. — Porgès. |

Vaganay, rue dame, 7, batignolles. bien portant. lyon tranquille. écrivez brunet, passy. je fais provisions vous envoyer. — Müller. | Michel, hôtel bergère. déjà télégraphié deux fois bergère 30 block ici. zélie, rachel, enfants genève vont bien, services aussi. — May. | De Hercé, 87, richelieu. instructions reçues, exécutées et transmises à collègues. — Muffat. | Delaroa, grenelle-st-germain, 112. santés parfaites charvieux. amour, courage, espoir. décembre. — Nadaud. | Peyrels, 66, 68, faubourg poissonnière. bonne santé, recevons lettres, dernière 28 novembre. continuez écrire. communiquez à mes parents. — Lévy. |

Cannes, 21 déc. — Pasquier, obercampf, 41. légèrement blessé, bien soigné, bientôt guéri. — Paulin. | Meunier, richelieu, 100. nous sommes tous à cannes bien portants. reçu deux lettres, écrivez-nous. — Lemaitre. |

Orange, 21 déc. — Bloch, 1, cardinal-fesch. suis orange. famille, moi bonne santé. — Alphonse. |

Montpellier, 22 déc. — Gaschon, 86, bac. bonne fête, mille baisers. cinquième. — Thérèse Suzanne. | Matha, 56, lille. prie vendre moustapha, regretterais nécessité pour staoneli. marsac plus payer loyer. cas échéant rien ajouter appartement. — Fouchères. | Melon, des écoles, 51. santé bonne, confiance. — Melon. | Deshayes, place royale, 18. portons tous bien. ernest ingénieur du comité défense gratuitement. — Songaglo. |

Rochefort, 22 déc. — Goepfert, avenue victoria. bonne santé. frères partis. tranquillité. — Marie. | Comtesse Duchâtel, 69, rue varenne. allons tous bien. suis seul à rochefort, commande bataillon mobilisé jonzac. reçois vos lettres. — Duchâtel. |

Gramat, 21 déc. — Mercié, 22, rue tournelle. envoyez-moi lettre crédit cent mille francs sur bordeaux ou londres. affaire importante. santé parfaite. — Mercié. |

Jumiéges, 3 déc. — Cointet, vivienne, 22. sommes bien jumiéges, marie st-servan. — Cointet. |

Antibes, 20 déc. — Edouard Fould, 24, place vendôme. bien arrivés antibes vendredi soir. gustave bien et cannes ou dix-huit aussi. — Thuret. |

Monaco, 20 déc. — Prémont, assas, 104. 20 décembre. souhaitons sainte victoire. répondons oui quatre questions. — C. Prémont. |

Nice, 20 déc. — Acquaviva, 20, cours reine. sommes bien, est troisième dépêche. reçu lettre. — Albert. |

Cannes, 20 déc. — Bollot, rue saint-martin, 181. thays très-malade. donnez congé à berthre. réponse. — Morneau. | Rainaud, rue bercy, 232. paul prisonnier, sain, sauf. — Emma. |

Vic, 22 déc. — Hamouy, rue bleue, 1, paris. tous bien portants. arrivés à vic depuis huitaine. deuxième avis. — Aubry. |

Courseulles-s.-mer, 29 déc. — Moutier, 13, rue gay-lussac, paris. moutier, martin, troost vont très-bien. — Louise |

Plouha. — Jarre, pyramides, 2. tous ici, jarre à limoges, province, albert parfaitement. recevons lettres, télégraphions, écrivons constamment. enfants joujoux, heureux. — Sara. |

Guingamp. Monsieur Yégou, rue cherche midi, 138. dixième dépêche envoyée, écris toujours, suis bien. — Virginie Yégou |

Vichy, 24 déc. — Poisson, 38, rue maubeuge. vichy hôtel salignat bien portants avec noémie. — Bruneau. |

Beauvais, 25 déc. — Grouzelle, saucié leroy, 3 paris ternes. tous rémérangles bien portants, régny aussi. lettres parviennent. quatrième question, pas y compter. — Grouzelle. | Monsieur Jubault, capitaine gendarmerie caserne louvre. habitons abbeville, allons bien. recevons tes lettres. — Jubault. |

Béthisy-st-pierre, 23 déc. — Aubry, saint-merri, 21. compiègne, crépy, orrouy bien. — A. Hazard. |

Luc-s.-mer, 29 déc. — Lindet, boulevard st-michel, 9. alençon, lagrune, tous bonne santé. professeur ici, tranquilles. recevons vos lettres, manquons rien. — Lindet. |

Neuvy-le-roi. — Pottié, avenue impératrice, paris. reçu cinq lettres, tous bien. vous embrassons. — Alexandre. | Dillon, 29, bellechasse, paris. marie et famille sauvées. reçu lettre 1 et 4. — Dillon. |

St-Valéry-en-Caux, 27 déc. — Riancey, 31, rue turin. tous bien, grand'mère bien. bons souhaits. — Marguerite. |

Chinon, 30 déc. — Lemesle, rue lourmel, 69, grenelle paris. les enfants vont bien. — Lemesle. | Gillet, 79, rue lafayette. st-aubin, aubert, gillet tous très-bien. — Elisa. |

Lelourroux-beçonnais, 30 déc. — Madame Flohn Dusser, deux-écus, 33, paris. nous vous souhaitons tous bonne année. sommes en bonne santé. — Gourdon. |

Châtellerault, 23 déc. — Deniau, st-lazare, 107 dernière lettre 19 décembre. allons tous bien. — Deniau. |

Castelsarrazin, 31 déc. — Moine, boulevard sébastopol, 81. santé bonne. va rue luiné et pauquet. fais nécessaire, écris. — Martin. |

Redon, 30 déc. — Bell, 4, rue treilhard. trois lettres reçues. habitons redon avec durand bourdel. pensons sans cesse à toi. — Chasles. |

Aubusson, 24 déc. — de Loiseiglière, ministère justice, paris. portons bien, romorantin aussi, loire mal. — Léon. |

Guérot, 24 déc. — Chabert, 62, rue de rome. santés excell ntes. souhaits, tendresses. bade bien. — Mourgue. |

Tulle, 24 déc. — Malissard, 11, vieux colombier. toute famille porte bien. — Malissard. |

Neuvelyre, 9 déc. — de Badis, boulevard bourdon. deuxième dépêche, quitté lyre pour auvergny, projet granville. recevons lettres bonne santé, tante aurillac, sydonie, angleterre. — Camille. | Cailar, rue saint sabin, paris. auvergny, deuxième dépêche, bonne santé, recevons quelques lettres, dernière 3 décembre, si départ forcé granville. — Caillar. |

Niort, 23 déc. — Trans, jean-jacques-rousseau, 65. bonne santé, grandjean, mathias, tabourier, lacaux. pelletier, ne payez aucun termes vin pour blessés et vous. — Baucheron. | Houlbrat, 63, rue rome. toutes et enfants bien. philippine, eugène bien mans. bien installées — Jouannin. |

Royan, 24 déc. — Mesnier, 21, mondetour. reçu trois lettres, fernand, violenne, allons tous bien. paul mesnier prisonnier bavière, charles malo assiégé langres. — Fernand. | Mesnier, 21, mondétour (pour hyppolyte) famille achille, marais femme hyppolyte, monségur, tous bien. — Fernand. |

Brest, 22 déc. — Boismorel, 22, rue navarin. ferdinand bien portant, armée de lyon, bonnes nouvelles du hâvre, de bruxelles, amitiés à tous. — Duperré. | madame Perrié, boulevard saint-germain, 30. maman et nous bien, inquiets sur vous donnez nouvelles. — Lemoal, caserne marins brest. | Landonny, 1, rue hautefeuille. nous queenvacherie bien portants. reçu lettres. rouxel, forgeot parfaitement. — Maurice. | Larnac, 9, université. prisonniers riches, auguste, darmstadt edmond, 15e corps. nouvelles 11, charles évadé armée nord. bouchmann guéri, dusseldorf. — Elise. | Desarces, 47, vauvilliers. toujours à brest, vais très bien. — Desarces. |

Viré, 21 déc. — Beguin, choiseul, 16. tous bien, oncles pettel, joachim, souffrants, lettres reçues. — Armand. |

Caen, 22 déc. — Porret, avenue ternes, 2. estelle, caroline, berthe, bonne santé. partent pour londres. — Caroline. | Lantin, 2, boulevard poissonnière. portons bien, reçu lettre 2 décembre. oncle jardin, pau, poste restante. souhaits bonne année, embrassons. — Lantin. | monsieur Rivière, 140, rue lafayette. mesdames rivière et prieur se portent bien, reçoivent les lettres, communiquer prieur, villette. — Vve Rivière. | Germain, 5, rue casimir-périer. reçu 7 décembre, me porte bien. — Vve Germain, 23 déc. 1870. | Julien, rue saint-roch, 1. santés parfaites, lettres reçues, vous embrassons. — Maron. | Normand, 57, rue rivoli. recevez congé pour juillet 1871, appartement occupé boulevard haussmann, 190. — Leclère. | Chenard, 21. boulevard malesherbes. marie enfants, louise enfants arrivés brighton, bonne santé, écrire, 18, poivis road, tendres baisers. — Chenard. | Julien, vincennes. partons chez dommergue, prévienes trotin. — Julien. |

Guingamp, 12 déc. — Lejanne, sergent, 3e bataillon, mobiles côtes-du-nord. donne nouvelles. plounévéziens? tous bien, théophile, armée bretagne, 21e corps. — Oncjanne. |

Roubaix, 18 déc. — Lesguillon, rougemont, 4. reçu qu'une lettre, inquiets, écrire chaque ballon. — Lesquillon. |

Avignon, 23 déc. — Gourcuff, assurances générales, paris. reçu lettres 31 et 24. sinistres annoncés. réglés trente mille. prépare encaissements janvier. situation bonne. — Abria. | Villetel, place clichy, 4, batignolles. nous recevons les lettres, je vais bien ainsi que les enfants. — Tellière. |

Douarnénez, 21 déc. — Saintyves, 4, mercier, halle. tous cinq bien. espérance est réalité. — Saintyves. |

Quimper, 21 déc. madame Doissel, chaillot, 70. famille darcy toujours à brochon, bien portante. nouvelles du 14 décembre — baronne Doissel, quimper, place mescloaguen. |

Landerneau, 21 déc. — monsieur Saint-Georges, boulevard haussmann, 173. landerneau, famille bien. ernest prisonnier. cottin bien dire général charmet, rue joubert, aucourt ici. — Louise, |

Trouville, 21 déc. — Journot, dunkerque, 51. trouville bien portants tous, lettres reçues. — Ribot. | Faye, 6, rue nicolo. femme, fille, bonnes santés. reçu lettres, argent, habitent lahaye. — Guibert. | Verdes, 23. st-lazare. tous bien ici. — Mathilde. |

Narbonne, 24 déc. — Fabre, rue Sauffroy, 18, santé bonne, recevons tes lettres — J. Fabre. |

Rennes, 21 déc. — Léveillé, chef cabinet directeur télégraphes, paris. conserver corps gourden, avenu frais, reconnaissant. — Delamotte. | Deshommes, colisée, 42. maman morte 1er décembre. soudon convalescent chez moi, 14 janvier. chateaugiron, 20 décembre. — Deshommes. | Nicolle, rue chemin des bœufs, 18, paris, batignolles. cher mari, me porte bien, besoin d'argent. a toi bonne amitiés. — F. Nicolle. | Schultz, 50, abbesses. reçu argent, tous bien. — Joséphine. | Maurel, rue poulet, 7. allons tous très bien. — Maurel. | Saint-Hilaire, rue d'astorg, 29. vais bien. — Barthe. | Pellechet, 30, blanche. tous bien, rennes, turin, reçu portrait, prévenir tufton, zélia, aizy, thérèse, accident fin septembre, bien maintenant. — Adeline. |

Valence, 23 déc. — Herfort, rue courcelles, 118. fais connaitre position. — Guilhaudin. |

Landerneau, 20 déc. — Lebros, caporal, 2e bataillon, 4e compagnie finistère, paris. parents bien portant, aucune lettre depuis octobre, réponse aussitôt possible. — Lebros. |

Boulogne-sur-mer, 16 déc. — Delagarde, 64, boulevard malesherbes. hélène, émile, marthe, parfaitement portants, embrassent tendrement. dernière lettre du 7. maison martin, entière sécurité. — Hélène. | Lévy, 12, chauchat. grand mères, ganneron, enfants, bien portants désirent voir parisiens. vivons confortablement, athénaïs, marie, enfants bien. tendresses. — Schloss. | monsieur Delebecque, 4, rue malesherbes. tous bien portants, mesdames hugues aussi. reçu argent. | Delebecque. | Lévy, 22, rue mazagran. portons bien, travaillons, réponse. 387, edgrave road. — Valérie. | Martin, 21, paradis-poissonnière. santés bonnes, boulogne, lille, douai, varin mort, pas froid, reçu lettre 10, écris roger. — Sophie. | Rama, caroline, 11, batignolles. reçu quatre lettres, répondu trois, demander deux cents pour moi, lacroix sauval, 1. — Fournier. | Fénélon, 27, mail. portons bien tous, recevons nouvelles, sommes valenciennes. — Zéna. | Mahon, 62, rue victoire, paris. famille entière bien portante wiesbaden continuez écrire par belgique, prévenez émile et brandon. tendresses. — Ada. | Cousin, tronchet, paris. tous bien, lettre jules du 6. écrivez longuement par tous ballons, réclamez lettres à poste. — Séraphin. | Sassenay, 1, rue vigny, paris. allons bien, recevons vos lettres, trouverez charbon cave. — Sassenay. | Lelubez, 53, condorcet. longtemps plus lettres. ch. inquiète. — Lelubez. | Lanchetti, 13, rue saint-georges, paris. oui, oui. — Tréport. | Ducas, 12, labruyère, paris. philippine hier londres, lettres reçues hanovre, amérique tous et mère bien. réclamez nouvelles laure bloch. — Oulman. | Clément Thomas, général gardes nationales. — heureux vous savoir sauf, prière informer si marquis dedauvet. éclaireur franchetti sauf. — Bigoe Williams, douvres. | Besson, grenelle saint-germain, 103. tous bien portants. — femme Thouveron. |

Tours, 25 décemb. — Jagerschmidt, 29, tronchet. maria après trois heures souffrance accouchée cette nuit d'une fille, mère enfants parfaitement vous embrasse. — Fey. | M. Guillot, 352, rue saint-denis, paris. nouvelles de bruxelles, moiton bonne santé. — Berthiault. — Négoni, 33. rue duret. paris-passy. négroni, léon très-bien. — Coulon. | Schlossmacher, 19, rue béranger, justine, gabrielle, maurice, léontine rabert, 97, chaussée d'haecht, bruxelles, reçu correspondance. — Delahaye. |

Limoges, 23 déc. — M. Ducoux, 23, rue montparnasse. berthe une fille, tout va parfaitement. — Anna. | Dnpuis, 5, rue échiquier. prière donner congé en mon nom par huissier propriétaire, 22, rue turin. — Gustave Vogt. |

Bergerac, 23 déc. — Douliot, rue des usines, grenelle, quatrième pigeon. santé parfaite, reçu premier mandat, nombreuses lettres, dames, richner ici depuis octobre. — Douliot. |

Bordeaux. — 1 janvier 1871.

Grenoble, 22 déc. — Doistel, 11, rue châteaudun. cours repris grenoble, non mobilisable, maman tréport, tous vont bien. — Boistel. | Choisne, 59, provence. vos enfants bonne santé à verviers. cyrille décédé octobre, informez-vous pinel, ne voient plus labouriau. — Gaillard. | Join Lambert, 13, rue cambacérès. excellentes nouvelles jersey, écrivez souvent à nous tous, jacques aussi, — Gaillard. |

Tarbes, 24 déc. — Dupommereulle, 62. rue vaugirard. famille dupommereulle bien. — Receveur. |

Bayonne, 24 déc. — Madame Richardbérenger, 2, beaune. vos enfants très-bien, tantes bien. — Nogaret. | Gardin, 30, bergère, paris. mère, enfants, famille lafolie biarrits, frère, sœur, tous bien. affaires bien, désire pouvoir envoyer argent. — Personnaz. | Moraton, 17, rue duperré, paris. lettres reçues, santés parfaites, le maître te serre la main, nous t'embrassons. — Euphémie. | Suares, 5 bis, lamartine, quatrième dépêche, bien portants. — Alphonse. |

Mâcon, 22 déc. — Jacquelod, 18, rue d'antin. sans nouvelles, depuis 2 mois grande inquiétude, hâte-toi, écris. — Jacquelod. |

Villefranche, 22 décr — M. Vaudrey, 14. rue des saussaies. meilleure année, bons baisers, bonnes nouvelles, mauvelain, portons bien. — Isaure. |

Le Blanc, 17 déc. — Berthod, 38, rue rochechouart. portons bien. — Caroline. |

Yvetot, 3 déc. — Degriou, 73, rue de lille. suis hôtel guibert. yvetot, bien rené, 94, mans, amitiés. — Degriou. |

Havre, 3 déc. — Favard, 94, boulevard haussmann. bien portants havre, elbeuf recevons lettres. — Favard. | Dorca-Ayulo, 37, boulevard strasbourg, paris. reyher schintz avisent arrivée omega falmouth, documents manquent écrivez ballon. — Moulia-Lecadre. | Courtin, 104, rue bac, paris. demeurons tous welbeck-house, sydenham, allons bien, jules collége croydon, recevons tes lettres ballon. — Spooner. |

Saint-Valéry. — Godart, 40, rue des maronit . portons bien, cinq lettres. — Caroline. | Zhendre, 9, rue penthièvre. santés bonnes, reçu lettres, nouvelles ermont mauvaises. — Céline. | Moutardmartin, 5, échelle, 12 déc. reçu lettres, santés bonnes, saint-valéry, granville, amitiés. — Caventon. | Beaulieu, 50, rue madame, paris. albert toujours constantine, allons tous bien. — Mary. | Gavard, 240, rue rivoli, georges, lucie à aix-la-chapelle. — Rey. |

Chambéry, 21 déc. — Ottmann, 26, rue le peletier. plusieurs dépêches, portons bien, reçu lettres, allez may léonie bien manchester, reçu lettres parents. — Béer. |

Domfront, 22 déc. — Bigot, 41, rue bourgogne, paris. allons bien — Bigot. |

Château-Gontier, 20 déc. — M. Dennery, 47, rue richer. reçu lettres, tous bonne santé. — Dennery. | Plouviez, 8, place bourse. bien tous les trois, reçu lettres. — Aimée. |

Clermont-Ferrand, 17 déc. — Pochbonne, 46, larochefoucault. vais bien, reçois lettre frère, oncle bien tardive, presonier courage. — Adélaide. | Rodier, 26, acacias. parents bien reçu lettre, daniel petite morte. — Rangaret. | Poitevin, 26, rue des jeûneurs, paris. frère chéri, beau noel, courage, espoir, tous aiment embrassent, maria, rousse, ernest libre. — Ninon. | Roche, 30, quai louvre. lettres reçues, famille va bien. — Cohendy. | Le Roy, 2, paradis-poissonnière. santés excellentes, vaccinés, aline giraud bonne santé et assez d'argent, tendresses pour tous deux. — Le Roy. | Boyer, 40 bis, rue rivoli, paris. Lettres toujours reçues, tous ici et mauriac très-bonne santé. — Dubois. | Bivort, 46, faubourg poissonnière. parents metz, nancy, nous bien portants. — Bivort. | Hovelacque, 2, rue fléchier, paris. allons bien, lille, bruxelles aussi, portraits reçus. embrassements. — Anna. |

Clermont-Ferrand, 22 déc. — Hovelacque, 2, rue fléchier. bonne santé partout. — Anna. | M. Rousseau, 41, rue coquillère, père, mère, enfants se portent bien. — Bourg. |

Bayle, 11, rue alger. huitième dépêche, allons bien, souhaits affectueux. — Castel. | Lenfant, 55, rue belleville. inquiète, sans nouvelles, chez M. mayrand, place du mazet, clermont-ferrand. — Lenfant. |

Riom, 21 déc. — Pradier, 65, faubourg poissonnière. francine toujours beau démon, santé parfaite. — Pradier. |

Montluçon, 23 déc. — Guillemonat, 2, louvois. enfants, famille, santé parfaite. — Blanchonnet. |

Rue, 14 déc. — Blanquart, 51, rue de rennes, paris. nous nous portons tous bien, envoie carte avec questions pour répondre. — Blanquart. |

Ribérac, 25 déc. — Bourdon, 30, échiquier. bons souhaits à tous, cécile saint-servan, berthe bruxelles accouchée fille 10 décembre, gustave, allons tous bien. — Mathilde. |

Saint-Valéry-sur-Somme, 11 déc. — Pascal-Grenier, 5, saint-lazare. nous portons tous bien. recevons de vos lettres. — Jannon. | Carenton, 51 bis, sainte-anne. quatrième dépêche, souhaitons nouvel an, santés excellentes saint-valéry, uriage, londres, Hochstetter, schillik, leipzig. — Wurtz Caventon. |

Bessé, 8 déc. — Comte Tierry de montesquiou, 41, quai d'orsay. courtanvaux, wight, purnon vont bien, bougeons pas tranquille, gontran ici congé trois mois, largnagite convalescente, reçu lettre. — Elise. |

Bordeaux, 9 déc. — Brault, rue de la charité, 7, vincennes. tous en bonne santé. reçu lettre ernest prisonnier guerre en bonne santé. courage. — Laurantine. | M. Genty, rue de verneuil, 34, paris. sommes tou bien. — Fouchault. | Ratheau, 25, blanche. 8 décembre. père gravement malade. autres santés bonnes, lettre, carte non reçue, payer terme. — Sauvageot. | Mme Laboulaye, taitbout, 34, paris. 8 décembre. m. petit décédé hier. prière d'informer alexandre doucement. reçu lettre. merci. — Ratheau. | Mademoiselle Denis, rue richelieu, 31, paris. nous sommes chez lothieur depuis la toussaint bien portants. — Rosine. | Saulieyre, 64, boulevard magenta, paris, lettres toutes reçues, nous bien portantes. écrit 10 fois. — Laporte. | David, passage saintavoye, 4. tous bien, écrivez chaque jour, rue lafaurie-monbadon, 3, bordeaux. — Calmann. | Clin, 14, racine, paris. portons bien, reçu lettres. — Clin. | Aubert, rue st-pétersbourg, 40. lettres reçues, dépêche déjà envoyée, bordeaux toujours tranquille, sommes tous bien, bonnes nouvelles. missions, souvenirs. — Fabre. | Lépinoy, rue clichy, paris. écris-moi à bordeaux. — Lépinoy. Guillemetcau, 22, rue dunkerque. vais bien, vous embrasse tous. — Henriette. | Caussade, 1, lafayette, paris. portons tous bien. oui, oui. bordeaux, 21, nauville. — Caussade. | Baude, gare est. dire mofras, gide, roux, bordeaux bien portants. hoemelle londres, wood's hôtel, 102. germyn street. — Roux. |

Hottinguer, 14, rue laffitte, paris. tous ici et ailleurs bien. joseph à clermont, jean toujours absent. — Wustemberg. | Rouzaud, 28, échiquier. réponse lettre du 16. quatre oui, 5 oui, six oui, sept non. — Rouzaud. | Pasteur, 54, boulevard haussmann. lettre 25 novembre non parvenue. envoyez plusieurs copies, ballons bretagne et galilée tombés prussiens. — Fhurneyssen. | Nepœur, seine, 23. je suis à bordeaux, dumas en bonne santé. — Nepœur. | Renou, boulevard italiens, 5. tous bien portants. — Raymond Renou. | Michel Berger, 63, rue rome. vu isabelle, tous bien. amitiés. — Salle. | Baron Ezpeleta, boulevard malesherbes, 87. reçu lettres, baronne bonne santé, à pexotte. ferdinand daniel madrid. — Lassime. |

Lassime. rue aubervillier , 54. reçu lettres jusque 3 décembre, tous bonne santé. écris toujours. bonjour tous. courage. — Félix. | Solar, 83, boulevard malesherbes. avons tes lettres. tous bien. — Solar. | Clèves, 12, rue gay-lussac, paris. envoie des nouvelles de toi et nephtalie, 10, place fondaudège, bordeaux. — Barraine. | Cochard, 4, terrage, paris. envoyez nouvelles de vous. sérionne, chassaigne, gasquet, 36, rue ducau, bordeaux. — Festugière. | Decazes, capitaine, 122e ligne, ambulance tuilleries tous bien, plus tranquille, sachant abri pour moment. amitiés, t'embrassons. — Decazes. | Christophe, 21, poissonnière. paul malade 5 jours, mort cholérine. tous bien. fischer, dominé, tarrieu, 12 novembre allaient bien. — Christophe. | Sedille, 6, cléry. tous bien. caroline, externat, amélie, baudinot, lembeye, carbonnie, avignon, 12, place parlement, chez nous. — Sedille. | Albert Dethomas, 17, boulevard poissonnière. bien portants, enfants, nous tous michel, laborde. recevons lettres. écris. — Dethomas. |

Latapie, batterie marine, st-ouen, paris. 2e dépêches. enfants et tous très-bien, 20 jours sans nouvelles. écris, inquiète. — Ta Suzanne. | monsieur Bellenger, rue st-honoré, 261, paris. enfants bien portants, toujours mennetou. niatélis expédié. — Veuve Braquessac. | Vacossin, 362, rue st-honoré, henry londres, georges prisonnier nouwied bien portants. — Bounet. | Lyon, rue st-marc, 22. réception du quatre courant. santé parfaite, léon aussi, approuvé tout. — Salomon. | Wall, 90, richelieu. te savoir mobilisé inquiète maman, prochaine lettre dis lui être aux ambulances. sommes tous parfaitement. — Arthur. | Lecamus, 43, échiquier. lettres parvenues, santés bonnes. — Demauffé. | Susse, 2, bourse. depuis 16, reçu seulement hier 13 journal, portons bien. sophie fausse couche, remise. grand froid. — Ravaut. | Levé, rue passy, 77. tous santé parfaite. — Levé. | Laporte, palais royal, galerie-chartres, 21, paris. duplicata. albert à toulouse, 11e artillerie. il est content, nous portons bien. — Irma. | Teissier, 43, rue temple, paris. tous bien portants. — Clavé. | Mlle Manoury, passage des princes, 19, boulevard italiens, paris. reçu bonnes nouvelles, docteur bien portant, mais très-inquiet. — Bichou. | Letellier, crédit foncier. inquiet. vous tous prière faire donner nouvelles. — Mourguès. | M. Graves, rue navarin, 3. toutes bonne santé. — Lucie. | Dechasteigner, 13, rue alger. père et tous bien, ensemble à bordeaux. ville, bordeaux tranquille. 4e dépêche. — Alexis Dechasteigner. | Taffanel, rue constantinople, 31. santé parfaite, reçu 7 lettres, répondu 2 fois pigeons. — Tuffanel. | Guérin, 43, trévise. répondu à 3 lettres, télégraphié 27 novembre. autorisation toucher toutes sommes donner charles ses demandes. — Ravaut. |

Sion, 12, rue verrerie. oui. — Sion. | m. Martin, 50, petites-écuries. reçu lettre du 5, rien précédemment. voir caro, bébé bien gentil, mille baisers. — Dieffenbach. | Baron Poisson, 53, rue de rome, paris. en bonne santé, cestas aussi. écrivez hôtel de paris. — Cécile. | madame Malherbe, 103, avenue malakoff, paris. raymond bien portant, prisonnier kerkow près settin. ai expédié argent — Cécile. | Gros, ste-cécile, 8. les tiens biens. travaillons 4 jours. reçu fonds margérand. finances suffisantes. recevons commission, impression. flory londres. — Roman. | Devèze, rue turbigo, 64. grande inquiétude, pas de nouvelles, écris au plutôt. — Mère Deveze. | Curie, 2, rue visitation. pauvre mathilde, quel malheur. écrivez vos nouvelles. ici tous bien. — Paul. | Rousset, rue st-martin, 243. famille bien. saler manger chevaux. vendre bourrées avantageusement. écrire souvent, poser questions. — Elien. | Directeur union, 15, banque, paris. musée bordeaux brûlé en partie. — Lépinoy. | Labbé, 5, godot-mauroy. toutes bien bordeaux, 23. rue franchise. famille fournier bien. — Labbé. | Chimènes, 42, rue notre-dame-de-lorette. ernest décédé. écris souvent. tous bien. provisions placard chambre. — Zélie. |

Bordeaux, 9 déc. — Coq, 10, rue burq, paris. étienne bien portant, juliers prusse. — Cazin. | Oudinot, rue grande-chaumière, paris. allons très-bien. — Hermine. | m. Vandoyer, rue lesueur, 7, remercîments affectueux, santé bonne. — Fanny alaux. | Anna sorgen, ambulance chaptal, boulevard batignolles. reçu lettres, envoyez nouvelles de rodolphe kleinshans, vingt-sept guénégaud, olaf, franc-tireur. — Héritier. | Dupin, place madeleine, 21. bien portant, vigo. — Camille. | Brun, 13e artillerie, 4e bataillon, fort vanves. écris-nous, sommes tous bien, mais inquiets de toi. — Brun. | m. Poudrilhe, rue laval, 26. reçu dépêche, comptez sur moi. — Payan. | Hubault, rivoli, 86. emmanuel écrit parents montfort, très-bien, rien eugène, écrivez-nous bruxelles, bonnes nouvelles nous à benoist. — Carré. | Montagut, 30, rue lafayette. toute votre famille ainsi que celle salefranque, vont bien. affaires bordeaux, new-york, vont régulièrement. — Labrouche. |

Issartier, 23, boulevard capucines, paris. reçu lettres, portons bien. — Céline. | Lammens, rue martyrs, 54, paris. reçu lettres, portons bien. — Lammens. | m. Teyssier, 93, rue st-lazare. marie bien, marcel très-bien, désolée de décision de georges, espère encore que renoncera. — Teyssier. | Pauline vacossin, 362, rue st-honoré. henri londres, georges prisonnier, neuwied près coblentz. — Piganeau. | Gaignœux, 13, rue lafayette. mécontent david. rapport chaque ballon. envoyer copie réassurance, musée de bordeaux. heureux votre lettre. — Haugk. | Laurent, martel 8. ballon poste parvenu. écrivons journellement, télégraphié 30 novembre. allons bien. louise magnifique. — Thérèse. | Achard, rue st-martin, 10, marc bien portant. scholsvig famille bonne santé. — Achard. | Devès, 59, rue maubeuge, paris. reçu lettre 2 décembre tous, santé parfaite. — Herminie. | Appel, rue delta, 12. tous bien portants. françois sicard caporal, 5e bataillon marins à cosne nièvre. — Sicard. | Océan, 116, boulevard haussmann. lettre trois reçues instructions exécutées antérieurement reçu termes machines, bucquet distribue au mieux, aux établissements. — Lemoine. | Malpas, 116, boulevard haussmann, ai télégraphié novembre, premier paquebot, essaie troisième, monte machine seulement penhouet. donnez instructions pour armement. — Lemoine. | Farry, tronchet, 34. camille à fréjus. latouane blessé. — Hautreux. |

Foix, 5 déc. — Bruneau, rue de la paix, 23. tous bien, reçu lettres. — Bruneau. |

Brives, 9 déc. — Malaurie, 5, villedo. champion, clémence, charlotte, joanne, edmond à brive, chez pégourier, vont bien, parents, maxime, onulphe aussi, désargentés. — Malaurie. | Lemaître, rue amsterdam, 16, perrot, porte alix sont parfaitement ensemble. — Porte. |

Louhans, 9 déc. — Mermet, rue st-honoré, 414, oui romans grénoble attente. Garnier. |

Toulon-sur-arroux, 9 déc. — Ferrière, colisée, 48. dis prosper que réponse, félix soldats, cousin prisonnier, tous vont bien. — Fichot. | Emand petit carreau, 14, vive paris! vive la France! nous portons parfaitement, écris mois vite résultat. — Amélie. | Méténier, mobile, 3e bataille, 1re compagnie, 13e régiment de marche. écris argent, paulin. — Méténier. |

Mâcon, 10 déc. — Patissier, 6, rue coq-héron, paris. tous bien portant, crèches, vois paquier, il écrive à son père. — Patissier. |

Périgueux, 13 déc — général Guyod, rue lille, 5. courage, espoir, résistez outrance. nous aussi. — Raoul. |

Vichy, 11 déc. — Châteaubriand, 4, arcade. moi vichy bien, albéric bien. — Louise. | Montigny, lavoisier, 22. duperré basson court bien. — Marie. | Deguerry, rue st-honoré, 263. bruxelles bien, reçoit lettres. — Marie. | Cayol, ministère marine. julie, alice, madeleine bien. marianne superbe, besoin rien. — Monvel. | baron Simon, 13, castellane, vichy, 11 décembre, reçu lettres, continuez, tous bien. — Gonnet. | Dussaux, 89, boulevard clichy. mère vont bien embrassent. — Dussaux. | Bellanger, 15, pont-louis-philippe. écris-moi, vichy, rue paris, 3. — Henri. |

Châteauroux, 29 déc. — Ducellier, rue vinaigriers, 50. anaïs accouchée fille. tous bonne santé. écrire des nouvelles. — Ducellier, 53, marins châteauroux. | Kresser, provence, 48. émile pas nouvelles. nous bien à châteauroux. écrivez. — Paul. |

Nantua, 27 déc. — Roudillon, 9, caumartin. toutes les santés parfaites. vos lettres arrivent avec grands retards. souhaits cordiaux. — Roudillon. |

Vouillé, 31 déc. — Monsieur Desroches, capitaine mobiles vienne, 3e bataillon. mère, fille embrassent. |

---

74. Pour copie conforme :

l'Inspecteur,

Bordeaux — 1 janvier 1871.

Caen, 17 décembre. — Landormy, 11, rue enghien. reçois tes lettres. Pauline, ses enfants, Henry, Alfred, moi, nous portons bien. — Landormy. | Petitpont, 21, enghien. Berthe, Paul, Antoinette née dimanche, bruxelles, hôtel calais; Charles, Patrelle, st-servan (ribérac), tous parfaitement. loyers : insistance.— Lefrançois. | Grainville, banque. Octavie part, police courir. — Lefrançois. | Gautier, 122, rue st-lazare. Edmond et tous parfaitement à caen. — Durécu. | Lavalard, 33, bourdonnais. besoin de rien — Angèle-Eugénie. | Guérard, 63, boulevard malesherbes. reçu lettre 10 décembre, portons bien tous. — Besnou. | monsieur Lainé, 5, place vintimille, paris. santé bonne, reçois tes lettres, quatrième dépêche, monsieur mémorant malade, nouvelle de Bienvenu. — Raguet | Bigot, 8, pont-louis-philippe. tous bien, argent reçu, manquons de rien, recevons toutes lettres, pas besoin argent. — Marie. | Cebron, 47, rue blanche. Marie, moi, bonnes santés, toujours à caen. reçu lettres, bonne nouvelle Emile ; embrassons tous deux.— Cebron. | Ernest Vieillard, 16, rue clausel. quatrième dépêche. tous bonne santé, reçu tes lettres.—Vieillard. | Mauny, 11, rue st-martin. portons bien, ennuyons, souhaitons bonne année.— Mauny-Navane. |

Le Hâvre, 18 décembre. — Gros, 8, sainte-cécile. bonnes nouvelles de Robert 4 décembre, tes filles 11, les Kern avec Elisa 7. — Monod. | Dorian, 5, rue trévise. tous bonne santé, intérêts intacts, lettres reçues. — Navarre. | Letestu, 118, rue du temple, paris. allons tous parfaitement, chez Mathilde aussi, écris souvent, reçois toutes tes lettres. — Letestu. |

Le Hâvre, 19 décembre. — madame Chérubiui, 17, quai voltaire, paris. suis chez Augusta à surbiton, près londres. santé excellente, mille tendresses. — Maxime. | Bellangé, 57, rue de douai, paris. reçu vos lettres, une de mon oncle, dire à tous allons bien. — Daussy. | Douard, 29, boulevard batignolles, paris. tous bien, recevons lettres. — Berthe. | de Hercé, 87, richelieu, paris. instructions reçues et suivies, saufs pays occupés, et relations risquées.— de Léséleuc. | de Courcy, 87, richelieu, paris. envoyé 500 à Deauville, enfants et gouvernante bien.—de Léséleuc. | Follin, 13, bourdonnais. tous bien, service ville seulement, fais mes frais. — Genestal. | Lherbette, 33, rue quatre-septembre. Kane à londres, parfaite santé. — Romain. | Laroully, 31, rue petites-écuries. tous bien, écrivez-nous.— Genestal. | Desouches, 16, biraque. Hélène, Jacques et toute la famille vont bien ici et à rouen. — Farcis. | Faton, 42, boulevard magenta. santés bonnes. — Fine. | Dorca Arjulo, 37, boulevard strasbourg. lettres lima par angleterre adressées chez Lemonius, par st-nazaire chez Léon Russell nantes. — Peulvé. | Saint-Senoch, 19, rue demours. Marguerite et enfants bien portants, moi au hâvre. — Perquer. | Martini, 17, rue strasbourg, paris. 2e dépêche. reçu huit lettres, Parmentier père écrit Julot Magdebourg, tous très-bien. — Jules Stouse. | Moitessier, 6, rue louvre, paris. indigènes 56 blanc, 66 proposons acheter, entreposer anvers vingt mille sacs, réduction maurice bourbon. — Haentjens. | Moitessier, 6, rue louvre, paris. nantes vend premier 126, second 120. expéditions chargement Ango. Cheilus demande argent janvier, autorisez. — Haentjens. | Auguste, 9, rue baudin, paris. envoyé cinq dépêches. enfants bonne santé chez Rey, 69, cambridge terrace hyde park, londres. — Dupuy. | Gessard, 113, boulevard prince-eugène. famille bien portante. Emma à lancy, près genève, chez Schaufelberger. — Georges. | Dreux, 96, rue rennes. Fernande, nous, bien. avisez Sallé. — Tisset. | Dorca Ayulo, 37, boulevard strasbourg. nitrates, cotons, minerais, sans affaires. Chiloé arrivé hâvre. chargements Dennis, Brundritt, Chiloé, invendus. — Peulvé. | monsieur manoury, 20, rue du rocher, paris. toujours hâvre, allons tous bien. — Ferdinand. | Fix, 53, condorcet. portons bien. réponse ballon, 24, pénitents, hâvre. — Willary. | Pitolet, 12, chaussée-muette, passy. lettres reçues, tout très-bien, quatrième dépêche; neuf lettres envoyées. — Pitolet. | Selleron, 1, place boïeldieu. toujours tranquilles ici. souhaitons meilleure année, bonne santé, à toi et tes malades. tendres baisers. — Valentine. | madame Meunier, 4, rue rougemont. quatrième. hâvre santé. reçu jusqu'au 10 courant Brun, Leroy, etc. espérance mariés. — Foucault. | Kilford, 2, grétry, paris. Obliged for varions letters, treaty to continue postponed; leest wishes.— Burnett. | Armand-Delille, 7, rue portalis. tous parfaitement : Isaac qui reste fourchambault, Mayor genève, enfants et nous.—Julien. | Boudaine, ministère finances. femme, enfant, nous tous, bien portants.— Boudaine. |

Le Hâvre, 20 décembre. — Homberg, chaussée antin, paris. lettres à Thompson arrivées, dernière 29 novembre. remises payées moyennant leur garantie des endossements originaux. — Clerey. | Crosnier, 39, rue meslay, paris. ces dames bien portantes à londres, chez madame Belchair. — Berard. | le hâvre. Marchan-Delahays, 6, rue casimir-delavigne. oui, oui oui, oui. | Guilloteaux, 8, drouot. impossible rembourser vos acceptations, succursale partie, hâvre menacé. — Synnestvedt. | Kilford, 2, grétry, paris. Strongly recommend to leave ; if wish and cannot will endeavour to assist through influence here. — Burnett. | Michaud, 14, rue tivoli. monsieur Legrand décédé hier. bruxelles, flers, hâvre, toutes familles bonne santé. — Calon. | Fagard, 33, rivoli. pensons revoir bientôt. maman cœur, envoie médicaments Alexandre. — Céline. | Massière, 220, st-martin, paris. vu Sitolet chez Mathey, vont parfaitement. — Bouquet. | Chompré, messageries nationales. oui Lucille filles brest. Crémery, Lacostes, oui. prussiens repartis dieppe.—Chompré. |

Bordeaux, 28 déc. — Balsan, 21, bons-enfants. santés bonnes, employez trois cent mille francs valeurs américaines, russes, anglaises, divisez reste banque, trésor. — Balsan. | Chenu, 15, quai grenelle. femme, enfants, plants, reçu lettres, bonne santé, courage, espoir, embrassements. — amédée Chenu. | Desnoyers, 103, rue du bac. famille de newcastle bonne santé. — Saintclair. | m. de Vitray, 23, rue gaillon. hôtel gaillon, paris. votre famille est à bordeaux bien portante — Tesseron. | Deville, 12, gaillon. marie martin, château chalais, près bordeaux. — Marcault. | Clème, hôtel passage violet. bonne année, père clème bien, tous bien. — Clème. | m. f. Ferret, 41, trévise. bonne année, delcambre pas bordeaux. — v. Clème | Moriac, 18 bis, rue d'hauteville. bonne année, malade, dire mortier femme ici. — Martin. Lévy, 66, turbigo. écrivez. — Lévier. | Labouillerie, 105, rue lille. noël bonnes santés, gonzague boulogne, rochue tranquille, irai bretagne si envahis, motte genève bien.— Adèle. |

Rivière, 19, rue de la reynie, paris. sommes inquiets, donnez nouvelles. — Rietmann. | Durand, 13, lavandières-ste-opportune. demandons nouvelles albert et tous.—Evrard. | Durouchoux, 91, rue du bac, paris. ordre impossible, prix trente pour cent plus élevé, arcachon très-bien hier. — Maurel. | madame Spicrenoël, 4, rue neuve-fontaine, paris. très-heureux si étiez ici. — Spicrenoël, 25, rue lafaurie-monbadon. | Santos, 21, rue bergère, paris. ne négociez pas traite trois cent cinquante-sept et douze, elle est recouvrée. — Bassave. | Desmasery, 37, avenue d'antin, paris. longtemps sans nouvelles, bien malheureux, tranquillisés par lettres 9 décembre, impatients revoir.— Marguerite. |

Monot, pharmacien, rue neuve-petits-champs, 13. maman chez nous bien, écris nous. — Dosithée. | Geruzez, 22, abbattuci, paris. bons souhaits, amis pensent à vous, reçu lettre du vingt.— Amélie. | madame Duclos, 4, visitation ste-marie. reçu cinq lettres, vais bien, écris moi chaque semaine. — Amédée. | Paillard, 59, turenne. nous rennes, nuls besoins, doudou fribourg, tous bien portants.— Tramasset. | Steffen, 24, rue saint-martin. george bien portant prisonnier en allemagne. —Offmann, de wissembourg. | Sebire, 4, de la paix. sommes bordeaux, tous bien portants, 21, rue dauphine, écris moi. — Mary. | Coulon, rue quatre-septembre. maman orléans reçu lettres, écris, tous bien portants, vous attends lesneven.— marie Bergeron. |

Delezaive, 11, gentilly bonne santé, nos compliments.— Moisy, 43, montméjau. | Karth, 26, rue saint-bernard, paris. famille entière bonne santé, quitté suisse pour strasbourg, reçu vos lettres, écrivez toujours bex. — Albert. | Dumand, 62, boulevard sébastopol. reçu 24 lettres 10, élisa, louise bien, sidonie attaques nerfs fréquentes, sommes à campagne daniel. — Serrure. | Dragicsevics, 92, grenelle-st-germain. vœux, souhaits, affections, noel année, labaste venu, santés bonnes, tours 30. — Dragicsevics. | Heursel, 73, boulevard haussmann. marie bien, reçu enfin vos lettres, toujours bruxelles. — Duchâtel-Latrémoille. | Duchâtel, 69, varenne. tous bien, stéphanie fortifiée, jean six dents, tendresses. — Goltstein. | Crémieu, 5, passage laferrière. dizième dépêche, sommes aix, suis enrhumée, reçois tes lettres, ai écrit de partout, mille tendresses. — Elisa. | Lajonkaire, villa fodor, passy. envoyez introduction pagès, carnot, hôtel sept-frères. — Lajonkaire. | Simon, 1, boulevard magenta. père, mère, femme, enfants portent bien, reçoivent vos lettres, émile bureaux niort, attendons avec confiance. — Mendes. |

Véronique, 30, taitbont. angleterre, gray, dhugues, dubost bien, julie bordeaux. — Véronique. | Fries, 19, marignan. suis bordeaux, hôtel de france. avec auguste, allons tous bien, écrivez-nous ici. — Sophie. | Vial. 34, cassette. trutey à mercadal, attendons nouvelles, inquiets. — Vial. | Leroy, 30, rue boissy-d'anglas. toujours troisicais, allons bien, bareswill décédé. — Hélène. | Couton, rue albouy. habitons anvers, boulevard léopold, 51. attendons nouvelles et vous si possibilité, vend foin guerre. — Couton. | Coblentz, 35, grange-belles. écris tous ballons, blâmontais tranquilles. — Céline. | prospère Ferrière, bureau poste central restant, paris. éli bruxelles, boulevard extérieur d'anvers, 35. paul soldat cherbourg, allons bien. — Blondeau. | Moutard, 52, amsterdam. édouard, georges, flavie, tous parfaite santé, famille lavau très-bieu, tous grossard très-bien.— Grossard. |

Gatiné, notaire, échelle. connois malheur, reçu toutes lettres, avant, après, rien de vous, écrivez dieppe, jenny bien. — Claire. | Coppinger, 5, billault. lettre reçue, brighton, dieppe, partout bien. — Edmond. | général sevelinges, 14, franklin. connois malheur, écrivez grâce souvent dieppe.— Claire. | Sescau, 10, place vendôme. reçu vos lettres, correspondance lima en main gaston, froment pas arrivé. — Plantié. | Sescau, 10, place vendôme. madame, garçons, marie, bébé bien à biarritz, famille schmolle aussi depuis huit jours. — Plantié. | Delaporte, 26, châteaudun. toute la famille est en bonne santé à dieppe et ne manque de rien. — Gabrielle. | madame Profit, 52, lemercier. troisième télégramme, reçu cinq lettres par ballon, affaire en bonne voie, tendresses, courage. — Profit. | Dammien, 12 sentier. sommes toujours bien portantes et tranquilles toulouse. — marie Dammieu. | Rousseau, 64, rue acacias, montmartre. demander argent à notaire pour marie et vous, écrivez arromanches par ballon continuellement. — Choler. | Ducheylard, 97, passage des princes, rue richelieu, paris. allons tous bien, pas reçu d'argent. — Ducheylard. | Chardin, 6, port-mahon. informer marquis que collègue part congé quelques semaines, cannes exigeances bordelais excédant moyens avis dividende janvier. —Carré. | Verwaest, 169, rue saint-jacques. santés excellente, trois vont classe, sages, contents. — adèle Verwaest. | Bonnafont, 3, mogador. lorient, mocontour, marthe bien. bons souvenirs. — Bonnafont. | Clausse, 9, murillo, lucie chez paul, 5, temple, bordeaux, tous bien. — Gravier. | Caillotte, hôtel louvre. télégraphié 24 novembre, reçu lettres, familles bien, envoyez argent comme dernier, avoines ici 22 shillings. —Pavy. |

Favier, 3, hauteville, paris. envoyez note des commissions passées en suisse, marques et destinataires, ainsi que pour papiers barcelonne. — Maliano. | Lamy, 35, rue courcelles. installées jersey parfaite santé, recevons tes lettres, famille hollande bien, tillières, crony bien portants, embrassons. — Lamy. | Deluynes, 73, rue de vaugirard, paris. votre famille bien portante à iveport. — Démètre. | Deschamp, 4, borda, paris sommes hôtel brabant bruxelles avec dupont, santé, fabrique bien, vacquerel bonne santé — Deschamps. | Blazy, 15, turbigo. ostende, 64, christine. habour, batel aussi santés excellentes, tendres baisers. — Blazy. |

Batel, 53, turbigo. batel, labour, blazy ostende, 64, christine. bonnes santés, bonne année.—Batel. | d'Apremont, officier, garde mobile, 1er bataillon, marne, paris. trois mois que marie est sans nouvelles, écrivez lui tours. — Montesson. | Gauvain, 57, rue hauteville, paris. votre famille bien portante en belgique.—Marchand. | Cahen, 6, rue cadet. reçois enfin lettre du 8, allons bien sous tous rapports. — Landau. | Olive, 5, rue pétersbourg. bonne, ce que vous voudrez actuellement pour tous, dois-je préparer cognac semblable au dernier. — Landau. | Delmas, volontaire, poste de la muette, paris. dites oncle allons bien, reçu lettre 17, beau-père mort, leon quatrième fille. — Kœchlin. | Schupp, 139, boulevard magenta, paris. toute la famille sans exception va bien.— Schupp-Arlenspach. |

Saint-Amand, 25 déc — Rancy, 4, rue vivienne. bertier, gohin, tony, thérèse vont bien, manquent rien. — Thérèse. |

Toulouse, 26 déc. — Hermant, 40, faubourg poissonnière. santés parfaites à toulouse, 2, saint-martin. — Pauline. | Denoyel, bertholet, paris. tous bien, julien employé chez nous fournisseur. — Etienne. | Denoyel, bertholet, paris. tous bien, étienne intendance toulouse, écrivez. — Julien. | Fay, 21, saint-dominique. reçu lettre, santés excellentes, fais philosophie à toulouse, 20, boulevard napoléon, pense aux amis. — Paul. | Lasvignes, génie, 2e armée, 1er corps. allons tous bien, espoir. — Lasvignes, marie. | Reseguier, 73, varennes. paul sauveterre, pérignon, fiuhan. charles toulouse all-rught. — Resseguier, charles. |

Saint-Jean-Pied-de-Port, 26 déc. — Harispe, 68, boulevard malesherbes. famille, adrien, salha, grénier, boutle parfaitement, vœux bonheur, santé, prompt retour, tendresses, brisault prisonnier. rochambeau ambulance. — Berthe. |

Nevers.— Martin, 61, argout. Porte bien, officier 5e cuirassiers marche, écrire châlon-saône.—A. Delaruelle. | Briol, 209, rue honoré. porte bien, écrire châlon-saône, 5e cuirassiers marche, écris augustine. — Briol. | Commandant Dauvergne, aide-de-camp de Trochu. donnez-moi nouvelles bernardeau, lieutenant mobiles de l'Indre. — De Verneuil, à Nevers. |

Civray, 26 déc. — Bailliot, 8, rue londres. paris. tous très-bien. — Bailliot. |

Saint-Etienne, 21 déc. — Mesnager, poste télégraphe, fort double-couronne, saint-denis. reçu six lettres, impatiente autres, suis tranchaudière, porte bien. deuxième dépêche. — Mère Mesnager. |

Castres, 25 déc. — Raoul Robert, 7e mobiles, 3e corps, 2e armée. fournitures militaires considérables, maison prospère. dernière 17 novembre, inquiets, écris. — Robert. |

Niort, 26 déc. — Duvergier, 28, caumartin. familles arnauldet, bardonnet, savignac bien, amédée, raoul intacts, louis aigrefeuille, savignac dit forcez office, mangez confits. — Bardonnet. — Amiral Challié, 9e secteur, paris. tous bien, reçu lettres du 22 et précédentes. havre périgueux bien. — Challié. | madame Béveraggi, magasin nouveauté louvre. jeanne, moi bonne santé, écrivez souvent. — Cromier. |

Ribérac, 27 déc. — M. Zende, 39, rue trévise, paris. As-tu reçu télégramme, allons bien, embrassons. — Cornet. |

Périgueux, 27 déc. — Pinsard, 55, rue des petites-écuries. portons bien, heureuses vous ayez dépêche, baby, julie. valérie bien, avons argent. — Pinsard —

Béziers, 26 décembre. — Auguste Magné, mobile hérault, 1er bataillon, 2e compagnie. portons bien, va trouver dézarnaud, part poujet, prêtera argent nécessaire, réponse. — Paulin. |

Perpignan, 26 déc. — Boutros, sorbonne. tous bien perpignan, essayer garder marie. — Massiani. | Refon, 4, boulevard saint-michel, paris. écrivez souvent, lettres ballon parviennent, quoi nouveau maison? détails, ai écrit dix fois. — Calmétes. | Thoubert, 12, petit-thouart. aimée régny et nous nous portons bien. — Thoubert. |

Montauban, 27 déc. — Armand Veissière, 47, rue neuve-saint-augustin. je reste à l'usine qui marche très-bien. soyez sans inquiétude. — Elie. |

Montpellier, 25 déc. — Lepelletier, capitaine 45e mobile (hérault). tous bonne santé, courage, tranquillité, laure toulouse, louise florensac nous. — Sophie. |

Fécamp, 20 déc. — Caby, saint-georges. metzinger pris attaque apoplexie lundi soir, mort ce matin neuf heures, prévenez boyer. madame metzinger bien. — Gorgeu. | Boyer, 15, rue bonaparte. metzinger pris attaque apoplexie lundi soir, mort ce matin neuf heures. préviens caby et bourgain. — Gorgeu. |

Avranches, 23 déc. — M. Helleu, professeur, 4, rue morny. sixième dépêche. allons bien, sois tranquille. joseph travaille. — Helleu. |

Saint-Jean-d'Angély, 20 déc. — Lesourd, 16, billault, paris. ta famille chez moi, santé parfaite. — Matard. |

Lisieux, 23 déc.— Courot, notaire, 6, place st-michel, paris. indiquer par lettre. brière, notaire, lisieux, ma fortune garantie, que puis offrir. — Marguerit. |

Hyères, 25 déc. — madame Deschamps, 9, mazarine. Allons parfaitement, embrassons beaucoup bonne maman, souhaitons bonne santé et bientôt revoir. — Cécile, Félix, Juliette, Lucy. | Liouville, 15, moulins. souhaitons bonne santé et bientôt revoir. embrassons mille fois. cécile, juliette, lucy, félix hyères. | Mademoiselle Pouzadoux, 9, castellane. allons bien tous, reçu une lettre, désirons nouvelles souvent. — Liouville, hyères. |

Saint-Malo, 21 déc. — Durand, 15, passage raoul. bien, écris souvent. — Durand. |

Rennes, 24 déc. — Boutron, 47, boulevard beaumarchais. huitième pigeon. tous bien portants, vous envoyons nos meilleurs souhaits. — Gautier. | Leveillé, cabinet directeur télégraphes, paris. conserver corps degourden, cercueil plomb, avance frais. — Delamotte. | Barbedor, sergent 3e bataillon mobiles ille-et-vilaine. Lénaire reçu, dernière lettre 9, depioger 14, léveillé bourgeoy, mahaut bien, demande argent. — Barbedor. | Aucher, 131, boulevard saint-germain. sommes bien, isa angoulême, irons rejoindre si rennes menacé. — Tiengou. | Greset, artillerie, dépôt central. croix reçue, gustave ici vallée-danjoy,

Bordeaux. — 1 janvier 1871.

lecour bien. — Ramel. | Jules Simon, ministère. donnez nouvelles duplessis, mère inquiète, depuis 2 décembre sait rien. — Duplessis. | M. Dieuleveut, capitaine garde mobiles ille-et-vilaine, 4e bataillon, 8e compagnie. apuril, dieuleveut, maruelle, daniel bien, écrivez recevons lettre. — Daniel. |

Gallé, 22, rue du bac. reçu dernier certificat, tous tranquilles, bien portants. — Lavesne. — Picart, 14, rue du bac. Heloin-Picart tous rennes bien portants. embrassements. — Eugène Picart. | Konduval, commandant état-major artillerie, 2e armée, 2e corps. portons bien tous. — Eonduval. | Duvignaud, 6e secteur, château muette, passy-paris. famille bien, tes lettres reçues, embrassons. — Albertine. | madame Malivoire, 52, rue lille. paul très-bien, nous aussi, delange prisonnier. — Delange. | Boyer, 8, cour des miracles. tous bien. — Emma. | Langlois, 104, rue de rennes. portons bien, albert aussi. — Langlois. |

Brest. — M. David, 105, rue de grenelle-saint-germain. bons souhaits pour tous deux, allons bien, à bourges aussi. pas besoin argent. — David. |

Saint-Jean-d'angély, 25 déc. — Malapert, boulevard saint-denis, 24. reçu lettres novembre, décembre. 3e dépêche. santés bonnes, neveux restent, Ete volontaire. — Puet. |

Clermont-Ferrand, 23 déc. — Dailly, 69, rue pigalle. 27 novembre. père, louis, moi, marie, marguerite dans gisors occupé amélie, tous bonnes santés. — Blanche. | Hauër, commandant, fort de vanvos. madame hauër bonne santé, enfants aussi. — Arbela. | Evans, 3, quai voltaire. reçu 5 lettres ballon. bonne santé, charles mobilisé, garnison environ de clermont. — Jaubert. |

Nevers, 23 déc. — Anstett, rue flandre, 86. reçu lettres 8, 19 novembre. familles spitz, schmidt, gustave bonne santé. théodore boch à lyon. — Boeswilwald. | Monbrison, rue cambacérès, 11. marianne santé parfaite, ainsi que toute famille, écris par enier. — Hecht. | Faynot, 267, rue saint-honoré, paris. santé bonne, payeur au 18e corps, écris-moi. — Faynot. | Fichot, 3, rue odéon, paris. santé bonne. fichot, chirurgien, cosne. nicard loire. pas prussiens nièvre. — Fichot. |

Pornic, 24 déc. — Mme Debains, 11, scribe. reçu vos lettres, enfants, famille bien portants. gaston engagé, officier corps cathelineau. thérèse pornic. tendresses. — Mestayer. | Coutaret, 14, rue pont-neuf. bernerie, reçois lettres, isabelle ici, portons bien — Coutaret. | Thomas, petit-pont, 16. mère, enfants, souhaits nouvel an. — Marie. |

Fougères, 23 déc. — M. Roussin, 7, avenue villars. portons très-bien, souhaits toi, parents, embrassons. — Roussin. | Leveillé, direction télégraphes. dites franju, sous-lieutenant, 1er bataillon, mobiles fougères, famille bien portante, espérance, courage, à bientôt. — Lechartier. | Lepays, rue lille, 107. guy. peu blessé, prisonnier. rené poitiers. fernand au mans. famille et connaissances bien. — Lepays. |

Boulogne-s.-mer, 19 déc. — Rodrigues, 20, arcade. marguerite londres, coqueline ici, prévenez wolff coquelin. donnez congé appartement capucines, pressé. santés bonnes. — Thomas. | Léonard, 61, chaussée-d'antin. prenez provisions première armoire entrant salle. faites refermer. nouvelles enfant nourrice? — Ettling. | Braive, télégraphiste. françois, bonne santé, 9 décembre, redemande nouvelles. — Lecamus. | Chabrier, 5, avenue reine-hortense, paris. 15e dépêche, toujours boulogne, tous bien portant, petite mathilde perdue. — Edouard. | Robin, 1, rue tivoli, paris. 16e, toujours boulogne, bien portant. madame hérédia, prie voir ses tantes et son domestique. — Chabrier. | Lévy, 25, drouot, paris. santé bonne, réponse renaud boulogne. — Toupet. | Borot, commandant, mobile seine, fort issy. bien portants, reçois tes lettres, eugène ici, nouvelle vezelay par jouin. — Chomel. |

Laigle, 2 déc. — Barneville, 51, rue rome, paris. tous bien. nonancourt tranquille. pas reçu lettre depuis 7 novembre. — Barneville. |

Libourne, 26 déc. — Meyners, 35 bis, rue saint-quentin, paris. sommes toujours à vianen, où recevons toutes vos lettres, et nous portons tous bien. — Gauthier. | Thibault, rue saint-didier, 76, paris-passy. reçu lettre du 20. nous sommes tous bien portants. — Dubuch. |

Villedieu, 21 déc. — Roquet, rue coquillière, 35 allons bien, maman mieux, tes enfants bien, madame gervais pas ici. — Roquet. |

Bayeux, 22 déc. — Président Bonjean, 2, tournon, paris. tout va parfaitement à bayeux, 22 décembre. — Bonjean. | Lujol, saints-pères, 1. donnez congé colysée. — Louis. |

Saint-Lô, 22 déc. — Beauvais, 18, rue enfer. bonne année, santés bonnes, louise dents. prussiens selles. pierre tranquille. — Gabrielle. | Bruneau, halles, 30. bonne santé. — Bruneau. |

Ferney, 20 déc. — Sonolet, 13, rue lancry, paris. toutes bien genève, avons vos nouvelles. — Lecocq. | André Melly, 21, boulevard poissonnière. tes lettres sont presque toutes arrivées; nous sommes tous bien. 20 décembre. — Mère et Oncle. | Courtois, rue marais, 88. émile, secrétaire habillement, dépôt pontivy. allons bien. — Courtois. |

Lyon, 20 déc. — Cartier. 21, poissonnière. reçu lettre du 18. nous nous portons tous bien. — Dollfus. |

Niort, 24 déc. — Fromentin, 3, aubriot, paris. tous très-bien. — Charrier. | Bellanger, monthabor, 27. tours occupé, nous niort tranquilles, bébé parfaitement, écrire. — Bonneau. |

Le Hâvre, 14 déc. — Hubin, rue turenne, 14. arrivées aujourd'hui southampon, mer très calme, pauline pas malade, allons très-bien. — M. Hubin. | Verconsin, 17, rue bonaparte. tous bien portants. avons bon courage, recevons lettres. — Westphalen. | Lainey, 1, rue du louvre, paris. sans nouvelles de vous, savez cependant mon mari mort, ecrivez-moi. — veuve Leseigneur. | comtesse Caramp, 39, rue gay-lussac, paris. allons tous bien, cornento reçu vos lettres, bonnes nouvelles antoine de'rose. — Mathilde. | comtesse Caramp, 39, rue gay-lussac, paris. ai écrit souvent, enfants et moi vous envoyons mille tendresses. — Mathilde. | Mme François Delessert, passy-paris. familles et tous domestiques lausanne, genève, rolle bonne santé, hâvre également. — Delaroche. | Gros, 8, sainte-cécile. lettre marguerite 6 décembre. bonnes nouvelles nos familles et kern aussi. wesserling intact. — Monod, 14. | Dubousquet, 6, halévy. lettres arrivées, remerciments. demandez nouvelles monoury, 23, monsieur-prince. sébastien, votre famille, famille roblot bien. 13. — Neufville |

Falaise, 22 déc. — Hercé, 12, pré-aux-clercs. écrire à falaise, inquiète. — Hercé. |

Saint-Servan, 9 déc. — Antoinette, 132, faubourg poissonnière. télégraphié dufrayer vous remettre 200, sinon communiquer présente, écris-moi. — Franchot. | Bizot, rue saint-honoré, 256. merci lettres, bien portants. chénée, reading aussi. — Bizot. | Delamarre, 40, monthabor. ta mère et tous bien, si fille, frère soldats, mayer prisonnier, écris-moi saint-servan. — Robert. | Delaberge, 93, bac. tous bien. — Sainbris. | Brandin, 35, boissy-anglas. allons parfaitement, avons argent, melun bien, briardes parties, écrivez souvent. — Bretocq. |

Sablé, 9 déc. — Beslant, mail, 17. non. tous bien. — Védy. |

Vire, 8 déc. — Basset, boulevard temple, 12 artonnay, bagelogue pas envahis. tous très-bien. — Quentin. | docteur Duval, 20, jacob. lettres reçues, jules mort, nous bien, confiance. — Porquet. | Bocquet, 52, boulevard malesherbes. reçu lettre, merci, amitiés, courage, allons bien. — Wacrenier. | Gallet, 217, rue saint-honoré. santés parfaites. paul partira pas. — Dollas. |

Saint-Quentin, 4 déc. — Concierge, rue turbigo, 85. paris. donnez nouvelles appartement, ballon monté — Dernoncourt, hôtel saint-nicolas, saint-quentin (aisne). |

Saint-brieuc, 3 déc. — Gilbert, rue du centre, 12 bis. sommes bien, des nouvelles toujours, très-inquiets, embrassons bien fort. — Gilbert. |

Argentan, 21 déc. — Lamargot, audinot, 10. famille neuville. — Morel. |

Caen, 3 déc. — Froschamer, 85, rue seine, saint-germain. mesdames gall et paul demandent argent, remettez, écrire rue buffon, rouen. porte bien. — Chartier. | Mme Paul, 2, boulevard strasbourg. pour argent grand condé, dire rue échiquier écrire, 45, rue buffon, rouen. porte bien. — Chartier. | Cohagne, rue brière, 23. mère à l'extrémité. — Agnès Cahagne. | Cochin, boulevard italiens, 33. madame morte, dire aux parents. — Duchenne, lion-sur-mer. | Mme Guex, rue de la victoire, 88. reçu lettre vevey. enfants vont parfaitement et sont charmants. écrivez-moi, amitiés. — Sestier. | Prévost, 134, boulevard haussmann. espoir fernand, santé bonne, adoration. — Jeanne. | Duverger, 64, chaussée-d'antin. bonnes nouvelles, remercions Dieu, famillebien, écrivons, tendresses. — Bathilde. | Pellevé, 34, rue d'argout. sommes bien harcourt. mangez jambon, chambre sur cuisine. — Foucques. |

Villers-s.-mer. — Marbeau, soubert, 47. villers 20. reçu 7 lettres. vercaussin, sous-lieutenant état-major, prisonnier neuwied. probablement vacossin. — Caroline. | Dorvault, 7, jouy. ai quitté maison, sommes bien installées, portons bien, embrassons, inquiète pour toi. — Dorvault. | Roissy, université, 5. famille bien, marie bien, rue maucoudinat, 4, bordeaux, dennemont préservé. — Alix. | Leroy, boulevard saint-michel 35. toujours à villers, allons toutes bien. envoyé 17 dépêches depuis 12 novembre. 18 décembre. — Louise Leroy. |

Carentan, 20 déc. — Menne, éditeur, boulevard strasbourg, 28. reçu lettres, portons bien. — Durel. |

Issoudun, 22 déc. — Vaillant, 68, rivoli. maman souvent souffrante. morin rennes. tous bien. — Vaillant. |

Châteauroux, 23 déc. — Balsan, 21, rue des bons-enfants. employez 300,000 francs en valeurs américaines, russes ou anglaises. reçu lettre 10. Balsan. | commandant Mowat, 14e régiment de marche, corps Vinoy. dernière reçue 23 novembre. avons santé, argent. et toi? — Marie | Degrusse, 7, gerbert. reçois lettre 20 novembre. yvos, tous bien. écrire chaque ballon. anxiété pour gaston. tendresses pour tous — Berthe. |

Trouville, 20 déc. — Reggio, 44, rue bourgogne. paris. sommes laval, bonnes santés, charles travail la flèche, classe pas appelée, recevons lettres. — Eulalie. | Bourdon, sainte-appoline, 6. bonne année. lettres arrivent toutes moulin. ma bonne écrire souvent. — Réginaud. |

Beuzeval, 8 déc. — Roblot, 44, laffitte. envoyé déjà dépêches, tous parfaite santé, pensons toi, recevons lettres, préviens cogniet, 15, laffitte, famille bien. — Roblot. |

Aix-les-Bains, 21 déc. — Saint-Cricq, 8, place saint-sulpice, paris. pas de nouvelles. arrivée aix, savoie, hôtel-de-france. — Bonnefoy. |

Pont-l'Evêque, 3 déc. Leverrier, télégraphe, paris. estelle, amélie, parents bien, petite marche. — Estelle. |

Poitiers, 25 déc. — Brard, 23, rue luxembourg. lettre 7, louise bien portante, envoie son cœur, habitons poitiers, écrivez tours. — Damas. | Galignani, 82, faubourg honoré. souvenir affectueux. — Damas. | Poirée, 61, boulevard malesherbes. lettre 17. bonne santé. — Erhard. | Henrion, 40, rue verneuil. suis conseiller poitiers, donnez congé appartement. — Delagrange. | me Dutems, 4, rue d'argenson. tous bien, fernand armée loire — d'Orval. | Resbecq, 3, passage stanislas. léonce rappelé strasbourg, maman attristée, avoir vous recommandation hérold, envoyez nous ballon, donnerons directement. — Resbecq. | Courtens, 408, st-honoré. portons tous bien, 3e dépêche. — Lemas. |

St-James, 23 déc. — Baubigny, 20, grammont. paierai emprunt janvier ici, santé parfaite. — Baubigny. |

Boulogne, 20 déc. — Brébant, 13, rue dame-victoires. lettres reçues, santés coventry manchester bonnes, marie kynaston accouchée fille 13 décembre, joseph heureux. — Louise. | Héricé, 12, parc-royal. tous nos vœux, enfants, moi, pour meilleure année et prompte réunion, tous bonne santé. — Hélène. | Dehu, 27, boulevard italiens. alice, maurice, moi, bonne sante. vous souhaitons bonne année. toi, parents. — Juliette. | m. Moussette, 82, rue montreuil, vincennes. georges bien portant prisonnier à bonn, écrivez par ballon. — Chabrier. | Ferrère, 3, rue laffitte, paris. souhaitons bon noël. — Sallita. | Coster, consul général, 17, cardinal-fesch. santés parfaites, nouvelles jusque 2, anniversaire 22 au 23, tout marche bien — Guillaume. | Barbaut, 174, boulevard haussmann. sommes en bonne santé, envoies argent par lévy bing, 83, grande rue. — Barbaut. | Bujeon, 11, rue boissy d'anglas. reçu 70 lettres, vaccinées, santés excellentes, prussiens bien conduits pierrefonds, maison intacte. — Bujeon. | Versepuy, 32, faubourg poissonnière. enfants. père santé parfaite, moi convalescente petite fièvre muqueuse, vais bien, maman avec moi. — Marie. |

Guiche, 5, neuve-petits-champs. télégraphie. écrie à dougnac, boulogne, siblequin attendu. — Philipe. | Dolléans, 32, rue meslay, paris clenleming, tous santé bonne, souhaitons meilleure année, embrassons. — Dolléans. | Masson ragot, 11, place bourse, paris. allons bien, emprunt décision bonne, avons bons trésor, garantissez paiement. écrivez-nous. — Orbelin berteaux. | Lambert, 11. place bourse, paris. famille bonne santé, dernière lettre reçue 15 nov. grande inquiétude. écrivez souvent. — Lambert. |

Pornic, 23 déc. — Digard, 4. isly. souhaits, tendresses, respects. — Herbette. | Margueritte. 11, tivoli. ai écrit plusieurs fois, toujours pornic. bonne santé toutes deux, rien de maisons, reçu vos lettres. — Comtesse Case. |

Bordeaux, 25 déc — Contant, 13, rue de seine. bruges, lokeren bien, suis bordeaux, ordre germain, avertis mazerat, écris chez sumazeuilh. — Achille. | Georges marchand, 3, saussaies. vais bien, reçois nouvelles vasouy. — Marchand. | ministre belgique, paris 5 déc. bien portants tous. donne de tes nouvelles, fais pour le mieux, sans te tourmenter. — Beyens. | Gustave Rothschild, 23, laffite. lucie, aline, juliette, moi, laure, enfants et toute famille parfaite santé, prières, vœux. — Cécile Rothschild. | commandant Foucaud, mobile Tarn, division malta, paris. jacqueline, louise, bien à bracconnac, province tranquille, arme partout pour vous aider. — Montesquieu. | mr de Rouville, 120, avenue des champs-élysées, paris. marguerite, stéphane, constance à genève, moi à londres, tous bien portants. — Rouville. | Flury, Hérard, affaires étrangères. veuillez payer compte de ma maison, 10,000 fr. duc castries, place vendôme, 23. — Sina. |

Perrot, 21, jacob. télégraphions constamment, dauphin dornès trois filles, gatineau parfaitement, suis avec philippe, ma famille, suzanne lycée angers. — Delaroche-Vernet. | Renaud, 58, st-lazare. commandant renaud parfaite santé prisonnier cologne. — Chaudordy. | Bernard, 90, bac. excellentes nouvelles de jeanne, andré, mère, sœur, famille duboullay. suis nommé 1re classe, écrivez-moi bordeaux. — Coulombeix — D. Oppenheim, 56, faubourg poissonnière. santé parfaite, reçois vos lettres. — Paul Oppenheim. | Faure, 14, banque. reçu lettre du 24, bon courage, espoir, portons bien, bonjour tous, écris à bâle, tapis. — Duret. | Schœnauer, 14, banque. reçu lettres 13 et 15, plus plaisanterie, tout monde lit, déjà envoyé 3 dépêches, écris londres. — Schœnauer. | Paillard, 83, boulevard sébastopol. léon chez nous va bien partira dépôt moulins sous huitaine, donnez vos nouvelles, — Bacofen, bâle. | Schœnauer, 14, banque paris. tout va bien, fabrique travaille peu, avons touché argent, sommes pas occupés. — Croix. |

Robin, 2, chanoinesse. famille cabourg tous très-bien portants, ont reçu lettres, écrivez souvent, espère bientôt tous réunis. — Bouvier. | Lefebvre, 37, lazare. croix, tantes bien portants. — Croix. | vicomte de Beaumont, 68, faubourg st-honoré, paris. lettre 10 reçue, suis tours, malade empire, partirai vous rejoindre, fidèle. — Kate | Brelet, hôtel-dieu. santés excellentes, rien manque, écrivez plus, grand'mère delamare très bien, faure aussi. — Bretet, hôpital maritime berck. | Catoire, 92, flandres villette. inquiet, donnez argent, écrire gare bordeaux — Guilbert. | Gallois, 2, place vendôme, paris. enfants à angoulême, tous parents bien portants. — Emile Tissier. | Pontbichet, 4, place royale. 20 déc. roquemaure, cécile Juillié. antoine venus, retournés, attendons. tous bonne santé, recevons vos lettres. — Pontbichet. | Augros, 63, rue rome. santés bonnes, écrivez souvent, recevons lettres, louis convalescent, maurice pas blessé, mille souhaits, chers amis. — Hélène. | Santerre, 8, anjou st-honoré. payer impositions mes deux maisons et nogent, quand on présentera quittance, reconnaissant, tous portons bien. — Archdeocon. | m. Banoux, 60, rue condorcet, paris. quatre mocker, pauline londres, bonne santé, tout touché, recevons lettres, tendresses, 8 déc. — Danoux. |

Fries, 19, marignan. arrivée bordeaux, écrivez hôtel de france, angéline, margueritte tous bien. souhaitons bonne année, embrassons tendrement. — Sophie Fries. | Raynal, 67, abbatucci. paul prisonnier minden, souvent excellentes nouvelles. nous parfaitement romagère. — Pauline Daubrée. — Grenier, 24, maroc. je vais bien, bonne année, à bordeaux. — Grenier. | Laloy, 29 bis, poissy. bonne année à tous. — Laloy, bordeaux. | Champoiseau, 25, aumale. tous très-bien, marthe six dents, alfred superbe, parle, charles collége. anna marche, reçu vos lettres. — Champoiseau. | Hugues, 30, berri, champs-élysées. sommes à bordeaux, santés bonnes. — Paul. | Lambert, 11, place bourse famille lambert folkestone bonne santé, famille énault warmifontaine près neufchâteau également, reçoivent lettres, 15 déc. — Lambert. | Pinatel, 29, rue marignan. pinatel suzanne ici, folkestone vont bien, nous aussi, moitessier à tours, tourmentée, écrivez souvent. — Orbelin. | Lavalard, 108, boulevard haussmann. hervey avec robert vont bien, nous aussi, écrivez souvent, adresse chez berteaux. — Orbelin. |

---

75. Pour copie conforme,

L'inspecteur,

Bordeaux. — 2 janvier 1871.

Bordeaux, 25 déc. — Lévy, 8, enghien. allons tous bien, bonnes nouvelles famille. roubaix, le 13 déc. — Elisa Adrienne. | Blanc. banquier, 15, rue chaussée d'antin. édouard, thérèse, nous, allons tous bien. — David. |

Bordeaux. — Lyon, mail, paris. occupons affaires, santés parfaites également, rosine, louis juriste, excellentes nouvelles, netter, blum, lisman, familles annette reim. — Hermance. | Chasteau, caissier. hôtel de ville. tous bien, réfugiés sables-d'olonne, prévenez employés, parents, amis. — Ponthieu. | Davril, commandant 4e bataillon garde nationale. pouvez-vous donner nouvelles de charles portalier, engagé éclaireurs garde nationale, bonjour, amitiés. — Geofroy. | Périn, 2, picot. bonnes nouvelles amélie. si danger, irons rejoindre, tous bien. — Hazard. |

Granville, 24 déc. — Boudon, 83, rue taitbout. dangi bien, arthur wiesbaden, correspondons. — Jeanne. | Baude, 214, rue rivoli. edgard tué bataille coulmiers. — Villegille. | Bernardin, 63, avenue malakoff, passy paris. oui, oui, oui, oui. — Cottrer. | m. Chat, 245, st-martin. 4e dépêche, bonne santé, manquant rien. — Chat. |

Condé-sur-noireau, 26 déc. — Gille, 3, rue méchain. allons tous bien, manquons de rien, recevons vos lettres, blottière bien. — Gille. |

Granville, 3 déc. — Jodot, rue château-landon. bonnes nouvelles arsène, valette aldebert, duchesne, limare, dugué, ottenheim. léonie, caroline, charles, reçu vos lettres. — Jodot. | Charpentier, 56, rue st-georges. envoyé lettres, carte, pigeons, bien tourmentée, attends nouvelles. — Marguerite. | Contensoux, 21, boulevard magenta. portons parfaitement, donner congé appartement amélie. — Eugénie. | Briand, 5, bonaparte. Granville, père, mère, jeanne, grand-père réunis, bien, écris. — Briand. |

Laghouat, 27 déc. — Salomez, 29, d'estrées. charles bien portant est prisonnier magdebourg, gustave laghouat. |

Oran, 26 déc. — mme Charrier, 156, rennes. reçois tes lettres, régulièrement, nous allons tous bien, bébé grandit, devient charmant. mille baisers. — Laure. |

Fougères, 17 déc. — Lefèvre, 96, rue provence, paris. tous bien portants, recevons lettres paris, saint-germain. — Amélie Lefèvre. |

Cambrai, 10 déc. — Morat, 3, pergolèse, paris-passy. aucune nouvelle vous amédé depuis un mois. — Boniface. | Lichtenstein, 26, jacob. émile bien, décoré, prisonnier glogau (silésie), embrassements. — Amélie. |

Dunkerque, 11 déc. — Coqueret, 33, chapon. sommes dunkerque avec famille picout, edmond darmstadt, tous bien portants, gamot mère morte subitement, préviens jourdain, 33, sainte-beuve. |

Douai, 14 déc. — Garsonnet, 73, boulevard saint-michel. rosalie ici, allons bien, recevons lettres. — Hilaire. | Maillot, 13, amsterdam. bien portantes, inquiètes, donner nouvelles maman. — Maillot. | Dumont, 28, louis-le-grand. allons bien, douai tranquille. léon gai. — Marie. |

Hazebrouck, 14 déc. — D'Auribeau, 25, arcade. tous bien portants, installés ici. — Charles. |

Cateau, 14 décembre. — Jouault, 12, bergère. fabrique travaille, vendu mérinos sans prussiens. guérin correspond. — Bara. |

Valenciennes, 14 déc. — M. Gando, 52, rue d'amsterdam, paris. Poitevin ici, de la cour ici, alquié à lille, basset prisonnier. — Gando. | Mademoiselle Colart, 20, vintimille. adressé lettres, basécles bien, courage, attachement. — Désilre. | Villette, 68, rue aboukir. léon, tous bonne santé. — Dubois. |

Lille, 14 déc. — madame Mathelin, 48, rue abbesses, paris-montmartre. tous bien portants, perds pas courage. — Lucien Mathelin. | Darroux, 60, condorcet, paris. famille entière londres, bonne santé. — Darroux. | Benech, 57, lyon, paris. tes lettres reçues, allons tous bien, bonnes nouvelles de ta famille, sommes libres. — Reveilhère. | Michaut, 83, lafayette, paris. reçu lettres au 6. bonne santé, prière visiter ternes, écrire état circonstancié lieux occupés, dégâts. — Eyquem. | Francœur, 22, vivienne. télégramme 11 novembre annulé vendez cent pipes mars avril soixante-dix francs sauf mieux, écrivez. — Griffon. | Vivanti. 35, vivienne paris. inquiétude lille. — Ve Albout-Daulé. | Dehercée, 87, richelieu, paris. instructions 9 novembre exécutées. viagers payés sans utiliser crédit et remise. recettes octobre, novembre difficiles. — Loncke. | Huché, 3, chauveau-lagarde, paris. courage, patience, toutes bonns santé versailles. père, mère virginie bien, chagrin charles très-mal. — Huché. |

Guiard, 10, rue paix, paris. patientons, ypres confortable, santés tous excellentes lucie admirable, argent abondant, recevons lettres. — Guiard. | Descarpentrie, 9, rue braque. santé bonne tous, moi oui. — Descarpentrie. | Calon, 11, hauteville. bien portantes tournay (belgique). — Olympe. | Chevalier, 27, turbigo, paris. accouchement forcé, 16 septembre, fille morte, maria convalescente, famille, tous bien portants, souvenir. — Adolphe. | Moutard, 5, place bourse. confirme télégramme 12 courant. reportez décembre janvier, crespel, pasquesoone sur février, mars avril, écrivez. — Griffon. | Fernaux, belle-jardinière. armand calais, comptez desfontaines, debièvre, écrivez. — Defrance. | Paul Sée, 7, école médecine, paris, avons écrit pigeon, tout bien, parents gand. marc lille. — Sée. | Grosclaude, 96, boulevard mazas. porte bien, pas affaires, correspond félicie, envoi argent, toujours blois. — Victor Grosclaude. |

Gadenne, 334, rue saint-honoré, paris, reçu lettres, bien portants. — Lalieu. | Arondelle, 159, rue saint-denis. pas nouvelles depuis 1er octobre, inquiète, écrivez, portons bien. — mme Royer. | Louis Wulveryck, 13, mail. tous parfaite santé, recevons lettres, photographies, félicitations. courage, mille embrassements. — Emile. | Bernard, 48, turbigo. reçu seulement 1er décembre, mille remerciements, née gabrielle, tous bien portants. prenez charbon, provisions, écrivez souvent. — Jacob. | Lefèvre. hôtel louvois, rue richelieu, paris sommes tous en bonne santé, mobilisés ainsi que gustave partis. — Lefèvre-Tettelin. | madame Rosine, 45, picpus. nous allons bien. recevons lettres. toujours lambersart. bonnes nouvelles loges, écouen, étonnés pas reçu carte. — Stanislas. | M. Bourgeois-Daniel, 55, rue picpus. allons bien, reçois lettres, toujours lambersart, étonnée pas reçu cartes, écrit saint-germain. — Amanda. |

Carbonnel, 76, galilée. parfaite santé, narcisse chez lui, alice va bien. — Fne Carbonnel. | Maringe, 18, rue lesueur, paris. ta dernière 18 novembre. tout va bien, écris. — Delecambre. |

Saint-Valéry-sur-Somme, 13 déc. — Catelain, 27, boulevard italiens. prière d'envoyer à ault des nouvelles de porte. — femme Porte. | Diosi, 4, rue compiègne. tous bonne santé, reçu tout, désirée inquiétude de joséphine, manquons rien à ault. — Diosi. |

La Délivrande, 20 déc. — Tardy, 37, saint-andré-des-arts. courage, allons bien, espérons réunion, vous aimons tous, tranquilles ici, guesdon excellents. — Grimouville. |

Maubeuge, 26 déc. — Hembise jeune, 11, rue Hautpoult, belleville-paris. lucie, georges santé parfaite, isidore écrit de bretagne. — Veuve Strivet. |

Yzeures, 29 déc. — Aubin, 8, louvre. Gaudru 30, reçu par lorient, morte mère aubin, émile ici, santés bonnes, léon parti. — M. Penot. |

Brioude, 27 déc. — Fuzon, ministère finances. tous bien 11 bourges. bien pradier, inquiète jules. — Rosalie. |

Lyons-la-Forêt, 25 déc. — Sangnier, 12, rue fortin, paris. londres, treignac, fleury, bonne santé, sécurité. notre vive affection pour tous. — Anna. |

Le Havre, 29 déc. — Mazeline, 134, boulevard haussmann, paris. à bruxelles, havre, rouen santé parfaite. — Mazeline. | Baugrand, 19, rue de la paix. bonne année, nous allons tous bien. — Céline. | Bienaimé, 3, place des victoires, paris. allons bien, prussiens normandie, elbeuf occupé dix jours, affaires nulles. — Canivet. —

Angoulême, 30 déc. — Cordier, 47, cardinal-fesch, paris. bonnes santés, maineroux nice, alignan égypte. — Antoinette. |

Rabastens-sur-Tarn, 29 déc. — Tregan, armand, caporal 7e mobile, 2e armée, division mattat. allons tous bien, envoie argent. recevons lettres. écris souvent, amis partis, sauf ernest. — Trégan. |

Beaumont-Hague. — Docteur Saint-Germain, 20, pépinière. meilleure année, nantais, normands bien. — Père, omonvile, haque. |

Avignon, 29 déc. — Dénoyel, 27, rue des jeûneurs, paris. Anna, chez lange. caen tous bien. — Louis. |

Troarn, 27 déc. — Georges Proust, rue laborde. nous nous portons bien, écrivez. — Daga. |

Lyon-les-Terreaux, 28 déc. — Einstein, 34, rue bellechasse. envoyé plusieurs dépêches, reçu lettre 14 décembre, bayonne, dijon, nous excellente santé. — Kuppenheim. | Delamollière, 3, hauteville. Lyon, 28 décembre. tous bien. amitiés. | Teillard, commandant 3e spahis, vincennes. lettre 20. tous santé, pierre belfort santé, t'avons envoyé dépêches, préparons délivrance, bonne année. — Jenny. | Urbain, 3, regard. allons tous bien, ai reçu lettre du 6, tu peux disposer cent cinquante francs pour pauvres. — Urbain. | Gourdin, 33, sentier. veuillez dire au fils ricard nous allons tous bien, nous recevons ses lettres, mille remerciments. — Ricard. |

Loches, 29 déc. — Laussier, boulevard montparnasse, 81. chagrin, affection. — Lauzier. | Brandao, 19, boulevard capucines. santé bonne, résignation. laffitte trie bon, année meilleure, souhaits. — Pires. |

Agon, 27 déc. — Avoué, 21, rue des bons enfants. hyères. famille bien, trunel bonne santé. |

Lalinde, 29 déc. — Fumouze. 89, boulevard magenta, paris. santés parfaites, germaine superbe, fréville, ducos, hadengue bien. — Fumouze. |

La Crau-d'Hyères, 29 déc. — Dupuy de Lôme, 374, rue saint-honoré, paris. reçu lettre du 21 décembre. tante sanson morte fluxion poitrine, hyacinthe capitaine. |

Granville, 29 déc. — Bauche, 10, saint-augustin. reçu plusieurs lettres allons, bien. — Bauche. | madame Courdier, chez M. Joly, 7, rue pont-neuf. toujours granville, rue saint-gaud. |

Chartres, 22 déc. — Victor Gilbert, 19, dusommerard. chartres, orléans, marcel, louis vont bien. envoie carte-réponse. | Jules de Charmettes, caisse d'amortissement. bien portants, inquiets de vous tendresses. | M. Linnière, 8, rue faubourg poissonnière. tout va bien. | Debray, 3, rue bourse, paris. tous à chartres, portons bien. | Lejeune, impasse élisabeth-d'enfer, paris. Allons bien, écris toujours. — Joséphine. |

Aix-les-Bains, 26 déc. — Gascoin, 27, passage alma. payez vingt francs solde contributions, quoi nouveau, répondez ballon, donnez pas adresse. — Teissier, poste restante aix-les-bains. |

Ambrières, 27 déc. — M. Cousin, 4, rue vivienne. nous portons bien, berthe, major aussi. — Alex. Cousin. |

Nontron, 29 décembre. — Jullien, 66, rivoli. santé parfaite, écris. — Marie. | Guindorff, 20, taranne. santé parfaite, espérons. — Louise. | Arrêtons pas démarches savoir résidences hyppolite, courage. — Masse. |

Vannes, 30 déc. — Gloria, 74, la tour, paris-passy. allons tous bien, écris souvent. — Cappelle. | Claret, hôtel de ville. allons bien, soigne-toi, lettres reçues. — Lina. |

Arras, 26 déc. — Schwetzer et Lévy. négociants, rue rivoli. donnez nouvelles arthur direz. — Ve Direz. | Genneau, 2, crébillon. louis hambourg, santés satisfaisantes. — Eugène Shonaé. |

Tours, 28 déc. — Wolouski, 45, rue clichy, paris. thècle wolowska, casimir bonne santé montrésor, famille guérin, gorecka passy, félix écrivent, bonne santé. — Casimir. | M. Gros, 8, rue rougemont. excellentes nouvelles de robert, de bourges. allons tous bien, wesserling tranquille. — Marguerite. |

Lille, 24 déc. — Courtines, 57, petites écuries. suis lille. tous bien. — Febleisen. |

Bégard, 27 déc. — Michel, 19, rue du battoir. deuxième décembre. tous bien, pas besoin argent, reçu lettres, écrivez souvent. prenez confitures appartement. — Malligand. |

Honfleur, 27 déc. — Auguste Camus, 2, barbette, marais. tous bien. — Laure. | Hennecart, 14, miroménil. reçu lettres vingt. envoyé dépêche 9 décembre, louise restée. jacques ici, sommes bien. donne nouvelles lausun. — Pichon. |

Flers-de-l'Orne, 28 déc. — Madeline, 17, béranger. portons bien. — Madeline. |

Vernon, 26 déc. — Madame Milliot Vernon à M. Milliot, batignolles, 53, dames, paris. Bonne année, tous bonne santé, espoir courage. |

Sablé-sur-Sarthe, 28 déc. — Biron, boulevard latour-maubourg. biencourt belgique, madeleine accouchée garçon, tous tranquilles. juigné, luynes tués. henri antoine, athanase, fits-james, biron parfaitement. — Belmont. |

Adge, 29 déc. — Daurel, 49, labruyère. obtiens sursis pour mon déménagement rue varennes, sinon garanti loyer, recueille mobilier. tous bien portants. — Coste. |

Belleville-sur-Saone, 22 déc. — Ressier, 6, nativité, bercy. famille bonne santé, pas envahis. — Sargon. | Laperrière, 19, rue ville-l'évêque, paris. souhaitons bonne année. santés parfaites. enfants grandissent beaucoup surtout thérèse, vous attendent chaque jour. sommes encore à laperrière bien découragés, inquiets pour jacques. recevons partie de vos lettres. amélie, camille demandent vos nouvelles. michel instructions. — Catherine. |

Lisieux, 27 déc. — Garnier, 43, babylone. recevons vos lettres, avons écrit télégraphié dix fois. général bien à dusseldorf. benjamin touchera chez chamberlin. — Burel. |

Castres. — Fil, lieutenant 7e mobiles, 2e division, 2e corps, 2e armée, neuilly-sous-bois. tous bien portants, armand loire. souhaits bonne année. — Fil. |

Pont-Audemer, 26 déc. — Vaury, 400, saint honoré. bivellerie bien portants, recevons vos lettres. — Fanet. |

Pontorson, 26 déc. — Foulon, 54, rue caumartin, paris. bonne santé, reçu lettres. — Foulon. |

La Turballe, 29 déc. — Desangles, 29, tronchet. trois, cinq, vingt, dix. cartignies bien, reçu trois, rien vendu, besoin argent, payer traites. |

Bergues, 26 déc. — Madame de Saint-Hilaire, 1, rue soufflot, paris. Auguste tué 18 août. comment allez-vous? tante hermance? écrivez. charles, armée loire. — Henriette. |

Angoulême, 8 déc. — Mequier, phares trocadéro. paul, moi bonne santé, t'embrasse. — Augustine. |

Granville, 29 déc. — Bournet, 22, rue des moineaux, paris. allons parfaitement, bonnes nouvelles de richer, mayer, poitevin, saget, biollay, bébé est superbe. — Eléonore. | Picard, 25, rue de grammont, paris. allons parfaitement, sommes à jersey, bonnes nouvelles richer, mayer. poitevin, saget, biollay, metz. — Eléonore. | Biollay, 74, boulevard malesherbes, paris. allons parfaitement, 24, place louvain, bruxelles, bournet très-bien à jersey. — Bournet-Aubertot. | Abraham, 3, rue ventadour, paris. allons parfaitement, sommes à jersey, bonnes nouvelles de toutes la famille. — Eléonore. | Veuve Carmouche, 16, boulevard voltaire, paris. prévenir amis pense bien à eux, reçois leurs lettres, écrire jersey impérial hôtel. — Caroline. | Haentjens, rue boulogne, 10 bis, paris. lettre reçue, approuve, merci. essayez vendre huile olive, suif, papier goudronné, chevaux. répondez. — Haentjens. |

Dinan, 29 déc. — Benoît, capitaine 20e régiment, 1er bataillon. 3e compagnie mobiles côtes-du-nord. tes parents benoît, gaultier, bodin, lepecq valent ton frère. — Mathurin. | M. Lapie, 160, rue montmartre. courage, bien portants, mais inquiets. donne de tes nouvelles, domestiques chevaux, maison. — Lapie. | Delafontaine, 82, miroménil, paris. claire accouchée fille heureusement. auguste aix, albert oppeln, dally mayence, nous tous bien. — Mottet. |

Poitiers, 30 déc. — Sangouard, 50, aboukir. prussiens venus, moutons pris payés billets banque prussiens, couvent intact, tous bien portants. — L. Courtois. | Lépine, 52, basse-du-rempart. reçois bonnes nouvelles de tous, mobile depuis trois mois suis capitaine. communiquez à neveu et billaud. — Aigoin. |

Fécamp, 27 déc. — Auguste Ruffin, 15, abbeville. portons bien. meilleure année, mille baisers parents. — Ruffin, Florentine. | Pape, 91, neuve-petits-champs. tous bien portants, recevons lettres, argent profusion, aîné angleterre, marie fécamp. aucune inquiétude, bodard ici. bonne santé, ressources pour longtemps. — Chalmel. |

Bordeaux, 28 déc. — Giroult, 16, coquillière. juvigny, sourdeval, lejemble santé parfaite, recevons lettres, écrivez souvent. — Giroult. | M. Tournon, 103, rue morny, courage. — Marie. —

Bordeaux, 31 décembre. — Lehideux, 80, boulevard haussmann. famille parfaite santé. dusommerard, frasnes aussi. romain ici. — Hélène Lehideux. | Muret, 4, place théâtre-français. trente arcachon, boulevard plage, 120. parfaitement. sixième dépêche. lettres envoyées, rien reçu, noyen 16 novembre. | Albert Mallet, 64, caumartin. Dieu vous délivre. parents, amis tous bien, georges revenu, engagé armée Faidherbe. — Hélène. | Durcel, 24, avenue gabriel. santés bonnes, arthur à loches, meilleure année. — Marguerite. |

Conquet. — Million, bondy, 36. conquet extrême inquiétude sur clémenti et maison, répondez. — St-Albin. | de Groiseilliez, 124, boulevard haussmann. bien portante conquet, tendresses, affections. — de Groiseilliez. |

Dunkerque, 21 déc. — Périllieux, 50, avenue saxe. labour, batel, blazy, ostende, 61, christine. santés parfaites, pour et par tous, bonne année. — Labour. | Duvallon, rue d'antin, 19. santés bonnes. lettres parvenues. — Chaumel. |

St-Aubin. — Hamel, 83, avenue clichy. recevons journaux et lettres, portons bien, grand'père mort. — Hamel. |

Délivrande. — Lavenant, gay-lussac, 5. 2e dépêche, joseph nouvial mort 11 novembre apoplexie, prévenir famille. — Verdin. | Bridou, 3, rue perdonnet. portons bien à lion, reçu mandat, plus beaucoup argent, parle robinet, baisers. — Claire. |

Bernay. Raimbault, drouot, 18. reçu nouvelles henri 20 novembre allait bien, avons écrit. — Quettier. |

Vire. — Gravier, rue victoire, 75. bonne santé. soignes-toi, recherche gaudin polytechnique; connaît lévy, parents bien portants, utiliser claus. — Gravier. |

Bordeaux. — 9 janvier 1871.

St-Junien, 26 déc. — Périgord Desgranges, assas, 33, paris. porte bien, victor, enfants aussi, fernand engagé artillerie, toujours angoulême, adressé carte envoyée, embrassons. — Irma. |

Mortain, 23 déc. — Raulin, boulevard voltaire, 32. santés, positions parfaites, lettres reçues, félix bien. — Marie. |

Villerville, 22 déc. — Henriquel, vaugirard, 21. cécile, louis pibriac, 19 décembre et villerville vont parfaitement, écrivez. — Massart. |

Trouville, 23 déc. — Clausse, 9, murillo. lucie chez paul, tous bien, écrire 5, temple, bordeaux. — Clausse. |

St-Servan, 24 déc. — Boutros, champollion, 17. congé envoyé 17 septembre du ripault, pour reste faites comme voudrez, vous autorise.—Stierme. |

Fougères, 24 déc. — Martin métairie, chez robineau, rue d'amsterdam, 52, paris. nous sommes tous bien et t'embrassons. — Martin. |

St-Brieuc, 24 déc. — Bullier, cloître st-merry, 6 sommes bien, recevons tes lettres. — Ve Bullier. |

Nantes, 25 déc. — Delaforest, lancry, 45. bie portants malgré froid rigoureux, jules landrecies hippolyte mieux, domestiques mobilisés, gustave travaille toujours. — Alfred. | Jourdain, 3, rue trévise, je travaille beaucoup, pense toujours à toi, ne m'oublie pas, écris-moi. — Perrot. |

Le Mans, 24 déc. — Neuilly, capitaine mobile, 17e bataillon, 2e compagnie, st-denis, seine. recevons lettres, portons bien. espoir, confiance. à toi toujours. — Juliette. |

Bordeaux. — Destors, rue laffitte, 13, paris. mère à ostende, rue des sœurs blanches, 24. va bien, adèle à avranches, écris. — Pecourt. | Pihoret, chabrol, 20, paris. santé passable, bonheur revoir messe marie. — Desfontaines, |

Bernay. — Mme Leconte, 10 bis, rue châteaudun, paris. inquiet, envoyez nouvelles immédiatement poste restante, bernay. — Leconte. |

Bordeaux. — Dezaire, 7, aboukir, paris. Dezaire, louise haristoy vont bien, justin hambourg. — Haristoy. |

Brest. — Mallet, commandant fort rosny. famille bien, mère adore augustine, vie facile, compagnie tous soirs, reçu lettres, voudrai partir. — Mallet. | Deshays, capitaine artillerie, fort clichy. tous bien, étienne fourrier à carentan. — Brunelot. |

Angers, 25 déc. — Marconnay, 50, basse-du-rempart. encore aucune nouvelles, très-inquiet. écris à angers par chaque ballon. bonne année, embrasse. — Alfred. | Jacob, prince-eugène. 48. bonne année, reçu lettre. — Anna. | Bory, enseigne, bicêtre. reçu lettre novembre, écrire, télégraphié, famille bien. hiron ici, blessé.—Bory. |

Nogent-le-Rotrou, 20 déc, — Veilleux, 42, rue compans, belleville. portons bien, toujours nogent, reçu lettres, émile orléans. — Louise. | Gosse, quai grands-augustins, 49. famille gosse, dagneau, torsay bonne santé, jeanne six semaines. — Louise. | Arnould, gay-lussac, 25. sommes revenues nogent, nous ennuyions st-hilaire. recevons lettres, allons bien, voudrions être avec toi. — Elise. |

Caen, 24 déc. — Panier, 109, place lafayette. lettres reçues, tous bien portants, — Panier. | Thebault, 152, rue st-dominique. reçu lettres. santé bonne, nouvelle henry le 5 décembre. — A, Delaugère. | Lemerle, cloître st-honoré. allons bien, recevons lettres, continuez, écrivons par tous moyens.— Séguin. | Chagot, 55, boul. haussmann, bonne santé.— Verrier. | Gareau, 14, duphot, allons bien. — Piquet. | Dugourc, 72, dames, batignolles. bien portants, hébert aussi. — Joséphine. | Chenard, boulevard malesherbes, 21. enfants, moi, envoyons vœux pour nouvelle année. prompte réunion, tendres baisers, portons bien, écris souvent. — Marie. | Sarrette, 189, faubourg poissonnière. famille bieu. — Paisant Duclos. | Roussel, avenue st-mandé, 77. allons tous bien. henri éclaireur normandie. reçu cinq bons, demande encore, fâchés bourse, se défier.—Roussel. |

Billot, faubourg temple, 65. madame millot va parfaitement, elle a reçu lettres. — Desloge. | Left, rue monge, 23. santé parfaite, lettres reçues. — Amanda. | Degourcuff, richelieu, 87. confirme dépêches précédentes. affaires, recouvrements pénibles. sinistre minime, bellême toujours impossible régler, — Piguy. | Lavergnolle, 13, cléry. Saint Paul vont bien, nous aussi, grand ennui, sans lettre depuis celle 10, donnez argent berquet. — Chartier. | Baudot, 178, rivoli, mère accouchée une fille le 21. toutes deux bien portantes. — Gibert. | Gratiot, 27, rue bleue. allons bien toutes. — Gratiot. |

Dieppe, 19 déc. — Dufour, boulevard voltaire, 94. familles dufour, millet bruxelles, rue du pépin 11 bis. tous santés excellentes, reçoivent lettres. — Leclerc. | Chevillard, 6, mont-thabor. vous ou augustine écrivez par tous ballons.—Allou. | Pasteur, tronchet, 29. recevons lettres, tous bien. — Pasteur. | Bessand, rue pont-neuf. Emma worthing mear brigthan. 3. montagne place chez parents simon, eux bien portants, mère bien.—Bataille. | estelle, 145, rue rennes. désolées henry. allons bien, duclos morte.— Valentine. | colonel Tryon, commandant fort d'aubervilliers. tous bien, salles aussi. — Adèle. | Batbedat. godot-mauroy, 22, paris. écrit amiens, tous bien portants, prussiens quittés dieppe, pas venus graincourt. — Batdebat. | Massion, 58, haussmann. tous bien, dieppe, nanteuil. hier lettre nantes, mère, enfants, bien.— Céleste. | Mars, 38. labruyère. dieppe, prussiens venus deux fois, repartis sans nous inquiéter. attendons wilfrid. — Lavaux. | Lagarde, 51, lille. tous en bonne santé, tranquilles et pourvus d'argent. maria bien. — Isabelle. |

Havre, 22 déc. — Fagard, 33, rivoli. auguste enforcit, mange bien, commence parler, meurillon pas vouloir payer. espérons, ta pensée me soutient. — Blanche. | Diguet, rue d'assas, 124, paris. mère et famille vont bien, réponse. — Charles. | Ramond, rue des écoles, 38. havre, ramond, bousquet, challié tous bien.— Emma. | Letestu, 118, rue du temple, paris. allons tous parfaitement chez mathilde aussi, recevons toutes les lettres, écrivez souvent. — Letestu. | Godfroy, rue temple, 187, maman malade un engorgement, pas au lit, nous santé bonne, reçu 32 lettres. — Godfroy. Dutfoy, 39, boulevard haussmann, paris. madame dessael pire fièvre, extrême faiblesse, ne quitte plus lit. enfants bien. — Boursse. | Petit frères, st-denis, seine. lingenau vendu cent tonnes quarante un demi, déveaux reçu cinq mille livres crédit claude lafontaine. — Léguillon. | Dubousquet, 68, assas. dire masson, sulpice, familles chalumau bien, reçoivent lettres. roblot, neufrille, nous bien. souhaits, 1re dent. — Famille. |

Arès, 27 déc. — Descombes, clichy, 33. inquiet famille, écrivez ballon. — Régnat. |

Evron, 28 déc. — Dréo, hôtel-de-ville, paris. reçu vos 2 lettres. votre mère et votre fille bien portantes à la croixille (mayenne). — Tirara. |

Verneuil-s-Avre, 26 déc. — Montfort, 37, rue lafayette. reçu lettre 7. verneuil (eure), 26 décembre. — Montfort. |

Bordeaux, 30 déc. — Nissou, 72, jemmapes. arrivés libos parfaitement, lettres reçues, écris libos, 30 décembre, bordeaux. — Nissou. | Hérissez, 27, geoffroy-saint-hilaire. toujours bien étampes, inquiets vous, donnez nouvelles ballon. — Hérissez. | Hunolstein, 81, grenelle. bossuyt, uzès, cirgues, parfaitement. — Léopold. | Piolenc, 3, palais-bourbon. installés tours, chevaux bordeaux, souhaits, marc ravissant, écrivez nouvelles, amis vôtres, nous bien. — Jacqueline. | Balaine, 48, paradis-poissonnière. montpellier tous bien, reçu 5 lettres, continue écrire, envoyé dépêches, mille baisers. — Balaine. | Hart, 30, aumale. mères, sœurs, nièces, tours, 5, archevêché. victor fidières, châtellerault, bien. 30 décembre. — Orsel. | Morin, 46, boulet. bien avranches, inquiets maman, vous ruspinos. voir desseaux, 57, martyrs. — Morin. | Tonquedec, capitaine, mobiles finistère. tous bien, prévenir charles. goësbriand, 2. poulpiquet engagés loire. — Mélanie | Régnier, 3, saint-vincent-de-paul. 6, hyères, bien. henri, sergent, loire. fosseuil, delasalle, nolau, lucy, malbec bien. — Regnier. |

Dumesnil, instruction publique. tous bien, recevons lettres, écris tous les jours. — Dumesnil. | Bunzel, 99, sébatopol. ouvrir cave, buffet, armoire, bois, provisions. bunzel bien, une fille. — Brach. | Bordet, capitaine, mobiles côte-d'or. tous bien. — Bordet. | Sallantin, 12, saint-dominique. tous bien. lettres reçues. léon, lieutenant-colonel. — Nancy. | Vacherot, institut. moi, marie parfaitement. — Vacherot. | Dubosc, 274, Lecourbe. mettray, 27 décembre, sellier, prat, tous parfaitement. reçu nouvelles 8. — Dubosc. | Menibus, 1, thomas-aquin. parfaitement, georges non collége, recevons lettres. | Grosrichard, 59, taitbout. écrivez journellement, remettez balence, cohen madrid. — Cuadra. | Serveille, 7, amboise, tous bien, recevons lettres. — Detré. |

Moulins-s.-Allier, 28 déc. — M. Thuret, 10, rue sèze. allons bien, crespières aussi. — Thuret. | Chamard, Souchard, 7, rue cléry. père venu chercher, partis tous saint-vrain, bonne santé, marie souterraine vont bien. — Chamart. Souchard. |

Nay, 30 déc. — Taupin, 9, rue suresne, paris. hier répondu lettres, irai bordeaux. — Blaye. |

Toulon, 28 déc. — Stanislas, 40, vivienne. votre henri a été enlevé lundi soir à 7 heures, du croup, chagrin, peine, embrassons tous. — Madon. |

Chalonnes, 29 déc. — Bry, ministère guerre. tous allons bien. reçu 5 lettres. félicitations. — Henri, | Mme Conti, rue courty, 1, paris. vos lettres reçues avec bonheur, tous bien à chalonnes. — Gayot. |

Noyon, 23 déc. — Duboc, rivoli, 8. tous allons bien. — Gossart. |

Port-Launay, 28 déc. — Rives, pharmacien, rue glacière, paris. donnez nouvelles par ballon. ici tous bien portants. espoir, courage. — Faucher. | Joly, rue rougemont, 12, paris. portons bien, maman morte fin octobre. — Victor Joly. |

Rennes, 20 déc. — Guéroult, 21, rue saint-lambert, paris. malade, très-malheureux, réponse sur ma position, envoyez argent. — Bonnin, poste restante, rennes. | Hippolyte Lucas, bibliothèque arsenal. portons bien, désolées loin de toi. tendresses pour tous, toucher rentes pour toi, reçu journal cherché. — Delaunay. | Heliot, chaussée-antin, 45. tous bien portants. envoyons tendres souhaits de bonne année. — Louise. |

Ecouché, 27 déc. — Geisert, rue descombes, 1. santés bonnes, rânes. — Geisert. |

Fernex, 26 déc. — Malivoire, 40, vanneau. meilleure année pour toi, tante, malivoires. tous bien. lettres reçues, charles bien prisonnier. n'épargne rien. — Birague. |

Dol-de-Bretagne, 27 déc. — M. Lahaye, vieille-du-temple, 58. reçu 8 lettres, portons bien, rien besoin, ennuyons beacoup, souhaitons tous bonne année. — Lahaye. |

Salers, 28 déc. — Broquin, 47, boulevard beaumarchais, paris. portons bien, mais bien tristes, reçu ta lettre du 20 décembre. mille bons embrassements. — Broquin. |

Bourges, 16 déc. — Gaucher, 34. rue geoffroy-st-hilaire. nous allons tous bien.— Omer. | président bonjean, rue tournon, 2. votre famille, vos propriétés vont parfaitement.— Baudouin. |

Quimper, 12 janvier.— de Goy, sous-lieutenant vincennes, 9e compagnie d'ouvriers. famille de goy bien quimper.—

Périgueux, 14 janvier.— Lafont, pergolèse, paris. gaston professeur périgueux, bagages reçus. linard, rouve. santés bonnes. | Sanders, 27, rue jeûneurs. paris. Jules est-il malade? répondez.— Margat. | colonel Montagut. état-major, place vendôme. reçu lettres dernières 9, amis, famille santé parfaite, que lucien écrive, nouvelles delord. — Montagut. |

Bordeaux-chartrons, 13 janv.— Vatry, 20, notre-dame de lorette, paris. avons écrit, envoyé 5 dépêches, rien de vous, écrivez-nous, pensons à vous.— Adrienne. |

Bordeaux-chartrons, 15 janv.— abbé Sibon, 17, rivoli. les eugène, amédée, merveilleux, bien portants. écris-nous.— Amédée. | Lefébure, notaire, 76, rue aboukir. remettre cent francs pension coubet, 21 octobre à dosseur, 21, rue taranne.— Derocque. | commandant Bibesco, aide-de-camp trochu, paris. inquiets de tous, voudrions nouvelles princesse duchesse vatry, rien malgré dépêches.— Joseph. | Dosseur, 21, taranne. quel tourment, sans nouvelles depuis septembre. écrivez sereilhac haute-vienne, alfred armée décoré, recevrez argent impositions.— Joseph. |

Billom, 13 janv.— Cablé, 9, rue laborde, paris donne nouvelles, suis sous-lieutenant, 12e de ligne, billom puy-de-dôme. embrasse bien fort.— Renault. | Rumerchône, sergent mobile puy-de-dôme, 1er bataillon, 32e de marche, paris. nous sommes tous en bonne santé, rien de nouveau, reçu deux lettres déc. écris souvent. — Rumerchêne. | Rosalie Rolland, 5, échelle. cély, terrier, tous bonne santé, félix bien portant, demandez argent gatineau, espérez toujours, recevons lettres.— Cély. | Terrier, lieutenant 12e d'artillerie, 4e batterie réserve, 2e armée. moi, cély, gallay, laussedat, bonne santé, félix aussi, reçois tes lettres quatre oui, espoir.— Terrier. |

Brives, 18 déc. — de Laboissière, 13, rue du marché st-honoré. Je vais bien, suis à brivee, vincent prisonnier à dantzic.— ta mère, de Laboissière. |

Argentat, 18 déc.— Traverse, 20, boulevard st-marcel, paris. nous en bonne santé, écris souvent, embrasse papa, maman, envoie cartes.— Octavie. |

Puy, 11 déc.— Laurens Gueldres, 16, st-denis, seine recevons, partira lieutenant, tous bien, scoyeuas, gauthier.—Caroline Confiante. |

Chambéry, 16 déc. — Desaubliaux, 41, rue dauphine. ton paul bien portant à chambéry.— Desaubliaux. |

Mézidon, 9 déc.— Dupont, 6, aboukir. restons crèvecœur, bien tous.— Dupont. |

Bordeaux-chartrons, 25 déc.— marquis Champreux, 5, rue vézelay. reçu lettres, souffre mortellement de trop longue séparation.— Hénisse. |

Cosne, 16 déc.— Vogüé, 37, rue bourgogne. pezeau. 16 déc. tous bien. ici, sautimes, chatelus, toutes vos chères lettres reçues, vous embrassons. — Vogüé. |

Lyon, 17 déc.— Debocne. 93, avenue malakoff. allons bien Igé.— Laplace. | Ouwenhuysen. 11, joubert. 13 déc. cawston fit versements, acceptations soignées, cawston symons bons, adressez lettres chez symons. — Maurice. | me Lévy, 37, rue madame. toute famille, ta mère et clotilde compris, parfaite santé. — Bamberger. | Pondeveaux, 37, rue richer, paris. allons tous bien.— Pondeveaux. |

Grenoble, 21 déc. — Césaire Nugues, 48, fabert. attendons impatiemment vos nouvelles depuis 40 jours. portons tous bien. — Blanc. | Grange. 22, rue bondy. portons bien, est-il officier?— Grange. | Megessier, 28, rue pigale, 28. reçu lettres, merci cordialement, confirme nombreuses lettres et dépêches, santés excellentes.— Gaillard. | Lefebvre, 60, faubourg poissonnière. excellentes nouvelles jersey, communique-les à arthur. écris-moi donc.— Gaillard. | Choisne, 59, provence. reçu lettres 17, également de megessier. affaires actives londres, négocié genève, lyon, marseille, turin.— Gaillard. |

Rodez, 22 déc.— Guillemin, 8, marché passy. mensier, demoulin aix-la-chapelle, tous bien.— Sophie. |

Bonneville, 18 déc.— Laillard, 4, villedo. famille très-bien.— Laillard |

Bourg st-andré, 21 déc. — directeur nationale incendie, 13, grammont. dois-je verser trimestre à kilmaine.— Barrelet. |

Bordeaux, 24 déc. — Testin, 5, rue tour-d'auvergne, paris. vendez même façon toutes marchandises, cher louvet. prenez cinquante francs. — Morel. | Pierré, 17, boulevard poissonnière. tous bien, vous, écrivez ballons, rodary à hatin qui administre maison révillon, collègues. gérants. — Commelin. | Rodary, 34, batignolles. voir hatin, notaire, gérant maison, loyers, impôts, assurances, secours si besoin pierré.— Commelin. | Friedel, 60, boulevard st-michel, paris. allons tous bien. restons vernex, nouvelles strasbourg très-bonnes, hérimoncourt bien, rodolphe bien. — Emilie. | Berteaux, 6, aboukir. allons bien, affaires londres et lyon bien, occupons saison prochaine, faites compensation avec bons trésor. écrivez.—Berteaux. | Potier, 45, richelieu. allons bien, lepère décédé 1er décembre, bonnes nouvelles ferté, hillairet, irai angoulême si ennemi angers.— Potier. |

Haugard, 100, rue rennes. sommes à bruxelles, 72, rue montoyer avec amis. santé parfaite, remettre argent augustin. — caroline Hangard. | Périer, 15, quai grenelle, paris. seconde dépêche, reçois trois lettres gillet. pas toi, mécontente, partout bonne santé, mille amitiés. — Périer. | Dubreuil, 112, bac, paris. portons bien, ennuyée horriblement, pouvoir faire parvenir nouvelles, envoyé carte.— Dubreuil. | Chenski, 2, lisbonne. santé, position, bonnes, genève poste restante.— Adolphe. | Gugenheim, 16, taitbout, paris. sommes tous bonne santé, 2, parchemin, bruxelles. bébé magnifique, recevons lettres, mille amitiés. — Rachel. | Deloynes, officier, 23, ville-l'évêque, paris. écrivez, 3, notre-dame-aux-neiges, bruxelles. venue pour santé, vous attends.—Detourbey. | françois Hugo, 23, verneuil. envoyé deux dépêches, vais bien, berru, moi, reçu lettre 6. on tâchera, tendresses.—Jory. |

Desforts, 12, rue bonaparte. familles bauchet, bernard en santé, sécurité, reçu deux lettres, tendre reconnaissance, écrivez réponse, récompensez concierge. — Bauchet. | Grandval, 42, rue grenelle. lucerne, lettres reçues, argent.—Grandval. | Pontonnier, 3, boulevard italiens. maurice loué. tous bien. — Izoard. | Cottenet, ministère guerre, paris. auhôme bonne santé, reçois lettres, argent cent cinquante, assez — Cottenet. | Guillaume, 8, rue greffulhe. tous bien portants, reçu tes lettres, écris plus souvent guillaume, amitiés. — Emile. | Rondy, 49, rivoli. paris. envoi des nouvelles.— Rondy |

Henriot, contrôleur, hôtel des postes. bonnes nouvelles, amiens.—Bourgeoist. | Pessot, 2, place royale. familles pessot, defert, bonne santé, narbonne, famille rimbaultbonne santé.- Rimbault. |

---

77. Pour copie conforme :
l'Inspecteur,

Bordeaux. — 2 janvier 1871.

Tarbes, 1er janv. — Bigot, inspecteur douanes 11, rue de l'entrepôt. me donner par ballons nouvelles de caise, capitaine 16e bataillon mobiles seine. — Caise. |

Bayonne, 31 déc. — Bernheim, rue montmartre, 160. cremnitz écrit, reçu lettres novembre 7 courant, henry bien portant, affaires et santé bonnes. — Darrigol. | Duserech, rue entrepôt. tous bien portants messac, albert aussi, élisabeth enfants bayonne. charles, sarah darmstadt. henry edmond révoqués. — Léonie. | Roguet, 11, rue des halles. madame roguet, rue dumont-durville toulon. — Loyer. | Lazard, 28, échiquier. lucie a une fille, mère et enfant vont bien. nous sommes parfaitement. londres, étretat, californie également. — Hélène. |

Pau, 31 déc. — Vian, 85, rue buttes-chaumont. vais bien aussi familles lamothe, gorand, jahiet, capitaine brunet, luc, couvreux usines. recevons lettres. — Georges. | Ferdinand Meslier sentier, 19. souhaits, allons bien. pau hôtel de france. — Meslier. | Monsieur Brunet, 19, rue des écouffes. lettre reçue, santé bonne. voir farget, faire pour le mieux. — Carilhon. | Nélaton, 1, avenue autin. allons tous bien, souhaits bien affectueux pour tous et pour arthur. pau 31 décembre. — Revenaz. |

Toulouse, 31 déc. — docteur Dufour, 22, cardinal-fesch. faire savoir urrabicta famille toulouse bien. — Just. | Compagnie France, 14, grammont. confirme dépêches 13, 28 novembre. sinistres réglés trente mille, en règlement cent mille. — Deheyn. | Compagnie France, 14, grammont. recettes cinquante-trois mille déposés succursale banque france toulouse. arriéré quarante mille. — Deheyn. |

Cognac, 31 déc. — Lucas, ingénieur, casimir-périer, 27. tous bien portants, t'embrassons, t'envoyons nos vœux. daniel superbe, marche seul — Bougouin. | Descombes, boulevard beaumarchais, 71. avons lettre 22. province armée, courage, espoir. — Moullon. |

St-Maixent, 30 déc. — Branche, 14, avenue victoria. portons bien, reçu lettres. 30 décembre — Dérué. |

Annecy, 26 déc. — Carlat, 33, rue montmartre, paris. exécutez ordres, remettez tout à mon gendre. nous, mathilde, gaston bien. — Werbin, 3, cité genève. |

Le Mans, 30 déc. — Rivière, rue faubourg-st-honoré, 180. bonne année. tous, tante, nous, allons bien. écris. — Laforest. | Thomas, rue clichy, 68. azelma, marguerite au mans. amitiés à toi, merle, famille. — Thomas. |

Saumur, 31 déc. — Renault, place victoires, 7. reçu lettres. portons bien, confiance. — Coutard. | Franc, capitaine 117e, lafayette, 127. mon père colonel nantes. vais bien, bébé aussi. — Camille | Décle, 2, rue provence. santés parfaites, recevons lettres. — Méc. | Garand, 12, oudinot. embrassements. suis à saumur directeur télégraphe. — Joseph. |

Bourges, 30 déc. — Maritou, passage élysée-beaux-arts, montmartre. tous bien portants. émile ici, guyot, richefeu blaye. prévenir jules. — Ochs. |

Ferney, 27 déc. — Kindberg, 61, rue chabrol. confirme dépêche, tous bien portants. reçu vingt lettres. adresse aux granges, près villette, canton genève. — Delorme. |

Lectoure, 30 déc. — Puiseux, assas, 90, paris. lectoure tous parfaitement. — Jaunet. |

Condom, 30 déc. — Lagorce, 19, rue hauteville, paris. lettres reçues tardivement. enfants bonne santé, embrassent papa. courage, espoir. — Lagorce. |

Mirande, 30 déc. — St-Vincent, avenue gabrielle, 24. tous bien, parents arrivent. sommes toujours bordeneuve, courage. — Blanche. |

Auch, 30 déc. — Pourcelle, 48, rue de berry, paris. quitté guéret ordre médecin, santé meilleure. émilie habite st-macaire, gironde, foville ici. — Prousel. |

Agen, 31 déc. — Commandant Garreau, palais tunis, boulevard jourdan. sixième. santé parfaite mobiles et mobilisés célibataires partis, antoine idem. reçu dix-huit lettres. — Amélie. |

Montluçon, 31 déc. — Démée, télégraphe. sœur, fille, je reste. provisions prêtes. — Chebance. |

Bordeaux, 23 déc. — Dufaulin, 33, bergère. dufaulin sains reçoivent lettres, foloppe, allemagne, barbaroux, desroseau, châtellerault. magnier, moliens, peltier parfaites santés. — Dufaulin. | Barbaroux, 5, geoffroy marie, papa maman, valéry lonjumeau, fosse mérinville. enfants, moi, ta famille, dufaulin, parfaites santés quatrième dépêche. — Barbaroux. | Worms, 3, anjou st-honoré. Les vôtres vont bien, visitez ma clinique et maison, donnez argent à domestique, écrivez-moi. — Liebreich. | Lecoq, boulevard invalides, 18. félicitations, tendresses, suis bordeaux. nantes, clermont, parfaitement. marie. — Delarochevernet. | Michel, 9, vézelay. tout londres parfaitement. vois avec louis quoi faire pour nouvel appartement, bail dans bureau marie. — Delarochevernet. | Turcas, 17, godot mauroi, émile parfaitement prisonnier. — Talbot. | Talbot, 15, fossés st-victor. tous bien, écris par ballon au lycée d'angers. — Talbot. | Gessat, sourdière 8. souhaite meilleure année. me porte bien. reçu lettres. gare de bordeaux-bastide. — Aubry. | Boiron, 1, place vintimille. donne nouvelles par ballons, poste restante genève. — Boiron. | Arbelot, vivienne, 20. tous bien à vimoutiers, sécurité parfaite. — Arbelot. | Degoureuff assurances générales, richelieu, 87, paris. soigne intérêts, compagnie suivant instructions. dommages sinistres depuis investissement environ, 100,000 fr. — Ansel. | Dalsème, 21, rue saint-marc. vous ai déjà télégraphié vos enfants en excellente santé. — Mayez. | Prager, 4, turbigo. henri forte santé, commence parler, grandit, portons bien malgré impatience, cousin mayer ici. — BerthePrager. | Dunoyer, rue vaugirard 49, berne bordeaux tous bien portants. lettres reçues, dernière du huit profondément malheureux maladie mère — Isabelle Dunoyer. |

Albert, 99, boulevard haussmann. merci vos bonnes lettres, santés toutes bonnes, amitiés caster, sa mère ici très-bien. — Augustine Halphen. | Joseph halphen, 6, lepeletier. santés très-bonnes, tes lettres très-rares, espère ta santé bonne. maria théogène, très-bien. — Halphen. | Halphen, rue drouot, moi enfants excellente santé, heureuse tes bonnes nouvelles, cerfberr vont bien wiesbaden, attends impatience, écris beaucoup. — Halphen. | Rillardon, rue hanovre, 10. bien portants au bost, reçois lettres. — Alice Rillardon. | Taillandier, lille, 56. votre femme à clermont va bien. délégation bordeaux fonctionne bien avec chouel. javel, envoyé plusieurs dépêches. — Bonnefont. | Bouillat, st-lazare, 85. armand avec enfants vichy. paul groslay, 25 novembre, bien portants, bonnefont aussi. bons souhaits, écrivez. — Bouillat. | Lafargue, 24, grange-batelière. sommes bordeaux, hôtel commerce. andrieu, très-inquiets, trois mois sans nouvelles. écrivez, écrivez. — Bonnet. | Dupont, 72, rue blanche. sallard bien, pornic. quay leray. dire blondeau, allons bien. — de St-Hilaire. | Walbecq, 11, rue du mail. joséphine toutes à bruxelles bien, traite touchée. picard spilzet portal prisonniers, leperche, fremy évadés. — Bourbaki. | Febvre, 7, rue blanche. reçu seulement lettres, 5 et 16 décembre, bonnes nouvelles, montbard garde, 1000 fr. et courage. — Cordier. | Mantoue, rue baudin, 6. santé bonne, dubief, valentin à dieppe, tous bien portants amitiés. — Valle. | Cahen, 17, oberkampf. sommes bordeaux, 28, rue gourgues, écrivez. — Casel. | Durruthy, 6, boulevard des capucines, paris. nous sommes tous bien, désir de te revoir. — Durruthy. | madame Blum, 9, rue helder reçu lettre du 10. allons bien. écrivez à bordeaux poste restante. — Eugénie. | Deville, 4. rue drouot, paris. pouvez écrire chaque ballon envoyez compte chaque client partirai bientôt faire tournée été. — Trilhard.

Morel, rue st-honoré, 108. tous bonne santé, demande détails intérêts. payez contributions partout. gages. — E. Morel. | Deville, 32, boulevard strasbourg. santés bonnes, approuve tout mettez livres sûreté. maintenant cours tourny, bordeaux. nouvelles caritan, ferdinand. — Mathieu. | marquise Laborde, 5, rue billaut. — bien portants, granville depuis quatre semaines, belle-mère partie senones pour affaires. frédéric bien. — Seillière. | Testu, 35, boulevard malesherbes. reçu hier deux lettres, bon espoir lointain. écrivez souvent. — Rousseau. | Leroy, 46, paradis-poissonnière. famille leroy avranches, bonne santé, courage, écrire souvent. — Leroy. | Morane, 10, rue banquier. marguerite, henri, antoinette, alexandrine, tous bonne santé, baisers, hôtel de france, poitiers, 17. — Morane. | Lardy, légation suisse, paris. reçu votre lettre, ai communiquée votre famille qui va bien ainsi que celle de bosset. — Franchetti. | Vidalhène, 64, boulevard malheserbes. tous bien, marie couvent, je reçois tes lettres, pense à nous. — Vidalhène. |

m. Bonnet, 102 faubourg poissonnière, paris. parents, enfants, léontine bien. félicitations, besoin argent, cinq mandats. nouvelles pilleux-pinpernel. daurel. — Clémence. | Provost, 39, boulevard bonne nouvelle. impatient, pas nouvelles, autres reçoivent, écrivez journellement grands détails, fabrication, vente. — Prévost. | Brachet, casimir-périer, 2. toujours bien, recevons tes lettres, 4e dépêche. — Victorine. | Mianville, 22, grenelle. tous les vôtres bien. bien aussi famille des cormiers. — Thomas. | Bachelet, 43, lacépède. si avez argent, remettez m. louvet, 11, rue verneuil, écrivez-moi, commission, armement, bordeaux. — Thomas. |

Poyet, 3, rue banque. tous bien, bordeaux, blanche bien. écrivez. — Thomas. | Louvet, 11, verneuil. bonnes nouvelles jeanne suzanne, marie, félicie. — Thomas. | Rateau, boulevard filles calvaire, 24. eugène bien portant, prisonnier en saxe. — Théodore. | Nattan, 9, jussienne. depuis six semaines ton père avec nous, tous très-bonne santé. — Cécile. | Laguerre, 72, boulevard sébastopol. Bar dumesnil, tavernier, fournier, ayala, hélène nous tous parfaitement. habitons bordeaux, cours 30 juillet 33. — Laguerre. | Martin, 47, faubourg montmartre. sommes tous bien à marseille, te recommande céline, recevons tes lettres, vois lesseps vite. — Fontane. | Barthélémy, 20, rue st-guillaume, sommes tous bien, écrivez souvent, prévenez lesseps. — Dauzats. | Pannifex, 38, malesherbes. je suis toujours en égypte, santé et moral bons, ai reçu toutes vos lettres. — Daubrée. | Garnot, 9, rue clary. madame m'a rejoint à marseille tous bien, merci de vos lettres. — Martignon. | Lesseps, 9, rue richepanse. avons envoyé nombreux télégrammes, recettes maintiennent moyenne cinq cent mille et promettent augmentation tout bien. — Martignon. | Laclaverie, 5, hauteville. tous bien. — Laclaverie. |

Rédelsperger, 37, boulevard malesherbes. toutes bien, mosneron très-bien à bruges. dernières lettres du 6, amitiés, adèle à tous. — Rédelsperger. | Caille, cardinal-lemoine, 25, athénodore hôpital vomissements, je vais bien, nous vous embrassons. — Bervillère. | madame allard, au phare chaillot. bien portant à genève. reçu lettres presque toutes, notre consolation, tendresses à tous. — Gaston | Chevallier, boulevard st-germain, 82. santés bonnes malgré tristesse, reçu vos lettres avec bonheur, dernière datée 29, hôtel ambassadeurs. — Minard. | Poggioli, grande-armée, 80. vais bien. — Poggioli. | Teissier, 43, rue temple, paris. lyon tranquille. sommes tous bien portants, campagne intacte. — Teissier. | Silvestre, université 26, paris. nommé colonel, 8e chasseurs, écrire tarbes où suis. — Ernest. | Ma senet, rue malesherbes, 38. georges prisonnier, coblentz pas blessé, fontainebleau marlotte respectés, tous à biarritz, julie bordeaux lui écrire. — Ninon. | Schnapper, st-lazare, 94. tous bien. bonnes nouvelles, fernand du 10. jeanne toujours beaumont. — Marie. | Delpy, rue ste-cécile, 8 paris. tous bien, donnez nouvelles. — Fernand. | Eugène fourrier, désiré colonel, en bonne santé, victorine décédée. lettres reçues. sanglier, rue lepelletier, 7 — Sanglier. | Vosseur, rue odéon, 20. clarisse, marguerite, louis, tétyemainguet. brouardel, ternet, landelle bien. mortelle inquiétude paul. rocher, prisonnier darmstadt. — Vosseur. |

Marie, 15, rue grenelle, paris. mêlé à événements déplorables, manqué être fusillé, plus général, actuellement commandant artillerie, bonne santé. — Marie. | Dury, 66, rue monceau, paris. donnez congé appartement, monceau avant 31 pour juillet. prenez pour vous café, confiture. — Specht. | Mouquet, 4, favorites vaugirard. mathilde, garçon tout va bien. — Mouquet, | Géraud, 12. cité trévise, nous sommes tous bien, désirons vivement te revoir, bien portant et vainqueur. — M. Corrière. | Porgès, 2, blanche, paris. achetez encore cinq cents autrichiens jusque sept cent quarante, ne vendez pas lombardts, écrivez journellement. — Porgès. | Drouet, cherche-midi, 74. votre mère lucie, bien portantes, sarah étonnement bien. — Vanda. | Fort, cours vincennes, 41, paris. recevons seule lettre, 23 novembre. sommes bien. écris. — veuve Fort. | Dumoret, 5, paix. reçu lettre. suzanne enfants bien. dire ernest nous aussi. — Lelom. |

Albert, pourtalès, 25, rue londres. toutes santés bonnes, suisse. courage, espérons en Dieu. — Vully. | Dalligny, 5, rue albe. santés parfaites trouville tranquille. restons, amis aussi. — Vully. | Legendre, 43, rue douai, paris. sans lett[res] un mois, très-inquiet, écris moi au ministè[re] bordeaux, courage pas sortis. — Férot. | Laffo[r]gue, belle chasse, 10. heureux tes nouvell[es] sommes tous bien, familles prospèrent, beau[x-]frères dispensés. — Lafforgue. |

Londres, 29 déc. — Madame Kelp, 15, rue p[...]jou, passy-paris. avons votre lettre du 19 décem[]bre, sommes tous bien. — Hird. | Walcker, 4[...] rue rochechouart, paris. reçu toutes lettres, not[re] santé bien, madame alexis arrivée hyères bie[n] portantes. | M. Aubin, 37, boulevard haussman[n] paris. tous bien portants, frères bien, coupe r[é]duite, sucres, prix beaux, souhaitons bonne [an]née. — Aubin. | M. Louvet, 10, rue vivien[ne] paris. reçu lettres 24 septembre, 2 octobre. [en]voyez comptes à recouvrer, et séparément le[ttre] autorisant à recevoir. — Fauchard. | M. Louv[et] 10, rue vivienne, paris. nous stone, snelgro[ve] rempston, reçurent lettres, coombes bristot [re]fuse traite juillet, demande relevé, faisons qu[el]ques affaires. — Jaffray. | Courot, 5, rue [de] cléry, paris, sommes londres, 32, markha[m] square chelsea, portons tous bien. avons arge[nt] recevons lettres. — Anastasie Courot. | Vanyse[...] 4, rue châteaudun, paris. émélie bien, mauri[ce] charmant, fait bien ses devoirs, famille géné[]rale, catherine, marianne bien, albert magnifiq[ue] — Lima. | Gaildraud, 43, rue du bac, paris. n[ous] portons tous bien. — Esther. |

Madame Ponsford, twenty-three, rue turin, [pa]ris. su consul let concierge advance, angthi[ng] else impossible enscoer. — Ponsford, poste re[s]tante. | Marchand, à chemin, 3, rue saint-ana[s]tase, paris. nous sommes tous en bonne sant[é] comme les wershawe, broca bargy, reçu vos le[t]tres. — Marchand. | A. Webb, 220, rue de rivol[i] paris. reçu lettres 19 septembre, 24 octobre. écr[i]vez souvent, amour. — Symons. | Sescau [...] Schmolle, 39, faubourg poissonnière, paris. a[l]lons bien, reçu lettres, chargement golconda [...] ordre, j'attends vos ordres concernant produi[ts] anvers. — Gaston. | Lévy-Finger, 6, rue de l'en[]trepôt, paris. tous, enfants, parents, vont tou[s] parfaitement. — Caroline, Célina. |

Londres, 28 déc. — M. Edouard Lebreton, 6, rue castiglione, paris. bonne année. écrivez souvent. — Madame Beuson. | J. Levois, 8 bis, rue cardinal-fesch, paris, lettre 16 décembre. reçu 3 octobre pas, ordres concernant madame magdelaine suivit. — Steinthal. | J. Levois, 8 bis, rue cardinal-fesch, paris. regardez les avertissement[s] dans le times. — Steinthal. | M. Limanton, 7, ru[e] coq-héron, paris. nous vous souhaitons tous u[ne] heureuse année, écrivez autant que possible. — C. Findlay. | M. Tellier, 132, boulevard haussmann, paris. françois noël, sarthe, sain, sauf, brigadier. allons bien, frédéric, bachoux, lemoine gallay, cannet aussi, masson. genève. — Tellier. | M. Fraboulet, huissier, 192, rue saint-martin, paris. donnez congé appartement, 164, boulevard haussmann pour terme de juillet 1871. — Prat. | Madame Simon, 23, rue des filles du calvaire, paris. je suis très-bien, ne soyez pas inquiet, écrivez-moi de longues lettres et souvent, mille amitiés. — Louis. | Louis Jeanti, 31, francs-bourgeois. reçu dernière du 21, les trois familles toutes bien, adresse lettres, addiscombe road. — Nelly. | Lenoir, 32, boulevard temple. reçu lettre. approuve tout dites devrainne, écrire filles et me bien, addiscombe road, Croydon. | Comartin, 2[...] boulevard strasbourg, paris. bien installés croy[...]

Bordeaux. — 2 janvier 1871.

don manquons rien. tous jeanti danyau, bonne santé. — Caroline. |

Brandou, 67, rue d'amsterdam, paris. frère bien, wiesbade. famille réunie. | Madame Usslaub, 14, rue notre-dame-lorette, paris. inquiet, manquer nouvelles prie écrire, vœux amitiés. — George. | Josse, 163, rue de charonne, paris. bonne santé, envoyez carte, réponse.—Jeanne. | Isidore Lyon, fo joseph, rue faisanderie, avenue impératrice, paris. reçu huit lettres, écrire souvent, donner nouvelles de tous, auber, raphaël sa femme ici bien. | Belabré, 42, avenue breteuil. paris. donnez-nous de vos nouvelles, tous vont bien ici. — Powell. | M. Jarman, 9, rue du marché-st-honoré, paris. pourquoi n'avez-vous pas écrit? comment vous portez-vous. avez-vous besoin de l'argent? — Ed. H. Mudpux. | M. Wiese, 90, rue richelieu, paris. ai emploi, santé embrasse tous. hope, 6, princes-street, — Soho. | Sorge, 79. rue grenelle-st-germain, paris. Bichelles, tous bien portants, toutes vos lettres reçues avec bonheur. |

Arcachon, 21 déc. — Perdrigeou. agent de change, bourse. femme, filles, parfaite santé bruxelles, dire ministère intérieur, monsieur donsy, famille évain va bien. — Delapoëze. | Bourgeois, 25, des écouffes. santés excellentes, si invasion bordeaux irons biarritz. y resterons, si nécessité partirons avec sébert. sois tranquille. — Bourgeois. | Bordeaux, 70, rue du bac. monsieur bordeaux père, arcachon.—Bordeaux. | Taverne, 73, victoire. portons bien.—Taverne, arcachon. |

Agen, 22 déc. — Haim, 3, rue geoffroy-marie. santé générale excellente, ernest écrive aussi nouvelles de tous, dire orlhac enfants parfaitement. — Noémie. |

Marmande, 21 déc. — Bertaut, 64, rue larochefoucauld. dixième dépêche. merci vos lettres. tous bien. souhaitons meilleure année, ennuyons, bébé gai. — Clémentine Blancard. |

Pons, 21 déc. — Babin, 58, quai rapée. Babin, thiébault, tournay, bonne santé, reçu lettres. bonnes nouvelles bruxelles, valenciennes, granville, paul kœnigsberg. — Barthe. |

Thonon, 13 déc. — Blain, antonin, 48, rue laffite me porte bien, suis à thonon, hôtel europe. haute-savoie, reçu quatre lettres. — Blain. |

Saint-Julien, 13 déc. — Alfred Randon, 51, saint-louis, paris. mathilde, gaston et nous, allons bien. — Herbin, 3, cité genève. |

Hyères, 21 déc.—Lenient. 52. boulevard saint-germain. tous hyères, trainel, provins, ormes, vignals, bien. pauline inquiète, parler frère. — Levesque. |

Aiguilles, 10 déc. — Bonniard frères, 20, saint-martin, marais, paris. nouvelles frères bonnes, sœur aussi, famille, santé parfaite. ton père. — Bonniard. |

Jarnac, 22 déc.— Claudon, 4, place des vosges. lettre 6 décembre reçue. vu gustave ici. tous très-bien. théodore, louis, habitent royan.—Martin. |

Granville, 12 déc. — Haussmann, 42, amsterdam. familles haussmann, delahaye, bonne santé, granville.—Haussmann. | Roussel, 14, rue lancry, paris. tous bien, prosper exempté. — Dairon. | Desfaudés, 14, boulevard montmartre. vais bien, mathilde aussi. — Desfaudés. — Binay-Nicolo, 10, passy. donne congé appartement — Touchai. |

Pornic, 19 déc. — Chaveneau, 83, rue lille. santés parfaites, souhaits tendres, embrassements pour toi, père, famille. — Julie Bébée. | De Madre, 35, boulevard invalides. santés bonnes, donnez nouvelles, anaïs, albert, bien (bordes). — Pauline. |

Niort, 21 déc. — Chevignard, 15, cherche-midi. portons réellement bien, enfants superbes, reçu 9 lettres, maisonnette encore intacte, argent suffisant. — J. Bertrand. | Raoult, 186, rue saint-martin. godefroy avec nous à niort, lettres reçues, santé bonne. — Raoult. |

Cognac, 22 déc. — Cayez, banque, paris. santés bonnes, auguste cognac, bagages reçus. — Roucolle. |

Argenton, 20 déc.—Desplaces, 52, haussmann. inquiets, sans nouvelles depuis 2 décembre. — Guéroche. |

Saint-Amand, 19 déc.— Amy, 12, rue franklin. seconde dépêche, recevons lettres, continuez. allons bien. — Amy, Fauvelle, Lainé. |

Lisieux, 19 déc. — Aubineau, clichy-la-garenne. mon pauvre henri mort le 14 angine couenneuse, fièvre cérébrale. préparez doucement. consolez son malheureux père. — Lemeunier. | Schaeffer, 17, rue valois. palais-royal. portons très-bien, reçu lettres jusque 10 décembre, orbec, 20 décembre.—Irma et Guillouard. | Guillouard, 13, rue échiquier. tous bien portants. orbec, 20 décembre.— Guillouard et Schaeffer. |

Gex, 20 déc. — madame Saint-Joseph, 14, rue royale. bonnes nouvelles léopold dus-eldorff. — Edouard. |

Angoulême, 22 déc. — Bruneau, 23, rue paix. reçu lettres. santés bonnes. ressources suffisantes. — Charpentier. | Besson, 172, rivoli. reçu lettres. pensons vous. espérance bientôt. — Chamorin. |

Châtellerault, 21 déc. — Landron, 8, pompe, passy. portons tous bien, lettres reçues. — Landron. |

Trouville, 19 déc. — Frémaux Fouquet, 10, rue de monceau. familles frémaux fouquet. excellente santé, manquons de rien, recevons lettre, enfants fortifient. — Fouquet. | Delhaye, 11, rue pierre-levée. reçu lettre 7 hier, portons bien, attendons lettres.—Delhaye. | Saint-Hilaire, 31, verneuil. embrasse mes étienne. henri soigne-toi. trouville, sables, bien. — Elisabeth. | Darroux, 10, rue condorcet, tous réunis, londres, très-bonne santé, manquons de rien, recevons toutes lettres. — Darroux. | Kingston, 20, rue royale. bonnes nouvelles ferté macé, albert, fort grand, soyez tranquille, remettrai argent autant que besoin. — Morand. | Claudio Gil, boulevard des capucines, bonne année, va voir souvent mon frère. — Schmitt. |

Saint-Julien, 19 déc. — Rufel, 59, provence, paris. reçu lettre, heureuse savoir nouvelles, écrivez nini. tous bien, donnez nouvelles provost, 33, rue montmartre. — Jacobs. |

Gex, 28 déc. — Gando, 52, rue amsterdam. bonne santé, ai toujours écrit envoyer argent genève. demeure schaeck prévost.—Deville. |

Bourg, 28 déc. —Rochet, sergent 40e régiment mobile, 2e bataillon, 3e compagnie. rien toi novembre, écris, famille porte bien, demande argent, vieux.—Rochet. |

Honfleur, 30 déc.— Cessac, avenue montaigne tous bien, souhaitons bonne année.—Cessac. |

Gannat, 28 déc.—Amédée Mansier, chirurgien 3e armée, 5e corps (hugues), 5e bataillon, ille-et-vilaine à avron. recevons tes lettres allons tous bien.—Mansier. |

Clermont-ferrand, 30 déc.— Ministre commerce, paris. — mère, enfants, famille, bien.—Salignac. | Cros, ministère marine. si havre attaqué réfugions honfleur. avons argent. Blais bien clermont, maison delaval. 20 déc.—Blais. |

Bayonne, 1er janvier. — Salomon Caen, 31. maubeuge. fort inquiets, recevons pas lettres. tous bien.—Silva. |

Castres, 1er janvier.—Nicolas, rue marronniers passy, paris. sommes sans ressources. pouvons pas accepter ordres sans argent. enfants avec bourbaki, vont bien.—Auriol. |

Lectoure, 1er janvier. — Drouet, 62, boulevard strasbourg, Paris. henri drouet, pas blessé prisonnier mulhofen.—Lacaze. |

St-Julien, 29 déc. — M. Herpin, 56, rue provence, paris. genève 28 déc. Luce, demas, alfred, thomas, tous bien. tout va bien, écrivez. — Borgeaud. |

Annecy, 29 déc.—Dumay, 82, boulevard montparnasse. chatron monnet bien, trélat octobre bergerac, amitiés.—Pauline. | Charles lemaire, grenelle rue viollet, paris. soyez sans inquiétude, santé parfaite rien ne nous manque, bons souhaits à tous.—Henri. | Rouffort, capitaine 3e bataillon mobiles de l'ain. tous bien, comment parseval? tendresses.—Charlotte. |

Sallanches, 29 déc. — Lefebvre, 14, rue du temple, paris. cécile dumesnil et nous tous bien portants, reçu quinze cents.—Giguet. |

Le mans, 29 déc. — Chouanard, 5, rue saint-denis, paris. allons bien enfants aussi, filles victor, nogent prussiens venus rien fait, émile heureux.—Ansbert. |

Pornic, 31 déc. — Bartholomé, 2, jacques de brosse. portons bien pornic, paul ici albert blessé heureusement.—Hardelay. | Lecronier, 1, lechapelais. paris batignolles. inquiets, écris-nous. Pornic, (loire-inférieure), poste restante.—Ernest Lecronier. |

Toulouse, 1er janvier. | Jacquemint, 16, folie-regnault. Jacquemint content.—Jacquemint. |

Lyon, 27, déc. — Nogent, st laurent, paris. recevons lettre, merci, écrivez encore. — Steiner beau. | monsieur Gaudez, 37, rue ramey. paris montmartre bonne santé tous, travaillons, reçu 150, pourquoi partir toi marié.—Gaudez. |

grenoble, 31 déc. — Chaperon. 66, faubourg montmartre, paris. oui.—Chapel. | Courvoisier, 12, sévigné. allons bien, émile même état, reçu douze lettres. reçu deux cartes, embrassements affectueux, vous famille.—Eugénie. |

Libourne, 2 janvier.—Gragnon, 8, argout, journal soir, paris. grand-mère malade, dis à oncle, demande lui argent. t'avons envoyé deux télégrammes.—gragnon. |

Saint-Jean-pied-de-port. — Rogley, hôtel-de-ville, paris. bien, —Dauvergne.—Etcheperestou, 4, rue trois-frères, montmartre. reçu lettre 6. allons bien. envoyé télégramme, 17 nov. souhaitons revoir, affectueux baisers. — Laure. |

St-gervais, 27 déc.—M. geoffroy, 67, boulevard prince eugène. sans nouvelles depuis septembre, arrivés heureusement, bonne santé attendons anxieux nouvelles de tous.—Deverneuil. |

Albertville, 29 déc.—Dervillé. 8, boulevard capucines. non. —Auguste. |

Mortain, 30 déc.—Bresson, 48, rue vaugirard, paris. bons souhaits pour vous, frères, sœur, tante, londres, manduel, mortain, bien portants, onzième télégramme.—Cartier. |

St-étienne, 29 déc. — desparin, 5, thévenot. donnez nouvelles jules.—Méandre. |

Lyon, 27 déc.—Bouret. 23. visconti. voici 4e pigeons, sans réponse. tous bien.—Bruneau. |

Duffner, 21, odéon. souhaits affectueux pour toi et louis. portons bien. périgueux. — garelly, fougère. |

Clermont-ferrand, 31 déc. — mademoiselle Dommanget. 18, rue roquépine allons bien, clermont, recevons lettres, merci.—Nanteuil. | Salneuve, 23, bergère. tous bien. gallet condoléances. prignon convalescent. province unisson paris. succès confiance, parallèlement. souhaits 71—Salneuve. | gossweiler, 41, tour-d'auvergne. papa, madame anna, bonne anné, santé excellente. — Eugénie. |

Clamecy, 27 déc.—Cosse, 27, humboldt. bonne année à tous.— Richard. |

Cherbourg, 30 déc. — Foucher, 41, rue provence. lettre reçue, santé bonne.—Deschamps. | Picot, 36, théâtre grenelle. Edouard. très-bien, chanzy. léon écrit bourbaki. embrassons. — Picot. |

Pouilly-s.-Loire, 24 déc. — Daulne, 21, monge tous bien. — Cécile. |

Evreux, 30 déc. — Demskés, mairie batignolles. preynard demskés bien. assez argent. — Maria. |

Coutances, 30 déc. — Pagart, pépinière, 2. pas mobilisé, famille bien. embrassements, souhaits. coutances noël. | Dutemple, rougemont, 3. santé courage. coutances. |

Cézy, 19 déc. — Madame Pelletier, tournon, 12 envahis. père bien. thérèse brives. — Magnan. | De Brouard, 274, st-honoré. il est lieutenant-colonel, pas prisonnier, pas blessé. chez verheylevgen, avoué béthune. — Garnier. | Gauné, 5, bréa. tous bien. louise saxe, georges loire, sans nouvelles. — Gauné. |

Château-la-Vallière, 31 déc. — Dufour, rond-point champs-élysées. vivier bonne santé. — Anna. |

Sens-s.-Yonne, 17 déc. — Lorne, paris, mail, 9. lettres reçues, santés bonnes, noslon sauf. prussiens toujours, adolphe sens. | Compérut, rue charonne, 161. santés bonnes, prussiens toujours. — Compérut. |

Nevers, 31 déc. — Séréville, cité gaillard, 6, paris. marcy, charles, frédéric nivernais bien portants. — De Séréville. | Bourdictas, rue faubourg-st-honoré, 39. bonne année. allons bien. lacau marseille. pas de prussiens. — Charles. | Petitjean, 9, rue cirque. tous bien. — Servois. |

Aix-les-Bains, 27 déc. — Perret, boulevard montmartre, 5. père frappé apoplexie. nouvelles de vous et félicia. — Vibert, aix-les-bains, poste restante. |

Rive-de-Gier, 31 déc. — Armengaud, st-sébastien. reçu seule lettre du 16. véronique vient ici, désire tes nouvelles. portons bien, neveu gaston. — Armengaud. |

Toulouse, 19 déc. — Monsieur Cornu, comptoir escompte, paris. nini morte croup octobre. palmire ici. allons tous bien. adresse lettre café malbec, reprit. — Martinet. |

Bordeaux, 2 janv. — Pastor, cité trévise, 3, paris. santés bonnes. bruxelles, 31, rue argent. georges france 30 novembre, betty aix. — Pastor. | Fayet, 4, grand-chantier. portons bien, souhaitons meilleure année. vacquerel vous remettra trois mille francs prêtés à madame. — Marteau. | Vacquerel, 31, réaumur. portons bien, souhaitons meilleure année. marteau prêté trois mille remettre fayet. émile à caen. — Vacquerel. | Bossion, conservatoire, 8. georges 25 décembre armée ouest. armand prisonnier hambourg. gibert, lobert, richemond tous bonne santé. — Lafitte, lyon. | Sorge, ambassade russe. sœurs, enfants londres vont bien. — Savoy. | Humbert, 13, rue vivienne, paris. heureux, reçu lettre, santé bonne, inquiète, voyez auguste. écrivez rue filatiers, 20, toulouse. — Tony Valla. |

Londres, 22 nov. — Monsieur de Lacour, 82, rue des martyrs, paris. oui toujours sans cesse. | Schultze, rue saussure fifty three, batignolles, paris. écris-moi! — Schultze, forty one frith street soho. | Dacosta, lamartine, 23, paris. prendre tout ce que pourrez chez weyl, donner gratification concierge, répondre chez édouard. — Weyl. | Madame Duchesne, 72, rue de rome, paris. nouvelles de famille à madame chantal en santé à londres, 49, east bourne terrace. — Paddington. | Monsieur P. Fouchet, banquier, 39, faubourg-poissonnière. paris. des nouvelles de famille. madame de chantal en santé à londres, 49, east bourne terrace. — Paddington. |

Louis, 7, rue michel-ange, auteuil paris. adressez-nous nouvelles par ballon à londres poste restante. — Bardac. | Arthur et Cie, 10, rue castiglione, paris. vous pouvez faire l'avance de quarante livres à M. mac-dowall. — King et Cie, londres. | Monsieur Mac-Dowall, 10, castiglione, paris. demandez de messieurs arthur pour mille francs. bureau des indes dit que vous devez y écrire. — King et Cie, londres. | Moritz, rue rivoli, 53, paris. étonné pas avoir nouvelles magasin. — Bodson, 11, arundell street london w. | Madame Plate, 310, rue charenton, paris. novembre. attends tes lettres. ma santé bonne, excepté yeux. écris souvent toutes ne tomberont en mains étrangères. — G. Plate. | Madame Besse, 22, rue freycinet, chaillot, paris. reçu lettres octobre, récrivez. tendresses. voyez fonbrune 26, charonne, aidera. — Cornélie Wyatt. | monsieur de fonbrune, 26, rue de charonne, paris. henri reçu lettres, récrivez. voyez les besse, 22, freycinet. recommande. — Cornélie Wyatt. | madame Bastin, 42, rue de la borde, paris. donnez ordre à mon cocher de vendre cheval immédiatement. sidonie attend nouvelles. — Mons Lewis, chez petrie, banquier londres. |

Louis Auber, 19, boulevard strasbourg, paris. correspondances outre-mer me parviennent régulièrement. commandes importantes. remises deux cent quarante mille francs. gilles à bagnols. — Gaensly. | Galoppe Fragin. rue st-fiacre paris. si moyens envoyez plein tarif surtout pointes. si avez ordres américains donnez détails, pouvons remplir de fabriques. — Gover. | Attendu, 17, rue des cordeliers, paris. madame et valentine sont en bonne santé, je les garderai, soyez heureux. nous correspondon chaque jour. — Ritherdon Studdenfield. | J. Vogel et Cie. 9, faubourg-poissonnière, paris. confirmons lettre d'hier, tout bien en règle. henry part ce soir pour peanvois, 22 novembre. — E. Girdham et Cie. |

78. Pour copie conforme :

L'inspecteur,

Bordeaux. — 3 janvier 1871.

Bordeaux, 24 déc.--Henriot, contrôleur, hôtel des postes. bonnes nouvelles, amiens. — Bourgeois. | Stanybadel, 2, pasquier. paris. pars bruxelles avec morah trouver fammy, écrivez bruxelles, pense vous et saint-paul. donnez nouvelles général. — Ferrand. | Masson Ragot, 11, place bourse. allons bien, pour emprunt décision bonne, avons bons du trésor, garantissez payement. — Orbelin Berteaux. | Sévène, fort charenton. sommes tous bien, moi bordeaux, louis arcachon, tendres embrassades.—Sévène. | Bessières, 4, pétrelle. mère, enfants à bathey, province namur. vont bien, baudier aussi — Bonnefont. | Guillemot, 56, lille. caroline, adèle, villes à gand avec brun, chez sœur de debouveos fabre montpellier, toutes bien portantes. — Bonnefont. | Graffin, 35, boulevard strasbourg. santé parfaite, garçon en plus, louis à loire, gustave artilleur, chantiers calmes, vous admirons. — Graffin. |

Chedeville, 40, rue des haies. donnez nouvelles hôtel ambassadeurs. — Aubert. | Lefévre, 61, rue maubeuge. parents bien occupés, encore sédentaire. — Lefévre. | Gillet, 16, rue d'angoulême, paris. prendre papiers armoire-commode avec adèle cave placard, etc., vas bien. — Gillet. | Fontaine, 25, rue popincourt. familles fontaine, bielle bonne santé. — Fontaine. | madame Caro, 29, boulevard clichy. troisième pigeon, écrivez par ballon monté, bordeaux, hôtel lambert. que puis faire pour vous. — Boutillier. | Noël, 9, faubourg poissonnière, paris. sommes à pau depuis le 16 décembre, portons bien. — Noël. | Raspaie, 76, rue du temple. bien portants à uccle chez docteur xavier, bonne santé normandie. — émilié Raspaie. |

Marc, 5, mazarine. quatrième dépêche, bordeaux, nogent édouard prisonnier meauphle, santés bonnes. — Trouillet-Duvivier. | Poggiale, 22, rue soufflot. bordeaux décembre excellente santé, pauline hâvre, anna ici. — Poggiale. | Pradelle, télégraphe, ministère guerre. allons bien tous quatre. — veuve Pradelle. | Chevalier, ministère finances. aristide bordeaux, mère, sœur douarnenez ont reçu lettres, mais pas dépêche question, t'embrassent. — Chevalier. | Chardin, 6, port mahon. danfre envoyé clermont, cinq garçons utilisés, manque caisse cinq souvenir, tout bien. monet décédé, gilbrin lyon. — Carré. | Audibert, inspecteur finances, 8, tournon. colson, lille, st-aubin, adolphe. anna, émile, fanny, adeline accouchée, henri prisonnier, vont bien. —Gilbrin. | Brown, lieutenant vaisseau, fort bicêtre. reçu lettres jusque dix, mère encore bordeaux, alfred vosges. tous parfaitement, alquier bien.— gabriel Brown. |

Dorca, 37, boulevard strasbourg, paris. lemonins assurèrent quarante mille livres sterlings nitrate, avisé lima. — Moràles Marcano, consul du pérou. | Devitray, 23, gaillon. tous bordeaux bien portants, bonne année. — Ortmans. | Kronenberg, 88, rue courcelles. sans nouvelles depuis lettres morozowicz 22 octobre, cinq neuf novembre, télégraphier thadée bordeaux. — léopold Kronenberg. | Kécourt, 40, bondy, paris. lecourt odessa demande vos nouvelles. — Cruse. | m. Bonnard, 7, boulevard denain. prisonnier, puis évadé, maintenant secrétaire allain, préfet gironde, prochainement lieutenant artillerie mobilisée, embrasse tous. — Bonnard. | m. Desers, 35, boulevard capucines. ai bonnes nouvelles marie, suzanne et nous bien. — Delavenède. | Fiquard, 97, saint-lazare. schloss, cornely, schayé, enfants parfaitement, schayé londres bien, mulhouse bien, bordeaux bien. — Schoengrun. | Pereyra, 9, bruxelles. reçu toutes tes lettres, bordeaux, gênes bien, tendresses.— Pereyra. | Collas, place vendôme. angèle, enfants, gabriel tous marseille parfaite santé. — Demeczemaker. |

Halgan, 57, neuve-des-mathurins, paris. mesdames halgan, à mans, belgique. très-bien. — Labens. | Cros, ministère marine. logées frascati hâvre, santé bonne. — eulalie Cros. | Sescau, 10, place vendôme, paris. donnez ranieri, avenue bosquet, cinq mille francs entretien chevaux, gages domestiques. — Canevaro. | Cherret, 5, rue poitiers, paris. nous nous portons très-bien, nous t'embrassons, appolline, pour copie conforme, salut cordial. — Figurey. | Weil, 8, rue magnan. lettres reçues, bien portants bordeaux, 252, rue sainte-catherine. — Weil. | Robert, 20, rue chaligny. tous santé, bonne année, réponds. — Sensier. | Moreau, 17, bonaparte. bien, écrivez donc trouville. —Lepère. | Stanovich, 19, martel. santés bonnes, écrivez trouville. — Lepère. | m. l'Aîné, sous-lieutenant au 2e du train d'artillerie, à paris. nous sommes bien portants, fait moi réponse.—femme l'Aîné. |

Mme Couriol, 3, boulevard palais justice. velay exempt, adèle bien, réponse rue montméjean, 27. — Velay. | Laurençin, 28, labruyère. reçu lettre quimot, santé marie passable, écrivez chez léonce pascault, huissier, bordeaux, amitiés à tous. — Museux. | léon Roches, 27, faubourg st-honoré. tous, respide et mathilde bien portants, votre dernière lettre du 6. recommandé pas d'imprudences. — Garraud. | Gayrard, curé de saint-louis-d'antin, paris. famille gayrard va bien, enfants travaillent. — Muret. | Garnier-Pagès. dire à docteur frère, parents et amis vont bien. — Guépin. | Deseilligny, 14, rue clichy, paris. toute famille excellente santé. — Deseilligny. | Mme Aub y, 18, cours reine, paris. allons bien, écrivez oujours londres, demandez argent pour vivre à mon notaire trepagne. — Delessert. | Montendon, 9, rue bergère. retardé départ, fais achats, rio nouvelles bonnes, remises londres vingt-trois, familles neuchâtel, genève bien.— François. |

Gayrard, 222, faubourg saint-honoré, paris. famille gayrard va très-bien, enfants travaillent. — Bavur. | Porgès, 2, blanche, paris. arrêter comptes courants grand livre, fedesco, reville, doivent écrire soldes exacts, achetez trois cents autrichiens. — Porgès. | Motte, 61, rue victoire. tous bien, reçu cinquante lettres, écrivez quotidiennement, courage, amitiés — Motte. | Delpech, 128, rue du bac, paris. adressez lettres delarue, chez anna coignet, tout va bien.— Rousseille. | Lenormant, 27, quai conti, paris. allons tous bien, montpellier, grand-rue, 22. tendresses, et souhaits victorieux. — juliette Blanchet. | Villet, 54, quai billy. vais bien, suis bordeaux, nouvelles. — Léon. |

Sables-d'Olonne, 16 déc. — Pérard, 3, rossini, paris. demonjay sables, béthune, anselme, béthemont santés, situations excellentes. — Louise. |

Honfleur, 11 déc. — Dumontpallier, 24, ferme-des-mathurins. honfleur, pau, bien. reçu argent, plus besoin. — Dumontpallier. | Déchamps, 53, lavillette. inquiet, lettres reçues, un garçon.— Pascal. |

Largentière, 24 déc. — Adam, 28, leregratier. allons très-bien, donne nouvelles ballon.— Broussette. |

Chambéry, 19 déc. — Leverdo, 13, cherche-midi. henri général bordeaux, georges, tous bien. — Maurice. | Rochebrün, commandant, 48e bataillon, nationale, paris. successeurs m'ont reçus comme frères, chevaux loués armées bien portants, écrivez chambéry. — Chwalibog. |

Gex, 19 déc. — Hentsch, 20, lepelletier. tous parfaitement, reçu lettres 6 décembre, enfants, moi, famille genève fin décembre, souhaits premier janvier. — Adèle. |

Royan, 22 déc. — Crémieux, 5, provence. reçu lettre colmar, tous bien, frère chez parents royan, marie londres, blum bien. — Ziegel. | joséphine Lefèvre, 65, rue amsterdam. tous bonne santé.— Collot. | Dubois, 13, boulevard tour-maubourg. tous bien, louis ici, recevons lettres. — Louise. |

Boulogne-sur-Mer, 9 déc. — Biollay, 74, boulevard malesherbes. mesdames scribe, mesdames biollay, parties pour bruxelles le 8. écrire tardif, papetier, rue louvain, bruxelles. — Ledoyen. | Lelubet, 53, condorcet. allons toutes bien, gramat, pérout aussi, venez tous sitôt pourrez. — Lelubet. | m. Seringe, 53, boulevard strasbourg, paris. leblond, monet, seringe, trois enfants tous bien, bruxelles, 103, rue neuve. — Seringe. | Fould, 15, banque. selon promesse venues bruxelles avec woog. santé bonne, bébé charmant, appartements rares, écrivez chez oulif. — cécile Aline. | Mme Carcy, 230, boulevard villette. carcy cologne bien. — Mougel. |

Coster, 17, châteaudun. santés parfaites, écrit par réad, anniversaire décès vingt-deux à vingt-trois, nouvelles jusque vingt-quatre. — Guillaume. | Hadamard, 14, bleue. bonnes ventes amérique, toujours boulogne, mais adressez lettres hambro et fils londres, santés bonnes. — Bruhl. | Vathaive, 10, ferme-mathurins. écrivez-moi nouvelles grenelle. — Deretz, maison lecamus, boulogne. | Desquartiers, 3, custine-ornano. cinq ici, maman très-bas, tumeur péricardiale. avons excellent médecin, reste bien, viens si possible. — Desquartiers. | Chapon Morel, 17, bertin-poirée. tous bien portants, 1, tour notre-dame. — Boulogne. | Moret, 9, cléry. famille bonne santé bruxelles, 100, rue de la loi. — Wallerstein. | Lévy, 12, chauchat. schloss, schayé, enfants, ganneron très-bien, confortablement worthing, athénaïs, marie, enfants bien londres, tendresses, 8 décembre. — Schloss. | Topin, 7, rue médicis. beaucoup reçoivent lettres, nous, pas. — Topin. | Delamartellière, 21, rue béranger. reçu lettre 30, bonne situation. outreau vend soixante-douze, frouad soixante-quatre. 9 décembre. — Accarain. |

Ghambéry, 14 déc. — Maigne, capitaine, hôpital lariboisière. trois familles vont bien, recevons vos lettres, ai suffisamment argent. — Eugénie. |

Perpignan, 14 déc.—Delattre, commandant gendarmerie, 13e corps. vais bien, laval aussi.— Devachez. | Maronnier, 4, place bastille, paris. communiquez projet. — Talairach. | m. Fabre, 12, servandoni. soyez sans inquiétude. tout est calme. madame fabre, famille vont bien. — augustin Vassal. |

Lons-le-Saulnier, 25 déc. — Champy, rue châteaudun, 41. déjà adressé 2 dépêches. pauline à orléans, tous bonne santé. besançon non investi. — Champy. |

Vichy, 27 déc. — M. Bourrières, 118, rue amelot, paris. position amélie facheuse, écrire maussant. — Pognon. |

Castelsarrasin, 30 déc. — Galichon, 1, rue bonaparte. autorisez-moi acheter roussillon, 1er choix, 16 francs la charge. carmany, 12, écrivez. — Alhenc |

Villers-s.-mer, 27 déc. — Belliard, affaires étrangères. tout bien, belliard villers chez moi. avise nos intérêts avec fould notaire. bedel bien, 5, garancière — Vincent. | Vafflard, rue alibert, 10. madame bourgeois, bébés très-bien londres. famille chalamet, nous, maison très-bien.— Doucet. |

Méru, 23 déc. — Mme Prévost. 27, boulevard prince-eugène. bonne santé, reçu lettres. — Prévost. |

Bordeaux, 30 déc. — Guerry, rue Dieu, 12. sommes toujours à la campagne, santé très-bonne, enfants parfaitement bien. — Guerry. | Sers, 80, université. phalsbourg capitulé. émile, marie bien stettin. edmond, 15e corps, bourges.— Louise. | Jagerschmidt, rue tronchet. maria parfaitement accouchée samedi, fille. — Christian. | Albert Schucher, 28, joubert. reçu lettre 22 décembre, carte hier. reconnaissants. toujours très-inquiets. prière nouvelles souvent. amitiés. — Blanchet. |

Armentières, 26 déc. — Dupont, 128, rue montmartre. gabriel moreau est-il vivant? répondre mérie, armentières. — Mérier. | Hoorikx, 2, rue paix. chère adèle, portons tous bien, courage, espoir, à toi pour toujours. — Joseph. |

Les Andelys, 24 déc. — Mme Carey, 68, rue du bac. bonne santé générale sans communications. — Blanche. |

Bellac, 29 déc. — Hébert, rue st-nicolas-st-antoine. bonne santé, meilleure année. — Hébert. |

Roubaix, 26 déc. — Perrot, 20, jacob. tous à travaux, très-bonne santé. 25 décembre. — Hingray. |

Saintes, 28 déc. — Vernier, 12, quai célestains. tous bien portants. léon, sous-lieutenant, camp la rochelle. souhaitons bonne année à tous, madeleine aussi. |

Jersey, 27 déc. — Lecointe, trévise, 43. faire parvenir frère, tous réunis, bonne santé, lettres reçues. — Barre. | M. Lecoq, 374, saint-denis. allons tous parfaitement. bonnes nouvelles nos grand'mères et toute notre famille. bon papa installé ici. jousset parfaitement. — Lecoq. |

Lille, 23 déc. — Changy, marguettes, 6 bis, paris. allons tous bien, aimée aussi, écrivez : simonet, poste restante, braine-le-comte, sommes-là. — Charles Simonet. | Delange, 4, rue abbeville. courage, paris ouvert, j'accours. — Hortensia. |

Pau, 29 déc. — Poucet, 8, grand-chantier. pas faire affaire rohaut trop dangereux, plus crédit pour withersem. garder seulement cheval guénin. — Maunoury. |

Noyon, 22 déc. — Gratel, tiquetonne, 31. cède ta fabrique. — Gratel. |

Lille, 26 déc. — Kieffer, dauphine. 44. oui, merci, mathilde accouchée garçon.— Giraudon. |

Granville, 27 déc. — Marre, rambuteau, 77. familles boulet, marre, beaulieu, bertrand, fouinat, chevet bonne santé. eugénie granville, enfants pension. — Boulet. | Debure, d'assas, 44. Champeaux à sainvère, saingapour 16. bonnes santés. manque rien. reçu 7 mandats. — Debure. |

La Mothe-Saint-Héraye, 27 déc. — Préveraux, douanier, gare d'ivry, paris, albert vit, prisonnier, neisse, silésie, prusse. — Perrain. |

Saint-Malo, 27 déc. — Besson, carrefour observatoire. Valérie remplumée. écrivez famille fontenay. | Lacasse, 40, boulevard malesherbes. plicque, baudelot, leleu, lacasse, bachelier, malaizé, labouret vont parfaitement, envoient souhaits, bonne santé, mille baisers. — Margot. | Hovius, mobile ille-et-vilaine. souhaitons bonne année, santé. — Ludovic. |

Lyon, 26 déc. — Cozon, sous-lieutenant, 40e marche, 13e corps (vinoy). tous vont bien, ménage toi, écris souvent. — Scipion. | Jaurent, régiment gendarmerie cheval, 2e escadron, maréchal-logis. reçu 50 francs, porte bien donne nouvelles. — femme Jaurent. | Girard, jean-robert, 3. paris-chapelle. habite lyon, bonne santé. — Jounny Girard. | Ronchet, rue mazarine, 46. lyon tranquille, personne de nous parti, louis part dans trois semaines, portons tous bien, écris 4 lettres, reçu deux. — Plumet. | Gazet-Lefebvre, 15, rue richard-lenoir. séparation cruelle jours fêtes. reçois baisers., souhaits daviron. cruizevert tranquille comme tous autres. — Estelle. | Protat, 50, rue réaumur. lettre reçue, deux mois sans nouvelles capitaine duclot, demander, 7, rue réaumur, succursale mairie vincennes. — Lassaigne. | Mme Willème, 102, rivoli. allons bien, bons souhaits, nouvelles. — Henry. | Savigny, rue rochechouart, 88, paris. famille bien, toirrin, lettres reçues. — Tavian. | Laboré, 61, feuillantines, paris. vous souhaitons prompte délivrance, année prochaine meilleure. allons tous bien. confiance en Dieu. saluts affectueux. — Ribollet. |

Bayeux, 27 déc. — Mesnager, 84, rambuteau. allons tous bien, bayeux. — Mesnager. |

Guérande, 30 déc. — Du Chatelier, sous-lieutenant mont-valérien. tous ceux que tu aimes sont bien, t'aiment, prient pour toi.— Vrenière. | Prestat, place sorbonne, 3, paris. ta mère rentrée 22 novembre, nous nous portons bien.—Prestat. |

Nantes, 30 déc. — Lecour, hôtel du rhin, cité bergère, 3. famille henry très-bien. — Lecour. | Godet, elzévir, 4. bonne santé, habitons tous nantes, quai duquesne, 5. écrivez. | Mathieu, 49, neuve-st-augustin. reçu lettres nantes, allons bien. — Mathieu. |

Châtellerault, 28 déc. — Logerot, commandant ministère guerre. monthazon, auxonne, santés parfaites. auguste général.—Alexandrine. | Cambuzat, 60, marbeuf. sommes toujours tréport, chatellerault. portons tous parfaitement.—Fanny Junie, Mathilde. | Gressot, vaugirard, 21. allons tous bien, recevons vos lettres, xavier bien francfort. — Louise. |

Cluis, 29 déc. — Paillard, 6. passage chazelles. tous en bonne santé, paul ici. envoyez argent, écrivez souvent. — f. Deschamps. |

St-Valery-en-Caux, 24 déc.— Simon, quai bourbon, 45. tous bien, argent reçu. envoyer rien, nos intérêts, faites au mieux, pensons à vous. — Simon. | Daclin, 29, tronchet. recevons toutes tes lettres, déjà envoyé pigeon. — Léonie. | Mélot 40, vanneau. tranquilles, chauffés, vêtus, vœux janvier, soignez. — Lefaivre. | Rivière, avenue marbeuf. santés excellentes tous, recevons lettres. | Doléant, 13, bernardins. louise accouchée 15 novembre enfant mort, tous très-bien. — Doléant. | Simonne, 188, rivoli. chanurel bien portants, embrassons tous, reçu nouvelles charles, écrire souvent. vendre cheval, faisans. |

Angot, gay-lussac, 21. angot aderer zeller reçu mandat, assez argent, tranquilles même maison, st-valery, 24 décembre, alfred zeller professeurs. Megnié, rue violet, 54, paris-grenelle. st-valery, plus nouvelles, écrivez. — Coulon. | Delarue, 25, meslay. santés parfaites. bébé bien portant. — Aimable, veulettes, 24 déé. | Delorme, conseiller, 7. veules, merci, touché deux mandats, félix bien. — Julie. | Topinard, rue st-honoré, 420. veules, tous bien, du roullet nouvelles souvent.—Aline. | Dufau, 28, rocher. tous bien, reçu hier lettres toi et huet, envoyer nouvelles ballon. Dufau, 25 déc |

Châteauroux, 29 déc. — Fourcroy, traversière st-antoine, 37. bien portant. attends nouvelles. — Fourcroy. châteauroux, gare. | Popelin, lepelletier, 22. acceptez diminution paillard. — Beaulant, |

Aix-les-Bains, 21 déc. — Broutta, 8, dragon. reçu lettre du 9. inquiète, manquez promesse rester tranquille, envoyé 5 dépêches. — Delpech. |

Menetou-Salou, 28 déc. — comte Greffulhe, 10, astorg, paris. toutes santés bonnes à menetou. — Félicie. | comte Greffulhe, 8, astorg, paris, toutes santés bonnes à menetou. — Félicie. | Pinol, 10, rue d'astorg, paris. toutes lettres reçues depuis blocus, tout le monde bien menetou.—Baptiste. |

Divonne, 22 déc. — Leloir, rue montmartre, 146. reçu lettre olagnier du 8, donne lui deux, trois mille francs. — Acloque |

St-Denis-d'Axy, 27 déc. — Cochin, 86, rue grenelle, vu denys avec bourbaki nevers, rené, charles, camille, pérignons, mourette, nous tous bien. — Benoit. |

St-Etienne, 27 déc. — Bergon, 2, rue mulhouse. souvenir. souhaits, envoyez nouvelles. — Serre Louison. |

Chambéry, 22 déé. — Sauzéde, st-joseph, 10. lettres après blessures, bien émue. bien fière, remercie dieu, voie libre arriverai, evéralline, moi, t'embrassons. — Julia. | Vernoz, école militaire, officier 4e artillerie. portons bien, écris souvent. |

St-Etienne, 24 déc. — Binet, 5, garancière. pas reçu lettre depuis 5 décembre. tiens ma correspondance à jour, continuons travailler et bien payer. — Evrard. |

Lannion, 28 déc. — Collart, banque france, paris. femme collart lannion. |

Bordeaux. — 3 janvier 1871.

Vierzon, 29 déc. — Ravel, rue jacob, 52. Paris, debout, bien portant, toujours toi. — Ravel. |

Lyon-Terreaux, 26 déc. — Martin, 11, vingt-neuf juillet. portons bien, azaïs lyon. — Martin. | Lecoffre, bonaparte, 90. allons tous bien, reçu lettres douze, envoyés lettres quinze, dépêches cinq. émile loire. — Servant. | Tissot, Bonnet, Vallod, artilleurs rhône, mont-valérien. familles bien, lyon tranquille, envoient cent trente francs tissot lemettre cinquante, bonnet trente vallod. — Tissot. |

St-Lo, 27 déc. — Boivin, 36, hauteville. prochain retour dieppe, 26 octobre, 69 lettres, ravières bien, viaudey brest. — Sophie. |

Châteauneuf-sur-Cher, 28 déc. — St-James 146, faubourg st-denis. tranquillité châteauneuf, bonne année, bonne santé. — St-James. |

Chambéry, 28 déc. — au colonel de Lestelley, rue du roule, 13, paris. écris nous, nous tous bien ici et alsace. — Victor. |

Alger, 24 déc. — Louis Jourdan, *siècle*, 14, chauchat. allons tous bien. avons tes lettres. — Charles. |

Plaisance-du-Gers, 29 déc. — Daran, rambuteau, 10. plaisance, toulouse, cherbourg, santés parfaites. |

Vonnas, 22 déc. — De Béost, capitaine, 4e bataillon, 40e régiment mobiles ain. allons tous bien pays tranquille, lettres reçues. — De Beost. |

Méru, 24 déc. — Vaquez, 21, rue turbigo, paris. sommes méru tranquilles, garçons, fille tous bien portants, parents crouy, élise reims.—Vaquez. |

Leaucourt-rue. — Mme Leduc, faubourg poissonnière, 106. paul liancourt pas soldat, maisons pas brûlées, content fille bien portante, nous bien portants. — Isoré. |

Lille, 23 déc. — Viel, 50, faubourg st-denis, paris. sommes à anvers. avons reçu lettres, nous portons bien, donne souvent nouvelles. embrassons. — Troy. | Hermand, 25, chapon. quatrième dépêche partie préférence lille courant décembre écrive chats bossus, 15, sans inquiétude, conserve indépendance. — Du Sei. |

SERVICES ET AUTORISATIONS

Bordeaux, 18 janv.— Demeaux, inspecteur. famille bien, argent suffisant, bonnes nouvelles me raymond, prière dire jouvet librairie furne, calenge inquiets, demandent lettre.—Moncel. | m. Bureau, 12, monsigny. inquiète, pas lettre. écris bordeaux arquier.— Laure. | m. Juge, 358, rue saint-denis. tous en bonne santé à tours, mézières, poitiers, bien inquiets de toi, écris-nous, tendresses et souhaits.— Henri. | Bontemps, directeur. mme gabé bien, bonnes nouvelles louis cologne avec beau-frère et belle-mère, paul tranquille lamothe. — Moncel. | Rampont, directeur postes. prière de donner nouvelles du numéro 25, rue soufflot. — Barry. | Fontaine, 20, passage alma. santé parfaite, rien de ma faute si dépêche ne parvienne, j'écris souvent. baisers famille. — Fontaine. | Ponge, 8, rue du jour. porte bien, fils bonne santé parents tous bien portants. je t'embrasse.—Ponge. | Cribier, 4, impasse st-charles, montrouge. je t'ai écrit, réponds à bordeaux par tous les ballons et longuement.— Cribier. |

Jauvelle, 67, cherche-midi. lucien, rené, sauvetat, bazillac bien. courage, patience.— Abel. | Lemaire, 1 bis, rue cadet. léon écrire si maison auteuil détruite, malet bureau postal extraordinaire bordeaux, sauver possible, mettre cave.— Malet. | Michau, 81, boulevard st-michel. tous les nôtres bien, familles marteau à brest, denuelle à pau, du temple général nevers, armand ingénieur en chef et maurice capitaine armée est, launas trésor armée loire, subventionner letourneur et catherine, forcer deux tiroirs de gauche du bas de mon bureau rivoli, mettre le contenu en lieu sûr avec tableaux et curiosités.— Libon. | Ducaurroy, 231, rue st-honoré, paris. versé 150 fr à poste bordeaux. ils vous seront comptés sur avis porté par pigeon. pareille somme vous parviendra par lettre.— Paul. | Duchesne, 11. fourcroy ternes. recevons vos lettres, portons tous bien. — Rosa. | mme Paurelle, 155, boulevard haussmann écrivez-moi au ministère guerre bordeaux. suis presque guéri, donnez donc nouvelles.— Bastard. | prince Hénin, 20, rue billault. toute ta famille est bien et tranquille. écris-moi ministère guerre bordeaux. — Bastard. |

Général Foy, état-major trochu. serai bientôt guéri. marie bien à pau. écrivez-moi ministère guerre bordeaux.— Bastard. | Garnier, 26, poulet montmartre. désirons vos nouvelles, beauvisage, fanny girard et nous bien. compliments à girord, guérin, bellenguez, jannet.— Ansault. | Carle, 21, bellefonds. reçu vos lettres 9, 11 janv. merci, chers amis, courage, santé, dites jules écrire plus souvent.— Personne. | Mazoyer, administration postes. familles mazoyer et ginisty vont bien. léonce à trésorerie 21e corps d'armée, bien portant.— Dursens. | m. Pillault, 87, boulevard malesherbes. ta femme t'écrit : Il est dur d'aller en chemin contraire de son cœur. je suis partie pour bordeaux où je suis. louis gros, rougeaud, très-bon, germaine charmante, parlant continuellement de papa et de mère, hospitalité touchante, arranssohn parfaite santé près belfort, braudon droz bien, rosalie. je t'envoie de bonnes nouvelles, confirmées de visu et mille amitiés.—Paul Dupré. | Larmanjat, 32, boulevard beaumarchais. ai reçu quatre lettres, baromé oui, ai envoyé trois dépêches et lettres.— Larmanjat. |

Général Favé, polytechnique. louis, me favé, poitiers pour cours mathématiques. écrire rue prévôté, 4, maison genne.— Larmanjat. | Carlier, 1, rue enghien. louise bien, voir alfred ambulance pantin.— Dantier. | de Lichstenstein, 26, jacob. amélie bien, a reçu bonnes nouvelles d'émile, décoré, mais prisonnier à glogau.— de Liénard. | Magnier, 13, rue poissonnière. gillet prévient parents bien portants, écrivez quai des eaux-vives. ruelle du lac, 7, genève.— Radou. | Lemire, télégraphe, 103, grenelle. 7e dépêche, famille, amis vont bien. ville calme, maison marche.—Fernande Lemire. | Radou, cité riverin, 74, rue bondy. tous bien ici, wittert et jourdan bien. adèle metz, joseph prisonnier wiesbaden bien.— Radou. | Salus, bureau personnel, télégraphe. reçu lettre 2 janv. merci, tous bien ici, amitiés de tous, courage, espérons à bientôt.— Radou. | Champy, télégraphe. réunis, heureux savoir sauf, fiers, stoïque résistance. espérons république triomphera hordes brigands, sublime spectacle, embrassons cœur.— Freund-Lacoste. |

Baudesson, sous-chef travaux publics. toute votre famille bonne santé à kerhuan, dites donc à frère m'écrire, toutes les lettres parviennent, envoyez nouvelles par 1er ballon.— Matagrin. | capitaine Lambert, état-major général vinoy, 16, rue centre. à kalisch et à Varsovie tous bien. reçu lettres jusqu'au 18 déc. embrassons de cœur.— Cécile. | Dagron, 14, quai gèvres. reçu bonne nouvelle de votre fille, elle est à roche-sur-yon, écrivez là, amitiés.— Dagron. | Bérillon, 90, boulevard st-germain. suis inquiétude mortelle, 15 jours sans lettre. écris immédiatement, tous bien, manquons rien. bayonne, E. Bérillon.— Dagron. | abbé Moigno, 2, erfurth. dépêches fonctionnent très-bien. envoyons souvenir affectueux de famille entière réunie bordeaux, donnez-nous nouvelles.— Dagron. | Mantion, gare nord. lucie neuf dents, superbe, sœurs robustes, mères vivent par tes lettres, vaccinées, pris toutes, courageuses. Sophie.— Dagron. |

Maignol, nord. tous bien, lettres jusqu'au 6. envoyons souvent dépêches, amitiés pour tous. perrin arcachon. Maignal.—Dagron. | Lacoin, 3, université. tous bien, henri dit papa, auguste pont-audemer, albert avec chanzy, provisions chez papa. Marie.— Dagron. | Timmerman, nord. santé parfaite, avons tout nécessaire, mille tendresses, retour à boussac. mathilde Timmerman. — Dagron. | Mathias, nord. emma, maman, sophie, ses filles, émilie, jenny superbes. équitation lettres arrivent bien, moral excellent. Emma.— Dagron. | me Legrand, 3, four st-germain. suis bordeaux, reçu lettres, écris encore, emprunte sœur rembourserai, si danger bombardement, va chez émilie, tendresse, courage, dénoûment approche, nouvelles bonnes,— Abel. | Sommes bien, 20, cours d'aquitaine. tendresses à tous. — Léon Favre. |

Zaleski, 6, quai orléans. donnez nouvelles mariani.— Zaleski. | Zaleski, 6, quai orléans. empruntez sur obligations, continuez écrire.— Zaleski. | Latkowski, 41, nollet. inquiet. écrivez souvent.— Zaleski. | Moranvillé, 204, boulevard villette. henri santé, travail bien, hélène villa dampierre, hélos pau bien, lettres arrivent, marulaz, nous bien.— Le Tellier. | Moranvillé, 204, boulevard villette. maria, henri travail, tous bien, bien, bien.— Le Tellier. | Grenet, 74, hauteville. tous bien portants, marguerite deux dents.—Grenet. | Roy, 28, rue drouot, paris. santés excellentes, garçons jésuites avignon, thérèse couvent nimes, cousins armée loire, recevons toutes lettres.— Roy | Roy, 18, rue drouot, paris. allons parfaitement, garçons jésuites avignon, thérèse couvent nimes, souhaitons fête, recevons lettres, cousins bourbaki.—Roy. | Roy, 18, rue drouot, paris. santés excellentes, ai envoyé deux dépêches. garçons jésuites avignon, thérèse couvent nimes, recevons lettres.— Roy. |

Rigaux, 10, luxembourg. santé bonne, nommé officier légion honneur, décret 19 nov. écris par ballon monté.— E. Rigaux, ministère marine. | Flautat, 46, bondy. tous bien, recevons lettres, sommes inquiets, tandon, 14e bataillon, maman bien, communiquez carrev, henri envoyé orléans. — Grondard | Grondard, 61, anjou. santés excellentes, louise amour. jausse colonie houlgate ici. eugène st-malo bien, henry armée loire.— Laure. | Anrès, 20, louis-le-grand. donnez 200 fr. tandon, boulevard courcelles, 88. écrire à famille, 2, rue vauborel.— Tanon. | Levaigneur, 16, grammont nous, maman, laure, jausse, bonne santé, lettre anrès rassure parents tandon, henry route brest bien.— Grondard. | Flautat, 46, bondy. flautat écrive, pas payer bellefonds, nous, maman bonne santé, nouvelles david, 140, faubourg honoré, machefer.— Grondard. | me Jasmin, agen lot-et-garonne, à m. Jasmin, 42, rue d'amsterdam, à paris. nous allons tous bien, ville premier, ma mère reçu moi, ta mère rien,— N. Jasmin. |

Vezet, 114, boulevard grenelle. toute famille porte bien.— Evrard. | Vezet, 114, boulevard grenelle, paris. heiret, portons tous bien, t'embrasse. — Claire Vezet. | Villerville calvados, le 21 nov. 1870. Cessac, avenue montaigne. tous bien physiquement villerville, rien changé. — Cessac. | Trouville calvados. 4 déc. Cessac, avenue montaigne. tous bien villerville, rien changé, tranquilles. bonneval bien.— Cessac. | Cessac, avenue montaigne. tous bien villerville, rien changé maison, écurie, reçois souvent lettres. souhaitons bonne année, avons deux blessés.— Cessac. | Honfleur calvados, le 30 déc. Cessac, avenue montaigne. villerville, tous bien, souhaitons bonne année.— Cessac. | Dugrosriez, lieutenant mobile somme, 1er bataillon, chagrin bombardé, reçu lettre, écrit 30 dépêches, souvent. charles ici 9 janv. embrassons.— Dugrosriez. | Fournier, lieutenant au 116e ligne, aubervilliers. sommes ici et épernay bien. reçu lettre 25.— Amély. | Sommier, 20, arcade. nos tendresses, vais bien, suis à pau — Sommier. | Vautherin, hôtel bade, rue helder, paris. augustine envoya dépêche 21 nov. soyez sans inquiétude, tous bien portants, bateaux journellement par granville, embrassez maman.— Lemmer. | Müller, 17, poissonnière. prie charles envoyer 300 mandat poste besoin urgent, voudrais embrasser tous.— Antoinette, 14, st-étienne, poitiers vienne. | Vidal, 112, neuve-des-mathurins. envoie michel mandat poste 300. reçu lettres nouvel an, heureuse.— Vidal, 14, st-étienne, poitiers. |

Blanchard Ginisty, 7, rue vaugirard. bonne santé, georges sevré 16 dents. reçu argent marmande, paul travaille, bombardement paris nous inquiète.— Léonie. | Courant, 13, franklin, passy. reçu lettre, embrasse tout le monde. toi et adolphe écrivez plus souvent.— Chauvin. | Travers, 74, boulevard malesherbes. dieppe tous bien portants, nullement inquiétés. hélène bruxelles, place louvain, 24.— Denuelle. | Demouchy, 119, rue monge. sommes à lalargue nord, épidémie péronne, parents restés, allons bien, amélie, enfants aussi.— Marie Demouchy. | Petitain, capitaine, train artillerie, jardin tuileries, paris. 1er janvier, nous portons tous parfaitement, recevons tes lettres, courage, espoir.— Angéline Petitain. | Perrin, opéra, paris. émile, femmes, enfants arcachon thérèse, georges angoulême, mollien amboise, dulocles aix, camille tous bien, alice malade.— Louise. |

Mondésir, 76, cherche-midi. tous très-bonne santé, enfants grandis, fortifiés, reçu vos lettres, même celles 1er janvier. habitons la cour d'ouette, près laval.— Amélie. | Augros, 63, rue rome. santés bonnes. votre père rochelle, tous parfaitement maurice armée est, louis pleurésie, écrivez souvent.— Hélène Balguerie. | Berger, 63, rue rome. tous bien, vois souvent votre père. vos tantes, reçu 60 lettres, je vous embrasse.— Isabelle Jackson. | Drexel, 3 scribe. nos lettres dès novembre renvoyées. avons vendu emprunt français, avons payé plupart traites échues sur vous.—Gander. | Winthrop, 3, scribe. joint stock a payé votre traite. avons opulent versement sur paris. tout bien ici et amérique.— Gander. | Herrick, 50, haussmann. famille bien, toujours londres, elle reçoit toutes vos lettres, notre affaire parfaitement réussie, espérance pour avenir, ma famille bien.— May. | Bersier, 5, ville l'évêque. famille bien, toujours jersey, roger hollard, né 5 janvier, sa mère bien ayant reçue lettre paris même jour. — May. |

Gruner, 118, d'assas. familles orthez, berne, genève, lyon, antibes bien. vu votre frère genève 6 janv.— May. | Lillie, 41, échiquier famille bien, viens arriver de genève, première visite, très-occupé, espérons. familles dupuy, defussursé bien. expédié trois dépêches vous et herrick.— May. | Bresch, capitaine des douanes, 3e armée. lettres reçues. santé bonne.— Othilie | Parent, 4, beaux-arts. parnay allons bien. Gaston bachelier poitiers, voudrait s'engager, amédée revenu rhumatismes.— Mesmay. | Demonjay, chez pérard, 3, rossini. sables. parents, femme enfants, santés, excellentes, bocquet, anselme béthune parfaitement.— Louise. | Castelnau, administration postes bonne santé, habitons albi, très-inquiète, courage, prudence. enfants travaillent. delteil, puel, favier mille attentions.—Irma Castelnau. | Aubry, 21, rue prony, sommes très-inquiets, donnez renseignements sur maison, chevaux, à me rochefort, 4, place des grands hommes, bordeaux. — Duchateau. |

Brandaô, 19, boulevard capucines, paris. reçu seulement 2 lettres, dernière 29 octobre, envoyé plusieurs dépêches par pigeons. donnez nouvelles vous taitbout, place bourse. donnez jean et madame billard argent que jugerez nécessaire, prenez argent place bourse mercier. sommes bonne santé.— Laffite. | Guéroult, opinion nationale, paris. marthe, enfants, dupré sainte-marie, poggioli, réunis lille bien, lettres reçues.— Guéroult. | Mercier, 8, mairan, paris. donnez nouvelles votre famille, associés, affaires société. brandaô, taitbout. faites donner par caisse argent si demandé par brandaô, sommes bonne santé,— Laffite. | Mercier, 26, jacob, paris. émile capitaine, décoré bien portant à glogau. olivier nommé commandant avec bourbaki. expédions constamment dépêches. —Hélène. | Bixio, 93, rue rennes. paris. adèle, enfants parfaitement. émile à glogau. olivier commandant avec bourbaki. télégraphions, écrivons journellement. tendresses.— Hélène. | Block, 91. boulevard sébastopol. pafaite santé tous, mille fr. caisse, recevons lettres, écris souvent. arcachon, 15 janv. Block.— Dagron. | Bonnafont, 3, mogador. lorient tous bien, bons souvenirs, perdu 15 nov. petite fille née fin oct. moncontour, marthe bien. Bonnafont.— Dagron. | Bourdier, 9, réaumur. tous santé excellente, recevons lettres de toi, papa colonie mort,-fille saffers cannes, lyon londres. Jenny.— Dagron. | Valferdin, 1, budé. souvenir affectueux de moi et enfants, souhaits de bonne santé et bonne année. bordeaux. Caroline.— Dagron. | m. Lachaud, 11, rue bonaparte. allons bien, écrivons tous les jours, tremblons pour vous, quittez quartier, rassurez-nous. tendresses. — Louise. | Lacharrière, médecin chef sourds-muets. grand-père mort hier, nous allons bien, paul capitaine, charles lieutenant calvados. J. Lacharrière — Dagron. | Monthiers, 134, faubourg st-honoré. tous bonne santé et bonne harmonie. reçois lettres. triste mais courageuse, tendresses, écris souvent. Lucile.— Dagron. |

Baur, 8, valois. désolé pas nouvelles, écrire par ballon monté. santé bonne. bayonne, Baur.— Dagron. | Moriceau, 14, quai gèvres. vais bien, reçois vos lettres, bonne nouvelle des mureaux, écrivez souvent, suis chez merland. M. Moriceau. — Dagron. | Clément, 104, sébastopol. mère, enfants, pinpernel vont parfaitement. reçois vos lettres. 10 caisses vendues payées. Clément.— Dagron. | Eugénie Loir, 36, maubeuge. donne nouvelles de tous. sans lettre de maman depuis départ amitiés pour tous, bonne santé.—C. Dagron. | mme Lendy, 14, quai gèvres. confirme dépêche, très-inquiète de vous. écris par ballon. tous bien. mille tendresses.— C. Dagron. | Preschez, 49, rue de laharpe. inquiet. écrivez-moi bordeaux, employé des postes, 8, allées tourny. recevez notre souvenir.— Brunner-Lacoste. | m. Schulz, 12, rue de seine. sans lettres, écrire poste restante bordeaux. renvoyer cuisinière et jardinier santé bonne — Leblanc. | m. Charles, 11, rue martel. sans lettres depuis longtemps. sommes montjean, santé bonne. leblanc. poste restante, bordeaux.—Charles. | Todros, 6, boulevard capucines. très-inquiets sur tous, écrivez souvent rue ste-thérèse, 4, bordeaux.— Marx. |

Joly, corps législatif. tous parfaitement, 15 janvier, trouville. argent suffisamment. tendresses, courage.— Louise. | me Girard, ancien 16, rue tour-d'auvergne. inquiet de vous. bourdon vigneron. écrivez-moi bordeaux, employé des postes, allées tourny.—Brunner-Lacoste. | Vigneron, 10, rue chartres, batignolles. inquiet de vous, girard, bourdon. écrivez-moi bordeaux, employé des postes, allées tourny.—Henri Lacoste. |

---

79. Pour copie conforme :

l'Inspecteur,

Bordeaux. — 3 janvier 1871.

Thiron, 28 déc. — Madame Lebreton, palais législatif, paris. général en bonne santé, habite chauverie, a reçu vos lettres et fait réponses. — Blin. |

Le Mans, 30 déc. — madame Regnier, 23, rue des martyrs. clary va bien, pas prussiens. — Sollier. | Mas, 38, bondy. prière voir maisons, concierges, gaz, impôts. — Busson. |

Marmande, 31 déc. — Estibal, 146, rue montmartre, paris. famille condom, non venue marmande. — Cazer. |

Béziers, 31 déc. — Dalton, 32, avenue bosquet. allons tous bien. — Euphrosine. |

Blanc, 27 déc. — Pinard, 71, rue monceaux. mère, enfants admirablement bien, sommes tranquilles, cinquième dépêche. — Voisin. |

Puy, 26 déc. — Lévy-Crémieu, 5 passage laferrière. reçu nouvelles aix, élisa tousse beaucoup, portons bien. — Lévy. |

Lyon-Perrache, 28 déc. — Freulon, 123, boulevard magenta. bien portant, bonne année, courage, écrivez. — Freulon, Lyon. | Barraud, 31, jussieu. tous bien portants, écrivez souvent lyon. bonne année. — Barraud. | Ferray, 16, linné. maurice avec mère embrun, bonne santé. — Lapierre, lyon. |

Granville, 29 déc. — M. Rogerie, 95, rue de turenne. portons tous bien. — Céline Rogerie. |

Saint-Brieuc, 30 déc. — Breton, 43, couedic. tous bien, reçu lettres à saint-brieuc, écrire poste restante. — fme Breton. | Matrat, ministère guerre. santés parfaites, chez berthet, rue quintin, saint-brieuc. — Deruelle. |

Saint-Quentin, 26 déc. — Leblanc, 65, rue turbigo. reçu lettre 7 décembre, ham, saint-quentin vont bien. courage, bientôt nous reverrons. — Leblanc. |

Aix, 30 déc. — Loivache, commandant fort est, saint-denis. santés bonnes, heureux officier. — Jenny. |

Saint-Malo, 29 déc. — Blenner, 3, rue feydeau, paris. bonne santé, suis toujours sans nouvelles, ai écris, vais récrire. comment va Pezeux. — Charles Blenner. | Leleu, 9, petits-hôtels. grand'mère. lucie, louise, enfants bonnes santés, embrassons tous. — Margot. | M. Baudelot, 34, quai râpée. dinard, compiègne, troyes, bonne santé. — Baudelot. | Chavy, 6, place concorde. tout va bien. reçu lettres. — Chavy. | Beaurain, 25, chaussée-d'antin. levolle mort, avestissez fils, représentez fille. jozon notaire paiera mon foncier, delapalme testament. clefs concierge. — Arosa. | Grignon, 25, chaussée-d'antin. toutes très-bien. recevons lettres, écrivez longuement. — Jeanne. |

Saint-Étienne, 28 déc. — Souty, 85, rambuteau. lettre 14 comble de joie. pierre mobilisé, claudien capitaine à besançon. tous allons bien, mondon mort. — Fulchiron. |

Saint-Quentin, 28 déc. — Hugot-Rastadt, commandant Millet, 6, francs-bourgeois, paris. donnez nouvelles. — Brunet. |

Saintes, 31 déc. — M. Galante, 2, rue de l'école-médecine. allons bien. sommes à naples, 2, strada saw giacomo. — Galante. |

Saint-Martin, 31 déc. — Buffet, pharmacien, place caire, pour delbart. tous bien, édouard prisonnier. — Delbart. |

Dieppe, 18 déc. — Defrémicourt, 46, rue martyrs. communications difficiles, écrire en double elbeuf et dieppe, hôtel de paris. — Defrémicourt. | Perlet, 7, laval. merci, écrire souvent. — Defrémicourt. | Millaud, 162, rivoli. mille remerciments. — Defrémicourt. | Henzey, 8, quai mégisserie. familles rouen, dieppe tous bien portants, tranquilles. — Henzey. | Moynier, 12, rue st-georges. donnez nouvelles gaspard — Dauvet. | Aron-Bertout, 14, grammont. tous bien portants. — Aron-Bertout. | Labbé, 9 bis, boulevard montparnasse. santés bonnes. — Labbé. |

Trouville, 27 déc. — Lequesne, 5, châteaubriand. écrire trouville. — Lequesne. | Pille, 53, rue rivoli. quatrième dépêche. allons bien, fais dire messes, 22 janvier, écrivez villers. — Pille | Robin, 28, rue gentilly. madame robin arromanchez va bien, nous aussi, courage — Lebel. | Vilcoq, 16, rue taitbout, paris. donnez-moi des nouvelles tous les huit jours — Weiss. | Yve, 10, cardinal-fesch. remettre argent à delalande. — Yver. | Delalande, 23, bréa. Yver notaire remettra argent. — Delalande. | Poeury, 45, rue miromesnil, paris. bonne santé, reçu vos lettres, bonne nouvelle de victorine pour madame coudun — Poeury. | Aubernon, 11, montalivet, paris. pas de lettre depuis 2 décembre, bonne année à leur cher enfant, donne nouvelles victorine. — Aubernon. | Gentil, 28, rue de berri. bons souhaits de tous aux assiégés. — Gentil. | Flantat, 9, rue du caire. enfants et nous portons bien, bonne année, réponse. — Flantat. | Clausse, 4, murillo gravier quittés noulet, écrire chez paul. 5, temple, bordeaux, tous bien. affectueuse bonne année. trouville bien. — Clausse | Nouette, 35, rue lepelletier. nous sommes très-tranquilles à blanville. allons tous parfaitement. — Louise. |

Menton, 30 déc. — Cernuschi, malesherbes. reçu vos deux onze octobre, huit décembre. avons communiqué famille, tous bien. ignorons ferraris. — Cernuschi. |

Cannes, 30 déc. — Pihoret, 20, rue de chabrol. vos enfants réunis strasbourg vont bien, ont reçu lettres. — Gaymard. | Tugnot, 8, garancière. tous bien portants, ai écrit dix-huit fois. désespérée que soyez pas ici, tranquilles, vœux, santé. — Desfayères. | Rillardon, 10, hanovre. alice au bost, bien portants. reçu maudats. — Tabanon. | Boucherville, 16, rue boulogne. bonne année, tous bien portants cannes. — Boucherville. |

Saint-Servan, 30 déc. — Cambray, 5, beaux-arts. santé toujours bonne, recevons lettres, manquons de rien, vœux de tous. — Cambray. | Moulin, 12, boulevard italiens. envoyé dépêche, pas répondu, reproches, mais souhaits et amitiés. — Cambray. |

Poitiers, 31 déc. — Lavril, rue de la coutellerie. nous portons bien, toujours poitiers. — Lavril. |

Lavardac, 30 déc — Nismes, 5, rue champagny. félicitations unanimes pour ton avancement, tous bien portants, écris souvent. — Nismes. | Ducasse, 376, rue saint-denis. bonne santé bonne année, écris. — Amanda. |

Surgères, 28 déc. — Vernouillet, 2, corbineau, bercy santé bonne, adresse berrisset, surgères. — Vernouillet. |

Ribérac, 31 déc. — M. Zedde, 39, rue trévise, paris. reçu lettre 23, allons bien, embrassons. — Cornet. |

Montpellier, 30 déc. — Lioure frères, 4, jeanlantier. albertine, familles. colombiers, deladille, allons parfaitement. enfant. ont-ils reçu poste cinquante francs chacun? — Lioure. | Faulquier, 12, bellechasse. paul bourgogne, emmanuel tranquille. dubroc montvaillant, allons tous bien. parle calixte, molinier, berthezine, 35, sainte-anne, confiance. — Deserres. | Charles Andrieu, sergent-major 45e mobile, saint-maur. reçu lettres, 19, 21 décembre. allons bien, ton absence chagrine, exempt service. — Andrieu. | Reverchon, 97, hauteville. bonne santé moi, albert, arthur, ponsole, reçu nouvelles. — Désirée. | Dumonteil, 20, jean-jacques-rousseau. portons bien, envoyé dépêche. reçois lettres. — Dumonteil. | Moreau, 11, rue saint-gilles, pour andré. reçu lettres, dernière 29 décembre. santé parfaite. — Veuve André. | Mayre, adjudant 1er régiment train, champ-de-mars. famille, marcel, denise digne, dufrétay dusseldorff bien. écris montpellier, lettres reçues. — Mayre. | Josse, 38, cité des fleurs. avéqué. santé bonne. reçu envois, famille bien, écrivez montpellier. — Caroline. |

Benoit, sergent, 3e bataillon 15e mobile hérault, 7e compagnie, paris. bonheur! recevons ta lettre 19. portons tous bien, embrassons, écris. — Benoit. | Villedieu, mobile, 45e, 4e du 3e. allons bien, petit beau, envoyé 100 francs. — Villedieu | Poujol, lieutenant 45e mobile hérault. recevons let-lettres, répondons toujours, paul algérie, santé bonne, montpellier tranquille. — Poujol. | Oudin, crédit foncier. chers parents, meilleurs souhaits, bons baisers. — Marguerite. | Muhlbacher, 4, favart. Max, famille franceschi bien portants, toto aussi, demandent nouvelles fréquentes, souhaits. — Mens. | Collin, 17, drouot. souhaits bien tendres de tous, sommes bien portants à montpellier. soignez-vous beaucoup. — Aline. | Jeanjean, 124, boulevard prince-eugène. bonne santé, petites savent lire, aujourd'hui reçu lettres 20 courant. troisième dépêche. — Jeanjean. | Laflèche, boucher, 217, rue saint-dominique-saint-germain. 30 déc., familles hamelin, trape, balestière, sylvestre, vineau, mêmes positions, parfaitement bien. borne intendance. — Hamelin. |

Lisieux, 14 déc. — Montargis, rue des halles, 9. maris, moi, parents, parfaite santé, recevons lettre raisonnable. — Montargis. | Bardin, 41. boulevard sébastopol, portons très-bien, reçu cent lettres, 6 décembre, orbec 14 décembre. — Irma. |

Clermont-Ferrand, 28 déc. — Treillet, 1, rue scribe, paris. maurice. gilberte excellente santé avec vous depuis 26 septembre. — Marie. | Samazan, rue bourdonnais. affaires directes nulles. réassurances suivies, recouvrements paralysés, bonne santé. — Douladoure | Hartmann, 26, lacroix, batignolles. nouveaux remerciments de vos bonnes lettres, prière remettre argent à madame lesag si besoin, amitiés. — Renout. | Yvose, 17, neuve-popincourt. envoyez instructions pour le traité, on devra je crois suivre jour le jour sans tacite reconduction. — Renout. | Yvose, 17, neuve-popincourt. reçu vos lettres, nouvelles saleux, 7 décembre, pas souffert, bâches manquent livre solde trois cents — Renout. | M. Dru, quai orléans, 14. tous bien portants, recevons lettres, cécile marche, pas dents, sevrée. — Louise Dru. | Radot, boulevard richard-lenoir, 93. pas vu, correspondance à montauban, vos lettres envoyées, bonne santé tous deux. — Patritti. | Patte, boulevard sébastopol, 50. nouvelles suite par ballon monté, paul drut à madame lécuyer aîné à saint-quentin. — Blanc-Lacombe. | Benoist, 54, verneuil. sommes à troyes très-bien portants. bourguignons aussi, tendresses, 14 décembre. — Marie | Ruée, 341, st-martin. portons bien. — Isabelle, | Caillet, 93, neuve-petits-champs. allons bien, sans nouvelle, pour argent adresse-toi à étienne, leblanc, roussel, réponds londres. — Hoche. | Roussel, 2, colbert. londres, allons bien, recevons nouvelles, continuez — Hoche. | Feuillatre, 6, baudin. inquiets, donnez nouvelles. — Mary. clermont. | d'Hubert, rue bondy, 42. sans nouvelles depuis octobre, écris-nous. — d'Hubert, clermont-ferrand. |

Le Mans, 21 déc. — Veuillot, bac, 41. mans tranquille. recevons lettres. santé excellente. univers à nantes, un million de baisers, bonne année. — Agnès Luce. | Aubry, bac, 31. mans, ravitaillement, broussin bien portant. — Charles Dutivau. |

Maubeuge, 5 déc. — Cocquelet, marcadet, 1, la chapelle. toujours à maubeuge, tous bonne santé, lettres font grand plaisir. écrivez. — Lejeune. |

Bacqueville, 3 déc. — M. Rouland, banque de france. paris. gustave et nous allons bien, recevons vos lettres. — Julie décembre. |

Dieppe, 3 déc. — Chenou, 28, sts-pères. bienvenue à paul, remercions Dieu. — Ubald. | M. Dommange, 122, boulevard pereire. avons reçu toutes tes lettres, nous portons très-bien, écris-moi tous les jours — Adèle. |

Cherbourg, 19 déc. — Chaussin, assas, 48. léon trésorier cherbourg, toutes familles réunies. — Chaussin. | M. Martin, 17, boulevard malesherbes. allons bien, écrit vingt lettres et dépêches. — Berthe. | Dhoudouart, rue desbordes-valmor, 23, passy-paris. émilie à museaux, santé bonne. — Dhoudouart, cherbourg, rue du chantier, 104. | Bouché, boulevard italiens, 29, paris. parfaite santé, reçu tes lettres. — Aimée. | Caris, négociant. rue montmartre, 111. suis toujours cherbourg dans même position, santé excellente, si nouvelle arrive, prévenir par ballon. — Carls. |

Issingeaux, 21 déc. — Delagrevol, 24, cassette. donnez nouvelles. pauline accouchée. — Delagrevol. |

Coutances, 2 déc. — Vatel, 6, place madeleine, paris. bien, embrassons tous. — Vatel. |

Roubaix, 6 déc. — Ferrier, croix-petits-champs, 32. reçu lettre septembre, écrit montpellier, bien portante, édouard mobile, s'est battu willers, tous bien. — Bourbier. | Vanderhoeft, rue chevaleret. tous bien portants. — Marie. | Lévy, 19, enghien. allons tous bien, recevons vos lettres. — Elisa, Adrienne. |

Coutances, 9 déc. — M. Faurebeaulieu, 21, rue magnan. coutances, 8 décembre, santés parfaites. — Célanie. | Mignot, enghien, 24. tous bien portants, léon, louise, auguste, coutances tous ensemble, dire à noblet aucune inquietude sur nous. — Olympe. |

Bayeux, 9 déc. — Wilhelm, sts-pères, 22. bonne santé bayeux. — Wilhelm. | M, Niobey, abbé-de-l'épée, 8. renvoyé carte avec quatre oui. — Niobey. | M. Julien, rue provence, 54. enfants partis lyon avec oncle fin septembre. — S. Roy. |

St-Valery-s.-Somme, 5 déc. — Mas, 7, rue mail. portons bien, girerd aussi. — Mas. |

Eu. — Jacques Guillaume, st-denis. recevons lettres portons tous bien. — Guillaume. |

Lyon-Perrache, 21 déc. — Roussel, avenue duquesne, 7. fils cologne. père metz, esselin, hambourg-sur-elbe, tous bien. — Grept. |

Le Puy, 21 déc. — Delaroche, sergent-major, 144e bataillon, 1re compagnie de guerre, chez contal, larochefoucauld, 50. oui, oui. — Delaroche. | Jay, meslay, 10. écrivons souvent, adèle envoyé assez argent, pas porter peine. vont tous bien, nous aussi, 20 décembre. — Pélellier. |

Laval, 3 déc. — Arrivetz, 14, rue st-florentin, paris. bonne santé laval, argent si possible, lettres reçues. | Lefebvre, 12, poitiers. père avec nous, bonnes santés, espoir, bien logés près famille, louise très-heureusement accouchée garçon 28. — Marthe. | Levasseur. hôtel danube, richepanse. tous bien. — Desurmont, laval. |

Thizy, 20 déc. — Coquard, artilleur mobile première batterie rhône, 5e pièce. familles renard, gabelle, dufour, perrin. paillac, coquard vont bien, réponse. — Tournaire. |

Pau, 5 janv. — Firino, 28, mozart, passy. installez vous toutes rue rennes, 41, premier. — Olléla-prune. | Akar, 42, mazarine. ai lettre 27 déc. faites attendre franck à votre convenance, mille amitiés, courage. — Bizot. | Dulac, 12, pierre-lescot. nouvelles ferdinand, beaune parfaite santé. — Dulac. | Reynier, 55, cherche-midi. priez tiellement vous remettre 500 fr. je vous dois, je lui rendrai personnellement, recevons lettres. — Léonie. | Delamartinière, 35, amsterdam. santés parfaites malines. argent bellart, écrivez-moi, détail cour. — Féron. | Marchand, 33, francs-bourgeois, marais. reçu lettre 29 déc. prends vin, pruneaux, beurre, confitures, bois, bougies, enfin cherche. santés bonnes. — Léonard. |

Saint-Sever, 4 janv. — colonel Galland, 117e ligne. léonard bien, louis vierzon, sept mieux que jamais, reçu lettre 30. soignez-vous. — Blanche. |

Sallanches, 30 déc. — Géniès, pottier, 27, taitbout. toujours à st-gervais, bonne santé, reçois lettres. — Héloïse. |

Annecy, 30 déc. — Ferrier, 58, larochefoucault. santés bonnes, habitons annecy. — Ferrier. |

Bayonne, 4 janv. — Ricardo Gaminde, 102, richelieu. tous bien, dernières nouvelles 20 décembre, écrit deux fois nouveau moyen. — Evarista. | Briot, boulevard st-michel. entourage fanny boulogne, garçons collége, marie st-quentin, bonnes nouvelles, enfants dulos bien. fais capsules bayonne. — Mascart. | Bassaget, 48, pagevin. generos de cuenta rodriguez nueve piezas existentes y butto dos mil quinientos cuatro — Garcia. | Bassaget, 48, pagevin. faltan bultos K. L. no cobrado diez. tambien dejan de cuenta perez lopez, guian, padin. — Garcia. |

Foix, 4 janv. — Charles Meunier, 6, boulevard capucines. bonne année, allons bien, toujours fives. écris papier fin, embrassons. — Mathilde Casse. |

Mende, 3 janv. — Fabre, 76, assas. allons bien tous à mende et st-andré — Glaize. |

Valence, 3 janv. — Xomnel, 40, rue maubeuge. pauline bien, avignon, ferai provisions. — Stévenot. |

Chambéry, 1er janv. — Raphaël Weil, 22, rue charlot. demandez berthe provisions buffet, répondez rosalie, berthe aussi. — Vormser |

Grenoble, 3 janv. — Jouvin, 2, boulevard montmartre. allons tous admirablement, famille anna aussi, recevons lettres, ai envoyé masses dépêches pas journaux. — Blanche. | m. Porte, commandant fort montrouge. agréez mes vœux. — Emma Chabas. |

St-Julien, 31 déc. — Giavi, 7, rue dames, batignolles paris. tous bien portants genève, pension sturchler. — Giovi. |

Blidah, 3 janv. — Alauzet, juge, paris. bonne santé, même position, reçois lettres, parents famille bien portants à oloron. — Isidore |

Alger, 4 janv. — Cozdeviola, 55, rue laffite, paris. reçu lettre pauline, répondu six fois. portons bien, désirons nouvelles famille. — Obitz. |

Roche-Desrrien, 2 janv. — Kerroux, 15, champollion. bien. Jules capitaine resté, kerroux père garantit emprunt chez ponce. — Kerroux. |

Limoges, 4 janv. — de Naurois, 128, avenue eylau. madame nar et fille angleterre, 3, hamlet terrace anerly road apper norwood. — Babut. |

Toulon, 4 janv. — Kuntz, 116, avenue clichy. vais bien, pars pour martinique sur seine. — Kuntz. |

Argentan, 2 janv. — Lemoine, 45, boulevard arago. portons bien trois tranquilles, recevons lettres toi, thomery, mammés, désiré, riotte mort, ennui, attendons. — sœur Lemoine. |

Sallanches, 2 janv. — Michelant, ingénieur chemin fer orléans, paris. reçu 15 lettres et dépêches seule à sallanches, santé mauvaise. — Guiller. |

St-Gervais, 2 janv. — Battendier, 8, coquillière, paris. reçu cinq lettres, tous bien, élisa accouchée fille, rouvray debout, partirai probablement, province agir, espoir. — Louis. |

Annecy, 2 janv. — Malet, avenue amandiers. tous bien, écrivez. revers renvoyé, demande gendarmerie, souhaits, prières, bénédictions. — Bloume. |

Rennes, 2 janv. — de Farcy, lieutenant 22e régiment artillerie, 6e batterie réserve. reçu lettres, sommes bien, bonne santé, bonne année. — de Farcy. | Guy Nétumières, mobile ille-et-vilaine, 7e compagnie, 3e bataillon. famille bien, prends argent chez vallée, garder sur toi, rendrai à rennes. — Nétumières. | Aveline, 32, beuret vaugirard. nous portons tous bien, reçu lettre 26, écrire souvent pour avoir nouvelles, m'ennuie. — Aveline. | Ducros, 26, rue feydeau. donnez réponses primes doubles et simples castellino gaillard. — Gautier. | Colliot, 10, rue bouché. femme, enfants revenus, foucherais bien. — Emilie Colliot. |

Montfort, 2 janv. — Noël, payeur, 2e mobiles ille-et-vilaine. 3e télégramme, reçu lettre, fille,

Bordeaux. — 3 janvier 1871.

parents, amis en envoyons souhaits.— Noël. | Juguet. sergent-major mobiles ille-et-vilaine. donner nouvelles edmond, allain réponse.—Allain. |

St-malo, 2 janv.— Fromentin, 3, rue aubriot, paris. vifs remerciments, transmettez nos vœux à Ludovic.— Hovius. |

Rennes, 3 janv.— Goret, 45, rue lepic. portons tous bien, pays tranquille. inquiète de toi, vu alimentation, reçu lettre ballon payant, embrassons.— Goret. | Melnotte, 5, mazagran. Joséphine, parents, lachesnaye, berthe, criquet, bonne année, lettres reçues.— Melnotte | Veuve Maingot, 10. assas. vous paierai aussitôt que envois de fonds se feront. bail continue, paierai idem créanciers.— Dubois. |

Douai, 31 déc.— Œschger, 28, rue saint-paul. tous bien portants ici et à bruxelles, dames parties aujourd'hui en belgique.— Delpire. |

Bayonne, 28 déc. — Sée, 17, bleue. santés parfaites, courage, espoir, écrivons souvent, lettres reçues régulièrement.— Rodrigues. | Masounette, corneille, 7, paris. lettres reçues, courage, espoir, reverrons, enfants hambourg. — Irène. | Einstein, génie, hôtel invalides. tous bonne santé, marie magnifique, bonne nouvelles de ta famille, reçu tes lettres, embrassons. — Louise. | Duclerc, st-georges, 39. tous nos vœux pour année nouvelle, vous embrassons. eugénie, marie désirent votre retour, santés bonnes. — Sabine. | Eugène lévi, rue dassas. janalbert, rené parfaitement, séville ont reçu vos lettres, nos vœux vous suivent. — Gommès. | Badel, rue rossini. recevons vos deux lettres décembre, remis belda, espagne, calme, Aoste prochainement attendu, intérieure, 26, 50. — Gommès. | Billiet, 40 bis, faubourg poissonnière. toujours bayonne, assurance susini 13,000 piastres, puis-je verser bordeaux emprunt, renseignez-vous, donnez détails. — Holjbacher. | Cordier, paul-lelong, 13. sommes à bayonne, rue lagréau, 27, santé bonne, recevons lettres, bons souhaits, nouvelle année. — Fanny. |

Albi, 28 déc. — Mancel, place vendôme, 16. dépêche répondue oui, actions payées bientôt, obligations marche, mines régulières, calme, sans lettre ernest, chagrin.— Paliès. |

Marseille. 29 déc. — Dédéyan, 12, cité trévise, paris. déjà envoyé plusieurs dépêches, lettres toutes, vos lettres reçues, parents, affaires vont très-bien. Ghiurékian. | Lucas, rue myrha, 81. courage. amitiés. — Lucas. | Fenoglio. rue moscou, 18. reçu lettre 21, plaisir, papa, tous allons bien, embrassons vous deux. — Feraud, | Delesse, 37, madame. bonne année, cousin basse mort. dire lapparent travailler revue géologie. — Delesse. | Felesco, 14 bis, boulevard poissonnière, caporal retiré marseille, par papa, santé parfaite, communiquez block, famille bien. — Napoli, | Mathan, 58, rue neuve-des-petits-champs, paris. portons bien. souvent nouvelles émile, à bourges, réserve moumés pour vous. — Anatole. | Cauvière, 18, rue royale. santé parfaite. — Cauvière. | Berny, 11, joubert. tous bien. — Claire Victoria. | Bonafous, boulevard montmartre, 5. voir me giraud, rue ventimille, 5. réponse au cercle des mécaniciens marseille où je suis. — Giraud. |

Charles Torracinta, garde mobile seine, 6e bataillon, 7e compagnie, paris. courage. pensons à toi, mère bien, argent impossible, clamecy tranquille. — Principalle. | Ricord, 13, Dieu, paris. reçu vos huit lettres, faites au mieux, tout va bien, espoir, à bientôt, écrivez souvent.— Ricord. | Badière, 40, rue enghien, paris. argent non, mère malade, vais bien. — Badière. | Beraud, 5, maubeuge, paris. Je vous souhaite une année meilleure et vous prie de me donner de vos nouvelles.— Dubreuil. | Mallet. 54, boulevard villette. tous bien, Alice pour fin février, envoyé sept dépêches, reçu tes lettres. — Pauline Mallet. | Grebert. arbre-sec. votre famille est en bonne santé à masera.— Borelli. | Hollier, 12, rue feutrier. paris-montmartre. Henriette, Marguerite, Anger, enfants, dinard. Boy-Guy, enfants, angleterre. tous bien, reçoivent lettres.— Henriette. |

La Délivrande, 24 décembre. — Brissou, 3, perdonnet. portons bien à lyon, reçu mandats, plus beaucoup argent, parle Robinet, baisers. — Claire. |

Domfront, 3 décembre. — Granger, 12, luxembourg. pas nouvelles de vous, suis inquiet, écrivez-moi vite, suis aujourd'hui procureur république domfront (orne).— Vimard. |

Le Mans, 26 décembre. — Leger, 14, labruyère. ne plus payer pension Zumara.— Caron. |

Granville, 25 décembre. — Herseut, richer. tous bien, madame Vatel très-bien.— Nelly. |

Rochefort, 28 décembre. — Brunetière, 3, place madeleine. Alfred à tlemcen. tous bien. — William. | Redanet, 38, vivienne. ennuie, bonne santé, cherche nourrice, choisi Philippot. — Anna. |

Trouville, 25 décembre. — Panis, 15, boulevard montmartre. trouville resté toujours tranquille. tous en bonne santé, Saint-Arnoult aussi. manquons de rien, amitiés. — Marie. | Cocteau, 11, scribe. toujours bien trouville, écris-moi détails. — Albert. | Bertin, 11 bis, de boulogne. tous bien, écrivez souvent. — Bertin. | Quillet, rue du marché-st-honoré, 4. Quillet toute seule trouville, Emile nouvelles bonnes, prendre argent ville. |

Bayeux, 26 décembre. — Compère, 79, quincampoix. santés excellentes. — Perry. | Plailly, 18, turbigo. tous ici et partout en bonne santé. paye Henriette 1er août 1870.— Plailly. |

Nevers, 26 décembre. — Collignon, 70, boulevard st-germain. santés parfaites nevers, dinozé, nancy. écrivez Castel clermont.— Blaise.—

Le mans, 26 décembre — Raoul Bazin, 5e bataillon, gardes mobiles seine-oise, fort nogent-sur-marne, port créteil. André tout bien, 5 pigeons, carte une.— Louise. |

Angoulême, 28 décembre.— Lascoux, juge instruction, 86, université. père poitiers, nous biarritz, emmanuel à angers, Tripard activité, recevons lettres, tous parfaitement. — Mathilde Barbier. | Pollet, 12, chaptal. allons bien, écrivez, affaires Boigues, Sudre, appels faits et garantis, donnez nouvelles des maisons.—Martin. |

Château-Gontier, 2 janvier 1871. — M. Dennery, 47, richer. tous bonne santé. troisième dépêche. — Dennery. |

Sarlat, 5 janvier. — Mignot, 2, rue vosges, bastille. angèle mère, sarlat, tous bien portants, tendres souhaits. — Jeanne |

Périgueux, 5 janvier. — Dauchez, 12, avocat, rue perronet prière instante savoir devenu paul, parents désolés. — Courteille. |

Aurillac, 4 janvier.— Colombel, 37, rue des martyrs, paris. appris décès colombel, aucune nouvelle de maman. écrire souvent chez riva ferrari, milan. — Lyde |

Valognes, 3 janvier. — Herquin, caserne orsay. bien, reçu cinq lettres, envoi trois. — Gauchet. |

Marseille, 4 janvier — Andrain, 14, bellechasse. reçu cinq lettres ballons, reçu dernièrement nouvelle, toute famille bonne santé. écrivez-nous et famille. — Andrain. | Fanta, rue halévy. émile, maman et tous bien portants, enchantés lettre 6, écris souvent, fanta salut, mille baisers. — Kohen. | Rouquette, 12, luxembourg, paris. allons convenablement. voyez trente provence part spielman. comment va amalric? répondez, amitiés. — Sennegon. | Lapostolet, oblin. lentilles, zéro quarante-un, un trente-sept, haricots nains, vingt-cinq, liarmont trente cinq, vienne stirn pest. — Puget. |

Bayeux, 3 janv. — Guille, 93, oberkampf. augustin, moi bien. merci, lettre reçue 2, pauvre euphrasie! albert nous écrit mélina jersey, ernest dieppe. — Hureau. |

Carcassonnne, 4 janvier. — Fourès, docteur, 7, boulevard ornano. magnifique fille, raoul superbe, tous santé parfaite, reçois tes lettres, évite dangers, partirai pourrai. — Marie |

Montpellier, 4 janvier. — Félix Davin, 25, rue albouy. reçois régulièrement lettres de gabrielle, tous vont bien. lui adresse fonds nécessaires. tranquillisez-vous. — Brousse | Castelnau, rue turin, 6. paris, mille remerciments, lettres toi, olivier, rené reçues décembre. faire écrire fils, tous bien. — D'Adhémar. |

Cannes, 3 janvier. — Cirodde, 18, rue fleurus. albert va comme quand tu nous as quittés. — Cirodde. |

Lodève, 3 janvier. — Pierre Jourdan, mobiles hérault, compagnie de lodève, paris. recevons lettres, allons tous bien. il t'embrasse. — Marie Blazy. |

Chambéry, 22 déc. — Lamarche, prévôt, 1er corps, 2e armée. claire restée épinal, tous parfaite santé. — Guyot. | Garrier, rue beaune, 5. toujours chambéry, bien portants. dire adolphe écrire. reçu argent. — Amélie. | Barral, boulevard saint-denis, 16. reçu lettres, allons bien, courage. d'aigremont prisonnier coblentz, porte bien. — Laure. |

Grenoble, 24 déc. — Daru, rue saint-dominique, 50. dernier renseignement dépôt, fils bien portant, 21 novembre, armée loire. — Pisançon. |

Faverges, 25 déc. — Caporal bernard, villette-varennes, 53, paris. lettres reçues, santés bonnes, gyez. albert, capitaine, annecy. |

Grenoble, 27 déc. — Saljmann, rue blanche, 93. vais bien, te tourmente pas. — Cachat. |

Châteaubriand, 28 déc — Oivreux, avenue percier, 1, paris. tous bien portants, souhaitent retour. — Bœnsch. |

Nantes, 28 déc. — Pagnerre, rue de seine, 18. dans quel état est mon fils constant, à lhôpital réponse à saint-ouen. — Lecoin. | Révillon, 81, rue rivoli. nous sommes à saint-ouen depuis le 18, tous en bonne santé. réponse toujours à alençon. — Espinasse. | Trévise, 134, rue morny. adélie arrivée réunion. kervéguen milan, poste restante. blainville nantes, tous bien. marie presque rétablie. — Chaulmet. | Goujon, 107, boulevard malesherbes. léonce, armée chanzy. dumas, mort 5, dieppe. — Daumas. | Guyon, 91, taitbout. santés parfaites, enfants magnifiques, parents victorine bien. tranquillité. prions. — Ernestine. | Bion, 36, amelot. oui, oui, non, oui, — Lemaire. | Lemoine, boulevard saint-Michel, 47. tous bien, marseille, enfants lycée, t'embrassons. 5e dépêche. — Lemoine. | Mérembert, 8, rue menars, pour villers. vœux, tendresses, heureux du grade, tous bien, goblet, neumayer aussi. gaston sédentaire. — Villers. |

Cherbourg, 27 déc. — Alexandre, 7, rue coquillière. reçu lettre 23 novembre, merci. portons tous bien, à cherbourg depuis trois mois, embrasse léonide. — Alexandre. | Porral, faubourg saint-antoine, 28. tous bien, embrassons.— Marie. | Chaussin, assas, 48. 5e dépêche. réunies chez léon, trésorier cherbourg, tous bien portants. — Emilie. |

Saint-Malô, 27 déc. — Samson, 74. bonaparte delandal reçu lettre avisez louis toucher 300 fr., poste. m'adresser lettres pour sa mère. — Aubert. |

Les Sables, 28 déc — Debehn, 39. boulevard batignolles. bien portantes, inquiètes émile, écrire plus souvent, reçois les lettres. — Debehn. |

Grenoble. 26 déc. — Girard, major, ambulance point du jour. 5 dépêches, aucune nouvelle. santé bonne, famille embrasse. — frère Clers |

Saint-Lô, 27 déc. — Tostain. sébastopol, 125. enfants haudet vont bien. maman, tostain, duclos ici. — Fremin. | Guichard, richelieu, 12. tous toutes vont très-bien. — Yver, lieutenant, état-major. |

St-Pol-de-Léon, 27 déc. — Chereau, rocher, 45. famille bien. envoyer nouvelles. argent. — Laporter. |

Montbrison, 22 déc. — Migneaux, sainte-périne, paris. affection, recevons lettres, mélanie garçon, eux, nous bien — Blanche. |

Alger, 27 déc. — echevalier, rue valois, 7. félicie, jeanne, le 9; élisa, raoul, ce jour, bien portants. souhaits pour vous et France.— Delorme |

Marseille. 28 déc. — Gay, avenue gabriel, 42. famille, filles, santé excellente, moral financier bon. montgraud rentrés poste, exige procuration ferréol quelques-uns. — Suzan. | Motet, 6, rue chaptal. donne congé maison, bonne maman, reçu lettres émile. oncle mouchelet marseille. appartement frédéric pour nous. — Motet. | Pinte-oppermann, vieilles-haudriettes, 5. portons bien, écrivez souvent. — Oppermann. |

M. de Girardin, 8, rue du centre, paris. suis à marseille, écrivez poste restante, suis dans des inquiétudes horribles. — Rochebousseau. | docteur Mallez, 6, rue du 29 juillet, paris. ai reçu lettres, vais bien, prière écrire à marseille, poste restante. — Rochebousseau, | Gautier-Bouchard, parc-royal, paris. serions heureux recevoir vos nouvelles. — Sivan frères. | Acquaviva, 20, cours-reine, 20. Avigdor, nice, chave, marseille adressent souhaits. triompherons nouvel an — Chave. | ramier, | Rosenbaul. rue école-de-médecine, 3. deux mois sans nouvelles, écrivez, sommes soucieux. santés — Chaulan. |

Rennes, 28 déc. — M. Fourchault, 12, bleue. tous bonne santé, papa, plessis, constance, grandchamp, embrassons — Pauline. | Peveillé, directeur télégraphes, paris. prière prévenir roux-lavergne, capitaine, mobile rennes, et denis, lieutenant redon, que familles très-bien. — Rivot. | Weil, 53, boulevard sébastopol. cécile, fils bien portants, famille londres aussi. félicie, louis, londres. — Weil. | Chalamel, 37, boulevard magenta. 4e dépêche. santés très-bonnes. — Tutot. | Pellechet, 30, blanche. tous bien, avons fait crèche, embrassons. — Adeline. | Dunouy, 57, boulevard montparnasse. toutes à rennes, santés bonnes, faubourg saint-hellier, 45. rien reçu. diard sans ordre. — Pingeon. | Penlvé-Petitdidier, 34, provence. silence inexplicable, écrivez donc. prévenez déprez, bonnaud. familles parfaite santé. — Petitdidier. | Kornmann, rue saint-honoré, 211. 2e dépêche. bien portants, reçu lettres. envoyer carte, questions. — Jamin. | Dévalois, 31, joubert, paris. reçu 30 lettres, omer ici, tous bien, manger volatiles malesherbes avec delanoue, surveille maisons, courage. — Devalois. | Boivin, quatre-fils, 15. toutes bien, recevons vos lettres. — Boivin. |

DÉPÊCHES-MANDATS.

Série B (suite) — 18 janvier 1871.

N. 211.— Béthune, 76 — leturgre à me loy daly, 83 bis, rue n.-dame-des champs — 250 fr. | n. 212, — Havre, 211.— france à me france, 51, rue clignancourt.— 100 fr. | n. 213.— Beaune, 133. — Joannet à étienne Joannet, 10e mobiles côte-d'or, 1er bataillon, 6e compagnie.— 20 fr | n. 214 — Beaune, 134.— trapet à étienne trapet, 10e mobiles, 1er bataillon, 6e compagnie — 20 fr. | n. 215. — Roche-sur-Yon, 55. — me d'ellizza à Jenneval, 24, rivoli. — 50 fr. | n. 216.— Romans, 34.— blachon à blachon louis-auguste, mobile drôme, 2e bataillon, 5e compagnie.— 25 fr. | n. 217. — Lyon, 18. — me gardou à mlle louise hirsch, chez me Jeantet, 60, r. fontaine-au-roi.— 10 fr. | n. 218. | Lyon, 17.— me gardou à hirsch, 89e ligne, 26e marche, 4e bataillon, 4e compagnie, boulogne.— 20 fr. | n. 219.— Nîmes, 50.— trouchaud à albert claris, architecte, 61, monsieur-le-prince.— 300 fr. | n. 220.— turquan à turquan, soldat 2e d'infanterie marine, fort bicêtre. — 50 fr. | Total : 845 fr. |

N. 221.— Seurre, 233.— paris à paris, mobilisé à la manutention, 2e compagnie d'ouvriers, quai billy.— 50 fr. | n. 322.— Dijon, 178. — moreau à moreau, 10e régiment, 3e bataillon, 3e compagnie. — 15 fr. | n. 223.— Dijon, 178. — dubled à dubled, 10e mobiles, 3e bataillon, 3e compagnie — 100 fr. | n. 224.— Dijon, 158.— desserteaux à henry desserteaux, sergent-fourrier 10e marche, 3e bataillon, 1re compagnie.— 200 fr. | n. 225 — Nantes, 24.— pinelle à pinelle pierre-marie, mobile loire-inférieure, 2e batterie, 1re section.— 30 fr. | n. 226. — Beaune, 22. — serrigny à serrigny jean-baptiste, 10e mobiles côte-d'or. — 30 fr. | n. 227. — St-Jean-de-Luz, 5.— allier à epry, 130, boulevard montparnasse, pour loyer de me boling.— 125 fr. | n. 228 — Bordeaux, 97.— me de vitray à charles bouché de vitray, 23, gaillon, ancien hôtel gaillon.— 50 fr. | n. 229.— Pau, 75.— sauvion à sauvion, 65, du rocher. — 100 fr. | n. 230. — Bordeaux, 2.— lambert à me romanville, 8. chaussée d'antin.— 100 fr. | Total : 800 fr. |

N. 231. — Bordeaux, 6. — Ducouroy à me ducouroy, 231, rue saint-honoré. — 151 fr. | n. 232. — Auch, 19. — Moris à me moris, 30, rue chevert. — 300 fr. | n. 233. — Lyon, 18. — Franchelli à franchelli, 3, rue des rosiers-montmartre.— 100 fr. | n. 234. — Lyon-Terreaux, 3. — Guerin à me nathalie de befort, 4, cours boni. — 100 fr. | n. 135. Lyon-Terreaux, 2. — Guérin à me nathalie de befort, 4, cours boni. — 300 fr. | n. 236. — Lyon-Terreaux, 1. — Guérin à me nathalie de befort, 4, cours boni. — 300 fr. | n. 237. — Lyon-Terreaux, 3, guérin à me nathalie de befort, 4, cours boni — 300 fr. | n. 238. — Romans, 68. — Mottet à mottet, aimé, mobile drôme, 2e bataillon, 1re compagnie. — 20 fr. | n. 239. — Maringues, 64. — Mlle Dufaud à paul dufaud, volontaire dans ambulances, infirmier, 2e section, val-de-grâce. — 50 fr. | n. 240. — Angers, 15. — made Caumartin. à made dentu, 158, rue rivoli, au coin de la rue des trouvères. — 300 fr. | Total : 2,120 fr. |

N. 241. — Angers, 14. — made Caumartin à me dentu, 158, rue rivoli, au coin de la rue des Prouvères. — 300 fr. | n. 242. — Angers, 16. — made Caumartin à me dentu, 158, rue rivoli, au coin de la rue des prouvères. — 300 fr. | n. 3 4.— Lorient, 70. — Le Brun à le brun, sergent mobiles lorient, 3e marche. — 20 fr. | n. 244. — Tours, 95. — De Sounier à me fauquet, 29, rue des martyrs. — 43 fr. | n. 245. — Sorèze, 72. — Soubrany à made lamarche, 5, cité bergère. — 62 fr. 50. | n. 246. — Lyon-Terreaux, 99. — Grand à nicolas gayet, mobile 1re brigade, 2e compagnie pontonniers. — 20 fr. | n. 247. — Sarlat, 13. — Brossard à louis brossard, avocat, rue dauphine, hôtel du grand-balcon. — 100 fr. | n. 248. — Poitiers, 98. — Vannier à me bernard, 59, rue vieille-du-temple. — 300 fr. | n. 249. — Verrey-sur-Salmaise, 255. — Mlle Depralon à jules depralon, 15, rue havre. — 100 fr. | n. 250. — Verrey-sur-Salmaise, 283. — Mlle Carriot à charles carriot, mobile côte-d'or, 4e bat., 5e comp. — 20 fr. | Total : 1,268 fr. 50. |

Le Comptable,

---

80. Pour copie conforme;

L'inspecteur,

Bordeaux. — 8 janvier 1871.

Londres.— Madame Forge, 79, rue de grenelle, paris. 22 nov. enfants, sœurs santés bonnes dernières lettres. deuxième charles à paris heureusement. pensons à vous. — Forge. | A monsieur Gustave Doré, 73, rue st-dominique, faubourg st-germain, paris. cher gustave, vivez-vous encore en santé, et ta mère et émile? harford prie toujours que Dieu vous gardera. | madame casimir, 54, rue lévy, paris. toujours en bonne santé mais sans nouvelles depuis 3 novembre. — Charles Casimir, 144, leadenhall street. | monsieur le docteur S.-S. Hode, rue d'enghien, 23, paris. notre inquiétude de recevoir nouvelles de vous et bella est extrême. écrivez plus tôt possible. — A. Robson. |

Londres, 30 déc. — J. Levois 8 bis, rue cardinal-fesch. paris. toute votre famille à vannes est en parfaite santé. votre fille est mère d'un gros garçon. — Steinthal. | madame Claude, 27, rue duret, passy-paris. angleterre ventnor isle of wight. bien portants, stéphanie écrit, bien portants. écrivez par ballon. — Yturrigaray. | Dumorel, 5, rue de la paix, paris. femme et enfants à hôtel l'univers cherbourg parfaite santé. — Georges Bloyg. | Soscau et Schmolle, 39, faubourg-poissonnière, paris. allons bien. reçu lettres. chargement golconda en ordre. j'attends vos ordres concernant produits anvers. — Gaston. |

Félix Annequin, rue de l'échiquier, paris. s. harding à londres, tous bien portants. reçu toutes vos lettres. | Erlanger, 8, rue des vosges, paris. huitième dépêche, reçu lettre 19. santé parfaite. londres. 30 décembre. — Constantin. | Banque ottomane, rue meyerbeer, numéro 7, paris. avisez-nous combien au crédit du gouvernement, soit à paris, soit chez vous, soit au mobilier. — Stemmerde, londres. | Banque londres à banque ottomane, rue meyerbeer, numéro 7, paris. lettre 16 reçue. payez dividende actions banque comme habituellement. — Stemmerde. | Hemardinquer, 41, rue des jeûneurs, paris. famille, affaires très-bien. reçu six lettres. — Hemardinquer. | monsieur Brion, 48, rue basse-du-rempart, paris. 30 décembre toutes parfaite santé. enfants grands, progrès, envoyons vœux. toutes pensées vous. embrassons, courage, espérons réunion. — Brion. |

St-Michel-en-l'Herm. — monsieur Aumax, 172, boulevard haussmann. demande vos nouvelles, aussi détails sur tout. seraient bienvenus. attendons, mille amitiés, château st-michel lherm vendée. — Macgauran. |

Châtillon-s.-Loire, 22 déc. — Caron, 12, matignon. reçu lettre 16. santés bonnes, prions. — Honorine. |

Louviers, 30 déc. — Grelley, capitaine artillerie fort issy. père, sœur toulouse. adrien capitaine cherbourg. détails interdits. très-inquiets depuis dernière 3 octobre. — Drouet. |

Passais-la-Conception, 31 déc. — Martin, 230, faubourg-st-deni , paris. bonne année, bonne santé, allons tous bien. — Martin. | Cotard, 8, montesquieu, paris. dame heureusement accouchée fille. lettre reçue 27, fécamp évacué. — Larivière. |

Calais, 28 déc. — Kresser, 48, provence. payez trois cents francs veuve fraigneux, 173, boulevard port-royal. — Bellart. | Dumont, 41, sentier. à calais toutes bien portantes. — Dumont. |

Dinard, 31 déc. — Beauverger, champs-élysées, 50. amitiés, écris dinard. — Edmond. |

Dinan, 31 déc. — Permangle, castiglione. dinan, pontneuf tous bien, tendres vœux. paul nice, souvenirs respectueux ferrand. — Alphonsine, Cécile. | Cosme de Satgé, 52, faubourg-st-honoré, paris. reçu ballons, envoyé pigeons, bonne santé. — Dinan. |

Manthelan, 1er janv. — Laflèche, boucher, avenue montaigne, 31. recevons lettres. toujours manthelan bien portants, 1er janvier. — Rondest. |

Mantour, 29 déc. — Plassard, monnaie, 11. tous bien, chanut aussi. |

St-Brieuc, 1er janv. — Desaisy, commandant bataillon loudéac, neuilly-paris. lettres reçues, toutes trois bien portantes st-brieuc, et nouvelles hersaint, éloy bonnes. — Faustine. |

Mortain, 31 déc. — Fouqué Humboldt, 23. meilleure année! embrassons tous, toi surtout. conservons espoir et courage. jossets pareillement. — Fouqué. |

Avranches, 30 déc. — Gibert, 104, faubourg-poissonnière. familles gibert, leroy bonne santé. sécurité avranches, leroy, 46, paradis-poissonnière. laffitte lyon. — Jenny. | Monsieur Moutjoye, 43, st-paul, paris. deuxième. écrivez avranches boulevard sud. lettres reçues, santé passable. nouvelles augeste, marie. embrassements. — Lanauroi. |

Biarritz, 3 janv. — Gatine, 8, rue échelle. continuons aller parfaitement tous. demandons toujours nouvelles fréquentes. londres, 30 décembre. — Jenny. | Ducel, 26, faubourg-poissonnière. tous six parfaitement. père, mère, berthe, bonneau avec nous de même. biarritz, 3 janvier. — Jenny. |

Louviers, 29 déc. — Sinot, faubourg-saint-denis, 65. reçu lettres, tous bonne santé. — Sinot. |

Tarascon-s.-Ariége, 2 janv. — De Pointis, capitaine 9e marche, 13e corps, villejuif-paris. allons tous bien, répondu oui à dépêche carte. courage, embrassons tendrement. — d'Omezon. |

Luc-s.-mer, 31 déc. — Bertel, 45, richer, paris. troisième dépêche, reçu lettres, portons bien envoyons vœux, baisers, partageons bien ennui, inquiétudes, souffrances. réponse. — Eléonore |

St-Maló, 1er janv. — Duparc, caumartin, 58. bonne année, portons bien, recevons lettres. robe chambre armoire nathalie, delahaye, thierrée, poyet, adeline, blot. — Duparc. | Mérat, 19, saints-pères. saunier, gamand, delcau nous bien. écrivez st-maló. — Jenny. | Derstrou, quai bourbon, 51. ici claire. rémy, odme, amélie, saunier bien. avons ressources, faisons provisions. denise oudinot bien mans. — Cécile. | Leveillé, maître requête, pour mobile lemoine, bataillon malouin. familles parfaitement. — Lemoine. |

Arras, 27 déc. — Billaudel, feuillantines, 59. peine partagée. pays situation ordinaire, confiance. — Danvin. |

Bordeaux-les-Chartrons, 3 janv. — Ganay, 45, rue jean-goujon. fougerette 27. tous bien et tranquilles ici et à furin. reçu ballon du 10. |

Toulouse, 3 janv. — Samazan, 38, rue bourdonnais. santé bonne. assurances et réassurances incendie trente millions. sinistres peu importants, recouvrements impossibles. — Douladoure. |

Londres, 28 déc. — Georges Immerwahr, 30, faubourg-poissonnière, paris. ta lettre reçue, tous ici bien portants ainsi que ta mère et louis restés à boulogne. | madame Dusautel, boulevard clichy, 36, paris. pensées novembre sont ici. vœux profonds pour présent et avenir. sont toujours près de vous. santé bonne, adieu. — Eglé Bacon, arlington houre doocl. |

Jersey, 30 déc. — monsieur Guillon, avenue victoria, 3, paris. sommes jersey motte street 21. |

Alger, 29 déc. — Pastureau, cherche-midi, 67. ernest prisonnier bochum (westphalie) reçu lettres de lui. — Pastureau. |

Rouvray, 24 déc. — Berthiot, faubourg-st-antoine, 107. rouvray bien. |

St-Pons, 2 janv. — Renier, sorbonne. eugénie enceinte. — Renier. |

Bordeaux-central, 30 déc.—Lewenhaupt, légation suédoise. portons bien, maisons kastner, noethinger, préservées, reçu neuf ballons. Dieu vous protége. 18 décembre.—Westervick. | Pompignan, 75, miroménil. merci bonne lettre, espoir, courage, tous bien, adrien trouvé familles parfaitement tous bien, rassurez adolphe. — Elise Goldsmith. | Millot, rue billault, 32. souvenirs inquiétudes constantes pour tous, portons bien, manquons rien, reçu pour félicie et pour moi.— Audibert. | Beuguot, ministère guerre, chiffreval, 26. cruellement inquiète, sans nouvelles depuis 6, arthur, superbe. baisers expriment tendres vœux.—Octavie Beuguot.—Moussette, 143, haussmann. santés parfaites, enfants tersay, philastre, erard aussi. lettre pompignan 18, arrivée. écrivez bordeaux établissement hydrothérapique.— — Goldsmith. | Devergès, 18, duphot. berthe, fille, enfants, moi, debousquets, parfaitement. quitter lucie, libre partir, dites curé petit bien. — Noémi, périgueux, Noël | Guillemeteau, 22, rue dunkerque, paris. cinquième dépêche. vais bien. — Henriette. | Camus, 6, condorcet, paris. santé parfaite, genoux bien, charles élémentaires. lan, nismes bien. recevons lettres, sédille, lasalle, foucault, bien. — Camus. | Sébert, cité antin, 10. famille saint-brieuc et frères sont bien. reçu lettres. — Joseph. | Assurances urbaine, 8, rue lepeltier, paris. Desjardin, soixante-neuf mille. familles bonnefons. basset, magnier, tous bien. — Garnier. | Magnier, du louvre, 6, paris. allons tous bien au breil. — Marie. | Bonnefons, chaussée d'antin, 43, paris. saint-lô, 15 décembre. allons tous bien. — Amélie. | Galliard, 89, richelieu. santés toutes bonnes, louis bureau. guérin. — Poumaroux. | Doisy, université, 75. quatrième dépêche, confiance, demeure garcia, cours gourgues, 4, tendresses.—Antonia. | Detaverne, 73, victoire bien portants, sommes en famille. écrivez villa riquet, arcachon. — Detaverne. | Eugénie Delahaye, 10, rue des vosges, paris. sans nouvelles depuis octobre vous, hermann william. écrivez lettres journellement différents bureaux. — Clara. | Matthiesson, 25, rue drouot, paris. famille entière, santé parfaite. — Guignot. | Saunier, Duchêne, bercy. sans avis pensons vins invendus. vendez montagne trente-cinq, narbonne viné, quarante-cinq, rousillon cinquante-cinq.—Longueville. | Caussade, 1, lafayette, paris. troisième dépêche envoyée, portons tous bien, très inquiète. — Jeanne. | Montaigu, bataillon pellau, mont-valérien. avons envoyé dépêches, lettres félicitations, sommes réunis labretêche. tendres vœux, écris, amie bien. — Augustine Montaigu. | Courson, 38, rue monceau. robert intact en france, paul mayence, nono bretagne, normandie, jersey, fenoyl, tous parfaitement. — Kergaradec. | Delaroze, rue gréphule, 8. tous bien, foubadet, trintaudou. eudoxée, bien hambourg. — Alida. | Dumas, rue monceau, 7. enfants. amis, santé parfaite. — Eudoxie Caot. | Stern, 58, chateaudun. nous, henriette, bruxelles, parfaite santé, avons vos nouvelles du 5.—Henriette. | Labitte, lieutenant artillerie 13e, batterie, 11e. courage, espoir. tous bien. — Duplae. | madame Suet, 14, castiglione. lettres reçues, santés excellentes. — Clerget | Fauvel, 7, canettes. calmon, fauvel, bien. — Calmon, | Dejean, saints-pères, 12. lettres reçues, tous bien ici tranquilles.—Marie Dejean. | Iches, cassette, 21. santé, économies, bonnes. courage, envoie nouvelles souvent, reçu lettres, voir Solacroup. donnera argent (administration) bordeaux. — Charles Iches | Gosselin, faubourg st-honoré, 120. mère, enfants bien portants, périgueux, sain, tranquille, 27 décembre. — Gosselin. | Richemont, 79, hâxo, belleville. recevons lettres, écrivons souvent, henri arrivé. courage, espoir invincible, cœurs avec toi, 30 décembre. — Naïs Dampierre. | Masson, 7, rue grand chantier. 5 décembre, santé excellente, bonnes nouvelles poupy, que fait georges? vu delattre. — Masson, Brunesseaux, Raimgo. | Thierry, 25, hautteville. bonne santé, tous à goodridges, hôtel queens terrace, southampton. — Augustine Duffor. | Ferrère, laffitte, 3. ferrères, raymonds, bien, reçoivent lettres. dites capitaine baude 16e mobile, fort aubervillier. famille bien.— Sallita. | Lezand, capitaine mobile, aube. limoges, lacourcelle, maria, vont bien. albert lacourcelle avec famille, tendresses. — Lezand. | Chabrol, montpensier, 8. chabrol, capitaine mobile se porte bien.—Chabrol. | Gay, avenue gabriel, 42. vos enfants très bien à marseille, reçu successivement trente lettres. expédié plusieurs dépêches. — Clapier. | Muzard Koller, 61, maubeuge. tous bien portants, hôtel baur au lac. reçu lettres dont dernière 2 courant.—Jacques Koller. | Claude, 16, quai mégisserie. reçu lettres 3, 5. portons tous très bien. petite senlis parlant souvent vous. — Claude Lafontaine. | Messener, 7, crozatier. tous bien chez rouviere, georges, bordeaux bien. reçu vos lettres. taffoureau-hugot, bien. — veuve Messener. | Hollander, 8, provence. lettre 2 courant parvenue, sommes bien tous les quatre. élise bien, votre père affectionné. — Vaunod. | Denisane. 10, chauchat. froid horrible. polonais invite nice, votre avis, attends votre réponse. partirais avant noël. avons argent.— Denisane. | Coster, 17. chateaudun. nous sommes bien, longtemps pas reçu nouvelles expédié 26 décembre. — P. de Hardenbroek. | Coster, 17, chateaudun. allons bien, pauline aussi, moi fort rhumatisme. ernestine lettres reçues, princesse frédéric morte. —Rechteren. | Levot, 97, saint-lazare. reçois lettres, attends portraits, schlofs athenaïs bien. parents mulhouse bien. enfants embrassent. — Schaye. | Coste, 17, cardinal-Fesch. santés parfaites. reçu lettres jusque 24. continue ventes aucun crédit secondaire. tout parfaitement. — Guillaume. | Dumoulin, 85, notre-dame-des-champs, paris. arrive angoulême, enfants très très bien, famille boursier, noémi, geille, aussi. reçu lettre 15 décembre. — Alfred. | Cirrode, 23, vineuse, passy-paris. vichy, allons assez bien. plusieurs fois télégraphié. — Marie. | Dollfus, 88, neuve-mathurins. laure. enfants à arcachon. charles armée loire, philippe bordeaux, edmond pau, anna nevers, camille houeillès. — Dollfu , | Joseph Simon, 12, pernelle. famille mulhouse va bien. henriette demande lettre par prochain ballon. —Maurice. | veuve Lévy, 260, rue saint-honoré. Sylvain à saint-étienne va bien. écris pour le faire nommer sous-lieutenant. — Maurice.— Marie George, lafayette, 53. suis ici pour affaires. sauvé vie général marie, tous bien, pas nouvelle edgard, reçu lettres.—Georges. | Régnier, 1, rue douai. allons bien, reçu lettres. — Regnier. | Bézard, capitaine génie, état-major-général. reçu lettres, suis à verdun, falgas ici. santé bonne. félix prisonnier. — Elisabeth Bézard. | Paumier, st-guillaume, 27. tous bien avec Albert, trouville tranquille, reçu tes douze lettres, tristes de séparation prolongée. — Marie Paumier. | Francillon, 23, rue de lille, paris. Jeanne au rocher bien portante. — Fhurmann. | Blanc, banquier, rue chaussée-d'antin, 15. édouard, thérèse, nous, allons tous bien —David. | Giresse, 8, des écoles. sans nouvelles mauriac, aide-major, fort Issy, depuis investissement. renseigner par premier ballon. tous bien. — André Giresse. | madame haurat, 83 bis, lafayette. mon pauvre mari mort, enfant à charge, envoyez argent par ballon, en mandat. — veuve Durand. | Lamidey, 15, rougemont. famille santés parfaites.—Lamidey. |

Hyères, 31 déc. — Guilleminot, 10, bouloi. inquiet, écrivez hyères, boulevard iles or, 9. — Desmichels. | Malcor, chez évrard, agent change. inquiet, écrivez hyères, boulevard iles or, 9. — Desmichels. |

Digne, 31 déc. — Machelard, 20, servandoni. lettre 22 reçue, meilleure année, courage, souvenir rulh. — Machelard. |

Menton, 31 déc.—Fould, 24, saint-marc. santé parfaite. installation délicieuse. enfants progressent infiniment. maman bruxelles, dinin ouchy, excellentes nouvelles, vœux. tendresses. — Mathilde Fould. |

Cannes, 31 déc. — madame Delaroche d'Oisy, pour mademoiselle Creti, rue laval, 15. reçu lettre enfin, merci, portons bien. tout à vous. — Marcilly. |

Toulon, 31 déc. — Chatignier, 6, bonaparte. reçu lettre, allons bien, jules, plata. — Paul Clavaud. |

Tours, 1er janvier. — monsieur Rosemont, 34, notre-dame-des-champs, paris. tours, femme, enfant bien. lettres parviennent, firmin écrire à frère. — Rosemont. | Berly, 7, quai napoléon. reçu lettre noël, sommes à tours, ne quitterons pas, burgal et nous portons bien. — Leparmantier. |

Loches, 1er janvier.—madame Poirrier, bellechasse, 6. suis bien pas parti, mère a argent, va bien, écrivez, parlez du 12.—Durand. |

Moulins, 31 déc.—Henri Faure, ministère finances. janvier, villeneuve complet, parfaites santés, lettres reçues, gariod, mortellement blessé. souhaits affectueux. | Boutry. |

Nice, 30 déc. — Chabaud, 22, boulevard beaumarchais. adèle, enfants, giscaro, santés bonnes. reçu trente lettres, écrit mayrargues, amiens, campagne, pas nouvelles. — Chabaud. | monsieur bocks, 4, passage saint-philippe, faubourg saint-honoré. bien portantes, écris nice. poste restante. reçu trois lettres. — Bocks. | Durenne, 30, verre-

Bordeaux. — 3 janvier 1871.

rie. reçu lettres tous bonne santé, tranquillité parfaite. — Dorenne. | Galin, notaire, st-marc, 18. reçu de samazeuille, envoyer à nouveau par même voie 2,000 francs de mois en mois. — Laroche. |

Lyon, 30 déc.—monsieur Rey-Villard, mouffetard, 108. allons bien. donnez vos nouvelles. — Clair. | Berlior, duffrénoy, 17, passy-paris. reçu lettre 22. payerai trois cents. tranquillité, courage, espérons partout. — Joannon. | Legrand, agent, 60, provence. achetez cent cinquante autrichiens au mieux. — Page. | général Cousin, vincennes, paris. reçu trois lettres et contenu dont merci. en bonne santé, retourne souhaits de tout cœur. — Emilie. | Olivier, 171, faubourg martin. merci, meilleure année. — Holder. | Radon, 18, rue aboukir. remettre à verpillat brigadier 2e compagnie pontonniers mobiles rhône, porte maillot cent francs. — Mégroz, | Holder, avenue essling, 20. famille et moi souhaitons bonne année, écrivez moi à nevers.—Holder. | Sandron, capitaine 2e artillerie, 6e secteur. santé bonne, provisions, fernand travaille, pas vu estaffette, bonne année. mille baisers.—Sandron. | Chosson, maitre tailleur, zouaves, caserne reuilly, santés toutes bonnes. — Eugénie. | Rognon, rue provence. 8. agnès, quatre enfants, familles, tous très bonne santé, pétrus prisonnier. — Monnerel. |

Ferney, 29 déc. — Fichet. vivienne, 2. demande argent lefauvre, rue aboukir, 61, compte veuve fichet, carouge grande reconnaissance, bonne santé, courage, adieu. — Joseph. | Ligier, 1, saint-sauveur. bonne santé, genève poste restante, envoyé déjà dépêches. recevons lettres. — Ligier. |

Nice. 31 déc.—Massé, rue madame, 39. votre père ici. tous en bonne santé, admirons votre conduite. embrassons tout cœur.—Cécile. | monsieur Bathier, 144, boulevard magenta. portons bien quatre. recevons lettres nice, hôtel des étrangers. chantanme bien. — Bathier. | Dussoud, faubourg saint-denis, 61. santés bonnes, souvenir élise, anna, écrivez. — Dussourd. | Albert Millaud, 51, rue saint-georges. tes parents vont bien, t'adore, vais bien, rien besoin. — Valtesse. | Delabigne, 12, rue des acacias, montmartre. tout mon cœur pour dick, toi, paquerette, émilie. — Valtesse. | Meusnier, chef état-major, division maudhuy. bicêtre. louis, tiens, miens, bien, inquiète pas, bon espoir, auguste prisonnier, t'embrassons. — Meusnier. | Grandguillot, boulevard péreire, 88, paris. Grandguillot, maurice, gallo, bonne santés. marseille, famille sabatier, bonne santé, 31 décembre. — Hélène Sabatier. | Sabatier, 35, reine-hortense. paris. bonnes santés, grandguillot. maurice, gallo, bonnes santés, marseille, 31 décembre. reçu lettres.—Hélène Sabatier. |

Oran, 29 déc. — monsieur Fallet, 18, monge. reçu lettre ulric, bien portant, interné hambourg, reçu argent —Fallet. |

Saulieu.—Clergier, chef ministère finances. bien portants, recevons lettres ballons, vervins nouvelles bonnes.—Clergier. | Félix, rue lingerie, 4, 26 décembre. santé bonne excepté ida. fanny garçon. alphonse parti nevers, 21. — Bonnard. |

Goares.—Idalie Téhéran, 17. reçu carte, reçûtes vous mandat poste, alix à pau, mathilde voleuse effrontée, renvoyée de tours.—Frédéric. |

Marseille, 2 janvier. — Lazard, rue beaux-arts, 8. dernier envoi jamais reçu, position désespérée, toujours malade. terme entier impayé, azéma refuse aide.—Calimard. |

Loches, 26 déc. — Durand, chateau eau, 37, parfaitement bien.—Rosa. |

Bordeaux chartrons, 28 déc.— monsieur Vandrey, 14, des saussaies. nous tous bien à villefranche. très bonnes nouvelles cossey, mauvelin, embrasse —Isaure. |

Tinchebrey. — Dherbecourt, 85, boulevard beaumarchais. famille bien, reçu lettre 19, écris souvent.—Edouard. |

Châteauroux, 28 déc. — Collard, des capucins, 19. bonne santé. —Roussel. | Lardin, lieutenant, caserne célestins. santés bonnes, toujours châteauroux.—J. Lardin. |

Poitiers, 28 déc. — Lepage, 5, chevreuse. portons bien. écrivez-nous, dites oncle guibillon. — Dubois. | Buffault, 94, rue du bac. meilleure année, tendresses à tous, santés bonnes, grand désir de revoir la famille.—Adrienne. | monsieur d'Humières, lieutenant mobile, seine-inférieure. écris nous à marcolès, fauville cavabi. nous sommes inquiets. — d'Humières. | Beaure, 29, bellefond. portons bien, reçu lettres, pas mandat. thévenot prêté argent, sans nouvelles tante. partirai agen. écrivez. | Perron. | Petit, neuve saint-augustin, 62. portons bien, poitiers, rue boncenne, 4.— Godin. | Lavergne, capitaine mobile vienne. santés bonnes frère. privas, secrétaire bottin. — Lavergne. |

Douai, 30 déc. — monsieur Depavant, 4, rue tivoli. bien portants, huard prisonnier, munster, denise bien, georges capitaine, lille. souhaite vous revoir, embrasse.—Gabrielle. |

Rennes, 1er janvier. — Pacen, 31, monsieur-le-prince. très bonne — Louise. |

Bayeux, 1er janvier. — Trébuchet, place dauphine, 12. prière solder impôts, rues geoffroy-marie, grenier saint-lazare, 7. gages de concierge. arromanches. — Cordicolle. | Joffroy, coq-héron, 6, deuxième dépêche décembre. lettres reçues, merci, bonnes santés, saint-pair, arromanches.—Cordicolle. |

Saint-malô, 31 déc.—Touflin, 36, berlin. Hortense, henry, enfants, nice. famille nizerolles, rennes, moi. sablons, tous bonne santé. écris, donne nouvelles, honorine. —Emma. |

La Ménitre, 3 janvier. monsieur Barraquet, gendarme à pied, au 1er régiment de gendarmerie à pied, 1er bataillon, 2e compagnie, 13e corps d'armée. caserne du louvre, à paris. |

Menneton-Salon, 1er janvier.—Comte de l'Aigle, 20, aguesseau, paris. santés bonnes, à menetou. — Félicie. | Comte Greffulhe, 10, astorg, paris. toutes santés bonnes à menetou, merci pour lettres.—Félicie. | Comte Henri Greffulhe, 8, astorg, paris. toutes santés bonnes à menetou. —Félicie. | Vicomte Greffulhe, 10, astorg. paris. toutes santés bonnes à menetou.—Félicie. |

Romorantin, 2 janvier. —Champonnois, 8, jussienne. tous santé très bonne, romorantin. — Julien. |

Elbeuf, 31 déc. — Laroque, boulevard richard-lenoir, 65. tous bien portants, pour fils. — Lefebvre. |

Maubeuge, 29 déc.—Mariage, cloitre st-merry, 4, paris. troisième dépêche, enfants, moi, édouard. famille, eudes, tous excellente santé. florine, louise, lille. moineville, sauf.—Pauline. |

Quimper, 2 janvier.—Hergas, mobile finistère, 5e bataillon, villejuif. maman, bronchite mieux. recevons lettres. louis, bureau. |

Orthez, 3 janvier.— Horteloup, rue helder, 14, paris. allons tous bien à bühl, écrivez-moi hôtel trois rois, bâle, suisse.—Marin. | Bida. boulevard st-michel, 22. tous bien, lisbeth, charmante, embrassons tendrement, courage, espoir, à bientôt. —Marie. |

Rabastens-sur-tarn, 3 janvier. — Bérenguier, aide, quatrième ambulance mobile, passage commerce, 30. allons bien, reçu lettres 3 janvier. — Bérenguier. | Gervoy, 26, rue bourgogne, paris. grandmère, duplan, lallart, nous allons bien, souhaits.—Combettes. |

Nantes, 2 janvier. — Bourdoiseau, 28e mobile, 3e bataillon, 6e compagnie, mont-valérien. oui, mans, oui, nantes. | Laleu, greffulhe, 12. paris. Gremier, janvier. tous bien, recevons lettres, avons envoyé foule lettres et dépêches. | Callon, 9, odéon, paris. vais bien, eugène aussi (arras). — G. Callon. |

La Roche-sur-Yon, 13 déc. — Chappot, capitaine 35e mobile, 7e compagnie, 2e bataillon. dupont, votre sergent est-il mort? inhumé quel endroit? — Leroun, plâtrier. |

Lisieux, 29 déc. — Ceysson, champs-élysées, 6, paris. reçu lettres, bonne santé, mari voyage. — Poulain. | Perret, 107, saint-lazare. chars, louise va bien. — Charles. |

Avranches, 29 déc. — Bazire, 5, papillon. troisième dépêche, allons parfaitement, sauf fernand, poitrine malade, babelle grosse, prions sainte-geneviève, sommes chez duchemin. — Bazire. | Barthelemy, officier, ordonnance, général trochu. ai deux chevaux 3, rue procession vaugirard, employez-les jusqu'à fin guerre. — colonel Maritz. |

Eu, 26 déc. — Périnet, 40, notre-dame-victoires. allons bien ault, recevons lettres. — Gravelin. |

Dieppe, 28 déc. — Drouet, 51, morny. voyez trecul, lille, 1, écrivez dieppe. — Baillet. | Offroy, 54, faubourg saint-denis. voyez trecul, lille, 1, écrivez dieppe. — Baillet. | Maricot, 12, rue louvois. bonne santé, ennemi venu deux fois, reparti, havre libre, montevideo, bonne santé, bon courrier, courage. — Barrier. | Leforestier, 65, rue caumartin. bonne santé, reçu lettre du 19, ennemi passé, revenu et reparti, pas de combat. — Marie. | John Lemoinne, 109, boulevard haussmann. dieppe et étretat libres, tous bien et tranquilles. — Kate. | M. Maillefer, 10, rue du havre. avons écrit souvent, reçu lettre 16, allons tous bien, habitons dieppe, louise saint malô. — Lemarchand. | Comtesse Bouillé, 52, rue courcelles, paris. enfants bien portants à deauville, inutile d'envoyer argent, 27 déc. — Villèle. | Martin, 16, quai mégisserie. rien nouveau, bonne santé, baisers affectueux. — Marie, dieppe. |

Cherbourg, 29 déc. — Crisenoy, lieutenant-colonel, 77, rue de lille, paris. allons bien, reçu tes lettres, amitiés, mère à mirville. — Pierre de Crisenoy. | Peignot, 68, boulevard montrouge. femmes, enfants bonne santé. écrivez souvent routier rue sainte-marguerite saint-malo. M. Peignot. |

Vichy, 28 déc. — Beauregard, 18, ancienne comédie. inquiète, écrivez. — Camuset. | Drouault, 8, montesquieu. lettres, dépêches, essaies tout, envoies vœux affection. paul melun, plus communication. — Clémence. | Rocher, 34, notre-dame-victoires. dieppe bonne santé, désire nouvelles. vichy bien. — Thillaye. |

Dieppe, 26 déc. — Berard. 20, rue pigalle. marthe dent, froid rigoureux sans souffrance, andré, tous très-bien. — Girod. | Comte de Gourcuff, 14, revigo. tous bien et tranquilles, valmé aussi, avons argent, lettres arrivent. — Mathilde. |

Dunkerque, 28 déc. — Destabeau. 52, rue richelieu. versez ce que pouvez jusque mille francs chez weill, 6, rue papillon pour mon compte. — Sergent. | Weill, 6 rue papillon. demandez argent chez destabeau, pour mon compte. reçu troisième lettre du 20 novembre, santé bonne.—Sergent. | Luc, capitaine, 137e régiment marche. vœux, bonheur. réussite, santé, baisers enfants, femme tous. tous bien portants. — Marie Luc. |

Valenciennes, 28 décem. — Delsart, 18, rue drouot, paris. reçu cinq lettres, portons tous bien, pas prussiens, nordhommes. ta catégorie partis. — Delsart. |

Lille, 28 déc. — Laflèche, 9, turbigo, paris. étonné, sans nouvelles, écrivez, renseignements affaires. — Calteau, Hassebroucq. | Decottegnie 97, avenue de clichy. reçu trois lettres auguste cavalier, éclaireur arras, moi secrétaire colonel lille, allons bien, écris. — Joseph. | Hoyu, 6, halles, paris. veuillez donner vos nouvelles. — Calteau, Hassebroucq. | Romenance, 32, hautefeuille. nous bien, 3, amiot, laroque intacts. — Parent. | Gossiôme, 40, tiquetonne. sans nouvelles de toi depuis 24 novembre, change bureau poste. écris humbert, santés bonnes. — Gossiôme. | Comptoir Linier, 31, bourdonnais, paris. pouvez comptez mille francs à madame vanacker pour pareille somme reçue à lille. — Masure. | Vanacker, 7, mulhouse. toujours lille bonne santé, allez recevoir mille francs comptoir linier, 31, bourdonnais. accusé réception de suite. — Herbaut. | Cahagne, 144, rue saint-denis, paris. lettre reçue 27, commission sera prête. famille bonne santé, merci, courage. — Descamp. |

Fécamp, 28 déc. — Pinard, 5, rue conservatoire, paris. tous bonne santé. hôtel de bellevue, bruxelles, changement cause mauvais temps, mille tendresses. — Pinard. | Porlier, 16, rue bleue, paris. reçu vos lettres, tous bien. — Aurégan. |

Alger, 27 déc. — Leroy, 16, lesueur. quel état, appartement radu, 26, franklin, tes fils bien. — Leroy. |

Constantine, 30 déc. — Schiel, officier gendarmerie, 13, keller, paris. suis capitaine, 43e mobile, constantine, commandant juge, préviens son frère, 7, rue béranger. — Schiel. |

Marseille, 30 déc. — Directeur France, 14, rue gramont. confirme cinq dépêches, trois mille francs, sinistres réglés, déposé banque soixante-quinze mille francs. — Dotémar. | Hoptrinson, 46, rue provence, sommes tous bien, reçu tes lettres, accepte pas place d'ordonnance qu'on t'offre, — Hoptrinson. | Martin, chez madame petiteau, 4, avenue montaigne cité godot-mauroy. que fais-tu? réponds par ballon. — Terras. | Petitpain, 40, neuve-des-petits-champs. portons bien, recevons lettres mathildejudge.— Jenny. | Elise Synave, 15, rue helder, paris. reçu lettres ballon, portons bien, vaganay aussi, dire à sa sœur. — Galiau jeune. | Maquet, 24, place vendôme. enfants tous bonne santé, 8, marine, place douvres, vous ont écrit souvent. reçu vos lettres. — Poittevin. | Briffaul-Chapelle, 145. reçu lettre 16 courant. — Dardoin. | Madame Julliany, 1, rue boulogne, paris. toujours tous et tout bien. félix intact, prisonnier gœrlitz, bonne année espoir. — Joseph. |

Saint-Valery-en-Caux, 30 déc. — Langlois, 53, hauteville. portons tous bien, attendons nouvelles. | Mehnié, 54, rue violet, paris-grenelle. saint-valery, nous allons bien. — Coulon. | Guérard, 23, penthièvre. 30 déc. tous bien, maman aussi, embrassons grand' mère, grant-père. — Paul. |

Lisieux, 31 déc. — Vesque, 306, rue saint-denis. allons bien. ici point de prussiens. — Vesque. |

Hyères, 31 déc. — Boudard, 75, rue lafayette. nous bien, hyères, 31 décembre. — Vasseur. |

Limoges, 2 janvier. — Piérard, 1, avenue d'antin, paris. famille moi vont bien. lieutenant mobiles indre, limoges. — Henry Dufour. |

Aix, 1er janvier. — Hopkinson, 46, provence. renoncez projet, imagine danger. demandez henri tavan, 28e. 13e marche. tous bien, bonne année. | Bouchet, 12, quai hôtel-de-ville. paul laciotat, nous aix. — Gay, H. Bouchet. |

Cannes, 31 déc. — Magnon père, 21, rue vanneau. paris. bonne santé. réponse. — Alfred Magnon, cannes, alpes-maritimes, poste restante. |

Tours, 2 janvier. — Vallée, 13, cléry. Inquiet de vous, mulot, nouvelle ballon. — Adolphe. | Delaberthelière, notaire, 5, faubourg honoré. tous vôtres, miens, bien. adèle et ma femme garçons. — Faucheux. |

Sauve, 29 déc. — Jouve, 30, rue cambacérès. suis à sauve, reçu 6 ballons, prie pour vous, bonne année, écrivez. — sœur Marguerite. |

Mâcon, 31 déc. — Pageaut, 29, rue luxembourg. tranquille mâcon, écrivez lyon, menus. — Colonel. | Schweitzer, 46, boulevard strasbourg. correspondance parents, tout bien, province infatigable. — Charles. |

Grenoble. 31 déc. — Mattan, 9, jussienne. reçu lettre octobre. décembre, relativement affaire lyon, allemand, si jugez convenable, signez pour moi. bons souhaits. — Couturier. | De Hercé, 87, richelieu. autorisation payer sinistre brun, prendre argent lyon. — Wable.—

Calais, 22 nov. — Guillaume, 47, rue neuve-augustins. reçu 5 octobre, sommes inquiets, écrivez. 153, rue citadelle, calais, portons bien, 22 novembre. — Caron. |

Honfleur, 30 déc. — Trémois, auteuil. avons reçu six lettres, allons bien. — Ernest. |

Villers-sur-Mer, 30 déc. — Jourdan, 39, réaumur, paris. aucune nouvelle chez nous, chez lemaire, depuis longtemps, prière voir. vous donnons carte blanche. réponse. — Roisin. | Bourgeois, 55, aboukir. eugénie, enfants, parfaite santé, nous aussi. 29 décembre, villers. — Amélie. |

---

81. Pour copie conforme :

l'Inspecteur,

Bordeaux. — 4 janvier 1871.

Fernex, 30 déc. — Bourdillon, 4, turin bien genève robillard bonne santé erfurt. — Bourdillon. | Bernard, 44, laffitte. moi, louise, amélie, dubois, bonne santé. — Bernard. | Lettu, 29, rochefoucauld. nous, alphonsine, allons bien, voir domestique maman, détails. — Lettu. |

Châtillon-de-michaille, 29 déc.— Joseph Jolliet, 40e régiment mobile (ain). porte bien, petit, famille. courage. — Jolliet. |

Clermont-Ferrand, 31 déc. — Floquet, 6, rue de seine. arcangues thann, salha, bien, tendresses. — Larre. |

Fernex, 28 déc. — Michau, 10, place vendôme, paris. aucune nouvelle, emprunt va bien, renoncer montry, graffenried et asphaltes réglés, achetez. tout bien. — Fornerod. | Vollerin, 30, boulevard magenta. sans nouvelles depuis deux mois, réponse genève. payez contribution. — Willard. | Bollack, 15, rue cléry. passer souvent appartement, mettre sécurité, faire pour mieux, payer contribution 24 francs, réponse genève. — Charles. |

Chambéry, 29 déc.— Robin, 15, lisbonne. reçu lettres 18 octobre, 6 décembre. allons bien. georges ems. écrivez toujours. — Lebon. |

Seyssel. — Derruaz, 8, rue amelot. souhaitons bonne santé. — Joseph Derruaz. |

Penne, 27 déc. — Darrasse, 21, simon-le-franc. penne, allons tous bien. — Elise. |

Brioude, 29 déc. — Coste, 1, choiseul. reçu lettres paris virton. Jean, angèle, autres embrassent tous. ilpise, riom, lassoute, bien. — Latouraille. |

Roanne, 31 déc. — Bachasse, contrôleur, 12, duphot. courage, ici santé passable. inquiétude, dernier ballon rien. écrire saint-romain. — Emma Girardet. |

Fernex, 29 déc. — Lescurre, 31, rue victoire. allons bien, avons argent, écrivez plus souvent, fabre aussi. mangez avec ouvriers provisions armoire, garçons. — Georges. | Dreyfus aîné, 24, lepelletier. vous prie de me faire savoir par quels moyens nous pourrons vous rembourser 19. — Abacet. | Roblot, 44, laffitte. confirme télégramme en vous prévenant de remettre rothschild somme à ma disposition. — Albacet. | Dreyfus aîné, 24, lepelletier. prochain ou si vous entendez proroger prêt à gages, effet circonstances. — Albacet. | Rothschild, 23, laffitte. confirme télégramme premier en vous disant, donné ordre télégraphique roblot vous remettre somme à ma disposition. — Albacet. |

Bordeaux, 6 janvier. — Resbecq, instruction publique. tous bien, tuchèze aussi. reçois lettres, tendres souhaits. — Marie. | Rollin, 12, vivienne. familles feuardent, borgella, renault, millet, parfaitement. reçu lettres, bonnes affaires. — Feuardent. | Crosnier, 39, meslay. coutant, vauthier, crosnier, londres, parfaitement, prévenir coutant. — Mariantine. | Saintemarie, 10, gaylussac. 27 décembre, tous bien lille, victor bien, sergent-major, 10 décembre, toulon. — Eugénie. | Alquié, gare nord. cher père, embrassons tous, recevons tes lettres, auguste armée nord — Marie Alquié. | Rau, 92, richelieu. lettres reçues jusque 7, tous bien, fête papa bien passée, bonnes nouvelles, joseph, affaires satisfaisantes. — Kunst. | Descroix Lefèbre, 60, grenetat. comment allez-vous? monde entiers admire paris, amitiés moi, famille, tous, courage, bientôt. — Merzbacher. | Luppé, 1, mail. lettres reçues, maurice, aix-chapelle, belgique partout santé, marc et francis, officiers. bourges, cherbourg. — Luppé. |

Greffier, 24, milan. tous bien bordeaux, albert intendant gap. — Aline. | Lévi, 11, bleue. été toulouse, acheté expédié, trente mille francs marchandises, bien portants. | Civiale, 2, tour-des-dames. toucher loyers, livres sur bureau, cartons payer impôts, santé assez. — Touchard. | Luppé, 1, mail. craindre misère, rue montmorency, 19, prière aviser, famille bonne santé. — oncle Léon. | Cottin, 3, boulevard saint-martin. toujours tous bien pau, même état trouville, robert, marguerite. baby, bien. — Sophie. | Billard, 45, miromésnil. tous bien, possédons seize lettres pauline, cinquante dammartin, dernières décembre, dites lui. — Jesson. | Evrard, 21, drouot. montreux, canton vaud, maison pilet, tous bien, assez argent, envoyé quatorze lettre, deux dépêches pigeons. — Stolz. | Desforts, 12, bonaparte. troisième dépêche, tous santé, sécurité, si occupation forcée, domestiques, coucher appartements. — Bauchet. |

Lorient, 4 janvier. — Corlobé, ministre marine. famille lebrise bien. trois mois sans nouvelles. lettre 28 reçue, joie, commerce malheureux. écrire. — Maria Lebrise. | général Dargentolle. recevons vos lettres, nous savons montreuil, familles très bien, pensons constamment vous, désirons ardemment retour. — Massabiau. | Guieysse, 6, rue jessaint. Jeglé, caspari, noblot, guieysse, parfaitement, reçu lettres du 27. — Guieysse. | Layrle, treilhart, 9, promu, parfaitement, jules ceylan, bien. — Duportal. | Delévaque, 4, payenne. famille toute bien. — Delévaque. |

La Ferté-Macé, 2 janvier. — Bobot, rue de la villeneuve, 15. famille, bébé, biens. — F. Bobot. |

Le Hâvre, 2 janvier. — Mazeline, boulevard haussmann, 184, paris. à bruxelles, hâvre, rouen, santé parfaite. — Mazeline. | Collard lieute-état-major, troisième brigade, corps d'armée de saint-denis. huitième dépêche. bonne année. félicitations, santés excellentes. — Pauline Lockhart. | Lefort Auguste, crédit foncier de france. suis hâvre, tous bien. — Marie. |

Cabourg. — Secanno, 12, place bourse. toujours cabourg, bonne santé. — Second. | Callin, rivoli, 90. cabourg, bonne santé. — Constance. |

Serrières-de-Briois. — Piron, 36, rue des bourdonnais. santé bonne, soigne-toi, gilardine silesse. — Alice Piron. |

Montreuil-sur-mer, 29 déc. — Danlion, intendant militaire, 1re division, paris. dites à bard, principal, famille bonne santé, montreuil chez Cayeux — Bard. |

La Flèche, 2 janvier. — Malisard, buci, 27. tous bien, faire part à léonide, écrivez. | Bernard, boulevard haussmann, 68. lettres 25, 29, reçues tranquilles, heureux. — François médecin prytanée. |

Châtellerault, 2 janvier. — Gressot, rue vaugirard, 21. Ernest bien, xavier bien, francfort. nous tous bien, 2 janvier, châtellerault. — Louise |

Le Faouët, 2 janvier. — Prévost, 7, 29, juillet. rassurée, souhaits, guyon père, alfred, moi, cherchez Jouin, capitaine mobiles rennes, nayels bien fête papa, baisers. — Ernestine Prévost. |

Lyon-les-terreaux, 2 janvier. — Couturier, 5, amsterdam. prière écrire à muzeau, réclamer deux dépêches, famille à lyon, eugène décoré, tous bien, reçu lettres. — Louise. | Guillemaud, 4, berthollet, tous bien. — Julie. |

Montendre, 2 janvier. — Regnaud, 21, hauteville, paris. allons tous bien, jersey, préviens sœur laurence, ne t'expose pas, pense à tes enfants. — V. Regnaud. |

Navarrenx, 4 janvier. — Moity, 85, rue legendre. santés parfaites, tous navarrenx. — Casimir. |

Pau, 4 janvier. — Fabreguettes, faubourg saint-denis, 23. morra, portons tous bien, vavasseur père, mort, émile, matisse, mort, 4 janvier. |

Pont-audemer, 1er janvier. — Dubois, cossonnerie, 3. famille entière, tout bien, nuls ennuis, ressources suffisantes, tranquillisez-vous, 1er janvier. — Eugénie. |

Nontron, 2 janvier. — Guindorff, 20, taranne. janvier. santé parfaite, courage. — Louise. |

Malicorne, 31 déc. — Davesne, place vendôme, rhir, paris. longtemps pas nouvelles écrit. — Davesne. |

Evreux, 3 janvier. — Genty, Boursault, 16. toujours très-bien évreux. — Aline |

Saint-Laurent-en-Caux. — Delcroix, 31, rue de chabrol, paris. bien portante, saint-laurent. je reçois vos lettres, écrivez toujours. — Marthe Delcroix. |

Etretat, 31 déc. — Chouet, 3, boulogne. allons bien. recevons lettres félicie. parfaitement accouchée fille 14 décembre, nourrit, alfred coeffier bien. — Chouet. |

Cany, 31 déc. — Directeur hospice quinze-vingts, rue charenton. santés, sécurité parfaites, bébé aussi. — Isabelle. |

Tours, 3 janvier. — Cormier, s. chef postes. tous bien portants, non envahis. barry avec chanzy. — Cormier. | Levoyer, 107, saint-martin. enfants bien portants, mère, louise, albert, laval santé bonne. — Beauté. | Crevel, rivoli, 78, auzouer, santé bonne, recevons lettres, nouvelles chanteloud bonnes. — Crevel |

Savenay, 3 janvier. — Lalisier, 51, clichy. hippolyte colberg, santés bonnes, lettres reçues. — Julie. |

Villers-sur-Mer, 1er janvier. — Roissy, 64, bel lechasse. ici tous bien, mille vœux. — Paris. | Plainchamp, 35, boulevard strasbourg. bonne santé, envoyons vœux pour tous, reçu argent. — Plainchamp. |

Lorient, 2 janvier. — Lauranson, bicêtre-paris. bien, alexis, artillerie mobilisée lorient. — Conan. | Rougevin, 75, faubourg saint-honoré. reçu lettre du 19, vu alfred le vingt, maintenant cherbourg, tous bien, tendres souhaits. — Bonnet. |

Auray, 2 janvier. — De Thévenard, 9, rue de noncey. enfants santé splendide, isabelle et tous bien. — Félix. |

Le Mans, 30 déc. — Gaytte, comptable (vivres), vincennes. bonne année, allons bien, sans lettres depuis 6, très-inquiets. embrassons tous, louise écrit souvent. — Lecouteux. | Legoué, contentieux. gare saint-lazare. tous bien mans. | Gaytte comptable (vivres), vincennes. vu michon. bobier, saurou, général digard, henri bien. bonne année, bien triste. — Gaytte. | Madame Freling, 8, mayran. santé parfaite, quatre combat, souhaits bonne année, bientôt courage, écrire, enverrai argent, — Desdiguères. | M. Barbier, 21, rue dragon. apprends félix mobilisé, prière lui donner nos nouvelles, veiller sur lui. amitiés reconnaissance. — Monmory. |

Port Louis, 3 janvier. — Richard, 24, rue jean-nicat. adolphe blessé à hôpital, prend-le chez toi ou chez père. que devient charles. — Amélie. |

Bordeaux. — M. Georges Picot, 54, rue pigalle, paris. merci, tendres vœux, charles et octave bien. — Adélaïde. |

Lorient, 3 janvier. — Chopart, commandant batterie, 4. flottille de la seine. je vais bien, — Chopart. |

Alençon, 31 déc. — Gouhier, entrepôt, 28. 2e dépêche, jules ismaël ici, portons bien, veux-tu argent. — Gouhier. |

Mâcon, 31 déc. — Chalot joseph, caporal, 13e régiment marche, saône loire. reçu lettres, envoyé 100 fr. poste le 12, réclame, allons bien. — Chalot. |

Toulon, 30 déc. — Martelly, capitaine 138e st-denis. marguerite ollioules santés bonnes. — Rosine. | Lamboi, feydeau, 24, paris. reçois lettres. allons tous bien, ollioules. — Marie. |

Sigean. — Berthier, rue cardinal, fesch, 22, paris. acheté passerieux, 9 fr., gervies, 12, alcool usages marisy, ne veut vendre, songez logement. — Azeau. |

Garde-Freinet, 31 déc. — Courchet prosper, sapeur du génie, 18e compagnie, 3e régiment au fort d'issy, paris. ton oncle mort, tu es héritier, fais procuration pour ouvrir maison, écris. — Mélanie. |

La Ciotat, 1er janvier. — Sieye, messageries, 3e dépêche, santé, tranquillité parfaites, mère, auguste, ciotat, rentes touchées, lettres reçues, 46, bonne année, noël seuls. — Portal. |

Brives, 2 janvier. — Rigolet, épée-bois, 19. allons bien, donne nouvelles. — Marie Rigolet. |

Aniane, 31 déc. — Durand, 15, sorbonne, paris. émile bien, reçu ses lettres coblentz. nous tous bonne santé, écris souvent, recevons le lettres. — Durand. | Vernière, officier mobiles, hérault, paris. bonne année, bonne chance, portons bien, amitiés, vierne. — Vernière. |

Cannes, 1er janv. — Truchon, rue poissonnière, 18. bien portants à cannes, décembre lettre rousset, bonne, annoncer amitiées mauclerc. 6e télégramme. — Mourlaque. |

Boulogne-sur-mer, 22 nov. — Herment, neuve-petits-champs, 50. ferdinand béghein, césar. nous tous bien portants, reçu bonnes nouvelles de famille oberrieth. — Herment. |

Vervins, 29 déc. — Courteville, 8, rue saint-martin, paris. jamais quitté origny, la flamangrie tranquille, comme toujours santés bonnes, recevons lettres, écrivez beaucoup — Courteville. |

Dunkerque, 29 déc. — madame Deprez, 82, boulevard port royal. santé bonne, famille empressée, compliments hubault, manquons rien, appartement meilleur, avons fourrures. — Guyerden. | m. Lockroy, 30, rue billault. sois tranquille ai reçu lettres, ai écrit. — Essler. |

Lille, 12, déc. — Lavaur, rue enghien, 15. lille sans nouvelles depuis lettre 2 décembre, besoin rien. 29 décembre. — Lavaur. | Charles meunier, 6, boulevard capucines, paris. bonne année, ami espoir, réunion prochaine, allons tous bien, embrassons de tout cœur. — Mathilde. |

Briançon, 31 déc. — Rochat, capitaine, 139e mont-valérien, paris. santé alexine ici. — Mathilde. |

Limoges, 2 janv. — Courvoisier, rue lafayette, 126. votre fille, vos petits enfants, marnoz bonne santé, écrivez-nous. — Defaye. |

Rennes, 31 déc. — Tostivint, médecin mobiles mont-fort, donne nouvelles. vois ma part ami léveillé. bon espoir. — Pinault. | Pingeon, 17, quai malaquais. santés bonnes, soyez sans inquiétude. dire dunouy, argent reçu, perrault bouillard ici, ressources suffisantes. — Pingeon. | Denjoy, st-lazare, 128. lettres reçues, édouard, afrique, mère condau, tous ici bien. — Ramet. | Rolland, sibour, 4, paris. sœur bien inquiète. — Lamotte. | Lavaysse, rue miroménsil, 7. tous bien, 3e dépêche. — Céleste Légonidéc. | Coutard, chaussée-d'antin, 24, paris. remerciment. reçu lettre trente, tous bien. — Simonneaux. | Daude, 13, royale st-honoré. reçu lettre albert du 16 décembre. santé bonne. il reçoit tes lettres. boisset'es respecté. — Edith, Plaine-Zépine. | m. Camusat, boulevard richard-lenoir, 20, paris. reçois lettre, renaudin officier, alfred fourrier, bourges. — L. Renaudin. | J. Faisant, mobile 5e, bataillon, ille-et-vilaine, stationné plateau-avron près paris. suis bien, tout monde aussi, hippolyte revenu. — Faisant. | Millon comptable, 1er corps, 2e armée. famille bien, alphonse officier subsistances, bichelatour décoré constant général. — Millon. | Tiret, officier d'ordonnance, général leflo, paris. famille bien, personne partis, avaient écrit à navelle. — Tiret. | Mellet, quai louvre, 20. heureux que blessures soient légères. anna, ferdinand, tous, parfaitement. — Mellet. | Massiot cherche-midi, 83. nous filleule, mère, parents julienne, auguste bien. — Agaesse. |

Montfort, 31 déc. — A juguet, sergent-major, 3me compagnie, 2e bataillon, ille-et-vilaine, paris. bien toutes deux, meilleure année, amitiés, écris familles, montfort bien. — Juguet. |

Brest, 31 déc. — Philippon, 75, cardinal-lemoine, santés bonnes, alger bien, perpignan passable, céline valachie, paul 1er. — Philippon. | Foucard, lieutenant mobiles finistère, 23e régiment, 1er bat., 3e comp., camp avron. tous bien, reçu lettre, 12. vives amitiés. — Foucard. |

Vienne, 30 déc. — Théodore jouffray, sous-lieutenant, artillerie, 4e secteur. portons bien, antoine, revenu de prusse est à armée de l'est. — Jouffray. |

Puy, 29 déc. — Bernard david, 25, bergère. dora rachel enfants bien portants, la haye, reçu lettre 24, famille restant genève. — Soulage. | Morisot franhlio, 16, répète 4e fois tous bien, subventionné tiburce évadé, passé lieutenant résidence tarascon. théodore commande gers, espérons. — Octave. |

Saint-Etienne, 29 déc. — Detrave, rue tiquetonne, 15, paris. reçu lettres, parents, amis, bonne santé. — Fessy. |

Carcassonne, 1er janvier. — Gautruche, 71, rue rambuteau santés bonnes, tristes privés nouvelles, hippolyte, écrivez. — Eugénie. | Borde 63, taitbout, 1er janvier. vœux affectueux, reçu lettre 27. bonnes nouvelles, arron, cherbourg. — Borde. |

Niort, 1er janv. — Rouland, gouverneur, banque de france. ma mère, nous tous, allons bien, recevons tes lettres, sois sans inquiétude. habite caen. — Gustave. |

Les Sables-d'Olonne, 1er janv. — Fournier, 62, rue marais st-martin, paris. santé parfaite, nouvelles de max. nous vous aimons. — Cazis. | Fournier, 14, rue de berlin, paris. bonne année papa, raimond marcel. — Fournier. | Pesard, 3, rossini, demonsay, santés, situation excellentes, bithume, anselme, bocquet parfaitement. — Louise Demonsay. |

Albertville, 30 déc. — madame fontaine, rue

Bordeaux. — 4 janvier 1871.

de la plaine, 5 thormes. portons tous bien. falcy, écrive. — Angenard. | Cloppet, rue ste-anne, 45, fils, 38e ligne, 1er bataillon, 1re compagnie, le mans. tous bonne santé. — Cloppet. |

Lyon, 31 déc. — Vanyson, 4, rue châteaudun. émilie bien, maurice charmant fait bien devoirs, famille générale catharine, marianne bien, albert magnifique. — Lima. | Charles porgès, 2 blanche. sans lettres depuis 3 décembre, vendez mes six mille emprunt, ne vendez plus lombard. — Porgès. |

Thiers, 30 déc. — Rouillon, quai béthune, 20, paris. jules bien portant, nouvelles récentes, joseph, bourges, bien portant. hugon, algérie. donnez-nous nouvelles. — Bertrand. |

Mâcon, 28 déc. — Ponsinet, joubert, 33. écris. — Ponsinet. |

Carmaux, 3 janv. — Julie Sevin, rue st-martin, 7, paris. après délivrance reste quinze jours dans chambre claude sans descendre. bon courage. — Sevin. |

Nice, 3 janv. — Drollet, cherche-midi, 72. sarah très-heureusement accouchée, mère et fils bien. — Vanda. | Zamoiski, marigny, 25. donnez vos nouvelles menton, les vôtres bien portants. — Vanda. | monsieur Carraud, 44, rue de douai, paris. tous nice, enfants bonne santé. pourquoi pierre pas écrire? mille baisers. — Zoé. |

La Flèche, 30 déc. — Dauphin, jacob, 21. molinos à marie par tavaux (aisne.) courage. — Adam. | Bernard, boulevard haussmann, 68. flèche tranquille. charles grandit. lettres madeleine, emmanuel reçues. — Noël. |

Lyon, 2 janv. — Gazet Lefebvre, 15, rue richard-lenoir. santé bonne, grand désir revoir. quatrième dépêche. — Estelle. |

Redon, 4 janv. — Barneville, 51, rue romo. mahey, barneville bonne santé, habitent nonancourt tranquille. henri reçu tes deux lettres. avons argent. — Marguerite. |

Poitiers, 4 janv. — Labarte, 2, drouot. écriteau sur appartement absent pour fonctions maire misery, somme. meurinne je vous plains et embrasse. — Sophie, poitiers. | Delaunay, monthabor, 30. santés bonnes, sauf grand'mère. pays libre, maurice reste, defeydeau prisonnier leipzig. — Rospiec. | Guillot, 9, boulevard poissonnière. très-bien en tout, reçu portraits, tous mandats, assez. voyez dugeley, officier 2e marine montrouge. — Guillot. | Jourde, chauchat, 14. capoduro à carry avec nous, tous santé excellente. bons souhaits nouvelle année. — Anaïs. |

Neuilly-en-Thelle, 27 déc. — Colleaux, 58, grenéta. rien extraordinaire, portons bien. mère sandhomme morte. prudent armée loire. écrivez. — Colleaux. |

Beaune, 31 déc. — Lhuillier, avenue champs-élysées, 120. pansiot, niolle, artillerie forts. langre santé bonne, couchey tranquille, tout va bien. — Pansiot. | Thévenot, mobile côte-d'or, 1er bataillon, 1re compagnie. vais bien, écris. — Marie. |

Calais, 30 déc. — Brook, 42, boulevard sébastopol, paris. donnez nouvelles par chaque ballon poste. — Priestley, 375, rue du soleil, calais.—

St-Pol-s.-ternoise, 27 déc. — Delahousse, flandre, 17. souhaitons tous bonne année. tous bien portants à siracourt. reçu lettres. courage, confiance. — Marie. |

Nîmes, 3 janv. — Crémiault, boulevard strasbourg, 68. santé bonne. — Charlotte. | Lugol, 1, rue saints-pères. demoiselles vont bien. tout marche bien ici. je suis pas partie. — Thibaud. |

Dôle-du-Jura, 28 déc. — Berthaut, commandant artillerie corps vinoy, 2e division. famille bonne santé. écrire laure, petit-sacconex, 252, près genève. — Gellé. | Lecaron, 37, rue vieux-augustins. famille bonne santé. écrire bruxelles, 69, rue stassard. — Gellé. |

Montbrison. — Falaiseau, 35, notre-dame-des-champs, paris. falaiseau bien. romanet, semallé, aux feugerets bien. |

Morlaix, 3 janv. — Briens, lieutenant mobiles morlaix, 4e bataillon. famille bien. emma, rouilly ici. lettre 26 reçue. courage, votre délivrance approche. — Briens. |

Mâcon, 1er janv. — Déclat, 80, taitbout. excellentes nouvelles, marguerite florissante chez biccin, 22, marché à lorient, mâcon avec vous, oiseaux emporté espérances. — Goyet. |

Pontailler-s.-saône, 27 déc. — Lavaysse, rue copenhague, 5, paris. tous à genève bonne santé écrire poste restante. — Lavaysse. |

Berck, 30 déc. — Pulliat, 28, boulevard poissonnière. pas réponse, bien inquiet, voir mon propriétaire. — Tullet. | Tiby, hôtel danube, richepance. allons bien. — Beydou. |

Aix en Provence, 3 janv. — Ardisson, lieutenant de vaisseau, blessé au plateau d'avron, paris. télégraphie-moi immédiatement l'état de ta blessure. — Jean Ardisson. |

Château-Gontier, 3 janv. — docteur Joseph. avenue italie, 87, paris. troisième dépêche, tous ensemble, calme complet. reçois nos souhaits, prends courage. — Joseph. | abbé Bréon, chaillot, 50. bréon pas menacé, restons. recevons tes lettres, frères bien. |

Creil, 28 déc. — Rouher, 15, tronchet. femme, enfants, famille vont bien. reçu lettre du 5 novembre. anna, sophie deval, 7, place alpes, genève. — Delaplace. |

Beauvais, 28 déc. — Morel, surveillant télégraphe, central, paris. st-ovin vont bien, nous aussi. — Clémence. |

Lechâtelet. — Louis Michaux, vandrezammi, 28, paris. hector, jules prisonniers. eux et nous bien portants. répondez. — Robert Leroy. | Villain, quai mégisserie, 14. pas inquiets, santé bonne, douai aussi. lettres reçues. — Villain. |

Fréjus, 3 janv. — Dubreuil, 24, rue bons-enfants. sommes st-raphaël (var) écrivez là. bien portantes. — Ernestine Dubreuil. |

Salins, 31 déc. — mademoiselle Lelièvre, notre-dame-des-champs, 35, paris. salins vont bien pour vous vœux, pensées, amie morte, désolées avec madame marguerite. tendresses. — Angèle. |

Arbois, 31 déc. — Lascoux, 86, université. familles arbois metz, fenêtre vont bien. attendons votre lettre. — Faultrier. |

Calais, 31 déc. — Paynval, quai bercy, 62, bercy. quatrième dépêche. dony bien portant posen. martin envoie argent. répondez. dragons du nord. — Lille. |

Rognac, 3 janv. — Roullier, 6, place vintimille payez contributions et vos débours, versez argent chez ducloux. écrivez pour marie et vous par ballon. — de Ferreux. |

Meximieux, 31 déc. — Orcel, rue du banquier, 35, paris. fils prisonnier coblentz porte bien. — Orcel Claude. |

Poitiers. — Portalis, 15, monsigny. rien depuis lettre 19 novembre. joseph armée chanzy. santés bonnes, écrivez poitiers. — Portalis. |

St-Vallier-s.-Rhône, 2 janv. — Bleton, lieutenant 67e de ligne, hospice salpêtrière, salle st-paul, paris. Dieu merci tu es vivant, non estropié. courage, guéris, viens au plus tôt, écris. — Bleton. |

St-Amans-Soult, 3 janv. — Capitaine Guitaut, 4e bataillon mobile côte-d'or, paris. allons tous bien, recevons vos lettres, mais pas toutes, nous conservons patience. — Louise. | Colonel Reille, boulevard latour-maubourg, 10, paris. tous bien. tes lettres arrivent. écrivez tous souvent et longuement. — Geneviève. |

Richelieu, 3 janv. — Abette, rue rivoli, 36. nous, abette santé, situation bonnes, recevons lettres. — Dusaussoy. |

St-Germain-Lembron, 31 déc. — Pilvois, feuillantines, 74. tout va bien, mille baisers. — Marie, Hélène. | Fouchet, 44, rue provence. meilleure année, courage. — Denelle. |

Abbeville, 30 déc. — Englèr Ribet, 60, rue rennes. mère et rosy abbeville, georges, louise brive. santés parfaites. — Rosy. |

Lyon, 1er janv. — Jannin, 9, turgot. — Jannin. | Berthet, cardinal-fesch, 22, paris. femme, fils, parents bien berthier, gand, famille bien. — Alice Berthet. |

Cluny, 30 déc. — Paulian, soufflot, 20. tranquillité absolue, santés parfaites. raisonnable. reçu lettres, 30 décembre. troisième dépêche. — Augustin Laviéville. |

Rostrenen, 1er janv. — Hervé Paisy, commandant 4e bataillon mobiles côtes-du-nord, paris. tous bien, tout bien. lettres arrivent, souhaits. 1er janvier. — Philomène. |

Vendeuvre-de-Poitou, 4 janv. — Guillaumet, 43, écluses saint-martin. répondu trois lettres à la vôtre. aucune différence le 8 septembre. — Constant. |

Salers, 2 janv. — Evrard, 3, rue elzevin, paris. papa, maman, cheylus, léon, maria bien portants. tous en bonne santé, part à léon. — Broquin. |

Le Mesle-sur-Sarthe, 30 déc. — Comte Louvencourt, officier ordonnance général ducrot. portons bien à coulonges, envoyons souhaits, désirons nouvelles, avons eu dernièrement par maria — Héléna. |

La Verpillière, 1er janv. — monsieur Gallois, lycée saint-louis, paris. tous portants satolas. rechercher peyaud joseph, soldat 66e ligne, 1re compagnie, 4e bataillon. réponse. — Chevrier. |

Lille, 28 déc. — Rendu, 34, rue madame. suit armée. santé excellente. 28 déc.—Faure. |

Le mans, 1er janvier. — Roger, chez levillain, 164, avenue clichy. tous bonne santé. nous écrire de suite. — Picouleau. | Gastelin, 17, soufflot. merci bons enfants. gorgiou venu tous très-bien. tarot, vétillart, leroy, roche, rinlière aussi. courtangis passablement.—Gastelin. | marquise Dangosse, 91, saint-dominique, paris. bonne année. sans aucune nouvelle de vous. écrivez au mans. vais bien, vous embrasse.—Alexis. |

Le mans, 31 déc.—Guth, 194, lafayette. épouse inquiète écrire. | Moreau, opticien, rue fille-du-calvaire. portons tous bien, pas parti.—Ernest. | madame Spillmann, 1, place école. écris-moi, ambulance division cavalerie, 17e corps, 2me armée de loire.—Spillmann. |

Donzy, 25 déc.—monsieur Gariel, 41, martyrs, paris. ai écrit à saintes pas réponse, soigne-toi, prends chez notaire argent nécessaire. — Lefèvre. |

Dinan, 1er janvier. — Isabelle, 80, taitbout. bons souhaits, écrivez, grados piedevache. | Perrault, 6, vavin. réformé, assez bien dinan. — Perraut. | monsieur Perraut, 6, vavin. pas reçu argent, inutile, bien dinan.—Perraut. |

Quintin, 30 déc. — Clerc, 21, rue amsterdam, paris. reçu vos lettres, tous bien, vœux d'année, quintin, 29 déc.—Grésy. |

Villers-s.-mer, 31 déc. —Savry, 14, rue mayet, paris. prière voir chez nous, chez maman, recevons aucune nouvelle. donnez argent. faites nécessaire réponse. — Roisin. | Martineau, 186, faubourg saint-honoré. toutes parfaitement. émile chef 15e corps. henry cherbourg. 1er janvier. —Elisabeth. |

Neufchâtel-en-bray. — Deridder, 3, avenue du coq. fille tout va bien.—Catherinet. |

Etretat. 31 déc.—Chaudé, 14, condé. bien portants. 120, sloane street, londres. laissé domestique étretat, rocher prisonnier darmstadt. — Chaudé. |

Lille, 29 déc. — Dhaisne, 47, galilée. reçu vos lettres, bonne santé quatre dépêches envoyées. reçu courrier colonies vous embrasse.—Dhaisne. | marquis Verteillac, 37, boulevard des invalides, paris. allons bien. reçu vos chères lettres. ostende.—Herminie. |

Bordeaux, 3 janvier. —Lefèvre, 96, provence. lefèvre, amélie, sigarx, demoiselle masson recevons lettres, portants tous à fougeres, masson alphonsine, genges partis. janvier. — Lefèvre. | Cayla, 17, rue notre-dame,des-champs, paris. 3 janvier, sans nouvelles depuis 12 nov. avons envoyé carte-dépêche et lettres. — Marie. | Clément, 51, rue st-lazare, paris. sommes bien portants, lettre reçue argent bel envoyés.—Fajol. | Basset, 11. mansart. papa, maman, jab andrée à lyon depuis octobre, bien portants. lettres reçues aucun danger —Basset. | Lafond, 4, place bourse. tous partout parfaitement, recevons lettres.— Duquenne. |

Granville, 31 déc. — Desrousseaux, 9, alger. granville. alice fortifiée,| tous parfaitement, — Desrousseaux. | Vender, capitaine 110e ligne, accouchée 30 déc. garçon édouard, tous très-bien. —H. Vender. |

Gaudry, 29 déc. — Vogel, 9, faubourg poissonnère Lottner et henri rentrés. fabrication, teinture ventes marchent pour angleterre, amérique. reçois vos lettres. tous bonne santé.— Passet. |

Poitiers, 2 janvier. | Baronnet, 165, boulevard hôpital. habitons poitiers bonne santé, famille baronnet aussi. — Benoit. | Albert Dumont, 58, jacob. lettres reçues, famille va bien.—Dumon. | Zaepffel, directeur ministère marine. 20 déc. allons bien, nous, rieff, henri et ton fils tarbes. reçu ta lettre vesoul.—Edgar. |

Cambrai, 29 déc. — Dhailly, entrepôt douanes, reçu toutes lettres, répondu toujours, employé tous moyens. tous bien portants. ici tranquilles. pensons toujours alfred.—Mère. |

La rochelle, 2 janvier. — Pailleron, 34, rue barbet de Jouy. envoyons souhaits, embrassons, sommes bien.—Marie. | Camus, 65, rue meslay, paris. rochelle, 1er janvier. souhaite de grand cœur bonne santé à tous, prusssiens toujours blois. — Bourgeois. | monsieur girard, 126, rue de rennes. toujours à rochelle, bien portante, reçois lettres, soins pour toi et courage. —Girard. | Dynglemare, assistance publique, place hotel ville. triste jour, tous bien, baisers tendres. deux mois sans lettre toi. courage. — Laure. rochelle. | Lavertujon, hotel-de ville. hélène, siens laguène siens, fournier siens, mouniq, père, sœurs, nous trois parfaitement, personne rien besoin.— Eumesnil. |

Le havre, 30 déc. — Mazeline, 134, boulevard haussmann, paris. à bruxelles, havre, rouen santé parfaite. —Mazeline. |

Gondrian, 2 janv. — de Rangoure, administration postes. paris. —familles, tournié, rangoure, espagne, renaud, bonne santé. anatole, raymond, latour pas partis. raoul tué.—Renaud. |

Agen, 3 janv. —Chaulet, chez lafont, 19, rue capou. donnez nouvelles pontié, familles lafont, chaulet, bien.—Pouydebat. | Caritan, 97, boulevard magenta. donnez nouvelles lontié, blessé, ambulance ministère finances.—Pouydebat. |

Cusset, 29 déc.—Blancher, maréchal logis, 22e artillerie, 5e batterie, 2e armée, 2e corps. le valois perret. santés bonnes, contente lettres. — E. Mailly. |

Rochefort-sur-Mer, 3 janvier. -- Bacot, 80, taitbout. mère, lucy, enfants, à rochefort. andré trotte, andré épelle. santé parfaite. parents à champigny également. — Raymond Bacot. |

Louviers, 31 déc. — Mourier, 2 ter, passage sainte-marie. fillette à merveille, famille aussi. espérons nous revoir tous. bonne année.—Dibon. | Lefebvre, 27, londres, 31 déc. tous santés parfaites, tendresses, vœux ardents. — Dibon. |

Beauvais, 27 déc.— Auguste Blanchard, 47 bis, rue de la victoire, paris. georges prisonnier heildesheim, hânovre, va très-bien — Tremblay. |

Dinard, 2 janvier. — Dutard, 79, rivoli. dinard, 1er janvier. troisième dépêche, bien portantes, reçu lettres. |

Plouha, 1er janvier. — Chauvy, 2, rue pyramides. écrivons, télégraphions constamment. nous tous province. stéphane, albert parfaitement. recevons vos lettres. joujoux enfants heureux. — Alice. |

Troyes, 27 déc.—Hébrard, hôtel de la tour, 15, rue de belhoma. bonne santé, nouvelles, inquiet albert, écrivez ballon, répondrons. — Dulac. | madame Moreau, 40, grande rue de montreuil, paris. si vous avez les enfants, réponse par ballon. j'enverrai argent. — Buquet. | Vigney, 13, rue de la cossonnerie, paris. rentrés nîmes chacun chez soi, troyes envahi 10 novembre, aix 11, pas malheureux, reçu lettres 5 décembre. — Vernant. | Henriquet, juge d'instruction, 48, rue des écoles. paris. bonne année, bonne santé, donnez congé appartement. enfants bien portants. |

82 Pour copie conforme :

L'inspecteur,

Bordeaux. — 5 janvier 1871.

Granville, 27 déc. — Chesnay, rue daval, 22. santé bonne, inquiète de toi. — Chesnay. | Joret, 19, marché honoré. percheron ici, buffon, capitaine, 15e corps, armée loire. tous bien, bébé superbe. ferrand maréchal chef. — Laurence. | Joret, 19, marché honoré. nouvelle veuve moreau, 15 décembre. tous bien. envoyé vôtre 17 décembre eugène écrire souvent. — Joret. | Lessertisseux, 13, cardinal-lemoine. tous trois bonne santé, espoir revoir bientôt. tendresses. — Lessertisseux. |

Rennes, 28 déc. — Domère arthur, rue des prêtres-saint-germain-l'auxerrois, 14. télégramme 12 novembre, lettre 20 novembre, portons bien, embrassons, écrivez par tous ballons. — Domère. |

Avignon, 28 déc. — Grué, 22, rue saint-marc, paris. santé bonne, écrivez. — Edmond. |

Saint-Aubin, 27 déc. — Binant, rochechouart, 70. paris. lettres reçues, santé parfaite, saint-aubin, digne. — Blot. |

Dozulé, 27 déc. — Gaillard, rue alembert, 1, montrouge. bonne santé. — Gaillard. |

Dives, 26 déc. — Robin, rue chanoinesse, 2, cabourg, portons bien, recevons lettres — Robin. |

Vire, 27 déc. — Monard, 42, rue jeûneurs. donnez de suite congé de mon appartement. aucune nouvelle depuis investissement, écrivez souvent, amitiés. — martin Damourette. | Gravier, 5, mogador. soignes-toi, utilise claus, patience, espoir, tendresses. — Gravier. |

Caen, 27 déc. — Richefeu, 140, boulevard montparnasse. toutes ensemble, bonne santé, depuis septembre chez eymery, blaye. — L. Richefeu. | Gaignoeux, 13, rue lafayette. onzième dépêche, famille entière va bien, habitons caen, recevez meilleurs souhaits. — Guillet. | Dupoirieux, 71, boulevard saint-michel. jacquemin, pauline cabourg, santés parfaites. — Riom. | Brunet, état-major laroncière, saint-denis. allons tous bien, t'embrassons, livarot, 26 décembre. — Marie | Salles, 16, rue courcelles. portons bien, chez tostans, vaugueux, caen. — Jurbled. |

Calvisson, 30 déc. — Lémonon, 17, rue eupatoria. autorise prendre fûts ulliel. — Rabinel Porte |

Nîmes, 31 déc. — Fernet, 36, enghien. pour tous bon souvenir. pauline valognes chez delisle bonne santé, envoyons lettres dépêches. — Amélie Boissier. |

Belleville-sur-saône, 21 déc. — Mamy, 71, rue saint-jacques. portons toutes bien, recevons vos lettres. — mathilde Rosine. |

Lanlevant. — capitaine Treveneuc, ministère guerre, paris, pour gustave. tous bien. locunolay bon état, cochen parti, on s'occupe chevaux. — Henry. |

Aix, 29 déc. — Deronseray, 19, rue de lille. troisième dépêche, houlgate aix bien, émile coblentz. lettres reçues. — Eugène. | Pellegrin, lieutenant vaisseau, rosny. famille entière très-bien — Pellegrin. |

Saint-Nazaire, 31 déc. — Bourcard, mobile, chez trotrat, 45, rue labruyère, paris. partirai pas, vu ta famille tous bien, vous embrassons, bonne année. — Deroux. |

Cette, 31 déc. — Montcarrel, 12, avenue parmentier. portons bien, recevons lettres. — Godeau. |

Arcachon, 1er janvier. — Level, 8, rue rougemont, paris. toute famille bien, cécilia, fille. — Level. | Joffrin, 63, taitbout. bonne année, restons définitivement buffon-arcachon, donne 60 fr. mère ernestine, assure jules, pereira bien portant. — Adolphine. | Ravel, 77, blanche. arcachon quarantième dépêche. quel premier janvier ! que Dieu te protége ! j'écris journellement adresses indiquées. — Mady. | madame Berson, 49, faubourg poissonnière. tous bonne santé. — Pauline |

Vannes, 30 déc. — Couchot, 60, rue des écoles, paris. recevons lettres, avons répondu, santés bonnes, toujours tous bon espoir. — Turgis, rue du mené, 27 |

Ancenis, 31 déc. — Maillard, 8, rue louis-le-grand. reçu lettre 26 décembre, portons bien. — Maillard. |

Châteaubriand, 31 déc. — Aubré, 48, bourgogne. allons moyennement, si besoin argent voyez duboys, notaire, pour emprunter. mille embrassements, bon espoir. — Defermon. |

Nantes-Central, 31 déc. — georges Michel, 4, rue de rome. écrire place pilori, 6, nantes. j'oublie pas. — Félicie | Laisant, capitaine génie, fort d'issy. bonne année, bien tous. — Cécile père. | Rabache, capitaine artillerie, mobile, loire-inférieure, villette, paris. femme, enfant bien, 3e dépêche, meubles appartement nantes, reçu 6 mandats. — Rabache. | Vinit, 11, rue lesueur. sucre réunion convenable disponible manque totalement, trouverais livrable convenable 60 fr. bonne quatrième. — Gaillard. | Germain, 5, casimir-périer. recevez les meilleurs de nos vœux, nous espérons bientôt vous revoir. — Lévy. | m. Everhard, 11, rue d'argout paris. ami reçu nouvelle, maman vont bien, bébé dit papa, embrassons. inquiète, réponds, santé — Héloïse. | Collin, 15, quincampoix berthe, misnil, gustave, thieux, plouviez, péclu, tous très-bien, nouvelles chatou bonnes. — Collin. | Dufort, 5, turbigo. nantes 31 décembre arrivés sans encombre familles ernest, dufort, virgile, hondres, antoinette. armand cherbourg, bien portantes. — Dufort. | Cormerais, 129, boulevard saint-michel, paris. portons bien. — Cormerais. |

Chinon, 31 déc. — Jahan, 10, rue de strasbourg, paris. bien portantes, installées chinon. — Jahan. |

Nevers, 29 déc. — capitaine thorey, 105e ligne, division mattat, vincennes. allons tous bien — Berthe. | Benet, 16, rue magnan, paris. lettres reçues, répondu, allons bien. — Boulé. |

Saint-Lô, 30 déc. — Benoist, 123, boulevard sébastopol. toutes trois portons bien. — Roux. |

Bayeux, 30 déc. — m. Julien, 54, rue de provence. enfants à lyon. — Ray. |

Vienne, 28 déc. — Meunier, 19, grands-augustins. allons bien, dernière lettre 14 novembre, écris. — Meunier. |

Sorgues, 30 déc. — Oulmann, 9, rue française, paris. parents dijon, lyon, vont bien, province va bien, bon courage, avons bon espoir. — A. Sanlet. |

Avignon, 30 déc. — Ducos, 75, avenue d'italie. tous parfaitement. — Zoé. | Four, 49, rue d'enghien, paris. nous allons tous bien, gustave toulon. — Emilie. | Gourcuff, assurances générales. confirme télégramme vingt-trois. depuis aucun sinistre, fonds disponibles trente mille. souches faites pour primes janvier. — Abria. |

Vichy, 30 déc. — Capron droguiste. françois-miron. envoyez argent vite tant que possible, rathier capron. schelcher, ternes, vichy. — Patoux | Gabillot, 19, faubourg saint-honoré. bonne année, bonne santé, vichy. — Gabillot. |

Hâvre, 29 déc. — Persoz, 28, rue écoles, paris. parents inquiets recevant pas nouvelles, écrivez-nous immédiatement hâvre. — Laederich. | E. Burgain, 19, échiquier. famille et enfants bien portants, pas besoin d'argent. nous t'embrassons de cœur. — E. Burgain. | madame Lahure, 171, rue grenelle-saint-germain. attendons belgique, edmond prisonnier parole bien portant, avons télégraphié inutilement, famille bien — Paul. | Hoskier, paris. confiance, 27 décembre tous bien londres. évian, familles leroy, lewy aussi. lucien couturier positivement tué gravelotte. — Herman. | Rôze, 9, cléry. déménage papa chez nous, écris. — Marie. | Wasilewski, 16, boulevard malesherbes, paris. suis sans nouvelles à londres, communiquez antoine, écrivez souvent. — michel Ephrussi. | Suchet, 4, rue neuve-capucines, paris. adèle, enfants londres hôtel panton-street, charles hâvre, artillerie. écrivez, communiquez dépêche tante. — Pierson. |

Le Havre, 1er janvier. — Da, neuve-des-petits-champs, 62. hier nouvelles henri excellentes, auguste soldat. — Hallot. | Dermaret, 46, provence domiciles janvier onze cents francs. cocher et chevaux bartholdi havre. raoul prisonnier glatz, famille bonne santé. — Delaroche. | Gastambide, 34, cardinal-fesch. adrienne bonne santé, reviendra probablement havre avec compagnes cette semaine, raoul prisonnier glatz, silésie. — Delaroche. |

Trouville, 2 janvier. — Taverne, 73, rue victoire arcachon. — Devillers. |

Flers, 2 janvier. — Barré, cherche-midi, 84, paris. très-inquiets, pas lettres de toi depuis 6 novembre, serais-tu blessé? réponds premier ballon. — Barré. |

La Ferté-Macé, 2 janv. — Larue, rue temple, 140. deuxième dépêche. santé bonne, courage. — Césarine Larue. |

Digne, 30 déc. — Berthelin, prince eugène 160. écris donc. amitiés. — Berthelin. |

Dieppe, 31 déc. — Gambey, 28, rue turbigo, paris. tous très-bien, reçu lettres. — Gambey. | Legros, 37, boulevard prince-eugène. femme. enfants bien portants. — Legros. | Prat, de la tour-d'auvergne, 10. reçois lettres, informer gouilly. madeleine, prenez tout. — Hulot. | Ballaghan 73, haussmann. irène, enfants bien le 20, allons bien. écris moi. souvenirs à dellient, aranza, 30 décembre. — Villèle. | Pasteur, 29, tronchet, paris. reçois lettres, petit charles, tous parfaitement. — Pasteur. | Paillard, 19, rue surène. souhait de tous pour année nouvelle, nous revoir bientôt. santé bonne, dieppe tranquille. beaucoup. — Pellier. |

Montauban, 4 janvier. — Rouland, gouverneur banque france. allons tous bien, mère reçoit tes lettres, sois pas inquiet. — Gustave. |

Lyon-Perrache, 2 janv. — Bioche, taranne, 10. tous tranquilles, bien portants. mère mende, précaution. pierre robuste campagnard, thérèse gentille, moreau angers, thaïs auray. — Michel. |

Alger, 27 déc. — Déblets, sept-voies, 15. donnez-nous de vos nouvelles par ballon monté, nous allons bien — Hardouin | Deleval, 21, barbet-de-jouy, paris. tous bonne santé. enfants d'égypte arrivés. — Aglaé. |

Vienne, 1er janv. — Calet, rue des cendriers, 56, belleville. famille bien. lettre claude au gabon. province enthousiaste, armement précipité, bientôt vous embrasser. — Dinaïse Calet. |

Roanne, 2 janv. — Aubin, boulevard magenta, 39. paris. Jules officier. allons bien et charles aubin. — Raymond. |

Brives, 4 janv. — Chrétien, 54, boulevard saint-michel. frères, sœur tous bien. prenez chez moi provisions, bois. — Vial. |

Lyon, 2 janv. — Germainville, 4, rue férou, paris. Dupuy, sadot vont bien et travaillent. — Dupuy. | Charles Porgès, 2, blanche. sans lettre depuis 8 décembre. vendez mes six mille emprunts, ne vendez plus lombard. — Porgès. | Grand, capitaine, 2e bataillon mobile du rhône, passy-paris. recevons vos lettres, tous bien portants, embrassons toi, jayet. — Julia Grand | Rognon, rue provence, 8. Agnès quatre enfants, nous, familles, très-bonne santé. jean sevré. — Monneret. |

Montpellier, 3 janv. — Leenhardt Vernes. taitbout. répartis 140 francs entre fesquet, bertrand, gachon, monnier. pons, malacombe, roche, gallien, mobiles mudaison, allons bien — Lembardt. | Crémieux, mazarine, 41. Léonce, capitaine, décoré. — Dupin | Vianès, cavalier train équipages, école militaire, allons bien. suis montpellier poste fixe. anna vauvert bien. espérons vous embrasser bientôt. — Alfred. | Foulquier, 12, bellechasse, pour Montvaillant, 4e dépêche. allons bien recevons lettres, rassurez dalfonse, bouschet, lescure. — Montvaillant. | Allien, fourrier mobile hérault. 45e régiment de marche. 3e bataillon. 4e compagnie, paris. reçu lettre noël, portons bien. — Allien. |

Avignon, 3 janv. — Ducos, avenue d'italie, 75. tous parfaitement. — Zoé. | Devignancourt, ministère finances. contente tous bien portants, écris souvent. — Roudel. |

Lille, 31 déc. — M. Gigon, 50, rue croix-des-petits-champs, paris. papa, maman, louise, jeanne, arsène chalou, bien portants. — A. Gigon. | Leclerc. rue regard, 10. reverchon, marguerite, gand (belgique), hôtel-poste, vont très-bien. recevons lettres. boëssé bien. — Marguerite. | Jacob, rue richelieu, 60. tous bien, sommes à gand (belgique), hôtel-poste, avec reverchon. les josseau à saint-omer. — Hautefeuille. | Mme Laribeau, rue pépinière, 2. souhaits de cœur, dix semaines sans nouvelles, très-inquiet, adressez chez lahousse, négociant, lille. — Perregaux. |

Vire, 3 janv. — Basset, boulevard temple, 12. tous très-bien. — Basset. |

Caen, 3 janv. — Deserenne, faubourg-saint-honoré, 248. lettre reçue, lecieux bretagne, nous bien — Blancagnel. | Raphaël, 23, ponthieu. vends, chevaux, fourrages, adresse lettre camusat. caen. bonne santé — Moyse. |

Clermont-Ferrand, 1er janv. — Garnier, tournon, 14. mille souhaits, depuis octobre sans nouvelles, rassurez-nous. tous bien portants. — Astaix. | Palliard, 159, saint-antoine. bonnes santés, gustave armée loire. bonnes fête, année, albert bien, lettre 18 aujourd'hui, part pauline. — Palliard. | Sautter Boissonnas, st-georges, 1. voyez boinod. chercher faire réduire oppositions. répartition à chiffres réclamés par opposants, touchez solde. — Sautter. |

Saint-Aubin, 1er janv. — Hurel, 17e dragons. tous bonne santé, recevons lettres. — Hurel. | M. Morland, 2, rue louvois. portons bien, recevons lettres. — Majesté |

Bernay, 1er janv. — Delbeau, 10, saint-séverin. virginie bonne santé, alice 7 kilog., bonne santé. — Hervieu Delbeau. | Jordaux, 39, sentier. bonne année toute famille. — Camille. |

Caen, 2 janv. — Dupoirieux, boulevard saint-michel, 71. jacquemin, pauline, cabourg. santés parfaites. — Riom. | Menvielle, ville-l'évêque, 40. santés bonne, amitiés crèvecœur, duplan, darembergr. — Hamot. | Dubrisay, 6, marengo. bien portants toujours, babourg janvier. — Marie Dubrisay. | Millot, faubourg-du-temple, 65. madame est en très-bonne santé. — Desloges. | Tesson, bac, 128. bonne année! lettres reçues. amis, sœur bien. — Jamet |

Veauce, 25 déc. — Clarésy, concierge, champs-élysés, 118, paris. reçu lettres fromant 23 novembre, 10 décembre. écrivez-moi ses nouvelles, tout bien ici. — Veauce. |

Angers, 4 janv. — Goupil, chapon, 13. pas nouvelle raoul septembre, fort saint-denis, zouave, cherchez, donnez argent, réponse. — Martinrenou. | Mme Royer, rue dufour, 32 écrivez franchement, angers, rue plantagenet, 21. santé bonne. — Taillandier. | Mme, Pezout, rue lancry, 41. payez impôts et ceux rue belleville, 89. Taillandier. |

Albertville, 31. déc. — Nicaise et comp., boulevard bonne-nouvelle, 8. quel prix paierez-vous fromage gruyère, beurre fondu. — Rey. |

Saint-Etienne, 1er janv. — Transon, 8, tournon. toutes santés bonnes. jules à dusseldorff avec général gagneur. paul, madelin envahis. espoir et obstination. Tournaire | Labitte, 50, rue neuve-st-augustin. recevons lettres, vais bien, avec maman malade, paul dijon, alexandre strasbourg, langoisseux. rené morts septembre. — Labitte. |

Le Hâvre, 2 janv. — Gellée, 17, rue rivoli. 3e dépêche, reçu lettre 24, agréez souhaits, sommes bonne santé, sans prussiens hâvre, venus bolbec. — Furon. | Ramond, rue des écoles, 38. challié, bousquet, ramond, hâvre, tous bien. — Emma. | Walcker, 42, rue rochechouart, paris. reçu lettres, nous sommes tous très-bien portants, donne adresse madame hervé. — Walker. | Grandillet, 31, cordelières. hâvre, bonne santé. — Ernest Tillault. | Laiter, rivoli, 218 aucune inquiétude sœur, clotat bien, george cherbourg sédentaire. Jean prisonnier kœnigsberg. courage. confiance. — Broström. | M. Rogelin, 13, rue poissonnière. madame, aubey, rogelin, enfants, tous bien portants, sont depuis deux mois jersey, don road. — Bourgeois. | Monod, 5, des écuries-d'artois. 2 janvier. enfants bien ; lucien enrhumé, mais nullement malade, hélène et enfants ici, bien, et tous. — Julien. | Coquerel, 3, boulogne. si pagézy, lieutenant, mobiles hérault, blessé rosny, prenez votre ambulance — Fontanés. | Adolphe Dreyfus, rue bergère, 28. espère, reçu lettre, dépêche, biarritz bonne santé, 23 janvier anniversaire regretté père. nouvelle famille — Dreyfus. |

Saint-Malo, 3 janv. — Hovius, lieutenant, hôpital récollets, faubourg saint-martin. félicitations belle conduite, espérons blessures sans gravité. — Hovius.

Toulon, 3 janv. — Bécourt, 38, rue notre-dame-victoire, paris. reçu lettre 20 décembre, envoyé dépêches souvent, adresse rue molière, 2. — Dubuit. | Decholet, rue de la verrerie, 2. reçu lettres, bonne année. — Decholet. |

Avranches, 30 déc. — Masseré, 4, quai célestins. inquiets, être sans nouvelles depuis 22 nov. enfants ici, allons bien — Masseré. | Roussel, 14, rue lancry. tous parfaitement. ernest collége granville, prosper exempt. — Dairou. |

St-malo 31 déc. — m. Bezout, 7, avenue victoria, paris. bonne santé, rochard prêté argent, 12 lettres. — Bezout. | Fromentin, 3, rue aubriot, paris. secourez brave ludovic blessé le 26, envoyez fréquentes nouvelles, tous bien ici. — Hovius. |

Castres, 2 janv. — Albert Ducarla, hôtel de suez, boulevard st-michel, 31, paris. même situation qu'au départ, pas encore mobilisé. — Ducarla. | Albert Ducarla, officier-payeur, 3e bataillon, 7e régiment mobiles tarn. même situation qu'à ton départ, pas encore mobilisé. — Ducarla. |

Toulouse, 2 janv. — Caen, 14, rue temple. sommes bruxelles, 24, rue magdeleine. berthe accouchée garçon, moïse, berthe, enfants bien portants. écrivez-nous. — Fanny |

Civray, 2 janv. — Gueougnolle, 33, croix-des-petits-champs. ton père va bien — Autelle. |

Biarritz, 2 janv. — Jolly olivier, st-honoré, 150. affaires arrêtées, ernest toulouse militaire, sommes bien, amitiés. — Jolly. |

Charlieu, 21 déc — Debully, 18, duphot. maman à ladurie. — Julie. |

Riom, 31 déc. — m. Pagès, 75, rue université. allons bien, perriers, desrousseaux pierrefitte. jabans, marquets auzoux, fréminet, père étienne aussi. déc. 5e. — Pagès. |

Royan, 2 janv. — Berge, 240, faubourg st-honoré. envoyé ta lettre à père, tous bien portants, renouvelons souhaits bonne année et prompte réunion. — Berge. |

Morlaix, 30 déc. — Daumesnil, banque france. saubade, moi, savons avez première dépêche. souhaits. — Guérand. | Garnier, nouvel opéra. souhaits. — Daumesnil. |

Périgueux, 3 janv. — Hédouin, 9, chauchat. quitté orléans, qu'ai-je actuellement chez vous? réponse par ballon. — Emmanuel Pradeaux, 3, montebello, périgueux. | Ledoyen Lemercier, 23, batignolles. sommes périgueux bien. — Blanche.

Flers, 31 déc. — Rousseau, 12, rue de condé. bien portants. — Marie Rousseau. |

Granville, 31 déc. — Simonet, 40, madame. smala bien, trouville carollès bien, avons argent, recevons lettres, rien extraordinaire, laboulaye même commission. — Maber. | Hauteserve, 9, rue

Bordeaux. — 5 janvier 1871.

monceau. familles hauteserve. théroulde, eusèbe, goulard, boessé, gaussin, bien. — Alice Hauteserve. | Rodrigues, 106, rue amsterdam, paris. tous parfaitement granville, recevons lettres — Rodrigues. |

Mortain, 31 déc. — Raulin, 32, boulevard voltaire. santés, positions excellentes, lettres reçues. félix bien. — Marie. |

Laval, 31 déc. — Dary, 2, des halles, paris. bonne santé. tout va bien, écrivez poste restante à laval. vous embrasse tous. — Dary. |

Saint-Servan, 31 déc. — me Lerat, 4, chabanais. pas lettre edmond huvet depuis 2 déc. prière prendre informations, réponse. — Huvet, 15, grande rue. |

Tunis, 1er janv. — Brodin, 66, rue larochefoucault, paris. coupon tunisien payble sûrement immédiatement à tunis, escompter, concentrer titres français, obligations font 175. — Brodin. |

Marseille, 1er janv. — consul italie. prière procurer nouvelles muratorio, 6, boulevard bonne-nouvelle. — Muratorio, porto momizio. | Muratorio, 6, boulevard bonne-nouvelle. privé nouvelles depuis 18 oct. écrit lettre, santé bonne. — Muratorio, porto momizio. | Raffard, 372, rue st-denis. toutes vos lettres arrivées, lucien hambourg, arnhold marié, traites mercantile escomptées, cumchues 55. — Pila. | Hugues, 66, boulevard prince-eugène. suis marseille. hôtel colonies, pour achats inquiète, sans nouvelles, écrivez. bonne année, embrasse enfants. — Fanny. | Faveers, rue jessaint. reçu lettres, portons bien, patience, courage. — Faveers. | Frémy, crédit foncier, 19, place vendôme. bonnes nouvelles paul, dans l'état-major bourbaki. tous mes vœux et amitiés. — Aubert. | m. Girerd, 5, aboukir. faire remettre cent francs mlle Joseph, 26, boulevard bonne-nouvelle. — Mesiasse. | Giraudeau, 33, rue jeûneurs. madelaine à bordighera, marche seule, bonnes nouvelles récentes de robert, recevons vos lettres. — Giraudeau. | Pellin, 9, rue papillon. marseille, 14, montgrand. santé bonne, lettres reçues, écrivez, souvenirs affectueux. — Gassier. |

Fécamp, 30 déc. — Saintoin, 254, rue st-honoré. santés bonnes ici, écris-nous. — Ferry. |

Pau, 2 janv. — Prosper Ducout, 3, rue rossini, paris. souhaitons bonne année. — Stéphanie. | marquise Dangosse, 91, rue st-dominique. chers enfants, bonne année. tous ici bien portants. recevons tes lettres. — Lucile. | Flamarens, 34, université. frère, sœur, familles bien. vous aussi dieu merci. — Ferdinande. 1871. | St-Genies, 23, rue penthièvre. paris. richard bien portant hambourg bonne santé ingouvilles, me gonzague caen, pierre prisonnier. — Marguerite Hélène. |

Poitiers 2 janv. — Poirée, 61, boulevard malesherbes. reçu lettres, écris souvent, tranquilles. cœur tous. — Erhard. | Weil, 25, rue château-d'eau. allons tous bien, avons reçu argent, alphonse santé, affaires bonnes. — Weil Lévy. | me Ercéville, 91, sèvres. allons bien. tranquilles, bonnes nouvelles, mère, frère, bebain. reçu lettres. thérèse fille, envoyé plusieurs dépêches. — Adeline. | Brard, 23, rue luxembourg. portons bien, reçois lettres, poitiers, écrivez tours. — Damas. | Roulleau, 165, crimée papa rollin avec moi. rue trois-patureaux, 12, poitiers. bonne santé, besoin argent. — Roulleau. | Hubert. pharmacien, 51, montorgueil. lettres reçues. femme, enfant bien. — Hubert. |

Montpellier, 1er janv. — Leenhardt, chez vernes, 29, taitbout, paris. envoyons tous vœux, pomier mans, henry langres, rené ambulance, andré marseille. tous bien. Leenhardt. | Alphonse Combes, de montpellier, 45e régiment mobile paris. tous en parfaite santé, recevons lettres, bonne année. — Bésiné. | Amet, commandant, fort montrouge. tous bien. bonne santé. — Gustave. | Flory, 13, rue turin, paris. montpellier, tous bonne santé, toulouse aussi. Georges lycée, croyons colonel altona, manquons rien. — V. Flory. | Moutvaillant, colonel. 45e mobile, presqu'île st-maur, paris. allons bien, recevons lettres, rassurez dalfonse, bouschet, lescure. | Benoit, 20, rue vital, passy, paris. ai eu variole 15 jours, suis guéri. — Jules Guesde. | Claparède, 110, richelieu. souhaitons bonne année, aujourd'hui lettre alexandre, 25 courant, santé excellente, écrire ballons montés, t'embrassons tous. — Zélia. | Matte-Claparède, 110, richelieu. souhaitons bonne année, aujourd'hui lettre alexandre 25 courant. écrire ballons montés, santé excellente. meilleurs baisers. — Claire.

Carpentras, 31 déc. — m. Mortet, comptable manutention vivre. santé bonne. — Michel. |

Bordeaux, 29 déc. — Tetin, 5, rue tour d'auvergne, paris. vendez même façon toutes marchandises, chez louvet. prenez 50 francs. — Morel. |

Bordeaux, 24 déc. — Pierré, 17, boulevard poissonnière. tous bien, vous, écrivez ballons. rodary à hatin qui administre maison révillon, collègues, gérants. — Commelin. |

Bordeaux, 24 déc. — Rodary, 34, batignolles. voir hatin, notaire. gérant maison, loyers, impôts, assurances, secours, si besoin. pierré. — Commelin. | Friedel, 60, boulevard st-michel. paris. allons tous bien, restons vernex, nouvelles strasbourg très-bonnes, hérimoncourt bien. — Emilie. |

Avignon, 31 déc. — Lecoq, 3, rue du grand-chantier. Avignon bien, reçu lettres. — Dreux. |

Valence, 31 déc. — Poinçot, officier, 2e bataillon mobile drôme, paris. bonne santé. — Poinçot. |

Blidah, 31 déc. — Lambois, rue de daaoche, 6, passy. portons bien, enfants aussi, pays tranquille. — Lamboi. |

Alger, 31 déc. — Jacquot, 231, faubourg st-martin, paris. bonne santé, arrivez alger, suis inquiet donnez nouvelles. — Jacquot. | Garnot, 18, rue lepelletier, paris. portons bien, chenu toujours biscra aussi, amitiés toi et les pietrasenta, vois-les. courage. — Huré. |

Marseille, 31 déc. — Denfert, 20, berlin. reçu lettres 21 sept. 6 oct. 10 déc. je pense toujours toi, inquiète, écris souvent. — Louisa. | Fauqueux, 47, laffitte. reçois lettres, écrivez souvent, 109, rue paradis, porte bien, inquiète. — Raminger. | Méjanel, 122, grenelle st-germain. aime, pense toi, tiendrai toujours promesse, regrets quitté paris. horriblement triste, espère bientôt bonheur te voir. — Nine. | Panas, 17, rue malesherbes, paris. me panas écrit avoir reçu vos lettres jusque 4 déc. elle, tous, sont bien. — Corgialeguo. | m. Crosnier, amiral, commandant secteur. Je vous recommande chaleureusement cheilus officier. — docteur Dufossé. | Dubreuil, 6, laborde, paris. écrivez par ballon monté 27, rempart catherine, anvers. allez bureau, bénédic donnera 300 fr. — Max. | Raphaël Cerf, 19, neuve augustins. frère Giacomo avec toute famille jouissant parfaite santé. charmés recevoir vos nouvelles. — Armieu. | Mouchelet, 46, rue clichy. reçu dernières 24. recommandations faites accomplies. occupons sept appartements, frédéric ostende, dinard tours bien. — Mouchelet. |

Thomas. rue miromesnil, 8, paris. laure accouchée heureusement fille, albert avec elle. maurice à l'armée nevers, héliodore réformé. — Garcia. | Blanc, 18, rue claude-vellefeaux. moi, filles portons bien. — Blanc. | Allais, 8, place bourse. agréez nos meilleurs souhaits pour nouvelle année, exercice écoulé donne cent quarante-deux mille francs. — Brun. |

Vire, 31 déc. — Mlle Faivre, 2, boulevard temple. recevons pas nouvelles, en désirons. — Dufay. | Mlle Bujeon, 11, boissy d'anglas. allons bien, nouvelles, tous vire. — Dufay. | Juigné, 23, rue cléry. allons bien. envoyé lettres et télégrammes. avons reçu trois. désirons nouvelles. — Dufay. |

Caen, 31 déc. — Degourcuff, 87, richelieu. 4e dépêche. affaires, recouvrements, communications toujours entravées. sinistre minime bellême impossible régler rien autre. — Pigny. | Chagot, 55, boulevard haussmann. bonnes santés. — Verrier. | commandant Lorhuer, mont-valérien. 4e dépêche. toutes parfaitement, manquons rien, reçu lettres, argent procuré. marie bien, les deux bébés dents. — Henriette. | Leneltier, 46, rue poissonnière. nous allons tous bien, recevons lettres. — Leneltier. | Bucquet, 5, rue suresne, caen tous bien, t'embrassons, james lieutenant lille. — Bucquet. | Thomas, 6, hâvre. recevons lettres novembre, silence inquiète. télégraphions souvent, écrivez. refugiés saint-lô, place château. santé meilleure. — Lucie. |

Tours, 31 déc. — Lavigne desbordes-valmore, 22, paris. bons souhaits, allons bien, enfants sages, apprennent bien, détails sur ta position. bon espoir. — M. Lavigne. |

Avignon, 1er janv. — Broet Leman, 3, ferme-mathurins. faveyrolles souhaite meilleure année. tous bien. — Gabrielle. |

Royan, 3 janv. — Neuville, rue du mail, 7. santé parfaite royan, saint-valéry pas prussiens. — Neuville. |

Angoulême, 4 janv. — Ravon, impasse maine. femme et mère à angoulême bonne santé, cousine aussi. | Ravon. |

Brest, 3 janv. — Thureau, rue vaugirard, 20. rome, brest, pipriac, rennes très-bien. joseph bien stettin. — Labonnardière. | Lorsa, neuve-des-petits-champs, 1. reçu lettre, tous bien. — Lorsa. | Loret, gare d'auteuil, paris. sommes bien, lettres reçues. — Mme Loret. | Ollivier, frégate, fort ivry. tous bien. recevons tes lettres. alphonse payeur armée ouest. — Crespin. | Probesteau, sous-lieutenant, 2e bataillon, mobile finistère (villejuif). reçu lettre 2 janvier, toujours à brest, tous bien. — Probesteau. | Lequenkeruëzon, sergent, 4e compagnie, 1er bataillon finistère, 23e régiment mobiles. familles lequerre, hilaires, angibauds, rivières, nous bien, avertir philippe, hilaire, écrire souvent, frère reste, réformé. — Célestin. |

Oran, 2 janv. — Simon, boulevard malesherbes, 64. georges, bien tours 20 décembre, pour 2e régiment marche, chasseurs embarqué oran 27 décembre. — Largillier. |

Mâcon, 1er janv. — Pageaut, rue luxembourg, félicitations, famille, amis, tout va bien. — Pageaut. |

Eu, 29 déc. — Périnet, 40, notre-dame-victoires. noël, allons bien, ault, recevons lettres. — Gravelin. |

Dieppe, 30 déc. — Emile, coquet, mobile, 9e bataillon, 3e compagnie, fort vanves. cher ami, de tes nouvelles. — Coquet, feutré, quai henri 4, dieppe. | comte de gourcuff, 14, rovigo. moi jamais souffrante, baby superbe, tous bien, valmé aussi, tranquilles. — Gourcuff, dieppe 29 décemb. | Miége, 2, rue clichy. prendre nouvelles de visinet, rue cujas, 19. réponse. — Lebon. | Turquet, 50, rue sainte-anne. famille, amis bien. envahis deux fois, année meilleure. — Lebon. | Bayle. lieutenant, 4e batterie, 14e, montreuil-sous-bois. bonne année, baisers. eu occupé deux jours, allons bien, charles aussi. — Bayle. | Tournant, douane, 8. allons bien, manquons rien, corbeil bien, reçu lettre celeime du 27 novembre. embrassons tous deux. — Magniant. |

Marseille, 3 janv. — Lœwy, astronome observatoire, paris. mathilde accouchée heureusement garçon, toute famille porte bien. — Jules Lœwy. | Beaudier, boulevard saint-germain, 42, paris. courage, espoir, souvenir. — L. M. Jalaguier. | Plisson, rivoli, 96. tous bien portants, marseille, reçu lettres. — Plisson. | Circourt, 17, rue milan. lucien mort administré, 18 août, metz. abel, commandant, bordeaux. circourt, muzeau, célestine, tous bien. — Couturier. | Mercier, bonaparte, 24. allons tous bien. — Mercier, Carvin. | Brunier, 8, avenue trudaine, paris. 2e dépêche. allons bien. — Brunier. | duchesse de Trévise, 134, rue de morny. bien portants à milan, vous souhaitons des jours meilleurs. — Lecoat Durante. | Nissim Samama, 105, chaillot. vous ai télégraphié 2 fois annonçant payement coupon tunisien, flottant 27. tous bien. — Lumbroso. |

Fécamp, 31 déc. — Cloquet, boulevard palais, 5. albert montpellier, recevons lettres, oncle boulogne, tous bien. — Alice. | Loir, boulevard batignolles, 78. allons bien. écris-nous fécamp. — Loir. |

Lille, 1er janv. — Viel, 50, faubourg saint-denis. paris. envoyez autorisation garder lucie chez moi de son consentement. s'agit. honneur. réponds. — Debaise. |

Bordeaux, 1er janvier. — Rosen, 15, centre. santé varsovie kalisch bonne, missives henriette arrivent, prévenir kronenberg comment envoyer nouvelles manquent depuis six semaines. — Simon. | Fries, 19, marignan. suis bordeaux, hôtel france. allons tous bien. mille tendresses, pas reçus lettres depuis 8 décembre. — Sophie Fries. | Jouvenel, 11, miroménil. raoul capitaine état-major 18e corps, moi persac reçois tes lettres. tous bien 30 décembre. — Marguerite. | docteur Lecointe, rue trévise, paris. tous ceux présents anvers, bien. — Aristide Durand. | Bergeron, affaires étrangères. remettre à dieros trente francs pour octobre. autant pour janvier. — St-Clair. | Destrilhes, vieille-du-temple, 21. 1er janvier, ici parfaite santé tous, embrassons. — Alphonse. | Santerre, 8, anjou-st-honoré. tendres souhaits, archdeacon. laurent. santerre, tous parfaite santé, champs, château, ferme pillés. — Santerre. | Léon. 13, rue martyrs, paris. santé excellente, courage. — Mendez. |

Orsel, 150, lafayette. heureuse des lettres huit et dix. tours bien toutes deux. écrit plusieurs fois frères, sœur bien. — Louise. | Simon, 12, rue ancienne comédie. gustave au creuzot va bien. — Charbonnier. | Fournier, 46, avenue breteuil. colonie veules, rouvres, acy, puisieux, portes santé parfaite. reçu lettres henri, ai donné nouvelles. — Léonie. | Valette, 62, rue provence. sommes à veules. maurice, moi, bonne santé. écrivez, qu'edmond aille souvent maison malakoff. — Amélie. | Descars. rue gay-lussac, 8. tous bien, henri prisonnier, mère décédée après deux attaques, restons kerdaniel. — Descars. | commandant Ponchalou, 11e ligne. tours santé médiocre. abel sina rastadt, enfants italie. herbert bien. papa, mathilde, denise ici. — Julia. | commandant Pinoteau, 2e corps 2e armée. allons très-bien, enfants au collége, amsterdam long corridor, trouverez quelque chose. — Pinoteau. |

Jordy, adjudant-major, régiment gendarmerie à pied. allons tous bien. — Hortense. | Dumay, 16, monsieur-le-prince. bien, argent, provisions. — Alida. | Wellhoff, 57, charlot. paris. reçu lettre 24 novembre. toute famille réunie ici, adressez toutes lettres block genève. — Cerf. | Bricard, 38, rue richelieu, paris. nos familles vont bien, écrivez par tous ballons. nous sommes sans nouvelles rachel. — Hermann. | Prévost, 104, faubourg st-denis, paris. mari décédé à vayres 29 septembre. adèle et moi portons bien, prévenir famille. — Lemaire. |

Bordeaux, 2 janvier. — Lacroix, anjou-st-honoré, 22. comtesse et enfants pétersbourg assez bien, sa sœur aussi. donnerai de vos nouvelles. amitiés. — Chaudordy. | Balleyguier, 54, vaneau. odalie un garçon chez madame jolly, tous deux bien. — Callier. | Marguerite Maubourg, 13, st placide. hélas! juste tué bataille bellegarde, confessé la veille, parents, sœur bien, édifiants. — Chigi. | général Callier, 2e secteur. lettre 7 reçue. sommes bordeaux depuis quinzaine bien. france entière armée. à bientôt. — Jeanne Charlotte Callier. | Lescœur. rue vaugirard, 25. tous bien pierreclos. — Louis. | Bergognié, duphot, 15. allons bien. recevons tes lettres, paul sauf aix-chapelle avec femme, filles accompagnées par moi bâle. — Bergognié. | Faré, 156, rivoli. douze calais bruxelles savent mondomaine chez eux, charles midi, raoul villefranche, paul tous bien thiéville complat. — Faré. |

Allard, ingénieur phare trocadéro. vos lettres reçues. léon brême, arthur breslau, gaston callao, laure, fernand ici. tous bien. communiquez. — Benoit. | Simon, 51, st-lazare. maman crise, marthe convalescente coulommiers, astiers bien. — Boyer. | Biagioni Saunier, 188, faubourg-denis. avons santé, argent. recevons lettres, écrivez. — Biagoni. | Jacob, 18, boulevard montmartre reçois, bien. — Bougeant. | ministre suédois. payez madame duben mille trois cents rixdalers en francs vanbrienen argent. beckfrüs succède stedingk essen beckfrüs. — Steenbock. | Clicque, rue laugier. bonne santé, pays tranquille. — Clotilde. | Pector, place vintimille, 5. huitième télégramme. écrit partout souvent, enfants grandissent, travaillent, tous bien portants. souhaits affectueux, tendres baisers. — Pector. | Beaupuy, rue faubourg st-honoré, 14. aimée habite cadillac, santé parfaite. — Beaupuy. |

Durand, lavandières-ste-opportune, 13, paris. sommes à bordeaux, nous portons bien. attendons lettres, 48, palais-gallien. — Evrard. | Dupuy, fontenay, 1. reçu lettre, santé bonne, vue parents, bien. — Maigrot. | Cauches, rue tournon. le linghen, cambrai, anjou, bien. — Véronique. | Tenré, 13, laffitte. rachetez douze mille rente moreau contre rente douze mille emprunt avec trente sous écart, livrez emprunt. — Maximilien. | Bisson, 56, provence. allons tous bien, grands, petits. marie aussi. recevons lettres. demeurons chaudoir, avons plus nouvelles rouen. — Pauline. | Orry, 5, boulevard strasbourg. inquiétude mortelle. envoie nouvelles par pitié. — Barrière, poste restante bordeaux. | Darnet, richelieu, 83, paris. toutes bien portantes, reçu lettres. — Caroline. | Jousset, furstenberg, 8. parents, femme, enfants bien portants. reçu lettre laure du 20, beau froid, châteauroux tranquille. espérons. — Henriette. | Edouard Portier, ministère marine. tous parfaite santé londres. — Julia Portier. |

Flavigny, 9, rue saussaies. louis armée chanzy, marguerite tours avec amies. enfants castegens. raymond dépôt libourne, tous bien. — Zoé. | Deslions, 5, taitbout. sauvé, bien inquiet de vous. répondez par même voie ou ballon au 20e corps clinchamp, châlons-sur-saône. — Aymard. | Breyant, 85, avenue des ternes, paris. reçu lettre 14, enchantés savoir bonne santé, rothschil donnera argent nécessaire. pour Weisweiller. — Piganeau. | Montigny, 7, quai voltaire. reçu lettres marseille et vôtres. voyez fleury, traites protestées. chenault pour affaire provisions avec seru. — Bourdanchon. | Baillère, 19, hautefeuille. lettres, sauf une offres de madrid, mandats reçus, jersey, bruxelles, clermont, brigton, moi vont bien. — Paul. |

83. Pour copie conforme :

L'inspecteur,

Bordeaux. — 6 janvier 1871.

Bordeaux, 2 janvier. — Baillère, 19, hautefeuille. vacteur à santé, argent. — Vacteur. | de Mursuc, 23, place dauphine frignac, 31 déc. père, bébé, moi bien portants. nous envoyons nos vœux. - Claire — Leiden Premsel. paris. merci de votre zèle, bon courage, leiden cologne, simons finckh et moi londres, allons tous bien — Premsel. | Dupin, courtier. lettres ehret, moutard, schmitt, novembre écrivez. nos santés enfants moutard bonnes. priez moutard répondre prime sucre brabant. — Dehaut. | Christophe, 21, poissonnière. tous bien, paul cholérine, 12 décembre nouvelle fischer par dominé. tous bien, tantes, oncles bien. — Christophe | Martin, 50, petites-écuries. reçu 7 lettres, 1re du cinq. aucune crainte suivrai instructions, santé bonne, bébé envoie baisers. — Diffenbach. | Delpech, 158, rue du bac, paris. osouf envoyé nouveaux missionnaires chinois tongking. cochinchine. craintes moindres en chine, bonne année. — Rousseille. |

Guesnier, 18, rivoli. tous souhaitons bonne année. recevons lettres, tous bonne santé. southampton depuis 9 décembre. 28 décembre. — Raimbert. | Mallet, 24, boulevard malesherbes. tous en bonne santé à cognac, cannes. bandin bevan pau, santés chantemerle bonnes, vingt trois — Martell. | Partait, 27, fleurus. santés bonnes, prévenez immédiatement gaston gaudin envoyer vire journellement lettres ballons montés, non cartes. — Gaudin. | Mme Gervais, 48, monsieur-le-prince. auguste, arthur, julie et enfants réunis à wiesbaden. tous bien portants. — Gervais. | Lacassagne, 4. rue vide-gousset, paris. reçu lettres, portons bien. espérons voir bientôt. tous plein d'espoir, confiance, vous embrassons. — Coiffard. | De Buc, 56. rue enfer. enfants toulouse, nous st-servan bien, marie enceinte. — Hubault. |

Lévy, 36, boulevard voltaire. parents dijon, maman, alice, moi, tous sont bien. — Clémentine. | Lemaire, condamine, 65. heureux savoir henri sauvé, reçu lettres, tout va bien, espérez, vous embrasse tous. — Auguste. | Ponzio, rue st-georges, 35, paris. reçu souvent lettres, maman, frères sœur, moi bien, souhaits an. — Ernest. | Mongeot, 384. rue st-honoré. tous jamard bien, écrivez st-michel. — Leroux. | Toca, cadet, 26, paris. santé parfaite, reçu tes lettres, envoie journal siége. — Toca. | Caveaux Arthur, mobile 1re compagnie, 1er bataillon de la somme. reçu nouvelles abbeville, toute votre famille est bien portante. — Lagrère. | Leroux, 68, rue seine restés croisy bien portants, marie et harrewyn, victoire aussi, attendons lettre. — Allais. | Albert, chez Demagnez, quai orléans. 14. reçu vos nouvelles, nous portons bien tous, courage, confiance, compliments à tous. réponse. — Marchant. | Lavau, place bourse 5. bonne année, tous bien. — Lavau. | docteur Coustan, ambulance ministère marine. suis toulon, parents, moi, adèle bien portants. reçois tes lettres, merci, écris quand pourras. — Bourgerel. | Brandon, 77, rue amsterdam. chargé transmettre paul, jules, famille salvador wiesbaden bien portante, adélia, inquiet de dobigny. voyez service. — Salzedo. | Colmet Daâge, 60, rue st-lazare, paris. joseph au mans, 26 décembre, très-bien, philipon, larrey bien. marie gros garçon. — Pelier. | Villetard, 14. quai d'orléans, tous vont bien. écris moi au crédit agricole bordeaux, j'aviserai les tiens, bon courage. — Varigny. |

SERVICES ET AUTORISATIONS.

Bordeaux, 18 janvier. — Claverie, 168, saint-dominique. gros-caillou. tous en bonne santé, caroline bauher attend vos nouvelles. bordeaux, 193, sainte-catherine. — Franquin. | Bigorne, 1, médicis. Avez-vous reçu nouvelles que vous ai envoyée de votre famille angleterre? bien tous. fernand, ni moi, pas nouvelles goubet. supplions écrire. — Balavoine. | Baillot, 37, rue trévise femme et famille bien granville. molténio bien — Edmond. | M. Juge, 358, rue saint-denis. tous bien portants « poitiers, tours, mézières. très-inquiets de ta santé, de ta position, écris-nous, tendresses et courage. — Henri. | Jouvelle, 67, che chemin. écrivez bordeaux, bazillac, sauvetat arras bien. raymond aille donner à premier aéronaute, patience, courage. — Abel. | Régaubac, 9, carrefour odéon. envoyé deux cents francs; bientôt autant, rembourserez à rentrée, courage. lettre communiquée français, écrivez longuement. — Charros. |

Pinault, sous-chef postes. chamarande, 20 déc. très-bien, verdun, albert figeac. lemaître mantes, massy tous bien. compliments massy. — André. | Frugé, mairie montmartre. famille gallé bien creil. inquiets de vous et alexandre. écrivez souvent brunier, bordeaux, employé poste, allée tourny. | Barounet à madame Hennequin, 46. rue latour-d'auvergne. ne reçois pas de nos nouvelles, vous ai déjà télégraphié souvent, écrivez. | Barounet à Marras, 8, rue grange-batelière. envoyé deux lettres et trois dépêches pour avoir tes nouvelles. écris. | Hilaire Martin, 20, boulevard saint-michel. donne-moi de vos nouvelles et d'antoinette. suis inquiet, elle et vous écrivez. — Dusolier, ministère intérieur, bordeaux. | mad. Callou, 18, rue du terrage, paris. duvivier, trouillet, marcq, ancelle, prudhomme et guillemont portent bien. — Duvivier. | Barounet à Duthil, 51, rue condorcet. — reçu lettre, merci souvenir goutie et moi embrassons tous amis. écrivez. | Burdeos de Barcelonne, 466, 22, 16, 11, 30 m. au directeur général des télégraphes, bordeaux, veuillez remettre la suivante dépêche à paris, 20, rossini. bonne santé, content de tes nouvelles. — Lobet. |

Georges Weil, 29, rue des gravilliers, paris. parents évreux, tous vont bien, paul à l'armée du nord — Edouard, aide-major à l'hôpital de bordeaux. | Dufresne, rue rivoli, 236. reçu dernière lettre, répondu tes précédentes. famille bien portante. tendres vœux. — Dufresne. | Demoreuille, 4, rue chérubini. frère près de nous, femme à moalaix, tous bien portants. — Demetz. | Coindard, 5, rue amsterdam. voudrais argent sur mon dépôt. si possible avisais protais, mon correspondant. tendresses tous. — Gervais. | Herrmann, sergent 45e mobiles hérault, paris. cinquième dépêche. toujours bien portants, alsace comprise. usez cave et appartement benjamin. — Vivarez. | Girette, messageries maritimes. bonnes nouvelles santés ancenis, saint-lô, pau, moulins, moynet, chabecul, cortieux, messagies marchent régulièrement pauvrement. — Denois-Dupuis. | Girete, messageries maritimes. argent envoyé saint-lô. instructions tranchant reçues. service brésil marche petitement. amitiés. — Quéquit. | Auteroche, 70, rue rochechouart, inquiet de vous. binant, mathon, girard, écrivez-moi souvent bordeaux, employé des postes, allées tourny. — Brunner-Lacoste. |

Lemaire, gare nord. enfants roses, noémi, robert, clara tous bien. 88 lettres, reçois traites martinique, installées villa tinguy, arcachon. — Cécile Dagron. | Jecquillat, 30, passage caire. écris-nous, raymond inquiet. dis à mauguin tout va bien. — Jacquillat-Dagron. | Guyot, 8, boulevard grenelle. va chez tell, 46, rue babylone, elle te remettra deux cents francs. — Guyot. | Tell, 46, babylone. guyot, 8, boulevard grenelle, viendra demander deux cents sur cinq que recevras du ministère. — Tell. | Tell, 46, babylone. caissier ministère reçoit ordre te payer cinq cents dont deux pour madame guyot. va les recevoir. — Tell. |

Désaugiers, caissier ministère intérieur. payez cinq cents francs à madame tell. j'ai reçu la somme. — Badin. | Bloch, 35, bretagne. prisonnier fort koenigstein (saxe). salomon saxe. weimar. isaac, armée loire. soyez sans inquiétude. donnez nouvelles à fiancée, parents, amis. — Lévy. | Legendre, 43, rue douai, paris, prudence absolue, courage, aucune inquiétude, écris ministère guerre bordeaux. vois lemort, sa femme portsmouth. — Férot. | Maguin, ministère commerce, paris. premier projet modifié par commission réunie. votre délégué vous envoie rapport à ce sujet aujourd'hui même, me charge vous prévenir. — Montgaillard. | M. Rafarin, 137, avenue eylau. amitiés, courage! tâchez sauver ma statue, en tout ce que ferez sera bien. écrivez bordeaux, | Montbarbon, 27, mail. tous bien londres bourg, julien prisonnier. écrivez bordeaux. | Marquise osmond. 22, anjou, amitiés bernardin et moi, écrivez bordeaux. |

Tillancourt, 28, bourgogne. amitiés, courage. écrivez bordeaux. | Bosviel, avocat 60, richelieu. toute votre famille bien portante, vous embrasse. amitiés de tous ici. — Gounouilhou. | Pérard, 3, rossini. cher ami, rassure demonjay, et dis-lui ceci: sables, 16 janvier, famille demonjay tous santés excellentes, situation complétement bonne. bocquet, lesage, pérard parfaitement. — Louise Demonjay. | Brugnon, 14, saint-florentin. mon cher ami, j'ai vu votre femme en parfaite santé. elle vous écrit. familles bordeaux, a c, besançon bien. famille vion bien. voyez ambassadeur américain, journal Times donnera nos nouvelles. J'ajoute à ces nouvelles l'expression de ma vive amitié. — Paul Dupré. | madame Guillemet, 16, bourtibourg. vais bien, toute famille marlin aussi, camille pas parti, suis à bordeaux, grand théâtre. — Guillemet. | Bresson, 89, provence. reçu le 14 lettre du 12, merci, écrivez toujours, nous pensons tous à paris. amitiés. — Pierrat. | Rolland, 9, françois-miron. reçois-tu dépêches. sommes inquiets, écris, famille castelnau bien. courage, confiance, espoir de revoir bientôt tous. — Rolland. |

Berthier, docteur, 6, rue des anglaises. familles latremblade et bourg tous bonne santé. voir nollet, 26, rue poulet. donne nouvelles. — Estienne. | Martin, docteur, 5. cardinal fesch. pas reçu une seule lettre de toi, ni de mauriac. ni de marie depuis blocus. — Estienne. | Barbier, 1er, paradis-poissonnière. Mercier, 18, avenue italie. tout le monde bonne santé, écrivez-nous. — Paul Rolier. |

Bordeaux. 18 janvier. — Giraud, 52, rue chabrol. portons tous bien, recevons lettres. pays tranquille, soigne-toi. — Giraud. | Advenant, commandant 197e. mère, sœur tineur noyon. émile décédé 20 septembre. neveux, nièces héritiers, soigne ici succession. — Advenant. | Advenant, commandant. reçu lettre 14 novembre, inquiets, saisissez toutes occasions écrire, sommes campagne tineur, nyons. — Advenant. | Guillemonat, 2, louvois. enfants, famille santé excellente. écris-nous. — Blanchonnet. | Mourgue, 21, nicolaï. santés excellentes, réponds aérostatiquement. — Mourgue. | Henri Tottier, rue jean-jacques-rousseau, 19. bien portants. inquiets, écrire. — Pottier. | De Précorbin, 18, rue lesueur. je vais bien, bon courage. — de Précorbin. | Peyruc, 1, scribe. huitième dépêche. reçois lettre 10 janvier. hébert, bauge, dupuy, barnéoud, allons bien. espoir, solution affaire anglaise — Mourraille. | Robert, chez Rappaz, 9, bourdaloue. très-inquiet, envoyez lettre, 11, rue saint-étienne, lausane. bonne santé. — Rappaz. |

Barbieux, 185, faubourg saint-denis, paris. hôtel flandres, bruxelles. santé, fonds. lettres. désir revenir. — Barbieux | Doré, 124, boulevard gare. mère, marie, constance, enfants en santé à fontenay-le-comte. reçoivent vos lettres. — Michel. | Gaignœux, 13, rue lafayette habitons caen, rue carmélites. occupation rouen, annule tous rapports, reçu carte, oui partout. haugk reçu lettres, attendons impatiemment nouvelles. — Guilet. | Henri Pottier, 19, rue jean-jacques-rousseau bien portants, inquiets, écris. — Pottier. | M. de Précorbin, 18, rue lesueur, paris. Je vais bien, bon courage, — Ve de Précorbin. | Herpin, 56, provence, paris. écosse balance, avons quatre cent soixante mille sterling macdonald compris, Tubini, moins nonante 4,000 prêt. — C. Borgeaud. | Herpin, 56, provence, paris. Tubini versa cinq cent soixante-une mille sterling dont cent vingt banque écosse, reste chez macdonald. — C. Borgeaud. |

Herpin, 56, provence, paris. ai cinq millions portefeuille outre services agences assuré, payons bons échéances régulièrement, liquidation comptes italiens excellente — C. Borgeaud. | Herpin, 56, provence, paris. obligé quitter lyon. arrivé genève 5 novembre, basset va probablement nimes, faut-il renouveler convention macdonal. — Borgeaud. | Jullien, 56, provence, paris. écrivez-moi chez bonna, genève, combien notre syndicat possède actions romains, où sont les titres? — C. Borgeaud. | Jullien, 56, provence, paris. 14 novembre confirme dépêche vente italie trois cent cinquante romains syndicat quatre-vingt-cinq lires. — Borgeaud. | Herpin, 56, provence, paris. confirmons avons cinq millions portefeuille agences.... fonctionnent bien, payons bons échéance régulièrement, liquidation italie excellente. — C. Borgeaud. | Herpin, 56, provence, paris. faut-il renouveler nantissement macdonald. luce, mes enfants tous bien genève, mon adresse chez bonna. — C. Borgeaud. | Pariani, société générale, 56, provence, paris. écrivez-moi chez bonna, genève, nouvelle appartement, faites payer cent francs environ ma bonne. — C. Borgeaud. | Lechet, société franco-japonaise, 56, provence, paris. 14 novembre, sept lettres arrivées pour société. écrivez-moi, genève, chez bonna. — C. Borgeaud. | Herpin, 56, provence, paris. 14 novembre, confirme avons chez macdonald douze millions francs moins nonante quatre mille sterling nantissement. — C. Borgeaud. | Herpin, 56, provence, paris. 14 novembre, confirme Tubini versa quatorze millions francs, dont trois millions banque écosse, reste chez macdonald. — C. Borgeaud. | Herpin, 56, provence. paris. 18 novembre, partirai dimanche pour londres, voir denière, brolemann, dreyfus, guano péruvien marchent bien. — C. Borgeaud. |

Herpin, 56, provence, paris. basset réside actuellement marseille, reçûmes seulement vos lettres 29 septembre 26 octobre, donnez souvent nouvellles. — C. Borgeaud. | Herpin, 56, provence, paris. Tubini versa 12 novembre complément quinze millions. guignard ici, priez Jullien répondre mes dépêches. — C. Borgeaud. | Jullien, 56, provence, paris. demandez à société japonaise si pouvons communiquer à delacre sept lettres reçues yokohama, il demande communication. — C. Borgeaud. | Herpin, 56, provence, paris. 10 décembre, reviens londres, vu premsel, brolemann, alfred dreyfus, piguet, denière pas venu, thomas arrivé. — C. Borgeaud. | Herpin, 56, provence, paris. genève, 10 décembre. luce vous télégraphia plusieurs fois, va bien aussi, demas restent ensemble ici. — C. Borgeaud. | Herpin, 56, rue provence, paris. genève, 16 décembre. péruviennes, guano marchent bien, sénat a voté contrat luce, demas bien. — C. Borgeaud. | Herpin, 56, provênce, paris. genève, 10 décembre, fîmes inventaire titres londres, encaissâmes quatre millions demi bons ottomans échus, écrivez. 3 dépêches envoyées pour saint-jullien. — C. Borgeaud. |

Herpin, 56, provence, paris. 15 décembre. payâmes régulièrement bons échéances, agences marchent régulièrement, faites verser mes lots turcs. — C. Borgeaud. | Prêt macdonald renouvelé, avons vingt-un millions chez macdonald, outre mon portefeuille. — C. Borgeaud. | Luce vous envoya onze dépêche, reste ici avec demas, enfants tous bien. — U. Borgeaud. | Herpin, 56, provence, paris. genève, 20 décembre, dépêche 15 erronée, avons seulement dix-huit millions. outre quatre portefeuille. — C. Borgeand. | Herpin, 56, rue de provence, paris. genève, 28 décembre. luce, thomas, alfred thomas tous bien, tout va bien, écrivez. — C. Borgeaud. | Dangély, 17, rue enfer. santé excellente, précepteur par abbé sire. tout bien, je reçois lettres, écrivez castelmauron, par toulouse. — Dangély. | Dangély, 17, rue enfer. je suis toujours bien. précepteur par directeur sire, pas inquiétude. écrivez souvent castelmauron, par toulouse. | Dangély. |

Bordeaux, 18 déc. — Petit, rivoli, 74, paris. carre, 16 janvier. reçu lettres, envoyé plusieurs dépêches pigeons, désolée pas arrivées. portons bien, embrassons. — Fromentin. | Rocher, jacob, 30. familles bernay, st-dyé, avec léonce sûreté. dinan, marguerie, marquis bien, prévenir maurice, guy prisonnier. — Bertin. | Blacque, état-major montagut, élysée. quesnel, jacquemart, blacque. enfants bien, sommes belay, neveux engagés, quatre frères havre, vignal londres. — Blacque. | Poisson, chef administration assistance publique. toutes bien portantes, avons reçu lettres. — Carolius Poisson. | Leclerc, prince-eugène, 237. bombardement paris nous inquiète, donnez-nous nouvelles de tous. — Charlotte. | Jules Allard, 48, turenne. tous bien portants hôtel du port, montroux vaud suisse, — James Perry. | Ginisty-Blancard, 7, rue vaugirard. bonne santé, bombardement paris nous inquiète, reçu argent marmande, habitons hôtel dauphin vannes. — Léonie. | Boulloche, greffulhe, 4. confiance ami, père, désolées mais bien tous quatre. — Boulloche. | Merle, faubourg poissonnière, 74. tous bien inquiets de toi, pas nouvelles depuis 15 novembre, écris-nous. — Merle. | Soupault, 27, chateaudun. santés parfaites, avons argent, écrivez chaque jour genève, blanche bien montpellier. — Louise. |

Rauter, 3, rue grands-augustins, tous bien portants, frédérique chez pauline. bauserel à strasbourg. — Schutzenberger. | Schutzenberger, sorbonne. terribles angoisses, prends précautions, quitte quartier, écris-nous souvent, allons bien, quoi qu'il arrive t'attendons ici. — Schutzenberger. | Deseilligny, 14, rue clichy, paris 16 janvier santés excellentes, enfants superbes, recevons vos lettres. rabeau havre très-bien. — Pauline. Elise. | Pradelle. administrateur, école polytechnique. rentré de metz bordeaux où école fonctionne, prière surveiller appartement, envoyer nouvelles général favé. — Fuzier. | Legrand, chateaudun, 49. tous bonne santé, dinard. fournies reims, recevons vos lettres, 8e dépêche. — Legrand. | M. Bourguignon, pharmacien à l'asile de vincennes, charenton. troisième dépêche. tous bien portants, aucun danger ici. mille baisers. — Bourguignon. | Supérieure, 45, picpus. toutes maisons légion bien, générale toujours lambersart. — Journaux. | Guerry, 12, dieu. allons bien, enfants parfaitement à la campagne, pas seuls, madame dugied tréport, tous bien, envoyez argent. — Fournier. |

M. Maillard, rue du faubourg st-antoine, 303, paris. reçu vos lettres, portons tous bien. — Lemaire. | Congnet, 8, rue dauphine. santés excellentes, lettres reçues, courage, prévenez hautefeuille, payer eulalie, prenez précautions contre bombardement. — Collas, dagron. | Desfossez, 18, amsterdam. lettres, traite reçues, santés excellentes, envoyez lettres que puisse faire lire, donnez détails, courage, bons souvenirs. — Gréhan, dagron. | M. Lefrançois, rue richer, 26 santé bonne, satisfaits de la conduite. — Demetz. | Hart, 20, aumale, paris. mère, sœur, nièces tours, 5, archevêché, victor, fidères, chatellerault tous bien. — Orsal, 12 janvier. | me Lamotte, 15, berlin. tous

Bordeaux. — 6 janvier 1871.

b'en à caen, berthe se fortifie. souvenirs, tendresses de tous. — Beguin. | Galard, affaires étrangères. père, mère bien normandie, amitiés camarades pour amis de paris, écrivez-nous, famille conte parfaitement evian. — Delarochevernet, | Triebert, 6 tracy. étonné, jamais lettres de vous, inquiets, deux mois sans nouvelles de notre fils envoyez renseignements immédiats. — Delattre. | Weill, 27, échiquier. germaine prospère, andré savant, pierre grand au collége, lamberts, decourcelles, solimans, revels, lebrasseur tous bien. — Lebrasseur. |

Cerf, 47, petites-écuries. huitième dépêche envoyée, tous réunis à bordeaux bien portants, recevons lettres. — Soliman. | Bourdin, rue du temple, 102. marie, christine bordeaux, rue st-françois, 42, famille bramet aussi, bonne santé, reçoivent lettres —Bourdin. | Denouille, 5, luxembourg. continuation bonne santé, tranquillité, tous embrassons. — Laure, dagron. | Guyon, 4, st-florentin. enfants magnifiques arcachon, amis, famille parfaitement, sympathie biron, pays tranquille, bombardement inquiète, supplions redoubler prudence. — Louise. | Renouard, agent bourse, paris. recevons lettres, allons tous bien, madame delamotte bien, est anvers, bonnes nouvelles de pau. — Ricot, dagron. 17 janvier. | Ferté, 181, rue st-honoré. allons bien, très-inquiets de vous tous, oh! Henri, vous embrassons. — Fontaine, dagron. | S. Ex. M. Herran, ministre du honduras, paris. votre excellence comprendra mes inquiétudes, aucunes nouvelles de la maison ni des personnes qui l'habitent depuis 15 septembre, pourrais-je en avoir? remerciments. — comte Malvasia, italie, bologne, 262, strada maggiore. | Villemont, 17, rue bergère. reçu quelques lettres, tous trois tranquilles à lorient, morbihan, manuel, salles, prisonniers. — Dethierry, poste restante. | Lemercier, 10, quai megisserie. sommes lorient, morbihan avec perreau, bien portantes, prévenir perreau, écrire poste restante. — Lemercier. | Guillaume, 88, st-lazare. lorient, allons bien. — Guillaume |

Lavertujon, hôtel de ville. cinquième dépêche. tout le monde va bien. écris accous, gambetta te réclame. je demande divin écrive chaque ballon. — Gounouilhou. | Gatellier, capitaine major, 2e bataillon mobile saône-et-loire, rue chaussée-antin, 8. sommes mas tous bien, lettres reçues. — Marthe. | Bouot, 31, placide. déménagez si temps tableaux, meubles, suis délégation. — Pellat. | Sabron, sartine, 6. écrire souvent par ballon, bordeaux, inquiet de tous. petits enfants j'écris froges, demander argent à inspecteur. — Sabrou. | Vigoureux, rue pont-de-Lodi, 5. soignez-vous, vais bien, écrivez. — Vigoureux. | Raffarra, 27 douai. troisième pigeon, rien reçu depuis novembre, sommes inquiets, donnes nouvelles de toi, ternes, excoffier, parents bien. — Stouque. | Vois, 6, sav. cinquième dépêche, reçois toutes vos lettres, vais bien, embrassements. — Alice. | Navez, delambre, 22. allons bien, écrivez ballon, adresse préfecture. — Vidal | Cornel, ministère intérieur. votre famille va bien, écrivez letttre rassurante. —Perrot. | Brasseur, turbigo, 48. allons bien, pourquoi pas lettre? que fait charles écrive, demande écrive. — Brasseur. | Marinoni, 67, vaugirard. ai reçu votre dernière lettre, dépêchez-vous donc faire sortie, reçu nouvelles de londres, tous bonne santé, vous embrassent. — Gounouilhou. |

Bordeaux — 6 janvier 1871.

Ham. 2 janv. — Roussel, rue halles, 7. alice ici: allons bien; venez aussitôt possible. 2 janvier. | Surmay, rue dunkerque, 53. santé ham, béthancourt, 2 janvier. — Surmay. |

Méru, 30 déc. — Villenlaine, 5, luxembourg. santés parfaites, bonne année. — Boulaines. |

Laigle, 6 janv. — Marq, 78, rue rivoli, paris. reçu vos quatre lettres par ballons. allons bien. — Acary. | M. Barrave, théâtre italien, paris. j'ai reçu de robechi, paris, 12 lettres, de vous pas une, pourquoi? réponse, détaillées. — Daniel. |

Saint-Etienne, 5 janv. — Grandouilher, armée paris, 11e bataillon, 5e régiment. tout bien. |

Toulouse, 8 janv. — général Schmitz, paris prière faire officier mon neveu, bausse, sergent, 35e — Deshoëttes. |

Romorantin, 7 janv. — Hervieu, 20, choiseul, paris. Me porte bien nièces, parents bonne santé. romorantin tranquille. — Berthe. — Champonnois 8 jussienne. madame. neveux, enfants bien portants, habitent oloron: nous, romorantin, trois fillettes bonne santé. — Julien. |

Auxerre, 4 janv. — Verdier, 26, feydeau. bonnes santés, madeleine écrit bort, écrivez. — Pauchet. |

Bourges, 6 janv. — Hersent, 13, rue richer. antoine arrivé, hôtel pomme-d'or, 3 janvier. — Cécile. |

Moulins, 7 janv. — M. E Lapostolet, 20, viarmes. portons bien, sommes londres, reçu lettres. — Lapostolet. |

Tonnerre, 4 janv. — Maupas, rivoli, 28. brot travaille, allons bien. pas vus prussiens, reçu lettres, pacy, 3 janv. — Brot. | Gueffier, rivoli, 240. paris. que deviens-tu? plus nouvelles 8 semaines, voir rétif finances, allons bien, embrassons. — V. Maurice. |

Tarare, 7 janv. — Evrard, 21, rue drouot. mortreux, canton vaud, maison nilet, esnault fille, wais fils, tous bonne santé, assez argent. — Stolz. |

Les Andelys, 5 janv. — Zuccolini, 266, saint-denis. heureux recevoir lettres 26, allons tous bien. — Hamelin. |

Bordeaux, 6 janv. — Bresson, préfet police. femmes, enfants laure enfants, avranches bien, abel calais, gohier viviez, tous parfaitement. — Cresson. | Passy, 45, clichy. 1er janvier, embrassons tous. gisors, louviers, coutances, montrésor bien, lettre 7 décembre reçue, touchez vimy. — Louis. | Dumoustier, rue marché-saint-honoré, 4. tous réunis bordeaux, père, mère, bébé vont très-bien. — Dumoustier. | Morange, 1, provence. lettres reçues, tous bien, alfred écrit 8 déc. bien, albert, garde national, aré. | Rattier, 62, richelin. installez collot dans appartement, concierge, 8, tronchet, donnera clefs. — Legrand. | Parquez, 50, neuve-des-petits-champs. sommes parfaitement quimper, dito enfants pingretz, docteur good, tavernier, joseph baugnies, pognon, letourneur — Janvier. | Blum, 9, Lelder. sommes bordeaux, écrire poste restante, cire benoichampy, 8, milan, sa famille aix, savoie. — Eugénie. | Pernard, 155, sébastopol. tous bien, écrivez ballon, poste restante toulon. — Flottard. | Basset, 11, mansart. papa, maman, jab, andré lyon, tous bien | Taupin, 9, suresnes. sœur cécile cassini est-elle paris? répondez sireuil nersac (Charente). — Legrand. | M. Tournon, 103, rue morny. courage, espoir. — Marie. |

Neufchâtel-en-Bray, 31 nv. — Gobin, boulevard haussmann, 50. portons bien, reçu lettres. — Rohaut. |

Tours, 7 janv. — Michel, cléry, 4 tours, ambulance saint-étienne, bien portant, donne nouvelles. — Emmanuel. | Vaillant, fourrier, 120e ligne. reçu lettres, portons bien. — Vaillant. |

Le Havre, 30 déc. — Gobin, 50, boulevard haussmann. touchez dividende parisot. — Moignard. | Mme Barenne, 2, rue londres, santés bonnes. lettres reçues, confiance — Pauline | Goudchaux, 60, boulevard de sébastopol. récolte américaine forte middling liverpool 8 5/8, correspondants bien, vos cotons sont en angleterre. — Monod. | Lombart, 75, avenue choisy. familles fouinart, boulet-marre tous bien portants à granville oui, sucre 50, para 75 difficile. — Lallouette. | Say 123, boulevard de la gare. sucre rare, antilles cinquante havane 31, en hausse à londres, lettres septembre arrivée en novembre. — Lallouette. | Quinette, boulevard haussmann, 109, paris. quinette, martenot, siezes vont bien, vous souhaitent bonne année — Quinette. | Préterre, dentiste, paris. holbec occupé, mère relativement bien, pierre new-york, décédé, agasse. | Petit frères, st-denis, seine. lingemau vendu cent tonnes quarante un demi, dervaux reçu cinq mille livres, crédit claude lafontaine. — Leguillon | Montagut, 39, lafayette. souhaits affectueux, confiance ici inébranlable. succès certain. — Russell. Géry-Grand | Antonin, 47, boulevard sébastopol, paris. inquiétude, écris quotidiennement. bonnes santés, travaillons. — Julie. | M. Lemoine, boulevard haussmann. tous bien à dieppe et à étretat. sam est au havre. — Lucien. |

St-Servan, 1er janv. — Balloy, 22, chaise. rené prisonnier neuburg bavière, excellentes nouvelles pour charlotte, lesparda rastad. — Balloy. | Join Lambert, 13, cambacérès. tout fonthill va bien, reçu lettre, mille tendresses. — Marguerite. | Petit, 13, rue londres. merci pour appartement, compte sur vous, faites vous vacciner. bon courage. — Lecampion | Durbach, 80, taitbout. votre famille reçoit vos lettres, tous bien, voudrais nouvelles saucède, écrivez moi. — Lecampion. |

Boulogne-sur-mer, 28 déc. — Gonin, rue saint-honoré, 270. tous bien. traversée excellente, manchester house, manchester street, brighton. — Clémence. | veuve Lejeune, rue du bac, 46, paris. nous portons bien. — Warin. | Père, boulevard st-germain, 62, paris. nous portons bien, recevons lettres, émile bonne santé ems, louis pas guéri. — Père. | Rainneville, 34, st-guillaume. ta mère, claudine, moi, sommes boulogne sans nouvelles de vous deux depuis 4 déc. tendresses. — Alexandrine. | Pacra, 4, tour-d'auvergne. tous bien. — Mathilde. | Santerre, 11, faubourg poissonnière. demander fayard et autres compagnies, relevés polices à renouveler, consultez nos registres, santés bonnes, écrivez. — Javalan. |

Paraf, 32, sentier. donnez nouvelles de la famille. emma et moi allons bien, écrivez 26, quai douane, boulogne. — Javalan | Grièges, 11, clichy. ressentons vivement ta douleur sommes tous bien portants wiesbaden, écris toujours gand, courage, tendresses. — Marguerite. | Servant, richelieu, 87. reçu lettre, porte bien. — Servant. | Vacherot, 4, impasse royer-collard. enfants, moi à boulogne, bien installés, allons bien. lélia, maurice aussi, ai reçu trois mandats. — Gouget. | Dutailly, 3, prouvaires, paris. georges sous-lieutenant, prisonnier hambourg se porte bien, lui écrire. — Quelle. | Dorival, 28, boulevard bonne-nouvelle, paris. famille et nous bonne santé, cherchez camille, raspail, écrivez souvent. — Schwabe. |

Gaillac, 2 janv. — Lafayette, rue monsieur-le-prince, 61, paris. santés parfaites, courage soutenu. armées provinces marchent, espoir, dute ill, denat partis, suez rien. tendresses. — Thyrza |

Bayeux, 31 déc. — Thiellement, 16, du sommerard. arromanches, tous bonne santé, georges abbeville- — Thiellement. |

Domfront, 31 déc. — Rainfray, rue provence, 59, paris. bonne année, je vous embrasse tous, donnez étrennes à gaston. — Gérard |

Trouville 31 déc. — Badin, 112, richelieu. écrivez nous. — Lançon | Mme Riquer, ambulance comédie française. trouville confitures armoire, engagez argenterie. — Constance. |

Le Mans, 1er janv. — Laguarigue, lieutenant artillerie marine, fort est, paris. rené capitaine ta mère — Laguarigue. | Brunet, 46, rue montmartre. télégraphe mans, fanny rennes, santés bonnes. — Delage. |

Bayonne, 2 janv. — Mme Richard Bérenger, 2, beaune. reçu aujourd'hui excellentes nouvelles de mans et de londres. — Nogaret. |

Dieppe, 29 déc. — Rizaucourt, 11, rivoli. allons tous bien, embrassons tous. écrivez souvent, dieppe. — Chopin. | Pasteur, 29, tronchet. allons bien, ton neveu aussi. — Pasteur. |

Grenoble, 28 déc. — Tessier, major, 53, rue turbigo. portons tous très-bien. bruhards, philibert, émile sûreté, joseph rien, régis, famille bien. — Noémi. | Thébé, lieutenant artillerie, 22e batterie, réserve, vincennes. famille bonne santé, moi lieutenant fort barrault (isère), marius toujours télégraphe. — Thébé. |

Fécamp, 29 déc. — Mlle Mondeville, 2, rue soufflot. bonne santé. — Mondeville. |

Millau, 31 déc. — Guibert, 35, bonne-nouvelle. allons tous bien. recevons lettre. écrivez, enfonce porte, neveu soignez gants, recevons lettre d'épluches. — Emile. |

Auch, 31 déc. — Foucart, 21, rue odéon, paris. sommes tous bien portants à pitron, bonnes nouvelles alfred de stettin, écrivez-nous. — général Duchaussoy. |

Mirande, 31 déc. — Dézaire, 76, aboukir, paris. cinquième dépêche, dézaire, louise, haristoy bien, recevons lettres. justin hambourg. — Haristoy. |

Agen, 1er janv. — Nonton, 10, avenue eylau. te souhaite bonne année, bonne santé, t'embrassons mille fois. santés bonnes, sommes toutes agen. — Charlotte. |

Valence, 30 déc. — madame Labrot, 42, avenue malakoff. bien tranquilles. pensons souvent vous. ambulance 100 blessés. prière sauve, vous bénis. — sœur Joseph. |

Trouville, 30 déc. — m. Carreau, 6, passage prince. bonne année. portons bien. | Carreau. | Depuymory, 53, rennes. trouville bien portantes, prosper prisonnier wesell. embrassons. — Marie. | Germain, 32, échiquier. bonnes santés, pau, mans, trouville, anvers. bonne année, prompte réunion. — Germain. | Mathieu, 57, rue ste-anne. à trouville assez souffrante. — Constance. | Vitasse, 12, bellechasse. rose et nous tous allons très-bien. — Lavalley. |

Poitiers, 1er janv. — Pellieuf, 43, avenue duquesne fils vivant france — Arnaudeau. | Desalvert, capitaine état-major, 60, rue clichy. reçu lettre 16, heureux. écris après chaque bataille, si inquiet, henri écrive. — Desalvert. | Guittard, 50, râpée. toujours bien portants poitiers. camille, amis, à pau, rejoindrons dans 15 jours si nécessaire avec capoy. — Guittard. |

Lyon-Perrache, 30 déc. — Carlet, 50, rambuteau. rentré octobre france, convention genève employé aujourd'hui lyon, promu première classe, embrasse tous, souhaite meilleure année. — Louis. |

Marens, 1er janv. — comtesse Chaumont, 6, rue joubert. clémence, brighton, 6, marine parade. m. eugène avec chanzy, 16e corps au mans. — comtesse Bresson. | henri Bonneau, officier génie, ivry. reçois nos meilleurs souhaits, nos meilleurs baisers. simon, théodore, maria, andré, ernest, clémentine, ernest, bonneau. |

Marquise-Ville, 27 déc. — Demonts, 8, place concorde. tous très-bien. charlot capitaine armée loire. — Jenny. |

Royan, 30 déc. — Cuny, 115, rue saint-lazare. toujours royan bien portants. léon et famille vont bien. souhaitons tous bonne année, prompte délivrance. — Henri Cuny. |

Pontarlier, 27 déc. — Hard, agent bourse paris. heureux avoir reçu vos nouvelles, revillod fera nécessaire, la lettre dubreuil 19 novembre. — Chapuis. |

Grenoble, 29 déc. — Penet, capitaine artillerie, 13e batterie, 19e régiment réserve. 14e corps. nous allons tous bien. écris nous souvent. — marie Penet. | Mottet, 3, rue sentier. reçu lettre. vous toujours écrire par ballon. réserver argent pour défense nationale et appartements. — Mottet. | Grange, état-major général ducrot. portons bien, recevons lettres, écris détails. — Grange. | Chabaille, 76, boulevard strasbourg. lettre, oui. oui. oui. non. — Fanny. |

Mâcon, 30 déc. — Vosseur, 20, odéon. appris chagrin récrivez. voyez duval, tresvaux nos appartements. — Goyet, lamartine. | Coste-Chambard, 43, jacob. santés bonnes, eugène afrique, amitiés, chambard prêteront argent, ou coignet leurs enfants jemmapes. — henriette Coste. | Guilloux, 28, place du trône. écrire. — Girardon. |

Montpellier, 31 déc. — Julien, 45e régiment mobile, 3e bataillon, 2e compag. recevons vos nouvelles, toutes familles bien portantes. écrivez. — Julien, Ribes, Delfau. | Duluc, capit. état-major général Corvéart. allons bien, sommes tranquillement Montpellier, eugène marche, ai beaucoup écrit, reçu lettre 10 déc. — Antoinette. | De Bussy, commandant génie, 2e armée, 1er corps, 3e division bonne santé, toutes trois, ai reçu argent, pars saint-jean-d'angély. — Bussy. | Colonna, capitaine 3e zouaves. nommé sous-lieutenant, blessure guérie, convalescence sullacaro. jean thomas metz blessé au bras se porte bien. — Colonna |

Caen, 30 déc. — Taviny, 22, moineaux. bien portants, écrivez souvent, je reçois. — Pouince. | Desétable, 100, rue folie-méricourt. reçu lettre 21, marchons encore, arrêterons bientôt. écris plus souvent. courage. — Lemoine. | Louvencourt, 13, ponthieu. pensons bien à vous, voudrions vos nouvelles. — Berthe. | Chauvin, 17, l'étoile, ternes. nous, félix, enfants chauvin très-bien. disposez vin pour vous et oncle charles — Le Maître. | Chambon, 61, d'hauteville fils bien portant stettin. — Angot. | Roze, 47, rue château. accorder diminution bachelier, portons bien. — Escaille. | Genissieu, 13, rue chauchat, 13. allons bien, vous embrassons tous. — Bacot. | Saphore, 8, sentier. allons tous bien, ferouelle, lepelletier aussi, rolland vérole mort tours. — Saphore, caen. | Raoul Lemaître, caporal, 50e régiment, 2e bataillon, mobile. parents rouen, tours et ici, allons bien, adresse lettres à caen, victor légèrement blessé. — Arthur Lemaître. | Me Boulogne, christine, 5. portons bien, lettres reçues, écrit 50. embrassons tous, bénissons bruno. — Allix. | madame Gautier, 122, rue saint-lazare edmond va parfaitement. — Thérèse Durécu. | Pariset, sergent 30e de marche, 4e bataillon. famille va bien, écrire à cuene, hôtel d'angleterre. caen. — de Coene. |

Aurillac, 31 déc. — Rolot, 71, rue temple. aucune lettre mardoux, véroux, priez-les écrire souvent, télégraphier chez riva ferrari, milan. — Vicaire. | Hugon, paul, 9, lelong, jersey, reçu lettres mandats, répondu souvent, désolée, dépêches égarées, regrets éternels avoir quitté paris, fidélité parfaite. — Martine. | Andrieu, 217, faubourg saint-martin. allons bien, adressez lettres reilhac. — Lanauze. |

Saint-Amand, 30 déc. — Guillemot, 93, rue marais-saint-martin. allons bien, écris plus souvent. — Blanche. |

Mamers, 31 déc. — Leroy, 5, rue musiciens, montreuil-sous-bois, paris. tous bien portants. — Marie. |

Mans, 31 déc. — Comte de Pons, 64, rue abattuci. mes plus tendres souvenirs et tous mes vœux pour 1871. — Pastré. |

81. Pour copie conforme :

l'Inspecteur,

Bordeaux. — 7 janvier 1871.

Troyes, 27 déc.— Descrin, 17, rue grange-batelière, paris. Edmondà oldenbourg, me dit eugène en allemagne. famille bien. — Flogny. | Charles Masson, garde mobile, boulevard de Courcelles, 49 paris. monsieur et madame Drouot vont bien. | Casimir Périer, 76, rue galilée, paris. 20, tous bien. lorrez aussi. reçu plusieurs lettres. envoie cartes réponses, bien passé à pont. — Pierre. | Lefèvre, marchand épicier, ancien 4, rue de bercy, bercy-paris. nous recevons vos lettres, santé bonne, toujours occupé, blondet chez nous, embrassements.—Chappelain | Guichard, caporal 1er bataillon, 2e compagnie, mobile aube, paris. donner nouvelles. — Collinet. |

Bourgeuil, 2 janvier. — Lefonteux, 3, rue université, paris. je vais bien.— Gustave. |

Montaigut, 2 janv. — Peyrol, 24, hautefeuille. allons bien, rosa aussi. — Janvier. |

Evron, 2 janv. — Dréo, hôtel de-ville, paris. votre mère et votre fille en bonne santé à la croixille. patience, la fin approche. — Tirard. | Cahours, 24, rue laffitte. courage. tenez bon, province arrive. emma, ses enfants vont bien. répondre chez tirard, évron, mayonne. — Maurice. | Tirard, 117, boulevard sébastopol. patience et courage, nous allons vous déblayer. madame mantres en bonne santé à aurillac. — Tirard. |

Châtellerault, 3 janv. — Allan, lieutenant-colonel artillerie, saint-thomas-d'aquin. tous bien à châtellerault. recevons vos lettres. louis mort. — Mary. |

Beaune-les-Dames, 31 déc. — Gavard, 4, rue montmartre, paris. donnez-moi des nouvelles de françois, remettre argent nécessaire. — Guyard, ougney (doubs), 31 déc. |

Rennes, 2 janv.—Defresne, 15, bellechasse. bien portants, retournerons près vous aussitôt possible. poutre à brûler dans remise.—Marie. | Ségalas, 5, béranger. allons bien, sommes à rennes. divernois placé, lettres parvenues. écris souvent. — Ségalas. |

Angoulême. 5 janv. — Leroy, 46, caumartin, paris. noue sommes à angoulême, paul bien portant. écrivez. — Richard. |

Besançon, 1er janv. — Joséphine Berjeux, 328, rue saint-denis. embrassons richard, sylvain. |

Brioude, 31 déc. — Tardieu, 6, tournon récidive. recevons vos lettree. ménage vinit ici. allons tous bien. informez vinit mauban, madeleine. — Tardieu. |

Quimper, 5 janvier. — Motet, 6, rue chaptal. tours alexandrine, marseille bien. recevons lettres. paul cathéchisme, oncle mouchelet marseille. tous travaillent, venture ostende. — Motet. |

Le Lion-d'Angers, 4 janv. — Ricordeau. sent voies, 21. bortons bien. moricet, lamotte achèteront, sans responsabilité, réponds. — Ricordeau. |

Le Pallet, 5 janvier. — Bernier, 22, saint-andré-des-arts, rarement nouvelle toi bernier, benoist, jousset, violet. dabin vont bien. envoie photographie, amitiés famille. — Monnières Bernier. |

Etretat, 2 janv — Madame Rabaud, 6, constantinople. prendre deux cents francs, étrennes pour tous. petites-écuries. portons bien. quatre oui émile. embrassons. — Gras. |

Saint-Servan, 4 janv. — Dudognon, 29, rue université. frère, sœur, cousin tous bien en espagne, saint-sébastien, bazire pas blessé, prisonnier à cologne. — Roquencourt. |

Dinan, 4 janv. — Junet, 4, rue richer, paris. allons tous bien, recevons lettres, n'avons besoin de rien. — Junet, |

Dinan, 3 janv. — Hervé, capitaine, 1er bataillon, 2e compagnie, mobiles, côtes-du-nord, genevilliers. prière donner nouvelles de levannier, n'écrit plus. sommes inquiets. — Levannier. | M. Basta, 2, rue corvetto, paris. portons bien toutes. — Basta. | Coulomb, 3, rue cotte, paris. tous bien, recevons lettres. — Coulomb. |

Alger, 3 janv. — Binet, 5, garancière, paris. tous bieu alger, alphonse aachen prusse. henri officier armée loire, content. — Gaudemaris. | Saget, 368, rue saint-honoré, paris. général et colonel saget, bien, écrivez aachen prusse. — Gaudemaris. | Dubois, 3. cossonnerie. merci tes lettres, amis et nous santés bonnes. nos affaires satisfaisantes, pays tranquille, sois sans inquiétude. — Sas. |

Mayenne, 4 janv. — Madame Lozé, 149, rue vaugirard. paul se porte bien. les hommes mariés ne partent pas. — Eugénie Lozé. |

Lorient, 5 janv. — Despaulx, 8, rue castellane, suzanne delarbre, collot, chabrié excellente santé. — Laure Despaulx. | Brossé, capitaine génie, 383. sommes lorient, bien papa orléans, reçois lettres, écris souvent, nouvelle jambe. — Brossé. |

Lille, 31 déc. — Rossignol, 211, rue saint-martin. sauvé, arrivé lille, bonne santé, donnez nouvelles, vite, femme, enfant, adressez à toulon. — Grimaud | Armand, 14, gramont. résidence lille, sinistres cent mille, recettes cent trente. arriéré soixante-six, écrire chez romberg bruxelles. — Joly. |

Nantes, 5 janv. — Huard. 28e mobiles, 3e bataillon, 4e comp. donne nouvelles jean guérin. tous bien. athénas resté, james mobilisé millot. volontaire. — Huard. | Gorgeu, 12, seine. cinquième. santé bonne, 18, passage orléans. — Thiébaut. | M. Chiché, 9, avenue duquesne, paris. père, sœur bien inquiets, écris-nous. — Chiché. |

Alençon, 3 janv. — Lavalard, 87, monceau. anxiété, pense à toi, j'attends. — Amélie. |

Brest, 4 janv. — Lieutenant Durand. 1er bataillon, mobiles finistère, état-major place. cœur, pensées toujours à toi, courage, mignonne t'aime follement amour. — Marie. | Cally, 31, vanneau, santé bonne. — Elisa. | Eland, 53, échiquier. prendre signature griffe bureau, clefs cave, armoire, salle manger, reçu lettres. — Blondel. |

Rennes, 5 janv. — Deves, 3, rue Laffitte, paris. suis à mon château bien portante, reçu cinq bons. — Lemoulec. |

Saint-Malo, 4 janv. — Maillefer, 10. rue havre. briey, metz, moi allons bien. reçois lettres, envoyé trente lettres, quinze dépêches. — Maillefer. | Suc, 53, rue Rebeval, belleville-paris. 8e. chers amis écrivez. — Duclos. |

Bordeaux. — Burgot. sergent, 20e régiment mobile, 1er bataillon. reçu lettre 1er janvier, portons bien, ton cousin mort, informe-toi. réponds. |

Fontenay-le-Comte, 4 janv. — Habert, lieutenant, 35e régiment. parion, habert, leguay, joffrion santé bonne, demandent lettres. marie, robert, benneteau prisonniers. — Habert. |

Fontenay-le-Comte, 3 janv. — Chabol, lieutenant. 1er bataillon mobile vendée, paris. reçu quinze lettres, nomme joseph, envoyé argent. paul parti, ernest ici, prions. — Péchebrun. |

Evreux, 2 janv. — Maëstracci, sous-chef ministère finances, paris, contributions indirectes. tous bien portants. — Azeline. |

Elbeuf, 2 janv. — Fovard, 94, boulevard haussmann, tous bien portants. — Constant. —

Pertuis, 2 janv. — Braux, 26, rue lille. maman à bruxelles. santé meilleure. nouvelles armand pas. répondez, envoyez carte à quatre réponses. — Poirel. |

Saint-Fargeau, 23 déc. — Prunier, 8; louis-le-grand. santés bonnes, gustave officier lyon, voir bouhier. — Ernest, fargeau, 23 déc. |

Is-sur-Tille. — Labarraque, docteur, 35, boulevard strasbourg. recherchez joseph abrand, mobile. donnez immédiatement renseignements à père à courtivron. |

Valognes, 3 janv. — Delisle, 13, hauteville. famille entière bonne santé fernet, enfants, parfaitement à valognes. janvier. — Delisle. |

La Haye-Descartes, 3 janv. — Collet, 46, verneuil. santés excellentes. — Drouin. |

Poligny, 2 janv. — Petit, 35, tronchet. vaux, chaussin, fontainebleau. tous bonne santé. — Sophie. |

Besançon, 31 déc. — De Plasman, à sainte-périne, auteuil. — Plasman. |

Saint-Omer, 31 déc. — La Caille, 15, rue castellane. famille devergie, froussard partent pour bruxelles, écrire poste restante. |

Auch, 5 janv. — Forneron, 111, morny. suis parfaitement et indéfiniment à londres. vos lettres arrivent. — Forneron. |

Courseulles-sur-Mer, 3 janv. — Vautier, 120, rue rivoli. familles moutier, piel, vautier, bien portantes, reçoivent lettres. alfred pont-audemer. — Julia. |

Fernex, 1er janvier. — Marquis, 44, vivienne. longtemps sans nouvelles, écris-moi plus souvent, envoyé plusieurs dépêches, tes enfants parfaitement, tendresses, bonne année. — Edmée. |

Lyon, les terreaux, 3 janvier. — Levois, 8 bis, rue cardinal-fesch, paris. lettre 16 décembre reçue, 3 octobre pas. ordres concernant madame magdelaine suivis. — Steinthal. | J. Levois, 8 bis, rue cardinal-fesch, paris. regardez les avertissements dans le Times. — Steinthal. | Chaninel, 4, vide-gousset. famille bien, écrivons chaque semaine. — Chaninel. | Gulminot, 31, boulevard bonne-nouvelle. vendez peaux salées 30 francs, grandes agneaux 24, douzaine comptant, déposez argent chez noël. — Antonakis. | Gullminot, 31, boulevard bonne-nouvelle. surveillez mon enfant. donnez argent labert. écrivez-moi par tout ballon. envoyez compte durgof.— Petros. |

Solliès-Pont, 3 janvier. — Montenard, 22, rue bondy. claire bien. hugues armée loire bien. frédéric combat gien sain et sauf. — Montenard. | Rodier, 28, drouot. jersey bien, ai envoyé argent, frédéric armée loire, combat gien, sain et sauf, 18e corps. — Montenard. | Durieux. 58, boulevard malesherbes. frédéric armée loire, combat gien, sain et sauf. tous bien, taïney soigne bien. — Sophie. |

Lyon, 3 janv. — Pulliat, 28, boulevard poissonnière, paris. charles tousse peu, manquons de rien, famille porte bien, frère pas parti. — célicourt. | général Vinoy, prière instante donner renseignements paul sauzet, 136e, 1er bataillon, 3e compagnie, disparu villiers, 2 déc. — Veyron. Dorville, référendaire, 34, théâtre grenelle. maurice, dit sauzet, 136e, tué attaque villiers, 2 déc., prière donner détails. — Sauzet. |

Chambéry, 31 déc. — Antonini, directeur invalides. écris-nous. portons bien. embrassons. — Eugénie. | Mercier, ambulance, 1re division, 14e corps. arrivés hier, désirée enceinte. santé bonne. — Saliceti. |

Torigni-sur-Vire, 3 janv. — comtesse Milhau, 58 bis, chaussée d'antin. troisieme dépêche, santés parfaites, patience, nous arrivons, reçu lettres, merci, continuez. — Ségand. | madame Desgranges, 17, beautreillis. santés bonnes, courage, patience, succès prochain, reçu lettres, continuez, amitiés famille entière. — Ségand. |

Buquebec. — Bourdier, 34, vivienne. nous portons bien à Ligueil aussi, espère vous revoir bientôt, vos lettres rares. — Regnart. |

Aix-les-Bains, 3 janv. — capitaine Rambuteau, mobile saône-et-loire. inquiète des suppositions sur mont-valérien. par pitié, songez à moi. frères préservés. — Mathilde. |

Aix-les-Bains, 2 janv. — Bazault, 49, rue courcelles. cinquième dépêche, toutes bien portantes, adrien bien lyon, artillerie, recevons plupart lettres. écrivez souvent. — Sydonie. |

Montigny-sur-Aube, 24 déc. — Brissac, 45, varenne. allons tous bien, prussiens pas ici. donnez nouvelles de larrey et gueudret, mobiles prusly. — Brissac. |

Argenton. — Tostain, 125, boulevard sébastopol, paris. enfants baudet, carpentier, bien portants. — Frière. |

Dax, 7 janvier. — Deville, 4, rue drouot. reçue 6 décembre, angoisses continues, trilhard tout vendu, remises préparées. fait tournée, échantillons anglais.—Deville. |

Lons-le-saunier, 5 janvier. — May, rue provence, 51. maria, partout famille très bien. — Oppenheim. |

Quimper, 5 janvier.—Duberne, 11, rue milan. informer vernou, parents, jenny, élise, enfants bien, réunis. penfrat félicitations, écrire plus souvent. — Vernou. | Sablière, 29, rue monceau, informer auguste, jenny, élise, enfants, parents, félicie, théodore, sablière, gouyon. vont parfaitement, attendons enfants théodore. | Cambourg. |

Cahors, 7 janvier.—Despeyrous, capitaine gendarmerie cheval, 2e régiment, paris. clémence, écrit pauline, répond tous vont bien. — Jordanet. |

Rennes, 6 janvier. — Gasselin, 17, soufflot. vu parents bien, pinelière, roche, hennezel, idem. merci lettres, anna malade, mieux, garçon. surmonts, desaigremonts, mans. — Ricourt. | monsieur Delacombe, état-major général du général Ducrot, paris. baby et nous, bien. reçois toutes vos lettres, pays calme —Delacombe.—

Avignon, 7 janvier.— Gourcuff, assurances générales, paris. confirme télégramme 30. depuis sinistres annoncés, embrun, quatre mille. avignon, mille, fonds disponibles trente-cinq. — Abria.—Liébeaux, rue saints-pères, 27. vais bien, avoir confiance entière. — Marie Renaud. | Delacomble, rivoli, 79. allons bien, auguste encore ici. bertrand nommé montpellier, georges prisonnier dantzig, nemours bien, enfants vous embrassent.—Irène. |

Brest, 6 janvier. — Krantz, commandant fort ivry. portons bien, sommes toulon, avons argent, recevons lettres, Jules. antilles. — Krantz. | Clémentderis, 101, saint-dominique-germain. habitons brest, recevons lettres. — Isabelle Clémentderis. |

Morlaix, 6 janvier.—Rémy Andrieux, 23e régiment mobiles finistère. lettres reçues bonheur, félicitations, lucien mobile dépôt quimper, albert, reste. santé bonne, préviens eugène.— Andrieux. |

Nevers, 5 janvier. — Delamotte, quai orfèvres, 16. direction nevers, bonne santé.—Léon. |

Quimperlé, 5 janvier. — Legrand, rue montmartre, 127. écrivez tout les cinq jours nouvelles édouard, henry, locataires, propriétaire contribution.—Robillard. | Tournus, vieille-du-temple, 125. tous santés parfaite, arsène ici, prévoyance, faites provisions pain séché au four comme biscottes, embrassements affectueux.—Robillard. |

Trouville, 5 janvier.—Sinet, rue du gindre, 1. nous allons bien tous, soyez rassurés. recevons vos lettres.—Lemaire. | Borda, 12, rue matignon. votre femme est très mal et vous appelle. venez à tout prix.—Amelin. |

Bayonne, 5 Janvier.—Deichthal, rue neuve des-mathurins. tous bien. eichthal lebret londres. louis avec bourbaki, pasteur dieppe, garçon. georges, prisonnier francfort. — Quesnel. | Blacque, 19, grammont. toutes bien, charles, ferdinand, environs hâvre, aînés chez eux. berthe, paul, bien. neveux engagés, maria bezards. — Blacque. | Dusereeh, rue de l'entrepôt. toute famille bien. trio prax darmstadt, élisabeth ici. — Quesnel. | Colonel Sillégue, fort vincennes. tous bien, recevons lettres de vous et norbert. avons tous envoyé plusieurs lettres et dépêches.—Amédée Laborde-Noguez. |

Rennes, 3 janvier.—Ferrand, vieille du temple, 16. santé bonne, ennui, inquiétude sans lettres, écrire, rue saint-malo, 21, rennes. trois enfants dardailhon bien.— Ferrant. |

Aigre, 5 janvier.— Seigneur. chapon, 27. donnez nouvelles appartement, meublés, par ballon. — André. |

Landivisiau, 4 janvier.—Delaplagne, 36. sébastopol. nous, landivisiau, sur navire. loui retourné cherbourg, ici écos, vironvay, nazaire, bien, francine, neuilly, vous restaurant — Marie. |

La Charité, 2 janvier.—Prudot, capitaine forestier, boileau-auteuil. bien, famille bien, pas prussiens, reçois lettres, déjà dépêches. Charité décembre. |

Grenoble, 4 janvier. — Schlegel, 9, saint-paul. lieutenant dépôt 6e artillerie, grenoble. amis valides, reçu lettre vous.— Fernand. |

Avallon, 2 janvier.—Flye, capitaine, 15e batterie, 10e artillerie, 2e corps, 2e armée paris. avallon, vitry, camille, louise, bien. recevons vos lettres —Thérèse. |

Falaise, 3 janvier.—Vignon, seine, 6. tous bien portants, accouchera janvier.—Roger. |

Caen, 4 janvier. — Olivier, 45, rue bercy. portons bien, besoin rien, aucun danger, autrement partirions. — Louise. | Richefeu, 140, boulevard montparnasse. toutes ensemble bonne santé, depuis 30 septembre. chez émery, blaye. | Supérieure. 20, notre-dame-des-champs, paris. reçu lettres à saint-gabriel. — Anastasie. | A. Jouin, rue saint-Jacques, 118. merci lettres reçues, père, frère, tous, vont bien, courage. — frère Jouin. |

Saint-Florentin, 27 déc. — Saffroy, rue sèvres, 3. aucune nouvelle duclos, maison gardée par

Bordeaux. — 7 janvier 1871.

dame étrangère, supplie, veille. si incendie sauver caisse.—Mocquot. |

Selongey. 21 déc. — Magnier, ministre agriculture. prière faire parvenir bureau selongey, nouvelles du fils muteau, bureau chargé par famille dijon.—receveuse postes. |

Riom, 2 janvier. — Pocheboune, saint-martin, 333. accouchée 13 décembre garçon. mère, enfant, bonne santé.—Pochebonne |

Tournus, 3 janvier. — Gaudriot, 11, rue mulhouse. famille va bien, vous embrasse. — Tournus, Gaudriot. |

Fécamp, 3 janvier. — Cotard, 8, montesquieu. sixième dépêche, laure accouchée fille, sois tranquille. avons tous santé parfaite.—Marchand. |

Couches-les-mines, 29 déc. — troisième dépêche, léon, martin, hôtel-Dieu, allons tous bien. non envahis, bon espoir. |

Evreux, 3 janvier. — madame Prost, rue labruyère. 31. mille souhaits, répondre écos.—Prieur. | Senvas, 85, saint-dominique, paris. femme, enfant, londres, prieur ici, santé parfaite. —Roger. |

Blida. — Vimercati, poussin, 32. paris. bonne santé, même position, famille bien portante à oloron.— Isidore. |

Bordeaux, 5 janvier. — Aubry, 33, jeûneurs. septième dépêche, saint-malô, bien, famille seiler, paul, émile, édouard, aussi bordeaux, 61, rue judaïque. — Marie. | Poisat, avenue wagram, 69, tous bien portants, écris directement chez moreau, à gradignan, bordeaux. | Lefèvre, 19, dragon, paris. lettres reçues, santé. — Chunul. | Desvernine, monge, 23. appris maladie, désolée, pas d'imprudence, supplie manuel, ma pensée vit en vous, adieu.—Bertha. |

La Caillère, 5 janv.— Yvonnet-Ménage, 2, bouloi. reçu lettres, merci. voyons journaux, paris. allons bien, courage. — Guineuf. |

Toulouse, 5 janv. — Humières, école politechnique. jules, léon zouaves pontificaux, charles télégraphie, raoul cherbourg, crouseilhes ramsgate. — Marquessac. | Duhamel, 30, école médecine. tous bien, vois delaplane, 35, campagne première. écris. — Belhomme. |

Beaune, 3 janv. — Delbic, 12, chauchat. fermes miraculeusement préservées, pertes minimes, allons tous bien, souhaite bonne année. — Marguerite. | Landré, sergent mobiles côte-d'or. familles landré, bonnet, doussot, darviot, violette vont bien. écrivez. — Landré. |

Cérilly, 2 janv. — Bignon, 16, boulevard italiens. bonne année, enfants bien, moi toujours souffrante comme ordinaire. mille embrassements et amitiés. — Bignon. | Davessac, 147, rue rennes. grands souhaits. bonheur à vous et santé, enfants bien, moi grippe et grandes douleurs. — Bignon. |

Dijon, 3 janv.— M. Francolin, 24, saint-claude. quelle santé? | Royer-Collare, 2, rue de sorbonne. grand-mère, mère, bonne santé. |

Pouilly-sur-Charlieu, 3 janv. — Pinson, 22, quai béthune. santé parfaite. reçu toutes tes lettres. as-tu reçu mes six dépêches? — Pinson. |

Riom, 1er janv. — Gautier, 20, temple. 4e. riom, grandchamp parfaitement, bébés joyeux. embrassons chers enfants, parents, souvenir delarue, employés, lille recevra. — Gautier. |

Cusset, 3 janv.— Brulon, 123, magenta. paris. toutes bonne santé, manquons rien. — Sédonie. |

Sain.-Haon-le-Châtel, 3 janv. — Faure, 6, rue ménars. je veille, laval, ici tout calme, sois tranquille. — Taron-Faure. |

Morlaas, 5 janv. — Sadrès, 17, rue jules-favre. toute la famille bonne santé, prosper à lyon, reçu vos lettres, écrivez-nous. — Lacay. |

Lyon, 4 janv. — Champelauvier, 9, rue charles V, paris. reçu lettre 27 décembre. merci, allons bien, pensons à vous tous, écrivez souvent. — Guinon. |

Fernex, 4 janv. — Madame Wuy, chez bertin, 17, boulevard beaumarchais. en bonne santé, norbert et eugène avons tes lettres, mes affaires vont bien. | Casani, 10, avenue roi-rome. paris. bien ici, hôtel paix, pas de vos nouvelles depuis 17 octobre. — Ezpeleta. | Demarquet, 44, gravilliers. sommes bien portants, maison monnerat, 505, aux accacias, genève. — Fouque-Brigitte. | Dreyfus aîné, 24, rue lepeletier, paris. vous prie de me faire savoir par quels moyens nous pourrons vous rembourser.— Albacet | Dreyfus aîné, 24, rue lepeletier, paris. 19 prochain ou si vous entendez prorogé le prêt effet circonstances — Albacet. | Dablanc, 47, quai tournelle, sommes tous bien portants, augustine rennes rue feugère. | Louis Vagner, 145, boulevard magenta toujours genève, reçu lettres, écris. — Gaston. |

Bourg-en-Bresse. — Convert jules fourrier 40e. mobiles ain, 2e bataillon, paris-joinville. allons bien, oncle mobilisé, paul maintenu, notre maison manutention. — Convert. |

Landes, 5 janv. — Durrieu, 97, rue st-lazare. alfred fatu, vierzon, expédié lettres dépêches, pensons bien à toi. — Gabrielle Durieu. |

Marseille, 5 janv. — Beaugeois, chef état-major, division bellemare. calme-toi, sois prudent, parfaitement choyé, amitiés, mille baisers, toujours avec toi. — Beaugeois. | Dulongpray, brigadier, escorte vinoy. 140, grenelle-st-germain. reçu lettre du 21, tous bien à serres, écris souvent. — Itier. |

Londres, 3 janv. — monsieur Darmody, 49, rue neuve-st-augustin, paris. moi et mes enfants se portent très-bien et ne manquent rien. — C. Darmody. | monsieur Delapalme, 10, rue castiglione paris. nous allons tous bien 3 janvier. — Delapalme. | madame Gustave Monod, 70, faubourg-st-honoré, paris. 5 décembre tout votre monde en parfaite santé. le moyen employé dernièrement pour vous écrire interrompu. — Sturgis. | madame Hartmann, 4, rue richer, paris. lettre noël reçue. tout bien ici. dire bidaux, 23, place roubaix, je fais recherches sur henri. — B. Oxford. | monsieur Deniau, 107, rue st-lazare, paris. madame deniau mère, toute sa famille, dames dufaulin bonne santé aussi à londres. on reçoit lettres. | Hubin, 14, rue turenne, paris. vos dames avec femmes de chambre bien portantes south western, hôtel southampton. écrivez ballon. — Smidt. |

Monsieur Despicht, 21, rue st-roch, paris. reçu lettres, anxieuse revenir, quoique heureuse, écrivez. — Elisa, north street, lisson grove marylebone london. | monsieur Doux, 7, boulevard ornano, paris. écris, dis si au-dessus de sept mille cent quatre-vingt-douze. — G. Pigache. | Montesquiou, 98, chaillot, paris. woodvale 3 janvier. excellentes nouvelles courtanvaux du 29 décembre, allons parfaitement fresne, villerville aussi. — Marie. | Vandenberghe, 162, rivoli, paris. tous bien, huit dépêches envoyées. horriblement triste, reçu lettres, famille bouchon, lucien bien villeneuve pas nouvelles eugénie. — Marie. | Abaroa, 102, rue richelieu, paris. quintina et famille bien à lequeitio 26 décembre. ont reçu votre lettre 20 décembre. nous bien. — Amada. | Durand, 8, rue française, paris. londres, trouville chanu bien. — Durand. |

Martin Leroy, 39, rue de la ferme-des-mathurins, paris. trois mois sans nouvelles, écrivez. — Louise. | Albert Goupil, 9, rue chaptal, paris. aimons et embrassons tendrement. — Médara. | Général Samama, 105, rue chaillot, paris. famille parfaitement bien. — Zéza Samama. | monsieur Gabillot, 19, faubourg-st-honoré, paris. votre père est à vichy, nos amis vont assez bien. — Adèle Massot. |

Madame Bénédic, rue des francsbourgeois, 20 paris sans nouvelles de toi, écris souvent, lettres ballons arrivent bien. vais bien, affaires bonnes. — Bénédic. | Jules Carpentier, 21, boulevard st-michel, paris. aucune lettre tienne depuis trois mois. écris immédiatement, santé résiste, souffre cruellement nostalgie et ton absence. — Philippe. | Banque ottomane, rue meyerbeer, 7, paris. lettre 16 reçue. payez dividende actions banque comme habituellement. — Stemmerde. | Banque ottomane, rue meyerbeer, 7, paris. avisez-nous combien au crédit du gouvernement turc à paris, soit chez vous, soit au mobilier. — Stemmerde. | Massing frères, rue grand-chantier 7, paris. rapports réguliers avec fabrique qui travaille et m'expédie. puttelange reçoit lettres lecomte colleson. envoyez-moi comptes. — Walter. | Achille Léger, 26, place vendôme, paris. vingt annonces vingt lignes figaro. plus nutritive qu'extrait viande revalescière qui guérit également, ajoutez maladies, prix. — Klug. |

Manceaux, 6, rue saint-arnaud, paris. reçu lettre 15 décembre, content. tous bonne santé. écrire souvent, 16, lansdowne. place brighton. — Manceaux. | madame Bourdin, 91, rue des boulets, faubourg st-antoine, paris. chère mère écris par ballon, je suis inquiète. emprunte cinquante francs, je rendrai — Amélie, 40, dorset street portman square. | Lévy Finger, 6, rue de l'entrepôt, paris. nous, enfants, parents vont parfaitement. reçu vos lettres. — Caroline, Célina. |

Dijon, 2 janv. — Curé, rue temple, 123. suis chez parents dijon parfaite santé. — Célestin. | monsieur Dugied, 101, st-lazare. toute la famille va très-bien. — Bornier. | Gomé, 8, de luxembourg. toute la famille va bien. — Belime. | d'Estocquois, postes, direction seine. toute famille va bien, sœur dijon. | madame Rouget, rue du bac, 140. nous nous portons bien et t'embrassons. — Rouget. | Bouruet-Aubertot, moineaux, 22. donnez nouvelles. collet blessé, réponse prompte, très-inquiet, suis en bonne santé. — Collet. | Michel, rue vezelay, 9. allons tous bien. dijon libre. écrivez souvent. — Michel. |

Besançon, 3 janv. — Chenailles, chanoine notre-dame. mes vœux chapitre. — Césaire. — Aronssohn, rue bac, 34. vais bien. — Jules, médecin chef 24e corps. | Viry, médecin major corps vinoy. allons bien meisenthalois phalsbourgeois, moi quartier général 24e corps. — Viry. |

La Roche-s.-Yon, 4 janv. — Thiébaut, 144, faubourg-st-denis. notta versailles, nous aix bien portants, travaillons. |

Quimper, 4 janv. — Durivau, rue vezelay, 9. adrien à dusseldorf. allons tous bien, recevons tes lettres. |

Langogne. — Devoins, officier 1er régiment chasseurs france. vincennes. allons bien tous, arthur à castres, albert reste. — Marie. |

St-Valery-en-Caux, 1er janv. — Levasseur, 57, rue des martyrs. nous allons bien, dames péan aussi, nous recevons vos lettres, nous vous embrassons. — Cécile. | Genest, rue fille du calvaire, 6. envoie argent poste. st-valery-en-caux. 30 décembre. | Bernard, st-lazare, 85, fille embrasse, portons bien. — Georgina. |

St-Claude- -Brienne, 30 déc. — Nicod, capitaine douanes, magasin-réunis, souhaits bonne année. nous et tions bien, émile parti, lettres reçues. écris souvent. — Clarisse. |

Caen, 3 janvier. — Giren, rue montmartre, 47. j'ai votre affaire, mais venir au plus tôt. — Antoine. | Nicolle, rue aboukir, 85, paris. vos parents, enfants et nous allons bien.—Pougheol. | Leys, 3, place madeleine. santés parfaites. violet, charpentier, caen. — Laval. |

Ste-Geneviève, 2 janv. — Sirvain, boule-rouge, 9. recevons lettres, allons bien. — Cocural. |

Illiers. — m Desforts, 3, rue corneille. lesforts tous bien, pas prussiens.— Desforts. |

Tours, 4 janv. — Voisin, 31, rue faubourg poissonnière. lettres reçues, tout le monde va bien. — Vanier. | Gerbidon, ministère marine, paris. marcel fortifié, tous bien. | Vildieu, rue lyon, 43. portons parfaitement, tours.— Morin. | Levoyer, 107, rue st-martin, paris. mère louise, albert à laval, enfants à morannes, nous tous bien portants. — Beauté. | Pressac, 36, seguin. famille leclercq, pressac, dubuisson excellente santé. 5 janvier. — Frédéric. |

Besançon, 31 déc. — Rambuteau, 6, méglin, parents vont bien, voir sauterot, artilleur, fort d'issy, donné argent. réponse. — Sauterot. |

Marseille, 3 janv. — Hormus, 51, rue de malte, écris si reçu dépêche-réponse et celle-ci. parents portent bien, moi aussi. je travaille. |

Laigle. — Patrelle, 84, boulevard beaumarchais. santé et installation parfaite chez m. desmousseaux depuis deux mois. — Laigle. |

Domfront, 2 janv. — Signeux, cuvier, 16. portons bien. avons espoir france triomphera, clarisse-Louise. |

St Sever-Calvados, 2 janv. — jules thirion, faubourg poissonnière, 177. albert marie bien portants, suisse, vevey, grand hôtel, pierre bordeaux. — Lucie. |

Alençon, 2 janv. — Pérard, 210, allemagne, prière chabaret écrire. — Godichon. |

Avranches, 2 janv. — Acoulon, 8, rue bucy, mathurel sont à st-étienne, christian à corcelles sangnier à boulogne, nous renaix. tous bien. — Ponpinel. | Pascault, 105, boulevard malesherbes. enfants pascault, sangnier, acoulon, christian vont bien. familles liglise, bonnat, nous, vacossin aussi. — Ponpinel. |

Castelnaudary, 4 janv.— Demante feuillantines, 91. président. lucie, metz, loyer, mayence parfaitement, pauline, clermont. isabelle. lettre anatole, santés louviers parfaites. aucun danger. — m. Anthaume, rue poissonnière, 48. allons bien, très-inquiet, de vous écrivez souvent. — Destors. |

Fontenay le-Comte, 7 janv. — Bonnin, 118, boulevard courcelles, paris, portons bien, embrassons cher arthur. alexandre, hippolyte écrivez vérité étienne, savoir cassas embrasse frère. — Pichard. |

Libourne, 8 janv.— Maillard, 66, rue grenelle-st-germain, paris. maillard, perrin bien portants, amitiés. — Maillard. |

Sables, 7 janv. — Cary, 22, boulevard beaumarchais. astier, cary bien portants. reçus. — Cary. |

Decazeville, 7 janvier. — Paul Schneider, 7, saint-florentin, paris. santé parfaite, affectueux souvenirs. — Pauline. |

Rennes, 7 janv. — Malcotte, 1. vieilles-haudriettes. lettres reçues, allons toujours bien romilly avec lucie. avons peu souffert des prussiens. — Létranger. | Ribail, gare ouest. septième dépêche. noël résidense inconnue. autres retenues commencées, personnel et matériel vont bien. — Mayer. | Grebert, 48, rue arbre sec, paris. famille se porte bien en italie. — Mélussan. |

Vitré, 5 janv. — M. Berton, avoué rue croix-des-petits-champs. tous bien, paul major redon, albert bachelier, famille berton bien. — Berthoroy. |

Alais, 7 janv. — Casimir Pagès, 5, linné, paris. famille. santé parfaite. — Pagès. |

Aurillac, 7 janv. — Véroux, 3, saintonge, paris. reçu seulement lettre décès colombel, nous sommes très-inquiets, écrivez, télégraphiez chez priva ferrari. — Vicaire. |

Nantes, 7 janv. — M. Husson, 111, boulevard sébastopol. je vais très-bien ainsi que burtey. berthelon est arrivé. — Husson. | Lagillardaie, contrôleur, 8, rue constantinople, paris. reçu lettres 29 décembre, déjà télégraphié, tous bien, céline bonnibont. très-satisfait affaires. — Lagillardaie. | Masse, 24, jacob. charmés savoir bonne santé, allons bien, famille nantes aussi. écrivez schmidt, 28, boulevard anvers, bruxelles — Lazard. | Madame Saunier, 3, rue des bassins. sans nouvelles de vou depuis le siège. bien portants à nantes, hôtel bretagne. — Estienne. |

Quimper, 6 janv. — Gouyon-Matignon, 5e bataillon mobiles finistère. cinquième dépêche, nous. amis bien vous attendant impatiemment, quel bonheur de vous revoir! — Florestan. |

Boulogne-sur-mer, 3 janv. — Nicodex, marchand de vin, 9, rue coq-héron. émile très-malade, médecin inquiet. — Nicodex. | Savard, 22, saint-gilles. tous parfaitement portants. — Savard. | Dorival, 28, boulevard bonne-nouvelle, paris. famille et nous bonne santé, cherchez camille raspail. écrivez souvent. — Schwabe. |

Toulon, 7 janv. — Banes, 128, rivoli. jules prisonnier leipsig, bien portant. — Ferrer. |

Arcachon, 8 janv. — Lucas, 159, rue de sèvres. janvier excellentes nouvelles bérard, vilbort, blazybatel, desouches, bergeron, fauvage, marthe garçon superbe. allons tous parfaitement. — Lucas. | Renouard, agent bourse paris. tous bien portants. — Ricot. | Bonvallet, 19, rue chanoinesse. bien à arcachon avec femme, enfants. mathilde bien à dieppe correspondons. — Patriau. |

---

85. Pour copie conforme,

L'Inspecteur,

Bordeaux. — 8 janvier 1871.

Vichy, 3 janv.— Choiset, 91, provence. agathe dieppe. moi amis bien portants, reçu mandat.— Choiset. | Cayol, ministère marine. santés bonnes marianne profite, tendresses à tous.— Alice. |

Nogent-le-Rotrou, 3 janv.— Lelasseux, 45, rue de luxembourg. tous bien.— Lelasseux. |

Gannat, 2 janv. — Mesple, gendarme, ambulance salpêtrière. sois tranquille, portons tous bien. ton frère à moulins.— Mesple. |

Carpentras, 4 janv.— Blavet, 3, rossini. tous ici bien.— Marie Blavet. |

Avignon, 4 janv.— Bagareux, 7, rue gentilly, près chemin fer sceaux. sans nouvelles depuis septembre, écrivez campagne par ballon.— Félix. | Siegler, ingénieur, 29, rue jacob. tous bien portants. lettres arivées. réponds georges, songe à nous. signé Anna wissembourg, noël.— Muntz. |

Boulogne-sur-mer, 1er janv. — Masson, 7, rue grand-chantier. bons souhaits, santé parfaite, bonnes nouvelles gaston. — Masson-brunessaux. | Minoille, 93, monceau. bonne année, bonnes santés. écrivez souvent, varin mort. félix général. — Roland. | Lecomte, 26, vieille-temple, paris. écrivez journellement. me bourgois pourvue argent. prêtez pelisse bourgeois. mangez nos chevaux, vendez charbon.— Roques. | Duparc, 18, godot. bonne année, tous très-bien. — Guaita. |

Tours, 4 janv.— Johanneau, 12, boulevard sébastopol. bonne santé. recevons lettres, renseigner sur maisons, locations.—Johanneau. | Fisch, 28, sébastopol. oncle pressensé succombé paisiblement pneumonie de 9 jours. francis présent, mathilde soutenue, reste tours avec jeanne. — Meyrueis. | Veissière, 19, boulevard richard-lenoir. reçu vos lettres jusqu'au 7 déc. portons bien. — Godart. | Viollet, 5, st-louis-en-l'isle. familles tours, limoges, monnières, santés parfaites. lettres reçues. courage, espoir.— Charles Viollet. |

Laroche-Derrien, 2 janv. — Rodet, 27, quai bourbon, paris. félix, 21e corps. tous bien, bonne année.—Goubaux, roche-derrien, (côtes-nord).

Lyon, 4 janv.—Charles Porgès, 2, blanche. sans lettre depuis 3 déc. vendez mes six mille emprunt ne vendez plus lombard. — Porgès. | Bargone, lieutenant-colonel infanterie marine, paris. tous bonne santé. t'écris souvent, reçu lettre 19. famille ballard bien. — Bargone. | Naville, 4, rue halévy. famille, enfants, connaissances vernier, genève, tous bien, recevons vos lettres, pour moi tout va bien.— Pyrame. |

Alençon, 3 janv.— Baudet, 28, ste-croix-la-bretonnerie. envoyé courrier châteaudun, enfants bien portants.— Chabau. |

Nevers, 1er janv.— Saint-Vallier, 9, rue suresne. Jean humbert nevers parfaitement, porté lieutenant-colonel.— Stéphanie. |

Blanc, 4 janv.— Chrétien, 10, crussal. bonne santé tous, dire paul.— Ayné. |

Marmande, 5 janv. — Valade, 83, boulevard montparnasse. grasse, marmande, santé, reçoivent lettres.— Gabel. |

Millau, 4 janv. — Saintlieux, 174, boulevard haussmann. allons bien, tendresses et prières toujours pour vous deux. genève.— Marie Pradier. |

Poitiers, 5 janv.— Pétillot, 5, martel, paris. lettre reçue, tous bien habitons poitiers.-Beauprey. |

Cherbourg, 2 janvier.—Dodin, 46, rue abbesses, montmartre. envoyé deux dépêches, reçu argent, besoin autre, souhaits famille, portons bien, dorlin va bien. — Dodin. | Legrand, proviseur, lycée condorcet. nourris-toi mieux, reçu six mandats, pas besoin argent. tous parfaitement. charles carentan, stagiaire, caen. — Legrand. | Piquée, 122, rue rivoli. vite nouvelles cherbourg, tous bien. — Chaillet. | Chaussin, 48, assas. sixième dépêche, réunis cherbourg, léon trésorier. — Titille. | Chaillet, 42, faubourg saint-antoine, reçu lettre premier janvier, contente, écrire, portons tous bien, tourmenté, prudent. orléans pas nouvelles. embrassons. — F. Chaillet. | madame Brassine, 35, rue laffitte, paris. je suis à cherbourg en bonne santé, écrivez-moi. — Duperré. | madame Montigny, 22, rue lavoisier, paris. resterai à cherbourg, bonne santé, bonnes nouvelles du hâvre. — Duperré. | Duchayla, 72, malesherbes. lettres reçues, tous bien, sécurité au mans, embrasse, félicite chers mobilisés attaché fort roule cherbourg. — joseph Duchayla. |

Avranches, 2 janvier. — Boudier, 38, butte-chaumont, paris. patte venu chercher mère, enfants sont luneuville, récentes nouvelles excellentes. — Roussel. |

Poitiers, 4 janvier. — Graillet, 21, boulevard strasbourg. demeurons jacométy, poitiers. portons bien tous. — Louise. | Desbordes, 23, rue d'enfer. enfants, famille vont bien.— Levrier. |

Mezidon, 2 janvier.— Lebarbier, 3, rue montholon. allons bien, pas d'inquiétude. — Lebarbier. |

Cognac, 3 janvier. — Dagonet-Truelle, 15, verrerie. familles charlot, jossier, vont bien, inquiètes, demandent nouvelles. esther, nous, bien portants, écrivez plus souvent.— Leclerc. |

Saint-Galmier, 2 janvier. — Nicolas, bureaux, hôpital gros-caillou. réclame mandat 200. saint-étienne,. 10 décembre, poste. situation, santés bonnes. exonéré. quatrième pigeon. — Ménélas. |

Cognac, 4 janvier. — Petit, 58, saint-placide. portons bien, nul danger cognac. – Garnier. |

Troarn, 2 janvier. — Sanchez Torrès, 34, rue penthièvre, paris. à bordeaux et saint-pair bien et tranquille. reçu vos lettres, grande sympathie, affection. — Frotté. |

Nice, 3 janvier. — Cavalier, 71, rue monceau. prévenir richemont, marthe tranquille verneuil. reçu lettres. tous bonne santé, tristement inquiètes. clément, nous bien. — Berthe. | à général Trochu. sauzet, ancien président, très-inquiet, sollicite instamment nouvelles de neveu sauzet, engagé 136e marche. réponse lyon. — Sauzet. |

Perpignan, 2 janvier. — Malé, au télégraphe, passy, paris. pierre prisonnier à mayence, antoine mort. — Ausseill. |

Ferney, 31 déc. — Lanseigne, 48, hauteville. bonne année, chers amis. a genève bien portants. bonnes nouvelles adèle, blanche. — Paillette. |

Saint-Malo, 29 déc.— Mayer, 27, chaussée d'antin. reçu 7 lettres, santés bonne. — Mayer. |

Boulogne-sur-Mer, 31 déc. — Martin, 71, paradis-poissonnière. santés bonnes boulogne, pau, poitiers. souhaits pour retour. — Sophie. | Mme Saingilles, 4, jean-bart. alfred bien portant, hambourg. — Hubert. |

Redon, 4 janv. — Hamon, 193, rue saint-jacques. ouest, familles, établissement tranquilles, lazare, pierre morts, ambulance occupe valognes, 300 messes, 20 eudistes, armée. — Ledoré. |

Périgueux, 4 janv. — Baric, lycée corneille. lapeysie, jeanne, henriette, honoré santés excellentes, recteur roustan mort.— Léonce. |

Bayeux, 2 janv. — Pagny, 70, rue lafayette. mesdames pagny, lanchantin vont bien, embrassent enfants.—Pagny. | Compère, 79, quincampoix. perry, enfants bonne santé, ne manquant de rien.— Le Lièvre. |

Nantes-Central, 4 janv. — docteur Saintgermain, 20, rue pépinière. tes parents vont bien, t'embrassons. — Louis. | Fourchon, caporal, 28e marche, 6e compagnie, 3e bataillon, mont-valérien: familles bourcard, lucas, gennevier, blanchard, brague bien. écris donc. — Fourchon. | Rabach, capitaine, 2e batterie, mobile, nantes, villette, paris. prière donner nouvelles de ferdinand michel dans prochaine lettre, grande inquiétude. — Nimes. | bertrand Silz, 3, petites-écuries. tous bien. mère aussi, heureuse ta lettre, 29 décembre. — Clémence. | Raby, rue ourcq, villette. tous bien, recevons vos lettres. — Sarret. |

Angoulême, 5 janv. — Saint-Lup, 22, avenue victoria. portons bien, habitons angoulême. écrivez plus souvent, supprimez journaux. détails sur maison commerciale, particulière, employés.— Armand. |

Nevers, 31 déc.— André, 6, tour-d'auvergne. mère retournée pithiviers, pas nouvelles, pellissier ici, petit mort.— Pellissier. |

Lavardac, 5 janv.— Lariou, 40, boulevard st-germain. 4e dépêche, recevons lettres 25, 30 déc. henry, louis sont ici, julien garde usine.—Félicie.

St-Pol-de-léon, 3 janv.— Dubeaudiez, 34, rue de l'entrepôt. st-pol famille bien, très-inquiète, demande nouvelles.— Dubeaudiez. |

Clermont-Ferrand, 3 janv.— Guinard, 161, rue st-jacques, paris. pauline, nathalie bonne santé chez desdouits, faure aîné place devant clermont, 2, clermont-ferrand.— Guinard. | Bessing, 47, rue crozatier, paris. allons bien clermont, pas nouvelles de toi, famille et villon.— Charlet. | Bessand, maison belle-jardinière. votre femme et enfants sont bien portants montaigu, place worthing, près brighton. écrivez. — Cornely. | Lerot, agent-de-change. tous à londres, worthing en bonne santé votre lettre du 9 déc. arrivée. — Cornély. | Berthuot, 36, boulevart mazas paris. tous clermont, bonne santé.— Pizard. | Mme Anciaux, 13, boulevard des invalides. bonne santé.— Anciaux. |

Granville, 2 janv.— commandant Trève, fort noisy. reçu tes lettres. tous bien, adolphe idem, toujours sénégalais. — Armand Trève. | Fremin, télégraphe, paris. famille se porte bien, reçu lettres.— Fremin. | m. Verroust, 49, neuve-st-augustin, paris. tous bien portants à granville maison Gosselin.— Dezobry. |

Bressuire, 3 janv.— Letrosne, 8, constantinople. tous bien portants, sommes chez leblanc, sage-femme, bressuire deux-sèvres. toi, courage, gaîté, nouvelles famille letrosne.—Duguet. |

Saint-Etienne, 2 janv.— Hortus, rue du bac, 94, paris, 3e. continue travaux, pélissier et vogue. écoulement charbon difficile, bénéfices réduits. rien nouveau. amitiés.— Nan. |

Vichy, 2 janv.— Féréol, 21, pont-neuf. tous très-bien portants.—Brissaud. | Lacoste, 78, assas. dieppe lacoste santé parfaite.— Biais. | Chaperon, 98 bis, boulevard haussmann. hélène. albert, marguerite, robert, alphonse vont bien, secourez ma cuisinière.— Ruelle. |

Lyon, 4 janv.— Patural, 24, rue châteaudun, paris. tous bien gigny.— Chaffolte. |

Lyon, 1er janv.—directeur france, 14, rue grammont. fonds banques commerce genève. pas agences envahies, arriéré fort, enverrai chiffre dans quelques jours.— Fourmy. | directeur france, 14, rue grammont. touché 64,000. sinistres réglés 33 mille, à régler 20,000.— Fourmy. | Maubeuge, 137, boulevard st-michel. tous bien, reçu argent varsovie, où est batterie? rené gentil, baisers affectueux.— Amélie. | Guttin, artillerie rhône, 1re batterie, fort courcelle, paris. santé parfaite, claudius, amis mobiles prisonniers. — Guttin. | m. Chély, 1, sully. recevons lettres, allons bien.— Marie Chély. | Roman, 14, anjou-st-honoré. portons tous bien, reçu lettre du 19 déc. adresse lettres, oswald bâle.— Caroline. | Corble, 88, rue folie-méricourt, paris. césar éclaireur, pas nouvelles inquiet.— Belin. |

Alger, 2 janv.— Henderson, 4, lavoisier. bien portant. reçu lettre 20.— Henderson. |

Mrrseille, 5 janv.— Warin, quai rapée, 10. pour savoir adresse rue paix, 11. alfred bien armée nord. nous bien. baisers.— Warin. | Motet, 6, rue chaptal. reçu dernière 27, avons nouvelles casfe 2. tous bien, fixez lieu réunion, paul catéchisme. — Motet. | Sylvestre, caporal, 48e ligne, fort vanves. courage, tous bonne santé.— Sylvestre. |

Charlieu, 31 déc.— Debully, 18, rue duphot. suis indurie, quelle position, léon a-t-il argent?— Debully. |

Morteau, 31 déc.— Pierre Charles, garde mobile, 10e régiment, 2e bataillon, 5e compagnie, côte-d'or. donnez nouvelles morteau, doubs.— Charles. | Foucault, 20, bellechasse. reçue, villers santé.— Foucault. |

Tarbes, 5 janv. — Pérès jean, soldat 18e régiment artillerie, 9e batterie, quartier belleville, bastion n. 16. sommes inquiets, donne de tes nouvelles. tous en bonne santé. — Jane Descomps. |

Nice, 8 janv. — Pathier-Bigarel, 6, rue dieu. toute ta famille à nice en bonne santé, écris hôtel étrangers. — Pathier-Bigarel. |

Terreaux, 11 janv.— Rave, infirmier, 2e section. hôpital vincennes. Aucune nouvelle depuis fin novembre, malade ou non. — Rave. |

Coulange-la-Vineuse, 4 janv. — Fichaux, 8, saint-paul. noël, invasion bénigne, finie. partout santés parfaites. |

Charolles, 6 janv. — Jeanson, 21, boulevard madeleine. santés parfaites. |

Grancey-le-Château, 29 janv. — Geoffroy, négociant, 14, rue bergère. prière donner nouvelles, de girval, bret, myettte mobiles. réponse affranchie, ballon monté. — Charles de Girval. |

Chablis, 4 janv. — Gourland, 65, grande rue de la chapelle, paris. portons bien, reçu lettre du 19. — Forgeot. |

Bourbon-Lancy, 6 janv. — Ducrest, sous-lieutenant 42e ligne, 3e division, 2e brigade, 13e corps, paris. allons bien, jacques schleswig bien. — Ducrest. |

Châlons-sur-Saône. — Menaud, 7, rue lacuée. allons tous bien, écrivez souvent. — Menaud. | Luguenot, 9, rue monsieur-le-prince. reçu lettres. santés bonnes, emprunte argent. — Luguenot-Narjoux. | Pugeault, juge-paix, paris. portons tous bien, vois mathias. — Pugeault. | Echalié, 55, rue montmartre. réunis, bien portants, recevons lettres. — Cretin. |

Beaune, 6 janv. — Charodon, commandant mobile côte-d'or. familles cissey, charodon vont bien. louis prisonnier ambulance. avons nouvelles, pays tranquille. écrivez souvent. — Cissey-Charodon. | Bilié, 4, de la barde. trouville tous bien, inquiets. écris par chaque ballon. ici tranquille, que font imbault, lamaillanderie? famille bien.— Bilié. | Marey-Monge, officier mobiles côte-d'or. allons bien, pays tranquille, pas de lettres de toi depuis 2 octobre. écris souvent longuement. — Alphonse. |

Poitiers, 9 janv.— Danse, 11, saint-gilles. je vais bien. — Petit. |

Bordeaux. — Marx, 16, louis-le-grand. bien, affaire pas, capturé échappé reste, rejoindrai dès possible, écris poste restante bordeaux. liste débiteurs province. — Rancuna. | Turquel, rue saintonge, vœux, tendresses, tous saufs. — Morin. | Lousteau, 20, dunkerque. sommes gand, belgique, 26, rue aux vaches, georges lille parfaitement, courage. — Cécile. | Dumesnil, instruction publique, sommes toujours tous bien, recevons lettres, écris tous les jours. — Hélène. | Saint-Mesmin, collége chaptal. madame joseph genève saufs, ont ressources, recommandés consul. — Morin. |

Londres, 7 janv. — Pagès, 2, sainte appoline. chez brewer. bien. écrit par deux voies indiquées. — Pagès. |

Roche-sur-Yon, 7 janv.— Lambert, 27, rue larochefoucault. portons bien, maman subi ponction réussi. je reçois tes lettres, écris à champel maison aubert.— Lambert. |

Dijon, 6 janv.— Lacroix, 37, quai bercy, paris. tout monde va bien, parents nul besoin.— Renaud. | Baudry, 17, notre-dame-de-nazareth. albert auxonne, dijon louis, vesoul, jean 2 dents. santé bonne, amitiés disson, écris souvent.— Marie Baudry. | Delval, capitaine train équipages école militaire, paris. suivre. comment allez-vous? ferdinand chef bataillon, légèrement blessé, ambulance blois.— Truchot. | Mesgrigny, astorg, 4 bis, paris. reçu lettre 3 déc. père villebertain, mère, sœur dijon.— Edith. |

Lyon, 7 janv. Bourceret, 12, alger. santés bonnes alfred mobile lyon, habitons marcily. Bourceret. | Hatry, médecin-major, quartier général d'exéa, paris. santés bonnes, toujours fleury, argent encore, corresponds avec mère. — Hatry. | Laboré, 36, rue vinaigriers, paris. vos mère, femmes, enfants, nous bonne santé.— Giroud. |

Londres, 6 janv.— Louis Bert, lieutenant, du 50e régiment mobile de la seine-inférieure, paris. Je reçois tes lettres, nous nous portons bien. ta mère ve Bert. | à m. Peyre, 238, rue rivoli, paris. me peyre, enfants bien portants eu. reçois tes lettres. — Smith. | à m. E. Louvet, 10, rue vivienne, paris. sympathie amélie, toujours espérance. | Kempston. | Cohen, 83, rue maubeuge, paris. tous bien, recevons vos lettres, écrivez, louise a fille.— Cohen Auscher, | Lévy Finger, 6, rue de l'entrepôt, paris. nous, enfants, parents, weiss, vont parfaitement, reçu vos lettres.— Caroline, Célina. | Mme Chanal, 5, rue lavoisier, paris. miens, minnie, béatrice bien, edmond, femme, filles bien, florence, clémence, famille baclair bien, odet béquilles, 5 janv.— Arabella. |

La Rochelle, 8 janv.— Decourson, 38, rue monceau. robert bien, capitaine armée nord. — Pigalle. |

Villers-sur-mer, 6 janv.— M. Miranda, 18, rue fontaine. isabel, térésa londres bonne santé. léandro parti villers.— Isabel. |

Dieppe, 3 janv.— Edouard Smith, 122, avenue champs-élysées. 7e dépêche, pas reçu lettre depuis deux mois. désespoir, inquiétude, écrivez chaque jour tréport.— Delablanchère. |

Nantes, 8 janv.— Cheilus, 69, quai de grenelle. inquiète, écrivez nantes, 5, quai duquesne. santés sont bonnes, voir godet. — C. Herbin. | Rousseau, 69, rue chabrol, paris. augustine villers, nous nantes, portons tous bien, écrire poste restante.— Hocart. | Nowakowski, 39, trézel-batignolles, bonne heureuse, santé excellente.— Jhonotkiewicz. | Lavaurs, 16, place delaborde, paris. écris longuement, lettres ballons montés parviennent. tous bien sorques et quimper, claire arrivée mayence. — Lavaurs. | Boisacq, 12, place vendôme. sans nouvelles paris depuis octobre. écrivez longuement par ballon monté. tourmentés, vexés ici, mais bien.— Lavaurs. |

Angers, 8 janv.— capitaine Rothé, fort vanves. parents strasbourg, moi, marguerite, bien. — Rothé. |

Pont-Lévêque, 6 janv. — Eichthal, 98, neuve-des-mathurins. prière donner nouvelles votre famille et figuera.— Laffitte. |

Conches, 3 janv.— Léon Martin, élève hôtel-dieu. allons tous bien, non envahis, bon courage. — martin isidore. |

Bordeaux. — Michel, 7, cadet. lettres reçues. oncles david, coulon, berzier bien, correspondons, dubuis officier, voir vignon. provinces bonnes, envoie nouvelles.— Michel. | Morache, 95, rue reuilly. mission quitté bitche, claire, enfants bien strasbourg, suis colonel inspecteur hôpitaux bretagne, normandie, écrire lalande. — Morache. | Dugit, 8, des prouvaires. santés bien, lettres reçues. — Dugit. | Fouquet, 3, tivoli. tous parfaitement. restons tamise, excellentes nouvelles, émile, jeanne, level, marie, installés trouville.— Amélie. | Luppé, 1, mail. tous bien, legrand mort 17, maurice aix-la-chapelle. francis, marc loire, tous sainmartin, 17 lettres.— Jeanne. |

Bordeaux, 10 janv.— Leblanc, 20, baudin. depuis novembre suis officier intendance marseille. écrivez tous à mon nom, hôtel louvre. vous embrasse cœur.— Neymarck. | Rodrigues, 4, papillon. suis officier administration intendance marseille. bonne santé, inquiet votre silence. écrivez donc par ballon, vous embrasse.— Neymarck. | Naude, 23, jeûneurs. dupuytrem tous bien. cha-

Bordeaux. — 8 janvier 1871.

teauroux. meusel mère décédée en novembre, aviser dussuet seul. pauvres amis à bientôt.— Duquenne. | Grégoris Mérosian, 12, monsieur, comment votre santé, père timothée, docteur? allons bien, écrivez marseille, hôtel louvre, par ballon monté.— Damard. | Perret, 5, avenue quihou, st-mandé. désire nouvelles de sa mère, indemnisera des soins.— Duquenne, 13, rue orléans, bordeaux. | Eyraud, 147. rome. maman morte 1er déc. suis bien dans une famille, reçois tes lettres. | Dubromeille, 31. lepic. allons bien, bordeaux, poste restante.— Omer. | Dupuy-de-Lôme, 374, rue st-honoré. tante samson morte. delangle hiacinthe, capitaine armée loire, reçu lettre, 27 pays tranquille, espérons.— Dupuy-de-Lôme. | Garnot, 18, lepelletier. Mmes garnot bien portantes bordeaux. leroy ici, pantoufffes table louise. embrassons bien.— Garnot. |

Montauban, 9 janv.— Garzon, 27, laffitte. parfaite santé. grande confiance, caroline, georges montauban, garzon restée arromanches.— Pimbert. |

Neufchâtel-en-Bray, 2 janv,—Carré, 7, rue thénard. tous bien.— Carré. |

Dieppe, 4 janv.— Jouch, 10, rue montholon. dieppe libre, tous bien portants, lettres reçues, parents rouen bonne santé.— Pauline. | Bosson, 26, grange-batelière. souhaitons bonne année, tous bien portants. affaires vont bien, bonne situation financière.— Bosson. |

Calais, 5 janv. — Durville, ministère finances. portons bien, janvier. — Durville. | Forneron, 111, morny. reçois lettres londres où suis indéfiniment. — Forneron. |

Creil, 4 janv. — Guillon, boulevard magenta, 99. suis nogent-les-vierges avec gaston, santé maintient. chagrin, mais rien détruit, écrivez nogent. — Henry. |

La Haye-Descartes, 5 janv. — Aucher, boulevard saint-germain, 131. la haye, 5 janvier, tous sans exception allons bien, grand-père boisgarnault. — Isa. |

Louhans, 6 janv. — Depoligny, capitaine, garde mobile côte-d'or, 1er bataillon. valentine accouchée, 20 novembre, garçon. chardenoux va bien. — Beuverand. |

Londres, 7 janv. — M. Jules Gautier, rue suresne, 37, paris. suis à jersey pour 1er janvier, tous bien, henri aussi, saint-lô tranquille, famille bien, amitiés, tendresses. — Marie. | Rogelin, 13, rue poissonnière. tous parfaitement portants, jersey. — Rogelin. |

Condé-en-Brie, 26 déc. — Fierfort, rue bleue, 17. enfants revenus, lettre léon reçue, santé bonne partout. écrire par villenauxe (aube).—Fierfort. |

Toulon-s.-mer, 8 janv. — Camille Girard, capitaine, 2e marche, dragons. inquiets sans tes nouvelles, portons bien. — Girard. |

Marseille, 8 janv. — Leicht, 17, hauteville. un 144, deux fumé, 150 séché, air 119. — Kœcklin. | Leicht, 17, hauteville. suite. trois mains 28, cinq 3,835 francs, pest. — Kœcklin. |

Bordeaux, 9 janv. — Versigny, saint-hyacinthe, 4. argent envoyé, votre frère va bien. — Hirsch. | Lesseps, 9, richepance. souffrante boux. — Beauregard. | Mitjans, 12, l'élysée. enfants parfaitement, avons nouvelles fréquentes. écris nous souvent, tendresses tous. — Biera. | Deschamps, 4. borda. versement entier fait 20 octobre à lille. — Deschamps. | Lourdelet, 46, boulevard magenta. sommes hyères (var), 3, boulevard orient, portons bien. maricot resté orléans. — Lourdelet. | Bossuat, 58, hauteville. brighton, louviers, elbeuf, allons tous bien. — Jeanne |

Bordeaux-les-Chartrons, 9 janv. — Loubens, mairie du louvre. les enfants, chez salomon, londres. louis, prisonnier à neuwied, près coblentz, prusse. nous venise poste restante. — Mieltez. | Grivard, rue saint-roch, 9. reçues presque toutes lettres, eugène écrivez encore, ma santé bonne, écrirai demain. — Clotilde. |

Epinac, 4 janv. — Valot, plaine, 7, ternes. informer santé henri guyton, mobiles de saône-et-Loire, en donner avis le plus tôt. — Maurice Guyton. |

Dieppe, 5 janv. — Anxionnaz, 13, rue bondy. reçu lettres, vais bien, prévenez sœur. — Auschütz. dieppe, 70, grande-rue. |

Lille, 6 janv. — Destailleur, 11, passage sainte-marie, bac. tous bien, fille, geneviève. prenez confitures armoire antichambre, clé tiroir armoire glace. — Moreau, saint-léonard. |

Betz, 2 janv. — Doucet, 12, servandoni. betz, 2 janvier. portons bien.— Eugénie. | Mme Gibert, malher, 20. 2 janvier. puiseux, acy, bien portants, pas trop malheureux. écrivez chaque jour. — Gustave, Henri Gibert. | M. Gelin, boulevard montparnasse, 9. betz, portons bien, écrivez. — Mareux. | Fuzellier, petites-écuries, 7. porte bien. — Dhuicque. | Triboulet, grand-chantier, 14. bargny, portons bien tous, ennuyons pas nouvelle toi, eugène. écrivez. |

Saint-Malô, 8 janv. — Soalhat, 35, bellechasse. comment allez-vous, nous bien. — Béghin. |

St-Pierre-lès-Moutier. — Rachet, boulevard ménilmontant, 61. bien portant, écrivez plus souvent des détails. — Rachet. |

Château-Chinon, 7 janv. — Montilliot, rue monsieur-le-prince, 24. ici bien, amitiés à tous. — Désirée. |

Vierzon, 9 janv. — Rialle, 214, rue st-antoine. Chalumeau, janvier. tous bien portants, reçu lettres. — Rialle. |

Bayonne, 10 janv. — Bon hôtel, 4, rue d'hauteville. reçu lettres, rien de nouveau chez nous. souci de toi, désirons te voir ici.—Candida. |

Pau, 9 janv. — M. Saint-Maurice, 4. rue vienne. sommes tous à troyes bien, bonnes nouvelles lorrains, famille vernier bien. — Charlotte Saint-Maurice. |

Lorient, 9 janv. — Amiral Labrousse, grenelle-st-germain, 59, paris. bien portants. écrit trente lettres, reçu onze. sixième dépêche.—Deschiens. | Pierre, sergent-major mobile morbihan, ambulance rue dombasle, 28, vaugirard. tous bien, 4e dépêche aimons recevons où rhumatismes. — Pierre. | Cardonne, ministère marine. famille bien, aristide prisonnier, pas blessé, maurice au borda. — Cardonne. | Lepoutois, 1er bataillon mobile morbihannais, 7e compagnie, armée ducrot. petite eugénie née 7 janvier. mère, enfants, tous parfaitement. — Glotin. |

Caen, 9 janv. — Maurouard, 13, rue biragne. bonne santé, caen, janvier. — Maurouard. |

Bordeaux. — Cury, usine gaz, la villette, paris. quatre mois sans nouvelles, c'est pénible, réponds par ballon. pour tous. — Cury. |

Lalinde, 9 janv. — Fumouze, boulevard magenta, 89, paris. santés parfaites, germaine superbe. — Fumouze. |

Dijon, 4 janv. — Picq, faubourg poissonnière 4. louis mort, que ferdinand 6e compagnie, ignore. prêtez lui argent, donnez nouvelles, nous bonne santé. — Porte. | Delisa, rue luxembourg, 26. vive reconnaissance, veuillez continuer sollicitude affectueuse. avancez argent nécessaire. amitiés saizien, tendresses à louis. — Orvet. | Mollerat, place batignolles, 6. bonne santé. — Virginie Mollerat. | Déger, 11. faubourg poissonnière. allons tous bien, écrivez moi et donnez nouvelles de louis. — Duveluz. | Picq, 4, faubourg poissonnière, paris. éléonore, léontine, toute la famille en bonne santé, mère à vitteaux, jean décédé. — Albert Theurot. | Romain, avenue cimetière nord, 13, paris. comment portez-vous, madame chamson.—Perriquet. | Girard, 43, riquet. libres depuis 8 jours, portons bien, bébé beau, reçu deux mandats poste. — V. Girard. | Bordet, rue sedaine, paris. Thiébaut prière remettre cent francs au porteur.—Auguste Bordet. | Ernest de Benoist, casimir-périer, 3, paris. avons reçu lettres, allons bien, quel grade as-tu? embrassons tendrement. — de Benoist. | Neveu Lemaire, officier d'ordonnance du général de beaufort d'hautpoul, palais-royal, paris. dijon évacué. portons bien, écris souvent, anatole nommé gap. — Antoinette. |

Is-sur-Tille. — Maillard, 19, thévenot. reçu votre lettre, voyez berthier, bureau, fabrique, affaires à soigner. — Mathieu. | Berthier, 30, place madeleine, paris. toujours abbaye, recevons lettres, envahis, reconnaissants, bien portants.— Arnould. | Carraby, 3, auber. recevons lettres, écrivez, envahis, voyez fleury, bien portants, reconnaissants. — Arnould. |

Nantes, 9 janv. — Blangeard, 8, concorde. marthe, irène, bébé, pauvre claire, nous tous bonne santé. — Pauline Péan. | Bouts, 81, boulevard sébastopol. exilés en bonne santé, recevons lettres, y répondons, bon courage, charles à roubaix. — H. Vial. | David, 14, boulevard magenta. reçu lettre décembre. santés bonnes. bonnes nouvelles hier louise, lucien. écrivez nantes, quai duquesne 5. — Caillet. |

Troyes, 3 janv. — Doiselet, pour Armand, 45, rue st-andré-des-arts, paris. santé bonne, pas maltraités, conserve poste habillement. delecourt écrira. — Borgne-Tonnelet. | Debesse, rue du chaume, 5, paris. santés bonnes, mandat reçu suffisant, embrassements. — A. Debelle. |

Etretat, 7 janv. — Priese, 6, michodière, paris. Jules retour locle santé bonne. ici également pas danger, recevons lettres. anna, blanche bien, amitiés. — Dernès. |

Périgueux, 9 janv. — Chevalleret, 58, ou saint-bernard, 44. bachmann périgueux porte bien, bonjour tout le monde. | Pavie, grammont, 13. santé parfaite périgueux, rue palais. — Dolomie. |

Lyon-Terreaux, 9 janv. — Brussel, 32, hauteville. vos lettres à hambourg pas reçues, ferons remises aussitôt communications rétablies.—Warburg. | Brussel, 32, hauteville. reçu lettres 20 et 26 octobre, 21 décembre, votre famille se porte bien. — Wohlwill. |

Dinard, 7 janv. — Bedel, 12, séguier. suis à beauvais, me porte bien, sois tranquille, albert prisonnier paderborn. estelle, enfants, oncle bien portants. — Laure. |

Lille, 5 janv. — Directeur salpêtres, lille, à Directeur général tabacs, paris. raffinages journaliers, reçu 800,000 salpêtre, livraisons continuées, évacué 300,000 raffiné bordeaux. — Pont-de-Buis. | Amand, grammont, 14. résidence lille. pour 30 agences : sinistres 100,000, sauf réassurances; recettes 130; arriéré 63. — Joly. | Bornette, 31, rue des bourdonnais. santé. — Clair. |

Guérande, 8 janv. — de Pellan, commandant mobiles, mont-valérien. adressons 3e dépêche, allons tous bien, parents mobiles, embrassons, mille vœux, bonheur. — de Pellan. | de Pellan, commandant mobiles, mont-valérien. | reçu lettre du 15. allons tous bien, t'embrassons, bon espoir. — comte de Pellan |

Aire-s.-la-Lys, 5 janv. — Duplay, marbeuf, 41. allons tous bien, emma calais, georges colonel mobilisés, lebas pau, charles sauvé de metz. — Duplay. |

Massiac, 6 janv. — Duplan, richelieu, 75. tous bien froid, neige, reçois tes lettres, ai argent, aubusson, morel coutras, massiac, 6 janvier. — Duplan. | Brugerolle, haussmann, 172. louis mort magdebourg, 30 septembre, enterré massiac. alfred, chirurgien-major, mobilisés cantal. écrivez massiac. — Brugerolle. | Colliez, choiseul, 19. depuis 1er octobre, habitons massiac (cantal), tous trois bien portants, écris-moi longuement, mère affectionnée. — Colliez. |

Ste-Foy-la-Grande, 8 janv. — Harle, bruxelles, 40. horace erfurth, parents, tous bien. — Adeline. |

Châteauneuf-s.-Sarthe, 7 janv. — Administrateurs de la paix, louis-le-grand, 19. écris par moulins, situation bonne. — Brisset. |

Cusset, 6 janv. — Blancher, maréchal-logis, 22e artillerie, 5e batterie, 2e division, 2e armée, levallois-perret, paris. portants, moi courageuse, reçu nouvelles. — E. Mailly. |

Béthune, 5 janv. — Loret, boulevard sébastopol, 32. lettre marie 30 octobre, depuis rien. vos santés? écrivez ballon, chez hanquelle, pharmacien, béthune. — Falgas. |

Caen, 7 janv. — Vacquerel, 10, écoles. portons bien, t'embrassons. — Louise. | Maurice, 22, vivienne. vais bien, affaire nulle, attend. — Silvain. |

La Ferté-s.-Jouarre 27 déc. — Gérardin, 27, madame. cécile accouchée ici garçon nuit noël, tous bien, sitôt paris débloqué irai te chercher voiture. — Ernest, laferté. |

Riom, 6 janv. — Louis Leroy, boulevard invalides, 18. madame leroy, marguerite, suzanne, andré vont bien. |

Quimper, 8 janv. — M. du Hermel, rue chaptal, 20. comment es-tu frère chéri? nous sommes bien. — Delegge. |

Cherbourg, 6 janv. — général Ménibus, dépôt artillerie, paris. envoyé argent indiqué, robert reçu vos lettres, enfants très-bien, georges pas lycée. répondre. — Mirguet. |

Moirans-du-Jura, 6 janv. — M. Serrand, rue saint-arnaud, 9. tous bien portants. rené décoré, capitaine francs-tireurs. — Leyssard. |

Cany, 5 janv. — Poulain, quai montebello, 13. 5 janvier. enfants, parents bien, cany tranquille. — Yger. |

Issoire, 4 janv. — Lelasseur, 8, rue roquépine, paris. à langlade, nantes allons parfaitement. joseph pas encore appelé, vœux, tendresses. — Valentine. |

Montpellier, 5 janv. — Victor Simon, 54, lamartine, paris. manuel, edmond sont restés avec nous tous ensemble santés parfaites, recevons tes lettres exactement. — Simon. | Nicolas Cadé, 101, quincampoix. santé parfaite Philippeville. — Cadé. |

Lyon-Perrache. 3 janv. — Pellechet, 30, rue blanche, paris. tous bien rennes, aussi eugène lubeck. bonnes nouvelles baube, utilisez combustible larochejaquelin, rue grenelle. — Léontine. |

Cette, 5 janv. — Herrmann, sergent 45e mobiles hérault, paris. quatrième dépêche. familles ici et alsace bien. — Herrmann. |

Creusot, 1er janv.— Brandner, 17, rue châteaudun, paris. père mère portent bien, charles officier prisonnier coblentz. Parents berthoux portent bien, écrire. — Brandner, Christian. |

Tours, 3 janv.— Boutet, 20, rue gaillon. démarche sans résultat. — Bonnichon. | Mad. Evrard, 21, drouot, paris. montreux, canton vaux, maison pilet, tous bonne santé, assez argent, 14 lettres, 2 pigeons. — Etolz. |

Mâcon, 3 et 4 janv. — Goyon, albert, mobile saône-et-loire, 3e bataillon, 5e compagnie, montrouge. reçu lettres, envoyé argent, portons bien. — Goyon. | Pageaut, officier ordonnance général malroy, 1er corps Ducrot, paris. nos félicitations, ami, famille va bien, tes prescriptions remplies. — Spay. |

La Rochelle, 5 janv. — Renard, notaire, 131, rue montmartre. la rochelle, santés bonnes, aucune lettres depuis 20 décembre, inquiète. — Renard. | Lenepveu, 1, quai d'orsay. la rochelle, 5 janvier. bien portantes, angers aussi. vous embrassons, souhaitons bonne année. — Joseph Lenepveu. |

Saint-Étienne, 4 janv.— Terrasse, 31, sourdière, paris. supplie nouvelles aubert. — Terrasse-Fayard, rue du chambon, 12, st-étienne (loire). |

Toulouse, 5 janv. — Urrabieta, 69, saint-lazare. tous bien toulouse. — Just. | Meusat, 5 saint-benoît. bonne santé, famille toulouse, 2, rue saint-martin. — Meusat. |

Gannat, 3 janv. — Dauvois, 151, boulevard prince-eugène, reçu nouvelles de baccarat, se portent parfaitement nous aussi. — Dauvois. |

Nay, 5 janv. — Julien Agnellet, 123, de reuilly. madame parfait à nice. recevons lettres 19, 22 qui font bien plaisir. — Jeanne Agnellet. | Julien Agnellet, 123, de reuilly. allons tous bien. soyez sans inquiétude. manquons rien, prenez chez auguste comestibles. — Jeanne Agnellet. |

Clermont-Ferrand, 4 janv.— Allard, 6, germain-pilon, paris. donne nouvelles maurice. albert bourbon, santés bonnes, amélie rien.— Valérie. | Gerdès, 12, rue séguier, paris. bonne santé. — Gerdès. | Mme Agniel, 1, cité bergère. léontine va bien, écrivez-lui. — Bohat. | Garet, 3, rue lyon. tous deux bien. clermont. — Tricot. |

Jonzac, 3 janv. — Delahante, 12, rue chaussat. famille te remercie. tous bien, 3 janvier. — Parseval. | Deblic, 12, rue chaussat. tous bien. tranquilles partout. lalouette accouchée, fille bien. m. bonnetain mort, marguerite, 25 décembre. — Parseval. |

Capestang, 4 janv. — Alban Taillefer, mobile hérault, 1er bataillon, adam-ville, paris. donne de tes nouvelles par lettre et dépêche, et fourestier. — Ve Taillefer. |

Séez, 3 janv. — Turenne, 100, bac, paris. château ambulance internationale. courtoms lettres santé, nouvelles suzanne, louis molinier, salles.— Turenne. | Mme Douce, 40, varennes, paris. famille hapel bien portante à courtemer. | Turenne, sous-lieutenant 7e compagnie, 3e bataillon, 45e mole2. parc saint-maur, vincennes. courtomer ambulance internationale, santé, lettres. — Turenne. |

Lyon, 3 janv. — Bertholon, 8, quai gesvres, paris. sommes très-inquiets, recevons lettres courbée. aucune de vous. — Mairet. | Courbée, 3, rue daubanton, paris. sommes bonne santé ici et clermont, vous porterons provisions aussitôt possible. — Mairet. | Delarou, 112, grenelle-saint-germain. tous bien portants. sœurs, enfants réunis charvieux. — Nadaud. | Picard, ministère finances. veuillez communiquer vavin : pauline, baby, moi brazey, léopold algérie. santés bonnes, usine intacte, recevons vos lettres. — Paul. | René, place vendôme, 12, paris. nous bien, marie, maurice, père mère, sœur, pornic bien.— René. | Puzin, 77, neuve-petits-champs. tous bien. — Morin. |

Rennes, 4 janv. — Ravenel, mobile ille-et-vilaine, blessé, 15 bis, saint-georges. empruntez argent nécessaire. tous bien. — Ravenel. | Guy Vétumière, sergent mobiles ille-et-vilaine, 3e bataillon, 7e compagnie. argent chez vallée par cent francs, porter dépêche sa famille, votre bien... — Thébault. | Guy Nétumières, mobile ille-et-vilaine, 7e compagnie, 3e bataillon. porter cette dépêche M. vallée. demander argent, mettre dans ceinture, rembourserai rennes. — Nétumières. |

Roubaix, 2 janv. — Lalouette, officier légion-d'honneur. portons tous bien, grand ennui. — Alix Lalouette. |

Barsac, 3 janv. — Clermont-Tonnerre, 9, avenue villars. félicitations pour colonel, rien à sauternes, amédée avec mobilisés garnison châteauroux, pensons à vous. — marquise Saluces. | Clermont-Tonnerre, ministre guerre. donnez nouvelles de sœurs marie, louise, henri, jeanne dusseldorf. scipion propose, famille bien, nouvelles alfred, rené. — Tonnerre. |

83. Pour copie conforme :

l'Inspecteur,

Bordeaux. — 9 janvier 1871.

Aubusson, 7 janv. — Chapelle, ingénieur, chez Piat. 98, saint-maur-popincourt. bon courage. — Félicité Mosalabin. | Beaudelot, 76, boulevard beaumarchais. reçu lettre léon 15 décembre. inquiets de vous, écrivez, donnez nouvelles, nous portons bien. — Mazet. |

Laon. — Deromance, 34, rue madame. reçues, écris boulogne. tous laon, santé, sécurité. soissons aussi. traineau abriterait meubles. — Louis. |

Vichy. — Bayvet, 13, rue turbigo. je reçois lettres. sois courageux. fortune perdue n'est rien si ta santé bonne. fais entretenir meubles. — Bayvet. |

Tarbes, 6 janv. — vicomte Lamoignon, 31, ville-l'évêque. embrassons et mon oncle. quelles nouvelles méry. recommandons instamment elisabeth. tous valides. — Daguesseau. |

Bordeaux.—général Trochu. dire docteur guérin, fresne corse, santés bonnes, frédéric capitaine, hippolyte réformé. —Guérin. | Raspail, 14, temple. tous bien uccle, chez docteur xavier, parfaitement normandie, reçu 24e lettre. — Raspail. | Sainjean. 22, banque. avez-vous dépêches? mère décédée 6 decembre. écrivez alençon, suis préfet orne. — Dubost. | Schloos, 38, entrepôt. hambourg 10 décembre, avons été fürth, santés parfaites, recevons lettres, écrivez toujours londres. — Hugo. | Mayerlévy, 93, marais-saint-martin. tous parfaitement. | Farine, mobile 4e bataillon, fort issy. reçu lettres, inquiets, écris godot argent, frère prisonnier neisse. embrassons —Mère. | Daniel, 4, scribe. chers enfants sommes bien avec henriette bloch: enfants, 80, rue neuve, bruxelles, répondez, tendresses. — votre père. |

Bordeaux, 6 janv. | Cluzon, 47, hauteville. mère et nous bien. écrivez tous ballons. tourmentez. | Chopin, 9, cléry. sommes à cherbourg, allons bien, recevons lettres. — Berthe. | Guyot, 3, rue pont-neuf, paris. nos sincères souhaits pour vous et nos parents. notre santé bonne. cœur triste. — Pinto (porto). |

Villers-sur-Mer, 2 janv. — madame Marchand, 8, condorcet, paris. reçu aucune nouvelle depuis trois mois. payer, faites nécessaire nous et lemaire. réponse ballon. — Roisin. |

Besançon, 3 janv. — Virginie Carouge, 21, quai grands-augustins. courage, dis doby donner tout argent nécessaire. rembourserai. écris. — Merbert. |

Dôle-du-Jura, 2 janv. — de circourt, 17, milan. toutes bien installées, cologne. belair sauf. — de la Pommeraye. |

Trévoux, 5 janv. — charbonnet, mobile Ain, 4e bataillon. santé tous bonne, familles vigière, neyret, smith. sommes très-tranquilles. forgeon argent, envoyé demoiselles. — charbonnet. | Boulet, officier mobile, 4e bataillon, ain. vu parents. tous bien; pas parti, très-tranquille, nommé curé versailleux, reverrons, confiance.—Goutaret. | Euller, capitaine, 1er gendarmerie cheval. trévoux, allons bien, reçois lettres.—Camille. | Richard, 35, poulet. albert nourri, logé chez fabricant dessinateur. — Joseph. |

Nice, 5 janv.— Gardoni, 9, rue tronchet, paris. marie, marthe parfaite santé, sagesse, toutes nos famille bonne santé. — Tamburini. |

Fernex, 5 janvier. — Veil, 16, rivoli. sommes bien. recevons vos lettres. payez contributions. — Ferdinand. | Israël, 38, lafayette. ici quelques jours. tous bien, recevons vos lettres. Besançon libre. payez contributions. — Albert. |

Saint-Pons, 4 janv. — madame clémence giraud, 148, faubourg saint-denis. edmond prisonnier altona bien portant, nous tous aussi. — Estelle. |

Pont-Audemer, 2 janv. — madame Loya. 30, billiaut. bonne santé tous. ennui. | Maillard, 49, oberkampk. bonne santé, pont-audemer, réponse. | Vaury, 400, saint-honoré. bivellerie. bien portants, recevons vos lettres. — Fanet. |

Lyon, les terreaux, 4 janv. — Paul Schuster, 4, rue halévy. tous tes parents vont bien. sont sans tes nouvelles. écris plus souvent. mille amitiés. — Lilienthal. |

Greasque, 5 janvier. — Baudot, 17, rue bercy, paris. parfaite santé, climat. reçu huit lettres. écrire star gaster, richmond-surrey. envoyé plusieurs dépêches.— Lemaigre. |

Saint-Germain-du-Plain, 4 janv. — Huteau, 24, rue poncelet. reçu lettre, récrivez, lucie santé bonne. | madame Dumaine, 101. rue école-médecine. thérèse, marie, pauline, paul. vont parfaitement.

Montauban, 6 janv. — Marauteau, 37, rue de passy, passy-paris. nos santés bonnes, argent ne manque pas, capelin bien portant. — Georges Chapel. | Lugol, 1, saints-pères. sainte-foy bien, montauban bien, nimes absents, donnez adresses suisse, naples. montauban, 6 janv. — Bergis. |

Ladélivrande, 4 janvier. — Lecoq, argout, 56. allons bien, lettres reçues, clémentine morte. —Lecoq. |

Poitiers, 7 janvier. — Belleyme, 6, rue royale saint-honoré. auguste parfaitement hambourg, tous ici parfaitement, ambroise aussi.—Contat. | Salneuve, place saint-michel, 5. santés bonnes lettres reçues, moins cinquième. charles bien, armée bourbaki.—Salneuve. |

Saint-étienne, 6 janvier. — Meynier, rue taitbout, 23. à aix-lachapelle, bien portant, décoré. —Soviche, | madame Langlois, rue flandre, 28. allons bien, antonin et eu vont bien. — Majoux, à noiretable (loire). | Deveyrimes, employé postes étranger. allons bien, garde argent. —Elisa. | Leduc, 37, missions. allons tous bien.—Paliard. |

Grenoble, 5 janvier. — Begué, 125, saint-honoré. vais bien, reçu lettres, suis à grenoble y fabriquons, magasin brest, chaumont, tous bien portants, écrivez.—Begué. |

Granville, 4 janvier.—Letondeur, 1, boulevard temple. santé parfaite, payer crédit foncier, 30 janvier, recevons lettres, conger à meynard, pour travée bussière. — Lheurin. | Delle, 16, notre-dame-lorette. toutes bien, avons argent.—Delle. |

Montmorillon, 5 Janvier. — Boutron, 11, d'aumale, lepeux, 5 Janvier. santés bonnes, enfants parfaitement, manquons de rien, Jenny bien. écrivez. recevons. éloi ici.—Victorine. |

La Rochelle, 7 Janvier.—Lenepveu, quai d'orsay, 1. la rochelle, 7 janvier. transmettre à ancienne compagne pauline, prière pour commission.—Joséphine Lenepveu. |

Abbeville, 5 janvier.—Rolland, surcouf, 1, paris. tous bien portants, lettres reçues. — Rosa. | Yvonnet d'Hantecourt, 52e régiment mobiles, somme, 1er bataillon, 3e compagnie. tous bien portants, pas prussiens.—d'Hantecourt. |

Le Hâvre, 5 Janvier.—Feissal, 82, rue amsterdam, paris. aricie, antoinette, dieudonné, rivière, bien. reçu et envoyé à Jersey votre lettre 22 décembre. — Bonnemaison. | Radins, 19, rue valois, paris. allons bien, antoinette à Jersey avec aricie. reçu trois de vos lettres, meilleure année. —Bonnemaison. |

Hâvre, 4 Janvier.—Robiquet, 18, rue petits hôtels, paris. fils. prisonnier coblentz, frère aix, tous deux bien portants.—Lefèvre. | Gastambide, 34, châteaudun. heureusement revenue hâvre avec famille, eugène parfaitement, chartres au 25 décembre.—Adrienne. | Dasse, 52, arbre-sec. rouen envahi, sommes tous bonne santé.—Dasse. | Franche, 77, richard-lenoir. papa, famille, bien. hâvre libre.—Huet. | Gros, 8, sainte-cécile. excellentes nouvelles de marguerite 29 de robert 17 décembre. — Monod. |

Cosne, 3 Janvier.—Desétangs, rue montmartre, 131. chartres, santé, lettres reçues, cosne, idem, quatrième dépêche.—Romillat. |

Grenoble, 5 Janvier.—Landrut, lieutenant-colonel, 39e de marche, 13e corps. sidonie, célina, enfants, octavie. camille, bien portants, souhaits, santé. — Piollet. | Paul du Boys, 3, rue fleurus. allons tous bien. — Netty. | Mallet, boulevard st-michel, 22. nouvelle émile sans tarder, grande inquiétude.—Porcher. |

Carpentras, 6 Janvier.—Delirac, rue bretagne, 63. reçu lettre, argent, santé bonne.—Mezclis. |

Pornic, 5 Janvier. — Roberton, 26, angoulême du temple. blessé, en convalescence.—Pillas. |

Cherbourg, 4 janvier. — Daubin, rue saint-dominique, saint-germain. santé bonne, dire à gorine écrire toujours, voir madame Delay, faubourg saint-antoine, 147.—Gorine. |

Tréport, 2 Janvier. | Cambuyat, 60, marbeuf. portons toutes parfaitement.—Cambuyat. |

Saint-Genis, 5 janv. — mademoiselle Blanche Bertrand, rue daguerre, montrouge, paris. reçu plusieurs lettres.—Bertrand. |

Pau, 6 janv.—De la Palme, 15, chaussée d'antin, paris. geneviève va admirablement, gagné sous tous rapports, moi bien, toute famille aussi, vœux, tendresses.— De la Palme. | Delaunay, 44, chaussée-d'antin. gabrielle avec mère, mesdames pairet, bellanger, tondu, bruxelles, 11, rue abondance, bien portantes, votre père bien.— Martin. | Branche. avenue victoria, 14. Jane parfaitement.—Moret. |

Roanne, 4 janv.—docteur Goyard, rue flourens, 5. père, mère, bien portants, pays tranquille. — Goyard. |

Saumur, 5 Janv. — Lecomte Prosper, 134, lafayette. tous santé, reçu lettres.—Lecomte. |

Tours, 5 janv. — Vincendeau, 42, gay-lussac. pocé, genillé. bien. étude non vendue, dernières nouvelles 22 nov. inquiets. — Lucile. | Dauchez, 61, rue vaugirard. paris. tous parfaitement bien. bonne sixième, trois cents internes, six lettres reçues, seuls tranquilles. — Paul Dauchez.—Dorlodot, marine, fort ivry. mère, tours, tante, placardelle, marie, petite marie très bien. donne nouvelles aubusson.—Dorlodot. |

Angers, 6 Janv. — Corbigny, 91, mac-mahon. mère retournée marais novembre, moi sans nouvelles, saïgon reste.—Maxime. |

Nogant-le-Rotrou, 2 janv. — Pitolet, rue françois-miron, 56. blessé à châteaudun, rétabli, capitaine décoré, promptes nouvelles à nogent-le-rotrou. — Duchamp. | madame Colson, rue de lille, 8. parfaite santé, lieutenant écris six fois. reçu lettres toi, bougrier, cécilia. vu cyrauld weiss.—Colson. |

Angoulême, 6 janv. — Job, rue martel, 8 bis. familles Devergie, froussard, à bruxelles, santés bonnes. écrire poste restante.—Sazerac. |

Trouville, 3 Janv. — Durville, avenue victoria, 22. fernand trouville, tous santé bonne.—Renée. | Husson, comptabilité centrale, gare saint-lazare. tous bien portants, émile pas écrit depuis quatre mois, immédiatement nouvelles de maison. | Geissler. |

Clamecy, 2 Janv. — Corvol. 60, quai bercy. famille bonne santé, clamecy, auxerre, moniteur. —Alice. |

Périgueux, 7 Janv. — Estignard, 65, blanche. allons bien périgueux, gendrey, avons reçu lettres du 25 décembre.—Estignard. |

Nevers, 4 Janv. — Collignon, boulevard saint-germain, 70. santés parfaites, écrivey nevers. — Blaise. |

Mans, 5 Janv.— monsieur Courtot, rue caumartin, 75, paris. tous bonne santé, anatole prisonnier, charles très bien.—Prage Lignac. |

Saint-Lô, 4 Janv.—Gueudon, rue montmartre, 3. toutes lettres reçues, santé parfaite, ernest, jules, léon, restés, édouard cherbourg. — Follin. | Lemains, commandant creteil. bien tranquilles. écris ici, reçu dayot.—Lemains. | dame Burnouf, 36, rue d'enghien. Poiret aîné, saint-clair, manche, pauline, fernet, enfants valognes bien, ont argent.—Poiret. |

Rochefort, 6 Janv. — Ernest Bouvyer, place magdeleine, 17. santés bonnes, tranquillise toi, recevons tes lettres.—Sophie Bouvyer. |

Saint-Jean-de-Luz, 4 Janv. — Chauvel, 10, rue Jules Favre. parents, filles, enfants, tous bien, saint-Jean-de-Luz. troost bien aubin.—Verdot. | Lemaire, 60, boulevard prince-eugène. tous bien, saint-jean-de-luz. enfants, moi, santés parfaites. lafaye, idem.—Cécile. |

Cognac, 6 Janv. Truelle, verrerie, 15, dagonet. deux lignières prisonniers. familles riocour, deullin, giraux, jules, lorinet, bellonger, dagonet, vont parfaitement. écris donc.—Leclerc. |

Poitiers, 6 Janv. — Delacoux, saint-louis-en-l'isle, 90. accouchée fille fin novembre. rétablissement parfait, demeurons bayonne, 19, rue port neuf, demander prosper adresse basset. — Desroseaux. | Desalvert, état-major général miribel, 2e brigade, 2e division, 1er corps, 2e armée. reçu lettre 28, heureux, écris toujours, inquiets. —Desalvert. |

Chagny. — blondeau, 23, sèvres. envoi huit cents en trois mandats, inquiétude, réponse. schorr officier, 42e marche du 8e corps. |

Auxerre, 31 déc. — Tambour, boulevard st-michel, 1. filles parfaite santé, chailley bien, prévenir, 1er janvier. — Tambour. |

Tours. — Calmon, abatucci, 59. santé bonne, tuvache absent, personne achète bois, prussiens partis autour, château quelque dommage, affaires nulles. — Latour. | Parazon, rue chopinette, 33. quatre lettres reçues mère sait, tous bien. — Parazon. | Verny, 13. tiquetonne. blanche tous bien dire à lucie, gaime, cauchy, santon reçu lettres, tous bonne santé.—Girault. | Reinier, 28, montmorency. reinier hervé mantin, bonne santé, plus tours, vierzon, écrivez-moi, ferai parvenir. — Girault. |

Lamballe. — Lourmel, capitaine mobile, charlebourg. victor sergant, chasseur jura.—comtesse Lourmel. |

Belleville-s-saône, 1er janv. — Danlion intendant paul, deux-sèvres, portons tous bien avons écrit toutes manières, recevons vos lettres. toujours belleville. — Sophie. |

Prérigné, 1er janv. — Bagueux, 73, lille. t'ai écrit souvent, mathilde très-bien, fin novembre. ernest armée loire. — Victoire. |

Maured. — Lauras, 11 rue meslay, deux janvier penhoët, tous bien. hayange, rennes, bruxelles. bien. paul, bordeaux, n'écrit ni edmond. — Thérèse. |

Dinard. — Roche, 25, louis legrand, paris. nous enfants portons bien, lucien, ludovic. lyon, bien portants. émile convalescent. recevons lettres. josselin. |

Lyon-les-Brotteaux. — Robrer, quai orléans, 6, paris. oui, famille va bien. — André. |

Agen, 5 janv.— Cailly capitaine, 4me bataillon mobile, côtes-du-nord. sommes inquiets, écris agen, eugène tué, metz. tous bien. — Cailly. |

Poitiers, 5 janv. — Mouillard, boulevard saint-denis, 13. tous bien portants, recevons lettres. félicie pour aline. inquiète. — Vaulabelle. |

St Lo.— Guiroult, ministère affaires étrangères. tous parfaite santé, bonne année. 1er janvier. — Guéroult.

Rugles. — Boussin, faubourg montmartre, 46. marguerite charmante, pas prussiens, blanche ici bardout marin. decaye, vaugeais saillard, thérèse pornic, parfaitement écrit rémumat.—Bardout. |

Arras, 1er janv. — Level, st-jacques, 350. santé excellente. reçois tes lettres. bons souhaits nouvel an. mille baisers.—Michel. | Watelet, boulevard batignolles, 11 bis. allons bien. marie sage. |

Domfront. — Génuit, 103, provence. génuit tessé mourant. |

Is-sur-Tille. — Dauteuil. écuries d'artois, 40. ronot, morhot jacotot, boileau-moniot girval, brait, dautel, vont bien, quelques lettres arrivent, écrivez souvent. — Bony. |

Moirans-de-l'isère, 2 janv. — Ribes, rue neuve-des-mathurins, 101. tous bien portants. — m. Ribes. |

Cannes, 4 janv. —Guinier, rue oudot, 12, montmartre. suis cannes hôtel, méditerannée, trop froid, clermont. portons bien, reçu lettres bonne année. — Mthe Guinier. |

Nice, 4 janv. — Mutrécy, 2, bruxelles, recevons lettres, courage espérons. — Dejean. |

Granville, 3 janv.—Didot, 1, bonaparte. mesnil sorel, chandey entiers. — Beaufour | Fourié, 8, louvois, marie accouchée une fille, vont bien. acceptez parrain, écrivez lemoine chez trotel. |

Argentan, 4 janv. — Guérin, boulevard des italien, 11, paris. santé assez bonne.—Guérin. |

Le Mans, 4 janv. — m. ganbonfruitier, marché st-honoré. portons bien, j'ai un garçon.—Paillot. | m. julien, rue d'arrivée 7, gare montparnasse, paris. reçu lettres tous ici, santés bonnes. — Zoé Latouche. |

Trouville, 4 janv. — Mabille, 87, avenue montaigne. reçu lettre auguste, 14 décembre. marie 27, écrivez tous les jours, tous bien, trouville. — Mabille. |

Cognac, 5 janv.—Truelle-Verrerie, 15, dagonet. familles dagonet, écoutin, brisset, bertrand, bouquemont, paillart, lemaire, cuinat, aumignon, bellengex, récusson bien portantes. répondez. — Leclerc. | Charbonniez, université, 9. garçon mort à 18 jours, paul va bien. écris par leclerc à cognac. embrassons toi, émile. — Louise. | madame delagrange, rue penthièvre, 5, maurice et tous parfaitement. — Auguste. |

Tarbes, 6 janv. — m. Jouet, chez capitaine, 1re compagnie, 7e bataillon de la seine. depuis

Bordeaux. — 9 janvier 1871.

trois mois point de nouvelles, inquiète, suis hôtel paix, tarbes. réponse. — Jouet. |

Délivrande, 4 janv, — Lecoq, argout, 56. allons bien, lettres reçues, clémentine morte.—Lecoq. |

Bernay, 5 janv.—Millot, 91, faubourg st-martin. paris. allons tous bien. — Bonpain. |

Dozulé, 4 janv. — Duglère, 13, marivaux, avez-vous oublié? — Louis. |

Vire, 4 janv. — Gravier, 5, mogador. famille gravier, pays 6, condorcet, bonne santé, reçoivent lettres, aucuns besoins, utilise claus tendresses. — Gravier. |

Caen, 5 janv. — Chagot, 55, boulevard haussmann. santés bonnes. — Verrier. | Beauchêne capitaine gendarmerie louvre. allons bien, sois tranquille pour tout. répondre osmond douame, caen. — Marie. |

Brives, 6 janvier. — Salvandy, 30, rue cassette, antés bonnes partout. — Rivet. |

Rodez, 6 janv. — faivre aide-de-camp général rochu, louvre. nous quatre et chezau, allons bien, æélie, londres aussi. — Barthon. |

Sancerre, 1er janv. — Vaufreland, 16, rue magnan, t'aimons, pensons sans cesse à toi ernest bien, 23. Vaufreland. | Bellomayre, 32, rue montparnasse. tous bien. — Vaupeland. |

Cherbourg, 5 janv. — Lequertier, ministère marine, paris. parfaite santé, paul marche. — Lequertier. | m. Lefèvre, rue st-antoine, 161. suis cherbourg bien portant. — Morin. |

Lille, 2 janvier. — Romenance, hautefeuille, 32. nous bien trois, amiot, larocque intact. — Parent. | m. Dazaincourt, rue de berri, 40, paris. recevons vos lettres, allons bien.—de Grimbry. |

St-Etienne, 31 déc. — Durrieu, rue chaussée-d'antin, 66. gabrielle et tous allons bien. bois dans ma cuisine du bas. — Pauline. | Renant-Moroge, 109, rue aboukir. bonne année. — Marius. | Boussard, boulevard sébastopol, 50. allons bien, révoqué. — Alexis. | Filhon, 13, st-quentin paris. abel est à coblentz. — Portallier. | Penaud 22, visconti. paris. henry vit, werssenfels sur saale près leipzig. envoyé 300 francs. — Kraczkiewicz. |

Marseille Central, 7 janv. — Marinoni, 57, rue vaugirard, paris. quatre fois oui, toujours londres. — Cassigneul. | Roux, 13. trévise. tous bien. — Emilie. | Dédéyan, 12, cité trévise. envoyé votre lettre smyrne. vos parents vont bien. ont reçu vos lettres. point envoyé marchandises. — Palais. |

Boulogne-sur-mer, 2 janv. — Heurtaut, 15, saint-gilles, marais. alfred bonne santé, prisonnier prusse. — Cahen. | comte Henri Greffulhe, 8, rue astorg, paris, reçu lettre 1er janvier, merci vais bien. — Jogan, hôtel ambassadeurs, rue assas. |

Flers, 6 janv. — Jansse, place opéra, 2 portons bien, écrire dumesnil, filateur flers. — Jansse. | Merli, boissy-d'anglas, 14. troisième dépêche, portons bien. — Merli. |

Mâcon, 6 janv. — Edmond, 14, rue petit-carreau. bonne année, pas sortir fatma. comptez sur province. — Amélie. |

Bourg, 5 janv. — Theulot, boulevard sébastopol, 52; constance, enfants, cousines cêtré. cessy gex, famille bien, lettres reçues, ennemis pas dépassé dijon, évacué. — Vieux. | Theulot, boulevard sébastopol, 52, famille juin va bien. lettres reçues, donner argent à juin, lieutenant, famille ammard bien. — Vieux, Juin. | Augier, sergent-major 2e bataillon, 5e compagnie, 40e régiment mobiles ain. léon dépot 27e, antibes. allons tous bien. — veuve Augier. |

Nice, 6 janv. — Goelzer, 182, rue lafayette. troisième dépêche, allons très-bien, recevons lettres, sommes installés maison bernal, rue ponchettes, nice. — Goelzer. | Gilletta, rue rougemont, 5, troisième cité. tous bonne santé. — Clarisse. |

Lyon, 6 janv.— Corble, folie-méricourt, 88. césar éclaireur, pas nouvelles, inquiet. en cas mort voudrais avoir son corps à lyon tout prix. — Belin. | Thorens, aide major, hopital st-louis. reçu lettre vitry 21. tous réunis mulhouse, allons bien continue écrire rott. — Thorens. | capitaine Prudent, hôtel invalides, paris. reçu lettre 10 décembre, sommes genève, portons bien. écrivez immédiatement. mille baisers, adresse maubeuge — Isabelle. | Delaffond, 43, port bercy, paris. donnez nouvelles. sommes inquiets. — Vincent. | Pénicaud, rue jeûneurs. reçu vos deux lettres nos santés bonnes, fabrique, travaille quatre jours, mulhouse calme. 26 décembre. — Weiss. |

Granville, 5 janv. — Lancelin, rue fleurus, 37. deuxième séjour ici. repart laissant famille bien. — Victor Baratte. |

Agen, 7 janv. — Carles, avenue saxe, 26. lettres reçues, portons tous bien. province marche, espérance complète. — Carles. |

Auxerre, 2 janv. — Sajou, 20, des anglaises. tous bien, petit garçon. prussiens venus, reconnaissante, amitié pour vous. — Jouby. |

Tours, 6 janv. — madame Evrard, 21, drouot, paris. montrou, canton vaud, maison pilet, tous bonne santé. 3 pigeons. waiss accouchée fils. — Stolz. | Amiot, 5, rue thérèse, paris. allons bien, écris-nous sorques, embrasse raymond. — Emilie. | Vautrain, quai bourbon, 21, paris. sorgues et nous bien. recevons lettres raymond, jamais de vous. — Lavaur. | Lavaur, 16, place delaborde paris. sorques et nous bien. marie quimper, souhaitons bonne année. écris-nous. piolenc bien. — Emilie. | Fère, 12, halévy. trouville 6 janvier. famille marion bien portante. dernière louviers, joudains granville bien. — Marion. |

Fontenay-le-Comte, 5 janv. — Sabouraud, rue dominique-germain, 47, paris. arthur à cologne. tous allons bien. — Sabouraud. | Combredet, chez Beaupuy, rue du faubourg-st-honoré, 14, paris. recevons lettres, nous portons bien. confitures chez émile, t'embrassons. — Marie. |

Courtemer, 1er janvier.—Turenne, 7e compagnie, 3e bataillon, 45e mobiles. 100, bac, paris. tendresses mère, marie, vœux santé, lettres reçues.—Turenne. | Turenne, 26, berri-st-honoré, paris, nouvelles bonnes. suzanne, louis paul vœux. Courtomer. — Turenne. | Turenne, 100, bac, paris. vœux santé lettres reçues, ambulance argent dépêches.—Turenne. |

saint-pierre-le-moutier, 31 déc. — Fery, 21, boulevard st-martin. oui, oui, oui. — Clémentine. |

Condé-en-brie, 22 déc. — Planson, 21, rue chaillot, paris. nous portons bien. donne nouvelle arnoult, aucune encore. réponse à bordeaux madame walter, 3, rue tondu.—Marie Planson. |

L'isle-jourdain, (vienne). 3 janvier.—Maisonnay, lieutenant, 36e régiment, 1re compagnie 2e bataillon. santé bonne. claire pense toujours vous, souvent écrit. |

Toulouse, 4 janvier. — Duquesnay, 119, faubourg sat-martin. tous bien portants. franz, pension. 39 lettres reçues. courage toujours. toulouse, 22, place carmes.—Taberne. |

La ferté-bernard, 1er janvier. — Puech, 52, boulevard sébastopol. réponse oui, aux quatre questions —Boulay. |

Châlons-s.-marne. — Lucot, 92, rue legendre, battignolles-paris. aucune nouvelle de vous depuis deux mois, allons toujours bien, écrivez châlons, 16 déc.—Lucot. |

Nogent-s.-seine, 19 nov.—Laurent, 144, rue du bac. revenu à nogent, bien portant, écris souvent. —C. Laurent. | Lauteler, 79, rue boursault frère reçu lettre 26 septembre, pas de georges depuis soldat. tous bonne santé. — Lauteler lauteret. | monsieur Glayron, 8, rue royale-saint-honoré. plus nouvelles depuis 15 octobre: bonne santé. nogent. 20 nov.—Carré. | Madame Guitton, 242, rue st-martin. adèle revenue à nogent. portons bien, tranquilisez-vous, reçu bonnes nouvelles de marie.—guitton. | Ebeling, 53, rue condorcet. enfants, bruxelles, 260. rue brabant, moi nogent, tous bien portant, reçois lettres, écris souvent.—Ebeling. |

Saint-Brieuc, 2 janvier. — Gaudu, faubourg st-martin, 41. sommes bien, recevons lettres. jules parti. |

Troyes, 23 déc. — Lézaud, capitaine mobile aube, 1er bataillon, 2e compagnie, 59e régiment un mois sans nouvelles, quelles angoisses. mais pourquoi enfant t'inquiéter. irai parfaitement quand t'embrasserai. dieu te protége. — Saint-Maurice. |

Bordeaux, 4 janv.—Papillon, 1, louis-le-grand. toujours lyon, bonne santé. edmond à bar. baillehache chefdeville, bouchut adam bien. miller à bruxelles.—Baron. | Amélie Lemit, 47, abattucci, inquiète vous, ladent, carcenac, maison bougival. hotel lambert, bordeaux. —Carné. | madame Legros, 36, harpe, paris. saint-chef, 1er janvier. bonne santé, sommes tranquilles, à bientôt, j'espère, cousine turin.—Legros auguste. |

Périgueux, 4 janvier.—Bonnet, avocat, 4, rue monge. tous santé parfaite. — bonnet. | Cailar, 16, oberkampf. périgueux depuis octobre, vite, écrivez à vicaire, à milan. il envoie argent par banque succursale bordeaux.—Cailar. |

St-malo, 2 janvier. | Tiret, 3, vielle estrapade. charles algérie, letestutous bien. | Curé, saint-merri. Veillet, tous bien.—Hamel. |

Londres, 31 déc.—Lesage, 36, rue croix-petits-champs, paris. reçu toutes lettres, tout bien.—Léopold. |

Londres, 29 déc.—Edouard, Hall, 6, boulevard des capucines, paris. votre mère et relations portent bien. reçu trois lettres. — de madame Hall, douvres. |

Londres, 31 déc. — Rickets. 4, rue chauveau-lagarde, paris. reçu lettres et argent.—Breuster. | madame Woodcock, 5, rue de londres, paris. votre trois lettres aérostatiques reçues avec reconnaissance, assurez-vous de notre vive sympathie et prières. — Alonzo woodcock. | monsieur eugène Carlier, 1, rue d'enghien, paris. souhaits affectueux, je t'embrasse. pas lettre Evette. louis bien. desprès orléans. as-tu dépêche du 17.—Carlier. | lévy Finger, 6, rue de l'entrepôt. paris. nous, enfants, parents vont parfaitement.—caroline, célina. | monsieur edmond Vasnier, 37, rue tour d'auvergne, paris. reçu lettres, jules sous-lieutenant à carcassonne. | monsieur Mayeau, 98, des ternes, — est prié de dire aux messieurs watari et Otu qu'ils écrivent de suite à iakuchi. —Hooper. |

bézenet, 3 janv.—Corot, 27 rue faubourg st-jacques. paris. tous cinq bien portants.—M. Mancolon. |

Périgueux, 10 déc. — despommiers, 55, st-dominique. santé, 12356, événements forceront aller pau, pédelaborde écrit. — Despommiers. | monsieur prioux, 85, rue sèvres, paris. tes enfants bien. —Alphonsine, périgueux, hotel univers. | monsieur guillon, 68, quai râpée. paris. reçu dernière lettre seulement. tous bien.—guillon. | commandant pinoteau, 3e corps, 2e armée. brunis tout bien, nouvelles reçues. 4e dépêche.—pinoteau. |

Annonay, 6 janvier. — Faure beaulieu, 17, rue douane, paris. vendez nos mèches aux fabricants bougies, 6 à 12 francs le kilogramme.—Nicot. |

Sourdeval, 4 janv. — Lepenteur, 21, arbre sec, portons bien, écris-moi lettres détaillées, reçu toutes tes lettres.—Pauline. |

Sancerre, 2 janv.—Vogué, 37, rue bourgogne. croix arthur, apprise tous flers, bien portants, tranquilles.—Vogué. |

Campeaux, 24 déc.—Redde fontana, 93, palais-royal. nos santés bonnes. recevons lettres. écrivez toujours. donnez nos nouvelles aux amis. provisions faites —lepilleur. |

Menetou-salon, 3 janvier. — comte Greffulhe, 10, astorg, paris. santés très-bonnes à menetou. — Félicie. | comte greffulhe, 10 astorg, paris. 3 janvier toutes santés bonnes à menetou. — Félicie. |

Levroux, 4 janv.—besnier, 10, rue coq-héron. pour renaud femme a garçon bien tous deux. bien portants aux chapelles.—claire. |

Moulins-s.-allier.—bignon, 1, lepeletier, paris. enfants très-bien, moi toujours doucement. bonne année. bonne santé à vous. Jean lycée moulins. —bignon. |

Heuvillers, 28 déc. — cam, 24, paix, paris. reçu, santé. repartis, inquiets.—castings. |

Aire, 4 janvier.—Simon, 14, suchet. si garniers continuent, mettez porte.—Perdriel. |

Pestin, 5 janvier. | Goësbriand, 4, taitbout. ai reçu toutes lettres, tous parents bien. été à guimorch enterrement eugène. pas prussiens bretagne. courage.—Mélanie. |

Belle-isle-terre, 5 janv. — Achille Dupont, 51, jean-jacques rousseau. reçu votre lettre. santés bonnes ici, glaslan. romans, mademoiselle darsy compris.—Th. Vallée. |

Dinan, 5 janvier. — monsieur gouzien 22, rue rossini. dinan, courage, ami, reçois vos lettres, frère écrit pour chevaux, oncle pleure joie merci.—pontcroix. |

Le mans, 4 janvier. —Jules paton à la bourse. septième dépêche. rien reçu depuis 2 novembre est-ce oubli, maladie. angoisse inexprimable. —Erual. |

Coullons, 26 déc. — blanc, médecin, caserne cité, 2. toujours coullons, santé bonne. tranquille.—colas. |

saint-aignan-s.-cher. — Jubin, 34, labruyère. paris portons bien. reçu 8 lettres, envoyé dépêches vu quelques prussiens.—Desoye. |

Bourges, 4 Janv.— Vatel, 13, rue richer. alexandre muet depuis 16 novembre. calmez ou confirmez mes inquiétudes. cachez rien. vôtres sont bien.—cécile. |

Argenton, 5 Janvier. — Ducolombier, 11, rue de grammont. réné, moi à argenton. Dubrac, maurice tous bien.—Thérèse. |

Jort, 2 Janvier.—monsieur boitte-Fouquet, 35, rue brunet, ternes. Vendeuvres, tout bien. |

Fontainebleau, 22 déc.—Fichtenberg, 80, rivoli. rachels, nous, parfaitement recevons tes lettres. manquons rien. embrasse père toi tous. 4e télégramme.—Amélie. | Rabotin, ambulance palais justice. augustin, caporal 12e ligne bourges. santés bonnes. guittier bien desseaux tué. |

Les rosiers-s.-loire, 6 janvier. — Reynaud, 85, rue la victoire. inébranlable affection, heureux souhaits.—Victor. |

Chatellerault, 5 janv. — collet, 46, verneuil. portons bien.—veuve collet. | barbet rue ursulines, 17. tous trois aux périères. allons bien, recevons vos lettres.—Emile. |

Tourcoing, 4 janv. — Claisse, 135, boulevard sébastopol, paris. reçu douzaines lettres, dernière 22. merci. santé bonne, sedan maintenant tranquille. espoir et confiance.—Husson. |

Valenciennes, 4 janv. Maurey, rue rousselet, 9. reçu billets, santé bonne, service infernal en voyage toujours.—Maurey. |

Douai, 4 janv.—D'Heursel, 85, rue haxo, paris-belleville. suis bruxelles, 40, rue du trône, avec belle étais visite gœulzin.—Marie. |

Lille, 4 janv.—Chevillot, rue turbigo, 6. paris. portons bien, écrire chez mourmant, rue corde, tournai, belgique. — Chevillot. | Iweins, 121, tour, paris-passy. prenez autant que voulez, allons bien.—Dathis. |

Lille, 4 janv. — madame Montaudon, varenne, 50. reçu tes lettres, répondu huit fois, ma santé excellente, bonnes nouvelles famille, courage.—Montaudon. | Canet, rue sommerard, 11, paris. tous deux, roubaix, tourcoing, wattrelos, bien. jules, roubaix.—Canet. | Henrotte, 12, rue clichy, paris. liège, 3 janvier, reçu toutes vos lettres, allons bien. françois complètement rétabli. tous ici. — Hubert. | vicomtesse Villermont, billaud, 10, paris. reçu lettre babut, ai écrit souvent, tous bien portants, inquiets sur vous, faites écrire. —Villermont. |

Fécamp, 3 janv. —Claudine Poinsotte, 26, rue des petites-écuries. paris. sans nouvelles depuis octobre, écrivez.—Gardissal. |

Fécamp, 4 Janv.—Grunbaum, 41, notre-dame-nazareth. recevons lettres. portons bien, dire mathilde. — Herman. | Picard, 136, boulevard richard-lenoir. recevons lettres, portons bien. — Weil. |

Lille-central, 3 Janv. — général Trochu, paris. agréez admiration, respects profonds, vous supplie me faire échanger hommages à madame Trochu, Dieu vous garde. — Bibesco. | commandant Bibesco, paris. suis coblence, sollicitons avis d'arras. pense à nous, michel, edgard, bien. Dieu vous garde, tendresses. — Bibesco. | Tuchmann, 40, avenue saint-mandé, paris. reçu lettres, suis à lille, vais bien, ayez courage et espoir —Tuchmann. | Rosey, 36. boulevard sébastopol. madame rozey, ici tous bien portants. — Duthilleul. | Monnier, 5. neuve st-augustin. troisième dépêche, papa ici, allons bien, écris tous les jours reçois une, sur quinze.—Monnier. |

87. Pour copie conforme :

L'inspecteur,

Bordeaux. — 10 janvier 1871.

Toulon, 5 janv. — Madame Desouches, 184, rue saint-antoine. maurice marche, marthe accouchée garçon. — Hyppolite. |

Nîmes, 5 janv. — Fernet, 36, rue enghien. volognes, bien 3 janvier. — Pauline. |

Bordeaux, 5 janv. — Goubaud, 92, rue richelieu, paris. père, mère bien bruxelles, bonnes affaires augmentées. — Laflèchère. | Général Ducrot, paris. instamment nouvelles de dézon, 27e ligne, 3e compagnie, 2e bataillon. sa femme. — Dézon, tramoye, par miribel. |

Nice, 5 janv. — Raimbaud, 23, rue d'antin. réunis, 6, santé nice, résiliez assurance fraternelle, maison paix, traitez, sinon signifiez. — Myèvre. | Fessart, 19, boulevard montmartre. nice, santé, tranquillité. — Alexandrine. |

Gex, 3 janv. — Doré, 5, rue regard. tous bien, écrivez. — Villebois. |

Grenoble, 5 janv. — Laporte, 26, rue université. reçu seconde lettre, écris, m'informe du colonel, tendresses, itasse. | Itasse, 73, rue victoire. souvenir tendres, aucunes nouvelles, inquiets. écrire, 4, lafayette, grenoble. — Itasse. | Cardon, 37, rue notre-dame-lorette. sans nouvelles depuis seconde lettre, inquiets. écrire, 4, rue lafayette, grenoble. — Itasse. |

Roche-sur-Yon, 4 janv. — Bourette, 8, lesage, belleville. allons tous bien. — Florence. |

Avignon, 5 janv. — Bouchet, télégraphe, bureau central. tous bien. — Bouchet. |

Lyon, 5 janv. — Directeur assurances générales incendie, 87, richelieu. corresponds avec majeure partie circonscription, pas sinistre important, excepté quarantaine mille francs besançon. — Lechenetier. |

Bordeaux, 10 janv. — N. Herbault, 12, port-mahon. 2e dépêche. tous très-bien arcachon. tes lettres arrivent régulièrement. — Edmond Larronde. | Luys, 16, place hâvre. 3e dépêche. reçu lettre 25 oct. tous bien ici, écrivez souvent. — Edmond Larronde. | Roy, 18, drouot. 4e dépêche. parfaites santés, recevons lettres, garçons jésuites, thérèse couvent, permets fillettes et moi aller cannes. — Roy. |

Cayeux, 8 janv. — Carron, corroyeur, 8, rue l'évêque paris. henri est mort mercredi 4, prévenez paul. Je vous embrasse bien tristement. — Amélie Carron. |

Saint-Jean-d'Angély, 12 janv. — Mme Burguisser, 65, amsterdam. dernière lettre quincampoix 10 déc. tous bien portants, coulie aussi, compliments famille, véger, darault. — Hébert. | Véger, 322, rue martin. sibert londres, avons envoyé argent, tous bien portants, votre dernière 2 déc. — Hébert. | m. Lemoine, 8, rue dieu, paris. suis sans nouvelles depuis deux mois, écrivez-moi. respects. — Desprez, saint-jean-d'angély (charente-inférieure). |

Lamballe, 10 janv. — Lourmel, capitaine mobile, charlesbourg. lettres arrivent, envoie vite permission engagement. francis. — tous bien, victor sergent chasseurs vincennes. embrasse charles. — Marie. |

Coutras, 12 janv. — Picot, 87, boulevard clichy. sommes à coutras gironde très-inquiets de vous, écrivez. embrassons. — Morel. |

Bordeaux, 11 janv. — m. Millet, 118, rue turenne, paris. reçu lettre du 10 déc. vais bien, marie à luc. — Millet. |

Clamecy. — Léon Meyer, 39 ou 49, boulevard magenta. vos frères décorés, bonne santé, prisonniers coblentz. — Brunschvig. |

Berck, 9 janv. — Tiby, hôtel danube, richepance. allons bien. — Beydon. |

Molle-sur-Béronne, 11 janv. — Saint-quentin, 144, avenue empereur, passy. tous bien, gabriel 4 janv. 20e corps bourbaki. provisions armoires second étage. — Edouard. |

Courtomer, 8 janv. — Turenne, 100, bac, paris. lettre du 30, santé, tranquillité, nouvelles bonnes midi suzanne. — Turenne. |

Rochefort, 12 janv. — Bodeau, 135e régiment, st-denis. reçu toutes les lettres. adresse-moi 4 questions, mille tendresses, je suis avec berthe. — C. Bodeau. |

St-Aignan-sur-Cher. — Mme de Witt, 10, rue billault, paris. nous pensons à vous, nous allons bien. — Blanche. |

Nantes, 12 janv. — Meslier, 19, sentier. poulain, meslier, rhoné, azam tous bien, contente pour ernest meslier, pau, 22e dépêche, tendresses. — Poulain. |

Poitiers, 12 janv. — Pairain, 26, rue gravilliers. oui, oui, oui, oui, nouvelles colombier. — Pairain. | Jacquemard, domestique bouthillier, 157, faubourg st-honoré. nouvelles poitiers vienne, 30, saint-paul. frère marie prisonnier bien. — Bouthillier. | Henri Labarte, 2 drouot. reçu lettres 31, vous plains bien. courage. prussiens vouvray. vous embrasse, dois-je rester? | Jules Labarte, 2, drouot. dépêches paris désespérantes. moi que faire? reçu que deux mille, rien laumônier, envoie mandats. — Sophie. | Bernard, 99, blanche. quitté hâvre bien portante, reçu lettres, écrivez souvent. ai écrit, nouvelles alsace bonnes. poitiers, 9, cordeliers. — Bernard. |

Mareuil-sur-Lay, 11 janv. — Cornu, capitaine, 35e mobile. tous bien, achète pareballe, cherche confitures. écris longuement, bébé charmant. — Hermine. |

Vannes, 12 janv. — Damblève, 34, cherche-midi. santés bonnes, garder petite caisse noire chez vous. nouvelles juilly. — Labarthe. |

Thouars, 12 janv. — m. Saint-Anin, 20, bonaparte. froyer thouars, donnez nouvelles ballon. — Froyer, au château de marsay, par thouars, deux-sèvres. —

Guérande, 12 janv. — Quessaud, 5, rue de la perle. nous sommes bien, marie aime sœur jeanne. — Tattevin. |

Montauban, 12 janv. — Auguste Gatteaux, 41, rue lille. écrivez montauban, hôtel europe, portons bien. — Gatteaux. | Lourde, élève polytechnique. tous bien pau, bordeaux, montauban, léonce mobile pau. — Paul Lourde. | Chéné, 6, greffulhe. allons bien, gabriel armée est, recevons tes lettres. — Chéné. | Constans, 16, chauveau-lagarde. écrivez chaque courrier, avons reçu lettres jusqu'au 16 déc. — Rous. |

St-Brieuc, 11 janv. — Lacroix, 24, boulevard batignolles. reçois tes lettres, adoucissement mes souffrances. enfants bien, cœur tout à toi. — Lacroix, des bouchers st-brieuc. |

Detz, 2 janv. — Lamiche, 64, boulevard strasbourg, paris. famille manteaux, ney depuis octobre. porte bien, écrire ballon. — Lamiche. |

Tain, 9 janv. — madame Delarivière, 18, rue université, paris. douleur comprise, partagée. donnez détails par lettre, pleurons ma tante avec vous. — Delaruage. |

Thonon, 6 janv. — antonin Blain, 48, rue laffitte. suis hôtel europe, thonon (haute-savoie). me porte bien. reçu 9 lettres. — Blain. |

Annonay, 6 janv. — jules rentré, cheville guérie. fabriques marchent péniblement. bonnes nouvelles montbard et mobiles. mairie annonay incendiée. — Laurent, tramblay, 39, palestro. |

Niort, 9 janv. — Durand, 16, rue vaugirard. portons bien, recevons quelques lettres. sommes niort (deux-sèvres). poste-restante. brûlez mes lettres. — Rivière. |

Lisieux, 7 déc. — Méré, 41, prince-eugène. allons bien, manquons de rien. nézel. — Méré. |

Châtellerault, 8 janv. — Lelouet, sergent, 1er bataillon, mobile de la vienne, paris tous bien portants. — Lelouet. |

Etretat, 6 janv. — Cochard, banque france. enfants, moi bien. toujours étretat. — Cochard. | Boyer fils, 14, taranne. savoir nouvelles de paul fidelin, étudiant externe à riboissière. réponse. bonne santé. — louise Boyer. |

L'Isle-Bouchard, 8 janv. — de Trelan, lieutenant de cavalerie, armée vinoy. toute famille va bien. écris. — Havérine. |

Tours. — Frélon, 24, boulevard bineau. suis à tours. écris. |

Arras. — Laroche, 66, bonaparte. tournai 31 décembre. familles bonne santé, prions pour vous. — Marguerite. | Morelle, 141, boulevard magenta. allons bien, albert bordeaux. | Leullier, capitaine mobiles, somme. amiens envahi, écrivez arras. — Thiébaud. |

Alger, 5 janv. — Gravois, 4, paix. prière autoriser rouquier, alger, remettre mille francs. — Granger. |

Aumale, 6 janv. — Baroux, 51, jean-jacques rousseau. tous bonne santé, pas éprouvés. reçu plusieurs lettres, dont celle tante, sommes chacun chez nous. — Baroux. |

Fernex, 6 janv. — Tamiset, 179, saint jacques allons bien. — Marguerite. | madame Michaux, 4, chalgrin. suis toujours genève. envoyez nouvelles par ballon. — Elise. |

Lyon, 8 janv. — Stern, passage panorama. suis cluny, allons bien. si danger arrive irai tavernier, j'écris souvent, baisers tous. — Bonneville. |

Alençon, 8 janv. — Fould, 129, faubourg saint-honoré. enfants vont parfaitement bien. — Crapelet. |

Le Mans, 8 janv. — Lusson, capitaine artillerie, 271, rue charenton, paris. santé, tranquilles. bien, — Lusson. |

La Roche-s.-Yon. — Devillers, 17 rue banque. bien portantes, voyage tranquille, lettres ont suivi, roche-sur-yon, rue bordeaux, 30 décembre. — Devillers. | Ehrhardt, 89, turbigo. allons tous bien. — Georgine Ehrhardt. |

Mirambeau, 30 déc. — Comtesse Duchâtel, varenne, 69. comte a peau mouton et capuchons, jean très-inquiet de son frère. — Chasteauneuf. | comtesse duchâtel, varenne, 69. toute votre famille va bien, comte aide-de-camp du général la rochellle, reçois vos lettres. — Chasteauneuf. |

Roanne, 22 déc. — madame taquet, 12, dupetit-thouars. reçu lettres jusque 17 décembre, tous valides, reguy. — Jacob. |

Chambéry, 28 déc. — Montagnole, télégraphiste, bertrand, 24. famille bonne santé. — Montagnole. | M. Lyon, rue chaudron, 8. dire mélanie parfaite santé, argent émile, courage, embrasse. — André. | Berlioz, passage industrie, 4. lettre reçue, famille bonne santé, suis capitaine mobilisés chambéry. — Félix |

Angers, 31 déc. — Fenaille, notre-dame-de-nazareth, 30. bien chez bertron. reçu lettres jusque 28. — Marie. | Duverger, couesnon, 12. montrouge. salut, écrit six fois, silence pénible. réponse ballon. — Duverger. | Joumelle, boursault, 64, batignolles. allons bien, montbard aussi, bon espoir. — Massd. | Vinit, boulevard madeleine, 11 santé bonne, reçu vos lettres, répondu, embrasse tous. — Vinit. | Parent, auber, 19. Toutes santé, donne nouvelles de la famille. Charles. — Parent. |

Romans, 29 déc. — Darsy, 51, j.-j.-rousseau, paris. reçois lettres, accouchée, fille très-grosse, 21 octobre, tous très-bonne santé, emprunte perrier pinet. — Darsy. |

Lyon-Central, 29 déc. — Puel, 52, rue lancry, paris. bonne santé nancy, désirons vos nouvelles, adressez lettres rubitch, château gruyères, canton fribourg, suisse. — Puel. | Girard, bons-enfants, 24. tous bien portants, envoyé dépêches. — Girard. |

Mâcon, 29 déc. — Vacle, lieutenant, 13e régiment marche, garde mobile saône-loire, paris. familles vacle, castellane vont bien, courage, espérons. — Vacle. | Loiselle, rue de rennes, 50. légèrement souffrant. aucune nouvelle lubey, comment allez-vous? vois montet, bureaux compagnie, ses parents bien. — Loiselle. | Toufflin, 25, constantinople. hortense, enfants nice, tous bien, sûreté, attends lettre, quarante jours sans nouvelles. — Henri. | Senaillet, 9, rue des lions-st-paul. accouchée 31 octobre garçon mâcon, tous bien. — Clair. |

Corbigny, 30 déc. — Candolle, escorte général vinoy, 41, rue bellechasse. tendres vœux de tout mareilly. — Adèle. |

Lyon, 30 déc. — Dejey, rue des vinaigriers, 63, paris. camille reçu lettre 8 décembre, élisa, louis, moi, famille va bien. — Lucie. | Hodieu, rue de nesle. 11. allons passablement, inquiets sur toi; écris toujours souvent. — Hodieu. | Bailly, rue du temple, 38, paris. nous allons bien, pas de nouvelles du père, pas reçu argent. — Duchaine. | Celler, rue seine, 83. Philibert mort en héros à nuits. toute la famille va passablement, guichard aussi. — Celler. | madame Clerget, 22. boulevard clichy. suis à lyon en convalescence, écris-moi par ballon, embrasse tous, à toi. — Marius Clerget. | Urbain. rue regard, 3. montreux, lyon, issenheim, bonne santé, pierre administrateur ambulance 15e corps, armée loire, écrivez souvent. — Joséphine. | Récamier, 33, godot-mauroy. allons tous bien, laure mieux, si besoin, prenez chez legrand même chose que dernière fois. — Récamier. | Bessand, pont-neuf, 2, paris. reçu lettre 14 courant, inventaire fera recettes nulles, plus rien magasin, comment faire pour été. — Fontaine. | Fontaine, boulevard sébastopol, 12, paris. portons bien tous trois, très-froid, envoies lettres par ballons, je reçois tes lettres. — Fontaine. | Bataille, boulevard germain, 70, paris. portons bien, lausanne, hôtel gibbon, pas froid, recevons tes lettres, mère à dieppe. — Marie Bataille. |

Loudun, 31 déc. — Debéchillon, st-sulpice, 2. santés parfaites. — Debéchillon. |

Alençon, 26 déc. — Blanchet, 98, boulevard magenta. lettres reçues jusqu'au 5, on va bien jersey. — Rosine. | Rolin, 21, rue chateaudun. bonne santé alençon. — Rolin. |

Cosne, 21 déc. — Vogüé, 37, rue bourgogne. 21 décembre, septième dépêche, pesean tranquille bien portant, comarin respecté, chateauneuf glorieux. — Vogüé. |

SERVICES ET AUTORISATIONS.

Bordeaux, 19 janv. — Croze, administration postes. votre père toujours malade, destituée 30 décembre, maladie augmentant, sans espoir de vous voir. — Maupin. | Loiseau, hôtel des postes. provisions caves, armoire glace, septième, lemînay clefs. donnez spiritueux marie, concierge. répondez, taupier, 20, judaïque. — Guillemet. | Logeard, 1, turbigo. votre famille va bien, occupez vous de nos meubles. prenez nos intérêts, faites pour le mieux. — Rabuteau. | Augé, 10, rue de lyon. nous attendons toujours une réponse, et sommes à bordeaux tous bien portants. — Chatelain. | Herbault, 12, port-mahon. fillettes grandes, grasses, guyon, goblet, rodier, péreire, malapert, renouard, thureau, rysaëns, toussenel, père, mère, tous parfaitement. — Marie Dagron. | Malapert, 51, labruyère. montès, Pereire, herbault, chouchou, moi parfaitement, écris longuement, plus souvent, reçois lettres. bonnes nouvelles martinique. — Rosine Dagron. |

Desfossez, 18, amsterdam. lettres-truite reçues, bien portant. — Gréban-Dagron. | Couchoud de Gournay, 71, rambuteau. allons bien, reçu en tout deux bons de 100. dubreuil quitte. j'ai courage. — Louise Dagron. | Boutillier, ministère travaux publics. écrivez-moi souvent mignard, girard, talon, delrieu, thénaud, logement inquiet. bordeaux, employé des postes, allées tourny. — Brunner-Lacoste. | Lambert, cour commerce saint-andré. inquiet de vous hédouin, bléry, logement. écrivez-moi souvent. bordeaux, employé des postes, allées tourny. — Brunner-Lacoste. | Jules Epstein, 51, avenue montaigne. écrivez-moi. 8, allées tourny, bordeaux. pour donner nouvelles à maillard. — Rollor. | Herbault, 12, port-mahon. guyon, malapert, pereire, thureau, nous tous parfaitement, préviens stein, 55, cherche-midi. recommande fortis. — Emile. | Letellier, 8 bis, rue martel, paris. Jeanne, maurice, camille, virant bonne santé. 171, route de toulouse, bordeaux, écrivez. — Roller. |

Lacoste, 3, monceau. inquiet, prie écrire, voudrais pouvoir délivrer griffes démons. espère toujours république. province marche, embrasse cœur. — Emile Lacoste. | Cordier, 9, strasbourg. amitiés, bonnes nouvelles familles delalande, clément de saint-nicolas. dire à risacher avec prière écrire. merci. — Laublin. | Delaunay, administration des postes. loué, vire, bonne santé, ministre guerre n'a aucun renseignement sur saussier. — Chantenay. | Chalabre, rue du bac, 87, tous lamothe bien, reçu cinq mandats, nombreuses lettres. — Merlet. | Barounet à Roudaire, capitaine état-major, saint-denis. mon père et moi t'envoyons amitiés, écris-nous ministère intérieur, bordeaux. | Henri Bezard, 32, rue poulel. ton père bien portant, mais vivement inquiet, écris quimper. — Bezard. |

Hippolyte Bezard, soldat 69e ligne, 4e bataillon, 1re compagnie, 10e régiment, 13e corps général Vinoy. ton père bien portant, mais vivement inquiet, écris quimper. — Bezard. | Pierre, sergent-major, 31e régiment garde mobile, 1er bataillon, 6e compagnie, 28, rue dombarle, vaugirard. tous bien à mortain. reçu nombreuses lettres. — G. Pierre. | Barounet à Leligois, 18, rue saint-sulpice. Gayme mère décédée, frères en bonne santé. hector revenant de metz, bureau restant, bordeaux. | Rohr, 13, boulevard voltaire, paris. confirme mes dépêches par pigeons, allons bien. écrivez chaque ballon. reçu toutes vos lettres. — Thoutberguer. |

Cessac, avenue montaigne. tous bien phisiquement, villerville rien changé. — Cessac. | Cessac, avenue montaigne. tous bien villerville. rien changé, tranquilles, bonneval bien. — Cessac. | Cessac, avenue montaigne. villerville 30. tous bien, souhaitons bonne année. — Cessac. | Cessac, avenue montaigne. tous bien villerville. rien changé, maison, écurie. reçois souvent lettres. souhaitons bonne année, avons deux blessés. — Cessac. | Sarassin, 37, château-d'eau. famille picard bruxelles, 41, rue l'étuve, parfaite santé. Léopold va classe, ceci notre seconde dépêche. — Godechaux. | Mouchet, notaire, 42, lepelletier. gabrielle un fils, paul réformé. — Mouchet. | E. Woog et Ce, 6, rue rambuteau. sommes bien portantes chez vandekherkof à tournai (belgique). reçu lettres. — Nordmann. | Albert Lefebvre, mobile seine-et-oise, 3e bataillon, 7e compagnie. lettres reçues. mère, ernest chamblac. auguste marin brest. tous bonne santé. — Blin. |

Piatier, 24. rue saint-lazare. bonnes santés, napoléon-vendée. | Cessac, avenue montaigne. toujours bien physiquement villerville. département tranquille, conservé chevaux. eugène et gamin vingt sous. recevons très-souvent lettres, dernière du 2. avons sergent, soldat blessés, braves garçons. vous écris chaque jour, avons encore amplement. souhaitons bonne année. — Cessac. | Richebourg, 63, trois-frères. Meuvy, pouilly, millières, tous bien. famille jouvin très-bien. meuvy, pouilly, pas vu prussiens. bon espoir. — Richebourg. | Dhostel, 107, boulevard sébastopol, paris. toutes en parfaite santé, enfants magnifiques bien installées rue de la croix, féline va bien. — Dhostel. | Meunier, 17, rue cherche-midi, paris. toutes bien portantes, enfants superbes. bien installées

Bordeaux. — 10 janvier 1871.

sans nouvelles depuis le 20. — Meunier. | Dhostel, 107, boulevard sébastopol, paris. le 5 retourné carte, jersey répondait oui. reçois lettre jersey, bonnes nouvelles, vont parfaitement. — Boudet. |

Bordeaux, 20 janv. — Brun, 42, rue jeûneurs. ai envoyé hebdomadairement dépêche, informez baptistin, santé excellente, reçois ses lettres, commandant féraud prisonnier. — Hélène Castel, | Renauld, arbre-sec, 43. santé bonne, chagrin, regrets mortels. reçois lettres, confiance, patience, courage, je t'aime. écris moi souvent. — Renauld. | Stoikoff, 21, rue lepelletier. santé bonne, écrivez encore murianette. — Elise Domène. | Peck, 20, rue des moulins. reçu fatale nouvelle, embrassons mère. allons tous bien, domène murianette. écrivez encore. — Caillot Domène. | Courot, 5, rue cléry, paris. mesdames courot, rodot, georges, henriette, père, mère bige, nevers, parfaite santé, reçu argent, lettres. — Anastasie. | Lefron, architecte, notre-dame-de-lorette, 41. nous sommes en grande inquiétude sur votre sort, donnez nouvelles, allons bien. — Dubois. | Albert Dehaynin, 231, lafayette. madame chaudet, sa fille, ses enfants en bonne santé, ainsi que famille mathias. — L. Dehaynin-Dagron. |

Loustau, 20, dunkerque. sommes à gand, belgique, 26, rue aux vaches, georges à lille. santés parfaites, courage ! — Cécile Dagron. | Tavenet, 133, faubourg poissonnière. 12e dépêche. reçu lettres, portons tous bien, amitiés. — Leroi | Sieye, messageries. 5e dépêche, 30 lettres reçues, santé, tranquillité parfaites, mère ciotat. rentes mixtes touchées, auguste exempté, ateliers canons. — Portal. — Drouet, cherche-midi, 72. sarah très-heureusement accouchée 21 décembre. elle, votre fils, lucie, votre mère, bien portants. — Vanda. | Lesieur, rue lafayette, 132. 6e dépêche, enfants bien, nous tourmentés, j'écris tous moyens, tâches venir, écris détails. — Aline Lesieur. | Sanderson, 5, scribe, paris. très-inquiète, sans nouvelle depuis 17 nov., écris par ballon. — Arthur. |

Chanotte, taranne, 7. lettres reçues, santés bonnes, antoine soldat, ennui extrême, viens nous chercher, je t'embrasse — Eugénie, 14 janvier. | Desmazures, rue saint-lazare, 11. 5e dépêche. à bordeaux depuis le 26 novembre bien, gustave bien, reçu 11 lettres, léon écrira. — Desmazures. | Mme Pradines, place madeleine, 10. bonne santé. — Alfred Pradines. | Tirouflet, 20, bonaparte. émile interné neustadt-eberwalde, laure avec lui, filles chez romanet, tous, allemagne, vendée, niort. santés parfaites. — Baudreuil. | Binot de villiers, 82, rue taitbout. pouvoir donner quittance, toucher loyers octobre et janvier, rue hauteville, 66. payer contributions échues, divers, mon terme avec produit. écrire bordeaux, 3, rue millanges. — Cochery. | Hutin, 4, rue aumale. silence cause énorme inquiétude. écrivez bordeaux, chez valet, cours balguerie, 61. — Cochery. |

Francœur, 7, laffitte. tous bonne santé graulhet, nombreuses dépêches envoyées, souvenirs papa, demange. familles soupault, harcholle, arrivetz, boulloche bien. — Couder. | Baudreuil, 40, cherche-midi. émile, laure ensemble neustadt-eberwalde, près berlin, filles chez romanet, ernestine, enfants, moi, tous santés parfaites. — Baudreuil. | Puyfontaine, affaires étrangères. avons télégraphié plusieurs fois. écrivez-nous, tous bien, amitiés. famille desprez bien clermont, reçoit lettres. — Delaroche Sorel. | Duseuil, 136, faubourg saint-honoré. allons tous bien, bonnes nouvelles châtillon et saint-marcellin, général avec Isabelle à bonn, amitiés — Belle. | Ducléré, Frémy, Montmarin, Galard, Berard, affaires étrangères. tous bien, donnez nouvelles, avons télégraphié souvent. amitiés, mouy, sorel, belle, bellissen. — Delaroche. | MM. Constantin, rue rochefoucault, 17. allons tous bien. sommes sans lettres, écrivez, affection, courage. — Jenny Constantin. | M. Vautrey, 33, rue lafayette, oui, oui, oui, oui. — Vautrey, curé délémont. |

Dehaynin, 186, faubourg saint-martin. recevons lettres. coralie, sa fille, émile, lasson, alphonsine, gustave, camille, david, andré, ruffin bien. 16 janvier. — Lasson. | Castre, 10, rue dieu. allons bien, manquons rien. niort (deux-sèvres). — Castre. | Joséphine Verdant, faubourg montmartre, 55, paris. sans nouvelles depuis quatre mois. habitons pau, écrivez poste restante, allons bien. — Emile Dubeau. | Mme paisant, faubourg montmartre, 53, paris. reçu vos lettres, rien batignolles, habitons pau. écrivez, papier fin, poste restante. — Alphonse Dubeau. | Pinart, rue martel, 5 bis, paris. avons eu bonnes nouvelles pauline, écris-moi par ballon, habitons pau, allons bien. — Pinart. | Pierre, 25, abbatucci. ai déjà offert par dépêche notre appartement aux cellier pendant siége, allez réitérer vivement cet offre. — Priest. |

Jozon, 25, coquillière. tous cinq bonne santé pau, deux saget aix-la-chapelle bonne santé, cour-cheverny tous bien portants. | Tessières, passage sainte-marie-saint-germain, 2 ter. mesdames huet à libourne et familles jaurias en bonne santé. scipion prisonnier à aix-chapelle. — Rabuteau. | Voisin, passage feuillet, 13. voisin, bourbaud, trempé santé excellentes. romorantin, sargé occupés. écrivez souvent : chinon. — Rabuteau. | Durrieu, 97, rue saint-lazare. reçu lettre du 11. expédié dépêches, lettres et times. alfred vers béfort. f. vacquez parti. — Durrieu. | Darcel, 21, avenue gabriel. santé excellente, rouennais en sécurité, propriétés ravagées. — Marguerite. | Heudier, 22, tivoli, votre fils bien portant, trésorerie armée est. — Jupeaux. |

M. Fisch, 28 sébastopol. mon père malade neuf jours, mort 4 janvier, meyrueis. francis, jeanne présents. Je reste tours. — Lemaitre. | Berthesult, rue saint-honoré, 267. william allait bien le 6, louise, joigny aussi. — Edouard. | Astruc, 35, martyrs. mère, famille très-bien. — Bertrand. | Laborde, bleue, 12. bonne maman, marie, henri, moi portons bien. recevons toujours lettres par ballons. bien contents. amitiés. — Coutenceau. |

DÉPÊCHES-MANDATS.

série B (suite.) — 20 janvier 1871.

N. 251. — Hornoy, 183. — Périmeny à Isaï Périmeny, mobile somme, 3e bataillon, 2e compagnie, issy. — 20 fr. | n. 252. — Bordeaux, 48. — Charroy à de Réganhac, 9, carrefour odéon. — 200 fr. | n. 253. — Dourgne, 70. — Maurel à Pistouley, colonel commandant 2e brigade, 1er corps, 2e armée. — 60 fr. | n. 254. — Coucy-le-château, 48. — me Fracot à Ponsard-Fracot, chez violet, 317, rue st-denis. — 100 fr. | n. 255. — Limoges, 61. — Poullot à me Mathilde D'juin, 117, boulevard montparnasse. — 50 fr. | n. 256. — Oran, 78. — Butu à me ve Brun, 74, rue vanneau. — 100 fr. | n. 257. — Alger, 248. — me Honorez à Auguste Honorez, infanterie marine, compagnie fort noisy. — 20 fr. | n. 258. — Romans, 81. — Corbier à Léon Corbier, 1er régiment train équipages, 17e compagnie. — 20 fr. | n. 259. — Lyon, 28. — Fouilland à Fouilland, mobile de Lyon, 2e compagnie pontonniers. — 100 fr. | n. 260. — Romans, 95. — Jamonnet, à Jamonnet Simon, mobile drôme, 2e bataillon, 1re compagnie. — 20 fr. | Total : 690 fr.

N. 261, — Romans, 92. — Gaillac à Eynard Brutus, mobile drôme, 2e bataillon, 5e compagnie. — 100 fr. | n. 262. — Nantes, 81. — Me du Boisguchenneue à Rogatien du Boisguchenneue, brigadier d'artillerie mobile, fort d'aubervilliers. — 100 fr. | n. 263. — Nantes, 93. — Mesnard à mlle Houel, 30, place marché-st-honoré. — 250 fr. | n. 264. — Nantes, 56. — Lamoré à Lamoré-Forest, mobile, 28e ligne, 3e bataillon, 2e compagnie, mont-valérien. — 150 fr. | n. 265. — Nozay, 4. — Boulay à Boulay-Benoist, brigadier, 21e chasseurs à pied, 6e compagnie, maisons-alfort. — 100 fr. | n. 266. — Verrey-s.-Salmaise, 285. — Boudilleu à Boudilleu jacques-paul, mobile côte-d'or, 4e bataillon, 5e compagnie. 20 fr. | n. 267. — Verrey-s.-Salmaise, 284. — Gaulon à Jean Gaulon, mobile côte-d'or, 4e bataillon, 5e compagnie. — 20 fr. | n. 268. — Verrey-s.-Salmaise, 250. — M. Guillerme à Guillerme mobile côte-d'or, 4e bataillon, 5e compagnie. — 20 fr. | n. 269. — Verrey-s.-Salmaise, 271. — Moreau à Moreau, mobile de semur, 4e bataillon, 5e compagnie. — 20 fr. | n. 270. — Lyon, 55. — Bredin à Julien Bredin, artilleur mobile rhône, bastion 59, passy. — 200 fr. | Total : 980.

N. 271. — Vichy, 9. — Macary à me Macary, 21 bis, boulevard mazas. — 200 fr. | n. 272. — Poitiers, 39. — Touchard à me Hiraux, 12, rue saint-ferdinand-les-ternes. — 100 fr. | n. 271. — Mauzé, 46. — Jourdain à Jourdain père, 6, rue constantinople. — 200 fr. | n. 274. — Limoges, 23. — de Cressac à m. ou me de Cressac, 4, rue de la borde. — 200 fr. | n. 275. — Is-s.-Tille, 16. Pitolet à Auguste Pitolet, chez ernest fleurier, rue francs-bourgeois. — 150 fr. | n. 276. — Dijon, 205. — Baudin à Baudin, lieutenant, 10e marche, 2e bataillon, 2e compagnie. — 200 fr. | n. 277. — Dijon, 331, — mlle France à France Joseph, 10e marche, 3e bataillon, 2e compagnie. — 20 fr. | n. 278. — Dijon, 9. — Lorenchet à Lorenchet, capitaine, 10e mobiles, 3e bataillon, 1re compagnie. — 100 fr. | n. 279. — Dijon, 6. — Vallangeon à Vallangeon, 23e de ligne, 3e bataillon, 8e compagnie. — 30 fr. | n. 280. — Dijon, 43. — Thibault à Thibault, 26, boulevard filles-du-calvaire. — 50 fr. | Total : 1,250 francs. |

N. 281. — Genlis, 123. — Poitoux à Poitoux, 10e mobiles, 3e bataillon, 4e compagnie. — 50 fr. | n. 282. — Dijon, 105. — Muteau à Muteau, 7, rue mondovi. — 200 fr. | n. 283. — Calais, 14. — madame Audouy à mlle Dupont, 29, cours-de-vincennes. — 100 fr. | n. 284. — Ouville-la-Rivière, 18. — Lourette à E. Lourette, mobile, 50e ligne, 1er bataillon, 3e compagnie, levalois. — 50 fr. | n. 285. — Laventie, 54. — Boulet à Léon Boulet, 9e d'artillerie, 3e batterie, 3e division, issy. — 23 fr. | n. 286. — Besançon, 56. — Michaud à Albert Michaud, aide-major, val-de-grâce. — 20 fr. | n. 287. — Tourcoing, 52. — Lagast à Alexandre Duvernay, 2, rue vincent, belleville. — 100 fr. | n. 288. — Beaune, 117. — Dury à Dury, 10e mobiles côte-d'or, 1er bataillon, 3e compagnie. — 25 fr. | n. 289. — Evreux, 95. — Vacher à Kamingout, 15, rue blondel. — 30 fr. | n. 290. — Aiserey, 255. — Himbert à Paul Himbert, mobile côte-d'or, 10e régiment, 3e bataillon, 4e compagnie. — 20 fr. | Total : 618 francs. |

N. 291. — Largentière, 56. — Sorin à Reboul, 10, notre-dame-de-lorette. — 300 fr. | n. 292. — Lyon-Terraux, 13. Satin à me Galin, 68, rue ménilmontant. — 60 fr. | n. 293. — Lyon, 68. — Marthourel à Auguste Marthourel, 1re compagnie, mobile des pontonniers du rhône. — 10 fr. | n. 294. — Chatellerault, 61. — me Dupleix à Victor Dupleix, aux ternes. — 50 fr. | n. 295. — Montpellier, 72. — Pontalion à Guibert, mobile hérault, 45e marche, 3e bataillon, 7e compagnie. — 25 fr. | n. 296. — Montpellier, 73. — Pontalion à Mathieu Jean, 45e marche, mobile hérault, 3e bataillon, 7e compagnie. — 25 fr. | n. 297. — Marseille, 25. — Sollier à me Sollier, 9, rue clapeyron. — 300 fr. | n. 298. — Toulon, 68. — Gensollen à Nauvel ou Hauvel, 40, rue échiquier. — 100 fr. | n. 299. — Tours, 39. — Paillard à me Bemorte ou Nemorte Fontaine, 40, rue nollet, batignolles. — 100 fr. | n. 300. — Tours, 33. — Marchand à Louise Eyssenbraudt, chez marchand, 11, quai conti, à la monnaie. — 100 fr. | Total : 1,070 francs. |

Le Comptable,

Bordeaux. — 10 janvier 1871.

Béziers, 5 janv. — Farret, capitaine 100e, villejuif. tout va bien, courage. — Farret. |

Loudun, 4 janv. — Chopelet, place théâtre français, 1. santé parfaite, voir grimault argent. — Chopelet. |

Lyon-Perrache, 4 janv. — Halloppeau, administration gaz. bien tous, georges 17e corps, armand hambourg. — Halloppeau. |

Dieppe, 1er janv. — Isneger, cité fleurs, 52, batignolles. adeline délivrée 30, gros garçon. henri, moulins, nous bonne santé. frères metz plus nouvelles. — Dusanier. | comte Gourcuff, 14, rovigo. bien. avons argent, tranquilles, lettres ce matin, dernière 22, meilleure année. — Gourcuff, dieppe, 1er janvier. | Journé, 6, rue marengo. paul à coblentz, georges et léon à bourges, tous bien portants. — Gombault. | Morel, 9, saint-gilles, paris. tous bien portants. que devient charles ? — Delevoye. | Detaille, 19, rue grammont, paris. famille bien, argent suffit cinq mois. — Lefebvre. |

Niort, 4 janv. — Noiret, guy-labrosse, 8. reçu lettres, écrit 2 fois, santés altérées, faisons vœux, émile camp rochelle. — Noiret. |

La Rochelle, 4 janv. — Lemay, avenue clichy, 56. lecomte raphard bien châteaudun, demandons nouvelles, aïeule béziers vont bien, les lettres arrivent. — Lemay. | Legendre, 3, rossini. sommes grenoble, allons admirablement, famille hippolyte aussi, envoyé nombreuses dépêches, recevons lettres, pas journaux. — Blanche. |

Fougères, 4 janv. — Caillel, aumônier, chez Quinsonnas, rue marignan, 7, paris rapporter le corps d'édouard à Matignon. — Caillel. |

Douarnenez, 4 janv. — Chancerelle, lieutenant, 5e bataillon, mobiles finistère. à paris. tous très-bien, auguste mathilde mariés, lettres reçues, écrivez toujours, victoire viendra. — Chancerelle frères. |

Quimper, 4 janv. — Gouyon-Matignon, 5e bataillon, mobiles finistère. 4e dépêche, nous et amis bien, pensons constamment à vous, souhaitons prompt retour. — Gouyon. |

Nantes, 5 janv. — Boulay, brigadier, 21e chasseurs pieds, maison-alfort. lettres reçues, tous bien. — Rongier. |

Quimperlé, 4 janv. — Mme Boullon, rue saint-georges, 31. tous réunis, bien portants. — Courné, quimperlé, 4 janvier. |

Saint-Servan, 4 janv. — Patrelle, 35, neuve-st-merry. tous parfaite santé, saint-servan. — Cécile. |

Fécamp, 2 janv. — Godefroy, rue du mail, 18. véret gendre amour décédé. étretat petite vérole, amour ignore événement, prévenez-le avec grands ménagements. — Pinaud. |

Le Hâvre, 3 janv. — Siegfried, grand-hôtel, paris. hâvre, 3 janvier, recevons toujours lettres, merci, allons tous bien partout, avons confiance, communique decoppet. — Jules. | Jeanti, 33, rue tanger. sucre rare ici haussant, antilles 52 base payé, havane 35, probablement plus, prévenez sommier. — Lallouette. | Posth, 11, avenue victoria, paris. vos trois garçons, ida, tous bien portants, donnez edon, bonnes nouvelles châteauroux. — Lefebvre. | Brussel, 32, hauteville, paris. copie 8e : 175,000 francs, moitié 8 jours vue, moitié 15 jours vue. — Teske. | Lescan, adresse Friedländer, rue mont-thabor, 10. pourquoi sans nouvelles ? écrivez donc chaque ballon, salutations. — Friedlander. | Husquin, faubourg-saint-denis, 148. familles malais et Husquin en bonne santé, vos lettres parviennent, écrivez souvent. — Malais. |

Segré, 4 janv. — Poyet, rue banque, 3. jacques marche, andré parfaitement, bon professeur, tous chaudement, bonnes nouvelles tante, caroline, émile, martinique, rome. — Lagarde. |

Toulouse, 4 janv. — Abadie, sommerad, 20, paris. écris souvent, santés bonnes, anxiété continuelle. — Abadie. | Gros, grand prieuré, 31. guyenot, fonderie canons toulouse. | Rouch, passage stanislas, 11. allons bien, recevons lettres, daraquy ici. — Rouch. |

Alençon, 2 janv. — Berruyer, neuve-des-martyrs, 13. octave, tous bien, reçu 300 francs. — Berruyer. |

Dozulé, 27 déc. — Gaillard, rue alembert, 1, montrouge. bonne santé. — Gaillard. |

Bordeaux, 3 janv. — Worms, 16, rue halévy, paris. mathilde, jeanne, alphonse. constance, laure, blanche, salomon en parfaite santé. — Mathilde. | Bonnard, magenta, 108. tous bien portants. habitons thann, mertzdorff, adresser lettres oswald frères, bâle. reçois lettres, oncle bien. — Elise Bonnard. | Desnoyers, 57, cuvier. tous réunis thann, santés bonnes, duméril aussi. léon parti, recevons vos lettres. — Mertzdorff. | Monseigneur Surat, paris, archevêché. lettre reçue. jeanne très-mal, mathilde, gabriel, enfants durville bien. prévenir bonvallet, suis saint-malo. — Daffry. | Couton, albouy, 9. vendez mauvais chevaux, faites au mieux, toujours sans vos nouvelles, écrivez anvers, boulevard léopold, 51. — Couton. | Champy, 8, rue milan, paris clician télégraphie urgence lui avancer vingt mille pour conclusion presque certaine affaire. que faire ? — Bucquet. |

Lagorce-Lauyère, 19, hauteville santé bonne, ennui énorme, voyez appartement, donnez argent marie, écrivez premier ballon. — Herrling, genève. | Lagorce-Lauyère, 19, hauteville. reçu ici courrier brésil commandes remises peu. faut-il répondre ? — Herrling, genève. | Honoré Cabrol, 7e régiment mobiles, 2e bataillon, 7e compagnie, paris. familles bien, gustave cherbourg, sans lettres tiennes depuis octobre. — Cabrol. | Mme Simon, 17, caumartin. tous bien pornic. arthur bien calais. — Belleval. | Poucet, boulevard beaumarchais, 74. connaissons affreuse nouvelle, tous bien, inquiétude pour toi. lettres rares, notre adresse cormoudreche, neufchâtel, suisse. — Zélima. | Grandguillot, 88, boulevard pereire. depuis octobre marseille, marie, maurice parfaitement, famille sabatier très-bien. emma, richard, famille bonnes nouvelles. — Gallo. |

Karth, 26, rue st-bernard, paris. familles karth, desfossé bonne santé. reçu lettres. — Albert. | Duverger, 64, chaussée-antin, tous bien à pontenan et montfélix. — Poirier. | Léon Fleurot, hôtel valois, place louvois, paris. cambo trois robustes. tante fleurot. parents bien, jules marié, remettre boivinet. — Athénie Boivinet. | Julien, 7, avenue alma, paris. nous allons bien. donnez moi détails et nouvelles carayon, montbrison. — Johnston. | Levois, 8 bis, rue cardinal-fesch, paris. regardez les avertissements dans le times. — Steinthal. | Levois, 8 bis, rue cardinal-fesch, paris. lettre 16 décembre reçue 3 octobre pas. ordres concernant madame magdelaine suivis. — Steinthal. | Mme May, 83, rue maubeuge, paris. septième, huitième dixième questions, non, les autres, oui. — Lélia May. | Hoskier, rue dame-victoires, 42. minimum vingt-huit demi sacs proportionnellement. achats commencés, consentirions quarante mille. hausse prévue. — Hambro. |

 Pour copie conforme :

L'inspecteur,

Bordeaux. — 11 janvier 1871.

Roye, 29 déc.— Mme Golzard, 9, rue puits ermite. lettres reçues. marie accouchée, petit oncle et auguste bien, alphonse prisonnier sans blessures.— Wallet. | Chabert, 23, avenue tourville, paris. allons bien, reçu lettre 7 déc.— Chabert. |

Montrichard, 10 janv.— m. Perdrier, 3, port bercy. reçu lettre du 16, courage, portons bien, 3e dépêche, angé 10 janv.— Alphonsine. |

Bordeaux, 15 janv.—Mauros, 5, mayet. exempté deux fois révision, porte bien, reçu tes lettres, pas nouvelles.— Delisle. | Marx, 11, faubourg saint-honoré. reçu lettres, écrivez-moi, sauvez appartement par tous moyens.— Flamant. | Delair, capitaine garde mobile seine. attends lettre 50. cours des fossés, bordeaux.— Choquet. | Mozer, 51, vaugirard. suite dépêche du 12, suis bordeaux, rue roquette avec olga, enfants. félix, henri, ici, soldats. — Saladin. | Vessilier, 33. verneuil. votre mère gravement malade.--Vessilier. | Lacouit, 21, gay-lussac. tous bien portants. recevons lettres, répondons.— Jenny. | Hénin, 20, billault. famille, amis, tous bien et tranquilles. lorie 6 janv.—princesse Hénin. | Debeauve, 46, notre-dame des champs. abbé paul ici, œuil santés, travail, alix bien.— Debeauve. | Perrain, lieutenant vaisseau, fort rosny. toute la famille bien portante embrasse, souhaite bonne santé. javeriau 12 janv.— Désirée Perrain. |

Perrain, capitaine 35e régiment mobiles, 1re compagnie, 3e bataillon. toute la famille bien portante, embrasse, souhaite bonne santé, bonne chance. Javersais 12 janv. — Désirée Perrain. | Dupuy, concierge, 18, jean de beauvais. écrivez-moi bordeaux, poste restante par tous ballons.— Venard. | Moser, 51, vaugirard. lilette chez parents nancy, cécile chez wimpfen bien. bon père décédé strasbourg 20 nov.— Saladin. | Roglon, 60 provence, reçu vos lettres, habite beguey, travaille à défense, écrivez par tous ballons détails, adieu.—Maydier. | Desroches 15, nollet. tous bien bordeaux, recevons lettres, écrivons souvent. nul besoin, embrassons tendrement, courage, bientôt. — Pugh-Desroches. | Barrayat, 4. st-hyacinte st-honoré. tous bien, pourquoi écrivez-vous plus? prenons part vos épreuves, courage.— Jules. | Chérouvrier, 82, tombe-issoire. antonin mobile, mère. frère mons, tous montluçon bonne santé. images reçus, merci, amitiés.— Vallard. |

Caillou, 190, jemmapes. léontine, enfants, tous bien. henri blessé 2 déc. chef escadron bien bordeaux avec père. mère.— Thion. | Dubourg, 1, banque. inquiets de gustave, réponse par ballon. landrieux bordeaux 45 rue mouneyra. | Méliodon, 12, place maine. francisque prisonnier munster bien, moi blessé bordeaux.— Thiou. | Debournat, 2 bis, boulevard temple. pensée vous quitte pas. quels tristes jours. mille tendres baisers. 5, rue remparts bordeaux. — Louise. | Hunolstein, 81, grenelle. femme, enfants bien chez toi, nous tous ici aussi.— Léopolb. | Dupont, 21, bruxelles. suis bordeaux, poste resto restante. rien reçu de vous encore. prévenez quesné.—Eugénie. | Jules Ferry à Bleton, officier, salle st-paul. salpêtrière. argent ou vêtements nécessaires. meunier, avoué lyon remboursera.— Leroyer. |

Challans, 31 déc.— m. de Badereau, lieutenant mobile, 4e bataillon vendéen, à Ivry, près paris. suis bien, votre sœur bien, écrivez donc. — Laure. |

Pau, 12 janv.— M. Vernier, 3, rue hâvre. moi, enfants, parents, raoul prisonnier bien. souleaux respecté.— Vernier. | me Dauribeau, 25, rue arcade. avons vu léon très-bien, médaillé, sous-lieutenant, est au dépôt à libourne.— Didion. | Viel, chef bataillon, 139e ligne, paris, donner nouvelles rungs capitaine ici bien.— Viel. | Rungs, capitaine, 139e ligne, paris. comment vas-tu? ici inquiète.— Destouches. | Goulancourt, 9, avenue victoria. Guillermo bien, nous aussi, manquons de vos nouvelles. répondre chez weil pau.— Blanche Goulancourt. | Nathan, 31, lepeltier. santé bonne, écrivez souvent, dernière lettre papa 27 déc. famille alberti bruxelles, porte bien, correspondons.— Boas. | Max, 7, rue de bondy. reçu lettre clémence, santé très-bonne. dites famille à moi portons tous bien.— Boas. | Boutté, 51, saint-placide. portons tous bien malgré froid, recevons photographies, mandats lettres, fils demi-pensionnaires. appartement pau, 8e dépêche.— Boutté. | Sellier, faubourg montmartre, 43. portons tous bien, froid, neige. arrivés 13 novembre pau, place palais, 9. écrivez nouvelles famille souvent. — Boutté. |

Biarritz, 11 janv.— George Fournier, secrétaire préfecture police, écrivez biarritz, très-tourmentée. — Marie. | Visat, 266, faubourg st-honoré. quatre mois biarritz sans nouvelles, inquiète. parents bien.— Marie. |

Cusset, 10 janvier. — Blanchet, maréchal logis, 22e artillerie, 5e batterie, 1er corps, 2e armée, 2e division, paris. portants, reçus plusieurs lettres. — E. Mailly. |

Gesté, 10 janv. — Béjarry, chef bataillon, mobile, vendée, paris. tous bien portants, décoration, grade, remercie formon, compliments. — Labiotais. |

La Rochelle, 12 janv. — Violleau, 335, rue st-denis, paris. tous bonne santé, reçu lettres. — Cambiez. |

Londres, 8 janv. — madame Meadoivs, 31, rue vaugirard, paris. merci. seize lettres chéries, santé bien, envoie baisers. mariana, vazani, tous prient Dieu vous garde. — E. M. Beard. | m. Chevalier, 144, prince-eugène, paris. allons bien, ferdinand aussi. reçu deux lettres ballon. écrivez. — Ernest. | Lévy Finger, 6, rue de l'entrepôt, paris. nous, enfants, parents weiss vont parfaitement. reçu vos lettres. — Caroline, Célina. | m. Gwynne, 46, avenue gabrielle, champs-élysées, paris. j'ai dix livres pour vous de madame bland, écrivez vite de votre santé. votre sœur très-affectionnée. — Emma. | m. Frippelvitz, 66, rue caumartin, paris. recevez nos meilleurs vœux de nouvel an. toi, émelie, ernest, henriette. nous sommes tous bien. mille baisers. — Frippelvitz. |

Saint-Nicolas-de-la-Grave, 12 janv. — receveur postes, neuilly, seine. santé bonne, demander massot, correspondant province. — Raust. |

Vierzon, 11 janv. — Olivier, vin, 47, batignolles. bien ennuyé. vierzon écrire. — Olivier. |

Riom, 9 janv.—de Thorey, capitaine, 105e ligne, division mattat, 2e armée. tous bien. berthe nevers. — de Lanty. |

Le Croisic, 11 janv. — de Lubriat, commandant au 42e ligne, paris. reçu ta lettre, bonnes nouvelles des tiens, allons bien, écris-moi par chaque ballon au croisic. — Anctin. |

Nantes, 10 janv.--Chaperon, 98, boulevard haussmann. tous huit bien, vu albert, alphouse segrez. — hélène Lavallée. |

Niort, 11 janv. — Rosemberg, 8 bis, cité trévise. donnez nouvelles. — Sulgues. | Taillandier, ministère guerre. reçu lettre 17 novembre. écrivez fontenay-comte. — Taillandier. | Mahoù, 54, st-georges, et 60 rue de la victoire. septième envoi, reçu lettres oscar, paul, henry. allons bien, amitiés vives à tous.— léonce Mahoù. | Normant, 1, rue louis-le-grand. très-inquiets, enfants bonne santé, avec emma à jersey, 16, windsor-road. écrire souvent. — E. Normant. | jules Epstein, 13, avenue montaigne. maillard sont à bruxelles, 22, boulevard waterloo. — Maillard. | Manceaux, 9, boulevard malesherbes. reçu lettre 7, 20 lettres envoyées. bonne santé. écrivez, 16, lansdowne, place brighton. — Manceaux. |

Guérande, 11 janv. — Kguistel, 19, bréa. tous bien, toujours même position. inquiétude pour toi seul, lettres reçues, écris souvent. — Kguistel. |

Lorient, 11 janv. — Mounier, chef escadrons, artillerie marine, ministère marine. tous bien, touché revenus. sois tranquille, embrassons. — emma Mounier. |

Sens-sur-Yonne, 7 janv. — Gateau, 13, boulevard bourdon. nos deux familles vont bien. — Blanchet. | Frick, 42, boulevard contrescarpe. portons bien. — Frick. |

Saint-Pierre-les-Moustiers. — Simoneau, cimetière montmartre, 17. bien portantes. — Simoneau. |

Savenay, 11 janv. — Duchenoy, 94, victoire. hippolyte cassel. santés bonnes, écris-nous. — Duchenoy. | Bapst, 20, choiseul. hippolyte à cassel. santés bonnes partout. — Julie. | madame Bazille, 20, keller. porte bien, reçu lettres, écrivez-moi. — Marie. | m. Papillon, 28, rue vaugirard. porte bien, écrivez-moi. — Armande, capitaine à savenay. | Rendu, 51, clichy. hippolyte à cassel. santés bonnes partout, recevons lettres. — Juliette. |

Chotoney, 115, boulevard haussmann. avons télégraphié trois fois mort jules 3 octobre. artère crurale perforée, hémorrhagie, sans souffrances. écrivez. — Emma. | Constant, rue lazare, 58, paris. informez étienne, emmanuel, meugy, rozat que bruxelles, baudimant, nitting, Déa, Ninie, octave bien portants. — Ladoucette. | Clayette, 32, passage jouffroy. reçu argent. écris moi souvent. — Clayette. | Fould, 3, rossini. excellente santé, accouchement avril, lettre 17, getting reçu deux millions deux cents, payé six cents. — Fould. | Hélène candos, 1, rue de lille. papa préfet de gironde, écrire bordeaux.— Allain-targé. | Barbey, commandant bastion 77, paris. tous bien, pleins espoir. — Rivier. | Pauly, boulevard beaumarchais, 55, paris. vu lenglet ici novembre, inquiet mais bien portant, reçu lettre lenglet 20 décembre, excellente. — Michelet. | Mme Turcas, quai voltaire, 17. tous bien. alfred aussi, maxime, londres, iselin recevons lettres, tourmentons pour nourriture. écrivez. — Duret. | Berger, rue caumartin, 2. reçois lettres, réponds toujours. aussi dépêches, désolée, rien arrive. bonnes santés, espoir, retour. — Duret. | Gravier, 69, rue blanche, paris. allons bien, donnez-nous nouvelles de directeur, vous et bas. — Chevalier Koch. | Bergeron, affaires étrangères. henri bien portant le 28 décembre. — Saintclair. |

Hendlé, 22, lepelletier. toute notre famille bien portante, violette ici, dernière lettre du 7 décembre reçue. — Edmond Hendlé. | Cohen, 5, rue bergère. toute notre famille bien portante, attendons tes nouvelles. — Cohen. | Achard, rue drouot, 20. se présente énormément bonnes affaires industrielles. autorisez prendre chiffre déterminé sur chacune. serons circonspects. — Gerbaut. | Ruch, 22, quatre-fils. tous santé excellente, annonce perrot toujours ici à montpellier.— Ruch. | Charles Porgès, 2, blanche, paris. sans lettres depuis 3 déc. vendez mes six mille emprunt, ne vendez plus lombards. — Porgès. | Cosson, 44, taitbout, suis avec durand, reçois lettres.- Mauduit. | Liouville, ministère des finances, paris. droit de mutation ravaud degeorges est-il restitué? sinon faudrait décision immédiate. écrivez nous. — Senard. | Monbrison, rue cambacérès, 11, paris. marianne santé parfaite, ainsi que toute famille, écris par Euler. — Hecht. |

Fuzon, ministère finances. sous-lieutenant très-bien. écris. reçois visitation écrire rosalie. — Julie. | Hayet, rue petites-écuries, 45, paris. soyez tranquilles, enfants vigoureux, bien portants, vous embrassent mille fois, pierre officier turcos. — Emperanger. | Aimable, rue ste-claire, 12, passy, paris. reçu tes lettres. santé générale excellente, écris nous chaque ballon. — Aimable. | Champounois, 8, jussienne, paris. habitons romorantin tous bien portants, désirons souvent nouvelles. — Julien. | Hervieu, paris, 20, choiseul. sommes romorantin, bien portants tous, reçu ta lettre. — Berthe. | Mme Duval, 10, rue vanneau. mon fils et moi bien portants, attendons nouvelles. — Duval. | Cazin, lieutenant 4e bataillon mobiles finistère. tous bien, très-tranquilles, recevons tes lettres. — Cazin. |

Argillet, 171, faubourg martin. reçu lettres. prenez renseignements sur thesmar, enseigne fort noisy, émilie suisse, tous bien. — thesmar. | Chatillon, 101, avenue eylau. tous bien althirch, donne nouvelles, embrassons cordialement. — Jourdain. | Dhulot, grenelle, 75. allons bien, pleurons cambray, pondenas, paul armée loire. frères, sainblancards bien, henri rétabli, rien louville. — Elie. | Gerest, sous-lieutenant 102e régiment, 1er bataillon mobile puy-de-dôme, paris. bonne santé, reçu lettres vitry, confiance Dieu. patience, espoir. — Gerest. | Menusier, 5, rue sévigné, paris. recevons lettres pierre, rien vous. écrivez système ballon. — Gerest. |

Bordeaux, 4 janv. — Salvatelly, rue moscou, 50, paris. sommes en bonne santé, sans nouvelles édouard depuis 7 novembre. — Nallet. | Taupin, 9, suresne, paris. valeurs en sûreté, vie économique, sois sans inquiétude. — Claire Taupin. | Lagardère, 4, rue monge. nos deux familles bonne santé. — Roussellot. | Hirsch, faubourg poissonnière, 12. votre famille bonne santé namur, reçoit vos lettres, vous écrivit 29 déc. — Roussellot. | Lafon, rue lafayette, 75. septième dépêche. tous bonne santé. reçu lettres, bon espoir.- Andrieu. | Delafon, rue turenne, 114. troisième dépêche, portons tous bien à limoges, vous embrassons, à bientôt. — Delafon. | Guillon, quai râpée, 68. septième dépêche, toujours chez andrieu. parents, nous bien portants. reçu lettres. embrassons, courage. — Guillon. |

Matthiessen, 25, rue Drouot. 6e dépêche. vu bosc, reçu lettres. toutes bonnes santés. courage, espoir. — Marie Matthiessen. | Meyer, archives nationales. zotenberg bien. n'envoyez mandat. maintenez appartement. courage, guessard bien. a reçu lettre. — Guessard. | Jean Steiner, 26, rue jeûneurs, paris. correspondances reçues, partageons ton immense douleur. santés tiens miens bonnes. situation relativement satisfaisante. — Hermann. | Lan, 12, auber, paris. pas reçu lettre depuis fin octobre. morten, coingt, clerc en souffrance, situation bonne partout ailleurs.—Didier. | Beau, 25, penthièvre, paris. avons reçu 4 lettres, partageons sentiments. faisons efforts en sens voulu. tenez bon. — Didier. | Chazaud, quai bourbon, 59, paris. reçu lettre remerciments, écris par moulins proroger les trois mois au besoin, accusez réception. — Duclos. |

Moissenet, école des mines. montebras portons bien, molineau afrique, beugnot saint-malo. — Moissenet. | Cumenge, 49, rue rome, paris. tous réunis castres. santé, courage parfait, tes lettres reçues. tendresses de tous. — Louise Cumenge. | Roché, 46, rue de bretagne. toucy sait blessure, demande nouvelles. — Lavollée. | Baron Daru, 50 rue st-dominique, paris. bruno héros, va bien. — Dulmvelt. | Philippe, quai jemmapes, 52. bordeaux bureau. — Bornecque. | Biellut, capitaine génie, fort charenton. bonnes nouvelles orléans avant reprise, ange armée loire. santés bonnes. — Marie Peraldi, | Borgat, 27, tournon. porte bien, attends avec impatience tes nouvelles bordeaux. écrire souvent. — Borgat. | Querenet, rue rennes, 64, paris. portons bien, tranquilles, recevons lettres, donnez nouvelles raoul. — Caroline Querenet. | Debray, batterie st-ouen. 7e dépêche. essaie bordeaux, debray, moreau. henri baelde libre parfaitement. tous t'embrassons, souhaitons retour. — Lætitia Debray. |

Kucharzewski, 18, rue cujas, paris. morphine codeine mille francs, extrait viande dans armoire cent francs kilos, tout au comptant. — Roman. | Félix Kucharzewski, 12, rue cujas, paris. mère bien portante, que plazanet, duboscbourgeois te donnent 400 francs compte pokorny. — Roman. | docteur Campbell, 21, rue royale. paris. lettres reçues, tous bien. enfants bazin à londigny. nous bayonne chez général dupré. — Octave. | Lachnitt, 165. st-honoré. allons tous très-bien. lucien grandit beaucoup, léonce capitaine mobilisé châteauroux. — Elisabeth. | Béchet, 19, boulevard strasbourg. ninette, juliette. marguerite, parents enfants, tous bien, gaston toujours avec père. — Marguerite. | Buottourenville, 9, faubourg poissonnière. bourgeade, vigier, loyer, laborie, espalion frères. bouygues, fouquet, tenchurier, musnier santé bien. lettres parviennent, réciprocité. — Péronne. |

Francfort, sentier, paris. ici tous bonne santé, moïse bruxelles, tante nancy, lucien munster, nouvelles alencon, élisa reims. Benjamin Angers. — Eugénie. | Hoskier, paris. très-bien ici Evian et Copenhague, famille Leroy Léwy aussi. Lucien positivement tué gravelotte.— Herman. |

Bordeaux, 4 janvier.— Levois, 8 bis, cardinal-fesch. toute votre famille à vannes sont en parfaite santé, votre fille mère d'un gros garçon. — Steinthal, | Malivoire, 40, vanneau. tous bien, tes lettres reçues. charles bien. prisonnier à colberg. — De Biragne. | Eydt, 46, colysée. sommes à margaux. écrivez nous souvent des nouvelles de tous et de tout. allons tous bien. — Aguado. | Saunier Duchêne, bercy, depuis dépêche 30 décembre, apprenons ventes à prix très-supérieurs, vendez au cours du jour, écrivez — Longueville. |

Esnard, hôtel athénée. familles cuba, espagne bien, guérosse tous bien. — Julia Esnard. | Hoskier, dame victoires, 42. minimum vingt-huit demi sacs proportionnellement, achats commencés. consentirions quarante mille, hausse prévue. — Hambro. | Ste-Marie, 16, boulevard montmartre. regrets sympathiques, nous portons bien. — Henriette Mina. | général de Sélélinges, 14, rue franklin, tantes réunies argelès, prévenir pof. — Louise. | Vial, dunkerque, 27. lettre marie 27, parvenue. allons bien, thérèse accouchera janvier. — Vial. | Boutruche, chasseurs de neuilly. votre famille excellente santé, chassez inquiétude. — Beylot. | Charles Porgès, 2, blanche, paris. achetez quarante mille italiens cinquante quatre, écrivez numéros tous titres et soldes comptes courants. — Porgès. | Plicque, rue laugier. bonne santé, pays tranquille. — Clotilde. | Leclerc, directeur ministère finances. restons positeaux. point ennemis, santés bonnes, tranquillité, argent suffisant, blanche, bourgoin ici, terrible séparation. courage. — Gabriel. |

Bordeaux, 5 janv. — Charles Porgès, 2, blanche, paris. sans lettres depuis 3 décembre. vendez mes six mille emprunt. ne vendez plus lombards. — Porgès. | Dupeyron, 6, boulevard clichy, paris. tous bien, regrette, embrasse. — Marie. | Pingot, pont-aux-choux, 16. sommes à saintes, rue berthonnière, 45. — Pingot. | Henri Decastro, 31, rue lafayette. famille bien portante à constantinople, donnez vos nouvelles et elvire. reçu lettre 8 décembre. — Landau. | Gautier, 13, rue mariveau. toujours avec madame bonne santé, merci de vos lettres. — Gautier. | Calvet, parc st-maur, 3e bataillon, 5e compagnie, 45e marche. st-martin portons bien, recevons lettres, écris. nouvelles achille. — Calvet. | Normant, 1, rue louis-grand. chagrin, avec emma, bazille, à jersey, 16, windsor road, enfants bonne santé. — Pauline Loubard. | Vollet, 56, avenue breteuil. Madame et famille jersey, bonne santé. — De Garis. |

Huchet, 17, échiquier. nous allons toutes très-bien, sommes bien installées. caillot à marionette, desprez à bruxelles poste restaute. — Huchet. | Teissier, 43, rue temple, paris. tous bien portants. — Clavé. | Chaudé, 14, condé, paris. avons suivi ministère à bordeaux. madame chaudé est à londres. je lui envoie 5,000. — Duquénel. | Durst, dicaire, 30. parfaites santés, lettres arrivent, écris

Bordeaux. — 11 janvier 1871.

toujours, pas accouchée. — Régina. | Nicolle 241, st-martin. Jersey bonne santé, inquiétude, sans nouvelles six semaines, demander moyen durst wild, lettres arrivent toujours. — Nicolle. | Lhermiteau-Périer, rue vivienne, 16. 4e dépêche, actuellement bordeaux, tous santé bonne, communiquez mézières. duportail, claudin, écrivez toujours lemans. — Lhermiteau. | Lambert, 11, place bourse, paris. familles lambert, énault, bonne santé. écrire plus souvent. — Lambert. | Garcin, boulevard bonne nouvelle, 26. enfants à valenciennes, nous bien portants. — Solar. | Henri Mallet, 24, boulevard malesherbes. 8 déc. allons bien, folkestone, berry. jony inquiète de toi, reçu lettres 23. — Gabrielle Mallet. | Chabaud. 29, boulevard malesherbes. sommes poitiers avec division. santés bonnes ici, berne, grenoble, reverseaux. charles recevons quelques lettres. — Arthur. | Deville, 137. avenue malakoff, 14, villa eugénie, paris. tous bien. recevons vos lettres. communiquons avec tous amis. — Marguerite Lucy. | Hosbier, dames victoires, 42. minimum vingt huit demi sacs proportionnellement. achats commencés, consentirions quarante mille, hausse prévue. Hambro. | Crémieu, 5. passage laferrière, paris. 11e dépêche, sommes aix, faisons tout pour te donner nouvelles, suis enrhumée, mille tendresses. — Elisa, | Alphandery, 17. rue maubeuge. 8e dépêche 20 novembre. blanche garçon lendemain mort pauvre vieille circoncision, tous bien. — Rodrigues. |

Domfront, 10 janv. — Génuit, 103, provence. génuit, tessé, mort, scellés. | Delaire, 7 condé. impossible rentrer, vendez pas. — Segaud. |

Sorèze, 12 janv. — M. Rul, 32, rue raynouard, paris-passy. donne détails sur vous et passy pour calmer inquiétudes. prends chez Jeulain tout nécessaire. — Pasturin. | Villiers, économe lycée bonaparte, paris. Joseph sur héroïne, tous bonne santé. — Villiers. |

Bagnères-de-bigorre, 13 janv. — Deharme, 54, boulevard haussmann. très-bien à bagnères-bigorre avec surell. — Emilie. |

Limoges, 12 janv. — Thenèdes, 7, boulevard ornano, paris. portons tous bien, papa malade, Jules malade, es-tu mobilisé? écris souvent. recevons lettres. — Félicie. | Boissier, 68, rue rome, paris. questions cartes toutes oui. — Bonhoure. | Cordier, ministère marine. familles cordier, baudry, robert, bonne santé, tante très-malade. — Amélie. | Speiser, 90, boulevard magenta, paris. reçu lettre du 21 déc. chez védy, limoges, bonne santé. — Speiser. | Lagorce, 75, faubourg st-antoine. donnez nouvelles lucien, lucie ici. santé bonne. — Baudout. | Chenain, 5, barbette. tous réunis, bien portants, reçu lettres. — Sauzay, limoges, 3, st-martial. |

Menetou-salon, 11 janv. — comte Greffulhe, 10, astorg, paris. tous bien à menetou. — Félicie. |

Bayonne, 13 janv. — Vidal, 22. passage petites-écuries. santé parfaite. — Gonzale. | M. Planard, 73, rue ste-anne. merci des lettres. santé bonne, mobilisés, vos amis partent demain, pleins d'ardeur et d'espoir. — Lassalle. | Cardozo, 9, de luxembourg. henry, bayonne, pau, bruxelles, gonsales, parfaite santé. — Léon. |

Lavaur, 12 janv. — Dupont, directeur écoles mines, paris. tante blanche, madeleine, tous très-bien, recevons toutes vos lettres. — Blanche Mazan. | Faure, lieutenant-colonel mobiles tarn. isidore prisonnier halberstadt. Lavaur, toulouse, pau, bouillac, tous parents bien. reçois lettres. écris souvent, amitiés. — Carles. | Mazas, lieutenant mobile tarn. parents. duchayla, dupont tous bien, arsène maire pratviel exempt, reçu lettres 3 janv. pays calme. — Mazas. |

Damazan. 13 janv. — Flavien, 23, bouloi. maman morte 28 déc. allons bien, écrivez souvent. — Clotilde. |

St-Gaudens, 12 janv. — Cazaubon, 43, rue notre-dame-nazareth, paris. bonne santé, grandi, grossi, leçons latin bien, reçu lettre noël, espérons. — Cazaubon. |

Vouneuil-sur-vienne. — Deniau, 107, st-lazare, paris. tous bonne santé, recevons lettres. — Picquot. |

Tarbes, 13 janv. — m. Vanderborght, 14, rue de l'arcade. bonne santé, reçois lettres, écrivez. — Elise. | Trotrot, 45, rue labruyère. sombrun, langres, genève parfaitement, lucien leçons. — Lasserre. |

Rabastens-sur-tarn, 12 janv. — Aldibort, soldat, 7e mobile tarn, 3e bataillon, 4e compagnie. allons bien, recevons lettres, avons courage — Elisa. |

Périgueux, 13 janv. — de Morel, hôtel invalides. st-vincent-connazac, 12 janvier, douleur extrême mort pauvre mère. portons bien. — Caroline. | Bescherelle, 13, place dauphine. contente d'ernest, cœur avec chers absents, navrée du bombardement, délivrance approche, bon pour 100 francs écrivez. — Lugeon. | Paul Dupont, 41, rue jean-jacques rousseau. tous santé parfaite, conservez vie précieuse, écrivez chaque jour, anxiété, cœur avec vous. courage. — Pauline. | Bruneau, 2, rue st-honoré. moi, paul, toujours santé excellente. écris plus souvent, détails, amitiés à maman bruneau, oncle, maman. — Marie. |

Menetou-Salon, 10 janvier — Comte Greffulhe, 10, astorg, paris. toutes santés bonnes à menetou. — Félicie. |

Pau, 13 janv. — Mennier, 3, turbigo. prière donner nouvelles rungs, capitaine 139e ligne, mont-valérien ou issy. — Lacrampe. | Salmon, 96, rue amelot, paris. auguste, édouard, salmon, enfants pau, lettres reçues, bonnes santés. albert bonne santé. — Salmon. | Berteaux, 10, aboukir. allons bien, dieppe aussi, emprunt décision bonne, avons bons du trésor, garantissez paiement, écrivez, recevons lettres. — Orbelin-Berteaux. — Fabreguettes, 23, faubourg saint-denis. nous portons bien. écrivez, tous inquiets. vavasseur père, émile martisse morts. — Morra. |

Bordeaux, 13 janv. — M. Delapalme, 10, rue castiglione, paris. ai reçu ta lettre du 30 décembre. ta famille se porte bien. — C. Delapalme. | Duvergier, ministère justice, paris. lettres reçues notamment du 10 janvier. toutes santés excellentes, espérons. — Duvergier. | Lapeyre, 25, bergère. portons bien, espérance générale. donne nouvelle. — Mathilde. | Lefort, 76, quai gare. famille bien, pas besoin argent. — Granger. | Lazard, 28, rue échiquier. maman et membres de la famille france, angleterre, amérique ont excellente santé, affaires satisfaisantes. — Alexandre. | Wormes, 27, rue échiquier. adressez à simon cas de besoin, nôtres en excellente santé, sœur ici. — Sylvain. | Klipsch, 10, rue paix. quatrième dépêche. famille bonne santé. reçu lettres jusque 10 janvier. agence charbons anglais pour louis. — Klipsch. |

Madame Evrard, 21, drouot, paris. montreux, canton vaud. maison pilet, esnault fille, waiss fils, tous bonne santé, assez argent. — Etolz. | Deville, 36, faubourg poissonnière, paris. familles déville, riché vont bien. famille toul aussi, maison intacte, pris appartement 8 janvier. | Taillandier, 34, cléry. avranches, chez jasquet, santé parfaite, avons argent, lettres. — Clémence. | Esnault, 34, cléry. habitons chez morterol, émilie, berthe, moi écrire pour remercier mère, nourri fillette bien, colons bien. — Eugénie. | A. Pain, 7, passage Ragulnot. santé parfaite, sommes bordeaux, 10, rue mauriac. — Pain. | Colliard, 52, hauteville. quatrième. toutes bonne santé. henri, paul, aucune indisposition, prélier southampton bien. — Jenny. | M. Auclair, 48, berry. maman, émilie, berthe demeurons chez morterol. petite et moi, sortons, portons tous bien, mille baisers. — Berthe. | Richard, 35, tour-auvergne. donne nouvelles par ballon. très-inquiète. toujours, 4, trésorerie. — Renard. | Weil, 5, rue chabanais. tous bonne santé, reçu vos lettres, répondu souvent, écrivez-nous ici, espérons êtes mieux, amitiés. — Léontine. | Hirsch, 55, rue montmartre. toujours ici, santé bonne, heureux. vos lettres, renvoyé dépêches, reçu lettres bionville vont parfaitement, embrassons. — Léontine. |

Tavernier, 20, neuve-capucines. arcachon, 36, cours sainte-anne. bien portants. reçu lettres, écrit souvent. — Paul Charles. | Jacotin, 3, séguier, paris. nous sommes bien portants, les sanchez à madrid. reçu presque toutes vos lettres. — Laplace. | M. Pelletan, membre gouverment, paris. Dites à charles goudchaux, sa mère habite bruxelles, 115. rue marais, demande nouvelles. — Benoit. | Dangien, 16, pierre-levée. déposé quatre mille francs, chez banquier paris, correspondant bordeaux, touchable par denoyez, 9, rue dieu. — Denoyez. | Fuzon, ministère finances. mère, rosalie, ernest, moi allons bien. — Marie Fuzon. |

Oloron-Sainte-Marie. — Manet, saint-pétersbourg, 49. portons bien. pas besoin argent. plus laillacar depuis trois mois, loué souviron, bien. nous revoir. — Manet, oloron. |

Moulins-en-Gilbert, 8 janv. — Eugène Bonneau-Dumartray, 6, cité martignac. paul souffrant d'ancienne jambe cassée, envoyé au dépôt. famille va bien. — Marguerite. |

Saint-Jean-de-Luz, 12 janv. — Gentien, 8, rue drouot. léonce ici remplacé, pas appelé. gendres exempts. bédinière occupée, vin, fourrages emportés. cyr faibles réquisitions. — Gentien. | Gentien, 8, rue drouot. mathilde accouchée fille 2 janvier. allons tous bien. navarre vendue novembre remonte aurillac. rentes touchées. — Gentien | Clavière, ministère finances. portons bien. donner 300 francs. alfred vendre dollars. acheter obligations orléans nominatives elisabeth, marie, gabrielle. — Allier. | Epry, 130, boulevard montparnasse. quand paris sera débloqué enverrai loyer boyling. réponse saint-jean-de-luz, poste restante. — Allier. |

Hagetmann, 12 janv. — Goujon, 107, boulevard malesherbes. tous bien, demandons nouvelles. — Prat. |

Mont-de-Marsan, 13 janv. — Nicolas, 10, rue maronniers, passy-paris. reçu vos lettres. madame nicolas, enfants bien portants. correspondons souvent, soyez sans inquiétude. — Sourbets. | Hainque, 2, rue grétry, paris. donnez-moi vos nouvelles. si possible remettez argent à mon père selon ses besoins. — Avy. | Avy, 48, rue moscou, paris. troisième dépêche. santés bonnes. hainque prévenu récemment, acceptez argent. pas regarder aux dépenses. — Avy. |

Dax, 13 janv. — Demeaux, 26, rue richer. santés bonnes 14 décembre, rumigny tranquille. dernières toi du 29 décembre. écris, grande inquiétude. — Louise. |

Niort, 13 janv. — Jourdain, 13, perdonnet. allons bien, recevons lettres, connaissons notre irréparable malheur. — Clémence. | Lassudrie, chez rothschild. inquiète, écrivez-moi niort. — Guionnet. | Gallot-Lehideux, 9, notre-dame-des-victoires. reçu. — Brot. | Baluze, 13, rue belleville. paris. niort, toutes bonne santé, lettres reçues. — Baluze. |

Villeneuve-sur-Lot, 12 janv. Chabrié, 18, rue crussol. pas de lettres depuis deux mois, ici tous bien. — Ernest. |

Bordeaux-Central, 12 janvier. — monsieur Donon, 2, place opéra, paris. merci cordialement lettre 1er, famille parfaite santé en suisse. — Djémil. | madame Villard, 16, rue marignan, paris. suis à bordeaux. comment êtes-vous? écrivez par ballon ambassade ottomane. — Suleiman. | Paul, valet de chambre, 22, avenue friedland. que devient appartement? répondez par ballon. — Feridoun. | Hernette, 16, rue violet, grenelle-paris. reçu lettres, merci, amitiés, tous bien. — Munir. | Prieur, 50, boulevard strasbourg. accompagnons à rivesaltes Léonie faire couches, Vertus et Bézu bien portants, réunissez-vous. — Prieur. | Lebaigue, lycée charlemagne. bien. — Lebaigue. | monsieur Graves, 3, rue navarin, paris. toutes bonne santé. — Lucie. | Lagrésille, 96, boulevard voltaire, paris. septième dépêche. tous bonne santé bordeaux, 9, cours tourny. recevons lettres et y répondons. — Lagrésille. | ministre guerre. donner renseignements sur Bertrand, adjudant-major, 15e marche, sorti du 14e ligne. père anxieux. — Bertrand, à langon (gironde). | Hollander, 8, provence, paris. 6 janvier. parents, Thiron, Amélie, Machy, enfants tous, moi, parfaite santé. dernière lettre 29. — Victorine. |

Lafargue, 24, grange-batelière. sans nouvelles de vous, très-inquiets. écrivez à bordeaux, hôtel commerce. — Bonnet. | Neyret, 34, rue des bourdonnais, paris. madame Neyret, Léon, Elisa, en bonne santé à bruxelles. — Lajard frères. | Dennik, 175, rue st-honoré. bien tourmentée de vous. parents cherbourg, bordeaux, bruxelles, soissons, tous excellente santé. tendres amitiés. — Lucie Santerre. | Santerre, 8, anjou-st-honoré. tendres amitiés, mortellement inquiète, reçois tes lettres. Santerre, Laurent, Archdeacon, Philippe, Edmond, parents, enfants, parfaite santé. — Santerre. | Eudoxie, 55, rue de belleville. demander pour vos besoins terme Garachon, avancer au concierge. écrivez cours aquitaine, 114, bordeaux. — Chalbot. | Laborne, 22, place vosges. tous bien. — Laborne. | Senard, lieutenant mobiles côtes-d'or, 1er bataillon, paris. parents bien portants, t'embrassent. bon ami, courage, espérance. — Senard. | docteur Oulmont, rue bergère, paris. troisième dépêche. communiqué vos deux lettres, famille entière va bien, pas souffert. — Henriette. | Foblant, 6, casimir-perrier, paris. villé, metz, quimper, nancy, bien. Maurice guerre. avons nouvelles décembre. admirons paris, avons espoir. — Charles. |

Martin, 75, université. lettres reçues. courage! cambrai bien. — Charles. | Fourquet, 54, petites-écuries. répondez si maison n. 60, rue st-placide. souffre par bombardement. — Fourquet. | madame Lafolie, 52, rue lafayette. donnez-moi nouvelles Moreno. — Ballen, chez Fourquet, bordeaux. | Charreton, 39, boulevard voltaire. donnez vos nouvelles. écrivez 29, délurbe, bordeaux. famille Charreton milan bien, surveillez appartement. — Lolo. | Godchaux, 10, douane. comment allez-vous? cachez mort Charreton au fils. écrivez-nous 29, délurbe, bordeaux. — Lolo. | Delporte, 62, quai la râpée. votre dame, enfants, bonne santé. — Chopis. | Armagnac, 28, bruxelles. reçu lettres Gaston, capitaine, blessé, convalescence mèze. Blanche accouchée. pas bien, ardèche. Mounier oran. — Volcy. | Yver, 50, berry. bien portants chez Joseph. — Yver. |

Rouland, gouverneur banque, paris. tous nos enfants et moi allons bien, recevons vos lettres. — Julie. | Détajec, 39, arc-triomphe. nous tous, Léonie, bien. amitiés. — Juliette. | Minot, 70, rue cherche-midi tous en bonne santé, Max breslau, reçu lettre lieutenant-colonel Pourrat. | Bouts, 81, boulevard sébastopol. tous en bonne santé, Max breslau, enfants bordeaux, Marie reçu lettre Pourrat. | Allan, artillerie, place st-thomas-d'aquin. santés parfaites ici et au hâvre, Louis mort metz, Mary châtellerault. — Radoux. | Gélis, 10, avenue tourville. votre fille bien ici, santés parfaites, Max prisonnier. — Pourrat. | Vial, 6, avenue tourville. tous bien à nantes et bordeaux, Max breslau, merci pour cheval. — Pourrat. | Faivu, 10, avenue tourville. Leidet enfants et père bien, nous également, Max breslau. — Pourrat. |

Bordeaux, 12 janv. — Moreau-Boissy, faubourg st-jacques, 30. reçu lettres 18 novembre, 16, 30 décembre, tous bien, sans nouvelles. charles armée chanzy. — Boissé. | Perrier, 15, drouot. frère capitaine mobilisé, parti un mois. — Demay. | Caussade, 1, rue lafayette, paris. nous sommes bien portants, envoyé quatre dépêches, t'embrassons bien. — Jeanne Caussade. | me Bernard, rue notre-dame-de-lorette, 13, paris. à Bordeaux avec marie, attends attends nouvelles léon, amitiés. — Granier. | Préau, faubourg poissonnière, 113. troisième, nous bien, justine mieux, reçu vos lettres, écrivez souvent, souhaitons bonne année, désirerions rentrer bientôt. — Curutchet. | Langrand, 6, oberkampf. répondu à dernière 20 octobre, autres, cours tourny, 42, bordeaux, écoles lourciné sont-elles occupées? — Béchu. | Chalvet, 40, université. santés parfaites, gachard, raoul, dame tiphaigne et tous indiqués précédentes dépêches, capitaine st-georges bien francfort. — Chalvet. | Jonquière, 13, banque direction enregistrement. santés parfaites tous, doullens tranquille, famille dupenhoat, dames rult, beautiran, paul bien mais prisonnier. — Chalvet. |

De Récy, directeur domaines, 9, banque. santé parfaite, georges toujours pontivy, gachard alençon, tous liégeard, famille cazal, dieppe tranquille. — Chalvet. | Fessard, conservateur hypothèques, brochant, 21, paris-batignolles. soyez tranquilles, veille sur jules, bien portant angoulême. — Chalvet. | Chalvet, université, 40. tous bien, gachard. geneviève superbe, deux dents, familles dey, constant bien, quid fils thouronde. — Chalvet. | Dauriac, ventadour, 7. allons bien, courage, espérance, écrivez toujours. — Victor. | M. Archdeacon, 8, anjou st-honoré. enfants toujours bruxelles bonne santé, nous, lucio, enfants bien portants, écris-moi donc. — Archdeacon mère. | Lemaire, 58, chaussée-antin, paris. henri bien, écrit souvent, recoit lettres, tous santé, brésil aussi. Borbeaux, notre-dame, 103. — Fournier. | David Mesmet, 29, rue du sentier. Longeville Roullet santé parfaite, payer imposition, loyer, fille m'écrire. — Delesalle. | Leroy, 11, rue moncey. allons très-bien, inquiète, écris. — Eugénie. | madame Hubert, 41, rue jussieu, toutes santés bonnes, écrit plusieurs fois, répondez par ballon monté. — Hubert. |

Bouchon, 33, rue sourdière. allons bien, écris souvent, inquiète. — J. Bouchon. | baronne james Rothschild, paris. baronne salmon rothschild et sa fille vont bien et remercient ces messieurs de leurs vœux. — Piganeau. | Deshayes, 7, rue bondy, paris. portons tous très.bien, recevons vos lettres, buvez mon vin, delasson bien, amitiés. — Clémence Alberti. | Piot, aboukir, 11, paris. pas lettres angel depuis trois mois, donnez moi nouvelle. — Laurent. | Thierry, 189, rue lafayette. demeurons bordeaux, 17, quai bacalan, reçu lettres, écrivez souvent, rien septeuil, courage, espoir, embrassements. — Gissey. | madame Veuillez, 11, rue arcade. si on exige, payez deux termes pour mathilde, je vous rembourserai. — Ballen. | madame veuillez, 11 rue arcade. sauve tout ce que tu pourras chez moi, écris-moi. — Barrière. |

---

89. Pour copie conforme :

l'Inspecteur,

Bordeaux. — 12 janvier 1871.

Vichy, 4 Janv. — Chantepie, montorgueil, 67. portons parfaitement, recevons lettres, manquons rien. — Chantepie. |

Ferney, 30 déc. — Mirabaud. 29, taitbout. tous parfaitement froid, sain. paul force bismuth flanelle. reçu lettre 20, presque toutes, tendresses nouvel an. — Adèle. |

Bayonne, 6 Janv. — Trelon, rue des bordes-valmores, 45. passy. question première oui, deuxième on s'occupe, troisième oui, quatrième oui. — Apesteguy. | Larroze, 259, saint-martin. santés excellentes, lagrange décédé, partageons vos peines, vous voudrions ici. affaires nulles. — Artéon. |

Alger, 5 Janv. — Dutailly, rouvaires, 3. georges hambourg, santé bonne, envoyons argent, recevons nouvelles. — Mouricaud. |

Marseille-central, 6 Janv. — Consul général Uruguay. envoyez copie de réponse gouvernement français à votre lettre février soixante-sept, nomination rouquerol. — Dalfuoco, consul. | Corot, faubourg-poissonnière, 56. bonne année, santé, courage, toi, tous les enfants, écris nous souvent. — Sennegon. |

Pau, 6 Janv. — Coulomb, place madeleine, 6. reçu lettre 5 novembre, tous ici avec mère, bonne santé, rue porte-neuve, 6, pau. | Gaudry, 12. taranne. chamberet, labbé, pau, bien. — Labbé. | abbé Massoui, saint-roch. heureuse vos nouvelles, sommes rome, hôtel costanzi, madame escovar à pau, villa regina, saluons cordialement. écrivez. — Cordes. | Flamant, montorgueil, 71, paris. reçu les lettres d'henri. écrivez poste restante, pau. — Hizeray. | Chamonard, 41, port bercy, allons bien, recevons toujours lettres. — Péroux. | Soyer, bleue, 9. pau, porte-neuve, 16. filles bien. — Soyer. |

Guingamp, 4 Janv. — comte Quelen, 19. rue royale. parents et amis bien. — de Kerouartz. |

Lunel, 7 Janv. — Jean Pommier, mobile au 45e 7e compagnie, 3e bataillon, saint-maur. famille bien portante, étienne soldat 101, aujourd'hui aix, bientôt bordeaux. reçu lettres. — Pommier. |

Moulins, 6 Janv. — Prioul, inspecteur télégraphes. dis mes frères, avenue tourville, 12 bis. allons bien. — Baron. |

Vichy, 6 Janv. — Mimerel, rue arc de triomphe, 28. bonne santé. reçu lettre dernière 8 novembre cherchez provisions. notamment dans armoires. — Amélie Grand. |

Bordeaux. — Ragot, 42, grenelle. reçu lettre 9 novembre. allons bien tous, écris chastel, 132, rue brabant, bruxelles, martin. — Delacourpaguet. | Ragot, 49, grenelle. famille bonne santé, demande nouvelles, cherche émile ragot, 15e ligne, 6e marche, 4e bataillon, exca. — Didier. | Edouard Smith, 122, champs-élysées. écrivez chaque jour tréport, maison leprêtre, pas reçu lettre depuis un mois, chagrin inquiétude. — Delablanchère. | Aumont, 29, faubourg-montmartre. très-affligés mort de grand-mère. tendresses pour tous. avons envoyé souvent billets télégrammes. allons bien écrivez. — Caroline. | Jacquotrenceaux, 3, martignac. tendres remerciements. reçu triste lettre. augusta marie parfaitement montpellier. — Chevalier. | Goffard, 36, godot-mauroy. tous parfaitement, nos dames chez fallois bruxelles, vos lettres reçues, alfred hambourg, lafond rennes. — King. | Bergeret, 4, roi-sicile. marie t'a écris plusieurs lettres sans réponse écris premier ballon, donne détails. — Bianchi. |

Herment, 50, neuve-petits-champs. bien reçu millot, 17, anvers mille, anglais cinq, inquiets vous, tendresses. — Gabrielle. | Paul, 29, université. tous bien, mère toujours blois. — Marthe. | Bergeret, 4, roi-sicile. reçu lettre 26 novembre, le 10 décembre ai écrit plusieurs fois depuis. allons bien. — Bianchi. | Jaillour, 1, boïeldieu. tous bien au saz, jean général, anna, jeanne, rené, parents cherbourg, lettres bien reçues. — Jaillour. | Garos, 2, bleue. famille garos bordeaux, bien portante. — Hologray. | Brucolles, 50, avenue breteuil. nouvelles appartement. — Holagray. | Baudoin, 53, pascal. peruveltz, quatre dépêches envoyées, jeanne, moi, bien, chez warren un mois trop. jennings bien pour moi. | Obissier, 14, perle. lettres reçues, tous bien. — Antoinette. | Resbec, instruction publique. bien, jean volontaire cathelineau, pierre mobile paris, marguerite prestoy, gabriel ouest. — Degrasset. |

Parguez, 50, neuve-petits-champs. rosa, marie, alice, gaston, henri, parfaitement quimper, place mesclangen, recevons lettres. — Rosa. | Berthault, 9, palestro. santé bonne, mandat non. | Blandy, 54, richer. avez-vous autres dépêches? rien vous depuis 18 novembre, écrivez alençon, suis préfet, orne. — Dubost. | Roussel, 47, petites-écuries. lettres reçues, parfaitement. — Alphonsine. | Reverchon, 64, turenne. madame reverchon et enfants chez michaud parfaitement. — Garbay. | Baudoin, 53, pascal. métropolitain touché cent livres sterling, pas nouvelles, papa huit lettres. — Baudoin. | Coriolis, officier ordonnance, vaugirard. suis bien bossuyt, par avelghem belgique. famille bien au courroy. tendresses. — Mathilde. | Michaud, 14, tivoli. madame michaud partie rennes, legrand décédé, famille bien. — Calon. |

Zaepffel, 20, arcade. mille merci, bien colmar. vesoul, dvie, bossu ravitailler hubert. — Eugène. | Puységur, chef de bataillon, mobiles aisne, folie-nanterre. enfants tous bien, bossuyt, avelghem belgique, anselme tué, tendresses. — Antoinette. | Erller, 51, ponthieu. bien, mère passable, recevons lettres. — Ehrler. | Baillonné, 105, faubourg-saint-honoré. bien, pas lettres depuis septembre. — Aglaé. | Minvielle, 11, notre-dame-lorette. bien, veux-tu argent? — Minvielle. | Muron, 25, boulevard malesherbes. tous bien labausserie. — Guybert. | Dejuvenel, sergent 45e marche, 2e bataillon, 2e compagnie. tous bien, écris, recevons lettres, jean, joseph volontaires cathelineau, vois madame gerbois, 3, impasse stanislas. — Dejuvenel. | Labour, 9, taitbout, bordeaux, 10, cours jardin, adèle, bébés bien lettre paul marie portons bien amitiés fernand vidal. — Louise. |

Lœwy, observatoire. avez beau garçon, donnez nouvelles, madame sourel, partageons son chagrin, bordeaux. — Marie Duvy. | Perrier, 31, trévise. toutes bien bordeaux, 23, rue franchise, famille fournier bien. — Perrier. | Templier, 24, boulevard saint-michel. famille martin didier, hachette, templier, meissac, hélène hubert bien, feillet demande nouvelle de séguier. — Hachette. | Van Gelder, 40, paradis-poissonnière. votre père mort 6 janvier, quatre heures matin. — Desriès. | Dusseuil, 136, faubourg-saint-honoré. bonne santé, partout enfants travaillent, frère sébastien en santé à bône magdebourg. — Aline. | Choppin, préfecture police. bordeaux, avranches, gohier, lamotte, boulogne, trouville, évreux, thun, annecy, beauvoir, larrivière, lac. parfaitement, envoyé rapport dufraye. — Choppin. | Grimprel, ministère finance. thaaïs, allix, maxime, marguerite, george, raoul, laure, orion parfaitement, maxime trois dents, très-fort. — Choppin. |

Panatien, 2, condamine, batignolles. tous bien, tendresses, écrivez. — Edmond. | Besson, 69. maubeuge. sixième expédiée, santé excellente, 1er janvier, reçue, écrire tous, ballon, megret exact, désire détails paris. — Besson. | Patin, 15, cassette. logez chez nous, écrivez marseille, beauvais, mans nous bien. pousseilgue, veissert aussi. — Humbert. | Brancy, 54, rochechouart. hyères bien, souhaits. — Panaticin. |

Auray, 14 janv. — Desfontaines, 25, boulevard bonne-nouvelle. sommes inquiètes, attendons avec impatience fin des événements. espérons vous vivant, santés excellentes, embrassons tous. — Jumelais. | Eugène Leroux, mobile auray, morbihan, nogent. très-inquiets, écris donc, toute famille bien. — Leroux. |

Maringues, 13 janv. — Paul Dufaud, volontaire infirmier, 2e section, (val de grâce), faire suivre. reçu billet de vincennes, écris, écris-nous. — Dufaud. |

Commentry, 13 janv. — Quinette, 109, boulevard haussmann. bonnes nouvelles d'émile et nous tous. attendons les vôtres impatiemment. rochemont pillé seulement. — Martenot. |

Cahors, 14 janv. — M. Pascal. 43, rue du temple, paris. donnez nouvelles mery, hamus, geneviève, thiercel, collot, etc. — André Delrieu. |

Angers, 14 janv. — Madame Dechambonas, 17, rue notre-dame-des-champs. scipion sous-lieutenant, armée nord, combattait pont-noyelles. bapaume, brave, bien portant. — Chollet. |

Chalonnes, 13 janv. — Guérin, 6, demours, ternes, mille baisers, santés bonnes, lettres reçues, tranquillité. — veuve Guérin. | Varigault, 23, rue magnan. 13 janvier, septième dépêche, léonie bien malgré grossesse cinq mois, paul mignon, ballons arrivent. écrivez. — Lenfant. | Varigault, 23. rue magnan. 13 janv. reçu tes lettres jusque quatre novembre. inquiète de toi. pense à nous. — femme Varigault. |

Narbonne. — Bories, capitaine, 4e zouaves, paris. allons tous bien, recevons tes lettres. — Bories. |

Châteauneuf-s.-charente, 14 janv. — Georges Perreau, banque de france, paris. portons tous bien, edmond ambulance près, attendons bébé. — Marie Perreau. |

Grenoble, 13 janv. — Périnot, 47. du caire. reçue lettre, t'envoie bon sur mon caissier. frémiot payez mille francs à paul. — Périnot. |

Gaillac, 14 janv. — Veuve Maurice Mathieu, 143. rue de rennes. santé bonne maurice aussi, reçu onze lettres, nourrice payée. — Blatyé. |

Dôle-du-Jura, 15 janv. — Vernier, 16, saint-florentin, marie jamais malade ni occupée, nous allons bien. — Vernier. |

Béziers, 14 janv. — Gufflet, 21, latour-maubourg. quatrième dépêche, tous parfaitement, dire maréchal femme enfant ici bien, recevons lettres. — Gufflet. | M. Rey, capitaine invalides. pas de nouvelles emmanuel, de grâce écrivez. — De Fontenay. |

Barbezieux. — Delastre, 5, rue laval, paris. 21 octobre, montchaude, de toi fraiche nouvelle janvier, santés bonnes, plus d'argent, amitiés. — Coraly. |

Saint-Mâlo, 12 janv. — Houïtte-Lachesnais, adjudant-major. 5e bataillon mobile Ile-et-vilaine, charenton-paris. lettres reçues, tous bien, amitiés jean, misèl. — Angélique. | Duserech, 14, entrepôt. troisième. partout bien, albert ici. recevons lettres, sympathie, prévenir frères. — Elisabeth. | Lacsan, 21, montorgueil. informer de suite émile, tous bonne santé, continuer correspondance. — Bobiquet, boulanger. | Reinvillier, 23, provence. trois familles bonne santé, envoyé lettres et dépêches, mandat reçu, mille tendresses. — Elisabeth. |

Agen, 13 janvier. — docteur moreau, 17, rue bonaparte, paris. donnez-nous de vos nouvelles par ballon. nous vous envoyons nos meilleurs souvenirs. — bourgeat. |

Graulhet. 12 janvier. — Tignol, rue lecourbe, paris. allons bien, enfant deux mois, gaston. — Tignol aîné. |

Madame Ulm, 32. rue bernardins. blessé 2 déc. balle au bras gauche, convalescent château de la chapelle, vouillé, vienne. — Ulm. |

Châtellerault, 13, janv. — Brault, 54, rue Jacob. donnez-nous de vos nouvelles. — Pasginez. | Charbonneau anatole, sergent, mobiles de la vienne, 1er bataillon. famille entière bien portante. on te dit malade. réponds. embrassements affectueux. recevons tes lettres. — Charbonneau. |

Bédarieux, 12 janv. — Bernat chez fremier, 5, rue dieu. ne quitterai pas bédarieux, tous bien bédarieux. bassan-lieuran. — Justin bernat, tourneur à bédarieux, hérault. |

Beaumont, 15 janv. — Burty, 76, assas. 15 janvier. tous bien. écrivez beaumont. — Julleville. |

Chef-boutonne, 13 janv. — Perrain, 35e mobiles 3e bataillon. famille en bonne santé. arlin resté. Valerie dezhomelles, baudry bien, embrassons paul gustave. |

Châtellerault, 12 janvier. — madame Noël, ville de londre, faubourg montmartre, paris. envoyé 4 dépêches. bien portant. toujours à châtellerault

Creil, 6 janvier. — Breuil, 231, saint-honoré. 1er janvier tous bien portants rien de vous depuis 5 novembre. amiens occupé. — Breuil. |

Saintes, 13 Janv. — Dulac, 13 boulevar montparnasse. vous, cécile, prenez notre appartement. clefs au second. vous, moureau, donnez nouvelles tous bien. — Vergnol. |

Montluçon, 5 janv. — Delurcy, 14, rue murillo. mesdames germain, delurcy bien, louis germain aussi, avec cathelineau. — Germeau. |

Clermont-Ferrand, 5 janv. — Geruzez, 22, rue abbatucci. demeure clermont-ferrand, hôtel paix avec maman, anna, enfants, allons parfaitement, demandons longues lettres, tendresses. — Geruzez. | Madame Aubertin, 6, grange-batelière. compliments, écrivez par ballon, adresse léa, frère d'épernay. — Guinier. | Gouraud, rue sts-pères, 48. merci de vos lettres, nous allons tous bien. — Chazelles. |

Corbigny, 3 janv. — Boursier, 3, rue milion. santés bonnes, pas ennemi, donner promptement nouvelles, inquiets par ton accident. — Laforet. | Thiéry, 4, cité antin. hubert france, autres prisonniers. — Edith. |

Auch, 7 janv. — Cazenave, 7, rue linné, paris. tous bien, albert conseiller préfecture, auch. — Albert. |

Montluçon, 6 janv. — Ormancey, 30, rue nollet, batignolles. santé bonne, paul dusseldorf. — Ormancey. | Mausat-Laroche, ministère justice. merci, amis bien, situation militaire meilleure, croyons délivrance, admirons paris, allier, puy-dôme pas prussiens. foald? — Ouvière. |

Clermont-l'Hérault, 6 janv. — Bouissin, 75, boulevard strasbourg, paris. quatrième dépêche. porte bien. joséphine aussi, bien affligés de votre position. reçois exactement lettres. — Bouissin. |

Montpellier, 6 janv. — Houssigue. jacques, 45e régiment mobiles saint-maur. père guéri, joséphine, enfant bien portants, femme montel accouchée garçon. tous très-bien. — Allary. | Delpon, 54, seine. soupault genève. demanche montpellier, allons bien tous. — Delpon Piot. | Leenhardt, vernes, taitbout. répartis 105 francs entre vendargots, deux chassefière, tressac, bruyère, grival, querolle, rousset, parents bien désirent nouvelles. — Leenhardt. |

Nérac, 6 janv. — Lagasse, officier-comptable, nouvel opéra. tous bonne santé. — Antoinette Lagasse. |

Villefranche, 6 janv. — Fraisse, 180, rue de la pompe. allons tous bien. — Maurice Fraisse. |

Toulouse, 6 janv. — Madame Cousteau, 12, vauvilliers, paris. parents londres, émile loire, tout bien. — Barbe. | Peyot. 3, rue molière, auteuil. reçu ta lettre, sommes bien portan.s. — Peyot. |

Vichy, 5 janv. — Tambour, avocat, 1, boulevard saint-michel. ta mère, tes filles vont bien. — Chambon. |

Narbonne, 6 janv. — Lagriffoul, chef bataillon, 139e ligne, paris. je reçois tes lettres, bien. — Lagriffoul. |

Condoin, 6 janv. — Maingenot, 34, rue lacondamine, batignolle-paris. ta mère, parrain, nous santé bonne, reçu lettres, vois rontin, café rue marengo. — Alban. |

Falaise, 3 janv. — Madame Pié, 42-44, labruyère. suppliant édez ami rendrai. — Philippe. | Dizy, concierge, 9, mazarine. fontaine, avocat, va mieux. — J. Roques. |

Pont-l'Evêque, 4 janv. — Cohué, 82, sébastopol. reçu tes lettres, envoyé argent à ton père. allons bien. — Manoury. |

Cherbourg, 3 janv. — Dorlin, 53, rue lafayette, recevons lettres. souhaitons bonne année, détails maison, famille dodin vont bien, espoir. — Dorlin. | M. Lemasson, 4, rue commines, soigne-toi bien. je demande détails d'inventaires. — Lemasson. | Devaurcix, 13, cerisaie. famille restée châteauneuf bien portante. albert prisonnier Lübeck, vœux ardents. merci lettre, — Vautier. | Delahoussaye, 5, cherche-midi. moi, pauline très-bien, six dents, marche pas, assez argent, sûreté cherbourg pas inquiétude. — Delahoussaye. |

Nevers, 12 janv. — Royer-Collard, rue sorbonne, 2. dernières nouvelles plombières, 20 décembre. mères bien portantes, toujours sans nouvelles. espérons auront reçu depuis Dijon évacué. — Paul. |

Béziers, 13 janv. — Fournier, mobile, 1er bataillon, hérault, 2e compagnie. familles bourrel, fournier vont bien. lettres paris arrivent, manquons vôtres, écrivez immédiatement. — Fournier. |

Menetou-Salon, 3 Janv. — Comte Greffulhe, 10, astorg, paris. toutes bien à menetou. — Félicie. |

Lapleau, 12 Janv. — Amblard, flandre, 119, paris. donner nouvelles, vôtres, queyroux, sœur, isidore, françois, jean-louis, cousines. - Rotelard. |

Bordeaux. — 12 janvier 1871.

Vichy, 11 Janv.— A Dugage, concierge, rue des tournelles, 18. Gomets, reloue, terme courant.— Gomets. |

Quimper, 13 Janv. — De-l-aSablière, rue monceau, 29. hermine, léon, geneviève, georges, henri, parents, marthe, oncle, parfaitement. amis quimper aussi. oncle approuve emprunts.—De-la-Sablière. |

Figeac, 14 Janv. — Bourdon, 160, rue montmartre. au besoin préserve coffre-fort. clé appartement chez concierge, amitiés.—Mignotte. | Bourdon, 160, rue montmartre. heureux recevoir tes lettres, merci étrennes. visiter weldon, andré, content. bon espoir. inutile voir marcuard. —Pauline. |

Baigorry, 13 Janv. — Labarraque, 35, boulevard strasbourg. tous à licérasse, bonne santé, enfants, séminaire larressore. familles bazin, chabret, abraud, bien portantes.—Allain. |

Châteaulin, 13 Janv. — Legall, bureau morandière, ingénieur orléans, rue assas, 104. allons bien. tous cousins partis, aucun atteint. écrire souvent.—Marie Legall. |

Villefranche-s.-saône, 13 Janv.—Arger, boulevard sébastopol, 96. virginie, mulhouse, bien portante.—Fachulein. |

Tannay, 11 Janv. — Moreau, louis-le-grand, 7. enfants bien, envoyez douze cents, prenez confitures, combustible grenier. |

Vabre. — Charles léopold Fournier, lieutenant de vaisseau, ministère de la marine. reçu lettre 30. santé bonne partout, adolphe, négrepelisse, eugène, montpellier. léon, besançon. bébé, bel enfant.—Ernest Fuzier. |

Tulle, 13 Janv.—Vidal, sébastopol, 101. allons bien, donne nouvelles.—Dufour. |

Chinon. 13 déc. — Sémichon, 125, rome. pas nouvelles depuis 3 décembre, georges, nous, portent bien.—Bourgoin. | Pécontal, palais-législatif. santé parfaite, hyver siberien. charres, abbé, clémentris, émigrés. prieuré solitaire, distractions, exercices, consolations, ballons arrivés.—Levasseur. |

Questembert.—Blanpain, rue arrivée, 10. tous biens, émile, lieutenant bataillon vannes, armée bretagne.—Bayou. |

Bayonne. — Madame Froidefond, joubert, 28, paris. arthur à schelevig, écrit à sœur, roger, dernière d'un mois. bon espoir. bonne année, tendresses. |

Aixe-s.-vienne, 13 janv. — Bernard, 23, faubourg saint-denis. famille, raoul, vont bien, vous embrassons.—Brin. |

Pont-du-château, 10 janv. — Ville, 57, cuvier, paris. père va bien, voyez mes fils, écrivez en adressant questions.—Labbe. |

Guéret, 13 janv. — Lemoine, 7, avenue parmentier. Pauline, mère, tante, bien. — Rosny. | Michelat, 25. Descartes. donner nouvelles vous et Alfred. Gilbert à armée Est. allons bien. — Betoulle. | Lassard, champs-élysées, 73. où est Gustave? anxiété. prendre nouvelles avant écrire, remboursé oncle. continuer modérément, observations sérieuses. Pelletier bien. — Bion. | Brioude, 7, rue Enghien. anxiété, écrivez. reçu sept lettres, dernière décembre. merci. nous, maman, bien. Jules employé. — Bonbled. | Lasnier, saintes-pères, 27. père, mère, frère, sœur, neveu, tous ici. allons bien. | Sacy, institut. parfaitement guéret, loudun, chartres, amérique, fontainebleau, aurillac, montdidier, lieuterel. clotilde garçon. louise bien. nouvelle fatale metz. courage, espoir. | Mlle Toussaint, 14, rue berlin. anxiété. prières réitérées, donnez-nous nouvelles, vous, vôtres. saint-didié pris, dévasté octobre. messieurs ferry engagé.— Bonbled. |

Vannes, 13 janv. — Vibert, 28, boulevard sébastopol. tous bien portants. argent Chiris. avons le nécessaire. — C. Vibert. | Montanclos, 19, st-dominique. allons bien, écris souvent de vous toutes; bombardement, nos maisons.—Capelle. | Mondollot, rue du château-d'eau, 94. très-inquiet de mes frères, aucune lettre d'eux. famille bien. — Eugène Guillaume. | Partonneaux, lavoisier, 10. nous Vannes, Louise Celles, nantais, albert bien. ambulance Roger Blois depuis décembre. recevons lettres. — Paul.

Bordeaux, 14 janv. — Braquet, commandant infanterie de marine, fort Rosny. tous bien portants. — Eudoxie. | Bourdet, tourville, 15. reçu lettre 12 novembre. mettre mobilier sûreté. prévenir Féraud bien prisonnier mayence. nous bordeaux, bien. courage. — Tourret. | Wattebled, 4, rue boulevard batignolles. santé bonne. lettre reçue, mais chagrine. vous faire vacciner. moi bien pris cinquième télégramme. — Alida. | Mathieu, 15, rue Rougemont. tout va bien, espère. — Marie Lolliot. | Lolliot, 28, rue Trévise. santé parfaite, adrienne charmante. espère. — Marie. | Mme Fiby, rue Dassas, 38. envoyé trois dépêches pigeons. prendre chez moi bois, sucre, etc. amitiés. — Lebon, arcachon, boulevard plage. | M. Dementque, amsterdam, 84. frère, sœur, vont bien, berne. — Lamarcelle. | Mlle Blaury, Bassano, 40. lettres reçues. allons tous bien. orléans aussi. — Charles. | Saint-Quentin, 144, avenue empereur (passy). tous bien portants, gabriel armée bourbaki, provisions, étage de gabriel, armoires, cabinets. — Saint-Quentin. | Comte Redorte, 31, faubourg Saint-Honoré. Restons crocq. bien portants, trouville aussi. beau-père mort. — Cornudet. | monsieur Masson, rue des bons-enfants. paris. votre père masson reçoit vos lettres et se porte bien. | Chanut, boulevard sébastopol, 67. espère être bientôt nommé, mais secrétaire long. allons bien tous trois. — Alexandre. | Monsieur Cuban, st-arnaud, 6. paris. tous très bien. bizy rien eu. reçu portraits. prenez courage. — Caban. |

Bourges, 12 janv. — Charon, 6, école médecine paris. allons tous bien. ici rien. reçois vos lettres avec plaisir. — Esther. | Hersent, 13, rue richer. vos intérêts semblent m'appeler à Jersey. je vous écrirai notre départ. antoine bien débarqué. — Bossan. | Hersent, 13, rue Richer. inquiète de vous depuis deux mois. Je veille sur antoine. tout bien à Thuet. — Bossan. |

Biarrits, 13 janvier.— Ernest Dumont, matelot, fort bicêtre. reçu lettre, journal premier janvier, bonheur, tous bien. maman confiance en Dieu, espoir. — Louise Dumont. | Roquebert, place vendôme, 28. Ducel ici. tous bien. demande consentement pour engagement. biarritz 13 janvier. eugène dans est. — Maurice. M. Roquebert, maison Figuier, biarrits. | Massenet, rue Malesherbes, 38. tous biarrits. vinon georges prisonnier. — L. Massenet. | De Puitferas, ministère finances. 13 janvier, cinquième dépêche. reçois lettres. oui quatre questions. santé bonne, vives inquiétudes. écrivez à biarrits. — Sempré. | Sebert, 45, saint-andré-des-arts. biarrits. santés bonnes. recevons lettres, écrivons. répondu oui quatre questions. chocolat encoignure chambre. — Sebert.

St-Gervais-les-Trois-Clochers, le 14 janvier. — Henri Amirault (mobile vienne, 1er bataillon, 2e compagnie), fort vincennes. famille bien portante, embrasse henri, frères savatier, frères bourdeau, godineau, méré, roy, maurice, diot. — Blain. |

La Roche-sur-Yon, 14 janv. — Hengel, 2, vivienne. bien portants, recevons lettres paris. famille bien. — Hengel. | Grimaux, école médecine. nos familles bien. — Léontine. |

Gramat, 15 janv.— Caband, avenue d'italie, 75. gramat, santés bonnes. lettre reçue. que devient Bonafous, armée champrou? — Cabaud. |

Bordeaux, 15 janv. — Lemaire, rue cadet, 1 bis (paris). inquiets, sans nouvelles de Léon et de vous. — Malet. | Ballot, rue petites écuries, 55. bonne santé, recevons lettres, assez argent. correspondons avec vos filles. — Legros. | Faucon, 33, avenue mothe-Piquet. reçu lettre adolphe, bien nous et mounier aussi. embrassez tante, céline orléans. — Emilie. | Chasseriau, place vendôme. ai été assez fatiguée par hiver rigoureux, mais suis bien. je reste hôtel de paris. — Aline. | Fagnard pour Durand, 14, ferme mathurins. bien heureux. lettres du 12. lagrolet reçu traite. nous, poëncet, bien portants. manquons rien. — Thomas. | Borne, palais-luxembourg. contents, reçu lettres onze. tous bien portants. avons ce qui faut. sois prudent. — Borne. | Roussel, 28, rollin. écris-nous, tes lettres arrivent Bordeaux. Epône, Marcy, vont bien. aucun pillage. — Roussel. |

Biarrits, 14 janv. — Gombrich, 19, boulevard Saint-Denis. aujourd'hui, troisième dépêche pigeon. nous allons bien, recevons lettres régulièrement. demeurons tous biarrits. — Gombrich. | Ducloux, 9, boissy-danglas-lepeux. santés bonnes. enfants parfaitement. manquons rien. jenny enfants parfaitement. écrivez souvent, recevons. — Victorine. |

Marseille, 14 janv. — Siçard, sous-chef postes. portons tous bien. reçu cinq lettres. courage, écris souvent. — Sicard. | Crozet, officier d'administration militaire, gros-caillou. santé bonne. inquiète de tous, surtout toi. pense, prie pour toi. réponds. — Joséphine, 61, ventre-dragon. | Joly, corps législatif. cinquième dépêche. reçois ta lettre 31 décembre. tous à tréville, très-tranquilles. bien portants nous aussi. — Théodore. | Ducaruge, 5, daval (bastille). tous bien portants, avons reçu plusieurs lettres, dernière du 28 décembre. continuez d'écrire. — Ducaruge. | Maunier, boulevard Malesherbes, 62. étions grandes inquiétudes. dernière lettre nous rassure. avons écrit souvent, sommes étonnés ai rien reçu. — Victoria. | Fauchet, 1, rue louis-le-grand. recevons lettres. sommes bien. élise garçon le 18 décembre. — Portal. |

Châteauroux, 14 janv. — Levé, 8, rue du cirque. poitiers, dordogne bien. gabriel prisonnier cologne, moncet leipsig. bien blignières, audibert. toutes familles bien. — Peltier. | Rupp, rue charenton, 226. à châteauroux, pas nouvelles depuis deux mois. très-inquiets, réponse de suite. tous bien portants. — Rupp. | Duboy, 94, monge. santés bonnes. reçu deux mandats. — Duboy. | Dehay, chef escadron, caserne célestins, 4, sully. allons bien. argent reçu.— Justine Dehay. |

Amélie-les-Bains, 14 janv. — Phélip, directeur, hôpital pitié. delaval amélie aspire lettre. | Ferdinand Alégatière, commissaire-priseur, rue châteaudun, avant cardinal fesch. valentin décédé. sitôt possibilité, s'occuper de mes intérêts. — Louise Valentin. |

Limoges, 14 janv. — Mirambeau, 4, place Victoire. inquiète, longtemps sans nouvelles. informez marc portons bien. écrivez-moi nouvelles. madame mirambeau va bien. — Peauger. | Abbé Leclerc, 123, rue saint-jacques. oncle mort 6 janvier. guyotsionnost ici. santés excellentes. manquons de rien. restons limoges. — Marie. |

Quimper, 14 janv.— Aubry, 1, avenue d'antin. prière d'envoyer à Quimper nouvelles de Hulot et Foblant. dernières lettres du 30.—Marie Hulot. | madame Boucher, 34, rue châteaudun. allons bien. donnez plus détails sur lucien et amis. — Augé. | Hulot, 6, casimir périer. Mme Delasablière offre logement chez mari, 29, rue monceau. santés bonnes partout. écrivez! — Du Cuoetlosquet. | Regnault, 26, monthabor. quimper tous bien. beaucoup lettres charles armand, reçues treize janv.— Azéma Regnault. | messieurs de Goureuff, 87, richelieu. sixième dépêche. mère, sœur, gustave, yvonne, félicie, bien. lettres reçues. donne nouvelles françois. — Lestauvelle. |

Morlaix, 13 déc. — Desains, 78, assas. toutes bien, cécile, claire, pierre, compris. déchard à morlaix avec guilmin. belgique, tournay, 1, rue piquet.—Marie. | Mansais, faubourg martin, 171. dixième. morlaix, 13 janvier, tous bien. emporter reçus tapissier, placés dans armoire glace. — Audiffred. | M. Chauvin, rue keller, 23, faubourg saint-antoine. bien portants, eugène ici au collège. — femme Chauvin. | Picard, bonaparte, 82. tous parfaitement morlaix. communiquer. bourgoin, fleury, frilley, leclerc, lettres ballon parviennent. écrivez tous immédiatement, soignez clichés.—Guilmin. |

Chalonnes, 14 janv.—Monsieur Durand, 5, avenue victoria. fourneau, 14 janvier. albert et nous tous très bien.—Marie Durand. |

Nantes, 14 janv.—Leroy Bouvier, 119, rue saint-maur. sommes voruz nantes, sans nouvelles depuis octobre. |

Bourges, 13 janv. — Sombrun, grand prieuré, 31. à immobilière, payez loyer piécour, boulevard eugène, 276, ballon donnez renseignements. — Piécour. | Leroux, rue beaux-arts, 2, paris. lettres reçues, tous bien portants.—Leroux. |

Agde, 14 janv. — Gélis, rue mondovi, 8. tous bien portants. — Chauvet. | Coste, félix, chez lamothe-teuet, commandant 3e brigade du corps laroncière. les deux familles, tous bien portants. —Coste Floret. |

Bellac, 14 janv. — Hébert, saint-nicolas-saint-antoine. bien portant malgré froid. amélie partie meaux. reçu lettres datées 26-31 décembre, bien fâchée être partie. — Hébert. | Charreyron, colonel au 9e chasseurs à cheval, vincennes. allons tous bien, classe jules appelée. recevons tes lettres écris souvent.—Mathilde. |

Quimper, 15 janv. — Parguez, 50, neuve-des-petits-champs. 16 janvier. recevons vos lettres, allons parfaitement, quimper, place mesclauaguen, dito pingrez, taverniers good, augis, amis granville. | Monsieur de Blois, sous-lieutenant, 7e régiment artillerie. 17e batterie, 14e corps, paris. sommes bien, mais inquiets, écris vite. |

Le Blanc.—Caroline Krebs, 2, boulevard saint-germain. parents elvina. famille heid, bonne santé, aussi Pfaffhoffen. chaque ballon, écrivez. amitiés, communiquez famille.— Gütig. | Pinard, rue monceau, 71. mère bien, filles superbes, grandies, grasses. embrassent chaque soir père. tranquilles ici. amitiés, courage.—Voisin. |

Tours, 15 Janv. — madame Leclerd, rue des vosges, 12. tours, 15 janvier. bonne santé, augustin bien, biarritz. écrivez toujours.—Gigon. | madame Gallet, faubourg-poissonnière, 6. lignereux, marthe, joseph, tous bien, écris moi. — Peutat. | Mathieu. faubourg saint-martin, 162. reçu lettre, moi chagrins, regrets, pense toi toujours, vois moriceau, recommande maison, prenons patience.—Girault. | Reinert, rue niepce, 4, plaisance. cruelle inquiétude. longtemps sans nouvelles, moi et petite bien.— Gabrielle. | Julie Lesage, 22, cambacarès. écrit quatre fois, répondez ballons jamais mot. voir Gagelin collot, saintaignan ma part, allez bac. — Clermont. | Droüin, 21. sainte-croix-bretonnerie. à londres tout continue marcher d'une manière satisfaisante. écris par voie indiquée par administration.— Jolivard. |

Châlon-sur-saône, 13 janv. — Schmoll, paris, turenne, 132. vais bien, content vous, bonne santé. reçu dépêche. — Berthe. | Dalaut, castiglione, 5. châlon, massiac. santé bonne. 13 janvier.—Léna. |

Nantes, 5 janv. — Belliotte, 28e mobile, mont-valérien. famille bien, donne nouvelles promptement, sommes impatients. — Belliotte. | Joyau, mont-valérien, secrétaire lareinty. empruntez lemesle, prévenu, tous bien. — Joyau. | Callon, 9, odéon, paris. eugène va bien (arras) allons tous bien. — G. Callon. Crimail, capitaine, 5e bataillon mobile seine-et-oise. charlebourg sommes bien. recevons lettres, écris frère, mère, ernest. — Caroline Crimail. | Jean Litoux, architecte, rue lille, 11, paris. tous bien portants, inquiet. donne nouvelle. nantes, le 15 janvier 1871.— J. Litoux-Papin. | M. Lemesle, presbytère saint-sulpice. avancez argent à joyau, remerciements. — Joyau. | Besnard, 34, malte, paris. inquiet de votre silence, envoyez lettre par ballon, madame. pas mieux. — Russeil. |

Rochefort-sur-mer, 13 janv. — Buffard, rue lafayette, 83, paris, écrit six fois, pas de réponse, nous sommes bien portants. — Benosc. |

Angoulême, 13 janv. — Chevallier, rue université, 13. envoyer lettre par ballon, sommes dans anxiété, bruxelles va bien. — Chevallier. | Loubert, réaumur, 54, paris. nous sommes tous bien portants, angoulême. écrivez poste restante. nous avons reçu bonnes nouvelles d'aline. — Foucher. |

---

90. Pour copie conforme :

l'Inspecteur,

Bordeaux. — 13 janvier 1871.

Sariat, 15 déc. — Tournier, lieutenant. francs-tireurs du 126e paris. santés bonnes, damase sous-lieutenant 71e marche. yzac décédé, lègue 10,000 mario. courage. — Tournier. |

Guérande, 15 janv. — Boile, pharmacien, rue provence, 69. familles lucas, naud, rivière, lacroix et louis lacroix, armée loire, bien.—Naud. |

Loudéac, 12 janv. — M. Buffault, rue tronchet, 19, tous bien portants, recevons lettres, répondons souvent. mûr tranquille, amitiés pour tous. — Le Cerf. |

Fontevrault, 14 janv. — Daguineau, cherche-midi. 33. reçu beaucoup lettres florac, merci, filles, léontine, bien, enfant non viable, filleul malade, courage, espérance.—Daguineau. |

Dijon, 13 janv. — Crucerey, chef bataillon mobiles dijon, gourju, secrétaire. toutes lettres reçues, santés bonnes, philippe marche. |

Landevant, 15 janv.—La Bourdonnaye, officier, 3e bataillon, 2e compagnie mobiles ille-et-vilaine. tous bien, reçu lettre 28 décembre. — de Saint-Georges. |

Concarneau, 14 janv. — Fourchy, 266, boulevard saint-germain. tous santé parfaite, reçu lettre du 9, Dieu vous garde.—Fourchy. |

Daoulas. 15 janv.—Galmiche, capitaine, 2e bataillon mobile finistère, 23e marche, paris. si besoin argent, voir picquenard. turc, arcade, 24, —Falmiche. |

Josselin, 14 janv. — Collet, 17, rue albouy, paris. reçois lettres, expédié dépêches, meilleure. —Collet. |

Pont-château, 15 déc.—Chedeville, rue baillet, paris. portons tous bien, charles, gentil, pensons toujours à vous, ennuyons beaucoup, écris nous souvent. embrassons.—E· Chedeville. |

Montaigu, 15 janv. — Peyrol, 24, hautefeuille. 15 janvier. allons bien, 28, 9, reçues, rosa bien. espérons. |

Carquefou, 15 janv. — Fleury, 60, provence. sommes bien, recevons lettres, écrivez.—Fleury-Tournois. |

Bourg-en-bresse, 13 janv.—Cancalou, sergent. 40e mobile ain, 2e bataillon. santés bonnes, sommes tranquilles chez nous, recevons lettres madame Berrard décédée.—Berthe. |

Nontron, 15 janv. — Debidour, 2e compagnie. 7e mobiles seine, paris, s. maur. lettres toutes reçues, portons tous bien, t'aimons, admirons. attendons, adieu.—Debidour. |

Puyoo, 15 janv. — M. Panafieu, rochechouart, 70. tous bien, mais tristes, vos lettres arrivent, écrivez souvent.—d'Abbadie. |

Blaye, 15 janv. — Hullé, bourdonnais, 14. amis, samedi, reçu cinquième, envoie quatrième. santés bonnes, pensées vers vous, ignore où auguste.—Kresz. |

Saintes, 15 déc. — Grelle, 151, rue du temple, paris. Adhémar, prisonnier stettin, tous bonne santé, recevons vos lettres.—Grelle. |

Richelieu, 14 janv. — Charles Besnard, pharmacien, ambulance de la presse. écris souvent, suis inquiète, octave, larochelle. richelieu. 14 janvier.—Besnard. |

Béziers, 4 janv. — Lepeigneux, rue soulages, 27, paris. santé parfaite, ici hectolitre vin nouveau 8 francs, trois six, 60. conserve espèces. réponse.—Lepeigneux. |

Charroux. 15 janv.—Bourdier-Fayolle, mobile vienne, 2e bataillon. cher fils. portons bien, reçu lettres, 30, 1er, donnez détails. nouvelles soulas. delhoume, autres, embra sons. |

Chaumergy, 13 janv.—Gros, passage saulnier, 7. point réponse villers, cotterets, a tendre. — Gros. |

Le Bugue, 14 janv. — monsieur Malleville, 14, rue servandoni. santé parfaite, reçu dix lettres. —Maleville. |

Riom, 13 janvier. — Balançard, martel, 8 bis. santé de tous excellente. — About, Guasco, mandosse. |

Neuvic-s.-l'isle, 15 janv. — Duponteil, saint-marc, 32. recevons lettres, t'embrassons. — Duponteil. |

Nice, 14 janvier. — Cremnitz, 15, béranger. maurice, aline, paul, santé, nice.—Maurice. |

Montaigu, 14 janv.—M. Jagueneau, aide-major service de M. Boinet, ambulance du grand hôtel, boulevard des capucines, paris. nous portons bien.—Jagueneau, Clénet. |

Romorantin, 13 janv.—Legrand, delta, 4, paris. sommes inquiets, adressez à oncle souffrant, st-dominique, 2, mans, nouvelles famille, et si possible, appartement, affections.—Leconte. |

Ciron, 13 janv. — Bondy, rue montalivet, 7, paris. tous bien, lionel. nevers, depuis noel, santé parfaite. chef de bataillon, remplaçant thore colonel.—Bondy. |

Beauvois-s.mer. — Meda, commandant 126e de ligne. janvier tous bien, georges hambourg. noirfontaine, fontardine, badereau, paris, lettres reçues. —Berthe-Meda. |

4 Chemins. — Pinçon, capitaine mobile, 35e marche. porte bien, prospère, je n'ai reçu aucune demande mocier, pas nouvelles victorine, écris moi.— Pinçon. |

Lavaur, 14 janv. — Duston, sous-lieutenant mobiles (tarn) donne nouvelles, as-tu reçu argent pigeons? allons bien, pays calme. corneillon a écrit.— Duston. |

Nontron, 4 janv.—Odiot, orfèvre, paris. famille porte bien, camille, belfort, envoyé dépêches, lettres, occupe affaires. enfants mignonnes, sans nouvelles toi, novembre.— Grassin. |

Lyon-les-Terreaux, 12 janv. — Chevallier, oberkampf 39. recevons tes lettres, allons tous bien, écris. — Cortot. |

La Roche-s.-Yon, 12 janv. — Endrès, sous-lieutenant d'artillerie, souvet, 10, la villette, ou école polytechnique. sans nouvelles depuis 7 décembre. nous allons bien, grand'mère gravement malade. — Endrès. | Marc, st-lazare, 70. albert hambourg. tous parents bien. coulommiers tranquille, notre maison ambulance, bien. marie, gaston bien. — Marc. | Heugel, 2 bis, rue vivienne. tous bien portants. — Heugel. |

Toulouse, 13 janv. — Maurey, administrateur tabacs, paris. je vous prie me donner nouvelles de vous et aussi de richaud. service marche bien — Laville. | Tressens, rue cardinet, petites voitures, batignolles. courage, pensons toujours à vous tous, allons bien. — Arnault. | Beauvais, quai voltaire, 17. courage, pensons toujours à vous. — Arnault. |

Riom, 11 janv. — Colombel, capitaine artillerie mobile, mont-valérien. allons parfaitement, reçu 410 francs, pays très tranquille, enfants très sages. prévenir parents. — Marie Colombel. |

St-Benoît-du-Sault, 12 janv. — Vollant, avenue italie, 74. bien portants tous. — Cécile Besaucèle. | commandant Besaucèle, ivry, bien portants tous. — Cécile Besaucèle. |

Pau, 13 janv. — Magnier, 6, louvre. enfants breil, engraissés. fernand, malines pau, bonne santé. nouvelles sidney. taupin écrire henri chez tantes pau. — Lemarchand. | docteur Byasson, hôpital midi, paris. tous bien; mais auxieux et tristes. tous nous t'aimons. toute à toi. — Alice Byasson. | Nonnezlopes, rue du faubourg montmartre, 36. recevons lettres, sommes tous bien portants, embrassons. — Adrien Nonnezlopes. | Martin du Nord, 21, rue paradis. offrez mon appartement aux caro, auribeau ou augosse s'ils sont bombardés. — Lupin. | Mayeur, entrepôt vins. reçu vos lettres, cinq mandats seulement, assez. alexandrine ici, tous bien. amitiés oncle ferret à tours. — Nathalie. |

Morlot, laffitte, 7. tous pau, honfleur, deffan bien, argent suffisant. température glaciale, bertjane parle vous, bavarde anglais. embrassons tous. — Amélie Morlot. | Bédoille, 32, boulevard haussmann. bédoille, guyet, clara, alice, pestel, martin pau bien, bettinger trouville. bédoille, carenet, royan.— Bédoille. |

Bayonne, 13 janv.—Philipon, arbalète, 16, paris. logez-vous chez madame planat si besoin. entendez-vous avec monsieur pitaux, faubourg poissonnière, 2. — Pauline. | Foy, miromésnil, 31. tous bien bordeaux, jeanne beaumont, fernand au mans. — Rachel. | monsieur Flury-Hérard, 372, st-honoré. tous bien, père 13 décembre bien et tranquille. angleterre 29 parfaitement. — Laure. | madame Brifaut, mouffetard, 100. lettres reçues, très bien, courage, tendresses. — Gabrielle. |

Arcachon, 14 janv. — comte Saint-Aignan, rue lille, 63. bonne santé ici, bargemon, saint aignan gravenchon châteauneuf. diversion heureuse dans est de bourbaki. — Périgord. | veuve Matignon, 8, rue pépinière. votre silence inquiète, répondez par ballon, bonne santé. louis soldat équipages militaires trouvé. — Albert Prat. | Leroy, 4, tournon. lettres reçues, portons bien, courage, tendresses. — Maréchale, arcachon. | madame Ferry, 23, rue laffitte, paris. suis arcachon bien portant. reçois toutes lettres, amitiés tous. — Ferry. |

Challans, 15 janv. — Thébault Edouard, soldat, 51e, 8e compagnie, 2e bataillon. donne nouvelles, inquiets, portons bien. t'embrassons. — Vve Thébault. | Marcel Thébault, mobile, 4e bataillon (vendée). donne nouvelles. très inquiets. nous portons bien. — Vve Thébault. |

Beaune, 11 janv. — Loyson, gay-lussac. rechercher fils Misserey, mobiles Beaune, leur avancer argent, donner nouvelles promptement à mavilly. santés bonnes. — Chauvenet. | Serrigny, jean-baptiste, 10e régiment, mobiles côte-d'or allons bien. Perdrierserigny.

Nice, 14 janv. — Richard, 8, place concorde, paris. cartier peau, havard à nice. pauline nantes, lacomble avignon. parents de nemours. tous bien. — Cartier. | Magnien, 68, faubourg saint-honoré. paris. écrivez par ballons à nice ou meurt de chagrin et inquiétudes. — votre Carlos.

Pau, 15 janv. — monsieur de Cagny, 158, rue rivoli. paris. à pau, à salles, bonne santé.—Cros. | Magnier, 6, louvre. douze sacs avoine remise Malesherbes. vendre. — Lemarchand. | Primaudière, 20, rue nemours, paris, ternes. pau, reçu lettre 31 décembre. mieux portantes. écrire si lettres reçues. — Devey. | madame Grenier, 11, rue fontaine, Paris. santé mieux. besoin argent. écrivez-moi pau.—Grenier. | Odier, trente-et-un, boulevard magenta. tout va bien. gamarde, graisserie, payé. dax. inscriptions payées. lettre chargée chez campet. lettres reçues.—La Place. | Deligne, 10, rue tournon; Géa, 12, place grammont, à pau. inquiète. réponse.—Morra. | Vavasseur, 96, boulevard prince eugène. portons bien. émile matisse mort. pouvez-vous dire Rungs, capitaine 139e ligne est vivant. — Morra. |

Poitiers, 15 janvier.— Robain, lieutenant mobile Vienne. 36e régiment, 3e bataillon, 4e compagnie. paris. recevons lettres. santé bonne. — Robain. | Pater, chez Pasquier, 70. saint-victor. mesdames arnault, barrier, pater, bien portantes. écrivent souvent, reçoivent quelques lettres; répondez. — Pater, Arnault, Barrier. | Vve Pousset, 66, rue faubourg saint-antoine; 16, passage chauton. suis bien. donnez nouvelles de ma maison, suis inquiète.— Delavigne. | Demartel, capitaine guides forestiers, 12, boileau. paris-auteuil. reçu lettres. santés bonnes, amitiés. roland étudie. — Demartel.

Valence-sur-Rhône, 14 janv. — madame Gilles, 27, rue des jeûneurs, paris. saint-sulpice, avignon, valence, madame béranger, bien. — Vve Bruyère. | Boulanger, 64, laroche-foucauld, paris. sixième dépêche. habite valence drôme avec famille. louise rien. écrivez tous. suis désespérée. — N. Martel. |

Rabastens, 14 janv.—Darasse, soldat, septième mobile, 3e bataillon, 4e compagnie. reçu ta lettre. allons tous bien. avons courage. philippine bougnol, famille prouho, bien portants. — Philippine Darasse.

Lorient, 15 janv. — Perdriget, 38, chaussée d'antin, pour Fouque. sans nouvelles, inquiets. demande argent cottin, à coulomb, près café Durand, place Madeleine.—Fouques. | Adhémar, 69, rue dargout. bonnes nouvelles de fontainebleau. portons tous bien, recevons tes lettres. — Arnault. | monsieur Guerquin, 12, boulevard saint-michel, paris. tous bien portants. adèle à londres, t'embrasse. — ta mère, Adèle Guerquin. | Cordier, lieutenant vaisseau, saint-denis. inquiets. henri, quoique blessé, continue battre. troisième lettre, vingt-quatre. tous bien. t'embrassons. écris plus souvent. — Cordier. | Poussielgue, 27, rue cassette. louise, berthe, fanny, lorient. parents orléans. delphine, joseph, trouville. tous bien portants. recevons lettres.—Poussielgue. | Dauchery, 2, beaux-arts. bien portants à lorient. edouard externe. sommes inquiets bombardement. écris. — Fanie. | Sicard, sous-lieutenant, 138e ligne. nous sommes tous bien. écris-nous.—Ledichon fme Sicard. | monsieur Morlet, 201, rue saint-martin. je suis bien. reçu six lettres, paris.—Morlet. | Michel, commandant artillerie, 9, place arsenal. toutes bien. lettres reçues jusqu'au 10 janvier. — Michel. |

Etienne, lieutenant, batterie onze bis, artillerie marine. recevons tes nouvelles par clément fortuné. sommes bien. écris. alphonse levé doit partir.— Etienne. | Gallois, 6. rue mézières. versailles et nous bien portants. enfants pension. lorient, rue hôpital, 62. écris souvent.— Gallois. | madame Klett, 65, rue chemin de fer, plaisance. nous sommes bien, mais très inquiets. donnez de vos nouvelles.— Klett. | Longueville, fort Ivry. meilleure année. parfaitement. quatorze janvier. — Longueville.

Vannes, 15 janv. — Gidoin, 22, neuve-petits-champs. vannes, tous bien portants. odile, léon, à Janville. famille Janville. pithiviers bonne santé. — Claire Gidoin.

Poitiers, 14 janv. — Elisabeth noubel, bourgogne, 67. santés bonnes, poitiers 14 janvier. — Olympe Chodzko. | comte Deludre, avenue montaigne, 73. envoie de tes nouvelles, poitiers. — Amélie Debricy. | Timon, boulevard malesherbe, 36. reçu lettres, inquiétudes, envoyé décembre mandat, avec aide préserver maison, écrit par moulins, poitiers restante. — Timon. |

Tours, 13 janv.— Dubois, photographe, boissy-d'anglas, 35. lettres décembre reçues, tours, poitiers libres. léopold travaille passablement, fernand capitaine à la rochelle, portons bien. — Gaudin. | Thomé, 27, rivoli. partout bien. Dusseldorf, mieux. | Piet, 47, chabrol. famille bien. demande nouvelles. |

Lamothe-st-Heraye, 13 janv. — Teste, feuillantines, 72. familles vont bien, louis fort, sevré marche presque. amitié. — Marie Teste. |

Châtellerault, 14 janv. — Nivers, richer, 24. recevons lettres, portons bien. — Nivert. | Logerot, ministère guerre. sommes châtellerault, rue villevert 12. auxonne, nous, santés parfaites. reçu traite, mandat. auguste général. — Alexandrine Logerot. |

Annonay, 12 janv. — Chartier, st-martin, 176, paris. avons lettre, 6 déc. marie, enfants, parents vont bien, toujours rouen, aucunement molestés. — Rouveme. |

Angoulême, 14 janv. — Blot, 114, turenne, angoulême, abbeville, tous bien portants, lettres eugène, alice, grand'mère, seize reçues. cas échéant, dames loures. — Ernest. | Gallard, 40, bac. paul capitaine sain et sauf, belle conduite batailles. jacques bien, nous angoulême, chez dulau, 13 janv. bien. | Brunet, 8, avenue percier. reçu dix lettres, amédée toujours ici, mérindol bourg gironde. eugène officier bourges, tous vont bien. — Houton. | Barenger, 61, ponthieu, paris. allons bien, recevons lettres, hilaire travaille bien. — Baranger. |

Digoin, 11 janv. — Durand-Guiod, 5, faubourg poissonnière. venez si vous pouvez avec chênet petites dubon. — Fontenay. |

Brest, 14 janv. — madame Carfort, 1, cité gaielard. reçu lettres. tous très-bien. — René. |

Dinan, 13 janv. — m. Gutierrez-de-villannera, rue st-jacques, 328. reçu ta lettre 21 décembre et répondu, plusieurs de ton père. reçu argent pour vous. — Havouard. | Lamirault beaumarchais, 40. colonie santés parfaites, argent suffisant, écrire encore plus. prévenir chevalier, lucien hambourg chez correspondant, paul libre. | Chauvin. | Cosma-de-Satgé, 52, faubourg st-honoré, paris. envoyé nombreux pigeons, reçu ballons. bien portants. 12 janvier. — Dinan. | Armand bellom, ingénieur rue rennes, 111. enfants parfaitement, parents st-quentin bien. — Boullé. |

Angers, 15 janv. — Edmond vincent, 41, rue malesherbes. pourquoi n'écris-tu plus, nous sommes très-inquiets. allons bien. réponse avec henri. — Léopold. |

Lorient, 13 janv. — Ropert sous-lieutenant, 1er bataillon morbihan, ambulance évangélique, julien-lacrox, belleville. demande 4 cours, aubin: commissaire ministère marine tous bien. — Ropert. | Duchesne, 11, filles-dieu. écrivez par ballon, lorient, rue morbian, 23. — Monnier. | Lermina, 12, richer. 12 janvier, deuxième. pas

Bordeaux. — 13 janvier 1871.

nouvelles depuis 2 décembre, suis inquiète. allons bien. baisers.—Hélène Monnier. | Pierre sergent-major, ambulance, rue dombasle 28 vaugirard. tous bien, cinquième dépêche, aimons bien, recevons père mortain aubin reçu. — Pierre. | Layrle treilhard, 9. promu famille bien, louis superbe, jules quitté aden. — Duportal. | Sebert ministère marine, mère, sœur bien portantes, besoin rien, envoie argent, compiègne, heckel lorient. — Monier. | Bernardières, sergent, 1er bataillon mobiles, morbihan. bernardières, con, bonne santé, reçu lettres, james bien, attend lettres. donne nouvelles des parents. — Bernardières. | amiral Labrousse, 59, grenelle st-germain, paris. bien portants 13 janvier. — Deschiens. | Lhotellerie, sergent douanes, poste 6. st-ouen. reçu dernière lettre. toutes arrivent, écris plus souvent. bien portants. oncle, capitaine, hambourg. — Lhotellerie. | Beaufond, bellechasse, 31. 12 janvier. écris-moi plus souvent, tu manque départs des ballons. sommes bien. — Beaufond. | Meuzy, grande rue chapelle, 53. bien portante, inquiète depuis 2 novembre, envoyer argent ballon. — Hérody. | Cartier, boulevard sébastopol, 86. nous, amélie, lorient rue poissonnière, henri inscrit ici, classe appelée famille bien portante. — Cartier. | Lahousse, 8, boissy d'anglas. santé, tranquillité parfaites, avons argent, famille philippe bien, reçu lettres, écris souvent, cache rien. 13 janvier. — Lahousse. | Labois, rue louis grand, 1. reçu lettre du 29 décembre. allons bien, mais inquiétude, écrivez souvent, avons écrit. — Labois. | Sollier, 28, rue cherche-midi, tous parfaitement, léon. travaille pension Lebir. — Sollier. | Récappé, passage ste-marie bac. bien inquiets, avez-vous quitté passy, tous bien, oncle aussi, tendresses tous. — Récappé. | madame boissauveur batignolles, rue des dames 62, tous bien embrassons. — Emma Peyronnel. |

Morlaix, 12 janv. — Steinheil, 85, cherche-midi, paris. allons toutes parfaitement, tous parents bien, tantes emma, anna sont nice. — Marie. | Guérin, 47, bagnolet, charonne. tous bien marie accouchée fille. — Descormiers. | Loris kersausou, lieutenant, 4me bataillon, 23e régiment mobiles, finistère. reçu dernière lettre : tous bien, aussi famille villesbret, mérer. oléron, si besoin emprunte argent. — ton père. | Moreau capitaine marins, st-ouen. santés excellentes. mon père mort, reçu mandat décembre, non novembre, morlaix avec enfants. — Moreau. | Vassal, boulevard sébastopol, 58, paris. prière de donner nouvelles. écrivez-moi morlaix, poste restante. — Bernier. | Bernier, banque de france. paris. vais bien, écris-moi, morlaix, poste restante. — Bernier. | Bruneau, 15, labruyère. paris. tous trois bien portants, écrivez chaque ballon, morlaix poste restante. — Degrez. |

Nantes, 13 janv. — Desgrandchamps, 12, rue des billettes, paris. nous allons bien, delphin aussi à arras, jeanne dit papa. 12, passage russeil. nantes. — Desgrandchamps. | Champouillon, 35, avenue d'antin, toujours santés parfaites, recevons lettres, donnez plus détails. tarbes, caen, semur bien. mathilde.—Champouillon. | m. henry architecte, école polytechnique, paris. 2e dépêche, bien portantes, reçu lettres. 13 janv. — F. Henry. | Achille rouffet, 6, boulevard du prince eugène. santé bonne, avoir reçu lettres, monin raimbault, inutile d'envoyer lettre, journal. — Jenny Rouffet. | Reffé, 28e régiment mobile, 4e compagnie, 3e bataillon, mont-valérien, paris. famille reffé, bien lettre arrivée frère non 200 fr. novembre. à pontrousau. — Reffé. | Bosquet thirion, faubourg poissonnière, 32, paris. Couëron, près nantes, 13 janvier. sans nouvelles passy depuis trois mois en implorons immédiatement, à couëron. — Bardin. |

Bagnères-de-Bigorre, 14 janv. — m. Adour, 31, rue trévise. tous bonne santé, papa bien occupé. souviron reçu lettres, bonne santé, pied malade. — Adour. | Déjeanne interne Hôtel-Dieu, place notre dame. lettres reçues, bien portants, adé, idrac aussi. charles argelès, donne nouvelles haulon. — Déjeanne. |

Aurillac, 13 janv. — MM. Carbonnier, 51, rue hauteville, paris. bonne santé ici, et à orléans. bonne maman à aurillac, reçois vos lettres. — Marcille. |

Niort, 13 janv. — Dénier compiègne, 4, inquiétudes, santés. éléonore, vous, écrivez souvent, apprenez-nous résultats maillard octobre. alphonse mieux. — Grieu. | Ravina, 22, douai. santé emma bonne, ignorant mort frère, que déplorait dépêche décembre. écrivez niort poste restante, gardez secret. — Duché. | Duché, rue banque, 1. préviens famille, amis, écrire niort poste restante. malpas, raffin, disposeront appartement dite, duché, santés bonnes. — Duché. | croirot, garancière, 15. donnez nouvelles, allez habiter chez nous, faites ouvrir et faire clef, serez mieux. niort merediou. — Legeay. | Naudet, 311, rue st-denis, paris. malade toucher, loyer, payer contribution, loyer, charles bien. madame querrioux 3-fossés st-jean, niort. — Dufourmantelle. | Emile juin aboukir, 143. gaston rejoint bourbaki, portons bien, seconde dépêche. — Barrelle-Debureau. | Jumelle, 123, rue st-denis. niort, granvilliers, amélie, charles, hippolyte, tous bien. promenades, casimir inquiétantes. donnez congé appartement magenta. écrivez souvent.—Grieu. | Kindberg, 61, chabrol. delorme granges près villette, genève. thomas charrière, niort. hippolyte charles lardier. grieu, henriette, cinq enfants tous bien. — Jumelle. |

Poitiers, 13 janv.—Parizot, école médecine, 21. donnez nouvelles par ballon, inquiétudes continuelles, bonne santé ici, travaillons aux havresacs, adresse poste restante. — Parizot. | Messelière, sergent 36e mobile, vienne 3e du 1er. présents et absents vont bien, tes lettres arrivent.— Messelière. | Estève barthélemy, 5. sans nouvelles, inquiète de vaulabelle, écrivez, portez chez notaire 4, faubourg montmartre, 360 fr.—Tiret. |

Fontenay-le-comte, 12 janv. — Laval, substitut rue châteaudun, 2. santé bonne. — Laval. |

Hyères, 12 janv. — Guillomat, st-gilles, 11. donne nouvelles. hyères, palmiers, portons bien. — Rousseau. |

Durtal, 12 janv. — Levasseur, rue vaugirard, 333. georges très-bien, lettres reçues jusqu'au 26 novembre. — Cuiguet. |

La Rochelle, 13 janv.—Buloz, rue bonaparte 17. compte sur vous, édouard. soyez réunis. enfants bien. — marie. | Champollion, 28, joubert. claire zoé, léon, alice fille, fin novembre, lafaulotte rodrigues, brun, basile parfaitement. coralie écrire nouvelles annette. — Elise. | m. Defarge, écuries artois, 38. reçu toutes lettres dernière premier, santés parfaites, sommes la rochelle, rue arsenal, 10. — Defarge. | m. reynart, écuries artois, 38. reçu toutes lettres, santés parfaites, sommes la rochelle, rue arsenal 10. louise biarritz. — Reynart. |

Anduze, 12 janv. — Guibal. ferme-mathurains, 12. anduze, rodez, allons bien. reçu quatre lettres écris chaque semaine. — Guibal. | Galoffre, 13, rue du plâtre-temple, paris. recevons lettres. vais bien, ainsi que tous, bastide inquiète appartement. A bientôt. — Eugène Galoffre. |

Marseille, 12 janv. — m. Clariond, avocat, rue pont-neuf, 22. portons tous bien, très-triste sur toi. — Clariond. |

Napoléonville, 15 janv. — Lenorcy, 18, tronchet. baron lemaguet, leplanquais, cheylus, albert, jeanne, isabelle, tous santé parfaite. donner nouvelles octave brossette, sois prudent. — Lenorcy. | De acour, 98, boulevard saint-germain, famille bien, santé bonne, paris. adresse at reynard's lower houvood lurcey england, familles bien. — Pressard. | Thiellement Pressard, 3, rue Dusommerard, paris. famille thiellement bien, georges armée active était abbeville, écrire jeanne, georges tous santé parfaite. — Eugénie. | Carné, 10, dugay-trouin. Lucie, bonne santé parfaite, charlotte catéchisme, lucien diable avec fusil, tambour, louise santé mieux, famille bien. — Bardou. |

Châtellerault, 12 janv. — Madame Noël, ville de londres, faubourg montmartre, paris. envoyé 4 dépêches, bien portant toujours à châtellerault, demande argent, lafourcade, confiance. — Juquelier. |

Toulouse, 15 janv. — Forbes, 35, rue de sèvres. sœurs bien, maman enrhumée, reçu dernière lettre, inquiètes william. — Forbes. | M. de Benoit, 1, rue du regard, paris lettres arrivées dijon, prussiens partis, parents se portent bien. | Lebaudy, 19, rue flandres, santé parfaite. — Lebandy. | M. Vejux, 6, rue beautreillis, paris. mère je suis toulouse bonne santé, réponds par ballon. — Venier, officier 18e artillerie. | Lemaire-Béjot, 33, neuve-st-merri. écrire à dast toulouse, donner nouvelles eugène fort issy. — Decaudin. |

Saint-Malo, 13 janv. — Darance, entrepôt de vins bercy. sans nouvelles depuis 75 jours. émile et vous, très-inquiets. — J. André. | Kraft, lieutenant, 137e infanterie, 6e compagnie, vincennes. espérons meilleurs jours, courage.—ibuon. | Juillerat, 24, delambres. reçu lettres 29 décembre, très-inquiète, écris de suite, bien portants.— Cumming. | Cumming, 25, châteaudun. reçu lettre 25 décembre. atelier bien. rivière pas quitté. manquons de rien, écris de suite, inquiète. — Cumming. | Prudhomme, 58, basse-rempart. famille entière bien. — Emilie. |

Vichy, 14 janv. — Garnier, 8, rue de braque. courage, santé, argent, espoir. dubois, 2, rue beaux-arts, dire bouchet convalescent. — Garnier. | Contamin, 2, boulevard magenta. tous bien portants, recevons lettres vichy. — Contamin Adèle. |

Villebois-La-Valette, 15 janv. — Madame Massonnet, 1, rue hautefeuille, paris. allons bien, inquiète. — Miquel. | M. Gersin, 15, rue poissonnière, paris. Biard tranquille, santé parfaite communiquez blangi. — Gersin. | M. Cavaniet, 22, rue duperré, paris. reçu lettres, biard bien tous portants. — A. Raillard. |

Angoulême, 15 janv. — Ponsignon, administrateur compagnie soleil. nouveaux renseignements sur millot au 56e ligne à nîmes. — Chevallier. | Mignot, soldat, 59e, 8e compagnie, 3e bataillon, caserne reuilly, te porte-tu bien? — Mignot. | Bobin, 121, saint-lazare. reçu lettres. transmis à châtillon par bar. dijon, mais difficile. sympathisons, courage! écrivez souvent, allons bien. — Degroud. |

Azilles, 14 janv. — Lanoue, 64, quai bercy. traité parties deltheil, challet, suis en marché pour saltel et vin supérieur jarlaud. — Sanches. |

Rennes, 14 janv. — Duval, 37, boulevard st-michel. papa, edmond, jametel, nous tous santés excellentes, marcelle marche, sois prudent.—Duval. | Gianetti, 45, babylone, paris. vive reconnaissance pour lettres, écrivez à rennes, sommes bien portants, prévenez agutt, silence émile inquiétant. — Ségalas. | Pavin, sergent, 2e compagnie, 5e bataillon, 28e régiment, mont-valérien. famille bien portante, continue écrire, lettres parviennent. espoir revoir bientôt. — Chalain. | M. Gally, 103, faubourg-st-denis. très-malade, deuxième irritation, lettres rares et courtes, reçu lettre 1er et celles charles 8. | Wallon, 95, saint-michel. tous bien. guibert, wallon, gillardaie, jannet lectoure, inquiets bombardement. donnez souvent nouvelles. — Guibert. | Dubuard, 18, ancienne-comédie. paul brigadier bien portant le 25 décembre. eblé reçu toutes lettres d'aristide, marais bien portant. — Jeanne. |

Saint-Servan, 13 janv. — Gramidon, 50, rue vaugirard. bellaguet, inquiètes, supplient écrire. — Bellaguet. | Chambrelent, 66. condorcet. bien portante, courage, écrivez, tendresses. — Amélphine. |

Rochefort-sur-mer, 15 janv. — Rinn, 212. st-jacques. cantonné à surgères, bien portant. bonnes nouvelles d'azay. — Charles Rinn. | Selleron, place boëldieu. rochefort, 14 janv. allons tous bien. famille bacot aussi, admirons héroïsme. envoie doubles les lettres jaunes. — Selleron. | Duval, 22, tivoli. allons bien, arvers guéri. alphonse avec bourbaki. écris. — Marchegay. |

Terreaux, 14 janv. — Deyme, 7, cours petites-écuries. reçu lettre 1er janvier, allons bien, écrivez souvent, mille souhaits. — Deyme. | Ricord, maréchal-logis, 2e compagnie pontonniers, garde mobile du rhône, rempart porte maillot. allons tous bien, recevons tes lettres. — Ricard. | Mauger, 7, solférino. lettres reçues, habitons vevey, suisse, adrienne, trouville. santés excellentes. vois amis, souche, gaz. angoisses pour toi. — Preschez. | Mancelle, 4, sainte marie, grenelle. charles bien. donnez nouvelles par ballon. — Fuchet. |

Nîmes, 14 janvier. — Renault, 41, faubourg-poissonnière. janvier, sommes tous ensemble poitiers. bonne santé maintenant. écrire abbé fossin évêché. ressources suffisantes. — Emmanuel. | Crémion, 5, passage laferrière. porte bien. aix aussi. voyez georges, suis nîmes. — Lafenestre. | Guiraud, 57, rue aux ours. allons bien, soigne-toi. recevons tes lettres, merci. — Louise. | Guerchet, 36, rue du mail. nous allons bien. réponse par ballon. — Ayral. | Faller, 41, avenue wagram. portons bien. avertir gâtinet, 21, rue moutonduvernet. — Emilie. | Quet, lycée corneille. paris. santé parfaite. avons besoin de rien. ville tranquille. — Cécile Gairaud. |

Pontivy, 14 janv. — Vavin, 14, castiglione. ne t'inquiète pas, sommes ici tous bien portants, écris maison hervé. — Anna. |

Mont-de-Marsan, 15 janv. — Martelet, 62, rue blanche. hazebrouck 6, mère, filles, frères, juliette, tous bien. — Marie. |

Guérande, 14 janv. — Castelli, 21, navarin. envoyez nouvelles de chez nous et chatou par tous ballons, marie, fille, tous bien. — Briat-Charpentier, le pouliguen, loire-inférieure. |

Castillonnet, 14 janv. — Peugnet, 5, faubourg-montmartre, paris. bonne santé, enfants superbes, savoir à coste, marre donner vins à coste.— Fraigneau. |

Bordeaux. — Grandval, 7e secteur vaugirard. bien portantes lucerne, courage, lettres. | Jules Simon, paris. faites savoir à docteur vacher sa femme et enfants en bonne santé. amitiés, courage, espoir. — Louis Latrade. | Bordier, télégraphiste, fort bicêtre. portons tous bien. recevons lettres. — Dumesnil, Phalary, Bordier. | Durier, 28, rambuteau. crèvecœur investi, bien portant. nourrir prussiens. amiens pris, bataille environ armée nord. — Durier. | Fould, 3, rossini. famille excellente santé. bébés charmants. gessinq avise rentrées excellentes. vos lettres dix reçues. émile bien. — Fould. | Dupille, 56, montorgueil. portons bien, comment vous? hortense versailles avec moreau. — Delaherse. |

Marseille, 15 janvier — Lazard, 8, beaux-arts. télégraphié déjà plusieurs fois. position désespérée. sans réponses. gravement malade. sans fonds depuis deux mois. — Calimard. | Tellier, 252, rue saint-denis. reçu trois lettres. écrivez souvent. nos santés bonnes. amitiés à tous parents amis. — Tellier. |

Châteauneuf, 14 janv. — Girard, 82, neuve-des-petits-champs. châteauneuf, tous bien. — Girard. | Hervet, 71, rue caumartin, paris. me porte bien, et toi que j'embrasse, papa guignard, décédé 26 septembre. — Sinvro. | Bollmann, 5, grenier-saint-lazare. louise, ses enfants, amélie, duhamel, cécile, moi allons bien. recevons toutes vos lettres, dernière 9 janvier. — C. Bollmann. |

Buxière-la-Grue, 14 janv. — Rocheton, 14, rue linné. hôpital pitié bombardé. inquiets de vous. portons tous bien. allier pas envahi ni menacé. réponse. — Devillard. |

Dinard, 13 janv. — Guilloteaux, 8, rue drouot. nous, parents guilloteaux, gaugain, madeleine bien. reçu tes portraits. londres en sûreté. — Hélène. |

Pougues, 14 janv. — Maleissye, 13, rue de solférino, paris. osmond malade. défendez ambulance. prenez-le. agissez vigoureusement, donne plein pouvoir. merci- — Osmond. |

Montauban, 15 janv. — Cambon de Lavalette, grand-hôtel. henri erfurt, auguste hâvre bien portants. — Mila. |

Mèze, 15 janv. — Thomas, 88, saint-antoine. bien portant — Thomas. |

Billon, 14 janv. — Chambigé, sergent 32e régiment, 1er bataillon garde mobile puy-de-dôme 7e compagnie. famille bonne santé. recevons lettres, écris-nous souvent. courage, nous embrassons. — Chambige Saulzet. |

---

91. Pour copie conforme,

L'inspecteur,

Bordeaux. — 18 janvier 1871.

Vouvray, 12 janv.— Aubert, 11, rue caillaux, paris. n'avons pas reçu lettres, maillard reçu une, nous portons bien, écrivez souvent, faites 4 questions.— Doucet. |

Toulouse, 12 janv.—Delmas, 3, rue rougemont. sans nouvelles depuis septembre, inquiétude profonde, écrivez hebdomadairement. accusez réception dépêche, nouvelle famille Dufossée.—Léonce. | Morat, capitaine, 11e artillerie. santés toujours parfaites. bébé superbe, marche. recevons lettres, suis raisonnable.— Lucy Morat. | me Chabannes, 5, rue greffulh. reçu lettre, ai écrit souvent, toutes parfaitement, anxiétés terribles, avec vous de cœur.— Chabrier. | Schwartz, 82, bondy. toulouse depuis 4 mois. reçu lettres, procure-toi argent, enverrai aussitôt ligne libre, écrit souvent. — Schwartz. | Huguet, 12, rue thouin panthéon. reçu lettre. allons bien, écrivez souvent.— Bourseul. | Bourseul, officier invalides. reçu lettre eugène vienne isère, je fais démarches pour avoir nouvelles henri, écrivez souvent.— Bourseul. | Barthès, 10, rue Jeûneurs, paris. enfants vont très-bien.— Louis. |

Lambert, 25, rue richelieu. portons bien, écris boulevard vingt-deux septembre, 9, toulouse.— Lévy. | sœurs Cadars, 77, rue des martyrs, montmartre. nous sommes toulouse, allons bien chez cousin barthe, donnez nouvelles.— Cadars. | Harhoëllerie, 4, taitbout. sante bonne, avons écrit souvent. mortelle anxiété. toulouse tranquille, destitué! serres magnifiques, chevaux vendus. théodose commandant.— Harhoëllerie. | Berger, 20, rue rovigo. dernière lettre reçue 14 déc. bien, et vous autres? écrire détails, toujours même, mille souvenirs.— Talexy. | Payen, 13, boulevard st-germain. enfants, nous, bonne santé, lodo très-bien est pas dans la position que tu crois.—Payen. | m. Donnadieu, 3, rue linnée. avons reçu lettres portons tous bien.— Rose Donnadieu. | Ladrière, 139 sèvres. allez habiter chez nous, serrurier ouvrir buffet, provisions. corridor, œufs dans sceau charbon, allons bien.— Renoult. |

Degourcuff, 87, richelieu. service régulier depuis 5 nov. depuis blocus soixante-dix mille réglés ou annoncés compris ceux connus.— Subra. | madame Peignot, boulevard montrouge, 68. tous portons bien, manquons de rien, recevons lettres.— Amélie Mathieu. | m. Manen, 28, rue varennes. tous très-bonne santé.— Manen. | Vilary, 104, richelieu. allons tous bien. léon pense à vous toujours, lettre reçue hier, dieu te protége, amitiés.— Jezé Auguste. | Laurens, 40, rue faubourg poissonnière. santé parfaite. tous recevons lettres de paris, parents delaporte à toulouse.— Laurens. | Delaporte, avoué, 23, rue st-anne, paris. santé parfaite, avec Laurens toulouse, marie avec périer à nantes poste restante.— Delaporte. | Darnaud, capitaine, 4e zouaves. reçu tes intéressantes lettres, dernière portant vœu annuel. ma pensée avec toi constamment, admiré, aimé.— Darnaud. |

Kahn, 23, rue provence. santé parfaite, familles oppenheim, picard, nathan. may, mayer, recevons tous vos lettres, merci. embrassez edmond.— Mayer. | Jacquesson de chevreuse beaux-arts, 3 bis. nous nous portons tous bien —Jacquesson. | Angèle Gironis, 38, rue st-séverin. confirme dépêches autorisant demander argent à nicole agent lanne, rue drouot, 24, réponds.— Gironis. |

Marseille, 11 janv.— Bloc, 15, place des abbesses. tous en bonne santé, courage, confiance et espoir.— Estier. | Marbot, 18, rue st-placide. recevons lettres, sommes tous marseille 20, boulevard paix.— Salomon. | Rosembeau, 3, rue de l'école de médecine. toujours sans nouvelles, écrivez, sommes chagrins, santé.— Chaulan. |

Narbonne, 12 janv.— Lagriffoul, commandant 139e, paris. marius prisonnier, gratien sergent-major, moi capitaine 52e narbonne, courage, espoir.— Lagriffoul. | Cabirol, 168, rue marcadés, paris. heureux de recevoir tes lettres, santé parfaite, nous vous embrassons tous, espoir et confiance.— Cabirol. |

Toulon, 12 janv.—Noureux, 50, saintonge. écrivez rue nationale, 33, toulon. tous bonne santé, inquiets.— Aragon. | Linard, 4, perrault. pas lettres depuis 2 mois, écrire isère toulon.— Linard. | Maxe, 9, papillon. eugénie avec moi, écrire linard, navire isère, toulon.— Linard. | Masse, 33, joubert. bonne santé, écrire toulon, isère.— Bourgeois. |

Montauban, 13 janv.— Bailly, 32, meslay. donnez-nous détails des amis lartigue, roule, brule, boutard, que parent écrive avec détails nombreux — Catellan. | Bailly, 32, meslay. 5e dépêche. sommes passablement. avons perdu maman. mélanie perdu son père. recevons vos lettres exactement. — Catellan. | Brécy Courtade, 76, oberkampf. allons bien. reçu lettres. cherchez dans commode armoire maman. partirai sitôt possible. continuez, courage.— Courtade. |

Nice, 12 janv.— de Montèze, pharmacien ambulances 2e corps, aubervilliers. frère, nous, santés parfaites, avons écrit souvent. communiquez marc.— Caroline. | Jones, 13, place madeleine. Je suis heureux d'avoir reçu votre lettre, acceptez mes meilleurs vœux, santé bonne.— Jones. |

Jersey, 10 janv.— Gibert, 122, rue de provence, paris. j'ai soixante ans et neuf mois. prenez nos confitures, huile, vin ordinaire, santés excellentes.— Gallet. |

Londres, 13 janv.— M. Vandenberghe, 162, rue rivoli, paris. horriblement inquiète. allons bien, pas nouvelles eugénie depuis octobre. lucien, famille bien villeneuve.— Marie Vondenberghe. | Manceaux, boulevard malesherbes, 9, paris. lettre georges cinq parvenue. veille sur lui chaque jour tous bonne santé, écrire brighton.—Manceaux. | Cohen, 83, rue maubeuge, paris. tous bien. louise a fille, écrivez, recevons lettres, souhaitons charles guéri. janvier.— Cohen Auscher.— mm. E. Renard Ce, 66, rue de bondy, paris. reçu deux lettres ballon. votre correspondance toute ici, ouverte par spooner. payons acceptations, léon occupé manchester.— P. Walther Ce | Sandbach à Capellen, légation hollandaise, paris. lettre du 1er janv. reçue. tous bien portants ici et en hollande. le leg d'alexine parfaitement vrai. | m. Trilles, 5, rue palestro, paris. suis à londres avec chopis en bonne santé. famille bien, au chili bien. romain ambulance mieux.— C. Pra. |

Londres, 11 janv. — M. Saint-Denis, 22, boulevard richard-lenoir, paris. Georges prisonnier allemagne, sidonie debladis chez nous, accouchée fille.— Thévenot. | Moret, 9, rue cléry, paris. votre famille à bruxelles va bien.— Hooper, londres. | Lévy Finger. 6, rue de l'entrepôt, paris. nous, enfants, parents weiss, vont parfaitement. reçu vos lettres.— Caroline, Célina. | Josse, 163, rue charonne, paris. bonne santé, reçu lettres, 5e dépêche.— Jeanne. |

Londres. 12 janv.— M. Noar, 38, rue de l'échiquier, paris. tous bien, assurance payée.— R. W. Voar. | Constant Salvatelli, 50, rue de moscou, paris. 12 janv. enfants santé parfaite, parlent anglais, recevons lettres, parfaitement chez hanscome. courage, prudence.— Thérèse. | P. Abaroa, 102, rue richelieu, paris. famille bien à lequeitio, 7 janv. quintina, heureusement accouchée fille. reçu lettre delafosse et bureau 30 dernier.— Amada. | m. Ravel, 77, rue blanche, paris. santé assez bonne. lettres reçues, dernière du 28. Viénot mort. pereira malade.— Machado Cheltenham. |

Mirande, 16 janv.— Haristoy, capitaine gendarmerie, louvre. dézaire, louis, haristoy, maurice, peltier, très-bien, Justin hambourg, recevons lettres, lille tous bien.— Haristoy. |

Cahors, 16 janv.— Richaud, chez mahou, 48, rue laffite. portons bien, écris plus souvent, oncle général, tous avec toi.— Richaud. | Arnoux, ingénieur en chef compagnie orléans, paris. mandez à lemercier, directeur bordeaux, si crédit agricole encaissé derniers mandats gamard.—Gamard | Dufour, 31, neuve-st-augustin. nouvelles récentes vivier en sécurité, élise superbe, tous bonne santé, 16 janv.— Léonie | Descrivan, rue nesles, 8. ici agent compagnie assurances nationale mort. rappelez ma demande au directeur général, ai dossier ouvert.— Recès. | Fessart, conservateur hypothèques. fais demande l'agence à cahors de la compagnie assurances la nationale, veuillez appuyer, merci.— Récès. | Directeur assurances la nationale. francès, agent général cahors, mort. autorisez-moi continuer opérations, ai dossier ouvert chez vous.— Récès. |

Périgueux, 16 janv.— Tailfer, 9, rue dulong lettres reçues, écrivez toujours, faites écrire henri, sans argent, ni vêtements, santés bonnes, notre appartement?— Blot. | Babin, 50, quai rapée. lettres reçues, prière donner nouvelles de mon frère, oncle, appartement, usine, périgueux, 22, cours fenélon.— Blot. | Dubois, 49, rue lancry. santés bonnes, inquiètes bombardement, recommandons grande prudence, des cinq bons, quatrième manque, enfants travaillent.— Dubois. | Lamy, faubourg poissonnière, 58. tous bien, restons périgueux, recevons lettres, écrivez souvent, accuse réception toi-même, sitôt reçu.— Lamy. |

Limoges, 16 janv. — Pagès, 23, jacob. portons bien, reçu bonnes nouvelles bernay ce matin, de même moulins. pas lettres paris depuis émile.— Marsac. | Berthier, 66, sèvres. santés bonnes, inquiets donne nouvelles.— Berthier. |

Tarbes, 16 janv.— Mme Jailon, château-d'eau, 58. santés bonnes, reçu lettres. envoyé dépêches, souffre avec vous. maman chez toi. merci. tendresses.— Zélia. | de Rancourt, hôtel colmar, rue malte, 64. confiance, faisons dépêches. bordeaux, tarbes bien. Jean superbe.— Marguerite. | Terré, rue rambuteau, 37. allons tous bien, fréres hors service. petit-fils va bien, Jacques aussi.— Terré. | Levalois, capitaine 9e chasseurs cheval, fort vincennes. nord, midi, santé parfaite.— Paule. |

Bagnères-de-Bigorre, 16 janv. — Dambach, 16, duvivier. si maison abimée. louez sous-sol, abritez mobilier, besoin argent demandez à oscar, vous et maria.— Darvant. | Bouleger, rue gay-lussac, 1, paris. Eliza, enfants, famille vont bien, reçoivent vos nouvelles à luxembourg. sarreguemines calme, bonnes amitiés.— Utzschneider. |

Vic-Bigorre, 16 janv.— Hamouy, 1, rue bleue, paris. santé bonne, habitons vic, sans nouvelles depuis lettres, félix à maselet.— Aubry. |

Narbonne, 16 janv. —Lambert Ste-Croix, 47, rue du luxembourg, paris. tous bien portants à gaussan.— Peyre. | Lambert Ste.Croix, 47, rue luxembourg. luisa, son fils sont trelon, vos lettres reçues, écrivous souvent, hippolyte mort.— Peyre. | madame Cabanes, rue st-honoré, 191. santés bonnes, recevons lettres.—Lajourdie. |

Lagrasse, 15 janv.—m. Senneville, 3, rue jacob, paris. bonnes santés à lille et saint-laurent, vos lettres arrivent.— Degrave. |

La Nouvelle, 15 janv. — Tornier, quai austerlitz. lalandre suis seul, la nouvelle. écrivez-moi. vins lapalme douze, ordinaire huit.— Boué. |

Rodez, 16 janv.—Vabre, commandant militaire. reçûmes heureuse nouvelle de santé et réconciliation fraternelle, famille, amis, adélaïde, allons bien, embrasse édouard, Julie.— Anglade. | Lemaire, officier intendance militaire, rue st-dominique. toutes lettres reçues, santés bonnes, levée faite, bascalon mobile autun.— Anaïs Rolland. |

Albi, 16 janv.— Lamarque, zouave, 28e marche, 1er bataillon, 7e compagnie. jean prisonnier, écris albi.— Augustine Bounecarrère. | Crozes, inspecteur finances, 20, caumartin. santés familles bonnes. henri capitaine loire, rien reçu de toi depuis novembre. deshons bien.— Crozes. | Laurié, capitaine 7e régiment, 1re compagnie, 1er bataillon garde mobile, noisy-le-sec. désolée pas nouvelles, malade, négligence. tous bien, émile fourrier. prosper caporal mobilisée partir.— Blandine. |

Mazamet, 15 janv.— Fourgassié, 57, rome, paris. vos enfants vont bien. voici adresse : 5, argyll road high street kensington w. londres.—Rives. |

Bourges, 16 janv.— Gustave Dupin, 25, rue laval. aucune nouvelle depuis 20 déc. Jules est-il malade? allons bien.—Alice. | Thiébault, 17, beaudin. allons bien, georgette accouchée fille, james sergent perpignan, débloqués venez, provisions envoi difficile, encombrement.— Pascault. | Hersent, 13, rue richer. écrivez à antoine, hôtel pomme d'or à Jersey. tout bien à thuet.— Cécile Boissan. |

Bourgueil, 17 janv. — Basset, 21, boulevard haussmann. bourgueil, avranches, tous bien. aimons et prions. | Basset, 13, saints-pères. bourgueil, avranches, tous bien. aimons et prions. |

Paimbœuf, 14 janv.— Lasserre, 48, rue berry, paris. bien portants. prière de faire mettre en sûreté tableaux, rue taranne, maison des bains.— Leroux. | Concierge, maison des bains, rue taranne, paris. mettez tableaux en sûreté.— Leroux. |

Buxière-la-Grue, 17 janv.— Mme Barbaroux, 235, boulevard st-germain, paris. tous bien condemine, salazie gros garçon.— Chauchard. | Barbaroux. juge, 5, rue poitiers, paris. tous bien condemine, salazie gros garçon.— Chauchard. |

Vatan, 16 janv. — Mauchien, 50, sébastopol. portons tous bien, embrassons, recevons lettres, écrire souvent. — Estelle Mauchien. | Mathieu Blanchet, 12, rue bertin-poirée. lettre datée 28 décembre, reçue 14 janvier. portons tous bien.— Blanchet. |

Menetou-Salon, 16 janv.— comte Greffulhe, 10, astorg, paris. toutes trois en bonne santé à menetou.—comtesse Greffulhe. | vicomte Greffulhe, 8, astorg. paris. santés bonnes à menetou.— comtesse Greffulhe. |

Magnac-Laval, 17 janv.— Chartier, 42, gouvion-saint-cyr. portons tous bien, reçu mandats, donne souvent nouvelles.— Genesteix. | Hirsch, pasteur, boulevard sébastopol, 28, paris. reçu vos 3 lettres, burgess envoyé fonds. houqueure, centre bien. vive sympathie.— Boubila. |

Les Sables d'Olonne, 16 janv.—Fontenay, place marché st-honoré. tous bien. sables, sarlat, eastbourne. france armée, courage.— Adenis. | Poisson, 17, helder, paris. nous allons bien. reçu 13 lettres.— Elise. sables (vendée). |

Arcachon, 18 janv.— Duperray, 39, rue acacia, ternes. allons bien, réponse immédiate, et nicolas. plage, 147, arcachon.— Bigot. | Mars, 38, labruyère. reçu toutes lettres excepté 17. tout le monde très-bien à saintes, rien besoin, amitiés tonnelier.— Lunel. |

Angers, 17 janv.— Faure, 6. rue ménars. tous bien, avons quitté laval. alphonse écrire poste restante niort. xavier arcachon chez Rey.—Faure Delorme. | Bouisson, 37, rue lille. allons bien, famille bien, mainbray morte, paul engagé ligne parti janvier bourges. tristes. recevons lettres.— Lottin. |

Fontevrault, 17 janv.— Fouquet, infirmier, val-de-grace. sommes bonne santé, demande argent marquis, auquel amitié.— Fouquet. | Guibert, 38, rue malesherbes. sommes bonne santé, frères prisonniers coblentz, écrivez-nous.— Dropeau. |

Bagnères-de-bigorre, 17 janv.— Neukomm, 37, martyrs. lettre reçue hier, bien portants. assurances? — Neukomm. | Deshayes, 27, boulevard italiens. nous, albert à lyon. léger, esnault, portons bien, reçu tes lettres.— Deshayes. |

La Rochelle, 16 janvier.— Mercadier, direction télégraphes. voir Sarreau, famille porte bien, sept lettres reçues, dernière 23 décembre, prendre informations sur expédition.—Sarreau. | Lenepveu, 1, quai d'orsay. bien portantes angers aussi, renouvelons vœux bonne année, embrassons tous.— Joséphine Lenepveu. | Renard, notaire, rue montmartre. reçu lettre du 12, envoyé quatorze dépêches, santé bonne, mère bien.—Renard. |

St-georges-d'Oleron, 14 janvier. — Chanot, luthier, 1, quai malaquais, paris. très-inquiet frère et fils Louis caporal 54e ligne, prière donner nouvelles ballon.— Maurisset. |

Rochefort, 14 janvier. — Garet, 27, michel-le-comte. courage, tous bien, venir bientôt. — Angèle Villeneau. | monsieur Cailloux, 21, arbre-sec, paris. nous sommes tous bien, soigne-toi bien, écris-nous souvent, et surtout couvre-toi. — Cailloux. | Dorré, commandant 6e secteur. bonnes nouvelles Domainville, souffrent pas invasion, vous bien, télégraphions souvent, recevons tes lettres.— Marie Dorré. |

Matha, 14 janvier. — Lefranc, 20, rue st-marc, paris. prière remettre à Schneider, 10, avenue percier, dividende libourne-bergerac.— Doine. |

Royan, 14 janvier. — Masse, 210, rue st-denis. quatrième télégramme. Edmond bien. Maurice indisposé, grand-père Verneuil décédé, habitons royan.— Viarmé. | Chenu, 115, faubourg-saint-antoine. apprends blessure Ernest par Léontine, donnez-nous à royan de vos nouvelles.— Viarmé. | Speckaert, 15, quai montebello, paris. avons reçu lettres, écris souvent, portons bien, deuxième dépêche, vois Chanteclair, donne nouvelles, merci.— Chanteclair. |

St-jean-d'angély, 15 janvier.— Mouton, 63, cambronne. tous bonne santé, foin acheté, dernière lettre fin décembre, écrire tous les jours avec détails. — Meudebert. | Lefaurichon, 26, boulevard st-germain. bonne santé, dernière lettre fin décembre, écrire chaque jour, inquiet, détails famille.— Lefaurichon. |

Rochefort, 15 janvier. — Griffon, commis marine, service marine, ministère marine. nous nous portons tous bien.— femme Griffon. |

Royan, 13 janvier. — Lavergne, banque france. sommes tous très-bien, reçois tes lettres. — Eudoxie Lavergne. | Léon, 28, belzunce. sommes tous très-bien, sans nouvelles de vous, très-inquiets.— Adèle Puz. |

St-jean-d'angély, 14 janvier. — Hulot, 6, casimir-périer. mère décédée avant-hier, enfant bien ici collége, reçu billet du 24.—Levallois. |

Marans, 13 janvier. — Gaillard, 49, rue vaugirard. santé bonne, recevons lettres, inquiète bombardement, Lucas ici.— Marie Gaillard. |

Château-d'Oleron, 14 janvier. — Paquette, chef de bataillon, 107e ligne, paris. reçu lettre 13 courant, portons tous bien, avons envoyé dépêche le 3 courant.—Paquette. |

Saintes, 13 janvier. — Dumont, 31, avenue trudaine, paris. santé parfaite, sommes très-tranquilles, j'ai reçu ta lettre du 10 janvier. — Malets. |

St-martin-de-ré, 13 janvier. — Lacroix, 76, boulevard beaumarchais. tous en bonne santé, confiance et patience. —Bouthillier. |

La rochelle, 16 janvier. — Lemonnier paul, limonadier, 264, rue vaugirard. tous bonne santé, pays tranquille, reçois lettres, recommande prudence extrême, écris-moi souvent. — Lemonnier. | Kreusler, 38, rue école-médecine. tous bien. Sireuil, Delzeuzes, Coucourt, enfants Renou, Reignard, Delmas, bien. embrassons tous aussi Dubousquet. — Louise Dhellencourt. | Lavollée, 21, rue écuries-artois. vais bien. — Lavollée. | Murel, 5, séguier. bonne santé dieppe, corbeil, aussi beauvais. recevons vos lettres. — Lallement. | Bonnefoy, 5, rue du mail. inquiètes odéon. où habitez? détails vite. remercions monsieur Dufresnois, portons bien. — Eugénie-Elise Lecornu. | Lecornu, 131, rue montmartre. recevons lettres, portons bien, partageons peine Durand-Letellier, souvenir Joséphine.— Eugénie-Elise Lecornu. |

Bordeaux. — 18 janvier 1871.

La rochelle, 14 janvier. — Crehange, 40, boulevard du temple, paris. toute famille Baer se porte bien, ainsi que Reiss. répondez par ballon. — Baer Joseph. |

La rochelle, 15 janvier. — Rang, capitaine 136e ligne, division Bellemard. tous bien, t'embrassons. — Cécile Rang. | Héliot, 29, rue jacob. réformé, institution Chevallier la rochelle, titres, vendez couverts, quittez rue jacob si nécessaire, lettre reçue, reverrons. — Héliot. | Godélier, valgrâce. santé bonne, reçu argent, Lucas autorise prendre provisions placard chambre domestiques clef concierge, reçu vos lettres. — Edmée. |

La rochelle, 16 janvier. — Grignon, 28, rue boulevard-batignolles. tous bien portants, enfants travaillent, Ernest toulon, recevons vos lettres, Paul Daniel mort. — Pellevoisin. | Châtignier, 6, bonaparte. tous bonne santé, Lucien à chartres envahi, Marie-Jeanne rochelle. écrivez-nous, affectueuse sympathie. — Chesnet. |

Gaillac, 15 janvier. — Bernard Vieules, 7e mobiles tarn. allons tous bien gaillac, rabastens, Albertine surtout, avons reçu ta lettre onze. — Vieules. —

Dourgne, 15 janvier. — colonel Pistouley. 1er corps, 2e brigade, 2e armée, paris. allons tous bien. Pistouley. |

Marquise-usines, 9 janvier. — Caillot, 167, faubourg-st-martin. douzième. Léonce fièvre croissance, René externes collége, Anaïs grossesse satisfaisante, tous autres bien, usine travaillons, tous bien. — Auguste. |

Melle, 15 janvier. — Vaton, 75, boulevard st-germain. Henri prisonnier minden, ai envoyé argent. — Dehansy. |

Agde, 14 janvier. — Colombani, sous-intendant, 11, lamothe-piquet. sans nouvelles Wilemaint depuis 5 novembre, vivant ou mort réponse. — Wilemaint. | Wilemaint, officier 121e ligne. sans nouvelles depuis 5 novembre, allons bien, réponse. — Wilemaint. |

Béziers, 14 janvier. — Riban, 200, rivoli. santé parfaite, angoisses Georges et vous, confiance au succès. — Eugène. | Lucas, turbigo, 48. allons bien, toutes vos lettres reçues. — Barthès. | Harant, 20, rue vintimille, paris. tous santé bonne, vos lettres sont reçues, Henri pas parti. — Harant. |

Cette, 14 janvier. — Clandon, place jussieu, paris. quatrième dépêche. Alexandre exempté, famille Paule ici ; familles châteauchinon, béziers, cette, Louise, vont bien. écrivez. — Baille. |

Gignac, 14 janvier. — Lavaysse, lieutenant-trésorier, mobiles hérault, parc de saint-maur. reçu plusieurs lettres, dernière 1er janvier, allons tous bien, ai écrit souvent. — Lavaysse. |

Lodève, 14 janvier. — Vallot, 2, place perchamps, paris. allons bien, recevons vos lettres, envoyez questions, répondrai par pigeons, enfants travaillent avec Cavin. — Vallot. |

Lunel, 14 janvier. — Dommartin, 7, rue du hâvre, à paris. allons tous parfaitement, enfants travaillent, tous réunis — D'Exéa. |

Montpellier, 14 janvier. — Ferrier, 9, ferme-des-mathurins. tous très-bonne santé, bon espoir. — Ferrier. | Plagniol, 13, bonaparte. reçu lettre fin décembre (quatrième), ayons confiance, armées partout, mobilisés partis, neveux placés, famille va bien. — Roux. | Teissier, colonel génie, dépôt fortifications. familles Teissier, Hénon, de la Granville vont parfaitement. de la Granville, intendant loire. — Sidonie. | Léon Roux, mobiles hérault, 1er bataillon. allons tous bien, écris-nous. — Dusfour, architecte, béziers. | Batzel, 36, boulevard temple. donnez vos nouvelles rue merci, 4, montpellier, ici santé bonne. — l'Evesque. | Jesson, capitaine état-major, détaché au palais-d'industrie. reçu sept lettres par ballons, retourné enveloppe forestière, allons bien. — Sevène. | Bernard, 26, place madeleine. allons bien à montpellier. — Bernard. | Vernes, banquier. lettre reçue, crédit mensuel 100 fr. pour fils, santés bonnes, donnez nouvelles à Salze. — Cros. | Melon, 51, rue écoles. lettre reçue, félicitations — Melon. | Laurans, sous-officier, mobiles hérault, 3e bataillon, 2e compagnie, st-maur. lettres reçues, bien, argent Ferrier. — Laurans. | Louis Jean-Jean, lieutenant, 43e, mobiles hérault, st-maur. portons tous bien, embrasse Emile, lettres reçues. — Louise Jean-Jean. | Bérard, 20, rue pigalle. tous bien portants montpellier, Wargement aussi. — Cécile. | Dubreuil, 6, rue taranne, paris. bonne santé, envoie de tes nouvelles. — Dubreuil. | Salvan, 11, rue buci. peu souffrant, inquiet sur vous. — Armas. | Poujol, lieutenant, 43e, mobiles hérault, paris. reçu 1er. écrivons toujours, Paul algérie, allons bien. — Poujol. | Lafon, employé télégraphe, 1er corps armée, 1re division. reçu plusieurs lettres, dernière 8 décembre, Ernest ici, tous bien. — Lafon. | Pierre Vidal, 43e, mobiles hérault, 3e bataillon, 7e compagnie, st-maure-le-parc. avons reçu vos lettres, sommes tous pafaite santé. — François Vidal. | Lisbonne, 26, rivoli. allons bien, reçu lettres, priez Gabriel écrire, son silence nous peine, donnez bonnes nouvelles Jules. — Lisbonne. |

Lunel, 15 janvier. — Paul Martel, caporal mobiles 43e, 3e bataillon, 6e compagnie. je répète santé, courage, espoir. tous bien ici, Ménard aussi. écris. — Martel. | Laborieux Antoine, 43e régiment mobiles, 3e bataillon, 6e compagnie, saint-maur. Nous portons tous très-bien, famille Bourru aussi, Jean prisonnier, écrire souvent. — Laborieux-Pieyre. | Jean Remésy, mobiles 43e régiment, 6e compagnie, parc-st-maur. famille très-bien, Berthaumien soldat armée loire. — Remésy. — D'Exéa, général en chef, 3e corps, 2e armée. allons tous parfaitement, sommes réunis, recevons lettres, sommes tranquilles. — Pauline d'Exéa. | D'Exéa, général en chef, 3e corps, 2e armée, paris. allons parfaitement. Armand, Paul, capitaines état-major, près nous. — Pauline d'Exéa. |

Montpellier, 15 janvier. — Paul Privat, 43e mobiles. tous bien, montpellier tranquille, Michel exempté. Gustave, Félix, ici. réclame 200 francs remis poste 1er décembre. — Privat. | Mayre, adjudant, 1er régiment train, champ-de-mars. tremblons pour toi, pour les nôtres. écris, inquiets, tous bien, montpellier restante, lettres reçues. — Mayre. | Louis Leven, 45, trévise. santé bonne ici, souhaite autant de vous, nouvelles rares, baisers. — Dreyfus. | Herrmann, sergent 43e, mobiles hérault, paris. sixième dépêche. toujours bien portants, alsace compris. usez cave et appartement Benjamin. — Vivarez. | Martha, 56, lille. cœur saigne deux mois rien, Charles quatre mois. aille 9, université, Larnac, donner nouvelles. bien, écrivez. — Feuchères. | Dauteroche, 49, richelieu. Joseph, écris davantage. portons bien; Deserres, Pauline, Paul capitaine (dijon), également. recevons lettres. Dieu nous sauvera! — Bourrouillou. | Leblanc, fruitière, 15, l'évêque. portons bien, lettres rares, retardataires, inquiète bombardement, supplions pas exposer, soigne-toi bien, embrassons tendrement. — Piquet. | Héron, 14, rue royale. montpellier anxieux, écrivez. — Mazel. | Marie Henriot, 77, rivoli. écrivez à montpellier. — Fournier. | Louis Pioch, 43e mobiles, 3e bataillon, 6e compagnie. tous tes parents et Suquette très-bien, envoient mille amitiés. — Edmond Castelnau. | Leenhardt, chez Vernes, banquier, taitbout. tous parents bien, envoyons mille amitiés, souhaits, nouvelles Maurice, Henry bonnes, lettres reçues. — Edmond Castelnau. |

Béziers, 15 janvier. — Dalton, télégraphe, paris. bien portants. — Euphrosine. | Magné Auguste, mobiles hérault, 1er bataillon, 2e compagnie, ambulance charonne. portons bien, Dézarnaud part, Poujet prêtera argent, lettres reçues. — Paulin. |

Lunel, 15 janvier. — Doumerc, 7, rue du hâvre, à paris. allons tous parfaitement, sommes réunis, recevons vos lettres. — D'Exéa. |

Châteauroux, 12 janv. — Naudin, rue mosnier, 4, paris. reçu 7 lettres, avons écrit, portons bien, pas prussiens ici. écrivez souvent, venez sitôt possible. |

Aurillac, 11 janv. — Mardoux, 11, rue debelleyme, paris. appris décès colombel, aucune autre lettre, très-inquiets, écrivez souvent chez riva ferrari, milan. — Lydie. |

Massiac, 10 janv. — Pichard, 16, hardon. lausanne, alphonse versailles, tous bien, nous aussi, bochairy, seine, 6. — Duplan, massiac, 10 janvier. |

Villefranche-de-Belvès, 12 janv. — M. Lamarque, godot-de-mauroy. allons bien, nouvelles par ducoux, ayez espoir. esprit satisfaisant ici, lutte acharnée. — Lamarque. |

St-Omer, 8 janv. — Compagnie phénix vie, 33, rue lafayette. saint-omer, police 14,690, assuré décédé. — Merlier. |

Lusignan, 11, janv. — Bordage, sous-lieutenant, 2e compagnie, 3e bataillon, mobile vienne, paris. tous en bonne santé, ton frère. — Bordage. |

St-Bonnet-de-Joux. — Pichault, matignon, 16. donnez nouvelles. — Laguiche |

Limoges, 11 janv. — Drez, avenue grande-armée, 76. écrivez-moi exclusivement, poste restante, limoges. allez chercher 300 francs chez roubaud. — Tharaud. | Peauger, 20, condé. portons bien, reçu lettre 8 décembre, rien depuis, écrivez tous les jours, es-tu mobilisé? — Peauger. | Jarre, rue, pyramides, 2. sommes à limoges, à plouha, santés bonnes. stéphane un mois de congé. va bien. — Jarre. | Boutarel, 18, rue de l'arcade, paris. reçois lettre fin décembre. suis lieutenant mobiles indre, maintenant limoges. — Henry Dufour. |

Bordeaux, 12 janv. — Guy, 16, rue montpensier, palais-royal, paris. maria, édouard bien, tous bonne santé — Guy, ministère guerre. | Piéchaud, rue école-de-médecine, 41. 3e dépêche. tous bien, thimothée ambulance cherbourg, alfred libre, ta dernière 4 décembre. — Palmyre. | Letellier, rue martel, 8 bis, paris. tous parfaite santé : bordeaux, 171, route toulouse. écrivez. — Viraut. | Gautray, avenue joséphine, 48. tous très-bien, louise dents nouvelles en bas, baisers, souvenirs, tendresses. — Eugénie. |
Baratte, 11, quai conti, paris. vos dames parfaite santé genève, famille delcroix également marseille. adressez-moi vos lettres. — Baratet. | Camus, 65, rue meslay, paris. donnez vos nouvelles de la famille, lucie et ma fille, poste restante, la rochelle. — Bourgeois. | Mme Lay, vinaigriers, 39. mère reçu tes lettres, emprunte encore, soigne santé. écris nous souvent. ici bien, blidah aussi. — Videau. |

Olivier, 9, boulevard chapelle. marie, famille portent bien. écrit 15 lettres. pays pas occupé. — Vibaux. | Laguionie, 34, bac, avranches va bien, a reçu lettres, moi aussi. grand service : aider veuve d'arguesse, servandoni, 2. — Manière. | Fagnard, ferme-mathurins, 14. bonnes santés. reçu traite, tourmentez pas, avons ce qu'il nous faut, poëncet aussi. — Durand. | Durumain, capitaine, mobiles (côtes-du-nord). 2e bataillon, à colombes (seine). 2e dépêche expédiée, charles blessé au pied, edmond prisonnier. — Mathilde Durumain. | Vidal, 87, rue richelieu, paris. allons bien, avons reçu bonnes nouvelles st-germain, vous embrassons tendrement avec souhaits. — Francis-Alexandre. Bassot, 43, rue aboukir. envoyez par ballon monté nouvelles de vous et d'aydou. — Picquenot. | Mme Richtenbergen, 3, rue scribe. sommes bien, écrivez souvent, avons envoyé plusieurs dépêches, courage, espoir, vous embrassons. — Perpignan. |

M. de Bonrepos, capitaine, mobiles ain, paris. nous irions tous bien si nous étions malheureux de votre silence. — Hélix. | Mme Camille, 12, rue germain-pilou paris-montmartre. bonne santé, bordeaux. envoyé 100 francs décembre. envoie nouvelles ballon. — Edmond. | Mme Marais, rue chevaleret, 193. santé bonne, si besoin argent demandez compagnie, me sera retenu à bordeaux. — Emmanuel. | Lange, 3, rue scribe, paris. portons bien, 7e dépêche, nice, embrasse mère, clara, alphonse. écris souvent. — Lange. |

Arcachon, 12 janv. — Dumont, pont-de-lodi, 3. claire courbevaux, andelys, nous bien. ernest prisonnier minden. baby, progrès immenses, parle toujours papa, million baisers. — Daisy. | Brazier, rue pont louis-philippe, 13. ignore où est ernest, santés bonnes, désir ici, faites-lui savoir, écrivez-moi. — Hervet. |

Périgueux, 12 janv. — Cottard-Guilbert, 67, cherche-midi. allons tous bien. envoyez nouvelles. — L. Guilbert. | Pavie, rue grammont, 13. vais bien, enfants fortifiés tous trois, embrassons cher absent. — Dolomie, périgueux, rue palais, 11 janvier. | Manesceau, commandant, batterie cuirassée cinq. reçu vos lettres et fait part. merci, félicitations, courage, confiance, sommes tous bien. — Viviez. | Lapeyrière, 74, rue nollet, paris. procuration à mon gendre, decous-lapeyrière, pour toucher loyer. portons tous bien. — Veuve Mignon. | Mme Vergèze, rue la harpe, 9. périgueux, 12 janvier. courage amie, je vais bien, reçu 6 lettres ballon. — Vergèze. |

Ham, 5 janv. — Goupil, rue des orties-saint-honoré, 9. nous avons reçu vos lettres, toujours ham bien portantes. |

Châtellerault, 12 janv. — m. Rolland, 14, tour-d'auvergne. châtellerault, hôtel univers. — Rolland. | Couturat, 36, rue temple. recevoir billion dix-huit cents francs, fougère mille quatre-vingt seize, laurent mille trente. — Couturat. | Couturat, 36, rue temple. dudouit huit cent soixante-dix. bourg cinq cent cinq. payer driancourt. — Couturat, 10, quai château. |

Mirebeau, 12 janv. — Charpentier, garde mobile, 36e régiment de marche, 1er bataillon, 2e compagnie. tous bien. — Demarans. |

Poitiers, 13 janv. — Thirault, 1, choiseuil. attendons impatiemment tes nouvelles, allons bien, réponse immédiate. — Alexis. | Mme Toudouze, 5, rue taranne. sommes tranquilles et bien, écrivez-nous par ballon. sarah va bien. — Malibran. | Boyer, adjudant, 3e bataillon mobile, 5e compagnie, vienne. douleur, on ne vous oublie pas, écrivez souvent, grande reconnaissance edmond. — Texier. | Mme Chaband, 29, boulevard malesherbes. arthur tours. cinq enfants berne. picot, reverseau grenoble. ricard nice. perpignan tous très-bien. — Clémentine. | Touzan, 32, rue notre-dame-des-victoires. voir père, cachez meubles malles, donnez nouvelles de tous. — Girard, 1, éperon. | Maréchal, 25, passage saulnier. donnez vos nouvelles. prière voir mon père, demander si besoin argent. — Girard, 1, éperon. |
Renault, 41, faubourg poisonnière. janvier sommes tous ensemble poitiers, bonne santé maintenant, écrire abbé fossin, évêché ressources suffisantes. — Emmanuel. | Demorineau, rue saint-guillaume, 22, paris. tes enfants prisonniers haute-silésie. bonne santé. — Stéphone. | Jules Bourdin, 26, jacob. envoyez nouvelles de tous, habitez richelieu, toutes vont bien. — Châtaignon. |

Nimes, 12 janv. — eugène Kruger, avenue wagram, 2, paris. recevons tes lettres. mathilde mariée. pas changement depuis ton départ, bonne santé, confiance. — Kruger. | Cotinet, 20, chaussée d'antin. depuis deux mois plus de nouvelles de mon frère. — Boissy d'Anglas. | Claris, architecte, 61, monsieur-le-prince. ta famille molines, dinkelmann bien. nimes tranquille. — Molines. | Nigote, 6, rue vavin, paris. tous bien. reçu cinq lettres. écrivez. — Quet. |

Levade, 12 janv. — Graffin, 35, boulevard strasbourg. reçu lettre 28. parfaite santé, bonnes nouvelle Lechatelliers, carresses des quatre enfants. — Graffin. |

Auch, 12 janv. — Concierge, 4, rue perdonnet. suis à auch secrétaire général de la préfecture du gers. écrivez moi. — Brun. | louise Burtel, 83, rue saint-honoré. prenez beaucoup précautions, sortez pas, soignez vous, à bientôt, je vais bien. — Montanier. | Durville, 22, avenue victoria. renée, fernand bien portants à trouville. — Dat. | Charles, 30, rue des bons enfants, paris. bonne santé, suis auch, chasseur, dépôt. bientôt. — Georges Charles. | Simon, 1, rue pontoise. habitez mon appartement vous serez mieux, moi plus tranquille. allons bien. recommandez précautions à barreau. — Marliani. | Barreau, 24, quai bercy. prenez précautions avec simon, réalisez, ne remboursez pas. votre femme et fille bonne santé marseille. — Armand. | Triadou, intendant, bicêtre. merci, souhaits bonne santé. Dieu protége. — Triadou. |

Jarnac, 12 janv. — Müller, 72, boulevard beaumarchais. portons bien, écris plus souvent, sommes à jarnac. dire à monsieur constant d'écrire. — Müller. | Curlier, bercy. portons bien, attendons lettres de constant. dernière reçue 30 octobre. madame müller ici. — Curlier. | Thibault, 3, rue scribe. portons bien. payer obligations villes demande argent. duhamel pour gallais. — Thibault. |

Barbezieux, 12 janv. — Petit-Nicolas, 27, rue échiquier. allons tous bien, alice bonne nourrice. — Petit-Nicolas. |

Cognac, 12 janv. — Grataloup, capitaine, mobiles côte-d'or. votre famille bien portante premier janvier. dijon délivré. courage! saluts amicaux, sympathies, vous pétrus. — Blase. | Darsy, 20, beaumarchais. bidet, chaufours, goutards, lefrançois à sèvres. loudraire, lille, rouen, bordeaux. levallois, carlier, prisonniers tous bien portants. — Darsy. | Revet, 92, boulevard mazas. parti quatre de tours, cognac m. duret, santé bonne. — Revel. | Martin, 36, boulevard richard-lenoir. portons bien. reçu lettres. répondu deux fois. marchand angleterre. gustave sardin mort. donnez nouvelles. — létitia Marchand. | Wéber, 51, rue châteaudun. familles moisson, wéber très-bien. recevons lettres du 3. vives inquiétudes. donnez détails. — Wéber. | Lebreton, 28, saint-lazare. tous en bonne santé. recevons tes lettres exactement. ta lettre par messager n'est pas parvenue. — Froust. |

Angoulême, 13 janv. — capitaine grellet, 7, sévigné. quatre familles portent bien, risquent rien. le sous-intendant militaire. — emmanuel Matthieu. | Raymond, 8, trouchet. proposez à mon cousin rattier, 62, richelieu, installer pierre collot dans mon appartement, arcade. — anatole Legrand. | Delapalme, 10, castiglione. charlotte et vos enfants parfaitement au 9 courant. — Tavernier. | Trébuchet, 12, place dauphine. femme et famille fontainebleau. bonnes santés. — Tavernier. | Lambert, 174, rivoli. santé excellente. enfants gentils. donnez vieux draps, chemises armoire. recevoir acoulon 2,250. — Lambert. | Hos, 33, rue bac. sans lettres depuis deux mois. inquiétude extrême, nos santés parfaites. ferdinand, jules prisonniers hambourg. — Hos. |

---

92. Pour copie conforme :

L'inspecteur,

Bordeaux. — 18 janvier 1871.

Ruelle, 13 janv. — Gloves, mécanicien, faubourg poisonnière. prière donner nouvelles de mon fils, nous bien portants. — Boullet. |

Saint-Maixent, 12 janv. — Sarault, télégraphe, ministère intérieur. portons bien. reçu lettres. — Sarault. |

Niort, 13 janv. — Boullon, 31, rue saint-georges. pas nouvelles charles, thérèse énorme, va bien. — Baraudon. | madame Saintbrisson, 31, beaune. allons tous bien, écris par ballon. — Baraudon. | Demay, 8, léonie. allons bien, bon courage, espoir. — Baraudon. | jules Sandeau, institut. nouvelles de jules bonnes. sœur bien. — Sandeau. |

Montpellier, 11 janv. — Amphoux, 68, rome. rassurez montvaillant. cinquième dépêche. — Montvaillant. |

Cette, 11 janv. — Labouret, 98, rue de la victoire. écris plusieurs fois sans réponse; prière nous donner immédiatement vos nouvelles et de famille. amitiés. — Comolet. |

Bordeaux-Central, 12 janv. — Lindet, notaire, 9, boulevard saint-michel. familles alençon, langrune bien portantes. — Thibout. | Audresset, 87, aboukir. écrivez-moi tous les jours bordeaux. quatre dépêches sans réponse. — Audresset. | Oscar Laffargue, 26, rue leppelletier, paris. donne-moi donc de vos nouvelles. — Paul Laffargue. | Laporte, 30, coquenard. collègues, valentine, georges vont bien. reçu lettres laporte, sénéchal, friol, rondeau. avons envoyé dépêches, continuer écrire. — Laporte. | Becker, 40, neuve-st-merri. mari travaille londres. famille bien, recevons lettres, dire jean. louise bien. — Foucher. | Duparc, 4, rue saint-hyacinthe-saint-honoré. tous bien. bordeaux, 27, rue huguerie. — Angèle. | Cusson, 119, aboukir. depuis 30 octobre à mérignac bien portantes. avons envoyé plusieurs dépêches. — Cusson. |

Mme Dégrange, 55, rue du faubourg st-antoine. donne-moi des nouvelles d'édouard de suite. — Estelle Bargues. | Stanybadel, 2, rue pasquier, paris. mille souhaits et à charles. lettres reçues. mérite pas reproches, t'aime ardemment. — Estelle. | Madame Sacks, 9, rue sauval, paris. suis chez charles me portant bien. ne quite pas paris. — Gustave. | Molinari, 32, pigale. paris. maurice chez eugène, lucie toujours londres vont parfaitement, et edmond reçu vos lettres fin décembre. — Joosten's. | Dufour, 91, boulevard voltaire, paris. tous toujours excellentes santés. bruxelles, 12 bis. reçois lettres, sois tranquille. — Dufour. | M. Devines, 7, passage des petites-écuries, paris. bonne santé toutes, maurice grandi, cartes reçues, renvoyée. — Pauline. | M. Barbet-Massin, 19, rue berlin, paris. mère, femme chez madame Kuppens, pecq. harmant belgique, santés bonnes, lettres reçues. — Berthe. | Hulbacher, 4, favart, paris. suis bruxelles avec hélène cernaysiennes. famille bien, maman, edmond poissy. albert bordeaux. — Franceschi. |

Fischer, 1, bleue. tous, enfants bien, moyeski bien, petit mort. — Dégranges. | Fries, 19, marignan. auguste, moi bordeaux, hôtel de france, écris. pas reçu lettres depuis 8 décembre. allons tous bien. — Sophie. | Cerf, 47, petites écuries. tous réunis, bien portants, quoique chagrins. recevons vos lettres. émile ici adjoint trésorier. — Soliman. | Vacossin, 352, rue saint-honoré. tous savons mort père, dispose de notre appartement et provisions pour toi ou amis. — Bounet. | Pellier, 262, charenton, bercy. porte bien. — Pellier. Parent, 8, crébillon. paris. Je confirme dépêche. reçu toutes lettres ballon. père aussi, santé bonne, toujours verviers. embrasse tous. — Arsène. | Houssay, 5, alsace. allons tous bien. — Pauline Houssay. | Escrivan, 23, ferme-des-mathurins. marie, moi bien. maman paralysée. frédérick avec bourbaki. aviser bauguel, famille bien, amitiés, inquiète. — Escrivan. |

Mosneron-Dupin, chef bataillon, 11, ventadour. enfants, famille bien. jean belgique. — Chastillon. | Nifenecker, 43, faubourg saint-denis, paris. sommes bien, reçu lettre, amitié courage. — Dugas. | Depistoye, 22, oudinot. sept, vingt décembre reçues, écrire détails soissons, famille, amis saufs. encavez-vous manuscrits, livres. souffrez-vous. — Depistoye. | Rondy, 49, rivoli, paris. me porte bien, reçois tes lettres, correspondances interrompues pour écris toujours nouvelles famille mathieu. — Rondy | Darche, mobile du rhône, artilleur, 4e batterie, armée paris. famille toute très-bien portante. frère exempté, mère tranquille. — Ve Darche. | D'Avançon, 45, rue douai. 12 janvier, reçu vos lettres, merci, santés bonnes pour georges mille tendresses, écrivez souvent. — Nixon. | Guy, 32, drouot, paris. douloureuse séparation, inquiétude mortelle depuis bombardement, reçu lettre 1er janvier. sommes hôtel lambert, chevaux avranches. — Debucourt. | Docteur Depaul, clinique. rassurez-nous promptement. — Adrien Certes. |

Reyneau, rue marignan, 29, genève, plaimpalais, 14, chemin des bains. Reyneau perrin vont bien, mets lettres, perrin. — Reyneau. | Lafuge. 9, place hôtel-ville. papa mort 31 décembre, vérité sur marius. reçu deuxième mandat. — Octavie. | Verwaest, 169, rue st-jacques. anvers, enfants vont très-bien, trois école, sages, contents, tante depelchin, saint-firmin. sabine décédée. — Carré. | Benoist, 1, lille. allons toujours bien, cherchez refuge bombardement, écrivez tout ballon. henri fidèle, dieu drapeau. madame hubault gand. — Carré. | Charrier, entrepôt général vins, paris. avons sept lettres. avons écris cinq fois. seize cents hectos divers achetés. allons bien. — Hébert. | Labroue, 18, rue des filles-du-calvaire. paris. donnez de vos nouvelles par ballon. ici bien portants. — Müffelmann. | Sorano, 67, boulevard strasbourg. trois fois écris sans réponse, donne nouvelles. bon espoir te voir bientôt, courage, adieu. — Isidore Philip. |

Odérieu, 62, rue larochefoucauld. Paul à mayence. tous bien portants. — Girard. | Orcibal, 26, boulevard saint-michel, paris. Les dupuy, bazilet, sourget, fillettes, moi très-bien. alice mal, écris-moi. — Antony. | Comte Clermont-Tonnerre, chef du cabinet ministre guerre. reçu plusieurs lettres. heureux d'avoir nouvelles à berne. bien portants. — Villeneuve. | Grenet, 19, paradis-poissonnière. habitons bordeaux, 16, rue fondaudége. voyez ramel avec solde créditeur, lecerf liquide emprunt. — Lecerf. | Madame Sainte-Beuve, 24, rue dunkerque. jules, émile et bru, bonne santé, tous à louvres, écrivez. — Sainte-Beuve. | Pochet, 6, rue saint-lazare. santés bonnes, reçu cinq lettres, envoyé dépêche novembre, écris par moulins, écris souvent abel. — Pochet. |

Thiers, 33, rue godot-mauroy. tous bien, carte janvier reçue, lyonnais bien, laure mieux, demander argent lebreton ou dufaur. — Faucher. | Weyland, 33, rue saint-andré-des-arts. moi, bébé bien, très-mignonne, envoie-toi beaucoup tendresses. reçois toutes lettres. dames dequevauviller bien. — Mathilde. | Cocheris, institut. donne nouvelles de tous, nous bien, mais inquiets de vous. — Cocheris, 26, palais-gallien, bordeaux. | Barbe, 50, rue saint-placide, paris. nous allons tous bien. — Moppert. | Courras, 12, grange-batelière, paris. tous très-bien, envoyé cinq dépêches. reçu lettres du 28. — Mouillard. |

Bordeaux-Central, 12 janv. — Stanor, commandant état-major, aux invalides. écrivez à bordeaux, nous sommes bien. — Fresquienne. | madame Mangin, 18, avenue tourville. mangin est à hombourg, écris à ta mère. — Fresquienne. | Girard, 3, milan, paris. allons bien, amis inquiets de vous. — Lapierre. | Tenré, 13, laffitte. renouvelle jusque 15 février ordre achat six cents autrichiens à sept cents vingt-cinq avec coupons. — Maximilien. | Koller, 29, lepelletier. renouvelle ordre racheter mes cinquante lombards jusque trois cent soixante-cinq. — morel Kakn. | Société générale, 54, provence. veuillez verser pour moi à la préfecture deux mille francs pour cantine des pauvres. — Konigswarter. | Contant, 13, seine. bruges, lokeren, très-bien, suis bordeaux, ordre letourneur, écris chez société générale. courage. — achille Contant. |

Lille, 180, rivoli. secourez efficacement enfants sauvat. comptez 300 cluzeaux père, 15, bertin poirée si pas déjà payé. — Lebeaud. | Lille, 180, rivoli. reçu votre lettre 3 janvier. toutes nos familles ici bien. — Lebeaud. | Lailler, 22, caumartin. mère, juliette, édouard toujours trouville bien. — Beylard. | Shannon, 6, nollet-batignolles. dijon bonnes nouvelles. ici bien. — Beylard. — Tartas, 52 anjou saint-honoré. lettre fernand giessen, nesse, bonne santé. — Beylard. | Durand, 13, lavandières-sainte-opportune. sommes à bordeaux, 48, palais gallien. attendons lettres détaillées concernant maison et albert — Evrard. — m. Gillart, 12, rue du monthabor, paris. merci de m'avoir écrit, bien chez auguste, porte-toi bien. — charles Gillart. | Faré, directeur des forêts, ministère finances. famille parfaitement à bruxelles. — Chaudordy. | Cugnac, comité artillerie de défense. famille parfaitement, on reçoit toutes vos lettres. — Chaudordy. |

Conte, affaires étrangères. tous bien évian, madame vatimesnil bien vinier. provisions buffet, marguerite, combustible, vin partout. bébé adorable. — victoire Conte. — Guilhermoz, 14, quai gèvre. santés parfaites. fille je nourris. fermier payé. espoir, habitons même ville, st-mascence. — marie Miltau. | Roussillat, 5, perdonnet. tous bien, et vous tous? écrivez-moi pour neufchâteau, télégraphierai souvent. rassurez-moi sur famille guillard. — Girardin. | Martel, 38, croix-petits-champs, paris. martel, beaugrand parfaite santé, tous southampton. mille janvier. — Martel. | Hetzel, 18, jacob, paris. excepté bigne, blessé et mort au mans, tous ceux que vous aimez vont bien. — Raoul. | Hetzel. 18, jacob, paris. ne croyez pas un mot de ce que vous pourrez lire sur rouen, tout mensonges. — Raoul. | Mlle Marie, 13, rue alger. dire à henri dechasteigner père et tous bien portants. tranquilles à bordeaux, 6e dépêche. — Dechasteigner. |

Eichthal, 98, neuve-mathurins. meilleure année. nouvelles indirectes 23. maria, louis, noël, châlons gabrielle non accouchée 24. bien. — Delarue. | Eichthal, 98, neuve-mathurins. 26 gabrielle heureusement garçon. premier louis bien. rappelle fagazette oter musique. reçu ballon 26. — Delarue. | léon Bequet, hôtel-de-ville. allons tous bien. restons toujours bruxelles. recevons jamais nouvelles. écrivez souvent. — Dubois. |

Mademoiselle Pichereau, laffitte, 43. envoyez-moi nouvelles madame lecointe, vous, maison, vous ai écrit quatre fois, réponse par ballon. — Chodron. | Abbé Labat, rue st-roch, 8. reçu lettre du 30. rien depuis novembre, écris souvent, votre famille bien, amitiés doubles. — Chodron. | madame Lecointe, chaptal, 27. quatrième dépêche pigeon, rassurée sur toi par anatole, rien directement, silence inexplicable, tendresses. profond chagrin. — Chodron. | Lyon, 9, place de la bourse. meilleurs souhaits, excellentes nouvelles. familles bruxelles, santé bonne. — Helbronner. | Alcan, 98, faubourg poissonnnière. bonne lettre 31, donne courage, meullier, anne, santé bonne. — Helbronner. | Delongueil, 12, bayard, paris. belgique, hières, bourges, maciet, evrard, bilhourd, hogier, dupuis, lefebvre très-bien, écrivez détails, recevons lettres. — Delongueil. |

Brunet, 38, bourdonnais. tous bien portants, prends layette, berceau est démonté dans portemanteau — Savouré. | Lainé, 96, rue de la victoire. ferdinand dieppe, tous santé bonne, donne détails sur maisons, occupons d'alfred. — Lainé. | Réveilhac, 7, rue tournelles. tous bonne santé, tranquillité. — Baraguay. | Roussel, faubourg st-antoine, 89. roussel, jeanselme, santé bonne, donne détails dans lettre sur ta vie. — Roussel. | Botot. 91, rue rivoli. aucune lettre, très mécontent, écrivez par ballon grands détails sur maison, hôtel bains, dieppe. — Laurent Richard. | Sebire, 4, rue de la paix. sommes bordeaux bien portants, 21, rue dauphine. — Hary. | Halphand, 9, place hôtel ville, emmanuel bien hambourg, chevalier, alphand, au parc bien. — Alphand. | Valle, paradis-poissonnière, 56. santé bonne, dubief, valentin, bien portants dieppe, bonnes nouvelles mantes, amitiés. — Marie. | Champonnois, 8, jussienne, paris. habitons romorantin, tous bien portants 30 décembre, désirons souvent nouvelles. — Julien. | Hervieu, 20, choiseul, paris. sommes romorantin, bien portantes, reçu ta lettre. — Berthe. | Hadengue, 16, lancry, paris. tous bonne santé, recevons vos lettres, faisons affaires avec clients, 12 janvier. — Michel. |

Jouenne, rue boutarel, 2, paris. donnez nouvelles de vous et de mon propriétaire. rue d'aubidey, 25, bordeaux. — Billotte. | Guillemeteau, 22, rue dunkerque, paris. chers enfants, vais bien pense à vous sans cesse, Dieu vous protége, huitième dépêche. — Henriette. | Deloynes, 23, rue ville-lévêque, paris, écrivez bruxelles, 3, rue notre-dame-des-neiges où pas malade, je vous attends. — Detourbey. | Duchesne, 105, boulevard sébastopol. tous bonne santé. plus de nouvelles adolphe depuis 20 novembre, très-inquiets, écrivez. — Flotard. | Scheyer, 15, conservatoire, paris. ai bonnes nouvelles cornélie, nous excellente santé à préfecture. — Gabrielle. | Schweitzer, rivoli, 140. donnez-moi de vos nouvelles, je serai ici jusque mercredi, hôtel angoulême, reçu lettre mulhouse aujourd'hui. — Schweitzer. | Weil, 8, rue magnan. lettres reçues, bien portants, 234, rue ste-catherine, bordeaux. — Weil. | Bourdon, 74, rue faubourg temple, paris. madame alphonse aubry, enfants ici bien, édouard dernières nouvelles armée loire. — Lajard frères. |

Lesage, palais justice. reçu lettres bitche, st-brieuc, craon, tous bien portants, vous embrasse, courage. — Houbre. | Moreau, 71 rue blanche. reçu lettres 3, 7 décembre, 1er janvier, envoyé dépêche fin novembre commercy, brest vont bien. — Druyresteyer. | Zimmerman, 24, avenue friedland. reçu lettre 30 novembre, envoye dépêche idem. envoyé votre lettre amérique, famille parfaite santé, écrivez. — Druyresteyn. | M. Bitourné, 91, champs-élysées. nos santés bonnes, pas reçu lettres noël, jour l'an, ennuie beaucoup, écris lettre décembre. — Bétourné. | Lippmann, 59, feuillantines. réjouis lettre 30 décembre incluse, enfants tous trois parfaite santé, nous aussi 7 janvier. — Léo Lippmann. | May, 19, Dieu. possédons 29, maz beaugency, léonie, oscar, minka, toute famille parfaitement, paierai legros, 7 janvier — Georges Lippmann. |

Vierzon, 17 déc. — André, 27, rue londres. reçu lettres. tous bien. georges avec faidherbe, jean, bourbaki. — ta mère. |

Aire-saint-l'Adour, 18 janvier. — Lhuillier, 120, champs-élysées. toutes parfaite santé. — Berthe. |

Saint-Vincent-de-Tyrosse, 18 janv. — docteur Dicharig, 50, rue des marais-saint-martin. reçu sept lettres. voyage à beaulieu, affaires arrangées favorablement, profonde reconnaissance. — docteur Duboscq. |

Allonnes, 14 janv. — Lesage, 2, fleurus. portons bien, embrassons tous, louise brioude poste restante, delerue maucourt, foucault mans. — Lesage, 71, brain-sur-allonnes. |

Hennebont, 17 janv. — Ségond, 2, rue saint-pétersbourg. tous bien. beaucoup chagrin, merci, lettres recevons. — Ségond. |

Rignac, 16 janv. — Marigny, 51, boulevard malesherbes. tous bien portants, alphonse à breslau. reçu tes lettres. — Marigny. |

Rochefort-en-Terre, 17 janv. — Vignard, mobile morbihan, 5e bataillon, 7e compagnie, bagnolet. vingt janvier famille bien. jules parti lieutenant. écris. venons voir lettre gagut. — ve Vignard. |

Saint-Gaudens, 17 janv. — Florentin, 17, rue bruxelles, paris. paul prisonnier altona, hambourg. santé bonne. écrivez. — Letanneur. |

Le Pallet, 17 janv. — Tourasse, 6, rue saint-marc, paris. malheur, georges annoncé, grande douleur, santés bonnes. — Dabin. |

Saint-Gildas-des-Bois, 17 janv. — charles le Gouvello, franc-tireur au 28e, mont-valérien. Sivérac. tous bien, mère à saint-nazaire avec hippolyte, capitaine. — m. le Gouvello. |

DÉPÊCHES-MANDATS.

série B (suite.) — 24 janvier 1871.

N. 301. — Bordeaux, 84. — Cochery à me Hutin, 4, rue d'aumale. 300 fr. | n. 302. — Beaune, 183. — Perdrier à Perdrier Paul, mobile côte-d'or, 1er bataillon, 3e compagnie. — 50 fr. | n. 303. — Arnay-le-duc, 79. — M. Lattes à mlle Clémence Mayet, à Paris. — 100 fr | n. 304. — Londinières, 118. — Lebon à Albert Lebon, mobile seine-inférieure, 50e ligne, 1er bataillon, 7e compagnie. — 35 fr. | n. 305. — Londinières, 117. — Fourinet à alfred Fourinet, mobile seine-inférieure, 50e de ligne, 1er bataillon, 7e compagnie. — 20 fr. | n. 306. — Douai, 87. — Godard à Godard Louis, 8, boulevard beaumarchais. — 100 fr. | n. 307. — Clermont Ferrand, 89. — Bonabry à mlle Sély, 4, rue hanovre. — 100 fr. | n. 308. — Alger, 27. — Berger à me Berger, rue Bochard de Paroise, 14, près l'avenue trudaine. — 300 fr. | n. 309. — Beaune, 179. — Sandier à Sandier, mobile côte-d'or, 10e régiment, 1er bataillon, 1re compagnie. — 100 fr. | n. 310. — Dijon, 163. — Claveru à me Dumaine-Aloux, 101; rue école-médecine. — 75 fr. | Total : 1,180 fr. |

N. 311. — St-Malo, 25. — Colin à Léon Trémisot, 110, rue de turenne, hôtel pouchirat. — 300 fr. | n. 312. — Givors, 53. — Blettry à Blettry, artillerie rhône, 1re compagnie pontonniers. — 30 fr. | n. 313. — Vichy, 66. — Colin à me Colin, 8 rue chaligny. — 100 fr. | n. 314. — Genlis, 163. — me Pinel à Pinel jean-baptiste 10e mobile, 3e bataillon, 4e compagnie. — 40 fr. | n. 315. — Morlaix, 26. — Courconnais à me ve Guillaumel, 38 rue meaux, villette. — 150 fr. | n. 316. — La Rochelle, 376. — Vuisonneau à Debarre, 35, rue turbigo. — 100 fr. | n. 317. — Bordeaux, 30. — Malet à Lemaire, 1 bis, rue cadet. — 150 fr. | n. 318. — Nantes, 12. — Simon à Eugène simon, mobile, bataillon larenty, 4e compagnie, mont-valérien. — 30 fr. | n. 319. — Coucy-le-Château, 65. — Routier à Coupé, sergent garde-forestier, 2e compagnie, 2e bataillon à auteuil. — 30 fr. | n. 320, — Caen, 5. — de Beauchamps à de Beauchamps, vicaire st-augustin. — 300 fr. | Total : 1,230 fr. |

Le Comptable,

Bordeaux. — 18 janvier 1871.

ls-sur-Til. — Leblanc, hôtel de ville. manquons rien, portons bien.— Leblanc. |

Ouville-la-Rivière, 10 janvier. — Lourette Edmond, mobile 50e ligne, 1er bataillon, 3e compagnie. Levalois, Amanda, Alexandrine, tous bien portants. lettre Levalois, cinquante francs. — Lourette. |

Luynes. — Gorse, mairie dixième arrondissement. luynes portons tous bien, lettres reçues, écrivez souvent. | Cavailhon, 42, paradis-poissonnière. inquiet, seule lettre 5 novembre, santé bonne, écrivez par ballon monté.— Desbois. |

Ducey, 14 janvier. — monsieur Valentin, 127, lafayette. prenez Chevallot avec vous, Louise Chimay, Léonide Saint-Flour Barféty. — Chevallot. |

Abbeville, 10 janvier. — Le Fourneau, 27, rue université. reçu lettre du 14. mettez dans cave murée papiers, objets précieux, contre bombardement. répondez.— Riencourt. |

Saint-Sever-Calvados. — Jules Thirion, 177, faubourg-poissonnière. Albert bien, Vevey grand-hôtel.— Lucie. |

Louvigné-du-Désert, 13 janvier. — Belliot, 48, prince-eugène. reçu argent, portons bien. — Belliot. |

Lucenay-les-Aix, 16 janvier. — Montéage, 108, rue lafayette. tous bien. André reconnu papa photographie, babille beaucoup. reçu toutes lettres, Jules bien.— Montéage. |

Fontenay-le-Comte, 17 janvier. — Baudry, 35e de marche, 1er bataillon. portons bien, écrire. — Baudry. | Muller, 56, londres. tous bien portants, vous embrassons.— Roucard. |

Liancourt, 6 janvier. — Schou, 201, faubourg-martin. liancourt reçu lettres octobre, tante décédée, Florentine rentrée, maman vient lessive, famille santé bonne, compliments. — Voreaux. |

St-Girons, 18 janvier.— Charles Schmid, 85, rue de la victoire, paris. allons bien, Emile caporal à foix.— Rouget. |

St-Omer, 11 janvier. — madame Hermand, 94, rue st-lazare. 3 janvier. allons bien, sécurité, quitterons pas aincourt. — Hermand. |

Rignac, 17 janvier. | Penant, 40, boulevard temple. allons bien, reste capitaine. — Penant. | A Guilleminet, 27, rue de grammont, paris. tante a reçu vos lettres. parents, amis, bien. écrivez souvent. — Richard. rignac. | A Souquières, 33, rue st-victor. paris. sœurs ont reçu lettres. parents, amis, bien. écrivez souvent. — Richard. rignac (aveyron). |

Bordeaux.— Prudhomme, 30, condé. avons reçu 30 nouvelle, sommes bien malheureux. Albert, 3e hussards, parti moulins en janvier. — Persil. | Soullier, 17, neuve-bossuet. allons assez bien toulouse, 9, boulevard arcole. ai écrit souvent, mortelle inquiétude. rejoindrai sitôt possible.—Marie. | Garnier, 1. lille. sommes toulouse, 9, boulevard arcole. écrivez. — Postole. | Pierré, 17, boulevard poissonnière. nouvelles Sostène Gaillard, chez Françoise Deschamps, 14, église-grenelle. Collègue, salle Garnier. Révillon, Rodary, maison.— Commelin. | Parmentié, 16, clarel. tous bien, fils aussi. travaillons tous, écrivez, recevons lettres.— Commelin. | Goffart, 36, godot-mauroy. tous bien partout, votre lettre du 12 reçue. — King. | Teissier, major, 53, turbigo. Régis, Biessy, Alphonse, familles, bien. Brichards, neveux, rentrés. lettres reçues, tous bien.— Noémi. | Basset, 11, mansart. papa, maman, Jab, André; lyon, tous bien. Jab courageuse, lyon sans danger, Bulière préservée. | Blavette, 14, pierre-lescot. courage, espoir serons vainqueurs. — Duchez. | Arou, 30, joubert. allons bien, reçois lettres, écrivez souvent, genève janvier.— Gauthier. |

SERVICES ET AUTORISATIONS.

Bordeaux. — Saunier, 2, place opéra. tous bien. lettres beaucoup, réponses quatre, toi toujours.— Antoinette. | Désauney, 158, boulevard magenta, paris. sommes clarens suisse, avec perry. tous bien, fernand aussi. avons assez argent.— Caroline. | Bressand, 3, rue vezelay. santés bonnes, embrasse mère tendrement, reçu lettre du 10, pas 1er. donnez nouvelles des amis.— Bigot. | Berger, 63, rue rome. tous bien, merci tant écrire. déjeuné chez père avec cousines. tendres baisers, sursum corda.— Isabelle Jackson. | Tavenet, 122, faubourg poissonnière. 15e dépêche. victor est appelé, va partir. juge la situation. — Leroi. | Celmas, 30, rivoli. 20 janvier. william stuttgard. henri est, julien ici, roger langres tous bien rochelle, recevons lettres.— Irma Delmas. | Augros, 63, rue rome. remerciez michel lettres. désolée rien vous. impatientes revoir. père rochelle, louis bordeaux, maurice est.— Hélène Balguerie. |

Labouillerie, 105, rue lille. remercie thérèse, santés parfaites, rochue tranquille encore 16 janvier. Gonzague sédentaire. moi, enfants embrassent.— Adèle. | Jules Ferry. boulaud. tous bien portants à Veules. allons bien. écris plus longuement, sois prudent. ta mère à strasbourg. — Schutzenbeyer. | Tonquéde, 6e mobiles finistère, 4e bataillon, paris. parents, amis bien. tes lettres reçues, espoir. sourdéac, 16 janvier.— Ferdinand. | Clémenceau, maire, 18e arrondissemet, paris. santé parfaite. toutes lettres reçues. bébé sans reproche, magnifique. tes lettres donnent espoir.— Mary. | docteur Péan, 95, rue neuve-petits-champs, paris. nos familles, parents, auguste, ernest, nous, bonne santé. charles non parti. sœur fillette, reçu lettre 15 janvier.— Henriette. | Levasseur, 57, rue des martyrs, paris. famille hardy toujours bien. reçu dernière lettre du 13 janvier. soyez sans inquiétude. | Feilier, 132, haussmann. allons bien, nièces aussi. désire seulement conserver chevaux anglais, utiliser pour ambulances.— Aurean. | Saulieu, janvier, à doyen, 34, st-sauveur, paris. payez contributions avec loyers reçus. répondez nouvelles.— Courtépée. |

Dufaulin, 33, rue bergère, paris. dufaulin, orsel, perganson, reçoivent lettres, émile sains, foloppe allemagne, bien.— Dufaulin. | Adolphe Evrard, 83, rue richelieu, paris. Charles très-souffrant, reste famille bien, bonnes nouvelles lyon, rujacquier. reçois tes lettres.— Polge. | Maubant, 70, faubourg poissonnière. corresponds avec famille réunie port-mort, tous bien portants reçoivent vos nouvelles, recevrez-vous celle-ci. — Magnan. | Bondin, 46, boulevard sébastopol. grands parents bondin, marie, charles, normandie. colonie tous bien portants, enfants travaillent, ne manque rien. | Rostaine, 139, rue st-martin. allons bien, écrivez encore ballon.— Chiloret, 19, st-lambert. | Soulaine, ministère marine. 15e lettre reçue. bien portants. 4e télégramme. inquiète pour fils. — Soulaine. | Heudée affaires étrangères. santé excellente, bébés charmants.— Henri. | Bonny, 16, rue maubeuge. 4e pigeon. prière écrire souvent chez germon, ingénieur, valladolid, espagne. léon clermont, tous deux inquiets.— Bos. | Piogey, 24, martyrs. familles roche, guibout, guibert, legriel, ledieu, moutardmartin, rigaud, genevoix, fouin vont bien.— Piogey. | Rigaud, 15 boulevard malesherbes. familles rigaud-fontaine vont bien. reçu dix-huit lettres. écris souvent.— Esther. |

M. Vaudrey, 14, rue des saussaiées. suis à villefranche, tous très-bien. très-bonnes nouvelles cessey, mauvelain.—Isoure. | Guibert, 21, laffitte. santé, courage.—Caro. | Chazal, 83e, 3e bataillon. écris, allons bien.— Chonovard | Motte, 39, truffaut. sommes à grigny, rhône.— Motte. | Signoret, 23, bréda. mère bien, écris.— Noullieux. | Larmanjat, 32, boulevard beaumarchais. bonnes nouvelles d'auxerre, tous bien. envoie-moi à bordeaux copie lettres ministre et bellegraud.— Larmanjat. | Lurin, 60, rue passy. papa, maman, anna, tous santé bonne. correspondons souvent, recevons tes lettres. priant dieu embrasser bientôt. — Lurin. | commandant d'Elloy, charenton, 3e armée. tausset tous bien, edmond aussi. s'informer lauge, lieutenant infanterie marine, fort noisy. réponse.— d'Elloy. | Rousseau, 24, rue milan. allons bien. donnez nouvelles vous, poisson, amis, offrez laugée mon appartement. répondez arcachon.— Pollet. |

Félix Lucas, ingénieur, 27, casimir-périer. bonnes santés. daniel marche. paul rouillé vit, guérinière. souvenirs hermsheim. que fais-tu?— Bérengère. | Vian, 42, neuve-des-petits-champs, paris. reçu vos lettres, portons bien. nouvelles fin décembre collardeau, drouin, delpech, loisel, bonnes.— Dancongnée. | Delagrange, 35, truffault, paris batignolles. louise, mère, famille parfaite santé, oulmes depuis septembre, 15 lettres reçues, henri lieutenant, david mobilisé. écris souvent.— Delagrange. | Grooters, 117, rue montmartre. nous portons bien, je reçois quelques lettres de vous. nouvelles alexandre fin décembre, maison intacte.— Grooters. | Perron Alphonse, 4, rue échiquier. défense nationale organisée, courage. Jules sous-officier porté ordre du jour, trait de valeur hardi, a surpris et ramené au camp deux sentinelles prussiennes. — Philippe. | docteur Laguerre, 4. rue blanche. mort ernest suis désolée. andré college, toujours santés parfaites, ardent désir du retour.— Jenny. nantes. |

Drouillard, 4. rue de rome. ne comprends pas que tu manques de nos nouvelles, n'ai rien négligé pour en faire parvenir.— Drouillard. | Choisel, 78, temple. écrivez.— Meynaud. | Pety, 144, boulevard malesherbes. tous bien portants, paul est appelé, reçu 8 lettres toi, 2 de marie. — Henriette Pety. | Sénéchal, 7, rue plaine, ternes. nous allons bien, reçu vos lettres 11 janv. écrivez souvent détails. famille collet bordeaux. — Sénéchal. | rue cruosol, 11. maurice, jules, tous bien.— Detot. | Mme Bonnet, 1, rue castiglione, finances. familles mallet, pignonblanc, bien saint-servan. reçu lettre 10 décembre, écrivez plus souvent. — Alfred. | Radoult et Cornilliet, 16, rue des moines, batignolles. nous nous portons bien, écrivez-nous souvent, prenez chez moi vivres.— Radoult. | Quatrefages, 14, beaujolais, paris. restée ici. tous bien portants, rené ici, joseph cherbourg, grand'mère carouge suisse.— Vittoria. | Delesse, 37, madame. quitte maison, écrire bordeaux, seulement dire léonie fils va bien. courage. — Delesse. |

Bordeaux, 23 janvier. — madame Drake, 11, st-lazare. Emile Lyoën, lieutenant-colonel, bien portant. | madame Lyoën, 91, rue du rocher. Emile Lyoën, lieutenant-colonel, bien portant. | Dumaine, 201, rue st-martin. Léon prisonnier à magdebourg va bien, nous aussi. toujours à bordeaux. | Hue, lieutenant mobile, 26e régiment, 4e bataillon, 3e compagnie. je vais bien et pense à toi. — Ton père : Hue. | Martin, capitaine-adjudant-major, 43e régiment, 2e armée, pantin. tous bonne santé. frère, adjudant, stettin, a argent, mêmes ressources.— Martin. | Jauvelle, 67, cherche-midi. tous bien, lettre 31 reçue, écrivez bordeaux, patience et courage. ai vu Lucien, René, Lucie. — Abel. | Charles Babon, 19, quai malaquais. donnez-moi de vos nouvelles par les ballons, je les transmettrai à Maussuy. — Laublin. | Mazoyer, administration postes. votre famille à étivey et st-julien-de-peyrolas, et monsieur Paradis père, vont très-bien. — Dursens. | Personne, caporal-fourrier mobile, 2e compagnie, 14e bataillon, saint-denis. reçu tes lettres des 25, 27 décembre, 7 janvier. bravo! cher Jules. combats, travaille et prie! nos vœux t'accompagnent.—Personne. | madame Lazarus, 8, rue enghien. prends part bien vive à votre immense douleur! — Fauvelle. | Cointreau, 15, rue monsigny. très-inquiet de Maxime, donnez-moi nouvelles quotidiennement, familles hauttement et Preville à bordeaux.— Radou, télégraphe. |

Radou, 7, meyerbeer. allons bien, reçu vos lettres. Wittert, Jourdon, bien bruxelles. famille Etienne bien orbec. argent de nantes.— Radou. | Fontaine, 20, passage alma. santé parfaite, écrire plus souvent, me dire si dépêches sont arrivées et reçu argent. — Fontaine. | Micault, 5, impasse école. reçu lettre de Micault. bonne santé, nous aussi. écrivez-moi à bordeaux, direction générale. amitiés.— Bruneau. | monsieur Gribius, sous-chef hôtel des postes. votre frère, prisonnier à glogau (silésie), va bien. — Guillemet. | Emile Chasles, 2 ter, rue passage-sainte-marie-saint-germain. lettres parvenues, tous les vôtres bien portants. dire à Baron, ingénieur : tous bien, Dumonts bien. lui demander nouvelles madame Cohen et hôtel André. recevez amitiés. — William-Chaumel. | Bourdilliat, 13, quai voltaire. reçu 20 janvier lettre du 8 par Graby. écrivez par chaque ballon. imprimez moniteur (que vous m'envoyez) d'un seul côté. envoyez petit-moniteur et presse. suis à bordeaux avec famille Plunkett. Pamar, Doche, vont tous bien. grand-moniteur reproduit trop gaulois. dites à Asse de faire rédaction plus personnelle au journal. envoyez-moi correspondances détaillées de paris. Ponson est mort ce matin. écrivez-moi tous les jours, idem Hubert. son frère bien à laroche-sur-yon. courage, espoir, amitiés. moniteur ici toujours bien. dites Madre tous bien à pornic.— Dalloz. |

Caël, inspecteur télégraphes. suis avec famille Lance bien portants. dire à Georges Lance, 15, treillard, écrire à moi. — Marie Caël. | Delacelle, administration centrale. tous bien, Charles reste, François blessé. Louis libourne, Raoul Chanzy, lieutenants. pays tranquille. — Blanche. | monsieur Juge, 358, rue st-denis. nous envoyons constamment dépêches, ne recevons rien de toi, très-inquiets. tous bien portants à tours poitiers, mézières. tendresses, courage. — Henri. | monsieur Arquier, 6, belleyme. chagrin décès grand'mère, ici tous bien, écris, amitiés. — Elisa. | Descars, 8, rue gay-lussac. à kerdaniel avons rarement nouvelles de toi, jamais détails, embrassons tendrement. jamais lettres Albert.— François. | madame Reine, 6, rue de constantinople. je vais beaucoup mieux, voudrais de vos nouvelles, écrivez au ministère guerre bordeaux. — Bastard. | Darondeau, 48, boulevard ornano. famille entière bonne santé, recevons vos lettres. — Jeanne. | Waroquet, 18, rue banque. tous bien portants, reçu plusieurs lettres, dernière 1er janvier, inquiète bombardement, écris-moi souvent, amitiés.— Maria. | Malbec, 15, passage favorites, vaugirard. Hortense désolée pas recevoir vos nouvelles directement, supplions écrire par ballons. — Villeneuve. | Ouwenhuysen, rue joubert, paris. 17 novembre avons eu affreux malheur de perdre mon épouse, suite de fluxion poitrine. veuillez, avec tout ménagement, en informer William, qui le dira à Durand. nous trois bien portants. — Lavino. | Caël, inspecteur télégraphe, 54, rue jacob. allons bien. écris-moi à administration générale du télégraphe à bordeaux. — Marie Caël. | Boeswilwald, 19, hautefeuille. reçu, sauvez manuscrits Robin. payez loyer Landerer. voyez mon logement, faites pour le mieux, strasbourg bien. — Eschbaecher. | Bergon, 34, rue madame. Juliette chez mère, reçu lettre 4 novembre, tous bien, prière voir logement, écrire, amitiés.— Eschbaecher. bordeaux. |

Marseille, 15 janv. — Maquet, 24, place vendôme. charles, enfants bien portants à douvres, très-inquiets de vous, écrivez par tous les ballons. — Poittevin. | Mme Delarminat, cherche-midi, 71. reçu, souhaits, courage, prions notre-dame, m. isnard, boulevard strasbourg, 62, remettra argent, rembourserai ici. — Sénès. | Jacquin, 28, avenue daumesnil, 28. allons tous bien, écrivez gare marseille, communiquez à frère. — Russe. | David Bacri, rue de rivoli, 210, paris. reçu votre lettre 9 courant, vous enverrai objets demandés aussitôt paris débloqué. — Beusimon. | Frediffond, 7, rue bélidor, les termes. toutes en bonne santé. — Frédiffond. |

Taron, boulevard magenta, angle boulevard chapelle, magasin paris-nouveau. bonnes santés, écris souvent, lettres parviennent, gyé bien occupé affaire. — Clorinde. | Venturelli, 43, rue de douai, paris. en peine pour ta santé, dernière lettre novembre. écris pour tranquilliser, nous bien. — Venturelli. | Garfonnkel, faubourg saint-honoré, 133. sommes hôtel, portons bien, recevons lettres, attendons courageusement, surtout inquiète pas, soigne toi bien. — Séran. | Bernage, 102, richelieu. que devenez-vous? attends impatiemment nouvelles, si pouvez renseignez appartement et connaissances, écrivez souvent, hôtel colonies. — Lejeune. |

Oran, 13 janv. — Mme Dessoliers, monge, 8. ai envoyé 2 argent pigeons, adresse besson, enverrai encore, sans nouvelles, écris chaque ballon, courage. — Dessolliers. |

Aix, 15 janv. — Gérard, éditeur musique, paris. satisfait recevoir deux lettres vôtres, écrivez encore, tous bien. — Boisgelin. | Guyot, boissy-d'anglas, 9. votre femme à blaye porte bien à argent. — Dampmartin. | Besenval, rue penthièvre, 26. portons tous bien, léo en suisse. — Dampmartin. | Bricka, 132, turenne. écrivez longues lettres, suis très-inquiet, empruntez argent kiœs, rendrai immédiatement. — Bricka. |

Clermont-Ferrand, 14 janv. — Mme Mallet, 67 bis, quai de bercy, marie bruxelles, henri gers, louise vont bien. — Delafoulhouse. | Chatenet, écluses-saint-martin, 39. ferdinand boghard algérie, capitaine testanière et tante ici, écrivez vallières, allons tous bien. — Rayne. | Marmontel, rue taitbout, 80. famille bien, amis pensent à vous. — Elisa Clermont. | de Lassachette, 31, rue bellechasse. familles beaujolaise et cherbourg bien. — Clermont. | Méteyer, ministère guerre. 4e dépêche, lettres reçues, tous bonne santé, inquiets, 14 janvier. — Métayer. | Mme André Paris, rue ulm 34. nous sommes à clermont, chez jules. santé bonne, 14 janvier 1871. — Mabille. | Montlouis, capitaine 138e. saint-denis, paris. suis chez collignon, via risorgimenta, pisa, italia. reçu tes bonnes nouvelles, merci, suis heureuse. — Céline. | Prudhomme rue saint-lazare. santés bonnes, reçu quatre lettres, plusieurs lettres télégrammes envoyés, donne souvent nouvelles appartement, maison. — Gerbault. |

Marmontel, 80, taitbout. 2e dépêche demandant vos nouvelles, rien depuis 21, très-inquiets. — Chaix. | Guex, 29, taitbout. enfants parfaitement, s'amusent beaucoup notre famille, simonet, nicolas, mangin, tous bien, enfoncez armoire, prenez confitures. — Bidermann. | Belin, boulevard saint-michel, 12. reçu lettres 12 janvier, allons bien, écrivez souvent. — Belin. |

Châteauroux, 15 janv. — Berger, 2, caumartin, paris. reçu billets, allons tous bien, jenny a garçon, berçeon père mort pau, écris longuement, courage. — Dupuytrein. | Morvan, médecin, 6, carmes. deuze lettres reçues, toujours châteauroux. aimée, enfants marteville bien portants. — Charles. |

93 Pour copie conforme :

L'inspecteur,

Bordeaux. — 16 janvier 1871.

Le Blanc, 14 janv. — Chrétien, 10, rue crussol familles alexandre chrétien. ayné bonne santé. nouvelles favorables familles charles chrétien, chibout, huet. — Chrétien. |

Auray, 14 janv. — Bidaux, rue du dauphin, 8. santé bonne, inquiète, sans nouvelles. — Berthe. | de Thévenard, rue moncey, 9. enfants et isabelle très-bien. — Elise. |

Surgères, 14 janv. — Delalande, passage st-louis, 14, batignolles. isabelle accouchée garçon, tout va bien. — Chabanierez. |

Excideuil, 14 janv. — Chaumard. finances, 3, castiglione. deuxième dépêche. tiens, miens, bien portants. reçu deux lettres, ta mère plusieurs, pensons à toi. — Combescot. |

Bordeaux. — Péan, 2, choiseul. anna, maurice bien arrivés corbeil santés parfaites, ici aussi. vous ai écrit souvent, écrivez toujours. — Marie. | Worms, 5, scribe. santés bonnes malgré dé espoir. reçu lettres flora, une de toi, écris plus souvent, tous vont bien. — Worms. | Francillon, 7, enghien. vos enfants villers parfaitement recommandés. nos santés passables. — Worms. | Pellet, 19, boulevard sébastopol. tous bien bordeaux, attaché cabinet gambetta. donnez nouvelles. sommes inquiets. — Emion. | Berger, 63, rome. lettres reçues, nous tous, isabelle nous portons bien. — Berger. | Drechou, 1, place boieldieu. paul deroubdi en france, tous parfaitement. dernière lettre reçue. — Drechoux. | Bourlier, 106, rivoli. demandez trois cents pour loger à klein, 10, rue nicolo. — Colleau, délégation finances. |

Trianoncourmont, lille, 62 bis. cinquième, amitiés, envoyez lettres. pas encore nouvelles boëse grandchamp, vu costu. — Colleau. | Senonar, 85, st-dominique. suis londres, 31, devonshire street. enfants, moi bien. — Senevas. | Pierre Abbatucci, 25. prévenir torchet sintalbin, cellier, auxquels avons vainement écrit, que sommes bien portants pau attendant leurs nouvelles. — Priest. | Mützer, 17, médicis. tous bien bruxelles, rue pépin, 12, janvier 16. — Sabini. | Lecourt, 21, gay-lussac. tous bien, inquiets famille écris, donne nouvelles de père. — Jenny. | Niscnecher, 54, petites-écuries. femme, sœurs, charles, moi bien. beauregard genève, paul neuchâtel jules dijon, mardin prisonnier coblentz. — Seltz. Schnerb, paris-journal, favart. prière envoyez nouvelles paul lafargue, adressez madame E. B., bordeaux. poste restante. — Bernardt. | Favé, 156, rivoli. 12, calais. bruxelles, savent mondomaine chez charles midi, raoul villefranche, paul tous bien, thieville complet. — Favé. |

Gap, 13 janv. — Ardoin, colonel 122e, 2e armée. félicitations cher alexandre. écris souvent. jules donne nouvelles 24 décembre. allons bien. — Ardoin. |

St-Pol-de-Léon, 13 janv. — Dubeaudiez, rue de l'entrepôt, 34. famille bien. demande lettre tous ballons. — Dubeaudiez. |

Le Croisic, 15 janv. — madame Mirault, 22, faubourg poissonnière, paris. je suis au croisic avec saintange, ma sœur à cannes bien portante. — Henry Mirault. |

Narbonne. — Gleizes, lyon, 5. accouchée garçon. tous allons bien, cinquième dépêche. — Gleizes. |

La Roche-sur-yon, 15 jan. — Baily, tour auvergne, 44. Dieu vous garde. — Céline. | Garran, interne pitié. Dieu te garde. — Céline. |

Le Puy-en-Velay, 13 jan. — Loiseau, rue baillif 5. enfants vont bien, famille laporte aussi. — Mouret. |

La Haye-Fouassiou, 16 jan. — de Lapénissière, secrétaire du colonel bascher, mont-valérien. tous bien, lettres reçues, écris. georges lemaignan zouave. envoi d'argent impossible. — de Lapénissière. |

Clisson, 16 jan. — Tourasse, saint marc, 6. reçu hier nouvelles blessure georges, maman impossible partir, désolation. tous ici parfaitement bien. — Tourasse. |

Angers, 16 jan. — Bernheim, guillernites, 2. abraham, nous bien, salomon bien ici, écrivez. — Aaronson. | Drulin, rue urselines, 10. en grâce nouvelles de tous. adressez bordeaux, chez liger, rue lafaurie, 26. — Pape. | Kœnig, neuve coquenard, 13. henri bonne santé, décoré. — Henriette. |

Mascara, 10 jan. — Ripert, francs bourgeois, 9 bonne santé, reçois lettres. mascara, province oran, tranquille. courage, espérons. — Ripert. |

Chablis, 13 jan. — Laurent-Pichat, université, 39. nous sommes toujours bien portants et tranquilles à chablis. — Rosine Beaujean. |

Guérande, 16 jan. — Lacroix, sergent 28e de marche, mont-valérien. famille naud, lucas, rivière, lacroix tous bien. louis lacroix armée loire bien. — Lacroix. | Berthelot, lieutenant mobiles, mont valérien. victor armée loire, écrivez, inquiète, vous aime, embrasse, courage, espérons. — Berthelot. | monsieur Rousseau, rue singer, 40, passy paris. allons toujours tous bien. — Rousseau. |

Treignac, 15 jan. — Dufour, lieutenant, caserne banque. allons tous bien. — Nelly Dufour. |

Ste-Anne-d'Auray, 16 jan. — Lecorvec, mobile manutention, quai debilly. vos familles bien, écrivez. — Lecorvec. | Négrier, prince eugène, 114. nos familles bien, écrivez moins rarement. — Lecadre. |

Lucenay-les-Aix, 14 Jan. — Schonen, 108, rue lafayette. cinquième dépêche pigeon. andré, tous parfaitement. |

Tonnerre, 5 Jan. — Vauquelin, 23, lepelletier. bonne année, recommande léon. réponse. — Dumaresq. | Bargé, rue du départ, 9, paris. portons bien, vasseur aussi. écrivez souvent, recevons lettres. — Vilain. | aujourd'hui, 5 janvier, reçu quatrième lettre du 25 novembre. toujours réunis, allons bien. — T. Maurice. |

Auterive, 16 janv. — Granadel-Marius, 13e section ouvriers militaires, caserne babylone. janvier, colomiers, santé parfaite. réformé, écrire. |

Oloron-ste-marie, 16 janv. — Maisounabe, 10, rue poissonnière. tous bien. — Louis Maisounabe | Suarez, richer, 1, paris. vos enfants sont bien, tous aussi. eugène marié. — Daguerre. |

Sennecey, 14 janv. — madame de Vatry, 20, notre-dame-de-lorette, paris. aucune nouvelle de vous depuis deux mois. bonne santé ici. — Virey. |

Libourne, 16 janv. — Fréville, 58, haussmann. lettres reçues, ahainville tous bien, frepson idem écrivez. — Fréville. |

La Châtre, 14 janv. — Corbin, 21, godot-mauroy. la châtre tous bien. — Pontal. |

St-Thibéry, 15 janv. — Georges Andrieu, lieutenant 45e régiment mobiles, hérault. st-maur recevons lettre 1er. allons bien, aimons beaucoup, embrassons. — Marie-Louise, Hélène Andrieu. |

Pertuis, 14 janv. — Roux, ingénieur poudres, rue arsenal, 9. allons bien. julie, enfants granville, tous bien. — Rouvières. |

Amélie-les-Bains, 15 janv. — Parent, 3, villa-réunion, auteuil. donnez nouvelles toulouse. — Babut. |

Aix-les-Bains, 14 janv. — capitaine Rambuteau, mobile saône-et-loire. cruellement inquiète par pitié ménagez nos deux vies. je fais prier partout. trois frères préservés. — Mathilde. |

Prades, 15 janv. — Saléta, anjou-st-honoré, 76 paris. reçois lettres, portons très bien, écrivez. — Denise Saléta. |

Levroux, 14 janv. — madame Lemarié, 31, rue de boulogne. porte bien, reçois vos lettres, enverrai provisions quand possible. répondez levroux, parlez santés. — Deguis. |

Lyon, 14 janv. — de Royer, premier président paris, rue vaugirard. vœux pour vous tous. les saudrans, philippine, suzanna, nous en bonne santé. avons tout espoir en la france, paris, Dieu! — Daubarède. | madame Decouflans, rue morny, 99. tous bien, malgré vives inquiétudes pour vous, mais espérances croissantes. pauline, enfants tullins. reçu vos lettres décembre, envoyé pensions. chiseuil, guillemardet, perret, véronique bien. abord décoré. vous avons envoyé seize lettres, sept dépêches pigeons. — Charles. | Derriaz, artillerie mobile rhône. réclame 160 francs déposés poste décembre. reçus aériennes datées 20 novembre, 8 janvier. remplis lacune sept semaines. sicards, nous satisfaits, contents. | Mougin, rue seine, 13. recevons plus lettres, inquiets de ta chère santé, patience, courage, bon espoir, portons bien. doux revoir. — Mougin. | Pierre Gabert, 1re compagnie pontonniers mobile rhône place périere. famille bien. sainte-foi aussi, t'ennuie pas, écrivons souvent et à sainte-foi, thiard garçon parti, ton magasin bien. — Jean Gaber. |

Jay, 9, charles V, paris. allons bien. souvenir champelauvier, revois oncle, simart, sois prudent nullement vu aimé, avec kératry nantes. bons souhaits. — Jay. | Mathieu Strumpfmeier, 19, rue échiquier. suis à vienne, ai écrit 30 décembre, 7 janvier. — A. Krieger. | Laboré, 61, feuillantines, paris. confirmons lettre 31 décembre. angleterre. lyon, tous vont bien. attendons vos nouvelles impatiemment. — Ribollet. | Jœricot, école polytechnique. reçu lettre décembre. allons tous bien, inquiets, écrire irigny. | Champelauvier, 9, charles V, paris. troisième dépêche. reçu lettre 1er janvier. merci, souhaits réciproques, toujours rien joseph. allons bien, courage, espoir souvenir à tous. — Guinon. | madame Hainl, rue blanche, 91. francisque, edmond tous bien portants. | Colombé, duras, 3. écrivez davantage, allons bien, demandez pion, labordette, lagarrigue quelles marchandises avantageuses faudrait apprêter pour paris désinvesti. — Joseph. |

Aix-en-provence, 14 janv. — Zaleska, 19, abbatucci. inquiet, écrivez. — Zaleski. | Desjardins 30, rue condé. allons bien aix, jenny corse. ta candidature bien engagée. paul et persil bien, donne nouvelles. — Desjardins. | Thénésy, ingénieur, rue jour, 10. reçu aujourd'hui lettre du 30 écris, tous 1er janvier bien portants. tourmentés — E. Thénésy. |

Gilly-sur-Loire. — Tixier, 288, rue saint-honoré. parents à Evian, nous six à perrigny bien. voyez maisons. — Albert. | Delalain, 20, condé. si vacants, occupez par vous ou amis, nos deux appartements, rue blanche. tous bien à perrigny. — Albert. | Duparc, 18, godot-mauroy. lavallée, 15 janvier. tous parfaitement, pays tranquille. eugène, ferdinand, saint-valéry, hélène sait alphabet. — Arthur. |

Niort, 16 janvier. — Devillers, 16, ponthieu, maison foussier. en bonne santé, inquiète de vos nouvelles, réponse à saumur. — V. Toilabas. |

Montbrison, 13 jan. — Desqlajeux, 24, varennes merci pour lettre, apprenons bombardement. angoisses, admiration. allons bien, saint-étienne, lyon, paisibles, tendres amitiés vous, cochin. — de Meaux. |

Saint-Nazaire-s.-loire, 16 jan. — madame Lefebvrier, 30, rue nollet. parti 14 janvier, retour 10 mai, continuer écrire à nazaire, lettres me parviendront. — Lefebvrier. | Devin, teinturier, galerie bergère Külerich, hôtel leroy, saint-nazaire. toujours aucune nouvelle. |

La Chataigneraie, 15 jan. — Genay, 17, quai voltaire. santés bonnes, chataigneraie. — Genay. |

Auxy-le-chateau, 11 jan. — Billaudel, feuillantines, 59. commandant cardon mort. — Danvin. |

Argenton-château, 16 jan. — Fruchard, rue sentier, 20, paris. suis inquiet de vous. — Fauger. |

Mauze, 16 jan. — monsieur Passy, rue prerbourg, 12. mauzé. allons tous bien. — Passy. |

Redon, 16 jan. — Lezard, 18, boulevard beaumarchais, paris. nous sommes en bonne santé. j'ai reçu tes lettres. nous t'embrassons. — Pouchet. | Hamon, 155, saint-honoré, paris. en bonne santé, mais quelle inquiétude. — Aspasie Hamon. |

La Jonchère, 15 jan. — Boivin, place madeleine. écrivez-nous souvent. georges exempt. edmond encore à nantes. — Mathilde. | Désir, jacob. bonne année. je supplie écrivez-moi jonchère. — Hertzberger. |

Richelieu, 16 jan. — Lalandre, 10, boulevard de la gare, paris. nous nous portons tous bien. — Boué. |

Monceau-les-Mines, 14 janv. — Chagot, 56, rue saint-dominique. reçu ta lettre 29 décembre. le bombardement m'inquiète. écris-moi par chaque ballon. — Chagot. |

Nevers, 15 jan. — Baronne Todros, 5, boulevard capucines. toujours melun. horrible inquiétude concernant léon. prière écrire souvent melun et nancy. — Badot. | Contourt, 3, boulevard saint-martin. embrassons tous. va bien. bonne chance louis. — Guéroult. | Ducany, 17, boulogne. famille baron melun, famille ducany bruxelles. bonne santé, reçoivent lettres. — Baron. |

La Rochelle, 16 jan. — Ferry, hôtel-de-ville. père, sœurs, parents bar. hélène siens, laguerre, fillette, journier siens, dynglemare, enfants, nous trois parfaitement. — Dumesnil. | Georges, 19, boulevard batignolles reçu lettres 14, 29 juillet. mère m'ont écrit, inquiets, vais bien. — Lafrénaye. | Cuenne, 27, boulevard magenta. chercher 108, rue folie-méricourt confitures provisions. bois cave. écris hôpital militaire la rochelle, inquiets. — Paul. | Bossière, 14, rue magnan, paris. cécile, granville manche, jules bordeaux, numa armée Est. lettres toi, victor tous bien portants. — Bossière. |

Pont-Château, 16 jan. — Espivent-Villesboinet, lieutenant mont-valérien. tous parfaiement merci. lettres nombreuses. — Villesboinet. |

Nice, 15 jan. — Delacomble, 79, rue rivoli. merci. cartier péan, havard bien nice, enfants avignon, pauline nantes, famille nemours bien. — Marthe. |

Clermont-Ferrand, 5 jan. — Hartmann, 26, lacroix batignolles votre famille va bien ainsi que familles albert, edmond, hyppolite, mathieu, kaeuffer amitiés. — Renout. |

Nantes, 16 jan. — Hamon, 76, boulevard courcelles. femme, fils, mère très-bien. pagliano et lahue familles inquiètes. — Hamon. | Gamard, 16, choiseul. tous ensemble bien portants. recevons lettres. garçons externat. quid chevron? — Gamard-Rivière. | Cheilus, 105, avenue st-ouen. envoie nouvelles. tourmentée, toutes bonne santé. père eugène bonnes nouvelles. — Cheilus. | Pignel, 56, université, paris, avons envoyé lettres, argent. très-inquiets. écrivez. — Herpin. | Planchut, 11, boulevard italiens. revenues nantes. colonel coblentz, carmier hambourg, tous bien. prévenir père lettres reçues. — Planchut. | Laleu, 12, greffulhe, paris. tous très-bien. écrivons souvent. quand recevons lettres, grand bonheur, reçu 2 journaux. — Laleu. | Champouillon, 35, avenue d'antin. santés parfaites. recevons vos lettres. donnez plus de détails. tarbes, caen, semur bien. — Mathilde Champouillon. | Fourneau, 24, rue du bouloi. famille bouchet bien. reçois lettres, personne parti. — Bouchet. | Gamard, 16, choiseul. santés parfaites. recevons lettres. envoyez nouvelles besnard. — Rivière. | Demouy, 97, lafayette. tous bien. recevons lettres. écrivez davantage pour tranquilliser. informez-vous de ruelle. femme très-inquiète. — M. Demouy. |

Meslier, 19, sentier. poulain albert, avec mère rhône, azam tous bien, contente ernest position superbe 23e dépêche. — Poulain. | Rapin, artillerie mobile, villette.-paris. tous bien. recevons lettres. charles nantes. brostant sans lettre. avance à fils cent francs. — Rapin. | Peltier, 74, rue montmartre, paris. très-reconnaissant de vos bons offices pour mon fils, avancez argent qu'il demandera. — Rapin. | Boyriven, 37, rue lepelletier, paris. ponr murier. recevons lettre apprenant guérison, hippolyte génie nantes. famille naud, lemaitre, rapin bien. — Murier. | Brossaut, artillerie mobile nantes, villette-paris. sans lettre, très-inquiet. georges 31e dépôt bordeaux. rapin ordre avancer cent francs. — Brossaut. | Destouches, 43, rue richer, paris. allons bien. voudrions savoir quoi devenez recevant aucune vos lettres, cherchez moyen faire parvenir. — Thébaud. | Pasquier, 4, rue michodière. vois alfred, adressons mêmes observations. reçu lettre, ta mère, charles marseille, tous vont bien. — Thébaud. |

Cleiftie, 179. saint-jacques. nantes, tours bien. reçu lettres. courage. — Georges Cleiftie. | Lietaer, 76, boulevard strasbourg, paris. pas lettre toi depuis 3 novembre. nous portons bien. ta mère. — Roos. | M. Duneau, 8, rue fossés-saint-victor, paris. donnez des nouvelles, notre santé est bonne, nous sommes chez madame morisset, 1, rue lafontaine, nantes. — Jourdain. | Delalande, 10, aubriot. reçu lettre ce matin, merci. allons bien. — Delalande, | Anizon, sergent, 1er

Bordeaux. — 16 janvier 1871.

bataillon, régiment bascher, mont-valérien. toute la famille bien portante. écris souvent par ballon. — Dr. Anizan. | Duboisguéhenneuc, brigadier artillerie mobile nantaise. fort aubervilliers, villette. tous bien. recevons lettre. cent francs déjà. cent francs maintenant envoyés. — Rosa. |

Bocconi, 17, rue champollion. réfugiées nantes. misère affreuse, argent de suite poste restante. — D. Bocconi. | Chassaignac Kohn, 67, rue blanche. vivons pensant écrivant toi. vois louis. t'embrassons et kohn. — A. Chassaignac. | Chevalier, 115, lafayette. tous bien. trouvé ressources. reçu tes lettres. — C. Chevalier. |

Bordeaux, 16 janv. — Dubois, 36, bourgogne. sixième dépêche. recevons lettres, merci, écrivez par tous ballons, nous vous supplions de prendre notre appartement. — Minart. | Grivot, 5, port bercy, paris. inquiets de vous et ernest. rassurez-nous. — Jolly. | Jusserand, ministère guerre. santés bonnes, lettre toi 8 décembre, pauline, 27. inquiets bombardement, supplions écrire, prions Dieu, aimons, pensons tous. | Astier, rue des tournelles, 28. famille Astier aux sables d'olonne en bonne santé, sommes à ses ordres. — Duvergier. | Triouiller, iéna, 17. enfants, institutrice ici, frère à rosoy, nouvelles indirectement. pensée constante vers toi, voir jusserand. ministère guerre. — Fouillouze. | Aubert, rue cadet, 42, paris. bonne santé, prière de me donner de vos nouvelles. — Aubert. | Roquebert, place vendôme, 28. tous six bien portants. ducel, berthe, ici. enfants fortifiés, maurice calme. biarritz. — Jenny. | Barthélemy, cambacérès, 17. claire, maurice, vont bien. — Harmant. | Miant, 36, berlin, paris. lasalle, 14 janvier, valentine tous dieppe, angers, notours, vernier, parfaitement. valentine santé, études, progrès, bonne. — Petit. | Nervo, 88, rue saint-lazare. tous très bien. barante, châlet, lisy, anselme, mort, léon libourne pas exposé, 12 janvier. — Lucie. |

La-Bastide-Clairence, 14 janv. — Lopvet, gendarme, caserne prince-eugène, paris. époux, sommes bien, donne nouvelles. |

Nimes, 15 janv. — madame Casimir, 54, rue lévis. reçu lettre jusqu'au 20 décembre, suis en bonne santé à nimes, chez manifacier. — Charles. |

Toulon-s.-mer, 15 déc. — Carvés, lieutenant-vaisseau, fort montrouge, arcueil. angèle, envoyé plusieurs dépêches, julie nous paient, carvés bien. inquiet pour vous, écrivez souvent, embrassons. — Coulombeaud. |

Argenton-s. creuse, 14 janv. — Delaperrière, 5, place blanche. inquiètes depuis bombardement, que devient édouard? henry, 30 décembre. chartres, rien. bien portantes. — Delaperrière. |

Bédarieux, 15 janv. — Bernat, 45e mobile hérault, saint-maur. ne quitterai pas bédarieux. tous bien bédarieux, lieuran, bassan, donne argent à louis pradal. — Justin Bernat. |

Biarrits, 15 janv. — Prévost, 39, boulevard bonne-nouvelle, paris. santés bonnes. sans nouvelles, comment fabriquez, augmentez produits proportionnellement, augmentations denrées, détails, étendus. — Prevost. |

Vichy, 12 janv. — Forgues, tournon, 2. marguerite, alice, moi, vichy. châlet fould. fanny, eugène, noémie, lyon, léon, édouard, hâvre. pauline, brazey, bien. — Paulenier. |

Alger, 11 janv. — Lafrogue, turbigo, 85. paris, sans inquiétude, enfants, émilie, oncles, tous bien. — Cordien. |

Montrichard, 13 janv. — Démée, tronchet, 25. émile, sans espoir, variole. reçu tes lettres, rien compiègne, anatole parti. — Hercule | Leturcq, montorgueil, 71. montrichard toujours libre. tous bonne santé, reçu quinze lettres. charpentier gaillard, bonne santé. hâvre, hôtel europe. — Lefébure. | Bourgin, 9, petites-écuries. lettres 12 novembre, 4 décembre, aucun danger deherpe, nous, bien. écris à senlis, soigne bien. — Bourgin. | Bailly, rue saint-antoine, 195. tous bien portants, réponse ballon. — Poilécot. |

Poilécot, 4, rue verrerie. tous bien portants, réponse, ballon. — Poilécot. | Dubois, bons enfants, 30. santé bonne, pas souffert. reçu lettres, au revoir, confiance. — Pin. | Leloup, quai tournelle, 13. reçu quatre lettres, montrichard pas envâhi, portons bien, écrire plus souvent. — Lair-Leloup. |

Nice, 14 jan. — Brouty, 42, rue trévise, paris. reçu lettres, sommes à nice. allons bien. les dames cartier, éloy. — Havard. | Berteaux, 10, rue aboukir, paris. reçu lettres, dames cartier, nice, allons bien, payez contributions 1871. — Havard. | Marie Aumassip, 3, rue cambacérès, paris. reçu lettre, allons bien, suis nice avec dames cartier, allez rue monceau, écrivez. — Havard. | Galvani, rue assas, 54. envoyé lettre Zante, reçu réponse, parents bonne santé, écris nice, françois, paule, 2. — Othon. |

Chatellerault, 16 jan. — Gressot, colonel artillerie, lamotte-piquet, 14. tous bien ici, xavier bien, francfort, ernest bien, toujours palais. — Louise. | Allan, lieutenant-colonel artillerie, st-thomas-d'aquin. portons bien, recevons lettres, envoyons dépêches, à toi de cœur. — Mary. | Tirveillot, pierre-lescot, 3, paris. reçois toutes lettres, écrivez souvent, donnez détails enfants paris, lecomte, prenez courage. france périra pas. — Texier. | Vignolles, 136, faubourg saint-honoré. argent envoyé de suite, père en congé à cannes, marie installée à londres, tendresses. — Chabert. | Chabert, 62, rue rome. suzanne, mère, tous bien, hart ici. leur mère bordeaux, marie londres, nos tendres souvenirs. — Chabert. | Rivet, rue saint-jacques, 301. auguste, coblentz, bien. — Psournichon. |

Fontenay-le-comte, 15 jan. — Vaudremer, rue enfer, 77. écrivez souvent, longuement. reçu lettres, santé excellente, prudence, déménager promptement vers centre paris. sommes en sûreté | Forest, 19, michel-le-comte. tous santé parfaite. ballereau également. 15 janvier. — Forest. |

Cluny, 14 jan. — Barrier, greffier, 6, rue drouot, sauver papiers, bijoux, mon frère. — E. deBriey |

Lorient, 16 jan. — André Mniszech, 6, daru. sommes lorient, charles, capitaine décoré, guerre. sommes tristes mérotte morte. reçu lettres. écrivez. — Lagatinerie. | Eon, sergent, 1er bataillon mobile, morbihan. père, paul, édouard restés. hyppolyte, rennes. adolphe, nantes. bernardières, courage, confiance. tous bien, recevons lettres. — Eon. | Palluy, rue aiguillerie, 6. nous sommes bien, mais inquiets de vous, écrivez nous. rien reçu de vous depuis longtemps. — Martin. | Dubouëtiez, capitaine, mobile morbihan, 1er bataillon. tous membres famille bien, amis. attendons retour impatiemment, commission donnée faite. émile alger, embarqué provence. — Dubouëtiez. | Salomon Lévy, 119, faubourg antoine. lu votre lettre ballon bordeaux, dire famille, santé, bon courage. — Léon Lévy. | Lestrohan, état-major louvre. Belleile, sénégal, lorient, bien, tous nos cœurs avec toi, 16 janvier. — Rosalie Ouizille | Stegnel, 34, rue douai. reçu lettres partout, si besoin, portez dépêche samson. prenez, paierai retour, augustine renouvier. bien. — Barbancey. | Grassi, rue université, 69. portons bien, père à lorient. — Grassi. |

Maquet, paix, 10. très bonne santé, marine place, 8 dover. cooke fournira argent. — Lescuyer. | Rougevin, faubourg saint-honoré, 75. aucune lettre depuis 19 décembre. très inquiets. bonne nouvelles de tante, tous bien, tendresses. — Bonnet. | Bernard, second maître canonnier, fort romainville. accouchée fille, sommes bien, répondre si milinère charpentier est bien. — Bernard. | amiral Labrousse, grenelle saint-germain, 59, paris. bien portants, 16 janvier. — Deschiens. |

Aubin, commissaire-général, ministère marine. tous bien, rené, erfurt, reçois argent. ernest, solférino, cherbourg, alexis bon, bulletin. aimé, silésie. — Aubin. | Guieysse, rue jessaint, 6. 15 janvier. guieysse, caspari, noblot, jéglé, marie, amis, parfaitement, reçu lettre maman du 8, persévérance. — Guieysse. | Le Bars, capitaine d'armes, fort bicêtre, suis bien. noël, cherbourg. — Le Bars. | Lepontois, 7e compagnie mobiles morbihannais, armée ducrot. léontine, pia, eugénie, neuf jours, familles pontois, marseille, tillet, tous parfaitement. — Glotin. | Proux, rue mayet, 14, paris. tous bien portants, inquiets, quatre mois sans nouvelles de vous, ni paul, donnez-en. — Thomas. | Winter, 30, dames, batignolles. prière nouvelles fils Treitte, lavocat, philipon, debray, boiron, amitiés. — Marnier. | Bresson, rue vaugirard, 48, écrivez-nous, rue poissonnière, lorient, amélie, manduel, londres, versailles, bien portants. — Cartier. |

Aigurande-sur-Bouzame, 14 janv. — Tardieu, 364, st-honoré. tous bien demande nouvelles ambroise et louis morel, répondre par ballon. — Clerget. |

Pau, 16 janv. — Reynier, 20, rivoli, paris. contente savoir tous abrités, surveillez. prenez vin, aurez besoin, empruntez argent, sera rendu par léonie. — Reynier. | Medynska, 41, rue seine. écrivez-moi plus souvent, suis inquiet sur votre compte. — Ladislas. | Mlle Deffis, rue Chabanais, 3, paris. savoir deffis colonel, famille bonne santé. — Amélie Deffis. | Deffis, colonel, 137e ligne, 5e division, 3e armée, charenton-pont. chercher rungs, capitaine, 139e ligne. — Amélie Deffis. | m. saint-maurice, 4, rue vienne. votre femme et famille bien à troyes, reçoivent vos lettres, lorrains bien. — Vernier. | m. Vernier, 3, rue hâvre. tous bien à pau, à troyes, raoul prisonnier, écrivons souvent. — Vernier. | Berteaux, 10, aboukir. allons bien, dieppe aussi, emprunt, décision bonne, avons bons du trésor garantissez paiement écrivez, recevons lettres. — Orbelin-Berteaux. |

Montceau-les-Mines, 13 janv. — madame Kakosky, rue des trois bornes, 29. suis à montceau, amiot charles parents bonne santé, courage, attends impatiemment, fin, reçu tes lettres. — Kakosky. |

Argelès-de-Bigorre, 15 janv. — Choquet rue seine, 13, paris. si danger, habitez notre appartement. prenez provisions dans buffet, cave. courage, grandes armées faites, tous bien. — Grasson. |

Bourg-en-Bresse, 14 janv. — madame Sachetty, 42, piat, belleville, paris. père mort, 4 courant, avec bons sentiments, allons bien. — Rommy. |

Orthez, 16 janv. — Gauthier, boulevard magenta, 137. allons bien à bühl. écrivez-moi hôtel trois rois, bâle suisse, 20 décembre. — Marin. | Bida, boulevard st-michel, 22. tous bien, lisbeth superbe. six dents, espérons. embrassons tendrement. courage, 28 décembre. — Marie. |

Niort, 15 janv. — Poilblans, 12, grande truanderie, sommes tous en bonne santé envois de vos nouvelles par ballon monté à saumur. — Emile Poilblans. | Caroline, 28, enghien. sommes très-inquiets de vos nouvelles. portons tous bien, écrivez-nous toujours à saumur. — veuve Meunier. | Montigaud, 7, rosiers. sommes en bonne santé, vous souhaitons bien des choses, sommes inquiets, envoyez nouvelles à saumur. — veuve Meunier. |

Chatillon-s.-Indre, 13 janv. — Chevallier, rue de la mure, 75, paris. sommes fugitifs, portons bien, adressez toujours à guillotière. — Chevallier. |

Beaune, 12 janv. — m. Deblic, 12, rue chauchat. tous bien portants. recevons lettres. hervé angers. lavillette bien, fermes aussi. grand espoir. embrasse. — Marguerite. |

Figeac, 16 janv. — Houlié, commis principal télégraphie. 18, rue du caire. allons tous bien, mais très affligés. léopold est camp de Bordeaux. — J. Houlié. |

Montauban, 16 janv. — madame Mercier, 58. taitbout. si paris renvoie femmes, viens vite. santés parfaites. — Lamothe.

Usson-du-Poitou, 14 janv. — Couteaux, 49, rue lepelletier. allons bien, suzanne aussi. — Couteaux. |

Angoulême, 16 janv. — Gaspard, 59, faubourg antoine. deux lettres. surveiller, diriger charles. aucune nouvelles depuis novembre. écris bureau restant. — Ledoray. |

Dompierre-sur-Bebré, 14 janv — Breugnon, 19, quai bourbon. paris. famille jolivet gaudet réunie ici. bien portant. — Gaudet. |

Lyon, 13 janv. — Vernaut, rue ventadour, 5. maman renart, charles, georges à lyon. barbier à aubusson. tous bien portants écrivez très souvent. — Renart. | Fuld, 5, cléry. 15 janv. famille bonne santé. bonnes nouvelles lorch, élisa, irma, alice, albert, léon, achille. — Cerf. | Joseph Duchozal, 7. nous allons tous bien. reçu sept lettres Antonin. — Pignard. | Villeneuve, 40, blancs-manteaux. paris. envoyé cinq lettres, une dépêche. reçu vôtre 17 novembre. inquiets depuis. ici tous santé. — Finaz | Delocre, commandant artillerie, mobile rhône. depuis septembre, aucune nouvelle de chatagnon, sommes inquiets. bussillot, avenue ségur, 2, lui prêtera argent. | Fouilland, garde mobile lyon, 2e compagnie pontonnier, brigadier. paris. reçu dernière lettre décembre. rien d'extraordinaire. tous bonne santé. envoie cent francs. répond voie compagnie des eaux pour argent. — Fouilland | Joannès Marduel, 46, rue provence. cher enfant, espérance, courage. tous bien portants, pensons à toi. prions pour vous, t'embrassons. | Gazet-Lefebvre, 15, rue Richard-Lenoir. hier lettre, premier janvier, plaisir. contrariée nourrice part couches. petits charmants, accoutumés moi. bien misères. bonjour daviron. cinquième dépêche. | Bouvier, 15, rue trévise. paris. ma brue, monsieur roguier morts, vous et albine, que devenez? réponse. suis très inquiète. — Stoepel. |

Chalonnes, 16 janv. — Rousseau, quai bourbon, 15. paris. santé excellente. tranquillité parfaite. lettres reçues, écrivez souvent. beaucoup ennuyés. inquiète. nouvelle papa piverneau. — Rousseau. |

Poitiers, 16 janv. — Cousin, boulevard poissonnières, 10. portons bien. auguste bonnes. frères pas partis. alphonse capitaine attend, rien nous manque. courage. — Cousin. | Bourdier, 13, valois-palais-royal. rené, officier 49e ligne, angoulême, bonne santé. — Bourdier. | monsieur Delafosse, 14, bellechasse, paris. bapteresse, 16 janvier. Je vais bien et ta famille aussi. — Isida Delafosse. | Delbergue, rue provence, 8. Neuville, tous bien portants, pas envahis. reçu de vos lettres. soyez tranquilles, dieu vous sauve. — Berthellemy. | madame Rousseau, 92, bondy. rousseau, émile, avec famille froissant depuis octobre, poitiers, 16, cordeliers. thierry bordeaux. portons bien. — Rousseau. |

Morlaix, 15 janv. — Mansais, 71, faubourg martin. paris. titres des trois propriétés dans les deux petites caisses fer forgé. lieux plus sûrs. — Audiffred. | Favier pour Maret, 82, rue bondy. tous très bien. — Pauline Maret. | Blondel, 14, rue monge. tous bien portants. prends précautions. — Clémentine. | Rouilly, 11, boulevard temple. Emma à morlaix depuis neuf novembre, accouchée 14 janvier. mère et fille bien. — Rouilly. |

Annecy, 14 janv. — Boyé, commandant forestier, paris-auteuil. annecy parfaitement. nuée-bleue réparée, habitée. hypothèques intactes. reçu intérêts. edouard beau gèrent. souhaits enfants, valérie. — Pauline. |

Le Guétin, 14 janvier. — Bérenger, 49, rue Jean-Goujon. lucie était douvres. lord warder hôtel 28 décembre. devait aller chez abelena. tous bien. inquiets vous. — Gabrielle. |

Bourges, 14 janv. — Bertrand, 14, condé. roche, nevers, bourges. bien. inquiets, bombardement. nouvelles. — Hervet. | Paul, 5, taibout. santés bonnes lettres reçues. prévenir ernest. — Paul. |

Limoges, 15 janv. — Limoges avec Leyssenne, 24, place bancs. inquiètes, écrivez. dernières nouvelles georges, 7 décembre. santés bonnes. — Rist Ansart. | Chapot, saint-martin, 101. nouvelles vous, henri. nous trois bien. — Creuse Corderies. | Roulhac, boulevard saint-michel, 11. paris. bonne santé tous, lettres reçues. — Marie. | Mollat, 53, rue belleville. paris-belleville. reçu lettre 31. porte bien. écris. — Mollat. | Londe, 8, rue Jean-Jacques-Rousseau. paris. madame et enfants à lyre. santé bonne. magasins loisy, adrien, fermés, casimir, adrien, engagés. — Bournissou. |

Arcachon, 16 janv. — Granjux, rue bac, passage sainte-marie, 11 bis. châteauneuf, olympe, léon, périgoret, bargemon, gravenchon, tous très bien, préviens saint-aignan. — Granjux. |

94. Pour copie conforme :

l'Inspecteur,

Bordeaux. — 18 janvier 1871.

Saint-Maixent, 17 janv.— M. Dervillez, 9, passage st-bernard, faubourg st-antoine, paris. reçu votre lettre, m. chaulan, parti colonel santé bonne.— Dervillez. | Duplessis, 18, pépinière. bonne santé partout, pol, adèle, rentrés novembre. malle retrouvée, écrit messager janvier, sussex, place 1, affections.—Duplessis. |

Niort, 18 janv.— Charles Berr, 37, jean-jacques rousseau. avons lettres douze inclus, tout va très bien, bonnes nouvelles manchester, lunéville, pissaro, séligmann. — Marguerite Berr. | Mme Triaud, 15, rue de grenelle-st-germain. j'ai reçu lettre, pas payé. achète, porte très-bien.—Triaud. | Mme de Corcelle, 121, rue grenelle. tout à vous de cœur.— d'Aissailly. | m. Lapparent, 3, rue tilsitt. santés parfaites à lacassine, lucie forte, confiante, paul charmant.— d'Aissailly. | Bouteloup, 15, rue royer collard. si mon quartier pas bombardé, allez tous, maîtres et domestiques, vous installer chez moi.— Bouteloup. | Desbuttes, intendant 2e corps armée, paris. allons bien, chailvet bien, recevons lettres, mandat.— Desbuttes. |

Le Puy, 16 janv.— Denavery, 59, rue condorcet paris. reçu lettre 28 décembre. réponse immédiatement. écrivez longuement, donnez détails. partirai aussitôt possible.— Delabatie. |

Granville, 11 janv.— Bouruet, 22, rue des moineaux, paris. allons tous parfaitement, sommes jersey, excellentes nouvelles saget, bichez, mayer, biollay, goyon, poitevin.— Eléonore Bouruet. | veuve Carmouche, 16, boulevard voltaire. bon courage, bons souhaits aux amis, reçois lettres, écrivez-moi jersey. poste restante.— Abraham Caroline. | Picard, 25, rue de grammont, paris. allons parfaitement, sommes jersey, excellentes nouvelles bichez, legrand, saget, mayer, biollay, goyon, poitevin.— Eléonore Bouruet. |

Saint-Servan, 14 janv.— Dhenry, 61, dareau. tous bien.— Dhenry. | m., me Domange, 55, rue bretagne. enfants chéris, reçu charmantes lettres, toutes, tous santé parfaite.— Domange. |

Dax, 17 janv.— Thomasset, 169, avenue de paris, st-denis près paris. blessé pour 4e fois, sans gravité.— Thomassin, capitaine chez m. lévy fils, dax. |

Mont-de-Marsan, 18 janv.— Victor Duruy, 82, rennes. donnez nouvelles anatole. tout votre.— Dive. |

Rabastens, 18 janv.— Veyries, caporal, 7e mobile, 1er bataillon, 5e compagnie. tous allons bien, écris-nous, lettres arrivent.— Joseph Veyries. | Rouquès, 7e mobile. santé bonne, irouho, traignan aussi, écris souvent, nomme gaubert, roudier, gaubert marquefabe, vabre.— Rouquès. | Villeneuve Frédéric, lycée corneille. lettres reçues, santés bonnes. albert armée est. faculté droit créée bordeaux.— Villeneuve. | veuve Renaud, 29, faubourg st-antoine. donnez nouvelles d'ernest. nous allons bien.— Albe. | Rochery, sentier, 39. reçu lettres premier janvier, en cas sortie, venez vous réconforter ici, pas cher, portons tous bien.— Ducly. | Lebrel, banque de france. aucune lettre de toi depuis 16 décembre. ici et bordeaux tous santé. espère, suis confiante.— Lebrel. | Hermann, ingénieur, 20, rue castellane. reçu lettre 11 décembre, fuzier-hermann, reconnaissant, espère autres après batailles, allons bien. communiquer.— Abdon Prouho. |

Albi, 18 janv.— Derrouch, 22, rue enghien. lettre 9 janvier, 7e reçue. vive sympathie. nous tous bien, personne pris. envoyons dépêches, courage. — Henri. |

Castres, 17 janv.— Balayé, caporal, 7e mobiles tarn, 2e armée, 2e division. reçu tes rares lettres, allons tous bien, écris chaque semaine. — Balayé. | Marsal, lieutenant 7e mobiles, 2e bataillon, paris. allons tous bien, courage, recevons lettres, sendral vont bien.— Mathilde. | Batut, aristide, mobile, 7e régiment tarn, hôpital de vincennes, paris. santé bonne, reçu lettres, écris toujours, inventaire insignifiant, baiser.— Batut. |

Mazamet, 17 janv.— Barbey, commandant, septante-huitième bastion. tout bien, santés, affaires. courage, reçu de vous 19 lettres.— Barbey. |

Figeac, 18 janv.— Leturc, 60, boulevard batignolles. tes garçons guyon parfaitement, impossible voir fils, seule découragée, fontenay bourdon venu chercher, suis figeac.— Chambine. |

Cahors, 18 janv.— Lapalme, 140, rue latour, passy. donnez nouvelles par ballon.— Izarn. |

Périgueux, 18 janv.— Augouard, 6, vosges. décédé 23 octobre, nulles valeurs à poitiers, habitons périgueux, santés parfaites. rené bachelier, inscriptions droit.—Lingrand. | Buisson, pharmacien, rue des poissonniers montmartre. nos santés sont très-bonnes, donne nouvelles de tous.— Buisson. |

Sarlat, 18 janv.— Mignot, 2, rue vosges, bastille. angèle, mère sarlat, molènes bien portants, eugène sarthe. écrire toujours, baisers hippolyte, marc, papa.— Mignot. |

Nérac, 18 janv.— Dubouch, 6, rue marengo, paris. tous bien.— Lassoujade. |

Castelmoron, 18 janv.— Manec, lieutenant artillerie, grand-parc tuileries paris. comment vas-tu? nous tous bien.— Manec. |

Gua, 18 janv.— Barthon, 8, mondevi. suis à cransac avec jeanne, nous quatre allons bien. chezeau, azélie londres aussi.— Laure. | Souquières, 33, linnée. ai envoyé plusieurs dépêches famille entière va bien. pensons toujours à toi. achille ici, t'embrassons.—Miquel. |

Rodez, 18 janv.— Tabardel, 22, rue poliveau, paris. sommes à rodez sans avoir de vos nouvelles.— Irma Tabardel. |

Saint-Valery, 10 janv.— Bellenger, 20, rue levis batignolles. santé bonne, aspirons vers vous.— Bellenger. |

Abbeville, 11 janv.— Vasnier, 3, boulevard palais, paris. bravo, ta femme bien, enceinte cinq mois, nous bien.— Delignières. | Duflon, mobile, somme, 7e compagnie, 1er bataillon. mère, frères, sœurs quérimalot, laprandie, bosquet, portent bien, recevons tes lettres, réponds. — Oswald. |

Carcassonne, 18 janv.—Burat, 81, rue miromesnil. santé parfaite, lettres reçues, armand là-bas reçoit aussi.— Gieules. |

Libourne, 19 janv.— Chalendar, 14, rue mayet. edmond prisonnier bonn. — Chaperon. | Gallet, 30, rue dragon. perregaux, tous bien portants, gallet depuis noël à libourne, rue st-eutrope, 37. reçu lettres.— Gallet. | Dessaignes, 25, rue de l'université. tous deux à libourne, bonne santé. écris nous. les tiens vont bien.— Dessaignes. |

Tarbes, 18 janv.— Tronquois, 8, avenue percier. familles tronquois, dupommereulle vont bien. — Receveur. | de Rancourt. hôtel colmar, 64, rue malte. bordeaux, tarbes bien malgré cruelles inquiétudes. désolée pas reçu dépêches. Jean superbe, courage.— Marguerite. | Silvestre, 26, université. suis à tarbes bien portant. nommé colonel 8e chasseurs, donner nouvelles.—Ernest. |

Boulogne, 12 janv.— Rousselle, 13, vieux-colombier. lettres reçues, tous bonne santé, personne mort ni soldat. — Ducarnoy. | Niqueux, Lemoine, 22, bergère. clémence très-malade, enfants bien, argent reçu.— Niqueux, 160, rue boston, boulogne. | Troncin, 24, lisbonne. tous bien, demander pierre bernier argent pour personnel lisbonne. vendre chevaux.— Edmond. |

SERVICES ET AUTORISATIONS

Bordeaux. — Abbé Moigno, 2, erfurth. richon, famille bien, lorient, attendre prochain départ. richon, herry, cher, amitiés de famille dagron réunie. — Dagron. | docteur Worms, 3, anjou-st-honoré. ai reçu plusieurs lettres de mad. worms en bonne santé, pour dépêches réitérées. les avez-vous reçues. accusez réception. dépêches marchent bien. amitiés. — Dagron. | Guidou, 66, neuve-petits-champs. confirme dépêches, tous bien, lacoste, poste restante bruxelles. famille mathieu bien, 16, rue sablons, bruxelles. famille babin bien à chambellay. bon souvenir de famille dagron réunie. — Dagron. | Guimond, 14, quai gèvres. confirme dépêches à maman, sans nouvelles depuis départ. inquiète et mécontente. amitiés. tous bien. — Caroline. | Hugé, 66, neuve-petits-champs. donnez nouvelles de la maison. bonjour aux rousseaux et voisins. comment supportez vous la position. amitiés de famille réunie. — Dagron. |

Ch. Hubert, rue d'antin, 21. sans nouvelles de toi, inquiets, mais bien portants, écris moi bordeaux, cabinet dépêches. —Eug. Frère. | Lorrain, avenue clichy, 98. bonnes nouvelles de corps. oui à toutes vos demandes. — Gouget. | Conti, receveur postes, cléry. pas de nouvellee de saintignon mon neveu, depuis trois mois, que fait-il ? 24 janvier. — Franquin. | Léon à Villet, 54, quai billy. bien portant à bordeaux. inquiet. écrivez. | Hector à Leligeois, 18, rue st-sulpice. tous bien portant, bordeaux, bureau restant. | Larochette à Leblond, procureur général. suis bordeaux, attaché justice, vais bien. | Serres à Valette, abbé madeleine. paul autin, pauline, famille bien. | Hector à Silvy, 16, rue laval. bien portant à bordeaux, bureau restant. | Callon, 9, odéon. eugène sain et sauf du combat de bapaume, est arras chez sens. georges à nantes chez lorieux. — De Boureuille. | Voirin, postes, correspondance intérieure. vous m'oubliez, nous bien. sans nouvelles rouen. bonjour verdun, duché, delaunay. famille rabeau bien boulogne. — Ansault. |

Bordeaux. — M. Prilley, 50, saussure, batignolles. écrire sancoins (cher). recommande enfants. — Samson. | Lamotte, 12, sts-pères. tous bien, tante, mathilde, louis, edmond coblentz, pierre blanchard, bougerions pas pays. quel secteur votre service. — Félicité. | Boulay, 12, rue poitiers, paris. reçu toutes vos lettres, bonne santé. sommes à bastia, corse. tendresses pour tous.—Marie Boulay. | Nahon, rue victoire, 62, paris. reçu lettre. merci, sommes tous à bastia bien portants. impatient te revoir, amitiés, courage. — Albert. | Molinari, 60, victoire. remettez 600 francs horrocks 30, rue clef. élisa bien. faites vendre italiens 52 minimum. — Valery. | Zaccone, administration postes. bien portant. commis délégation du 22 novembre. nommé 24 janvier saint-brieuc. — André Zaccone. |

Chêneau, 19. boulevard mazas. familles sennegy, chêneau, jamais, tellier vont très-bien. vous embrassent. — Sennegy. | Mlle Leclère, 37, caumartin, paris. reçu une lettre vous. santés bonnes ici, yassi, yport, rochelle, castelnaudary, confiance Dieu pays. — Belin. | Trouville. familles corbin, chauchat bien portantes. charles et marie à dusseldorf également. maguy doit marcher. — Corbin. | Desprez, 61, lafayette. reçu ta lettre 10 janvier, espoir. demande argent cassigneul si nécessaire. santé bonne bordeaux. embrassons tous.—Félicie. | Cassigneul 61, lafayette. journal fonctionne 24, rue grassi, bordeaux. amitiés marinoni, castro. écris moi. te serre la main. — Barrère. | Hément, 61, rue lafayette. avons envoyé nombreuses dépêches. james, aline, bonne santé. édouard lieutenant, prisonnier dusseldorf. — Alphonse Millaud. | Mercier, boulevard voltaire 113, paris. tous bien portants. — Mercier. |

Bordeaux. — 18 janvier 1871.

Ambert, 17 janv. — Jusseraud, ministère guerre, paris. santés bonnes, 5 lettres reçues, écris plus souvent, courage. — Périsset. |

Béziers, 18 janv. — Sabatier, 12, carrières. paris. santés excellentes, écrire serré, beaucoup détails, bombardement, logements, finances, impôts. envoie procuration générale notariée. — Sabatier. |

Argentan, 14 janv. — Foussard, 8, rue jean-bart. écrire par tous ballons, toi ou lebrun, ce que vous devenez. — Perreaux, ingénieur à alméneches. | Bert, cretet, 3. bien portants, lettre du 6 novembre arrivée le 9. demande souvent des nouvelles de tous. — L. Chapelle, argentan. |

Parthenay, 18 janv. — Dumas, 163, rue saint-honoré. parthenay, mont, lausanne, montauban, boulogne bonnes santés, reçoivent lettres. — Laporte. | oudot, rue milton, 4. suis parthenay, bonne santé, inquiète, depuis 6 semaines sans lettre. lettre d'adèle arrivée matin. — Oudot. |

Portrieux, 15 janv. — Jarlauld, 46, quai bercy. santé bonne, parents bien, lettres, argent reçus. — Jarlauld. | Petard, place madeleine, 19. godefroy, petard, bien portantes. — Petard. |

Le Puy-en-Velay, 17 janv. — Pélacot, aumônier militaire, 119e ligne. allons bien, oublier jamais ! toujours écrit, charles bien, belfort, adieu ! — G. M.

Calais, 13 janv. — M. Cresson, préfet police. famille roullier, bonne santé, calais, hôtel flandre, où reçoit lettres. — Roullier. | Revenaz, rue d'antin, 5. famille bonne santé, pau, londres, calais, reçoit vos lettres, amitiés de tous et perrins, janvier. — Marchais. |

Nantes, 14 janv. — Prina, 100, rennes. allons bien, inquiets de vous tous, surtout depuis bombardement, dernière lettre reçue du 18 décembre. — Guérin. | Lamoréforest, mobile, 28e, 3e, 2e, mont-valérien. recevons lettres, portons bien, t'embrassons. — Forest. | Hervé de Beaulieu, sergent, mobile, 28e, 4e, 7e. puteaux. recevons lettre, portons bien. — Hervé de Beaulieu. | Hélie, juge, rue singer, 13. tous bonne santé, informer alphonse et fulgence. — Victorine. | Mme Roserot, arc-triomphe, 34 bis. donnez nouvelles par ballon. — Chénel. | Delucy, malakoff, 137, enfants bien. — Chénel. | Ballanche, 24, rue procession, vaugirard. sommes bien portants, rien reçu depuis 20 décembre, bombardement inquiète, écrivez vite. — Lucien. | Saillour, 1, place Boieldieu, santés excellentes dans loiret, orne, manche et loire. jean, général, armée est. — C. Saillour. | Maugras, officier, bataillon pellan, mont-valérien. famille bien, recevons lettres, pensons à toi. — Nanine Maugras Levasseur | Ronneaux, 1, roquette. nantes, allons bien, doerschuck orléans, argent, écrivez. — Tréboul. |

Marc Delézardière, sous-lieutenant, 4e bataillon, 7e compagnie. mobile vendée. reçu nouvelles du 10. mère et tous très-bien. — Delézardière. | Eudel, 11, vézelay. enfants bien portants, mais très-paresseux. — Eudel. | Clausse, capitaine, mobile, mont-valérien. un mois sans nouvelles. jules sortez inquitudes prochain ballon, j'ai expédié lettres, dépêches. — Péquignot. | Farne, 75, turbigo. auguste lieutenant, rosine, irma, enfants, famille, tous bonne santé. — Farne. | Hébert, officier ordonnance 9e secteur, avenue italie, 75. tous bien, mariage quinchez sponwfort, laporte armée loire, photographie parfaite, confiance province. — Hébert. | Olivier, 14, caumartin. sommes tous en parfaite santé. — Eugénie. | Duché, provence, 56. toutes santés, travaux, conduite parfaits. divrande, guyot, scribes bien. laure, ancelle rien. amitiés, villeneuve, bertrand, rigault.— Guyot. | Richer, 15, rue cerisaie. tous bien portants, inquiets de vous, albert parti. — Patti. | Massion, 58, haussmann. nous allons bien. — Nelly. |

Pinard, 14, rue bergère. famille maintenant à bruxelles, santé parfaite, écrivez toujours à londres. — André Thomas. | Borie, 14, rue bergère. tout va bien, rien d'extraordinaire à signaler, avons pas encore vu messager. — André Thomas. Victoire Thomas, 11, réaumur. tous ici bonne santé, écris ballon, si besoin argent va trouver mathieu comptoir. — André Thomas. | Leblanc, 204, faubourg saint-denis. tous nantes bien portants, avons reçu lettres, eugène bien portant, prévenez serais. — Serais. | Goucher, rue grenelle-saint-germain, 117. santé bonne, amitiés à tous, donner nouvelles, rue de paris, 19, nantes. — Bourcier. | Georget Billy, rue truffaud, 20, paris-batignolles. santés bonnes, amitiés tous, donne nouvelles, rue paris, 19, nantes. — Marie Mècho. | Fabre, procureur général, 3, rue jacob. recevons lettres, nos familles bien, léonce débloque 3e fils, auguste lieutenant-colonel. — de Reffye. | Collange, 9, temple. carte, santé bonne, inquiet, écrivez. — Lapeyret. | Langlois, boissy-d'anglas, 31. écris souvent, recevons, portons bien. — Forest. |

Paulin Duché, 4, mogador. 6e dépêche, toutes santés excellentes, temps long, recevons lettres, enfants progrès, bébé et tous embrassons. — Amélie. | Colin, 15, quincampoix. berthe péclet, plouviez, tous bien, coupier sans nouvelles, écrivez souvent. — Collin. | Cormerais, boulevard saint-michel, 129. portons bien, platel, poinière armand, raoul, camille, prisonniers saufs cormerais. | Moore, 45, boissière. ouvrir secrétaire, clef cabinet antichambre, malle carton, prenez or, femmes sortant, venez nantes, 58, bastille. — Bley. | Leblanc, avenue wagram, 41. argent reçu, tous bonne santé, aucun besoin, ennui, inquiétude sur toi, sur théo, écris souvent. — Leblanc. Mme Havlik, rue baudin 38. j'attends de tes nouvelles par ballon, bonne santé, courage. — Havlik. | Charmerlat, 44, rue dunkerque, paris. santé bonne, georges marche, écrivez souvent. — Chamerlat. | Comptoir escompte. bilan semestriel, agences françaises accuse profit net supérieur à demi million, intérêts du comptoir déduits. — André Thomas. |

Tréboul, 38, sébastopol. nantes, allons bien, ainsi que doerschuck, orléans, dujardin, aire, villy, muller. reçois lettres, écrivez bodin. — Tréboul. | Mercier, 140, avenue d'orléans, petit montrouge. sans nouvelles de vous, écrivez par ballon, fera plaisir, donnez-nous adresse auguste, amitiés. — Chiganne. |

Nîmes, 17 janv — Mme Leclère, rue orient, 18, montmartre. reçu vos lettres, meru, affection, bonne santé. — Broc. | Massebieau, rue monceau, 90. 3e dépêche. massebieau, rauzier, dussaud, tous bien. reçu dernière lettre 3 décembre. abritez-vous, écrivez. — Albert. | Broc, rue constance, 8, paris-montmartre. nous allons tous bien, autant à tous. — François Broc. |

Rignac, 18 janv. — Marc, lieutenant, 1er bataillon, 37e régiment, mobile loiret. allons bien. — Beauvillard, aveyron. |

Trévoux, 17 janv. — Carret, lieutenant, 4e régiment, mobile ain. allons tous bien, saintdidier aussi, reçu lettres, envoyé argent, écris souvent, secours nombreux. — Carret. | Favre, avenue sainte-foy-tapisseries, neuilly, seine. reçu lettres, écris souvent, jules prisonnier coblentz, ici tout va bien, kean aussi. — Favre. |

Châlon-s.-Saône, 16 janv. — Viollette, rue michodière, 2. tous bien portants, paul intendance, louis sédentaire, pas prussiens châlon. reçu vos lettres. — Jules Chevrier. | M. Bayard, 8, aumade. donnez nouvelles de vous et vachia, sommes inquiets, bien portants, abel à dijon, 16 janvier. — Vachia. | Beuret, 164, rue montmartre, paris. santé bonne, sœur décédée, vous ai envoyé 45 fr., reçois vos cartes. — Bathias. | Perraton, rue menessier, 8, montmartre. avons reçu vos lettres, octobre, novembre, décembre, allons tous bien, chez pérusson également. — Poulet-Perraton. |

Saint-Nazaire, 14, janv. — Brioude, 7, rue enghien. tous bonne santé, travail assuré, pas avoir inquiétude. nouvelles très-bonnes de londres, hâvre, jersey. Brioude. | Clévers, rue paris-belle-

Bordeaux. — 18 janvier 1871.

ville, 13. tous bonne santé et travail, pas avoir inquiétude. — Brioude. | Despecher, 91, boulevard clichy. reçu toutes vos lettres jusqu'au 19 décembre. auguste, jules, nous tous bien. — Henry. | Petit, passage saulnier, 25. familles dutaillis, petit bien, louis camp wahn cologne. — Petit. | Geoffroy, 178, rue saint-honoré. portons bien, jules aussi, recevons lettres, apporterai provisions, empêchez edmond sortir, courage! amitiés. — Deschamps. |

Le Croisic, 13 janv. — Levesque, 26, grange-batelière. rien reçu, écrivez par tous ballons montés détails, sauvez, abritez mobilier de mes 2 appartements, piano, pendules, lit doré, glaces hocédé. — Deltour. |

Pornic, 13 janv. — Deltour, rue abbatucci, 42. 7e, bien partout, guillaume besançon, dépensez recettes, payez bénard, contributions, marguerite dit papa baise portrait. — Blanche. |

Saint-Tropez, 15 janv. — M. Letellier, 27, rue douai. santé bonne, normandie rien. — Letellier. | M. Oury, rue rambuteau, 77. santé bonne, reçu lettre du 9. — Letellier. |

Toulon, 16 janv. — Thorp, cité trévise, 1. moi, parents, thaly bien, compliments. accouchement, objets laissés collège. — Godissard. |

Nevers, 15 janv. — Belny, rue l'écluse, 15. bonne santé, bonnes nouvelles d'alice, madeleine, charlotte, du 3 janvier, écrivez-nous. — Belny. | Lecomte, faubourg poissonnière, 114. demandez 1,000 francs place vendôme, remettez 100 francs héléna, 30 francs georges chaque semaine, écrivez. — Sauze. | de Thorey, capitaine, 105e ligne, division mattat, brigade bounet, paris-nogent. tiens. mieus, allons bien, nevers. — Berthe. |

Boulogne-s.-mer, 11 janv. — Duparc. godot, 18. tous bien, écrivez. — Gusita. | Versepuy, 32, faubourg poissonnière. enfants, moi, santé parfaite, père aussi chantilly, suis fort inquiète, reçu dernière lettre à noël. — Versepuy.

Sancerre, 13 janv. — Villeneuve, square messine, 13. reçu lettres, montalivet, enfants bien, nice, enfants picot bien, reverseau, villeneuve, amédée, auguste, hambourg bien. — Villeneuve. |

Vierzon, 13 janv. — Barberolle, quai tournelle, 27. santé bonne, reçu lettres octobre, inquiet, réponse. — Barberolle. | Bouffier, assas, 134. santé bonne, reçu lettres, renvoyé carte, inquiet, réponse. — Bouffier. | Deblois, rue bercy, 108. allons bien, inquiets, reçu une lettre, écrivez plus souvent. — Leredde. |

Saint-Amand, 14 janv. — Hubert, 18, drouot. tous bien, manque rien, reçu lettres. — Cardon. | Vaillant, rue rivoli, 68. prière donner immédiatement nouvelles, huguet, banquier. — Huguet. | Parent, monsieur-le-prince, 31. santé bonne, reçu, écris vite. — Louise. |

Bourges, 15 janv. — Jolivet, motte-piquet, 10. santés bonnes, vends argenterie pour manger. — Ninette. | M. de Macflet, 18. saints-pères, paris. quesnay tranquille va bien, moi sous-lieutenant au 7e, brest. — Félix. |

Vierzon, 14 janv. — Martin, rue sourdière, 11. nous bien portants. vierzon, 14 janvier. — Martin. |

Luc-sur-Mer, 14 janv. — Rolland, rue reuilly, 31. tous bonne santé. — Groulard. | Bouyer, 73, rue cherche-midi. écrivez toujours à luc. léopold à halberstadt, prusse. nos santés bonnes. — Bouyer. | Bulot, 36, montorgueil. familles bouvet, roussel, bulot, legallier. leprovost, jouanny, boutrais, élisa, bébé, moi bien portants. — Henriette. | Favolle, 33, notre-dame-de-lorette. marguerite, maurice, billard bonne santé, recevons lettres luc. — Leprovost. |

Plouescat, 14 janv. — madame Dornier, 26, dames, batignolles. heureux avoir vos nouvelles par septano. enfant grignon bien. reçu lettres du 31. — fanny Dadin. |

Sourdeval, 14 janv. — Lesoudier, 98, boulevard saint-germain. sourdeval recevons lettres. écrivez souvent. — Lesoudier. |

Pau, 19 janv. — Billard, 88, rue d'assas. tous bonne santé. recevons vos lettres. bonnes nouvelles rangemontiers, 1er janvier. — Billard. | Léonard georges, 7e bataillon, 6e compagnie, mobile, seine. reçu lettre 9 janvier. santés bonnes, amitiés à tous, bon courage. — Léonard. | Labetoure, 21e bataillon chasseurs à pied, maison alfort, route creteil, paris. vu ta lettre, contente nouvelles charles. — Destouches. | Rungs, capitaine, 131e ligne, fort de l'est, paris. comment vas-tu? ici bien. — Destouches. | Salmon, 93, rue amelot. auguste, édouard, salmon, enfants habitent pau. abainville bonnes santés. lettres reçues. — Salmon. | Palyart, 89, faubourg saint-denis, paris. familles romain, palyart santés parfaites. recevons lettres. — Blanche, rue de bordeaux, 36. | Tirlet, 51, rue neuve-luxembourg, paris. recevons lettres. santés de même. hôtel france pau. alfred avec nous. — Benoist. |

M. Daru, jockey-club, rue scribe. écrivez-moi à pau. envoyé argent à pauline, ignore si elle a reçu. — Lupin. | Labétoure, 21e bataillon chasseurs pieds, maison alfort, route creteil. famille bien. georges, joseph, partis. amitiés charles. écris toujours. — Labétoure. | madame Plantevignes, 87, avenue ternes. bonne santé. — adèle Plantevignes. | Daunay, 86, rue d'assas. treizième dépêche, tous bonne santé, pau recevons vos lettres. — Daunay. | Berteaux, 10, aboukir. allons bien. dieppe aussi, emprunt décision bonne, avons bons du trésor, garantissez payement, écrivez, recevons lettres. — Orbelin-Berteaux. | Metjans, 12, rue élysée, paris. enfants parfaitement. quittez Paris avec votre ambassadeur. sommes extrêmement inquiets. famille supplie venir. — augustine Riera. |

Biarritz, 18 janv. — Roquebert, 28, place vendôme. ducel ici. tous bien. demande consentement pour engagement. jean inactif cherbourg. — Maurice. |

Aspet, 18 janv. — Ruau, ministère finances. oncle, ernest, nous allons très-bien, vous embrassons tendrement. — Ruau. |

Châteauroux, 19 janv. — Thiry, 192, courcelles. santé bonne. reçu janvier, pas novembre. albert, philippeville, demande argent. — Thiry. | Pigelet, sous-lieutenant, garde mobile de l'indre, 1er bataillon, vitry-sur-seine. recevons lettres, tous bien portants. — Pigelet. | Azambre, 6, avenue trudaine. parrain bombardé, aura pris demeure centrale, plus sûre pour eux et pour valeurs y transportées. — Lemor. | Audibert, inspecteur finances, 8, tournon. madame mathilde, vous ferdinand levé, blignières, toutes familles bien. — Peltier. |

Quimper, 17 janv. — Hulot, 6, rue casimir-périer. lettre du 11 janvier reçue, tirée de vives inquiétudes, soutient courage. toutes santés bonnes. — marie Hulot. | Calau, 17, quai orsay, paris. rien de toi depuis 14 décembre, très-inquiet. écris nous, tous bien. bonne année. — Calau. | m. Neubauer, 19, boulevard montmartre. bonne santé, sommes à quimper, louise quimperlé. chappuis pau. recevons lettre. |

Retz. — Danré, 33, beaubourg. danré, garnier, hardy, bien. |

Arras, 9 janv. — Bécourt, curé, 15, boulevard bonne-nouvelle. nous arras. eux bapaume. | Chatelain, 36, meslay. santé bonne, maman tranquille. |

Bourgueil, 18 janv. — Jaumin chez Jacobber, 45, meslay. portons bien tous à bourgeuil. — Jaumin. |

Poussan, 17 janv. — Palat, vétérinaire, 4e artillerie, école militaire. santé bonne, enfants ici. paladon afrique. lettres reçues. — edmond Palat. |

Laforce, 18 janv. — Reclus, 14, rue temple, paris. sommes bien, reçu quatre lettres. provisions prêtes, les accompagnerai dès ouverture. écrivez toujours. vaincrons! — Meynard. |

Châtellerault, 18 janv. — Deniau, 107, st-lazare. reçu lettre 11 janvier, parents, amis, tous bien. — Deniau. | Texier, télégraphe, auteuil. bien vêtements, brigillet, rue aubert. — Louise. |

Poitiers, 19 janv. — Victor Dujardin, employé principal ministère guerre. nous portons bien, sommes bien, me beauvais ici. félix boisset mort, ailleurs bien. — Marthe. | m. Merveilleux, 42, rue grenelle. gaston, oncle étienne succombés, tous autres bien, paul poitiers, charles remplacé, vos lettres reçues. — Edith. | m. Brault, 21, rue joubert. J'ai reçu toutes tes lettres, écris plus souvent, moi, nous allons bien, adèle. — Brault. | Boyer, adjudant, 3e bataillon mobile vienne. tous bien portants, urbain reste chez lui, reçu tes lettres. confiance en dieu. — Boyer. |

Bourges, 18 janv. — Brisson, 72, faubourg saint-denis. désolés pas recevoir nouvelles. écris immédiatement, oncle poitou mort, tante malade, amitiés. — Angrand. | Lapparent, 3, tilsitt. cassine bourges santés parfaites. Jules, tante, gabrielle décédés. — Félix. | m. Redon, 11, rue bièvres, paris. Je suis à bourges, écrivez-moi par ballon. — Redon. | Leddet, lieutenant, 1re batterie, 11e artillerie, bercy, paris. tous bien, avons tes nouvelles par guillot, par toi rien, écris. — Leddet. | Journé, 6, rue marengo. pour père. paul prisonnier à coblentz va bien. si arrive, plusieurs réponses bourges pour sûreté. — Tézenas. |

Châteaumeillant, 16 janv. — Maitre, 13, rue bréa. reçu ta lettre du premier janvier. écris souvent, santé bonne. — Emile Perrot. |

Sancerre, 17 janv. — m. Fleuriet, rue poterie des arcis. santés bonnes, recevons lettres, répondu non 3e question. — Fleuriet. | m. Bourbon, 34, rue miromesnil. lestang bien portant, dessieux chez broët. recevons lettre, charles mort 10 déc. — Bardonnet. |

Vierzon, 17 janv. — Janvier, 2, boucher, tournelles. nous nous portons bien, de vos nouvelles plus possible. — Janvier. | Gosset, 10, censier, paris. nous allons bien, sommes vierzon, barbarin, donnez nouvelles, sommes inquiets. — Félicie Bertuot. | Rialle, 214, st-antoine. me rialle se porte bien à chalumeau, 16 janv. — Chevallier Vigeon. | de Bernard, avenue bosquet, 50, général au 25e corps d'armée. me porte bien. espoir, confiance, embrasse tous. — Firmin. |

Bourges, 19 janv. — Vincent Grisier, négociant, boulevard st-germain. tous bien, construisons ponts armée, travail direction aérostats. voyez maison chabrol, donnez nouvelles famille. — Boutet. | Darcy, 86, feuillantines. maurice, tante bien sont poitiers, 1, chandellière. toutes lettres reçues. — Irénée. | Coquillet, 33, rue nollet. tous en bonne santé. inquiets, pas nouvelles depuis longtemps, attendons, faire parvenir réponse, serons heureux. | Patureau. |

Saint-Amand, Mont-Rond, 18 janvier. — Estoublon, 20, monsieur-le-prince. reçu lettre 10 janv. écrit 5 fois pigeons et via moulins. bonne santé. — Estoublon. | Delrue, 19, rue vivienne. st-amand, 17 janv. Gustave soldat classe 71, rétabli variole. valeurs sûreté, lettre reçues. — Gustave. |

Bourges, 19 janv. — Brossé, 9, rue monge. grande inquiétude, écrivez-nous de suite, pas de nouvelles depuis 9 novembre. — Alfred Boissin. |

Sancerre, 18 janv. — Vaufreland, 16, marignan. chères lettres parvenues, dernières 9. allons bien, excellentes nouvelles ernest 7. cœur et pensées vers vous. — Vaufreland. | madame Dupiron, 56, rue seine. santés bonnes, frère prisonnier. custrin demandes nouvelles boulay 7, fontaines temple. — Céline Lafond. |

Plouha, 16 janv. — Voisin, 62, saints-pères. inquiets santé tous nouvelles. — Mart. |

Guingamp, 15 janv. — Tanguy, adjudant, 2e bataillon, côtes-du-nord, colombes. reçu lettre 1er janv. tous bien, écris souvent frère dunkerque. — veuve Tanguy. |

Brest, 18 janv. — Dabancourt, 101, saint-ouen. famille bien, recevons souvent lettres, embrassons tous, confiance. — Dabancourt. | Gasson, capitaine mobile finistère, 1er bataillon. pas de lettres vous, allons bien, écrivez chers amis, recevez mille tendresses, baisers. — Marie Gasson. | Labbé, officier pompiers, bercy. familles bien, recevons tes lettres. — Loret. | Vandenbroeck, 53, amsterdam, paris. sans nouvelles de mon fils, un mot je vous prie à brest. — Edmond Lemonnier. | Merlin, juge, 38, rue des écoles, paris. sans nouvelles de mon fils depuis 8 décembre. écrivez-moi à brest. — Lemonnier. | Préverd, paradis-poissonnière, paris. reçu lettre 5 janv. tous bien brest. — Aline Préverd. | Moulia, 13, cordeliers, paris. fabriquez-nous cent cuirs drosses au mieux. — Michel. | Contour, 9, halles. paris. commandé 8 novembre, seize mille cinq cents chemises marins et deux mille six cents mousses. — Michel. | madame Pérignon, 11, rue abbaye. très-inquiet, pas de lettres, as-tu reçu les miennes, principalement celle chargée. — Pérignon. |

Le Conquet, 17 janv. — M. de Groiseillicz, 124, boulevard haussmann. bien portante conquet, tendres affections. — de Groiseillicz. | Déglansier, 21, rue dragon. aucune nouvelle, supplie d'écrire. — Saint-Albin. |

Landerneau, 17 janv. — Pichot, 11, rue magnan, paris. nous, vôtres bien, reçu toutes lettres. — Anna. | Fénélon, 1, quai orsay, paris. bien écrit onze fois. fidèle bien, argent non reçu inutile. donnez nouvelles henri, bertrand. — Fénélon. |

Morlaix, 17 janv. — Verconsin, 17, bonaparte, paris. allons tous bien, amitiés. — Lesbazeilles. |

Saint-Pol-de-Léon, 16 janv. — Daveau, 2, lavoisier. prière d'envoyer nouvelles de chereau, ozenne. — Lapotor. |

Le Havre, 15 janv. — Duc, 64, marais. reçu cartes lettre, plaignons élise, louis, aline, enfants, nièce angleterre, moi havre, tous bien, écrivez souvent. — Ernest. | Verconsin, 17, rue bonaparte. sans nouvelles depuis lettre 26 novembre. écris immédiatement. courage, nos cœurs vous accompagnent. tous bien. — Wenpholen. | Massini, 5, rue palestro, paris. reçu lettres toute famille bien, espérons toi également, salutations cordiales. bravo parisiens, courage. — Fritz Massini. | Evers, miroménil, 93. reçois tes lettres, famille bonne santé. — Lebourgeois. | Quertier, major, mont-valérien, paris. écris moi, rien reçu depuis novembre, dis labbé père bien portant. suis même position. — Quertier. | Beaugrand, 10, rue royale, paris. suis au havre. écrivez par ballon monté, donnez nouvelles robert, tous bien, vous embrassent. — Julien. | Aubertin, percepteur ministère finances, 88, feuillantines. reçu toutes lettres, mandats. marie, aline, enfants bien, 2, albion place à salisbury, angleterre. — Ernest. | Maurice, passage opéra, 19, paris. reçu lettre 20 décembre, tous bonne santé, écrire beaucoup, détails sur toi et jacob. — Maurice. |

Dieppe, 13 janv. — Gourdy, 13, lille. courage, allons tous bien, écrivez souvent. donnez nouvelles madame viollat. — Viollat. | madame Viollat, 1, madame. courage, Dieu vous sauvera. vous aimons, pensons à vous tous. écrivez. — Viollat. | Vattemare, rue trinité, paris. louise, lucy, son garçon, toutes bien. — Durney. | Le Bas, 223, rue st-honoré. famille au tremblay, bien portante. — Molet. |

Issoudun, 19 janv. — Mme Devasson, monsieur-le-prince, 25. oui, oui, oui. non. avez-vous quitté quartier bombardé. comment cloquemin, eugène? — Faguet. | Mayet, 9, rue st-marc. allons bien, issoudun tranquille. — Mayet. | Dufour, boulevard poissonnière, 15. issoudun, hyères, dunkerque allons bien. pensez baccalauréat. — Dufour. |

Aurillac, 18 janv. — Panthion, rue des ardennes, 3, paris, la villette. lettre trop laconique, renseignez plus amplement sur édouard, appartement, domestiques affaires forge, fermier. — Lagoutte. |

Mauriac, 17 janv. — Sarottes, rue buffaut, 25, paris, portons bien, écrivez immédiatement. — Mauret. |

Rochechouart, 19 janv. — Reclus, rue feuillantines. suis sous-préfet rochechouart. correspondance à balagué, sandhurst. — Talandié. |

Pau, 17 janv. — Arnou, épicier, passy-paris. renseignez moi sur ma maison. — Delcros. | Mme Briant, 27, rue madame, paris. moi bien portante, reçois vos lettres, courage. — Prévost. | Tribert, 14, matignon. recevons tes lettres, sommes bien portants à pau. t'écrivons souvent. paul prisonnier en allemagne. — Tribert. | Fabreguettes, faubourg saint-denis, 23. portons bien, vavasseur père mort, émile natisse mort. reçu lettre 14 septembre. — Morra. | M. Gervais, 87, boulevard st-michel. sommes à pau, mathilde granès, bien portants, affection. espoir, écrivez, 10e dépêche. — Perrin. | Mercier, fossés saint-bernard, 26. ici avec oncle, tous bien portants. reçu deux lettres, écris souvent poste restante. — Blanc. |

Perpignan, 18 janv. — Desbrousses, rue montmartre, 146, paris. santé toujours parfaite. — Berthe. | Dutailly, 22, rue de villars, ternes. recevons lettres georges, tous portons bien, inquiètes, écris. — Dutailly. | Saint-Hilaire, 2, rue de sèze, paris. recevons lettres, bonne santé à libos, saint-étienne, trouville, cerdon, ste-menehould, saint-quentin, la rochelle aussi. — Boinvilliers. | Pavie, rue grammont, 13. 18 janvier, trois enfants très-fortifiés, papa, maman, moi allons bien. — Dolomie. | Ferdinand Dreyfus, 90, boulevard sébastopol. allons bien, écris souvent, espérons à bientôt. — Félicie. |

Niort, 17 janv. — Jourdain, 13, perdonnet. santé bonne, reçu lettres mandats, bonnes nouvelles beuherin. — Elisa. | Concierge, 63, bac. écartez tout danger de nos appartements. récompenserons, payerons loyer exactement. donnez nouvelles, 23, mère-dieu. — Legeay. | M. Beuque, banque de france. sans nouvelles depuis le bombardement. écrivez. tous bien. — Herminie. | commandant Cugnac, 1, rue las-case. sans nouvelles depuis le bombardement. écrivez toute famille bien. — Herminie. | Marchesseau, 148, faubourg st-denis. reçu ta lettre, allons bien, mosin prisonnier de guerre altona, prusse. voir chaigné, fort bicêtre. — Edmond. |

Châtellerault, 17 janv. — Bachellier, lieutenant mobile de la vienne. tous bien. écris. amitiés. — Besnehard. | Dufort, capitaine, à l'hôpital d'ivry, paris. tous allons bien. reçois toutes tes lettres. soigne toi bien. — Rose Dufort. | Jouas, rue érard. eulalie, augustine, rosine inquiète pas nouvelles deux mois, porte bien. — Voisin. | Coulon, caserne mouffetard, officier ordonnance général valentin, angoulême santés parfaites, reçu 20 lettres. — Julie Coulon. | Contreau, lieutenant mobile de la vienne, 36e régiment, 1re compagnie, 1er bataillon. nous nous portons bien, à bientôt. écris souvent. — Coutreau. |

Maubourguet, 18 janv. — Mme Léolide Daguault, rue de tournon, 20, paris. nos santés bonnes, reçois lettres, courage, espoir, écris souvent, patience, continue écrire. pour M. coignet, commandant. — Emma Coignet. |

---

95. Pour copie conforme :

l'Inspecteur,

Bordeaux. — 17 janvier 1871.

Castres, 15 janv. — Vernes, pasteur, 1 bis, rue hôtel-de-ville, batignolles. soulié londres, bonne santé. faire savoir à antoine fourgassié. — Mouly.

Troyes, 6 janv. — Monsieur Boy de La Tour, directeur de la Nationale, rue de grammont, 13. paris. reçu circulaire de décembre. autorisez renouvellement n. 20634, 20635, vernier. excellentes. risques. troyes envahi. peu d'affaires. — Léautez. |

Guéret, 15 janv. — Cune, rue cherche midi, 80. reçu vos nouvelles. nous portons bien. — Cune. | Chéry, 65, amsterdam. familles krantz, vaugeois, jacquot, cléry, bonne santé. reçoivent lettres. charleville, parents saufs. — Cléry. | Dauban, 33, avenue Eylau. laure, gabrielle, tous allons bien. informer albert. — veuve Dauban. | madame Vincent, 32, rue mouffetard. grande inquiétude. bonne santé. habite guéret, — Vincent. |

Dongy, 13 janv. — madame Bégrand, 45, rue boissy-danglas. paris. Je vais bien. écris-moi souvent, fernigot. — Lecule.

Menetou-Salon, 14 janv. — Comte Greffulhe, 10, astorg. paris. toutes bien à Menetou. — Félicie. | 13 janvier. comte Greffulhe, 10, astorg. paris. tous bien à menetou. — Félicie. |

La Souterraine, 14 janv. — Bétolaud, 53, bac. paris. georges capitaine, décoré orléans. francis colonel amiens. lucile, victor, souterraine. écrivez. tous bonne santé. — Lucile Pittié. | madame Donane, rue neuve-capucines, 4. supplie léon prudence, soins. souterraine santés bonne. encore 800 francs. — Donane. | Bétolaud, rue verneuil, 33. paris. toujours tous bien. — Marie Bétoland. | Guiauchain, rue greffulhe, 7. paris. souterraine france, mère, moi, tout bien. treize janvier. — Guiauchain. |

La Trinité, 15 jan. — Léonard, avenue d'italie, 6. bombardement, inquiète nous pas nouvelles vous tous bien alfred aussi écrivez chers enfants troisième dépêche. |

Blaye, 16 jan. — Mabille, rue labat, 18. charles deux dents. nous avons reçu ta lettre du 10, bonne santé godineau va bien. — Mabille. |

Quimper, 16 jan. — Chamaillard, 4e compagnie 5e bataillon, garde mobile finistère. tous bien pensant qu'à toi, déjà télégraphié, courage, nous prions sans cesse. — Chamaillard. | madame houssaye, 18, rue ville-évêque. allons bien, recevons lettres, tendres respects. — Najac-Angé. | Roussin, fort-noisy, paris. lettres reçues, félicitons étienne. tous bien. — Roussin. |

Toulouse, 16 jan. — Viguerie, rue jacob, 6. santé bonne. prends deux chambres au soleil achète bottes fourrées, paltot fourré, soigne-toi. | Marliave, enseigne, paris. batterie-blindée, chemin fer. toulouse janvier. mère malade, bézard évadé combat dans est. tous autres ici. — Marliave. | Voizel, 41, boulevard batignolles, paris. sois heureux, aimons, embrassons. — Claire. | Duquesnay, 119, faubourg saint-martin. tous bien, frank, pension blanche, reçoit lettres 40, courage, toujours, beaucoup. toulouse, 22, place carmes. — Taberne. |

Rochefort-s.-mer, 16 jan. — Barriol, cloître st-jacque, 10. toujours rochefort, santés bonnes, édouard est-il soldat? — Barriol. | directeur général poste. paris. parents très-inquiets, prière faire connaître santé de favre commis bureau 11. — Mathilde Perrin. | Guy, rue montmartre, 18. sommes rochefort, francis officier. santé excellente, reçu mort père. — Julie. |

Gande, 15 jan. — m. seeurat, rue st-dominique, 66. donnez par ballon monté de vos nouvelles et aussi de l'hôtel, nous allons bien. — Larochefoucauld. |

Nontron, 16 jan. — Denis, 8, tournon, 14 décembre. inquiétude mortelle, écris santés bonnes, pays tranquille. — Gillot l'Etang. |

Valence, 15 jan. — Bodart, lieutenant mobiles drôme. maman convalescente, auguste fourrier, moi mobile secrétaire. — Bodart. | Colomb lieutenant infanterie mobiles drôme, familles martin, colomb, poinçot, giroud-dubordieu, santé parfaite, point prussiens, tranquillité, novembre dernière lettre reçue. |

Privas, 15 jan. — Bonjour-Limoëlan, rue neuve bossuet, 16. santés excellentes, ardèche, lozère, aisne. lettres parisiennes parviennent régulièrement. profonde admiration pour paris. — Baumefort. |

Manosque, 14 jan. — Noad, boulevard magenta, 28. walsin mort. allons tous bien. — Miette Martin. |

Le Blanc, 15 jan. — Saillard, capitaine, 59e régiment mobile, 2e bataillon. femme, enfants, vont bien. — Saillard. |

Aurillac, 15 jan. — Aldebert, hôtel des invalides. tous bonne santé, marie édouard à berk. — Marie Prébois. |

Nantes, 15 jan. — Fraisse, joubert, 5, paris. sorti avec crédit à londres, auriez facilement remboursé argent fatalement dû et prévenu implacables malheurs. — Demieulle. | Baudry, hôpital beaujon, cordier, baudry, amélie, robert, nouton, delarbre, parfaite santé, nantes. — Marolles. | Polo, rue montyon, 13. familles fleuriot, polo, bien reçu toutes lettres. — Fleuriot. | Grouvelle, 28, monthabor. santés parfaites, sept mandats assez argent, nouvelles provins, castelnaudary bonnes, embrassons. — Céline. | Domangeat, 9 bis, pigalle. eugénie, genevois, bien. reçu toutes vous. lenévé, issy. — Eugénie. | Lemerle, ministère marine. lettres reçues. santé bonne. — Vve Lemerle. | Vuarnier, 83, rue enfer. tous bien nantes supplions quitter maison pour rue hauteville. écrivez chaque jour, donnez nouvelles albouy. — Lébe. | madame Delatour, 5, boulevart montmartre. pour répondre par ballon, aller au figaro, 3, rue rossini. enfants bien. — Audouy. | Lefeubvre, 25, rue grammont. bonnes santés à nantes, écrire adresse olivier, rue contrescarpe, 40, frémont aux sables. — Lefeubvre. |

Lelièvre, 35, notre-dame-des-champs. rassurés par lettre 9, merci, gendrot, baille, souffrent. familles Desfontaines, faivre, michel et autres bien. — Bizet. | général gouverneur des invalides. albert, maréchal logis va bien, argent envoyé louis. vos lettres reçues, allons bien, amitiés gudet. — Martimprey. | Gatrelot, 40, saint-quentin. écrivez-moi à nantes. reçu de commarin, lettre satisfaisante. — Guérin. | J. Simon, 23, rue du calvaire. santés parfaites, envoyé lettres, dépêches à maman. embrassez enfants. — Désirée. | Chaillou, notre-dame-lorette, 39. parfaitement reçois lettres. — Peytel. | Goblet, 8, ménars. tous ici parfaitement amis, blanchet, boisnod, à pau, très bien. les tiens, parfaitement, trois. — Goblet, 15 janvier. | Clin, 14, rue racine. loge chez moi, bonnes nouvelles des tiens. — Litou. | cinquième. Fernand Guillet, sous-lieutenant, 28e mobiles rueil. dernière lettre 8 janvier. famille bien, alphonsine, orléans. — Guillet. |

Chateaubriant, 15 jan. — Aubré, 48, bourgogne, paris. santés faibles, reste bien. georges au hâvre érisipèle continue, missives, espérons, mille embrassades, 8me envoi. — Defermon. |

Ancenis, 15 jan. — Ambaud, rue garancière, 7. nos santés bonnes, mère, strasbourg santé maintenue, gustave mort, forest, pas nouvelles, fois, 15 décembre. — Irma. | Paligan, rue vineuse, 2, passy-paris. santés bonnes, situation passable, camille appelé. — Faligan. |

Nantes, préfecture, 15 jan. — Mme Longueville, rue casimir-périer, 15. Saint-Aignan, Julie, Henri. Elie, toute famille bien, très tourmentées depuis le bombardement. — Hubans. |

Pornic, 15 jan. — Lorière, 42, quai gare. santés bonnes. — Adèle. |

Saint-nazaire, 15 jan. — Gourdon alphonse, 28e marche, 6e compagnie, 3e bataillon, mont-valérien. sommes tous bien, courage on t'oublie pas. — Jolit. | Eugène Rochu, 28e marche, détaché artillerie, 3e bataillon, mont-valérien. reçu lettre aujourd'hui. te fais pas chagrin. nous portons bien. écris nous souvent, adresse oncle. — Rochu. |

Nimes, 16 jan. — Cavaillé-Coll, avenue maine. angleterre, chamenay, nimes, très bien. très inquiets. félix, nimes. — Cécile. | De Selle, avenue villars, 5. grenoble et amis bien. — Lenthéric. | Levieil, 20, beautreillis. reçu trois lettres, écrivez, joseph, pas parti, pensons à vous, courage, donnez nouvelles d'alfred. — Salles. | monsieur Blaud, infirmier, val-de-grâce. n'ai pas reçu de tes nouvelles, écris moi — Blaub. | Massebieau, 90, rue monceau. espoir, sympathie ardente, tante paul morte. nimes, bernis, philippeville, limoges, bien portants. — Dussaud. |

Vigan, 16 jan. — Debez, lieutenant, 91e ligne, saint-denis. nouvelles claire reçues. faire écrire directement tous bien. embrassons. — Debez. |

Libourne, 16 jan. — monsieur Fèvre, 72 boulevard malesherbes, paris. dépêches perdues. tranquillisez-vous. sommes naples, thérèse, bonnes santés. courage, à revoir. — Fèvre. | Chalendar, rue mayet, 14. edmond prisonnier bonn. — Chaperon. |

Redon, 16 jan. — Lesage, capitaine, val-de-grâce, salle, 76. sommes bien, écris nous, dernière lettre 31 décembre. — Lesage, Lebret. |

Nice, 15 jan. — Didon, 186, rivoli. santé bonne, affaires calmes, vosges occupé ennemi, 12 octobre pas nouvelles, reçu lettres, écris souvent. — Didon. | madame de Coatpont, rue de grenelle-saint-germain, 104. mille pensées, françoise nous donne de vos nouvelles. — Simonin. | monsieur Cibot, rue notre-dame-des-champs, 83. prière, faire mettre mobilier en sûreté, concierge sera bien récompensé. — Simonin. | Jouin, boulevard prince-eugène, 7. reçu lettres, trente, dix, gustave, trente, mourinne, bordeaux, caillabet, tous bonne santé, affection, écrivez. — Masse. | Delestrac, jacob, 29. émile engagé au 37e ligne, passera un mois villefranche. aimé commandant mobilisé part jeudi, santés bonnes. — Delestrac. |

Saint-étienne, 14 jan. — Christian Bondy, 24, madame. monsieur mathurel, antoinette, chez degraix avec famille doré, bien portants. bonnes nouvelles de boulogne-abbeville. — Mathurel. | Fourneyron. rue saint-georges, 52, deuxième par pigeons, inquiet de toi, crozet, dulac, allons bien, écris par ballon. — Guittard. |

Saint-étienne, 15 jan. — Tanron, 62, marais saint-martin. tous bonne santé, marguerite marche, toi, partis, seule maintenant, hélas! chagrin me tue, pas lettre papa. — Tanron. | Montagnon, 107, rue aboukir. allons bien. voyez ma chambre. répondez. — Fayon. |

Cahors, 15 jan. — Cazin, 54, rue enfer. famille cazin, cahors, reçoit lettres, nul besoin, famille piquet, bâle. alexandre, halberstadt, tous bien portants. — Cazin. |

Ribérac, 15 jan. — Denis, rue université, 65. reçu tiennes, trois, toi, non les miennes. trois, espérance, France debout furieuse, amitiés. — Renaud. |

Saint-Jean-pied-de-port, 15 jan. — Harispe, 68, boulevard malesherbes. salha, gentil, montois bretagne, grenier trouville, labbé pau. adrien, moi, tous parfaitement, rochambeau réquisitions. courage, affection. — Berthe. |

Angoulême, 15 janv. — Liédot, boulevard st-germain, 41. ta fille et tous bien portants, tendresses. — Liédot. | Chéron, 7, rue notre-dame-victoires. écris plus souvent, ballons arrivent régulièrement. reçu lettre 24, 29 décembre. portons bien. — Chéron. | Dinoir, bac, 81. debect nommé magistrat, bonne santé, écrire par ballon. — Debect. | Ravon, rue arbre-sec, 54. nous sommes à angoulême, 22, place commune, santé bonne, cousine aussi, écrire. — Ravon. | Havard, nicolas-flamel, 5. georges, parfaitement. piet bourdin bien. marcel, valognes, lettres mayer nombreuses, havard peu, admirons paris, amitiés mayer. — Bourdin. | Loubignac, rue larrey, 2. nous avons toutes tes lettres par ballons santé parfaite. — Loubignac. |

Cognac, 15 jan. — Méley, 39, missions. savons votre quartier bombardé, sommes inquiets. écrivez par chaque ballon. — Barraud. | madame caminade, 7, rue servandoni. lettre 24 novembre grand plaisir, portons bien et toi? — Félix Caminade. |

Donzenac, 14 jan. — Cheynier, cler. 36. lettre reçue et répondu, merci pour asnières. revois et vois aussi saint-lazare. — Juge. |

Uzès, 14 jan. — abbé Ferrand Demissol, saint-sulpice, 18. lettres reçues, allons bien, toujours désireux nouvelles. — Ferrand Demissol. | Perrier, bellechasse, 44. toutes bien. — Goffy. |

Levade, 13 jan. — Marinot, rue faubourg-st-martin, 266. allons tous bien, mathieu prisonnier dalberg. — Prosper. |

Perpignan, 13 jan. — Philibert, lafayette, 60, paris. santé bonne, oudoux ici, mais écrivez donc! — Vidal. | Talrich Galoppin, bellefond, 2, paris. habitons perpignan, réal, 20. prévenir alexandre travers. dames delahaye ici. recevons, envoyons nouvelles. — Talrich. |

Amélie, 13 jan. — Vanheddeghem, rue boulainvilliers, 5, paris auteuil. inquiète de vous, écrivez. ami mieux, michel sain et sauf. louis mieux. — C. Jacquemine. | madame Nadé, rue turin, 31, paris. écrivez-moi détails sur tout, suis inquiète, michel sain et sauf, louis mieux. — Jacquemine. |

Nimes, 14 jan. — Père Picard, rue françois Ier, 8. tous bien. assomption, saint gervasy, couvents collége tranquilles. picard de cabrières défunt. — Picard. | monsieur Huchery père, rue charonne, 48, faubourg st-antoine. trois mois sans nouvelles, inquiet de vous, nous portons tous bien. — Petibon. | Coullet, boulevard strasbourg, 39, paris. nous bonne santé à nimes depuis 20 octobre, recevons tes lettres, militaires prisonniers. — Coullet. | Bourrély, 33, port bercy, paris. bombardement. inquiétez pas, province prépare débloquer, fallait temps pour armer. parents bien, écrit poste. — Bruel. | Beaumés, intendant 1re division, 2e corps, 2e armée, paris. reçois lettres sommes tous en santé, sécurité. — Léonie Beaumés. |

Nuwéndam, turenne, 76. sans nouvelles depuis longtemps, écrivez. léopold mobilisé, moi nimes. portons bien. — Lavondès. | Paulrain, drouot, 25. émile, marie parfaitement, tous bien, recevons lettres. pauline valognes, poiret saint clair. — Poiret. | Demaret, enghien, 23, paris. ne déménagez pas rue paradis, suis mobilisé, me porte bien, je pars mardi pour yssoudun. — Destienne. | Bernard, 19, réaumur, paris. sergent major mobilisé 7e compagnie, 1er bataillon, 2e légion du gard. yssoudun me porte bien. — Destienne. | Bailly, lieutenant vaisseau, état-major, 7e secteur, vaugirard. famille, assomption, amis tous tranquilles et bien portants. recevons vos lettres. — Emmanuel Bailly. |

Bailly, rue christine, 5. famille, assomption, amis, allons tous bien. recevons vos lettres. — Emmanuel Bailly. | Brès, boulevard prince eugène, 128, paris. lettres parviennent, répondu. bonne santé, émile aussi, faidherbe. voir gourdoux, fourrier 113e, 6e 1er. — Ravel. | Gourdoux, fourrier 113e, 6e, 1er, paris. tes chères lettres parviennent, allons bien. voir ou écrire brès, boulevard prince-eugène, 128. embrassements. — Gourdoux. |

Cahors, 15 jan. — gouverneur banque france. opposition contre remise obligations omnibus, récépissé signé perdu, exigez seconde signature comme mienne. — Loysel Edouard. | Dufour, courcelles, 11. 9 janvier reçue. sorties heureuses seul espoir hospitalité miche in, clefs emportées, regrettable, courage, résignation, vigilance. — Loysel. | crédit foncier, neuve-des-capucins. absence empêchera payer semestre, emprunt soixante mille, patientez. — Edouard Loysel. | Janteau, carrossier, du temple. prenez coupés si restés chez moi, abonnements résiliés un, janvier, second, avril. — Loysel. |

Périgueux, 14 jan. — Tassin, 51, ste-anne. sans nouvelles depuis 19 novembre, répondez immédiatement. 10 janvier évariste allait bien. — Bruslon. |

Bergerac, 14 jan. — Douliot, usine cail, grenelle. reçu lettre du 11, mandat du 2, toujours santé parfaite, léon grandit, grossit, collége bien — Douliot. |

Ribérac, 14 jan. — madame Dellannoy, 36, taitbout. françois, alfred bien portants à neuwied nouvelles récentes. — Herbert. |

Libourne, 15 janv. — Princeteau, 85, rue sèvres. heureuses tes nouvelles, bien portantes. — Zilia. | Chalendar, rue mayet, 14. edmond prisonnier bonn. — Chaperon. | Saunac, neuve-mathurins, 39. nous quatre, clotilde, tante, mère, léonie, cocher labours, delaville, chaperons st-sauveur bien. 17, boulevard gare, libourne. — Saunac. | Simon, instruction publique. lamothe prie faire dire gragnon journal soir famille va bien, envoyé trois télégrammes, demander argent oncle. — Lamothe. | veuve Henri, rue neuve-de-la-pelouse, 7. bonne santé, lettre reçue le 29 décembre. — Thiébaut. | Chalendar, rue mayet, 14. edmond prisonnier bonn. — Chaperon. |

Bordeaux. — 17 janvier 1871.

Marseille, 13 jan. — Collas, 12, place vendôme gabriel capitaine garde nationale mobilisée, angèle, enfants marseille tous bien, tranquillisez-vous. — Demeezemaker. | Pilletwil, banquier, 12, moncey. dixième dépêche pigeons, deux par moulin, consternés, bombardement, Dieu vous garde, allons bien, profondément attristés. — Emile. | Chertier, 7, férou. nous sommes très-inquiets, écrivez-nous par chaque ballon si possible. bordeaux et marseille tous bien. — Chertier. | Loreille, rue geoffroy-st-hilaire, 35. bien portants, édouard aussi. avise parents, lettres trop rares parviennent, écris gare marseille. — Labbé. | Beret, rue montmartre, 31. rien reçu depuis septembre, écris-nous par ballon, donne nouvelles de baptiste. — Béret. |

Monsieur E. Sébille, rue chemin-vert, 147. vous n'écrivez plus, simon prisonnier, nos amitiés à tous. — Nanine. | Chirac, condorcet, 5. santés bonnes, inquiets bombardement, trois lettres toi, félicité délivrance marie, oncle destitué, papa rien. donne nouvelles. — Chirac. | Delaparre, rue monthabor, 40. votre mère, tous vont bien, tranquilles, nouvelles chartres reçues, répondez boulevard de la liberté, 31, marseille. — E. Martin. | Maquet, 24, place vendôme. enfants bonne santé, très-inquiets de vous tous, écrivez de grâce par tous les ballons. — Poittevin. | Aude, chez thiers, place st-georges, paris. sommes très-inquiets sur toi et philippe que savons à nogent. serions heureux de recevoir nouvelles de tous les deux par premier ballon, je compte sur ton amitié. — Velin. | Louise Drain, 5, rue tour-d'auvergne. pas de lettres depuis investissement, écris par tous les ballons montés, suis impatient de te lire. à toi. — Giachini. | André, rue chaligny, 22. reçu lettres, santé bonne, dites si frères mobilisés, répondez gare marseille. — André. |

Riverin, 5, aubriot. reçu lettre 9, prenez précautions, sortez pas, demeurez lafayette si plus sûr. caroline, arnaud, nous bien. — Michel. | Monin, liquoriste boulevard beaumarchais, 47. lucie, moi allons bien, prévenir auguste, répondre gare marseille. — Monin. | Edmond, tour-d'auvergne, 22. reçu lettres, tous bonne santé, bien inquiet, bombardement commencé, donne nouvelles, varnesson passé huit jours marseille. — Lionel. | docteur Mattez, 6, rue vingt-neuf-juillet. suis à marseille, prière donner vos nouvelles dans cette ville poste restante. — Rochebousseau. | Sarmejanne, 37e ligne, 121e marche. écris par premier ballon. — Sarmejanne. |

Issoudun, 14 jan. — Gibault, place d'armes, 14 st-denis, près paris. confiance dans avenir quand même tu verrais prussiens. pense à moi. courage. — Gibault. | Dufour, boulevard poissonnière, 15. issoudun, hyères, dunkerque allons bien. moreau, mayet, loloux, de église aussi. — Adrienne Dufour. | Montmarin, rue varenne, 88. savoie va bien, gaston prisonnier prusse. tous t'aiment. heureux de ton énergie. — Victor Pontleroy. | Carraud, colonel forestier, paris-auteuil, cantonnement boulogne. issoudun, mohan bien. femme, enfants nice, nouvelles récentes bien. veuve lapparent décédée. — Carraud. |

Béziers, 12 janvier. — Poyard, 14, tournon. paris. dupré, saix, près castres. nouvelles. — V. Dupré.

Montpellier, 12 janvier. — Lebercher, 7, coq-héron. allons tous bien. écrivez. — Baunel. | Josse, 38, cité des fleurs. tous bien. pauline a objet demandé. lettres reçues. — Caroline. | Gadon, 18, quai béthune. depuis quatre mois. aucune nouvelle. écrivez-moi montpellier, hôtel nevers prenez soin de mon appartement. — Henry. | Courtot, 4, rue bertin-poirée. inquiète de mon appartement. rassurez le propriétaire, reviendrai et payerai sans faute. écrivez-moi moulins. — Grandpré. |

Niort, 14 janv. — monsieur Delamotte, 54. Verneuil. hommages sympathiques, veuillez donner quelquefois nouvelles vôtres aussi de notre pauvre maison. — Legeay, 27, mère-dieu. | Brossier, 21, martyrs. sommes à niort, envoyez de vos nouvelles de suite. — Thomas. | madame Delborbe, boulevard montparnasse, 159. paris. impossible déménager, habitez appartement, veillez mes affaires, ouvrez cave, mangez. poste restante niort. — Chevelle. | madame Billard, 75. neuve-mathurins. impossible déménager, envoyez argent sitôt possible. compte sur vous pour soigner appartement. poste restante niort. — Chevelle. | monsieur beuve, rue saint-martin. 339. porte bien. reçu lettre. montrouge octobre. envoyez-moi nouvelles de niort. — Constant. |

Marseille, 12 janv. — madame Poggi, 9, nemours. depuis 5 octobre, sans nouvelles. tous bien portants. écris-moi vite. — Philippe, Baptiste, Marguerite, petite Antoinette. | Ratisbonne, 83, boulevrrd haussmann. écrivez sainte-marguerite Marseille. — Octavie. | Charles Guybatterie, artillerie de la drôme. paris. reçu tes onze lettres. allons tous bien. — Delorme. | Venceoti, 140, rue charenton. sans nouvelles depuis fin novembre. 2e dépêche. suis désolée, portons bien, écris-moi souvent. — Louise. | Soumain, 42, rue Jeûneurs. enfants parfaitement. charles premier en histoire. informez houdelette marie, institutrice à marseille. — Mathilde Collinet. | Robinet, 52, rue amsterdam. envoie-nous adresse de ta mère et de tes enfants. allons bien. ayez courage. — Gouin. | M. Peuple, 31, rue saint-lazare. va bien. écrit souvent. très tranquille. reçu six letlettres. envoyé dépêches, embrasse. — Marie Peuple. | Faure, contentieux, 88, rue saint-lazare, paris. allons bien. armées françaises nombreuses. succès. donnez nouvelles et chez moi. — Heltien. | Patin, rue Cassette, 15. tous bien portants. marseille, intendance Desvallières, londres. — Gabrielle. |

Lecomte, 25, rue sévigné. reçu toutes lettres, envoyé argent. embrassez tous. — Lecomte. | Delabaume, 11, monsieur. privées vos nouvelles. inquiets sur Alex. si bombardement permet enfants sortir, venez. souhaitant argent, demandez pillet. — Destienne. | Chaplet, boulevard mazas, 20. famille porte bien. hardy clermont. moi marseille. reçu lettres chaplet. chemille maine-et-loire. écrivez-moi. — chaplet. | Carré, 24, assas. confirme deux dépêches et lettres. mère bien. reçois moitié lettres. rien depuis fin novembre. — Carré. | Lauret, 104, des dames-batignolles. inquiets. voyez mère aglaé. donnez vite nouvelles ballon. — Lauret. | Grandain, 151, quai valmy. donnez-nous nouvelles. voyez mère lauret. — Lauret. | Aubanel, 3, rue provence. lettres reçues. tous bien. alim attend étienne. fatma indisposée. hivernent hortense caire. — Sélima. |

Aix, le 12 janv. — Mantin, 14, boulevard saint-martin. confirme lettres dépêches. nouvelles georges, bien portant, 15e corps armée loire. amitiés. écrivez-moi. — Guignon. | Lalubie, 36, condorcet. reçu seulement cinq premières lettres. portons bien. inquiets. écris. — Lalubie. |

Castres, 12 janv. — Arnaud, 141, rue montmartre. bonne année petit père. arnaud-cavaillés santé excellente. hippolyte ne part pas — Francisca. | Joseph Puech, employé lignes télégraphiques, huitième secteur, pour Jules Puech. paris. santé bonne. lettres reçues, donne nouvelles, détresse. — Marie Puech |

Cazères-sur-Garonne, 13 janv. — Gaumo, chef exploitation bateaux omnibus, ponton auteuil. donnez nouvelles dencausse. très-inquiète. réponse par plusieurs ballons montés. — Dencausse.

Toulouse, 13 janv. — Marc, 6, rue amsterdam. tous bien portants. georges ici, artilleur, prends chez moi vivres, combustible. avons écrit souvent. — Pichon. | Guibal, capitaine 45e régiment mobile. allons bien. écris toulouse. — Henriette. | madame Peaucellier, boulevard malesherbes, 20. m. peaucellier, prisonnier à dillingen prusse, va bien. — Filhol. | M. Filhol, 7, place st-michel. nous allons tous bien. — Filhol. | Tatrel, 8, rue neuve capucines. guillet commandant, guillet vétérinaire, prisonniers à soest westphalie. bien portants. — Bémard. | Esquilar, 14, commines. santé bonne nous et gallié. — Elise. | docteur Dufour, 22, cardinal-fesch. dire urrabietta famille toulouse bien. — Just. | Urrabieta, 69. st-lazare. tous bien toulouse, benitos bien. san-sebastien campagne ambulance prussienne. inquiets savoir souffre. — Just. | Chamonillet, 7, petit carreau. Julie et les enfants vont très-bien. officiers mobile, allons nevers. — Doumerc. |

Billom, 11 jan. — Trinquand, 11, passage du bail. billom, tante et moi bien portantes. baptiste alger. déjà envoyé dépêche. reçois tes lettres. — Trinquand. |

Clermont-Ferrand, 10 jan. | Rayaud, 49, rue grenelle. allons bien. recevons lettre 20 novemb. écris chez chastol, 132, brabant. bruxelles. — Martin. | Voisse, caporal, 17e bataillon mobile, paris. 3e armée, st-denis. paris. reçu lettre vingt-neuf. marie, père bien. nouvelles souvent. — Voisse. | Lizon, 5, st-méry. rien de vous depuis lettre 14 novembre. inquiet. attendons nouvelles. allons bien. merez aussi. — Lizon. | Floquet, 6, rue seine. paris. toujours à thann. charles prisonnier leipzig. santés bonnes. tout va bien. courage, confiance. — Mathilde Charras. |

Foix, 13 jan. — Albert Mercadier, 70, rivoli. oui, oui, dispensé. — Mercadier. |

Saint-Girons, 12 jan. — madame Couturier, 14, rue saint-gilles. paris. santé parfaite. écrivez souvent. reçu quatre envois. courage. — Moulis. |

Arcachon, 14 jan. — Mahé, 137, faubourg temple. emprunt soit payé entier, avant tout, avant même annuité foncier. — Audiffred. | Ravel, 77, blanche. quatorze janvier. reçu hier lettres du neuf, annonçant réception dépêches. contente avoir nouvelles directes ; si tourmentée. — Mady. | Choppin, 12, rue varenne. santé, sécurité parfaites. obligeance complète de bermond. recevons souvent lettres. nos familles bien portantes. — Choppin. | Labbé, 19, sourdière grossesse satisfaisante, appétit habituel, sommeil meilleur. température glaciale. très bonne santé. restons arcachon. embrassements bien tendres. — Labbé. | Lainné, 52, rue douai. reçu ta quinzième lettre. neuf et onze manquent. écris-nous souvent. tous en santé. — Amélie. | Thauvin, 59, rue petites écuries. clémence, paul, nourrice, familles vont parfaitement. — Dalléo-Moquet. | Lainné, 52, rue douai. lettre du 31 décembre reçue. porte chez R... boite ferblanc, recevoir titres échus. — Lainné. | Poirrier, 23, rue hauteville. reçu tes lettres. santés bonnes. reçu argent glascow. — Marie. |

Blanc, 13 jan. — madame Chevet, st-dominique-st-germain, 101. nous allons bien. recevons tes lettres. dire à bardin écrire. amitiés de la famille. — Chevet. |

Perpignan, 12 jan. — Camps, 31, boulevard sébastopol. paris. rentré millas, tourmenté bronchite. — Camps. |

Dax, 12 jan. — Raux, 52, sédaine. santé bonne. fixée dax (landes) depuis 1er octobre. reçu vos lettres, ai répondu. écrivez-moi. — veuve Maillard. | Me Legendre, 43, douai. tous bonne santé. ouvrez armoires du couloir. trouverez quitté caen. habitons dax (landes). écrivez. — Reiset. |

Mont-de-Marsan, 14 jan. — Directeur, Providence, rue grammont, 12. paris. puis-je renouveler police 662. avez dû recevoir plan. assuré veut plus attendre. — Ferré. |

Issoudun, 12 jan. — Jusserand, sculpteur, 55, rue bourgogne. allons bien. comment vas-tu ? réponse. — Jusserand. | Tournouer, 43, lille. cinquième, 12 janvier. reçu lettre, 31. tous bien. issoudun en sûreté. mère chez masson. — Panckouke. |

Guéret, 13 jan. — Peyroulx, 262, faubourg saint-honoré. allons bien. recevons lettres. écrivez longuement. amitiés. — Peyroulx. |

Aubusson, 13 jan. — Guy, entrepreneur, 56, impasse cœur-devée, route d'orléans. nous allons tous bien. eugène architecte camp de clermont-ferrand. — Paris.

Lyon, 11 jan. — Charles Porgès, 2, blanche. — achetez cinq cents autrichien. sept cent trente. donnez numéros tous titres soldes comptes courants. — Porges. | Corompt, 3, cité trévise. partages faits. dessalles liquidateur. écrivez. — Dessalles. |

Montluçon, 11 jan. — Lachatre, 203, rue temple. famille en bonne santé. florin en algérie. eugène à augsbourg. — Lachatre. | M. Boileau, 52, faubourg saint-martin. portons bien. écrivez souvent. — Magois. |

Vichy, 11 jan. — Hagnoer, 35, aboukir. votre famille en bonne santé, genève, hôtel suisse. — Durin. | Liesse, 101, boulevard italie. envoie deux mille. vends si faut cent vingt-neuf rente chez hentsch, donne décharge. — Liesse. |

Bourbon-l'Archambault, 11 jan. — Varnier, 195, faubourg saint-martin. porte bien. écrivez. — Zenger. |

Albi, 13 janv. — Mlle Buis, 87, de pessy. paris. écrivez-moi souvent par ballons. albi, archevêché. — Feydier. |

Réalmont, 12 jan. — Gustave Caen, 62, rue tiquetonne. paris. nous à réalmont. eugène à auch. très bonne santé. recevons vos lettres. — Lyonnay. |

Bordeaux, 15 jan. — Bataille, boulevard neuilly, 100. reçu toutes tristes lettres, t'attends aussitôt possible. adresser chez meunier pour argent. — Lejosson. | Alfred stevens, rue beaux-arts, 14. mère bien portante, pas besoin argent, à caen, rue st-martin. — Stevens. | Haas, 36, passage saumon, paris. madame accouchée, belle-fille, se portent très-bien. — Fonséque. | madame paul, gros-caillou, amélie 11 bis. inquiétude mortelle, avez-vous obtenu argent propriétaire? courage, soignez bien zélie, mathilde vous embrasse. — Henry. | Olive, rue st-pétersbourg, 5. bonne, ce que voudrez, actuellement pour tous, dois-je préparer cognac comme dernier. remettez cahen. — Landau. | Henri decastis, 31, rue lafayette. famille bien portante constantinople, demander des nouvelles, et delvire dernière lettre reçue, écrit décembre. — Landau. | Cahen, rue cadet, 6. reçois lettre onze, allons bien, prenez espèces que vous voudrez, chez olive. — Landau. | Fuld, rue clery, 5. femmes et enfants à brux, elles portent à merveille, amitié, bon courage. — Landen. | George michel lévy, rue turbigo, 5. femme. enfant. famille à gersey, jouissent de santé parfaite. 4e dépêche, bon courage. — Landau. | Théologue postes. santés bonnes, léopold armée besançon. — Doinet. |

Doinet richer, 4. ensemble santés bonnes lettres parviennent marie figeac, nouvelles excellentes. — Emma. | Aron marchand, 102, boulevard sébastopold, vas à la maison, prie madame cavaillon écrire, détails sans nouvelles, réponds moi. — Adolphe Prévost. | Charles leroy, st-honoré, 90. ordre donné novembre, limite, 94 jan., écris aller 97, cours 110, écrivez. — Jolly. | Charles leroy, st-honoré, 90. suif hausse, 110, devriez autoriser quesnel ou moi vendre, déposer produit, banque angleterre, écrivez. — Jolly. | Valais, boulevard haussmann, 99. excellentes nouvelles dinan, brézil. serez grand père, bientôt écrivez-nous, sommes inquiets recommande rue moncey. — Villers. | Catherine, 40, st-placide. maison est-elle intacte? comment allez-vous? prenez précaution pour mobilier, linge, écrivez souvent par ballon. — Delom. | m. Bréant, chemin des bœufs, 44, paris. batignolles. nous sommes près madame sellié à bègles, quartier centugen bordeaux, écrivez. — m. Brunet. | m. Arnault, rue blanche, 67. je quitte bordeaux pour pau. fille malade, écrire poste restante. — Navarre. | Peyrot abbattucci, 66. tous santés parfaites, courage, confiance Dieu ! — Badimon. | Huillard, 72, boulevard beaumarchais. quels prix gare pouvez obtenir prunes dente? expédition dès débloquements, écrivez 10, rue course Bordeaux. — Druyresteyn. | Pouillot, 8, boulevard bonne nouvelle. quels prix gare pouvez obtenir prunes dente? expédition dès débloquements, écrivez 10, rue course bordeaux. — Druyresteyn. | Crémieu, 5, passage laferrière, paris. suis aix. santé assez bonne. me tarde te voir. reçois tes lettres, t'embrassons. — Elisa. | Poggiale, 22, rue soufflot. bordeaux, 15 jan. santé excellente, recevons vos lettres, pauline bien, hâvre, chez lecour, quitté abbetat. — Poggiale. | Chalvet université, 40. santés parfaites gachard et tous indiqués précédentes dépêches. familles capmas bien, courage, reçu lettres. — Chalvet. | Rollot, 44, laffitte. georges sous-officier à tarbes, bien. — Bignon. | Roblot, 44, laffitte. deux familles beuzeval vont bien. amitiés. — Bignon. | Ficher, 5, rue feuillantines, paris. répondez-nous calais par lettres si tout va bien. — Vallobra. |

96. Pour copie conforme :

L'inspecteur,

Bordeaux. — 22 janvier 1871.

Trie-s-Baise, 17 janv, — Brandaô, capucines 19. par tous ballons nouvelles, vous taitbout. donnez jean, madame billart argent besoin, prenez bourse. — Laffite. | Favier, 8, place bourse. tous ballons nouvelles famille, associés, affaires. faire donner argent demandé par brandaô. — Laffite. | Mercier, mairan, 8. tous ballons nouvelles famille, associés, affaires. sommes bonne santé. charles conscrit. — Laffite. | Brandao, capucines, 19. reçu seulement deux lettres, dernière 29 octobre, envoyé beaucoup dépêches, correspondons pères. — Laffite. |

Biarrits, 17 janv. — Silva, rue milan, 24. sommes bien. recevons lettres. répondez maison richomme biarritz, edgard officier. — Klotz. | Halphen, 1. rue pont-neuf. 4e dépêche pigeon, recevons lettres gaston, pas de vous, pourquoi. allons bien, demeurons biarritz. — Gombrich. | Edouard Waldteufel, 33, chaussée-antin, paris. lettres arrivent. maman malade, inquiétudes toi, nina, émile mobilisé, provisoirement camp. réponse. — Léon Waldteufel. |

La Souterraine, 16 janv. — Hébré, pharmacien, pantin. portons bien tous, courage. recevons lettres. — Clotilde Hébré. | Hua, 81, rue des saints-pères. bonne santé. — Hua. | Vuy, 48, boulevard haussmann. votre famille bonne santé, ne pas tourmenter. — Alix Hebré. |

Cosne, 14 janvier. — madame Beauffre, boulevard st-germain. portons bien, inquiets de vous. — Roux, Gallié. | Garban, 33, rue caumartin, paris. reçu lettre, grande satisfaction, famille entière bonne santé, aucun prussien nièvre, courage. — Dalligny. | Lucau, 29, paillet. reçu lettre du 3, inquiets, donne nouvelles, nièvre aucun prussien. — Lerasle. | Cornil, 2, florence, belleville. inquiets. donnez nouvelles chez Lerasle, notaire cosne. — Lefebvre. |

Nevers, 16 janvier. — Collignon, 70, boulevard st-germain. santés parfaites nevers, dinozé, nancy. sommes nevers, écrivez castel clermont. — Blaise. | Vaillant, 40, rue de la verrerie. santés bonnes, réponse. — Vaillant. | A général Ribourt, fort vincennes. Raoul bien portant, décoré. Gaston et René venus armée loire. — A. Belfort. |

Boulogne-sur-mer, 12 janvier. — Delagarde, 61, boulevard malesherbes. tous excellentes santés, enfants jamais enrhumés, effrayée de nouvelle phase, sois prudent, reçois lettres, tendresses. — Delagarde. | Wolff, 22, rochechouart. installée à londres depuis 14 décembre, santés parfaites, d'Eichthal ici, écris Scarborough, parents boulogne bien. — Wolff. | Chesnay, 34, rue bac, paris. cinquième dépêche. santé à tous toujours admirable, surtout Aglaé et Albert. reçu toutes lettres. — Pettit. | Belleaut, 4, passage élysée-des-beaux-arts, montmartre, paris. tout va bien, un mois, oui. — Shrives. | supérieure bon-secours, notre-dame-des-champs. boulogne, dublin, londres, morlaix, lorient, lille, abbeville, bien. ambulance Bozoy, bien. reçu six lettres. — Elisabeth. |

St-brieuc, 14 janvier. — monsieur Fournier, commissaire marine, fort bicêtre. tous bien, reçois lettres. — Eugénie. |

St-brieuc, 15 janvier. — madame Garaud, 60, rue grénetat. Jeanne garçons, bonnes sont avec moi, tous très-bien. — Lucile. | monsieur de Chatillon, 51, rue du temple. Alexandre, enfants, moi, très-bien. — Héléna. |

St-malo, 14 janvier. — Caron, 19, poliveau, paris. Marie Delaunay morte, allons tous bien. — Caron. | Mayer, 2, enfants-rouges. bonne santé, tous Dinard, demandons nouvelles, anniversaire père 21-22 janvier. — Mayer. |

Alençon, 12 janvier. — Leblais, 1, rue des innocents. santé excellente. — Leblais. |

Sées, 12 janvier. — Turenne, 100, bac, paris. reçu lettre 2 janvier, santé, argent, correspondances. — Turenne. courtomer. |

St-malo, 17 janvier. — Tollu, 69, rue ste-anne. bien portants avec Hailig, aucune nouvelle grand'mère Tollu, recevons lettres, troisième dépêche. — Dallemagne. dinan. | Buoquoy, 81, université. ici londres tous bien, mais tristes et inquiets, sans perdre confiance. sans nouvelles parents depuis capitulation. — Louise. | Lacasse, Leleu, 47, petites-écuries. grand'mère, mères, enfants, bien. envoyez bons si possibilité, mille tendresses pour tous. — Louise, Lucie. | Voison, 41, rue auteuil. toutes bien portantes. — Elisa. | Joséphine Klein, 48, rue malte, paris. santé bonne, envoyez réponse ballon. — Justine. |

Alais, 19 janvier. — Perier, lieutenant artillerie, hautes-bruyères. lettres reçues, santé excellente, confiance en succès final, amitiés famille Simon. — Perier. | Petitgand, 68, boulevard malesherbes. reçu vos deux lettres, troisième essai réponse, habite alais avec enfants, bien portants. — de Reydellet. |

Charlieu, 16 janvier. — Bousquet, 38, rue bruxelles. tous bien, mère Isabelle chambéry, nous montferrand, écris. — Magnin. |

St-Etienne, 17 janvier. — Fournel jean-baptiste, 28e régiment marche, 1er bataillon, 5e compagnie, st-denis. j'attends nouvelles, ici tous bien. — Viricel. | Emile Gonon, caporal, 119e régiment ligne, 1er bataillon, 5e compagnie tous bonne santé, embrassons, écrivez souvent. — Ploton. |

St-Etienne, 18 janvier. — Paul, 5, rue taitbout, paris. lettre reçue, écrivez souvent. — Broquin. | Bianchi, 3, turbigo. avons reçu deux lettres, allons bien, courage, espoir, écrivez. — Madignier. | Guloppe, 7, st-fiacre. recevons vos lettres, allons tous bien, Antoine belfort, aucune nouvelle depuis deux mois. — veuve St-Cyr. | Dode, capitaine, 124e de ligne. tout va bien, avons reçu vos lettres. — Rast. | Louise Debray, 136, boulevard haussmann. allons bien, pas lettre depuis décembre, adieu. — Ta mère : Debray. | Eugénie Bonnefoy, chez Raymond, 22, rue vivienne. santé bonne, écrivez votre situation réelle. — Bonnefoy. |

Bourbon-l'archambault, 17 janvier. — Bonnefond, 30, quai béthune. Bonnefond malade, madame Mizon soigne. — Prévost. |

Montluçon, 17 janvier. — Duteil, 16, las-cazes. écris souvent, mère ici, tous bien portants, reçu cinq lettres. reçois-tu les miennes ? — Raymond. |

Moulins, 18 janvier. — Soumain, 13, rue verneuil. ta dernière lettre 24 novembre, mère très-inquiète, tous inquiets, portons bien. — Soumain. | Laussedat, colonel, 38, cardinal-lemoine allons bien, donne détails sur bombardement dans votre quartier. — Delphine Laussedat. |

Vichy, 17 janvier. — Placé-Paratre, 229, rue st-denis. santé bonne, lettres reçues. — Claire. | monsieur Piot, 5, rue st-benoit. prendre mon appartement et le contenu en cas de malheur, demande nouvelles, toujours vichy. — Delaperche. | Bouillat, 85, st-lazare. enfants et moi à vichy, Paul à Groslay, tous bien portants, recevons tes lettres. — Bouillat. | Laffrat, 96, lecourbe. patience, courage, précautions. hôtel commerce, vichy. — Laffrat. | Vaillant, 13, rue cléry. je corresponds avec marseille, Louise reçoit tes lettres, portons bien. — Vaillant, Régnier, Busson, rue pont, vichy. | Bretet, chez Lamouroux, 23, michel-lecomte. portons tous bien, pas lettres depuis 27, pas mobilisé, espérons, Francisque prisonnier metz. — Blanc. | Morizot, 23, jean-jacques-rousseau. reçu lettre, fournis armée loire, espérons beaucoup, donnez vos nouvelles. — Cassard. | Ancol, 7, rue marché-saint-honoré. tous bien, Maurice Feréol aussi. tendresses. — Mouvel. |

Lyon, 17 janvier. — madame Masson, 15, rue perdonnet, paris. écrivez-moi. — Guibert. | monsieur Leroy, 45, rue st-placide. reçu une lettre, merci, écrivez souvent. — Guibert. | monsieur Bouchot, 94, rue procession. écrivez souvent. — Guibert. | Penicaud, 23, rue jeûneurs, paris. reçu toutes lettres, dame Thomas délivrée, mère, fille, bien portantes. tirez inquiétude capitaine. — Richard. | Ferrary, 16, linnée. Maurice avec mère embrun, confiance, écrivez. — Lapierre. lyon. | Truchon, 60, strasbourg. Louise, ces dames, les enfants, toujours Nyon, nous ici, tous très-bien, reçu votre lettre 11. — Joannès. | Halloppeau, administration gaz. bien dunkerque. Perrier, Régounas, soissons. Pontpoint, Camus, boisgontier. Lesieur Georges, 17e corps. écrivez. vive Bourbaki ! — Halloppeau. | Roche-Bizé, 129, boulevard sébastopol. allons bien, met marchandises en sûreté contre incendie et vol, donne détails sur cela. — Roche. | Gaiffe, 40, rue st-andré-des-arts, paris. femme, enfants, vont bien, ont reçus nécessaires. amitiés aux amis. — Fasse. lyon. | Forgues, 2, rue tournon. Germain lettre, avons Eugène lycée, Noémi Dissard mère. Petiet, Jarre, vichy. Ennemond belfort. santés excellentes. — Fanny. | Louis Lachambaudie, 1re compagnie mobilisée, 5e régiment, paris. reçu lettres, portons bien. — C. Damien. | Genest, brigadier, 2e batterie artillerie rhône, passy-paris. reçu lettre, portons tous bien. — Genest. |

Marius Michel, 15, rue four-st-germain, paris. nous allons tous bien et avons bonne espérance. — Rey. | madame Laguerre, 37, malar. écris-moi lyon, Emile prisonnier erfurth. — Albert, capitaine, 4e légion rhône. | Strubin, 21, drouot, paris. merci vos lettres, allons bien. — Bruyas. | Duclos Joannès, maréchal-des-logis, 2e compagnie des pontonniers mobiles du rhône. portons tous bien, à bientôt. — Duclos. | Rognon, 8, rue provence. Agnès, quatre enfants, nous, parents, bonne santé. Jean sevré. — Monneret. | Chameroy, 162, faubourg-st-martin, paris. parents Flasche, amis, bonne santé. usine sans danger, aucun besoin argent. — Soubeyran. | Dédéyan, cité trévise. nos lettres partiront. — Secrétant. | Delorme, sergent mobile ain. allons bien. Joseph à granville, manche. avons envoyé dépêche Claudius, pas répondu. Mariette habite vaux. — Delorme. | monsieur Rambaud, 23, rue antin, paris. tante, père, ses enfants, vont bien, votre famille aussi, par nouvelles récentes. — Jules. |

Contier, officier, 40e mobiles ain, 3e bataillon, brigade André. reçu lettre, tous parents bien, Félix marié, Chavant commerce continue. — Pacalin. | Récamier, 33, godot-mauroy seul ici, tous à menton, Laure mieux, si besoin prenez chez Legrand même que dernière fois. — Récamier. | Guibout, 44, sébastopol. écrirai chaque semaine, affaires bonnes, soyez tranquilles, espoir. — Herrenschmidt. | Camille Jordan, 61, rue rennes, paris. tous en parfaite santé. Laurent, sain et sauf, prisonnier leipzig. — Isabelle. | Blum, 34, passages princes, paris. familles tous ici bien portants, t'embrassent. — Blum. | Volait, 76, rue maubeuge. Amédée 2 janvier bien belfort, nous bien, reçu lettre du 10. — Chirat. | Massia, pontonnier, mobiles rhône. 4 janvier envoyé 200 francs. as-tu reçu ? réponse. — Massia. | Rivière, pontonnier rhône, 2e compagnie, 5e brigade, avenue malakoff, 145. décembre argent envoyé. voir poste, recevons lettres, allons bien. — Rivière. | Parmentier, sous-intendant, quartier-général, 2e corps (Ducrot). bonnes nouvelles 10 janvier, tous bien. — Vallet. | Minvielle, chez Yemeniz, 2, drouot. inquiet, sans nouvelles, écrivez par ballon, ils arrivent nouvelles de vous, Léon Georges. — Yemeniz. | Gabrielle Tournal, 113, lafayette. 4e dépêche. pas lettre depuis 27 décembre, allons bien, écrivez souvent, amitiés. — Chambaud. |

Nérac, 19 janv. — Bellomayre, rue montparnasse, 32. dites conor : nelly, christine vont bien. — Dubernet. |

Sos, 19 janv. — Bertrand, rue odéon, 14, paris. parents bien portants, chêlons. — Comin. |

Agen, 20 janv. — Berger, menars, 6. tous bien portants, pas rhume, tranquilles à agen, argent manque pas. — mathide. |

Clamecy, 16 janv. — Chalon Paul, 117, cherche-midi. dernière lettre 28 octobre, me porte bien, courage, attendons. — Chalon. |

Cosne, 16 janv. — Grandjean, 22, saint-Hippolyte, passy-paris. bien portants, lettres reçues, congé ménétrier acccepté. conserver papiers, beaux. vœux à tous. — Grandjean. | Quillier. quai hôtel-de-ville, 64, paris. reçu lettres, santés bonnes, inquiétudes pour vous grande, pas prussiens nièvre. — Quillier. | Coulpier, 23, rue vielle-du-temple, paris. où sont perche, bordérieux ? — Perche. |

Nevers, 18 janv. — Mme Bénard, rue de seine, 6. vos enfants se portent bien. — Hézard. | Guillemot, rue odéon, 20, revenue et contente. toutes lettres reçues, 11 janvier inclus. nevers, béaune, guéret, boghari, tranquillité santé. — Berthe. |

Castres, 18 janv. — Laran, sergent, mobile tarn, 7e régiment, 6e compagnie. tous bonne santé, donner plus souvent nouvelles, trouves-tu argent ? — Laran. | Comeiras, 13, castellane, paris. tous bien, frères pas partis, recevons lettres, faire savoir louis, 7e mobile, armée ducrot, bondy. — Caroline. | Chipoulet, secrétaire lieutenant-colonel, 7e, mobile tarn, 2e armée, 2e division, 3e brigade, 2e corps, paris. partout bonne santé. — Chipoulet. | commandant Foucaud, 2e bataillon, 7e régiment mobile, noisy-le-sec. jacqueline. louise, tous braconnac réunis, amitiés, pierre, ici très-bien. — Foucaud. |

Mazamet, 18 janv. — Fourgassié, rue rome, 75, paris. vos enfants vont bien, voici adresse : 5, argyll road-high street kensington, londres. — Rives. |

Saint-Yrieix, 19 janv. — Lapar, caumartin, 31. briser cadenas, donner échantillon laplanche, rambuteau, 100, recevoir comptant, donner commission comme américain, appartement respecté. — C. Delage. |

Limoges, 19 janv. — Pellereau, 8, menars. dites sommes données par guillon, leur emploi. payez-vous rente ? donnez nouvelles appartement lafayette et gaildraud. — Pollet. | Guillon, 68, quai rapée. reçu lettre, familles vôtre et mienne bien portantes. quelles sommes avez données à pellerault ? — Pollet. | Gaildraud, ulm, 45. pas lettre depuis 24 décembre, très-inquiète, tous bien portants bruxelles, aussi écrire deux fois semaine. — Gaildraud. | Ravaud, contrescarpe, 30. portons bien, envoie argent. — Amélie. | M. Lebègue, lycée st-louis. mère limoges avec famille schmit, père nevers, sans prussiens, albert officier du génie. — Lebègue. | Courvoisier, rue lafayette, 126. votre famille marnoz bonne santé, écrivez-nous. — Defaye Magne. | Berthaud, 2 bis, rosiers. reçu lettre, espère que recevras cette fois, courage, tous braves, allons bien, embrassons tous, chocolat prêt. — Dumas. |

Oudinot, 6, grande-chaumière. écrivez-nous. attendons toujours vos nouvelles impatiemment, courage, tous braves, embrassons, irons vous voir. — Dumas. | Pénicaud, 15, boulevard poissonnière, paris. fernand prie au ciel pour France et vous amis. Dieu vous évite pareil malheur. — Jouhaud. | M. Allélix, paris, 40, faubourg poissonnière. je vais bien, beauvais aussi, joseph capitaine. reçois tes lettres. — Marie. |

Lannemezan, 18 janv. — Forgues, ministère marine, paris. léon chagrin, georges, bonnefond, amélie, barthe bien, reçois tes lettres, embrassements. — Forgues. |

Tarbes, 19 janv. — Abbadie, rue faubourg-saint-antoine, 128. tous très-bien, reçois tes lettres, courage, adieu. — Henriette. |

Toulouse, 18 janv. — Moussu, tronchet, 29. tous bien, 2 dépêches te sont parvenues, voilà grande satisfaction, espérons revoir bientôt. espérons revoir bientôt. — Pauline Moussu. | Larquet, commandant artillerie, armée ducrot, paris. père, frère ensemble bien portants, hippolyte hambourg, durand capitaine, reçu lettre dernière. — Larquet père. | Madeleine, chez Rigault, villette, 21, belleville. courage, patience, si tu peux viens, thérèse va bien, moi aussi, adresse toulouse. — Wittbruch. | Delbosc, rue constantinople, 43. envoyons dépêches, recevons lettres, allons bien, émilien commandant, amitiés. — Rivals. | Lalande, rue de l'entrepôt, 26. donne de tes nouvelles, dernières reçues 30 octobre. jérôme à lorient. — Lalande. | Payen, boulevard st-germain, 13. enfants, nous tous bien, lodo pas position que tu crois, maman toujours bordeaux vont bien. — Payen. | Albert Fautras, faubourg saint-denis, 172. j'attends lettres depuis décembre. — Périer. | Mme Loiseau, lapérouse, 6. reçu lettre 11, en tout quatre, anxieux de vous, allons bien. — Alix, allée saint-michel, 26. | Delagrèverie, capitaine, 22e artillerie. bien, rien reçu depuis 24 décembre. théron bien, 11e artillerie. — Alice Delagrèverie. |

Auch, 19 janv. — Supérieur jésuite, rue lhomond, 18, paris. quatre mois sans nouvelles de fernand, en donner par ballon. — Mendousse, pharmacien, auch. |

Narbonne, 19 janv. — Thibault, port bercy, 8, paris. allons bien, jenny, marie, enfants michel aussi. voir delbos. — Mathilde Thibault. |

Guingamp, 14 janv. — Goigoux, 1, boutarel. tous bien, guingamp, alençon. — Torbier. |

Courseulles-s.-Mer, 13 janv. — Cavaignac, 55, boulevard st-martin. courseulles, santés excellentes, reçu tes lettres, amitiés. — Cavaignac. |

Moncontour-de-Poitou, 16 janv. — Boyer, lieutenant, 36e mobile, 1er bataillon, vincennes. reçu cartes, lettres, écris souvent, trouve temps long absence, heureuse année, berthe parle toi, embrassons. — Boyer-Ridouard. | Boyer, lieutenant. 36e mobile, premier bataillon, vincennes. reçu lettre, bien portants, désire voir bientôt, prends courage, femme fille, tante, oncle, embrasse cœur. — Laurentin-Roy. |

Douai, 19 déc. — me Bette, 133, sébastopol. porte bien, courage. — Bette. | Bouillette, 16, drouot, paris. suis gand, oncle élise, portent tous bien, paquet aussi. dominici, 2, place opportune, nouvelles antoine. — Thérèse. |

Chalon-s.-Saône, 17 janv. — dame Gauthier, castiglione, 5. mère malade, fluxion poitrine, grand danger, 17 janvier. — Léna. | Emile augier, place rivoli, 3, ta sœur et entourage vont bien, elle a reçu deux mille francs, amitiés tous. — Dauphin. | Décurez, rue montagne ste-geneviève, 62. donne de tes nouvelles par ballon, je me porte bien. — Louise Tissiér. Lefaure, rue de la paix, 10. reçu lettres, merci, madame guiard reçu argent, nous allons tous bien, consommez provisions. — Dauphin. | Colin, place madeleine, 16. léon prisonnier francfort, écris-nous. — Dauphin. |

Condé-s.-Noireau, 13 déc. — Supérieure, 16, rue de sèvres. lettres reçues, pour vous, chantal malade, condé tranquille, préfète philomène, belgique, 13 janvier. — Gonzague. |

Gamaches, 11 janv. — Beurdely, 112, lafayette. Aviet, deux termes, demande argent, donne contributions 1500, lardos 300, garderons étienne qu'il soigne créteil, 3e pigeon. |

Ste-Geneviève, 14 janv. — Salleix, 25, palestro. mère, famille, allons bien, courage. — Delfau. |

Lannion, 14 janv. — Arzur, chirurgien, bataillon lannion. côtes-du-nord, paris-colombes. donner nouvelles d'alcide guillou. — Guillon. | Pellerin, rue st-lazare, 4. portons bien, écrivez davantage, inquiètes. — Pellerin. |

St-Malo, 15 janv. — Tiviale-Pinard, 2, tour-des-dames. tous bien, st-malo tranquille, douleurs ho toujours pareilles, recevons toutes lettres, enfants

Bordeaux. — 22 janvier 1871.

besoin autorité paternelle. — Tiviale-Horner. | Renucci, rue rennes, 147. tous bien, dinard granville, léo lhôtellier, moy ici, | Besnou, officier ordonnance commandant protet, auteuil. famille bien, toi seule pensée. — Besnou. |

Alençon, 12 déc. — Turenne, bac, 100. santé, neige, pas lettres depuis 30 décembre, inquiétude, courtomer. — Turenne. |

Louviers, 13 janv. — Huet, paix, 4, paris. famille va bien, alexandre, émile aussi. — Marsollet. |

Brives, 17 janv. — Oudry, 9, rue berlin. famille bien portante, t'embrasse tendrement avec frémy, famille chéron, amis. paris admirable. confiance. écris. — Oudry. | Delon, 12, rue de gentilly, montrouge. bonne santé, très-malheureuse seule, mère pensionnaire hospice. — Delon. | madame lacroix, 7, charlot, paris. 8 janvier georges (mans) bien portant, reçu argent. — Chardon. | Deveaux, 35, rue scheffer, passy. angers, brives, allons bien. trois lettres reçues. robert artilleur parti à tulle 9 janvier. — Richard. |

Brives, 18 janv. — Marchant, sous-lieutenant, 122e ligne. allons bien, recevons lettres. — auguste marchant. | Godchau, rue croix-petits-champs, 33. santés parfaites, enfants admirables, nouvelles orléans, tous bien portants chez deschamps. reçois vos lettres. — Lony. — Louis Rollin, 39, rue grange-aux-belles, paris. suis bien portante avec famille oudry, embrasse tendrement toi mère, amis. — pauline Tabias. | Brou, 17, rue cerisaie. courage, santé, digue abîmée, donnez nouvelles de charenton, on dit hippolyte sion mort. écrivez souvent. — Sion. |

Tulle, 19 janv. — madame Lévêque, 9. rue de larcade. bons souhaits, embrasse. — Aimée. |

Clermont-Ferrand, 17 janv. — Boussuge, 10, saint-martin, paris. bien portants tous. — Céllérier. | Trapenard, chez claude, 14, rue de la victoire. santé passable, mais grande inquiétude, reçois vos lettres. — Coupaz. | Falloz, 2, rue charbonnière-saint-antoine. buvez vin, mangez confitures, faites comme chez vous. que faites-vous? — Reyner. | Fournier, 4, rue commieux. donnez de vos nouvelles ici, santé passable, amitiés. — Roux. | Devideux, 25, boulevard clichy. donnez de vos nouvelles ici, santé passable, amitiés à tous. — Roux. | Frobert, 17 et 19, rue michel-lecomte. sulpice bien et tous le monde, ainsi que maman rose. écrivez souvent. — veuve Chamerlat. | Drihau, 25, rue de villiers, paris, ternes. toujours à clermont, reçois trois lettres par semaine. je t'embrasse. — Drihau. | Desroziers, 364, saint-honoré. écris par tous les moyens. santé bonne, surveille affaires qui vont bien. recommande à joséphine prudence. — Bassin. | Ossaye, 55, aboukir. recevons lettres, familles bourgeois, fuld, mienne, vont bien, courage. — Arthur. | Dintillac, cabinet télégraphes. vous mal nourri, buvez vin, plaisir. — Combe. |

Guissier, 12, rue oudot, montmartre, paris. savoir gouvernement arrivé, égaré action, renvoyé contenu dans sac, sommes No réponse. — U. Guissier. | Fournet, 14, cherche-midi. allons tous bien. pas besoin argent. recevons lettres, tendresses. — Léonie. | M. Savin, 37, rue turenne, paris. santé. la vôtre. répondez. — Mozes. |

Issoire, 17 janv. — Thévin, 96, rue saint-denis. portons lettres. envoyons quatrième dépêche. — Thévin. |

Saint-Arianx, 17 janv — mme Barse, 40, rue vanneau, paris. oui, oui, oui, oui? — S. V. |

Riom, 17 janv. — Lacombe, 21, boulevard poissonnière. nous, amélie, nossins, grands parents parfaitement. recevons toutes vos lettres. sept dépêches parties. calme complet. — Moisson. | Poyard, 14, tournon, paris. donner nouvelles à riom. amélie wisbaden. — Riberolles Duplanchat. |

Cahors, 20 janv. — Lehideux, 16, banque. amis donnez nouvelles aérostatiques sur tout, sur tous, courage. — Edouard. | Hubin, 14, turenne. amis donnez nouvelles, comptes loyers octobre, bagreau charles. informez les loyers janvier ajournés. — Edouard. | Redaud, 28, avenue du bélair, du trône. reçois tes lettres. allons tous bien. — Redaud. | Dufour, 12, rond-point champs-élysées. janvier soldez deux caissiers inutiles sur compte livret. laissez leur chambre. quelle horrible époque. courage. — Loysel. |

Saint-Servant, 16 janv. — Gratiot, 43, rue trévise. gratiot schultz bonne santé, manquent rien, embrassent. — Gratiot, Schultz. | Patrelle, 35, neuve-saint-méry. habitons avec soubrier saint-servant. berthe, fille, bruxelles, laigle ribérac, tous parfaite santé. renseignements cuisinière soubrier. — Patrelle. | Chaboche, 10, hâvre. allons tous bien, parents de versailles, nogent, rennes londres, gand aussi. — Laborie. | Georges, pauvre jacques, place château-eau. écrivez saint-servan, sommes connues, envoyé encore bons, santé parfaite. donnez nouvelles maiziat. — Lascret. | Bodin, 5, ferronnerie. allons bien. — émile Bodin. | Cointet, 22, vivienne père, mère, chambine, monier, helty dulphé, moi, enfants, tous bien. — Cointet. | Delagénière, 7, bertin-poirée. tous à saint-servant bien portants, cinq mandats reçus. — Séprés. |

Arcachon, 20 janv. — Duchêne, 1, rue richer. reçu nouvelles. portons bien. père, achille aussi, embrassons enfants et famille. — Maria, 207, boulevard plage. | Gadala, 15, rue banque. maria, louise, alice continuation bonne santé, embrassent parents. tous bien portants. — Vigra. | Dumont, 3, pont de lodi. écris plus souvent, lettres arrivent. soigne toi, toujours vérité situation. femme baby bien, aiment, embrassent tendrement. — Marguerite. | Ravel, 63, taitbout. sommes bien mieux portantes, mais je ne vis plus depuis bombardement. oh! quand te verrai-je? — Hardy. | Joffrin, 63, taitbout. avons tristement appris mort sophie. reçu bon cuvillier, allons bien mieux maintenant. — Adolphine. | Locatelli, officier adjoint, commandant villejuif, paris. pontailler évacué, famille bonne santé. — Locatelli. | Collin, 37, sentier. grandjean, collin, magning, à londres parfaite santé. — Collin. |

Carcassonne, 19 janv. — Saulnier, 2, monsieur-le-prince. dixième. allons bien toutes, reçu lettre du 12. j'écris toujours, edmond mobilisé, papa va bien. — Saulnier. |

Saint-Sever, 18 janv. — m. Durrieu. 66, chaussée d'antin. tous bien landes. alfred avec bourbaki. donnez nouvelles. reinach, galland, reçois plus leurs lettres. — Durrieu. |

Saint-Flour, 17 janv. — Tourseiller, 64, rue jean-jacques rousseau. maria, léon, toujours bien portants. — léon Tourseiller. |

Rodez, 19 janv. — madame Leblanc, 44, rue provence, paris. allons tous bien, recevons pas toutes tes lettres. écris souvent. — Lefèvre. |

Bordeaux, 21 janv. — Petellat, 28, grammont. les vôtres, nous, lambert bien, dire berger, deux caumartin, nathy bien. — Grétillat. | Guillemin, affaires étrangères. cébazat tous tranquilles, santés bonnes, mère, frère guillemin sains, saufs. familles brugnon, couturier bien portantes. — Guillemin. | Fleury, 36, arcade. reçu vos trois lettres, allons tous bien à tours, écrivez moi comment vous êtes, pensée constante. — Elisabeth. | de Tavernier, 155, saint-honoré. femme, enfants très-bien, fils au collége aire, ne manquons de rien, grand'père mort. — Marie. | Garros, rue bleue, 2. tous bordeaux, prions, attendons. — Garros. | Soumain, 9, place vendôme santés parfaites, moral excellent, recevons vos lettres. affaires pas mauvaises, bonne embrassade. — Montault. | Allenet, lieutenant 118e de ligne. suis sédentaire, tous bien. — Tonny. | M. Garce, rue filles-du-calvaire, 14. bien portant besançon. — Georges. | Tranchant, st-honoré, 253. granville, noailles, eugène, tranchant navières, barbier, alice 8 janvier. santerre, lefebvre, roger, léon parfaitement. reçois lettre. — Céline. |

Rocquin, 15, rue vanneau. portons bien, recevons lettres. prends vin et confitures. — Mutel. | Boscher, 72, boulevard sébastopol. santé bonne, reçois lettres rarement. — Boscher. | Salmon, paris-auteuil, santé parfaite, reçois lettres souvent. — Arsene. | Niot, 63, rue d'anjou-st-honoré. aucune nouvelles. écrivez à bordeaux, hôtel de nantes. — Thérèse. | Mme Drouet, chez linet, boulevard de strasbourg, 62. Drouet bien portant. — Herminie Masson | Gervais, ministère finances. suis bordeaux bien portant, et vous, répondez ballon, impatient. — Georges. | Emile Rousseau, 44, rue des écoles. fils paul bien portant berne, chez keller, banquier. réponse ballon. Gervais. | Rigaud, 50, rue goutte-d'or. donnez par ballon nouvelles fille, madame delanoue, poste restante bruxelles. — Gervais. | Weil, 8, rue magnan. ida accouchée garçon, bien portante, lettres reçues, bordeaux, 234, rue ste-catherine. — Bernard. | Grimprel, ministère finances. anaïs, alix, maxime, marguerite. georges orian, raoul parfaitement. laure heureusement arrivée. maxime trois dents. 20 janvier. — Bourdeau. |

Bichet, administrateur postes. habitons nantes, parents st-denis. reçois bonnes nouvelles, avons argent. — Thouret. | Laborde, 71, rue miroménil. très-inquiète, sans nouvelles depuis octobre, écrivez. — Tavernier. | Salvatelli, rue moscou, 50, paris. édouard nous allons tous bien, du courage, ton père. — Mallet. | Blum, 43, jeûneurs. voyage cinq semaines, content affaires, écrivez ballon, blum bloc bâle, vu kohnstamm, famille bien aussi, emma. — Apfel. | M. Sers, boulevard capucines, 15. marie restée madon, s'en félicite, allons tous bien. — Lauernède. | Tremblin, 8, rue crosatier. en grâce nouvelles par ballon, poste restante bordeaux. — Paillery. | Mme Saffroy, 107, rue de morny, paris. vos filles, votre fils bonne santé à st-éloy. — Labalette. | Robit, 32, bernardins. bonnes santés, à clisson près niel, chez ducoin. — Sophie. |

Bularoski, rue dames, batignolles. tous bien, sommes à bordeaux, recevons tes lettres, écris souvent. — Allix. | Rigodin, godot-mauroy, 3. déménager appartement si possible, ou retirer cartons, papiers. deux petits meubles. alphonse officier, prévenir cécile. — Alban. | Morel, rue st-honoré, 108. tous bonne santé, demande nouvelles vous succession rue sèvres, dommages bombardement, payer gages, contributions partout. — Morel. | Bessières, 4, pétrel. demouy, 15, place grammont (pau). demande nouvelles si bombardement touché ses maisons, si loyers sont reçus. — Demouy. | Moisson, 22, caumartin. weber, moisson parfaitement, enfants embrassent saint raymond, continuez nouvelles dans journal absents. jacques, raymond très-fortifiés. — Adèle. | Charreton, 39, boulevard voltaire. recevons tes lettres, la dernière arrivée directement milan. santé bonne, t'attendrons ici. dubouget bordeaux. — Valentine. |

Chamborant, rue bassano, 21. enfants très-bien, pays calme, 16 janvier. villevert. — Chamborant. Comte Deraymond, anjou-st-honoré, 4. tous bien au thil. georges parti dans déplorables conditions. exercice une fois, mortellement inquiète. — Ourduff. | Dreyfus, 24, lepelletier. reçu duplicata 24 décembre, individu toujours disparu, conséquemment rien versé, sitôt que recevrons écrirons. — Jacobs fréres. | Lamy, 42, hauteville. très-inquiets pas nouvelles toi depuis 2 janvier. allons bien, remercions m. alfred son bon souvenir. — Lamy. | Lamy, 42, hauteville. installés hôtel français bordeaux. te plaignons. offre appartement pauline, frémont vont bien à pau, t'embrassons. — Lamy. | Ficher, rue feuillantines, 5, paris. adresse sans affranchir nouvelles tous les jours à calais, sur papier pelure. — Vallobra. | Alphand, hôtel-de-ville. alphand, chévalier tous bien au parc. 7 janvier, lettre d'emmanuel bien portant. — Holagicus. |

Tripier, 25, astorg. félix, blanche, eugénie, enfants ensemble la rochelle. madeleine, dieppe, marie deschamps nevers. tous parfaitement. recevons lettres. — Tripier. | Marty, passage saulnier, 25, paris. papa assez bien, nous très-bien. georges pas encore parti, recevons vos lettres. écris. — Guittard. | M. Martin, 50, petites-écuries. bébé va mieux, aime bien papa, lui envoie baisers. écrire 38, rue saint-sernin. — Diffenbach. | Herpin, 56, provence. j'ai été à londres en décembre pour nos affaires, vu brolemann, prensel, dreyfus, alfred. — Borgeaud. | Herpin, 56, provence. genève 20 janvier, accusez réception lettres dépêches pour gouverne, sans lettres vous depuis deux mois. — Borgeaud. | Herpin, 56, rue provence, paris. genève 20 janvier, affaires lossy, avignon réglées, liquidation italie régulière — Borgeaud. |

Herpin, 56, rue provence, paris. genève 20 janvier, luce, alice, alfred tous bien, chevaux à londres, thomas reveuu. — Borgeaud. | Herpin, 56, provence. genève 20 janvier, contrat mackdonald renouvelé, avons chez lui dix neuf millions disponibles, quatre ici. — Borgeaud. | Herpin, 56, provence, paris. ministre finance hongrie écrit avoir annulé son tirage, bude ayant appris votre tirage paris. — Borgeaud. | Herpin, 56, provence. genève 20 janvier, streitberg, ebray, messat sont avec moi, basset est à marseille avec employés. — Borgeaud. | Herpin, 56, provence. genève 20 janvier, lettres julien 31 décembre, 7 janvier arrivées, regrettons son laconisme habituel. — Borgeaud. | Herpin, 56, provence. genève 20 janvier. agences régulières, affaires péruviennes bonne situation. coupon cheasapake encaissé. payons bons échéance. — Borgeaud. | Herpin, provence, 56. genève 20 janvier. avons ouvert à genève depuis novembre un bureau provisoire de direction. — Borgeaud. | Boucart, rue du bac, 130. novembre. écris orsay. pas réponse. allons bien. dire tante marie, ferdinand bien portant. — Bié. | Fastré, 57, martyrs. fastré, robert, villemsens bien portants, recevons lettres, avons argent. mère villers, delamonnaye pau, duquénels, lemaire arcachon. — Aline. |

Gibé, rue boulainvilliers, 44, passy-paris. heureux de vos nouvelles. courage, espérance, tous bien portants. — Blancard. | Jouët, 27, rue blanche. tous bien. écrire à bordeaux par ballon. aucune nouvelle de la rue boulogne. — Adolphe. | Ledoux, lepelletier, 42. compliments, remerciements. procuration recevoir locataires à-comptes. payer, écrire. santé passable. — Robillard. | Legrand, faubourg temple, 52. courage, vais bien. écrivez. — Aline. | Mme Boucher, 43, richer, paris. messieurs boucher, marignan, bonne santé à hambourg. réponse par ballon. — Martin. | Barthelémy, lieutenant état-major général trochu, paris. dites gruau envoie dépêches. lettres consolent. attendons anxieusement réunion, santé familles bonne. — Amélia. | Poitoux, mesloy, 37, paris. renseigne toi assurances contre risques guerre, surveille, assure maisons nous et père. — Poitoux. |

Collesson, 22, quai la bièvre, paris. Puttelange, sallières, famille, santé, position bonnes, enfants superbes, recevons tes lettres. donne détails. — Collesson. | Conse, 107, grenelle-st-germain, paris. moi, vos parents allons bien, reçu 13 lettres. mille baisers — Clémentine. | Chardin, 62, hauteville, paris. marguerite, enfants à reims, habaurupt bruges très-bien, reçu lettres. — Gillet. | Hovelacque, 2, rue fléchier. familles bien portantes, recevons vos lettres — Anna Hovelacque. | Durenne, rue chaussée-d'antin, 45. allons tous bien. — Pottier. | Abaroa, rue richelieu, 102. le 18 tous bien quintana, un fille. — Zabran. | Liouville, ministère finances. droits de mutation ravaud de georges est-il restitué? sinon faudrait décision immédiate. écrivez nous. — Senard. | Benedic 20, francs-bourgeois. écris par chaque ballon londres 73, lower-thames street. vais bien, serais heureux recevoir nouvelles. — Bénédic. | Dormeuil, vivienne, 4. toutes lettres 4 janvier reçues, brothers fischer fait voyage, affaires marchent. tout va bien. — Watt Bridges, |

Briliaux, rue de béarn, 7. inquiet plus de tes nouvelles, perdu ma femme, grande tristesse. — Serpin. | Fourton, rue neuve-st-augustin, 31, paris. bonne maman ta mère londres porte bien. théodore va bien. je t'embrasse. — Fourton. | Comte Berthier, 9, avenue roi-rome. lettre de madame vitry. on va bien trouville. — Montagnac. | Peyré, 13, rue mazagran. santé parfaite, dépêche vera-crux, faillite lelong, parti pour londres. — Peyré. | Lille, rivoli, 180. santés parfaites, reçois lettre huit. que fais-tu? impatient fin, vois lebeaud, suis 62, intendance. — Lille. | Laborne, 22, place vosges. santés bonne. auguste, chouzy pillé. — Laborne. | Bezie, 99, boulevard sébastopol, paris. aucune nouvelle hermann, fadin, buisson rault. écrivez tous avec chaque ballon différents bureaux poste, — Schloss. | Besombes, amsterdam, 61. apprends mauvaise nouvelle alphonsine par céline, écris de suite, attends anxieusement, nous bien portants, moi sédentaire. — Alfred. | Crotel, 6, avenue napoléon, près théâtre-français. tous bonne santé. — Crotel. | Penand, rue visconti, 22, paris. fils sain et sauf à weissenfeld sur saale (saxe). — Thoyer. |

Rouvray, 17 janvier. — Berthiot, 107, faubourg-st-antoine. bien. — Berthiot. |

Frévent, 14 janvier. — Lefebvre, 106, rivoli. frévent, abbeville, auxi, st-germain, cordillon, parfaite santé. — Lefebvre. |

Bourges, 20 janvier. — monsieur Leloup, 91, boulevard voltaire. inquiets, bien portants. écrire à Ivoy, chaque semaine, par ballon, lettre de 4 grammes. — L. | Chertier, capitaine, 6e compagnie, 1er bataillon, mobiles indre, 64e marche, paris. allons tous bien, reçu trois lettres. — Chertier. |

Port-launay, 19 janvier. — Rives, pharmacien, rue glacière, paris. écris-nous ballon, sommes inquiets. ici tous bonne santé, espoir. — Faucher. | Gélis, 47, rue meslay, paris. donne-nous ballon nouvelles toute famille, sommes inquiets. ici tous bonne santé, espoir. — Faucher. |

Auxerre, 18 janvier. — Juliot, 9, ste-anne, bercy. allons bien, écrivez. — Chat. |

Douai, 16 janvier. — Sorlin, 33, passage verdodat. reçois lettres, portons bien. — Louise. | Martin, 124, boulevard magenta. merci de vos bonnes lettres, écrivez toujours. — Marie. | Tournadre, 5, pont-neuf. bonne santé, ta mère souffrante, prudence. — Flore. |

---

97. Pour copie conforme,

L'inspecteur,

Bordeaux. — 22 janvier 1871.

Bourges, 17 janv. — Brisson, rue Pontneuf, 4. allons bien à Bourges et cannes reçu 7, 8, 9 — Brisson. | Pacon, Godot de Mouroy 30. bonne santé mais très inquiets donnez nouvelles. — Morize. | Bousquet, rue blanche, 99. tous bien portants. hermel et paulin ici henri superbe. — Alfred. |

Le Blanc, 17 jan. — Gérard, 49, boulevard clichy, bien portants, inquiet de vous, sans nouvelles depuis 4 novembre. — Debeine. | Betmont, 9, rue écuries d'artois. nous allons bien tous, pas de nouvelles de toi depuis 20 jours. — Betmont. | Mader, 3, béranger. recevons vos lettres, aprouve ce que tu fais, henriette toujours mortagne, bonne santé, amitié pour tous. — Tellot. | Nicot, 8, béranger. reçois pas lettres, inquiétude mortelle, écrivez papier mince, santés bonnes, excellentes nouvelles edmond, albert, aline, chevalier. — Briffaud. | Mangery, 25, pont-aux choux, santés tous excellentes. belleville, reçu lettre félix, bien portant posen, recevons vos lettres. — Maugery. |

Aubin, 18 jan. — Lacombe, rue fontaine-saint-georges, 34, paris. santé bonne, sans inquiétude, travaille faire fusils chez mécanicien, écrivez souvent. — Lacambe au gua |

Angoulême, 17 jan. — Bruneau, rue paix, 23. santés bonnes, ressources suffisantes, léa avec nous, installation convenable. — Charpentier. | Marpon, rue constantinople, 12. deux mois sans lettre, troisième dépêche, très-inquiet, écrivez vite. — Fournet. | Fallet, boulevard prince eu-233. depuis fin octobre aucune lettre, envoyé 3 dépêches, très inquiet, écris vite. — Fournet. | Steiner, richer, 19. deumeurons chez Calland obligeant, tous santé, 4 enfants pension, reçu argent des traites; reste 1,000 fr. — Steiner. |

Chalais, 17 jan. — M. Belnot, rue 4 septembre, 24. allons tous bien, correspondons souvent avec anne. — Lussigny. |

Cognac, 17, jan. — Maurice, accaria, 48, montmartre famille Sureau prie faire savoir à son fils qu'elle se porte bien. — Sureau. | Weber, 51, rue chateaudun. famille Weber, pescatore, moisson très-bien, enfants superbes, maison parfaitement chauffée, écrivons régulièrement. — Nancy | Dagonet, commandant 1er bataillon mobile marne, 7e dépêche, esther, nous fierfort, bien portants, reçu deux lettres seulement, transmises chalons, écrivez donc. — Leclerc. |

Abbeville, 12 jan. — Docteur Roger, 15, boulevard madeleine. sans nouvelles depuis le 15 sep., prière, voir, écrire. — Caudron. |

Issoudun, 18 jan. — Lalle, rue charenton, bercy, vos enfants santé parfaite. — Octave. | Tournouer, lille, 44, contents petite sœur, tous bien, edme écrire ici pour père. demandons détails intime sur vous. — Jumeaux. |

Cherbourg, 12 jan. — Sabroux, rue saint-honoré, 400. paris. bombardement a-t-il produit malheur chez moi ou chez ma famille. — Lemarinier. | Attendu, 17, cordelières saint-marcel sommes à cherbourg hôtel louvres, portons bien recevons vos lettres, deroux, vimont, breguet, bonne santé. — Attendu. |

Avranches, 12 jan. — Albert Grimault, 22, nouve des capucines, allons bien. — Grimault. |

Cosne, 15 jan. — Heurtey, rue tournons, 17, cosne, evreux reçues, portons bien, 15 jan. — Gorlier. | Rougeot, avenue trudaine, 31. 15 jan. bonne santé cosne, sancerre, nantes, baisers tendres, courage. — Rougeot. | Vogüé, 37, rue Bourgogne, 15 jan. lettre 26 reçue avec bonheur, tous bien, amédée à henrichemont, joseph, zouave, mort. — Vogüé. |

Nevers, 17 jan. — Étienne Levau, paris. 83e de ligne, 1re compagnie, 4e bataillon, envoie nouvelles. — Levau, nevers. | Houdaille, 117, faubourg possonière. reçu lettre du 10, allons tous bien, bonnes nouvelles de grand'mère à Lormes. — Marie Petit. | Gastellier, 142, rennes, 3e dépêche, recevons. portons bien, courage, confiance, chouppe portent bien, logent prussiens, verrette envahi. — Desgranchamps. | Lolliot, trévise, 28, marie, adrienne toujours à spa, vont bien, courage, espoir, à bientôt. — Lolliot. |

Cosne, 12 jan. | Raimbault, rue beaux-arts, 12, allons bien, pas prussiens, maison, ami, chateaudun épargnés. — Lemaire. | Grandjean, 22, saint-hippolyte, paris, passy, cosne, bonne santé, lettres reçues, embrassements, prudence. — Grandjean. |

Loudun, 16 jan. — Cardaillac, sons chef, hôtel-de-ville. nous 3 odalie, enfants petits et grands bien, georges collège tours. — Balleygnier. |

Chatellerault, 17 jan. — Mme Mermilliod, rue turbigo, 20. rénée, henriette, famille parfaite santé, rose partie, nouvelles nogent bonnes, tous bien portants. — Mermilliod. | Poirier, rue françaises, 9, pas nouvelles depuis 23 novembre santés bonnes, écrivez-nous, ormes. — Anquinet. |

Loudun, 17 jan. — Hautier, 27, châteaudun. tous bien loudun. reçu banques. gairand sortis. — Hautier. | Desjacques, collège rollin. bonne santé. georges très fort. troisième dépêche. reçu lettre. — Hélène. |

Poitiers, 18 janv. — Lobbé, rue bergère, 18. reçu rente et lettre jules. — Lobbé. | Pardinel, faubourg saint-denis, 140. salon bureau, prendre livre adresses, mettre chez vous reçu rente. — Lobbé. | Renauld, 12, béranger. alphonse médecin ambulances poitiers. santés parfaites. charles colonel, paul capitaine, décoré. prisonniers dusseldorff. henri colonel, cherbourg. — Larivière. |

Aurillac, 17 jan. — Vidaline, 5, boulevard beaumarchais. paris. apprenons perte irréparable. sommes bien peinés. habitons aurillac. tous quatre, bonne santé. — Vidalenc. |

Niort, 17 jan. — Salle, hôtel britannique, 20, avenue victoria. tous bien. xavier comme admissible 28e, officier, nantes. ducrocq niort souffrant. — Schmaltz. | docteur Simon, 5, rue cirque. allons tous très-bien. quatrième télégramme. — Icery. | Houlbiat, 63, rue rome. toutes enfants bien. recevons lettres. bien installées. avons argent. émile bien, philippine, eugène bien, mans. — Houlbiat. | commandant dépôt, 11e régiment d'artillerie, vincennes. paris. 13e batterie. devineau edmond existe-t-il? — Devineau. | Couissin, 26, rue des martyrs, paris. reçu lettre 10 octobre. la france admire paris. bon courage. ennui me dévore. — Simon. | Clarisse Lépine, faubourg saint-martin, 52, paris. cruelle séparation voulue par toi. suis au dépôt, t'embrasse mille fois. — Simon. | Simon, 1, boulevard magenta. paris. ménage-toi, écris. maman reçoit souvent lettres de toi. moi une seule. suis dépôt. — Simon. |

Hyères, 16 janv. — comtesse Dagoult, 30, avenue montaigne. reçu lettre dagoult chabrillan boun rhénane boutiny wittemberg déborde prenzlow. tous bien portants. espérance. — Boutiny. | Rousseau, petite rue saint-antoine, 4, place bastille. paris. porte bien. ta fille bien. sœur courtenay. belles-sœurs à londres. — Debon. |

La Seyne, 16 jan. — Augier, albert, sous-intendant militaire, 2e corps, 2e armée, vincennes. recevons lettres, portons bien. baptistin mayence. embrassons. toulon tranquille. — Augier. |

Toulon, 17 jan. — Arène, adjudant fort ivry. louise, enfants, famille, argent bien. — Delabarre. | Daniel, 38, notre-dame-des-victoires. enfants montpellier, irai chercher fin janvier. eugène pas mobilisé, famille bien portante. sans nouvelles flavie depuis novembre. — Feisseire. |

Clermont-Ferrand, 16 jan. — M. Walker, rue turbigo, 3. veuillez mettre lieux sûrs tout mon linge, objets précieux. alexandre bien malade. — Jeanne Choquet. | Guénaux, 98, miroménil. clermont-ferrand, rue du port, 12. aucunes nouvelles. très-inquiet. porte bien. — Guénaux. | Courbée, muséum, rue cuvier. tous bien clermont. lyon pensons absents reçu billets. donnez détails. apporterai provisions aussitôt possible. tendresses. — Coffinet. | Bivor, 46, faubourg poissonnière. parents metz, nancy nous allons bien. — Bivor. | Rabouin, boulevard saint-michel, 79. donnez-moi nouvelles. voir portalis, dont famille heureuse chez carnavant. amitiés. — Thibault. | Deville, 39, rue lyon. santé mère et frère bonne. frère prisonnier. reçu lettre davelay. remerciements. — Thibault. | Paul Péchinet, 20, boulevard poissonnière. faites pour mieux pour appartement. rangez tout dans chambre, mère comptant entièrement sur vous. — Orth. |

Dixmier, 3, petit-carreau. paris. clermont. baptiste, auguste, bien portants. — Clermont. | Yvose, 17, neuve-popincourt. en décembre, livré mille cinquante prolongés et valeur moyenne cinq, janvier trois cents bâches. — Renout. | Yvose, 17, neuve-popincourt. nouvelles de saleux du 31 décembre. usine intacte. Mme Yvose indisposée assez sérieusement. — Renout. | Yvose, 17, neuve-popincourt. traité continuera avec faculté réciproque de dénonciation moyennant un mois avertissement. matériel toujours insuffisant. — Renout. | Bergerin Paradis, 2, poissonnière. paris. tous parfaite santé. toujours clermont-ferrand. Juluis bonnes places. tous vaccinés. recevons lettres. tendres amitiés. — Bergerin. | D'Hostel, 9, rue des écuries d'artois. suis bien portant. toujours à mon siége, exempté du service et ne manquant de rien. — Georges. | Gérard, 19, maître-albert. bonne santé. inquiète pourquoi pas écrit plusieurs ballons. — Adèle. | Bouchon, 25, université. lavilleneuve, tous santé parfaite lucien, albert, marguerite. donnez-moi désignation dont fais parti. — Céline. — Boutet, 36, st-paul, tous cinq bien. antoine substitut moulins. — Monate. |

Issoire, 16 jan. — Lemarcis, 39, rue popincourt. paris. recevons tes lettres marie décédée 7 novembre. émile aux ouvriers commentry. sommes bonne santé. — Lemarcis. |

Montauban, 18 jan. — Marseille, 20, harlay-palais. avons écrit, écrivons toutefaçon. santé bonne. — Hortense Caroline. |

Hâvre, 13 jan. — Boulley, 28, rue drouot. envoyé dépêche rogelin, Mme Aubey, rogelin vont bien. reçoivent vos lettres. Jersey depuis deux mois. — Bourgeois. | M. Dufau, 30, rue fontaine-st-georges. paris. bonne santé. reçoit lettres toujours hâvre. — Giroud. | Prinet, 56, boulev. latour-maubourg. Bien inquiète. écrit 16 lettres, sans réponse. dire si santé bonne. réponse. hâvre, hôtel amirauté. — Parrain. | Gros, 8, sainte-cécile. excellentes nouvelles de robert. châlons-saône 30 décembre, et tes filles 31. — Monod. |

Limoges, 18 jan. — Dabzac, 25, chaptal. allons bien. ludovic, raymond à milan. élise fresnay, blanche ici. adolphe sablé, écris. ta mère. — Dabzac Marzac. | Avoyne, 22, rue des boulangers. paris-leugny. tous bien. reçu lettres. prussiens pas méchants. louis bien à toulouse. — Cécile. | Flahaut, 74, rue hauteville. paris. santés bonnes, espérance. embrassades de ta mère. écris, écris. — Flahaut. | Mme Muller, 36 bis, rue de meaux. santés bonnes. espérance. embrassades. écris. moi par ballon. — Muller. | Boulot, 77, taitbout. nous portons bien. avons reçu lettres. — Boulet. | Chapouleaud, 4, honoré-chevalier. bien portants. travail énorme. capitaux rares, manqueront probablement pour affaire en question. — Chapouleaud. | Guyot, 3, pont-neuf. reçu lettres. dernière douze. santés bonnes, soigne-toi. prudence. inquiétude, bébé polisson, embrasse papa. espoir, patience. — Guyot. |

Sables-d'Olonne, 14 jan. — Burthon, 17, paradis-poissonnière. tous réunis aux sables (vendée). allons bien. vingtième dépêche. écrit, communique à sœur, oncle, valmy. — Rémery. | Tamisier, 143, valmy. suivant lettre, ivoy nous savait tous aux sables. écrivez souvent. dépêche dix-huit. reçoit lettres sœur. — Remery. | Cary, 22, boulevard beaumarchais. labbé, cary, bonne santé. reçus. — Cary. | Deslandes, 20, quai mégisserie. marie bien portante à bagnères-bigorre avec madame vautier. nous sommes aux sables-d'olonne. — Buignet. | Binder, 33, rue courcelles. nous sommes tranquilles, tous bien portants, restons aux sables. pas lettre depuis 3 janvier. — Alice Binder. | Bellet, 42, rue maubeuge. paris. sables-d'olonne, recevons vos lettres. allons bien, papa aussi. — Bellet. | Boulanger, boulevard saint-michel, 9, paris. nous quatre aux sables, portons bien. marguerite travaille. recevons lettres, voir capet st-pierre. — Marain. |

Avignon, 14 jan. — Desrivières, docteur, 60, petits-champs. falaise, bébé, maman, bien. avignon bien, vous et famille. réponse. — Caucanas. | Pernot, missions étrangères, 128, rue bac. paris. ici santés, tranquilités parfaites. dames, bourgeois aussi. écrivez souvent, tout arrive. — Aubanel. |

Carpentras, 14 jan. — Barberon, 6, rue Joubert. substitut carpentras depuis septembre. bonne santé. parents bloqués outarville. aucune nouvelle. émile perrot vont bien. — Barberon. |

Orange, 14 jan. — monsieur Dallet, rue des beaux-arts, 12. tous portons bien. — Dallet. |

Le Blanc, 15 jan. — Charpillon, 8, rue charonne. famille changeur à pontoise, enfants roussin boulogne. bonne santé. reine ici. santés parfaites. embrassons tendrement. — Louis. | Beugnot, ministère guerre. paul, major mobilisée, bourges. octavie chiffrevast, moi roches, edmée bargemon, santés parfaites. ton fils de même. — Marguerite. |

Angers, 15 jan. — Levivier, 14, nonains-d'yères. suis inspecteur angers, tous bien. bonnes nouvelles thorigny, versailles, linières, remiremont. rien vendôme, soyez tranquilles. — Vigier. | Thorin, 7, médicis. après deux lettres, aucune réponse durand. — Loiseau. | Dubois, 3, cossonnerie. quatrième dépêche, depuis octobre nous angers, garni, 63, plantagenet. robert externe. si envahissement, irons périgueux. — Delphine. |

Vannes, 14 jan. — Rouillé, 34, sentier. vannes arradon, tous bien. pas sevrée. remis cinq maucoron. martin cinq cents. renaud paiera mars. — Nathalie. | Ducouret, chez Viard, boulevard malesherbes, 48. troisième dépêche. nous sommes bien. reçu lettres. envois. excepté les 200 francs derniers. — Ducouret. |

Landerneau, 14 jan. — Moinery, 80, rue rivoli. paris. tous bien, recevons tes dépêches. en avons envoyé plusieurs. 13 jan. — Moinery. | Lesguern, capitaine, 4e compagnie, 2e bataillon mobiles finistère. paris. sommes tous bien et voisins. écris de suite et souvent. — Lesguern. |

Morlaix, 14 jan. — Mme Surbled, 31, boulevard bonne-nouvelle. paris. je vous ai déjà envoyé dépêche. rassurez-vous, georges bien, vient à morlaix. — Lebris. | Mme Smith, 28, rue paillette. paris. mettez mon mobilier en sûreté. — Guéguen. | Sapinaud, 18, matignon. maurice bien, non prisonnier. Joseph cherbourg. — Pennelé. | général Leflô, ministre guerre. père, adolphe, émilie, marguerite, vous embrassent tous. — Traoulen. |

Quimper, 14 jan. — Jaouen Yves, garde mobile finistère, 4e bataillon, 3e compagnie. parents tous bien, écris-nous. — Jaouen, prêtre. | Ferron, capitaine, 111e d'infanterie, 2e armée, 1er corps, 2e division, 2e brigade. tous bien, reçu lettres, mandats, pas cartes. embrasse. — Ferron. | Duberne, 11, milan. paris. saulais bien, penfrat bien. écrivez deux ambulance. — Cambourg.

Quimperlé, 14 jan. — Ségoma, 5, guichat. passy. charles bien portant à liegnitz silésie. — Monney. | Troublé, 4, rossini. allons bien, écris souvent. bien inquiète. — Betsy Troublé. | Moricette, lieutenant, 13e corps d'armée. paris. pas nouvelles de toi depuis 24 octobre que par Mme Rougot. te savons nomination capitaine, tous bien. — Moricette. |

Brest, 13 jan. — Deloge, 21, chaptal. aucune nouvelle, horriblement inquiet. supplie marie me répondre. envoyé argent décembre. si reçu, enverrai encore. — Chalon. | Chevrillon, boulevard haussman, 64. tous bien. dire alexandre veiller vanneau. écris-moi. tendres amitiés. — Sophie. | Noyer, lieutenant-colonel, groupe mobiles finistère, 3e armée, 1er corps, 2e division. reçu pension légion, marchard-noyer bonne santé, désire photographie alexandre dans lettre sans être mise sur carton. — Noyer. | Hunebelle, 26, gay-lussac. avons lettre arras, amiens tous portant bien. tes enfants travaillent. sont ainsi que moi bonne santé. — Hunebelle. | M. Desmazure, boulevard haussmann, 64. lettre warlier. usine intacte au 24 décembre. tous bien portants. — C. Poussier, rue riché. | Deshays, capitaine artillerie, fort clichy. écrivez, car sommes inquiets. souhaitons bonne année, bonne santé. tous bien. étienne, sergent-fourrier. — Brunelat. |

Pont-l'Abbé, 13 jan. — Sombreuil, 100, boulevard neuilly. jeanne va bien, tout le monde aussi. rené blessé 25 novembre jambe. pas gravement. — Marie. | Vasselat, 82, rue passy. J. Lechevalier accouchée 18 décembre, vais très-bien. sors depuis longtemps. enfant vécu un jour. — Jeanne. | Quiniou, employé télégraphe gare ivry. tous bien. écris souvent. — Quiniou. |

Quimper, 13 janvier. — Liot, sous-lieutenant, 5e bataillon mobile, bien inquiets. écris nous. tous bien. — Liot. | Dechambre, 49, rue de

Bordeaux. — 16 janvier 1871.

fille. donnez détails sur santé auguste par ballon. adressez sprimont penfrat, fouesnant finistère. | Sprimont. | Lasablière, 29, rue monceau. informez auguste avons sa lettre. savons blessé. Jenny, enfants vont bien. — Sprimont. |

Quimperlé, 13 jan. — Mme Jean, hôtel fénélon, rue férou. tous bien. écrivez souvent par ballon. reçu lettre. — Leguillou. | Bougette, lieutenant, 1er régiment gendarmerie. paris. famille bien. reçu tes lettres. t'embrassons. élisa à quimperlé. — Bougette. | Levaillant, 6e compagnie, 85e bataillon garde nationale ou, 22, rue ancienne-comédie. paris. demande argent Mlle Leblanc. forestier, léveillé, roussin, mobiles de rennes confiance, courage. — Levaillant. |

Périgueux, 13 jan. — Pimpernel, 92, boulevard magenta. bonnes nouvelles d'amélie, toujours londres, écrivez-nous, rue jacobins, 27. — de Cohade. |

Ribérac, 13 jan. — Bourdon, 30, échiquier. cécile, st-servan, marie, bordeaux, édouard armée loire. nous, berthe, gustave glachant fourchambault, tous bien, loyer georgina. — Edouard. |

Sarlat, 13 janvier. — Ruffin, passage saumon. louisa, édouard, lucien, adolphe allons bien, aucun soldat, adresse émilie inquiète bombardement, recevons lettres. — Lecamus. |

Bergerac, 14 jan. — Peyranny, capitaine génie, Vincenne. tous bien ici, calme mais triste, pas nouvelles depuis 15 décembre, très-inquiète, répondez vite. — Marie. |

Grammat, 13 jan. — Mercié, 22, rue tournelles. tous santé parfaite, réitéré demande lettre crédit cent mille sur bordeaux ou londres. — Charles Mercié. |

Cahors, 14 jan. — Madin, 67, montorgueil. allons très-bien, soupirons réunion. — Engénie. |

Monsempron-Libos, 13 jan. — Thuasne, 37, rue rivoli. nous sommes inquiets. la santé est bonne. écrivez-nous. — Mabille. |

Libos, 13 jan. — Nisson, quai jemmape. votre famille va bien, la nôtre aussi. écrivez-nous. — Mabille. |

Marmande, 13 jan. — Bertaut, 64, rue larochefoucauld. si léon croit plus sûr il cherchera refuge chez vous avec livres et valeurs. — Blancard. |

Agen, 14 jan. — Sittler, 5, place de la bourse. depuis deux mois bien portants agen, 60, rue ducat. — Joséphine. | Nauton, 10, avenue d'eylau. viens d'accoucher d'un gros garçon. allons tous bien. sommes agen. reçois lettres. — Charlotte. | Danglade, 23, cirque. pour commandant saintecroix. allons tous bien. reçu lettres souvent et mandat. cousin prisonnier nommé colonel. — Saintecroix. | M. Lafitte, 28, rue université. maman et moi santé excellente, la famille également. les gaurau vont bien. — G. de Lafitte. | Barthélemy, 18, l'arcade. voir dubois 87, rue victoire. nouvel es famille jeanne par ballon. voir berger, 6 rue ménars. — Constant. | Berger, 6, ménars. reçu lettre du 8. tous en bonne santé, marie pas enrhumée. — Mathilde. |

Limoges, 13 jan. — Cottar, 1, mail. charlotte barbarroux leroy. mérinville, eugénie, nous, enfants, marseille bonne santé. reçu vos lettres. écrivez quand même. — Guibert. | Dupuy, 24, saint-sulpice. de vos nouvelles? je vais bien. — Dupuy. | Madame Joly, 10, ponthieu. comment porte-tu? moi bien. as-tu reçu argent? réponse hôtel boule, limoges. quitte laguéronnière. — Joly. | Duchâtelet, 114, grenelle. duchâtelet, bailloeuil mayence. fleury commandant parfaitement. prudence. cave. houette. Dieu protége. — Duchâtelet. | Dollot, 138, boulevard magenta. nous portons bien. toute votre famille anvers, toul, commercy. également recevons vos lettres numéro 15. — Moreau. | Brisset, 6, passage saulnier. portons parfaitement. rentrés limoges, enfants travaillent. reçois lettres. vaccinés. huile olive, cave batignolles. — Marie. | M. Chaisemartin, 6, place des victoires. reçu lettres. la famille partage vivement votre douleur. bien inquiets sur vous. écrivez. — Sénémaud. | Mourier-Lalande, comptable, ambulance de cavalerie. toujours santés excellentes. — Eulalie Mourier. |

Bayonne, 10 jan. — Darrigade, 41, richelieu. madame, bien installé, paul venu aux étrennes, médecin bayonne confiance, tranquillité chez nous. — Brachet. | Mellerio, 9, paix. eugénie, élise, masera. frères prisonniers coblentz. garçons collége milan, streza familles enfants greber. bien. — Coralie. |

Pau, 11 jan. — M. Vivier, 65, rivoli. écrivez-nous plus souvent à pau 17, rue bayard. allons bien, enfants Vincent également. — Meyrucis. | Léger, 4, rue tournon. santés bonnes, entourage parents dispersés. bien maignien, père faible, henri, jules, vincent en allemagne. — Dherbelot. | Concierge, 18, maison rue labruyère. donner nouvelles, pau hôtel dorade, prière voir paul marcou. 102, rue blanche. — Bassuine. | Paul Marcou, 102, rue blanche. santé bonne, écrivez pau hôtel. voyez notre appartement, 18, rue labruyère. — Bassuine. | Vernaud, 130, boulevard magenta. reçu 1,000. envoie duplicatas, 8, place gramont pau lettre, crédit, assurer identité par payeur. écris souvent. — Goepfert. | Goepfert, 21, arbre-sec. auriol rien. envoie en duplicatas lettre crédit bordeaux ou pau. payeur assurera identité. écris souvent. — Goepfert. | Georgine, 92, amsterdam. avec vous. — Clotilde. | Billand, 8, rue royale. souvenirs constants. — Clotilde. | Villeneuve, 8, quai gesves. lettres de vous brot, roussele. anglivicl, arrives merci, louis user provisions, souvenirs incessants. — Juillerat. | Anglivicl, 15, condé. tous avec vous. souvenirs marthe. — Marie. |

Letellier, 19, place vendôme. hélène, pau, plessis tous bien, bonnes conservées. paul, frémy bien. touchard petite fille bien. — Marie. | Vincaud, 23, tronchet, paris. avoué fanet, 14, petit-carreau, rendre dossiers martin, dossiers collas, à pochet, 189, saint-honoré. — Déchegoin. | Vincand, 23, tronchet, paris. écrivez-moi par ballon souvent, dites si reçu déjà dépêche pigeon, santés passables, berceon mort. — Déchegoin. | Vincaud, 23, tronchet, paris. par serrurier ouvrez bibliothèque en face cheminée cabinet, rendez dossiers ville à picard avoué. — Déchegoin. | Delagarde, 64, boulevard malesherbes, paris. pensons toujours à toi, écris-nous lettres égarées souvent, santés passables, berceon mort. amitiés. — Déchegoin. | Bonvallet, 19, chanoinesse. femme, enfants, dieppe. enfants durville, trouville. neveux, nièces arcachon, bien portants. — Degois, pau, hôtel poste. |

Bayonne, 11 jan. — Lehman, 26, meslay. santé parfaite. lettres par ballon arrivées bayonne. — Blum. | M. Thouaillon, 72, boulevard sébastopol, paris. comment allez-vous, nous bien, donnez nouvelles. — Zo. | Ardoin, capitaine pompiers, grenelle-paris. charles, hyppolite, hambourg tous bien, élina fille. Etienne Ardoin. |

Auch, 13 jan. — M. Audouard, 5, des saints-pères. famille cass bien portante, pense à vous, lettres reçues, baisers affectueux. — Laguerche. | Léopoldine Charlier, cité gaillard, 3, rue blanche. écrire par ballon toujours à auch, bien portants. — Huet. | Jobart-Roger, 10, Varennes. rien reçu depuis 18 novembre. fouquet bien. donner nouvelles vous, mère et sœur fouquet. — Huet. |

Gimont, 13 jan. — Biny, lieutenant génie, premier corps, 2me division paris. santés bonnes, reçu dix lettres, merci. — Biny. | Montaut-Brassac, passage princes. charles chef escadron, constantine, santés excellentes, lettres, consolant espoir cahusac. — Montaut. |

Lectoure, 13 janvier. — Puiseux, 90, assas. tous bien, andré collége. prenez confitures. — Jannet. |

Quimper, 11 jan. — Laporte, alphonse, sergent 1re compagnie 5e bataillon mobiles de quimper. trois mois sans nouvelles, lechat reçoit tous les ballons, écrire souvent, on reçoit lettres, tous bien. — Laporte. | Hémon, garde mobile, 5e bataillon du finistère, 23e régiment de marche. tous bien, félix, jules ici, on s'organise, espérons. — Hémon. |

Brest, 12 jan. — Legac, lieutenant mont-valérien. carte reçue 1er janvier. merci, avons écrit fin décembre, famille bien, donne nouvelles souvent. — Legac. | Aunier, 14, pavillons, puteaux, seine. lettres reçues, santés parfaites, souhaits heureux, entière autorité envers josserands, paix, retour meubles. — Mgr Pomparlier. |

Sables-d'Olonne, 12 jan. — Petitdidier, 47, rue labruyère. salvetat vivant, longuet ici, tous bien portants, dixième pigeon, recevons vos lettres, écrivez. — Petitdidier. | Mademoiselle Camille Maillard, chez daudin, 126, faubourg-poissonnière. écrivez-nous par ballon hôtel du cheval blanc, sables-olonne, vendée. — Daudin. | Fournier, 14, rue de berlin, paris. santé parfaite. nouvelles de max. bon courage. baisers tendres. — Casis. | Pannier, palais-royal. tous bien, manquons rien. dire morel. sur remblai, 13, sables-olonne. daudin aussi dire chez lui. — Pannier. | Morel, 10, rue saint-anastase. tous bien, manquons rien. sur remblai, 13, sables-olone. dire pannier. — Salenson. |

Salies-de-Béarn, 13 jan. — Madame Quesnel, 8, rue thévenot, paris. sommes bien, recevons vos lettres. Victor guéri reparti. espérance. — Sauzède. |

Vannes, 13 jan. — Sicaud, 117, rue rennes. écris tous les jours. inquiète. tous santé parfaite Vannes, morbihan. — Sicaud. | Beaufrère, 14, passage saulnier. kérolan sicaud Vannes morbihan. santé parfaite. écrivez tous les jours. inquiètes. — Kérolan. | Duval, 8, boulevard italiens. meurs chagrin bombardement. plus lettres pourquoi? moi envoie dépêche chaque semaine. écris-moi chaque jour. — Duval. | Torramorell, 123, lafayette. santés, situation, nouvelles bonnes. alfred rien. paris malheureux. toi prudence. portraits, tapis, rideaux antichambre, caves, courage. — Torramorell. | Morio, 9, rue saint-roch. nous sommes bien, recevons tes lettres, courage. — Emilie. | Huon, 1, Montaigne. porte bien, donnez nouvelles sœur vous. — Elisabeth. | M. Gant, 21, pont-aux-choux. edmond très-malade. écrivez longuement nouvelles toute la famille. — Stéphanie, adresse marché au seigle Vannes, morbihan. |

Auray, 13 jan. — Büchler, 19, louvain, ternes, paris. auray tous parfaite santé. — Büchler. |

Brest, 13 jan. — Mengin, 25, rue Vaugirard. détermination cruelle. blâmable, marie atterrée, enfants bien. — Normand. | Valadier, 27, bleue. tous très-bien. auguste donne leçons. — Hippolyte. | Cosmao, 9, boulevard prince-eugène. brest, lorient, tous bien. georges cherbourg, léon lorient bien. reçu lettres. — Marie. | Aumonier, 88, ambulance, rue enfer. reçu, heureuse, bien, xavier, étienne, idem. patrice dans famille blois. pas nouvelles. — Quintin. | Pellissier, 20, rue luxembourg. famille bien, vœux sincères. — Pellissier. | Gasson, capitaine mobile finistère, 1er bataillon. grâce à Dieu préservés, remercions ensemble. chers enfants allons bien, écrivez, tendresses. — Marie Gasson. | Lemonnier, chez merlin, 38, rue des écoles. sommes tous bien portants, écris-nous souvent, donne numéro bataillon. — Lemonnier. |

Quimper, 12 jan. — Dufeigna. capitaine mobile quimper. 5e bataillon, 1re compagnie, paris. connaissons bombardement, inquiétudes vos nouvelles rarement, écrivez, famille bien, prions. — Dufeigna Alix. |

Quimperlé, 12 jan. — Philippar, 88, rue des entrepreneurs, grenelle, allons bien. seuls tranquilles école. touchons mandats. recevons lettres. gnyon vont bien. — Poussier. | Francis Leguillou, sergent mobile finistère, 5me bataillon, 2me compagnie. parents, amis bien portants, courageux, lettres reçues, écris souvent. — Dr Léguillon. | Capron, 10, rue de l'école de médecine. voyez henri si propriétaire fait commandement, payez un terme, vendez rente, rendrai au retour, amitiés. — Robillard. |

Le Gua, 14 jan. — Hugot, 28, rue arc-de-triomphe. sommes en bonne santé. reçu vos lettres, avons répondu. — Coince. |

Redon, 14 jan. — Bourdel, 3, rue havre. savoir si maison saint-jacques brûlée, portier, bonne morts. — Angelot. |

docteur Gouguenheim, 10, boulevard bonne-nouvelle, inquiètes, pas lettre depuis 31. écris souvent gabrielle, embrasse père. — Lause Gonguenheim. — Lerdon, rue entrepôt, 4, paris. en très-bonne santé, eugénie lucie, lerdon, reçu tes lettres donner nouvelles, tafferna, bassahon. — Tafferninberry. | Berthaud, 9, rue cadet. paris. bonne santé, recevons lettres, envoyer photographies souvent. bragny, trouhans bien, colas coblentz correspondons avec. — Berthaud. | Marot passy. inquiète, rentre à paris. voir plisson, rue banque. — Marot. | Herbinger lamotte piquet, 13. paul hildesheim hanovre, non blessé, bien portant, reçu argent méry. — Rodez. | Alfred michel, 24, rue dunkerque, paris. reçu lettres, envoyé cartes santé excellente. duval northampton crédit. bien triste, mais courageuse. — Julie. | Dubart, 12, regard. utilisez toutes mes ressources, appartement gorgeu ou duhem, prévenez fabre, enfants vont bien bordeaux, des lettres. — Hubault. | Oudard, boulevard italiens, 26. famille entière et laugier vont bien. octave prisonnier welzlar, écrire davantage bordeaux, embrasse sophie. — Ed. Nottin. | Audouin, vendamme, 42. portons bien, écrivez souvent amitiés. — veuve Ropert. | Reverdy, 4, assas. prière forcer portes chez moi. déposer mobilier choisi caves. réponse ballon mas-agenais, lot-garonne. — d'Hervey. |

Hervé, boulevard capucines, 8. paris. condoléances tardives bien sincères, donnez par ballon nouvelles santé à tous trois, délégation bordeaux. — Bourée. | Friés, 19, marignan. allons tous bien, auguste nommé état-major ici lettres du 12 arrivées, rien pour moi, écris. — Sophie. | Pénard, 137, boulevard hausmann, quelle santé. écrit à londres, réponse bordeaux. cursol, 10. — Bousotte. | Edgard chez bizet, 22 douai. louise bien brighton, avec brun hippolyte, content de ta lettre nous t'aimons bien. — Halévy. |

Neyret des bourdonnais, 34, paris. allons très-bien, reçu lettres, tout fait pour donner nouvelles bruxelles. — Neyret. | m. Poirson, 11, rue mazarine, remercions providence, louer logement sur argent touché, tous à quentin. — Poirsons. | Nicklès, rue st-dominique st-germain, 149, paris. occupée, gagne 200 fr. par mois. tout va bien. courage! — Elisa Nicklès. | Deveyrières, 22, écuries d'artois sans renseignement sur destable. — Babinet. | Tariel, 5, bleue. toujours bien. — Babinet. | Fournier, préfecture police, paris. reçu lettre 12, santé parfaite. — Maurice. | Couton, chez bénard, boulevard des vertus, paris. écrivez-moi anvers 51, boulevard léopold, vend foin au ministre guerre. — Adolphe Couton. | mademoiselle delanoire, chez duval, rue de la fidélité, 15. sommes avec ton frère à montpellier, 84e de ligne 1re compagnie provisoire. — femme Dupont. |

Chatellerault, 15 jan. — Peltier morny, 131. famille bien inquiète — Richard. | Baras, rue castiglione 14. chatellerault. lettres reçues baisers courage. — E. Albert Nalens. | Boutin 247, rue st-honoré, paris. santé tous bonne, boutin. | m. bonnin faubourg st-denis, 35, paris. sommes tous en bonne santé aucune nouvelle de vous depuis novembre écrire immédiatement. — Briault. |

Poitiers, 16 jan. — Stèphe, rue caumartin, 20. paris. reçois tes lettres vais bien inquiètude mortelle, écris-moi souvent. — Dufaulin. | Desalvert état-major, deuxième brigade deuxième division, premier corps seconde armée. père heureux fier admirons courage, écris toujours inquiets. — Desalvert. | Cesbron bellefonds, 37. reçu lettres deux, 10 jan. écrivez souvent, portons bien avons envoyé diverses dépêches pigeons et postes. — Cesbron. | Aubrun, 19, quai bourbon. Allons bien paul une fille vannes et tiflis vont bien. — Amica. | Engèle delimoge, rue cherche-midi 91. habitez maubeuge, caves, placard provision prenez, santé parfaite. — Korn. |

98 Pour copie conforme :

L'inspecteur,

Bordeaux. — 22 janvier 1871.

Lille, 16 janvier. — Frénois, 10, avenue villars. reçu vos lettres, santé bonne.—Masurel. | Dinaud, 2, rue clichy, paris. santé excellente, tranquillité parfaite.— Cerbier. | Sensfelder, 43, ramey. bonne santé, prévenez madame. écrivez 23, rue de lille, courtrai (belgique). — Vallée. | Vallée, 10, lavandières-opportunes. reçu lettre 29 décembre, bonne santé. Alphonse bonne santé. écrivez 25, rue lille, courtrai (belgique). — Vallée. | Eberlin, 43, caire. bonne santé, prévenez Frédérique. écrivez 25, rue de lille, courtrai (belgique). — Vallée. | docteur Bachelet, 120, rue oberkampf, paris. santé bonne, tout conservé. | Henriette Leclercq, 40, boulevard malesherbes, paris. avez-vous reçu 300 fr.? reçu aucune lettre. écrivez souvent cambrai. — Jules Legrand. |

St-Valéry-en-Caux, 16 janvier. — Dachin, 29, tronchet. 3e dépêche pigeons. recevons tiennes.— de la Bretonnière. | Langlois, 8, mansart. emprunt, vends cinquante espagnols dessus 300. sinon rien. garder argent pour envoi. portons bien, amitié. courage.—Langlois. | Jossier, 15, cérisaie. familles Jossier, Pinta, Martineau, vont bien. garçons leçons latin, Bénis embrasse Gabriel avant qu'il parte. — Jossier. | Sebert, notaire, 45, st-andré-des-arts. assurez maison rue st-denis contre bombardement, si c'est nécessaire. déjà assurée à mutuelle et générales. — Dromart. | Sebert, notaire, 45, rue st-andré-des-arts. payez impôts restants rue st-denis et impôts appartement lafayette, mettez-moi en règle. merci. — Dromart. | madame Courtigis, 10, hauteville. mettre drapeau anglais mon appartement si nécessaire, trouverez papier nationalité concierge Etienne. demandez autorisation ambassade. — Dromart. | Leconte, concierge, 374, rue st-denis. payez impôts restants maison et impôts lafayette. prenez argent locataires ou le vôtre. — Dromart. | Létalenet, 78, rue la roquette. santé bonne, argent reçu, Henriette gentille, très-inquiets de vous, écris-moi, prends vin. — Létalenet. | Désaugiers, 153, faubourg-poissonnière. Désaugiers, Duval, Archambaud, trois Ely, santé parfaite, sans prussiens. baby turbulent. reçoivent lettres, embrassent, attendent. — Désaugiers. | Gavet, 16, caumartin. reçu lettre, profondément affligés. pauvre Alfred! courage, ami! 20 décembre Gabriel bien. souvenirs. famille ici bien.— Dallemagne. | Doléant, 13, bernardins. st-valéry bien portante, sans danger. Lucie accouchée, rétablie, enfant mort. — Doléant. | Burel, 37, chabrol. tous bien, petit charmant, reçu lettre, envoyé argent novembre. famille Leudet bien. reçu argent, Gustave travaille.— A. Vieillot. | Guérard, 23, penthièvre. tous bien. Richard aussi. tranquilles à ingouville, recevons lettres.— Guérard. |

Neuilly-le-Réal, 18 janv.— Courtois, 38, rue bretagne, paris. nous bonne santé. votre silence nous attriste.— Picd. | Meckelenburg, 3, rue de grammont. santés parfaites chez nous et chez ton père. reçu quatre fois argent.— Eugénie Meckelenburg. |

Boussac, 19 janv.— Timmerman, gare nord, paris. boussac bonnes santés, bonne installation. rien changé ici, meilleures affections.— Mathilde Timmerman. |

Guéret, 20 janv.— Lebocq, 130, st-maur. fanny garçon, marie fille. lebocps, rondelets, torchons, bien portants. surveiller appartements, recevons lettres.— Victor. | Torchon, 19, jabob. tous à guéret bien portants, fanny garçon. dauphinois, bruxelles, équennes, guyot, coire, lebocqs, rondelets bien.— Gabrielle. |

Hâvre, 14 janv.— Blanquet, 34, faubourg st-martin. toujours hâvre, écris nous très-inquiètes. — Antoinette. | Devenne, 5, joquelet. monsieur, madame delalande et victor, ainsi que famille elbeuf, rouen, vont bien. victor toujours à elbeuf. — Farcis. | Desouches, 16, biragùe. hélène, maman fort tranquilles à rouen, jacques et famille vont bien, jacques suit cours lycée hâvre.— Farcis. | Sueur, 92, boulevard beaumarchais, paris. espère aurez enfin reçu nouvelles. nos filles parties 11 décembre pour southampton vont bien.— Masurier, | Dupin, 11, monthabor. bien portants, supportons courageusement épreuve, nous préservés, lucienne ravagée, adressez lettres lepicard chez osmont, banquier, dieppe.— Fizeaux. | Cléry, 19, neuve-coquenard. 18e dépêche. reçois lettres ballon, espérance, confiance.— Cléry. | abbé Franche, vicaire thomas-d'aquin. père, frères, sœurs bonne santé. rassure-toi. hâvre libre communique. embrasse famille, courage.— Huet. | Mlle Eudes, chez m. langlois, 52, rue petites-écuries, paris. nous avons eu bouleur de perdre maman le 14 janvier.— Beaufils. |

Françoise, chez Duboc, 55, lancry. allons bien, écrivez chaque jour.— Eugène. | Ferru, 103, rue faubourg st-denis, paris. allons tous bien, réponds.— Cossart. | Vitet Barbet, de jouy. avons eu désolation perdre georgina. vous écris constamment, dernière lettre vous 16 décembre, très-inquiets bombardement. écrivez.— Ancel. | madame Crussaire, 27, rue d'ulm, paris. prends mon appartement, fais ouvrir. léonie bien, pas reçu nouvelles toi.— Berkeley. | Auguste Bouchot, 113, boulevard sébastopol. dites robertine prendre mon appartement, faire ouvrir. léonie bien, sans nouvelles vous.— Berckeley. | Rozay, 203, rue st-martin, paris. famille va bien, paul réformé, alfred mobilisé est au hâvre.— Rozay. | Mercat, 16, parc-royal. tous ici, portons bien, reçu cartes, répondu questions.— Paul Bodereau. | Bergeon, 6, rue savoie. donnes nouvelles chez moi, voir mon fils, rien reçu, au besoin habite chez moi, réponse. — Beaufils. |

Tricot, 47, flandre. tous santé, accord parfaits. léon bureau état-major reçu lettres, actions, argent. lucien lycée.— Tricot, 6, protestants. | Bertaux, médecin, 130, st-lazare, paris. Paul, famille, bien, reçu cinq lettres, moi envoyé quatre. nouvelles aussitôt, courage. — Bertaux. | Maillard, 76, faubourg poissonnière, paris. lettres cartes reçues, répondues, employé tous moyens, portons bien, t'embrassons.— Maillard. | Virgile, 20, laffitte, paris. allons bien, reçu six lettres, donnez plus nouvelles. emma compte accoucher ces jours voudrait albert.— Henriette. | Jeanti, 33, rue de tanger. sucre rare et cher, antilles 53, base havane 38, sans affaires nouvelles.— Lallouette. | ros, 16, rue sourdière. prendre chez blais, mascrey, bois, charbon, beurre salé. faire poser rideaux chambre emma, santés bonnes.— Lalie. | Lombart, 75, avenue de choisy. cacao para 75 nouveau droit, pouvez verser pour moi à sommies raffineur soixante-neuf mille.— Lallouette. | Larocque, 56, rue de la victoire. famille en bonne santé. affaires presque nulles. cacao assez abondant, peu demandé, para 75.—Lallouette. | Houel, 15, rue école médecine, paris. allons bien, recevons lettres, savons bombardement. hâvre, 14 janvier.— Eyries.

Conan, 126, prince-eugène. reçois lettres 7 décembre envoyé 100 francs. toujours malade. embrasse — Paul. | Berny, 138, rue lafayette. sans argent, recevez loyers si pouvez, donne pouvoir, envoyé traite mille sur hâvre, écrivez souvent.— Senocal. | docteur Blanche, passy paris. excellentes nouvelles Jacques 1er janvier.—Lallemant. | Guyot, rue de la victoire, 75. paris. envoie moi nouvelles charles, lettre pour ton mari.— Caroline. |

Montpellier, 18 janv.— Daniel, rue notre-dame-des-victoires, 38. voulons pas laisser partir filles, attendons madame daniel. bonne santé.— Joullié. | Piétri, capitaine 45e mobile. portons bien. écris plus souvent. — Piétri. | Belouët, 200, faubourg st-denis. pérot, moi. employés jusqu'à fin guerre, excellentes conditions matérielles, santé, cinq dépêches envoyées, lettres reçues.— Belouët. | Antiq, 89, enfer. oui, tous bien. — Hennegny pour Lobjog. | Pierre Galibert, 45e garde mobile, 1re compagnie, 3e bataillon, 5e escouade. paris. tous portons bien, impossible envoyer argent.— Galibert. | Bégis, capitaine adjudant-major, 128e infanterie. recevons lettres. bébé très-bien, sommes montpellier. 27, rue maguelone. 10e dépêche. — Angèle. |

Marchand, 74, rue d'amsterdam. très-inquiète sur toi. écris montpellier, rigaud, grande rue, 29. suis plus chez père.— Rigaud. | Destampes, 56, haussmann. vos lettres reçues, pierre tous bien portants. théodose, charles, dorothéee, écrivez-moi chez achille durand, montpellier.—Beauregard. | Ploix, notaire. avez-vous reçu précédentes dépêches? vu votre famille à versailles bien portante 15 novembre. amitiés à tous.— Mens. | Oudin, crédit foncier. portons bien. avez courage. ernest conseille disposer appartement, provisions. baisers.— Marguerite. | Tollin, 17, drouot. père chéri, portons bien. t'aime toujours, soigne-toi bien, t'embrassons.— Henry. | Tollin, 17, drouot. bien portants, reçois lettres assez régulièrement. te conjure te soigner, pas partir, te conserver pour nous.— Aline. | docteur Benoit, rue linné, 33. benoit, cavalier, tous bien. rien nouveau ici. recevons tes lettres, écris souvent.— Benoit. |

Béziers, 18 janv.— Rigel, 32, marais. sœurs et nous bonne santé.— Klipffel. |

Saint-Pons, 18 janv.— Laterrière, émile, caporal 45e mobile de l'hérault, 1er bataillon, 1re compagnie, st-maur. santé parfaite, reçu une carte, une lettre, écris, emprunte argent.—Laterrière. |

Montagnac, 18 janv.— Cougras, bernard rue croissant, 10. reçu tes lettres, toute la famille porte bien.— Octave Congras. |

Clermont-l'hérault, 18 janv.— Lonjou, lieutenant 45e mobile, 2e bataillon, paris, st-maur. allons tous parfaitement, davimbrousse est remboursé. soigne-toi, emprunte bouissin, lettres parvenues régulièrement.— Bev. |

Lunel, 18 janv.— Lahille, adjudant-major 123e ligne paris. nous sommes à lunel, nous allons bien, j'attends avec confiance.— Lahille. | Bassaget, 48, place des victoires. mamet morte subitement 16 janvier, belette fut malade, maintenant guérie. andréa et famille bien.— Bassaget. |

Saint-André, 18 janv.— Roche, lieutenant, 45e régiment mobile, 2e bataillon hérault, parc st-maur, paris. donnez nouvelles arsène salze, marius rouquet, et autres montpeyroux.— Sanguinède, vicaire. |

Aix, 17 janv.— M. Castellan, 13, rue savoie. lettre reçue, louise et tous bien.— Castellan. | Mignet, 14, aumale. neuvième. sommes tous bien, aussi topin, aude, arnaud, reçu toutes lettres. pas mobilisé, félicitations philippe, quand évariste.— Michel. | Haas, 71, rue temple. tous ici bonne santé. enfants bien travaillent, tes lettres parviennent, alfred prisonnier magdebourg, sois tranquille.— Eugénie. | Arnaud, lieutenant 9e lanciers, avenue bosquet, 44. Marguerite tous bien, auguste à sétif, remercions m. mignet, famille michel bien.— Arnaud. |

Marseille, 18 janv.— Bloch, 4, montesquieu. 6e message, tous bien, encouragez maman.— Napoli. | Mlle Larnac, 9, rue université, paris. bien inquiète de vous, veuillez écrire, nous tous bien portants, sympathie profonde.— Gabrielle Prat. | Létang, 37, rue rodier. cherchez par tous moyens philippe seren, caporal, 1er zouaves. transmettez informations rue nicolas, 6, marseille. — Meilhac. | Michelis, 26, grange-batelière. sans nouvelles de vous et fortuné depuis lettre 20 déc. donnez-nous-en, tous bien ici.— Chailan. | Juliany, 62, boulevard sébastopol. prévenez Judith que bernadac à suttgard (poméramie) bonne santé, si permission quitter paris venez marseille. — Joseph. | Gérard, 57, rue de babylone, paris. portons bien, point nouvelles depuis 13 novembre, écris vite, assurément bien peinée, t'embrassons. - Clarisse. |

Lavastre, 37, lafayette. donne nouvelles famille et amis.— Béchet Gimon. | Comptoir escompte de paris. J'attends vos ordres, veuillez répondre aux soins de l'agence de marseille.— Choisy.—Denfert, officier d'ordonnance, 16e régiment de paris. salut cordial, écrivez-moi, soins agence marseille. voyons me Denfert.— Choisy. | Dépoli, 17, téhéran. enfants allaient bien 1er décembre, mère va bien. Je pars dimanche, adresse lettres pour moi rochefort.—Dépoli. | docteur Tripier, 6, rue louis-le-grand. prière nouvelles vous, mattez, lui ai télégraphié dix fois, écrivez poste restante marseille.— Rochebousseau. | Maunier, 62, boulevard malesherbes. reçu lettres. répondu chaque fois. santé bonne, 20e dépêche et ne reçois rien, mortelles inquiétudes.— Victoria. | Cazat, 11, rue blanche. engagement marseille tous bien portants, lettres reçues, préservez costumes.—Cazat. | Fedon, rue caire. sans lettre, caroit joséphine bien, voyez, répondez.—Agnet. |

Séligmann, 44, richer. tout monde reçoit lettre ballon, nous sommes privés divonne marseille tous bonne santé, faites savoir vidal.—Alphandery. | Pradel, rue des charbonniers, 5. Je pars, henry reste nous. allons bien, écris plus souvent — Léon Pradel. | Maquet, 24, place vendôme. enfants tous bien portants à douvres très-inquiets de vous, écrivez par tous les ballons.— Poittevin. | Berny, 11, joubert. tous bien, expliquez votre position, tremblons, avons expédié cent francs.— Berny Godrout. | Roux, 13, trévise. tous bien. — Emile Roux. | Charles Simian, 38, rue notre-dame-lorette, paris. marguerite accouchée garçon, albert, gabriel à lyon, andré moi marseille, tous santé excellente.— Simian. | Dorey, télégraphiste. serre main vous bar, héquet, hudot, anselmier, autres camarades. courage. — Gaillard. |

Chateau-Renard, 17 janv.— Valory, rue cherche-midi, 46, paris. bonne santé, suis inquiète.— Valory. |

Landivisiau, 18 janvier.— monsieur Réals, commandant, 4e bataillon mobiles finistère. vicomtesse Réals bien mais triste, enfants bien. Henri Rodelbe tué.— vicomtesse Réals. plouvorn. |

Lisieux, 16 janvier.— Guérin, 11, rue mazarine. rien reçu depuis naissance, sommes inquiets, répondu à six lettres, bonne santé. — Raviot. |

Aire-sur-la-lys, 16 janvier. — Lebleu, 38, bellechasse. rien nouveau, tous santé parfaite, tes lettres arrivent, aire sécurité.— Laure. |

Dol-de-Bretagne, 18 janvier. — Valessie, capitaine de frégate, 3e bataillon de fusiliers marins, division Pathuau. vais prendre commandement 64e marche cherbourg comme lieutenant-colonel, santé famille excellente. — Alfred Valessie. |

Betz.— Roche, 62, richelieu. lettre Danré reçue. may, plessis, beauval, lisy, hervillers, charny, chauconin, meaux, marcilly, desboves, michonne, cherbourg, santés bonnes.— Roche. |

Longué, 17 janvier. — Rivain, 82, folie-méricourt. André rit, Paul rennes, Eugène appelé, Charles exempté, Camille combat, fabriquons équipements. santé.— Marthe. |

Doullens, 14 janvier.— Jonquière, 88, boulevard st-germain. tranquille sur nous doullens. bombardement reste Morillot ou quartier dame-victoires. | Bratigny, 198, st-dominique-st-germain. paie foncier, fais chèque compte sept mille cinq cent cinquante-quatre, Edouard lille convalescent. — Ida Bratigny. |

Vire, 18 janvier. — Marette, architecte, 47, rue rome. surveiller auteuil, écrire sœur vire, famille bien, inquiets Charles. — Marie. | Simon, 14, suchet. empruntez Marette, rembourserai, possible restez maison, brûlez bois, départ prévenez Marette, confitures sur armoire, narbonne sûreté. — Perdrics. |

Houdain, 14 janvier. — Leygaud, 4, rue des batignollaises. Vaugeois décédé 31 décembre, scellés. — Baudinet. | Peltier, 86, rue cherche-midi. Vaugeois décédé 31 décembre, scellés. — Baudinet. |

Nice, 20 janvier.— Bauche, 29, rue buci. inquiètes, pas nouvelles depuis novembre, adresser genève même endroit, craignons tout, nouvelles plus souvent. — Dassier. | Herbel, 104, boulevard magenta. désirons ardemment des nouvelles de vous et Lalots, sommes tous ici. — Weld, villa francinelli, nice. | Worms, 5, rue scribe. pas nouvelles, désespérée. écris Pélissier envoyer argent. adresse place jardin-public, 1, nice. beaucoup chagrin. — Saëns. |

Étretat, 16 janvier. — Barbier, concierge, 204, faubourg-saint-martin. prière renseignements par ballon maison et domicile. — Faucheur. | Brasseur, 47, taitbout, paris portons bien, toujours étretat, reçu argent Guillaud-Dumoret, je reçois tes lettres, mille baisers.— Brasseur. | Monge, 41, martyrs. paris. 40e lettre ou dépêche. reçu lettre du 10 janvier, tous bonne santé, écrire souvent, tendresses. — Monge. | Lafouâsse, caisse dépôts et consignations, paris. Ménette, moi, portons bien. hôtel paix. écrivez donc. — Camille Isbert. | Cochard, 35, rue turin. moi bien étretat, écris-moi.— Cochard. | Picard, 29, rue boileau, auteuil. connais affreux malheur, suis désespérée, pauvre mari, écrivez vite. — Elisa. | monsieur Chouët, 3, rue de boulogne. nous allons bien, reçu mandat 5 janvier mais pas celui 25 novembre —Chouët. | Leveau, 20, quai mégisserie. reçu lettres quinze, écrivez souvent, réfugiez-vous maubeuge. — Morel. | Duvernoy, 15, faubourg-poissonnière. allons bien étretat, Lapostolet belgique. argent encore inutile. Rosine, Lucile, Henri, nantes. | Sauvaget, 61, rennes. habite chez moi pendant bombardement, enfants bien, 15 décembre dépêches pigeons sans réponse, écris étretat. — Charles Ebeling. |

La Souterraine, 20 janv. — Cazaud, 22, des fourneaux, paris. accouchée fille, tous bien portants, excepté émile. écris-moi souvent. — Hélène Cazaud. | Dutour, des fourneaux, 22, paris. bien portantes toutes, recevons lettres, aucune nouvelles papa depuis longtemps. — Narcisse Dutour. | Cazaud, boulevard montparnasse, 78. tous bien portants, sans nouvelles de toi, lettres justin parviennent. écris. — Barbe Cazaud. |

Villers-sur-mer, 18 janv. — Roche, 3, grammont. villers reçues lettres janvier. maurice superbe, treize dents, tous bien portants. — Roche. Bourgeois, 55, aboukir. portons bien, manquons rien, caron affaire importante avec constable arnold.— Bourgeois. | Boyling, chez Joly, passage saulnier, 15. vivant. prisonnier allemagne. mère, sœur portent bien.— Bourgeois. |

La Châtre, 21 janv. — Mme Blondeau, 56, rue jennes, paris. alphonse prisonnier. tous santé, beau-frère algérie, théophile artillerie. — Samithorues. |

Lisieux, 18 janv. — commandant 36e bataillon garde nationale. désire connaitre sort de fournier lieutenant. — Barni-Fournier. |

St-Omer, 16 janv. — Tardieu-Allard, gravilliers, 20, paris. St-omer tous bien, reçu 6 lettres. — Charles Tardieu. | Lucquin, boulevard sébastopol, 24, paris. la ferté, provins, st-omer. tous bien. — Hermance Tardieu. | Bigourd, rue serpente 11. nous portons tous bien. reçu lettres octobre et 9 janvier. — Ambroisine Peenaert. | Dupau, 60, rue des marais. toujours votre silence, pourquoi? — Charlier. | Pagozt, pépinière, 2. santés parfaites. pas prussiens, émile toujours à coutances. non mobilisé. vérificateur exempt. leclerc, intendance nantes. bien. — Gaddeblé. |

St-Benin-d'Azy, 20 janv. — Chavet, 35, avenue wagram. tous bien azy, cannes, aix, vichy. — Chavet. |

Bordeaux. — 22 janvier 1871.

Mèze, 21 janv. — Labaty, fourrier, caserne nicolas. allons bien. — Labaty. |

Mauléon-Soule, 21 janv. — docteur Riché, ministère marine, paris. tous bien à mauléon. — Paul. |

Béziers, 21 janv. — Maréchal, capitaine forestier, auteuil. tous parfaitement, famille guiflet aussi. — Alice. | Géraud, université, 16, paris. sommes béziers, tous bien. léon exempt. geneviève dents. — Angèle. |

Havre, 17 janv. — Robineau, 2, place voltaire. tous les vôtres parfaitement. excellents bulletins lycéens de vos fils, hier 16. — Monod. | Massienne, 14, beaune. répondu à lettres par quatre oui. — Foucault. | Ed. Fauconpré, 58 bis, chaussée-antin. reçu lettre 3 janvier, contente savoir bien portant. pas assez détails. écrire souvent. — Outin. | Ed. Fauconpré. 58 bis, chaussée-antin. monsieur outin content recevoir lettre. portons bien. courage. souvenir eugène. — Outin. | Ed. Fauconpré, 58 bis, chaussée-antin. merci vos renseignements suresnes, voyez passy, demandez argent madame reiset ou rochon. — Outin. | Lecacheux, mécanicien. 4, passage angoulême-du-temple. aimée, blanche, louise et nous tous nous portons toujours bien. — Lecacheux. | Périer, rue rivoli, 88, paris. reçu lettre 22 décembre, toute la famille va bien. — Périer. | Devilleneuve, de l'ambre, 43, paris. famille à londres va bien. écrire 1er bataillon, 2e compagnie légion de dieppe. havre. — Giffault, lieutenant. | Colné, boulevard sébastopol, 82. écris moi encore mansury, molay. nous allons bien, bonne espérance, encore vingt jours. patience. — Duchemin. |

Dieppe, 15 janv. — Paillard, 19, rue suresnes. faut-il vous attendre ou partir de suite. santé bonne, le moral bien malade, beaucoup. — Pellier. |

Beaumesnil, 16 janv. — Lechat, aux ours, 51. tous bonne santé. tranquilles, martin couture, lui écrire. lechat père malade variole. — Rouillon ainé. |

Le Guétin, 21 janv. — Gaston, ramey, 44. donne nouvelles de tous les parents, réponse à vierzon par ballon. santé satisfaisante, 21 janvier 1871. — Ibry. |

Caen, 16 janv. — Baradère, 49, lille, paris. tous parfaitement saint-gabriel. | Saint-Geniès, 11, cambacérès. reçois lettre du 4, merci. contente, vais bien, pierre parfaitement dantzig. richard aussi hambourg. — Caroline | Lebaudy, 18, molière, auteuil-paris. jacques très-malade, chérie morte, dépêches à julie non parvenues, si recevez, dites julie. — Lebaudy. | Schiller, 10, faubourg montmartre. tous bien portants, recevons presque pas lettres. virginie reçoit bonnes nouvelles waldvise, aucune paris. — Célestine. | Meyer, 5, rue aubriot. tous bien portants, presque sans lettres, bonnes nouvelles parents bruxelles, strasbourg. — Hippolyte. | Paoli, 93, maubeuge, paris. dépêches, lettres, cartes envoyées. père très-malade. autres bien tristes. — Lebaudy. | Maurice, 22, rue vienne. reçu lettre, sans nouvelle de ma famille depuis trois mois. — Silvain. | Désirée Vivier, 35, université, paris. vivier et ton père vont bien saint-gabriel. |

Saint-Quentin. — Vernier, quai saint-bernard. confirmons lettres et dépêches, désormais n'achetez rien, refusez tout rachat. — Robert. |

Orthez, 21 janv. — Hébrard, 90, saint-denis. orthez, dausse, tous bien. provisions, jambons, confits. espoir. — Hébrard. |

Bagnères-de-Bigorre, 22 janv. — Huber, 38, rue berlin. petits enfants, tous bien. — Robine, bagnères. |

Auray, 20 janv. — Sœur supérieure, 7, rue duguay-trouin, paris. vive part à vos peines, vos lettres reçues, suzanne bien à verneuil. — Tulasne. |

Valognes, 15 janv. — Durand, 18, scipion, paris. portons tous bien, reçu. — Durand. | Conty, 28, cléry paris. gaston à valognes va bien. |

Bordeaux. — Aignan, 7, saint-florentin. charlotte, enfants. paramé, chanceaux, charles hambourg. desvallières londres parfaitement. écrivez nouvelles houssaye, bibesco, familles, nos domestiques. — Marie. | Schneider, 7, saint-florentin. lieutenance impossible, conservons ambulance internationale château, envoie pouvoir notarié pour toucher poteaux. prends valeurs bureau louis. — Gilbert. |

Dinard, 18 janv. — Doré, 14, rue léonie. bien portantes, inquiètes, reçu 6 lettres, argent pour toi, monsieur duplan, jules bien, capitaine prisonnier. — Romain. | Brelay, 34, rue hauteville. toutes bien, retenu maison à jersey. écrivez toujours à dinard. — Edith, 18 janvier, dinard. | Jacques Darlincourt, 3, labruyère. ludovic avec moi, nous portons tous bien, remercions pour congé, très-satisfaits, mille tendresses collectives. — Louise. |

Paramé, 10 janv. — Janin, 14, boulevard italiens. tous bien portants, tranquilles. — C. Zachusdorf. |

Sourdeval, 17 janv. — Lepenteur, 21, rue de l'arbre-sec, paris. portons bien. écris-moi tous les jours lettres détaillées, sourdeval. — Lepenteur. | Raulin, rue jean-jacques-rousseau, 51, paris. portons bien, recevons lettres. — Raulin. |

Montauban-de-Bretagne, 18 janv. — Guyon, aubriot, 5. sommes inquiètes, écrivez-nous. — Souty, montauban. |

Moutiers-Tarentaise, 20 janv. — Desnoix, rue du temple, 22. reçu lettre 1er janvier, sommes toujours chez luppoz, tous bien portants, écris plus souvent. 20 janvier. — Hottot. |

Pont-Audemer, 15 janv. — Delahaye, mécanicien, rue saint-sébastien. 26, paris. écrivez par ballon. — Bernard. | Desvouges, 74, saint-sauveur. 15 janvier, recevons lettres, bien portants. — Henri. | Pigeon, 142, mouffetard. pigeon, lamarche, pont-audemer. fernet valognes, bonne santé. 14 janvier. |

Quimper, 20 janv. — M. de Lestanville, 332, rue saint-honoré. donne moi nouvelles, père, moi yvonne, bien, vois henry. mère bien. — Lestanville. | M. Huyon, médecin, rue château-d'eau, 100, paris. bonne santé. jules, toi écrivez longuement, plus souvent. soigne-toi. — Huyon. | M. Paul de Goy, sous-lieutenant artillerie, 9e compagnie ouvriers, au vieux fort de vincennes. familles de goy et bussy sont bien quimper, lorient. — de Goy. |

Lavoute-Chilhac, 18 janv. — Claude, capitaine adjudant-major au 126e de ligne, 2e armée, 1er corps, 3e division, paris. 8 lettres reçues, dernière 9 janvier, satisfaction, amitiés. — Claude. |

Salers, 20 janv. — Bleau, passage raoul, 1, paris. allons bien, douze lettres reçues, deux paris, faut-il davantage, écrire souvent, détaillez. — Bleau. |

Guingamp, 16 janv. — M. Boisvieux, saint-dominique-saint-germain, 84. parties de morlaix pour guingamp, pensionnaires à montbareil. bien portants. bébé marche, parle. écrire souvent. — Boisvieux. |

Ambert, 19 janv. — Planterose, taitbout, 80. tous parfaitement, courage, prière, conservez-vous. — Julie. |

Dongy, 19 janv. — M. Plocque, général de division, saint-georges, 41. planchard, thomas, debande, tous châtres tranquilles, bien portants. — Planchard. |

Chambéry, 20 janv. — Villentroy, rue saussaies, 108. 2e dépêche, bourbon, marie, allons bien. angèle épouse albert siere. navrés bombardement. — Mulsant. | Amiral Parseval, 11, rue penthièvre, paris. tous bien, reçu lettres, tristesse. — Elisabeth. |

Villers-s.-mer, 16 janv. — Oninus, 9, rue lille. bonnes nouvelles chez vous. envoyez moi lettres, ferai parvenir alsace, demandez adresse à Cranney. — Scheffter. | Huss, 25, trudaine, paris. consommez toutes provisions des armoires avec darcy et cranney, prenez vin dans la cave. — Scheffter. | Guidon, 34, boulevard sébastopol, paris. portons bien, avons argent, mercklein, vincent, recevons lettres, brossier, sœur annette, folies-méricourt, 103. — Guidon. | Sarcey, tour-d'auvergne, 21. 16 janvier. portons bien, reçu argent et lettres, manquons rien. — Sarcey. | Mme Thérèse, 86, sèvres. bombardement inquiète, désirent nouvelles, mesdames charles, thérèse, jean-baptiste, mother. cregg villers-sur-mer. — Daly Rousseau. | M. Rofillon, 30, alain-chartier. inquiets bombardement, montroud, bagnols, joseph laval, védiyé est, tous bien portants, tranquilles, écrivez villers. — Rousseau. | Vanauld, 11, turbigo. 16 janvier, portons bien, manquons rien, reçu argent et vos lettres. — Vanauld. | Mlle Hanly, 86, sèvres. tous bien portants à ardavon. — Hauley. |

Arnay-le-Duc, 16 janv. — Jules Grojean, poste restante. reçu lettre noël, dito madame clouet, sommes tranquilles, mais inquiets de vous. — Grojean. |

Dôle-du-Jura, 19 janv. — Perrenot, maison Jardin, rue grand-chantier, 7. bonne santé. georges engagé 9 novembre. paierai dettes. reçu lettre 12 décembre. — Perrenot. |

Vuillafous, 18 janv. — Fodéré, rue vanneau, 37. santé bonne, inquiet pour vous, écrivez-moi. — Perrenet. | Levret, 83, faubourg saint-honoré. familles bien portantes. — Levret, vuillefaus. |

Villefranche, 21 janv. — Souhart, 10, rue charles cinq. sylvain est à sa mine, allons tous bien. — Marie. |

Dijon, 17 janv. — Morel, imprimerie nationale. morel. victorine. metiuan, dijon, langres, mayence, tous bien. — Morel. | Jacquin, boulevard d'enfer, 11. nous portons bien, reçu ta lettre, tranquille, t'embrasse, mère. — veuve Jacquin. | Shannon, rue nollet, 6. allons bien, lettres novembre reçues, écrivez. — Aigois. | Mazier, rue rochechouard, 15. nous allons parfaitement, écrivez. — Petrucci. |

Uzès, 19 janvier. — de Partier, place palais-bourbon, 8. lettres reçues, allons bien, attendons nouvelles. — Ferrand-Demissol. | Mme Vidal, cité des bains, boulevard rochechouard, 14, paris. donne nouvelle. — Vidal. |

Vigan, 19 janv. — Unal, 12, rue turbigo. tous bien, écrivez perry châteauroux. — Beaumier. | Deplaye, rue seine, 6. travaillons modérément, papiers noirs, pierres rien, allons bien, courage, bon espoir. — Jullien. |

Calvisson, 19 janv. — Auguste Michel, boulevard beaumarchais, 20. je reçois tes lettres, les enfants se portent bien, la famille aussi. — Gilly. |

Nîmes, 19 janv. — Beudin, 14, rue monceau. noély va de même, enfants superbes, marseille bien. recevons vos lettres, huile dans ma cave. — Beudin. | Dupuy, photographe, vivienne, 7. reçu lettre 1er janv. santé bonne. — Roussy. | Lan, 12, auber. 4e pigeon. reçu lettres, tous bien lycée, cours. répétitions musique, antoine mort, nous rien, écrivons. — Bordarier. | Léotard, notre-dame-de-lorette, 7, paris. nîmes, vannes, parents, amis, tous parfaitement, vos lettres reçues. province agit. — Ernest. |

Nîmes, 18 janv. — Vidal Antoine, infirmier, ambulance sénat. toi malade? réponse, nîmes. — Vidal-Delacourt. | Angé, 54, faubourg saint-honoré. sans nouvelles. bonne santé, amitiés. | Marie Josselin. | Gabert, 16, crussol. allons tous bien, sans nouvelles, inquiets de vous, écrivez souvent. — Guérin. | Charles Martin, employé au bureau central du télégraphe, 103, grenelle-saint-germain. sans nouvelles, inquiets, allons bien. — Dhours. | Bressou, rue vaugirard, 48. manduel calme, santés bonnes, recevons lettres, roux. — L. Gevaudan. | Washington Vidal, neuve-saint-augustin, 8. sommes bien, recevons tes lettres, espérons. — Alida Vidal. | Laussu, major, 29e, caserne nouvelle-france. santé parfaite, frère promu, reçois lettres. adresse : campagne saguier, saint-césaire, près nîmes. — Hélène. | Azaïs, médecin-major, hôpital alfort. recevons tes lettres, allons tous bien. — Azaïs. |

Ribérac, 20 janv. — Beuzeville, 46, mouffetard. allons bien, reçu lettre, écrivez souvent. — Comte. | M. Zedde, 39, rue trévise. comment vas-tu? de suite de tes nouvelles, as tu reçu télégrammes? — Cornet. |

Cahors, 20 janv. — Dufour, 12, rond-point, champs-élysées. cahors, 20 janvier. tous bonne santé, écrivons souvent, bonnes nouvelles du vivier, reçois tendresses. — Léonie Dufour. |

Figeac, 20 janv. — Emile Lion, rue maubeuge, 23. reçu lettre 1er an, portons bien, tardieux aussi, envoyé 2 dépêches pigeons, bon espoir. — Olivier. |

Ploermel, 17 janv. — Marie Gey, 189, rue saint-honoré, donne nouvelles, chagrin, rien reçu de toi. demeure au cercle à ploermel. — Fanny Labat. | Kérauflech, lieutenant, 4e bataillon, mobile côtes-du-nord, neuilly-sur-Seine. mère, enfants, gabriel, rogatien bien. humbert tombé mans. — Keranflech. |

Saint-Etienne, 15 janv. — Roland, 6, accacias, montmartre. envoyé cent francs. encore répondre. carte répondue. — Roland. | Gontagnieux, 28, rue ramey, montmartre. sans nouvelles depuis blocus. inquiets, écrivez vite. allons bien. — Souchon. |

Redon, 17 janv. — Bourdel, 3, rue hâvre. mère, enfants, nièces, henri, habitons redon, bien portants. transmettre nouvelles gustave. Lemaire, 5, rue suger. — Bourdel. |

St-Florent-s.-mer, 16 janv. — Mlle Lapointe, rue des enfants-rouges, 7. santé bonne, recevons lettres, écrivez-moi. — Cocret. |

Charenton-du-Cher, 16 janv. — Louis Bollard, fort charenton. santé bonne. écris-moi. — Bollard. |

Villefranche-d'Allier. — Jourdain, avocat, 22, quatre-fils. mère, famille toujours même. reçu toutes lettres, écris lettres, dépêches dix. oncle resté orléans. — Janvier. |

Couché, 17 janv. — Maire, 9, rue de seine, paris. portons tous bien, edmond prisonnier dusson. étienne père entièrement rétabli. — Appert aîné. |

Saint-Lambert-du-Lattay, 17 janv. — Massignon, 4, perrault. très-bien, pays tranquille, écris jean, lettres 12 janvier. |

Le Mas-d'Azil, 18 janvier. — Lourde, colonel, place vendôme. allons bien, tranquilles. — H. Lourde. |

Sancerre, 15 janv. — Robert, 17, rue odéon. allons tous bien, écrivez souvent. — Robert. |

Ussel-sur-Sarsonne, 17 janv. — Card, 44, fontaine-molière. rien reçu clovis depuis 16 décembre. inquiet, écris ussel (corrèze) recevrai, portons bien, embrassons clovis, toi. — Boucher. |

Brest-Recouvrance, 16 janv. — Fontanelle, commis ministère marine. tous bien, bonnes nouvelles, jules, victor croisière reçu cinq lettres ballon, grand espoir. — Legoïc. |

Gaillac-d'Aveyron, 16 janv. — Clare, 86, rue d'amsterdam. restée deux mois sans nouvelles, reçu dernière fin décembre. bonne santé bessodes, désolés bombardement, écrivez souvent. — Gambert. |

Libourne, 20 janvier. — Chalendar, 14, rue mayet. Edmond prisonnier bonn. — Chaperon. |

Libourne, 21 janvier. — Chalendar, 14, rue mayet. Edmond prisonnier bonn. — Chaperon. |

Agen, 21 janvier. — Delamare, capitaine, 8e bataillon, 1re compagnie, mobiles seine. sans nouvelles, inquiets, écris tous ballons, blanche succombé, autres santés bonnes. — Lucy. |

Hyères, 18 janvier. — Jouassain, comédie-française. envoyer nouvelles toi, jules, auguste. — Larade. | Ferrenoire, 18, boulevard saint-michel. accouchée heureusement splendide fille. indifférence inqualifiable. reçu deux lettres seulement, écrire chaque ballon nous tranquilliser. — Saulnier. |

La seyne, 18 janvier. — monsieur Esnault, 153, rue crimée, la villette. votre dernière 25 octobre, émile 11 janvier. ernest officier, tous bien. — Chaume. |

Toulon, 19 janvier. — Lébre, médecin. 4e régiment infanterie marine, charenton-le-pont. famille bonne santé. — Lébre. |

Castres, 20 janvier. — comte Larret, 41, faubourg-st-honoré. tes lettres arrivent, argent pas arrivé, suis remontée, tous bien, t'embrassons, je t'aime. — Larret. |

St-amans-soult, 20 janvier. — colonel Reille, 10, boulevard latour-maubourg. amis, enfants, nous, tous, bien. envoie nouvelles et adresse de palleville. — baronne Reille. |

Rabastens, 20 janvier. | Favarel, avocat, 12, st-hyacinthe-st-honoré. lettres reçues, tous santé parfaite, Henri procureur saint-gaudens, Ernest Compayré successeur de Sagnes. — Isidore Favarel. |

Chambéry, 19 janvier. — Montagnole, télégraphiste, 24, bertrand. lettres reçues, avons envoyé deux dépêches, portons bien, courage. — Montagnole. |

Arbois, 19 janvier. — Levieux, 8, mandar. santé bonne, reçu vos lettres, sommes Sellières jusqu'à paix, écrivez toujours, département pas envahi. — Prost. |

Salins, 19 janvier. — madame Bresard, 4 bis, cherche-midi. Père, sœur, charles, jeanne, joseph, tous allons bien. lu lettre pauline 28 décembre. courage. — Meyer. |

Sallancher, 18 janvier. — monsieur Lefebvre, 14, rue du temple, paris. Cécile, Dumesnil et nous, tous bien portants. reçu dix-huit cents. — Giguet. |

St-Flour, 18 janvier. — Péchaud, 15, rue sèvres. tous allons bien. Louis st-flour depuis septembre, sage. recevons vos lettres. — Péchaud. | Molumar, 9, rue nationale, 13e arrondissement, paris. portons bien, recevons lettres, Castanier ici, jean exempt. — Dufour. | Mangel, 103, rue legendre, batignolles, paris. nous sommes saint-flour. — Mangel. |

Le puy, 18 janvier. — Brissac, 8, boulevard bonne-nouvelle. envoyez nouvelles. arrivé tours depuis huit jours puy, boulevard st-louis, 12. écrivez à Trichaud. — Portal. |

Châteauroux, 19 janvier. — Pénicaud-Haude, 23, jeûneurs, paris. écris souvent, Fernand mort, Enraud maladie, Albert reste ici, limoges santés bonnes, Dutilleul garçon, écrivez. — Dupuytrem. | Parceint, 6, rue des vosges. enfants en sûreté écueillé vont magnifiquement, famille aussi. — Jules Goubeau. | Gomier, 98, st-dominique. reçu lettres, mère et moi allons bien, amitiés. — Groslier, châteauroux (gare). |

Buzançais, 19 janvier. — Bertrand, 12, boulevard sébastopol. Guilgault était vitry, nouvelles Nayda buzançais. — Guilgault. |

---

99. Pour copie conforme :

l'Inspecteur,

Bordeaux, — 22 janvier 1871.

Montauban, 16 jan. —Mercier, 20, rue marché, passy-paris. 6e dépêche montauban. très-inquiètes. sans lettres depuis 1er déc. écrivez tous ballon. — Alix. | Durier, 1, méhul. allons tous bien.— Lucie. | benazé, 1, méhul. martial Yonne transport cherbourg. enfants tous bien. — Aline. Anglas, 34, penthièvre. lettre du 10 arrivée. santé toujours parfaite. marie grande et belle. — Bergis. |

Menton, 13 jan.—Lafontaine, 14, Jean-Jacques-Rousseau. famille à menton, albert a pas écrit depuis novembre. inquiets. merci de la lettre de décembre.—Pigoory. |

Nice, 14 jan. —Michel, 30, bondy. six dépêches non parvenues, très-inquiète camille, alfred, écrivez nice.—Stéphane. | baronne Rothschild, rue laffitte, paris. suis à nice, télégraphie constamment reçu beaucoup de lettres. inquiétudes extrêmes, tendresses toi James.—Charlotte. | Rothschild, 33, faubourg st-honoré, paris. suis à nice, pensées et vœux avec toi. tendresses infinies pour toi et maman.—charlotte. | Fonte, 28, véron, montmartre paris. nice restante.—Lottier. | Samson, 72, rivoli. écrivez plus souvent, courage.—Arthur. | Lombard, 65, rue du bac. allons bien tous quatre, embrassons tendrement, vos lettres notre seule jouissance.—Guibert. | Rosset, 61, boulevard haussmann. quitterai nice semaine prochaine pour italie, santé parfaite. lefort peut habiter mon appartement avec famille. — Rosset. |

Perpignan, 15 jan. — Villacèque livonge, 49, quai bercy. déposés fonds recouvrés chez durand ou autre banque sûre. votre famille va bien. — Berge saisset. | Almés, lieutenant 9e lanciers, paris. nous allons tous bien.—Almés. | Saisset, 52, dames batignolles. prends 500 francs chez durand.—Saisset. | Kesseler, 23, cendriers, ménilmontant. 7e dépêche, soyez amis les trois, soyez mutuellement, vous exposez pas. reçu lettres.—Céleste. |

Annecy, 14 jan. — Pignarre, 167, st-martin. baratta, décédé, comment vont enfants, mère, filles. sortir pailles lambert, évitez accidents.—Pignarre.

Toulouse, 15 jan. — Brouilhet, capitaine 126e ligne, 14e corps. parents bonne santé, recevons lettres, bébé supportable, attendu impatiemment vif désir te revoir.—Blanche. | Cayre, lieutenant, 5, Jean goujon. reçu lettre du 11, heureux de ta joie tous bien portants sauf pére dubor.—Gabriel. | Graves, 15, clavet. reçu 5 lettres, répondre si argent manque, crois pouvoir vous procurer.—Graves. | Lasvignes, génie, 1er corps, 2e armée. père, mère allons tous bien. donne ton adresse dévorée inquiétude, confiance espoir.—Marie Lasvignes. | Constans, 11, rue verneuil. reçu 6 lettres. écrivez encore inquiets mais bien portants. victor part pas fournisseur armée. — Marie. | Jules Beau, 60, sébastopol. reçu toutes lettres, santé meilleure grande inquiétude raisons majeures pour toulouse. tristesse 7e dépêche. — Derieux. | Lefranc, 29, entrepreneurs grenelle. sécurité évry. qui fait partie bataillon marche. donnez détails sur lasne, famille, maisons depuis bombardement.—Lefranc. |

Cazères-s.-garonne, 14 jan. — Marestaing. 35, boulevar dcapucines. à mauran tout va bien. — Marestaing. |

Saint-Etienne, 14 jan.—Filhon, 13, saint-quentin. Je reçois lettres dabel qui va toujours bien. —Portallier. |

Rive-de-Gier, 14 Jan.—Cachet, 4, rue payenne, troisième dépêche, allons tous bien. — Lacombe. |

Mâcon, 15 Jan. — Katz, chez Woog, boulevard sébastopol, 42, préviens frères, maman malheureusement décédée, sans souffrances, 24 novembre. reste va bien. — Woog. | Parseval, chef de bataillon 119e de ligne. tous bien. frédéric chef état-major, 2e division, 24e corps. armée Est. écrivons souvent pierreclos.—Georges. |

Valence. 15 jan.—Clary, 5, rue filles-dieu. reçu dernière lettre allons tous bien.—Victorine Clary. | madame Defroidefond, 28, Joubert. Roger frères, sœurs santés bonnes. Jean valence, bien portant, dire raoul recevons lettres.—Desieyes. |

Crest, 15 Jan.—monsieur Léonard, 244, boulevard st-germain. paris. sidonie, marie, mère, cousine, pascal, gilbert, Jeanne, bonne santé consolez-vous.—Sidonie léonard granc. |

Villeneuve-de-berg, 15 Jan.—Barruel, télégraphie paris. hermann, armée bourbaki. henri Oran. léon bien. allons tous parfaitement.— Barruel. |

Tours, 14 jan. — Ponsinet, 33, joubert. reçu lettre. toujours tours. vais bien. très-inquiet pour vous. écrivez. embrasse. — Félix. | M. Perdrier, 3, port bercy. allons tous bien toujours angé, reçu lettre du 16. du courage. écrire souvent. — Alphonsine. | Ronneaux, 3, rue thorigny. 1er novembre, tous parfaite santé sont partis pour nantes chez baudin chapelier 10, quai hôpital. — Viollet. | Marchant, 8, rue st-arnaud. lessay. allons bien, tranquilles, besoin de rien, inquiets pour vous, maurice mieux conserve pied. — Talandier. | Zimmerman, 4, place nouvel opéra. santé excellente, désolé séparation, immense affection, anxieux sur vous, reçois rares lettres. edme bien. — Zimmerman. | Wild, 45, rue blanche. tout triste, vous plaignons. henri prisonnier, montlivaut bien. écrivez. — Devonne. | Destailleur, 11, passage sainte-marie. cécile boulogne, 6, impasse pipots. ivau cologne tous bien, frère henri prisonnier. — Devonne, | Rommetin, 194, faubourg-st-martin. reçu lettre marie, sœur fait visite, tous bonne santé. — Ligué. | Ligué, 6, rue strasbourg. tourmentées, écrivez souvent, écrit voie indiquée. employons tous moyens, soupirons prochaine réunion, toutes bien portantes. — Ligué. |

Gabriel, ambulance, 58, rue glacière, paris. femme et famille tons bien portants. — Boissimon. | Thimothée, 40, rue saint-maur, paris. petite fille, tous bien portants, écrivez. — Dargouge. | Demoucheron, 21, rue bruxelles, paris, 3 janvier lidoinière intacte, précautions prises. allons bien madame delanauze, aussi inquiets, écrivez promptement.— Boissimon. | Hubert, 12, neuve-st-merri. père, enfants bien mère toujours même, tours tranquille, argent pas besoin. — Barbeau. | Lavigne-Desbordes, 22, valmore, passy-paris. 14 jan. tours sans ennemis, bonne santé. enfants studieux. embrassements. — Lavigne. | Duchesne, 11, rue de berlin. reçu lettres. désirons de vos nouvelles, très-inquiètes. mon père melun. — Fontaine. | Follet, 10, l'écluse. écris-moi tours nouvelles de tous.— Léonce. |

Chinon, 14 jan. — Philéas martin, 56, boulevard saint-michel, paris. allons tous bien. recevons tes lettres, écris-nous souvent. maintenant georges pas parti. — Martin. |

Tours, 15 jan. — Biara, 40, roi de sicile. écrivez souvent longues, longues lettres. suis à tours. je vous embrasse tous comme je vous aime. — Victor. | Madame Buzenac, 112, boulevard clichy, paris-montmartre. amboise, écrivez-moi. sans lettres depuis 16 novembre, nos santés toutes bonnes. — Femme Salvia. | Mademoiselle Viollet, 88, bonaparte. prière écrire vite tours, rue symphorien, qui bombardé, détails mère chamon affectueux remerciments, patronage pauvres. — Villoquier. | Chauvin, 8, ulm. très-inquiète. obus ont-ils atteint? écrivez vite, je reçois toutes vos lettres. — Maria Richelieu. | Viron, bac, 7, passage sainte-marie. reçu ta lettre du 1er. en santé. réécris-moi. — Viron.

Chinon, 15 jan. — Deschamps, 27, baudin, paris. portons très-bien. — Deschamps. |

Dunkerque, 12 jan. — Herbart, 57, rue harpe. allons bien, reçu cinq lettres. amitiés. — Herbart. |

Lille, 12 jan, — Delval, 14, cléry, paris. tous bonne santé. — Maria. |

Mézières, 17 jan. — Serpaggi, 88, faubourg-st-honoré, paris. envoyé plusieurs dépêches, grande inquiétude. écris souvent à mézières. santé bonne.— Serpaggi. | Lesieur, 34, rue du colysée, paris. pourquoi pas nouvelles par ballon. très-inquiet. — Lesieur. |

Dieppe, 12 jan. — Sauvage, 35, rue pompe, passy. tous bien portants, legouez également. — Sauvage. |

Dijon, 16 jan. — Courcelle, 68, boulevard malesherbes. écris vite détails sans réserve sur louis, alfred, jules otages, bien portants. laine intact.—Drevon. |

Lons-le-Saunier, 17 jan. — Genevoix, 15, rue enghien. portons bien, célinie souffrante, vous aimons bien, gustave armée Est, France debout admire, espérance, efforts. — Génevoix. | Grégoire, 25, place Vendôme. prière demander ami gout reconnaissance 800 francs dus. réponse fleux chevalerie. — Gandelin, | Deveaureix, 7, bleue. donne-moi nouvelles. allons tous bien. — Isabelle Martinet. | Sladamard, 14, bleue. reçu lettre 9, famille bien portante léon aussi, louis sous-lieutenant, voyez boris, lui demandons lettre. — Boris. |

· Salins, 17 jan. — Poinot, 16, rue latour-d'auvergne, paris. reçu votre lettre, voyez mon domicile, faites le nécessaire. écrivez-moi à salins. — Pelletier. |

Mâcon, 16 jan. — Leguey, lieutenant gendarmerie au louvre. reçu lettres, portons bien, triste. — Leguey. |

Autun, 16 jan. — Croizier, sous-lieutenant 13e régiment de marche, 1er bataillon, 7e compagnie. toutes tes lettres reçues, continue, portons tous bien. — Croizier. |

Alais, 17 jan. — Crouzat-Pouget, 11, dargout. lettre reçue janvier. santé passable. édouard mans 10 janvier. — Sophie. |

Flers-de-l'orne, 11 jan. — Madeline, 17, béranger. portons bien. — Madeline. |

Anisy-le-château, 8 jan. — Marguerite, rue amelot, 100. Ercel, 7 janvier, tout va bien. — Paul. |

Monaco, 16 jan. — Bourlier, 203, rue saint-honoré. reçu lettre. t'embrassons et émile. écris-nous, adresse de ta femme. courage.—Moireau. |

Le Guétin, 15 jan. — Geminard, palais-bourbon, 6. merci. embrasse tendrement. bien portant. reçois lettres, tranquille, manger confiture, cave vin, sucre, thé, écrire souvent, envoyé lettres. — Leurquin. |

Calais, 11 jan. — Dechirot, 8 bis, cardinal-fesch, paris. partons londres, écris chez hassell. tous bien, courage. — Dechirot. |

Saint-quentin. 10 jan. — Vernier, quai saint-bernard. confirmons huit lettres, trois dépêches disant : désormais n'acceptez aucun rachat sur nous. n'achetez rien. — Robert. |

Argenton-sur-creuse, 15 jan. — Genty, rue guénégaud, 8. portons bien, mais inquiets, écrivez immédiatement. — Michaut. |

Cette, 16 jan. — concierge, 334, rue saint-honoré, paris. envoyez par ballon à demoiselle magnant, gare midi, cette (hérault), nouvelles de rémy fils. |

Clion, 15 jan. — Métivier, 15, rue du petit-pont. bien portants, reçu lettres. — Métivier. |

La Neuville-en-Hez, 9 jan. — Boudico, rue butte-chaumont, paris. tous ici tranquilles, bien portants. — Vve Boudico. |

Ancizan, 14 jan. — Malteste, imprimeur. sommes inquiets de vous. mettez en sûreté mobilier, resté à Fontenay. — Fourcade. |

Riom, 14 jan. — Pronder, 10, rue montmartre. votre famille quitté riom, arrivée villeneuve. santé parfaite. embrasse père, reçu lettre, écrire villeneuve, souvent. — Gautier. |

Beauvais, 7 jan. — monsieur Jungfleisch, 27, faubourg saint-antoine, paris. nous villers. henri, hombourg. tante, mennecy. clément, mobile lille. tous bien. — Tourneur. |

Bénivert, 14 jan. — Jabely, 12, avenue grande armée. nina, marche. moi enceinte. allons bien. écris plus souvent. embrasse toi et pauvre Julie. — Jabely. |

Castres, 16 jan. — Fil gaston, lieutenant, 7e régiment mobiles du tarn. tous bien portants, pars demain armée bourbaki, où est mouillac? — Fil Armand. |

Alais, 16 jan. — Cambis, vaugirard, 50. nouvel essai. salindres bien, inquiétudes, valérie, marguerite, éprouvées, petit superbe. charles armée bourbaki. reçu treize billets. — Zoé Cambis. |

Menetou-Salon, 15 jan. — comte Greffulhe, 10, astorg, paris. santés bonnes, merci pour lettres. — comtesse Greffulhe. |

Saint-Gaudens, 16 jan. — Fontan, rue saints-pères, 40. allons tous bien, aucune nouvelle de toi. — Pech. |

Villedieu.—Mme Georges Picot, rue pigalle, 32, paris. enfants tous bien, à vous de cœur. — Adélaïde. |

Levroux, 16 jan. — Docteur Besnier, 75, rue la victoire. Sinha, bébé, tous bien portants, hôtel suède, bruxelles. carlinhos mort, dieppe, 11 novembre. — Besnier. |

Nantes, 17 jan. — Grosse, 39, des dames batignolles. portons bien, inquiets sans nouvelles, écrivez. — Criquebeuf. | Leviel, 3, hauteville. enfants premières, famille bonne santé, déménage nous, victorine. ouvre tout, linge, hardes, sommier tante, petits objets. — Calle. | Poujaud, 64, rivoli. deux mois sans vos nouvelles, fils et nous bien portants. — Duplessy. | Georges Bourgoin, artillerie mobile de nantes, campée villette. reçu tes lettres, tous bien portants, émile sédentaire, écris. — Bourgoin. | Georges Beauchamp, phare du trocadéro, paris. père, mère, frères, sœurs, tous bien. — Beauchamp, nantes. | Allaire, rue faubourg saint-honoré, 240. toutes bien portantes. — Odiot. | monsieur Dubochet, faubourg poissonnière, 175. prière de faire quitter passy à famille hélie bien inquiète, amitié. — Marie Dautremont. | monsieur Faustin hélie, rue singer, 13, passy-paris. meurs d'inquiétude de vous savoir à passy, écrivez. — Dautremont. 16 janvier. | Marot Darcet, 14, batignolles, montrez mainfroy mère, quatre panoramas, écrire fille nantes. — Zéline. | M. Alexandre, rue moineaux, 22, bien portante. — Sermoise. |

Bomsel, 16, boulevard prince-eugène, paris. inquiète, reçu une seule lettre, les autres reçoivent beaucoup, écris immédiatement, santés bonnes. — Cécile. | monsieur Carlot, 16. rue lesueur. bonne santé tous. — Martineau. | Meslier, rue sentier, 19. poulain, albert avec mère, rhoné, azain, tous bien, écrivons tous moyens imaginables, dépêche vingt-cinq. — Poulain. | Marot, interne, beaujon. écris directement nantes, chemin coudray douze frères au lycée bien portants, moi, souffrante, inquiète. — Zéline Marot. | Bardin, 37, rue aboukir. porte bien, reçois tes lettres, mangis, troyes bonne santé au 30 décembre. — Dupont. | Daert, 19, quai bourbon. parents, moi, allons bien, reçois tes lettres. — Barabant. | Galon, 7, rue le tort montmartre, chercher dépêche aubert. — Boudier. | Boudier, 7, auber. tous bien portants, sommes maintenant à nantes, 6, boulevard delorme. dites albert écrire son adresse. — Boudier. | monsieur Husson, 111, boulevart sébastopol, paris. porte bien, écrivez par tous les ballons. — Husson. | M. Hadol, 66, faubourg poissonnière, paris. écris par ballon.—Husson. | Millet, 22, vivienne. tous bonne santé. tourmentée mais raisonnable, sois prudent, crois, émile, blessé. réponds. — Millet. | Bareau, chef section gare orléans paris, santé bonne, reçu vos lettres. — Anna Bareau. | Pouzin, 5, poitiers. tous bien, lettres reçues, argent suffisant. amitié espoir. — Lise Pouzin. | Lebœuf, cloître saint-méry, 6, paris. famille Joyau Noguet bien. nouvelles 10 janvier, famille antoine très bien. — Hippolyte. | Olivier, rue louvain, belleville, paris. sommes tous bien, henri va collège, édouard remarié, manque lettres depuis décembre, suis inquiète. — Olivier. | Saintvel, 62, rue lafayette. maman. lise morte 11 décembre. nièces retournent martinique. armand parti lieutenant pour carentan. tous bien. — Saintvel. | Gaston Maux, mobiles loire-inférieure. artillerie première batterie. bastion 28, paris. reçu tes lettres, familles maux, lemaistre, rapin, mainguy, bien. — Maux. | Douaud, rue baudin, 8, paris. portons bien tous, avons écrit bien des lettres, reçu les tiennes, mais sans mandats. — Douaud. | Brun, 27, rue des jeûneurs. nous, nono, anna, tous bien. — Thérèse. | Raly, rue ourcq, villette. bien portants, recevons lettres, envoyons lettres et dépêches toujours. — Sarres. |

Villers, capitaine, 118e ligne, armée Ducrot. envoyons tendresses, allons bien, recevons lettres gaston sédentaire, sara, bébé, bien. 16 janvier, blois. — Villers. | Joly, 9, mogador, prenez provisions rue victoire. donnez appartement aux amis, anaïs, berthe, enfants, vont bien. mallet bien, poissy. — Joly. | Sée, banquier, 17, rue bleue. payez à marcel maillard avocat, 52, rue bonaparte, cinq cents francs. — Briou. | Sée, banquier, 17, rue bleue. envoyez ordre briou, par moyens que voudrez, cent mille francs. marie peytel bien. — Briou, | monsieur Déotte, rue guy la brosse, 2. bonne santé, écrivez à nantes, basse

Bordeaux. — 22 janvier 1871.

grande rue. 38. — Déotte. | Mme Degrusse, 7, rue gerbert. vaugirard, paris. tous bien portants, courage, patientez. — Talot. | Supérieure générale, rue du bac, sœurs vincent de paul. envoyez nouvelles thérèse monnier, sa famille bien. — Vve Monnier. | Coicaud, rue choiseul, 4, portons bien, pas lettres depuis deux mois, nouvelles t'en supplie. — Gâche. | Albert Cléry, 31. sans nouvelles depuis 22 novembre, grande inquiétude, écrivez nouvelles de tous. — Oriolle. |

Henry Marchand, 12, rue de douai. henriette a neuf semaines, tous parfaitement portants, eudels aussi, répondons constamment, paul habite vannes. — Louise. | Barantin, 32, rue notre-dame-des-victoires, paris. tous santé bonne, dernière lettre 15 décembre. blanche bonneville. — E. Desplechin, chantenay-sur-loire. | Chabaud, 46, malakoff, paris. prenez possession bienfaisance clef propriétaire, surveillez malesherbes. nantes, 14, fosse. — Nunès. | Tuyon, 8, rougemont, paris. prenez possession bienfaisance clef propriétaire, surveillez malesherbes. nunés parti, fosse, 14, nantes. — Nunès. | Legrand, gardien batterie, fort nogent. inquiète, pas de nouvelles depuis deux mois. bien portante, à nantes avec les thubé. — Agathe. | Simon, 26, rue saint-martin. allons bien mais inquiets de vous, écrivez-nous donc, avons et ayez courage et espoir. — Biltz. | Simon, 9, rue turbigo. excellente santé, jacob venu ici, reparti marseille, maman courageuse, versement opéré. avons et ayez espoir. — Frédéric. |

Bloch, 13, rue turbigo. pauline, grande, espiègle, genevois, aixois, nantais, excellente santé. avons lettres jusque dix. espérons bonne solution. — Nathalie. |

Ancenis, 17 jan. — Boulanger, passage lepic, 5, comment êtes-vous, écrivez-moi à ancenis près nantes, renouveler engagements expirés, pour moi, bien. — Boulanger. |

Croisic, 17 jan. — Général Trochu, intérêts graves. prière faire parvenir, 26, grange-batelière. Levesque, écrivez chaque jour, sauvez mobilier. merci, cordiale admiration. — Hocédé du Tramblay. |

Nantes, préfecture, 17 jan. — Rabache, capitaine, deuxième batterie garde nationale mobile loire-inférieure. famille bien, meubles logement, duchesse anne, 2. marie bien, reçu 1,650 francs. — Rabache. | Guilmann, boulevard poissonnière, 10. tous bien. j'écris essayant tout, reçu lettres, quelques perdues. henry bordeaux, rentré école engagé. — Gullmann. |

Paimbœuf, 17 jan. — Yvon, brigadier douanes (guides), 4e bataillon, 2e compagnie, poste caserne, 2, paris. charonne. yvon lemétayer bien, paul loire. vigneux. — Yvon. |

Pornic, 17 jan. — mademoiselle Daucher, passage sainte-marie, 2 ter, rue du bac. marie piot pense à toi et — Berthe. | Chobert, rue seine, 74. bien sous tous rapports, dites tout menneval. goupillères bien. filiales et fraternelles tendresses. — Augustine, Joseph. | Lorière, 42, quai gare. santés bonnes. — Adèle. |

Saint-nazaire, 17 jan. — Ernest Blanchard, fourrier 28e marche, mont-valérien. reçu lettre, souhaitant nouvelle année, écarte annoncée manque, tous bien, souhaitons santé, retour, bonjour bregeon. — Blanchard. | Latouche, sergent-major, mont-valérien. familles bragues, olliveau, monier. embrassons tous. deux mois reçu lettre. écrire. — Latouche. | Marcussen, mobile, bataillon lareinty, mont-valérien. tous bien, écris-nous donc, avons reçu une seule lettre novembre. — Lagarde. |

Veuve Rozé, cité boulevard du temple, 14. fais savoir si fils se trouvent ambulances, mont-valérien, dans infirmeries, mort. réponse. — Coulon. | Joseph Drouaud, sergent. mobiles loire-inférieure, mont-valérien. tante marie décédée, procuration indispensable pour régler affaires, tous bien, nous recevons lettres, pierre, mans. — Jeanneau. |

Caen, 13 jan. — Borda, 12, rue matignon. nous a quittés lundi, neuf heures et demie, votre nom à la bouche. fin chrétienne, héroïque. — Ancelin. | Bonnel, rue bally, 11, paris. tous ici vont bien, recevons lettres. — Le Baron. | Fermery-Vincent, passage pecquay, 7, rue rambuteau. enfin lettre, merci. caen, poissy. ismailia, santé bonne. jules, chambéry, écrivez poissy. — Cassie. | Daillcard, jeûneurs, 30. charles, langres. paul, prisonnier. dellingen, santés bonnes. pontoise, royan, aussi. prévenez auteuil et wilhem. aligre, 5. — Mesnier. | Daroste, 9, malacquais. bien. dernière, 15 décembre. — Meaume. | Jouanny, faubourg-temple, 70, paris. isabelle bien portante, trouville écrit, envoie dépêches. reçoit lettres, embrasse parents. nous, caen, bonne santé. — Jouanny. |

Leclercq, ministère finances. caen, montdidier, bien. — Salaignac. | Lecourtois, 11, rue monnaie. enfants, mère, sœurs, parfaitement. père décédé subitement 10 octobre. famille bien. ennemi loin encore. — Bonpain. | Cebron, 47, rue blanche, paris. bien portantes. recevons vos lettres. sommes à caen. — Cebron. | madame Laplanche, 17, rue de berlin, paris. tous bien portants. louis aussi. gaston tireur. écris-nous, recevons. vois gaupillat — Clotilde. | Pages, 23, rue jacob. tous calmes ici, avons lettres, — Marquet. | Devilleneuve, rue louvois, 4. recevons lettres. sommes inquiets de vous. écrivez chaque jour à trouville. — Duverdy. |

Chincholle, 98, avenue des ternes, paris. nous allons bien. — Augusta Chincholle. | Chéruel, rue mesnil, 10. quatrième dépêche, 13 janvier. reçu neuvième lettre. écrire toujours. confrère veille hermitage. esther, bretagne. — Chéruel Bernay. |

Marseille, 16 jan. — Gros, lieutenant artillerie 6e compagnie, ouvriers vincennes. toutes lettres reçues, allons bien tous, paul aussi, avons gardé marguerite. Gros. | Gibé, 68, boulevard malesherbes. 16, santés bonnes, lettres reçues, roissy intact, écris toujours, viens quand possible, julie pau. — Gibé. | Michel, 5, rue turbigo. sommes en parfaite santé, andré embrasse son père. — Jenny. | Mesnier, avenue victoria, 11. prière chercher philippe, seren, caporal, 1er zouaves, besoin voir ministère, me donner nouvelles. — Marion. | Ganné, chez Opermann, vieilles haudriettes, 5. allons bien, recevons lettres, écrivez. — Opermann. | Rossollin, 29, château-d'eau. famille mallet et nous tous bien, écrivez souvent. — Rossollin | Gillibert, taitbout. 8. tous santé parfaite. gabriel, gussen, louise, bucharest. — Nathalie. | Delas Guinand, rue lepic, 19. ta mère souffrante, espérons la sauver, reste de la famille enfants compris, très bien. — Delas. | Gay, avenue gabriel, 42. cinquième dépêche, vos filles, famille, santé parfaite, quelques loyers rentrés, procuration indispensable pour encaisser poste. — Delas. |

Ruef, martel, 14, maman, famille, esther, angleterre, enfants bien, reçu lettre elvire. — Salomon. | Loir, boulevard saint-martin, 19. lucien mort 18 août, administré. abel commandant armée loire. céleste, tous bien, recevons lettres. — Couturier. | Circourt, 17, rue milan. lucien mort 18 août, administré. abel commandant armée loire. circourt muzeau, céleste, tous bien. — Couturier. | Mathieu, grenelle saint-germain, 122. ayez obligeance donner nouvelles par lettre, M. Méjanel, Mme Reminger, 103, rue paradis, marseille. — Juliette. | Denfert, officier d'ordonnance 16e régiment de paris. reçois lettres, toujours inquiète de toi, écris même adresse. t'aime. — Louis. | Raffard, rue saint-denis. lettre 10, arrive, connaissions avance toutes acceptations, bonne partie escomptée déjà, tranquillisez-vous, étions en mesure. — Pila. | Raffard, rue saint-denis. lucien bonne santé, arnhold déjà veuf, hélas! accident chemin fer, canton, quarante-neuf, redevidés cinquante-quatre. — Pila. | Mde Fortoul, 24, place vendôme. tous santé, souffrons tes peines, payer impositions. romain, 4, écris. — Pascalis. |

Simian, 33, rue notre-dame-lorette. marguerite heureusement accouchée garçon, tous santé parfaite. albert, gabriel, à lyon. andré, moi, ici. — Simian. | Blanc, 18, rue claude vellefaux. moi, filles, portons bien, marseille calme, louis mort 24 novembre. — Blanc. | Portalis, boulevard mazas, 20. famille bien portante, installée chez carnavan, famille cassignoul bonne santé, londres. recevons vos lettres. — Eckert. | Eckert, rue delaborde, 12. tous bonne santé marseille, donnez nouvelles, amitiés quesnot. — Eckert. | général Ferri Pisani, 2e corps, 2e armée. attendons impatiemment nouvelles de neveux. lettres parviennent. écrivez. — Talabot. | Varin, quai rapée, 10. envoyé toujours dépêches, carte, adresse, rue paix, 11. santé bonne, alfred armée nord. — Varin. | Castex, télégraphe, mont-valérien. recevons lettres, tous blidah bonne santé, amitiés. — Adèle. | Mouchelet, 46, rue clichy. reçu vingt expédié, déjà quinze dépêches, venture, ostende, ernest, banque tours. nous marseille tous bien. — Mouchelet. | Jonard, 62, boulevard strasbourg: mauvaise chance avec dépêches, tous ensemble et bien surtout. marie accouchement très heureux, patience. — Vadon. |

Martin, capitaine, 1er gendarmerie. heureux recevoir tes nouvelles, portons admirablement, quoique tristes. — Martin. | Raffard, rue saint-denis. grains godin, en mains, commençons vendre, compte quart, trame octante six, gavazzi, vend particulier nonante deux. — Pila. |

Mostaganem, 14 jan. — Boutille, capitaine, 23, avenue duquesne, paris. amédée harrasse mostaganem très heureux, réponse télégraphique. — Boutille. —

Alger, 15 jan. — Pastureau, cherche-midi, 67, ta lettre parvenue à ernest tranquillise. — Pastureau. |

Ciotat, 16 jan. — Capet, rue verrerie, 71. santé bonne, pas de nouvelles, très inquiets, écrivez alfred, sœur les chagot, vont bien. — Capet. |

Roanne, 16 jan. — Derville. référendaire, 34. théâtre grenelle. courage, cambrai, roanne, parfaitement. — Chappuis. | Chappuis, 95, saint-sauveur. écris-nous par ballon. — Chappuis. |

Saint-étienne, 17 jan. — Saborderie, 188, rue saint-denis. informations sur bodoy, rue luxembourg, 51. réponse. — Bodoy. | Delamotte, rue vaugirard, 108, paris. toute famille lyonnaise stéphanoise vont bien. répondez-nous. — Rateront. | Rateront, rue de la paix, 10, paris-montrouge. famille barjon giraud. rateront, vont bien. répondez-nous. — Rateront | B. Badel, 3, rue rossini, paris. reçu lettre 10, ai envoyé six dépêches. nous allons tous à merveille, courage. — Durand. |

Chambéry, 17 janv. — Troussel, rue douai, 12. papiers, lettres, tout reçu, santés excellentes, manquons de rien. — Blay. |

Romans, 17 janv. — Cheval, saint-cyr, sergent-major, 2e bataillon, 5e compagnie, mobiles, drôme, paris, courbevoie. mère, sœur, portent bien. — Emma Cheval. | Devienne, 2e bataillon, 5e compagnie mobiles drôme, courbevoie. paris. père, mère, portent bien, écris. — Devienne. | Maruis Pommaret, caporal, 7e compagnie, 2e bataillon mobiles drôme, paris. allons bien, donne de tes nouvelles. — Pommaret. | Béloc louis, sergent-vaguemestre, 2e bataillon, 5e compagnie, mobiles drôme, paris, courbevoie. famille porte bien. — Lélie Béloc. |

Bollène, 17 jan. — Pacquin, coiffeur-maroc, 20, la villette. donnez-nous nouvelles par ballon, nous, santés bonnes. — Pauchin. |

Tournon, 17 jan. — Després, ministère travaux publics. Tournon, tous parfaitement. robert, volontaire ouest, content. rocher, offre logement, rue pelletier. — Després. |

Villeneuve-de-Berg, 17 jan. — Largier, 6, de la paix, paris. nouvelles angles bonnes, nous, idem — Largier. |

Aix-les-Bains, 17 jan. — Broutta, rue du dragon, 8. depuis 30 décembre pas lettres. très inquiète, bien, sois prudent. — Delpech. |

Gap, 16 jan. — Blanc, interne hôpital beaujon, paris. allons bien, édouard rémoulins, recevons lettres. morel bien. — Blanc. |

Bourg, 15 jan. — général Delamariouse. chers, pensons vous constamment. souhaitons santé. courage. espérons. écrivez beaucoup. — Delapérouse, Delavernée, Albanel, Delateyssonière, bien portants. |

Perpignan, 17 jan. — Gaillard, rue de rome. paris. Beauchênes, rouen. allons bien, reçois tes lettres. — Gaillard. | Lefort, rue du bac, 38, paris. lettres reçues, correspondons Etretat, beauvais, allons bien, courage. — Lefort. |

Céret, 17 jan. — Dubuisson, boulevard beaumarchais, 68, paris. reçu bonne nouvelle paulin, oncles ici, tous bien demande argent, trépagne ou crédit industriel. — Dubuisson. |

Tours, 15 jan. — Maurier, 50, rue montmartre. femme, enfants bien portants à landes. 200 fr. reçus. communications interceptées. nouvelles par exprès aujourd'hui. — Roze. | Berton, 29, av. trudaine. allons bien, reçois lettres. mathilde très-désagréable. paul vivant, prisonnier. manquons de rien, courage, embrasse. — Jeanne. | Clavel, 11, rue calais. allons bien, reçois lettres. andré, paul, vivants. dites toto gaubert. — Jeanne. | Léonard, 6, quai d'orléans, paris. prenez argent dans armoire de medynski. écrivez Mme Clermont-Tonnerre. tours. — Zamoyska. |

Amélie-les-Bains, 16 janvier. — Anquetil, 205, faubourg saint-martin, paris. envoie par ballon à amélie. nouvelles de père et famille. vais bien. — Angélina. | duchesse Marmier, 7, rue solférino. quatrième dépêche. vais bien. soyez calme. rainald en sûreté. pas de lettres. écrivez amélie. — Germain. | Pillon, 19, rue luxembourg. paris. envoyez à amélie traite sur bordeaux par ballon. pressant besoin. — Germain. |

Arcachon, 17 jan. — Brunet, 8, sébastopol. inquiet. pas nouvelles depuis novembre. écrivez suite vous tous. — Brunet. | Michelez, 159, rue sèvres. quittez tous maison, raphaël aussi. dépavez cour, mouillez. recevons lettres. santés bonnes. cœurs malheureux. — Michelez. | Colliard, 52, hauteville. cinquième. arcachon, écrivons souvent. enfants santé parfaite. toutes bien. manquons rien. prelier southampton, bien. tavernier ici. — Jenny. |

Périgueux, 17 jan. — Grignon, 34 bis, rue amelot. grand désespoir, élisa enfant mort. pas de nouvelles de vous. | M. Guillon, 68, quai de la rapée. paris. tous bien. envoie trois cents francs à joséphine, 27, boulevard beaumarchais. — Guillon. | M. Laporte, 3, boulevard henri IV (bastille). tous bien. écris souvent. — Hamon. | Luc Madrassi, 9, rue dufour-st-germain. paris. je reçois lettre. m'écrire souvent périgueux. prendre bois, charbon, confiture. garde clé. — iot. | Buisson, secrétaire, hôpital saint-martin. tous santé bonne. — Buisson. |

Marseille, 16 jan. — M. Guilhot, 9, rue faubourg saint-denis. bonne santé. donne-moi par ballon nouvelles enfants, poste restante marseille. enverrai prochainement argent. — Audibert. | Delonges, 20, la bruyère. sans nouvelles toi depuis octobre. léopold chanzy, elzéar cathelineau. tante fey est paris? écris. — De Landerset. | M. Clariond, avocat, 22, rue pont-neuf. portons tous bien. depuis novembre, envoyons par pigeons. — Clariond. | Cléry, 10, faubourg montmartre. portons bien. henri en amérique. ai reçu lettres, ai écrit souvent. parents, edwige bien. — jartoux. | Strobel, 31, boulevard magenta. votre fils prisonnier guerre rastadt, se porte bien. lui ai envoyé argent. — Alma. | Jules Ferry, hôtel-ville, robinet. reçu cinq lettres. congrève agit angleterre. torys opinions favorables. lasser patience. laffite écrive. courage. embrasse. — Audiffrent. |

Vichy, 15 jan. — Leblond, 8, crozatier. portons bien. sommes très-bien. reçu vos lettres. — Godfroy. | Godfroy, 51, quai valmy. portons bien. inquiets. écrivez-nous gare vichy. — Godfroy. | Jules Dérache, 28, boulevard contre-escarpe. toujours à vichy. très inquiètes. sans lettre de toi depuis le 6 décembre. — Dérache. |

Bagnères-de-Bigorre, 16 jan. — Harambure, 41, rue de la victoire. bonne année. sommes bien. eugénie été malade. paulin remplace émile. écris souvent. alfred arrivera avril. — Harambure. | De Langle-Beaumanoir, lieutenant-colonel état-major garde nationale, palais-élysée. bien portantes, pays tranquille. horriblement inquiètes, malgré lettres du 10 reçues. neige empêche sortir. |

Evron, 15 jan. — Demarigny, 51, boulevard malesherbes: reçu deux dépêches. bien portants. prends chez toi tableaux de mon appartement inhabité. écris. — Delétoille. | Dugrosrie, 30, cassette. prenez chez vous argenterie et cartons dans armoire rouge, chez moi, refermez. avides détails. — Rogier. |

---

100. Pour copie conforme :

l'Inspecteur,

Bordeaux. — 25 janvier 1871.

Cannes, 18 janvier. — Castel, 13, taitbout. profondément affligés du cher malade, courage, Dieu est puissant! amitiés, souvenirs tous. — Mourlaque. |

Antibes, 18 janvier. — Bornet, 19, rue de bourgogne, paris. bien à antibes, clermont, guérigny. donnez nouvelles à familles Logerot, Riocreux. écrivez souvent.— Bornet Edouard. |

Menton, 18 janvier. — Dhiauville, 42, rue meslay, paris. venez avec mélanie à menton, villa montéchristo. — Lagrange. | madame Mollot, 20, grands-augustins. prenez notre appartement si plus sûr, bonnes nouvelles de tous. — Gabriel. |

Grasse, 18 janvier.—Fernand Bérenger, caporal, 45e mobiles hérault, paris. reçu toutes tes lettres. — Bérenger. |

Nice, 19 janvier — monsieur Malespine, grand-hôtel, boulevard des capucines, paris. recevons toutes tes lettres, allons très-bien et t'embrassons. —J. Malespine. | Salet, 45, rue châteaudun. froid, tranquillité, santé partout, baisers. — Alexandrine. | James Rothschild, paris. reçu portrait, télégraphie constamment depuis deux mois de nice, vœux ardents, toutes mes pensées avec toi. — Charlotte. | baronne Rothschild, paris. depuis deux mois à nice, télégraphie constamment, tristes et inquiètes, pensées avec vous. tendresses James, toi. — Charlotte. | Séran, tailleur, 2, place opéra, pour Moulinier. sans nouvelles, inquiet, écrivez nouvelles à tous, à bientôt, courage, amitiés.— Olivier. | Tafforin, 28, pigale, paris. Arthur va bien, occupé des prisonniers, télégraphié constamment de bruxelles et nice, tendresses tous, amitiés.—Charlotte. |

Lacroix, 7, charlot. sans nouvelles depuis septembre. que devenez-vous? inquiets, écrivez, assurez bombardement maison et appartements, courage, amitiés — Olivier. | Franche, 7, grange-batelière, paris. écrivez donc souvent, Meuriene arcachon, je travaille préfecture. — Franche. | Hélain, 26, vieille-du-temple. sommes nice, tous bien, envoyez argent. — Steinheil. | Bouquet, 20, boulevard beaumarchais. sommes nice, envoyez argent, allons bien, Gustave dusseldorf. — Steinheil. | Steinheil, 85, cherche-midi. filles bonne santé, vous embrassent. — Steinheil. | Javal, 4, anjou-st-honoré. demeurons nice hôtel empereurs, recevons bonnes nouvelles Arès. sommes inquiets bombardement, vivres. donnez promptes nouvelles. — Javal. | Lacroix, 22, anjou-st-honoré. inquiète pour vous, désolée vous savoir à paris, écrivez-moi nice poste restante, tendresses affectueuses. — Florence. | Fonte, 28, véron, montmartre, paris. nice, poste restante. — Lottier. | Pasteur Fisch, 28, boulevard sébastopol, paris. reçu, publié, lettres. travaille secourir ouvriers, société évangélique. dites Lesavoureux, Pressensé, Bersier, écrire.—Pilatte. |

Monsieur Petit, 35, rue tronchet. reçois votre lettre à nice, vais bien, ayez bon courage, pense bien à vous. — Cassin. | monsieur Malherbe, 164, ménilmontant, paris. nous portons bien, vous plaignons beaucoup. nice maintenant, 20, alberti. avons reçu vos lettres. — Degarel. | Jarry, 2, passage st-philippe, paris. chère mère embrasse bien, voudrais avoir nouvelles, inquiète, grand hôtel empereurs nice. — Caroline. | Bouillette, 16, rue drouot. reçu lettres, écrivez encore. Eugénie, Thérèse, Jeanne, tous allons bien. dire Félix, tantes, nous écrire. — Rabourdin. | Caroline Renard, 135, boulevard magenta. écris souvent, j'ai envoyé plus de vingt lettres, Léon t'embrasse, patience, courage. — Grus. | Henouard, 17, rue la banque. très-inquiète, envoie nouvelles mon frère et toi, bonne santé, Henri francfort, reçu argent. — Hitschler. |

Sourdeval, 18 janv. — M. David, 5, boulevard saint-martin. tous bonne santé 13 décembre, sans nouvelle, grande inquiétude. |

Etables, 16 janv. — Ruellan, lieutenant mobiles saint-brieuc, paris. ruellan, pomellec, kersaingily, videment, thémoy bien. marie fille, arsène, capitaine, adjudant, fougères. carpier hâvre. — Ruellan. |

Vire, 16 janv. — Marie, 70, lafayette. confirmation pour tout de mon pigeon que vous avez reçu. les récoltes sont généralement mauvaises. — Lebreton. |

Gramat, 22 janv. — Pous, 19, médicis. mère inquiète, attend nouvelles. — Pous, rocamadour. |

Châteaulin, 19 janv. — Cluzet, 91, rue faubourg saint-denis. eugène prisonnier bien, albéric lieutenant, blessé. affections. — Despert. |

Magnac-Laval, 20 janv. — Bagrost, rue hôtel-de-ville, 18. reçu lettre, malle. portons bien. — Bathilde Bagrost. | Giraud, 11, boulevard neuilly. tout le monde va bien, augustine classe, adolphe chirurgion limoges. recevons tes lettres. — Giraud. |

Pau, 21 janv.— Nettre, 56, petites-écuries. quitté nantes 20 décembre, arrivés tous bonne santé. berthe, léonie magnifiques, esther, léon.— Fanny Nettre. | Mitjans, 12, rue élysée, paris. enfants parfaite santé, vous supplions quitter paris avec ambassadeur, sommes extrêmement inquiets pour vous. — Riera. | Mme Laurent, 12, françois Ier. affectueuse anxiété, pas de lettres, pau magnet, enfants de verte bien, soyez tous protégés.—Behic. | Veuve Fleuret, 113, morny. Avez fait, merci. contre bombardement offrez appartement à dufour. leroy, joly, groseiller. — Derepas. | Tribert, 14, rue matignon, paris. bien portants à pau, t'écrivons souvent. paul prisonnier, ton frère aussi. chandrau blessé. — Tribert. | Berteaux, 10, aboukir. allons bien dieppe, aussi emprunt, décision bonne, avons bons du trésor, garantissez paiement, écrivez, recevons lettres. — Orbelin-Berteaux. |

Questembert, — Madame Rousseau, 70, boulevard montparnasse. Ne pas mettre à la poste seconde lettre contenue dans celle que vous recevrez. — Hulot. |

Saint-Aignan-sur-Cher, 17 janv. — Gavarret, 19, rue de varennes, paris. châteauvieux, écrivez, pensons à vous. — Blanche. |

Pont-d'Ain, 20 janv. — Charles Pittion, sergent-fourrier, 6e compagnie, 3e bataillon, 40e régiment gardes mobiles de l'ain, vincennes, paris. santés bonnes, pays tranquille. courage. tes lettres parviennent. — VeuvePittion. |

Courseulles-sur-Mer, 17 janv. — Mme Fuchs, 18, rue grands-augustins. allons bien, retour. — Lizy. |

Villers-sur-Mer, 17 janv. — Lecerre, 141, boulevard sébastopol. allons bien, reçu ta dernière lettre 10 décembre datée 19 novembre, grande inquiétude. — Lecerre. | Bion, 68, boulevard beaumarchais. nous nous portons très-bien, nous t'embrassons, nous recevons tes lettres qui nous tranquillisent. — Bion. | Thirion, 32, faubourg poissonnière. toutes bien, correspondons toussaint, recevons lettres, écris plus souvent, détaille ta vie. — Isabelle Thirion. | Savry, 14, mayet, paris. avons écrit votre fils, enverrons argent, évitez bombardement, habitez notre appartement, payez impôts nous, lemaire. — Roisin. |

Avignon, 26 janv. — Louise Chevillard, faubourg saint-denis, 61, paris. reçu votre lettre, merci, suis encore conseiller préfecture, répondez-moi. — Charpennel. | Madame Gain, 19, rue matignon, paris. allons bien, georges écrit dufournet prisonnier, mille caresses à tous. — Tassel. |

Hyères, 20 janv.— Viollet-Leduc, 1, chabannais. hyères bonne santé avec pfoiffer lebouc, reçu trois fois argent, lettres, couche chez derouet pour obus.— Viollet-Leduc. | M. Bouland, 22, rue des saints-pères. la plus grande inquiétude mon bon charles un mot à votre affectionnée mére.— D'Alpuget. | Balastre, 38, boulevard st-germain. santé bonne, inquiètes sur toi et famille. écris hyères, père ferté, santé bonne.—Balastre. |

Précy-sur-Oise, 10 janv.— m. Montagne, 40, richelieu. maison intacte, argent avancé. — Lesiour. |

Cherbourg, 16 janv.— me Allard, 10, rue foin. colonel va bien, prisonnier bavière. écrivez par ballon, papier pelure d'oignon. passage des jardins, cherbourg. |

Grand-Camp, 16 janv.— me Wilbert, 10, rue croix-des-petits-champs. recevons vos lettres, bonnes nouvelles de louviers, famille entière bonne santé.— Durand. | Desgranges, 92, boulevard magenta. santé générale excellente, recevons lettres, température supportable, lise, jules bien saint-valery. — Desgranges. | Baurens, 14, rue biragne. recevons toutes tes lettres, santé parfaite, écris souvent.— Baurens. | m. Grados, 112, boulevard richard-lenoir. reçu lettre du 6, santés bonnes, fruits cuits, bouteilles, cave. caisse cerises cuisine.— Adèle Picquenet. |

Saint-Florentin.— Dubois, 16, quai de la gare d'ivry. Philomène, Paul et nous, allons bien. les familles maupèté, menard, à bordeaux aussi.— Dubois. |

Jersey, 16 janv.—Lenormand, 17, des lombards. dernières lettres 1er, 3 janvier, consolantes. questionnez, répondrai. nalfilatre mort, famille partie, lambert revenu, repartira. espérance, tendresses. — Masse. |

Avallon, 18 janv.— M. Calliat, 4, rue cardinal-lemoine, paris. santés bonnes, vos lettres reçues. — Hérault. | m. Jannotin, 5, rue de la banque, paris. tante morte 18 septembre, prévenez Jules, ma maison. amitiés tante Jouard.— Lauternier. | Leproux, 93, sébastopol. nous allons bien.— Berthe. | Chaise, 64, rue condorcet. allons tous bien, amitiés à tous, combien en caisse, supprimer appointements eugène.— Borne. |

Menetou-Salon, 20 janv.— comte de l'Aigle, 20, aguesseau, paris. toutes santés bonnes.— comtesse Greffulhe. | comte Greffulhe, 10, astorg, paris. santés bonnes, merci pour lettres.— comtesse Greffulhe. |

Vire, 17 janv.— Dramard, épicier, 220, rue st-honoré. Jardinier est-il à la maison? — Larmeroux, à vire. |

Périgueux, 22 janv.— Guettard, 66, rue moines batignolles. envoyez nouvelles, beaudemoulin, david, huchet, amis. nous bien, oncle londres bien.— Delahaye, 9, turenne, périgueux. | Sato, lieutenant 126e ligne, 3e armée, 2e corps, 3e division, 2e brigade. portons bien, écris-moi, ta femme t'aime.— Clémentine Sato. | Pavie, 13, rue grammont. enfants très-fortifiés, maman, papa, moi bien, embrassons tous.—Dolomie, périgueux, rue palais. |

Vigeois, 21 janv.— Lerolle, 10, avenue de villars. bruxelles, marseille vont bien, nous aussi. très-inquiets, sans nouvelles, habitez rue st-honoré.— Villeneuve. | Godin, 2, rue crétet. très-inquiets, sans nouvelles vous et lerolle. prière écrire, habitez rue saint-honoré, allons bien.— Villeneuve. |

Biarritz, 21 janv. — Morris, imprimeur, rue amelot. dames reçoivent lettres fréquentes, moi deux. anxiété, écris souvent. couronne. enfants bien. | Ducel, 26, faubourg poissonnière. père, mère, berthe ici, tous ensemble, santés parfaites, esclans aussi. maurice raisonnable.— Jenny. |

Lorient, 20 janv.— Lejouteux, 3, université. si maison menacée, installez-vous rue matignon, arthur inquiet, pavée, charles dunkerque.— Boyron. | Sévelinges, ministère finances. santés parfaites, envoyer argent, écrire chaque ballon.— Sévelinges. | Collot, 48, claude-vellefaux. familles despault, chabrié bien, tous très-bien, jacques embrasse, souvent lettres, avons argent.—Collot. | Ragiot, 7e secteur, gare vaugirard. tous bien, beaucoup argent, rente thouvenin, debled, étrennes. lettres arrivent, delarbre bien, kerdrain inquiets.— Ragiot. | Jullien, lieutenant, 31e mobile bagnolet. tes affaires vont très-bien, m'en occupe sérieusement, louis enchanté, tous bien portants. — Méry. |

Châteauroux, 21 janv. — Gourgeaux, 22, quai gare. tous tranquilles, bien portants. — Gourgeaux. | Bonnet, garde mobile de l'indre, 2e section de levroux, 1er bataillon, 4e compagnie. écris-nous, bonne santé.— Bonnet. |

La Chapelle-d'Angillon, 19 janv.— Leturc, 24, rue de l'arcade, paris. reçu 5 lettres, écrit 3. Paul ici, varzy, rodons bien.— Fustier Desfossé. | Leturc, 24, rue arcade, paris. maurice 9e bataillon marche, infanterie marine, armée chanzy. décembre bien portant.— Fustier Desfossé. | Desfossé, 54, quai de la gare, paris. ici tous bien portants, inquiets, attendons impatiemment de vos nouvelles.— Fustier Desfossé. |

Montsauche, 20 janv.— Monot, 13, rue pascal-saint-marcel. tous bien portants, également laurière, tes seize lettres reçues. 4e dépêche.— Monot. |

Château-Chinon, 20 janv.— Card, 16, clauzel. hier lettre, content, portons bien, tranquilles ici. — Quincey-Jeannin. |

Napoléonville, 20 janv.— Vavin, 14, castiglione. sommes ici bien portants, écris pontivy, morbihan. donné nouvelles maison vaugirard et marianne.— Anna Caillaux. | Violette, 2, michodière. voir bardin, s'il mourrait deux cercueils plomb chêne, déposer provisoirement, plus tard cherbourg. mouffet argent. bonne santé.— Violette. |

Bayonne, 22 janv.— Peuchant, 107, montreuil, paris. inquiète, écris détails santé affaires, par ballon.— Peuchant, couvent réunion la réole, gironde. |

Roubaix, 16 janv.— Baudier, 5, rue baillif. sommes tous cinq excellente santé, recevons vos lettres, écrivez souvent.— Laure. |

Fontenay-le-Comte, 21 janv.— Chabot-Pêchebrun, 1er bataillon mobile vendée. nomme Joseph, expédie argent. envoie photographie pelure, prions. argent, parle defontanie, raoul responsable, rousse revenu. | Simonet, 101, rue st-dominique reçu deux lettres, santés bonnes, dire ferdinand valentine à lassalle, édouard, marie vannes, nous fontenay.— Mignon. |

Mende, 20 janv.— Mougin, 13, seine, paris. 2e dépêche, quelques lettres seulement parvenues, amitié, vivement inquiète, écris plus souvent, sauve bombardement mobilier.— Dumolin. |

La Rochelle, 21 janv.— Ferry, maire. Pailleron, enfants, dyngienure, enfants, fournier enfants, laguerre siens, hélène siens, père, sœurs, nous trois parfaitement, sois prudent. — Dumesnil. | Marot, 35, rue caire. dire charles écrire la rochelle poste restante. portons bien. merci.— Zéline. |

Lyon, 19 janv. — Buffaud, 74, avenue d'italie, paris. point nouvelles depuis septembre. écrivez. nous bonne santé. — Heyraud. | Polge, 15, douai, paris. lettres arrivées, merci. courage, mère, père, femmes, enfants vont bien, aussi familles teissier, desfossé, karth. — Livet. | Delaroa, 112, grenelle-saint-germain. nous allons bien. charvieux reçu lettre du 12 janvier. je t'aime. —Nadaud. | Nadaud, premier chasseurs cheval, vincennes, paris. bonnes santés, je désire la paix et ton retour. sœurs charvieux. —Nadaud. | Nettre, ingénieur marine, 73, rue lafayette. attendons anxieusement nouvelles de paul. envoyez maurice aux informations. familles lucie vont bien. — Tavernier. | directeur nationale incendie, 13, rue grammont. demay venu inspecter agence lyon, accepte pas contrôle pareil. veuillez aviser. — de Kilmaine. |

Mazoyer, 91, faubourg saint-martin. famille bien. oncle chapas mort. marius caserné lyon, jean bloqué belfort. point nouvelles, écrire souvent. — Mazoyer. | Revenaz, 23, université, paris. affectueux souvenir. — Chapalay fils. | Roubaud, 21, rue campagne-première. bonne santé, damiron prisonnier dresde, praticien engagé pas convenable. — Roubaud. | Sauvet, 30, rue écoles. lyon bien inquiète, nouvelles de toi ballon. —Herminie. | Villebrun, 18, oberkampf. portons bien, henri à lercara. recevons vos lettres. — Morris. | Bioche, 10, taranne. mère revient lyon. félix un garcon. paul reçu lettre henriette. pierre robuste. thérèse bonne à sèvres. — Michel. | Barraud, 14, rue poissonnière. donne argent à barraud, qu'il transporte chez toi linge, literie, objets précieux. réponse lyon. — Tony. | Reishofer, 7, rue montholon. toujours à lyon, portons bien. que louis surveille et habite appartement, clef chez bollack.— Régina. |

Bollac, 15, rue cléry. faites habiter appartement. madame dalsem, louis munck, autre ami. sans nouvelles depuis novembre. répondez promptement. —Charles. | Plumet, 1re compagnie pontonniers, mobile rhône. portons tous bien, personne parti, reçu deux lettres, écrit très-souvent, envoie photographie. — Plumet. |

Angers, 17 janv. —Lardin, 1, rue lavoisier. tous bien. frère saint-jean-d'angély. nouvelles souvent. — Guérin. | Doussault, 4, rue de bruxelles. vos nouvelles et paul. —Amélie. | Robillard, 9, boulevard denain. payer crédit foncier pour moi. écrire saint-nazaire poste restante. forcé partir, santé mauvaise, névralgie. —Gendry. | Bazaga, 4, rue say. obligé partir à saint-nazaire. écrire poste restante. dites si robillard envoyer argent. toujours malade. — Gendry. | Commissaire, 18, rue bergère. portons bien. — fany Commissaire. | Bourdeille, 36, bellefond. mère, frère, sœur, amis en bonne santé. reçu six lettres. — ve Bourdeille. |

Saumur, 17 janv. — m. Pharaon, 9, rue courat, paris, charonne. tous bonne santé, recevons lettres — Pharaon. |

Angers, 18 janv. — Gonse, 41, rue billault. nous allons bien, recevons lettres. soyez prudents. baisers. — Marie. | de Beausire Seyssel, officier ordonnance amiral Pothuau, vitry, paris. tous très-bien. — Alexandrine. | Cholet, 99, université. tous bien. toujours briottières. vos parents à royan. henri décoré. maurice capitaine, pas blessé. — Marie. |

Saumur, 18 janv. — A. Millet, 21, rue provence. si affaire est pas finie, veuillez terminer. — de Romilly. |

Segré, 16 janv. — Joséphine, 4, rue saint-florentin. demandez argent au monsieur indiqué, écrivez nous par ballon, monsieur paralysé depuis plusieurs mois. — Ancel. | Madeleine, 26, rue sentier. prier m. carabin payer quatre mois impositions, du 25, du 43. allons bien. compliments. écrivez. — Richaud. |

Sables-d'Olonne, 17 janv. — Hachette, 109, boulevard haussmann. bonne santé, aussi rozats. écrire souvent. — Hachette. |

Fontenay-le-Comte, 17 janv. — Vert, 8, rue jouy. reçu troisième lettre. nous portons bien. écrivez souvent, irai approvisionner après blocus. faisons possible. patience.— Reyé. |

Cherbourg, 14 janv. — docteur Gassicourt, 376, rue saint-honoré. tous bonne santé. séparation déplorable. écrire plus souvent, ballon sans lettre. tendresses à tous. — Lucie. | m. Batsalle, commandant, 1er bataillon, douaniers mobilisés, prince-eugène, paris. santés bonnes, pensons toujours à vous. affections, tendresses, espoir. — Cécile. | Raverot, ministère finances. cinquième dépêche. reçu lettre 6 janvier. anxiété. daran, nazuel, chauvin, alix, toutain, carré, nous, santé, sûreté. — Anna. | m. Lecointe, rue grammont, 19. conseil particulier suivi. conjurons moins fu-

Bordeaux. — 25 janvier 1871.

mer. allons bien. à bientôt. — Lecointe. | Durclé, ministère finances. santé excellente, reçois tes lettres, invoque Marie immaculée, sois béni, préservé. — Durclé. |

Cherbourg, 15 janv. — Bonheur, 169, rue saint-jacques. madame bonheur se porte bien. pas de nouvelles depuis deux mois. réponse. | madame Dupommereulle. 3, passage saint-michel, batignolles. je vais bien. — Chatin, 2e compagnie, 26e ligne, cherbourg. | Salmon, 86, rue rivoli. toute la famille très-bien, jeanne alençon. — Abel. | Leboulenger, 24, rue neuve-saint-merry. santés bonnes. recevons lettres. dernière 10 décembre. réponse, sommes inquiets. — E. Maillard. | m. Moltz, 129, rue rennes. supplie écrire nouvelles de madame thuillier.—Pharmion, 46, rue chantier. | Souel, lieutenant artillerie, fort vanves. famille très-bien, au revoir, courage. — Sorel. | Quoniam, enseigne vaisseau, fort montrouge. faire suivre famille très-bien, pas nouvelle depuis 6 décembre. courage. espoir. — Quoniam. | Denise, 78, rue pigalle. suis soldat, 26e ligne. cherbourg. écris souvent. dis si reçu argent, enverrai encore. embrasse. — Fasquet. |

Fasquelle, 155, rue lafayette. suis soldat 26e ligne cherbourg. écris souvent. vois françois. — Fasquelle. | Bouquet, serpente, 33, paris. portons tous bien. mari exempt. — Lepout. |

Avranches, 15 janv. — Mouchet, notaire, 42, rue lepelletier. gabrielle garçon. paul exempté. tous bien. — Mouchet. |

Granville, 15 janv. — Joret, 19, marché-honoré. bresson accouchée 14 janvier, bien portante, enfant mort quelques moments après. manoir hagueville bien. — Laurence Joret. | Rodrigues, 106, rue amsterdam. rodrigues, lecointe, leblond, santé parfaite à granville. félicitations pour toi et mouton, détails vaugirard. — gaston Leblond. | Lecomte, 12, laffitte. granville famille entière très-bien portante, enfants, moi, embrassons de tout cœur. — Lecomte. | Charpentier, secrétaire, général trochu. aucune lettre depuis quinze jours. — marguerite Lemonnier. | Viquevert, 118, rivoli. toutes bien, moi désolée, emmanuel prudent, mettez lettres palais justice, père bien, écrivez andrésy, edmond auvray. — Delle. | Fontaine, hôtel louvre. santés bonnes, recevons lettres, avons argent, bonnes nouvelles maison. — Fontene. |

Mar. 31, nicolo. tous portants saint-pair, près granville, maison lebreton. recevons lettres, inquiets dorenlot. — Emile. | Beautemps-Baupré, 22, rue vaugirard. reçu lettre 8 janvier, partageons idées et conférer avant armement problématique. famille, paquet. jersey bien. — Herpin. | Fournier, 3, casimir-périer. sommes jersey, allons parfaitement. henriette superbe. herpin bien. — marianne Fournier. |

Saint-Lô, 15 janvier. — Bruneau, 30, halles. recevons tes lettres. toutes bonne santé. — Bruneau. |

Tréport, 16 janvier. — Parfond, 61, faubourg-st-denis. très-inquiète sur paul, donnez-moi de ses nouvelles et des vôtres par ballon. — Barbier. | Cortambert, 64, saintonge. nous allons tous bien tréport (creuse). — Cortambert. | Ledan, 101, rue sèvres. allons tous très-bien tréport. — Barre. | Huart, 10, chauchat. Huart-Deluynes, Cazalis, enfants. tréport. Blanche à st-servan. tous bien et tranquilles. — Huart. | Chardin, 62, hauteville. enfants rennes. bruges, tréport, vont bien. — Chardin. | Leroy, aide-major, ambulance asile charenton. amiens, tréport, vont bien. — Chardin. | Calmus, 72 bis, rue bonaparte. tréport, rennes, tous bien. recevons lettres. — Calmus. |

Roubaix, 15 janvier. — Lesguillon, 4, rue rougemont. pour vivres ou travail vois nos connaissances Fusy en suisse, écris chaque ballon aussi Nuyttens. — Lesguillon. |

Lille, 15 janvier. — Javal, 4, anjou-honoré. vienne, arès, lille, guéroults, tous ici parfaitement. Faidherbe admirablement. Alice et vos lettres nous consolent. — Emile. | Lachaussée, 277, rue st-denis. rien depuis 15 octobre, inquiet. Valentine amiens, Adrien st-quentin. moi lille, portons bien. — Lachaussée. | madame Goullard, école d'artillerie, vincennes. suis arsenal de lille, vais bien, écris-moi. — Goullard. | Tronche, 94, st-dominique. donnez père nouvelles. — Brunelet, intendance lille. | madame Wagner, pour Dorp, 145, boulevard magenta, paris. santé parfaite, reçois tes lettres, chéris toi. — Marie. |

Fives, 15 janvier. — Ghillain, officier, 134e ligne, armée st-denis, paris. reçu lettre. Emile à arras, Jean-Louis à maison. famille bonne santé. — Ghillain. |

Dunkerque, 15 janvier. — Rusch, sergent, compagnie B., 3e régiment infanterie marine, 3e bataillon marche, romainville. écris-moi 8, rue église. suis inquiète. — Agathe. | monsieur Magrini, 23, boulevard poissonnière. famille et prisonniers bien, tantes ici. écrire par Ginisty, deux lettres reçues. — Paul. |

Avesnes, 15 janvier. — Guillemin, 8, rue du marché, passy-paris. Demoulin, Mensier, prisonniers à aix. famille bien partout. Faidherbe, Bourbaki, victorieux. courage, amitiés. — Guillemin. |

Maubeuge, 14 janvier. — Lefebvre, chef surveillant télégraphes, paris. bonne santé famille, enfants, moi. — Silvie. |

Douai, 15 janvier. — Lesueur, 30, rue bondy. sans nouvelles depuis septembre, écrivez ballon. allons bien. — Rohart. |

SERVICES ET AUTORISATIONS.

Bordeaux, 23 janv. — Madame Paul, 11 bis, amélie, gros-caillou. reçu avec bonheur deux lettres. courage, soignez-vous, inquiétude mortelle. je suis bien triste. — Henri. | Madame Guillemet, 16, bourtibourg. écris-moi à bordeaux, je vais bien. fils bertrand prisonnier. — Guillemet. | Rossigneux, 23, quai d'anjou. barreswill mort subitement, inquiet vous, cordier, hédouin. écrivez-moi souvent bordeaux, employé postes, allée tourny. — Brunner-Lacoste. | Mademoiselle Tisserand, 23, rue sourdière. inquiet vous, profinet, madame girard. écrivez-moi souvent bordeaux, employé des postes, allée tourny. — Brunner-Lacoste. | Cordier, 115, boulevard saint-michel. inquiet vous, rossigneux, devers, hédouin beauvais. écrivez-moi souvent bordeaux, employé poste, allée tourny. — Brunner-Lacoste. | Bourdon, 12, neuve-bossuet. inquiet vous, girard, thénaud, perré, mignard, boutillier, écrivez-moi souvent bordeaux, employé des postes, allée tourny. — Brunner-Lacoste. |

Urg bx rennes 7348 73, 22 janv. 6. 50 s. trésorier gal à finances à paris (pigeons). par bx §. veuillez payer à mon débit à M. léveillé, maître des requêtes au conseil d'Etat, la somme de six mille francs versée à ma caisse par le comité des ambulances d'ille-et-vilaine au profit des mobiles du département, blessés et malades à paris, quatrième versement, les premier et deuxième versements sont de 500 fr. chaque et des 9, 17 et 28 décembre 1870. | Préfet Laval à Avenel, 43, rue larochefoucault, paris. henry à marseille, bien portant, nous luttons. — Eugène Delattre. | Régnier, 5, châteaudun. bonne santé à boulogne. recevons vos lettres. argent suffisant, pierre, marie thérèse bien. blanchard prisonnier. — Regnier. | Docteur Lacharrière, sourds-muets, saint-jacques, paris. henri mort bordeaux 16 janvier. partons privas. — Caroline. | Dupuis, 239, rue st-honoré. bien portants fils et moi sans nouvelles, écris-moi bordeaux, poste restante. — Femme Dupuis. | Vallée, frère-aumônier. quinze-vingts. tous bien, reçu lettres, merci. continuer écrire rennes. nouvelles suzanne, bouënais, duval. dire abbé gillet recevoir, offrir souvenir archevêché, curé, confrères, hospice, religieuses, administration. — Vallée, aumônier militaire. |

Bontemps, directeur. d'après M. Jacquez, ton frère est prisonnier. baron est à moulins, lui et les siens bien. — Moncel. | De Lange, rue saint-jacques, 162. santé bonne. retourne au dépôt montpellier, écrivez souvent. — De Lange. | Bion, 46, rue madame. suis à bordeaux, très-inquiet. donnez-moi nouvelles des vôtres, des amis. — Lagards, sous-inspecteur télégraphe. — Rolland, 9, françois-miron. sans nouvelles, inquiets, écris. santés bonnes, mais ennui profond. courage, comment va henri? amitiés à tous. — Rolland. | Pinault, sous-chef postes. chamarande 20 décembre, très-bien. laugannerie, 18 janvier, albert bien. mantes, massy, bien compliments andré. — Le Oudun. | Vaurry, 3, rue tronchet. recevons vos lettres, mais répondons vainement. cebazat, volvic tous bien. vœux, sympathies, tendresses, espoir. — Paul Fredet. |

Daniel, chef station télégraphe. alphonse. lieutenant, mobilisés encore camp pont-du-château. moi toujours bordeaux. recevons lettres, merci, vœux, sympathies, espoir. — Paul. | Fromant, corps législatif. reçu lettre mois dernier, écrivez encore. famille bien envoie ardentes sympathies, vœux pour tous, espoir. — Paul Fredet. | Beaujeault, administration centrale postes. madame beaujeault et son fils sont à limoges et se portent bien. — Forestier. |

DÉPÊCHES RECOMMANDÉES

Bordeaux, 25 janv. — Roussel, 25, boulevard malesherbes. thaïs, marguerite, georges évreux. alix, maxime guardia, parfaitement. recevons lettres. — Marguerite. | Guardia, 35, berlin. guardia, alayor, henry auch, béziers, moreau tous parfaitement. recevons lettres, écrivez souvent. — Claire. | Labitte, 75, boulevard strasbourg, paris. portons tous bien, petites bardou et henri aussi, au borat écris souvent. — Aglaé. | Sauvago, 91, taibout. bien portante, hôtel nicolet, bordeaux. — Doermer. | Armand Reume, 35, rue fontaine-saint-georges. sa femme et ses enfants bien portants, toujours à lion-sur-mer. — Emion. | Tripler, pour edmoud, 6, louis-le-grand. rothschild, mayragues bien. charlotte nice, cluchard prisonnier manion-bey, parti crète. — Mayrargues. | Démonts, place concorde, 8, paris. reçu tes lettres. nous sommes tous en bonne santé, maurice est très-bien. — Jenny Démonts. |

Coursy, 45, abattuci. tous taupat bien, edmond armée de l'ouest 21e corps bien. — Coursy. | Edmond Rothschild, rue laffitte. vôtres et miens bien, baronne charlotte nice, cluchard prisonnier manion bey, parti crète. — Mayrargues. | Anatole Muterse, douane poste-caserne, 2, porte charonne. bonjour de père, bordeaux. mère et frère guérande. dernières nouvelles fin décembre. — Muterse. | Vaudoyer, 7, lesueur. toujours sans nouvelles. vous conjurons écrire. notre anxiété inexprimable. Dieu vous garde! vous embrassons bien tendrement. — William. | Galard, 7, chaise. nous parents wideville, chevaux bien tranquilles recevons lettres, embrassons. — Elisabeth. |

RÉEXPÉDITIONS

Bordeaux. 25 janvier. — Valens, 32, fabert. louis chez éléonore. nous bordeaux, employé poste. tous bien, inquiets, écrivez immédiatement, prenez précautions contre bombardement. — Auguste. |

Bordeaux. — 25 janvier 1871.

Le Hâvre, 15 janv. — Monod, 5, des écuries-d'artois. enfants parfaitement, et tous. Philippe exempt mobilisation. issac, fourchambault, bien. recevons votre lettre 6. — Julien. | Verdavaine, 17 cléry, paris. tout va bien. — Achille. | m. Barafort, 127, boulevard sébastopol. familles barafort, rouma, lavotte, parfaite santé. hâvre tranquille. recevons lettres. — Eugénie. | m. Vaillant, 12, chauchat, paris. veux nouvelles de madame et vôtres, laissez présente chez concierge, 83 rue hélène hâvre. — Bryer. | Michaud, 14, rue tivoli. toute famille bonne santé, veillez appartement soit bien occupé. payez intégralement appointements uldall falbe. — Paul. |

Angoulême, 20 janvier. — Conseil, 3, rue charonne. désirée rentrée bon port oulchy, oncle Jules et tous ici bien portants. — Prudhomme, place beaulieu, angoulême. | Mallet, 4, faubourg montmartre. tous parfaitement portants, nouvelles du 10. — Perrain. | Neunez, ministère guerre. tout va bien. — Dumesnil, angoulême. | Courtaud, hôtel louvre. fabien venu ici, envoyé cherbourg. stéphane à breslau, écrit souvent, j'envoie argent chaque mois. — Gigon. | Courtaud, hôtel louvre. touché banque, le reste rien, pas vu bernard, reçu toutes tes lettres. frère maison bien. — Gigon. | Lange, 53, rue du faubourg st-denis. père, enfants laure. portons bien. — Delage. | Guignard, 7, rue charlot. 5e dépêche. famille entière parfaitement, fronty compris, bonnes nouvelles de sellier, maurice, louise par chardon. — Guignard. | Tourreil, 63, rue taitbout. recevons vos lettres, sommes tous bien portants, Georges et arthur aussi. angoulême est tranquille. — Félicia Juzaud. | ve Jauzaud, rue hauteville, 10. reçu lettre 9 janvier, portons bien, Gustave typhoïde convalescent. écrivons souvent, famille bien. — Glaumont. |

Cognac, 20 janv. — Montebello, chez général trochu. maurice et famille parfaitement. — Delagrange. | Germain, 15, rue des moulins. santés excellentes, reçu lettre du 8. regardez times. amitiés. — Robin. | Wéber, 51, rue châteaudun. pescatore, moisson, wéber, colonie béjot parfaitement. tronchon bien le 4. enfants magnifiques, faites-vous revacciner. — Wéber. | Léger, 14, labruyère. très-surprise silence célina, donnez raymond bonnes nouvelles, écrivez tous longuement séparation cruelle. isaure perdu père. — Moisson. |

Mansle, 20 janv. — Houël, 58, rue vaugirard. puyréaux tous bien, lettres reçues. repondre longuement, avertir saintmaur. — Houël. |

Coutances, 14 janv. — Gauville, 42, monceau. envoyé dépêches, lettres, reçois vôtres, commandant beau bataillon, 19e corps. porte bien, grand désir revoir. — Henry. |

Carentan, 14 janv. — Bournizet, 46, écoles. parents, renaix belgique, amies douai, frère hildesheim, moi fourrier 8e artillerie, 25e batterie, 19e armée, carentan. — Lacombe. | Garzend, place vendôme, 16. que devenez-vous? nous très-inquiets, répondez-moi par ballons. — Bulot. |

Granville, 14 janv. — Denière, 29, boulevard malesherbes. parents tous bien portants, louviers, arthur rouen, affaires société très-rassurantes, vichy, marseille bien aussi. — Jourdain. | Despausx, 34, boulevard magenta. bonne santé, toutes inquiètes, écrivez pas lettre Georges, 4 léon. — Despausx. | Demouchy, 9, boulevard prince eugène. dernière fin novembre santé excellente, écrivez chaque jour. — Magny. | Baugnies, 7, penthièvre. reçu presque toutes lettres dont trois rosalie, écrivons par tous moyens, bonne santé tous envoyons tendresses. — Baugnies. | Duchesne, 91, rue seine. portons bien, envoie argent. — Duchesne. | Joret, 19, marché honoré. pas reçu nouvelles depuis 1er janvier, écris plus souvent, tous bien, bébé admirable, tous vaccinés. — Joret. | Rodrigues, 106, rue amsterdam. rodrigues, lecomte, leblond, parfaite santé granville, recevons lettres, dernière 10 janvier. demandons détails locations loyers. — Rodrigues. | Braiteau, 22, rue du terrage, veuillez faire une caisse, renfermez tout le susceptible. répondez-moi, remerciements d'avance. — Clémentine Ozanne. |

Delle, 16, notre-dame-lorette. bien toutes, avons argent. — Delle. | Bauche, 10, st-augustin. allons bien. attendons impatiemment tes nouvelles, rien reçu depuis 17 déc. — Bauche. | Degaër, 12 boulevard poissonnière. santés bonnes, reçu argent nantes. — Laboulaye. | Finber, 12, berger. tous bien, inquiétude mortelle, tous ici, lettres ballon nous rien quatre mois, écrivez, bonjour malton foulon. — Gérard. | Kaeuffer, 10, boulevard batignolles. santé bonne. lettres reçues orth commandant armée est, papa granville. — Kaeuffer. | Loubert, st-denis. famille jules denfert, conté, montalant, fouché vont bien, caroline malade. aline, berthe, paul embrassent alexandre. — Loubert. | Simonnet, 40, madame. smala carolles trouville bien. avons argent, courage, recevons lettres. rien extraordinaire. — Marie Simonnet. | Dupuit, 66, st-lazare, paris. allons bien, vôtres réunis quimper vont bien. — Leroud. | Catillon, 9, st-anasthase. tous inquiets, santé excellente. — Forestier. |

Reveilhac, 47, rue tournelles. reçu lettres, santés bonnes, encore à granville. — Reveilhac. | commandant Trève, fort noisy reçu tes ballons. adolphe rappelé au sénégal. — Armand Trève. | Haussmann, 42, amsterdam. famille haussmann bonne santé granville, mère bordeaux, saura malheur qu'à paris. eugène capitaine armée loire. — Haussmann. | Reiche, 10, vingt-neuf juillet. portons bien, eugène colonel, neveux au mans. — Trochais. | Letouzé, 36, coquillière. reçu lettres, connaissons paris 10 janvier. bons vents est, nord, courage donc, vois polo. — Ténié | Marchand, 29, rue jacquescœur. famille lemoine granville, toutes santés bonnes, recevons toujours lettres, champroscey intact, bon courage et espoir. — Lemarchand. | Boëssé, 121, rennes. enfants boëssé, hauteserve, gaussin, très-bien. — Boisnard. |

Avranches, 14 janv. — Pottier, 12, helder. 14 janvier fille vivace, grosseur moyenne, couche heureuse, berthe bien, moral, physique, bons trouvé bonne nourrice. — Camille. | Girard, 99, boulevard magenta, paris. allons tous bien, reçu lettre auguste 6 parfaitement. ennuyons beaucoup, bien inquiets, drouineau partie. — Morin. |

Gap, 18 janvier. — Besson, 24, rue leregratier, île saint-louis. allons bien, tante aussi. louis à besançon. espoir, courage. reçu lettre. — Aubert. |

Lons-le-Saulnier, 18 janvier. — Grillet, 40, rue st-méry, paris. donnez nouvelles Omer Mirad, qu'il écrive immédiatement. — Chastrusse. | Michel, capitaine, 23e bataillon chasseurs. mère bien, Charles attaché hôpital, Léon commandant septantième cherbourg. — Fauquignon. |

St-gervais, 16 janvier. — madame Géoffroy, 67, boulevard prince-eugène, paris. sommes depuis six semaines saint-gervais-bains, sans nouvelles depuis septembre, désespérons. — de Verneuil. |

Annecy, 18 janvier. — Eugène Levet, polytechnicien, paris, fort charenton. reçu huit lettres, soigne-toi, toi et Turin tous bien, fait courage, adieu. — Levet. |

Montfort, 14 janvier. — directeur assistance publique paris, 6, quai lepelletier. rennes et monfort, quatrième trimestre, cinquante mille francs nécessaires. — Demarquette. |

101. Pour copie conforme :

L'inspecteur,

Bordeaux. — 22 janvier 1871.

Bordeaux, 17 jan. — Bincau, concierge, 36, neuve-des-petits-champs. aucune nouvelle eugène. répondez ballon surveillon. nettoyez appartement si logement troupe. demander argent lessozc, 6, rameau. — André. | Tinan, 62, provence. sommes bien malheureux, mais en santé, vous aimons plus que jamais, enfants albert parfaitement. écrivez souvent. — Worms. | Penaud-Jolly, libraire. Votre fils bien, interné weissenfelds, allemagne. — Dalloz. | Godeau, 9, drouot. allons bien tous. st-fargeau 8 janvier. — Marie. | Caillebaut, 25, sébastopol. lucie, 8, quai dominicain. bruges père décédé 20 novembre, st-fargeau, 8 jan. — Poulain. | Armand Delille, 7, portalis. tout, tous bien, pas argent, vins invendu, samuel prisonnier à stuttgard, foi, courage. — Martin. | Delaville, 8, blanche. maman, moi, enfants parfaite santé, 10, cours jardin public bordeaux. — Marie. | Schlossmacher, 19, rue béranger. schlossmacher, chaussée bacchl, nonanic, 7, bruxelles. — Goubeau. | François, 19, richer. tinchebray, brest, tous bien. — Fortier. |

Boersch, 80, taitbout. bonne année, mille tendresses. fais ouvrir bureau pour clefs, vin, confitures. écris. — Bœrsch. | Lespagnol, 4, des déchargeurs. santés parfaites, reçu lettres. picard bien. — Coulon. | Lounet, 23, fontaine-molière. déménage tous meubles. — Hélène. | Marchand, 64, Lacondamine, batignolles. reçu plusieurs lettres. portons bien. marie restée havre. embrassons tous. — Rivet | Patouillet, 90, bondy. jules va bien, nous aussi, pas reçu lettre janvier, envoyé sept dépêches, reçois lettre du 11. — Patouillet. | Parguez, 50, neuve-des-petits-champs. allons parfaitement, quimper place mesclaaagen, dito pingres, good, taverniers, augies, bouegnies, pognon, letourneur, bardon 14 janvier. | Hamel, 29, tournon. tous bonne santé, quitté hôtel, installés chez nous marcillar, nouvelles satisfaisantes, pierre armée vosges. — Clotilde Hamel. |

Dulonge, 6, chauveau-Lagarde. brûlez mes chantiers, prenez mes vins, confitures. allons tous bien partout. loyer hameh dans mon appartement. — Demonseignat. | Boischard, 29, lacépède. porte bien, pas nouvelles des enfants, écris-moi par ballon au Français bordeaux. | Champion, 1, boulevard mazas. si dangers quitte maison, viens, rejoindre plus tôt possible nantes. 2, place neptune, santé, tendresses, courage. — Céline. | Fèvre, 72, boulevard malesherbes. sommes naples santés enfants bonnes, lettres reçues, soignez-vous, tendresses tous. — Fèvre. | Gendron, 67, boulevard beaumarchais. parfaite santé, tous recevons. écrivez. — Lepère. | Claude-Canel, 5, scribe. bébés, parents, céline parfaitement. désiré à grenoble. hommes mariés pas partis, baisers. — Louise. | Boulloche, ministère finances. ami, père, tendres souvenirs, femme trois enfants désolés. georges bien. — Boulloche. |

Simoneau, corps législatif. augusta marie castelneau tous bien portants. Potain. | Mitjans, 12, rue élysée, paris sommes pau, enfants parfaitement, bien gâtés par grand-père, lettres reçues communiquées famille, tendresses. — Ricra. | Colonel Sillègue, pour commandant missy, fort Vincennes. georges décoré, sauvé avec bourbaki. prévenir parents, lettres arrivent à samer aussi. — Emma. | Gardey, 37, bac. aujourd'hui 15 janvier reçu lettre du 2, merci. bonne nouvelles jacques. pas prussiens tours, sommes toujours. — Josèphe. | Magnan, 26, abbesse, montmartre. ensemble avec albert, très-bien mais malheureux être loin de vous. colonel félicitations, envoyez journal. — Jules. | Prince et princesse Soltykoff, 23, boulevard malesherbes. lettres par ballons arrivent bien, donnez-moi de vos nouvelles. — Jean Soltykoff. | Mitjans, 12, rue élysée, paris. rassure-toi enfants parfaitement bien, tranquillité, sûreté complète, ai leurs nouvelles journellement, tendresses tous. — Augustine. | Fauconnier, 41, jacob. toujours sans communications avec blois. marcel et dépôt afrique, renseignement sûr. donne nouvelles santé. mienne médiocre. — Pelée. |

Croze, administration centrale postes. donne renseignements sur saugues employé administration centrale. famille inquiète. réponse. catherine bien portante. courage, amitié, — Soullier. | Ivernois, 4, anjou-saint-honoré, paris. tous parfaitement portants au thil, mais tristes. georges sous.lieutenant cherbourg. recevons lettres, constant mieux. — Ivernois. | Choiziu, 104, Vaugirard. tous inquiets sur vous. écrivez souvent montallier, société bien, votre cher Verdelais avec vous. — Saluces, Germain. | Weber, 15, rue poissonnière, paris. reçu lettre Tardy, toute famille bonne santé, écrivez-moi. — Espéron. | Levasseur, 15, Varenne. petit est mort, orléans sans nouvelles, arras et bordeaux rien. bombardement inquiète. écrivez. — Raulet. | Guillaume, 43, écluses-saint-martin. émile va bien, dépôt tlemcen, 2e chasseurs. rien ici. écrivez vite. — Raulet. | Vaillant, 43, madame, paris. ai toute tranquillité sur moi, inquiétudes pour toi, change logement. — Vaillant. | Choppin, 9, rue cléry. sommes à cherbourg, allons bien, recevons lettres. — Berthe. | Géraud, 12, cité trévise. courage, confiance, provinces debout. que paris agisse. lettres reçues. merci, continuez. — Larégnère. |

Chambéry, 18 jan. — madame Dupuy, rue bridaine, 19, batignolles. théodore et famille thionville, portons bien. — Mestrallet. | Lacombe chez jacquot, rue pernelle, 1, paris. sommes chambéry novembre rentreront bientôt, inquiets de toi, écris ballon, reçu lettres. — Lacombre. | Rochebrün, commandant, 48e bataillon nationale, paris. successeurs ont reçus comme frère. chevaux loués armée, bien portant, écrivez chambéry. — Chevalibog. | Ottmann, rue lepelletier, 26. portons bien, reçu lettres, isa édouard aussi 10 jan. pas adrienne, inquiète, disposez caves. — Isabelle. |

Foix, 17 jan. — Pihoret, 20, rue chabrol. vôtres bien portants, strasbourg reçoivent lettres. — Truelle. | Truelle, 20, rue arcade. sommes avec vous de cœur. Dieu vous garde. — Truelle. |

Albertville, 16 jan. — pharmacie savoye, boulevard poissonnière, 4. reçu lettre de louis, plus de toi depuis 7 décembre, inquiète, écris, allons bien — Estelle. |

Cherbourg, 13 jan. — Constantin 11 boulevard malesherbes. portons bien, t'aimons inquiètes. — Constantin. |

Granville, 13 jan. — Hètrel, 18, jacob. recevons vos lettres, allons bien, habitons granville, pensons toujours à vous. — Delpech. |

Coutances, 12 jan. — sœur Dupont, coutances bac 140. allons tous bien, inquiètes par bombardement nouvelles immédiatement. — Dupont. |

Saint-Lô, 14 jan. — Schefer, arcade 25. troisième christian, santé parfaite, heureux champanhet affectionnement noël étrennes serviteurs dévoués, lettres reçues juliette enfants bien. — Champanhet. | Courtat, 5, regard. deuxième tristes faibles lettres, reçues georges décoré coblentz. | Lecorché, 19 duphot. saint-lô lettres reçues froids santés mauvaises, chagrin bombardement, écrivez maman aussi poste restante. — madame Ernest. | Girette 19, quai bourbon. toujours à agneaux tous bien portants, recevons tes lettres, reçu envois messageries manquons de rien. — Victorine. | m. Barbier 29, rue bouchardon, paris. inquiets sans nouvelles depuis deux mois. — Léonce. | Lange, 53, bretagne, auguste nous famille, d'hostel, santés bonnes apprenons bombardement, écris nous, dis ninie ou charles, habiter appartement. — Bosquain. |

Pézénas, 16 jan. — Montagne, capitaine artillerie, 4e batterie, 6e régiment, paris. lettre du 9, reçue celle louise, 28 décembre, allons bien, courage, espoir. — Montagne. |

Dijon, 15 jan. — Achard, cité trévise, 5, soyez rassurés, tous bien portants. reçu lettre du 9. écris toujours. — Charles achard. | m. Alfred faivre, rue de seine, 31. envoyez nouvelles, fernand joséphine, bébé bien. — veuve Gabet. |

Le Havre, 12 jan. — Gounot, 11, rue castellane, paris. femme, enfants vont bien, habitent beau séjour. lausanne recevons tes lettres. — Camille. | Vasse, rue germain, pilon, 19, paris. fanny, adolphe, paul bien. lise, élise aussi, 19 décembre. famille pauline bien, st-servan. — Adolphe. | madame Byran, 14, rue bréda, parfaite santé, havre. — Albert. | Thiboumery, 11, rue beaux arts. tous bien, couche chez louise. — Acher. | Bessand, belle jardinière. paris. famille bien portante, emma habite worthing trois montagne place, te tourmente pas pour moi, havre. — Louis. | Garnier, 21, boulevard malesherbes, paris. amédée à granville édouard, émelie les enfants toute la famille bien portante. — Desplanques. | Mathérion, 19, rue chaptal. dieuville, havre, jersey, tous bien portants, douloureuses sympathies à mes tantes, céline, écrivez poste restante. — Marie. |

Pézénas, 17 jan. — Congras bernard, rue croissant, 10. reçu tes lettres, toute la famille porte bien. — Octavie Congras. | Rode, rue basfroi, 10. famille bien sommes inquiets, écris. — Adelaïde. |

Angoulême, 16 jan. — Tavernier, 34, trévise. huitième. lettres 11 reçues: toutes santés excellentes. faites vous voudrez. écris havre. — Vion. | M. Trapataud, 26, rue de l'église, batignolles. lettre reçue dire à sœur. — Pacherie. | Madame Pacherie, 7, rue chauffournier passage maslier. lettres reçues famille et santé bonne. — Pacherie. | Raboin de Boisserolle, 79. boulevard saint-michel. mon appartement arcade est à ta disposition. concierge, 8, tronchet, remettra clefs. — Anatole Legrand, | Charlot, doreur, 8, rue saint-séverin. tous bien. hortense morte. — Robert. | Daumont, 19, malaquais. tous santé. multipliez précautions, courage. baisers. surtout vendez pinpin. souvenir jeanne anxiété malgré votre sérénité. — Marie Daumont. | Saint-Girons, 52, chabrol. ici bien. pensons prions pour vous. donnez nouvelles bloudel, galard, duhamel. — Caroline Dora. | Amiel, 146, rue saint-honoré. reçois souvent lettre, toujours angoulême tous bien portants. — Thérèse Auriol. |

Barbezieux, 16 jan. — Rollard, 22, passage petites-écuries. inquiète pas de lettres. — Rolland. |

Larochefoucauld, 16 jan. — Bergouignan, 87, faubourg-saint-denis. larochefoucault adèle inquiète, écrivez. — Cuny. |

Ruffec, 16 jan. — Noël, 11, rue garancière. lettres parvenues, tous santé bonne. — Noël. | Monteau, palais-royal. reçu lettres, santé bonne. — Grouillard. |

Grenoble, 16 jan. — Champenois, médecin chef hôpital saint-denis, pour dumoulin intendant. allons bien, maurice travaille. ai reçu lettre 10, souhaits santé. — Louise. | Chalonge, 13 de lafayette. portons bien. courage. recevons vos lettres. — Train. | Fontanet, 9, richepanse. tourmentée. as-tu sucz et industrielles. envoie numéros et tes nouvelles. — Félicie Truet, chez raoult, place claveyson. | Directeur Nationale incendie, 13, grammont. service marche régulièrement, mauvais temps empêche règlement, plusieurs sinistres, situation bien satisfaisante en résumé. — Kilmaine. | De Kilmaine, 6, rue chaise. reçu vos deux lettres, ayez bon courage tout finira bien donnez souvent nouvelles. — Kilmaine. | Machelard, Nationale incendie, 13, grammont. donnez nouvelles, bon espoir. zélie va bien. affections, souvenirs momerot et directeur. situation bonne. — Kilmaine. |

Le Puy, 15 jan. — Aubry, 33, jeûneurs, paris. toute votre famille bonne santé, aussi demoiselles hubert. — Martin Rogues. |

Gap, 15 jan. — Goursaud, 35, avenue lamothe-piquet. Victorine, moi bien. — Goursaud. |

Carcassonne, 17 jan. — Frère Abundantins, 20, rue fourneaux. donne nouvelles, si ne peux, vois capitaine gaussail, 10, tournon. nous bien alzonne. — Andrieu. | Jules Garrigue, 27, rue lepic, paris. sommes chez ma sœur. — Garrigue. |

Roanne, 13 jan. — Sapin, chez barthélemy, 10, saint-séverin. avons reçu lettres georges pas mobilisé. allons bien, continue donner des nouvelles. merci pour exactitude. — Reheiser. — Pomey, 20, boulevard saint-marcel. bon léon, enfants, papa, moi, santés parfaites. recevons tes lettres. soigne-toi bien. — Louise. | Martin, 54, quai rapée. coteau. santés parfaites. je reçois tes bonnes lettres, continue à m'écrire souvent. — Félicie. |

Saint-Étienne, 15 jan. — Paul Prieur, 19, rue tronchet recevons vos lettres régulièrement. sommes tous bien portants à givry et ici. — Levert | M. Bonnefoy, 9, rue Villedo. fille non, non. — Magand. |

Dieppe, 9 janv. — comte Gourcuff. 14, rovigo. bien, tranquilles, avons argent, lettre du 30. — Gourcuff. |

La Rochelle, 16 jan. — monsieur Lacheurié, 19 rue aumale, paris. pas de nouvelles ernest depuis un mois, inquiets, nelly, tous allons bien. — Tony Callot. |

La Rochelle, 17 janv. — madame Soinoury, rue vanneau, 41, paris. nous allons bien. — F. Chartier. | Mangin, 16, boulevard strasbourg. verneuil et nous assez bien. inquiets, pas nouvelles depuis le 1er, écrire chaque ballon — Mangin. | Millet, 33, boulevard latour-maubourg si inquiètes par bombes prendre logement 16, ouvrir portes, santé assez bonne, parents pas nouvelles. — Mangin. | Reiss, 5, rue lamartine, paris. sommes tous très-bien portants, donne de tes nouvelles, de hess et baor. — Reiss. | comtesse Duchâtel, 69, varennes. reçois lettre du 12. suis toujours au camp chef de bataillon. combien pense à vous. — Tanneguy. |

La Rochelle, 18 jan. — madame Belin, 8, rue de la douane. bonne santé, écris-moi souvent. — Stéphanie Belin. |

Marennes, 16 jan. — docteur Constans, paris, passage ste-marie. pourquoi pas écrire ballons. marie décédée, anémie, méningite, extraordinaire. amis bien portants, amitiés. — Bruynooghe. | Foureau, 21, rue coquillière, paris. nous portons tous bien. — P. Foureau. | Dumont avenue trudaine, 31, paris. santé parfaite, reçu ta lettre du 12 janvier. — Malets. |

St-Jean-d'Angély, 16 jan. — Bussy, commandant génie, 2e armée, 2e division, 3e corps, brigade faron. léontine st-jean-angély. porte adresses richardière leneuf. — Bussy. | Gando, 55, amsterdam. poidevin, léontine valenciennes, basset hanôvre, héloïse, enfants londres, marie, marguerite lille, julie, clémentine bien. — Pelletreau. |

St-Jean-d'Angély, 17 jan. — Hameau, 16e régiment de marche, 5e compagnie, 4e bataillon, 35e de ligne. toujours sans nouvelles de vous, inquiétude grande, santé bonne. — Hameau. |

Royan, 15 jan. — Ziégel, 34, tour-d'auvergne. marie, tous santé bonne. donnez 100 francs chacun marx, jeanette, gothon, brunswick beauregard, 8. — Ziégel. | Brunswick, beauregard, 8. royan, reçu lettre laudéran. irma, enfants bien, chargent remettre 100 francs, les recevoir tour-d'auvergne, 34. — Ziégel. |

Royan, 16 janv. — Ruet, 21, cujas. santé bonne reçu 5, écrivez. — Poignon. |

Rochefort, 17 janv. — Pouvreau. capitaine canonnière escopette. tous bien. reçu lettres, st-jacques 109. pas argent niort, sois tranquille, pas besoin. — Pouvreau. | Senolet, 5, rue marseille. tous bien, moi assez souvent fièvre. marguerite débrouillée, étonnée de fréquentes visites rue lancry. — Marie. |

Saintes, 17 jan. — Estignard, 65, rue blanche, paris. troisième dépêche, ma femme morte, apposer scellés. donner congé, prévenir buas, clinger cuisinière. — de Carrère. | Néraud, officier d'ordonnance du général lespiaux, paris. très inquiets, de tes nouvelles. — Néraud. |

Marans, 16 jan. — Barbier, 25, ancienne-comédie, paris. inquiets depuis bombardement. aussitôt paris délivré irez chez sazerat attendre voie rétablie. — Barbier. | Meunier, intendant militaire. tous bien, sans nouvelles. la rochelle beaucoup maladies. frères au collége rochefort, veux aller les rejoindre. — Amélie Meunier. | Perrier, intendant militaire. nous sommes hôtel postes marans, fils à rochefort, amélie veut que nous allions les rejoindre, écrivez. — Perrier. |

Rochefort, 17 jan. — Rodanet, 38, vivienne. santé, sécurité, frères besançon, reçois tes lettres. — Anna. |

Lille-central, 10 jan. — Delachèvre, 116, avenue champs-élysées, paris. suis à lille dragons du nord. — Delachèvre. | Margantin, saint-jacques, 179. allons bien, auguste commandant armée nord. — Adèle. | Vaillant, avenue wagram, 77. nous allons parfaitement. — Eugénie. | Grignon, faubourg-st-honoré, 168. santés parfaites. écrire à tournay, 20, des maux, belgique. — Marie. |

Bordeaux. — 22 janvier 1871.

Roubaix, 10 jan. — monsieur Badet, neuve-des-petits-champs, 11, paris. tous bonne santé. — femme Badet. |

Dunkerque, 11 jan. — Humbert, rue charles V 19. portons bien, vendez, attention solvabilité. trente jours vendriez-vous charbons et sels? répondez. — Gysel. |

Lille, 11 jan. — monsieur Petitpas, 51, rue gauthey, batignolles. très-bien. oui. fille capitaine dépôt 75e. bien. oui. — Baclen, capitaine. | Féasse, haussmann, 50. avons lettre 30, allons bien, ai écrit dalloz, lettres arrivent. ma part rare. voudrais plus fréquente. — Féasse. |

Mâcon, 17 jan. — Habert, 9, berlin. tes mère, parents allaient bien fin décembre, nous aussi, dis gaume roger écris souvent. — Barbentane. | Delafond, berry, 15, paris. avons écrit nombreuses lettres, sommes tous bien, pensons à vous, écrivez. — Ley. | Houssiaux, jardinet, 3, paris. prenez notre appartement, serez tous sûrement abrités. allons bien. — Ley. | Mahias, préfecture seine. reçu nouvelles, santé bonne. — femme Rosay. | Delarochette, capitaine 40e mobiles ain. avons écrit souvent, allons bien. donne tes nouvelles mâcon. — Gaston Delarochette. |

Le Vigan, 16 jan. — De Calandon, neuve-capucines, 6. sans nouvelles depuis octobre, désolées. écrivez vite. — Zélie. |

Uzès, 16 Jan. — Lantelme, boulevard temple, 11, paris. trouvez cyprien thomas, 66e ligne, 4e bataillon, 3e compagnie. donnez-nous siennes nouvelles immédiatement. — Lardouin. | Lantelme, boulevard temple, 11, paris. recevons lettres, cherchez victuailles domicile. enlevez châle dans armoire chambre. retirez commode contenant valeurs. — Lardouin. |

Dieppe, 10 Jan. — Cazal, banque, 9. allons bien, dieppe tranquille. — Cazal. | Pastor, cité trévise, 3. santés bonnes. zoé rue argent, 31. — Mina. | Bignon, 1, rue hautefeuille, paris. mari rétabli, libre à anvers, envoyez lettres toi. — Tassel. | monsieur Piel, chaussée-d'antin, 47, paris. dernière lettre novembre, bonne santé. — Deruaz. |

Lormes, 15 jan. | Hédé, 52, grande rue batignolles. donnez nouvelles andré écrire. lormes (nièvre.)—Loubens. | Jules Ferry, hôtel de ville. pas nouvelles depuis octobre, inquiète écrire lormes. (nièvre.)—Loubens. |

Ambert, 14 jan.—Grimaud, 27, rue du château, petit montrouge. paris. allons bien. recevons tes lettres, écris-nous souvent.—Victorine Grimaud. | Ermilhon, 7, saint-andré-des-arts, paris. envoyé lettres et dépêches. tous bonne santé. attendons impatiamment délivrance.—Armilhon. |

Neuvy-st-sépulcre, 16 jan. — Moisy, 23, stephenson, paris lachapelle. tous bien portants. département non envahi. espoir et confiance écrivez souvent. — Moreau, ancien maire actuellement juge de paix. | Veleine, 10, saint-joseph, paris. toutes bien portantes. reçu tout l'argent, département non envahi. rien à craindre. — Veleine. |

Tarbes, 17 jan. — Rousse, 17, rue helder. tous bien. léon havre. — Cazabonne. | Mirambeau, 4, place victoires. portons parfaitement. lettre datée 11 jan. satisfaits. écris à ton père.

Châteauroux, 16 jan.—Servant, 55, folie-méricourt. prussiens pas ici. nous portons bien tous. reçu lettre de paul.—Chambert. | Cloquemin, 4, menars. brenger. georges, hambourg, antony, ivan officiers, nevers. Joseph limoges, portent bien.—Marie. |

Le puy, 15 jan. —Clauzel, 19. bien portants.— Crose. | Fromentin, 10, rue de lyon. santé parfaite.—Louise Fromentin. |

La mothe-st-hérayе, 16 jan. — Laforet crédit mobilier, 15. santé parfaite.—veuve Bouillon. | Bouillon, 6, avenue roi rome. santé parfaite. — veuve Bouillon. |

Bourges, 15 jan. — Billot, 5, rue odéon. paris. santé ici. bébé à versailles. inquiets, emprunte soigne. embrassements.— Billot. | Fanny Girod, 10, rue clauzel, paris. sois courageuse, confiante. écris bourges, 4e bataillon de toulon.—Boitard. |

Treignac, 16 jan. | Breuilh, 13. buci. allons bien. suis treignac. reçu nouvelles versailles, pas très-malheureux. | Rose Breuilh. |

Lissonne, 9 jan.—Madame Lasbordes. 43. vavin, partageons douleur. viens sissonne tous bien. — Laisné. | Moreau, 14, larochefoucault. honfleur, sissonne bien portants, écrivez.— Clémence.—

Nevers. — Monsieur Tommy Walker, 7, rue neuve-fontaine, paris. donner argent à tante baumond, rue cochet, 9, réponse chez Perriot garchizy. — Archambault. | madame Baumond 9, rue frochot. paris. demande argent Walker, autorise concierge laisser tante, famille habiter mon appartement. réponse perriot. — Archambault. |

Biarrits, 16 jan. — André, architecte, 21, fontaine saint-georges. tous bien portants saumur, doué, genève.—Laure. | Duval, 8, rossini. reçu votre lettre. tous parfaitement. vous envoyons vives félicitations. amitiés oncle, alice paul. — Louise Perraud. |

Commentry, 15 jan.—Nicolas, 48, rue dargout, paris. reçu lettres et répondu. apprends que malade, écris-moi guérison. bonne santé, inquiets. —Nicolas. | Bidoau, 56, aboukir. famille bien, écrire ta santé. enfants commentry. fabriques pas nouvelles.—Pannetier. |

Condé-s.-noireau. — monsieur martin, 3, rue censier, paris. santé tous. écris. — Théonie. |

Verdelais, 17 jan. — Chaizin, 104, vaugirard. 3e dépêche. nous santé passable. mais vous? germain, tous bien.—Aurélie. |

Compiégne, 7 jan.—Aubry, 21, st-merri. compiégne, crépy orrouy vont bien.—Hazard. |

Boussac, 16 jan.—monsieur Desfosses, 126, rivoli, paris. reçu toutes vos lettres. allons tous bien. donnez nouvelles de tous. que Félicie écrive aussi. |

Arès, 17 jan. — Javal, 4, anjou-honoré. tous bien. arès, lille, nice, leipzig, vienne, londres. Joseph souffrant.—Javal. |

Fourchambault, 15 jan.—Cajat, 10, st-dominique saint germain. bien portants, 8 lettres ballon. bien inquiets, pas nouvelles depuis 26 déc. écris souvent, trois dépêches envoyées. |

Saint-Afrique, 14 jan.—Emile Lévy, 19, boulevard st-martin. lettres reçues, nous portons parfaitement.—Ernest Lévy. |

Guéret, 16 jan. | Lavillatte, 27, rue saints-pères. nous allons bien. reçu lettre 41 déc. écrivez souvent.—Henriette. | Droz, 75, rue vaugirard. reçu lettre 31 déc. avons écrit souvent. portons bien. inquiets. — Lacombe. | Delatousche, sergent-major, 36e régiment mobiles. 2e bataillon, 6e compagnie. aucune lettre de toi. donne nouvelles.—Delaborde. | Lannes, 2e section ouvriers militaires d'administration, couvent carmélites, saint-denis. donne nouvelles hebdomadaires. silence inquiète. beaupuy donnera vingt francs mensuellement.—J. Lannes. |

Lunel, 16 Jan.—Auguste Gauthier, caporal mobile hérault. saint-maur. famille bien portante, mère mieux, écris lettres parviennent. adèle sage embrasse oncle. — Gauthier. | Schawagel, 253, recevons tes lettres. portons bien. achille, faubourg st-martin. afrique.—Schawagel. | Fournet Jacques, mobilehérault. 6e compagnie, 3e bataillon, saint-maur. familles fournet, maulis merle, portons bien. recevons lettre. écrire.—Fournet. |

Auch, 17 jan.—Thirion, 177, faubourg poissonnière. albert non-mobilisé et marie enceinte à Vevey. lucie et collas chez roger. nous auch. — Aylies. |

La Châtre. 16 jan.—Duplomb, ministère marine. frère, sœur, parents bébé. tous bien à lavillate.— Louise. |

Béziers, 16 jan. — Chauliac, capitaine mobile hérault. tous bien. grossesse bonne. désire désigner nom enfant. deux mois sans nouvelles. lettres dépêches envoyées.—Elodie. |

Toulon, 16 jan. — Doulcet, palais-bourbon, paris. Jules paul, tous bien, souvenirs, vœux à Poulcet, Geraret. Gration, Crepon. — West. | Mercier, rue des bons enfants, 12, père, frère, moi, bonne santé. grand besoin, trois mille fr. mandat-poste. embrasse bien tous.— Edmond. |

Bordeaux. — Collet, rue Beaudin, 11. | Tous allons bien, sans encombre, vie bon marché. —

Saint-Quentin, 9 jan. — Vernier, quai saint-bernard. confirmons sept lettres, deux dépêches disant : désormais, n'acceptez aucun rachat sur nous; n'achetez rien. — Robert. |

Theillay, 13 jan. — Girard, 2, rue fléchier. — Tous bien portants. — Emilienne. |

Martet. 17 jan. — Eugène berny, ministère de la justice, paris. Tous en bonne santé, écris nous, prévienș Henri dix-sept. — Girard. |

Lamothe-Montravel, 17 jan. — Thirion, faubourg poissonnière, 177. Albert et tous allons bien. Marie Grosse. — Magne. |

Macquencourt. — Journel, 6, rue mulhouse, paris. enfants, famille à Macquencourt. bonne santé, tendres baisers. — Journel. |

Amboise, 15 jan. — Madame Turpin, passage jouffroy, 44, paris. reçu lettres Soulié, Eugène Albert. Voyez Caïmi, rien depuis novembre, inquiète, bruxelles. — Gobeil. |

Notre-Dame-du-Vaudreuil, 9 jan. — Monsieur Chaux, 93, quai valmy. Ferdinand écris mille baisers. — Fauvel. |

Nîmes, 16 jan. — Deleveau, 110, rue montmartre. portons bien, sommes sans lettres, écris. — Deleveau. |

Bayonne-St-Esprit, 17 jan. — Morin, 33, rue Nollet. Batignolles sans nouvelles de toi depuis octobre, inquiets, écris immédiatement, Emile part marin, Rochefort. — Morin. |

Saint-André-de-Cubzac, 15 jan. — Charlassier, fourrier, régiment de gendarmerie à cheval. paris. delphine une fille. tous bien. écris cartes-réponses.— Charlassier.

Nice, 16 jan.—Tucker, Ce, 3, rue scribe. paris. donnez Mme Augusta Dejiuli, pour moi, assez d'argent pour ses besoins. — Lot. C. Clark. | Baumard, lieutenant, 137e, charenton-le-pont. — oui, très-bien. oui, oui, émile prisonnier munich. —Milocheau. | Haxhe, 50, babylone. reçu cartes. courage. écrivez souvent. — Haxhe. |

Pau, 17 jan. — Fauconnier, 23, échiquier. enfants gais, bien portants. famille talamon, bonne santé. lettres arrivent. approuve pour appartement. — Talamon. | Fauconnier, 23, échiquier. prière d'installer dans mon appartement. auguste frotteur qui a la clé. — Bernard Talamon. |

Bourganeuf, 15 jan. —Bonnin, 118, boulevard courcelles. ternes. père succombé octobre. tes lettres communiquées entre parents. étienne cherbourg savoie. inquiétudes depuis bombardement. — A. Bonnin. |

Limoges, 16 jan. — M. Compadre, 5, rue sainte-opportune, 5, paris. pour Clavière. sommes à limoges. allons bien. réponse. —Clavière. | Cariot, faubourg st-martin, 247. paris. écrire fouret, 7, rue cruche-d'or, limoges. — Fouret. | Bidault de l'isle, avocat, rue françois-miron, 68. donnez-nous de vos nouvelles. — Tardieu. | Foignet, 18, passage saint-roch. écrivez par ballon. suis conseiller préfecture limoges. courage. barbares seront châtiés. — Paris. | M. Pinelli, rue malher, 4. paris. blessé 7 décembre. chambord comme lieutenant-colonel 71e mobile. jambe brisée. suis à limoges. — Pinelli. | Coste, 3, aboukir. bien Portants. notre cher victor blessé. auguste bavière. oncle ici. lettres reçues. répondu (courrier). envoyé télégrammes. — Coste. | Boulet, 17, thévenot. paris. recevons lettres lachapelle. enfants revenus tréport. liège, félicie à bex. portons tous bien. — Boulet. | Massing, officier ordonnance général renault. neuilly (seine). reçu lettres. portons bien. eugène retour. maison tranquillisée. abondance.—Massing. | Colleson, 22, quai loire. parents, enfants portent bien. maxime, quatre dents. recevons journaux. écris lettres cachetées. parle toi. — Mathilde. |

Salon, 16 jan.— Alcan, 98, faubourg poissonnière. sommes salon bien portants. nouvelles chaumont bonnes. — Alphandery. | Baret, médecin, 42, boulevard malesherbes. paris. Léopold, prisonnier lübeck. thor, salon, santé bonne.— Brouillet. | Mazoyer, directeur postes. lamotte, salon, santé bonne. lettres reçues. — Michel. | Goubernard, 61, boulevard mazas. salon, annonay. santé bonne. écrire.— Michel. |

Castelnandary, 17 jan. — Mlle Martin, 48, rue clichy. seconde dépêche, inquiet, écris-moi. — Henri. | Sollier, 28, montholon. receveur va bien. reçu deux lettres. courage. | Metgé, petites-écuries, 55. santé bonne, calme, titres retirés, jules. bureau, lettres reçues. | Lafont, 4 bis, cherche-midi. allons bien. attendons nouvelles. reçu deux lettres. — Pariset. |

. Calais, 12 jan. — Bertin, 31, bourdonnais, tous bien. — Gladivish. | Wenger, 12, rue montalivet. paul et tous bien. tranquilles. — Sarazin. | Périer, 3, solférino. reçu à calais, périer et émile bien portants. — Le Roy. |

Châtillon-sur-Indre, 15 jan.— Defricon, lieutenant 13e dragons. paris. aline accouchée garçon. père aux gaschetières, intactes. allons tous bien. écris châtillon, indre. — Camille. | Boulègue, 72, seine. écrire pierrebuffière. vais bien. reçu trois ballons. — Hortense. | De Bryas, capitaine mobile indre. pas de lettres depuis septembre. allons tous bien. écrivez-nous, sommes très inquiets.— Castries. |

Avignon, 16 jan. — Lemerre, éditeur, passage choiseul, pour mendès et Villiers. de grâce, de vos nouvelles. — Mallarmé. | Delatre, 15, quai bourbon. allons bien tous à avignon. le 30, bonnes nouvelles de passy et Véron. — Lobgeois. | De Banières, lieutenant de vaisseau, fort de montrouge, paris. georges depuis décembre sous-lieutenant au 50e mende, espère rejoindre bientôt armée Est. bien portants. — Banières. |

L'Isle, 16 jan. — Thier, 57, boulevard st-michel, paris. par pigeons. grande inquiétude pour toi, jamais reçu tes nouvelles. réponds à châlon. — Thier. |

Cannes, 14 jan. — Magnon père, 21, rue Vanneau. rachetez et gardez mon mobilier, paravant de cheminée et tout meubles de l'atelier. — Magnon. | Binet, 5, garancière. lettres décembre reçues. bombardement connu, inquiets vous, ensemble, santés bonnes. Vire, bruxelles, torchon récentes. — Baurdanchon. | Comptoir d'escompte paris. M Boissaye. complimentons adolphe, enfants, petits-enfants, portons bien tous. — Boissaye. | Berly, 41, rue Victoire. santés bonnes, reçu toutes les lettres, écris plus souvent, as-tu dépêches 2, 9 décembre. — Lemaitre. | Général Mellinet, école militaire. huitième dépêche, sommes à cannes, portons bien, recevons lettres, pensons vous, envoyons assurance inaltérable affection. — Dagault. |

Menton, 14 jan. — Barbier-Lefèvre, négociant bois, porte paris, saint-denis, paris. prière envoyer nouvelles pigeory à sa mère à menton, alpes maritimes. — Pigeory. | M. Ponte, 28, boulevard bonne-nouvelle. sommes ici à menton, portons bien, enfants travaillent, soigne-toi, je reçois tes lettres. — Ponte. | Lesieur, 132, lafayette. enfants bien, nous trop tourmentés, tâches venir, reçois tes lettres, parents genève. plus lettres de vous. — Lesieur. | De Verneuil, 19. rue clichy. rien de vous depuis octobre, donnez nouvelles de vous et albert. — Pigeory. |

Cannes, 15 jan. — Madame Bourasset, 52, rue de douai. suis bien, reçu ta dernière lettre 7 décembre, écris, bonnes nouvelles du brésil. — Amélia. | Madame Turcas, 17, quai Voltaire. tous bien, les duret chez zénobie, émile sauvé prisonnier à coblentz, écris encore. — Turcas. |

Menton, 15 jan. — Ancelle, 67, amsterdam. famille oreille menton, bien. — Oreille. |

Perpignan. 16 jan. — Saleta, lieutenant vaisseau paris. Nous portons bien, t'embrassons et prions Dieu pour toi, albert à namur t'embrasse. — Delphine. | M. Boullaud, 26, rue pigale. mettez parents dans chambre marie, bien émile, voyez momain. — Léonie. | M. Moinaux, 130, faubourg poissonnière. émile parle difficilement, marche froid retarde guérison, léon mobilisé montebourg oncle bien. écrivez. — Léonie. | Comptoir escompte. pas reçu titres demandés 6 septembre, daignez me dire si docteur jullienne, 10, avenue trudaine, est vivant. — Garrette | Mademoiselle Marchal. 2, rue de la paix, pour macabios, paris. arrivée 16 septembre chez théeline, santé bonne, reçois lettres. — Louise. |

---

102. Pour copie conforme,

L'inspecteur,

Bordeaux. — 25 janvier 1871.

Valence, 19 janvier. — Louvet, 13, saints-pères. allons toutes parfaitement. annoncez Albert mort Daniel. sa fille superbe, Suzanne aussi. — Jeanne Louvet. |

Crest, 19 janvier. — monsieur Frand, architecte, 33, saint-pétersbourg, paris. deux mois sans nouvelles, reçu accouchement léontine, portons bien, écrivez. — Chandoreille. |

Romans, 19 janvier. — Grenier, vicaire st-laurent, paris. portons tous bien, reçu lettres. Félix pensionnaire, péage demande intérêts Juven, rembourserai son père. — Grenier. |

Niort, 20 janvier. — Gingembre, 59, boulevard strasbourg. toujours niort, bonne santé, sans nouvelles depuis 11. lucien grand, parle. amitiés tous. Gingembre. | Guitton, maison Bergera, 61, montorgueil. sans nouvelles, écris immédiatement, vais bien, mère inquiète. — Guitton. | Fitremann, 191, rue st-honoré. sept Fitremann, Rose, Mathilde fille, Chenal, vont parfaitement. Anne, Marie, arrivées villers-cotterets soissons octobre. — Fitremann. |

St-Maixent, 19 janvier. — Sautereau, 14, avenue victoria. allons bien excepté grand-père, écrivez souvent, communiquez Albert, tendresses. — Lucie de Lescale. | Cruet, 13, sévigné. santé bonne, bien-être parfait, supplie fais attention. adresse hôtel france, st-maixent, deux-sèvres. courage. — Cruet. |

Dijon, 18 janvier. — Saussié, 26, montmartre. reçu toutes vos lettres, Albert et tous vont bien, Auguste Saussié également, bon espoir. — Olivier. | Courcelle, 68, boulevard malesherbes. bonnes nouvelles brême. Jules ennuyé, non abattu, entouré amis. vesoul tranquille. tous bien portants. — Drevon. |

Meilhan, 19 janvier. — Picard Assomption, auteuil, paris. pères, sœurs, famille, bien. Caroline malade, nice. maisons tranquilles. écrivez souvent, détails. lettres arrivent. Eugénie nîmes. — Elisabeth. |

Agen, 20 janvier. — monsieur Lacroix, 34, rue vaugirard. très-inquiètes, écrivez, reçu deux lettres. — Lacroix. | madame Pognon, 29, rue penthièvre. envoyez toujours agen nouvelles. Lucien, tous, bien. amitiés. — Lacroix. | madame Hildgen, 31, boulevard de la villette. inquiète, donner nouvelles, me porte bien. — Conter. | Pontié, ambulance ministère finances. rassurés par lettre Caritan, donne nouvelles souvent, Emile avec Chanzy. Pontié. | Grasset, 27, rue clauzel. inquiets, donner nouvelles, Arthur avec nous, tous bien. — Saget. |

Monsempron-libos, 20 janvier. — Solacroup, rue londres. Louise libos, très-bien moralement, physiquement. pas été malade. Henry, Bourbaki. Solacroup Dagoty bien, saint-étienne. — Solacroup. |

Grenoble, 17 janvier. — Muller, chez Bertin, 27, boulevard italiens. lettre reçue, écrivez chaque semaine détails sur rue grénetat et fer-à-moulin. — Ott. |

Grenoble, 18 janvier. — Bégué, 125, st-honoré. vais bien. écrivez 6, rue st-joseph, grenoble. très-inquiet, reçois lettres, Chaumont vont tous bien. — Bégué. | Duquesne, 51, laffitte. santé bonne, reçu tes lettres, répondu toujours, sommes à grenoble depuis trois mois. — Nepveu, 7, rue lesdiguières. | madame Reymond, 2. rue du cherche-midi. santé bonne, je reçois tes lettres. — Reymond. | Matton, 73, rue légendre. Marie, enfants, à grenoble. famille va bien. — Marie. |

Avignon, 18 janvier. — Musson, 201, rue lafayette. sans nouvelles depuis 31 août, sommes inquiets. avons garçon, tante Hugand morte, écris-nous. — Louis Musson. | colonel 28e marche, paris. que fait Eyrier, lieutenant? prière donner nouvelles parents inquiets. — Eyrier. l'isle (vaucluse). — Blavet, 3, rue rossini. moi, maman, enfants, tous carpentras, santé excellente. 3e dépêche. Auguste armée Garibaldi. — Marie Blavet. | Deconchy, officier-ordonnance général Blanchard, paris. en grâce, prudence! avec vous de cœur toujours! Marie angleterre, bien. 9e dépêche. — Isabelle Poncet. | Ducoing, 12, douai, paris. ai testament ici. — Franquebalme. | Alfred Barrès, capitaine 121e de ligne, paris. Emile est ici bien portant. nous portons tous bien. — Barrès. |

DÉPÊCHES-MANDATS.

série B (suite.) — 25 janvier 1871.

N. 321. — Marseille, 83. — Me audibert à me guilhot, 9, rue faubourg st-denis. — 100 fr. | n. 322. — Bordeaux, 23. — cèbe à adolphe cèbe, 86, rue de la villette, cité florentine. — 100 fr. | n. 323. — Bordeaux, 24. — lambert à me romainville, 8, chaussée-d'antin. — 100 fr. | n. 324. — Verré-sur-Salmaise, 282. — boccard à boccard alexis, mobile, 4e bataillon, 5e compagnie. — 20 fr. | n. 325. — Réalmont, 275. — valette à cavalliés, 12, rue vivienne. — 100 fr. | n. 326. — Nantes, 45. — berthault, 4e zouaves, 2e bataillon, 7e compagnie. — 100 fr. | n. 327. — Loudinières, 133. — flavien à alphonse flavien, mobile, 3e bataillon, 7e compagnie. — 40 fr. | n. 328. — Grenoble, 9. — périnot à me périnot, 47, rue du caire. — 500 fr. | n. 329. — Pau, 48. — me touttain à touttain, 10, rue poissonnière. — 100 fr. | n. 330. — Pau, 49. — me touttain à me armantine françois, 15, rue rochechouard. — 100 fr. | Total. 1,260 fr. |

N. 331. — Arcachon, 7. — ve dubois à anatole dubois, 49, avenue labourdonnais, champ-de-mars. — 50 fr. | n. 332. — Périgueux, 50. — mlle meunier à f. meunier, 76e de ligne, 4e bataillon, 5e compagnie levallois. — 20 fr. | n. 333. — Bordeaux, 48. — sengenes à me ve delan, 16, rue des écouffes. — 100 fr. | n. 334. — Marseille, 32. — jullien à léon jullien, 36, rue condorcet. — 194 fr. 85 c. | n. 335. — Lyon-Brotteaux, 86. — milet à me milet, 13, rue londres. — 200 fr. | n. 336. — Bordeaux, 29. — rognetta à me rognetta, 3, rue vintimille. — 250 fr. | n. 337. — Langres, 4. — bécourt à viervey, librairie étrangère, 67, rue richelieu. — 150 fr. | n. 338. — Vire, 25 — martin à monard, 42, rue jeûneurs. — 300 fr. | n. 339. — Limoges, 43 — courconnaix à me ve guillaumel, 38, rue de meaux, belleville. — 100 fr. | n. 340. — Plouha, 43. — me chauvy à chauvy, 2, rue des pyramides. — 300 fr. | Total : 1634 fr. 85 c. |

N. 341. — St-Jean-de-Losne, 22. — levêque à charles levêque, 10e mobiles côte-d'or, 1er bataillon, 7e compagnie. — 60 fr. | n. 342. — St-Jean-de-Losne, 45. — souverain à alfred souverain, 10e mobiles côte-d'or, 1er bataillon, 4e compagnie. — 25 f. | n. 343. — Lyon, 86. — chevalier à david chevallier, mobile drôme, 2e bataillon, 2e compagnie. — 10 fr. | n. 344. — Lyon, 63. — broche à henry broche, mobile de lyon, 2e batterie d'artillerie. — 50 f. | n. 345. — Beaune, 222. — samson à samson, hospice militaire, 28, rue penthièvre. — 40 fr. | n. 346. — Fontenay-le-Comte, 50. — chabot à chabot de pechebrun, lieutenant mobile vendée, 1er bataillon, 8e compagnie. — 300 fr. | n. 347. — Toulouse, 5. — de casteran à de casteran, 6, rue clément. — 100 fr. | n. 348. — Dijon, 271. — muteau à colin à paris. — 100 fr. | n. 349. — Fougères, 43. — friteau à friteau louis, mobile ille-et-vilaine, 1er bataillon, 3e compagnie. — 25 fr. | n. 350. — Boulogne-sur-Mer, 91. — philippe à me guiche, 5, neuve-des petits-champs. — 300 fr. | Total : 1010 fr.

Le Comptable,

Bordeaux. — 25 janvier 1871.

Bordeaux, 22 janv. — Sœur Justine Defaure, ambulance incurables, rue sèvres, 42, paris. reçu 5 lettres, répondu chacune, pigeons. fernand mobilisé, parti cherbourg. — Defaure. | Marguerie, bouloi, 24. pas nouvelles depuis 20 décembre. comment allez-vous. vais bien. détails sur vous. suis lieutenant-colonel. — Charles. | M. Bloch, rue saint-martin, 259, paris. tante habite genève, cité corderie, grottes. — Teigne. | Vulliet, 17, sauffroy prolongée. si besoin argent pour toi, demande béchet. — Vulliet. | Crédit industriel commercial. vendre mes cent actions mobilier, acheter argent actions compagnie parisienne gaz. réponse, 22, castillon, bordeaux. — Danlault. | Boissieux, 176, rue rivoli. bébé superbe, tous parfaitement partout, espérons réunion prochaine. lettres reçues. — Thérèse. | Marmet, rue de la grande-chaumière, 8. reçu lettres argent, tous bien portants, donnez vos nouvelles et françois. — Mazeau. |

Loliot, capitaine 106e ligne, nogent, paris. nous bien pau. — Cécile. | Delaroche, 43, rue grenelle-st-germain, paris. allons bien, avons vos lettres. tendresses dejean, leya bien. — Delaroche. | Attias, 13, entrepôt. tous parfaitement. bébé superbe. reçus lettres, dernière 11. faisons treizième dépêche, inquiets bombardement. — Delvaillattias. | May, 19, dieu. possédons lettre huit, max beaugency, léonie, oscar, minka, gabrielle, alfred, toute famille parfaitement, 13 janvier. — Georges Rosenthal. | Lippmann, 59. feuillantines. votre lettre du 7 nous a rassurés. écrivez chaque ballon. enfants vont parfaitement. — Lippmann. Contencin, aide-camp Dubexi. allons bien toulouse, bordeaux unis. dossé charmant, hyacinthe. bourbaki, martial général, bordeaux jambe cassée remise. — Dastugue. |

Destrilhes, vieille-du-temple, 21. bonne santé, tous ici. reçu argent pour marcelin, lisez *Times*. — Destrilhes. | Mahieu, 33, avenue champs-élysées. riquet mort 17 janvier. travaux ouverts continuent, situation tendue. peynaud prisonnier dresden (saxe). — Rivière. | Cerval, officier ordonnance général susbielle, anna à st-cyprien, couche heureuse, fille. tous bonne santé. auguste ici, vois augustine. — Anna. | Montgolfier, 39, palestro. quatrième dépêche. bonne santé, réception dernières lettres 17 décembre. — Montgolfier. | Meyer, 41. martyrs. écrivez, comment vous portez vous? courage. — Carlier. | Flachat, saint-lazare, 89. paul, angèle ici. tous bonne santé, compris chabrier et autres amis. — Rancès. |

Martin, 50, petites-écuries. santé bonne, partons demain pour bayonne, écrire poste restante. — Diffenbach. | Crédit lyonnais, paris. vous conseillons acheter beaucoup de londres et même versement que ferez remettre à notre agence rabino. — Letourneur. | Duc de Castries, 23, place vendôme. pensons constamment à toi. iphigénie ta mère parfaitement bruxelles, mille bons vœux. — Grégoire. | Baumgarten, 11. rue martel. reçois tes lettres, sœur et moi bien portantes, courage jusqu'à fin, Dieu aidera. — Jeanna. | Jouandeaux, caporal manutention. londres, aubusson bien. écrire souvent, détails régiment jules. embrassons, courage, espérez. — Cécile, Auguste. | Desrousseaux, amsterdam, 39. garflon tous bien, caro havre. alphonse ici, écrivez. — Duprat. | Landy, 122, bac. garçon tous bien, prenez provisions cabinet noir. écrivez. — Duprat. | Faleret et voisin, 95, rue théâtre-grenelle, paris. donnez nouvelles de ma mère régulièrement, 11, rue du temple. bordeaux. — Julia Astruc. | Constant Alphen, 9, rue taitbout, paris. bertha genève, adresse excellentes nouvelles de tous. ici tous parfaitement. vœux. amitiés. — Alexandre. | Birthier, rue du cardinal-fesch, 22, paris. acheté passerieux neuf flancs, gervies douze alcool usages marisy ne veut vendre. — Azeau. | Edouard Hovelacque, 2, fléchier. 14 janvier reçu lettre du 7. santés bonnes partout malgré mortelle inquiétude, Dieu vous conserve. — Hovelacque. |

Abbeville, 16 janv. — Bantel, capitaine, rue st-arnaud, 1. courage, bonheur reviendra. toutes bien portantes, écris par ballon. bois vieux vin, donne clémentine. — Bantel. | Dallemagne, quai orfèvres, 6. veuillez surveiller mon appartement. écrivez nous. — Vernand. | Girardin, rue pasquier 17. inquiète, pas nouvelles depuis fin novembre, écrivez ou faites écrire. albert boulogne, suis souffrante. — Chambaud. | Salagnade, 10, rue royale. famille paris drincourt bien portante. reçu nouvelles. — Drincourt. | Malingre, 223, faubourg st-martin. depuis 4 mois pas de nouvelles d'alfred grare, écrivez à abbeville. — E. Grare. | Alfred Grare, 7e bataillon chasseurs, fort vincennes. depuis 4 mois pas de nouvelles, écris à abbeville. — E. Grare. | Ricquier, 38, verrerie. reçu lettre du 10. tous bien portants, libres, espérons prochaine délivrance. georges collége, marie piano. — Ricquier. | Dehuppy, 36 bis, rue boulogne. en bonne santé, louise, andré aussi, rien ici. reçu lettre. — Dehuppy. | Retaux, 6, rue furstenberg. maria accouchée garçon novembre, tous vont bien, gustave abbeville, julienne bien belgique. bonnes nouvelles marolles. — Martaux. | Deniau, turbigo, 42. lettres reçues mère, eugénie bien. bellart très-malade, crises. — Delaporte. |

Avignon, 19 janv. — Ducos, françois premier 1. tous parfaitement. — Zoé. | Demalle, 38, neuve-st-augustin. adolphe, ivolez échappés. sains saufs langres, prévenez. cornélie, bébé, langres. — Escoffier. |

Orange, 19 janv. — Carré, rue aubervillers, 12, paris-villette. nous sommes tous à châteauneuf-du-pape (vaucluse), et en bonne santé. — Armand Perrot. | Albarel, rue cadet, 26, paris. reçu aucune lettre. eugénie reçoit. — Virginie Albarel. | Mathieu, rue des fourneaux, 58, vaugirard. nous allons tous bien, paul très-bien. donnez nouvelles bibi. — Mathieu |

Champagnole, 19 janv. — Belle, rue des halles, 11, remettre Droux, docteur. reçu tes lettres, tous même santé. lamy, officier, place dijon, chapois janvier. — Droux. |

Le Puy, 19 janv. — Mme Lévy, rue hauteville, 10, paris. recevons tes lettres, portons tous bien, eugénie reçu effets. — Lévy. |

Saint-Servan, 16 janv. — Henri Eugène Colas 5e bataillon, 7e compagnie, 26e régiment mobiles nos familles, boisson. covelet, toutes connaissances bien. avons envoyé 5 dépêches. — Colas. | Gautreau, 48, malesherbes. tous très-bien, lachambre. delbruck, henri avec kérisouet, vitré. marguerite bien, deux dents, écris tinus. — Leponulle. | Guinet, 20, roquépine. lettres reçues, trois dépêches, une lettre envoyées, bien portantes st-servan (ille-vilaine). — Alix Guinet. | Guillou, pavée-marais, 13. tous bien, lessart aussi, service phares assuré. vous et louis écrivez nous. — Bucquet. —

Lyon, 20 janv. — Polaillon, chirurgien hospice pitié. tes lettres reçues. alexandre myope, nous allons bien. — Polaillon. | Magnin, passage saumon, 44. portons bien, francisque réformé, lettres reçues, buisson embrasse. — Bonnet. | Pariani, société générale paris. informez vous si agent champoiseau existe, debout, suis depuis septembre sans nouvelles. votre famille bien. — Geissez. | Cayard, 95, richelieu, paris. avons reçu vos lettres. merci. recevez toutes nos sympathies. si gardez courage temps meilleurs viendront. — Geissez. | Dreyfus Scheyer, paris. avons payé pour votre compte pour affaire barletta cent mille francs à festa, ouvrez crédit londres. — Geisser. | Verrier, passage paiquet, 10 je reçois vos lettres, suis bien portant, habite arnas et rivière alternativement. — Verrier. | Bouchy, 114, rue provence. reçu lettres tous clermont bonne santé, prenez tout chez nous, pensons bien à vous. — Eugène. | Keisser, 7, passage saunier. nos familles bonne santé, triompherons. courage, gustave satisfait affaires angleterre, blanche gentille sera ta joie. — Clémence. | Paquette, chef bataillon 7e ligne, 2e division, 2e corps. bonne santé décembre, 50 janvier, 100 employé tout, parvenir nouvelle. — Mollard. | Bataille, boulevard germain, 70, paris. portons bien, recevons tes lettres, pas froid. lausanne, hôtel gibbon. — Marie Bataille. |

Bloc, château-d'eau, 58, paris. tous bien portants louise ici. édouard chirurgien major est. — Hénon. | Lachard, 2, place victoires, paris. allons bien, reçu lettre 3 janvier, avons envoyé lettres dépêches, écrivez plus souvent, amitiés. — Lachard. | Demilleville, 73, rue miromesnil. vos trois lettres arrivées à constantinople, enfants tous bien portants, écrivez-leur toujours. — Roesch de lyon. | Dejey, 63, rue des vinaigriers, paris. camille reçu lettre 8 janvier, famille louis, élisa, moi, allons bien. — Lucie Bois. | Desevelinges, 9, coq-héron, paris. tous genève, lorient, excellentes santés, richardet reçu 62 lettres, enfants collége. — Pauline. |

Simon, 9, turbigo, paris. recevons lettres isidore, 10, genevois, nantes, parfaite santé maman, tous courage partout, espoir. informe cain. — Ulman. | Adolphe, 57, flandre. paris. reçu lettres, mets ballon monté enfants genevois michellois, santé parfaite, vaucouleurs intacte, préviens turbigo. — Pauline. | Mme Correch, 12, rue delaborde, paris. victorine n'écrit pas depuis 7 décembre. écrivez souvent, santés ordinaires. — Rembiélinski. | Rossignol, rue victoire, 75. tous bonne santé, jules 4e mobilisée partira bientôt. reçu six lettres, bonnes nouvelles savary mulot. — Rossignol. | Rayet, commandant au 117e de ligne. santé générale parfaite, nous avons bon espoir, ayez courage. — Mouchon. |

Faidy, maréchal-logis pontonniers, artilleur rhône, reçu lettre 10 janvier, écrivons, télégraphions très-souvent, soigne-toi bien. allons bien. — Faidy. | Directeur france, grammont, 14, paris. reçu dépêche 5, envoyé 30 décembre, fourmy momentanément genève, sixième arriéré environ, sinistres minimes. — Eymar. | Degrelle, 10, boulevard montmartre. avez reçu lettres, écrivez poste lyon. lettre détaillée par chaque ballon. — Mizery. | Docteur Carrier, laffitte, 52. madame, enfants, bien portants au gua. — Jean Carrier. | Thomarou, rue chapon, 25. santé bonne, partirons avec provisions sitôt possible. — Thomarou. | Plasse, rue petits-hôtels, 7. lettres reçues, joannès correspond, espoir. — Chappuis. | Évêque, bureau télégraphique central. tous bien, léonie une fille. — Marlhens. |

Ragé-le-Châtel, 20 janv. — Saint-Romain, 21, boulevard batignolles. tous bien. touche ménilmontant, vin espagne armoire salon. mitjans bien, tendresses. — Henriette St-Romain. |

Yport, 16 janv. — Gorgeu, 41, seine. famille va bien et tranquillement. diot capitaine, décoré, prisonnier. — Julien. |

Nay, 21 janv. — Fauconnier, rue échiquier, 23. papa embrassons, souhaitons bonne fête, allons bien. gaston marie, émile fauconnier. — Talamon. |

Les-Quatre-Chemins-de-l'Oie, 20 janv. — Garnier, avenue italie, 113. pas demande mercier, aucune nouvelle victorine. envoyé dépêche louis, pas reçue, porte bien, écris moi. — Pinçon. |

Courseulles-s-mer, 16 janv. — Klein, croix-bretonnerie, 44, paris. gauthier, fortrait bien. attendons nouvelles. | Ste-Claire Deville, 47, rue madame, paris. familles troost, moutier, martin vont bien. envoyez vos nouvelles plusieurs fois. — Martin. | Mme Griminy, 183, rue université, paris.

Bordeaux. — 25 janvier 1871.

nous nous portons bien et nous recevons toutes vos lettres. — Thuillier. |

Yport, 17 janv. — Pierre Guely, 20, rue baudin, paris. écrire ballon yport. — E. Nathan. | Mme Nathan, 22, rue leregrattier, ile st-louis, paris. écrire ballon yport. — E. Nathan | M. Duplessis, laval, 24, paris. portons bien, marie aussi, écris nous vite, sommes inquiètes, sans nouvelles depuis longtemps. — Mathilde. | Moulin, rennes, 153, paris. sommes yport, manquons de rien, hélène charmante, recevons tes lettres, écris souvent, amitiés annie mervinin. — Alice. |

Luzy, 19 janv. — Léon Martin, 28, rue racine, paris. famille en bonne santé, couches dijon, on reçoit vos lettres. — Michon. |

Beauville, 16 janv. — Valpinçon, 22, taitbout. lettres reçues, répondu. femme, enfants, jersey, sœur vitré, tous bien portants, bon espoir. — Valpinçon. |

Le Havre, 16 janv. — Mme Villette, 81, rue de passy, paris. santé de votre fils excellente. — Bisson. | Courmontagne, rue jeûneurs, 8. très-inquiète. sans nouvelles. écrire havre. — Amelina. |

Le Havre, 15 janv. — Bosselin, 4, place bourse. paris. vos lettres 10 et 6 expédiées, reçu lettre bruxelles, 9. famille en bonne santé. — Lefort. |

Chaussin, 10 janv. — Petit, tronchet, 35. tous bonne santé. tranquilles fontainebleau, bonnes nouvelles, victor, bébé arrivés. — Petit. | Hudry, place madeleine, 8, capitaine garde nationale, 3e bataillon, 6e compagnie. tous bonne santé, vois tu albert. sophie télégraphie. — Hudry. |

St-Brieuc, 16 janv. — Banc, abattoir grenelle, paris. aline, moi, en bonne santé à st-brieuc, chez mlle beaumont, rue chapitre, écris nous ici. — Banc. | Chevallier, 34, croix-bretonnerie. fifine reçu une, inquiétude, bonne santé, voir collègues, tranquillisez, répondez ballons, ferai parvenir lettres nancy. — Bossert. | Sœur Vincent, fille de charité, quai hôtel-de-ville, paris. jules, aimé ici. louis en auvergne, bonne santé partout. — Lebigot. | Delpeuch, turbigo, 18, recevons toutes tes lettres, résidence pontivy. — Verschare. | De Fresne, 15, bellechasse. 12e dépêche, tous repliés à saint-brieuc, poste restante. — Saubade. | Mme Pornin, rue condé, 11, paris, écrire par ballon. — Osnahony, | Cuirot, 14. rue frochot, paris. bien portants, écris, je reçois tes lettres, émile au lycée. — fe Cuirot. | Bullier, cloître st-merry, 6, paris. ne vous tourmentez pas, restez sans inquiétudes, nos santés sont bonnes. — ve Bullier. | Mme Caillard, cambacérès, 17. tous trois bien portants. — Henriette. | Mme Legoff, rue cherche-midi, 158, paris. reçu, bien, aucune mort, réponse. — Arsène. |

Bordeaux-Chartrons, 17 janvier. — Dauguet, 11, renard, paris. cinq mille kilogrammes beurre, quatre mille kilogrammes avoine, deux chevaux. Paul rennes, Félix mans, bien. — Guérille. |

Grenoble, 15 janvier. — Bailly, 156, glacière. ici situation bonne, portons tous bien, espérons vous voir bientôt. toucher mandat La Mure, envoyez procuration. — Henri. | Beau, ingénieur, 156, boulevard neuilly. Elise bien portante, Besaudun saunerie. — Breton. | monsieur Bézieux, 19, boulevard capucines. mère, sœur vont bien. — B. de Bézieux. |

Vienne, 14 janvier. — Jouffray, lieutenant artillerie, 4e secteur. allons bien, Antoine armée Est, écris, dernière lettre 2 décembre. — Jouffray. |

St-marcellin, 14 janvier. — Decauville, 33, quai voltaire. rien de Petit bourg. ai combattu comme lieutenant avec Chanzy, écris fonderie st-gervais (isère). — Luillier. |

Avignon, 15 janvier. — Ducos, 75, avenue d'italie. tous parfaitement. — Zoé. | Gourcuf, assurances générales. télégraphié le 7. deux sinistrés depuis : montpellier, six cents ; valence, quatre mille. fonds disponibles, quarante mille. — Abria. |

Cavaillon, 15 janvier. — Chazellon, 3, jeûneurs. paris. Germain, vous, Michel, nouvelles. — Avy-Blanc. |

Brives, 16 janvier. — mademoiselle Champy, 16, rue claude-vellefaux lettres reçues, inquiétude poignante ! écrivez souvent. — Ruffray. | Tournemine, officier, 139e ligne. Carbonnat deux familles bonne santé, Laborde bien, Octave exempt. — Tournemine. | Rouquet, 15, rue trézel. allons bien, Jules aussi. donnez-nous nouvelles. — Fabre. | Ernault, état-major garde nationale, place vendôme. bonnes santés, excellentes nouvelles Denizy. voir abbé Montalant, Peloil. réponse donner leurs nouvelles. — Ernault. | Engler, 8, rue sourdière. santés parfaites ici et abbeville, envoyé plusieurs dépêches, reçu tes lettres. — Louise Engler. |

Mende, 15 janvier. — Combemale, 2, passage stanislas, paris. claire, victor, tous, allons bien. frédéric, avec Bourbaki, va bien. nouvelles le 7. — Combemale. |

St-affrique, 16 janvier. — Gras, 93, rue glacière. tous bien portants. — Raynal. |

Le puy, 15 janvier. — Depélacot, aumônier. 119e ligne. allons bien, théodore commandant, Eugène darmstadt, tes lettres arrivent. — Depélacot. |

Arcachon, 17 janvier. — Osiris Mendes, 12 bis, duperré. sommes arcachon bien portants, écris-nous par ballon. — Achille. | Moreau, 98, rue la victoire. sois sans aucune inquiétude. moi, enfants, santés excellentes. Anna ici, père bretagne, parfaitement. affections. — Marie. | Servy, 16, grange-batelière. tous bien portants, lettres reçues. — Aline. | concierge, 15, rue moncey, paris. recevez termes dus par quatre rez-de-chaussées et cinquième, répondez par ballon poste restante. — Elisers. | Joffrin, 63, taitbout. failli tuée hier, Ninette grandit trop, souvent souffrante, sans lettres depuis noël, inquiètes, Naquet préfet corse. — Adolphine. | Ravel, 77, blanche. manqué tuée hier, échappée miraculeusement. refus Rey, arguant névralgies pour échapper visites, avais pourtant rien demandé. — Adolphine. | Dollfus, 88, neuve-des-mathurins. Maurice, comme admissible à st-cyr, nommé sous-lieutenant 44e infanterie de ligne. — Laure Dollfus. | Dollfus, 88, neuve-des-mathurins. Maurice très-bonne santé, sous-lieutenant au 44e infanterie de ligne, à angoulême. — Laure Dollfus. |

Toulouse, 16 janvier. — Basset, 111, boulevard charonne. merci lettre 15 janvier, bonne année, bien portante. — Révol. | Laloy, 29, rue estrées. tous bien portants, georges quatre dents. — Laloy. | Damiron, 46, grand'rue passy. depuis 7 octobre Cart à cormondrèche, canton de neuchâtel (suisse). tous bien portants aussi. — Révol. | Decomble, lieutenant artillerie, 103, boulevard neuilly, 5e secteur. 4e message. allons bien, confiance. — Decomble. | Justine, 5, cité trévise. je suis hôtel capoul, toulouse. dernière lettre Flavie novembre satisfaisante, vais passablement, allez voir mes amis. — Prilleux. | Magnard, 52, meslay. albéric, tous, bien Pécarréré. — Baudner. | abbé Brocard, 20, cloître-st-méry. mère, tous bien. paul, interne hospice, reste. quatre reçues par ballon. — X. Rey. | Théron, capitaine artillerie, ministère marine. 6 janvier. allons bien. Delagrèverie, 22e régiment, tous bien. — Théron. | Daydon, 38, rue notre-dame-victoires. Charles, trésorier, toulouse. portons bien, recevons lettres. — Daydon. | Gauderie, 51, grange-aux-belles. reçu lettre décembre, porte bien. détails louise logement, provision en partant. ennuyé. changé : 34, allée lafayette. — Gauderie. |

Barbey, 14, rue de turin. — santé parfaite. lettres reçues. — Rosalie. | Vidron, 24, rue des batignolles. santé parfaite, lettres reçues. — Johanna. | Quidant, 20, rue de lenery. chers amis prière donner nouvelles, grande impatience, attendons toujours. — Castan. | Mézières, 77, boulevard michel. sans nouvelles, sommes affligés. Frédéric décédé, occupez notre appartement, vendez chevaux, gardez juments. — Fauler, poste restante. | Couly, 53, labruyère. reçu lettres, bien portants. Joseph, échappé metz, est maintenant avec Bourbaki, a écrit 12 janvier. courage. — Couly. | monsieur Thévenon, 44, rue lemercier. prie si appartement ouvert faites clef, tous frais nécessaires, rembourserai avec termes. surveillez. — Delhomme. | madame Magnin, 48, st-georges, batignolles. supplie nouvelles ballon, horrible angoisse ! adressez allée st-simon, 46. — Delhomme. | Coulon, 8, billaut. moi bien, Frédéric prisonnier, réponse toulouse. — Coulon. |

St-gaudens, 14 janvier. — Odemps, 137, faubourg-temple. bien tourmentée pour toi. Charlotte, maman, Alphonsine, bien. écris-nous. Blondine, sœur, tricot. — Odemps. |

Villefranche-lauragais, 16 janvier. — Dayet, vétérinaire auxiliaire, 2e armée, 2e corps, 3e batterie, 10e d'artillerie, à vincennes. tous bien portants, continue correspondance, recevons tout. — Dayet. | Fraisse, 180, rue de la pompe. allons tous bien, sans argent. — Fraisse.

Montauban, 21 janv. — Mourceau, 27, rue mail. jacques et tous bonne santé, montauban et suisse. reçu lettres 11. — Mourceau. |

Dieppe, 13 janv. — Lefèvre, 4, rue saint-fiacre, paris. 13 janvier à dieppe, hombliéres, cambron et nous en bonne santé. — Lefèvre. | Durand, 22, moineaux. tout bien, courage, reçu lettre 27. — Webert. | Delabruniére, 23, grammont. allons tous bien, reçu lettres, enfants toujours collége. donne nouvelles madame niollat. — Delabruniére. |

Balleroy, 14 janv. — Legoux, rue billault, 12. suis percepteur balleroy, calvados. mère restée dammartin, allons bien et vous. — Legoux. |

Crest, 20 janv. — Pradelle, administrateur école polytecnique, paris. crest, allex, allons tous bien. recevons lettres, paul lieutenant, lionnel capitaine, partiront prochainement. — Chalvet. |

Montélimar, 20 janv. — Mme Dorléans, rue des écouffes, 27. jamais reçu de nouvelles, écrivez-moi par ballon montélimar, avez-vous reçu argent. — Gode. | M. Florentin, rue fleurus, 35. jamais reçu lettre, écrivez-moi par ballon à montélimar, très-inquiet de vous. — Gode. | Armand, 43, richelieu. bonne santé, dire beurrier écrire ballon montélimar, prévenir lelelier, 4, baillet, fils bonne santé montélimar. — Petitjean. |

Saint-Rambert, 20 janv. — Paturel, 28, rue petites-écuries, paris. baptistine, sa fille, moi, auguste, henri vont bien, sans nouvelles cyprien, écris souvent. — Virginie. |

Valence, 20 janv. — Pascal de Montmeyran, artillerie, mobile drôme. reçu lettre, familles pascal et clément vont bien, écris plus souvent. — Pascal. |

Lille, 13 janv. — Fouré, 23, place château-d'eau, paris. loos, bien tous. — Fouré. | Denrax, cité trévise, 5, paris. envoyé 200 francs toulouse, j'écris faillant calais. lille très-calme, enfants lille. — Dupont. | Lainé, 49, vivienne. confirme lettres. dépêches refusant tous rachats. — Colle. | Lefèvre, 10, sentier. recevons lettre, merci, courage. — Scrive. | Lalou, galilée, 60, paris. au 30 décembre, troyes, cambrai, santé bonne, ici autant, vous désirons même, embrassons tout cœur. — Romignot. | Lille succursale, Mme Tommasini, 5, rue cirque, paris. bonne année, sommes en bonne santé. - Mathilde. | Charles Meunier, 6, boulevard capucines, paris. bonne année, ami suis ostende bien, embrassons tout cœur, écris papier fin. — Mathilde. | Grosselin, corps législatif, paris. tous bonne santé, édouard lille, reçu lettre du 8 — Charles. | Lestgaiens, 25, hauteville, paris. 12 janvier. tous bien portants, charles [illegible] à moscou, eugène à murcie, fourquet à bordeaux. — Lestgaiens. | Leloir, rue montmartre, 145. benjamin sauf cologne, espoir. — Leloir. |

Thiers, 17 janv. — Constantin, réaumur, 29, paris. ai reçu lettres. bien du chagrin loin de vous. habiter le logement, prendre cave besoin. — Brasset. | Joseph Sue, 25, avenue saint-ouen, paris. pas reçu lettre depuis septembre, écrivez, porte bien, embrasse tous, tiens prêt provisions. — Painchaux. | Franck, 155, rue saint-martin, paris. allons bien, écrivez encore. — Franck. | Millet, 21, rue provence. paris. écrivez nouvelles de tous. — Deuz. | Vuillerey, 44, rue laffite, paris. allons bien, écrivez vos nouvelles. — Franck. |

Clermont-Ferrand, 19 janv — Sarget, chez pélissier aîné, popincourt, 51. nouvelles votre santé, écrivez-moi. — Pélissier aîné. | Guillemin, 238, rivoli. partout santés bonnes, léonard, mère aussi, nouvelles du 14. nourris bien, petite bouge mieux. — Valentine. | Boissieu, 238, rivoli. bancalis tous bien, pas souffert, reçu lettre, sophie bouge mieux. boissier, prat, guillemin, danloux, tous bien. — Marie. | Violet Leduc, architecte, condorcet, 78, paris. écrit 4 décembre, surédat bien 6, vous quid, comptes cathédrale, pas réponse. — Mallay. | De Serravalle, 15, saint-romain. te confirme ma précédente dépêche. attendons impatiemment de vos nouvelles. sommes inquiets sur votre compte. — Agathe. | Mme Ravier, concierge, 10, rue rossini. donnez nouvelles madame Defroidefond. — Demez, clermont-ferrand. | Mme Defroidefond, 23, avenue de l'impératrice. écrivez-moi par ballon. — Demez. | Buard, 15, grande-rue, passy-paris. écrire mélot, 15, rue neuve, tanron, chez parisse, 3, montée jaude, clermont-ferrand. — Félicie. | Rouchon, rue saint-lazare, 138. tes enfants chez turgaud. clermont, écrire. — Rouchon. | Dejongh, rue neuve-sainte-catherine, 10 paris. donnez-moi vos nouvelles par ballon. — Alexandre. |

Issoire, 18 janv. — M. Hy, croix-petits-champs, 50. frédéric, louise, nous bien. — Marret. | Alfred Marret, 16, vivienne. famille bonne santé, recevons lettres. — Marret. |

Riom, 18 janv. — M. Pagès, université, 75. allons bien, perriers, jahans, desrousseaux, delafaye, fréminet aussi, pour vous souffrons, pour vous janvier 6e. — Pagès. | Meunier, rue royale-saint-honoré, 18. portons bien. — Meunier. |

Thiers, 18, janv. — Jasset, meunier, 9e section ouvriers manutention, billy, paris. tous bien portants, écris-nous. — Jasset. |

Mezidon, 18 janv. — Boucard, faubourg saint-jacques. 21. recevoir montorgueil, donner reçu provisoire, savoir accouchée, prendre vin et logement, enlever persienne cuisine. — Clerjon. |

Poitiers, 20 janv. — Choisel, rue temple, 78. donner détails sur talmy, m'écrire trois fois par semaine. — Choisel, 9, rue orléans, poitiers. | Dupont, rue sainte-anne, 65. léon nommé capitaine, armée de bourbaki, est. recevons vos lettres, allons tous bien. — Alexandrine. | Lasché, avenue trudaine, 45. tous à poitiers bien portants. — Lasché. |

Isle-Jourdain, 21 janv. — Octave Lafond, rue clavel-belleville, 1, paris. nous portons bien, attendons impatiemment ton arrivée. — H. Lafond. |

Poitiers, 22 janv. — Sabot, boulevard beau-séjour 37. fortier, colomb meynier, pucey, scheffer, kiéner, cathelineau bien. sabot bien poitiers, trouverez beurre chez crémière. — Sabot. | Defougerais, rue sèvres, 35 louis fort issy ou boulevard prince-eugène, 38. nouvelles, répondez rue fortunat, poitiers. — Depascal. | Delamaisonneuve, rue vaugirard, 90. ami, merci. ai reçu lettres. pouvez demeurer chez moi pendant bombardement. — Bazin. | Jacquin, 31, rue sourdine-saint-honoré. rassure mon mari. enfants, moi, morane bonne santé. recevons vos lettres, courage, baisers. marseille janvier. — Delcroix. | Henry, 26, rue d'enghien. à mon mari, lettres reçues, allons tous bien, baisers, capé, matter, morand bonne santé, marseille — Delcroix. |

Albi, 21, janv. — Paliés, officier, 7e régiment, 1er bataillon, mobiles. sans tes lettres malheureux écris, allons tous bien, boyer, laportaliére, boyer aussi, — Paliés. |

Castres, 20 janv. — Combes, sergent-major, 7e régiment mobile, 2e bataillon, 1re compagnie, paris. santé excellente, lettres reçues, écris souvent, amis restés. — Combes |

Mazamet, 20 janv. — Fisch, 28, boulevard sébastopol. commission paiera trimestre, églises bien. confiance Dieu délivrera la France, rivier visite prisonniers français. — Barthas Rouvière. |

Auray, 18 janv. — Hervet, sous-lieutenant, bataillon mobiles morbihannais. mère denis tac, bien. lettres reçues, écrivez chef vannes. — Denis. |

Vannes, 19 janv. — Saint-Pierre, 14, beaune. reçu lettres, bonheur promets prières, travail, maman ici. parents lamotte. voisins parfaitement, résilier bail, embrasse. — Henri. |

Aurillac, 21 janv. — Bessière, faubourg antoine, 105. 2e. inquiètes santé, suffisamment provisions, chauffage, encore chevaux, lefèvre maison, rien depuis novembre, très-tourmentées. — Bessière |

Angers, 19 janv. — Hardivillié, richer, 41. 2e dépêche. porte bien, arrive souvent ballon, reçois pas de nouvelles, es-tu malade ? bien inquiet. — Salomon. | Mme Lardin, 1, lavoisier, paris. 2 mois sans nouvelles, inquiets, pensons à vous, écrivez. — Barier. | Mme Debernard, courty, 1. madeleine bien christian. bourbaki sans nouvelles de vous depuis 21. — Ida. | Chereau, rue rocroy, 21. tous bien portants, louise parle souvent père. recevons lettres, avons courage. — Chereau. | Louveau, boulevard temple, 1. planchenault fait propositions arrangement, nous paierions sa part des frais généraux, colégataires acceptent, que faire ? — Trouessard. | Lecerf, bureau poste, rue amsterdam. angers, santés parfaites, reçois lettres. — Célile. |

Gannat, 19 janv. — Giraudet, bonaparte, 8, paris. tous bonne anté, émile bien comporté, gilbert à sebdon afrique. — Trapenard. |

Montluçon, 19 janv. — Frick, 42, boulevard contrescarpe. lettres plaisir, portons bien, non envahis, essayez bon poste 100 ballon, gerdolle, lion, profinet, amitiés. — Grandin. | Sœur Victoire, 140, bac, paris. allons tous bien, petite fille. — Eugène Koutercroub. | Richerolles, 122, rue montmartre, parents pionsat cusset vont bien, 20,000 prêts, reçu lettres, écrivez souvent. — Richerolles |

Moulins, 20 janv. — Schill, 34, boulevard sébastopol. allons bien, aussitôt paris débloqué, rentrerons, pas une minute plus moulins, que personne vienne chercher. Schill. | Pagès, 23, jacob. entières familles pagès, bellaigue bien portantes. recevons vos lettres, adèle et auzoux chez eux sans prussien. — Jahan. | Guinier, rue oudot, 12. montmartre, paris. gouverneur arrivé donner plusieurs fois renseignements, concernant valise perdue, numéros, titres, billets banque. — Guinier. | M. Sirot, 123, boulevard péreire. veuillez nous écrire, sommes à moulins. — Bertin. |

---

103 Pour copie conforme :

L'inspecteur,

Bordeaux. — 22 janvier 1871.

Montauban, 17 jan. — Leduc, 27, rue mail. fillettes travaillent beaucoup prennent leçons. jacques commence à grossir. berthe et tous très-bien. — Leduc. | M. Bazin, 8, rue ménars. granès, santés bonnes. recevons lettres. nous t'embrassons. — Mathilde. | M. Jubault, 6, rue tivoli. très inquiet, écrire rue de la mairie montauban, tarn-et-garonne. — Jane. |

Tours, 13 jan. — Chauvet, 110, boulevard prince-eugène, paris. allons bien, 6 lettres reçues 30 décembre, grande inquiétude, sois prudent. écris-nous. — Chauvet. | Jules Leroy, 42, tour-d'auvergne. sables et tours. bonnes santés. — Mélanie. | Hinzé, capitaine, 105me ligne, 2me armée, 2e corps, 2e division. reçu toutes lettres, argent, porte bien, toi mes pensées. — Hinzé. | Prével, 13 bis, passage Verdeau. habitons tours, tous bien, père aussi. — Prével. | M. Didier, 57, rue notre-dame-de-lorette. tous trois à londres, bien portants. — Devina. | Thiévard-Battisti, 45, quai bourbon. mari intendant 1re limoges, attend anxieux vos nouvelles. — Brisson. | Depoix, 19, lisbonne. laroche tous bien, eugène londres, chez amis, tous les moyens employés pour vous écrire. — Depoix. | Dame Fauquet, 29, rue martyrs. argent oublié secrétaire, prenez, fermez, discrétion. bonne santé, amitiés. — Edouard. | Nicolas, 38, rue saint-sulpice, paris. tous en très bonne santé, donnez-nous de vos nouvelles, sommes inquiets. — Gauchot. | M. Brocheriou, 24, quai jemmapes, paris. tout va bien. — Brocheriou. | Delaténa, 23, d'aumale, familles portent bien à jersey, larochelle. publiez messieurs deportes, hutton, deparis, guillemette, drouyn-lhuys. bonne santé. — Delaténa. |

Chinon, 13 jan. — Moreno, 10, quai louvre. paris. toute famille va bien, restons ici. henri tours. reçu ce matin lettre du 9. — Sergent. |

Narbonne, 17 jan. — Gautier, 35, rue Vaugirard-paris. sommes tous bien portants, louise grossesse parfaite. — Gaston. |

Valence, 16 jan. — Poincot, officier, bataillon mobile de la drôme, paris. tranquille, bonne santé, recevons lettre par ballon. — Poinçot. | Madame Morin, 30, quai du louvre. nous allons bien, reçu vos lettres, communiquez à louis. — Rochas. | Gesla, 80, rue saint-denis. trois mois point nouvelle, donnez-moi nouvelle, mort ou en vie, réponse. — Femme Guiraud. | Baudin, 25, rue faubourg-temple. reçu lettre, allons bien, votre famille aussi, sans nouvelles mes bureaux, inquiet, voyez. — Bochet. | Mélot, bureau central télégraphique, paris. santés bonnes. belle-île aussi. cécile marche, cotte reste. lure nouvelles bonnes. — Mélot. | Fauriel, infirmier, 22, avenue d'italie. lettres reçues, tous bien. — Dupont. | Armandy, 21, place roubaix. nouvelle dépêche. santé bonne, xavier arrivé, reçois tes lettres, mille baisers. — Boudon. | Valier, 121, glacière. préservez marchandises caves, écrire. — Félix Cornas, ardèche. |

Crest, 16 jan. — Vertupier, administration générale postes, jean jacques-rousseau. suis crest, depuis 28 octobre, deuxième dépêche pigeon, chagrine, malheureuse, bichette bien, amitiés. — Paula. |

Largentière, 16 jan. — Reboul, 10, notre-dame-lorette. inquiets, trois cents aujourd'hui, toi autant, 10 décembre. louis loge le café placard. chambre ail cuisine. — Sorin. |

Privas, 16 jan. — Maron, 51, jean-jacques-rousseau, paris. toute famille maron va bien. — Elise. |

Montélimar, 16 jan. — Victor Mercier, 60, boulevard clichy. écrivez par ballon monté, vendez obligations variables pour rentes françaises si jugez prudent. — Lucie. |

Besançon, 16, 17 jan. — Loiseau, 15, rue beaujolais, palais-royal. nous allons tous bien, mais tristes, charlotte marche seule. deux dents. | Vandrey, lieutenant-colonel, major artillerie, 1er corps, 2e armée. sommes besançon, santés très-bonnes. recevons quelques lettres, savons nomination. | Renaud, directeur hôpital militaire, Vincennes. besançon, châtillon, pontderoide, partout bonne santé. et vous amis? — François. |

Vierzon, 19 jan. — Riablo, 214, rue saint-antoine. chalumeau. tous bien portants. — Rialle. |

Cenarey, 16 jan. — Lavocat, 37, quai de la tournelle. horriblement inquiète du bombardement, en grâce des nouvelles. — Ollavs. |

Mâcon, 19 jan. — Thomas, 48, avenue d'italie. recevons lettres. donnez nouvelles, famille bien. — Charnay. | Parent, 4, beaux-arts. jules, charles santé, prisonniers. — Marchant. | Bertout, 9, marseille. petit lit, immense tiroir, cachez linge. effets, objets. — Marchant. |

Brissac, 19 jan. — Huot, commandant fort issy. saulgé parfaitement. — Camille Huot. | Prévost, 2, avenue parmentier, brissac inquiétude. — Lefébure. |

Charolles, 19 jan. — Jeanson ou Desforges, 21, boulevard madeleine. portons tous bien. |

Rochefort-s.-mer, 20 jan. — Fauréau, 1, rue petit-carreau. lettres reçues, bien portants. — Bacq. | M. Dedronne, 9, boulevard palais. tous bien. alfred toujours ici. papa, mère, willerme bien. clémence wiesbaden, t'embrassons. — Lucie Dedionne. |

Ruffec, 20 jan. — Campbell, 24. rue royale, paris. Bazin-guérel, bonne santé. si besoin, prenez, vous, guérel, marguerite, mes vins, bois provisions. — Touchimbert. |

Menetou-Salon, 19 jan. — Comte Freffulhe, 10, astorg, paris. toutes trois en bonne santé. — Comtesse Greffulhe. |

La Motte-Beuvron, 16 jan. — Goulet aux postes. reçu lettres, merci, répondu par ballons, pigeons, moulins. tous bonne santé, mille baisers, affectueux père. — Goulet. |

Bourges, 19 jan. — Lan, 12, rue auber. reçois 964. Vierzon chômage décembre. transports impossibles. tronçais un train, constructions retardées. Villegozet projectiles. — Couwoux. |

Carmaux, 17 janvier. — Julie sevin, 7, rue st-martin. paris. 4e dépêche, nous te félicitons et remercions édouard de sa bonne nouvelle. — Sevin. | m. Mancel, 16, place vendôme, paris. 15. extraction, quatre cents tonnes, inférieure aux demandes, par surcroît, wagons manquent. — Sevin. | madame Millan, 7, boulevard beaumarchais, paris. sommes cruellement frappés par mort de m. millan que nous espérions bien revoir! — Sevin. |

St-Amans-soult, 17 jan. — Dieudonné, ministère guerre, paris. tout va bien ici. — Dieudonné. | colonel Reille, 10, boulevard latour. maubourg, paris. santés bonnes bonnes nouvelles de tes frères, anna charlotte pas ici. — baronne Reille. |

Figeac, 17 jan. — Alliaume, sainte croix bretonnerie, 5. bien chez verhœven, figeac, recevons tes lettres. hubert, émile, charles bien portants, prisonniers coblentz. dunkerque bien. — Ritter. |

Cahors, 17 jan. — Beaumont, londres 17. lettres reçues, tous bien portants, léonie garçon. — édouard Salbaut. |

Périgueux, 17 jan. — Brizon, rue bailleuil, 10. famille en bonne santé, avons écrit plusieurs fois, ta lettre reçue aujourd'hui. — Brizon. | Lévy, 11, bleue, paris. septième dépêche, reçu les vôtres portons bien, à toulouse acheter trente mille marchandises expédier mexico. — Aron. | m. Sandoz, 12, rue princesse, paris. bien portants, recevons lettres, périgueux 13, rue notre-dame. — Sandoz. | Caillet, asile popincourt, 16, santé bonne reçu lettre décembre, inquiet réponse. — Caillet. | Dauchez, avocat, rue péronnet, 12. aucune nouvelle paul, depuis assaut bourget, son régiment cité, beaucoup souffert, prenez renseignements prompts. — Courteille. | Pellerin, 3, rue treillard. bien portantes, écris, questionne, parle mère, auteuil, cluzet prisonnier non blessé, courage. — Cuny, pl. triangle périgueux. | baronne Soubeyran, 19, place vendôme, paris. santés bonnes à siorac, eulalie courageuse et bien portante, tendresses. — Sainte-Aulaire. | Abot, rue billault, 52. santé bonne, six lettres ballon, embrasse toute famille, père, mère, maria, mélie, marsal. — — Siorac Hennequin. |

Sarlat, 17 jan. — Fonsale, rue st-placide, 18. allons bien, tante jules aussi. — Julie. |

Fontenay-le-comte, 15 jan. — Valette joffrion, lieutenant 35e mobiles vendée. parents bien portants, souhaitent bonheur, santé, reçoivent lettres, demandent détails, enverront argent quand possible amitiés. — Valette. |

La Roche-sur-Yon, 16 jan. — Delcro, 25. rue bergère, paris. votre lettre reçue, merci, santé parfaite, mille souvenirs aux amis. — Daviau. | Hubert, 20, passage saulnier, paris. j'ai reçu vos lettres, nos santés sont bonnes, amitiés et nos remerciements. — Daviau. | Barby, 103, rue université. 3e télégramme. reçu lettre 24 décembre. donnez nouvelle santé, situation, appartement mille embrassements. — Rondil. | Montigny, 293, rue vaugirard. Donnez nouvelles par ballon santé voisins, appartement. mille amitiés. — Rondil. |

Les Sables-d'Olonne, 16 jan. — Gilbert, capitaine, 35e régiment mobiles, paris. allons bien recevons lettres. — Belle. | Chevalier, 143, valmy. femme voulu absolument rester ferté, tranquille vont bien. reçu lettre gourgas, écrivez par moi aux sables. — Rémery. | François, 278, rue saint-denis. allons tous bien, voyez personnellement valmy. écrivez sables, 20e dépêche. — Rémery. | Rémery, 11, marché st-honoré. allons bien, recevons lettres, écrit souvent longuement aux sables, communique. — Rémery. | Batifort marin, fort noisy-le-sec, 4e bataillon, 5e compagnie corps expéditionnaire. nous nous portons bien, écris-nous par ballon, baisers. — Batifort. | m. Marchand, 6, grand chantier. allons bien. écris sables d'olonne, chez gracieuse berthomé. — Marchand. |

Vichy, 16 jan. — Darcq, 176, boulevard haussmann. santés bonnes, châlons, nogent, vichy, lille. recevons lettres, supportons vaillamment froid, exil. emmerys, ferréoh superbes. — Darcq. | Dépré, 14. petites-écuries. Buzot vichy, bonne santé, recevons. — Vignaud. | Grenet, boulevard italiens, 25. reçu vous, huit lettres, moi, louise bonne santé. — Grenet. | Macary, mazas 26 bis. j'attends avec anxiété de tes nouvelles, écris longuement gare vichy, vais bien. — Macary. | Macary mazas, 26 bis. ai envoyé 200 fr. puis 100, puis 200. si pas reçus réclame poste. — Macary. | Féréol, pont-neuf, 21. santés à tous excellentes besoin de rien. — Brissaud. | Blondat, fermes mathurins, 34. tourmenté de tous pauvre jacques décédé 9 octobre, portons bien. — sœur Meillassaux. | Joséphine rosetti, 230, boulevard voltaire. reçu lettres maman et vôtres vais bien. écrivez, où sœur longuement gare vichy, allier. — Boulade. |

Moulins, 17 jan. — supérieure st-joseph, rue méchain, paris. reçu vos lettres et allons bien, résidence à châteaubourg. maisons protégées. — sœur Marie Jésus. | madame Pauchet, louis-le-grand 1. dire à malet tout va bien, moulins. — Malet. | balon, rue vingt-neuf-juillet, 10. bien portants courage espoir. — Fanny. |

Gannat, 16 jan. — Fontoynont, rue lévis 9, batignolles. maurice, tous gannat, coudun bien portants. vos lettres reçues. étienne jules gannat. — Fontoynont. |

montluçon, 16 jan. — Moussy, rue des abbesses, 46. allons bien, maurice dans sédentaire, denise à villeneuve, un mois sans nouvelles, léonce en suisse. — Moussy. | Montillon, boulevard poissonnière, 10. lettres nous parviennent écris nous. — dauvergne. | Leber, turbigo, 48. tous bonne santé, continuez écrire. — Dauvergne. | madame chantereau, 17, rue d'antin. inquiétudes mortelles, écrivez. — Legué. | m. Gastinne, capitaine 55e, hôpital st-martin. bonne santé écris-moi souvent, recommande prudence. — Mario Gastinne. |

Vichy, 16 jan. — Gabillot, 19, faubourg st-honoré. après occupation prussienne réfugiés à vichy. bonnes santés, photographies reçues. — Gabillot. |

Boussac, 18 jan. — Alphand, ingénieur chef, 4, largillière. vous conjure nouvelles mon mari parti avec franchetti. réponse par ballon. — Hébert darbaud. |

Guéret, 18 jan. — madame Morcel, palais-royal, maison chevet, paris. remerciments affectueux. prière continuer surveillance et sauvegarder. santés bonnes. donner nouvelles vôtres. amitiés. — Marie. |

Annecy, 17 jan. — M. Rochet, 32, rue vital. passy paris. annecy très-bien sous tous rapports. — Rochet. | M. Meunier, 47. rue bonaparte. vos lettres reçues. écrivez encore. notre santé bonne. — Voullet. |

Valognes, 12 jan. — Fernet, 36, rue enghien. suis à valognes. santés parfaites. troisième janvier. — Fernet.

Tarare, 18 jan. — Hartmann, 13, cléry. recevons lettres. correspondons avec mondini, mulhouse, duris, matagrin. tous bien. assez argent. faisons affaires. vogel belgique. — Dumoitiez. | Rambaud, 10, rue rome. écrit trois lettres, reçu trois pauline. rien vous. allons bien. amitiés à tous. espérons. écrivez. — Ruffier. |

Fernex, 18 jan. — Dammartin, 82, boulevard saint-germain. déménage. maman toussaint, mathilde, nous, bien portants. soixante lettres dammartin, cinq toussaint. marie inquiète. — Dammartin. |

Toulon, 18 jan. — Corriol, boulevard poissonnière, 29. caroline, valérie mariées, eugène, léopold, alfred embarqués. sommes inquiets. écris. — Zoé. | M. Simon, 7, rue des martyrs. reçu trois lettres. nous portons tous bien, embrassons tendrement, bébé surtout. ressemble grand'papa. — Cunes. | Toucas, maréchal des logis d'artillerie de marine, 15e batterie montée, 13e corps d'armée. dixième lettre. recevons pas lettre, grand chagrin. écris vite. joseph bourges. courage, espoir. — Toucas. | Chastel, 13, université. meilleure année! Dieu vengera! supplions où est albert? blessé, surveillez soins. rendu 30 fr. reynier. — Toucas. | Reboul, commissaire marine. batterie saint-ouen. santé bonne. reçu lettres 18 novembre, 25 décembre. écris souvent. — Reboul. |

Avignon, 18 jan. — Mayer, faubourg saint-antoine, 69. paris. reçu, répondu toutes lettres. santés bonnes. chupot, commerce impossible après guerre. venir pays nice. — Chapelle. | Michel Manoncourt, 34, poliveau. reçu aucune nouvelle famille depuis octobre, malgré très nombreuses réclamations. excessivement tourmenté. — Bottollier. | Michel Manoncourt, 34, poliveau. prière me faire écrire immédiatement par ballon chez bibliothécaire, gare de marseille. — Bottollier. | Constant, capitaine 114e ligne (général Ducrot), paris-pantin. portons tous bien. cyprien franc-tireur bourbaki. — Constant. |

Mâcon, 18 jan. — Duval, 14, beaune. inquiète, jamais lettres. écrivez mâcon. sauvez si possible tableaux, papiers, bureau. alphonse, objets valeur. santés bonnes. — Riballier. | Tresvaux, 9, jaubert. inquiète bombardement. allons bien. écrivez mâcon. tranquilles. — Gayet. | Marlet, 23, chaussée antin. écrivez détails sur vous, maison, appartements, sèvres, caumartin. huillier, notaire, touchera loyers. — Riballier. | Huillier, notaire, grammont. recevez loyers octobre, janvier, chaussée d'antin, 23. payez dépenses urgentes, impôts. répondez mâcon. — Riballier. | Duclos, boulevard richard-lenoir, 98. oui, oui, oui, oui, cinquième. — Wahl. | Carimey, boulevard prince eugène, 113. paris. toujours sans nouvelles de vous. écrivez-moi donc! — Carimey. | Gamby, 127, boulevard malesherbes. reçu lettres. répondu par dépêches. allons bien. je m'ennuie beaucoup, à bientôt. bébé méchant. — Léontine. |

Brioude, 17 jan. — Coullerez, trésorier gendarmerie, palais-industrie. oui, oui, oui, oui, reçu journal. — Coullerez. | Vinit, 11, boulevard madeleine. recevons lettres, dernière 29. envoyons télégrammes. bonne santé. maman angers. nous brioude. poste restante. — Arsène Vinit. | Adèle Chauvin, 23, rue tivoli. reçu bonnes nouvelles mère et tous frères. écris-moi brioude, poste restante. — Constance. | Bechery, 13, poissonnière. notre famille va bien. pas nouvelles pierre. à brioude tous bonne santé. informez famille tardieu. — Bechery. |

Serres, 17 jan. — Crépey, bourse. paris. ne tenez aucun compte des lettres précédemment écrites et gardez ma position. répondez télégraphiquement. — Grimaud. |

Châteauneuf, 17 jan. — Girard, 82, neuve des petits-champs. châteauneuf, tous bien. courage. Girard. |

Albi, 17 jan. — Azam, 37, rue lafayette. paris. nous portons tous bien, pas nouvelles depuis 21 décembre, écris plus souvent. — Azam. | Deshons. 1, grammont. grands, petits, louise, sophie, aragon, parents, amis, bien. henry est. maurice colonel loire. recevons lettres tendresses. — Deshons. | Coutori, 79, rue saint-charles. paris-grenelle. portons tous bien, écrivez. — Grimal. | m. Entrès, 16, boulevard la gare. paris. vais

Bordeaux. — 22 janvier 1871.

bien, et vous? inquiète, point nouvelles françois depuis 28 novembre. écrivez. — Enguilabert. |

Castres, 16 jan. — Cyprien Corbière. mobile tarn noisy-le-sec, bonne santé. — Pierre Corbière. | de Clercq, 17, rue billaut. paris. les vôtres vont bien, nous aussi. — Reynaud. | Roulard, gouverneur banque france. paris. troisième souvenir de fidèle reconnaissance. — Reynaud. |

Mazamet, 16 jan. — Gabriel Paleville, chef bataillon 135e régiment marche. saint-denis. point nouvelles depuis six décembre. inquiète. allons bien. — Emilie Paleville. |

Puylaurens, 16 jan. — commandant Palleville, 35e marche. paris. souvenir cercle puylaurens. réunion générale jeanne, émilie bien. — Olombel. | capitaine Corneillan, 7e mobile. paris. souvenir cercle puylaurens. réunion générale. — Olombel. |

Bayonne, 15 jan. — Chevalier Rodrigues, 3%, richelieu. merci, reçois bonne lettre datée du 10. excellentes nouvelles etretat. famille bien. mille baisers. — Arthur Dacosta. | Bonhomme, 125, rue turenne. reçu lettres. nous bien. léonce absent. père mort. vos sœurs, mère bien. — Mazuger. | Mme Duport, chez Mme Chelley, 19, rue du cirque. toute la famille porte bien. — Jobert. | Quiblier, 7, pernelle. paris. sans nouvelles depuis deux mois. voyez ma famille, 16, rue arbalette. écrivez. — Pauline Philipon. | Dejort, 3, jeûneurs. paris. reçu lettre, merci. sans nouvelles de ma famille depuis deux mois. voyez, écrivez. Pauline Philipon. |

Akar, 19, cléry. reçu vos deux lettres. notre santé parfaite. ernest, sergent-major au 18e, bayonne. affaires assez bonnes. — Bouyer. | Sée, 17, bleue. grande prudence, écrivez souvent. baisers à tous. — Julie. | Docteur Darricarrère, val-de-grace. paris. reçu lettres. isidore, léopold, réformés. famille entière bien. écris souvent. revoir. — Darricarrère. | Saubès, 37, rue vavin. bien portants. daniel externe. reçu quelques lettres de toi. sois prudent. évite tout danger. — Saubès. | Gardel, 17, prince eugène. deux lettres reçues. portons tous bien. quittons bayonne. écrivez à biarritz, 30, rue silhouette. — Pérrot. |

Biarritz, 15 jan. — Lichthal, rue neuve des mathurins. quesnel blacque bien. louis état-major bourbaki. maria willam nice. pasteur dieppe. garçon georges francfort. — Quesnel. |

Pau 15 jan. — Joubert, 23, rue balzac. paris. reçu vos lettres jusqu'au 12, portons tous bien. embrassons, espérons bon revoir. — Clémence | Cherrier, 5, saint-pères. sept, daffry, pau, greffier cassation palais-justice. — Léon. | Berger, 40, jeûneurs. pas lettres vous. reçu gustave 12. souffrons avec vous. tous parfaite santé. dung envahi. fay intact. — Berger. | Minvielle, 40, ville-l'évêque. santé excellente. restons, 1, rue porte-neuve. souhaitons bonne année. hamot caen, bien. miscul intact. — Minvielle. | Colmet, 6, rue malesherbes. toutes six pau. agathe, gabrielle, gand. gabriel royan. gibé, cansolat, georges, lucien, tous très bien. — Julie | Cottreau, 9, auber. tes lettres reçues. allons bien, grand-mère aussi. — Cottreau. — Léger, 4, rue tournon. santés bonnes. ardant propose son appartement, partagez-le avec albert. évitez danger, maiguien tous bien. — Dherbelot. | Fontaine, 11, rue marché st-honoré. paris. nous allons bien. écris souvent, beaucoup détail. hôtel europe, pau. n'achète rien, attends. — Fontaine. | à m Beaufeu, rue de l'arcade, 11. allons tous bien. offre laurent et proust très approuvée. — Beaufeu. |

Charlot, boulevard sébastopol, 31. tous parfaitement. denis aussi. mille remerciements vos lettres qui nous font beaucoup de bien. — A. Charlot. | Crémieux, 58, rue châteaudun. enfants, berthe, tous bien, vais beaucoup mieux, écris longuement. donne nouvelles de ta famille. courage. — Crémieux. | Boucher, 95, neuve petits-champs, 95. edmond interné hambourg. correspondons, habite librement ville, manque rien. bien portant. colonie pau aussi. — Dinet. rue bonado. — Dosseur, rue taranne, 21. reçu. merci, soins pour vos santés, courage pour avenir. — De Beuzelin Gelos. |

Letellier, place vendôme, 19. pau, plessis, hélène, tous bien. paul, frémy bien. reçu 1er janvier. merci, écrivez. — Launay. | Poncet, 52, université. aucune nouvelle de vous et victor, écrivez. — Poncet. | Falconnet, 46, caumartin. paris. tout le monde va bien. faites chez moi ce qu'il faut, tout sera bien. — Salcèdo. | Halphen, 81, taitbout. reçue lettre 12, aimés, rentrés nouvelles de tous les nôtres. bombardement inquiète beaucoup. embrassons. allons bien. — Half. | Odier, 80, taitbout. lettres reçues du 12. tous parfaitement. — Odier. | Mlle Delondre, 42, rue lepelletier. sommes à pau, hôtel-de-france. tous bonne santé. reçu tes quatre lettres. — Delondre. | Dariste, 24, lascases. vos fils 24e corps, 2e division, armée Est. reçu lettre du 12. tous bien. — Arnous. |

Sauveterre, 15 jan. — Peyré-Noguès, adjudant 25e ligne, hôpital midi. frères, cousins, besançon. familles bien. — Davant. |

Angers, 16 jan. — Deverrières, rue billaut, 41. allons parfaitement. tous recevons lettres. faire ta photographie si possible envoyer, tendresses. — Hélène. | Tessier, 63, faubourg poissonnière. douleurs partagées. vois confiseur, arriéré notaire venu. poisson faire argent pour vous trois. santés mauvaises. — Caumartin. | Landmann, 27, larochefoucault. écrit toute manière. ton père, comme nous, santé parfaite. recommandons edmond ferdinand. serais-tu incorporé, marche? — Alice. | Leloir, 1, jacob. angers, charolles, tous très bien et tranquilles à rochefort, fanny et famille bien aussi. — Julie. | Bailly, boulevard bonne-nouvelle, 19, paris. tous bien près partir rochelle. lagoutte, barbier, michonis, tarlier bien, grands efforts pour approcher. — Bailly. | Pageot, 12, isly. santés parfaites. enfant superbe. maman retournée arras. paul armée bourbaki. — Noémie. | Milory, 24e marche, 2e bataillon, 6e compagnie. tous bonne santé. inquiets. réponse. — Collas. | Larbouillat, 104, chaussée maine. bien tourmentés. donnez nouvelles, adressez lettre au pellerin loire-inférieure. bien portants. embrassons. — Ploteau. |

Saumur, 16 jan. — docteur Jouanneau, 5, hauteville. revenons nantes. gustave, moi, bonne santé. croyons arriver romorantin. — Adélaïde.

Vihiers, 16 jan. — Houet, 97, rue st-denis. paris. tout va bien. donnez nouvelles. sommes inquiets. — Hublot. |

Saumur, 15 jan. — Chessé, 40, enghien. douze lettres reçues, dix dépêches, trois réponses envoyées à paris. santé parfaite. — Laroche. | Turbert, 168, rue temple. sixième. portons tous bien. embrassons dur. argent. — Turbert. | Leroy, 13, tiquetonne. restigné douvres. bonne santé, Jules Corbeil. — Leroy. |

Vouvray, 17 jan. — Mme Vve Lemoine, 21, quai de la tournelle, paris. léonide, ernestine, marie, sévignac. octobre. léon, delalande, vouvray constamment. reçu lettres alexandre, joseph. désire ardemment henri. — Delalande. |

Saint-Geniez, 17 jan. — Gayrard, 222, faubourg saint-honoré. paris. toutes santés parfaites. grande prudence bombardement. enfants travaillent. hôtes charmants. — Gayrard. |

Libourne, 18 jan. — Chalendar, 11, rue mayet. edmond prisonnier bonn. — Chaperon. |

Brest, 16 jan. — Bouniol, 82, st-louis-en-l'isle. dire eugénie ronzé habitons brest, 4, duguay-trouin. portons bien, recevons lettres, inquiets. paris. écrire souvent. — Estienne. | Mallet, 24, marie antoinette. paris-montmartre. tous bien, reçu quatre lettres. — Mallet. | Sanderson, 47, rue trezel, batignolles-clichy. paris. sans nouvelles. répondez. — Robert. | Ollivier, capitaine frégate, fort ivry. alphonse payeur. famille bien. confiance. — Doret. | Auguste Vigneau, sergent, 2e compagnie, 1er bataillon, 23e régiment mobiles finistère. paris. famille est bien, avons tes lettres, amitiés. — Bastit. | Mme Delaroche, 97, saint-dominique-saint-germain. expédié lettre désirée. mathilde à marseille. alençon, chesnet bien. bellone sénégal. — Mathilde Bourgois. | Noyer, lieutenant-colonel, groupe mobiles finistère, 3e armée, 1er corps, 2e division. tous bien, ernest, athanase, armée loire. — Prévost. | Besonquet, 53, condorcet. lettres reçues, tous bien, préviens leguens. — femme Besonquet. |

Quimper, 15 jan. — Porquier, lieutenant, 5e bataillon mobile. villejuif. tous bien quimper, porsale. affaires passables. reçu 22 lettres, celles 31 décembre. — Porquier. |

Quimperlé, 15 jan. — Bignant, 31, charlot. écrivez nouvelles. — Toussard. |

Landernau, 15 jan. — Pichot, 11, magnan. paris. toujours très inquiète. reçu seulement le 12, lettre 30. — Anna Piquenard. |

Quimper, 15 jan. — Laplace, lieutenant vaisseau, charlebourg. paris. tous bien. gustave brandebourg, alexandre constantine, auguste augsbourg. papa prisonnier évadé. kerlagatu envoyé une dépêche. — Laplace. | Atteleyn, 9, rue stanislas. bien ici dunkerque. affection Locmaria. — Atteleyn. | Sablière, rue monceau, 29. prière informer vernon, élise, jenny. quatre enfants bien. qu'il écrive nouvelles exactes auguste. — Vernon. | Cousté, 63, quai d'Orsay, paris. cousté tous bien. trouville bien. julien brigadier tarascon. — Cousté. | M. Roussin, fort bicêtre. tous bien à kéraval. — Sidonie Roussin. | Lerécc, garde mobile, 4e bataillon, 5e compagnie, de morlaix, paris. tous bien. adolphe prisonnier mayence. écris. — Lerécc, télégraphe quimper. | De Carné, officier marine, ambulance, rue des postes, paris. inquiet, écris si possible, moi et sœurs bien. — de Carné.

Concarneau, 15 jan. — Mme Guyot, 128, boulevard magenta, paris. bien portants, inquiets versailles, approvisionnons, écris-nous journellement. — Guyot. |

Le Conquet, 15 jan. — Jourde, ancienne comédie, 5. paris. reçu vos lettres, santé parfaite, je vous embrasse tous. — Jourde. | Isabey, garde batterie, poste caserne 3, deuxième secteur paris. nous sommes tous bien. — Fme Isabey. |

Douarnenez, 15 jan. — Penanros, sergent-major, 5e bataillon mobiles finistère. sommes tous bien et sans lettre de toi. donne-nous de tes nouvelles. pierre armée de bretagne. — Penanros. | Chancerelle, lieutenant, 5e bataillon mobiles finistère. wenceslas auguste au foyer. mariage fait. tous bien, lettres reçues, écrivez souvent. — Chancerelle. |

Porte-de-Morez-du-Jura, 18 jan. — Ernest Gariot, lieutenant au 45e de la mobile, 3e bataillon, 5e compagnie, paris. tous bonne santé, attendons tes nouvelles. — Reydor. |

Moirans-du-Jura, 18 jan. — M. Hauy, 44, labruyère, paris. bien, toi? courage. — Mère. |

Pontarlier, 18 jan. — Berthoud, 15, richer. ducommun, berthoud, morel-guye, lerck, allons bien, écrivons souvent. chercher barrand, père, très inquiet, lui écrire. — Barrand. | Verguet, 4, boulevard beaumarchais. sois sans inquiétude sur nous, bonne santé, pas envahie, prompt rétablissement. — Verguet. | Wantzel, 82, martyrs. gry ici, reçu trois lettres, léon né, tous bien portants. — Jeanniot. |

Moulins, 19 jan. — Aline, louis, 3, rue grands-augustins. écrivez donc, sans nouvelles depuis 15 novembre. — Michaud. | Jolly, 44, rue chaussée-d'antin. écrivez-donc, sans nouvelles depuis 1er décembre. portons bien. — Michaud. | Rit, 13, pierre-lévée. recevons rien, inquiétude mortelle, trop indifférents. écrire souvent ballon car chagrins profonds. empêcher père aller feu. — Rit. |

Concarneau, 17 jan. — Madame Gicquel, 49, Vinaigriers. suis bien. — Gicquel. | Bazin, 8, ménars. mathilde granès. tous santé bonne. amitiés. — Fourchy. |

Landévant, 18 jan. — Capitaine Trévenouc, ministère guerre, paris. pommorio et nous très-bien. félicitations sur votre décoration, tout tranquille, envoie souvent dépêches. — Trévenouc. |

Lorient, 18 jan. — Coquillar, 28, singer, passy. charles mort. albert bien, nous aussi. dulong honfleur bien. camille accouchée fille, veillez maisons. — Challiot. | Duran, commandant briche. famille duran, prépetit bien, écrivez plus souvent. courage. martinique bien. — Parfaite. | Amiral Labrousse, 59, grenelle-saint-germain, paris. bien portants. quarantième envoi. — Deschiens. | Madame Alger, 17, boulevard madeleine. reçu lettres. pauline, frédéric tous bien, rochefort, lorient. patience france debout délivrera paris. — Maher. | Fournier, chef station télégraphique, ministère intérieur, paris. famille bien, recevons lettres. — Amiral Fournier. | Jacon, 52, rue jacob. sans lettres depuis deux mois, très-inquiets. tous bien. — Jacon. | Bodelière, 21, tourneau. bien portants. reçu lettre. très-inquiets. — Rigaut. | Docteur Déclat, rue taitbout. famille entière bien. clara en italie. envoie formule blessures mieux écrite, détaillée. courage, espoir. — Déclat. | Barbereau, 26, rue petit-carreau. alfred reprit son service, donnez ses nouvelles, inquiet. — Gersant. |

Saint-Lô, 16 jan. — M. Dupont, 7, hâvre, paris. toute famille très-bien. paul enfants cannes. écris-moi. — Paillhou. | M. Dupont, 7, hâvre, paris. recevons lettres, toi, campagnes, provinces. paul enfants cannes. toutes familles santés parfaites. soignes-toi — Dupont. |

Pont-Château, 18 jan. — Dupont, 82, sèvres. donnez nouvelles. inquiétude. ici parfaitement. crossac pont-château. — Didier Dupont. |

Quimper, 18 jan. — Jouanno, 40, saint-george. bien. habitons quimper. — Jouanno. | Delasablière, 29, rue monceau prévenir jacquelots que joseph tué glorieusement coulmiers, enterré quimper. père, mère, sœurs parfaitement, reçoivent nouvelles. — Jacquelot. |

Guéret, 20 jan. — Trouvé, adjudant major, fort couronne st-denis. aline, marie, bébé, santé parfaite, écrire chaque ballon. | Savary, 33, dames, batignolles. inquiets. donnez nouvelles. impossible toucher rentes. si besoin empruntez. rendrons tous bien. alfred fort montrouge. — Cornillon. |

Châtellerault, 20 jan. — Allan, lieutenant colonel artillerie st-thomas-d'aquin. portons tous bien. recevons lettres, envoyons dépêches. — Allan. | Day ernest 1re compagnie, 1er bataillon, mobiles de la vienne. sommes bien portants, tu passe pour malade. réponds, écris souvent, embrassements affectueux. — Day. | Thillay chaussée maine, 37. tous bien, donnez nouvelles tous embrassements affectueux. — Besuchard. | François petit 1re compagnie, 1er bataillon, mobiles de la vienne. portons tous bien, recevons tes lettres, écris souvent. nouvelles marioneau, embrassements affectueux. — Petit. |

Ebreuil, 19 jan. — m. Pitat, faubourg saint-denis, 200. portons tous bien, inquiets, tache écrire. envoyé trois décembre argent par pigeons. — Pitat. |

Serres, 18 jan. — Mouttet, 17, vivienne, paris. aucune lettre. sommes inquiets, télégraphiez nouvelles. — Grimaud. |

Draguignan, 19 jan. — m. Labaume, rue monsieur, 11, paris. donnez nouvelles, inquiets. allons bien, reçu lettres, dire agathe. — Gustave. |

Aigurande-s-Bouzanne, 20 jan. — Boyer boulevard serrurier, 5. petite villette, paris. pas nouvelle de toi. nous bonne santé, prudence. |

Souterraine, 19 jan. — Guianchain, rue greffulhe, 7, paris. tout bien, reçois tes lettres courage. — Guianchain. | Hardy, 39, lyon. virginie souterraine reçoit lettres et argent, pas besoin. malade faire transporter couvent marie. souterraine. — Hardy. | Pradeau, boulevard beaumarchais, 51. portons tous bien, recevons vos lettres, deuxième dépêche. — Mathilde. | Souchard, 83, université. santés bonnes, reçois lettres, versailles aussi. parents boissy, virginie souterraine, sûreté ici ai argent. — Souchard. | Bayard, rue boursault, 13. nous portons bien. réponse de suite. — Bayard. | Delamanière, 40, rue monceau. expressément fermer, plus sortir, habiter cuisiner coucher chambre noire, préférablement cave. — Céline Blouet. |

Trévoux, 19 jan. — Vigière mobile ain, 4me bataillon. charbonnet, vialtet, nous bien, lettres perdues, prends argent, collègue ou forgeon, donne reçu. embrassons. — Vigière. |

Dôle-du-Jura, 18 jan. — Theuriet, fleurus, 5. vos parents bien portants ont reçu lettres. rechercher salleron, rue sommerard, 9. écrivez bar et chambourdou, dôle. |

---

104. Pour copie conforme :

l'Inspecteur,

Bordeaux. — 27 janvier 1871.

Saint-Pourçain, 19 janv. — Conseiller Dufour, 61, rue anjou. lacroix en famille, lettres rares, écris-moi chaque jour. tendresses infinies pour 27 janvier. — Berthe. |

Vichy, 19 janv. — Berne, 49, chabrol. léon, nous en bonne santé. vichy tranquille. — N. Berne. | Dacave, neuve-des-martyrs, 14. reçu lettres, dernière 8 janvier, répondu souvent, santés bonnes, courage, embrassements. — Lacave. | Moussy, 143, rue d'allemagne. inquiet santé, louise vite nouvelles, allons bien, esther, félix, part à tous, besoin argent. — Moussy. |

Espalion, 21 janv. — Marbeau, 11, alger, paris. écrivez souvent, comme moi, esclave hélas! mayrons mazarivets, péronnes, bonne santé, souhaits anniversaires. — Marbeau. |

Ste-Geneviève, 20 janv. — Albisson Jaissaint, chapelle, 16, paris. écris, allons bien. — Albisson. |

Guéret, 21 janv. — Peyroulx, faubourg saint-honoré, 202. moreau, peyroulx vont bien, demandent davantage détails personnels. souvenez promesses, prudence, amitiés. — Peyroulx. |

Saint-Valery-en-Cau, 16 janv. — m. Norgeot, 17, roquépine. santés bonnes. grands tourments quand pense à toi, écris moi souvent. constantine bonnes nouvelles. — Norgeot. |

Saint-Jean-Pied-de-Port, 20 janv. — Fort, 56, victoire. lima ici, tous bien. émile autre garçon. remise ton ordre, prevenir dreyfus, oncle refusé colonel. — Fort. |

Dijon, 19 janv. — Albert Viénot, employé télégraphe, grenelle-saint-germain, 68. parents bien, gustave caporal constantine, françois conscrit. réponse, inquiets sommes. — Viénot. | monsieur Leprince, 6, rue bochard-de-saron. nous n'avons pas de tes nouvelles depuis le 30 octobre. — Leprince. | m. Godart, 32, rue montorgueil. portons bien, et vous et auguste? aucune nouvelles, répondez. — Dubard. | m. Marguery, garde mobile, 10e régiment, côte-d'or, 3e bataillon, 3e compagnie. nous allons bien. sommes inquiets. écris-nous. — Marguery. | michel Michelvitz, 5, dauphine. écris-nous, donne nouvelles et isidore. réponse. — Zlotozinski. |

Saint-Brieuc, 18 janv. — Gilbert, 12 bis, rue du centre. tous bien, léon maréchal-logis chef, armée loire, 17e corps. recevons tes lettres. — Gilbert. |

Cette, 19 janv. — Romand, 18, saint-sulpice. tous bien portants, honoré risque rien, écris tous courrier, commerce va. — Romand. |

Ganges, 19 janv. — Chassan, lieutenant, 45e régiment, mobiles saint-maur. familles caussignan, astruc, saint-pierre vont bien, sont tous sans lettres, désirent une. — Chassan. | Chassan, lieutenant, 45e mobiles, saint-maur. allons bien, recevons lettres, famille metge bien, léonce, sergent, montpellier. sœurs toutes bien. — Chassan. |

Lodève, 19 janv. — Moulin, 23, place vendôme, paris. demander au ministre autoriser bordeaux de nous faire payer ordonnances en souffrance à paris. — Jourdan. |

Montpellier, 19 janv. — Préfet à montvaillant, commandant, 45e mobile, presqu'île saint-maur, paris. merci de vos nouvelles réitérées, ai publié successivement. département bien, nos mobiles partent. — Lisbonne. | Valatour, ministère finances. reçu lettre. tous bien, écris souvent, courage, espoir. — Valatour. | Faulquier, 12, belle-chasse. vois gaston malade, son dernier enfant mort, allons tous bien, paul capitaine dijon. prudence, prière, confiance. — Deserres. | Jeanjean, 124, boulevard voltaire. tous bien portants. dernière lettre 1er janvier. écris souvent. — Jeanjean. | charles Balaine, 48, paradis-poissonnière, tous bien portants, continue écrire. — Balaine. | Granier, sous-aide chirurgien, 45e mobiles, 3e bataillon. seconde dépêche, tous bien portants. ernest officier infanterie. remercions constan. parle-nous du canton. — Guizard. | Jossier, 15, cerisaie. serrurier ouvrir placard antichambre, salon et salle à manger, prendre provisions. — de Perrain. | Laux Florentin, 45e mobile, 7e du 3e. reçu lettres. portons bien. je connais martin landelle, rue grande-st-denis. — Gachon. |

Mill, 20, rue capucines, paris. tous très-bonne santé, recevons nouvelles, embrassons tous, félicitons victorine. courage. — Donadieu. | Delpuech, major, 7e mobile. tous bien, courage, prudence. — Delpuech. | Granier, 45e mobile, 3e bataillon, 2e compagnie, camp saint-maur. lettres granier, roche, vallat, aigalin, gros, reçues. santé toute familles excellente, courage. — Granier. | madame de Dax, 1, rue lavoisier, paris. portons tous bien. — François. | madame Dubost, 29, rue tronchet, paris. m. dubost bien portant, prisonnier cologne. — flavie Correnson. |

Fécamp, 14 janv. — Loir, 78, boulevard batignolles. as-tu reçu dépêche? inquiète, allons bien, réponse. — Loir. |

Agen, 21 janvier. — Baze, 13, laffitte. m. mme Saintléger bordeaux bien portants. nous aussi. dernière lettre reçue. écrit souvent. — Lapoussée. |

Rive-de-Gier, 19 janv. — pierre Duterne, sapeur génie, 17e compagnie, fort aubervilliers, paris. donnez nouvelles santé, en l'absence prière capitaine donner. — Toussaint. |

Saint-Galmier, 19 janvier. — Roturcau, 8, rue monthabor, paris. a vos questions ai répondu et réponds encore oui. maurice armée est, écrivez cuzieu. — Grouable. |

Roanne, 19 janv. — Déchavanne, 13, cardinal-lemoine. femme et enfants, famille bonne santé. — Déchavanne. |

Saint-étienne, 19 janv. — Batut, employé télégraphique, hôtel-ville. alexandre clermont, francisque sursis mobilisation, sœurs ici, eugène aide-chirurgien, armée est. t'embrassons. — Batut. |

Saint-Servan, 18 janv. — Sortais, 29, buci. tous bien. frères, thérèse, laure aussi. suis inquiète bombardement. — Sortais. |

Mâcon, 20 janv. — madame Guichard, mairie du neuvième. mâcon, alger, allons bien. courage, espoir, embrassement. paul engagé artillerie garibaldi, sous-officier. écrivez mâcon. | Coste-Chambard, 43, rue jacob, paris. santés bonnes. lettres d'henri reçues. eugène afrique. — Coste. | madame Delahaye, 14, rue delta, à paris. très-inquiète, pas nouvelles mon père ni vous. réponse immédiate bonne ou mauvaise à moi seule. — Marie Debonne, igé-st-sorlin, saône-et-loire, chez laplace-lanier. — Laplace-Lanier. | Pralois, 39, douai. vais bien. reçois tes lettres. st-jean 20 janv. — Pralois. |

Saint-Mâlo, 17 janv. — Grignon, 25, chaussée-antin. soyez sans inquiétude, toutes bien. pays très-sûr, néanmoins irions jersey à moindre crainte. — Grignon. | Delarue, 41, auteuil. allons toutes très-bien. — Antoinette. | Froideval, 17, rue cléry. familles horé, fourchon parfaitement, courage, merci. continuez soins paul, donnez lettre. rouvillois, marie bien. — Fourchon. | gaston Mayer, génie, fort montrouge. bonne santé tous dinard, demandons instamment nouvelles, anniversaire père 21, 22 janvier. — Mayer. | Lejeune, 83, rue temple, paris. lettre père, sœur tous très-bien, vous embrassons. — Fanny. | Desbonneau, 16, rue chabrol. prière de surveiller maison. écrivez sous-préfet saint-mâlo. — Merlin. | Natham, 56, avenue eylau. supplie écrire promptement, inquiétée du silence. demande lettre. allons bien. — Natham. |

Grenoble, 18 janv. — Martin, docteur, 14, rue Bréa. allons bien, recevons tes lettres, écris souvent. courage. — Alphonsine. | Desselle, 5, avenue villars. tante, nous, allons bien. pierre mort. 47 lettres reçues. 7e dépêche. — Deselle. |

Vienne, 18 janv. — Berthaud, 9, rue cadet, paris. reçu lettres, portons bien, gustave lieutenant part dijon semaine prochaine. bonjour garou. nouvelles desprez. — Dumas. |

Grenoble, 19 janv. — Jouvin, 2, boulevard montmartre. allons tous admirablement, famille anna aussi. recevons vos lettres. lisez journal *times* pour nos nouvelles. — Blanche. | Abel, 83, dulong. reçu lettre, écrivez souvent. nouvelle maman. ernest santé bonne. — Revol. | madame Normand, 9, notre-dame-des-victoires. reçu lettres. pensons toi constamment. allons bien. situation de province bonne. soigne santé, écris souvent. — Martinais. | Picot, 2, rue lisbonne. votre fils est ici va bien. prévenez notre léon que tous les siens vont bien. — Penet. | Pellat, panthéon. allons tous bien. gaston aussi, reçu tes lettres. — Adolphe, conseiller préfecture grenoble. — Boistel, 11, rue châteaudun. délégué provisoirement grenoble, non mobilisable. maman tréport tranquille. nous allons tous bien. fallet prisonnier hambourg. — Boistel. | Bonnier, 2, soufflot. reçu lettres. externe lycée grenoble. — Gaston. |

Saint-Julien, 18 janv. — Massière, 20, rue turbigo, paris. bonjour amis, prévenez gendre nous. mathilde, gaston, allons bien. — Herbin, 3, rue cité, genève. | Savary, 7, rue argout. reçois vos lettres à genève, écrivez toujours. — Lepage. |

Hâvre, 17 janv. — Laroully, 31, rue petites-écuries. tous bien, en ai soin, pas danger. reçu lettre 31, écrivez souvent. — Génestal. | Labinski, 66, rue legendre paris. tous bonne santé, sans nouvelles vous depuis 29 décembre, inquiétude. — Labinski. | Baudue, 28, rue magnan. recevons lettre, écrivons, tous bonnes santés, embrassons tous. — Bennetot. | m. Alexis Charles, 31, rue des couronnes, belleville. cher frère donne nouvelles. — Adélina. | m. Jean-André, 101, boulevard haussmann. porte bien, pas nouvelles depuis 16 novembre. — Annette. | m. Steiner, 19, rue richer, portent bien, hâvre même si prussiens viennent, albertine pas voulu venir. — Lahure. | Fovard, 94, boulevard haussmann. hâvre, elbeuf bien portants. Galin saint-gervais parfaitement. recevons lettres souvent. restons hâvre — Fovard. | Lefebvre, 72, rue taitbout, paris. désolés, papa picard mort subitement 9 octobre, tous et jules très-bien. — Maria. |

Devaux, 9, pasquier. toujours hâvre, bonne santé, pas prussiens, écrivez, recevons lettres, donnez détails, enfants embrassent, leser allemagne. — Devaux. | Mouillon, 21, rue meslay, paris. lettre fils, santé bonne, hôpital luxembourg, attend beau temps venir hâvre, demande lettre vous. — Mouillon. | Laiter, 218, rivoli. courage, sœur, tous bien. Georges sédentaire camp cherbourg, nullement exposé, dire nos amies, Jean prisonnier königsberg. — Stéphanie. | Cahours, 24, laffitte, paris. emma accouchée aujourd'hui, superbe garçon, mère, enfant et tous bien portants, envoyez nouvelles par gaulois. — Devirgile. | Sévère, 110, faubourg poissonnière, paris. reçu lettres, santés bonnes. Glonville muet, fait trimestre campagne, résistez province marche, victoire assurée. — Jacquot. |

Desouches, 16, biragne, paris. Jacques externe ici, hélène, tante Jenny tranquilles rouen, marthe et garçon bien, recevons vos lettres. — Edou. | Pépin, télégraphe, central. familles éprouvées. tous bien, vous embrassons. — Cyrille. | me France, 51, rue clignancourt, paris. vais bien. — France. | Laharotte, grandes postes, paris. donnez-moi nouvelles autret, 3, rue béranger. — A. Laharotte. | Gay, place michel, paris. portons bien, pas prussiens hâvre. — Moreau. | m. Raimond, 38, rue des écoles. bousquet, challié, ramond hâvre, tous bien. — Emma. | Pingrez, 17, amsterdam. enfants newhaven chez turner, enfants bisson dieppe vont tous bien, amitiés. — Banès. | Calon, 11, hauteville. ta mère habite tournay, 20, rue des maux. tous bonne santé. — Paul. |

Chambéry, 20 janv. — Didelot, 26, lombards. allons tous bien, donnez nouvelles, inquiets. — Trouillet. |

Aix-les-bains, 20 janv — Broutta, 8, rue du dragon. 10e dépêche, reçu lettre du 4, inquiète Georges et toi. — Delpech. |

Castres, 21 janv. — Milhau, 4, rue mondovi. portons bien, bonnes nouvelles adèle, antoine 12 janvier, elle, nous, recevons vos lettres. — Milhau. |

Carmaux, 21 janv. — Julie Sevin, 7, rue st-martin, paris. attendons nouvelles impatiemment, michel et clotilde compris, sommes ici bien portants. courage. — Sevin. | Mancel, 16, place vendôme, paris. espérons que serez bientôt ravitaillés. commandes : 40 wagons journellement, midi livre 20 wagons. — Sevin. |

Abbeville, 14 janv. — Bachellier, 10, rue pagevin. portons bien, commissions faites. — Alexandrine. | Mascrez, 11, rue cygne. pas nouvelles de toi depuis octobre, écris-nous, nous portons tous bien. courage, bon espoir. — Beaupré. | Fehienbach, 16, joubert. toujours réunis, bonne santé. aujourd'hui reçu lettre décembre. avions écrit antérieurement. courage, espoir, vous embrassons tous. — Beaupré. | Francis Crépin, mobile somme, 1re compagnie, 1er bataillon. reçu lettres, allons tous bien. — Crépin. |

Roche-Derrien, 15 janv. — Gicquel, 40, rue buttes chaumont, paris. chez tante Guyomard, tous bien. — Angélique. |

Dinard, 15 janv. — m. Nathan, 56, avenue eylau. allons parfaitement. malheureux de votre silence, inquiets sur henry, prière écrire promptement. — Nathan. |

Saint-Brieuc, 16 janv. — Lambert, lieutenant-colonel 12e régiment, rue d'auteuil, 16, à paris. tous bien, inquiétudes vives, rassure-nous, faire vacciner. — Lambert. |

Honfleur, 17 janv. — Gruingens, 4, sorbonne. santés parfaites, reçois lettres, sommes tranquilles. — Lecomte. | Laferté, 18, belzunce. tout va bien, recevons peu lettres. — Jenny. |

Nolay, 20 janv. — Deshaies, interne, belle-jardinière. écris, allons bien. — Deshaies. |

Ambérieux, 20 janv. — Mademoiselle Devertbois, 2, rue lapeyrouse. reconnaissance, affection. abel, famille bien, sécurité. georges introuvable, marguerite couvent genève, recevons lettres, répondons. — Laservette. |

Aix-les-Bains, 20 janv. — Renard, 131, rue montmartre. prière voir concierge, maison. toucher loyers possibles. payer divers, crédit foncier, impôts. — Colliot. |

Bel-Air. — Riche, 71, rambuteau. lettres reçues, portons bien, madame aix. prenez provisions, vins, confitures, quatrième clef bonaparte, au besoin serrurier. — Trablit. |

Collonges, 19 janv. — Beau, aide-major huitième ambulance internationale. vitry. sans nouvelles depuis 8 décembre. inquiets, écrivez souvent. tous bien, bon courage. — Joseph Beau. |

Roulans, 19 janv. — Morel, ingénieur manufacture gros-caillou. tous bonne santé, pas vu prussiens. — Morel. |

Divonne, 19 janv. — Laurette, 36, faubourg poisonnière, paris. reçu vos trois lettres, merci. nos santés bonnes. dites-moi situation société algérienne, souhaits de délivrance. — Farrenc. | Bammeville, 85, rue haxo, belleville, paris. bien portants, crassier, t'ai écrit chez alice et rue clichy. vois heutsch, nélaton. — Bammeville. |

Belabre, 20 janv. — Paris, 170, rue grenelle-saint-germain. mesdames pycuille-delmas, amitié, voir père. boulin embrasser, inquiète, écrire ballon. — Dunnasse. |

Privas, 19 janv. — Coste, 40, boulevard malesherbes envoie autorisation légalisée. — Ferd. Michelon. |

Berck, 14 janv. — Hébert, 14, notre-dame-des-victoires. déposez actions à sociétés respectives si vous ne pouvez mieux sauvegarder. m'écrivez. — Demonchy d'Estrées. |

Coutances, 16 janv. — Dailly, 2, pigalle. Gisors, étuf tous bien, villers aix-la-chapelle. bellanger lausanne. où est alfred? — Amélie. | Souliers, 29, saints-pères. écris-moi chez lemare, coutances (manche). — Cécile. |

Lyon-Terreaux, 20 janv. — Guilminot, 31, boulevard bonne-nouvelle. vendez peaux constantinidis trois francs pièce. envoyez-moi comptes. durgof. stauridis prodromo, antonacopulo. écrivez continuellement. — Silivaniotti. | Madame Biennet, 18, verrerie reçu une lettre, allons tous bien, commissions faites. — Cochaud. |

Saint-Pourçain, 20 janv. — Bouvry, 5, faubourg poissonnière. sommes inquiets ta santé, quartier latin, cherche-midi, nous bien. recommande précautions. amitiés parents, amis. écris. — Oudot. | Meulot, 40, rue cherche-midi. extrêmement inquiets vous tous, rue saint-jacques bouvry, parents, amis. prenez précautions, secourez réfugiés, écrivez. — Oudot. |

Fécamp, 15 janv. — Alfred Dubois, 47, rue faubourg saint-honoré. paris. votre femme écrit que toute famille va bien. hôtel belle-vue, bruxelles. amitiés. — Dubois. | Croué, 12, grange-batelière, paris. famille quesnoy en bonne santé, prière faire part à leur fils. — Quesney. | Meignen, 40, rue des gravilliers. ta lettre reçue. fais porter malle aux titres chez thomas. santés bonnes. — Frichot. |

Poitiers, 21 janv. — Guittard, 70, rapée. partons pau rejoindre pouet, bonnes santés, écrire place royale, 3. — Guittard. | Landais, capitaine 3e régiment train équipages, quartier général, paris. tante très-bien, rien nouveau. lairain au tunnel. | Lhabitant, 92, boulevard haussmann. reçu deux, écrit plusieurs, ici pas rose, pensons vous, courage, amitiés. — Deville. | Delcroix, 21, rue d'enghien. reçois lettres, allons tous bien, matter, morane, capé bonne santé. baisers, bon courage, marseille. — Delcroix. | Quevillon, aide de camp du général Maussion. nous nous portons bien, amis bonne santé, avons reçu lettres annonçant bonne nouvelle. désirons vivement te revoir. — Quevillon. | Mounier, 5, rue boissy-d'anglas. écris-nous à poitiers. ton cher soldat en congé à dinard, tous bien portants. — Portalès. | La Rochefoucauld, 15, rue monsigny. merci de votre lettre. écrivez à poitiers tous bien portants. — Portalès. | Escofier, rue temple, 78. me donner détails sur maison et talmy. écrire souvent poitiers, rue orléans, 9. — Choisel. |

Civray, 20 janv. — Sangnier, 5, rue de la monnaie, paris. quatrième, najac, moi bien, écrivez-moi. — Paris. | Lallemand, 26, jean-jacques-rousseau, paris. parfaite santé, écrivez nouvelles agénor. — Jaquetti. |

Loudun, 20 janv. — Sacy, institut. sixième dépêche, toute famille santés bonnes. — Peter. | Grimault, ambulance 4 septembre, 10. voir avec chapelet de soubeyran, 19, place vendôme, emprunter urgent, allons bien, paris débloqué partons. — Grimault. |

Montmorillon, 20 janv. — Maissonnay, lieutenant mobiles de la vienne, 2e bataillon, 1re compagnie, paris. allons tous bien, recevons tes lettres. — Delagrave. |

Poitiers, 21 janv. — Braard, 23, rue luxembourg. bonne santé, écrire poitiers, guilbert, chef dépôt chemin fer. — Damas. | Dechalain, capitaine, 5e artillerie, 2e corps, 2e armée. messelière, chalain, tous vont bien. blanche avec nous lépineux. — Marie, Juliette. | Marchand, 11, cordelières, 13e arrondissement. toute famille bien, reçoit lettres, corchon bien. conféront, 54, rue la latte, poitiers. réponse. |

Bordeaux. — 27 janvier 1871.

Toulouse, 20 janv. — Directeur Nationale, assurance incendie, 13, grammont. rien d'important à vous signaler. situation toujours bonne. peu de sinistre. — Guillaud. | Bionne, officier fort rosny. reçu trois lettres, dernière 4 janvier. enfants et nous allons bien. écrivons par moulins, compliments. — Béchameil. | Audigé, 13, rue passy. reçu douze lettres, santé parfaite, confiance. position toujours rassurante. armées province mieux organisées. — Audigé. | Ruinet, 9, poulletier. avons plus lettres depuis novembre, inquiets, écrivez souvent nouvelles de tous et théodore. nous portons bien. — Delcros. | Lasvignes, génie, 1er corps, 2e armee. père, mère allons tous très-bien. irai montsamés semaine prochaine avec nina. — Marie Lasvignes. |

Abbeville, 15 janv. — Grangé, 16, rue beccaria. nous sommes en bonne santé, donnez-nous des nouvelles d'ernest tetelin. — Tételin, abbeville, rue fossé. | Crépin, sergent-major, mobile somme, 1er bataillon, paris. reçu lettre fin décembre. allons bien, atelier travaille. courage! embrassons. réponse. — Crépin. | Vasnier, 3, boulevard palais, paris. bravo fille bien, ta femme aussi enceinte cinq mois. plus prussiens, moi souffrant poitrine. — Delignières. | Cavillon, caporal 1er bat. mobiles somme. fort montrouge. femme, parents vont bien abbeville, tranquille. maison beaucoup de monde. — Laure. | Remion, 17, faubourg temple. portons bien, recevons vos lettres, pas de prussiens, écrivez. — Dezoya. | Vincent, 7, rue maubeuge cécile chez moi, allons bien, pas envahi. recevons vos lettres. — Wignier. | Colonel Boucher, 1er bataillon mobiles somme. inquiets, fils hôpital décembre. cousin 10 janvier, officier bien, revenu régiment, écrire, remerciments. — Dugrosriez. |

Dugrosriez. mobile somme, 1er bataillon, hôpital val-de-grâce. cher fils appris malade, écris, dernière lettre 30 décembre, dépêches toujours, embrassons. — Dugrosriez. | Dostors, 53, rue madame. veuillez surveiller mon appartement, prenez toutes mesures. — Vernand. | Caudron, chez amelin, 7, cité retiro, faubourg honoré. reçu la lettre octobre, aucune eugène 15 septembre, crains malheur, écris. — Caudron. |

Cannes, 19 janv. — Cirodde, 18, rue de fleurus. albert va de même, bien à bourges. — Cirodde. | Dupont, 7, rue hâvre. paul et enfants ici, cannes, saint-lô, tous bien portants. — Courmont |

Menton, 20 janv. — Fould, 24, saint-marc. parfaitement portants, enfants recueillent grands bénéfices, excellent climat. maman bruxelles, dinin ouchy, nouvelles parfaites, tendresses. — Mathilde Fould. |

Nice, 20 janv. — Monteux, 48, pagevin, paris. avons eu vos nouvelles, toute famille bonne santé, travaillons fournitures militaires, lucien, alphonse sont ici. — Monteux. | Dumail, maréchal-logis, 2e régiment train équipages, quartier-général, 2e armée, paris. isidore prisonnier, département victoire, embrassons toi, benjamin. — Dumail. | Chaple, 13, rue baudin. enfant bien, léonie très-mal. — Vernert. | Marquis Béthisy, 53, rue université. silence, inquiète, heureux avoir nouvelles, écrit, télégraphié souvent, jeanne, hortense bien, répondez nice. — Bauche. |

Saint-Malô, 19 janv. — Hubbard, 73, boulevard saint-germain, paris, fils collége dinan. fille, moi parfait. — Mosselman. | Delarue, 41, rue auteuil. toute la famille est très-bien. — Antoinette. | Villeblanche, chez Mouhalliat, rue dupérey, passage collin. va toucher deux cents francs brigton, écris. — Villeblanche. | Laiter, 218, rivoli. saint-maló. tous parfaitement, morisseau prisonnier konisberg, écrivez davantage. donnez deux cents francs alain. — Reynaud. | Tresvaux, 9, joubert. nos santés bonnes, recevons tes lettres, ta dernière est du 11 janvier. — Léonide. | Laissement, 22, maubeuge. allons tous bien, six dents. — Caron. |

Aniane, 20 janv. — M. Crespy, bureau génie, fort vincennes. portons bien, inquiète. — Le Goux. |

Cette, 20 janv. — Chauvet, mobile hérault, 45e régiment, 5e compagnie, 3e bataillon, parc saint-maur, paris. aglué décédée vérole. familles bien. — Chauvet père. | Courtois, brunet, paris. affrétement Santos terminé. faut-il affréter pour buenos-ayres? allons bien. — Courtois, Brunet. |

Montpellier, 20 janvier. — Fournia, 56, rochechouart. bien portants, soignez-vous, entourez adolphe, empêchez partir, tendresses. — Aline. | Auburtin, 6, rue mézières. élisabeth, francis, madeleine, papa santés excellentes. charles prisonnier mayence. — Auburtin. | Paul barthélémy, 45e mobile, 2e compagnie, 3e bataillon. ai répondu à tes lettres, nous t'embrassons, maman toujours bien malade. — Barthélemy. | Lacombe, crédit lyonnais, 6, boulevard des capucines, ta mère va bien, t'embrassons. — Mondot. |

Montpellier, 20 janv. — Monteil, capitaine 120e ligne. portons bien, combes, jean, nagézy non réglés. combes bien, communique alphonse qui pas. reçu quatre dépêche. — Thérèse Monteil. | M. Hubert, 9, guénégaud. prenez les provisions qui sont dans ma chambre. — Pontalion. | Ferrière, 45e mobile, 3e bataillon, saint-maur. allons bien trois, frères parti, tourrière te prêtera argent, reçu ta lettre. — Ferrière. | Meignen, 77, rivoli. allons bien, enfants raisonnables, pérot orléans, argent delsol, sébille, 34 lettres ballons, amitiés pour tous. — Meignen-Pitot. | Colonel Cholleton, aubervillers. félicitations cordiales, confiance. ta sœur, tous nos amis et parents parfaitement. embrasse nagézy, lieutenant mobiles hérault. — Lecuhardt. |

Grenoble, 19 janvier. — Mallet, 23, boulevard saint-michel. sans nouvelles depuis 1er novembre, grande inquiétude d'émile. écrire porchet, 13, rue strasbourg, grenoble. — Porchet. |

Saint-Geoire, 19 janv. — Levret, faubourg st-honoré, 83. tous bien portants, tu es mobilisé. écris vérité parents à vuillafans. — Levret. |

Grenoble, 20 janv. — Perrey, accacias, 58, montmartre. reçu quatre lettre, déjà envoyé dépêche, embrassons bien. écrivez toujours, voir maqueval. — Poulin. | Marthe, ambulance 6e secteur, passy. courage, reçu lettre, écris souvent. nous bien. césar mort à genève. — Pellagey de Massieu. | Miribel, 70, faubourg saint-honoré. tous bien, vers 20 janvier, adrien armée est. lettres hollander arrivent, vôtres rares, écrivez souvent. Henriette. | Bonureau, 27, faubourg du temple, paris. allons bien, nouvelles de suite. — V. Bonureau, |

Saint-Marcellin, 20 janv. — Bernoux, vieille-du-temple, paris. allons tous bien, courage doit durer, bon espoir chez nous, sirand romans décédé. — Bernoux. |

Vienne, 20 janv. — Gorgeron, chez Bougnolle, 21, deux-portes-saint-sauveur, paris. reçu vos lettres, portons bien, reçu nouvelles versailles, jouanny, clément vont bien. — Maréchal. | Bernard, pharmacien, 90, rue martyrs, paris. heureux de ta lettre du 11, allons tous bien, louis roste trollat bien. — Bernard. |

SERVICES ET AUTORISATIONS.

Bordeaux, 27 janv. — Augé, rue de lyon, 10. nous attendons une lettre, dites à mère qu'elle écrive. sommes à bordeaux bien portants. — Chatelain. | Delaunay, administration postes. loué, vire, bonne santé, reçu lettre du 14, merci beaucoup, colonel saussier inconnu. — Chantenay. | Théodore, 101, turenne. famille dagron toute réunie à bordeaux, envoie amitiés, dépêches marchent bien, courage. — Dagron. | Mathias, nord. confirme bonnes nouvelles de tous, merci seul à faire dépêches. sentiments dévoués pour vous et personne dont parlez. — Dagron. |

Dagron, 14, quai gèvres. marie bien portante à roche-s.yon chez merland, donnez aussi nouvelles de madame lendy, amitiés. — Dagron. | général Ferri Pisani, chef état-major 2e corps, 2e armée. à marseille, attendant impatiemment, retrouvez ceux que nous aimons, écrivez. lettres parviennent. — Mère Talabot. | M. Diosi, 4, rue de compiègne, famille diosi à ault va bien, reçoit lettres et argent. désirée inquiète de joséphine. — Dagron. |

Guiard, 10, paix. fin janvier tous bien. grands et petits, Ypres. — Léontine. — amitiés personnelles, dépêches marchent bien. — Dagron. | de Baudel, vérification produits postes. famille à bourmont et verdun bien, mesdames dauchez. beaujault, petitpied bien, écrivez, enverrai à bourmont. — Ansault. |

DÉPÊCHES RECOMMANDÉES

Bordeaux, 27 janv. — Pereire. écrivez journellement, père, mère, suzanne, bricogne arcachon, fanny, enfants pau, nous parents, amis, sommes, avons toujours été bien. — Cécile. | Mathias, nord. confirmation, familles très-bien, présentez à personne dont parlez dans dernière lettre, mes sentiments les plus dévoués, seul à faire les dépêches. — Dagron. | Petit-Jean, 31, provence. granville tous bien, rien de l'ennemi à praslins, écurie, vacherie, habitation martinet brûlées par imprudence. m. petit-jean. — Dagron. | Petit-jean, 31, provence. familles cottreau, peteau, petit-jean bien portantes, en cas de crainte, départ des familles pour blaye. granville, m. petit-jean. — Dagron. |

Belleyme, 6, rue royale-st-honoré. auguste parfaitement hambourg, tous parfaitement poitiers, ambroise aussi. — Contat. | Mussignon, 4, perrault. Célina, fernand, alice t'embrassent. pays tranquille, précautions, lettres 13 janvier, pas depuis novembre. jean cazelles bien liége | Toscan, 68, faubourg poissonnière, paris. santés bonnes, mandats reçus, lettre lurdière perdue. — Hannequand. | Not, ambulance, splendide hôtel, place opéra, paris pensons à vous, portons. tous bien aux roches-noires. — Garen. | Brunel, 256, rue st-honoré. portons tous bien, donne nouvelles courrigont, trouville calme, paul bien. — Brunel. |

Villeplaine, luxembourg, 5. revenus boulaines octobre, tranquilles, santés parfaites, continuez écrire, recevons lettres, collinet, geneyt, provigny bien, maurice prisonnier. — Collongue. | Meyer, 33, grange-aux-belles. 20 janvier santé excellente, tranquilles à yport, lettres reçues, camille, marthe, saintpair bien portantes. — Meyer, Dieterle, Corriol, Menard. | Delahaye, 45, joubert. forcer caves. armoires, consommer provisions, installer famille honnête si quittez appartement, voyez moriau, 29, londres. — Benoit. |

Maignol, chemin fer nord. maman, tous bien, ennuyés de vous savoir sans nouvelles, envoyons souvent lettres, dépêches, moyens indiqués. — Maignol. | Guibert, maison rothschild. famille guibert se porte très bien, toujours à trouville. — Prosper Guibert-Dagron. | Riglet, 26, vieille-temple. bonnes nouvelles canal et chambéry, tous inquiets, prière écrire par ballon, légation portugal bordeaux. — Andrade. | Aubertin, boulevard strasbourg, 66. juliette, jeanne, mère, albert, châlonnais, madame henri, berthe, vernon, bernezac maignol très-bien, mandat reçu. — Aubertin. | Drechon, 1, place boïeldieu. familles drechon, perrault, lomborn, bien portantes. — Drechon. | Cousin, gare nord. enfants, mères, nièces, louis, trouville, lamotte, papa, maman, thérin, santés excellentes, henri tableau d'honneur, je t'aime. — Marie Dagron |

Castel, nord. santés parfaites, reçu lettres, bonnes nouvelles hambourg, ergersheim, marie, mathilde, douay, edmond lieutenant lillers, bouchain, paul lille. — Castel-Dagron. | Mathias, nord, emma, santé se consolide toujours, climat réussit très-bien, émilie, jenny, santé régulière supportent bien froid, mines superbes. — Emma Dagron. | Mathias, nord. émilie cheval, jenny non, légers bourdonnements oreilles causés par froid, toutes deux fraîches, reçu cent lettres, tous bien. — Emma Dagron. |

Nalliers. santés excellentes, père excepté, st-malo, cherbourg bien, prenez confitures bailloud. — Amélie. | Lacoin, mobile seine, 6e bataillon, 6e compagnie, charenton. toutes santés excellentes, recevons lettres, écrivons, avons courage, confiance. — Salvat, Marie Dagron. | Lesseps, 9, richepance. octobre, trente-neuf navires, novembre quarante-deux, décembre soixante-neuf, recette générale, dernier trimestre : deux millions. — Martignon. |

Widor, 8, garancière, paris. allons tous bien ici lyon, paul prisonnier leipzig. — Lepin. | Vilmorin, 30, bac. bayonne, 16 janvier, tous bien, adresser lettres lauriers, tous darblay réunis à chevilly. — Louise Dagron. | Lacoin, 36, bac. tous bien, m'occupe de toi avec rhoné à arcachon, vu lechatellier. peut-être. — Guita Dagron. | Demezy, 18, amsterdam. lettres, traite reçues, bien portants, buvez vin, donnez nouvelles clémence, sabrier, seubert, savignac, opigez, tous amis. — Gréhan. | Collas, 12, place vendôme. — gabriel capitaine garde nationale nazaire, angèle marseille, tous bien. — Demeczemacker. | Graziani, 22, pont-neuf. toujours à thy, santés parfaites. recevons lettres, dernière 10 janvier, amitiés. — C. Graziani, Dagron. |

Deroulède, 55, rivoli. tous ypres bien portants, argent suffisant, recevons lettres, trois enfants superbes, paul, andré en france. — Marie Dagron. | Léon martin, 47, faubourg montmartre. sommes tous bien à marseille, recevons tes lettres, te recommande vivement céline. — Fontane. | Albert Debavnin, 231, lafayette. toujours santé parfaite, reçu lettre du 14, familles vidal, lacour bonne santé, mathias aussi. — Zoé, Dagron. | Godefroy, 15, passage landrieu. merci, lettre reçue, partage vos angoisses, vais écrire châlons par suisse, compliments et courage! — Baud. |

Bordeaux. — 27 janvier 1871.

Morlaix, 24 janv. — Detain, 87, boulevard voltaire, paris. toutes ensemble. tous bien portants, avons nécessaire. recevons lettres, georges marche. — Detain. | Blondel, 14, quai mégisserie, paris. emma écrire. reçois lettres, tous bien morlaix. — Clémentine Blondel. | Supérieure Bon-Secours, 20, notre-dame-des-champs, paris. sainte-appoline ici depuis toussaint, bretagne, nord bien. reçu lettre paris en novembre. — Aldegonde. |

Cayeux-sur-Mer, 19 janv. — Cloëz, 7, linné. tous bien cayeux. |

Rennes, 25 janv. — Partouneaux, 10, lavoisier. roger, albert, nouvelles récentes, nantais, louise celles, nous vannes, en tournée, tous bien. — Paul. |

Sancergues, 25 janv. — Paultre, 50, miromesnil. excellentes santés, avallon bombardé, rodat; guiard épargnés. bonnes santés, réquisitions vivres seulement. — Ernestine. |

Châtellerault, 26 janv. — Ricard, 7, casimir-delavigne. très-inquiets, bombardement. reconnaissants à popelin et lebrun, nos santés bonnes. — Ricard. |

Gamache. — Lamothe, 17, saint-fiacre. lettre janvier fêtée, léon bouteille robuste, charles, femme missy, jaudas attéri belgique. — Lamothe. |

La Tour-du-Pin, 25 janv. — Blanc, 52, sébastopol. allons tous bien. — Lucie, Fanny. |

Sennecey, 25 janv. — Luquet, télégraphe, fort noisy. tous bien portants. jules blessé jambe, presque guéri. Dieu te protége comme je t'aime. — Luquet. | Tondeur, 29, rue de l'écluse, paris-batignolles. nous allons tous bien, pas envahis. — E. Dupuy. |

Niort, 25 janv. — Bernheim, avoué, 11, marché-saint-honoré. lettres, dépêches envoyées sans réponse, prière sauvegarder intérêts, frère gabriel à amiens, remises, oppositions, oppositions, réponse niort. — Hilbrunner. | Dupuich, avocat, 81, boulevard sébastopol. toujours impossible envoyer dossier frère gabriel, prière sauvegarder intérêts, remises, oppositions, bernheim avoué, réponse niort. — Hiltbruhner. | Riou, concierge, 31, navarin. prière avec propriétaire sauvegarder appartement, reconnaîtrai services rendus, répondez par ballon, madame hiltbrunner, niort. — Hiltbrunner. |

Nouailles-de-l'Oise. — M. Meunier, 15, rue lepic, montmartre-paris. nous portons bien, tranquillisez-vous, recevons vos lettres. — Meunier. |

Les Laumet. — Lobereau, 44, ferme-mathurins, paris. recevons rarement lettres de vous. nous allons bien, pouilly aussi. — Meurgey. | Quillot, 1, rue lyon, paris. recevons lettres, continuez écrire. semur, verrarey, pouilly, frangey vont bien. — Meurgey. |

Amboise. — Bourgeois, 46, faubourg saint-martin. sommes bonne santé. orléans pas nouvelles. | Morandière, 27, notre-dame-des-champs. jules rennes, marie, alfred, marguerite bordeaux, albert camp rochelle. bonnes nouvelles, famille amboise bien. — Thinault. |

Saint-Brieuc, 24 janv. — Kersaingily, 27, sèvres. reçu trois lettres, parents bien, écris détails. — Farie. | Deville, 63, quai orsay. saint-brieuc, chevry, granville, boulogne parfaitement. — Jeanne. |

Salers, 24 janv. — Broquin, 47, boulevard beaumarchais, paris. nous envoyons nos meilleurs baisers, reçois loyers, ce que tu feras sera bien fait. — Broquin. |

Clamecy, 19 janv. — Levasseur, 62, rivoli. inquiets sur vous tous, allons bien ici, écrivez. — Levasseur. | Ducoudray, 4, rue lallier. bonne santé, pas prussiens, deux lettres parvenues, écrire souvent. — Ducoudray. | Pouchin, 10, rue castellane, paris. nous rennes, dijon bien portants, libres, écrivez nouvelles de tous. — Villiers. |

Clamecy, 20 janv. — Gambon, 50, rue monceau. toutes santés bonnes, pas un prussien dans nièvre, écrivez plus souvent. — Henriette. |

Cosne, 20 janv. — Royau-Devaux, 41, boulevard capucines, paris. tous bien. — Saujot. |

Nevers, 21 janv. — Madame Laporte, 103, rue de charenton. écris gare nevers par ballon, porte bien. — Laporte. | Mattard, 154, rue de charonne. écris gare nevers par ballon, porte bien. — Jeunesse. | Noury, 105, rue saint-martin. écris gare nevers par ballon, porte bien. — Lamarre. |

105. Pour copie conforme :

l'Inspecteur,

Bordeaux. — 25 janvier 1871.

Brest, 18 jan. — Madame Haunotelle, 15, rue alembert, petit montrouge. inquiète. écrivez-moi, 9, aiguillon, brest, mille sympathies. — Elise Vautelet. | Bouriaud, 20, rue folie-méricourt. inquiets bouillon, écrivez, puis pour mathilde adressez 9, rue aiguillon brest. — Elise Vautelet. | Profillet, 203, rue saint-antoine. sans nouvelles de vous depuis 4 octobre. très-inquiets. écrivez souvent. santés bonnes ici. — Viaudey. | Baudry, 5, rue des martyrs. tous bonnes santés. reçu votre lettre 20 décembre. écrivez plus souvent. — Viaudey. | Lieutenant Durand, 1er bataillon mobiles finistère, faire suivre. Vis pour tes deux mignonnes, oh! je t'aime, je veux toi. — Marie. | Du Rivau, 9, rue Vezelay. partons pour dusseldorf, par londres. Verrons mary. allons bien. | Niéderist, 24, caumartin. tous bien, courage. reçu 8 lettres. — Marie. | Madame Feyfant, bouillon duval, boulevard poissonnière. fille inquiète, donnez nouvelles, 9, rue aiguillon brest. — Elise Vautelet. |

Kerniès, sergent mobiles, finistère, Villejuif. parents lesquivit, perron, nicole, urkun bien. sœur marie, garçon fort. yves fille morte. courage. — Perron. | Richebourg, 29, quai torlage. donnez nouvelles rue aiguillon, 9, brest. inquiète. — Elise Vautelet. | Le Jeune, 36, ponthieu. 10e. famille entière bien. décision rester brest accouchée. vais chez élisa février arrangements convenables. hamon bien. — Céline. | Rachel Rémanjan, 37, rue truffaut, batignolles. inquiète delaplanche aussi. écrivez-moi, 9, aiguillon brest. bonjour tous. — Elise Vautelet. | Moynet, 29, rue corbeau. pas lettres. inquiétudes affreuses, écris, moynet. — Levot. | Eland, 53, échiquier. demander conseils hattin, 77, neuve-petits-champs. clés cave, salle manger, griffe bureau. pouvoir recevoir sommes termes amitiés. — Blondel. | Rumford, 2, jean-goujon. reçois lettres, famille clémentris ici. — Tauzia. | Decuers, 68, malte. bien portants, recevons lettres. répondu plusieurs fois sans succès. touchons part appointements, mais gênés, délaissés par famille. | Rigubert, chirurgien infanterie marine, charenton-paris. onézime prisonnier breslau. rouen pas nouvelles. famille bien. on pense à vous. — Maria. | Rouault, 49, rue poissonniers, montmartre. beaucoup chagrins, écris-nous. — Rouault. |

Limoges, 20 jan. — Albert, major, 23e de marche à romainville. famille albert bien portante. — Albert. | Aubron, notaire, 9, boulevard sébastopol. toujours limoges. inquiètes. donnez nouvelles. 1-4e. volées, robes. — Piat. | Gondinet, 14, rue provence, paris. santés parfaites. très-inquiète de tes sorties bataillon de marche. écrivons, recevons vos lettres. — Gondinet. | Marsat, bureau central télégraphique, paris. femme, enfants tous bonne santé. — Ledot. | Conted, 57, boulevard de courcelle. reçu trois lettres, santé bonne et toi? — Conted. | Jouhanneaud, faubourg-saint-martin, 28, paris. reçois depuis octobre rien. — Paul Jouhanneaud | Cordier, ministère marine. cordier, baudry, robert bonne santé, tante morte. — Amélie. | Moreau-Beauvière, 10, rivoli. écris, sommes tourmentés, allons admirablement. — Marie. | M. Bidault de l'Isle, avocat, 68, rue françoi -miron, paris. félicien demande ministre guerre grade artillerie formation, obligerez appuyer demande. — Tardieu. | Boyer, 58, rue de rennes. santés excellentes. écris donc chaque jour, anxiétés cruelles. argent manque pas. limoges tranquille. à bientôt. — Marie. |

Voiron, 19 jan. — Filliat, 5 bis, rue vieilles-haudriettes, paris. nos familles santé bonne. jules franc-tireur. francisque major grenoble. soignez-vous bien. — Brunbuisson. |

Savenay, 17 jan. — Raguet, sergent, 28e de marche, 2e bataillon, 4e compagnie. inquiets, arthur et vous. écrivez. — Tuihaud. | Determes, 12, victoire. hippolyte à cassel, santés bonnes, recevons lettres, écrivez-nous. — Julie. |

Larochelle, 19 jan. — Jules Simon, ministre. hélène siens, laguerre siens, fournier enfants, père, sœurs, parents bar, nous trois parfaitement, écris plus souvent. — Dumesnil. | Esménard, pharmacien, 123, avenue clichy. allons bien, aucune nouvelle auguste depuis trois semaine, très inquiète, écrivez. — Lemay. |

Beaune, 18 jan. — Sirot, mobile côte-d'or, 1er bataillon. familles sirot, auroux, vont bien, écrivez-nous souvent. — Auroux. | Forest, mobile côte-d'or, 1er bataillon. recevons lettres, demande argent. doutey, travaille-tu toujours? battaut argent carillon, portons bien tous. — Forest. | Deblic, 12, chauchat. bonnes nouvelles de tous. reçois tes lettres qui me rassurent. bon espoir. denis cochin va bien. — Marguerite. | Bouillard, architecte, rue d'assas. prière sauvegarder mobilier abbaye si possible. réponse beaune. — Rameau. |

Meximieux, 18 jan. — Cortot, lieutenant mobile de l'ain, 40e régiment, fort Vincennes, paris. allons tous bien. ta mère. — Cortot. |

Confolens, 19 jan. — Mademoiselle Danvaud, 5, rue bruxelles. wayne, enonbel, bourbaki, clément cathelineau, tous bien, amitiés david, maurice, lettres reçues. — Delage. |

Blaye, 19 jan. — De Luppé, état-major garde nationale, paris. allons bien, lagrange. — De Luppé. |

Hières, 18 jan. — Le Clercq, directeur finances, paris. esches parfaitement, épiphanie. — Milon. | Gaboury, 82, lemercier. habitons hyères boulevard iles-d'or. écrivez par ballon. santé meilleure mais loin encore être rétablie. — Gaboury. | Dautremont, 13, singer, passy. bonnes nouvelles récentes de mère, me porte bien, écris-moi hyères. — Dautremont. |

Bruxière-la-Grue, 17 jan. — Gadala, 15, banque. rendu visite arcachon dimanche 15, toutes vont bien, lettres reçues régulièrement, nos vœux ardents pour tous. — Rondeleux. |

Châtellerault, 18 jan. — Delaunay, 13, rue aboukir. reçu lettre, heureux de ta santé. tous parents vont bien. édouard parti soldat. amitié. — Frapier. | Savignon, 34, fontaine-st-georges. sans lettre, inquiets. accusez réception argent et dépêches. santés bonnes, prinçay, guadeloupe. — Savignon. |

Chalon-sur-Saône, 18 jan. — Simonin, 50, rue Vavin. enlever ménage (urgence), mettre appartement, garder toi-même. — Louise. | Devond, mobile saône-loire, 13e régiment, 5e bataillon, 7e compagnie, paris. tous bien, pays tranquille. balmondière bien. | Viollette, 2, rue michodière. antoine, flore et leurs enfants envoient leurs souhaits, vont tous bien. |

Bourges, 16 jan. — Lapparent, la baume, 1. tous bonnes santés, bourges non menacé, non élu dans mobilisée, malgré dévouement. employé fabrique cartouches, confiance. — Henri. | Ochs, 47, faubourg poissonnière, paris. tous bien portants. sitôt paris ouvert, venir. — Ochs. | Mariton, élysée, beaux-arts, montmartre. tous bien portants, aussitôt possible, venir. lilie vous embrasse. — Ochs. | Morlincourt, 12, hâvre. tous bonnes santés, bonnes nouvelles brest, mindon. paul libre parole. jules, tante gabrielle morts, lettres reçues. — Henri. |

Aubigny, 14 jan. — Cottet, rue réaumur, 37. deuxième dépêche, point nouvelles depuis octobre, écrivez. allons bien. prussiens venus. — Raugeyron. |

Sancerre, 14 janv. — madame Bailly, rue de picardie, 16. donné des nouvelles de charles et toi de suite, portons bien. — Renard. |

Limoges, 17 jan. — Çoispeau ou Geyler, 23, boulevard poissonnière, paris. bien portants, écrire souvent. vendre cheval. précautions sauvegarder marchandises, montrouge lavillette. — Octave Sallandrouse. | Julien, bréda, 21. santé excellente, affranchir lettres. — Charignon. | Roche, chaussée du maine, 136. horriblement inquiète, dernière lettre reçue 17 octobre, écris vite. — Roche. | Leverd, 171, faubourg saint-martin. santés bonnes toutes, chères lettres reçues. mille tendres baisers. — Leverd Gastelier. | Léon Blanchard, rue dargout, 13. tous bien portants. reçu tes lettres, écris souvent. — Blanchard. | Deville, rue pigalle, 33. écrivez moi poste restante. — Lachaud. | Paupe, babylone, 68. santé bonne, victor soldat, bien. écrivez tous recevons vos lettres. papa, jules, oncle bric, avons nouvelles. — Boucreux. | Bammés, 42, rue notre-dame-de -victoires, paris. santé. donne nouvelles. — Bammés. | Alphonse Pénicaud, 15, boulevard poissonnière, paris. confirmons lettres 2 janvier, enraud toujours tristes. santés bonnes. reçu lettre du 11. — Pénicaud. |

Tarbes, 17 janv. — Pouydebat, 4, rue ruher. cazabonne, dessus accouchée garçon. dubosc, famille, moi, tous bien portants. reçois lettres. écrivez tous trois. — Louise. |

Bagnères-de-Bigorre, 17 jan. — Père Chapotin, dominicain, 7, rue jean de beauvais, paris. donnez-moi de vos nouvelles, de madame Bouter par ballon monté. — Adour. | M. Bucquet, 38, rue fleurus, paris. donnez-moi de vos nouvelles, de madame bouter, par ballon monté. — Adour. | David, 4, centre beaujon. aucune nouvelle depuis longtemps vous. lhuiler maison, très inquiet. écrire par tous ballons. bien. — Court. |

Rennes, 14 jan. — Basso, 15 boulevard st-michel. donnez nouvelles. inquiets, sommes à rennes, rue des fossés, 20. portons bien. — Buchère. | Ilovius, lieutenant, mobiles bretons hôpital récollets, faubourg saint-martin. souhaits blessures bonnes voies, tous bien, bonnes amitiés. — Lise Ilovius. | Fessard, 22, rue béranger. sans nouvelles depuis septembre. avez-vous reçu mes lettres? — Fessard, 5, rue de clisson, rennes. | Mocudé frédéric, garde mobile, 2e compagnie, 4e bataillon, ille-et-vilaine. dernière lettre 26 novembre. très inquiets, écris souvent, allons bien. — Mocudé. | Derastel, bondy, 92. toutes santés bonnes, touché retraites, léon première classe, une fille, voir cousin demouchy, savoir leur santé. — Allaire. |

Pinart, 5 bis, rue martel. quatorze tous parfaitement, élisabeth vaccinée, garde appartement. ai argent, reçois beaucoup lettres, dernière 2 janvier. — Pauline. | monsieur Nicora, rue saint-sabin, 9, paris. mon frère, ma maison. boully, alphonse, dubois, andré, souvent lettres par ballon. — Caillat. | madame Saintetienne, 50, rue de bourgogne, paris. albert bien portant est à dusseldorf, écrivez-nous, sommes inquiets, écrivez. — Saint-Etienne. | monsieur Avrillon, opéra paris. bien portants. — Mauduit. | Grooters, rue montmartre, 117. nous portons bien, je reçois quelques lettres de vous, nouvelles alexandre fin décembre, maison intacte. — Grooters. |

Damonville, 4, place wagram. tous bien portants, recevons tes lettres, maman. henry bien, joseph travaille brechat, argent suffisant. — Marthe Damonville. | Brassier, aumônier mobile ille-et-vilaine. ivry recevons lettres. France courageuse, plie, bretagne libre. famille heureuse, curé mort. loiret silence, reviens. — Brassier. |

Rennes, 15 jan. — Ponty, boulevard sébastopol, 61, tous bien, lettres reçues, nôtres perdues. pilard félix, bachette, lebelle, payé 15 janvier. — Ponty. | Carron, lieutenant-colonel, mobiles ille-et-vilaine. parents demandent nouvelles guillé, 4e bataillon, 4e compagnie mobiles rennes, réponse, journal rennes. — Guillé. | Durand Truffant, 104, batignoles. donne nouvelles famille, borel, saint-ange, albert, nous, bien. — Durand. | Garnier, hôtel roubaix, rue grenetta. pas de lettres depuis 24 novembre, suis bien, écris souvent, parle d'émile. — femme Garnier. | madame Lacroix, rue vaugirard, 34. logez dans appartement aguesseau, vu mitouflet, sommes galerie meret, 11, rennes. — Camille. |

M. Duhamel, 26e marche, légion ille-et-vilaine. portons tous bien, grand'mère aussi, recevons lettres, continue. guy engagé. — Duhamel. | Themines, boulevard clichy, 49. inquiète, santé, vous aime, embrasse. — Augusta. | madame Mathieu elvire, faubourg saint-denis, 55. merci mille fois, triste, inquiète, embrassez edmond, pauvre fils, famille bien. adresse arthur. — Barbedor. | Vincent, rue rivoli, 53. courage et bonne santé. je vais bien. réponse à rennes, poste restante. — Lemasurier. | Pinchon, michel le comte, 30. campagne, prisonnier évadé, scailliet va bien, legavre, bauer, laure, courage. — Michel. | Marie Coltée, 9, chappe, sans nouvelles depuis octobre, écris-moi au régiment, espoir. — Ejeanne. |

Charles Sinoir, infirmier service asile convalescents, vincennes. deux mois sans nouvelles, mortellement inquiète, écrivez vérité entière, où est marius? — Caroline. | Gasselin, 17, soufflot. mans occupé après bataille trois jours hors ville, parents très préparés, calmes, quand nouvelles eux, récrirons. — Ricour. |

Dax, 16 jan. — Deville, 4, rue drouot. troisième dépêche. reçu lettre 12 janvier, rassuré momentanément, santé passable. trilhard tout vendu. provisions préparées. — Deville. |

Aubusson, 16 jan. — Roseleur, 21, maguan. souhaits fête retour auprès ceux attendent anxieusement ici. tous huit en bonne santé, malgré froid rigoureux. — Léonie. | Plazanet, 23, gravilliers. bons souhaits fête mère, thézillat, famille, léonie, moi, santé désirons réunion. recevons lettres, guibbert reçu aucune. — Marie. |

Bourganeuf, 17 jan. — Guillemine, quai rapée, 44. reçu vos lettres, santé bonne, écrivez guillemine. fourrier vosges, 9 janvier. — Magdeleine. |

Montluçon, 15 jan. — Bertrand, 5, bons enfants. inquiets. donnez nouvelles souvent. isle adam, vont bien tous trois, sans nouvelles adolphe. — Prunet. | Guillemonnat, 2, louvois. enfants. famille santé excellente. écris-moi. — Blanchonnet. |

Veauce, 14 jan. — Fromant, questure corps-législatif. reçu lettres deux. 9 janvier. écrit à gabriel tout bien ici, froid terrible, grande anxiété. — Veauce. | Gouverneur crédit foncier, complétez versement de ma souscription, 23 août, de cinq mille francs de rente. — Baron de Veauce. |

Vichy, 15 jan. — Poletnich, 116, faubourg st-honoré. vichy allons toutes bien. reçois lettres, très inquiète du dernier décret, christiane, santé parfaite. — Poletnich. | Lacoste chez Lucas, rue saint-martin, 88. dieppe bien, prendre provisions chambre verte et cave, clefs commode, dont tu clef. — Biais. | Renault, boulevard magenta, 58. Louise. Louis toujours vichy, bien portants. léon corbeil, albert, roissy bien. madame cosson bien. — Duguet. |

Courtois, 21, caumartin, vichy. santés excellentes, manquons rien, nouvelles. arcis bonnes: madeleine, phrase, léonel, bien portant. rien arthur. — Maris Courtois. | Général Linières, élysées. enfants vivent brug prusse, reçois tes lettres, allons bien vichy. — marquise de Liniers. |

Nantes, 16 jan. — Heugel, vivienne, 2 bis. parc, vendée. Le huédé, auxiliatrices, tous bien, soyez sans inquiétude. — Eulalie. | Thibeaud, cité trévise, 3. avons envoyé dépêche argent, hippolyte est sédentaire, nouveau-né mort, toute famille bien. chevrier bien. — Thibeaud. | Lemerle, rue charlot, 8. reçu lettres, réponse toujours par dépêches et lettres. nous sommes bien, courage, chéries bientôt. — Barrais. | Lebidan, vanneau, 26. tous bien, lettres reçues, trois frères armée loire. vois marcel. — Lebidan. | Fleuret, cartoucherie, quai billy. léopoldine bien portante possède argent, famille leblanc aussi, moi avec reffie, travaillons pour vous secourir. — Fleuret. Destables, 22, écuries d'artois à paris. tous bien nantes, lorient. gaston, henri, prisonniers pas blessés. — Girardot. |

Lebidois, 2 boules, 3. pour Jacquet. 3e dépêche. famille jacquet, lebidois, bien. emprunte chez amis. reçu tes lettres. — Jacquet. | madame flamand, rue de l'arcade, 24. reçu lettre du 11. tous bien. ludovic blessé, guéri. remercie oncle. — Vve de Barmon. | Pequignot, sergent-major mobiles 28e, 5e compagnie, 3e bataillon, mont-valérien. reçu quatorze lettres, ambulance, janvier. portons bien. mère aller paris. — Pequignot. | Lesserré, boulevard rochechouard, 84. santé parfaite, toutes lettres reçues, soignez vous bien, courage, espérons nouvelles bazin, prieux, thiout. — femme Lesserré. | Coste, rue seine, 73. allez habiter appartement si danger chez vous. demandez cent francs lortat si besoin, portons bien. — Tardu. | Théobald, 1e recette poste as-tu reçu mandat argent, vas réclamer direction générale es-tu payé? réponds ballon. — Amélie. | M. Delaguère, capitaine, mont-valérien, lettres arrivent. dernière du 10, tous bien ici, écrit par tous moyens, continue, davantage, adrienne, bien. — Aglaé. |

Desurgères, état-major général, 2e armée, 1er corps, paris, aubervilliers. familles bien. lettres reçues léon paris, charanton. familles bien. — Desurgères, | Commissaire directeur monde, 4 septembre, 12. lettres 30 novembre, reçu instructions suivies, recette difficile. sinistres peu importants, résidence nantes. — Gluais. | Lafisse, rue rome, 23. reçois toutes tes lettres, nouvelles de Thann, bonnes. toute la famille et nous, bien. — Lafiisse. | Dufet, 27, bons enfants. tous bien

Bordeaux. — 25 janvier 1871.

portants, alexis à bordeaux, vos enfants m'écrivent, bien portants. — Dufet. | Rouquette, passage choiseul. famille bien. reçoit tout argent non cadet pris prisonnier 23 décembre, non blessé, amiens. — Garrousse. | Louis Everliard, volontaire, rue d'argout, 41, malade d'ennui, sans nouvelles de toi 30 novembre, enfants portent bien, nantes.—Héloïse. | Mme Favier, chaussée d'antin, 68. paris. reçois tes lettres, me porte bien, enfants famille aussi. — Favier. | Bussat-Grenier, saint-lazare, 16. besançon, 10 janvier. fils bonne santé, ai envoyé 20 francs tous bien. — Clémence Silz. |

Diacre, hôtel angoulême, 5, rue petites-écuries. je suis à nantes depuis trois mois. — Léon Bounamen. | Leroy, 53, vivienne. ai reçu lettre onze, désespérée non arrivées mes dépêches, santés toujours excellentes, attend suzanne pour février. — Léonie. | Pouchet, 93, boulevard sébastopol. reçu lettres, pas soldat, toujours à nantes. ro a, louisa, adolphe, lucien, édouard, en bonne santé. — Pouchet. | Estève, mobile, mont-valérien, 23e le, tous bien portants, émile sédentaire. eugénie, orléans. jarlot. famille démiou bien portants. — P. Estève. | Woorms-Loewy, 28, jacob. sixième dépêche. tous parfaite santé, petit robert deux mois, vient admirablement. mathilde nourrit, recevons vos lettres. — Rosalie. | Rosenwald, rue paris, 47, belleville. lettre aujourd'hui heureuse tous bonne santé, tous ici bien. — Clémence Sily. | Silz, petites écuries, 31 tous bien, mère aussi, germain. femme, enfants, angleterre, écris-moi chaque jour dietz donne nouvelles times. — Clémence. | M. Pelet Lautrec, lieutenant vaisseau, fort bicêtre. reçu lettre briord, dernière 31. écrivez. — Aglaé. |

Madame Leray, rue lille, 61. écrivons constamment merci, tous bien portants, occupez notre appartement bien abrité. — Audiganne. | Cadou, 14, rue drouot. toutes très bonne santé, compris tillières.— Cadou. | Porché, 122, rivoli. prière secourir pécuniérement ma cuisinière marais. lyon, traversière, réponse ballon, chez callié confiseur nantes. — Léopold Mouchot. | Requédat, 35, godot-mauroy. tous, nantes, 15, rue des états. santé parfaite, reçu huit lettres, écrire souvent. — Requédat. | Froust, rue taitbout. tous bien, suis très inquiète de toi, blessé, malade, veux savoir vérité, tâche faire réformer. — Froust. | Guérin, 5, bonaparte. reçu lettre du 11. très inquiets pour prêna et vous tous. — Guérin. | Huillard, 72, beaumarchais. reçu seulement votre lettre du 8 janvier. mille compliments affectueux. — Corbumel Eudel. | Gustave Dignimont, rue calais, 6, chaussée-d'antin. tourmenté, écrire suite par ballon. donne nouvelles de toi, portons bien, détails. — Peltier. | Lesserré, boulevard rochechouard, 84. oui. non. oui. oui. — A. Lesserré. |

Huard. rue davy, 52, paris. pourquoi silence, attends nouvelles, porte bien. — Huard. | Moret, 3, faubourg honoré, paris. reçu tes lettres, santé bonne, prends courage. vu françois 15 janvier. porte bien. — Moret. | Bonamy, 28e mobile, mont-valérien. famille bien. eugène médecin-major lemans. — Joseph. | Josias. rue rivoli, 122, berthe, fille, mère, retournées villefranche. lemoigne ici, lettres reçues, tous bien portants. — Josias. | Lauriol, rue des combes, 7, lettres 12 reçue, tous bien portants. — Geneviève. | Duhanlay, lieutenant-colonel 31e régiment, mobiles morbihan. marie et tous parfaitement. — Marie. | Lefebvrien, 30, rue nollet. tous bien, recevons lettre. faire savoir à émile, envoyons dépêche nombreuses, écrivez. lucien parti, bien. — Lenoir. | Olivier, 14, caumartin. sommes tous en parparfaite santé. — Eugénie. | Toutemouche, larochefoucault, 58. tous bien portants, heureux de vos nouvelles. auguste merci. — M. Loadre. | Prina, 100, rennes. restez pas exposée, quittez cette maison. — Guérin. |

Saint-nazaire, 16 jan. — Boizot, 135, rue saint-martin. toutes bien, pauline, enfants, rue malte. cuisine, paniers, pommes de terre, cabinet, paniers confitures. — Boizot. |

Pornic, 16 jan. — Thomas, petit pont, 16. reçois lettre, prudence démettre. — Marie. | Dusseris, prince-eugène, 6. louis malade, nous bien, écrivez nouvelles famille, maison. — Leclercq. | Mellerio, 25, quai voltaire. bonnes nouvelles de craveggia du 26 décembre et de chartres du 21. — Isabelle. | Petit. 8, rue lamartine. santés bonnes, inquiètes, écrivez 21 quai leray, pornic. dire taitbout embrassements tendres. — Petit. | Lequeux, rue odéon, 16. gabrielle, barbiers, trains, indret, doullens, toul, authon, santés excellentes. visitez crainte incendie appartement, flandrin, gressier. — Isabelle. | Desmarety, 28, condé. allons bien. — Moreau. |

Châteaubriant, 16 jan. — madame Charruau, rue abattuci, 45. eugène, état-major brest bien. — E. Jombre. | Nizery, 60, rue caumartin. famille très bien. auguste, lieutenant. ernest, sergent armée de loire. écris plus longuement. — Nizery. |

Londres, 14 jan. — Chemin, 3, rue saint-anastase. paris. mère et tous bonne santé : broca, bargy, houdart, wershawe, bourdilliat aussi. nombreuses lettres reçues.— Marchand. | Goguel, 19, rue de penthièvre. benzival suppliées et bien, aussi londres. | Sourdis, 20, lepelletier, paris. sommes tous bien londres. recevons lettres régulièrement. envoyez bilan septembre ou décembre. — Edward. | Hurel, 18, rue dulong. batignolles. paris. reçu lettres. tout bien. lettre de capitaine, aussi paul. — Pattison. | Navarro, 19, avenue iéna. paris. reçu lettres au 4 janvier. tous bien ici. Dieu vous garde.—Walcy. | Crédit-Lyonnais, boulevard capucines. paris. envoyez valeurs ballon. je remettrai récépissés à votre correspondant. —Francis Trafford, oxford street. |

Marseille, 18 jan. — Lazard, rue beaux-arts, 8. autorise dartis donner argent sur tes loyers, seul moyen atténuer position. toujours malade. sans nouvelles. — Calimard. | Dupuy-Lôme, 374.mille remerciments. puise courage paris triompher barbarie prussiens. fabriquons neuf batteries complètes chaque semaine. — Délégué. | Dessaignes, 25, université. tout le monde bien hyères. pensons à vous toujours. allez tour dames si seriez plus abrité. — Albert. | Petitet, 62, chaussée d'antin. envoie-moi marseille nouvelles toi famille et tour dames. courage! pensons bien à vous toujours. — Albert. | Doucet, 3, rue miroménil. emprunter deux mille francs en mon nom. réponse giffard, marseille, poste restante.—Henri Giffard. | Liautard, 14, avenue grande armée. santé excellente. dernière lettre reçue commencement. décembre. écrivez. amitiés.— Barbier. | Béchet, 17, boulevard poissonnière. versez douze mille francs chez roussel agent. rien pris sur bordeaux. écrivez poste restante, marseille. — Thomassin. |

Aix-en-Provence, 19 jan. — Marquis, greffier, mairie panthéon. paris. nous tous bien partont. familles riondé, aude bien. reste sur rive droite pendant bombardement. — Marquis. |

Fougères, 15 jan.— Leray, officier 1er bataillon mobile ille-villaine. aucune lettre depuis celle quatorze novembre. mère, sœur, moi embrassons. — Leray. | Boûinais, boulevard bonne-nouvelle, 10 bis. sommes tous bien chez aramdine, fougères. quatrième dépêche. reçu 750 francs, avec lettre du 10. — Adélaïde. |

Mèze, 19 jan. — Laussel, mobile hérault. allons parfaitement. familles cournonais aussi. |

La Châtaigneraie, 18 jan. — Delayen, 13, rue meaux. paris. tous bonne santé. recevons lettres. embrassons.—Aubineau. | Pailliet, 4, hautefeuille. paris. désire nouvelles tous et logement.—Congy.

Nice, 18 jan. — Abraham Coblence, 5, saint-pierre. toujours bien portantes. continuez écrire souvent. lettres consolent. soyez prudents. mille baisers. — Valentine, Pauline. | Mme Delvaux, 22, boulevard clichy. fais savoir nouvelles ma femme et enfant. nice, 1, rue croix-marbre. — Ercole Bernardini. |

Lyon, 16 jan.—Leclercq, 22, rue moinaux. reçu lettre, allons tous bien. amis aussi écrivons longue lettre par courrier poste.—Planus. | Verrier, 6, rue crozatier. Je reçois vos lettres, suis bien portant. habite arnas et rivière alternativement. —Verrier. | Eymieu, 2, rue beaux-arts. danger chez toi, prends mon appartement, concierge a clé.—Valérie. | Amy, 43, cardinal-fesch. écris bien des fois, bonne santé, ta femme, et marguerite à londres depuis 30 nov. courage.—Amy. | Vacalud, 17, rambuteau. anna guérie, famille bien.— Vacalud. | Mège, 97, boulevard neuilly. recevons lettres, envoyé mandat demandé, ancien domicile souvent lettres dépêches, allons bien alfred aussi.—Merle.—

Vauconsauz, 3 aumaire, sixième. reçois-tu lettres reçois tiennes, envoie nouvelles tous, as-tu provisions. merci cadeaux, embrasse.—Marie. | Genin, 158, montmartre. heureux nouvelles, reçu par lettres 10 janvier. ici santé bonne. mon père, oncle, tante christophe morts. — Bouthéon. | Leroy-joly, 67, rue reuily. courage femme partagera sort, tiens promesses, vis pour toi.—Jeanne Joly. | Blachier, 3, pagevin. tous bien portants. tranquilles recevons lettres.—Julie. | Truchy, 41, rue ours. paris. reçu vos lettres, encaissé montassut arlès vendu dix mille renvoyé victor barjot belfort.—Olivier. |

Camuzat, 13, rue céziraie. quitté bitsche employé à lyon. bien portant.—Camuzat. | Hodieu, 3, rue montagne sainte geneviève. santés bonnes malgré inquiétudes constantes. rouyer soignera affaire bussy-lortet. dieu protégera notre gustave. —Hodieu. | Couchoud, mobile rhône, 1re batterie artillerie courcelle, paris. rien reçu deux mois. suis en peine. écris suite, porte bien.—Jenny. | Sœur marie Armel au couvent 106, rue vaugirard. paris. santés bonnes, toujours fleury, argent encore, reçoit lettres henri.—Hatry. | Bernard cahen rue du petit-carreau hôtel nancy. allons bien, parents aussi, écrire.—Salmon. |

Léon aîné, 32, sentier. portez pour moi soixante francs chez spira, 31, st-sabin.—Salmon cahen. | Grandjean, boulanger, rue greneta, paris. avons reçu 6 lettres, allons tous bien. — Pierre grandjean. |

St-Jean-pied-de-port, 16 jan. — madame Girardin, 15, tronchet. tous à licérasse, santé parfaite. dire à émile, à mon frère 35, boulevard strasbourg. — Lecanu. | Emile Lévy, 134, boulevard haussmann. recevons lettres, santés excellentes, demeurons assès. émile écrire infailliblement manchester, copenhague. amitiés. — Clémentine. |

Chambéry, 15 jan. — Théobald, 6, bailleuil. bonne année, bon courage.—Joseph. |

Chatellerault, 16 jan.—madame Deniau, peltier, 107, rue saint-lazare, paris. famille très-bien portante maman parfaite santé, lettres arrivent. — Dufour. |

Poitiers, 17 jan.—Guitard, 70, rapée. parfaites santés. partirons samedi 21, pau, sauf avis ou bonnes nouvelles. écrire, 3, place royale.—Guittard. | Dupuy, 12, boulevard temple. tous bien portants, reçu lettres, emmanuel armée loire, ai argent. bourdais fonbonne, rue chaussée, poitiers. —Dupuis. | Magne, soldat 137e régiment infanterie 2e bataillon chasseurs à pied 5e compagnie, vincennes. reçu tes nouvelles tous bonne santé. —Fourgeaud. | Charault, employé télégraphe. santé bonne reçu trois lettres.—Charault. | Goujou, avoué, 77, d'aboukir. genève bonnes nouvelles depuis trois mois suis parfaitement maison grimaud. reçois tes lettres paris. — mère Goujon. |

Goupy, 13, rue chapon. tous à viviers, depuis 3 mois, santé parfaite, pas d'ennui lettres de vous souvent.—Marie. | Bouchard, 59, petites écuries. Lepeux, 16 janvier. toutes très bien enfants parfaitement. Jeanne parle, marche. pays tranquille. écrivez souvent recevons.—Amélie. | M. Edmond Moreau, capitaine mobile de la vienne. toute famille bien, ai courage, on fait sérieux efforts.— Moreau. | madame godefroy, 9, rue vérou, montmartre. portons bien, donnez nouvelles par ballon sommes inquiets.—Dubois. | M. Dubois, 35, rue boissy d'anglas. tours, poitiers, birmingham, portons tous bien. lettres reçues merci.—Dubois. |

Clermont-ferrand, 15 jan. Paulet, 24, rue bonaparte. depuis jeudi 12 janvier ma pauvre mère n'est plus, mille amitiés.—Marie Chatard. | Harles 81, avenue grande armée, paris. depuis septembre, écrit quatre, reçu deux, regrets sincères.— Elise Contrecalix. | Henri, 155, rue saint-antoine. dernière lettre novembre très inquiets sur vos santés, oncle, parez éventualités pour maison et appartement.—Debat. |

Mme Berthon 197, rue antoine. sans nouvelles de femme, prière répondre ballon monté, 12, rue du port, clermont-ferrand.—Rousseau. | M. Saint-Maurice, 4, rue de vienne. sommes à troyes parfaitement bien tous, bonnes nouvelles lorrains. —Charlotte. | Boyer 40 bis, rue rivoli. tous collier mauriac. parfaitement, lettres reçues, attendons nouvelles de vous. Glaudieu, rousselot fils collier stopain.—Dubois. |

Deribérolles, lieutenant 1re compagnie, 1er bataillon, 32e de marche, mobiles du puy-de-dôme. écris par toutes voies, reçu lettre 30 déc. plains madeleine. jacques antoinette moi bien.—Deribérolles. | Dubuisson, 40 rambuteau. tourmentée absolument lettres quotidiennes cartes inqualifiables. — Dubuisson. | Simar, 70, feuillantines. reçu réponse quatre, 31 déc. toujours clermont. cher parents amie pauline, stéphane, courage, prudence, reviendrai.—Boudet.—Benoist, 54, verneuil. sommes à troyes, très-bien portants, marie, isaure bourguignons aussi. ernest lycée, reçu lettres, 5 janvier.—Marie. | Gilles, 18, rue mazagran. santé parfaite, reçu argent moret, donnez nouvelles auguste chardon.—Gilles. | Biais, 74, rue bonaparte, 6e dépêche allons tous bien. naissance fille marie. écrivez souvent. — Rondelet. |

Lons-le-saunier, 15 jan. — Carville, 19, hautefeuille. donnez nouvelles, point depuis juillet, tous bien.—Chabot. | Quentin, 14, caroline, batignolles, recevons lettres tante, cousines hazebrouck, tous bien, besson neyrat aussi.—chantepie. |

Morez, 14 jan. — Lacroix, 40, meslay. morez et divonne vont très-bien. — Lamy. | Thibouville, 42. réaumur. mirecourt et morez vont très-bien. —Lamy. |

Annecy, 15 jan. — Rollin, rue du pont louis-philippe, 24. reçu lettre 31 déc. toujours ici, bonne santé, 3e dépêche expédiée. amitiés.— Bally. | Colombier, 6, rue vivienne, 3e dépêche expédié, portons tous bien. georges pension bâle, content, tendresses.—Bally.

Bordeaux, 17 jan. — Carlier, 3, rue scribe. Léon travaille chez Linden à Bruxelles. sommes très bien, embrasse Edouard. — Fanny. | Morpurgo, 18, miromesnil. Thérèse à saint-valéry, très bien, bonnes nouvelles Archambault, Rhoné, Chauvy, Jarre, Labbé. — Gustave. | Guilhiermoz, 9, boissy d'anglas. Berthe, thérèse, excellente santé, entourage bien, collin, londres, 12, york street, reçu crédit et lettres. — Thérèze. | Conve, 18, rue montmartre. tous bien, quand paris ouvert, j'irai te trouver, dieu te garde, 16 janvier. — Alice. | Manheimer, 153, boulevard magenta. Alphonsine rétablie, passez chez moi, donnez détails, magasin, débit, fabrication, aussi appartement, amélie, suis inquiet. — Prévost | Cazabonne, 4, rue juges-consuls, paris. Joseph itter, donne lui même nouvelles, son père malade, très inquiet, louise, enfant, bien. — Fitter. | Rinuy, 56, david batignolles. caix bombardé sans mal. envoie nouvelles. bonjour coco. — Rinuy (mission bourbaki). |

Levavasseur, 18, rue dauphine, quatrième dépêche. écrivez-nous, les autres reçoivent lettres. santés excellentes. — Legrand. | Ouvrard, avenue victoria. écris-moi, suis très inquiet. — Ouvrard, sous-intendant militaire. | Courras 20, rossini. Tout va bien, montevideo, bordeaux, pour vos affaires, michel mieux, affaire, billets, marche rapidement, sixième dépêche. — Monsignac. | Coulon, 6, passage saulnier. Emma, albert, robert, bordeaux. bien portants, baisers. écrivez. — Albert. | Touzet, 11, rue petits-hôtels, paris. me porte bien, réponse. — Touzet. | Laporte, 61, faubourg saint-denis, paris. me porte bien. réponse. — Laporte. |

Olivier, 9, boulevard chapelle. Marie. famille, portant. écrit quinze lettres, pays pas occupé. — Wibaux. | Paul bethmont, 9, écuries d'artois. donnez nouvelles, soignez-vous, voulez-vous argent? nous allons tous bien. — Marie Bethmont. | M. J. Marre, 14, rue faubourg saint-honoré, paris reçu lettres, tous bien. aucun partis, provisions prêtes. — Lagueyle. | Davoust, 117, rue cherche-midi, paris. sans nouvelles depuis 2 décembre, rassurez-nous. Baptiste arthur, castéra frères, armée, famille bien.— Godbarge. |

106. Pour copie conforme :

L'inspecteur,

Bordeaux — 25 janvier 1871.

Tréport, 17 janv. — M. Paul Fleuret, 52, quai billy. toujours au tréport, excellente santé. — Léopoldine. | Jamain, 23, rue michel-le-comte. tous bien, nouvelles petite-vérole. — Jamain, tréport. — M. Geibel. 14, rue milan. maurice, henri vous embrassent. santé magnifique. tous tréport. estelle belgique bien. — Henri Geibel. | Boistel, 11, châteaudun. toujours tréport, alphonse cours grenoble, allons tous bien. recevons lettres. — Boistel. | Courtois, 1, nollet. santés excellentes, barnichon aussi. reçu argent paris. lyon treize cents. supporte parfaitement hiver, très-bien portants. — Courtois. — Courtois. | Nottet, 4, arcade. portons tous bien, saint-denis, courtenay, sorméry aussi. recevons toutes vos lettres. envoyons des dépêches. — Nottet. | Devilliers. 51. rue luxembourg. mandat touché. décembre reçu neuf lettres. janvier cinq. toutes georges. tréport du 28 novembre. — Picquefeu. | Devilliers, 31, rue luxembourg. enfants, alexandre rennes. tante giraud besoin argent. rennes, tréport bien portants, non inquiétés. — Picquefeu. | Jollet, 4, treilhard. forcez caveprenez vin. écrivez, inquiets. | Desgrange, sévestre. 61, boulevard malesherbes. toutes en bonne santé, nous ne manquons de rien, tranquillité complète ici. — Marie. | Loonen, 8, bourg-l'abbé. santé parfaite, recevons lettres, manquons de rien. — Loonen. | Videcoq. 119, rue flandre. toujours tréport avec binder. bonne santé, écris-moi donc, excellentes nouvelles lefébure, gaston aussi. tendresses. — Videcoq. |

Tréport, 76. rue assas. amiens, nous tous bonne santé, reçois lettres, ne manquons de rien, tranquilles ici. deluynes bien. — Debray. | Moutié, 43, avenue trudaine. Morinet, marie, jeanne, maurice garnier, moi bien. pas encore vu prussiens. — Moutié. | Geibel, 14. milan. tous bien. estelle aussi. angleur, longagne ici, écrivez, recevons.— Flotard. |

Clermont-Ferrand, 20 janv. — Martin, Léon, 20, rue de la nativité. paris-bercy. tous très-bien portants à la chaise-dieu, recevons les lettres. — Giroux. | Jungfleisch, 27. faubourg saint-antoine, paris. votre famille villiers, henri hambourg. tante mennecy, clément mobile, lille tous bien. — Arnaud Bauer. | M. Carcenat. 6, rue des petites-écuries. paris. clara, marius, famille se portent bien, lettres reçues. — Femme Carcenat. | Desroziers-Laizer, 364, saint-honoré. portez lettres vitry. écrivons souvent tous moyens, santés bonnes, mon fils pensée cœur toujours toi. — Laizer. |

Clermont Ferrand, 20 janv. — Leroy, 2, paradis-poissonnière. restés à clermont, tous bien portants, vaccinés. envoie ta photographie, tendres amitiés. — Leroy. | M. Frémineau, 48, turbigo, paris. reçu fatale nouvelle, désespérée. écrivez-moi. — Moze. | Bourgeois, 24. boulevard poissonnière. installés clermont, manquons rien, portons bien. famille fuld ossaye aussi. — Bourgeois. | Jérôme, 30, rue basse-rempart. appris étais paris, ai nouvelles par isidore. souhaitons bonne année, serions bienheureux revoir, embrassons. — Anatole. |

Montluçon. 19 janv. — Desloges, chez Derré, 65. rue rivoli. allons bien, écrivez souvent. — Derré. |

Gannat, 20 janv. — Beauchesne. archives. allons tous bien, fort tristes, sans nouvelles de toi malgré nos nombreuses lettres. — Bellaigue. |

Vichy, 20 janv. — Minerel. 28, rue arc-triomphe. bonne santé, reçu dernière lettre 8 novembre, cherchez provisions dans armoires, caisse fragile. écrivez vichy. — Grand. | Patorni, 5, pigalle. léon guéri décoré. — Delamotte. | Fournier, oranges, 69, rue saint-denis. confirme lettres et dépêche douze, depuis reçu lettres bonne santé, resterai vichy. écrivez toujours. — Pigache. |

Bourbon-l'Archambault, 20 janv. — Dianis, marcel, rue louis-le-grand. nous allons bien, donnez nouvelles, inquiètes. — Foussé. |

Montmarault, 20 janv. — Dubreuil pour Guillaumet, 23, rue des bons-enfants. reçu ta dernière du 16 décembre, rien depuis, allons bien, écris-nous souvent. — Guillaumet. |

Moulins, 21 janv. — Madame Bourceret, 12, alger. envoyez vos nouvelles. père mort saintement 7 janvier, béni enfants tous réunis, parlait de vous. — Lacam. |

Sos, 22 janv. — Mendousse, aide-major, fort d'issy. recevons lettres, écrivons souvent, étonné recevez aucune. jeunes gens partis, courage devons triompher. — Mendousse. |

Agen, 23 janv. — Félix de la Courcelle, 60, rue du marais. adresse-nous des lettres chaque semaine à agen, nous nous portons assez bien. — Delacourcelle. | Mulle, 19, quai bourbon. tous bien, dames widersbach ici, bonnes nouvelles roubaix 9. joseph widersbach ici 2 janvier. — Aquarone. |

Perpignan, 21 janv. — Saléta, lieutenant vaisseau, flotille cuirassée, paris. santé bonne, t'embrassons, prions Dieu pour toi, albert namur t'embrasse. — Delphine Saléta. |

Lauzerte, 21 janv. — Alban Pons, commis postes, 11, coq-héron allons bien, clément aussi, pas battu, lettres arrivent, écris souvent, nouvelles de jules. — Pons. |

Vic-Fézenzac, 22 janvier. — Cueillens, soldat 117e ligne, paris. lettre rendus heureux, bien portants, pérès prisonnier. — Cueillens. |

Aubigny, 19 janv. — Pomel, 25, boulevard du temple. aubigny, bonne santé, reçu lettre novembre, aucune depuis, écrivez souvent. — Berthon. |

Albi, 22 janv. — Serres, lieutenant 7e régiment mobiles, 2e bataillon, 5e compagnie, 2e division, armée paris. frère tous bien, joseph castres brigadier artillerie, recevons lettres, courage. — Serres. |

Castres, 21 janv. — Maurice, 14, rue cardinal-lemoine, paris. prière prendre chez vous choses plus précieuses, malle domestique. — Dupré. |

Brest, 21 janvier. — Amiral Mallet, fort rosny. septième pigeon. mère, augustine bien, croix payée, reçu lettres janvier, brestois peureux, émigrent, resterai calme ici. — Mallet-Fauconnier. | Leguenkerneizon, sergent 4e compagnie, 23. régiment garde mobiles, 1er bataillon du finistère, charenton-le-pont. lettre quatorze reçue célestin, hippolyte ici. rivière, hilaire, angibaud, nous bien. — Leguenkerneizon. |

Landerneau, 20 janv. — Desdeserts, 8, rue garreau, montmartre. moi, enfants, grignon bien. — Rosalie Desdeserts. | Madame Boisguilbert, 6, rue de sèze, paris. bien portant, reçois vos lettres, écrivez toujours. — Boisguilbert. |

Morlaix, 20 janv. — Lenaour, 20 bis, rue chaptal. suis bien, blessure paul quelle main ? oui partout carte réponse, marchais trois oui, dernier non. — Lenaour. | Georges Delabarre, mobile 3e comp., 4e bat., 23e régiment. si pas reçu dix louis mandat du 10 décembre, réclamer poste. — Labarre. |

Angoulême, 22 janv. — De Pindray, commandant, 14, saints-pères. Fernand sain sauf, prisonnier hildesheim (hanovre). — De Lisle. |

Saint-Claude, 20 janv. — Léon Hugues, 19, rue réaumur. nous portons bien. attendons prompte réponse. jules à dôle. eugène sans nouvelles 4 mois. — Hugues. |

Morez, 20 janv. — Kriéger-Moussard, coppier, 9, impasse rébeval. inquiets, santé bonne, théophile soldat, réponds laferté (jura). — Emma Kriéger. | Grivel, télégraphe central. reçu lettre du 5, contente, allons bien. — Grivel. |

Granville, 17 janv. — Vender, capitaine, 110e ligne, paris. petit édouard charmant, vingt jours, bien rétablie, petite parfaitement. — H. Vender. | Bourgeois, 7, jean-de-beauvais. tous bien, souvenirs amitiés. rien reçu depuis 7 décembre. inquiets, écrivez. — Touzé. | Marre, 77, rambuteau. habitons granville, maripoto, moi, enfants, papa, caroline, famille fouinat, chevet, bonnes santés. enfants collége. recevons lettres. — Marre. | Bonneau, 105, batignolles. bien portante. écris par ballons. — Falefeld. | Blanchard, 70, bondy. Lesage écrivant plus inquiet. si urgent, soldez impôts année, priez locataires aisés payer. voyez maison, magasin. — Lallemand. | Lefebre, 2, grand-chantier. léontine, thérèse, famille fontane granville. mères, sœurs, famille gisors. sainpaër bordeaux, très-bien. recevons lettres. — Léontine. |

Dijon, 20 janv. — madame Byran, 14, bréda, paris. vais bien, suis armée est, 15e corps. — fernand Boussenot. | Lemarquis, 15, dragon. dijon libre. écris nous. rien depuis deux mois. allons bien. — Lemarquis. | Gouget, 25, quai des grands-augustins. désespoir savoir exposés dangers. écrivez nouvelles, détails, amitiés. — Royer collard-plombières. | dionis Séjour, 22, rue servandoni. désespoir savoir exposée dangers. écrivez nouvelles détails. amitiés.— Royer-Collard, Plombières. Royer Collard, 2, rue sorbonne. merci fils chéri. reçu lettre 10, prends précautions. amitiés, courage. cornette. — Royer-Collard. | m. Duhamel, 138, cardinet, batignolles. nous allons tous bien. louis toujours à djedjelli. mille tendresses. — J. Guelaud. | de Gigord. lieutenant, 10e mobile, 8e compagnie, 4e bataillon. point nouvelles depuis décembre. inquiète, santé bonne. écrire à dijon. velogny va bien. — marie de Gigord. | Gauthier et Céry, 27, boulevard beaumarchais. écrivez, aucune nouvelle depuis 6 novembre. allons bien. — Gauthier. | Benoist, 54, rue verneuil, paris. marie, enfants troyes, papa dijon. allons tous bien. recevons lettres paris, troyes répondons. — Moyne. |

Luc-sur-Mer, 17 janv. — Letellier, 48, boulevard du temple. maman morte 6 janvier. — eugénie Letellier. | Coutard, manutention militaire. tous bonne santé. pays tranquille. — Coutard. | Lécuyer, 10, boulevard strasbourg, paris. reçu lettre 4 janvier, sommes tous bien portants, courage. — Lécuyer. | Lecouvreur, 6, rue des batignolles, paris. nous nous portons tous bien. — Basly. | Raulet, 25, rue lemercier. reçu 6 lettres. tous bonne santé.— Raulet. |

Parthenay, 20 janv. — Aubé, 12, place des victoires. tous bien portants, recevons tes lettres, famille raoult partie versailles. — Aubé. |

Annonay, 20 janv. — Luquet, 20, palestro. approuvons décision appointements, désirerions congédier un ou deux garçons. jules revenu, cheville guérie, montbard évacué heureusement. — Montgolfier. |

Lyon-Guillotière, 20 janv. — jules Deshays, artillerie mobile du rhône, 1re batterie. portons bien. joseph mobilisé, pas reçu lettre depuis novembre. |

Arbée, 16 janv.— m. Lefrançois, 8, port mahon. tous bien portants. delanney malot armée loire sans nouvelle, ville menacée, écrivez, lettres arrivent. — Delanney. |

Avranches. 17 janv. — madame Nativité, 16, ulm. inquiète de vous toutes. répondez par ballon. — berthe Laqueuille. | madame Mercier, 12, rue isly. bien oncle biarritz. sambache bien. — berthe Mercier. |

Boulogne-sur-Mer, 13 janv. — de Beaufort, 64, rue blanche. allons tous bien à reims et boulogne. édouard prisonnier cologne. — de Beaufort. |

Goderville, 15 janv. — Maillet, 112, rue saint-lazare. monancourt, tous bien. — Maillet. | Dupont, 16, rue condée. famille vue à fécamp bonne santé. reçu lettres 28, 31, 6, 9 janvier. — Mochou. |

Dinan, 16 janv. — m. Perraut, 6, vavin. bien, nouvelles aix bien. — Perraut. | Messager, 5, tronchet. date dernière lettre 31 décembre. allons bien, dinan. — Messager. |

Vierzon, 21 janv. — Girard, 2, rue fléchier. tous bien portants. — Emilienne. |

Saint-Hilaire-du-Harcouet, 15 janv. — Tessier, 15, rue de laval, paris. écrivez vos nouvelles au coquerel. — Legrand. |

Lyon, 20 janv. — victor Coche, artillerie rhône, courcelles. toute famille va bien. donne de tes nouvelles. ta mère désolée. | madame Phanel, 87, boulevard haussmann. chère antouine, toutes lettres reçues bonheur. famille entière pleine santé, manque rien. mille baisers famille. — Pellat. | commandant Delocre, pontonniers, rhône. prière à commandant répondre. pelloux samuel, fourrier, est-il malade, mort, prisonnier. — F. Pelloux, lyon, 10, castries. | Amet, commandant, fort montrouge. tous bien portants. — Léon. | madame Roux, 66, vaugirard. vais bien, inspecteur. santés toulouse bonnes. reçu lettre du 1er janvier. désolés de votre situation, tendresses. — Georges. | Mentel, 11, deux-ponts, île saint-louis. donner à sion 100 fr. pour moi. — E. Dubois. | Sion, 10, rue vingt-neuf juillet, mentel avisé remettra 100 fr.— E. Dubois. |

Limoges, 21 janv.— madame Sandemoy, 11, rue payenne. portons tous bien, gustave parti. — Beaure. | Bechard, 3, rue biot, batignolles. deux, georges adalbert bien portants, jeanne, élisabeth, marie à sossac. — Jeanne. | Alcan, 3, canivet, paris. limoges, lettres arrivées grand plaisir. continuez donner nouvelles. bon gaigne, drago, carmels. prières continuelles. — Louis Charles. | Eberhardt, 41, coquillière, paris. nous portons bien, chagrin, voudrions vous revoir, prenez notre vin. écrivez toujours à bourges. — Sophie Benard. |

Bayonne. 14 janv.—Mlle Léonie Lejeune, 21, rue de la paix. je suis toujours à bayonne, j'irai peut-être à pau. Baeza. | Frand, 33, pétersbourg. nous, léonce bien. écrivez renseignements neuilly, adresse drevet bayonne.— Saint-Hubert. | Delacoux. 90. rue st-louis-en-lille. accouchée fille 25 novembre, portons tous bien, demeurons bayonne rue port-neuf, 19.— Delacoux. |

Pau, 14 janv.—M. Duttenhofer, 38, rue trévise, paris. bellevue santé parfaite, augusta aussi, reçu vos nouvelles 12 janvier.— Hippolyte. | m. Ouri, 27, rue des dames, batignolles. bellevue santé parfaite, augusta aussi, reçu lettres du 31 décembre.— Henriette. | André, 31, lafayette. parfaitement, brassier, arthur à larouy, foëcy, brinay aussi, georges avec faidherbe, Jean avec bourbaki. tendresses, bénédictions.— Bammeville, | m. Jouannin, 107, faubourg st-denis. donnez nouvelles, allons bien, pau, hôtel france.— Meslier. | Loliot, capitaine 106e ligne, nogent. paris. nous bien pau, parents rentrés thionville.— Cécile. | Soyer, 9, bleue. pau, porte-neuve, 16. allons bien, filles bien. chevaux gramont, gonde soldat. écrivez toujours recevons. houel bien.— Soyer. | Eugène Garnier, 13, monge. veille mes affaires, adrien viguier, place palais-justice, pau legros lettres reçues, partout bien.— Garnier. | M. Lopez, 27, rue décamps, passy paris. tous en bonne santé, hôtel paix pau. sans nouvelles, vœux, espérance, amitiés.—Pelletier. | Pelletier, 18, boulevard sébastopol, paris. reçu lettres sœur et toi, tous bonne santé hôtel paix, pau, vœux, espérances, amitiées.— Pelletier. | Brouvet, 87, rue st-lazare. allons tous bien, sommes 4, rue montpensier, pau. Paul lycée.— Céline. | Migeon, passage violet, 6 famille morvillars en santé, désire nouvelles vous, henri, adressez boncourt, dites à berger famille bien.— Berger. | Richet, 21, boulevard haussmann. tous bien portants, arcachon, dijon, nelly, ricot aussi. reçu lettres du 10, bon espoir prochain.— Eugénie. | Moulin, place vendôme, 23. bonne santé, inquiets demandons nouvelles fréquentes et de lemnans.—Cheuvreux. | me Platel, 65, rue ste-anne. reçu lettre datée 28 décembre. écrivez nouvelles de vous, albert, varenne, poissonnière.— Léonie Caflin. | Vatin, 43, échiquier, paris. les vatin et les frémont pau santés très-bonnes, écrivez recevons lettres. — Ginot. |

Taillefert, adjudant-major mobile somme montrouge, paris. tous bien portants, confiants.—Taillefert. | Frémont, 14, quai mégisserie. rassurés sur bombardement, edme, 2, rue écoles. vatin, charles, bonne santé. robouain demandent lettres — Raoul. | me Dupin, 8, chaussée d'antin. famille boyer père pau, place duplaa, 1. tous bonne santé reçois les lettres.— Dupin. | Pernaud, 130, boulevard magenta. donnez nouvelles octave fleury, prion, violette, maison payez impôts, lettres arrivent, compliments.— Dheilly. | Auteribe, 2 cirque. avec loyers reçus payez si vous pouvez rentes paillard et contributions, répondez à pau, rue lycée.— Bayvet. | Cardeilhac, 91. rivoli. uriage 20 décembre, santés bonnes ernest, du, charlette, mlle buguiet, l'abbé aussi, recevons vos lettres. — Boulnois. |

Genty, 46, rue ste-anne. berthier, femme, fille vont bien romorantin, charlotte, jeanne, général saget aix-la-chapelle. — Berthier. | Place, 40, rue berlin, paris. suis à pau, 19, rue bayard. donnez nouvelles de vous valadin, tout va bien.— Tricotel. | Saint-Joseph, 25, françois 1er. allons bien, léopold aussi à brandebourg, tremble pour vous, pense à vous, tendresses.— Jeanne. | Dhulst, 75, grenelle. tremblons, pensons à vous bombardement. allons bien, prions dieu.— Elie. | Félix Vidal, 121, boulevard haussmann reçu lettre, envoyez-moi nouvelles, louis, moulin, rue saint-antoine, 177.— Ardant. | Baillarger. 15, malaquais. marie, sa fille, gabrielle, jenny, lau, famille fréréjean tous bien, bonnes nouvelles robert, jenchère habitants saufs.— Baillarger. | Boulley, 11, rue mérignan. edmond attaché, division territoriale tours, garanti de toute levée, tous bien portants.— Boulley. | Ganguat, 46. rue châteaudun. bien portants, avons quitté granville, tours à pau. 4, rue hameau. recevons tes lettres.— Ganguat. | Messageries notre-dame-victoires. madame samson décédée, autres nouvelles bonnes, recettes faibles, encaisse suffisant, forges actives pour artillerie.— Behic. |

Arsène, 12, rue poitiers. nouvelles bonnes, votre femme bien, abrités objets précieux, surveillez incendie, bon courage.— Behic. | Chanvy, 2, pyramides. tous habitants keravel, noirmoutiers parfaitement.— Cécile Rhoné. | Borniche, 22, caumartin. nos familles et amis sans exception parfaitement. écrivez-moi souvent arcachon.— Rhoné. | Pereire, pour labouret, léonie, marguerite, charles au ferron, alice, christian, yvonne née novembre, votre famille, mienne et amis parfaitement. — Rhoné. | Pereire. bonnes nouvelles de nos familles, pau, arcachon, bretagne, aubert et employés. confirmons nouvelles données par lettre 9 novembre.— Pereire. | Chenouard, maison xavier jouvin, 8, boulevard montmartre. alice, louis, grand'mère bien, nous tous aussi. — Henry. |

Libourne, 16 janv. — Decreps, 28, rue rodier. enfants bien, envoyez argent par poste.— Barthez. | Chalendar, rue mayet, 14. edmond prisonnier bonn.— Chaperon. | Labouret, 98, rue de la victoire. tes enfants bien, charles congé. ferron. — Barthez. |

Carcassonne, 16 janv.— Ramel, 16, armaillé. santés bonnes. mobilisés partent, esprit national excellent, résistance opiniâtre approuvée, espoir succès définitif, pas encore retraité. — Marty. | Sarda, capitaine volontaires de france, paris. reçu ta carte, écris quand pourras, allons bien.-Marie. |

Bordeaux. — 25 janvier 1871.

Vichy, 14 janv.— Lagrange, place bourse, 6. je corresponds avec marseille, hâvre, pas reçu argent, lettre clarisse 13 janvier, vaillant portons bien.— Vichy. | Argand, 99, amsterdam. vichy portons bien, écrire plus souvent, recommande précautions, éviter sortir pendant bombardement, thérèse embrasse père. — Argand. | Dupont, 37, sentier. Je fais provisions pour ta mère et nous, bonne santé, écris plus souvent, ai lettre 31.—Dupont. | Papillon, 49, partants. sommes très-inquiets de vous, écrivez chez guichon vichy. — Humbert. | Grand, 158, grenelle st-germain. vichy bien portant, employé hôpital militaire — Grand. | Paillé, 11, stanislas. portons bien vichy, argent.— Paillé. | Lechenault, 5, boulevard montmartre. bonne santé, recevons tes lettres. désirons nouvelles daubanton, schmidt, lizé. grand froid, chandora voir coquelin.— Astrua. |

Lazard, 30, rue caire. 3e pigeon. trois mois sans nouvelles, terribles inquiétudes, sommes vichy.— Mélèse. | Merré, mobile, bataillon meaux. seine-et-marne, commandant charles thétard. bonne santé, ernestine nézel, bébé bien, manthe pas télégraphe.— Merré. | Albaret, 88, st-lazare. écrivez avec détails sur chaperon. appartement cuisinière procurez-lui argent.— Ruelle. |

Montluçon, 14 janv.— Pissenier, 1. boulevard arago. inquiétudes cruelles. pas s'exposer, déménage rive gauche, santés bonnes. — Azeline. |

Lyon, 15 janv.— Lachard, place des victoires, 2. pas de lettres depuis celle 25 novembre reçue 23 décembre, écrivez donc.— Lachard. | Fontaine, 12, boulevard sébastopol, paris. nous allons bien. des nouvelles de vos santés par ballon ou autres moyens.— Fontaine. | Rambaud, 23, rue antin, paris. famille et Jean très-bien. lourse et mièvre à nice très-bien. réponse.— Marie Rambaud. | Laurent, 236, rue st-antoine. te souhaitons ici en bonne santé, nous t'embrassons de cœur.— ta mère, femme Laurent | Batillat, 15, laval. Jeanne ici lyon. sommes très-inquiets de vous, pas nouvelles depuis 7 décembre. écrivez-nous. — Guichon. | Faidy, maréchal-logis pontonnier artilleur rhône. reçu lettre 30 décembre, écris donc plus souvent. allons bien. visite madame charnal.— Faidy. |

Widor, 8, garancière. habiter luxembourg, 33. allons bien, famille. Paul prisonnier leipzig. montigny, écris souvent. tendresses. — Widor. | Keisser, 7, passage saulnier, paris. reçu dernière lettre. allons tous bien, dames brison à lyon, charles lavoulte bonne santé — Keisser. |

Marmande, 15 janv.— Bertaut, 40. rue bonaparte. madame barthélémy remettra clefs, consomme chez clémentine, chez moi tout, même volailles. bébé première dent. — Blancard. | madame Barthélémy, 13, rue abbesses, paris montmartre. remettez immédiatement mes clefs à mon beau-frère, bertaut, 40, rue bonaparte.— Liégeois. |

Nérac, 16 janv.— M. Pouy, 38, rue de bercy, bercy. reçu lettres londres, familles bien portantes, avide de nouvelles.— Conches. |

Lavardac, 16 janv.— Ducomet, 89, boulevard sébastopol. étienne bien portant comme moi est à marmande, prochainement au camp bordeaux. amitiés bien vives.— Ducomét. |

Agen, 16 janv.— Haim, 3, rue geoffroy-marie. santés famille et enfants bonnes, recevons toutes vos lettres. nouvelles famille dacosta pour bodstlein.— Noémie |

Agen, 17 janv. — Delasalle, mont-valérien. charles, maxime prisonniers. rené nancy. famille, Georges, moi parfaitement. maman très-mal, famille crotier bien.— Marie. | docteur laboulbène, 35, rue de lille. santé assez bonne. dames delain vont passablement.— Ulysse Laboulbène. | Navet, faubourg st-antoine, cour cheval blanc. nouvelles castay latapie.— Castay. |

Marquise-Usines, 12 janv — Lhomme, 140, faubourg st-martin. votre famille lyon bien portante. envoyez ici nouvelles de madame vigeré pour vigeré bien portant versailles.— Dewilly. | Cailiot, 167, faubourg st-martin. 10e dépêche. bruxelles, marquise, parfaite santé, sauf léonce légèrement enrhumé. travaillons encore mais diminuerons fin janv.— Dewailly. |

Vallière, 16 janv.— M. Ternat, 65, rue de la roquette. mon fils donne nouvelles de ta position. Je suis très-inquiet.— Ternat. |

Hâvre, 21 janv. — Fouchet, 39, faubourg poissonnière. anna bien. | madame Mahu, 81, rue lafayette. nous portons bien, envoyez de vos nouvelles par ballon. — Létoffé. | Guéry, 74, quai hôtel-de-ville, paris. allons bien. aymard, charles, écrivez ballon. argent, calla, 8, rue marronniers, passy. — Guéry. | Boucard, 87, taitbout, paris. locataires présents taitbout, labruyère, loyers reçus, bonne prix, macstlé légion, lettres envoyées, trouville, nanteuil bien. — Lejeune. | Godion, 4, vosges. bien portants, tranquilles. inquiets. embrassons. désirerions voir bientôt, envoyez nouvelles, sans nouvelles novembre. informer eugène miné. —Roussela. | Laserre, 1, pagevin. familles laserre et chauvel hâvre, lyon bonne santé. — Laserre. | Cocteau, 11, scribe. les annonces journal *times* lundi, mercredi, vendredi 20 janvier. tous bien, plusieurs dépêches pigeons déjà envoyées. — Regnier. |

Carteron, 7, boulevard ornano. j'ai envoyé deux dépêches et deux lettres, va chez jeanneau demander argent. — Tétard. | Naudé, 56, rue tourpassy, paris. reçu dernière, courage, espoir, nous vaincrons. vive france. — Naudé. |

Moulins, 24 janv. — Bonnefons, directeur urbaine, 8, lepelletier. sinistre important creuzot, chiffre inconnu, aujourd'hui fabrique artillerie, examinerai, ajournerai. — Desjardins, maintenant résidant moulins (allier). | Brunet, 1, rue du mail. bien portants, recevons tes lettres. avons écris quatre fois.— Brunet. |

Comines, 21 janv. — Pector, 5, place ventimille. douzième télégramme. écrit partout, souvent. reproches immérités, pense à toi toujours. reçois lettres de toi en retard. comines tous sauf désiré, léonidas lycée. désiré travaille septième, version. tableau honneur, étude, classe. laure gentille apprend. gustave, esther réunis nogent. paul comines. tous bien portants. tendres baisers. — Pector. |

Pau, 26 janv. — Reynier, 20, tivoli. recevons toutes lettres, écrivez plus souvent. heureuse savoir tous abrités, empruntez partiellement, sera rendu. — léonie Delassalle. | madame Plantevignes, 87, avenue ternes. 25 janvier tous bien portants.— adèle Plantevignes. | docteur Byasson, hôpital midi, paris. tous bien, louis cauterets, tante pourvois généreusement, enfants te réclament, tendresses. — alice Byasson. | Contour, faubourg saint-honoré, 111, paris. sommes à pau, veuillez donner nouvelles de beau-père poste restante. — comte de Terbecq. | Champeaux, 126, rue de morny. sommes sans nouvelles, inquiets. donner nouvelles par ballon, poste restante pau.— comte de Terbecq. | Chantier, 11, rue de parme, paris. sans lettres depuis septembre, donner nouvelles par ballon, poste restante à pau. — comte de Terbecq. | Berger, 65, sainte-anne quatrième, merci. élisa, emma, écrivez. marie nancy. — Levz. |

Bayonne, 26 janv.— Dordosgoyty, rue l'écluse, 21, paris. tous bien, reçois lettres.— Dordosgoyty. | Abaroa, 102, richelieu, paris. quintina une fille, tous bien. — Fabian. |

Biarritz, 26 janv. — Harty Perraud, 15, saints-pères. tous, arthéon parfaitement, deux oncles rennes aussi, écrivant grand-père dont reçoivent lettres. fauler mort octobre.— Louise. | Gratine, 8, échelle. poitou biarritz, londres, chaumont, allons parfaitement, ambassade refuse lettre, écris fréquemment, je te conjure. — Jenny. |

Plelan-le-Grand, 24 janv. — Duval, 14, amsterdam. reçu trois lettres. tous ici bien et résignés, voir perrin. — Duval. |

Villefranche, 25 janv. — Lange, 9, pont louis-philippe. paris. santé bonne. deux familles aussi, embrasse tout cœur. — Marie. |

Bordeaux, 26 janv. — Foucher, 105, rue saint-antoine. troisième dépêche. reconnaissant envers édouard, courage, envoyé argent 4 décembre, t'embrasse bien, très-inquiet. — Frinault. |

Dives, 21 janv. — m. Cavalier, chef ministère finances. prière d'écrire si santé sans accidents.— Denéhaut. | Pitzgerald, 8, rue faubourg montmartre. reçu lettres, as-tu reçu lettres dépêches? santés bonnes, t'embrassons. espérons. — Fritzgerald. | Cordier, 9, place prince-eugène. santés bonnes, recevons lettres, avons argent. — Beuzeval. |

Dieppe, 20 janv. — Dépinay, 21, rue d'enghien, paris. grande inquiétude ne pas recevoir nouvelles. — Dépinay, 20, rue de la rude. | Pechard, 28, charlot. véronique, moi, demandons nouvelles.— victoire Lechartier, 34, rue épée. | Pingray, 51, rue clignancourt. inquiets, pourquoi pas nouvelles? écris souvent, famille dieppe. — Kuyff. | Lhuillier, 3, rue paix. tous bonne santé, point eu désagréments. victor professeur. claudin 6 bestiaux pris. — Lachauvinière. | m. Puison, 16, rue custex, paris. tous bonne santé, tranquille. — Vastey. | Souty, 69, rue provence, paris. reçu lettre, merci. surveillez quelque fois, bonnes nouvelles province. — Dumas. | Belleyme, 6. rue royale, paris. auguste prisonnier hambourg bien portant, manque rien. tardieu fils bien portant chez contat.—Dumas. | Caumont, 150, rue rivoli. dixième. dieppe tout bien. vos lettres arrivent, écrivez plus souvent, amitiés. — Legrand. | m. Lesieur, 23, chaussée-d'antin. sommes londres. reçu lettre, décembre revenue dieppe, espérons revoir bientôt, demandez notaire dont besoin. — éliza Lesieur. | Jolibois, 56, rue meslay, paris. Passez chez nous, écrivez. — Bonnet. |

Valenciennes, 21 janv. — Mabille, 20, avenue maine, paris. reçu cinq lettres ballons, lettres maclaan, marie correspond, non accouchée, contente. | Mabille, 20, avenue maine, paris. tranquilles, bien portants, émile sergent, manutention à armée, octave bientôt soldat. | Dugitgros, 13, rue du mail, paris. allons bien, reçu argent, lettres. — Perrin. | m. Renaud, 23, rue cherche-midi, paris. famille bien portante, trois lettres reçues, écrivez souvent, amédée retiré riche. alfred destitué. — Armand. |

Valognes, 23 janv. — Durand, 18, scipion, paris. portons tous bien, reçu. — Durand. |

Laval, 23 janv. — Séguin, 16, avenue cimetière, montmartre. laval, cousin allons tous bien, nièce, berthe, blois. reçois vos lettres, morcouissis pas souffert. — Seguin. |

Portrieux. 18 janv. — Baras, richelieu, 83. frères, nous, bien portants. vois *Times*. écris souvent. — Baras. | Jarlanlo, 46, quai bercy. tous bien. attends avis pour toucher argent nory. — Jarlando. |

Nyons, 20 janv. — Petitet, 22, rue labruyère. allons bien. recevons vos lettres. — Lauchampt. |

Louviers, 15 janv. — Herpin, 58, provence demandez à banque autorisation rembourser bordeaux, quelle somme? tout va bien. — Denière. | Denière, 29, boulevard malesherbes. allons tous bien. — Denière. |

Quintin, 18 janv. — Clerc, rue amsterdam, 21, paris. andré, cécile, marthe, tous bien. père lebreton mort. — Gresy. |

St-Pierre-Eglise, 16 janv. — Touche, chez Neél, 1, turbigo. n'avancez plus pensions. écrivez souvant, payez impôts régulièrement. compliments. — Neél. | Plantier, 33, petites-écuries. compliments, bonne santé. écrivez moi. — Neél. |

St-Aignan-s-cher, 19 janv. — Baudot, 26, rue st-guillaume. restées à st-aignan. allons bien. tes lettres arrivent. — Isabelle. |

Lassigny, 11 janv. — M. Chabert, 23, avenue de tourville, paris. allons bien. tu dernière du 28 décembre. — Chabert. |

St-Lô, 15 janv. — Peyron, hôtel de louisiane, rue colysée, 36. je suis narines, tous bonne santé, pas prussiens, mère cerveau malade. — Peyron. | Batardy, 57, rue trévise. toute famille bonne santé, restons st-lô, narines, amécourt, méru intacts. rentes payées. rien nouveau. — Batardy. | Bourdot, st-vincent-de-paul. portons très-bien. enfants fortifient. rosine a pas titre rente.—Bourdot. |

Aurillac, 21 janv. — Carrière, rue de bondy, 5. renouveller mont-piété bijoux, 20 décembre. engagement cinquante-sept mille deux cent huit. — Fayet. | Carrière, rue de bondy, 5. reçu votre lettre, nous bonne santé, sœur morte, réponse. — Fayet. |

Massiac, 20 janv. — Duplan, richelieu, 75. tous enfants bonne santé, moi aussi, aînés travaillent peu. emmanuel dépôt toulon. — Duplan. | Dulaut, castiglione, 5. enfants tous bonne santé. soyez sans inquiétude. recevons vos lettres. — Louise Sarrazin. |

Châtillon-les-Dombes. — Cramer, faubourg st-denis, 32, paris. tous bien portant clemencia. reçu lettres, cartes, répondu. — Conrad. |

Guéret, 21 janv. — Timmerman, 8, avenue trudaine, paris. boussac. bonnes santés. tout va bien, rien changé ici. meilleures affections. — Henri Timmermann. |

Tarare, 23 janv. — Hartmann, 4, richer. prenez bois, charbon, geoffroy marie office, confitures, sucre. corresponds mulhouse, famille bien. dumoltier reste tarare. — Matagrin. | Flavodon, 318, st-honoré. donnez nouvelles vous et sevin à tarare, rhône. lettres ballon arrivent. très-peinée rien recevoir. — Matagrin. |

Tournon-st-Martin, 20 janv. — Frémy, rue des capucines, 19. *Moniteur*, bordeaux, 5 janvier. décret 31 décembre nomme frémy, sous-lieutenant 7e dragons. écrit, suivre régiment. — Letellier Delafosse. | Letellier, place vendôme, 19. marin, nessis, pau bien. lu; frémy, lieutenant 7e dragons. écrire pour identité. mot. intérêts privés. — Le Tellier Delafosse. |

Bressuire, 20 janv. — M. Jarre, rue des pyramides, 2, paris. fais savoir comment tu te portes? — Demartins. |

Bordeaux, 16 janv. — Soulès, 52, rue sévigné, enceinte de sept mois. nous allons bien, soyez prudent, à bientôt! — Soulès. | Caut, rue auber, 15. paris. combien caisses parties pour chili, leur contenu, votre famille bonne santé, réponse immédiate. — Hippolyte Pinaud. | Pinaud, 81, rue myra, montmartre, paris. arrivé à bordeaux, toute la famille en bonne santé. — Hippolyte Pinaud. | Albert Lefebvre, 91, saint-lazare. courage, tous bien, pas enceinte, avoir mille thiboust, reçu dernière lettre, espoir, nouvelles bonnes, amitiés. — Lefebvre. |

Roy, 132, faubourg saint-denis. recevons vos lettres, recevez vous lettres et dépêches. paul gabard, bien portants, écrivez plus souvent. — Deffès. | Michel Heine, 22, rue bergère. tous bien, lettres reçues, bonnes nouvelles de bruxelles, jersey, dieppe. amélie, enfants sapia bien. — Aujames. | Dupille, 56, montorgeuil. madame alfred dupille va bien, reste versailles, rue marly. — Hénon. | Simon, 1, rambuteau. allons bien, donnez nouvelles, rien reçu depuis 7 décembre. aller mühlbacher, dire famille bien, tous bordeaux. — Hénon. |

Decazes, capitaine, 122e ligne, ambulance tuileries. tous bien, comment vas-tu? donne détails santé, mille tendresses, t'embrassons. — E. Decazes. | Louis Mourgue, 4e division, 6e section, ambulance, paris. sommes inquiets, écris chaque ballon, vois bonnefons pour argent. — Coutanceau. | Tisset, 15, rue moncey. sans nouvelles de laborde chargé mes affaires, prière écrire par ballon, 23, quai chartrons. — Tavernier. | Mesny, rue deux-ponts. 26. lucie grandie, robuste, nous bien. — Caron. | Trinquesse, 23, rue michodière. paris. votre père santé parfaite. — Peychaud. | Dechavannes, 111, paris-grenelle. accouchée 13 octobre, fille, tous parfaitement. — Dechavannes. | Béchet, administrateur postes. habitons nantes parents saint-denis, reçois nouvelles, tous parfaitement avons argent. — Thouret, |

Boyard, 11, cherche-midi, paris, fils vont bien, nous tous aussi, beau-père très-malade. — Guyot. | Fèvre, boulevard malesherbes, 72. marguerite naples. reçoit vos envois, santés excellentes. Juliette, nous, brest, fontainebleau aussi, communiquez à Paul. — Alexandrine. | Schæffer, brigadier trompette, 14e régiment dragons, marche, courbevoie. reçois lettres, jules prisonnier, correspondances avec mère, aline bien, charles écrit. Catherine. | Saïd-Hassan-Bagdadi, 14, boulevard saint-michel, paris. capitaine sidonie pas voulu livrer 26 caisses indigo sans connaissement. — Picharry. | Philippe Liébig, 117, des dames, batignolles. enfants en auront bientôt. vais bien. écris souvent. — Philippe. |

M. Martin, 50, petites-écurues. ne sois inquiet, ferai pour mieux, bébé souffrant, médecin dit cause dentition, envoie baisers. — Diffenbach. | Labat, 13, monthabor. prévenez doucement caritan, sa mère morte presque subitement bronchite. tous bien portants. — Mathieu. | Bezançon, 78, boulevard germain. merci lettres, allons bien, bonnand, paul restés andelys avec famille. tous bien. amitiés à tous. — Mathieu. | docteur Vidal, 112, neuve-mathurins. Silence inquiète, donnez nouvelles. demeure bordeaux, rue montesquieu, 4. santé bonne, amitiés. — Boussey. | Bouret, 4, béarn. santés florissantes, reçu lettre 10. voir offroy, part billion. adresser lettres rolland, bordeaux, je ferai parvenir. — Sylvie. | Muas, 15, rue banque, paris. Je demande agence de bordeaux associé avec deviteri. — Moullineau. |

Graux, 54, boulevard temple. toujours limoges, reçu portraits, bien heureuses, allons bien, sans réponse merval, jeautaud, écrire mère, embrassons. — Graux. | Delafon, 114, turenne. santés bonnes, recevons lettres, photographie comme graux, toujours limoges, clément bien, édouard saintes, père larochelle, embrassons. — Delafon. Jeanti, quatre-fils, 5. reçu ta lettre, reçu bonne lettre caroline, 13 novembre, nelly bien, correspondons, vous embrassons tous. — Guilon. | Dufilho, 63, rue taitbout, paris. votre famille bien. écrivez-moi nouvelles vos santés. — Magne, 18, esprit-des-lois, bordeaux. | Laurent, 12, rue françois 1er. excellentes nouvelles laurent santerre, béjot levé, reçu lettre du 17. écrivez magnet. — Simons. |

Playou, rue cardinal-fesch, 41. madame et marie bonne santé à bordeaux, hôtel lambert. écrivez. — Senard. | Loysel, rue des moulins, 15. excellente lettre reçue. cœurs vœux avec vous. rien de lisieux et rouen. — Senard, bordeaux, hôtel paris. | Liouville, ministère finances. lettre reçu, merci veillez sur eux. madame liouville est à hyères. tous bien. — Senard, bordeaux, hôtel paris. | Santerre, 8, anjou-saint-honoré. ai envoyé 48 lettres ou dépêches. souterre, laurent. archdeacon, levé brigthon avec edmond, tous parfaite santé. — Lucie. | Béjot, 7, rue de tivoli. excellentes nouvelles de londres. on sait votre deuil, laurent bien, nous aussi. — Simons. |

107, Pour copie conforme,

L'inspecteur,

Bordeaux. — 25 janvier 1871.

Bordeaux, 17 janvjer.— Streiff, 131, rue Montmartre, toujours sans nouvelles si voulez installez vous chez moi, écrivez-moi, rue fénélon, 3, bordeaux.— Amilhau | Darricau, 50, rue Faisanderie, paris. reçu lettres du 3. tous bien. mère à linxe. bonnes nouvelles cochinchine et mathilde. — Baour. |

Madame Frick-Fontaing-St-Georges, 30. reçu dernière lettre tarbé, courage, espoir. bonne santé, embrassements. — Ducellier. | Madame Geiger. 13, avenue duquesne, paris. geiger bien portant à luxembourg, 7, rue saint-philippe, demande nouvelles. — Dupuy. | Garros, 2. rue bleu. tous bien. bordeaux. courage. — Garros. | Rodrigues, 48, londres. vaccin lili pris sans fièvre larochelle, bruns, brighton, labrunetière. lafronterie, reys, brissac, tripier vif, lefranclecomte, parfaitement. — Lafaulotte. | Florent, rue m. le prince, 20. allons bien. mettez meubles en sûreté. écrivez-moi. — Borde. | Touboulic, lieutenant vaisseau, fort noisy, santé parfaite. recevons lettres, écrivons. donné nouvelles sevené, laroque, neuwied. parfaitement. envoyé cinq dépêches, — Touboulic. | Labarraque, 35, boulevard strasbourg. tous réunis à poupel. santés bonnes. vos lettres reçues, merci. quatre-vingt orphelines à orléans. — Jalaguier. | Coltan, 30, duret, paris. écrivez, rue hustin, bordeaux, où suis depuis dix jours, ingénieur civil. bonne santé. — Malingre. | Pottier, rue fontaine-saint-georges, 38. bien heureux avoir reçu lettre, allons bien, écris nérac. — Lisle. |

Labadie-lagrave, état-major place, place vendôme. santé, position, affaires bonnes. vois lagasse. comptable, nouvel opéra, ton frère, vendôme. — Lagrave. | Général ribourt, école état-major. vu charlemagne, orléans. gaston, algérie. bien. je suis aux lignes carentan. sœurs. enfants, bien.— Amédée. | Bal. 8, place bourse. lettre, 10, ballon reçue. relations avec succursale, anvers, bonnes conditions. souhaitons bonne santé. — Duranteau. | Haim, 3, rue jeoffroy-marie, paris. tous bien, reçu lettre, 11 janvier. — Haim. | Marcoux, confiseur. 23, passage panorama, paris. famille et enfants, bonne santé. léon guibaudet, prisonnier à neisse, 17 janvier. — Marcoux Xavier. | Mercier, 315, rue charenton. paris. écrivez-ballon-tabac. bordeaux. — Lekime. | Guérard, rue saint-honoré, 265. demande congé par huissier, rue surène, avant 30 mars. écrivez par ballon. — Célestin. |

Capitaine Goulouzelle, saint-dominique, 13, remercier perraud, nouvelles raphaël. écrire bordeaux poste restante, à adolphe bruxelles, idem: tous bonne santé. — Hullen. | Fries, 19, marignan, auguste, moi à bordeaux, hôtel france, allons tous bien, horriblement inquiets, toi écris par chaque ballon, — Sophie | Ballot, 28, rue monsieur-prince, paris. si danger chez vous, allez chez nous. donnez nouvelles petit-journal, rue grassi, bordeaux. — Reugade. | Moisson, 22, caumartin. sans nouvelles maman. édouard, premier janvier, inquiets. tous parfaitement, prendre nouvelles, proux, 76, bonaparte.— Adèle. | Le Glay, 30, rue de rivoli. heuriot, contrôleur des postes. enfants, famille, très bien. — Gabrielle. |

Majoureau, 7, durantin-montmartre. frédéric prisonnier, amputé bras droit. — Sivadon. | Arbelot, 20, vivienne. marie, enfants, tous bien à vimoutiers marchandise en bon état. cher julien, sortez donc. province attend. — Arbelot. | Sesseau, 39, faubourg poissonnière. urgent, crédit, trois mille livres chez garcia, gaston, londres. j'y suis. — Dupeyron. | Souchal, 58, boulevard magenta. envoyé trois cents francs par poste. harth donnera mille. suis en mesure pour tout.—Perret. | Souchal, boulevard magenta, 58. voyez decourtive. ai fait déclaration à trouette agent ici. quand expirent polices assurances? — Perret. | Harth, boulevard prince-eugène, 7. reçu lettre hertlé. bonnes nouvelles. votre famille saarunion. donnez mille francs à souchal. — Perret. | Mademoiselle Rufz lavison, 38, rue ponthieu. lettre reçue. amis. nous bien portants. embrassons vous. — Delaville. |

Cointreau, 15, rue monsigny. supplions nous envoyer très souvent nouvelles maxime, hôtel lambert, bordeaux. — Hautlemens. | Lesouëf, 109, beaumarchais. tous bien, bordeaux, reçu lettre janvier. — Smith. | Moisson, 22, caumartin. billing s'informe autour lui, savons sûrement. nouvelles parfaites arrivées de Weber Pescature. moisson. voyez par stanc. — Adèle. | Gustave fraisse, 51, rue ramey. montmartre. paris. santé parfaite. bagages non reçus. les réclamer en gare. — Fraisse. | Lafon, caporal. nouvel opéra, paris. reçu lettres, répondu tous. santé parfaite, pas ennuyés. marguerite, garçon, écris. parle pernet louis. —Lafon. | Andrieux, 1, rue véron montmartre. inquiète de vous. nous bien. attends vos nouvelles. — Eléonore. | Perret, administration, paris méditerranée, saint-lazare, de grâce donnez nouvelles par ballon. sommes inquiets. — Riva. |

Goyard, 11, rue moscou, paris. reçu lettre du 31 décembre. écrire très souvent, bien portantes. jane bien sage. — Geneviéve. | Massy, lieutenant 32e ligne, 13e corps, 13e marche. reçu lettres pantin. courage, espoir. santé parfaite, nous t'embrassons ami. — Massy. | M. Calla, 8, rue marronniers, passy. calla. bordeaux, cours trente juillet, 19. chernoviz, trouville, emmanuel, louise, londres, santés bonnes. — Amélie. | Chatard, 7, aumale. trouville, noël, tranquillité. félix, londres, allons bien. équor, rhodé. — Chatard. | Biétry, 123, rue lafayette. maman avec nous, portons tous bien. prendre chez nous provisions toutes espèces, vin et chauffage. — Aubry. | Baron quincaillier, dominique (gros caillou). écrire ballon monté, 11, mautrec, bordeaux. que fait thérèse? lui fournir argent si besoin. — Cappé. | Feuilherade, 24, rue saint-roch, paris. victor, maréchal logis; joseph, brigadier; emmanuel, nous, parfaitement. envoie argent, vêtements. lisez annonces times. — Feuilherade. |

Lebaigue, lycée charlemagne, bien, écrivez tous les jours. delphine, bretagné. donne nouvelles déchets. — Claire lebaigue. | Mme Cavé, 7, richepance. douleur, trois mois. paul, loire. moties henri. écrivez chaque jour, inquiète bombardement. — Sohège. | Gaytte, 131, rue montmartre, paris. familles gaytte, varin, blanc, astier, luquet, santé parfaite. denicé, blaçai, aussi, auguste, cinq dents. — Gaytte. | Mme Cavaillon, 35, rue lune. paris. édouard tlemcen, tous bien. sommes anxieux. écrivez. prévost attend renseignements.— J. Léon. | Levasseur aîné, 3, rue laval. tous bien avec georges, bordeaux. enfants lycée. recevons vos lettres. famille alfred bien. bruxelles. — Levasseur. |

Monsieur Girard. excellentes nouvelles dijon. madame girard, 45, rue riquet villette, paris. enfants, bonne santé. — Firaiss. | François, 278, rue saint-denis. paris. blanchet, retour bahia. lui écrire à lisbonne, hôtel europe. — Rieunier. | Perein, capitaine, comité génie. tout notre monde nancy, montélimart et armée, bonne santé. — Eugène perein. | Compagnie transatlantique, rue paix. retour paquebots new-york, requis sur bordeaux au lieu brest, pour meilleure livraison, chargements. recevez, assureurs. — Goyetebe. | Dollfus-Davilliers, rue neuve-mathurins. reçu vos lettres, vu votre famille, bordeaux, tous bien. vos dernières intentions communiquées st-pierre.— Goyetebe. | Compagnie transatlantique, rue paix. reçu bordeaux deuxième a-compte pacifique, six cents cinquante mille. rien reçu, subvention depuis septembre. — Goyetebe. | Albouy, 6, rue fontaine-saint-georges parents léopold caudesaigues, demandent nouvelles, que fait-il? réponse, 24, rue cheverus, bordeaux. — Cavalier. | Pradeland, affaires étrangères, famille pradeland bien à nantes. — Pique. | Danglade. affaires étrangères. vos femmes et enfants toujours agen, parfaite santé. — Pique. | Benoitchampy, 8, rue de milan. habitons aix, savoie, tous bien. — Benoitchampy. | Brun, 76, boulevard saint-germain. installez-vous chez moi. — Raoul. | Lecouvreur, 100, boulevard de neuilly. familles poustelet, bien portantes, route toulouse, 275, bordeaux. — Poustelet. |

Rochefort-sur-mer, 19 jan. — Commandant fort nogent. bien tous. avons lettre jusque 12 janvier. gloire désarmée. édouard brest. — Lefort. | Tornezy, 121 bis, grenelle-saint-germain. albert même position. aymard tué orléans. portons tous bien. comment votre santé? — Courbe. | Serpeil, 23, richelieu. paris. amitiés. chercher marcel favre employé postes, bureau honoré, hôtel louis. inquiétude extrême, réponse prompte détaillée. — Quesnel. |

Hyères, 18 jan. — Dessaignes, 25, université. père, mère libourne. bonne maman morte en octobre. humanull armée loire, alfred ici. allons tous bien. — Delalain. |

Nîmes, 18 jan. — Alister, 9, rue monsigny. avons bonnes nouvelles georges, marie, céline, alphonse soldat. — Frayssenon. | Audiat, 41, rue richer. portons bien, reçu quatre cents. écrivez.- Félicie. | Deloro, banquier, 10, faubourg-montmartre. bonjour amis, donnez nouvelles. visite famille boulevard germain, qu'ils m'écrivent, malade trois mois. — Masson. | Magniel, 13, boulevard temple, paris. ami touchez loyer, signé quittances pour moi, gardez argent, payer concierge, malade trois mois. — Masson. |

Montauban, 19 jan. — Pauliet, 10, saint-roch. prier bertal habiter appartement, en donner nouvelles souvent. — Capin. | Samazan, 38, bourdonnais. reçu vingt-cinq lettres, six réponses mathieu ici. bureaux transférés à toulouse. allons parfaitement. — Ressiguié. | Sallerin, 162, faubourg-saint-martin. montauban maison lebrun, tous bien portants, jamais nouvelles, lardy correspondant, bon accueil, reçu billet, crédit. — Sallerin. |

Trévoux, 18 jan. — Brogden, 66, cherche-midi. bien inquiets. écrivez nouvelles de vous et appartement. sympathie.— Sandrans. | Charneau, 88, université. vais bien, inquiète, écris. — Jeanne Charneau. |

Chambéry, 18 jan. — Finet, 95, rue blanche. julie, charlotte, femme, fils, frère, moi allons bien. baptiste procureur général, borsou prisonnier. — Auguste Finet. | Alkan, 54, saint-andré-des-arts. santé bonne, inquiets, bombardement, mille baisers. rue battonnet, 92. chambéry, savoie. réponse ballon. — Céline. |

La Roche-sur-Yon, 18 jan. — Piatier, 24, rue saint-lazare, paris. bonnes santés napoléon-vendée. | Leborne, 22, rue Vanneau, paris. Dainval, sœurs, frère, ballerich allons tous très-bien. écrivez, nous recevons. | Devillers, 17, rue banque, santés bonnes, adresses lettres féret, libraire bordeaux. — Devillers, | Motheau, lieutenant 35me régiment mobile. tous bonne santé. écrivez calmez inquiétudes, courage, espoir. — Motheau. | M. Ritouret, saint-ambroise. sans nouvelles ludovic depuis 28 décembre et vous respects, tous bien portants. — Isis. |

Moutiers-Tarentaise, 17 jan. — Belval, 5, rue chalgrin, paris. fillettes calais. mère dôle, jamais occupé, émile lubock. santé excellente. missives parvenues. silence alfred. — Désiré. |

Saint-Blin, 28 déc.— Geoffroy, 18e arr. 17, rue chapelle. tous bonne santé à prez. — Geoffroy. |

Douai, 17 jan. — Godard, boulevard beaumarchais, 8. réclamer poste, 100 francs. trompé adresse, 18, pour 8, 14 décembre. renvoyé 100, compagnie lyonnaise. | Depoutre, rue drouot, 2, paris. portons bien ici et londres. paul, capitaine, abbeville. — Depoutre. | Desforts, 12, bonaparte, paris. nous, tantes, cousin, orléans. clothilde forts, baudreuil, digard, perdrigeon, tous bien. henri douai, pas danger. — Fontaine. | Colonel Porion. 1re brigade, 4e division, 3e armée. allons bien, georges, sous-lieutenant a donné trois fois, armée nord. — Porion. |

Aire-sur-la-lys, 17 jan. — Marcou, 48, écoles. tous bien portants. tranquille ici cependant madame vigoureux, enfants, à alost belgique. carré bien portants, berck. — Delcampo. |

Valenciennes, 17 jan. — Dubois, 32, martyrs paris. santé bonne, famille aussi. reçu lettre jusqu'au 14 courant. tranquille, cas ennemis belgique. — E. Dubois. |

Artemare, 17 janv. — madame Gravier, 21, neuve-saint-augustin. rien reçu depuis départ. écrivez longue lettre, soignez nos affaires. confiance en vous. — Maublanc. |

Loriol, 21 jan. — monsieur Duval, 183, rue saint-honoré. fougères, avignon, bien. lettres reçues. — Duval. |

Lille, 17 jan. — Barthès, boulevard richard-lenoir, 120. tous à lille, partageons votre douleur. louis, ernest, pleurent leur cousin. — Crepiats. Delattre. 57, rue saint-lazare mesdames delattre, soullié, lille. dixième dépêche. messieurs courel, francfort. soulié, lisbonne. réponse. — madame Delattre. | Prévost, 3, grénéta. tous bonne santé, recevons les lettres. mathilde marche. avons argent. auguste écrit. dégats faibles, cocotte sauvée. — Prévost. | Brunet, biot, 21, batignolles. bonne santé, réponse ballon. — Brunet. | Rendu, 34, madame, vais bien, médecin mobilisés lille, déménagez. — Rendu. | Bellardel, 40, rue fontaine-saint-georges. pas lettres depuis 21 novembre envoie quatrième dépêche, santé ordinaire. garde nationale, embrassons tous. — Bellardel. | Bicoucourt, 67, saint-dominique. allons tous bien, reçu lettres du 9 janvier. sommes à dardizele. amédée, armée du nord. — Natalie. | M. Cornille, capitaine mobiles, fort de vanves, paris. sommes en bonne santé et nous plaignons ton sort. — Vve Cornille | Chevillot, 21, boulevard saint-martin, paris. santés bonnes, piney briculles aussi. reçu lettres. écrivez souvent. — Chevillot. |

Lyon-les-terreaux, 21 jan. — Fould, pour marguien, 22, bergère. louise et enfants très bien à évian, bonnes nouvelles de tous les vôtres. — Warnery. | Cheysson, 14, marignan. habitons chiroubles. bouffart, biarritz. santé parfaite, recevons tes lettres. — Cheysson. |

Lamidey, 10, caumartin, paris. reçu lettres, santé passable, vous, reverchon bonjour, inquiétudes, ennuis. — Giraud. | Lauvereyns, rue chappe, 18, montmartre. reçu vos lettres, j'ai expédié trois dépêches sans réponse, écrivez de suite. — Muraour, | Ricard, maréchal logis, 2e compagnie pontonniers. garde mobile rhône. rempart porte maillot allons tous bien, recevons tes lettres. — Ricard. |

Saint-omer, 17 jan. — Meniolle, 7, rue sèvres, paris. avons santé, argent, charlotte, pas grossesse. — Meniolle.. | Carpentier, villa montmorency, auteuil. tous bien, reçu lettres, écrire ponicles et cornuau bien. châteauroux, couvent espérance. — Sidonie Carpentier. | Denonjon, bourgogne, 52. aucune lettre depuis 4 décembre. tourmentés, prions instamment écrire souvent et précautionner bombes. tous bien. — J. du Teil. | Capitaine Latreille, rue rocroy, 14. reçu tes lettres, allons bien, écris nous. — Bulter. | Mademoiselle Tavernier, miroménil, 42, paris. reçu cinq, attendons nouvelles, charles prisonnier munster. clovis rosny. — Tavernier. | Delepouve, 20, saint-georges. mère, bébé, céline, tous bien. prudence, prévoyance. écrivez deux lettres par semaine. — Gréhan. |

Marseille, 21 jan. — Albert Julia, rue montyon, 13. allons tous bien. reçu tes lettres. alexandre officier 57e marche, armée vosges. — Julia. | Roux, richelieu, 87. recevons régulièrement tes lettres. maman et famille bien. marseille calme. t'avons écrit cinq fois. — Alexandre Roux. |

Dinan, 17 déc. — Rabon, victoria, 12. tous bien portants, lettres arrivent, nièces ici. — Fahay. | Delavieuxville, lieutenant mobiles, côtes-du-nord, 1er bataillon, 6e compagnie, paris. tous bien, mais inquiets, ferme résiliée qui prendre. ta femme. — de la Vieuxville. | David, sergent, 1er bataillon, mobiles côtes-du-nord. gennevilliers. madame çarré, malade, eugène, écrire, détails. alfred. — Cocheril. | Benoit-Champy, rue milan, 8. marie-claire, père, mère, aix, savoye, bonnes santés tous. arbalète vendue. — Thoureau. |

Menetou-Salon, 18 jan. — comte Greffulhe, 10, paris. santés bonnes, merci pour lettres. — comtesse Greffulhe. | comte Greffulhe, 10, astorg, paris. bonne nouvelles de bois-boudran-du-Francport. — comtesse Greffulhe. | comte Henri Greffulhe, 8, astorg, paris. toutes santés bonnes à menetou. — comtesse Greffulhe. | madame Voillard, procession, 22, vaugirard. merci, tous en bonne santé. — Hattenville. | madame Henri, 10. astorg, paris. santés bonnes, écris moi menetou, nourris enfant jusque retour. —Déchampt. | monsieur Adam, 34, cours reine, paris. anno, garçon, mère, enfant, bien portants. — Adam, Baptiste. |

Buzançais, 17 jan. — Berthrand, 12, boulevard sébastopol. tous bien buzançais, voir guirgarlh. — Mayda. |

Châteauroux, 18 jan. — Griveau, passage tivoli, 9. nous bonne santé, ballons apportent lettres,

Bordeaux. — 25 janvier 1871.

rarement pour nous, pourquoi? —Eugénie. | Delarozerie, 26, monthabor. bien portants, inquiets. dernière lettre 16 décembre. paris rouvert, venez. faudrait-il vous porter provisions préalablement. — Delarozerie. |

La Châtre, 19 jan. — Albertine Lacarre, 9, helder. très inquiète, écrivez, rien depuis lettre chiffrée. — de Richter. | Emile Duplomb, ministère marine, paris. tous bien portants à lavillette. — Emilie Duplomb. |

Excideuil, 19 jan. — Pouquet, 27, ville-l'évêque. santés parfaites. reçu toutes lettres, merci albert aussi. enfants très sages travaillent. ai écrit souvent. — Pouquet. | Dumas, 51, taitbout. quatrième dépêche. santés bonnes, lettres arrivent, compliments de tous, remercie paul, paye loyer. nouvelles eugène, amsterdam. — Paul. |

Bourges, 18 jan. — d'Haranguier, aide-commissaire ministère marine. tous bien. sois sans inquiétude. donne-moi plus de détails. — Anna | madame Hardy, 69, grenelle-saint-germain. recevons lettres. avons argent. tranquillité, santés parfaites. — Camusat. |

Lubersac, 18 janv. — mon ieur Besnier, 10, scribe. lubersac va très bien, reçu vos lettres. — Besnier. |

Albi, 19 jan. — Marieu, capitaine, troisième mobiles, aube. tous bien. malle reçue. aérien revenu, hyacinthe toulouse. — Joséphine. |

Lisieux, 15 jan. — Lamy, 42, aboukir. consance étouffements, faiblesses, portons bien, souenirs. | Radulphe, bac, 11. plus de mère, paralysie (20 novembre) chagrins. famille bien. lettre janvier, raoul. — Radulphe. |

Moyaux, 15 jan. — Lemercier, 49, monsieur le prince. tous bonne santé, personne venu, pensons pas voir. — Godard. |

Trouville, 15 jan. — Hautpoul, 86, lille. merci lettres, photographies raoul, lieutenant, madeleine, légèrement blessé épaule deux mois, tranquillité, trouvillais, neuvillais, embrasse tous. — Hautpoul. | Levici, hauteville, 40. merci, famille harding bien. londres. — Balleroy. | Paul Fouchet, 30, faubourg-poissonnière. comment allez-vous? donnez nouvelles de joseph, catherine, émilie, place madeleine. nous allons passablement. — Perrier. | Mathias, 5, rue albi. santé parfaite, maman, gaston, adélina, enfants bien portants. écris moi souvent. — Hammez. |

Rennes, 16 jan. — Morlaincourt, avenue lamothe-piquet, 31. très bien à rennes avec emma, pas besoin argent. — Marie. | madame Nieuwerkerke, 17, rue du centre. allons bien, gustave, pauline, bien. écrivez-moi. — Camille. | Chardin, 19, faubourg saint-honoré. denis, moi, bien. maman, jenny bien, seus. hardouin, lieutenant, bien. cinq enfants. émile bien ici. — Camille. | Mademoiselle Gaudier, darcet, 5. mille baisers. écris-moi longuement. à bientôt. — Saulgrain. | Cucinotta, rome, 187. bonne année, écrivez-moi. — Saulgrain. |

Viel, capitaine artillerie, ambulance théâtre saint-martin. recevons lettres. décoré, blessé, mieux. mariée, hypolyte resté. parents, amis bien. — Rozer. | Chiboust, rue saint-denis, 99. allons tous bien. maman guesnier, faiblit beaucoup. mes lettres très rares. restons rennes, malgré tout. — Chiboust. | Martin, capitaine-adjudant-major, 113e régiment, division faron, 2e armée. frère adjudant, stettin a 400 francs. tous bien, mêmes ressources. | Edieve, rue roquette, 36, femme, enfants, reparties. savignies, nous, rennes, hulant mort. embrassons tous. — Goujet. | Goujet, 15, quai napoléon. nous sommes rennes. anfray, charles, général, prisonnier. carry, angers. émile, colonel. santés parfaites. — Goujet. | Parent, 18, rue nemours-popincourt. santés toujours bonnes. enfants superbes. parents, odile à Mortefontaine. louise, pauline, bien. désirons vivement retour. — Parent. | Blondel, quai louvre, 30. famille gaudet. dion bien. cazelles aussi. — Nizerolle. | Moron, amelot, 14. reçu lettre 10 décembre. écrivez souvent, parlez donc affaires de ma maison. — Nizerolle. |

Besançon, 19 jan. — Général Frébault, pour capitaine Schaller. femme, fils, né 20 novembre, vont bien, colmar aussi. 18 janvier, un an! — Marie. | Fiquenal, télégraphe, paris-batignolles. allons bien, écris. | Brosson, boulevard villette, 216. lettres reçues, paul ici, santés bonnes, écrire souvent. | monsieur Izard, médecin, 122, rue paris, vincennes. messieurs michel, robillard sont besançon. madame monnier, tous bien portants. — Izard. | madame Gauthier, pour Percerot, rue lille, 33. reçu lettre 13 octobre, répondu 20 octobre. bonne santé, réponse. — Percerot. |

Chambéry, 19 jan. — madame Lallier, rue raynonard, 30. allons bien. porte médaille bochet quai malaquais, 21, part d'amélie. vont tous bien — Lallier. | Bochet, quai malaquais, 21, paris. sois prudent, je tremble pour toi. porte médaille pour me faire plaisir. — Amélie. |

St-Malo, 16 jan. — Pingat, garde génie école militaire. portons bien, trespaillez goerletz. — Pingat. | Corlant, cléry, 26. reçu deux lettres, écrivez chaque ballon. nouvelles maison, famille, amis — Animaix. | Malet, michodière, 23. allons bien, mais inquiets de vous tous. écris-nous. — Mauriceau. | Boinvillier, provence, 23. bonne santé, reçu premier mandat, grande inquiétude. écrivons souvent. père, sœurs bien. — Elisabeth. |

Lavenas, rue gravilliers, 24. portons bien, troisième dépêche, très-inquiète, écris-moi, on reçoit des lettres de paris. — Claire. | Derotrou, quai bourbon, 51. 11 janvier nouvelles de rémy, bien ici. claire, ernestine, saunier bien. — Jenny | Nouguet, delambre, 8. très-inquiète de vous, d'alfred, donnez promptement nouvelles par ballon à saint-malo. — Marie. |

Martigues, 20 jan. — directeur Siècle, chauchat, 14. reçu tes lettres janvier, capoduro ici, tous santé excellente, tes parents également, t'embrassons. — Anaïs Jourde. |

Redon, 19 jan. — Curé charonne-paris. reçu joyeusement lettres décembre. famille bien. dire guénée retirer valeurs dayot. — Charles Coquereau. |

Rennes, 17 jan. — Bouëtel, rue dauphine, 16, paris. neuf lettres reçues, tous bien portants courcier à loire, autres ici, courage. sixième dépêche. | Narcillac, 5, iéna, paris. bien inquiète de vous, tous bien portants à rennes et la desnerie. — Narcillac. | Hippolyte Lucas, bibliothèque arsenal. portons bien, écris souvent, inquiètes depuis bombardement. soigne rhume, couche léo. touche rentes, obligations pour toi. |

Tours, 16 jan. — Salone, linée, 24. familles salone, macquery, nantes, rue voltaire, 3. tous bien portants, émile collége, alexis chasseur tarbes. — Blot. | Bourgois, delaborde, 12. merci mille fois alphonse, maria, adèle. argent cachez lieu, cuisine, dispose vos besoins, félicien savoir réponse. — Bonnard. | Lunier, 52, jacob. familles tours, vouvray bonne santé, louis armée chanzy, doutrebente vouvray, ludger ambulance tours. courage. espoir, succès. — Elisa. | Baillarger, 15 malaquais. marie heureusement accouchée 17 décembre, belle fille, bonne nourrice, tous bonne santé. — Elisa. | Boille, 63, provence. tous bien trouville, écrivez plus souvent. — Amélie. | Luchaire, érard, 27. angélina accouchée montlhéry 31 décembre gros bébé. mère, bonne, nourrice, enfant bien. tours nous bien portants. — Blazy. | Stapfer, la-tour-d'auvergne, 41. tous robineau au hâvre depuis 1er décembre. santés bonnes partout. — Edmond. |

Brocheriou, jemmapes, 24. santé inquiète, prudence, promesses. écris souvent détail, service, vie. espoir, gros baisers. — Octavie. | monsieur Louyrette, rue st-lazare, 28. pas nouvelles, inquiétudes grandes, écrire par ballon. famille porte bien. — mère Louyrette. | Wey, 14, rue clichy. reçu lettre, écrivez encore. mère, guy, moi romand, delaage, wey naples, brissac tous parfaitement. — Marie. |

Loches, 16 jan. — Delaporte, aide-major bicêtre. reçu lettres, portons bien. courage. — Delaporte. |

Preuilly, 16 jan. — Demaison, boulevard richard-lenoir, 78. inquiets, reçu correspondances portons bien, prenez confitures placard chambre coucher, beurre cuisine, répondez. — Jollivet. |

Nice, 16 jan. — Asseline, maire 14e arrondissement paris. informez lebarbier, femme, enfant parfaite santé. attendons nouvelles. ernest nice, 7, quai masséna. — Aline Lebarbier. | veuve bonnan, babylone, 50, ou loubet, capitaine garde républicaine. sommes tous six à nice santé. donnez nouvelles chacun vous. — Auguste. | Cantagrel, 8, copenhague. nice avec gault, argent, bien portants. — Emilie. | Boitel, faubourg-st-martin, 78, paris. pas reçu lettres toi, donne nouvelles toi fromentin perrée, portons bien nice, hôtel chamonix. — Leroy. |

Jouannin, 36, rue four-st-germain, paris. sixième dépêche, tous bonne santé, vos dernières nouvelles lettre fanny 6 décembre. écrivez. — Dauprat. | Larue, 16, rivoli. écrivez ballon nice, hôtel étrangers vos nouvelles, arsène et amis, courage, à bientôt, milleamitiés tous. — Olivier. | Olivier, 1, rue lille. sans nouvelles depuis octobre, très inquiet, écris, prends appartement rue trévise, courage. à bientôt, amitiés. | Olivier. | Mouchet, 49, jean-jacques-rousseau. allons bien, sommes inquiets, envoyez nouvelles par toute voie. — Mounet. | Gréhen, 26, rue pasquier, paris. ta femme en angleterre, moi à nice, secrétaire général de dufraisse. amitiés à tous. — Carré. | Grisier, 9, rue bertin-poirée, paris gustave évadé à bordeaux, madame paultier, son père vont bien, les barillon aussi, amitiés. — Carré. |

Jacquin, 12, rue pernelle, paris. avez-vous reçu mes lettres? suis à nice, secrétaire général. gustave évadé, embrasse tous. — Carré. |

Cannes, 16 jan. — de Reims, 31, victoire. santés parfaites, recevons tes lettres, baisers. — de Reims. | abbé Girodon, lisbonne, 8. toujours tous bonne santé, avons écrit souvent, rien de vous depuis ta lettre 13 novembre. — Girodon. |

Sallanches, 16 jan. — Burnet, 67, caumartin. santé bonne, reçu lettre du 24 décembre, écrirons sitôt possible, vous embrassons. — Curral. |

St-Jean-du-Gard, 17 jan. — Rossel, boulevard tour-maubourg, 16, paris. heureuse recevoir lettre. lisé colonel mobilisés nevers, rentré par angleterre. famille bien. — Finielz. | Robert Alexandre, rue poulet, 37, paris. nous allons bien, reçu toutes vos lettres. — Robert. |

Nimes, 16 jan. — Benjamin Montel, petites-écuries, 22, paris. maman, gabrielle, noémie, charles, cécile, thérèse, tante roussette santé parfaite, lettres arrivent. — Cécile Montel. | Obmer, lycée st-louis, paris. bonnes nouvelles d'épinal. adèle, auguste vont bien. — Grandsard. | Minal, 18, maubeuge, paris. sans nouvelles depuis lettre 25 octobre. écrit plusieurs fois. laure, adrien bien portants. écrivez bientôt. — Rochet, | Aurillon, 135, avenue italie, paris. mère mieux tous bien portants. allier et ulysse pas partis. — Bouzonquet. | Moriau, capitaine artillerie, 3e régiment, 8e batterie, aubervilliers, paris. santés bonnes partout, auguste lieutenant-colonel bordeaux, blessure guérie, félix vosges. — Moriau. |

Auch, 17 jan. — Dillon, 29, bellechasse. 15 janvier reçu nouvelles par louvents, tous bien, strasbourg aussi, écris. — Georges. | Triadou, intendant, bicêtre. photographie reçue. quoi arrive garde courage. sommes vous esprit, cœur. Dieu protége. — Triadou. |

Vic-Fezensac, 17 jan. — Smand Tillet, rue rivoli, 77, paris. notre santé bonne, auguste mobilisé, pas parti encore, bon espoir et courage. — Esther Saucède. |

Annecy, 16 jan. — Pache, receveur railway, nord, 10, rue affre. êtes-vous tous debout? — Bourdon, chez duret, rue bœuf, annecy, savoie. | Ferrier, 56, rue larochefoucault. santés bonnes habitons annecy, avons ton portrait. — Ferrier. |

Gex, 16 jan. — Deville, rue François Ier, 13. reçu lettre 10, un peu rassurés, tous bien, bonnes nouvelles de partout et bruxelles. — Cécile. |

Bellegarde, 16 jan. — veuve Marion, chaussée-d'antin, paris. dernière lettre octobre, inquiète, écrivez. — Irma Mermond. | monsieur Rheinhart 23, rue geoffroy-st-hilaire, paris. portons bien, sommes à bellegarde (ain), envoyez de vos nouvelles. — Jules Rheinhart. | Ferrari, 11, rue écuries-artois, paris. janvier répète tendres souhaits, portons bien, lettres reçues, partis novembre. — Henriette Ferrari. |

Bourg, 16 jan. — Chambard, sergent-major 7e compagnie, 40e bataillon de l'ain. avons reçu vos lettres, votre famille et nous allons tous bien — Perrin. | Aynès, éperon, 9. 7e dépêche, allons bien, oubli, retour sincère, écrivez souvent, détails sur votre vie, vœux, bénédictions. — Aynès. | Durafort, douane, 24. prêtez argent bozon, 2e bataillon, 3e compagnie mobile. dites écrire. louis armée est, désiré aussi, courage! — Bozon. | Boissieu, receveur postes. 11 partout gersth parfait, reçu sophie décembre, ordre sens riceys occupés, rougemont délivré, corbière inconnu, espoir. — Félix. |

Gevrey-Chambertin, 17 jan. — Corbabon engagé volontaire 5e compagnie artillerie, rue des saussaies, 8. point nouvelles, écris portons bien. gevrey inquiets. — Corbabon. | Hélydoissel, rue chaillot, 70. habitons brochon, bonne santé nombreuses lettres arrivent ici. écrivez plus souvent avec détails. — Darcy. |

Lyon, 19 jan. — Hagnoer, 35, aboukir, paris. nous sommes à genève, hôtel suisse. bien portantes, avons argent. — Adelle. | Emile chauvet 1re batterie artillerie mobile rhône, courcelle, paris. nous portons tous bien, reçu toutes lettres courage, écrit toujours. — Chauvet. | Simon philibert, duras, 8. grand'mère très-malade. — Joseph. | Piégay, 170, rivoli hôtel palais royal. reçu lettres pas toutes toujours répondu santés bonnes, enfants aix visite souvent. embrassons tendrement. — E. Piégay. |

Fernex, 19 jan. — Hans jacob, vandamme, 26. reçu lettre, va chez m. kern pour secours. répondre. — A. Collignon. | Lebrun, 332, rue st-honoré. accouchée garçon 5 jan. allons tous bien, embrassons tous. reçu photographie, suis heureuse. mille baisers. — Lebrun. | Duséjour, 7, louis-le-grand. pauthier, maurice, nous bien, recevons lettres, souvenirs amis. tendresses pour tous trois, triste séparation. courage georges. — Marguerite. | Doré, 4, halévy. bonne santé, approuvé appartement. amitiés à tous. — Rousseau. | Béraud, 2, petite rue st-antoine. envoie lettre par moulins, contenant traite sur audioud-gru et 200 fr. rue halévy, 4. — Béraud. |

St-Laurent-s.-Gorre, 20 jan. — Delaserre, quai voltaire, 7. famille bien, gaston à rouen bien. marc exempte. recevons tes lettre. — Delaserre. |

Sollies-Pont, 19 jan. — Marie Duffaut, rue beaux-arts, 4. écrivez-moi. — Maneille. |

Le Blanc, 19 jan. — Lacoustère, rue montmartre. 31, paris. votre famille va bien. soyez tranquille, écrit à votre sœur. pas réponse. — Reuilly. |

Besançon, 17 jan. — Brosard, cherche-midi, 4 bis. tous vont parfaitement, charles marnay. — Joseph. | Gelle, odéon, 19. rien de vous. écrivez. amitiés à tous. — Rousselot. | Charpentier, parme, 8. répondu noémi. reçu lettre décembre. donnez nouvelles. allons bien. amitiés. — Rousselot. | Ferry, verrerie 18. reçu lettre 21 décembre ai répondu, toujours chez siccard. portons bien tous. nous plaignons beaucoup. | Remquet, 19, fossés st-jacques. nous libres, vous bombardés, hélas! tous quatre bien. quatre lettres de vous. écrivez. — Chotard. | Lehugeur, 59. boulevard st-michel. merci. nous bien. écrivez, inquiets. — Chotard. | Savoye, boulevard sébastopol, 9. faites demandes numérotées, répondrons par oui, non bonne santé, reçu vos lettres, bon espoir. — Saintaubin Grâa. | Mélard, st-lazare, 104. reçu plusieurs lettres. envoyé cinq dépêches. mère bien, nous aussi. écris avec détails. — Rousselot. | Laurens, 350, rue st-honoré. santé bonne. besançon pas menacé. — Laurens. | Ducat, chirurgien, rue compans, 30. paris-belleville. ta mère souffrante, deux mois sans nouvelles. famille assez bien. courage. écris. | Oursello, rue st-denis, 227. reçu 15. allons bien, pas investis. questionnez lili, pèse 10 kilog. donnez nouvelles meglin. — Magnin bourgeois. | Rinn, imprimerie nationale, paris. dis paul. besançon, villers, tout bien. envoyé déjà dépêche, nulle réponse, réponse. réponse besançon, embrasse suzanne. — Bosseux. |

---

108. Pour copie conforme :

l'Inspecteur,

Bordeaux. — 25 janvier 1871.

Lannion, 18 jan. — Duclouziou, lieutenant mobiles des côtes-du-nord, 1re compagnie, 3e bataillon, 20e régiment, paris. tous bien, reçu lettre 26. | Pellerin, rue de luxembourg, 12. paris. jenny, marie, blanche, louise, madeleine, joubert, embrassent leurs oncles, pensent et prient pour eux. |

Auray, 18 jan. — Camas, rue richer, 17. paris. reçu ta lettre 10 jan. tous bien portants. monmond en culottes. — Eugène. |

Angers, 19. — Chenot, rue ste-thérèse, 10. batignolles. soissons, angers, dax. santé bonne. courage, espoir. avons reçu vos lettres, atelier fait canons. — Laboulais. |

Beaune, 16 jan. — Guillemot, odéon, 20. soixante lettres reçues. tous bien portants. berthe aussi. espoir. — Guillemot. | Fanien, 30, rue chabrol, paris. tous vont bien, pays tranquille, courage, espoir. — Prouvèze. | Moretbailly, boulevard magenta, 12. tous bien, marie aussi. lettres reçues, pays tranquille. courage. — Guillemot. | Odier intendant militaire, rue richelieu, hôtel orléans. donnez-nous de vos nouvelles beaune chez thory. — De bry. | Sandier, mobile côte-d'or, 1er bataillon, 1re compagnie. bien portants. écris souvent. reçu tes lettres. réponds si reçu argent. — E. Sandier. |

Quimper, 19 jan. — Le-llir, mobile chateaulin, 3me bataillon, 3me compagnie, hôtel de ville. lettre henri bonne. stanislas. kermenguy, bien. — le llir. | Cardaliaguet, sergent, mobile finistère, 5e bataillon, 5e compagnie, 3e escouade. famille bien. rené capitaine compagnie brioc, reçu lettres. — Cardialaguet. | Lavaurs, 16, place delaborde. heureuse décoration tous bien, donne détails toi, amis platel. — Marie Lavaurs. | Poissonnier cherche-midi, 97. reçu 18 lettres ballon, charles bien prisonnier, coblentz, moi bien. — Lydie de guiber. | m. Henry gourcuff, 87, rue richelieu. septième dépêche. mère, sœur, yvonne, félicie bien, gustave ennemi sans dégat. — Gourcuff. | de Rodellec, 5me bataillon mobiles, finistère, moi, père, sœurs, théodora, gourcuffs, lagrandière, kérouzien, kubernès, penfrat, lamiron bien. — Pérennou, 18 jan. de Rodellec. |

Beaurepaire, 19 jan. — Lanquetin. 14 quai d'orléans, paris. sommes à l'hôtel depuis 4 mois, même pays. portons très-bien envoyé déjà dépêches. — Lointier. |

Auxerre, 17 jan. — mm. Lecoeur, boulevard contrescarpe, 8. 3e dépêche. pas de nouvelles depuis deux mois, écrivez donc. — Lecoeur. | Menusier, rue sévigné, 5. reçu vos lettres écrivez souvent, portons bien. écrit châteaudun pas réponse, écrirai aussitôt, je recevrai. — Menusier. | Lenoble, 125, aboukir. bien portante, écrivez. — Lefaix. | Burat, passage élysée, 6, place pigalle. me porte bien, femme aussi accouchée fille, donne-moi nouvelles comme précédemment. — Burat. |

Poitiers, 20 jan. — madame Grelier, perdonnet, 12. écris plus souvent, comprends pas que tu restes tant j'ai envoyé dépêche. — Grelier. | Cottiau, lyon, 55. mesdames cottiau bien portantes aussi familles, dufour, sarrée, massenet, gaspard bonnes nouvelles de mary. écrivez souvent. — Duraudau. | Edouard mongin, 8, sedaine. madame accouchée fille, 18 novembre, fils, fille, mère bien portants. — Doraudau. | Martin-du-Nord, 18, rue ste-anne. famille toujours boulogne bien portante, nous poitiers. adèle envoyé deux télégrammes, pensons bien tous. — veuve Hourier. | Bontemps, louvois 4. reçu lettre du 9 janvier thünn berne, thar, bruxelles, tous bien. — Bontemps. | Besnard, quincailler, rue montmartre. allons bien, reçu lettres. envoie nouvelle adresse rue st-honoré. — Brou. |

St-Julien-du-Sault, 7 jan. — Mlle Elise moriau, rue monthabor, 26, courtenay-arnicau, santés bonnes. — Octavie. |

Dinard, 17 jan. — Liasse, 7, mayran. vallet tourmentée supplie écrire. pilastre offre son logement, 120, rue montmartre pour famille liasse. — Pilastre. | Denormandie. 42, boulevard malesherbe. amitiés. tous dinard. prière obliger donnant argent si besoin à bonne restée seule. — Louise Vigouroux. | Amélie Vigoureux, rue université, 2. cacher tous papiers affaire, bibliothèque, argenterie. si besoin argent, demander denormandie, avoué. — Vigoureux. | Linzeler, 15, boulevard madeleine. écrivez souvent. envoyez argent successivement. mandat laurent non arrivé. santés parfaites. vive inquiétude. — Bonpaix. | Charles Vignals, 112, richelieu non. allant tous parfaitement. bonnes nouvelles provins, montauban, hyères, pillet. partirons avec pillet. | Gasselin, rue prony, 16. paris-batignolles. tous bien. inquiétudes bombardement. écris détails. bagger offrent hospitalité. partirai si prussiens viennent. — Gasselin. | Ch. Pillet, 10, grange-batelière. oncle, enfants, vignals laure levasseur, pillet, moi, albert prisonnier, bien portants. pars jersey si nécessité. ai loué. |

Pau, 20 jan. — Couturier, 51, boulevard voltaire. paris. habitons maintenant rue montpensier, 13, pau. portons bien. mon mari aussi, prisonnier coblentz. — Gouilloud. | Mme Moynat, 96, rue amsterdam. sans nouvelles depuis novembre. inquiets de vous tous et de grand'mère. — Roussel, conseiller. — Theurier, 31, place bourse. arrivés pau. femme accouchée garçon, santé. payer location et soigner meubles. reçu lettres domestique. — Rouvenat. | Rouvenat, 62, hauteville. arrivés pau. femme accouchée garçon, santé. donner argent pierre, merci, soigner meubles maison. écris-moi. — Rouvenat. | Fournel, 108, peyronet. neuilly-seine. reçu lettres, merci. garder maison. demander argent frère. femme accouchée garçon. arrivés pau. — Rouvenat. | Mme Murray, 14, mayet. paris. anxieuse pour vous. tous bien. affection filiale. — Alice Byasson. | Bédoille, 32, boulevard haussmann. sommes à pau, maison couture. tous bien portants. bettinger à trouville. — Guyet. | Lannes, 15, grange-batelière. paris. très bien portantes. attendons patiemment. mouret tranquilles caen. céline cherbourg, chez bonfils, père delmas. — Lannes. | Janin, 86, saint-lazare. bien portants tous deux. henry engagé volontaire 3e chasseurs à cheval, dépôt à tarbes. — Janin. |

Guéret, 19 jan. — Bouchon, 25, université. tous bien portants à lavilleneuve. — Azéma. | Carnot, 89, mac-mahon. sommes guéret tranquilles, bien portants. — Richemont. |

Saint-Lô, 17 jan. — Guilmoto, fourrier, 7e du 5e bataillon des mobiles des côtes-du-nord. 2me dépêche, rien leverger. tous parfaitement. comment supporte disette, hiver, bombardement. écris. — Lelertf. | Bonamy, 42, rue richelieu. toutes bien. courage. — Bonamy. | MmeBrun, 19, rue halles. vos enfants bien, messins aussi. père souffrant. rien de vous depuis lettre 13 décembre. — Toutois. |

Elbeuf, 15 jan. — Vve Deramé, 16, notre-dame-des victoires. santé bonne. vos lettres parviennent. prévenez frère. — Bragien. | Lefebvre, maison Garnuchat, 58, rue de la victoire. famille revenue. tranquilité bonne. santé tous. — Lefebvre.

La Turballe, 21 jan. — Lecharpentier, 13, faubourg montmartre. conseil tenneson, nous sommes à la turballe (loire-inférieure) tous bien portants. reçu toutes tes lettres. — Anna. |

Brest, 20 jan. | M. Lormier, enseigne vaisseau, batterie saint-ouen. reçu lettres 3, 9. heureux savoir bien portant. amitiés famille. cinquième dépêche. — Lormier. |

Jersey, 18 jan. — Bertera, 20, rue bienfaisance. bien portantes à jersey, 9, royal cressent, chez bauteroche. ardennais vont bien. — Bertera. |

Fougères, 17 jan. — Guillard, 15, rue bruxelles, bien portants sept. reçu vos lettres. écrivez chaque semaine fougères. — Guillard. | Mme Segras, 89, rue assas. paris. Mme Geoy, demande en grâce des nouvelles. réponse à fougères (ille-vilaine), poste restante. | Lefevre, 96, rue provence. paris. 16 janvier, toujours tous fougères. petits, grands, bien portants. dernière reçue 1er janvier. — Amélie Lefebvre. |

Montrichard, 17 jan. — Cintrat, 144, bac famille bonne santé. pays non envahi. — Dubois. |

Caumont, 17 jan. — Besson, 7, lions-st-paul. reçu deux lettres. écrire caumont (calvados). être sans inquiétude. georges prisonnier à coblentz. — Joberg. |

Moncoutant, 20 jan. — Moustier, 85, grenelle. paris. bien portants laforêt. parents avaray. lettre dix janvier. toutes reçues lamothe bonne santé. — Antonie Moustier. | Beaujault, administration postes. paris. aimée, albert, nous, bien portants. — Loizeau. |

Valence, 21 jan. — M. Lestelle, capitaine génie. marie, famille vont bien. faites ouvrir armoire salle à manger, rue billaut confitures. — Schnugans. |

Hennebont, 21 jan. — capitaine Tréveneuc, ministère guerre, paris; pour gustave. tous bien. bien occupés de vous. reçu lettre 10. locunolay bon état. — Marie. |

Rennes, 20 jan. — Grongnard, 206, rue charenton bercy, écrire à rennes, place bretagne 1. bonne santé, tous recevons lettres. — Albertine Grongnard. | Berthois, rue st-lazare, 87. noirmonts gaston, henri rennes. vais dinart rejoindre hilarine jeanne coral. — Berthois. | Masson, 65, faubourg st-denis écrire à rennes 8, place champ-jacques. bonne santé, recevons lettres. — Masson. | Pénoyée 8, rue louvois. reçu lettre 16 jan. merci. tous assez bien. écrivez souvent. augustine aussi. mille baisers. — Féval. | Marcheix, laval, 4. écrivez dépôt brest, état nominatif complet de parents, amis, leur santé orléans, nous bien. — Lepage. | Leclerc, bac, 37. baudouin bonne santé, demande nouvelles sthomas par ballon, même adresse, pas prussiens. | Charles bourgeois, 40, rue de bondy, paris. allons bien, embrassons papa, dépêches reçues, quittons rennes pour toulouse haute-garonne. — Renneville. | Patout 2 compeigne. touché factures, un bon poste santés bonnes, accouchement 6 mars, fils lycée, st-brieuc 3e dépêche. — Patout. |

Toulon, 21 jan. — Leydet, direction générale postes. famille parfaite santé, reçu lettres. cordes prisonnier armée nord. félix revenu metz congé, embrassons tous. — Leydet. |

Luc-s-Mer, 18 jan. — Lindet, boulevard st-michel, 9. alençon, langrune tous bien portants, garçons professeur ici, moral bon, tranquilles recevons lettres. — Lindet. |

Grand-Camp, 18 jan. — Bricout, 14, passage saulnier. dunkerque, grand camp, santé excellente. — Bricout. |

Mâcon, 19 jan. — Gayard, 36, moscou. allons tous, tous très-bien beaune. mâcon non envahis, petite heureuse. lettres reçues. — Rendu. | Malitourne, bibliothèque arsenal. inquiete bombardement navrée. écrivez mâcon, allons bien. rassurez docteur, 80, taitbout sur madame décla lorient. — Gayet. | Chambray, lascases, 15. maubou capitaine, tous bien. — Melchior. | Rinder, sœur vincent de paul, bac, 140. écris allons bien. — Rinder. |

Rennes, 18 jan. — Buchet, roquette 17. tous bonne santé, inquiets de vous, écrivez tous les jours à château. — Buchet. | Demay duperré, 10. bonne santé écris souvent à château, recevons lettres. — Marie. | marquis haute-ville, 5, sommes à rennes près-botte, 8. bonne santé, reçu une seule lettre. — Marquis. |

St-Pierre-lès-Calais, 16 jan. — Lavesvre, 20 mail. lettre gustave décembre, tous bonne santé. — Lavesvre Nain. |

Portrieux, 20 jan. — Lecornec, sergent des mobiles de st-brieuc, 2e compagnie 5e bataillon. tous bien, entorse exige précautions, écrire fréquemment comme témoy, empruntes. mille tendresses. — Léonie Lecornec. | Tréveneuc, rue montaigne, 16. paris. tous bien, très-inquiets, désirons la paix. voisins bien. — Tréveneuc mère. |

Etables, 20 jan. — Kersaintgilhy, rue sèvre 27, paris. reçu lettres parents habitants pomoriv boisdelasalle étables binic bien portants ruellans lamiloyer partis — Emilie. |

Gourdeval, 10 jan. — Deladurandière, taranne, 27. 18 janvier, 5e pigeon. reçu vos lettres datées 1er janvier, père, mère bien portants. |

Cherbourg, 18 jan. — docteur st-germain, rue pépinière 20. parents, femme, enfants bien. recevons lettres. pense congé appartement, 27, rue duché cherbourg. — Saingermain père. |

Béziers, 22 jan. — Rey, capitaine, invalides, paris. 4e dépêche. emmanuel écrit plus depuis 17 octobre. tristes, allons bien. — Dericard. |

Limoges, 22 jan. — mm. Canette, 27, sedaine. paul habite pontoise, pauline moi allons bien, granrullecourt évité prussiens, écrivez 5, consulat, limoges. — Lacoste. | Albert mouret capitaine, 9e chasseurs, 3 mois sans nouvelles, mère inquiète. écris vite. — Aline. | madame Michel 3, clotaire. mari prisonnier neuwied duché nassau bien portant, ami inquiets. écrivez ballon. — Dubois. |

Anduze, 21 jan. — Lafont, sergent aux marins de lorient, 1er bataillon, 4e compagnie. nouvelles reçues, santé bonne, frère 21e corps réserve. — Lafont. |

Lorient, 19 jan. — Guillouet, fourrier 10e marche, 1er bataillon, 13e corps, paris. ta dernière lettre octobre, tous bien, alphonse convalescent maison. — Guillouet. | Maitrot, mécanicien batterie troisième flottille, bercy. inquiète, sans nouvelles. — Maitrot. | Bernardières, sergent 1er bataillon mobile morbihan. boy, carfort, gosse, jullien, lepontois, con, nayel, lemoing, souzy bien, recevons lettres, baisers, courage, confiance. — Bernardières. | Pernet, 29, saint-guillaume. quatre mois sans nouvelles, inquiète, écrivez lorient. — Fanie Danchery. |

St-Nazaire-s.-Loire, 19 jan. — Deschamps, 420 st-honoré. portons bien, jules aussi, recevons lettres. clefs carton rond couloir, ouvrir armoire serrurier, prends confitures. bonnes amitiés. |

Toulouse, 20 jan. — Péguret, boulevard port-royal, 80, paris. reçu lettres, écrivez souvent, tous bien portants, enfants superbes, courage, soignez, embrassons cœur. — Siffre. | Reidharr, rue paris-belleville, 117. envoyez lettres toulouse hôtel midi. santé parfaite, revoir bientôt, reçu lettres, courage, énergie. — Reidharr. | monsieur Masson, rue bellechasse, 15. pas de nouvelles depuis 11 octobre. très-inquiète, écris. bébé va bien. — Marie. | Michelet, quai jemmapes, 180. beurre cave, clef dans premier tiroir, bureau bourdier ouvrir. sucre, riz, cabinet père. — Michelet. |

Vanysen, 4, rue châteaudun, paris. amsterdam 11 janvier maurice charmant, famille norden welfling, albert lima, cayard tous bien. — Emilie. | monsieur Debast, rue dunkerque, 24, paris. bonne santé, suis soldat mobilisé. tous ai déjà écrit. courage, espoir. — Prunet. |

La Rochelle, 20 jan. — Bonniot, rue de parme, 7. bien portantes. — Bonniot. |

Riom, 19 jan. — Senet, rue minimes, 5. famille bonne santé hôtel nord, st-gaudens, haute-garonne. — Elphége Sandrin. |

Chauvigny, 19 jan. — Jean Debéchillon, lieutenant 36e régiment marche, mobile de la vienne 1er bataillon. père, mère, frères bonne santé. lettre du 10 reçue. |

Montélimar. — Sauvage, hôtel marine, rue gaillon, 23, paris. allons tous bien. — Marie Sauvage. |

Thoirette, 18 jan. — monsieur Reffay Emmanuel, mobile de l'ain, 3e compagnie, 3e bataillon, paris. tous portent bien, réponse. — Reffay. |

Dijon, 18 jan. — Belime, neuve-mathurins, 39, paris. ici, nice, libourne, michel tous bien. encore menacés, impossible de quitter. tante, mère calmes. — Belime. | Andelarre, colonel 10e régiment garde mobile paris. femme, enfants vont bien à ouchy, suisse. — Charentenoy. | Michel, vezelay, 9. allons tous bien. vu ici joseph, sous-lieutenant, médaillé. léon sergent armée chanzy. vos lettres arrivent. — Michel. | Picq, 4, faubourg poissonnière, paris. donner nouvelles des mobiles vitteaux. famille et gaumet bonne santé. reçu lettre 11 janvier. — Picq Léontine. | Marchand, l'écluse, 27, paris-batignolles. ma mère ici, nous allons tous bien. — Gautrelet. | monsieur Boussey, étudiant, rue monge, 10, paris. gaston prisonnier mayence, tante morte, santés bonnes. — Boussey. | Polack, rue baudin, 22, paris. famille meyer et polack se portent très-bien. communiquer à charles meyer. — Meyer-Polack. |

Lons-le-Saunier, 19 jan. — Labordère, place école-de-médecine, 17. lettres reçues, tout bien. — Emilie Labordère. |

Bordeaux, jan. — Henriquel, 17, rue bleue. Cécile, louis, très-bien à pipriac, famille herbault très-bien. recevons lettres paris régulièrement. — Edouard Laronde. | Huberson, 37, rue martyrs. tous bien ici et auch. daniel blessé, prisonnier orléans. famille herbault bien. — Laronde. |

Bordeaux. — 25 janvier 1871.

Draguignan, 51 jan. — Audrillier, 11, rue londres. allons bien et toi.—Masson. |

Avranches, 18 jan.— Vuaflart, 8, rue du fresnoye, paris-passy. vos trois enfants santé parfaite. —Dennneques. |

Hesdin, 14 jan.—Maugin, 12, guénégaud. restons hesdin quand même rien craindre pour nous. reçu lettres, allons tous bien.—Louise. |

Bain-de-bretagne, 20 jan.—Bertrand, 82, rivoli. alexandre ici tous bien.—Bertrand. | Froc, 4, michodière. tous bien portants plessis, garçon deux mois, maurice exempté, pyrénées.—Perrin. |

Rennes, 19 jan.—Nicolle, 18, chemin des bœufs, paris-batignolles. reçu argent. inquiète de toi, me porte bien. embrasse.—F. Nicolle. | Mme Protat, 281, rue charenton, paris-bercy. chère mère, écris-moi. t'embrasse, —jeanne Nicolle. |

Saint-Pol-de-léon, 18 jan. — Dubeaudiez, 34, rue de l'entrepôt. reçu lettre merci. toute la famille bien.—Flotte Dubaudiez. |

Valognes, 17 jan —Lemoigne, hôtel univers, croix-de-petits-champs. dernière lettre 14. sans nouvelles de pierre. comment est traité son pays. recommande la prudence.—Hamel.—

Dinard, 19 jan. — Dubarle, 174, boulevard haussmann. installés dinard, enfants marly. sennelier gros garçon, bernard parfaitement, si besoin irons jersey. écrire dinard. — Dubarle. — Boy, 44, quai jemmapes. eugénie. hortense, enfants boy vermanton. lucien eugène, gaillart, douvres bien portants. henriette, marguerite. auger vont bien. | Cayron, 118, rue turenne. quatre dépêches explications. malheur affreux, recours amitié apprendre famille andré mort méningite compliquée travail dentition.—Lacarrière. | Cayron, 118 rue turenne. 2e dépêche. après trois mois santé parfaite, succombé 30 déc. nombreuses consultations médecins condamné immédiatement.—Lacarrière. | Cayron, 118, rue turenne. 3e dépêche. dépêches arrivant prévenir delatour questroy, ménagements voir moyen préparer suzanne amédée grand malheur.—Lacarrière. | Cayron, 118, rue turenne. 4e dépêche. tous désespoir rien ne pouvait le sauver. sommes ensemble. allons bien tous.—Lacarrière. |

Vimoutiers 18 jan. — Royer, 1, port bercy. allons bien. albert très-fort, toujours tranquilles. |

Calais, 16 jan.—Plaisant, 5, filles saint-thomas, paris. écrit Wagner envoyer argent.—Delannoy. | Vignes, 16, sentier. sommes en bonne santé, avons toutes tes lettres, laure enfants vont bien. —Radiguet. | Méry, 12, rue grand chantier avons toutes vos lettres. tous en bonne santé, saverdun et damour.—Fourgaut. | Nain, 16, cléry. tous à calais, bonne santé et saint-quentin aussi. | Nain-Lavesvre. | Bonenfant, 10 boulevard denain. tous bonne santé. louise enceinte. recevons lettres. dire anastasie écrire.— Kroll. |

Auxerre, 19 jan.—Defert, 93, boulevard beaumarchais. ici chez miaulant, beaujean tambour, allons parfaitement, émile exempt, magasin intact, narbonne tout va bien.—Chailley. | Ladeuze, 18, quatre-septembre. tous saufs malgré tribulations répétées. sans lettres de vous ni maria depuis 6 semaines.—Pauchet. |

Belleville, 17 jan.—Laperrière, 19, ville-l'évêque, paris. santés excellentes à laperrière, désolés que dépêches manquent. housset stay, camille, amélie demandent nouvelles. —Catherine Laperrière. |

Lyon, 18 jan. — Giller, 18, rue mazagran. 2me dépêche comptes sur moi et madame roux. 23 lettres merci. bien à toi.—Persoons. | Defréminville, capitaine mobile 40e régiment, 2e bataillon, 7e compagnie, paris. enfants avignon. allons tous bien. reçu lettre noël. — Defréminville. — Chrétien, 89, boulevard clichy. souhaits à vous tous les enfants bonheur santé modeste, heureuse délivrance. aussi lelion, talrain, jarot, delettre, parents amis. si urgence était, prie scaroni, jarot, delettre, garantir pierres mettre en sûreté. mesdames jarrot sont bordeaux, communiquons. — Gottelin. | Lutzius, brasseur, 50, st-sabin. reçu lettre 8. portons tous bien. ernest armée d'Est. bon courage écrivez souvent. baisers. — Hofflerr. |

Villedieu | Tellie, 3, grande truanderie. toujours villedieu, indre. bonne santé. |

Luc-s.-mer, 15 jan.—Lehericy, 12 roi d'alger. santé bonne, eugène charmant. manquons rien. reçois lettres. donne nouvelles thierry.—Leheri-cy. |

Riom. 18 jan.—Charles Joly, 11, boissy-d'anglas grand'mère, marie, anet, accouché garçon, vont tous très-bien. manquant de rien.—Darcy. | Armand Gérardin, commis des postes. écris-moi riom, puy-de-dôme. santés excellentes.—Edmond Gerardin. | Zaepfelt, 37 bis, château d'eau. veuillez avoir la bonté de m'envoyer nouvelles de mon mari.—Schuhler, riom. |

Saint-Nicolas-de-la-grave, 20 jan. — Receveur postes neuilly, seine. tous bien. fils armée Est. auguste ordonnance général serres. communiquer dariste, 24, lascazes.—Raust, Bessière. |

La charité, 18 jan.—Bourdier, restaurateur, 57, bac. armand exempté, tous bien portants, vos nouvelles détaillées, souvent.—Guiblin. |

Saint-Quentin, 11 jan. — Vernier, quai saint-bernard, confirmons lettres dépêches, désormais n'achetez rien, refusez tout rachat.—Robert. |

Bégard, 17 jan.—Lécalvez, officier mobile, ambulance, 28, rue brochant, reçu dernière, tous bien. demandes congé convalescence. avons écrit écris souvent.—Lecalvez. |

Florensac, 19 jan. — Penaud, 22, visconti. déjà télégraphié, rien prusse, ministère bordeaux dit présumé prisonnier, espoir.—Fabre. |

Aigurande, 19 jan.—Ménot aîné, 41, boulevard mazas. allons tous bien, avons reçu lettres et mandats. —Ménot Eugène. |

Caen, 18 jan. — Duplay, 44, marbeuf. merci bien portants, henri, marguerite, coblentz. — Bouvier. | Mme Moisson, 77, boulevard haussmann. porte bien, maison sauvegardée. écris souvent. embrasse tout mon monde. ville tranquille. (janvier).— Moisson. | Poret, 49, rivoli. inquiète, donne nouvelles. moi, tous, bien. tranquille. — Marie Poret. | M. Grosse, 13, boulevard montparnasse. mancel, dhostel à caen. emma bonne santé. recevons lettre, écrivez. embrassons. — Mancel. | David, 102, rivoli. nous sommes tous en bonne santé. je ne suis nullement mobilisé. donnez plus souvent vos nouvelles. — David. | Nathan, 58, neuve petits-champs. nous sommes tous en bonne santé, émile aussi, il est avec bourbaki. — David. | Rouvenat, rue hauteville, 62. paris. prié instamment donner nouvelles d'émile. — Dubosq. | M. Roissy, 64, bellechasse. paris. allons tous bien. nouvelles bordeaux bonnes. pensons à vous.—Roissy. | Baussan, 33, rue vivienne. vais bien. toi précautions. père croiseau mort. reçois lettres. — Baussan. |

Deligne, 12, duphot. paris tous bien portants. augustine accouchée garçon. — Wiart. | Silvain, 77, faubourg saint-martin. pas nouvelles depuis trois mois. besoin, aller trouver david, 102, rue rivoli. — Silvain | M. Robert, 21, rue bergère. robert, signol. harmant, duquesnel, cristophe, bonne santé. léon aussi, prisonnier weisbaden, a argent. — Robert.

Etretat, 17 jan. — Colmet-Dàage, 69, rue saint-lazare. tous bien portants, aucun besoin d'argent. — Colmet-Dàage. | Mme Cazier, rue neuve des mathurins, 65. demande nouvelles par ami, par ballon.—Nouguier. | Brasseur, 47, taitbout. paris. portons bien, reçois lettre. reçu argent dumoret-guillaud. bonnes nouvelles maisons. nôtre intacte. mille baisers. — Brasseur. | Amabric, 30, rue provence. bonne santé. deux mois sans lettre de vous. inquiet. — Terrasson. | Rodrigues, 105, richelieu. paris. nous toujours étretat. bien tourmentée toutes façons. seules pensées pour toi, père. mille baisers tristes. — Jenny. |

Batna. 17 jan.—Fulconis, avenue ségur, paris. né garçon, reçu tes lettres, répondu. — Fulconis. |

Saint-Quentin, 17 jan. — Lécuyer. 17, banque. reçu lettre. nouvelle drut. détails blessure. allons bien. — Lécuyer. |

La Rochefoucauld, 22 jan. — Mme Chauchard, 42, rue jacob. paris. ferdinand prisonnier, lieutenant décoré. écrivez-nous souvent.— Régnier. |

Aumale, 14 jan. — Sergeant, 45, de la butte-chaumont. tous santé parfaite. écris, recevons. — Octavie segeant. |

Lorient, 21 jan.— Berton, avoué. colonie bonne santé. charton bien. jeanne marche. reçu neuf mandats. huitième dépêche. jenny rhumatismes. écrivez-lui. amitiés. — Berton. | Gallois, 6, rue mezières. versailles, nous bien portants. reçu lettre cinq janvier. enfants pension. lorient, 62, rue hôpital. — Gallois. | Saint-Martin, 68, jean-jacques-rousseau. vais bien. courage. écris plus souvent. inquiète. — Saint-martin. | Sœur Cécile, 9, affre. tous bien. victor armée nord. lettres reçues. théodore écrit pas. sommes inquiets. — Vve Trouvé Erard. | Debadier, 101, rue saint-denis. paris. tout va bien. — Debord. | Trévaux, 87, boulevard clichy. patience, courage, cher ange ! je t'aime ! — Marguerite Trévaux. |

Saint-Malo, 19 jan. — Chanu, 72, boulevard germain. reçu lettres, envoyé six dépêches à vous.—Louisa. | Lenté, 61, rue neuve des petits-champs. rocher à darmstat. rolland libre. sommes inquiets, pas lettre paris depuis 2 janvier. allons bien. — Lenté. | Derotron. montreuil-sous-paris. ici claire, saunier. edme, amélie, gabrielle. paul bien. onze janvier, rémy bien.—Cécile. | Villers, 36, vanneau. paris. tous bien. — de Villers. | Louise Leblanc, 57, cherche-midi. nulle inquiétude. tous st-mâlo bien portants. communiquer aux frères.—Eugénie. | Paul Ramond, 15, bruxelles. heureux d'apprendre que tu as eu enfin de mes nouvelles. santé parfaite, olympe aussi. — Ramond. |

Besançon, 20 jan. — Klein, 10, nicolo, paris. santé satisfaisante, confiance, pas blocus. — Auguste. | Fournier, 148, boulevard montparnasse, paris. donnez nouvelles vous et famille par plusieurs ballons successifs. réponse zurich. — Thurwanger. | Méglin, rambuteau, 6. allons bien ornans tranquille, écrivez chaque ballon, reçu douze lettres. — Tissot. | madame Charnal, 26, boulevard bonne-nouvelle, paris. donnez nouvelles de tous par plusieurs ballons successifs. réponse zurich. — Thurwanger. | madame Saget, 368, rue st-honoré, paris. général et colonel saget bien portants à aix-la-chapelle. — marquise de Liniers. |

Hüe, rue des boulets, 92. maman morte besançon chez marie, j'y suis, réponse. — Hüe. | madame Villette, 54, rue basse-du-rempart. colonel villette bien portant à neuwied, près coblentz (prusse). — marquise de Liniers. | madame Lévy, rue hauteville, 10. remerciements, tous bien portants. — Waille. |

Ornans, 20 jan. — Bulle, fleurus, 43, paris. reçu lettres, bonne santé, nouvelle farine. — Florence. |

Bourg-en-Bresse, 20 jan. — Demas, lieutenant mobiles seine-et-marne. ménage, remercie, souhaits, famille entière bien. parents supportent épreuve courage admirable. orgenay, forcy relativement épargnés. — Fernand. |

Louhans, 21 jan. — Millot, avoué, rue des moulins, 19. depuis deux mois sans nouvelles. écris-nous, portons bien. — Millet. | Lachize, aide-major val-de-grâce. sans nouvelles depuis 16 novembre. mets tes lettres dans un grand bureau de poste. — Lachize. |

Poitiers, 23 jan. — Louvet, 26, bergère. allons bien, baby superbe, marche seul. envoie ta photographie. — Blemont. |

Meximieux, 21 jan. — Francisque Blanc, sergent-major 4e bataillon mobile ain. 40e régiment paris. mère inquiète, écris souvent, allons bien. — Jeanne Blome. |

Beaune, 21 jan. — Lequen, place madeleine, 2 allons bien. santenay tranquille. attendons lettres impatiemment. — Passier. | Montoy, fourrier mobiles côte-d'or 1er bataillon, 2e compagnie. reçu lettres, portons bien. — Montoy. | Perdrizet employé moulin gare-vaugirard. reçu lettres 11 janvier. satisfaction. tous portants. — Ponsot. | Landré, sergent 1er bataillon, mobiles côte-d'or. allons bien. baptiste belfort, losaque blessé, jules thévenot mort. demande argent grellou, écris — Landré. |

Lyon, 22 jan. — Vial, sous-aide-major 1er pontonniers artillerie rhône. emprunte dorian, ministre. pascal, locataire, remboursera. réponse. — Perrin. | Mauger, solférino, 7. malgré tes lettres, bombardement, pillage inquiètent pour toi, gaz, appartements, titres, papiers, habitons vevey (suisse) santés. — Alice. | Martin Paschoud, rivoli, 198. tous bien oullins, nous lyon excellente santé. hedwig chez fuss, recevons lettre 11. — Lucy. |

Bordeaux. — Lehmann. ministère justice. seegmann, hesse, parfaite santé. genève. reçoivent lettres. — Pauline. |

Lyon, 17 jan.—Mignot, avoué. tous bonne santé, mère, sœur, amélie-les-bains, pyrénées. | Millet, 118, rue turenne. donnez nouvelles. nous bien portants. moi lyon compagnie. ernestine, 4, place cornavin, genève. écris nous. — Beslay. | Gibert, 104, faubourg poissonnière. mangez mes confitures, etc. gibert bossion, tous bonne santé. — Lafitte. | Antoine louis, 134e ligne, section hors rang, saint-denis. famille entière bonne santé. reçu plusieurs lettres toi. pierre, quatrième légion encore lyon. patience, courage. — Veuve Louis. | Cathelin, 20, petit-thouars. portons bien, recevons lettres. — Cathelin. | Devergnette, boulevard palais, 9. sommes à lyon. sois tranquille pour famille et pays. marthe, charmante. recevons tes lettres. tendresses. — Luglienne. | Claude brun, garde mobile (rhône), fort passy bastion, 59, paris. envoyer 6 décembre, mandat-poste 200 francs. duperay et nous portons bien. — Brun. | Perouse. quai orfèvres, 6. 17 janvier, lyon : falcouz, perouse, thorombey, rené, bachelier, bien. jane, alix accouchées, filles. remises, gensont souffrante, henri parti, valence : père, gabriel, ernest, femme, enfants bien, mère mieux. lyon tranquille. dernière lettre reçue le 10. — Madier. | Condemine, 6, rue saint-marc, paris. même santé, inquiétude. écrivez plus souvent.— Condemine. | Redon, 11, boulevard montmartre, paris. lyon, maçon, tous bien. avons courage, résignation. sois prudent. nouvelles jeanne mère. caresses à tous. — F. Redon. |

Cavillargues, 17 jan. — Monsieur Pigis, 124, chaussée du maine. paris. tous bien. réponse par ballon. — Pigis. | Madame de Léautaud, 17, rue abattucci, paris. tous bien portants. osny, scipion, aussi. aix, prusse. |

Valence, 18 jan.—Heymann, 12, chauchat. reçu nouvelle schloss. portons tous bien. reçu lettre abel 5 décembre—Heymann. | Faure paul, sergent mobile, drôme, 2me compagnie, deuxième bataillon, paris, courbevoie, famille bien portante. répond immédiatement. — Faurech. | Buissot, 25, rue cléry. familles buissot, jacquemin. baril, bien portantes. bébé superbe, parle de vous tous. — Borel. |

Nice, 18 jan. — Charon, 6, rue chaptal. charles, lieutenant-colonel. félix magnifique, jeanne, tous parfaitement. — Verdier. | Collet, 15, rue douai. paris. mère, sœur, vont bien. suis contrôleur banque nice. léon. | Piblois, 25, boulevard sébastopol. reçu lettre gaston, bien portants, fils aussi, donnez nouvelles. communiquez batignolles. embrassades. — Charles. | Laroze, 169, rue université, paris. rien reçu vous depuis lettre 14 octobre, famille, 12 janvier, bonne santé.—Grimbert. | Madame Falateuf, 8, rue conservatoire, paris. je suis nice, henri, mâcon, albert court seul. dernière lettre reçue 31. — Hortense. |

Annonay, 18 jan. — Souchon, 29, rue santé. dance, mal, si mourant. dois-je représenter communauté schwindenhamer delaplace, bien. decanson excellente, toutes sympathisons. — Chaland. | Chaland, 29, rue santé. defleury frère, malherbe, angers, barrier, annonay, doucet, écrire. Kitzig, redmond, angleterre, tortet, vimoutiers, angers, bien. — Marie. | Gonzague, rue santé, 29. souffrons avec, voudrions soulager. prendre bouillet, argent, vin pour malades. dire casimir, delbecque, estienne, prisonniers. — Louise. |

Chatillon-de-Michaille, 18 jan. — Joseph jolliet, 40e régiment mobile (ain). usé tous moyens à t'écrire. 2me dépêche. petit et famille en bonne santé. espérons. — Jolliet. |

---

109. Pour copie conforme :

l'Inspecteur,

Bordeaux. — 27 janvier 1871.

Bordeaux, 16 janvier. — Adhémar, 29, sentier, paris. longeville, roullelt, tous parfaitement. louise, fernand superbes, souffrons devotre situation sans être découragées. — Marie Adhémar. |

David-Mennet, 29, sentier. tranquillité longeville, roullet, dupuis, pour moi, tous parfaitement. recevons vos lettres, tristes, inquiètes sans découragement. — David. | Trouillier, 29, sentier, paris. tristesse profonde, recevons vos lettres. longeville, roullet santé parfaite. maurice, albert superbes. — Trouillier. | Bousquet. 101, boulevard italie, glacière. longeville, roullet, moi parfaitement, louis aucun malaise, profonde inquiétude pour toi. mille baisers. — Bousquet. | François, boulevard magenta, 136. reçu lettres, écris à bordeaux, inquiets, allons bien. — Augustine. | Goyard, 11, rue moscou, paris. chercher jules faure. mobile macon, 13e marche, 5e bataillon, 5e compagnie, ouvrir petit crédit. — Copinet. | Mmes Hamot, 19 ou 22, rue hauteville. horrible inquiétude, sans nouvelles goyard, supplie écrire, 4, rue huguerie, bordeaux. — Goyard. |

Goyard, 11, rue moscou, paris. nombreux ballons, pas de nouvelles depuis 25 décembre, grandes inquiétudes. bien portantes. — Geneviève. | M. Béchet. administrateur postes, paris. tout monde bien. raoul, renée très-bonne santé, tranquilles. numance très-bien, décoré. — Léonide Thomasson. | Béchet, administrateur postes. offrir appartements malesherbes et tronchet : alphan, chevalier, boulevard saint-michel, 64 ; belabre, avenue breteuil, 42. — Thomasson. | Hervieux, victoire, 12. évreux, vernon, nous bonne santé, reçu 80 lettres, emporté chez toi, caisse père, sans ouvrir. — Angélina. | Wall, 90, rue richelieu. dernière lettre 29 décembre, sommes parfaitement, inquiets sur toi. — Arthur. | Harleux, 22, pastourel. ne manquons rien, voyons amis, lettres reçues, deville, albert, tous bonne santé, saint-sernin, 38. — Harleux. | Chassaigne, 17, rue maubeuge, paris. je suis à bordeaux, 36, rue ducau. envoie moi de tes nouvelles. — Festugière. |

Mme Mayer, grange-batelière, 1. envoyé trois lettres pour toucher argent. affection, sympathie pour souffrances. bordeaux, cours tourny, 52. — Adolphe. | Bertin, 10, francs-bourgeois. ernest sain sauf neuhof. reçu vos trois, une charlotte, merci, embrasse tous. — Auguste, bordeaux. | Doursout, 36, boulevard saint-germain. portons tous bien. touche 300 francs, bureaux decazeville, 10, place vendôme. donne nouvelles. — Edmond. | Godard, rue montmartre, 14. lettre saman, tous bien, la vérité sur gabriel, il est malade, voyez léon, biche ici. — Eudoxie. | Isaac Lévy, 4, jouy. reçu lettre. allons tous bien. marcus vont très-bien à hyères. — Célina. |

Brenguier, poste, batignolles. bien. — Brenguiers. | M. Crémieux, 2, rue billault, paris. allons bien. plus argent, 18, rue grassi, madame crémieux. — Anaïs Crémieux. | Préville, 72, rue montmartre. santés excellentes, 38, rue saint-sernin. — Préville. | Ravailhe, curé, 38, bac. hardoin père succombé courte maladie. prévenez ses fils, précautions. leur mère, femmes, enfants bien. réponse. — Roy. | Kyben, 85, rue richelieu, paris. balance provisoire fin année, 15,000 bénéfice, écrivez ballon. — Henneton. | Sapinaud, 18, rue matignon. sapin bien poitiers, blanche mans. prévenez maman, fauneguy la rochelle, enfants arrivés, famille bien. — Latrémoille. |

Duchâtel, 69, varennes. tanneguy, la rochelle. enfants arrivés, madelaine, famille, tous bien, fils malherbe bien, prisonnier stettin, sapinaud bien. — Trémoille. | Gagnet, 56, boulevard haussmann. enfoncez notre cave, prenez combustibles, prenez, distribuez nos confitures entre vous, tardiveau, grainville et concierge. — Deschamps. | Laborne, 22, place vosges. tous bien, recevons lettres, beurre hauteville. — Laborne. | Gallien, 38, saint-sulpice. accouchée, 7 décembre, fille, santés excellentes. je nourris. écris souvent même adresse, lettres arrivent, tendresses. — Hélène. | Thomegueux, 12, port-mahon. prière veiller sur nos effets, livres, papiers, 18, boulevard saint-michel. prenez mesures nécessaires. — Chossat-Binet. | Roissy, 5, université. écrivez plus et toute la vérité. nous parfaitement, familles aussi. madon, fenoyl, nouvelles bonnes récemment. — Kergaradec. |

Eymery, 47, richelieu, mont-de-piété. mari, fils, où par piété répondez, 17, cours intendance, bordeaux. — Dupuy. | Delpy, 5, saint-georges. tous bien, donnez nouvelles, reçu lettre 29. voir lafon, hôtel jules-césar. — Fernand. | général Villiers, suresnes, 7, paris. 14e dépêche, réunis bordeaux, commande division, santé bonne, informez georges. — Foltz. | Louis Lafon, hôtel jules-césar, lyon 20. tous bien, reçu dernière lettre 30, attendons nouvelles. — Lafon. | Pinet, 5, cléry. reçu vos lettres, tous bien sous tous rapports, fabriquez beaucoup de piqués, écrivez par ballon. — Martin Bruck. | Burette, 10, jeûneurs. tout bien sous tous rapports, reçu vos lettres, écrivez, fabriquez d'avance tant que vous pourrez. — Bruck. |

Audin, 41, rue roquette, paris. Tout le monde bien, reçu vos lettres, écrivez souvent. — Martin Bruck. | Héndlé, 22, lepeletier. toute notre famille bien portante, violette ici. — Edmond Héndlé. | Eugène, chez Reitlinger, 3, passage violet. donnez nouvelles, bureau et appartement, à bruxelles, hôtel bellevue. — Reitlinger. | Dukermont, 44, richer. nouvelles vous tous, appartement. margaux (gironde). — Flacourt. | Flacourt, 47, rue d'amsterdam. écrivez, cécile, moi inquiètes. abbégoisse, margaux, gironde. — Flacourt. | Zédé, fort romainville. brest, fallet, bégorce bien. charles france, chef d'état-major, faidherbe. — Zédé. |

Zédé, 8, saints-pères. brest, fallet, bégorce bien. charles france, chef d'état-major, faidherbe. — Zédé. | Mme Laferronnays, 34, cours-la-reine. prendre se trouve dans armoire glace, chambre louise, garder. écrire wiesbaden. — Gaëtan. | Mme Perry, 128, rue saint-lazare. en grâce, écrire ballon, de marianne, vous. tous bien. fariau lieutenant-colonel. — Henriette. | marquise Persan, 110, morny. bonnes nouvelles minet, duc, guy afrique. sauvegarde mes intérêts, banquier, appartement comme étrangère. — Amazilia. | Jousset-Cler, furstemberg. après registres principaux, adresse surplus des commandes strasbourg. connaissons bombardement, confiance, courage. — Momiot, pas saint-georges, 58

Charles Porgès, 2, blanche, paris. achetez mille autrichiens 730 ; 50 mille italiens 53. valable tout janvier. — Porgès. | Hendlé, 22, lepelletier, paris. très-bien portants avec violette. ta dernière lettre 25 décembre. souvent écrit, télégraphié. — Hendlé. | Charles Porgès, 2, blanche, paris. écrivez numéros tous titres, copies comptes courants depuis 28 août avec arrêtés. — Porgès. | Maudet, 23, rue bergère. rien reçu depuis novembre, inquiets, donnez vos nouvelles, auguste, maurice, marie, dijon libre, portons bien. — Malbranche. | Seidner, 36, échiquier. reçu votre lettre 31 décembre. avais déjà télégraphié plusieurs fois, renvoyez commis excepté boudere. — Günther. | Bleuse, église saint-sulpice. pas lettres, inquiète, écris. — Clémentine. |

Célières, boulevard beaumarchais, 7. allons bien, reçois lettres, heureuse, inquiète bombardement, ménage-toi. — Cécile. | Mme Kenappé, 11, villiers-ternes. nous portons tous bien, donnez nouvelles de tual. — veuve Tual. | Jozon, jacob, 28. allons bien, écris à angers. — Marie Jozon. | Dieudonné, 20, navarrin. voici 5e dépêche. depuis 5 décembre sans lettres de vous. silence effrayant. écrivez donc plus souvent. — Montaudon. | Brame, 71, saint-dominique. inquiète, recherchez maurice, artillerie mobile, point-du-jour. recevons lettres, poitiers santés bonnes. nouvelles caroline. — Ternaux-Compans. | Morlaincourt, 12, rue hâvre. toutes parfaitement bien, theix aussi. — Lucy. | Tirlet, 57, rue luxembourg. reçu lettres, ai écrit souvent. reste poitiers, santés bonnes. passez appartements. — Pérignon. | Bélin, 1, gay-lussac. écrivez par ballon, 34, rue trois-piliers, poitiers, vienne. donnez détails sur deux maisons. — Pérignon. | Généreuse Jaquin, 1, singer, passy. santés bonnes, arthur prisonnier, courage, merci. bonjour annette. — Boyer. | Bozin, 8, menars. suis à granès, santés bonnes, reçois lettres. — Mathilde |

Delaporte, 26, châteaudun. toute la famille bien portante, 6, rue hôtel-de-ville, à dieppe. joseph au vésinet. — Gabrielle. | Bailly, 7, rond-point, champs-élysées. journal dit propriétaires assurer maisons, incendie siége, assurez miennes, voyez notaire, avoué. — Dubertret, gand, belgique. | Esparbié, 9, faubourg poissonnière. allons tous bien. fai de l'argent. soigne-toi, je reçois tes lettres, écris-moi. — Esparbié. | Schnolle, 30, faubourg poissonnière. votre famille bien à biarritz depuis 20 jours, famille sesnau aussi à biarritz avec marie. — Plautié. |

Vergnes, rue véron, 17, montmartre, paris. donne nouvelles, reçu lettre, portons bien, t'aimons, courage. — Vergnes. | Dupont, rue provence, 49, paris. écrivez lettre, province marche, courage, embrassons tous amis. — Vergnes. | Nicolas, 22, rue paradis-poissonnière, paris. ordre inexécutable. prix 30 pour 100 environ plus élevé. — Maurel. | Hergault, rambuteau, 52, paris. reçu 3 lettres ballon, portons bien. écris souvent. — Claude. | Mme Gombault, grande chancellerie légion-d'honneur. portons tous bien petits, grands. reçu ta lettre trois courant. — Gombault. | Lafont, rue pergolèse, 35, paris. lalandes, génac, éguilles, tous bien. — Alice. | Mme Piboret, 20, rue de chabrol, paris. vos enfants à strasbourg bien portants, toujours écrire genève. — Cuzol. | Pereyra, Echarry et Calvo, ambassade espagne. madame pereyra à bayonne, jovita a logrono, tous vont bien. rapportez uniforme chef. — Hernandez. |

Pereyra, Echarry et Calvo, ambassade espagne. gouvernement me charge vous faire savoir que vous avez autorisation pour sortir paris. — Hernandez. | Mme Philippe, 52, rue françois 1er. écris longuement, heureuses avoir vos nouvelles, tous amitiés. — Gautier. | Monginot, 15, mazagran, paris. pense à vous, donnez-moi adresse charles par ballon, serai bien heureuse. votre amie, — Nono. | Grondard, 61, anjou-honoré. louisa bordeaux souffrante quoique mieux. delanire, général bien, nouvelles. dernière lettre reçue 1er janvier. — Neuville. |

Geoffroy, 17, helder, paris. reçois toujours lettres, argent, bonne santé, ne t'oublie pas. bientôt espère partir. — Nono. | Mme Pichon, boulevard péreire, 195, paris. bien portants, envoyons notre cœur à mère et frère, reçu lettres, écrire bordeaux. — Perrot. | baron Jouvencel, 11, miromesnil. marguerite persac, raoul capitaine, famille anne tranquille carhul. alfred, maurice mobilisés. olivier mort chute voiture. — Charles. vicomte Dechampeaux, affaires étrangères. cher fils, lettre reçue, écrit 8 fois. givet bien, voyage trop difficile, pars plassac. — Dechampeaux. | Goupy, 13, chapon, paris. toutes viviez, santés parfaites, manque de rien, nouvelles souvent, emma masson bien. — Goupy. |

Garnier, 84, rue amelot, paris. toutes viviez, santés parfaites. édouard, capitaine état-major. usines sardaigne. marcheur bien. auguste mort. — Jeanne. | Garnier, 84, rue amelot, paris. toutes viviez puis 3 mois, santés parfaites. gustave pas partir. usine travaille pour état. — Berthe. | Paul Schneider, 7, saint-florentin, paris. reçu 2 lettres, écrire encore. tritse, bien affectueuses, Dieu vous protége, espérons toujours. — Pauline. | Saint-Rémy, 37, rue amsterdam, paris. suis hambourg avec gaston, enfants chanabeilles lagny, allons bien avons tes nouvelles. où natalie. — Berthe. | Ridel, 50, saint-sauveur. reçu votre lettre 24 décembre. votre mère bien portante, a pas besoin argent. embrassez maman. — Marguerite. | Tassin, 50, sainte-croix-bretonnerie. nous t'aimons et embrassons, avons envoyé dépêche à papa, charles est lieutenant sois sans inquiétudes. — Marguerite. |

Barratin, quai d'anjou, 23, paris. famille barratin barsac, bonne santé. — Jules Boireau. | Suarez, richer, 1. reçu lettre 3 courant. sommes tous bien, vos enfants aussi. reçu bonnes nouvelles guelfe, écrivez-lui. — Daguerre. | Violette, rue d'enghien, 19. paris. reçu lettre castro, il va bien. ici santé bonne, mille amitiés de tous. — Decazes. | Attias, 13, entrepôt. 16 janvier, 12e dépêche, reçu lettre du 11, inquiets du bombardement, tous bien, bébé superbe. — Delvaille-Attias. | Charvin, 14e régiment artillerie, 1re batterie principale, 5e pièce, hautes bruyères. tous bien, paul toujours ici. écris plus souvent. — Charvin. | Morange, rome, 101, paris. reçu lettres italie, merci. bordeaux depuis 26 dernier. écrivez ballon nouvelles appartement rue tiffonet, 30. — Aldanèse. |

Limoges, 25 janv. — Bardinet, 73, boulevard haussmann, paris. portons tous bien, recevons tes lettres, amitiés de tous pour tous. — L. Bardinet. | Denizet, 62, rue thurène, paris. écrire. — Fouret, 7, cruche-d'or, limoges. | Trépagne, notaire, 8, quai louvre. donnez nouvelles ballon monté. — Turpin, 4, place jourdan. | Couder, 7, rue de la paix. sans nouvelles depuis décembre, inquiets, écrire prochain ballon, nos santés bonnes. — Couder. | Dumont, 23, roule, paris. reçu tes lettres, dernière hier, répondu 4. portons bien, tante dumont morte, remercie céline. — Dumont, directeur. |

Bordeaux, 26 janv. — Lévy, 10, rue cloître-st-jacques. lettre reçue, santé bonne, province tranquille, spira écrive. — Léon. | madame Boveris, 100, faubourg saint-antoine, paris. enfants magnifiques, gustave part pas, eugène avec bourbaki, georges prisonnier. — Escalère. | Diaconesses, 95, rue reuilly, paris. diaconesses départements, cauzid, famille courtès, nous bien. désirons nouvelles maison dognou, berthon, morin, pasteur. — Malvesin. | paul Pepin, sergent, 3e compagnie, 14e bataillon, mobile seine, saint-denis. inquiets, répondre vite, santé brochot, fovard appartement tous bien. — Pepin. | madame Brebant, hôtel rouen, notre-dame-des-victoires. mary une fille 13 décembre. santé excellente, midaleton avec bébé, marie, clémentine. tous bien. — Louisa. | Ponsard, 36, rue baudin. allons bien, toujours hâvre, inquiètes de vous. — Ponsard. |

Muret, 4, place théâtre-français. arcachon, boulevard plage, 120. wallut nous parfaitement, ignorance nogent, bombardement, angoisses. | Choizin, 104, vaugirard. très-inquiets de vous verdelais, prions incessamment, saint-cyr, senlis, société bien, denis, leneveu, levacon, jacquesson, morts. — Favre. | madame Demangel, 5, rue des saussaies, paris. avons chagrin votre situation, vous oublions pas, sommes tous bien, embrassons, réponse. — Louise. | madame Demangel, 5, rue des saussais, paris. envoyer nouvelles de gabriel, pas osé dire parents blessé ou mort. — Augustine. |

Trouville, 22 janv. — Reverseaux, 2, fléchier. portons bien, parentan aussi. manquons rien, recevons lettres, pays tranquille. — Reverseau. | Bonnechose, 133, saint-dominique. sommes à trouville, hôtel paris, toute la famille va bien. — Bonnechose. | Joly, corps législatif. tous parfaitement. reçu lettre 14 janvier, reçu 10 mandats, avons assez argent, courage, tendresses. — Joly. | m. de Flamarens, 32, rue de l'université, paris. la famille et celle de pau en bonne santé. — Flamarens. | Dubreuil, 49, boulevard saint-michel, paris. retour trouville, prière nouvelles vous tous, sauvé, mobilisé, inquiets, moi seul pas de nouvelle. — Dubreuil. | Hautpoul, 86, lille. trouville, neuville bien, raoul madeleine légèrement blessé, embrasse tous. — Hautpoul. | Chamotte, 7, taranne. toujours à pont-l'évêque, lettres reçues, santés bonnes, tourmentées de toi, écris, t'embrassons. — Jeannot. |

Saint-Florentin, 21 janv. — Burgh, 88, quai râpée. donnez nouvelles michou. — Michou. | m. Bouzemont, 5, rue cambacérès, paris. donnez-moi nouvelles à flogny (yonne). — vicomte Maleissye. |

Sens-s.-Yonne, 21 janv. — mme Forest, 17, rue sévigné, paris. sois sans inquiétude, nous sommes tous en bonne santé. — Virginie. | Bessière, 125, faubourg saint-honoré, paris. nous portons bien tous, réponse de suite. — f. Quidet. —

Berck, 18 janv. — Tiby, hôtel danube, richepance. allons très-bien. — Beydon. |

Vermenton, 21 janv. — Dinet, avoué, rue neuve-saint-augustin, 5. madame lemaire décédée, scellés apposés. voir baudrier notaire, que faire ? — Renard. |

Avranches, 23 janv. — Lemardelé, 146, boulevard magenta. tous bien, lettres reçues. — Lemardelé. |

Menetou-Salon, 24 janv. — comte Greffulhe, 10, astorg, paris. toutes trois en bonne santé à menetou. — comtesse Greffulhe. |

Nemours, 20 janv. — Delvigne, 6, belleyme. écrivez seine-marne. maman, céline ici, tous bien, rien fâcheux, occupation prussienne depuis 8 novembre. — Copreaux. |

Marseille, 25 janv. — Ode, capitaine des douanes mobilisées, romainville. allons tous bien, xavier arrivera avril. — Buzutil. |

Châteauneuf-sur-Cher, 21 janv. — Jeudi, 101, vieille-du-temple. écris-moi. je reçois nouvelles d'alfred, d'ernest. — Gonneau. |

La Charité, 24 janv. — Prudot, capitaine forestier, 1er bataillon, boileau, 39, auteuil, paris. bien, famille bien, pas prussiens, reçois lettres, déjà dépêches, charité janvier. |

La Coquillé, 24, janv. — Marie Vue, 32, verneuil. portons bien, reçu tes lettres, donne ton adresse, nouvelles d'abbé gardey. — Marie Gay. |

Montivilliers, 21, janv. — M. Hucher, hôtel de la monnaie, paris. montivilliers, sahurs bien, reçu dernières lettres, hortense rassurée. |

St-Hilaire--du-Harcourt, 23 janv. — M. Grandet, ferme-des-mathurins, 26. bonne santé, sommes à saint-symphorien, st-hilaire-du-harcourt (manche). ambroise prisonnier. — Grandet. |

St-Pierre-lès-Calais, 17 janv. — Cauwet, 10, rue goutte-d'or. donne nouvelles de toi, pollet chauchaumont. — Cauwet. |

Vitteaux, 21 janv. — Mme Tully, caumartin, 66. tous bien portants, vitteaux, 20 janvier. — Geoffon. |

Alençon, 20 janv. — Ladet, fleuriste rue saint-denis, 398. donnez nouvelles, nôtres bonnes. delisle carabinier neuilly nouvelles. paris admiration monde. — Monlezun. |

Noailles. — M. Delattre, 412, rue saint-honoré. portons bien, baclé bertrand, recevons vos lettres. |

Castelnau-de-Montratier, 25 janv. — Carayon, grenelle-saint-germain, 49. bien portants, recevons lettres. oncle reste. soyez prudents, fillettes embrassent. — Anaïs Carayon. |

Calais, 18 janv. — Jean, faubourg saint-martin, 167. depuis 20 septembre reçu une lettre henri datée 20 novembre. écrivez par chaque ballon. — Jean. | Dognin, 105, boulevard malesherbes. mi-

Bordeaux. — 27 janvier 1871.

chel, amélie, moi brighton, santés parfaites partout, calais, fontainebleau, lyon, marseille, belfort, marie louise. — Doguin. | Malfeyt, rue dulong, 67, paris-batignolles. mère, frères, céleste, raphaël, adolphe, en bonne santé à bruxelles, recevons vos lettres. — Delhaye. | Malfeyt, rue dulong, 67, paris-batignolles. faites argent avec bijoux céleste si c'est nécessaire. prêtez argent à jeanne. — Delhaye. | Fournier, rue cléry, 14. paris. vos lettres arrivent régulièrement. jule, à erfurt, montfort, armée nord, santés très-bonnes. — Sarazin. |

Abbeville, 22 janv. — Mme Dumas, 60, st-dominique-st-germain. pas nouvelles de vous depuis novembre. inquiètes, tristes, sommes bien vieuxrouen, amitiés. — de Tournemine. | M. de Bretizel, sous-lieutenant mobiles, 3e bataillon, somme. vu gaulois, santés bonnes. prussiens venus aumale, pas ici ni malmaison. — de Bretizel. — Fruictier, meslay, 69. reçu photographie, lettres, dernière du 7. parents, amis, sery, bien portants. blangy sans prussiens. — Aliamet. |

Châtillon-sur-Loire, 22 janv. — Djonquières, ministère marine. châtillon bien. |

Trouville, 17 janv. — Chauchat, 7, rue boudreau. trouville. sécurité tous escorpain, castillon bien, attendons votre délivrance, pas imprudence, garantissez vous, courage, tendresse. — Chauchat. |

Pontarlier, 19 janv. — Bouvelet, 1, rue louvre, paris. allons tous parfaitement, reçu dernière lettre 11 janvier, sommes à pontarlier, bonnes nouvelles coppegueule. — Bouvelet. |

Cormatin, 20 janv. — Barrier Greffier, rue drouot, 6. mettre en sûreté papiers mon frère. — De Brie. |

Calais, 14 janv. — Michel, chez Delhaye, rue baudin, 31, paris. pourquoi écrivez vous pas à calais, donnez nous nouvelles enghien et appartement. — Delhaye. |

Croissanville, 17 janv. — Dauge, 11, martel. toujours croissanville bien portants, provisions cuisine buttin, chauffage caves alice, bertrund fera ouvrir. — Dauge. |

Bordeaux, 22 janv. — Proust, 39, harpe. dernière lettre 17 septembre, en reçois 11, 20 octobre, 10 janvier, santé passable, écrivez souvent. — Robineau. | Bertin, 43, lepelletier. paris. suis désolée, être sans nouvelles. resterai lisbonne jusqu'à ouverture paris. mari de blanchet ici. — Bertin. | Bertin, 43, lepelletier, paris. bahia bien. diamants déposés banque lisbonne, ordre carvalho. veut vendre londres. payer traites sur vous. — Bertin. | Blondel, 17, rue helder. sorques nous blondel verfeil bien. prévenez raymond. vautrain. — Lavaurs. |

Angers, 21 janv. — Brébant, rue mondétour, 24, paris. paul et brébant soldats, bonne santé. toute famille, petits enfants bonne santé. albert travaille. — Brébant. | M. Jacquet, rue argout 63. lettres reçues, santé bonne, uidarie ici. — Jacquet. |

Sauviat, 21 janv. — Léobardy, la santé, 9, paris. charles, andré, magenta, algérie. marguerite, tours, bonnes santés. rapaud, 8e, renseignements amitiés, vœux. — Dunuthier. |

Littry, 14 janv. — Petit, 14, rue cardinal-fesch, paris. santés bonnes. écris donc par chaque ballon. — Caroline Petit. |

Savenay, 20 janv. — Duchanoy, victoire, 94. hippolyte à cassel, santés bonnes partout. écrisnous. — Duchanoy. |

Calais, 15 janv. — Renaud, rue victoire, 56. recevons vos lettres avec joie. écrivez souvent, portons bien. donnez nouvelles enghien, appartements et amis. — Delhaye. |

Guérande, 20 janv. — Pietrasanta, 173, boulevard haussmann, paris. partout, famille parfaitement. — Pietrasanta. |

Dinan, 18 janv. — Landais, mobile, 1er bataillon, 2e compagnie côtes-du-nord, paris. reçu seule lettre de toi, octobre. répondu, écris souvent. allons bien. — Landais. | Desmarest, rue st-lazare, 92. dounax venu chercher famille, rentrés à crespy bien portants en novembre. — Landais. |

Fresnes, 15 janv. — Lemaître, rivoli, 64. allons tous bien, monville aussi. reçu lettres. — Gaillard-lemaître. |

Theillay. — Girard, 2, rue fléchier. tous bien portants. — Emilienne. |

Putanges, 16 janv. — Chauvel, 358, rue saint-honoré. bonne santé, hôtel lion-vert à putanges (orne). — Dehove. |

Cholet, 19 janv. — Gaufreteau, chez Cailliez de Barque, banquier, rue faubourg-poissonnière, 9, paris. donnez des nouvelles de paul baron à cholet. — F. Baron. | Fourchy, quai malaquais, 5. sommes à gautrèche tous bien tristes, inquiets. longue séparation, quand bonheur revoir. millions tendresses. — Fourchy. | Paul Fourchy, 41, faubert. tous bien, restons à gautrèche, réponse compte fourchy huger. crozet inquiète porte pas nouvelles. — Fourchy. |

Fécamp, 14 janv. — Piotet, 135. rue st-martin. prussiens déjeuné deux fois, aucun mal, pas peur, portons bien. souhaitons fête. — Piotet. | Besnard, 155, montmartre. nous nous portons bien. toujours à fécamp. recevons vos lettres. — Larangeot. |

Granville, 23 janv. — Gilbert, 2, montagne-geneviève. inquiets de vous, écrire plus souvent avec longs détails, amitiés. — Gilbert. | Nicolas, 13, chabrol. prière habitez chez moi, buvez vin, demandez clefs propriétaire, reçu lettre. — Vannet. | M. Menuisier, 19, quai bourbon. dumont, cappé bien, reçu vos lettres. — Dumont. | Garnier, 90, boulevard saint-germain. bien portants, reçu lettres, plus 13 janvier, répondu, merci, baisers. — Breulier. |

La Bassée, 21 janv. — Chantrot, crédit lyonnais, 6, boulevard capucines. allons bien, écrivez chaque ballon. — Barbé. |

Roubaix, 21 janvier. — Sœur charité Dupont, place mairie, petit montrouge, paris. famille santé, bonne, écrivez souvent. — Dupont-Grimonprez. |

Tarascon, 25 janv. — Helle, 47, greneta. 13 novembre, sans nouvelles. antoinette malade, inquiétude, écrivez souvent. nouvelles annette fenwick. besoin argent, prenez coupons. — Faucon. |

Amélie-les-bains, 25 janv. — Hanriot, 12, rue jacob. écris dorénavant à amélie-les-bains (pyrénées-orientales). santé passable, comment les vôtres? — Gerdy. |

Moissac, 25 janv. — Bouveret, 15, rue roule. dire laisné femme, fille, père parfaitement courtrai. reçoit lettres mari. nous très-bien, lucien beaucoup mieux. — Bouveret. |

Montauban, 25 janv. — Bartet, 20, taranne. lettres reçues. tous bien portants à montauban. — Bartet. |

Chablis, 22 janv. — Laurent-Pichat, 39, université. chablis, santés, tranquillité parfaites. — Rosine Beaujean. |

Puy-en-Valay, 23 janv. — Docteur Gourand, 48, rue saints-pères. allons tous bien, inquiets de paul et de vous, écrivez, lettres arrivent. — Duboys. |

Campeaux, 22 janv. — M. Philippe, 117, richard-lenoir. bien portants, inquiète pour vous, reçu lettre du 10 janvier. écrivez toujours, espoir, courage. — Conseil. |

Verdelais, 26 janv. — Choizin, 104, vaugirard. inquiètes, rien de vous depuis deux mois. — Aurélie. |

Solesmes, 20 janv. — Cailliau-Pannetier, 69, avenue clichy. eugénie, maria, marthe à wetz. vont très-bien, aussi papa, parents, amis. moi ai goutte. — Cailliau. |

Saint-Amand-les-Eaux, 21 janv. — Edmond Flescher, capitaine 6e compagnie, 2e bataillon. sommes familles flescher, masse bonne santé, corbie parfait, mille baisers. — Flescher. |

Douai, 21 janv. — Tournadre, 5, pont-neuf. bonne santé, ta mère souffrante. prudence. — Flore. |

Marseille, 25 janv. — Fourgassié, 57, rome, paris-batignolles. vos enfants très-bien, reçoivent vos lettres à londres, argyle road, 5, high street, kensington. — Cottier. |

La Souterraine, 21 janv. — Hua, 81, rue des saints-pères, paris bonne santé ainsi que marguerite, amélia grolle, fille genève. — Hua. |

Bourges, 24 janv. — Clémendot, 6, rue lacroix, batignolles. reçu lettre, merci. allons bien. léon capitaine, mobile, 26e corps, écrivez encore. — Bogros. |

Bordeaux, 31 janv. — Pétellat, 28 grammont. mère, sœur, parents grétillat bien, reçu vingt lettres, merci calmée, vu-k., adieu. — Pételiat. | jules Guex, 88, victoire. les enfants parfaitement, 20 janvier. — Dufour. | Bouasse-Lebel, 29, saint-sulpice. bien portants, courageux, recevons lettres. — Dailly, 69, pigale. marie gisors, nous yvetot santés excellentes, tous recevons tes lettres, jeanne bonnes nouvelles. paulin sous-officier. — Tarbé. | Sixte Delorme, 16, place dauphine. merci pour lettres, avidement lues ici, continuez, départements admirent paris et arment, courage, confiance. — Véron. | Godeau, 9, drouot. reçu 16 lettres ballons, allons bien tous, reçu lettre caillebaut du 11, marie saint-fargeau. | Demortain, hôtel invalides. reçu ici bordeaux, ministère guerre, quatorze lettres bénies, content de vous, courage, après misère viendra bonheur. — Desmortain. |

Pierré, 17, boulevard poissonnière. tous bien. envoi rodary chez hatin, gérant maison, écris détails sur tous par tous moyens. — Commelin. | Favé, 156, rivoli. douze calais bruxelles correspondent avec mondomaine chez eux, paul, charles, raoul, villefranche, tous bien. — Favé. | Thureau, garancière. alice marche, enfants marguerite, gabriel florissant, gamard, rivière, albert, nantes, installation santés excellentes, recevons lettres. — Dupont. | Debournat, 2 bis, boulevard temple. mon gustave bien-aimée million tendresses, baisers, votre mère contente chez religieuses, attendons louis, embrassons oncle. — Louise. | Marx, 31, françois-premier. pour bénédie tous bonne santé, moi bruxelles, mathilde, enfants, famille, trois lettres, robert inquiet, écrivez. — Edouard. | Marx, 31, françois-premier. avoir de lejeune nouvelles, usine, marchandises doks, envoyez tout 7, rue arsenal, bruxelles. — Edouard. |

Marx, 31, françois-premier. voir lejeune, 41, notre-dame-des-victoires, domicile personnel, 35, ponthieu, nouvelles usine. — Edouard. | Renouard, 9, daguesseau. tes enfants superbes, charmants. — Buchot, intendant militaire, bordeaux. | Castelnau, 6, turin. pour ollivier adhémar elle est bien, pensons à vous. — Delphine. | Lassis, 9, mogador. suis inquiet, toi aucune lettre. écris moi. — Buchot, intendant militaire. bordeaux. | Goffard, 36, godot-mauroy. vos dames bien bruxelles chez fallois, nous aussi bien. — King. | Castel, 5, coq-héron. supprimer huvelle annoncier. envoyez comptes octobre, décembre, janvier, quatre derniers mois, trois journaux, chiffres tirages. — Dumont. | Dubuissons, 5, coq-héron. vous portez pas fort pour moi. — Dumont. | Canne, 6, condorcet. santé parfaite, lun bretons, parisiens bien. — Eugénie. | Arrivet, 14, st-florentin. maman, enfants, sœurs, tous bien bordeaux. — Fron. |

Levillain, 249, rue saint-martin. tout va bien, reçois lettres, louise taverne arcachon parfaitement. | Delesse, 37, madame. quitte maison, soigne appartement lepsay comme tien, prends y tous vivres, darisot vont bien. — Delesse. | Lapalme, semaine financière, 83, richelieu. lettres reçues, santés bonnes. — Comelier. | Ivianda-philli, 43, lafayette. famille athènes bien, pierre ici, adressez directeur poste extraordinaire bordeaux lettres par ballons pour moi. — Beretta. | Souhart, 10, chalres V. silvain villefranche santés parfaites, continuez lettres. — Marie. | de Pène, paris-journal. prière instante envoyer nouvelles paul lafargue, adressez madame E. B. bordeaux, poste restante. — Renart. | Babourdin, 33, voltaire. allons tous bien, petitbourg manquons rien, henri, les siens, bien. — Eloïse. | Widmer, 35, boulevard strasbourg. quelques lettres parvenues, écrivez essonnes et sedan, aïeule à caen, allons bien essonnes. — Widmer. |

Raymond, 19, boulevard sébastopol. allons tous bien. donnez détails mort raoul, saint-fargeau. | Barrault, 3, clotaire. allons tous bien, donnez nouvelles saint-fargeau. | Blanche, 4e zouave, 1er bataillon, 1re compagnie, montreuil-sous-bois. famille va bien, t'embrasse. septième dépêche envoyée. — veuve Blanche. | Bojano, 43, faubourg saint-honoré. caroline bruxelles recommande sos caisses, vos filles travailent, embrassons léontine, capitaine moblot, rancy vous. — Livia. | Fournier, 30, échiquier. santés bonnes, recevons lettres, paul étudie droit, merci armand, lettre affectueuse, amitiés famille. — Claire. |

Vichy, 20 janv. — Poisson, 38, rue maubeuge. vierzon robert sauvegardés, gauthière restée, arthur rentré mitry, vichy mère, noémie, angélique delépine, souvenir eugénie. — Bruneau. |

Evreux, 16 janv. — M. Delagarne, 51, rue d'argenteuil. thérèse santé parfaite. — Tugin. | Lapeyruque, 55, rue paris belleville. portons bien, attendons nouvelles. — Lapeyruque. | Fortier, 18, pré-aux-clercs. femme, filles, mère bien. — Fortier. | Jobert, 8 lécluse. maurice dijon, bien portants, reçu lettres. |

Neuvy-Pailloux, 20 janv. — M. Coulon, sergent au 1er bataillon, garde mobile de l'indre, 7e compagnie, vitry-sur-seine. rien changé ici. tous bien portants, mille lettre de toi. — Coulon. |

Sancergues, 19 janv. — Paultre, 50, miromésnil. santés, tranquillité parfaites, reçu 70 lettres. tendresses. — E. Paultre. | Corsain, huissier, st-sauveur. inquiets, donnez nouvelles, santés, tranquillité parfaites. tendresses tous. — Corsain. —

Fécamp, 16 janv. — Lecoin, 15, Guénégaud. allons bien, reçu lettres. — Lecoin. | Allard, 10, clichy. aline, eugénie portent bien. fécamp tranquille. — Allard. | Gilbert, 15, abbeville. henriette malade mieux, joséphine bien, fécamp tranquille. 5e dépêche. — Estelle, mille baisers. | Marchand, interne pharmacie, hôpital ste-eugénie. laure très-heureusement accouchée fille. avons tous bonne santé, perdu papa leprévost, maman osmont. — Marchand. | Cotard, 8, rue montesquieu. heureusement accouchée fille. avons tous, et salle-mordant, santé parfaite. sois sans inquiétude pour nous. — Laure. | Deverdun, 100, martyrs. jamais reçu lettre, très-inquiets, prière écrire. santés bonnes. — Reveillon. | Darantière, 75, château-d'eau. pas reçu nouvelles depuis 4 décembre, inquiets, écris donc. santés bonnes. — Reveillon. |

Pont-Lévêque, 17 janv. — Richer, 8, belzunce. bonne santé pont-lévêque, recevons lettres, manger les confitures, courage, prudence surtout et espoir. — Armande Richer. |

Voiteur, 20 janv. — Petitjean, 25, ancienne-comédie. pas nouvelles, grande inquiétude, absence concierge, réponse de suite. — Petitjean. |

Nantua, 20 janv. — Durafort, 24, douane. portons bien. — Bontems. |

Le Boupère, 18 janv. — Flandrois, 7e compagnie, 4e bataillon, 35e régiment mobile. martin et nous portons bien, valette pourrait donner argent, écrivez promptement. — Flandrois. | Guillebauld, sous-lieutenant, 35e régiment de mobile, 2e bataillon, 4e compagnie. portons tous bien, inquiets, donne nouvelles lumineau, réponds promptement. — Bonnenfaut. |

Aiserey, 19 janv. — Fèvre pierre, garde mobile côte-d'or, 10e régiment, 3e bataillon, 4e compagnie. portons bien, si tu manque argent, demander m. magnien, santenay pas terminé. — Fèvre. |

Neuville-sur-Mer, 15 janv. — Delahaye, 84, boulevard batignolles. tous bien. recevons lettres, cousin gautrès, gous mâcon bien. courage, tendresses. — Delahaye. |

Dinan, 20 janvier. — Choime, avenue clichy, 97, batignolles. tous bien, charles travaille rennes. | Itasse, victoire, 75. pauline demande nouvelles vous, giverne, prie user influence près famille, évite dangers quartier, abondonne tout pensant nous. | Messager, 5, rue tronchet. 2e dépêche janvier. allons bien. reçu ta lettre du 10 janvier, dinan. — Messager. | Duquenne, rue rue violet, 46, paris-grenelle. tous bien portants. inquiets, écrire, et pour baillon aussi, dinan, côtes-du-nord. — Violet. | Martin, lieutenant, 1er bataillon, mobiles gennevilliers. 20 janvier. tous bien. écris plus souvent. adolphe capitaine châteaubriand. où est lepesant? — Esther. | Herpin, ambulance place vendôme, 1. toutes bien, recevons lettres. — Eugénie. |

Coussin, 1er bataillon côtes-du-nord, génevilliers. tous bien, amis aussi. ta mère, — Coussin. | M. Duboy, rue monge, 94, paris. voir eugène vincent, garde mobile de seine, 2e compagnie, 5e bataillon, fort issy. — Olalde. | Eugène Vincent, garde mobile de seine, 2e compagnie, 5e bataillon, fort issy, paris. voir m. duboy, 94, rue monge. — Olalde. | M. Gouzien, rédaction gaulois, 13, helder. merci pour chevaux, prière les conserver dernière extrémité, écrivez-moi dinan, ferez plaisir. — Lapie. | Lapie, rue montmartre, 60. garde chevaux dernière extrémité, si rigueur vendre, renvoyer pierre, le payer, congé, écurie, désolée, écris. — Lapie. |

Loudéac, 23 janv. — Claudon, place royale, 4. lettres arrivent, écrivez. paul lieutenant mobilisé, vitré. perdu fournier sedan. autres bien, 21 janvier. — Mochéry. |

Toulouse, 26 janv. — Turenne, 100, bac, paris. santé, tranquilles courtomer. — Turenne. | Roucolle, rivoli, 56, paris. reçu lettre 12 janvier. garçon né 1er janvier. élodie, enfant, jeanne, famille vont bien. — Jammes. |

Angoulême, 26 janv. — Ramier, bonaparte, 5. lettre vous, 50 jours. écrire, inquiète. allons bien, embrassons tous. — Suzanne. |

Romanèche, 25 janv. — Guilbert, l'arcade, 30. inquiet, pas nouvelles depuis 25 octobre, santés bonnes. — Guilbert. | Dodat, du vertbois, 42. très-inquiets de vous tous, pas nouvelles depuis 7 octobre, santés bonnes. — Dodat. | Guillermain, hérold, 8, paris-auteuil. allons tous bien, léonide bien portante, lettre toutes les semaines. tournus 45, peu de vins, midi beaucoup. — Forestier. |

Terraux, 25 janv. — Thierry, rue armaillé, 10, ternes. nouvelles reçues. amitiés. pleins pouvoirs appartement. — Beauvarie. | Caldavène, bastion 58, artillerie rhône, passy. lettre 12 reçue. 4e dépêche. sans lettre loire. édouard part prochainement avec bourbaki. — Cadalvène. | Morand, 25, cléry. reçu lettre 14, affaires heminont bonnes, chastel médiocres, écrivez lui lettre signée. 5e dépêche. — Biollay. |

110. Pour copie conforme :

L'inspecteur,

Bordeaux. — 25 janvier 1871.

Divonne, 18 jan.— Deslignières. 14, chateaubriant. recevons quelques lettres. écris-nous plus souvent, sommes bien inquiets. bien portants. prévenez nos enfants. — Vidart. | Montandon, 102, richelieu. fais possible pour domestiques restent hôtel prends aide. françois attend ici. tous bien. amitié; louba. — Montandon. | Leloir, 146, rue montmartre. avez reçu lettres douze diverses par moulins, avoir soin certificats et valeurs. santé meilleure. embrasse albert. — Actoque. | Oudin-Charpentier, 52, palais-royal. jeanne. marie et moi, santé, sûreté parfaites, perier, divonne, ain. |

St-Symphorien, 18 jan. — Général Bonnet, 3e corps, 2e armée, paris. reçu lettres. portons bien. hélène l'enfant partis marseille 1er novembre, repartis pour alger 27 décembre.— Vve Garin. |

Lyon-les-terreaux, 18jan.—Léopold Israël, 5 bis lamartine. depuis novembre sans vos nouvelles. écrivez souvent. santé, alcool. appartement. attendons accouchement. — Ricqlès. | Peck, 20, rue des moulins. famille jersey et marianette, bonne santé. lyon nous sommes bien. courage, espoir, amitiés sincères. — Laurent. | Aristide armand. artilleur mobile-rhône, porte maillot. reçu lettres. portons bien. père. cherbourg. médecin-place. hector codsel, haute-silésie. — Armand. | Bornarel. 90, avenue eylau. tous bonne santé. écrivez chaque ballon thizy. — Thervin. | Bouvier, 67. faubourg saint-denis. santé bonne. reçu lettres 9 et 12 janvier. as-tu pris provision chez mère.— Lucie Bouvier. | Teillard, commandant 3e spahis, vincennes. reçu ta lettre 11. pierre belfort bientôt débloqué. tous bien portants. mille baisers. espoir. — Teillard. | Jamot, 7, joquelet, paris. donnez nouvelles reims, lyon, bonnes. procurez argent charrin, porte maillot. nouvelles magnan. abesses, 26. — Magnan. |

Beausset, 18 jan. — Dupuy de lôme, 374, rue saint-honoré. santés bonnes. reçu lettres du 3. tante morte sans testament, zédé, nord. ézédé, loire. -- Dupuy. |

Le Dorat, 22 jan. — Rougerie, directeur matériel ambulances presse. bouloi. eugénie, ta fille, famille parfaitement. tes lettres, délina neuvième dixième reçues. — Eugène Rougerie. |

Avranches, 19 jan.—Petit, 18, avenue champs-élysées. santé bonne, suis avranches chez lavalley. reçois lettres, courage, vous embrasse, frères bien, berthelin bien. — Petit. |

Valognes, 19 jan. — Vigués, 59, rue faubourg saint-antoine, paris. somme bien portants chez foubert. écrivez-nous. — Vigués. | Fernet, 36, enghien. suis à Valognes, santés excellentes. — Fernet. | Docteur Hubert Valleroux, rue madame. familles hubert, poncet, jay, gallard, fuster, breshé parfaitement. | Delaunay, 2, rue boulogne, paris. sommes bien portants chez foubert. écrivez-nous. — Vigués. |

Poitiers, 22 jan.— Gavignot, 27, richelieu. tous vont bien à Villedieu, angoulême, dieppe et montsoult aussi. — Gavignot. | Riault, 7, conty. si vous avez besoin argent demandez cottiau, dont femme, mère, bien portants mais tourmentés, lettres trop rares. — Durandau. | Steff, 66, rue saint-honoré. suis chez heyman poitiers. bonne santé. réponse. renseignez aker. — Joseph Kuchemeister. | Aker, 45, rue croix-des-petits-champs. suis bonne santé chez heyman.— Joseph Kuchemeister. |

Avignon, 21 jan. — Moreau, 130, rue charenton-paris. amitiés. bien portants, et vous? et jules? donnez nouvelles avignon. — Saint-Martin. |

Guingamp, 19 jan. — Joubaire, contrôleur, 143, magenta. tranquillite, santé, famille entière. — Joubaire. | Ledoyen, 6, des écoles. ai reçu lettre du 5, sommes bien. étais inquiète, 3 mois sans nouvelles, écris souvent. — Ledoyen. |

Angers, 21 jan. — M. Pâris, banque de france, paris. tous bien anjou, bretagne. dominique content souvent premier, thérèse parfaitement, tendresses de tous. — Pâris. | Daireaux, 50, paradis-poissonnière. tranquilles angers actuellement. jacques bien. trois bécourt ici. fraiches nouvelles Versailles. — Beaumont. |

Chatillon-sur-loing, 20 jan. — Abbé Rivié, 44, bac, paris. prières, mère défunte, surveillez ses testaments, nanterre, deuxième étage, coffre dans papiers bleues. — Courtils. |

Saint-Hilaire-du-Harcouet, 16 jan.— Deguerry, curé madeleine. tous bien, veuillez donner nouvelles à mortain (manche). — Legrand. |

Beauvais-s.-Matha, 21 jan. — Léopold Klein, 10, rue de parme, paris. aimer, espérer. lilia — Eugénie, Maurice. |

Concarneau, 20 jan. — Giroux, 10, taranne. tous santé bonne, inquiétudes croissantes, espérons en Dieu. — Fourchy. |

Gap, 20 jan. — Madame Maussion, 30, rue Verneuil. portons bien, abbesse aussi. théodore avec bourbaki. aswald décédé. eugène souvient. Dieu vous garde. — Vitrolles. |

Granville, 19 jan. — M. Floquet, 42, rue des jeûneurs. souvent lettres, reconnaissante, triste affection, prussiens argentan, granville, moi jersey, détails famille désespérée.— Coré. | Ancelle, 67, amsterdam, paris. demande vos nouvelles et celles duchanoy. — Balagny. | Malot, 123, rue de rennes. toujours granville. tous bien. maman malaises habituels. très-inquiète. encore argent, envoie cependant. — Z. Malot. | Barbaroux, 18, faubourg-montmartre, donne-moi nouvelles santé, maison rue amsterdam, habitation neuilly. — Leroy. | Mingasson, bureau poste, 9, de luxembourg. reçu lettre, recommencez, courage et santé. — Boisroger. |

Bayeux, 17 jan. — Madame Le Bienvenu, 33, rue de Vaugirard. allons bien. écrivez-nous. — Dutour. | Briançon, 113, aboukir. tous bonne santé, recevons lettre. — F. Briançon. | madame d'indy, 7, avenue Villars. allons bien au molay, antonin aussi, sa belle-mère morte. recevons vos lettres. — Indy. |

Dosseur, 21, taranne. alfred ici, réformé. santés parfaites, bonne mère, daniel à merveille. aucun de nous militaire. — De Saint-Quentin. | Legoux, 12, rue enghien. tous bien, recevons lettres, écrivons souvent. — Legoux. |

Chinon, 24 jan. — Bacot, 80, taitbout. bonne nouvelle d'henri, rentré au régiment. sommes inquiets. tours occupé. réponse à richelieu. — Bacot. |

Mézin, 23 jan. — Soubiran, 123, champs-élysées, paris. lettres reçues, santé bonne, logées maison gouturon, ce que ferez pour loyer sera bien. locataires rue du temple, ont-ils payés? ribot écrit porte bien, alfred passera rue sainte-anne, mademoiselle mathair. — Soubiran. |

Serres, 21 jan. — Moyse, 16, pigalle, paris. aucune nouvelle de vous, malgré dix lettres. sommes inquiets, télégraphiez vos santés. — Grimaud. | Lacroix, 1, sauval, paris. douze lettres ont demandé nouvelles, aucune réponse. sommes inquiets. télégraphiez vos santés. — Grimmaud. |

Bletterans. 21 jan. — Edouard Bouvet, voiturier, artilleur nantes, abattoir villette. tous parents bien portants, récolte passable, célibataires soldats, jura tranquille. réponds. — Raymond Bouvet. |

Clisson, 22 jan. — Gibert, charles V, 10, 20 janvier. maman, cinq enfants, parfaitement, tante connait affreuse vérité, désolation, résignation, santés bonnes. — Gibert. |

Lyon-les-Terreaux, 22 jan. — André, 80, feuillantines, allons tous bien, écris souvent. — André. | Champelauvier, 9, charles V. adrien, 1re légion rhône, sain, sauf, lettre montbéliard 18, allons bien, reçu photographie. — Champelauvier. |

Châtellerault, 23 jan. — Villaumé Louis, garde mobile 1er bataillon, 36e régiment vienne. cher ami, nous portons tous bien, embrasse mon frère, sincère ami. — Marie. |

Moutiers-tarentaise, 21 jan. — Dubois, 4, boulevard poissonnière. dubois, chaix, savoyat, matton. gelot, clément et gustave à valence, tous bien. auguste pas parti. — Berard. |

Meximioux, 22 jan. — Convert paul, 3e bataillon mobiles ain, paris. philippe, joseph, gay, au moulin. allons tous bien, commerce actif, rentrées difficiles, recevons vos lettres. — Convert. |

Toulouse, 23 jan. — Pichard, 26, rue blancs-manteaux. faites ouvrir mon domicile, prenez tout ce que vous voudrez. quatrième dépêche, lycée toulouse. — Paul Corneau. | M. Viguerie, 6, rue jacob. paris. santé bonne. soigne-toi bien. — Sophie. |

Ouillan, 22 jan. — mademoiselle Guingois, 25, abattucci, paris. sommes belvianes fin septembre, écrivons souvent, élisa accouchée garçon. Messaguél. |

Cousance-du-jura, 21 jan. — Mathieu, bellechasse, 58, paris. léon officier, villersexelle, santé ambroise santé. reçu cinq lettres ballon. casimir santés tranquilles. — S. Ambroise. |

Ganges, 22 jan. — Lauret, fourrier, 45e régiment mobiles saint-omer. allons bien. reçu six lettres. triaire armée loire, mobiles célibataires, vingt quarante, partis. — Lauret. |

Saint-vallier-sur-rhône. — baronne Guiraud, 30, avenue montaigne. anxieux de vous, demandons instamment nouvelles. allons bien. souvenirs à tous. — Decroze. | Britsch, officier intendance militaire. lettres reçues. santés bonnes. tous saint-vallier. marie, château avec mademoiselle. tante bien, victor petite fille.— Britsch. | Chabrillan, avenue montaigne. envoyé dépêches novembre, décembre, marie fiquainville, zoé, bractuit. raymond, robert, bonn, richard. léonce dusseldorff. lettres continuellement. — Léontine. |

Montluel, 20 janv. — Paillard, rue montmorency, 22, marais. vos enfants à aigle avec famille gaudi. maurice et moi montluel. tous bien. tante catherine sepey, morte. — Farjasse. |

Verfeil, 23 jan. — Blondel, 17, helder. hoelbeck, soldat. père, percepteur, santés bonnes, cœurs malades, boum, reçu frères. désirons hélène. hiver, sibérien. — Léon. |

Marseille-cours-du-chapitre, 22 jan. — Barbaroux, 5, geoffroy-marie. moi, enfants, 13 décembre marseille. papa, valéry, jamais quitté lonjumeau. retour maman octobre. guybert, mère panazol. — Barbaroux. | Barbaroux, 5, geoffroy-marie. fosse mérinville, dufaulin, perganson, jenny, pau. ta famille, la mienne, nous, brûlin, prisonnier, magdebourg, parfaites santés. — Barbaroux. |

Marseille, 22 jan. — Schloesing, manufacture tabacs. tous cinq bien. audibert, laurent aussi. sois très prudent. — Anaïs Schloesing. |

Mirepoix, 22 jan. — Campagne, meslay, 10. reçu comptes, écris souvent, numérote lettres, plusieurs perdues. parle principalement de toi, maison, affaires, fonds, connaissances. — Campagne. |

La Jonchère, 22 jan. — Walmath Rachel à rose worth, paix, 7. allons bien, écris. | Rouart, 149, oberkampf. familles rouart, mignon, nous, très bien. | M. Mignon, 151, oberkampf. familles mignon, rouart, vont très bien. — Mignon. |

Pamiers, 22 jan. — Jules Maison, 114, faubourg poissonnière. douze décembre envoyé deux cents francs, autant dix janvier. faites participer nos sœurs. — Maison. |

Pau, 23 jan. — Mayeur, bellechasse, 10. reçu gaulois, lettres, six mandats, assez. aurai recours claudon. alexandrine ici. tous bien. écrivez à pau. — Mayour. | Loise, 14, quai de la mégisserie. dis à mon père de payer traites douane et cinq cents francs contributions, si recette permet. — Bénard. | madame Rochette, 49, miroménil. inquiète, une seule lettre vous octobre. écrivez longuement pau, fanny, garçons bien portants, nous aussi. — Bertier. |

Contres, 17 jan. — Rousseaux, 30, bac, paris. reçu vos lettres jusqu'au 30 décembre. nous vous embrassons tous et petite jeanne-marie. — Jacob. | Millot, boulevard prince-eugène, 60, paris. avons reçu lettre paris et lille. portons tous bien. embrasssons tous. — Vve Bertrand. | Bertrand, théâtre variétés, boulevard montmartre, paris. eugène, avons reçu lettres paris et lille. portons tous bien. embrassons tous. — Bertrand. |

Séverac, 24 janv. — Mauve, 22, penthièvre, paris. berthe, marie, filles, enfants, florissants, tous bien portants, neveux révoqués, charles, élu chef de bataillon. — Girou. |

La Charité, 21 jan. — Viollette, 222, saint-martin. envoie nouvelles promptement. reçu dernières, 1er novembre, ici portons tous bien. — Violette-Piégoy. |

Bézenet, 21 jan. — M. Lan, rue du regard, 6, paris. reçu votre lettre du 31 décembre. inventaires très avancés. — Baure. |

Valognes, 16 jan. — Hennecart, avenue raphaël, 2, passy. lettre reçue, santé médiocre, inquiets. nouvelles désirées. — Thévenin. |

Autun, 21 jan. — caporal Martenoh, 1re compagnie, 1er bataillon, mobiles d'autun, saône-et-loire. tout va bien autun. reçu tes lettres, répondu. repoussé prussien. — Martenoh père. |

Argenton-sur-creuse, 21 jan. — Delagrave, rue montmartre, 178. sallerons argenton. toute la famille très bien. champenoises parties, 30 septembre. — Sabatier. | Bourdin, rue ponthieu, 36. mangez confitures. clef dans table à couleurs. cherchez. cachez objets précieux. — Tremblay. |

Ardentes, 22 jan. — Poudra, rue de l'université. 128. nous nous portons tous bien. nous avons reçu vos lettres. |

Louviers, 18 jan. — Prudence, pernelle, 1. de suite nouvelles georges. édouard, famille. vais bien, courage. brosville 18 janvier. — Mention. | Glutron, 1, rue grammont. tous bien portants. — Ferrant. | Lhuillier, avenue champs-élysées, 120. sans nouvelles depuis 17 novembre. pour moi sinistres pensées, dis-moi vite, nous vivons. — Henry. | Godard, jouffroy-batignolles, 5. séraphin prisonnier cologne, réponse. — Godard. |

Mourier, 2 ter. passage ste-marie. fillette bien portante, famille de louviers, tréport aussi. — Dibon. | Lefebvre, londres, 27. 18 janvier cinquante lettres reçues. tous à merveille, vie tranquille, moral et physique excellents. — Dibon. | Cabanon, 21, odéon. bonnes nouvelles de châlons 18 janvier. — Dibon. |

Louvigné-du-Désert, 17 jan. — Nicod, chaussée-d'antin, 4. tous bien. demandez lallier occuper appartement si choses louret mieux ou vouliez usez vin, bois. — Bochin. |

Le Hâvre, 18 jan. — monsieur Fayolle, rue charonne, 97. depuis novembre sans nouvelles, très-inquiètes. écrivez quotidiennement, allons bien. — Fayolle. | Fouchet, 7, faubourg poissonnière. anna bien. | Selleron, 1, place boïeldieu. allons tous bien, sommes indignés du bombardement. souhaitons vivement de te revoir, soigne-toi bien. — Valentine. | Francis Gardenat, 26, rue du bouloi. paris. donne nouvelles, suis inquiet, enverrai provisions sitôt possible. — E. Baudel. |

Lorgnot, faubourg-antoine, 103. clarisse. lambour, maurisse, alphonse portent bien. | monsieur Lesiourd, 4, rue st-ferdinand, les ternes. la famille martine bien portante, demande nouvelles abel dupuis. — Martine. | Collard, lieutenant état-major 3e brigade, armée st-denis. dixième dépêche. heureux de croix, félicitons. santés, nouvelles bonnes, darquiau, pesselière, remercions général de sa bonté. — Collard. | Béjot, 87, rue richelieu. demandez cent mille société algérienne, achetez rente nominative. si garantie nécessaire, déposez titre. répondez pas. — Meurinne. |

Cochin, 86, grenelle-saint-germain. première dépêche. avez appris obligé derniers moments accompagner fille. parti un mois, retenu quinze jours hâvre. — Meurinne. | Andriveau, bac, 21. hâvre toujours libre, allons tous bien, manquons vos nouvelles, écrivez souvent, communiquez à latron cette dépêche. — Regnier. | mademoiselle Meurinne, 25, avenue messine. parti un mois, tous bien, voyage pénilfle, arrêté quinze jours. écris souvent chevrières. — Meurinne. | Cochin, 86, grenelle-st-germain. deuxième; écrivez chevrières, arrivera peut-être, ignore. trois dépêches parvenues. broglie bien, chauny souffre, espérons. — Meurinne. |

St-Genis-Pouilly, 20 jan. — Pourcelle, 80, maubeuge, paris. lettres parviennent, bien portant, toujours même résidence. — Pourcelle. |

Elbeuf. — Langlois, boulevard st-germain, 90. tous réunis, portons bien. — Lucas. |

Châtellerault, 21 jan. — Ouvrard François. 1er bataillon, 36e régiment mobiles vienne. portons bien, charpentier, ouvrard, ton frère à poitiers, lettre reçue souvent, écris souvent. — Marie Charpentier. | Corchand Amand 1er bataillon, 36e régiment mobiles vienne. lettre reçue, portons bien, écris, va chez amis emprunter argent au besoin. — Corchand. | Billet, germain-pillon, 13. quatrième dépêche, reçu dix

Bordeaux. — 25 janvier 1871.

lettres, portons tous bien, écris-nous souvent. attendons impatience délivrance, bon espoir. — Drouet. |

St-Aubin-d'Aubigné, 20 jan. — Bourdaloñe, 2, boulevard st-andré. sommes réunis à saint-aubin d'aubigné où suis percepteur. de bourges et wormhoudt bonnes nouvelles. — A. Drouineau. |

Abbeville, 15 jan. — Fradelizi, 57, chaussée-d'antin, paris. allons bien. paie foncier pour charles et nous, donne nouvelles. — De Gronches. |

Nice, 21 jan. — Chardin, 7, rue duperré. dépêche 8 décembre, lettre 6 janvier. donne nouvelles santé. — Demierre Saint-Tropez. | madame Dupuys, quai austerlitz, 15, paris. enchantée reçu lettre. allons bien, quai midi nice. si danger vous installer monceau — Lucile. | Arnoux, rue louis-grand, 14. pense à toi plus que jamais, courage ami, écris stephen, réponse nice, buffa, 3. — Marie. | Panneau, daguesseau, 12. nice bien. — Georges. | Carle, 21, bellefond, paris. aller passy sauver peintures, portrait mère. prévenir faure, surveiller. répondre ballon nice poste restante. — Debeine. | Bouët, port de bercy, 67. toutes trois bonne santé. angèle part à marseille. mélanie, eugène restent à nice. — Bouët. |

Thouars, 19 jan. — Grand, 7, beaumarchais. inquiets, écrivez ballon, nouvelles tous. julie, meubles fontenay. prière verser deux cents francs reçus à babin. — Roncaume. | Babin, 21, richelieu. charles, tous portons bien. touchera deux cents francs chez grand, 7, beaumarchais, prévenu par roncaume remboursé. — Meslier. | madame Ducamp, 17, rue de boulogne. tous bien portants. laroche bruxelles, quatrième dépêche. recevons vos lettres. — Hennecart. |

Annemasse, 21 jan. — Kindberg, 61, rue chabrol. tous parfaitement aux granges près villette, canton genève. reçu trente lettres. henriette garçon. thomas niort. — Adèle. |

Clairvaux-du-Jura, 20 jan. — Rouselet, gendarme vincennes, paris. donnez nouvelles, bien ici. — Lançon. |

Quimper, 22 jan. — m. louis bémon mobile du finistère, compagnie de quimper, frère reste ici. famille bien, arnoult soudry sauf. santé retour. — Lebastard. |

La-Côte-st-André, 22 jan. — Cruchon 11, rue douane. portons tous bien, écris plus souvent. — Irma Cruchon. | Pillard, 10, des-filles-du-calvaire. va chercher des provisions chez madame hubert, de sa part. tous bonnes santés. — Dorot. | Denizot, 10, condorcet. toujours à la côte. papa à bordeaux. reçois tes lettres. tous parfaites santés. mes embrassements, anna. — Dénizot. |

Châtellerault, 22 jan. — Barene, rue londres, 2. je me porte bien. reçois vos lettres. — Valfroy. |

Angoulême, 23 jan. — Lagrye, 104, bac. paul, capitaine belle conduite, sain sauf, 4 jan. Jacques bien. reçu nouvelle mort auguste. — Wimpffen. |

Mâcon, 21 jan. — Delly, 44, verneuil. paris bombardé, inquiète de vous et madame duval. voyez-là. écrivez détails mâcon. france lutte. — Eriballier. | Malitourne, bibliothèquearsenal, reçu lettre, merci. fait bombardement, inquiète. écrivez détails ici. santé sécurité. france lutte. — Eriballier. | Décla, 80, taitbout. excellentes nouvelles. décla lorient. moi mâcon. inquiète, écrivez. oiseau pour 4 février. veillez maison, chaussée antin. — Gayet. | de Lorigny, lieutenant 40me régiment provisoire. reçu vos lettres, perdu ma mère, amitiés. — Arcelin. |

Bordeaux, 23 jan. — Tavernier, 22, neuve capucines. bien portants arcachon, 36, cours saint-anne. écrit souvent, reçu nouvelles. — Paul-Charles. | Pouget, 117, rue bagnolet charonne, paris. bien portants. — A. Lamer. | Fabrizi, 103, sébastopol. tous bien portants, auguste nommé chef. — Constance. | Lesourd, caire, 6. adolphine ici. allons bien, inquiets de vous. écris par ballon. clara morte 11 octobre. cloyes bien. — Ernest. | Rosenwald, 9, rue caire, édouard et leiser sont à lamorteau. | Rojare, administration des postes. tous parfaitement, recevons lettres, lamballe tranquille. — Léontine Rojare. | Lion martel, 8 bis. paris. famille lion michel tous bien. écrivez périgueux, 58, rue-d'angoulême. émile attaché ministère guerre. | Brot, 48, abbesses, paris. montmartre. marie leamington, 14 janvier. est bien, j'envoie sa lettre par moulins. — Leforestier. | Roux, cygne, 2. allons tous bien, albert aussi. — Roux Bény. | madame voise, boulevard tour maubourg, 25. paris. nous félix, henriette portons bien. correspondons félix, depuis décembre prisonnier. attendons nouvelles. — Hortense. | Saint-Vidal, 87, rue richelieu, paris. reçu lettres. confirmons dépêches. allons bien. bonnes nouvelles st-germain, embrassons tendrement. — Francis Alexandre. | Boyer, 15, bonaparte. vous ai envoyé six dépêches, vais bien, je vois émile souvent obligée emprunter malgré envoie fait. — Verdereau. | Edmond maître, rue taranne, 5. paris. écrit déjà deux fois, auguste et grand'mère morts, sommes tous bien. — Adrien maître. | Dorca, 37, boulevard strasbourg, paris. tous bien tendresses avons toutes correspondances, lima avons suivi instructions, ayulo père pense venir. — Dorca. | Albertini, 83 bis, boulevard malesherbes, paris. votre famille londres bien portante demeure 11 conduit street me prie donner nouvelles. — Dorca. | m. Roux, rue st-andré-des-arts, 51 paris. à bordeaux, bien portant des nouvelles. — Roux. | Mme Roux, rue des écoles, 15. paris. bordeaux bien portant, jules périgueux, idem, donner nouvelle un mot de clarisse. - Roux. |

Blangy-sur-Presle, 17 jan. — Mme Pantin, rue laval, 37. non envahis. reçu carte, trois lettres. cellier vaillante fin novembre, espoir, écrivez plus souvent. — Bonjour. | Fruistier, hôtel plat-d'étain, rue saint-martin. paris. sery, hottinau, amiens. aumale allons bien. — Armande.

Honfleur, 19 jan. — Haussoullier, 52, avenue clichy. santé, tranquillité parfaites, doigt mieux, joue guérie; mère, doucement. — Haussoullier. | Mlle Jouvet, 51, dunkerque. écrivez-moi une fois chaque semaine honfleur (calvados) par ballon. priez kolseth écrire. salutation amicales. — Herlosson. |

La Tricherie, 19 jan. — Eugène Martin, 124, boulevard magenta. zélie, lettres léon, partie pour saint-malo avec enfants et parents. nous, restés ici, bien. — Emmanuel. |

Mézidon, 19 jan. — Docteur Malhéné. auteuil. magny, bien portants. nous nous éloignerons s'il faut. marguerite sans dents, envoie baisers. — Louise Malhéné. |

Courseulles-sur-mer, 19 jan. — Hottot, 21, faubourg saint-honoré. les enfants avec Mme Hottot et gémeau réunis port (calvados). bien portants. — Levaillant. | Grignon, 2, rue duphot. santés excellentes. familles edard, léon, thourande, vauthier, bien portantes. pensons à toi. — Céline. | Grignon, 2, rue duphot. santés excellentes. manquons de rien. familles édouard, petit, aurelly, spéneux, vont bien. — Céline. |

Bayonne, 23 jan. — Lheysson, 14, rue marignan. sommes en santé, à biarritz, 19 janvier. — Bouffard. |

Dieppe, 17 jan. — Mme Renaldy, 13, rue vavin. je vais bien. je reçois tes lettres. écris plus souvent et longuement. — Augustine Renaldy. | Oudiné, rue devilliers. ternes-paris. jeanne, louise et nous bien portants. — Tabouret. | Mlle Grimaud, 44, ancien boulevard montparnasse. écrivez-moi, vous me ferez un immense plaisir. — Augustine Renaldy. | Gouse, 107, grenelle-saint-germain. portons bien, sans nouvelles de rené. écrivez clémentine, poste restante, bruxelles. enverra tendres baisers. — Thil. | Gosset, sergent-major. 50e régiment, seine-inférieure, 4e bataillon, 7e compagnie. paris. famille bonne santé. n'ayez inquiétude. écrivez. — Lannoy. |

Yport, 18 jan. — M. Lecoq, 4, pont de lodi. horace inquiet de vous et rondeau. estomac toujours souffrant. écrivez-moi. |

Cabourg, 19 jan. — Dupoirieux, 71, boulevard saint-michel. cabourg, santés parfaites, pauline aussi. — Jacquemin. | Lefebvre, 1, rue bac. cabourg, bonne santé. argent assez. — Lefebvre. |

Saint-Valéry-en-Caux, 18 jan. — Riancey, 31, rue turin. tous bien. mardor bien. inquiétudes mortelles pour vous. recevons vos lettres rarement. — Riancey. | Simonne, 188, rue rivoli. saint-valéry-en-caux. tous bien portants, attendons nouvelles. pas nouvelles charles. nouvelles versailles. bien portants. — Simonne. | Trancart, 3, rue du sentier. nous allons bien. — Coulon. | Pichard-Briard, 17, thévenot. jonquet attend nouvelle frère, même par toi. si manquait quelque chose procure-lui, rembourserai. — Alphonse Jonquet. | Cury, 95, boulevard saint-michel. tous bonne santé. reçu lettres mandats. pas enrhumé. guéri. neuf dents, courage. baisers. — Cury. |

Falaise, 17 jan. — Dominel, 48, rue neuve-des-petits-champs. félix, nous tous bien. — Marguerite. |

Coutances, 18 jan. — Faurebeaulieu, 21, rue magnan. santés bonnes, gacé idem. reçu lettres léon 3, 9 janvier. — Célanie. | Comptoir des Indes, 129, boulevard sébastopol, paris. très inquiets. pas reçu lettre depuis 20 novembre. écrivez poste restante, coutances (manche). — Fme Bizé. |

Villers-sur-Mer, 19 jan. — Deconchy, faubourg saint-martin, 124. prière aider nos fils. saurez adresses par chopin. inquiets. donnez-nous nouvelles. — Bedel. |

Arcachon, 23 jan. — Brunet, 8, sébastopol. inquiets, sans nouvelles. vends comptant 130 minimum. 88 mâcon bordeaux, entrées grenier abondance 19 août. — Brunet. | Colliard, 52, hauteville, sixième. toutes excellente santé. enfants parfaitement. manquons rien. prélier, southampton. — Jenny. | Passot, 40, rue bercy. nous sommes inquiets. aucune nouvelle de notre appartement. surveillez mobilier. répondez. — Richard, poste restante. | Saint-Arnaud, 4, tournon. courage, après siège levé venir arcachon avec mozeth. tendresses. — Marchole. |

Romorantin, 16 jan. — Prévost, 204, faubourg saint-martin. nouvelles. portons bien. — Fardean. | Chanlaire, 7, delaitre. belleville. lettres reçues, répondu, écrivez. — Aubin. |

Beaune, 19 jan. — Labussière, 12 bis, avenue tourville. allons bien. auguste ziprie, charles, afrique. — Marie Labussière. | Samson, hospice militaire, 28. reçu six lettres, dernière 13 janvier. portons bien. envoie 40 francs. espoir. réponse. — Samson. | Bandelier, 133, rue montmartre. famille bien portante. — Vollot. | Dugied, 101, rue saint-lazare. lerouge, girard, tous portons bien. arc délivré. monthelie tranquille. albert gentil. respects, amitiés. — Bichot. | Léon Lévy, 81, rue du temple. vos filles très bien portantes, nous aussi. — Thérèse. | Deblic, 12, chauchat. pernaud toujours été calme. tous bien. fermes préservées. henri dépôt. reçois tes lettres. espoir. — Marguerite. | Devis, mobile côte-d'or, 1er bataillon. famille et dame pommier vont bien. beaune toujours tranquille. françois, train artillerie, armée bourbaki. — Devis. |

Prémery, 21 jan. — Ferrier, 62, bondy. santés bonnes. lettres rares. rien autre. — Ferrier. | Lechauve, 3, saint-hyacinthe-saint-honoré. ami, nous nous portons bien. nous recevons tes lettres. — Lechauve. |

La Crau-d'Hyères, 22 jan. — M. Trap, 13, place de la bourse. paris. reçu vos nouvelles par amélie, reçu deux lettres émile, attends des vôtres; sommes à la crau, bonne santé. — Emile Plésant. |

Toulon, 22 jan. — Maine, chez Pingrez, 13, amsterdam. paris. sœurs retournées bâle, bonne santé partout. silence impardonnable. — Maine, receveur postes. |

Nevers, 21 jan. — Philippe, 10, rue mauvais-garçon. paris. portons bien. reçu lettre. envoyez nouvelle adresse : salmon, chef gare béard, par imphy (nièvre). — Salmon. | Delin, 58, rue saint-sabin, 58. inquiètes. écrire chaque ballon. — Delin. |

Evreux. — Dubus, 1, gindre. portons bien, écrivez. — Dubus. |

Seignolay, 18 jan. — Ponceau, 82, quai rapée, paris. tous bonne santé. — Delisle. |

Dinan, 19 jan. — M. Guézel Pierre, 31e régiment de marche, hôtel-dieu, paris. dinan je suis bien portant et toi? moi capitaine mobilisé. — Guézel Louis. | Coutance, mobile côtes-du-nord, dinan clairon genevilier recommande toi sœurs-saint-vincent, rue du bac. je rembourserai, cartes réponse quatre oui. — Coutance Tremaudan. |

Saint-Sauveur-en-Puisaye. — Brunot, capitaine artillerie, 397, rue Vaugirard. santé bonne. pas prussiens ici, courage, affection. — Anna Brunot. |

Lamballe, 20 jan. — Millet, 111, rue montmartre. santé bonne, pérouse, écrivez, écrivez. — Roycourt. |

Pléneuf, 19 jan. — Madame Delamotte, 14, lune. delamotte, trédern, nantois tous bien, caroline infiniment mieux. — Marie. |

Loudéac, 18 jan. — M. Lelong, 14, rue de l'arcade. tous bien portants. demandons lettres plus souvent. répondons exactement, mûr calme. — Le Cerf. |

Fontenay-le-Comte, 20 jan. — Magny, 10, rue sainte-placide. sixième dépêche, santé très-bonne. — Magny. |

Dijon, 21 jan. — Delamarre, 73, notre-dame-des-champs. louise bien. mère dijon. henriette, maria pau. henri bien. georges tarascon. roger bien, wittemberg, saxe. — Lyciuley. | Tournus, 37, avenue antin. allons tous bien. suis en surveillance dijon. écrire lons-le-saunier. envoyé quatre pigeons. — Tournus. | Lepeuple, 50, rue moscou. reçu ta lettre 10 janvier. maman montgongo. tous bien, inspecte dijon. écris châlon-sur-saône. — Lepeuple. |

Melle-sur-Beronne, 21 jan. — Madame Cail, 56, boulevard malesherbes. bonnes nouvelles de halot, hébert tous santés parfaites, merci vos lettres meilleures affections. — Thérèse. | Cail, 52, boulevard malesherbes. santés bonnes, chèvrelière, halot, hébert, chenu. écrire toutes occasions toi, kempen, mille affections tous. — Thérèse. | Hersant, 51, boulevard prince-eugène. santés bonnes écrire à melle deux-sèvres. donne-moi nouvelles, mille affections. — Désirée, Jules. |

Pont-Audemer. — Dulong, 10, des Vosges, place royale. enfants et famille vont bien, lettres presque toutes reçues. écrivez toujours. — Lerat. |

Clermont-Ferrand, 20 jan. — Charligny, 56, batignollaises. batignolles-paris. nouvelles cousin. édouard, maison condorcet, famille. — Habeneck. | Gardel, 2, caroline, batignolles-paris. plaignons amis. dinard laval. clermont-ferrand tous bien, manquons de rien. ballon trente-un. — Crétu. | Roberge, 88, rue saint-lazare. je vais bien, beaucoup d'ennuis, ne pas laisser perdre ma montre. tout à toi. — Roberge. | Albassier, 70, rue maubeuge. tous bonne santé. argent montier. — Albassier. | Navez, 6, rue marie-stuart. porte bien. écrivez. | Beauregard, adjudant-major, 17e de marche. j'ai reçu toutes tes lettres, dernières 6 janvier. merci, bon courage, plusieurs prient pour toi. |

Montmélian, 21 jan. — Trappe, 26, rue montpensier. écrit dix lettres reçu onze, santés bonnes. tâchez pas fermer. courage, espérance, répondez. |

Vannes, 22 jan. — Villot, 16, cléry, paris. chez lejoubioux. santé, sûreté, conditions parfaites, reçois toutes lettres, rouillé-maldan bien. — Villot. | Giquel, aide-major hôpital necker. inquiétudes. écrire chaque semaine. tous bien, fécamp aussi. |

Nantua, 21 jan. — David, 351, rue saint-denis. lettres reçues. envoyé deux pigeons, sont-ils parvenus? allons bien. tenez bon, france tombeau prussien. — David. |

Niort, 23 jan. — Mesdames Larnac, 9, université. hommages, profonde condoléance. veuillez écrire. — Legeay. | Saizieu, banque france, pour arvet. allons bien, fiers de toi cher blessé, écris souvent. — Mathilde. |

Saintes, 23 jan. — Langdale, 35, rue notre-dame-des-champs. avons quitté angers pour saintes. ma mère attaque d'apoplexie, mieux. mademoiselle de l'aage souffrante. — Duplès. | Sœur Guillemot, fille de charité, rue du terrage, quartier saint-martin. allons bien, guillemot doret aussi. vas-tu bien? — Guillemot. |

---

111 Pour copie conforme :

L'inspecteur,

Bordeaux. — 27 janvier 1871.

Lorient, 22 jan. — Favin-Lévesque, sergent 31e mobile morbihan, 1er bataillon. écrit douze lettres, reçu quatre. tous bien. édouard borda, revenir en ballon pour affaires. réponse. — Amelot. | De Langle, aide-de-camp général trochu. albert, après combats successifs, bien portant, nous pareillement, recevons régulièrement tes lettres. — De Langle. | Dufour, 48, beaumarchais. famille thiers, alice enfants bruxelles, madame Vesque boulogne, madame masse moi bien portants. — Dufour. | Boy, sergent 1er bataillon mobile morbihan. bernardières, carfort, gosse, jullien, lepontois, eon, nayel, lemoing, souzy bien, recevons lettres, baisers, courage, confiance. — Boy. |

Châteaulin, 21 jan. — Etienne, professeur sorbonne. fenigan. olympe, lucie, emma, léocadie bien à châteaulin. — Fenigan. |

Morlaix, 21 jan. — Mansais, 171, faubourg-martin, paris, titres, propriété des trois maisons, deux petites caisses en fer forgé, lieux plus surs. — Audiffred. | Rohaut, 3, avenue taillebourg, paris. tous parfaite santé, alland, jouvin, marguerite Salouel aussi reçoivent lettres. — Alexandre. | Steinheil, 85, cherche-midi, paris. allons toutes parfaitement, tous parents bien. — Marie. | Berdin, 7, boulevard beaumarchais, paris. hôtel bozellec avec gaston, tous bien portants, écris-nous souvent. — Berdin. | Jeanti, 5, rue des quatre-fils, paris. hôtel bozellec avec berdin, bien portants, écris-nous souvent. — Gaget. | Yves-Sillian, sergent au 23e mobile, 4e bataillon, 2e compagnie. sommes bien. recevons lettres, prends argent chez joclier. amitiés camus. écrire souvent. — Françoise Sillian. | Hocdé, 24, château-landon. prussiens arrivent. quittons laval. allons morlaix, hôtel bozellec. nouvelles paris 15 décembre. inquiètes. bien portantes. embrassements. — Hocdé. |

Auray, 21 jan. — De Thévenard, 9, rue moncey. enfants très-bien. isabelle accouchée aujourd'hui une fille, mère et enfant très-bien, préviens alexandre. — Félix. |

Napoléonville, 22 jan. — Pressard, 16, rue du sommerard. reçu argent floresco, portraits ressemblants, familles delacour, thiellement bien. costique demi-pensionnaire, santés bonnes. — Jeanne Georger. |

Champagne, 21 jan. — Michel, maréchal-des-logis de gendarmerie, 1er bataillon, 3e compagnie. recevons vos lettres, nous portons bien. — Michel. |

Villers-Bocage, 19 jan. — Mottet, miroménil, 81. priez mes domestiques de m'écrire. — Verneuil. |

Nantes, 20 jan. — messieurs Trébuchet, 36, sainte-placide. toutes bien portantes, lettres reçues, quartiers dangers, allez chez julien. — Mellissie. | Lavigne, rue sèvres, 35. tous vivants excepté louis pineau. huit lettres reçues de toi. — Lavigne. | Touloupppe, moulins, 21. tous bien portants. mère retournée à maison. envoie-moi trois cents francs. — Touloupppe. | Maugé, fiscornet, 23. attends lettre, pellentz aussi. — Maugé. |

Gallay, 41, abbesses-montmartre. santé bonne. — Auzary. | Marx, 48, boulevard sébastopol. tous bonne santé. attendons fin avec grande impatience, frères exemptés, recevons lettres, prenez précautions. — Georgette Marx. |

Morlaas, 22 jan. — Gadala, 21, boulevard poissonnière. toujours sans nouvelles à morlaas, écrit challet, envoyé dépêche pigeon suchel sans réponse. inquiet. — Bahin. | Roy, rue lacondamine, 91. reçu 20 janvier lettre du 6, avez approbation entière. allons bien, envoyé déjà dépêches — Patou. |

Beaune, 18 jan. — Charles Girard, sergent mobiles côte-d'or. girards, bachoys, cyrots vont bien. autres reçoivent lettres, pourquoi nous pas? pénible, écris. embrassements affectueux. — Julie. |

Rochefort-s.-mer, 22 jan. — Grangez, boulevard invalides, 15. père mort 18 octobre, décomposition sang malade un mois. avons bonnes nouvelles tous, mère bien. — de Maindreville. | Antiq, 89, enfer. bien portantes, courage. écrire rochefort, notre-dame, 39, charente-inférieure. — Klotz. |

Menetou-Salon, 21 jan. — comte Greffulhe, 8, astorg. paris. tout bien à bois boudran. — comtesse Greffulhe, menetou-salon. | comte Greffulhe 10, astorg, paris. toutes trois bien à menetou. — comtesse Greffulhe, menetou-salon. |

Excideuil, 23 jan. — Pouquet, 2e armée, 11e artillerie, batterie mitrailleuses. recevons tes lettres. henry, eugène, adolphe armée chanzy. santés bonnes. — Pouquet. |

Sarlat, 23 jan. — Couderc, 72, boulevard prince-eugène, paris. tous bien portants, pierre aussi. reçu lettres, payé emprunt. — Buetlong. |

Quimper, 21 jan. — M. Alavoine, sous-lieutenant 5e compagnie, 3e bataillon, 25e régiment garde-mobile finistère, hôtel-de-ville. bien portant, reçu portrait, louise enfants bien. tranquille sur nous. — Alavoine. |

Lyon, 21 jan. — Léon Bonnet, général, 2e armée 2e corps, 2e division, 1re brigade, paris. votre dame et votre fils sont à alger, votre mère, votre sœur et vos parents de lyon sont en bonne santé. votre dernière lettre reçue est du 30 déc. — Fahy, 52, rue salo. | Bernheim, 20, sentier. tous toujours très-bien portants. recevons lettres. aurai courage jusqu'au bout. embrassons tous très-tendrement. — Anna. | Edmond Cahen, 3, rue hauteville. paris. alfred genève. tous bien, gustave prisonnier. lettres reçues écris souvent avec détails. | madame Hardel Viallon, 5, citée bergère paris. allons bien donnez nouvelles viallon. — Brignais. |

M. Delasorvette, 2, rue lapérouse près l'étoile chez mademoiselle Devertboix. découragerai pas malgré infidèles pigeons. allons bien, priant constamment cher absent miraculeusement protégé. arrivons suisse, repartons. tendre constant souvenir. — Alice. | Binstin, 38, aboukir. Ida caroline, enfants bien portants. lettres reçues. connaissons seuls véritable position de charles. écrivez tout ici — Jeanne. | Jannin, 9, turgot. dernière lettre reçue. écris souvent. — Jannin. | Baret, 26, rue sévigné. mille remerciments. appartement contient petites provisions pour vous et concierge. docteur telmat décédé. vœux ardents. — Gairal. |

Calais, 17 janvier. | Jobin. 86, boulevard chapelle. paris. reçois tes lettressuis même hôtel, vous embrasse. — Jobin. | De Foucault, administration postes. paris. famille. militaires bien, lettres arrivent. tous quatres calais, prussiens pas. — Jules. | Chevalier, 34 bis, haussmann. famille enfants bien, gaston ici. — de Foucault. | Goubert et Lebrasseur, 8, rue lécluse, paris. toute la famille bonne santé. — Robert. |

Gérard, 126, magenta. portons bien, tristes pas vous voir. t'embrasse tendrement, tous toi baillot amitiés, morsaline, boudard, gonet. — Marthe. | Arnette, 4, barbotte. tous bonne santé. didy superbe, lettres reçues. — Adèle. |

Aron, 32, Jeûneurs, paris. santé parfaite toutes trois. calais, recevons lettres. — Anna. | Prévot, 3, mazagran. portons bien. écris encore. que devient jules. — Martin. | Dognin, villa réunion, auteuil. portons tous bien. michel amélie brighton, fontainebleau. — Renard. | Brochant, 10, rue vital passy-paris. bien portant à calais, sans nouvelles, inquiétude. écris-moi chaque ballon. embrassements. — Charles Frey. | Dor, capitaine au 25e de marche, 2e armée, 2e corps, 3e division, 2e brigade. reçu lettres. tous bien. henri Stettin. — Dor. | Wenger, 12, rue montalivet. allons tous bien. mis annonce dans journal américain du 14. voir Washburne. — Adolphe. |

Jersey, 18 jan. — Barre, monnaie. quai conti, paris. reçu lettres annonçant dépêche arrivée allons bien, amitiés. — Dorival. | M. Lenormand, 17, des lombards. reçois lettres. blanchard aussi. masse a instructions. bientôt tendresse espérance malgré cruelles angoisses. — Masse. |

Niort, 21 jan. — Veuve Argilet, ou son représentant, 2, grand chantier. envoyez mandat ballon, deux mille francs. valoir rente. 30, Jean, niort, (deux-sèvres.) — Bouhour. | Royer, chez Juigné, 23, cléry. avez-vous reçu quittance argilet? envoyez mandat, ballon, deux mille francs. 30, jean. niort, (deux-sèvres.) — Bouhour. | Grimaud, 54, lancry. allons tous bien. léo lieutenant armée bourbaki aussi georges pris par appel de sa classe. — Vve Marteau. | Arthur Frogé, 40, rue coquillère. famille vincent va bien ainsi que femme et enfants. — Vve Frogé. | Thibault, 9, sédaine, paris. portons bien. dernière lettre reçue. retiré quittance carré, niort. (deux-sèvres). janvier, poste-restante. quitté mans. — Delaunoy. |

Saint-Brieuc, 20 jan. — M. Bellom, 111, rue de rennes, paris. recevons plus lettres. maman inquiète. habitez son appartement. froideur indifférence envers nous. — Arthur. | Millanvoy, 51, rue jean-jacques-Rousseau. 3me dépêche. ai de tout disponible. amitiés. — Lemarquand. | Lecoq, 14, rue mouton-duvernet. depuis lettre 20 déc. rien de toi. recevons lettres papa. écris souvent. longuement 28 janvier. — Reine. | Tavernier, 14, rue du cherche-midi. 7e dépêche. tous bien. saint brieuc. — Jeanne. | Charles Sébert, 10, cité antin. 6e dépêche. tes frères sont bien portants, nous aussi. reçu nombreuses lettres de toi. — Joseph. | Beaufon. affaires étrangères. reçu cent, puis cinquante. — Clotilde. |

Poudroux, vicaire vaugirard. tous vôtres bien 20 jan. — Vienot. | Lecoz, mobile, bataillon saint-brieuc. famille bien. charles, Joseph, excellence. lettres victor, morin, père, reçues. Nouveau journal réussit. neveu sourit. — Perdoux. |

Gamaches, 15 jan. — Girard 10, rue bossuet. famille va bien reçu lettres. — Ethéart. | Preterre, 29, italiens. 2e pigeon. grande inquiétude. donnez nouvelles tous. famille doré. votre mère merci lettres. écrivez, beurdelez, guerville, seine-inférieure. | Filou, 15, guylabrosse. pas lettres depuis octobre danger habitez boulevard, ouvrez buffet. prenez provisions. dites étienne écrire. — Beurdelez, guerville, seine-inférieure. | Beurdelez 80, boulevard neuilly. merci lettres paul, émile inquiet bombardement. demande nouvelles tous. Radon amélie, famille dupré billez lepeinte félix. | Quesnel merx, 6, thévenot. enfants et famille en bonne santé courage espoir. à bientôt, vous embrassons tendrement. |

Frévent, 17 jan. — Jacout, 4, vernier, ternes. allons bien. vous prions vous installer dans notre appartement, vous le protégerez. écrivez. — baronne de Fourment. | Legroux, 4, astorg. allons tous bien marguerite et fille aussi. pas de vos nouvelles, sommes inquiets, écrivez. — Marie. | Defly, 44, verneuil. allons tous bien. reçu votre lettre accablés d'inquiétudes pour vous pauvres amies, écrivez. — baronne de Fourment. | Gounod, 20 condé. allons bien, marguerite, fille, grand'mère beauvais pas de lettres depuis 1er déc. sommes inquiets écrivez. — Marie. |

Le Caylar, 20 jan. — Paul Rouquette, lieutenant au 45e régiment de garde mobile, 2e bataillon, 4e compagnie, saint-maur. père, mère, parents amis allons bien. reçu lettre 15, 30 déc. embrassons. — Rouquette. |

Arcachon. — Herbault, 12, port mahon. pereire, malapert, guyon, goblet, renouard, rodier, thureau, parents, fillettes, moi, parfaitement. sœur, nacquard, guyon, viennent ici. — Marie. |

Caen, 23 jan. — Guitard, 96, lafayette. portons bien, mère, pays. logement, 17, richelieu. j'autorise guitard prendre provision pot, beurre, riz, macaroni. — Dietz. |

Saint-Aubin, 23 jan. — Barthez, 5, rue lemercier. reçois lettres, portons bien. demande détails sur pension. — L. Moniot. | Rivet Jodot, 3, rue dieu. portons bien. recevons lettres, trouve exil long. — F. Rivet. | madame Briot, 10, vivienne. allons bien, écrivez toujours. — Mouton. | Fortin, 11, filles saint-thomas. saint-aubin, moi, enfant, bien. sara peu forte, père pâle, donne nouvelles, oumance, ernest, neveux. radius. — Fortin. | Aubert, 12 bis, rue duperré. saint-aubin, toutes très bien. — Aubert. |

Dozulé, 23 jan. — Féumry, marché saint-honoré, 11. mettre en sûreté les livres du marché. bien portants. écrivez. — Hofmann. |

Falaise. 23 jan. — Bassompierre, 1, lille. enceinte. allons bien. andré charmant. carl lieutenant loire. blessé épaule, mieux. triste séparation, mari chéri, courage. — Charlotte. |

La Délivrande, 23 janvier. — Roux, rue cygne, 2. nous allons tous bien. albert aussi. — Blanche Roux. |

Trouville, 23 jan. — Régnier, 6, rue sainte-foy. recevez manutention gourié. reny, verdedelet, picard, perrault, leclerc, pécriaux, frère, hannaire, renault, ai leurs traites. — Régniaud. | Régnier, rue sainte-foy, 6. envoyer inventaire livres. faire recevoir chez bertolini, heckel, cheron, henriot, taillande, lambert, bizon, desjardins, riche. — Régniaud. | Hautpoul, 86, lille. tous, raoul, madeleine, légèrement blessé. élisabeth bien. embrasse tous. — Hautpoul. | Sienkiewicz, 29, penthièvre. fatiguée. lolotte, adam, robert, très bien. recommande prudence. — Sienkiewicz. | Gondouin, 3, anjou saint-honoré. tous parfaitement, trouville pas envahi. dernière lettre 12. supplie quitter volontaires, extrême prudence. — Marie Gondouin. | Meunié, notaire, 17, rue du cherche-midi. payez le plus possible emprunt 1870. demandez argent. picard semestre obligations. — Thénard. | Chancourtois, 10, rue de l'université. trouville, creuse, ypres, honfleur. pau, bien. donnez argent savine, rue du dix décembre, 11 bis. — Thénard. | Saglier, pasteur saint-denis. tous bien trouville. — Belsey. |

Bayeux, 23 jan. — Migeon, 23, angoulême. temple. lettres reçues legrain, joanny, lucien, 12, chaussée-d'antin. demeurer 36, trévise. clefs léonie. — Aubrée. | Migeon, angoulême du temple, 23. Aubrée décédé 18 décembre, fluxion poitrine. enfants ménagements, santés bonnes. gaston pension. dépêche 19 décembre. — Aubrée. |

Vire, 23 jan. — Gravier, rue mogador, 5. bonne santé. reçu lettre du 15. patience, soigne-toi. utilise claus, écris. tendresses. — Gravier. | Payn, 91, boulevard magenta. anna. georges, romain, raoul, yvonne, bien. baby marche. reçu argent. soigne toi. tendresses à tous. — Payn. |

Honfleur, 23 jan. — Mongeon, boulevard temple, 48. reçois lettre, triste. besoin rien. — Prudhomme. |

Vitré, 22 jan. — Berton, avoué, croix des petits champs, 25. tous bien. paul rhumatismes, rejoint bientôt camp cherbourg, pas battu. albert bachelier, famille berton bien. — Berthois. |

Cherbourg, 24 jan. — Malassis, 30, place de la madeleine. tous santé parfaite cherbourg, bonnes nouvelles latour. — Louis Pothuau. |

Coutances, 24 jan. — Rihouet, 42, ferme des mathurins. bonnes nouvelles renard, georges écrire ici. tous bien. mille baisers. — Jeanne. |

La-Haye-du-puits, 23 jan. — Schmiéder, 7, rue lepelletier. paris. brocquebœuf bonne santé, familles schmiéder, rudeau, sordière, enfants, ailleret, reçu tes lettres enfants professeur. — Julien. |

Dieppe, 22 jan. — Madame Wiart, rue saint-jacques, 123. nous portons bien. recevons lettres à dieppe, rue de l'épée, 47. — Pauline Wiart. | Heuzey, quai mégisserie, 8. tous bien portants familles dieppe, rouen. tous tranquilles. — Heuzey. | M. Sonnet, rue 19, st-séverin. amis dieppe, pas occupé prussiens, passent alons assez bien. écrivez souvent, mille baisers, courage. — Laurent. | Borja, 55, haussmann. ramon, madrid, portons bien. reçu lettres, écrire souvent. — Borja. | Ségalas. boulevard capucines, 41. bombardement, danger réponse. argent mars. prussiens souvent ; aucun mal. éternelle affection. — Ségalas, Gonzalès. | M. Camille Duval, rue échiquier. hôtel gymnase, lettre 31 décembre reçue. portons tous bien. — Duval. | comte de Gourcuff, 14, rovigo. bien tranquilles, plus froid. lettre du 14. dix-septième dépêche. — Gourcuff. | madame Campy. rue neuve-des-mathurins, 108. toujours dieppe. vos lettres sont ma seule consolation. votre courage est admirable. mille tendresses. — Guillaume. | Defrémicourt, rue martyrs, 46. reçu lettre congé février. écrire en double elbeuf et dieppe hôtel paris. dépensez sans compter. — Defrémicourt. | Chompré, 82, rivoli. santés bonnes. reçu lettre brest toutes santés, onze élèves, amitiés pour félix et toi, recevons lettres. — Chompré. |

Tréport, 23 jan. — Gagneau, 115, rue lafayette. marie, enfants, ici depuis novembre. santés parfaites. lettres reçues. — Gagneau. | Delattre, 47, boulevard beaumarchais. santés bonnes. pas de visites ennemies. henri travaille avec vicaire. dufour, bruxelles. écris longuement. — Delattre. | Delagarde, 64, boulevard malesherbes. santés bonnes. recevons nouvelles, hélène et enfants, tous bonne santé. écris souvent. reçu tes lettres. — Delagarde. |

Bordeaux. — 27 janvier 1871.

Dieppe, 23 jan. — Vitocq, rue victoire, 41. tous bien. écrivez immédiatement. — Louise. | Gambey, 28, turbigo, paris. tous très bien. reçu lettres. — Gambey. | Morin, 71, legendre, batignolles. santés bonnes. eu tranquille. reçu lettre du 14. prochaine plus détaillée. vous embrassons tous. — Morin. | Pastor, cité-trévise, 3. georges toulon. zoé, enfants tous bien. — Lagny. | Jéanne, place vosges, 9. lettres reçues. attendons nouvelles. | Bérard, 20, rue pigalle. très désolées, santés bonnes, enfants très bien, temps doux, aucun prussien, cécile, adèle, bien. — Bérard. |

Cauvain, 17, crussol. portons bien toutes. reçu dernière lettre 1er janvier. dames gonzalès aussi. dieppe le faire savoir. — femme Desbuards. | Davançon, douai, 45. davançon, mathieu, millard. bonnes santés à dieppe. reçu lettres. vu eugène, évadé metz. — Mathieu. | Lainé, jussieu, 67. donnez nouvelles. ai écrit pas reçu réponse. prussiens à deville, écrivez à dieppe. — Latoufrte. | Mme Noël, boulevart voltaire, 59. reçu troisième lettre, 21 janvier. allons bien. — E. Hauguel. | Morgeot, 17, roquepine. informe moi où est ma mère, quartier évacué. mortellement inquiet. rassure moi sur elle, sur vous. — Viollat. |

Bordeaux, 25 jan. — Martin, 55, gravilliers. reçu votre lettre. merci. père, mère, faudard, camille, familles lafaist-roger, paul, cécile tous bien. — Guillemet. | Leclerc, 22, château-du-maine. sans nouvelles paris depuis départ. amitiés votre famille candat. écrivez ballon, donnez détails bombardement. bon courage. — Maupin, commis postes. | Rolland, 9, françois-miron. reçu lettre. bonnes nouvelles vouziers. dis à lecourt tante francheville morte. mère, parents bien. courage amis. — Rolland. |

Moutardmartin, 5, échelle. paul moutardmartin compagnie artillerie formation bernay parfaitement. granville. dinard parfaitement. — Moutardmartin. | Boudard, 79, ouest-plaisance. marguerite bonne santé, réfugiée couvent saintes, inquiète, supplie profiter tous ballons. saintes, 21 janvier. — Boudard. | Mestayer, 156, boulevard magenta. reçu aujourd'hui lettre 12. parfaitement couvent. mestayer, alard bonne santé, profitez ballons. saintes 23 janvier. — Mestayer. |

Cormatin. 24 jan. — Delachapelle Léonel, lieutenant mobiles saône-et-loire, montrouge, paris. envoie nouvelles immédiatement. tous allons bien, hippolyte réformé, éditte chez menoud. — Delachapelle. |

St-Laurent-du-Jura. 21 jan. — monsieur Joly. pharmacie caroz, rue paris-belleville. 44. edmond avec maman. vu julia. tous bien, espoir. — Noémi Joly. | Besson, sacré-cœur, boulevard invalides, 45. léopold münster, alexis, paul, alphonse armée est. auguste aumônier. henry conscrit. toutes familles santé. — Mallet-Guy. |

Valence. 24 jan. — monsieur Carré. 7, rue meslay tous bien portants, reçu vos lettres. — Sordoillet. |

Bourg, 23 jan. — Prévost, 5, rue elzévir. allons bien tous, écrivez longuement avec détails. payez billets souscrits par moi si pouvez. — Legrand. | Delmart, 2, vivienne. fais-tu sorties? tourmentée. allons bien. reçu lettre 6 janvier. — Elisa. |

Langeac. — Lombard, avenue lamothe-piquet, 27, paris. lettre reçue, merci. soignez maman, écrivez souvent, détails sur tous. — Bonnet. |

Orthez, 24 jan. — monsieur de Baure, rue lille 75, paris. nous, cousins bien. désolées des privations et bombardement. souvenir à tous. — Baure. |

Villefranche-s-Saône. 23 jan. — Champion, 152, boulevard haussmann, paris. adolphe afrique édouard portait bien reddition metz. depuis sans nouvelles, doit être liegnitz silésie. — Loubaresse. |

Nice, 24 jan — Girodon, 4, saintonge. paris. santés superbes, revenus de savoie, maintenant nice, partout amitié, reçu tes lettres, consolation tous, embrassons. — Marie. |

Troyes, 16 janv. — Casimir-Périer, 76, galilée. pont lorrez bien. rien passé ici. reçu plusieurs lettres, dernière 20 décembre. — Pierre. | Ebeling, 53, condorcet. moi, nogent, enfants, 269, rue de brabant, bruxelles, tous bien, reçois lettres écris souvent. — Ebeling. |

Cabourg. — Frœlicher, 180, grenelle-germain. tous bonne santé. écrivez. — Frœlicher. | Antoine, marais saint-martin, 62. enfants, moi, bonne santé. recevons lettres. — Degoix. | Dufay, faisanderie, 6. maurice, bébés admirablement. | Caulier, 4, cambacérès. cabourg, tous admirablement. femme londres. |

Grigny, 20 jan. — madame de Comberousse, blanche, 91. rien de vous depuis 3 décembre. inquiets. nous bien. espoir. — de Comberousse. | monsieur de saint-mesmin, blanche, 29. votre famille en bonne santé toujours, mais bien inquiète. espoir. — de Comberousse. |

Libourne, 23 jan. — Poirier, 135, rue d'aboukir, paris. bonne santé. — Gallori. | Samgéran, avenue ulrich, 64. cluny, pendin, pontcharrat, tous parfaitement. raoul brigadier, passé quinzaine lyon, venu ici. allait bien. — Berthe. |

Saint-Pierre-le-Moutier, 20 jan. — Simoneau, cimetière du nord, 17. recevons lettres. santé. st-pierre-le-moutier, sûreté. — Simoneau. |

Anse, 20 jan. — M. Pelletier, avenue gabrielle, 46, paris. donnez-moi des nouvelles de zelmire. pommera. — La Chassagne. |

Argenus, 18 jan. — Gateau, rue enfer, 58. bonne santé. manquons rien. victorine écrire. |

Châtillon-s.-loire, 20 jan. — M. Mianville, rue grenelle saint-germain, 22. tous bien portants. restées marcault, henri armée bourbaki, bien portant, 11 janvier. — Mianville. |

Bourges, 21 jan. — Nous portons tous bien. n'avons vu les prussiens. recevons toutes tes lettres. j'ai répondu quinze fois. ménage-toi bien. |

Saint-benoît-du-sault, 21 jan. — docteur Passant, grenelle saint-germain. 39. caroline nogent, tous bonne santé. nous allons très bien. sécurité. amitiés. — Passant. | Pourcau, fontaine-molière, 37. bien portant. reçu lettres. — Emma. |

Issoire 24 jan. — M. Saignol, chez M. Baillard, 37. rue grange-aux-belles. paris. tous bonne santé. félix parti camp clermont. — L. Saignol. |

Riom, 24 jan. — Lacombe, rue taranne, 10. neuvième dépêche. nous, amélie, saint-germain. messius parfaitement. — Moisson. |

Clermont-Ferrand, 25 jan. — Portalis, boulevard mazas, 20. famille bien portante, heureuse, chez carnavant. écrivez toujours. voir raboin, amitiés. — Thibault. | Didelot, 3, rue allemagne, villette-paris. santé excellente, écris souvent, aussitôt libre viens. — Marie Didelot. | Mathieu, 34, quai loire, petite villette. paris. bonne santé tous. pas nouvelles depuis 13 décembre. inquiète. embrasse famille, amis. — Henriette Mathieu. | Hautemayou, boulevard gare, 175. paris. bonne santé tous. pas nouvelles depuis dix décembre. embrasse famille, amis. — Léonie Hautemayou. | Paulet, 24, rue bonaparte. pauvre mère n'est plus. suis bien malheureuse, veille sur toi. — Marie Chatard. | Castelli, 9, rue saints-pères. paris. seules consolations, lettres vous. restée quinze jours nimes, y retourne. vivons isolés, espérance revoir. — Fanny. | Herbaud, 79, chaussée ménilmontant. paris-belleville. nous sommes tous bien portants. plusieurs lettres nous sont parvenues. — Mme Herband. | Nicolas, 33, assas. écrivez plus souvent. allons bien. clermont, troyes, clamecy, mobiles. famille benoist, charlotte, françoise aussi. — Nicolas. |

Thiers, 24 jan. — Dufourd Chabrol, boulevard beaumarchais, 48. paris. M. Vesque, Mme Bonnot jeune. morts. alice, bruxelles, bien. reçu tes quatre lettres. — Dufour 5me. |

Avranches, 24 jan. — Dufeu, 93, rue hauteville. paris. la colonie bien portante. hiver rigoureux, bonne installation. ni rhumes, ni douleurs. — Girard. | Lethière, 58, rue notre-dame-lorette. paris. Mmes Lescot, Jouty, 79, promenade anglais. nice. sans lettres depuis quatre mois. santés bonnes. — Cousin. |

M. Helleu, 4, rue morny. tous bien. joseph collége. maurice ici. casimir bastia. famille ulric bien. — Helleu. | Gasté, litographe, faubourg saint-denis. tous santé. lettres reçues. écrit neuf. rien d'angers. — Gasté Dubourg. | Boudier, 38, rue butte-chaumont. paris. mère, enfants sont laneuville depuis novembre. recevons fréquentes nouvelles excellentes. tes lettres très rares. — Roussel. | Ray, 103, boulevard neuilly. batignolles-paris. portons très bien. chez tante, avranches. — Emilie Ray. | Dutron, 23, rue pasquier. ferdinand venu deux fois, rentré naugis. famille chalot, granville. nous, beaurienne, guillemot, bony, bien portants. — Dutrou. | Albert Grimault. 22, neuve capucines. tous bien portants. — Grimault. | Cousin, 38, penthièvre. paris. ta mère, nous, bonnes santés. douleur après mort ma mère. pas lettres vous six semaines. — Cousin. | Percheron, 49, rue de la chapelle. paris. cinquième dépêche. santé parfaite, vois stanislas, joseph, chantier. écris détails. — Percheron. | Chardin, 64, boulevard haussmann. paris. parents, enfants, moi, famille laflèche bien portants. bonnes nouvelles saffors. tante chardin bien milan. — Chardin. |

Granville, 24 jan. — Bouchet, 20, échiquier. inquiets sur famille, amis. écrivez gare granville (manche). nous bonne santé. — Bouchet. | Bisson, 13, amsterdam. limites, laval. mayenne. argentan. lisieux. nouvelles destructions. situation très difficile. courage redouble. tous réunis à granville. — Protais. | Potel, 103, truffaut. granville, 23 janvier. bien. inquiets, dépêche dix décembre est-elle parvenue. sans nouvelles depuis octobre. — Potel. | Petitjean, 31, provence. famille petitjean, Mme Saunier partie blaye. familles mallet, delmas. cottereau restées granville, noblecourt, barneville. santés excellentes. — Delmas. | Mentel, 11, rue deux ponts. portons tous bien. — Mentel. | Georges Desfontaines, sous-lieutenant, 1er bataillon gardes mobiles seine, ile st-denis. amitiés. félicitations. henri reçu lettres. famille bonne santé. — Noailles. |

Saint-Pourcain. 25 jan. — Martinet, 27, rue monge. virginie à pouzy. francisque à bransat. portons tous bien. — Martinet. |

Vichy, 24 jan. — M. Bourrière, 128, rue amelot. reçu quatre lettres ballon. position amélie fâcheuse, mauvais moment approche. que faire? écrire maussant. — Pognon. | Justin, 79, lafayette. jeanne santé toujours très bonne, moi aussi. ma tante, alexis, vont très bien, pas avoir inquiétude. — Justin. |

Moulins, 26 jan. — Breton, boulevard haussmann, 128. portons tous bien. très inquiets de vous. — Breton. |

Havre, 24 jan. — Michaud, 53, hauteville. continuez écritures journal et grand livre. faites balances habituelles. payez intégralement appointements uedall falbe. soignez appartement. — Paul. | Papillon, 9, boulevard saint-martin. décédé havre. leudet, greffier, vous prie apposer scellés. — Leudet. | Halgan, rue neuve mathurins, 57. paris. Mme Rousselle, tous bien portants. armand, marguerite, nevers. tante n'ira pas nevers. — Halgan. | Bruet, payeur principal du trésor, ministère finances. paris. nous recevons tes lettres et nous portons tous bien. — Quesnot. | Labrunie, 54, rue rambuteau. paris. nulle lettre depuis 28 décembre. inquiets. tous très bien portants. écrivez. — Laure. |

Guingamp, 24 jan. — Armand Delamare, café horloge champs-élysées. écrivez-moi. vivier, officier armée bretagne compliments. — Vivier | Tricoche, 177, avenue clichy. bonne santé. nous le lisons, bons soins, baisers, amitiés, courage. — Louise Tricoche. |

Fougères, 24 jan. — Bertin, lieutenant mobile ille-et-vilaine. pas nouvelles, écrire nantes, oncle souffrant, procurer argent à regnier, arnaud soldat, tante inquiète. — Joséphine Bertin. |

Rennes, 24 jan — Briand, 4e bat., 4e compagnie mobile ile-et-vilaine. tous bien. frère resté. duval bien. récrire. françois écrire frère argent laurelle. — Briand. | Faisant, fournisseur armée, 3, rue vivienne, paris. tout va bien, moi bien, hippolyte revenu, fourni préfecture, à bientôt. — Faisant. | Fichtemberg, 80, rivoli. metzger londres, allons bien. reçu tes lettres. reçu nouvelles mélie, alice. albert chez moi. — Renaud. | Jamot, boulevard sébastopol, 94. allons toujours bien. reçois lettres. aujourd'hui celle du 16. — C. Jamot.

Pont-Lévêque, 24 jan. — Anthéaume, 7, taranne. santés bonnes. lettres reçues, des nouvelles de louis. — Eugénie Jeannot. |

Saint-Aubin, 24 jan. — Boucher, 160, rue blomet. paris. tous bien portants. toutes vos lettres parviennent. — Marié. | Gillet, 79, rue lafayette. famille bien. maman reçu lettre. écrire curé pussemange, canton bouillon, belgique, pour joseph. — Elisa. |

Goudé-sur-Noirau, 24 jan. — Blottière, 56, rue sèvres. laigle reçu lettre janvier. écrivez. inquiète, portons bien. henry méry aussi bonne santé. gille condé. — Blottière. |

Bayeux, 24 jan. Nast, 50, paradis-poissonnière. santés excellentes. pourvus travail. lettres reçues. milets bien. bruxelles, pepin, 12. lanquetots bien. arromanches. — Lemoine. |

Vire, 24 jan. — Lebreton, 32, passage choiseul. tous bonne santé. lettres reçues. avons traité. cousins ouest. amitiés à tous. — Lebreton. | Oache, 28, place vendôme. tous bonne santé. leguay et marie à saint-lubin. reçu argent et lettres. — Fme Oache.

Caen, 24 jan. — Floville, 9, belrespiro. Blanche Mons, 25, rue verte. beauregard pillé, mais bien portants au 2 janvier. depuis, communications coupées. — Darmand. | Debourmont, fort romainville. allons tous bien. henri avec bourbaki. — Debourmont. — Bertheaume, 8, rue graiffulhe. paris. parfaite santé tous. — Bertheaume. | Durand, 50. rue neuve petits-champs. accouchée fille. émilie, gustave, alice, madeleine, famille caen courseulles. tous bien. — Emilie Durand. | Stevens, 8, rue beaux-arts. caen, 78, rue martin. portons bien, embrassons, écris. — mère affectionnée Stevens. | Moulet, 123, boulevard magenta. santé bonne, reçois lettres, vire. — Moulet. | Roume, 35, fontaine. allons bien, écris. toujours lion. — Roume. | Michaux, 1, turenne. sommes à caen, bien portants, recevons lettres. — Joséphine. |

Auxerre, 24 jan. — Duchayla, 25, rue montaigne. auxerre libre. tous bien. lettre 6 reçue. villeneuve, bussy, chièvres bien. parfaites nouvelles minden 14 janvier. | Rétif, 22, rue vintimille. boulogne et tous, santés parfaites. édouard aix-la-chapelle. dubois blanquart, toi, écrivez-moi donc. — Eugène. |

Londres, 17 jan. — Madame Brébant, hôtel de rouen, 13, rue notre-dame-des-victaires, paris. mary une fille 13 décembre. est à middleton avec ses enfants. marie. clémentine, béatrice tous sommes bien. — Louisa. | M. Marcel, 26, rue de berlin, paris. nous attendons de vos nouvelles avec impatience. — Madame Dunlop. | Delacour, 7, rue de châteaudun, paris. désolée, rien reçu, tout tenté, *ans Times*. écris lower horwood surrey. tous bien, enverrons provisions paris. — Delacour. |

Loreau, 77, rue saint-lazare, paris. rien de toi depuis 8 décembre. vive inquiétude. blanche, rené, anna, nous bien. — Loreau. | Campardon, 13, boulevard saint-martin, paris. tous bien portants. recevons toutes vos lettres, quatre baisers, courage. à bientôt. — Alphonsine. | Rimini, 21, richer, paris. reçu hier 16 vôtre, 14 papa. tous bien, aussitôt possible enverrai, priez attendant docteur, assister salutations, remerciment. — Rodolphe. | Martin, 4, rue des renaudes-ternes, paris. donner vos nouvelles, 4, hanover-street. hanover-square, london par premier ballon. tous allons bien. — Billy. | M. Scott, 1, rue de madame, paris. toutes bien portantes. lettres reçues. télégramme déjà envoyé. très-inquiète. toujours à toi. — A. Scott. | Jean-Baptiste Bocquet, 13, rue des fossés-saint-victor, paris. parfaite santé, très-inquiète, écrivez. — Pattie, Ealin. | M. E. Borne, 109, rue ménilmontant, paris. comment envoyer argent. écrivez toujours. — F. Palliser. |

Saint-Etienne, 21 jan. — Gruet, 3, rue montholon. tous bien portants. soit sans souci. — Cyprien. |

Sens, 16 jan. — Gagé, entrepôt vins, 36, bourgogne, paris. nous portons bien tous, reçu tes lettres. — Meilhon. |

---

112. Pour copie conforme :

l'Inspecteur,

Bordeaux. — 29 janvier 1871.

Lyon-Guillotière, 25 janv. — M. Rothéa, capitaine au 123e de ligne, en campagne, romainville. cher constant, suis toujours lyon, bonne santé, reçu tes lettres, t'envoie mille tendres baisers. ta dévouée femme, — Marie. |

Lyon-les-Terraux, 25 janv. — Mathieu-Saint-Hilaire, lazare, 89. armand, marie, mariés alger. tous membres famille bien. comment allez personnellement et amis. — Arlès. | Hamm, 27, faubourg poissonnière. bonnes nouvelles. madame dorenlot, valentine, jacques, sainte-marie eichhoffen bien, écrivez donc, oswald frères. bâle — Heywang. |

Lubersac, 25 janv. — Besnier, 19, rue scribe. allons très-bien, recevons vos lettres. — Besnier, lubersac. |

Agen, 26 janv. — Mme Pujol, papeteries saint-sulpice, place saint-sulpice. 2e dépêche. pas de nouvelles depuis longtemps. plusque jamais espère. — Jules Rival. |

Rue. — Delahaye, sous-lieutenant, garde mobiles, somme. 1er bataillon, 7e compagnie, montrouge, paris. père, mère, sœurs, nous bien portants, embrassons. oncle charles mort. — Manier. |

Saumur, 20 janv — Turbert, 168 rue du temple. septième, portons tous bien. nouvelles argent. — Turbert. | Bourat, officier armement mobilisés seine-marne saumur à Bourat, 1, rue clément, paris. nouvelles 2 janvier épisy, parents portent bien. — Bourat. |

Longué, 19 janv. — Colette, quai valmy, 33. 19 janvier, apprends aujourd'hui heureuse nouvelle, accepte, fabriquons équipement, andré jase hurillon, batifol, famille santé. — Caroline. |

Saumur, 19 janv. — Thiébault, 53, philippe-du-girard, recevons lettres, portons bien, argent pas reçu, rétif demande nouvelles, lemort maison. — Thiébault-Goujet. | Bonneville, 15, rue antin, prenez bois, tous bien. — Laure. | Miquel, colonel. ambulance rotschild, affections, souhaits, détail santés, maman nouvelles. léon trèves sain, sauf. — Constance. |

Angers, 20 janv. — Deverrières, billault, 41. allons parfaitement tous. barthélemy maudon écrire, sa famille inquiète. — Hélène. | Marche, rue caire. allons bien, écris-nous chez Boquet, rue asile-st-joseph, angers, aucune nouvelle depuis novembre. — Marche. |

Bayonne, 20 janv. — Martin, 40, vital, passy. santés excellentes, enfants travaillent. bien triste inquiète tous. écrivons. — Marie Martin. | george Soarez, 6, lamartine. tous bien, pas imprudences, kadosch gardera. — Alfred Soarez. |

Pau, 20 janv. — M. legendre, boulevard beaumarchais, 50, allons bien, temps épouvantable. nous t'embrassons. — Legendre. | Porlier, 3, rue pont-aux-choux, paris. lettre 9 janvier reçue, famille bonne santé, morel remettra 500 francs, amitiés famille. — Lanquest | Hugon, boulevard strasbourg, 2. avons écrit six fois, si voulez, prenez notre appartement, ferez plaisir. — Fau, pau, rue latapie, 18. | Chamouard, 41, port bercy. lamy mort après longue crise d'asthme, allons bien, recevons toujours lettres. temps détestable. — Leroux. | Duparc, 78, caumartin, reçu lettre, écrit par moulins, veillez intérêts laffitte, touchez coupons russes, gennamarie bien, écrivons st-malo. — Baudin. | Pau 20 janvier. Béhier, rue antin, 19. bonne santé, mais inquiète, pourquoi aucune lettre d'augustin, les vôtres arrivent. — Madeleine. | Canot passage panoramas, galerie st-marc, aucune nouvelle de famille depuis deux mois. — Muller. |

St-Étienne, 20 janv. — madame Palluy, 12, boulevard temple, paris, écris-nous vite. — Hortense Bonnard, place doullière, 21, st-étienne, loire. |

Roanne, 20 janv. — Faroux, boulevard poissonnière, 14. deuxième dépêche, dames durcis roanne, tous bonne santé, faire ouvrir caves, victor charbon, beurre, vin. — Duris. | mademoiselle Rigandy, 13, rue cléry, reçu lettres, dames duris roanne, tous bonne santé, souhaits et sympathies. — Duris. |

Barbentane, 20 janv. — madame Vernaux, luxembourg, 20, santé bonne, écris-moi, reçu aucune nouvelles, deux cousins prisonniers. — Vernaux. |

Marseille, 21 janv. — Jean, 11, cossonnerie, paris. argent encaissé, votre disposition, comment allez-vous, donnez nouvelles marseille par ballon. — Ripert. | Hecz, 29, échiquier, paris. que fais-tu? donne nouvelles de tout, marseille, voir jean, remettra deux cents francs. — Ripert. | Watbled 9e bataillon, gardes mobilisés. sommes en peine, prière écrire, embrassons. — Carlo. | madame Farcy, bac, 106. prière donner nouvelles, suis en peine, salutations. — Carlo. | madame Paul Avenel, 43, larochefoucauld, henri marseille, bien portant. — Valich. | Collas, 12, place vendôme. gabriel, capitaine garde nationale nazaire, angèle marseille, tous bien. — Demeezemaker. | Gilbert, taitbout, 8. tous santé parfaite, gabriel giessen, louise bucharest. — Nathalie. | Soyard, rue rivoli, 76. tous bien portants, rosa marseille, congé appartement paris. — Anna. |

Marseille, 21 janv. — Norbert Terris, lieutenant 126e de ligne. reçu lettres, 4, 10 janvier, tous bonne santé, jules pas encore appelé, espoir. — Terris. | Steinbach Kœchlin. st-fiacre. maison va bien toujours, pas libre, connait vos nouvelles jusque 11 courant, merci, courage, confiance. — Disson. | madame Caron, 34, jacob. toujours dans anxiété désespérante pas recevoir vos nouvelles, écris donc par ballon, espoir en Dieu. — Bureau. | Caron, 34, jacob. sans nouvelles, écris-nous donc philippeville. — Bureau. | madame Caron, 34, jacob. deuxième dépêche sans réponse, silence incompréhensible. écris donc ballon. courage. paris sauvera France, amitiés tous. — Bureau. | Dommartin, 13, petites-écuries, paris. reçu vos lettres. merci, donnez-moi adresse gaston, nouvelles famille laveille et maman perret. — Vercellone. | MM. Girandeau paris. madeleine à bordighera tous très-bien, bonnes nouvelles, robert, remmond, leroy, berthe, recevons vos lettres. — Claire. | compagnie France, 14, grammont. reçu lettres du 5, marseille pas sinistre, dotemar à annonay, sinistre important, commune bibliothèque musée. — Espanet. |

Marseille, 21 janv — Motet, 6, rue chaptal. recevons lettres exactement, congédiez maison bonne maman, venture ostende, sophie, tours alexandrie, marseille tous bien. — Motet | Bonnemant, 24, dunkerque. portons bien, ennuyons beaucoup, reçu lettre 8 janvier, écris par tous ballons, soigne-toi, embrassements. — Lieutau. |

Marseille-joliette, 20 janv. — Tranchant, bellechasse, 57. lettre 30 reçue, souvenirs tous. — Coullet. |

Tarbes, 22 janv. — Paulin, rue cambronne, 74. quatre mois pas nouvelles de lombard ni antoinette, inquiète. — Louise Lombard. |

Dieppe, 16 janv. — Bonvalet, 3, rue béranger. tous bonne santé, écris-nous donc à dieppe. — Bancelin. | Tacussel, 47, rue bonaparte. écrivez-nous tous les huit jours, 31, grande rue à dieppe. — Bancelin. | M. Debelle, 5, rue du chaume. paris. cécile et julien bien portants à dieppe, reçoivent tes lettres, — madame Debelle, 9, grande rue à Dieppe. | Étienne, ambulance, 16, helder. lettre 6 reçue, santés superbes. tout occupé installation d'été. cheminée, chambre lucie, bon espoir. — Étienne. | Marsaux, 24. bondy, portons parfaitement reçu aujourd'hui lettre farret. — Legrand. | Dupuis, 94, philippe-girard. quatrième dépêche, 16 janvier, reçois lettre 6, santés parfaites, reçu billet leverdure. dieppe tranquille, écrivez souvent. — Hennequin. |

Dalier, 12 bis, avenue tourville, ou 45, rue labruyère. pas nouvelles depuis novembre, très-inquiets, écrivez. tous bien, poyer bordeaux. — Legriel. | Labbé, 9 bis, boulevard montparnasse. bien. — Labbé. | Hávé, boulevard beaumarchais, 75. tous dieppe, bonne santé, écris longuement de toi et amis. — Hervieu. | Leclerc, 13, rougemont. dieppe allons tous bien, dire albert mère ici. — Morel. | Tournant, douane, 8. allons bien, adélaïde marche mieux, reçu lettre 7 janvier, corbeil, 20 décembre bonne, pas souffert prussiens. — Magniant. |

Anceau, rue st-martin, 143. habitons dieppe, à eu, lille, masnières bien portants, lucie heureusement accouchée de lucien. — Georges. | Genouville, 2, rue sèvres, santés parfaites, dieppe tranquille, inquiétude sur toi, si quartier menacé, couche chez oncle eugène. — Genouville. | madame Boulle, ventadour, 11. toujoujours dieppe bien portantes toutes trois, avons reçu vos lettres. — Dubain. | Esquirol, 1, avenue percier. bonnes santés, très-tranquilles, bonnes nouvelles marguerite, écrivez toujours ici plus longuement, soyez tranquilles. — Amélie. |

Deligne, avenue mac-mahon, 14. tous bonne santé, rien arrivé fâcheux, reste à l'appartement, sois prudent, embrasse tout cœur. — Cécile. | Roger, 12, place bastille. reçu lettre 1er, santé bonne, marguerite va bien, écrivez souvent. — Campagnol. | M. Laurent, rue st-martin, 177. toujours dieppe, tous bien portants, reçu vos lettres jusqu'au 9 janvier. — Barras. | Léforestier, rue caumartin, 65. toujours en bonne santé, sans nouvelles de toi depuis 26 décembre, enfants vont bien. — Marie. |

Maricot, rue louvois, 12. toujours en bonne santé, reçu votre lettre 7 janvier, reçu bons courriers de montevideo, courage. — Barrier. | Legrand, 74, rue hauteville. Legrand toujours ici bien portant, reçu lettre 20 décembre. — Legriel. | Pezet, palais royal, 120. dieppe, très-inquiets, pas reçu lettres depuis novembre, envoyons embrassements, — Pezet, rue morinière, maison rollet. | Guérineau, abbatucci, 8. santés excellentes, tout abondamment. — Julie. | Eugène Caillot, de la gare, 52, j'attends réponse, d'autres reçoivent, point de vous depuis 15 octobre. — Berthicolli. |

Morel, 9, st-gilles, paris. à tout prix nouvelles de charles, portons bien. donne nouvelles goffin, recevons souvent tes lettres. — Delevoye. | Boucher, condorcet, 27. bien portantes, inquiètes de vous, écrivez, recevons lettres. — Valentine, dieppe. | M. Herbert, 2, rue chevaux-la-garde, madeleine. placards, salle à manger, corridor, confitures cerises, cognac, bois cave, prenez tout. — A. Herbert. | Sauvage, rue pompe, 37, passy. tous bien portants, lettres reçues. dieppe, 16 janvier. — Geoffroy. | Defrémicourt, rue martyrs, 46. rien économiser, bons soins et nourriture, à tout prix vendre italien si besoin est, dieppe. — Defrémicourt. |

Defrémicourt, rue martyrs, 46, communications difficiles, écrivez en double, elbeuf et dieppe, hôtel paris, tout va bien, 16 janvier. — Defrémicourt. | Lecorbeiller, rue londres, 51, paris. cinq enfants, bonnes, tous bien portants, jacques court. allons tous bien, bonnes nouvelles cyprien. — Edmond. | madame Bigle, rue victoire, 98. enfants bien portants, tranquilles à bois-l'évêque, reçu toutes vos lettres, santé bonne, résignation, amitiés. — Badonville. |

Mlle Pétrus, rue saussayes, 1. reçu ta lettre 3 décembre, rien laure ni leconte, prier champs payer mes contributions. — Badonville. | madame Bierry, avenue ternes, 81. viat, gravelat, mignon vont bien, reçu chères lettres, disposez provisions ponthieu, meilleure année, espoir. — Gravelat. |

Millau, 22 janv. — Bourtin, 112, oberkampf. écrivez détails sur famille, événements, portons bien. — Gérard. | Delhomet, 16, cinq-diamants. négligence impardonnable, laisser ainsi sans nouvelles, portons bien. — Gérard. | Redon, passage du saumon, 21, paris. faites ouvrir porte magasin, soignez gants crainte piqûre, réponse. — Guibert. |

Rodez, 22 janv. — Guillemin, marché, 8, passy-paris. mensier, altenbourg, saxe, hermine demoulin aix-la-chapelle, tous bien portants, provisions chez berthe. — Sophie. |

Dieppe, 18 janv. — Leduc, 49, rue verneuil. manque nourriture pour chevaux, manque fonds, grand embarras, m'écrire. — Malot, saint sulpice, par Eu. | Lecyre, 85, taitbout. reçois toutes lettres et argent saint-aignan. santés bonnes, ennui mortel, prussiens repartis. dieppe tranquille, amitiés. — Lapeyrouse. | Desmarest, 35, boulevard latour-maubourg. portons bien tous quatre, recevons vos lettres, écrivez souvent. — Rose. | Delarue, chez Miége, 2, rue clichy, paris. courage, patience, recevons lettres, sommes tous bien portants. — Delarue. | Vignié, 16, rue argout. écris souvent, reçu lettre toi, santés bonnes, emma accouchée garçon, hambourg, prussiens partis, embrassons. — Juliette Viguié. | Robert, 32, saint-marc. écrivez dieppe. — Masson. | Millard, 162, rue rivoli. mille remerciments, votre mère en bonne santé dieppe 16 janvier. — Defrémicourt. |

M. Pillias, 52, rue notre-dame-lorette. excellents amis, santé bonne, defert maintenant vernon. — Sonbard. | Normand, 39, notre-dame-de-lorette. gustave bien, stubenhock, 42, hambourg. enfants robustes, occupation insignifiante, aucun ennui, embrassons, admirons, espérons. — Normand, dieppe. | Madame Ronat, 80, richelieu. portons bien, recevons lettres, hippolyte écrit prisonnier altona. berthe garçon. — Petit. | Badenier, 10, belzunce. nous portons très-bien, mère aussi, besoin de rien. — Badenier. | Rousset, sergent mobiles seine-et-oise, 5e compagnie, 51e marche, écrire souvent. — Claire Lambert. | Piver, 10, boulevard strasbourg. recevons vos lettres, allons bien, attends impatiemment nouvelles mon père par auguste. brasserie travaille bien. — Pavard. | Manceaux, 9, boulevard malesherbes. bonne santé, reçu argent, besoin de rien. — Deville. |

Tortoni, 57, châteaudun. bonne santé, écrire par tous ballons, lettres arrivent bien, j'écris deux fois la semaine. — Gervais. | Chompré, 82, rivoli. chompré, lacoste, crémery, brest oui. bonnes, onze élèves, prussiens repartis, tendresses pour chompré, chazal. — Chompré. | M. Bernard, 3, rue villedo. écrivez-nouvelles de léon, gustave, tante paul bien portants, mais inquiets de vous. — Pallière. | Mademoiselle Patrault, 87, prince-eugène. mes filles reçoivent vos lettres. écrivez-leur toujours. — Lagier. | Maurer, 47, cardinal-fesch. bonne santé, écrire par ballon. — Maurer. | Janicot, 11, écuries-artois. tous bonne santé, dieppe tranquille, laure angleterre. eugène réformé suisse. reçu lettres. — Gabrielle Janicot. | M. Labey, faubourg poissonnière, 132, paris. tous bien portants, rue de labarre, 101, dieppe. — Josse. |

Bérard, 20, rue pigale. enfants, nous bonne santé, avons argent, pas prussiens wargemont, cécile, adèle bien. — Bérard. | Masson, 14, rue clichy. pensons bien à vous. souvent bonnes lettres de rome. armand, francis demi-pension, écrivez-nous. — Lavaux. | Mars, 38, labruyère. dieppe tous bien, prussiens venus sans ennui pour nous. wilfrid venu, emmené auguste, reçu toutes lettres. — Lavaux. | M. Barabant, 17, rue ursulines, paris. recevons lettres, restons dieppe, santés bonnes, grande reconnaissance, grande amitié. — Boisguilbert. | Dubois, 30, moscou. nous, famille adolphe parfaite santé, recevons vos lettres, parle-nous parents. dis dufour écrire, soignez-vous. — Dubois. | Goupil, 34, taitbout. toujours dieppe, tranquilles, père assez bien, enfants parfaitement, bonnes nouvelles laborde, issoudun, reçu lettres, écrivez souvent. — Tournoüer. |

Bessand, rue pont-neuf. Emma angleterre, montagne, place worting sussex, bessand mère, bataille dieppe bonne santé. — Bataille. | Chalcix, 68, boulevard roi-rôme, passy-paris. portons bien, recevons lettre tous les jours ballon, inquiets, écrire plus tôt possible. — Chalcix. | M. Legros, 37, boulevard prince-eugène, paris. Julie, thérèse, madeleine parfaite santé, recevons lettres, mille amitiés. — Legros. | Billy, 81, rue clichy. santé bonne, lettres reçues, bien triste. — Marie Billy. | Elwart, 15, faubourg poissonnière. toujours dieppe, reçu lettres. — Jabineau. | Drouard, 8, enfants-rouges, paris. Drouard, luchet, billy santés bonnes, prussiens aucun mal, recevons lettres. — Virginie Drouard. | Herelle, 45, rue douai. vos lettres arrivent pas rouen. madame inquiète, adressez-moi, enverrai. — Legriel. | Luchet, 93, rue turenne, paris. luchet, drouard bonnes santés, reçu six mandats, glande diminuée. — Clémence Luchet. |

Flouest et Mélicourt, chez Tellier, 132, boulevard haussmann. lettres reçues, pères ici bien, familles aussi, baisers, confiance en Dieu. — Flouest. | Müller, 12, malher. allons bien, écrivez tous neuf quai henri IV, dieppe. prévenez eugène. — Müller. | Durand, 22, moineaux. santés excellentes, reçu lettres et nouvelles, chalons, bon espoir. — Wibert. | Whateley, 21, gay-lussac. wibert de la brunière, inquiètes de mère, écrivez si pouvez, amitiés. — De la Brunière. | Conseil, 23, saint-dominique faubourg-saint-germain. Bastel et famille bonne santé, petite fille porte bien, amitiés tout le monde. — fme Bastel. | M. Damiens, 40, échiquier, paris. esther, félix, clara, gustave, eugène, viat, gravelat vont très-bien. — Bourdon, dieppe, chez Lejeune. | M. Henriot, saint-lazare, 86. je vais bien, toujours à dieppe. — Marie Henriot. |

M. Deschamps, café rond-point, champs-élysées. nous allons bien, sommes toujours à dieppe, écris plus souvent. — Amélie. | Madame Ouradou, 18, saint-anne. porte bien, écrivez plus souvent à dieppe. — Viollet-Ledru. | Esquival, 1, avenue percier. allons bien toutes trois, dieppe tranquille. écris-moi. — Constance. |

Arcachon, 23 janvier. — Berthelemot, 77, avenue wagram. paris. tous bien, bonnes nouvelles edgard. aimée aix-la-chapelle près siens. avons envoyé lettres dépêches. — Emeline. | Hervet, rueil (seine-et-oise). heureuse, aujourd'hui nouvelles 1er janvier attendues depuis deux mois. tous bonne santé, pamiers aussi, bons baisers. — Hervet. | Pelleray, 17, croix-des-petits-champs, paris. écrivez arcachon chaque ballon, santé bonne, famille palyart aussi. — Pelleray. | Lemaire, 28, rue trévise. toutes bien, robert, noémi, arcachon, filles fraîches, pontoise intacte, marché martinique signé, reçois beaucoup lettres. — Cécile. | Dumont, 3, pont-de-lodi. réclamer malle ernest, contient argent. père souffrant sans gravité. georges admirable santé, auguste, claire, nous bien. — Daisy. | Duchêne, 1, rue richer. déjà écrit. portons bien, vous embrasse et fils, demande nouvelles. — Maria. | Bunel, 12, rue beaux-arts. nous portons bien, vous aime, vous embrasse, demande nouvelles où logez. — Bunel. | Lelarge, 47, rue montpensier. bonne santé, t'embrasse et fils, demande nouvelles, achille retrouvé. — Maria. | Cornaud, 3, rue malher. reçu nouvelles, portons bien, achille weissenfels (saxe), bonne santé, longeau va bien. — Maria. | Gossein, 37, haussmann. oloron, seran, calais, arcachon bien, enverrai argent si valentin manque, nouvelles jeulain, davilliers, écrire tous souvent. — Ameline. | Henry, 12, ancienne comédie. santé

Bordeaux. — 29 janvier 1871.

passable, inquiète. écris par ballon à arcachon (gironde). — Henry. | Horteloup, 3, aumale. madelaine 8 janvier. jeanne. moi avec morizot narbonne, bruxelles, berthon toutes bien. — Horteloup. |

Périgueux, 22 janv. — Veuve Beyret, 123, boulevard hôpital. santé bonne, écrivez par ballon monté. — Bilner, au chemin de fer, périgueux. |

Ribérac, 22 janv. — Gonthier, 32, truffaut, paris. tous santé parfaite. — Hélène. |

Libourne, 23 janv. — Chalendar, 14, rue mayet. edmond prisonnier bonn. — Chaperon. |

DÉPÊCHES RECOMMANDÉES

Bordeaux, 29 janv. — Ferdeuil, passage des favorites, 3 ou 35, rue godot-de-mauroy. suis à romorantin. envoie cent francs. comment toi, anna, fléchy, nos affaires? écrivez par ballons. vives amitiés. — Ferdeuil. | Mme Fléchy, 8, rue rossini. envoie cent francs. comment papa, sœur, marguerite, toi ? suis à romorantin. écris chaque jour par ballons. vives tendresses. — Ferdeuilt. | Weber, 11, milan. cognac, 18 janvier, parfaitement. nouvelles martinique excellentes. fréres martineau intacts, villers parfaitement. écrivez moi hôtel France. — Goldsmith. | Edouard Mallet, 24, boulevard malesherbes. tous bien grand hôtel avec arrangement. reçu photographies chollet en suisse. lisez affiches *Times*. — Sophie. | Donon, 2, place opéra. partout tous bien. professeur parti, continuons par correspondance active. reçois lettres, courage. t'aimons bien. — H. Donon. |

Hay, 29, lacfoix, batignolles. bonne santé, famille entière chanceaux calme avec ambulance internationale. charles hambourg. recevons vos lettres. — Victorine. | Baronne Rothschild, 19, laffitte. chéri, mère à nice et nous tous bruxelles. allons très-bien. mille tendresses, — Arthur. | Liouville, moulins, 15. père, mère, enfants, moi, familles restner, ruau, muel, michon, alfred prisonnier. henry toujours au mans très-bien. — Cécile. | Gustave Rothschil, 23, laffitte. enfants et tous très-bien. j'ai nouvelles hilaire, victorien, nisus encore le 19. voyage impossible. — Cécile Dagron. | Gustave Rotschild, 23, laffitte. chapron m'écrit le 18, c'est je crains sa dernière, georges pensa à goodlich. — Cécile Dagron. | Gustave Rothschild, 23, laffitte. didier toujours paralysé, opération impossible. suis désespérée, prie pour toi, vous bellere me and my love. — Cécile Dagron. |

Leblant, rue leroux, 3, passy. santé, boulogne, 156, rue boston. man lats reçus, suffit. — Leblant. | Godfroy, villa fodor, passy. prière surveiller appartement. mettre abri si nécessaire meubles précieux, linge. vos filles, nous. benjamin bien — Debaecque. | Sabourdin, 45, petites-écuries. réception lettres paris. debaecque, cécile bien. benjamin armée loire. nouvelles bonnes guadeloupe, latapie, bordeaux. — Debaecque. | Concierge, 9, avenue reine-hortense. donne congé terme juillet. écrit à martinville avant 15 janvier. accusez réception, prévenez propriétaire. — Gilbert. | Concierge, 3, rue Labaume. donnons congé terme juillet. déjà écrit reiset (e ire), avant 15 janvier. accusez réception. prévenez propriétaire. — Fay. | Muel, capitaine gardes-forestiers, rue boileau, auteuil, familles muel, denizot, aviat, balland, liouville très-bien, recevons lettres. — Cécile. |

Thars, 32, boulevard haussmann. votre famille et banque vont bien, avons souvent écrit directeur à nice. | Fould, 21, saint-marc. sommes toutes parfaite santé, manquons rien, excellentes nouvelles mathilde, juliette. courage, espoir, amitiés, lisez *Times*. — Palmyre. | Fould, 24, saint-marc. sommes toutes parfaite santé, manquons rien, excellentes nouvelles mathilde, juliette. courage, espoir, amitiés. lisez *Times*. — Palmyre. | Hollander, 8, provence. 23 janvier, parents, union amélie machy, moi, enfants. parfaite santé. lettres 20 reçues. — Victoire. |

Picard, ministère finances. amitiés à tous. henry toujours au mans. donnez souvent nouvelles enfants, lettres parviennent, font plaisir infini. — Cécile. | Huard, 10, chauchat. arrivés jersey 20 janvier. tous très-bien portants. saint-hélier, saint marck's rond bint. — Blanc-Huard. | Fauconnier, rue jacob. 41. les soussignés désirent que leur argent libre soit employé en achetant de la rente française à 3 0/0. — T. de Viviès. | Demouchy, rue st-andré-des-arts, 33. quittez, allez plus au centre défends d'aller rue monge sans nouvelles. parents péronne. — Demouchy. | docteur Moissonet, 9, rue richepance, paris. mère frangy. alfred hombourg, charles belfort, emmanuel dunes, marie moi, moëres, tous bien. — Kesner. | Delahet, 11, anjou st-honoré. sommes brest. 1, rue château, tous bonne santé. reçu lettres, avons écrit. théodore dunkerque. — Juliette. |

Jourdain, 13, rue perdonnet, santé bonne, reçu lettres et mandats. bonnes nouvelles décauville, espoir. — Elisa Jourdain. | André, 27, rue londres, paris. tous bien, georges armée nord, jean prisonnier. — André. | docteur Magnin, notre-dame-lorette, 9. troisième dépêche. écrit souvent. reçu lettres 8 décembre, 8 janvier. oui aux quatre questions. — Repellin. | Subert, rue monthabor, 12. vais bien, écrivez chaque ballon. reçois, romans. | M. Herrenschmidt, 10, boulevard magenta, paris. vos enfants sont à beaune très-bien portants, ainsi que nous, écrivez souvent. — Schrimpf. | Resbecq, ministère instruction publique. laguéronnière poitiers, tous bien portants, pays tranquille, trollet bien. — Marie. |

Procureur général lyon à procureur général paris. prière prendre envoyer à collègue nouvelles paul viguière, capitaine 30e marche, fort charenton. | Pierre, 25, abbatucci. prévenir torchet saint-albins, celliez auxquels avons vainement écrit, que sommes bien portants à pau attendant leurs nouvelles. — Priest. | Turenne, bac, 100. lettre 10 janvier reçue, santés dégel, tranquilles, nouvelles pignan, courtomer. — Turenne. | Dubost, 175, st-honoré. gallard autorise gérer affaires, toucher loyers, locations, malle revenue vaux, écrire lormes. — Gallard. | Spork, 3, aboukir. maman, alexandre, georges, moi bien. caisse douze mille francs. charles prisonnier. lettres parviennent. — Delphine. |

Perrier, 41, bellechasse. baume, uzès, cherbourg, santés bonnes. | Lanier, 27, rue jean-jacques rousseau tous bien, 20, quai aux barques. continuez lettres. — Marie. | Leroux, 55, madame, ebelmen cherbourg, paul bien, lettres arrivent. écrivez souvent. | Robin Vieuville, officier mobile fougères. tante, vieuville antrain, bien. marquis habite gâtine. — Julien. | Singer, 3, scribe, tous bien Vichy, Bruxelles, York Adolphe à Montpellier, Tours envahi, occupation paisible. mille vœux. — Héléna. | Basset, 11, mausart. depuis octobre. André, moi, papa, maman, Maurice, état-major à Lyon. tous bien portants. Bullère préservée. — Jab. |

SERVICES ET AUTORISATIONS

Bordeaux, 29 janv. — Audy, direction postes. fontaine santé parfaite, inquiet de ma mère, estelle, ernest, leur dire écrire plus souvent. amitiés famille. — Fontaine. | Rouget, passage doudeauville, 14, paris. famille toulouse bonne santé donnez nouvelles par ballon. — Guibal. | Mme Millet-Robert, 123, richard-lenoir. madame rose porte bien, retournée à vitry. — Bonnet. | Réganhac, 9, carrefour odéon. françois reçu vos lettres. va bientôt toulouse. répondra. avez-vous reçu 200 francs. écrivez. — Charros. | Rojare, administration centrale postes. toute votre famille va bien, reçoit vos lettres, et attend nouveau-né. lamballe non inquiété. — Forestier. | Croze, administration centrale postes. pas de nouvelles de saintignon depuis 3 mois, que fait-il ? très-inquiet. bon souvenir. — Franquin. |

Fernique, 5, barbette. reçu 16 lettres, dernière 21 janvier. rondot, tausin, tous bien. suis satisfait, soigne-toi bien, embrasse. — Fernique. | Alix, rue crozatier, 22. donner nouvelles de marie, soldat 1er zouaves, à cabrit, bordeaux. (urgent). — Fernique. | Guguenheim, 25, enghien. vos parents bien, réclament de vos nouvelles. adresse : cabrit, bordeaux. — Fernique. | Lomon, rue monsieur, 19, paris. échappé avec mon frère. suis à bordeaux, administration centrale. inquiet, écrivez. famille fontaine excellente santé, faucogney. à tous souvenir, espoir. — Jacquez. | Jules Simon, ministère instruction publique. gouvernement, d'accord avec vous, vient de me nommer inspecteur général, et je pars pour une tournée dans le midi et l'est. Je regrette de ne pouvoir me concerter avec vous, mais espère que nous ne tarderons plus à correspondre. — Barni. | Louba, rue bergère, 9. tes lettres ballons reçues maman, nous tous bonne santé. heureux savoir vous de même. réponse. — Albert. | M. Juge, rue saint-denis, 358. bien portants. bien inquiets de ta santé, de ta position. écris-nous, tendresses courage. — Henri. | Edmond et Paul Hippeau, passy, 1, rue largillière. vos parents bien portants, mais vivement inquiets de vous. écrivez-moi préfecture bordeaux, je transmettrai nouvelles. — Le Goff. | Chassinat, directeur postes. mon appartement, 25, rue nicolo, passy, est-il respecté ? — Dursens. | Mme Thévenin, 18, ancienne-comédie. écrivez-nous, sommes inquiets de vous, malgré bonnes lettres de magnien et jules. bonne santé. meilleure année. — Personne. |

Monod, 5, rue des écuries-d'artois, 22 janvier, enfants parfaitement et tous, comprenant huit robineaux ici, Stapfer merci lettres. philippe exempté. — Betsy. | Michelet, montorgueil, 13. porte bien, reçois lettres, sans nouvelles gaston. mille amitiés, colonie 4e. — Michelet Paul. | Chenou, 5, isly. reçu lettres sur estabel. mesures bonnes. merci. familles girard, leingre, bonne santé. envoyé lettres plusieurs moyens. — Girard. | Lissante, 7, vivienne recevons lettres. ernest avec chanzy. bonnes nouvelles estelle labitte. amitiés. — Laurent. | Russell, avenue bosquet, 15. moi, famille, amis bien. — Mathilde. | Grévin, 6, place saint-michel. oublieux. — Delorme. |

Cléry, cherche-midi, 72. 4e dépêche, 25 janvier, nantes, sarah un fils, morlaix, potheau, thuret, nevers, bien portants. toujours demeurée — Clémence. | Casimir Perier, 76, galilée 20 janvier. pont, lorrez bien. rien passé ici. reçu 15 lettres, envoyé 17 dépêches. — Casimir. | colonel Vigneral, ambulance théâtre français. votre mère toujours à ry, reçoit vos lettres. — Cochery. | Maniel, 37, chabrol. sommes bordeaux bien portants, jean major à valais. — Maniel. | capitaine Villaret-Joyeuse, 1, rue ventadour. courage, mille tendresses, antoinette superbe. henri, échappé sedan, armée loire. bonnes nouvelles versailles. — Zoé. |

Marisy, 36, londres. louis, employé ministère guerre, bordeaux. restons arcachon. écris souvent. — Marisy. | Villiers, 30, barbet-de-jouy. tout kerminy bien. reçoit lettres édouard. pas lettres henry. — Avril. | Genvrin, rue écuries d'artois, 35. recevons lettres. portons bien. — Antoinette. | Martin, 17, boulevard malesherbes. allons bien, envoyé quantité lettres et dépêches. — Berthe. | Pouliot, 7, corneille. portons tous bien. gustave reste. reçu toutes tes lettres. — Camille. | Frigaet, penthièvre, 2. portons bien, manquons rien, recevons lettres. dard, hambourg, parfaitement, manque rien, envoie lettres fréquentes. édou intact. — Christine. |

Gustave Droz, 9, madame. va chez moi. concierge ouvrira. emporte et abrite chez toi ou ailleurs contre bombardement, humidité et tout danger : 1° Dans ma chambre, 2 dessins ovales de père, près bibliothèque, et, si possible, un des grands cartons verts, dessins de père (planche inférieure alcôve à droite). précautions, dessins effaçables ; 2° si possible encore quelques peintures. coup d'œil à ce qui restera de père dans appartement, indications à concierge. j'y tiens extrêmement. avise deux fois ugine. Savoie, ta femme et ton fils bien à biarritz, poste restante. — Eugène Heim. |

DÉPÊCHES-MANDATS.

Série B (suite) — 29 janvier 1871.

N. 351. — Grasse, 41. — Roure à me A. Legros, boulevard prince-eugène. — 100 fr. | n. 352. — Marseille, 69. — Croze Magnan à me Elisa Croze Magnan, 13, rue des halles. — 200 fr. | n. 353. — Lille, section des Fives, 45. — me Pile à Beslay Charles, 84, rue cherche-midi. — 100 fr. | n. 354. — Saint-Omer, 57. — de Monnecove à de Monnecove, 103, rue du bac. — 300 fr. | n. 355. — Bordeaux, 48. — mlle de Genes à de Genes, 15, rue d'alembert. — 10 fr. | n. 356. — Pau, 23. — Bessonneau à Coulomb, 6, place madelaine. — 300 fr. | n. 357. — Bordeaux, 72. — Destrilhes à Destrilhes aîné, 21, rue vieille-du-temple. — 100 fr. | n. 358. — Morlaix, 53. — Surville à Allier, 16, lancry. — 100 fr. | n. 359. — Arcachon, 21. — Destigny à Eugène Gosselin, 25, rue chaussée-d'antin. — 100 fr. | n. 360. — Sombernon, 31. — Millet à Charles Millet, 10e mobile côte-d'or, 3e bataillon, 1re compagnie. — 50 fr. | Total : 1,360 fr. |

N. 361. — Bordeaux, 28. — Ferdeuil à mlle Fléchy, 8, rue rossini. — 100 fr. | n. 362. — Bordeaux, 27. — Ferdeuil à Ferdeuil, 3, passage des favorites. — 100 fr. | n. 363. — Lyon-Terreaux, 87. — Gailleron à Vachon, 2, place des victoires. — 200 fr. | n. 364. — Lyon-Terraux, 88. — Gailleron à Vacheron, 2, place des victoires. — 100 fr. | n. 365. — Arbois, 94. — mlle Huguenin à Alphonse Morin, mobile de coulommiers, 38e régiment marche, courbevoie. — 50 fr. | n. 366. — Pavilly, 3. — Léveillard à Léveillard, mobile, 50e marche, 4e bataillon, 1re compagnie. — 50 fr. | n. 367. — Lyon-Terraux, 35. Tibulle Mendès à Catulle Mendès, 23, rue richelieu — 145 fr. 30. | n. 368. — Lyon-Terreaux, 34. — Tibulle Mendès à Catulle Mendès, 23, rue richelieu. — 293 fr. 80. n. 369. — Lorient, 2. — Le Brun à Le Brun, sergent, mobile lorient, 31e marche. — 100 fr. | n. 370. | St-Pierre-lès-Calais, 32. — Sueur à me Sueur, à paris. — 200. fr. | Total : 1,339 fr. 10 c. |

Le Comptable,

Bordeaux. — 25 janvier 1871.

Bordeaux, 24 janv. — Mitjans, 12, rue élysée. enfants parfaitement, avons leurs nouvelles constamment, ardent désir vous revoir, amitiés tous, dupeyron bien. — Riera. | Gerest, officier 4e compagnie mobile puy-de-dôme, merci fête, fiers tes sentiments, Dieu bénira, soigne nourriture, autorise emprunt — Gerest. | Revulhac, 47, rue tournelles. reçu lettres, santés bonnes. retournerons bientôt, la chapelle. essonnes intact. — Revulhac. | Menuisier, 5, sévigné. troisième dépêche. inquiet, silence trois mois. écrivez par ballon. — Gerest. | Bouquelon, 72, faubourg honoré. bien portants, retournons la chapelle, albert conseiller préfecture, pas exposé. — Bouquelon. | Rimbault, 61, faubourg poissonnière. très-bien portants, reçu lettre du 13, morange grande joie. - Laure. | Hubert, 2, rue polonceau, la chapelle. famille hubert tous bien portants, toujours à jars. — Rimbault. |

Streiff, 131, rue montmartre toujours sans nouvelles : si voulez, installez-vous chez moi. écrivez bordeaux, 3, rue fénelon. — Amilhau. | Regnier, 25, hauteville, paris. amadis est en europe et vous dis que toutes affaires et votre famille va bien. — Garres. | Hadengue, 16, lancry. père, duvergiers, juliens bonnes santés, recevons vos lettres, faisons toujours affaires. — Michel. | Vollerin, 30, boulevard magenta. inquiet, reçu aucune de tes nouvelles. réponse par ballon, 5, rue greneus, genève. — Willard. | Danielaron, 46, rue enghien. donnez par ballon vos nouvelles et de vollerin, 30, boulevard magenta. — Willard, 5, rue greneus, genève. | Cor, 13, scribe. santés parfaites. lettres reçues régulièrement, continuez à écrire. — Sophie Cor. | Malivoire, 40, vanneau santés parfaites, recevons nouvelles, espérons la fin, mille tendresses. — Dubruel. | Demanche, 5, condé. tous parfaitement, élisabeth. enfants bordeaux. blanche. enfants lefort montpellier. lettre du 11 janvier dernière reçue. déménagez. — demanche. |

Casimir Périer, 76, galilée. pont, lorrez bien. rien passé ici. reçu quinze lettres, envoyé seize dépêches pigeons. — Casimir. | Ebeling, 53, condorcet moi nogent enfants, 260, rue brabant, bruxelles, bien. reçois lettres, écris. — Ebeling. | M. Graves, 3, rue navarin. recevons tes lettres. toutes bonne santé. — Lucie Graves. | Durbach, 89, taitbout, paris. votre famille à avranche, tous bien. — Jules Lecesne. | Zellweger, 29, rue provence, paris. acceptations soignées, amérique presque tout couvert, pouvez tirer kraentler cent mille livres, donnez position. — Weck. | Destailleur, 11 bis, passage sainte marie, rue bac. parents boulogne avec cécile. théodore voyage affaires, santés bonnes, reçu lettres. — Cécile. | Pont, 11, bellechasse. paul bordeaux. tous arcachon, inquiets. écrivez villa lefranc. donnez nouvelles jules. — Félicité. |

Hachette, 24, boulevard saint-michel. élise, marie vont très-bien. fils né le douze novembre, bel enfant, bien portant. — Hachette. | Bouilhet, 56, bondy. allons bien tous. avons argent. deslys, villerville. pas froid. lettre 11 janvier reçue 20. — Saintine. | René Verneau, étudiant en médecine, 4, rue racine ou ambulance. chapelle, famille santé bonne, réponds par ballon, ton père. — Verneau. | Haïm, 3, rue geoffroy-marie, paris. tous bien, reçu lettre 11 janvier. — Haïm. | Burkart, 2, turbigo. mari va bien, est chez sœur, reçoit tes lettres, écrit souvent sans y parvenir. — Carlhian. |

113. Pour copie conforme :

l'Inspecteur,

Bordeaux. — 27 janvier 1871.

Tarascon-sur-Rhône, 22 jan. — Louis Fontanier, soldat au 54e de ligne, ambulance des affaires étrangères. nous allons bien. donne des nouvelles. — Jean Fontanier. |

Brioude, 21 jan.— Josson, 61, rue notre-dame-des-champs. louis nommé commandant. — Josson. | Lesage, 1, rue petits pères. recevons lettres, dernière 10, envoyons télégrammes. bonne santé, papa brain, nous brioude poste restante. — Vinit. |

Châteauroux, 20 jan — Varin, 20, bourdonnais. tous bien sauf rhumes, andré superbe, henri transformé, avons lettres, bonnes nouvelles nantes, pau, Vitalis prisonnier. — Achille. | Mellier, 75, grande-rue, passy, bonne santé tous. recevons lettres. claire, pascal tous bien. souvenir crouzet, sommes tranquilles, embrassons. — Jenny. |

Havre, 19 jan. — Aubry. 88, rue Nollet, batignolles. recevons lettres. enfants caen depuis un mois, bonne santé tous. mille amitiés. — Roger frères. | Varennes, employé assistance publique. tous bien. écris toujours. oui, occupe appartement. mets autre serrure sûreté. — Varennes. | Morgate, 74, quai de l'hôtel-de-ville. avez-vous reçu ma lettre, me porte bien, embrasse tous où est ma mère? — Guéry. | Mas, 38, rue bondy. neuvième dépêche 20 janvier. cauville pas prussiens, tranquillité, bonne santé, reçu lettre 9 janvier, amitiés. — Lenetrel. | Madame Grelaud, 130. boulevard haussmann, paris. reçois lettres, santé bonne, amitiés. — Grelaud. | Société algérienne, 9, rue neuve-capucines. crainte erreur, demandez garantie pour verser somme sur dépêche adressée Béjot. — Meurinne. | Mademoiselle Meurinne, 25, avenue messine. réfléchis, par lettre chevrières, venant paris serait arrêtée, laure renverra. — Meurinne. | Cochin, 86, grenelle-st-germain. troisième, réfléchis par lettre, chevrières venant de paris serait arrêtée, 19, cornet angers renvoyée. quelle séparation. — Meurinne. | Danonville, 38, sainte-croix-bretonnerie. ernestine cannes, jules mer, germain chateauroux, famille neuvy, vatau, havre bien, réponse ballon. — Gaudon. |

Nice, 24 jan. — Carle, 21, bellefond. paris. donnez nouvelles george. prévenez faure. réponse ballon nice poste restante. amitiés. — Eugène. |

Nantes, 23 jan. — Le Gouvello, sous-lieutenant des mobiles au mont-valérien. nous sommes tous bien. — Le Gouvello, capitaine. | Allard, avenue malakoff, 11. portons bien. lettres, vers reçus. — Allard. | madame Regardin, rue grenelle-st-germain, 15, paris. albert premier, baby marche. allons bien. heureux d'installation, poyard nantes. — Béville. | Roissy, université, 5. septième réponse, allons bien. ste-foy idem, pierre dans belfort assiégé. — Bazouin. |

St-Sever-Calvados, 21 jan. — Algay, rue l'oseille, 7. nous nous portons bien, inquiètes, chagrines. veuf des nouvelles d'armand de suite écrites par lui reçu votre lettre, embrasse vous et madame. — Buthiau. | Patrice Salin, à la monnaie. nous nous portons bien, inquiètes, chagrines, veuf des nouvelles. écrire armand, réponse de lui. — Buthiau. | Compte, rue beaune 39. nous nous portons bien, inquiètes. veuf des nouvelles, vous écrire à armand, réponse de lui. — Buthiau. |

Lair, rue du petit-thouard 10. pas de nouvelles, inquiète. écrivez de suite. moi bonne santé. — Bassac. | Fizel, rue st-honoré, 286. manque de vos nouvelles, inquiets, écrivez immédiatement. tous bonne santé. — Eudo. | monsieur Bazin, rue du montparnasse, 40. reçu lettre 31 décembre, debonnelle aussi. santé bonne, écrivez souvent, détails, que faites-vous? bébé demande père, nous embrassons. — Bazin. |

Toulouse, 25 jan. — Tessier, 10, rue coquillière, paris. émile bien, bonne santé tous. — Tessier. | monsieur Mourgues, 7, cité antin. 25 janvier sommes bonne santé. génos bonnes nouvelles, ressources, recevons lettres, vous embrassons. — Sophie. |

Bordeaux. — Lebesgue, faubourg antoine, 97, paris. Lebesgue berne, hôtel france. santé bonne prendre vins, linge et tout chez nous. papiers famille. | Dauger, 28, avenue wagram. renens, près lausanne, suisse. écrivez. — Paule. |

St-Cyprien, 25 jan. — Mausnier, rue théâtre, 12, paris-grenelle. maurice, famille bien. émile exempté. écrivez ballon. — Dumaine. | Escande, passage saulnier, 18, paris. allons tous bien, familles marraud, merlier, villeneuve aussi. georges capitaine mobilisés. bébé superbe. — Escande. | Coignet, rue Trézel, 15, batignolles-paris. lettres reçues, réponses faites, difficile. tous bien portants, préoccupés toi, événements, écrire souvent. — Beaumont. |

Bourdeilles, 25 jan. — Moutard-Martin, rue hautefeuille, 9. bonne santé, recevons lettres. paul congé. que font école palais. — Rivolet. |

Angoulême, 25 jan. — Lagrye, bac, 104. paul capitaine combat mans, sain sauf, proposé pour croix, jacques bien, nous bien angoulême 20 janvier. — Hermine. | Stadler, 50, rue abbesses, paris. nicou bonne santé place du parc, 7, angoulême. — Nicou. | Chrétien, avenue victoria, 3, paris. grands, petits bonne santé, lucie quatre dents. alfred bordeaux va bien. tes lettres arrivent. — Chrétien. | David Meunet, 29, rue du sentier, paris. david, troullier, adhémar, bousquet, topinard, famille dupuis, ses fils parfaite santé. — Troullier. |

Temple, 23 jan. — Mélin, 93, chaussée du maine. pendant bombardement installez-vous chez moi avec votre mère. sans nouvelles de vous. écrivez-nous. — Burgère. |

Agen, 25 jan. — monsieur Augarde, entrepôt général de vins. achille armée loire, augustin prisonnier, familles agen, casteljaloux bien. — Berthe Augarde. | Rollé, feuillantines, 90. vais bien, reçois lettres. — Alice Rollé. |

Castelnaudary, 25 jan. — Gravier, rue richer, 46. suis sous-préfet castelnaudary, m'y écrire. reçu lettre 11 janvier. santés excellentes. — Emile Cotelle. |

Sancergues, 24 jan. — Paultre, miroménil, 50. santés excellentes, tranquillité. reçu quatre-vingts lettres. amitiés. — Ernestine Paultre. |

Neufchâtel-en-Bray, 20 jan. — Tattebaut, chez madame de Janzé, rue matignon, 18, paris. parents bien portants, recevons tes lettres. — Tattebaut. | Etienne, rue blanche, 35. nous sommes bien, je reçois tes lettres. — Armandine Dezeau. | vicomtesse de Janzé, rue matignon, 18. 20 janvier cher henri reçu lettre. nous bien portants. te prive pas, paierai dépenses. — Duvivier. |

Saint-Brieuc, 23 jan. — Mme Grandin, grande rue passy, 50, passy-paris. victor bien. armée chanzy. louise, paul bien. quintin. édouard lieutenant, tous bien. — Ducréhu. | mademoiselle Lelièvre, rue sainte-placide, 50, paris. reçu lettres, merci. écrivez souvent, sommes tourmentées de vous. nos santés bonnes. — Catherine. |

La Roche-s.-yon, 24 jan. — Meslier, sentier, 19. poulain, albert, avec mère rhône. azam tous bien. écrivons tous moyens imaginables, dépêche vingt-sept. — Laure. | Levé, 12, rue léonie. merci, tous bien, alice aussi à brighton 17, marine-parade, bonnes nouvelles de famille. — Marthe. | Moreau, 19, turbigo. demoiselles se portent bien, mais brûlent désir vous revoir. ont reçu lettre leur mère, commencement année. — Royer. | Moreau, turbigo, 19. manquons toujours rails. lacune 12 kilomètres. depuis 18, nôtre matériel est réquisitionné pour achèvement charentes. — Royer. |

Veules, 21 jan. — Axenfeld, 21, godot-mauroy. santé excellente. reçu lettre treize. écrit nantes, madame scheik. famille jay, bien. veules, parfaitement, zéro prussiens. — Axenfeld. | Monet, 12, jacob, paris. portons bien. recevons lettres, paul superbe, écrire claye. — Mathilde Monet. |

Cuisery, 24 jan. — Chavériat, 3e bataillon, 13e régiment infanterie mobile. santés toutes bonnes. lettres reçues. pays non envahi. eugène mort stettin. — Marguerite chavériat. |

Binic, 23 jan. — Bonnefoy, nationale, 30, 13e arrondissement. tous bien portants, heureux. recevons vos lettres. auguste écrit. femme — Augustine Bonnefoy. |

St-Claude-du-Jura, 22 jan. — Regad éléonor, rue prouvaires, 8. donner nouvelles. — Guichard. |

Lons-le-Saunier, 23 jan. — Romain, médecin, sous-aide, ambulance, 2e armée. paris-pantin. toute famille va bien, écris plus souvent. — Marthe Perrault. | Campion, rue lafitte, 24. écrivez. moulins, montmorot, ode bien. — Renaudie. |

St-claude-du-Jura, 23 jan. — Lebel, 172, rue saint-maur-popincourt. paul, gabriel, mobilisés légion nantaise. santés bonnes, tranquilles, reçu vingt lettres, pour charles amitié. — Oury. |

Pontarlier, 21 jan. — Trape, 20, ste-croix-bretonnerie. reçu aujourd'hui lettre 30 décembre, pas novembre. allons bien, patience, prépare caisse comestible et vincent. — E. Trape. | Boulanger, galvain, 5. habitons pontarlier. tous bien portants. dernières nouvelles 14 novembre, inquiets. — Boulanger. | Suquet, presbytère saint-eustache. nouvelles sisteron, bas, chambon, excellentes, hélène, clothilde accouchées garçons. berthe, fille. habitons pontarlier. — Emile Suquet. |

Fernex, 23 jan. | Trèves, 22, rue rambuteau. lévy, inquiets. écrivez gand belgique, 6, rue régnesses. nous allons tous bien. — Ferdinand. | Thomeguex. port mahon, 12. reçu lettre 5 courant, demandons plus de détails, tous bien. albert à lyon. — Gonin. |

Dieulefit, 21 jan.—Husset, 119, rue lille, paris. reçu lettres, vais parfaitement, léon idem, nouvelles ses fils, manquent en réclame. — Victor. |

Stes-Maries-de-la-Mer, 21 jan. — Angevin auguste, rue st-denis, 240, paris. joséphine léonie sont chez moi bien portantes. — Escombard, curé. |

Montélimar, 21 jan. — Béranger, boulevard montparnasse, 84, paris. santé parfaite, habitons montélimar, mère morte quitte ton appartement. — Louise. |

St-Amant-de-Boixe, 22 jan. — Jean Silvonton, place maubert, 1. nouvelles de ma maison bicêtre mon mobilier et frère écrivez souvent. — Lacaud à Tourriers charente. |

Loudéac, 20 jan. — m. Réné le cerf, 6, greffulhe. bien portants, mets lettres à poste intérieur, paris, autrement arrivent rarement. — Le Cerf. |

St-Valéry-s-Somme, 17 jan. — Desbrosse, 17, roquépine, paris. enfants tous santé, avons argent. — Lorenzo. |

Nantes, 21 jan. — madame Regardin, rue grenelle st-germain 15, paris. dernières nouvelles par albert va bien, nous aussi baby marche, nantes. — Bévill. | Eugène Simon, mobile, bataillon, larcinty, 4me compagnie, mont-valérien. portons bien, envoyons encore argent. — Simon. | Gorgen, seine, 12. 7e 20 jan. pas lettres depuis un mois, très-inquiètes. santé bonne. nantes, 18, passage orléans. — Thiébaut. | Salomon, rue sauteuil, 3. bébé bien, nous aussi. chevret rue turbigo, 12, paris. — Salomon. | Morel, 56, rue batignolles, paris. reçu lettre, vendu sucres 6 mille, envoyé mille dally, prisonnier à mayence, bien portant. — Villéon. | Robert petit, rue monthabor, 6. inquiétude écris-moi. — Tardivel. | Alleaume, 142, faubourg st-denis. malle volée contenant tous nos titres, prends mesures, envoies numéros fusion franjeul, 13, rue paris, nantes. | Aublin, hôtel des monnaies, paris. tous bien portants. vous embrassent. — Aublin. |

Saintes, 22 jan. — Malaper, 24, boulevard st-denis. 4e dépêche, santé meilleure, fille superbe. — Puet. |

St-Servan, 20 jan. — Hulbrat, 2, boulevard villette. portons bien, très-inquiets vous charles, henry demandez argent, rembourserai, embrassez Mme pichard, nouvelle ballon. — Galichen. | Concierge, 66, rue vaugirard. mettez meubles dans cave sur paille si croyez nécessaire. prévenez housel. — Noury. | Regnier, rue dames, 6, paris batignolles. si craignez obus, faites ouvrir, prenez appartement. bien portants, à st-servan. — Regnier. |

St-Pol-de-Léon, 19 jan. — Courcy, 38, monceaux, paris. enfants parfaitement mardor, yves mort octobre. fais écrire pol par ton moyen, prussien laval. — Courcy. |

Usson-du-Poitou, 22 jan. — Couteaux, rue lepelletier, 49, paris. allons bien, trois filles. — L. Couteaux. |

St-Valéry-s-Somme. — Sanson, architecte, 19, boulevard bonne-nouvelle. très-inquiets. pas nouvelles. toi, raoul, écrivez par chaque ballon. tous bien. — Marie Sanson. | Dalifol, quai jemmapes, 172, paris. allons tous bien, enfants grandissent avons argent. pensons à toi, prudence, embrassons, courage. — Jenny. |

Châteauneuf-s-Charente, 22, jan. — Georges Perreau, banque de france, paris. tous bien portants, attendons bébé, cluzet prisonnier. — Perreau. |

Ribérac, 22 jan. — Bourdon, 30, échiquier. cécile st-servan, marie bordeaux, édouard, gustave, berthe. nous tous bien. si besoin irons bayonne. recevons lettres. | Mathilde. |

Pont-audemer, 20 jan. — madame sporck, leroyer, enfant portent bien. charles prisonnier. — Enoult. | Paul Quatravaux, sthéphenson, 24. quatrième. demoiselle quatravaux tous portons bien. doit botter encore. écrire toujours. — Enoult. | Bonneau, place hâvre, 16. coulommiers, grand-mère versailles. pierre biarritz, nous tourville, bonnes santés. recevons lettres. — Binard. | De Tourville, 18, place vosges. tous bien, chez père. lucien à l'armée. vos lettres manquent depuis 15 novembre. — Adrien. |

Lyon. 24 jan. — Mougin, rue seine, 13. sans nouvelles. très inquiets. portons bien. patience, vœux. baisers paternel, vois bertin. — Mougin. —Seitz, rue condorcet, 53. donnez nouvelles pour votre mère réfugiée suisse, hôtel cygne, lucerne. — Demessieux. | David, 51, rue sainte-anne. levée, pas soldat, exempt. chimiste usine munitions de guerre lyon, place minimes. gagne dix-huit cents. |

Vimoutiers. 20 jan. — Dubost, 28, rivoli. tous tranquilles, bien portants, guerquesalles. — Angèle. |

Lorient, 24 jan. — Coquillar, passy, singer, 28. charles mort. dulong houlleur. camille accouchée fille. tous bien. veillez logement. sauvez papiers, valeurs. — Challiot. | Laroque, rue levert-belleville, 9. georges, mari, parfaitement. neuwied, 12 janvier. famille touboulic, parfaitement. cuny lieutenant, prisonnier mayence, parfaitement. — Touboulic. | Cuny, rue marché-grenelle, 23. cuny lieutenant, parfaitement, prisonnier mayence. laroque et georges parfaitement. — Touboulic. | Christy Pollière, adjudant-major, fort de bicêtre. sommes bien. lettres reçues, embrasse. — Perrote. | Christien, canonnier, fort noisy. vais bien, reçois tes lettres. — Jacquitte. |

La Rochelle. 24 jan. — Saintévron, 73, boulevard haussmann. reçu lettre joly. décès deviers connu. bonne santé partout. donnez nouvelles. — Saintévron. | Puissan, assistance publique, place hôtel ville. sans nouvelles depuis 31 décembre. inquiétude mortelle, écrivez-moi. tous bien. — Laure. | Brenquier, croix petits-champs, 10. adressez lettres chez fédié, couiza (aude). — Seguy. | Simon (ministre). écris plus souvent. donne nouvelles ta famille, auguste, eugène, père, sœurs, nous trois, amis, sans exception, parfaitement. — Dumesnil. | Dyugiemare, enfants, pailleron, enfants, hélène, siens. laguerre, siens. fournier, enfants. père, sœurs, parents, bar, nous trois, parfaitement. — Dumesnil. |

Groissanville. 20 jan. — Heuschen, 67, place d'eylau. paris-passy. heureuse date conserve doux souvenir. reçois lettres. — Dauge. |

Grenade-s.-garonne, 25 jan. — M. Jules Lagèze, 52, rue bichat. grenade, toulouse, bordeaux. mussidan, bien portants. lataste parle, achille toulouse. acheté effets. — Céline Lagèze. |

Nîmes, 24 jan. — Quet, lycée corneille. santé parfaite. avons besoin de rien, ville tranquille. avons reçu lettres jusque fin décembre. écris. — Cécile Gairaud. |

Rabastens, 24 jan. — Trégan armand, caporal 7e mobiles, 3e bataillon, 2e armée. prouho, planques, toulza, allons bien. écris. nomme ces messieurs, reçu lettre du 6. — Trégan. | Tournier, 11, tiquetonne. ton frère non appelé, tous bien portants. louise bien gentille. lettres reçues, embrasse beaucoup. — Marie Tournier. | Thomières, sergent-major, 7e mobile, 3e bataillon, 1re compagnie, noisy-le-sec. reçu lettre 9 janvier. portons bien. antonin non appelé. écris souvent. — Veuve Thomières. |

Bagnères-de-Bigorre. 24 jan. — Deshayes, bon-

Bordeaux — 27 janvier 1871.

levard italiens, 27. nous, albert, à lyon. portons tous bien. reçu tes lettres. — Deshayes. |

Quimper, 24 jan. — le comte Girardin, 8, rue du centre. bien portante à quimper, finistère. désire de tes nouvelles. — Girardin. |

Billom, 23 jan. — Frobert, 19, michel-lecomte. paris. annette, sulpice, terrier, cély, bien portant. félix armée bourbaki. cochons tués. avancez cent francs à rosalie. — Cély. |

Coutances, 21 jan. — Rosier, 20, gallerie vivienne, paris. sans nouvelles des marquez depuis alice, dites écrire par tous ballons. demandez argent dorvault. — Marquez. | Haverna, 35, passage panorama. paris. toujours bonne santé. Jeanne magnifique, bien inquiète. attends nouvelles et détails. baisers à tous. — Marie. | Delesdain, 4. rue turin. famille bien portante. courage. | Bénard, 52, arbre sec. bien portants, bien tristes. lettres reçues. | Gibaut. |

Marseille, 24 jan. — Roussel, agent, rue louvois. demandez douze mille francs chez béchet, montrez dépêche. leur ai télégraphié. écrivez poste restante marseille. — Thomasson. | Dreux, suresnes. prussiens neuillé; partis marseille avec édouard. bien portants. pas nouvelles mes parents. écris layat, rue montgrand, 2.— Dreux. |

Riom, 23 jan. — Lauzanne, 41, martyrs. paris. allons bien, reçu argent. pas besoin autre. vos lettres arrivent. lance, arcachon. prévenir georges. — Marie Colombel. |

Saint-Sever-Calvados, 23 jan. — Jules Thirion, rue faubourg poissonnière, 177. enfants bien portants. vevey, grand-hôtel. — Lucie. |

La Capelle-Marival, 25 jan. — Froc, 4, rue michaudière. reçu nouvelles récentes orléans. santés parfaites nous aussi. — Vaissié. |

Tourcoing, 21 jan. — Cavru, boulevard saint-denis, 9, paris. Joséphine, nous, très bien. reçu six lettres aujourd'hui. — Dervaux. |

Avranches, 22 jan.— Mme Cantilly, 24, rue des missions. paris. rené près mayenne. nouvelles récentes, bonnes. votre mère va bien. — Sainte-Marie. |

Argenton, 25 jan. — Darcy, 11, feuillantines. pour Alexis. tous bien, pas reçu lettre de lui novembre, me donner nouvelles alphonse. — Marie Delataille.

Châteauroux, 25 jan. — M. Daudart, concierge, 9, rue dejean. inquiète, donner nouvelles terrasson.—Fme Terrasson, St-Août, Indre. | Vuy, boulevard haussmann, 48. votre famille toute en bonne santé. — Alix Hébré. |

Objat, 25 jan. — Plancher, 96, lafayette. carte 8 novembre. depuis, très-inquiets. écrire promptement. tous santé. sans nouvelles émile.—David. |

Vierzon, 25 jan. — Michaud, 76, boulevard magenta. paris. pays tranquille. avons pas quitté. portons bien. alfred charmant. — Bardel. |

Libourne, 26 jan. — Libman, 12, lavoisier. roger bien, lettres reçues. peloux écrit, argent envoyé. tous bien. — Ollivier. |

Gravelines, 22 jan.— Trollé, 30, grande-truanderie. mélanie accouchée gros garçon. bonne santé. recevons nouvelles. — Trollé. |

Gamaches, 18 jan.—Desjardins, 28, rue sèvres. paris. tous bien portants à bouvaincourt. reçu lettres 25 décembre. — Denant. |

Essoyes, 9 jan. — m. Rémy hériot, st-honoré, 253. portons bien. reçu nouvelles, aussi léon, prélat plivard, bien, nouvelles eugène tué ou blessé. — Gentelot Brocard. |

Moulins-s-Allier, 21 jan. — Decrousay, rue tournon, 2. léon ici, marie rennes, partout bonne santé, 20 jan. ennemond. — Decrousay. |

Rodez, 23 jan. — Curtel, rue laharpe, 42. habitez chez nous, et mangez provisions trouvées par fontès. — Harold. |

Trouville-s-Mer, 19 jan.—Sienkienvicz, 23, penthièvre. fatiguée solotte bien parle, robert-bergamo, adam, jérusalem pas de difficultés, très-bien. inquiète, recommande prudence. — Sienkienvier. | docteur Crestey, 48, lemercier, batignolles. trouville, bonnes santés, gros andré reçu lettres. — Crestey. | Baschet, boulevard saint-michel, 7. jan. 18, tous trouville santé bonne. si argent libre payer emprunt, caisse dépôts. — Vendryes. | Paul fouchet faubourg poissonnière, 39. reçu lettre du 11. merci, bien à boulogne, donnez nouvelles place madeleine et émilie robion. — Perrier. |

Etretat, 18 jan. — Perier, 16, rue malesherbes. tous réunis, tranquilles et en parfaite santé, étretat, mille tendresses. — Marthe. | président chevillatte, 41, rue de la victoire. merci, continuez soins, nouvelles souvent courage. — d'Allemagne. | Fouquet, rue tivoli, 3. toutes santés entièrement parfaites, restons tamise chaudement installées excellentes récentes nouvelles, level, jeanne, émile, marie. — Amélie. | Lazard, arcade 24. lucie fille, nôtres, europe, californie bien étretat. — maman. | Tixier pont-de-lodi, 5, allains bien portants, beurre confitures. — Bac. | Gaillardet, 8, passage saulnier, paris. vendre aussitôt cheval, âne, chèvre. santé parfaite. recevons vos lettres. étretat, 18 jan. | Delibes, rue de rivoli, 220. santé bonne reçois lettres.—Delibes. | Halévy, rue larochefoucault, 31. tous, tous, tous, santés parfaites. maison chaude sécurité assurée. lettres reçues. vu alfred ici parfaitement. — halévy. |

Les-Andelys, 21 jan. — Larcher, 20, cour des-petites-écuries, paris. andelys, quatre bien portants, pas reçu lettres de deux mois, besoin argent.—Elise. | Lemaître, rue lafayette 36. femme, enfants bien portants. andelys, 17 janvier. | Milliard, 54, châteaudun. 16 janvier, tous bonne santé, mère, sœur angleterre. embrassements.—Milliard. |

L'Isle-en-Dodon, 21 jan. — abbé Guille ou valère, boulevard montparnasse. 146. suppliés d'écrire. sommes très-inquiets. henry avec bourbaki, est. — Pougault. |

Lyon, 25 jan. — M. J. Lacroix, galerie colbert, 2. mamoz bonne santé à boppard, prusse. nous allons tous bien. — C. Lacroix. | Laserve, rue pagevin, 1. bien au hâvre, partout. — J. Laserve. | Bourgain, paradis-poissonnière. 56. aucune nouvelle depuis siége, inquiets, écrivez. auguste toujours belfort, pas blessé 15 janvier. — Pérut. | Lefebvre, rue vieille-du-temple, 19. lettre reçue, compte juste perret, senclar, mayoussier, delamare et bureau vous disent courage, confiance. — Mayoussier. |

Arras, 23 jan. — Hubert, 53, ste-anne. reçu toutes lettres. — Hubert. | Bounaix Jean, 1er cuirassiers vincennes. nouvelles de suite. — Hermance. | Desaint, 88, st-lazare. arras santé bonne et laure. écrire. — Julie. | Sidler, 3, joinville-villette. zulma morte. tous bonne santé. douze lettres reçues. adresse cauchy, 5, st-aubert. — Piffaretti. | Nathan Courtier, 45, chabrol. vendez suifs chez trotrot, vu cours élevés. — Daire. | Mirambeau, 9, surennes. portons bien, courage, Dieu protégera. — Ricourt. |

Lille, 21 jan. — madame Künckel, faubourg-montmartre, 7. attendons de tes nouvelles, allons tous bien. espérons. — Anna Marcé. | Crepiat, françois-miron, 14. prends mon appartement pour toi ou amis contre bombardement. pense à maison fournier, amitiés à tous. — Wachez. |

La Tremblade, 26 jan. — Lesavoumeux. boulevard voltaire, 173, paris. santé améliorée. franck saintes, joël caporal dépôt hyères. — Lesavoumeux. |

Vouillé, 26 jan. — Desroches, mobile vienne, 36e régiment, 3e bataillon, 2e compagnie. mère, fille embrassent. mieux paris que loire. louise, sœur bien. | Desroches, mobile vienne. 36e régiment, 3e bataillon, 2e compagnie. prière donner dix francs brunet, brix, 20, bernage. |

Valenciennes, 22 jan. — Legrand, 60, rue provence, paris. tous bonne santé. recevons lettres. auguste garnison valenciennes, dépôt. famille gervaise bonne santé. — Canu. | Garcin, boulevard bonne-nouvelle, 26. marie accouchée heureusement garçon, portons tous bien, avons argent. — Bernard. | madame Lévy, simon-le-franc, 12, paris. bonne santé, capitaine 65e valenciennes 22e corps. — Estrabeau. |

Tourcoing, 22 jan. — Laprun, capitaine bataillon somme. reçu argent, santé bonne. — Laprun. |

Meillant, 23 jan. — Gonin, sergent à la 2e section administration, quai de billy, paris. es-tu en bonne santé ainsi que ton frère? nous tous santés excellentes. — Gonin. |

Fontenay-le-Comte. 26 jan. — Vaudremer, rue enfer, 77. santé excellente, dire sommes fontenay. écrire longuement chaque jour. changer quartier, sommes en sûreté. |

Hennebont, 25 jan. — Perrien à capitaine trévenec, pour gustave, ministère guerre, paris. reçu lettres, merci. tous bien, henri resté. kerlivio 21 janvier. — Perrien. | Brongniart, lieutenant 16e batterie, 10e régiment artillerie, paris. tous bien portants, louis avec nous. recevons lettres. courage. confiance. mille baisers. |

Concarneau, 24 jan. — Fourchy, 266, boulevard st-germain. santé parfaite. sois sans inquiétude quoique arrive. — Fourchy. |

Quimper, 25 jan. — monsieur Riant, 35, rue berlin. petitval tous bien portants, lasalle, louise, enfants fontenay. paulant bien suisse, nous à quimper. — E. Mignon. | messieurs de gourcuff, 87, rue richelieu. mère, sœur, yvonne, félicie bien. gustave boscourcel avec ennemis sans mal sérieux. — Lestanville. |

Périgueux, 25 jan. — Dancourt, 33, journefort. périgueux francheville, bien portants, désirons lettres, recevons toutes novembre, bonnes nouvelles, maisons roumerel, eugène colonel. — Dubourg. | Mlle Loustau, boulevard malesherbes, 105. je suis bien et marguerite l'enfant. — Anna. | Degorce-cadot, éditeur, paris, ta famille va bien, toujours calvados. argent nécessaire envoyé. — Junien. | Jozon ou à défaut concierge, rue miroménil, 18, paris. donnez nouvelles de chez moi par ballon. périgueux, bureau restant. — Woidier. | madame bachmam, rue chevalleret, 58 ou st-bernard, 44. bachmam clavaud à périgueux porte bien bonjour à tous, réponse. | Boucault, juge paix, 66, cherche-midi. 2e dépêche, pas communiquer pierre, lettre reçue écrire souvent. très-inquiète. — Despommiers. | Sainsard, université, 30. écrire, périgueux, dordogne, route bordeaux, 38. — Palmyre Sainsard. | Despommiers, 55, st-dominique-st-germain. 3e dépêche, bons souhaits, santé, très-chagrine, route bordeaux, 38. — Despommiers. |

Dinard, 24 jan. — Beauvorger, avenue champs-élysées, 50. inquiets. écris par ballons. dinard. — Edouard. | Lamiston, 16, capucines. henri, agen, secrétaire capitaine, moi, thérèse neveux ici depuis 17 janvier. lanjuinais armée bretagne, félicie nantes. — Hilarine. |

Moulins, 24 jan. — Larroudé, 24, thévenot, paris. reçu lettres, écris souvent, inquiètes, sois prudent portons bien tous. — Larroudé. | Jouy, 49, st-andré des arts; paris. Léon barcelone, santé parfaite possédant toutes lettres. — Lavallée. | Nesbitt, lycée bonaparte, santés bonnes, recevons lettres manquons rien. — Nesbitt. | Balon, rue 29 juillet dix blois, tous bien, nous aussi, recevons tes lettres nouvelles, maison worth embrassons bien. — Balon. | Raimbert, boulevard strasbourg, 19. mirabaud montreux, taigny chartrettes, trouville, dutilleul tous bien, recevons vos lettres. — Raimbert. |

Fougères, 23 jan. — m. Caron, 38, rue belleville, mille affections. lettre attendue. fougères, 12, rue pinterie. — Caron. |

Cabourg, 24 jan. — Farest-Gondolo, boulevard péreire, 174. bonne santé, sommes pourvus. recevons lettres. — Gondolo. | Sancier, 7, boulevard beaumarchais. sans nouvelles. inquiétude extrême. — Désaulnée. |

Hyères, 25 jan. — Chatel, 21, boulainvilliers. arrivées directement avec oncle, 14 novembre. reparti aussitôt gien. bonne santé, bonne installation, toutes lettres reçues. — Chatel. |

Janzé, 23 jan.—Adnot, quincampoix, 80, paris. envoyez nouvelle santé, maison saint-louis, existe-t-elle? anot. — Janzé. |

Beaulieu-s-Ménoire, 26 jan. — Becq, laferrière, 4. reçu tes lettres. — Paul. |

Châlons-s-Saône, 24 jan. — Pussy, chemin fer lyon, contentieux rue st-lazare. bien portants, châlon-saône. demande avance batin, deux trimestres. nos tendresses. — Delaperrière. | Manniez, 30, rue vieille-du-temple. bonnes nouvelles cotignac reçu lettres. rassure lefaure, guiard, édouard mobilisé. — Dauphin. | Broussois, dupuytren, 4, paris. tous bien portants, écrivez par ballon, reçu deux lettres.—Anière. |

Granville, 22 jan. — madame Fourrier, boulevard montmartre, 21, paris. maurice bien fécamp. — Daumerie. | docteur moutard-martin, 5, rue échelle, 13e, paul moutard-martin, artillerie bernay parfaitement. granville dinard abbaye parfaitement. — Moutard-Martin. |

Carentan, 23 jan. — Briard compoise, 16, saint-denis, seine. reçu lettres, dernière 10 janvier, désolation. santés bonnes, nouvelles beaumont envoyé pigeons.—Cœur Briard. |

Cherbourg, 23 jan.—Dufilho, 6, chaptal. lettres reçues, santés bonnes refuser services madeleine shake hand judith. bons baisers de nous tous.— E. Dufilho. | Dussardier, 28, faubourg saint-antoine. faites écrire tous souvent, porral et maison, quatre besson bien. — Chaillet. | M. Fenardent, 17, véron, montmartre. allons bien. piton écrire bien installés recevons régulièrement Durانruel londres, recevons tes lettres. — Millet. | Robley, 11, rue verneuil allons tous bien. sommes inquietes, écris, louis gentil bien portant.—Caroline Robley. |

Bertrand, 88, rivoli. sommes cherbourg, hôtel aigle, bien portantes, recevons lettres beuzeville, tranquille albert houlgate bien isle adam bien.— Bertrand. | Amiral Roze à Roze matelot montrouge, bonne santé prends argent chez dreux, 14 rue grammont.—Roze. | Joseph Lévy, 14, rue des rosières. santé bonne, philippe prisonnier coblentz. j'envoie argent eugénie. enfants vous tous mes pensées.—Mathan. |

Chaillet, 42, faubourg saint antoine. attendons lettres de toi. reçois lettres perol tous bien, maman garçons perol cherbourg, père mort, écris. —Adèle. | Labroux, 400, rue saint-honoré. confirme dépêche. assurez contre bombardement. montrouge rue valence, rue feuillantines. voyez police assurances. pour sommes.—Lemarinier. | Sabroux, 400, st-honoré. assurez contre bombardement, maison montrouge mobilier, marchandises. rue valence, mobilier, rue feuillantines. réponse hôtel europe, cherbourg. — Lemarinier. |

Saint-Lô, 24 jan.— Arsène, chez goujon, 77, rue aboukir. sommes bien portants. vos lettres parvenues, mais d'honorine, rien. tirez-nous inquiétude.—bosq. |

St-Valéry-en-caux, 23 jan. — Archambault, 19, moulins. veules, tours, acy, rouvres, santés parfaites. reçu lettres 14 janvier. prière coucher anatole moulins, avons argent. — Archambault. | Brouillet, 55, ste anne. lemaire veules, lobrichon, suisse. tous tranquilles, vont bien.— Lemaire. | Axenfeld, 24, godot-mauroy. maman, moi, colonie parfaitement. reçu lettre 13 jan. écris à nantes, dresde, abbé Piot. zéro prussiens.— Axenfeld.

Bastia, 23 jan. — Docteur Guérin, 9, astorg, paris. mère, femme et nous bien portants, écris-moi. — Guérin. | Mariani, 108, grenelle-st-germain. écris, sommes inquiets.—Mariani. |

Dinard, 23 jan. — Nathan, 56, avenue eylau. bonne santé, inquiétudes cruelles depuis bombardement, prière écrire chaque jour. embrassons père, fils.—Nathan. |

Roche-derrien, 23 jan.—Rodet, 27, quai bourbon, paris. félix 21e corps. nous écrit, tous bonne santé. écrivez-moi. — Goubaux, roche-derrien, (côtes-du-nord.) |

St-Brieuc, 24 jan. — Nau, 10, rue mézières. tous bien, réfugiés saint-brieuc, rue port, avec bourlez. écris.— Nau. | Lohan, mobiles loudéac. familles très-bien.—Ludovic. |

Saint-Valery-s.-somme, 23 jan.—Porte, 5, cité trévise. avons reçu lettre du 11. portons bien. écris plus souvent. envoie adresse madame Catelain.—Porte. | monsieur Diosi, 4, rue compiègne, paris. tous six bonne santé, reçois lettres argent manquons rien à ault. désirée inquiète. — Joséphine. |

---

114. Pour copie conforme,

l'inspecteur,

Bordeaux. — 29 janvier 1871.

Langon, 24 janv. — Meunier, 5, labruyère, allons toutes bien enfants superbes, bien installées sois Giroult intact, embrasse Gustave. - Meunié. |

Bordeaux, 24 janv. — Caron, 12, malignon, gien me télégraphie excellentes nouvelles de votre mère, sans autres détails. Despond est prisonnier, ardents encouragements. — Ungérer. | Sambourg inspecteur télégraphes. excellentes nouvelles stvenant. votre femme avec Jeanne chez Florimont vont bien. famille aussi, amitiés hudot. - Ungérer. | Courvoisier, 12, sévigné. reçu 15 lettres, Emile même état, allons bien, envoyé 2 lettres, 2 cartes, 1 dépêche. — Eugénie Charvet. | Peyrne, 1, scribe, dépêche reçue, est la 1re envoyée. détails impossibles dans 20 mots. santé parfaite. embrasse tendrement. — Mourraille. |

Avignon, 23 janv. — Villetel, 4, place cluny, paris batignolles. nous recevons tes lettres, nous nous portons bien, écris toujours. — L. Poux. | Ducos, 1, françois-premier. tous parfaitement. — Zoé. | Gilles, léon, 27, jeûneurs, enfants et tous parents gard, drôme, dordogne, bien portants, écrivez tous ballons. — Gilles. |

Angoulême, 21 janv. — Millettes, 7, chaussée d'antin. déménagés. angoulême, 30, rue montmoreau. envoie argent. banque ici. — louise millettes. | Georges Scheidecher, 30, rue l'échiquier. suis à londres, impossible envoyer argent. écrivez 39, gloucester, place portman square. — Cisneros. | Albertini, ambulance pérou, 27, rue rome. tous très-bien, recevons lettres, écris toujours. les Othoneing bien, avertir chez eux. — Albertini. | Crépin, 136, quai jemmapes, donnez nouvelles à Wagret par ballon, sont inquiets de vous. — Rivaud. |

Angoulême, 23 janv. — Ruggieri, artificier, 5, place blanche. donne nouvelles par ballon. allons bien. informe-toi Crépin, donne de ses nouvelles wagret. — Rivaud. | Romond, 56 boulevard invalides. pigeonné 26 novembre, 2, 8 déc., 11 janv. reçu ballon 12 janv., bon courage — Tavernier. | m. Dalesme, 11, rue des deux gares. santé bonne reçois lettres, albert mobilisé parti. inquiète de toi. — Vve Dalesme. | Gautrot, 37, rue de la mare, belleville. suis petit bouland, vais bien, écrivez souvent. — Dégageux. |

Barbezieux, 23 janv. — Frère, 11, boulevard enfer, mère, marthe, georges bien, père mal, recevons lettres. — Frère. | madame Esther Baude, 8, rue pré-aux-clercs. anxiété, un mot. — Baynaud, monchande par barbezieux. | Lefrançois, 9, rue de bagneux, pape chassevant benoist bien. — benoist. | Chagnoux, 2, boulevard de la gare. bien portants, henri deux dents, écris longuement nouvelles pinon. achille officier famille réunie ici. — Chagnoux. |

Cognac, 23 janv. — Moisson, 22, caumartin. guel fort Edouard santés parfaites, Jacques étonne amis par intelligence, raymond travailleur, bébés embrassent saint raymond. — Moisson. |

Ruffec, 23 janv. — Gâche, 6, rue de la terrasse. envoyez lettres par ballon, dites si payé impôts donnez détails. — Dupond.

Charny. — Eupin, 5, paix. donne nouvelles, théodore prisonnier. — Pesson. | Champradoud, 27, montaigne. allons bien, écrivez. — Lavollée. |

Libourne, 22 janv. — Linzeler, 29, boulevard beaumarchais. souhaitons meilleure année, portons bien, donnez nouvelles santé. — Marteau. | Fayet, 4, grand-chantier. portons bien, vacquerel vous remet trois mille francs prêtés à madame, paierez contributions. — Marteau. | Vacquerel, 31, réaumur. portons très-bien, enfants professeur, relations avec deschamps, dasa l'isle-adam, cousines duval valescourt, marteau bonne santé. — Vacquerel. |

Grenade-sur-Garonne, 22 janv. — Grégoire, 13, rue neuve-petits-champs, paris. bien portants, st-cézert. — Davasse. |

Romorantin, 17 janv. — Genty, 46, sainte-anne. boulnois, fissot reçoivent lettres, deherpe fissot parfaite santé, edgard contusion pied. — Fissot. |

Etretat, 15 janv. — Lemmens, 35, louis-le-grand. aidez si pouvez frère alfred, femme félix, vu prussiens 10 décembre coupé télégraphe, partis aussitôt, plus revus. | Brasseur, 47, taitbout, paris. tous bonne santé, reçois lettres, dernière du 1er, inquiète. toujours étretat, j'ai argent. mille baisers. — Brasseur. | Lemmens, 35, louis-le-grand. pendant bombardement logez ménage lenoire chez nous. tous bien portants, neige, embrassons tous, nini écrire plus souvent. | Verclat, 83, boulevard sébastopol. ai écrit julia, morel parfaitement, prisonnier soest, sans réponse, écrivez étretat. — Ebeling. | Rochot, 120, neuve-mathurin. bien portants étretat, écrivez, recevons. — Caron. | Sauterne, 3, rue médicis. portons tous bien, léon sous-lieutenant cherbourg, prenez mon appartement, vins cave. — Joüet. | Carteron, bac, 2 bis, passage sainte-marie. marie bien, reçu lettre, écrivez. |

Besançon, 20 janv. — Lonchampt, 7, rue corneille, paris. avons bonne santé, inquiets de toi parce que nouvelles absentes. écris souvent. — Lonchampt. | Ferniot, eugénie, hortense, 227, rue saint-denis. lettres reçues, santés bonnes, gaston, sergent, bourbaki. marie née fin octobre. — Lauret, Maguin, Bourgeois. | Foncin, commandant d'artillerie, 3e corps, 2e armée. je reçois tes lettres, famille bonne santé, écrit souvent, ta mère à besançon. |

Nuits, 19 janv. — Marcillet, 40, rue flandre, villette. lettres parviennent, avons été envahis, portons bien, écris davantage, nouvelles nuitons. — Marcillet. | Téricot, 131, boulevard saint-germain. louise, votre père va bien. écrivez peu, donner vos nouvelles. — Chambin. | Jouan félix, 1er bataillon, 6e compagnie, 10e régiment côte-d'or. nous portons bien. réponse, écris souvent. — Jouan. | Chémardin, 1er bataillon, 6e compagnie, côte-d'or. portons bien, paul médéah, auguste nuits. oui réponse. — Guérin. | Thomas, capitaine, 1er bataillon, côte-d'or. lettres thomas moissenet reçues. prussiens évacués dijon, aucun dommage, andré tout va bien. — Thomas. | Baptiste Bavard, 1er bataillon, 6e compagnie, côte-d'or. nous portons tous bien. — Bavard. | antoine Grandué, 1er bataillon, 6e compagnie, côte-d'or. nous portons bien, emprunte argent chez souchey. — Marguerité. | laure nisard, 18, belzunce. maman, suzanne, bonni, bonnes santés treize lettres ballons. |

Saint-Servan, 16 janv. — Fabre, 10, rue seine, paris. santé. tout va bien. — j. Fabre. | henri Philidor, 34, rue penthièvre, paris. famille regnier, rue villepépin, saint-servan (ille-et-vilaine). bien portante, reçu tes lettres. |

Dieulefit, 20 janvier. — Méja, 24, bons-enfants. votre fils georges, gaston, alfred parfaitement, clémence une fille, reçu dix lettres raoul. — Duseigneur. |

Saint-Sever, 17 janv. — Rousselet, 142, rue rivoli. fille. aminthe longjumeau. perte cruelle edmond. — Rousselet. |

Le Hâvre, 16 janv. — madame Walpoel, 35, poissonnière. montmartre. sommes tous bonne santé, supplions donnez nouvelles, sommes inquiets. — Levasseur. |

Divonne, 20 janv. — Journet, sergent-major, 40e mobile, 2e bataillon, 4e compagnie. parents tous bien, coligny pas envahi, inquiets sur vullin. — Journet. | Seligmann, 44, rue richer, sommes tous bien. — Seligmann. | Petellat, 28, grammont. mère, sœur, nous tous bien, dire marius, dire berger, 2, caumartin, nathy bien, famille lambert bien. — Gretilliat. |

Bordeaux, 24 janv. — Derbanne, 5, place bourse sommes installés londres. 27, sutherland, place westbourne grove w., près falcon. tous bonne santé. — Léonie. |

Pamar, 51, rue copernic. sommes bordeaux, 12, voltaire. tous bonne santé, recevons nouvelles souvent, espoir, courage. — Pamar. | Flury, 30, arcade. allons bien, écrivez souvent, recevons lettres, dites si vous avez nos nouvelles. — de Madre. Bachellier, 138, rue saint-honoré. bonne santé demande détail de la rue de sèvres et autres qui nous concernent. — Morel. | Sustrac, 50, condorcet, paris. tous bien, émile parti au mans, gustave resté, vos lettres arrivées, écrivez-nous plus souvent. — Victorine. | Jannin, 39, taitbout. moi, enfants bonnes santés. bordeaux, 10, jardin public. meynier interné belgique ou aix-la-chapelle. — Thérèse. | Lefebvre, 12, poitiers. céline, jenny, honoré, marthe, henri, marguerite. jeanne, georgette, lucie, georges, louise, amédée, charlot, vannes bonne santé. — Marthe. | Pontanie, 6?, sébastopol. père, mère, durand, bureau mère, marmo, georges, marthe, marie restés laval. bonne santé, les autres vannes. — Céline. |

DÉPÊCHES RECOMMANDÉES

Bordeaux, 21 janv. — Fruchard, médecin, 20, sentier, paris. suis désespérée, mon petit pierre est mort 14 novembre, inflammation entrailles, donnez courage arthur. — Fruchard. | Lazard, rue caire, 30. troisième pigeon, trois mois sans nouvelles, terribles inquiétudes, sommes vichy. — Mélési. | vicomte Guitaut, 19, rue varennes. femme, enfants, parents très-bien, bon espoir, époisses, bard pas envahis, écris-nous. — Guitaut. | Poyen, 47, faubourg st-denis. santé bonne, reçu lettre 10 janvier, envoyer cartes et dépêches, richier reçois lettres écrivez souvent, nous vous embrassons. — Poyen. |

Riché, 12, bossuet. vidal, basse, tous parfaites santés, enfants lycée, recevons chères lettres, prions pour notre réunion. — Vidal-Dagron. | Mauguin, 30, paradis-poissonnière. ernest, andré, lucie, santés parfaites, priez charles écrire. — Jacquillat, dagron. | M. Jules Ferry, pour Mangin, avoué. rien à Hesdin, resterions quand même allons tous bien, reçu toutes lettres, attendons. — Louise. | Monthiers, 134, faubourg st-honoré. lucile, mère, enfants, parfaite santé, trouville intact. — Lucile Dagron. | de Bast, 123, lafayette. santé parfaite à mons et dour, mille amitiés. — Willame Dagron. |

Roger, 8, boulevard st-michel. confirme trois dépêches, reçu soixante lettres, vaccinée fradel. courage, céline, enfants superbes, demandent papa grocemont. — Céline Dagron. | Verduraud, 4, rue st-sauveur. toutes bien portantes erembodegem. — Julienne. | Gustave Rothschild, 23, laffitte. reçois chères lettres 21, anxiétés cruelles, toutes partout et enfants bien. — Cécile Dagron. | Gustave Rothschild, 23, laffitte. j'ai lettres hilaire, nisus, chapron didier et goodliecka avec georges, ami de jenny en voyage. — Cécile Dagron. | Gustave Rothschild, 23, laffitte. meschangy demande ami de cohn pour madeleine sans tarder, que Dieu vous garde. — Cécile Dagron. |

Roguet, 11, rue halles. depuis 2 octobre. toulon rue dumont-hurville, bonne santé, écris-moi. — Roguet. | Mabille, 87, avenue montaigne, paris te savons sorti 19, te supplions écrire vite toi-même, sommes affreusement inquiets. — Mabille. | Massignon, boulevard sébastopol, 16, paris. les st-lambert, dufour et moi portons bien, fabrique intacte. aurons beaucoup betteraves semées. — Massignon. | Paul, chez adolphe évrard, richelieu, 83, paris. bruxelles, lyon bien, honoré prisonnier rastadt, pierre armée bourbaki, anthelme, légion lyon. — Livet. |

Massignon, boulevard sébastopol, 16. louise, marie venue 29 janvier, charles, mère. tous trois santé parfaite, colonie aussi, pays tranquille. | Mamony, ministère guerre, mieux, suis à libourne, reçois lettres, tendresses. — Isaure. | Perruchet, capitaine mobile de l'aisne, 1er bataillon. donner promptement nouvelles. — Clémentine. | docteur Bérenger, val-de-grâce. santé excellente, ta famille aussi. reçois tes lettres, commandant féraud bien portant. — Bérenger. |

Veyrne, rue scribe, 1. bonne santé, situation financière difficile, rien terminé, toujours espoir, salutations, grande envie de vous revoir. — Mathilde. | Leman, 3, ferme-des-mathurins, paris. achille biarrits, clémentine laribe, bien portants, lettres reçues, répondu cartes. amitiés tendres. — Damrémont. | Massignon, boulevard sébastopol, 16. marie, charles grasset. parents, jules dufour toujours à crèvecœur bien portants, ne fabrique pas. manque machines. | Bondin, boulevard sébastopol, 46. marie, léon, émile, parents, normandie. marcel bien portants, enfants grandissent, sages, travaillent, pays tranquille, précautions. |

Dufaulin, 33, rue bergère, paris. dufaulin, perganson reçoivent lettres, magnier, molliens bonnes nouvelles, émile, poitou bien. — Dufaulin. | Trouillet, lieutenant du génie, fort bicêtre, paris. Euffigneix, père, mère, albert, portons bien, famille gevrez aussi, faisons tous compliments, avons reçu 20 lettres, dernière datée 29 décembre. — A. Trouillet. | Soulaine, télégraphie ministère marine. seize lettres reçues, rien arrivé à nous, bien inquiète pour fils, cinquième télégramme. — Soulaine. |

Tessier, rue coquillière, 10, paris. émile, havre bien, bonne santé tous, courage. | Planès, boulevard beaumarchais, 64, paris. tous bien. | Grand, faubourg st-martin, 14, paris. vu antoine, claude de varennes, st-pourcain, angers, routin tous bien, leprat, aguier, pertuisot sans nouvelles. — Fayard. |

RÉEXPÉDITIONS

Bordeaux, 21 janv. — de Chavannes, 111, rue st-charles, grenelle. accouchée 13 octobre fille, tous parfaitement. — de Chavannes. | Mathieu, rue temple, 71. inquiétude cruelle, donne nouvelle, porte toujours bien. — Mathieu. | Courme, officier sur le puebla, flottille de la seine. suis bonnes, tous santé bonne, reçois lettre régulièrement. — Alix Courno. | Jégon, rue cherche-midi, 138. écris tous les jours, suis bien. — Virginie Jégon. | Jégon, rue cherche-midi, 138. écris, inquiète, n'ai rien reçu depuis le 10 janvier. — Virginie Jégon. |

Basset, 11, mansart. depuis octobre, dix. bassets ensemble à lyon, tous bien portants, aucun danger, suis courageuse, bulière préservée. — Job. | Petitain, capitaine artillerie, jardin, tuileries, paris. depuis deux mois en sûreté près goumois, suisse, recevons tes lettres, nous portons tous parfaitement, pas de prussiens à st-hippolyte, écris toujours là, courage, espoir. — Angéline Petitain. | docteur Béranger, val-de-grâce. reçois lettres, santés excellentes, enfants partis. — Hélène, toulon, 15 novembre. |

Docteur Bérenger, hôpital val-de-grâce. santé excellente, reçois lettres. désire partir. — Hélène, toulon, 21 novembre. | docteur Bérenger, hôpital val-de-grâce. santé excellente, prête à partir. — Hélène, toulon, 28 novembre. | Docteur Bérenger, val-de-grâce. reçois lettre, santé excellente, enfants partis. — Hélène, bordeaux. | docteur Bérenger, val-de-grâce. reçois lettres, partirais volontiers, bordeaux. | docteur Bérenger, val-de-grâce. santé excellente, reçu lettres, commandant Féraud prisonnier. — Bérenger. | Brun, 42, rue jeûneurs. ai envoyé hebdomadairement dépêche. informez baptistin, santé excellente, reçois ses lettres, commandant féraud prisonnier. — Hélène Castel. |

Merlin, commissaire, fort rosny, 5 janvier, tous excellente santé, fils superbe, reçu délégation. — Merlin. | Peyruc, scribe, 1. huitième dépêche. reçois lettre 10 janvier, hébert, dauge, dupuy, barneoud bonne santé, espoir solution affaire anglaise. — Monnaille, 18 déc. de bordeaux. | Peyruc, rue scribe, 1. dépêche reçue est la quatrième envoyée, détails impossibles dans 20 mots, santé parfaite, embrasse tendrement. — Monnaille, 24 déc. de bordeaux. | Carnus rue de cléry, 11, paris. santé parfaite, lettre indiquant précautions prises point parvenue. — Carnus. |

Cordier, boulevard haussmann, 116 touchez pour vos besoins chez rouget, notaire. tous intérêts reçus pour moi. — Louise Parrot. | Cordier, boulevard haussmann, 116. lettres 10, 12 reçues, très-bien, aigle, intérêts genève reçus, amélie, françois bien. — Cordier. | Hamelin, officier mobile, petit vanves. santés bonnes, embrassons tous. — Hamelin. | Rouen, 30 nov. comtesse Villermont, billault, 10. sans lettres de vous depuis 15 octobre, inquiet, belgique tous bien, chierry bien, écrivez belgique. — Louis. |

Rouen 30 nov. Rabut, chaussée-d'antin, 51. reçu votre lettre, suis rouen pour nos affaires, tous bien, donnez nouvelles de rue billaut, 10. — Villermont. | Rouen, 1er déc. Screiber, palais législatif. reçu tes lettres, av général bien, sans nouvelles de tante depuis 15 octobre, inquiet, écris belgique. — Louis. | Tours, 6 déc. comtesse Villermont, billaut, 10. blois, tours, belgique tous bien, retourne semaine prochaine, vous ai écrit vainement, inquiète, écrivez belgique. — Louis. | Lillers (pas-de-calais), 21 janv. Crousselle, notaire, paris. situation financière bonne, fournitures militaires, expéditions colonies assez régulières, bonne santé, gustave malade. — les fils de Panieu. |

30 déc. Galin, notaire, st-marc, 18. reçu votre envoi, adresser à nouveau même voie deux mille francs de mois en mois. — Laroche. |

SERVICES ET AUTORISATIONS.

Bordeaux, 31 janv. — Bousquet, 38, martyrs. lettres reçues, portons bien, envoie deux certificats. — Delannoy. | Brunox, poste restante, bordeaux, reçu lettres bidier, décembre, janvier, merci, pas besoin argent, prenez chez moi ce dont besoin. — Perève. | madame Balandre, 16, gravilliers. donne nouvelles de toi, de gauret, de chez moi, de ma malle, poste restante bordeaux. — Perève. | Ve Baurard, rue st-denis, 248. recevons lettres, troisième dépêche, sommes bien, jules st-claude, 15 septembre, écrirai aussitôt possible, embrassons. — Bourard. |

Declercq, ministère affaires étrangères. tous bien, farges bordeaux, deux garçons collège angoulême, berthe retour suisse, famille vautrey bien, communiquez. — David, Dagron. | Mathias, nord. emma, émilie, jenny bien. éducation progresse avec concours d'elisa. plusieurs excellents professeurs, reçu 110 lettres turcas comprises. — Emma Dagron. | Mathias, nord. suite. tous, toutes, anna, ses filles comprises, santé parfaite, émile, henri internés bonn, demande nouvelles georges. — Emma Dagron. | Mathias, nord, suite. émilie fait drap mouillé avec succès, turcas à coblentz, georges lille. bonne fête, tous bien. — Emma Dagron. |

Lacoin, 3, université. 30 janvier, tous bien, henri splendide, serrer souvenirs précieux, frères bien, battus souvent. — Marie Dagron. | Albert Dehaynin, 231 lafayette. toujours santé parfaite, familles mathias, de boussard aussi, nouvelle adresse 93, pas 94. — Zoé Dagron. | Mirecki, nord. existences satisfaisantes, rien besoin, vingt-quatre lettres font joie. photographies-toi, félix turbe, parfaite, laurent bien. — Anna Dagron. |

Bordeaux. — 29 janvier 1871.

Bordeaux, 24 janv.— Gasne, 11, rue delta. mélo bordeaux. tout bien. — Docteur. | duchesse Decazes, 14, marignan. tous bien à la grave, libourne. sicrac saint-eusoge, lavesvre tournay. vous embrassons bien tendrement. — Louis | Esquirol, 1, avenue percier. allons bien toutes trois et sabine. dieppe tranquille. — Constance. | Lyon, 22, rue saint-marc. depuis 26 octobre pas nouvelles madame lyon, très-inquiets, lettres charles reçues. — Salomon. | Legrand, 61, faubourg poissonnière. avons écris par ballon gouverné, reçu fonds havane, allons bien, embrassons. — A. Legrand. | Fort, 36, faubourg saint-honoré. bonne santé, reçu cinq lettres, dernière 22 janvier. vous embrassons.—Fort. | supérieure Charité, rue aifre. tous bien, sommes rignaud-pons. lettres reçus jusque 11 janvier. donnez nouvelle adresse jean. barbaut. — Magniol. | Senilhes, 36, rue neuve-des-petits-champs. lacroix raymond bien loches. richez santé faible, via saint-antonio, 56, pise. blanquefort bien. — Barthez. |

Caubert, 38, meslay. troisième dépêche. tous bien pons. deux aînés contents collége pons, lettres reçues jusque 11 janvier. — Badencer. | Lebrun, 38, boulevard voltaire. maman toujours dreux, nous tous très-bien, prendre nouvelles brunet, 60, rue angoulême. écrire aussitôt. — Louise. | Pasteur, 29, rue tronchet. sommes à dieppe, recevons lettres, écrivons par toutes voies, allons bien, petit neveu aussi. — Edouard. | Figuro, 98, rue neuve-des-mathurins. adèle bordeaux, manuel londres, mines marchent bien. — Rafael. | Walbecq, 11, rue mail. joséphine, mimie toutes bien bruxelles, lettres traites reçues. picard, spitzet, portal prisonniers. aline bordeaux. — Bourbaki. | Pascal, notaire, 5, grenier-saint-lazare. faites savoir bujac famille bien, émile lieutenant chanzy, battu vendôme, mans, bien portant, recevons lettres. — Bujac. |

Boulanger, 3, castiglione. femme, fille fécamp bien, n'éprouvent aucune gêne, frère bien aussi.— Delom. | Serionne, 18, rue ferme-des-mathurins. sans nouvelles, écrivez-moi, 36, rue ducau, bordeaux. tous bien portants. — Festugière. | sara Defriès, 22, rue villehardouin. suis à bordeaux, place fondaudège, 10. envoie des nouvelles de nephtali et clévès. — Barraine. | Melon-Pradou, 45, victoire. santé parfaite, cannes brighton, répondu souvent à vous et trousselle, amitiés générales. — Melon-Pradou. | Brocheton, 35, rue clichy. notifiez yznaga que vous recevrez de lefebvre lettres pour lui aussitôt communications ouvertes. — Lafasa, new-yorck. |

Jousset, 8, rue furstenberg. reçu lettres 30 et 7. santés très-bonnes, temps doux, bonnes nouvelles châteauroux, lecoq bien. — Henriette. | Naud, 3, geoffroy-marie. écrivez régulièrement par ballon. faites écrire bonnes, adresse, 1, cours intendance. — Astrue. | Costallat, 132, faubourg saint-denis. reçu lettre 13 avec bonheur, merci. écrivez souvent. tous bien portants, amitiés de ma femme.— Wilhelm. | Bechet-Dethomas, 17, boulevard poissonnière. payez pour compte national bank trente livres sterling à reunmens, dix-sept boulois. — Dethomas. | francis William-Reunmeus, 17, bouloi. bechet-dethomas ont ordre de vous payer trente livres sterling. votre famille réclame nouvelles. — Ingelord. | Abaron, 103, richelieu, paris. dix-huit quentana une fille, tous bien. — Fabian. |

Docteur Voisin, 16, rue séguier. les enfants vont très-bien, suis blessé, mon père mort, ton frère à mayence. — Blache. | m. Robin, notaire, 25, croix-petits-champs. renouvelle prière payer domestiques gages, nourriture, et donner nouvelles intérêts alfred et miens. inquiets. — Chodron. | madame lecointe, 21, chaptal. cinquième dépêche. écrit souvent par moulins, aucune réponse! extrême inquiétude. prière instante d'écrire. tendresses. — Chodron. | m. Baillès, lieutenant, 9e chasseurs. vincennes. tous bien, recevons lettres de toi paul, écrivez souvent. je suis à tarbes. — Louise Dastas. | m. Grousset, rue laromiginière, 12. mesdames blanquiet et gueyrard ont quitté fécamp en septembre sans indiquer leur nouvelle résidence. — Colin. | m. Camille, 21, rue piat, paris. reçu quatre lettres, allons tous à peu près bien. — Colin. |

Madame Duval, 10, vanneau. courage, fils et moi bien portants. à bientôt. soignez santé. — Champeaux. | Charmolue, caissier, boutet, avoué, rue gaillon, 20. courage fils. brunet, officier, armée est. réponse. rue mérignac, 7, bordeaux. — Mme Brunet. | Monnier, 5, rue neuve-saint-augustin. papa ici, allons très-bien, fimotte, fille, bien. quatrième dépêches. écris moi souvent. — Monnier. | Debussy, 7, avenue villars. céline fille clotilde 28 novembre. allons tous bien, écris union, 10, rue victor, bordeaux. — Magdeleine. | Moutier, 13, gay-lussac. familles moutier, piel vont très-bien, reçoivent lettres. — Moutier. | de Sainte-Reine, 5, rue leroux, passy, paris. tous bien portants à jersey, dijon est à blois. — marie Dijon. |

Albo, faubourg saint-honoré. si paris capitule, prussiens fusilleront étrangers battus pour la france. quittez déguisez cocher.— Albo. | Baumgartner, 27, rue saint-guillaume. tous bien, à trouville aussi. reçus lettres, écris souvent, nous avons écrit. — Baumgartner. | Chassériau, 12, place vendôme. tous toujours bordeaux, aline un peu fatiguée jours derniers, mieux aujourd'hui, inébranlables dans confiance. — Chassériau. | jules pigache, 37, ponthieu. sans nouvelles, très inquiète, écris, 8, place quinconces, bordeaux. nos parents, tes enfants sont bien. — Clara. | Pacini, 34, penthièvre. bordeaux avec marguerite, 8, place quinconces. reçu trois lettres, famille dispersée, bien, tous avec toi, écrire. — Lafitte. | Delbreil, 5, tronçon-ducoudray. reçu trois lettres, merci déménagement, écris souvent, donne nouvelles bureau, tous très-bien à bordeaux. — Gellinard. | madame Tanchou, 83, rue cambronne, paris. édouard prisonnier bien portant, tous très-bien, écrivez souvent. dardeé à pau. |

Espalion, 25 janv. — Devraigne, 52, boulevard ornano, paris. portons tous bien, moi nourris sein, enfant grus, écrit bleuet, recevons lettres, écrire souvent. — Devraigne. | Bagnera, 52, boulevard ornano, paris. bébé bien fort. juliette tante paresseuse, beaucoup nouvelles. alfred coco, ouvrières correspondant, castood muette. - Duval. | Couchon, 52, boulevard ornano, paris. philippe, augusta, alfred portent bien, partis angleterre. écrire souvent osanne menton house, basingstoke hants. — Duval. |

Rodez, 25 janv. — Monet, 41, rue taitbout. envoie de famille leblond, 103, rue neuve bruxelles, parents, femme, enfants bien portants, reçoivent lettres. — Seringe. |

Rodez, 26 janv. — Leger, 14, rue labruyère. nous allons tous les cinq très-bien et recevons vos lettres. — Louise Ancey. | Gros, télégraphiste. santé bonne. adèle saint-bris, amitiés vial — Gros. |

Saint-Jean-Pied-de-Port, 26 janv. — Haristoy. capitaine gendarmerie, louvre. dézaire, louise, haristoy mirande. Justin hambourg, cavade tué. tous bien. — Tambourin. | Deffis, 3, chabanais. reçu lettres, santé excellente, embrassons tendrement. — Nancy. |

Tarbes, 26 janv. — De Rancourt, hôtel colmar, malte, 61. heureuse, reçu dépêche charles, bordeaux, turbos bien. jean beaubon, absence trop longue. — Marguerite. |

Grammat, 26 janv. — Orliac, rue biragne, 16. famille bien, edmond mobilisé bordeaux, lettre reçue. — Orliac. |

La Chatre, 26 janv. — Fabre, procureur général cassation. famille va bien, léonce à langres pas attaqué. — Lucile Fabre. |

Limoges, 26 janv. — Peaucellier, 15, Soffroy prolongée, batignolles. pas lettres depuis 1er, écris deux fois semaine portons bien, t'embrassons. — Peaucellier. | Julien, 21, bréda. santé excellente, donne leçons. — Charignon. |

Saint-Junien, 25 janv. — Deffuas, 8, neuve-martyrs, paris. tous santé continue parfaite. recevons lettres, dire à mère écrire. — Nathalie. |

Aubusson, 24 janv. — Coispeau ou Geyler, 23, boulevard poissonnière. inquiets, écrivez, tous bonne santé. prenez mesures sauvegarder marchandises montrouge, la villette. vendez cheval. — Sallandrouze. |

Felletin, 25 janv. — Giraud, 52, chabrol. tous bonne santé, midi tranquille, quinze lettres. — Giraud. |

Auch, 23 janv. — Buhot, 27, passage opéra, paris. bien portants, tristes, très-tourmentés par bombardement, mauvaise nourriture. ernest, alphonse combattent-ils? amitiés. — Pujos. |

Jegun, 26 janv. — Defaget, 5, du dauphin. vous ai écrit, ai eu hier vos nouvelles par léonie. vais bien, écrivez bonos. — Marie. |

Montauban, 26 janv. — Verséjoux, 13, germainpillon. envoyé trente. comment allez tous? — De Cazeneuve. |

Perpignan, 25 janv. — Ravel, 77, rue blanche. passama envoie amitiés, transmet dépêche cheltenham, santé satisfaisante, lettres reçues dernière 12, péreira, viénot morts. — Machado. | Julienne, 10, avenue trudaine. enfin reçu lettre gaston, arrivé légèrement blessé, fait service télégraphique amélie, rouleu, marseille, 21, armeny. — Garrette. |

Royon, 24 janv. — Chauvin, avoué, 18, sainteanne. tous réunis royan. santé parfaite, bonnes nouvelles marray, du 17 janvier. — Chauvin. | Colmet Daage, école de droit. allons tous bien. georges aussi. — E. Planon. |

La Rochelle, 26 janv. — Lenepveu, 1, quai d'orsay. bien portants, angers aussi. — Joséphine Lenepveu, 30, rue saint-Léonard. |

Bordeaux-Chartrons, 26 janv. Beugnot, ministère guerre. arthur superbe. suis chiffrewast désespérée, nombreux moyens portaient pensées constantes, espoir retour, tendres baisers. — Octavie. |

Hâvre, 20 janvier. — Levée, Marie frères, rue coq-saint-jean, paris. envoyez par ballon nouvelles vous, famille, situation savons, stéarineries, chez thébaud, négociant hâvre. — Lacour. | M. Colliard, 52, hauteville. santé bonne, ennuie, inquiétude, hâvre tranquille, aucun danger, écrire confitures, rue Dieu, embrassons tous. — Cécile Colliard. | Deneupville, 22, oberkampf, paris. édouard resté, eugène parti, albert turbes, canelle avec nous sans inquiétudes. bonne santé. recevons lettres. — Hauguet. | Peltier, 25, rue vanneau, paris. bonne santé, chef bataillon armée havre. nous inquiets, écrivez. — Peltier. | Poyet, 3, rue banque, paris. mère, marie, enfants, peltier santé parfaite. — E. Paillet. | Rovillair, 158, rue saint-antoine. reçu six lettres, pauvre sœur morte. émilie, rovillain, louise, hippolyte. nous vous embrassons, portons bien. — Dupuy. | Pinguet, 8, rue pyramydes. 20 recevons lettres 11. enfants variole guéris sans traces. roye 14, lettre excellente. gustave brigton. — Bellot. | Demoiselle Salmon, 106, bac, paris. sans nouvelles depuis lettre octobre. écrivez par ballon monté, amitiés pour bonne mère, amis. — Croteaux. |

Laboulaye, rue taitbout, 34. mari, bolbec, mère, rouen, paul, bruxelles. lucien, bordeaux, bien portants. reçu lettre du 6. — Edouard. | Général Morin, conservatoire, paris. reçu transmis lettre 12. tous bien, résidences mêmes. — Larue. | Maucourant, 40, bellechasse. maucourant prisonnier coblentz bien portant. nous et enfants monod aussi. — Meurdra. | Germain, 7, grange-batelière, paris. nouvelles reçues avec grand plaisir, lettres pour vous de germain dont santé bonne, courage, écrivez. — Questel. | Berne, 23, hôtel brésil, bergère, paris. aucune réponse de van stolk à mes deux lettres, bon voyage, écrivez-moi. — Questel. | Leger, inspecteur finances, 11, léonie. recevons lettres, portons bien, t'écrivons. — Leger. | Valentine Melottée, 83, mouffetard. amitiés, écris-moi par ballons. — Marie. | M. Méquignon, 20, rue béranger, paris. allons bien, recevons lettres, céline lisbonne. — Manlaz. | Madame Griffé, 153, rue faubourg saint-denis, paris. nous portons bien. prenez courage, écrivez, mille embrassades. — Griffé, capitaine mobiles havre. | Laharotte, grandes postes, paris. donnez-moi nouvelles autret, 3, rue béranger, femme inquiète, amie moi. — A. Laharotte. |

Brussel, 32, rue hauteville, paris. hambourg donnant ordres behreurs, vous faire payer deux cents mille francs. — Zesche. | Brussel, 32, rue hauteville, paris. cople huitième. cent soixantequinze mille francs, moitié huit jours vue, moitié quinze jours. — Zeske. | Dorea Ayulo, 37, boulevard strasbourg. rien de vendu en nitrates et cotons depuis siége de paris. olivier madeleine pas arrivé. — Peulvé. | Martin, effileur, rue javel, grenelle. sommes bien, 21, rue caroline, hâvre. déspernexn, curé, reuilly, braunberger hagueneau bien. — Martin. | Bosselin, 4, place bourse, paris. reçois lettre 14 avec instructions. lettre 16 bruxelles, famille bonne santé. comptes août revenus. — Lefort. |

Dieppe, 18 janv. — Cabaret, 28, rue louis-le-grand. sécurité pour tout, enfants parfaitement, t'embrassons. — Cabaret. | Destois, 13, laffitte. famille bien, reçu vos nouvelles ostende 8 janvier, adèle, avranches, eugène nanteuil, écris dieppe. — Louise. | Richard, 17, rue davet, batignolles. allons tous bien. recevons tes lettres, sommes tranquilles. ai écrit par moulins. — Bardon. | Comte, 54, rue caumartin, paris. lettre 12 janvier reçue, premières lettres pas arrivées, dépêches, envoyé blomet donner mille francs. — Boulton. | Blomet compagnie, 3, rue de la paix, paris. prière avancer M. comte mille francs. — Burt, Boulton, Haywood. | M. Comte, rue paradis, faubourg poissonnière, paris. dépêche au bureau et chez blomet, oublie votre numéro. — Svatts. |

M. Lamburd, 8, rue beaujolais. augustine grosse bien portante, continuer lettres ballons.— Devienne. | Rizaucourt, 11, rivoli. allons bien, loneyrie aussi, embrassons tous, écrivez souvent nouvelles tout monde. — Chopin. | Horteloup, 52, saint-georges, paris. allons bien, morizot à narbonne. — Vasse. | Davanne, 229, rue saint-honoré. prière déménagement complet neuilly, orgue, accessoires, contenu des armoires, tout généralement. dieppe, hôtel bains. — Laurent Richard. | Duval, lieutenant 8e bataillon mobile, huitième compagnie, charenton. moi dieppe, elles hastings, allons bien, recevons lettres, écrivons. — Duval. | Botot, 91, rivoli. depuis quatre mois une lettre seulement, vouloir lettres détaillées chaque ballon. dieppe, hôtel bains. — Laurent Richard. | Helbronner, neuve-des-petits-champs. famille bien portante à londres depuis 8 décembre. reçoivent lettres paris. moi pas depuis 6 décembre. amitiés. — Chrétien. | Chrétien, chez Helbronner, 36, neuve-des-petits-champs. toutes bien portantes, prions Dieu pour santé, forces, délivrance. sympathie pour tant de souffrances. — Chrétien. |

Dranent, 91, boulevard haussmann. lettres famille porte bien, malgré moi léonie angleterre avec objets. tourmentez pas. — Vidor. | Bobeuf, 33, sentier. recevons vos lettres à peu près, nous allons bien, toujours à dieppe, qu'adolphe nous écrive. — Bobeuf. | Madame Maurin, 24, martyrs. installés dieppe, angro, 5, santé bonne. — Nuguet. | Souillard-Botot, 91, rivoli. remettra à madame lucas, 7, rue du marché (passy), deux mille francs sur reçu. — Laurent-Richard. | Davanne, 229, rue saint-honoré. prière déménager restant à neuilly, visiter ameublement rue choiseul, remerciements. dieppe, hôtel bains. — Laurent-Richard. | Madame Lucas, 7, rue marché (passy). M. souillard, maison botot, remettra deux mille francs sur votre reçu. — Laurent-Richard. | Gibelin, 18, rue sorbonne. tous santé parfaite, inquiets de vous depuis bombardement. écrivez par tous ballons. — Gibelin. |

Carcassonne, 24 janv. — Duparcque, rue béranger, 19. envoyé 3 télégrammes, reçu votre 1er janvier. nous bonne santé. écrivez, donnez nouvelle chemin vert. — Carrère. |

Crest, 23 janv. — M. Magnan, rue saint-georges, 9. nous sommes à crest, reçu vos lettres, donnez des nouvelles de louis. — C. Magnan. |

Rennes, 20 janvier. — M. Baril, 160, faubourg saint-martin. rennes menacé, partons brest (poste restante). lettres reçues. santé excellente richard avec nous, donne nouvelles richard, 10, petit-pont. — Baril. | Maurel, 7, rue poulet. 18 janvier, allons bien tous trois. — Maurel. | Brault, faubourg poissonnière, 59. familles, amis, charles, châteaudun, montfort, châteauneuf, rennes vont bien. souhaits bonne année à tous. — Mouton. | Gérard, rue sèvres, 20. tante morte, livré à toi, envoie procuration partager mobilier. — Gérard Chasné. | M. Barabin, rue batignolles, 44. écrivez, 11, galerie méret, rennes. donnez vos nouvelles, lacroix, appartement aguesseau. — Saint-Paul. | Lafosse, boulevard haussmann, 122. paul artillerie loire, jusques 16, mari mieux, reçu 6 lettres. — Dubois. | Rousselet, rivoli, 142, paris. bonne santé ambulance 16e corps. — Papillon. | Héloin, 14, rue du bac. familles héloin, picard, bien portantes rennes, reçues lettres jusqu'au 12 janvier. — Picart. |

Rennes, 19 janvier. — Fauquet, 53, aux ours. 18 janvier, rennes, 3, halle blé. allions cliente flobert, tous bien, courage. — Fauquet. | Pinart, 5 bis, rue martel. 19, tous parfaitement, ni argent. beaucoup lettres, dernière 12 janvier, ville tranquille, garde appartement. — Pauline. | Donanier, 78, rue clichy, 19, bien. — Justine. | Noël, payeur, 2e mobile ille-et-vilaine. 4e télégramme. communiqué lettre fin décembre, fille, parents, amis bien, adresse vœux, demandent nouvelles. — Noël. |

Vernière, boulevard saint-michel, 75. avons gros garçon 2 janvier, tous parfaite santé, recevons lettres. — Vernière. | Vulpian, soufflot, 24. accouchée 2 janvier gros garçon, mère, enfant santé parfaite, vernière georges aussi. — Vulpian. | Grux, 4, place wagram. amitiés, souvenirs, essayons tous moyens pour faire parvenir lettres, recevons les tiennes, allons bien, embrassons. — Alberte. | Dufrenois, 5, rue mail. parti de rennes pour granville. portons bien. avise m. riholl ou mestre. — Dufrenois. | Dulphé, 18, miromesnil. georges prisonnier hambourg bien, roger lieutenant bien armée chanzy. briel, tous, cousine bien, charlotte bien troyes. — Marie. | Tétard, chevaleret, 130, gare ivry. 18 janvier, rennes, halle blés, allions. tous bien, écris, province espoir paris tenant. — Tétard. |

115 Pour copie conforme:

L'inspecteur,

Bordeaux. — 29 janvier 1871.

Abbeville, 23 jan. — Krabbe, 9, rue radziwill. camille et enfants bien portants à roubaix. ernest mobilisé. carrette trompé, nous tous bien. — Cayeux. | Saint-paul, 1er bataillon, 6e compagnie somme mobile. Hirma bien-aimée, toujours avec nous, tous bien. toujours bureau major. écris. — Saimpol. | Dutens, 4, argenson. reçu lettres. allons bien. fernand lieutenant, armée Est, était vivant le 4 janvier, rien depuis. —Emile. | Savarin, 35, amsterdam. reçu lettres. allons bien. fernand lieutenant armée Est, était vivant le 4 janvier, rien depuis —Cécile. | Costilliot,35, des tournelles paris. lettres reçues, tous les paul, édouard, termonia, bien, aucune privation, nul malheur. — Cherest. |

Dieppe, 24 jan. —Maillot, chez lenfant, 21, rue jeûneurs. allons bien. bébé 2 dents, maman londres. écris. —Claire. | Bancelin, 18, boulevard du temple mon ami de tes nouvelles nous sommes inquiets. écris par chaque ballon 31, grande rue. —Bancelin. |

Avranches, 25 jan. — Ramage, 11, des halles. dire si mon frère et ma sœur vont bien. — Emilie Lepelletier. | Boëssé, 23 bis, richelieu. paris. bien vocalise ril travaille collége mobiles. le clerc, gussin, bouquet, baron, blanchard bien. —Boëssé. | Gautier, 217, rue st-honoré. allons tous parfaitement, recevons lettres, écrivez. —Marguerite Gautier. |

Granville, 25 jan. — Delle, 16, notre-dame lorette. tous bien, moi triste sois prudent. reçois partie lettres. écris chaque jour parents bien larochelle. —Delle. | Giot, 32, ours. issoudun granville tranquilles jenny garçon 2 janvier. parisot caroline, marie, moi. enfants bien portants. enfants travaillent. — Giot. | Cuqu, 6, vienne. familles, Jules, loubert, enfert foucher, papa montalant bien, caroline malade, embrassent chers absents, recevons lettres, manquons de rien, bonnes nouvelles de la maison. — Marie Fontane. |

Villedieu, 25 jan. —Marette, architecte, 3e bataillon, 7e compagnie. nationale sédentaire, paris. mère villedieu les poêles poste. draps lisieux, santé femme tous 24 jan. —Marette. |

Dieppe, 18 jan. — Leblond, Bacheur, boulevard bercy, porte douanne, paris, famille porte bien, embrasse, réponse. — Leblanc. | M. Clairin, 177. rue Vaugirard. nous sommes à dieppe. frère de belle-sœur prisonnier en allemagne. reçu lettres. — Pelletier. | Guglielmini, 20, rue seine. tous santé excellente. écris souvent. toujours dieppe. baisers. — Marie Guglielmini. | Ribeiro, 25, navarin. portons bien, vu madame goureuff, brûles boiseries, cave, fait portraits payés. — Ribero. | Jouvencel, 97, rue du bac. tony, pauline. marthe, paul, fernand sous lieutenant, vont bien. — Keller. | M. Gilson, 18, passage petites-écuries. tous à dieppe en bonne santé, Victor m'envoie tes lettres. — Madame Gilson. | Brown, 30, bergère. sommes à dieppe. donnez nouvelles. allez billault. — Knyff. | Pigache, 39, rue Trézel. batignolles. donne adresse ernest, nouvelles lui 4 novembre. nous tourmentées, lettre toi janvier. — Malvina Jean. | Mansour, gare marchandises, batignolles-paris. allons bien, reçu lettres. — Mansour. | Heryog, 12, boulevard bonne-nouvelle. donnez de vos nouvelles à hoffmann à tongres, belgique. — Vaucance. |

Aron, 4, grammont. allons bien, famille aussi, émile strasbourg, charlotte écrire. — Caroline Aron. | Duplessis, 71, rue monceau. allons bien bonnes nouvelles marguerite, avons reçu lettres du 14, sommes toujours dieppe très-tranquilles. — Duplessis. | Vaucanu, 5e bataillon mobile seine-et-oise, 1re compagnie, recevons lettres à dieppe, 31, grande-rue. — Vaucanu. | Dubief, 30 bis, rue bergère. santés bonnes Valentin, Valle aussi. écris plus souvent, détaille davantage. amitiés. — Dubief. | Caumont, 150, rue rivoli. neuvième. dieppe tout bien. lettre 10 arrivée. écrivez tous cinq jours. — Legrand | Monsieur Margueritte, capitaine mobiles seine-et-oise, neuilly-sur-seine. madame Margueritte allait bien partie, chez M. lainé, architecte, triel. — Masson. |

M. Meunier, 47, rue bonaparte. nous portons toutes bien, recevons vos lettres. — Théodore Martin. | Lhuillier, 56, faubourg-poissonnière. dieppe parfaitement. force ma cave. bois, charbon pour toi, un peu sophie concierge. — Deguerne. | Poupin, 66, rivoli. dieppe santé parfaite 93 lettres toi, sois béni, une frère, quatre henriette, quinze lepâtre. — Poupin. | Laneyrie, 50, quai bercy. allons bien. laneyrie, paul, chopin, mamie, collignon, lucien, robbe aussi, gustave prudent. écrivez dieppe tranquille. — Laneyrie. |

Cany, 18 jan. — Delarue, 25, meslay. santés parfaites, bébé vigoureux. — Delarue. |

La Roche-s.-Yon, 21 jan. — Lecornier, 22, godot-mauroy. allons bien. avec berthe. albert pontoise. père, tantes nagel. marie granville. nouvelles miton, pas papillon. — Lecornier. | Endrès, officier d'artillerie, Bouvet, 10, la Villette. bonne santé, sauf grand-mère. gravement malade. — Endrès. | Delachaume, 37, acacias, ternes. partons pau, avec famille, amis tous bien portants. — Henriette Thion. |

Castres, 22 jan. — Marsaux, 24, rue bondy, paris. inquiète, instamment nouvelles. embrasse tous. — Berthe Marsaux. |

Rabastens, 22 jan. — Baron Reille, colonel, 7e mobile, 2e corps d'armée, pour lieutenant prouho, allons tous bien. lettres arrivent. écrire, surtout après batailles. — Abdon Prouho. |

Sorèze, 22 jan. — Bastoul, 7e régiment mobiles, tarn, 2e bataillon, 3e compagnie, noisy-paris. portons bien, écris-nous. — Bastoul. |

Bayeux, 19 jan. — Loverdo, 13, cherche-midi. henri général. chambéry, creullet, bien. prière nouvelles, lettres arrivent. — Lapommeraye. | Jahiet, 37, boulevard magenta. vingtième dépêche. familles vont bien, les lemoine, Virginie aussi, emma, et fils très-bien. — Jahiet. | Lemoine, café sport, théâtre-français, paris. enfants santé bonne. — Block. | Lefébure, 15, boulevard poissonnière. tous santé parfaite, mère delahoche beauvais, émile cologne, nouvelles henri, rené loire. — Lefébure. | Malenfant, pharmacien, ambulance grand-hôtel. sauvez existences mobilier bombardé. prions Dieu. rolland venu novembre, prêté argent. tous parfaite santé. — Malenfant. | Lefébure, 15, boulevard poissonnière. bayeux, beauvais, cologne, hébert, enfants, delaunay, dugoure santé parfaite, Volff londres, laure ici. — Lefébure. | Du Manoir, lieutenant, 9e lanciers, division bernis. tous bien, reçu cinquante lettres. écrit autant. thibaut saint-brieuc, paul caen. — Du Manoir. |

Romorantin, 21 jan. — Deherpe, 24, boulevard saint-denis. Ecrivez souvent, rien cacher de votre situation personnelle, portons tous parfaitement. — Marie Deherpe. | Piédallu, 147, faubourg-st-denis. 19 jan. père, mère portaient bien. inquiets de vous. donnez nouvelles à romorantin. — Rocan. | Baronne Saint-Aubanet, 19, rue montaigne. paris. nous allons bien tous sans exception. — Martin. | Prudhomme, 5, bailly. tous bonne santé, toujours à romorantin. es-tu mobilisé? désolée. — Marie. |

Romorantin, 18 jan. — Dupuy, 15, quai d'austerlitz. oncle souffrant. adressez nouvelles famille, et si possible appartement, leconte, chez jacobs frères, bruxelles. affections. — Leconte. | Limozin, 16, petits-hôtels. reçu lettre 1er janvier. sommes inquiets de vous depuis bombardement. ici tout va parfaitement. — Limozin. |

Caen, 25 jan. — Aubinecue, 16, rue maubeuge. allons bien, manquons argent, faut-il demander à saint-brieuc. — Aubinecue. | Demanget, 28, rue baudin, paris. famille maruitte, garçon demanget, margautier, herout bien. | Maurouard, 13, rue biraguo. bonne santé. — Maurouard. |

Rennes, 25 jan. — C. amiral du Quitio, commandant supérieur, 5e secteur pour A. Kerrot. isabelle, fille brune née 21, tous bien. — Olympe. | M. Morisseau, 45, luxembourg. perdu marguerite 8 janvier. henri rennes. sans espoir pour louis-jean koenigsberg, allons tous bien. — Geneviève. |

Guer, 25 jan. — Pichegru, 7, saint-lazare. — inquiet, réponse immédiatement, reçu argent. — Pichegru. |

Autun, 25 jan. — Chambeyron, 3, rue clotaire, marguerite, laure. adeline, louis santés bonnes. recevons lettre, écrivez souvent. — Delaval. | drago, mobile saône-et-loire, 1er bataillon, portons tous bien. bombardement échoué. écris-nous. embrasse de cœur. — Drago. | Comte Garray, 45, rue jean goujon. nous allons bien. bonne heureusement accouchée fille 29 novembre. recevons vos lettres. — Comtesse Garray. | Madame Hallé, 106, rue bac. allons parfaitement autun, dire louis. — Brunet. | Madame Rocher, 30, rue jacob. allons admirablement autun, dire mon mari. — Brunet. |

Chalon-sur-Saône, 25 jan. — Deboulle, 113, rue sèvres. autorise occuper mon appartement. ouvrir porte par serrurier fichet. réponse. — Vve Roiborgue. |

Mâcon, 26 jan. — Charles Moissenet. 11e régiment, 1er bataillon, 6e compagnie. nuits délivré. santés bonnes. maison intacte, frères exempts. — Marie Moissenet. | Duval, beaune, 14. inquiète mâcon, écrivez. allons bien. — Goyet. |

Tournus, 25 jan — Cartulat 27, Lacondamine, batignolles-paris. bien inquiète de plus recevoir lettres. santés bonnes. — Berthe Cadot. |

Bux, 25 jan. — Verdière, 24, chaise. jully. lettres reçues, santés bonnes, jamais prussiens, bon courage. — Verdière Cornudet. |

Cormatin, 25 jan. — Mesdemoiselles Tournier, 11, rue sourdière. répondre par ballon, rien nouveau position. — de Brie. |

Petites-Chiettes, 26 jan. — Mesdemoiselles Noël, 7, amboise. bonnes nouvelles de tous. marie toujours Villers, tranquille, messages alexis reçus. bonne santé à tous. — Guillemette. |

Beaune, 26 jan. — Bussière, mobile côte-d'or, 1re compagnie, 10e régiment. cher émile, portons bien. laisse pas avoir faim, froid. demande argent. — Bussière. | Mathouillet, soldat, manutention, 2e section. aloxe jamais envahi. familles mobiles bien portantes. louis gesseaume prisonnier. communique aux camarades. — Société Saint Vincent. |

Grenoble, 26 jan. — Comtesse Bouillé, 52, rue courcelles, paris. vos enfants vont bien, manquent de rien, bonne écrit. hector dominicains. biens beauplan. — Agoult. |

Miribel, 29 jan. — M. Dortu, colonel mobile ain. Nouvelles récentes de châlons. tous en bonne santé, nous également. — Clotilde Dortu. |

Toulon, 26 jan. — Mihière, officier administration, fort Vincennes. tous bien. tata aussi, recevons lettres, vous embrassons. — Solange. | Basta, 2, carvetto. demande nouvelles toi tante, celles julia bonnes. demoiselles sérionne bonnes. jeanne moi bien, Constant très-malade. — Osery. |

Tarare, 26 jan. — Richet, 21, boulevard haussmann. lettres ballon arrivent. donnez-moi vos nouvelles tarare. désire vivement rentrer paris. — Matagrin. |

Villers-sur-mer, 20 jan. — Collette, 84, rue cherche-midi, paris. conjure allez boulevard sébastopol. portons bien. — Guidon. | Stoltz, 26, martyrs. reçu lettre, portons bien, écris à tous, prends dans cave vins, charbons, clés dans tiroir buffet. — Stoltz. | Raimon, 22, Vivienne, père succombé 17 décembre. allons tous bien. — Raimon. |

Arcachon, 25 jan. — Ledreul, 18, saint-roch. jamais reçu nouvelles, inquiète santé, écrivez, donnez nouvelles mes affaires dumas, écrire suite. — Veuve Mugnier. | Borniche, 22, caumartin. prévenez famille, recevons lettres. père, mère, suzanne bricogne arcachon, fanny enfants pau, collin londres parfaitement. — Rhoné. | Bailly, 69, rue pigalle. coutance, gisors, étuf, santé. trois Villers, aix-la-chapelle, femmes, enfants rejoints, écrire lausanne, courage amis. — Bellanger. |

Libourne, 25 jan. — Schaeffer, 64, aux ours. portons bien. écrivez-nous. léon hyères, 3, boulevard orient. maricot orléans. — Marteau. |

Niort, 24 jan. — Delapalme, notaire, 15, chaussée-d'antin. intérêt annuel devisser échu. nécessité d'avancer argent pour mes filles. avez-vous touché poisson. — Caumartin. | Lecouturier, 19. passage dominique gros-caillou. allez donner vos nouvelles chez marinoni. portons bien. tous deux londres. embrassons mère. — Jean. | Marinoni, 57, Vaugirard-paris. Voyons sauvé. manquons de rien. tous de dieppe avec nous. dire maurice écrire. courage. embrassons. — Cassigneul. |

Biarrits, 24 jan. — Picard, 9, cléry. avons vos lettres. apprenons nos malheurs. sommes tous bien portants. habitons biarrits. — Schmolle. | Mayer-Lévy, 93, marais-saint-martin. ce treize luxembourg, avons vos lettres, sommes tous en bonne santé. — Amélie. |

Sarlat, 24 jan. — Mer, 234, boulevard Voltaire. parents tristes, émile bordeaux. service dunes. — Mer. |

Port-en-Bessin, 21 jan. — Mademoiselle Zoé, 165, avenue neuilly. porte bien, courage. vendez obligations pour vivre. achevez payer contributions. — Jullien. | Champion, 7, turin. allons bien à port. — Champion. | Leygue, 114, boulevrad montparnasse. allons bien à port, graisse hermine dans armoire cabinet de toilette. — Leygue. | Léon Leygue. lieutenant au génie civil volontaire au mont-valérien. allons bien à port. écris-moi. — Leygue. |

Pau, 25 jan. — Bégé, 21, paradis-poissonnière. merci. berthe à lamothe, laure, sosthènes, robert à loroy, geneviève ici. tout bien. — Lopin. | M. Gobé, 55, avenue des ternes, paris. bellevue tous bien portants, henriette aussi, reçu portraits. — Auguste Gobé | Sellier, 43, faubourg-montmartre. santés excellentes, familles dernis, daunay, rue assas, geslin, riondé huit mandats. angoisses terribles, courage depuis lettres. — Boutté. | Lannes, 16, grange-batelière, paris. très-bien portants, bonnes nouvelles, Villers-Cotterets. — Lannes. | Mitjans, 12, rue élysée, paris. excellentes nouvelles des enfants. madrid parfaitement tranquille, nous t'écrivons par journal *Times*. tendresses. — Riera. |

Mauléon-Soule, 24 jan. — Théry, 16, bertinpoirée. inquiète, sans lettre depuis 21 décembre, écrivez souvent, parlez affaires, maison campagne, souvenirs à tous. — Persin. |

Pont-Château, 23 jan. — Espivant-Villesboisnet, lieutenant mont-valérien. septième pigeon, belebat, hermitière, careil, arthur parfaitement. cécile ici, henri toulon. — Villesboisnet. |

Saint-Chamont, 22 jan. — Commandant des mobiles clermont-ferrand, 1er bataillon. humble prière donner nouvelles sur gardelle, 3e compagnie. reconnaissance. — Gardelle père. | Paul gardelle, mobile clermont-ferrand, 1er bataillon, 3e compagnie. sans nouvelles depuis septembre, meurs de chagrin, ton père. — Gardelle. |

Roye, 20 jan. —Tinet, 29, arcade. reçu trois lettres, merci. nous allons bien, tranquilles. félix prisonnier péronne. — Prévot. |

Calais, 21 jan. — Durrieux, 12, rue saint-roch. mettre dans mon appartement Mme Fichaut, rue des missions, 27, ou bonne delaporte. —Le Roux. | Dumont, 41, sentier. septième dépêche. calais toutes bien portantes. reçu lettres. très inquiète. — Dumont. | Dumont, 41, sentier. femme et enfants parfaite santé. aucune inquiétude. — Valois. | Jeanne Jolivet, 15, bassano. maman va bien. touche mon traitement à administration. résidence calais. — Caulet. | Bizet, 20, ermitage-belleville. reçu toutes lettres. bonne santé partout. fort inquiet pour vous. alphonse à valenciennes. résidence calais. — Bizet. | Agirony, 17, passage saulnier. accouchée garçon bien. delphine chez elmore. — A. de Peretti. — Dor, capitaine au 25e de marche. 2e armée, 2e corps, troisième division, deuxième brigade. reçu lettres. tous bien. henri stettin. —Dor. | Bigal, 2. rue doudauville, nouvelles, inquiets, réponse. — Bigal. |

Nantes, 25 jan. — M. Révial, 5, avenue rapp. enfants, pontois, nantais bien. louis goupil prisonnier schneidemuhl (prusse). — Bruneau. | Jallais, 42, boulevard vaugirard nouvelles de Jallais et delasalle. mère malade d'inquiétude. — Jallais. | Chaperon, 98, boulevard haussmann. paris. tous six parfaitement. albert, marguerite aussi. albert trésorerie. recevons vos lettres. alphonse bien segrez. — Lavallée. | Genet, 87, boulevard malesherbes. toujours tous bien portants, reçu tes mandats, envoie encore plusieurs. nous vous embrassons. — Genet. | receveur postes-ternes. depuis vingt octobre nantes, sœur, appris mort mère. — Lunal. |

Saint-Lô, 21 jan. — M. Dupont, 7, rue hâvre. paris. tous bien saint-lô. paul, enfants cannes, tous bien. écris-moi. —Paillhou. |

Bordeaux. — 29 janvier 1871.

Poitiers, 26 jan.—Thomas, 22, petit-pont. tante et louis avec nous, très bien portants. amis de jules prévenus, ils travaillent. — Fme Létang. | Mouillard, 13, boulevard denis. nos amitiés, sommes tourmentées, donnez-nous des nouvelles de tous. nous partons pour périgueux. — Tiret. | Brahmer, 5, renard-st-méry. bonnes nouvelles de pirna, fritte, marguerite-et-mari bien portants.—Drandau. | Bain, pharmacien, 28, rue pasquier. paris. famille bien, fait amitiés; émile, caisse armée chanzy; jules lycée moulins, festy non mobilisé. | Martignac, sous-lieutenant, 30e mobile (vienne). tous bien. amélie, auguste suisse. alphonse, antoinette, rené, henri, bien. prends provisions. — Martignac. |

Saint-Omer, 21 jan. — Dubloc, 8, rue saint-lazare. allons tous bien, butor aussi. heureuse de vos lettres. écrivez souvent. alix petite fille. — Dozan. | Réal, 50, aboukir. seconde dépêche. rien nouveau, allons tous bien. famille restée vernon, sans nouvelles depuis six semaines, dire mégard. — Réal. | Salary-Lepic, 21, montmartre. vieus st-omer, aussitôt possible. envoyé 60 fr., as-tu reçu, réponse.— Foulon. | Neuburger, chez rotschild, rue laffite. prie donner nouvelle Dhautmont. portons bien.—Decocq. | Lépine, 9, rue Grassol. quatrième dépêche, reçu lettres, prière faire part edouard. — Octavie Normand. |

Nice, 25 jan. — Guy, 24, charlot. paris. reçu trois lettres, santé bonne. écris. — Bruyat. |

Tarare, 25 jan. — Hartmann, quatre, richer. correspondons mondini, mulhouse. tous bien. faisons affaires amérique, belgique. assez argent, prenez provisions placards matagrin. courage.—Dumoitiez. | Bellon-Gallet, 42, jeûneurs. paris. inquiétude très grande tarare et bruxelles, où est Mme Bellon depuis 3 mois? — Cazaban. |

Mèze, 26 jan. — Bouissin, 75, boulevard strasbourg. reçu lettre huit. envoyé dépêche décembre. sœurs, père, soins. désolé impossibilité écrire. amitiés, léon, tous. — Baille. | Laussel, mobile hérault. allons parfaitement. famille cournonais aussi.

Nozeroy, 23 jan. — Jeannin, 14, rue des messageries. reçu les lettres pour chercher un logement à mon arrivée. mille baisers.— Jeannin. |

Brest, 24 jan. — Delamarre, 94, rue saint-lazare. sommes à brest, bien. — Marie. | Defonbonne, 81, maubeuge. tous bien. lorient, verberie, reims, sans nouvelles de vous, elisa inquiète. — Lapotaire. |

Savenay, 26 jan. — Vallée, sergent fourrier, 2e bataillon, 4e compagnie, 28e régiment mobile. reçu 4 lettres, écrire souvent, portons bien. gabrielle garçon. donne argent à sauzereau, bosc. écrire. — Vallée. |

Marseille, 26 jan.— Sieur Lieutaud, rue du bac, 110. reçu lettres, dernière 18 décembre. allons bien. lieutaud encore ici. compris classe 1871, devancée. — Emilien, Lieutaud.

Napoléonville, 26 jan.— Radenac, rue enfer, 47. paris. tous bien. fillette magnifique. amédée, externe lycée. alfred bien, armée chanzy. charles ici. — Radenac. |

Lorient, 25 jan. — Jacob, 171, rue rivoli. sommes à lorient, bien portants. écrivez souvent. — Hermine Jacob. | Allègre, télégraphe, boulevard reuilly. sans nouvelles depuis novembre. vive inquiétude. faire part hyppolite. santé bonne. — Letort. | Lamy, six, rue portalès. écrit huit fois, attends nouvelles. dites à propriétaire paierai au retour. — Bouvart. |

Nantes, 27 jan. — Jean Viaud, 23e régiment, 3e bataillon, 6e compagnie. valérien. portons bien. allez chez fleury, 60, provence, demandez argent. — Viaud Garnier. | Siry, 25, ponthieu. santés excellentes. orbais intact.recevons lettres. — Siry. | M. Lefloch Bastien, 28, camp de la villette. ta famille est bien, moi aussi. tu as un fils. —Fme Lefloch. | Dervismes, mont-valérien. huit lettres reçues. bien — Olivier. | Nognes, 94. boulevard haussmann. auguste arrivé bonne santé. écris. — Brindeau. |

Georges Gouin, 13, rue chopinette. un mois sans nouvelles de toi. tous bien. gabriel fille. andresy bien. t'embrassons. — Gouin. | Baron Wolbock, officier d'ordonnance d'amiral Fleuriot, la muette. passy-paris. enfants bien. angoisse indicible.— Macceri. | Paquy, 38, des jeûneurs. rompez avec sauvage marquise, pour son retour à paris pris quatre mille francs nantes. | Eliza Calland, boulevard prince-eugène, 33. lettres sans réponse. écrire Mme Calland, poste restante, nantes. amédée est engagé, père à glaignes.. |

Poitiers, 27 jan.—Lamberton, 17, rue poissonnière. toujours gençay. portons bien. berthe aussi. recevons lettres. — Lambert. | Glaise, 3, fossés st-jacques. nouvelles de suite. inquiet.— Véron. |

La Rochelle, 27 jan. — Porché, 122, rue rivoli. si tu as besoin, toi ou tes frères, prenez mon appartement. je reçois lettres. — veuve Delacour. | Plicque, 12, rambuteau. habitons bourron. émile la rochelle chez lequinial horloger. écrivez dernières nouvelles, cinq novembre. prenez argent nécessaire pascal. — Fauché. | Ferry (maire). pailleron, enfants; dynzlemare, enfants. hélène siens. laguerre siens. fournier enfants. père, sœurs, parents bar, nous trois parfaitement. — Dumesnil. |

Rochefort-sur-mer, 27 jan.—Dreyfus, 162, faubourg-st-martin. troisième dépêche. reçu lettre seize janvier. sommes bien. supplions écrire souvent.—Dreyfus. | Durand, 7, saint-fiacre. reçu lettres, merci, bien contente, écrit plusieurs fois. laure, enfants, chez deribu, se portent bien. — De Valmon. |

Toulouse, 27 jan.— Baudoin, 65, rue faubourg-poissonnière. mauzacais, toulousains, bonne santé. recevons lettres. victor reparti bourbon. —Morère. | général schmitz. paris. prière faire officier mon neveu, bausse, sergent 35e. — Desnoettes. |

Castelnaudary, 27 jan.— Desjardins, rue zacharie. allons bien. reçu cinq lettres. écris.—Ormières. |

Saintes, 27 jan.— Mousnereau, étudiant médecine, 54, mazarine. tantes mélanie, adéline mortes. père, mère, frères, enfants portent bien. | Mousnereau. |

La Châtaigneraie, 27 jan.—Genay, 17, quai voltaire. bonnes santés.— Genay. |

Grand-camp, 23 jan. — Sellier, 15, visconti, paris. portons bien. recevons vos nouvelles. — Sellier. |

Sassetot-le-mauconduit, 23 jan. — Deboishebert, garde mobile, 5e bataillon, 7e compagnie, 2e armée, 1er corps, 2e division à aubervilliers. tout va bien ici. — Legouas. | Deruel pour Deboishebert, pépinière, 24. suis très inquiet. pas avoir nouvelles votre santé, tout va bien ici. — Legouas. |

Yport, 20 jan. — madame Florentin, 23, rue richelieu, paris. toujours yport, meurs pas avoir nouvelles de toi. écris donc. va rue martyrs, 23. bien portant. — Edgard Lamy. |

Méru, 18 jan. — Villeplaine, 5, rue du luxembourg, paris. ensemble boulaines, bien. 16 janvier. |

Dol-de-bretagne, 23 jan. — Maisnel, clichy, 74. santé bonne, jules très bien. suis très inquiète. — Didelet. |

Saint-malo, 31 jan. — Doussault, bruxelles, 4. mère passablement, nous bien. écrivez. —Nancy. | Martin, 23, taillandiers. tous bien. amitiés monroy. archambault. — Carrausse. | Valin, chemin maître-jacques, boulogne. maman, moi, famille, claire bien. grands parents bien, seuls, ermitage, rémy bien, combat. — Jeanne. | Duval, 18, rue hauteville. très bonne santé. écrire poste restante à Jersey. — Duval. | Brocard, rue du temple, 133. comment allez-vous? — Féresse. | Bogelat, rue sainte-chapelle, 15. au 15 janvier isabelle, paul bien. — Féresse. | Potrel, 40, croix-des-petits-champs. tous parfaitement. chamouillet et maurice ici bien portants. berrus et georges bonne santé à dax, landes. — Jeanne. |

Granville, 21 jan. — Champeaux, grenelle, 53. Saintpaër, champeaux, debure, famechon, guillaume, charles, bonne santé. manquons rien. reçu huit mandats, mélina demande nouvelles.— Champeaux. | Guiraud, 3, rue fontanes, musée cluny, paris. merci lettres. consommez beurre, confitures, vin. sans nouvelles récentes, inquiète. — Haentjens. | Greusset, 18, boulevard de strasbourg. marthe bonne santé, donne-moi de tes nouvelles. — Greusset. | Poggenpohl, 8, rue argout, paris. portons bien. reçois argent bruxelles. — Poggenpohl. | Fontana, 94, palais-royal. familles senet, baudrier, templier, bonne santé. recevons par ballons, londres deux voyages sûreté. inquiétude charles. — Templier. | Chevet, palais-royal. partons aujourd'hui pour tréguier, côtes-du-nord. allons bien, écrivez poste restante. — Clothilde Chevet. |

Semur-en-auxois, 21 jan. — Odonnell, 5, rue luxembourg. allons bien, enfants aussi. écrivez. — Wendel. | Bruyard, rue des petites-écuries, 24. tous bonne santé, sois tranquille, frotier payeur chef, décoré. — Thérèse. |

Portrieux, 24 jan. — Naudet, rue anteuil, 75. santés excellentes, père ici. pas lettre depuis sept semaines. très inquiets, écrire souvent. — Naudet. | Gorre, boulevard beaumarchais, 7. tous bien portants portrieux, côtes-du-nord. — Abel Gorre. | Petard, place madeleine, 19. godefroy, petard, guillon, le chatellier, bouchon, bordeaux, justin cordon, adolphe vezelay, bien portants. argent savigny. — Petard. | M. Guichard, colonel, commandant fort d'issy. marguerite, ernest, vont bien, écrire à portrieux, côtes-du-nord. amitié. — Marguerite. Guichard. |

Besançon, 21 jan. — Lavigne, boulevard rochechouart, 110. tous bien, albert prisonnier glogau. marie pontarlier. pas nouvelle héricourt, françoise ici. — Aymonet. | Bramerel, capitaine, 4e compagnie, ouvriers artillerie, champs-élysées. nous allons bien, recevons tes lettres. — Bramerel. | Robillard, hôpital militaire vincennes. santé parfaite. pharmacien chef 1re armée loire. familles izard, chavasson, bien. barmond, bien. gilon, mort. — Robillard. | Fayet, capitaine état-major-général, 2e armée. aucune lettre depuis celle du 25. inquiètes de toi. écris, chéri. reçois-tu lettres? |

Castelnaudary, 25 jan. — Noubel, lycée corneille, rue clovis, 23. santé bonne, besoin argent. — Noubel. | Vachon, rue richelieu, 110. reçu argent, santé bonne. — Noubel. | Lizars, 128, lafayette. limoux santé bonne, grand ennui. redon, bien peu consommations, affaires préparées bonne voie. — Vésian. | Grouvelle, 28, monthabor. bonne santé, enfants toulouse. espérons toujours. |

Muzillac, 25 jan. — Juloux, aide-major, neuvième chasseur monté vincennes. famille, amis, strasbourg bien, premier novembre, auguste baud. charles kviler tué, frédéric guiscriff prisonnier. — ta mère. |

Hesdin, 21 jan. — Maugin, 12, guénégaud. rien à hesdin resterions quand même. allons tous bien, reçu toutes lettres, suis triste inquiète pour toi. — Louise. |

Bailleul, 22 jan. — Midy faubourg st-honoré, 113 paris. mère et moi portons bien rien nouveau. recevons tes lettres. — Midy. |

Rennes, 24 Jan. — Heude, 13, rue méchain. résidence rennes. bien portant, écrivez.—Heude. |

Cautigny, 54, rue d'enghien, paris. pas reçu lettre depuis 23 novembre, ninette accouchée petite fille, tous bien portants. — Charlotte. | Belhomme grenéta, 4. des nouvelles, je t'en prie. ennui mortel, notre santé assez bonne et la vôtre? — Belhomme. | Pouriau, 28, pasquier. plus tranquille sur toi, ici tous bien. boulogne bien, margues mort. vavin brest, bien souvenirs aux amis. | Brunet, 13, cherche-midi. allons bien. recevons vos bonnes lettres, inquiétons pourtant. craignons grand retard dans ce que vous attendez.— Aline. | général trochu, seconde dépêche, collect prie arthur prévenir part dayot. colonel lemince, créteil les siens bien. nous aussi tendresses. — Brunet. | A Poilane, boulevard bonne-nouvelle, 1, paris. famille dijon ici. bien portante. campenon mort. — Delevaux. | m. Delacombe état-major général du général ducrot. paris. allons tous bien, nièces gourneric aussi. pays calme. — Delacombe. | Roulx, boulevard temple, 12, paris. madame roulx, garçon, 14 janvier. mère, enfant, toute famille, charles georges, paul, bonne santé. |

Scaer, 24 jan. — Ollivier joseph, 23e régiment garde mobile, 3e bataillon finistère. cher mari, reçu votre consolante lettre, tous bien. bien aimée. — Guinvarch. |

Béthune, 22 jan. — Pérard rossini, 3. tous santés parfaites tranquille, si danger belgique. st-gervais sables 2, parfaitement. — Pauline. |

Montélimar. — Festier, rue nollet, 66. sommes au logis-neuf, envoyez pouvoir pour traiter les affaires attendant que tu viennes. — Festier. |

Les Sables-d'Olonne, 24 jan. — Bochet, 19, flandre, la villette, paris. tous ensemble aux sables bien portants. — Séverine. |

Saintes, 26 jan. — Descroirilles, 5, louis-le-grand. merci. tous bonne santé.—Eschasseriaux. | Besnard, 28, rue st-quentin, paris. portons bien. recevons directement lettres ballons, vous rien. 14 pigeons, 40 lettres de tous. — Massin. |

Dieulefit, 26 jan. — Grieumard, 11, bayard. troisième dépêche. reçu bonnet. sommes dieulefit. santé parfaite, ménage santé. — Grieumard. |

Annecy, 26 jan. — Julien Agnellet, rue reuilly, 123. allons tous très bien. manquons de rien. prenez comestibles chez joséphine. espoir. — François. |

Quimper, 26 jan. — Amiot, 5, thérèse. tous très bien, maman, serques, claire, manez. — Marie Lavaurs. | Regnault, intendant-général, garde nationale, 10, place vendôme. quimper, hâvre, tous bien. lettres reçues. informer poullet. — Poullet. |

Bressuire, 26 jan. — M. Tadieu, chef de bataillon, 113e de ligne, division de réserve. général faron, paris. portons tous bien, victor lubeck. marguerite et nous tous espérons ton prompt retour. — Elise Tadieu. |

Meilhan, 26 jan. — Amiral Dhornoy, ministre marine. bornoy-picquigny, pas trop souffert. ermance restée. julie, boulogne. paul, angleterre. greenouch, morte. — Dhornoy. |

Monsempron-libos, 26 jan. — Planteroze, montreuil-seine. paris besoin bois. n'ayez plus égard aux besoins de l'usine. allons bien. écrivez souvent. — Mabille. |

Angers, 26 jan. — monsieur Lambin, rue de bondy, 74. tous à vic se portent bien. — Madame Warmier. |

Chambéry, 26 jan. — Foissy, neuve-coquenard, 22 bis. merci de ta lettre, écris-moi souvent, nouvelles de charleville, tous bien portants, moi aussi. — Foissy. |

Châteaulin, 26 jan. — Appert, faubourg martin. paris. donne nouvelles toute ta famille ballon. sommes inquiets. ici tous bonne santé, espoir. — Faucher. |

Lyon-les-terreaux, 26 jan. — Lécuyer, place conderie-temple, 8. avons reçu lettres. écrivez-nous. — Tétaz. | Théodore Cornu, garde mobile rhône. artificier, 1re batterie, artillerie. famille bonne santé, recevons tes lettres. — Cornu. | madame Dorian, ministère des travaux-publics. les enfants de louise sont à beaune très bien portants. — Schzimp. | Wics, maréchal logis, 1re compagnie pontonniers, mobiles rhône, rue courcelles. santé bonne. argent chez piagay, boulot dans ceinture réserve. — Wics. | Jame, rue blanche, 59. suis à lyon bien portant. écris moi. — ton fils Jame | Lecoffre, bonaparte, 90. allons tous bien. reçu lettre quinze. envoyé lettres vingt. dépêches huit. émile bien ouest. — Servant. | Vachon, place victoires, 2. mère, famille, portent bien. reçu lettre 9, voir dupoisat, réponds à ses quatre questions, non. — Gailleton. | Villeneuve, 40, blancs-manteaux. allons tous bien, aussi toute famille et bruxelles, alfred à breslau, recevons vos lettres. — Virion. |

Dijon, 26 janv. — Mesgrigny, 4 bis, astorg. paris. reçu lettre du 13 janvier, mère dijon, père villebertain. allons bien. envoyé trois dépêches pigeons. — Fausta. | Badet, vaguemestre mobiles côte-d'or, 10e régiment. parents, amis, bonnes santés, attendons tes nouvelles, dernière, 29 décembre. emprunte devaux. — Badet. | Muteau, mondovi, 7. famille entière va bien, sécurité parfaite. — Muteau. |

---

116. Pour copie conforme :

L'inspecteur,

Bordeaux. — 29 janvier 1871.

Parthenay, 26 jan. — Néron, faubourg saint-denis. nous, anctoville, george, évecquemont. santés bonnes, papa son mal augmente. — Poullet. | Fontange, 11, rue de sèvres. 15 lettres reçues, répondu, compris 12 janvier, santés bonnes, poullet mal. — Fontange. — Deborde, 13, boulevard beaumarchais. gravelines, edmond, parthenay, santés excellentes, quatrième dépêche. enfants collège. reçu lettre 12 janvier. — Deborde. |

Marseille, 26 jan. — Simon, 23, bourtibourg. reçu lettre eugène, portons tous bien. faisons approvisionnements. donnez nouvelles de maman. — Deiss. | Berk, boulevard saint-denis, 30. oui, non, non, non. loué quatrième. nouvelles lautier. écris souvent. — Berk. | Audibert, anjou saint-honoré, 18. neuvième dépêche. famille entière santé parfaite. schloesing aussi. ville tranquille. ai reçu lettres. — Audibert. |

Le Quesnoy, 20 jan. — Ammann, rue blainville, 11. allons tous bien quesnoy, aucune nouvelle de vous, pourquoi? — Dereux |

Vesoul, 21 jan. — Joffroy, coq héron, 6, paris. lettres reçues, merci. répondu par pigeon décembre, allons bien. envahis depuis octobre, révoqué en septembre. — Maistre. |

Besançon, 23 jan. — Marnotte, rue bonaparte, 52, paris. monsieur et dame marnotte vont bien à mouthe depuis trois mois. | Robert, lieutenant génie fort montrouge. dernières reçues sont 20 novembre, 10 janvier. parents, amis sommes tous bien portants. courage. — Robert. |

Le Hâvre, 23 jan. — Lafond, place bourse. reçu trois lettres. écrit pigeon 24 novembre, 13 décembre, moulins 6 janvier. est-ce parvenu? | Millet. | mademoiselle Boyvin, rue turin, 22. tous à vannes excepté moi. dernières nouvelles bonnes hâvre. pas encore inquiète. mousseaux épargné. — Boyvin. | Haffener, préfecture police veuillez voir mon fils fort vanves 4e artillerie. donnez argent, remettrai madame. réponse kuzner même voie. — Finchon. |

Beuscher, boulevard prince-eugène, 7. payez terme novembre obligations ville paris, envoyez numéros ballon en duplicata, nouvelles famille. — Biroulet, chez Hardel. | Monod, 5, des écuries artois. enfants parfaitement, engagez charlotte écrire marie, grandsaigne écrire millet. tous bien. stéphane ulm. — Julien. | Gaston, chez Leboucher, 28, joubert. lettre 7 décembre reçue, les albert rouen tous bien. réponds chez gustave begouen, hâvre. — Albert. |

Trouville, 23 jan. — Desforges, 1, hauteville, paris. à trouville 10 toujours bien portants. aïeule bien aussi à namur. — Laboissière. |

Villers-s.-mer, 23 jan. — Cranney, 64, hauteville, paris. reçu lettre du 10. bien heureux, henry pas blessé, admirons courage. tenez toujours, province marche. — Schelfter. |

Berck, 23 jan. — Legros, 13, quai napoléon. portons bien. ta lettre 3 janvier. embrassons. — H. Clémencet. | Clémencet, 16, jeûneurs. ta lettre 18 janvier. tes parents et nous bien. manquons rien. reconnaissance dieudonné. embrassons. — H. Clémencet. |

Montreuil-s.-mer, 23 jan. — Leprou, rue rivoli, 80. reçu lettre. allons bien. donnez nouvelles. — Cachelou. |

St-Valéry-s.-Somme, 23 jan. — Emile Fourchy, 44, rue fabert, paris. reçu toutes lettres. mère, marie, gautreche bonne santé. donne régulièrement nouvelles. amitiés. — Alphonse Richard. |

Abbeville, 23 jan. — Desgoffe, boulevard montparnasse, 57. bonnes santés, court voyage chez émélie, heureux retour, amitiés. — Vincent. | monsieur Dumont, 73, rue lemercier. toutes bonne santé, pas ennemi ici, calme-toi. — Sophie Dumont, rue des jacobins, 13, abbeville. | Bremond, richer, 19. bonne santé abbeville, espérance. — Nini Caro. |

Argentan, 23 jan. — Lainé à Lainé, 102, rivoli. toujours tous en bonne santé, famille houllier aussi. | Schwartz, 4, place vosges. santés bonnes, auguste superbe, recevons lettres. pas nouvelles albert. — Mathilde. |

La Guerche-de-Bretagne, 23 jan. — Després, lieutenant 3e bataillon d'ille-et-vilaine, 5e compagnie. famille bien, marion inquiets d'albert. — Després. |

Lorient, 25 jan. — Carfort, sergent 1er bataillon mobiles morbihan. bernardières, boy, gosse, julien, lepontois, con, nayel, lemoing, souzy bien. recevons, parlez connaissances. maisons deboutes. — Carfort. | Coëffic, 2e armée, 2e corps 1re division 2e brigade, sergent fourrier bagnolet, paris. une fille, tous bien portants. — Coëffic. | Lebrun, sergent mobile lorient, 31e régiment marche. reçu lettre, décembre envoyé cent francs, janvier cent francs. santé. — Lebrun. | Cotteuseau Pierre, 69e de ligne, 1re compagnie, 4e bataillon, division vinoy. parents demandent nouvelles, tous bien ici. — Cotteuseau père. | Chabrié, 29, rue londres. collot, despaulse, chabrié tous bien. amitiés aux parents, nous vous embrassons. janvier 23. — Chabrié. |

Bruin, 20, argout. suis bureau capitaine trésorier 62e. — Bruin. | Pierre, sergent major mobiles morbihan, ambulance rue dombasle, 28, vangirard. tous bien. septième dépêche. aimons bien, recevons, employons tous moyens. — Pierre. |

Port-Louis, 25 jan. — Dauvergne, commandant 31e régiment mobile, 2e brigade, 1re division, 2e corps, 2e armée. femme, sœur, amis, mylord bien. — Dauvergne. |

Retronens, 24 jan. — De Saisy, commandant garde mobile côtes-du-nord, 4e bataillon. famille bien, glomel saint-brieuc. travaux marchent bien. respects. — Caro. |

La Rochelle, 26 jan. — Hébert, 11, neuve-augustins. donne nouvelles, vois horliac, 59, turbigo, prendra argent françois, toi au si besoin. — Benard, 40, palais, la rochelle. | Robiquet, rue petits-hôtels, 18, paris. fils prisonnier. — Marsilly. |

Le Quesnoy, 22 jan. — Rathelot, état civil, palais justice. adèle et moi bien portantes, famille aussi. envoyé argent tréport, famille pénot quesnoy. — Pauline Rathelot. |

Usson-du-Poitou, 26 jan. — Couteaux, rue lepelletier, 49, paris. allons bien, suzanne aussi. et ta main? — L. Couteaux. |

Riom, 25 jan. — Gautier, 20, rue temple. cinquième dépêche, reçu lettres 12. riom, grand-camp, arcachon parfaitement. hippolyte écrire fournier marseille, lille recevra. — Gautier. | Guasco, zouave, ambulance duchâtel, rue varennes. riom, crouzol et about vont bien. neuvième. — Henri Guasco. |

Villeneuve-s.-Yonne, 21 jan. — Noël, rue charonne, 100. bonne santé, écrire souvent villeneuve. — Mallet. | Lemort, 36, rue boulogne. bien inquiets. blanche va bien, vous embrasse. écrivez villeneuve-s.-yonne. — Chevrel. |

Beaune, 24 jan. — Titard, colonel mobiles côte-d'or. madame gagneur vous supplie donner nouvelles bonnes ou mauvaises de son mari, officier. prier écrire. — Eugénie Gagneur-Brocard. | Marochetti, rue tronchet, 8. tranquilles savigny 20 janvier. bien portants, berthe malade. aucune nouvelle andré depuis 11 novembre verneuil. — Marochetti. |

Alger, 24 jan. — Gautier, notaire, paris. prière verser mademoiselle boyartaux 150 francs janvier, ensuite 125 par mois. — Didier. | madame Bidaut, rue rochechouart, 67. crivez maison carrée, près alger. — Cordier. | Cordier, quai st-michel. sommes élalia tous bonne santé. enfants pension. — Cordier. | Anceaux, 10, burq, montmartre. suis alger bien portant 3e artillerie. — Anceaux. |

Dijon, 25 jan. — Baudry, rue notre-dame-de-nazareth, 17. albert besançon, louis passé auxonne, vosges. écris souvent. dis si tu reçois lettres. — Marie Baudry. |

Bordeaux, 23 jan. — M. Hugues, 13, rue abbatucci. madame hugues, laure, mesdames sauvage. delebecque, enfants en parfaite santé, boulogne. — Bruyère. | Granger, 42, rue beaubourg. tous bien, sabot poitiers, nous bordeaux. recevons lettres, recevoir titres Collomp. écrire souvent poste restante. — Collomp. | Potier, 1, rue boulogne. reçu lettre du 12. employé *Times* vers 20 janvier. tous excellente santé. ernest givors bien. — Potier. | Taupin, 9, surène. tous bien portants, bien lire adresse 59 bis, rue saint-genès bordeaux. — Claire Taupin. | Docteur Martin, 19, Vosges. confirmation télégramme 6 janvier. écrivez guillaume bader, mühlburg, bade donnez détails maison de commerce. — Andrieu. | M. Arthur Sossa, 35, rue bellefond, paris. santé bonne. je pense toujours à toi. — Berthe Sossa. | Nast, 52, boulevard haussmann. trouville, tranquilles, bien portants, écris plus souvent. caillard havre, éclaireur elbeuf, nous écrit. — Nast. | E. Favier, 27, jeûneurs. bonne santé. reçu lettres. — E. Favier. |

Marot, passy. bonne santé. rentrer dans centre paris. — Marot. | Gérard, 12, boulevard capucines. donnez vos nouvelles, 29, delurbe, bordeaux. — Dubouzet. | Delpech, 128, rue du bac, paris. aspirants généralement chez eux montrent bonnes dispositions, lemeunier d'angers mort. — Rousseille-Péan. | Latour, 46, aux ours, thérèse bien. écrivez-nous. — Marthe Arnaud. | Madame Boutterin, 37, rue godot. reçu ensemble deux lettres. merci toujours bonne santé. — Olivier. | Jung, 2, provence. je suis à bordeaux, je vais bien, dispose livret caisse épargne, ai déjà envoyée deux dépêches. — Jung. | Nicolau, 4, neuve-saint-augustin. lettres reçues, ici, loin, tous bien, dégranges, enfants bien. — Laure. | Patouillet, 90, bondy. patouillet armée bretagne, major 1er bataillon, mobilise laudéac, chez docteur pabior, argentri duplessis, ille-vilaine. — Patouillet. | Guérin, 128. rue bac, paris. missions statu quo. derenne mort, petitjean, charbonnaux, dupond, croe, depommier, sohier, chouzy partis. — Rousseille-Péan. |

Henri Dechasteigner, 13, rue alger. toujours tous bien. avons écrit chaque semaine. septième dépêche. recevons ton 28. — Alexis Dechasteigner. | Chapitel royale, 23, saint-honoré. nouvelles leblanc, lagny fin décembre, maison intacte, tous bien portants ici, écrivez plus souvent avec détails. — Thévy. | Cosson-Corby, 28, place dauphine. Cosson épone, henriette, joseph, clémentine, enfants bien. — Cosson. | Père Ollivier, 7, jean-beauvais. saint-mâlo, havre, bordeaux bien. — Galiment. | Besse ou madame philippe, 22, rue freycinet, chaillot. enfants écrivez, ai pas nouvelles, depuis longtemps, très-tourmentée. — Cornélie Wyatt. | Ivernois, 4, anjou-saint-honoré. sommes tous parfaitement au thil. avons reçu toutes vos lettres. écrivons sans cesse. — Raoul. | Aladane, 40, rue letellier. pas malheureux, bonne santé, désespérés de vous. — Daumanville. | Santerre, 8, rue d'anjou. reçu vos lettres, nos meilleurs souvenirs pour vous et les nôtres. porte bien bordeaux, bruxelles. — Santerre. |

Jarry, 34, rue tronchet. camille à cannes. mans investi. — Hautreux. | Général Vinoy. le nommé bernard duchesne, soldat 8e régiment marche est-il vivant? — femme Duchesne. | Debray, Hedier, tous bonne santé, tes sœurs bien, restons tréport tranquilles, manquons de rien. — Debray. | Dufils, 146, lafayette. reçu lettre annonçant dépêche. jamais meilleure santé. habite chez dufils. content de vous. courage, résignation. — Dufils. | Foucqueteau, 50, rue montmartre. bonne santé. emploi ici. — Foucqueteau. | Marquery, 36, boulevard bonne-nouvelle. bonne santé. écrivez, 18, rue mouneyra, bordeaux. — Fouqueteau. | Vandenbrock, 55, amsterdam. Charnay. santés bonnes. écrivons souvent. adresse toujours lettres charnay. parle ménage. soigne-toi. — Francis Vandenbrock. | M. Paul Masson, 19, jean-jacques-rousseau. envoyer colmar, santé bonne, reçu nouvelles paris 5 décembre, émile interné wildesheim. — Kuhlmann. |

Nissou, 72, quai jemmapes, paris. santés bonnes, lettres reçues, installés agen, 35, cours saint-antoine, avec delacourcelle. — Nissou. | Gorby, 6, rue courty. leclerc, gobry, gustave, marie, soisy, génainville, bien intacts. — Gaudin. | Jonas, 3. laffitte. écrirai rennes ni bruxelles. envoyer argent entreprise rothschild. jonas, 41, baker-street, tous bien, tendresses. — Rosine. | Cuvellier, 166, grenelle. mari inspecteur bordeaux, 60, nauville. bien portant. lue ta lettre du 30 à fernet. — Cuvellier. | Chaumette, 154, rue saint-dominique. écrivez, 82, cours jardin public bordeaux. santé bonne. — Elisa. | Kœnig, 6. châteaudun. reçu lettres. marguerite, Victorine, caroline vont très-bien. 42, rue du pont-neuf, bruxelles. amiral remplacé. — Caroline. | Arthur Paute, 5, lille, paris. tous deux très-bien à bruxelles. toutes tes lettres reçues et répondues. soldé mort. — Aimée. |

Delpeuch, 61, dargout, paris. femme, enfants, mère et moi sommes bien portants. vous embrassons. — Delpeuch. | Mademoiselle Lonchamp, 38, r. sèvres. heureux que sois chez moi. pas craindre dépenser. écris bordeaux, 41, palais gallien. — Longchamp. | Santerre, 8, anjou-saint-honoré. tendres amitiés tous, extrêmement tourmentés de toi, saint-martin très-abîmé, santerre, laurent, archdeacon, parents, enfants bien. — Santerre. | Albert Dethomas, 17, boulevard poissonnière. familles dethomas, bechet, tous bien portants, recevons lettres. — Commelin. | Charles Lion, 28, sedaine. par tous ballons écrivez, sommes sans nouvelles depuis 28 septembre à birmingham. — Parry. | Rostand, crédit industriel, 77, chaussée-d'antin, paris. inquiet, malade, sans argent. envoyez traite par ballon, hôtel montré bordeaux. amitiés. — Dubray. | Bluets, 4, rue d'abbeville, paris. inquet amis, pérette. écrivez par ballon, hôtel montré, bordeaux, détails de ma maison. amitiés. — Dubray. |

Divonne, 26 jan. — Acloque, rue montmartre, 146. reçu tes lettres, suis content. passe examen. santé meilleure. mère, maurice, bien. vous ai écrit souvent. — Acloque. |

Honfleur, 22 jan. — Chamouillet, saint-honoré, 414. santés bonnes. reçois lettres et argent. suis avec servant et darcosse. — Marie. | Charpentier, faubourg saint-honoré, 106. allons bien. attendons toujours nouvelles alfred, montpellier, léon, josselin. — Charpentier. |

Ernée. — Madame Mauger, rue université, 71, paris. santés bonne. jeanne, maurice, charmants. donner nouvelles à tous. tendresses. nous recevons lettres. — Delarocheponcié. |

Bordeaux, 27 janv. — Joly, corps-législatif. trouville, tranquille, tous parfaitement. reçu dix mandats, argent abondant, courage, tendresses. — Louise. | Casburn, palais industrie. transporter objets précieux emballés lieux sûrs. conseil aide madame delesse, surveiller le reste avant mon arrivée. — Leplay. | Potier, 16, boulevard magenta. santés excellentes, écris souvent fillettes, moi, embrassons. soigne-toi, à bientôt. — Sophie. | Delesse, 37. madame. prenez nos provisions, clefs concierge, casburn. ouvrir toutes serrures, transporter objets précieux en lieu sûr, loué. — Deplay. | Thomas, 44, chateaudun. éviter détournements, centralise fonds bordeaux achète rente nominative. informés, conseils. sinistres connus. mauvaise moyenne. — Schoutzener. | Courot, 5, cléry. caurot, rodot, enfants, meillet, parfaitement. lettres, envois, reçus. — Anastasie. | Camille Leblanc, 19, faubourg poissonnière. louise, leblauc, enfants portent bien. — Dupont. |

Lyon, 26 jan. — Falconnet, rue caumartin, 46. filles à pau, tous bien portants. — Populus. | Antoinette Prajoux, 52, boulevard ornano (montmartre), paris. montre ma dépêhe à samson ou à vial de ma part et prend patience. — Plomus jeune. | Paris-Plaisance, rue pernetti, 48, norbert. lettres reçues, institut, breteuil bien. — Louise-Marie. |

Lyon, 25 jan. — Laurent, ingénieur tabacs, paris. suis villefranche, médecin mobilisés alsace. louis artilleur belfort, parents bien portants. reçu tes lettres. — Laurent. | Kern, ministre suisse. mandez hélène, vernet ambulance, chaptal, stael, anna, genève. père, adèle, mathilde, enfants, carra, menet, henry bien. — Edmond. | Bellescize, lieutenant artillerie, rue hâxo, 145. huitième dépêche. reçu lettre du 12. nous allons tous bien. — Emilien. | Vital Lacroise, 13e corps d'armée, 1re division, trains auxiliaires civils, paris. reçu lettres d'octobre. tout va bien, écris-nous. nouvelle olympe. — Lacroise. |

Dinan, 25 jan. — monsieur Valais, 99, boulevart haussmann. santés parfaites, bonnes nouvelles rio. reçois vos lettres. gâtez sinha. gabrielle attend avril. baisers. — Valais. | Francastel, 15, rue vernier, ternes, paris. écris-nous, santés tous parfaites. communiquer alexandre. — Francastel. | Rambaud, 10, rue de rome. allons bien, manquons de rien. j'ai envoyé quatre dépêches à junet, donnez nouvelles. — Junet. | Madame Derrouch, 22, rue d'enghien. comment vas-tu, ton

Bordeaux — 29 janvier 1871.

mari ? nous bien portants, écris-nous par ballon. — Lapie. | Lapie, 160, rue montmartre. soigne toi bien, garde chevaux si peux, oncle envoyé dépêche, monsieur gouzien pour le remercier. — Lapie. | Monsieur Gouzien, 22, rue rossini. vu nom sur journal, bien heureuse, ai hâte vous voir, travaille piano pour vous. — Ponteroix. | Decan, 281, saint-honoré. lucie nourrice. leguay bien portants, à houdan. réponse ballon, marais dinan (côtes-du-nord). madame leguay, quimper. — Marais. | Véc, boulevard malesherbes, 69. santés parfaites, reçu lettres. — Bois. | Rendu, lieutenant vaisseau, fort montrouge. reçois lettres, sommes bien. mille baisers. — Marie Rendu. | monsieur Albert, 99, boulevard haussmann. santés parfaites. bonnes nouvelles rio journal américan register. séraphine garçon, reçois vos lettres. — Valais. |

Gamaches. — Bert, boulevard chapelle, 14. dites à queneuille mobile seine-inférieure, parents portons tous bien. reçu lettre du 9. écrire souvent. — Queneuille. | Selle, capitaine mobiles département somme. on dit cauchon décédé. réponse. — Cauchon. | Solagnard, 10, rue royale. recevons lettres. allons bien. vous embrassons. pas prussiens ici, mais aux environs, venez vite. |

Dinard, 26 jan. — Courtier, 12, rue victoire. sommes installées hôtel franklin dinard. enfants, marly, achille, senneller, gros garçon, parfaitement. écrivez, recevons lettres. — Dubarle. |

Agde, 25 jan. — Lamothe-Tenet, commandant 3e brigade, corps laroncière pour félix. saint-denis. deux familles tous bien portants, paul, ingénieur fait canons. — Coste. | Henri Martin, 45e mobiles hérault, 1er bataillon, 1re compagnie, saint-maur. tous bien portants, vois félix pour argent si peut. — Martin. | Samuel, 36. croix-petits-champs. continuez de fournir à notre fils félix, pour tous ses besoins. — Coste Floret. |

Béziers, 26 jan. — Lamasse, ministère guerre, paris. reçois lettres, allons bien, bonnes nouvelles. colmar. — Elise. |

Montpellier, 27 janv. — Deroux, sergent 45e mobiles hérault, 3e bataillon, adrien, lieutenant, perdu tante amélie. ouillargues, maman emprunte, je garanti, ton père. — Deroux. |

Saint-Thibéry, 26 jan. — Jules Andrieu, 45e mobiles hérault. colonel montvaillan, saint-maur. gustou, enfoncé porte frank. allons bien, aimons beaucoup. — Hélène-Marie Andrieu. |

Ribérac, 26 janv. — Bourdon, 30, échiquier. berthe, fille, marie, bordeaux. édouard, gustave, glachant, moutardier. cécile, nous, tous bien. si besoin, irons bayonne. — Edouard. |

Lisieux, 23 jan. — Lecalvé. rue clichy, 67. tous bien. revenus à lisieux. — Emma. |

Dijon, 27 janv. — Picq, 4, faubourg poissonnière, paris. toute la famille excellente santé. écris-nous souvent, recevons tes lettres, mère à vitteaux. — Theurot. |

Brest, 26 jan. — Sauvage, rue du temple, 19. tous bien, bonnes nouvelles de nourrice et de normandie. — Philippe. | madame Pouliquen, grenelle saint-germain, 76. ai lettres félix, achille, suis bien, quitte quartier dangereux. — Vve Ladet. |

Redon, 27 jan. — madame de Mussy, 4, rue st-arnaud, paris. enfants, paul, pipriac, brest, tous parfaitement. — Deboisgellet. | Cureau, garde-républicaine, caserne célestins, paris. angèle. fille, couches bonnes. femme joseph garçon. tous bien portants. — Rosalie Boutard. |

Saint-Pol-de-léon, 26 jan. — Bounais, boulevard bonne-nouvelle, 10 bis. sommes tous bien chez mahé. saint-pol-de-léon, avons quitté fougères, 19 janvier. espérons viendrons avec félix. — Adélaïde. |

La Rochelle, 28 jan. — Pailleron, 17, rue bonaparte nouvelles du 21. soyez prudents, enfants tous bien. dumesnil, delisle, dinglemare. — Marie. | Clément Thomas, boulevard sébastopol, 80. bonne santé tous. espérons de même. — Marie Thomas, chez madame leroux, au mail près la rochelle. |

Luc-s.-mer, 25 jan. — Lecouvreur, 6, rue des batignolles, paris. nous nous portons tous bien. nous sommes à langrune. — Lecouvreur. | Basly, rue godot-mauroy, 19. votre mère est en bonne santé. — Auguste. |

Lorient, 27 jan. — Dalmas, faubourg saint-honoré, 27. lorient, lion d'or, voyage paisible, bonnes santés, tendres baisers, ardents souhaits du cœur. — Dalmas. | Servant, sous-lieutenant, 109e ligne, 14e régiment marche, 4e bataillon, 13e corps armée Vinoy. pas nouvelles depuis 1er octobre. — Cassaigne. | Dupuy de Lôme, saint-honoré, 374. familles dupuy de lôme, favereau, bréger, bien. — Favereau. | Leroy Etiolles, 50, londres. pierre, fournier, nous bien. reçu mandats, portraits surtout pas quitter papa. ta mère existe plus. — Etiolles. | Dauchez, 83, rue victoire. santé parfaite, pensons à toi. — Dauchez. | Lair, rue poissonnière, 46. lettres reçues. écris souvent, aujourd'hui par moulins, bien portants. — Bournigalle. | Cartier, sébastopol, 86. écrivez-nous rue poissonnière, lorient, henri, louis, gallois, ici. londres, versailles, manduel, bien portants. — Cartier. | Despaulx, rue castellane, 8. père chéri, courage. allons bien. delarbre, collot, chabrié, aussi. à bientôt, espérons. — Despaulx. Kahn, faubourg poissonnière, 9. bernard, myrtile, prisonnière, sont à saare-union. écris lettres à famille, ferez parvenir, faire savoir à beer. — Kahn. | Tatin, rue malte, 12. reçu lettres, hervau, hâvre, jules, victor, armée chanzy, bourbaki. alphonse mer nord. familles bonne santé. — Grigné. | Salomon, boulevard temple, 39. écris à mère. sommes obligées inventer lettres pour tranquilliser. nièces, alexandre, chez jacob dire. — Kahn. | Cardonne, ministère marine. la famille bien. sans nouvelles écris maurice au borda. — Cardonne. |

St-Servan, 22 jan. — Buble, 7, bréa. heureuse êtes bien. léonce coblentz. mettre meubles cave. prenez confitures petite caisse, brûlez bois établi vincennes. — Buble. |

St-Malo, 21 jan. — Bachelier, neuve-des-mathurins, 118. dinard tous sans exception santés parfaites. — Baudelot Bachelier. | Beaurain, 25, chaussée-antin. bretagne menacée, beaurain, grignon. arosa poste restante à saint-aubin jersey. — Fanny. | Destors, rue laffitte, 13, paris. tous bien portants. maman reçoit tes lettres, adèle part la rejoindre. eugène va bien. — A. Pecourt. | Robois, mayet, 13. ici et journan bonne santé. toutes les lettres reçues, écris plus souvent. — Charpentier. |

Guépin, boulevard malesherbes, 103. bonne santé, inquiète, sans lettres, écris. — Guépin. | Pitou, limonadier, 5, cordelières. sommes à st-malo bonne santé tous trois. nucil montrouge, 11. — Pitou. | Anrès, 20, louis-le-grand. caen nous bien, recevons lettres. avons lettre erfurt capitaine watter disant tandon absent par maladie. — Grondard. | La Piédra, pigale, 59. tous bien, recevons vos lettres, écrivez. amitiés aux amis. — Arosa. |

Angers, 22 jan. — Thorin, rue médicis, 7. enfants bien portants. — Loiseau. |

Bernay, 20 jan. — Kilford, rue grétry. tous bien gaillon. — Louise. | Morsaline, facteur, d'orléans-st-honoré. famille bonne santé, écrivez par ballon. — Vittecoq. | Prenpain, commissionnaire, des lions-st-paul. famille bonne santé, écris par ballon. — Vittecoq. | Clerget, rue amsterdam, 33. reçu aujourd'hui votre lettre. charles est à alais (gard) sous-officier 60e formation. allons bien. — Sement. | Amy, rue franklin, passy. reçu lettre, merci. heureuse avoir vos nouvelles, écrivez. suis au theil, henry à l'armée. — Marianne. |

Aubigny, 22 jan. — Desmarquais, amandiers, ménilmontant, 50. famille bien portante, inquiète demande nouvelles. — Davignon. |

Limoges, 24 jan. — Jacob, 34, rue moscou. heureuse savoir en nouvelles léopold, moi écris rongy. écrire souvent, recevons lettres. tous bien portants. — Mosnier. | Allongé, 33, rue mosnier. recevons tes lettres. écrire plus souvent. dire bataillon auguste, margo bien gentille, chichon bien malade. — Mosnier. | Fénaux, boulevard charonne, 42. pas écrit, très-tourmenté, recevons lettres de tous excepté toi. tous ici bien portants, embrassons. — Mosnier. |

Mosnier, 31, rue moscou. chagrine toi malade ne t'épargne rien pour ta santé. recevons lettres, tous bien portants. — Mosnier. | Mosnier, 31, moscou. donner nouvelles de jules. chichon fluxion de poitrine, marguerite dix dents. déjà envoyé plusieurs dépêches, embrassons. — Mosnier. | Tanchon, 10e ligne, ambulance belle-jardinière. famille bien portante, reçoit tes lettres. prendre argent bostriger, 4, cité rougemont. baisers. — Him. | Coudray, 137, faubourg antoine. quatrième dépêche, tous vont bien. enfants superbes. voir ambulance belle-jardinière tanchon, him 10e ligne. — Coudray. | Guyot, pont-neuf, 3. santés, installations bonnes. charles inquiet sèvres, enfants pension, bébé gentil, courage bientôt léonie, prudence, inquiétude, pensées. — Guyot. |

Hérard, 24, rue grange-batelière. anna orsennes, nous trois partons pour pau. tous santé, excellentes nouvelles dinard, dieppe, albi. — Maës. | Terneau, 3, isly. familles terneau, moreau santé parfaite. — Moreau. |

Narbonne, 24 jan. — Renier, sorbonne. eugénie enceinte six mois. — Edouard. |

Redon, 21 jan. — Barneville, 51, rue rome. rassurez-vous, récits exagérés. nonancourt tranquille, santés excellentes, avons argent. les henri habitent redon. — Mahey. |

Hyères, 22 jan. — Havard, capitaine mobile, bons-enfants, 21. santés bonnes ici, frainel, laferté, provins, fais écrire frère pauline. — Havard. | Dédéyan, cité trévise, 12. lettre expédiée. — Salata. |

Caen, 24 jan. — Rozet, 14, dauphin, paris. georges sergent-fourrier, sept envois argent, moi caen 7, hamon tous bien. — Woiselle. | Barbier, dragon, 21, lion, allons bien, reçu lettres, argent écrire plus souvent. — Bourgeois. |

Argentan, 24 Jan. — Drevon, chef forêts, boulevard st-michel, 129. comment allez-vous. recevons lettres, écrivez. allons tous bien, maria ici. — Anatole, préfet argentan. | Lafontaine, blancs manteause, 40. perrin, lafontaine, nail, picquard, trouvelcau vont bien, recevons lettres régulièrement. nous t'embrassons. — Lafontaine. |

Mortain, 24 Jan. — Picquenard, sèvres, 73, paris. portons bien, nous recevons lettres, mettez peut-être tous papiers, linge, vêtements, chez lapoule, bazin. — Coulouvray. |

St-Martin-des-Besaces, 23 Jan. — madame Taillard, 7 bis, des saints-pères. sans nouvelles depuis octobre, très-inquiet, répondre plusieurs ballons. à brimbois. — Taillard. |

Granville, 24 Jan. — docteur Moutard-Martin, 5, rue échelle, paris. 14e. passons Jersey si nécessité. granville, dinard, baudry, cordier parfaitement. — Moutard-Martin. | Dufaitelle, 18, magnan. reçu. merci. écrivez-moi. — Dufaitelle. | Bonvallet chanoinesse, 19. écrivez toujours à granville. — Dufaitelle. | m. Gire, rue du bac, 33. tous bien portants à granville. recevons vos lettres. — Gire. | Carey, bac, 68. vais bien. inquiète, sans nouvelles. écris. — Carey. | Cochin, rue des moines, 62, batignolles, paris. portons bien. écrivez-nous, ballon monté. — Gresset. | Haentjens, 10 bis, rue boulogne, paris. vendez comme combustible goudron orléans. — Haentjens. | Drouart, 34, ponthièvre. santés bonnes. prévenez chartier 6, rue rougemont, famille va bien. écrivez à moulin, à dieppe pour. — Chapin. |

Avranches, 24 Jan. — Olivier, chaussée-d'antin, 41. famille olivier avranches chez chesnay, professeur avec lefèvre, sigaux, portent parfaitement. — Berthe Marie. |

Pleudihen, 24 Jan. — Balny, faubourg antoine, 40. colonie bonne, santé et sûreté, recevons lettres, mille baisers. 11e dépêche. — Balny Riquier. |

St-Sever-Calvados, 24 Jan. — Fizel, 190, rue st-honoré. mère toujours bien malade, nous bien portants, récrivez inquiet de vous. — Fizel. |

Londres, 24 Jan. — m. moraz, crédit lyonnais, paris. chagrin extrême, arriverai aussitôt possible. écris-moi détails, sauvegarde mes intérêts, reconnaissant. — Champendal. | m. Guntzberger, directeur de l'ambulance 2 villa montmorency, auteuil, paris. envoie amitiés à tous. prenez mille bouteilles de vin chez moi pour vos blessés. reçois lettres. santé bonne. — Barraud. | Cailliatte, hôtel louvre, paris. remise reçue, vendez deux mille tonnes avoine blanche 30 fr. fret assurance calais comptant. — Phillip Pany. | m. georges michel, 5, rue turbigo, paris. lettre reçue vingt-un, reconnaissante, jersey, londres bien, andré grandi. heurtel, 17, moscou, famille bien, ferdinand lorient. — Adèle. | Jules carpentier, 21, boulevard st-michel, paris. toujours aucune lettre. tourment inexprimable. renouvelé versailles demande instante te rejoindre. ne te délaisserai que devant force. — Philippe. | m. Geoffroy, rue neuve-st-augustin, paris. reçu dernière. pas de nouvelles du père depuis novembre. — Despres. | m. Bertrand, 162, avenue d'eylau, paris. reçu lettres, dernière du 10. tout le monde bien portant. informer liénard. — Arnould. | Mlles Pierret, 85, faubourg st-martin, paris. pas de lettres depuis fin novembre. liénard écrire. tous bien portant ici. informer bertrand. — Arnould. | Paulet, 152, rue de rennes, paris. votre femme vous embrasse, reçoit parfois lettres. elle écrit souvent. — Robert Lloyd. | Antonin, 172, quai Jemmapes, paris. famille homburger, londres, va bien. — Homburger. | Sciama, 61, faubourg poissonnière, paris. andré, marthe, Jeanne, pauline et nous très-bonne santé, vos enfants mine excellente. — Aron. | Charles cailliatte, esq. hôtel du louvre, paris. les lettres reçues. allons tous bien. m. pavy envoya l'argent affaires city bien. — Emilie. | m. Grellet, balguerie, 38, rue st-sulpice, paris. trois lettres reçues, santé passable, inquiètes. écrivez. espérons.

Toulon, 27 jan. — Gassmann, rue notre-dame-des victoires, 16. paris. ici guebwiller lorient. tous bien portants. armand marche. — Léontine Gassmann. |

Limoges, 28 jan. — Cardon, 1, rue turbigo. tous vont bien. — Toussaint. | Faure, 27, boulevard saint-michel. blanche, albert, cloud, portons bien, écris souvent. — Faure. | Cormier, rue des halles, 22. sur que j'ai plus cher, vous assure paul très-bien. brigadier fourrier orange. — Lavaud. |

Bergerac, 29 janvier, — Caisellier, 20, saint-claude. reçu lettre décembre. très inquiets. donnez nouvelles. tous bien portants. — Tarel. |

Romorantin, 28 jan. — Sueur, rue d'enghien, 39. écrire chabris, où sommes toujours. portons bien. inquiets. nulle lettre depuis deux mois. fermez magasin. — Idalie. | Vissa, rue d'enghien, 39. sommes toujours à chabris. parents sully point malades. nulle lettre depuis deux mois. mère écrire. — Pauline. |

Vierzon, 28 jan. — Rialle, 204, rue st-antoine. chalumeau fin janvier. tous bien portants. — Rialle. |

Massiac, 26 janvier, — Barthelémy, 9, laromiguière. êtes-vous déménagé. dites endroit juste où tombe bombes. allons bien. recevons lettres. — Léandier. | Duplan, 75, richelieu. quitte massiac Brugerolle l'armée. vais coutras gironde rejoindre morel. allons tous bien. — Duplan. |

Berck, 24 jan. — Bavard, 21, rue chaudron. oncle, santé bonne. inquiétude, pas de nouvelles de bombard depuis 6 décembre. — Julie. |

Bordeaux, 29 jan. — Sevestre, 61. boulevard malesherbes. toutes bonne santé, tréport. — Marie. |

Hesdin, 28 jan. — docteur Hache, 18, rivoli. quatre guille réunis chez eux. bien. famille hache. bien. reçoit vos lettres. — Mathilde. |

Cannes, 27 jan. — Villon, 6, grande truanderie. portons tous bien, avons écrit adrien langres. | Varaldi. |

Grasse, 27 jan. — veuve Lecerf, 32, rue des martyrs. paris. comment vas-tu? adresse réponse à roure bertrand. grasse. Je suis bien portant. — Eugène. | Legros, 59, boulevard eugène. paris. as-tu reçu 400 francs. aujourd'hui part cent francs. écris plus souvent. — Roure. |

Nice, 27 jan. — Beamisch, 68, boulevard malesherbes. habitons nice. bien portants. écris souvent. si malade, vois behier. donne nouvelles grand'mère. amis. — Beamish. | Ravet, 14, rue michodière. nous habitons tous nice. — Camuset. | Berteaux, 10, aboukir. reçu lettre, suis nice. vais bien. payez contribution maison aboukir. donnez adresse brouty. — havard. |

---

117. Pour copie conforme :

l'Inspecteur,

Bordeaux. — 29 janvier 1871.

Fougères, 19 janv. — Robinot, rue d'amsterdam, 52, paris. reçu lettre de votre mère bien, fougères tranquille, embrassons gaston, tous passablement, reconnaissant. — Martin. |

Coutances, 18 janv. — Rihouet, 42, ferme-des-mathurins. allons bien, 20e dépêche, bons baisers. — Rihouet. |

Cherbourg, 18 janv. — Peltier, fontaine-au-roi, 10. henri londres, vigier cherbourg, portent bien. visiter mes armoires, cave, prendre tout. — Vigier. | Da, neuve-des-petits-champs, 62. picot lisbonne, vigier cherbourg, henri londres, portent bien. visiter mes armoires, caves, prendre tout. — Vigior. | Cosmao, 9, boulevard du prince-eugène, paris. suis bien. chacun très-bien à brest et lorient. marcel superbe. — Orcel. | abbé Noël, 1, mathis. veuillez concerter leduc bourbonnais pour abriter dans appartement, bertin poirée, famille amie, quartier saint-jacques, écrivez nouvelles. — Vaultier. | Piet, 44, labruyère. vous aime, réponse à cherbourg. — Bulla. | Sabroux, rue saint-honoré, 400, paris. faites matelas laine suint, toiles propres. placez les fenêtres chambres marie, lingerie. ami répondez. — Lemarinier. |

Glorieux, turin, 25, paris. sommes tous bonne santé, inquiétude de vous. votre dernière reçue datée 28 octobre, écrivez vite. — Glorieux | Samson, 25, des grands-augustins. santé bonne, immenses inquiétude. 5 semaines sans lettres, toi, enfants, parents. mes pensées. — Nathan. | Samson, 77, rambuteau. santé bonne, inquiétude, prie eugénie m'écrire, enfants emma parents. — Nathan. | Bouclier, boulevard madeleine, 1. dupont, blanche, alice, enfants santé parfaite. cherbourg, 20 janvier. — Bouclier. | Durclet, dette inscrite, ministère des finances. santé excellente, courage, confiance en marie, porte sur toi sacré-cœur. reçois lettres. — Durclet. — Moreau, rambuteau, 78, paris. comment vous portez-vous ? pouvez-vous envoyer nouvelles cherbourg ? mille souhaits. tous trois. — Colson. | Dumoret, 5, paix. cher père, je t'embrasse pour mes dix ans. sommes tous en bonne santé. — Thérèse Dumoret. |

Granville, 19 janv. — Hardon, 56, avenue impératrice, paris. jersey, allons bien, courquetonne, adolphe préservés. reçois lettres, fais-toi vacciner. — Hardon. | Vallée, 120, rue montmartre. toutes bien, audresy non occupé, provins, ennuis sans atrocité, donnez nouvelles édouard josnier, emmanuel prudent. — Lancelin, juge, palais de justice, duchesne, rigollet, tous bien. — Barotte. | Poret, 2, avenue des ternes. binon, caroline à londres. charles, gaston, jodot, galle, joux, bonne santé. écrivez davantage. — Léonie Limarre. | Lerasles, rue lafayette, 10. janvier, santé bonne. reçu tout argent. talbot parti 4 mois. bébé dit papa, maman. embrassons. — Lefaure. | Hamm, 5, rue bergère janvier. reçu lettres, enfants bonne santé. écrivez saint-pair, près granville. — Dorenlot. | Lecomte, 12, laffitte. tous bien granville, recevons lettres, dames hérelle bien rouen. embrassons. — Lecomte |

Avranches, 19 janv. — Chardin, 64, boulevard haussman, paris. malgré froid, tous bien portants, sans rhumes. bonnes nouvelles saffers. tante chardin milan bien. — Chardin. | Loquet, 99e bataillon, 1re compagnie, garde sédentaire, vincennes. sans nouvelles, inquiète, vais bien, écris. — Loquet. | François, capitaine du génie. prière aller voir madame offner, rue ferronnière, 37, faire avances de fonds, réponse à bordeaux. — Offner. | Guillard, boulevard prince-eugène, 251. donnez promptement nouvelles famille guiart, enfants, dernière lettre 15 septembre. nous assez bien, désespérés. — Fanny Guiart. | Deboinville, sous-lieutenant, paris. tous bien, belzise roal, londres. — Deboinville. | Lebarbier, 5, rue calais. père mieux, fouquet donne appartements, écrit concierge autorisant vous remettre clefs ou ouvrir par serrurier. — Roulland. | Yver, 10, saint-gilles, paris. tous très-bien. — Gaissier, 12, fontaine, cherbourg. |

Saint-Lô, 20 janv. — Beauvais, 139, boulevard sébastopol, chez m. Sergent. merci jeanne, santés bonnes, lettres augis. — Gabrielle. |

Nîmes, 21 janv. — Silhol, sergent, 112e régiment, 13e corps. mère décédée 20 novembre. dernière nouvelle octobre. écris-moi. — Silhol. | Lauze de Perret, capitaine, 4e zouaves, 3e corps, 2e armée. mère très-inquiète, nouvelles 18 décembre seulement. écrivez au plutôt. — Lauze. | Beaumès, intendant, 2e armée, 1er corps, 1re division. tourmentée du bombardement, lettres arrivent, portons tous bien. — Beaumès. | Serre, 51, faubourg montmartre. sommes parfaitement portants. vives amitiés. — Edouard Serre. | Salze, 3e génie, 17e compagnie, pantin. parents portent bien. régis albert amée loire. — Lassale. |

Dijon, 22 janv. — Tarnier, rue duphot, 15. mère, famille, santé bonne, arc-sur-tille été occupé, maison souffert. perreau, otage brême, am wall, 157. — Bathelier. |

Redon, 22 janv. — Croqueville, 82, boulevard st-germain. nous portons bien. Edouard a eu vérole. donnez-lui argent de notre part. — Lebret. | Esmein, 36, taitbout. nous portons bien, demande argent de notre part à croqueville, donnez nouvelles de Lesage. — Lebret.

Redon, 23 janv. — Lechevalier, 55, faubourg montmartre. lettres arrivent maurice, louise bien portante, mandat touché, 8 déc., tiers restant. Bretagne menacée. — Lechevalier. | Amaury Simon, capitaine mobile. mont-valérien. reçu lettre 1 janv. écris-nous souvent, sommes bien, Bourcaret aussi, espérons à bientôt. — Simon. | claude, 72, boulevard magenta. inquiète, écrire, mettre vous-même ma cave, linge, vêtements, dentelles, au besoin. — Juveno. |

Alais, 23 janv. — Deleuze antoine, 3e compagnie 1er bataillon, 110e ligne paris. reçu lettre, parents bien, 2 lettres route, écris souvent, espoir. — Deleuze. |

Hâvre, 19 janv. — vicomte Thannberg, 24, rue favre. moi mis ordre jour; nommé sous-intendant hâvre. donne ici nouvelles rassurantes de toi. — henry. | Rémy, 4, gaîté. vois henri saint-louis; traitement conservé. — Vallin. | Buys, lycée saint louis, Daniel, 6 semaines, tous bien. — Vallin. | vicomte Thannberg, 24, rue favre, paris. papa retraité, arcachon, gaston sera décoré. arras, dames bien portantes. namur, tous bien. — Henry. |

Juge de paix de circonscription, 9, boulevard saint-martin, paris. papillon pierre éléonor, décédé, faites apposer scellés. — J.-B. Papillon. | Gervais, ministère marine, reçu 5 lettres, Villars-Cauville, bonne santé. — Joseph. | marquis saint-vallier, 9, rue suresnes. merci du souvenir. écrivez-moi, bon espoir, confiance en Dieu. — jenny blanchard. | blain des cormiers, 12, rue martignac avons bonnes nouvelles, vos femmes et enfants. écrivez, nous ferons parvenir vos lettres. — Blanchard. | françoise chez duboc, 55, lancry. inquiet écrivez chaque jour, marie religieuse. — Eugène. | Archinard, lieutenant artillerie, fort romainville reçu lettre 16 décembre, Frédéric franc-tireur, environs hâvre. tous bien, écris. — Archinard. |

Saint-Malo, 22 janv. — Moyse, 4, saint ferdinand écrivez malo. hébert, david, gaillon, antheaume. duboc. cherchez cliquelin, lagny, 10. — hébert. | Mazure, sergent-fourier mobile. 5e batail. 6e compagnie, nous tous bien commerce bien. reçu 25 lettres. — Mazure. | Voison, 41, auteuil, toutes familles très-bien, reçu 3 mandats. — Elisa. | Levaigneur, 16, grammont, caen, le 20. nous malo. Delondres Jansses santé. 8 dépêches, 40 lettres envoyées. henry hâvre. Diamant. — Grondard. | Delbecq, Berrus, 36, rue desbordes valmore, passy. recevons lettres écrivez par ballon monté. détails passy, haussmann, voyez chabrol, rabreau, marteau. — Berrus. |

Saint-Brieuc, 21 janv. — Bélizal, capit., 4e bataillon mobiles côtes du nord, inquiets. hyacinthe écrit et pas lettres. René arrivant. tous Granges envoient souvenirs tendres. — Bélizal. | Bardonnaut, chef de bataillon du génie au dépôt des fortifications, 13 janvier, tous bien à Langres. écrire à Bordeaux. — Bardonnaut. | m. Bassot, rue baudin, 25, paris. dire ernest. hyppolyte décoré antilles. tous bien, reçu quelques lettres. courage, espoir. — Gaultier. | Vésuty, capitaine au 5e bat., 1re compagnie, Charlebourg. Charles aux zouaves. Maria second garçon a été très-malade. — H. de la Noue. | Proust, 35, rue arbre-sec. plus besoin argent, vu Darit hier. écris les cours Landerneau. — Proust. | m. Lemaux, 136, boulevard du prince eugène. tous bien, recevons lettres, frères ici. — Lemaux. | m. renard, 29, rue chaussée d'antin. alfred écrire correspond avec victoire, portons tous bien. — Ménager. |

Lyon, 23 janv. — Doré, 63, chabrol. tous bien portants, ai un fils, recevons tes lettres, Joanès avec Bourbaki. — Emmanuel. | Germain chez londe, 121, boulevard haussmann. allons bien familles Bourdon, Germain, Paulinier, Arlès, Gay aussi, recevons lettres, emprunte argent. — Germain. | Poulot, 53, monsieur le prince. troisième. reçu deux mandats, 3e pas arrivé. tous bien portants vous embrassons. Paul à Auxonne. — Bontemps. | Legrand, 60, provence, achetez cent autrichiens, sept cents environ valable jusqu'au 15 mars, faites reporter. avisez Simon Symons. — Maurice Meyer. |

Jordan, rue rennes, 64. tous parfaitement, chez Mariette aussi, recevons tes lettres, écris souvent — Isabelle. | Paris, Georges, ville rue cuvier. prière de donner vos nouvelles, nos santés sont bien, avez-vous reçu nos dépêches. — Imberton. | Louise Kirsch Jantet, 60, fontaine au roi. envoyé argent à vous Kirsch, pas réponse inquiétude mortelle, réponse immédiate. — madame Gardon. | Monet, brigadier 1re compagnie pontonniers rhône. avons reçu photographie, nous portons bien, moi lieutenant intendance du rhône. — michel monnet. | Buscarons, 6, rue dames. batignolles. léon capitaine, attaché intendance, 3e division, 20e corps armée Est, tous bien, écris souvent — Rouffia. | Broche, canonnier, 2e batterie artillerie mobile lyon. 50 fr. par poste, santé satisfaisante. reçu lettre 7 janvier. — Broche. |

Arcachon, 27 janv. — Nivelle, 21, gaillon. tous bonne santé à arcachon (gironde). écrivez bureau restant, vous trois comment allez-vous ? — Bouyer. | Emler, 124, boulevard magenta. arcachon, bonne santé, reçu lettres. répondu exactement. demander anquetil cinq cents francs pour mon compte. — Emilie. | Ravel, 77, blanche. dernier ballon sans lettres. qu'as-tu ? folle d'inquiétude, malade. oh ! quand te verrai-je ? — Mady. | Langlois, 10, fontaine-st-georges. voir lagrange, payer frais du reste 5 parts pour lagrange, charles, marie, lavat, moi. — Loret. | Langlois, 10, fontaine-saint-georges. nouvelles de louis et de tous. prendre mes provisions. j'écris à pontoise, correspondances difficiles. — Loret. | M. Sibon, 16, rue de seine, paris. félix est en convalescence chez boussard, la chapelle, crécy (seine-marne). — Colin. |

Joffrin, 63, taitbout. dis cuvillier écrire lafargue, quand enverras prochain bon ? devrais avoir reçu dépêches. écrivons par tous moyens. — Adolphine. | Ravel, 77, blanche. lettres 17 enfin reçues, savais bien que tu étais malade. pleuré toute la nuit, dévorée inquiétudes. — Mady. | Ravel, 77, blanche. envoie pas argent maintenant, communications oncle libres, mais pénibles. n'ai plus que toi au monde. — Mady. | Berçoët, 93, boulevard neuilly. écris arcachon villa buffon, voudrais partager illusions. ai cœur déchiré angoisses. félix petite vérole guéri. — Madeleine. | Millet, 22, vivienne. soyez tranquilles, arrivées arcachon, tous bien portants. adresse, 195, boulevard plage. — Millet. | Faure, 6, rue ménars. allons tous bien, sommes arcachon, écrivez beaucoup. veyrac, rey, delattre vont bien. despaux veris. — Faure-Delorme. |

Brunet, 8, sébastopol. vends tout magasin beaudoin, plus onze fûts dehors. 25 bordeaux, entrepôt cabanis. demander moretteau, consulter charrin. — Brunet. | Brunet, 8, sébastopol. vends comptant 110 fûts environ, rendus grenier abondance, seconde quinzaine août. eaux-de-vie voûte lyon. — Brunet. | Bricogne, 50, faubourg poissonnière. suis à arcachon avec fils, villa briquet. santés bonnes. adèle, enfants, marguerite bien. lettres reçues. — Bricogne. |

Villeneuve-sur-Lot, 25 janv. — Woillez, 45, chaussée-d'antin. reçu, ici grands petits tous bien. madame séguin morte, amitiés à tous, écris toujours. — Gastebois. |

Marmande, 26 janvier. — Canton, 8, rue doudeauville. enfant bonne santé. — Estelle, marmande. |

Agen, 27 janv. — M. Daussin, rue galvani, 3, paris-ternes. rue tanneries agen. courage, allons bien, t'aimons toujours. — B. Daussin. |

Bordeaux-Chartrons, 27 janv. — Baron Hardendroek, hôtel bade, boulevard italiens, paris. nous sommes tous bien, aucune lettre depuis 28 décembre. — Pauline. | Blanchet, 27, avenue trudaine, paris. blanchet arrivé, lisbonne écrire chez plas, 265, auréa. lettres en route. — Blanchet, 99, quai des chartrons. |

Nantes, 25 janv. — Douillard, 11 d'assas. Sommes nantes où félix tire, jules dusseldorf. denormandie, charles hyères. aucune mort dans familles. — Bonnet. | Madame Delatour, 5, boulevard montmartre. famille bien. répondez ballon monté. — Audouy. | Louis Goujon, 28, régiment de mobiles, 3e bataillon, 5e compagnie, mont-valérien, paris. lettres reçues, famille bien. emprunte argent, nous rembourserons. — Goujon. | Championnière, 3, boulevard saint-andré, paris. tous bien portants, silence de charles, inquiète. — Mondet, à brains. | Bauché, 29, buci. émile pas à nantes, santé triste. — Vistel. | Jules Grandjouan, fort labriche, paris. tous bien portants, inquiets, écrire. — Veuve Granjouan. | M. de Lauzières, 27, rue blanche. Nantes. tous bien portants. — Marthe. | M. Chevalier, ministère finances (dette inscrite). nantes tous bien portants. — Marthe. | Bullier, 9, boulevard italiens. tous bonne santé, chagrins de votre position, aspirons réunion, reçu nouvelles 13 janvier. — Bullier. | Nantes, janvier, madame Castel, 8, bagneux. bonne santé, reçu lettre décembre, mal heureux, mais inquiet, écris par tous ballons sans manquer. — Castel. |

Nantes-Préfecture, 25 janv. — Gérard, 3, rue mayet. reçu deux lettres. écrivîmes souvent, écrivez, tourmentés. — Grégoire |

Pornic, 25 janv. — Albinet, vieilles-estrapades. santés parfaites, enfant superbe. tranquilles, pornic sympathies, regrets aux inzbar, donnez détails, prendre précautions. — Albinet. | Léon Aumont, 3, faubourg honore. tous santés parfaites, bébés superbes, auras deuxième enfant en mai. — Marie. | Albinet, 4, choiseul. embrasse papa, maman, voudrais les voir. santés bonnes papa chambellan, oncle henri bien, écrivez souvent détails. — Augustin. | Dupré, 30, missions saint-germain. santé bonne, écrire tout ballon, embrasse. — Dupré. | Albinet, vieille-estrapade. allons tous bien, moi à merveille. travaillons, désire beaucoup vous voir, envoie des baisers famille, gibert bien. — Gabrielle. |

Saint-Nazaire, 25 janv. — Auguste Le Pontis, lieutenant vaisseau, commandant compagnie marins, fort ivry, paris. tous bien, recevons lettre, écrivez ballons. alfred dieppe. — Louise. |

Cannes, 24 janv. — Lasne, 9, rue montesquieu. tous deux bien portants, convalescence île marguerite, cannes, donnez nouvelles de bosc. — Halley. |

Menton, 25 janv. — Houllier, 36, rue cléry. sommes menton, portons bien, envoyé cinq pigeons à joseph. soignez-vous. recevons lettres. vous embrassons. — Poute. |

Nice, 25 janv. — Groulard, rue neuve-des-martyrs, 14. reçu deux lettres novembre, envoyé dépêche pigeons 17 novembre. lettre moulins commencement janvier. amitié, écrivez. — Froust. | madame Lourdel, rue hauteville, 52. pas de nouvelles de la famille, ni d'émile, d'eugène, écris à nice. — Thouret. | Capitaine d'Hérisson, aide-de-camp général Trochu, au louvre. prévenez petit que suis à nice bien portante, amitiés, souhaits. — Cassin. | Marion, 54, château-d'eau. reçu lettre, fait bien plaisir. allons bien, désire revenir paris. — Steinheil. | Philipot, 10, petites-écuries. dames méquillet bien à plaindre. bataille dans pays, pas nouvelles. sommes à nice. besoin d'argent. — Steinheil. |

Nice, 25 janv. — Lemaire, faubourg saint-martin, 55. suis major 37e. nice. reçois lettres exactement ai déjà envoyé 3 dépêches. — Mastranchard. |

Chambéry, 26 janv. — Castellan, nationale seine, 6e subdivision, 87e bataillon, 10e régiment, paris. joseph béziers, françois ici, portons tous bien. — Castellan. |

Toulon, 26 janv. — Marchand, lieutenant 120e, armée paris. reçu ta lettre 12 janvier. allons bien, madame vanorutten, léon aussi. dépôt entier toulon. — Marchand. |

Perpignan, 26 janv. — Villacèque-Livonge, 49, quai bercy. déposez fonds recouvrés chez durant ou autre banque sûre. votre famille va bien. — Berge Saisset. | Sicart, employé principal aux ateliers machines chemins de fer paris-lyon, 2, rue des charbonniers, paris. rosine, famille portons bien. — Sicart. | Kesseler, 23, cendriers. ménilmontant. écrivez les trois vous supplie. dites toute vérité. exposez pas, soignez mutuellement, regrettez rien. — Céleste Kesseler. |

Toulouse, 25 janv. — Lanne, rue richepance, 9. famille bien portante. habite southampton weymouth, terrace, 20, western shore. adolphe valide, garde maison rouen. — Gironis. | M. Planès, 64, boulevard beaumarchais. tous bien, henri cherbourg, donnez nouvelles des associés d'armand. — Planès. | Arnette, 4, rue barbette. famille bonne santé, écris-nous. — Arnette. | Galopin, 9, rue dormesson. bien portante, écrivez. — Berjou. | Boutan, rue rennes, 64. votre mère bien. paul, lieutenant-colonel mobilisés. camp toulouse. merci lettres. prenez appartement oncle louis. — Gabrielle Gonthier |

Auch, 25 janv. — Durville, avenue victoria, 22. enfants bien portants à trouville. — Dat. | Gay, bellechasse, 22. santé bonne à spa. — Dat. |

Mirande, 25 janv. — Colliau, rue marcadet, 83, montmartre. 3e dépêche, écrit plusieurs fois. allons tous bien, inquiet votre compte, écrivez-nous. — Gorisse fils. |

Hyères, 24 janv. — Mme Astier, 13, rue provence. allons bien, père souffrant, écris souvent par ballon. maison hautement, deauville, calvados. au revoir. — Balixte. |

Toulon, 25 janv. — Bataille. rue tournelles, 34, près bastille. blessé légèrement, suis toulon. chef sœurs des pauvres, satisfait. — Joseph Bataille. |

Châtellerault, 24 janv. — Delapalme, chaussée antin, 15, paris. avez donc pas reçu dépêche par pigeons ? allons bien. écrivez lacourcelle, par châteaumeillant (cher). — Desmânèches. |

Bourges, 25 janv. — Brisset, 24, rue enghien. tous bien portants. amis vous serre mains. archambault armée est. nos amitiés ducor. courage, espoir. — Brisset. |

Bordeaux. — 29 janvier 1871.

Sancerre, 23 janv. — Mme Privitera, rue cherche-midi, 66. je suis à vaufreland, écrivez, parlez de joseph, reçois vos lettres. — Privitera. |

Dijon, 25 janv. — Vavin, rue castiglione, 14. 6e dépêche. pauline, bébé, moi, brazey, léopold algérie, santé bonne. recevons vos lettres. fabrication courte. — Paul. |

Bourg-Saint-Andéol, 25 janv. — M. Tancrède Granier, hôtel saint-joseph, place saint-sulpice, 4. nous allons tous bien. — Granier. |

Valence, 25 janv. — Louvet, 13, saints-pères. allons tous parfaitement. annoncez albert mort. daniel, sa fille superbe, suzanne aussi. — Jeanne Louvet. |

Albi, 25 janv. — Cancé Joseph, bureau colonel, 7e régiment mobile. santé bonne, petit bien, recevons tes lettres, continue. beau-frère parti mobilisé, donne nouvelles birbis. — Cancé. | Dussert, officier, 7e régiment mobile, 3e bataillon. portons bien. écris donc souvent. pas lettre depuis novembre. — Dussert. |

Narbonne, 25 janv. — Defert, boulevard beaumarchais, 93, paris. allons tous bien. vins prêts partir. loire, auxerre intacts, prêts aussi. — Defert. |

Villeneuve-s.-Lot, 24 janv. — Prévault, 30, trézel, batignolles. inquiète, écris villeneuve, tous bien. — Laure. |

Agen, 25 janv. — Minoret, rivoli, 10. agen, lot-et-garonne, 25 janvier, tous bonne santé, recevons lettres. — Minoret. |

Marmande, 25 janv. — Hirsch, faubourg poissonnière, 12. famille namur va bien, manque rien, reçu 20 lettres, marmande, grasse, bonne santé, reçoivent lettres. — Valade. |

Avignon, 24 janv. — général Bernis, cavalerie, paris. supplie, envoyez nouvelles de pierre à avignon. — Cambis. |

Avignon, 25 janv. — Ducos, 1, françois 1er, tous parfaitement. — Zoé. | Bernard, 25, coquillière, paris. santé bonne. zoé garçon. auguste plaine friedland, haute silésie, 28e régiment, 23e compagnie, 4e escouade. — Spenlé. |

Issoudun, 25 janv. — Dufour, boulevard poissonnière, 15. prie dufour donner nouvelles son fils, mobile indre, 1er bataillon, 7e compagnie. — Etuve, avail, commune issoudun. |

Poitiers, 26 janv. — Lascoux, rue université, 86, paris. aimée accouchée fils, très-bien portants, famille tranquille fenêtre, reçoivent tes lettres. — Lascoux. | Poirée, 61, boulevard malesherbes. portons bien. écrire chef dépôt chemin fer, poitiers. — Ehrard. | Bobin, 5, rue fourcy. tous bonne santé. — Bobin, poitiers. | de Saint-Rémy, 37, rue d'amsterdam. merci bontés pour georges, sachant batailles, inquiétude horrible, prière écrire, rue tranchée, poitiers. — Desalvert. | Lasché, avenue trudaine, 45. tous bien portants à poitiers. — Lasché. |

Sœur Appoline, rue sèvres, 99, paris. reçu lettres 10, 12 janvier, avons bonnes nouvelles départements envahis. lappuie bien. — Saint-Roger. | Graillot, boulevard strasbourg, 21. jacométy à poitiers, portons bien, lettres reçues, écrivez plus longues lettres, embrassons tous. — Louise. | Duchêne, passage saumon. 7e dépêche. poitiers, poste restante. manquons rien. recevez lettres. moisant, radepont, sarah, lafaye, élie bien, embrassons. — Thiout. |

Siébert, 15, chappe, montmartre. blessé, guéri, écris-moi à luçon, vendée. — Siéber. | Thévinot, boulevard magenta, 77. santé parfaite, enfants en France, goum arabes. m'écrire agen, poste restante. — Thévenot. | M. Wiel, 25, rue châteaudeau, paris. allons tous bien, avons reçu argent. alphonse santé bonne, adelaïde, enfants, famille bien. — Bella. |

Châtellerault, 25 janv. — Landron, 128, rue lafayette, 128. portons tous bien, plus à tours. — Landron. | Landron, 8, pompe, passy. portons tous bien, lettres reçues. — Bidal, 66, boulevard blossac. | Marionau, garde mobile de la vienne, 4e compagnie, 1er bataillon, paris. sans nouvelles, famille inquiète, écris souvent, donne nouvelles petit. — Marionau. |

Romorantin, 25 janv. — M. Desers, 35, boulevard capucines, paris. moi bien madon, avec année, bonnes nouvelles suzanne. clémence saint-brieuc, jumeaux bien. — Marie. | Mme Deroissy, 5, rue université, paris. dis henri suzette marche, moi bien madon, m'écrire par bulot, bierguradec bordeaux. — Marie. |

Angoulême, 25 janv. — Tavernier, 31, trévise. 10e. heureux nouvelles 14. nous trois, ernestine, marie parfaitement. mère, edmond, clara, paul, cousines bien, courage. — Vion. — Roussigné, 3, avenue du coq. tous bien portants la guerche. — m. Roussigné. | M. de Crisenoy, 77, rue lille, ruelle, 25 janvier. tous bien portants. — Cornélia de Crisenoy. |

Cognac, 25 janv. — Germain, 15, rue des moulins. santés bonnes. reçu lettres 14, 16 janvier. regardez times, depuis 16, lettres toutes arrivées, amitiés. — Robin. | Barrier, 1, quai d'orsay. reçu lettre 14, donné avis à céline pour times, constance bien portante. Dieu protége marcel. — Robin. |

Jarnac, 25 janv. — Marcillac, 5, rue iéna. reçu lettre grand plaisir, ma santé très-bonne, pensons bien vous. — Léa-Lacroix. | Boischevallier, 21, suresnes. très-bien portante, ennuyée. m. derusson est mort. aurélie bien à niort. — Léa Lacroix. |

Solesmes, 16 janv. — Ruffin, employé chancellerie légion d'honneur. les trois familles bien portantes, petit, bulant ici, recois lettres ballons, impatiente te revoir. — Rita. |

Valenciennes, 16 janv. — Depetitteville, 34, rue martyrs. allons bien. inquiets. donnez nouvelles. — Lancelle. | Pétremant, 28, nollet, batignolles. louise belgique, nous ici, allons tous bien. — Sabatié. |

Lille, 17 janv. — Rose, paradis-poissonnière, 30. oscar écrivit fin octobre, donnez nouvelles prochain ballon, vous lui. samain bien portant, ses filles ici. — Lepan. | Gouttière, 185, rue lafayette. reçu lettres, bonne santé. demande nouvelles, embrasse. — Pauline. | Lienhard, 16, tour-d'auvergne. argent parti. — Émilie. | Kieffer, dauphine, 44. reçu lettre 13, reconnaissant. mathilde accouchée garçon, tous bien. — Giraudon. — Libaude, 14, rue abbaye, paris. reçu lettre 5 janvier. Estelle chateaumeillant, tous bien portants, avons envoyé lettres, écrivez souvent. — Dutilleul. | Charpentier, 63, grenelle-st-germain, paris. louise lille, édouard tourcoing tous bien portants, delespaul morte, écrivez souvent. lettres font grand plaisir. — Charpentier. | Lerouge, 1, rue brongniart. allons bien, grande inquiétude nouvelles depuis deux mois, donne nouvelles. — F. Lerouge. |

M. Dupont, rue procession, 29, paris. oui, écrivez par tous ballons. — Dupont, ingénieur, lille, rue bourgogne, 13. | Delachaussée, godot-mauroy, 8. tous bien, mâcon, lille, estaimbourg, alger. lettre partie. courage, confiance. — Delachaussée. | MM. Herz, 48, victoire, paris. reçu lettres, écrivez, suis inquiet. — Herz, 308, solférino, lille. | Laure Philippe, rue pernelle, 12. reçu lettre 12 janvier. bon courage, écris désormais, esplanade, numéro 30, à lille. — Léon Philippe. | Gérard, rue perdonnet, 8. tous bien portants. lettres reçues, répondu six fois. descendez objets fragiles en cave, excepté tableaux. — Lunardi. | Thorel, 77, lafayette. bonne santé ici et chez cécile. — Thorel. | Sant, lieutenant douanes, caserne montrouge. georges beau, grand, intelligent, philomène grossesse heureuse, casimir froidmont décédé, recevons cartes, écrivez longuement. — Alphonse. |

Decaux, boulevard montparnasse, 172. retirez livres d'affaires bureau, visitez maisons mullot, st-michel, montyon, informations loyers, santés bonnes. — Vaugeois. | Détape, arc-triomphe, 39. reçu vos quatre lettres, grandes joies, portons tous bien. embrassements, admiration, confiance. — Bouvart. | Godchau, 33, croix-petits-champs, paris. inquiet de votre santé. écrivez je vous en prie. — Dodanthum. | Micolaud, 11, rue du caire, paris. anna, valentine, albert, nency vont très-bien, mille baisers. — Anna. | Terral, 99, rue vaugirard. reçu tes lettres. allons bien tous cinq, bon courage, amitiés. — Henri. |

Lille, succursale, 17 janv. — Gosselin, 120, faubourg st-honoré. santés périgueux, bruxelles, parfaites. alexandrine lille, missions françaises lointaines, internationale. — Gosselin. | Brachet, rue abbaye, paris. recevons lettres exactement. paul externe. ai envoyé dépêches sur dépêches. bonne santé, soigne-toi. — Hortense. | Digard, isly, 4. vaulx oran, brument, ponsards, bien dauchez, savons maisons versailles bien habitées, prends appartement paris. reçu lettres. — Anicet. | Paté, 9, montorgueil. écrivez ballon nouvelles mère, père, céleste, paul montreuil, amis, inquiète, demandez adresse cousin digard, santé bonne. — Annette. | Bataille, neuve-des-petits-champs, 65, paris. femme, enfants, famille très-bien, situation améliorant, écris à lille. lettres parviendront. — Bataille. | Carlier, carnières, 7, batignolles. bien portants, sans nouvelles, écrivez, lettres parviendront. — Carlier. | Mlle Noble, rue st-gilles, 15, au marais, paris. elise bien. justin prisonnier hambourg. trois vont bien, remettre baristoy. — Ve Lefebvre. |

Fourmies, 17 janv. — Dugas, faubourg st-denis, 145. bonne santé. reçu lettre 4 janvier. mettre adresse fourmies aussi fouchard mouscron, cas investissement nord. — Bréard. | Legrand, rue richelieu, 92, paris. élisa, ses enfants, toute la famille ici en bonne santé. — Théophile Legrand. | Tétart, 5, rue laffitte, paris. julienne, zoé, enfants, famille lécuyer, tous en parfaite santé. je reçois tes lettres. — Tétart. | Niel, 5, rue abattuci paris. enfants, famille et moi parfaitement bien portants. reçois tes lettres. écris souvent. — Niel. | Baudelot, capitaine forestier, 30, caumartin, paris, avons tes lettres, portons parfaitement tous. — Léonis. |

Condé-sur-Escaut, 17 janv. — Glemarec, lieutenant 6e compagnie, 3e bataillon, 40e régiment mobiles de l'ain, joinville, paris. nous portons bien, sommes vieux-condé. — Émilie Glemarec. | Desplanques, rocroy, 21. tous bonne santé, reçu dernière lettre du 13 janvier. vœux ardents pour vous deux. — Desplanques. |

Aniches, 17 janv. — M. Vuillemin, 43, réaumur paris. famille, anna comprise, bonne santé. — Marie. |

Dunkerque, 17 janv. — Weil, 6, rue papillon. troisième pigeon. rien reçu depuis novembre. demandez argent pour mon compte chez destabeau ou moisson. — Sergent. | Desticker, 3, regard. inquiets, sans nouvelles. écrivez donc, avons écrit souvent. santés assez bonnes. — Destiker. | Mme Petit, boulevard des batignolles, 23. suis capitaine trésorier, 33e, dunkerque. emprunte le nécessaire, je paierai. écris par ballon. — Petit. | Lejouteux, 3, rue université. charles bien portant, garnison dunkerque. raoul mort. arthur pavée. — Charles Lejouteux. | Hua, sts-pères, 81. prenez bois cave, confitures, provision buffet. cherchez nouvelles frère au ministère. écrivez, dunkerque. — Marie Lemaître. | Béraud, gardien luxembourg. installez vous chez moi, serez plus abrité. — Letrésor. | Nathan, rue blancs-manteaux, 38. Dunkerque, bruxelles, tous bonne santé, je donne argent à jules, recevons tes lettres. — Eugène. |

Larivière, rue labruyère, 1. notre adresse est rue des vieux-quartiers, 2, bonne santé. recevons lettres. — Larivière. — Dedepèdre, tiquetonne, 70 bonne santé, même position. — Dedepèdre. | Grandchamps, rue maubeuge, 77, paris. tous à eu, santé parfaite, argent suffisant. lettres reçues, communique innocent, *Petit Journal*. — Grandchamp. |

Cateau, 17 janv. — Chantreuil, mandar, 12. tous bien portants, gustave aussi, recevons vos lettres, pas de prussiens. — Carel George. |

Tourcoing, 17 janv. — Cuvru, 9, boulevard st-denis, paris. joséphine et nous bien. — Dervaux. |

Cambrai, 17 janv. — Campard, montorgueil, 33, paris. avons nouvelles de votre frère prisonnier, se porte bien. — Dervaux. | Lichtenstein, 25, jacob, paris. émile prisonnier glogau, bonne santé, décoré, embrassements. — Amélie. |

Avesnes, 17 janv. — Delamare, boulevard clichy, 10. allons tous bien. meunier, demortain aussi. — Delamare. | Mme Rougelot, place pereire, 8, paris. je vais bien. léon aussi. milieu novembre. je suis inquiet, écrivez, mille baisers. — Eugène. |

Hazebrouck, 17 janv. — Martelot, 62, blanche. écris souvent, allons bien, henri revient. — Lecamus. |

Douai, 17 janv. — Lamarre, collége ste-barbe. familles lamarre, finiaux bonne santé. alexandre directeur capsulerie toulouse. jules commis brest. — Lamarre. | Maugin, avoué, guénégaud, 12. maugin, demasure, chartier, lequien bien. reçu lettre 8 janvier, douai tranquille. — Maugin. |

Roubaix, 17 janv. — Durlez, 17, rue thévenot. envoyez comptes des ventes en plusieurs duplicata, divers ballons. madame veuve durand est ici. — Durlez fils. |

Valenciennes, 17 janv. — Desmoulins, sous-lieutenant 4e artillerie, 13 batterie, toute famille bien portante. — Desmoulins. | Émilie Chouleur, rue du bouloi, 10. pas reçu lettres depuis trois mois. écrire immédiatement par deux ballons, très-urgent. — Chouleur. | Fournier, 220, faubourg st-martin, paris. augustine, ses enfants, georges, esther, pérot tous bien portants bruxelles, 16 janvier. — Fournier. |

Alger, 18 janv. — Worth, 7, rue paix. profonde inquiétude, prière donner nouvelles, 1, rue tivoli, alger, toutes mes amitiés. — Philippe. | Susini, 205, rue st-honoré. laure fait mal à voir, un mot de vous la sauverait. — Lucy. |

Alger, 19 janv. — Beauvert, 7, martignac. moi alger employé. enfants saint-brieuc. tous bien portants, mandats non reçus, pas besoin, pourvus. — Tugny. |

Djidjelli, 22 janv. — Chauvot, rue sts-pères, 16. nous nous portons bien tous trois, donnez de vos nouvelles, argent non reçu. — Chauvot à Djidjelli. |

Saint-Rémy, 21 janv. — Docteur Blain, hôpital militaire vincennes. portons bien, sois prudent, écris souvent. — Blain. |

Ciotat, 22 janv. — Cazavan, gare orléans. vois par lettres, un seul télégramme parvenu. essaye aujourd'hui envoyer série numérotée faisant lettres, espérons réussirai. — Cazavan. | Cazavan, gare orléans, 1. avons reçu presque toutes tes lettres si courageuses et si patriotiques, compris celle 12 janvier voudrions. — Cazavan. | Cazavan, gare orléans, 2. bien rompre silence imposé par investissement, avons usé tous moyens, lettres pigeons, avons pas réussi. — Cazavan. | Cazavan, gare orléans, 3. un seul télégramme arrivé, teute nouvelle épreuve, espère mieux réussir par série télégrammes faisant lettre. — Cazavan. | Cazavan, gare orléans, 4. bombardement paris soulevé horreur, indignation générale. félicitons avoir changé domicile probablement même vous irez rivoli. — Cazavan. | Cazavan, gare orléans, 5. avant efforts combinés extérieur et paris rompent votre cercle fer. croyez pas province nous abandonne. — Cazavan. | Cazavan, gare orléans, 6. absence confiance fit malheur au début entraînée aujourd'hui par mâle, persévérante énergie patriotique de gambetta. — Cazavan. | Cazavan, gare orléans, 7. province forme nombreuses armées, enfante matériel, ainsi donc patience encore, espoir et succès nous reviendront. — Cazavan. | Cazavan, gare orléans, 8. si succombons honneur serait sauf, mais serions pas découragés par revers une ou plusieurs années. — Cazavan. | Cazavan, gare orléans, 9. brostom bien hâvre. georges cherbourg, nous trois ici, ateliers employés fabrication matériel guerre, 250 canons. —Cazavan. | cazavan, gare orléans, 10. envoyons meilleurs souhaits, confondons même admiration chefs paris, parisiens résistant horreurs siége. — Cazavan. |

Marseille, 22 janv. — M. Bécourt, inspecteur, 19, louis-le-grand. envoyé cinq dépêches, porte très-bien. — Rosalie. | Huet, hauteville, 23. 2e dépêche tous bien portants. — Georges. | Sœur Lequette, rue du bac, 140. nous aspirons nouvelles grande inquiétude à votre sujet, faites savoir si êtes bien. — Bonfils. | Aubanel, 30, rue bergère. 5e dépêche, tous bien, fatma, hortense hivernent caire, halem attend étienne. maison banque bien. — Selima. |

Bordeaux, 26 janv. — Cavé, couvreur, 6, quai loire, paris-villette. toujours tous à nor, parfaite santé, enfants travaillent, recevons lettres. — Julie, Marie, Pauline. | Lamberton, débit tabacs, passage choiseul, paris. prière instante me donner immédiatement nouvelles frère ernest. six télégrammes sans réponse. — Emilien Huguet. | Duboys, rue st-denis, 303. limoges santés excellentes, tours aussi, oncles pas partis, sarret pas sevrée, doigt guéri. — Sylvius. | Chazaud, quai bourbon, 29, paris. reçu lettre, remercîments. écris par moulins, prorogez les trois mois au besoin, accusez réception. — Duclos. |

Louis Guillod, 18, rue vanneau. tous bien, pornic, moi bordeaux, pensons à vous tous. courage, espoir. — Paul Dalloz. | Lemonier, 28, meslay, paris. reçu toutes lettres, prive rien, prépare déjà échantillons, paix, espoir affaires italie, écrire souvent hombourg. — Franken. | Allard, 95, rue rivoli. enfants bien, reçois tes lettres, ne vis que pour toi. — Louise Allard. | Ogerau, 36, rue baudin. portons tous bien, appris grand malheur, désolée, trouve temps long, voudrais lettres, nathalie ici. — Albertine. |

Marc-Rue, 8, rue saint-joseph. privés nouvelles depuis trois mois, adressez lettres chaux-defonds, famille va bien. — Gustave dueff. | Laurette, 4, rue montyon, paris. famille fischer va bien, bonnes nouvelles d'alsace, remercîments pour soins aux enfants. — Donnet. | May, 19, dieu. 20 janvier, tous bien, possédons lettre 13. écrivez, sommes désirable à disposition pour besoins éventuels. — Rosenthal. | Lippmann, 59, feuillantines. reçu lettre 13 janvier, nouvelles lettres impatiemment attendues, enfants jouissent santé parfaite, 21 janvier. — Lippmann. |

118. Pour copie conforme,

l'Inspecteur,

Bordeaux. — 29 janvier 1871.

Bordeaux, 26 janv.— Ortet, 4, rue st-hiacynte-st-honoré, paris. reçu lettres, portons tous bien, je reste ici, écris souvent, donnes nouvelles anna. — Ponsin. | Hollander, 8, provence, paris. tous parfaite santé, ballon arrivé sans lettres de vous, dernière du 10.— Victorine. |

Loiseau, rue lapérouse, 6. sœur 1 lettre, santés bonnes. — Gabriel. | Hucher, hôtel des monnaies. bien, hortense, andré, paul, georges, hortense reçu nouvelles fritz, 31 décembre. — W. Bataille. | M. de Montigny, rue pépinière, 17, paris. jean, simone vont bien, jamais quitté sasson. — Durozier. |

Coudriet, ministère guerre, contrôle. tous bien, bordeaux, inquiets,répondez, affection. — Alice Cahours. | Huchet, 17, échiquier. tous bonne santé, ne paye rien pour moi, congédie mon domestique lionel. — Auguste Desprez. | Robineau, 2, place voltaire, paris. enfants pensent à toi, écris souvent, espérons sans nous lasser, famille portons bien. — Hélène, hâvre. | Stapfer 41, la tour-d'auvergne, paris. lettres encouragent, arrivent toutes, écrivez davantage, faley bien, édouard fanny embrassent, continuons essayer écrire. — Hélène, hâvre. |

Stachr, 31, petites-écuries, paris. cinq lettres reçues copenhague. inaltérées. — Stachr. | Vauzy, rue argenteuil, 18, paris. pas nouvelles édouard, donnez était fort est, deux réponses assier bordeaux, et laguarigue cherbourg. — Assier. | comtesse Laferronnays, 34, cours reine. inquiète de de vous, allons tous bien à kerdaniel. — Marie. | Baillache, 70, rue lille. envoyez comptes kerdaniel, henri prisonnier. — Laferronnays. | supérieure sœurs charité. val-de-grâce. donnez nouvelles de sœur antoinette, la famille va bien, que son frère écrive. — Dusouich. |

Bailly, christine, 5. Vincent, évêché de mayence, bien hyères, nîmes, picardie. boulogne, partout parfaitement, écrivez souvent. — Surcy. | Maillères, rue abbatucci, 13, paris. clémence, amélie, léopold. gaston bien à aix-chapelle, allemagne, à bordeaux tous bien. — Castéya. | Corcos, soldat au 29e ligne, 8e compagnie du 3e corps, fort vincennes. paris (faire suivre). écris-nous, nos parent désolés, réponse immédiate. — Camille. | M. d Hauteville, lieutenant-colonel au 11e de marche, armée du rhin. paris. nous allons tous bien. — Onésime. |

Roussel, place chemin fer auteuil, bayeux tous bonne santé, aussi lefébure dugourc, delaunay, bazin, marguery, chouquet. — Hébert: | Blum, 8, rue enghien, paris. visité ta fabrique, tout y marche. staus à londres, cherchons exporteurs, tous bonne santé. — Kohnstamm. | Lévy, turen-4. sara accouchée le 10 garçon, tous bien portants reçu messages.écrivez. — Mayer. | Bertrand, chef bataillon, 137e ligne, paris. restés sans nouvelles, écrit quatre fois, lettres janvier reçues, santés bonnes. — Bertrand. |

Bruffau, rue soufflot, 5. mobilier est assuré contre bombardement, notaire a dû recevoir loyers prenez sucre. — Olivier. | Lefebvre, 52, sébastopol, paris. colonie transportée vannes, excepté bureau mère, durand qui espèrent venir, tous bonne santé.— Marmo. | Fries, 19, marignan. sommes bordeaux hôtel france, tous bien, écris-nous. — Sophie. | Skepper, 58, rue hauteville, paris. émilie et tous bien à londres, lettres reçues régulièrement. — Lajard frères. | Magen, neuve mathurins, 114. tous bien portants, inquiets, danelle bien. — Auguste. | Lafon, lafayette, 75. reçu de hautefaye deux mille francs que comptera à frère, rue paris, 54 bis, belleville.—Andrieu. | Kahn, 33, petit-carreau. daniel m'écrit, bien portant 6e compagnie, prisonnier à rensbourg holstein. jules lafont à erfurt. — Isidor Philip. |

Saint-Trivier, capitaine, 40e des mobiles, vincennes. reçu ta lettre, azélie bien portante genève, aline un garçon, Dieu te garde. ta mère. — Saint-Trivier. | Dormeuille, vivienne. 4. lettres 11 janvier reçues, argent versé en banque, dix-sept mille livres, sebbold en réclame. — Bridges. | Romainville, chaussée-d'antin, 8. déposé deuxième envoie cent francs, tous bien. avisez decourcelle. — Lambert. | M. Muizon, ministère travaux publics. tous bien ici, mariés bien clermont, vos lettres arrivent. — Adèle. |

Muzar, 27, st-dominique. arrivée saintonge, tous parfaitement, excellentes nouvelles, raoul bien. — Laure. | Crédit agricole, neuve-capucines. envoyer comptoir bordeaux, autorisant donner argent, compte cinq cent trente-trois, pierre augustin.— Robillard. | M. Crémieu, 15. place vendôme. heureux, reçu lettre, écris souvent. marie, 16, place royale, marais, tous bien portants. — Caroline Crémieu. | M. Duroy, chaussée-d'antin, 15. tous bien portants, paty rejoint chanzy Blanquefort, proyfarat très-bien. — Brivazac. |

Comte Vogué rue de bourgogne, 34. bonnes nouvelles frères bernard. chastelleux, tous bien portants sauterne, tendresses et félicitations pour arthur. — Brivazac. | prince Tonnerre, avenue villars, 9. famille entière bien, amédée près bourges. pensons beaucoup à vous tous. — Saluces. | Rodrigues, 1, berry. tes filles sont arcachon, garderons avec nous famille arcachon, pau parfaitement. — Rhoné. | Dutreilly, 39, rue larochefoucault, paris. sans nouvelles maurice, inquiète, répondre rue palais gallien, 61, bordeaux. — Cornélie. |

Madame maire, 5, rue copenhague. mlle maire à pezenas et tous membres des familles jaquet de bray bonne santé. — Rousselet. | madame Joseph concierge, 10, boulevard poissonnière. suis à bordeaux, 8, rue château-trompette, donnez nouvelles frère par ballon. — Thérèse Novel. | M. de Béthune, 71, lille. béthancourt bien, reçu lettres, nous à arcachon. — Larochefoucauld. | madame Tortority, 125, rue montmartre, paris. reçu quatre lettres, suis deux mois chez mes parents, me porte bien, courage. — Charles. | M. Poirson, rue mazarine, 11. vais bien, inquiet, envoyer nouvelles. — Poirson. |

Babeau, enseigne, fort bicêtre. allons bien, écrivez, rosalette bien. — Babeau. | Caresse, 35, martyrs, paris. sans nouvelles d'alphonse depuis 20 décembre, recevons vos lettres, écrivez, jules erfurth va bien. — Leroy. | Augros, 63, rue rome. reçu lettre 17 michel, horriblement inquiets, comptons sur vous, écrivez immédiatement, souvent pour rassurer. — Hélène Balguerie. | Hautier, 58, rue notre-dame-lorette. très-inquiets pour michel, écrivez de suite informations bordeaux, gautois coblentz, berthe, baby bien. — Jackson. | comte Foy, 18, rue bayard. tous très-bien, excellentes, nouvelles fernand du 19 janvier mayenne, jeanne toujours beaumont. — Marie. '

M. Muller, 56, londres. sommes bordeaux, vais bien maintenant, famille bonne santé, marie bourgoin, enfants bien, reignac encore épargné. — Édouard. | M. Goubaud, 21, guénégaud. amélie maurice parfaits, reçoivent lettres. envoient dépêches, léon sauf. jeanne partie. — Adolphe. | M. Weil, , rue st-georges, 49, paris. pas nouvelles depuis 12, très-inquiets. — Arnauld. | comte Turenne, 26, rue de berri. nous, suzanne, louis bien, merci lettre, écrivez toujours, bien occupés de vous. — Minna. |

Duc Castries, 23, place vendôme, paris. nous allons tous bien, mes pensées avec toi. regrette ne pas être ensemble. — Iphigénie | Suzanne Charruau, 28, rue jean-goujon. paris. aucune nouvelle de vous depuis quatre mois, ai souvent écrit répondez par ballon.—Armand. | Weber, rue châteaudun. 51. Moisson, pescatore, weber bien, enfants superbes, embrassent papa, recevons lettres, donnez détail colonie, wéjot parfaitement. — Weber. | Vauzy, 18. rue argenteuil, paris. pas nouvelles édouard dans fort est, donnez à sa mère balloniquement. cherbourg, rue alma. — Assier. | Loubitz, 4, delaborde. faites ouvrir porte service, clé dedans, fermez dedans bureau. ouvrez contrevents, cracovie, genève bien, montrez nury.— Antoni.—

Pereire, 35, faubourg st-honoré. familles arcachon, bretagne, normandie bien, lettre 9, novembre pour amis confirmée, henriette bien, désirons lettres. — Fanny. | Jullye, 7, coq-héron. reçois toujours, bonnes nouvelles parents saverne, inquiète, sans nouvelles toi, écris-moi. — Petitjean. | Paileron, 34, barbet-de-jouy. marie enfants bien à rochelle, prenez mon appartement si voulez ou disposez pour ami. — Geofroy. | comte Vogué, rue Bourgogne, 37. tous bien, peseau chastellus fils bien rennes, amédée bataillon, enrichement, bernard st-malo. tendresses. — Saluce. |

Bordeaux, 27 janv. — Chartier, 6, rue rougemont, paris. paris. famille rouen. tous bien portants. prévenir drouart, 34, penthièvre, nous portons bien. — Chapin. | Drouart, 34, penthièvre, paris. portons bien, prévenez chartier, 6, rue rougemont, famille va bien, écrivez moulins, dieppe pour chapin. | Desbans, 15, rue montmartre. Happich rennes, londres, moulins, aurillac, goudargues, alger, saint-brieuc, bordeaux, tous bien. provisions mayran. — Pique. | Poirriez, 28, rue du sentier. famille leclerc à saint-just, famille morin, marguerie, famille à esteville, gueschart, tous bien. — Leclerc. | M. Lesage, 110, rue richelieu. nous sommes à bordeaux chez guillemet francine. louise, théodore, lolita, caroline tous bien portants. — Lesage. | Romain, 16, rue banque, paris. femme, fillettes toutes bien, parties mons avant prussiens normandie. reçu lettres, argent. — Fourcaud. |

Dieu, 83, blanche. tous six bien portants à bordeaux, rue château-trompette. charles, lieutenant artilleur, écris immédiatement par ballon.— Haugk. | Santerre, pour Arachequesne, 9, royale-saint-honoré. écris intentions ultérieures à bruxelles, irons avec toi, famille entière bien. — Jeanne Santerre. | Réau, écuries-artois, 22, paris. tous bien, édouard blessé. — Réau. | Seigneur, cocher ambassade ottomane. vais bien, écris-moi par ballon. — Seigneur. | Debondy, 7, montalivet. francisque, mathilde. bien, lionel aussi. nivernais, armée réserve, 81e marche. — Devaldenuit. | Delas, ministère finances, secrétariat général, paris. tous bien, bordeaux, 49, rue église-saint-seurin. — Delas. | M. Vaillant, 29, rue clausel, paris. ton fils bonne santé, océan, cherbourg. — Vaillant. | Guffiet, 84, saint-dominique. cinquième dépêche. tous parfaitement avec famille émile ici béziers. recevons lettres. — Guffiet. | Duchemin, 64, assas. écrivez duchemin, 12, chemin neuf-petits-philosophes, genève, bien portants, prévenir M. margueritte famille bien bordeaux. — Margueritte. |

Marot, passy. bien inquiètes, bonne santé, envoyons beaucoup dépêches. — Marot. | Bachelez, 5, saint-vincent-de-paul, paris. vu trouillet, lieutenant génie, bonne santé. Est-ce lui? nous aussi. —Trouillet. | Astruc, 51, rue lepelletier. tous bien, écrivez lettres, attristée, écrire carter. — Astruc. | Levavasseur, ministère finances. genay, audebert, heucqueville, tassart bien. julie châtaigneraie. — Heucqueville. | Grasset, 42, vivienne, paris. henri grandi beaucoup en classe. hippolyte dépôt lyon, tous bien portants.— Grasset. | Soudée, 50, rivoli. tous à bordeaux bien portants sans privations. recevons lettres, mille amitiés. — Cécile Soudée. | Géraud, 12, cité trévise. marguerite accouchée garçon, tous bien. informer de lafeuillade, lieutenant 6e dragon, échappé sedan. réponse immédiate. — Jardel. | Delattre, 8, saint-augustin, paris. allons bien, toujours havre où nous sommes protégées. reçois tes lettres, courage, caresses de toutes. — Marie. | Leclerc, 3, place maroc. porte bien, donnez nouvelles par ballon. mérand, ambassade ottomane, bordeaux.

Himmermand, 24, avenue friedland. votre lettre freïke envoyée amérique excellentes nouvelles amérique du 1er janvier, compliments gaillardet-goddart. — Druyresteyn. | Moreau, 71, rue blanche. reçu lettre 15, envoyé dépêche 12, henriette, femme alexis vont bien, compliments. — Druyresteyn. | Comtesse Flavigny, rue saussaies. installée castegens. louis chanzy, enfants très-satisfaisants. raymond bourbaki. bernard châteauroux. baby tiregand tous bien. — Marguerite. | Desvernines, 23, monge, paris. famille desvernines grenoble, petite fille morte, charles, sœurs, famille metz!, cazeaux bien, colonel prisonnier. — Cazeaux. | Nissen. ambulance législatif, paris. reçu lettres heftye envoient cinq cents paris, cinq cents légation londres, karl melbourne sont bien. — Paul. |

Curie, 9, rue saint-fiacre, paris. reçu vos lettres, tout le monde bien, fabrique travaille sans interruption, weichand ici. — Doew. | Dumas, 11, rue douai, paris. macarty mort, édouard marié thézan, emma partie nouvelle-orléans, hopkins, delmont, soubie tous bien. — Soubie. | Chalvet, 40, université. louise, geneviève, mère, cécile, enfants, gachard, raoul, georges, pontivy, fessard, angoulême, jonquière, courtaut, penhoat tous parfaitement. — Chalvet. | Auffray, 94, université. famille, filles, henri, léon très-bien. — Babinet. | Hénissart, ministère finances. famille parisot dijon. bien dire émile, votre fils très-bien. — maisonobe. | Collin, 50, faubourg poissonnières. filles londres, 24, york street portman square, bien. — Patrick. | Lelieur, 120, rivoli. lelieur, hostein, kergrist, vermot sont bien. toulon tranquille, votre père bien. — Champeaux. | David, 29, rue sentier. longeville, roullet profondément tristes, sans découragement, recevons lettres, ma santé très-bonne. — David. | Trouillier, 29, rue sentier. longeville, roullet profondément tristes, sans découragement, maurice, albert, moi excellente santé. — Trouillet. | Bousquet, 101, boulevard italie, glacière. longeville, roullet, muzard, moi excellente santé, louis superbe, aucun malaise profondément inquiète. — Bousquet. | Adhémar, 29, rue sentier, longeville, roullet parfaitement, louise, fernand, moi excellente santé, soyez sans inquiétude.— Marie Adhémar. |

Mont-de-Marsan, 27 janv. — Madame Monbel, 24, rue danières. 9 janvier est. raymond sergent. jacques artillerie moulins, tous bien. edgard écrire. — Deguingand. |

Langoiran. 27 déc. — Grégoire, faubourg poissonnière, 20. sixième dépêche. bien portantes chez pascaud, écrire, remercier, pas s'exposer, nouvelles oncle. — Grégoire. |

Langon, 27 janv. — Goulesque, ministère intérieur. portons bien. — Goulesque. |

Bordeaux - Central, 27 janvier. — Hyppolite Henry, 13, château-d'eau. partis tours tous bien portants, répondre périgueux, 27, rue bordeaux. détails maison. — Hyppolite Henry. | Fère, 56, provence. production totale année écoulée en chiffres ronds, cinq mille six cent soixante tonnes soufre. — Parodi. | Fère, 56, provence. mauvaise saison empêche depuis un mois chargement calcaroni et finissage travaux puits.—Parodi. | Fère, 56, provence. inventaires prix revient. états comptabilité rapports prêts, enverrai aussitôt communications reprises. — Parodi. | Panchaud, 23, rue d'aumale. tous bien portants. nous recevons tes lettres. dernière du 9. ne t'épargne rien. — Panchaud. | Emile Lacombe, crédit lyonnais. reçu toutes tes lettres. écris, tous bien. félicie bien, tendresses. — Lacombe Ricard. | Lacombe, chez Follin, 4, rue halévy. avons reçu seize lettres, dernière du 10, merci. nous sommes tous bien. — Lacombe. |

Villetard, 14, quai d'orléans. tous bien, situation médiocre. si besoin argent avise-moi. crédit agricole, bordeaux. — Charles. | Amband, 7, garancière. édouard lancier envoyé dax (landes). moi, marie y sommes venuce aussi. nos santés bonnes. — Irma, dax. | Coquard, 146, rue oberkampf. mère morte, envoie tes nouvelles ballon, toute famille bien. — Léon Briquet. | Consul Portugal, 10, rue copenhague. reçu nouvelles des vôtres du 23 janvier. Se portent bien et vous embrassent. — Seisal. | Floquet, 6, seine. tout notre monde bonne santé, malgré occupation permanente. — Sheurer. | Gaume, 7, rue dupuytren. jane bien, southampton, 18, oxford street, lichtenstein, georges prisonnier. nous bruxelles, hôtel grand monarque. — Mertian. | Weil, dessinateur, 12, jeûneurs. nous bien, donnez de vos nouvelles par ballon monté, à bruxelles. — Vial. | Boussange, 63, rue seine. marie très-bien portante. visitez ma maison. — Gouzay. | Cheligny, 54. philippe-girard. sous table salon trouverez boite biscuits, bonne affection. — Augé. | Tafforin, 28, rue pigalle. vais parfaitement bien, reçu toutes vos lettres. — Arthur. |

Anspach, 38, rue saint-georges. allons partout bien, pour gustave reçois lettres patin, hilaire, nisus, victorien, leroy un peu mieux. — Cécile. | Bonnefond, 26, joubert. pour edmond mayrargues et rothschild bien, cluchard prisonnier manion retourne Crète. — Mayrargues | Desprez, 43, rue miromesnil, paris. reçu dix lettres ballons. prélevez cinq cents francs extra. comment va eugène. — Muller. | De Juglourt de Lagrange, gare monparnasse. lettre reçue bonne santé, donnez vite nouvelles. — Comtesse du Val, à Cariguan (gironde). | Madame Pierson, 74, boulevard haussmann, paris. inquiet de toi. écris billets par londres. vais très-bien. — Laredorte. | Laredorte, 31, faubourg saint-honoré, paris. reçu seulement lettres 4, 5. toutes santés excellentes. inquiet de toi. adresse billets par londres. — Louis. | Larrieu, 23, rue beauregard, paris. depuis 4 octobre pas de nouvelles, écris par plusieurs ballons. santés bonnes. — Larrieu. |

Renault, 99, rue legendre, batignolles. reçu lettres plaisir, famille bien, mais séraphine extrêmement malade, plus espoir. priez cousin écrire. — Laureille. | Moreau, 29, rue londres. allons bien, sommes toujours à arromanches. recevons lettres, bonnes nouvelles de nevers. — Mario Moreau. | Thierry, 25, hauteville. augustine, marie en bonne santé à southampton, goodridges, hôtel queens terrace. — Duffer. | Defonbrune, 51, rue sainte-anne. paris. très-bien portants partout, à falaise rien fâcheux, adrien ici, soyez tranquilles maria, amitiés. — Lanneluc. | Cuvillier, 16, rue de la paix, paris. tout en bon ordre chez vous. meiller mobilisé actuellement, armée chanzy. — Cruse. |

Menetou-Salon, 27 janv. — comte Greffulhe, 10, astorg, paris. santés bonnes, merci pour lettres. — comtesse Greffulhe, menetou-salon. | comte Greffulhe, 10, astorg, paris. toutes en bonne santé à menetou. — comtesse Greffulhe, menetou-salon. |

Angoulême, 28 janv. — Lemoine, rue duphot, 9, paris. 28 janvier, dernière dépêche 27 décembre, portons tous bien, reçu quelques lettres. — Bruneau. |

Jarnac, 28 janv. — Guy, rue drouot, 32, paris. lettres ballon reçues, tante barthélemy morte 24 janvier, ermance, laure thomas souffrantes, autres bien. — Roullet. |

Besançon, 24 janv. — Jeannerod, lieutenant 139e, fort vanves. reçu 4 lettres, prions beaucoup, siége imminent, restons, écrivez charles, joseph halberstadt, portons bien. — Mère. | Allégri, richer, 18, paris. lettre arrivée 21. allons tous bien. comtesse et enfants toujours Clemtigney, également bonne santé. — Vidi Picard. | Bailly, rue dulong, 81, batignolles. tous bonne santé, maman

Bordeaux. — 29 janvier 1871.

favorney, jules vesoul, joseph strasbourg. — Battandier. |

Cany, 23 janv. — Leblé, 48, rochefoucault. dernière lettre reçue, 22 novembre, ennemi connu, portons bien, ennuie beaucoup. — Leblé. | Poulain, quai montebello, 13, paris. enfants, parents bien. cany tranquille, 23 janvier. — Yger. |

Gien, 27 janv. — Loiselbe, rue lemercier, 15. creuse, versailles, gien, 20 janvier, bonne santé. espérez. — Joly. |

Nantes, 27 janv. — Lacomme, avoué, rue saint-thomas, 350. apposez scellés chez veuve aubertot, décédée à nantes, faillant a testament, bruxelles. — Aubertot. | M. Kerteux, 14, rue taitbout, paris. famille bidos bien. alodie, rené à bliequy. — Kerteux. | Bellain, 94, boulevard richard-lenoir. reçu 13, léonce dernier 10 décembre, tous bien. — Bellain. | Lecour, hôtel rhin, cité bergère, paris. famille bien. henri, lieutenant, armée loire, prends argent ne te gêne pas. — Lecour. | Petitpierre, 12, place vendôme. tous bien, florine chez lebon biarritz, reçu plusieurs lettres de toi, avons répondu, amitié. — Elodie Petitpierre. | Viard, 6, mayran. tous bien portants, embrassons tout cœur, reçu toutes lettres. chazeuil bien, nantes, hôtel europe, quai turenne. — Céline. | Lefebvre, pont-aux-choux, 17. reçu argent, en redemande. bien portants. embrassons tout cœur. — Robert, nantes, hôtel europe, quai turenne. |

Lillebonne, 25 janv. — Bataille, rue saint-dominique-saint-germain, 229. ton garçon va bien, tout reste également, reçu tes nouvelles. — Bataille. |

Dinan, 26 janv. — Arthus, 23, richer. reçu vos lettres jusqu'au 21 janvier, sommes tous en bonne santé, votre mère aussi. — Arthus. | Dumarhallaéh, aumônier, mobiles finistère, villejuif. pas cessé vous adresser lettres, dépêches. reçu vos nouvelles 13 janvier. amitiés. dinan, louise. — Delachapelle. | Delon, 25, rue reuilly. tous, odile bien. écrivez, lettres reçues, dire gustave écrire souvent. — Lefrançois. | Debrise, la-chapelle, 107. tous santé parfaite. principalement georges. reçu excellentes nouvelles de louis. toujours dinan, recevons peu lettres. — A. Trézel. |

Dieppe, 23 janv. — Joinville, 6, rue clichy. bonne santé, dieppe, lettres reçues. — Joinville Louise. | Duplessis, 71, rue monceau. allons bien, tranquilles ici, excellentes nouvelles marguerite, maulnes, bordet. — Duplessis. | Dromel, 35, saint-lazare. avez plus temps écrire delest absorbé? pitoyable. déménagez avant retour seul, dénouement honorable. chambon prisonnier. — Leverrier malade. | Michaux, 3, sébastopol. grands, petits, bonne santé, dieppe tranquille. marie, bébé charmants, pensent, aiment, embrassent, papa, amies, toutes bien. — Michaux. |

Le Havre, 24 janv. — Lamédy, 124, saint-jacques. très-inquiets, écrivez. — Vincilloni. | Laboulaye, rue taitbout, 34. mère, mari, fils bien portants. — Edouard Guichard. | Julien, rue du faubourg-saint-denis, 14, paris. vos enfants vont bien à laigle. — Chevalier. | Pipereau, rue thénard, 7. reçu nouvelle mort gustave. affreux. comment va pauline et toi? bien portante ici. amitiés. — ve Pipereau. | Noiret, philippeaux, 30. corresponds avec famille entière, tous valides. gajon aussi. charles même état. écris souvent. — Noiret. | Gautier, quai grenelle, 4. réglez barraques avant fin siége, pressez sérieusement rentrées. écrivez souvent altern, honfleur. tous bien portants. — Lemire. |

Saint-Mathurin, 27 janv. — De Caix, boulevard haussmann, 79, paris. donne nouvelles, fais le mieux pour mon appartement. prussiens 8 lieues angers. — Monsabert. |

Montauban-de-Bretagne, 26 janv. — Ferré, 52, rue blanche. santés bonnes. partons chez marguerite. la matz impossible. rance étudiée par espions prussiens. — Ferré. | Escolan, capitaine, mobile ille-et-vilaine, 2e bataillon, paris. inquiétude, pas de lettres depuis 2 mois. nous portons bien. — Escolan. | M. Leveillé, au conseil d'état, paris. prière de donner nouvelles, par sous-préfet courthille, de escolan, capitaine, mobile montfort. — Escolan, notaire, montauban. | Allais, grande rue, montreuil-charonnes, 60. chagrin, pas de ballons de vous depuis 2 mois, écrire. portons bien. — Escolan. |

Saint-Brieuc, 26 janv. — Camus, 6, condorcet. santé toujours parfaite pour tous, lan, sédille, amis bretons, parisiens bien. — Eugénie. | de Fresne, 15, bellechasse. tous repliés à st-brieuc. sans nouvelles de vous depuis le 7. vous rejoindrons aussitôt possible. — Saubade. | Mocquard, 5, paix. ferdinand, anna, frachon. darcet bien. verly, enfants bien. filles, moi bien, reçu lettre. 19 janvier. — Louise. |

Périgueux, 27 janv. — Chirurgien-major ambulance saint-denis. savoir devenu courteille, soldat 138e, assaut du bourget, parents désolés périgueux. — Capitaine Courteille. | Blot, 30, victoire. mère, regrets cruels, donne nouvelles, toi, tiens, oncle, usine, appartement. 22, cours fénélon, périgueux. gêne, argent. — Blot. |

Bergerac, 27 janv. — Thomas, notre-dame-des-champs, 30. santé parfaite, recevons toutes lettres, écrivez plus souvent. — Douliot. | Douliot, usine cail, grenelle. reçu lettre du 13, toujours santé parfaite, léon pense à papa souvent. — Douliot. |

Ribérac, 27 janv. — M. Zedde, rue trévise, 39. allons bien, embrassons, donne nouvelles, ai envoyé 7 télégrammes. — Cornet. |

Cahors, 27 janv. — Dufour, 12, rond-point, champs-élysées, paris. tous bien portants au vivier et à cahors. 27 janvier. — Dufour père. |

Bollène, 27 janv. — Maucuer, vétérinaire, 1re division, 2e corps. avons reçu lettre, allons tous bien, courage. — Mathilde, Lucrèce, Anselmine, Eléonore, Mimi. |

Dijon, 27 janv. — Tarnier, rue duphot, 15. mère, famille, santé bonne. lausanne, avenue de la gare. porreau, am-wall, 157, brême, allemagne. — Jules. |

St-Jean-Pied-de-Port, 27 janv. — Labarraque, boulevard strasbourg, 35. maman, famille allain à licerasse, santé parfaite apprendre à canus. sans nouvelles depuis bombardement. — Lecanu. |

Toulouse, 27 janv. — Mme Belmontel, 42, rue luxembourg. suis chez dessales bien portant. vos lettres, celles du prisonnier reçues. — Belmontel. | Payen, 18, rue de l'échiquier. allons tous bien, prends huile caveau gare. maman, rue faugas, 7, bastide, bordeaux, vont bien. — Payen. | Mme Micheau, rue du bac, 116. lettre reçue, expédiée à ferdinand, bad-nauheim, hesse-damstadt, lui, nous bien portants. courage, espérance. — Delavigne. | Coste, bafroid, 10. bien, par ballon nouvelles, hippolyte, louise, allée lafayette, 34. — Gauderi. | Dufour, notaire, boulevard montmartre. remettez mille francs à mon fils henri, rembourserai aussitôt après débloquement. — Renard. | Renard, artillerie rhône. réclame mille francs à dufour, lui télégraphie de te les remettre, aide ton frère. — Renard. | Directeur assurance france, grammont, 14. debeyn remplit mission, versé 18,000. sinistre bazacle moulin; partie secours locatif probable. — Rigaud. | Spont, 7, pavée, marais. tous bonne santé, lettre mandat reçus, merci. mille tendresses, alphabed pas permis. — Maria Spont. |

Angoulême, 27 janv. — Tavernier, trévise, 34. reçu ballons 16, carte, compte, ici, arcachon, tous santés bonnes. où élisabeth? — Tavernier. | Désivry, 12, rue d'isly. santés bonnes. recevons lettres. mère, marie, rabaroust ensemble. tristesse, mais courage. gaston soldat, encore ici. — Mère. | Mme Jolly, boulevard saint-michel, 95. familles legrand, robert, geoffroy, bonne santé. émile parti, reçu trois lettres, répondu. écris-moi. — Legrand. |

Cognac, 27 janv. — Saussol, place dauphine, 11. reçu lettre, portons bien, casimir prisonnier. voyez élie. — Sicard. | Merceron, 4, boulevard poissonnière. lettres reçues, eugène travaille, santé, sur pied. — Merceron. | Narcillac, 5, rue iéna. reçu lettre du 15. vais bien, affectueuses tendresses. — Damrémont. | Petit, saint-placide, 58. toujours cognac, sûreté, tous bonne santé, envoie nouvelles souvent, reçu lettre 17, madame carot garçon. — Petit. | Moisson, 22, caumartin. andryane, wéber, moisson parfaitement, lettres arrivent irrégulièrement, préoccupée édouard, jacques, amour parle anglais, raymond grandit, travaille. — Moisson. | De Saux, 39, jean goujon. georges, marie bien ouchy, baby superbe, bonnes nouvelles auguste, mère, demandons nouvelles maison. — Firino.

Larochefoucauld, 27 janv. — Michelin, 25, rue buffon, 25. portons bien, recevons lettres. — Michelin. |

Mâcon, 27 janv. — Burnichon, quai célestins, 21. merci chère sœur, également aux amis, cimetière, bourdeaux, joly. soignez-vous, toujours courage. délivrance arrivera. — Burnichon. | Guigue, rue bercy, 15. ta femme, burnichon, tous allons bien, dernière lettre 20 novembre, en attendons. courage, confiance. — Guigue. |

Auch, 27 janv. — Mme Meunier, rue saint-sulpice, 12. ouvrir bureau acajou, serrurier clefs. provisions jambons mansarde, clefs cave louis, réponse auch. — Meunier. |

Lombez, 26 janv. — Replumax, magenta, 140. maraignon bien portant, prisonnier hambourg. écrivez. — Pujos. |

Vire, 17 janvier. — Bossuroy, 7, montesquieu. pour gaston veux-tu argent? faire provisions possibles. voir gravier, 5, mogador. santés bonnes, recommandons prudence. — Gaudin. | Portait, 27, fleurus. prendre immédiatement assurance maison contre feu ennemi. donnez gaston argent disponible. écrivez réponse par ballon monté. — Gaudin. | Bossuroy, 7, montesquieu. bonnes nouvelles léon, recommandez gaston éviter quartiers bombardés. prendre argent portait. embrassons. répondez. — Gaudin. | Moulet, 123, boulevard magenta. santé bonne, reçois lettres. — Moulet. | Picquenard, 58, rue caumartin. tous bien portants. pas prussiens. — Enguehar. | Gallet, rue saint-honoré 217. tous bien ici. paul pas parti, jules candidat. reçu lettres. — Roycourt. | armand Gosselin, 64, rue turenne. donnez-moi vos nouvelles tous ballon, moi bien vire. — Huard henri. |

Caen, 18 janv. — Delettrez, 11, enghien. tous bien. chez marie confiture, sucre, cassis, épiceries armoire au vin. chocolat armoire, poêle, clefs, maman. — Poez. |

Bayeux, 18 janv. — m. Saintagnan, 38, rue turin, paris. allons tous très-bien, êtes peu entourés, marchez, courage, réussite certaine. — Poitevin Couvert. | louise Cobert, 75, rue ste-anne. tous bien. — V. Cobert. | m. Plailly, 18, rue turbigo. jenny, enfants, mère à ostende depuis 4 janvier, chez brauwers, 2, rue saint-pierre. — Plailly. | madame Baudouin, 65, faubourg poissonnière, paris. nous et marthe bien, recevons lettres, courage. embrassons. — Nicolas. |

Saint-Aubin, 18 janv. — m. Berteuil, 84, avenue de clichy. portons bien, reçu argent. — Berteuil. |

Caen, 18 janv. — Doyère Bonnebosc a de Witt, 10, rue billault. sans nouvelles doyère depuis novembre. très-inquiète. albert cologne, tous vont bien. — Larousselière. | Vanrs, 28, cherche-midi. famille caen, villez malade, écrivez vite nouvelles de vous et amis. — Massieu. | Beaussier, 24, rue calais. père malade, inquiétant, triste, soignez-vous. raoust foulquier, bonne affection. — Banche. — Labégassière, 1, regard. tous bien. catherine à crenne. — Moidrey. | Dugourc, 72, rue dames. tous bonne santé. — joséphine Dugourc. | Gontier, 9, soufflot. recevons lettres, portons bien. — Gontier. | Prévost, 134, boulevard haussmann. caen, 8, rue saint-louis. espoir fernand, bonne santé. aix va bien. angelica fils, adoration. — Jeanne. | m. l'Escalopier, 6, rue férou saint-sulpice. hélène et sa mère poitiers, nous neuilly, parfaitement, ce 18 janvier. — Félix. | Brunet, 60, sainte-placide. santé bonne, père, terre-noire, jodon, simon laval, recevons lettres, manquons rien. — Brunet. |

Chagot, 55, boulevard haussmann, logement petit, dames cherbourg, santés bonnes, moi seul ici. — Verrier. | Levavasseur, 68, rue rome. allons tous bien, écrivez plus souvent, dambert besoin argent, donnez. courage. — Levavasseur. — Le Cointre, 37, joubert. colonel cercelet à wisbaden, très-bien. — de Montbeillard. | Marie, statuaire, 37, rue oberkampf. nous portons bien tous, souvent nouvelles de vous, pas de prussien. — E. Marie. | Tiphaigne, 3, rue castiglione. allons tous bien, recevons tes lettres. — Lancelin. | madame Marguerie, 53, quai bourbon. toute la famille va bien. — A. Chauvin. | madame Hannot, 5, rue lecourbe. je vais bien. — veuve Caillard, 14, rue des quais. |

Falaise, 18 janv. — Huitième. madame Piet, 42, 44, labruyère. vous supplie ou m. foucher prêter cinq cents à ami. cautionne. — Philippe, poste caen. | Séjourné, 9, de la ferronnerie. père mort 5 octobre, scellés mis. — Séjourné. |

La Délivrande, 18 janv. — Tardy, 37, saint-andré-des-arts. quatre reçues. bien portants, tristes. désirons réunion demandez, partirons trois provisions faites. écrire hippolyte, eugène prisonnier. — Grinouville. |

Dives, 18 janv. — Letourneau, 54, faubourg du temple. reçu 5 janvier. approuvons. maman vu georges le mans, tous bien, offre appartement Benoist, reçois loyers. — Letourneau. |

Lisieux, 18 janv. — Périer, 24, marignan. familles périer, bouteau, descours bien. maman souffrante, recevons tes lettres. pensons à toi, à vous tous. — Descours. |

Trouville, 18 janv. — Roussilhe, 4, boulevard prince-eugène. trouville santés parfaites. lucien, émile aussi. écrivez lettres arrivent. — Roussilhe. | Dumont, 102, cherche-midi. sommes tranquilles, allons bien, écrivez. — Gallien. | Piet, 33, chabrol. bonne santé, recevons lettres. — Malherbe. |

Honfleur, 18 janv. — Porte, 34, seine. reçoit, inquiète, écrivez. — Crozet. | Humbert, 18, pépinière, saint-lazare. reçois lettres laurein. portons bien, écrivez. — Laurein. | Lacroix, agence havas, paris. recevons lettres. voyons limoges et pierre. sire parents tainguy, tous santé bonne, honfleur. — F. Lacroix. | M. Prével, chef gare, ivry, paris. reçu lettres, répondu tous moyens, bonne santé. tourmentées, écris souvent. — léonie Prével. |

Honfleur, 19 janv. — Dechamp, 53, ourcq. donnez nouvelles. père, nous, bien portants. ennemi visité dieppe. — Pascal. |

Thury-Harcourt, 19 janv. — Bouccaud, 66, rue cherche-midi, paris. montpellier assez bien. meslay aussi. — Lamorelie. | Royer, 31, rue saussur, batignoles, paris. inquiète, demande nouvelles louis. depuis novembre rien. — Guy. | Denormandie, 89, boulevard haussmann, paris. chênée, meslay, tous très-bien. — Lamorelie. |

Lisieux, 19 janv. — Lafond, 4, place bourse. tous portons parfaitement, reçu 40 lettres. — Duquenne. |

Bayeux, 19 janv. — Arnette, 4, rue barbette. tous les arnette vont très-bien, reçu tes lettres, écris souvent. — Eugène. |

Trouville, 19 janv. — Matille, 87, avenue montaigne. dernière lettre 14 décembre. te supplions écrire tous les jours, inquiets pas voir ton écriture. — Matille. | Marie Henry, avenue montaigne, 87. reçu lettre 11 janvier. auguste écrire un mot lui-même dans toutes vos lettres. — Matille. | Dupuymory, 53, rue rennes. immense anxiété, tes parents bien, quitte appartement, mets caisses mobilier magasin jules, mille baisers. — Dupuymory. | Quillet, 4, rue marché-saint-honoré. prendre argent, ville. émile nommé sous-lieutenant champ bataille officier ordonnance général barry. bonne santé trouville. — Quillet. | Lecoq, 45, rue luxembourg. henry, louisa, moi, enfants, partons tous chez dessalles. courage, patience. reçois nos embrassements bien tendres. — Mathilde. |

Taverne, 73, rue victoire. arcachon. — Devillers. | Yver, 10, cardinal fesch. allons bien, embrassons. recevons lettres rarement. — Yver | Legendre, 17, rue de lancry. nous allons bien, pas de lettres depuis le 8 décembre. écrivez nous. — Petit, à trouville. | Valentin, 14, quai orléans. 19 janvier bien portantes trouville. pierre pas blessé. correspondons ensemble wittersheim desfossez bien portants ici. — Bouillet. | Meyer, 169, rue montmartre. port bien, dépose chez neuville et donne lui avis. — Meyer. |

Honfleur, 19 janv. — Guilmoto, 16, dulong. barré, bocquet, vont bien, reçoivent vos lettres. eugène prisonnier à mayence. — Barré. | Bouvet, 10, vivienne. grosset, prisonnier coblentz. honfleur non envahi, tous allons bien. — Bouvet. |

Caen, 19 janv. — Huillard, 2, chanoinesse. allons bien, marseille aussi, recevons vos lettres, paul sédentaire, troisième dépêche. — Marie. | Durand, 50, neuve-petits-champs. accouchée fille, enfants très-bien portants. nous aussi embrassons tous. — émilie Durand. | Bulot, 36, montorgueil. familles bulot, bouvet, roussel à luc. jouany, boutrais caen, toutes bien portantes, reçoivent vos lettres. — Le Prévost. | Prunier, 15, buffon. recevons lettres, sommes caen, allons tous bien, adressé désormais prunier, hôtel europe, cherbourg. comment va degeslin. — Prunier. | Toussaint, 6, rue vienne. quitté lajehannière 4 octobre mal. demeure legoupil, mercier, caen, très-bien. santé bonne. reçois lettres. — Toussaint. | Roblin, 40, ville-l'évêque. reçu provins bien, écris-moi. — élisa Roblin. |

Bucquet, 5, rue surène. tous bien, sœur londres, albert bordeaux, james avec faidherbe. recevons lettres de paul, embrassons. — Bucquet. | Barbé, 28, notre-dame-victoires. aussitôt nouvelles marthe enverrai. père bien saint-germain. — Coville. | colonel Daugny, Joubert, 21. santés très-bonnes, suis caen, sans dangers. dieppe bien, affection. — Barbié. | Meuvielle, 40, ville-l'évêque. reçu exactement photographies. si argent, avancez contributions. abattez arbres pour chauffage. souvenir aux amis. santés bonnes. — Hamot. | Desenne, 39, turenne. guéri, libre, retourne grenoble. — Vallantin. |

La Délivrande, 19 janv. — Lecoq, 56, argout. reçu lettre 28 décembre. aujourd'hui inquiets. oh! partie, nous petite sceurat. allons bien. — Lecoq. |

---

119. Pour copie conforme :

l'Inspecteur,

Bordeaux. — 29 janvier 1871.

Marseille, 23 jan. — Tony Révillon, quai voltaire, 13. frère écrivez, donnez enfin nouvelles. votre sœur vous en prie. écrivez poste restante. — Jeanne Révillon. | Rodrigues, 4, papillon. nommé depuis octobre officier administration. suis maintenant intendance marseille, retour armée loire. santé bonne. écrivez-moi. — Neymarck. | Schrameck. 15, notre-dame-lorette. nous portons bien. recevons tes lettres. écris à villamare, marseille. — Schrameck. |

Bordeaux, 24 jan. — Mauch, 216, faubourg-st.-honoré. santé bonne, dites-le mallet. allez recevoir votre pension chez Washburn. légation américaine. — Wilhelmine Mauch. | Labarraque, 35, boulevard strasbourg. tous bien cognac, essonnes, sedan. caroline sans nouvelles, inquiète frères, supplie hélène écrire cognac. — Marguerite Mallet. | Mallet, 21, boulevard malesherbes. tous vôtres bien portants, voudraient lettres fréquentes. reçu lettre amanda sept janvier. Edouard, 10. | Elisabeth Mallet. |

Adam, 3, rue battoir-marcel. paris. bien portants. dernières nouvelles vingt novembre. sommes inquiets bombardement. auguste tranquille. embrassons tous. — Boullet. | Henri Mallet, 37, anjou-st-honoré. paris. santés parfaites. georges, lieutenant, nord. Jean prisonnier le 6. — Gabrielle. | M. Hermant, 40, faubourg poissonnière. pauline, mathilde, enfants, bonne santé. famille entière, 7, rue dalayrac. toulouse. mille amitiés. — Hermant. | Pector, 5, place vintimille. toujours comines. désiré tableau honneur. laure grandit, travaille. cuvelier désolés. messange, cocheteur, tués. tendres baisers. — Pector. |

Bertin, 45, rue d'ulm. cinquième dépêche. reçu lettres argent. demeurons nantes, maison bourgine. familles bien. maison strasbourg intacte. — Albertine. | Thulié, 25, boulevard beauséjour. paris. dames, toutes trois bonne santé. — Brannens. | Charlier, 40, paradis-poissonnière. paris. reçu votre lettre, ernest à sedan. tous vont bien. courage. écrivez souvent. adresse londres. — Wagenmann. | Hollander, 8, provence. paris. parents union machy. amélie, moi, enfants, tous parfaite santé. dernière lettre du dix. — Victorine Hollander. | Larivière, 14, rue d'aumale. paris. votre mari va bien attends nouvelles toujours même endroit. — Johnson. |

Delahaye, 10, rue des vosges. paris. sans nouvelles depuis 20 oct. santés bonnes. communiquez dettelbacher, withaim, hermann. écrivez souvent. — Janne. | Hermann, 15, rue chapon. 13 janv., lettres satisfaisantes. santés bonnes. amitié. rosalie, rault, buisson, louis, otterbourg. écrivez tous détaillés. — Schloss. | Mercier, 20, marché. passy-paris. sommes montauban, bourgeon, sans nouvelles depuis premier décembre. inquiètes, écrivez tout ballons. santés bonnes. — Alix. | Anglivie1, 15, condé. lettres reçues jusqu'au 11 janvier. tous bien. eugène ici. périer écrit. caldeyron anglivie1s. prière, confiance. — Valentine. | Konigswarter, 60, chaussée antin. paris. possédons déjà 11 lettre quatorze janvier. tous bien portants. times contiendra insertion de nous. — Henri. |

Casal, médecin, fort romainville. nouvelles récentes amédée. armée bourbaki. louis, coralie, aglaé, toulon. bonne santé tous. reçu deux mandats. — Pauline. | Garlin, 8, passage. reçu toutes lettres. pas Mme petit. écrire souvent, atelier connaissances. embrasse. — Aglaé Jaillard. | Person, 3, chauchat. tous bien. Mme valence avec payen, arthur, congé, sans blessure rentre, officier espère. trois lettres reçues. — Buhan. | Chevalier, ministère finances. aristide bordeaux. mère, sœur, douarnénez vont bien, reçoivent lettres, t'embrassent. — Chevalier. |

Rodrigues, 71, rue lafayette. lettre ferdinand 14 janvier. sans lettre louise, maurice. écrivez souvent. ici tous bien. mille baisers. — Iffla. | Goubaud, 21, guénégaud. amélie, maurice, commandant léon, béatrix, santé parfaite. jeanne partie. reçois lettres, envoyé lettres, dépêches. — Amélie Goubaud. | Charles Cuvillier, 16, louis-le-grand. allons très bien, recevons lettres, pauline siens vont bien. gillou, hortense ici, amitiés. — J. Cuvillier. | général Vinoy, paris. pour boittelle. père et moi ostende. allons bien. lettres reçues. contents médaille. embrassons. — Gabrielle. | Joffre, 16, rue abbeville. paris. édouard va bien. — Parés. |

Allard, 96, rivoli. suis folle inquiétude. pensée te quitte pas. songe enfants. reçu ta lettre quatre janvier. écris souvent. — Louise. | Dormeuil, 4, vivienne. marguerite pauline née douze janvier. couches faciles, excellentes. mère bien. enfant brune, forte. compliments auguste, mère. — Dehau. | Roeper, 12, rue batignolles-paris. toujours sans nouvelles depuis vingt-un octobre. écrivez-moi par chaque ballon chez Jagour. — Ahrenfeldt. | Tronche, ministère guerrre. tous bonne santé, manquons de rien. voyez amélie, dites reçu dernière lettre tarbé. embrassements. courage. — Ducellier-Virgina. |

Attias, 13, entrepôt. famille parfaitement. bébé superbe. reçu lettres du 14. vous savons bien. écrivez. — Delvaille Attias. | Bastin, 29, cardinal-fesch. reçu seulement lettre cinq janvier. tous bien portants. élisa aussi. — Folttard. | Mme Mersey, 45, rue neuve st-augustin. famille ernée, élisa, bien portants à lafitte. bonnes nouvelles de belleficle. écrivez. — Renaud. | Mme Rémusat, 24, avenue gabriel. tous bien à lafitte et villefranche. — Rémusat. | Mme Bardoux, 31, rue lepelletier. marguerite, thérèse et tous bien à rugles et tranquilles. — Rémusat. |

Préville, 72, rue montmartre. santés excellentes. Hauttemont, bordeaux. inquiets de maxime. — Préville. | Mme Bernard, rue notre-dame-de-lorette, 13. paris. à bordeaux avec marie. reçu toutes vos lettres. ai employé tous les moyens. — Gravier. | Geruzez, 22, rue abbattuci. quitte bordeaux, vais à Domène (isère). écrire là. matussière grave, lettre ballon reçue hier, merci. — Amélie. | M. Frias, 61, maubeuge. paris. tous bien, alexandrine havre, lettre 14 reçue. havane bien, caracas marche. — Ynés. | Littaut, 72, rue angoulême-temple. paris. tous se portent bien, serai lyon dimanche. Je voyage pour les armes. pas soldat. — Littaut. |

Ivanne, 55, quai tournelle. tous bonne santé. xavier montifray. sommes lamalou hérault. henry capitaine larochelle. dernière lettre neuf décembre. — Marie. | Lombart, 20, rue navarin. parents toujours à bruxelles, ont reçu vos lettres. leurs santés bonnes, demandent nouvelles julie maison. — Romuald. | Collette, 118, rue st-denis. reçu six lettres. santé bonne. mangez les deux bêtes de vaugirard. — Romuald. | Fontaine, 25, popincourt. famille bien. dire eugène rien livré faute avis. qu'il fasse écrire en m'avisant, Bordeaux. — Roques. |

M. d'Hauteville, lieutenant-colonel, 111e ligne, 2e brigade, 2e division, 13e corps. paris. nous portons tous bien. — Louise. | M. de Batz, commandant état-major général, 14e corps. paris. nous portons tous bien. — Anna. | Degoureuff, assurances générales, 87, richelieu. paris. sinistres depuis investissement, deux cent mille francs onze départements. tout marche assez régulièrement. — Ansel. | Bernard, 55, faubourg saint-denis. ida accouchée garçon. bien portants. lettres reçues bordeaux, 254, rue ste catherine. — Weil. | Heiss, 56, saint-lazare. paris. demande M. Hanseigne payer contributions tous mes immeubles. tous bonne santé ici. reçu lettres. — Eyquem. | Mme Baudoing, 122, haussmann. reçu lettre 29. tous bonne santé. délivrance aimable pour avril. creusot travaille. mille sympathies. — Joseph Laferté. | Mme Massé, 42, rue bruxelles. sommes creusot tranquilles. tous bonne santé. enfants longhais et parents aussi. reçu vos lettres. — Delaunay. |

Pleudihen, 26 jan. — Ohier, médecin major, réserve artillerie, 2e armée. portons bien, nos enfants dinan, lettre du 16 reçue. — Ohier. |

Clisson, 27 jan. — Guéraud, 65, saint-anne. reçu deux lettres, merci. tous bien sauf tony, soldat malade laval. écrivez encore. — Blanchard. | Tourasse, 6, saint-marc. maman aussi bien possible, connais affreux malheur, moi, alphonsine, neuf enfants parfaitement. — Tourasse. |

Charroux, 28 jan. — Malapert, 51, labruyère. charroux, arcachon, bien portants. roger sergent 38e ligne. — Félix. |

Loudun, 28 jan. — Joyault, 19, rue tombe-issoire, montrouge. tous bonne santé, petite bien. armand à beux. — Fme Joyault. | Gouin, 4, rue cambacérès. jules gouin et famille fouquet. bien portants, bucheron décédé. marche affaires satisfaisante. pont Volga terminé. — Lemaire. |

Saint-Jean-de-Bournay, 27 jan. — M. Picard, 102, boulevard haussmann, paris. recevons lettres, portons bien, écrire longuement, tu fais, mange, beurre, buffet, saubaul. — Nathalie Picard. |

La Roche-s.-Yon, 27 jan — Breteau, 25, rocher. six dépêches envoyées. aucune nouvelle, marie très-inquiète. prière instante écrire par tous ballons. — Lambert, | Heugel, 2 bis, Vivienne. tous bien portants Vendée, avranches, nantes. — Heugel. | Jenneval, 24, rivoli. inquiétudes mortelles. dépêches argent expédiés ce mois. sans réponse depuis 8 janvier. écris vite. — Léone. |

Terreaux, 27 jan. — Broise, 17, richelieu. tes lettres nous tranquilisent, elles arrivent toutes ici et sedan. allons tous bien. que soumet écrive. — Bretonville. | Burgod, 1, rue bourse. tous bonne santé. sommes inquiets de vous. vos lettres rares. dire médard écrire. — Burgod André. | Pulliat, 28, boulevard poissonnière. Votre famille, vos amis et vos associés tous en bonne santé. mille amitiés. — Routier. | Joannès Seux, maréchal-logis chef, 2e compagnie pontonniers mobile rhône, 139, avenue malakoff. allons bien, laurent revenu blessé légèrement, permission un mois. — Seux. |

Saint-Julien-l'Ars, 28 jan. — M. Chambellan, 11, rue monceau. moulins, bouresse, guillaume, nous, pornic vont bien. ne manquons de rien. département sans prussiens. — Chambellan. |

Ganges, 27 jan. — Lasnes, fabricant décorations, galerie montpensier. bonnes nouvelles octave, prévenir famille, ma blessure mieux. retirez trois caisses pépinière. écrivez ganges. — Ricard. |

Pertuis, 27 jan. — Braux, 26, rue lille. maman très-malade. pars rejoindre madeleine, hôtel grand miroir, rue de la montage, bruxelles. — Poirel. |

Annecy, 27 jan. — Marcel, jules Vitry, sommes chez sokoloff, 22, rue espérance. plainpalais, genève. — Adrienne. |

Trouville, 25 jan. — Henriet, 12, gallion, paris. trois bien portants, ne manquent de rien. — Hocart. |

Pont-L'Evêque, 24 jan. — Grossier, 2, grand-chantier. santés bonnes, donne-moi nouvelles de famille, de louis. — Eugénie Jeannot. |

Saint-Laurent-en-Gaux, 24 jan. — Delcroix, 31, rue chabrol, paris. reçois lettres, continue écrire, déjeune restaurant avec jules je le veux. nous portons bien tous, courage. — Marthe Delcroix. |

Lusignan. — Mayet, rue saint-marc, paris. caroline, léon, édouard, gustave, raoul, famille de châtillon et issoudun, bonne santé. — Charles Mayet. |

Ornans, 24 jan. — M. Renet, 30, champs-élysées. pas nouvelles depuis septembre. écris-moi. réserve générale, brigade boerio, armée Est. — Renet. |

Villers-sur-mer, 24 jan. — Chalamet, corps législatif. bonne nouvelle arrivée. bienheureuse mère. sommes sûreté Villers. claire, tous très-bien londres. — Chalamet. |

Honfleur, 25 jan. — Minal, 18, rue maubeuge. robert, rue capucins honfleur, demande nouvelles. |

Lyon, 23 jan. — Luyt, 82, rue miroménil. reçu lettre 15 janvier. delphine arcachon, grand-hôtel. toute la famille très-bien. — Luyt. | Madame Lispérut, 83, boulevard magenta. reçu trois lettres, familles lyonnaises, anglaises se portent bien. — Zoé Montandon. |

Juvigny-le-Tertre, 25 jan. — Giroult, 16, coquillière, paris. sourdeval, lejemble bonne santé, recevons lettres, écrivez souvent. — Giroult. |

Donvaine, 22 jan. — Madame Lindenberg, 64, rue des amandiers, paris. portons bien, manquons rien, reçu toutes lettres. M. maret. — Tessier. |

Romans, 24 jan. — Lolagnier, 75, rue flandre, paris, portons bien, sommes à romans chez fèvre. reçu lettres, écrivez souvent, ai répondu déjà. — Lolagnier. |

Annecy, 22 jan. — Colonel 28e ligne. prière donner ballon nouvelles roux, francois, marie, soldat réservé 28e ligne, 4e bataillon. épagny, haute-savoie. — Roux. |

Mouthier, 21 jan. — Travaillot, rue de grenelle. deuxième dépêche. allons tous bien. francis monnier. — Tripard. |

Nantes, 23 jan. — M. Jay, 21, tournon, paris. charles, louise, georges lequeux bien. — Jay. | Frogier. 189, faubourg-poissonnière. deux mois sans nouvelles, très-inquiète, bien portante. — Frogier. | Hecht, 34, rue château-d'eau, paris. votre père a reçu votre lettre 8 courant, tous bonne santé. — Gaillard. | Demangeat, rue pigalle, paris. tous bien. — Demangeat. | Georges Michel, 4, rue rome. quatrième dépêche, inquiète dernière lettre décembre. écrire noirmoutiers, Vendée, chez gravouil. — Félicie. |

Lyon, 24 jan. — Prévot, 28, grange-batelière, aucune nouvelle depuis le 2 octobre, inquiets. écrivez. — Cotteret. | Général Trochu, gouverneur paris. toute famille belgrand va bien. avallon. — Belgrand. | Guibout, 41, sébastopol. bonnes nouvelles labouré, nous et affaires, faut-il fabriquer pour paris? aussitôt délivré écrivez souvent. — Herreuschmidt. | Bailly, 11, rue malher, paris. quatrième dépêche, père pas. nouvelles, pas reçu argent. tous bien sauf moi vérole. — Duchaine. | Veuve Bélard, 107, rue legendre, batignolles. toute la famille va bien. — Drivet. | Clément, lapidaire, 103, boulevard sébastopol, paris. mère, enfants slaperuel parfaitement. reçois vos lettres, dix caisses vendues, payées. — Veuve Clément. | Vies, 1re compagnie pontonniers mobile rhône, paris. santé bonne, prends argent chez piegay, dans ceinture, sac, toi, comme réserve. — Vies. | Madame Taillaudier, 76, rue pompe, passy-paris. écrivez, espérez blanche jourdain va bien, que père écrive oswald, banquier bâle. — Taillandier. |

Ferney, 23 jan. — Boussard, 7, boulevard prince-eugène. inquiets, pas de nouvelles. emmeline larochelle, sœur, tous bonne santé. recevons lettres. écris. — Lucie. | Catelain. 29, boulevard des italiens. lucie accouchée fille 7 novembre. tous parfaite santé. recevons toutes vos lettres. — Lucie. | Trap, 13, place bourse. tous bonne santé. inquiets pas recevoir nouvelles, corresponds avec amélie. écrivez. recevons lettres. — Amélie. |

Vuillafans, 19 jan. — Duverger, 23, rue grammont, paris. portons tous bien, nous recevons tes lettres. — Léontine Marguet. |

Ferney, 21 jan. — Lebel, 24, rue londres. tous bien genève, beuzeval. pons, bélisaire, enfants, frères, monod, isaac, fourchambault, petit audeoud, fournier auxonne. — Mayor. | Bunzel, 99, boulevard sébastopol, paris. bunzel et tous allons bien. autorise à prendre provisions chez moi, avons une fille. — Brach. |

Ferney, 22 jan. — Amiral Bosse, troisième secteur. reçu lettres, fonds, merci pas besoin. avais tout réglé nice. soignez vous bien. toujours morillon. — Augustine. |

Marseille, 23 jan. — Nessim Semama, 105, chaillot. reçu plusieurs lettres moïse, se portent tous admirablement bien, reçoivent vos lettres. — Sauveur Samama. | Montel, 34, rue des halles, paris. passe traité 200 mille pièces vins deux hectolitres chacune 40 francs, gare languedoc. — Montel. | Tassy, 5, rue vingt-neuf juillet, paris. reçu ta lettre du 10, en attendons une nouvelle, sommes tous bien. — Tassy. | Zoghcb, 10, rue clauzel, paris. inquiet pas reçu réponse, donnez-nous vos nouvelles, nous portons tous bien. — Sélim Naghib Zoghcb. | Tedesco, 14 bis, boulevard poissonnière. tranquillisez pour napoli hors danger, employé écritures, tous santé parfaite, courage, touchons au dénouement. — Tedesco. | Crémieux, 49, rue ponthieu. bonnes nouvelles tes enfants du 7, ici bien, recevons tes lettres, sixième dépêche. — Ernestine. | Bastien, 4, rue moulin-st-roch. bonne santé, reçu lettre du 7 janvier. — Turquet. |

Schaller, 3, st-sabin, ruelle pellé. bonnes santés, à tous écris toujours, je reçois tes lettres, nouvelles de tous. — Schaller. | Debrousse, avenue marigny. sardaigne aurait dépensé fin février quatre-vingt-dix mille francs sans vos nou-

Bordeaux. — 29 janvier 1871.

veaux ordres, arrêterai travaux. — Sarlin. | Débrousse, avenue marigny. fin courant aurai dépensé oran cent quarante mille francs, travaux continueront comme précédemment. — Sarlin. | Débrousse, avenue marigny. boilan parti sardaigne, reste montenot, jacob, votre fille et nous très-inquiets vos nouvelles, écrivez-nous. — Sarlin. | Cabaret, notaire paris. prêt pour payer intérêt marseille poste restante. — Alexandre. | Maheux, 4, chaussée-antin. tous bonne santé, installez bertrand chez nous à cause bombardement, écrivez souvent, voyez cabaret notaire. — Alexandre. | M. Laurens, 22, rue du long, paris-batignolles. nous allons bien, marius à l'hôpital toulon, écris plus souvent. — Caroline. | Surrine, 26, boulevard filles-calvaire. reçu lettres, merci, courage. confiance, jules prisonnier coblentz, dix-septième réponse. — Kean. | A. Desbuissons, 1, rue de la boule rouge. oui, oui, oui, oui. — J.-B. Tripoli Syrie. |

Parmentier, 3, passage chausson, boulevard magenta, paris. reçu vos lettres, nous sommes bien. — Duplessis. | Barbier, 13, jussienne. courage, prions, embrasse tous, reçu 4 lettres, écris encore. — Bordier. | Dommartin, 13, petites-écuries, paris. nous demeurons à vos ordres pour tout ce que vous aurez besoin transmettre vercellone. — Juhr. | Mademoiselle Drodelot, 54, rue de seine. donnez nouvelles famille et edmond, 3, rue montgrand, marseille. — Carré. | Jacquemin paul, infirmier, 9e corps, fort ivry. frère soldat, loué magasin, bonne santé, écris suis inquiète. — Henriette. |

Aix, 22 jan. — Massie, médecin major, 9me chasseurs cheval, 2me armée cavalerie, brigade cousin, Vincennes. tous en bonne santé. — Massie père. |

Alger, 25 jan. — Henderson, 4, lavoisier. bien portant, reçu lettres 20 et 11, destable vivant allemagne. — Henderson. |

Mostaganem, 19 jan. — Caze, 1, lafayette, paris. ce 25 janvier encore mostaganem, d'où n'ai pu sortir, reçu lettre 2 janvier. — Albert. |

Salon, 27 jan. — Leborgne, capitaine, fort vanves. lettres reçues. santé parfaite. louis travaille neveu laflèche. — Leborgne. |

Neufchâtel-en-Bray, 28 jan. — Vincent Genty, garde mobile, 30e de ligne, 1er bataillon, 6e compagnie, paris. nous portons bien. envoi de tes nouvelles. — Genty. | Marie Gillet, paris, neuve coquenard, 30. Videbout, votre aïeul, décédé 6 janvier. envoyez tous procuration ou venez. — Leblond. |

Brest, 27 jan. — Madame Joly, couturière, bouloy, 10. Elisa, bibi, oscar, gabrielle, espoir, courage, porte très bien. — Henry. | Proux, rue bonaparte, 76. décembre dernière lettre. proux, alphonse, armée du nord. émile exempté. tous bien. — Camille. | Michau, 47, rue enfer. brest, sécurité, santé. gardez provisions, toi, gaston, confitures chambre marguerite. gaston vêtements, argent, renouveler, embrassons. — Marguerite. |

Douai, 25 jan. — Castel, rue douai, 19. allons tous bien. driff compris, idem. caen. reçois lettres hyacinthe. prière envoyer fort charenton. — Louise. |

Pau, 20 jan. — Lethière, notre-dame-de-lorette, 58. bien portantes. — Lethière | Janin, saint-lazare, 86. bien portant, henri engagé chasseurs à cheval, tarbes. écris sur papier pelure, arrivée plus sûre. — Janin. | Dalmas, 27, faubourg saint-honoré. raymon vrai turc, lorient bois, cave réneau, hiver affreux pau, nancy rien encore, moi, marie attendue. — Debertier. | Dabert, économe jeunes aveugles. obus chez vous inquiète. écrivez détails aussi souvent, mère, père, mot, toutes, portons bien. — Lorin. | Dubois, 34, l'hoqmond. inquiète, écrivez à céline menton, nous à pau tous bien portants. — Debertier. |

Puyoo, 28 jan. — M. Panafieu, 70, rue rochechouart, paris. nous sommes tous bien, nous recevons vos lettres. — Dabbadie. |

Bayonne, 29 jan. — Chapartegui, 102, rue richelieu, paris. tous bien, quintina une fille, janvier deux lettres, troisième dépêche. — Concepcion. | Beaufort, rue verneuil, 43, paris. toutes lettres reçues, celle du 15 aussi. santé parfaite. — Beaufort. | Excelmans, 41, neuve luxembourg. reçu lettre 1er janvier. dire paris vincennes, familles normandie, midi bien, écris ballon. — Excelmans. | Collin, rue jean-jacques-rousseau, 53. comment allez-vous? nous portons bien. — Collin, maître du 18e. | Flury Herard, 372, rue saint-honoré. père, 7 janvier, bien et tranquille angleterre, 16, parfaitement ici également. — Laure. |

Biarritz, 28 jan. — Gatine, 8, échelle. santés parfaites londres, chaumont, villedars, almandous, lettres, ménagez-vous, soyez tranquilles sur nous, vives tendresses. — Jenny. | Trefousse, 14, bleue. portons bien. recevons lettres, avons argent par dieudonné, angleterre. henry travaille, lunéville bien, envoyons lettre, athalie. — Eugénie. |

Saint-Valéry-sur-somme, 24 jan. — Vuignor, lieutenant auxiliaire génie, fort romainville, paris. familles vuigner, barth, meynier, malot, mary, bonne santé, sécurité. — Vuignier. | Dimpre, banque de france, paris. tous bonne santé, envoyez côte de bourse. ton père. |

Vire, 25 jan. — Bossuroy, 7, montesquieu. pour gaston : très inquiets, écrire journellement. on reçoit exactement lettres. — Gaudin. | Simon, suchet, 14. reçu triste nouvelle, comptez sur moi, vire, gare. — Perdriel. | Marette, 28e régiment, 3e bataillon, 4e compagnie. reçu lettres, famille bien, écrire vire, gare. merci. maison. — Perdriel. | Bossuroy, 7, rue montesquieu. écrivez deux fois semaine, sommes inquiets. léon bien. — Gaudin. |

Rabastens, 28 jan. — Etienne de Toulza, lieutenant, 7e mobile, 3e bataillon. allons bien, tendresses, aide de ta bourse mobiles recommandés. — de Toulza. |

Flers-de-l'orne, 26 jan. — Monsieur Dominel, avocat, rue neuve-petits-champs, 48. mère, inquiète, a envoyé 300, confesse toi, écris-moi au plus tôt. — Eugénie. |

Auch, 28 jan. — Chéreau, rue valois, 9, paris. nous, henry, bien, marie, fille, arsène, bien. avons envoyé dépêches. — Guinde.

Lille, 25 jan. — Beaumé, 46, rue saite-anne. tous bien portants. amitiés à tous. édouard garde sédentaire. |

Onnaing, 25 jan. — Anthoine, 1, rue bretonvilliers. hensies, café Jean, près quiévrain. bien portants. lettres arrivent. — Léonide, |

Villassavary, 28 jan. — Pinteville, rue vaugirard, 58. santé, études excellentes, aucun rhume. capitaine edmond, blessé main. laprade, fernand, louwy, sœurs, sûreté. — Paul. |

Mauron, 27 jan. — Christian labouret, 98, rue la victoire. paris. toujours ferron, alice, fille, frédéric, arcachon. cousines, rhoné, charles bien. — Didiot. |

Boulogne, 24 jan. — Chalambert, quai dorsay, 1. boulogne-bar-georges, allons tous bien. |

Bain-de-bretagne, 26 jan. — Petit, 34, abbesses moutmartre. marines, plessy, bien portants. écrivez. recevons lettres paris. informer hippolyte. — Claire. |

St-Malo, 26 jan. — M. Farcot, 59, rue pigalle. santé bonne, assez d'argent. reçois lettres avec bonheur; inquiétude maman farcot; amitiés tous. | Sergent Pouret, 6e compagnie, 5e bataillon d'ille-et-vilaine. famille bien. écris souvent nouvelle chauvin. — fme Blin. | Hoüitte-Lachesnais, adjudant-major, 5e bataillon mobile ille-et-vilaine. cher ami tous bien. immense désir revoir, prières, quitterais pays si prussiens approchaient. — Misel. | Navarre, 61, condorcet. portons bien. partis saint-mâlo. poste restante. | Veillard, 40, provence. reçu lettre. suzanne, marguerite bien portantes à nantes. prière cumming d'écrire. — Cumming. | Normand, 68, boulevard beaumarchais. allons tous bien. recevons lettres. lecomte ici. dire raffin. — Louise. | Villeplaine, 15, bruxelles. paris. allons bien. reçu tes lettres, argent. antonin collége. adine boulaines. olympe bordeaux. — Villeplaine. |

Bordeaux, 28 jan. — Vinoy, 6, clichy. moi, familles lourmand, viennet, vinoy, daudet, poulain. bien. vogué, maidebonny; baland, Mme Descoutures (cannes). — Amélie. | M. Tournon, 103, morny. vais bien. espoir, courage. | Gloria, 74, rue La Tour. bien, écris souvent de vous toutes, bombardement nos maisons, communiquer montanclos, vint-neuf, saint-dominique. — Capelle. | M. Malpart, 27, saint-georges. allons bien. recevons lettres, écris le plus souvent possible. bar tranquille jusqu'alors. — Brisson. | Perrot, boulevard beaumarchais, 47. tous parfaite santé. Mme Ledure, marthe, angoulême. Henri neveu, montpellier. préviens desnoix, ernest. écris — Hottot. |

Dioin, 11, drouot. femme, enfants, bien portants, installés ouchy. si labbé, sachs besoin plus, donnez selon appréciation. — Anna. | M. Ricault-Montault, 27, avenue grande-armée. paris. Vernex, près vevey, pour hiver, hôtel cygne. santé bonne. amitié invariable. — Antoinette. | Weill, 15, trévise. colombe, nous, santé parfaite. reçu cinquante lettres. vendu espagnols trente. faut-il acheter emprunt français souscrit quarante? combien. — Delphine. |

Condat, 29 jan. — m. Gallard, 40, rue du bac. sans nouvelles depuis longtemps. écrivez. tous bien portants. mille souvenirs. — Marcillac. | m. le vicomte Gaston d'Abzac, officier d'ordonnance de l'amiral du quilio, 5e secteur de l'enceinte de paris, avenue mac-mahon, 74. paris. ton mot reçu, inquiétudes diminuées. écris en minoutant. nombreux détails. vœux bien affectueux de tous. — d'Abzac.

Laval, 26 jan. — M. Escalier, capitaine, théâtre-français. paris. tous bien portants. votre famille aussi, vos frères chez eux. recevons lettres, écrivez souvent. — Voegelé. | Worms, 4, échiquier. tous bonne santé. restons à laval. — Alice. |

Cambrai, 24 jan. — Hourie, chez Robert, 21, bergère. tes lettres reçues, henriette quatre. tous bonne santé partout. lucien bras blessé, convalescent. — Hourie. | Lavallée, château-landon, 22. tous bonne santé partout. recevons tes lettres. estelle accouchée, garçon 22 novembre. — Guéry.

Saint-Brice en-Cogles, 26 jan. | Bertel, Julien, garde mobile, 6e compagnie d'ille-et-vilaine. paris. famille, connaissances, se portent bien. nous recevons tes lettres. prends courage. — Bertel fils. | Bonnin, adjudant sous-officier, 3e bataillon, mobile d'ille-vilaine. suresnes. tous bien portants. beillard soldat. sans nouvelles malard. écris souvent. — Bonnin. |

Blaye, 28 jan. — Lallemand, chaussée clignancourt. ernest malade envoie argent. t'embrassons. envoie personne dans notre appartement. — Félicité. |

Grenoble, 27 jan. — Cuzin, confiseur, rue ancienne-comédie, sept. reçu six lettres. en grâce, continue. paix ici. famille bien. — Rémi. |

Granville, 26 jan. — Charles, assas, 80. santés bonnes. lettres, argent reçus. vaccinés. st-pair. — Noël. | madame Furtenc, 42, richelieu. écrivez hôpital granville. me porte bien. courage, espoir, à vous. — Buffet. | Malot, 123, rue de rennes. toujours granville, reçu les mandats, tous bien. maman souffrante. enfants continuent leurs études. — Z. Malot. | Charles Garnier, 21, boulevard malesherbes. paris. amédée avec nous, desplanques à elbeuf. tous bien portants. — Emilie Bruyant. | madame Cheune, 24, croix-petits-champs. écrivez lettres encore granville. tous bonne santé, dire patry salet. amitiés à tous. — Forestier. |

Montrésor, 19 jan. — Millot, 51, amsterdam. bretèche tranquille, portons bien. reçu lettre, bombardement, rassurés, courage. — Georges. |

St-Aignan-s.-Cher. — Général Martimprey, hôtel des invalides, paris. albert maréchal-logis, bien portant. nous aussi. — Didier. |

St-Sulpice-les-Feuilles, 27 jan. — Moreau, 63, rue st-sauveur, paris. bien inquiet de votre silence. écrivez-moi. tous bien mondon. — Carnier. |

Périgueux, 29 jan. — Bonnet, avocat, secrétaire de M. Pelletan, membre gouvernement. tous santé parfaite. — Bonnet. | madame Vergèze, rue laharpe, 9. bien portant, courage amie. reçu sept lettres ballon. envoyé beaucoup dépêches pigeon — Vergèze. | madame Hoffenbach, quai valmy, 7. écrivez-moi plus souvent. je reçois vos lettres, courage. toujours à vous. — Sandillon. | Laforêt, 15, place vendôme. santés bonnes, vu D. F. j'attends leur promesse. — Magdelain. |

St-Gildas-des-Bois, 28 jan. — Croissant, place madeleine, 26. famille, anne tranquilles carheil, breteschc. alfred commandant, maurice mobilisé mauves, olivier mort, raoul capitaine bourbaki. — Charles. |

Angers, 28 jan. — Douai, boulevard st-germain, 52. donnez nouvelles. tous portent bien. — Monprofit. |

Villers-Bocage, 24 jan. — Mancel, rue paul-lelong, 1. sommes villers bien portantes, faites part à mon garçon. — Letulle Bérénice. |

Argentan, 25 jan. — monsieur Breton, 26, faubourg-st-honoré. j'ai reçu lettre de décembre, j'étais très-inquiet. bonne santé. — Breton. |

Les Grandes-Ventes, 22 jan. — Henri, capitaine garde mobile seine-inférieure, rue lille, 82. femme, fille bien portantes. félix filleul vit-il? — Henri. |

Vitré, 26 jan. — Antheaume, 28, mail. bien portants vitré. quatre mois reçois lettre, inquiète sois prudent, embrasse tous. reçu lettre clémence merci. — Antheaume. |

Lorient, 28 jan. — Lebrun, sergent mobiles lorient, 31e régiment marche. reçu lettre. décembre envoyé cent francs, janvier cent francs. écris. santé. — Lebrun. | Lovraud, 23, clauzel. allons bien, très-inquiets. écrivez lorient poste restante — Marguerite Dévé. | Lepontois, capitaine 7e compagnie des mobiles morbihannais, armée ducrot. léontine, pia, eugénie vingt jours. familles pontois, marsille, tillet tous parfaitement. — Glotin. |

Oye, 24 jan. — monsieur Manier, place madeleine, 6, paris. deuxième dépêche 24 janvier. nous allons bien, toujours à oye, écrivons au times. — Manier. |

Moulins, 27 jan. — monsieur Olive, 136, boulevard mazas. allons bien. privés de tes nouvelles depuis 11 courant, inquiets. — E. Olive. |

Clermont-Ferrand, 27 jan. — Gervais, faubourg poissonnière, 114. lettre, mandat reçus, tranquillisée. santé bonne, espoir. — Louise. | Humbert, 30, matignon. reçu lettres, santés bonnes. aller maison temple, réponse. par lourdes inquiète. — Humbert. |

Rennes, 27 jan. — Narcillac, 5, rue iéna, paris. narcillac à paramé. st-mâlo tous bien. | Général Trochu. arthur faire dire colonel alavène toute sa famille bien et colonel courville. enfant bonne santé chez porteu. — Brunet. |

Le Hâvre, 21 jan. — Levesque, concorde, 8, paris. reçu hier deux dernières. nous et famille assez bien. inquiets vos santés, espérons bonne terminaison. — Levesque. | Pallière, 42, fontaine saint-georges, paris. donnez nouvelles, ballons. accréditons chez fould, trois mille francs. paris émerveille, vive la France. — Langer. | Fould, banquiers, paris. affaires, rien particulier. espérons supportez, bonne santé, épreuve grandiose. accréditons pallière, trois mille francs. amitiés cordiales. — Langer. | Muhlbacher, 6, rue favart. donnez nouvelles de rogat à sa mère inquiète. adressez francis courant hâvre. — Rogat. | Mallet, 54, boulevard de la villette. toujours à marseille. tous en bonne santé. reçu tes lettres, vous embrassons. — Pauline Mallet. | Delisle, boulevard saint-andré, 4, paris. tétaire bien, moi trainant, recevons tes lettres, écris-nous plus souvent sommes inquiets. — Delisle. | Bartaumieux, architecte, 3, rue de rigny, paris. pérignon, mère, demande instamment de vos nouvelles au hâvre. — Pérignon. |

Seurat, buffaut, 8, paris. habitons bitterne près southampton, écrivez souvent par ballons, lettres parviennent, châtel bien, albert armée bourbaki. — Binoche | Boullay, 30, quai louvre. famille boulte, parfaite santé bitterne. reçu quatre lettres, boullay bien portant mâcon, reçu lettres emma. — Boulte. | Benquet, 7, rue mayran. écrivez bitterne, southampton, angleterre, tous ici, bien. annoncez amis et connaissances. - Boulte. |

---

120 Pour copie conforme :

L'Inspecteur,

Bordeaux. — 31 janvier 1871.

Avranches, 25 janv. — Ramage, 11, des halles. dire si mon frère et ma sœur vont bien. — émilie Lepelletier. | Boëssé, 23 bis, richelieu, paris. bien vocalise, ril travaille collége mobiles. le clerc, gaussin, bouquet, baron, blanchard bien. — Boëssé. | Gautier, 217, rue saint-honoré. allons tous parfaitement, recevons lettres, écrivez. — marguerite Gautier. |

Granville, 25 janv. — Delle, 16, notre-dame-lorette. toutes bien, moi triste, sois prudent. reçois partie lettres, écris chaque jour, parents bien la rochelle. — Delle. | Giot, 32, ours. issoudun, granville tranquilles. jenny garçon deux janvier. larisot, caroline, marie, moi, enfants bien portants, enfants travaillent. — Giot. | Cuqu, 6, vienne. familles jules loubert, enfer, foucher, papa montalant bien, caroline malade, embrassent chers absents, recevons lettres. — Cuqu. | Fontane, hôtel louvre. santés bonnes, recevons lettres, manquons de rien. bonne nouvelles de la maison. — marie Fontane. |

Villedieu, 25 janv. — Marette, architecte, 3e bataillon, 7e compagnie, nationale sédentaire, paris. mère villedieu-les-poêles, poste. draps lizieux, santé, femme. tous 24 janvier. — Marette. |

Cannes, 21 janv. — léon Bonnet, infirmier, fort d'issy. portons bien, désirons avoir tes nouvelles, dernières un mois. — Bonnet. | Blouet, 14, rue sainte-croix-bretonnerie. portons tous bien, désirons vos nouvelles et de léon. — Bonnet. |

Monaco, 21 janv. — Prémont, 30, rue richelieu. oui aux quatre questions. — C. Prémont. |

Nice, 22 janv. — Gérard, mercerie, 46, richer. supplie écrit, adresse roger michel, nouveautés, exempté, soigne toi, toujours ton. — Sauvan. | Delestrac, 29, jacob. santés parfaites, aimé, commandant mobilisé parti avignon, satonay. émile engagé 37e ligne au dépôt ici, villefranche. — Delestroc. | Tripier, 103, neuve-mathurins, paris. écrivez sœur. — Noémi. |

Valenciennes, 18 janv. — Desvernois delherm, 140, rivoli. reçu tes lettres de janvier, sommes tous bonne santé, moi saint-quentin, rennes, vous embrassons. — Delherm. | Itom, 3, cité gaillard. toute la famille va bien, attendons nouvelles impatiemment. — Devillers. | Fernand Cochinart, 3e bataillon marins, paris vitry. nous portons bien, gaston en campagne. courage et confiance, ai écrit souvent. — Cochinart. |

Vervins, 18 janv. — Sivadon, 11, martel, paris. santés bonnes, origny tranquille, recevons lettres. — L. Sivadon. |

Douai, 19 janv. — Wimphen, 19, martyrs. lambert thionville, vu edmond bien francfort. — Louis. | madame Roumieu, 12, victoire. tous bien, vos lettres arrivent. informe pauline sans désigner ni mon nom, ni ville. — Lefèvre. | Guilloux, 74, taitbout. portons bien, point menacés, reçu lettres octobre, décembre. écris cinq, courage, persévérance. embrassons tous, écrivez. — R. Musy. |

Bailleul, 19 janv. — madame Duvivier, rue de la chapelle, 35. portons bien, lettres parviennent, pas vu prussiens, bonne santé, courage. — Duvivier. |

Dunkerque, 19 janv. — Stievenard, 92, rue de turenne. vous portez-vous bien ? santé passable, réponse aussitôt. — Stievenard. | Duvallois, 19, rue dantin, paris. bien portant, écrivez plus souvent. — Chomel. | madame Rostaing, 36, godot. reçu lettres, allons bien, prosper aussi. vous aimons et plaignons, écrit trois fois. — Mazug. | Robin, 137, faubourg saint-denis. lettre 25 décembre reçue. attendons nouvelles de santé de vous tous. ici nous portons bien. — Robin. | Matar, 22, boulevard voltaire. écrit tous ballons, prudent, envoie argent, libre, viens. frères melun, briards, grézy, famille marcheix bien. — Matar. | Larivière, 1, rue labruyère. notre adresse est rue des vieux-quartiers, 2. bonne santé, recevons lettre. — Larivière. |

Lille, 19 janv. — Mahyez, 102, grenelle-germain, paris. valette mort. eugène trésorerie armée loire. pougueh santé bonne strasbourg. allons bien. — Menche. | Cattaert, 41, jean-jacques rousseau, paris. reçu lettre, allons bien partout. mets à l'abris argenterie de tous. — émile Verstraete. | félix Lefèvre, rue richelieu, hôtel louvois, place louvois, paris. sommes tous en bonne santé, mobilisés partis, gustave va partir. — Lefèvre Tettelin. | Pecqueur, 2, quai gèvres. arrivée hier 17 janvier, reçu toutes lettres, mêmes potiez et duhout, allons tous bien. — Caliste. | Pecqueur, 2, quai gesvres, paris. confirme dépêche ce jour, assure contre bombardement maison impasse. écris souvent, donne nouvelles édouard. — Caliste. | Carbonnelle, 13, rue levert, paris, belleville. fille née, auguste prisonnier sauf. — Guelton. | Sédille, 78, rue montmartre. allons bien, mais anxieux de vous et des nôtres. sommes sans nouvelles depuis septembre, écrivez. | Lenoir. | Mignon, banque france. allons tous bien à langrune et ici, va voir eugène cozette malade, donne de ses nouvelles. — Galpin. | madame Laribeau, 2, rue pépinière. trois mois sans nouvelles, adressez chez lahousse, négociant, lille. très-inquiet, votre fille bien. — Perregaux. |

Séguy, 23, boulevard saint-martin, paris. reçois vos lettres, bien fait, pour alcool. suis sermaize, tous bonne santé, courage. — Caboche. | Vorms, 9, rue mayran, paris. reçu lettres, tous bonne santé, étienne bien portant après metz, suis sermaize, courage, espoir. — Caboche. |

Troyes, 27 janv. — Messager, rue crozatier, 16. santés toujours bonnes, sommes tranquilles, recevons tes lettres, ludovic erfurt, ernest neisse. | Samuel, 36, rue croix-des-petits-champs, paris. reçois bien toutes tes lettres, sommes toujours occupés, esther heureusement accouchée grosse fille, allons bien. — Samuel. | Madame Huguier, 42, rue notre-dame-des-champs, paris. amanda worting, complet, lettres reçues, santés bonnes. paul bien. — Alix. | Madame argentin, 15, rue de malte à paris. sans nouvelles depuis deux mois, très-inquiet, comment allez-vous? henri, moi bien, écrit 18 janvier, réponse. — Argentin. | Casimir Périer, 76, galilée. 20 janvier. pont, lorrez bien. rien passé ici. reçu seize lettres, dernière du 30 décembre. — Casimir. | M. Coisplet, secrétaire du colonel du 72e de ligne, paris. tourmentée? que fais-tu? écrire. — Hortense. |

Bordeaux, 27 janv. — Maurice Demarçay, 114, boulevard haussmann, paris. ai reçu une seule lettre 23 novembre, écrivez, suis très-inquiete, amitiés. — Valentine. | Dupont, 6, aboukir, paris. correspondons avec crèvecœur, ault, beauvais, mansère, têtard mayence, vont tous bien, recevons lettres, allons bien. — Moisset. | Madame Gérard, 4, abatucci. bien portant, reçois tes lettres, veux-tu argent, père mort, je t'aime bien. — Gérard. | Delevallez, 16, rue l'échiquier. suis rétablie, demeure hôtel des fontaines bruxelles, reçu six lettres, écris plus souvent. — Cantillon. | Émile Neill, 27, échiquier, paris. merci photographie, sans lettre depuis 27 décembre, suis inquiète, lebrasseur bien, compliments. — Valentine. | Van Lee, 20, rue lepelletier. familles vanlee, van der lingen, van der heim tous amsterdam se portent bien. — Maurice. | Eggly, aide-de-camp, 9e secteur, paris. santés parfaites, courage, soignez-vous, prudence ami. compliments affectueux pour la vie. — Marie. | Schnerb, paris-journal, favart. prière envoyer nouvelles de paul lafargue, adressez madame E. B., bordeaux, poste restante. — Bernart. |

Lorrain, 98, avenue clichy. oui, oui, oui, oui, recevons vos lettres. — Blanc. | Basetti, 110, richelieu. tous bien reçu, sept mandats écris à fergusson, pas répondu. — Bassetti. | Hubert, 45, saint-andré-des-arts. santé parfaite, ici et besançon, écrivez chaque jour sans manquer. — Vabufine. | Michelin, 3, vingt-neuf-juillet. aimée, félix, alice installés pau, bien. partout aussi reçoivent lettres surtout mélanie, inquiets mère. — Alice. | Thiaucourt, 39, trévise. Demongeot bien, bruxelles, 29, gillon. inquiète marguerite. reçu neuf lettres ballons, écrire tous moyens. | Taverne, 73, victoire. augustine, marie parfaitement installées villa riquet. écris-nous de suite, prends courage, sitôt possible venez tous. — Augustine. —

Londres, 23 janv. — Madame Durontel-Phirty, 6, boulevard clichy, paris. cinq lettres reçues, dernière 9 janvier. Paris en bonne santé, par la pensée toujours près de vous. — Adrien. |

Londres, 27 janvier. — Stiébel, 64, avenue wagram, paris. rené, charlotte, tous bonne santé, heureuse avec tes lettres, vingt-neuf ballons vœux. — Charlotte. | Dr Baudot, 9, rue pigalle, paris. avallon, vernon, nous tous bien portants, votre adresse, 8, stanhope terrace, gloucester road south kensington, london. — Baudot. | M. Jouannin, 107, faubourg saint-denis, paris. famille ferchault bien portante à londres. lettres reçues. | M. Rouget, 37, rue de l'arcade, paris. Agnès bien portante, manquant de rien, adresse oncle calton. | MM. Op gez-Gagelin, rue richelieu, paris. lucien bien portant prisonnier, 39, chloss strasse neuwied. | Vincent Desgrand, 30, rue lepelletier. évitez toute responsabilité nouvelle pour notre compte. pertes énormes, faillite charles nepheu calcutta. votre famille bonne santé. — Pittar. |

Aix-en-Provence, 29 janv. — Izard, capitaine conseil guerre paris, prière donner nouvelles de mon mari. — Cousonove. |

Riom, 28 janv. — Cuinet, 66, quai gare. bonne santé tous quatre — Béhuel. | Lanerenon, 2, oudinot. sombacour, malpas, nous bien, reçu lettres. — Gazel. |

Bordeaux, 30 janv. — Eusébius Dworzak, 86, rue lafayette, paris. bonnes nouvelles patras, écris-nous, 41, mark-lane, londres. — Amélie. | M. Raphaël, 23, ponthieu. santé bonne, écris chaque semaine, reçois peu lettre, toujours chez cousine, beaucoup chagrin, assez argent. — Marie. | Meignan, 40, bac. pas nouvelle toi depuis 2, jacques depuis 13, douleur. toujours à tours, mais écris sendat. — Josèphe. |

Buzançais, 28 janv. — Cloquemin, rue ménard. georges hambourg, tous bien. — Mary, |

Châteauroux, 26 janv. — Kresser, 48, provence. bonne lettre d'amélie. émile et nous bien. reçu lettres, courage. — Paul. | Théophillet, boulevard de l'hôpital, 1. envoie autorisation chef bordeaux pour me permettre toucher partie ton traitement. famille petit bien. — Théophillet. | Marceaux, 25, fleurus. tous bonne santé châteauroux. — Ricque. |

Issoudun, 28 janv. — Debacq, 124, saint-denis. jenny accouchée garçon, santé, tranquillité parfaites. lorient, londres bonnes nouvelle. oncle adrien à gravigny. — Debacq. | Déséglise, jeoffroy-langevin. charles né 2 janvier. tous quinze ici parfaitement bien granville. paterne, courtois. caron aussi. franquin à pau. — Déséglise. | Layon, 33, chaussée-d'antin. allons bien, sommes inquiets de vous, écrivez georges blidah. dites leadlin, parents, enfants vont bien. — Munier. |

Mézières-en-Brenne, 28 janv. — M. Rousseau, 69, chabrol. reçu lettres. amable, françois avec nous. lemaitre mesnil, flandin caen. tous bien portants. — F. Cavé. |

Castelnaudary, 20 janvier. — Hugues, 13, rue abattucci. sommes à boulogne, recevons lettres, santés excellentes. — Hugues. |

Anse, 24 janv. — m. Loron, 5, rue de lyon. allons tous bien. recevons lettres, écrivez détails. — Joséphine Lucie Genairon. |

Feurs, 27 janv. — madame Boissy, 5, université. nous allons tous bien, pierre belfort, bazouin nantes. — marie Poncins. |

Saint-Chamont, 27 janv. — Richard, 3, montagne-sainte-geneviève. cinquième. reçois lettre 15 janvier, reçu seulement 12 novembre, 15 décembre. aucun frère parti, écris souvent. — Richard. |

Saint-Etienne, 28 janv. — Moittigny, 101, legendre, batignolles. mon fils parti, vous attendons, donnez nouvelles. — Jacolliot. |

Avallon, 26 janv. — comte de Vogié, 37, rue de bourgogne, paris. tranquilles, peseau bernard bien, quatre saluces armée bien. camarain intact. — Chastellux. |

Saint-Omer, 26 janv. — Maugin, 53, boulevard richard-lenoir. reçu quatre lettres, dernière 8 novembre, très-inquiets, conjure écrire. loisel annonce père décédé. embrassons. — Lesur. | m. Demangeat, conseiller à la cour cassation, 90, rue d'assas. santés excellentes. — de Lacombe. |

La Charité, 28 janv. — Charrue, 71e ligne, 4e compagnie, 4e bataillon. allons bien, écrire de suite. — Charrue. | madame Bégrand, 45, rue boissy-d'anglas, paris. reçu lettre du 11 janvier, écris moi souvent. — Fernigot Lecule. | Servois, 24, marignan. marche, bard, bluyères, sancergues très-bien. — Esther. | m. Bardin, 25, rue varennes, paris. sommes désolés de ne rien recevoir de vous adèle, écrivez souvent. — Bardin. |

Agon. — Bonnel de longchamp, 14, jean-jacques rousseau, paris. santés bonnes, argent assez, reçu 11 lettres, émile et honoré bien, correspondent. |

Betz, 20 janv. — Legros, 37, prince-eugène. reçu lettre 31, sévérité edmond, secourez bonnet, julie très-bien et bébés, veillez calais. — Roblin. |

Château-Chinon, 28 janv. — Montillot, télégraphie centrale, ou rue monsieur-le-prince, 24, Paris. bonne santé, reçu dépêche-journal, aucune lettre depuis cinq décembre. — désirée Montillot. |

Coulange-la-Vineuse. — Fichaux, 8, saint-paul. santés parfaites, non envahis. sans nouvelles de villeneuve depuis six semaines, attendons les vôtres impatiemment. ,

Pont-de-Pany, 26 janv. — georges Masson, école-de-médecine. écris, tes lettres arrivent, santés bonnes, esprits inquiets, cœurs déchirés, amitiés à brétons, charpentier drouin. — victor Masson. |

Plancy. — Théveny, docteur, asile vincennes. parents, amis, santé, lettres parviennent, victor écrire, dire amitiés, gustave général. — Legros. |

Chinon, 25 janv. — Beaurain, 22, chaussée antin, paris. reçu premières lettres, rien depuis 10 novembre, nous écrire à chinon, alfred va bien. — Bonneville. | madame Delaneuville, 117, avenue d'eylau. thérèse mieux, donné argent, coudray bien. mina partie. prussiens à tours, pas chinon. — Delamote. |

Airaines, 23 janv. — Coeffier, 21, quai bourbon. allons tous bien, félicie fille, bien portantes. — Coeffier. |

Douai, 26 janv. — M. Deparavant, 4, rue tivoli. georges, capitaine, lille. provisions, vins, etc., prenez tout, donnez aussi moreau, rousseau, ambulance ici. — Eudoxie. | Desforts, 12, rue bonaparte. père, mère, enfants, tantes, cousin tous bien, clothilde et enfants bien. recevons vos lettres. — Fontaine. | Canoville, 8, rue duras. Moquet, ingénieur, bordeaux, zacharie, versailles, duquesne, dupont, digard, plicque, tous bien, donnez nouvelles digard. — Duquesne. |

Hesdin, 23 janv. — madame Tournouër, 43, lille. parents, jumeaux bien. mario en vendée. émile resté ambulance, marthe et fillette bien. botot hesdin. — Marguerite. |

Béthune, 26 janv. — Dourlan, 19, rue béranger, paris. vais bien, toujours à beuvry chez mon frère. — Douchez. | Rouyer, administration domaines, paris. dames imbault et nous tous bien portants. jules parti chargé d'une mission. — Bouranger.

Nevers, 27 janv. — Bossan, aide-camp général ducrot. espérons, soignez-vous, votre père avec moi, nous entendons admirablement. tous santé parfaite. — Louisa Breton. |

Bayonne, 27 janv. — Labrunie, 37, condorcet. écris plus souvent, à toi toujours. — Ernest Masson. | Raimond Moisson, courtier assurances, 11, place bourse. reçu tampies cinq mille piastres. bayonne attends trois mille, assurez, renouvellez assurance. — Dauban. | Mme Matern, 63, boulevard beaumarchais. reçu vos lettres du 7 et 10 janvier. soyez sans inquiétude. — Ladame. | Beudant, cherche-midi, 33. tous bonne santé, enfants superbes. — Demassy. |

Biarritz, 27 janv. — Baquer, rue luxembourg, 42. enchantés vous savoir bien portants, carmen et pepito parfaitement à madrid chez votre frère. — Riscal. |

Pau, 27 janv. — Buffet, 1, boulevard temple. marguerite, suzanne bien portantes bruxelles 40, des bouchers. tous santé, courageux, supplie soigner santé, baisers. — Amélie. | Chassinat, postes. je sors et vais parfaitement ainsi que trois garçons. soignez-vous bien, reçois lettres, écris toujours. — Chassinat. | Gaugnat, 46, rue châteaudun. donne mon appartement à vauhovrick ou amis, désire lui être utile et crains réquisitions étrangères. — Raimon. | Gaugnat, 46, rue châteaudun. tous bien, 4, rue hameau, ouvrir cave, tante trouveras bois office raimon, confitures, bois. — Gaugnat. | Meissas, 81, boulevard st-germain, paris. tous bien portants à pau. rochechandé à londres. — Meissas. |

Pau, 27 janv. — Huet, hauteville, 25. sommes à pau, inquiets, espérant que tous chez mère préservés et bien portants. — Bourgoin. | Odier, 80, taitbout. lettres reçues dernière 17. trois enfants. nous bien. — Odier-Joly. | Belevs, 81, taitbout. familles, femmes, enfants, parfaite santé, très-heureux résultat, albert prends précautions pour sauvegarder mon mobilier. — Portoriche. |

Sauveterre, 27 janv. — Capdevielle, st-denis, boulevard giot, 5. très-inquiets. demandons par ballon nouvelles vous, louise, barthelémy, catherine, thomassin. notre appartement. — Lateulade. | Crosnier, rue bruxelles, 44. très-inquiets, demandons par ballons nouvelles vous, appartements, habite cousin capdevielle, mon fils barthelémy, catherine. — Lateulade. |

Clermont-Ferrand, 26 janv. — Dubois, rue départ, 10. écrire immédiatement, inquiète, santé bonne. — Yung. | Montlouis, capitaine 138e, st-denis. reçu carte 11 janvier, merci mille fois, t'aime, toute mon âme bien à toi. — Céline. | Burin Dayssard, rue sèvres, 155. donnez nouvelles par ballon. inquiets, lacoste mort. — Hugues. | Renard chez Corbel, 25, aboukir. envoyais hier télégramme de gevrey, omis de donner de bonnes nouvelles de remis. — Teissez. | Eugène Poirier, 28, sentier, paris. famille morin leclerc, toute celle à esteville à gueschart, se portent bien. — Armand Bauer. |

Clermont-Ferrand, 26 janv. — Aubergier, rue des écuries-d'artois, 59. allons bien, pas nouvelles deux mois. — Aubergier. | Prud'homme, rue st-lazare, 27. bonnes santés, ressources suffisantes, clermont sécurité, reçu lettres, donne souvent nouvelles appartement, maison. — Gerbault. | Guillemon, 50, rue vaugirard. votre mère très-bien, caval bien. moi bien, très-découragé, soignez ornements étudiants, écrivez-moi. — Foulhouse. | Chardon, employé télégraphe, mont-valérien, paris. allons tous bien, aie courage. nous confions pour toi au pigeon nos tendres baisers. — Eugène. |

Décazeville, 27 janv. — Pierre Audizié Molart,

Bordeaux. — 31 janvier 1871.

gros-caillou, 21. paris. nouvelles de vous, armand, auguste, bousquet, portal, inquiets. — Bonal. |

Allassac, 27 janv. — Lacarrière, chauchat, 10. garavet bien portant, ta dernière du 11. — Dubost. |

Brives, 27 janv. — Crespin, 37, boulevard magenta pour Dujoncquoy. brive, villebrun vont bien, écris nous. — Dujoncquoy. | Paillard, 28, rue meslay. nous allons bien. donnez nous donc nouvelles.— Paillard. | Ernault, état-major garde nationale, élysée. bonnes santés, nouvelles récentes denizy. chevallier fait travaux culture. distillerie marche, porte argent oncle. — Ernault. |

Tulle, 27 janv. — Briquet, 17, rue godot-mauroy, paris. meurs inquiétude, écrivez de suite si louise malade. rien depuis 6 décembre.— Stéphanie. |

Hyères, 27 janv. — Grouvelle, rue des écoles, 26. tous ici. père, mère, famille, sainte clotilde, vignals, la ferté, dauptain, toulon, cartier, tous bien. — Levesque. |

Toulon, 27 janv. — Dupuget, bureau télégraphique militaire montrouge, route d'orléans, 188. impatients recevoir tes nouvelles, nous portons tous bien grands et petits. — Peré. | Roguet, 11, rue halles. tous bien portants toulon, rue dumont-urville. provisions chez maman, fais ouvrir caves mansardes. — Roguet. |

Tarbes, 27 janv. — Pauillac, 65, rue hauteville. tous bien. edmée marche, sevrée, louis capitaine, parti camp toulouse. — Pauillac. |

St-Amand, 25 janv. — Parent, 31, rue monsieur le-prince. maman, tous bien, louis superbe. — Louise. | Berchon, miroménil, 78. vais bien, reçois lettres. — Berchon. |

Bourges, 27 janv. — Brisset, 24, rue enghien. santé bonne. nous vous embrassons.—Berchon. |

Limoges, 27 janv. — Lacroix, chez Damette, himbolde, 11, paris écrivez par tous ballons, donnez nouvelles villejuif, joffroy, dubreuil. famille va bien. — Guillot Aluin. | Gontier, bijoutier, palais-royal. adrien. albert gontier ensemble à coblentz. bien portants. — Desvaulx. |

Aumale, 22 janv. — Sergeant, de la butte-chaumont, 45. tous. tante renault santé parfaite, écris, recevons. — Octavie Sergeant. |

Villeneuve-s.-Yonne, 25 janv. — Richard, rue chabrol, 16. portons bien. écrivez. — Mothéré. |

Coutances, 25 janv. — Tanquerey, 22, sentier, paris. 4e dépêche, janvier. tous bien portants. enfants travaillent sérieusement. lettres reçues. bonnes nouvelles proisy. — Tanquerey. | Jeanbin, boulevard poissonnière, 22, paris. santé bonne, habitons coutances, payé david, où est paul? lettres envoyées, réponse. — Jeanbin. | Duclos, chapelier, passage piquet, paris. prière renouveler mont-piété, entre mains ou avances fonds, rembourserai après siége. — Amand à Ledentu. | Tétart, rue naples, 68, paris. monceaux, justine, vallot, combe, parfaitement. — Célestine. |

Lille, 26 janvier. — Cousin, 38, penthièvre, paris. inquiète, rien depuis portrait, perdu maman, 6 janvier, et paul révaut 15. écrivez. — Cl. Cousin. | M. Cornille, capitaine, mobiles paris, fort vanves. reçu lettres 31, 18. tous bonne santé, mille félicitations. — Cornille. | Joseph Alisse, fourrier, 1er bataillon, 6e compagnie, mobiles marne père familles mareuil bonne santé. écrire souvent londres. reçu lettres. — Camus. | Récamier, rue du regard, 1. toute la famille bonne santé. reçu lettres. max et aymar dresde. gabrielle tréguier. — de Villers. | docteur Lavabre, rue ramey, 5, paris. santé bonne, lettres reçues, écrivez. — Lavabre. | Beslay, rue bergère, 20. tante, femme, enfant, chardon. bonne santé. reçu lettre du 20. argent, manquent de rien. — Levavasseur. | Chardon, castiglione, 3. tous bien portants. versaillais, georges, beslay aussi. tes lettres reçues. nombreuses dépêches envoyées. supplie prends précautions. — Lucie. | Baudoffin, faubourg st-honoré, 43, paris. sommes gand, belgique, poste restante, avec jannest, prévenir legrand. un mois sans nouvelles. — Délicourt. |

Avignon, 29 janv. — Mme de Sombreuil, boulevard de neuilly, 100, paris. mille mercis, recevons toutes lettres. écrivez. tous ici bonne santé. courage. — Sannes. |

Le Thor, 29 janv. — Baret, boulevard malesherbes, 42, paris. reçu lettres, allons bien. léopold prisonnier lubeck, bail expire avril, paye termes. prends mobilier. — Courtet. |

Mascara, 23 janv — Ripert, francs-bourgeois, 9. courage, espoir, merci de tes lettres. toujours oui, oui, non et oui. mascara, chef du génie. — Ripert. |

Sens-s.-Yonne, 23 janv. — Delile, 26, missions, paris. 21 janvier, nous portons bien. — A. Delille. |

Ayen, 29 janv. — Beaumetz, rue grenelle-saint-germain, 3. madame jean, édouard à prépatour, reçu bonnes nouvelles de tous. — Auvard. |

Saint-Sulpice-les-Feuilles, 26 janv. — Prévost, faubourg poissonnière, 25. reçu lettres, voir concierges, assurez loyers. pothier, marbrier, roquette, pouvoir différer exhumation Bernard, sinon faire. — Dumonteil. |

Treignac, 29 janv. — Sangnier, 36, rue varenne. 28 janvier. allons bien ; en grâce, veille à santé et sécurité ; affligées ; tendres baisers. — Thérèse. | Brunet, président tribunal seine, palais justice. nouvelles pierre buffieré excellentes, édouard exempt. — Decoux-Lagoutte. |

Dax, 30 janv. — Etcheverry, cambacérès, 29, paris. augustine reçue courageusement horrible nouvelle, bien, famille aussi. — Etcheverry. | Bourretère, interne, hôtel-dieu reçu lettres, écris, bonne santé. — Bourretère. |

Parentis-en-Born, 30 janv. — Norès, victoire, 47. toutes bien portantes, malgré froid. perdu frère courte maladie granville, exploitation continue, tous bien portants, goufferue. — Norès. |

Mont-de-Marsan, 30 janv. — Paillard, boulevard saint-martin, 11, paris. santés bonnes, donnez-nous vos nouvelles à tous. armand fait prisonnier. — Avy. | Multedo, rue jacob, 22. écrivez quotidiennement, détaille. monseigneur cuttolli, mort variole. juliette écrit, nous dire reçoit lettres, santé bonne. — Lucy. |

Tourcoing, 26 janv. — Picard, colisée, 44. vais bien. t'embrasse. — Picard. |

Lille, 23 janv. — M. Pajot, rue des écoles, 13, paris. recevons lettres, nous portons tous bien, antonia veut avoir, n'irons pas. | Delattre, 57, rue saint-lazare. reçu lettre, heureuse bonne santé, espère encore nouvelles, lille ou ostende, 11e dépêche. — Delattre. | M. Dulac, rue lille, 86, paris. tous bien portants, inquiets de vous, répondez. — Venevelles. |

Saint-Astier, 29 janv. — Bouclier, 11, boulevard strasbourg, paris. allons tous bien. marie toujours avec moi. — Bouclier. |

DÉPÊCHES-MANDATS.

Série B (suite) — 31 janvier 1871.

N. 381. — Dieppe. 24. — madame Wavrechin à Wallace directeur de la souscription pour les victimes du bombardement. — 50 fr. | n. 382. — Is sur Tille, 65. — m. E. Gauthier, garde mobile, 10e marche, 2e bataillon, 6e compagnie à l'hôpital. — 20 fr. | Total : 70 fr.

Le Comptable,

RÉEXPÉDITIONS

Montleçun,— Guillemonat, 2, louvois. paris. enfants, famille, santé excellente.— Blanchonnet. | Guillemonat, 2, louvois. paris. enfants, famille, santé parfaite, écris-moi. — Blanchonnet. |

Dieulefit (drôme). — Grieumard, 11, bayard. reçu Bonnet. partons Dieulefit. enfants splendides ennui, écris souvent, détails, dis Henri écrire, Charles, montpellier, Gazan-Valbonne mort.— Grieumard. |

Rouen.— Arnaud, 26, rue montmartre. aucune nouvelle inquiétude, enfants vont bien.— Arnaud 11, rue patallier, Elbeuf. | Arnaud, 26, rue montmartre. reçu 2 lettres, allons tous bien, envoyé hier 4 lettres relativement argent.— Arnaud, 11, rue patallier, Elbeuf. | Arnaud, 26, rue montmartre, emprunte Lebarbier, Masquilier, belle-mère Marsot, 7, rue delta, Daumas, négociant, 23, rue bourdonnaie. Arnaud, 11, rue patallier.-Elbeuf. |

Bordeaux.— m. Alexandre, 8, quai du louvre, paris. je vais bien, donne moi de tes nouvelles par ballon Pivot. — femme Alexandre. | madame Billod, 31, rue des missions. vous donne pouvoir pour toucher hôtel-ville. mon traitement septembre à janvier bien portant, soignez-vous sans regarder prix. — Billod. |

Aurillac, 28 janv.— Bladier, 343, saint martin, t'annonce mort de notre oncle, nous portons tous bien. réponse de suite, ton frère.— Bladier. | Manneville, 372, saint-honoré, paris. bien inquiètes, tristes, écrivez-nous par prochain ballon. — Lagoutte. | Coulombel, 54, faubourg du temple, paris. bien inquiets, tristes, écrivez par ballon nouvelles mère, Sidonie, Emile. — Lagoutte. | Vidalenc, 5, boulevard beaumarchais, paris. connaissons perte irréparable, bien peinés, habitons Aurillac tous trois bonne santé, Delbort aussi.— Vidalenc. |

Cahors, 28 janv. — Ravaud, capitaine mobile, saône-et-loire. portons tous bién, suis à Cahors, recevras Quellard, aide-le. — Ravaud, Oscar, capitaine. | Quellard, mobile aube, écrivez-moi par ballon à Cahors, va trouver capitaine Ravaud, mobile saône-et-loire. — Quellard.

Sarlat, 28 janv.— Coméiras, 13, rue castellane, paris. de vos nouvelles, allons bien.— Hélène. |

Rochefort, 26 janv. — Chambon, bal château rouge montmartre. reçu lettres, santé bonne, écris souvent.— Chambon. | Mallat, chef escadron artillerie, rue vaugirard. 395. sommes impatients tes nouvelles et celles Gustave. ici tous bien.— Leps. | Sonolet, 5, rue marseille, place château d'eau. sommes impatients, tes nouvelles et celles mallat, ici tous bien. — Leps. |

La Rochelle, 27 janv. — Guérin, 151, cardinet batignolles. allons tous parfaitement. — Guérin. | Happey, 4, saint-paul, santés parfaites avons bonnes nouvelles familles versailles par Gustave, recevons lettres ballon continuez écrire.— robert. | madame Gézéron, 61, boulevard magenta, paris reçu tes lettres, porte bien, Ernest prisonnier, bien portant. — Charles. | Baudet, 28, rue sainte-croix de la bretonnerie. enfants Baudet et famille se portent bien.— Beaudet. |

Méja, 24, bons enfants, merci, écrivez toujours la rochelle poste restante. j'ai vu Paul en octobre — Vangermez. | Fortinherrmann, 138, boulevard montparnasse. réfugiez-vous chez nous avec votre monde, écrivez-nous chaque jour la rochelle poste restante. — Vangermez. | Bibas, capitaine, fort aubervilliers, Gustave, aix-la-chapelle, nous bien la rochelle. — Bibas.

Royan, 25 janv.— Crémieux, 5, provence. royan tous bien, écrivez reçu lettres Colmar 14 décem- Jules chez parents tous bien, reçoivent lettres.— Ziegel. | Ziegel, 34, tour d'auvergne, tous bien Royan, dites Blum londres. Ribeauvillé bien. — Caster. | Lefebvre, 64, rue passy. paris. bonne santé, écrivez par ballons, allez picpus bondy. — Noaro. | docteur Sannier, ambulance, quatre septembre, 10, santé bonne, reçu lettre. Robbe, officier génie.— Julie Pierre Sannier. |

Carcassonne, 28 janv. — Borde, 63, taitbout, très-tourmentées, sans nouvelles, lettre 17 décembre perdue, écrire chaque semaine. Landreaux bien reçoivent lettres. — Borde. |

Felletin, 26 janv.— madame Grandin, 62, turenne. nous portons bien, rien nouveau répondez — Dejoux. |

L'isle-jourdain, 28 janv.— Cavaré, 27, boulevard poissonnière, nous tous bien portants enfants embrassent.— Cavaré. |

Libourne, 28 janv.— Leconnu, 19, rue vivienne. paris. famille Brive Douai bien amitié.— Vallier. | madame Joubert, 33, rue godot, aucune nouvelle de vous. écrivez donc si vous vivez encore. allons tous bien.— Zuweine. | Giboin, 21, amsterdam, paris. Alphonse très-bien. payeur armée Bourbaki.— Duguit. | Vilcoq, 31, rue sourdière. enfin reçu lettre 16 janvier. écrire plus souvent. nous vous embrassons cordialement. — Bélau. |

Perpignan, 27 janv. — Tuane, 53, boulevard prince eugène, ai reçu lettres, envoyé dépêches, sommes perpignan, 10, rue des augustins, portons bien. — Boutte. |

Redon, 28 janv.— Badel, 3, rossini, paris. envoyez 200 fr. à Lévêque, tonnelier, rue monthyon pour mon neveu. réponse à Londres.- Marilliet. |

Avignon, 28 janv.— m. Vincent, 2, place du nouvel opéra, paris. avons reçu lettre, tous bien portants, vous embrassons — Vincent. | madame Regard, séminaire saint-vincent-de-paul, rue du bac, donne nouvelles, allons bien. — Eugénie. |

Lyon, 28 janv — Goulmot, 41, rue cherche-midi paris. lyon rivière tous bien. réponse ballon. — Albert. | Renvoisé, mobile rhône, 2e batterie, passy-paris. tous bonne santé, depuis 12 décembre, point lettres, inquiets, écris.— ton père. Renvoisé. | madame Jules, 10, rue des saints-pères, paris. nos santés sont bonnes, nous pensons bien à vous — Louise. | Voinit, 76, rue maubeuge, Amédée, 10 janvier, bien Belfort, Marie, Nice.— Chirat. | Jules Mouton, 2e batterie mobile rhône, passy-paris. toute famille va bien, grand-père seul très-malade.— Guguieux. |

Bouret, 23, visconti. tout essayé, voici 7e pigeon rien de vous, allons tous bien.— Bruneau. | Audibert, 27, rue berlin. Adolphe a reçu lettre Mathilde nous continuons à bien aller à Metz. Lille, saint-aubin.— Gustave. | Ouwen huyssen, 11, joubert, versement Schall effectué, correspondants très-bons, mère et nous très-bonne santé, continuez adresser lettres Bruxelles. — Maurice. | Simon, 9, croix-des-petits-champs, Fleurette et famille Genève, nous Marseille, toutes en bonne santé, reçu lettre du 12.— Jacob. |

Simon, 9, croix-petits-champs, reçois régulièrement courrier Chili, ai fait une grande expédition tranquillisez-vous et bon espoir. — Jacob. | Rocoffort, capitaine 3e bataillon de l'ain. grands petits Alexandre Chauvigny, parfaits tendresses. — Charlotte. | Monnier, 20, navarin. allons bien courage. — Monnier. |

Toulouse, 28 janv. — Pargnez, 5, neuve des petits-champs, confirme télégrame décembre apportant ordres achats rente lyon, midi, gaz. reçois avis reprise 50 lyon reprenez surplus.—Lormière. | Pegot, 3, rue molière, auteuil. as-tu reçu dépêche? réponds-nous au plutôt par toute occasion, sommes bien portants. — Pegot. | A. Denisane et compagnie, remettez à société générale paris pour me Gay, notaire les 61,000 fr. de Bares.— b. Bares. | A. François, négociant, 278, rue saint-denis. bien, mayence, oui, oui, écrit par tous moyens, Henry Chéry bien tous.— Gremion. |

La Rochelle, 28 janv.— m. Froyez, 60, boulevard haussmann. nantes menacée partis chez Devesvres, arrivés bonne santé. Albert sergent bien Claire Léon restés.— Froyez. | Garesché, 11, rue presbourg, paris. lettres reçues, familles Leclerc Manés vont bien.— Leclerc. |

Saintes, 27 janv. — Vuillaume, 5, demours ternes, paris. Alard, biarritz poste restante. Mestayer, couvent saintes, tous bonne santé, écrivez tous ballons.— Mestayer. | Dumontet, 30, neuve bossuet, famille Jules bien, lettres jusqu'au 17.— Léonie. |

Marans, 28 janv.— Fargara, ministère marine, paris. oncle décédé décembre, autrement tous bien. Georges, capitaine mobilisés Angers, Emile Noiret, fourrier Faidherbe. — Théodore Bonneau. | Suire, rue de flandre, 142, tous bien, attendons bonnes nouvelles de tous. Ernest maire, Edine Boisdon, Chanzy.— Théodore Bonneau. |

Royan, 27 janv.— Camuset, 48, faubourg saint-antoine. Camuset, Graverand, Drahonnet, Chabannes bien portants à Royan. charente-inférieure. pas nouvelles de monteveaux, nangis. — Drahonnet. |

La Flotte, 28 janv. — madame Lefèbre, 97, rue lemercier. paris batignolles. inquiets de Nestor, voir Frémont, Berthe, mobilier chez Lebas, conservez-le. — Delaporte. | Frémont, 102, rue mollet, paris batignolles. partageons malheur, inquiets sur vous. Berthe, 41, richelieu, Berton, Lefebvre, Muller, mobiliers.— delaporte. |

Cosne, 28 janv. — Menechet, 21, grande-rue, batignolles, paris. demande argent à ducler, 5, lepelletier. allons bien, pensons à toi toujours. — Léonie. | baronne Todios, 6, boulevard capucines. encore dire à léon, toujours à melun. anxiété cruelle, écrivez constamment. marx va bien. — Léonie. | Dumont-Montal, rue luxembourg, 44. toujours melun, allons bien, immense désir de vous revoir, écrivez constamment, parlez de marx. — Léonie. | Bergeron, rivoli, 14. bien portants, tranquilles melun, écrivez-y quotidiennement et à moreau. parlez marx, berri. reçois lettres. — votre Fanny. | Mme Péron, rue cherche-midi, 72. très-inquiet de vous. aucune nouvelle. écrivez melun, pas d'accidents. espérons vous bientôt. — Péron. |

Bagnères-de-Bigorre, 29 janvier. — Deshayes, 27, boulevard italiens. nous, albert lyon, secrétaire trésorier, portons bien. reçu tes lettres. — Deshayes. | Cazalas, passage sainte-marie-du-bac, 11 bis. santés bonnes, reçois lettres, enfants travaillent, espère voir tous deux bientôt. soignez-vous, courage, résignation. — Cazalas. | Loncan Billé, 38e de ligne, 16e régiment de marche. 4e compagnie, bien portants, très-désolés, donne nouvelles. — Loncan. | Lafforgue, gendarme pied, 4e corps. pas nouvelles depuis quatre mois, désolée, dis-le à védère. — Lafforgue. |

121. Pour copie conforme :

L'inspecteur,

Bordeaux. — 29 janvier 1871.

Le Hâvre, 21 janv. — Périgot, tivoli, 24. Hector commandant armée dunkerque. jacques ici, hélène avec tante jenny, rouen. tous bien. toussaint mort, madère. — Edou. |

Larousserie, lieutenant, 4e bataillon, 50e régiment mobiles. sans nouvelles depuis novembre. écris détails pauvre fernand à gustave begouen, hâvre. — Larousserie. | Garcet, avenue joséphine. revenus au hâvre, bonne santé, on demande 1871, voir fleuzal. — Pauline. | Mongeal, neuve saint-augustin, 11. tous bien. sans nouvelles vous deux mois. écrivez. inquiets. — Colson. | M. Dijon, 30, rue de douai. sommes toujours à yvetot, tout le monde se porte bien. marguerite superbe. — Rochery. | Sciama, 40, hauteville. affaire londres très bonne. le noir en hausse de 20 pour cent. — Rochery. | Bourgeois, 1, boulevard poissonnière. reçu lettre hier, tous contents. bien portants, écrit quatre fois, dire gustave envoyé dépêche. rogelin. — Bourgeois. | Monsieur Marchand, 44, rue des dames, paris-batignolles. marie demande vos nouvelles tous. fauvette. — Marchand. | M. Boulenger, place des vosges, 1. paris. très inquiets, reçu lettre auguste, écrivez souvent, portons bien, mille baisers. — S. Godard. |

Rossignol, petit musc, 33. reçu lettre, tous ici portons bien, exempté comme suppléant, attendons nouvelles mathilde. — Bodereau. | Massieu, 76, saint-lazare. delaroches, madame oberkampf, trio vernes, adrienne, réunis au hâvre, eugène, chartres, tous parfaitement. donnez nouvelles des oberkampf. — Delaroches. | Gastambide, 34, châteaudun. famille delaroches, adrienne, trio vernes réunis hâvre. eugène, chartres 8 janvier, tous parfaitement, lettre 13 reçue. — Delaroches. | Gain, rue saint-martin, 189. nous avons reçu lettre 30 décembre. nous allons tous bien. rien de nouveau chez nous. — Jomard. | Brunswick, 30, passage colbert, paris. maurice, tous. allons parfaitement. suis inquiet. réponse immédiate hâvre. — Emmanuel. | Drouin, rue arc-de-triomphe, 41. correspondons, gabrielle toujours douai, tous bonne santé, recevons lettres, pas menacés prussiens. vois hippolyte, écrivez. — Fagard. | Messieurs Giblain, 58, boulevard saint-germain, paris. bien portantes, chez lamy, bellair, à angers, reçois tes lettres, donne détails. — Giblain. |

Beziers, 22 jan. — Magné auguste, mobile hérault, 1er bataillon, 2e compagnie, ambulance charonne. portons bien, dézarnaud prêtera argent nécessaire, lettres reçues toutes. — Paulin. |

Montpellier, 22 jan. — monsieur Grasset, commandant montsouris. familles bien portantes. jules lycée, fermer maison, envoyer eulalie chez cousine, amitiés. — Julie | Gavignot, 27, richelieu. tous vont bien villedieu, angoulême, dieppe, monsoult, merci pour louis. ennui profond, amitiés, écrivez-moi. — Meignen. | Bedos, 45e régiment, mobiles hérault, 3e bataillon. avons reçu lettres. allons bien. si argent nécessaire demande à leenhardt. — Bedos. | Davin, rue aboury, 25, gabrielle et vos enfants vont très bien, sont ici. adressez vos lettres à montpellier. — Brousse. | Dantigny, sergent mobile hérault. tous santé parfaite, avisez tresfort. — Berthe Dantigny. |

Paul Ginouvès, 45e régiment, mobiles hérault, 3e bataillon, presqu'ile saint-maur. allons tous bien. — Suzanne Ginouvès. | Laflèche, boucher, saint-dominique-saint-germain. priez elphège remettre vingt à quarante francs, jules, pierre, inargé, 7e compagnie. familles habituelles parfaitement. — Hamelin. |

Baguères de Bigorre, 23 jan. — Delalande et bonvarlé lafayette, 99, paris. bonnes nouvelles mais écrivez, 16, place pyrénées. — Delalande. |

Tarbes, 23 jan. Darré, commandant infanterie, marine, division Hugues, paris. santé parfaite, mère, même état. louis tarbes. reçu mandat décembre. — Marie. |

Libourne, 24 janv. — Chedeville, rivol. 178. portons bien, manquons rien. — Chedeville, libourne, poste restante. |

Saint-Etienne, 22 jan. monsieur Provot ou concierge, 4, rue marseille, écrire immédiatement nouvelles de chez moi. — mademoiselle Déchaud, 9, rue de lodi saint-étienne. |

Auch, 24 janv. — Senevoy, quai orsay, 11. dixième. pensons, prions, écrivez lavarenne besmaux, pièces envahies, communiquez amis. — Luppé. |

Gimont, 24 jan. — Mathieu, rue richelieu, 31. pour ratier. lettre reçue, fille née, tous bien portants. — Léodadie. |

Le Puy, 22 janv. M. Altaroche, rue neuve martyrs. allons tous bien. — Morange. | M. Hachette, boulevard saint-germain. des nouvelles en grâce. — Morange. |

Clermont-ferrand, 22 jan. — Anatole Lanne, 6, rue du bel respiro. santé bonne, arrivée bort, corrèze, adresser tournade, voir erasme. lolita, bordeaux. — Christine, madame Erasme, Geneviève. | Fuch, rue du temple, 79. écris bort, corrèze, santé bonne. — Séraphine. |

Castres, 23 jan. — Camille Ramond Périé, caporal, 1re compagnie, 2e bataillon, 7e mobiles. reçu lettre, écris Elie franc-tireur, clerval, louise, bien. — Ramond Périé. |

Montauban, 24 janv. — madame Millot, 104, boulevard neuilly. partons châteauroux, bientôt Dieu veut. amitiés. — Gapiand, adjudant-major, 1er bataillon mobilisée Tarn-Garonne. |

Avranches, 18 jan. — Debon, boulevard aragos. nous allons bien. — Félicie Debon, avranches. | Concierge place corderie, 9. permettre saintlo entrer chez moi. liberté tout ouvrir et prendre. veillez mes intérêts, récompenserai. — Aimable Martin. | Siboret Chabrol, 20, paris. quatrième dépêche. bien inquiète, sans nouvelles santé passable, bonheur revoir. — Desfontaines. |

Carentan, 20 jan. — madame Descures, boulevard haussmann. lettres reçues. famille, enfants vont bien, pas envahis. — Chivré. |

Coutances, 19 jan. — Mahou, 26, ferme-mathurins. sixième dépêche. tous bien, marguerite guérie. enfants superbes, quénault parfaitement. bonnes nouvelles pontoise. — Symonet. |

Valognes, 20 jan. — madame Lavigne, boulevard rochechouard, 110. tous bien, recevons lettres. — Lande |

Granville, 20 jan. — Patry, 22, labruyère. reçu ni lettre ni argent, malgré promesse à gilles profondément chagrinée. joins nouvelles, almayer baisers. — Berthe Marx. | Gilles, 23, truffaut batignolles. vois delapalme, notaire chaussée antin, 15. prends argent, expédie traite rostchild londres par ballon. amitiés. — Marx. | Dermont, 66, st-lazare, paris. allons bien, reçois lettres. amitiés. — Gévrie. | Piat, st-maur, 49. santés bonnes ici et à morlaix. familles moriot, lespérance et brochot partent ce jour pour morlaix. — Lespérance. |

Joret, marché-honoré, 19. bresson bien, enfant mort. prévenir doucement canot. tous bien, bébé appellera papa. — Laurence Aine. | madame Richard, boulevard magenta, 16. santé excellente, dernières nouvelles fin novembre. — Magny. | Guichard, amsterdam, 13. marie accouchée une fille, dire fourié bonafoux bien, tous bien. — Lemoine, chez Trotel, granville. |

Cherbourg, 20 jan. — Sabroux, rue st-honoré, 400. mettez matelas laine suint fenêtres chambres marie, ami, lingerie. réponse à cherbourg hôtel l'europe. — Lemarinier. | Pinguot, 8, pyramides. bonnes et récentes nouvelles de parents bertin envahis depuis six semaines et de coudreuse. compliments affectueux. — Eynaud. | M. Lecointe, rue grammont, 19. lettre du 12 dit reçu un seul télégramme, envoyons cinquième. allons bien, aimons, courage. — Lecointe. | Dodin, rue abbesses, 46, montmartre. envoyé trois dépêches, reçu portraits, premier argent, pas second. portons bien, dubois, dorlin, mathelin. Dodin. | Charrier, bertin-poirée, 9. concertez avec messieurs leduc, abbé noël pour abriter amis dans votre appartement. priez messieurs écrire nouvelles. — Vautier |

Constantin, 11, boulevard malesherbes. cher ami reçu lettres. envie mortelle te voir. portons bien, envoie argent dans lettres. — Constantin. | M. Ledoux, 10, louvois, paris. tous en parfaite santé, reçu lettre 14. nous vous embrassons. — Pauline Ledoux. | Sauvestre, 87, bac. reçu lettres 13, 14 janvier. courage, allons. — Sauvestre. | Petit, rue de lyon. 49. auguste cherbourg, tous bien, attendons lettres. tourmentées, écrire souvent. — Petit. |

Pumpernel, ministère marine. réné, moi très-bien, besoin rien, reçu certificat, pas payé. manque papier bleu. — Elisa Pumpernel. | docteur Luys, rue de l'université, 8, paris. reçu lettre du 13. merci. allons tous bien. — Chevrel. | Debadier, rue st-denis, 101. recevons lettres fréquemment, satisfaits de vos dispositions. avons aussi santé. courage, espoir. — Briant. |

Avranches, 20 jan. — Martinel, rue poissonnière, 13, paris. mère morte, venez. — Yger. | Coudere, 10, rue picpus, paris. envoyez nouvelles de victorine par ballon ou autrement. — Grémont, avranches. | Lefèvre, 10, rue du sentier, paris. sommes encore avranches bonne santé, très-tourmentées, malheureux pour vous tous. espoir, amitiés. — Legarivel. |

Saint-Lo, 21 jan. — Léon Duval, rue verneuil, 39. famille va bien. — Fanchette. | Gilbert, 26, jean-goujon. nous allons bien et vous désirons vivement. — F. Gilbert. |

Rennes, 21 jan. — Rigaud, boulevard malesherbes, 15. esther, fillettes huddersfield. fontaine pau. enfants, alexandre venus rennes avec nous. tous bonne santé. — Thomassin. | Devilliers, rue luxembourg, 51. félicie tréport, chez mersin. fontaine pau. enfants, alexandre avec nous. rennes, langrune, tarare bonne santé. — Thomassin | madame Auger, 187, faubourg-st-honoré. sans nouvelles de personne. écrivez-nous, merci. — Fessard, 5, rue de clisson, rennes. | Raimbault Célestin, mobile 4e bataillon, 1re compagnie, de rennes. mère, sœur très-bien. erreur faite. — F. Raimbault. |

Letestu, avenue wagram, 53. donner nouvelles d'ernest. — Androuin. | Aucher, conseiller cassation, boulevard st-germain, 131. grande inquiétude, appeler docteur nélaton ou gosselin, chirurgien hôpital charité. — Androuin. | Gosselin, chirurgien hôpital charité. prière instante visiter androuin, lieutenant blessé, boulevard st-germain, 131. — docteur Aubrée, médecin du blessé rennes. |

Gournay, officier payeur 5e bataillon mobiles ille et-vilaine. famille maruelle bien, gustave revenu camp conlie, marcille armée de bourbaki. — Maruelle. | Petit, saint-quentin, 28. santé parfaite, maupaté, léognan aussi. sémichon, magnier reçues, écrivez santé bertaux, adresse montoret aîné. amitiés tous. — Méquignon. | Aubin, cité boufflers, 6, temple. moi bien portant, éclaireur cheval poitiers. vous courage, espoir. — Léon. | Guesdon, sergent major 3e compagnie, 3e bataillon garde mobile d'ille-et-vilaine. suresnes. mère, frères, sœurs, neveux tous bien. — Guesdon. |

Pàris, mobile fourrier 5e compagnie, 4e bataillon rennes, paris. jamais parlé rimbault dans dépêche. bien portant, nous aussi. — veuve Pàris. | Tiret, officier d'ordonnance général leflo, paris. famille bien, gendres pas partis. — Tiret. | Senton, 140, rivoli. demande vos nouvelles. reçu lettre saltel. envoyer argent, suis en bonne santé. courage. — Vaudois. | Derastel, rue boudy 92. léon, rose, petite marie en bonne santé à mostaganem. — Allaire. | Pellechet, 30, blanche. tous bien rennes, turin. recum chez nous, crois magne avec faidherbe. moul écrive maman. lauronceau hâvre. — Pellechet. |

Bertera, 20, bienfaisance. pauline écrit jersey, tous bien. amitiés aux frères et neveux, écrivez. — Charles. | madame Mouscours, rue chénier, 3. nouvelles tous, petite louise. embrasse tous. — Mouscours, 2e section infirmiers, rennes. | Barthel, 15, martel. santé excellente, rennes tranquille. reçu lettres 24. — petite femme. — Loysel, quai louvre, 20, paris. ferdinand tous bien. — Anna. | Sophie Gillet, rue ulm, 40. thomassin, giraud, duriez, méquignon, delauney, farcot bonne santé. alice ciel 2 octobre, écrivez. — S. Thomassin. |

Fougères, 21 jan. — Rouleaux, 4e bataillon mobiles ille-et-vilaine, paris. familles bien, félicitations sur services rendus ambulance. courage, père paiera aucunes dettes. — Rouleaux. |

Fécamp, 24 jan. — Alexandre asile, rue hospitalière-saint-gervais, paris. recevons lettres, écrivez, inquiets, sous lapie lepinau. — Mathilde Bert. | Cloquet, boulevard palais, 5. albert montpellier, oncle boulogne. recevons lettres prussiens venus. pas fait mal. tous bien. — Alice. |

Le Crotoy, 24 jan. — Lechesne, 11, rue baudin. tous bonne santé, 3 mandats. — Elisa. |

Saint-Valéry-en-Caux, 24 jan. — Denois, ministère marine. tous bonne santé. enfants prient chaque jour, reçu argent julien. bonne nourriture, bons vêtements, température supportable. toutes tes lettres reçues. bonne santé à iport. — Emilie. |

Trèport, 24 jan. — Paul Fleuret, 52, quai billy. toujours au trèport, santé excellente. — Léopoldine Fleuret. | Sassenay, 1, rue lavigny, près parc monceaux, paris. tous bien. recevons lettres dernière 21 janvier; désolés vous savoir malade. — Sassenay. | Millardet, 11, chemin vert. santés bonnes, lettres reçues, idem madame à monsieur véra, boulevard beaumarchais, 57. — L. Millardet. |

Bayonne, 24 jan. — Benoit léger, seine, 10, paris. allons bien tous, reçu bonnes nouvelles du désert, enfants bien, écrivez-nous par ballon. — Blanchet. | M. Charles, curé grenelle, paris. tous bien, pas nouvelles, inquiets. remettre lettres à paul lecoin. — Félicie. | Genteur, 225, boulevard saint-germain. sixième dépêche sans réponse. maxime ici. tous bien portants. — Lefèvre. | Rouget, 7, rue louis-le-grand, paris. pas enceinte. louis superbe. cécile, defrance, dernis, boutté père à niort. enfants bonnes santés. — Rouget. | Plisson, 35, rue arcade, paris. moi marie rouget germain, millois, desmazières, ernest, tous les enfants, parfaites santés, lisez times. — Plisson. | Plisson, 36, rue arcade, paris. dubourjal, prisonnier blessé décoré tournay saint-quentinois pierre, bonnes santés. écrivez par journal gironde. — Plisson. |

Dupuit, cabinet ministère finances. allons tous bien. maman, jules, valentine, quimper, chez duchelas. nous à pau depuis deux mois. — Deslandres. |

M. Mace, 47, avenue ternes. sommes pau, poste restante. — Barbe. | Cossé, 58, boulevard haussmann. vos enfants parfaite santé, parlant toujours de vous, grands progrès, parle moi de mon appartement — Sanson. | Pereire, 35, faubourg saint-honoré. reçu la lettre 14 janvier. tous très bien à pau, arcachon, bretagne. marie collin à londres. — Pereire. |

Pau, 24 jan. — M. Reynaud, 28, saint-pères. allons tous bien. edgard débarqué à dunkerque avec parigot, occupés aux fortifications. — Marie Maigret. | Tètrel, 6, rue capucines. nouvelles fils guillet, prisonnier, wesphalie, soest, bien portants, gustave, chef d'escadron. sommes tante pau. — Tètrel. | Defrance, 55, neuve-des-mathurins. daguerre, defrance, papa à niort. rouget, plisson, germain, dernis, taveau. boutté. enfants parfaite santé, avons argent. — Defrance. | Beauquesne, 10, rue puits hermite. pau tous bien. dérie à granville. bresson délivrée par fers va bien. enfant décédé. — Muller. | Madame Haffner, boulevard richard-le-noir, 108. émile lieutenant-colonel 95e. charles commandant, prisonnier. coblenz, bien portants. — Muller, rue préfecture, pau. |

Madame Combe, 186, faubourg saint-denis. combe va bien. écrivez madame muller, rue préfecture, pau. — Muller. | Maciet, 75, rue victoire. guyot bien remis. je lui transmettrai nouvelles du gaulois. — Muller. | M. Chicotet, 20, avenue observatoire, paris. je suis père d'un gros garçon. tout va très bien. — Henry. | Général Bertin, 11, louis-le-grand, paris. madeleine accouchée ce matin gros garçon, tous deux parfaitement. — Rayneval. | Guérin, ferronnerie. denis à pau. a ice, nazaire. père, bruxelles. 326, rue haute. bien portants, demande nouvelles — Hériette. | Nisard, 89, boulevard haussmann. bonnes santés, reçu bon, touché deux fois plus. argent inutile, désiré, reçu ta lettre, courage. — Nisard. |

Monsieur Fournier, 21, rue durantin, paris. prière. envoyer nouvelles émile lafaye. — Teynau, 7, rue d'orléans, pau. | M. Monarval, 14, rue beautreillis, paris. prière, envoyer nouvelles fils par ballon. — Madame teynau, 7, rue d'orléans, pau. | Saubot, 46, rue provence, paris. reçu vingt lettres. merci. bien à bayonne et nancy. regrets d'être absent. courage. — Tapie. |

Château-Gontier, 24 jan. — Allons tous bien.

Bordeaux. — 29 janvier 1871.

reçu lettres. rien changé ici. tropeau, 6, rue marie stuart, paris. — Fme Tropeau. |

Boulogne-sur-mer, 24 jan. — Rama caroline, 11, batignolles. reçu cinq lettres. confirme dépêche décembre lacroix, sauvalun. demander deux cents francs pour moi. — Fournier. | Delamartellière, rue béranger, 21, paris. un fourneau outreau éteint 16 janvier, minerai manquant. réparation immédiate. stock, huit mille tonnes. — Accarain. | Delamartellière, rue béranger, 21, paris. outreau, frouard et montataire, état satisfaisant au 24 janvier. état financier bien. — Accarain. | Destailleurs, 11 bis, passage sainte-marie. avec cécile. grands parents boulogne. théodore voyage. santés bonnes. lettres reçues répondues.— Ferrière | Chretien, 2, jean-lautier, santé moyenne. reçu lettre gustave fin décembre. écrivez par ballon. camille, armée chanzy, allait bien. — Chabrié. | Monsieur Carette, 12, chauchat. recevons tes lettres, suivent bonnes nouvelles, père, tous très bien, émile aussi. — Carette. |

Saulpic, 1, gay-lussac. sommes tous bonne santé. bébé parfaitement. poinsot bien. pourquoi duval pas écrire? écris chaque jour. amitiés. — Saulpic. | Damrse, avenue reine-hortense, 16. allons bien. reçu lettre octobre. demandons nouvelles souvent lacroix suresnes confirme dépêche 30 novembre — Fournier. | Skepper, 58, hauteville. émilie tous bien. dix-neuf lettres reçues. écrivez doublement semaine. courage, espoir. clavé demande nouvelles luthringen. —Bateman. | Léopold, le spitalier st. gervais. 6 paris étonné pas recevoir lettres ballon. réclame nouvelles explicites exford. amitiés renan, institut, amis.— Adolphe. | Laure salmon, 2, drouot, paris. tourmentés, réclamons lettres de toi. ducas, bloch, famille et bureau. ici tous bien portants. — Oulmann. |

Emile Fould, 24, saint marc. informez barons beckmann, éclaireurs franchetti leur mère désespérée ne pas recevoir nouvelles. tous bien.—Oulmann. | Chabrié, martyrs, 52. santé moyenne. virginie, camille nièce bonne. prends abonnement journal des absents. reçu lettre du 30 déc.—Chabrié. |

St Omer, 23 jan. — Polentnich, 116. faubourg st-honoré. bonnes nouvelles de tous. recommande appartement. écrire ici gare.—Georges. | Mme Bernard, 13, rue d'antin, eugène bien portant à niort, demande argent à Bertinot, partage avec tout. allons bien.—Bernard. |

Boulogne-s.-mer, 24 jan.—Barbault, 174, boulevard haussmann. portons bien pas de lettres depuis le 10. envoies argent par banquier.—Barbaut. | Mélanie Levasseur, 21, boulevard poissonnière. pas mot de vous. ces dames reçu toutes lettres. très-inquiète de vous. écrivez. — Solgadi. | Baudry, 50, neuve-des-petits-champs. vais bien. écris souvent. reçu vos lettres.—Bousselle. | Huret, 24, avenue champs-élysées, paris. tous bien portants.—Huret. | Didi, 22, vivienne. santé moyenne, écrivez par ballon boulogne.—Chabrié. |

Bailleul, 24 jan —Verley Charles, 8, rue d'enghien. bessin, ernest huet, aline pellé famille bonne santé, beurre disposition.—Gruson. |

Douai, 24 jan. — Descotes, 4, borda. bien portants, prenez jambon, provisions cave placards cherchez, écrivez ballon.—Bonnard Demoury. | Morellle, 141, boulevard magenta. écrit 4 fois. reçois votre lettre 21, partageons votre inquiétude sommes tristes quand revoir.—Heisser. |

Lille, 21 jan. —Cornu, 3, rue hôpital-st-louis, paris. suis sans nouvelles écrivez, 160, stanhop street regents'park, london.—Edouard. | Guffroy, 30, rue feydeau. reçu lettre 15 janvier, plus celles nequeur et Barre, envoyé argent valéri. allons tous bien. — Guffroy. | Claye, avenue champs-élysées, 117. 20 octobre, date dernière lettre reçue, sommes inquiets, écris plusieurs fois. — Goens. | Laveyrie, 230, boulevard prince-eugène, sans réponse à dépêches toujours bien portant actuellement hôtel lavocat, lille. —Laveyrie. |

Lafon, 6, rue aboukir. ai besoin de votre procuration pour disposer sur clients. sans nouvelles de vous depuis siége.—Renard. |

Lille, succursale, 24 jan. — Eeckman, 45, rue sentier. pardonne votre accusation que regretterez. allons bien, pars mines cuivre extrait difficile avoir, écrivez détails.—Eeckman. | Léopold Lecomte, 17, grange batelière. écrivez par chaque ballon, votre silence persistant m'inquiète excessivement.—Gauchet. |

Dunkerque, 24 jan.—Jenson, ministère guerre. toujours oui. 100 lettres reçues, reçu ottomans par sabine. autres impossible. redis conseils des lettres perdues.—Jeanson. | Pétiaux, boulevard des invalides, 6, paris tous en bonne santé. adeline metz, élisa verviers reçu tes lettres, 24 jan. —Pétiaux. | Convert, ministère finances, paris. tout parfait santés. collége, reste 500 offres d'emprunt. famille Faure bien.—Convers. | Gadaud, lieutenant, 116e de ligne. reçu ta lettre fin déc. toujours sur surveillante eugène et tante bien portants.—Gadaud. | J. Oudinot, 6, rue de la grande chaumière. inquiétude très grande envoie nouvelles.—Duriau. |

Oudinot, 64, rue dulong, batignolles. tous bien portants. reçois lettres tardivement. écrire plus souvent.—Marthe. | Gustave Barbet, 5, rue saint fiacre, aurélie flore, enfants, parents, andré cary, félix. bonne santé, hommes mariés pas partis. — Aurélie. |

Fécamp, 23 jan. — Blanquet, 34, faubourg st-martin. auguste toujours eu. quenouille, nous, émile, bien portants. ses fils exempts, famille, thorel, va bien. — Leborgne. | de Lafaulotte, boulevard malesherbes, 31, paris. inquiets, donnez nouvelles souvent. fécamp. bien. — Guyaul. | Aurusse, 43, chaussé-d'antin. manquons de rien, santé parfaite. — Aurusse. | Julienne, faubourg saint-denis, 210. quatre mois sans nouvelles. écrivez comment santés, emploi argent remis, bien portants. — Dejean. |

Caen, 26 jan. — Alix, assas, 24. alix, dubrisaq, dupont à cabourg. dalpiaz, mouton, tous parfaitement bien, écris. — Alix. | monsieur Duchauffour, 58, chaussée-d'antin. toujours à caen, tranquille, bonne santé, reçu lettres, merci, souvenirs. — Suzanne. | monsieur Gœtchy, théâtre délassements-comiques. toujours à caen, tranquille, bonne santé, reçu lettres, souvenirs. — Suzanne. | Longuet, 22, rambuteau, paris. reçois lettres 21. paul absent, portons tous bien. — Hélène. | Destribaud, 22, moncey, paris. anniversaire hélène. reçois lettres. enfants, moi, communiquons. portons bien. — Caroline. | Romuald Brunet, 11, rue moncey. reçu bonnes nouvelles famille de rouen. adressez-moi vôtres, puis communiquez. —Labousse. | monsieur Meunier, 10, rue ferronnerie. depuis 2 janvier sans nouvelles. sommes très inquiets. allons tous bien. vous embrassons tous. — Bergeret. |

Dieppe, 24 jan. — Lavigne, 75, rue la tour. montigny, enfants puys bien portants. reçoivent lettres. écrivez.—Dumas. | Cabaret, 28, rue louis-le-grand. heureux, dépêches reçues, manque rien, enfants parfaitement, oncle bien, tranquilles ici. | Beaufour, 63, rue château-d'eau, paris. suis dieppe, hôtel londres, écrivez nouvelles bilan bourdonnais par ballon. amitiés. — Ferdinand Gervais. | Belleyrue, 6, rue royale. reçu lettre. auguste à santé, argent. hambourg aujourd'hui 22 janvier. père mort. nous bien. — Dumas. | Senneville, rue de l'université, 8, paris. prends chez moi précautions que jugera utiles contre bombardement. allons bien quoique envahis. — Germiny. | madame Reiset, boulevard haussmann, 155. allons bien. ma gorge bien, avons écrit par tous moyens. tranquille. — Ségur Lamoignon | Alfred Sisung, rue barbette, 5. sans nouvelles depuis 4 octobre. mourons d'ennui. informez-vous près romain qui écrit souvent. — Leboucher. | Hugues, 39, rue berry, paris. si voulez vendre, télégraphiez combien chevaux attelage et selle séparément, payable comptant. — Henneveu, marchand fourrages. |

Marseille, 27 jan. — Darleux, notaire, faubourg poissonnière. reçu lettres darleux, bellet, batordy, alexandre, donnez argent illimité maseré. bonnes nouvelles jersey, saint-lô. — Thomassin. | Caron, 119, lille. rien reçu depuis bombardement. donnez nouvelles de vous et de la maison. — Forbin. | Leblanc, baudin, 20. nommé octobre officier administration. suis actuellement intendance marseille, retour armée loire. santé bonne. reçu lettres. écrivez. — Reynark. |

Guingamp, 26 janv. — Goigoux, boutarel, 1. tous bien. guingamp, alençon. — Torbier. | Leuy, 2e bataillon, 5e compagnie, mobiles côtes-du-nord, paris. la famille bien. aucune nouvelles de toi. écris souvent papier léger. — Huan. |

Courseulles-sur-mer, 25 jan. — Piel, ministère instruction publique. allons toutes bien. familles vautier, moutier, allaire aussi. | Débonnaire, faubourg saint-honoré, 20. janvier, tous existants. inquiets, sans nouvelles, écris. — Débonnaire. |

Forges-les-eaux, 22 janv. — Lefebvre, grande rue lachapelle, 178. portons bien, donnez nouvelles léon prisonnier, va bien. — Vivot. | Ernest Lavalard, rue bourdonnais, 33. santé bonne. reçu lettres. répondu amiens, attends nouvelles, impossible vendre ici. mille amitiés. — Rosa Vivot. | Baroux, jean-jacques-rousseau, 51. tous bonne santé. lettre gamounet, 13 janvier. vieux parquets à brûler, rue saint-martin. — Baroux. |

Niort, 27 jan. — Deutu. rivoli, 158. as tu reçu trois mandats-postes? delapalme a-t-il remis argent devisser, échu? souffrance aggravée. — Caumartin. | Debiois, 11, mulhouse, paris. cinq, bonne santé, oulmes, reçu cinq lettres. inquiète, veillez maison victor, louise, écrivez souvent détails. — Boutheron. |

Londres, 26 jan. — Berjeau, londres, georgiana street à C. Berjeau, 9, rue des deux portes saint-sauveur. tous bien ici, courage. lettre du 21 reçue. |

Nantua, 27 jan. — Descaves, amandiers, 106. nous, nantua. clémentine, chaumont. serre tous objets dans mes armoires, écris-moi. — Lafont. |

Montguyon, 28 jan. — Poineau, 43. boulevard strasbourg, paris. sommes inquiets, donnez nouvelles, ici tous bien portants, vous embrassons. — Marie Poinceau. |

Londinières, 22 janv. — Henri Demilleville, bellechasse. cultes, mère et enfants bien portants. — B. Demilleville. |

Surgères, 28 jan. — monsieur Marie, 29, quai bourbon. paris. nous allons bien, surgères, avec famille, drieux. oncle en normandie, bonne santé, — Hippolyte Marly. |

Quintin, 26 jan. — Querhoënt, capitaine, 5e bataillon, côtes-du-nord, paris. famille bien, frères à pyrie. écrivez souvent. connaissances bien, lisez *Times*. bruno, albertine, adeline. — Querhoënt. |

Chauvigny, 27 jan. — Tranchant, 28, notre-dame-des-victoires. santés bonnes, mère ici. reçu lettres, angoisses mortelles pour toi. auguste, officier armée, parents moranvillé bien. |

St-Brieuc, 20 Jan. — Herpe, chez madame girait, 42, rue cadet. tous bien, continue écrire. accouchement probable fin février. maman écrit toujours.—Alix Alphonse. | Leredu, rue belzunce 16, enfants santé excellente, manque rien. — Gaich. | Sédille magenta, 19, lettres reçues, soyer henri pau, tous, fillettes neil thérèse. famille camus parfaitement bien.— Sédille. | Berthier quai malaquais, 15. nous portons tous bien, rien d'amédée à bientôt, ai toutes tes lettres. — ta mère Berthier. |

Castelnau, 23 Jan. — Jacquinat, boulevard richard lenoir, 93. santés bonnes, donne-nous souvent nouvelles, paierai loyer au retour.—Leroy. |

Blaye, 23 Jan. — Albert lefèbre, 91, rue st-lazare. tous bien, 4e question non. avoir mille thiboust économie. écris londres, écrivez d. chaleureusement. — Lefèbre. |

Bordeaux, 23 Jan. — Couton, rue albouy, 9. lettre du 14, ne parle pas de frère désiré, écrivez toujours anvers aussi souvent possible. 14. — Couton. | Couton, rue albouy, 9. si vous et famille avez besoin argent, recevez prix de mes chevaux, servez-vous-en. — Couton. |

Boulogne-sur-Mer, 17 jan. — Mahler, dupuis béranger. allons bien. Jules marche. reçois lettres dernière du 7. moi écris par toutes occasions dernière bordeaux. — V. mahler. | Delebecque, 91, rue taitbout. santés parfaites. dames hugues aussi. baby marche, bonnes nouvelles charleville. fleury à mons boulogne-tranquille. — Delebecque. | Masson, 7, rue grand-chantier, santé bonne. reçu lettres du 1er, 5, 14 Jan. appris délivrance, marie. reçu nouvelles gaston. — Masson. | Regnier, 5, châteaudun. chers enfants. écrivez beaucoup. recevons vos lettres. colonie en santé propagez. tendres embrassements. courage — Regnier. | Benoist, 43, laffitte. recevons vos lettres. répondu, paternel embrassement à tous. — Regnier. | Harrewyn, hôtel nice, place bourse. garçons à st-omer. allais famille mimie très-bien. recevons lettres. soyez prudents. — Elodie Harerwyn. | m. Pressac, 36, rue séguin, paris. la-chapelle, santé générale excellente. lettres reçues. aussitôt possible venez. régime fortifiant. — Caroline Leclercq. | Blum, 3 échiquier. nathan trésorier alby, clémence enfants nancy très-bien. — Berr. | Rainneville, 42, rue ville l'évêque. allons bien, écris souvent boulogne. prions pour toi, je t'envoie tendresses. — Alexandrine Rainneville. | Bonneau, place havre 16. santés bonnes boulogne. reçois lettres. écris souvent marie tourville berthe biarritz bien. bonnes nouvelles versailles. — Delannay. | Planchon galerie montpensier, 66. françois prenez tous papiers tiroirs toilette, mettez cave un mètre profondeur. — Philippe. | Demauny, 10, matignon. prudence peut-être moins exposé royale tous nouvelles moi pas écris tous les jours santés mêmes. — Demauny. | Noël grenela, 35. tous bien! courage! — Fils Noël. | Temblaire, 115. boulevard magenta. portons bien. quoi ministère projet bisson? boulogne-janvier. — temblaire. | Falco, rue taibout, 93. 6e dépêche. nous sommes toujours boulogne olivetti aussi. tes lettres parvenues étranger et france. — Falco. | duc de rivière, 121, rue st-dominique. reçu lettre du trois bien douloureuse anxiété. santés bonnes. — Solages. | Vacquette, rue du cherche-midi 103. paris. reçu lettres. santé bonne. provisions. — Vacquette Colombert. | m. Laforest, préfecture police comptabilité, paris. santé parfaite. confiance, courage. — Jule laforest. | madame ferra, 62, rue dunkerque paris. prenez mon appartement et écrivez-moi 89, rue écu. — Bossange. | Savard st-gilles, 22. tous santé excellente. inquiets. écrivez chaque jour. recevons toutes lettres. donnez nouvelles de gabriel. — Savard. | André, rue de sèze, 10. portons tous bien à boulogne-s-mer. écrivez souvent. faut que père vienne habiter appartement. — Feydeau. | Hadamard bleue, 14. tous parfaite santé. enfants charmants. écrivez souvent. — Bruhl. | Barbaut, 174. boulevard hausmann. en bonne santé et coulommiers. ces dames à londres, envoies argent par banquier. écris souvent. — Barbaut. | Alex léon trente-deux sentier. lyon. cahen bonne santé. reçois lettres. edmond à bougie. heurtaul prisonnier. — Cahen. | Louise Rault, 97, boulevard hausmann. allons bien informez ami. recevons vos lettres.— laura spiers. | Troucin 24 lisbonne, paris. tous bien. demander pierre bernier argent pour personnel lisbonne. vendre chevaux pour service ou autres. — Rouvière. | Bertaux, 8, rue des colonnes, paris. recevons lettres, écrivez souvent. allons bien. sommes à boulogne-s-mer, 6, rue leuliette. — Dallemagne. | Chapon, 17, bertin-poirée. tous bien portants. boulogne, 1, tour notre-dame, chapon morel. écrivez souvent. sommes sans nouvelles. — Chapon. | Decourcelle, boulevard bonne-nouvelle, 25. reçu votre bonne lettre du 6 jan. merci. écrivez souvent. — Feydeau. | Cousin gare nord. santés bonnes. mêmes intallations ressources henri 1er informations collin 110 richelieu. mille baisers.—marie Cousin. | Bra croix-des-petits-champs, 25. allons toutes bien. capitaine ulrick parthenay aussi. reçois tes lettres, toujours à boulogne. martel bien southampton. — Bra. | Hervieu, 27, boulevard italiens. hervieu boutard potard dehu bonne santé. écrivez souvent. — Louise Hervieu. |

122. Pour copie conforme,

l'inspecteur,

Bordeaux. — 31 janvier 1871.

Boulogne-sur-mer.— Randoing, 28, boulevard batignolles, paris 2e télégramme. lettres reçues. portons bien. Gustave revenu décoré. thévenet Hambourg. — Randoing. |

Boulogne.— Martini, 62, provence, paris. reçu lettre du 13 jan. tous bien portants à boulogne. reçois nos meilleurs souhaits. — Martini. | Manny, 10, rue matignon, paris. donnez nouvelles chaque jour. sommes inquiets. santés toujours mêmes. — Fauqueux. | Demonferrand 35, saint-pétersbourg. paris. Alfred chargé dire pierre amélie vont bien. votre mère sérieusement malade. — Fauqueux. | Fischer bleue, 1. donner nouvelles. surveiller maisons tronchet. berlin. écrire ballon quai douane 24, boulogne. faire écrire concierges. — Crosse. |

Leroy 187, rue st-denis, paris. portons bien. reçu quinze lettres. donnez nouvelles madeleine butin, louise madame édouard suisse givrins. — Leroy. | madame Lamarre chaussée clignancourt, 20, montmartre. reçois pas nouvelles. écris-moi boulogne dépôt 20e, portons bien. ernest commandant. — Léonie Fouineau. | m. Antoine, rue herault 25, vincennes. portons tous bien. roy, capitaine armée nord. nous boulogne, reçu ta lettre. — Marie Roy. | Cary 7, grand-chantier. marie assez bien. connais perte cher henri. tranquillité ici. — Gérard. | Cousin tronchet, 19, paris séraphin cousin-charles, francois, merli, albert, arthur prisonnier. bonne santé. écrire deux feuilles pliage ordinaire. — Séraphin. |

La Rochelle, le 22 jan. — Nordmann, 16, rue pont-aux-choux, paris. nous sommes tous bien portants, recevons régulièrement vos lettres. — Lange. | Reiss, 31, place cadet. avons reçu une seule lettre. 7 jan. parents et tout le monde bien. — Charles Léon Reiss. | Millereau, lune, 35. nous allons bien sommes très-tourmentés, réponse de suite. — Millereau, 14, rue arsenal rochelle. | Villeneuve sentier, 18. eugénie filles bien, émile slewig. georges chanzy. léon major, rochelle famille landriau. maître rizat, bien communiquez. — Landriau. |

Vichy, 22 jan. — Alfred cerf, rue lamartine, 20. sommes excessivement inquiets sur valentine et famille vichy, trois mois sans nouvelles, réponse immédiate. — Mélèse. | Grenier, bellechasse, 66. reçu lettre 12 jan. parents, montluel, changement. portons bien, ain, département tranquille. cusset, ochiaz, frères. — Grenier ernest. |

Moulins, 23 jan. — jonquières, ministère marine, chatillon bien. — jonquières. | Gournay, imprimerie nationale. reçu lettres. tous bien. prenez dentelles armoire bellechasse. gardez avec vous. — Chemin. | m. Bridet, 21, rue bergère. aucune lettre inquiète écris adresse par ballon monté. — Octavie Bridet. |

Guéret, 24 jan. — Barré, rue suger, 4, vous embrasse tous. réponse. — Guéret. |

Aubusson, 23 jan. — Guillaumichon, 144, boulevard richard-lenoir. bouquet et nous allons bien. je reçois tes lettres. écris souvent, nouvelles des amis. — F. Guillaumichon. |

Le Blanc, 22, jan. —Cibot-Melin, 50, raynouard. passy, verdot petite fille. tous parfaite santé reçu dix-neuf lettres et portrait. confiance et espoir.— Cibot-Melin. |

Nantes, 22jan.—Douaud, 8, rue baudin écrivez-moi chez votre père me porte bien affectueux souvenir nouvelles bel. — Contoleace. | Froust, 62, rue taitbout. pars aujourd'hui pour arcachon, trouverai herbault et famille retenu gite. daguzan viendra probablement pas inquiet écris. — Froust. | madame delatour, 5, boulevard montmartre, famille toute bien. — Audouy. | Tessier, rue léonie, 11. famille toute bien lettres reçues.— Rougé. | docteur Saingermain, 20, rue pépinière, tes parents bien, enfants superbes. — Louise. |

Châteaubriant, 22 jan. — Colin martin, soldat au 23e régiment de marche, 2e bataillon, 2e compagnie, toute ta famille va bien. amitiés. — Tesnier. |

Fécamp, 18 jan. — Alfred dubois, faubourg st-honoré, 47, paris. famille très-bonne santé, hôtel belle vue, bruxelles, vos lettres parviennent écrivons toujours, amitiés. — Dubois. |

Pauillac, 25 jan.—Madame Rapatel, 32, cardinet. tous bien reçois lettres. suis avec navire pauillac, gironde. parents aix-la-chapelle. courage, tendresses.— Albert. |

Mont-de-marsan, 24 jan. — de Raffin, chef de bataillon, 15e régiment mobiles saône-et-loire. tous à castex bonnes nouvelles cheddes, vois contre-amiral montaignac, santés parfaites.—de Raffin. |

Le havre, 20 jan.—Debelle, 5, rue du chaume. paris. madame Debelle toujours à dieppe en bonne santé, reçois vos lettres. — Lerat frères. | Roissy, rue bellechasse, 64, paris. famille entière va bien. sommes avec vous de cœur, méric à Bordeaux. — Givancourt. | Cail, 56, boulevard malesherbes, paris. reçois lettre 11. familles bien portantes. grande récolte, usines travaillent bourbaki, faidherbe victorieux, espérance. — Doublet. | Lecocq, 17, bonaparte, paris. ai envoyé décembre mandat poste 300 francs, suis sans nouvelles écris.—Lecocq. | Chalmette, 131, boulevard sébastopol. portons bien tous, recevons lettres. vois appartement.—Amélina, havre. |

Périgueux. 24 jan.—Bernard, officier comptable au quartier général du 1er corps de la 2e armée, paris. nous allons tous bien ici. — Elisa. | Gontier, palais royal. albert, avec son père à coblentz.—Dewaulx. |

Niort, 24 jan.—Gratiot. 19, portefoin. 20 janv. écrivez poste restante, niort.—Gratiot. | Lordereau, 28, rue chabrol. garantir nos livres commerce. sommes à niort, 17, rue arsenal, portons bien, écrivez.—Bourdin. | Segretain, 84, saint-dominique. merci d'étrennes et lettres, allons bien, papa ici, léon stettin, leblanc, bien, janet bordeaux, amitiés.—Segretain. | madame Boué, 19, avenue de turenne, paris. votre mari à dusseldorf, porte bien. —Lucas. | Antonin Proust. cabinet particulier ministre intérieur. reçu dépêche 23 jan. demande lettre, frères sœurs campagne santés bonnes.—Proust. |

Sainte-geneviève, 23 jan —Vandard, 4, chavigny, paris. trois mois sans nouvelles, écrivez.— Alablanche. |

Fontenay-le-comte, 24 jan.—Madame Béchard, rue des moulins. merci de votre lettre, fermage reçu. compliments à tous. Robert à kœnisberg. —Bréchard. |

Arcachon, 20 jan. — Sancholle, 6, milan. sommes bien arcachon, parents seravezza, dis à lucien ai envoyé beaucoup dépêches lettres et times, amitiés. — Marguerite. | Bourgeois, 25, des écouffes. santés excellentes, coxalgie parfaitement. aucune douleur gaie, appétit, nuits bonnes, tout va bien, sois tranquille.—Bourgeois. | Goubaud, 92, richelieu. votre père assez bien travaille, mère fut très-malade va mieux ensemble bruxelles depuis trois mois. — Gargam. | Gadala, 26, boulevard sébastopol. exhéma, augmente toutes bonne santé, envoyons dépêches toujours arcachon. faure, delorme, delatre ici très-tristes.—Gadala. | Comte Saint-Aignan, 63, rue lille. tous en bonne santé ici. bargemon, gravanchon, saint-aignan. neveu granjux jambe contusionnée, convalescent ici.—Périgon. | Ravel, 77, blanche. inquiétude, angoisses chagrin augmentent chaque jour. allons admirablement maintenant. écris longuement, quotidiennement je suis si malheureuse.—Mady. |

Richer, 15, turbigo. très-inquiète pourquoi écris-tu pas. suis furieuse envoie nouvelles maison vassel. allons bien, père souffrant.—Marie.— Schnapper, 94, saint-lazare. suivi votre conseil ai écris francois pour argent attends. suis inquiète pour vous, écrivez beaucoup adieu.—Lise. | Messieurs Auguet, Lefèvre, 35, rue temple. reçu lettre 30 déc. reçu argent couralaut, vimenet, bien portant, écrire inquiet. — Vve Lefèvre. | Longis, gendarme pied, 6e compagnie, 1er bataillon, 3e armée paris. bonne santé, inquiète. écrire arcachon, 201, boulevard plage. —Veuve Casson. | Lemaire, 28, rue trévise. marché signé pontoise intact instructions reçues. filles fraîches toutes robert noémi bien arcachon, garçon délicat. — Cécile. | Rigot, 19, billault, champs-élysées. suis à arcachon avec mon père et enfants. inquiète de toi. écris poste restante.—Hamelle. |

Niort, 23jan.—Bardoux, 10, cherche-midi. portons bien tous. réponse. niort, 23 janv. 1871. — Lecomte. | Delphine, 34, rue bellechasse. envoyez-moi de vos nouvelles par ballon.— Leroux. |

Bagnères-de-bigorre, 24 jan. — Léon Leblanc, banque de france. recevons régulièrement vos lettres tous en bonne santé bagnières.—Bonnet. | Deschamps, 25, rue drouot. merci vos nouvelles tous en bonne santé, vos enfants aussi.— Bonnet. |

Tarbes, 24 jan.—Directeur union. 15, banque, même situation, confirme lettres dépêches. aucun sinistre nouveau. écrirai fin courant sur les comptes.—Bertrand. |

Vic-bigorre, 24 jan. — Hamouy, 1, rue bleue, paris. santé bonne, habitons Vic, écrire chez maselet simon, lettres tardives ou perdues. — Aubry. |

Marmande, 24 jan.—Rénéville, lieutenant gendarmerie, 13e corps, paris. valentine pithiviers va bien. émile armée chanzy. camille grenoble bien — Raymond, hôtel messageries, marmande. |

Agen, 25 jan. — Nauton, 10, avenue Eylau. accouchée 14 jan. garçon, reçu 75 lettres. sommes agen, hôtel baron. santés bonnes, embrassons.— Nauton. | Parent, 19, rue auber. reçu 33 lettres. santés bonnes. toujours agen hôtel baron, envoyé deux mille à Juliette. embrasse.—Parent. | Desverinne, 7, avenue victoria. sommes hôtel baron, santés bonnes. écris, pourquoi plus de garde, très tourmentée.—Desverinne. | M. Boyer, 2, carrefour de l'odéon, ambulances. reçu lettre du 11 janv. bonne santé, ton père parti commandant.—Esilda Boyer Brax. | Berger, 6, ménars. famille entière bonne santé, beaucoup argent, moral courageux, lettre reçue 14.—Mathilde Berger. |

Mézidon, 20 jan. — Trébucien, 25, cours vincennes. avant 10 octobre avais reçu 3 lettres. depuis une seulement. 10 déc. et dernière 8 courant. heureux te savoir bien, sommes de même. —Hippolyte Trébucien. |

Arras, 24 jan. — Morelle, 141, boulevard magenta. santé bonne. albert bordeaux. reçois tes lettres. | Dubois, 62, st-sauveur. santé bonne. argent reçu. palle santé bonne. écrivez souvent. — Fanny. | Desaint, 88, saint-jacques. quitter montrouge. bien fait. soigne-toi. nous bien. — Julie. | Taconnet, place havre. allons bien. — Sulpice. | Genneau, 2, crébillon. inquiet. sans nouvelles. louis hambourg. santés satisfaisantes. — Eugène. |

Offranville, 23 jan. — général Le Baron, 57, rue de Varenne. savoir santé de famille. léon vatin. louis coblentz, 4 décembre. offranville tranquille. — Fillemin. | Effosse, septième secteur, Vaugirard. famille bonne santé. offranville tranquille. heureux de ta dépêche. courage, embrassades père, mère, frère, amis. — Effosse. |

Rennes, 26 jan. — Destors, 13, laffitte. adèle partie par mer à ostende, louise dieppe, eugène uanteuil, familles rennes, tous bien. — Marie. | Mademoiselle Valentine chez M. noël tavernier, passage des princes. devaux, montreuil-sur-ille, ille-et-villaine, en sûreté. | Rousseau, 77, blomet. moi, mère, vernon, charles, saint-valéry, bonne santé. reçois lettres, écris-moi contrôleur rennes. — Rousseau. | Chaffaux, 76, ouest. gardez toto seulement voir propriétaire et kluber, 39, rue rochefoucault. écrivez-moi par ballon à rennes. — Chevallier. | Mademoiselle Nuten, 8, rue de greffulhe. tous bien portants, écris, reçois lettres.— Veuve Quinefault. | Dauvergne, 112, rue cardinet, batignolles. tous bien, gare bain. — Lohéac. | Leruth, 5, rue chapon. parisiens et rennais santés excellentes, lettres reçues. — Leruth. | M. Couverchel, 87, rue de richelieu, paris. portons bien, reçu lettres, donne-moi détails de famille et de simon. embrassons. écrivez. |

Annonay, 26 jan. — Sainvanne, 29, rue santé. allez doucet, affreusement inquiète. trois mois silence. écrivez si morte. adresser chaland, moi bien. — Barrier. |

Saint-Pierre-les-Calais, 23 jan. — Mme Sueur, 28, Véron. résidence calais, santé excellente, reçu lettres, courage, envoi deux cents. — Sueur. |

Le Caylar, 26 jan. — Emile Brouillet, sergent 45e régiment garde mobile, 2me bataillon, 4me compagnie, saint-maur. père, mère, frère, amis allons bien. reçu tes lettres. t'embrassons. — Brouillet. |

Carteret, 25 jan. — M. Leportois, 27, boulevard sébastopol, paris. appris malheur 21 décembre, delmas venue, cécile résignée. allons toutes six bien. nouvelles 18 janvier. — Nérée. |

Lille, 23 jan. — Tourreil, 85, richelieu, paris. santé, courage, délivrance. différence compte, est-ce coupons autrichiens? donnez détails. coupons lombards. — Liagre. |

Châteauroux, 27 jan. — Vaudrey, 14, rue des saussaies, paris. bien à la brosse. adressé dépêche novembre annonçant mort de mon père. — Lejeune. |

La Châtre, 26 jan. — Caire, 61, rue goutte-d'or, paris. toutes bien portantes, recevons vos lettres, écrivez souvent. — Caire. |

Cluis, 26 jan. — Colleau, 7, sauffroy, batignolles. reçu vos lettres, merci à tous. paul, erfurt, argent envoyé, sauvegardez mes intérêts. — Duguet. |

Bagnères de-Bigorre, 27 jan. — Denonvilliers, 21, rue moulins. christine demande nouvelles, pierre hostein, troisième année école normale supérieure. écrivez plus souvent. — Cécile. | Lodo, 21, des moulins, bagnères, 5, rue lorry. Benzeval, versailles, lille, héricourt, louis coblentz, alphonse breslau, bien portants. — Marie. |

Granville, 25 jan.— Madame Jouanne, 43, boulevard montparnasse. très-inquiet. écris à granville. — Jouanne. | Beaulieu, 241, charenton. familles fouinat, marre, moi, papa, roanne, fontainebleau. bonnes santés, chevet parties à tréguier. recevons vos lettres. — Beaulieu. |

Constantine, 24 jan. — Teillard, capitaine 3me spahis, Vincennes. merci, moins inquiète, quatrième lettre pigeons. t'attendrai quand même à dernière extrémité, courage. — Amélie. | Apigez-Gagelin, 89, rue richelieu. Votre vieille amie vous supplie de lui donner des nouvelles de tous. — Parent, institutrice. |

Laruche-Canillac, 27 jan. — Hémar, 52, faubourg poissonnière. tous parfaite santé laroche, eugène, alix, albert, berthe trouville, arcachon, saint-mâlo, vont bien. amitiés.— Hémar mère. |

Sarlat, 28 jan. — Delmas, 26, chapon. toutes lettres reçues, commissions faites. bonne santé, rien de nouveau, courage. — Delmas. |

Pont-Audemer, 23 jan. — Cottard, hôpital beaujon. père, mère, frère bien portants. reçu lettres 1er novembre, 30 décembre. — J.-B. Cottard. |

Maubeuge, 20 jan. — Madame Monchablon, 8, rue myrha. dernières nouvelles 15 décembre, très-inquiet, écris-moi, bonne santé ici. thévenot va bien. — Monchablon. |

Jersey, 23 jan. — Fernand Marais, 2, quai jemmapes, paris. grâce, quijano bien, tes nouvelles reçues. — Marais. |

Pau, 23 jan. — Tournier, hôtel postes paris. je sors et vais parfaitement ainsi que paul, pierre, jacques, louise et tous ici.—Chassinat. | Edouard Salomon, 96, rue amelot, édouard, auguste salmon, pau. bien portants, bonnes nouvelles abainville. — Mathilde Salmon. | Mitjans, 12, rue élysée, paris. enfants parfaitement. sommes inquiets pour vous, soyez prudents, recevons lettres, écrivons par *Times*. — Riera. |

Bayonne, 27 jan. — Abaroa, 102, rue richelieu, paris. toute la famille bien, quintina une fille bien. — Fabian. | Menendez, 44, rue petites-écuries, paris. nous sommes bayonne, hôtel bilbaina, bonne santé, écrire ici. — Grégorio Mendez. | M. Baudelot, capitaine forestier. 39, caumartin, paris. sommes tous bien bayonne. — Ballet. |

Saint-Etienne, 26 jan. — Gonnet, 51, quai grenelle, premier ballon, comprendre augier. pouvez coucher chez lallier. — Gonnet. |

Rennes, 28 jan. — Barthel, 15, martel. santé excellente. reçu lettre 25e. madeleine mignonne. — Barthel Chauvin. |

Chéroy, 22 jan. — Claisse, 65, rue du bac. tous nous portons bien. — Brown. |

Fréjus, 26 jan. — Robert, postes, vieilles-haudriettes. allons bien. félix évadé de metz, bien portant, armée nord, écris. — Joulié.—

Agen, 28 janv. — Garrigues, place square, 1, batignolles. eugène passé agen, bien portant. — Gay. |

Nîmes, 27 jan. — Stapfer, tour d'auvergne, 37. hélène heureusement accouchée garçon. famille bien partout. — Bubut. |

Bordeaux. — 31 janvier 1871.

Sauve, 26 janv. — Lautier, rue duperré, 11. sans nouvelles, attendons impatiemment. tous bien. — Devère. |

Saintes, 28 jan. Faure, xavier, 90e, 4e bataillon, 4e compagnie, ambulance saint-louis, tous bien portants et les palarin. — Bridier. | Dard, rue saintonge, 22. reçu lettres ballon, porte bien écrivez-moi. — H. Dard. | Vernier, 12, quai célestins. tous santé excellente, magdeleine belle, grosse, léon mobilisé, officier payeur actuellement angers. embrassons parents amis. — Vernier. |

Romanèche, 27 jan. — Carnazet, grenelle st-germain, 122. reçu ta lettre, tout va bien ici. bretagne aussi. souvenir aux corcelles. courage, pensons à toi. — Ravinet. |

Saint-andré-le-gaz, 25 janv. — Gavard, 240, rue rivoli, paris. inquiète. écrivez ballon. georges et famille aix-la-chapelle, bonne santé, nous aussi, passage. — Dérieux. | Castéra, 95, boulevard haussmann, paris. tous bonne santé, reçu six lettres, remercie, continuez détails, bon espoir, courage, bravi prisonnier. — Gay. |

Angers, 26 jan. — Laroque, 1, carrefour observatoire. tous bonne santé. écrivez souvent, parlez d'émile et thérèse. gabriel prisonnier silésie. — Laroque. |

Pont-audemer 22 jan. — Lassimonne, avenue malakoff, 11. enfants pension, moreau argent. |

Marennes, 28 jan. — Hénissart, administrateur finances, paris. Jules très bien, lieutenant organisateur, mobile, 1er régiment, 2e escadron, périgueux, hôtel paix. relations constantes. — Henry. |

Vitré, 25 jan. — Basfé pierre. mobile vitré, 3e bataillon, 7e compagnie, suresne. parents voisins, amis bien. lettres reçues. courage. écris, affections toujours. — Hervé. | Rouault pierre, mobile st-malo, 5e bataillon, 4e compagnie. tous bien, victor pas parti. écris, courage. — Rouault Julien. |

Saint-valéry-en-caux, 23 jan. — Daclin, 29, tronchet. quatrième dépêche pigeons. recevons tiennes. — De La Bretonnière | Guérard, 23, penthièvre, santés excellentes à ingouville, lettres reçues, écrit lettre, envoyé beaucoup dépêches. — Guérard Saint-Genicé. | Delorme, corneille, 7. vendes. touché deux mandats. écrivez souvent, portons bien. envoyer lettre à marie. — Calipé. |

Chinon, 26 jan. — Jahan. 10, rue de strasbourg, paris. toujours chinon, bien portantes. — Jahan. | monsieur Bonté, capitaine, 137e de marche, saint-denis, paris. tous, salle verte, bonne santé peu, émile maire. eugène l'olive. — Albertine. |

Falaise, 21 jan. — Directeur école polytechnique, paris. pour Myse Kowski. santé parfaite, émile aussi. myrckowska. — Falaise. | Lebigre, rivoli, 142. habitons falaise, santés bonnes, recevons lettres. — Marc. |

Saint-Malo, 25 jan. — Guth, rue lafitte, 3. écrivez dollfus, saint-malo, vont bien. | Hovins, hôpital récollets, faubourg saint-martin. espérons prochaine guérison blessures, amitiés, ludovic, anatole, tous bien. — Clémentine Lemoine. | Baret, bouloi, 12. inquiètes toi. frédéric, écrire ballon. — Delamorandière. | Danlion, 92, saint-dominique. suis bien. avec amis. reçu aujourd'hui neuvième lettre, quatrième dépêche. lettres par toutes voies, vous embrasse. — Victorine. | Perrand, port bercey, 28. porte bien, besoin rien, reçois lettres saint-malo, athénaïs bien. | Dégieux, 59, amsterdam. installés à jersey, 1, charles street sainthelier. père, mère, sœurs, enfants, tous bien portants. — Angéline. |

Parthenay, 27 janv. — Hubert Proust. officier d'ordonnance, général blanchar. portons bien, recevons lettres, ai écrit une autre fois. — Delaunay. |

Bourneville, 26 janv. — Hurpy, chirurgien. 5e bataillon, 50e régiment. reçu lettres. volant partis octobre, issoudun. vais bien, prussiens venus, aucun mal. borée ici. |

Thouars, 26 jan. — Boulet, rue seine, 61. allez-vous tous bien? nous inquiets, répondez immédiatement. — Arthur Boulet. | monsieur Hautin, 39, de pontoise. prière effets de commode dans malle, dans cave avec bureau noir. froyer thouars nouvelles ballon. |

Saint-Florentin, 23 jan. — Thierriot, 44, rue de la borde. pas lettres depuis deux mois. je sais charles malade, inquiète, écrivez souvent. — Marie Vezin. |

Bordeaux, 25 jan. — Cochin, 34, rue doudeauville. santé bonne. besoins nuls. adressez lettres 93, rue porte dijeaux, bordeaux. — Brullon. | Laborne, 22, place Vosges. santé parfaite, chouzy pillé. — Laborne. | M. d'Aiguillon, 47, avenue grande armée, paris. reçu monsieur Turquet, trois cents francs. trimestre échu 15 janvier 1871. — Lallemand-d'Aiguillon. | Arone, 3, martel, paris. sans nouvelles depuis fin décembre. inquiète, gustave six dents, laure bien bonne, tous bonne santé. — Maria. | Arone, 3, martel, paris. plumes autruche bien augmentées. faites expédier à londres. écrivez souvent. tous bien, que faites saigon. — Samuel. | Gradvohl, 8, meslay, paris. contente de tes nouvelles. enfants et famille bien, maison hochfelden intacte, sarapin hayman bien, amitiés. — Sarah. | Gradvohl, 8, meslay, paris. reçu lettres 11 janvier. tous bonne santé. envoyez connaissements navires liverpool mon ordre. écrivez souvent. — Samuel. | Baudry, 11, grenetta. mademoiselle maladie longue, guérison lente, commence être mieux. nous bien. demandons nouvelles possible par ballon promptement. — Curutchet. |

Lechatelier, 33, madame. santés parfaites. georges callon, venu bordeaux, pensionnaire chez nous, suis lycée avec louis. eugène bien arras. — Lechatelier. | Callon, 9, rue odéon. prussiens menaçant, sur bordeaux chez lechatelier. eugène bien. arras. — Callon. | Helbronner, 4, rue papillon. pas nouvelles depuis 11. inquiet, navré bombardement, courage. soins papiers laisse, embrasse familles santé bonne. — Helbronner. | Bal, 8, place bourse. arnold, publié quatre suppléments, correspond avec experts, demande partout registre, concurrence agite beaucoup partout. — Duranteau. | Bal, 8, place bourse. tout bien partout, recettes liverpool extraordinaires, nouveau règlement, grand succès, envoyé copie lettre partout. — Duranteau. | Demilly, 19, calais. clinchant, georges, sains après bataille Villersexel, suis genève, près eux famille sophie bien. — Amélie. | Bardon, passage croix-bretonnerie, paris. enfants, moi bonne santé. même maison avec baillière, inquiète pour toi, gustave, parents, prudence. — Bardon. | Guarraccino, 4, rue de la paix. famille constantinople, bien portante, très inquiète de vous, donnez nouvelles. — Aigon. |

Cosson, 44, taitbout. leborgne prendra provisions mongruel, 53, faubourg saint-honoré, dire leroy, 5, feydeau. écrire mongruel chez durand. — Durand. | Mathieu, 24, larochefoucauld. inquiet. écrivez, ballon, 3. montesquieu bordeaux. — Lucien. | Laboulaye, 34, taitbout. mère rouen, mari gruchet, lucien, famille paul, tous bien. — Lucien. | Charles Saint, 4, pont-neuf. tous quatre bonne santé. restons calmes bordeaux. recevons toutes tes lettres, guillaume au lycée. — Saint. | Madame Thomassey-Chabert, 6, rue marseille. reçu ta lettre ballon. vu paul bien portant. as-tu reçu argent poste? — Chabert. | Sallantin, 12, saint-dominique. tous bordeaux, rennes bien. noémi avec deux filles, huy belgique. casimir capitaine arras. transmettez aux berilly. — Rey. | Madame Mantoue, 6, baudin. reçu lettre 16 janvier. bien portante, anna aussi, amitiés. — Marie. |

Legrand, 52, faubourg temple. bien portantes, écrivez pau. — Aline. | Lebaigue. lycée charlemagne santés bonnes, écrivez. — Lebaigue. | Blondel, 27, rue godot. heureuse année à tous. écrit à auguste, bonnes réponses, évelina nantes. nous bien. vous embrassons. — Blondel. | Audon, 37, rue poissonnière. recevons tes lettres. nous habitons bordeaux, rue tourat. notre santé bonne. — Audon aîné. | Haillard, 72, boulevard beaumarchais. demander ambassade amérique, ma dépêche dans journal *Times* pour vous signée D. — Druyresteyn. | Pouillet, 8, boulevard bonne-nouvelle. demandez ambassade amérique ma dépêche dans journal *Times* pour vous, signée D. Dauyresteyn. | Lucien Delatre, 10, Caumartin. sommes bien à arcachon. parents séravezza. léonce tours. — Arago. | Daru, 59, saint-dominique. bruno nommé lieutenant avec bourbaki. henry, pierre bien. — Daru. | Guillon, 64, quai râpée. tous bien portants, parents aussi. alexandre travaille bien. espérons te revoir bientôt. t'embrassons, courage. — Guillon. | Dax, seconde dépêche. toutes lettres reçues. santé, situation excellentes. nous t'embrassons. — Marcel. | Guillemeteau, 22, rue dunkerque, paris. heureuse de vos dernières nouvelles, aime, vous embrasse. vais bien, marie et enfants aussi. — Henriette. |

Lemaréchal, 49, harpe. tous nos enfants et moi allons bien. recevons vos lettres. — Julie. | Yver, 50, berri. bonne santé chez joseph. — Yver. | Devès, 59, rue maubeuge. ambès, changeur, rentrés pontoise. nos santés bonnes, avons argent, gabi parti. — Edouard Devès. | Delacourtie, 1, hauteville. trouville santés parfaites, assez argent. recevons lettres. parmentier, nineuil, dupré repartis reims. — Delacourtie. | Mantoux, 37, jean-jacques-rousseau. schleissmulh bermond, edgard, charles, hessel, angèle, fils tous bien. recevons lettres. — Delphine. | Spire, 31, boulevard bonne-nouvelle. reçu lettres. paul lieutenant Valenciennes, 65e ligne. gabrielle, jenny, julie lunéville, schleismulh tous bien. — Lyon. | Champy, 8, rue milan, paris. nouvelle lettre clician demandant vingt mille francs, sans cela menace abandonner affaire, envoyer instructions. — Bucquet. |

Malpas, 116, boulevard haussmann, paris. julien gué remet acquits pour six mille six cents sans régler, je vous avise. — Lemoine. | De Bretagne, 25, tronchet. donne nouvelles toi, mère et lombard. sans lettre depuis novembre, louis blessé. — Josson. | Nabères, 1, malesherbes, paris. reçu lettre 14, envoyez 7, deux dépêches, tous bien. — Nabères. | Mazerat, 14, rue clichy. santés parfaites. enfants fortifiés. recevons lettres. bourqueneys bien, affaire decazeville, lyonnais, satisfaisantes. — Elise. | Cail, 56, boulevard malesherbes, paris. familles bruxelles, halot, hébert et amis, familles thérèse, doublet, lefranc en parfaite santé. — Hébert Halot. | Lafon, 75, rue lafayette. tous santé parfaite, rené, andré surtout. vins soixante-neuf dix, vers deux cent vingt-cinq. — Andrieu. | Messener, 7, rue Crozatier. bonne-maman, maman, papa bien rouen, cousines bien genève. paul bien londres. — Hugot. | Madame Straus, 60, rue caumartin, paris. reçu lettre lundi, écrivez toujours londres. ai argent disponible. — Straus. |

Londres, 26 jan. — colonel Perraud, 35, rue billault, paris. tous bien, toutes vos lettres, eugène satisfait. — William Marston. | M. Eugène Janin, 3, rue st-hippolyte, passy, paris. lettre 15 janvier reçue 26. allons bien, embrassons. amitiés famille, amis. — Janin. | Cressent, palais-de-justice, paris. villers 20 janvier allons toutes parfaitement. bien aresnes aussi. avertis servant. — Cressent. |

Lodent, 68, faubourg-poissonnière, paris. reçu dernières lettres. envoyé plusieurs dépêches. vigual envoyé remises. — Hulsenbeck. | M. Besson 374, rue st-denis, paris. gours of ninth oh hand. all in good health, be preparing for spring deason. | madame Brébant, hôtel de rouen, 13, rue notre-dame-des-victoires, paris. mary une fille 13 décembre. tout marche bien. avec clémentine à vienne, marie, joseph, hélène, nous tous. — Louise. |

Valentin, 2, rue gluck, paris. reçu trois lettres, écrivez souvent. portons tous bien. lane envoie amitiés. — Pilter, derby. | Michau, 10, rue chaillot, ou 26, rue halles, paris. affaires genève mal, londres achètera travers. faut me voir avant rien faire. — Pilter, derby. | Laurent Pilter, 68, quai jemmapes, paris. reçu lettre 15 janvier. allez demander nouvelles michau, rue chaillot, ou halles, pressé. — Pilter, derby |

Aire-s.-la-lys, 23 jan. — Dujardin Paul, notre-dame-des-champs, 56. clef armoire noyer dans cartons verts, autres clefs dans armoire noyer. amitié. — Courmont. | Antoine Branche, rue hauteville, 89. clef armoire noyer dans cartons verts, autres clefs dans armoire noyer. amitié. — Courmont. |

Frévent, 20 jan. — Lefebvre, rivoli, 105. comme 20 novembre, depuis bonnes nouvelles saint-germain, cordillon, désigner provisions. — Lefebvre. |

Bézenet, 25 jan. — Corod, boulevard beaumarchais, 85, paris. ensemble cinq bien portants. — Moncelon. |

Châteauneuf-la-forêt, 27 jan. — Simon, saint-lazare, 54. marthe guérie, soignée par achille. tous bien portants neuvic. — Boyer. |

Croisilles, 22 jan. — Parisot, rue duras, 10. eugène porte bien, demande nouvelles tous ballons. cottbus, brandebourg prusse. — Lefebvre. |

Augerolles, 26 jan. — madame Vasseur, rue charlot, 5, paris. recevez nos sentiments sympathiques pour le malheur affreux que vous venez d'éprouver. — Grange Coiffier. | M. Lamouroux, rue michel-le-comte, 19, paris. reçu cinq lettres et deux frobert, écrivez souvent. allons bien, cussel aussi. — Grange Coiffier. |

Douai, 23 jan. — Touche, boulevard sébastopol, 55, paris. quatrième dépêche. aline tonnerre tous bien. — Denise. | madame Roumieu, 12, rue de la victoire. inquiète que devient pauline, écris-moi, je demeure 2, pont de tournay. — Eglée. | Heszler, capitaine, caserne cité. tous bien. vingt-huit lettres reçues. — Coulmont. | Prisse, 16, place vendôme. tous très-bien douai, versailles, lorient. reçoivent lettres paris. |

Londres, 25 jan. — madame Brébant, hôtel de rouen, 13, rue notre-dame-des-victoires, paris. soyez tranquilles, tout marche bien. avec clémentine à vienne, marie, nous tous. mary une fille 13 décembre. — Louise. | Edouard Parlier, 56, rue de londres, paris. femme et enfants bien, père et famille. madame levat aussi. — John Darby. | Madier-Montjau, 34, rue douai, paris. urgent réclamer décret expulsions locataires seulement juillet, loyers jusque janvier recouvrables créances ordinaires. — Madier. |

Ramus Madier, 6, avenue trudaine, paris. réclamer urgence décret locataires trimestres passés courant recouvrables sans privilége, expulsion seulement juillet. — Madier. | Stuttell, hôtel westminster, rue de la paix, paris. je n'ai rien entendu depuis novembre, écrivez ici. — Shpnaston. | Germain Hava, 59, rue blanche, paris. notre santé parfaitement bonne, vous embrassons. — Marionca. |

Thouars, 26 jan. — Clerc, sous-caissier ministère finances. reçois lettre 13. bien contente, santés toujours bonnes partout, voudrions nouvelles tamiet. — Soulet. |

Nice, 26 jan. — Brouty, 42, rue trévise. reçu lettres, sommes à nice, allons bien. cartier, éloy, dire à berteaux. — Havard. | Maillard, 24, avenue victoria. sommes à nice avec tes sœurs, tous bien. — Sarlande. | Pipaut, 12, hauteville. suis à nice bonne santé, havard, cartier. — Eloy. | Thompson. rue boursault, 70, batignolles. pas batignolles, habiter centre. autre même nom. adresser madame john thompson, nice, avenue gare. |

Roger, rue de maubeuge 28. tous bien. reçu tes lettres et portrait. embrassements de cœur, bon espoir. — Marie. | Bauche, 29, rue bucy. reçu lettre du 31 décembre, intéressante. écrivez souvent genève même endroit. tremblons pour... — Dassier. | comte Kergorlay, lieutenant 7e bataillon, 5e compagnie mobiles seine. frères, sœurs, parents bien. demandent nouvelles, sommes nice, mille tendresses. — Richemont. | vicomte de Richemont, 79, rue harco, belleville. les tiens vont bien, demandent nouvelles. sommes nice, cœur paris. — Alexandre. | Boutrais, maison leduc, paris. simon lefranc, 8, strasbourg, caen bien, écrivez. — Chevallier. |

---

123. Pour copie conforme :

l'Inspecteur,

Bordeaux. — 31 janvier 1871.

Morlaix, 26 jan. — M. Charles Vichot, rue des augiers, 5, paris-auteuil. familles bouilly, bruns vichot bien. henry nouvelles bonnes. | Steinheil, 85, cherche-midi, paris. allons parfaitement tous parents aussi. — Marie Steinheil. |

Nantes, 26 jan. — Davioud, boulevard st-michel, 4. tous bien portants, seule maman souffrante. enfants magnifiques, recevons lettres, envoyons dépêches courriers, courage. — Davioud. | Guillot, 43, miroménil. tous bien portants, recevons tes lettres. — Léontine. | Ladmirault, 3e du 1er mobile loire-inférieure, mont-valérien. cinquième dépêche, famille bien, prendre deux cents francs plus. caillard prisonnier. — Ladmirault. |

Jean Vian, artilleur 2e batterie de loire-inférieure, paris villette M. mourant te dit de demander argent à son fils. nous nous portons bien — Vian. | Mégard, 5, paix. cher père bien portantes, recevons lettres. — Mégard. | Duhanlay, lieutenant-colonel 31e régiment mobiles morbihan. nantes 26 janvier marie et tous parfaitement. — Marie. | Hébert, officier ordonnance, 75 avenue italie. jument réquisitionnée six cents. nouvelles provinces bonnes, bonne santé familles, lettres parviennent exactement. — Hébert. |

Coby, rue chabannais, 9, paris. votre fils à burg prisonnier, pas blessé. sarah, penseur liverpool, navigateur, réveil st-nazaire. — Demange. | Denisane, rue chauchat, 10, paris. eugène besoin argent, donnez, remettrai. j'ai donné à élisa robillard bintinays. — Douaud. | M. Coicaud, 4, rue choiseul, paris. reçu cinq lettres, merci. rideaux soupente petit escalier intérieur, 19, place bretagne. — Gautier. | M. Hélie, rue singer, 13, paris-passy. tous bien portants, reçu argent. bien inquiète, écrivez souvent. — Dautremont. | M. Dautremont, rue singer, 13, passy-paris. bien portants, votre mère aussi, reçu argent. bien inquiète de vous tous. — Dautremont. |

Maublanc, 7, péronnet. tous bien portants, georges, tony, roch volontaires armée chanzy. écris-nous. — Francheteau. | Albert de Querhoënt, capitaine bataillon de quintin, côtes-du-nord. sommes bien portants, donne nouvelles par ballon. — Querhoënt. | Lucien Douillard, hôtel europe, rue valois. vos lettres reçues, ernest et arthur non partis encore. tous bien. — Siffait. | Richer, 15, rue cerisaie. tous bien portants, inquiets de vous. dernière lettre 5 janvier, albert bonne santé. — Patte Moreuil. | Marcillac, 5, iéna. 25 janvier mère agathe dinars, maman à nantes, bertrand, enfants, sesmaisons vinoy, moynes, brèche, lamotte bien. — Denise. |

Guillet, collaborateur, 10, rue gaillon, paris. sommes bien portants, reçu lettres, nouvelles par gaulois. courage, merci. — Guillet. | Bonnin, hôpital beaujon. cordier, beaudry, amélie robert, martin, mouton parfaite santé nantes. partons limoges. — Baudry. |

Valognes, 26 jan. — Beugnot, ministère guerre. chiffrevast roches santés bonnes. arthur superbe. embrasse papa. écrire constamment dépêches. angoisses infinies, tendresses. — Beugnot. |

Voiron, 27 jan. — Clot, furstemberg, 8. allons tous bien. françois externe dominicains, pays tranquille. monsieur laforest bérard. recevons vos lettres, plusieurs perdues. — Laforest. |

Ste-Foy-la-grande, 28 jan. — Fuch, 28, boulevard sébastopol. toutes églises reçu sauf deux. shedlock envoie cinq mille. enverrai part évangélisation. écrit église libre. — Em. Guignard. | Laffiteau, vivienne, 37. tous bien, lettres souvent reçues, envoyé plusieurs dépêches, réponse aussi lucie, jeanne durfort bien. agen, marseille bien. |

Le Havre, 23 jan. — m. Jouvet, rue st-andré-des-arts, 45, paris. nous toujours libres. attendons vos nouvelles avec anxiété. — Desmares. | m. Boissier, place palais-royal, 2. mère va bien. — Mustel. | Michelet, 131, boulevart sébastopol. ai régularisé affaire deux jules arrivé courant octobre. chlorure 1, cinquante-cinq vendeurs ici, 19,50. — Lallouette. | Bellest, garde mobile, 3e compagnie, 5e bataillon, 50e régiment. nos familles vont bien. confiance, lettre 7 jan. reçue. — Edouard Bellest. | Lasserre, 83 bis, boulevard richard lenoir. descente heureuse à châteauroux, suis bien portant. — Carnaud. | Blount, 3, rue paix. paris. affrétez chalands jusqu'à concurrence de dix mille tonnes sous réserves indiquées à langlois. — Carnaud. | Fleury, 97, rue martyrs. descente heureuse à châteauroux, louis et moi bien portants. — Carnaud. | Fay, 9, paix. paris. 4e dépêche. allons tous bien. élisa complètement rétablie. — Fay. | Coville, bréa. toujours bolbec. marie aussi, alexandre. havre. alphonse bien, émile koslin, arthémise lyon, tous bien. — Coville. | Burgain l'échiquier, 19. tous bonne santé, restés havre, reçu crédit. vous embrassons de cœur. — E. Burgain. | Jung, 19, rue lille, reçu lettres, 11, 12. tous bien southampton.—Tarral. |

Bagnols, 24 jan. — m. Thomme, 67, avenue joséphine. nous portons bien tous. recevons vos lettres. bien tourmentés.— Thome. |

Nimes, 24 Jan. — d'épinois francs bourgeois, 25. tous bien portants, mère, sœur à tarascon, émile prisonnier.— Caffaro. | Grosclande, 28, rue truffaut. nous allons bien, écris plus souvent. — Monrier. |

Uzès, 24 Jan. — Cessot, 37, faubourg saint-antoine. écrire plus toulon, chez doré. uzès gard, tous portons bien, dépêche déjà envoyée 7 décembre. — Cessot. |

Nimes, 25 Jan. — Doffes, 74, rue montorgueil. Jules armée de l'est. portons tous bien. — Barthélemy. | m. Paulrain, 25, drouot. émile, marie toujours parfaitement. 11e dépêche. tous bien. pauline valognes bien. — Poiret. |

Vigan, 24 Jan. — Rouquette, 17, paradis poissonnière. vigan, tous oui, non. retirer chez lamarque, menuisier, bois, cave mayet pour brûler. — Rouquette. | Mlle Dupuy, 32, rue madame. comment allez-vous? reçu une lettre mercredi. écrit plusieurs, plus rien, reçu. — Ginestaus. |

St-Julien, 24 Jan. — Tanrade, 5, rue de sèze. tous quatre bonne santé. bébé sevré, marche, grande hâte rentrer, tes lettres arrivent bien. — Anchier. | Battendier, 8, coquillière, baudoin, moi. rouvray sommes bien. irons baudoin, moi, paris, sitôt possible. argent sœur, baudoin si besoin. — Perroud. |

Aix, 25 Jan. — m. Robert, rue sts-pères, 11. marie venue à aix avec nous, toutes bien lettres reçues. — Rostan. | Whately, rue gay-lussac, 21. chambres de maman et mienne à votre disposition. — Rostan. |

Alger, 25 Jan. — m. Castex. médecin major ambulance vincennes, 3e corps 2e armée. tous bonne santé. — Castex. | Pillard, rue simon le franc, 14. reçu lettre, maladie auguste inquiète, écrivez souvent donnez vêtements chauds peu argent, embrassons. — Honorez. |

Batna, 24 Jan. — Viel payeur principal, 2e corps paris. lettres reçues santé bonne souhaits bonheur edmond lieutenant actuellement constantine translation division batna. — Viel. |

Constantine, 25 Jan. — Durand, 22, boulevard chapelle. envoyé 100 fr. pigeons vous charlot pas réponse pourquoi marie seule écrit bonne santé comment vous. — Veilley. |

Marseille, 25 Jan. — Fremier Dieu, 9. santé bonne lettres reçues marseille depuis 4 mois. — Célestine. | Guillibert taitbout, 8. tous santé parfaite gabriel giessen, louise, bucharest. — Nathalie. |

Duc Acquaviva, cours reine, 20. reçu vôtre de noël avigdor chave écrivîmes par moulins 2 et 9 Jan. triompherons. — Chave. | Orcibal, notaire, boulevard st-michel, 26 colonel parran est tué annoncez cette triste nouvelle avec ménagement à sa mère. — Ckiandi. | Banque france. envoyez relevé nos traites acceptées ernest garnier et fils ou charles mercié. payerons succursale. — S. Marsop et Cie. | Villebrun, 18, rue oberkampf, paris. reçu aujourd'hui votre lettre du 13. nos siciliens vont à merveille et nous pareillement.— Laurens. | Labaume 11. monsieur. lettres cinq douze reçues, sommes tourmentés pour tous, envoyons tristes sympathies, si possible venez. allons bien. — Berlier. | Mlle de Poorter, 13, rue bac. suis marseille depuis septembre. écris à adresse suivante : english hôtel, 20, quai port. — Gousseau. | Paul, 18, rue claude-vellefaux, paris. moi filles portons bien, heureuse toi reçu dépêche. marseille calme, louis mort décembre.—Blanc. | directeur france, 14, rue grammont. marseille pas sinistre prime rentre argent banque renouvellement docks continue, usine refuse dotemar anonay. — Espanet. |

Dufeur, 15, boulevard poissonnière, paris. supplie abriter mon mobilier papier précieux déjà écrit. y compte nouvelles de madame dufeur. — Colet. | Cassignoul, 61, rue lafayette. voyons sauvé manquons de rien. tous dieppe avec nous. dire maurice écrire, embrassons, courage. — Laure. |

Charolles, 25 jan. — Chandon, rue richelieu, 85. charolles bien. alençon bien. — Charnay. |

Angers, 25 jan. — Soupe, rue st-merry 5. prière de nous donner nouvelles d'henry a percepteur, angers. — Picard. | madame Peaucellier, boulevard malesherbes, 20, peaucellier interné à dilling et defrance, tous parfaitement. — Antoine. | Vinit, boulevard madeleine, 11. santé bonne répondu, lettres dépêches, reçu vôtre clefs encoignure, ouvrir prendre nécessaire, bougie sur armoire. — Vinit. |

Baugé, 25 Jan. — Thomasson, rue malesherbes, 1, paris, lavallée mort demander contrôle pour lépiller. — Lejeune. |

Saumur, 24 Jan. — Soulaine, nicolas, 44, paris. — tout bien, 300, 7 Jan. st-étienne deux sèvres par bressuire souffert saumur amis faux. — Soulaine. | Turbert 168, rue temple, 8me, portons tous bien argent. — Turbert. |

Sables-d'olonne, 24 Jan. — Fruchard, sentier, 20, paris, sœur, madame, arthur, atalie, portent bien. perouc mobilise sables, embrasse cœur. inquiète nouvelles suite. — Nicolleay. | Leroy, rue tour d'auvergne, 42. tous bien portants, manquons de rien. — Mélanie Leroy. | Bindez, rue courcelles, 33. tous bien portants, manquons de rien, recevons lettres. — Alice Bindez. | Cattet, rue châteaudun, 16. reçois lettres. santés bonnes. raynal en belgique. descendre si possible nos effets, etc. — Locré. | Folliau, 15, avenue des amandiers. famille entière santé parfaite. — Louise. |

Castelsarrasin, 26 jan. — Petijean, rue du vert-bois, 44. avons reçu lettres montigny et équevilley, ils vont bien. écrivez-moi castelsarrasin. — Alhene. |

Avranches, 25 jan. — Mercier, 12, Isly. reçois lettres, oncle biarritz, saubade, st-brieux, tous bien. — Mercier. |

Montrésor, 26 jan. — Wolouski, 45, rue clichy, paris. thècle wolouska casimir, bonne santé, montrésor reçoivent vos lettres, guérin passy, bonne santé. — Casimir. |

Armentières, 23 jan. — Questroy, rue mail, 8. paris. santés parfaites, installées bien, chez l'hermitte, irons termonde si urgence, françois renvoyé cheval vendu. — Questroy. |

Mende, 26 jan. — Grousset, rue laromiguière, 12. mère et paul partis angleterre, avec famille guérard, ignorons adresse. allons bien. parlez tournemine. — Régis. |

Bordeaux, 28 jan. — Vaudoyer, 15e bataillon chasseurs, fort vincennes. reçu lettre 15 janvier. demandons anxieusement nouvelles. écrivons souvent, prions pour tous. tendresses. — William. | Labadie, rue et hôtel bergère. familles sainte-foy, veracruz bien portantes, reçois vos lettres, nos amitiés. — M. Bellon. | Deguerry, 263, rue st-honoré. rien reçu, suis inquiète. prière donner nouvelles 82, cours jardin public. — Yrigoyen. | Lescurre, 31, rue victoire. allons bien, ouvrez partout si besoin clefs tiroir, commode, louisa. — Georges. | Jouaust, 338, st-honoré. enfants très-bien, moi fatiguée, donne détails sur toi. soigne-toi, embrassons émile, ta mère bien. — Sara. | Chauvelot, 60, haussmann. mesdames chauvelot, jobit, beaudoin bien portantes, royan. — Lapouyauce. | Roziès, médecin, 106me. lettre 16 seule reçue. bonne santé, vœux sincères, inquiets, attendons secousse. délivrance. pas rendre. province sauvera. — Girardeau. | Mlle hottin, rue st-pétersbourg, 2, paris. suis bien, sans nouvelles boisguilbert. mon adresse rue bardinaux, 13, bordeaux. — Irma Hottin. | m. Caban, st-arnaud, 6, paris. reçu lettre du 20, sommes tous très-bien. bizy épargné réellement. prends patience. — Caban. |

Londres, 25 jan. — Michel, 5, rue turbigo, paris. michel, thérèse, andré, jenny, clara, léa parfaite santé. andré superbe, 23 janvier. — Michel. |

Epinac, 25 jan. — Bonnardot, 1er bataillon, 5me compagnie, 13me régiment gardes-mobiles, paris. tous bien portants, recevons lettres, pas été envahis, écrire souvent. — Bonnardot. |

Bessèges, 26 jan. — Benoit, rue labat, 5. ai lettre du courant, allons bien. — Benoit. |

Nimes, 26 jan. — Coquerel, rue de boulogne, 3, paris. santé bonne, eugène à castres, pays tranquille anxiété générale, reçu lettres, merci. — Donzel. |

Sétif, 24 jan. — Greslez, 14e corps, 3e divison. ambulance. clothilde, avec jeanne, bordeaux, rue boëtie, 28. bonne santé. lettre reçue.—Greslez. |

Castres, 27 jan. — Augustin gourdou, caporal, 7e mobile, 2e bataillon, 2e division, 3e corps. santé bonne, lettre reçue.—Gourdou Vaissière. |

Ax, 26 jan. — dame Ghys, 53. sainte-anne. paris. allons bien. — Guilhaume. |

Cherbourg, 24 jan. — Samson, 77. rambuteau. santé bonne, grande inquiétude, m'écrire, eugénie, mes enfants vous tous toute ma pensée.— Nathan. |

Semur-en-Auxois, 23 jan. — Mlle Kuss, guy-de-labrosse, 10. tous parfaitement semur. recevons tes précieuses lettres. prussiens venus sans faire mal. adrienne sevrée marche. — Joséphine. | Vogüé, rue bourgogne. vos lettres arrivent. comarin, environs, parcourus, non maltraités. célibataires 40 ans appelés. dijon délivré. chastellux intact. — Chatelain. | Cortot chez cosseret, boulevard sébastopol, 34. paris. familles cortot, cosseret vont bien. reçu lettre 12 jan. ton père. — Cortot. |

Moulins-s-Allier, 26 jan. — Bonnefous directeur urbaine, 8. lepelletier. sinistre creuzot, un million, minimum, suivant vos errements me substitue collègue guérin. — Desjardins. |

Lézignan, 27 jan. — Charpentier, rue de bercy 47. paris. reçu lettre, pris note de vos ordres pour expédier, dès possibilité, selon vos instructions. — Charras-Borrelly. |

Cérilly, 25 jan. — Devaux, 12, taranne, paris. tous bien, marct. rolland, pontagny saufs. — Dumas-Primbault. |

Arcachon, 28 jan. — Berthelin, 20. tronchet. santé meilleure, province avance, espoir, recommande mozetti, gratitude amitiés.—Marechale. | St-Arnaud, 4, tournon. allez loger malesherbes mougiz lanon. province marche. tendresses. — Maréchale. | Bellanger, rue victoire, 58. coutance-gisors-étaf. santé. reviendrai vite écrire lausanne, trois villers aix chapelle. femmes, enfants, rejoints. — Bellanger. |

Figeac, 25 jan — madame prunières, 32, rue de bruxelles, sous-préfet montmorillon, santé de tous parfaite. — Prunières. |

Tonnerre, 24 jan. — Gagin, rue st-denis, 90. bonne santé, reçu lettres. tonnerre, 23 janvier. Gauthier. |

St-Sauveur-en-Puisaye, 23 jan. — Brunot, capitaine artillerie, rue vaugirard, 397. portons bien à toi de cœur. — Anna Brunot. |

Saintes, 23 jan. — Gillet, pharmacien, maison, aliénés charenton. marguerite même. émilie malade. santés bonnes. — Gillet. | Dumont, avenue trudaine, 31. paris. santé excellente. famille laporte également reçu ta lettre du quatorze janvier. — Malus. |

Royan, 23 jan.—Ruet, rue cujas, 21. reçu cinq cents. écrivez vite.—Poignon. | Masse, rue saint-denis. reçu hier bonnes nouvelles des enfants. connaissons bombardement. espérons en Dieu pour vous et famille. — Viarmé. |

La Rochelle, 25 jan. — Alquier, commissaire, fort bicêtre. rochelais, rochefortin, bordelais, bonne santé. marie vu matelot. faire questions numérotées.— V. Alquier. | Renart, notaire, rue montmartre. vingtième dépêche, très tourmentée. reçu lettre du 12. santés bonnes. — Renart. |

Guingamp, 21 jan. — Arnould, gendarme, 3e compagnie, 1er bataillon, caserne louvre. tous bien. lettres reçues. accusez réception. dites où, comment ernest guiot.— Guiot. |

Tréguier, 21 jan. — Delabaronnais, mobile côtes du nord colombes. paris. avons reçu lettre. donne détails sur toi. — Delabaronnais. | Yves-

Bordeaux. — 31 janvier 1871.

Marie Lucas, mobile côtes-du-nord, 5e compagnie, colombes. paris. reçu lettre. famille bien. écrit plus souvent. — Marie Lucas. | Hamel, professeur escrime, 6, rue de la visitation. voudrions bien avoir vos nouvelles. écrivez ballon, sommes bien. — Gravion. | Duplessis Kergomard, officier mobiles, côtes du nord, colombes. paris. tous bien. edmond écrit. écris donc aussi. recevons rien. — Léocadie Duplessis. | Lemillier, 61, cherche-midi. paris. reçu lettre. pas de nouvelles amédée, armée chanzy. emmanuel rennes, sommes bien. — Bourgeois. — Leflem, officier, mobile côtes-du-nord. colombes. paris. recevons lettres, écris toujours. tous très bien, mobilisés partis. nouvelles sergents. — Leflem. |

Lons-le-Saunier, 23 janvier. — Dupuy, 20, truffaut. étoile quatre bien portants. prier regad prouvaires, 8, écrire guichard. — Baguet. | Depautaine, capitaine, 13e marche. lettres parviennent, sœurs, neveux, girod, bousson portent bien. — Broney. | Letellier Delafosse, au crédit foncier. payez emprunt, avez titre définitif sur compte courant 933. tous bien a pise. — de Bouis. | Mazaroz, 45, boulevard prince eugène. paris. allons tous très bien. avons reçu lettre. — Fanny Mazaroz. |

Orange, 22 jan. — Lassia, soldat, ambulance trente-trois., santé famille bonne. accouchée garçon. réponse immédiate. — Elisabeth. | Nogent, 4, verneuil. tout bien. tranquillité. — Bounange.

Toulouse, 21 jan. — Jougla, 10, latran. tacher avoir nouvelles georges eychenne, soldat 1re compagnie, 3e bataillon marche, vingt-quatrième régiment. — Jougla. | Mme Chabannes, 5, rue greffulhe. albert toulon, amitiés, tendresses. — Chabrier. | Blacque Vignal, 19, rue de grammont. payez cinq cents francs à victorine rigal, domiciliée, 6, rue mollet, impasse st-louis batignolles. — Rigal. | M. Caszalot, 189, rue st-martin. ramassiers depuis 18 septembre, bonnes santés, appris malheur, reçu deux lettres de mère, réponse. — Caszalot. | Laffrogne, 85, rue turbigo. Cordier mis enfants pension st-pierre à cusset, (allier.) vont bien. corresponds avec eux. — Linas. |

Debenque, banque france. santés bonnes. enfants, sages travaillent bien. henri bien, armée bourbaki. mère bien portante. — Mathilde Debenque. | Lasvigne, capitaine génie, hôtel nord rue bourgogne. père mère allons très-bien pas de tes nouvelles depuis 11 janvier. — Lasvignes. | Donny, 2, rue de rohan. enfants tous à la maison, bonne santé. maman montpellier, attendons dépêche impatience, georges va bien. — Poyen. | Amade, 32, quai célestins. bloume nommé capitaine gendarmerie annecy. familles bloume duffaut vont bien. — Bloume Duffaut. |

Victoire Rigal, 6, rue nollet impasse st-louis, batignolles. Blacque Vignal te remettra cinq cents francs, comment allez, réponse. — Rigal. |

Grenoble, 22. jan. | Bouvet, 54, fonbourg st-honoré. tous bien vers. sans nouvelles de toi. très-inquiète. écris. prends courage. tiens tes promesses. — Bouvet. |

Grenoble, 23 jan. — Aubiact, 43 sébastopol, paris. chers amis, pensons à vous jour et nuit avec grande espérance voyant partir nombreux bataillons. — Couthon. |

Perpignan, 24 jan. — Pasquier, 16, chauveau-lagarde. paris. bien portants perpignan, 23, grande rue réal avec camille. — C. Pasquier. |

Montauban, 25 jan. — Mourceau, 27, rue mail enfants bien occupées, jacques toutes bonne santé, bien installées, manquent rien. — Leduc. |

Castelsarrasin, 23 jan. — Teyssier, 93, st-lazare. Désirerions nouvelles familles votre feyt. allons tous bien, bordeaux. bonnefous commandant pierre lycée toulouse. — Mioulet. |

Bordeaux - Chartrons, 25 jan. — Deutch, 23, croix-des-petits-champs. attendons toujours nouvelles de toute la famille. avons écrit par times. — Chenard. |

Clermont, 23 jan. — Planard, 125, rue montmartre. à travers tant périls, vous adresse affectueuses condoléances et amitiés. — Fontaine. | Montlouis, capitaine, 138e, saint-denis. cardinal guillard t'envoie meilleurs souhaits. prisonniers erfurt écrivent souvent. je prie pour toi, espoir. — Céline. | M. Riquet, 64, boulevard beaumarchais, paris. à clermont, sans accidents. pas emprunté d'argent. résigée t'embrasse. — Louise. | Gosset, 8, rue du louvre. bonne santé, reçu vos lettres chez miss rouse, 5, saint-clément's road, jersey. — Marie. | Darleux, 28, rivoli. paris. espérances déçues pour les deux sœurs. santés bien remises. louise bien à rouen. — Léontine. | Corbel, 25, aboukir. paris. parents, amis, santé bonne, ont souffert moralement, reçu toutes lettres. laurent prisonnier, courage, confiance. — Robin. — Duvanel, 6, jeûneurs. paris. avez-vous payé savoye, donnez nouvelles, courage, confiance. — Teisset. |

Châtellerault, 20 jan. — Gossin, boulevard saint-andré, 2. théodore poitiers avec mobilisés. santés bonnes. mathilde offre peu qu'elle a chez elle. — Elisa Gaussin. | Porthman, 132, faubourg saint-denis. porthmann prisonnier coblentz reçu lettre. santés bonnes. communiquez. savignon, 34, fontaine. réponse. — Savignon. |

Chauvigny, 24 jan. — Gazeau, 36e régiment, 2e bataillon, 5e compagnie. reçu ta lettre poitiers. tous bien. tes frères sont ici. — Gazeau. |

Isle-Jourdain, 24 jan. — Ducloux, 9, boissy-d'anglas. paris. santés excellentes. enfants parfaitement. jenny très-bien. ouvrez cave. amélie. prudence, précautions. — Victorine. |

Montmorillon, 24 jan. — Laillot, 30, boursault batignolles. lepeux, vingt-quatre janvier. toutes très bien, inquiète de vous. écrivez, donnez nouvelles nos messieurs. — Léonie. |

Poitiers, 25 jan. — Deschavanne, 7, rousselet. donnez nouvelles. — Solaville. |

Saint-Servan, 23 jan. — Bézard, Jean-Marie, quartier-maitre, canonnier, fort romainville. sommes inquiètes, sans nouvelles depuis deux mois; tous bien, frères à brest. — Bézard. | Valentin Guérin, mobile, 7e compagnie, 5e bataillon, 26e régiment. charenton-paris. Mme Guérin, famille parfaite santé. reçu lettre du 13. — Guérin. | Liége, officier, bataillon saint-malo. tous indistinctement bien portants. que devient joseph? vieux indigne de tes nouvelles. écris-nous. — Liége. |

Saint-Mâlo, 23 jan. — Douin, écluses saint-martin, 43. tous bien, partons pour Jersey. crainte. lettres bureau restant Jersey. legrand; breley viendront bientôt. amitiés. — A. Douin. | Destors, rue Lafitte, 13. paris. tous bien portants. maman reçois tes lettres. adèle la rejoindre. eugène venu à dieppe. — Pecourt. | Calame, 15, rue arcade. tous bien dinard. nouvelles mère. goujon, molemon, restés meaux, veillent sur elle. — Calame. | Bouchut, 38, chaussée d'antin. fille reçoit aussi lettres. houlier fils arrivé. bouchut, baillebache, baron chenard. bonnes santés. baisers. — Bouchut. |

Landerneau, 22 jan. — Yves Leroux, mobile finistère, 2e bataillon, 4e compagnie, paris. tous bien, donnez nouvelles de thénénan, jézéquel, françois scléar. — François Leroux. | Thénénan Jézéquel, mobile finistère. 2e bataillon, 4e compagnie. paris. tous bien. donner nouvelles de françois scléar, yves leroux. — Yves Jézéquel. | François Scléar, mobile finistère, 2e bataillon, 4e compagnie. paris. tous bien, donner nouvelles de Jézéquel, thénénan et yves leroux. — Gloanec. |

Morlaix, 22 jan. — Demollieus ou Jean, rue saint-honoré, 235. donnez nouvelles. tours envahi. — Thomas, chez chaumont, grande place, morlaix. finistère. |

Quimperlé, 21 jan. — Solminihac, état-major amiral duquillo, cinquième secteur. boulevard neuilly, 117. hénin. marie accouchée 15 janvier. mère et fille très bien, familles bien. — Dampheruet. —

Brest, 23 jan. — Mengin, 25, rue vaugirard. malgré tourments, tous bien. louise, léonie, aussi. reçu lettre du 12 essayons tous moyens correspondre. — Normand. | M. Hérache, capitaine, 5e compagnie, groupe mobiles finistère, 3e armée, 1er corps, 2e division, depuis 20 septembre, sans nouvelles, en donner immédiatement. pas toucher pension faute de lettres, tous bien. — Hérache. | Alix, chef de gare, embarcadère de paris à sceaux, barrière d'enfer. héléna accouchée le 20 janvier d'un garçon. mère et enfants très bien ainsi que nous. — Delaporte. |

La Rochelle, 25 jan. — Durand, 22, rue des moineaux. courage, partageons chagrin, voulons pensiez retour chérie zaza. — Eugénie-Elisa Lecornu. — Général Berthaut. portons bien. georges sous-lieutenant au 37e, reçu enfin lettre du 5. — Berthaut. | Denis, neuve petits-champs. 29. paris. portons bien. reçu votre lettre 13 janvier. avons bonnes nouvelles de Mme Meunier et hippolyte. — Bourciez. | Lemoine, 7, scheffer. passy-paris. sommes rochelle bonne santé, recevons lettres. heillmann bien chez oncle petit. bréham niort. — Lemoine |

Docteur Cretoy, 23, rue lemercier. sans nouvelles auguste lemay. très inquiets, lettre par premier ballon. — Lemay. | Godelier, val-grâce. toutes santés bonnes. lucas vous autorisent prendre leurs provisions. forcez placard. chambre domestiques. clef appartement concierge. — Cécile | Simouneau, 55, richelieu. tous bien portants, compris louise bébé. édouard capitaine, sain sauf après bataille. — Simouneau. | Corbel, vérificateur canal, villette. tous bonne santé. lettres reçues. caroline chez espinasse. courage et patience. — Roussel. |

Royan, 22 jan. — Adrien, 46, bac. reçois lettre. famille tous bien. père procure argent inquiets. — Lortie Cozes. | Kien, 25, mail. tous bonne santé, recevons lettres. — Benoist. |

Saintes, 22 jan. — Dangibeaud, ministère marine. paris. allons bien, aïeule, berthe aussi. isabelle marche, parle charles appelé. eugène malade. — Marie. | Garreaud, 60, grenéta, 50, paris. enfants vont bien, chez amie, saint-brieuc. — Martin. |

Marans, 22 jan. — Perrier, intendant militaire. sommes tous rue st-jacques, 131, rochefort. très inquiets. sans nouvelles. savons rue rennes bombardée. écrivez. — Amélie Meunier. |

Rochefort, 23 jan. — Monsnereau, 54, mazarine, reçu lettre 13. tous heureux. santé bonne. pourtant inquiets. grande prudence. déménagez si nécessaire. troisième dépêche. — Masseau. | M. Collet, 85, rue cardinal-lemoine. écrivez-moi à rochefort. dernières nouvelles de paul datées 5 janvier très bonnes. — Collet. | Goepfert, 13, avenue victoria. bonne santé. frères montbéliard. hangar pas démoli. — Marie Goepfert. | Lax, 17, rue joubert. écris-moi à rochefort, dernières nouvelles de paul datées 5 janvier très bonnes. — Collet. |

Albi, 25 jan. — Blum, rue échiquier, 3. paris. nathan, trésorier albi. — Blum. | Gervoy, 26, bourgogne. votre mère, nous tous, allons bien. prenez précautions, donnez nouvelles. — Combettes. |

Avignon, 24 jan. — Mme Flasseux, 116, rue montmartre. paris. Jules prisonnier, marie avignon. pensons à vous, mille carresses. — Dufournel. |

Bordeaux, 25 janv. — Dutailly, prouvaire, 3. Georges hambourg. santé parfaite. envoyé argent léon bonne santé. — Villemaine. | M. Delaborde, 7, rue de londres. approuvons tes sentiments. nos cœurs à toi. courage. Dieu te garde! nous t'embrassons. — Delaborde. | Triquet, boulevard saint-michel, 64. avons santé, argent, sécurité dunkerque, église 22. sainbenoit bien, reçu lettres, amitié, écrivez. — Dufresne. | Vannacque, boulevard montparnasse, 58, paris. quitté sollies 11 octobre. suivi planque. lettres tardives, dernière du 10. bordeaux, poste restante. — Vannacque. | Fries, 19, marignan sommes bordeaux hôtel de france, écris. bonnes nouvelles de tous. t'embrasse tendrement. — Sophie. | Béchet, administrateur postes. sommes bordeaux chez rainbaud bien portants, parents saint-denis ai bonnes nouvelles. — Theuret. | West, 39, neuve des mathurins. visité houpeurt, paierons février obligations. femme, filles, ancenis, bonne santé, bonnes nouvelles familles cornudet marcotte. — Denion Dupin. |

Gérinroze, 4, provence. reçu souvent tes lettres, mari resté à épernay. tante, vichy, pas décidé quitter, portons bien. — Goulé Péroud. | madame Leriche, pont de lodi, 3. julia, victor, edmond, eugène, vont bien. édouard pas écrit. catherine. 193, bordeaux. — Lintilhac. | Lamouroux, 8, quai de gesvres, paris. bagnères-de-bigorre. familles lamouroux, chevalier, tous bien. — Lamouroux. | Romilly, 22, bergère, paris. allons bien. recevons lettres trop courtes. envoie ton portrait. — Elisa. | Castries, place vendôme, paris. reçois lettres, toute famille bien. réclame cinq mille francs rotschild. tendresses, bruxelles. — Iphigénie. | Picard, place bourse, 12, paris. confirme ma lettre. reçu la vôtre, quitté londres pour gand, belgique, hôtel cour autriche. — Degreteau. | Viennot, directeur ministère affaires étrangères. sommes maintenant à gand belgique, hôtel cour autriche, maman, à églantine, bien portante. — Adélaïde. | Lefébure, 5, boulevard poissonnière, paris. votre famille, vos enfants sont en bonne santé. recevons vos lettres. — Robijt. | Burion, 39, saint-georges, paris. portons bien, sommes florence, recevons tes lettres, envoyé déjà dépêches successives. — Burion. | Cahen, rue cadet, 6. vous adresse trois dépêches chaque semaine. reçois presque rien de vous, très inquiets. allons bien. — Landeau. | Fule, rue cléry, 5. femmes, enfants à bruxelles, portent à merveille. bon courage, amitiés. — Landeau. |

Cazobonne, juges-consuls, 4. dire joseph écrire, parents inquiets. père, peu malade, guéri. louise enfant bien. — Fitte. | Crauk, fléchier, 2, paris. tous vont bien, henri, paul, partis. gabriel non. son enfant mort à six semaines, magnifique. — Crauk. | Rohr, boulevard voltaire, 13, paris. confirme dépêches par pigeon, allons tous bien. écrivez chaque ballon, reçu toutes vos lettres. — Fhoutbergner. | Vidor, 25, des sablons, passy. reçois tes lettres, allons bien tous. — Mme Vidore. dieppe. | Courras, 20, rossini. aucune lettre depuis 22 décembre, révolution montévidéo. continue affaires calme affaire, bradbury marche bien. — Mensignac. | Gabrie, 11, monthyon. nous sommes réunis à lafitte, bien portants. écrivez. — Marthe. | Paul Valpuicon, 22, taitbout. bonnes nouvelles de marguerite, famille esnée à lafitte. écrivez-nous. — Marthe. | Chaligny, 12, chaussée-antin. yvonne bienvenue, souvenirs pour tous, prenez les provisions que pourrez trouver chez nous. — Desévre. | Julie Herbert, 20, marignan, paris. allez voir lévy worms, 14 rue halévy et archimandrite josaphat, 22, rue racine. — Cretzoulesko. | Pilté, 5, 7, babylone, paris. fils si prisonniers, irai avec vous, qu'importent hôtels, gardez-vous, embrasse. — Pilté. | Villars, 112, lafayette. camarade votre fils m'annonce frantz est sous-lieutenant dans armée loire. tâcherai lui donner nouvelles. — Szarvady. | Jean, 176, boulevard malesherbes. écrivez-moi londres, 30, upper bedford place. reçu aucune nouvelles vous pendant siége. allons bien. — Szarvady. | Pastor, 3, cité trévise, paris. santés bonnes, bruxelles, rue argent, 31. georges, france, janvier. betty, aix, andré, lycée. — Pastor. |

Collesson, 22, quai loire, paris. santé partout. sallières, puttelange, nancy. bar, creuse, enfants superbes, sollicitude, affection pour camille revé. — Colesson. | Harlé, baxo, 85. tous bien. reçu 12 janvier. visite connaissances. écris chaque jour, détaille journées, raconte camarade, écrivons souvent. — Harlé. | Toscan, 61, faubourg poissonnière. bien portante, famille, enfants, bien. reçois lettres. — Toscan. | Darru, 14, rue douai. bien portante, gaston aussi. parle beaucoup toi. lettres arrivent, famille bien. courage. — Léon Darru. | Couton, rue albouy, 9. touchez argent pour moi chez spolard, noisy. compagnie richer, omnibus, martial, champs-élysées, petites voitures. — Couton. | Beauvais, chez sergent, 139, sébastopol. santés bonnes, augis intacts, impôt payé. — Huc. | Coupé boucher, quai billy, manutention. savoir qu'elle corps a été dirigé. — Ducrot. | Depelchin, honoré chevalier, 4. louise ici. firmin anvers, bien. va chez louise, libre viens. charles argent. henri écrive parents. — Auguste Depelchin. |

124 Pour copie conforme :

L'Inspecteur,

Bordeaux. — 31 janvier 1871.

Vic-Bigorre, 29 janv. — Forasté, pigalle, 9 bis. reçu 23 lettres du 7, et 25 lettres brandeis du 9. attendons nouvelles, tous bien. — Lacan. |

Tarbes, 30 janv. — Mirambeau, place victoire, 4. allons parfaitement, dernière, datée 16 janvier, satisfaisante, embrassons. | Meynard. 50, faubourg saint-antoine. paris. une seule lettre reçue, inquiétude croissante, santé passable, mille bénédictions. — Meynard Stutz. |

Maubeuge, 25 janv. — Mme Avertic, rue verneuil, 56, paris. debrienne demande nouvelles zélie, son enfant. réponse à rémy, maubeuge. — Estelle Espéroy. |

Valence-s. Rhône, 29 janv. — Docteur Mayer, paradis-poissonnière, 40, paris. peine infinie, privation nouvelles. adressé plusieurs lettres. vœux incessants. ma santé fortement éprouvée. — Testa. | Blondeau, directeur ministère guerre, paris. privations nouvelles profondément sentie. écrit souvent. vœux incessants. ma santé rudement éprouvée, diverses causes. — Testa. | Mme Billiart, arcade, 2. reçu lettre du 15 janvier. nous allons bien, valence. — Chabant. |

La Tour-du-Pin, 28 janv. — Père Etienne, supérieur lazariste, rue de sèvres. donnez nouvelles, sœur demeaux, val-grâce. — Demeaux. |

Morterolles, 28 janv. — Savard, rue de bonily, 82, paris. portons bien. — femme Savart. |

Menetou-Salon, 29 janv. — comte Greffulhe, 10, astorg. paris. toutes santés bonnes. — comtesse Greffulhe, menetou-salon. |

Ardentes, 28 janv. — Poudra, rue université, 128. nous allons tous bien. sommes tranquilles. recevons vos lettres 14, 15. — Poudra. |

Argenton, 28 janv. — Dosseur, 21, taranne. sommes argenton sans danger, massay épargné, toutes familles bien, recevons lettres, courage, pensées près vous. — Marie Darasse. |

Bélabre, 28 janv. — Malingié, rue d'orléans, paris-montrouge. allons bien bélabre, madrolle, pontlevoy, orléans, sauf oncle nouel très-triste. écrivez-nous souvent, pas nouvelles ernest. — Malingié. |

Châteauroux, 29 janv. — Delarue, 32, turbigo, paris. lettres 28 septembre, 12 octobre, reçues 25 novembre. père, mère, frère, tante, hermance, louis bien. — Delarue. | Bonfils, boulevard saint-germain, 80, montgeron, marolles, bien portants. sans nouvelles. répondre à marolles. châteauroux, 29 janvier. — Bonfils. |

La Châtre, 28 janv. — Brochon, 81, boulevard sébastopol. paris. envoyer nouvelles deveaux de suite. — Maupois. |

Sully, 28 janv. — Faulquier, 6, rue douai. sommes sully, henri décoré, vandières nièvre bien. clamecy toujours libre. héloïse enceinte. enverrons moreau immédiatement. — Renée. |

Ambrières, 25 janv. — M. Martin, seine, 76. ambrières, gorron, sourdeval tout va bien. — J. Martin —

Chablis, 28 janv. — Lourent-Pichat, université, 39. famille beaujean. bien portante, tranquille, chablis, 28 janvier. — Rosine Beaujean. |

St-Brice-en-Gogles, 27 janv. — Jules Legrand, franc-tireur, division faron, 1re compagnie, 2e armée, pantin. pas reçu avant-dernière lettre. famille, léonie portent bien. courage. — Thérèse Legrand. |

Chéroy, 25 janv. — Chachignon, rue saint-antoine, 214. santé excellente, quand paris sera débloqué, partir cheval, voiture. — Chachignon. | Mlle Mougin, boulevard mazas, 30. tous nous allons bien. reçu ta lettre. — Michelet. |

Villers-s.-mer. 27 janv. — Boissy. bellechasse, 61. bien tous, tes enfants aussi. lettre bordeaux 18. nous pas encore envahis. tendresses. — Pâris. | Salle, 39, boulevard haussmann. restons villers, toutes santés excellentes, recevons lettres, donner nouvelles de gustave, viens aussitôt portes ouvertes. — Salle. | Horteloup, saint-georges, 52. merci des trois lettres. continuez nouvelles paris. sans nouvelles rouen. famille bien, villers menacé, non envahi. — Descloizeaux. |

Flers-de-l'Orne, 27 janv. — Lallemant, duphot-saint-honoré, 2. nous santés parfaites, toi non, argent nul, conservation tout. — Zélie, flers, orne. |

Breteville, 26 janv. — Laubmeister, mouton-duvernet, 15, montrouge. vive inquiétude. écrire vite. — Julie Laubmeister. |

Laval, 27 janv. — Manscourt, 39, rue caumartin, paris. suis à mayenne bien portant, écrire au directeur des transports du 21e corps. — Manscourt. | Salles, 70, rue d'angoulême, paris. suis à laval, vais bien. écrivez train auxiliaire, 16e corps, administration kintzinger. — Delapierre. |

Calais, 24 janvier. — Renaud, 56, rue victoire. reçu lettre 21 janvier, merci pour appartement, comptez sur nous au moment de la délivrance. — Delhaye. | Madame Bellière, 99, faubourg temple. nommé depuis investissement officier adjoint, intendance militaire calais, demande très instamment nouvelles famille. — Bellière. | Baillon, 1, cardinal-lemoine. votre mère ici bonne santé, allez habiter rue baudin, écrivez chaque départ ballon. — Delhaye. | Demontry, 132, rue lafayette. albert et femme sont à bourbourg en bonne santé, écrivez-nous chaque départ ballon. — Delhaye. | Wey, 14, clichy. heureuses de bonnes nouvelles mathilde angleterre. allons bien, écrivez calais. — Sancy-Sauley. | Roullier, 46, victoire. reçu lettres jusqu'au 20 janvier. allons bien, mais tristes, embrassons. calais, hôtel flandre. — Roullier. | Baillon, 1, rue cardinal-lemoine, paris. très-inquiète d'êtres sans nouvelles. — Baillon. |

Bagnères-de-Bigorre, 30 janv. — Maussion, 24, rue des bons-enfants. tous vôtres bien, vos lettres arrivent, aline sait laure afrique. — Latour-du-Pin. | Adour, 31, rue trévise. pas lettres, inquiète, papa, enfants, moi bien. souviron reçu lettres, pied malade, bonne santé. — Adour. | Ducuing, 15, caumartin. tous bien, avons argent, auguste collège, recevons lettres, jules ingénieur armée faidherbe. — Ducuing. |

Evron, 26 janv. — Baurain, lieutenant mobiles somme, 1er bataillon, 7e compagnie, montrouge. toujours tranquille, bonnes santés. Evariste lieutenant boulogne, embrassements, répondre. — Veuve Baurain. |

Saint-Pol-sur-Ternoise, 25 janv. — Gondemetz, 56, rue picpus, paris. deux lettres reçues. écrivez détails. santés bonnes, achille capitaine d'habillement. — Loy. |

Neuilly-en-Sancerre, 25 janv. — Hartel, 250, rue charenton. tous bien, portants. — Bouet-Aragon. |

Lens, 16 janv. | Vaillant, 12, chauchat. recevons lettre 18, merci. tous bonne santé, sans prussiens. — Doyravier. |

Boulogne, 23 janv. — Guérin, 15, rue michel-ange, paris-auteuil. bonne santé, recevons tes lettres, pas le mandat. |

Semur-en-Auxois, 26 janv. — Miller, dit Gérard, 14, rue comète, paris. tante toinette morte ce matin, vous héritier pour partie, parents vont bien. — Vincent. |

Chambly, 21 janv. — Feuillet, 5, cité trévise. tous bien, palmyre chambly, écrivez. — Feuillet. |

Serbonnes, 22 janv. — De Serbonnes, 60, mazarine. Octavie chitry, louise accouchée fille, moi révoqué. tous bien portants. — De Serbonnes. |

Bougé-Chambalud, 27 janv. — Madame Diot, 131, richard-lenoir. inquiète, écrivez, soignez mes effets. — Veyret. | Gabrielle Masson, 15, sainte-chapelle. inquiète, écrivez donc bougé (Isère). — Clémence Faure. | Alice Castelnau, 156, rennes. portons bien, reçu lettres gabriel, merci, continuez, sauvez portrait. — Clémence Faure. |

Pau, 29 janv. — Bidauld, 137, rue sèvres. reçu lettres, écris mère, 6, notre-dame. dire prestat même adresse pau, amitiés parents. — Bidauld. | Coignet, 22, rue berry, paris. pleine d'angoisses pour vous supplier d'écrire. — Guntzberger. |

Biarritz, 29 janv. — Trigueros, consulat espagnol. sommes biarritz, villa constance, recevons lettres, — Juan. | Trigueros, consulat espagnol. famille bien, écrivez, nous recevons lettres. — Manuel. | Latombe, 22, rue entrepôt. portons bien, reçu cinq lettres, envoyez nouvelles. — Georges. |

Mauléon, 27 janv. — Pilliet, 66, bondy. partage ton chagrin, amitiés pour tous. allons bien, merci de tes lettres, amitiés à mon frère. — Etcheverry. |

Morlaas, 29 janv. — Saint-Maur, 6, rond point des champs-élysées. tous bien portants, maman calumby, leur petite fille à Jersey, louis en afrique. — Saint-Maur. |

Le Quesnoy, 25 janv. — Sœur Stéphanie, place église, maison secours, paris-villette. tous au quesnoy, bien portants, pas ennemis, personne partie. — Payen père. |

Toulon, 28 janv. — Pataud, 41, francs-bourgeois Maurice marche, Marthe, accouchée garçon, tous bien multipliez vos nouvelles, inquiets. — Desouches. | m. Debullemont, préfecture police, portons bien, avons courage, reçu 121 lettres. manquons rien, vous embrassons. — Louise Lucie Debullemont. |

Angoulême, 28 janv. — madame Jolly, 95, boulevard saint-michel. familles Robert, Legrand, Geoffroy bonne santé, Gustave, Emile mobilisés. écris. — Toustain. | Bruneau, 23, rue paix. santés bonnes, ressources suffisantes. si partions, irions Biarritz. Léa avec nous Françoise, secourue. — Charpentier | Renauld, 14, boulevard sébastopol, reçu lettre de votre dame, se porte bien ainsi que bébé, reçu vos lettres, adieu — Delage. |

Cognac, 28 janv. — m. marielle, ministère marine. Evian, Jhors, santés bonnes, mère pas nouvelles, reçu ballon. — Brincourt. | Cassard, 26, boulevard strasbourg, suis à Londres en bonne santé, reçois lettres, merci bien, malheureuse. — Louise Cassard. | Didier, 21, rue des cendriers. partie 13 décembre avec cousines à Genté, près Cognac, charente, chez Joubert, 3e dépêche. — Adèle Didier. | Bachoux, 12, boulevard sébastopol toutes quatre parfaite santé. Francières a fini son travail. recevons lettres, écris souvent. — Cora Bachoux. |

Jarnac, 28 jan. — Bollard, 5, rue croix des petits champs. bonne fête, embrassonns frère, mon mari, invite-le, tous bien portants. — Joséphine Ledoyen. |

Mansle, 28 janv. — Saintmaur, notaire, aboukir. lettres reçues, bonne santé puyréaux, gien et Jeanne. — Thiac. |

Ruffec, 28 janv. — m. Louvet, pharmacien, rue geoffroy-saint-hilaire. portons tous bien, recevons tes lettres. — Camille Ruffec. |

Bayonne, 25 janv. — Brocheton, 35, clichy paris. retour Russie, Horwitz réglé. Buchental mort, vendez 117 extraits réglez Gougenheim. Antonia moi bien. — Léonardo. |

Pau, 25 janv. — m. Troujolly, ministère finances douanes. bien inquiète, comment vis-tu? donne amples renseignements, reçu 35 lettres, mille baisers. — Troujolly. | Trousselle, 25, boulevard bonne nouvelle. tous parfaitement, père, mère, sœur toute famille bien, écrivent souvent, Olivier professeur collège, embrassons. — Marie Trousselle. | Durrieux, 12, saint-roch, 3e dépêche. après deux maladies bébé tous bien portants Pau, mille amitiés. père Beauvais, écrivez-moi. — Aline. |

Picaud, hôtel-ville, agence judiciaire. tous bien portants. Jean, armée nord, demande nouvelles par ballon, que devient appartement. — Cottegny. | m. Vivier, 65, rivoli, paris. reçu dernières lettres contents, inquiets sur bombardement, écrivez souvent. femme mieux. — meyrueis. | Ferdinand meslier, 19, sentier, reçu 5 lettres janvier, frère bien auprès moi, argent suffisant je pense à toi. — meslier. | Hollard, 13, boulevard saint-michel. supplions écrire beaucoup, parents bien, Totino t'embrasse. — meyrucet. | Sommier, 20, rue arcade. vais bien. tous à Pau, reçois tes lettres. — Sommier. |

Valognes, 22 janv. — Fernet, 36, rue enghien. familles debray, tous bonne santé, tréport tranquilles ne manquant rien. fernet à valognes tranquilles. — Fernet. |

Calais, 23 janv. — Lavesvre, 20, mail. lettre gustave décembre, tous bonne santé. — Lavesvre Main. | Roullier, 46, victoire. avez reçu une dépêche, envoyé quinze. écrit partout, allons bien, recevons lettres, embrassons. — Roullier, hôtel flandre. | Cresson, préfet de police. santé bonne, avranches tous bien, tendresse infinie. — Cresson. | Bonenfant, 10, boulevard denain. louise enceinte, tous et sablet bien, envoyez photographie, anastasie bien. — Kroll. | Méry, 12, grand-chantier. avons vos lettres, écrivez souvent, tous en bonne santé, saverdun damaur. — Faurgaut. | Nain, 16, cléry. avons portrait partout, bien tous. — Nain. | Vigner, 16, sentier. avons lettres, portons bien. laure est à laa-montdras. — Radiguet. | Fournier, 14, rue de cléry, paris. blondel donne bonnes nouvelles de laigle. nous allons tous bien, julie à erfut. — Sarazin. |

Belval, 5, chalgrin, paris. santé parfaite, lettres reçues. bonnes nouvelles famille. intendant lubeck, tendres embrassements. — Marie Pauline. |

Hyères, 29 janv. — de Lalain, 5, université. emmanuel assisté combats mans, sain sauf. allons tous bien. — marie de Lalain | m. Bourgogne, 101, rue vaugirard. prière s'informer frère, donner nouvelles, portons bien. — Rousseau. |

Toulon, 29 janv. — Roguet, capitaine, 1er secteur, rue michel-bizot, lettre du 12 janvier reçue toulon, envoyé quantité dépêches depuis 10 décembre, espère. — Roguet. |

Troarn, 26 janv. — Potelleret, 51, mesnil-montant. alexandre hambourg, anatole savoie, tous bien portants, recevons vos lettres. — Potelleret. |

Serbonnes, 21 janv. — Decock. 13, taitbout. allons bien. — Bisson. |

Valognes, 27 janv. — Durand, 59, lancry, paris. portons tous bien. reçu. — Durand. | Ficher, 1, bleue, paris. portons tous bien. reçu. — Durand. | Hennecart, 2, avenue raphaël, passy. huit lettres reçues, santé médiocre, ennui, résignation et espérance. — Thévenin. |

Lille, 26 janv. — Leuppy, 37, calais, belleville. ôter rideaux, brand couvrez tout, mettez vous ou ami dans appartement. visitez-les souvent. — Beaufort. | Leuppy, 37, calais, belleville. ouvrez armoire glace. meuble brand, prenez argenterie, linge, papiers, livres chez vous, encouragez concierge. — Beaufort. |

Néris, 17 janv. — Denis, 8, tournon. Berminie reçoit tes lettres, vont bien tous, appris mort, voir neveux, écrivent pas, écrivez ballon monté. — Jullienne. | Ascoli, 25, saulnier. tous bien portants, mais inquiets, mets peaux sûreté, demande à mégissier si peuvent rester non ouvertes. — Berr. |

Bricquerec, 27 janv. — Frérot, 4, rue sèvres, paris. allons tous bien, léon est toujours ici, recevons tes lettres. — Frérot. |

Châtillon-sur-Loire, 26 janv. — Mouillot, 97, rue temple. santés bonnes. recevons lettres. |

Montauban, 29 janv. — Carnus, 11, rue cléry, paris. bien portants. oui, tu viendras. plusieurs lettres perdues. — angèle Carnus. | Serres, 17, rue du rocher. écrire ta santé, la nôtre bonne. — Serres. | Lange, 9, pont louis-philippe, paris. bien portants. — marie Lange. | m. Ferrié, rue quatre-septembre, 2. paris. bien portants. ai argent. — marguerite Ferrié. |

Watten, 26 janv. — m. Malide, 62, rue provence. ma mère va bien, nous aussi, écris nous. rien reçu depuis 26 décembre. — Goussard. |

Saint-Pierre-lès-Calais, 26 janv. — Lavesvre, 20, mail. rien gustave depuis neuf décembre. tous santé. — Lavesvre-Main. | m. Dodiardi, 52, flandre, villette. cinquième dépêche, vais bien, reçois lettres. passe boulevard magenta payer impôts legendre. — Dodiardi. |

Mayet, 28 janv. — Guiraudet, 4, rue aubert-st-denis. fanny, nous, bonne santé. reçu lettres, argent. bon espoir. bientôt, t'embrassons. — Guiraudet. |

Valenciennes, 25 janv. — Gravis, commandant, 115e ligne, 14e corps. porte parfaitement ami, soigne-toi bien, embrasse tendrement. adresse: péruwelz, rue sondeville. — Zulma Gravis.

Nogent-sur-Seine, 24 janv. — madame Desportes, hôtel chariot-d'or, rue greneta, paris. tous bien, reçu lettres du 31 décembre, écrire souvent. — Célestin. |

Menetou-Salon, 28 janv. — comte Greffulhe, 10, astorg, paris. toutes santés bonnes à menetou. — comtesse Greffulhe. |

Eu, 22 janv. — Robert, 96, nollet, batignolles, paris. robert, mathorely, liotard vont bien, reçoivent tous lettres, tous eu, tranquilles, écrivez toujours. — Robert Liotard. | Pérnet, 40, notre-dame-victoires, allons bien ault, recevons lettres. — Gravelin. |

Tréport, 22 janv. — Paul Fleuret, 52, quai billy. toujours au tréport, excellente santé. — Léopoldine Fleuret. | Blanchet, 38, chaussée-maine. écrivez-moi toujours tréport nouvelles. maison emballer objets fragiles, mobilier mettre lieu sûreté. — Payoud. | Cambuzat, 60, marbeuf. portons toutes parfaitement, recevons lettres. reçu argent bruxelles. — Cambuzat. | Boitel, 78, faubourg saint-martin. toujours tréport, malade d'ennui. qu'un désir, te revoir, reçu onze lettres, écris plus souvent. — Gibert. | Docteur Blache, 5, rue suresnes. reçu vos lettres, louise accouchée fille, mère nourrit, toutes santés bonnes prévenez M. Dumesnil. — Martin. | Docteur Legrand, 34, rue durey. papa tours bien. tous, lucie bien. écrit moens, envoyé cinq cents janvier. pas prussiens. — Legrand. |

Doullens, 22 janv. — Fournier, 10, rue douai, paris. avons écrit vingt fois depuis siége. mathilde, enfants bruxelles depuis 16 décembre, bien portants. — Ernest. |

Fécamp, 22 janv. — Oudard, 9, rue notre-dame-des-victoires. fécamp, allons bien. très-inquiète d'andré. — Oudart. | Joseph Raux, 25, rue du terrage, paris. écris nouvelles de maison gardissal. — Duclos, place ville fécamp. | Blondel, 20, cité trévise, paris. prière donner nouvelles maison, amitiés. — Gardissal, fécamp. |

Le Quesnoy, 23 janv. — Ammann, 11, rue blainville. reçu lettres, hector très-occupé leçons. — Marie Dereux. |

Caen, 22 janv. — Durand, 21, grande-armée. enfants bonne santé, nous aussi, nous aussi, belle grosse fille deux mois, toujours caen, embrassons tous. — Emilie Durand. | Moussat, 78, rue cardinal-lemoine, paris. tous bonne santé, écrivez ballon adresse moulin à dieppe maison grandchamp pour boissaque. — Moussat. | Boissaye, rue sentier, paris. sommes bien portants, rien nouveau, écrivez-nous adresse moulin, maison grandchamp, dieppe. pour boissaye, rouen. — Moussat. | Drouart, 34, rue penthièvre, paris. portons bien, prévenez chartier, c. rougemont famille va bien, écrivez moulins, dieppe pour — Chapin. | Chartier, C. Rougemont, paris. famille rouen tous bien portants, prévenir drouart, 34, penthièvre, nous portons bien. — Chapin. | Labey, 4, favart. mère croit albert malade. donnez nouvelles leclerc, chenet. — Mouillefarine. | Augusta

Bordeaux. — 31 janvier 1871.

Lebaron, 33, rue lepelletier. thomas lemoine mort, vous lègue vingt mille francs, adressez-vous à moi. — Clément. | Godin, faubourg saint-martin, 96. parents, enfants bien, père reçoit pension jouemie, pas donner argent caroline, nogent bien luc. — Delavenne. |

Trouville, 22 janv. — Bouchard, 11, rue mogador. bénerville, 22 janvier. bordeaux deleuze, madot, boudard, meuret bonne santé. prenez tout, reçu lettre, écrivez. — Deleuze. | Mathieu, 57, rue sainte-anne. bonne santé trouville. — Quéniaux. | Madame Riquer, ambulance théâtre français. trouville, confiture armoire petit salon, mettez engage argenterie. — Quéniaux. M. Villefort, 55, rue saint-dominique. mère restée honfleur après vos conseils avec lemaistre. nous trouville, maison fourneau, santé satisfaisante. — Amand. |

Falaise, 22 janv. — M. de Meiflet, 18, saints-pères. recevons lettre, écrivons souvent. quesnay bien, félix sous-lieutenant, 7, méligne, brest. — Marie. | M. Rousseau, 26, rue du sentier. prie instamment, envoyez suite 400fr ropiquet, 92, nollet, batignolles. donnez encore. redemande. rendu. — Devilliers. | Bagot, notaire Paris. rien nouveau. tous quatre falaise. bonne santé. — Jules. |

Honfleur, 22 janv. — Villefort, rue saint-dominique-saint-germain, 55. santé passable, habitez-vous toujours faubourg saint-germain. — Villefort. |

Caen, 22 janvier. — Favolle, 33, notre-dame-de-lorette. marguerite, alexis billard bien. bébé marche, sept dents, parle pas. remettre appartement à mon propriétaire, luc. — Leprovost. | Châtelet, 26, des dames, batignolles. réponse à dépêche, reçue 1re. julie, famille nérat bien, d'oswal rien. nous bien. — Faucheux, arromanches. | Prunier, 15, buffon, lettre 12 reçue. allons tous bien. assure maisons contre bombardement, ai certitude qu'assurance existe paris. — Lemarinier. |

Dives, 22 janvier. — Locré, 91, boulevard beaumarchais. sommes home fort tristes. lettres reçues, écris souvent. offre nos appartements à amis. — Elisa |

Trouville, 22 janv. — Louvencourt, 13, rue ponthieu. roches noires en sûreté, mais profondément triste cette longue séparation. reçu et envoyé lettres. — Silveira. | Bacourt, passage lafférière, 3. roches-noires. ne suis exposée à aucun danger, excepté celui de vous avoir quitté. — Marie Bacourt. | Haas, 51, avenue montaigne. si vous êtes sain et sauf dites-le vite, besoin lettre, cœur en détresse. — Marie Haas. |

Honfleur, 22 janv. — Bouchut, 38, chaussée-d'antin. pistolet poche gendre, vigla mort, fernand 1re récitation. henry 2e thème, allons bien. naval, lon lres. baisers. — Bouchut. |

Bayeux, 22 janv. — Lorin, 30, boulevard sébastopol. arromanches, allons bien, gellin aussi, caval nous quitte. amitiés. — Lorin. |

Saint-Aubin, 22 janv. — Mignot, caissier banque. bien portants, professeur georges. gustave rouland à lyon offert argent. famille rouland bien. galoin envoyé argent. — Mignot. | Depille, 4, vieilles-haudriettes. alphonse prisonnier munich va bien, pas inquiétude. — Lévy. |

Thury-Harcourt, 22 janv. — Tavernier, 51, rue de la glacière, paris. reçu lettre rassurante. passé artillerie, loge denizard. connaissance froment. — Bellenger. |

Villerville. 22 janv. — M. Delvincourt, 5, rue louis-le-grand. enfants delvincourt bien portants. — Delaporte. |

Lille, succursale, 21 janv. — Démaret, 49, cléry. portons bien, dire mère goupy, réponse ballon. — Brument, gare lille. | Mme Laribeau, rue pépinière, 2. reçu deux lettres, votre fille bien, chevaux ici, été un mois chantilly, maison envahie. — Perregaux. |

Fourmies, 20 janv. — Hémet, 21, de l'évangile. nous trois santé, tranquilles. reçu lettre 27 octobre. écrire plus souvent. prévenir boucher. 11e lettre. — Hémet. |

Valenciennes, 21 janv. — Petitjean, 13, rue bruxelles, paris. lettres reçues, bien portants. — Dufont. | Boucher, 27, mail, paris. partons boussu y adresser lettres. papa bantouzelles, gustave cambrai. paul dépôt condé. portons tous bien. — Zéna. |

Lille, 22 janv. — Dibos, 22, rue cambacérès, paris. dans les quatre mois, trois réponses à coralie, elle morte, quatre à émile. répondez. — Dibos. | Gadenne, rue st-honoré, 331. reçu lettres, bien portants, lille tranquille, écrivez souvent, sommes inquiets. — Lalieu. | Cattnert, 41, j.-j.-rousseau, paris. moi, blanche, louvière, mille tous bien. écrivez bruxelles. — Louise. | Sinet, rue bas rouillère, 16. allons toujours tous bien. pas encore menacés, mais inquiets pour vous. écrivez souvent, lettres parviennent. — Waymel. | Simon, alexandre, rue turenne, 104. paris. famille karpp portent bien, nouvelles suite mère et enfants. raas, rue sarrazins, 49, lille. — Raas. | Mme Deverloy, 10, caumartin. écrivez, sommes inquiets, si besoin argent allez de ma part chez wulveryck, rue mail, 13. — Boulenger. | Fouchard, 11, rue du sommerard. reçu 4 lettres, dernière 14 janvier, adresse mouscron. — Fouchard. |

Binot, 41. ours. papa, eugénie, marie, enfants cécile, maurice tournai sevré, vacciné, pierre marche. hénons, denilles, grandglise excellentes santés. — Maurice. | Vaugeois, 41, ours. communion jeanne 30 mars. alfred jésuites tournai, maurice superbe. mettre lettres poste ministère, tous bonnes santés. — Marie. |

Don, 22 janv. — Warembourg, jean-jacques rousseau, paris. malgré mille démarches vos farines dunkerque pas parties, autres restées en gares diverses. autorisons émile disposer. — Schotsmans. | Guillumette, jean-jacques rousseau, paris. ne versez pas dolfus, remettez plutôt béranger, achetez cent lyon fin février cours. — Schotsmans. |

Dunkerque, 22 janv. — Derender, boulevard strasbourg, 67. reçois lettres. papa malade depuis deux mois. bébé magnifique, famille bien portante pense à toi. — Derender. |

Douai, 22 janv. — Desjardins, 3, richelieu paul, louise, émile, rose vont bien, marie veuve. — Desjardins. |

St-Valery-sur-Somme, 22 janv, — Waskiewicz, 31, avenue trudaine. waskiewicz, lemaire, tous parfaitement, toujours valery tranquille. bonnes lettres de père, berthe, madeleine, saintine, françois. — Waskiewicz. |

Pontarlier, 22 janv. — M. Mongenot, boulevard magenta, 37, paris. ernest mort 17 octobre. allons tous bien. — Sophie Loiseau. |

Granville, 23 janv. — Bibliothèque mazarine, institut. Lorédan Larchey. éprouve inquiétudes profondes. écrivez quotidiennement, moralisez albert. — Daudu. | Trousselle, bonne-nouvelle, 25. gérez propriétés usufruit, payez contributions, écrivez. — Dubail. | Belz, beaumarchais, 42. bonne santé. donnez nouvelles appartements. — Dubail. | Loubert. saint-denis. familles jules denfert, foucher, couté, papa montalent bien, caroline malade. aline, berthe, paul embrassent alexandre — Loubert. | Rigollet, 91, rue seine. bien hélène, duchesne, baratte, nous pensons souvent toi. — Rigollet. |

Avranches, 22 janv. — Lelogeais, rue de choiseul, 6. dis moi si tu vas bien, la famille, et réponds s'il te plaît. — Lelogeais père. | Fontana, palais-royal. recevons vos lettres. habitons avranches. boulevard sud. paul blessé legèrement va mieux, nous et connaissances bien. — Fontana. |

Granville, 22 janv. — Hersent, 13, rue richer. Thuet, cécile, gaston. nous tous bien, affaires bon ordre, espoir pouvoir pêcher. — Levilly. |

Granville, 23 janv. — Leconte, 12, laffitte. familles lecomte, rodrigues, leblond bien, recevons lettres, embrassons. — Lecomte. | Gerbaud, quai tournelles, 23, paris. reçu lettres 14 janvier, bien portante, attendons lettres par tous ballons. — Mayeux st-pair. — Plait. | Nivert, lieutenant mobile seine, infanterie, bataillon elbeuf, paris. lettres reçues. toutes familles bien portantes, vu rolland, boulet elbeuf. — Nivert. | Noailles, 6, passage saulnier. henri travaille, famille bonne santé, tousse pas. alice 8 janvier température, douce. granville calme. écrivez. — Noailles. | Esteuf, rue aumaire, 41. paris. nous nous portons bien toujours à villedieu. — Caudrillier. | M. Senet, 4, rue st-florentin. a granville bien portants. reçu 65 lettres, merci. je t'embrasse ainsi charles. — Senet. |

Lille. 23 janv. — Beaugrand, télégraphe. allons tous bien. reçu quatre lettres, écris. — Francis Beaugrand. | Capitaine Wagram, 5, rue rochefoucault, paris. recevons lettres. sommes neuville ensemble bien portants, t'embrassons. — Lerminier. — Vaugeois Brunet, ours, 41. familles santés parfaites, maurice, joseph superbes, maman, sophie tranquille, renseignements détaillés maisons mullot par decaux. — Brunet. | Poncelet, 42, rue poissonnière, paris. reçu lettre 21 courant. sommes en bonne santé, attendons événements, fauvel porte bien. — Poncelet. | Bertrand, 10, rue des vosges, paris. accouchée heureusement 4 janvier, lucie. son fils santé parfaite. — Brierre. | Anceau, 45, rue st-martin. dieppe. masnières, lille, pithiviers, orléans, lucie. son fils santé bonne. écris nous. — Brierre. | Buirette, 22, labat, montmartre. bien portant, reçois lettres. — Francis. | Lévy, 23, martyrs. écris comment vas. — Georges. | Mme Gauthier, boulevard ornano, 48. vais bien. inquiète de toi, reçu dernière lettre 10 novembre. écris moi. — Louise. |

Lille, succursale. 23 janv. — Gosselin, 120, faubourg st-honoré. reçu lettre 8, écrivez périgueux, bruxelles santés parfaites. alexandrine lille internationale missions. — Gosselin. | Marie Lecaudey, 15, rue laffitte. reçu toutes tes lettres, toujours répondu, habite lille depuis novembre. — Octave. | Mlle Anna Stadlmair, 11, boulevard beaumarchais, paris. je me porte bien. — Pauline Démarez. |

Dunkerque, 23 janv. — Carfort, cité gaillard, 1. reçu lettres. portons tous bien. écris même. — Henri Carfort. | Atteleyn, capitaine du génie, 9, rue stanislas. tout va bien à dunkerque et quimper. — Atteleyn. | Galin, rue st-marc, 18, paris, galin, st-gervais parfaitement. — Darras, | Delille. sous-chef préfecture de police. je ne reçois plus rien, écrivez 19, rue nationale. — Casy. | Édouard Lockroy, 30, rue billaudt. écris par chaque ballon. trop inquiète. je t'aime. — Essler. | M. Herrmann, au comité d'artillerie. santé bonne. monthois aussi. pas besoin d'argent. — Herrmann.

Douai, 23 janv. — Lamarre, collége ste-barbe. lamarre fliniaux bien, madame legrain vous offre logement vacant. — Lamarre, | Duchesne, rue st-dominique-st-germain, 190. vais bien, ai reçu tes lettres. — Lenglet. | Lebaudy, flandre, paris nos marchandises sont intactes partout, brut vaut soixante-deux, raffinés deux cents, lille manque absolu ailleurs. — Lebaudy. | Lebaudy, flandre, paris. clerc refuse livrer certificats. reçu sept cent mille marseille concordant parfaitement, restant résilié cinquante-un. — Lebaudy. |

Roubaix, 23 janv. — Poirrier, 23, rue hauteville, paris. Mme Poirrier, ses enfants sont en bonne santé arcachon. écrivez moi chez degrendel. — Hardy.

Denain, 23 janv. — Fouquet, rue tivoli, 3. toutes santés entièrement parfaites, restons tamise avec hubert. bonnes nouvelles marie, émile, jeanne, mère, enfants. — Amélie. |

Hazebrouck, 23 janv. — Descroix, 5, boulevard temple, paris. tous bien portants. affaires bonnes, provisions faites saint-thibaud vont bien. — Ternisien. |

Don, 23 janv. — Dibos, 22, rue cambacérès, paris. vous ai écrit, vivrons nous ensemble ici ou à paris. venez on s'entendra. — Dibos. |

Vervins, 20 janv. — Morisset, rue fidélité, 10, paris. bien portants tous trois, inquiets, attendons nouvelles vous quatre. lettres paris arrivent ici. — Delange. |

Vervins, 21 janv. — M. Saint-Victor, rue dubuisson st-louis, 28, paris. bien portants à marle, sans nouvelles de paris. inquiets. — Gombault. |

Pont-l'Abbé-Lambour, 26 janv. — Depène, 29, taitbout. mauret, fernand, rouzé, delatte, louise, armande, enfants, nous tous, pommayrac bien. — Chevarrier. |

Digne, 26 janv. — Fleury, 56, tournelles. suis bien, georges aussi, non mobilisé, reçu lettres, content. courage. dire hélène écrire, madeleine inquiète. — Maigret. | docteur Machelard, 20, servandoni. reçois lettre vendée, où transmis celle du 9. oncle, après congestion pulmonaire, convalescent. courage, prudence. — Machelard. | Binant, 70, rue rochechouart, paris tous Digne bien portants. envoyé plusieurs dépêches. reçu toutes lettres, pas besoin d'argent. — Binant. |

Aix, 26 janv. — Mantin, 14, boulevard saint-martin. reçu vos lettres, confirme miennes. georges bien portant, 15e corps bourbaki à besançon, amitiés. — Alphonse. |

Marseille, 27 janv. — Lentz, 25, rue nicolo, passy. donnez nouvelles ballon, allons bien. maria viendra sitôt possible, nous viendrons définitivement cette année. — Léonie. | Zogheb, 10, rue clauzel, paris. Inquiet, pas reçu réponse, donnez-nous vos nouvelles, nous portons tous bien. — Sélim, Maghib, Zogheb. | Battisti, 45, quai bourbon. sommes en peine, écrivez. — Mousquet. | Charles Simian, 38, rue notre-dame-lorette. marguerite heureusement accouchée garçon, albert, gabriel lyon, andré, moi, marseille. santé générale excellente. — jules Simian. |

Ferrari, chez madame miche, 27, malar, gros-caillou. envoie de suite reçu pour vendre magasin, partirai pour amérique, attends réponse. — femme Brémond. | Albert, 13, brochart, batignolles, paris. bonne santé, palerme calme, avons reçu lettre, dernière premier décembre, depuis rien. écrivez, embrassons. — Daniel. | Mouchelet, 46, rue clichy. reçu lettre. gaston venture ostende, alexandrie dinard, marseille tous bien. fixe bien réunion après déblocquement. — Mouchelet. | Franck, 52, passage panoramas, paris. reçois avec plaisir lettre quatorze. écrit plusieurs lettres ballon. attendu deux mois vos nouvelles. — Caillinte. | Nessim Samama, 105, rue chaillot. famille moïse samama se porte très-bien, reçoivent toutes vos lettres. — Sauveur Samama. | Carrié, 8, rue leclère. société cinq mobilisés arras, saint-maurice bloqués. angers menacé, nous calmes, Jarlan et tous enfants bien. — Leroyer. | Lobet, 2, faubourg poissonnière, paris. portons bien, inquiète. reçu lettres et argent. seconde dépêche, petits neveux accurse, écrire vous cœur. — Léonie. | Massenet, 47, paradis poissonnière. edmond, julie, ninon, tous bien. — Massenet. |

Hâvre, 27 janv. — Bonndicd, 39, rue trévise. santé bonne. arthur et famille à brest, hôtel lequer. hâvre non occupé. — Peulvé. | Alexandre, 66, boulevard richard-lenoir, paris. reçu lettre, merci. celles de stéphane, ses enfants, famille, moi, vont bien, écrivez. — Rouville. | Poix, 19, rue lisbonne, paris. enfants, parents bonne santé à lanche, londres. reçu vos lettres, écrit par voies indiquées. — Leconte. | Bedoille, 14, rue lafayette, paris. ta femme partie midi, mes souhaits, bonheur toi, merci lettres. — Berkeley. | Lebaudy, flandre, paris. bonne santé partout, envahissement atteint cambrai, arras, gravité croissante, marchandises encore intactes. — Lebaudy. | Lebaudy, flandre, paris. grande hausse raffiné deux cents, brut soixante-deux, achète cinquante mille, cinquante cinq. rien depuis. — Lebaudy. | Edouard, capitaine, 50e régiment mobile, 4e bataillon, rouen. reçu lettres, tous se portent bien, désirent vivement te revoir. — Adèle. |

Bessand, belle-jardinière, paris. sédentaire, demeure avec famille, 10, rue mare, hâvre. emma worthing sussex, marine-parade, 46. — Louis. | madame Griffé, 155, rue du faubourg saint-denis, paris. nous allons bien, prenez courage, mille baisers. — Ed. Griffé, capitaine, mobile. | Fovard, 91, boulevard haussmann. familles entières bien portantes, tranquilles. — Fovard. | Brière, 15, castellane. portons tous bien. reçu lettre 8 décembre après six semaines silence. journal suspendu depuis 6 décembre. — Brière. | Lebey, 33, uhrich. bien portants rouen. prie degouve, 64, denuncques, strasbourg, parler de toi dans ses lettres à léon. — Lebey. | générale Saget, 508, rue saint-honoré. général, henry, sains, prisonniers, aix-chapelle. écrivez directement et par allard, marine-parade, worthing. — Alard. | Alexandre, 4. buci. recevons lettres, paul chez nous. allons bien. papillon prie donnez argent frédéric. canivet, retournée château-thierry. — Honoré. | Mas, 38, rue de bondy, paris. dixième dépêche 25 janvier. cauville sécurité, lenetrel lacorne bapst ravot, bonne santé — Lenetrel. |

Saint-Brieuc, 26 janv. — Touzan, adjudant, fort ivry. petite fille, mère, famille, bien. henri, martinique. — Touzan. | Gilbert, 12 bis, rue du centre bien, recevons tes lettres, léon sous-lieutenant. — Ange. |

Bayonne, 26 janv. — Picard, rue saint-honoré, 203. santé excellente, ai envoyé beaucoup lettres, cartes, dépêches. — Blum. | m. Meraux, 4, rue lascases. réfugiés bayonne, bonne santé, vu nouvelles journal, écrivez-nous, vous embrassons tous. amitiés. — Meraux Garban. | Delacoux, 60, rue saint-louis-en-l'île. accouchée fille 25 novembre, portons tous bien, demeurons bayonne, rue fort-neuf, 19. — Delacoux. | Mlle Decointet. 22, rue jacob. henri, édouard décorés. mari commandeur. bien portants. mari, henri, armée bourbaki. édouard chanzy. — Adrienne, Charles. | Duclerc, 39, rue saint-georges. reçu lettres de vous par chaque-ballon. santé des enfants bonne, tous bien, vous embrassons. — Sabine. |

Hendaye, 26 janv. — Mérat, 148, lafayette. comment allez-vous. réponse chez salles, à hendaye. — Chavier. |

Orther, 26 janv. — Durant-Radiguet, 7, saint-fiacre. sommes trois mois laa. tous bien, reçois lettres, calais bien, enfants, anaïs, other, maurice, jules, bien. — Durant. |

Pau, 26 janv. — Joubert, 23, rue balzac. paris. portons tous bien, bouillaud, élisabeth aussi. dire georges manceaux parents brighton. reçu 50 lettres. — Clémence. | Castaing, 8, rue beauregard. prévenir ferdinand reçu lettres. albert auprès moi. allons bien, argent suffisant, poulain bien. — Meslier. | Geslin, 98, faubourg poissonnière. sommes à pau avec riondé, avons portraits, merci de cœur; t'embrassons tous, écris, argent oncle. — Geslin. | Riondé, 14, mail. geslin pau avec jenny. lucien premier, georges second, externes lycée. laissement avec sexé poitiers, tous bien. — Riondé. |

---

125. Pour copie conforme :

L'inspecteur,

Bordeaux. — 31 janvier 1871.

Bordeaux, 25 janv. — Jung, 2, provence. silence, bien cruelle injustice. justifierai retour. — Lacombe. | Steiner, 18, bergère. déjà télégraphié reçu lettre 11 courant. habitons basseus, allons tous bien, marie aussi. enfant nommé édouard. — Cholet. | Duval Chevallier, rue rivoli, 96. mort elle inquiétude. écrivez quand pourrez, hôtel ambassadeurs. recevons vos lettres. vous rien. écrivons souvent. — Minard. |

Bordeaux. — Martin, 40, jeûneurs. 4e dépêche. reçois lettres. allons tous bien. continuez appointements. donnez argent claudine. agréez sympathies. — Cranford. | Morin, rue bleue, 17, paris. émilie rappelée par son sauveur, 19 janvier. prévenez charles, l'attendons à vernex. — Kœchlin. | Prosper Ferrière, bureau poste central. Eli, boulevard extérieur d'anvers, 35. bruxelles, vendrais-tu maison cent quarante mille? — Blondean. | madame Dhérée. 10, rue demours, ternes paris. marie à figeac, parfaite santé. — Favier. | Galliard, 89, richelieu, paris. tous santé parfaite. homis bureau grenoble. cluze grenoble. voir chenouard. pour faire écrire lacour. — Guérin, Poumaroux. | Coppinger, billault, 5. allons bien partout. reçu lettres. ouvrez chambres sur escalier. retirez tout. — Berenice. |

Abbé Burteaux, église saint-pierre montrouge, paris. sommes à bordeaux, 83, rue judaïque. envoyez nouvelles de tous. inquiets. — Durand. | Halphen, 18, drouot. tous santé parfaite, dernière lettre 13, plusieurs manquent, heureuse tes bonnes nouvelles, lis *times*, amitiés. — Halphen. | Stern, 58, châteaudun. tous parfaite santé, reçu lettre 13. — Stern. | Ragot, rue grenelle, 49. 13 janvier, huitième dépêche. allons bien. recevons 6e lettre, 23 décembre. écris bordeaux, baltard. — Ragot. | Vannacque, ministère du commerce. suis à bordeaux avec ton père. inquiet concernant rue dareau et bureau. écris poste restante. — Durand. | Bergeret, 4, roi sicile inquiets, pas lettres depuis 19 novembre. donne détails vos santés et de paris. allons bien. — Bianchi. |

Cette, 25 jan. — Emile Cornier, 45e régiment mobile hérault, 3e bataillon, 3e compagnie, presqu'île saint-maur, paris. suis exempté. nous portons bien. accuse réception plus tôt possible. — Achille Cornier. | Lugand, 43, rue de lyon, paris. santé bonne. sommes chez fournaire. cinquième dépêche. — Lugand. |

Lodève, 25 jan. — Fraisse, 68, rue françois-miron, paris. famille entière bien. juliette magnifique. reçu janvier, trois perdues. mille baisers. écris souvent. — Joséphine Fraisse. |

Montpellier, 25 jan. — Delétang, 7, rue mayet. je vais bien. oncle bien. remering préservé. famille blanchet bien, 22, grande-rue monpellier. continuez écrire. — Julie. | Jean Marchal, soldat 45e mobile, 3me bataillon, 7me compagnie, parc st-maur. allons tous bien, heureux te porte bien. t'embrassons tous. — Ulysse Dupin. | Madame Thayer, 19, saint-dominique. reçu lettres. écrivez encore. sommes inquiets, tous quatre montpellier pour service maurice. santés bonnes. — Padoue. | Gineste, 45e mobile, 3e bataillon, 7e compagnie. tous tes parents vont bien. écris souvent. sœur accouchée fille. — Gineste. | Massilian, 45e mobile. allons bien. gilbert au bureau à lodève. louise morte. — Massilian. | Charles Balaine, 48, paradis-poissonnière. tous bien portants. continue écrire. — Balaine. | Baissete Claude, mobile, 45e marche, hérault, 3e bataillon, 7e compagnie, paris. donne-nous nouvelles, parents tous bien portants. — Boisset Fabrègues. | Baissete Gérard, mobile 45e marche, hérault, 3e bataillon, 7e compagnie, paris. donne-nous nouvelles, parents très-bien Portants. — Dovergé, Fabrègues. | Madame Formelot, 14, place Vendôme, paris. je me porte bien, ton frère prisonnier va bien. — Formelot. |

Saint-Pons, 25 jan. — Lecor, ministère finances. recevons lettres. donnez nouvelles détaillées. tous bonne santé compris brest. émile bien portant minden. — Marie Lecor. |

Saint-Malo, 25 jan. — Delarue, 41, rue auteuil. thérésia, moi, sœurs, nièces, lili. allons bien. — Delarue. | Jausion, lieutenant, 5e bataillon mobile st-malo. tous bien, joseph réformé. — Jausion. |

Niort, 26 jan. — Hervé, capitaine mobile seine-marne, montreuil. porte bien. reçois lettres. — Hervé. | Docteur Simon, 5, rue cirque, paris. santé très-bonne. dépêche cinquième. — Iccry. | Fromentin, 3, aubriot. ludovic et moi allons bien. — Alice Fromentin. |

Saint-Maixent, 25 jan. — Chadenet, 31, rue de la bruyère. adresser lettres pour damvillers par Virton belgique, poste restante. bonnes nouvelles, amitiés. — Duplessis. |

Parthenay, 26 jan. — Madame Lasnier, 25, boulevard temple. chère tante, perdu chère femme, décès 20 janvier, triste dépêche, vous trouve bonne santé. — Guérin. | Lebon, 11, drouot. usines rien nouveau vont passablement. hart demande nouvelles directes de vous, pochon, granville. — Longuère. |

Saint-Etienne, 26 jan. — Chanellière, tailleur, 10, rue taitbout. courage, tout va bien. reçu toutes les lettres. né fille. — Chanellière. | Lériche, 50, condorcet, paris. allons bien. ernest mobile ain. émile major, 3e régiment marche rhône. — Raverot. |

Coussac-Bonneval, 26 jan. — Ferrand, capitaine, 13, dragons, 1er de marche, paris. allons bien, louise et famille du midi aussi, position bonne. — Ferrand. | Berger, 12, rue l'écluse, paris-batignolles. allons bien. inquiètes, sans nouvelles, écris larche. — Berger. |

Le Dorat, 27 jan. — Appay, 11, rue saint-amboise-popincourt, paris. tous parfaite santé, manquons rien, donnez nouvelles très-souvent, recevons vos lettres. appay pension. — Laurent. |

Saint-Yrieix, 25 jan. — Dechapuiset, 31, saint-dominique. allons tous bien, lettres plus souvent. — Dechapuiset. |

Saint-Yrieix, 26 jan. — M. Roy, porte fanion du général de division mattat, 2e armée. j'habite saint-yrieix, je suis sans nouvelles. — Roy. |

Limoges, 28 jan. — Dupuy, 24, saint-sulpice. allons très-bien. auguste Valenciennes, souvenir jenny. — Dupuy. | Ebel, 8, ménars. occupez mon appartement lafayette, lettre 28 novembre non parvenue, envoyez-en duplicata. — Pollet. | Reynaud, 22, rue enghien. Votre silence et situation inquiètent beaucoup, un mot par ballon rassurerait, attente, courage, amitiés. — Gaston. | Drouauld, 8, montesquieu. arrivée limoges, reçois lettre, envoyé dépêche, paul melun, frédéric expertises. — Buval. | Renouard, 210, rue rivoli. allons tous bien, avons reçu cinq lettres, écris-nous souvent, donne nouvelles librairie. — Henri. |

Saumur, 26 Jan. — Turbert, 168, rue temple, neuvième, tous bien portants, argent. — Turbert. |

Gannat, 26 jan. — Bourgeois, 69, boulevard sébastopol. portons tous bien. avons employé tous moyens pour donner nos nouvelles. reçois tes lettres. — Bourgeois. | Rouchonnat, 75, faubourg saint-antoine. portons tous bien, avons employé tous moyens pour donner nos nouvelles, tes filles couvent. — Rouchonnat. |

Vichy, 26 janvier. — Lechenaut, 5, boulevard montmartre. reçu lettre 16, cherche cabinet, caves, clefs, commode, accompagne bonne santé, désire lettre léon. — Astrua. | Poletnich, 116, faubourg saint-honoré, toujours Vichy, allons bien, recevons lettres georges et famille saint-omer père, à nogent. — Poletnich. |

Moulins, 27 jan. — Madame Boulancy, 19, lascase. edgard à hambourg avec escayrac à argent, gabrielle à nice, parents vont bien, reçu lettre. — Bellonnet. | M. Bellonnet, 32, boulevard italiens. reçu douze lettres, allons bien, colas à paris 1er train équipages, envoyez nouvelles, amitiés. — Bellonnet. | Regnault, 24, rue blanche. tous bonne santé. marguerite fortifiée. juliette magnifique. desroziers genève, lettre 11 reçue. écris. — Hélène Regnault. |

Nantes, 27 jan. — René Duché, 4, mogador. toutes familles bonne santé, toujours chez oncle béziers, bien tous, embrassons, septième dépêche. — Adeline. | S. Steiner, 28, rue bondy. donnez raisonnablement nécessaire à henry. — Simoneau. | Gouin, 13, rue treilhard. recevons lettres, pauline accouchée garçon. camille médaille militaire, paul prisonnier. tous bien. — Jousset. | Fabreguettes, 28, faubourg-denis, paris. prière nouvelles de mes enfants. amitiés familles laignel, simonin adressez nantes postes. — Bonnaire. | Baizeau, capitaine mobiles, bataillon lareinty, toute la famille bien portante. nous t'embrassons. ta mère. — Veuve Baizeau. | Goñin, 4, cambacérès. reçu lettres. bonne santé nous et goñin, jules ici bien portant, chantiers bien, coralie bien plassac. — Brousset. | Olivier, 14, caumartin. attends lettre impatiemment. sommes tous en parfaite santé. — Eugénie. | Sanoner, 130, rivoli. reçu lettre 11 janvier. appris avec peine votre malheur. courage et résignation. sommes en bonne santé. — Sanoner. | Sanoner, 6, borda, reçu lettre 31, écris longuement papier pelure, nouvelles, appartement payer contributions douzième, combien taxe, absent. — Sanoner. | Leblanc, avenue wagram. familles leblanc, lapra, hermann, barnoct, fleuret très-bien portantes, avons reçu argent pas besoin autre. — Fleuret. | Meilhan, 4, rue balzac. paris. santé bonne, écrivez directement, 14, rue basse du château. reçu lettre dernière 30 décembre. — Meilhan. | Bertin, bastion 28, paris. reçu cinq lettres décembre, baisers de tous. bien portants, écrivez souvent, fait grand plaisir. — Bertin. |

Nantes préfecture, 27 jan. — Halphen, 31, neuve-saint-méri. sommes à nantes bien portantes, écrivez. — Sara, Clémence. |

Châteaubriant, 27 jan. — Aubrée, 48, rue de bourgogne. ginoux, jenny, santés faibles, alice ici, georges havre, merci missives. courage. santé, mille embrassades, onzième envoi. — Defermon. |

Croisic, 27 jan. — Danthoine, 25, chantal. ami écrivez souvent de vous, lieutenant d'Anthoine, sergent émile. — Jacque. |

Saint-Nazaire, 27 jan. — Louis Monnier, 28me marche, 3e bataillon mont-valérien. reçu lettres, bien portants, embrassons, alfred loire, écris-nous, confiance Dieu. — Femme Monnier. |

Rive-de-Gier, 28 jan. — Cachet, 4, rue payenne. septième dépêche. lettres reçues, allons tous bien. — Lacombe. |

Marseille, 29 janv. — Rivail, 16, grange batelière. reçu lettre 5 janvier, appareils gritti en marche, fonctionnant bien. delaire à vevey, suisse. — Ferrière. | Aubanel, rue richer. commandes épuisant laines, sommières suis marseille avec mère, préparant achats laines, retournons sommières, villeneuvel les rejoindre delphine. — Aubanel. | Gibé, malesherbes, 68. santés bonnes reçu lettre pillard, vingt jours, absent roissy tout requis, avoine, vaches, couvertures, propriété intacte. — Gibé. | Blanc, 18, rue claude. vellefaux, moi, filles, portons bien. marseille calme, louis mort le 24 novembre. reçois lettres. — Blanc. | Deborne, 37, neuve des mathurins. traitez au mieux base minimum deux cent dix francs, délai quinze jours environ, tout va bien. — Possel. | De Rangouse, chef administration postes. lettres sans réponse, comment êtes-vous? où est votre famille, madame ouvrier. — Charles Couret. | Madame Giraud, vintimille, 5. santé bonne plus en chine, reste à marseille, viens ici aussitôt possible. reçu deux lettres. — Giraud. | Tedesco, 14 bis, boulevard poissonnière. rassure toi, frère hors service, employé intendance, bien portant. courage maman, approchons délivrance démètre. — Léonie. | Charpin, 398, rue saint-denis. inquiète, écrivez poste restante, lausanne. parlez de tous, prendre manteau fourrure, reçu mon pupitre. — Adorcy. |

Ciotat, 29 jan. — Cazavan, gare orléans. heureux ayez reçu deuxième télégramme. espérons aurez autres, apportant admiration efforts paris. tous bien, amitiés, espoir. — Cazavan. | Laiter, 218, rivoli. recevons aujourd'hui lettre olivier 14, vous remercions offre hospitalité, vous et les vôtres bien, mille amitiés. — Cazavan. |

Oran, 29 janv. — Jauffret, ministère guerre, paris. tous bonne santé, position nul changement reçu les deux lettres. écrit deux fois, seconde dépêche. — Jauffret. |

Clermont-ferrand, 28 jan. — Chanteloup, hen c rue lille. marie, 21, rue hôtel-dieu. pauline guérie. tous vont bien, reçu vos lettres. — Marie. | Guillot, 15, rue dantancourt, paris. deuxième. allons bien, écrivez-nous, avons reçu dernière lettre fin octobre. — Robe. | Adelina, martin, 16, rue baudin. suis au bureau à clermont-ferrand, cours sablon, votre frère prisonnier à sédan, amitiés. — Dessallien. | Petitdemange, rue taitbout, 27. paierai billets aussitôt communications rétablies. — Dessallien. | Madame Lesourt, rue lille, 45. santés bonnes, pays tranquille, mille baisers. — Tournet. |

Verdier, rue montmartre, 125. écrivez par tous ballons, plus de lettres de vous depuis octobre. santés bonnes, affaires bonnes. — Torilhon. | Piquet Gandillon, Julia, rue lyon, 3. sommes toujours à clermont, bonjour à tous. — Dessalien. | Bergerin, 2, paradis poissonnière, paris. tous parfaite santé, toujours clermont-ferrand. reçois toutes lettres, julius travaille bien. pensons tendrement vous. — Bergerin. | Mutel, 20, montmorency, paris. approuvons 20 janvier, portons bien répondu carte, 12 novembre, un, deux, oui. trois, quatre, non. — Leguillette. |

Vichy, 28 jan. — Dussommerard, musée cluny. merci lettre, car bien inquiet, aujourd'hui même bonnes nouvelles belgique. — Alexandre. | Argand, 90, amsterdam. portons bien, thérèse embrasse père, écrire plus souvent, va méchin dot prête. venir chercher aussitôt pourras. — Argand. | Lebrun, ponthieu, 2. quatrième dépêche. recevons lettre, pauvre henri. louise et gros jumeaux. moreaux, bernaults, leroux, nous, bien portants. — Lebrun. | Darcq, 176, boulevard haussmann. santés bonnes vichy. nouvelles excellentes, nogent, châlons, manquons rien recevons lettres. — Darcq. | Merré, boulevard prince-eugène, 41. santé bonne, ernestine, mézel, bien. bébé bien, manthe, pas dépêche, nous troisième. — Merré. | Pigache, royer-collard, 10. reçu lettres, 15, 17, 20. écrivez toujours, bonnes santés, désire lettre papa. — Pigache. | Aubusson, 136, rue saint-denis. reçu premier argent. bonnes santés, bénévent excellentes santés. joséphine écrire enfants crotrot bien portants. — Aubusson. |

Moulins, 29 jan. — Lelarge. boulevard mazas, 30. santé bonne, recevons lettres, manquons de rien, xavier tranquille, calais, louise, charmante ici. — Lomet. | Reymann, rue vaugirard, 189. écrivez souvent, nous recevons vos lettres, nous sommes tous bonne santé, mettez literie en sûreté. — Schitter. |

Moulins, 29 jan. — De Lacroix, lieutenant mobiles, puy-de-dôme, 1er bataillon, 1re compagnie vitry. allons bien. — De Rochefort. | Boulenger, rue du vert bois, 4. élisa, enfants, parfaitement. — Baron. | Baron, avenue trouville, 12 bis. reçu lettre 12, lionel, allons bien. — Baron. |

Bergerac, 30 jan. — M. Colas, place vendôme, 12. Je me porte bien. — Beauplaisir. |

Périgueux, 30 jan. — Vaulabelle, 80, boulevard magenta, ou au concierge en cas absence. prière de donner nouvelles immédiatement, 12, rue des chaines. — Vaulabelle. |

Toulon, 30 jan. — Directeur école beaux-arts. faire écrire hercule à sa mère, rue chaudronniers, toulon. — Pouplin. | Pouplin, rue fontaine, 15, à paris. trois bien portants, proposé pour lieutenant état-major génie, camp alpines eyguières. — Camille. | Camille Ernous, 30, rue berlin. tous bien à toulon, venus par mer avec édouard à bordeaux, père verclives bien. — Ernous. |

Carpentras, 29 jan. — Villan et fils, rue lancry, 53. allons tous bien, recevons courrier montevidéo et lettres paris, écrivez souvent. — Marie Villan. |

Château-renard, 29 jan. — Valori, rue cherche-midi, 36. paris. cruellement inquiète. un mot. — Valori. |

Espalion, 29 jan. — Denayrouse, rue crussol, 10, paris. auguste, bien portant rodez. louis, lieutenant artillerie, bourbaki. santés familles denayrouse, marcilhacy, excellente, bientôt. — Denayrousse. |

Rodez, 29 janv. — Léger, 14, rue labruyère. sommes revaccinés tous cinq. allons tous très bien, écrivez souvent. — Louise, Marie. |

Abbeville, 27 janv. — Carette, rue de bondi, 24. santé ordinaire. adresser grandes écoles, parents et amis vont bien. — Carette. | Loiseau, 43, faubourg temple, paris. loiseau, réunies chez moreau, bonne santé, familles moreau, monard, poitou, bonne santé. — Clémentine. |

Bordeaux. — 31 janvier 1871.

Pont-l'Abbé, 20 jan. — Leveillé, secrétaire général télégraphes, paris. sixième. reçu que trois lettres décembre paul kernuz, tous bien. alexandre général division cherbourg. — Ducrest. |

Quimper, 20 jan. — Guyomard, soldat au 2e régiment d'infanterie de marine, compagnie C, 11e esconade, fort montrouge. tous bien, courage pensons à toi, écris-nous. — Guyomard. |

Landerneau, 21 jan. — Vautrin, rue messageries, 19, paris. sommes tous bien, henry resté. — Vautrin. |

Morlaix, 21 jan. — Breney, 121, rue cherche-midi. santé, courage, reçu lettres, ménage-toi, impatiente revoir. — Breney, morlaix. | Andrieux, jean-jacques-rousseau, 51. familles bien. reçu tes lettres du 27 et 29 décembre. albert, glasian, lucien quimper. — Andrieux. | Larabit, rue alger, 5. recevons lettres, sommes heureux, ernest reçoit dépêches, vu henriette. — Dulaurens Comanna. |

Brest, 22 jan. — Journé, marengo, 6. mère, camille troyes, laure dieppe, paul prisonnier coblentz, eusèbe officier chanzy. bonnes nouvelles toute famille, courage. — Dambly. | Hermet, 25te bataillon, 5e compagnie, quai gare, 42. boëlle brest bien. hermet mans, sans nouvelles. thérèse angers bien, pas lettres depuis décembre — Boëlle. |

Docteur Reynaud, ministère marine. tous brestois bien, désirent vous revoir. auguste ambulance armée chanzy. — Lauvergne. | Eymin, rue lécluse, 2, batignolles. marie a fille 21, parfaitement, édouard bien. — Rouxel. | Déprez, 48, pagevin. sommes maintenant brest hôtel lequer, rue siam, avec parents, santés parfaites, grossesse sept mois, reçois lettres. — Déprez. |

Clerval, 15 jan. — Marquerie, jacob, 9. pigeons voyageurs. reçu dépêche 29 décembre. comment allez-vous? moi très bien, pense à vous trois. nommé lieutenant-colonel. écrivez souvent. détails sur vous trois. — Charles. |

Lons-le-Saulnier, 22 jan. — Arsène Jacquemin 108, de courcelles, paris. bébé, frère, moi portons bien. reçu lettres. — Constance Jacquemin. |

Sables-d'Olonne, 20 jan. — Hachette, 119, boulevard haussmann. partons satisfaits, bayonne 25 janvier. maurice bien casé, écris saint-lo pour argent pas touché. — Hachette. |

Sables-d'Olonne, 21 jan. — Baignet, rue lafayette, 88. sommes avec famille aux sables-olonne. désirons vos nouvelles par ballon. sœur est à bordeaux. — Baignet. | M. Reynauld, 16, rue st-florentin. tous bien portants, reçu lettres 8 janvier. sables-d'olonne 21 janvier. — Gourbeyre. |

Fontenay-le-Comte, 21 jan. — Pichard du Page lieutenant 35e régiment mobiles vendée. 1er bataillon, 4e compagnie, portons bien, pensons à toi, écris-nous. — Pichard du Page. | Boituzet, propriétaire rue guy-de-la-brosse, 2. santés bonnes, merci de bons soins donnés à jacques. paierai toutes dépenses. — Mériot. |

La Roche-s.-Yon, 22 jan. — Favereaux, 106, rivoli. aragans, decqs, moi bien portants. continue études. second mandat perdu. — Georges, roche-sur-yon, 9, lafayette. |

Angoulême, 24 jan. — Joubert, rue drouot, 9. lettres reçues, répondu. anna au lit, louise, ferdinand, savoiré, pierre versailles, fanny accouchée garçon, bien. — Sulleron. | Courtin, rue marie-antoinette, 4 bis. donnez nouvelles père, sommes inquiets, embrassons tous, avons bonnes nouvelles vésinet. — Chaminade. |

St-Valéry-en-Caux, 21 jan. — Genest, rue des filles-du-calvaire, 6. reçu quatorze dépêches trop brèves, envoie argent postes. portons tous bien 25 janvier. — Elvire. |

St-Lô, 21 jan. — Lange, 55, bretagne. recevons lettres. nous, famille dhostel bonnes santés auguste aussi, manque de rien alger. écris-nous souvent. — Ebosquain. | Hélaine, 40, échiquier. entièrement rétablie, j'ai un fils. tous trois bonnes santés. recevons tes lettres. — Marie Hélaine. |

Coutances, 29 jan. — Rihouet, 42, ferme-des-mathurins. tous bien, bébé parle, maisons peu dégâts, bons baisers. — J. Rihouet. | Jourdan, 21 maubeuge. tous bien, recevons lettres. — Lemarié. |

Cherbourg, 21 jan. — Edouard Cottais, mobile seine-inférieure. replié cherbourg avec albertine écris ici. bonne santé rouen. courage, bon espoir et au revoir. — Maillard. | Leboullenger, turenne 61. tous bien, reçu lettres. — Leboullenger. | M. Pignot, boulevard montrouge, 68. femmes, enfants bonne santé. — Marie. | Satroux, rue st-honoré, 400. descendez au rez-de-chaussée laines des troisième et quatrième étages, réponse cherbourg hôtel europe. — Lemarinier. | M. Martin, 17, boulevard malesherbes. famille martin et pothuau vont bien. ai envoyé quantité dépêches et lettres. — Berthe Martin. |

Debled, 9, rue lions-st-paul. écrivez-nous, inquiets sur santé. — Faivre, place fontaine, cherbourg. | Dufilho, 6, chaptal. santés bonnes, lettres reçues, manque de rien. pèdre, marie bien. argent reçu. — Corinne Dufilho. |

Brives, 23 jan. — Golfier, 160, rue montmartre allons bien, manquons rien. émile ici, marie accouchée fille, embrassons. — Golfier. |

Brives, 24 jan. — Cogné, maréchal-logis gendarmerie neuilly. brives bien, recevons nouvelles. — Antoinette Cogné. | Cluzan, 5, rue aboukir reçu tes lettres, allons bien, t'embrassons. — Caro. | Montalant, 11, avenue bosquet. bonnes santés, aller habiter soit appartement mialhe soit appartement ernault. faire part dépêche à paul. — Mialhe. |

Rhodez, 24 Jan. — Seringe, boulevard strasbourg, 43. tous bien. fouillez casiers infirmerie, cabinet, trouverez valeurs. vendez si nécessaire rente obligations, pleins pouvoirs. — Bonnefous. |

Auray, 23 jan. — Langlois, rue des petites-écuries, 52. allons bien, malheureuses loin de vous, hôtes excellents. — Langlois. | Etienne, boulevard bonne-nouvelle, 25. parents sont très bien, recevons lettres nogent. — Langlois. |

Hennebont, 23 jan. — Houdart, avenue st-ouen 2, batignolles, paris. trois familles bonne santé. distraire rellay. mandat pas reçu, envoyez. écrivez souvent, patience. — Houdart. |

Dieppe, 21 Jan. — Gonzalès, bréda, 11. bien portantes. prussiens logé. recevons lettres, embrassons. — Gonzalès Ségalas. | Martin, 16, quai mégisserie. belle petite fille. bonne santé. baisers affectueux. — Martin, dieppe. | M. Debelle, 5, rue chaume. cécile toujours à dieppe, reçu lettre 4 janvier avec bon poste. — madame Debelle. | Joseph Lusson, rue laval, 21 bis. aucune lettre depuis 10 décembre, vive inquiétude, écris donc chaque jour. allons passablement. — Lusson. —

Blétry, 105, haussmann. toujours bonne santé bébévent. soyez pas inquiets, manquons rien, recevons lettres. — Oulroy. | Pérodeaud père, 37, godot-mauroy. reçu exactement dépêches, donnez beaucoup détails personnels. santé bonne, amitiés. — Ponscarg. |

Toulon, 24 Jan. — Bécourt, 38, rue notre-dame-victoires, paris. toujours sans nouvelles, rue molière, 2. — Dubuit. |

Brives, 25 Jan. — Anger, rue des martyrs, 18. louis ici officier, tous bien, écrivez immédiatement, inquiets. — Anger. | Salvandy, 8, rue montalivet. tous bien portants, bonnes nouvelles limoges, cognac, vizelle commanderie lectoure. — Rivet. | Lehideux, 27, boulevard malesherbes. tous bien, teinturier mons, moreau, berthe a fille bien constituée. tout très bien pas é. — Lehideux. |

Brives, 26 Jan. — Lemercier, huitième mairie. lemerciers bézards santés parfaites. recevez, dépensez rentes amy. anaïs douze dents, marie partie, reçu rentes. — Lemerciers. | Oudry, docteur Frémy, 9, rue berlin. sommes très inquiets, envoyez souvent nouvelles à brives (corrèze) bien portants. mille embrassements. — Oudry. |

Fontenay-le-Comte, 25 Jan. — Texier, 1er bataillon, 7e compagnie mobiles vendée. familles texier, robineau bien. marcel, léon armée loire. marcel ici malade. — Texier. |

Sables-d'Olonne, 25 jan. — François, 278, rue saint-denis. reçois lettres vous, sœur, chevalier 14 janvier. allons bien, madame chevalier aussi. vingt-troisième dépêche. — Rémery. | Chevalier, 143, valmy. femme, enfants vont bien. voulu absolument rester ferté tranquilles. écrivez par moi recevons lettres. vingtième dépêche. — Rémery. | Pérard, 3, rossini, paris. demonjay, gillion, bocquet, sables 27 janvier. santés, organisation excellentes. léthune 9 janvier parfaitement. — Louise Demonjay. |

Leclerc, 45, notre-dame-lorette. reçois vos lettres, nouvelles demaury, jules, lavril. écrivez souvent sables (vendée). tous bonne santé. — Ferret. | madame Delaneufville, 3, rue bruxelles. charbon dans chambre louée au teinturier. huile cabinet près anglaises. sucre cabinet toilette maman. — Isabelle. |

Grenoble, 25 Jan. — Villatte, commandant artillerie réserve, 1er corps, 2e armée. reçu deux mandats, toutes tes lettres. allons tous bien. — Villatte. | Christin, 8, rue écuries-artois. prier notaire recevoir loyers, écrivez-moi. allons tous bien. — Monmarqué. |

Brest, 26 jan. — Déprez, 48, pagevin. sommes maintenant brest hôtel lequer, rue siam, avec parents, santés parfaites, grossesse sept mois, reçois lettres. — Déprez. | Ballot, 55, petites-écuries. tous bien portants brest et montoire. avons toutes lettres, voudrions nouvelles deleury, guyho, caron, lebreton, legras. — Evelart. | Magnabal, ministère instruction publique. tous vôtres bien albi, les philippon aussi brest. voudrions lettre de vous, nouvelles de taillandier. — Evelart. |

Deleury, 51, faubourg-st-honoré, paris. sommes inquiets, écrivez nouvelles de vous et de tous les vôtres. lettre reçue depuis longtemps. — Evelart. | Jules Viel, rue du temple, 150, paris. tous bien, mère envoyé deux cents francs 17 décembre par poste. troisième dépêche. — Robert. | Regnault, capitaine génie 2e division, 1er corps d'armée, paris. père, mère bien portants brest. thècle, équilly, charles chine. — Regnault directeur fortifications. | Dorlorot-Dessart, fort ivry. mimi, papa, ernest kœnigsburg sain sauf. aristide chanzy, père, mère, émilie brest. tous très bien. — Dorlodot. |

Morlaix, 25 Jan. — Vrignault, ministère marine. habitons morlaix, hôtel provence. tous parfaitement. rené vif, intelligent. dentition commence. recevons lettres. — Vrignault. | Sapinaud matignon, 18. père, tous bien, charette non prisonnier, avec maurice rennes, joseph, housard normandie. — Ponnelé. |

Montbrison, 25 Jan. — Penaud, 22, visconti, paris. henri écrit. weissenfels 18 janvier bien portant. reçu mes trois cents. — Kraczkiewicz. |

Rive-de-Gier, 25 jan. — Cachet, 4, rue payenne cinquième dépêche. lettres reçues, allons bien. — Lacombe. |

Auray, 25 Jan. — Pelletier, hôtel-de-ville. grand'mère, madame dubois vont bien. marie, edmond à coulommiers bien. déménagez ménica. allons bien. — Dubois. | Lesseré, 36, chabrol. allons bien, dites-le à rouaix. donnez toujours des nouvelles de tous. pensons bien à vous. — Besnard. | Pommier, 12, neuve-st-merri. allons bien, vos enfants sont superbes, gustave armée chanzy. — Besnard. |

Hennebont, 25 Jan. — Caris, chef escadron artillerie marine, état-major général, commandant artillerie 1er corps. 2e armée, paris. reçois lettres. famille bien, enceinte. — Caris. |

Brest, 25 Jan. — Houllier, boulevard gouvion-st-cyr, paris. houllier, gasté en angleterre. — Th. Higgins. | Lescurre, 31, rue victoire. tous bien portants, répondez. — Wickham. | Lejeune, notre-dame-des-victoires, 44. onzième. tous bien — Lejeune. |

Pont-l'Abbé, 23 Jan. — Vasselot, 82, rue passy île chevallier accouchée 18 décembre. complètement rétablie. enfant vécu un jour, tous bien. treizième dépêche. — Vasselot. |

Quimper, 23 Jan. — Pirmet, 14, rue fermiers, batignolles. recevons toutes vos lettres ballons montés. sommes tous en bonne santé. — Léveillé. |

Morlaix, 24 Jan. — Fougère, lieutenant, rue louvre, 12, paris. pour quessever. tous bien, lettres reçues, écris souvent, prends argent. — Quessever. |

Grenoble, 25 Jan. — Moreau, 130, charenton. que devenez-vous? attendons lettres avidement. allons tous bien, sœurs également, pensons constamment à vous. — L. Moreau. | Villemessant, 3, rue rossini, paris. portons tous bien. maman, pierre genève, léonide, souché monaco, nous grenoble, sois sans inquiétude. — Blanche. |

Fécamp, 29 jan. — Reynald, 89, richelieu. paris. Godefroy devait voir amour avec dépêche. pour nouvelles véret, avez-vous vu comment sont santés? — Pinaud. | Cabanellas, 9, mogador. paris. votre lettre impatiemment attendue; nos santés bonnes, sauf nostalgie. — Pinaud. | Dubois, 47, faubourg saint-honoré. paris. famille bien portante. vos lettres parviennent exactement. jacques est superbe. mille amitiés de tous. espérance. — Dubois. | Mme Ibry, 35, boulevard du temple. santés des nogentais et fécampois bonnes. mariée. lettres reçues. écrivez. — Romagny. |

Dieppe, 27 jan. — Tournouer, 43, rue lille. mère franxault, enfants issoudun. tournouer, goupil, dieppe. tous parfaitement. écrivez, sommes inquiets qui habite maison. — Olivier. | Helbromer, neuve des petits-champs. grandes angoisses! écris marie. recommande oncle à sollicitude helbromer, londres. inquiétez pas. embrassons tous. — Chrétien. |

Avranches, 30 jan. — Constantain, avoué, 103, rue montmartre. Delhôtel, chez michel, avranches. bonne santé. — Delhôtel. | Basset, 13, saints-pères. avranches bien portants. berthe accouchée fille 14 parfait état. mère bourgueil santé. — Camille Basset. |

Granville, 30 jan. — Barrier, 14, mayet. porret, caroline, berthe, estelle, angleterre. charles, léonie, galle, arsène, bonne santé. quittez quartier, allez chez moi. — Jodet. | Baugnies, 7, penthièvre. enchantés. recevons six portraits. armistice affiché. espoir. rosalie. lettre du 20. tous bien granville, louviers, pétersbourg. — Baugnies. | Joret, 19, marché honoré. reçu portraits avec bonheur. appris amnistie laurence. bébé superbe, dit papa, pèse dix-huit livres. — Joret. |

Alger, 28 jan. — Beauvert, 7, martignac. reçu lettre du 11 janvier. argent non. gardez sommes. pourvus enfants brieuc, moi alger. bonne santé. — Tugny. |

Marseille, 1er fév. — Castex, télégraphe. paris. écris souvent. silence inquiète. tristesse croissante depuis bombardement. sortons peu. Jeanne grandit. tous bonne santé. — Adèle Castex. | P. Blanc, 38, rue turbigo. paris. non. oui. oui. oui. — M. B. |

Allassac, 1er fév. — Lacarrière, 10, chauchat. garavet, tous bien portants. donne nouvelles de tous. avons lettre du 17. — Lacarrière. | Mme mansard, 34, paradis-poissonnière. garavet tous bien portants, reçu lettre du 21. — Dubost. |

Montluçon, 30 jan. — M. Charles Petit, 4e bat., 3e compagnie, garde mobile. classe 1869, mle 8517. fort issy. reçu ta lettre, je me porte bien, chez ma marraine, Vve Favier, quai du canal, montluçon. une réponse.

Millau, 1er fév. — Jodot, 23, rue château landon. paris. rien de vous, bonnes nouvelles godot. duchesne ici. bonne santé. accepté 500 douzaines 475. — Aldebert. | Godot, 23, rue château-landon, paris. famille dugné, lemarc, jodot, duchesne, aussenard, colleau, bonne santé, envahies. claire, louise, chez elles. — Jodot. |

Clermont-Ferrand, 31 jan. — Roseval, 9, rue caire. paris. sommes heureux sarunion. — Edouard Léser. |

Riom, 31 jan. — Montéléon, secrétaire du trésorier 29e, caserne nouvelle-france, 82, faubourg poissonnière. Les familles demandées bien. ludovic à clermont avec femme. — Montéléon. |

Vallières, 31 jan. — Lejeune, 25, rue béranger. toutes à épagnat depuis quatre mois. un garçon. — Moussard. |

---

126. Pour copie conforme,

l'inspecteur,

Bordeaux. — 1 février 1871.

Pau, 26 janv. — Foucher, 53, chaussée d'antin. madeleine accouchée heureusement hier beau garçon. — Reyneval. |

Pau, 26 jan. — abbé Reyneval, 3, suresne. madeleine heureusement accouchée hier, beau garçon. — Reyneval. | Londieu, 88, rue rochechouart. reçu lettre, portons bien, rue préfecture, 46. — Virginie Londieu. | Branche, 14, avenue victoria. jane parfaitement. — Moret. | Frérejean, 16, pré-aux-clercs. marie remise, toutes cinq bonnes santés. gustave prisonnier. robert, famille frérejean bien. jenny, madeleine superbes, pau. — Gabrielle. |

Etretat, 28 janv. — Blanchard, faubourg st-denis, 50. sans nouvelles depuis octobre, bien inquiets. voyez ma maison, écrivez-nous. — Godin, étretat, 27 janvier. | Périer, 16, rue malesherbes. tous parfaitement bien étretat, trouveras charbon dans cave malesherbes, nos plus tendres souvenirs. — Marthe. | Fouquet, rue tivoli, 3. toutes santés entièrement parfaites, enfants florissants, marthe marche, restons tamise, bonnes nouvelles marie, émile, jeanne. — Amélie. |

Laigle. — Mercier, 7, rue laffitte, paris. mon ami, je suis chez mère. tous en bonne santé, nous recevons tes lettres. — Clémence. | Robecchi, rue lauzun, 11, paris. reçu toutes tes lettres, toujours bien portantes, prussiens aller et venir, n'ai pas d'inquiétudes. — Julia. |

Pont-Audemer, 29 janv. — Viron, rue valois, 46. tunisien paie, écrire. — Henry. |

Yport, 29 janv. — Draye, Fortin, 12, paris. madame très-malade, vois monsieur, dis qu'il écrive de suite. — Eugénie. | Reinionenq, 84, blanche, paris. maman fièvre muqueuse, voir papa, dites qu'il écrive, très-inquiètes. — Blanche. |

Coutances, 30 janv. — Quinette, myrrha, 83. bien portant, reçu lettre 21, hayer pesuel, 30 janvier. — Eulalie. |

Fécamp, 26 janv. — Gonnet, 70, rivoli. bonne santé tous, restés fécamp, recevons lettres. — Gonnet. |

Noyon, 26 janv. — Petit, 44, enghien. reçu lettres, tous tranquilles noyon. — Auguste. | Dubus, faubourg poissonnière, 156. 26 janvier. rentrées depuis longtemps, sans nouvelles, noyonnais en reçoivent, moins heureux, nous pas, espère. — Poulin. |

Mortrée, 31 janv. — Chaussonnet, 4, juge, grenelle. mon ami, nous portons bien tous, je reçois vos lettres. — Fohenel. |

Château-la-Vallière. — Ray, 5, rue odéon. forgeais, beaulieu vont bien. |

Montivilliers, 30 janv. — Vachette, rue l'impératrice, 11, montmartre. porte bien, famille aussi. — Vachette, 4e bataillon, 8e compagnie, garde mobile ain, au havre. |

Dieppe, 27 janv. — Peschard, rue charlot, 28. véronique inquiète nouvelles. — Lechartier. | Pingrez, 17, amsterdam, paris. marie, rené, newhaven depuis 6 décembre, reçoivent bien vos lettres, tous bonne santé, courage, espoir. — Marcillet. | Wanthier, quai du louvre, 16, paris. famille hardélay prie m. wanthier d'écrire nouvelles, dieppe bureau restant, elle va bien. | madame Huguenot, rue berlin, 30, paris. tous vos enfants restés toujours à dieppe, se portent parfaitement. — Félix Huguenot. | Lefaucheux, rue condorcet, 37. donnez-nous nouvelles de bréant, mobile, prêtez argent sans crainte, inquiets, bien portants. — Bréant, thiouville, ourville. | Joinville, 6, rue clichy. dieppe bonne santé, lettres reçues. — Joinville. | Ridel, 22, rue matignon, paris. tous santés excellentes, propriétés intactes, vu père, dernière lettre reçue. léonie belle grossesse. — Lagrenée. | Guérin, 233, rue st-martin, paris. tous bonne santé. — Deplanche. |

Méru, 27 janv. — Comtesse Marie de Kergorlay, 104, rue st-dominique, paris. donnez-nous de tes nouvelles, n'en avons aucune, florian au havre va bien, trois autres vont bien. — Comte L. de Kergorlay. | madame Prévost, 28, boulevard du prince-eugène, paris, bien portants, reçu lettres, opérateur écrire souvent. — Prévost. | madame Gavrer, rue du pont-neuf, 23, paris. nous allons bien, enfants aussi, pas lettres toi depuis 21 octobre, inquiets, réponse. — Puthomme. | M. Hennegrave, 91, grande rue de la chapelle, à paris. deux lettres reçues, pas malheureux, nouvelles souvent. — Hennegrave. | Parnot, 1, rue tiron, paris. reçu cinq lettres, sommes en bonne santé, pas malheureux, amis sont ici, à bientôt. — H. Descroix. | madame Langlois, 15, rue st-quentin, paris. famille foubert, coron, tous méru, bonnes santés, informez-vous émile, famille cailleux. écrivez par pigeon ou ballon. — Foubert. | M. Delfour, faubourg temple, 65, paris. moi, madeleine allons bien, ainsi que parents, pas nouvelles toi depuis 28 novembre, embrassons tous fort. — S. Delfour. | Grandidier, bac, 26. écrivez, donnez nouvelles. — Lasne. |

Pau, 25 janv. — Bureau, boulevard saint-martin, 5. familles Bureau, Franquin, Levillain à pau bien portants, argent suffisant, reçoivent lettres, écrivez souvent. — Franquin. | Chartier, 34, rue labruyère. installées à Pau, 26, rue du lycée. écrivez nouvelles de tous. — Chauderaique. | Bockairy, 218, boulevard péreire. merci de vos lettres, donnez nouvelles de nos domestiques. — Juillien, pau, 31, montpensier. |
m. Dulac, 74, rue boulets, tous bonne santé, moral bon quoique bien triste. — Dulac. | m. Garby, 250, charenton bercy. allons tous très-bien. — Garby. | supérieure, rue notre-dame des champs, 20, paris. reçu lettres, mademoiselle minas morte prier, santés bonnes, vu abbé Tappie bien portant — Albert Dosithée. | Gardey, 37, bac, paris. perdu Eugénie, elle a parlé de vous jusqu'à la fin autres enfants bien, écrivez. — minas. | Jouvenet, place madeleine, 28, paris. Nancy bien, écrivez-moi encore. — Tapie. |

Sauveterre, 25 janv. — sœur sainte-marthe, hôtel-dieu, famille bien, sans lettre de toi, inquiète. — Duplaa. |

Cherbourg, 25 janv. — Raverot, ministère finances, reçu compris. enfants jusque vingt-un, alarmes. marguerite inquiète, siens écris leur indication ballons, santé, sûreté. — Raverot. | Durclet, ministère finances, santé excellente, reçois lettres, invocation constante Marie immaculée te préservera, courage, confiance soit béni, sauvé. — Durclet. | docteur Cadet de Gassicourt, 376, rue saint-honoré, reçu lettres avec détails sur Léon, heureuse, inquiète, correspondance constante avec sœur, amies, santé. — Lucie. |

Coutances, 24 janv. — Lagravoire, 6, rue saint-vincent de paul, paris, inquiets, attendons nouvelles, sommes bien. — Guillot. | Labey, avenue ternes, 59. Georges et nous bien. — Guillot. |

Rennes, 25 janv. — m. Chesnel, 66, boulevard du prince eugène. toutes les santés bonnes, recevons vos lettres. — Eléonore Chesnel. | Joulot, 73, rue de la victoire, oui à toutes vos questions. — Joulot. | Lessard, commandant mobile saint malo, ile-et-villaine, familles Lessard, martin Feuillée, Tholon bien portantes, prussiens au mans seulement, demande nouvelles souvent. — Lessard. | Godinot, capitaine 11e batterie, 21e artillerie réserve 2e corps, 2e armée. santés excellentes, tes lettres arrivent. — Elisa. |

Mongodin Célestin, sergent 3e compagnie, 4e bataillon, ivry, armée paris. avons tes nouvelles, écris, sommes bien, affaires bonnes. — Mongodin. | Fouquet, 53, rue aux ours. tous bien rennes, 3, halle aux blés. — Fouquet. | Tétard Chevaleret, 130, garre ivry. tous bien. rennes, 3, halle aux blés, écris, inquiète. — Tétard. | Galle, 22, rue du bac. Alexandre et nous tous allons très-bien. — Laverne. | Rapatel, 99, boulevard saint-michel. reçu lettres, portons bien. — Rapatel. | mademoiselle pottier, 13, rue royale, famille pottier, rue bertrand, santé parfaite, reçu lettres. | Pottier. —

Guingamp, 1er février. — Tricoche, négociant, avenue clichy, 177. bonne santé, villers aussi, reçu toutes tes lettres, soins paternels, à toi toute affection. — Louise. |

Dinan, 31 janv. — Léon Cotromb, 18, quai louvre. coste, christien. adèle, dinan bien, paul stetin, alfred guéret bien. 31 janv. | Gauzien, 22, rue rossini. toujours dinan, reçu 14, envoyé 9 dépêches, enverrai encore, courage, patience vous oublie pas, amitiés. — Pontcroix. |

Foucarmont, 28 janv. — Fihue, garde mobile au 50e de ligne, 2e compagnie, 1er bataillon, paris. avons reçu nouvelles, portons bien, écris toujours, besoin argent, bourgeois, rue aboukir, 55, fournira. — Leblond. |

Foucarmont, 29 janv. — Kliot, rue st-denis, 59. reçu lettre, achille chez nous, portons bien, compliments parents, amis, écrivez souvent, nom du capitaine. — Vigneron. |

St-Lô, 31 janv. — Bonamy, rue richelieu, 42. santé bonne, écris plus souvent. — Bonamy. | Moulet, 123, boulevard magenta. santé bonne, je reçois lettres. — Moulet, vire. | Bourdot, 3, rue st-vincent-de-paul. portons bien, louise fait pantoufles pour papa, hélène court, parle, reçu deux mandats. — H. Biard. |

Besançon, 29 janv. — Colomb, st-martin, 9. portons bien, soignez-vous, voudrions voir, avez-vous assez, lettres reçues, besançon, 29 janvier. — Colomb. |

Fernex, 31 janv. — Maigret, 3, boulevard capucines. tous parfaitement à montreux, viens nous retrouver si voir possibilité, bygrave bien lausanne. — Maigret.

St-Lambert-du-Lattay, 20 janv. — Massignon, boulevard sébastopol, 16. Marie nourrit fille, tous très-bien portants, bonne installation, ondoyée, t'attends pour baptême, marraine célina. | Dulong, 7, havre. grand-père, mère, marie, gustave, berthe, tous bien portants, lettres reçues 16 janvier, écrire les termes reçus. |

Ham, 23 janv. — Bertaux, 18, rue valadon, 7e arrondissement. portons bien. — Bertaux. |

Berck, 29 janv. — Scelles, beaumarchais, 37. reçu tous envois, gustave collége boulogne, francis, paul, bonne santé, toutes nos pensées pour toi, virginie bien. |

Blangy-sur-Bresle, 25 janv. — Fruitier, hôtel plat-d'étain, rue meslay, paris. sery, hottineau, amiens, aumale gamaches, allons bien. — Fruitier. |

Pontlevoy. — Fercop, avenue breteuil, 29. habitons pontlevoy bien portants, jamais prussiens montrichard, lettres parthenay, verneuil parvenues, tranquillisez-vous. — Duboulley. |

Forges-les-Eaux, 26 janv. — Boulanger, rue la chapelle-st-denis. nous sommes à forges bien portants, recevons tes lettres, kiel écrire à sa femme, adèle boulogne. | Baroux, 5, d'hauteville. aumale, digeon, charny bonne santé, pas éprouvés, reçu vos lettres, 10 décembre, 1er janvier. — Baroux. |

Cambrai, 25 janv. — Hourie chez Robert, bergère, 21. tes lettres reçues, moins inquiets. pensons à toi incessamment. portons bien. sœurs belgique, — Hourie. | Bricout, petit-carreau, 17. portons tous bien. — Eugénie Bricourt. | Letrosne, constantinople, 8. reçu dernières, suppose madame Letrosne tranquille, l'ai recommandée amis Havre, anvers, lille, sommes menacés siége. — Ornaille. | Mouton, courcelles, 92. reçu vos dernières. arrondissement enveloppé moins route douai et bouchain, espère pourtant pas être assiégé. — Ornaille. | Charles Quentin, boulevard magenta, 107. santés bonnes. louis malade. reçu lettre valenciennes, cambrai pas bombardé. — Quentin. |

Aurillac, 1er fév. — Mme Colombel, r. turenne, 82, paris. reçu seulement lettre décès papa. adresser lettres riva ferrari milan pour lidie colombel. — Lidie. |

La Neuville-en-Hez, 27 janv. — Boudico, rue de la butte chaumont, paris. tous ici tranquilles, bien portants, voudrions bien une lettre de toi qui nous en dise autant. — Ve Boudico. |

Malesherbes, 22 nov. — Beillier, turbigo, 20. portons bien tous. écrivez, reçu deux lettres. — Lamiral. |

St-Lambert-du-Lattay, 4 fév. — Massignin, 4, perrault. célina, fernand, alice tous bien, anjou présentement tranquille, contrairement irois broca, attendue lettre 22 pas. — Jean. |

Charny. — Delafosse, 15, quai bourbon. portons bien. eugène soldat, doin bien, courtenay petite fille, prussiens trois jours. tante. — Perdu. |

Hesdin, 27 janv. — Maugin, 12, guénégaud. allons bien. reçu lettres. pensons à toi. jeanne, lucie bien sages. — Louise. | Mme Gaume, 53, chaussée-d'antin. jane angleterre, southampton, 18, oxford street. tous bien. guille hache bien. — Mathilde. |

Noaille-de-l'Oise. — Delattre, 412, saint-honoré. portons bien. trois mois sans nouvelles. caron voir moreau. — Quinard. |

Havre, 29 janv. — Bartet, 26, bons-enfants. déville, familles laveissière, audion tous bien. répondre caillaux, havre. — Bartet. | Lenud, rue st-martin, 4. familles audion, laveissière bonne santé. répondu havre. — Caillaux. | Gautier, quai grenelle, 35. réglez barraques avant fin siége, pressez sérieusement rentrées. écrivez souvent ullern, honfleur, tous bien portants. — Lemire. | Warmont, rue des deux gares, paris. arthur warmont, fourrier havre, bien portant. | Chevreau 40, vanneau. paris. montornault, belle-sœur, enfants parfaite santé havre, attendent nouvelles. louise demande sur siens. — Mortenault. |

Somain, 30 janv. — M. Gréheu, 26, rue pasquier. suis à roye, reçois tes lettres, mais adresse ici. allons tous bien. embrasse. — Marthe. |

Gien, 1er fév. — Caron, 12, matignon. ai écrit souvent désire ardemment vous voir. santés bonnes. — Honorine. |

Bolabre. 1er fév. — M. Ch. Millet, avenue du maine, 24. toujours parfaitement, grand désir de vous voir. — C. Millet. |

Cerisièrs, 27 janv. — Collot Chalons, 14, passage hébert, 2. santé bonne, écris. inquiète, tout va bien. ta mère. — Dautel. | Delamotte, chef division ministère culte missions. prenez vin, beurre, confitures. santés bonnes. — Chardon. |

Chambly. — Guissez, 61, quai seine, paris-villette. vos enfants vont bien, écrivez persan, nouvelles des familles, fabrication bonne, tous bien portants. — Guissez. |

Rélizane, 27 janv. — Tressard, paris-montmartre, 12, rue cauchois. accusez réception. — Tourisse. |

La Levade, 26 janv. — Graffin, 35, boulevard strasbourg, paris. reçu ta lettre du 14. bonnes nouvelles du belovent et lechatelier du 15. — Graffin. |

Nimes, 27 janv. — Cook, 16, demours, ternes. tout va bien à jersey, nimes, lauzanne. lettres et traités reçus. henri arrivé à aigle. — Cook. | Bailly, lieutenant vaisseau, état-major, 7e secteur, vaugirard. famille, amis, communautés nimes, mayence, hyères, picardie, allons tous bien. — Emmanuel Bailly. |

Cannes, 26 janv. — Barot, médecin, 42, boulevard malesherbes. léopold prisonnier sedan. guéri obus épaule. salon, thor. lorgues, cannes, santé. — Aynaud. | Signoret, 51, rue seine. tous bien. prévieus deguerville, 128, rivoli, ses filles bien ici. — Buttura. |

Cannes, 27 janv. — m. Richard, 208, rue de grenelle. allons toutes bien. recevons tes lettres exactement. — Richard. | m. Saffers, 9, rue laffitte. familles saffers et lyon très-bonne santé. reçoit lettres. — Saffers. | Killardon, 10, hanôvre. tout tenté, pauvre frère. pour donner nouvelles. patience, courage. dépêches attardées arriveront. bien portants au bost. — Tabanon. | Debergue, 8, favart. reçu lettres herminie, vous, dutil. mangez avec parents, prenez vin, nouvelles amis detaille, ducoin, perody, berthe. — Grassi. |

Menton, 27 janv. — Ancelle, 67, amsterdam. tous bien menton, écrivez toujours. — Oreille. |

Nice, 27 janv. — Rambaud, 23, rue d'antin. famille réunie, six, santé, nice. — Myèvre. | Galin, notaire, 18, saint-marc. envoyez-moi quatre mille francs par messieurs mallet et samazeul, ce dernier prévenu par moi. — Laroche. | Cavalier, 71, rue monceau. sans nouvelles depuis le 12. très-inquiètes de toi, tous bien. clément aussi. courage, amitiés. — Cavalier. | Goelzer, 182, rue lafayette. reçu quatre lettres du 13, allons très-bien. bon courage. — Goelzer. | Ricord, 6, rue tournon. tous bien portants, mais tristes. baisers à tous, courage, à revoir. — Jules. |

Nice, gare, 27 janv. — Sappey, 16, fleurus. lettre marie merci vos nouvelles. allons bien. — Dumas. | Bellel, 10, say. de vos nouvelles vous en prie. — Dumas. |

Saint-Malo, 27 janv. — Kaempfen, 31, quai voltaire. paris admirable. tenez ferme, triompherons, amitiés aux amis. écrivez sous-préfet saint-malo. recevons lettres. — Merlin. | Liouville, ministère finances. paris admirable, tenez ferme, triompherons. amitiés palain. hommage ministre, frère porte bien. — Merlin, sous-préfet, st-malo. | Lechevalier, 61, richelieu. georges sûreté. félicie, jeanne, merlin, sous-préfet, tous bien, st-malo. — Félicie. | Pouchet, 1, rue hautefeuille. reçu vos lettres à parainé, pense à vous. |

Grenoble, 27 janv. — Choisne, 50, provence. enfants bien portants verviers. reçu lettre 6. traites américaines encaissées. bonnes nouvelles lefebvre, avisez jacques. — Gaillard. |

Saint-Servan, 27 janv. — Lot, 14, saint-florentin. deschambeaux ici, accouchée fille, gustave échangé chef escadron, 5e lanciers, 24e corps, gaston, brest. — Lot. | Verpois, 45, rue trévise. toutes bien, fixées saint-servan, rue duperré, lettres reçues toujours, ressources trouvées, pinault redon, amitiés. — Verpois. |

Niort, 27 janv. — Quetier, 8, saint-lazarre. je me porte bien. — Coron. | Houlbrat, 63, rue rome. toutes enfants bien, bonnes nouvelles de émile bonnefont, vollant, hove claques, pélicier, carel, dire amélie écrire. — Foubert. | Raoult, 186, rue saint-martin. treutaine lettres reçues, bonne santé, godefroy avec, engage wiart à vendre ses vins. voir diguet. — Raoult. | Salle, hôtel britannique, avenue victoria, 20. tous bien, xavier nantes, officier, 28e infanterie, bonnes nouvelles châlons, ducrocq, niort. — Schmaltz. |

Parthenay, 26 janv. — Dufal, 25, faubourg temple. père, femme, fille vont bien, provisions faites. — Gustave. |

Vierzon, 27 janv. — Caron, 6, durantin, montmartre. allons tous bien, écrivez toujours vierzon. — Calliat. | Isambert, pharmacien, 235, rue vaugirard, paris. suis bien portant, adressez lettres, isambert, aide-major, ambulances du 25e corps. — Isambert. | Legendre, 17, rue lancry. pouvez-vous remettre mille francs à charles bourdin, pierre-louis m'a remis cette somme. — Dayen. | Charles Bourdin, 5, place sorbonne. versé à dayen mille francs. présente toi chez legendre, 17, rue lancry. — Pierre-Louis. |

Castres, 27 janv. — Vila, officier, 7e régiment mobile du tarn, 2e bataillon. allons bien, écris plus souvent. — Vila. |

Angers, 27 janv. — Leloir, 1, jacob. familles bonne santé, fany rochefort, angers tranquille. — Julie. |

Dax, 27 janv. — Lamartellière, 21, rue béran-

Bordeaux. — 1 février 1871.

ger, paris. jeunes gens partis. reçu des lettres de vous, donnez nouvelles mon cousin paul. santé bonne.— Puyo. |

Le Vast, 25 janv.— Revert, 14, neuve des martyrs. envoie souvent lettre. renseignements, frère Alphonse, santé, compliments, en convalescence — Alexandre Néel. |

Carpentras, 25 janv.— Mortel, comptable manutention des vivres Billy santé bonne.-michel. |

Orange, 26 janv.— m. Voil, 34, boulevard du prince eugène. santé bonne, reçois lettres.— Clémence. | Fontenay, 8, quai louvre. reçu vos lettres continuez, santé parfaite.— Auzeby. |

Chateau-gonthier, 25 janv. — Lavoye, 9, buffaut, paris. papa melun, Raoul, capitaine à chateauroux je crois, reçois tes lettres, bien portants. — Angélique. |

Moulins-la-marche, 26 jan.— Ranchon, 132, rue lafayette. marcel, 16 dents, Juliette Nana tous bien. prends bois martyrs, clef Delaistre Beaubrun bien.— Anna Ranchon. | Cattaert, 41, rue jean-jacques rousseau, Louise Blanche, Lille, mère, sœur, tous bien Louvière.— Cattaert. | Ribault, 252, faubourg saint-honoré. recevons tes lettres portons bien.— Latruffe. |

Saint Malo, 1 fév.— Chamouillet, 15, vivienne. arrivée saint malo, bonne santé, sans lettres depuis 13 novembre, inquiète, écrire tous les jours. — marie. | Dominel, avocat, 48, rue neuve-des-petits-champs. saint malo, Hamel, négociant, tous bien. maman très-mal, prévenir Elie.— marguerite. |

Besançon, 28 janv.— Fiquenel, télégraphe paris 4e télégramme. nous allons bien, prussiens en franche-comté. |

Montceau-les-mines, 1 fév.— Chagot, boulevard haussmann, 55. confirmation des dépêches 30-31. envoyer si possible balance maison paris fin octobre. — Chagot. | Chagot, 55, boulevard haussmann. confirme dépêche hier. avis était donné aux obligataires du paiement intérêts, 1 février Chalon. — Chagot. |

Dinard, 31 janv.— Delaunoy, docks invalides. famille Bertrand, rentrée à saint germain, part Acaussinus.— Dubarle. | Charles Pillet, 10, grange-batelière. inquiétude extrême, dernière lettre datée 17, tâchez d'envoyer nouvelle. oncle, nous allons parfaitement. |

Laigle, 1 fév. — Brossard Victor, 9, rue l'abbé groult, grenelle paris. donnez nouvelles de votre santé. famille va bien. paul aussi.—Sylvie Dufay. | Marc, 78, rue rivoli paris. 4e dépêche. reçu vos lettres huit, 25 octobre, 23 novembre, 22 décembre. allons bien. écrivez souvent.— Accary. |

Amboise, 29 janv. — maupas, 46, amsterdam, Jules rennes, subdivision, famille, amis, Amicart parfaitement. — Georges. |

Puylaurens, 30 janv.— Paleville, commandant, 135e de ligne, saint-denis, paris. reçu lettre du 17 janvier, tourmentée savoir malade impatiente. autres nouvelles. allons bien, ressources suffisantes.— Emilie de Paleville. |

Treignac, 30 janv. — Dufour, lieutenant, caserne, banque, allons tous bien.— Dufour. | docteur Vacher, 151, boulevard magenta, marie, léon Jules a 8 dents tous en bonne santé. — marie vacher. |

Caen, 21 janvier. — Portalis, 16, miroménil. bien installés, bonne santé, lettres reçues, tendresses. — Portalis. | M. Jules Simon, ministre. famille arthur roblin à caen. roblin mère et sœur à nantes, tous bien portants. — E. Roblin. | Roblin, 17, moscou. tous bien portants, toujours à caen, mère et sœur à nantes, reçois lettres paris, nantes. — E. Roblin. | Gratiot, 27, bleue. allons bien, peut-être partir belgique sur ordre d'auguste. recevons lettres. — Gratiot. | Cavé, 85, rue seine. écrivez-nous, sommes très-inquiets. madeleine bien. donnez nouvelles à famille. tous bien portants. — Bures. | Duverger, 64, chaussée-d'antin. rouen tous restés bien. louise duverger, montfélix. femmes, enfants, sœur, frère, fontenay bien. union complète, confiance. — Duverger. | Tillancourt, 28, bourgogne. tous réunis fontenay. amélie, flébite. mieux sans nouvelles despatys, mortaincourt ladoultre, écrivons pierre, reçu vos lettres. — Lenormand. |

Madame Lamotte, 15, rue berlin. douzième dépêche. santés parfaites, éventualité, écris double tanquerel. avranches, caen restons. avons assuré mobiliers. — Devilliers. | Degourcuff, 87, richelieu. septième dépêche. circonscription réduite a calvados, manche, partie orne. affaires, recouvrements entravés. absence sinistres. — Pigny. | Reynaud, 25, rue moulins, palais-royal. portons tous bien. toujours à aunay, embrassons, envoyez nouvelles, gustave bien. — Duforestel. | Durand, 50, neuve-petits-champs. émilie, gustave, alice, madeleine, famille caen, courseulles bien portants. — Emilie Durand. | Fermery, passage pecquay, 7, rambuteau. édouard reçu huitième lettre datée 20 décembre. répondez malade, armée active, souvenir affectueux. — Mariette Cassier. | Jouanin, 57, turbigo. adolphe prisonnier saxe. écrivez-nous. amitiés. — Cassier. | Mathieu, quai louvre, 24. caen, bien portants, familles lenouvel, hartman bien, attendons jacques fin mars. reçu toutes lettres portraits. — Mulus. | Linet, 62, boulevard de strasbourg. drouet à caen, grand dauphin. henri prisonnier non blessé à coblentz. — Drouet. | Godeau, 20, rue des écoles. santé bonne, suis très-inquiète pour toi, change domicile. — Godeau. | Robleau, 71, temple. allons bien, amitié, courage! — Eugène. |

Roanne, 1er février. — Nicolas, 82, amelot, paris. parties mesdames billard. bex canton de vaud (suisse). reçu nouvelles souvent, santés bonnes.— Copin. |

Concarneau, 31 janvier. — Gervais, 87, boule-saint-michel. heureux bonnes nouvelles, espérons guérison parfaite, mille tendresses. — Giroux. |

Concarneau, 1er février. — Hugo-Derville-Frémault, 21, lascases. donnez nouvelles et ordres pour fermier concernant paiements, jardinier, marie, voulez-vous provisions? — Billette. |

Saint-Malo, 2 février. — Galignani, 224, rue rivoli, paris. nous portons tous bien. communiquer. impatiens rentrer. tâcher nous informer quand possible. — William. |

Sables-d'Olonne, 31 janv. — Journé, 6, rue marengo. bocquet-demonjay, santé bonne. anselme, 22 janvier, bien. — Bocquet. | Lehideux, 80, boulevard haussmann. lehideux, dusemmerard frasnes, romain à mons, bonne santé. — Lehideux. |

Caen, 30 janvier. — Bucquet, 5, rue surène. caen tous bien, james bien avec faidherbe, albert, euphémie bien, t'embrassons. — Bucquet. | Couteux, 4, rue grand-chantier. nous allons bien, sommes à montaigu. avons reçu tes deux lettres, écris souvent. — Femme Couteux. | Willemin, 38, rue échiquier. donnez vite nouvelles, n'avez pas répondu. attendons, amitiés. — Leprevost. | Rainfray, 50, rue provence. sans nouvelles depuis un mois, très-inquiet, écrivez-moi vite. avez-vous souffert.—Gérard. | Chandenier, tour-d'auvergne, cité fénelon. francis attaque, décédé décembre. sœur, nièce viennent lyon. tous bien, recevons letttes, écris souvent. — Chandenier. | Colonel Daugny, 21, joubert. santés excellentes, caen et dieppe. suis caen (calvados), libre. Irai paris dès possible. — Barbié du Bocage. | Goupil, taitbout, 34. santés bonnes caen et dieppe, dire oncle, armistice. suis caen (calvados), pas pris. — Barbié du Bocage. | Cartry, 19, rue montorgueil, paris. hôtel de france à caen, des nouvelles, très-tourmentée. réponse de suite.— M. Cartry. |

Villerville, 29 janvier. — Richard-Wallace, 2, laffitte. bravo, merci pour notre pays. pensons beaucoup à vous et à georges. remerciments, nouvelles maurice. — Mussart. | Poirson, 3, cité trévise. bonnes nouvelles villerville, granville, écrivez beaucoup. — Poirson. |

Lisieux, 29 janvier. — Schaeffer, 17, rue valois, palais-royal. portons bien. 1er février, orbec. — Schaeffer-Guillouard. | M. Porte, 55, rue vivienne à paris. nous nous portons bien, avons reçu trois lettres. — E. Porte. |

Bayeux, 29 janvier. — Gay, 3, guichard, passy-paris. reçu trois lettres, portons tous bien, nièces nice. écrivez-nous. — Horeau. |

Falaise, 29 janv. — Ragot, notaire, paris. rien nouveau. tous quatre falaise. allons parfaitement. — Aline. |

Thury-Harcourt, 29 janvier. — Tavernier, 51, rue de la glacière, paris. ai envoyé plusieurs télégrammes. reçu lettre, écris toujours. — Bellenger. |

Lisieux, 29 janvier. — Santos, 21, bergère. Yrigoyen pas reçu ordre, répétez vite.— Flores. |

Elbeuf, 29 janvier. — Alcan, faubourg poissonnière, 98, paris. recevons lettres, santés bonnes. édouard loin, espérons. amitiés tendres. 25 janvier. — Pauline. |

Caen, 29 janvier. — Lantin, 2, boulevard poissonnière. portons bien, pas nouvelles depuis lettre 10. inquiets, écrivez chez madame mottet, 23, place royale. — Lantin. | Louise Sanson, rue thevenot, hôtel près notre-dame-victoires. adolphe en presbytère parmi prussiens, abondamment pourvu de tout, heureux, joyeux. — Jouanne. | Durand, 50, neuve-petits-champs. accouchée fille. émilie, gustave, alice, madeleine, famille caen, courseulles bien portants.—Emilie Durand. Ducatel, 15, milan. lesconflair, ducatel, southport bien. quelquefois nouvelles. — Denis, 100, jean. |

Falaise, 29 janvier. — Linas, 6, place madeleine. père à lagny va bien, falaise, auterive, levé, poitiers aussi. — Linas. |

Bayeux, 29 janvier.— Lasségue, avenue ulrich, 23. beaucoup télégraphié. inquiète que vous receviez rien. bien portants, papiers, conservez anelles, reçu lettres, écrivez. — Fournier. |

Vire, 29 janvier.— Lebesnerais-Hubin, 15, place royale. portons tous bien. recevons lettres. — Lebesnerais. |

Londres, 27 janv. — m. Lichfreld, hôtel l'artislem, 4, passage madeleine, paris. venez à balmaghe, castle douglas, kirundbrightshunc, écosse. confiez vous à moi, votre amie sincère. — Schith, L. | m. Lichfred, hôtel artissien, 4, passage madeleine, paris. vingt livres vous attends, 16, kildore. queden, bagamater, w. london, poutet de la harpe. venez en écosse. — Schith. | madame Brébant, hôtel de rouen, 13, rue notre-dame-des-victoires, paris. mary une fille 13 décembre, tout marche bien avec clémentine à vienne, marie, joseph, hélène, nous tous. — Louise. | m. B. Badel, 3, rue rossini. paris. reçu vos lettres, rien de nouveaux. mille souvenirs. — Darthez, frères. | Wellhof, 57, charlot, paris. reçu lettre 15, habitez notre appartement, vous offrira sécurité supérieure, écrivez chaque ballon plusieurs lettres.— Cerf. |

Ratisbonne, 61, rue notre-dame-des-champs, paris. reçu onze lettres, crotoni worthing bien. la rochelle bien, xavier très-malade, bapaume préservé, maisons lointaines bien. — Weywada. | Borie, 14, rue bergère, paris. donnez argent pour mot à mon frère, mes appointements ici comptent comme congé seulement. — Madier. | Ramus, 6, avenue trudaine, paris. envoyez alfred à borie demander argent mon compte, enfants toutes satisfactions. scipion, deuxième régiment.— Madier. | Madier, 34, rue douai, paris. demande borie argent à mon compte. appointement, compris septembre, payés, seulement comme congé. — Madier. |

Romilly-sur-seine, 25 janv. — m. Deboudé, 21, boulevard haussmann. fin janvier tous, cécile normandie, santé excellente. — Varlet. |

Castillon, 29 janv. — Arnaud, maire, 29, saint-guillaume. Boutan, lieutenant-colonel mobilisés, tarbes. henri, frédéric stationnaire. jules, antoine, capitaines. andré sous-préfet, familles bien. — Cabannes, maire. |

Moulins-en-Gilbert, 29 janv. — Dumartray, 6, cité martignac. nous allons bien, bonnes nouvelles d'étienne. paul en congé pour fatigue. écrivez-nous. — Dumartray. | Wymbs, 46, rue luxembourg. reçu 18 lettres, santés parfaites ici. labrèche angers. venez. — Lenain. | Trépied, 6, rue louis-le-grand. raoul redoute moulin-saquet. donner selon besoins. inquiète, écrire ballon, tendresses. — Bartel. |

Valence, 30 janv. — Colomb, lieutenant mobile, drôme, courbevoie. familles martin, colomb, chavin, bailly, aubert, maynet, bonne santé. reçu lettre du diphuit, écrire souvent. — Colomb. |

Berck, 27 janv. — Tiby, hôtel danube, richepance. allons bien, toujours bonnes nouvelles eva. — Beydon. |

Vatan, 30 janvier. — de Lesseps, 9, rue richepance. très-inquiètes, forcez mon frère à quitter appartement. — thérèse Gastelier. |

Cusset, 29 janv. — Cornillon, chirurgien, hôpital salpétrière. famille va bien. félicie va accoucher, garibaldi victorieux dijon. célibataires partir. reçu trois lettres. — L. Cornil. | Blaucher, maréchal-logis, 22e artillerie, 5e batterie, 1er corps, 2e armée, 2e division, paris. très-inquiète, sans nouvelles. — E. Mailly. |

Dieppe, 28 janv. — Guglielmini, 20, rue seine. santé parfaite, écris immédiatement, toujours dieppe. baisers.— marie Guglielmini. | Neumann, 10, rue vrillière. tous bien portants dieppe. recevons lettres. louise, raynald bonne santé saint-servan (ille-et-vilaine). — Geoffray. | Delabrunière, 23, grammont. wibert delabrunière tous bien. reçu lettres, bon courage. donne nouvelles madame viollat, adresse inconnue. — Delabrunière. | Labbé, 9 bis, boulevard montparnasse. tous bien. — Labbe. | Supérieure, 16, ulm. donne nouvelles sèvres, 27. 35, père leblanc. état mon appartement. — Cardon, 46, épée. | Petit, télégraphe, auteuil. donnez vos nouvelles, celles père leblanc, sèvres, 35. sœurs, sèvres, 27. état mon appartement. — Cardon. | Petit, télégraphe, auteuil. naissance garçon justine bien portants, donnez nouvelles maison vincennes, impasse régnard, 5.— Cardon, 46, épée. |

Tréport, 28 janv. — Burdet, ministère finances. sommes au tréport, écrivez-nous. fort longtemps sans nouvelles. — Carles. | Aublet, 89, rue morny. binder, gallois, videcoq, paul, restons à tréport. frédéric londres. tous bien portants. recevons exactement lettres. — Lucie Binder. | Roy, 18, boulevard voltaire. reçu hier lettre du 22. courage, surtout résignation, si faut partir te suivrai. | édouard Smith, 122, champs-élysés. reçu hier lettre du 22. rendu courage. écrivez très-souvent. lisez annonces américan register. — Delablanchère. |

Fécamp, 30 janv. — Dubois, 47, faubourg saint-honoré, paris. famille bonne santé, lettre aujourd'hui. sans nouvelles de fortuné. inquiets. prière donner nouvelles, amitiés, confiance. — Dubois. |

Hâvre, 30 janv. — Gros, 8, sainte-cécile. excellentes nouvelles de robert 20 janvier. héricourt. — Monod. | m. Combes, 3, croulebarbe, paris. nicolas, reçu vos lettres, tous bien, écrivez. — Lespinasse. amérique. | Larocque, 56, rue de la victoire. nantes environ 8,000. hâvre, environ 10,000, dont 1,956 vendeurs à 75, payé pour 500 sacs. — Lallouette. | L'Escaille, 32, hauteville, paris. troisième. reçu toutes lettres, merci. courage, tous bien portants, — Montholon. | Leprou, 80, rue rivoli. santé excellente. sommes y écrique parfaitement sous tout rapports.— Rivière. | Poulet, 26, rue labat, paris. souvent écrit, enfants et moi bonne santé, émile. auxonne, a eu petite vérole, guéri. — Poulet. |

Valenciennes, 28 janv. Couvreur, quai marne, 10, paris, villette. toujours tous parfaite santé; anor, cavé aussi, enfants ont professeur. reçu six portraits. — Marie. |

Dunkerque, 29 janv. —Lestiboudois, 92, victoire. ostende, dunkerque, bonne santé. inquiète du 20, attends résultat. demande détails affaires privées, jamais reçues. — Lestiboudois. |

Roubaix, 29 janv. — Reichenbach, 22, chabrol, paris. reçu lettres, compris 22, toujours bien portants, heureux de votre satisfaction, santé et courage. — Wauters. |

Lille, 29 janv. — Planque, 9, bertin-poirée, aymar convalescent, fernand souffrant brest, tout reçu lettres fleurs. merci toujours, courage, embrassements, vous mère venir. — Legrand. | Defontaine, 14, boulevard montmartre. reçois lettres, santés excellentes. oncle, tante, moi bruxelles, écris, rue grand-hospice, 38. — léonie Defontaine. | Rheims, 12, jeûneurs, paris. reçu lettres 22, bonnes nouvelles metz, aussitôt possible arriverai paris avec benedeet seulement, enfants resteront. — Fanny. | Sée, 17, rue bleue, paris. lucie, mathilde à merveille, nous également, flachefeld aussi. embrassons edmond, 10, rue des boiteux.— Haas. | madame Ernest-Joseph, 7, rue st-martin, paris. reçu lettres laure janvier, aussitôt possible venez rejoindre votre mère à bruxelles. — Sara. |

Lille, 30 janv. — Desfontaines, 204, rivoli. dinan, fontainebleau, rebais, saint-quentin très-bien, dire à bellom. — Amédée. |

Lille, succursale, 30 janv. — Goudchaux, 46, jeûneurs, reçois toutes tes lettres, une charles hier, gabrielle charmante, donnent excellentes nouvelles roubaix. — Mathilde. |

Biarritz, 1er fév. — m. Martin, 50, petites-écuries. sommes à biarritz, écrire poste restante. bébé complétement remis, embrasse papa, douloureusement impressionnés événements.— Duffenbach. | Petitpierre, hôtel rhin, 3, cité bergère. sommes bien portants. écrire vite, maison blanchard. grande inquiétude pour vous tous, biarritz. — Petitpierre. |

Nemours, 23 janv. — Delacombie, 79, rue rivoli. nouvelle assurance de bonne santés nemours, avignon. — Clotilde. |

Argentan, 30 janv. — Letailleur, 24, pavée, paris. toujours bien tous, gournay, brusson, favresse aussi. — Marais. |

Gannat, 1er fév. — Hilbert, 27, cardinet, batignolles. famille hilbert chez wunch, luxembourg, geiger noès allons bien, reçu lettre. écrivez. — Michel. |

Betz, 22 janv. — Desboves, 81, temple. dernière lettre 5 novembre. lévy à thérèse. ernestine 25 décembre bien portante. réponse, betz, danré, hay. — H. Desboves. | Ronot, 89, richelieu. lettres danré, gibert reçues. beauval, may, lizy, meaux, santé bonne. chevaux faire au mieux, courage, patience. — Benoist. |

127. Pour copie conforme :

l'Inspecteur,

Bordeaux. — 9 février 1871.

Calais, 27 janv. — Roullier, 46, victoire. recevons tout, pontavert aussi. parents, amis bien, fernand prisonnier wesel. dambour, dusseldorf. embrassons tendrement. — Roullier. | Lemay, 23, rue moulins. famille bien, charles est-il guéri. écrivez plus souvent. — Arnoul. |

Abbeville, 28 janv. — Ricard, 50, rue des moines, paris, batignolles. inquiets de toi, jeanne, ma mère et moi allons bien. écris-nous. — Ricard. |

Point-de-la-Somme, 3 fév. — Robin, 5, rue thérèse, paris. tous quatre bien portants. — Dhardivillers |

Houdain, 29 janv. — Cavara, 7, rue perronnet. vaugeois décédé 31 décembre, apposer scellés. reçu lettre du 8. s'informer desnadie, dépôt double testament. — Deucadre. |

Chizé, 27 janv. — Ferbeuf, 31, vivienne. reçu lettre du 16 janvier, porte bien chizé. — Honoré Ferbeuf. |

Béthune, 29 janv. — Halloy, 10, rue moulins. nous quatre bien ici. pauvres amis! quel coups! venez bientôt. — Alloy. | Deron, 9, boislevent, passy. prier cary, pierre régulariser ma position, ministère irrégularisable ailleurs. classement paris indispensable. prier daugny favorable. — Cattoir. |

Aire-sur-la-lys, 29 janv. — Duplay, 44, rue marbeuf, paris. allons tous bien pouilly et emma, calais, lebers pau, boucher cergy, georges colonel mobilisé. — Duplay. |

Cany, 27 janv. — Ory, 16, meslay. santés parfaites, bébé vif. — Isabelle. |

Wormhoudt, 3 fév. — Regnauldin, 8, cour petites-écuries. valéry bourges, wormhout santé, alfred santé, percepteur st-aubin daubigné, ille-vilaine. — Dissard. |

Nantes, 1er fév. — Darblay, rue louvre, paris. recevons lettre 26 janvier, avons écrit 30 décembre par moulins, aujourd'hui adressons deux dépêches. — Blanchard. | Darblay, rue louvre, paris. prix les mêmes que ceux donnés par notre dépêche 22 décembre, aujourd'hui demandes actives. — Blanchard. |

Lille, 29 janv. — Duplessis, 71, rue monceau. mère, sœur dieppe. clotilde, rue saint-esprit, liége. sainte-sabine tous bien. maulnes tranquille. — Chardon. |

Redon, 23 janvier. — Barneville, 51, rue rome. espérons oncle chasles habite notre appartement, habitons redon avec bourdel. bonnes nouvelles nonancourt. écrivez-nous. — Chasles. |

Rennes, 26 janv. — Letestu, avenue wagram, 53. donner souvent nouvelles ernest, 5, cité d'antin, votre famille très-bien. — Androuin. | Fuller, 24, pigale. très-tourmentée, sans nouvelles, écrivez suite ganquelin, 25, place sainte-anne, rennes, chosseblanche. — Ganquelin. — Thomassin, 75, avenue italie. tous bonne santé, fontaine pau, rigaud, fillettes huddersfield, reçu toi manceau, ouvrez compte manceau, écrivez. — Thomassin. | Perdrau, 48, rue saints-pères. santés bonnes. — Duhamel. | Gontenoire, 189, faubourg saint-martin. nous portons bien, sommes à rennes, craignons les prussiens, mais ne les avons pas. — Zélie. | Lecreux, 8, rue faisanderie. enfants jersey, thérèse malade — Langlois. | Laforesterie, 35, boulevard batignolles. rennes, précy bien, dupuy mort, lettre macory, position charles réglée. — Léon. |

De Balincourt, 21, écuries-d'artois. jules santé parfaite hambourg, chez solmar, place noireburg, correspond nous massins, baillargean, ernest malade, sans espoir. — Bricon. | Testu, 29, madame. jules santé parfaite hambourg, chez solmar, place menehourg, correspond nous massins, baillargean, ernest malade sans espoir. — Bricon. | Grison, 2, faubourg saint-antoine. enfants alexandre rennes, envoyez par boudin, ouvrir crédit, manceau, félicie tréport, chez merlin arthus a refusé. — Giraud. | Léveillé, secrétaire général télégraphes. pas prussiens rennes. étienne et pongérard bien portants. — A. Pongégard. |

Madame Guignes, 36, rue bourgogne, toutes parfaitement, écrivez ballon. — Pellé. | Moussu, tronchet. marie à confolens. esnest payeur armée issoudun, rennes tranquille, irons toulouse à première alarme. — Moussu. | Revirard, 24, rue tiquetonne. élise tous bien, réponse. — Miniac. | René Jouin, capitaine 4e bataillon, mobile d'Ille-et-vilaine, armée paris. rien de changé nous t'aimons. — Georges. | Ménard, cour cassation. heureux de te savoir en bonne santé, sois tranquille eugène hussard, jules prisonnier. — Ménard. |

Libourne, 26 janv. — Chédeville, 178, rivoli. bien portantes, avons assez argent. saint-germain, gardien, épargnée. Cocotte à vasseur. libourne, poste restante. — Blanche. | Lecornu, 19, rue vivienne. famille brive, douai, bien, amitié. — Vallier. |

Annecy, 26 janv. — Dupuis, 39, rue bretagne, paris. reçu lettres. santé bonne, nouvelles hyacinthe, vigoureux, molle. embrasse toi, victor. — Dupuis, 1, place saint-maurice. |

Thonon, 25 janvier. — Treillet, 1, rue scribe, paris. suis à thonon chez dubaret, oncle à marseille. santés excellentes, recevons lettres. — Gilberte. |

Cannes, 25 janv. — Dupont, 7, rue havre. famille entière bien portante. donner nouvelles ponsard, charles rabet. A-t-on touché coupons espagnols. — Courmont. |

Menton, 26 janvier. — Théry, 35, rne bergère. écrivez quatre mois deux lettres, faites davantage, voyez famille, amis, dites écrire. — Rivière. |

Nice, 26 janvier. — M. Petit, 35, tronchet. suis à nice en bonne santé, ai reçu vos lettres, écrivez-moi souvent. bon courage. — Cassin. | Picot, 54, rue pigalle. dernières nouvelles reverseaux bonnes. autres tribus bien. georges engagé volontaire, venu nous voir. tendresses. — Montalivet. | Cremnitz, 15, bérenger. sommes nice hôtel empereurs. bonne santé. embrassent. — Paul, Aline. | André Gilletta, rue ménars, 6, paris. tous santés. sept lettres ballon. écrit toujours, Dieu protégera. — Clarisse. | Poulain, 26, vieille-temple. quitté saumur pour nice, tous bien. enfants jouent beaucoup. besoin argent. voir notaire pour hypothèques. — Steinheil. | Lachaud, lycée, descartes. tous portants. famille laugier désolée. écrire quinzaine. — G. Lachaud. | Fonte, 28, véron, paris-montmartre. poste restante, nice. — Lottier. |

Nice, 26 janv. — Samson, 72, rivoli. nouvelles journal france. écrivez chaque ballon, réception certaine. santé lyonnais, alfred bonnes. — Arthur. |

Sarzeau, 25 janv. — Ridant, mathurin, mobile, 2e bataillon, 7e compagnie du morbihan, paris. parents bien, mère morte, cousin convalescent. tante mieux, réponse. — Burgeot. |

Vannes, 26 janv. — Goret, 45, rue lepic, paris. portons bien, inquiète pour maisons faubourg saint-germain. tâcherons donner nos nouvelles par *Times*. — Goret. | Rouillé, 34, sentier. familles fétu, avrie, attendent nouvelles, sommes toutes, bonne santé. famille rouillé bien. — Nathalie. | Chappotteau, cuvier, 14. en cas départ forcé, envoie argent. santés bonnes. — Chappotteau. | Garnier, archives nationales, marais. bonnes santés. reçois lettres. reçu argent, est suffisant. vannes. — Garnier. |

Béziers, 26 janv. — De Cassagne, lieutenant mobile, 1er bataillon hérault, 2e compagnie. allons tous bien, alban pas parti, donnes nouvelles, prends patience. — De Cassagne. |

Montpellier, 26 janv. — Alphonse Tinel, 45e mobile, 3e compagnie, 7e bataillon, camp saint-maur. famille porte bien, écris, lettres parviennent, besoin argent chez gairanger. — Veuve Tinel. | Victor simon, 54, lamartine. recevons lettres, santés parfaites, edmond manuel avec nous. nouvelles myrtil prisonnier, caresses de tous. — Simon. | M. Martin, 11, rue païenne. tous vos parents se portent bien, E. galibert est à sa ferme. — Galibert. | Meignen, 77, rivoli. eugène fait quatrième, bonnes nouvelles gavignot. dames fournier ici, nulle lettres depuis 12. inquiétude, écris, amitiés. — Meignen. | Sahut, 47e mobile, 4e compagnie, 3e bataillon. sans tes nouvelles depuis 22 décembre. allons bien, ton frère angers bien portant. — Sahut. | Maguier, 18, bréa. bien portants, sans nouvelles. — Maguier. |

Montpellier, 26 janv. — Rigaud, mobile hérault, 45e régiment, 3e bataillon, 7e compagnie, parc saint-maur. allons tous bien, famille reynes également, recevons tes lettres avec plaisir. — Fernand. | Soulas, mobile hérault, 45e régiment, 3e bataillon, saint-maur. reçu lettres, demande argent, gausserand, 133, rue de flandre. toi, sube, vassas, tous bien. — Soulas. | Davin, 25, rue albouy. adresse tes lettres à montpellier, où je suis avec enfants, nous allons très-bien. — Gabrielle Davin. | Lenormant, 27, quai conti. montpellier, 22, grande rue. tous six bien. recevons lettres, envoyons vœux ardents et souvenirs. — Juliette Blanchet. |

Saint-Malo, 26 janv. — Gautier, 14, rue havre. toujours excellente santé, installation, lettres reçues. évrard londres. — Lalouel. | Courtois, 42, rue clichy. nous, julia, violar, brelay, hervey recevons lettres, envoyons dépêches. times mary dublin, t'embrassons. — Courtois. | Sauvage, chaussée-muette. Eu nouvelles par gaulois. amitiés aux amis. écrivez sous préfet saint-malo. tenez ferme, triompherons. — Merlin. | Destors, 13, laffite. tous bien portants, maman reçoit tes lettres, adèle part la rejoindre, eugène venu dieppe. — Pecourt. |

Alger, 23 janv. — Jules Favre. alité, bras fracturé, manque argent, argenterie engagée. prière envoyer fonds, sera facile bordeaux, banque france algérie. amitiés. — Vernier. |

Alger, 25 janv. — Trouvé-Chauvel, 57, rivoli, paris. reçu votre lettre 20 octobre, répondu 5 novembre, serions heureux recevoir encore vos nouvelles. — Pélissier. |

Cherchell, 21 janv. — Jouve, fourrier 37e de ligne, 4e bataillon. inquiétude mortelle sur toi, écris par ballon, sans lettre depuis quatre mois. — Augustin Jouve. |

Médéah, 25 janvier. — Granjean, lieutenant 111e paris. correspondance avec faulquement, par delacre, pharmacien bruxelles, sois sans inquiétude. — Grandjean. |

Milianah, 23 janvier. — Guibert, 4, rue rossini. septième de milianah. bonnes nouvelles angleterre. auguste, sœur, elle voudrait lettre rossel à nevers. — Guibert. |

Oran, 25 janvier. — Mourren, 4, rue vingt-neuf-juillet, paris. reçu lettres ainsi que nouvelles eugène goerlitz, occupons des provisions, embrassons vous tous. — Bouscarain. |

Marseille, 26 janv. — Guédon, 20, rue pierre-levée, paris. versez cent francs à notre frère émile, cité malesherbes, 18, que prévenez. — Giraud frères. | Pillet-Will, 12, moncey. quatorzième dépêche, reçu vôtre 3 janvier. essaye voie *Times* priant ambassadeur américain communiquer, tous bien. — Emma Parran, 45, rue ponthieu. charles m'a chargé de prier bertrand, anatole de voir orcibal. nous t'embrassons. — Ckiandi. | Colona, 18, chabrol. ici bonne santé, sans nouvelles clémant bonnard, mon frère depuis novembre, prière m'envoyer promptement. — Bortoli. | Didaj, 40, rue bruxelles. reçu lettre 12, famille entière bien portante, sauf marcel mort 23 de fluxion poitrine. — Emille lavison. | M. Peuple, 31, rue saint-lazare. très-inquiète, sans lettre 29 décembre et adèle va bien, rien craindre, embrasse. — Marie Peuple. | Mouton, 29, amsterdam. merci nouvelles georges à joséphine, prière continuer si possible, georges écrire ballon, nous tous bien salut. — Espinassy. | Danlion, 92, rue saint-dominique-saint-germain, intendance. combien je suis inquiète de vous tous, carle à besançon. — Veuve Barrallier-Carle. | Madame Vagneur, 25, rue de cléry. tous bien valence, aussi tranquilles, embrasse, espoir. — Bathilde Thieux. | Girard, 67, quincampoix. santé, bonnes lettres reçues chez cauvet. — Girard. |

Albi, 27 janv. — Labeyrie, 25, tronchet. reçu lettres du 13, louise, sosthènes tous bien. Pédre, lieutenant bourges, louise reçoit vos lettres, amitiés. — Inés. |

Castres, 26 janv. — Batut, aristide, mobile, 7e régiment (tarn), hôpital de vincennes, paris. santé bonne, reçu lettres, écris toujours, inventaire insignifiant, baisers. — Batut. |

Labastide-Rousairoux, 26 janv. — Phalippou, 33, rue croix-petits-champs, paris. ai reçu tes lettres. alphonse est prisonnier magdebourg, ici allons tous bien, bon courage. — Phalippou. |

Mazamet, 26 janv. — Barbey, 23, rue humboldt, paris. recevons lettres, santés parfaites. travail abondant. — Bonhomme. | Dotocq fils, 12, pont-neuf, pour Auque. recevons nouvelles polère, bousquet. tiennes tardives, mais reçues, parents, amis, bien, suis mazamet. — Auque. |

Espalion, 26 janv. — Delaruelle, 24, enghien, paris. tante, marie, enfants, moi, maurice, tous excellente santé et manquons de rien. recevons vos lettres. — Estieu. |

Villefranche, 26 janv. — desuze, 54, avenue des ternes. joseph va bien nous aussi. — Desuze. |

Nevers, 26 janv. — Bossan, aide-camp général Ducrot. soyez parfaitement tranquille. allons tous bien. votre père mon ami intime, chez moi. — Louisa Breton. | Rouet, 21, rue malte. tous bien portants nevers decize. lettres reçues. — Noémi | Capellani, 26, boulevard d'enfer. reçu lettres, inquiètes lucien, vous, attendons nouvelles, sommes jura. — Grandmottet. —

Saint-Servan, 26 janv. — Goujon, 233, saint-honoré, lieutenant Lemoine. malheureux ludovic, pensons bien à toi. envoyons souvent dépêches, lettres, familles parfaitement. — Boisson-Lemoine. |

Civray, 26 janv. — Desbordes, ministère finances. tous bien. — Desbordes. |

Loudun, 26 janv. — Moutier, 194, rivoli. nous allons tous bien loudun. — Célérier. | Bernier, 36, boulevard magenta. lettres reçues, esprit, santé excellents. bébé bavard, charmant, espoir revoir bientôt. baisers, amitiés à tous. — Bernier. | Billand, 8, royale-saint-honoré. vais bien magny, léonide aussi dire à léon, écris donc. — Regnault, loudun. |

Poitiers, 27 janv. — Souvri, mécanicien caronade, flotille seine. tous bien portants, frères pas partis. avons reçu lettres, écris-nous encore. — Souyri. | Debrimant, ministère finances. reçu lettres, famille entière bien portante. maurice parti. — De Bizemont. | Briois, 269, rue saint-honoré. avez-vous argent? donner nouvelles détaillées souvent madame brou, boulevard solférino, poitiers. — Femme Brou. | Capitaine Landais, 191. rue saint-antoine, geneviève et famille, santé parfaite. plusieurs dépêches envoyées, nombreuses lettres reçues, amédée encore ici. — Roy. | Clémence Martin, 6, bertrand. portons bien poitiers, écris ballon. — Anatole. |

Lyon, 26 janvier. — M. Giraud, 13, boulevard saint-germain, paris. rose, paret, honorine. bébé bien. recevons lettres chavannay, paret conscrit, bientôt ensemble. — Giraud. | Cretin, 4e bataillon, 5e compagnie mobiles ain, paris. familles cretin, duriat, martignat bien portantes, levée 20 à 40. — Duriat. | Deschamps, 25, rue drouot. vos filles bien toujours, lyon chez hippolyte. merci de votre lettre. — Tassinart. | Chanudet, 15, palestro, paris. femme, enfants, nous très-bien. — Derville. | Desvignes, 69, boulevard voltaire, paris. burdet, antonia, tous bien lyon, un neveu. — Burdet. | Bosson, 35, rue neuve-petits-champs. allons tous bien, recevons lettres frères, encore écrire détails, nous vous embrassons. — Bosson-Douville. |

Toulouse, 26 janvier. — Lasvignes, capitaine état-major général, 2e armée. allons très-bien, pas reçu photographie, envoie plusieurs autres, courage, confiance malgré tout. — Lasvignes. | Barie, lycée napoléon. honoré aigrefeuille, joseph jura, gabriel valparaiso, autres comme toujours santés excellentes, campagnes, villes tranquilles, écrivez. — Saune. | Madame Aimé Béhaghel, 12, rue de milan. tous bien, arthur, aimé dans le nord, moi ici, reçois tes lettres, soigne-toi. — Béhaghel. | Lala, sergent-fourrier 130e de ligne, fort vanves. santé bonne, jules reste, écris — Dunoran. | Cavaré, 27, boulevard poissonnière. reçu lettre 13, enfants, nous santé parfaite. embrassons tous. — Cavaré. | Rebeyrotte, 44, rue du chemin-vert. toujours bonne santé, recevons lettres. — Sicard. |

Bourg, 26 janvier. — Léon Berteaux, 14, rue joubert. envoyé dépêche décembre. rien ballancourt. inquiète de toi. je t'embrasse tendrement. — Lina. |

Aubenas, 26 janvier. — Legagneux, 69, avenue wagram. ai écrit plusieurs fois, reçois nouvelles de toute famille, bonne santé, nous aussi, écris-nous. — Legagneux. |

Le Blanc. 26 janvier. — Grenet, 74, hauteville. toutes bien portantes. marguerite quatre dents — Grenet. | Delaroche, 107, flandre. nous allons bien, sois tranquille. — Marie Delaroche. |

Isle-Jourdain, 26 janv. — Pulleux, 85, rue d'hauteville, paris. ai reçu tes lettres, grand ennui, bonne santé tous deux, réponse aussitôt dépêche remise. — Latu. |

Châtellerault, 27 janvier. — Emile Senart, 69, grenelle-saint-germain. suis chimay avec ton ami, allons bien, anaïs à reims. recevons tes lettres. écrivez. — Elise Senart. |

Loudun, 27 janvier. — MM. Bruneau-Boilaire, entrepôt vins. familles boilaire, bruneau, nau, dupuis bien portantes, donnez nouvelles martin. — Armantine. |

Poitiers, 28 janvier. — Héniaux-Peltier, 119, rue saint-lazare, paris. nous portons tous bien, dis marc d'écrire souvent. — Autellet. | Maisonnay, lieutenant dans la mobile de la vienne, 2e bataillon, paris-montrouge. père, mère, sœur, parents, amis vont bien. — Lepetit. | Chénier, 175, temple, paris, pour Bonnet. poitiers, lencloître, portons parfaitement, alfred, emmanuel leboiteux restés, charles victor, arsène partis. — Bonnet. | Rossignol, médecin chef invalides. avons déjà télégraphié, portons tous bien. — Rossignol. |

Poitiers, 27 janvier. — Delarue, 4, rue claude-villefaux. parlez famille, aubert père, ami nommés, décédés, supprimez journal ait envoyé argent 3 décembre. — Mérieux. | Delarue, 130, boulevard magenta. parlez maison chapelle, prenez pour famille, vous, amis, anciens ouvriers vins des deux caves. — Mérieux. | Mırebeau, officier d'ordonnance du général d'André. allons bien, reçu lettres, dernière 13 janvier, écris souvent. — Mirebeau. | Desalvert, état-major, 2e brigade, 2e division, 1er corps, seconde armée. dernière lettres 5. sachant batailles continuelles, anxiété horrible, écris. — Desalvert. | Baron, sergent mobiles vienne, 3e bataillon, 6e compagnie. sans nouvelles depuis 24 décembre, tous bien portants. — Baron. |

Quimper, 31 janv. — Léon Saintennemond Crousay, rue tournon, 2. bueil bien, quimper

Bordeaux. — 2 février 1871.

poste restante. —Debeuil. | Chamisse à concierge rue st-georges, 4. mettre en sûreté deux caisses mêlées au bois dans cave au bois.—Chamisse. |

Sées, 29 janv. — Lime, 33, cherche-midi. inquiéte de jeanne. écrivez garantir tout possible bombardement. donnez congé écurie. — Jarras. |

Sourdeval, 30 janv. — Legemble, carrefour odéon, 6. Sourdeval recevons lettres. écrivez souvent. — Legemble. | Le Saudier, 98, boulevard st-germain. Sourdeval recevons lettres. écrivez souvent. — Le Saudier. |

Les Montils, 29 janv. — Perrigny, lavoisier, 3. bien portants. sans lettres depuis 9. inquiets, français blois hier. — Perrigny. |

Tinchebrai, 30 janv. — Dherbecourt, 85, boulevard beaumarchais. famille bien. reçu lettres. — Pitothy. |

Nimes, 1er fév. — Audiat, rue richer, 41. portons bien. immense inquiétude, par pitié écrivez chaque jour. — Félicie. |

Saint-Pierre-lès-Calais, 29 janv. — Lavesvre, 20, mail. gustave peturet à orléans. toussanté. — Lavesvre-Nain. | Ravenel, 11, sentier. votre famille, vos amis vont bien. louis en angleterre. nos meilleurs souhaits. — Cordier. |

Méru, 20 janv. — De Caumont, 3, rue canivet, st-sulpice, paris. charles, femme, enfants bien arravillez bien. |

St-Omer, 28 janv. — Lamazou, 18, rue ville-l'évêque, paris. 27 janvier reçu lettre, merci. santés bonnes. tilques, sains, libres. confiance. prions pour vous. — Zylof. | Alphonse Rotschild, rue laffitte, paris. prie faire donner nouvelles de dhautmont votre employé. — Decocq. | Duhamel, 41, martyrs, paris. tous bien portants sitques. aucun danger, reçois lettres. pensée unique vous deux. — Valentine Duhamel. | Leclerc, quai voltaire, 5. hautefeuille, reverchon, marguerite, hôtel poste, gand, belgique. tous très-bien. recevons lettres. boessé, jansse bien. — Leclerc. | Meniolle, 7, rue sèvres, paris. avons santé, argent, charlotte pas grossesse. — Meniolle. |

Monceau-les-Mines, 31 janv. — Chagot, boulevard haussmann, 55. recevons votre lettre 20 courant avec pièces, possédons papiers relatifs au traité banque. — Chagot. |

Alger, 31 janv. — Dubois, cossonnerie, 3. merci tes lettres. répondu oui partout. sois sans inquiétude. amis et nous allons bien. amitiés. —Sas. |

Veules, 28 janv. — Barbot, rue picardi. inquiets portons tous bien. — Imbert. |

Cousolre, 29 janv. — Lhuillier, 3, rosiers, montmartre. votre mère réclame nouvelles, poste restante aux sables (Vendée). — Hennekinne. |

Daoulas, 1er fév. — M. Picquenard, condorcet, 70, paris. envoie mandat trois cents par pigeons et deux lettres. — Galmiche. |

Mailles-de-l'Oise. — Geffroy, boulavard sébastopol, 94. ste-geneviève, santé parfaite. écrit souvent. — Ve Chantrille. | M. Despaux, 92, rue maubeuge. lettres reçues. eugène ponchon. vanche, vous, écrivez. — Breton. | Baclé, faubourg st-honoré, 140. portons bien, écrivez nous vite. — Billecoq. |

Lisieux, 31 janv. — M. Séraphin, 164, faubourg st-martin. famille en bonne santé. inquiète, tourmentée, lettre pas assez souvent, écrivez rue pont-martin, 14. — Séraphin. |

Trouville, 31 janv. — Richard, 11, boulevard temple. familles dutertre, desvergers, legavre, biard, hélène, louise boehmer parfaite santé. lettres reçues. antoinette écrire joséphine. — Dutertre. |

Villers-sur-mer, 31 janv. — Grangez, 5, rougemont. villers. écrivez chaque ballon, donnez nouvelles de stéphen et ernest. — Grangez. |

Bayeux, 31 janv. — M. Chipier, 51 bis, rue ste-anne, paris. clémentine, marie, ses frères et nous allons bien. — Aubrée. |

Vire, 31 janv. — Mme Cizos, 115, rue st-honoré, arrive de londres en bonne santé. à mortain tous vont bien. à bientôt. — Cizos. |

Dives, 30 janv. — Bachimont, boulevard batignolles, 11 bis. tous bien portants. père mort, prévenir achille nathalie bien. écrivez. amitiés tous. — Emma. |

Trouville, 30 janv. — M. Priléjaeff, église russe, paris. sommes bien portants. entièrement tranquilles. contents apprenant armistice, si possible apportez argent. — Priléjaeff. | Mabille, 87, avenue montaigne, écris vite toi même, sommes inquiets de ta sortie le 20, portons bien. — Mabille. | Camus Mère, rue barbette, 2, paris. guérin, camus, laure, enfants bonne santé. vingt lettres dépêches expédiées sur paris. — Camus. |

St-Aubin, 30 janv. — Binon, jean-jacques rousseau, 19. estelle, caroline, berthe à londres avec papa, maman, tous en bonne santé.—Borgers. |

Fernev, 2 janv. — Dionis, rue bac, passage ste-marie, 7. paris. santé bonne, arras. sergent 2e compagnie, 2e bataillon chasseurs, 22e corps. — Lucien. |

Valenciennes, 7 janv. — Lapperent, 3, tilsitt. familles cassine bourges en santé et courage, bonne réponse dulac dusseldorff. recevons vos lettres. — Chenest. | Dulac, 36, avenue raphaël, passy, paris. bonne réponse ernest dusseldorf, dire albert familles cassine, bourges en santé et courage. — Lucie. |

Douarnenez, 25 janv. — Saint-Yves, anjou-st-honoré, 78. vernou, douarnenez bien portants, nous tristes, inquiets, pensée constante vous retrouver, marguerite mariée. — Saint-Yves. |

Conquet, 26 janv. — Enisan, mobile du 1er bataillon de brest, 23e compagnie, 6e corps. tous bien portants. — Yvonne Enisan. |

Landerneau, 26 janv. — Offroy, faubourg poissonnière, 63, paris, annule mon ordre d'achat 1,000 francs du 16 septembre. — Heuzé. | Petit, 38, quai hôtel-de-ville. reçois tes lettres, bien heureuse, écrivez souvent, santés bonnes, sans nouvelles véroudard depuis deux mois. — Coqueret. |

Landivisiau, 26 janv. — Deniel, mobile finistère, 4e bataillon, 1re compagnie. nous vous avons envoyé dépêches, écrivez très-souvent, les lettres parviennent, empruntez argent si vous en manquez. — Deniel. |

Morlaix, 26 janv. — Drouillard, rue de rome, 4. 7e missive. laurence avec entourage bonne santé, soyez tranquilles, huit lettres descoutures parvenues. — Angeline Beau. | Lemorvan, officier payeur, 4e bataillon, mobiles du finistère, villejuif, paris. tous bien, reçu 10. voie accès 14. — Page. |

Brest, 27 janv. — Tugaut, employé des postes. aucune nouvelle, inquiet sur vous, maisons appartement, répondez. — Andrau. | Lévy, colonel, fort montrouge. brest séville, auriac, honfleur bien. bonnes nouvelles versailles du 14, ils en ont de vous récentes. — Sasias. | Dalmas, 14, rue de castellane. familles brest, auxerre, cabourg bien. recevons lettres souvent. embrassons. — Dalmas. Prévost, sous-lieutenant, 4e compagnie, 2e batail. mobiles finistère, 3e armée, 1er corps. recevons lettres, toujours entrepôt. ernest, athanase armée loire. tous bien, écrivons souvent pigeons. — Prévost. | Mlles Adam, 13, castellane. inquiète, écrivez — Burkhart. | Jégou, rue moines, 9, batignolles. santé parfaite, écrit cinq occasions, reçu lettre accusant dépêche novembre. — Jégou. | Le Gars rue l'entrepôt, 34, paris. portons bien, petits, grands. reçu 40 lettres, décoration grand plaisir. taille faite. — Le Gars. |

Nantes, 19 janv. — Bine, 5, perche. comment allez-vous? sans nouvelles depuis novembre, inquiets, adolphe ici. allons tous bien. embrassons toute famille. — Thérèse. | Delavaysse, 7, miromesnil, paris. charles, adolphe, laure, enfants, genève. famille, bretagne, santé parfaite. — Albert. | Ledru, 17, rue bréda. tous réunis avec baudeloup, bien portants. bonnes nouvelles novembre frère. — Formerie. Ledru, 7, rue malesherbes, nantes. | Boiscourbeau, 28e mobile, 1er, 3e, mont-valérien. familles bien. dépêches envoyées, lettres reçues, dernière 10 janvier. retour désiré, espérance. — Boiscourbeau. | M. Lefèvre, rue verneuil, 23. nous allons bien, pas de nouvelles de vous, écrivez donc. — Lefèvre. | Edmond Priot, sergent, 3e bataillon, 1re compagnie, 28e régiment, mobile loire-inférieure, mont-valérien, ambulance russe. très-inquiète, répondre immédiatement. magré très-bien. — A. Magré. |

Mme Philippon, 37, pigalle. tous bien portants, informer albert. donner nouvelles. — Lebasteur. | Paravicini, rue larochefoucault, 58. édouard parti, zouave à grande bataille, pas blessé. auguste, rose, victoire vitré bien. — Luzière. | Mesnard, boulevard malesherbes, 29. tous nantes, santés parfaites, grands parents bien gaillardière. — Mesnard. | Sallier, garde mobile ille-et-vilaine, capitaine, 3e bataillon, 3e compagnie. familles bien, yves vannes, sois sans inquiétude. — Adèle. | Clogenson, boulevard beaumarchais, 46. allons bien, installées nantes depuis 26 novembre. recevons lettre, mère avec paul. — Valérie. |

Conty, rue cléry, 28. votre fils va bien. surveillez et gérez appartement et maison. écrivez rue alger, 3. nantes. — Bruère. | Durand, trésosier, 3e voltigeurs, ex-garde. bien portants tous trois. henri sert terre, commandant escadron. artillerie mobilisée, indre. — Mercereau. | Mouillé, artillerie, garde mobile, loire-inférieure, 1re batterie, la villette. sommes bien portants, aucune nouvelle, écrivez, — Mouillé. | Delcro, 11, lamotte-piquet. reçu 4 lettres, répondu cartes voie moulins. deux lettres jules sans réponse. nouvelles militaires diverses. — Lefeuvre. | Texier, lieutenant, état-major artillerie, rue descombes, 7. tous bien, reçu nouvelles 12. donnez détails position personnelle, manière vivre. — Texier. | Simon, 9, rue turbigo. recevons vos lettres. nantais, genevois, bonne santé. avons envoyé dépêches, informez cain, sommes toujours genève. — Ulman. | Huette, chef artilleurs de nantes, paris, abattoir villette. famille bien, marie ouvrage touchais, vendée vain, gabriel reparti. — Huette. | Bassaume, boulevard richard-lenoir, 22. recevons toujours nouvelles de mère, plus de vous, ni paul depuis décembre, inquiets, écrivez immédiatement. — Marie. | Gouin, cambacérès, 4. suis provisoirement nantes, tous bonne santé, écrivez vivier (aveyron), où suis installé, emploi civil, recevons lettre. — Jules. |

Saint-Nazaire, 18 janv. — Marcel Lucas, sergent, bataillon, loire-inférieure, mont-valérien. amis, familles bien. noëmi fille nommée marcelle, recevons lettres. — Lucas. | Thiollet, passage sainte-marie, 8, rue bac. édouard, capitaine artillerie, bien portant, armée de chanzy. écrire nazaire, paul, marie bien. — Perrot. |

Pornic, 18 janv. — Jansin, rue soufflot, 24. proviseur nantes, pas reçu avis. avons argent, auguste donc pas trop pressée. — Eudoxie. |

Châteaubriant, 18 janv. — Leray, rue des fossés-st-jacques, 16. emprunte, je rembourserai, pas reçu lettre depuis 9 decembre, sommes bien, 18 janvier. — Leray, avoué, chateaubriant. |

Eu, 21 janv. — Derambure, 25, rue d'angoulême-du-temple. allons bien partout évite danger, maladies, conserve-toi pour nous, fille pense toi constamment. — Laura Derambure. |

Abbeville, 21 janv. — Poujol, demours, 11, ternes, paris. habitons belloy, reçois lettres. écris souvent, soupire après retour, tendres vœux, rodolphe acqueville mort. — Marguerite. | Poujol, demours, 11, ternes, paris. santés bonnes, mienne particulièrement, pas nouvelles poitiers, prussiens amiens, pillé fréchencourt, pas dégâts, réquisitions. — Marguerite. | Moreau, rue magnan, 20, paris. famille moreau, loiseau, ménard, poitoux, santés bonnes, lettres reçues. — Moreau. | Félix Lamy, lieutenant, 2e compagnie, 2e bataillon mobiles somme, paris. tous, parents, amis, bien portants, courage. 19 janvier. — Lamy. | Leroy, médecin, asile de vincennes, par bercy. recevons tes lettres, famille entière bien portante, amiens tranquillement occupé. 20 janvier. — Leroy. |

M. Mariani, colonel 12e cuirassiers. reçu lettre du 15., allons bien, en corse aussi, abbeville tranquille, je t'embrasse. — Mariani. | Charles Debray, mobile somme, 1er bataillon, 1re compagnie. sans nouvelles depuis fin octobre, écris, tous bien portants. — Debray. | Defacqz ou Durieux, 11 ou 56 lourmel, grenelle. tous bien, recevons lettres, le dire auteuil, pas prussiens, manquons rien. — Boutry. | Delacourt, fourrier, mobile, seine-inférieure, 1er bataillon, 5e compagnie. ne recevons aucune lettre de toi, les autres écrivent, écris-nous. —Delacourt. | Delattre, chaussée-d'antin, 3. portons bien, worth forteresse allemagne, gouverneur cologne refuse moi, reçu deux lettres, nouvelles adolphe. — Delattre. | Fauvel, commandant génie, fort Ivry. santé, courage, confiance partout. marie, enfants t'embrassent, gorenplos, abbeville libres, mille chauds baisers. — Fauvel. |

Castres (gironde), 2 fév. — Combettes, boulevard latour-maubourg, 54, reçois toutes lettres, bien portantes. |

Avallon, 29 janv. — M. Dion, rue montorgueil, 45, paris. rassurez-vous, nous nous portons bien. — Girard. |

Billom, 31 janv. — Hue, rue sts-pères, 41, paris. Souterraine le 29, tous bien. billom bien, richerand fille. — Gibergues. |

Vichy, 29 janv. — Gérin, provence, 4, lettres reçues, oui. — Guérin. |

St-Aignan-s.-Cher, 30 janv. — M. Gavanet, rue varennes, 19. paris. prière si possible de surveiller appartement rue bonaparte, tristes et tendres souvenirs. — Andral. | M. Pérard, 3, rue rossini, paris. prière surveiller appartement rue st-lazare, compliments affectueusement inquiets. — Andral. |

Hyères, 1er février. — Brésil, impasse guéméné, 2. allons bien, recevons lettres, embrassons. — Brésil. |

Beaumarchés, 31 janv. — Duroziez, rue des déchargeurs, 11. de grâce écrivez-moi. — Boussès. |

Salers, 30 janv. — Gibert, place bastille, cour damoise, 12, paris. allons bien tous, désire savoir nouvelles toi et compagnie. — F. Gibert. |

Chatellerault, 29 janvier. — Ballot, 55, petites-écuries, paris. 40,000 prussiens passés montoire, nous pillés, allons bien, recevons lettres, grand-père mort toussaint. — Marie. |

Bordeaux, 3 fév. — Tailliez, 13, rue rougemont. portons bien, fabrique marche pas, recevons lettres, prussiens venus, pas dégats matériels. |

Pavilly. — Fauvel, rue princesse, 5. tous bien, avons reçu lettres pavilly, 25 janvier. — Pelhuche. | Vasse, boulevard batignolles, 10, pavilly envahi deux mois, écris toujours, allons bien, pas lettre louis, mère, fille embrasssent père. — Elise. |

Boulogne-s.-Mer, 28 janv. — Vaquez, 21, turbigo. faut écrire parents méric sans faute. connaissent pas contenu des dernières lettres qui fait partir. — Vaquez. |

Le Havre, 28 jonv. — Baget, rue vineuse, 25, paris-passy. famille devilleneuve bruxelles, royale, 75. — Giffault, lieutenant, 2e compagnie, 1er bataillon, légion, dieppe, havre. | madame Morot, 9, avenue petit-château, bercy. bonne santé, écris-moi. — Morot, poste restante, havre. | Gaquerel, legendre, 61, batignolles. bien portants, écrivez par gaulois. — Maire. | Domergue, rue st-sulpice, 20. bien portant, suis toujours dans département, amis bien portants, sans nouvelles de vous. — Eugène, lieutenant. | Gagniard, 77, buttes-chaumont. allons bien, toujours sans vos nouvelles, inquiets. — Gagniard. |

Creil (oise), 22 janv. — Piret, rue du croissant, 20. nouvelles, mère, enfants, famille rien reçu, santé bonne. — Richome. |

Comines, 28 janv. — Pector, 5, place vintimille. treizième télégramme, tous comines bien portants, sauf paul bronchite, neuf bonnnes lettres madame aylé, souvenir affectueux, désiré tableau honneur, laure médaille, gustave, esther réunis nogent, courage, bons baisers de tous. — Pector. |

Chatelaudren, 30 janv. — Jonas, mobile, 2e bataillon, guingamp, est-il bien? réponse. — Jonas. |

Paimpel, 31 janv. — M. Rouxel, 12, sende, cher louis, ma femme décédée, autres bien, priere prendre nouvelles, madame bonnami, 9, férou. — Armez. |

Tourcoing, 28 janv. — Cuvru, boulevard st-denis, 9. Joséphine et nous bien, lettres arrivent. — Dervaux. |

Lille, 28 janv. — Arnoult, 16, dauphine, paris. lessines, trois mois lille présentement, envoyé lettres, dépêche, santé mauvaise, nièce excellente. |

Morlaix, 31 janv. — Mansais, faubourg martin, 171. paris. acceptez tous bons locataires, prix passables, acceptables, mais pas de baux pour le moment. — Audiffred. | capitaine dulong, 4e compagnie, 3e bataillon, mobiles finistère, villejuif. prière recommander buanec écrire, père plouxin. — Buanec. |

Lorient, 1er fév. — Joyau, lieutenant artillerie, rue bonaparte, 7. henri, victorine bien, prudent, écris souvent. — Javelot. | Gallois, 6, rue mézières. ne viens pas si fatigué, versailles et nous bien portants, lorient rue hôpital, 62. — Gallois. | Kiésel, commandant 12e bataillon marins, montrouge paris. famille bien fixée menton, alpes maritimes, — Ve Kiésel. |

Fougères, 29 janv. — Fery, rue nollet, paris-batignolles, 58. portons bien. amédée, jules, pierre prisonniers, charles pas nouvelles. — Féry. |

Arras, 29 janv. — Othon Trappe, 20, douai. léonce dépôt arras et gustave pour ambulances depuis novembre, famille calais. | Jumel, 9, renard-merry. reçu lettres 1er, 22 courant, merci, bien portants. espérons, complimentez parents, amitiés. — Dehée. | Palle, 38, ville-lévêque. louis espiègle. dubois bonne santé, moi inquiète. — Marie. | Coles, 21, boulevard strasbourg. renseignements sur famille maison, dire jeanne écrire ballon monté. — Thomas, arras, chez Gamblin. | Martin, 1, boulevard mazas. envoyé cinq dépêchés, cher reçu lettres trop courtes, promu première, 7e dragons, armée nord, arras. | Paymal, 62, quai bercy bony bien portant écrit posen, marthe envoie argent, répondez, 7e dragon, armée nord, arras. | Charles Jousselin, 1, keller. bonne santé, écrire souvent. — Pelletier. |

---

128. Pour copie conforme :

l'inspecteur,

Bordeaux. — 1 février 1871.

Dunkerque, 28 jan. — Rataillaud, 8, rue banque. partons bruges trouver Mme Gourdon. santé bonne. clément borda travaille. — Laurence. | Roseau, rue châteaudun. 35. santés excellentes. recevons lettres. — Roseau. |

Hazebrouck, 28 jan.—Vandewalle, 12, navarin. lettres recues. santé parfaite. — Vandewalle. |

Lille, 28 jan.—Charles Hussenet, 21, francois 1er. paris. écrire souvent. faire savoir que nous sommes bien portant. — Maillard. |

Tourcoing, 28 jan. — Supérieure, 16, rue sèvres. paris. lettres recues. condé, mattincourt, tranquilles. chantal malade. préfette, philomène, audenarde. temps long, mais courage. — Delacroix. |

Maubenge, 28 jan. — Cocquelet, 1, rue marcadet. chapelle. tous ici bonne santé, excepté mère malade, invincible capitaine, sauf mariages, vont bien. écrivez. — Lejeune. |

Aniche, 23 jan. — Vuillemin, 43, réaumur. paris. famille entière, anna comprise, bonne santé. — Marie Vuillemin.

Don, 28 jan. — Dibos, 22, rue cambacérés. paris. sept par moulins, trois par pigeons. vous attends à don, bras ouverts, au plutôt. — Dibos. |

Dunkerque, 26 jan. — Leblen. 33 belle-chasse. grosse fille née hier à aire, souffrances légères. laure, enfant, parfaite santé. vos parents à aire. Darras. | du 27. berthier, garde républicaine, 6e, 2 bataillon, caserne cité. bonne santé, père non soldat. édouard 2e zouves. pas nouvelles, courage. — Clément. | Tarayre, colonel, 107e infanterie, armée paris. femme, enfant, chartres en décembre, bien. sans nouvelles depuis.— Tarayre. | Lambert. 22, grammont. paris. étain allons bien, amis aussi. gourdin, verneau, laime, ferdinand, télégraphier au directeur, télégraphie dunkerque pour—Lieutaud. | Barthélemy, 28, entrepreneur, grenelle. paris. allons bien, frère aussi. télégraphiez, sommes si inquiets. adressez directeur télégraphe dunkerque pour — Lieutaud. |

Savenay, 2 fév. — Determes, 12, Victoire. apprenons affeuse nouvelle, pleurons avec vous. — Bapst Duchanoy. | Lasisier, 51, clichy. reçu triste nouvelle. profond regret, séparation. — Bapst-Duchanoy. |

Mascara, 31 jan. — Ripert, 9. francs-bourgeois. apprends armistice. envoie lettres, courage, espérons. bonne santé à mascara, tranquille, reçois lettres. — Ripert. |

Villeneuve-la-Guyard, 29 jan. — Badin, 36, rue vaugirard. rechercher, traiter comme moi augé mobile d'yonne, gardant bestiaux, jardin luxembourg. — Dindad. |

Nogent-sur-Seine. — M. Certost, 5, rue des moines, paris. bonne santé, écrire souvent, reçu lettre 20 janvier. accuser réception.— Bourote. |

Betz. — Thiébault, 249, rue montmartre. lettre félicia reçue. allons bien tous. — Vasset. Benoit. | Lenoir, 41 martyrs. retour crouy, portons bien. — Duviquet. |

Cabourg, 30 jan. — Debrisay, 6, marengo. tous santés excellentes. louis superbe. confiance, amour. — Marie. | Cham, 43, lafayette. femme, enfants bien portants ouilly. papa dupuich, londres tous trois bonne santé. — Second. | Frœbelier, 180, grenelle-germain. tous bonne santé, cabourg général, léon limoges. grognet vivant. — Frœclicher. |

Croissanville, 30 jan. — Heuschen. passy-paris. 67, place d'eylau. reçois chères lettres, juliette a toutes mes pensées. — Dauge. |

Lisieux, 30 jan. — Madame Gruet, rue ancienne-comédie. paris, allons bien tous, recevons lettres, faites part chez Surtougues. — Maillet. |

Port-en-Bessin, 30 jan. — Mademoiselle Zoé, 165, avenue neuilly. porte bien, courage. acheter pâtes. farine. — Jullien. |

Trouville, 30 jan. — Frémy, 19. Place Vendôme. paul et albert armée bourbaki. bonne santé le 17, léon à libourne. écrivez-moi. — Allaire. | Allaire, 122, rue montmartre. rien ne nous manque, tes lettres parviennent. Jeanne inquiète. julien écrire, léon, georges aussi. — Allaire. |

Villers-sur-Mer, 29 jan. — Bourgeois, 55, aboukir, reçois lettres, argent, portons bien, aline superbe. dire, émile, famille chevalier et bonne santé. — Bourgeois. | Roissy, 64, bellechasse. excellentes nouvelles girancourt, reçoivent lettres à varimpré non envahi. bordeaux, famille et robert courson bien. — Alix des Cloizeaux, | Bourgeois, 55, aboukir. embrassons tendrement. travaille curé. empaille oiseaux, marie, aline tricotent. amitiés albert. villers, 29 janvier. — Léon Bourgeois. | Balatet, boulevard haussmann, 135. bien portantes. resterons villers. attendons argent annoncé. — Balatet. |

Bayeux, 30 janv. — Gatine, 17, tournelles, 26 janvier. enfants bonne santé arromanches. — Mériotte. | docteur Boutin, 18, pépinière. portons bien nous, charles champouillon maman pas reçu dernier mandat. hamel prêté argent enfants superbes. — Boutin. |

Caen, 30 jan. — Désirée Vivier, 35, l'université. vivier, familles michel, rosalie, rosset, vont bien saint-gabriel. — Vivier. | Decaux, faubourg poissonnière, 32. ces dames rouen, ces messieurs saint-pierre, tous bien portants, nouvelles récentes. — A. Vinnebault. |

Louviers, 24 jan. — Babilot, 9, avenue lamotte-piquet. allons bien tous. — Gustave Portes. |

Beauvais. — Mary, 76, boulevard prince-eugène. beauvais calme. continue écrire. portons bien. albert libourne instructeur. — Simplicie.—

Cambrai, 26 jan. — Letrosné, 8, constantinople. femme, enfant vont bien, ne manquent de rien, soyez pas inquiète, communique avec havre, lille, anvers. — Oruaille. | Fontaine Henri, 40, avenue aubert, Vincennes. arthur cinq batailles. tous portons bien, reçu vos lettres, jules à la maison. — Delsart. | Henriette, chez rabourdin, 33, quai voltaire. lettres reçues. portons bien, lucien bras blessé, convalescent, écris détails. attente anxieuse. — Hourie. |

Fontenay-le-Comte, 29 jan. — Dozé, 28, rue des moinéaux. trois mères et quatre enfants bien portants, reçu six-cent cinquante francs, merci. |

La Roche-s.-Yon, 30 jan. — Cellier, 5, rue Gaillon. familles suider, venez, delasalle, tous bonne santé. |

Divonne, 30 jan. — Paullentru, 174, avenue daumesnil. nous portons bien, paul aussi. donner nouvelles des fils Vidart. — Paullentru. | Echalier, 14, rue léonie. gretillat, lambert, david, petellat tous bien. reçu lettres. — Grétillat. |

Mortagne-s.-Huine, 23 jan. — Verdrie, 3, française, paris. tous vont bien. — Verdrie, Gabéry, Cadot. |

Rochefort-s.-mer, 31 jan. — Salneuve, 5, place saint-michel. reçu ta lettre. samedi ta famille, nous aujourd'hui santé. — Eugène Salneuve. |

Nantes, 30 jan. — Dufougerais, 38, rue sèvres. Votre famille bien, notre maison bien. donnez nouvelles de bazin, famille saint-priest. — Alet. | Saint-Priest, 12, barouillière. donnez nouvelle du père, de vous, de votre mère. nous bien, nantes, 7, rue félix. — Camille. |

Beaune, 30 jan. — Docteur Descroysilles, 5, louis-le-grand. merci de vos nouvelles du 14 sur roger, allons bien. écrivez-nous ici. — Marey-Monge. | Marey-Monge. sous-lieutenant mobiles côtes-d'or. marey-monge, josserand, bachey allons bien, écrivez. avons nouvelles vous par arthur du 14. — Marey-monge. | Octave Dubois, 31. rue de luxembourg. famille édouard, santé bonne genève. raudot chargé de demander nouvelles, réponse à lui. amitiés sincères. — Henry Raudot. | Pierre Tartami, mobile 10e bataillon côtes-d'or. tous très-bien. écrivez donc. donnez bonnes nouvelles, veaur capitaine. — Damicdot. |

Port-Louis, 29 jan. — Lucas, lieutenant vaisseau, fort ivry. inquiète, sans nouvelles depuis décembre. — Victorine Lucas. |

Mauron, 29 jan. — Pacheu. 27, rue thévenot. mademoiselle pacheu, berthe, lucien, ange, michelette. tous très-bien, nous pensons bien à toi. — Pacheu. |

Quimper, 30 jan. — Platel, 16, place laborde. tous bien mais sans nouvelles de toi. — Platel. | Couesnongle, commissaire, flotille seine, ministère marine, famille, enfants bien, pays tranquille. — Goësbriand. |

Coutances, 28 jan. — Dolbet, 13, rue hauteville. vos parents bien, moi souffrant. lettres reçues. — Lecardonnel. |

Terreaux, 30 jan. — Arlès, 11, conservatoire. reçu lettres 17, 20, pleines illusions. femme, enfants bien mieux à leipsic qu'en suisse. — Arlès. | Touchon, 10, boulevard magenta. les enfants et nous bien, écrivez des nouvelles de fritz. — Touchon. |

Montendre, 31 jan. — M. Lambert, 30 rue montmartre, paris. parfaite santé toutes deux. — Z. Lamber. |

Saint-lô, 30 jan. — Madame Dalembert, 10, boulevard du temple, paris, en bonne santé, maria, henri. adolphe. |

Châteauneuf-s.-Charente, 31 jan. — Georges Perreau, banque de france, paris. marie accouchée le 31 janvier d'une superbe fille, tous vont très-bien. — Edmond Dupuy. |

Chatellerault, 30 jan. — Denian-Peltier, 107, saint-lazare, paris. nous sommes tous en très-bonne santé. — Dufour. | Mermilliod, 20, rue turbigo. rené, henriette, famille santé parfaite. nogent père, famille bien portants, sans accident, profitez armistice. venez. — Mermillion. |

Toulouse, 30 jan.—Freissinet, 31, belle-chasse. allons bien, jules, mathilde, selle, dadhémar aussi, prends argent rothschild. vois mancel. reçois lettres, donne détails. — Freissinet. | Payen, 13, boulevard saint-germain. lodo doit-elle partir pour paris ou t'attendre à toulouse? réponds vite. — Payen. | Emélie Harlay, 108, rue saint-dominique. reçu lettre, rembourserai aline, vais envoyer argent. — Andrieu. | F. Durand, 43, neuve-des-mathurins. ouvrez crédit de F. dix-huit mille au 10 avril prochain sur votre maison perpignan. — Verdy-Planchaud. | F. Duraud, 43, neuve-des-mathurins. envoyez-moi F. quatre mille sur banque de france. — L. Tardy-Planchaud. | Morel, 100, quai râpée. tous bien portants, mère aussi, lucy sevrée, henri tête bien, mercis affectueux à benjamin, julie. — Lefranc. | Darboëllerie, 4, taitbout. avons employés tous moyens pour écrire, santés bonnes, toujours tourmentées. lettres reçues, serres magnifiques. — Larboëllerie. |

Saint-Gaudens, 30 jan. — Darodes, colonel génie, secteur belleville. marie bien portante, grandit. laugard professeur anglais, piano journellement chez anaïs pour quinzaine. — Louis. |

Lyon, 30 jan. — Vauconsand, 3, aumaire. septième. si peux rentrer, faut-il partir ou pourras-tu venir télégraphie. vais bien. embrasse. — Marie, | Hurand, 95, boulevard magenta. chemin va bien, conseil boussuge, mariettion, famille, moi portent bien. remercient. — Françon. | Hurand, 95, boulevard magenta. reçu lettre attendue extrême inquiétude. vous ai écrit souvent toutes manières, écrivez souvent possible. — Françon. |

Coutances 26 jan. — Jacquet, 152, rue montmartre. l'inverville, tous bonne santé. lettres reçues. — Jacquet. | Gauville, 42, rue monceau. envoie souvent dépêches, reçois vos lettres, paris débloqué enverrai messager, commande bataillon mobilisé 19e corps. — Gauville. |

Saint-Lô, 27 jan. — Madame Jacquin, 37, suresnes. grand merci lettres, tous bien, n'avoir aucune inquiétude pour nous dire à tous. — Henri. |

Saint-Lô, 28 jan. — Tétard, 91, magenta. beautiran, lamotte santé bonne. pays envahis, prussiens chassent habitants, mes chevaux marly, poiret, lamotte recevons lettres. — Tétard. | Guesnet, 6, furtemberg. lamotte, carlepont bonne santé, recevons lettres. soit prudent, donne détails sur toi. — Quesnet |

Valognes, 27 jan. — Delorme, 168, faubourg-saint-honoré. rochemont près Valognes, bien portant, henriette aussi, donnez nouvelles hebdomadaires par ballons. — Dupérier. |

Cannes, 28 jan. — Dumoulin, 18, cherche-midi. écrivez détails bombardement. tableaux, gravures dans la cave. — Mailand. | Simon, 9, mulhouse, henri, officier, prisonnier leipzig, sans blessures. ma santé satisfaisante. sans nouvelles depuis 2 décembre. écrivez cannes. — Simon. | Courcel, affaires étrangères. quittez laborde crainte difficultés. mettez cave meuble à tiroirs mon cabinet, et malle papiers. étendez matelas. — Courcel. | de Reims, 31, Victoire. santés parfaites. recevons tes lettres. — de Reims. |

Grasse, 27 jan. — Schaeuffele, 45, jacob. adolphe pharmacien chef Valenciennes. truc, théologue prisonniers. allons bien tourcoing, bruges, amitiés larreguy, jules et tous. — Boyveau. |

Nice, 28 jan. — Dousset, 30, rue berry, paris. très-inquiète de vous. donnez vos nouvelles par ballon, parviendra. amitié. Villa montboron, nice. — Pauline. | Cayard. 92, richelieu. sauvegarde, intérêt déposer chaussée-d'antin. besoin argent avril. réponse. — Biston. |

Chambéry, 29 jan. — Madame Maréchal, 58, rue clichy. suis à chambéry avec remonte, courage. — Armand. |

Vitré, 27 jan. — Général Trochu pour brunet, reçu lettres et titre, mille tendresses, famille partout parfaitement portants. tranquille et confiant dans avenir. — Brunet. | Verdier, chef section gare saint lazare. nouvelles de votre famille coesnon maison clich, détails sur paris, bien portants tous. — Pivort. |

Rennes, 28 jan. — Antoinette Hutin, 12, commines. vais bien. sans nouvelles depuis fin novembre. — Laforesterie. | Clerc, 45, hauteville. votre femme, enfants vont parfaitement. nous aussi, reçoivent beaucoup lettres comme nous. — Pinart. | Grout, sergent 20e régiment mobile, 1er bataillon côtes-du-nord, famille grout, lamoussaye, très-bien. — Marcais. | Dauvers, 14, rue arcade. ernestine très-bien. — Carron. | Lecuyer, 2. champagny. suzanne, adrien, soissons après capitulation aucun étranger, impossibilité nouvelles, écrire rennes. louis bougère bien. — Lecuyer. | Perrier, 49, tiquetonne. bien portants. — Perrier, hauvespre, 4, nationale. | Lecuyer, lieutenant mobile ille-et-vilaine, 3e bataillon. tante célinie, lucie associées, envoyer tendresses, remerciements, tous bien, andré armée chanzy. maman, louise, moi t'embrassons. — Lecuyer | Pellechet, 30, blanche, tous bien, rodolphe guéri, ne inquiétez pas de nous, fleury prisonnier francfort, shenk chez lui. — Adeline. |

Nantes, 29 jan. — Noch Française, 11. reçu lettres suisse toute famille bien portante. rosalie garçon. — Thérèse. | Halphen, 31, neuve-saint-merri. reçu lettre, amédé bien portant. sommes à nantes. thérèse envoyé dépêche tante bine, écrivez tous. — Sara Clémence. | Desurgères, état-major général, 2e armée, 1er corps clichy-la-garenne, lettres reçues, léon paris-charenton. famille bien. — Desurgères. | Callier, 28e régiment mobile 1er bataillon mont-valérien. portons tous bien, reçu lettre 20 janvier, donne nouvelles félix, les tiennes désirées. — Veuve Callier. | Marie-Gallet, 44, marais saint-martin. donnez nouvelles parents, amis. propriétés. écrivez par plusieurs ballons. sans nouvelles, inquiet, portons bien. — Mouchot. | Heugel, 2 bis, Vivienne. nantes, parc, vendée, lehuédé. tous bien, soyez tranquilles. — Eulalie. | Seconde dépêche Bouron, chez chaparède, saint-denis (seine). reçu deux lettres, seulement inquiets, stanislas attend partir, ici santé assez bonne. — Bouron. | Varcollier, 11, rue mansart. embrassons tendrement le pauvre blessé, prions Dieu ardemment pour lui et attendons anxieux ses lettres. — Varcollier. | Huette, artilleur nantais, abattoir villette. reçu lettres, tous bien. — Huette. |

Nantes, 29 jan. — Henri Lefièvre, 1re batterie, 4e pièce artillerie, mobile de nantes. grand'mère morte. famille bien, ludovic infirmier, mostaganem. — Lefièvre, | Moreuil, 13. avenue Victorine, grands et petits très-bien portants, albert bonne santé, donnez de vos nouvelles. — Patte-Moreuil. Ganuchaud, 75, turbigo. auguste bordeaux, sûreté Rosine, moi, enfants tous parfaite santé. — Ganuchaud. |

Nantes préfecture, 29 jan. — M. Marchand, 222, rue saint-antoine. tous santé parfaite, peu d'argent. donnez nouvelles famille malet. — Marchand. | Laissant, capitaine génie, fort d'Issy. bien tous et toi, reçu lettre 19. — Cécile. |

Croisic, 29 jan. — Malvau, 60, lafayette. quatrième dépêche, 8 lettres. mère, enfant wemel, santé bonne, argent 2 mois, courage, bons baisers. — Malvau. |

Pornic, 29 jan. — Detey, 25, choiseul. reçu lettres. santés bonnes. si besoin prenez argent mon compte, habitez mon appartement, amitiés. — Bridon. | Demay, 5, rue palatine. partis pour pornic, forjus plus de dangers. — Gastinel. |

Bordeaux. — 1 février 1871.

Saint-Nazaire, 29 jan. — M. Brioude, 7, rue d'enghien, paris. Tous bien portants, édouard ici, travaille assuré, nouvelles havre, londres, gueret bien. — Veuve Brioude. |

Trélon, 26 janvier.—Lacroix, 11, rovigo, paris. grand service. prends bureau hippolyte contenant papiers importants, sinon possible veille. tous bien reçu lettres. — Luisa. | Duval, 15 rue treillard. paris. tous bien portants. sommes tranquilles trélon. recevons pas lettres.—Cuvillier. | Karth, 4, cherche-midi. paris. charles bien à mutzig. logement strasbourg dévasté. écris-moi pour envoyer strasbourg.—Julie Martha. | Martha, rue fauvet, 1. batignolles. paris. reçu mandat. tous bien portants. maman bien. victor écrit souvent. — Julie. |

Saint-Valéry-en-Caux, 28 jan. — Marcou, place bourse, 31. tous bonne santé, inquiets, donnez nouvelles. bréchoux recevra rentes, recacheter paquet en famille. — Tessier Lebaudy. |

Laigle, 29 jan. — Mme Féron, 105, boulevard magenta. tranquillité. prussiens repartis. père malade. caché lettre du 21. soyez bien, mes chéris. — Pauline. | Pluvinet, rue levert, 23. belleville. paris. lettres, argent, reçus. portons bien, louis aussi. — Pluvinet. |

Eu, 27 jan. — Rosalie, chez mayer, 50, neuve saint-augustin. reçu lettre. allons bien. courage. — Mayer. |

Fécamp, 20 jan. — Delaubier, 7. saint benoist. prussiens trois fois ici. pas mal affligés sur vous. mathilde, georges, nous, bonne santé. souvenir amis. — Claye. |

Boulogne-sur-Mer, 29 jan. — Belloir, 82, boulevard montparnasse. paris. inquiet continuellement toi. quartier effrayé, prudence. écris toujours. — Belloir. | Belloir, 35, rue des abbesses montmartre. inquiet. écris par ballon position, santé, voir julien. — Belloir. | Dehu, 27, boulevard italiens. reçu lettres 23, tous bonne santé. donne nouvelles parents. gustave va bien. — Dehu. |

Havre, 30 jan.— Cadet, 4, sainte-thérèse, batignolles. paris pas reçu lettre depuis 1er décembre. inquiet. écris-moi journellement. — Cadet. | Mme Vve Jolly, 34, rue tournon, paris. recevons vos lettres, allons tous bien. écrivez. — Ch. Bavoillat. | Pinguet, 8, rue pyramides. bertin écrit roye 23. recevons lettres, sommes tranquilles. fabrication excellente. bonnes santés nous, fargenton, marcel. — Bellot. | Vitet, barbet-de-jouy. ce que espérez très difficile. reçois lettre 15. ignoriez grande douleur, georgina morte. bombardement nous bouleverse. écrivez. — Ancel. | Récamier, regard. nouvelles des vôtres bonnes. recevons lettre 16. ignoriez grande douleur, georgina morte. bombardement, sorties, nous bouleversent. écrivez. — Ancel. |

Bariquard, 129, oberkampf. travaille bureau état-major. tous bonne santé. écrivez souvent. — Léon. | Radou, 66, boulevard strasbourg. paris. tous santé bonne. victor gentil. souffrez-vous. — Radou. | Sciama, 40, hauteville. faites-moi questions répondrai. lévi, andré, marthe superbes. —Rochery. | St-Senoch, 19, rue demours. femme et enfants bonne santé. georgina décédée.— Perquer. | Mme Huzar, 16, rue pré-aux-clercs. tous en bonne santé, excepté georgina. — Perquer. |

Durand, 43, neuve mathurins. ne payez pas domiciles ordre decazes. pouvez payer autres décembre trente-trois mille janvier quatre mille. — Delaroche. | Desmarest, 46, provence. domiciles décembre quinze mille, janvier onze cents. toute famille parfaitement. raoul transféré elberfeld. équipages bartholdi havre. — Delaroche. | Edouard Mallet, 7e bataillon chasseurs pied, 8e compagnie. allons tous bien. tout le monde à londres, sauf moi, ici. — Mallet, | Dored Ayulo, 37, boulevard strasbourg. paris. renseignons lima sur blés expédions tous vos cotons à lemonius, liverpul. — Peulvé Petitdidin. | Pinchon, avenue villars, 16. allons tous bien, quoique affligés. donne adresse de ta femme. — Thubeuf. | Constantin, 10 bis, rue geoffroy-marie. paris. michin reçu lettre, suis toujours à la maison. tous bien portants.—Eugène Moreau. | Lévy, boulevard prince eugène, 92. allons tous bien, cher alfred, seulement inquiète. écrit chaque ballon. père, sœurs aussi. espoir. embrasse. — Pauline. |

St-Valéry-sur-Somme, 27 jan. — Desbrosse, 17, roquépine. paris. vos enfants bien installés à boulogne. tous santé, argent par lbry. nouvelles à ma sœur. — Lorenzo. | Waskiewicz, 31, avenue trudaine. tous bien saint-valéry. recevons lettres arthur. bonnes nouvelles saintine. paul poitrine, jambe magotte parfaite. — Wanda. |

Bordeaux, 31 jan. — Delorme, 51, avenue trudaine. bébé bien, mère désolée, désire signature. léonie, emma, victor, berry. — Corbigny. | Mme Frois, 29, faubourg poissonnière. paris. yport 23 janvier. nous solesmes, toulon. southampton, meyer, diéterle, santé, avons argent. — Corriol Ménard. | M. Péré, 33, faubourg montmartre. esther correspond émile bad-ems. péré gravelin ault kerckhove. tous bonne santé. jambe mieux. — péré. | colonel Griffon, élysée. Mme sixte, fousalex, antoine, henri et tous autres bien portants. recevons lettres. — Normand. | Ballot, petites écuries, 55. paris. legros bonnes santés, lettres reçues. correspondances avec fillettes, fonds en état. — Legros. | Mesnard, 29, boulevard malesharbes. familles mesnard, lavalley. santés parfaites. étienne, grands parents bien. — Mesnard. | Louise Marchant, monnaie. lettre satisfaisante reçue. j'ai envoyé deux cents francs par mandats. avez-vous reçu ? — Marchant. | Duquesnel, 14, beaune. beny saint-lô, tous bien. Joseph chevalier écrit de mandres. césar duquesnel mort. reçûmes lettres jusqu'au dix. | M. Robert, 31, rue bergère. léon bien portant, prisonnier wiesbaden. prier dupont déménager caisses, meubles, atelier dans caves assas. — Nanine. |

Menetou-Salon, 30 jan. — comte Greffulhe, 10, astorg. paris. santés bonnes. merci pour lettres. — comtesse Greffulhe. |

Marseille, 30 jan. — Grenaud, rue lafayette, 139. très inquiète de vous ; donnez vos nouvelles promptement. écrivez poste restante, marseille. — Joséphine Grenaud. | Mme Osmont, 84, miroménil. veuillez avancer argent pour vivre à mon cousin. silence sur thomassin. répondez poste restante, marseille.— Bouval. |

Riceyhaut, 25 jan. — Maingon, 45, rue saint-andré des-arts, 45. arthur prisonnier cologne, correspondons. allons tous bien. — Cécile. |

Janzé, 29 jan. — Rabot des Portes, lieutenant-colonel, 138e ligne. st-denis. reçu 4 lettres, écrit souvent. tous nancy. sasso bien. deux félicitations. baisers. — Des Portes. |

Lyon, 30 jan. — Hoffmann, 51, lazare. tous ensemble. allons bien. aucun danger lyon. Astier

Saint-Malo, 29 jan. — Pennetier, 28, bernardins. 5e télégramme. bonne santé, 9 lettres édouard, 2 caroline. savoir nouvelles roussel, grand léon, dodé, duval, lebourgeois. | Reinvillier, provence, 23, Chevrier, Reinvillier, Thiboul, daumesnil bonne santé. père, sœurs, bien. reçu trois mandats. mille tendresses.— Elisabeth. | Pinart-Civiale, 2, tour-des-dames. huitième dépêche. tous bien. encore st-mâlo. avons envoyé quantité lettres insertion *times* par danyau. — Hébert-Civiale. |

Saint-Brieuc, 29 jan. — Bournichon, 15, londres. paris. tous santé bonne. toujours tranquilles ici. extrêmement inquiets de vous. conservez-vous pour nous. — Bournichon. | De Saisy, commandant bataillon, loudéac courbevoie. lettres reçues. toutes bien portantes. saint-brieuc en rapport avec louis pour ton affaire. — Faustine.

Plouaret, 28 jan — M. Lamy, 11, d'aubenton. paris. père embrassons bien tous. sommes sans nouvelles et très-inquiets. prends couitures, coke, dans appartement. |

Putanges, 28 jan. — Dechezelles, 123, rue de lille. enfants, moi, tous ici. beauvais, santé parfaite. ici sécurité.—Félicie. | Desrotours, 36, rue cassette. tous aux rotours. parfaite santé. sécurité présente, future. aspirant au revoir lettres quotidiennes reçues. — Marie. | Fonte, 175, faubourg saint-martin. Pennedepie. résidence sûre. aucunes nouvelles : continuelle inquiétude. écrivez hebdomadairement. — Lefèvre. |

St-Paul trois Chateaux, 30 Jan. — Romanin, rue bondy, 66. donnez nouvelles immédiatement. — Célina Marain. |

Valence, 30 Jan. — Petit, rue Barthet de Jouy, 9. écrit souvent reçu plusieurs lettres, merci tous bien, pensons beaucoup à vous prions espérons. — M. Perrin. |

Bordeaux, 1er fév. — Barneoud, 1 scribe. terminé provisoirement affaire catalan. sans recevoir à compte avec gaduel, rien fini même embarras, financier. santé bonne. — Peyruc. | Barneoud, 1, scribe, père gravement malade. armand prisonnier dusseldorf avec femme, georges rien. campagne bien, récolte bonne. allons bien.—Adèle. |

Bordeaux, 31 Jan. — Ganay, 45, Jean goujon. 27 jan. — Fougerette. bien et tranquille. aussi bonne, victor, charlotte. étienne parti ambulances. — Ganay. | Bessières, 4, pétrel. demande nouvelles si bombardement touché ses maisons si loyers sont reçus. — Demoiny. | m. de st-quentin, secrétaire ambassade ministère, bonne santé toujours à bordeaux. reçu argent, inutile d'envoyer d'autre. — Félicie. | Augouard, vosges, 6 décédé 23 octobre. habitons périgueux, vieux augustins, 6. santés parfaites, rené bachelier pris inscription droit. — Lingrand. | Delapalme mercier, 71, batignolles. bébé famille santés parfaites reçu plusieurs lettres. xavier mobile cathelineau, albert franc-tireur revenu périgueux. — Sudice. | M. Millon, 3, rue champagny, paris. Yartraux. allons bien. pays calme. bonnes nouvelles chambly. nemours carré. reçu lettres photographies.— Millon. | madame Demilly, rue de calais, 17. grand-père, grand'mère, adrienne, marguerite, deux dents parfaite santé. hélène, gustave attendus. bordeaux, lettres reçues.— Demilly. | Estragnat, 17 Jeûneurs. recevons lettres, tous bien portants. — Estragnat. | Couton, rue albouy, 9. si pouvez sortir, paris. venez anvers. au besoin empruntez ou touchez chez personnes indiquées précédemment. — Couton. | m. Delsaux, rue mazagran, 15. donnez nouvelles adèle amis. venez si pouvez. 146, rue palais galien.—Caroline Barthe. | Regard, thamon, 15. occupation pacifique, assurée courte, mère bien, aucune réquisition ni logement. lettres reçues, bénissons préservation. ignore charles. — Villequier. |

Boulay, rue montholon, 13, paris. par Claude alexandrie. maria convalescente, joséphine, valerie prendront argent chez savoy. télégraphie départ. — Souffren. | Albert, boulevard haussman, 99, paris. madame valais et bébé, chez madame vatos, bonne santé, bonnes nouvelles de rio. — Vallandé. | Hecht, 34, rue château d'eau paris. lettres jusque 20 Jan. photographies reçues tous bonne santé. — Hecht. | Laroche boulevard magenta, 47. recevons vos lettres, portons bien, dire fernand décrire père absolument. — ve Laroche. |

Laborne, 22, place vosges. tous bien, auguste, chousy pillé. — Laborne. | madame barthe, 15, rue provence, paris. donne-moi vite nouvelles, cours 30 juillet, 39 bis. — Marie Relhié. | Compagnon, 8, courcelles. santés bonnes. huit lettres reçues. écrire plus souvent. — Antoinette. | Jules chambaud. 73, rue rivoli, paris. léon et cousins vont bien à st-just, ont de vos nouvelles. — G. Jouet. | Dosseur, 21, taranne. santés bonnes. bayeux, villa, caen, argenton, alfred bayeux. mère, fille, daniel, très-bien le dernier janvier.— Léontine. | Olive. rue pétersbourg, 5. remetty à lavallée, chancelier consul chili, 900 fr. très-agité, allons bien. — Landau. | Lavallée. laval, 26. olive architecte pétersbourg 5. vous em ttra 900 fr. dont 600 pour plaza, négligez vega. — Rodella. | Kempen, chez U. zellweger et Cie, paris. toute la famille bien portante zellweger toujours malade week est à londres. — Kempen. | Destrilhe : vieille du temple, 21. 30 Jan. sommes inquiets envoyer nouvelles. — Alphonse. | Provost, rue aux ours, 40, paris. beaucoup marchandise ici. dépêche périgueux si faut expédier. rencontré chabaret. partout marchés faciles.—Cavaillhon. | Gignou, rue faubourg honoré, 168. prenez courage, reçu lettre du 7. bien portantes à tournay, rue desmaux, 20, belgique. — Marie. |

Ramus 6, avenue trudaine. deux enfants édouard bléville. fleury engelhart, tous bien. — Streitberg. | Rodrigues, 71, rue lafayette, paris. ici tous bien envoie louise et enfants si tu peux, dis autant à ferdinand. — Iffla. | m. Arrigas, quai d'orsay, 72, paris. recevons régulièrement vos lettres, on m'offre de me porter aux élections. nous portons bien tous très-bien. — Jules Almairac. | Mercadier télégraphes. paris. prière prévenir m. mottet portes famille doursout très-bien, reçu toutes lettres élections marchent bien. — Eugène Fabre. |

Castres, 29 jan. — Paul Berthoumieu, boulevard invalides barraque 424. allons bien justin paul, encore ici péruviennes vendues raisonnablement courage. — Augier. |

Nevers, 29 jan.— Tavin, 127, boulevard haussmann, femme et enfants bien portants au havre. pensons bien à vous. — Tezenas. |

Bourges, 30 Jan. — Leloup, boulevard voltaire 91. bien portant, sœur a reçu lettre du 15. écrire chaque semaine à ivoy par ballon. |

Riom, 29 Jan. — Jarrin, 57, charlot. quatrième dépêche. tous embrassons. pauvre fête, recevons lettres albert, lui, nôtres. pris chambre, oncle argent. — Jarrin. |

Excideuil, 30 Jan. — Guilher, rue lafayette, 137, paris. 28 janvier quatrième dépêche. reçu plusieurs lettres, santés bonnes. — Marguerite. |

Limoges, 30 Jan. — abbé Leclerc, 123, rue saint-jacques. santés excellentes, inquiétude pour vous et famille. confiance en Dieu. sixième dépêche. — Cécile. | Plument, aboukir. 9. cher ami troisième dépêche. santé bonne. enfants embrassent papa. tout à toi cœur. — Maria. |

Givors, 29 Jan. — Potier, 1, boulogne. toujours à givors bien portant. réformé pour myopie. lucie sans nouvelles de toi. — Potier. |

Nontron, 30 jan. — Guindorff, rue taranne, 20. courage père chéri, santé parfaite, embrassons bien. reçu argent. écris très souvent. — Louise Guindorff. | Denis, 8, tournon. lettre 3 reçue, santés bonnes, pays tranquille. inquiétude grande. lavergne, frémont, gastebois, parrot bien. souvenirs. — Gillot Létang. |

Rochefort-s.-mer, 30 jan. — May, 51, rue provence. emma heureusement accouchée. mère grosse fille sont très bien. soyez heureux, tranquille. — Cerf. |

Chantonnay, 28 jan. — Chamard, sergent au 49e de ligne, 4e, 3e, vincennes. nouvelles sont septembre. père inquiet, écris. chamard mort, capitaine 3e. veuillez prévenir. — Chamard, jaudonnière, vendée. |

Fontenay, 28 jan. — Forest, 19, rue michel-le-comte. continuation de santé parfaite pour tous. — Forest. | Bateau, avenue tourville, 22. londres pouzauges fontenay bonne santé, léopold resté, réponse. — Gougnard. |

La Roche-s.-Yon, 28 jan. — Logerot, quai augustins, 55. portons bien, écrivez bordeaux féret libraire. — Goin. | Lachaume, acacias, ternes, 37 tous réunis en bretagne, santés excellentes. lettre du 7 janvier parvenue, écrivez souvent. thierry nice. — Jobert. |

Plaisance-du-Gers, 30 jan. — Daran, rambuteau 10. plaisance. toulouse, cherbourg santés parfaites. mille embrassements |

Niort, 29 jan. — M. Basta, 2, rue corvetto, paris. quitté dinan, suis à niort (deux-sèvres) hôtel du raisin de bourgogne. — Basta. | Brochet, rue mail, 21. dariot vont bien, sans prussiens. raymond, victorine bien. sans nouvelles d'orléans. — Victorine. |

Pertuis, 30 jan. — Roux, ingénieur poudres, arsenal, 9. bonnes nouvelles granville du 17. allons tous bien. — Rouvière. |

La Rochelle, 29 jan. — Terreux, quai billy, 34. reçois quelques lettres, envoyé dépêche décembre. santé. — Marie. |

Châtellerault, 29 jan. — Proa, adjudant major 1er bataillon mobiles vienne, vincennes. pas lettre depuis 26 décembre. es-tu malade, as-tu besoin argent? — Proa. | Jules Piault, 68, rue turbigo. famille bien portante. reçu toutes vos lettres, profitez armistice pour venir. — Léon Piault. |

Bordeaux, 1 fév. — m. Sacristain, 87, avenue roi de rome. bien portants, Adèle guérie, nous vous embrassons, écrivez souvent.—Sacristain. |

129. Pour copie conforme :

l'inspecteur,

Bordeaux. — 3 février 1871.

Loudun, 29 Jan. — Célérier, 8, bonaparte. partons demain poitiers et limoges bonnes santés. — Célérier. |

Montmorillon, 29 Jan. — Devergés, 18, duphot enfants, adèle, famille, moi, enfants, bousquet parfaitement. aucune ferme souffert. ditos curé petits bien. — Noémi Villemort, purification. |

Foncine, 27 Jan. — Cordier, boulevard haussmann, 116, paris. lettres 10, 12 reçues, trio bien aigle, reçu intérêts généré. amélie, françois bien. — Cordier. | Cordier, boulevard haussmann, 116, paris. touchez pour vos besoins chez rougot, notaire, tous intérêts reçus pour moi. — Louise Perrot. |

Rodez, 29 Jan. — Cablat, poste, boulevard arago, 1. portons tous bien. donne plus souvent nouvelles. auguste mobilisé. — Cablat. | Curtet, rue laharpe, 42. expulsez fontès, reprenez les clefs, installez pierson. ne laissez rien enlever. jules travaille. écrivez souvent. — Harold. |

Villefranche-de-Rouergue, 29 Jan. — Gravillon 27, rue université. allons parfaitement, paul également. richard superbe, marguerite dangi, edgard enterré soigneusement cimetière coulmiers. — Monestier. |

Hagetmau, 30 Jan. — Pinette, 7, commines. mespoulède nantes, tous bien portants. donnez nouvelles promptement. — Lafosse. |

Tartas, 30 Jan. — Hanrion, 24, bergère. metz, mézières barbe, guitres, coutras, tartas bien. reçu mille fin septembre perrier, rien veber. — Hanrion. |

Lisieux, 28 jan. —Allain, 10, dieu. père, mère, enfants, sœur, bien portants. — Curot. | Montargis, 8, rue des beaux-arts. paris. allons bien, David aussi. recevons toutes tes lettres. déménage avant le danger. —Paris. |

La Délivrande, 28 jan. — Vidaud, 42, rue dunkerque, arrivé 20 janvier. famille assez bien. bébé superbe. écrivez si reçu mandat décembre. enverrai autre.— Gardet. | M. Ruprich, 10, assas. troisième dépêche. tous parfaite santé, manquons de rien. vive inquiétude sur vous, reçu tes lettres. — Ruprich. |

Vire, 28 jan.— Chanier, 133, saint-jacques. tous bien. répondez nos lettres. courage! — Corneau. | Payn, 91, boulevard magenta. bien. recherche gaudin école polytechnique. parents sans nouvelles depuis seize jours, envoies-en première lettre. — Payn. |

Villerville, 28 jan, — Delaisse, rue fontaine-au-roi. 65. tous bien portants, pays tranquille. écris-moi beaucoup détails, pas vos nouvelles 5 janvier.— Delaisse. |

Caen, 28 jan. — Lavergnolle, 13, cléry. reçu lettres 11, 14, 15. saint-paul vont bien. restons caen. santé médiocre. ennuyons.— Chartier.— Debaumont, fort romainville. allons tous bien henri avec bourbaki.— Debausmont. | Boutillier, ingénieur, 2, place opéra. toute exploitation de nouveau interrompue depuis 7. retiré avec picquot saint-vaast, manche.—Fabre. | marquise de Ricard, 87, rue de rome. très inquiet votre silence prolongé. écrivez saint-vaast, manche, amitiés affectueuses. — Fabre. |

Jahiet, 37, boulevard magenta. 25e dépêche envoyée. maman, marie aussi à bayeux. allons tous bien. recevons lettres. — Legoux. | Bouchard, 15, geoffroy-marie. mère ignore mort de frère. ne le dis pas. pour blondelet, vois deherpe, avoué. — Lumière. | Cellier, 3, l'échelle. inquiet sans nouvelles, ni vous père, frère. écrivez. 25, rue écuyère, caen. — Ringuier. | Degourcuff, 87, richelieu. huitième dépêche. circonscription réduite à deux départements et demi. affaires rares. aucun sinistre. — Pigny. |

Chambon, 61, hauteville. chers parents, j'ai vos bonnes nouvelles. vais bien. écrivez-moi ici, 1er bataillon. embrasse. — Armand Stettin. | Demanget, rue baudin, 28. famille maruitte, garçon demanget, lamotte, tous bien. — Héron. | Tellier, capitaine, 128e d'infanterie. creteil. reçois aujourd'hui 28 première lettre depuis octobre. tous bonne santé, j'écris ta mère. — Lebrun. |

Trouville, 28 jan. — Mme Cazamajor, 11, rue monthyon. bonne santé. recevons lettres. —Pauline Dameron.—M. Auber, 24, rue saint-georges. bonne santé. — Pauline Dameron. | M. Dameron, 13, rue auber. bonne santé. reçois tes lettres, écris - moi. | Pauline Damoron. | De Labry, 34, saint-dominique saint-germain. restons trouville. tous parfaite santé. bossière reçu avis. ouvrez triple crédit. manquons rien. écrivez nouvelles warren.—Royer. | Me Picard, rue de rome, 74, paris. trouville bien, envoie amitiés. avez pensé recevoir trimestre obligations dans nos caisses.— Renault. | Nortier, 35, boulevard saint-michel. paris. familles nortier, lebourgeois, bonne santé, reçoivent lettres. bonne nouvelle des versaillais, enfants nortier travaillent. — Nortier.—

Concierge, 50, saint-lazare. tous bonne santé. allez chez ma sœur. écrivez. — Tordo. | Charpentier, grange batelière, 6. portons tous bien, reçu lettres 10, 15, 16, tranquilles trouville. — Charpentier. |

Bayeux, 28 jan. — A. Richard, 7, rue trévise. aucune nouvelle désommes, très inquiet. écris-moi. — Richard. | Hennet, 90, faubourg poissonnière. sans nouvelles de mon employé, envoyez-m'en ainsi que de vos santés. — Richard. | Renard, 29, chaussée d'antin. arromanches. bonne santé. gerges activité. ménager pressard. Delacourt bien.— Thiellement. | Supérieure, 20, notre-dame-des-champs. paris. lettres reçues, bonne santé. — sœur Anastasie. | Baradère, 49, lille, paris. tous parfaitement. saint-gabriel, 28 jan. — Antoinette. |

Saint-Aubin, 28 jan.— Lindet, boulevard saint-michel, 9. reçu hier nouvelles alençon bonnes. santé parfaite langrune léon robuste, moral bon. —Lindet. | Prestat, 52, rue bondy. lettre édouard cornélie. bien réunis. nous bien. — Fortin. |

Isigny, 28 jan.—Bataillard, 35, rue amsterdam. londres, santés parfaites. agis donc pour léon. — Charles. |

Cherbourg, 31 jan. — amiral Pothuau, fort d'ivry. familles pothuau martin santé parfaite. cherbourg louise pothuau, berthe martin. |

Boulogne-sur-Mer, 31 jan. — Charles Cuvillier, 16, rue paix. paris. allons bien. bébés maman pensent à vous. pauline désire nouvelles maman. —Cuvillier. | Herment, 50, neuve petits-champs. paris. césar bien portant, rassurez famille. recevrez des vivres sitôt possible. veuillez payer. nous portons bien. — Herment. |

Hâvre, 31 jan. — Michaud, 53, hauteville. depuis danger, madame michaud habite rennes. famille uldall knivoholt bien portante. informez dès retour possible. — Paul. | gouverneur Crédit agricole. reçu seconde circulaire par ballon, six cent douze, trois cent onze, vingt, B deux. — Baltazard. | M. Mequignon, 20, rue béranger. paris. allons bien. recevons lettres. céline lisbonne. — Maulaz. | Fabignon, avoué, 55, neuve-petits-champs. avez-vous lettres. arriverai paris dès possible. pas inquiétude. — Léger. | Trollé, 52, rue des dames. batignolles-paris. bien portants. suzanne superbe. boutard olbron. hubert puy. A bientôt. — Saint-Maur. | De Lachrie, 14, passage des-trois-couronnes, paris. dieudonné blessé à cologne. va mieux. — Alf. Vonder Muhll. |

Arras, 30 jan. — M. Callen, 9, rue odéon. paris. je vais bien. suis à arras, chez M. Sens, rue arsenal, 12. — Callen. |

Saint-Omer, 31 jan.—Normand, chez M. Lépine, 9, rue crussol. nouvelles de suite. faut-il revenir. —Normand. |

Boulogne-sur-mer, 1er fév. — Havamard, 14, bleue. sans vos nouvelles depuis dix-sept. allons bien ici. — Bruhl. |

Sables-d'Olonnes, 31 jan.— Blachey, 131, boulevard-Saint-Germain. allons bien. zoé bonnes nouvelles georges. — Blachey. |

Valenciennes, 31 jan. — M. Varango, 12, rue d'enghien. paris. envoyer de suite pension, Mme Varango, 103, rue de paris, valenciennes. nord.— Varango. |

Bellac, 29 jan.— Terneau, 3, rue d'isly. allons toutes très bien. reçois tes lettres. — Terneau. |

Limoges, 30 jan. — M. Allélix, 40, faubourg poissonnière. reçu portrait. lettres. santé bonne à beauvais, aussi joseph, capitaine dans l'est. — Marie. |

Saint-Valéry-sur-Somme, 27 jan. — Mas, 7, rue mail. reçu premier mandat tranquilles à saint-valéry. — Mas. |

Lourdes, 29 jan. — Grandin, 41, taitbout, paris. anna me'z, santés bonnes. recevons lettres. courage, amitiés. — Grandin. |

Tonneins, 30 jan. — Mallac, 14, martyrs, paris. passé six dépêches, allons bien. temps bien long. — Reynal. |

Felletin, 28 jan. — Giraud, 52, chabrol. tous affection, tous bonne santé, désirent nouvelles, 15 lettres, tout calme. — Giraud. |

Sables-d'Olonne, 28 jan.— Lecourt, 16, grange batelière. reçu lettre, merci. allons bien, léon avec nous. — Rémery. | Chevalier, 143, valmy. reçois lettre ferté, adèle, enfants, bien portants. pas accouchée. écrivez ici. — Rémery. | Petitdidier. 123, boulevard sébastopol. longuet ici. edmond reçu lettre pépère, parfaite santé. écrivez nouvelles de vous. amédée adolphe famille. — Petitdidier. | Leguillette, 136, rue de belleville. reçu lettre 12 janvier, aussi celles frère, merci, allons bien. très inquiets. écrivez-nous souvent. — Louguet. | Monsieur Chasteau, caissier hôtel-de-ville. toujours tous bien. reçu lettres des 15, 28 janvier. — Lucie Chasteau. | Destable, écuries d'artois, 22. gaston bien portant. neustadt ébers-walde prusse. — Auvynet. |

Le Palais, 28 jan. — Marchal, intendant vincennes. toulon bien. smala aspasie à bordeaux, assez bien. smala strasbourg bien physiquement, froissée moralement. espoir, courage. — Bonnelle. | Jules Schmitz, 14. castiglione. sommes sans nouvelles de toi. écris fréquemment, smala bien portante. es-tu seulement général? amitiés. — Bonnelle. |

Vannes, 28 jan. — Torramorell, 123, lafayette. bien portants, malheureux, alfred rien. écris plus souvent. moi 4 pigeons 5 moulins. manger chocolat confitures. — Torramorell. | Duval, 8, boulevard italiens. pense inquiétude, bombardement, grâce lettre chaque jour. désolée cinq mois. chesnay installés vannes. tous bien. — Duval. | Beaufrère, 14, passage saulnier. sicaud kérolan vannes morbihan. santé parfaite. inquiètes sans nouvelles. dire sicaud habiter blanche. écrire souvent. — Sicaud. |

Hennebont, 29 jan. — Lagillardaie, 8, rue constantinople, paris. lagillardaie, guibert, wallon, puiseux, cousins militaires tous bien. courage, vive affection. six dépêches envoyées. — Lagillardaie. |

Vannes, 29 jan. — Desréaulx, 52, rue de la tour, passy-paris, pas besoin d'argent. nous portons tous trois bien. — Desréaulx. |

Angoulême, 30 jan. — Viviers, 98, grenelle-saint-germain. henri à hambourg bien portant voudrait être échangé. je lui envoie argent écris poste restante angoulême.— Forestier. | Adolphe Mourier, sorbonne. comment allez-vous? puis-je vous être utile? comptez sur mon dévouement.— Adolphe Lefraise. | Mourier, ministère instruction publique. comment allez-vous? puis-je vous être utile? comptez sur mon dévouement. — Adolphe Lefraise. | Buzoni, télégraphe central. bonnes santés. — Buzoni. | Monsieur de Crisenoy, 77, rue lille. sommes à ruelle tous bien portants. reçu bonnes nouvelles fillière et mirville. — Cornélia de Crisenoy. |

Brest, 29 jan. — Rosenwald, 47, rue paris, belleville. recevons vos lettres. sommes tous bonne santé. embrassements de tous. — Lambert. | Lambert, lieutenant-colonel gendarmerie. fort romainville, heureux de te savoir bien portant. sommes tous bonne santé. rien reçu martinique. embrassements de tous. — Lambert. | Sassary, 30, rue saint-lazare. paris. sans lettre depuis 29 novembre. très inquiète, écrivez, tous bien. — Sassary. |

Morlaix, 28 jan. — Moinery, 80, rue rivoli, paris. merci toi henry. tous bien. nouvelles à tous, toi de tous 27 janvier. — Moinery. |

Avranches, 27 jan. — Laguionie, 34, bac. tous bien portants. tranquilles. prévenir durbachidem caisses reçues. rené avec bourbaki bien portant. marie granville. — Laguionie. | Monsieur Hatin, 77, rue neuve petits champs, paris. votre famille bonne santé, petite fille aussi, nous à avranches depuis trois mois. — Pujos. | M. Bonneville, 12, rue miroménil, paris. votre famille très bonne santé. robert, officier ordonnance armée de loire. — Madame Pujos Avranches. | Saint-Germain, 37, bourdonnais, paris. enfants très bien. berthe mieux. attend impatiemment fin. merci pour émile encore autant embrassons tous.— Morin. | Girard, 99, boulevard magenta. laflèche bien. lettre auguste quatorze très bien. envoyez nouvelles gueguen et morin mère. embrassons tous. — Morin. | Vavasseur, 99, boulevard magenta. mathilde, lucien, claire, parfaitement, grandissent beaucoup, pas enrhumées. drouineau partie lizy allait bien. embrassons tous. — Morin. | Albert, 4, marché saint-jean. tous bonne santé. certitude filhon prisonnier coblentz. bonne santé.— Fidès. | Ouwenhuysen, 11, rue joubert. cawston très bon invitée londres, ai refusé, samuel. marie inquiète meubles. — Ouwenhuysen. |

Granville, 27 jan. — Piérard, directeur ouest. trains circulent de cherbourg ici. bretagne depuis mayenne. personnel et matériel vont bien. — Mayer. | Rodrigues, 106, rue amsterdam. tous parfaitement granville. recevons lettres dernière 20 janvier. — Leblond. | Marchand, 29, rue jacques-cœur. santés toujours bonnes. reçu dix mandats, reçu et vendu mille francs. brou champ-pusay intact. — Marchand. | Madame Lévy, 98, rue saint-antoine. très inquiet. pas de nouvelles. écris-moi à granville. — Lévy. | Mademoiselle Lefèvre, 11, rue d'armaillé ternes. sommes inquiètes de vous. écrivez lemoine avec nous. toutes santés bonnes. amitiés. — Marchand. | Mahé chez M. Mercier, 16, rue favart, paris. reçu lettres, répondu, louis madame onfroy morts faire savoir. — Mahé. |

Madame Amy, 12, franklin, passy. charles resté houdan. nous granville. reçu chacun une lettre. répondu. allons bien. — Rocque, Mouchet, Lelouche. | Guiraud, 3. rue fontanes, près musée cluny, paris, reçu lettres. merci. pigeonné souvent. consommez beurre, confitures, vin. — haentjens. | Simonet, 40, madame. smala. carolles. trouville, bien. boulay bien pas envahi. recevons lettres. — Maber. | Quintard, boulevard sébastopol, 113. dire lancelin, duchesne, hélène, rigollet, tous bien. — Baratte. | Denfert, 101, amsterdam. familles jules, loubert, denfert, cousin, santé excellente, paul travaille, jules marche. — Denfert. | Viel, payeur principal, 2e corps, 2e armée vincennes. edmond, officier, joseph, embarqué, paul batna, tous bien.— Viel. | Dereckter, 35, rue doudeauville. santé bonne. tranquille. — Dereckter. |

Niort, 28 jan.— Desbuttes, intendant 2e corps. allons bien tous. alphonse, léon, réunis. théodore blessé bras prisonnier. tendresses. reçois mandats. — Desbuttes. | Brucelle, ministère cultes. reçois mandats. jenny, cécile, bien.— Desbuttes. | Albertini, 83 bis, boulevard malesherbes. famille bonne santé manquant de rien à londres.— Lydie Albertini. | Duvergier, 28, caumartin. toutes connaissances vont bien. louis avec mobilisés à cherbourg. amédée indisposé et raoul bien armée bourbaki.— Arnauldet. | Monsieur Jourdain, 13, rue perdonnet. santé bonne. reçu lettres et mandats. bonnes nouvelles decauville, espoir. — Elisa Jourdain. | Brizard, 15, des batignollaises. moi, enfants, santés bonnes. lettres reçues, achille grenoble. — Pauleska Brizard. | Salle, 20, avenue victoria prends et donne par tous moyens possibles nouvelles jules ducrocq, aide-major vincennes. donner argent. — Ducrocq. |

Magnan frères, négociants literie, 146, bac, paris. dans quelle situation se trouve maison. réponse maire levescault par sauzé-vaussais.— Magnan. | Cordier, boulevard saint-michel, 115. reçu mandat 300. merci. empressement. santés parfaites. léon travaille bien. avons écrit par tous moyens. — Cordier. |

Saint-Maixent, 27 jan.— Sautereau, 14, avenue victoria. allons bien excepté père mort 12 janvier. communiquer albert, tendresses. — Sautereau. |

Bayeux, 21 jan. | Sédillon, 75, boulevard saint-michel. tous, victorine, enfants bonne santé arromanches, désirons prompt retour.—Victorine. | Boutaric, archives nationales, paris. pauline, eudoxie bonne santé. tous thiellement bonne santé.—Eudoxie. | Sédillon. 19, beuret, vaugirard paris. tous bonne santé, pense accoucher vers 15 mars.. Pothé prisonnier mayence.—Laure. Vestier, 31, rue tournon, paris. nouvelles reçues. santés bonnes. Vestier bordeaux.—Duvoyen Arromanches. |

Villers-s.-mer, 21 janvier.— Marbeau, 47, joubert. donnez appartements amis embarassés. tous

Bordeaux. — 3 février 1871.

bien portants. marie, jeanne embrassent. 8 lettres écrivez toujours. — Caroline. | Tribert, 14, rue matignon. donnez en grâce nouvelles au général Riffault, tous très-bien ici.—Dubignon, villers s.-mer. | madame Loustau, 70, rue ponthieu. à lucile dire que nous sommes tous parfaitement. écris donc.—Dubignon, Villers-s.-mer. | Laroque 12, rue de berri. je suis à Villers. ma-laroque et léonie très-bien geney, st-germain, famille gariel bien.— Garnuchon. | Gosse, 4, rue fauvet batignolles. tendres embrassements des exilées.—Plainchamp. |

Villers-s.-mer. 21 jan.— Plainchamp, 35, boulevard strasbourg. bonne santé chagrin anxiété déchirement du cœur tendres embrassements. enfants travaillent. reçu argent photographies.—Plainchamp. | Deslandes, 15, ferme des mathurins. quatrième, employé tous moyens, santé bonne. bien inquiets vous, abbé metz, nouvelles auguste. — Deslandes. | Dourlet, 248, rue saint-martin, merci lettre et pensées affectueuses, ennui profond d'absence. — Plainchamp. | Jarry, 13, avenue clichy-batignolles, merci lettre souvenir affectueux, pensons Frédéric. — Plainchamp. |

Lisieux, 21 jan. —monsieur Boisbluche, 27, rue d'aboukir. lettres reçues. tous bien portants. chrétien Elm, pas vu prussiens. écris toutes voies —J. Marais. |

Honfleur, 21 jan.—Griffon, 48, Julien Lacroix. une fille toutes deux bien, recevons lettres. — Griffon. | Lalanne, 36, rue des écoles. dernières nouvelles dulong déc. vous fin novembre. allons bien, réfugiez-vous 24, rue matignon.—Arnoux. | Georges Marchand, 3, Saussaies. vais bien reçois nouvelles Vasouy.—Marchand. |

Dozulé, 21 jan. — Daujoy, 128, saint-lazare. bonnes nouvelles, antonia mère, édouard encore tlemcen. reçu vos lettres 8 et 13, restons blouville, écrivez.—Tettier. |

Falaise, 21 jan —Bazire, 74, rue sedaine, 11e arrondissement. touchez chez lentaigne notaire, 400 francs.—C. Bazire. |

Condé-s.-Noireau, 21 jan.—Lambert, 74, boulevard grenelle, chez bourdaleix, inquiète réponse suite.—Lambert. |

La Délivrande, 21 jan. — Mercier, 19, rue madame. allons bien. inquiets de vous, écrivez de suite.—Chauvet. |

Cabourg, 21 jan. — Picquefeu, 13, chaptal. approuvé tout, tous bien.—Sergent. |

Saint-Aubin, 21 jan.—mademoiselle Fumey, 2, rue daudancourt, batignolles. santés bonnes, demander 100 francs à Hamel, je rendrai à st-aubin —Fumez. | messieurs Louvet, huissier Delafosse, 92, rue richelieu. paris. familles louvet delafosse à st-aubin, vont bien. Noémi marche seule. — Plessis. |

Dives, 21 jan.—Cabourg, Robin, 43, rue seine. famille, amis tous bien portants. Charles Guyot en traitement pont-à-mousson, écrivez plus souvent.— Lanoë. |

Caen, 21 jan.—Desprez, 6, place bourse. tous parfaitement bien à Caen à la date du 21 jan. resterons quand même.— Desprez. |

Saint-Chamond, 23 jan.—Marilier, 4, chaligny. sommes st-chamond, portons bien temps dure. nouvelles pays bonnes. réponse.—Marilier. |

St-Etienne, 29 jan. — Moch, 11, rue française. nous ne manquons de rien, grand père est là tous en bonne santé.—Aasie Ersigen. | Bernheim, 146, rue montmartre. reçu lettre cremnitz. lui écrit. doit me donner marchandise nécessaire. henri alger.—Gaisman. |

Lyon, 29 jan. — Girard, 21, bons-enfants. famille à lyon, bien portante, envoyé 8 dépêches, 26 jan.—Girard. | Chas-Fournier, 5, place victoires. vente deux cents mille londres reprend, dames Chas lyon bien. mère, ernest bien.—Chaumartin. | Radou, 10, aboukir, recevons lettres 19, 21, sommes tous bien, commissions liquidées, maison londres marche, inventaire fait.—Mégroz. | Galin, 18, rue saint-marc. st-gervais parfaitement, 15 exilés, revons vos lettres. — Lucie. | Bonnel, 21, cherche-midi. tous lyon, dijon, bruxelles, montluçon. marseille allons bien. vu hector, reçu lettres janvier, berthe devrait sevrer.—Antonin. |

Wies, maréchal-logis, pontonniers mobiles rhône, rue courcelles. santé bonne, argent dans ceinture cas prisonnier. détails sur ta vie.—Wies. | Nettre, 73, rue lafayette. allons tous très-bien. lucie à merveille, 6 dents. bien mutine. nourrice et célestine bien portantes.—Céline. |

Savenay, 29 jan. — Bapst, 20, choiseul. toutes bien portantes, hippolyte cassel bonne santé reçu lettres 15 et 16.—Bapst. | Duchanoy, 94, victoire. reçu lettre du 16. hippolyte cassel. cousine prenne appartement, bonnes santés. — Caroline Duchanoy. |

Bain-de-bretagne, 23 jan.—Bertrand, 82, rivoli. Alexandre ici, lucie léon, berthe, familles rhoné, brault, Forestier, lévy, sarchi, halévy, guérin, rodrigues, péreire bien.—Bertrand. |

Aurillac, 28 jan. — Pierret, 72, d'amsterdam. tous bien portants. émile travaille latin. recevons lettres, feron bien —Eugénie. |

Pau, 30 jan. — Mitjans, 12, rue l'élysée, paris. enfants parfaitement, ils te conjurent sortir de paris. vous supplions venir pendant armistice. — Ricra. |

Bayonne, 30 jan.— Rumfort, 96, rue grenelle-saint-germain. lettres reçues tous bien. | Langaleric. |

Oloron, 29 jan. — Lapagesse, 20 belzunce. auguste exempt. tous bien, famille Rocalt et coulon aussi reçu lettre 16. embrasse. — Octavie Lapagesse. |

La Jonchère, 30 jan.—M. Rouart, 82, boulevard beaumarchais. Familles Rouart, Mignon vont très bien.—H. Rouart. |

Bénévent-l'abbaye, 28 jan. — Christoï, 8, rue richepance. lettres reçues, jean superbe. tous bien portants.—Christoï. |

Clérot, 27 jan. — Beaugé, 24, avenue victoria. chers enfants, porte bien, prussiens tours pas peur besoin de rien. — Beaugé, porte bœuf rochelle. |

Troyes, 25 jan. — Casimir Perrier, 76, galilée. 24 jan. tous bien, lorrez aussi. rien passé ici. paie contributions année. reçu 16 lettres. —Casimir. | M. Georges Dupurey, 10, rue houdon, paris-montmartre. tous bonne santé, lettres reçues. — Dupurey. | M. Anatole Jautrut, 20, rue vintimille, paris. troyes, écris-moi.—Félicité Joutrut. |

St-Valery, 21 Janv.—Hardy, avenue clichy, 15. reçu lettre janvier. nous et amis portons bien. voyez alfred, soignez-vous, demandez loyers madeleine. — Deboville. | Pascal-Grenier, st-lazare 5. portons bien, tous recevons de vos lettres. envoyer rue du petit-lion. st-valery, 21 janvier. — Jaunon. |

Trouville, 21 Jan.— Donon, 42, avenue Gabriel, reçu lettre du 12. pas de prussiens ici ni honfleur. donné benjamin 600 fr. — Heloin. | m. Paillard devilleneuve, rue louvois 4. sommes toujours trouville tranquilles. recevons vos lettres, inquiets de vous, écrivez chaque jour.—Duverdy. | Bacourt passage laférière, 3. le ton de vos lettres est changé, suis-je déjà oubliée, bien malheureuse alors.—Marie Bacourt. | Delamare 21 cambacérès. donnez nouvelles vous. louis appartement. merci. Huet libourne, tous bien, affection sympathie. — Fraville. | Tellier, 11, écuries d'artois, reçu lettre du 12 janv. ouvre caves, armoire salle manger prends tout, écris nouvelles nos appartements.— Vernois. | Duseuil 136 faubourg st-honoré. fraville martineau, doazan, duseuil. bouillé parfaitement, merci lettres abbé, prières affection écrivez. villers 22 jan. — Fraville martineau. | Chardon, 52, rue de courcelles, votre femme bien pas malheur. trois enfants bien toujours destamps ici. — Descroix deauville, 21 jan. | Guyon 11 bis, rue boulogne, paris. suis inquiet. pas reçu lettre écrivez détails sur mes fils. — Bertin. |

Trouville, 21 janv. — Arnaud, 39, échiquier. famille brusch bonne santé. alphonse, tous bien. depuis 3 décembre sans lettre. inquiète. écris chaque ballon. — Scheffer. |

Bayeux, 21 janv. — Level, 62, condorcet. bonnes nouvelles martinique, rome, versailles, dreux, bien tous. andré leçons, jacques marche.—Level. | Mouillet, 348, rue st-honoré. mortent et moi recevons vos lettres, reçu argent londres, tous bonne santé, écris souvent. — Mouillet. | Mack, 7, rue pont-neuf. donnez nouvelles de tous, parents, amis, que ma sœur écrive, madame Robin bien portants.— Mortent. | Président Bonjean, 2, tournon. reçois ta bienheureuse lettre datée 14. ici tout va parfaitement, espoir, courage. — Bonjean. | Ferret, rue trévise, 44. très-inquiet, nouvelles dessommes, lettres arrivent.— Richard. | Givry, grande rue, 44, passy-paris portons bien, recevons lettre. écrivez henriette pas mieux. — Givry. — Thiellement, 16, du sommerard. arromanches tous bonne santé. boutaric, delacourt, pressard geirager. georges bonne santé.—Thiellement. | Badié, 37, sainte-croix-bretonnerie. allons bien. écris nous. — Badié. |

Cosne, le 31 jan. — Achet, rue st-honoré, 54. donne nouvelle. — Achet. |

Nevers, le 1er février. — Guedeille rosiers, 27, marais. portons bien, nouvelles immédiates. — Ducognon. | Piot bondy, 32. reçu nouvelles, porte bien. — Piot. | Pichard, st-sauveur, 14. nous portons bien, reçu nouvelles rougnon.—Coinon. | perrin, rue marseille, 40, villette. demander nouvelles porte bien. — Yvonnet. | Parzon, grammont 15, portons bien. inquiets. réponse par ballon. — Mercier. | Fontenelles auguste, mobile, seine-et-marne. portons bien, écris-nous. — Fontenelles. | Lecarlée charlot, 33. allons bien. — Lecarlée. | Chevalier faubourg montmartre, 9. portons bien. réponse.—Mussot. | Boler, turenne, 58, donnez nouvelles.—Cendrier. | Pillard, simon-le-franc, 14. donnez nouvelles chalmandrier, connaissances. allons bien. — Chalmandrier. | Decouzt montyon, 11, nous bien pas souffert réponse, jules demeure chemin vert, 40. — Cornebois Moreau. | Thuilliergay-lussac, 5, donnez nouvelles. — femme Denis. | Bois, avenue roquette, 16. famille bonne santé. — Bourlier. | Triolet, gambey 16. familles porte bien. — Morel. | Ménager chemin-vert, 131. suis à nevers, retourne à nangis seine-et-marne. écris moi. — Belhomme. | Baulant, stéphenson, 23. donne nouvelles Louis ernest. — Marie Chopinot. |

Ferney, 30 jan. — Gaston thiellement 20e bataillon, 1re compagnie de marche. famille bien portante, mère accacias, commune de carouge. genève suisse. — Thiellement. | m. Dumont pour georges cité montmartre, 55. tous bien portants, reçois tes lettres. tante genève. — Fleuret. | m. Laurence, 22, rue des poissonniers st-denis. toutes bien portantes, écris vite accacias commune de carouge, genève suisse. — Laurence. |

Saumur, 1er février. — Marini, avenue mac-mahon, 5. très-inquiets sur toi, écris-nous au plus tôt. — Louise. |

Rennes, 1er février. — Lecreux, rue faisanderie, 8, laure jersey thérèse très-malade. — langlois. | Courtillon mobile ille-et-vilaine suresne, reçu toutes lettres, allons tous bien. — Courtillon. |

Auray, 30 janvier. — Pichon, louvain 20, ternes paris. auray 8, santé parfaite. — Pichon. |

Hennebont, 1er février. — Gillet, 29, rue pont-neuf, paris. alfred très-bien avec godbert selles sur cher santés parfaites marie bien, envoie mandats. — Gillet |

Morlaix, 31 jan. — Poulain, 49, st-maur popincourt, granville réuni à morlaix. drouet toujours chartres. santés parfaites, donnez détails, familles jacquelin, audouard heu, amis.—Moriot. | Miquet, grenelle st-germain, 3, pour laurent. tous parfaitement, joseph borda argent à vous en voulez-vous? venez tous si possible. — Lebozec. |

Dieppe, 26 jan. — Budoux, 50, rue croix petits champs. ninnin et moi allons bien, établissements sedan et carignan sont debout affaires nulles. — Bertoche. |

Bastia, 29 jan. — Farinole richelieu 43, famille farinole, pomonti. tommasi, parfaitement. — Farinole. |

Vichy, 30 janv. — Féréol, pont-neuf, 21. tous très-bien portants benjamin suppléant marseille, moi orléans mais inabordable donne renseignements sur retour. — Brissaud. |

Tréport, 27 janv — Gagneau, 115, lafayette. faites ouvrir chez nous, transportez caisses chez vous, réponse, bonnes santés reçu lettre dernière. — Gagneau. | Courtois, 1, nollet, très-bien portante, barnichon également. toux complétement passée aucune indisposition habituelle. reçu cinq cents nouvellement. — Courtois. | Paul fleuret, 52, quai billy. tréport, reçois lettres, excellente santé. — Léopoldine Fleuret. | Bell, 4, treillard. reçu lettre du 16, la 5e. tous bien, écrivez. — Desgrange. | madame Dupin, 11, monthabor. laure raoul, bien petites réquisition, lucienne bien.—Cabanon. | Cabanon, 21, odéon. tous trois parents normandie bien. reçu lettres jusque 20. cependant toujours inquiets. — Zima. | madame Delallée, 41, faubourg st-martin. toujours ici bien portants attendons nouvelles. — Berrurie. |

Apt, 1er fév. — Serveille, place scipion, 13. paris. santés excellentes, très-inquiètes, attendons nouvelles de vous. envoie encore argent.— Blanche Serveille. |

Tréport, 26 jan. — Jenny, employé administration des postes, rue jean-jacques-rousseau, paris. portons tous bien, donnez des nouvelles de vous tous très-inquiets. — Brasseur. | Paul fleuret, 52, quai billy, toujours au tréport, excellente santé. — Léopoldine fleuret. | m. Dugied, 110, place lafayette. tréport enfants, moi bonne santé. — Dugied. | m. Marret pour calmus vivienne, 16. tréport, rennes tous bien. — Calmus. | Bell, 4 treilhard. inquiets, écrivez, forcez cave. — Desgranges. | Liébré, 9, rue libert, portons tous bien. st-denis, courtenay, sormery aussi recevons toutes lettres, jamais d'henri. vaccinées. — Liébré. | Roy, 18, boulevard voltaire, 3e dépêche. demeure tréport maison leprêtre, toujours bien portante. reçois tes lettres, écris souvent. — Laure Roy. | Edouard smith, avenue champs-élysées, 122. 11e dépêche. pas reçu lettres depuis 2 novembre. chagrin inquiétude. écrivez chaque jour tréport. — De la Blanchètre. | Planton, 14, ferme des mathurins. bonne santé, très-inquiet, écris. — Planton. |

D'Abbeville, 30 Jan. — Louis Métairie, rue matignon, 6. paris. venez st-valery pour long voyage télégraphies crotoy ou envoyer fonds.—Robert. | Couvreur, rue du dragon, 3, paris. maman gravement malade. — Couvreur. |

Nantes, 31 Jan. — Maugras lieutenant bataillon pellau, mont valérien, famille bien recevons lettres t'écrivons souvent, t'aimons bien pensons à toi. — Maugrat. | Ferdinand chez allard, 12, place de la bourse. tous bien portants. | Eugénie sée, banquiers, rue bleue, 17, paris. envoyez-moi cent mille fr. par peytel ou par un bon de banque. — Briau. | Fleuret cartoucherie quai billy. léopoldine trépont bien portante possède argent nécessaire nous tous idem établis et reçois notes honoraires. — Fleuret. | Sellier artilleur mobiles nantais, villette famille bien normandie berthe bien reçu lettres. Juin. |

Pornic, 31 Jan. — Melleris, quai voltaire 25, bonnes nouvelles de craveggia du 20 Janvier santés toutes excellentes. — Isabelle. | Thomas petit pont 16. santé albert professeur travaille, source couleurs, prudence d'émettre. — Marie. |

Nantes, 2 fév. — m. Alfred audouin, 5, rue papillon. audouin cadou bonne santé jeanne demande lettre de père et frère. — Jeanne Audouin. |

Fougères, 30 Jan. — Lefévre, 10, sentier, paris. fourniture tente terminée livré 500,000 mètres coton touché 700,000 fr. danset leharivel consultés. — Lacelot. |

Cannes, 31 jan. — Jouve, boulevart temple, 11. santé bonne. venez aussitôt que vous le pourrez. nous vous attendons avec impatience, amenez marie. — Jouve. |

Mayenne, 28 jan.—Legendre, 17, lancry, paris. reçu lettres neuf, dix. allons bien tous angoulême aussi germain mieux enlevez bronzes, tableaux, portraits. — Faucon. | Girod, rue chateaudun, 9, paris. tous bien courage au revoir.— Porteu. |

La Chapelle.— Joly, rue charles 51. Mailly reçu ta lettre. portons bien. — Mailly. |

---

130. Pour copie conforme :

l'Inspecteur,

Bordeaux. — 3 février 1871.

Roanne, 29 jan. — Pomey, 20, boulevard saint-marcel. coteau, 29 jan. santés bonnes, que fais-tu? donne détails. étienne est externe au collége. — Louise. |

Angers, 23 janv. — Billon, 9, palestro. 4e dépêche, lettres, mandats, reçus, argent superflu, excellente. — Billon. | Machefer, magenta, 105. charles intact, batailles sarthe, bataillon réformé. — Alexandre. | Boutillier, 60, avenue napoléon. jules vivait 31 octobre, nous poursuivons nos investigations. — Freppel. | Devaux, 68, beaumarchais, courage et merci. — Morel. |

Cholet, 27 jan. — Delaunay, 5, boulevard st-denis. bien portants, pas nouvelles depuis 8 janvier. écrire plus souvent donner détails sur vie. — Ripoche. |

Creusot, 29 janvier. — Blachon, 42, boulevard temple, paris. portons bien, fort inquiets, écris. — Blachon. |

Saint-Servan, 29 janv. — Dheory, 61, dareau. tous bien. — Dhenry. |

Fécamp, 26 jan. — Ferry, 22, rue neuve. bossuet. sommes très inquiets, écris-nous. — Tiburce. |

Saint-Gervais, 28 janv. — Géniés-Pottier, 27, taitbout. vais bien, reste saint-gervais, reçois lettres, désire nouvelles de père, amitiés pour tous. — Héloïse. |

Guingamp, 27 janv. — M. Jégou, rue cherche-midi, 138. douzième dépêche envoyée, inquiète, n'a rien reçu depuis le 10 janvier. écris. — Virginie Jégou. |

Tréguier, 27 jan. — Demarquet, 43 rue temple, paris. mère jamais voulu venir ici, bien, fin décembre. — Mineur. |

Royan, 30 jan. — Maurice, 162, rue saint-maur, paris. demandez argent à léon, trévise, 47. allez voir notre appartement, écrivez-nous. — Ulysse. |

Saintes, 30 janv. — Mars, 38, rue labruyère, paris. reçu vos lettres. tous bien portants, famille malus, aussi raoul, reuburg. — Henriot. | Paulo, 1, boulevard italiens. lettres, 21, 23, détails paris. portons bien, intérêts gardés, céline, cette. pour bébé. — Magué. |

Saint-Pierre-d'Oléron, 30 janvier. — monsieur Finet, 6, rue savoie, paris. bien portants. madame normand aussi. recevons lettres. — Marie. | docteur Fraigniaud, 10, rue saint-martin, paris. bien portants, blanche aussi, recevons lettres. — Adèle. | Turpin de Sansay, rue saint-andré des arts, 45, paris. donne nouvelles. — Blanche. |

Arras, 25 janv. — Personne, rue de la poterie des halles, 2, paris. famille bonne santé. édouard armée loire. — Personne. |

Boulogne-sur-mer, 26 janv. — Masson, 7, rue grand chantier. santé bonne, marie cury, aussi. sommes tristes, inquiets. attendons nouvelles par vous. — Masson, Brunessaux, Pernin. | M. Larribe, 23, rue saint-lazare. allons bien, sommes à bruxelles. écris-moi. — Ducamp. | Achard, 12, luxembourg. tous bien, mère voir henriette raisonnable pour vingt quatre heures. troisième dépêche. — Voigné. | Rolland, 217, faubourg st-martin. nouvelles récentes, septeuil, berchères, lille, belgique, bonne santé. legrand, dame lorette, 49, écrire buisson. — Hervy. |

Belloir, boulevard montparnasse, 82, paris. reçu les lettres, content bonne santé. écrire à ouanne. surpris virgile, quitté maison. — Belloir. | Poirier, rue de rivoli, 230, paris. reçu lettres, content. santé bonne. tourmenté. — Belloir. |

Saint-Malo, 29 jan. — Alexandre, 39, aboukir. santés parfaites. reçois lettres, adresse saint-malo, bureau restant. si besoin jersey. — Alexandre. | Voison, 15, place vendôme. toutes familles très bien portantes. — B. Voison. | Vidal, 42, rue butte chaumont, paris. reçu votre lettre, celle rivièr, famille prieur, caen, se porte bien, écrivez saint-malo. — Vidal. | Bouland, 9, clauzel. saint-malo, amiens, volvie, louise bien. provisions armoire salon. dire dervillez, donner macfarlane, alexandre. — Duclos. | Froideval, cléry, 17. horéfourchon, duclos. marie, daugué, rouvillois, chesnol, parfaitement. soignez paul, écris. — Fourchon. | Mazure, sergent-fourrier, mobiles st-malo, 5e bataillon, 6e compagnie. nous tous bien. commerce bien. reçu vingt-sept lettres toi. — Mazure. |

Jonzac, 28 jan. — Gustave Desjeux, capitaine, 1er bataillon, 1re compagnie indre. caserne napoléon. partout bien portants, inquiets, écrire par tous moyens. — Desjeux. |

Rochefort, 29 janv. — Monsnereau, mazarine, 54. sixième dépêche. reçu lettres, jusque vingt, grande inquiétude, soyez prudent, déménagez ici calme règne, santé bonne. — Masseau. | Mallat, rue vaugirard, 395. apprenons armistice, attendons impatiemment de tes nouvelles, ici tous bien. — Edmond. | Sonolet, rue marseille, 5, place château-d'eau, apprenons armistice, attendons impatiemment de tes nouvelles. ici tous bien. — Edmond. |

La Rochelle, 30 jan. — Nicquevert, 118, rivoli. amnistie, restons la rochelle. — Laurence. | Nicquevert, 118, rivoli. quittons la rochelle pour bayonne. — Laurence. | Bayot, cardinal lemoine, 10, paris. troisième dépêche, tous bien, écris souvent. six lettres reçues, lettres renaud ferté, il va bien. — Bayot |

Jacquesson, rue d'hauteville, 43. première gares rochelle, nantes, mans, angers, sont en dépôt neuf cent trente mille kilos. — Personnat. | Jacquesson, rue d'hauteville, 49. deuxième. neuf cent trente mille kilos, venez vous entendre pour réglement des frais. — Personnat. |

Royan, 28 jan. — Cuny, saint-lazare, 115. cinquième dépêche. tous bien portants, royan et vic. adrien prisonnier coblentz. reçu onze lettres écrivez souvent. — Cuny. | Berge, faubourg saint-honoré, 240. toute famille bien portante, royan. lorris, trouville. reçu et renvoyons souhaits bonne année, prompte délivrance. — Léontine. |

Saintes, 28 janv. — Descoutures Friedland, 6, paris. paul, préviendra haas, sa mère morte. scellés. congé. conseils, argent à cuisinière. laurence bien pau. — Carrère. | M. Guilloton, 11, rue de rome, paris. Marie, rétablie, toutes bien portantes. reçu 1,200 francs. amitiés. — C. Guilloton. |

Saintes, 28 janv. — Commandant de Poul, 14, dragons, paris courbevoie. rien lettre du 21. aujourd'hui allons tous bien, bonnes nouvelles compiègne. — Albertine |

Saintes, 29 jan. — Barbier, 3, louis-le-Grand. venus saintes, hôtel messageries. sans nouvelles depuis bombardement. écrivez. henri paresseux. allons tous bien, mille tendresses. — Léonie. | Aillerct, 38, rue vert bois, paris. rudeau, lavoisy, ailleret, schneider, vont bien. rudeau demande nouvelles frère, famille braquebœuf, manche. — Noémi Lestrille. |

Marans, 29 jan. — Henri Bonneau, officier génie, paris. toujours tous bien, henri collége poitiers. ernest, marans, professeur, paul, patience, espérance. — Clémentine, Ernest, Bonneau. |

Saujon, 29 janv. — Bailleau, rue saint-denis, 319, paris. enfants très bien. lyon cinq cents. louis lieutenant, bien portant, reçu tes lettres. — Dam. |

Saint-Georges-de-didonne, 28 janv. Jonain, 8, chaume. bonne santé tous, recevons lettres. — Jonain, Lefèvre, Barrat. |

Saint-martin-de-ré, 28 janv. — Delbart, rue cabanis, 1. tous bonne santé, édouard prisonnier dantzig. — Delbart |

Bayonne, 28 janv. — madame Richard, bérenger, 2, beaune. toujours bonnes nouvelles de mens et de londres. — Nogaret. | Dindaburc, 4, richer. maman, marie, bien, comme coutume. clément, angleterre, depuis deux mois. fera retour semaine prochaine. continue écrire. — Roché. |

Biarritz, 28 jan. — Decourbes, 2, christine. allons toutes bien, écris par tous les ballons, reçois toutes lettres, bébé, belle, forte, embrassons tendrement. — Decourbes. | Delaroche 22, bertrand necker, à biarritz, chez cousine decourbes. tous bonne santé, tourmentée écrivez de suite. — Villain. |

Pau, 28 jan. — Montcavrel, 12, avenue parmentier. santés bonnes, rien alexandre, recevons, écrivez. — Montcavrel. | madame Raussain, 8, avenue des ternes, paris. tous en bonne santé, sans lettres de vous depuis un mois, édouard bien. — Waudreck. | Trousselle, 25, boulevard bonne-nouvelle. tous, parfaite santé. vic. pierrefonds aussi, professeur, trouve olivier extrêmement intelligent, très appliqué, embrassements. — Marie Trousselle. | Franqueville, capitaine, 50e régiment marche mobile, 5e bataillon, lettres reçues. allons bien hommes et propriétés ici et normandie où peux écrire. — Franqueville. | Auger, 10, tilsitt. reçu lettres, bonne santé générale, restons à pau. argent suffisant, espérons réunion prochaine, tendresses toi. gustave. — Roy. | Simonard, rue bleue, 1 bis. familles legrand, guy, bautaa, très bien. recevons vos lettres. — Legrand. |

Pau. 28 janv. — Pector, 9, d'Albe. tous santés parfaites. roy, berger, gustave aussi. enfants grandissent, gentils, travaillent, recevons presque toutes vos lettres. — Tarault. | Touré, 13, lafitte. pierre bonne santé, sciatique mieux. il peut se promener nous le garderons ici, jusque fin mars. — Tarault. | Dugied, rue saint-lazare, 101, paris. sans nouvelles, très inquiets. écrivez poste restante. famille bornier auguste, parfaite santé. — Arnaud. | Lastremau, argout, 63. vais bien, écris souvent, reçois vos lettres. adolphe, fernand, bruxelles, parfaitement. — Gratry. | Docteur Richet, boulevard haussmann, 21. parents, amis, toutes, santés bonnes. enfants, léopold, voirin, caillaux, aussi. recevons fréquentes lettres, tendresses. — Eugénie. | Fisch, 28, sébastopol. reçu lettre edmond. écrit 4 de tours, oncle presseuse mort pneumonie. francis présent. laissé mathilde, 13. — Meyrueis. | Levray, 8, des billets. reçu lettres. recherchez hollard, démonter moteur mécanique et mettre en cave, saint-michel, avec comptabilités, écrivez. — Meyrueis. | Poirson, boulevard strasbourg, 35. reçu lettre 13. confirme lettres, dépêches, décembre, attendons détails, père, auguste, hamel. écrire souvent. — Eugène. | M. Drouot, 3, rue auber, paris. inquiétude, pas nouvelles depuis 26 décembre. mille amitiés. — Léonie Drouot, hôtel henri IV. | Darlu, 86, haussmann. saugeon, faillite. écrivez mérillo, remettre argent. henri bien, congé pau un mois. — Stevenin. |

Bonnet, 57, boulevard haussmann. bretagne menacée, allons bien, suis pau, 4, rue montpensier. reçu lettre du 14, paul lycée. — Céline. | Guilhiermoz, 9, boissy d'anglas. bonne santé tous petits enfants, briquet, bien portants, mais sans argent, prévenir. — Guilhiermoz. | Guilhiermoz, 9, boissy-d'anglas. familles guilhiermoz, azevedo, vatin, péreire, bonnes santés, recevons lettres fréquemment, reçu crédit devaux o'quin. — Guilhiermoz. | Saint Joseph, 25, françois Ier. allons bien, alain aussi, reçois toutes vos lettres, tendresses vous et léonor. — Jeanne. | Villeplaine, 5, rue luxembourg. allons tous bien, maurice revenu, alexandrine bien. — Henry. | Cointet, 59, boulevard strasbourg. reçu lettre du 15. isaure, pau. enfants, marie, enfants, mère, rouen. père, jum, bien portants. — Isaure. | Poulain, 28, place saint-georges. tous en bonne santé, pau. chassagne, cannes. — Poullain. | M. Eparvier, 56, rue des tournelles. allons bien. jeanne avec nous. recevons toutes tes lettres, guillaume va bien, t'embrassons. — Eparvier. | Vacher, chirurgien-major, boulevard magenta, 179, paris. ta femme, enfants, famille, très bonne santé, courage. — Vacher. |

Bayonne, 29 jan. — Chevalier Rodrigues, 106, richelieu. reçois lettre triste 21, espérance, courage, familles bayonne, étretat. bien. betty envoie love, mille baisers. — Arthur. | Larroze, 259, saint-martin. septième, pigeon. lettres reçues. vous voudrions ici. partageons souffrances. lagrange décédé, innoccupés, sommes bien, maneut, montauban. — Artéon. |

Biarritz, 29 jan. — Moreau, boulevard prince-eugène, 131. écrivez louise, villa constance. — Renkly. |

Pau, 29 jan. — Charlot, boulevard sébastopol, 31. tous bonnes santés. bon travail, temps froid, grande inquiétude sur vous. — Rousseau. | Plisson, 36, rue arcade, paris bonnes santés grands petits. pau, trouville, mans, laval, libourne, dieppe, anvers, tournay, saint-quentin. — Plisson. | Plisson, 36, rue arcade, paris. attendons toujours petite marie, pierre, angine guérie, congé. tournay, dubourjal, convalescent, rehlingen, près saarlouis. — Plisson. | Joubert, balzac, 23. paris. portons tous bien, enrageons d'être loin, reçu cinquante lettres, le quinet, vitel coquelin. — Clémence. | Dernis, 72, hauteville. tous bien portants, pau. boulogne, vives inquiétudes, écrire chaque jour. donner nouvelles familles taveau, boisseau, roche. — Dernis. | Béhier, 245, rue st-honoré. tous bien, mais inquiets, pourquoi aucune lettre de toi depuis trois mois. — Madeleine. | Greslaud. place d'aligre. tous bien portants. bébé superbe, dis papa, maman, établissements intacts. communications fermées à étampes, bien portants. — Greslaud. |

Baudin, saint-lazare, 86. charles parti constantinople, je reste, tous bien, pau et wargemont, georges et eugène, armée est. — Henriette. | Mallet, rue berlin, 8. recevons vos lettres, bonnes nouvelles, eugène. tous bien, pau. tours, genève, versailles, petites, bon état. — Revau. |

Sauveterre, 29 janv. — Comte Pilletwell, rue moncey. très inquiets pour vous, votre famille, demandons par ballon nouvelles, prions joseph, voir notre appartement. — Lateulade. |

Autun, 27 jan. — Monard, capitaine, 4e bataillon, mobiles côte-d'or. pas envahis, tous bien. jules 7 janvier, bien. armée loué chanzy. — Monard. |

Autun, 29 jan. — Chevalier-Cort, 87, rue glacière. reçu toutes lettres envoyées, portons tous bien, écris souvent. — Chevalier-Cort. |

Marcigny, 29 jan. — Lamy, capitaine-mobile, 2e bataillon, 7e compagnie, cachan (seine). anzy, ferrière, bonne santé, lettres reçues, pas envahis, françois ici, parents mobiles vont bien. — Lamy. |

Monteeau-les-mines, 29 jan. — Chagot, rue st-dominique, 56. reçois tes lettres des 14 et 17. sans nouvelles de haute-marne. tous autres bien portants. — Chagot. |

Senuecey, 26 jan. — Chevalier, vinaigrier, 55. oui, non. — Chardigny. |

Bordeaux, 1er fév. — Tugot, 62, rivoli. tous parfaite santé. reçu lettres noël, mettre meubles chambres, salle, dans couloir antichambre. écrivez journellement. envoyez-moi formules vin élixir, formule barthélemy, grossin, abrégés, ai écrit lettres pelure, informez desnoix, ernest. — Hottot. | docteur bérenger, val de grâce. prête à partir, commandant ferand bien portant. — Bérenger. | Dollot, boulevard magenta, 138. allons bien. attendons d'espagne, andré, thérésite. bonnes nouvelles. tout chalon, embrassons. — Emile. | Poinsot, hauteville, 47. santés parfaites, tournay, belgique, 30. desmaux, découragez pas. — Blanche. | Madame Gérard, 4, abattucci. lucien prisonnier, stralsund, poméranie, bien portant, possède argent, correspond narbonne, moi aussi, écrivez souvent. — Gérard. |

Nogent-sur-seine, 20 janv. — Vignole, lieutenant, 1er bataillon, mobiles de l'aube. réunis bien portants, maison épargnée, lettres reçues, écrire. — Vignolo. |

Chinon, 30 janvier. — Moréno, quai louvre, 10, paris. reçu lettres, sommes à chinon, henri au lycée. pas de ses nouvelles, ville occupée. — Anna. |

Cholet, 31 jan. — Fourchy, quai malaquais, 5, avons quitté saint nazaire, pour gautriche. tous bien. espoir à bientôt, millions tendresses. — Marie. |

La Mothe-saint-hézaye, 28 janvier. — monsieur Bonneau, *opinion nationale*, coq-héron, paris. bonne santé. — Héloïse Bonneau. |

La Trimouille, 30 janvier. — Ducondray, aide-major, vincennes, paris. reçu lettres, famille bonne santé. — Robin. |

Magnac-Laval, 31 jan. — Monsieur Gauvinière, rue d'hauteville, 7. nos deux familles vont bien. bébé profite. mille amitiés, toujours à magnac. — Théobald. |

Meximieux, 30 jan. — Orcel. rue du banquier, 35, paris. fils prisonnier coblentz, porte bien. familles béraud, janin, autres, bien. — Orcel |

Mostaganem, 26 jan. — Charrier, avenue clichy, 171. donnez nouvelles de tous par ballon, même adresse. santé bonne. — Bienfait. |

Dover, 26 janv. — monsieur Lillie, 41, rue de l'échiquier, paris. cher ami, nous espérons vous voir bientôt. tous bien ici, mille amitiés. écrivez par ballon, vos lettres reçues. — N. C. |

Dinard, 28 janv. — Geffroy Abel, sous-lieutenant, 2e brigade, 3e division, 3e armée, mobiles bretons. henri, nous, tous bien, gautier, herpin, loué. — Geffroy. |

Bordeaux. — 3 'vrier 1871.

Pont-château, 31 janvier. Madame Say, place vendôme. reconnaissance, remerciements, ici. jeanne bien, nouvelles à l ovic. — Villesboisnet. |

Villeneuve-la-Guyard, 29 n. — M. Georges de paris, 23, rue de varennes p i-. de tes nouvelles. je vais bien. très tourmenté — Gratien. |

Saint-Renan, 1er fév. — uthemoud, prêtres saint-germain-auxerrois, 1 paris. olivier, mort, chûte voiture, veille dépar héatre guerre. reçu journaux, une lettre, écriv nouvelles keuvéaloac. — Russel. |

Alençon, 25 jan. — Cab t, rue flandre, 45, villette. famille bien. pas nouvelles de vous depuis 12 novembre. — Ca et. | Chandon, 85, richelieu. alençon, tous bie portants. charolles aussi. reçu lettres, baisers. Chandon. |

Serbonnes, 29 janv. — .aglier, blancs-manteaux, 31. allons bien, donn nouvelles brûlon immédiatement. — Sanglier | Chambolle, rue de savoie, 21. santé bonne. répse immédiatement. — R. Lefrùve. |

L'isle-s.-serein, 24 janv. 4 M. Matussière, rue turin, 21, paris. portons bie sommes tranquilles, recevons tes lettres. — Matussière. | M. Amiat, passage tivoli, 10, pris. portons bien, sommes tranquilles, recevns vos lettres. — Lucie Barbette. |

Dieppe, 29 jan. — Docteusaint-Laurent, ambulance du trocadéro. Louis retournée à Acy, moi à coulommiers, tous en portants, désire nouvelles de tous. — Hey. | Laffite, place bourse, 8. comptez encore inq cents francs à brière, castellane, 15. dites ortons bien. rouen toujours investi. — Brière. | tar, 5, rouzemont. tous bien portants, btr, nane reims, aussi. par gaston nouvelles de vous. rivez par *International*, journal. — Carrance. | ignan, vaugirard, 279. très inquiète pas recevoinouvelles. écrivez par journal *International*. mporte bien. rouen continue être investi. — Chel. | Canmont, rue rivoli, 150. douzième. reçois tre du 16. continuez ambulance, dépensez nessaire. bébé en mars. amitiés. — Legrand. |

Abbeville, 31 jan. — Bonel 4e zouaves, 1er bataillon, 1re compagnie. cme t'ai recommandé, attention, nous pe is sbeaucoup à toi. famille va bien. — Eugène. |

Hesdin, 29 jan. — M.... l guénézand. allons bien, reçu lettres, fait jnal pour toi, attends impatiemment, enfants en grandies. — Louise. |

Étretat, 30 janv. — Duvernofaubourg poissonnière, 15. allons bien, reçlettre 17. avons argent, inquiets du 19, embrassements. |

Noyon, 25 janvier. — Duranadiguet, saint-fiacre, 7. donnez nouvelles v, affaires. saulmier, foy, pas quitté carlepe ici bien maltraité, amitiés. — baron VillarsGuesnet, furstenberg, 5, paris. oise, manchesantés bonnes, lettres reçues, donne détails soi. — Guesnet. | Théramène, 18, faubourg hoñ. reçu lettres tous bonne santé, tendresses. Kiriako. | Doumecq, 5. rue bracque, paris. trois familles vont bien. sans nouvelles (depuis) décembre. — Lefèvre. | Démoulins, faubourgu temple, 64. tous bonne santé, communiqu réponse. — Boulonais. | Chalot, taitbout, 80isa, marguerite, dupré, famille bien. dépancent oise envahi. maison chantilly, pas abît. — Anteline. | Valton, parme, 7. portons bieles lettres reçues. — Dordigny. |

Mortain, 29 jan. — Taborel, rsaint-honoré, 115. nous, émile, allons bien, smes tranquilles. écris davantage, lettres sont perdues. prendres provisions oncle, prude, courage. |

Oisemont, 25 jan. — madameiard, rue rivoli, 14. bonne santé, gaston a, fais part à tous, recevons lettres, continuez, brassons tous. — Aurélie. |

Vichy, 1er fév. — monsieur Inge, 59, rue de la chaussée-d'antin. bien pot, serai chez fan, convalescence. — Bérard. |

Courtenay, 28 janv. — Moreau. bertrand. armeau, allons bien, jean va sélix ici, sois prudent, écris souvent. lettres aent. — Alice Moreau. |

Chaumont-en-vexin, 26 jan. —el, aboukir, 26. tous retour rebetz. allons bienbé demande papa. lettres reçues. écris souvenouvelles de papa. — Blanche. |

Mortagne-s.-huine. 23 jan. — Inssay, état-major, 5e division, 3e armée. Lâterie, portons bien. roger aussi, soést, whalie, recevons lettres. |

Nemours, 30 jan. — Sainclaireille, rue madame, 47. juliette bien portante danger ici. santé était compromise à saintes. orléans bien. — Goupil. |

Cérisiers, 29 jan. — Ministrerre. donnez nouvelles nodet, brigadier, 1er ieurs cheval vincennes. — Nodet. |

Calais, 28 jan. — Aron, 32, jers félicitations générales. santé parfaitoes trois. — Anna. | Mademoiselle Leclercq. providence, 77, rue des martyrs. famille lecl bien. françois allemagne, bien, inquiets d, écris vite. — Leclercq. | Désiles-Bénard, pn, 18, paris. santés excellentes. alfred resté nous. tante, lecomte, retourné à chambly u lettres. — Constance. | Vanparys, garc bourg, paris. santé parfaite. — Berthe. |

Lens, 28 jan. — Humblot, dejue, 21. tous bonne santé, marie, jeanne, h, belgique, garçons lens, travaillent, pensbeaucoup toi, amis. — Humblot. |

Hâvre, 25 jan. — Raine, mo3e bataillon, 6e compagnie, seine-inférieure, paris. tous santé bonne, deux mois reçu lettres, réponse suite. Raine. — Bolbec. | Muzard, 61, rue maubeuge, paris. sommes tous bien portants au hâvre, chez steinlin, recevons vos lettres, bonnes nouvelles Eduard. — Muzard. | Madame Byran, 14, rue bréda. parfaite santé, écrire. — Albert. | Torri, faubourg saint-denis, 141. cinquième dépêche. recevons lettres argent suffisamment. moi, enfants bien portants. monsieur décédé, 8 janvier. — Péretti. Cabourg. | Moreau, 7, rue bergère, paris. reçu lettre, 13. indiquez situation générale reports aussi. écris henri. dix lettres de lui. — Rabeau. | Cocteau, 11, scribe, paris. suis au hâvre. famille à southampton. écris-moi souvent rue neuve orléans, 38. tous bien. — Cocteau. | Lefrançois, 41, francs bourgeois. prier directeur ordonner versement chez Blow Raecke, londres, notre solde créditeur change maximum, vingt-cinq, vingt. — Busch. |

Gesidanus, d'aboukir, 93. tous parfaite santé hâvre, écrivez-moi. — Tricot. | Saint, bourdonnais, paris. je suis au hâvre pour fournitures, tout va assez bien, recevons machines de flixecourt par bateau. — Vallée. | Saint, bourdonnais, paris. famille bien portante. flixecourt travaille, terminons fourniture malgré occupation prussienne, par mer. envoyons marchandise lyon, marseille. — Saint. | Bourruet-Aubertot, 3, rue ventadour, paris. sommes toujours au hâvre. donnez de vos nouvelles. — Félicie. | Mure, chez Durand, 29, rue suresnes. paris, famille va bien, reys. dufay aussi, rien fâcheux, ai pas combattu. — Georges, lieutenant. |

Yvose, 17, neuve popincourt, paris. madame yvose, familles dufay, reys, maldivez, mure, vont bien, rien fâcheux à saleux. — Reys. | Dupin, 11, monthabor. tous bien portants. réquisitions modérées sans violences. adressez lettres chez farcis hâvre, qui fera parvenir. — Fizeaux. | Pimont, 5e compagnie, 4e bataillon, 50e régiment de marche. reçu lettre 2 janvier. toute la famille en bonne santé. — Pimont. | Larousserie, lieutenant, 4e bataillon, 50e régiment mobiles. tous bien portants. connaissons notre malheur, adresses lettres chez gustave, begouen, hâvre. — Larousserie. |

Sées, 27 Jan. — Barborey, jean-goujon, 17. tranquilles. — Matignon. |

Pont-Audemer, 27 Jan. — Quatravaux, stéphenson, 24, paris. sixième. reçu 28 décembre. demoiselle quatravaux tous portons bien. boite encore écrire. — Enoult. |

Vouneuil-s.-vienne. — Deniau, 107, st-lazare, paris. grand'mère, famille, hernandez, vigier parfaite santé. — Picquot. |

Avranches, 28 Jan. — Lefèvre, 95, provence. familles lefèvre, sigaux, masson, ollivier bien portants à avranches, sigaux, masson bonnes nouvelles. — Amélie Lefèvre. |

Granville, 28 Jan. — Lefebvre, 2. grand-chantier. léontine, thérèse, mères, frères chez eux, sœurs, enfants gisors, magny bordeaux bonnes nouvelles, santés parfaites. — Léontine. | Denonvilliers, 8, rue lancry. allons tous bien, les bontemps, goffard, lasson, rambaud aussi. — Breton | Néel, rue st-honoré, 133. reçu tes lettres, portons bien, avons argent, ami versailles, nouvelles de lui. — Néel. | Grolleau, 41, boulevard haussmann. portons très bien, marie grande, forte. avons envoyé dépêches. bochamp couche appartement. forcer serrures, embrassons. — Grolleau | M. Granjin, 31, rue rollin, paris. sommes très inquiètes, écrivez souvent ou faites écrire. nos santés bonnes. — Marie Corvée. |

Laigle, 27 jan. — Patrelle, 84, boulevard beaumarchais, paris. nous installés chez demousseaux laigle, cécile st-servan. tous santés parfaites. | Blottière, 56, rue sèvres. laigle. kœnigsberg, mézy, condé-s.-noirault portent bien, manquent rien. reçu lettres janvier. | Arnould, médecin 1er régiment gendarmes cheval, 2e armée. émile superbe santé, manquons rien. correspondons lornéville lettres 24 décembre. | Lemercier, rue valois, 15. donne nouvelles, santé bonne chez nous. — Lemercier. |

Essai, 26 Jan. — Guyot, 3, marignan. allons bien tous. annay tranquilles. bonnes nouvelles orléans. — Marcelle. |

Poitiers, 31 jan. — Bontemps, louvois, 4. reçu ta lettre du 21. thun, thar. tous bonne santé. affection, courage. — Goffard. | Manceau, boutarel, 7. tous bien, mais affligés. petit charles mort angine, prévenir jules bien doucement. — Beauvais. | Maintenant. saint-benoit, 32. inquiétude, écrivez détails judith, dernière lettre 30 décembre, argent, santé, eugène limoges, embrassades écrivez rochelle. — Bignon. | Malcor, neuve-martyrs, 14. reçu lettres, recommande paul, objets maison. venir pendant armistice. poitiers maison passand. — Timon. | Timon, boulevard malesherbes, 33. cinquième dépêche, envoyé mandat. inquiétudes voir amis. préserver objet maison. venir poitiers maison passand. — Timon. |

Jersey, 28 Jan. — M. Delongraye, 26, l'écluse, batignolles. nous, noémi, christian bien. reçu bon poste et lettre adressée à jersey. | M. Lenormand, 17, rue des lombards, paris. reçois lettres, partage toutes tendres pensées. vais bien, mais inquiétude cruelle. espérance, bientôt. — Masse. | Georges Michel, 5, rue turbigo, paris. andré, moi, parents, cerf parfaite santé. andré superbe, ma douzième dépêche 30 janvier. — Jenny. |

Neufchâtel-en-Bray, 29 Jan. — de Berruyer, colonel 50e mobile. la dépêche tirée du *gaulois*. tous bien portants, tranquilles. dernière lettre 8 novembre. adresser neufchâtel, sœur caverra. — de Berruyer. |

Lyons-la-Forêt, 24 Jan. — madame Cerf, avenue victoria, 8. donnez nouvelles, vais bien. — Chênedollé. | madame Boutot, 10, rue thérèse, paris. londres, treignac, flibeaucourt fleury santé parfaite, sécurité, tendresses. lettres reçues. — Sangnier. |

Nemours, 26 Jan. — Morel, rue jean-beausire, 11, paris. je me porte bien. ton oncle. — Morel. | Beaubigny, 2, rue compiègne. juliette nemours sans danger orléans porte bien. paul, marie, tantes bonne santé, nemours aussi. |

Ecos, 31 Jan. — madame Hermand, 94, rue saint-lazare. 30 janvier bonne santé, sécurité, aucun dommage. vie ordinaire. quitterons pas aincourt. recevons lettres. — Anatole. |

Auffay, 29 Jan. — Charrins, 5, boulevard saint-michel, paris. rouen 25 janvier marguerite et moi allons bien. répondre adresse gallois à auffay (seine-inférieure.) — Charrins. |

Aumale, 30 Jan. — Sergeant, de la butte-chaumont, 45. tous santé parfaite. écris. recevons lettres. — Octavie Sergeant. |

St-Pierre-du-Vauvray, 23 Jan. — Decaux, faubourg poissonnière, 32. on reçoit vos lettres. familles labelle, camus, guernon vont bien. écrivez tous à beaulieu. les prévenir. — Labelle. |

Tourny. — Bodin, 7, rue batignollaises. reçu lettres. aucuns ennuis, bien portants. |

St-Pierre-les-Calais, 1er fév. — Robin, gentilly st-marcel, 28. salles à caen, moi arromanches, correspondons avec henri, prisonnier saxe. tous bonne santé. — Robin. |

Le Hâvre, 31 jan. — Fromage, rue échiquier, 21, paris. comment va koen chabert et futur beau-frère bénard? réponse fromage, hôtel richelieu, hâvre. — Albert Fromage. | Bal, 8, place bourse. affaires presque nulles en france, autres pays habitude. bippen hambourg. suppléments réguliers. assureurs attendent registres. — Ferment. |

Laval, 1er fév. — Bounais, 2, cité bergère, paris. albert armée nord. familles bien. — Bounais. |

Verneuil-s.-Avre, 28 jan. — Ronceril, rue d'auteuil, 11. tous bien, moi découragée. quatrième dépêche. dernière lettre reçue 1er janvier écris vite. — Maria. | Gélis, 8, mondovi. enfants toujours en angleterre, andré en normandie, moi à courteille. tous bien. — Pauline. | Guenel, 176, rue montmartre. toujours à verneuil santés bonnes. charles capitaine lahaye-du-puits. reçu quatre lettres. alexandre bien portant. — Chevallier. |

Calais, 29 janv. — Rouette, rue miroménil, 75. calais, 29 janvier, bonnes nouvelles, charles payeur armée chanzy, alfred toujours premier, tous parfaite santé. — Anna. |

St-Pol, 28 janv. — mademoiselle Leroy, rue st-bon, 6. amie, écrivez, inquiétude pour vous tous, nos maisons aucune nouvelle — Laflesselle. |

Caen, 28 janv. — Batardy, rue trévise, 37, paris. cailleux mort, tante louise, godefroi restés st-lô, reçu lettres, santé, sécurité, courage. — Emile. | andrieux, 3, vieux-colombier. lettres reçues, albert, eugène très-beaux, sorel, henriette m'écrivent, vont bien. — Sorel. | Maurouard, 13, biragué. caen, janvier bonne santé. — Maurouart. | Morel d'Arleux, notaire, 35, rue faubourg poissonnière. prière surveiller appartement, ma fille recommandations à concierge, écrire rue Guilbert, caen. — Montaignac. | Schultz, 2, rue compiègne, paris. emballer, descendre en cave tableaux, objets précieux, écrivez prochain ballon, suis bien portant mondeville. — Iwan. |

Dives, 28 janv. — Dufay, 6, faisanderie. Maurice bébés parfaitement. |

Falaise, 28 janv. — Ceptey, rue de turin, 6. paris. ta femme, tes enfants chez moi se portent bien. — Gasnier. | Léopold, 97. boulevard magenta, Isabelle, hippolyte, robotté, marguerite Félix partis bretagne, tous bien, Mme Blanchard morte, communiquez dominel. — Quéru. |

Falaise, 28 janv. — Dominel, rue neuve-des-petits-champs, 48. belle-mère morte, surveiller paris, bretagne tous bien. — Quéru. |

Luc-s.-Mer, 28 janv. — Décle, provence, 2. luc santés bonnes, reçois nouvelles. — Décle. | Lambert, 105, boulevard magenta, reçu nouvelles, nous portons bien, faire savoir à frère. — Lambert. |

Pas-en-Artois, 27 janv. — Hollard. bourse. autorisation vendre rente emprunt, réclamez évrard argent dû. — Liron. | Deleval, ministère des finances, paris. marlincourt, allons tous très-bien. — Eugénie Deleval. |

Deauville, 29 janv. — Randon, rue st-louis-en-l'île, 31. avez un fils gaston, du 12 décembre, femme, enfant, parents vont bien. — Auront. |

Lisieux, 29 janv. — De Courcy, 38, rue de monceau pour capitaine saint-vincent. bonnes nouvelles de tous, des militaires, de forges tranquilles à balthasard. |

Trouville, 29 janv. — Souhart, rue charles cinq 10. santés bonnes. sylvain à villefranche, tous bien portants. — Javon. | Rouquairol, 17, aumale, famille deauville pas vu l'ennemi. vervins, versailles tous bonne santé. — Rouquairol. | Danloux, 50, rue de londres. thérèse sait son malheur. albert defrenne mort hier. tous bien portants. — Danloux. | Hautpoul, 86, lille. trouvillais, neuvillais, raoul madeleine légèrement blessés, bonnes santés, baisers. — Hautpoul. | Baticle, 26, de sèvres. tous bonne santé. reçu lettre du 12 janvier. vas habiter rue saint-lazare. — Tordo. | Vingtain, taitbout. garçon né 28 novembre. moi cinq enfants. chasles, vingtain tous bien portants. — Louise Vingtain. |

---

131. Pour copie conforme :

L'inspecteur,

FIN

DE LA COLLECTION DES DÉPÊCHES TYPOGRAPHIÉES

www.ingramcontent.com/pod-product-compliance
Lightning Source LLC
Chambersburg PA
CBHW051351230426
43669CB00011B/1602

* 9 7 8 2 0 1 3 5 2 2 7 3 1 *